1 MONTH OF
FREE
READING
at
www.ForgottenBooks.com

By purchasing this book you are eligible for one month membership to ForgottenBooks.com, giving you unlimited access to our entire collection of over 1,000,000 titles via our web site and mobile apps.

To claim your free month visit:

www.forgottenbooks.com/free999913

ISBN 978-0-260-99742-5
PIBN 10999913

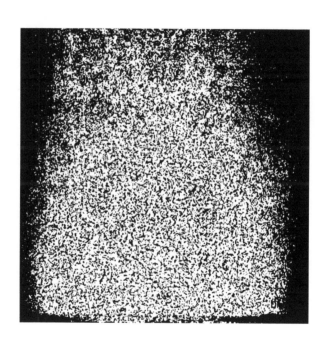

Geographischer Anzeiger

herausgegeben

von

Dr. Hermann Haack und Oberlehrer Heinrich Fischer.

Vierter Jahrgang.
1903.

GOTHA: JUSTUS PERTHES.

Inhaltsverzeichnis.

Besprechungen.

Geographische Literatur.

Abbildungen und Kartenskizzen.

Inserate.

Druck und Verlag von Justus Perthes in Gotha.

Geographischer Anzeiger

herausgegeben von

Dr. Hermann Haack   und   Oberlehrer Heinrich Fischer
Gotha, Friedrichsallee 3.   Berlin SW. 47, Belle-Alliancestr. 69.

Vierter Jahrgang.	Diese Zeitschrift wird sämtlichen höhern Schulen (Gymnasien, Realgymnasien, Oberrealschulen, Progymnasien, Realschulen, Seminarien und höhern Mädchenschulen) kostenfrei zugesandt. — Durch den Buchhandel oder die Post bezogen beträgt der Preis für den Jahrgang 2.50 Mk. — Aufsätze werden mit 4 Mk., kleinere Mitteilungen und Besprechungen mit 6 Mk. für die Seite vergütet. — Anzeigen: Die durchlaufende Petitzeile (oder deren Raum) 1 Mk., die dreigespaltene Petitzeile (oder deren Raum) 40 Pfg.	Januar 1903.

Georg Gerland.

Von Professor Dr. S. Günther.

Am 29. Januar d. J. feiert der Strafsburger Geograph Gerland seinen 70. Geburtstag. Unter den Vertretern der deutschen Hochschulgeographie, welche bei der Erhebung der Erdkunde zu einer angesehenen und gleichberechtigten Stellung im Bereich der Gesamtwissenschaft eine so mafsgebende Rolle gespielt hat, steht der Jubilar mit in der ersten Reihe. Es wird deshalb wohl gebilligt werden, wenn bei dieser sich bietenden Gelegenheit eine kurze Lebensskizze des Mannes dargeboten wird[1]), der mit noch unverminderter Rüstigkeit unter uns wirkt und erst in den letzten Jahren noch eine geistige Regsamkeit entfaltete, die Jüngern zur Ehre gereicht haben würde.

Georg Cornelius Karl Gerland stammt aus Cassel. Sein Vater war General und Chef der kurhessischen Artilleriebrigade; die Mutter, eine geborene Grandidier, gehörte einer schon im XVII. Jahrhundert eingewanderten Refugié-Familie an. Sein Bruder Ernst, der bekannte Historiker der Physik, wirkt als Professor an der Bergakademie in Clausthal. Auf dem Gymnasium seiner Vaterstadt vorgebildet, studierte Gerland von 1851 bis 1853 auf der Landesuniversität Marburg, wo er der Burschenschaft „Germania" angehörte, später in Berlin und zuletzt wieder in Marburg. Hier erwarb er sich 1858 die philosophische Doktorwürde, nachdem er bereits

Dr. Georg Gerland.

1856 sein Staatsexamen bestanden hatte. Auf eine kurze Lehrtätigkeit in Cassel und Hanau folgte 1858 eine feste Anstellung als Gymnasiallehrer in Magdeburg, und hier ist er zwölf Jahre lang verblieben. Bis zum Jahr 1875 bekleidete er die Stelle eines Oberlehrers am Stadtgymnasium in Halle a. S., und als man in diesem Jahr den Entschlufs fafste, an der seit 1872 bestehenden reichsländischen Universität auch einen Lehrstuhl der Geographie und Ethnographie zu begründen, folgte Gerland einem Ruf als Ordinarius nach Strafsburg i. E. Nahezu drei Jahrzehnte zählt ihn jetzt „die wunderschöne Stadt" zu ihren Mitbürgern. Leider mufste er hier seine Gattin, eine Tochter des Marburger Kirchenhistorikers E. L. Th. Henke (1804—1872), begraben. Seine eigenen beiden Töchter — eine dritte ist verheiratet — bereiteten seitdem dem Vater eine glückliche Häuslichkeit, und der Sohn ist Privatdozent der Rechte an der Universität Jena.

Als Lehrer ist Gerland für die beiden ihm übertragenen Disziplinen unausgesetzt und erfolgreich bemüht gewesen. In der

---

[1]) Der Verfasser ist Herrn Professor Dr. Rudolph in Strafsburg für freundliche Zuwendung biographischen Materials zu Dank verpflichtet.

Geogr. Anzeiger, Januar.

Überzeugung, dafs bei dem Versuch, ein so ungeheures Arbeitsfeld auch didaktisch zu umfassen, der intensive Betrieb des Unterrichts Schaden leiden müfste, beschränkte er sich auf einen gewissen Zyklus regelmäfsig wiederkehrender Vorlesungen, unter denen besonders zu nennen sind: Geophysik, Mathematische Geographie, Deutschland (dies in kürzerm Turnus), Elemente der biologischen Geographie, Elemente der Soziologie. Daneben liefen kleinere, auch publice gehaltene Kollegien her, so über die Vogesen, die Eiszeit, über Kolonialwesen, Kant in seiner Eigenschaft als Geograph, vergleichende Religionskunde. Der Einrichtung und steten Vervollkommnung des Seminars wurde besondere Sorge zugewendet, und es kann dasselbe, so wie es jetzt besteht, als vorbildlich bezeichnet werden. So konnte es denn auch nicht fehlen, dafs von der Strafsburger Hochschule zahlreiche jüngere Geographen ausgingen, welche durch selbständige Leistungen die Wissenschaft gefördert haben; es genüge, um nur einige Namen zu nennen, an Bamler, Blink, Hergesell, Langenbeck, Rudolph, Ehlert †, Moennichs † zu erinnern.

Seinem Entwicklungsgang nach war Gerland von hause aus Philologe, wie dies vor allem seine Inauguraldissertation („Über den altgriechischen Dativ, zunächst des Singularis", Marburg 1859) beweist; eine Fortsetzung dieser Arbeit erschien in A. Kuhns „Zeitschrift für vergleichende Sprachwissenschaft", die auch noch andere einschlägige Artikel aus seiner Feder brachte. Ganz antiquarischen Inhalts ist auch eines seiner Programme („Altgriechische Märchen in der Odyssee, ein Beitrag zur vergleichenden Mythologie", Magdeburg 1869) und ebenso entstammt ein solches der nächsten Periode („Über die Perdix-Sage in ihrer Entstehung, eine linguistisch-mythologische Abhandlung", Halle a. S. 1871). Daneben machte aber auch das vergleichend-sprachgeschichtliche Element seine Rechte geltend. Hierher gehört Gerlands erste gröfsere Schrift („Versuch einer Methodik der Linguistik", Magdeburg 1864), hierher eine etwas spätere grammatische Untersuchung („Intensiva und Iterativa und ihr Verhältnis zu einander", Leipzig 1869). Aber auch noch in Strafsburg ist ein Beitrag zur Sprachenkunde, der allerdings den ethnologischen Standpunkt nicht verleugnet, entstanden, indem Gerland zu seines neusprachlichen Kollegen Gröber „Grundrifs der romanischen Philologie" ein Kapitel („Die Basken und die Iberer") beisteuerte. Einigermafsen philologisch sind auch zwei kleinere Essays der frühern Periode („Über Goethes historische Stellung", Nordhausen 1865; „Das Gesetz der Vererbung in der Poesie", Breslau 1870).

Schon in Marburg hatte sich Gerland von dem allzu früh dahingegangenen Philosophen und Pädagogen Th. Waitz (1821

1

bis 1864) angezogen gefunden. In seinen Bestrebungen, die Psychologie auf eine reelle, d. h. anthropologische Grundlage zu stellen, hatte sich der junge Gelehrte auch zu ethnographischen Studien anregen lassen, und deren Früchte legte er in einem damals bahnbrechenden, aber auch jetzt noch sehr lesenswerten Werk nieder („Die Anthropologie der Naturvölker", 4 Bände, Leipzig 1859—1864). Schon beim vierten Band hatte Gerland, als Waitz' Schüler, eingreifen müssen, um die Herausgabe für den zuvor schon aus dem Leben geschiedenen Autor durchzuführen; da aber der Stoff noch keineswegs erschöpft war, so fügte er noch einen fünften und sechsten Band hinzu, hierdurch ein Standard Work zum Abschluß bringend. Ebenso hat Gerland vom ersten Band 1877 die notwendig gewordene Neuauflage besorgt.

Wesentlich durch Waitz und durch die Ehrenpflicht, die ihm mit der Bearbeitung des Nachlasses eines geliebten Lehrers erwuchs, sah sich Gerland in jene wissenschaftliche Laufbahn geführt, deren einstweiligen Schlußpunkt die akademische Kathedra bilden sollte. Wohl mit veranlaßt durch den Waitzschen Essay „Über die nordamerikanischen Indianer" (Leipzig 1865) machte er eine der wichtigsten Zukunftsfragen der Völkerkunde zum Gegenstand einer eigenen Monographie¹) („Über das Aussterben der Naturvölker", Leipzig 1868); darin gelangte er zu minder pessimistischen Anschauungen, als sie gewöhnlich gehegt werden. Obwohl er sich, wie sein Vortrag auf dem Geographentag in Halle a. S. (1882) bekundet, des Unterschieds zwischen Ethnologie und Anthropologie sehr klar bewußt war, und obwohl die erstere ihn zunächst, als Sprachforscher, vielleicht am meisten gefesselt hatte, arbeitete er sich doch auch in die somatische und historische Lehre vom Menschen tief hinein, wie denn die von ihm in den Jahren 1874 und 1875 herausgegebenen, in Halle gedruckten „Anthropologischen Beiträge" namentlich auch für die Urgeschichte der Menschheit und für die Methodik der den konkurrierenden Fächer die wertvollsten Aufschlüsse und Anregungen enthalten. Beschreibend-ethnographischen und vergleichend-ethnologischen Charakters sind zwei gleich hier vorwegzunehmende Aufsätze von etwas späterer Epoche („Die Holländer und Engländer in Südafrika", Berlin 1881; „Heilige Getränke", ebenda 1879). Das Interesse an der Erforschung fremder Völker ließ Gerland auch lebhafte Teilnahme an dem Missionswerk der Gegenwart empfinden; er trat bei Missionskonferenzen als sachkundiger Redner auf und schilderte auch im Druck ihre zeitgeschichtliche Bedeutung („Die Mission im Leben der Gegenwart", Zeitschrift für Missionskunde und Religionswissenschaft, I. Band). Im Jahr 1873 hielt er vor den Mitgliedern der Geographischen Gesellschaft Münchens einen das ethnologische Moment betonenden Vortrag „Einheit des Menschengeschlechts").

In dem Jahr, welches für sein Leben einen tiefgreifenden Umschwung bezeichnete, veröffentlichte er das illustrierte Werk, welches vielleicht am meisten dazu diente, seinen Namen in weitere, nicht spezifisch fachwissenschaftliche Kreise zu tragen. Dasselbe („Ethnographischer Bilderatlas", Leipzig 1875) machte insonderheit durch seine systematische Anordnung einen vortrefflichen Eindruck. Äußerlich allerdings mußte es zurücktreten hinter der Bildarbeit, die Gerland für die neue Bearbeitung von H. Berghaus' „Physik. Atlas" leistete, denn dieser „Atlas der Völkerkunde" (Gotha 1892) imponiert als durch eine vorzügliche und reiche Ausstattung, während er auch inhaltlich ein Bild der Fortschritte eines halben Menschenalters entwirft. Und bald nachher wurden jene Berichte über die literarischen Arbeiten

¹) Eine Weiterführung dieser Betrachtungen aus Gerlands Feder brachte nachmals der Jahresbericht der Geographischen Gesellschaft zu Metz.

auf ethnographischem und ethnologischem Gebiet begonnen, welche Gerland (von 1876 ab) für H. Wagners „Geogr. Jahrb." geliefert und nun schon über ein Vierteljahrhundert fortgesetzt hat. Jeder, der selbst in dieser Richtung Untersuchungen anstellte, kennt die Unentbehrlichkeit dieser durch Knappheit und treffende Beurteilung sich auszeichnenden Referate. Zu eigener völkerkundlicher Forschung ist Gerland in neuerer Zeit, durch anderweite Verpflichtungen allzusehr in Anspruch genommen, wenig mehr gelangt; doch liegt eine Studie zur ethnologischen Symbolik aus jüngster Vergangenheit vor („Szepter und Zauberstab", Breslau 1902).

Für die Geographie hatte Gerland vor seiner Berufung nach Straßburg schriftstellerisch keine Muße erübrigen können; doch zeigt uns seine „Gedächtnisrede auf Alexander v. Humboldt" (Magdeburg 1869) deutlich genug, wie er auch über diese Wissenschaft und ihre schöpferischen Koryphäen dachte. Der Umstand, daß ihm nun die Vertretung zweier Wissenschaften anvertraut war, veranlaßte ihn, über deren Wechselbeziehungen tiefer nachzudenken und das Ergebnis seiner Reflexionen gipfelte in der Erkenntnis, daß man nicht wohl daran tue, die Lehre vom Menschen in engere Verbindung mit der eigentlichen Erdkunde zu bringen, daß diese letztere vielmehr als reine Naturwissenschaft anzusehen und zu behandeln sei. Daß er bei dieser Sachlage gegen die Begründung einer „Anthropogeographie" Stellung nehmen mußte, liegt auf der Hand. Sein methodologisches Programm entwickelte Gerland in der — auch ins Russische übersetzten — „Einleitung" zum I. Band der von ihm ins Leben gerufenen „Beiträge zur Geophysik". Jeder Geograph weiß, daß dadurch eine lebhafte Polemik ausgelöst worden ist und daß der kühne Schnitt, den Gerland in den Leib der Wissenschaft zu tun gedachte, manche Schmerzen bereitete. Die geographische Prinzipienlehre ist ihm jedoch unter allen Umständen zu Dank für seine neuartige Beleuchtung einer ganzen Reihe von Fragen verpflichtet, und auch wer in der Eliminierung des Menschen keineswegs so weit wie er zu gehen beabsichtigt, kann sich darüber freuen, daß auf diese Weise die Erdkunde ihres naturwissenschaftlichen Ursprungs recht eingedenk geworden ist. Als ein Seitenzweig dieser methodischen Gruppe mag eine Diskussion mit J. Partsch über Natur und Begriffsbestimmung der „historischen Länderkunde" im „Ausland" (65. Band) betrachtet werden.

Die vorerwähnte, in zwanglosen Heften herausgegebene Zeitschrift, welche auch den Nebentitel „Zeitschrift für physikalische Erdkunde" führt, ist aus dem Verlag der Schweizerbartschen Buchhandlung in Stuttgart in den von Wilhelm Engelmann in Leipzig übergegangen. Wie nicht anders zu erwarten, hat Gerland sich auch als eifriger Mitarbeiter seines Organs betätigt. Von jener umfänglichen Einführung abgesehen, gab im 2. Band den Anfang eine umfänglichere Arbeit, „Vulkanistische Studien" betitelt und eine Auseinandersetzung „Zu Pytheas' Nordlandfahrt" (nach Strabon). In der erstgenannten wird der Beweis dafür angetreten, daß das vulkanische Phänomen auf dem Festland und auf dem Meer sich durchaus nicht in der gleichen Form zu erkennen gebe; am andern Ort macht der Autor Propaganda für die Annahme, daß des Pytheas unklare Redewendungen über die „Meerlunge", an der bislang alle Interpretationsversuche gescheitert waren, sich auf das Polarlicht bezogen hätten. Diese Deutung hatte sich bald allgemeinen Beifalls zu erfreuen. Im 3. Band findet sich von ihm eine hübsche Notiz über eine angebliche archäologische Symbolisierung des Erdlebens, im 4. Band eine Skizze über die Ziele und Aufgaben der modernen Seismologie und die Straßburger Station, von der gleich noch mehr die Rede wird sein müssen. Auch darf nicht übersehen werden, daß es verdienten Helfern und Schülern in der Zeitschrift Nekrologe

gewidmet hat, nämlich dem gründlichen Kenner des Horizontal-
pendels v. Rebeur-Paschwitz und den beiden als Opfer
winterlichen Alpensports gefallenen jungen Gelehrten Ehlert
und Moennichs.

Die physikalische Geographie hat Gerland in seinen spätern
Lebensjahren am meisten beschäftigt, freilich aber im Bund mit
der Länderkunde, die er sehr mit Recht von ersterer niemals
loslösen zu dürfen glaubte. Das erhellt u. a. aus den von ihm
herausgegebenen „Geograph. Abhandlungen aus Elsaß-Lothringen"
(Straßburg 1892 und 1895), für die sich ihm reichsländische
Forscher bereitwillig zur Verfügung stellten. Dahin gehören
auch „Ziele und Erfolge der Polarforschung" (Berlin 1897) und
„Erforschung Mittelsumatras" (Ausland, 66. Jahrgang), eine die
Reisen Veths bei uns erst gehörig zur Anerkennung bringende
Abhandlung. An den wissenschaftlichen Kongressen, die in
sein Fach schlagen, beteiligte er sich zum öftern, wie deren
Sitzungsberichte ausweisen. Von dem Vortrag in Halle (1882)
ist bereits weiter oben Akt genommen worden; 1884 sprach
er in München über „die Gletscherspuren der Vogesen", 1897
in Jena „über den heutigen Stand der Erdbebenforschung"; auf
seine Anregung ist die glaziale Erforschung des westdeutschen
Grenzgebirges in erster Linie zurückzuführen. Dem internationalen
Kongreß zu London (1895) brachte er seinen Plan, „die Einrichtung eines internationalen Systems von Erdbebenstation" betreffend, in Vorlage, und demjenigen zu Berlin (1899) unterbreitete
er seine Ansichten über die „moderne seismische Forschung",
worin er es als Aufgabe gerade den Geographen hinstellte, die
„Seismizität der Erde" zum Untersuchungsobjekt zu machen.
Auch Petermanns „Geographische Mitteilungen" hat er durch
einschlägige Aufsätze (im Jahrgang 1902) bereichert. Er machte
die Deutschen bekannt mit den sehr wertvollen Studien Barattas
über die italienischen Erdbeben und entwarf einen Plan für die
„Verteilung, Einrichtung und Verbindung der Erdbebenstationen
im Deutschen Reich". Für die „Fortschritte der Physik" übernahm er 1902 den Spezialbericht über Vulkanismus und Erdbeben. Ebenso hat er in diesem Jahr in der „Deutschen Rundschau" die Katastrophe des Mont Pelée besprochen, die er am
besten mit den zur Bildung eines „Maars" führenden Explosionen
in Parallele stellen zu dürfen vermeinte.

Unsere Chronik von Gerlands literarischer Tätigkeit läßt
ersehen, daß in derselben die Beschäftigung mit den Reaktionen
unterirdischer Kräfte gegen die Außenseite unsres Planeten mehr
und mehr den Löwenanteil in Anspruch nimmt. Auch in den
„Beiträgen zur Geophysik" erscheint das seismologische Element
als das entschieden vorwiegende. Gerland hatte es eben als
seine Lebensaufgabe erkannt, die zunächst noch zerstreut liegende
und der für sie besonders wichtigen Vereinheitlichung ermangelnde
Erdbebenforschung zu zentralisieren. In der Nachmittagssitzung
des Berliner Kongresses vom 2. Oktober 1899 wurde nach
kurzer Debatte ein von Gerland herrührender Antrag in folgender Fassung angenommen[1]): „Der Kongreß spricht seine Zustimmung
aus zu der Gründung einer internationalen Seismologischen Gesellschaft und hält die Bildung einer permanenten Kommission
für internationale Erdbebenforschung für wünschenswert. Der
Kongreß beauftragt die Geschäftsführung des Kongresses mit
der Bildung einer solchen Kommission."

Es ist hier nicht der Platz, darzulegen, wie sich aus diesem
Beschluß heraus die Sache entwickelt hat, für den März 1901
eine internationale Erdbebenkonferenz nach Straßburg einzuberufen;
auch deren Verhandlungen sind ja bekannt, um hier eine Wiederauffrischung zu bedürfen. Wohl aber muß hervorgehoben wer-

den, daß Gerlands rastloser Eifer es im gleichen Jahr dahin
gebracht hat, eine „kaiserliche Erdbebenstation" im Garten der
Universität erbaut zu sehen, die als eine Musteranstalt gelten
darf und mit den exaktest arbeitenden Instrumenten[1]) ausgerüstet
ist. Bauinspektor Jaenicke hat diesen Bau fertiggestellt, und
die Beobachtung ist hierauf von Gerland selbst und seinen
beiden Hilfsarbeitern Prof. Rudolph und Prof. Weigand
energisch begonnen worden. Ein vom Reich eingesetztes Kuratorium steht dem mit stattlichem Kostenaufwand zustande gekommenen Observatorium zur Seite. —

Wahrlich ein reiches, von Mühe und auch an Erfolg die
Fülle aufweisendes Gelehrtenleben ist es, dessen bisherigen Verlauf uns zu kennzeichnen oblag. Die Fachgenossen aber hegen
die zuversichtliche Hoffnung, daß es dem Jubilar noch recht
viele Jahre vergönnt sein möge, in der bisherigen Weise weiter
zu arbeiten und sich insbesonde der Früchte seines selbstlosen
Strebens im Dienst der Wissenschaft zu erfreuen. Quod Deus
bene vertat!

Venezuela und die deutschen Interessen.

Von Prof. Dr. W. Sievers-Gießen.

Die Anfang Dezember 1902 seitens des Deutschen Reichs und
des vereinigten Königreichs von Großbritannien und Irland,
denen sich später auch noch Italien angeschlossen hat, erfolgte
Überreichung eines Ultimatums an die Vereinigten Staaten von
Venezuela hat die allgemeine Aufmerksamkeit auf dieses Land
gelenkt und zu manchen wichtigen und sehr vielen unrichtigen
Zeitungsartikeln geführt. Im folgenden soll versucht werden,
die unrichtigen Angaben von den richtigen zu scheiden und ein
Bild der deutschen Interessen in Venezuela zu geben, soweit
solche bei dem Mangel einer genügenden staatlichen Statistik
und der Lückenhaftigkeit privater Mitteilungen feststellbar sind.

Die beigegebene Karte zeigt die Küste von Venezuela und
soll die gegenwärtig noch aufrecht erhaltene Blokade sowie die
Verteilung der britischen und deutschen Schiffe vor der Küste
erläutern. Sie ist aber geeignet, auch eine Übersicht über die
deutschen Interessen im Land zu geben, soweit sich solche
überhaupt geographisch festlegen lassen.

Man kann für die deutschen Interessen vier Hauptgebiete
unterscheiden, von denen ein jedes durch besondere Eigenart von
dem andern abweicht und die den hauptsächlichsten physischen
Abteilungen des Landes entsprechen, nämlich das Orinocogebiet,
den Osten (El Oriente), Mittelvenezuela (die Zentralstaaten) und
das Wirtschaftsgebiet der Lagune von Maracaibo. Am Orinoco
herrscht der Handel allein und zwar auf charakteristische Erzeugnisse, Gummi und Gold, auch Häute; in Ostvenezuela hat
die Ausbeutung des Schwefels von Pilar für Deutschland eine
größere Bedeutung als der dort betriebene Anbau von Kakao, in
Mittel- und Westvenezuela liegt der Schwerpunkt der Kaffee-
und Kakaoausfuhr und des Kaffeehandels, zugleich aber ist
Mittelvenezuela infolge der Erbauung der großen deutschen
Eisenbahn zwischen Carácas und Valencia ein Sitz wichtiger
industrieller deutscher Interessen geworden. Diesen vier Haupt-
gebieten entsprechen die fünf hauptsächlichen Häfen des Landes,
für das Orinocogebiet Ciudad Bolívar, für den Oriente Carúpano,

---

[1]) Verhandlungen des siebenten internationalen Geographenkongresses, 1. Teil, Berlin-London-Paris 1901, S. 263.

[1]) Die Vergleichung der Leistungsfähigkeit der Apparate wird
durch den sehr interessanten Vortrag E. Wiecherts auf der Straßburger Konferenz beträchtlich erleichtert. Von großem Nutzen ist dafür
auch Ehlerts, von der naturwissenschaftlichen Fakultät Straßburgs
mit dem Preis gekrönte, von Gerland angeregte Schrift über die
Ausbildung der seismischen Instrumentenkunde.

für Mittelvenezuela La Guaira und Puerto Cabello und für Westvenezuela Maracaibo. Die dem Handel dienstbaren Hinterländer sind aber sehr verschieden grofs. Ciudad Bolívar empfängt die Produkte aus dem gesamten Orinocogebiet, Carúpano nur die Erzeugnisse des allernächst liegenden Landes, La Guaira und Puerto Cabello führen diejenigen der Zentralstaaten und zum Teil auch der Llanos aus, Maracaibo endlich ist der Hafen für den venezolanischen Staat Los Andes sowohl wie für den Norden des colombianischen Staats Santandér.

Das Orinocogebiet weicht von dem übrigen Venezuela in jeder Beziehung und somit auch in seinen Erzeugnissen ab; es führt die Produkte von Guayana aus, somit fast keinen Kaffee noch auch Kakao, sondern rohe Waldprodukte, aber als solche der Viehzucht und des Bergbaus. In den 70er und 80er Jahren spielte das Gold Guayanas die erste Rolle, insofern die Goldminen von Callao und andre bis zu 20 Millionen Mark jährlich ergaben; seit etwa 1890 aber hat die Goldproduktion nachgelassen und 1900 führte Ciudad Bolívar nur noch für 1,36 Millionen Mark Gold aus. Dagegen hat sich die Ausfuhr von Balatá, dem Gummi der Mimusops balata und wahrscheinlich zahlreicher andrer Waldbäume in den letzten Jahren mächtig gehoben. Sie stieg in den Jahren 1897 bis 1900 von fast 300000 kg auf 1194000 kg, hatte 1900 einen Wert von 3,824 Millionen Mark und stand damit unter allen Produkten des Orinocogebiets an erster Stelle. Dieses Balatá-Gummi kommt teils aus dem Delta des Orinoco, teils von den Nebenflüssen des Orinoco in Guayana und auch schon vom Oberlauf, mit dem freilich die Verbindung schlecht ist; die wichtigste Bezugsquelle ist zur Zeit wohl der Yuruari. Dazu kommt ferner für 240000 M. Kautschuk, wohl von Hevea guyanensis. Ein dritter bedeutender Ausfuhrgegenstand sind Häute, 1900 mit 1,6 Millionen Mark der zweitwichtigste überhaupt; sie kommen von den trockenen Landschaften zu beiden Seiten des Orinoco und aus dem Cauragebiet, wo General Crespos grofse Besitzungen ein deutsches Syndikat zum Kauf angereizt haben. Den Häuten kann man noch für etwa 80000 M. Reh- und Ziegenfelle zurechnen, den Rest der Ausfuhr Ciudad Bolívars teilten sich im Jahr 1900 Vogelfedern, wohl meist Federn des weifsen Reihers, mit 740000, Sarápia, die aromatischen Tonkabohnen der Dipteryx odorata, mit 184000, und etwas Kakao mit 46800 M. Das ergibt, unter Hinzurechnung von 692000 M. Ausfuhrwert für lebende Tiere

und einigen kleinern Posten für das Jahr 1900, eine Summe von 8,02 Millionen Mark für die Gesamtausfuhr. Diese Ausfuhr ist nun aber, wie der Handel von Venezolanisch-Guayana überhaupt, vorwiegend in Händen der Deutschen, namentlich des Hauses Blohm y Ca. und Sprick Luis y Ca.; neben denen der Deutschen sind auch noch einige italienische Firmen, wie Battistini, Palazzi, Vicentini, von Bedeutung, Engländer und Franzosen sind spärlicher, im allgemeinen aber ist der Grofshandel von Ciudad Bolívar deutsch. Falls sich der Kauf der Cresposchen Besitzungen zwischen dem untern Caura und Cuchivero verwirklichen sollte, so würde nicht nur ein mächtiger Grundbesitz, sondern auch eine sehr beträchtliche Erhöhung des Einflusses für die Deutschen erzielt werden.

Das zweite Wirtschaftsgebiet mit grofsen deutschen Interessen ist der Osten, jedoch erst seit kurzer Zeit. Vor dem Jahr 1900 war die Zahl und die Bedeutung der Deutschen im Oriente nur sehr gering; sie beschränkte sich auf wenige Landsleute in Carúpano und Umgebung und in Barcelona, während in Cumaná überhaupt kein Deutscher lebte. Durch die Gründung der Deutschen Gesellschaft zur Exploitierung der Schwefelgruben von Pilar bei Carúpano ist jedoch seit dem Jahr 1900 auch im Osten der deutsche Einflufs zunächst in Form eines bergbaulichen Unternehmens plötzlich bedeutend geworden. Auch ist zu erwarten, dafs mit der Zeit einige der wertvollen Kakaopflanzungen des Ostens und vielleicht auch ein Teil des jetzt völlig französischen, besser corsischen Handels von Carúpano in deutsche Hände übergehen wird. Die Schwefelgrubengesellschaft scheint in den ersten beiden Jahren 1900 und 1901 von Erfolg begünstigt gewesen zu sein, doch dürfte die Revolution von 1902 ihr Nachteile gebracht haben; ob auch sie bereits unter den Reklamanten für Schädigungen während des Sommers 1902 sich befindet, ist mir nicht bekannt.

Weit älter ist der deutsche Einflufs im Westen von Venezuela, im Wirtschaftsgebiet der Lagune von Maracaibo. Diese ist die Trägerin des Handels für die gesamte Cordillere von Mérida und die benachbarten Gebirge und fruchtbaren Täler von Santandér. Die wichtigsten Handelsstädte mit beträchtlichen deutschen Interessen, sind San José de Cúcuta auf colombianischem Gebiet, aber dicht an der venezolanischen Grenze, San Cristóbal im Táchira und Valera in Trujillo, in geringerm Mafs auch Mérida und Tovar in der Mitte der Cordillere. Alle diese Landschaften und Städte bauen vorwiegend Kaffee, auch Kakao und haben auch eine recht beträchtliche Ausfuhr an Häuten. Aus San Cristóbal allein wurden im Jahr 1900 120000 dz Kaffee im Wert von 5,6 Millionen Mark ausgeführt, und von Valera dürfte die Kaffeeausfuhr ähnlich stark sein. Während aber von Valera bereits eine Eisenbahn nach La Ceiba an der Lagune von Maracaibo führt, ist San Cristóbal noch nicht von einer solchen erreicht, sondern es muß seine Waren auf Maultieren nach Uracas schicken, dem Endpunkt der kleinen Bahn nach Encontrados am Rio Zulia; Cúcuta dagegen ist seit zwei Jahrzehnten durch Eisenbahn mit dem Puerto Villamizar am Rio Zulia verknüpft. Die Einfuhr (1900 etwa 18000 dz im Wert von 3,2 Millionen Mark) besteht in den wichtigsten Industrieartikeln, Baumwoll- und Wollwaren, Seidenwaren, Kammgarnen, Bier, Drogen, Konserven, Früchten aus Deutschland, Kattunen, Textilwaren verschiedener Art, Schmalz, Mehl und Petroleum von den Vereinigten Staaten, Shirtings, Oxfords, Taschentüchern, Kattunen aus England, Parfümerien, Galanteriewaren aus Frankreich. Dem Wert nach stehen die deutschen, dem Gewicht nach die amerikanischen Waren voran, und auch die Kaffeeausfuhr richtet sich vornehmlich nach New-York; der Gesamthandel liegt aber so sehr in deutschen Händen, daß man sagen kann, der Handel San Cristóbals sei mit Ausnahme eines verschwindenden Bruchteils deutsch.

Aller Handel der Cordillere und des Staats Zulia muß aber, bevor er zur Küste gelangen kann, die Stadt Maracaibo passieren, die wichtigste Handelsstadt des Westens und die Zollstätte für diesen. Sie hat sich allmählich zu einer Art Handelsemporium entwickelt, krankt aber unter der Barre an der Mündung der Lagune in den Golf von Maracaibo und konnte daher auch nicht von den deutschen Kriegsschiffen erreicht werden. Unter den Ausfuhrprodukten stand in der ersten Hälfte des Jahrs 1901 Kaffee mit 13¹/₃ Mill. kg weit voran, dann folgten 1,4 Mill. kg Bauholz, 1,27 Mill. kg Dividivi, die einen Farbstoff enthaltenden Schoten der Caesalpinia coriaria, 234000 kg Mangrovenrinde, 214000 kg Rindshäute, 104000 kg Kakao, 81500 kg Ziegenfelle, 15280 kg Kopaivabalsam, 3684 kg Ochsenhörner, 3137 kg Schafwolle, 3059 kg Chinarinde, 2323 kg Ochsenklauen und 1266 kg Schaffelle. Leider fehlt eine Wertangabe für diese Waren, dagegen belief sich die Einfuhr in demselben Zeitraum auf 6353000 kg im Wert von 4144000 M. An der Einfuhr nahmen teil die Vereinigten Staaten mit 1,5, Deutschland mit 1,3, England mit 0,86 Millionen Mark, die übrigen Länder mit geringern Beträgen. Deutschland steht also zwar hier auch bei der Ausfuhr erst an zweiter Stelle, allein die großen Handelshäuser in Maracaibo sind zum größten Teil deutsch und der Handel ist daher ebenfalls großenteils in deutschen Händen; alle diese Firmen haben in den oben genannten Städten der Cordillere ihre Filialen, wie van Dyssel, Thies & Co., Breuer, Möller & Co. und andre.

Das vierte Gebiet mit großen deutschen Interessen umfaßt die Zentralstaaten zwischen Puerto Cabello—Valencia auf der einen und La Guaira—Carácas auf der andern Seite. Hier sitzen die Deutschen am zahlreichsten, und hier liegt das Zentrum der großen Ausfuhr von Kaffee und Kakao, welche für das Land von maßgebender Bedeutung ist. In den Tälern zwischen Valencia und Carácas, besonders zwischen Guacara und Los Teques sind die gewaltigen Kaffeepflanzungen, an den Mündungen der heißen Quertäler an der Meeresküste und weiter landeinwärts die Kakaopflanzungen anzutreffen; dazu kommt als drittes wichtiges Produkt Häute. So verschiffte Puerto Cabello im Jahr 1901 7,6 Mill. kg Kaffee, 373000 kg Kakao und 443000 kg Häute, dazu in geringern Mengen Ziegen- und Rehfelle, Kopra, Farb-

'und andre Hölzer sowie 66300 Stück Vieh; La Guaira im Jahr 1901 11 Mill. kg Kaffee und Kakao. Man rechnet auf Carácas allein etwa 500 Reichsdeutsche von den 1200 in Venezuela wahrscheinlich vorhandenen. Viel bedeutender aber als diese nicht besonders großen Zahlen ist die Bedeutung der Deutschen für den Handel dieser Staaten. Aus La Guaira gingen im Jahr 1901 von 175000 überhaupt ausgeführten Sack Kaffee allein 80000 nach Deutschland, gegen je 22000 nach Frankreich und den Vereinigten Staaten, 36000 nach Holland. In der Kakaoausfuhr von La Guaira stand Deutschland an zweiter Stelle, hinter Frankreich, und dies hat sich auch 1901 fortgesetzt, während im letztern Jahr das Deutsche Reich in der Kaffeeausfuhr (121000 Sack) mit 37000 von den Vereinigten Staaten mit 45000 Sack überflügelt worden ist. Dagegen vergrößerte sich die Kontantenausfuhr aus La Guaira von 20000 M. im Jahr 1900 auf 85000 M. in 1901. Bei diesen Zahlen ist jedoch zu berücksichtigen, daß auch die Ausfuhr nach den Vereinigten Staaten und nach Frankreich, wie auch in den andern Häfen zum größten Teil in deutschen Händen liegt und daß auch ein sehr großer Teil der Einfuhr von ihnen besorgt wird. Die Gesamteinfuhr von La Guaira betrug 1901 53 Mill. dz gegen 40 im Jahr 1900.

Die Gesamtausfuhr Venezuelas nach Deutschland hat im Jahr 1901 eine Verminderung gegen das Vorjahr erfahren. Von Kaffee wurden 1901 für nur 4 Millionen Mark gegen 9¹/₂ in 1900, 17²/₃ in 1895 nach Hamburg ausgeführt, von Kakao für 951000 M. gegen 2000000 und 794000, von Balatá für 1337000 gegen 2165000 M.; außerdem empfing Hamburg von Venezuela im Jahr 1901 für 600000 M. Dividivi, für 392000 M. Gummi elasticum, für 133000 M. Schmuckfedern, für 79000 M. Copaivabalsam, für 67000 M. Nutzhölzer und für 60000 M. Häute. Dafür sandte Hamburg nach Venezuela im Jahr 1901 Waren im Wert von 8800000 M. gegen 8320000 M. in 1900 und 10800000 M in 1897, davon für 300000 M. Manufakturwaren, für 2800000 M. Kunst- und Industrie-Erzeugnisse, für 2000000 M. Lebensmittel und für 880000 M. Rohstoffe und Halbfabrikate. Unter den Manufakturwaren war für 1344000 M. Baumwollwaren, für 480000 M. Leinenwaren, für 414000 M. Herren- und Damenhüte, für 250000 M. Woll- und Halbwollwaren, für 287000 M. Strumpfwaren, für 128000 M. Seiden- und Halbseidenwaren. Die Rohstoffe und Halbfabrikate bestanden vorwiegend aus Cement, Baumwollengarn, Wollen- und Halbwollengarn, Farbwaren, Drogen und Chemikalien, Eisenblech, Leder, Stearin, Leinöl, hölzernen Eisenbahnschwellen u. s. w., die Lebensmittel aus für 790000 M. Reis, 416000 M. Butter, 286000 M. Bier, ferner aus Sardinen, Käse, Malz, Wein, Chokolade und Zuckerwaren, Konserven, Hopfen, Kognak und getrockneten Fischen.

Die britische Einfuhr nach Venezuela soll jährlich etwa 12000000 M. betragen, erreichte aber im Jahr 1901 nur 10272000 M., während die Ausfuhr Venezuelas nach England, wohl viel zu hoch, auf 20000000 M. geschätzt wird. Da aber der größte Teil auch dieses Handelsumsatzes durch deutsche Häuser vermittelt wird, so ist es gänzlich falsch, wenn englische Zeitungen die deutschen Interessen in Venezuela für geringer erklären, als die britischen.

Richtig ist zwar, daß der größere Teil der Eisenbahnen in Venezuela mit britischem Geld gebaut worden ist, wie die Bahn La Guaira—Carácas, die Bahn Puerto Cabello—Valencia, die Kupferbahn von Tucacas nach Aroa und weiter nach Barquisimeto, und die Kohlenbahn von Guanta über Barcelona nach Naricual, aber diese sind nicht besonders lang. Dagegen ist die Hauptbahn des Landes, die große Venezuela-Eisenbahn, mit deutschem Geld erbaut worden. Die Gran ferrocarril de Venezuela entstand seit dem Jahr 1887 infolge eines Vertrags zwischen der Regierung von Venezuela einerseits und der Diskontogesell-

2

schaft in Berlin sowie der Norddeutschen Bank in Hamburg anderseits. Diese sogenannte Konzession Krupp-Müller wurde durch den Zivil-Ingenieur L. A. Müller, nach Zurückdrängung einer englischen Konzession ähnlicher Art von 1888—1891, ausgeführt und von 1891—1894 durch dessen Nachfolger, Carl Plock, beendet. Sie durchzieht auf 180 km Länge das Gebirgsland zwischen Carácas und Valencia mit nicht weniger als 86 Tunnel und 182 Brücken und Viadukten. Heute braucht ein Zug 7¾ Stunden zur Zurücklegung dieser Strecke, sodals man an einem Tag von Carácas nach Valencia und unter Benutzung der englischen Bahn Valencia—Puerto Cabello auch noch diesen letztern Ort erreichen kann. Leider ist versäumt worden, die letztere Bahn oder die von La Guaira nach Carácas anzukaufen, sodals die deutsche Bahn keinen Hafen zur Verfügung hat. Ihr Bau hat mindestens 60000000 M. gekostet, wodurch eine ungeheure Erhöhung der deutschen Interessen im Land erfolgt ist. Ihre Gesamtbetriebs-Einnahmen betrugen für 1900 1400000 Mark, für 1899 2144000 M., ihre Betriebs-Ausgaben für 1900 1277000 M., für 1899 1350000 M., woraus sich ein Überschuls von 153000 M. für 1900 und ein solcher von 794000 M. für 1899 ergibt; doch war darin Anfang 1901 immer bezählt. Ein Teil der Forderung des Deutschen Reichs an die Regierung von Venezuela wird durch die Entschädigungsansprüche der grofsen Venezuela-Eisenbahn gegründet und am 31. Dezember 1901 betrug die Venezuela präsentierte Rechnung bereits 1375052 M. 52 Pf. Unterdessen ist aber im Jahr 1902, infolge der schweren Revolution dieses Jahrs und der dadurch hervorgerufenen kolossalen Aufsummung der deutschen Bahn und den deutschen Handlungshäusern und Untertanen zugefügten Schäden in allen Teilen des Landes, z. B. durch die Kontribution in San Cristóbal und die Beschiefsung von Ciudad Bolivar im Mai und August 1902, die Forderung des Deutschen Reichs an Venezuela sich mächtig angeschwollen.

Überblickt man das Gesagte, so ergibt sich, dafs sich in den Beziehungen der deutschen Staatsangehörigen zu Venezuela im letzten Jahrzehnt eine Veränderung vollzogen hat. Während früher nur deutsche Handelsunternehmungen im Land bestanden, sind seit 1894 durch die Eröffnung der deutschen Bahn und seit 1900 durch die Gründung der Schwefelgrubengesellschaft bei Carúpano zahlreiche auch zu Verkehrs-, Bergwerks- und industrielle Unternehmungen hinzugekommen, und überdies wurden nach dem Sturz der Kaffeepreise im Jahr 1898 durch in gröfserm Mafs von Deutschen erworben oder mufsten erworben werden, welche diese auch zu Grofsgrundbesitzern auf dem Land gemacht haben.

An die Leser des „Geographischen Anzeigers".
Von Heinrich Fischer.

Die heutige Nummer des „Geographischen Anzeigers" weist an ihrem Kopf neben dem Namen seines bewährten bisherigen Hauptträgers einen zweiten, den meinigen auf. Es wird berechtigt erscheinen, wenn ich Pflicht und Bedürfnis empfinde, meine Anund Absichten mit wenigen Worten den Lesern zu unterbreiten.

Der „Geographische Anzeiger" hat fast vom ersten Tag an, schon durch die Art seiner Versendung, die deutsche Schule und ihren geographischen Unterricht als das eigentliche Feld seiner Wirksamkeit sich ersehen. Wenn er nun auf breiterer Basis die Förderung der schulgeographischen Interessen aufzunehmen sich anschickt und zu diesem Zweck einen Schulmann als Mitherausgeber sich ausersehen hat, so ist die Frage berechtigt, welche allgemeinen Richtlinien in diesem zeitgemäfsen und notwendigen

Kampf dieses neue Mitglied glaubt aufstellen und innehalten zu müssen.

Das Empfehlen irgend welcher alter oder neuer Methoden des Unterrichts als Heil der Zukunft kann nicht gemeint sein; das sage ich gleich anfangs rund heraus. Wir wollen keine wirklichen Freunde der Sache vor den Kopf stofsen, sondern Weitherzigkeit zu üben suchen, das Recht und den Wert der Persönlichkeit im Unterricht, die doch das eigentlich Methodische erst schafft und an Bedeutung weit überragt, bereitwillig anerkennen und nur zu verhindern suchen, dafs, was innerhalb eines vollwertigen Lehrers als Liebhaberei zu dulden ist, nun für andre zur unfruchtbaren Schablone erstarrt und dann doch noch empfohlen und gepflegt wird. Es ist damit freilich nicht gesagt, dafs wir jede Willkür im Unterricht gut heifsen könnten, im Gegenteil wird in Zukunft eine allmählich sich vollziehende Einigung auf gewisse Grundelemente des geographischen Unterrichts erstrebt werden müssen. Da nur fachmännischer Unterricht das zu leisten imstande ist, so folgt schon daraus, dafs ich mit jener oben versprochenen Weitherzigkeit nicht die Absicht gemeint habe, jedem fachmännisch Ungebildeten ein Recht auf Urteil und Beachtung in unsern Fragen einräumen zu können. Im Gegenteil ist es nach wie vor ein Unglück und die stärkste Quelle des andauernden Daniederliegens des geographischen Schulunterrichts, dafs bei vielen Lehrern sich noch immer mit einer beklagenswerten Unkenntnis über Wesen und Ziel der wissenschaftlichen Erdkunde der Glaube über sie urteilen und den Stab brechen zu können sich verbindet. Im Gegenteil wird man derartigen Stimmen, wo und wann sie auftreten, mit möglichstem Nachdruck entgegentreten müssen.

Soll nun aber innerhalb des als „geographisch" anzuerkennenden Unterrichts eine Beschränkung auf methodische Einseitigkeiten vermieden werden, so wird es doch zur Information allezeit willkommen sein, methodologische Erfahrungen und Vorschläge kennen zu lernen. Aus allen Kreisen des geographischen Unterrichtswesens stammende Mitarbeiter werden hier für Belehrung sorgen müssen, teils durch Originalarbeiten, teils durch kritische Würdigung andrer Leistungen. Ebenso wird es erspriefslich sein, aus der Flut der Neuerscheinungen auf dem Markt geographischer Lehrmittel das wirklich gute hervorzuheben und so dem suchenden und in der Wahl verlegenen Lehrer die unwillkommene, ja oft wegen Mangel an Vergleichsmaterial kaum mögliche Arbeit, sich im Einzelfall zu entscheiden, abzunehmen oder doch wesentlich zu erleichtern.

Es ist aufserdem eine den Kundigen nicht fremde Tatsache, dafs das Ausland unter dem Eindruck des ursprünglich und noch vor wenigen Jahrzehnten sehr grofsen Vorsprungs, den unser Erziehungswesen gehabt hat, von uns gelernt hat und nun stetig und in manchen Ländern mit überraschender für uns ungemütlicher Schnelle uns einzuholen strebt. Für den geographischen Unterricht kommt im besondern noch der Zusammenhang hinzu, der zwischen unsrer überlegenen kartographischen Industrie und der Weite ihres Auslandmarktes besteht, um den Anstrengungen der Amerikaner, Italiener, Engländer ein wachsames Auge zu schenken. Es kann schon jetzt kaum noch eine Frage sein, dafs wir in manchen Einzelheiten auf dem Gebiet des geographischen Unterrichts zurück zu treten beginnen; und es wird in Zukunft, bei der unbekümmerten Freudigkeit, mit der man vielerorts aufserhalb Deutschlands vorgeht, die gröfsten Anstrengungen kosten, wieder voran zu kommen. Dazu nehme man die an Gewifsheit grenzende Wahrscheinlichkeit, dafs die ungeheure Umwälzung unsres wirtschaftlichen und unsres wissenschaftlichen Lebens, die sich im verwichenen Jahrhundert vollzogen hat, mit Notwendigkeit auch einst die Schule viel tiefer beeinflussen und umgestalten wird, als das bis jetzt geschehen ist. Wenigstens gilt das für die Schule derjenigen Völker, die sich an dem Wettbewerb der Nationen um die Schöpfung rein wissenschaftlicher wie wirtschaftlicher Werte auch in Zukunft noch beteiligen wollen.

Für alles dieses brauchen wir — das ist vorerst der wichtigste Punkt, weil der Ausgangspunkt für jede weitere Besserung, in viel höhern Grad fachmännische Kapazitäten in den Lehrkörpern unsrer Schulen. Wir müssen zunächst der unglaublichen Zersplitterung unsres Unterrichtsfachs Herr geworden sein, die, fast überall verbreitet, die bescheidensten Ansprüche an einen sachgemäfsen Unterricht unmöglich macht. Jedenfalls ist es klar ausgesprochen: eine höhere Schule, ein Seminar, ja die entwickelte Volksschule einer Grofsstadt ist hinsichtlich ihrer Organisation hinter ihrer Zeit und dem, was ihr not tut, solange zurück, als nicht innerhalb ihres Lehrkörpers mindestens ein geographischer Fachmann sich findet und Gang und Lehrweise des geographischen Unterrichts an seiner Anstalt in der Hand hat resp. bestimmend beeinflufst.

Hier aber möchte ich denn, gegenüber denen, die hier „beschränkten Fachpatriotismus" wittern, mit möglichster Deutlichkeit mein pädagogisches Glaubensbekenntnis dahin abgeben, dafs ich für das Gebiet des höhern Unterrichtswesens die Klassenkonzentrationsbestrebungen, deren praktische Erfolglosigkeit ich anderseits nachgewiesen zu haben glaube[1]), für das verhängnis-

[1]) Vgl. Verhandlungen des XII. D. Geogr.-Tages in Jena S. 83 u. Tabellen.

vollste halte, was überhaupt über die deutsche höhere Schule im Lauf des 19. jahrhunderts hereingebrochen ist, und ich zum Zeugen jeden tüchtigen Lehrer meiner Bekanntschaft glaube anführen zu können. Gleichviel ob Philologe, alter oder neuer Observanz, Mathematiker oder Historiker, wenn er was taugte, wenn er die Jugend mit sich fortrifs, so geschah es, weil er in seinem „Fach" zu Hause war. Auch für das Seminar und seine Vorbereitungsanstalt — ich habe mit so manchem Seminarlehrer in Gedankenaustausch gestanden, so manches Seminars Unterrichtsbetrieb persönlich kennen gelernt — werden die Vorzüge des fachmännischen Unterrichts immer mehr anerkannt und die Lehrplaneinrichtungen danach getroffen (ich spreche hier übrigens nur von preufsischen Erfahrungen). Dafs das Heil der Zukunft auch hier im Seminarunterricht in einer Beschränkung der zu weit getriebenen Enkyklopädik und ihrer allein durch fachmännische Pflege bekämpfbaren Pflege des Gedächtnisballastes liegt, diese Erkenntnis gewinnt auch hier an Boden.

Mögen diese wenigen Worte diesmal genügen. Überzeugen werden sie nicht leicht jemanden können, dazu gehört mehr, dazu gehört die ganze Arbeit, die mit diesem „Geographischen Anzeiger" geleistet werden soll. Aber meine Farbe zu bekennen, das hielt ich gleich am Anfang für nötig. Und so fasse ich denn zum Schlufs mein Programm zusammen:

in Methodenfragen weiterzig,

bei Lehrmitteln auf der Suche nach besserm und besten,

aufmerksam auf die Fortschritte des Auslandes,

für den Fachmann gegen allpädagogisches Urbrei.

Kleine Mitteilungen.

Die Reformrealgymnasien und die schwere Schädigung der exakten Wissenschaften im besondern der Geographie an ihnen. Wenn die bisher nur provisorisch genehmigten neuen Lehrpläne der Reformrealanstalten definitiv werden sollten, so wird auch auf den „Real"gymnasien der Geographieunterricht auf den unglaublichen Tiefstand unsres Fachs an den humanistischen Anstalten gedrückt werden.

Zu unserm Glück haben die an Realanstalten gewifs recht wenig angebrachten Ansprüche der Altphilologen und eine weitgehende Erfüllung auch die Vertreter andrer Fächer mobil gemacht, so dafs die Beseitigung einer „Reform"idee herzlich wenig entsprechenden Lehrplanform möglich ist. So bedauert Prof. Dr. Wilhelm Goering, „Pädagogisches Wochenblatt" 10. Dezember 1902 in einem Artikel „Die neunklassige Reformschule und das Realgymnasium" die Beeinträchtigung von Geographie und Mathematik gegenüber den „wie eine Bombe" in den Lehrplan platzenden Lateinischen. Er erinnert sich an einen Vortrag von Klein-Göttingen, in dem dieser seine Meinung dahin geäufsert habe, dafs wenn, wie es den Anschein hätte, die „Reform"idee die Realgymnasium verhindere, den in ihr liegenden Ideale nachzuleben, sie selbst Schaden nehmen müfste und sich nicht halten könnte. — Wichtiger noch ist eine kurze Ausführung von Heinrich Boerner, Elberfeld, Direktor des Elberfelder Realgymnasiums, der autorisiert von seinen Kollegen in Lüdenscheid und Remscheid, Schulte-Tigges und von Staa sich über die Stellung des mathematisch-naturwissenschaftlichen Unterrichts im den jetzigen Lehrplan der Reformrealgymnasien Frankfurter Systems" auslässt und die „sehr starken Mängel betont, die ihn in manchen Punkten „geradezu unhaltbar" machen. Als einzigen positiven Vorschlag schlägt er aber nur Wiederherstellung der zweiten Erdkundestunde in den beiden Tertien vor. Diese Rücksicht sei von vielen Seiten dringend befürwortet. Um sie aber durchzuführen, müfste die Gesamtzahl der Schulstunden in der Tertia erhöht werden. Also: Trotz unsrer langjährigen Agitation, unsrer ewigen Erklärungen, eine Anstalt, die nicht bis obenhin Erdkundeunterricht besäfse, passe nicht mehr in unsre Zeit, wird an „Real"anstalten unter dem Schlagwort „Reform" zugunsten eines alten Sprache der Geographieunterricht auf das stärkste geschädigt!

Auch andre dem Wesen dieser Anstalt entsprechende Fächer werden wesentlich beeinträchtigt, nachdem erst die einzige Lehrplanänderung über eine solche Kürzung zugunsten des Lateinischen gebracht hat. Trotzdem — und das ist das bei allem Ungemach relativ Erfreuliche — wird eine Herabdrückung der Erdkunde auf den Zustand, den sie noch immer an humanistischen Gymnasien einnimmt, von drei Schuldirektoren, sämtlich Mathematikern (nach Kunzes Kalender) bei aller, wie ich glaube, auf die Dauer unhaltlichen Zurückdrängung der mathematisch-naturwissenschaftlichen Fächer an diesen Anstalten von vielem Unhaltbaren als das Unhaltbarste bezeichnet.

Eine restitutio in integrum ist aber, im Gegensatz zu einer durchaus wünschenswerten Verminderung der Schulstunden nur durch eine Vermehrung zu erzielen.

„Zeigt einen Weg mir an aus diesem Drang, Hilfreiche Mächte!"

Der kleine Aufsatz steht in der „Monatsschrift für die höhern Schulen", Novemberheft S. 627 ff., die bekanntlich von beiden Geheimräten des preufsischen Kultusministeriums, Matthias und Köpke, herausgegeben wird. Auch das gibt zu denken! *H. F.*

Hermann Wagner über den Unterricht in der Erdkunde.

In dem Sammelwerk „Die Reform des höhern Schulwesens in Preufsen" spricht sich unser grofser Vorkämpfer für die Lebensinteressen unsres Fachs an 15. Stelle aus. Obgleich die Arbeit knapp zwölf Seiten umfafst, ist sie doch so inhaltreich, dafs wir hier nur einige Hauptpunkte herausgreifen können.

Bei Einführung des Abiturientenexamens 1788 steht die Geographie als gleichberechtigtes Prüfungsfach neben Geschichte. Das war keine Neuerung, sondern eine Festlegung der Ueberlieferung. Unter dem Neuhumanismus, Anfang des 19. Jahrhunderts, fällt die Geographie nicht gleich dassen Bestrebungen zum Opfer, sondern hält sich infolge der Beharrungsvermögens alter Einrichtungen. Allmählich beginnt dann der jahrzehntelange Kampf, der den Erdkundeunterricht an den höhern Lehranstalten so heruntergebracht hat, dafs auch heute noch seine Stellung hinter der vor 100 Jahren ist.

Den Tiefpunkt in der äufsern Entwicklung bezeichnet die Zeit von 1859 an, in der an Gymnasien nur noch VI und V je zwei, IV und III je eine Wochenstunde der Erdkundeunterricht zugewiesen ist. Wagner klagt hierfür die Zentralverwaltung an, die es an fürsorglicher Pflege habe ermangeln lassen, und weist darauf hin, dafs der Erdkunde höchstens einige Jahrzehnte seit in sachkundigen Händen gewesen sei. Dazu kommen die Bestrebungen, das ältere Fachlehrsystem durch das Klassenlehrsystem zu verdrängen, die ja auch in der Periode 1893—1901 für unsern Stand so verhängnisvolle Folgen zu zeitigen begonnen hatten, wie ich hinzufügen möchte. Dazu kommt ferner, dafs bis 1871 kein Geograph einer Prüfungskommission angehörte, nicht einmal Karl Ritter! Die aufserordentliche Unwissenheit der Zöglinge höherer Schulen in unserm Fach wird von Militärs und Schulräten erkannt und beklagt. Eingehende Anweisungen für die Gestaltung des Unterrichts zur allgemeinen Kenntnis gebracht. Aufserordentlich wirksam ist hierbei folgende Gegenüberstellung: Als Aufgabe des geographischen Unterrichts am Gymnasium u. s. w. wird von den Behörden (Münster 1859) bezeichnet: die Schüler mit den wichtigsten Teilen

2*

der geographischen Wissenschaften in einer solchen Gründlichkeit und Ausdehnung bekannt zu machen, wie es einerseits dem Charakter dieser Anstalten, andererseits den Anforderungen entspricht, welche die Gegenwart an einen wahrhaft Gebildeten stellen muß. Wie dies von im Durchschnitt überbürdeten Lehrern, die selbst niemals Anleitung zum wissenschaftlichen Betrieb der Erdkunde empfangen hatten, bei der gleichzeitig von neuem beschnittenen Stundenzahl hätte geleistet werden können, wird nicht erörtert. Das trifft den Nagel auf den Kopf und nicht bloß für die Zeit nach 1859.

Weiterhin zeigt uns Wagner das Ringen der neuen Zeit und die einzelnen leider noch immer ungenügenden Etappen unsres Erfolgs. Hier wandeln wir auf dem Boden, der uns noch heute als Grundlage für weitere Kämpfe dienen muß. Ich hebe daher nur Einzelheiten heraus. Mit Recht rügt er die geographischen Fachlehrer der neuen Schule, die voll Begeisterung das auf der Universität aufgenommene zu unvermittelt in die Schule getragen — und zwar in die untern Klassen. Noch stärker ist freilich das System anzugreifen, das sie dazu nötigte. Man hätte ihnen die obern Klassen freigeben sollen, und der Uebelstand hätte sich gewiß nicht gezeigt. Mit Recht weist er auf den von ihm so umfassend aufgedeckten Zustand beispielloser Zersplitterung unsres Faches hin, der jeden gesunden Ansatz zu einer zweckmäßigen Methode fast unmöglich macht, und macht auf die Anweisung an die Schulverwaltungen in den Lehrplänen von 1901, den Unterricht in wenige und gleichzeitig fachmännisch befähigte Hände zu legen, aufmerksam. Angesichts des tatsächlichen Zustands unsrer höhern Schulen und der für den Erdkundeunterricht besonders empfindlichen übergeordneten Anweisung der Lehrpläne in den untern Klassen dem Klassenlehrsystem an Anrechnung zu verhelfen, habe ich freilich wenig Hoffnung, daß diese Anweisung von 1901 der von 1859 an Wirksamkeit wesentlich übertreffen wird.

Mit Freuden konstatiert er, daß endlich wenigstens eine neunklassige Schule, die Oberrealschule, seit 1901 Erdkundeunterricht bis dahin habe. „Im humanistischen Gymnasium und dem Realgymnasium soll es dagegen beim alten bleiben", fügt er resigniert hinzu. Leider muß ich hinzufügen, daß, wie ich an andrer Stelle gezeigt habe, dieser Grad der Resignation noch nicht einmal ausreicht. Denn am Realgymnasium ist derzeit Gefahr vorhanden, daß es nicht beim alten bleibt, sondern wegen des „wie eine Bombe in den Unterricht platzende Latein" der Tiefstand des humanistischen Gymnasiums in Bälde erreicht wird, sobald und soweit die des praktischen Nutzens wegen sich so sehr empfehlenden „Reform"anstalten die ältere Form verdrängen.

Hermann Wagner hat mit dieser neuen Veröffentlichung sich ein weiteres Verdienst um die Sache der wahren Reform unsres Unterrichtswesens und die Pflege eines zeitgemäßen Erdkundeunterricht an unsern höhern Schulen, die damit untrennbar verbunden ist, erworben. Er kann unsres wärmsten Dankes gewiß sein.

H. F.

Geographische Gesellschaften, Kongresse, Ausstellungen und Zeitschriften.

Am 17. Oktober 1902 wurde in Baltimore eine Geographische Gesellschaft gegründet. Zum Präsidenten wurde Dr. D. L. Gilman, zu Vizepräsidenten Benj. N. Baker und Rev. Dr. John F. Goucher, zum Generalsekretär Lawreson Riggs erwählt.

Persönliches.

Ernennungen.

Professor extraord. Dr. Ed. Brückner in Bern zum ordentlichen Professor.

Der Tiergeograph Privatdozent Dr. O. Maas in München zum außerordentlichen Professor.

Dr. Friedr. Zahn, Regierungsrat im Kaiserlich Statistischen Amt in Berlin, nebenamtlich zum außerordentlichen Professor an der Universität in Berlin.

Dr. G. Schott zum Abteilungsvorsteher bei der deutschen Seewarte und zwar zum Leiter der Abteilung für Hydrographie und maritime Meteorologie.

Professor Dr. Th. Liebisch in Göttingen zum Geheimen Bergrat.

Auszeichnungen, Orden u. s. w.

Dem Erforscher Zentralasiens Dr. Sven v. Hedin die Victoria-Medaille der Londoner Geographischen Gesellschaft und die Livingstone-Medaille der Schottischen Geographischen Gesellschaft in Edinburgh.

Professor Dr. v. Koenen der Rote Adlerorden III. Klasse mit der Schleife.

Geh. Reg.-Rat Prof. Dr. Ferd. Freiherr v. Richthofen in Berlin zum Mitgliede der Royal Society in London.

Dem Reisenden Willy Rickmers in Bremen der Rote Adlerorden IV. Klasse.

Todesfälle.

Dr. Joseph Chavanne, lange Jahre hindurch ein vielseitiger und fruchtbarer geographischer Schriftsteller, starb, fast völlig in Vergessenheit geraten, am 7. Dezember 1902 in Buenos Aires. Chavanne war am 7. August 1846 in Graz geboren, studierte in Prag und Graz und bereiste 1867—69 die Vereinigten Staaten, Mexiko, Westindien und Nordafrika und trat dann als Hilfsarbeiter in die Meteorologische Reichsanstalt in Wien ein. 1875 wurde er zum Sekretär der Wiener k. k. Geographischen Gesellschaft erwählt und ergriff gleichzeitig deren Mitteilungen. Nebenbei entfaltete er eine schriftstellerische Tätigkeit; von größeren Arbeiten sind zu erwähnen: „Die Temperaturverhältnisse Oesterreich-Ungarns", 1871; „Beiträge zur Klimatologie Oesterreich-Ungarns", 1872; „Pflanzen- und Tierleben im tropischen Urwald Amerikas", 1877; „Das Klima und sein Einfluß auf Pflanzen- und Tierwelt", 1877; Wandkarte von Afrika", 1878, 2. Auflage 1882; „Die Literatur über die Polarregion der Erde" (gemeinsam mit Karpf und Le Monnier), 1878; „Afghanistan", 1879; „Die Sahara", 1879; „Afrika im Licht unsrer Tage", 1881; „Die mittlere Höhe von Afrika", 1881; „Wandkarte von Asien", 1881; „Balbis allgemeine Erdbeschreibung", 3. Aufl. 1882; „Afrikas Ströme und Flüsse", 1883; „Jan Mayen", 1884; „Physikalischstatistischer Handatlas von Oesterreich-Ungarn" (in Gemeinschaft mit mehreren Fachleuten), 1882 bis 87; von 1886 ab redigierte er die ersten Lieferungen von Hölzels Geographischen Charakterbildern, und übernahm Chavanne im Auftrag des Kongostaats eine Expedition, um topographische Aufnahmen am Unterlauf des Kongo und am Kuilu zu machen. Ueber diese Reise veröffentlichte er: „Reisen und Forschungen im alten und neuen Kongostaat, 1884 und 85", 1887. Dieses Werk vernichtete seinen literarischen Ruf, da der Nachweis geführt wurde von den starken Entlehnungen aus Pechuel-Lösches Loango-Werk hergestellt worden war. Unglückliche Familien- und Vermögensverhältnisse veranlaßten jetzt Chavanne, sein Vaterland zu verlassen, er wandte sich 1887 nach Buenos Aires,

wo er in verschiedensten Lebensstellungen seinen Lebensunterhalt erwarb, bis er schließlich Beamter des neu begründeten Hydrographischen Amts wurde. 1890 gab er heraus: „Mapa físico de la Republica Argentina", und desgleichen „Mapa político", der 1892 eine Eisenbahnkarte folgte. Seine letzte Arbeit war: „Temperatur- und Regenverhältnisse Argentiniens", während eine Monographie über die Anden unvollendet geblieben ist.

Dr. Karl Emil Jung, der beste Kenner Australiens in Deutschland, geboren am 1. Februar 1833 in Groß-Machnow bei Berlin, starb am 2. Oktober 1902 in Leipzig. Nach Vollendung seines juristischen Studiums siedelte er nach kurzem Aufenthalt in England in der zweiten Hälfte der 50er Jahre nach Südaustralien über, wo er zunächst als Farmer, später als Lehrer seinen Lebensunterhalt suchte, bis er zum Professor für klassische Sprachen an der neu gegründeten Universität in Adelaide und endlich zum Schulinspektor der Kolonie ernannt wurde. Etwa 1875 kehrte er nach Deutschland zurück, wo er eine umfangreiche literarische Tätigkeit entfaltete und namentlich durch zahlreiche Aufsätze und Werke über Australien belehrend wirkte. Unter seinen Werken sind zu erwähnen: „Australien und Neuseeland", 1879; „Der Weltteil Australien", 1882 und 1883; „Deutsche Kolonien", 1883, 2. Aufl. 1885; „Handelsgeographisches Lexikon", 1884; „Das Deutschtum in Australien und Ozeanien", 1902.

Der belgische Generalleutnant H. Emm. Wauwermans, geboren in Brüssel am 22. Mai 1825, starb am 29. Oktober 1902 in St. Josseten-Noode. Im Jahr 1844 trat er in das Heer ein und war meistens im Geniewesen und als Lehrer auf der Kriegsschule tätig; seine letzte Stellung war Kommandeur des Genies in Antwerpen, aus welcher er 1888 in Pension ging. 1876 war er Gründer der Geographischen Gesellschaft in Antwerpen, deren I. Vorsitzender er bis 1876 blieb. Im Bulletin dieser Gesellschaft veröffentlicht er zahlreiche geographische Studien, die teilweise auch als besondere Werke erschienen sind. Zu erwähnen ist besonders: „Histoire de l'école cartographique et Anversoise du XVI. siècle", 1895. 2 Bde.

Emilio Lupi, Professor der Geographie am Istituto R. Tecnico in Rom, starb daselbst am 20. September 1902, 46 Jahre alt. Außer zahlreichen Artikeln verfaßte er: „La Tripolitania secondo le più recenti esplorazioni", 1885. Vom Britischen Museum war er mit der Bearbeitung der italienischen geographischen Bibliographie für den internationalen Katalog betraut worden.

Am 3. Dezember starb in Budapest Karl Rzika, Assistent an der Landesanstalt für Meteorologie und Erdmagnetismus.

H. W.

Besprechungen.

Biedenkapp, Dr. Georg, Im Kampf gegen Hirnbazillen, eine Philosophie der kleinen Worte mit Ergebnissen für Politik und Pädagogik. Berlin 1902, Gofs & Tetzlaff. „Dieben, Spitzbuben und Lügnern ist es ja heute so leicht gemacht, als Stützen der Gesellschaft zu fungieren, daß es einem Menschen von philosophischem Anstand fast unmöglich ist, noch einen anständigen Beruf, oder einen Beruf anständig zu finden" (X) ist Devise und Grundstimmung; die zeigt, daß die „Herzenshöflichkeit des optativus potentialis" dessentwegen das Griechische empfohlen (161), vielleicht nicht ganz stark ausgebildet worden ist.

Neben manchem Lesbaren liegt überall sehr viel Verschrobenes, das Vorbild Nietzsche ist nirgends erreicht, aber oft zu überbieten versucht. So liegt es auch in dem Kapitel „Ergebnisse für die Pädagogik" (130 ff.), in dem manche feine Beobachtung des Privatlehrers seit seiner Schülerzeit, mancher brauchbare Wink neben puren Torheiten liegt (wie dafs das Latein ein Mittel gegen Phrasendrusch sei, heiliger Cicero! doch ist das noch eine seiner kleineren Entgleisungen). Im wesentlichen will er durch Beseitigung der Religion Platz für Naturwissenschaften neben den alten Sprachen schaffen. Von den eigentlichen Bedürfnissen eines Lehrers scheint er wenig, von Erdkunde nichts zu verstehen.

H. F.

Steinweg, Dr. C., Schlufs, Eine Studie zur Schulreform. Halle 1902, Max Niemeyer.

Der Verfasser ist vermutlich (nach Kunze, Kalender 1902, Nr. 2681) ursprünglich Altsprachler, dazu dann Neusprachler, als solcher ist er an einer lateinlosen Anstalt beschäftigt; auch die Widmung gilt einem Altphilologen. Sein Inhalt betrifft Stellung und Methoden der neuen Sprachen und geht uns hier nur insofern an, als das „Verhältnis zu den übrigen Fächern" besprochen wird (5—14) und als allgemein-pädagogische Anschauungen zur Sprache kommen. An der Spitze steht das Citat „Unsre höhern Schulen sind Einheiten, die bei gleicher Art des Lehrverfahrens an verschiedenen Stoffen ein und demselben Hauptziel zustreben" und wird als richtig, ja als Richtziel anerkannt, obgleich doch dieser Täuschung zuliebe, tatsächlich allerorten das gute und tüchtige in den einzelnen Fachlehrern, jetzt seit lange auch schon in den Altphilologen, nicht zur Ausnutzung gelangen kann, Lehrer und Schüler um die Freude eines lebenswarmen Unterrichts gebracht werden. Da Steinweg im Verlauf für seine Fächer eine tiefere Bildung der Lehrer und eine bessere Methode des Unterrichts empfiehlt, darf man vielleicht hoffen, er werde trotz seines Schlufsworts für stärkern Fachunterricht sich geneigt finden lassen, sobald sich ihm ein gangbarer Weg zeigt, der aus der tatsächlich brennenden Not des „vielen Nebeneinander" und dem „Fluch der Konfusion" (10) hinausführt, ohne dafs man, wie jetzt von Neusprachlern geklagt wird (Victor, I) „Tagelöhnerdienste zu verrichten" und „Stückarbeit zu leisten" braucht. Ich möchte dem Verfasser auf meinen Artikel „Der Geographielehrer und die höhern Schulen", Oktober, November 1901 freundlich aufmerksam gemacht haben, der einen Versuch nach dieser Richtung enthält.

H. F.

Deckert, Dr. Emil, Grundzüge der Handels- und Verkehrsgeographie. 3. Aufl. 389 S. Leipzig 1902, Verlag von C. E. Poeschel. 4,20 M.

Nicht oft wird man einem zu Unterrichtszwecken bestimmten Buch so bedingungslos vollen Beifall zollen dürfen, wie dem vorliegenden, weil meist entweder aus Rücksicht auf die praktische Verwendbarkeit die Wissenschaftlichkeit etwas leidet, oder durch das Bestreben nach wissenschaftlicher Vertiefung die Benutzbarkeit solcher Unterrichtsbücher erschwert wird. Hier ist das rechte Mittelmafs mit sicherm Takt getroffen, sowohl in Auswahl des Stoffs als in der Behandlung der Einzelheiten. Mit knappen, aber doch jedem nicht geographisch gebildeten Leser verständlichen Zügen wird zunächst die Luft- und Wasserhülle und das feste Land der Erde mit den wichtigsten, die natürliche Eigenart kennzeichnenden Verhältnissen geschildert, unter steter Hervorhebung der Tatsachen, die für

Erzeugung und Austausch der für den Menschen brauchbaren Güter wichtig sind. Darauf werden nacheinander die Erdteile behandelt in der Weise, dafs auf einen allgemeinen Abschnitt über den Erdteil die Besprechung der einzelnen Wirtschaftsgebiete einsetzt. In Europa und im wesentlichen auch bei den aufsereuropäischen Ländern fällt der Begriff „Wirtschaftsgebiet" mit dem politischen Staatsumfang zusammen; beispielsweise sind in Australien unterschieden das britische, deutsche, französische, holländische, vereinsstaatliche Kolonialreich und die Neu-Hebriden. In einer Handelsgeographie hat diese Einteilung des Stoffs bei der Wichtigkeit der politischen Grenzen für das Wirtschaftsleben weit mehr Berechtigung als in einer allgemeinen Länderkunde, welche von den natürlichen geographischen Landschaften ausgehen mufs. Bedauerlich bleibt aber doch, dafs die Einheit mancher geographischen Gebilde durch die politische Gliederung des Stoffs vernichtet wird. Armenien beispielsweise wird nur bei den türkischen Staaten Asiens erwähnt, obwohl doch das russische und persische Reich grofsen Anteil an der Landschaft haben, dessen physische und kulturelle, also auch wirtschaftliche Einheit weit schärfer hervortritt als die politische Dreiteilung. In andern Fällen wird solche Zerreifsung natürlicher Landindividuen durch die politischen Grenzen erträglicher, weil vor der nach politischen Gesichtspunkten vor sich gehenden Einzelbesprechung eine zusammenfassende, den Naturverhältnissen gerecht werdende Behandlung gröfserer Landeinheiten eingetreten ist; deshalb ist die Sonderbehandlung der mitteldeutschen Kleinstaaten oder der südamerikanischen Pampasstaaten eher zu rechtfertigen.

In einem Buch, das einen ungeheuren Reichtum statistischer und andrer Einzelangaben enthält, werden in Kleinigkeiten leicht Fehler, Ungenauigkeiten oder durch Kürze des Ausdrucks hervorgerufene Unklarheiten sich finden. Nur wenige Beispiele, S. 248: „Zwischen Ob und Jenissei ist eine Kanalverbindung im Werk." Nein, sie ist längst im Betrieb; im Werk ist ihre Vergröfserung. Der Kafs-Ket-Kanal ist nur 1 m tief. — S. 252: „Die Eisenbahn, welche die Engländer (1876) von Shanghai nach Wusung gebaut hatten, wurde — wieder abgebrochen." Seit 1898 ist sie wieder in Betrieb, durch deutsche Ingenieure neu erbaut! Und weshalb ist die undeutsche, zu falscher Aussprache verleitende Schreibung Hang-tschou und Su-tscheu neben Kiau-tschou? — Ganz richtig heifst es (S. 229) über Italien: „Die Bevölkerung ist eine der einheitlichsten Europas. Nur 140000 sind Franzosen und nur 55000 Albanesen und Griechen." Aber wie verschieden an Bildung, Begabung, Lebensgewohnheiten sind doch die Italiener unter sich, die seit den ältesten Geschichte im Norden und Süden der Apenninhalbinsel verschiedene geartete Geschichtszusätze erfahren haben und durch gröfsenteils ganz getrennte politische Schicksale erzogen sind! Das Wirtschaftsleben der Poebene und Apuliens oder Siziliens geht nicht nur wegen anders gearteter natürlicher Lebensbedingungen, sondern vor allem wegen der Verschiedenheit der Bevölkerung ganz getrennte Wege.

Dr. Felix Lampe.

Harms, Volksschul-Atlas. Kleine Ausgabe des Neuen Schulatlas. 20 Kartenseiten. Braunschweig 1902, Hellmuth Wollermann. 90 Pfg.

Da der verhältnismäfsig hohe Preis der beiden bisherigen Ausgaben A und B, manche durch die Einführung erschwerte, hat Harms eine Auswahl von Karten als Ausgabe C zusammengefafst, deren Preis auf 90 Pfg. herabgesetzt

werden konnte. Auch diese bestärkt mich in der Ueberzeugung, dafs, ganz abgesehen von jeder methodischen Ansicht, Harms' Auffassung vom Kartenzeichnen nicht das Heil der Zukunft für die Schulkartographie bedeuten kann. Aber nach allen bereits gepflogenen Erörterungen erübrigt sich eine weitere Diskussion: die Zeit wird entscheiden.

Ha.

Kiesslings grofse Karte der Provinz Brandenburg. Siebenfarbig, 1 : 432690 mit Wandkolorit und Kilometereinteilung, Chausseen, Pflasterwegen und Ortsverzeichnis. 2.25 M.

Besonders, wie schon aus dem Titel hervorgeht, für Radfahrer geeignet. Zwei Farben werden für Provinz- und Kreisgrenzen verbraucht, das Gelände ist nicht dargestellt.

H. F.

Auf die Besprechung des Werks: Steckel, Das Vaterland („Geogr. Anz." 1902, S. 167), sendet der Herr Verfasser folgende Erwiderung mit der Bitte um Abdruck ein:

„1. Der Herr Rezensent stellt obiges Werk mit Kutzen, Hentschel und Merker, Kerp u. s. w. in eine Linie und kommt zu dem Ergebnis, dafs letztere durch mein Buch nicht überholt seien im Text oder Bilderschmuck. Aus keiner Zeile wird der Herr Rezensent das Vermessenheit herausgelesen haben, mich der Ueberhebung schuldig gemacht zu haben, obige Werke in den Schatten zu stellen. Der Hauptvorzug meines Buchs liegt in der methodischen Seite, indem es durch die scharf abgegrenzten Landschaftsgebiete und ihre Behandlung in einem Gesamtbild, in Einzelbildern und in Betrachtung der Kulturverhältnisse der Landschaften den Stoff übersichtlich und durchsichtig gestaltet, wobei es stets den organischen Zusammenhang von Ursache und Wirkung erkennen läfst. Der Vorzug der Bilder liegt in der Herstellung nach photographischen Aufnahmen, welche die Schönheiten in ihrer wahren Gestalt zeigen.

„2. Ueber die Kreise, an die sich beide Ausgaben des Werks wenden, bin ich sehr wohl im klaren. Gröfsere Schüler, wie die der Präparandenanstalten, Seminare und höhern Schulen von III an aufwärts, sind fähig, selbständig zu arbeiten und den im Unterricht gebotenen Stoff nach Ausgabe A zu ergänzen. Kleinern Schülern, also Kindern, ist eine solche selbständige Arbeit nicht anzumuten; bei ihnen ist nur der in Unterricht selbst gebotene Stoff zur festen Einprägung zu bringen. Um dazu den häuslichen Fleifs der Kinder verwenden zu können, sind die Merksätze in Ausgabe B für die Hand der Kinder zusammengestellt. Vorausgesetzt ist allerdings, dafs auch in höhern Schulen der eigentliche Unterricht der Kinder die Hauptsache ist, und die Arbeit des Lehrers nicht nur im Aufgeben und Abhören besteht. Doch davon darf ich absehen, da ich in dem Herrn Rezensenten einen Pädagogen vermuten darf, der mit den Lehren der Pädagogik vertraut ist. Nur das möchte ich betonen, dafs Ausgabe A für selbständige Durcharbeitung, Ausgabe B für Wiederholungsarbeit bestimmt ist.

„3. Etwas rein Nebensächliches ist es, wenn nur drei allgemeine Atlanten und drei geographische Zeitschriften im Literaturverzeichnis angeführt sind. Ebensogut könnten mindestens ein Dutzend verzeichnet sein. Aber was hat das zu tun mit dem Wert des Werks?! Derselbe liegt weder hierin, noch darin, dafs neben Ausgabe A noch Ausgabe B besteht; ebensowenig wird der Wert des Werks in Frage gestellt, wenn es andre gute Bücher nicht in den Schatten stellt. Vielmehr liegt der Vorzug des Buchs nach den Worten einer Nürnberger Zeitschrift darin, dafs ‚das Prachtwerk von grofsem

Vierteljahrshefte für den geographischen Unterricht. Herausg.: Fr. Heiderich; Verlag: Ed. Hölzel, Wien. 2. Jahrg., Heft 2.
Mackarék, Die Appalachien. — Reichardt, Zur elementaren Behandlung der Klimakunde. — Mareß, Die seibständige, Von den Leistungen der Mittelschüler im Geschichtsfach eine unabhängige Klassifikation ihrer erdkundlichen Kenntnisse, eine Grundforderung der Schulgeographie. — Kollbach, Ein Ausflug in die Hohe Rhön.

Zeitschrift für Schulgeographie. Herausg.: Dr. Anton Becker; Verlag: Alfr. Hölder, Wien. 24. Jahrg., Heft 4. Jan. 1903.
Trampler, Eine Schulgeographie aus der Mitte des 18. Jahrhunderts. — Wangemann, Ueber Samoa. — Notizen.

Aus Fernen Landen. Geographische und geschichtliche Unterhaltungsblätter. Herausg.: H. A. Seidel; Verlag: Wilh. Süsserot, Berlin. 1. Jahrg. 1903, Heft 1.
Otto, Jagden in den Urwäldern Sumatras. — Seidel, in den Steppen von Ugogo. — Sprichwörter der Suahili in Deutsch-Ostafrika. — Seidel, Die Molibaume. — Schiel, Die Schlacht bei Elandslaagte. — Seidel, Der Narr und sein Weib. — Seidel, Die Fabel vom Hasen und Swinegel im chinesischen Gewandt. — Seidel, Schande dem Feigling. — Nachrichten aus der Kolonialschule Wilhelmshof. — Aldinger, Ein sommerlicher Arbeitstag in der Deutschen Kolonialschule.

Wandern und Reisen. Illustrierte Zeitschrift für Touristik, Landes- und Volkskunde, Kunst und Sport. L. Schwann, Düsseldorf. 1. Jahrg. 1903, Heft 1.
Hesse-Wartegg, Der Ort der diesjährigen Proklamierung des Kaisers von Indien. — Busch, Die Genovefa-Burg in Mayen. — Haufe, Meine erste Bergfahrt. — Vortisch, im Winter. — Lobs, Einsame Heldfahrt. — Rüdell, Interwolk. — Eichhorn, Das Schifferhaus an der Treib. — Daden, Fritz v. Wille. — Wickmann, im Vielwipfel. — Bruns-Flüster, Eisenbahnund Dampfschiffverkehr. — Lange, Tourist und Arzt. — Girm-Hochberg, Die Touristik. — Loescher, Der Amateurphotograph. — Vogel, Automobil und Fahrrad.

Semiewjedenije. Periodische Ausgabe der Geographischen Abteilung der Gesellschaft der Freunde der Naturwissenschaft, Anthropologie und Ethnographie. Herausg.: Prof. D. N. Anutschin; in russischer Sprache. 9. Jahrg. 1903, Heft 4.
Ule, Die gegenwärtige Lage der Limnologie in Deutschland. — Anutschin, Der Baikalsee. — Korotnew, Geographische Forschungen im Balkalsee. — Anutschin, P. O. Ignatow. — Berg, Ueber die frühere Mündung des Amudarja in das Kaspische Meer. — Neuarktische Expeditionen. — Kleine Nachrichten.

Tijdschrift van het Koninklijk Nederlandsch Aardrijkskundig Genootschap. Herausg.: A. L. Van Hasselt; Verlag: E. J. Brill, Leiden. Tweede Serie, deel XX, Nr. 1. Jan. 1903.
Bruijn, S. J., De temperatuur van den onderaardschen dampen in den St. Petersberg en andere mergelgroeven bij Maastricht. — Veenhuijzen, Aanteekeningen omtrent Boleang. — Moagondo-Naschrift. — Mededeelingen.

La Géographie. Bulletin de la Société de Géographie. Herausg.: Mulot et Rabot; Verlag: Masson et Cie., Paris. VII, Nr. 1. Jan. 1903.
Bénard, Les courants de l'Atlantique Nord et du golfe de Gascogne. — Barot, L'Afrique occidentale française et ses conditions d'habitabilité. — de Flotte-Roquevaire, Voyages au Maroc du Marquis de Segonzac. — Grandidid, La situation économique de Madagascar pendant l'année 1901. — Mouvement géographique.

Revue de Géographie. Herausg.: Ch. Delagrave. XXVII, Jahrg. Jan. 1903.
Brisse, Les interêts allemands en Amérique. — Leblond, Affaires balkaniques, affaires turques (fin). — Mery, Espagne. — Lavergne, Le port de Bordeaux, sa situation économique. — Dornin, Pastels pyrénéens. — Hans, Le nouveau port de Vera Cruz. — Regelsprager, Mouvement géographique. — Sociétés et corps savants.

The Scottish Geographical Magazine. XIX, 1903. January.
Sven Hedin. — Diugelstedt, The Mussulman Subjects of Russia. — Hardy, Homua as a Geographical Agency. — Macbean, Ancient Pile: Seen through its Place Names. — Proceedings of the Royal Scot. Geogr. Soc. — Geographical Notes.

The Journal of Geography. Herausg.: Richard E. Dodge, J. Paul Goode, Edward M. Lehnerts. Vol. I, Nr. 10. Dez. 1902.
Reclamation of the Zuider Zee. — M. S. W. Jefferson, Winter Aridity Indoors. — J. Russel Smith, Geography in Germany II. — The University. — Destructions of Hailstorms with Canson. — Jones, The importance of a Consideration of Grades and Qualities of Goods. — Geography Current.

Rivista Geografica Italiana e Bolletino della Società di Studi Geografici e Coloniali in Firenze. IX, Fasc. X. Dez. 1902.
Campigli, Note biografiche sur vice-Ammiraglio Magnaghi. — Bertolini, Ancora della linea delle surgive in relazione alla lagune e al territorio veneto. — Aldo, La spedizione scientifica inglese dell'Uganda e una lettera del Dott. Aldo Castellani. — Almagià, Il Globo terrestre come organismo. — Errera, Un particolare note volte in una Carta nautica del secolo XV. Notizie.

Metzler, Dr. Ludw. Rumänien, seine Handelspolitik und sein Handel 1870—1900. 66 S. Altenburg 1902, Oskar Bonde. 2 M.
Naumberg, E. Från Kola och Ural. 9°. Stockholm, Albert Bonnier. 3 Kr. 75 ö.
Rohrbach, Paul. Vom Kaukasus zum Mittelmeer. 224 S. Leipzig 1903, B. S. Teubner.
Hutton, E. Italy and the Italians. London, Blackwood & Sons. 6 sh.

d) Asien.

Oberhummer, Eug. Die Insel Cypern. 1. Teil: Quellenkunde und Naturbeschreibung. 486 S. München 1903, Th. Ackermann. 12 M.
Kitchener, H. H. Die Insel Cypern. Auf Grund trigonometrischer Aufnahmen unter Leitung von E. Oberhummer. 1 : 500000. München 1903, Th. Ackermann. 1.20 M.
Zabel, Rudolf. Durch die Mandschurei und Sibirien. 314 S. Leipzig 1902, Georg Wigand. 20 M.
Alcock, A. A Naturalist in Indian seas, or four years with Royal Indian Marine survey ship „Investigator". 9°. London, J. Murray. 66 s.
Haeckel, Ernst. Indische Reisebriefe. 4. Aufl. 415 S. Berlin 1903, Gebr. Paetel. 16 M.
Richter, Julius. Nordindische Missionsfahrten. 325 S. Gütersloh 1903, C. Bertelsmann. 2.60 M.
Fanshawe, H. C. Delhi, past and present. London, J. Murray. 15 sh.
Wright, H. The malarial fevers of British Malaya. London, J. & A. Carchill. 3 sh.
Perthes, Dr. Georg. Briefe aus China. Nebst 25 Bildern nach Originalaufnahmen. 147 S. Gotha 1903, Justus Perthes. 3 M.
Blakesley, W. On the coasts of Cathay and Cipango forty years ago. London 1902, E. Stock. 12 sh.
Birch, J. O. Travels in North and Central China. London, Hurst & Blacket. 10 sh.
Giles, H. A. China and the Chinese. London, Macmillan & Co. 6 sh.
La China, à terre et en ballon, 272 Phototypieen. Paris, Berger-Levrault.
Fischer, Dr. Reiseeindrücke aus Shantung. (Verhandl. der Abteilung Berlin-Charlottenburg der deutschen Kolonialgesellschaft 1902/3. Bd. VII, Heft 1.) Berlin 1903, Dietr. Reimer. 60 Pf.
Siebold, Alex. Frhr. v. M. Fr. v. Siebolds letzte Reise nach Japan 1859—1862. 130 S. Leipzig 1903, Gustav Fock. 3 M.

e) Afrika.

Kelly, R. T. Egypt. 9°. London, A. & C. Black. 1 £.
Schoenfeld, Dr. E. Dagobert. Aus den Staaten der Barbaresken. Berlin 1902, Dietr. Reimer. 6 M.
Morel, E. D. Affairs of West Africa. London, W. Heinemann. 12 sh.
Gadow, Dr. O. 10 Jahre im alten Südafrika 1902—1901. Berufliche, soziale und politische Bilder aus den Erinnerungen eines deutschen Arztes. 115 S. Königsberg 1903, Wilh. Koch. 2 M.
Williams, G. F. The diamond mines of South Africa. London, Macmillan & Co. 2 à 3 sh.
Madagascar au début du XXe siècle. Paris, Soc. d'éd. scient. et litt. 20 frs.
Sprigade, Karte von Togo. 1 : 200000. F. 2. Berlin 1902, Dietr. Reimer. 2 M.

f) Amerika.

Johnston, C. New England and its neighbours. 9°. London, Macmillan & Co. 6 sh.
Flake, J. New France and New England. London 1902, Macmillan & Co. 8 sh. 6 d.
Schiele, Dr. W. Quer durch Mexiko. 234 S. Berlin 1902, Dietr. Reimer. 8 M.
Kowitsch, Prof. Dr. Die Vulkane Pelée, Krakatau, Etna, Vesuv. 35 S. Norden 1902, Diedr. Soltau. 1 M.
Brousseau, G. Les richesses de la Guyane française. Paris, Soc. d'éd. scient. et litt. 10 frs.
Reuter, Paul. Unter fremder Sonne. Schilderungen aus Venezuela. Berlin, Schuster & Löffler. 4 M.
Jannasch, Dr. R. Karte von Südbrasilien, Rio Grande do Sul, Santa Catharina, Paraná nebst den Grenzländern. 1 : 2 000000. Berlin 1902, Verlag des Export. 5 M.

g) Australien und Südsee.

Virchow, Dr. Rudolph. Australien. 20 ethnographische und anthropologische Tafeln. Mit Vorwort von Dr. L. Friederichsen und erläuterndem Text von J. S. C. Schmeltz und Dr. med. Rud. Krause. 12 S. Hamburg 1902, L. Friederichsen. 20 M.

h) Polarländer.

Bielker, W. Across Iceland. London, E. Arnold. 12 sh. 6 d.
Rink, S. Fra det Grönland som gik. 9°. Kopenhagen, H. Hagerup. 3 kr. 75 ö.

i) Schulgeographie.

Ritzengruber, Oberl. Frz. Über Schülerwanderungen. Pädagogische Abhandlung, Heft 73. 12 S. Bielefeld 1902, A. Helmich. 40 Pf.
Maro, J. Apuntes para el estudio de la geografía. Madrid, Los Hijos de M. G. Hernandez. 8 pes.
Vollmann, Remig. Werkunde in der Schule, auf Grundlage der Sachunterrichts. 1. Teil: Heimat- und Erdkunde. 122 S. München 1903, Max Heilerer. 2 M.

Geographischer Anzeiger

herausgegeben von

Dr. Hermann Haack und Oberlehrer **Heinrich Fischer**
Gotha, Friedrichsallee 3.   Berlin SW. 47, Belle-Alliancestr. 69.

| Vierter Jahrgang. | Diese Zeitschrift wird sämtlichen höhern Schulen (Gymnasien, Realgymnasien, Oberrealschulen, Progymnasien, Realschulen, Handelschulen, Seminarien und höhern Mädchenschulen) kostenfrei zugesandt. — Durch den Buchhandel oder die Post bezogen beträgt der Preis für den Jahrgang 2.60 Mk. — Aufsätze werden mit 4 Mk., kleinere Mitteilungen und Besprechungen mit 6 Mk. für die Seite vergütet. — Anzeigen: Die durchlaufende Petitzeile (oder deren Raum) 1 Mk., die dreigespaltene Petitzeile (oder deren Raum) 40 Pfg. | März 1903. |

Erdkundliche Interessen im deutschen Publikum.

Von Dr. Felix Lampe.

Was ist Bildung? Die Frage ist oft und sehr verschieden beantwortet; denn der Begriff der Allgemeinbildung ist nach seinem Inhalt an Gemüts-, Willens- und Verstandschulung schon deshalb schwer zu erschöpfen und im einzelnen klar zu umgrenzen, weil er trotz ziemlich gleichförmiger Erziehung der zu Bildenden in unseren Mittelschulen sich bei den einzelnen Gebildeten weder an Umfang, noch Vertiefung deckt. Wirkt doch, ganz abgesehen von Sonderneigungen und Veranlagungen, neben der Art und Weise und neben den Gegenständen des Schulunterrichts bei der Entstehung der allgemeinen Bildung die geistige und wirtschaftliche Lebensluft des Elternhauses, der engeren Heimat und eigenes Streben nach Selbsterziehung und Fortbildung sehr entscheidend mit. Es liegt schließlich die Allgemeinbildung wie ein Sockel unter dem Aufbau wissenschaftlicher und künstlerischer, technischer oder kaufmännischer Fachbildung, und diese Grundlage der Bildung umfaßt eine Anzahl von Tatsachenkenntnissen und eine bestimmte Erziehung der zu Bildenden in unseren Mittelschulen sich bei den einzelnen oder Richtung selbsttätigen Denkens. Sie stellt den Kreis der über die Sondertätigkeit, das Amt, den Beruf hinausgehenden geistigen Interessen dar; aber so verschieden dieser auf die Allgemeinbildung beruhende Interessenkreis in den einzelnen Volksschichten auch sein mag, er wird doch durch eine gewisse Einheitlichkeit innerhalb desselben Volkes gekennzeichnet, wenn man verschiedene Völker untereinander hinsichtlich der Eigenart ihrer Allgemeinbildung vergleicht. Beim deutschen gebildeten Publikum enthält der Umkreis geistiger Allgemeininteressen viel Spekulation, viel Ästhetik, auch viele geschichtlichen Liebhabereien. Sicherlich wäre eine Untersuchung über die Bestandteile der allgemeinen Bildung bei uns Deutschen sehr lohnend und lehrreich; sie müßte möglichst auf gesicherte Tatsachen sich stützen und sich fernhalten von bloßen Vermutungen. Hier wäre nicht der Platz zu solcher Unternehmung; wohl aber kann die Frage aufgeworfen werden, wie es mit der Erdkunde als Bestandteil dieser Allgemeinbildung steht oder wie tief im deutschen Publikum erdkundliche Interessen wurzeln.

Die Antwort könnte ausgehen von einer Prüfung der Kenntnisse und Anschauungen, welche Mittel- und Hochschulen dem heranwachsenden Geschlecht an erdkundlicher Bildung mitgeben. Aber an der Tiefe und Lebhaftigkeit derselben ist die Schule doch nicht allein verantwortlich; deshalb sei von der Herkunft erdkundlicher Interessen erst in letzter Linie gesprochen. Zunächst handelt es sich um eine Art Querschnitt durch die wichtigeren Äußerungen des Volkslebens, aus denen man auf die geistigen Interessen und auf die Bestandteile des Bildungsstrebens Rückschlüsse ziehen und insbesondere die hineingewobenen Fäden der Anteilnahme, wenigstens des gebildeten Publikums, an geographischen Vorgängen herauserkennen kann. In Betracht

käme vor allem die Beobachtung des Lesestoffes und bei der in Deutschland recht ausgiebig gepflegten Vereins- und Versammlungstätigkeit eine Prüfung der erdkundlichen Interessen, die in kolonialen, geographischen, volkskundlichen und ähnlichen Gesellschaften zu Worte kommen. Ferner ist nachzusehen, welche Rolle die Erdkunde an volkstümlichen und ähnlichen Anstalten oder Veranstaltungen zur Hebung der Allgemeinbildung spielt. Eine auf umfangreiche Zahlenangaben sich stützende, überhaupt eingehende Prüfung aller dieser Einzelheiten verbietet der Raum. Es handelt sich zunächst auch mehr um Anregungen zu einer Beobachtung erkundlicher Interessen im deutschen Publikum als um abschließendes Urteil.

Geschäftliche Rücksichten verhindern eine Statistik buchhändlerischen Absatzes von Neuerscheinungen und der Vergleich, welche Werke, immer abgesehen von Fachliteratur, am meisten vom Publikum gelesen werden. Daß im Bücherschrank jeder einigermaßen gebildeten Familie die deutschen Klassiker sich finden, ist sicherer als die Gewißheit, ob sie nach Ablauf der Schul- und Jugendzeit noch eifrig gelesen werden. Buchhändlerischer Verkauf ist noch kein bedingungsloses Anzeichen von der Durchtränkung der Bildung im Publikum mit dem Inhalt der abgesetzten Bücher! Sicher haben geschichtliche und politische Werke, etwa Sybels und Treitschkes Darstellungen von deutscher Geschichte oder die Bismarckliteratur, und philosophische Erscheinungen von Nietzsche bis zum Rembrandt-Deutschen herab Einzug in zahllose Häuser ohne geschichtliche und philosophische Sonderinteressen genommen. Von ähnlicher Kauflust für geographische Bücher war das Publikum nicht oft ergriffen, aber lesen ließ es mal. Man denke nur an Nansens „In Nacht und Eis". Auch die Schilderung der Valdiviaexpedition hat schnell eine neue Auflage erlebt. Gute Reisebeschreibungen finden immer Absatz. Bedeutendere Forschungsreisen müssen recht schnell breiteren Kreisen in einem allgemeinen Werke geschildert werden, ehe die wissenschaftlichen Ergebnisse Bearbeitung finden. Jede größere Leihbibliothek hält sich die Bücher von Stanley, Wißmann, Götzen, Sven Hedin ebenso zur Verfügung wie die von Hesse-Wartegg, Tanera, Georg Wegener, Eugen Wolf. Halbwissenschaftliche und Unterhaltungszeitschriften, auch politische Zeitungen nehmen völker- und länderkundliche Beschreibungen gern auf oder entsenden eigene Reisende, weil sie ihre Leser durch solche Berichte fesseln. Je mehr das deutsche Land sich mit Fabrikschornsteinen und wirtschaftlichen Interessenkämpfen erfüllt, flieht bunte Märchenpracht und die traumumwobene Welt von Sage und Phantasie, wie die Veranlagung unseres Volkes zum grübelnden Sinnen sie nun einmal liebt, aus dem Heimatwald in fremde Lande, wo noch Raum vorhanden scheint, sich Seltsamkeiten auszumalen. Der unleugbaren Breite, welche im Lesestoff unserer Gebildeten sich Bildenden länderkundliche Beschreibungen und Reiseschilderungen einnehmen, entspricht jedoch nicht eine wirkliche Bereicherung der Allgemeinbildung durch erdkundliche Kenntnisse oder Anschauungsweisen. Phantasiebelebendes Ge-

Geogr. Anzeiger, März.

plauder von Schriftstellern mit leichter Feder über die Fremde, die an sich für den Deutschen etwas ungemein Anziehendes hat, und die persönliche Anteilnahme an Erlebnissen, Entbehrungen, Gefahren, Erfolgen kühner Entdecker vermitteln eine zu sprunghafte, gleichsam in winterlicher Zeit erdkundliche Bildung und ziehen ebenso sehr durch romanhafte Bestandteile des Lesestoffs an als durch den Hunger nach Erkenntnis der Zustände auf der Erdoberfläche und der Kräfte, welche diese Zustände geschaffen haben.

Sehr groß ist auf deutschem Boden die Zahl von Vereinen, in denen stets oder häufig von Reisen, fernen Ländern, fremden Völkern gesprochen wird; denn nicht nur erdkundliche und koloniale Gesellschaften, sondern auch allerlei mehr allgemein wissenschaftliche, ja selbst rein gesellige Vereinigungen, in denen hin und wieder Vortrag gehalten wird, lieben geographische Themata, und unzweifelhaft wird in unserem Vaterlande an jedem Abend, zumal in winterlicher Zeit, an mehreren Stellen zugleich Erdkunde getrieben, und die geographischen und kolonialen Gesellschaften sind reich an Mitgliedern, die in keiner Beziehung zur Fachwissenschaft stehen, so daß an ihrer Geneigtheit, sich erdkundlich fortzubilden kein Zweifel möglich ist, auch wenn man gesellige Gründe zum Eintritt, Modeinteressen, allgemeine Lust am Vereinsleben oder andere Nebenumstände sehr hoch ins Anschlag bringt. Über die von den Begleitabsichten eine Lauterkeit des Strebens solcher nichtfachmännischen Mitglieder in geographischen oder ähnlichen Vereinen, sich an erdkundlichen Interessen zu beteiligen, wird ein abschließendes Urteil schwer zu fällen sein, da gesicherte Beobachtungen darüber fehlen. Man beachte aber die folgenden Zahlen über die ortsansässigen ordentlichen Mitglieder der Gesellschaft für Erdkunde in Berlin. Im Januar 1897 waren es 657. Im April trägt Nansen seine Erlebnisse im Nordpolarmeer vor, und 103 neue Mitglieder stellen sich sofort ein; das Interesse für die Geographie wird so rege, daß im Januar 1898 799 Mitglieder zu zählen sind. Im folgenden Jahr findet der internationale Geographenkongreß statt und verhindert die Abnahme der Mitglieder. Im Januar 1900 zählt die Gesellschaft 805. Dann aber beginnt das Abflauen. Anfangs 1902 sind es nur noch 754 ortsansässige Mitglieder. Zeitströmungen beeinflussen in ähnlicher Weise auch die Lebhaftigkeit, mit der in der Kolonialgesellschaft oder im Flottenverein erdkundliche Themata behandelt werden; aber die Tatsache bleibt, daß die Neigung des Publikums, sich geographisch fortzubilden zu lassen, nicht gering ist. Fragt man freilich nach den Erfolgen, so darf man sich nicht vor der Wahrnehmung verschließen, daß unsere „Gebildeten" recht ratlos wurden, als es bei plötzlichen Verwicklungen mit fernen Staaten darauf ankam, einigermaßen klare Anschauungen von der Eigenart des Landes oder von der Kraft des Volkes in China, Südafrika, Venezuela, Marokko oder im Gebiet des Mullah zu haben. Niemand wird von der Allgemeinbildung verlangen dürfen, daß fachmännische Einzelkenntnisse über diese Gegenden sofort lebendig werden; aber in solchen Augenblicken findet der Durchschnittsengländer trotz wahrscheinlich geringerer Allgemeinbildung ein sichereres Urteil, weil der Gesichtskreis, über den der Deutsche mit einiger Deutlichkeit verfügt, doch nicht viel mehr als die heimatlichen Verhältnisse umspannt. Bei einem Volke, dessen Kapitalien über die weiten Meere ausschwärmen, das Weltwirtschaft treiben will und Kolonien zu verwalten hat, bleibt diese Enge des Blickes aber bedauerlich. Trotz aller Vereinssitzungen mit erdkundlichen Vorträgen wählt man in Deutschland Leute in den Reichstag, die wie der Durchschnittsdeutsche in solchen Fällen gerade die fragliche Gegend am Atlas aufsuchen können, weil man Topographie in der Schule getrieben hat, und im übrigen vom Konversationslexikon abhängen. Und es gibt doch eine besondere erdkundliche Auffassungsweise, in welcher klare Raumvorstellung und deutliches Bewußtsein lebt

vom ursächlichen Zusammenhang der Kräfte, welche die Erdoberfläche bilden, von der Abhängigkeit der belebten Welt von den großen Tatsachen der natürlichen Ortsbeschaffenheit. Das Vereinsleben kann mit den sprunghaft-zufälligen Belehrungen so wenig diesen der Allgemeinbildung notwendigen Beisatz erdkundlicher Anschauungsweise bieten wie der Lesestoff.

Nun sind ja bei uns allerlei Hochschulkurse, Fortbildungsanstalten, Vortragsinstitute vorhanden, welche eine festere, systematischere Kenntnis verbreiten wollen. Sie scheinen recht geeignet, den erdkundlichen Interessen im Publikum festen Rückhalt zu bieten. Aber da zeigt es sich, daß diese Interessen eben doch mehr in die Breite als in die Tiefe gehen. Ein Beispiel dafür bietet die Berliner Volkshochschule Humboldtakademie, an der seit dem Jahre 1896 Erdkunde ständig gelehrt wird. Unter 100 und mehr zehnstündigen Vortragsreihen über alle möglichen, zur Allgemeinbildung gehörigen Gegenstände in einem Vierteljahr pflegt eine, höchstens zwei ein Thema aus der allgemeinen Erdkunde oder der Länderkunde zu behandeln. Es findet sich dazu ein Publikum ein, das ohne erkennbare Grundsätze aus alt und jung, Damen und Herren und allen möglichen Berufszweigen sich zusammensetzt, und zwar ein recht gutes Publikum. Wie es mit den Interessen desselben steht, zeigt folgende Zusammenstellung, hinsichtlich deren bemerkt sei, daß es sich um denselben Vortragenden handelt, daß also persönliche Gründe anziehenderer Behandlungsweise der Gegenstände ausgeschlossen sind: Systematische Zusammenfassungen, in andern Wissenschaften den Hörern der Humboldtakademie willkommen, zogen in der Geographie einmal 14, ein anderes Mal 20. Auch Überblicke über größere Gebiete reizten nicht sehr: Amerika lockte bei drei verschiedenen Versuchen 11, 21 und 15 Hörer an. Als aber zur Zeit der europäischen Truppensendungen nach Ostasien über China gesprochen wurde, stellten sich 27 Hörer ein; zur Zeit vom Ausbruch des Burenkrieges besuchten 38 die Vorträge über Südafrika. Deutschland dagegen zog 42 und Italien einmal 48, ein zweites Mal bei ermäßigten Gebühren 87 Besucher an. Das Ergebnis gleicht den schon angestellten Beobachtungen. Wenn Zeitströmungen oder ästhetisierende, patriotische und andere Begleitumstände günstig sind, läßt sich erdkundliches Interesse im Publikum leicht erregen; der eigentlich erdkundlichen Durchbildung, der Erziehung in erdkundlicher Anschauungsweise sieht man spröde entgegen, man weiß nicht recht, was davon zu erwarten ist. Bei dem Auseinanderstreben der humanistisch-geschichtlichen und der naturwissenschaftlichen Fächer in der modernen Bildung ist die Erdkunde, in naturwissenschaftlichem Boden wurzelnd und doch in nächster Berührung mit der Geschichte der Menschenwelt, vornehmlich mit ihrer kulturellen Entwicklung, am meisten geeignet, eine Verbindung und Aussöhnung herbeizuführen. Um so wunderbarer bleibt es, wenn beispielsweise in Berlin die Erdkunde an der Bildungsstätte des Viktorialyzeums keinen dauernden Platz hat, bei den Volkshochschulkursen der Universitätslehrer noch nicht Aufnahme gefunden hat und bei den wissenschaftlichen Fortbildungskursen der Volksschullehrer nur ganz selten einmal erscheint. Das Sprunghafte, Zufällige in den erdkundlichen Bestandteilen der Allgemeinbildung, die durch Lesen und Vereinsvorträge erworben werden, tritt bei dem Vergleich zu kunst- und literaturgeschichtlichen, geschichtlichen, philosophischen Vorlesungsreihen unendlich dürftigen Veranstaltungen zur Hebung geographischer Anschauungsart und länderkundlicher Kenntnis ins grellste Licht.

Nicht in vielen Ländern auf Erden reist man so gern und so in allen Volkskreisen wie in Deutschland; aber wirklich weite Strecken fernen Auslandes haben wenige gesehen, und eine noch geringere Zahl dürfte sie mit solchem Verständnis beobachtet haben, daß den Volksgenossen aus ihren Kenntnissen praktische Aufklärung erwächst. In dieser Beziehung übertrifft uns England am meisten. Bade- und Vergnügungszwecke, kunstgeschichtliche und andere Ziele locken die meisten der Reisenden, sehr viele auch der etwas unklar empfindende Landschaftsgenuß, der durch erdkundliche Auffassungsweise sich so trefflich vertiefen ließe. Aber wenn auch der Wunsch, andere Gegenden und Völker wie große Organismen und in sich geschlossene Individuen kennen zu lernen, lebendig fast in jedem reisenden Deutschen sich regt, es fehlt die Fähigkeit zu sehen, erdkundlich anzuschauen, die gestaltenden Kräfte aus der gestalteten Landschaft herauszuerkennen. Wenige unter den Kaufleuten, die ins ferne Ausland gehen, bringen Kenntnisse heim, die in Vielseitigkeit und Vertiefung über den Gesichtskreis ihrer Geschäftsinteressen hinausreichten.

Wie immer man die eingangs aufgeworfene Frage nach den erdkundlichen Bestandteilen in der deutschen Allgemeinbildung zu beantworten sucht, immer wieder ergibt sich die Antwort, daß Interesse für die Erdkunde in reichem Maße vorhanden ist, nur zu sprunghaft und willkürlich befriedigt wird, daß also die Bildung eines Autodidakten entsteht, die immer reicher an Einzelheiten als an Klarheit der Denk- und Anschauungsweise ist. Eine feste Grundlage tut not, auf welcher das Weiterstreben nach Vertiefung der erdkundlichen Interessen mehr Erfolg hat, und diese Grundlage zu sichern hat bisher der geographische Schulunterricht versäumt, weil er in den meisten Fällen nur trockene Topographie umfaßt. In rechter Weise erteilt, nämlich entgegenkommend dem Kausalhunger der Jugend, indem die ursächlichen Zusammenhänge zwischen Klima und Boden, die Wechselwirkungen zwischen den Erdräumen und dem Leben auf und in ihnen nachgewiesen werden, wird er die Lust des sich bilden wollenden Publikums erhöhen, nicht nur von Zufälligkeiten, Sonderrücksichten, Nebenumständen abhängige erdkundliche Kenntnisse sich zu erwerben, sondern auch die Eigenart geographischen Anschauens zu vertiefen, und dann erst wird Erdkunde in der Allgemeinbildung eine Mittelstellung zwischen geschichtlichen und naturwissenschaftlichen Disziplinen einnehmen, dem ästhetischen Bedürfnis des deutschen Gemüts eine feste Stütze beim Landschaftsgenuß wie bei phantastischen Ausflügen in romantische Fernen verleihen und ein Rückgrat bilden bei den praktischen Anforderungen, die an ein Weltwirtschaft und Weltpolitik treibendes Volk treten. Weshalb die Schule bisher ihre schöne Aufgabe, zu diesen Zielen mitzuwirken, nicht erreicht hat, gehört nicht in den Rahmen dieser Betrachtungen. Es genügt der Hinweis, daß eine unmittelbare Schilderung der Zustände, die im schulgeographischen Unterricht herrschen, zu demselben Ergebnis führt wie die Beobachtung über erdkundliche Bestandteile der Allgemeinbildung im Publikum: Man bedarf dringend einer Besserung des schulgeographischen Unterrichts.

Erdkunde und Reformrealgymnasium.
Von Oberlehrer Dr. C. Cherubim.

Mit großer Befriedigung können wir feststellen, daß die in der Januarnummer des „Geogr. Anz." gegebene Schilderung von der ungünstigen Stellung der Geographie am Reformrealgymnasium bereits nicht mehr ganz zutrifft. Allerdings wiesen die letzten Lehrpläne der beiden Frankfurter Reformrealgymnasien (Musterschule und Wöhlerschule) der Erdkunde nur die geringe Zahl von zehn Stunden zu, und zwar mit der ungünstigen Verteilung, daß für VI und V je zwei, für IV drei (urspr. auch zwei), für U III und O III aber nur je eine und für U II eine Stunde angesetzt waren. Anders die neuesten Lehrpläne, die bereits im März 1902 die ministerielle Genehmigung gefunden haben! Da-

nach ist an beiden Anstalten die Stundenzahl der Geographie in den Tertien um je eine erhöht worden, und die drei Stunden in IV sind beibehalten. Wir haben also die erfreuliche Erscheinung, daß die Erdkunde im Lehrplan der beiden Frankfurter Reformrealgymnasien nicht nur auf den Stand der Realgymnasien alten Stiles zurückgeführt, sondern noch um eine Stunde erhöht worden ist, — gewiß nicht zum Schaden des Reformgedankens!

Dabei ist freilich zu beachten, daß auch dieser Lehrplan vorläufig nur „versuchsweise" gilt. Und noch ein schwereres Bedenken bleibt übrig. Die erwähnte Restituierung gilt zunächst nur für die genannten beiden Frankfurter Anstalten, auf deren gemeinsamen Antrag sie erfolgt ist. Es ist nicht von vornherein gewiß, daß die zahlreichen anderen Reformrealgymnasien[1]), die ihre Lehrpläne in mehr oder minder enger Anlehnung an den alten Frankfurter Plan festgestellt haben, nun ohne weiteres diese Neuerung mitmachen werden. Es bedarf also unsererseits scharfer Aufmerksamkeit und Rührigkeit, und es wird m. E. eine der wichtigsten Aufgaben des bevorstehenden Geographentages sein, gegenüber den Reformlehrplänen die geographischen Ansprüche zu vertreten. Eine Unterlassungssünde an dieser Stelle dürfte sich späterhin schwer rächen. Gerade jetzt, wo wir doch — wenn nicht alles täuscht — an einer entscheidenden Wendung in der Entwicklung unseres höheren Schulwesens angelangt sind, wo sich, wie es amtlich heißt, die Reformschulen „in überraschender Weise vermehrt haben", werden wir auf der Hut sein müssen. Videant consules!

Mancherlei ist übrigens bei der vollzogenen Schwenkung in Frankfurt ermutigend. Daß das Gutachten der drei Direktoren[2]), das die Ansprüche der Erdkunde in der nunmehr realisierten Weise vertritt, aus dem mathematisch-naturwissenschaftlichen Lager kommt, ist als ein hocherfreuliches Zeichen schon vom Herausgeber des „Geogr. Anz." (in der Januarnummer) hervorgehoben worden, — wobei freilich bemerkt werden muß, daß bei den Vorberatungen dieser Vorschläge gerade die Geltendmachung der geographischen Interessen einem nicht mitunterzeichneten Direktor und Geographen von Fach zu danken ist. —

Nicht minder verheißungsvoll erscheint es, daß die Regierung so willig nicht nur zur Rehabilitierung der Erdkunde in U III und O III die Hand bot, sondern mit der Beibehaltung der dritten Stunde in IV sogar über das Maß des alten Realgymnasiums hinausging. Fassen wir es als ein günstiges Vorzeichen dafür auf, daß für unsere Forderung der Wiedereinführung des erdkundlichen Unterrichts in den Oberklassen und als Prüfungsfach an allen Arten von höheren Schulen die Zeit der Erfüllung nicht mehr fern ist.

Fast möchte man an das bereitwillige Entgegenkommen der beiden Frankfurter Anstalten die schöne Hoffnung knüpfen, daß das Reformrealgymnasium sich entschließen könnte, auch hier die Führerin zu werden, indem es diese unsere Forderung in seinen Lehrplan aufnähme. Es würde sich ein großes Verdienst erringen, wenn es der Anschauung des kleinen, aber überzeugten Teiles der Gebildeten unseres Volkes gerecht würde, der Überzeugung, daß **ein Geographieunterricht im modernen Sinne einen der nötigsten Bestandteile bei der Reform der deutschen Schulbildung ausmachen muß.**

Anmerkung. Indem ich diese auf meinen Wunsch erfolgte Darlegung der augenblicklichen Lehrplanverhältnisse an den oben genannten westdeutschen „Reform"realgymnasien zum

[1]) Nach der Zusammenstellung von Direktor Reinhardt in der „Reform des höheren Schulwesens" S. 339 bestehen zur Zeit 30 bereits eingerichtete Realgymnasien nach Frankfurter Muster.
[2]) Veröffentlicht im Novemberheft der „Monatsschrift für höhere Schulen" von 1902.

Abdruck bringe, glaube ich es nicht unterlassen zu dürfen, dem Verursacher der erfreulichen Wendung, Direktor Steinecke-Essen, unseren wärmsten Dank auszusprechen. Denn auf seine Veranlassung ist von den anderen Direktoren diese Wiedereinsetzung der Erdkunde vorgenommen worden. Da aber diese Einrichtung des Lehrplans, wie Dr. Cherubim zeigt, sich vorläufig nur als eine Abart des Reformplans, die nur auf besonderen Wunsch erlaubt wird, darstellt, so möchte ich unter Bezugnahme auf Dr. Cherubims Mahnung zur Aufmerksamkeit und Rührigkeit hiermit die verehrten Fachkollegen, in deren Nähe oder in deren Provinzen „Reform"realgymnasien sich gebildet haben, freundlichst bitten, mir möglichst bald Angaben über die an diesen vorgenommene Stundenverteilung für Erdkunde zukommen zu lassen.   H. F.

Die Matthias'sche Monatsschrift und unsere Forderungen an das Obergymnasium.
Von Heinrich Fischer.

Matthias, den wir doch als den geistigen Führer der reformfreundlichen Richtung im preußischen Kultusministerium ansehen dürfen, so weit das höhere Schulwesen in Betracht kommt, hat die Gelegenheit benutzt, die ihm vor Beginn des 2. Jahrganges seiner „Monatsschrift für höhere Schulen" bot, um sich im Zusammenhang über erstrebtes und erreichtes unter dem Titel „Zur Jahreswende" zu äußern.

Es wird für uns Geographen nötig sein, zur Klarstellung einige seiner Ausführungen mit Anmerkungen zu versehen. Das gilt zuerst von zwei Stellen, S. 6 und 9. Die erste lautet: „Wo Reformen ins Werk gesetzt werden, da zeigen sich revolutionäre Schwarmgeister, denen nie genug geschehen kann." So seien auch der „Monatsschrift" kühnste Reformvorschläge auf diesem oder jenem Unterrichtsgebiete oder für die Gesamtorganisation zugegangen. Da die neuen Lehrpläne aber aus einer Fülle von Vorarbeiten, der Arbeit vieler Mitwirkenden hervorgegangen seien, so sei es „nicht das Naturell eines einzelnen, sie pietätlos über den Haufen zu werfen". Dem gegenüber muß daran erinnert werden, daß an den ausschlaggebenden Junikonferenzen ein geographischer Fachmann nicht teilgenommen hat, und das Wort Geographie, abgesehen von seinem fast zufälligen Gebrauche durch Kropatscheck, nur einmal und zwar von Schwalbe angewendet worden ist in dem Ausspruche: „Die Geographie ist eigentlich an den höheren Lehranstalten so gut wie ausgeschlossen", ein Wort, das unwidersprochen blieb. So ist es denn auch erklärlich, daß nicht der einzelne Schulgeograph die neu geschaffene Lage fast immer noch unbefriedigend zu halten gezwungen ist, sondern die Gesamtheit der Fachmänner. Das ist denn auch mit vollkommener Deutlichkeit in dem Schlußsatze der Resolution des Breslauer Geographentages (Verhandlung XVII) zum klaren Ausdrucke gekommen: „Es erscheint dringend wünschenswert, den geographischen Unterricht an sämtlichen höheren Lehranstalten des deutschen Sprachgebiets bis in die obersten Klassen selbständig durchzuführen."

Aber gerade durch die Breslauer Resolution könnte ein Gegner versucht sein, die andere oben vorgemerkte Stelle aus dem Matthiasschen Artikel anzuwenden, denn sie lautet: „Die Erfahrung bezeugt ja, daß in Versammlungen vielfach nicht das verständige, sondern das glänzende und für den Augenblick berechnete Wort die entscheidende Wirkung ausübt, und daß der einzelne leichten Herzens etwas mit anderen zusammen sagt, was er allein und mit voller persönlicher Verantwortung nicht aus-

sprechen würde, daß, um es einmal deutlich (zu) sagen, viele kluge Männer, von denen jeder einzelne nur kluges sagen würde, als Versammlung herzliche Torheiten aussprechen können." Obwohl ich versucht bin, diese Ausführung auf zwei rheinische Versammlungen von Nichtgeographen anzuwenden, die sich dennoch im vorigen Jahre mit der Behandlung der Schulgeographie in sehr apodiktischer Form befaßt haben, weise ich doch nur darauf hin, daß derartiges für Halbtagsversammlungen, wie jene, vielleicht zutreffen mag, nicht aber für Tagungen, wie die Geographentage es sind, bei denen niemals der Beschluß dem Vortrage des Redners folgen kann, sondern mit vollkommener Sachlichkeit in der letzten Sitzung vorgenommen wird. Ich weise aber ferner darauf hin, daß die deutschen Geographen seit mehr als 20 jahren stets dieselben Forderungen aufgestellt haben. Es wäre wohl ein Wunder zu nennen, wenn eine so dauerhafte Überzeugung nur auf der Wirkung von für den Augenblick berechneten glänzenden Worten beruhte.

Nun bin ich ja vollkommen sicher, daß Matthias selbst an diese Anwendung seiner Worte nicht gedacht hat, sie ist aber zweifellos möglich, und bei der Fülle von Gegnern einer fortschreitenden Entwicklung unseres höheren Schulwesens ist es gewiß dienlich, die hier verborgene Zwickmühle aufzudecken: spricht ein einzelner von uns, so wirft er die „Arbeit vieler pietätlos über den Haufen", spricht eine einmütige Versammlung, so besteht der Verdacht, daß ihre Meinungsäußerung eine „herzliche Torheit" ist.

Habe ich diese Stellen herausgehoben, um etwaige für uns bedenkliche Folgen zu verhüten, so finde ich zwei andere (6, 7), auf die ich mit Freuden als ein für uns verwertbares Zeugnis hinweisen möchte. Matthias spricht dort von „Pflege des wissenschaftlichen Sinnes" und sagt „eine Scheidung der Lehrer (aber) in eigentliche Gelehrte und Lehrer im engeren Sinne, von der man wohl gesprochen hat, also in eine Art von wissenschaftlichen Oberlehrer und von paukenden und drillenden Elementar-Oberlehrer, die man in Frankreich Pions nennt, müssen wir abweisen." Nun kann es gar nicht zweifelhaft sein, daß das jetzige Stadium der Entwicklung der „Reform"anstalten die Gefahr einer solchen Scheidung sehr nahe legt. Der „realistische" Lehrer bringt unten „ein Wissen der Tatsachen" bei, um mit Reinhardt zu sprechen, während er oben zurückgedrängt, resp. wie z. B. die Geographen, noch gar nicht zur Geltung gekommen ist, sondern zur „Abschöpfung des geistigen Gehalts der Dinge" (Reinhardt) dem Altphilologen den Platz räumen muß. Das ist ein für uns je länger je mehr unerträglicher und wie gesagt durch diese erste Etappe auf dem Wege zu einer Reformanstalt wesentlich verschärfter Zustand. Jedenfalls wenden wir auch dieser neuen Erscheinung gegenüber den Kampf um das Obergymnasium nicht aufgeben. Und so mache hierfür möge uns ein Wort Matthias' (Monatsschrift I, S. 580) als Devise dienen. Indem er nämlich von der Zukunft einer Erneuerung des propädeutischen Unterrichts in Philosophie auf dem Obergymnasium erhofft, schreibt er: „Ob für diese Unterweisungen Zeit frei zu machen sei, ob Lehrer vorhanden sind, die den Mut haben, verloren gegangenes Terrain wieder zu erobern, muß die Erfahrung lehren und das heranwachsende Geschlecht unserer jugendlichen Lehrkräfte, die sich hoffentlich solchen Fragen mit gleicher Energie und Wärme zuwenden, wie das Geschlecht vor ihm den materiellen Interessen." Daß auch für uns Geographen es sich im Obergymnasium um „verloren gegangenes Terrain" handelt, hat uns erst neulich wieder Hermann Wagner in dem vom Ministerium veranlaßten Sammelbande von Lexis gezeigt (vgl. den Jahrgang S. 7), an der nötigen Energie und Wärme aber werden wir es gewiß nicht fehlen lassen.

Kleine Mitteilungen.

Dr. Boerners scharfe Anklage an das Realreformgymnasium (Monatsschrift f. höh. Schulen I, 627 ff., s. auch Geogr. Anz. S. 7), daß es infolge des wie eine Bombe in den Unterricht platzenden Lateinisch in eine „geradezu unhaltbare" Lage gekommen sei, wird von dem Herausgeber von „Natur und Schule" Landsberg II, S. 77 besprochen. Die Berechtigung zu Boerners Vorstoß wird nicht bestritten, wohl aber werden die Vorschläge Boerners einer abfälligen Kritik unterzogen, da die Biologie bei ihrer Erfüllung „ganz von den oberen Klassen verdrängt" würde, während es doch höchst notwendig sei, daß diesem Unterrichte seine Kontinuität bis I bewahrt bleibe.

Es ist für uns Geographen besonders wichtig, dem Kampfe der Biologen um zeitgemäße Berücksichtigung ihrer Wissenschaft an den höheren Schulen aufmerksam zu folgen. Sie stehen unter demselben Drucke wie wir und kämpfen für ein ganz ähnliches Ziel. Unkenntnis bei uns oder bei ihnen über den anderen, könnte leicht zu einer beide Teile schädigenden Konkurrenz führen, während Gemeinsamkeit des Kampfes natürlich das praktisch gegebene sein muß. *H. F.*

An Herrn Heinrich Fischer.

Meine Schrift „Der Deutsche und sein Vaterland" ist von der deutschen Presse und dem deutschen gebildeten Publikum so über alles Erwarten günstig aufgenommen worden, daß mich vereinzelte Tadel und Mißverständnisse nicht ernstlich verdrießen können. Ärger als Herr Heinrich Fischer hat mich aber kaum ein Leser mißverstanden, vielleicht durch meine Schuld, weil ich mich nicht klar genug ausgedrückt habe. Er meint (Geogr. Anz. 1902 Nov.-Nr., S. 166), daß ich „die Kultur und den Boden, aus dem unsere Dialektdichtung gewachsen ist, völlig mißachte, daß mir das ein ganz unbekanntes Terrain sei, daß ich lediglich durch das Medium der Dialektdichtung unsere Schüler das deutsche Vaterland wolle kennen lehren, daß ich also von modernem Erdkundeunterricht noch nichts gemerkt habe". Wenn der Herr Berichterstatter wüßte, daß ich ein Sohn des deutschen Landschaftsmalers Louis Gurlitt bin, daß ich selbst Skizzenbücher mit Landschaften aller Teile Deutschlands gefüllt habe, keine Reise mache, ohne zu skizzieren, Schülerfahrten zu diesem Zwecke als Zeichenlehrer anrege, im Vorstand der Studenten- und Schülervereinigung „Wandervogel" tätig bin, um der Wanderlust unserer Jugend zu dienen und um sie dadurch mit ihrem Heimatlande vertraut zu machen, wenn er meine einschlägige Aufsätze, die ich in meiner Schrift citiere, gelesen hätte, oder nur die Schlußbetrachtung (S. 132) des Wortlautes: „damit den kleinen Raum, Zeit und Neigung bleibe, sich . . . auf Wanderungen in deutschen Fluren selbst zu vergessen" und die Worte über „Naturbeobachtung in Feld und Wald", wenn er wüßte, daß ich als Schüler Hermann Wagners und gerade jetzt wieder mit erdkundlichen Unterricht in Tertia betraut, auch den „modernen" Erdkundeunterricht und die einschlägige Literatur einigermaßen kenne, und sich vorzustellen versucht hätte, welchen starken Einfluß mein Bruder Cornelius, einer der wirksamsten und anerkanntesten Führer auf dem Pfade, der uns zu einer Heimatkunst führen soll, auf meine ganze Bildung gewinnen mußte, mit einem Worte, wenn er mich kennen würde, dann könnte er ein so falsches Urteil über mich nicht in die Welt setzen. Ich bin überzeugt, daß wir uns bei einer ruhigen Aussprache als

völlige Gesinnungsgenossen entdecken würden. Um eine solche Verständigung herbeizuführen, muß aber auf beiden Seiten der Wunsch bestehen, richtig aufzufassen, was der andere sagt. Ich will mich deshalb noch einmal etwas klarer aussprechen: „Ich wünschte, daß unsere Schüler im Erdkundeunterricht wenig mit Gedächtnisarbeit belastet, dafür durch Anschauung vertraut gemacht würden mit den Naturgesetzen und Bodengestaltungen der Erde und mit dem Einfluß, den beide Faktoren auf Leben und Kultur der Bewohner, zumal in der deutschen Heimat, gewonnen haben". Wenn ich die Lektüre von Allmers, Reuter, Klaus Groth u. a. forderte, so geschah es nicht zum geringsten Teile deshalb, um aus ihnen Gewinn für den erdkundlichen Unterricht zu schöpfen. Ich lese z. B. selbst meinen Schülern aus Allmers Marschenbuche, über Ebbe und Flut, Springfluten, Deiche, Dünen, Marsch und Geest u. dergl. und aus Buchholtz' Geographischen Charakterbildern vor, bringe dazu meine eigenen Skizzen von Sylt, Helgoland, Rügen, Tirol, Italien, Griechenland, England mit in die Klasse und habe erst im letzten Herbst mit 30 Schülern eine Wanderung in die Lüneburger Heide unternommen und sie dabei auch erdkundlich belehrt.

Daß aber tatsächlich noch vielfach in Erdkundestunden die von mir getadelte leere Gedächtnisarbeit betrieben wird, das weiß Herr Fischer als Fachmann gewiß besser noch als ich, und deshalb hätte er mich nicht tadeln sollen, wenn ich mich gegen diesen Mißbrauch mit einigen scharfen Worten gewendet habe.

Dr. Ludwig Gurlitt.

Die vorstehend abgedruckte Erwiderung Gurlitts ist für mich und unsere Sache durchaus erfreulich. Was mich zunächst persönlich betrifft, so kann ich aus den von mir angezogenen Stellen freilich auch heute noch nichts anderes herauslesen, als was mit dürren Worten darin steht. Aber ich nehme gern den Auswag an den Gurlitt selbst angibt, daß er sich an den fraglichen Stellen nicht ganz klar ausgedrückt habe, was für einen bei seinem Gegenstand nebensächlichen Punkt ich aber wird er es nicht verargen, wenn ich auf dies vereinzelte schiefe Urteil eines vielgelesenen Buches hingewiesen habe, da die augenscheinliche Gefahr einer Schädigung unserer geographischen Interessen mit ihnen verbunden war. Seine Wünsche für den geographischen Unterricht unterschreibe ich im übrigen gern und mit Freuden, und möchte nur eine allzu starke Beschränkung auf heimatkundlichen Unterricht, unserer errungenen noch mehr aber „zur zu erringenden Weltstellung gemäß, nicht für ganz dienlich halten. Ich setze das Urteil eines Amerikaners (J. Rusell Smith, The Journal of Geogr. I, 430) her, das nach dieser Richtung hin zu denken gibt: One result (der geographische Unterricht in deutschen Schulen) is a surprising ignorance of foreign countries, and America is no exception. It is not uncommon for a person knowing that you speak English to ask if you are English or American, and then „are you a North American or a South American?" has got so simple let us auch damit nicht. Der einzige Weg zur Besserung, einer der unseligen Folge des Überdrucks verbalistischer Fächer daniederliegendes höheres Schulwesen, ist das wir die Bahn frei machen und den Aufenthalt an den Schulen möglich und erfreulich für Männer, die mit „modernen" Augen in die Welt sehen. Sie werden unserer höheren Schule von der Universität geschickt, das ist kein Zweifel, aber unsere Schule kann

sie für gewöhnlich nicht so recht brauchen. Wenn ich mit Gurlitt in diesem Kampfe mit uns einig ist, und ich möchte es nach seinen Worten für beinahe gewiß halten, so soll es mich erst recht nicht reuen, ihn so citiert zu haben, wie es ich kaum erfahren. Ich habe aber nur den einen Wunsch noch, nämlich den, daß er in der nächsten Auflage, die sein Buch erleben wird, den Absatz S. 64 so umgestaltet, daß es etwa heißt: „der Erdkunde ist, freilich erst nachdem sie durch Übergang in die Hände von Fachleuten von ihrem Gedächtnisballast gründlich gereinigt ist, bis zum Schulschluß ein so breiter Raum im Unterricht einzuräumen, daß die je länger je mehr unerläßlichen heimatkundlichen und geographischen Schülerwanderungen wirklich vorgenommen werden können und ein Geograph befriedigende Arbeit an der höheren Schule findet. *H. F.*

In der **Matthiasschen Monatsschrift** (Jan. 1903) gibt der bekannte Pädagoge Münch eine eingehende Besprechung des Sammelwerkes „Die Reform der höheren Schulwesens in Preußen" und äußert sich auch über Wagners „Der Unterricht in der Erdkunde" (S. 17). Wiewohl es nur einige kurze Sätze sind, mit denen er Wagners Arbeit berührt, müssen wir doch zu ihnen Stellung nehmen, wegen der Bedeutung des sich aulgebenen Pädagogen und — wegen dieser seiner Äußerung selbst. Münch schreibt nämlich zum Schluß: „daß ,eine Schulwissenschaft der Geographie' erst noch begründet werden soll", überrascht immerhin denjenigen einigermaßen, der bereits eine große Anzahl von Fachlehrern diesen Unterricht in pädagogisch und wissenschaftlich gleich schätzbarer Weise hat erteilen sehen."

Wir würden Herrn Geh. Rat Münch sehr dankbar sein, wenn er ihm bekannte „große Anzahl von Fachlehrern", die in dieser erfreulichen Weise tätig sind, namhaft machte. Natürlich würde er, mit mit so dankenswertem Nachdruck auf das Recht der Persönlichkeit im Unterricht hingewiesen hat, allen den Unterricht als pädagogisch nicht zulässige Art ausschließen müssen, der den unterrichtenden selbst noch nicht so erscheint, und würde es als ein Recht der wissenschaftlichen Erdkunde anerkennen müssen, wenn deren Vertreter den Unterricht mancher anderer als wissenschaftlich nicht schätzbar bezeichneten. Schließlich möchte es sein Erstaunen wohl mehr mindern, wenn er, der „Menschenart" 234 so lebhaft die Beobachtung der pädagogischen Entwicklung des Auslandes empfiehlt, das schon anderntorts angeführte Wort eines amerikanischen Pädagogen erfährt: as Resultat des geographischen Unterrichts in Deutschland sei a surprising ignorance of foreign countries. *H. F.*

Das große Sammelwerk „**Die Reform der höheren Unterrichtswesens in Preußen**", das Lexis unter Anregung des preußischen Kultusministeriums und in Verbindung mit zahlreichen (19) Fachleuten herausgegeben hat (Halle 1902, Waisenhaus, XIV u. 436 S.), ist in diesem Blatte (Geogr. Anz., S. 7) bereits in einem kurzen Abschnitt schon (Geogr. Anz., S. 7) gewürdigt worden. Es wird aber noch oft darauf zurückzukommen nötig sein, denn es ist als ein Markstein in der Entwicklung unseres Unterrichtswesens geachtet, insofern, als es die Schulreform vor 1901 als die Grundlage für die Weiterentwicklung unseres höheren Schulwesens ansieht. Ist nun auch das Vorwort des Herausgebers (XI) so gehalten, daß es mehr zur Beruhigung derjenigen dienen wird, die den „Bruch mit der Vergangenheit" fürchteten, so sind doch auch hoffnungsvolle Zeichen genug, die erlauben, in der Schulreform von 1901 weniger eine „endgültige Lösung" als den ersten kräftigen Ansatz zu einer „sich durchsetzenden Entwicklung" zu sehen, die es uns gestattet, auszurufen: Das Eis ist gebrochen, der Weg wird frei, wohlauf zu neuer Fahrt und Arbeit!

Ich nenne einiges, das uns näher angeht. Voran steht der Allerhöchste Erlaß vom 26. November 1900 und in ihm der wichtige Satz (IX) „für die Erdkunde bleibt sowohl auf den Gymnasien wie auf den Realgymnasien zu wünschen, daß der Unterricht in die Hand von Fachlehrern gelegt wird."

Freilich gestatten nun die folgenden Abschnitte „Geschichtlicher Rückblick" von Rethwisch, „Das Prinzip der Gleichwertigkeit u.s.w." von Paulsen, „Staatsfürsorge und Selbstverantwortung im Zutritt zur Universität" von Cauer, „Die Berechtigung zum Universitätsstudium im allgemeinen" von Lexis, noch keinen Schluß auf eine weitergehende Anteilnahme an den Aufgaben und Zielen der modernen Erdkunde, es herrscht aber doch so viel freiheitliche Anschauung überhaupt hier, es weht ein so gesunder, frischer Geist, daß ich die Hoffnung nicht unterdrücken kann, die Erkenntnis des Nötigen, Nützlichen und Zeitgemäßen werde sich in einer von alten Vorurteilen so wenig verfinsterten Luft in demselben Grade Bahn brechen, als es uns gelingt, unsere Sache ernsthaft, deutlich und häufig genug vorzutragen.

Dies wird ja nun gerade in diesen Blättern unsere stete Aufgabe sein; und ich frage gleich damit an, indem ich auf Abschnitt IX, S. 118, hinweise: „Der Unterrichtsbetrieb im allgemeinen" vom M. Heynacher, Gymnasialdirektor in Hildesheim.

Heynacher beginnt damit, völlig zutreffend als „eigentümlichstes Merkmal unseres Unterrichtsbetriebs die Vielheit der Lehrgegenstände" hervorzuheben und diese „allen Gesetzen der Psychologie, allen Erfahrungen des Lebens hohnsprechende Zersplitterung" zu verurteilen. Dem gegenüber ist es gewiß von größter Bedeutung, wenn er, der erfahrene Schulmann trotzdem, wenige Seiten später (132) den Satz schreiben kann: „Sehr zu wünschen wäre, daß der Erdkunde, ihrer steigenden Bedeutung für uns Deutsche entsprechend, in Zukunft irgend eine Gymnasium etwas mehr Platz geschafft würde."[1] Und nicht mehr: dieselben Worte Kropatschecks, mit denen er der für ihn vorliegenden Umgestaltung unseres modernen Unterrichtswesens gerecht zu werden, Ausdruck gab, die auch ich als den Zustand unseres höheren Unterrichtswesens trefflich bezeichnend hervorgehoben habe[2]) jene Aufzählung der Fächer, die nach Erweiterung oder Berücksichtigung im Unterricht drängten, ist auch für ihn eigentlich der Ausgangspunkt seiner Betrachtung (120. 121). Und trotzdem der Wunsch für unser Fach! Es wird schon dabei bleiben, daß wir am besten für uns wie fürs ganze sorgen, wenn wir den tatsächlichen Verhältnissen, auch wenn sie einer einfachen unmittelbaren Erfüllung unserer Wünsche zunächst hinderlich scheinen mögen, klar und

[1] Dabei freilich, daß in aller Zukunft dem Lehrer der Mathematik oder der Physik die mathematische Erdkunde auf den obern Stufen zufallen sollte, können wir uns natürlich anderweitig nicht beruhigen.

[2] Verhandlungen des XIII. Deutschen Geographentages, S. 97, 98, und Zeitschrift der Gesellschaft für Erdkunde 1902, S. 122.

unbefangen ins Auge sehen und die Nöte unseres Faches zwar zum Teil seiner Jugend und Unbekanntschaft in weiten maßgebenden Kreisen, besonders doch aber als Symptom der allgemeinen Krankheit unseres Schulwesens, der Zersplitterung zuschreiben. Kommen wir nicht mit unmöglichen Vorschlägen einer einseitigen fachfanatischen Symptomtherapie, so wird man auch uns nicht mit Konzentrationslösungen kommen dürfen, die uns nur kein Vertrauen in das Geschick und den Beruf des Heilkünstlers gestatten würden.

Außerdem habe ich freilich noch einige Einwendungen zu machen: Das „Geheimnis seines Erfolgs" (121) liegt beim Reformgymnasium weniger in der Möglichkeit größerer Konzentration als einerseits in der Hingabe seiner Anhänger im Oberlehrerstand an das neue, ihnen bessere, anderseits in seinen äußeren Vorteilen besonders für die schnell ortswechselnde Beamtenschaft. Spielt aber daneben die Möglichkeit größerer Konzentration eine gewisse Rolle, so dürfen wir nicht vergessen, daß diese vorläufig lediglich dem Altphilologen und dem humanistischen Gymnasium zugute kommt, platzte doch bekanntlich an den Reform-Realgymnasien das Latein ohne jede Konzentrationsrücksicht wie eine Bombe in den Unterricht. Ferner kann ich mir meiner Kenntnis nach unbedingt nicht zugeben, daß die Gefahr der Zersplitterung für die Zöglinge der Lehrerseminarien an geringsten ist. Diese Gefahr besteht durchaus auch dort, und wird von berufener Seite erkannt, wie die Bestrebungen gerade diesen, seit Anfang der 70er Jahre vielleicht etwas stiefmütterlich behandelten Zweig unseres Unterrichtswesens, dem zu heben, uns beweisen.

Und damit genug für diesmal. H. F.

Oberlehrerexamen in Frankreich (concours d'agrégation d'histoire et de géographie).

Die Novembernummer des Annales de géographie enthält die Angabe der Themen für die Examen vom Juli-August 1902 und das „Programm" für 1903.

Zur Orientierung diene folgende Angabe: Das Examen wird in Paris und einigen anderen Städten gleichzeitig und unter Vorlegung derselben Themen im Hochsommer abgehalten. Es besteht aus einer Klausurarbeit (composition écrite de géographie), ähnlich unserer Aufnahmeprüfung für die Kriegsakademie etc., einigen leçons pédagogiques de géographie d. h. einfacheren Darlegungen der geographischen Verhältnisse irgend eines Gebiets, berechnet für das Begriffsvermögen älterer Knaben (ca. 15 Jahre), und einigen leçons de géographie, wissenschaftlich gehaltene Darlegungen. Belde die l. p. de géogr. und die l. de géogr. finden vor einem Kollegium prüfender Fachmänner statt.

Die „composition" hieß nun für dieses Jahr Le Rhône, étude de fleuve. Die l. p. de géogr. waren fünf: 1. La répartition de la surface du globe, 2. Les alizés et les moussons, 3. de l'érosion par les eaux courantes, 4. Principaux types de côtes, 5. Iles et récifs coralligènes. Die l. d. géogr. waren 24, davon die ersten 7 aus Frankreich, z. B. l'ancienne province de France, la lune central; 14 aus Afrika, natürlich aus dem französischen Interessengebiet (ich mache auf l'orographie et les régions naturelles du Maroc aufmerksam!) und drei sonst aus der Welt, Neusüdwales, physische Skizzen von Neuseeland, die Eingeborenen Oceaniens.

Die de composition und die leçons de géogr. werden die großen Gebiete, aus denen das Thema genommen werden soll, im Ausgang des vorhergehenden Jahres bekannt gegeben. So ist für die Prüfung Juli-August 1903 folgendes „Programm" aufgestellt: 1. Géographie physique générale, 2. l'Europe occidentale (wird gerechnet bis Österreich ohne Ungarn), 3. Les Alpes, 4. l'Amérique du Nord, 5. l'Amérique centrale (auf Antillen und Panama ist besonders hingewiesen), 6. Les grands produits alimentaires dans le monde. Wie man sieht, ein sehr umfassendes Gebiet.

Wir können diese, persönliches Interesse und individuelle Neigung, äußerst erschwerende straffe Zentralisation nicht unbedingt gutheißen. Sie wird, wie auf anderen Gebieten, so auch hier von einsichtigen Franzosen beklagt. „Viele glauben, wenn sie zu diesem Examen stark, aber ohne Freude, gearbeitet haben, sie hätten nun genug getan; und froh eine Stellung gefunden zu haben, arbeiten sie in Zukunft nur das allernotwendigste", äußerte sich mir gegenüber ein französischer Fachkollege. H. F.

Geographische Gesellschaften, Kongresse, Ausstellungen und Zeitschriften.

Der XIII. Deutsche Geographentag wird in der Woche nach Pfingsten vom 2. bis 4. Juni in Cöln a. Rh. stattfinden. Gegenstand der Beratung sind: Die bisherigen Berichte über die Deutsche Südpolarexpedition, Meereskunde, Wirtschaftsgeographie, Landeskunde des Rheinlandes, schulgeographische Fragen. Vorträge über diese Fragen sind bei dem Vorsitzenden des Ortsausschusses, Prof. Dr. H. Schumacher (Cöln, Goebenstr. 7) baldigst anzumelden. Anmeldungen als Mitglied oder Teilnehmer des Geographentages sind an den Generalsekretär des Ortsausschusses Prof. Dr. K. Hassert (Cöln, Bismarckstr. 31) zu richten. Ständige Mitglieder zahlen im Versammlungsjahr 6 Mark Beitrag, wofür sie die Berichte über die Verhandlungen ohne Nachzahlung erhalten, Teilnehmer zahlen nur einen Beitrag von 4 Mark, erhalten aber die gedruckten Verhandlungen nicht unentgeltlich, haben jedoch während der Dauer der Tagung dieselben Rechte wie die Mitglieder.

Der internationale Kongress der historischen Wissenschaften wird, nachdem die vorbereitete Zusammenkunft im Jahre 1902 verschoben werden mußte, vom 2.—9. April in Rom tagen; eine Sektion wird sich besonders mit historischer Geographie und Geschichte der Geographie befassen. Wünsche, betr. Wohnungen, sind an Dr. Maxim. Claar, Rom, Via Due Macelli 60, zu richten.

Dem Vorsitzenden des Stuttgarter Vereins für Handelsgeographie, Graf Linden, sind von Württembergern im Auslande 350000 Mark zur Erbauung eines Museums für Länder- und Völkerkunde zur Verfügung gestellt worden.

Am 11. Oktober 1902 wurde in Berlin eine Marokkanische Gesellschaft gegründet, die den Zweck verfolgt, die geographischen und wirtschaftlichen Verhältnisse Marokkos zu erforschen, die Interessen Deutschlands in Marokko zu schützen und die Beziehungen beider Länder zu pflegen und zu fördern. Unter den nächsten praktischen Aufgaben sind folgende rein geographische Unternehmungen hervorzuheben: Geologische Expedition nach dem Sus zur Erforschung der Salpeter- und Phosphatlager, Herausgabe einer großen deutschen Karte über Marokko, Anschaffung einer Spezialbibliothek über Marokko. Zum Ehrenvorsitzenden wurde Prof. Dr. Theob. Fischer in Marburg, zum ersten Vorsitzenden Dr. jur. et phil. P. Mohr in Berlin, zum zweiten Vorsitzenden Graf Joachim Pfeil, Schloß Friedersdorf, Kr. Lauban, erwählt.

Persönliches.

Ernennungen.

Professor Dr. E. Brückner in Bern ist nicht, wie in Heft 1 erwähnt wurde, zum ordentlichen Professor ernannt, sondern für eine neue Amtsperiode bestätigt worden; er war bereits seit 1891 ordentlicher Professor.

Dr. O. Forke, bisher Dolmetscher in China, zum Lektor des Chinesischen am Orientalischen Seminar in Berlin.

Privatdozent Dr. jur. Ignaz Gruber zum ordentlichen Professor an der Universität Wien.

Aug. Vict. Lebeuf, Dozent an der Universität Montpellier, zum Direktor des astronom.-meteorolog. Observatoriums daselbst.

Dr. Ed. Mazelle zum Direktor des k. k. astronom.-meteorolog. Observatoriums in Triest.

Franz Novotný zum ordentlichen Professor für Geodäsie an der Böhmischen Technischen Hochschule in Prag.

Professor Dr. Osann in Mülhausen i. E. zum außerordentlichen Professor für Mineralogie an der Universität Freiburg i. B.

Oberst Pavel ist von dem Kommando der Schutztruppe in Kamerun zurückgetreten und zu den Offizieren von der Armee versetzt worden.

Dr. Paul Preuß, langjähriger Leiter des Versuchsgartens in Victoria, Kamerun, tritt in den Ruhestand.

Will Lutley Sclater, Direktor des Südafrikanischen Museums in Kapstadt, zum Sekretär der Zoolog. Society in London, an Stelle seines in den Ruhestand tretenden Vaters P. L. Sclater.

Auszeichnungen, Orden u. s. w.

C. A. Angot vom Bureau Central-Météorologique in Paris zum Ehrenmitglied der R. Meteorol. Society in London.

Geh. Bergrat Beyschlag Roter Adlerorden 4. Klasse.

Geh. Bergrat Prof. Dr. Branco Roter Adlerorden 3. Klasse.

Major v. Götzen, Gouverneur von Ostafrika, Kronenorden 3. Klasse.

Professor Dr. O. Gerland in Straßburg, Roter Adlerorden 3. Klasse mit der Schleife.

Linienschiffskapitän Herm. Ritter v. Jedina tritt in den Ruhestand mit dem Charakter als Kontre-Admiral.

Dr. Sven v. Hedin zum Kommandeur der Ehrenlegion, Kronenorden 2. Klasse mit dem Stern, Goldene Nachtigal-Medaille und Ehrenmitglied der Berliner Gesellschaft für Erdkunde, Kirchenpauer-Medaille der Hamburger Geogr. Gesellschaft, Rüppell-Medaille des Frankfurter Vereins für Geographie und Statistik, Goldene Medaille der Ital. Geogr. Gesellschaft, Ehrenmitglied der Münchener Geogr. Gesellschaft.

Geh. Baurat H. Keller, Vorstand der Preuß. Landesanstalt für Wasserwesen, Roter Adlerorden 3. Klasse mit der Schleife.

Dr. J. Martin, Vorstand des Großherzoglichen Museums in Oldenburg, zum Professor.

Prof. W. L. Moore vom U.-L Weather Bureau, zum Ehrenmitglied der R. Meteorolog. Society in London.

Prof. Dr. Albrecht Penck in Wien zum Hofrat.

Oberlehrer Dr. Paul Schnell in Mülhausen i. Th. zum Professor.

Professor F. Treptow an der Bergakademie in Freiberg i. S. zum Oberbergrat.

Geh. Reg.-Rat Prof. Dr. Herm. Wagner in Göttingen Kronenorden 2. Klasse.

Prof. Dr. J. Wiesner in Wien zum Auswärtigen Mitglied der Linnean Society in London und zum korrespondierenden Mitglied der Gesellschaft der Wissenschaften in Göttingen.

Todesfälle.

Pieter Roelof Bos, Lehrer an der Höheren Bürgerschule in Groningen, geb. daselbst 19. Februar 1847, starb in seiner Heimat am 22. Juni 1902. Der Verstorbene hat sich um die Förderung des geographischen Unterrichts in den Niederlanden durch Herausgabe von Lehrbüchern und Atlanten verdient gemacht, auch auf ethnographischem Gebiet, namentlich der niederländischen Volkskunde, war er vielfach tätig.

General de Colomb, einer der älteren Erforscher der algierischen Sahara, geb. am 6. Januar 1823 in Figeac, ist am 19. November 1902 in Cahors gestorben. Im November 1844 trat er in die Armee ein und zwar in das algierische Armeekorps, welches er erst im Laufe des Krieges 1870 verlassen sollte. Seine Haupttätigkeit entfaltete er in dem Teile der Sahara südlich von Oran, welche er auf zahlreichen Kriegszügen bis Figig und den Tuat-Oasen durchstreifte. Über seine Erfahrungen veröffentlichte er: „Exploration des Uksours et des oasis du Sahara de la province d'Oran", 1858; „Notice sur les oasis du Sahara et les routes qui y conduisent", 1860, welche damals einen bedeutenden Fortschritt in der Kenntnis der Sahara bedeuteten. Als Brigadegeneral kehrte er im September 1870 nach Frankreich zurück, wo er seitdem blieb und bis zum Korpskommandeur avancierte. 1888 zog er sich vom aktiven Dienst zurück.

Victor Martin Colonieu, verdienstvoller Pionier in der algierischen Sahara, geb. 19. Jan. 1826 in Orange, starb als General am 17. Sept. 1902 in Mostaganem, Algier. Er war 1847 in Algier in die Armee eingetreten und hat die Kolonie nur auf kurze Zeit wieder verlassen. Er war der erste, der 1860 bis zu den Oasen Ourara und Tuat vordrang, und treffliche topographische Aufnahmen zurückbrachte. 1887 mit der Unterdrückung des Aufstands von Bu-Amama betraut, sicherte er die französische Herrschaft durch die Errichtung der Stationen Ain Sefra und Mecheria.

Sir Sydney G. Alex. Shippard, hervorragender südafrikanischer Staatsmann, starb Ende 1902 in London. Seit 1873 war er in verschiedenen Stellungen in Südafrika tätig, 1885 nahm er an der Kommission zur Bestimmung der Grenze von Deutsch-Südwestafrika teil und war endlich 1885—1895 Kommissar für Britisch Betschuanaland, in welcher Stellung er nach dem Jameson-Einfall zwischen Transvaal und den englischen Empörern in Johannesburg vermittelte.

Der niederländische Pathologe und Mediziner Prof. Dr. Barend Jos. Stokvis, ein Begründer der Tropenhygiene, starb am 28. September 1902 in Amsterdam, wo er 1834 geboren war.

Der russische Staatsrat und Astronom Franz Xaver v. Schwarz, zuletzt Observator an der erdmagnetischen Station der Münchener Sternwarte, starb nach schwerem Leiden am 20. Januar 1903 in München durch eigene Hand. In den 70er Jahren war Schwarz vom General Kaufmann nach Russisch-Turkestan berufen worden und hat sich daselbst durch Errichtung der Sternwarte in Taschkent, namentlich aber durch zahlreiche Positionsbestimmungen, die er auf vielen Reisen in Turkestan und den Grenzländern ausführte und welche die Grundlage für die Karten dieses Gebietes bilden, hervorragende Verdienste erworben. Nach seiner Rückkehr nach München veröffentlichte er: „Alexander des Großen Feldzüge in Turkestan" 1893, in welchem er auf Grund seiner Ortskenntnis die von Alexander verfolgten Wege zu

rekonstruieren suchte. In den Werken „Sintflut und Menschheit", 1874, und „Turkestan, die Wiege der indo-europäischen Völker", 1900, welche eine Fülle guter und richtiger Einzelbeobachtungen enthalten, ließ er einem zügellosen Dilettantismus die Zügel schießen.

Dr. Carl Ritter v. Scherzer, der hervorragende Forschungsreisende und Wirtschaftsgeograph, geb. am 1. Mai 1821 in Wien, starb am 20. Februar 1903 in Görz. In den Jahren 1852—55 bereiste er mit Moritz Wagner Nord- und Mittelamerika: „Reisen in Nordamerika" (mit Wagner) 3 Bde. 1854; „Die Republik Costa Rica" (mit Wagner), 1856; „Wanderungen durch die mittelamerikanischen Freistaaten Nicaragua, Honduras und San Salvador", 1857; „Historia del origen de los Indios de la provincia de Guatemala", 1857; „Aus dem Natur- und Völkerleben im tropischen Amerika", 1864. Bald nach seiner Rückkehr, die er über Asien und Australien bewerkstelligte, womit er seine erste Weltumsegelung ausführte, wurde er zur Teilnahme an der „Novara"-Expedition 1857—59 berufen; sein Tagebuch bildete die Grundlage seines beschreibenden Teiles der Reise (3 Bde. 1862). Nach seiner Rückkehr wurde er in den Ritterstand erhoben und nach Beendigung des statistisch-kommerziellen Teiles der Novara-Expedition (2 Bde. 1864) als Ministerialrat in das Handelsministerium berufen, wo er die Abteilung für Handelsstatistik und Volkswirtschaft ins Leben rief. 1869 trat er mit der ostasiatischen Expedition eine neue Weltreise an: „Fachmännische Berichte über die österreichisch-ungarische Expedition nach Siam, China und Japan", 1872. Nach Abschluß dieses Werkes trat er in den Konsulatsdienst, war 1872—75 Generalkonsul in Smyrna (Smyrna 1873), bis 1878 in London, dann in Leipzig und 1884—96 in Genua, worauf er in den Ruhestand trat. Weitere Schriften sind: „Weltindustrie", 1880; „Das wirtschaftliche Leben der Völker", 1885. Für Behms Geograph. Jahrbuch verfaßte er mehrere Jahre die Mitteilungen über den Welthandel.

In Stockholm starb am 14. Oktober 1902 Prof. Dr. Rubeson, Direktor des meteorologischen Zentralinstituts, geb. am 10. April 1829.

H. W.

Besprechungen.

Gruber, Dr. Christian, Zur Reform des geographischen Unterrichts an höheren Lehranstalten. Beilage zur Allgemeinen Zeitung, 1902, Nr. 266.

Ein, wie sich bei dem Verfasser denken läßt, inhaltreicher und weittreffender Aufsatz, der nur deshalb hier nicht ausführlich besprochen wird, weil dies besser bei Gelegenheit von Grubers nächstdem erscheinender eben dort angekündigter Schrift „Neue Bahnen für den geographischen Unterricht" geschehen kann. Voll bestätige ich Grubers einleitende Bemerkung über den etwas unkrauthaften Charakter und die Überfülle eines großen Teiles der heutigen geographischen Schulliteratur, und noch lieber den Satz gegen den Schluß: „eines (ist) unerläßlich: Die geographische Belehrung muß systematisch und selbständig durch alle Stufen der Mittelschulen fortgesetzt und bis zur der Prima — soweit als möglich — zum Abschluß gebracht werden . . . . Lieber beschränke man jene in der Sexta und Quinta auf die eigentliche Heimatkunde mit einer Wochenstunde oder lasse sie selbst gänzlich ausfallen, als daß man die Oberklassen leer ausgehen läßt."

6*

Auch ich würde einem Verlust im Untergymnasium kaum eine Träne nachweinen, wenn sie mit entsprechender Ausdehnung oben zu erreichen wäre. Aber die Schul„reform"?!

H. F.

Noth, O., Erweiterung — Beschränkung, Ausdehnung — Vertiefung des Lehrstoffs. Ein Beitrag zu einer noch nicht gelösten Frage. Pädagogisches Magazin, 181. Heft, 1902.

Die Not des höheren Unterrichtswesens, den neuen Wein einer anders gewordenen Zeit in die alten Schläuche der heutigen Schulen zu füllen, macht sich je länger je mehr naturgemäß auch im Volksschulwesen bemerkbar. Der hier gegebene Lösungsversuch ist zutreffend gezeichneten Verhältnisse ist mir zu einseitig „pädagogisch". Das Fantom einer möglichen „allgemeinen Bildung", das sich im Oebiet gymnasialer Erziehung immer mehr verflüchtigt, findet hier noch eine breite, erst zu überwindende Aufnahme. Die Stellung zur erdkundlichen Lehrmethode (68—70) stützt sich ganz überwiegend auf Harms. Wenn aber der Verfasser (S. 5—7) den bekannten Vortrag A. Fischers „Über die wörtliche Benutzung des Lehrbuchs" (XIII. Geogr.-Tag) erst mit Recht scharf abweist und dann schließt „Herr Professor Fischer kann ein sehr achtenswerter Mann und auch ein tüchtiger Geograph oder Gelehrter sein, aber — ein Pädagoge ist er nicht", und dann die Geringschätzung der Pädagogik unter den Akademikern an jener bösen Entgleisung schuld sein soll, so müssen wir uns diesen Vorstoß ernsthaft verbitten. A. Fischer hat in seinem Vortrag versucht, ein Pädagoge zu sein; davon, daß er Geograph und Gelehrter sei, hat man bis zur Stunde noch nichts vernommen.

H. F.

Piltz, Ernst, Aufgaben und Fragen für Naturbeobachtung des Schülers in der Heimat. Weimar 1902. 70 Pf.

Das Buch, welches in 5. Auflage vorliegt, soll den Schüler durch bestimmte Aufgaben und an sie anknüpfende Fragen in die Heimat einführen. Gedacht ist es für Volksschulen, sowie für die unteren und mittleren Klassen der höheren Lehranstalten. Obwohl für Schüler bestimmt, kann es Lehrern, die nach der Methode des Verfassers zu unterrichten beginnen, warm empfohlen werden. Der Verfasser geht davon aus, daß nicht blos die Beschreibung der Naturgegenstände und der Naturerscheinungen gegeben werden soll, vielmehr soll die Abhängigkeit der Naturgeschöpfe von der Umgebung und von einander und der Zusammenhang der Naturerscheinungen zum Bewußtsein gebracht werden. Dazu dient die Beobachtung.

An dieser Stelle sind die Kapitel: Von dem Himmel, von der Luft, von dem Erdboden, von dem Wasser hervorzuheben. Die Aufgaben machen den Schüler mit Methoden der Forschung unter Benutzung möglichst einfacher Hilfsmittel bekannt; die Beobachtungen führen ein in die astronomische Geographie, die Witterungskunde und die Geologie und erklären insbesondere die Verwitterungserscheinungen; aus ihnen folgt die Anregung zu weiterem Nachdenken, in der Stellung der Fragen seitens des Schülers. In der Stellung der Fragen hat sich der Verf. mit Recht weise Beschränkung auferlegt.

Aufgefallen sind dem Referenten das vollständige Absehen von Beobachtungen am Barometer und auch die geringe Berücksichtigung des Menschen. Da die Heimatkunde als Vorbereitung für die Geographie zu gelten hat, so würden Beobachtungen nach diesen

beiden Seiten hin wohl nicht ungerechtfertigt sein. — Die Bemerkung nach § 33 kann den Irrtum hervorrufen, daß überall auf der Erde die Bodentemperatur in 20 m Tiefe zu suchen ist.

Dr. Liebetrau.

Stucki, O., Schülerbüchlein für den Unterricht in der Schweizer Geographie. 4. verbesserte Auflage. Zürich 1902, Art. Institut Orell-Füssli.

Dies Lehrbuch setzt die Heimatkenntnis voraus, welche in der Schweiz im Rahmen des jeweiligen Heimatkantons entwickelt zu werden pflegt. Im übrigen ist es wohl für keine bestimmte Schulart oder Schulstufe gedacht, sondern auf das allgemeine Bedürfnis der elementaren detaillierteren Behandlung der Schweiz zugeschnitten. Der um die schweizerische Schulgeographie verdiente Verfasser geht nicht den in den hiesigen Geographielehrmitteln noch fast allgemein üblichen Weg der unverhohlen altmodischen Schematisierung. Die Einzeldarstellung beginnt ohne allgemeinen Überblick mit der Landschaft des Vierwaldstätter Sees. Dann aber folgen die Kantone in der historischen und offiziellen Reihenfolge: Uri, Schwyz, Unterwalden, Luzern, Glarus, Zug, Zürich, Bern etc., eine Anordnung, die denn doch auf einige starke Bedenken stößt, weil sie kein Verweilen im Naturgebiet zuläßt, sondern zu beständigem Hin- und Herwandern zwischen Alpen, Mittelland und Jura zwingt.

Die Ausführung ist von dem methodischen Hauptgedanken getragen, daß die Geographie des Vaterlandes einen Reichtum an Natur- und Kulturvorstellungen, aber auch von völkischsittlichen Gedanken zu vermitteln und durch Assoziation nach allen möglichen Richtungen hin festzulegen habe.

Indessen ist der Fehler des bloßen Erwähnens oder Aufgebens nicht immer vermieden, z. B. bei Unterwalden, Zug und den Graubündner Tälern. Meist bringt das Buch bei jedem Kanton in einfach - anschaulicher Sprache einen Kerngegenstand, so z. B. bei Uri die Gotthardtbahn und die Reußquelle, bei Schwyz den Goldauerbergsturz und den Wallfahrtsort Einsiedeln. Solche Einzelbilder haben in hervorragendem Maße erzieherisches, begriffsbildenden Wert. Der Text nimmt direkt Bezug auf die Illustrationen, deren Zahl aber nur zu groß ist. Befinden sich doch darunter mehrere, die, sei es gegen die Forderung der Naturtreue (Bergsteiger, Zug, Wasser), sei es gegen diejenige der Leichtfaßlichkeit (Schaffhausen) verstoßen. Auf 123 Seiten Text mehr als 50 Seiten Illustrationen ist wohl zuviel, als sich mit der Aufgabe gerade dieses Unterrichts, phantasiefördernd zu sein, verträgt.

Der größere Teil des Stoffes ist nicht im fortlaufenden Texte verarbeitet, sondern den „Fragen und Aufgaben zugewiesen", die jeder Kantonsdarstellung folgen, gelegentlich dieselbe auch ganz ersetzen. Hier tritt nun die Assoziation ganz besonders in ihr Recht, Physikalisches, Technisches, Historisches und Statistisches wird in bunter Fülle herangezogen, der Unterricht darf abschweifen, eine Wohltat für so manche Schule, wo vordem nur die Dinge auf der Karte „gemerkt" wurden. Aber wird die Wohltat nicht zur Plage durch das Zuvielerlei der Fragens, das Zuviel des Aufgebens? Sollten nicht wenigstens die vielen rein rechnerischen Aufgaben mit dem frisch aus dem neuesten Bande des Statistischen Jahrbuchs übernommenen, nirgends abgerundeten Zahlen weggelassen sein? Was soll die Arealstatistik mit den öden Quadratkilometerzahlen, was die bis auf die Einerziffer berechnete Bevölkerungsdichtigkeit bei jedem einzelnen Kan-

ton? Die Jugend seufzt noch immer nicht über die Vielwisserei der Zeit, sie spottet noch immer. Basel hat 3135 Einwohner per Quadratkilometer, welche gruselige Vorstellung für ein Menschenkind von 13 Jahren! Bisweilen sind die Fragen formell anfechtbar. So wird bei erster gleich [eine (unmöglichkeit) auszurechnen] bleibt die Fahrzeit unerwähnt [sie steht zehn Seiten weiter vorn]. Die „Entfernung" von Luzern bis Bellinzona beträgt nicht 175, sondern rund 100 km. Hier ist aber die „Eisenbahnstrecke" gemeint.

Der vorliegenden Neuauflage sind zwölf kleine Abschnitte „Die Schweiz im allgemeinen" beigefügt. Die Lage des Landes wird auch hier nicht behandelt. Sie ist „genau nach der Karte anzugeben". Und doch ist je gerade die Lage eines ganzen Landes mit am schwersten aus der Karte herauszulesen. Im Abschnitt Bodengestalt sind die Alpen unzutreffend charakterisiert. „Kalke" sind keine Urgesteine; in den Voralpen sind die harten Kalksteine so weit verbreitet, daß es nicht angeht, sich auf den Satz zu beschränken: In den Voralpen herrschen weichere Kalke und Schiefer vor, und eben so falsch ist die gleich folgende Bemerkung: „Sie erscheinen als rechtwinklig zu den Hochalpen verlaufende Ketten", da wir doch eine Stockhorn-, eine Pilatus- und eine Glärnischkette haben, welche ostnordöstlich, also parallel zur großen Hauptrichtung der Alpen, verlaufen.

Das Klima ist nicht mit der wünschenswerten Leichtfaßlichkeit klar. Der Föhn ist, statt beschrieben, theoretisch erklärt, die Erklärung befriedigt nicht. Die Luft wird nie im Aufsteigen „viel schwerer", trotz der Abkühlung. Der Oegensatz von Nord- und Südabdachung der Alpen, doch gewiß eines der fruchtbarsten unter den klimatischen Themata, ist unbeachtet gelassen. Besser sind die jüngeren Hinzufügungen der Neuauflage.

Dr. H. Walser.

Die Heimatkunde als Grundlage für den Unterricht in den Realien auf allen Klassenstufen. Nach den Grundsätzen Herbarts und Ritters, dargetan an der Stadt Chemnitz und ihrer Umgebung, in achtzehn Lektionen. Von H. Prüll. Mit zwölf Einzelkärtchen und einer Gesamtkarte von M. Kuhnert. Ausgabe A 3: veränderte und vermehrte Auflage. Leipzig 1902, Ernst Wunderlich.

Oeh. 1.50 M., geb. 2 M.

Prülls bekanntes Buch verdient die Aufnahme, die es erfahren hat. Sorgfältig und vielseitig sind die einzelnen Ausführungen. Die Änderungen in der neuen Ausgabe, soweit ich sie konstatieren konnte, sind gleichwertig mit den früher Gebotenen. Neu ist die Lektion „Aus der Geologie der Heimat" eingefügt. Es dürfte interessieren, daß auch ein Sonderhefchen die Geschichte der Heimat in Einzelbildern, im allgemeinen Verlag erschienen, behandelt. Man wird zumal für die beigegebenen Kärtchen dem Verfasser dankbar sein. Es hält sie für notwendig zur dauernden Einprägung und im Interesse eines verständigen Kartenlesens. Dadurch, so setzte er schon in der ersten Auflage auseinander, werden die Schüler angeleitet, für die angeschauten geographischen Objekte der Heimat bestimmte allgemein giltige Zeichen zu setzen, so daß sie im späteren geographischen Unterricht unter den Strichen, Schraffierungen u.s.w. der Wand- und Landkarten annähernd die wirklichen Landschaften vorstellen können. Der Lehrer wird freilich bei solchen Zeichnungen sich des Farbstifts und der farbigen Kreide bedienen. Davon mußte der Verlag der Buchherstellungskosten wegen absehen. Zum rechten Segen gereicht ein richtiger Heimatsunterricht, wie ihn Prüll nahelegt, wenn mehr und mehr auch der andere Unterricht die Heimat und die Selbstbeobachtung des Schülers verwertet. So mag bei dieser Gelegenheit auch empfehlend auf die „Deutschen Aufsätze für die oberen Klassen der Volksschule und für Mittelschulen" von Paul Th. Hermann, die im gleichen Verlag erschienen sind, und auf Friedrich Hummels „Stoffe zu Aufsätzen aus dem Erfahrungskreis des Schülers", die bei Adolf Bonz & Co. in Stuttgart erschienen sind, hingewiesen werden. Prüll hat ja selbst in seinen Anwendungen solche Ausarbeitungen nahegelegt, z. B. S. 66. Chemnitz ist übrigens besonders glücklich daran in bezug auf Hilfsmittel für Heimatkunde; so existiert auch eine von Pelz verfaßte Schrift: „Die Geologie der Heimat", die mir freilich noch nicht zu Gesicht gekommen ist.

O. Steinel-Kaiserslautern.

Giese, Dr. A., Deutsche Bürgerkunde. 3. vermehrte und verbesserte Auflage. Leipzig 1903, R. Voigtländers Verlag.   1,50 M.

Der reiche Inhalt des kleinen Buches gliedert sich in drei Abschnitte. Zunächst wird in 20 Paragraphen, die von Entstehung, Verfassung, Verwaltung, besonderen Formen der staatlichen Lebens handeln, eine Allgemeine Staatslehre vorgetragen. Dann folgt in einem zweiten Teile die besondere Darstellung des Deutschen Reiches, des preußischen Staates und der außerpreußischen Länder hinsichtlich der Rechte und Pflichten der einzelnen Verwaltungsinstanzen, der Bürger selbst, hinsichtlich der Verwaltungszweige. Der dritte Abschnitt enthält die Elemente der Volkswirtschaftslehre. Die Darstellung ist knapp, doch selbst für Schüler höherer Klassen leicht verständlich, durch Beispiele belebt und nicht allzu ausgiebig durch Zahlenmengen belastet. Der Inhalt ist zu wenig geographisch, um hier näher geprüft zu werden, enthält aber in einzelnen Angaben, wie in manchen Auffassungen Ungenauigkeiten. Die Friedensstärke des deutschen Heeres wird durch Reichsgesetz nicht „auf fünf Jahre" festgesetzt, sondern jedesmal auf eine bestimmte Frist; mehrfach waren es sieben Jahre, nur gegenwärtig sind es fünf. Verkehrt ist die veraltete Anschauung, daß in der Entwicklung der Kultur eine Stufe des Hirtenlebens der höheren Ackerbaustufe vorausgegangen sei. Der Widerlegung dieser Auffassung, die besonders Dr. E. Hahn in seinem trefflichen Buche über die Haustiere und in anderen Arbeiten bekämpft hat, schließt sich auch Schmollers Grundriß der Allgemeinen Volkswirtschaftslehre I, 195 an.

Dr. Felix Lampe.

Hassert, Dr. Kurt, Die neuen deutschen Erwerbungen in der Südsee: Karolinen, Marianen und Samoa-Inseln. Leipzig 1903, Dr. Seele u. Komp. 112 S.   2,25 M.

Vorliegende Broschüre hat der Verfasser, Professor der Erdkunde an der Handels-Hochschule in Cöln, als Nachtrag zu seinem größeren Werke „Deutschlands Kolonien", welches 1899 in Leipzig erschien, herausgegeben. Die neuesten deutschen Besitzungen im Stillen Ozean, die in jenem Buche noch nicht enthalten waren, sind hier in einer zusammenfassenden Übersicht geschildert. Das erste Kapitel bringt einen knappen und klaren Überblick über die Geschichte der Erwerbung dieser Gebiete und die drei folgenden Kapitel enthalten eine ausführliche und recht ansprechende Darstellung der Landeskunde der drei Inselgruppen. Besonders interessant ist bei der Besprechung der ethno-

graphischen Verhältnisse der Nachweis, wie in sozialem Leben, Sitte und Brauch der Mikronesier sich papuanische und polynesische Eigentümlichkeiten berühren. Das letzte und für Laien und Fachmann lehrreichste Kapitel bringt eine Würdigung des kolonialen Nutzwertes dieser Südseeerwerbungen. Die mikronesischen Inseln werden nach der Ansicht des Verfassers trotz üppigen Wachstums der Kokospalme im Welthandel nie eine Rolle spielen, trotzdem rechtfertigt ihre günstige verkehrsgeographische Lage sowie den politische Gesichtspunkt, daß sich zwischen unserem melanesischen und ostasiatischen Besitz keine fremde Macht einschiebt, den hohen Kaufpreis dieser Gebiete. Samoa ist nicht nur durch seine günstige Lage, sondern auch als Landwirtschaftskolonie, in welcher neben tropischen Fruchtbäumen und Gewürzpflanzen, Kakao und Tabak ausgezeichnet gedeihen, „des Schweißes selbst der Edelsten wert". Die Darstellung ist recht gewandt und angenehm lesbar, nur stört die leider neuerdings aufkommende Abkürzung „Pacifik", „Atlantik" etc. Auch fehlen bedauerlicherweise Karten und Abbildungen.

Dr. Max Georg Schmidt.

Amrein, O., Das Hochgebirge, sein Klima und seine Bedeutung für den gesunden und kranken Menschen. Separatabdruck aus den „Mitteilungen der Ostschweiz. Geogr.-Commerc. Gesellschaft". 8°, 27 S.

Der erste Teil des am 12. April 1902 gehaltenen Vortrags behandelt, nach einigen einleitenden Bemerkungen über die Entwicklung des Naturgefühls, meist nach Hanns Klimatologie die Natur des Hochgebirgsklimas, dessen Hauptfaktoren sind: niederer Luftdruck, niedrige Lufttemperatur, Trockenheit der Luft, Reinheit von Bakterien, Sonnenreichtum, Winde (Tag- und Nachtwinde, Föhn) Elektrizitätsmenge und Ozongehalt. Die Ausführungen über die Bedeutung für den gesunden Menschen stützen sich in erster Linie auf Blutuntersuchungen und lassen sich zusammenfassen in den Satz: „Das Höhenklima wirkt anregend auf die Tätigkeit der verschiedensten Organsysteme unseres Körpers . . . und führt zu gesteigerter Leistungsfähigkeit und Kräftigung", was ja die Praxis hinreichend bestätigt. Interessant sind die Bemerkungen über Schneeblindheit, die selten zu völliger Blindheit wird, und über die Bergkrankheit, die Amrein mit anderen Forschern nicht auf Sauerstoff-, sondern auf Kohlensäuremangel zurückführt. Der letzte Teil, die Einwirkung des Höhenklimas auf den kranken Menschen, schildert die günstige Beeinflussung von Lungen- und Nervenleiden, Bronchialasthma, Fettleibigkeit, Malaria und Basedowscher Krankheit.

K. Oroch.

Wolf, Karl, Aus dem Volksleben Tirols. 8°, 182 S. Innsbruck 1902, A. Edlinger. geb. 3 M.

Auf seinen zahlreichen Berg- und Talwanderungen hat der Verfasser, der bereits durch eine Reihe von Tyroler Erzählungen bekannt ist, die Volksseele zu belauschen oft Gelegenheit gehabt und sich bemüht, diese einfachen Leute mit ihren harten äußeren Sitten, aber desto tieferem Gemüt zu verstehen. Aus einem reichen Schatz von Erfahrungen schöpft derselbe auch in dem vorliegenden Büchlein, welches bei einem Anflug von alpiner Belletristik doch entschieden den eigentlichen Volksbüchern zuzureihen ist. Die Schilderung des tyrolischen Volkes — und zwar kommen hauptsächlich die Bewohner südlich und nördlich des Brenners in Betracht — aus seinen Sitten und Gewohnheiten heraus im täglichen Leben

bei den Festen und bei der Arbeit, unter Wahrung der häufiger Anwendung ihrer mundartlichen charakteristischen Ausdrücke, gewährt dem Leser, zumal wenn er die Gegenden selbst kennt, eine äußerst angenehme Lektüre. Das Ganze ist mit einem köstlichen Humor gewürzt, hie und da macht sich leichter Spott oder Ironie bemerkbar. Einen breiten Raum nimmt die Darstellung aus der Meraner Gegend (Hausgebräuche, Festzeiten, Fastenzeit, der „Holzer") ein, besondere Liebe verrät der Abschnitt aus Hofers Heimatstal; die Abschnitte „im Bauerntheater zu Grinzens" und „Kumedigspiel in Gerfens" machen den Beschluß.

Jeder wird das Buch nach angenehmer Lektüre befriedigt aus der Hand legen.

Ed. Lentz.

Liersemann, H., Erinnerungen eines deutschen Seeoffiziers. Kl. 8°, 258 S., 19 Abbildungen. Rostock 1902, Volckmann.   4 M.

Der Verfasser, Kapitänleutnant a. D., will dazu beitragen, Verständnis für den Seemannsberuf und das Marineleben zu wecken und zu vertiefen. Dieses Vorhaben ist dem Verfasser vorzüglich gelungen. Er behandelt hier zwar nur die Anfangsjahre seines Dienstes unter der Flagge der deutschen Kriegsmarine und berichtet aus seinen Erinnerungen aus der Kadettenzeit. Aber gerade deshalb bringen seine flottgeschriebenen Schilderungen dem Binnenländer das Leben auf der hohen See um so näher, weil er mit dem Autor zusammen in jenes Leben eingeführt wird. Die Schüler der Oberklassen unserer Schulen werden ihre helle Freude haben, wenn sie die verschiedenen Seiten des Seelebens im Hafen und auf dem offenen Meere so reizvoll kennen lernen. Liebevoll beleuchtet das Buch die Lichtseiten des Seedienstes, aber auch dessen Schattenseiten verschweigt es nicht.

Von für den Geographen Beachtenswertem — das geht uns ja hier am meisten an — findet sich auch einiges in dem Buch. Kurz berichtet der Verfasser von den Luftspiegelungen (S. 71), ausführlicher von den Vor- und Nachstellungen der Schiffsuhr bei wechselndem Kurs (S. 113—114). Zahlreich sind die Schilderungen der von dem Verfasser besuchten Hafenstädte und ihrer Umgebungen. Für die Eigentümlichkeiten fremder Länder und Völker hat der Verfasser ein offenes Auge und weiß seine Beobachtungen vortrefflich zu Papier zu bringen. Schweden, Norwegen, Edinburgh, Plymouth, Cowes, Portugal, Spanien, die westafrikanischen Inseln und Westindien, die Länder des östlichen Mittelmeerbeckens und Italien hat der Verfasser gesehen und schildert das alles, zumeist allerdings nur kurz und knapp. Besonders haben uns die Ausführungen über Madeira, die Kapverden, St. Thomas, Malta und Neapel angemutet.

Die beigegebenen 19 Abbildungen stellen die Hauptpunkte der Seefahrten dar: vorzügliche Phototypien, die meistens trefflich ausgewählt sind.

Dr. Alfred Berg.

Kürschners Jahrbuch. Kalender, Merk- und Nachschlagebuch für jedermann. Berlin-Leipzig-Eisenach 1903, Hermann Hilger.

Das eigenartige Talent Kürschners, gute Auskunftsbücher für den allgemeinen Gebrauch ins Leben zu rufen und zu organisieren, bewährt sich auch bei diesem, seinem letzten Jahrbuch. Es ist erstaunlich, wie im kleinsten Rahmen übersichtliche Auskunft vermittelt wird. Zumal die statistischen Zusammenstellungen interessieren in ihren oft originellen Versinnlichungsbehülfen. Der geographische Stoff ist vielfach eingeflochten, u. a. auch eine Chronik geographischer Forschungen und Reisen 1901/02, ein Artikel über die Ostseebäder, einer über die Entstehung der Alpen; überhaupt scheint der letzte Aufenthalt des Verfassers in den Alpen manchen Beitrag veranlaßt und gezeitigt zu haben; sogar „Schnaderhüpfl" sind aufgenommen, wenngleich sie im Inhaltsverzeichnis, wenigstens unter diesem Stichwort, nicht gefunden werden.

O. Strinel-Kaiserslautern.

Geographische Literatur.

(Die Titel-Aufnahme in diese Spalte ist unabhängig von der Einsendung der Bücher zur Besprechung.)

a) Allgemeines.

Anderson, T., Volcanic studies in many lands. 8°. London 1903, J. Murray. 21 sh.

Bendix, Dr. Ludw., Kolonial juristische und politische Studien. 172 S. Berlin 1903, Deutsch. Kol.-Verl. (O. Meinecke). 3.60 M.

Blaksley, J., Travels, trips and trots on and off duty, from Tropics to Arctic circle. London 1903, Keltner. 6 sh.

Gheusi, P.-B., Sous le volcan. Paris 1903, E. Flammarion. 3 frs. 50 c.

Günther, Sigm., Wirtschaftsgeographie und Naturwissenschaft. 12 S. München 1903, Schulz & Co. 20 Pf.

Gößfeldt, Paul, Grundzüge der astronom.-geogr. Ortsbestimmung auf Forschungsreisen und die Entwicklung der maßgebenden mathematisch-geometrischen Begriffe. 377 S. Braunschweig 1903, F. Vieweg & Sohn. 12 M.

Hachfeld, Rob., Von Hamburg nach Nordafrika und Süditalien. 42 S. Potsdam 1903, Bonness & Hachfeld.

Hehl, R. A., Eisenbahnen in den Tropen. 241 S. Berlin 1903, F. Siemenroth. 9 M.

Linke, Fr., Moderne Luftschiffahrt. 296 S. mit 37 Abb. Berlin 1903, Alfred Schall. 9 M.

Schmid, Frdr., Das Zodiakallicht. 22 S. Zürich 1903, Ed. Rascher.

Weule, K., Völkerkunde und Urgeschichte im 20. Jahrh. 42 S. Eisenach 1902, Thüringische Verlagsanstalt.

b) Deutschland.

Drechsler, Paul, Sitte, Brauch und Volksglaube in Schlesien. I. 360 S. Leipzig 1903, B. G. Teubner. 4 M.

Feldmann, W., Aus Bremen und Umgegend. 10 Zeichnungen. Hamburg 1903, F. W. Kähler Erben. 2 M.

Müller-Kaempff, P., Fahrten durch Marsch und Geest. I. 10 Zeichnungen. Hamburg 1903, F. W. Kähler Erben. 3 M.

Rauschel, Karl, Volkskundliche Streifzüge. 12 Vorträge über Fragen der deutschen Volkskunde. 206 S. Dresden 1903, C. A. Koch. 3.50 M.

Wachenhusen, F., Lübeck und Umgegend. 10 Zeichnungen. Hamburg 1903, F. W. Kähler Erben. 3 M.

c) Übriges Europa.

Bonmariage, A., La Russie d'Europe. Paris 1903, H. Le Soudier. 20 frs.

Bülow, H. v., Der Verlust von Österreichs Stellung in Deutschland vom kolonialpolitischen Standpunkte. 78 S. m. Bilde. Berlin 1903, W. Süsseroth. 1.80 M.

Denis, E., La Bohême depuis la montagne blanche. Paris 1903, E. Leroux. 20 frs.

Ganz, Hugo, Reiseskizzen aus Rumänien. 134 S. Berlin 1903, H. L. Herrmann. 3 M.

Gjorgjević, Thomir K., Zur Einführung in die serbische Folklore. 26 S. Wien 1902, F. Lang. 1 M.

Hoffbauer, Les rives de la Seine à travers les âges. Paris 1903, Ch. Schmid. 30 frs.

Redlich, A., Die Wachen bei Öblarn. Ein Klesbergbau im Ennstal. 92 S. Leoben 1903, Ludw. Nüßler. 3 M.

Reich, E., New Atlas of English history. London 1903, Macmillan & Co. 10 sh.

Sladen, D., Segesta, Selinunte and the West of Sicily. London 1903, bands & Co. 10 sh. 6 d.

Spillmann, D. S. J., Die Sklaven des Sultans. Eine Erzählung aus Konstantinopel im 17. Jahrh. Aus fernen Landen. Heft 10. 109 S. Freiburg 1903, Herdersche Verlagsh. 60 Pf.

Wiedenfeld, K., Die nordwesteuropäischen Welthäfen London, Liverpool, Hamburg, Bremen, Amsterdam, Rotterdam, Antwerpen, Havre in ihrer Verkehrs- und Handelsbedeutung. 376 S. (Veröffentlichung des Inst. f. Meereskunde. 3. Heft). Berlin 1903, E. S. Mittler & Sohn. 12 M.

Zimmermann, Alfred, Die europäischen Kolonien. Schilderung ihrer Entstehung, Entwicklung, Erfolge und Aussichten. S. Bd. Die Kolonialpolitik der Niederländer. 304 S. Berlin 1903, E. S. Mittler & Sohn. 8 M.

d) Asien.

Conrady, A., Chinas Kultur und Literatur. 6 Vorträge (Hochschulvorträge für Jedermann 29, 30.) 32 S. Leipzig 1903, Dr. Seele & Cie. 60 Pf.

Denkschrift, betreffend die Entwicklung des Kiautschou-Gebiets im Zeit von Oktober 1901 bis Oktober 1902. 2 Kartes, 9 Abb. Berlin 1903, Dietrich Reimer. 3 M.

e) Afrika.

Bourne, H. R. F., Zivilisation in Kongoland. 8°. London 1903, P. S. Kleg. 10 sh. 6 d.

Creswicke, L., South Africa and its future. 8°. London 1903, T. C. & E. Jack. 7 sh. 6 d.

Dove, K., Deutsch-Südwestafrika. 208 S. (Süsseroth Kol.-Bibl., 5. Bd.) Berlin 1903, Wilh. Süsseroth. 3 M.

Heß, J., La question du Maroc. Paris 1903, Dujarrie & Co. 12 frs.

f) Amerika.

Bacon, E. M., The Hudson River, from ocean to source. London 1903, G. P. Putnam & Sons. 18 sh.

Dellenbaugh, F. L., Romance of the Colorado river. 8°. London 1903, G. P. Putnam & Sons. 15 sh.

Kundt, Walther, Brasilien und seine Bedeutung f. Deutschlands Handel und Industrie. 119 S. Berlin 1903, F. Siemenroth. 2.50 M.

Sievers, Wilh., Süd- und Mittelamerika. Eine allgemeine Landeskunde. 2. Aufl. Lielg. 1. Leipzig 1903, Bibliogr. Institut.

Sievers, Wilh., Venezuela und die deutschen Interessen. (Angewandte Geogr., Heft 3.) 107 S. Halle 1903, Gebauer-Schwetschke. 3 M.

Spillmann, J. S. J., Das Fronleichnamsfest der Chiquiten. Ein Bild aus den alten Missionen Südamerikas. 2. Aufl. 96 S. (Aus fernen Landen, Heft 17). Freiburg 1903, Herdersche Verlagshandlung. 1 M.

Spillmann, J. S. J., Der Zug nach Nicaragua. Eine Erzählung aus der Zeit der Conquistadoren. 5. Aufl. 112 S. (Aus fernen Landen, Heft 13.) Freiburg 1903, Herdersche Verlagshandlung. 80 M.

g) Australien und Südseeinseln.

Krämer, Aug. Die Samoainseln. Bd. II., Lief. 1. Stuttgart 1903, Schweizerbart.

h) Polarländer.

Sverdrup, Kapt. O., Neues Land. 4 Jahre in arktischen Gebieten. (36 Lieferungen, Lielg. 1, S. 1—32). Leipzig 1903, F. A. Brockhaus. 50 Pf.

Forrest, S. W., Cities of India. London 1903, A. Constable & Co. 10 sh. 6 d.

Kersten-Schenck, Vegetationsbilder. 2. Heft. Vegetationsbilder aus dem malaiischen Archipel. 6 Lichtdrucktafeln. Jena 1903, Gustav Fischer. 4 M.

Marr, W. D., Around the world through Japan. London 1903, A. & C. Black. 18 sh.

Ular, A., Un empire russo-chinois. Paris 1903, F. Juven. 3 frs. 50 c.

i) Schulgeographie.

Allgermissen,Joh. Ludw.,Wandkarte des Deutschen Reiches für den Schulgebrauch. 1:750000. 13. Aufl. Leipzig 1903, Georg Lang. 17 M.

Baldamus, A., Deutschland und Oberitalien zur Zeit Napoleons I. (1800—1815). 1:800000. Leipzig 1902, Georg Lang. 22 M.

Bisching, A., Mineralogie und Geologie für Lehrer- und Lehrerinnen-Bildungsanstalten. 6. Aufl., 108 S. Wien 1903, Alfr. Hölder. 1.90 M.

Böttcher, Ernst, Geographie für Militäranwärter. 3. Aufl., 64 S. Leipzig 1903, F. A. Berger. 80 Pf.

Döring, K. Planikarte vom Kreise Teltow für den Schulgebrauch. 1:150000. Berlin 1903, Fußinger. 20 Pf.

Exner und Baldamus, Schlachtenpläne. Nr. 2: Roßbach 5. XI. 1757. 1:18000. Leipzig 1902, Georg Lang. 9 M.

Gaebler, Eduard, Schulwandkarte von Afrika. 1:6400000. 3. Aufl. Leipzig 1903, Georg Lang. 22 M.

— Schulwandkarte von Asien. 1:6400000. 3. Aufl. Leipzig 1903, Georg Lang. 22 M.

— Schulwandkarte von Australien und Ozeanien. 1:8000000. 3. Aufl. Leipzig 1903, Georg Lang. 18 M.

— Schulwandkarte von Deutschland, der Schweiz und Deutsch-Österreich. 1:800000. 10. Aufl., Kl.-Ausg. Leipzig 1903, Georg Lang. 16 M.

— Schulwandkarte von Nordamerika. 1:3200000. 10. Aufl., Kl.-Ausg. Leipzig 1903, Georg Lang. 16 M.

— Schulwandkarte von Mittel- und Südamerika. 1:4500000. Leipzig 1903, Georg Lang. 22 M.

— Systematischer Schulatlas, für jedes Land und jede Provinz in besonderer Ausgabe. 9. Aufl., 32 S. Leipzig 1903, Georg Lang. 1 M.

— Wandkarte der östlichen und westlichen Erdhälfte. 1:12000000. 5. Aufl. Leipzig 1903, Georg Lang. Je 18 M.

Günther, O., Landkarte der Landes Barnim für den Schulgebrauch. 1:200000. Berlin 1903, Fußinger. 20 Pf.

Henseler, Carl, Schulwandkarte der Kgl. preuß. Provinz Hessen-Nassau und der Fürstentums Waldeck. 1:150000. Leipzig 1903, Georg Lang. 15 M.

Schwabe, Ernst, Germanien und Gallien zur Römerzeit. 1:800000. Leipzig 1902, Georg Lang. 22 M.

Seibert, A. E., Grundzüge der allgemeinen Geographie für zweiklassige Handelsschulen. Vorstufe zur Handels- und Verkehrsgeographie. 2. Aufl., 126 S. Wien 1902, Alfr. Hölder. 1.30 M.

Weber, Postrat Friedr., Lehrbuch der Verkehrsgeographie mit besonderer Berücksichtigung der Verkehrsgeographie. 2. Aufl., 311 S. Stuttgart 1903, W. Kohlhammer. 2.60 M.

Wormstall, Jos., Landeskunde der Provinz Westfalen und der Fürstentümer Lippe, Schaumburg-Lippe und Waldeck. 3. Aufl., 48 S. Breslau 1902, F. Hirt. 60 M.

k) Zeitschriften.

Annales de Géographie. Herausg.: P. Vidal de la Blache, L. Gallois et Eman. de Margerie. Paris, Armand Colin. 12e Année. 15. janvier.

— **Cauliery,** Le Plankton, sife et circulation océaniques. — **Camena d'Almeida,** Deux nouvelles cartes mensuelles de l'Atlantique du Nord. — **Vallaux,** Sur les oscillations des côtes occidentales de la Bretagne. — **Legras,** Le Transantarctoarien. — **Gallois,** La frontière argentino-chilienne. — **Le Cointe,** Le Bas Amazone. — Notes et correspondance. — Chronique géographique.

Bulletin of the American Geographical Society. Vol. XXXIV. Nr. 5. Dez. 1902.

Brown, The Mississippi River from Cape Girardeau to the Head of the Passes. — **Huntington,** The Valley of the Upper Euphrats and his people. — **Brownlie,** Varieties of Tides. — **Alexander,** Porto Rico, its Climate and Resources. — Transkontinental Railways in Australia. — **Dodge,** Life amid Desert Conditions. — **Ward;** Notes on Climatology. — The Geographical Record. — The population on China 1902. — Sven Hedins latest journey in Central-Asia etc.

Deutsche Erde. Beiträge zur Kenntnis deutschen Volkstums. Herausg.: Prof. Paul Langhans; Verlag: Justus Perthes, Gotha. 2. Jahrg. 1903, Heft 1.

Zemmrich, Deutsche und Slawen in den österreichischen Sudetenländern. — **Gerstenhauer,** Entstehung der deutschen Volksstammes in Südafrika. — **Langhaus,** Die Urheimat der Buren. — **Wilser,** Wanderwege der Wandalen. — **Prayon v. Zuylen,** Die vorgeschlagene Umwälzung der niederländischen Sprachlehre. — **Doehner,** Der Einfluß der deutschen Kultur auf die Letten. — **Philippi,** Zur Gründungsgeschichte der ersten deutschen Kolonien in Chile. — Statistik der Deutschen (Böhmen, Mähren, Schlesien). — Deutsche Gewinn- und Verlustlisten für 1902 (Nordschleswig, Böhmen, Ungarn). — Deutsche Schulen und deutscher Unterricht im Auslande (Küstenland, Siebenbürgen, Rio Grande do Sul). — Berichte über neuere Arbeiten zur Deutschkunde. — Vereine und Zeitschriften für deutsche Volkskunde. — Zwei Sonder-, drei Textkarten.

Deutsche Rundschau für Geographie und Statistik. Herausg.: Prof. Dr. Fr. Umlauft; Verlag: A. Hartleben, Wien. 25. Jahrg., Heft 5. Februar 1903.

Bersch, Die Moorgebiete Österreichs. — **Erbstein,** Die neue Bewässerung des Niltales. — **Keilen,** Durch die Wälder der Ardennen. — Die Tsuga. — Astronom. und Phys. Geogr. — Polit. Geogr. und Statistik u. s. w.

Geografiska Föreningens Tidskrift. Jahrg. 1903, Nr. 1. **Nuumelin,** Från Petschora till Kama. — **Sjöldebrand,** En resa i Finland år 1799. — **Quist,** Den tyska djuphafsexpeditions oceanografiska forskningar. — H–1;

Mietteitä geologian opetukseska Kouluissa. — Häyren, En vindvådning. — Rosberg, Nordamerikas fysiska och biogeografi.

Geographische Zeitschrift. Herausg.: Prof. Dr. Alfred Hettner, Herausg.: B. G. Teubner, Leipzig. 9. Jahrg. 1903. Heft 2. Februar.
　Fischer, Marokko, eine länderkundliche Skizze. — Maurer, Deutsch-Ostafrika, Fortsetzung. — Langenbeck, Ziel und Methode des Geogr. Unterrichts. — Geogr. Neuigkeiten u. s. w.

Globus, Illustrierte Zeitschrift für Länder und Völkerkunde. Herausg.: Richard Andree; Verlag: Vieweg & Sohn, Braunschweig. Bd. 83.
　Nr. 5. Schott, Beobachtungen und Studien in den Revolutionsgebieten von Domingo, Haiti und Venezuela während einer im Frühjahr 1902 unternommenen Reise. I. — Sievers, Das Gebiet zwischen dem Ucayali und dem Pachitea-Pichis. — Das Nilstauwerk von Assuan. — Gentz, Länge des Herera in Deutsch-Südwestafrika. — Bücherschau u. s. w.
　Nr. 6. Schott, Beobachtungen und Studien in den Revolutionsgebieten von Domingo, Haiti und Venezuela während einer im Frühjahr 1902 unternommenen Reise. II. (Schluß). — Wilser, Anthropologia suecica. — Förstemann, Zwei Mayahieroglyphen. — Bücherschau u. s. w.

Meteorologische Zeitschrift. Red. v. J. Hann und G. Hellmann. 1903. Januar, Heft 1.
　J. Hann, Die meteorologischen Verhältnisse auf dem Bjelasnica (2067 m) in Bosnien. — Ders., Arthur Schuster über Methoden der Forschung in der Meteorologie. — Kleinere Mitteilungen. — Literaturberichte.

Petermanns Mitteilungen. Herausg.: Prof. Dr. A. Supan; Verlag: Justus Perthes, Gotha. 49. Bd. 1903. Heft 2. Februar.
　Gienitz, Die geographischen Veränderungen des südwestlichen Ostseegebiets seit der quartären Abschmelzperiode. — Kähler, Die Gewinnung von Felsgrund und Kautschuk in Brasilien. — Habenicht, Die Terrardarstellung im Neuen Stieler. — Andersson, Die wissenschaftlichen Arbeiten der schwedischen Südpolarexpedition auf den Falkland-Inseln und im Feuerland. — Heß, Der Schottinhalt von Innermarokom. — Dannenberg, Die Äquatorfrage in der Geologie. — Hammer, Beiträge zur Russischen Militärgeographie. — Geographischer Monatsbericht. — Literaturbericht.

Revue de Geographie. Herausg.: Ch. Delagrave. XXVII. Jahrg. Februar 1903.
　Z ..., A propos des événements du Maroc. — Brisse, Les intérêts allemands en Amérique (suite). — Borre, L'Arabie. — Weiersse, Croquis de villes: Tokyo, Kyoto, Osaka. — Allhaud, Les colonies portugaises et les tarifs douaniers. — A. B., Le cours supérieur du Kagera Nil. — Regelsperger, Mouvement géographique.

The Geographical Journal. Vol. XXI. Nr. 2. Febr. 1903.
　Ryder, Exploration in Western China. — Lumholtz, Explorations in Mexico. — Conway, How Spitzbergen was discovered. — Mills, Bellingshausen's Antarctic voyage. — Andersson, The Scientific Work of the Swedish Antarctic Expedition at the Falkland Islands and in Tierra del Fuego. — Johnston, Major Delmé Radcliffes Map of the Nile Province of the Uganda Protectorate. — Bartholomew's Survey Atlas of England and Wales. — The Volcanic Eruptions and Earthquakes. — Captain Ferrandi's Journey from Lugh to Brava Somaliland. — Reviews etc.

The Scottish Geographical Magazine. XIX. 1903. Februar.
　White, Ascend of an Andean volcano in Eruption. — Thomson, The Physical Geography and Geology of Australia. — Some Great Railway Entreprises. — Geddes, A Naturalist's Society and its Work. — Somaliland. — Notes on Venezuela. — Proceedings of the R. Sc. Geogr. Soc. etc.

Wandern und Reisen. Illustrierte Zeitschrift für Touristik, Landes- und Volkskunde, Kunst und Sport. L. Schwann, Düsseldorf. 1. Jahrg. 1903.
　Heft 2. Achleitner, Alpetrieb im Winter. — Lindenberg, In der Salzwestadt. — Barth, Die Giuglia di Brenta und ihre dritte Besteigung am 15. Aug. 1901. — Preindlsberger-Mrazovic, Abseits vom Wege. — Bosnien. — Bachmann, Eine Sommernacht im Norden Islands. — Tetzner, Entwurzelt. — Kiehne, Mähle am Harz. — Girm-Hochberg, Ein Erinnerungsblatt an Heinrich Noë. — Bruns-Flüster, Eisenbahn- und Dampfschiffverkehr.
　Heft 3. Lemke, Aus Westpreußen. — Greim, Hausgärten in den Alpen. — Grueninger, Schwarzwaldbilder. — Holk, Ski-Saison im Schwarzwald. — Merkel, Der erste Spatenstich. — Kettner, Bau einer Habsburgwarte a. d. Ahvater. — Petermann, Zentralgebiet der Ras im Winter. — Wytopil, Greifenstein und Dürnstein. — Kleinpaul, Der Wanderstab.

Zeitschrift der Gesellschaft für Erdkunde zu Berlin. 1903. Nr. 1.
　Passarge, Bericht über eine Reise in venezolanischen Guyana. — V. d. Steinen, Der XIII. Inter. Amerikanistenkongreß. — Ueber den Ausbruch der Santa Maria. — Vorgänge a. engr. Gebiet u. s. w.

Zeitschrift für Schulgeographie. Herausg.: Dr. Anton Becker; Verlag: Alfr. Hölder, Wien. 24. Jahrg. Heft 5. Febr. 1903.
　Hanecke, Das vorderasiatische Hochland. — Notizen, Besprechungen. — Zeitschriftenschau.

Geographischer Anzeiger

herausgegeben von

Dr. Hermann Haack und Oberlehrer Heinrich Fischer
Gotha, Friedrichsallee 3.   Berlin SW. 47, Belle-Alliancestr. 69.

| Vierter Jahrgang. | Diese Zeitschrift wird sämtlichen höhern Schulen (Gymnasien, Realgymnasien, Oberrealschulen, Progymnasien, Realschulen, Handelschulen, Seminarien und höhern Mädchenschulen) kostenfrei zugesandt. — Durch den Buchhandel oder die Post bezogen beträgt der Preis für den Jahrgang 2.00 Mk. — Aufsätze werden mit 4 Mk., kleinere Mitteilungen und Besprechungen mit 6 Mk. für die Seite vergütet. — Anzeigen: Die durchlaufende Petitzeile (oder deren Raum) 1 Mk., die dreispaltige Petitzeile (oder deren Raum) 40 Pfg. | April 1903. |

Offener Brief an Herrn Dr. Haack.

Sehr geehrter Herr Fachgenossel

Sie haben mich durch die warme Anerkennung, die Sie nunmehr — im September- und Oktoberheft des „Anzeigers" — meinen Bestrebungen zollen, aufrichtig erfreut; und es gereicht mir zu nicht geringer Genugtuung, die berühmte Gothaer Anstalt wenigstens in einem ihrer Vertreter von dem inneren Werte meiner Deduktionen überzeugt zu haben. Freilich räumen Sie der Farbenplastik praktische Bedeutung nur für Schul-Wandkarten ein, lassen ihr überhaupt einen Wert im wesentlichen nur für Schulkarten. Sie fußen in jener Annahme wohl mit auf dem Hinweis, den ich in „Schattenplastik und Farbenplastik", S. 111, gemacht habe auf die große fernwirkende Kraft, die einer exakt farbenplastischen Darstellung innewohnen müßte, und werden zu jener ganzen Einschränkung vielleicht auch mit durch den spezifisch schulgeographischen Charakter des Anzeigers geleitet. Wenn aber das Gesetz der Farbenplastik allgemeingültig ist und wenn die Darstellung der Raumhaftigkeit der Erdoberfläche nicht eben wieder nur als bloße „Eselsbrücke" gelten soll, die zu betreten eine geschulte Auffassung nicht nötig hätte, dann muß man, meine ich, selbstverständlich jener Gedankenreihe von vornherein für alle Karten praktische Bedeutung zuerkennen. Nur da, wo die Darstellung der Höhenunterschiede wirklich — also nicht bloß herkömmlich! — als nebensächlich gelten darf, wird man sich, auch noch nach erfolgter Umsetzung der Theorie der hypsochromatischen Plastik in die Praxis, bloßer Schattendarstellungen der Unebenheiten bedienen, ja selbst dieser wird es, geradeso wie heute, auf einem weiten Gebiet der Kartographie nicht bedürfen; die Erdoberfläche erscheint hier völlig eingeebnet, damit anderweitige geographische Verhältnisse nur um so anschaulicher hervortreten. Sie weisen mit Recht auf dieses Gebiet der Karten zur Statistik, Kulturgeographie und geophysischer Verhältnisse hin. Ich komme darauf noch zurück.

Besonders gefreut hat mich der kräftiger Hinweis auf den grundlegenden Unterschied zwischen der Kümmerlyschen Manier und meiner Theorie. Es gibt Gelehrte, die in der offiziellen Wandkarte der Schweiz nach Intention und Ausführung eine Vorwegnahme meiner Theorie und ihrer praktischen Ziele sehen. Noch ungewohnt, die in eine neue Darstellungslehre neu eingeordneten räumlichen Ausdrucksmittel exakt zu analysieren, sehen sie den Unterschied nicht. Ihnen als Fachmann mußte er von vornherein in die Augen springen. Ich spreche mich an anderer Stelle in Ergänzung des in den „Drei Thesen" Gesagten eingehend über die schönen Kümmerly-Karten aus [1]), darf mir also hier eine nochmalige Kritik ersparen. Eine Ähnlichkeit ist vorhanden, aber sie ist zufällig und sehr entfernt. Es gibt ja auch Projektionen, die sich in den Augen oberflächlicher Beurteiler sehr ähnlich

sehen, und die doch nach Konstruktion und innerlichem wie sachlichem Werte recht verschieden sind. Selbst die Richtigkeit der Abstufung der grünen Flächentöne war nicht, wie ich irrtümlich in der eben erwähnten Studie (S. 212) angegeben, eine bewußte, sondern steht in ganz zufälliger Übereinstimmung mit meiner Theorie. Die Originalmalerei Kümmerlys ist bereits im Juli 1898 von der Kommission in Bern rückhaltlos genehmigt worden, während ihm meine Theorie erst im Mai 1899 bekannt wurde. Demnach ist, wie mir Herr Kümmerly in einem liebenswürdigen Schreiben mitteilt, das sein Ersuchen um Berichtigung jenes Irrtums enthält, eine Verwertung meiner Studie zu seiner Wandkarte der Schweiz „vollständig ausgeschlossen". Ich nehme es also als selbstverständlich an, daß die reproduktive Ausführung und der Druck der Karte, die ja wohl zum Teil erst nach Veröffentlichung jener Schrift erfolgten, durch diese ebenfalls unbeeinflußt geblieben sind. Man muß mit Musterstücken aus der Praxis der eigenen Theorie kommen, wie es J. G. Lehmann seinerzeit getan hat, wenn man zwingend auf die Technik einwirken will. In diesem Sinne meine ersten Studien zu ergänzen und zu erweitern, ist von Anfang an meine Absicht gewesen. Die Aussicht, dazu zu erreichen, ist auch in der Tat freier geworden, aber nicht, wie Sie aus meiner diesbezüglichen Anmerkung in den „Drei Thesen" herausgelesen haben, indem das Militärgeographische Institut, sondern dadurch, daß Herr Hofrat J. M. Eder, als Direktor der Graphischen Lehr- und Versuchsanstalt in Wien, aus eigener Initiative mir persönlich in jener liebenswürdigen Weise entgegengekommen ist. Das freundliche Anerbieten ist um so höher anzuerkennen, als die Aufgabe keineswegs auf kurzem Wege lösbar ist. Es handelt sich ja nicht darum, nur ein Musterkärtchen herzustellen, in welchem das Endresultat der Methode möglichst richtig niedergelegt erscheint, sondern um die Herstellung einer sichtbaren Koinzidenz zwischen Gedanken und Ausführung vom Beginn bis zum Abschluß der Konstruktion des Raumbildes, also z. B. darum, Farbentafeln anzulegen im Sinne von S. 104 ff. meiner „Farbenplastik", kurze hochstufige und lange engsprossige Skalen herzustellen für Karten kleinen und größeren Maßstabs, und endlich natürlich auch solche Karten und Kärtchen mit verschiedenen Typen des Geländes in Verbindung mit einer Schattierung (Schraffierung, Schummerung u. s. w.) zu geben. Als zweiter Teil käme dann die Entwicklung der „farbenperspektivischen" Methode in Betracht mit ihren Skalen für die Kulturfarben und mit Mustern aus Karten größten Maßstabes. Ich habe Anlaß, auf diese noch einmal zurückzukommen. Nur in dieser Ausgestaltung aber werden die vorzunehmenden Versuche ihr Ziel gefunden haben, indem sie so bereits jene Beschränkung auf das Notwendigste bedeuten würden, die in ökonomischem Interesse als Pflicht erscheinen müßte. Weniger wäre unökonomisch: es hätte nichts Näheres darüber verlauten lassen wollen, als eben jene Andeutung. „Nur Vorsicht, mit Zuversicht vereint, gelangt zum Ziel", sagt Rückert, und die beiden haben vielleicht

---

[1]) In den Vierteljahrsheften f. d. geogr. Unterricht, herausgegeben von Prof. Dr. Franz Heiderich, Wien, II. Jahrg., H. 2.

noch einen weiten Weg vor sich. Ich machte aber jene Mitteilung, weil mir daran liegen mußte, zu zeigen, daß gerade technisch maßgebende Kreise es sind, die mit dem Sinne und Verständnis auch förderndes Interesse verbinden für Anregungen, deren Motive Hand und Fuß haben. Die maßgebenden kartographischen und geographischen Kreise verhalten sich meinen Bestrebungen gegenüber indifferent. Darauf weist schon die kürzlich von höherer Stelle aus angeregte Vornahme von Studien zur Übertragung der künstlerischen Manier Kümmerlys auf Karten österreichischer Alpenländer hin, ebenfalls übrigens Anregungen, zu denen das Militärgeographische Institut nicht in Beziehung steht. Erfreulich ist dabei allerdings, daß man schon dadurch zweifellos die Leistungsfähigkeit der österreichischen Technik auch bezüglich der Farbe auf den Karten wesentlich steigern wird, es hätte aber nahe gelegen, auf wissenschaftliche Vorarbeiten hierfür Bezug zu nehmen. Nun soll eben doch wieder des Künstlers „Aug, in schönem Wahnsinn rollend", die alleinige Entscheidung in Dingen haben, die in das Bereich wissenschaftlicher Darstellungsgesetze fallen. Nun, man muß es als einen Übergang auffassen. Die Entwicklung schreitet ja nie auf geradem Wege vor, sie macht immer Umwege.

An die Stelle der persönlichen Kunstfertigkeit einzelner Weniger soll, wie Sie wissen, bei der Darstellung des Geländes eine zielbewußt durchdachte Technik treten. Diese wird damit einmal zum Gemeingut aller jener werden, denen die hierzu notwendige innige Kombination von geistigen und mechanischen Kräften zur Verfügung steht. Sie wird also, ähnlich der neueren Verschärfung der Anforderungen auf dem Gebiet des projektiven Kartenentwurfs, ein neues Moment bilden, das zur weiteren Eindämmung des kartographischen Dilettantismus führen muß und zum allmähligen Verschwinden der Auffassung, daß ein Geograph und ein Lithograph zusammen bereits genügen, um eine Karte herzustellen. Hat jener Geograph die nötigen technologischen Kenntnisse, gewonnen durch eingehendes Studium, praktische Erfahrung und Übung, nun so ist es gut; hat er sie aber nicht, wie zumeist bei der kartographischen Ware, die den Markt überschwemmt, und der weitgehenden Urteilslosigkeit der Massen von unten an bis zu den obersten Spitzen immer neue Nahrung zuführt, nun, so fehlt eben in jenem Bunde als der dritte niemand wie gerade der Sachverständige, der Kartograph; man will ein Haus bauen ohne den Baumeister. Dies nur, um darauf hinzuweisen, wie kurzsichtig es wäre, wenn gerade Anstalten, die heute den eben erwähnten Eigenschaften nach voranstehen, sich den Bestrebungen einer wissenschaftlichen Vertiefung der kartographischen Darstellungslehre entgegenstellen möchten. Jener Vorgang ist ja doch nichts Neues; denn auf diese Weise hat sich noch von je der Entwicklungsgang einer jeden Technik gestaltet, und er ist der einzige, der über schablonenhafte Nachahmung hinweg zu Vervollkommnungen führen kann. Ich halte übrigens an dem neuen Ausdruck für die darstellende Richtung der Kartographie fest, der Sie (S. 131) für „einseitig" erklären. Ich denke mir demnach jene von dem Zentrum des geographischen Einheitsgedankens ausstrahlenden Gedankenreihen zusammengefaßt unter dem Begriff einer technologischen Geographie oder Geotechnik (als Ausübung) bzw. Geotechnologie (als Lehre). Die aufnehmende Kartographie bildet innerhalb des weiten Bogens der analytischen (untersuchenden) Geographie den Übergang von dieser zu jener, die mit der beschreibenden Geographie zusammen das geistige Strahlenbündel der synthetischen (zusammenstellenden) Geographie darstellt. Der Geograph ist als Analytiker der Archäolog, als Synthetiker der Architekt der erdkundlichen Begriffswelt.

Auch der erste Teil Ihrer trefflichen Rundschau über das „Malerische Element" in den geographischen Lehrmitteln gehört in das Gebiet dieser Geotechnologie. Auch das geographische Landschaftsbild wurde, wie Sie mit Recht betonen, in neuerer Zeit durch künstlerisches Eingreifen wesentlich gehoben, d. h. es ist hie und da (dem Anblick) der Natur ähnlicher geworden. Ich bin nun kein Pädagoge, aber nach dem Sinne der Sache, nach der Stellung, die jenes Bild im System der geographischen Darstellungen einnimmt, hat das geographische Landschaftsbild in erster Linie die Aufgabe: Die Natur mit geographischem Auge betrachten zu lehren. Das Bild in Ergänzung der Schilderung in einem wissenschaftlich geographischen Werke soll Blicke in die Natur wiedergeben, die dasjenige in natürlicher Prägnanz zeigen, was sie an geographisch Wesentlichem dem Geographen an Ort und Stelle zeigen würden. Auch für die Schule — ich spreche dem Schullehrer als solchem die kartographische Kompetenz ab und möchte nun nicht Anlaß dazu geben, auf den eigenen Leisten verwiesen zu werden; ich sage also gleich, daß ich hierin nur schwatze, wie ich's eben verstehe — auch für die Schule scheint sich mir nun der Sinn des geographischen Landschaftsbildes nicht dahin zu verkehren, daß es direkt „eine Anleitung zum Verständnis der landschaftlichen Schönheit" geben soll, wie E. Schöne auf S. 117 angibt, ohne daß Sie ihm in diesem Punkte direkt entgegenträten. Ich meine, Verständnis für die landschaftliche Schönheit zu wecken und zu pflegen, dürfte eher zu den Aufgaben des Zeichenunterrichts in den oberen Klassen gehören, der natürlich auch hier obligatorisch sein müßte. Zeichnen müßte überhaupt auf dieselbe Stufe gehoben werden, wie Lesen und Schreiben d. h. auch dem Unbegabten müßte eine gewisse Fertigkeit im Lesen und Schreiben nach Bildzeichen (vulgo Sehen und Zeichnen) beigebracht werden. Er würde es lernen, nicht schlechter lernen, als das Lesen und Schreiben in Lautzeichen der hierfür Unbegabte zu lernen pflegt! Doch das nur nebenbei. — Man denkt gemeinhin, wenn man von Bildern spricht, muß man sich als Ästhetiker geben. Warum denn in aller Welt? Das ist ja gerade so, als dürfte man auch die Sprache nur vom Standpunkte der Poesie auffassen! Bilder sind so gut der natürliche Ausdruck des Bestehenden, wie die Sprache der natürliche Ausdruck der Gedanken ist. Beide können einen sachlichen Sinn haben folglich kann man sie auch beide, wie Bild, verstandesgemäß auffassen. J. Früh hat kürzlich in einem kleinen, aber recht lesenswerten Aufsatze Gedanken „zur Verbesserung der Illustration" veröffentlicht, die sich in demselben Ideenkreise einer rein sachlichen, hier also wissenschaftlich geographischen Auffassung des geographischen Bildes bewegen. Sie decken sich beiläufig bemerkt, zum Teil mit einer Gedankenfolge, die Ih Unterzeichnete vor Jahren niedergeschrieben, bisher aber nur im vertrauten Briefwechsel mit Professor J. Partsch zu äußern Gelegenheit genommen hat, und sie lassen sich in den innigsten Zusammenhang bringen mit den Elementen einer wissenschaftlichen Landschaftskunde, deren etwas verworrene Anfänge ihrerzeit H Wagner im Geographischen Jahrbuch ebenso scharf wie treffend kritisiert hat. Ich weiß es nicht, ob die Pädagogik Gründe hat für die elementare geographische Belehrung von der streng geographischen Auffassung geographischer Bilder abzuweichen.

Sie schränken den praktischen Wert meiner allgemein-kartographischen Deduktionen auf die Schul-Wandkarten ein, indem Sie Schul-Atlanten als wenig zugänglich für neue Versuche ausgeben. Ist das aber eben darum ein mehr anzuerkennen wenn gerade ein solcher, der Artariasche Schulatlas[1], de — unter den gegebenen Verhältnissen noch unvollkommener aber doch eben den — ersten zielbewußten Schritt in de neuen Richtung getan hat? - Der neue Sohr-Berghaus zeigt in de

---

[1] Seit der 2. Auflage (1899).

Übersichtskarten seiner ersten Lieferungen ja doch auch noch eine unvollkommene Skala (worauf in eingehender Weise hinzuweisen ich übrigens in meinem schriftlichen Gutachten selbstverständlich nicht verabsäumt habe) — in anderer Weise wieder, wie jenes Schul-Kartenwerk — und doch mußte er in ihrem dankeswerten Rückblick auf die ja noch sehr kurze Geschichte der farbenplastischen Bewegung erwähnt werden. Gerade das Kartenwerk also, das die Einleitung dieser Bewegung begleitete, der Artariasche Atlas, hätte lediglich um dieser seiner Rolle willen einem sorgfältigen Chronisten — Sie verzeihen den kleinen Vorwurf! — nicht im Tintenfaß stecken bleiben dürfen! — Bei solchen Erstlingen spielt eben die „laudanda voluntas" eine Rolle; so auch bei Heiderich gegenüber Diercke-Gäbler. Es hat Bludau wie Heiderich — um nun von mir selbst zu sprechen — keinen kleinen Kampf gekostet, die neu gewonnene theoretische Einsicht einigermaßen zur Geltung zu bringen gegenüber dem starren Beharrungsstreben, das die Drucktechniker an eine bei ihnen durch die Übung von Jahrzehnten traditionell gewordene Farbenfolge fesselte, bzw. gegen ihren Widerwillen, dem „gelehrten Herrn" in der Farbenwahl Autorität zuzugestehen. Sie werden es ja vielleicht aus eigener Erfahrung wissen: Der Praktiker als solcher ist gründefest. Anderseits erkenne ich auch den Standpunkt als durchaus berechtigt an, von dem aus man am guten Alten so lange festzuhalten gedenkt, bis das bessere Neue in vollendeter Durchführung vorliegt. Freilich ist nicht zu übersehen, daß, bei aller Schwerfälligkeit der Massenumschwenkung in neue Richtungen, doch dem zukunftsicheren neuen Gedanken, bevor er sich zur Verwirklichung durchzuringen vermag, auch von anderen Seiten immer neue Stützen zu erwachsen pflegen. · So hat P. Kahle in Braunschweig kürzlich darauf aufmerksam gemacht, man könne bei Betrachtung (mit beiden Augen) einer auch nur in ungefährem Sinne farbenplastisch behandelten Karte durch einen Lesegias von großem Durchmesser die Höhenplastik so beträchtlich steigern, daß sie direkt stereoskopisch wirkt. Vielleicht ist das ein Moment, das den verehrten Kollegen Habenicht meiner Sache einen Schritt näher führt —! Ich selbst habe, durch theoretische Erwägungen geleitet, bereits in meiner „Farbenplastik" einen Hinweis darauf gemacht, indem ich auf S. 112, in Anm. 1 schrieb: „Auch bei Betrachtung durch Glaslinsen mit starker Farbenzerstreuung muß sich die Wirkung der Farbenplastik steigern". Die Sache scheint jedenfalls einer näheren Untersuchung wert; vielleicht bekommt man hier, und zwar auch derjenige, der auf Theorien nichts gibt, ein rein mechanisch anwendbares Mittel in die Hand, die Farbenwahl im Sinne der Theorie richtig zu treffen. Es sind aber auch die Brechungsexponenten des bezüglichen Glases für die einzelnen Farben zu beachten, damit man nicht durch eine allzu große Ungleichheit in der optischen Überhöhung der Stufenfolge irregeführt werde; denn am Ende kommt es doch eben selbstverständlich lediglich auf die Plastik an, wie sie das normale unbewaffnete Auge empfindet.

Noch an zwei Punkte innerhalb Ihrer letzten Aufsätze möchte ich anknüpfen, um sie in möglichster Kürze zu erledigen. Der eine von ihnen liegt etwas weiter zurück, nämlich in dem Schlußartikel Ihrer „Geographischen Ausblicke". Sie sprechen da von Chr. Gruber und seinem lehrreichen neuen Werke über „Die Entwicklung der geographischen Lehrmethoden im 18. und 19. Jahrhundert", und bezeichnen die daselbst auf S. 219 f. u. S. 223 f. gegebene Anregung, man solle Karten herstellen, die „das landschaftliche Aussehen" wiedergeben, als einen „neuen Weg". In der Tat ist Gruber der erste, der von pädagogischem Standpunkte aus diese Forderung stellte. Sie war aber bereits der Einschlag in eine schon dargebotene Hand, freilich wohl jenem Autor selbst unbewußt. Auf eben solche Karten ist bereits vor Gruber hingewiesen worden, und zwar vom kartographischen Standpunkte

aus, der, wie Sie zugeben werden, bei Schulkarten eine ähnliche Stellung einnimmt, wie etwa der bautechnische bei Schulbauten. In den „Studien an Pennesis' Atlante Scolastico" (Mitteilungen der Geogr. Gesellschaft, Wien 1900, S. 279 f.) heißt es: „Erst bei Generalstabskarten großen Maßstabes, noch mehr bei topographischen Karten im Sinne von Spezial- oder Generalstabskarten — für die Schule in den Heimatkarten — die neben der Übersicht innerhalb des Gesichtskreises vor allem auch einen Einblick in geographische Einzelheiten gewähren wollen, kommt die spezifische Landschaftsfarbe der geographischen Objekte mit in Betracht; und so ist denn hier unmittelbar an die Malerei Anschluß zu nehmen, und die Bildtiefe, das ist die Höhe mit einer gegebenen Vielheit luftperspektivisch abgetönter Farbenreihen zu identifizieren. Auch hierbei wird man — wie es schon Versuche mit bloßem Handkolorit lehren — den Höhenzusammenhang aller Formen mit einem Blicke überschauen" (einer Forderung des Obersten G. Bancalari, in seinen ausgezeichneten „Studien über die österreichisch-ungarische Militär-Kartographie", entgegenkommend); „gleichzeitig aber wird man — und das ist das Bedeutendste unter den sekundären Nebenzielen der Geländedarstellung, und zugleich das Analogon zu der Wiedergabe der Farbenstufen im großen — gleichzeitig wird man auch die wesentlichen Eindrücke des landschaftlichen Anblicks erhalten, den das Gelände an Ort und Stelle darbietet. Es ist anderwärts nachgewiesen worden, daß das Wesentliche in diesem Eindruck die Höhenverhältnisse und die Farben sind. Auf der schattenplastischen Karte mit farbenperspektivischer Höhendarstellung der Kulturflächen, hat man beide in innerer Vereinigung vor sich.— Erreicht wird in ihnen sein, was die Schweizerische Topographie in ihren farbigen Karten nur erstrebt, ohne es bei ihrer echt künstlerischen Scheu vor aller „Schablone" jemals erreichen zu können — wobei „Schablone" ja nur das einseitig absprechende Wort für die an sich doch gewiß nur ansprechende Sache „systematischer Exaktheit" wäre! — erreicht: ein naturgemäßes Bild in objektiver Form". Die ersten Elemente aber zu einer theoretischen Grundlage für die technische Herstellung solcher, wie man sie kurz nennen kann, „Landschaftskarten" finden sich bereits (1898) in „Schattenplastik und Farbenplastik" zusammengestellt, und zwar in dem Kapitel „Zur farbenperspektivischen Plastik" (S. 113—126). Diese meine Anregungen decken sich insofern mit der Gruberschen Forderung nicht, als sie dem Ziele einer exakten Realisierung, ich glaube nicht unwesentlich, näher treten, und als sie eben nicht ebenfalls von einem Schulmanne, sondern von einem Kartenzeichner ausgehen. Die durchaus zustimmende Aufnahme, die der Gruberschen Forderung auch von Ihrer Seite wird, darf also auch mir erfreulich sein; und sie gilt mir als Aufmunterung, an dem oben skizzierten Programm unentwegt festzuhalten. Wie weit man im Maßstab mit solchen Karten hinabgehen kann, wird sich endgültig erst erweisen, wenn man einmal den Boden der Praxis damit betreten haben wird. Jedenfalls aber habe ich hiermit, wie schon seinerzeit, übrigens auch in den „Drei Thesen" (S. 212), auf Karten hingewiesen, die mit der dritten Dimension zugleich auch noch andere geographische Objekte von flächenhafter Ausdehnung veranschaulichen. In der Definition der theoretischen Aufgaben der Kartographie, mit der die „Drei Thesen" (Geogr. Ztschr. 1902, S. 65) eingeleitet werden, ist diesem Verhältnis Rechnung getragen durch den Zusatz: Darstellung des geographischen Raumes „und der Erscheinungen in ihm". Diesen Zusatz haben Sie übersehen (S. 131). So erklärt sich die enge Einschränkung, die Sie (S. 149, Absatz 2) dem Geltungsgebiete meiner Definition zumessen. In der Tat ist sie durchaus allgemeingültig; denn bei jenen Karten, deren Aufgabe es tat-

7*

sächlich nicht mehr ist oder sein soll, Höhen anschaulich darzustellen, bei solchen Karten schaltet sich doch eben (sc. nach dem Wortlaute meiner Definition) die dritte Dimension für die Darstellung ganz von selbst aus, der „geographische Raum" wird zweidimensional, und die Forderung der eindeutigen Anschaulichkeit und Meßbarkeit bleibt allein an jenen geographischen „Erscheinungen" haften, als da sind die politischen, kulturellen, die Siedlungsverhältnisse und anderes mehr. Es geht wohl auch kaum an, die weitere Einschränkung der Bedeutung der Idee der Farbenplastik, nämlich auf eine solche vorwiegend für Schulkarten, damit zu motivieren, daß eben Karten, deren Aufgabe es tatsächlich ist, Höhen zu veranschaulichen, „nach jetzigem Zeitgebrauch" vorwiegend Schulkarten seien. Jene Definition und die aus einer allgemeinen Erfahrung abstrahierten Theorien, die sich an sie knüpfen, sie sollen ja doch eben einen anderen Zeitgebrauch heranführen, sie sollen ja doch eben zu der Einsicht führen, daß es durchaus unzeitgemäßer Zeitgebrauch ist, die Höhenveranschaulichung auf Schulkarten zu beschränken!

Endlich der letzte Punkt, wirklich kurz zu erledigen. Er liegt in dem Satze („Malerisches Element III"): „P. knüpft in seiner Definition offenbar an Wagner an, nach dem die „Grundaufgabe der Geographie doch entschieden eine messende ist". Aber dieser Meinung sind durchaus nicht alle Geographen, und noch viel weniger würde die Meinung auf allgemeine Zustimmung rechnen können, daß es die Grundaufgabe der Kartographie sei, den Geographen die graphischen Unterlagen für ihre Messungen abzugeben". — Abgesehen davon, daß ich nach allem hier Vorangegangenen ebenfalls nicht zu jenen Geographen gehöre, die dem Wagnerschen Satze ohne Einschränkungen und Zusätze beistimmen, abgesehen davon reizt mich die Formulierung im zweiten Teil Ihres Satzes zur Frage: Halten Sie hier ein Schlänglein unter den Zweigen Ihrer kritischen Deduktionen verborgen, soll aus dem Satze der leise Vorwurf durchklingen, als mutete ich unserer Wissenschaft als erste Hauptaufgabe gerade dasjenige zu, was in der Tat zu ihren niedrigsten Aufgaben gehörte, nämlich die: einer anderen Wissenschaft zu dienen —? Verzeihen Sie, werter Herr Kollege, wenn ich mich mit der Annahme, Sie müßten meine Frage bejahen, irren sollte. Aber es zwingt mich, Ihnen unter dieser Annahme die Versicherung zu geben, daß Ihr

Schlänglein nicht zu den Giftschlangen gehört, daß Ihr Vorwurf — sollte es einer sein — in sich selbst zusammenfällt. Ich bitte Sie, wollen Sie doch einmal an eine Wissenschaft denken, wie es die Mathematik ist, und wie ungezählt vielen Wissenschaften sie als Hilfswissenschaft dient! Meinen Sie, daß die Würde der Mathematik darunter leidet? Ich glaube, das denkt kein Mensch. Nun, so kann auch die Würde der Kartographie nicht darunter leiden, wenn sie der geographischen Forschung Dienste leistet. Diese Dienstbarkeit ist ja doch keine, die der Kartographie die Stellung einer ancilla geographiae zuweise! Vielmehr wäre die Geographie lendenlahm und blind ohne die Kartographie. Die Kartographie ist integrierender Bestandteil der Geographie, die in ihren nichtkartographischen Richtungen ja doch auch ihrerseits wieder der Kartographie dienstbar ist. Wenn der Kartographie tatsächlich hie und da ein subalternes Gepräge anhaftet, und wenn dieser Umstand dann und wann einem Geographen, der den bildenden Richtungen seiner Wissenschaft innerlich fern steht, zu Überhebungen veranlaßt, nun, so tragen die Kartographen ganz allein selber die Schuld daran, weil sie das Feld ihrer Tätigkeit nicht durch und durch in wissenschaftlichem Sinne durchpflügen, weil sie sich nicht losreißen können von einem unsinnigen Traditions-Partikularismus, und weil sie bald auf der Flöte des Künstlers säuseln, bald ins Horn des Pädagogen stoßen zu müssen glauben, um für ihre eigene Sache zu sprechen. Der Kartographie fehlt noch das innere Selbstbewußtsein als der nach Zweck und Mitteln in sich selbständigen geotechnologischen Wissenschaft. Der sich ihres Eigenwertes in jeder Richtung voll bewußten Kartographie wird es einmal für die eigene Sache nirgends an eigenen Tönen fehlen.

Der Brief ist sehr lang geworden, und zudem voll Nörgeleien. Sie werden denken: als schlechten Dank für die warmen Worte, die Sie in allem Wesentlichen meinen Bestrebungen gewidmet haben. Ich bitte Sie aber, von Sinn und Absicht alles Gesagten nur das Beste zu denken, und versichere Sie, als einen gewandten Mitstreiter auf dem Felde der wissenschaftlichen Kartographie, der ausgezeichneten Hochschätzung

Ihres

Wien, 15. Dez. 1902.   Dr. Karl Peucker.

Kleine Mitteilungen.

Wanderungen durch das deutsche Land. Während meiner früheren langjährigen Tätigkeit als geographischer Lehrer auf allen Stufen höherer Schulen verschiedener Art habe ich vielfach gefunden, daß die Befriedigung der Lehrenden und die Erfolge bei den Lernenden nach oben hin verhältnismäßig nicht so groß sind wie auf der Unterstufe; namentlich im Unterricht über das deutsche Vaterland wurde diese Erfahrung gemacht. Ich kenne Kollegen, die froh und heiter die betreffenden Lektionen in der Sexta und Quinta verließen, aber unzufrieden drein schauten, wenn sie dieselben in Tertia geben hatten. In Anstalten der Großstädte traten mir solche Beobachtungen besonders häufig entgegen. Sprachen wir uns über die weniger günstigen Ergebnisse in den oberen Klassen aus, so meinte der eine den Grund darin zu finden, daß die Schüler dem schon mehrfach vorgeführten heimatkundlichen Stoffe gegenüber von vornherein zu wenig Teilnahme zeigten, der andere schob die Schuld auf den geringen Wert, welcher dem Gegenstande im Unterrichtsplane beigelegt werde, auf die ungenügende Stundenzahl u. dergl. Wir fanden dann natürlich, daß das Interesse der Schüler auf jegliche Weise angeregt, ihre Anschauung auf alle Art unterstützt werden müsse, und

unser Wunsch ging besonders auch dahin, daß es möglich wäre, mit der lieben Jugend durch alle wichtigeren Teile des deutschen Vaterlandes zu wandern, sie an Ort und Stelle, über sämtliche Verhältnisse zu belehren, welche der gebildete Deutsche kennen sollte. Törichtes Verlangen! — riefen wir uns dann zu.

Da kamen wir einmal auf Brunos „Le tour de la France" zu sprechen, ein Buch, das in unserem Nachbarlande in über 300 starken Auflagen verbreitet ist. Darüber herrschte unter uns sofort volle Übereinstimmung, daß dasselbe den Grundsätzen deutscher Schulmänner in vielfacher Beziehung widerstreitet, besonders indem es eine Vaterlandsliebe predigt, die mit Rachedurst gegen Deutschland gleichbedeutend ist, und zugleich in ziemlich aufdringlicher Weise den Kindern allerhand Moralsätze einzuprägen sucht. Aber ich meinte doch zuletzt, daß es nicht so übel wäre, wenn wir unserer heranwachsenden Jugend Gelegenheit geben könnten, in ähnlicher Art andere Kinder ihr Heimatland im Geiste zu begleiten; sie würde dann von wichtigeren Gegenden durch Wort und Bild eine genauere Vorstellung gewinnen, als die rein geographische Unterricht allein zu verschaffen vermöchte. Die betreffenden Kollegen konnten mir nicht widersprechen, und ich hielt den Gedanken

fest, um ihn zur Ausführung zu bringen, so bald mir der Rücktritt von dem aufreibenden Amte in der Hauptstadt die erforderliche Muße dazu geben würde.

Und nun noch ein kurzes Wort zu diesen „Wanderungen durch das deutsche Land", welche in zwei Teilen soeben erscheinen (Verlag der Kunstanstalt Carl Flemming in Glogau). Da der Verlag sich ein Buch dachte, das billig käuflich wäre, um wirklich in die Hände vieler Schüler und Schülerinnen zu kommen, so durfte der Verfasser über die Punkte, die von den Reisen berührt werden und deren Sehenswürdigkeiten nur Andeutungen machen; sobald er die Feder ergriff, um aus eigener Anschauung früherer Zeit liebe dige und abgerundete Natur- und Stadtbilder zu geben, Land und Volk sowie deren Geschichte genauer zu schildern, die Paläste und Museen, Burgen und Ruinen, Schächte, Werkstätten und Fabriken belehrend einzuführen, tönte ihm der hemmende Mahnruf des Verlegers entgegen: „Zuviel"! So mußte er dann große Abschnitte mehrmals vollkommen neu arbeiten und bis auf ein Drittel des ursprünglichen Raumes beschränken. Unter solchen Umständen konnten, wie gesagt, im ganzen nur Andeutungen über denjenigen Stoff gegeben werden, welchen die wandernde Jugend, um sich über das Vaterland recht genau zu unterrichten, beachten soll. Ich denke dennoch, daß das Werk schon großen Nutzen leistet, wenn es die Kinder heilsam anregt, sie veranlaßt, bei Eltern und Lehrern aus freiem Antrieb weitere Belehrung zu suchen, und, für den Fall eigener Reisen, im voraus auf wirkliche Sehenswürdigkeiten achten zu lernen. — Eine zusammenhängende Reise durch das ganze große Gebiet, wie Bruno sie gibt, habe ich nicht für zweckmäßig gehalten, sondern die Kinder auf sechs einzelnen Wanderungen, die von verschiedenartigen Personen unternommen und durch die wichtigsten Gegenden des Vaterlandes geführt; im ganzen haben die großen Stromgebiete zu dieser Teilung den Anlaß geboten. Natürlich konnten die Wanderungen weder auf alle Gegenden ausgedehnt werden, noch in jedem der großen Gebiete alle wichtigeren Punkte berühren. Ich wurde auch hier durch den Raummangel beschränkt und überdies in meiner Richtung durch die Rücksicht auf das Endziel der Reise und auf Beiträge von Mitarbeitern bestimmt. — Der erste Teil des Werkes ist zu Weihnachten ausgegeben worden, der umfangreiche zweite Teil soll baldigst folgen; er wird bei den Abbildungen noch mehr, als in dem ersten möglich war, auf Totalansichten bedacht sein.

Mögen die Herren Kollegen dem Werke eine freundliche Aufnahme schenken! Für dessen spätere Ausgestaltung wird mir deren freundlicher Rat jederzeit willkommen sein.

Prof. Dr. J. W. Otto Richter, Godesberg.

Über die Verwendung geologischer Momente auf der ersten Stufe des geographischen Unterrichts äußert sich Alois Müller, Wien in „Natur und Schule" II, 1—15. Der Verfasser führt sich als Schüler Pencks ein und erklärt, daß heute, wo die Geographie nach vielen Kämpfen sich doch fast eine selbständige Stellung errungen habe (nur in Österreich, füge ich hinzu), sie im Rahmen der Schule eine erhöhte Pflege und mehr wissenschaftliche Behandlung erfahren müsse.

Diese sieht er nach dem Vorbild von Oeikie auch schon für den Elementarunterricht in der Erarbeitung geologischer Grundbegriffe. Die Art der Erarbeitung führt er dann im folgenden weiter aus, sie geschieht teils durch Ausflüge, teils in der Klasse unter Zuhilfenahme von Karte und Bild. Zuerst wird die Talbildung von der Regenrinne bis zum Alpental behandelt, anhangsweise der Wasserfall. Dann kommt das Kapitel der Verwitterung, bei dem ausdrücklich der Schüler als solche der 1., also untersten Gymnasialklasse angeführt werden, studiert an alten Kirchhoftafeln etc. Die Rolle des Wassers wird durch das bekannte Experiment aus der Wärmelehre, das dessen Volumveränderung bei wechselnder Wärme zeigt, zu erläutern versucht. Dann kommt Müller zum Einfluß pflanzlicher und tierischer Vorgänge auf die Verwitterung und darauf ausführlicher auf die Gesteinsbeschaffenheit. Von den Vorgängen der chemischen Verwitterung zu handeln, hält er erst für praktisch nach Erledigung der Mineralogie in der 3. Klasse. Wohl aber ergibt sich noch die Denudation und Akkumulation, bei denen er die Transportmittel, Wasser, Wind und Eis genauer behandelt. Schließlich geht er auf die endogenen Vorgänge ein, empfiehlt den Hochstetterschen Schwefelvulkan, weist für Sinterbildungen auf „Pfannenstein" — Kesselstein hin und behandelt das Erdbeben.

Auch einmal wieder ein Zeichen, daß eine ganz neue Zeit, von der unsere Stockphilologen sich nichts träumen lassen, an die Pforten unserer Schulen klopft. Ich persönlich kann

Geogr. Anzeiger, April.

nicht leugnen, daß zwar vermutlich die Amerikaner mit solcher Methode sehr gute, uns beschämende Erfolge erringen, daß ich aber doch im allgemeinen diesen Unterricht auf einer höheren Unterrichtsstufe lieber sehe, wenn wir seine sofortige Einpassung in unsere Schulen einmal einfach zugeben wollen. Daß er immer notwendig wird, kann man nicht bezweifeln wollen, ob er aber wirklich in diese tiefen Klassen paßt, aber um so stärker. Der wahre Grund, daß Erdkundelehrer schon mit solchen Altersstufen ihn pflegen, liegt doch wohl auch für österreichische Verhältnisse in den beklagenswerten Aussetzen des Unterrichts vor erreichtem Schulschluß. Außerdem möchte ich als Vertreter niederdeutscher Verhältnisse überhaupt die Pflege maritimer und merkantiler Geographie gegenüber dieser rein geologischen als unserer und unserer Schule Weltlage entsprechender halten; denn sie pflegt augenblicklich etwas gar zu stark bei methodologischen Erörterungen um ihr Recht zu kommen. Wo aber, frage ich schließlich, bleibt bei alledem die schlichte einfache Topographie? *H. F.*

Die Erdkunde an den Reform-Realgymnasien. Außer den beiden Frankfurter Reform-Realgymnasien haben jetzt auch die entsprechenden Anstalten in Elberfeld und Remscheid den zu gunsten der Erdkunde modifizierten Lehrplan beantragt und vom Minister genehmigt bekommen. Lüdenscheid wird nun den gleichen Antrag stellen. *Dr. C. Cherbahim.*

Geographischer Unterricht im Ausland.

England. In der Februarnummer des Geographical Teacher gibt der Herausgeber ein Bild der gegenwärtigen Lage der Geographie an den britischen Hochschulen, indem er Lehrkörper, Lehrgegenstände, Examina u. dergl. von allen zusammenstellt. Er erkennt einen gewissen Fortschritt an, aber Mangel an Mitteln, selbst in dem noch am besten ausgestatteten Oxford und das Fehlen eigentlicher Lehrstühle für Erdkunde behindern ihn noch immer sehr stark. Wenn Herbertson ein halbes Dutzend der letzteren wünscht, deren Einrichtung ihren Inhabern erlauben würde, ihre ganze Zeit dem erdkundlichen Forschen und Lehren zu widmen, so müssen wir zugeben, daß wir auf dem Gebiete des Universitätsunterrichts für unser Fach doch noch ein Stück voraus sind.

Aus den umfangreichen Nachweisen sei herausgegriffen, daß Oxford einen wirklichen Lehrkörper in seiner School of geography besitzt, neben dem reader in geogr. H. F. Mackinder, vier Lecturer, u. zw. für physische Erdkunde, Länderkunde (Herbertson), alte Geographie und Geschichte der Erdkunde, dazu einen Lehrer im Kartenzeichnen.

Nach einem Jahre ausschließlich geographischen Studiums kann ein Examen abgelegt werden, mit dem der B. Sc.-Grad erreicht wird, auch bei einigen anderen Prüfungen werden geographische Fragen gestellt. Jeder Kandidat muß eine Bescheinigung des „Readers" bringen, außer allgemeiner guter Schulkenntnisse der Ausweis über das eben erledigte Jahr geographischen Studiums. Gegenstand der Prüfung sind: 1. Länderkunde, 2. Klimatologie und Meereskunde, 3. Geomorphologie, 4. alte historische Erdkunde, 5. neue historische Erdkunde, 6. Geschichte der Erdkunde, 7. topographisches Aufnehmen und Zeichnen, 8. geodätisches Aufnehmen und Zeichnen. Von diesen Gegenständen muß sich der Kandidat in dreien prüfen lassen, doch unbedingt in Länderkunde, und hat die Wahl der Gegenstände vier Monate vor der Prüfung anzugeben. Ein ausführlicher

„Syllabus" gibt die genaueren Examen-Anforderungen in den einzelnen Fächern an.

In Cambridge ist zwar ein „Reader", H. Yule Oldham, aber Examina finden nicht statt; nur einzelne geographische Fragen werden im „History Tripos" und im „Geological Tripos" gestellt. An der Universität London ist nicht einmal ein reader; aber an einigen anderen dortigen Hochschulen finden Vorlesungen in Erdkunde statt, besonders umfangreich an der London School of Economics, außerdem am Kings und University College und an Birbeck Institution. An der London School of Economics ist ein Examen in Geographie notwendig, ein Zwischenexamen für den B. Sc. of Economics, und Geographie ist Wahlfach für die „Matriculation". Ein umfangreicher „Syllabus" ist für beide Examina vorgesehen.

An den übrigen britischen Hochschulen ist der Erdkunde im allgemeinen ein noch geringerer Platz angewiesen, mit Ausnahme etwa von der Universität in Birmingham; doch auch hier liegt der Unterricht nicht in den Händen von Geographen, sondern von Geologen. Besonders zurück sind Schottland und Irland, in beiden ist nirgends ein Hochschulunterricht in unserem Fache vorgesehen.

Eine gewisse Rolle spielen die University Extension Lectures, die von Oxford, Cambridge, London und Victoria aus unternommen worden sind, Vortragszyklen zwischen 25 und 6 Stunden, in denen Größerbritannien, Handelsgeographie und Englands Nachbarn im äußersten Osten am häufigsten vorkommen. Es sind 17 Stellen angeführt, an denen solche Univ. Ext. Lectures stattgefunden haben. Auch hierbei ist England allein vertreten. *H. F.*

Schweden, Schulreform. Nach einer kurzen vorläufigen Notiz von Wetekamp, Zeitschrift für die Reform der höheren Schulen, 1902, Nr. 4, S. 75 f. hat man in den letzten Reichstagsverhandlungen über das höhere Schulwesen eingesetzte Kommission ihre Arbeit beendet und den im folgenden umrissenen Aufbau beschlossen. Auf einer fünfklassigen Unterstufe mit Deutsch und Englisch ist einerseits eine einklassige „Realschule" anderseits ein vierklassiges „Gymnasium", aufgesetzt. In den beiden oberen Klassen dieser Oberstufe ist das Prinzip der Wahlfreiheit in weitgehenstem Maße zur Geltung gebracht. Gesetzeskraft wird dieser Entwurf, ist an einer Annahme nicht zu zweifeln ist, Ostern 1904 bekommen. In Dänemark hat man sich für eine Schulreform, die von Ostern 1905 einsetzen soll, noch nicht zu dem Prinzip der Wahlfreiheit in der Oberklassen entschließen können, sondern, wie derselben Quelle entnommen worden, für die „Jugendschule", die drei oberen Gymnasialklassen mit einer Dreiteilung begnügt. Wie weit der Erdkunde innerhalb der mathematisch-naturwissenschaftlichen, der neu- und der altsprachlichen Abteilung ihr Recht wird, ist aus der kurzen Mitteilung nicht zu entnehmen. *H. F.*

Geographische Gesellschaften, Kongresse, Ausstellungen und Zeitschriften.

Die Gemeindeverwaltung von Marseille hat beschlossen, im Jahre 1905 eine Ausstellung für Kolonialwesen und Seeschiffahrt zu veranstalten. Gleichzeitig soll ein Kolonial-Museum eröffnet und in demselben ein internationaler Kolonial-Kongreß abgehalten werden.

Professor Alexander Wassilievitsch Grigoriev, der 20 Jahre hindurch Generalsekretär der Kaiserlich russischen Geographischen Gesellschaft in St. Petersburg war, hat dieses Amt niedergelegt und ist von der Gesellschaft zu ihrem Ehrenmitglied und zugleich für die kommenden vier Jahre als Mitglied des Ausschußrates der Gesellschaft gewählt worden. Die Geschäftsführung ist dem bisherigen Generalsekretär-Assistenten Herrn Andrei Andreievitsch Dosstoiewsky (dem Neffen des bekannten Schriftstellers) übertragen worden.

Die Queensländer Sektion der R. Geogr. Soc. of Australasia in Brisbane hat einen Wettbewerb um die Thomson Foundation Gold Medal ausgeschrieben, welche je der besten Originalarbeit über folgende Themata erteilt werden soll. Die Einlieferungszeit steht in Klammern. 1. The Commercial development, expansion and potentialities of Australia oder kurz The Commerce of Australia (1. Juli 1903); 2. The Pastoral industry of Australia past, present and probable future (1. Juli 1904); 3. The geogr. distribution of Australia minerals (1. Juli 1905); 4. The agricultural industry of Australia (1. Juli 1906).

Persönliches.

Ernennungen.

Rob. Le Moyne Barrett aus Chicago, zur Zeit auf Reisen in Zentralasien, zum geographischen Assistenten am Museum der Harvard University in Cambridge, Mass.

Guill. Bigourdan, Astronom am Observatorium in Paris, zum Mitglied des Bureau des Longitudes.

Dr. Pierre Marcellin Boule zum Professor für Paläontologie am Muséum d'histoire naturelle in Paris an Stelle von Prof. Albert Gaudry, welcher in den Ruhestand tritt.

Privatdozent Prof. Dr. Rob. Sieger zum außerordentlichen Professor für Geographie an der Universität Wien.

Geh. Reg.-Rat Dr. Paul Kollmann, langjähriger Leiter des Großhzgl. sowist. Bureaus in Oldenburg tritt am 1. Mai in den Ruhestand.

Herbert Kynaston ist vom Londoner Colonial Office zum Direktor der Geolog. Aufnahme von Transvaal ernannt worden.

Hauptmann a. D. W. Langheld, der verdiente Erforscher von Deutsch-Ostafrika, zuletzt Direktor der Südkamerun-Gesellschaft, ist als Mitdirektor der Katanga-Gesellschaft nach Afrika gegangen.

Professor Emile Levasseur zum Administrator des Collège de France in Paris.

Nicht P. L. Sclater jun. sondern P. Chalmers Mitchell, Professor der Biologie am London Hospital Medical College, wurde zum Sekretär der Zoological Society erwählt.

Der hochverdiente Gründer und langjährige Leiter der Deutschen Seewarte in Hamburg Wirkl. Geh. Admiralitätsrat Dr. G. v. Neumayer (über die wissenschaftlichen Leistungen der Seewarte vgl. den Aufsatz von Dr. L. Friederichsen, Geogr. Anz. 1900, S. 17) ist am 1. April unter Verleihung des Titels Exzellenz in den Ruhestand getreten.

Generalmajor Pomeranzew, Chef der geodätischen Abteilung der Militärtopographischen Sektion des Russischen Generalstabes, zum Chef der Militärtopographischen Schule.

Auszeichnungen, Orden u. s. w.

Dem Herzog der Abruzzen, Prinz Luigi von Savoien die Cullum-Medaille des National Geogr. Society in Washington in Anerkennung seiner Besteigung des Mont Elias und seiner Polarforschung.

Pfarrer C. A. Bächtold in Schaffhausen, bekannter Forscher auf dem Gebiet der Prähistorie von der philosophischen Fakultät der Universität Zürich zum Dr. phil. hon. c. ; desgleichen Albert Raef, Kantonal-Archäolog in Lausanne.

Der langjährige Redakteur des Globus, Dr. Rich. Andree zum Professor.

Dem Erforscher des Baikal-Sees Drishenko, Oberst im Steuermannskorps, der Wladimir-Orden III. Kl.

Geh. Hofrat Dr. Ernst Ebermayer in München zum Ehrenmitglied des Forstinstituts in St. Petersburg.

Geh. Reg.-Rat Dr. med. und phil. Wilh. Grempler in Breslau, Förderer prähistorischer und ethnographischer Forschungen, zum Professor.

Prof. Rob. Helmert zum Dr. Ing. an der Technischen Hochschule Aachen.

Oberst Leutwein, Landeshauptmann von Deutsch-Südwestafrika, der Kronenorden III. Kl. mit der Schleife und Schwertern am Ringe.

Geh. Rat v. Neumayer die goldene Seewarte-Medaille und die goldene Medaille der Geogr. Gesellschaft in München.

Rob. E. Peary, der bekannte amerikanische Polarforscher, ist zum Präsidenten der Amerikanischen Geogr. Gesellschaft in New York erwählt worden.

Der Direktor des Botanischen Gartens in Victoria in Kamerun Dr. Paul Preuß zum Professor.

Prof. Fred. W. Putnam, Kurator des Peabody Museum in Cambridge, Mass., die Lucy Wharton Drexel Medaille des Franklin-Instituts in Philadelphia in Anerkennung seiner Verdienste auf dem Gebiet amerikanischer Archäologie.

Dem Orientforscher Major a. D. Max Schlagintweit das Ritterkreuz des Ordens der Württembergischen Krone.

Dr. Reinh. Süring, Abteilungsvorsteher des Meteorol. Instituts in Berlin, sowie Dr. Georg Lachmann und Dr. Theodor Arendt, ständige Mitarbeiter des Instituts, zu Professoren.

Baron Ed. Toll, Chef der russischen Polarexpedition zur Erforschung von Saeníkowland, im Range eines Staatsrats bestätigt.

Jubiläen u. s. w.

Am 27. März feierte Dr. Moritz Lindeman in seiner Vaterstadt Dresden seinen 80. Geburtstag. Ganz aus eigener Kraft hat sich der Veteran in Bremen, wo er von 1848—94 lebte, zu einem Geographen von umfassendem Wissen entwickelt, bei dem das Interesse für Polarforschung stets in erster Linie stand. Als Sekretär des Bremer Komitees für die deutsche Polarexpedition hat er sich große Verdienste um das Zustandekommen der Koldeweyschen Expedition 1869/70 erworben; als Schriftführer der Bremer Geographischen Gesellschaft gab er die Anregung zu der Expedition von Dr. Finsch und v. Heuglin nach Westsibirien, zu der Expedition der Gebrüder Krause nach der Tschuktschen-Halbinsel und Alaska u. a. ; zuletzt wirkte er als Schriftführer der Kommission für die Deutsche Südpolarexpedition. Eine ebenso unermüdliche Tätigkeit entfaltete er im Interesse der deutschen Seefischerei. Vorübergehend war Dr. Lindeman als Mitredakteur von Petermanns Mitteilungen 1879—80 in Gotha ansässig. Von größeren Schriften sind zu erwähnen: „Die arktische Fischerei der deutschen Seestädte 1620—1868", Gotha 1869; „Die Seefischereien 1869—78", Gotha 1889; „Amtlicher Bericht über die internationale Fischerei - Ausstellung in Berlin" 1881; „Beiträge zur Statistik der deutschen Seefischerei", Berlin 1888; „Der Norddeutsche Lloyd", Bremen 1892.

Am 5. Mai feiert Geh. Reg.-Rat Prof. Dr. Ferd. v. Richthofen in Berlin seinen 70. Ge-

burtstag. Wir weisen unsere Leser auf die Biographie im Geogr. Anzeiger 1900, S. 141 besonders hin.

Am 31. März feierte Prof. Dr. Franz Buchenau in Bremen sein 50 jähriges Dienstjubiläum. Seit 1855 ist er in Bremen tätig, seit 1868 als Direktor der Realschule in der Altstadt, seit 1876 als Direktor der Realschule beim Doventor. Hervorragende Verdienste hat er sich um die Landeskunde von Nordwest-Deutschland und besonders von Bremen, wie auch um die Pflanzengeographie dieser Gebiete erworben.

Am 10. April feierte der Geh. Ober-Reg.-Rat Prof. Dr. A. Auwers sein 25 jähriges Jubiläum als ständiger Sekretär der Königl. Preußischen Akademie der Wissenschaften.

Todesfälle.

J. D. W. Vaughan, Astronom der Fiji-Kolonie, starb im September 1902 in Suva. Seit mehr als 30 Jahren daselbst ansässig hat er eine hervorragende Rolle bei der Vorbereitung der Annexion der Inseln gespielt.

Rev. Dr. Wiltshire, englischer Geolog, starb am 27. Oktober 1902 in Blackheath. Nachdem er 1850 in Cambridge das theologische Examen bestanden hatte, widmete er sich geologischen Studien, und war seit 1872 erst Lehrer, später Professor für Geologie am Kings College in London; 1896 trat er in den Ruhestand. Unter seinen Schriften ist besonders „The History of Coal" 1878 zu erwähnen.

Der australische Geometer und Forschungsreisende C. G. A. Winnecke, von deutscher Abkunft, geb. am 18. November 1857 in Norwood, Südaustralien, starb am 10. September 1902 in Adelaide. Er begann seine Laufbahn als Zeichner im Survey Department, nahm als Topograph teil an der Expedition unter Barclay 1879 in Zentralaustralien, die er in den nächsten Jahre selbständig fortsetzte. Große Strecken längs der geplanten Bahn quer durch Zentralaustralien sind von ihm vermessen worden. 1894 übernahm er die Leitung und besonders die topographischen Aufnahmen der Hornschen Expedition nach Zentralaustralien und verfaßte den ersten Band des großen Reisewerkes.

Am 9. November starb in Zikawei bei Shanghai der hervorragende Sinolog Pater Ange Zottoli S. J. im 76. Lebensjahre. Den Abschluß seiner Lebensarbeit, die Herausgabe einer 12 bändigen Encyklopädie über chinesische Literatur und Wissenschaften hat er leider nicht erlebt.

Dr. James Cornwell, englischer Schulmann und Verfasser zahlreicher weitverbreiteter geographischer Lehrbücher und Atlanten für verschiedene Stufen, starb am 12. Dezember 1902 in Sydenham-hill im 91. Lebensjahre; seit 1856 lebte er im Ruhestande.

Silas Farmer, Verfasser zahlreicher amerikanischer Atlanten, starb am 28. Dezember 1902 in Detroit, wo er am 6. Juni 1839 geboren war.

Die Witwe des amerikanischen Forschungsreisenden und späteren General John C. Frémont, Frau Jessie Benton Frémont, geb. 1824, starb am 27. Dezember 1902 in Los Angeles, Cal. Sie hatte ihren Gatten auf mehreren seiner Reisen, wie auch während des Feldzuges gegen Mexiko 1846/7, begleitet. Unter ihren Werken mit geographischem Interesse: „A Year of American Travel, Far West Sketches". Nach dem Tode ihres Gatten 1890 vollendete sie seine Memoiren.

Will Gunn, langjähriger Mitarbeiter an der Geological Survey von England, starb am 29. Oktober 1902; erst 1902 war er zum Distriktsgeolog ernannt worden. Seine Aufnahme aus den verschiedensten Gebieten des Königreichs sind in den Memoirs der Anstalt veröffentlicht.

Ludwig Kümlein, eingeborener Deutscher, welcher als Naturforscher an der Howgate-Polarexpedition 1878/9 teilgenommen hatte, starb Ende 1902 zu Milton in Wisconsin. Nach der Rückkehr von der ziemlich ergebnislosen Expedition wurde er Mitarbeiter am Smithsonian Institution und an der U.-S. Fish Commission.

Kapitän S. T. S. Lecky starb am 23. November 1902 in Las Palmas auf den Kanarischen Inseln. Als Kapitän der Postdampfer der Pacific Steam Navigation C. hat er sich durch genaue Vermessungen an der Westküste von Patagonien verdient gemacht.

Der Professor für Geologie an der Universität Dorpat Joh. Lemberg starb daselbst Anfang 1903.

Der Obergeolog des Ungarischen Geologischen Instituts Dr. Julius Pethö starb am 15. Oktober 1902 in Budapest.

Einer der ältesten Polarforscher Kapitän Rob. C. Allen starb am 28. Januar in Maidavale, England, im 91. Lebensjahre. Im Jahre 1850/51 hat er an der Polarexpedition von Kapitän Belcher auf der „Resolute" teilgenommen und im Verlauf derselben die magnetischen Beobachtungen ausgeführt.

Im Januar starb in Pisa der Prof. der Geologie Dr. Antonio d'Achiardi.

Vicomte Robert Du Bourg de Bozas starb am 25. Dezember 1902 in der Station Amadi im Kongostaate während seiner Forschungsreise quer durch Afrika. Im Januar 1901 war er von Djibouti am Golf von Aden aufgebrochen, hatte zunächst die Galla- und Somaligebiete südlich von Harar erforscht und dann nach längerem Aufenthalt in Adis Abeba im März 1902 die Reise nach Süden angetreten; der Kette alpiner Seen folgend gelangte er an das Nordende des Rudolf-Sees, durchkreuzte das Turkana-Land und erreichte den Nil an der englischen Station Nimule. Hier hat er faßte er den Plan, die Reise zu einer Durchquerung des Kontinents auszudehnen, aber bereits in der Station Amadi erlag er der Dysenterie.

Am 10. März starb in seiner Vaterstadt Leipzig der Professor der Medizin Julius Victor Carus. Geboren am 25. August 1823 hat er seit 1851 die Professur für vergleichende Anatomie bekleidet und ständig Vorlesungen über die Verbreitung der Tierwelt gehalten.

In Algier starb Anfang März Edouard Cat, Professor an der Ecole des lettres; er hat zahlreiche Schriften über Algier verfaßt, namentlich über die Stellung der Araber und der Eingeborenen.

Der belgische Infanterie-Kapitän Eug. Derscheid, geb. in La Louvière 1858, starb im März 1902 in Belgien. 1890 hatte er an der Katanga-Expedition unter Bia und Franqui teilgenommen und war bis Ende 1900 Kommandeur der Truppen des Kongo-Staates gewesen.

Im März starb der Professor der Astronomie und Mitarbeiter an der schweizerischen Geodätischen Kommission Charles Dufour in Lausanne.

Am 5. Februar wurde in Garua am Benue der Oberleutnant der Deutschen Schutztruppe in Kamerun, Graf Joseph Fugger v. Glött, durch einen vergifteten Pfeil getötet. Von 1895—1902 war er in Deutsch-Ostafrika tätig gewesen.

James Glaisher, hervorragender englischer Meteorolog, langjähriger Direktor des magnetischen und meteorologischen Abteilung des Observatoriums in Greenwich, starb am 7. Februar in Croydon. Er war geboren am 7. April 1809, arbeitete von 1829 als Assistent an der Landesaufnahme von Irland und trat 1836 in den Dienst des Greenwicher Observatoriums. Ihm gebührt das Verdienst, die Luftschiffahrt in den Dienst der Meteorologie gestellt zu haben; von 1862—66 unternahm er 29 Hochfahrten zu meteorologischen Beobachtungen; am 5. Sept. 1862 erfolgte die denkwürdige Fahrt, auf welcher für lange Zeit die höchste Höhe von 37000 Fuß (11300 m) erreicht wurde. Er veröffentlichte:, „Hygrometrical Tables" 1847; „Report on the Meteorology of London" 1855; „Travels in the Air" 1871; „Mean Temperature of every Day for Greenwich, 1814 to 1873". Bis in die letzten Jahre bearbeitete er die meteorologischen Beobachtungen des Palestine Exploration Fund.

Florence Craufurd Grove, bekannter englischer Alpinist und Kaukasusforscher, starb im Oktober 1902 in London. Zahlreiche Beiträge über Gipfelbesteigungen lieferte er im Alpine Journal; über seine beiden Kaukasusreisen veröffentlichte er: The Frosty Caucasus, London 1875.

Grove war von 1884 an lange Jahre hindurch Vorsitzender des englischen Alpine Club.

H. W.

Besprechungen.

Clemenz, B., Die Erdkunde als Schulwissenschaft am Beginn des 20. Jahrhunderts. Katholische Schulzeitung (Bayern) 1902, Nr. 43—45.

Konstatiert, daß die Pädagogik in Ansehung der Erdkunde ein „reaktional langsames Tempo einschlägt", geht dann zu einer Skizze der Entwicklung der Schulgeographie im 19. Jahrhundert über, empfiehlt für die Schulen die Aufnahme der „biologischen" (= begründenden) Erdkunde unter besonderer Berufung auf Ratzel, und schließt mit einer freilich etwas ungeeigneten Literatur. Der Satz (347) „An Erweiterung ihres Umfangs wird die schulmäßige Geographie kaum denken dürfen, wird auch nicht einmal nötig sein", soll wohl nur für die Volksschule gelten, sonst wäre die Berufung auf den XIII. Geographentag und H. Wagners und Lampes Urteil überflüssig.

Erdkunde. Hilfsbuch für den vergleichend entwickelnden Geographieunterricht. 2, auf Grund der Lehrpläne für die Lehrerbildungsanstalten in Preußen vom 1. Juli 1901 neu bearbeitete und vermehrte Auflage der Landschaftskunde von F. Wulle. Drei Teile. Halle a. S. 1902, Hermann Schrödel.

Der Verfasser ist Präparandenanstaltsvorsteher in Greifenberg in Schlesien. Er schließt sich an einen bestimmten Atlas, in diesem Falle den Schulatlas von Diercke und Gäbler an und sucht die Aufgabe zu lösen, gleichzeitig den Bedürfnissen der Präparandenanstalt und denen des Lehrerseminars zu genügen, indem er die für das Seminar bestimmten Stellen in Antiquadruck gibt. Die drei Teile lassen erkennen, daß der Verfasser unsere guten Lehrbücher kennt und deren Vorzüge auf seine Lehrstoffabgrenzung zu übertragen verstanden hat; insbesondere scheint ihm Kirchhoffs Schulgeographie mehrfach als Muster vorgeschwebt zu haben. Besonders gut hat mir die Darstellung des ersten Teils (Globuslehre, Allgemeine Erdkunde, Länderkunde der außereuropäischen Erdteile und Die Weltmeere (mit Ausnahme des atlantischen Ozeans) gefallen. Die physikalischen Partien lesen sich interessant und sind klar. Der zweite Teil behandelt die Länderkunde von Europa und den Atlantischen Ozean, der dritte Teil die Länderkunde des Deutschen Reiches, der Niederlande und Belgiens, ferner die Handelsgeographie und den Weltverkehr. Die Beigaben von Fragen zu den einzelnen Lehreinheiten ist sicher dem Lehrer willkommen. Auch die übersichtliche Charakterisierung der Städte in Texte durch Zeichen, die ihre Bevölkerungsziffer erkennen lassen, ist angenehm und zweckmäßig.

O. Steinel-Kaiserslautern.

M. W. in H., Berlin — eine Weltstadt, Unterrichtslektion für die Oberklasse. Repertorium der Pädagogik. 56. Bd., VI. Heft, S. 292 ff. Ulm 1902.

In Tischendorfs Manier auf Nürnberger Verhältnisse bezogen; ganz hübsch durchgeführt. Daß die Umgebung Berlins „reizlos" ist, sollte endlich ins Reich der Fabel verwiesen werden. Alt-Berlin ist schwerlich wie Cölln als Fischerdorf gegründet, sondern als Markt „St. Nikolai" gegenüber „St. Petri". Die Kaiser-Wilhelmstraße gehört nicht zu den schönsten und gewiß nicht zu den verkehrsreichsten. *H. F.*

Giberne, Agnes, Grundfesten der Erde. Übersetzung nach der 7. Auflage des Engl. von E. Kirchner. Berlin 1902, Siegfried Cronbach. XII, 271 S. 4,50 M.

Das Buch wendet sich nach Aussage der Verfasserin an Leser, welche als Neulinge an die Geologie herantreten; die Übersetzerin meint, es soll zugleich eine Ableitung von den zahlreichen phantastischen aber wahrheitswidrigen Erzählungen für die Jugend bilden. Beide Tendenzen sind lobenswert.

Die Erdgeschichte wird mit einem Buche verglichen, von dem einzelne Blätter zum Teil unvollständig sind, zum Teil ganz verloren sind. Die Verfasserin kommt zu einer Darstellung des Stoffes, „Wie die Urkunde zu lesen ist", „Eine Geschichte aus alten Tagen" und „Die Vergangenheit im Lichte der Gegenwart", das sind die Themata. Nacheinander werden demnach behandelt: 1. die am Aufbau der Erdrinde beteiligten Gesteine nach Vorkommen, Zusammensetzung und Entstehung; 2. die Zeitalter und Perioden der Erdgeschichte nach ihren Gesteinen, Bewohnern, ihrem Klima und sonstigen besonderen Verhältnissen; 3. die beim Aufbau der Erdkruste wirksamen Kräfte.

Damit ist der Plan des Buches wie sein Inhalt im wesentlichen angedeutet. Jede Hauptabteilung zerfällt in eine Reihe Kapitel, deren Leitwort nicht immer treffend ist.

Das Buch will populär sein. Das will mir nicht scheinen. Die Sprache ist nicht einfach genug. Zum Popularisieren gehören gelehrte Auseinandersetzungen allerdings nicht, an ihre Stelle dürfen aber nicht langatmige, verworrene Begriffserklärungen u. dergl. treten. Klar soll man bei populärer Schreibweise sein. Freilich ist das eine sehr hervorragende Gabe. Weiterhin ergeht sich die Verfasserin in endlosen Wiederholungen. Immer lassen sich solche nicht vermeiden. Wohl ein Dutzendmal wird uns erzählt, die Meere seien zur Kreidezeit von Milliarden von Rhizopoden bevölkert gewesen. So oft von plutonischen oder neptunischen Gesteinen die Rede ist, wird ihr Unterschied beleuchtet. Das langweilt. Ohne diese Wiederholungen wäre das Buch viel lesbarer, es wäre allerdings auf die Hälfte zusammengeschrumpft. Sachliche Unrichtigkeiten und Ungenauigkeiten kommen häufig vor. Einige Proben: „Granit und Lava bestehen zur Hälfte aus Quarz", „Ton und Saphir etc. bilden das tonartige Gestein", „Aluminium mit Sauerstoff verbunden

8*

wird zu Alaun, einem Hauptbestandteile der Tonerde"; Koniferen treten schon im Devon auf (!), der Atna ist beinahe 4000 m hoch etc. Manches wird wohl, was die Ausdrucksweise anlangt, auf Kosten der Übersetzerin zu setzen sein, wenigstens sind viele Anglicismen zu erkennen. Sie klebt zu sehr am Original, wenn man nicht annehmen will, daß sie den Stoff nicht beherrscht. Was sollen Sätze wie: „Ungeschichtetes Gestein das sich zu kristallisierter Gestalt abgekühlt", „gerade wie die verschiedenen Arten geschichteten Gesteins durch Wasser gebildet werden, so sind die verschiedenen Arten nichtgeschichteten Gesteins durch Feuer entstanden", „die Kohlenflöze in Südwales sind ungefähr 3000 m dick. Aber die Durchschnittsdicke für alle Kohlenschichten zusammengenommen würde nur ungefähr 40 m ergeben". Was ist „flüssiges Feuer?"

Die Phantasie ist mitunter etwas ausschweifend: Im Palaeozoicum „erheben sich drei erhabene Bergspitzen: 1. das Zeitalter der knochenlosen, niederen Tiere, 2. das Zeitalter der Fische, 3. das Zeitalter der Wälder etc." Die Sagen von Drachen und Greifen werden darauf zurückgeführt, daß die ersten Menschen vielleicht noch die letzten Reste der dem Jura eigenen Saurier kennen gelernt haben. Von ihnen her hat sich dann die Sage weitergesponnen.

Noch eins: die Verfasserin will jung und alt für die Geologie begeistern. Dazu scheint ihr als sehr geeignetes Mittel, immer wieder zu betonen: was die Geologen lehren, ist „nicht wahrscheinlich", „unbestimmt", „unsicher". Sie stellen viele Theorien auf, „niemand weiß etwas Sicheres". Den Geologen gegenüber ist sonach absoluter Unglauben am Platze: das Dogma wird dem Anfänger gepredigt. Es wird nicht bestritten, daß sehr viel der Klärung bedarf; das dem Anfänger immer wieder zu sagen, ist unpädagogisch. Diese Kost ist für Bildungsbedürftige nicht die rechte.

Die Bilder sind nur als bunte Beigabe anzusehen, zum Teil sind sie geschmacklos, wie z. B. das anno 1755 einfallende Lissabon.

Meiner Ansicht nach sollte eine Einführung in die Geologie nur versucht werden auf Grund beobachtender Tätigkeit in der Heimat, wozu z. B. J. Walther für Thüringen in so schöner formvollendeter Weise die Anregung gegeben hat. *Dr. Lieberman.*

Schreiber, Gottfried, Lernbüchlein der Geographie. In verschiedenen Ausgaben. Sternberg, R. Hitschfeld. 20—25 h.

Die kleinen Heftchen sind für die Hand der Schüler in Volks- und Bürgerschulen zur häuslichen Wiederholung und Einübung des geographischen Lehrstoffes bestimmt. Bisher wurden Lernbücher für die Kronländer Mähren, Steiermark, Böhmen, Schlesien und Niederösterreich veröffentlicht. *Ha.*

Hotz, Rudolf, Leitfaden für den Unterricht in der Geographie der Schweiz. 72 S. mit 26 Illustrationen. Basel 1902, R. Reich.

Das Buch soll, ähnlich wie „Die Schweiz" von Dr. Walser, einen Kommentar zur eidgenössischen Schulwandkarte der Schweiz bilden und unterscheidet sich von jenen durch eine mehr schulmäßige Behandlung des Stoffes. Daß Ansichten von Gebäuden, Denkmälern u. s. w. von den Illustrationen ausgeschlossen wurden, verdient volle Anerkennung, ebenso wie die Aufnahme hervorragender Baumtypen. *Ha.*

Lasalde, Compendio de Geografía dispuesto por el padre Carlos L. de las escuelas pías. con 126 gravados y 4 mapas en color. 2 ed. Freiburg i. Breisgau 1902. Herder. IX u. 287 S.

Das Buch, das gegenüber der ersten Auflage seine Illustrationen verdoppelt hat, gibt eine Einleitung (1), in der die Erde als Stern, physischer Körper und Wohnplatz der Menschen angesprochen und danach die bekannte Dreiteilung der Geographie vorgenommen wird. Es folgt dann die mathematische Geographie (2—13), in der der Mond als Zeitmesser, aber nicht als Flutbeweger angeführt wird (auch später ist von der Flut nicht die Rede), die physische Geographie (14—30), zu der Muttersprache, Religion und Kulturgrade gehören und beschreibende oder politische Geographie (31—267), in der Städte und Einwohnerzahlen den Löwenanteil einnehmen. Die Abbildungen sind größtenteils nicht übel, verfehlte nach Auswahl und Ausführung freilich auch darunter, besonders in den beiden ersten Abschnitten Fig. 6, 11, 12 (Malayo) 126 u. a. .

Daß inhaltlich das spanische Südamerika sehr hervortritt, wird man nur natürlich finden. Im ganzen macht das Buch, spanische Verhältnisse angelegt, keinen üblen Eindruck und scheint geeignet, zur Förderung des Geographieunterrichts wesentlich beizutragen, wenn es auch nach Stoffwahl und Anordnung einer schon veraltenden Epoche angehört. *H. F.*

v. Poschinger, Koloniale und politische Aufsätze und Reden von Dr. Scharlach. 118 S. Berlin 1903, Mittler & Sohn. Geh. 2.50 M.

Heinrich v. Poschinger ist zuletzt durch seine hervorragenden historischen Arbeiten über die preußische Politik unter der Regierung Friedrich Wilhelms IV. hervorgetreten. In der vorliegenden Sammlung bringt er eine Zusammenstellung von 19 Vorträgen, amtlichen Eingaben und längeren Zeitungsaufsätzen, in denen Dr. Scharlach, der bekannte Hamburger Kolonialfreund, seine Ansichten über eine Reihe von politischen und kolonialen Fragen entwickelt. Da Scharlach mitten im praktischen Leben steht, die Rechtsfragen beherrscht und durch aktive Beteiligung an kolonialen Unternehmungen aller Art reiche Erfahrungen gesammelt hat, sind seine Ausführungen, aus denen die begeisterte Hingabe des Verfassers für die koloniale Sache auf jeder Seite hervorleuchtet, von hohem allgemeinen Interesse. Sichtlich hat man es nicht mit theoretischen Erörterungen, sondern mit Arbeiten zu tun, welche auf ganz bestimmte, praktische Zwecke und Wirkungen hinzielen, vgl. z. B. Flotte und Kolonien, die Ausbildung der Kolonialbeamten, Unsere Kolonien und die Presse u. a. Zum Schlusse ist eine Frage von hoher Zukunftsbedeutung behandelt, nämlich der Plan, eine deutsche Kolonialbank zu errichten. Dieselbe soll einerseits den Bankverkehr in den Kolonien und zwischen diesen und dem Mutterlande aufnehmen, anderseits soll sie die Gründung kolonialer Unternehmungen erleichtern bzw. solche Gründungen kontrollieren, ihrer Art und Weise, wie die Bank eingerichtet und verwaltet werden soll, handelt es sich dabei offenbar um ein Unternehmen von außerordentlicher, kolonialwirtschaftlicher Bedeutung. *Max Georg Schmidt.*

Deutsches Kolonialbilderbuch. Bilder von Rudolf Hellgrewe, Zeichnungen von G. Hertling, Reime von Dr. A. Wünsche. Druck und Eigentum von Leutert und Schneidewind, Kunstanstalt, Dresden. Für den Buchhandel Alexander Köhler, Dresden. 3 M.

Zwanzig hübsche bunte Bilder, denen auf dem gegenüberstehenden Blatt flotte Zeichnungen inhaltlich zugehören, Tierwelt, Menschentypen, Häuser, Karren, Deutsche Schutztruppe in den Kolonien behandeld, sämtlich von unschuldig drolligem Humor, der sich auch durch die lustigen Reimunterschriften zieht, bieten für große Kinder und kindliche Große eine Quelle echtester Heiterkeit. Lehrhafte Absichten haben den Herausgebern wohl fern gelegen, obschon unsere Jugend manches im Anschauen der sehr sauber ausgeführten Bilder lernen wird; aus die Reime leben nicht mit kindlicher Gläubigkeit in den dargestellten Dingen, sondern lassen sich zu ihnen mit feinem Witz herab. Als Beispiel:

„Das Nashorn heißt Rhinozeros,
Das Nilpferd Hippopotamos;
Vergleiche beider Angesicht:
Schön sind sie alle beide nicht!"
Dr. Felix Lampe.

Rüthning, Prof. Dr. Gustav: Wandkarte des Herzogtums Oldenburg. Nach den von der kartographischen Abteilung der Kgl. preuß. Landesaufnahme herausgegebenen Meßtischblättern und der deutschen Admiralitätskarte unter Benutzung der v. Schrenckschen topographischen Karte des Herzogtums Oldenburg 1 : 100000. Oldenburg, G. Stallingsche Buchhandlung, M. Schmidt.

Rüthnings Karte macht den kartengeübten Auge von vornherein den Eindruck sorgfältiger Arbeit. Besonders eingehend ist das nur in farbigen Höhenstufen dargestellte Bodenrelief behandelt. Auf die unterste, grün gefärbte Stufe 0—1,20 m folgen die Schichten 1,20—10, 10—20 und weitere fünf 20 m-Stufen in brauner Abtönung. Die höchste Stufe, 120—140 m, ist weiß. Der Meeresboden wird durch Hell- und Dunkelblau in zwei durch die 5 m-Isobathe geschiedene Stufen getrennt.

Das die Flächenkolorit für die Bodenerhebung Auge von vornherein den Eindruck, blieb Rüthning die der Darstellung der Bodenbeschaffenheit nur die Signatur. Marsch und Geest, die im wesentlichen mit der grünen oder braunen Stufe zusammenfallen, sind nicht besonders gekennzeichnet, die charakteristischen Moore treten durch schwarze Schraffur deutlich hervor, die Waldungen sind durch die übliche Bäumchensignatur angedeutet. Die Zeichnungen der Ortschaften verrät besondere Sorgfalt, an Stelle der bequemeren Signatur hat Rüthning den Ortsumriß und den Ortsplan gewählt.

Rüthnings Karte liefert den Beweis, daß es möglich ist, eine auch für alle Schulzwecke hinreichend klares und deutliches Kartenbild zu schaffen, ohne in den Schwefelhölzchenstil mancher Pädagogen zu verfallen. *Ha.*

Leuzinger, R., Kurvenreliefs. Schlüssel zum Verständnis der Kurvenkarten. Bern, Schmid, Francke & Co.

Es ist eine Konsequenz der staatlichen Fürsorge für den erdkundlichen Unterricht in der Schweiz, daß auf dem Gebiet der geographischen Lehrmittel in manchen Dingen dieses verhältnismäßig kleine Land die Führung übernimmt. So ist der Offizielle Schweizer Wandkarte im Maßstabe 1 : 20000, durch ihrer auf Fernwirkung berechneter Plastik sorgfältige Höhenkurven aufweist, gewissermaßen als Bahnbrecher und Schrittmacher Leuzingers Schlüssel zum Verständnis der Kurvenkarte vorangeeilt. Eigentlich war schon länger ein Bedürfnis für ein derartiges Lehrmittel; denn dem Einzug der Kurvenkarten in die Volksschule ist ein solch zum unabweisbaren Bedürfnis geworden. Leuzinger hat 15 plastische Terraindarstellungen auf einer Tafel vereinigt; unter den Landschaften findet sich Altbayern (11), Mittelbayern (9)

Böhmen (12), die Rauhe Alb (13), der Jura (14) vertreten. Neben dem plastischen Modell liegt die Kurvenkarte vor, sodaß der Schüler beide aufeinander beziehen kann; ein beigegebener Text mit Abbildung, der den Zusammenhang des Profils mit dem Grundriß klarlegt, unterstützt die Anschaulichkeit. Angenehm wäre es, wenn bei einer neuen Auflage (der Verfasser Leuzinger ist, wie mir Prof. F. Becker, Oberst im Generalstab, mitteilt, 1896 gestorben) durch Eintragung eines Stadtzeichens oder dergleichen, oder durch direkte Angabe der die Landschaft umziehenden Längen- und Breitengrade, vielleicht auch zum Ueberfluß noch durch Hinweis auf die benutzte Karte sofort Klarheit über die geographische Lage des dargestellten Terrains geboten wäre. Der Maßstab für die plastischen Darstellungen ist 1 : 100000. Auch das sollte auf der Tafel selbst angegeben sein. *O. Strinz.*

Gerstenberger, Paul V., Natur und Volksleben im Erzgebirge. Oetreue Schilderungen eigener Erlebnisse und Erfahrungen aus der Heimat der Spielwaren. Dresden und Leipzig 1902, Pierson.

Der Verfasser hat, wie ich aus dem Umschlage ersehe, bisher schon zwei Sammlungen Gedichte herausgegeben und übergibt hier der Öffentlichkeit ein erstes Werk in Prosa. Er bittet im Vorwort, es nicht mit allzu kritischen Blicken zu betrachten. Aber bei aller Milde der Beurteilung muß doch gesagt werden, daß O. besser getan hätte, noch einige Jahre mit der Drucklegung zu warten und inzwischen an seiner Schreibweise zu feilen. Auch seine Urteile sind oft schief oder gar falsch. Ich führe folgenden Satz an: „Unzweifelhaft hat der Mensch den zweifelhaften Vorzug vor der Natur, bewußterweise extremere Parodien zu bilden, als diese selbst in ihrer natürlichen Dummheit". Auf S. 18 versucht er die weit verbreitete Ansicht, die Bewohner seien fleißig und zufrieden, einer Revision zu unterziehen. Ihr Fleiß habe „verschiedene Wurzeln, die nicht immer die besten sind. Würden die Leute ihre Zeit nicht gehörig ausnützen, so hätten sie kein Brot, keinen — Schnaps und kein — Vergnügen!" Ist denn das nicht ganz in der Ordnung? Wo in aller Welt ist es denn, mutatis mutandis, anders? Wenn die Holzschnitzer für 60—100 Schock fertige Tiere 13—14 Mark bekommen, kann man doch nicht verlangen, daß sie aus reiner Lust an der Arbeit ihre eintönige und ungesunde Tätigkeit verrichten. Solcher nach Form und Inhalt eigentümlicher Äußerungen könnte man noch viele anführen, so wenn er seinen den mancherlei Unglück, das der Sommer 1901 im Gefolge hatte, in einem Atem aufzählt: Die Hungersnot in Britisch-Indien, die Kriege in Afrika und Asien und „vor allen Dingen" — das Überbrettl! Scherzhaft ist es auch, wenn er die Erzgebirger für ihren kleinen Wuchs verantwortlich macht: was atmen sie ganzen Tag die ungesunde Stubenluft, wo sie die gute Gebirgsluft aus erster Hand haben könnten? „Was nützen denn die günstigen Verhältnisse, wenn sie nicht ausgenutzt werden?" Aber auch sachlich befriedigt das Büchlein nicht. Von den fünf Abschnitten versuchen der erste und der letzte die Natur, die drei übrigen die Bevölkerung der Dörfer Seiffen und Heidelberg im Erzgebirge zu schildern, also jener Gegend, wo die Kleinspielwarenindustrie blüht. Den größten Raum nimmt der dritte Abschnitt „Volksbelustigungen" ein. Doch was uns der Verfasser hier von umherziehenden „Künstlern", Theatervorstellungen und Jahrmarktsfreuden ausführlich erzählt, ist so wenig dem Erzgebirge allein eigentümlich, daß es zur

Charakteristik des Volkes in nichts beiträgt. Die sittlichen Zustände, die er im Zusammenhang damit bloßstellt, werden sich auch überall da finden, wo der harte Kampf ums tägliche Brot zur Proletarisierung der Bevölkerung führt. Das Bild des Erzgebirges tritt uns eher in den Kapiteln entgegen, wo die Herstellung der Spielwaren beschrieben und einige Proben der Mundart mitgeteilt werden. Doch ist das anderswo schon viel ausführlicher und besser geschehen.

Kurz gesagt, die Landeskunde des Erzgebirges hat durch Gerstenbergers Schriftchen keine merkliche Förderung erfahren. Doch da der Verfasser einmal (S. 36) erklärt: „Ich will nur wahrheitsgetreu hiesige Verhältnisse schildern, und ich tue das mit einem Herzen voll Liebe und Mitleid", so dürfen wir vielleicht später von ihm einige reifere landeskundliche Schilderungen aus dem Erzgebirge erwarten. *M. Hammer.*

Eder, Josef Maria, Jahrbuch für Photographie und Reproduktionstechnik für das Jahr 1902. XVI. Jahrg., 755 S. mit 351 Abbildungen im Text und 28 Kunstbeilagen. Halle a. S. 1902, Wilhelm Knapp. 8 Mk.

Das Edersche Jahrbuch bildet für alle, welche in irgend einer Beziehung zu den graphischen Künsten stehen, eine unerschöpfliche Fundgrube. Nicht nur der praktische Reproduktionstechniker hat die Vervollkommung der einzelnen Verfahren mit größter Aufmerksamkeit zu verfolgen, auch der Autor, der für den Druck schreibt oder zeichnet, muß sich über die Grundzüge der Vervielfältigungskunst ausreichende Kenntnisse verschaffen und dem Fortschritt der Zeit auf diesem Gebiet folgen, das durch die Photographie eine ungeahnte Entwicklungsfähigkeit erhalten hat. Für den Kartenzeichner ist die anzuwendende Reproduktionsart oft von vornherein bestimmend für die Art der Ausführung seiner Arbeit. Die zur Verfügung stehende Zeit, der Grad der verlangten Genauigkeit, der Umstand, ob größere Korrekturen in Aussicht stehen oder nicht, ob eine Oelegenheitsarbeit geliefert werden soll, die mit dem Tage verschwindet, oder ein auf Jahrzehnte geltendes Standwerk, das man einige Auflage in Betracht will oder ob nur eine kleine Auflage in Betracht kommt, alles das sind einige von den unzähligen Fragen, welche der Kartenzeichner zu beantworten hat, ehe er den Stift zur Zeichnung ansetzt, welche die Reproduktionsart bedingen und durch sie von vornherein die Zeichnungsart für die Vorlage. Ebenso notwendig, wie dem Kartographen, ist eine einigermaßen klare Kenntnis in Betracht kommenden Vervielfältigungsarten nützlich, für jeden, den Amt, Beruf oder Liebhaberei zur ständigen Benutzung von Landkarten zwingt. Läßt ihn doch die angewandte Vervielfältigungsart auf den ersten Blick einen in den meisten Fällen zutreffenden Schluß auf Oüte und Zuverlässigkeit einer Karte ziehen. Mancher hat vielleicht am eigenen Leibe gespürt, durch wieviel wenig erfreuliche Erfahrungen oft der Mangel eines gewissen Bestands praktischer Kenntnisse ausgeglichen werden muß, viele haben wohl auch den Wunsch, den Ausgleich auf weniger schmerzhafte Weise vorzunehmen, aber die Unkenntnis der einschlägigen Literatur vereitelte ihr Vorhaben. Gerade ihnen wird Eders Jahrbuch mit seinem alle Seiten der Technik umfassenden Inhalt ein zuverlässiger Führer sein. Im vorliegenden Bande sind für unsere Zwecke ganz besonders zwei Originalbeiträge hervorzuheben: Die Arbeiten und Fortschritte auf dem Oebiet der Photogrammetrie im Jahre 1902 von Prof. Eduard Dolezal und als zweite, von praktischem

Interesse für die weitesten Kreise, eine Arbeit von Johann Papst: Die Hauptmerkmale der verschiedenen Drucktechniken. Den reichen Inhalt des mehr als 200 Seiten umfassenden „Jahresberichts über die Fortschritte der Photographie und Reproduktionstechnik" näher zu analysieren, ist an dieser Stelle unmöglich. Kommt der Jahresbericht den Wünschen des Praktikers ganz besonders entgegen, so wird das eingehende Verzeichnis der internationalen Literatur eine schmackhafte Beigabe für den Theoretiker bilden, die angefügten, herrlichen Kunstbeilagen werden beider Herzen erfreuen. *Ha.*

Geographische Literatur.

(Die Titel-Aufnahme in diese Spalte ist unabhängig von der Einsendung der Bücher zur Besprechung.)

a) Allgemeines.

Dieterich, Alb., Über Wesen und Ziele der Volkskunde. 67 S. Leipzig 1902, B. O. Teubner.

Dolezal, Ed., Graphische Bestimmung von Zeit, Azimut und Meridian. 15 S., 2 Taf. Leoben 1903, Ludw. Nüßler. 2 M.

Dubois, M. et Guy, C., Album géographiques. Tome IV. Paris 1903, Libr. A. Colin. 15 Frs.

Keller, Konrad, Die Schwankungen der atmosphärischen Gleichgewichtszone als Ursache der nassen und trockenen Witterungsperioden. 48 S. Leipzig 1903, E. H. Mayer. 1,20 M.

Marton, W., Über die Kilterückfälle im Juni. 20 S., 2 Taf. Berlin 1902, A. Asher & Co. 1.50 M.

Ruggieri, V., Dell'Europa all'Africa e dall'Oceania in Siberia. Turin 1903, Roux & Viarengo. 3 L.

Schäfer, Dietr., Kolonialgeschichte. 154 S. (Sammlung Göschen 156). Leipzig 1903, O. J. Göschen. 80 Pf.

Schott, Gerh., Physische Meereskunde. 162 S., 28 Abb., 8 Taf. (Sammlung Göschen 112). Leipzig 1903, O. J. Göschen. 80 Pf.

Segel-Handbuch der Nordsee. Herausgeg. vom Reichs-Marineamt. I. Teil, 1. Heft, Gr.-4°, 2. Aufl. Berlin 1903, Dietrich Reimer. 2 M.

Sohr, K. und Berghaus, H., Handatlas. 9. Aufl. Liefg. 3, 4. Ologau 1903, C. Flemming. 1 M.

Stielers Handatlas. 9. Aufl. 15. und 16. Liefg. Nr. 32. Pyrenäische Halbinsel, Bl. 1. Nr. 13, Pyrenäische Halbinsel, Bl. 2. Nr. 83, West-Kanada. Nr. 85, Vereinigte Staaten und Mexiko. Gotha 1903, Justus Perthes. 1,20 M.

Voyages and travels mainly during 16th and 17th centuries. With introduction by C. R. Beazley. 2 vols. London 1903, Constable & Co. 5 sh.

b) Deutschland.

Ademolt, Willi., Beiträge zur Siedlungsgeographie der unteren Moselgebiets. 104 S. (Forschungen zur deutschen Landes- und Volkskunde XIV, 4.) Stuttgart 1903, J. Engelhorn. 3.00 M.

Anthes, Eduard, Beiträge zur Geschichte der Besiedlung zwischen Rhein, Main und Neckar. 39 S., 1 K. Darmstadt 1902, Arnold Bergstraeßer. 1.50 M.

Branco, W., Das vulkanische Vorries und seine Beziehungen zum vulkanischen Riese bei Nördlingen. 132 S. mit Fig., 1 Taf. Berlin 1903, Georg Reimer. 7.50 M.

Bürgel, Martin, Ortsverzeichnis von Deutschland. 1399 S. Berlin 1903, Industrieller Verlag H. S. Martin Bürgel. 7.50 M.

Gruner, H., Die Marschländereien am Nordseegebiet einst und jetzt. 18 S. Berlin 1903, Paul Parey. 1 M.

Koßler, Friedr., Neue Forschungen zur vorgeschichtlichen Zeit Hessens. 61 S., 2 Pläne und 1 Taf. Darmstadt 1902, Arnold Bergstraeßer. 2.50 M.

Reinke, J., Die entwicklungsgeschichte der Pflanzen an der Westküste von Schleswig. 15 S. Berlin 1903, Georg Reimer. 50 Pf.

Reimer, Dr. W., Die Einwohnerzahl deutscher Städte in früheren Jahrhunderten mit besonderer Berücksichtigung Lübecks. 152 S. Jena 1903, Gustav Fischer. 4 M.

c) Übriges Europa.

Abbott, O. F., Tale of a tour in Macedonia. London 1903, E. Arnold. 14 sh.

Ardouin-Dumazet, L'Europe centrale et ses réseaux d'État. Paris 1903, Berger-Levrault et Cie. 5 Fr.

Blaas, J., Geologische Karte der Tiroler und Vorarlberger Alpen. 1 : 500000. Innsbruck 1903, Wagner'sche Universitäts-Buchhandlung. 3 M.

Geyer, Fritz, Topographie und Geschichte der Insel Euböa. I. Bis zum peloponnesischen Kriege. 124 S. (Heft 6 der Quellen und Forschungen zur alten Geschichte und Geographie, herausgeg. von Prof. W. Sieglin.) Berlin 1903, Weidmannsche Buchh. 4 M.

Günther, Siegm., Glaziale Denudationsgebilde im mittleren Eisacktale. 27 S. München 1903, O. Franz. 40 Pf.

Imendörffer, Benno, Landeskunde von Steiermark. Mit 8 Holzschn., 3 Kartenskizzen und 1 Karte. 84 S. Wien 1903, R. Lechner (W. Müller). 3 M.

Kohl, Wilh., Die deutschen Sprachinseln in Südungarn und Slavonien. XI, 100 S. Innsbruck 1902, Wagnersche Universitäts-Buchh. 1 M.

Krahmer, Die Beziehungen Rußlands zu Persien. (Rußland in Asien VI.) 127 S. Leipzig 1903, Zuckschwerdt & Co. 3 M.

Lemire, Ch., La France et le Siam. Paris 1903, A. Challamel. 2 frs.

Schuppli, P. und Bischofberger, Ad., Eine alpwirtschaftliche Reise steirischer Landwirte in die Schweiz. 93 S., 41 Abb., 1 Karte. Wien 1903, Wilh. Frick. 2 M.

Wichmann, Vrjö, Kurzer Bericht über eine Studienreise zu den Syrjänen 1901–1902. 47 S., 4 Taf. Leipzig 1903, Otto Harrassowitz. 2 M.

Wyon, R. und Prance, G., Land of the Black Mountain. London 1903, Methuen & Co. 6 sh.

d) Asien.

Boeka, Uit Javas binnenland. Amsterdam 1903, F. van Rossen. 3 fl.

Bordeaux, Albert, Sibérie et Californie. Paris 1903, Libr. Plon. 4 frs.

Conrady, Prof. Dr. A., Chinas Kultur und Literatur (Hochschul-Vorträge 21, 22, 29, 30.) 79 S. Leipzig 1903, Dr. Seele & Co. 1.20 M.

Enthoven, J. J. K., Bijdragen tot de geographie van Borneos westerafdeeling. 2 dln. Leiden 1903, E. F. Brill. 10 fl.

Fiechner, Leutn. Wilh., Ein Ritt über den Pamir. 238 S., 96 Abb., 2 K. Berlin 1903, E. S. Mittler & Sohn. 9.50 M.

Franke, O. und Plachet, R., Kaschgar und die Kharoṣṭhī. 113 S. Berlin 1903, Georg Reimer.

Girard, H., Le Haut-Tonkin. Essai de climatologie médicale. Paris 1903, A. Challamel. 3 frs.

Grothe, Hugo, Die Bagdadbahn und das schwäbische Bauernelement in Transkaukasien und Palästina. 50 S. München 1902, J. F. Lehmann. 1.20 M.

Hölscher, O., Palästina in der persischen und hellenistischen Zeit. 99 S. (Heft 5 der Quellen und Forschungen zur alten Geschichte und Geographie, herausgeg. von Prof. W. Sieglin.) Berlin 1903, Weidmannsche Buchh. 3 M.

Hoffmann, Kurt, Schöne Tage im Orient. Reisebilder aus Ägypten, Syrien, Palästina, Griechenland, Kleinasien und der Türkei. 199 S. mit Abb. Leipzig 1903, J. J. Weber. 4 M.

Karte von Tientsin und Umgebung. Herausgeg. von der Kartographischen Abteilung der Kgl. preuß. Landes-Aufnahme. 1:25000. Berlin 1903, R. Eisenschmidt. 1.50 M.

Kloß, C. B., In the Andamans and Nicobars. London 1903, J. Murray. 21 sh.

Loti, Pierre, L'Inde sans les Anglais. Paris 1903, Calmann-Lévy. 3.50 frs.

Plan von Peking. Herausgg. von der Kartographischen Abteilung der Kgl. preuß. Landes-Aufnahme. 1:17500. Berlin 1903, R. Eisenschmidt. 2.50 M.

Poole, S. L., Mediaeval India under Mohammedan rule. London 1903, F. Unwin. 5 sh.

Schrameier, Dr., Die Grundlagen der wirtschaftlichen Entwicklung in Klautschou. 35 S. Berlin 1903, Dietrich Reimer. 60 Pf.

e) Afrika.

Austin, H. H., With Macdonald in Uganda. 8°. London 1903, E. Arnold. 15 sh.

Baedeker, Karl, Egypte. Manuel du voyageur. 2. Aufl. 407 S. mit Abb. und K. Leipzig 1903, Karl Baedeker. 15 M.

Blanckenhorn, Max, Neue geologisch-stratigraphische Beobachtungen in Ägypten. 80 S. mit Fig. München 1902, O. Franz. 1 M.

Brown, R. H., The Delta Barrage of Lower Egypt. 80 S., 26 Taf., 1 K. Kairo 1903, F. Diemer Nachf. 22 frs.

Burrows, G., Curse of Central Afrika. London 1903, Everett & Co. 21 sh.

Courtet, M., Étude sur le Sénégal. Paris 1903, A. Challamel. 4.50 frs.

Diesterweg, Moritz, Aus dem Pionierleben in Südafrika. 227 S. ill. Burg b. M. 1903, August Hopfer. 3 M.

Henze, Dr. Herm., Der Nil, seine Hydrographie und wirtschaftliche Bedeutung. 103 S., 2 K. (Angew. Geogr. 3.) Halle a. S. 1903, Gebauer-Schwetschke. 2.80 M.

Katz, Jul., Die eventuelle Errichtung von Lungenheilstätten in Deutsch-Südwestafrika. Berlin 1903, Dietrich Reimer. 1 M.

Le Roux, Hugues, Chasses et gens d'Abyssinie. Paris 1903, Calmann-Lévy. 3.50 frs.

Moisel, Max, Karte von Deutsch-Ostafrika mit Angabe der nutzbaren Bodenschätze. 1:2000000. Berlin 1903, Dietrich Reimer. 4 sh.

Steinmetz, Dr. S. R., Rechtsverhältnisse von eingeborenen Völkern in Afrika und Ozeanien. 455 S. Berlin 1903, Julius Springer. 10 M.

Wissmann, Dr. v., Afrika. 2. Aufl. 108 S. Berlin 1903, E. S. Mittler & Sohn. 2 M.

f) Amerika.

Brown, H. W., Latin America; pagans, the papists, the protestant and the present problem. London 1903, Revell. 4 sh.

Dressel, Louis, Die Vulkanausbrüche auf den Antillen mit einem Blicke auf die Vulkane in Südamerika und die Vulkane überhaupt. (Frankf. zeitgen. Broschüren, 22. Bd. 6.) 35 S. Hamm 1903, Breer & Thiemann. 50 Pf.

Lumholtz, C., Unknown Mexiko. 2 vols. London 1903, Macmillan & Co. 2 $ 10 sh.

Reindl, Jos., Die schwarzen Flüsse Südamerikas. 138 S., 1 K. (13. Stück der Münchener Geographischen Studien.) München 1903, Th. Ackermann. 2.40 M.

Sievers, Wilh., Venezuela und die deutschen Interessen. Halle a. S. 1903, Gebauer-Schwetschke. 2 M.

Waldenström, P., Nya färder i Amerikas förenta stater. Stockholm 1903, Normans Förlag. 5 Kr.

g) Australien und Südseeinseln.

Coghlan, P. A. and Ewing, P. T., Progress of Australasie in 19th century. London 1903, W. & R. Chambers. 5 sh.

Cambridge, Ada, Thirty years in Australia. London 1903, Methuen & Co. 7 sh. 6 d.

h) Schulgeographie.

Baldamus, A., Schulwandkarte zur Geschichte des Preuß. Staates. 1:800000. 5. Aufl., 6. Bl. Leipzig 1903, Georg Lang. 23 M.

Baur, Ludw., Wiederholungs- und Übungsbuch für den Unterricht in der Geographie in Frage und Antwort nebst Aufgaben. 351 S. mit 31 Kartenskizzen. Stuttgart 1903, Muthsche Verlagshandlung. 3.50 M.

Cäppers, Jos., Schulwandkarte der Rheinprovinz. 1:175000. 4 Bl. Neue Ausg. Düsseldorf 1903, L. Schwann. 16 M.
— Schulwandkarte von Westfalen. 1:175000. 4 Bl. Düsseldorf 1903, L. Schwann. 14 M.

Dörges, Dr., Anfangsgründe der Länderkunde in Sexta. 15 S. Quedlinburg 1903, Paul Deter. 20 Pf.

Eckert, M., Heimatskarte von Hannover, Oldenburg und Braunschweig. 1:1000000. Halle a. S. 1903, Hermann Schroedel. 12 Pf.

Gaebler, Volksschulatlas für die Provinz Brandenburg. 20 K., 10 S. Berlin 1903, Amelangsche Buchh. 40 Pf.
— Volksschulatlas für die preußische Provinz Posen. 20 K., 2 S. Ebenda. 40 Pf.
— Volksschulatlas für die Königreich Sachsen. 20 K. Meißen 1902, Sächs. Schulbuchh. 40 Pf.
— Volksschulatlas für Unter-Elsaß. 14. Aufl. 20 K. Gebweiler 1903, J. Boltzesche Verlagsh. 50 Pf.
— Wandkarte vom deutschen Reiche, Alpengebiete und Nachbarländern. 1:800000. 14. Aufl. Leipzig 1903, Georg Lang. 22 M.

Haackha, O., Karte des Kreises Jauer. 1:25000. Jauer 1903, Oskar Heilmann. 10 M.

Hövie, Emil, Schwaben in geographischen Charakterbildern. 27 Abb. und 1 K. zus. 344 S. Stuttgart 1901, Hobbing & Büchle. 4 M.

Kälker, Schuldir, O., Kleine Erdkunde f. d. sächsische Volksschule. 4 Hefte. Gr.-8°. 1903. 1. Das Königreich Sachsen (24 S., 16 Pf.). — 2. Das deutsche Reich (28 S., 20 Pf.). — 3. Europa (24 S., 16 Pf.). — 4. Die fremden Erdteile. Wiederholung über Sachsen (32 S., 20 Pf.). Dresden 1903, Alwin Huhle.

Köhler, Karl, Die politische Erdkunde in 6 Übersichts- tafeln. 8 Bl. Text. Wien 1903, A. Pichlers Wwe. & Sohn. 1 M.

Lehmann, R. und A. Scobel, Atlas für höhere Lehr- anstalten m. bes. Berücksichtigung der Handelsgeographie. 60 Karten. Bielefeld 1903, Velhagen & Klasing. 5.50 M.

Rothaug, Joh. Georg, Schulwandkarte des Deutschen Reiches und der angrenzenden Länder Dänemark, Nieder- lande und Belgien. (Volksschulausg.). 1 : 800 000. 6 Bl. Wien 1903, G. Freytag & Berndt. 13 M.
— Schulwandkarte der Karstländer Küstenland, Dalmatien, Bosnien und Herzegowina. 1 : 300 000. 6 Bl. Wien 1903, G. Freytag & Berndt. 12 M.

Sorth, E., Schulwandkarte der Erde in Mercatorprojek- tion. Rev. v. Oswald Merle. 1 : 28 000 000. 6 Bl. Stutt- gart 1903, Friedr. Doerr.

Umlauft, Prof. Dr. Fdr., Schulwandkarte des Deutschen Reiches und der angrenzenden Länder Dänemark, Nieder- lande und Belgien für Mittelschulen. 6 Bl. 1 : 800 000. Wien 1903, G. Freytag & Berndt. 13 M.
— Schulwandkarte der Karstländer Küstenland, Dalmatien, Bosnien und Herzegowina für Mittelschulen. 1 : 200 000. 6 Bl. Wien 1903, G. Freytag & Berndt. 12 M.

Wolfwender, V., Heimatkunde vom preuß. Reg.-Bez. Wies- baden (Nassau). 12. Aufl. 56 S. 13 Abb. Frankfurt a. M. 1903, Kesselringsche Hofbuchh. 40 Pf.

i) Zeitschriften.

Annales de Géographie. Herausg.: P. Vidal de la Blache, L. Gallois et Emm. de Margerie. Paris, Armand Colin. 12°. Année. Nr. 62. 15. März.
Caullery, Le Plankton, vie et circulation océaniques II. — Hittier, Le village picard. — Segonzac, Voyages au Maroc. — d'Ollone, Côte d'Ivoire et Liberia. — Van Cassel, Géographie économique de la Haute Côte d'Ivoire occidentale. — Haug, Le Bas Quoues. — Girardin, Sur un projet de Corps topographique du monde ancien. — Brisse, Le réseau ferré de l'Asie Mineure.

Deutsche Rundschau für Geographie und Statistik. Herausg.: Prof. Dr. Fr. Umlauft; Verlag: A. Hartleben. Wien. 25. Jahrg. Heft 6. März 1903.
Struch, Der makedonische Erdbebenschwarm im Jahre 1902. — Dinter, Eine Wanderung in Großnamaland. — Höbner, Forschungsreisen an Rio Branco. — Mórhard, Hochzeitsgebräuche im südöstlichen Europa.

Globus, Illustrierte Zeitschrift für Länder und Völkerkunde. Herausg.: Richard Andree; Verlag: Vieweg & Sohn, Braunschweig. Bd. 83.
Nr. 7. Bilaí, Skizzen aus elsaß-lothringischen Osm- anien (Schluß). — Die Forschungsreise der schwedischen Südpolexpedition nach Südgeorgien. — v. Bülow, Der vulkanische Ausbruch auf der Insel Savaii. — Krause, Kann Skandinavien das Stammland der Wenden und der indogermanen sein? — Behrens, Die Weser.
Nr. 8. Koch, Der Paradiesgarten als Schnitzmotiv der Payagua-Indianer. — Behrens, Die Weser (Schluß). — Bugiel, Polnische Sagen aus der Provinz Posen. — Der 13. Internationale Amerikanistenkongreß in New-York.
Nr. 9. Reich und Stegelmann, Bei den Indianern der Urubusamba und der Envira. — Eximonowski, Hoernes, Das Campignien. Eine angebliche Stammform der neolithischen Kultur Westeuropas. — Wollemann, Das Ende der Nephritfrage. — Greim, Die Wetterschieß- konferenz in Graz.
Nr. 10. Raap, Reisen auf der Insel Nias bei Sumatra I. — Höler, Die indogermanische Frage durch die Archäologie beantwortet. — Jaeger, Innsbruck, eine vorgeschichtliche Betrachtung. — Fenner, Mulla Ali Mahdibajew, über die Krankheiten der Kirgisen.
Nr. 11. Ruge, Kleinasien als Wiege der wissenschaft- lichen Erdkunde, I. — Sievers, Zur Schreibweise der Orts- und Stammesnamen in Südamerika. — Raap, Reisen auf der Insel Nias bei Sumatra II. — Greim, Die Abnahme der vorherrschenden Winde durch die Planzenwelt.
Nr. 12. Seidel, Die deutschen Salomoinseln sonst und jetzt. — Ruge, Kleinasien als Wiege der wissenschaft- lichen Erdkunde II (Schluß). — Katzer, Das Popovo polje in der Herzegowina.

La Géographie. Bulletin de la Société de Géographie. Herausg.: Halot et Rabot; Verlag: Masson et Cie., Paris. VII, Nr. 2. Febr. 1903.
Altoff, L'œuvre de M. Pavie en Indo-Chine (1879 bis 1895). — Vicomte de Bourg de Bozas, D'Addis-Abbaba ca Nil par le lac Rodolphe. — Dumoulin, Le commandant Lamy.
Nr. 3. März 1903. Réconnaissance géographique de la région du Tchad. Rabot, La Laponie médoise. — Doutté, Figuig.

Meteorologische Zeitschrift. Red. v. J. Hann und G. Hellmann. Februar 1903. Heft 2.
Woeikof, Probleme des Wärmeaushaltes des Erd- balls. — Derselbe, Die Resultate der Karabophar-Expedi- tion. — Derselbe, Die Isothermen im westl. tropischen Süd- amerika. — Hegyfoky, Die Frühlingsankunft der Wander- vögel und die Witterung in Ungarn. — Grimaldi, G. T., Der Wolkenbruch vom September 1902 in Sizilien und die Überschwemmung von Modica. Kl. Mitteilungen.

Petermanns Mitteilungen. Herausg.: Prof. Dr. A. Supan; Verlag: Justus Perthes, Gotha. 49. Bd. 1903. Heft 3. März.

Senff, Ethnographische Beiträge über die Karolinen-insel Yap. — Stahl, A. F., Von der kaukasischen Grenze nach Täbris und Kasvin. — Braun, Der Schillingsee im preußischen Oberlande. — Sievers, Neue Literatur zum argentinisch-chilenischen Grenzstreit. — Geographischer Monatsbericht. — Literaturbericht, zwei Karten.

Tijdschrift van het Koninklijk Nederlandsch Aard-rijkskundig Genootschap. Herausg.: A. L. Van Hasselt; Verlag: E. J. Brill, Leiden. Tweede Serie, Deel XX, Nr. 2. Febr. 1903.

Easton, Kosmogoniën. — van Baren, Het Alpine Giruchertije. — Spaan, Naar de Bovenkelei. — Kruijt, Gegevens voor het bevolkingsvraagstuk van een gedeelte van Midden-Celebes. — Moolenburgh, Reis door het smalste gedeelte van Nederlandsch Nieuw-Guinea.

Revue de Géographie. Herausg.: Ch. Delagrave. XXVII. Jahrg. März 1903.

A. B., L'Allemagne au Maroc. — Ibos, L'Indo-Chine française. — Brisse, Les intérêts allemands en Amérique (fin). — X. Bizerte et les minerais de l'Ouenza. — Barré, L'Arabie (fin). — Regelsperger, Mouvement géographique.

The Geographical Journal. Vol. XXI, Nr. 3. März 1903.

Hedin, Three Years Exploration in Central Asia. — Macartney, Notices, from chinese Sources, on the Ancient Kingdom of Lau-Lan or Shen-shen. — Anderson, Recent volcanic Eruptions in the West Indies. — Jack, Two Trips to the North of Chengtu. — The Tanganyika Problem. — Freshfield, The Highest Mountain in the World. — The Circulation of the Atmosphere in the Tropical and Equatorial Regions.

The National Geographic Magazine. Vol. XIV.

Nr. 1, Tittmann, The Work of the U. S. Coast and Geodetic Survey. — Easter, Jade. — Some Notes on Venezuela. — An introduction to physical Geography. — Dr. Sven Hedin. — Peary on the North Pole. — Brooks and Renburn, Plan for climbing Mount Mc Kinley. — What the U. S. Government does to promote agriculture. — Is Germany the cause of Denmarks refusal to sell her West Indian Possessions?

Nr. 2, Curtis, The Great Turk and his lost provinces. — Southerland, The Work of the U. S. Hydrographic office. — Why great Salt Lake has fallen.

The Geographical Teacher. The Organ of the Geographical Association, edited by A. J. Herbertson. Vol. II. Nr. 1. Febr. 1903.

Cockburn, The Australian Commonwealth. — The Annual Mating of the Geographical Association. — Smith, The Teaching of Geography by means of Map drawing. — F. H., A Plea for a more Systematic Use of the Lantern. — Alterations in Lyllabuses and Recent Examination Papers. — A new Atlas of England and Recent Examination Papers. — A new Atlas of England and Wales. — A new Work on the British Isles and North Western Europe. — Practical Notes by Teachers. — The Chilo-Argentine Boundary. — Official Literature on the Colonies useful for the Teacher of Geography. — Geography in British Universities and University Colleges at the beginning of 1903. — Christmas Lectures on Geographical Subjects.

Wandern und Reisen. Illustrierte Zeitschrift für Touristik, Landes- und Volkskunde, Kunst und Sport. L. Schwann, Düsseldorf. 1. Jahrg. 1903.

Heft 4. Oppeln-Bronikowski, Nach Palermo. — A. Schlüter, Reise der St. Antonio-Kapelle auf Capri. — Kanoldt, An der Riviera di Levante. — v. Radio-Padós, Auf den Ätna. — Rumpelt, Carmelo. — Oppeln-Bronikowski, Volksleben in Nespel. — El-Correi, Vom Gardasee. — Riese, Antichità. — Haufe, Ver-stiegen. — Blaschnik, Von Rom nach Ostia. — Schoener, Ein Hohenstaufenschloß in Apulien. — v. Pezold, Armand Kanoldt.

Heft 5. Schulze-Schmidt, Bei Bremen. — Günther, Hochwild und Wildfütterung im Oberharze. — v. Lenden-feld, Nach Neuseeland. — Benndorf, In Bosch und Sumpf. — Ramsauer, Burghausen an der Salzach und sein Schloß. — Bruss, Postlagernd. — Crone, Nord-deutsche Luft. — Lessenthin, Aus dem Riesengebirge. — Engel, Aus der Reisepraxis. — Tumbält, Eine Wanderung nach St. Blasien im Schwarzwalde.

Heft 6. Raudner, Das bayerische Moos. — Nacher, Alte Häuser im oberen Elbetal. — Reissert, Der Solling. — Biendl, Die Bahn auf den Mendelspaß. — Eichhorn, Vom Gotthardstein. — Stern, Nach Nicäa. — Rockel, Die Strandung des deutschen Fischdampfers „Friedrich Albert" bei Island. — Körschner, Die „villijka Izma". — Cöpperi, Eine touristische Leistung vor hundert Jahren.

Zeitschrift der Gesellschaft für Erdkunde zu Berlin. 1903. Nr. 2.

Friedrichsen, Forschungsreise in den Zentralen Tién-schan und Dsungarischen Alatau im Jahre 1902. — Bennecke, Ergebnisse der Höhenmessungen Prof. A. Philippsons im westlichen Kleinasien im Jahre 1901.

Zeitschrift für Schulgeographie. Herausg.: Dr. Anton Becker; Verlag: Alfr. Hölder, Wien. 24. Jahrg. Heft 6. März 1903.

Ottsen, Die Lektüre im geographischen Unterricht des preußischen Lehrer-Seminars. — Imendörfter, Die häusliche Vorbereitung der Schüler für den geographischen Unterricht. — Oppermann, 22 Schulgeographen des 19. Jahrhunderts.

Die Landkarte im neusprachlichen Unterricht.

Von der ungewöhnlich günstigen Aufnahme, die Reichel, Carte de France[*]) in allen Fachkreisen gefunden hat, geben nachstehende Auszüge aus der großen Reihe der Besprechungen Kunde. Bezüglich der Begleitworte, mit denen der Verfasser seine Karte in den Kreis der geographischen Lehrmittel eingeführt hat, sei auf Seite 82 ff. des Jahrgangs 1902 dieser Zeitschrift verwiesen. Neuphilologen wie Geographen beurteilen die Reichelsche Arbeit gleich günstig. So schreibt von den ersteren:

Prof. Dr. Schmitz-Mancy, Krefeld, in der „Zeitschrift für lateinlose höhere Schulen" (Leipzig 1902, 14. Jahrg., Heft 1):

„Es liegt auf der Hand, daß eine solche Karte, wenn sie dem Unterricht vornehmlich dienen soll, die Namengebung, wie es bei der Reichelschen Karte der Fall ist, in der modernen Fremdsprache bieten muß, nicht in der deutschen. Die Ausführung ist, wie das bei der vielgerühmten geographischen Anstalt von Justus Perthes selbstverständlich erscheint, vortrefflich: die ungemein scharfe Wiedergabe der Bodengestaltung, das deutliche Hervortreten der „nicht in Überladung gegebenen, aber alle wesentlichen Punkte berücksichtigenden" Namen, die klare Zeichnung der Grenzen und Bezeichnung der Departements, also die bemerkenswerte gut durchgeführte Verbindung des Physikalischen mit dem Politischen wird der Karte ihre fleißige Verwendung im praktischen Unterricht sichern."

Ferner Schulrat, k. k. Prof. Adolf Bechtel, Wien, Officier d'Académie, in der „Zeitschrift für das Realschulwesen" (Wien 1903, 28. Jahrg., Heft 1):

„Die durch die scharfe Wiedergabe der Bodengestaltung ausgezeichnete Sydow-Habenichtsche Wandkarte von Frankreich hat ein Neuphilologe für die speziellen Bedürfnisse des auf den Anschauungsunterricht als in der Lektüre gegründeten Reformunterrichts, wie er in der nichtfranzösischen Schule zu betreiben ist, bearbeitet ... Ein Blick auf die topographischen Einrichtungen zeigt, daß der Bearbeiter vor allem den Anforderungen der Schulen Deutschlands an den Geschichtsunterricht entgegenzukommen strebt ... Die weit kenntlichen Typen der selbstverständlich französisch geschriebenen Namen werden sich dem Schüler gewiß besser einprägen als wenn sie von einer deutschen Karte deutsch abgelesen und erst vom Lehrer französisch übersetzt werden. Die Wandkarte, welche die Objekte so deutlich darstellt, daß sie selbst in langgestreckten Schulsälen noch in den letzten Bänken erkannt werden können, ist von dem Verlag Perthes technisch und materiell so gediegen ausgestattet worden, die Empfehlung ihrer Verwendung im französischen Unterricht ist so einleuchtend, daß sie allen Lehranstalten, welche diesen Unterricht betreiben, zur Anschaffung empfohlen werden kann."

Und Oberstudienrat O. Jäger, Stuttgart, Rektor der k. Wilhelm-Realschule, im „Neuen Korrespondenzblatt für die Gelehrten- und Realschulen Württembergs" (1902, Heft 10):

„Welchen Standpunkt man auch hinsichtlich der Methode des französischen Unterrichts einnehmen mag, soviel wird wohl allerseits zugegeben werden, daß eine speziell für die Zwecke des letzteren bearbeitete Wandkarte von Frankreich für den Klassenunterricht sehr wünschenswert ist ... Die neue Karte besitzt die wesentlichsten Vorzüge ihres Originals: ein hinlänglich großes Format, eine sehr anschauliche, plastisch wirkende Darstellung der Bodenerhebungen und Meerestiefen, eine deutliche weithin sichtbare Zeichnung der Flußläufe u. s. w. und ist daher selbstverständlich auch beim geographischen Unterricht ohne weiteres zu gebrauchen; anderseits trägt sie aber auch durch Hervorhebung der beim Sprach- und Sprechunterricht hauptsächlich in Betracht kommenden Punkte, besonders durch die durchweg französische Namengebung, den Bedürfnissen des Sprachlehrers hinlänglich Rechnung, ohne daß die Deutlichkeit und Anschaulichkeit durch Überfüllung gestört würde. -- Wir können das neue Unterrichtsmittel besonders unseren Realschülern bestens empfehlen"

Von den Besprechungen aus geographischen Kreisen sei an erster Stelle Prof. Dr. Kirchhoffs Urteil in der „Zeitschrift für Gymnasialwesen" (Berlin 1903, 57. Jahrg., Nr. 1) wiedergegeben:

„Je mehr der Unterricht in der französischen Sprache auch auf unseren Gymnasien zumal auf der Mittel- und Oberstufe, die Lektüre in den Vordergrund stellt und letztere nach den neuen Lehrplänen vor allem in die Volks- und Kulturkunde einführen will, um mehr zweckmäßig mit der französischen Sprache auch das französische Volkstum dem Verständnis des Schülers näher zu bringen, um so mehr rechtfertigt sich der Satz: ‚Keine französische Stunde ohne die Karte von Frankreich.' Denn auch für solche Antiquograph muß man wollen, die Franzosen ohne Karte verstehen zu wollen, wäre ein Unsinn. So hat sich denn der Verfasser vorliegender Karte ein wesentliches Verdienst erworben, namentlich für die gründliche schulmäßige Erläuterung so viel gelesener Bücher wie ‚Tour de la France' und ‚Tableau de la France'. Er hat die ausgezeichnete Karte von Frankreich aus dem Sydow-Habenichtschen Wandkartenzyklus, diese schwer zu übertreffende farbenkräftige Darstellung der französischen Landesnatur nebst Angabe der Städte, der Staats- und Departementsgrenzen, durchweg mit französischem Aufdruck versehen und behufs genauer Lokalisierung der in der Klassenlektüre vorkommenden Orte mit reicherer Eintragung auch kleinerer Ortschaften versehen, jedoch in Haarschrift der Namen, sodaß die Übersichtlichkeit der Karte darunter nicht leidet."

In dem weitverbreiteten „Pädagogischen Archiv" (Braunschweig 1902, Heft 2) schreibt Oberlehrer A. Wollemann:

„Die Karte ist ausgezeichnet durch klare Reliefdarstellung; die Gebirge machen einen sehr plastischen Gesamteindruck und lassen außerdem alle Einzelheiten mit großer Schärfe erkennen. In diese Wandkarte sind nun von Reichel außer den bereits vorhandenen Namen der größeren Städte die Namen derjenigen Orte eingetragen, welche für die Literatur und Weltgeschichte von besonderer Bedeutung sind, wodurch dieselbe zu einem sehr brauchbaren Anschauungsmittel sowohl für die Behandlung der französischen Lektüre überhaupt als auch besonders für die geschichtliche Lektüre gemacht ist. Auch als Unterlage für die französischen Sprechübungen dürfte die Reichelsche Karte sehr wertvoll sein, zumal da alle Namen in französischer Sprache eingetragen sind. Dazu kommt die scharfe Wiedergabe der Bodengestaltung, welche die Reichelsche Karte für den Unterricht ganz besonders wertvoll macht. In Rücksicht auf die große Vielseitigkeit, die vorzügliche Terraindarstellung und den mäßigen Preis kann die Anschaffung dieser Wandkarte allen neueren Lehranstalten bestens empfohlen werden."

[*] Carte de France d'après la Carte Murale de Sydow-Habenicht adaptée à l'Enseignement du Français par Dr. Georg Reichel. Neun Blätter im Maßstabe von 1 : 750000. 147 cm hoch, 166 cm breit. Preis: 10 M., aufgez. in Mappe 15 M., aufgez. mit Stäben 18 M., desgl. lackiert 21 M. Verlag von Justus Perthes in Gotha. [A. 467.

Druck und Verlag von Justus Perthes in Gotha.

Geographischer Anzeiger

herausgegeben von

Dr. Hermann Haack und Oberlehrer Heinrich Fischer
Gotha, Friedrichsallee 3.　　　　　　　　Berlin SW. 47, Belle-Alliancestr. 69.

| Vierter Jahrgang. | Diese Zeitschrift wird sämtlichen höheren Schulen (Gymnasien, Realgymnasien, Oberrealschulen, Progymnasien, Realschulen, Handelsschulen, Seminarien und höhern Mädchenschulen) kostenfrei zugesandt. — Durch den Buchhandel oder die Post bezogen beträgt der Preis für den Jahrgang 2.60 Mk. — Aufsätze werden mit 4 Mk., kleinere Mitteilungen und Besprechungen mit 6 Mk. für die Seite vergütet. — Anzeigen: Die durchlaufende Petitzeile (oder deren Raum) 1 Mk., die dreigespaltene Petitzeile (oder deren Raum) 40 Pfg. | Mai 1903. |

Die Frage der wahlfreien Kurse resp. geographischen Ausflüge mit Schülern oberer Klassen.

Von Heinrich Fischer.

Bekanntlich liegt an den höheren Lehranstalten Deutschlands der geographische Unterricht im allgemeinen noch ziemlich im argen. Von den beiden Kardinalforderungen, ohne die eine wesentliche Besserung dieses Übelstandes nie wird zu erreichen sein, fachmännischem Unterricht und Ausdehnung bis zur Reifeprüfung ist in Preußen nur an den in der Zahl nach fast verschwindenden Oberrealschulen jüngst ein auch nur einstündiger Erdkundeunterricht bis obenhin eingerichtet, an den beiden Gymnasien bricht er bei den realistischen in Untersekunda ab, bei den humanistischen versiegt er mit seiner einen Tertiastunde schon vorher halb und halb im Sande, an den Reformrealgymnasien sieht es bei der Mehrzahl ebenso schlimm aus wie an den humanistischen Gymnasien. Außerdem liegt er nach wie vor, trotz der entsprechenden Anweisung der neuen preußischen Lehrpläne, vielfach nicht in den Händen fachmännisch vorgebildeter Lehrer, sondern ist unter eine Unzahl häufig der Erdkunde wissenschaftlich ganz fernstehender Männer zersplittert, sodaß weder für die Schüler sich das Bild eines organischen Aufbaues, wie etwa in den Sprachen oder in der Mathematik ergibt, noch selbst die fachmännisch vorgebildeten Lehrer, da sie dem Gebiete ihrer wissenschaftlichen Arbeit im Unterrichtsbetriebe meist andauernd nicht nahe genug kommen, sich zu wirklichen Fachleuten im Sinne dieses Wortes, wie wir es beim Altphilologen, Mathematiker verstehen, ausbilden können. In den übrigen deutschen Staaten liegen die Verhältnisse zum Teil etwas besser, meist aber noch schlimmer. Dieser unglückliche Zustand ist oft beklagt worden und er ist auch in der Tat sehr zu bedauern. Einmal widerspricht er in bedenklichem Grade dem, was unserer Zeit und unserem Volke nottut, dessen zukünftige geistige Führer nicht in der Engbrüstigkeit der alten Schulstube, sondern zu freiem Blicke und offenem Sinn für die Bedingungen zwischen Mensch und Erde, Volk und Volk erzogen werden sollen. Und dann ist er für den höheren Lehrerstand selbst ein Unglück: gerade in unserem und in verwandten Fächern sind die wissenschaftlich lebendigen Köpfe, die vorwärtsdrängenden, sich mit Recht über den Durchschnitt fühlenden Elemente erklärlich genug besonders zahlreich — und gerade ihnen steht die Gefahr der geistigen Verkümmerung unter diesen Verhältnissen ungemütlich nahe. Und dann noch das: versagt sich immer noch im allgemeinen die höhere Schule einem notwendigen Bildungsbedürfnis, so sucht dieses andere Formen der Befriedigung, Seminarlehrer und Universitätslehrer greifen von beiden Seiten auf das Feld über, das wir beackern sollen, aber innerhalb des Raumes der höheren Schule brach liegen lassen müssen — die Welt schreitet weiter, wir und unser Schulwesen bleiben zurück.

Geogr. Anzeiger, Mai.

Nun hat es gewiß nicht an Bestrebungen gefehlt, auf diesem Gebiete unseres höheren Schulwesens endlich zu gründlicheren Reformen zu gelangen.[1]) Seit 22 Jahren haben u. a. die deutschen Geographentage ihre ermunternde und warnende Stimme erhoben — bei anderen Fragen so erfolgreich — hier ist ihnen die Erfüllung ihrer Forderung bislang versagt geblieben.

Wer außer Zusammenhang mit dem praktischen Schulleben und seinem bureaukratischen Aufbau sich befindet, ist geneigt, dieses arge Mißverhältnis zwischen Ideal und Wirklichkeit so gut wie ganz der bekannten vis inertiae zuzuschreiben, deren Wirksamkeit in allen menschlichen Verhältnissen auch nicht bestritten werden kann. Mehr aber als sie ist es die tatsächliche Gesamtlage unseres höheren Schulwesens, die eine einfache glatte Erfüllung unserer Forderungen bisher immer noch vereitelt hat und auch in Zukunft noch als Haupthindernis sich in den Weg stellen wird.

Es ist freilich im folgenden nun nicht meine Absicht, auf diese Dinge ausführlicher einzugehen; ich habe meine Auffassung bei verschiedenen Gelegenheiten, zuletzt in der Oktober- und November-Nummer des vorigen Jahrgangs dieser Zeitschrift versucht, und muß darauf verweisen. Meine Absicht ist vielmehr, einen Vorschlag, den ich ebendort gemacht hatte, und der sich mit dem Worte: „Wahlfreie Kurse für die Schüler der Oberklassen" bezeichnen läßt, und die Geschichte, die er bisher gehabt hat, vorzulegen, zugleich mit der ausgesprochenen Absicht, die ganze Frage für den XIV. Geographentag in Cöln zur Hand zu haben. Ich habe diesen Weg und nicht den mir verschiedentlich nahegelegten eines Vortrags dort gewählt wegen der überaus knappen Zeit, die schulgeographischen Fragen diesmal nur zu Gebote steht, und weil es mir richtig schien, daß, was dort verhandelt würde, möglichst nicht als Import aus anderen Landesteilen, sondern als rheinisches Eigengewächs auftrete, besonders auch im Hinblick auf zwei vorjährige Versammlungen des Rheinlandes, in denen von Schulmännern wenig zu unserer Freude über schulgeographische Fragen verhandelt worden ist.

Doch nun zur Sache. Auf Vorbilder hatte sich mein Vorschlag gestützt, u. a. auf die vom Brandenburger Provinzial-Schulkollegium, wenn ich nicht irre, ministeriell unterstützt veranstalteten Vorträge in der alten Urania vor Schülern oberer Lehranstalten. Sie waren von dem Provinzial-Schulrat Geh. Reg.-Rat Vogel und von Schwalbe geleitet, haben aber nach des letzteren Tode leider aufgehört. Diese Vorträge, die im allgemeinen von Berliner Oberlehrern u. a. gehalten wurden, hatten einen überaus starken Zulauf und konnten, wie ich aus eigener Erfahrung weiß, aus Zeitmangel gelegentlich nicht so oft gehalten werden, wie sie ein williges Auditorium gefunden hätten.

¹) Daß der augenblickliche Stand der Reformgymnasialbewegung vorläufig noch in Gefahr ist, auf eine Stärkung des Altphilologentums hinauszulaufen, sei in Parenthese bemerkt.

Teils stützte ich mich auf die für die biologischen Fächer, speziell für Botanik an einer Anzahl Berliner höherer Lehranstalten bestehende Einrichtung zweier zu den Pflichtstunden gerechneter Exkursionsstunden, gelegentlich wohl auch anders gearteter Übungsstunden, mit denen an die verwandte Einrichtung der wahlfreien chemischen Laboratoriumstunden angeknüpft wird. Aus beiden Veranstaltungen geht hervor, daß in der Haltung der zuständigen Behörden kein unbedingtes Hindernis gefunden werden kann, wie das von mancher Seite befürchtet worden ist. Nun bestand und besteht aber anderseits die Gefahr, daß andere Fächer uns den Rang ablaufen; ja einige haben es schon getan: zu dem wahlfreien Englisch des Gymnasiums und den Bestrebungen der Zeichenlehrer und ihres Anhangs, kommt der energische Vorstoß der Biologen auf der Hamburger Versammlung der Naturforscher und Ärzte und die erfolgreiche und dauerhafte Agitationsarbeit Kräpelins, kommt ferner der deutlich ausgesprochene Wunsch von Geheimrat Matthias, am Obergymnasium für philosophische Propädeutik wieder Raum zu schaffen und die an ihn anknüpfende Tätigkeit von Rudolf Lehmann u. a. nach dieser Richtung. Die Liste könnte noch länger und bunter gemacht werden. Bekanntlich ist ihr Vorhandensein das wichtigste Argument für die Verteidiger des alten, ich möchte beinahe sagen, des ehemaligen Zustands, immerhin kein unwiderlegliches. Doch soll darauf hier nicht eingegangen werden, vielmehr die Notwendigkeit nicht nur des Kampfes gegen die geschlossene Phalanx der Fächer, die das heutige Obergymnasium bilden, sondern auch die Auseinandersetzung mit unseren obengenannten Konkurrenten für uns Geographen einmal als gegeben angenommen werden; diese einleitenden Worte haben ja immerhin auch schon einiges dieser Notwendigkeit mitbegründendes enthalten, auch wird sie von den einsichtigen Geographen und Schulmännern fast allgemein anerkannt.

Inzwischen bot sich mir auf dem ersten Deutschen Kolonialkongreß die Gelegenheit, unsere Angelegenheit in weitere Kreise zu tragen, der uns Veranlassung folgende von mir berührende Resolution einstimmig annahm:

Der Deutsche Kolonialkongreß 1902 erklärt, daß bei der für das wirtschaftliche und staatliche Leben unseres Volkes überaus großen und an Bedeutung noch steigenden Wichtigkeit unserer überseeischen und kolonialen Interessen aller Art deren stärkere Berücksichtigung im Lehrgang unserer Schulen, besonders der höheren, dringend geboten erscheint. Diese kann naturgemäß nur im geographischen Unterricht und auch dort nur dann erfolgen, wenn er auf genügend breiter Grundlage und von fachmännisch vorgebildeten Männern gegeben wird. Die maßgebenden Stellen seien hierdurch auf die Mangelhaftigkeit unserer Schulen in diesem Punkte aufmerksam gemacht und gebeten, der vom XIII. Deutschen Geographentag ins Leben gerufenen "Ständigen Kommission für erdkundlichen Schulunterricht" Beachtung zu schenken, welche eine Reform des geographischen Unterrichts im gleichen Sinne erstrebt,

Von Hochschullehrern waren in der Sektion I, in der ich einen meine Resolution empfehlenden Vortrag unter dem Titel: "Die deutschen Kolonien und ihre Würdigung in der Schule" hielt, H. Wagner, A. Kirchhoff und R. Credner anwesend und erklärten mir gegenüber sich mit meinen Bestrebungen einverstanden, ein Widerspruch erhob sich nicht. Auf dieser Grundlage baute sich nun eine weitere Agitationsarbeit auf, deren Resultate ich hiermit der Öffentlichkeit übergebe, soweit sie für diese bestimmt sein können.

Ich schickte an die Mitglieder der in Breslau gegründeten "Ständigen Kommission für erdkundlichen Schulunterricht", auf die ja durch obige Resolution die Aufmerksamkeit der Behörden gelenkt werden sollte, nachfolgendes Schreiben:

Sehr geehrter Herr!

Auf dem XIV. Deutschen Geographentag in Köln (Pfingsten 1903) wird beabsichtigt, die "Ständige Kommission für erdkundlichen Schul-

unterricht" zu veranlassen, nachfolgende Resolution zur Befürwortung dem Geographentag zu unterbreiten, von deren Annahme vielleicht eine wirksame Förderung der Interessen des geographischen Unterrichts erwartet werden darf:

"Die "Ständige Kommission für erdkundlichen Schulunterricht, wird beauftragt, möglichst zahlreiche staatliche, kommunale und Patronatsbehörden auf das Vorhandensein geeigneter Erdkundelehrer an den höheren Schulen aufmerksam zu machen und durch Gesuche um die Erlaubnis wahlfreier Kurse über Gebiete der allgemeinen Geographie oder der Länderkunde mit Schülern der oberen Klassen abzuhalten (in jedem Falle der Benachrichtigung der Kommission durch einen ihr als Fachmann bekannten oder empfohlenen Herrn, in jeder möglichen Weise besonders auch durch Entsendung eines korrespondierenden Gesuchs an die in Frage kommende Behörde zu unterstützen."

Um die mit dieser Resolution verfolgten Zwecke in möglichstem Umfange zu erreichen, ist es notwendig, eine Liste solcher Herren zu besitzen, die imstande und geneigt sind, derartige Kurse vorzunehmen. Ich wende mich daher an Sie mit der sehr ergebenen, vertraulichen Bitte, bei solchen Oberlehrern Ihres Staates (resp. Ihrer Provinz) anfragen zu wollen, die Ihres Wissens die hierfür nötige wissenschaftliche Qualität besitzen, ob diese gegebenen Falles geneigt wären, sich für solche Kurse zur Verfügung zu stellen. Der Einfachheit halber lege ich eine Anzahl gedruckter Briefe bei, wie sie an die Herren geschickt werden könnten. Ich bitte Sie, diese im Falle Ihres Einverständnisses freundlichst benutzen zu wollen und mit Ihrer Unterschrift zu versehen. Daß diese Briefe nur zu Ihrer Bequemlichkeit dienen sollen, und jedes persönliche Schreiben willkommener sein muß, brauche ich aber wohl nicht erst zu bemerken.

Darf ich um möglichst baldige zustimmende Antwort bitten und außerdem um gefällige Mitteilung, wann ich etwa auf Eingang einer Liste rechnen kann? Ich möchte hierfür Ende Februar als spätesten Termin in Vorschlag bringen.

Mit ausgezeichneter Hochachtung
i. A.

Die in diesen erwähnten weiteren Schreiben hatten folgenden Wortlaut:

Sehr geehrter Herr!

Unter der Annahme, daß Sie mit uns die Lage des geographischen Unterrichts an den deutschen höheren Lehranstalten für im höchsten Grade besserungsbedürftig halten und selber gewillt sind, zu einem Besserungsversuch mit tätig Hand anzulegen, fragen wir bei Ihnen an, ob sie geneigt sind, nach nochmaliger Benachrichtigung bei Ihrer vorgesetzten Behörde um die Bewilligung einzukommen, wahlfreie Kurse geographischen Inhalts mit Schülern oberer Klassen (im Sommer auch statt dessen entsprechende Exkursionen) unter deren Anrechnung auf Ihre Pflichtstundenzahl resp. gegen eine besondere Vergütung abhalten zu dürfen und stellen Sie uns Ihren Namen für ein entsprechendes allgemeines Vorgehen bei den Behörden zur Verfügung?

Wir bitten um recht baldige Mitteilung über Ihren Entschluß, wenn es Ihnen möglich ist, noch vor Ablauf dieses Monats.

Mit ausgezeichneter Hochachtung

Der umständliche Weg und die vertrauliche Form war gewählt worden, um die Aufforderung möglichst nur in die Hände von wirklichen Fachleuten gelangen zu lassen. Man war in Breslau auf dem XIII. Geographentage bei der Wahl der Mitglieder der Kommission von dem Gedanken ausgegangen, für jede größere deutsche Landschaft einen schulgeographischen Fachmann in ihr zu besitzen, der zwischen der Zentrale und den einzelnen zerstreuten Kollegen als Bindeglied wirksam werden könnte. Tatsächlich hat sich wohl diese Form der Organisation nicht bewährt, da die Kommission für kontinuierliche Arbeit zu schwerfällig erscheint. Man wird daher in Cöln an eine Veränderung denken müssen, die möglichst beide Gesichtspunkte, leichte Geschäftsform und Beziehung zu allen Landesteilen, vereinigt; hier bot die Kommission auch jetzt schon für mich die Möglichkeit, ihre vorteilhafte Seite auszunutzen. Den wichtigsten der eingegangenen Antworten den Eindruck, als wenn fast immer nur an richtiger Stelle angeklopft worden wäre. Jedenfalls kam es mir viel weniger auf Quantität der Anerbietungen als auf deren Qualität an. Natürlich sind viele Berechtigte aber Unbekannte so übergangen worden; da aber spätestens in Cöln die ganze Angelegenheit öffentlich werden sollte, durfte man den daraus entspringenden Übelstand bald beseitigen zu können hoffen. Ein wirklicher Übelstand ist es aber gewesen, daß die ganze Frage der „wahlfreien Kurse" noch nicht genügend bekannt und insofern von mir noch nicht ausreichend bearbeitet gewesen ist, als eine nicht unbedeutende Anzahl Antworten mißverständliche Auffassung des von mir gewollten gezeigt haben. Ich habe es auch zu bedauern, daß die beiden Schreiben, besonders das längere erste, nicht deutlich genug abgefaßt gewesen zu sein scheinen; jedenfalls wird es nun hier und später meine Aufgabe sein müssen, mich eingehender über den vorgeschlagenen Plan zu äußern, denn außer gewissen mißverständlichen Auffassungen, die er gefunden, sind doch auch Stimmen laut geworden, die ihn zwar richtig verstanden aber nicht billigen zu können geglaubt haben. Sie mögen zuerst gehört werden, ehe wir zu weiterem schreiten.

Sind die geäußerten Bedenken rein persönlicher Natur, wie, daß man sich der Aufgabe nicht oder noch nicht gewachsen fühle, so ist mit ihnen fürs allgemeine nichts besagt — wir können es mit dieser Erwähnung genug sein lassen. Nicht gar viel anders steht es, wenn örtliche oder zeitliche Schwierigkeiten als unbesiegbar angeführt werden. Diese sind aber noch nicht unbedingt vorhanden für einen Kollegen, der an einem Orte wirkt mit nur einer Realschule; ja, auch für die Kollegen an Oberrealschulen bieten sich immer noch die geographischen Exkursionen dar. Ihre Nützlichkeit wird gewiß nicht bestritten werden, wenn es sich um genügend vorbereitete Ausflüge mit ausgewählten Teilnehmern oder mit kleinen Oberklassen handelt, für ihre pekuniäre Sicherstellung gibt es Vorbilder. Nachdrücklich aber möchte ich vor der Auffassung warnen, als sei schon die eine von den Oberrealschulen erreichte Erdkundestunde für unsere Zwecke und Ziele ausreichend. Wenn ich des öfteren zu lesen bekommen habe: „Für unsere Anstalt, eine Oberrealschule, fällt der Grund, um wahlfreie Kurse sich zu bemühen, weg, denn wir haben mehr", so antworte ich darauf: „Nein, ihr habt noch immer zu wenig. Abgesehen davon, daß ihr zwei Stunden beanspruchen müßtet, fehlt euren Unterricht das, was der Chemiker in seinem Laboratorienstunden hat; wahlfreie Extrakurse, besonders mit Ausflügen sind das entsprechende. Wenn aber ein Fachkollege meint, man würde in solchen Ansprüchen eine Anmaßung heißspomiger Fachlehrer sehen, so sind es nicht wir gewesen, die das Wort aufgebracht haben, daß die Oberrealschule in der Erdkunde ein Zentrum haben könnte, ähnlich dem der alten Sprachen an den Gymnasien, sondern Männer wie Cauer. Außerdem wird man in gewissen Kreisen jeden unserer Ansprüche so auslegen; das liegt nicht an uns, das liegt an der durch die Entwicklung unserer Kultur gegebenen Notwendigkeit, von der Stelle, die wir einnehmen sollen, allmählich andere zurückzudrängen zu müssen. Es gibt wohl keine Lage im menschlichen Leben, bei der nicht das ôte-toi que je m'y mette seine relative Berechtigung hätte. Wer gar zu zaghaft vorgeht, wird nichts erreichen.

Ein vielleicht wesentlicherer Einwand ist der, daß der augenblicklich herrschende Lehrermangel kaum gestattet, solche Extraleistungen auf die Pflichtstundenzahl zu übernehmen, da ja sowieso schon eine wachsende Anzahl von Stunden von nicht qualifizierten Herren gegeben werden müssen; sieht man aber Überstunden ein, so würden dadurch die Klagen unseres Standes über zuviel Unterrichtsstunden aufs wirksamste widerlegt. Der Lehrermangel besteht nun wirklich; aber er ist doch eine vorübergehende Erscheinung, die augenblicklich das Gebiet, auf dem ein Erfolg zu erzielen wäre, einschränken, aber nicht beseitigen

kann. Zudem stehe ich auf dem von Chr. Gruber vertretenen Standpunkte, daß eine Erweiterung unseres Unterrichts nach oben hin vor allem zu erstreben ist, selbst wenn sie mit einer Einbuße unten zu erkaufen wäre. Zwei Erdkundeunterrichtsstunden in VI oder V von einem nicht qualifizierten Herrn gegeben scheinen mir kein übermäßiges Unglück, wenn mit ihnen eine Erweiterung oben erkauft werden könnte. Die andere Seite der Sache, die Durchkreuzung der Bestrebungen um Verminderung der Pflichtstundenzahl, sieht auch vielfach nicht so arg aus, wie es scheint. Einmal handelt es sich bei dem Vorgehen — und hier habe ich vor allem die Entstehung eines Mißverständnisses zu entschuldigen — nicht eigentlich um eine allgemeines Vorgehen, sondern um viele durch die Autorität des Geographentages gestützte einzelne, ein Kollege aber, der eine außerhalb seiner Anstalt liegende Tätigkeit zu gunsten dieser aufgeben könnte, z. B. einige Töchterschulstunden u. dergl. dürfte wohl deswegen nicht als Zeuge gegen die Herabminderung angeführt werden können. Im übrigen findet die Bewegung zur Verminderung der Pflichtstundenzahl hauptsächlich in drei Dingen ihre Berechtigung: in der Überlast der halbmechanischen Korrekturarbeit, besonders für die Neuphilologen, der Vermehrung der Pauk- und Sprechstunden und, was mit letzterem sehr nahe zusammenhängt, der auch infolge der sog. Klassenlehrerpädagogik allmählich immermehr verstärkten Verzettelung der Kräfte der einzelnen Lehrer an eine zu große Anzahl verschiedener Lehrfächer, die von diesen nicht mehr wissenschaftlich übersehen werden können. Man wird wieder zu gedeihlicheren Verhältnissen, zufriedener und freudiger arbeitenden Lehrern kommen, wenn man sie wieder mehr Fachlehrer sein lassen wird; dazu möchte der hier empfohlene Schritt ein wenig beitragen. Solche Fachlehrer werden auch wieder erhöhte Autorität nach außen sich erwerben und erhalten können und damit mehr Aussicht anderen erkannten Übelständen, wie z. B. den obengenannnten, wirksamer entgegenzutreten.

Jedenfalls scheint mir die Durchkreuzung der Bestrebungen auf Herabminderung der Pflichtstundenzahl, angesichts der vielen freiwilligen Leistungen in Gestalt von Turnerfahrten, Spielstunden, Ruderstunden u. a., der Nebenstunden außerhalb der eigenen Anstalt, die mit viel größerem Gewicht angeführt werden können, nicht eben groß. Schließlich bedeutet die Verminderung der Pflichtstundenzahl für jeden einsichtigen Schulpolitiker eine so wichtige Qualitätssteigerung des ganzen in Frage stehenden Schulwesens, daß sie streng genommen nur als Finanzfrage angesehen werden kann.

Soviel zur Lehrerüberbürdung; bedenklicher steht es mit der Schülerüberbürdung. Schon der Umstand, daß sie ein populäres Schreckgespenst ist, bedingt einiges aus; und wirklich läßt sie sich nicht ganz von der Hand weisen. Es kann aber wohl entgegengehalten werden, daß mindestens Exkursionen nicht zur Überbürdung wesentlich beitragen werden, daß die obengenannten Erfahrungen in der alten Urania auch nicht für Überbürdungsgefahren zeugen, daß Stunden ähnlich den chemischen Laboratoriumstunden ihrer ganzen Art nach ebenfalls nicht solchen Charakter tragen, daß überdem die Überbürdungsgefahr in den mittleren und unteren Klassen — bis in die Vorschule hinab — steckt, die Schüler des Obergymnasiums sich aber in der Regel überhaupt nicht mehr überbürden lassen, daß schließlich wenigstens in großen Städten noch soviel dem einzelnen Schulorganismus und dem Lehrerpersonal fremdartiges in Gestalt von Theateraufführungen, Konzerten, Rechenkünstlern, Bergwerken, Deklamatoren, Museen, Ausstellungen u. s. f. mit behördlicher Ermächtigung in die Schulen hineingetragen wird, daß ein aus dem Lehrerkollegium selbst hervorgehendes, jene bunte Fülle etwas be-

9*

drängendes Unternehmen, vielleicht gerade die entgegengesetzte Wirkung hätte. Aber Überbürdung ist vielleicht nur nicht der richtige Ausdruck für einen sonst wirklich vorhandenen Übelstand. Das glaube ich wirklich auch. Ich glaube in der Tat, daß nicht für alle, aber für die meisten Schüler das heutige Gymnasium (inkl. Oberrealschule) zu bunt ist und in Gefahr steht noch bunter zu werden, und daß die Erfüllung unserer Wünsche, so oder so, tatsächlich den Zustand noch mehr verschärft. Die aus diesem Dilemma herrührenden zwiespältigen Empfindungen zeigen sich immer wieder: einerseits wird die endgültige Festlegung des Erdkundeunterrichts bis obenhin als Notwendigkeit gefühlt, anderseits glaubt man jede Vermehrung oder mannigfachere Gestaltung der oberen Gymnasialklassen als einen Schritt ins Schlechtere vermeiden zu sollen. Ja, da heißt es doch, wenn man ehrlich keins von beiden ablehnen kann, nach einem Ausweg suchen. Wer ihn in dem Verschwinden des Griechischen sehen mag, der kann das tun, aber ich glaube nicht an die baldige Durchführung dieser Lösung, ob ich sie wünsche, bleibe hier dahingestellt. Aber selbst angenommen, es sei verschwunden, würden die beiden so wie so schon weniger einheitlich gebauten neunklassigen Anstalten dadurch einfacher? Ist denn die Zeit wirklich noch so fern, wo man erkennen wird, daß wir mehr Gebildete brauchen, die die russische Weltsprache gelernt haben? Ich sehe also keinen Vorteil in solcher Beseitigung, ihre Nachteile nicht gerechnet. So bleibt ein anderer Weg zu suchen. Der zeigt sich mir, nachdem das Phantom einer einheitlichen allgemeinen humanistischen Bildung als der einzigen immer mehr als das, was es ist, eben ein Phantom, erkannt ist, nachdem, wenigstens theoretisch zwei andere Bildungen, die realgymnasiale und die rein realistische ihr gleich gesetzt sind, in der Entwicklung der Idee, daß soweit die höhere Schule überhaupt bilden kann, sie das unter Aufgabe der doch auch schon an das goethische Hexeneinmaleins „und drei mach gleich" erinnernden Beschränkung auf nur drei Examenformen tun kann, wenn sie sich statt dessen zu einer im Obergymnasium durch eine beschränkte Wahlfreiheit der Fächer vorbereitete reichere Mannigfaltigkeit entwickelt. Tatsächlich ist diese ja schon durch das Prinzip der Kompensationen da; ihm sollte nun der Unterricht der letzten Jahre auch schon entsprechen. Männer wie Paulsen und Wetekamp treten für diese Entwicklung ein, Länder wie Schweden geben mit ihrer Einführung uns voran. Aber gerade an das schwedische Vorbild muß ich ein Bedenken knüpfen. Was mir an ihm nicht gefällt, das ist das Plötzliche einer „Einführung". Wir sind es seit reichlich einem Jahrhundert gewohnt geworden, daß unser höheres Schulwesen weniger von unten her organisch wächst, als von oben her durch Verordnungen geregelt wird. So groß die Erfolge dieser Methode auch auf den Gebieten der allgemeinen Ordnung, Gleichmäßigkeit, Disziplin sein mögen, so sind wir doch allmählich an einem Punkte angelangt, der die stärkere Berücksichtigung der pädagogischen und wissenschaftlichen Kräfte, über die man im Oberlehrerstande verfügt, im Sinne einer freieren Entwicklung nahe legt. Täuscht mich nicht alles, so herrscht gerade diese Erkenntnis auch an maßgebenden Stellen. Nicht der Lehrplan, nicht einmal der Schüler, der Lehrer ist der wesentlichste Faktor in jedem Unterricht. Ihn hatte man über Stoff und Methode ein wenig vergessen und mit ideellen, manchmal beinahe imaginären „Lehrkräften" statt mit Lehrpersönlichkeiten zu rechnen sich gewöhnt, als ob nur in deren Können und Wollen doch alles beschlossen ist, was tatsächlich von seiten der Schule geschehen kann.

Der ernsthafteste Einwand scheint mir schließlich der zu sein, ein Vorgehen, wie das genannte, schädige die Aussichten, die

wir hinsichtlich der Ausdehnung unseres Faches als Pflichtfach erstreben. Man würde sich gegebenenfalls mit der Empfehlung der Kurse begnügen, diese könnten dann leicht zum Scheitern gebracht werden, wo man es wolle; alles bliebe dann beim alten, nur insofern schlimmer, als die Behörden sich ja darauf berufen könnten, unseren Wünschen nachgekommen zu sein. Wenn ich solche Auffassung nun auch für gar zu pessimistisch halte, so verdient sie doch reichlich bedacht zu werden. Sie hat meiner Meinung nach so viel richtiges, als sie einen Weg ausschließt, der sonst wohl empfohlen zu werden pflegt, nämlich den, sich mit der Bitte um generelle Anordnungen an die Unterrichtsministerien zu wenden. Das hieße in der Tat die Sache am falschen Ende anfassen und wieder diejenigen von der wirksamen Arbeit um Beförderung geographischer Interessen ausschließen, denen sie vor allem anvertraut sein muß, die zahlreichen fast allgemein jüngeren Lehrer, die aus der Schule unserer großen Universitätslehrer hervorgegangen sind, und sie statt dessen in die Hände der älteren Herren mit rein historischer oder altsprachlicher Bildung, die in der Geographie nur das bekannte Sybelsche Konglomerat zu erblicken vermögen, belassen. Und weiter: fällt uns die Erdkunde als Pflichtfach an allen höheren Lehranstalten in den Schoß, so sollen und werden wir dies gewiß nicht zurückweisen und nur die Jahrzehnte bedauern, die dieses Geschenk sich verspätet hat, aber unbedingt damit rechnen können wir unter keinen Umständen[1]) Aber selbst neben diesen Stunden, müßten andere freier organisierte an möglichst vielen Stellen hergehen, will man einem Fache wie Erdkunde gerecht werden, mindestens bedürfen wir der Exkursionen. Solange wir aber diese Pflichtstunden noch nicht einmal sicher haben, solange wir in einer Zeit leben, in der an der überwiegenden Zahl sog. Reformrealgymnasien die Zahl der Geographiestunden in den mittleren Klassen hat beschränkt werden können, müssen wir alle gangbaren Wege versuchen, um das immer gewaltiger anwachsende Lern- bzw. Lehrbedürfnis der reiferen Schüler und der Erdkundelehrer wenigstens einigermaßen zu befriedigen, um zu verhüten, daß sich die Kluft zwischen unserer Zivilisation und der deutschen höheren Schule sich gar zu sehr erweitere.

Mein Vorschlag geht nun angesichts der immerhin überraschenden Fülle von Zustimmungen[2]), überraschend auch, weil ganze große Teile unseres Vaterlandes haben gar nicht bedacht werden können, die Angelegenheit in Cöln der „ständigen Kommission für erdkundlichen Schulunterricht" zu übertragen. Ein besonderer Auftrag des Geographentages, wie ich ihn in Gestalt einer Resolution anfangs geplant, und in das erste Rundschreiben aufgenommen hatte, ist meiner Meinung nach nicht notwendig. Es wird nur nötig sein, daß die satzungsgemäß neu zu konstituirende Kommission über die Formen, in der im einzelnen auf die zuständigen Behörden, vor allem auch die Stadtverwaltungen, ein Einfluß gewonnen werden kann, sich schlüssig macht, daß die Herren, die ihre Bereitwilligkeit uns zu erkennen gegeben haben, benachrichtigt werden und daß die Werbearbeit weiter betrieben wird — alles unter steter Wahrung des übergeordneten Grundsatzes, nach dem die Durchführung unseres Unterrichts bis obenhin verlangt wird.

[1]) Selbst das hoffnungsvolle Zeichen, auf das S. 69 hingewiesen ist, darf uns darüber nicht täuschen.
[2]) Da, wie oben bemerkt, die Agitation vertrauliche Charakter trug, kann über diesen Punkt nichts näheres hier mitgeteilt werden, aber den einzelnen Herren wird diese Nummer zugehen.

Kleine Mitteilungen.

An die Herren Fachlehrer der Erdkunde. Die Geschäftsführung des Zentralausschusses des deutschen Geographentages hat, wie in früheren Jahren, sich an die Unterrichtsministerien des deutschen Sprachgebiets mit der Bitte gewendet, den Fachlehrern der Erdkunde für die Tage der Pfingstwoche zum Besuche des XIV. deutschen Geographentages in Cöln und der Teilnahme an den sich anschließenden wissenschaftlichen Ausflügen Urlaub gewähren zu wollen. Die zustimmenden Antworten der preußischen, der österreichischen und anderer Ministerien sind nunmehr eingegangen. Ich mache hierauf besonders aufmerksam, damit die Herren Fachkollegen auf diese Tatsache bei ev. Urlaubsgesuchen sich beziehen können, wenn die Benachrichtigung der Schulleitungen durch die Prov.-Schulkollegien u. a. sich zu sehr verzögern sollte. *H. F.*

Noch einmal „die Matthiassche Monatsschrift und unsere Forderungen an das Obergymnasium". Bei meinen Ausführungen unter dem obigen Titel S. 36 dieses Jahrgangs hatte ich mich auf ein Wort beziehen zu müssen geglaubt, das der Herausgeber der Monatsschrift, in dem wir doch nun einmal das treibende Element bei der beginnenden Reform unseres höheren Schulwesens sehen müssen, für den propädeutischen Unterricht in der Philosophie gefunden hatte. Es mußte ein kleinerer Umweg gemacht werden, um es auch für uns verwerten zu können. Jetzt liegt ein anderes vor, das unmittelbar die Berechtigung unserer Bestrebungen anerkennt. Mußte es schon angenehm empfunden werden, daß die Besprechungen, die unser Fach angingen, von Männern wie Pahde und Steinecke erfolgten, also von Kollegen, die nicht nur wissenschaftlich ihr Fach zu vertreten wissen, sondern die auch als Verfechter unserer Forderungen an die höhere Schule bekannt sind, so wird man doch einen Satz, wie den folgenden vielleicht nicht erwartet haben (S. 208): „Man erkennt . . ., wie wichtig es ist, in den oberen Klassen planmäßig ein Kulturbild zu entrollen; deshalb werden und dürfen die Geographen auch einer Stellung der Erdkunde die ihr gebührende Stellung im Lehrplan errungen haben; d. i. die Durchführung dieses Lehrfaches in die obersten Klassen". Diese Worte rühren nun freilich von Steinecke her; man könnte also sagen: nun gut, der Herausgeber der Monatsschrift beweist hier eben, daß es ihm ernst damit ist. Stimmen von den verschiedensten Lagern her zur Aussprache kommen zu lassen. Er denkt aber vielleicht gar nicht daran, sich mit dieser Forderung, wie auch mit so mancher anderen, die in seinem Blatte im Laufe der Zeit geäußert worden ist, zu identifizieren. Dem gegenüber ist es gut zu wissen, daß die oben mit Sperrdruck gegebenen Worte nicht von dem Verfasser der Notiz, sondern von der Redaktion der Matthiasschen Monatsschrift in dieser Weise hervorgehoben sind. *H. F.*

Welche Folgerung haben die Geographen aus dem preußischen Ministerialerlaß über Ergänzungsprüfungen abgegangener Schüler von Realgymnasien und Oberrealschulen zu ziehen? In dem Februarheft des „Zentralblattes für die preußische Unterrichtsverwaltung" ist ein Erlaß über **Ergänzungsprüfungen** v. D. 22. XI. 02 veröffentlicht, nach dem die Besitzer des Reifezeugnisses einer Oberrealschule das eines Realgymnasiums erwerben, wenn sie eine in ihrem Anforderungen dort näher angegebene schriftliche und mündliche Prüfung im Lateinischen

vor einer besonderen Prüfungskommission bestehen. In derselben Weise erwerben die Besitzer des Reifezeugnisses eines Realgymnasiums das eines humanistischen Gymnasiums durch eine schriftliche und mündliche Prüfung in Latein und Griechisch. Da es völlig an entsprechenden Nachprüfungen für humanistische bzw. realistische Gymnasialabiturienten in neueren Sprachen, Mathematik, Biologie und Erdkunde fehlt, durch die solche junge Leute die Reifezeugnisse eines Realgymnasiums bzw. einer Oberrealschule erwerben könnten, ist damit das Prinzip der Gleichwertigkeit der drei höheren Lehranstalten aufgegeben, von der Gleichberechtigung garnicht zu reden. Die Feststellung dieser Tatsache ist für uns Geographen darum so wichtig, weil sie lehrt, daß wir keineswegs ein Recht haben, uns damit zu begnügen, daß die am geringsten bewertete Oberrealschule bis obenhin Erdkundeunterricht besitzt, sondern mit erhöhtem Nachdruck für den Erdkundeunterricht in den Oberklassen der Gymnasien kämpfen müssen. Sollte dies nur unter der jetzt oft gehörten Devise „fakultatives Griechisch am Gymnasium" zu erreichen sein, so muß es eben so geschehen. Jedenfalls hat die Auffassung Reinhardts, des bekannten Frankfurter Schulreformers, die griechisch lehrenden Anstalten seien ja jetzt selbst fakultativ geworden (Ztschr. f. d. Reform 1902, S. 67), mit der Veröffentlichung der oben mitgeteilten Verordnung jede tatsächliche Begründung verloren und wir dürfen uns durch sie nicht in unseren Bestrebungen irre machen lassen. *H. F.*

Erdkunde und Reformrealgymnasium. Am Reformrealgymnasium zu Naumburg, Direktor Hugo Fischer, findet von Ostern an wie in Frankfurt u. s. w. in U III. und O III ein zweistündiger Erdkundeunterricht statt. *H. F.*

Die Oberlehrertagfrage und die Geographie. Auf dem Stettiner Philologentage am 28. Januar 1902 hat eine Beschlußfassung über den Zusammenschluß der gesamten deutschen höheren Lehrerschaft durch Berufung eines allgemeinen deutschen Oberlehrertages stattgefunden infolge eines Berichts von Oberlehrer Dr. Helbing (G-Ek. L-Gr. T) ergänzt und vervollständigt durch Prof. Kolisch (L. Gr. D), die so lebhaften Widerhall in der Standespresse gefunden hat (Päd. Wochenbl. 18. 2.), (Korrespbl. 16. 3.), daß hier mit einigen Worten darauf eingegangen werden muß.

Voran stelle ich die eigentlich unnötige, weil selbstverständliche, Bemerkung, daß auch uns Geographen und speziell mir, da ich aus einer alten Gymnasiallehrerfamilie stamme, der Standestrage herzlich wichtig und wert sind. So wird auch wohl aus unseren Kreise nur Zustimmung und Interesse für die Berufung eines allgemeinen deutschen Oberlehrertages stattfinden; jedenfalls würde ich sein Zustandekommen auf das lebhafteste begrüßen. Fragen, wie „Über den Anteil der höheren Schulen an der nationalen Erziehung unseres Volkes" und „Der Anteil der höheren Lehrerschaft an der Förderung des geistigen Lebens in Staat und Kommune", die neben im allgemeinen weniger wesentlichen für die Behandlung an ihm vorgeschlagen sind, gehören in der Tat zu den alle Zeit brennenden.

Wenn aber ein Anschluß an die Versammlungen deutscher Philologen und Schulmänner empfohlen wird, so erheben sich doch für uns die gewichtigsten Bedenken. Ein auf gleiches Stimmrecht gestütztes Zusammenwirken mit unseren Hochschullehrern haben wir Geographen längst auf den deutschen Geographentagen, die Vertreter der anderen realistischen Fächer, besonders die Biologen auf den Versammlungen deutscher Naturforscher und Ärzte. Beide an allgemeiner Bedeutung die Versammlungen deutscher Philologen und Schulmänner weit übergrenenden Tagungen nehmen sich den zeitgemäßen von uns Geographen, den Biologen u. a. vertretenen Strömungen im höheren Schulwesen mit Verständnis, Wärme und Nachdruck an. Es wäre Preisgabe unserer pädagogischen Ideale, ja direkt Selbstmord, wenn wir uns statt zu diesen Versammlungen einzuladen, uns um die uns ganz fremden philologischen Hochschuldozenten scharen wollten. Wir sind eben keine Philologen und werden für den Versuch, uns zu solchen zu stempeln, nie zu haben sein. Also reinliche Scheidung in diesen Fachfragen, den Philologen die Versammlungen deutscher Philologen, uns unsere Geographentage, für Standesfragen aber auf neutralem Boden der Oberlehrertag. *H. F.*

Geographischer Unterricht im Ausland.

Italien, Elementarunterricht. In einer kleinen Broschüre von 24 Seiten: „Il metodo da tenere nell' insegnamento della geografia con ispeciale riguardo a le scuole elementari" (Acireale, tipogr. dell' Etna 1900) entwickelt Innocenzo Musumeci, Assistent am geographischen Kabinet der Universität von Catania, die Grundzüge eines geographischen Unterrichts für Volksschulen. Auf einen historischen Überblick, der eine ziemlich reiche methodologische Literatur (in ihrem italienischen Teile bei uns wohl ziemlich unbekannt) bringt, und in dem die einzelnen Fortschritte der Schulbildung im allgemeinen und der Erdkunde im besonderen an die „programmi governativi" von 1860, 1867, 1880, 1888 und 1894 angeknüpft werden, folgt die Besprechung der Unterrichtsmethode im besonderen, unter den Überschriften: „Der Erdkunde-Unterricht" muß unter Zuhilfenahme von Bildern stattfinden (Kap. 2), muß vom Nahen zum Fernen fortschreiten (Kap. 3) und „Individuen und Species in geographischer Auffassung" (Kap. 4). Ein kurzgehaltener Schluß faßt die Forderungen noch einmal zusammen und spricht den Wunsch aus, daß der ideellen Bewegung der letzten Dezennien bald eine stärkere auf dem Gebiet der Taten folgen möge. Es ist ein Mann der Praxis, der hier in die Methodenfragen des Elementarunterrichts eingreift und Richtlinien aufstellt; in Nordamerika erleben wir ähnliches ganz gewöhnlich. Es wäre zu wünschen, daß dies auch bei uns mehr, als es geschieht, geschehen werden könnte. *H. F.*

Dänemark, Heimatkunde. „Zum Gebrauch im Geographieunterricht in Volkshochschulen, Seminarien und anderen weitergehenden Schulen" ist eine ausgezeichnete dänische Heimatkunde bestimmt von C. C. Christensen und M. Vahl „Danmarks Land og Folk", Kopenhagen 1903, E. Bojesen. 99 S. Der Stoff ist in Lage und Hauptteile, Meere, Erdboden, Klima, Flora und Fauna, Volk, Erwerbszweige und Siedelungen gegliedert (48 S.). Die Topographie nimmt den Rest ein. Als Vorzüge führe ich zuerst die Ausstattung mit vorzüglichen Bildern und Kärtchen an. Die ersteren sind wirklich typisch, von den letzteren genügt die Volksdichte nicht, da sie nach großen administrativen Einheiten entworfen ist. Dann ist der allgemeine Teil eine wirkliche elementare allgemeine Geographie, aufgebaut an den heimischen Verhältnissen; besonders scheinen mir die Abschnitte über Meereskunde und Geologie recht gelungen, auch die Kärtchen sind gerade hier sehr instruktiv. Und schließlich ist auch im topographischen Teile immer auf ein wirkliches Erfassen des geographischen Objekts mit Erfolg hingearbeitet (vgl. Kopenhagen, Moën u. a.). Glücklich ist auch die Behandlung der Geologie, sofern ältere Gesteine und Vulkanismus nur ganz nebenbei bei Bornholm und Island besprochen, und im allgemeinen Teile die für alle Dänen wichtige jüngere Zeit von der Kreide bis zur Jetztzeit ausführlich behandelt worden ist. Verkehrt ist es, die Eiderlinie gegen Deutschland, die alten Grenzen von Halland, Schonen und Blekingen gegen Schweden als Naturgrenzen zu reklamieren (S. 4).   *H. F.*

Geographische Gesellschaften, Kongresse, Ausstellungen und Zeitschriften.

Am 4. Mai feierte die Gesellschaft für Erdkunde in Berlin ihr 75jähriges Bestehen durch eine Festsitzung im großen Saale des Zoologischen Gartens. Der Vorsitzende Geh. Rat Prof. Dr. G. Hellmann erstattete den Bericht über die Tätigkeit der Gesellschaft in den letzten fünf Jahren; Prof. Dr. K. Sapper berichtete über seine soeben abgeschlossene Reise in die Gebiete der vulkanischen Ausbrüche auf den Antillen und in Mittelamerika und Dr. Sven v. Hedin sprach über Seen in Tibet. An Auszeichnungen wurden von der Gesellschaft verliehen: Die goldene Nachtigal-Medaille an den Herzog der Abruzzen für seine Polarfahrt 1900/1 und an Kapitän Otto Sverdrup für seine Polarfahrt 1898/1902; an Prof. Dr. Theob. Fischer in Marburg für seine Forschungen in Marokko, die für 1903 an Dr. Gerh. Schott von der Deutschen Seewarte in Hamburg über seine ozeanographischen Forschungen; die silberne Nachtigal-Medaille für 1902 an den Afrikaforscher Oskar Neumann in Berlin und die für 1903 an Dr. Carlo Frhr. v. Erlanger in Ingelheim.

Die Münchener Geographische Gesellschaft ist durch die Munifizenz ihres Ehrenmitglieds Baron v. Wichmann-Eichhorn in die Lage versetzt worden, für hervorragende wissenschaftliche Leistungen auf dem Gebiet der Geographie eine goldene Medaille zu verleihen, welche dem Protektor der Gesellschaft zu Ehren den Namen "Prinz Ludwig-Medaille" tragen wird. Die erste Medaille wurde dem Wirkl. Geh. Rat Prof. Dr. G. v. Neumayer, dem Gründer und langjährigen Leiter der Deutschen Seewarte in Hamburg, verliehen. Zu korrespondirenden Mitgliedern der Gesellschaft wurden ernannt Prof. Dr. J. Cvijic in Belgrad, Prof. Dr. A. Philippson in Bonn, Prof. Dr. W. Ule in Halle, Prof. Dr. K. Sapper in Tübingen, Prof. Dr. R. Sieger in Wien, zum Ehrenmitglied Prof. Dr. E. Oberhummer, der langjährige Vorsitzende, welcher als ordentlicher Professor nach Wien berufen ist.

Der Kommandeur a. D. Otto Irminger ist von seinem Amte als Sekretär der Kgl. dänischen Geographischen Gesellschaft in Kopenhagen und Redakteur der "Geografisk Tidskrift", zurückgetreten; an seine Stelle wurde der durch seine Pamirforschungen bekannte Premierleutnant O. Olufsen gewählt.

Die R. Geographical Society in London hat in folgender Weise über ihre Medaillen und Preise verfügt: Die Gründer-Medaille an Douglas W. Freshfield für seine Forschungen im Kaukasus und Himalaya und für seine Bemühungen um den geographischen Unterricht in England; die Patronats-Medaille an Kapitän Otto Sverdrup für seine letzte arktische Expedition; die Victoria-Medaille an Dr. Sven v. Hedin für seine Reise in Hochasien; den Murchison-Preis (40 £) an Rittmeister Isachsen für seine Aufnahmen während der Norwegischen Polar-

expedition; den Gill Erinnerungspreis (35 £) an den Amerikaner Ellsworth Huntingdon für Erforschung der Cañons des oberen Euphrat; den Back-Preis (16 £ 16 sh) an Dr. W. G. Smith aus Leeds für seine Untersuchungen über Pflanzenverbreitung in Yorkshire; den Peek Preis (30 £) an Major J. A. Burdon für seine Aufnahmen in Nigerien.

Die Kais. russische Geographische Gesellschaft hat folgende Ehrenpreise verteilt: Die Medaille des Großfürsten Konstantin an den Erforscher Zentralasiens, Kapitän P. K. Koslow; die goldene Semenow-Medaille an den Rittmeister Kasnakow, den Gefährten Koslows; die Lütke-Medaille an Nik. Knipowitsch für seine Untersuchungen der Murmanküste und an Sokolow für seine geographisch-geologische Tätigkeit; die große Medaille für Ethnographie an Prof. Shukowski und Prof. Peretz; die goldene Medaille an Borodowski für seine Karte der Mandschurei.

Die Tagesordnung des XIV. Deutschen Geographentages, welcher in der Pfingstwoche in Cöln versammelt sein wird, gruppiert sich um fünf Beratungsgegenstände. In der 1. Sitzung am 2. Juni werden Berichte über Forschungsreisen erstattet und zwar von Dr. Luyken über die Kerguelen-Station der deutschen Südpolar-Expedition, von Prof. Dr. K. Sapper über die vulkanischen Ereignisse in Mittelamerika und auf den Antillen, von Dr. M. Friederichsen in Hamburg über die Morphologie des zentralen Tiën-schan. Die Nachmittagssitzung stellt außer einem Vortrag von Prof. Dr. Gerland über die Beteiligung des Deutschen Reiches an der Internationalen Erdbebenforschung vier Vorträge über Meereskunde in Aussicht. Die 3. Sitzung am 3. Juni ist wirtschaftsgeographischen Fragen gewidmet. Die 4. Sitzung am Nachmittag wird mit der Schulgeographie sich befassen. Direktor Dr. Auler wird Bericht erstatten über die Tätigkeit der Kommisson und den gegenwärtigen Stand des erdkundlichen Unterrichts an den höheren Schulen Preußens, Realgymnasialdirektor Dr. V. Steinecke in Essen spricht über die Reformschule und den geographischen Unterricht und Reallehrer O. Steinel in Kaiserslautern über das Deutsche Reich nach einheitlichen Gesichtspunkten, wozu Dr. H. Haack (Gotha) ein kartographisches Referat liefern wird. Die 5. Sitzung am 4. Juni ist der Landeskunde des Rheinlandes vorbehalten, die 6. Sitzung endlich ist wesentlich geschäftlicher Natur; außerdem wird der Bericht der Zentralkommission für deutsche Landeskunde erstattet. Die Versammlungen finden im Gürzenich statt. Die geographische Ausstellung im Städtischen Kunstgewerbe-Museum wird Karten und Modelle, die sich auf das Rheinland und Cöln beziehen, vorführen; der Generalstab, die Kgl. Preußische Landesaufnahme, die Kgl. Geologische Landesanstalt, das Kgl. Oberbergamt und die Rheinstrombauverwaltung und das Archiv der Stadt Cöln haben ihre Sammlungen bereitwilligst zur Verfügung gestellt. Das Rautenstrauch-Joest-Museum wird in vorläufigen Räumen geöffnet sein. Die baldige Anmeldung zum Besuche des Geographentages an den Generalsekretär Prof. Dr. K. Hassert, Bismarckstraße 30, ist erwünscht. Bei der Lebhaftigkeit des Pfingstverkehrs am Rheine empfiehlt es sich, die angebotene Vermittlung des Ortsausschusses zur Wohnungsbestellung in Anspruch zu nehmen.

Vom 20. bis 27. August d. J. findet in Wien die IX. Session des Internationalen Geologischen Kongresses statt. Vorsitzender des Organisationkomitees ist der Direktor der k. k. Geologischen Reichsanstalt Dr. E. Tietze, Generalsekretär Professor Dr. C. Diener. Die

wichtigsten Verhandlungsgegenstände werden sein: 1. der gegenwärtige Standpunkt des Wissens über kristallinische Schiefer, 2. das Problem der Überschiebungen, 3. die Geologie der Balkanhalbinsel und des Orients. Die Liste der sonst angemeldeten Vorträge wird später veröffentlicht. Vor dem Beginn der Sitzungen werden Ausflüge unternommen in verschiedene Teile von Böhmen, nach Galizien, in die Tatra, nach Salzburg und Steiermark; nach Schluß des Kongresses folgen größere Ausflüge in die Dolomiten, Etschbucht, Zillertal, Hohen Tauern, Karnischen und Julischen Alpen, Dalmatien und Bosnien; die Ungarische Geologische Gesellschaft bereitet Ausflüge von Belgrad und zum Eisernen Tor. Ein geologischer Führer für diese Ausflüge wird rechtzeitig erscheinen und ist von den Teilnehmern am Kongreß für 10 Kronen zu beziehen. Der Mitgliedsbeitrag beträgt 20 Kronen. Das vorläufige Programm mit dem Voranschlag der Kosten jedes Ausflugs wird vom Generalsekretär (Wien I, Bartensteingasse 3) geliefert.

Die 75. Versammlung deutscher Naturforscher und Ärzte findet vom 20. bis 26. September in Cassel statt. Vorträge sind bis zum 15. Mai anzumelden für die 1. Sektion: Mathematik, Astronomie und Geodäsie bei Prof. Dr. A. Krazer, Karlsruhe, Westendstraße 57; für die 2. Sektion: Geographie, Hydrographie und Kartographie bei Oberlehrer P. Gally, Cassel, Schlangenweg 15.

Der diesjährige Kongreß der französischen Geographischen Gesellschaften tritt am 3. August in Rouen zusammen.

Nachdem im Jahre 1901 die vorbereitenden Schritte für die Gründung einer Internationalen Vereinigung für Erdbebenforschungen erfolgt waren, wird vom 24. bis 28. Juli d. J. in Straßburg i. E. eine Konferenz zusammentreten, durch welche die Gründung der Internationalen Seismischen Association erfolgen soll.

Die Senckenbergische Naturforschende Gesellschaft in Frankfurt a. M. setzt den v. Reineck-Preis im Betrag von 1000 Mark aus für die beste Arbeit, welche die Geologie des Gebiets zwischen Aschaffenburg, Heppenheim, Alzey, Kreuznach, Coblenz, Ems, Gießen und Büdingen behandelt. Die Arbeiten sind bis 1. Oktober 1903 einzureichen, die Zuerteilung des Preises erfolgt bis spätestens Ende Februar 1904.

Unter Redaktion von Edmund D. Morel, Verfasser des kürzlich erschienenen Werkes "Affairs of West Africa", erscheint seit März in Liverpool (4 Old Hall Street) eine illustrierte Wochenschrift: "The African Mail", welche in Wort und Bild alle Vorkommnisse und Fragen über West- und Zentralafrika vom kaufmännischen, industriellen und politischen Standpunkte behandeln will. Da dieses neue Blatt das offizielle Blatt des Liverpooler Instituts für Tropische Medizin ist, so verdient es auch die Beachtung des Tropenhygienikers. Der Preis beträgt inkl. Porto 26 sh. jährlich.   *H. W.*

Persönliches.

Jubiläen u. s. w.

Mit der Feier des 75jährigen Bestehens der Gesellschaft für Erdkunde in Berlin am 4. Mai wurde die Feier des 70. Geburtstages von Geh. Rat Professor Ferdinand Freiherr v. Richthofen (5. Mai) verbunden und mit Fug und Recht, denn die jetzige Blüte der Gesellschaft ist tatsächlich das Werk des Mannes, welcher seit seiner Rückkehr nach Deutschland im Jahre 1873 und besonders seit seiner Übernahme der Berliner Professur im Jahre 1886 meistens den Vorsitz (im ganzen 14 Jahre) geführt hat. Die Förderung, welche die Erdkunde durch den

Jubilar erfahren, ragt weit über Berlin, ja über Deutschland hinaus, denn Schüler und Hörer haben seine Ideen und Anregungen in alle Weltteile hinausgetragen, wo sie befruchtend auf die Weiterentwicklung der erdkundlichen Studien und Forschungen wirken. Als Zeichen der Verehrung wurde dem Jubilar in der Festsitzung das 26000 Mark betragende Kapital einer „v. Richthofen-Stiftung zur Förderung geographischer Forschungen und Studien" überreicht, das von Schülern und Freunden in dankbarer Anerkennung der hohen Verdienste des Forschers und Lehrers gesammelt worden ist. Die Bestimmung über die Verwendung von Kapital und Zinsen bleibt dem Jubilar überlassen.

Todesfälle.

Der hervorragende Geodät Oberst a. D. Prof. Heinr. Hartl starb am 4. April in Wien. Er war 1840 in Brünn geboren und 1859 in das österr. Heer, später in die Marine eingetreten, seit 1869 hat er ständig am Milit.-Geogr. Institut gearbeitet, in welchem er besonders um die Vervollkommnung der Triangulierungen sich verdient machte. Er führte die Triangulation von Tirol aus, war 1872 u. 73 in der Türkei tätig, richtete 1889 das Vermessungswesen in Griechenland ein und führte 1898 in Bulgarien Ortsbestimmungen aus. Seit 1873 redigierte er die Mitteilungen des Milit.-Geogr. Instituts, in denen er zahlreiche Arbeiten veröffentlichte. 1898 wurde ihm die neu errichtete Professur für Geodäsie an der Wiener Universität übertragen.

Der englische Geolog Alfred Vaughan Jennings, am 17. April 1864, starb in Christiania am 11. Januar. Zahlreiche Beiträge über geologische Verhältnisse von England und Norwegen erschienen im Geological Magazine.

Der belgische Kommandant Charles De la Kethulle d e Ryhove, geb. am 6. Dezember 1865 in Löwen, starb am 14. Januar in Bockrijk bei Hasselt. Im Jahre 1890 ging er zum erstenmal nach dem Kongo, nahm an der Uelle-Expedition unter Le Marinel teil und wurde Resident beim Sultan Rafaï (Deux ans de séjour chez le sultan Rafaï). Von hier erforschte er den oberen Bomu, bereiste Dar-Banda und untersuchte die Flüsse Koto und Bali. Nachdem er 1894 nach Belgien zurückgekehrt war, versuchte er 1895 und 1900 seinen Dienst im Kongo-Staat wieder aufzunehmen.

Generalmajor Frhr. Eman. v. Korff, geb. 31. Mai 1826, starb am 5. Februar in Rönnebeck bei Osterburg. Nach Abschluß seiner militärischen Laufbahn hat er viele Reisen unternommen, u. a. eine Reise um die Welt 1893/4, die er in seinem Weltreise-Tagebuch in fünf Bändchen mit frischem Humor und Sarkasmus geschildert hat.

Charles Godfrey Leland, besser bekannt unter den Namen „Hans Breitmann", amerikanischer Schriftsteller, geb. in Philadelphia 1824, starb in Florenz am 20. März. Unter seinen zahlreichen Schriften sind zu erwähnen: „To Kansas and Back", „Egyptian Sketchbook", „Fu-Sang, the Discovery of America by Chinese Buddhist Priests in the Fifth Century". Eingehendes Studium wendete er den Zigeunern zu: „The English Gypsies and their Language", „English Gypsie Songs", „The Gypsies" u. a.

José Macpherson, spanischer Geolog, starb am 11. Oktober 1902 in San Ildefonso, 63 Jahre alt. Seine Arbeiten sind in den Memorias del Instituto Geologico, im Boletin de la Sociedad Geográfica und im Bulletin de la Société géologique de France veröffentlicht.

Der Staatsrat Dr. Gustav F. R. Radde, der berühmte Botaniker, Sibirien- und Kaukasusforscher, Gründer des Kaukasischen Museums,

geb. am 27. November 1831 in Danzig, starb am 15. März in Tiflis. Eine eingehende Würdigung seines Wirkens veröffentlichte der Geogr. Anzeiger in der November-Nummer 1902.

Léon Pétier, französischer Ozeanograph, starb hochbetagt am 10. April 1902 in Pauillac. Unter seinen Schriften sind zu erwähnen: „Les Fonds de la Mer", 4 Bde., 1868—82; „Voyage scientifique de la frégate „The Valourous" dans les mers arctiques", 1877; „Roches et formations rocheuses contemporaines", 1882; „La campagne du Travailleur", 1882; „Les sables noirs du golfe de Gascogne", 1883.

Der englische Journalist Julian Ralph starb am 22. Januar in New York im 50. Lebensjahre. Über eine Reise nach China 1895 schrieb er: „Alone in China", über den südafrikanischen Feldzug verfaßte er die Werke: „To Pretoria", „At Pretoria", „War's Brighter Side".

Der Senior der australischen Forschungsreisenden, John Ross, starb im Februar in Adelaide im Alter von 86 Jahren. Geboren in Dingwall, Schottland, kam er in frühester Jugend nach Australien, nahm als junger Mensch teil an der Expedition John Eyres von Sydney nach Adelaide und warf sich dann auf die Schafzüchterei in Südaustralien. Ende der 60er Jahre führte er eine größere Expedition, welche die Route des Transkontinental - Telegraphen festlegen sollte, erfolgreich von Adelaide bis Post Darwin.

Kapitän Rung, 2. Direktor des Dänischen Meteorologischen Instituts, starb in Kopenhagen am 28. März 1903.

Dr. August Schreiber, Inspektor der Rheinischen Mission in Barmen, geb. am 8. November 1839 in Bielefeld, starb am 23. Februar 1903 in Barmen. Nach Beendigung seiner theologischen Studien war er in den Jahren 1866—73 selbst als Missionar in den Battaländern auf Sumatra tätig und hat dort auch vielfach geographisch gearbeitet (Berichte in Petermanns Mitteilungen 1876 u. 78). Als Missionsinspektor hat er stets die Teilnahme der Missionare an geographischen und ethnographischen Forschungen gefördert. 1894 besuchte er Deutsch-SW-Afrika (Fünf Monate in Südafrika), 1898-9 die Missionsgebiete in Sumatra, Nias, Java und China (Eine Missionsreise in den fernen Osten).

Am 19. Oktober 1902 starb in Vancouver, Britisch-Columbia, Dr. Alfr. R. C. Selwyn, 1869—94 Direktor des Geologischen Landesaufnahme von Kanada. Geboren am 28. Juli 1828 in Kilmington (Somerset, England), war er mit 21 Jahren in die Geologische Landesaufnahme von England eingetreten und namentlich in der Aufnahme von Wales tätig. 1853 wurde er zum Leiter der Geologischen Landesaufnahme der neuen Kolonie Victoria ernannt. 1869 übernahm er die Leitung der Geologischen Landesaufnahme von Kanada, die er vollständig umgestaltete und beständig erweiterte. Selwyn war selbst als Forscher außerordentlich rührig und fast alljährlich monatelang im Felde tätig; als rüstiger und gewandter Bergsteiger zeigte er besondere Vorliebe für schwierige Terrainverhältnisse. Außer zahlreichen Berichten über die Fortschritte der Aufnahmen in Victoria und Canada verfaßte er „Descriptive Sketch of the physical Geography and Geology of the Dominion of Canada 1884" und mit F. V. Hayden gemeinsam das Band „North America" in Stanfords Compendium of Geography, 1883. Eine vollständige Bibliographie über die literarische Tätigkeit Selwyns veröffentlicht H. R. Ami im American Geologist, Januar 1903.

James Stevenson, der bekannte schottische Philanthrop, starb am 28. Januar in Hailie in Schottland. Als Förderer von Forschungen und

Missionen in Afrika, besonders im Gebiet des Njassa, hat er sich hervorragende Verdienste erworben; endlich stellte er auch noch die Mittel zur Herstellung der Straße vom Nordende des Njassa nach dem Südende des Tanganika zur Verfügung, welche seitdem Stevenson-Straße heißt.

Am 23. Februar starb in Christiania der Professor der Geschichte Gustav Storm, geb. am 18. Juni 1845 in Rendalen. Besondere Verdienste hat er sich um die nordische Entdeckungsgeschichte erworben durch seine Arbeiten über die Gebrüder Zeno, deren so viel diskutierte Reise er als Fälschung nachwies, durch seine Studien über die Reisen der Nordmannen nach Winland u. a. *H. W.*

Besprechungen.

Schwalbe, Bernhard, Grundriß der Mineralogie und Geologie. Unter Mitwirkung von Dr. E. Schwalbe, herausgegeben von H. Böttger. 8°, 766 S., 418 Abb., 9 Tafeln. Braunschweig, Fr. Vieweg & Sohn. Geh. 12 M., geb. 13,50 M.

Obiges Werk, über dessen Vollendung Dir. Prof. Dr. Schwalbe verstarb, der bereits im Jahre 1879 die Notwendigkeit einer weitgehenden Berücksichtigung der Geologie im geographischen Unterricht betont und ebenso geologische Erscheinungen im Anschluß an den Unterricht in der Chemie praktisch demonstriert hatte, hat Prof. Dr. H. Böttger unter Mithilfe des Dozenten Dr. E. Schwalbe zur Ausführung gebracht. Die jedem Lehrer hochwillkommene Gabe, die auf Grund eingehender literarischer und praktischer Studien als Teilwerk von Fr. Schödler: „Buch der Natur" 23. Auflage erschienen ist, wird wesentlich dazu dienen, den Unterricht in der Erdkunde auf eine festere und breitere Basis zu stellen, die nicht in Zahlen und Daten aufgehend den Schülern einen Begriff von der historischen und dynamischen Bedeutung des Untergrundes gegeben wird, auf dem sich Leben und Wirken der Natur und des Menschen aufbaut. — Das im einzelnen allerdings nicht ganz gleichmäßig bearbeitete Werk zerfällt in folgende Abteilungen: I. Allgemeine Mineralogie. Zu B. Krystallographie wäre die im 1. Anhang gegebene „Übersicht über die Krystallsysteme" gehörig. — II. Spezielle Mineralogie. Vermißt wird hier die Beziehung auf Fr. v. Kobells Tafeln zur Bestimmung der Mineralien; 14. Auflage von K. Oebbecke (München 1901). — III. Geologie und zwar: 1. Gesteinslehre; 2. historische Geologie; 3. dynamische Geologie oder Geologie der Gegenwart. Letztere ist sehr ausführlich auf ca 270 Seiten behandelt. Hierher wäre die im 2. Anhang kurz behandelte Speläologie und Orogenie zu setzen gewesen. — IV. Postpliozäne Zeit mit kurzer Besprechung der Eiszeit und des prähistorischen Menschen. E. Schwalbe hat letzteren Abschnitt bearbeitet. Verkehrt ist es hier aber, wenn S. 583 die in Fig. 317 abgebildeten Hinkelstein-Funde der Diluvialzeit zugewiesen werden. Sie sind bekanntlich neolithisch und ebenso der viel jüngeren Jahrtausende. Auch sonst läßt dieser Abschnitt manches zu wünschen übrig. — V. Erdentstehung oder Geogenie. Hier fehlt Stellungnahme zu Kreichgauers und Darwins jun. epochemachenden Spezialwerken! Kleinigkeiten setzt Langenbeck in der „Geographischen Zeitschrift" 1903, S. 230—231 an der dynamischen Geologie aus. Doch sorgfältig redigiertes Erscheinen erleichtert die Benutzung des umfangreichen Werkes.

10*

Die Verlagsbuchhandlung hat die Schrift mit Abbildungen und Karten jeder Art in besten Nachbildungen fast verschwenderisch ausgestattet uud die zahlreichen Leser dieser Arbeit werden gerade diese Beilagen dankbar und wiederholt begrüßen.

In Werken solcher Art bringt der bestredigierte Text nur geringe Wirkung hervor, wenn er nicht von guten Bildern unterstützt wird. Allen Verlegern aber, die ähnliche Lehrbücher planen, rufen wir zu: „Gehet hin und tuet desgleichen!"   *Dr. C. Mehlis.*

Peerz, Rudolf E., Bach und Fluß in der Volks- und Bürgerschule. Zeitschrift für das österreichische Volksschulwesen. XIII. Bd., S. 104 ff.

Eine mehr ins einzelne gehende Skizze eines Heimatkundeunterrichts im Freien nach Art seines Aufsatzes „Worin besteht der eigentliche Wert der Heimatkunde?" Vierteljahrshefte I, Heft 1. Wie weit entsprechen diese Lektionen der Wirklichkeit?   *H. F.*

Eine Lehrprobe aus der Geographie auf der Mittelstufe der Mittelschule: Physikalische Geographie Europas von Karl Cassau. Neuwied a. Rh.-Leipzig 1902, Heusers Verlag (Louis Heuser).

Die Form einer Lehrprobe ist durchgeführt; es handelt sich im ganzen um eine auf 19 Seiten gebotene Übersicht über Europa; dem Schüler ist eine fast verschwindende Rolle zugeteilt. Naturgemäß wächst das pädagogische Interesse, wenn eine Lehrprobe erkennen läßt, wie der Lehrer die vorhandenen Kenntnisse des Schülers aus verschiedenen Fächern zur Anknüpfung des neuen Stoffes benützt. Jetzt noch Ferro als den Ausgangspunkt der Meridianzählung für die wissenschaftliche Welt zu bezeichnen, geht wohl nicht an.   *O. Steinel-Kaiserslautern.*

Laux und Boock, Die Erziehung des Deutschen zum Staatsbürger. 53 S. Berlin 1902. Nebst Beilage: Boock, Lehrproben zur Bürgerkunde. 31 S. Berlin 1902.

Die Verfasser haben in der vorliegenden Denkschrift die in der pädagogischen Literatur bereits verschiedentlich behandelte Frage, in welcher Weise die „Bürgerkunde" im deutschen Jugendunterricht heimisch zu machen sei, einer sorgfältigen Prüfung unterzogen und kommen in klaren, überzeugenden und von patriotischen Geiste getragenen Ausführungen zu dem richtigen Schlusse, daß das heranwachsende Geschlecht auf diesem Wege zum bürgerlichen Pflichtbewußtsein und zur Fähigkeit, staatliche Aufgaben der modernen Zeit richtig zu erfüllen, erzogen werden müsse. Der erst der Abhandlung liegt jedoch vor allem im zweiten praktischen Teile. Die Verfasser haben ihre Forderungen zum erstenmal für alle Schulgattungen in ein einheitliches, durchdachtes System gebracht; sie entwickeln in einer den praktischen Schulmann höchst anregenden Weise positive Vorschläge, in welchem Umfang und in welcher Weise dieser staatsbürgerliche Unterricht auf jeder der verschiedenen Stufen unserer Schulanstalten erteilt werden könnte.   *Max Georg Schmidt.*

Buhr und Buzon, Geographie der Elsaß-Lothringischen Schulen. Metz 1902, Verlag von P. Even. VI u. 190 S.

Das Buch ist wohl in erster Linie für Lehrerseminare und Mittelschulen, die angekündigte kleinere Ausgabe vermutlich für Volksschulen, bestimmt und würde hier gewiß gute Dienste leisten können, wenn es nicht eine ganze Reihe sachlicher Fehler und Versehen sowie sprachlicher Unrichtigkeiten enthielt. Die Grundsätze,

nach denen das Buch bearbeitet ist, sind durchaus anerkennenswert. Die Verfasser haben sich überall bemüht, den Stoff nach wirklich geographischen Gesichtspunkten zu ordnen, natürliche geographische Einheiten zugrunde zu legen. Den einzelnen Abschnitten sind dann kurze statistische Übersichten angefügt. Die wirtschaftlichen und Verkehrsverhältnisse sind stets eingehend berücksichtigt. Es fehlt aber an einer wirklich gründlichen Durcharbeitung des Stoffes. Die gegenseitige Abhängigkeit der einzelnen geographischen Elemente von einander tritt selten genügend hervor. Schlimmer ist, daß, wie schon gesagt, sich viele wirklich falsche Angaben finden. Am zahlreichsten sind sie wohl in dem Abschnitt, der die deutschen Kolonien behandelt. So werden die drei nördlichen Salomon-Inseln und ganz Samoa als deutscher Besitz aufgeführt. Eine Eisenbahn von Tanga nach Tabora wird als im Bau begriffen bezeichnet. Von Deutsch-Südwestafrika sind die Hauptstadt Windhoek und der Haupthafen Swakopmund gar nicht erwähnt, dagegen eine Anzahl weit weniger wichtiger Ortschaften. In Bezug auf Namen ist die Behandlung überhaupt sehr ungleich; an vielen Stellen ist in der Beziehung entschieden zu viel gegeben, an anderen zu wenig. Auch das Zahlenmaterial bei keineswegs durchaus verlässig, namentlich bei den außereuropäischen Erdteilen. Wenn das Buch im einzelnen nicht noch einmal einer gründlichen Revision unterworfen wird, kann es trotz seiner guten Anlage zur Einführung auf Schulen durchaus nicht empfohlen werden.   *R. Langenbeck.*

Grube, A. W., Bilder und Scenen aus dem Natur- und Menschenleben. I. Teil: Asien und Australien. Nach vorzüglichen Reisebeschreibungen für die Jugend ausgewählt und bearbeitet. 8. vermehrte Auflage, neu bearbeitet von J. und L. Frohnmeyer. Stuttgart 1901, Steinkopf.   2.25 M., geb. 3 M.

Die Sammlung, die sich, nach ihrer Stoffwahl und ihrem Tone zu schließen, an die Jugend der oberen Klassen wendet, ist mit Geschick aus einer Reihe von ansehnlichen Reisebeschreibungen, zumeist der beiden letzten Jahrzehnte, zusammengestellt. Sie führt also wirklich in die Gegenwart hinein. Zu loben ist auch, daß die Verfasser der 45 einzelnen Stücke mit Namen angeführt sind, ab die Reihe dieser Namen gereicht dem Buche zur Zierde. So kommen bei Kleinasien Oberhummer und Zimmerer zu Worte, v. Maltzan beschreibt eine tollkühne Pilgerfahrt nach Mekka, Oppert wird über Indien herangezogen, andere v. Hübner und Grundemann, über Asien v. Brandt, und Futterer gibt ein Bild aus der Gobi. Da die Verfasser zumeist selbst zu Worte kommen, so ist für Abwechslung in der Anschauungs- und Darstellungsweise gesorgt. Hingegen läßt die redaktionelle Durcharbeitung zu wünschen übrig. Da gibt es noch Quadratmeilen und deutsche Meilen, veraltete Einwohnerzahlen, so bei Nagasaki (60000 statt 107000), Osaka (200000 statt 820000) und Satzungetüme wie den auf S. 13: „Wir wollen einen derselben (Reisenden) auf demselben (Reise) begleiten"; auf dieser Seite schlenderten die drei Rosse vor dem Wagen pudweise den Kot uns an die Köpfe", was genauer nach der Fußnote „Pud, russisches Maß = 16,se kg" zu berechnen ist. Der Hermon ist schwerlich als der Berg der Verklärung anzusehen (S. 121), und die Behauptung auf S. 160 (196 wiederholt), daß die Fruchtbarkeit eines Landes von dem christlichen Bekenntnisse der Bewohner abhänge, braucht nicht mit christlicher Frömmigkeit verwechselt zu werden. Am wenigsten befriedigt die einleitende Übersicht.   *Oehlman.*

Schulwandkarte von Thüringen. A) Orohydrographische Ausgabe. Neun Blätter in 1:100000. Entworfen von H. Habenicht, gezeichnet von C. Böhmer und H. Salzmann. Preis 10 M., aufgezogen in Mappe 15 M., mit Stäben 18 M., lackiert 21 M. — B) Politische Ausgabe. Desgl. Gotha 1903, Justus Perthes.

Von der kartographischen Meisterhand Hermann Habenichts entworfen, von zwei tüchtigen Schülern desselben unter seiner Leitung zeichnerisch sorgfältig ausgeführt, besitzen wir nunmehr eine Schulwandkarte von Thüringen in dem großen Maßstabe unserer Generalstabskarten (1 cm = 1000 m oder 1 km der Wirklichkeit), die allen Anforderungen an ein klares Kartenbild für den Schulunterricht entspricht und wohl als der Anfang für andere Spezialwandkarten des Perthes'schen Verlags mit lebhafter Genugtuung zu begrüßen ist, als eine Weiterführung des großen Wandkartenwerkes von Sydow-Habenicht. (Dem Schüler steht, ebenfalls in zwei Ausgaben gearbeitet, eine topographische Handkarte in 1:250000 in entsprechender Ausführung zur Verfügung.) Diese prächtige Doppel-Wandkarte Thüringens reicht im Westen bis zum Meißner und dem Hauptteil der Hohen oder Langen Rhön (nur eine kleine Ecke beansprucht die Legende), im Süden bis Königsberg in Franken und Lichtenfels, im Osten bis Plauen i. V., Gera, Zeitz und Halle a. S., im Norden bis zur goldenen Aue am Nordfuße des Kyffhäusergebirges und zwar ist auf der orohydrographischen Ausgabe das in kräftigen Zügen wiedergegebene Flußnetz dunkelblau gehalten, die sechs Höhenstufen aber so gut abgetönt, daß ein wundervoll plastisches Bild des Bodenbaues von Thüringen uns auch in einem größeren Raume in prägnanter Weise entgegentritt! Die tiefsten Teile des Geländes, die unter 100 m Meereshöhe anfangen, erscheinen dunkelgrün, die zwischen 100 bis 200 m sind hellgrün gehalten, die Hochebenen zwischen 200 und 350 m weiß, das Hügelland von 350 bis 500 m hellbraun, das Gebirgsland zwischen 500 und 650 m dunkelbraun, die höchsten Teile, die über 600 m anlangen, sind lichtrot wiedergegeben und diese Weise ein sehr wirksames Hervortreten des Thüringerwaldes und Frankenwaldes einerseits, der Hohen Rhön andererseits erzielt worden und auch die isolierten einzelnen Berge wie der Dolmar, die Gleichberge bei Römhild, mehrere Basaltkuppen der Vorderrhön, der Meißner, der Singerberg kommen vollauf zur Geltung. Die vierfache Abstufung der roten Signatur für die Städte verschiedener Größe läßt die wichtigeren Siedelungen bereits auf dieser Karte gebührend hervortreten, wenn vielleicht auch die am Gebirgsrande oder im höhere Gebirge selbst gelegenen Städte durch das Rot der höheren Terrainstufe für einen weiten Abstand von der Karte zu wenig deutlich abstehen (z. B. Suhl, Schmiedefeld, Ilmenau). Noch viel klarer kommen aber die Städte auf der politischen Ausgabe zur Geltung in ihrer Bedeutung für die jeweiligen Staaten und Gebietsteile: auf diesen ist das Terrain matt gehalten, aber doch in seinen Hauptzügen deutlich zu erkennen, das Flußnetz schwarz, so daß die blauen Flächentöne einiger Staaten voll zur Wirkung gelangen. Das verwickelte Bild der Thüringer Staaten ist überall sehr klar herausgearbeitet, auch kleinere Enklaven von Preußen (blau), Sachsen-Weimar-Eisenach (grün), Sachsen-Koburg-Gotha (rot), Sachsen-Meiningen (gelb), sowie die beiden Schwarzburg und Reuß treten scharf hervor, alle Marktflecken, größeren Orte und sonstige besonders merkwürdige Örtlichkeiten der Gegenwart und Vergangenheit sind in Haarschrift kenntlich gemacht, wie auch die Fluß- und Geländenamen das Kartenbild nicht überladen oder unklar machen. — Alles in allem haben wir eine **kartographische und methodische Musterleistung** vor uns, der wir von Herzen die ihr vollauf gebührende Anerkennung und den verdienten äußeren Erfolg wünschen! *Fr. Regel.*

Meyers Großes Konversations-Lexikon. Ein Nachschlagewerk des allgemeinen Wissens. Sechste gänzlich neu bearbeitete und vermehrte Auflage. Mit mehr als 11000 Abb. im Texte und auf über 1400 Bildertafeln, Karten und Plänen sowie 130 Textbeilagen. 1. Bd.: A bis Astigmatismus. Leipzig und Wien 1902, Bibliogr. Inst.   Geb. 10 M.

Nachdem das Bibliographische Institut der 5. Auflage des großen Meyerschen Konversationslexikons in den Jahren 1898 bis 1901 vier Ergänzungsbände nachgeschickt hat, beginnt sie jetzt mit der Herausgabe der 6. Auflage. Auf manchen Wissensgebieten, darunter besonders auch auf dem geographischen, verbreitern und vertiefen sich Kenntnisse und Anschauungen so schnell, daß für das großangelegte Nachschlagewerk des Meyerschen Konversationslexikons, welches gerade über alle neuen Errungenschaften, Ereignisse, Bewegungen auf mannigfaltigen Gebieten Bescheid geben soll, in der Tat eine beträchtliche Zahl von Ergänzungen, Fortlassungen, Abänderungen notwendig waren. Der 1. Band der 5. Auflage ist bereits im Jahre 1894 erschienen. Wie viele Fortschritte sind seither zu verzeichnen gewesen in der Afrika-Forschung, im Amerikanismus, in der Erkundung von Innerasien. Alle diese Fragen sind im 1. Bande des Lexikons zu beantworten. Und die neue Auflage beantwortet sie gut. Beispielsweise ist in die Karte der innerasiatischen Forschungsreisen der große Zug Sven Hedins durch Tibet im Jahre 1901 schon eingetragen. In der Verzeichnis der Mitarbeiter für Geographie und verwandte Wissenschaften fehlen einige Namen, die in der Liste der 5. Auflage aufgezählt sind, beispielsweise Prof. Hettner; dafür sind aber Abgesonderte hinzugekommen, etwa Dr. Deckert, Prof. Früh, Prof. Hassert, Prof. Sapper, Dr. Tiessen, und andere treu geblieben, so Dr. Jung, Prof. Aurel Krause, Dr. Kiepert und der Kartograph Debes. Die Abbildungstafeln zur Völkerkunde sollen in der 6. Auflage um 24, die geologischen Karten und Tafeln um 25 vermehrt werden, zum Vorwort betont, daß eine Anzahl von Karten durch Neustiche ersetzt und eine Reihe physikalischer und kulturgeographischer Karten hinzugefügt werden soll. Wirklich findet sich im 1. Bande eine Tafel mit Bildern und Text über die Absonderung massiger Gesteine, die der früheren Auflage fehlte. Der Plan von Aachen ist größer gehalten; die Karte von Ägypten und Abessinien enthält berichtigte Grenzen und die fortgeführten Bahnen; eine Karte der Küstenländer von Algerien ist neu eingefügt, desgleichen eine Karte der Alpeneinteilung. Anerkennenswert ist die Tafel mit Bildnissen der bedeutenden Afrikaforscher. Weshalb fehlt aber Ähnliches bei Amerika und Asien? Die neue Auflage will, wie man sieht, nicht eine Wiederholung der früheren, sondern einen Fortschritt gegen dieselbe darstellen, indem sie nicht bloß die tatsächlichen Fortschritte aufzeichnet, sondern selbst in der Methode, besonders in der bildlichen Veranschaulichung, fortzuschreiten bestrebt ist.   *Dr. Felix Lampe.*

Vietz, H., Horizontarium mit Einstellung der Sonnenbahn durch Reguller-(Zeit)-Scheibe.

Pr. 45 M. — **Tellurium** mit selbständiger Einstellung der Erdachse mittelst des Parallelogramms nebst **Lunarium.** Pr. 45 M. Berlin, Bischofs Lehrmittelanstalt (Gebhardt).

Der auf starkem Metallfuße ruhende Horizont (Fig. 1) ist in der Gestalt einer Halbkugel mit einem Durchmesser von 31 cm dargestellt. Am Außenrande ist die Gradeinteilung der Horizontlinie angebracht und die Zone der astronomischen Dämmerung farbig abgegrenzt. Ein gradulierter Meridianring, der durch die Achse mit dem Mittelpunkte der Horizontfläche in einem Scharniergelenk verbunden ist, umgibt den Horizont. Äquator (rot) und Wendekreise (weiß) können, wenn sie im Unterricht nötig sind, mit einem Griffe in je zwei Hälften von beiden

(Fig. 1)

Seiten her in einfache Nuten des Meridianringes eingeschoben und ebenso leicht wieder entfernt werden. Die durch Meridianring, Äquator, Wendekreise und Achse dargestellte Himmelskugel läßt sich durch bloße Verschiebung des Meridianringes ohne Anwendung von Hebeln, Schrauben und Rädern leicht und bequem für jede beliebige Polhöhe der nördlichen Hemisphäre einstellen, wie bei einer Armillarsphäre. Dicht über den genannten Breitenkreisen bewegt sich der in 24 abwechselnd rot und weiß gefärbte Strecken eingeteilte Sonnenbahnring, welcher von einer seitlich unter dem Apparat am Meridian angebrachten Regulierscheibe genau entsprechend den Bewegungen der Sonne in den einzelnen Monaten geführt wird. Auf der Regulierscheibe sind die Monate mit besonderen Marken für die Äquinoktien und Solstitien verzeichnet und abgegrenzt. — Die Möglichkeit, im einführenden Unterricht durch Entfernung der Breitenkreise den Apparat so einfach als möglich zu gestalten, die Leichtigkeit, mit der das zusammengefügte Liniennetz für jede Polhöhe der Nordhalbkugel eingestellt werden kann, die Klarheit, mit der die größere tägliche Deklinationsänderung der Sonne in der Nähe der Äquinoktien, die kleinere in der Nähe der Solstitien zur Anschauung gebracht, die Länge der Tage und Nächte, der Dämmerung für jede Horizontlage am Stundenkreise (Sonnenbahn) abgelesen werden kann, sind ausschätzenswerte Vorzüge des Horizontariums.

Das **Tellurium** (Fig. 2) wird von einem schweren Fuße mit einem Halbkreise getragen. In dem einen Schenkel des Halbkreises dreht sich ein einarmiger Hebel, dessen Arm in dem gegenüberliegenden Schenkel wagerecht und schief (23½°) eingestellt werden kann. Die Mitte des Hebels trägt einen Schaft, an dem

(Fig. 2.)

die Erdbahn, getragen von einem verstellbaren zweiten Halbkreise, und eine Hülse für ein Licht (Sonne) angebracht sind. Auf der Erdbahn (Durchmesser 24 cm) sind auf dunkelblauem Papier die Sterne des Tierkreises eingezeichnet. Von dem Schafte geht ein langes Parallelogramm aus, das am Ende einen Erdglobus (Durchmesser 14 cm) und den körperlich dargestellten Erdschatten (Länge 38 cm) trägt, dessen Spitze für den Durchgang des Mondes abgenommen werden kann. Der Erdschattenkegel trägt die Mondbahn. Der Träger, ein viereckiger Stift, ist schief gestellt, damit die Schiefe der Mondbahn (übertrieben) zum Ausdruck kommt. Je nachdem man nun die den Mond tragende Hülse mit ihrer schief stehenden Öffnung auf den schief gestellten Stift setzt, kann die Lage der Mondbahn, und damit die der Knoten, verschieden dargestellt werden. Der Mond selbst läßt mit seinem körperlich dargestellten Schatten verschieden hoch einstellen. Die beiden Halbkreise am Träger des Telluriums gestatten, die nach Einstellung des oberen Bogens schief liegende Erdbahn durch Einstellung des unteren Bogens wieder wagerecht zu stellen, ohne daß in der Stellung der Körper zueinander, insbesondere der Erde zu ihrer Bahnebene irgend eine Änderung vor sich geht. Der Beobachter wird dadurch gezwungen, in seiner Vorstellung die angeschauten Verhältnisse von seinem eigenen Horizont loszulösen. Die körperliche Darstellung der Erd- und Mondbahn, wie des Erd- und Mondschattens, ermöglicht es, die Erscheinungen bei hellem Tageslichte, wie des Erd- und Mondschattens, ermöglicht es, die Erscheinungen bei hellem Tageslichte, wie ebenso größer und größer Deutlichkeit vorzuführen, als es bei anderen Apparaten nur in den verdunkelten Räume bei voller Beleuchtung geschehen kann. — Beide Apparate zeichnen sich ferner aus durch einfache Konstruktion und leichte Handhabung, durch ihre Zerlegbarkeit, innere Solidität und doch eleganten Bau.

Hoffentlich genügt die kurze Beschreibung, um mit Hilfe der Abbildungen eine klare Vorstellung von den schönen, empfehlenswerten Apparaten zu vermitteln. Präzisionsapparate wollen sie freilich nicht sein. Wünschenswert wäre es, daß die Graduierung des Horizonts nicht vom Südpunkte aus, von dem die Astronomen zwar die Azimute zählen, sondern vom Äquator aus gezählt würde.   *W. Hustedt.*

Ph. Fr. von Siebolds, Letzte Reise nach Japan. 1859—1862. Von seinem ältesten Sohne Alexander Frhr. von Siebold. 8°. IX, 130 S. Berlin 1903. Verlag von Kisak Tamai, Herausgeber der Monatsschrift „Ost-Asien".   2 M.

Den in die Jahre 1823—1830 fallenden Reisen v. Siebolds in Japan, der in holländischen Diensten stand, war bekanntlich eine fast ein Menschenalter während Abgeschlossenheit dieses Landes gefolgt, bis es 1854 den Nordamerikanern gelang, durch Handelsverträge, sich und bald den anderen Nationen das Inselreich zugänglich zu machen. Damit war ein altes Handelsvorrecht der Holländer für alle Zeiten dahin. Auch konnte ein zweiter, 1859 bis 1862 während Aufenthalt v. Siebolds hieran nichts mehr ändern. Dem Andenken an diese Tage ist das vorliegende Buch gewidmet, und zwar vom Sohne, der die Reise als Knabe mitmachte und sie als gereifter Mann sie beschrieben hat, auf Grund persönlicher, später durch eigene Anschauung noch erweiterter Erinnerungen und an der Hand von damals in die Heimat gesandten Briefen. Durch die Schrift geht ein Zug höchster Bewunderung für den Vater, welcher vor und bei seiner letzten Reise oft mit schweren Mißhelligkeiten zu kämpfen hatte, innigster Anteilnahme an den Geschicken Japans und regsten Interesses eines plötzlich in eine völlig fremde Welt versetzten Knaben. Trotz des ausgesprochen persönlichen Charakters, enthält dies Schriftchen doch eine Reihe von Bemerkungen und Beobachtungen, welche um so wertvoller sind, als sie von einem Augenzeugen herrühren und für eine Zeit gemacht sind, in welche die politische und wirtschaftliche Gährung Japans fällt. Gerade der Gegensatz der heutigen Zustände des Inselreiches, das doch bei aller Wahrung der Eigentümlichkeiten des ostasiatischen Volkes völlig europäisiert ist oder wird, zu denen der damaligen Zeit, ist hierbei besonders interessant und läßt uns die Schwierigkeiten verstehen, denen die westliche Kultur dort einst ausgesetzt war. Es bietet daher das Buch einen wertvollen Beitrag für die Entwicklungsgeschichte Japans über den Rahmen persönlicher Erinnerung hinaus.

Ed. Lentz.

Geographische Literatur.

(Die Titel-Aufnahme in diese Spalte ist unabhängig von der Einsendung der Bücher zur Besprechung.)

a) Allgemeines.

Die Erdkunde. Eine Darstellung ihrer Wissensgebiete, ihrer Hilfswissenschaften und der Methode ihres Unterrichts. Herausgeg. von Reabch.- und Gewerbesch.-Prof. Max. Klar. XVII. u. XVIII. Teil. Wien 1903, Franz Deuticke. 10 M.

Fambri, Haupm. Gabr., Das Kartenlesen. 2. Aufl. 100 S., 1 K., 1 Taf. Innsbruck 1903, H. Schwick.

Ploch, Missionsarzt Dr. R., Tropische Krankheiten. Anleitung zu ihrer Verhütung und Behandlung. 236 S. ill. Basel 1903, Missionsbuchhandlung. 4.50 M.

Kaindl, Prof. Dr. Raim. Friedr., Die Volkskunde. Ihre Bedeutung, ihre Ziele und ihre Methode, mit besonderer Berücksichtigung ihres Verhältnisses zu den historischen Wissenschaften. 149 S. (Die Erdkunde XVII.) Wien 1903, Franz Deuticke. 5 M.

Klein, H. J., Jahrbuch der Astronomie und Geophysik. 13. Jahrg. 366 S. Leipzig 1903, Eduard Heinrich Meyer.

Knipping, Erwin, Seetafeln. 60 S., Lex.-8°. Hamburg 1903, G. W. Niemeyer Nachf. 5 M.

Nagl, I. W., Geographische Namenkunde. Methodische Anwendung der namenkundlichen Grundsätze auf das allgemeiner zugängl. topogr. Namenmaterial. 130 S., 18 Abb. (Die Erdkunde XVIII.) Wien 1903, Franz Deuticke. 5 M.

S...wabo, Hauptm. Kurd, Dienst und Kriegführung in den Kolonien und auf überseeischen Expeditionen. 191 S., 25 Abb., 3. Teil. Berlin 1903, E. S. Mittler & Sohn. 4.75 M.

b) Deutschland.

Bürgel, Mart., Ortsverzeichnis von Deutschland, enthaltend genaue Angabe über etwa 80000 Wohnplätze des Deutschen Reiches. 139 S. Berlin 1903, Mart. Bürgel. 7.50 M.

Pelch, Joh., Lichtenberg im Odenwalde in Vergangenheit und Gegenwart. 2. Ausg. 119 S. mit 114 Abb., 6 Pl., 1 K. Darmstadt 1903, Ludwig Saeng. 1.80 M.

Mueller, Oberschlesische Industriekarte der Kreise Tarnowitz, Beuthen, Zabrze, Kattowitz. 1:100000. Kattowitz 1903, G. Siwinna. 1 M.

Schmid, Alois, Bilder aus dem Allgäu. 5 Bdchn. Bähl und Umgebung. 86 S. Kempten 1903, Jos. Köselsche Buchh. 1 M.

Zwock, Dr. Alb., Die Bildung der Triebsandes und der Kurischen und der Frischen Nehrung. 38 S. mit Abb. und K. Königsberg 1903, Hartungsche Verlagsdruckerei.

c) Übriges Europa.

Broch, Olaf, Die Dialekte des südlichsten Serbiens. Mit 1 Dialektkarte. 342 Sp. Wien 1903, Alfred Hölder. 14 M.

Cartes ethnographiques du vilayets Solonique Cossova et Monastir. 339 S., 3 K. in 1:250000. Konstantinopel 1903, Otto Keßl. 12 M.

de Navenne, Entre le Tibre et l'Arno. Paris 1903, Plon-Nourrit & Co. 3 frs. 50 c.

Generalkarte der Länder der ungarischen Krone. 1:1000000. Wien 1903, M. Lechner (Wilh. Möller). 3 M.

Gervays, W., Greater Russia: The continental empire of the old world. London 1903, Wm. Heinemann. 16 sh.

Gruin, K., Macedonien und das türkische Problem. 48 S. Wien 1903, Krstz, Heil & Co.

Gründorf v. Zebegény u. W. Ritter, Orazer Tourist. Wanderungen in die Umgebung von Graz. 2 K., 256 S., 2. Aufl. Graz 1903, Leykam.

Lechner, Dr. Ernst, Das Tal der Maira (Bergell). Wanderbild von Maloja bis Chiavenna. 76 S., Abb. und 1 K. Samaden 1903, Engadin Preß & Co. 1.60 M.

Leyden, J., Journal of a tour in the Highlands and Western Islands of Scotland in 1800. London 1903, Blackwood & Sons. 6 sh.

Mayer, L., Notes sur les sciences anthropologiques en Hollande et en Belgique. Lyon 1903, A. Storck & Co. 7 frs.

Nicolaides, Dr. Cleanthes, Macedonien. Die geschichtliche Entwicklung der mazedonischen Frage im Altertum, im Mittelalter und in der Neueren Zeit. 270 S. Berlin 1903, S. Calvary & Co. 3 M.

Passonen, H., Die sogenannte Karatai-Mordwinen oder Karatajen. 51 S. Leipzig 1902, Otto Harrassowitz. 2 M.

Pelikan, Maj. Gust. Edler v., Reliefkarte des Salzkammergutes. 1:100000. Salzburg 1903, Eduard Höllrigl. 2.30 M.

Poucker, Dr. Karl, Karte von Makedonien, Altserbien und Albanien. 1:864000. Wien 1903, Artaria & Co. 1.50 M.

Peucker, Dr. Karl, Kleines Ortslexikon von Österreich-Ungarn. 1. Teil: Österreich nach der Zählung vom 31. Dezember 1900. Mit Angabe der Meereshöhen. 3. Aufl. 60 S. Wien 1903, Artaria & Co. 90 M.

Popescu, Handelshochsch.-Prof. Ştef. G., Wirtschaftsgeographische Studien aus Großbritannien. 178 S. Leipzig 1903, Hugo Lorenz.

Radó, Dr. S., Das Deutschtum in Ungarn. 95 S. Berlin 1903, Puttkammer & Mühlbrecht. 1.50 M.

Scherrer, C., und Habenlicht, H., Karte der Alpenländer in 2 Blättern. 1:925000 aus Stielers Hand-Atlas. Sonderausg. aufgez. in Buchform mit Namenverzeichnis (56 S.). Gotha 1903, Justus Perthes. 3 M.

Stradner, Jos., Neue Skizzen von der Adria. II. Istrien. 208 S. Graz 1903, Leykam. 1.30 M.

d) Asien.

Bordeaux, A., Sibérie et Californie. Notes de voyage et de séjour. 16°. Paris 1903, Plon-Nourrit & Co. 4 frs.

Deschamps, E., La Palestine dans les districts de Saïd et de Jaffa, huit jours à Jérusalem. Paris 1903, Maisonneuve. 3 frs.

Edwards, E. H., Fire and sword in Shansi. Edinburgh 1903, Oliphant, Anderson & Ferrier.

Hilprecht, H. V., Explorations in Bible Lands during the 19th century. 8°. Edinburgh 1903, T. & P. Clark. 12 sh. 6 d.

Merawiglia, Olga, Reiseerinnerungen aus Indien 1902. 296 S. Ill. Graz 1903, Leykam.

Pernot, H., En pays turc. L'île de Chio. Paris 1903, J. Maisonneuve. 7 frs. 50 c.

Piton, Ch., La Chine. Sa religion, ses moeurs, ses missions. 10°. Paris 1903, Libr. Fischbacher. 3 frs.

Scher, Carl, In der Welt des Halbmondes. Reisen und Studien in Persien, Armenien, Kurdistan, Mesopotamien und Ägypten. Mit einem Vorwort von Dr. Joh. Lepsius. 213 S. Ill. Einshorn 1903, Gebr. Bramstedt. 5 M.

Taylor, N., Ibex shooting on the Himalayas. 8°. London 1903, S. Low & Co. 6 sh.

e) Afrika.

Adams, Miss. P., Lindi und sein Hinterland. 71 S. mit Abb. und 1 K. Berlin 1903, Dietrich Reimer. 1.50 M.

Engler, Über die Frühlingsflora des Tafelberges bei Kapstadt nebst Bemerkungen über die Flora Südafrikas. 58 S. mit 20 Abb. Leipzig 1903, Wilh. Engelmann. 1.80 M.

Lenz, Haupten. a. D. A., Dar-es-Salaam. Bilder aus dem Kolonialleben. 316 S., ill. Berlin 1903, Wilh. Süsserott. 6 M.

Pauche, Mariette, Voyage dans la Haute-Egypte. 3e Edition. 306 S., 83 T. Paris 1903, H. Welter. 10 frs.

f) Amerika.

Anderson, T. and **Flett**, I. S., Report on the eruption of the Soufrière, in St. Vincent, in 1902 and on a visit to Montagne Pélée, in Martinique. Part 1, London 1903, Dulau & Co. 3 sh.

Bordeaux, A., Sibérie et Californie. Notes de voyage et de séjour. 10°. Paris 1903, Plon-Nourrit & Co. 4 frs.

Kuczynski, Dr. R., Die Zuwanderungspolitik und die Bevölkerungsfrage der Vereinigten Staaten von Amerika. (Volkswirtsch. Zeitfragen, 194. Heft.) 35 S. Berlin 1903, Leonhard Simin. 1 M.

Otto, Eduard, Pflanzer- und Jägerleben auf Sumatra. 185 S., ill. Berlin 1903, Wilh. Süsserott. 5 M.

Sebbel, Alphons, Über die genetische Verschiedenheit vulkanischer Berge. Eine Studie zur wissenschaftl. Beurteilung der Ausbrüche an den kl. Antillen 1902. 85 S. mit 54 Textbild. Leipzig 1903, Max Weg.

Gregors, J., Reisebibliothek. Illustrierte Bilder aus Südamerika. 2. u. 3. Heft. 65 S. München 1902, J. Greger. 1.50 M.

g) Schulgeographie.

Atlas für Schweizer Schulen. Bruchsal 1903, Oskar Katz. 80 Pf.

Debes, E., Schulatlas für die unteren und mittleren Unterrichtsstufen. Ausgabe für weitergehende Bedürfnisse in 60 Karten. Neu bearbeitet in Verbindung m. Realsch.-Dir. Dr. Frz. Weineck. Gr.-4°. Leipzig 1903, H. Wagner & E. Debes. 3.30 M.

Egli, Dr. O. J., Kleine Erdkunde für schweizerische Mittelschulen. Vollständig neu bearbeitet von Dr. Edw. Zollinger. 15. Aufl., 180 S., ill. St. Gallen, Fehrsche Buchhandlung. 1.40 M.

Felgner, Oberl. Robert, Heimatkunde als Mittelpunkt des geographischen Unterrichts im 3. Schuljahr. Mit 4 Pl., 9 Wandtafelskizzen. 124 S. Dresden 1903, Alwin Huhle, 2.40 M.

Franke, Herm., Übungen und Aufgaben zur mathematischen Erd- und Himmelskunde. 27 S. Altenburg 1903, Schnuphase. 3 M.

Gaeblers Volkschulatlas für die preuß. Provinz Schlesien. 20 K. Breslau 1903, Priebatschs Buchh. 40 Pf.

Geistbeck, Dr. A. u. **Engleder**, Fr., Geographische Typenbilder. Tafel 5. Nizza, Typus der provenç. Steilküste. Dresden 1903, A. Müller-Fröbelhaus. 5 M.

Grohmann, Schuldir. Max, Das Obererzgebirge und seine Städte. Heimatkundliche Geschichtsbilder für Haus und Schule. Gr.-8°. Annaberg 1903, Graserische Buchhandlung. 8 M.

Hannak, Eman. und Umlaufft, Fr., Historischer Schulatlas in 30 Karten. I. Zur Geschichte des Altertums des Mittelalters und der Neuzeit für Gymnasien, Realschulen und diesen verwandte Anstalten. II. Das Mittelalter und die Neuzeit. 6. Aufl. 18 K. 3 S. Wien 1902, Alfred Hölder.

Kleine Geographie für Volks- u. Bürgerschulen, herausg. von Hess. Volkschullehrervereins. III. Himmels- und Erdkunde. Europa, Asien, Afrika, Amerika, Australien. 7. Aufl. 50 S. Cassel 1902, Rudolf Röttger. 30 Pf.

Kahnert, M., Schul-Wandkarte vom Bez. Borna. 1 : 125000. Dresden 1903, A. Müller-Fröbelhaus. 30 M.

Kuhnert und Uhlmann, H., Handkarte des Bez. Borna. 1 : 125000. Dresden 1903, A. Müller-Fröbelhaus. 30 Pf.

Schwarz, Dr. Sebald, Unsere Schülerreisen. Progr. 24 S. 6 T. Altona 1903, J. Harder. 1.50 M.

Seiler, Oberl., Heimatkunde. Der Stadtkreis Gleiwitz und der Kreis Tost-Gleiwitz. 43 S. Gleiwitz 1903, B. Mittmann.

Supan, Prof. Dr. A., Deutsche Schulgeographie. 6. Aufl. 240 S. Gotha 1903, Justus Perthes. 1.60 M.

Umlaufft, Friedr., Lehrbuch der Geographie für die unteren und mittleren Klassen österreichischer Gymnasien u. Realschulen. 2. Buch: Länderkunde. Im Anhang: Mathematische Geographie (Ausg. f. Realschulen. 196 S. Wien 1902, Alfred Hölder. 2.10 M.

Warn, Prof. Dr., Zonenbilder, gezeichnet von Hugo d'Alesi (Aquarelle i. Form. 104 : 75): Die Polarzone — Grönland, Die kalte Zone — Rußland, Die gemäßigte Zone — Italien; Die heiße Zone — Ägypten, Die Tropenzone — Der Kongo. Berlin 1903, O. Winkelmann. 16.50 M.

h) Zeitschriften.

Deutsche Rundschau für Geographie und Statistik. Herausg.: Prof. Dr. Fr. Umlauft; Verlag: A. Hartleben, Wien. 25. Jahrg. 1903.
Heft 7. Neuber, Die systematische Geographie. — Karstedt, Ein Streifzug durch Savolaks und Karelien. — Wegner, Der Schreckenstein. — Orlowsky, Ein mächtiges Gebiet, welches durch Irrigation kultiviert werden soll (Chiwa).
Heft 8. Soštarić, Durch Albanien und Makedonien. — Fehlinger, Die Igorroten von Nord-Luzon. — Nishimura, Der Ausbruch des Torishima in Japan. — Hübner, Forschungsreisen am Rio Branco. — Krebs, Asiens Gebirgsbau.

Geographische Zeitschrift. Herausg.: Prof. Dr. Alfred Hettner; Verlag: B. G. Teubner, Leipzig. 9. Jahrg. 1903.
Heft 3. Hettner, Grundbegriffe und Grundsätze der physischen Geographie (Forts.). — Maurer, Deutsch-Ostafrika (Forts.). — Philippson, Neuere Forschungen in den westlichen Balkanhalbinsel. — Stange, Die Regelung des argentinisch-chilenischen Grenzstreites. — Hantzsch, Die Kartensammlung der Königl. Bibliothek zu Dresden. — Früh, Zur Bestimmung der Oberflächenentwicklung.
Heft 4. Wegener, Die Bedeutung der Kolonie Klautschou. — Hettner, Grundbegriffe und Grundsätze der physischen Geographie (Schluß). — Maurer, Deutsch-Ostafrika. — Früh, Das Karrenproblem.

Globus, illustrierte Zeitschrift für Länder und Völkerkunde. Herausg.: Richard Andree; Verlag: Vieweg & Sohn, Braunschweig. Bd. 83.
Nr. 13. Singer, Die deutsche Afrikaforschung. — Hauthal, Die Entscheidung im chilenisch-argentinischen Grenzstreit. — Rütimeyer, Die Nilgalaweddas in Ceylon I. — Weitere Entdeckungen zur Vorgeschichte Ceylons. — Förster, Vom Nyassa zum Victoria-Nyansa.
Nr. 14. Struck, Die dänischen Seen I. — Die New-Yorker Juden. — Rütimeyer, Die Nilgalaweddas in Ceylon II. — Krebs, Studien an der neuen Monatskarte für den Nordatlantischen Ozean. — Singer, Zur Festlegung der deutschen Kamerun. — Oppert, Über einen der Begräbnisplätze der Asche Buddhas.
Nr. 15. Wolkenhauer, Dr. Karl v. Scherzer †. — Thomé, Die Götzen am Klimandscharo. — Tetzner, Seelen- und Erdmanenglauben bei Deutschen, Slawen und Balten. — Struck, Die macedonischen Seen II.
Nr. 16. Andree, Asiatisch-amerikanische Folklore-Beziehungen an der Beringstraße. — Tschuloh, Einige Ergebnisse der Murmanexpedition. — Sapper, Eine Reise über den Isthmus von Panama. — Preuß, Die Sonne in der mexikanischen Religion I. — Die Briten in Nigeria.
Nr. 17. Rütimeyer, Die Nilgalaweddas in Ceylon III. (Schluß). — Die ersten Erfolge der englischen Südpolarexpedition. — Arktisches Museum in Stockholm. — Preuß, Die Sonne in der mexikanischen Religion II. (Schluß). — Lehmann-Filhés, Isländische Futterkräuter.
Nr. 18. P. und F. Sarasin, Über die Todla von Süd-Celebes. — Förstemann, Zusammenhang zweier Inschriften von Palenque. — v. Schkopp, Zwergvölker in Kamerun. — Schmidt, Hermann Klaatschs Theorie über die Stammesgeschichte der Menschen. — Halbfaß, Zwei Seen in der Moränenlandschaft des Bodensees.

La Géographie. Bulletin de la Société de Géographie. Herausg.: Hulot et Rabot; Verlag: Masson et Cie., Paris. VII. 1903.
Nr. 4. Flahault, L'économie agricole en Portugal. — Gallieni, Diego Suarez. La route de la Montagne d'Ambre. — Esibarn, Le bassin houiller de la Campine.

Petermanns Mitteilungen. Herausg.: Prof. Dr. A. Supan; Verlag: Justus Perthes, Gotha. 49. Bd. 1903.
Heft 4 (April). Heß, Der Talerog. — Oelnitz, Die geographischen Veränderungen des südwestlichen Ostseegebietes seit der quartären Abschmelzperiode (Schluß). — Seifi, Ethnographische Beiträge über die Karolineninsel Yap. — Der geographische Unterricht an den höheren Hochschulen im Sommersemester 1903. — Philippson, Einbildung auf der Bucht von Salonik im letzten Winter (mit Karte). — Geographischer Monatsbericht — Literaturbericht. — Zwei Karten.

Revue de Géographie. Herausg.: Ch. Delagrave. XXVII. Jahrg. 1903.
April. La question indigène en Algérie. — R. D., Les côtes du Maroc au point de vue de la marine de guerre. — Rouire, L'Éthiopie, l'Angleterre et l'Italie. — Ibos, L'Indo-Chine française (fin). — Deschamps, Archipels d'Amérique et d'Asie. — Bernard, L'Afrique du Nord.
Mai. Politique coloniale et politique continentale. — Lyautey, Madagascar: pacification et colonisation-politique indigène. — Pène-Siefert, La Russie en Chine. — Maître, North Eastern Rhodesia, Lobemba et Lobisa. — Brisse, Le Réseau mondial de câbles sous marins. — A., Les territoires de protectorat allemands. — Mury, Le Congrès colonial de 1903.

Rivista Geografica Italiana e Bollettino della Società di Studi Geografici e Coloniali in Firenze. IX, Fasc. X. 1903.
I. u. II. Bertelli, La leggenda di Flavio Gioia inventore della Bussola. — Mori, Origini e progressi della Cartografia ufficiale negli Stati moderni. — Bertolini, Ancora della linea delle sorgive in relazione alle lagune al territorio veneto. — Crocioni, Termini geografici dialettali di Velletri e dintorni. — Melzi, Osservazioni

del Tromonstri fotografici al Collegio della Querce. —
Alfani, Osservatorio Ximeniano di Firenze.
III. Bertelli, La leggenda di Flavio Gioia inventore
della Bussola (Cont. e fine). — De Magistris, Le torbide
del Tevere e il valore medio annuo della denudazione nel
bacino tiberino a Monte di Roma. — Mori, Origini e
progressi della Cartografia officiale negli Stati moderni
(Cont.).

IV. Malfatti, Sulla necessità di una geografia dell'
Italia medievale. — De Magistris, Le torbide del Tevere
e il valore medio annuo della denudazione nel bacino tiberino
a monte di Roma (Cont.). — Marinelli, I resultati scientifici
della spedizione polare del Duca degli Abruzzi. — Dainelli,
Le osservazioni fisiche in Toscana di Pier Antonio Micheli. —
Biasutti, Problemi vecchi e idee nuove; le origini degli
Arii. — Bellio e Riccchieri, La geografia nella scuola
di magistero all'Università.

Semiwjedenije. Periodische Ausgabe der Geographischen
Abteilung der Gesellschaft der Freunde der Naturwissen-
schaft, Anthropologie und Ethnographie. Herausg.:
Prof. D. N. Anutschin; in russ. Sprache. 10. Jahrg., 1903.
Heft 1. Bielski, Einige Seen im Wolynischen Gou-
vernement. — Sjeroschewski, Die Jakutischen Ufer des
Eismeeres. — Muschketow und Konradi, Bemerkungen
über den Nordabfall des Schachdag. — K. G.-u., Die
Kaisergräber bei Mukden. — Jwtschenko, Windwirkungen
in der Umgebung der Jeskaja Saschtschtra. — Anutschin,
Erdbeben und Vulkanausbrüche der letzten Zeit. — Die
Abteilung der Geographielehrer in der Pädagogischen Ge-
sellschaft 1902.

The Geographical Journal. Vol. XXI. 1903.
Nr. 4 (April). Buckley, Colonisation and irrigation
in the East Africa Protectorate. — Smith, Geographical
Distribution of Vegetation in Yorkshire. — Hamilton,
From Quito to the Amazon via the River Napo. — Dick-
son, The Hydrography of the Faeroe-Shetland Channel. —
The Volcanic Eruption on Tarishima. — The British Antarctic
Expedition; Return of the „Morning". — Additional Remarks
on New Discoveries in the Text of Carpini.

Nr. 5 (Mai). Norman Collie, Further Exploration
in the Canadian Rocky Mountains. — Coleman, The
Brenva Ice-Field. — Nordenskiöld, Travels on the
Boundaries of Bolivia. — Milli, Antarctica. — Peucker,
The Lakes of the Balkan Peninsula.

The National Geographic Magazine. Vol. XIV.
Nr. 3. Foster, The Canadian Boundary. — Westdahl,
Mountains of Unimark Island, Alaska. — Emerson, Opening
of the Alaskan Territory. — The Forests of Canada. —
Work in the far south. — The development of Cuba. —
Theories of Volcanic action.

Nr. 4. Grosvenor, Reindeer in Alaska. — Raleigh
Rook. — Thompson, Hesequenthe Yucatan fiber. — The
eruption of the Soufrière of St. Vincent. — Explorations
among the Wrangell Mountains Alaska. — Scottish Antarctic
Expedition. — The survey of the Grand Canyon. — Geography in the University of Chicago. — The ascent of
Mount Everest. — Irrigation plans in five states.

The Scottish Geographical Magazine. XIX, 1903.
März. Sven Hedin, Three Years Exploration in
Central Asia 1899—1902. — Oedder, A Naturalists Society
and its Work (Concl.). — Steel, Peking under the British
Flag. — April. Bruce, The Scotia's Voyage to the Falkland
Islands. — Hames, A visit to the Island of Sakhalin. —
The Tanganyika Problem.
Mai. Cadell, The Development of the Nile Valley,
Past and Future. — The British Antarctic Expedition. —
The New Zoogeography. — Proceedings of the Royal
Scottish Geographical Society.

Vierteljahrshefte für den geographischen Unterricht.
Herausg.: Fr. Heiderich; Verlag: Ed. Hölzel, Wien.
I. Jahrg.
Heft 1. Schomers, Ein geographischer Ausflug nach
Thüringen. — Krebs, Wanderungen aus Istrien; Zur
Tschächenbodden. — Kleine Mitteilungen. — Geographische
Rundschau. — Besprechungen.

Wandern und Reisen. Illustrierte Zeitschrift für Touristik,
Landes- und Volkskunde, Kunst und Sport. L. Schwann,
Düsseldorf. I. Jahrg. 1903.
Heft 2. Biendl, Was Tiroler Burgen erzählen. —
Dessauer, Um und auf dem Ölperaz. — Reuk, Im
Ossabwald. — Raudner, Ein Tiroler Bergdorf. — Eine
Gedenkstätte für Albrecht von Kraft. — Ubde-Bernays,
Lechthaler Trachten vor 100 Jahren. — Mel Imacht. —
v. Kiebelsberg, Von Sexten im Ampezzotal. — Arnhard,
La Caserin. — Tirol auf der Weltausstellung in Saint
Louis 1904.

Heft 5. Schmidt, In den Hochvogesen. — Vortisch,
Ludwig Richter, ein bistorischer Imperativ des Wanderns. — Löscher, Die deutschen Studenten- und Schüler-
herbergen. — v. Hesse-Wartegg, Die Tempelstädte des
südlichen Indiens. — Schell, Zons am Niederrhein. —
Ebenspanger, Der Auswärt. — Der Frühling.

Heft 6. Diez, Petersburger Eindrücke. — Friedmann,
Die Schule ist aus! Straßenbild aus Oran. — Fritz, In
der Hauptstadt des Spreewaldes. — Blödig, Pflegezeiten im
Hochschwabgebiete. — Thalenhorst, Vor Oerna. —
Schröder, Zwischen Ruhr und Lenne. — Cäppers,
Reissenberger, Vom Ursprunge
der Weichsel.

Zeitschrift der Gesellschaft für Erdkunde zu Berlin.
1903.
Nr. 3. H. Steffen, Reisenotizen aus Westpatagonien. —
G. Wegener, Die vulkanischen Ausbrüche auf Savaii. —
Woelkoff, Die Warmwasser vor den Straßen von Gibraltar
und Bab-el-Mandeb.

Verlag von Justus Perthes in Gotha.

Soeben erschien:

Geographen-Kalender
Erster Jahrgang 1903/1904
in Verbindung mit

Dr. Wilh. Blankenburg, Professor Paul Langhans, Professor Paul Lehmann und Hugo Wichmann

herausgegeben von

Dr. Hermann Haack.

Mit dem Bildnis von Ferdinand v. Richthofen in Stahlstich und 16 Karten in Farbendruck.
Preis gebunden 3 Mark.

Der Geographen-Kalender ist des lebhaftesten Interesses der gesamten geographischen Fachwelt sicher! Er spiegelt als zuverlässige Chronik das gesamte geographische Leben des verflossenen Jahres in Wort und Karte wieder, berichtet über die Werke, die es brachte, über die wechselnden Werte im Leben der Staaten und Völker, wie sie die Statistik veranschaulicht, vor allem aber schlingt er ein einigendes Band um den großen Stab schaffender Geographen, indem er durch Mitteilung von über 5000 genauen Adressen die persönliche Annäherung des Einzelnen ermöglicht. Unter diesen Adressaten seien genannt: Vertreter der Erdkunde an sämtlichen Universitäten der Erde, geographische Forschungsreisende, Schulgeographen, Astronomen, Geodäten, Topographen, Militärgeographen, Kartographen, Geologen, Paläontologen, Seismologen, Ozeanographen, Limnologen, Hydrographen, Meteorologen, Klimatologen, Pflanzengeographen, Tiergeographen, Anthropologen, Ethnologen, Vertreter der Deutschkunde, Wirtschaftsgeographen, Handelsgeographen, Statistiker, Kolonial-Geographen und -Politiker, Reiseschriftsteller u. s. w.

Jedem einzelnen dieser Adressaten ist die Korrektur der auf ihn bezüglichen Angaben vorgelegt worden, und so ist kein Zweifel, daß das Werk schon in seinem ersten Jahrgange das wird, was dem Herausgeber vorschwebt: eine nie versagende Auskunftei auf dem Tische eines jeden Geographen.

Ferner erschien:

Kartogramm zur Reichstagswahl.
„Nicht die Fläche — die Einwohnerzahl entscheidet!"

Zwei Wahlkarten des Deutschen Reiches
in alter und neuer Darstellung
mit politisch-statistischen Begleitworten und kartographischen Erläuterungen

von

Dr. H. Haack und H. Wiechel.

Preis 1 Mark.

Das neue Kartogramm zur Reichstagswahl stellt zum erstenmale die Wahlkreise unter möglichster Wahrung ihrer Gestalt und geographischen Lage in der Größe dar, die ihnen nach ihrer Einwohnerzahl zukommt. Während die bisherigen Wahlkarten die nach Millionen zählenden Menschenmassen der Großstädte zu winzigen Punkten zusammendrängten und einen menschenleeren hinterpommerschen Wahlkreis in zwanzigfacher Größe zur Darstellung brachten, erscheint auf dem Kartogramm der Wahlkreis als der größte, der die meisten Wähler in sich vereinigt. Das Kartenbild der alten Darstellung beherrschten die Farben der Parteien, welche die dünnbevölkerten, aber ausgedehnten Kreise vertraten; bei der neuen Darstellung widerfährt jeder Partei Gerechtigkeit.

Eine umfangreiche Tabelle gibt die Ergebnisse der letzten Wahlen für alle Parteien und alle Wahlkreise des Reiches, verzeichnet ihre Einwohnerzahl nach der neuesten Zählung und läßt Raum zur Einzeichnung der Ergebnisse der bevorstehenden Wahl.

Während der aktuell-politische Teil gerade in diesen Wochen jedem Wähler erwünschte Aufklärung, jeder Partei willkommenen Agitationsstoff liefern wird, heben die kartographisch-wissenschaftlichen Ausführungen Wiechels die Arbeit über das Interesse des Tages hinaus; sie eröffnen jedem Gelehrten, der statistische Daten seines Faches zu graphischer Darstellung bringen will, einen neuen gangbaren Weg und gewinnen dadurch fast internationale Bedeutung.

Geographischer Anzeiger

herausgegeben von

Dr. Hermann Haack   und   Oberlehrer Heinrich Fischer
Gotha, Friedrichsaallee 3.   Berlin SW. 47, Belle-Alliancestr. 69.

| Vierter Jahrgang. | Diese Zeitschrift wird sämtlichen höhern Schulen (Gymnasien, Realgymnasien, Oberrealschulen, Progymnasien, Realschulen, Handelsschulen, Seminarien und höhern Mädchenschulen) kostenfrei zugesandt. — Durch den Buchhandel oder die Post bezogen beträgt der Preis für den Jahrgang 2.60 Mk. — Aufsätze werden mit 4 Mk., kleinere Mitteilungen und Besprechungen mit 6 Mk. für die Seite vergütet. — Anzeigen: Die durchlaufende Petitzeile (oder deren Raum) 1 Mk., die dreigespaltene Petitzeile (oder deren Raum) 40 Pfg. | Juni 1903. |

Der XIV. Deutsche Geographentag in Cöln.
Von Dr. H. Haack.

Pfingsten, das liebliche Fest der Maien, oder das Kongreßfest, wie man es der Zeit entsprechender nennen könnte, hat die herben Ostern dauernd aus der Gunst der Geographen verdrängt. Dies Jahr zum zweitenmale sammelte es die „Erdkundigen" zu eifriger Arbeit und voll großer Erwartungen eilten sie von allen Seiten der Stadt mit dem hehren Wahrzeichen deutscher Kunst und deutscher Ausdauer zu. Neben der reichen Tagesordnung, die der strengen Wissenschaft gerecht wurde, lockte die Römerin Colonia Agrippinensis, der alte deutsche Rhein, das weinfrohe Rheinland, stellte das rheinische Industriezentrum den Wirtschaftsgeographen, und der Grund und Boden mit seiner dramatisch bewegten Vergangenheit den „Geographen mit geologischen Interessen" hohe Genüsse in Aussicht. Keiner, weder der Wissenschaftler noch der festesfrohe „Teilnehmer" ist in seinen Erwartungen getäuscht worden.

Das Vorspiel der Tagung bildete der Begrüßungsabend im mächtigen Festhaus der Stadt Cöln, dem Gürzenich, wo sich auch Geschäftsstelle und Sitzungssaal befanden. Die Begrüßung selbst machte gerade keinen besonders hoffnungsvollen Eindruck (ein Omen, das sich glücklicherweise nicht bewahrheitete), erst spät füllte sich der geräumige Börsensaal, um sich bald wieder zu leeren. Man machte sich auf, um an anderer Stätte zu inoffizieller Begrüßung die Zelte aufzuschlagen.

Am 2. Juni eröffnete der Geographentag im großen Saale des Gürzenich seine Sitzungen. Nach der herzlichen Begrüßung durch Professor K. Hassert, zeigten die Ansprachen des Oberpräsidenten der Rheinprovinz, Exzellenz Nasse, des Landeshauptmanns der Rheinprovinz, Dr. Renvers und des Beigeordneten Laué, der die Stadt Cöln an Stelle des verhinderten Oberbürgermeisters vertrat, daß sich der Deutsche Geographentag auch nach oben hin nach wie vor hohen Ansehens erfreut. Ein gutes Prognostikon für die Verhandlungen, ein ergreifender Augenblick für die Versammelten war es, als der greise Gelehrte, Exzellenz v. Neumayer, die Freudenbotschaft, die schon am Begrüßungsabend die Luft durchschwirrte, der man vor Freude keinen Glauben zu schenken wagte, bestätigte: Der Gauß ist heil zurückgekommen. — Die Nachricht schaffte dem ersten Redner, Dr. K. Luyken, aufnahmefähige Herzen für seinen ergreifenden Bericht über den Aufenthalt auf der Kerguelen-Insel, in deren Schoß er seinen unglücklichen, bis zum Tode pflichtgetreuen Gefährten Enzensperger zurücklassen mußte. Sappers Thema über „die vulkanischen Ereignisse in Mittelamerika und auf den Antillen" war von vornherein der Fachmänner und Laien regen Interesses sicher. Es wurde noch erhöht dadurch, daß er die sozialen und wirtschaftlichen Folgen der Ereignisse einer eingehenden Erörterung unterzog.

Dr. Max Friederichsen schöpfte in seinen „Beiträgen zur Morphologie des zentralen Tién-schan" aus den reichen persön-

lichen Erfahrungen seiner Tién-schan-Reise, auf der er sich als Begleiter Saposchnikows die geographischen Sporen verdiente.

Die zweite Sitzung eröffnete Prof. Gerlands Vortrag über die „Erdbebenforschung und das Deutsche Reich". Nach einem Bericht über die geschichtliche Entwicklung dieser Disziplin im Deutschen Reiche umriß er die weiten und großen Aufgaben, die eine internationale Staatenassoziation für Seismologie zu lösen hätte. Die Gründung einer solchen Vereinigung wird eines der ersten Ziele der zweiten internationalen seismischen Konferenz sein, die auf Anregung unseres Auswärtigen Amtes vom 24.—28. Juli in Straßburg tagen soll.

Den Beratungsgegenstand für die weiteren Verhandlungen der zweiten Sitzung bildete die Meereskunde. Als erster Redner begründete Prof. Ad. Schmidt-Potsdam zum weiteren Ausbau der Forschung seinen Vorschlag, direkte Messungen der Meeresströmungen in einer gewissen Tiefe, etwa von 500 m ab, vorzunehmen. Dr. G. Schott faßte seine Ausführungen über „die Stromversetzungen auf dem internationalen Dampferwegen zwischen dem Englischen Kanal und New-York in die folgenden 8 Thesen zusammen: 1. Die Größe der Versetzungen von Dampfern steht im umgekehrten Verhältnis zur Schiffsgröße, scheint dagegen kaum von der Schnelligkeit und Maschinenkraft von Schiffen abzuhängen. 2. Ausnahmsweise große Versetzungen, die meist durch besondere Naturereignisse, schwere Stürme, gewaltige Strömungen und dergl. hervorgerufen werden, kommen bei Schiffen jeder Größe fast im gleichen Maße vor. 3. Alle Schiffe werden am häufigsten nach Lee oder nach dem Quadranten rechts von Lee versetzt. 4. Die Versetzungen im Sinne der herrschenden Stromrichtung pflegen die größten zu sein. 5. Die Versetzungen sind im Durchschnitt auf der westlichen Hälfte der Dampferwege wesentlich größer als auf der östlichen; die Grenze der schwachen und starken Versetzungen liegt im Mittel bei 40° w. L. für die südlichen, bei 30° w. L. für die nördlichen Wege. 6. Auf der östlichen Hälfte beider Wege sind die Versetzungen nach allen Kompaßrichtungen ziemlich gleichmäßig verteilt. 7. Auf der westlichen Hälfte der südlichen Wege überwiegen überall Versetzungen nach Norden und Osten. 8. Auf der westlichen Hälfte der nördlichen Wege wechseln von 30° w. L. bis Land die vorwiegenden Versetzungen zweimal.

Von den beiden noch auf der Tagesordnung stehenden Vorträgen Prof. v. Halle's: „Das Meer in wirtschaftsgeographischer Hinsicht" und des Privatdozenten K. Wiedenfeld: „Die Seehäfen der Rheinmündungen und ihr Hinterland" fiel der erste wegen Verhinderung des Redners aus, der zweite mußte der vorgerückten Zeit halber verschoben werden.

Der Gegenstand der dritten Sitzung, welche am Mittwoch um 9 Uhr begann, bildete die Wirtschaftsgeographie, ein mit Rücksicht auf die neu gegründete Cölner Handelshochschule für diese Tagung besonders bedeutsames Thema.

Wie eine jede in den Anfängen ihrer Entwicklung stehende Wissenschaft ringt auch die Wirtschaftsgeographie um eine eigene

Geogr. Anzeiger, Juni.   11

Forschungsmethode und ein scharfumgrenztes Arbeitsgebiet, wobei es sich in erster Linie um eine Auseinandersetzung mit den Geographen und Anthropogeographen handelt. Die drei ersten Vorträge der Sitzung standen unter dem Einfluß dieses Ringens. Prof. Sieger wies in seinem Vortrag: „Forschungsmethoden in der Wirtschaftsgeographie" die Wege, welche von bloßer wirtschaftsgeographischer Darstellung zu einer eigenen wirtschaftsgeographischen Forschungstätigkeit führen. Dr. A. Kraus gab in seiner „Geschichte der Handels- und Wirtschaftsgeographie" eine historische Begründung der Ausführungen seines Vorredners und Dr. E. Friedrich endlich hob als „Kartographische Aufgaben der Wirtschaftsgeographie" unter vielen anderen die folgenden hervor: 1. die einzelnen Objekte der Wirtschaft darzustellen nach Menge und nach Qualität, 2. eine zusammenfassende Darstellung einzelner Erdräume zu geben, die alle in denselben vorhandenen Produkte gleichzeitig zur Darstellung bringt und die aus 1. sich ergebenden Einzelkarten in eine Gesamtkarte verarbeitet, eine Aufgabe, der große technische Schwierigkeiten entgegenstehen, und endlich 3. die Wirtschaftsstufen darzustellen, wie sie sich nach ihrer zeitlichen Entwicklung und ihrer Höhe über die Erdoberfläche verteilen. Mit der Fixierung dieser Stufen in: Stufe der tierischen Wirtschaft, der instinktiven Wirtschaft, der Tradition und der Wissenschaft entfernte sich der Redner von der eigentlichen Aufgabe der Wirtschaftskartographie. An die drei ersten Vorträge schloß sich eine lebhafte Erörterung.

Im weiteren Verlauf der Sitzung schilderte Dr. Deckert an der Hand wohlgelungener Lichtbilder den Einfluß, welchen die Ströme auf das Wirtschaftsleben der Vereinigten Staaten Nordamerikas ausübten und Dr. Wegener berichtete auf Grund eigener Anschauungen über den Panamakanal. Die noch auf der Tagesordnung vermerkten Redner Halbfaß und Wickert mußten zu Gunsten des Nachzüglers vom vorhergehenden Tage, Dr. Wiedenfeld, zurücktreten, dessen Thema: „Die Seehäfen der Rheinmündungen und ihr Hinterland" sich in den Rahmen der wirtschaftsgeographischen Verhandlungen sehr gut einfügte und dank seiner großen wirtschaftlichen Bedeutung trotz der vorgerückten Zeit reges Interesse erweckte.

Im Laufe der dritten Sitzung wurde an den Leiter der deutschen Südpol-Expedition, Drygalski folgendes Telegramm geschickt: „Der in Cöln versammelte Deutsche Geographentag, hocherfreut über die glückliche Rückkehr der Expedition aus hohem Süden, sendet herzlichste Glückwünsche zu diesem Erfolg".

Die vierte Sitzung am Mittwoch Nachmittag war der Schulgeographie vorbehalten, und da sie in allen Berichten am stiefmütterlichsten behandelt zu werden pflegt, so soll ihr in dieser Zeitschrift ein weiterer Raum gewidmet werden. Den Vorsitz führte Prof. Kirchhoff und als erstem Redner fiel Direktor Auler, dem Vorsitzenden der ständigen Kommission für erdkundlichen Schulunterricht, die schwierige Aufgabe zu, Bericht über die Tätigkeit der Kommission und die jetzige Lage des erdkundlichen Unterrichts an den höheren Schulen Deutschlands zu erstatten. Schwierig war die Aufgabe insofern, als wohl jeder der Anwesenden der stillen Überzeugung war, daß die in Breslau unter Wagners tätiger Mitwirkung mit großen Hoffnungen ins Leben gerufene Kommission während der Berichtszeit überhaupt nicht in Tätigkeit getreten sei und damit die Zweckmäßigkeit der ganzen Einrichtung in Frage gestellt erscheine. Auler führte zunächst aus, daß zu einem Einschreiten der Kommission innerhalb der verflossenen zwei Jahre kein besonderer Anlaß vorgelegen habe, ein Argument, welches in weiteren Kreisen kaum Unterstützung finden wird. Um Kleinigkeiten sich zu kümmern gezieme aber einer von der Autorität des deutschen Geographentages getragenen Institution nicht. Auch dieser Ansicht kann ich mich nicht anschließen, es kommt dabei nur auf das

Wie des Einschreitens an; gerade bei Kleinigkeiten — was als eine solche zu betrachten ist, wird oft strittig sein — ist äußerste Wachsamkeit geboten, denn gerade der geschickte Gegner wird durch sie sich allmählich eine Position zu schaffen suchen.

Ebenso verkehrt aber würde es sein, den nicht wegzuleugnenden Mißerfolg der Kommission dem Vorsitzenden allein zur Last zu legen. Mit vollem Rechte wies Auler darauf hin, daß eine Organisation von 18 Mitgliedern, deren Wohnsitze über das ganze Deutsche Reich zerstreut liegen, ein viel zu schwerfälliges Instrument sei, als daß man damit schnell und geschickt operieren könne. Die Absicht, welche zu einem solchen Umfang der Kommission geführt hatte, war ja, wie Prof. Wolkenhauer betonte, eine durchaus löbliche gewesen. Man wollte, wie es im fünften der für die Gründung der Kommission maßgebenden Leitsätze hieß, dahin streben, „daß jede größere deutsche Landschaft mindestens durch ein Mitglied in der Kommission vertreten sei." Die Erfahrung hat nunmehr gelehrt, daß mit diesem Grundsatze nicht durchzukommen ist. Man ist sich einig geworden, daß nur durch eine starke Herabsetzung der Mitgliederzahl eine größere Bewegungs- und Aktionsfähigkeit der Kommission erzielt werden könne, unbeschadet des ihr durch den dritten Paragraphen der Satzungen gewährleisteten Rechtes der Zuwahl in den Zeiten zwischen je zwei Tagungen des Geographentages.

Eine weitere Schwierigkeit für eine geregelte Tätigkeit der Kommission erblickte Auler darin, daß man in Breslau versäumt habe, ihr bestimmte, scharf umschriebene Aufgaben zu stellen. Nur der Punkt 8 enthielt die greifbare Bestimmung: die Kommission hat als nächste Aufgabe, die Beratungen der schulgeographischen Verhandlungen des Deutschen Geographentages vorzubereiten. Dieser Aufgabe hat sich der Vorsitzende auch unterzogen, daß seine Vorschläge vom Zentralausschuß nicht zur Ausführung gebracht werden konnten, ist nicht seine Schuld. „Im übrigen aber", heißt es im Punkt 9 weiter, „bleibt es der Kommission überlassen, in welcher Weise sie selbständig Maßregeln zur Erfüllung ihrer anderen Aufgaben ergreifen will". Dieser weite Spielraum, welcher der Kommission damit gelassen wird, enthält sicher eine Gefahr, aber trotzdem ist kein anderer Ausweg vorhanden. Gewiß, man kann ihr Anregungen geben, wie es Auler im Laufe der Sitzung in dankenswertester Weise tat, wie solche überhaupt der Vorträge der Tagesordnung bildeten, aber es ist ganz unmöglich, ihr auf jeder Tagung ein bestimmtes Arbeitsprogramm mit auf den Weg zu geben; sie ist in erster Linie abhängig von den Geschehnissen der Zeit, die sich nicht voraussehen lassen, und muß nach diesen ihre Entschließungen fassen.

Aus den nachstehenden „Mitteilungen der ständigen Kommission für erdkundlichen Schulunterricht" geht hervor, daß die Versammlung die Ausführungen des Berichterstatters zu würdigen wußte. Da mit jedem neuen Geographentage das Mandat der Mitglieder erlischt, wurde eine neue Kommission von nur sieben Mitgliedern gewählt, deren Namen an der genannten Stelle veröffentlicht sind. Der Vorsitzende hielt sich nur an die in Breslau aufgestellten Satzungen, als er nach der Neuwahl der Kommission Aulers Anregungen sowohl wie die von Fischer angeregte Frage der wahlfreien Kurse (s. vorige Nummer) der neuen Kommission zur weiteren Behandlung und Beratung überwies. Das gleiche geschah mit folgenden von Auler und Steinecke gemeinsam aufgestellten Thesen:

1. Der XIV. Deutsche Geographentag erklärt, wie seine Vorgänger, es für notwendig, daß ein selbständiger Unterricht in der Erdkunde an sämtlichen höheren Lehranstalten des deutschen Sprachgebiets bis in die oberen Klassen durchgeführt und von Fachmännern erteilt werde.

2. Der erdkundliche Unterricht der oberen Klassen ist nach

Gesichtspunkten einzurichten, die sich aus dem Wesen des Faches und seiner unterrichtlichen Gestaltung auf den höheren Stufen ergeben. Jedoch sind im Interesse einer gesunden Konzentration und des Faches selbst die Beziehungen zu anderen Fächern (s. Halbfaß S. 85) zu pflegen.

3. Bei der Verteilung des Lehrstoffes kann in den länderkundlichen Wiederholungen der Geschichtsunterricht, in der allgemeinen physischen Erdkunde der Unterricht in den Naturwissenschaften berücksichtigt werden.

4. Die Gestaltung des erdkundlichen Unterrichts auf der Oberstufe der Gymnasien und Realgymnasien bedeutet eine wesentliche Mehrbelastung der Schüler. Die für den Unterricht angesetzten Stunden sind daher nicht in umfangreichen Gruppen zusammen zu legen, sondern in regelmäßigen Zwischenräumen über das Schuljahr zu verteilen.

Als Beitrag zur jetzigen Lage des erdkundlichen Unterrichts an den höheren Schulen Preußens — will sagen Deutschlands und man gestatte mir hierbei eine kleine Warnung vor allzustarker Betonung Preußens, Lampes „Geschichtchen" und Hertzbergs Klagen beweisen, daß es in Sachen geographischen Unterrichts durchaus nicht an der Spitze marschiert und zudem ist es der Deutsche Geographentag, auf den sich die Kommission stützt — konnte Professor Hettner die frohe Mitteilung machen, daß die Gefahr, welche in Baden der Erdkunde drohte — einem Manne mit juristischer Vorbildung hat sie es zu danken — glücklich beseitigt ist. Ebenso gab die Besprechung dieses Gegenstands dem vielbekämpften Gymnasialdirektor Cauer Gelegenheit, sich mit außerordentlichem Geschick den anwesenden geographischen Schulmännern als „warmen Freund" der Erdkunde vorzustellen. Das Gymnasium könne sich nicht, den allseitig einstürmenden Forderungen der Neuzeit nachgebend, zersplittern, deshalb müsse es sich leider die Pflege der Geographie, eines an sich hochwichtigen Faches, versagen und diese den Oberrealschulen und Realgymnasien überlassen. Mit Recht hielt Fischer dem entgegen, daß, solange 90 Proz. der höheren Schulen Gymnasien seien, die Geographen nicht aufhören würden, an die Tore des Obergymnasiums zu pochen.

Die Anregungen von Prof. Halbfaß, die er im wesentlichen auch in seinem kurzen Artikel über „Die Beziehungen der Geographie zu den übrigen Lehrfächern" in dieser Nummer zum Ausdruck bringt, führten zu einer Erörterung der Fachlehrerfrage, an der sich Cauer, Fischer, Pahde, Hertzberg u. a. beteiligten. Hier auf die Frage einzugehen, fehlt der Raum. Nach meiner Auffassung geht man unter den heutigen Verhältnissen mit dem Begriff Fachlehrer etwas leichtsinnig um. Doch da ich persönlich der Sache ferner stehe, mögen Berufenere diesen Faden weiter spinnen. Anknüpfungspunkte dazu werden sich reichlich finden.

In seinem Vortrag: „Die Reformschulen und der geographische Unterricht" begründete Direktor Steinecke folgende Verteilung des erdkundlichen Lehrstoffes auf die Oberklassen der Oberrealschule:

OII. Überblick über die Erdteile. Genauere Behandlung der zu Europa in näherer Beziehung stehenden Länder, vornehmlich der Vereinigten Staaten, China, Japan, Indien und Vorderasien.

UI. Vertiefende Betrachtung von Mitteleuropa.

OI. Ausgewählte Abschnitte aus der allgemeinen Erdkunde, namentlich Klimatologisches (Einwirkung des Klimas auf die Lebewesen), Ozeanographisches, Geologisches (Ausflüge), Völkerkundliches.

Der gesamte Unterricht auf der Oberstufe ist eine Vertiefung der erdkundlichen Kenntnisse. An den Gymnasien und Realgymnasien werden Abschnitte aus demselben Unterrichtsgebiet ausgewählt.

Steineckes Wunsch, die Versammlung möge die einstimmige Annahme dieser Grundsätze aussprechen, konnte nicht in Erfüllung gehen, da die vorgeschrittene Zeit eine Aussprache über den Gegenstand unmöglich machte, er mußte sich mit einem für die Versammlung weniger gefährlichen „sympathischen Gegenüberstehen" begnügen. Daß diese Frage sowohl wie der innere Ausbau der von den neuen Lehrplänen der Erdkunde auf den Oberstufen eingeräumten Zeit überhaupt, noch reger Aussprache bedarf, ist nicht zweifelhaft, und der „Geographische Anzeiger" wird ihr mit Freuden seine Spalten öffnen.

Nur flüchtig behandelt werden konnte das weitumfassende Thema, das sich Reallehrer Steinel-Kaiserslautern gestellt hatte: „Die Herstellung von Heimatkarten für das Deutsche Reich nach einheitlichen Gesichtspunkten." Die auf eingehendem Studium beruhenden und von langjährigen Erfahrungen getragenen Ausführungen Steinels waren viel zu breit angelegt, als daß sie sich in dem engen Raume der ihm zugemessenen Zeit von einer halben Stunde hätten überzeugend und gewinnend vortragen lassen. In mediis rebus ereilte den Redner das Monitum des Vorsitzenden, daß seine Zeit abgelaufen, und nötigte ihn zur Verlesung folgender Thesen als einem etwas gewaltsamen Schluß:

1. Der Deutsche Geographentag erkennt die Zweckmäßigkeit und Notwendigkeit der Durchführung einer Organisation zur baldigen Beschaffung nach einheitlichen Grundsätzen hergestellter für den Volks- und Mittelschulunterricht obligatorischer Heimatkarten unter Mitwirkung sämtlicher deutscher Bundesregierungen an.

2. Der Deutsche Geographentag richtet an das Reich und an die einzelnen Bundesstaaten die Bitte, diese Angelegenheit in ähnlicher Weise, wie in der Schweiz bei Beschaffung der offiziellen Schulwandkarte geschehen ist, zu fördern.

3. Der Deutsche Geographentag ernennt seinerseits eine Kommission, in der neben den Schulen die praktische Kartographie, das Heer und die Landwirtschaft tunlichst vertreten sein soll und die im Bedarfsfalle sich durch Kooptierung noch anderweit ergänzt, welche das einschlägige Material sammelt, erforderlichenfalls von den staatlichen Organen erwünschte Aufschlüsse erbittet, bezügliche Anträge stellt und auf dem nächsten Geographentag über ihre Tätigkeit berichtet event. Vorschläge demselben zur endgültigen Beschlußfassung unterbreitet.

Nach Lage der Dinge und um die Geduld der ohnehin tapfer ausdauernden Zuhörer nicht allzusehr auf die Probe zu stellen, mußte ich mich in meinem Koreferate auf einige ergänzende Bemerkungen zu diesen Thesen beschränken. Weder diese meine Bemerkungen, noch die kurze unter allgemeinem Aufbruch stattfindende Diskussion, die kaum noch den Namen einer solchen verdiente, konnten in irgend einer Weise dem wichtigen Gegenstand gerecht werden. Um überhaupt zu einem praktischen Ergebnis zu kommen, verwies der Vorsitzende auch die Steinelschen Thesen zur weiteren Beratung an die Kommission, die sich also diesmal wahrhaftig nicht über Mangel an Anregungen beklagen kann. Als Hauptgewinn betrachte ich den Umstand, daß diese wichtige Frage nach langem Zögern von Steinel endlich einmal in der Öffentlichkeit aufgerollt worden ist.

Damit war die Tagesordnung der schulgeographischen Sitzung erschöpft. Mit dem Danke an Professor Kirchhoff für die warme Anerkennung, die er in seinem Schlußworte den Lehrern der Erdkunde für ihr unermüdliches Eintreten für ihre Sache zollte, sei dem herzlichen Bedauern Ausdruck gegeben darüber, daß der zweite unermüdliche Beschirmer der Schulgeographie, Wagner, diesmal durch Krankheit verhindert war, die Verhandlungen durch seine Anwesenheit zu heben. Übrigens hatte auch in der Sitzung selbst Fischer mit lebhaften Worten im Sinne bedauernden Sinne sich ausgesprochen.

Die fünfte Sitzung war der Landeskunde des Rheinlandes gewidmet. Die Vorträge von Philippson: „Zur Morphologie des Rheinischen Schiefergebirges", und Kaiser: „Die Ausbildung des

11*

Rheintales zwischen dem Neuwieder Becken und der Cöln-Bonner Bucht" gaben eine ausgezeichnete Einführung zu den geplanten geologisch-geographischen Exkursionen. Professor Voigt - Bonn sprach über: „Überreste der Eiszeitfauna in mittelrheinischen Gebirgsbächen", und Privatdozent Dr. Fischer - Bonn behandelte: „Pflanzengeographisches aus der Rheinprovinz". Archivdirektor Hansen-Cöln streifte mit seinen Ausführungen über den im Entstehen begriffenen Geschichtlichen Atlas der Rheinprovinz ein auf Geographentagen selten behandeltes Gebiet. Zwei meteorologische Themen: „Die Regenverhältnisse von Norddeutschland mit besonderer Berücksichtigung derjenigen des Rheinlandes" von Hellmann, und „Die klimatischen Verhältnisse der Rheinprovinz, insbesondere des Venns, der Eifel und des Rheintales" von Privatdozent Polis bildeten den Schluß der Tagesordnung.

Am Nachmittag fand die sechste und letzte Sitzung statt. Nachdem der Beschluß gefaßt worden war, den jährlichen Beitrag der Mitglieder auf 10 M., der Teilnehmer auf 6 M. zu erhöhen, wurde als Ort der nächsten Tagung Danzig gewählt. Professor Kirchhoff erstattete den Bericht über die Tätigkeit der Zentralkommission für wissenschaftliche Landeskunde von Deutschland. Alsdann wurden die beiden Vorträge, welche in der wirtschaftsgeographischen Sitzung aus Zeitmangel von der Tagesordnung abgesetzt werden mußten, noch nachträglich gehalten. Professor Halbfaß sprach über „Die Bedeutung der Binnenseen für den Verkehr", Dr. Wickert „Über den Verkehr auf dem Rhein und seinen Nebenflüssen mit Berücksichtigung der Abhängigkeit von den natürlichen Verhältnissen". Damit war die gesamte Tagesordnung erschöpft und Exzellenz von Neumayer schloß den XIV. Deutschen Geographentag.

Auch mit der diesjährigen Tagung war eine nach dem Breslauer Vorbild ausgeführte Ausstellung verbunden, welche die Entwicklung der kartographischen Darstellung der Rheinlande vorführte und in einer besonderen Abteilung ein klares Bild von der wirtschaftlichen Bedeutung der Rheinprovinz gab. Mangel an Zeit und die immerhin beträchtliche Entfernung des Ausstellungsraumes vom Verhandlungssaal erschwerten leider ein eingehendes Studium der seltenen und schwer zugänglichen Karten.

Mehr und mehr ist es Sitte geworden, daß die Vertreter der Geographie am Orte der Tagung den Geographentag durch eine besondere wissenschaftliche Festschrift begrüßen. Auch die Cölner haben darin ihren Vorgängern nicht nachgestanden. Die Festschrift, welche gleichsam als Ergänzung zu den landeskundlichen Vorträgen des Geographentages gedacht ist, enthält folgende Arbeiten: „Materialien zu einer Klimatologie von Köln" von Hermann J. Klein. — „Die Kölner Industrie" von Paul Steller. — „Der Hafen zu Köln" von W. Bauer. — „Das Verkehrswesen im Gebiet der Stadt Köln" von A. Wirminghaus. — „Das niederrheinische Braunkohlenvorkommen und seine Bedeutung für den Kölner Bezirk" von C. Schott. — „Das Wirtschaftsgebiet der rheinisch-westfälischen Großindustrie" von W. Morgenroth.

Nicht unerwähnt lassen kann der pflichttreue Berichterstatter die „kleine Geographie", welche ja die Tagungen erst aus dem Alltagsgetrieb heraushebt und ihnen den festlichen Anstrich gibt. Das „Bibite cum laetitia", mit dem der Beigeordnete Laué den Geographen am Dienstag Abend zum Festtrunk einlud, den die Stadt Cöln in den festlich geschmückten Sälen des Volksgartens ihren Gästen bot, fand lebhafte Befolgung, denn die Rheinstadt hatte eine gute Auswahl unter ihren Sorten getroffen, es wuchs der Frohsinn und er erreichte seinen Höhepunkt in dem von köstlichem Humor getragenen Trinkspruch des unverwüstlichen Kirchhoff. Ein prächtiges Feuerwerk hob den äußeren Glanz des Festes. Das Festessen im Gürzenich, das am folgenden Abend stattfand und durch die üblichen Trinksprüche gewürzt wurde, trug einen offizielleren Anstrich.

Leider verbietet mir der knappe Raum eingehender über die wissenschaftlichen Ausflüge zu berichten, welche sich der Tagung anschlossen. Wies doch das Sonderprogramm, von der fröhlichen Rheinfahrt abgesehen, die trotz aller Festesfreude durch einen hochinteressanten geologischen Spaziergang der Mehrzahl der Teilnehmer auch der Wissenschaft zu ihrem Rechte verhalf, vier Tagesausflüge auf, zwei für Geographen mit geologischen Interessen, am Sonnabend nach Linz und Rolandseck, am Sonntag ins Brohltal und zum Laacher See unter Führung der Professoren Rauff und Philippson und zwei für Wirtschaftsgeographen, am Sonnabend ins Aachener Becken, am Sonntag zu der im Bau begriffenen Talsperre im Urfttal bei Gemünd (Eifel) unter Führung von Professor Hassert in Gemeinschaft mit den Professoren Gothein, Intze und Holzapfel.

Da ich mich als Geograph mit geologischen sowohl als mit wirtschaftlichen Interessen fühle, entschloß ich mich zur Teilnahme an den Ausflügen ins Aachener Becken und an den Laacher See. Die erste brachte eine Besichtigung des Hochofenbetriebs des Eschweiler Bergwerkvereins, der Stahlerzeugung und Eisenverarbeitung des Aachener Hüttenvereins Rote Erde und einen herrlichen Blick vom Lousberg über die Stadt Aachen. Am Sonntag führte uns Professor Rauff zu prächtigen Aufschlüssen am Vulkankegel des Kunkskopfes und verstand es meisterhaft, durch seine außerordentlich klaren Erläuterungen auch dem der Geologie ferner stehenden Geographen eine gute Anschauung vom Charakter und Aufbau der Eifelvulkane zu vermitteln. Der Lydiaturm brachte Überraschungen: die eine in Gestalt eines opulenten Frühstücks, durch das Herr Zervas, der Vorsitzende des Aufsichtsrats der Linzer Basalt-Aktien-Gesellschaft, im Verein mit seiner liebenswürdigen Gemahlin die Geographen zur Besteigung des Turmes stärkte, die andere bot die herrliche Aussicht vom Turme auf die grünen Wasser des Laacher Sees. Beim Abschiedsmahl in Maria Laach schloß Professor Rauff, als ihm der herzliche Dank für seine treffliche Führung ausgesprochen wurde, seine Erwiderung mit dem Wunsche, die Geographen möchten aus dem, was ihnen der Tag geboten, die Überzeugung gewonnen haben, daß die Geologie die unentbehrliche Grundlage der Geographie sei, daß sie deshalb auch im Unterricht an unseren höheren Schulen eine größere Berücksichtigung finden müsse, daß die Bestrebungen, welche auf den ersten Deutschen Geologentag auf den Antrag v. Koenens (s. S. 87) hin, vertreten wurden, auch seitens der Schulgeographen rege Unterstützung finden müßten.

In Andernach führten die Züge die Teilnehmer an dem Ausflug rheinauf, rheinab, auch der letzte, noch recht ansehnliche Teil des XIV. Deutschen Geographentages zerstreute sich in alle Winde.

Es sei mir verziehen, daß ich mit dem herzlichen Danke für die ausgezeichnete Vorbereitung und Leitung der Tagung, der den naturgemäßen Schluß meines kurzen Berichtes bilden muß, zu guterletzt noch einige Nörgeleien verbinde. Wäre es dem Zentralausschuß nicht möglich, die Tagesordnungen für die einzelnen Sitzungen ein wenig einzuschränken? Am zweiten Verhandlungstage haben die Sitzungen von morgens 8—½12 und von nachmittags 3—6¼ Uhr gedauert und dabei mußten noch zwei Redner am Vormittag ganz auf das Wort verzichten. Ob es für diese abgesetzten Redner gerade angenehm ist, als Nachzügler am letzten Nachmittag vor ziemlich leeren Bänken zu sprechen, mag dahingestellt bleiben. Auf jeden Fall ist eine solche Ausdehnung der Sitzungen wenig vorteilhaft. Trotz allem wissenschaftlichen Eifers wird die Mehrzahl der Besucher nicht nur um der Vorträge willen den Geographentag besuchen. Schon lange Zeit vorher kürzt man alle Korrespondenz mit dem Hinweis auf persönliche Aussprache auf dem Geographentag, schon lange vorher .freut man sich, die persönliche Bekanntschaft von Herren zu machen, mit denen man in Arbeitsbeziehungen steht. Kommt man aber auf den Geographentag, so findet man sich allein sicher in der Besucherliste, die aber nicht verrät, wo der Gesuchte während der Tagung wohnt. Führt der Zufall die Freunde doch zusammen, so fehlt jede Zeit zur Aussprache, will man nicht die Sitzungen versäumen.

Dasselbe gilt von dem Besuch der Ausstellung und namentlich der Besichtigung der gastlichen Stadt. Sehr übel wurde es von vornherein vermerkt, daß man genau auf die Zeit der schulgeographischen Sitzung den Ausflug ins Braunkohlengebiet angesetzt hatte, der überhaupt nur bei sehr starker Beteiligung (d. h. mit anderen Worten bei recht schwachem Besuch der schulgeographischen Sitzung) möglich war. Daß bei der Nachricht vom Scheitern des Ausfluges über manches Lehrergesicht ein Zug von Schadenfreude zuckte, darf deshalb nicht wundernehmen. Um so mehr muß es dagegen wundernehmen, daß man die Besichtigung der Cölner Kirchen und des Hafens unter sachverständiger Führung wieder genau auf dieselbe Zeit ansetzte. Glaubte man denn bei den Schulgeographen kein Interesse dafür voraussetzen zu dürfen? Oder sollten die unter den akademischen Vertretern der Erdkunde, die weniger Fühlung mit der Schule haben, vielmehr im eigensten Interesse die günstige Gelegenheit des Geographentages benutzen, die Bande zwischen Schule und Universität immer enger zu knüpfen? Und endlich ist zu bedenken, daß die Oberlehrer den größten Prozentsatz unter den fachmännischen Besuchern des Geographentages ausmachen, daß sie schon deshalb den Anspruch erheben können, daß man ihren Sitzungen dieselbe Achtung entgegenbringt wie allen anderen. Vorbeugend will ich bemerken, daß nicht die Verstimmung über ein leeres Haus mir die Feder führt, die schulgeographische Sitzung war von Anfang bis zu Ende außerordentlich gut besucht. Es gibt nur ein Mittel gegen dieses Übel: Einschränkung der Tagesordnung. Vor allem müßte auch darauf gehalten werden, daß mindestens ein Nachmittag vollständig frei bleibt zur Besichtigung der Stadt und zum Besuch der Ausstellung.

Hoffentlich bringt Danzig die Erfüllung dieser bescheidenen Wünsche.

Erklärung!

Auf dem Cölner Geographentage ist die vor zwei Jahren von der Breslauer Tagung begründete „Ständige Kommission für erdkundlichen Schulunterricht" einer Umformung unterzogen worden. Der doppelte Zweck der Kommission, einmal auf die erdkundlichen Schulinteressen in allen Landesteilen Einfluß zu gewinnen bzw. sich an ihnen Anregung und Förderung zu holen und andererseits doch die sich aus dieser Wechselbeziehung ergebenden Aufgaben innerhalb einer arbeitsfähigen, d. h. an Zahl kleinen Kommission zu lösen, wird dadurch zu erreichen gesucht, daß man die Mitglieder der Kommission auf höchstens sieben beschränkt hat, der Kommission aber andererseits die Aufgabe zugewiesen ist, für möglichst alle Teile des deutschen Sprachgebiets Vertrauensmänner zu werben. An anderer Stelle dieser Nummer sind die Namen der Gewählten aufgeführt. Ich aber habe dieser Tatsache gegenüber die Aufgabe angegeben, wie ich meine Stellung als des Vorsitzenden der Kommission aufzufassen gedenke, soweit meine Herausgeberschaft des Geographischen Anzeigers von ihr betroffen wird. Hierbei ist es aber wohl nicht nötig, auf die mannigfachen Vorteile für die Geschäftsführung der Kommission hinzuweisen, die sich aus dieser Doppelstellung ergeben, sie liegen auf der Hand. Wesentlich jedoch scheint es mir, hier deutlich zu erklären, daß ich in Zukunft klar erkennbar zwischen Mitteilungen der Kommission und meinen per-

sönlichen Meinungsäußerungen werde unterscheiden müssen. Denn es ginge natürlich nicht an, wenn ich irgend welche zunächst nur von mir vertretene Meinungen, Urteile und Anschauungen durch die Autorität einer Institution der deutschen Geographentage zu decken versuche. Es muß mir aber ebenso unverwünscht sein, mich in meiner persönlichen Werbearbeit zur Förderung der geographischen Schulinteressen auf jede mögliche Weise durch die naturgemäße Schwerfälligkeit einer Kommission behindern zu lassen.

Die Form, in der dieser Unterschied gemacht werden soll, wird die sein, daß nur das, was die ausdrückliche Überschrift:

„Mitteilungen der ständigen Kommission für erdkundlichen Schulunterricht"

trägt, den dadurch gegebenen offiziellen Charakter erhält und nicht als persönliche Meinungsäußerung zu gelten hat. Der ganze übrige Text des „Geogr. Anz." aber hat mit der Kommission als solcher nichts zu tun, sondern unterliegt allein der persönlichen Verantwortlichkeit des Herausgebers wie bisher.

Heinrich Fischer.

Beziehungen der Geographie zu den übrigen Lehrfächern in den oberen Klassen der Gymnasien und Realgymnasien.

Von W. Halbfaß.

Die Einrichtung besonderer geographischer Lehrstunden in den oberen Klassen der Gymnasien und Realgymnasien, so außerordentlich wünschenswert sie aus schon vielfach ventilierten Gründen ist, wird, darüber dürfen wir uns keiner Täuschung hingeben, so bald noch nicht zu erhoffen sein, nachdem erst vor zwei Jahren die neuen Lehrpläne in Preußen festgesetzt sind. Eine Möglichkeit, in der Zwischenzeit den Schülern der oberen Klassen der genannten Lehranstalten geographische Kenntnisse und Anschauungen zu vermitteln, scheint mir in der Verwertung anderer Lehrstunden für die Geographie zu liegen, was ich in nachfolgenden Zeilen kurz andeuten möchte, die nähere Entwicklung dieses Gedankens meinen Fachgenossen überlassend.

Ich gehe von der Tatsache aus, daß wohl in den allerseltensten Fällen der auf der Hochschule fachmännisch vorgebildete Geograph nur geographischen Unterricht zu erteilen hat, vielmehr wird er in den oberen Klassen der Gymnasien und Realgymnasien — und nur von diesen ist hier die Rede — alt- oder neuphilologischen, historischen, mathematischen oder naturwissenschaftlichen oder endlich auch deutschen Unterricht zu erteilen haben. Der Alt- oder Neuphilolog kann bei der Auswahl der Lektüre, der Mathematiker und Physiker bei Auswahl der Aufgaben, der Germanist bei der Auswahl der Aufsatzthemata recht wohl Rücksicht auf geographische Stoffe nehmen bei deren Besprechung resp. Durchnahme für den fachgeographisch gebildeten Lehrer sich genügend Gelegenheit ergibt, geographische Kenntnisse und Anschauungen dem Bewußtsein des Schülers näher zu rücken resp. sie in seine Erinnerung zurückzurufen. Im mathematischen, physikalischen und historischen Unterricht ist der Lehrer ohnehin in der Lage, Geographie zu traktieren, seien es die Grundlehren der astronomischen oder mathematischen Geographie in physikalischen, der Kartographie in mathematischen, der Landeskunde in den geschichtlichen Lehrstunden namentlich bei Repetitionen. Auch gewisse Teile der sogen. physikalischen Geographie lassen sich bei der Durchnahme der Wärmelehre in Obersekunda sehr zweckmäßig erledigen. Die Lehrpläne von 1901 nehmen auf diesen wichtigen Punkt, die einzelnen Lehrgegenstände einander näher und sie in gegenseitige Beziehung zu bringen, gebührende Rücksicht.

Der Lehrer des Deutschen hat es bei der Auswahl von Aufsatzthematen, sofern sie sich nicht direkt an die gerade durchgenommene Lektüre anschließen, in der Hand, geographische Stoffe für die Bearbeitung durch die Schüler der höheren Klassen heranzuziehen und letztere zu nötigen, ihr geographisches Wissen zusammenzuziehen und zu erweitern. Den Neuphilologen bietet sich gerade in neuester Zeit eine Fülle von leichterer und ! schwererer Lektüre dar, welche sich mit der Landeskunde Frankreichs und Englands beschäftigen; aber auch Land und Leute in anderen Teilen der Erde sind durch englische und französische Schriftsteller meisterhaft dargestellt; ihre Lektüre ist namentlich für Realgymnasialprimaner zum Teil anziehend und pädagogisch wertvoll. Daß im altphilologischen Unterricht sich vielfach Gelegenheit zur Vertiefung geographischer Kenntnisse, vornehmlich in anthropogeographischer Beziehung, bietet, hat erst jüngst Gymnasialdirektor Dr. Cauer in einem Vortrag vor rheinischen Schulmännern überzeugend dargelegt, wobei er freilich m. E. weit über das Ziel hinausgeschossen ist, wenn er sozusagen die gesamte Erdkunde unter den Gesichtswinkel des rein humanistischen Unterrichts betrachtet. Endlich sind manche Teile der Erdkunde ein sehr dankbarer und nützlicher Übungsstoff für rein mathematische Aufgaben, wie z. B. die vortrefflichen Übungsbücher von Richter (Wandsbeck) und Schülke (Osterode i. Ostpr.) dartun. So hat jeder fachgeographisch durchgebildete Lehrer, je nach seinem Hauptfache, von dem aus er sich der Geographie genähert

hat, den mannigfachsten Anlaß auch in nichtgeographischen Stunden sich die Pflege der Geographie angelegen sein zu lassen, vorausgesetzt natürlich, daß er pädagogischen Takt und wirklich gute geographische Bildung besitzt, die nicht nur unter dem Drucke eines Examens erworben wurde.

Den obigen Ausführungen gegenüber möchte ich doch einige Bedenken nicht unterdrücken. Ich glaube nicht, vereinzelte Ausnahmefälle gern zugegeben, das die Auswertung anderer Lehrstunden zu geographischen Zwecken jemals mit nennenswertem Erfolg wird betrieben werden können. Zeitbedrängnis im eigenen Fache wird den ernsthaften Historiker oder Mathematiker fast immer daran verhindern; ähnlich, wenn auch vielleicht etwas weniger, gilt dasselbe auch vom Philologen oder dem Germanisten. Ich kann mir vorstellen, daß den Vertretern dieser Fächer im allgemeinen es sogar lieber sein würde, eine oder die andere Lehrstunde zu verlieren, als sich durch Hineintragen nicht unmittelbar zu ihrem Lehrgebiete gehörender Dinge die Arbeit erschweren und den Erfolg verringern zu lassen. Gegenüber der letzten Bemerkung des Verfassers aber möchte ich betonen, daß ich ganz und gar nicht das menschliche, allzumenschliche aller Examina verkenne, es aber für unzuträglich finde, nun gerade unserem Fache nach Art des Badener Prüfungsordnungsentwurfs den Stempel der Inferiorität aufdrücken zu wollen.   H. Fischer.

Mitteilungen der ständigen Kommission für erdkundlichen Schulunterricht.

In der schulgeographischen Sitzung des XIV. Deutschen Geographen-Tages sind die folgenden Herren in die oben bezeichnete Kommission gewählt worden:

Direktor Auler (Dortmund), stellvertretender Vorsitzender,
Oberlehrer H. Fischer (Berlin), Vorsitzender,
   „   Gruber (München),
   „   Lampe (Berlin),
   „   Wermbter (Rastenburg),
Prof. Wolkenhauer (Bremen),
Oberlehrer Zemmrich (Plauen i. V.).

Von diesen Herren waren Gruber, Wermbter und Zemmrich nicht auf der Tagung. Sie haben nachträglich die Annahme der auf sie gefallenen Wahl dem Vorsitzenden angezeigt.

Bei der Wahl war entscheidend, daß man dem Vorsitzenden einen Mitarbeiter auf seinem Wohnorte zu geben wünschte (Lampe), daß man Wert darauf legte, einigermaßen in der Nähe des nächsten Tagungsortes Danzig ein rühriges Mitglied zu haben (Wermbter) und daß die außerpreußischen Landesteile so stark berücksichtigt würden, als es die Arbeitsfähigkeit der Kommission zuließ. Dementsprechend hat

man sich auf je einen Vertreter der beiden volkreichsten Bundesstaaten außer Preußen und auf einen Hanseaten, gleichzeitig das einzige Mitglied an der Wasserkante, beschränken zu müssen geglaubt.

Die übrigen Mitglieder der alten Kommission, deren Funktionen satzungsmäßig mit der Cölner Tagung erloschen sind, werden aufgefordert werden, die Stellung von Vertrauensmännern einzunehmen; dieselbe Frage wird auch an andere geeignet erscheinende Herren gerichtet werden, doch kann eine entsprechende Liste erst in einiger Zeit aufgestellt werden. Über die weitere Ausgestaltung der Kommission wird hier regelmäßig Bericht erstattet werden.

Der geschäftsführende Vorsitzende.

Weitere Ausgestaltung.

Die „ständige Kommission" hat beschlossen, die von Oberlehrer Heinrich Fischer angeregte und ins Werk gesetzte Sache der sogen. „Wahlfreien Kurse" zu der ihren zu machen. Es werden dementsprechende Mitteilungen an diejenigen Herren gelangen, die in den Anfangsmonaten dieses Jahres ihre Zustimmung zu er-

kennen gegeben haben. Sollte, wie leicht möglich, einer oder der andere Herr übersehen worden sein, so wird er gebeten, sich noch einmal an den Unterzeichneten zu wenden. Weitere Herren, die sich über die Angelegenheit zu orientieren wünschen, werden auf den Artikel der Mai-Nummer des „Geogr. Anz.":

„Die Frage der wahlfreien Kurse resp. geographische Ausflüge mit Schülern oberer Klassen"

aufmerksam gemacht. Sollten sie sich dadurch bestimmt fühlen, sich dem Unternehmen anzuschließen, so werden sie gebeten, sich an die noch an dieser Stelle namhaft zu machenden Vertrauensmänner der Kommission wenden zu wollen.

Der geschäftsführende Vorsitzende.

Anm.: Als einem der Herausgeber dieses Blattes ist mir natürlich auch jede persönliche Anregung, die sich direkt an mich wendet, sehr willkommen. Ich werde sie indeß im Sinne eines geregelten Geschäftsganges stets nur als an den Herausgeber des „Geogr. Anz." gerichtet ansehen.

Heinrich Fischer.

Kleine Mitteilungen.

Reformanstalten und Erdkunde. Ich habe schon einmal (S. 7) darauf hinweisen müssen, daß die Reformanstalten in ihrer heutigen Form unseren und verwandten Forderungen an eine dem heutigen Leben entsprechende Schule nicht gerecht werden, ja sie eher gefährden. Dieser Hinweis wird um so öfter wiederholt werden müssen, als der Name „Reform" für die vielen, die nicht Zeit haben, sich eingehender umzutun, falsche Vorstellungen erwecken kann, etwa in dem Sinne, als bedeute diese Neuschöpfung eine Modernisierung des reformbedürftigen Obergymnasiums.

Anmerkung: Ich glaube diese Ausführung, die im März d. J. niedergeschrieben ist, unverändert abdrucken lassen zu sollen, obwohl manches sich nach dem Ausfalle der Verhandlungen der schulgeographischen Sitzung des XIV. Deutschen Geographen-Tages etwas anders hätte fassen lassen können. Die Hauptsache aber ist jedenfalls unverändert geblieben.

Die besondere Veranlassung wird mir heute durch eine Polemik Cauer (Düsseldorf) - Reinhardt (Goethegymn. Frankfurt a. M.) gegeben. Cauer hatte sich in einer Rede „Der Plan des Reformgymnasiums. Was verspricht er? — und was droht er?"[1]) vom Standpunkte der Anhänger des alten Gymnasiums ziemlich scharf gegen das Reformgymnasium erklärt, Reinhardt ihm darauf mit einem gleichgenannten Artikel geantwortet[2]). Gerade diese Antwort zeigt so recht deutlich, wie wenig wir zunächst von den Reformanstalten zu erwarten haben. So hat z. B. Cauer vollkommen recht, wenn er die Beschränkung der „realistischen" Fächer in den oberen Klassen bemängelt und meint, es verschlage wenig, daß diese Fächer

1) Rede gehalten in der Versammlung d. Niederrhein. Gymnasial-Vereins in Elberfeld. Düsseldorf 1902, L. Vohs.
2) Zeitschrift f. d. Reform d. höh. Schulen 1902. Nr. 4, S. 6ff.

in den unteren und mittleren Klassen reichlicher bedacht seien, die dort frei gewordenen Stunden hätten eben untergebracht werden müssen. Der Versuch Reinhardts, diese Verschiebung pädagogisch zu erklären, indem er im Nacheinander der Bildungselemente an den Reformanstalten im Gegensatz zu dem Nebeneinander der alten Gymnasium feststellen sucht, ist sehr unglücklich und zeigt, daß er ausschließlich an die humanistische Lehrinteressen denkt, man erinnere sich nur der lateinischen „Bombe" des Reformrealgymnasiums. Wie ferner in einem Fache, wie z. B. Erdkunde, der geistige Gehalt der Dinge in den oberen Klassen ausgeschöpft werden kann", wenn es im besten Falle nur infolge ihrer Vorbildung und pädagogischen Beschäftigung dazu nicht geeigneten Herrn in einzelnen Wiederholungsstunden gegeben wird, bleibt gänzlich verborgen. Und gegen eine ein für allemal festgelegte „Grundlage des ganzen Planes" mit stärkerem Übergewicht der „realistischen" Fächer in den mittleren und unteren Klassen wird sich jeder „Reallehrer" wenden müssen. Denn das bedeutet nichts weniger und nichts mehr als seine Herabdrückung zu einem Lehrer zweiten Grades gegenüber dem Beherrschen der Oberklassen, dem Altphilologen. Und solch Wehren ist nicht nur eine Pflicht der Selbsterhaltung und Selbstachtung, es ist noch mehr. Denn es gilt zu verhindern, daß eine Schule sich entwickelt in vollkommener Umkehrung der Entwicklung von Leben und Wissenschaft vor ihren Türen draußen. Es kann doch niemandem, der die Augen offen hält, unbekannt bleiben, daß es nicht die alten Sprachen sind, sondern die modernen Wissenschaften, ausdrücklich die lebenden Weltsprachen und ihre Pflege einbegriffen, die auf die starken und lebhaften Elemente der herangewachsenen Jugend anziehend wirken. Welche Verkehrtheit, welche pädagogische Ungeschicktheit nun später die in dieser wissenschaftlichen Strömung geschulten Männer auf die tieferen Klassen herabzudrücken, und ihnen in den Anhängern älterer, allmählich immer mehr zurücktretender und bedeutungsärmer werdender Denkrichtungen eine übergeordnete Kategorie von Kollegen zu geben. Das hat praktisch den Wert eines Abschreckungsmittels für lebensfrisch und -lüchtig empfindende Naturen von Oberlehrerberuf, eine für unseren Stand wenig nützliche Konsequenz.

Wenn schließlich zwischen Reinhardt und Cauer der Streit geht, ob die Reformanstalten „eine Etappe auf dem Wege zum Ziele eines von den historischen Grundlagen unserer Kultur losgelösten Erziehungswesens" sind oder nicht, so ist dabei zu sagen, daß die Reformanstalten gewiß uns als „Etappe" ertragen werden können, das philologische Schulwesen aber kaum ein Recht hat, sich zu beschweren, wenn es einem solchen „losgelösten Erziehungswesen" (das ich gewiß nicht wünsche) Platz machen müßte; denn es ist selbst geworden durch den revolutionären Bruch des Humanismus mit der historischen Vergangenheit der mittelalterlichen Schule, und selbst der Neuhumanismus hat sich durch historische Weichherzigkeit bei Verdrängung der Schule der Aufklärungszeit nicht stören lassen, sodaß wir noch heute an der Zwiespältigkeit eines aus diesem historisch weiter gewachsenen Schulwesens und des ein wenig revolutionär hineingeplatzten neuhumanistischen Gymnasium in unserem Erziehungswesen herum zu doktern haben.

Also die „Reform" anstalt ist für uns eine Etappe; aber selbst diese nur in der allgemeinen Hoffnung auf eine zeitgemäßere und dem Leben wieder näher gerückte Schule der Zukunft, nicht auch schon unmittelbar eine Etappe auf dem Wege einer Besserung in der Lage des Erdkundeunterrichts. Das Gymnasium hat dadurch nichts wesentliches gewonnen, das Realgymnasium erheblich verloren. Gewiß nehmen wir den lateinischen Unterbau seines „praktischen Nutzens" halber an, auch mag das Verdienst den Reformen gern zugestanden werden, daß sie in eine gewisse Stagnation unseres höheren Unterrichtswesens Fluß und Leben gebracht haben. Aber das Reformgymnasium muß vor 20 Jahren kommen müssen, heute gehen unsere Bedürfnisse weiter, und wie die unseren, so u. a. die der Biologen[1]; man wird uns nicht immer Aschenbrödel spielen lassen können. *H. F.*

[1] Vgl. „Zur Förderung der Biolog. in Natur u. Schule II 77/78" zu dieser Frage.

Der geographische Fachlehrer. Oberlehrer Dr. Karl Reichardt, Wildungen, schreibt in einem Aufsatz „Zur elementaren Behandlung der Klimakunde" (Vierteljahrshefte 03, S. 75 ff.): „Wissenschaftliche Beherrschung des zu vermittelnden Unterrichtsstoffes und reiche praktische Erfahrung im Unterricht selbst werden sich aufs innigste verbinden müssen, wenn wir je zu einem idealen Lehrbuche kommen wollen". Es verlangt also den geographischen Fachmann nach Ausbildung und Beschäftigung. Wenn er dann im folgenden von den Unterrichtserfahrungen der „so vielen Lehrer der Erdkunde", die sie „unter den denkbar verschiedensten Bedingungen reichlich gewonnen haben müssen", gutes erhofft, so zeigt doch die nachfolgende Behandlung der Klimakunde, die bis in die Zeitschriftenliteratur hinabsteigt, daß nur ein wissenschaftlicher Geograph der Sache Herr werden und nur ein Schulgeograph für sie Zeit und Anteil übrig haben kann, aber gewiß nicht jeder Kollege mit 1 bis 2 versprengten Flickstunden in Erdkunde. *H. F.*

Geologischer Unterricht. Auf der 47. Allgemeinen Versammlung der deutschen Geologischen Gesellschaft in Cassel legte Professor v. Koenen in der Sitzung vom 12. August 1902 einen Antrag betreffend Einführung geologischen Unterrichts in den Schulen vor. Der Antrag, welcher in der nächsten Sitzung einstimmig zum Beschluß erhoben wurde, bezweckt eine Eingabe an die Herren Kultusminister der einzelnen Bundesstaaten, welche nach dem Protokoll (Zeitschr. d. Geol. Ges., 54. Bd., 3. Heft, S. 137) folgenden Wortlaut hatte:

Ew.

bitten die ehrerbietigst Unterzeichneten im Namen und Auftrage der Deutschen geologischen Gesellschaft, hochgeneigtest anordnen zu wollen, daß auf den höheren und mittleren Lehranstalten auch Unterricht in den Elementen der Geologie erteilt werde, nicht in solcher Weise, daß das Gedächtnis damit irgendwie erheblich belastet werde, sondern daß die Anschauung und Beobachtung dadurch geklärt und geschärft und eine Anzahl von Begriffen und Bezeichnungen der täglichen Lebens verständlich gemacht werde.

Württemberg, England und Nordamerika sind uns in dieser Hinsicht schon lange voraus, und in Frankreich ist nach den uns vorliegenden Berichten in diesem Sommer für den Unterricht an den Lyceen beschlossen worden:

„Classe de 5me, division B. Une leçon de géologie par semaine.
Classe de 4me, division A. Une leçon de géologie par semaine.
Classe de seconde, A, B, C et D. 12 conférences de géologie.
Classe de philosophie, A, B, C et D. 5 leçons de paléontologie."
Der Unterricht in der Naturgeschichte soll nicht bloß fakultativ sein.

Zur Zeit fehlen der großen Mehrzahl auch der Gebildeten bei uns auch die allergeringsten Kenntnisse der Geologie und der Gesteine. Bezeichnungen wie Sand, Lehm, Ton, Sandstein, Kalkstein werden sehr selten mit einem bestimmten Begriff verbunden, selbst von Landwirten und Anderen, die täglich damit zu tun haben. Millionen von Privatkapital gehen jährlich verloren durch unsichtslose Unternehmungen, weil das leichtgläubige Publikum nicht das geringste Urteil über die geologischen Verhältnisse hat. Für Anlage von Wasserversorgungen werden noch fortwährend Leute zu Rate gezogen, welche mit Wünschelruten und ähnlichem Hokuspokus

Wasser oder nutzbare Mineralien aufsuchen und gewöhnlich nicht nur durch das verlangte Honorar, sondern noch weit mehr durch erfolglose Bohrungen und Brunnengrabungen erhebliche Unkosten verursachen.

Anderseits werden nicht selten nutzbare Gesteine und dergleichen von auswärts bezogen, die leicht an Ort und Stelle zu haben wären.

Endlich ist hervorzuheben, daß eine gewisse Kenntnis der Geologie unerläßlich ist für das Studium der Heimatkunde, besonders der physikalischen Geographie, und zum Verständnis der geologischen Karten, zumal der Spezialkarten, welche ja zum Nutzen und Frommen der verschiedensten Kreise der Bevölkerung jetzt aus Staatsmitteln hergestellt werden. —

Zu dem Antrag v. Koenens über Einführung der Geologie in die Schulen bemerkte Herr Chelius, daß die einfachen heutigen Landwirte oft besser mit ihrem Boden Bescheid wüßten und schärfer dessen verschiedene Ausbildung unterscheiden könnten, als gerade die sogen. gebildeten Kreise, deren Lehrgang Geologie nicht einbegreife und die auch praktisch den Boden und seine Beschaffenheit und richtige Würdigung nicht kennen lernen. Das wichtigste Erfordernis sei die Heranbildung geeigneter Lehrer für Geologie in Schulen, welche die geologischen Verhältnisse ihrer Gegend so beherrschen, daß sie dieselben, ohne auf ungenügende Leitfäden angewiesen zu sein, lehren können. Vorerst sei es zweckmäßig, Informationskurse für geeignete Lehrer durch Geologen hierzu einzurichten. *Hh.*

Ferienkurse.

Marburg: Vorlesungen und Übungen vom 5. bis 26. August.
Dr. M. G. Schmidt: Anthropogeographische Studien über das Wechselverhältnis von Mensch und Erde (8 Stunden).
Prof. Dr. Thumb: Die Völker und Stämme der Balkanhalbinsel mit besonderer Beziehung auf die politischen Verhältnisse Macedoniens (3—4 Stunden).
Greifswald: in der Zeit vom 13. Juli bis 1. August.
Prof. Dr. Credner: Einige Kapitel der physischen Erdkunde (Projektions-Vorträge) 2 stündig wöchentlich.
Geographische Exkursionen (mit Herren) an den Sonntagen nach Verabredung.

Geographischer Unterricht im Ausland.

Italien. Die Rivista geogr. italiana macht auf S. 95 f. d. Jahrganges von einem Erlaß des Ministeriums für öffentlichen Unterricht vom 29. Januar aufmerksam, der das Lehramtsseminar (scuola di magistero) der Facoltà di Lettere der Universitäten betrifft, und in dem bestimmt wird, daß die Unterweisung in Erdkunde nicht an neuerer Geschichte verbunden sein solle. Sie fügt hinzu, diese Vereinigung bedeute die Unterdrückung der ersteren. Auf diesem, trotz vieler Versprechungen und Erklärungen eingeschlagenen Wege werde man die ohnehin ungenügende Ausbildung der Erdkundelehrer für die höheren Schulen noch weiter herabdrücken. *H. F.*

England. Die am 9. Januar abgehaltene Jahresversammlung (Vgl. The geogr. Journal March 1903) der Geogr. association hat ihren Vorsitzenden Douglas W. Freshfield Veranlassung gegeben, einen erneuten lebhaften Appell an die englische Nation zu richten, der geographischen Unterweisung erhöhte Beachtung zu schenken, indem er die Frage aufgeworfen und beantwortet hatt „Welche Fortschritte hat die Assoziation gemacht; nach welcher Richtung sollte sie ihre Anstrengungen unter den gegebenen Verhältnissen wenden?"

Die Association wird als ein Kampfverein bezeichnet, der gegen die nationale und berufsmäßige Teilnahmslosigkeit, deren Gefahren ihre Mitglieder erkannt hätten, im Kriege sich befindet.

Der rückblickende Abschnitt zählt die Erfolge auf, die mit Hilfe der Royal geogr. Society gegründete Oxforder School of Geography (s. Geogr. Anz. S. 53), die Ferienkurse (ebenda), die Begründung des Geographical Teacher, daneben wird dann auch so manches andere erwähnt, das noch rückständig geblieben.

In dem Abschnitt, der die Entwicklung in der Zukunft festzulegen versucht, wird der „Heimatkunde" nur bedingt das Wort geredet. Die Jugend hänge mehr an allem die Menschheit betreffenden, als an gemorphologischen Einzelheiten. Dann fährt er fort: „Und im gegenwärtigen Augenblick wird eine der ersten Aufgaben sein, britischen Bürgern eine klare Einsicht in die Länder über See zu geben, die das britische Reich ausmachen. Unwissenheit, dicke Unwissenheit ist eins der größten Hindernisse gewesen für eine bessere Verteilung der englischen Rasse über das Reich hin. Solche Verteilung ist die einzige Möglichkeit gegenüber der heimischen Übervölkerung und Verarmung oder einer solchen Beschränkung der Bevölkerungszunahme, wie sie eines der typischen Zeichen für den Verfall eines Volkes ist". Das sind goldene Worte, die auch uns Deutschen in den Ohren klingen sollten. Bietet sich für uns auch eine andere Weltlage, so ist doch Jungdeutschland über See, nicht nur das in unseren Kolonien, sondern jeder deutsche Kaufmann, Pflanzer oder Industrielle draußen ein immer wichtiger werdender Bestandteil unseres Volkskörpers. Wieviel fehlt aber noch daran, daß unser höheres Unterrichtswesen eine dieser Lage der Nation entsprechende Ausbildung der zukünftigen Generation sich angelegen sein ließe! H. F.

Persönliches.

Ernennungen.

Der Privatdozent Dr. Anding zum außerordentlichen Professor der Astronomie an der Universität München.

Generalleutnant Artamonow zum Chef der Militärtopogr. Abteilung des Russischen Generalstabes.

Stewart Culin zum Kurator der ethnologischen Abteilung des Museums des Brooklymer Instituts für Künste und Wissenschaften.

Oberst des Steuermannskorps Drishenko, Erforscher des Baikal-Sees, zum Chef der Hydrographischen Expedition des Nördl. Eismeeres.

Der Bureauchef im französischen Kolonialministerium Alb. Duchène zum Professor an der Kolonialschule.

Dr. M. Eckert zum Privatdozenten für Geographie an der Universität Kiel.

Dr. Livingston Farrand zum Assistenten für Ethnologie am American Museum of Natural History in New York.

Der Professor der Geologie Eug. Geinitz zum Rektor der Universität Rostock für das Jahr 1903/04.

Reg.-Rat Eug. Gelcich, Direktor der Handels- und nautischen Akademie in Triest, zum Zentralinspektor für den kommerziellen Unterricht im österreichischen Unterrichtsministerium.

Dr. Alb. Gockel, Privatdozent für Physik und Meteorologie an der Universität Freiburg i. Schweiz, zum Professor extraord. daselbst.

Peter Edm. Goetz, S. J., ist mit der Errichtung und Leitung eines astronomischen, erdmagnetischen und meteorologischen Observatoriums in Bukwayo, Südrhodesia, betraut worden.

Dr. C. L. Griesbach ist von der Leitung der Geologischen Landesaufnahme von BritischIndien zurückgetreten; zu seinem Nachfolger wurde T. H. Holland ernannt, seit 1890 Mitarbeiter an der Aufnahme.

Der Kais. Geh. Reg.-Rat Bernh. Heinr. Herzog zum Direktor des Kais. Statistischen Amtes in Berlin.

Der bisherige Epigraphist der archäologischen Aufnahme der Provinz Madras Dr. Eugen Hultzsch zum ordentlichen Professor an der Universität Halle.

Der Pflanzengeograph Dr. Paul Jaccard, Prof. extraord. an der Universität Lausanne, zum ordentl. Professor für allgemeine Botanik und Pflanzenphysiologie am Eidgenössischen Polytechnikum in Zürich.

Geh. Rat Alex. Karpinski ist unter Ernennung zum Ehrendirektor des Geolog. Komitees von der Leitung des Komitees enthoben worden; sein Nachfolger wurde Bergingenieur Th. Tschernyschew.

Wirkl. Geh. Admiralitätsrat Dr. H. v. Neumayer zum korrespondierenden Mitglied der mathem.-naturw. Klasse der Wiener Akademie der Wissenschaften.

Der Tiergeograph Prof. Dr. Arnold E. Ortmann an der Princeton Universität zum Kurator für Invertebraten-Zoologie am Carnegie-Museum in Pittsburgh, Pa.

Privatdozent Dr. Jos. Fel. Pompeckij zum außerordentlichen Professor der Geologie an der Universität München.

Dr. Mich. Rajna, zweiter Astronom am Observatorium Brera in Mailand, zum Professor für Astronomie und Direktor des Observatoriums in Bologna.

Dr. W. H. C. Redeke zum Direktor der Zoologischen Station in De Helder als Nachfolger von Dr. P. C. C. Hoek, welcher Generalsekretär der Internationalen Kommission für ozeanographische Forschungen in Kopenhagen geworden ist.

Der Generalgouverneur von Algerien P. Revoil, der erste Erforscher der Somalihalbinsel, ist aus politischen Gründen von seinem Amte zurückgetreten.

F. W. Rudler ist von seinem Posten als Kurator und Bibliothekar des Museums für praktische Geologie zurückgetreten.

Der schwedische Astronom Trygve Rubin, der 1902 die Gradmessung auf Spitzbergen beendete, zum Leiter der Gradmessung in Rhodesien.

Dr. Franz Schaffer, der Kleinasienforscher, zum Assistenten des k. k. naturhistorischen Hofmuseums.

H. W. Skimer zum Dozenten für Geschichte, der Geologie und Paläontologie am Massachusetts Institute of Technology in Boston.

Der Privatdozent Dr. Sobotta zum außerordentlichen Professor der Astronomie an der Universität Würzburg.

Generalleutnant O. v. Stubendorff, der langjährige verdienstvolle Leiter der kartographischen, später der topographischen Abteilung des Russischen Generalstabes, jetzt Mitglied des Militärkonseils, zum General der Infanterie.

Dr. Wallerapt, maître de conférences für Geologie an der Ecole Normale Supérieure, zum Professor für Mineralogie an der Universität in Paris.

Prof. D. E. Willard von der Normal School in Mayville, N.-Dak., zum Professor der Geologie am State Agricultural College in Fargo.

Todesfälle.

Kapitän Magnus Arnesen, ein bekannter norwegischer Eismeerfahrer, starb Anfang Mai in der Nähe von Tromsö. Im Jahre 1869 hatte er die deutschen Zoologen Dr. Kükenthal und Walter, nachdem ihr Schiff bei Spitzbergen auf Grund geraten war, an Bord genommen. Seine meteorologischen und ozeanographischen Beobachtungen wurden von den meteorologischen Institut in Christiania verwertet.

Dr. James Cornwell, ein bekannter englischer Schulgeograph, starb am 12. Dezember 1902 in London, 90 Jahre alt. Er war Verfasser der Lehrbücher: Schoolgeography, Geography for Beginners, School Atlas u. a., die zahlreiche Auflagen erlebt haben.

Will. Henry Crosse, englicher Tropenhygieniker, starb am 24. Februar in London, 44 Jahre alt. In den Jahren 1886—95 war er Chefarzt und Inspektor des Medizinalwesens im Schutzgebiet Nigerien und hat in dieser Stellung an fast allen Feldzügen daselbst teilgenommen und wertvolle naturwissenschaftliche Sammlungen auf denselben zusammengebracht, leider aber nichts über seine Erlebnisse und Erfahrungen veröffentlicht. Für das von der Londoner Geogr. Gesellschaft herausgegebene Werk: „Hints to Travellers" verfaßte er die medizinischen Vorschriften.

Dr. Hugh Exton, seit 1895 Vorsitzender der South African Geological Society in Johannesburg, starb am 7. Januar 1903 in King William Town, Britisch Kaffraria. Verschiedene geologische Arbeiten über Johannesburg und Ladysmith wurden im Quart. Journ. of the Geol. Soc. und im Geol. Magazine veröffentlicht.

Am 22. Januar starb in St. Leonards-on-Sea der englische Reiseschriftsteller Augustus John Cuthbert Hare, geb. in Rom 1834. Im Jahre 1859 erhielt er von der Firma John Murray den Auftrag, ein Reisehandbuch über die Grafschaften Berks, Bucks und Oxfordshire zu schreiben. Der gute Erfolg führte ihn weiter in die Reiseliteratur und so wurde er der Verfasser zahlreicher Bände der beliebten Murrayschen Handbücher über England, Italien und Frankreich.

Contreadmiral Will. Harkness, Astronom und Direktor der U. S. Naval Observatory starb am 28. Febr. in Washington im 66. Lebensjahre.

Am 2. Mai starb in Bremen Dr. Heinrich Schurtz, Assistent am dortigen städtischen Museum, ein hervorragender Ethnolog, dessen Tätigkeit noch zu großen Erwartungen berechtigte. Geboren am 11. Dezember 1863 in Zwickau, hatte Schurtz in Leipzig Naturwissenschaft und Geographie studiert und sich 1891 als Privatdozent für Ethnographie daselbst habilitiert. Aber bereits zwei Jahre später folgte er einem Rufe nach Bremen, um in dem neuerbauten Museum die ethnographische Abteilung einzurichten und zu erweitern. Seine literarische Tätigkeit ist eine äußerst ausgebreitete gewesen, wovon außer zahlreichen Aufsätzen und Berichten in Petermanns Mitteilungen, Globus, Internat. Archiv für Ethnographie u. a. viele Werke zeugen. Hervorzuheben sind: „Der Seifenbergbau des Erzgebirges", 1890; „Pässe des Erzgebirges", 1891; „Grundriss einer Philosophie der Tracht", 1891; „Katechismus der Völkerkunde", 1893; „Speiseverbote", 1893; „Grundriß einer Entstehungsgeschichte des Geldes", 1898; „Urgeschichte der Kultur", 1900; „Das afrikanische Gewerbe", 1900; „Altersklassen und Männerbünde", 1902. In Helmolts Weltgeschichte hat er die Abschnitte Afrika, Westasien, Innerasien, Indonesien und Spanien bearbeitet. H. W.

Besprechungen.

Richter, Eduard, Lehrbuch der Geographie für höhere Lehranstalten. Fünfte Auflage. VI, 266 S., 8°. Leipzig 1903, G. Freytag. 3 M.

Der durch seine wissenschaftliche Arbeiten zur Genüge bekannte Verfasser begibt sich hier auf das Gebiet der Schule, wohin er ebenfalls die neuere Methode der Geographie verpflanzt wissen möchte und wo, nach der Anzahl der Auflagen zu schließen, er auch schon Erfolge erzielt hat.

Der Methode, der unbedingten Verquickung vom Politischen mit dem Physischen in der Landeskunde, scheint er nicht zu huldigen. Wenigstens erfolgt hier eine getrennte Durchführung. Der Stoff ist für zwei Lehrstufen gesondert bearbeitet. Wenn auch die österreichisch-ungarische Monarchie den Mittelpunkt seiner Darstellung bildet, so sind doch auch nicht minder die übrigen Länder berücksichtigt. Die neuesten Ergebnisse der Forschung sind, wenn auch nicht allerorten, gebührend verwertet. Für manche Abschnitte, die ziemlich kurz behandelt sind, ist der Atlas, auf den übrigens überall hingewiesen wird, sehr heranzuziehen. Sehr gut scheint dem Referenten der Abschnitt über die Einführung in die Geographie auf der Unterstufe gelungen zu sein.
Ed. Lentz.

Pütz, W., Leitfaden der vergleichenden Erdbeschreibung. 26. Aufl., bearbeitet von F. Behr. 8°, XVI, 288 S. Freiburg i. Br. 1902, Herdersche Verlagshandlung. Geb. 2 M.

Wenn die vorliegende Auflage, abgesehen von dem Verzicht auf die Beigabe eines selbst kurzen Kapitels über die Kartenprojektionen, auch der erst in der 23. eingefügten Abriß der allgemeinen Erdkunde wieder fortgelassen hat, und zwar mit der Begründung, daß dieser Leitfaden nur in mittleren Klassen gebraucht wird, für welche die allgemeine Erdkunde keinen Lehrgegenstand bilde, so dürfte diese Aenderung wenig Freude in geographischen Kreisen hervorrufen. Denn einmal sind wir in Preußen ja glücklich so weit, daß wir aus diesem Kapitel wichtige Abschnitte für den Unterricht verwerten können, sodann aber bedeutet dieser Verzicht auch für die Gegenden, wo der Verfasser lebt (in Stuttgart), eine kaum zu rechtfertigende Waffenstreckung. Im Gegenteil, man hätte so schärfere Betonung des einmal für richtig Erkannten wahr wünschenswert gewesen. Man hätte dann ebenso, wie man in dem topographischen Teile besondere Abschnitte für die „höhere Lehrstufe" zusammengestellt hat, für die allgemeine Erdkunde verfahren und das übrige dem Lehrer überlassen sollen, um so mehr, als gerade in dem für Volksschulen bestimmten Lehrbüchern dies Kapitel ausführlich behandelt wird. So ist nichts weiter geblieben als eine kurze Zusammenstellung aus den Grundbegriffen (S. 1—17).

Was die Behandlung des Stoffes betrifft, so ist nach bekanntem Schema eine vollständige Trennung zwischen politischer und physischer Geographie bei den einzelnen Ländern durchgeführt, so daß wohl die Frage berechtigt ist, ob dies ein Leitfaden der „vergleichenden" Erdbeschreibung sei. Von Einzelheiten sei, um einiges herauszugreifen, bemerkt, daß wir beim Westalen die Angabe des Dortmund-Ems-Kanals, bei der Rheinprovinz Ruhrort, bei den Lingstälern der Alpen das der Mur vermissen, ebenso einen Hinweis auf die Bagdadbahn. S. 73 wird nach den neuesten Ereignissen eine Aenderung der Angaben über die Universitäten Deutschlands nötig sein. Wenn bei dem Kapitel „Verkehrswege", Telegraph und Telephon angeführt sind, so wäre auch ein Hinweis auf die drahtlose Telegraphie am Platze gewesen.

Nach Sachlage des geographischen Unterrichts an unseren höheren Schulen erscheint es mithin durchaus als Bedingung, daß bei einer Neuauflage, will man nicht zu einer vollständigen Umarbeitung sich entschließen, wenigstens das Kapitel über die allgemeine Erdkunde sofort wieder aufgenommen wird.
Ed. Lentz.

Helmke, Fr., Hilfsbuch beim Unterricht in der Erdbeschreibung. I. Heft: Die außereuropäischen Erdteile. 2. Aufl. 8°, 95 S. Minden i. W. 1902, C. Marowsky. 60 Pf.

In diesem Hilfsbuche betrifft der Verfasser, welcher sich bereits durch ein Schriftchen über die Methodik des geographischen Unterrichts mit den einschlägigen Fragen versucht hat, den Weg, daß er durch Fragen, welche an die Schüler gerichtet sind, diese dazu zwingen will, bei der Wiederholung des durchgenommenen Lehrstoffes den Atlas, und zwar ihn ausschließlich, zu benutzen. Ist dieser Weg auch nicht neu, so ist sein Verfahren doch insofern eigenartig, als in dem Buche die Darstellung fast ganz, zeitweise vollständig zurücktritt. Ob die an sich durchaus löbliche Absicht auf dem vom Verfasser gewählten Wege erreicht wird, erscheint aber zweifelhaft. Denn wenn auch vor jedem Abschnitt die zu benutzende Karte (des Langeschen Volksschulatlasses) genannt ist, so setzt doch m. E. die Fülle der Fragen, abgesehen davon, daß dieselben oft zu sehr spezialisiert sind oder die richtige Prägnanz im Ausdruck vermissen lassen, eine so große Kenntnis beim Schüler voraus, wie sie auf der Oberstufe mehrklassiger Volksschulen, selbst bei gediegenstem Unterricht, kaum erwartet werden dürfte. Die Beantwortung vieler Fragen bedingt geradezu die Benutzung noch eines weiteren, ausführlich darstellenden geographischen Buches durch den Schüler. Wie soll dieser z. B. die Fragen: (S. 30) „Was schließt du aus der Lage des Sudan auf die Luftwärme?" oder (S. 54) „Zeichne einen Querdurchschnitt Mexikos in der Nähe des nördlichen Wendekreises!" allein mit dem Atlas in der Hand sich zu Hause richtig beantworten? Aus den darstellenden Teilen ist dem Referenten u. a. aufgefallen: S. 7 „die Erde ist dem Augenscheine nach eine kreisrunde Scheibe" (?); S. 10 „die Einteilung der Erdteile in alte, neue und neueste Welt" (!). — Im übrigen sollen aber die Verdienste, die das Buch hat, wohl anerkannt werden. Nur scheint es in der vorliegenden Form mehr ein Hilfsbuch für den Lehrer als für den Schüler beim Unterricht in der Erdkunde zu sein.
Ed. Lentz.

Daniel, H. A., Lehrbuch der Geographie für höhere Lehranstalten. 81. Aufl. Herausgeg. von W. Wolkenhauer. 8°, VII, 509 S. Halle 1902, Buchhandlung des Waisenhauses. 1.60 M.

Geographie ist die „Wissenschaft von den Erdplaneten in ihren gegenseitigen Beziehungen während der historischen Zeit" (S. 1). — Diese Definition gibt den Standpunkt des vorliegenden Buches treffend und ist für Einteilung und Behandlung des Stoffes maßgebend, mit die z. T. recht langen historischen Exkurse bei den einzelnen Ländern, sondern auch der religiös gehaltene Tenor der Menschenkunde (S. 52) u. a. charakterisieren ebenso Daniels, der noch im Sinne Daniels wohl an Ritter sich anlehnt. Um diesen alten Kern ist neu, z. T. ein neues Gewand gehüllt, in Form der Aufnahme der allgemeinen Geographie, aus deren Gesamtgebiet gewaltige Kapitel mit ihren neuesten Ergebnissen herübergenommen sind. Wenngleich somit auch der neueren Richtung Rechnung getragen ist, so ist doch in der völligen Trennung von politischer und physischer Geographie bei den einzelnen politischen Gebilden, ohne innere Verarbeitung in der z. T. recht beträchtlichen Stoffanhäufung u. a. m. der alte Standpunkt wieder zu erkennen. Wenn dennoch die große Zahl der Auflagen für die starke Benutzung des Lehrbuches spricht, so liegt der Grund wohl einmal in der Zuverlässigkeit des Materials, das zu verwerten ja dem Lehrer noch immer freisteht, sodann aber auch in dem Mangel eines Lehrbuches, das völlig auf neuem Standpunkte stehend siegreich die alten Rivalen aus dem Felde geschlagen hätte. Die Brauchbarkeit des vorliegenden Buches wird erhöht durch den Anhang, betreffend den Weltverkehr und dessen Entwicklung sowie die Tabellen aus dem Gebiet der allgemeinen Erdkunde. Empfehlenswert wäre es dabei, wenn der Höhentafel eine Zusammenstellung über die größten ozeanischen Tiefen an die Seite gestellt würde. Aufgefallen ist, daß S. 28 von Meeresströmen die Rede ist, die wohl besser, um nicht falsche Vorstellungen zu erzeugen, durch Meeresströmungen zu ersetzen wären. — Ein guter Index erleichtert das Zurechtfinden in dem inhaltsreichen Buche.
Ed. Lentz.

Meinzer, Albert, Handbuch für den Unterricht in der Geographie. 4. Aufl. 4 Hefte. 8°, zus. 332 S. Karlsruhe 1902, J. J. Reiff. à 50 Pf.
—, Geographiebüchlein für die Hand der Schüler. (VI.—VIII. Schuljahr.) 4 Hefte. 12°, 184 S. Ebendort. à 20 Pf.

Von den beiden genannten Büchern ist das erste als Leitfaden für den Erdkunde Unterrichtenden, vielleicht auch für die Benutzung der Schüler der Präparandenanstalten und Seminare, das zweite ein Auszug aus jenem, als Lernbuch in der Hand des Volksschülers, und zwar den vorgeschrittneren, gedacht. Die Reihe von den Auflagen zeigt, daß es sich, wohl zumeist in Süddeutschland, einer ziemlich weitgehenden Benutzung erfreut.

Zugeschnitten auf den eingangs angedeuteten Wirkungskreis, stellt sich das erste Lehrbuch dar im wesentlichen als eine Verquickung von Bestrebungen, wie sie sich allerwärts in der Erdkunde neuerdings geltend machen, mit dem besonders durch die Danielsche behandelte Fragemethode charakterisierten Standpunkt. Dementsprechend ist das „allgemeine Geographie" betitelte Heftchen vornehmlich als Ergebnis der neueren Methode zu betrachten. Bei manchen guten oder im ganzen richtig gefaßten Ausführungen, die nicht bestritten werden sollen, haben sich doch in diese Abschnitte eine ganze Reihe von Unrichtigkeiten oder Ungenauigkeiten eingeschlichen, welche geeignet sind, falsche Vorstellungen zu erwecken. So ist, um einiges herauszugreifen, die Erklärung von Berg, Abhang u. s. w. (S. 50,51) nicht scharf genug; die Entstehung der Gletscher ist schief dargestellt (S. 52), desgleichen die Ansicht über die Meeresströmungen; die Angabe für die allgemeine Erhebung von Hochebenen „150 m" dürfte wohl kaum als Schwellenwert stimmen (S. 50); ebenso wenig kann man das Meer absolut „ruheloses" nennen (S. 45). Was die Angaben über die größten ozeanischen Tiefen betrifft, so stimmen dieselbe weder für die längst bekannten, noch sind die neueren Erforschungen (z. B. im Indischen Ozean) berücksichtigt (S. 44). Die Behauptung, daß der Aussatz „nur noch im Orient" vorkomme, dürften die Erfahrungen selbst im Deutschen Reiche zunichte machen (S. 60). Aus dem Kapitel der mathematischen Geographie sei bemerkt, daß in der Tabelle der wichtigen Meridiane der von Greenwich fehlt, wenn anders es überhaupt nicht besser ist, alle dort genannten — sie sind Seibert, Zeitschrift für Schulgeographie, entnommen — nach dem fehlenden, als Anfangsmeridian, umzurechnen (S. 15). Die Einführung des mitteleuropäischen Zeit ist nicht, wie angegeben, am 1. April 1902 erfolgt, sondern schon 1893 (S. 18). Beim Jupiter ist (S. 31) noch ein fünfter Mond, entdeckt 1892, hinzuzufügen. Es ließen sich derartige Ausstellungen noch vermehren. — Was die andere bemerkenswerte Seite der Bücher betrifft, die Fragen, so könnten dieselben vielfach prägnanter gefaßt sein; manche hingegen sind zu speziell: wozu soll z. B. (Heft II, 30) ein Schüler wissen, wieviel Hauptrichtungen die Schelde hat?

Zu loben ist, daß in den Geographiebüchlein vor jedem größeren Abschnitt entsprechende Stücke aus dem Lesebuch zur Lektüre genannt sind, wie auch neuere gewaltige Forschungsergebnisse erfreulicherweise Aufnahme schon gefunden haben, so z. B. III, 40 das über die Inselnatur Grönlands.

Vor einer Neuauflage dürfte es sich daher empfehlen, eine recht genaue und gründliche Durchsicht vorzunehmen, um sie zu einer wirklich „verbesserten" zu gestalten.   *Ed. Lentz.*

Langenbeck, R., Leitfaden der Geographie für höhere Lehranstalten im Anschluß an die Unterrichtspläne von 1901. II. Teil: Lehrstoff der mittleren und oberen Klassen. 3. Aufl. 8°. Leipzig 1901, W. Engelmann. — Ausgabe für Gymnasien: VI, 260 S. — Ausgabe für Realanstalten: VI, 314 S.

Aus der Fülle der Lehrbücher, welche entsprechend dem Aufschwung der geographischen Wissenschaft in großer Zahl erscheinen, hebt sich dasjenige von Langenbeck insofern sehr vorteilhaft hervor, als es die Hauptforderung der neueren Richtung, eine Verschmelzung des Physischen und Politischen zu einem Gesamtbilde, der Länderkunde, geschickt erfüllt. Mit Hilfe der vom Verfasser eingeschlagenen Verfahrens gewinnt der Schüler ein richtiges Bild von der Bedeutung der einzelnen Landschaft, der Lage der Städte und Ortschaften, der Abhängigkeit der Bewohner von dem Boden, auf dem sie wohnen, in ihren Beschäftigungen und Erwerben. Überall tritt — das ist seine Hauptabsicht — der ursächliche Zusammenhang zwischen der Natur des Landes, seiner Bodenform und den Bewohnern klar zu Tage. Dabei ist die allgemeine Erdkunde genügend berücksichtigt, die Ergebnisse der anderen Wissenschaften, wie der Geologie, Meteorologie, Ozeanologie u. a. m., soweit sie für die Schule in Betracht kommen, gebührend verwertet, sodaß zu einem geschickten Lehrer, welcher den ganzen Stoff beherrscht, wohl gelingen kann, an der Hand der Ausführungen, wie sie der Verfasser darbietet, Interesse für die „Geographie" zu erwecken und ihr an der Stellung im Unterrichtsplane einer höheren Lehranstalt zu verhelfen, die ihr nach dem jetzigen Stande ihrer Wissenschaft sowohl wie ihrer praktischen Bedeutung im bürgerlichen Leben zusteht.

Dem augenblicklichen, an unseren Schulen herrschenden Verhältnissen kommt der Verfasser insofern entgegen, als er zu einer doppelten, für Gymnasien und Realanstalten gesondert bearbeiteten Ausgabe sich entschlossen und gemäß der größeren Stundenzahl auf den letztgenannten Anstalten (bis in die oberen Klassen) den Unterrichtsstoff entsprechend verstärkt hat. Gerade hier wird man es ihm Dank wissen.

Nach Kirchhoffs Vorgang hat Langenbeck

mit diesen Leitfäden mit das Beste geschaffen, was augenblicklich Lehrern wie Schülern geboten werden kann. Möchte ihm ein recht großer Erfolg beschieden sein!   *Ed. Lentz*

Kleine Heimatkunde von Steiermark. Nach Landschaftsgebieten von Eduard Maierl. 2. verbesserte Auflage 6.— 10. Tausend. Leoben 1902, Max Enserer.   30 Heller.

Das anspruchslose Büchlein ist recht übersichtlich in der Anlage und im Druck gehalten, so daß es seinem Zwecke, bei der häuslichen Wiederholung zu nützen, wohl entsprechen wird. Recht praktisch ist die typographische Anordnung, nach der im gedruckten Texte handschriftlich der Schüler einzelne Namen von Beamten eintragen kann, die im betreffenden Bezirk er nach der Ansicht des Verfassers wissen soll, die aber nicht im Drucke eingefügt wurden, da ja das Büchlein auch in den Nachbarbezirken gebraucht wird. Auf diese Weise wird erreicht, daß kein überflüssiger Ballast von solchen Namen, die man nicht zu einige größere geographische Bücher erscheinen merken braucht, mitgeführt werden muß.

                                        O. Steinel-Kaiserslautern.

Böhmig, Martin, Hauptaufgaben und Hauptgrundsätze der Heimatkunde. Ein Beitrag zur Ausgestaltung des heimatkundlichen Unterrichts. Leipzig 1902, Heusers Verlag. 50 Pfg.

Böhmig behandelt die Heimatkunde als allgemeine Grundlage für die Mehrzahl der Schulfächer, nicht als Propädeutik des erdkundlichen Unterrichts. Unter diesem Gesichtswinkel werden den „Aufgaben und Grundsätze" festgestellt.   *Hk.*

Eschner, Deutschlands Kolonieen. Leipziger Schulbilderverlag (F. E. Wachsmuth) 1902. 1.20 M.

Es handelt sich hier bereits um ein zweites Heft von Erläuterungen zu farbigen Künstlersteinzeichnungen für Schule und Haus. Das erste Heft gehört zu fünf Bildern, welche die deutschen Schutzgebiete in Afrika behandeln, das zweite zu fünf anderen Bildern, welche ihren Gegenstand den deutschen Schutzgebieten in der Südsee entnehmen, und zwar ist dargestellt eine Mondscheinnacht im Hafen von Apia, ein Abend am Pomonahafen auf Neu-Guinea, Jaluit mit der Lagune, Kreuzer und Kanonenboot, auf dem Ponape in den Karolinen die deutsche Flagge hissen, schließlich das Panorama des Hafens von Tsingtau mit Panzerschiff und Torpedoboot. Schon die Titel dieser letzten beiden Bilder verraten, daß den schaffenden Künstlern als Endzweck durchaus nicht der Wunsch vorgeschwebt hat, die Landschaft der Schutzgebiete zu veranschaulichen. Das Saltzmannsche Tsingtau ist ein Marinebild, und was von Chinesischem deutlich erkennbar ist, sind einige Dschunken; der Signalberg und weiße Häuser in der Ferne bieten lediglich Hintergrund. Sind auf diesem Blatte ein Panzer und ein Torpedoboot in ihren Typen dargestellt, so dient das Blatt Ponape dazu, Kreuzer und Kanonenboot zu zeigen; einige Malaien im Vordergrund bilden nur Staffage, ein Hintergrund, wie er überall vorkommen kann. Kuhnerts Jaluit dagegen ist ein eindrucksvolles „Geographenbild", obschon auch hier Vorder- und Mittelgrund vom Wasser eingenommen wird; aber dieser Anschein eines in vielem Wasser fast verlorenen Kokospalmengruppe mit Häusern darunter und weitem Himmel, ohne daß eigentlich Land zu sehen ist, das ist charakteristisch für Mikronesien ebenso wie das vorn hart nebeneinander gruppierte europäische Boot und

der Auslegerkahn der Eingeborenen. Franz Bukarz hat mit seinem Pomonahafen wesentlich ein Vegetationsbild geliefert. Es ruht eine träumerische Schwermut über dieser aus Wasser, Berg und dichtem Wald sich zusammensetzenden Landschaft, und diese ist wieder charakteristisch für Neu-Guinea, das hinter wucherndem Pflanzenhecken noch immer schläft, das Dornröschen unter unseren Kolonien, das noch niemand recht erschaut hat; wie auf dem Bilde Dämmerung über dem Lande liegt, so in Wirklichkeit über unseren Kenntnissen von ihm. Desselben Malers Apia-Bild scheint weniger glücklich die Stimmung zu treffen, die wir uns über das lachenden, liebenswerten Samoa gelagert denken, über der Perle der Südsee. Es ist ein schönes Vegetationsbild mit allerlei Staffage von arbeitsamen Eingeborenen und qualmenden deutschen Kreuzern; aber über Samoa liegt in Wirklichkeit ein Hauch wie von lauer Sonntag, von schönen Menschen, von Blumenduft. Das Bild ist schön als Malerei gerade wie auch die Saltzmannsche Seeteskizze, aber es ist nicht geographisch porträtähnlich.

Die Schilderung zu diesen Künstler-Steinzeichnungen, wie sie in Eschners kleinem Hefte gegeben ist, geht selbststrebend von den Bildern aus und sucht aus ihnen Länderkunde, Ethnographie, Wirtschaftsgeographie, Seetechnisches, Botanisches und Zoologisches und noch mehr, wo es angeht, herauszulesen. Die Aufzählung von Einzelheiten, die so entsteht, wird in den weiteren Abschnitten über Erwerbung, Landesnatur, Verwaltung, Eingeborene in den einzelnen Schutzgebieten, auch in solchen, die keine bildliche Darstellung des Kolonialgebiets gefunden haben, also auf den Bismarck-, Salomo-Inseln und Marianen, in gleicher Weise fortgesetzt, so daß eine Fülle von Lehrstoff aus allen möglichen Wissensgebieten mitgeteilt wird. Die Zusammenballung aller Einzeltatsachen zu einem einheitlichen, anschaulichen Gesamtbilde aber bleibt dem Lehrer oder Erklärer der Künstlersteinzeichnungen überlassen, der doch gerade in dieser Hinsicht eine Unterstützung braucht, weil den Malern ihrerseits Wert auf die Gesamtcharakterisierung des Kolonialgebiets gelegt haben. Einzelne Ausstellungen, z. B. Marshall-, nicht Marschallinseln, itschoufu nicht Itschaufu, sind hie und da zu machen, aber sämtlich ohne tiefere Bedeutung.   *Dr. F. Lampe.*

Tester, Chr., Schlappina. Bilder vom Hochgebirge. 2. Auflage. 8°, 128 S. Zürich 1903.

Wer seinen Rucksack für die Alpenwanderung gepackt und einen äußeren Menschen zweckentsprechend ausgerüstet hat, der nehme Testers Buch zur Hand, um den inneren Menschen für die Wunder des Hochgebirges empfängnis zu versetzen. Ins romantische Land, in das Schlappinatal im Rätikon führt uns der Rorschacher Pfarrherr. Wem bei diesen durchdachten Schilderungen nicht das Herz aufgeht, wen sie nicht zum Nachdenken, ab und zu vielleicht auch zum Widerspruch anregen, dem bleibt alles das verborgen, was sich dem Blicke des denkenden Reisenden enthüllt, der in den inneren Zusammenhang der Dinge eindringt und äußere Vorgänge mit inneren, geistigen in Beziehung zu setzen gewöhnt ist. Manchen Norddeutschen wird die herbe, kräftige, bilderreiche Sprache des Schweizers, der auch sich nicht verleugnet, besonders anmuten.

          K. Greich.

Geographische Literatur.

(Die Titel-Aufnahme in diese Spalte ist unabhängig von der Einsendung der Bücher zur Besprechung.)

a) Allgemeines.

Albrecht, Th., Resultate des internationalen Breitendienstes. I. Bd., 173 S., 12 T. Berlin 1903, Georg Reimer. 12 M.

Berdrow, Will., Illustriertes Jahrbuch der Weltreisen und geographischen Forschungsreisen. 2. Jahrg., 280 Sp. Teschen 1903, Karl Prochaska. 2 M.

Berliner astronomisches Jahrbuch f. 1905 m. Angaben f. d. Oppositionen der Planeten (1)—(470) f. 1903. 537 S. u. 8 S. Berlin 1903, Ferd. Dümmler. 12 M.

De Castro Pulido, J., Nociones de fisica del globo. Madrid 1903, Fortanet. 7 pes.

Ebsen, Jul., Navigat.-Lehrer, Azimuth-Tabellen enth. die wahren Richtungen der Sonne, des Mondes und anderer Gestirne, deren Deklination 29° N oder S nicht überschreitet f. Intervalle v. 10 Zeitminuten zwischen den Breitenparallelen von 72° N bis 72° S. 3. Aufl., 291 S. mit 2 Fig. Hamburg 1903, Eckardt & Meßtorff. 12 M.

Frohnmeyer, J., Präl., Biblische Geographie. 12. verb. u. verm. Aufl., 336 S., 92 Bilder, 1 K. Stuttgart 1903, Vereinsbuchhandlung. 5 M.

Grundemann, Dr. D. K., Past., Neuer Missionsatlas aller evangelischen Missionsgebiete m. bes. Berücksicht. d. deutschen Missionen. 2. verm. u. verb. Aufl., 46 K. Stuttgart 1903, Vereinsbuchhandlung. 9 M.

Gundert, Dr. H., Die evangelische Mission, ihre Länder, Völker und Arbeiten. 6. durchaus verm. Aufl., bearb. v. D. G. Kurze u. Pastor F. Raeder. 680 S., Stuttgart 1903, Vereinsbuchhandlung. 5 M.

Hanek, Dr. Hermann, Geographenkalender. In Verbindung m. Dr. Wilh. Blankenburg, Prof. Paul Langhans, Prof. Paul Lehmann u. Hugo Wichmann. I. Jahrg. 1903-04. Mit d. Bildnis von Ferdinand v. Richthofen in Stahlstich u. 18 Karten in Farbendr. 464 S. Gotha 1903, Justus Perthes. 3 M.

Leipoldt, Prof. Dr. G., Wandkarte des Weltverkehrs. Politische Erdkarte i. Merkator-Entw. m. Darst. d. wichtigsten Eisenbahnen, Dampfer-, Telegraphenlinien u. Karawanenstraßen. 4 Blatt. Dresden 1903, Müller-Fröbelhaus. 20 M.

Nansen, Fridtjof, Eskimoleben. Aus dem Norweg. von M. Langfeldt. 304 S. Berlin 1903, Georg Heinrich Meyer. 3 M.

Roclus, E., Les primitifs. Études d'ethnologie comparée. Paris 1903, Schleicher Frères & Cie. 4 frs.

Rodriguez Condesa, J., Elementos de geografia comercial y estadistica. Valencia 1903, F. V. Mora.

Segelhandbuch f. d. Süd- und Ostküste von Afrika von dem Kap der Guten Hoffnung bis Kap Guardafui einschließlich der Comoren-Inseln. 2. Aufl., 472 S. m. Fig., 1 Tab., 3 K. Berlin 1903, Dietrich Reimer. 30 M.

Siedek, Rich., Oberbaurat, Studie über eine neue Formel zur Ermittlung der Geschwindigkeit des Wassers in Bächen und künstlichen Gerinnen. 41 S. Wien 1903, Wilhelm Braumüller. 1.80 M.

Statistik des Deutschen Reichs. 150. Bd. Die Volkszählung vom 1. XII. 1900 im Deutschen Reich. 1. Teil 204 u. 372 S. m. 13 farb. Tafeln. 8 M. — 151. Bd. dasselbe. 2. Teil 789 S. 4 M. Berlin 1903, Puttkammer & Mühlbrecht.

Supan, Prof. Dr. Alex., Grundzüge der physischen Erdkunde. 3. umgearb. u. verb. Aufl. X, 852 S. m. 230 Abb. u. 20 farb. Karten. Leipzig 1903, Veit & Co. 16.50 M.

Thacher, J. B., Christopher Columbus, his life, his work, his remains, as revealed by original printed and M. S. records. 3 vols. London 1903, G. P. Putnams Sons. Je 36 sh.

**Vincev, Maj., Winke f. d. Anfertigung v. Krokis und Skizzen. An drei Übungsbeispielen erläutert. 31 S. 8 Kartenanl. Berlin 1903, R. Eisenschmidt.

Wildermann, Dr. Max, Jahrbuch der Naturwissenschaften. Enth. die hervorragendsten Fortschritte a. d. Gebieten: Physik, Chemie u. chemische Technologie, Astronomie u. mathemat. Geographie, Meteorologie u. physik. Geographie; Zoologie, Botanik, Mineralogie und Geologie, Forst- u. Landwirtschaft, Anthropologie, Ethnologie v. Urgeschichte; Gesundheitspflege, Medizin u. Physiologie; Länder- u. Völkerkunde; angewandte Mechanik, Industrie u. industrielle Technik. 18. Jahrg. 508 S., 46 Abb. u. 2 Kärtchen. Freiburg 1903, Herdersche Verlagsh. 7 M.

b) Deutschland.

Heimat. Bilder aus dem Bereich der Deutschen Hansestädte. 3. u. 5. Koll. Je 10 Bl. 3. Feidmann: Im Sachsenwald. — 5. Müller-Kaempf: Fahrten durch Marsch u. Geest. Hamburg 1903, F. W. Kähler Erben. Je 3 M.

Karte des Rheingaukreises. Mit Bezeichnung der Gemeindegrenzen und Weinbergsanlagen. 1:15000, 2 Bl. Berlin 1903, Dietrich Reimer. 10 M.

Knoblich, Generalkarte der schwäbischen Alb. Herausg. v. Königl. württemb. statistischen Landesamt. 1:150000. Blatt Heilbronn. Stuttgart 1903, H. Lindemanns Buchhandlung. 80 Pf.

Krieger, Alb., Topographisches Wörterbuch d. Großherzogtums Baden. Herausg. v. d. bad. histor. Kommission. 2. durchges. u. stark verm. Aufl. 1. Bd., 3 Halbbd. Sp. 1—640. Heidelberg 1903, Carl Winter. 10 M.

Neuer Führer durch Württemberg u. Hohenzollern f. Vergnügungsreisende m. bes. Einteilung zur Benützung m. einer Landeslahrkarte. 154 S. Cannstatt 1903, Gustav Hopfe. 1.80 M.

Noé, Rich., Rhein und Rheinlande von Heidelberg bis Düsseldorf in 15 Tagen genußreich und billig zu bereisen. Freiburg i. Br. 1903, Fr. Paul Lorenz.

Schulze, Dr. Ernst, Gymn.-Dir., Die römischen Grenzanlagen in Deutschland u. das Limes-Kastell Saalburg. 108 S., 21 Abb. u. K. (Gymnasial-Bibliothek, H. 36). Gütersloh 1903, C. Bertelsmann. 2.40 M.

Seydlitz, G. v., Der Schwarzwald, Bergstraße, Neckartal, der Hegau bis zum Bodensee, der Kaiserstuhl u. Wald. burg. 10. Aufl., 228 S., 14 K., 6 Pläne. Freiburg i. Br. 1903, Fr. Paul Lorenz. 2 M.

c) Übriges Europa.

Baedeker, K., Italien von den Alpen bis Neapel. Kurzes Reisehandbuch. 5. Aufl., 404 S., 36 K., 29 Pl. u. 15 Grundrisse. Leipzig 1903, Karl Baedeker. 8 M.

Bentzon, Th., Promenades en Russie. 16°. Paris 1903, Libr. Hachette et Cie. 3 frs. 50 c.

Bollinger, Reallehrer A., Geogr.-statistisches Handbüchlein der Schweiz f. Schule u. Haus. 22 S. Schaffhausen 1903, P. Melli.

Coecht, J., La Finlandia. Florenz 1903, Succ. Le Monnier. 10 l.

Faigl, Ig., Bauadj., Mähr.-Ostrau als Hafenstadt des Donau-Oderkanals. Vortrag. 11 S., 1 T., 1 Pl., Mährisch-Ostrau.

Mercalli, O., Über den jüngsten Ausbruch des Vesuv. (Aus die Erdbebenwarte.) 7 S., 3 Abb. Laibach 1903, jg. v. Kleinmayr & Fed. Bamberg. 80 Pf.

Peucker, Dr. Karl, Karte von Makedonien, Altserbien u. Albanien 1:864000. Mit kartogr., statistischen u. hist. Beilagen zum Verständnis der makedon. Frage. 2. Aufl. Wien 1903, Artaria & Co. 1.50 M.

Übersichtskarte des nordwestböhmischen Braunkohlenbeckens. Ausg. 1903. 1:144000. Teplitz-Schönau, Adolf Becker. 2 M.

d) Asien.

Blodenkapp, Dr. Oro., Babylonien u. Indogermanien. Ein Orlsteßtug um die Erde. 105 S. Berlin 1903, Hermann Costenoble. 2 M.

Casserly, G., Land of the Boxers, or China under the Allies. London 1903, Longmans & Co. 10 sh. 6 d.

Diest, Oberst a. D. Walther v., Karte des nordwestl.
Kleinasien in 4 Blättern nach eigenen Aufnahmen u. un-
veröffentl. Material auf Heinr. Kieperts Grundl. neu bear-
beitet. 1:300000. Blatt A. Berlin 1903, Alfred Schall. 5 M.
Omura, Prof. Sutaro, Tokio — Berlin. Von der Japan.
zur deutschen Kaiserstadt. 329 S. m. 80 Ill. Berlin 1903,
Ferd. Dümmler. 5 M.
Schaffer, Dr. Franz X., Cilicia. 110 S., 3 K. (Erg.-Heft
141 zu Petermanns Geogr. Mitt.). Gotha 1903, Justus
Perthes. 6 M.
Schrameier, Dr., Admiralitäts-Rat, Die deutsche Mission
in Kiautschou. Vortrag. 16 S. Heidelberg 1903, Evangel.
Verlag. 30 Pf.
Shoemaker, M. M., Great Siberian railway. From St.
Petersburg to Pekin. 8°. London 1903, G. P. Put-
nams Sons. 9 sh.
Wright, G. F. Asiatic Russia. 2 voll. London 1903,
Nash. 1 £ 12 sh.

e) Afrika.

Grothe, Dr. J. H., Tripolitanien u. der Karawanenhandel
nach dem Sudan. 20 S. (Nachnahme-Vorträge I. Jahr-
gang, 21. Heft). Leipzig 1903, Dr. Seele & Co. 50 Pf.
Hardwich, A. A., An ivory trader in North Kenia. London
1903, Longmans & Co. 12 sh. 6 d.
Karstens, Paulin, Wer ist neue Nachrufer? Negertypen aus
Deutsch-Südwestafrika. 128 S., 11 T. Berlin 1903, Gose
& Tetzlaff. 5 M.
Kiepert, Dr. Rich., Karte von Deutsch-Ostafrika in 29 Blatt
u. 6—10 Ansatzstücken. 1:300000. Begr. unter Leitung
von R. ... ... unter Leitung von Paul Sprigade u.
Max Moisel. Im Auftr. u. m. Unterstützung d. Kol.-
Abt. d. Auswärtigen Amtes. 80. Fa Kinntki. Max
gleichwerten. 40 S. Berlin 1903, Dietrich Reimer.

f) Amerika.

Garcia, Al. v. Doginer, J., Historia de la Argentina Parte II.
Madrid 1903, F. Marqués. 3 pes.

g) Australien und Südseeinseln.

Paton, F. H. L., Lamal of Lenakel: hero of the New
Hebrides. London 1903, Hodder & Stoughton. 6 sh.
Wegener, Geo., Deutschland im Stillen Ozean. Karolinen,
Marschall-inseln, Marianen, Kaiser-Wilhelms-
land, Bismarck-Archipel u. Salomo-Inseln. 150 S., 140 Abb.,
1 K. Bielefeld 1903, Velhagen & Klasing. 4 M.

h) Schulgeographie.

Bärnstein, Schulwortkarten Nr. 9—12. Je 120×90. Ber-
lin 1903, Dietrich Reimer. Je 3 M.
Crey, Genus. Prof. Fedr., Lehrbuch der niederen Geodäsie.
726 S. m. Abb. u. 3 T. Leipzig 1903, Johann Kämmer. 10 M.
Eckert, Dr. Max, Heimatskarte d. Provinz Hessen-Nassau.
1:100000. Halle 1903.
Flek, Wilh., Mittelschullehrer, Erfahrende in anschaulichem,
ausführlicher Darstellung. Ein Handbuch für Lehrer und
Seminaristen. 1. Teil: Die Alpen und Süddeutschland
nebst einem Vorkursus der allgemeinen Erdkunde. 345 S.
Hackenbach 1903, L. Wiegand. 2 M.
Hefte, K., Heimatkunde von Leipzig. Ein Führer zu
Schülerausflügen in Leipzig und seiner Umgebung nebst
einer system. Heimatskunde. 3. verm. und erl. Aufl.
102 S. m. 25 Abb. Leipzig 1903, Dürrsche Buchh. 2.50 M.
Kolzckwitz, Otto, Lesebuch f. d. Heimatkunde. 25 S. u.
1 Pl., 1 K. Januar 1903, Oskar Hofmann.
Kahnert, H., Schulkarte vom Kreise Sachsen. 1:675000.
(Neubearbeitung.) Dresden 1903, Müller-Fröhrhaus.
Limanz, Lehrer Erich, Heimatskunde der Stadt Berlin,
Prov. Brandenburg und des Deutschen Reiches. Zum
Gebrauch in Volks-, Vor- und Mittelschulen, sowie in
den Unterklassen höherer Lehranstalten mit Bericht.
d. neuesten Brcht. 5. Aufl., 84 S., 1 farb. Karte. Berlin
1903, Rosenbaum & Hart. 50 Pf.
Nehring, L., Hauptlehrer, Geographisches Merk- und
Wiederholungsbuch f. d. Handelsschüler in zweisprachiger
Volksschulen. 1. Teil nebst d. neuen Rechtschr. 6. Aufl.,
52 S. Breslau 1903, Heinrich Handel. 19 Pf.
Naumda, Rich. Alov., kleine Himmelskunde. Anleitung
z. Beobachtung des gestirnten Himmels u. s. Bewegungen.
8. Aufl., 40 S. m. 35 Abb. Frankfurt a. M. 1903, Diesterweg
Lehranstalt-Anstalt. 80 Pf.
Pohle, Dr. R., Realsch.-Dir., u Brust, O., Lehrer, Berliner
Schulatlas, auf Grund der 50. Aufl. v. Krü u. Meyer.
Deutscher Schulatlas bearb., 48 Haupt- u. 30 Nebenkarten
in Vielfarbendruck u. grossem Plane v. Berlin in sächer
Kartengröße (47 farb. Kartenseiten). Leipzig 1903, Theodor Hofmann. 1 M.
Pöhli, H., Deutschland in natürlichen Landschaftsgebieten,
am Karten u. Typenbildern dargestellt und unter Berücksichtigung der bewohnenden Grundsätze d. Pädagog.
bearb. 3. Aufl., 195 S. Leipzig 1903, Ernst Wunderlich. 2 M.
Seydlitz, E., v., Geographie: Ausgabe E. Für höhere
Mädchenschulen u. verwandte Anstalten. 3 u 2 Hefte u.
1 Lehrerh. Heft 3. Paul Clockisch. 2 Heft. Europa
ohne Deutschland u. d. außereuropäischen Mittelmeerländer. 3. Aufl. m. 36 Abb. Breslau 1903, Ferdinand Hirt. 50 Pf.
Seydlitz, E. v., Geographie. Ausgabe D in 9 Schülerheften u. 1 Lehrerheft. Herausgeg. von E. Oehlmann
u. F. M. Schreiter. 5. Heft. Europa ohne das Deutsche
Reich. Preuß. naturh. Ausdr. Erdkde. Verlorbrab. (Lehrst.
d. Unterrichtslehr.). 132 S. m. 37 S. u. Abb., 8 Aufl.
Breslau 1903, Ferdinand Hirt. 80 Pf.
Schwartz, Prof. Dr. Paul, Heimatkunde der Provinz
Brandenburg u. der Stadt Berlin. 3. durchges. Aufl., m.
Bild. u. K., 50 S. Breslau 1903, F. Hirt. 75 Pf.

Tischendorf, Jul., Schuldir., Geographie I. Präparationen f. d. geogr. Unterricht an Volksschulen. Ein method. Beitrag zum erzich. Unterricht. (In 5 Teilen.) I. Das Königreich Sachsen. 5. umgearb. Aufl. 192 S. m. Abb. Leipzig 1903, Ernst Wunderlich. 2 M.
Troemann, Adolf, Schulerdkunde f. höhere Mädchenschulen u. Mittelschulen. 1. Teil, Grundstufe B. Nach Maßgabe des Normallehrplanes in den Bestimmungen über d. Mädchenschulwesen in Preußen vom 31. V. 1904. 5. Aufl. v. Lehrer Karl Schlottmann. 114 S., 31 Abb. Halle 1903, Hermann Schroedel. 80 Pf.
Wandkarten der Kreise: Ahaus, Reg.-Bez. München — Cassel, Reg.-Bez. Cassel — Eupen u. Montjoie, Reg.-Bez. Aachen — Fulda, Reg.-Bez. Cassel — Lauterbach, Großherzogtum Hessen — Lingen, Reg.-Bez. Osnabrück — Malmedy, Reg.-Bez. Aachen — Oels, Reg.-Bez. Breslau — Prüm, Reg.-Bez. Trier — Schleiden, Reg.-Bez. Aachen — Warburg, Reg.-Bez. Minden, sämtlich in 2 Bl. 1 : 35000. Berlin 1903, Dietrich Reimer. Je 10 M.

i) Zeitschriften.

Annales de Géographie. Herausg.: P. Vidal de la Blache, L. Gallois et Emm. de Margerie. Paris, Armand Colin. 12e Année.
Nr. 63. Hauser, La localisation des industries, particulièrement aux États-Unis. — Vidal de la Blache, Tableau de la Géographie de la France. — Auerbach, Le régime de la Vistule. — Gautier, Sahara oranais. — d'Ollone, Côte d'Ivoire et Liberia. — Lacroix, Les dernières éruptions de Saint-Vincent. — Gallois, La géographie au Congrès international des Sciences historiques de Rome. — La carte générale des profondeurs océaniques. — Mori, Jonction géodésique de la Sardaigne au continent.
Bulletin of the American Geographical Society. Vol. XXXIV.
Nr. 1. Shedd, The Syrians of Persia and Eastern Turkey. — Marschall, The Mississippi River from Cape Giardeau to the Head of the Passes. — Brownlie, Varieties of Tides. — Morison, The Panama Canal. Co-operative Topographic Survey of New York. — Cattle Industry in the United States. — The Most Northern Railroad. — The Geographical Record. — Anderson, Improvements in Navigation in the Gulf of St. Lawrence. — Forest Reserve in the Southern Appalachians. — Earthquake and Volcanic Centres in the Philippines. — The Boundary between Chile and Argentina. — New Maps. — Taer, Physiographic Notes. — Lumholtz, The Huichol Indians of Mexico.
Geographische Zeitschrift. Herausg.: Prof. Dr. Alfred Hettner; Verlag: B. G. Teubner, Leipzig. 9. Jahrg. 1903.
Heft 5. v. Lendenfeld, Der landschaftliche Charakter Neuseelands. — Penck, Neue Alpenkarten. — Tschulok, Das Seengebiet des nordwestlichen Rußland.
Globus, Illustrierte Zeitschrift für Länder und Völkerkunde. Herausg.: H. Singer; Verlag: Vieweg & Sohn, Braunschweig. Bd. 83.
Nr. 19. Bixus, General Tschan-t'chien, ein chinesischer Forschungsreisender des zweiten Jahrhunderts. — Toga im Jahre 1902. — Oentz, Einige Beiträge zur Kenntnis der zentralafrikanischen Völkerschaften I. — Goldziher, Der Seekönvogel im islamischen Volksglauben. — Prähistorisches aus Persien.
La Géographie. Bulletin de la Société de Géographie. Herausg.: Hulot et Rabot; Verlag: Masson et Cie., Paris, VII, 1903.
Nr. 5. Martel, XIVe et XVe campagnes souterraines (1901 et 1902). — Chevalier, Mission scientifique au Chari et au Tchad. — Bonn d'Anty, L'œuvre géographique de la mission Hourst sur le haut Yangtsé. — Dahamel, Les ingénieurs-géographes, d'après le général Berthaut. — Rabot, Le tableau géographique de la France, d'après Vidal de la Blache.
Petermanns Mitteilungen. Herausg.: Prof. Dr. A. Supan; Verlag: Justus Perthes, Gotha. 49. Bd. 1903.
Heft 5. Hauthal, Die Vulkangebiete in Chile und Argentinien. — Eickhorn, Entwurf einer Sonnenscheindauerkarte für Deutschland. — Hann, Die Temperatur von Callao. — Blanemtritt, Neuere Arbeiten der Jesuiten über die Philippinen. — Geogr. Monatsbericht. — Literaturbericht; Polarländer, Ozeane, Allgemeines. 2 Karten.
The National Geographic Magazine. Vol. XIV.
Nr. 5. Cyrus C. Adams, The United States. — Land und Waters. — The Conquest of Bubonic plague in the Philippines. — Improvements in the city of Manila. — American Development on the Philippines-Benguet. — The Garden of the Philippines. — The British South Polar Expedition. — The Work of the Bureau of Forestry. — The Transcanada-Railway.
Zeitschrift der Gesellschaft für Erdkunde zu Berlin. 1903.
Nr. 4. Engler, Über die Vegetationsformationen Ostafrikas auf Grund einer Reise durch Usambara zum Kilmandcharo. — Uie, Die Beziehungen zwischen Niederschlag und Abfluß in Mitteleuropa.
Zeitschrift für Schulgeographie. Herausg.: Dr. Anton Becker; Verlag: Alfr. Hölder, Wien. 24. Jahrg.
Nr. 1. Schwarzleitner, Zur Länderkunde Europas auf der Oberstufe. — Braun, Turan, Eine morphologische Studie.
Nr. 3. Mayer, Die Geographie am 8. Deutsch-österreichischen Mittelschultag. — Gietz, Die Entstehung der Landkarten und deren Reproduktion. — Oorge, Zur Konzentration der Geschichte der Geographie Deutschlands.

Geographischer Anzeiger

herausgegeben von

Dr. Hermann Haack   und   Oberlehrer Heinrich Fischer
Gotha, Friedrichsallee 3.   Berlin SW. 47, Belle-Alliancestr. 69.

| Vierter Jahrgang. | Diese Zeitschrift wird sämtlichen höhern Schulen (Gymnasien, Realgymnasien, Oberrealschulen, Progymnasien, Realschulen, Handelsschulen, Seminarien und höhern Mädchenschulen) kostenfrei zugesandt. — Durch den Buchhandel oder die Post bezogen beträgt der Preis für den Jahrgang 2.60 Mk. — Aufsätze werden mit 4 Mk., kleinere Mitteilungen und Besprechungen mit 6 Mk. für die Seite vergütet. — Anzeigen: Die durchlaufende Petitzeile (oder deren Raum) 1 Mk., die dreigespaltene Petitzeile (oder deren Raum) 40 Pfg. | Juli 1903. |

Börnsteins Schulwetterkarten [1].
Von Prof. Dr. G. Greim-Darmstadt.

Es dürfte kaum einem Zweifel unterliegen, daß in neuerer Zeit ein ganz auffälliges Zunehmen des Interesses an der Witterungskunde innerhalb des breiteren Publikums festzustellen ist. Verschiedene Gründe mögen dazu die Veranlassung sein. Vor allem sei hier der unleugbare Aufschwung genannt, den einzelne Teile der Meteorologie gerade in der letzten Zeit genommen haben, dann aber auch die Zuspitzung mancher Verhältnisse in neuerer Zeit, die wesentlich an der Witterung interessierte Betriebe, wie die Landwirtschaft, zu möglichst intensiver Arbeit und Ausnutzung von Zeit und Arbeitsfeld zwangen, zuletzt aber auch, das wollen wir offen zugestehen, die Veröffentlichungen gewisser Leute, fast möchte ich sagen, wissenschaftlicher Charlatane, die für das größere Publikum berechnete Schriften auf den Büchermarkt warfen, welche zwar dadurch viel verdarben und Unkraut aussäten, daß sie gar oft der strengen Kritik und tatsächlichen Unterlage entbehrten, aber doch dadurch wieder Gutes wirkten, daß sie das Interesse größerer Massen erregten und wach hielten.

Zur Befriedigung dieses Interesses könnten vor allen Dingen die Wetterkarten und Wetterberichte dienen, die schon seit längerer Zeit von den meisten Zeitungen täglich gebracht werden. Aber wie viele von den Lesern dieser Zeitungen gab es und gibt es, die solche Wetterkarten verstehen und sie deuten können? Ist es ja doch nicht genug, die für viele merkwürdig aussehenden Zeichen, die auf ihnen angewandt werden, zu kennen, sondern es gehören ja doch noch andere Kenntnisse dazu, um sich auf Grundlage einer Wetterkarte ein richtiges Bild von der Wetterlage und von deren Zusammenhang mit den lokalen Ereignissen machen zu können. Davor aber, sich diese Kenntnisse zu erwerben, schrecken viele zurück, weil sie es irrtümlicherweise für eine schwierige Aufgabe ansehen, sich die nötigen Grundlagen zu einem allgemeinen Verständnis der Wetterkarten anzueignen, und dies mag auch der Grund sein, daß die schon oben erwähnten Charlatane einen so großen Zulauf hatten, und ihnen so viel mehr Vertrauen und Glauben geschenkt wurde, als der wissenschaftliche Unterlagen bietenden Meteorologie.

Aus diesen Gründen wird aber auch in neuerer Zeit von den ausübenden Meteorologen mit Recht die Forderung aufgestellt, daß es unbedingt notwendig ist, die Kenntnis der Grundlagen einer Wettervorhersage in weitere Kreise zu tragen. Es ist nicht damit getan, daß von mehr oder weniger entfernten Zentralen Wettervorhersagen gegeben werden, es ist nichts damit zu erreichen, daß eine möglichst große Schnelligkeit dieses Prognosendienstes angestrebt und verwirklicht wird, wenn nicht der gerade so wichtigen Forderung Rechnung getragen wird, die Kreise, die die Prognose angeht und interessiert, über ihre Grund-

lagen aufzuklären, da nur dadurch bei ihnen ein gerechtes Urteil über die Zuverlässigkeit, über die Anwendungsfähigkeit und über die Richtigkeit möglich gemacht wird.

Wie und wo ist aber diese Aufklärung vorzunehmen? Bei der älteren Generation, die schon der Schule entwachsen ist, sind nur zwei Möglichkeiten dafür vorhanden, nämlich die Belehrung durch geeignete Schriften und die durch Vorträge von berufener Seite. Erstere denken wir uns ähnlich wie van Bebbers kleine Anleitung zur Aufstellung von Wettervorhersagen oder für etwas weitergehende Bedürfnisse Börnsteins Leitfaden der Wetterkunde, die beide leicht verständlich gehalten und deshalb auch für die meisten Kreise des größeren Publikums leicht verdaulich sind. Die Vorträge dagegen dürften überall angebracht sein, wo Interesse an der Wetterkunde vorausgesetzt werden oder geweckt werden kann, so in landwirtschaftlichen und auch in wissenschaftlichen Vereinen, in denen gar oft ein derartiges Thema, das den Gegenstand auf Grundlage der neuen Forschungen und Ergebnisse der Wissenschaft behandelt, die freundlichste Aufnahme und eine sehr dafür begeisterte Zuhörerschaft findet. Für derartige Vorträge aber bieten die Börnsteinschen Schulwetterkarten, welche hier besonders angezeigt werden sollen, ein ganz vorzügliches Hilfsmittel.

Sie lassen sich nämlich ebenso gut auch in derartigen Vorträgen und in Vorlesungen an der Hochschule brauchen, für die beide bis jetzt etwas Ähnliches, auf dem Büchermarkt Käufliches vollständig fehlte, als in der Schule, für die sie nach dem Titel zu schließen, der Verfasser in erster Linie bestimmt hat. Freilich dürfte die letztgenannte Anwendung, was die Masse der unterwiesenen Zuhörer anlangt, die umfangreichste sein, wenn, wie wir hoffen und wünschen, die Lehrer die durch sie dargebotene Gelegenheit ergreifen, die jüngere Generation mit den Grundlagen unserer heutigen Wetterkunde bekannt zu machen, und dadurch einen von Jahr zu Jahr sich vergrößernden Stamm von Leuten zu schaffen, die über die Kenntnis der Haupttatsachen unserer ausübenden Meteorologie verfügt. Freilich wird das bei manchen Schulmännern energisches Kopfschütteln und Bedenken verursachen, und von ihnen darauf hingewiesen werden, wie viel schon heute auf unsere höhere Schule — denn um die muß es sich ja in erster Linie handeln — hineinstürmt, um sich dort Bürgerrecht zu erobern. Diesen soll jedoch gleich zur Beruhigung gesagt werden, daß wir nicht etwa der Aufnahme eines neuen Faches das Wort reden wollen, sondern daß es sich bei unserer Anzeige der Börnsteinschen Schulwetterkarten nur darum handelt, die betreffenden Lehrer auf ein neues, gutes Hilfsmittel aufmerksam zu machen, mit dem es ihnen möglich ist, einen seither schon gestreiften, und meist etwas oberflächlich behandelten Stoff anschaulicher zu machen und mehr oder weniger je nach Neigung des Lehrers und den Fähigkeiten des betreffenden Schülerjahrgangs auszuspinnen. Freilich läßt sich im letzteren Falle nicht umgehen, daß dafür einige aber wenige Stunden des Physikunterrichts, oder wo der Unterricht in der Erdkunde bis

[1] Börnstein, Dr. R., Schulwetterkarten. 12 Wandkarten unter Benutzung der Typen von van Bebber und Teisserenc de Bort für Unterrichtszwecke zusammengestellt. Berlin 1902, D. Reimer.

Geogr. Anzeiger, Juli.

in die höheren Klassen durchgeführt ist, einige Stunden der physikalischen Geographie dafür geopfert werden, und daß der Lehrer sich selbst, so weit es noch nicht geschehen sein sollte, über die Grundlagen der heutigen Witterungskunde orientiert, aber dafür wird dieses Opfer nach unserer Ansicht durch die reichlich getragenen Früchte bestens lohnen. Seither hörte man in diesen Fächern nur dürftiges über die Ablenkung der Winde durch die Erdrotation, über die Windsysteme um barometrische Maxima und Minima, sowie die Luftbewegung in ihnen, während alles andere, was unsere Physikbücher von hierher gehörigem aufweisen, einige womöglich ganz abrupt gegebene klimatologische Probleme behandelte. Zu einer etwas eingehenderen Behandlung der Wetterlage in den Gebieten hohen und niederen Luftdruckes dagegen, die zu dem eben erwähnten die Anwendung gebildet und deshalb gewiß die Anteilnahme in größerem Maße erregt hätte, fehlte es nicht sowohl an Zeit, als an den nötigen Hilfsmitteln.

Hier wollen die Börnsteinschen Schulwetterkarten einsetzen und dem Lehrer das seither von vielen Seiten oft recht schmerzlich vermißte Hilfsmittel bieten! Als ihre Grundlage haben die täglichen Wetterkarten gedient, welche von der Seewarte herausgegeben werden. Dieselben bringen bekanntlich in zwei synoptischen Karten für jeden Vormittag 8 Uhr die Witterungsverhältnisse im größten Teile Europas so zur Darstellung, daß auf der ersten Karte die Verteilung des Luftdruckes durch Zahlen eingetragen ist, die den an den einzelnen Beobachtungsorten abgelesenen Barometerstand, nach seiner Korrektion auf die gleiche Temperatur von 0° C. und das Meeresniveau angeben. Außerdem sind die Orte gleichen Barometerstandes durch Linien, die sogenannten „Isobaren" verbunden, die aber nur für Stände von 5 zu 5 mm eingetragen, und bei Ständen von 760 mm und mehr ausgezogen sind, während die unter 760 mm (755, 750, 745 mm u. s. w.) durch gestrichelte Linien angedeutet werden. An jedem Orte ist noch die Windrichtung durch Pfeile angegeben, deren Befiederung der Windstärke entspricht. Die Kreise, welche als Zeichen für die Beobachtungsorte verwandt sind, werden je nach dem Aussehen des Himmels zur Beobachtungszeit leer gelassen — bei heiterem Himmel —, oder je nach der Größe der Himmelsbedeckung durch Wolken teilweise oder ganz mit schwarzer Farbe ausgefüllt. Einige nebensächliche Zeichen die neben den Beobachtungsorten vermerkt sind, geben noch Nachricht von Auftreten von Nebel, Tau, Reif u. s. w. Dieser Luftdruckkarte entspricht genau eine Temperaturkarte für denselben Zeitpunkt, für die ebenfalls als Unterlage eine gewöhnliche Umrißkarte von Europa dient, und in die, wie dort der Luftdruck, hier die Temperatur durch bei den einzelnen Orten beigesetzte Zahlen, sowie durch die „Isothermen", Linien, welche Orte gleicher Temperatur verbinden, eingezeichnet ist. Auch die Isothermen sind nur von 5 zu 5° C. aufgenommen, die von 0° und darüber ausgezogen, die unter 0° (Kältegrade) zum Unterschied gestrichelt. Die Temperaturkarte enthält aber außerdem noch Nachweise über den gefallenen Niederschlag (Regen, Schnee, Hagel) in den letzten 24 Stunden, der nach seiner Stärke durch beigesetzte — ein bis vier — Punkte neben den Kreischen des Beobachtungsortes, nach seiner Art und besonderen Umständen durch besondere Zeichen (Punkt für Regen, sechsstrahliges Sternchen für Schnee, zackige Linien mit Pfeil für Gewitter u. s. w.) gekennzeichnet ist. Diese beiden Karten, die Luftdruckkarte und Temperaturkarte der Seewarte für den gleichen Termin, hat nun Börnstein inhaltlich in einer Darstellung vereinigt, indem er Isobaren und Isothermen, erstere in schwarzer, letztere in roter Farbe auf einer gemeinsamen Karte auftrug. Die Einzelzahlen an den Beobachtungsorten sind dagegen in Wegfall gekommen; sie sind ja auch nicht unbedingt nötig, da durch den Verlauf der genannten Linien allein schon die Verteilung von Luftdruck und Temperatur genügend zur Darstellung

gebracht wird. Um aber auch einen Überblick über die Änderungen in der Wetterlage in kurzer Zeit zu geben, sind jeder Karte, die sich auf den Zeitpunkt 8 Uhr vormittags bezieht, unten noch zwei kleinere Kärtchen beigefügt, die eine Übersicht über die Witterung am vorhergehenden 8 Uhr-Abendtermin und am folgenden 2 Uhr-Nachmittagstermin geben.

Es ist selbstverständlich, und gerade für Zwecke des Unterrichts nicht einerlei, welche von den vielen tausenden allmählig entstandenen Wetterkarten der Seewarte den Schulwetterkarten zu Grunde gelegt werden sollen. Haben sie ja doch nicht den Zweck, über die gerade bestehende aktuelle Wetterlage zu orientieren, wie die ersteren, sondern sie dienen der Veranschaulichung möglichst klarer und typischer Beispiele einzelner bestimmter Wetterlagen. Durch eingehende Untersuchungen ist festgestellt worden, daß sich die Veränderungen des Wetters nicht in regellos launischem Wechsel vollziehen, sondern im allgemeinen auf ziemlich einfache Verhältnisse zurückführen lassen, so daß bestimmter Verteilung des Luftdruckes auch eine ganz bestimmte Verteilung der Temperatur und des Niederschlags, überhaupt eine ganz bestimmte Wetterlage entspricht. Einzelne besonders häufig vorkommende und charakteristische Wetterlagen hat man als „Wettertypen" bezeichnet, und mit ihrer Aufsuchung haben sich hauptsächlich Teisserenc de Bort und van Bebber beschäftigt. Es lag natürlich nahe, die von ihnen aufgestellten Wettertypen für die Auswahl der Schulwetterkarten zu Grunde zu legen und danach die Auswahl derselben zu regeln.

Jeder Wettertypus wird charakterisiert durch die Lage der Gebiete hohen und niederen Luftdruckes. Diese sind nämlich für die sämtlichen übrigen Faktoren der Witterung maßgebend. Denn, da sich nach aller Erfahrung die Bewegung der Luft — im gewöhnlichen Leben Wind genannt — an der Erde von dem Hochdruckgebiet her nach dem Gebiet niederen Druckes, dem Depressionsgebiet vollzieht, wobei nur der Wind noch durch die Erdrotation bei uns eine Ablenkung nach rechts erfährt, so ist, wie man daraus sieht, die Lage des hohen Druckes oder der Depression maßgebend für die Windrichtung. Die Differenz des Luftdruckes zwischen beiden wird aber auch von Bedeutung sein für die Windstärke, und der Wind wieder ist, wie jedermann bekannt, von wesentlichem Einfluß auf die Temperatur. In den Depressionsgebieten steigt die Luft in die Höhe, dadurch erfolgt Abkühlung derselben, und Ausscheidung der in ihr enthaltenen Feuchtigkeit als Niederschlag und starke Bewölkung, während im Hochdruckgebiet wegen des dort vorhandenen absteigenden Luftstromes Niederschläge und bedeckter Himmel selten sind (letzterer nur bei dem freilich öfter auftretenden Nebel häufiger vorhanden) und deshalb die freie ungehinderte Ein- und Ausstrahlung der Sonnenwärme eine wesentliche Rolle bei der Bestimmung der Temperatur spielt.

Teisserenc de Bort hat seine Untersuchungen über die Wettertypen hauptsächlich auf die winterliche Jahreszeit beschränkt. Sie knüpfen an die als „Aktionscentra der Atmosphäre" bezeichneten Stellen an. Das sind Orte auf der Erdoberfläche, wo wegen der Beschaffenheit der Erdoberfläche die gleichmäßige Verteilung des Luftdruckes gestört wird, und sich infolge dieser Beschaffenheit jeden Winter dieselben Hochdruckgebiete oder Depressionen in großem Maßstabe ausgebildet wiederfinden. Solcher Centra, die für unsere Gegend in Betracht kommen, sind es drei, nämlich das nordatlantische Minimum (d. h. Gegend geringsten Luftdruckes), das sich jeden Winter bei Island auszubilden pflegt, das Maximum (d. h. Gegend höchsten Luftdruckes), das zwischen den Azoren, Madera und Spanien liegt, und das sibirische Maximum, das im Winter die großen Kontinentalflächen Osteuropas und Nordasiens einnimmt. je nachdem sich das eine oder andere weiter nach Europa herein erstreckt und die Witterung dominiert, treten dann fünf verschiedene Wetterlagen auf, die durch die Börnsteinschen Karten 8—12 zur Darstellung gebracht werden. Ist das sibirische Maximum bis zur russisch-preußischen Grenze nach Westen vorgeschoben, so haben wir kaltes und trockenes Wetter (Typus A); liegt das Maximum von Madera über Frankreich und Deutschland (Typus B), so tritt ebenfalls klares und kaltes Wetter des sogen. „Strahlungswinters" auf, da in diesem Falle infolge des fehlenden Windes und der damit fehlenden Luftzufuhr, die Wärme eines bestimmten Ortes rein und allein durch das Verhältnis der eingestrahlten zu der (im Winter überwiegenden) ausgestrahlten Sonnenwärme bestimmt wird. Liegt das oceanische Minimum über Nordeuropa und gleichzeitig niederer Druck über Mitteleuropa (Typus C), so haben wir kaltes, feuchtes und trübes Wetter, steht dagegen das oceanische Minimum im Norden in Wechselwirkung mit dem Maximum von Madera, das sich über Spanien und das Mittelmeer ausgebreitet hat (Typus D) oder liegt ersteres über den britischen Inseln (manchmal auch über Frankreich) gegenüber dem sibirischen Maximum, das bis Nordrußland reicht (Typus E), so ist das Wetter beidemale bei uns trüb, feucht und mild.

Während die Typen Teisserenc de Borts nur die kalte Jahreszeit umfassen, hat van Bebber fünf Typen aufgestellt, die für das ganze Jahr Geltung haben. Er geht dabei von der Lage des hohen Luftdruckes aus. Liegt dieser im Westen oder Nordwesten, Depressionen östlich davon, so hat der Typus I die Herrschaft, der durch die Börnsteinsche Karte 1 dargestellt wird, und uns bei nordwestlichen Winden kaltes Wetter mit Niederschlägen bringt, die im Sommer als Regen, im Winter als Schnee trotz der nicht sehr großen Bewölkung in reichlicher Menge niedergehen. Dieselbe Wetterlage ist es, die bei uns im Frühjahre manchmal bedeutende Abkühlung, sogen. Kälterückfälle, verursacht. Sie sind besonders aus dem Mai unter dem Namen der „gestrengen Herrn" bekannt, weshalb ihnen Börnstein in der zweiten Karte, die die Witterung des 11. Mai 1900 bringt, eine besondere Darstellung widmet. Liegt das Hochdruckgebiet über Zentraleuropa selbst, so haben wir den Typus II, den „Strahlungstypus", der schon oben berührt wurde. Infolge der überwiegenden Einstrahlung der Sonnenwärme bringt er im Sommer warmes, infolge der überwiegenden Ausstrahlung im Winter kaltes, aber immer heiteres und trockenes Wetter, das nur im Sommer ganz vorübergehend und lokal durch sogen. Wärmegewitter gestört wird. Tritt er im Herbst auf, so gibt er Anlaß zum Eintreten des sogen. Altweibersommers. Bei Börnstein ist er durch die Karten 3 und 9 vertreten, von denen erstere einen Sommertag, letztere, die gleichzeitig als Beispiel für den Teisserenc de Bortschen Typus B dient, einen Wintertag zur Darstellung bringt. Beim III. Typus

van Bebbers liegt das Hochdruckgebiet in Nord- oder Nordosteuropa, eine Depression über dem Mittelmeer oder Biscayagolf. Börnstein veranschaulicht ihn in seiner Karte 4, vom 24. April 1901, an dem wie immer bei diesem Typus heiteres, zugleich aber auch wegen der frühen Jahreszeit kühles Wetter herrscht. Wenn sich das Hochdruckgebiet im Süden oder Südosten befindet, Depressionen im Westen, van Bebbers Typus IV, so herrscht ebenfalls im allgemeinen trockenes, je nach der Jahreszeit resp. den Temperaturverhältnissen Südosteuropas, aus dem der Wind weht, warmes oder kaltes Wetter. Bei Börnstein ist er durch einen warmen Herbsttag auf Karte 5 vertreten. Beim letzten V. Typus liegt das Hochdruckgebiet über Südeuropa, Depressionen nördlich davon. Auch dieser, bei uns am häufigsten vorkommende, durch teilweise stürmische Südwestwinde und feuchtes, stark bewölktes Wetter ausgezeichnete Wettertypus ist durch zwei

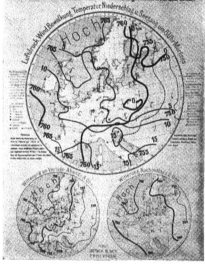

Karten bei Börnstein vertreten, eine aus der sommerlichen Jahreszeit (Nr. 6) und eine aus dem Winter (Nr. 11) letztere wieder gleichzeitig als Beispiel für den Teisserenc de Bortschen Typus D. Die letzte, bis jetzt noch nicht erwähnte Karte (Nr. 7) bringt ein Bild der sogen. „Gewittersäcke", eigentümlicher Ausbuchtungen der Isobaren bei Depressionen, deren Ausbildung öfter der Ablösung von Teildepressionen vorausgeht und mit dem Auftreten häufiger Gewitter an ihrer Front verbunden ist.

Die Karten sind in drei Farben sauber gedruckt, die Umrisse des Landes blau, die Isobaren und Zeichen der Luftdruckkarte der Seewarte schwarz, die Isothermen rot. Abgesehen von dem Titel, in dem nicht nur eine Angabe des Tages, dessen Witterung zur Darstellung gelangte, sondern auch des dargestellten Typus mit einer kurzen Charakterisierung der dargestellten Wetterlage enthalten ist, ist auf dem Rande jeder Karte eine vollständige Erklärung der angewandten meteorologischen Zeichen angebracht. Ein kurzer beigedruckter Text macht in derselben Weise, wie es auf den täglichen Wetterkarten der Seewarte geschieht, auf die Lage der Maxima und Minima aufmerksam und gibt eine Übersicht über die Wetterlage, während für diejenigen Lehrer, die außer der dargestellten Wetterlage auch deren voraussichtliche Änderungen zur Besprechung bringen wollen, die jedesmaligen Vorhersagen der Hamburger Seewarte beigefügt sind.

Nach diesen Ausführungen dürfte es schon einleuchten, daß wir in den besprochenen Wetterkarten ein ganz vorzügliches und wertvolles Anschauungsmaterial für den Unterricht in der Wetterkunde vor uns haben, das als nützliches Hilfsmittel beim Unterricht auf höheren Schulen, bei den Vorlesungen an den Hochschulen, sowie bei Vorträgen über Wetterkunde in weiteren Kreisen ausgezeichnete Dienste leisten kann, und deshalb hoffentlich auch

13*

recht weite Verbreitung findet. Denn die Wetterkarten Börnsteins sind wegen ihrer Übersichtlichkeit bei allen Stufen der Unterweisung in der Wetterkunde mit Vorteil zu verwenden, sei es nun, daß man mit ihnen in das Lesen und Verständnis der Wetterkarten überhaupt einführen, und eine Hauptbegriffe daran erläutern will, oder daß man sie benutzen will, um daran die einzelnen Wettertypen einzuprägen oder zu Urteilen über die voraussichtliche Witterung anzuleiten.

Dem gegenüber fallen die wenigen Ausstellungen, die Ref. daran zu machen hätte, kaum ins Gewicht. Es dürfte ja wohl manchen ein leiser Zweifel beschleichen, ob eine Zusammenziehung der Luftdruck- und Temperaturkarte auf eine Kartenunterlage nicht zu einer Überfüllung des Bildes führe und die Klarheit und leichte Lesbarkeit der Karte beeinträchtige. Auch dem Ref. ist dieser Zweifel gekommen, und er hat gerade daraufhin die Karten genau angesehen. Das Resultat ist, daß Börnstein vor allem in den meisten Fällen in vorzüglicher Weise solche Beispiele ausgesucht hat, in denen nicht allzu tiefe Depressionen und Gebiete gehäufter Isobaren und Isothermen auftreten. Dadurch ist es vermieden worden, daß zuviel Linien auf die Karte kamen, und die großen Hauptkarten sind deshalb so ausgefallen, daß sie, wie von mir angestellte Versuche ergaben, in nicht gerade allzu großen Hörsälen überall deutlich zu erkennen sind. Außerdem ist hierbei auch zu bedenken, wie wesentlich eine Vereinigung von Isobaren und Isothermen auf der gleichen Kartenunterlage geeignet ist, gerade für den Anfänger den Zusammenhang zwischen Temperatur und Luftdruck klar hervortreten zu lassen, ein Grund, der ganz abgesehen von den finanziellen Gründen (die Karten sind recht billig) schon für die Vereinigung auf den Schulwetterkarten gesprochen hätte. Auch daß das Zeichen für Gewitter, so viel ich sehen konnte, auf der Karte der Gewittersäcke, wo es doch eine wesentliche Rolle spielt, fehlt, wird sich bei einer späteren Nachschau leicht verbessern lassen. Und so ist es im wesentlichen nur ein Wunsch, den wir für eine spätere Neuauflage haben, daß nämlich, wenn möglich, das Format so gewählt wird, daß die Schulwetterkarten nicht nur wie jetzt, für Schulsäle und Hörsäle, in denen sie, wie gesagt, vollständig ausreichen, anwendbar sind, sondern auch für Vorträge vor größeren Kreisen, in größeren Sälen, in denen sie großen Nutzen stiften würden, genügen. Unter allen Umständen aber können wir ihnen mit gutem Gewissen die besten Empfehlungen und ein herzliches „Glück auf" mit auf den Weg geben.

✴

Die Erde und das Leben.
Von O. Steinel.

Vielleicht das ausgeprägteste Merkmal unserer Zeit, der Wissenschaft unserer Zeit wenigstens, ist die Auflösung menschlicher Erkenntnis in eine fast unüberblickbare Reihe von Einzelwissenschaften, ist die Erreichung von bewundernswerten Leistungen durch die Vertiefung in irgend eines der Spezialgebiete. Aber immerhin gab es und gibt es noch einzelne führende Geister, die unter den veränderten Verhältnissen eine Art geistigen Supremats über größere Wissenskomplexe repräsentieren, wie man einen solchen früher in Bezug auf das Gesamtwissen — freilich auch damals schon mit Unrecht — für Namen wie Leibnitz, A. von Humboldt in Anspruch nahm. Man hat auch schon viel darüber geflügelt, welche Glückssterne und sonstige Faktoren in einer bestimmten Zeit fortgesetzt zusammenwirken mußten, um einen literarischen Typus von der Bedeutung Goethes zu ermöglichen. In ähnlicher Weise ist man versucht, wenn man das unlängst erschienene Buch des deutschen Geographen Friedrich

Ratzel: „Die Erde und das Leben"[1] liest, zum Schlusse sich klar zu machen: Wie ist es möglich, daß in einem Hirne so verschiedenartiges Erkennen, das gleichzeitig doch wieder so sicher durch eine deutlich zum Bewußtsein gebrachte geistige Einzelindividualität zusammengehalten wird, aufgespeichert werden kann? Das Auffälligste ist dabei: es ist keineswegs die Fülle des Wissens, die einem Bewunderung abnötigt; nein, dieses Wissen selbst kommt einem mehr als etwas Selbstverständliches, als etwas Gegebenes vor; eigentlich nur als die notwendige Voraussetzung für das Andere, für das Eigentliche und Besondere der Ratzelschen Bücher, in der er entweder höchst einfache und nüchterne Schlüsse zieht, oder Folgerungen abweist, oder aber durch wieder ganz einfache und ungesuchte Bilder die Einzeltatsachen beleuchtet und in Reihen eingliedert.

Aber alles was man liest, ist so einfach, so selbstverständlich, so weit ab vom Gelehrtenbrimborium, nichts — um in einem Bilde zu sprechen — riecht nach dem Laboratorium oder der Apotheke, alles atmet anheimelnde nicht verklausulierte Unmittelbarkeit, daß wir gar nicht das Gefühl haben, als handle es sich da und dort um die ernstesten und umstrittensten Probleme, die eigentlich erst durch lateinische Einkleidung und durch viele termini technici zu der ehrwürdigen Langweiligkeit gebracht werden müßten, wenn sie ihrem inneren Grade der Wissenschaftlichkeit entsprechend bei anderen Fachschriften registriert werden sollten.

Wo steckt da die Wissenschaft? Das ist ja alles so einfach! So einfach! Ja, Ratzel arbeitet offenbar mit ähnlichen Gefühlen, wie jener Bildhauer, der nicht begreifen wollte, was man bei seinem Schaffen als etwas überaus schwierig beurteilte. „Nichts falscher als das; ich brauche ja nur ‚das Übrige' wegzumeiseln; die Figur steckt doch schon im Klotze darin; es muß ja nur ‚das Andere' weg!" So ist es einem, wenn man die anscheinend selbstverständlichen Ausführungen Ratzels liest, es ist nichts Frappierendes. Offenbar hat man das Gleiche oder Gleiches auch schon gedacht; bei wiederholtem Lesen geht es einem vielleicht gar so, daß man glaubt, man habe in der Tat schon längst den nämlichen Gedanken gehabt und habe in der gleichen schlüssigen Weise wie Ratzel gedacht! Freilich mag es so sein, nur hat Ratzel in seiner sicheren Art „das Übrige", das Störende, wie jener Bildhauer wegschaffen müssen, bis wir mit den Augen seines Genius seine herausgemeiselte Gedankenfigur frei, ganz frei auch mit unseren Augen sehen konnten.

Es ist sicher ein falsches Beginnen, wenn ich, um Ratzels Wirkung zu erklären, zu einem komplizierten Bilde greife. Gerade die Einheitlichkeit ist es ja wohl, was sich am intensivsten bei seiner Lektüre äußert. Aber wenn man eben ein lapidares Gebilde nicht auf einmal gerade so sich aufnehmen kann, bleibt nichts anderes übrig, als um dasselbe herumzugehen und so Einzeleindrücke zu gewinnen, deren Vereinigung dann notdürftig ein Gesamtbild ersetzen müssen, zu dem man nicht anders, nicht einfacher kommen konnte. Ich denke mir (wenn ich mich einen Augenblick in die Maske des synthetischen Philosophen verkleiden darf), wenn man die Geistesschärfe Lessings (ohne die etwas aufdringliche Lessingsche Dialektik, die wohl mit seinen Schulmeister-Sujets zusammenhängen mag) mit der Universalität und der naturwissenschaftlichen Erkenntnis eines Alexander von Humboldt paarte und dazu noch der Beschaulichkeit und die anheimelnde Empfindungsweise eines Wilhelm Riehl gäbe, so oder doch so ähnlich, als dies, könnte man in dem Destillierkolben einer Faustschen Zauberküche den Homunkulus zusammenbrauen, der schließlich, wenn alles glückt, à la Ratzel die Dinge sehen und beschreiben könnte.

─────────

[1] Leipzig u. Wien 1901/02, Bibliographisches Institut. 2 Bände.

In Ratzels neuestem Werke spiegelt sich der Schauplatz der Entwicklung des Menschengeschlechts, aber nicht nur dieser, auch das Leben; die Wechselbeziehungen der Erscheinungen der Erdoberfläche geht in bunter Reihe an unserem Auge vorüber. Die übliche Klassifikation der geographischen Erscheinungen wurde wohl beibehalten; aber die Fülle der Tatsachen in deren Kategorien hineinzuzwängen, wurde nicht unternommen. Der Leser findet im ersten Bande nach der historischen und kosmologischen Einleitung die Vulkane, Erdbeben, Küstenschwankungen und die Gebirgsbildung, die Festländer, Inseln und Küsten, den Boden, seine Zusammensetzung, seine Höhen und Tiefen und seine Formen; im zweiten Bande werden die Welt des Wassers, der Luft und des Lebens darin, sowie der Mensch als Gegenstand der Geographie behandelt. Aber es sind bei der gewählten Behandlungsweise keine unübersteiglichen Begriffsschranken gleich trennenden Menageriewänden zwischen den Dingen aufgerichtet, die in der Natur durch unzählige Wirkungen und Übergänge verbunden sind. Landschaftliche Beschreibungen zeigen, wie die Vulkane, die Berge u. a., in ihren Umgebungen, überhaupt in der Natur stehen und aus ihr heraus auf den Beschauer wirken. Aus demselben Grundgedanken gehen zahlreiche Ausführungen über die Entwicklung des Wissens von der Erde hervor, die in die Darstellung eingestreut sind. Denn nach Ratzels Auffassung gehört, so führt er in der Einleitung aus, zum Bilde der Erde nicht nur die Registrierung der geographischen Tatsachen, sondern auch ihre Wirkung auf Sinn und Geist des Menschen. Und hierin, in dieser ästhetischen Grundlage der vorgeführten Gesamtarbeit, ist die eigentliche Besonderheit des Werkes zu erblicken. Auch wo nicht ausdrücklich ästhetische Ausführungen eingeflochten sind, leuchten doch ästhetische Beziehungen durch, beeinflussen solche den Gedankenstrom. Diese Eigenart ist es, welche nirgends im Buche das Gefühl aufkommen läßt, als habe es sich für den Verfasser um Erledigung einer Pflicht in Bezug auf Erschöpfung des Stoffes gehandelt, die dem Verfasser im wissenschaftlichen Interesse notwendig erschien, die aber dem Leser lästig fiele. Man kann in dem Buche lesen, wie in einem interessanten Roman; jeder einzelne Teil hat für sich Bedeutung, hat seinen Reiz unabhängig davon, daß er das Glied einer Kette bildet, die freilich so ziemlich alle geographischen Gebiete umfaßt.

Aber auch die äußere Erscheinung des Buches kommt den Absichten des Verfassers zuhilfe. Die dargebotenen Hilfsmittel der Anschaulichkeit sind dem Werte des Wortes gemäß. Auswahl und Ausführung des Bilderschmuckes, so darf man in Bezug auf letztere wohl sagen, machen der Verlagsfirma, die ja in ihren bekannten Konversationslexikon durch ihre Bildertafeln das Publikum, zu den größten Ansprüchen verwöhnt hat, alle Ehre. Wer einzelne Originalien selbst in der Hand gehabt hat, die hier in Ratzels Werk ihre Wiedergabe finden, wie Schreiber dieser Zeilen beispielsweise wiederholt die Pechuel-Loescheschen Aquarelle wird gerne bestätigen, daß an der künstlerischen Zurichtung für den Druck nichts versäumt wurde. Das Buch kann getrost auch gleichzeitig als ein Beispiel moderner deutscher Leistungsfähigkeit in Bezug auf Buchdruck zu Ausstellungszwecken verwendet werden. Sogar die innere Seite der Einbanddecke fällt nicht aus der Rolle stilgemäßer Harmonie zum ganzen heraus; wie angeregte spielende Buchbinderphantasie spinnt das farbige Papiermuster das im ganzen Buche widerklingende unterspannende Motiv weiter und das aufmerksamer zusehende Auge gewahrt in den einzelnen verschieden grüngetonten Kreisen des Musters immer und immer wieder die kühn stilisierten Projektionen der beiden Erdhälften. Der Versuch, dem Inhalt der zwei starken Bände durch einen Überblick über das Gebotene gerecht werden zu wollen, müßte scheitern. Eher kann es glücken, an einer oder einzelnen charakteristischen Proben darzutun, wie Ratzel schreibt. Nur einige Sätze

Geogr. Anzeiger, Juli.

zum Beginn des Kapitels „Die Welt und unser Geist": Die Sternenwelt liegt als Ganzes jenseits der ästhetischen Auffassung. Sie ist zu groß, um in ein Bild verdichtet werden zu können. Kein Maler wagt das. Man könnte sich vielleicht die mächtige Wölbung eines Tempelinneren als Sternenhimmel ausgemalt denken. Aber selbst in großen Dimensionen würde das Bild des gestirnten Himmels etwas Unvollendetes behalten, weil wir die Regel und das Gesetz der Verteilung der Sterne nicht darin erblicken können. Die Sternenwelt kann bewundert und bis zu einem gewissen Grade begriffen, aber nicht künstlerisch bewältigt werden. Wir können ihr nur auf zwei Wegen nahen: sie als Ausdruck eines großen Schöpfergeistes anstaunen und verehren, oder in das Rätsel ihrer Ordnung eindringen, indem wir sie erforschen. Der Religion und der Wissenschaft bleibt das Feld, wo die Kunst verzichtet. Beide beschäftigen sich mit den Sternen seit grauer Zeit .... Es wäre ein großer Fehler, zu glauben, nur die Anfänge des Wissens von der Erde seien mit den Sternen verknüpft. Das Bild, das wir von der Erde in uns tragen, ist immer von einem Bilde ihrer Umwelt umgeben, das von Wissen, Vermutungen, Ahnungen umwoben ist. Die zarten Fäden, die zwischen unserem Heimatplaneten und den anderen Weltkörpern gezogen sind, gehören auch zur Erfüllung des Weltraumes. Sie mögen dünn und vielfach schwankend sein, doch bringen sie die fernsten Weltkörper uns näher. Sie schaffen über der physischen eine geistige Einheit des Kosmos, die den Vorstellungskreis unseres erdgebannten Daseins unermeßlich bereichert. Was wir von den Sternen wissen, ist eine seltsame Mischung von allgemeinsten Eindrücken und einigen besonderen Vorstellungen. Man kann sagen, daß uns trotz der großen Fernrohre, durch die wir die Sterne betrachten, mehr vom Inneren als vom Äußeren der Sterne bekannt ist. Ihre Masse, ihr Wärmezustand, ihre stoffliche Zusammensetzung kennen wir. Wir erraten aber auch aus der Natur ihres Lichtes ihre Vergangenheit und die Entwicklung, die ihnen bevorsteht. Wie wenn wir an den verschiedenen Tönen von Gelb der Schlüsselblumen auf einer Frühlingswiese die erst aufknospenden und die schon welkenden Pflanzen unterscheiden, so lehrt uns der Unterschied des Leuchtens aufflammende und verlöschende Sterne kennen. Darin liegt ein merkwürdiger Gegensatz zwischen unserem Wissen von der Erde und von den Sternen: vom Inneren der Erde wissen wir nichts, aber das Innere ferner Nebelsterne verrät uns die eigentümliche Sprache des Lichtes.

Und nun folgen wir unserem Führer in das enger umschlossene Gebiet einer heimatlichen Landschaft. Hören wir, was er uns über den Berg in der Landschaft zu sagen weiß: In jeder Landschaft sind die Anhöhen und seien sie auch noch so klein, entweder die natürlichen Mittelpunkte der Bilder oder sie fassen die Bilder kulissenförmig ein, indem sie sich zu beiden Seiten erheben. Dazu kommt die wichtige Eigenschaft der Berge, daß sie als Erhebungen eine Menge von landschaftlich bedeutenden Erscheinungen mit in die Höhe nehmen. Der Wald, der einförmig in der Ebene hinzog, steigt an einem Berge oder Gebirge hinauf und sieht da oben ganz anders aus: mit ihm schauen Felder und Matten herab. Gletscher und Firnflecke künden uns ein anderes Klima von oben her an. Das Bewegliche, das gehoben ward, fließt wieder herunter: ohne Erhebung kein Wasserfall. Und nicht zuletzt steigen auch die Werke des Menschen: Dome, Schlösser, Burgen, Städte und Dörfer die Welt umher ... Die verbreitete Ansicht, daß ein Berg von vollkommen regelmäßiger Gestalt unschön sei, muß man zurückweisen. Der englische Landschaftsschilderer Gilpin hat sie meines Wissens zuerst ausgesprochen. Sie gilt unter keinen Umständen von den flachen Vulkankegeln, die so auffallend regelmäßig sind, daß ihre Silhouette ein reines, stumpfwinkliges Dreieck darstellt. Kleine

Unebenheiten, besonders aber die Variationen des Pflanzenkleides, der Firndecke, der Wolken, der Beleuchtung, lassen die Aufmerksamkeit kaum bei dieser Regelmäßigkeit verweilen ... In dem Verrufe der regelmäßigen Formen liegt wahrscheinlich eine falsche Anwendung des Erfahrungssatzes, daß Unregelmäßigkeiten der Form, z. B. sehr ungleiche Abhänge eines Berges, zerrissene, zerspaltene Formen uns sehr oft gefallen. Es ist aber damit nicht gesagt, daß uns deswegen die regelmäßigen mißfallen müssen ... Die ermüdenden Wellenlinien unserer Buntsandstein- und Kupfergebirge erhalten gerade in ihrer Wiederkehr, und besonders in ihrer Wiederkehr in den verschiedensten Gebirgen, eine gewisse Größe von dem Augenblick an, wo wir sie als den Ausdruck eines nach langem Zertrümmertwerden und Zusammensinken erreichten Ruhezustandes erkennen.

Auch aus dem Kapitel „Die Menschheit" sind wir dem Leser einen Ausschnitt schuldig; enthält ja der Titel des ganzen Werkes ausdrücklich den Vermerk, daß „das Leben" berücksichtigt wurde. Ratzel würdigt u. a. auch das Körpergewicht der einzelnen Menschentypen: Einem Durchschnittsgewicht des Mannes der hellen Rasse Mittel- und Nordeuropas von 60—65 kg sieht das des Japaners mit 50—55 kg gegenüber; das bedeutet natürlich auch einen Unterschied der körperlichen Leistung und des Nahrungsbedürfnisses. Die Geringfügigkeit der Nahrungsaufnahme ostasiatischer Arbeiter ist eine große Tatsache der Wirtschaftsgeographie; sie würde ihnen im Wettbewerb mit Europäern einen noch größeren Vorteil bieten, wenn sie nicht in Arbeiten, die Kraft erfordern, hinter den Europäern zurückständen. Die Arbeitsfähigkeit der Neger im tropischen Klima ist die Ursache ihrer Ausbreitung über alle Tropenländer, in die man sie als Arbeiter verpflanzt hat. In die Wettbewerbung mit den Weißen bringt der Neger einen Körper von großer Widerstandsfähigkeit, der zu harten Arbeiten geschickt ist und im Kampfe mit verwüstenden Krankheiten, wie dem gelben Fieber, besser besteht. Wahnsinn befällt Farbige nicht so häufig wie Weiße, auch leiden die Farbigen weniger durch Trunksucht; Delirium tremens tritt bei ihnen selten auf.

Wir schließen unsere kurzen Ausführungen über Ratzels neuestes Buch mit einer Betrachtung, die sich an eine heimatliche deutsche Scholle, an ein bayerisches Gebirge anschließt.

Ratzel unternimmt es, den Blick für das Historische in der Landschaft zu schärfen: Sowie der Aufbau des einzelnen Berges aus Blöcken und Platten uns die Auffassung des Berges erleichtert, so läßt uns die Gliederung des Bodens jedes Land leichter als ein besonderes Ganze erfassen. In der Zusammenfügung der Blöcke und Platten des Berges liegt etwas von seinem Bauplane, wir haben darin wenigstens die Möglichkeit eines Verständnisses des Aufbaues. Ebenso liegt in der Aneinanderreihung der Hügel und Berge und in der Verkettung der Täler der Plan angedeutet, nach dem ein Land gebaut ist. Wenn ein Blick in die Landschaft uns auch nur eine Ahnung von diesem Plane vermittelt, liegt darin eine große Steigerung des landschaftlichen Genusses. Von einem Höhenpunkte über dem Gardasee den Moränenzirkus des Mincio in seiner Gesamtheit zu erfassen, ist ein größerer Genuß, als den einzelnen Moränenhügel zu betrachten; nicht weil der Moränenzirkus größer als der Moränenhügel ist, sondern weil aus jenem das Geheimnisvolle einer gewaltigen erdumbildenden Kraft zu uns spricht. Als Goethe auf der Höhe des Gotthard stand, erhob ihn das Gefühl, daß dies eine königliche, überragende, die Gebirgsketten verknüpfende Erhebung sei. Ja, selbst ein Blick von Wunsiedel aus in den Abschluß des Fichtelgebirges, der aus dem Zusammentreffen der hercynischen und erzgebirgischen Richtung entsteht, kann den Eindruck bewirken, daß wir in den Bauplan des Gebirges hineingesehen haben. Es gehört allerdings eine Karte und etwas geographisches Verständnis dazu, ihn zu lesen.

Die Proben mögen erkennen lassen, wie Ratzel die Dinge sieht und beschreibt. Eine weitere Empfehlung daran zu knüpfen, ist überflüssig. Es werden nicht alle Leser gleichen Nutzen aus dem Buche schöpfen, aber anregend wird auch der das Buch finden, der anfangs vielleicht nur durch den Bilderschmuck zum Lesen gereizt wurde. Seien wir froh darum, daß der Verfasser die Ergebnisse seiner Studien in einer Form gereicht hat, die auch den im Vorhof des Tempels der Wissenschaft Weilenden zugänglich ist. Wer aber das Buch zu Geschenkzwecken verwendet, darf sich eines doppelten Dankes seitens des Beschenkten versehen, weil er ihm damit gleichzeitig ein Kompliment für seinen, für des Beschenkten Geschmack, gemacht hat.

Mitteilungen der ständigen Kommission für erdkundlichen Schulunterricht.

Bei den Mitgliedern der alten Kommission ist angefragt worden, ob sie die Stellung von Vertrauensmännern der neuen annzunehmen geneigt sind. Bislang stehen die Antworten großenteils noch aus.   Der geschäftsführende Vorsitzende.

In Sachen der „wahlfreien Kurse" ist eine Mitteilung noch nicht verschickt worden. Es wäre dies in einem sehr großen Teile des frag-lichen Gebiets erst in den letzten Tagen vor Beginn der Sommerferien zu tun möglich gewesen, d. h. zu einem sehr wenig geeigneten Zeitpunkte. Es ist daher die Versendung auf den Beginn des Unterrichts verschoben. Die nicht sehr zahlreichen Herren aus dem Westen können daher erst gegen Ende des Semesters auf eine persönliche Mitteilung rechnen.

Im Anschluß hieran mache ich überhaupt darauf aufmerksam, daß die Sommerferien und besonders deren verschiedene Lage, teils Juli-August, teils August-September, eine eigentliche Arbeit der Kommission während dieser Zeit unmöglich machen, sodaß erst zu Beginn des Winters auf wesentlicheres gerechnet werden kann.   Der geschäftsführende Vorsitzende.

Kleine Mitteilungen.

Erdkunde als Bestandteil der Allgemeinbildung. Das ist der Titel einer inhaltreichen und ernst mahnenden kleinen Broschüre des Oberlehrers Dr. Felix Lampe, die er ursprünglich in kurzer Fassung in der Festschrift der Berliner Humboldt-Akademie, als einer ihrer Dozenten, veröffentlicht hatte (Weidmann, Berlin 1903). An dem Durchschnitt der Hörerzahl einer Vortragsreihe in den letzten sechs Jahren (34) erörtert er zuerst die Stellung der Geographie im Geschmack und Urteil des Gebildeten und findet, daß unsere Wissenschaft einerseits minder bewertet wird (Durchschnitt der Hörer 24), anderseits Themen mit aktuellem oder ästhetischem Beigeschmack, Südafrika (seinerzeit), Italien diese Zahlen erheblich anschwellen lassen (38 und 48 ja 87 Hörer). Ebenso hob sich in der Gesellschaft für Erdkunde zu Berlin in Erwartung des Nansenschen Vortrags die Mitgliederzahl von 657 ortsansässigen auf 799, um dann bis 1902 wieder auf 750 zu sinken. Lampe regt ähnliche Statistiken an, um den Grad der geographischen Unreife in den führenden Schichten unseres Volkes allgemeiner kennen zu lernen.

Nachdem er dann in großen Zügen den geradezu in dieser Stunde, in der unseres Volkes Leben steht, entscheidenden Wert gesundes geographischen Denkens dargelegt hat und (S. 14) als die Vorstellung von der Erdkunde, die augenblicklich noch herrsche, die einer trockenen und einem anderen, etwas märchenumwobenen und einer Zusammenstellung ferner unfaßbarer (?) fremdartiger Länder. Der gebildete Engländer blicke ganz anders in die Welt. „Wer aber trägt die Schuld bei uns, daß die Bestandteile erdkundlichen Wissens und Denkens in der Allgemeinbildung so geringwertig sind? Die Schule!"

Nach der Schilderung der sattsam bekannten Verhältnisse, in der der berühmte Badener Entwurf einer Prüfungsordnung für Oberlehrer mit der Erdkunde als „Gesichtspunkt" natürlich nicht fehlen durfte, heißt es (S. 17): „Den Wissenden erregt es tiefen Ingrimm, beobachten zu müssen, wie unsere Jugend, der vom Kind an ein Kausalhunger inne wohnt, die wohl zu viel, doch nie zu wenig fragt, woher dies und jenes komme ..., an der Wissenschaft erfolge- und verständnislos vorübergehen muß, welche bei kundiger Behandlung ... große Zusammenhänge aus Natur- und Menschenwelt aufdeckt, ein reales Weltbild entstehen läßt statt traumumwobener Wolkenkuckucksheime.

und Liebe zur Heimat zugleich mit Verständnis für die Fremde, zu pflegen berufen ist, wie wenig andere, nicht als Fachwissenschaft, sondern als wichtiger Bestandteil der Allgemeinbildung. *H. F.*

Geographisches von der Deutschen Städte-Ausstellung in Dresden.

Von Dr. P. Wagner-Dresden.

Dresden beherbergt in diesem Sommer eine Ausstellung, die in ihrer Eigenart Anspruch auf das volle Interesse des geographischen Fachmannes erheben darf. Welches sind die natürlichen Bedingungen zur Anlage einer Siedelung; worin liegt die Gewähr für das Gedeihen des Handels und Gewerbes, worin die Ursache des eminenten, Menschen ansammelnde Kraft moderner Großstädte? In welcher Weise steht die Entwicklung der Verkehrsstraßen mit der der Städte in Wechselwirkung? Alles das sind Fragen geographischer Natur, Fragen, zu deren Beantwortung die Ausstellung das Ihre beitragen will. Das Unternehmen gliedert sich in einen offiziellen und geschäftlichen Teil. Der aufgespeicherte Stoff ist erdrückend; nur wochenlanges Studium führt zur vollen Würdigung desselben. Dem Geographen, der in kurzer Zeit wenigstens seine Spezialinteressen befriedigen will, mögen folgende kurze Winke als Führer dienen, die um so mehr nötig sein dürften, als der offizielle Katalog die Objekte nicht in der Reihenfolge aufführt, in der sie gruppiert sind. Das meiste Interesse beansprucht: Abteil. I: Verkehrsverhältnisse, Häfen, Vermessungswesen; Abteil. II: Stadterweiterungen; Abteil. III: Oeffentliche Kunst; Abteil. VIII: Statistik.

Man beginne den Rundgang nach dem Betreten der Kuppelhalle von der linken Zimmerreihe. Die Räume 7—19 bieten in reicher Auswahl Photographien, Aquarelle, Oelbilder, die uns das landschaftliche und architektonische Schönheiten der Städte vor Augen führen sollen. Ohne auf Einzelheiten einzugehen, machen wir nur auf das Wichtigste aufmerksam. In Koje 8 befindet sich ein alter Holzschnitt von Lübeck aus dem Jahre 1500. Hildesheim zeigt (K. 10) außer Merians Bild eine neuere Ansicht und beweist durch reizvolle Aquarelle, wie es der Stadt gelungen ist, das alte Gepräge festzuhalten. Gegenüber (im Nebenraume 6) werfen wir einen Blick auf das Gipsmodell von Altmeißen mit der Albrechtsburg. Es folgt (K. 11) Nürnberg mit einer „Contrafactur“ von 1552 (im Katalog nicht aufgeführt) und großen Bildern. Im selben Raume stellt auch Erfurt Vergangenheit und Gegenwart im Bilde gegenüber; dazu kommt eine Ansicht von Bernburg. K. 15 beherbergt das malerische Stadtbild von Bautzen, Panoramen von Flensburg und Darmstadt. Gegenüber ist Hannover aus der Vogelperspektive zu sehen. Cöln hat (K. 17) drei interessante alte Karten ausgestellt (von 1571, 1531, 1656). Die schönen Bilder von Königsberg schließen diese Koje ab. Auch München geht (K. 16) historisch vor. Neben der ältesten Ansicht der Stadt, einer Intarsie aus dem 15. Jahrhundert hängt ein altes Panorama, dazu Tafeln aus den mittelalterlichen Stadtteilen. Den Schluß macht Dresden (K. 19) mit einer Auswahl von Reliquien aus dem ortsgeschichtlichen Museum. (Sonderkatalog liegt aus.) Darunter befinden sich einige Pläne und Ansichten aus dem 16. und 18. Jahrhundert.

Der große Eckraum 20 ist der Abteilung für Stadterweiterungen gewidmet. Der alte Stadtkern und die Geländeverhältnisse der Umgebung sind die Faktoren, mit denen die Erweiterungspläne rechnen müssen. Deshalb finden wir hier neben alten Ansichten (Burg Elberveldt von 1598, Dresdens letzte Festungs-

werke, Cöln) große Reliefdarstellungen von Wiesbaden, Bautzen (dreierlei Verjüngungsmaßstäbe!), Chemnitz, Frankfurt a. M., Stuttgart, Elberfeld. Dazu kommen riesige Pläne von Cöln (nebst Rheinansicht), Bonn (Entwicklung der Stadt in acht Plänen dargestellt), Barmen, München, Ulm u. a. Der schmale Umgang 21 bietet Ergänzungen ähnlicher Art, z. B. Stadtansichten von Augsburg aus den Jahren 1521, 1626, 1633, 1833, von Plauen (1597 und 1650), Spandau (1683), Göttingen (18. Jahrhundert, nebst Holzschnitt) und zahlreiche Pläne.

Wir durchschreiten nun rasch die Räumlichkeiten der Schulabteilung bis K. 25, wo das Schulmuseum von Hannover die norddeutsche Moorlandschaft durch zwei Naturprofile, Photographien und allerhand Sammlungsgegenstände erläutert. Im selben Raume stehen einige Reliefs für die Heimatkunde, ein Tellurium, ein Horizontarium und eine Armillarsphäre. Viel Arbeit steckt in dem Dresdner Heimatmuseum (26). (Vgl. den Sonderbericht in der „Lehrmittelwarte“ IV. Jahrg., Nr. 6!) Die geographische Abteilung zeigt zunächst methodisches Material: Die Darstellung des Geländes (Reliefs in Sand, Gips, abnehmbare Holzschichten, verschiedbaren Drahtiolypsen, erläutert, sei kartographische Zeichnungen). Besonders sei auf die sechs Photographien des Gipsmodells im verschiedener Beleuchtung hingewiesen. Sie zeigen sehr drastisch die guten und schwachen Seiten der schrägen Beleuchtung — die eine Photographie läßt geradezu die Täler als Bergkämme erscheinen. Andere Zeichnungen befassen sich mit Lage, Zeit, Raumgrößen der Heimat, mit der Elbe für den Güterverkehr. Eine Mappe „Studienblättern“ beweist, wieviel Stoff aus der Statistik u. s. w. graphisch dargestellt und für die Geographie nutzbar gemacht werden kann. Eine zweite Mappe bietet die selten Gelegenheit, alle Heimatkarten, die in Sachsen für Schulzwecke herausgegeben worden sind, beieinander zu sehen. Viel guter Wille, viel Mißlungenes in Bezug auf Technik und Stoffüberfülle — aber viel Anregung, aus den Fehlern anderer zu lernen, läßt sich aus der Mappe ersehen. (Vgl. hierzu die Aufsätze von L. Hösel, Sächs. Schulz. 1903, Nr. 9, und A. Frenzel, Lehrmittelwarte 1902, 6 und 1903, 4!). Treffliches bietet auch die Sammlung für Erdgeschichte, z. B. Gipsreliefs, Profile, Photographien (Strudellöcher auf dem Elbgrunde!), Sammlungen zur Erläuterung der Wasserwirkung und Verwitterung u. a. Ferner beachte man die prähistorischen Fundkarten, den slawischen Rundling und die graphischen Darstellungen zur Witterungskunde.

Wir wandern weiter bis Koje 34. (Unterwegs höchstens die Karte des Weinbaugebietes von Würzburg — 33). Die zahlreichen statistischen Tafeln geben zunächst im allgemeinen Anregung, Zahlen durch verschiedene graphische Mittel lebendig zu machen. Einige Tafeln gehören direkt ins Bereich der Geographie, z. B. die Klimadarstellungen (etwas verunglückt — ungünstige Anordnung, Uebereinanderzeichnen der Plus- und Minus-Grade), ferner die Tafeln über Bevölkerungsdichte und über das Wachstum der deutschen Großstädte im 19. Jahrhundert, endlich die Karte des Wirtschaftsgebiets der Stadt Dresden. (Gedruckte Erläuterungen im Raume 37 zu haben!)

Nach kurzer Rast im stillen Lesezimmer (4) verlassen wir die linke Seite des Palastes, die uns höchstens noch ein Vogelschaubild von Stralsund und alte Ansichten von Metz (5) bieten würde, und wenden uns vor der Kuppelhalle nach rechts in die I. Abteilung. Hier finden wir zunächst zwei große Tiefenkarten, die Korrektion der Unterweser verdeutlichend (40) und

im Mittelraume das prächtige Relief des Hamburger Hafens, dessen durch Pläne und statistische Tabellen in K. 44 erläutert wird. Gegenüber zeigt München Stromansichten (43). In K. 49 interessieren die Bilder von dem Hochwasser der Weißeritz und seiner Wirkung, in K. 48 ein Relief von Wiesbaden mit eingezeichneten Niederschlagsgebieten. Der vornehme Repräsentationsraum Crefelds entrollt ein Zukunftsbild der jüngsten Rheinhafenstadt. (Die ausliegende Broschüre wird vom Hafenbauamt auf Verlangen zugeschickt!). In K. 54 ist die gewaltige Entwicklung der Häfen von Duisburg-Ruhrort durch Pläne und statistische Vergleiche anschaulich gemacht. In der Nebenabteilung befindet sich ein Niveauplan von Halle. Den folgenden Eckpavillon umgehen wir und sehen in dem äußeren Rundteile ein Geländemodell der Freiberger Gegend, eine Darstellung der Rheinhäfen von Mannheim-Ludwigshafen, und in K. 57 große Atlanten mit allen von Dresden und einigen anderen Städten herausgegebenen Karten. (Erläuterungsbericht der Dresdner Abteilung im Zimmer 37 zu haben!) Der übrige Teil des Ausstellungspalastes kann unberücksichtigt bleiben; wir würden höchstens in K. 60 noch zwei Reliefs von Lübeck und Görlitz finden.

Nur einige Bemerkungen über den industriellen Teil der Ausstellung. In Halle III beschränkt sich unser Interesse auf die Stele Schmalwand, wo die Firma Giesecke & Devrient legt, darunter die ersten vier Blatt der demnächst erscheinenden neuen Karte von Sachsen 1:25000. An derselben Wand sind durch den Kommissionsverlag von Engelmann Atlanten mit der Karte des Deutschen Reiches 1:100000 ausgestellt. Das folgende Haus und die beiden Ausstellungsobjekte (neben der Notiz) hingeben den statistischen Tafeln geben interessante Aufschlüsse über die Bedeutung Sachsens als Industriestaat. In Halle III schlagen höchstens die Vermessungsinstrumente und Hydrometer des Mittelschrankes ins Fach. Wer die Kuhnertschen Landkarten noch nicht kennt, findet die beiden im der Schulbaracke im Garten ausgestellt. In und neben dem Hause des „Dresdner Anzeiger“ verdienen endlich die Instrumente der Dresdener Wetterwarte und typische Wetterkarten eine Besichtigung.

Wir schließen unsere Führung mit Hinweis auf zwei Publikationen, die der Ausstellung ihre Entstehung verdanken, nämlich: „Die Großstädte“. Vorträge u. Aufsätze zur Städteausstellung von Bücher, Ratzel u. a. Dresden 1903, Zahn u. Jaensch (5 M.) — „Geschichte der Stadt Dresden in den Jahren 1871—1902. Werden und Wachsen einer deutschen Großstadt“. Von Dr. O. Gurlitt. (Das letztere Werk liegt im Pavillon des „Dresdener Anzeigers“ aus.)

Eine hochherzige Schenkung im Interesse der Wissenschaft, wie sie sonst nur bei amerikanischen Millionären gewohnt sind, ist dem Hamburgischen Staate zuteil geworden. Dr. Rich. Schütt in Hamburg, welcher bereits auf seinem Privatgrundstück eine Station für Erdbebenforschung errichtet und unterhalten hatte, hat sich, nachdem durch Beschluß des vom Deutschen Reiche berufenen Internationalen Seismologischen Kongresses die Errichtung einer Erdbebenstation I. Ordnung für Hamburg in Vorschlag gebracht worden ist, erboten, auf seine Kosten eine Seismologische Hauptstation im Garten des Physikalischen Staatslaboratoriums zu errichten; außerdem gibt er ein entsprechendes Kapital für die Instandhaltung her und übernimmt die Leitung unentgeltlich. Der Hamburgische Staat hat dieses Anerbieten dankend angenommen. Nebenstehende dieser

14*

Hauptstation sind nach dem Vorschlag von Prof. Gerland in Helgoland und Rostock geplant.

H. W.

Geographischer Unterricht im Ausland.

Finnland. Wissenschaftliche Ausflüge geographischen Charakters gewinnen immer mehr an Boden. Jetzt schildert uns **Ernst Häyrén** in „Geografiska Föreningens Tidskrift" 1903, S. 83 ff., einen solchen, in Gestalt eines Vortrags, den er in der obengenannten geographischen Vereinigung von Helsingfors am 15. April dieses Jahres gehalten hat. Unternommen war der Ausflug von J. E. Rosberg, Dozenten für Erdkunde in Helsingfors mit einer Unterstützung seitens der Universität in der Höhe von 600 Mark vom 1. bis 9. Juni des vorigen Jahres. Sorgsame Vorbereitung, u. a. die Ernennung besonderer „Observatörer" für die einzelnen geophysikalischen Erscheinungen und ähnliches scheinen dem Ausflug zu einem Muster gemacht zu haben, von dem für das finnische Mittelschulwesen in künftiger Zeit gute Frucht zu erwarten sein wird, vorausgesetzt, daß er nicht vereinzelt bleibt und daß überhaupt ein genügender Rest finnischer Kultur sich erhalten kann. Auch Studentinnen nahmen an dem Ausflug teil. Auf Einzelheiten kann hier nicht eingegangen werden, doch sei angegeben, daß der Ausflug im allgemeinen das Innere ging und auch den Ladogasee besuchte.

H. F.

Persönliches.
Ernennungen.

Dr. **James J. Dobbie**, Professor für Geologie und Chemie am University College in North Wales, zum Direktor des Museum of Science and Art in Edinburgh an Stelle von F. **Grant Ogilvie**, welcher zum Assistent-Sekretär des Board of Education in South Kensington ernannt wurde.

Gay M. Hamilton, Assistent an der Nebraska-Universität, zum Dozenten für Geologie an der New Mexico School of Mines in Socorro.

Kapitän z. See z. D. **Alfr. Friedr. Martin Herz** zum Direktor der Deutschen Seewarte in Hamburg unter gleichzeitiger Beförderung zum Konteradmiral als Nachfolger von Wirkl. Geh. Rat Prof. Dr. **G. v. Neumayer**, der dieses wissenschaftliche Institut 1875 begründet und zu einer Musteranstalt ausgebaut hatte.

Professor **Halford J. Mackinder** legt mit Schluß des Semesters die Leitung des University College in Reading nieder.

Der Tropenhygieniker Kais. Reg.-Rat Dr. **Alb. Plehn** zum Privatdozenten an der medizinischen Fakultät in Berlin.

Der außerordentliche Professor für Geographie in Gießen Dr. W. **Sievers** zum ordentlichen Professor daselbst.

Der Kolonialpolitiker Geh. Reg.-Rat und vortragender Rat im auswärtigen Amt A. **Wiskow** zum Geh. Ober-Baurat.

Der Reg.-Rat im Kais. Statistischen Amt Dr. F. **Zahn** zum außerordentlichen Professor an der Universität Berlin.

Todesfälle.

In Sisteron starb am 6. Mai im Alter von 53 Jahren der französische Generalkonsul a. D. **Jules Arène**, Verfasser verschiedener Werke über China.

P. F. **Bainier**, Direktor der École supér. municipale Arago, lange Zeit Generalsekretär der Soc. de géogr. in Marseille, an deren Gründung er den Hauptanteil hatte, starb im April in Paris.

Der hervorragende amerikanische Ozeano-

graph Konteradmiral **George Eug. Belknap**, geb. 1832 zu Newport N. H., starb im April zu Key West Fla. Außer den Verdiensten, die er in seiner militärischen Laufbahn, besonders während des Bürgerkrieges, sich erworben hatte, ist in wissenschaftlicher Beziehung vor allem seine Leitung der „Tuscarora"-Expedition zur Untersuchung des nördlichen Stillen Ozeans hervorzuheben, die er im Mai 1873 antrat. Seine Aufgabe war, die beste Route für ein transpazifisches Kabel nach Japan und China ausfindig zu machen; Belknap gestaltete dieses Unternehmen aus zu einer systematischen Untersuchung dieser Meeresteile, deren Ergebnisse neben denen der gleichzeitigen Expeditionen des „Chalboger" und der „Gazelle" zur Entwicklung der Ozeanographie als einer besonderen Wissenschaft beitrugen. Auf dieser Fahrt wurde östlich von Japan die bedeutende Tiefe von 4655 Faden (8515 m) gelotet, welche bis 1896 als größte Tiefe aller Meere bekannt war. Auch durch Verbesserung der Tiefseeinstrumente, besonders durch Konstruktion eines Apparates zum Heraufholen von Schlammproben machte er sich verdient. In den letzten Jahren war er Direktor des Marine-Observatoriums in Annapolis.

Der französische Ingenieur **Combnoul**, welcher im Auftrag des Negus die geologischen Verhältnisse der abessinischen Provinz Wallaga erforschte und gleichzeitig topographische Aufnahmen machte, ist am 21. Dez. 1902 daselbst gestorben.

In Bonn starb am 6. Mai der Professor der Geodäsie und Observator an der dortigen Sternwarte Dr. **Friedr. Deichmüller**; 1875 hatte er an der Expedition zur Beobachtung des Venus-Durchganges in Tschifu teilgenommen.

Der 28 jährige französische Reisende **Gaston Dubois Desaulle**, welcher sich im Auftrag des Figaro der McMillanschen Expedition in Abessinien angeschlossen hatte, wurde am 8. Mai auf dem Wege nach Addis Abeba von einem Danakil ermordet.

Die Erinnerung an eine längst verflossene Periode der Afrika-Forschung wird lebhaft zurückgerufen durch die Nachricht von dem am 30. April in St. Petersburg erfolgten Tode von **Paul Belloni Du Chaillu**, dessen Entdeckungen im Gabun- und Ogowe-Gebiet seinerzeit die Geographen in zwei Lager teilten, welche für und wider die Wahrheit seiner Berichte eine heftige Polemik miteinander führten. Du Chaillu war 1835 in New Orleans geboren; frühzeitig kam er nach dem Gabun, wo sein Vater amerikanischer Konsul war. 1852 kam er nach den Vereinigten Staaten zurück und veröffentlichte in der New Yorker Tribune die ersten Berichte über dieses Gebiet. 1855 ging er abermals nach dem Gabun und drang auf zahlreichen Vorstößen zu Fuß und im Kanoe landeinwärts vor. 1859 nach New York zurückgekehrt veröffentlichte er 1861 seine Erlebnisse in dem Werke: „Explorations and adventures in Equatorial Africa", welches die lebhaftesten Kontroversen hervorrief; besonders seine Erzählungen von der Existenz des großen anthropoiden Affen, des Gorilla, wurde vielfach angezweifelt. Um die Wahrheit seiner Darstellungen zu beweisen, trat Du Chaillu 1863 eine neue Reise an, nachdem er sich vorher mal weniger hold. Bei der Einfahrt in den Ogowe verlor er durch Kentern des Bootes seine ganze wissenschaftliche Ausrüstung, aber trotzdem drang er landeinwärts bis zum Ngunie, einem Nebenflusse des Ogowe, vor. Streitigkeiten mit den Fans zwangen ihn 1865 zum eiligen Rückzug an die Küste, auf dem mit Ausnahme der Tagebücher sämtliche Reiseergebnisse, Sammlungen, u. s. w. verloren gingen. Ueber diese

Expedition veröffentlichte er: „A Journey to Ashangoland 1867", in welchem er die erste Kunde von dem Vorhandensein eines Zwergvolkes am Ogowe brachte. Beide Werke erschienen auch in französischer Sprache. Die Richtigkeit der Beobachtungen ist durch spätere Forschungen bestätigt worden, wenn man die Genauigkeit seiner kartographischen Aufnahmen auch nicht mit dem Maßstabe messen darf, der heutzutage bei afrikanischen Vermessungen üblich ist. Allmählich verschwand Du Chaillu aus der Erinnerung, obwohl er noch einige Jahre als Vorleser und Verfasser von Jugendschriften über afrikanische Gebiete und Erlebnisse genannt wurde. Anfang der 70er Jahre bereiste er Skandinavien und veröffentlichte seine Eindrücke in dem zweibändigen Werke: „The Land of the Midnight Sun". Eine weitere Frucht dieser Reise: „The Viking Age", in welchem Buche er eine Untersuchung über die Fahrten der Norweger nach Winland anstellte, hielt vor der Kritik nicht stand. Vor zwei Jahren begab sich Du Chaillu nach Rußland, um Stoff zu einem neuen Werke zu sammeln, dessen Vollendung er jedoch nicht mehr erlebte.

Am 2. Februar erlag in der deutschen Nebenstation Kerguelen der Südpolarforscher und Meteorolog Dr. **Joseph Enzensperger**, kaum 30 Jahre alt, der Beri-Beri-Krankheit, welche von der chinesischen Mannschaft des Transportdampfers „Tanglin" dorthin eingeschleppt worden war. Enzensperger widmete sich anfänglich dem Studium der Jurisprudenz, wandte sich aber dann den Naturwissenschaften und besonders der Meteorologie zu. Außerdem zeichnete er sich als Alpinist aus, in manche Gebiete der Ostalpen der Kenntnis erschloß; außer zahlreichen Tourenbeschreibungen veröffentlichte er eine Monographie über das Kaisergebirge. Vom Juli 1900—1901 bekleidete er freiwillig die Stellung als erster wissenschaftlicher Beobachter am Observatorium der Zugspitze. Am 13. August 1901 trat er die Reise nach Kerguelen an.

Der berühmte Oberbaudirektor **Ludw. Franzius**, der Schöpfer der Weserkorrektion, geb. am 1. März 1832 zu Wittmund in Ostfriesland, starb am 23. Juni in Bremen, wo er seit 1. April 1875 tätig gewesen ist. Für die physische Erdkunde ist seine Tätigkeit insofern von Bedeutung gewesen, als seine Untersuchungen sich auf die Wirkungen des fließenden Wassers und von Ebbe und Flut erstreckten, wodurch neue Gesichtspunkte für die Lehre in der Strombildung gewonnen wurden. Die erste kartographische Darstellung der Weserkorrektion wurde in Petermanns Mitteilungen 1880, Heft 8, veröffentlicht.

Der englische Journalist Dr. **Birkbeck Hill**, Verfasser des Werkes: „Colonel Gordon in Central Africa" 1881, in welchem er nach den Briefen Gordons eine Geschichte seiner zivilisatorischen Tätigkeit im Aegyptischen Sudan entworfen hat, starb Ende Februar in London.

Am 19. April starb in Wien-Döbling der Kgl. Ungarische Rat **Felix Karrer**, geb. am 11. März 1825 in Venedig. Als Ministerialbeamter befaßte er sich mit geologischen Studien, war über 30 Jahre Volontär des Naturhistorischen Hofmuseums und seit 1879 Generalsekretär des Wissenschaftlichen Klubs. Er veröffentlichte: „Ueber die untergegangene Tierwelt", „Die Baumaterialien Wiens", „Geologie der Kaiser-Franz-Josef-Wasserleitung", „Boden der Hauptstädte Europas".

Gustav Hermann Meinecke, bekannter deutscher Kolonialpolitiker, geb. am 15. Febr. 1854 in Stendal, starb am 11. April in Berlin. In jugendlichem Alter war er nach Texas ausgewandert, war später in Paris und Zürich als

Redakteur tätig und kehrte bei Beginn der deutschen Kolonialpolitik nach Berlin zurück, wo er mit großem Enthusiasmus für die Bewegung eintrat. Er leitete mehrere Jahre das amtliche Organ der deutschen Kolonialgesellschaft, begründete den Deutschen Kolonialverlag und entfaltete selbst eine ausgedehnte schriftstellerische Tätigkeit. In seinen letzten Lebensjahren, namentlich seit der Übernahme der „Kolonialen Zeitschrift", verfocht er eine größere Freiheit der Kolonien und Kolonisten vor amtlicher Bevormundung, um dadurch die wirtschaftliche Erschließung der Kolonien zu fördern. Außer mehreren belletristischen Schriften über Amerika verfaßte er: „Koloniales Jahrbuch", seit 1884; „Kolonialkalender", seit 1889; „Deutsche Kultivation in Ostafrika", 1892; „Aus dem Lande der Suaheli", 1895; „Die deutschen Kolonien in Wort und Bild", 1899; „Kaffeebau in Usambara", 1900; „Deutscher Export nach den Tropen", 1900; „Wirtschaftliche Kolonialpolitik", 1900; „Seidenzucht in den Kolonien", 1901.

Vize-Admiral Richard Henry Napier, einer der hervorragendsten Vermessungsoffiziere der englischen Marine, geb. am 11. März 1830, starb am 1. März in Southsea. Seine Haupttätigkeit entfaltete er in der Mitte der 70er Jahre, in denen er als Kommandeur der „Nassau" fünf Jahre lang die Vermessung der chinesischen Küste leitete, deren Ergebnisse in einer großen Reihe von Admiralitätskarten niedergelegt sind.

Alexis Rousset, französischer Kolonialadministrator, geb. in Levier (Doubs) 1863, welcher mehrere Reisen im Französisch-Kongo gemacht hat, ist Ende Februar bei Kap Lopez gestorben, nachdem er gerade eine Expedition beendet, auf der er vom Schari zurückkehrend eine kürzere Route der Küste entdeckt hatte.

H. W.

Besprechungen.

Credner, Hermann, Elemente der Geologie. 9. neubearbeitete Auflage. 760 S. u. 42 S. Register, mit 621 Abbild. im Texte. Leipzig 1902, Engelmann. 15 M., geb. 17.50 M.

Hermann Credners Elemente der Geologie werden mit vollem Rechte schon lange zu den zuverlässigsten und vielseitigsten geologischen Handbüchern gezählt, so daß ihre Vorzüge im einzelnen nicht mehr hervorgehoben zu werden brauchen. Die neue Auflage, die nach fünf Jahren der vorigen folgt, weist eine große Zahl von Veränderungen auf. Wie schon die Vorrede hervorhebt, ist der frühere erste Abschnitt, die „physiographische Geologie" gefallen und ein Teil seines Inhalts der „dynamischen Geologie" überwiesen, die nun der „petrographischen Geologie" vorangestellt worden ist. Aber nicht nur in dieser eingreifenden Änderung der Stoffverteilung, sondern auch in fast zahllosen Einzelheiten zeigt sich die sorgfältige Verarbeitung des in der letzten Zeit neu erwachsenen wissenschaftlichen Materials.

Zunächst fallen eine Anzahl neu eingeführter Benennungen auf, mögen es nun die abyssischen Beben, die Oberflächen- und Innenmoränen sein oder Bezeichnungen von geologischen Schichtengliedern, wie das Thanétien, Tongrien, Ludien im Oligocän oder das Aquitanien, Tongrien, Ludien u. s. w. im Eocän, das Aquitanien, Tongrien, Ludien u. s. w. im Eocän, das Aquitanien, Tongrien, Ludien u. s. w. im Eocän, das Aquitanien, Tongrien, Ludien u. s. w. im Eocän, das Aquitanien, Tongrien, Ludien u. s. w. im Eocän, das Aquitanien, Tongrien, Ludien u. s. w. das Posener Flammenton. Überhaupt ist die historische Geologie durch neuere Forschungen wesentlich bereichert; es seien nur die abyssischen Schichten des Harzes und des Kellerwaldes, das Rotliegende im Saalkreis und am östlichen Harz, der Muschelkalk und der Dogger in Elsaß-Lothringen, das Senon des nordwestlichen Deutschlands hervorgehoben.

Die Harzer Kulmgrauwacke wird nicht mehr in Grunder und Clausthaler Grauwacke gegliedert (das sind nur Faciesunterschiede); die frühere obercarbonische Eiszeit wird ins Perm versetzt; der Buntsandstein gilt nicht mehr als Strandbildung, sondern als terrestre Bildung, an deren Aufbau sich Wüstenstürme wesentlich beteiligt haben; aus den drei Eiszeiten der Alpen sind vier geworden. So zeigen sich überall die Ergebnisse der neueren Untersuchungen verwertet; auch in den zahlreichen Literaturangaben tritt das hervor.

Daneben sind viele Abbildungen neu (die Nicaragua-Vulkanreihe, der Dogger des Buchberges bei Bopfingen, die rhätische Ueberschiebung, verschiedene Versteinerungen, die überkippte Braunkohlenmulde der Grube Vaterland bei Frankfurt a. d. O.), andere sind durch verbesserte Darstellungen ersetzt (diskordante Ueberlagerung, Sigillaria und Lepidodendron nach Potonié, Profile durch das Steinkohlenbecken von Lüttich, der Carbonmulden bei Aachen, den Herzog-Johann-Friedrich-Schacht im Oberharz u. a.). Neu ist Stübels Theorie der vulkanischen Eruptionen, die Berücksichtigung der Inlanddünen; andere Probleme sind schärfer gefaßt, wie die Thermaltheorie für die Entstehung der Erzgänge, die Glacialerosion; wesentlich umgestaltet ist der Schlußabschnitt über den diluvialen Menschen.

Daß bei allen diesen Erweiterungen der Umfang des Buches nur um wenige Seiten gewachsen ist, wurde durch sorgfältige Ausscheidung alles dessen erreicht, was veraltet, überholt oder nebensächlich geworden ist. Daß dabei auch die früheren Rückblicke auf die Entwicklung des organischen Lebens während des paläozoischen und des mesozoischen Zeitalters gefallen sind, wird mancher bedauern. Die neue Auflage ist wiederum ein rühmliches Denkmal deutscher Forscher- und Gelehrtenarbeit; möge ihr reicher Inhalt auf recht viele anregend und belehrend wirken!

W. Schjerning.

Geistbeck, Michael, Leitfaden der mathematischen und physikalischen Geographie für Mittelschulen und Lehrerbildungs-Anstalten. 22. u. 23. Aufl., 168 S. Freiburg 1902, Herder. 1.40 M., geb. 1.75 M.

Auch in der neuen, übrigens wenig veränderten Auflage behält der bewährte Leitfaden seine Vorzüge: reiche Fülle an Stoff, übersichtliche Einteilung, sorgfältige Namenerklärung und Verarbeitung auch der neueren Forschungen. Immerhin bleibt für die bessernde Hand des Verfassers noch hier und da zu tun. Die „Schlangenlinie" der Mondbahn auf S. 34 sollte verschwinden, ebenso die Aussprachebezeichnung li für Lee (Leeseite S. 102 u. 129) und Ausdrücke wie „per" Jahr (S. 105). Die Inseln Usedom und Wollin im nahen Kern von Jura und Kreide können nicht ohne weiteres als Aufschüttungsinseln bezeichnet werden (S. 62). Weitere Vorschläge für die nächste Auflage sind: Einzeichnung der Erosbahn in die Figur auf S. 43 (was hat eigentlich der fünfte Saturnmond Rhea darauf zu suchen?), Ersetzung des neuen Sterns in der Andromeda durch den im Perseus von 1901 (S. 52), sowie eine Revision der Abbildungen, in denen S. 88, 104 u. 108 noch manches Alte ohne Notwendigkeit mitgeschleppt wird. *W. Schjerning.*

v. Wißmann, Hermann, Unter deutscher Flagge quer durch Afrika von West nach Ost. 8. Auflage. Berlin 1902, Hermann Walther, Verlagsbuchhandlung.

Es ehrt das lesende Publikum, daß von Wißmanns Schilderung über seine Reise quer durch Afrika in den Jahren 1880 bis 1883 bereits die achte Auflage notwendig geworden ist. Als er zum erstenmal über seine Expedition vom portugiesischen Loanda durch das Lunda-Gebiet, die Länder der Baschilange und Baluba im Süden des großen Kongo-Nordbogens, über den Tanganyika und durch Uniamwezi und Ugogo bis nach Saadani einiges berichtete, boten die Schilderungen mancherlei neues, vielfach überraschendes und bereicherten die Kenntnisse von Afrikas Boden, Klima und Bewohnern, und die zusammenfassende Reisebeschreibung, die erst im Jahre 1888 erschien, nachdem Wißmann bereits neue Expeditionen geleitet hatte, nachdem über seine zweite Durchquerung vom Kongo bis zum Sambesi sogar ein Buch „Im Innern Afrikas" herausgegeben war, wurde von allen Seiten mit hohem Interesse aufgenommen. Inzwischen sind die geschilderten Gebiete allgemein bekannt geworden, und mancherlei darf als überholt gelten, was in der ersten Auflage des Reisewerkes wertvoll erscheinen mußte. Mit Recht hat Wißmann in der achten Auflage deshalb einiges fortgelassen. Der Wert einer geschichtlichen Urkunde über die erste deutsche Durchquerung Afrikas, über die ersten Taten des verdienstvollen Reisenden ist dem Buche geblieben, und es ist nur zu loben, daß Wißmann am Texte keine Änderungen vorgenommen hat, wie sie auf Grund eigener späterer Erfahrungen und der Berichte anderer Reisenden ihm hätten nahe gelegt werden können. So ist die Frische der Eindrücke, wie sie einst bei den ersten Wanderungen auf dem Boden empfing, der ihn begrüßt machen sollte, dem Buche erhalten geblieben, dessen Hauptwert freilich nicht in besonders hohem schriftstellerischen Reize beruht, wie wohl bei manchen anderen Reiseschilderungen, sondern darin, daß unwillkürlich im Leser ein Gefühl der Befriedigung entsteht, wenn aus dem ruhigen Flusse der Darstellung täglicher Reiseerlebnisse die mutige Tatkraft und taktvolle Geduld des Expeditionsleiters beim Verkehr mit den Eingeborenen, die Freude des deutschen Wanderers an der umgebenden, fremdgearteten Welt, die Lust des Jägers an den Beobachtungen des Tierlebens und der klare Blick des Politikers bei der Beurteilung der Araber im Innern Afrikas entgegentritt. Der zweite, kleinere Teil des Buches gilt dem Andenken Pogges, der mit Wißmann bis Nyangwe gezogen war, dann aber zur Westküste zurückkehrte. Es werden seine Berichte an die „Afrikanische Gesellschaft" über seinen Rückmarsch und eine Stationsgründung mitgeteilt. In diesem Teile des Buches überwiegt die Darstellung der Zuständlichen; die Schilderung persönlicher Erlebnisse tritt dagegen in dem ersten größeren Abschnitt in den Vordergrund. *Dr. F. Lampe.*

Klieghammer, Waldemar, Eine Reise nach Norwegen und Spitzbergen auf der „Auguste Victoria". 141 S. Rudolstadt 1903, F. Mitzlaff. 1.50 M.

Die hier dargebotene „humoristische Schilderung aus der Kleinstädterperspektive" ist von einer wohltuend fröhlichen Stimmung erfüllt, die bis zum Schlusse vorhält. Die einzelnen Tagebuchausschnitte sind ursprünglich in der „Schwarzburg-Rudolstädtischen Landeszeitung" erschienen. Der Reinertrag aus der Veröffentlichung in Buchform soll dem Denkmal des bekannten Thüringer Dialektdichters Anton Sommer zu gute kommen. Der Verfasser, der es versteht, so billig wie möglich zu reisen und soviel wie möglich in sich aufzunehmen, gibt seine Eindrücke in reizvoller oft zu Herzen gehender Darstellung wieder. Mit seinen plastischen Landschaftsschilderungen kann er sich überdies sehen lassen. Den Thüringer wird die ständige Bezugnahme auf heimische Verhältnisse angenehm berühren. Wir wünschen dem anspruchslos-liebenswürdigen Büchlein schon um des guten Zweckes willen eine zahlreiche Leserschar, besonders in des Verfassers engerer Heimat. *Dr. Blankenburg.*

Middendorf, Dr. **Heinrich**, Altenglische Flurnamen. Halle 1902, Max Niemeyer.

Eine sehr gewissenhafte Untersuchung der Flurnamen aus dem von Gray Birch herausgegebenen „Cartularium Saxonicum", dem „Handbook to the Land Charters and other Saxonic Documents" von Earle und den Urkunden der „Oldest English Texts" von Sweet bietet gleichzeitig Interesse für den Geographen, den Philologen und den Dialektforscher. Der Verfasser zieht insbesondere seinen heimatlichen Dialekt, den artländischen, d. i. das Niederdeutsche, das im Artland, Provinz Hannover, Regierungsbezirk Osnabrück, gesprochen wird, wiederholt mit Glück zur Deutung heran und liefert vielfach den Beweis, wie das sachliche Eindringen in anscheinend rein philologische Fragen Licht bringt. Ähnliche Arbeiten möchten wir den einzelnen deutschen Landschaften wünschen! Den Bearbeitern namen-geographischer Themen insbesondere sei Middendorfs Werk bestens empfohlen.

O. Steinel-Kaiserslautern.

Hafenerweiterung der Stadt Leer in Ostfriesland.

Die bei Wilkens in Leer gedruckte, 14 Seiten starke Broschüre ist vom königlichen Wasserbauinspektor A. Geiße verfaßt. Leer liegt 20 km oberhalb der Mündung von der Ems in den Dollart auf einem hochflutfreien Geestrücken, der im Westen von der Ems, im Osten und Süden vom Emszufluß Leda umflossen wird, und weist als Zeugen sehr alter Besiedlung einen künstlichen Erdhügel auf, der zu heidnischen Kulturzwecken aufgeworfen wurde. Der Name Leer ist wohl zusammengezogen aus dem friesischen „Leger" = hochdeutsch „Lager". Seit dem Jahre 800 etwa besteht hier eine christliche Kirche. Ems und Leda hätten schon im Mittelalter Leer zum beträchtlichen Hafen aufblühen lassen, wenn nicht ein Stapelprivileg Maximilians I. für Emden den Handel Leers auf Binnenverkehr beschränkt hätte. Jetzt hat Leer als Kreisstadt 13000 Einwohner und einen Verkehr, der im Jahre 1901 575 einlaufende und 558 ausfahrende Seeschiffe mit 67 und 65½ Tausend Registertons und 3507 einlaufende, 3508 ausreisende Fluß- und Kanalschiffe mit 69¼ und 68 Tausend Registertons umfaßte. Der Hafen hat bei gewöhnlichem Hochwasser 5½ m Tiefe, soll nun aber auf Stadtkosten um 1½ m vertieft und vergrößert werden, um am Dortmund-Emskanal-Verkehr als Umschlagsort Anteil zu nehmen. *Dr. Felix Lampe.*

Frost, G. A., Reiseerlebnisse eines sächsischen Pfarrers in Deutschland, Österreich-Ungarn, Rußland und Frankreich. Kl.-8°. 112 S. Krimmitschau 1901, Raab.

Diese Reiseerlebnisse sind die Früchte von Ferienreisen, die der Verfasser teils als Student, teils als Seminaroberlehrer und als Pfarrer unternommen hat. Etliche davon waren schon früher in Tageszeitungen erschienen.

Die geschilderten Gegenden sind die Karpaten der Tatra und die Slowakei, Marienburg und Thorn, der russische Badeort Polangen, Le Havre, Paris, Belfort und die Schlachtfelder von St. Privat und Saarbrücken, schließlich Salerno.

Der Inhalt ist anspruchslos und lesbar, ohne aber in die Tiefe zu dringen. Es sind leichte Plaudereien über persönliche Erlebnisse, Ausführungen über innere Mission und über Glaubenssachen, Einzelzüge aus dem französischen Soldatenleben von heute und aus einigen der letzten deutsch-französischen Schlachten, die der Verfasser bringt. Wirklich **Geographisches** ist herzlich wenig in dem kleinen Heft enthalten, und das Wenige sind oft die allerbekanntesten Tatsachen. Der Aufsatz über die Marienburg ist rein geschichtlich. Von der Slowakei berichtet der Verfasser einiges über die Tracht der Leute (S. 13) und über ihre befestigten Dorfkirchen (S. 15). Am meisten hat uns noch der letzte Abschnitt gefallen. Die üppige Pflanzenwelt der Umgebung Salernos ist hier mit Geschick beschrieben. Umfangreicher ist die Schilderung der modernen Franzosen, vornehmlich des Parisers, seines Verhältnisses zum Militärstand und seiner freundnachbarlichen oder friedgehässigen Gesinnung gegen den Nachbar jenseits des Wasgaus, in der sich ein gewisser Wandel vollzieht.

Dr. Alfred Berg.

Geographische Literatur.

(Die Titel-Aufnahme in diese Spalte ist unabhängig von der Einsendung der Bücher zur Besprechung.)

a) Allgemeines.

Andrees neuer allgemeiner und österr.-ung. Handatlas. Herausgeg. von A. Scobel. Liefg. 1—9. Wien 1903, Moritz Perles. Je 1 M.

Baschin, Bibliotheca geographica. Herausgeg. v. d. Ges. f. Erdkunde zu Berlin. Jahrg. 1899. 511 S. Berlin 1903, W. H. Kühl. 8 M.

Haack, Dr. H., u. H. **Wiechel,** Kartogramm zur Reichstagswahl. 2 Wahlkarten des Deutschen Reiches in alter und neuer Darstellung mit politisch-statistischen Begleitworten und kartographischen Erläuterungen. 30 S. Text. Gotha 1903, Justus Perthes. 1 M.

Jahrbuch des Schweizer Alpenklub. 38. Jahrg. 1902/03. 509 S. m. 84 Abb. u. 2 Panor., nebst Beilage: Stebler, F. G. Das Goms und die Gomser. 112 S. m. Abb. Bern 1903, A. Francke. 11 M.

Lethaea geognostica, Handbuch der Erdgeschichte m. Abb. der f. d. Formationen bezeichnenden Versteinerungen. Herausgeg. v. d. Vereinigung v. Geologen u. d. Red. v. Fritz Frech. II. Teil: Das Mesozoicum. 1. Heft. Trias. 1. Liefg. Einleitung des Mesozoicum und der Trias vom Herausg. Continentale Trias von E. Philippi mit Beiträgen von J. Wysogorski. 105 S., 29 Taf., 6 Tab., 70 Abb. Stuttgart 1903, E. Schweizerbart. 28 M.

Miller, Prof. Wilh., Die Vermessungskunde. Ein Taschenbuch für Schule und Praxis. 2. Aufl. 174 S. mit 117 Abb. 8°. Hannover 1903, Gebr. Jänecke. 3 M.

Monatskarte für den vorderatlantischen Ozean. Juni 1903. Hamburg, Eckardt & Meßtorff. 75 Pf.

Müller, Rob., Studien und Beiträge zur Geographie der Wirtschaftstiere. 1. Bd.: Die geogr. Verbreitung der Wirtschaftstiere mit besonderer Berücksichtigung der Tropenländer. 296 S., 21 Tierb. Leipzig 1903, M. Heinsius. 9 M.

Pastor, Willy, Lebensgeschichte der Erde. Ein Überblick über die Methamorphosen des Erdensternes (Buchschmuck von Heinr. Vogeler, Worpswede). 261 S. Leipzig 1903, Eug. Diederichs. 5 M. (Leben und Wissen 1.)

Scheube, R., Die Krankheiten der warmen Länder. Ein Handbuch für Ärzte. 3. umgearb. Aufl. m. 5 geogr. K., 13 Taf., 64 Abb., 790 S. Jena 1903, Gustav Fischer. 18 M.

Schmidt, Wilh., Astronomische Erdkunde. 232 S., 81 Abb., 3 Taf. (Die Erdkunde VI). Wien 1903, Franz Deuticke. 7 M.

Sohr, K., und H. **Berghaus,** Hand-Atlas über alle Teile der Erde. 4. Liefg. Glogau 1903, Karl Flemming. 1 M.

Stephan, Lehrmethode der Anfangsgründe des militärischen Planzeichnens. 42 S. m. Abb. Berlin 1903, Siebelsche Buchhandlung. 1.50 M.

Stielers Handatlas, Neue 9. Lieferungsausgabe. 17. Liefg.: Nr. 17 Österreich-Ungarn, Bl. 1 in 1:1500000 von C. Vogel, berichtigt von Karl Scherrer. Nr. 18. Österreich-Ungarn, Bl. 2 in 1:1500000 von C. Vogel, berichtigt von Karl Scherrer. 18. Liefg.: Nr. 38 Großbritannien, Südl. Blatt 1:1500000 von O. Koffmahn; Nr. 58 Ost-Sibirien 1:7500000 von H. Habenicht. Gotha 1903, Justus Perthes. Je 60 Pf.

Tappenbeck, Ernst, Wie rüste ich mich für die Tropenkolonien aus? 56 S. Berlin 1903, Wilhelm Süsserott. 1 M.

Vital, Arth., Die Kartenentwurfslehre. 96 S. m. 19 Holzschnitten u. 4 Taf. (Die Erdkunde XXVI). Wien 1903, Franz Deuticke. 4.20 M.

Wagner, Herm., Lehrbuch der Geographie. 7. Aufl. Durchgesehener Abdr. der 6. gänzlich umgearbeiteten Aufl. von Guthe Wagners Lehrbuch der Geographie. 1. Bd. Einleitung, Allg. Erdkunde. 918 S. m. 85 Fig. Hannover 1903, Hahnsche Buchhandlung. 14 M.

Weber, Ernst, Vom Ganges zum Amazonenstrom. Reiseskizzen. 178 S. m. 21 Abb. Berlin 1903, Dietrich Reimer. 6 M.

Woltmann, Dr. Ludw., Politische Anthropologie. Eine Untersuchung über den Einfluß der Descendenztheorie auf die Lehre von der polit. Entwicklung der Völker. 326 S. Lex.-8°. Eisenach 1903, Thür. Verlagsanstalt. 7 M.

b) Deutschland.

Beschreibung des Oberamts Heilbronn. Herausgeg. v. k. statist. Landesamt. 2. Teil. 581 S. m. Abb. Stuttgart 1903, in Komm. W. Kohlhammer. 2 M.

Bindemann, H., Die Abzweigung der Nogat von der Weichsel. 70 S., Titelbild, 20 K. (Abhandlungen zur Landeskunde der Provinz Westpreußen XII). Danzig 1903, L. Saunier. 5 M.

Bühring, Dr. J., Routenkarte der Haupt-Touristenwege, der wichtigsten Fahrstraßen, auch Eisenbahn, Post- und Omnibuslinien im Thüringer Wald. 1:150000 m. 56 S. Text. Arnstadt 1903, Waldem. Jost. 50 Pf.

Descharmes, P., Les chemins de fer dans les colonies allemandes. 8°. Paris 1903, Masson & Cie. 5 fr.

Elsaß-Lothringen, Das Reichsland, Landes- und Ortsbeschreibung. Herausgeg. vom statistischen Bureau des Ministeriums für Elsaß-Lothringen. 7. (Schluß) Liefg. Straßburg 1903, J. H. Ed. Heitz. 3.40 M.

Fitzner, Rud., Deutsches Kolonial-Handbuch. Nach amtl. Quellen bearb., Ergänzungsbd. 1903. 242 S. Berlin 1903, Herm. Paetel. 3 M.

Friedrichroda und Umgebungen. 94 S., 1 Stadtpl., 3 K., 1 Rundschaukarte vom Inselsberg. Gotha 1903, Justus Perthes. 1.50 M.

Hoch, C., Karte vom Reg.-Bez. Breslau und den angrenzenden Gebieten. 1:300000. Glogau 1903, Karl Flemming. 2.50 M.

Karte der Vogesen. 1:50000. Herausgeg. vom Zentralausschuß des Vogesen-Klubs. — V. Lützelstein. — X. Molsheim. 2. Aufl. — XIII. Markirch. Straßburg 1903, in Komm. J. H. Ed. Heitz. Je 2 M.

Karte des Deutschen Reiches. 1:100000. Abt.: Königr. Preußen. Nr. 312 Wolfenbüttel. Berlin 1903, R. Eisenschmidt. 1.50 M.

Karte des Deutschen Reiches. 1:100000. Abt.: Königr. Sachsen, herausgeg. vom topogr. Bureau des Kgl. sächs. Gen.-Stabes. Bl. 471 und 493. Dresden 1903, E. Engelmann Nachf. Je 1.50 M.

Karte, neue, des württ. Schwarzwaldvereins. 1:50000. 5. Bl.: Horb-Nagold-Dornstetten. Stuttgart 1903, in Kom. A. Bonz Erben. 2 M.

Knüll, Dr. Bodo, Historische Geographie Deutschlands im Mittelalter. 240 S. Breslau 1903, F. Hirt. 4.00 M.

Limes, Der obergermanisch-raetische, des Römerreiches. Im Auftr. der Limes-Kommission herausgeg. von den Dirigenten Gen.-Leutn. z. D. Osk. v. Sarwey, Prof. Ernst Fabricius, Museumsdir. Fel. Hettner (†). 18. Liefg. Unter Mitwirkung von J. Jacobs. 68 S. m. Abb. u. 9 Taf. Gr.-4°. Heidelberg 1903, Otto Petters. 6.80 M.

Meinhardt, Paul, Kann Deutschland Weltpolitik treiben? Eine volkswirtsch. Untersuchung über Deutschland am Beginne des 20. Jahrh. 31 S. Weimar 1903, Herm. Groß. 60 Pf.

Meßtischblätter des preußischen Staates. 1:25000. Nr. 1693, 1695, 1838, 1906, 1908, 1974, 2044, 2047, 2116, 2324, 2328, 2401, 2471. Berlin 1903, R. Eisenschmidt. Je 1 M.

Meyers Reisebücher. Deutsche Alpen. 1. Teil: Bayerisches Hochland, Algäu, Vorarlberg, Tirol, Brennerbahn u. s. w. 8. Aufl. 400 S., 27 K., 5 Pl., 14 Panor. Leipzig 1903, Bibliogr. Inst. 5 M.

Meyers Reisebücher. Ostseebäder und Städte der Ostseeküste. 2. Aufl. 312 S. m. 12 K. u. 17 Pl. Leipzig 1903, Bibliogr. Inst. 4 M.

Müller, Ernst, Eine Wanderfahrt durchs Weistritztal. 42 S. Schweidnitz 1903, L. Heye. 20 Pf.

Oschmann, Reinh., Spezialkarte der weiteren Umgegend von Bremen. 1:200000. Bremen 1903, Eduard Hampe. 1 M.

Partsch, Jos., Central Europe. 8°. London 1903, W. Heinemann. 7 sh. 6 d.

Partsch, Prof. Dr. Jos., Schlesien. Eine Landeskunde für das deutsche Volk, auf wissenschaftlicher Grundlage bearbeitet. II. Teil: Landschaften und Siedelungen. 1. Heft: Oberschlesien. 2 K., 12 Abb., 186 S. Gr.-8°. Breslau 1903, F. Hirt. 5 M.

Perrot, Karl, Cöln als Rhein-, See- und Industriehafen in bezug auf die bevorstehende Stadterweiterung nebst Versuch einer Geschichte der Seeschiffahrt auf dem deutschen Rhein. 183 S. Cöln 1903, im Komm. J. G. Schmitz. 1 M.

Prühäuser, K., Detailkarten des Bayerischen und Böhmerwaldes. 1:100000. 9 Bl. Passau 1903, M. Waldbauersche Buchhandlung. 3 M.

Rechts und links der Eisenbahn. Neue Führer auf den Hauptbahnen im Deutschen Reiche. Herausgeg. von Prof. Paul Langhans. Heft 1: Fischer, Heinr., Berlin—Frankfurt a. M. über Eisenach. — 1a: Fischer, Heinr., Frankfurt a. M.—Berlin über Eisenach. Gotha 1903, Justus Perthes. Je 50 Pf.

Ruge, Sophus, Dresden und die Sächsische Schweiz. 175 S. m. 146 Abb., 2 Skizzen, 1 K. (Monogr. zur Erdkunde XVI). Bielefeld 1903, Velhagen & Klasing. 4 M.
Städtestatistik, Die deutsche, am Beginne des Jahres 1903, dargestellt nach den Veröffentlichungen der statistischen Ämter deutscher Städte. Beitrag des statistischen Amtes der Stadt Dresden für die Deutsche Städte-Ausstellung in Dresden 1903. Gr.-8°. 122 S. (Allg. stat. Arch. 6. Bd. Erg. Heft). Tübingen 1903, H. Laupp. 4 M.
Topographische Übersichtskarte des Deutschen Reiches. Herausgeg. von der kartogr. Abt. der Kgl. preuß. Landesaufnahme. 1 : 200 000. Nr. 30, 96, 162, 178 u. 187. Berlin 1903, R. Eisenschmidt. Je 1.50 M.
Topographischer Atlas von Bayern. 1 : 50 000. Bl. 90: Murnau, Ost und West. (Neue Aufnahme.) München 1903, Theod. Riedel. Je 75 Pf.
Topographische Karte von Bayern. Bearb. vom Kgl. bayer. topogr. Bureau. 1 : 25 000. Blatt 837: Kochel. München 1903, Th. Riedel. 1.50 M.

c) Übriges Europa.

Abbott, G., Macedonian folklore. 8°. London 1903, C. J. Clay & Sons. 9 sh.
Baedeker, K., Mittel-Italien und Rom. Handbuch für Reisende. 13. Aufl. 505 S. m. K. u. Pl. Leipzig 1903, Karl Baedeker. 7.50 M.
Brandes, H., Neueste Geschäfts- und Reisekarte von Europa. 1 : 5 000 000. Ausgabe 1903. Wien, Moritz Perles. 2.40 M.
Chalikiopoulos, Dr. L., Sitia, die Osthalbinsel Kretas. Eine geographische Studie. 130 S., 3 Taf., 8 Abb. (Veröffentlich. d. Inst. f. Meereskunde u. 4., w., 4. Heft). Berlin 1903, E. S. Mittler & Sohn. 7 M.
Die Staaten Europas. Statistische Darstellung begründet von Dr. H. F. Brachelli. 5. Aufl. Herausgeg. von Hofrat Dr. Franz v. Juraschek. 1. Liefg. Brünn 1903, Friedr. Irrgang. 2 M.
Grébauval, A., Au pays alpin. 8°. Paris 1903, Courbet & Cie. 4 fr.
Haushofer, Max, Tirol und Vorarlberg. 206 S. m. 202 Abb. (Land und Leute IV). 2. Aufl. Bielefeld 1903, Velhagen & Klasing. 4 M.
Hornberger, P., Verkehrs-Wandkarte von Europa. 9 Bl. Weimar 1903, Geogr. Inst. 17 M.
Jahresbericht der Kgl. ungar. geol. Anstalt für 1900. 250 S. m. Fig. u. 1 Taf. Lex.-8°. Budapest 1902, Fr. Kilians Nachf. 12 M.
Klingstammer, Wald., Eine Reise nach Norwegen und Spitzbergen auf der Auguste Viktoria. Humoristische Schilderungen aus der Kleinstädterperspektive. 2. Aufl. 192 S., 1 K. Rudolstadt 1903, F. Mitzlaff. 2 M.

Mager, J., Reiseskizzen. Dalmatien, Ein Tag in Montenegro, Wörgelahrt und Nischni-Nowgoroder Messe, London, Aus Italien. Eine Erinnerungsgabe. 107 S. München 1903, Ernst Scherzer. 1 M.
Meyers Reisebücher, Norwegen, Schweden und Dänemark von Prof. Dr. Yngvar Nielsen. 8. Aufl. 393 S., 24 K., 14 Pl. Leipzig 1903, Bibliogr. Inst. 6 M.
Müllner, Prof. Dr. Joh., Die Vereisung der österreichischen Alpenseen in den Wintern 1894/95 bis 1900/01. Lex.-4°. 52 S., 4 Abb., 2 Doppeltafeln (Geogr. Abhandlungen, herausgeg. von A. Penck VII, 2). Leipzig 1903, B. G. Teubner. 2.40 M.
Neuse, Rich., Landeskunde der Britischen Inseln. 163 S., 3 Sep.-Bilder, 13 Abb. Breslau 1903, F. Hirt. 4.60 M.
Paffy, Dr. Mor. v., Die oberen Kreideschichten in der Umgebung von Alvincz (Mitt. a. d. Jahrb. d. Kgl. ungar. geol. Anstalt XIII, 6). 112 S., 9 Taf. Budapest 1902, Friedrich Kilians Nachf. 6 M.
Reinhard, Ralph., Plätze und Straßen in den Schweizer Alpen. Topographisch-historische Studien. 203 S. Luzern 1903, J. Eisenring. 4 M.
Reisekarte, neueste der österreich.-ungarischen Monarchie und der angrenzenden Länder. 1 : 2 250 000. 33. Aufl. Wien 1903, Moritz Perles. 1.20 M.
Schlegel, B., Erzgebirge und Böhmisches Mittelgebirge (Böhmens Paradies). Nordböhmen von Karlsbad bis Leitmeritz. 364 S., 5 K. Dresden 1903, A. Köhler. 2.50 M.
Stelzig, Heinr., Spezialkarte der böhmisch-sächsischen Schweiz und des angrenzenden Mittelgebirges. 3. verb. Aufl. 1 : 100 000. Tetschen 1903, Otto Henkel. 1 M.
Uzé, W., Niederschlag und Abfluß in Mitteleuropa. 82 S., 12 Fig. (Forschungen zur deutschen Landes- und Volkskunde XIV, 5). Stuttgart 1903, J. Engelhorn. 4.80 M.
Wallsee, H. C., Der Nordland- und Spitzbergenfahrer Erlebnis und Erlesenes. 2. Aufl. 175 S., 40 Abb., 2 K. Hamburg 1903, Verlagsanstalt und Druckerei.

d) Asien.

Brandt, M. v., Die Zukunft Ostasiens. Ein Beitrag zur Geschichte und zum Verständnis der ostasiatischen Frage. 3. umgearb. u. verm. Aufl. 118 S. Stuttgart 1903, Strecker & Schröder. 2.50 M.
Futterer, K., Durch Asien. Erfahrungen, Forschungen und Sammlungen während der von Amtmann Dr. Holderer unternommenen Reise. Ill. Bd. 1. Liefg. Berlin 1903, Dietrich Reimer. 15 M.
Garbe, Rich., Beiträge zur indischen Kulturgeschichte. 268 S. Berlin 1903, Gebr. Paetel. 7 M.
Hedin, Sven v., Meine letzte Reise durch Innerasien. Mit einer Einleitung von Prof. Dr. Dove und dem Bildnis Hedins. 50 S., 1 K. (Angewandte Geogr. 5). Halle 1903, Gebauer-Schwetschke. 1.50 M.

Karte von Ost-China. 1 : 1 000 000. Blatt Amoy. Herausgegeben von der kartogr. Abt. der Kgl. preuß. Landesaufnahme. Berlin 1903, R. Eisenschmidt. 1.50 M.
Klepert, Dr. Rich., Karte von Kleinasien in 24 Blättern. 1 : 400 000. Blatt CV und DV, Malatja und Haleb. Berlin 1903, Dietrich Reimer. 6 M.
Taubert, Oberl., Die sibirische Eisenbahn und das russische Arbeitsfeld in Ostasien (Sammlung gemeinnütziger Vorträge 5. Heft). Berlin 1903, E. S. Mittler & Sohn. 75 Pf.
Tomme, Frdr., Reise nach Palästina. Reiseeindrücke aus der Schweiz, Italien, Ägypten, der asiatischen und europäischen Türkei. 2. verb. und verm. Aufl. 12°. 200 S., 19 Abb. Bonn 1903, P. Hauptmann. 1.50 M.

e) Afrika.

Hesse, Dr. Herm., Die ostafrikanische Bahnfrage. 41 S. m. 1 K. Berlin 1903, W. Süsserott. 1.50 M.
Hensell, Priv.-Doz. Dr. B., Die Winterstationen und Heilquellen Algeriens. 77 S., Gr.-4°. Tübingen 1903, Franz Pietzcker. 2 M.
Immanuel, Marokko. Eine militärpolitische und wirtschaftliche Frage unserer Zeit. 53 Taf. (Sammlung militärwissenschaftlicher Einzelschriften 13). Berlin 1903, Richard Schröder. 1.50 M.
Kunene-Sambesi-Expedition. H. Baum. Im Auftrag des Kol.-wirtschaft. Komitees herausgeg. von Prof. Dr. O. Warburg. 593 S., 12 Taf., 1 K., 106 Abb. Berlin 1903, in Komm. v. E. S. Mittler & Sohn. 20 M.
Ruge, Sophus, Topographische Studien zu den ptolemäischen Landschaften an den Küsten Afrikas. I. Lex.-4°. 110 S., 1 Tab. (Abh. d. Kgl. sächs. Gess. d. Wiss., Philhist. Kl., 20. Bd. VI). Leipzig 1903, B. G. Teubner. 3.50 M.
Steiner, P., Pionierarbeit im südlichen Kamerun. 72 S. m. Abb. Basel 1903, Missionsbuchhandlung. 3 M.

f) Amerika.

Burckhardt, C., Beiträge zur Kenntnis der Jura- und Kreideformation der Cordillere. 1 Hälfte. 72 S., 16 Taf. u. 1 K. (Palaeontographica, 50 Bd., 1. und 2. Liefg.). Stuttgart 1903, E. Schweizerbart. 60 M.
Sievers, Wilh., Süd- und Mittelamerika (Allgemeine Länderkunde). 3. Aufl. 605 S. m. 148 Abb., 1 K., 20 Taf. Leipzig 1903, Bibliographisches Institut. 16 M.

g) Polarländer.

Cook, Dr. Freder. A., Die erste Südpolarnacht 1898—99. Bericht über die Entdeckungsreise der Belgica in der Südpolarregion. Mit einem Vorwort: Abenteuer Überblick über die wissenschaftlichen Ergebnisse. Deutsch nach Lyc.-Prof. Dr. Ant. Weber. 415 S. mit Abb., 7 T., 1 Farbdr., 1 Karte. Kempten 1903, Jos. Kösel. 11.50 M.

Google

h) Schulgeographie.

Andree Schulatlas in erweiterter Neubearbeitung, herausgeg. v. Geh. Reg.-Rat Prof. Dr. Rich. Lehmann. 44 Hauptund 43 Nebenkarten auf 43 Kartenseiten nebst 1 Textbeilage und 1 Textbeilage. 30. Aufl. Bielefeld 1903, Velhagen & Klasing. 1.50 M.

Bohn, Heinr., Realgym.-Oberl., Die geographische Naturaliensammlung des Dortheenstädtische Realgymnasiums und ihre Verwendung im Unterricht (Schluß). Progr. 39 S. Berlin 1903, Weidmannsche Buchh. 1 M.

Brockmann, E., Geographie für die Schulen des Reg.-Bez. Münster. 6. Aufl., 84 S., 1 K. Arnsberg 1903, J. Stahl. 60 Pf.

Dilling, Prof. Dr. Ernst, Schulr., Landeskunde der freien und Hansestadt Hamburg und ihres Gebiets. 5. Aufl., 64 S. mit Bilderanh. und Karten. Breslau 1903, F. Hirt. 75 Pf.

Fischer, Heinr., Bericht über einen im Auftrag des Berliner Magistrats unternommenen Studienausflug zum Besuch der internationalen Ausstellung geographischer Lehrmittel in Amsterdam, Sommer 1902. Progr. 28 S. Berlin 1903, Weidmannsche Buchh. 1 M.

Fritzsche, R., Landeskunde von Thüringen. Ein Leitfaden für die Hand der Schüler des dritten und vierten Schuljahres im Anschluß an das methodische Handbuch bearbeitet. 2. Aufl., 44 S. mit 20 Abb. Altenburg 1903, Oskar Bonde. 60 Pf.

Gaebler, Eduard, Volksschulatlanten des Deutschen Reiches (für jedes Land und jede Provinz in besonderer Ausgabe), mit besonderer Berücksichtigung der Heimatund Vaterlandskunde. Ausgaben für Cöln, Düsseldorf, Hannover, Hessen-Nassau, Koblenz, Lothringen, Minden, Münster, Pfalz, Schleswig-Holstein, Thüringen, Westpreußen. In 20 K. Neue Aufl. Leipzig 1903, Georg Lang. 60 Pf.

— **Wandkarte des Alpengebiets und von Österreich-Ungarn.** Phys. 1:1000000. 3. Verb. Aufl. Leipzig 1903, Georg Lang. 16 M.

— **Schulwandkarte von Deutschland, der Schweiz und Deutsch-Österreich.** Ebenda. 11. Aufl. XI. Ausg. (für Landschulen). Ebenda. 16 M.

— **Schulwandkarte von Europa.** Politisch. 1:3300000. Gr. Ausg. 9. Aufl. Ebenda. 22 M.

— **Zwei Wandkarten der europäischen Länder.** 1:2000000. 1. Skandinavien und Rußland (Nord- und Osteuropa); 2. Mittel- und Südeuropa und Mittelmeer. 2. durchges. Aufl. Ebenda. Je 15 M.

— **Handkarten von Aachen,** Arnsberg, Baden, Bayern, Brandenburg, Braunschweig, Düsseldorf, Hannover, Hessen 1 und 11, Hessen-Nassau, Koblenz, Cöln, Lothringen, Minden, Münster, Ostpreußen, Pfalz, Pommern, Posen, Kgr. Preußen, Kgr. Sachsen, Prov. Sachsen, Schlesien, Schleswig-Holstein, Thüringen, Trier, Unterelsaß, Westpreußen, Württemberg. Neue Aufl. 1903. Ebenda. Je 15 Pf.

Geyer, G. B., Kreishauptmannschaft Zwickau. 120 S. (Südöstlicher Sachsens, 1. Bd.) Gr.-Lichterfelde 1903, Edwin Runge. 1.80 M.

Henze, Th., u. E. Martini, Heimatkunde der Stadt Magdeburg und ihre nächste Umgebung. Für den Schulgebrauch. 3. durchges. Aufl. 60 S. mit einem Bilderanhang. Breslau 1903, F. Hirt. 50 Pf.

Heßler, Carl, Schulhandkarte der Kgl. preuß. Prov. Hessen-Nassau und den Fürstentum Waldeck. 1:750000. 9. verb. Aufl. Leipzig 1903, Georg Lang. 25 Pf.

Kerp, Heinr., Lehrbuch der Erdkunde. 439 S., 65 Abb. Trier 1903, Fr. Lintzsche Buchh. 4.20 M.

Kirchhoff, Alfr., Erdkunde für Schulen. I. Teil: Unterstufe. 6. verb. Aufl. 59 S., 12 Textfig. Halle 1903, Buchh. des Waisenhauses. 80 Pf.

— , **Schulgeographie.** 18. Verb. und erwelt. Aufl. 226 S., 40 Textfig., 1 T. Halle 1903, Buchh. des Waisenhauses. 3 M.

Kloppenburg, Lehrer H., Geographie des Reg.-Bez. Hildesheim. 51 S. Hildesheim 1903, Louis Steffen.

Kramer, E., Hilfsbuch für den ersten geographischen Unterricht. I. Teil: Geographie von Schlesien. 8. Aufl. 25 S., 1 K. Breslau 1903, E. Morgenstern. 30 Pf.

Köhrreiber, Hauptm. A., Geographische Skizzen. Als Lernbehelf für die k. u. k. Militär-Akademien im Auftr. der k. u. k. Reichskriegsministeriums bearbeitet. 4. Heft. Der Nordwesten der österr.-ungar. Monarchie mit dem Deutschen Reiche. 16 S., 12 Skizzen. Wien 1903, Ludw. Seidel & Sohn. 2.40 M.

Lehmann, Rich. u. weil. Petzold, W., Atlas für die unteren Klassen höherer Lehranstalten. 2. Verb. Aufl. 52 Kartenseiten. Bielefeld 1903, Velhagen & Klasing. 2.30 M.

Lungwitz, O., u. Dr. F. M. Schröter, Landeskunde des Kgr. Sachsen. Zus. zur Ergänzung der Schulgeogr. von Z. V. Seydlitz. 6. Aufl. 40 S., 9 Prof., Bilderanh. Breslau 1903, F. Hirt. 50 Pf.

Meyer, Karl, Heimatkunde für die Schulen der Stadt Nordhausen. Als Leitfaden für den Unterricht in der beigeft. Geographie und Geschichte. 8. Verb. und verm. Aufl. 32 S. Nordhausen 1903, C. Haacke. 35 Pf.

Müller, Schulrat P., Heimatkunde des Großfürstentums Hessen. Für hessische Schulen bearbeitet. 10. verb. Aufl. 32 S. Gießen 1903, Emil Roth. 40 Pf.

Neubauer, Dr. Fr., Geschichtsatlas zum Lehrbuch der Geschichte für höhere Lehranstalten. Für den Geschichtsunterricht der Quarta — Unterschunda. 10 Haupt- und 8 Nebenkarten (4 in farb. K., 2 S. Text). Halle 1903, Buchh. des Waisenhauses. 60 Pf.

Prüll, H., Fünf Hauptfragen aus der Methodik der Geographie. 71 S. Leipzig 1903, Ernst Wunderlich.

Pulitzer, G., Ein Beitrag zur Methodik der Heimatkunde (für den Unterricht in der Volksschule). 115 S. m. 40 Abb. und Kartenskizzen. Linz 1903, E. Mareis. 2 M.

Schiee, Dr. Paul, Oberrealsch.-Oberl., Schülerübungen in der elementaren Astronomie. 15 S., 2 Fig. (Sammlung naturwissenschaftlicher-pädagogischer Abhandlungen, herausg. von Otto Schmeil und W. B. Schmidt. 2. Heft.) Leipzig 1903, B. G. Teubner. 50 Pf.

Stahl, G., Atlas für die Volksschulen des Stadt- und Landkreises Bochem. 20 K., 1 Heimatk. Arnsberg 1903, J. Stahl. 66 Pf.

Sydow, E. v. u. Habenicht, H., Methodischer Wandatlas. Orohydrographische Schulwandkarten nach E. v. Sydows Plan bearbeitet. Nr. 11: Italien. 1:750000. 2. Aufl. Gotha 1903, J. Perthes. Roh 10 M., auf Leinw. in Mappe 15 M., m. Stäben 18 M.

Wanner, Prof. A., Neue Karte vom Großherzogtum Hessen, bearbeitet in genauem Anschluß an die Schulwandkarte. 1:500000. 2. Aufl. Gießen 1903, Emil Roth. 45 Pf.

Wanner, Ad., Der Stadt- und Landkreis Schweidnitz. Ein Beitrag zur Heimatkunde für Schule und Haus. 66 S. mit Abb. Schweidnitz 1903, L. Heege. 40 Pf.

Wilke, E., Rektor, Der geographische Unterricht in der kaufmännischen Fortbildungsschule. 51 S. (Veröffentl. des deutschen Verbandes f. das kaufmännische Unterrichtswesen. 34. Heft, Gr.4°) Leipzig 1903, B. G. Teubner. 1.20 M.

Wollweber, V., Schulkarte des Großherzogtums Hessen im Anschluß an Müllers Heimatkunde gezeichnet. 1:600000. 16. Aufl. Gießen 1902, Emil Koch. 35 Pf.

Wimmermann, Heinr., Handbuch für den Anschauungsunterricht und die Heimatkunde. Mit Berücksichtigung der Winkelmannschen, Lehmannschen und Pfeifferschen Bilderwerke in ausgeführten Sektionen methodisch bearbeitet und mit Erzählungen, Märchen, Fabeln, Rätseln etc. versehen. 4. verb. Aufl. 480 S. Braunschweig 1903, C. Appelhans & Cie. 4.50 M.

Zähren, A. und Mader, G., Schulwandkarte des Kreises Ruhrort. 1:17000. Arnsberg 1903, J. Stahl. 20 M.

i) Zeitschriften.

Bollettino della Società Geografica Italiana. 1903. Januar. Bertolini, Sull'ubicazione delle sedi comunali, note di democrografia. — Marson, Nevai di circo e tracce carsiche e glaciali nel gruppo del Cavallo. — Ambrosetti, L. Casaglia.

Februar. Tancredi, Sul clima di Addi-Ugri (Colonia Eritrea). — Ascenso, Nel Congo indipendente. Dal Sancuru al Lago Moero. — Ponza, Il crescimento delle Concessioni inglese di Tien-Tsin. — Roncagli, Per la definizione della Lossodromia.

Deutsche Rundschau für Geographie und Statistik. Herausg.: Prof. Dr. Fr. Umlauft; Verlag: A. Hartleben, Wien. 25. Jahrg. 1903.
Heft 9. Struck, Montenegro und sein Eisenbahnprojekt. — Mucha, Geographische Sonderbarkeiten. — Dürr, David Livingstone. — Schnarpiel, In den Steppengebieten Deutsch-Ostafrikas.

Geografisk Tidskrift, adgivet af Bestyrelsen for det Kongelige danske geografiske Selskab. Red.: O. Irminger. 1903 Bd.
Heft I—II. Lund-Larssen, Meddelelser om Generalstabens Triangulation paa Island i Sommeren 1902. — Bruun, Udgravninger paa Island. — Thoroddsen, Geografiske og geologiske Undersögelser vedden sydlige Del af Faxaflói paa Island. — Olufsen, Centralasiens Monster og Medreserer og deres Gejstighed. — Ostenfeld, De internationale Havundersögelser.

Geografiska Föreningens Tidskrift. Femtonde Årgången 1903. Redigerad af L. E. Rosberg.
Nr. 1. Streng, Bidrag till Klanedomen om Lojo sockens klimat. 1. Snöförhållandena vintern 1901-02. — Hayren, Den geografiske studentenkursionen 1902. — Rosberg, Nordamerikas fysiska och biografi (Forts.). — Rosberg, Nordamerikas flora och stater.

Geographische Zeitschrift. Herausg.: Prof. Dr. Alfred Hettner; Verlag: B. G. Teubner, Leipzig. 9. Jahrg. 1903.
Heft 8. Toepfer, Die deutsche Nordseeküste in alter und neuer Zeit. — Penck, Neue Alpenkarten.

Globus. Illustrierte Zeitschrift für Länder und Völkerkunde. Herausg.: H. Singer; Verlag: Vieweg & Sohn, Braunschweig. Bd. 83.
Nr. 20. Klose, Das Bassarivolk I. — Französische Forschungen im Schari- und Tschadseegebiet. — Weißenberg, Kinderfreud und Leid bei den altrussischen Juden. — Deutsch-Südwestafrika im Jahre 1902.
Nr. 21. Schurtz, Die Herkunft der Morlori. — Krebs, Die tägliche Wetterberichte der deutschen Seewarte. — Mann, Archäologisches aus Persien. — v. Schkopp, Religiöse Anschauungen der Bakolo (Kamerun). — Witzer, Das Verbreitungszentrum der nordeuropäischen Rasse. — Zimmerer, Konstantinopel unter Sultan Soliman dem Großen.
Nr. 22. Klose, Das Bassarivolk II. — Ranke, Ballistisches über Bogen und Pfeil I. — Appenzeller Volkslieder. — Reise der Herren Dr. P. und F. Sarasin in der südöstlichen Halbinsel von Celebes. — Förster, Deutsch-Ostafrika 1900—1902.
Nr. 23. Schmidt, Ein neuer diluvialer Schädeltypus. — Schoener, Åland. — Gramatica, Sagen der Khamti und Singpho (Assam). — Ranke, Ballistisches über Bogen und Pfeil, Forts. — Förster, Britisch-Ostafrika und Victoria Njansa.

Geographischer Anzeiger

herausgegeben von

Dr. Hermann Haack und Oberlehrer Heinrich Fischer
Gotha, Friedrichsallee 3.   Berlin SW. 67, Belle-Alliancestr. 69.

| Vierter Jahrgang. | Diese Zeitschrift wird sämtlichen höhern Schulen (Gymnasien, Realgymnasien, Oberrealschulen, Progymnasien, Realschulen, Handelsschulen, Seminarien und höhern Mädchenschulen) kostenfrei zugesandt. — Durch den Buchhandel oder die Post bezogen beträgt der Preis für den Jahrgang 2.00 Mk. — Aufsätze werden mit 4 Mk., kleinere Mitteilungen und Besprechungen mit 6 Mk. für die Seite vergütet. — Anzeigen: Die durchlaufende Petitzeile (oder deren Raum) 1 Mk., die dreigespaltene Petitzeile (oder deren Raum) 60 Pfg. | August 1903. |

Die Stellung der Geographie auf den preußischen Gymnasien und Realgymnasien.
Von Prof. Dr. W. Halbfaß-Neuhaldensleben.

Daß die Geographie die ihr von rechtswegen zukommende Stelle auf den höheren Lehranstalten nur dann einnimmt, wenn sie auf allen, also auch auf den höchsten, Klassenstufen gelehrt wird, ist ein Axiom, das wohl kein Einsichtiger ableugnen wird. Auf den Oberrealschulen hat sie diese Stellung bis zu einem gewissen Grade bereits errungen, auf den beiden alten Arten neunstufiger höherer Schulen, den Gymnasien und Realgymnasien noch nicht. Wodurch ist in diesem unseligen Zustand eine Änderung herbeizuführen? Durch Hinzufügung neuer obligatorischer Schulstunden neben den bereits vorhandenen gewiß nicht, denn neben den technischen Fächern, und dem fakultativen englischen resp. hebräischen Unterricht auf Gymnasien sind fünf tägliche Unterrichtsstunden für den Schüler der höheren Klassen vollständig genügend, wenn er daneben sich auf seine Stunden vorbereiten, berechtigten Liebhabereien nachgehen und sich körperlich erholen soll. Aus dem gleichen Grunde halte ich auch das Abhalten von geographischen Privatkursen, welche es z. B. in Berlin schon mehrfach versucht wurde, wenn allgemein eingeführt, für bedenklich und für eine Belastung der Primaner, die nur in vereinzelten Ausnahmefällen gut zu heißen ist. Außerdem würde eine solche Einrichtung auch keineswegs dem Ansehen unserer Wissenschaft förderlich sein, wenn sie außerhalb der eigentlichen Schulstunden sozusagen als Nachtisch nach der eigentlichen Schularbeit traktiert würde.

Die Notwendigkeit gediegener geographischer Kenntnisse für jeden, der im öffentlichen Leben steht und in ihm eine bestimmte Position behaupten will — und die höheren Schulen bilden ja gerade diejenigen Männer im Staate heran, welche eine solche Stellung im Staate einnehmen sollen — und für die gesamte geistige und materielle Fortentwicklung unseres Volkes ist erst jüngst wieder in einem ausgezeichneten Aufsatze Langenbecks in der Geogr. Zeitschrift (IX, 2) überzeugend dargelegt worden, sie ist viel zu ernst und folgenschwer, als daß sich die Geographie auf der höheren Schule mit einer Dessertrolle begnügen könnte. Man wende doch nicht immer ein, daß der Schüler höherer Lehranstalten noch nebenbei Gelegenheit genug habe, sich geographische Kenntnisse und Anschauungen anzueignen oder dieselben später im Leben sicher leicht gewinnen könnte. Dieser Einwand mag für einzelne strebsame Schüler in großen Städten Geltung besitzen oder für solche, deren günstiges Geschick sie dahin verschlägt, aber jedenfalls nicht für die große Mehrzahl der Schüler, die in mittleren und kleinen Gymnasialstädten wohnen und für welche die reguläre Teilnahme an geographischen Lehrstunden die einzige Möglichkeit ist, sich positive Kenntnisse und Verständnis für Dinge zu erwerben, die sich täglich vor ihren Augen abspielen und in das Leben des eigenen Volkes eingreifen.

Es ist eine eminent patriotische, brennende Notwendigkeit, unsere Schüler in die „Wunder des Erdballes" im weitesten Sinne des Wortes und ihre Einwirkung auf den Menschen einzuführen und in ihm eine Ahnung zu wecken von dem rastlosen Streben aller vorwärts schreitenden Nationen, das in Wahrheit einen Kampf ums Dasein im höchsten Sinne des Wortes bedeutet. Zwar höher als die Interessen des zukünftigen Bürgers eines bestimmten Staates, höher als das Vaterland steht mir der Mensch und das allgemein Menschliche und höher steht mir infolgedessen die Ausbildung der allgemeinen geistigen Kräfte des Verstands, des Gemüts und der Phantasie als die Erwerbung bestimmter Kenntnisse auf diesem oder jenem für das Leben wichtigen Wissenszweige. Mag man daher immerhin auf dem Gymnasium das Hauptgewicht neben der schriftlichen und mündlichen Beherrschung der Muttersprache und ihrer Literatur auf die alten Sprachen und die Mathematik legen, die logische Schulung durch die Mathematik und lateinische Sprache, die Vertiefung des menschlichen Geistes in die Schönheiten der antiken Welt überhaupt — wenigstens gewisser Abschnitte derselben — wenn nicht gerade unerläßlich, so doch im hohen Maße wünschenswert erscheint, so hat doch die Beschäftigung mit diesen Dingen schließlich ihre natürliche Grenze, man darf durch sie nicht die Gegenwart, nicht die uns alle umgebende Natur vergessen und immer wieder müssen wir uns des Wortes erinnern, „non scholae, sed vitae discimus".

Groß und schön ist vieles, was die Alten, voran die Griechen gedacht, ausgesprochen und in Werken der Kunst dargestellt haben, auch ich habe einst als Student in diese Welt mich vertiefen dürfen und als Mathematiker und Naturwissenschaftler mir den Doktorhut durch eine Arbeit aus der griechischen Philosophie geholt, aber es ist gewiß die ernsteste Frage der zukünftigen höheren Schule, ob die überwiegend sprachliche Grundlage des Unterrichts statt der Beschäftigung mit der Natur im weitesten Sinne des Wortes sich pädagogisch rechtfertigen läßt und ob die ungeheuren Opfer an Zeit, Mühe und auch Geld, welche die intensive Beschäftigung mit dem klassischen Altertum kosten, im richtigen Verhältnis stehen zu den Anforderungen, welche das reale Leben an den Menschen der Zukunft im allgemeinen, wie an den Bürger des deutschen Vaterlandes im besonderen stellen wird und jetzt schon stellt.

Auch der begeistertste Anhänger des Gymnasiums und der klassischen Studien wird mir zugeben müssen, daß für die große Mehrzahl der Gymnasialschüler das klassische Altertum doch nichts anderes bedeutet als ein ungeheurer Luxus und daß für sie gediegene Kenntnisse der Naturgesetze und ihrer Anwendung auf die Dinge des täglichen Lebens und der geographischen Verhältnisse des Erdballes und seiner Bewohner weit dienlicher wären, und die Unterweisung darin ihnen viel mehr Freude bereitet hätte, als manche lateinische und griechische Stunde.

Keineswegs will ich den Untergang aller Gymnasien, aber es sind ihrer viel zu viel im Lande! Wenn die Provinz Ostpreußen mit ihren 2 Millionen Einwohnern neben 18 Gymnasien nur eine Oberrealschule und 4 Realschulen, Westpreußen mit 1½ Millionen Einwohnern neben 19 Schulen gymnasialen Charakters nur 9 realen Charakters und selbst eine so industriereiche und handeltreibende Bevölkerung wie die von Schleswig-Holstein 13 gymnasiale und nur 11 reale Anstalten besitzt, so muß man sagen, ein solches Verhältnis entspricht nicht dem natürlichen Bedürfnis des Volkes. Wenn von den 348 Gymnasien und Progymnasien Preußens ¾ in Anstalten realen Charakters umgewandelt würden, so blieben für jede Provinz durchschnittlich noch 8 Gymnasien übrig und etwa 24000 Schüler würden nach wie vor gymnasiale Anstalten besuchen, ein Prozentsatz aller Schüler höherer Lehranstalten, welcher dem innerlichen Bedürfnis nach klassischer Bildung wahrscheinlich besser entsprechen würde, als die Gesamtzahl der heutigen Gymnasiasten. Ein viel größerer Bruchteil der Lehranstalten als jetzt könnte sich dann weit intensiver und fruchtbringender mit den Naturwissenschaften und der Geographie, deren Lehrstunden natürlich noch verstärkt werden müßten, beschäftigen.

Obgleich man nun wohl erwarten darf, daß die in neuester Zeit eingetretene beträchtliche Vermehrung der Berechtigungen der Oberrealschule auch eine Vermehrung ihrer Zahl resp. eine vermehrte Umwandlung von gymnasialen Anstalten in reale hervorrufen wird, wird noch sicher geraume Zeit verstreichen, bis endlich die Realanstalten in der Mehrheit sind und die Gymnasien eine Ausnahme unter den Lehranstalten bilden.

Welche Maßregeln könnte man nun in der Zwischenzeit ergreifen, damit auch die Abiturienten von Gymnasien und Realgymnasien bessere Kenntnisse und tiefere Anschauungen in der Geographie mit ins Leben nehmen als bisher? Oder ganz praktisch gesprochen, welche Lehrstunden könnte man wohl am ehesten für die Geographie opfern? Wir müssen da zwischen Gymnasien und Realgymnasien unterscheiden. Auf den Gymnasien wird in den Tertien und in Untersekunda je eine Stunde in Geographie unterrichtet, in der Obersekunda und in den Primen ist kein gesonderter Unterricht. Damit in den mittleren und oberen Klassen je zwei Stunden Geographie gegeben werden können, müßten in den mittleren Klassen das Lateinische, in den oberen das Lateinische und die Mathematik je eine Stunde hergeben. Auf den Realgymnasien ist eine Stunde in Untersekunda festgesetzt, während bei den oberen Klassen dasselbe Verhältnis besteht, wie auf Gymnasien. Hier müßten in Untersekunda das Lateinische, in den oberen Klassen, wie auf den Gymnasien, das Lateinische und die Mathematik je eine Stunde verlieren.

Hinsichtlich der Mathematik bin ich auf Grund einer beinahe 20jährigen Lehrtätigkeit in den oberen Klassen zu der Überzeugung gekommen, daß der wirklich allgemein bildende und wertvolle Teil der Schulmathematik sich recht wohl in drei statt vier wöchentlichen Stunden vermitteln ließe, gewisse zu sehr ins einzelne gehende Teile der Trigonometrie, der Algebra und der Arithmetik lassen sich unbeschadet des gymnasialen Zweckes der Mathematik einfach eliminieren. Dafür müßte in den geographischen Lehrstunden ein gewisser Nachdruck auf die Grundlagen der Kartographie und mathematischen Geographie gelegt werden. Ich zweifle keinen Augenblick, obgleich mir praktische Erfahrungen darüber nicht zu Gebote stehen, daß eine entsprechende Reduktion des mathematischen Lehrstoffes auch auf Realgymnasien möglich ist. Was nun die Verminderung des lateinischen Unterrichts angeht, so erscheint auch hier als natürliche Folge, daß das Lehrziel nach irgend einer Richtung, über welche ich mich als Laie nicht äußern kann, etwas zurückgesteckt werde. Indessen glaube ich, daß die Freunde des klassischen Altertums, zu denen auch ich mich zähle, sich mit der Genugtuung trösten werden, daß die beiden klassischen Sprachen mit

zusammen zwölf Wochenstunden noch immer bei weitem an der Spitze des Unterrichtsbetriebs in den höheren Klassen stehen und mit dem erhebenden Bewußtsein, durch ihren Verzicht auf je eine Wochenstunde mit dazu beitragen, daß die Abiturienten der Gymnasien und Realgymnasien einen Schatz geographischer Kenntnisse mit ins Leben nehmen können, der nicht bloß ihnen selbst zum dauernden Nutzen gereichen und eine Quelle reinster Freude bleiben wird, sondern auch für das Vaterland im ganzen die besten Früchte tragen muß.

Die Geographie im Lehrplane der neuen österreichischen Mädchenlyzeen.
Von Prof. Dr. Benno Imendörffer-Brünn.

In Österreich wurde im Jahre 1900 durch einen Erlaß des Ministeriums für Kultus und Unterricht eine neue Art von Mittelschulen ins Leben gerufen, die bestimmt ist, eine Lücke des österreichischen Mittelschulwesens auszufüllen: das neue sechsklassige Mädchenlyzeum. Die Stellung dieser neuartigen Lehranstalt im Gesamtapparat unseres Lehrwesens, sowie die allgemeine Würdigung ihrer Bedeutung und Berechtigung fällt außerhalb des Rahmens dieser Zeitschrift; hier sei daher nur der Rolle gedacht, die der Erdkunde als Lehrgegenstand an den österreichischen Mädchenlyzeen zufällt.

Ein vergleichender Blick auf Zahl und Verteilung der Geographiestunden hier und in den beiden anderen Typen unserer Mittelschule ist sehr lehrreich. Wir finden:

Geographiestunden in der Woche:

Im Lyzeum		Im Gymnasium		In der Realschule[*]	
I. Klasse	2	I. Klasse	3	I. Klasse	3
II. "	2	II. "	2	II. "	2
III. "	2	III. "	1½	III. "	2
IV. "	2	IV. "	2	IV. "	2
V. "	2	V. "	—	V. "	—
VI. "	1	VI. "	—	VI. "	—
		VII. "	—	VII. "	3 (ein Semester lang)
		VIII. "	2 (ein Semester lang!)		
11		10½		12	

Die relativ günstige Stellung, die der Geographie danach in den Mädchenlyzeen eingeräumt ist, springt sofort in die Augen. Trotz der geringeren Klassenanzahl ist die Gesamtzahl der Stunden, die unserem Gegenstande eingeräumt sind, größer als im Gymnasium und nur um eine geringer als in der Realschule. Ein weiterer und viel wertvollerer Vorteil liegt aber in der Kontinuität des geographischen Unterrichts von der I. bis zur VI. Klasse. Während im Gymnasium und in der Realschule der Lehrer verurteilt ist, stets nur mit Kindern unsere schöne Wissenschaft betreiben zu müssen, kann er im Lyzeum fortschreitend in immer höherer Darstellung, in zunehmender Vertiefung den geographischen Lehrstoff darbieten. Der Lehrplan des österreichischen Gymnasiums räumt der Geographie Österreich-Ungarns zwei Wochenstunden während eines, noch dazu des letzten Semesters, das der Schüler unmittelbar vor der Maturitätsprüfung an der Anstalt zubringt, ein. Instruktionsgemäß freilich soll auch in den anderen Klassen des Obergymnasiums gelegentlich im Geschichtsunterricht Geographie getrieben werden; praktisch ergibt sich aber jedem Lehrer, der den ausgedehnten geschichtlichen Lehrstoff gründlich durchnehmen will, die Undurchführbarkeit dieser Forderung. Auch in der Realschule soll in der letzten Klasse in drei Wochenstunden des

---
[*] Das österreichische Obergymnasium hat acht, die Oberrealschule sieben Klassen oder Jahrgänge.

eht, hat jetzt ein jeder durch eigenes Urteil festzustellen
elegenheit, denn das erste Heft von „Rechts und links
ahn"[1]), wie der Herausgeber Prof. Langhans seine
„Neuer Führer auf den Hauptbahnen im Deutschen
Reiche" treffend betitelt hat, ist erschienen. Meines Mitherausgebers Heinrich Fischer erfahrene Feder behandelt in demselben die Strecke Berlin—Frankfurt a. M. „Er hat seinen Faden gut ins Öhr gebracht", schreibt Lippold nach Durchsicht des Textes. Und wie der Text, will die beigegebene Karte einen Brauch des Geographen in die Allgemeinheit verpflanzen. Daß es der Geographen, vom Nestor des Faches bis zum jüngsten studiosus geographiae, Brauch ist, Vogels Meisterkarte des Deutschen Reichs als verläßlichen Mentor auf ihren Reisen im Vaterlande zu benutzen, zeigt sich am deutlichsten, wenn die Züge die Besucher der Geographentage nach dem Orte der Tagungen führen. Aber der Geographen sind wenige und Geographentage nur alle zwei Jahre. Um die Karte der Allgemeinheit nutzbar zu machen, mußte eine neue Form gefunden werden; daß die gefundene sich bewährt, ist nicht zuletzt im Interesse der Reisenden selbst zu hoffen, ebenso daß, noch Lippolds Wunsch, insbesondere die deutsche Lehrerwelt ganz von selbst für die gute Sache kräftig — nicht Reklame macht, sondern eintritt aus der inneren Überzeugung heraus, dadurch der Bildung von Jugend und Volk ihre Dienste zu weihen. *Hk.*

s und links der Eisenbahn. Neue Führer auf den Haupt-
Deutschen Reiche. Herausgegeben von Prof. Paul Lang-
1: Berlin—Frankfurt a. M. über Eisenach von Heinrich
S. 2 Karten. Preis 50 Pf. In Vorbereitung befinden sich
Hefte für folgende Strecken: Berlin—Cöln (über Hannover);
Bremen — Cöln; Düsseldorf — Frankfurt (linksrheinisch);
Frankfurt (rechtsrheinisch); Berlin—Stettin—Kolberg; Ber-
Berlin — Stettin — Heringsdorf; Berlin — Görlitz — Riesen-
lin—Holzminden—Aachen; Berlin—Dresden—Prag; Mün-
uck—Arlberg; München—Ischl; München—Zürich; Berlin—
ylt; Hamburg—Kiel—Kopenhagen; Berlin—Warnemünde—
Hamburg—Frankfurt (über Cassel); Hamburg—Frankfurt
); Berlin—Bremen—Norderney; Berlin—Danzig—Königs-
hnen; Leipzig—Hof(—Eger)—München; Halle—Saalfeld—
Frankfurt—Nürnberg—Passau; Straßburg—Stuttgart—Mün-
ietendorf—Stuttgart; Elm—Würzburg—München; Berlin—
— Frankfurt; Gießen — Koblenz — Metz; Frankfurt — Basel
ch); Frankfurt — Basel (linksrheinisch); Berlin — Breslau;
slau.

ine Mitteilungen.

ie Reformgymnasien.

eft der „Monatsschrift" schrieb
sgeber: „Für die Beurteilung des
chen Charakters der Gymnasien
rter System dürfte es von Interesse
k davon zu nehmen und weitere
f aufmerksam zu machen, daß bei
ier des Goethe-Gymnasiums am
. eine griechische Rede gehalten
mit dem Thema: *Περὶ τῶν παρ' τῶν Χριστιανικῶν τρόπων εἰρημένων.*
sich Dir. Karl Reinhardt der
chen Bildung an. Man kann
asien nach Normalsystem nur den
ten: *Πορεύου καὶ σὺ ποίει ὁμοίως.*
vorliegenden Tageszeitung wird
ische Rede meinem Gefühl ent-
s Prunkstück bezeichnet und der
esprochen, die Reformgymnasien
solcher Kunststücke willen sich
em Wege ihrer eigentlichen Be-
lenken lassen. Im pädagogischen
Nr. 35 vom 17. Juni kommt ein
r. G. unter der Ueberschrift: „Hat
he Abiturientenrede vom 4. April
nkfurter Goethe-Gymnasium eine
ür die alten Gymnasien?" ebenfalls
en Ablehnung des Urbildes, indem
ma aufstellt: „Entweder sind solche
vie die von Frankfurt a limine zu
der es muß zu ihrem ordnungs-
trieb offiziell Raum geschaffen
h Vermehrung der Stundenzahl im
und Lateinischen. Die Mahnung
Ruhm für das Reformgymnasium
ehmbarer Sporn für das alte Gym-

e auf diese Aeußerungen aufmerk-
weil sie mir vom allgemein-päda-
tandpunkte wichtig sind und ich
g fachegoistischen Standpunkt unter
nden für verwerflich halte, dann
ihrer symptomatischen Bedeutung.
formgymnasium ist (wie ich immer
gen versuchen werde) wenn nicht als
ern als endgiltige Form gedacht, eine
iche Gefahr für die Entwicklung
n Disziplinen im besonderen für
e. Aus den Altphilologen wird
ordnete Lehrerkategorie gemacht,
algymnasium stört das Eingreifen
chen die harmonische Entwicklung
des Lehrgangs, das selbstverständliche Ziel unserer Bestrebungen, das Obergymnasium wird schwerer zugänglich, an der größeren Anzahl der Realgymnasien haben wir direkt einen Stundenverlust nach obenhin zu verzeichnen. Dazu kommt nun, daß das Mißtrauen der Altphilologen alter Observanz gegen die Neuerung in viererlei Aeußerungen die Befürchtung ausgesprochen hat, das Reformgymnasium bedeute eine Zurückdrängung der alten Sprachen während gerade das Gegenteil augenscheinlich der Fall ist. Diese Aeußerungen haben sich nun zu einem Drucke auf die Reformbewegung verdichtet, der zu jenen Uebertreibungen und „Prunkstücken" vermutlich geführt hat. Es wird unsere Aufgabe sein, unser berechtigteres gegenteiliges Mißtrauen deutlich und häufig auszusprechen. Schon jenes Druckes wegen von humanistischer Seite her ist die Wirksamkeit eines Gegendruckes unerläßlich.

Schließlich sei noch auf die Worte von Dr. G. aufmerksam gemacht, in denen er von einer Vermehrung griechischer und lateinischer Stunden spricht. Es bleibt das alte Lied: wer Leistungen und nicht Prunkstücke wünscht, muß Raum schaffen für eine ruhig und nicht überhitzt und überstürzt fortschreitende Arbeit. Niemand kann mehr als wir Geographen wünschen, daß die Erkenntnis: mehr Raum und weniger äußerliche Ansprüche in Gestalt von Lehrzielen mehr und mehr an Boden gewinnt. Zu welcher weiteren allmählich sich anbahnenden Umgestaltung unseres höheren Schulwesens das führen würde, ist hier schon öfter angedeutet worden; jetzt sei darauf nicht eingegangen. *H. F.*

Die neue Badische „Ordnung der Prüfung für das Lehramt an höheren Schulen betreffend" hat am 21. März d. J. Giltigkeit erhalten und ist im Verordnungsblatt des Großherzoglichen Oberschulrats am 1. April in Karlsruhe ausgegeben worden.

§ 15 bringt die Anforderungen für die Prüfung in Geographie:

„In der Prüfung in der Geographie ist nachzuweisen:

A. als Nebenfach:

1. Kenntnis der grundlegenden Tatsachen und Gesetze der mathematischen und physischen Geographie und der Geographie des Menschen nebst den Elementen der Völkerkunde.

2. Geographisches Verständnis der Umgebung des Wohnortes.

3. Uebersichtliche Kenntnis der Länder Europas und der außereuropäischen Erdteile nach ihrer Topik, ihrem Naturcharakter und den geographischen Verhältnissen des Menschen; genauere Kenntnis Deutschlands, wie derjenigen Länder oder geographischen Faktoren, die mit den Hauptfächern des Kandidaten in engeren Beziehungen stehen.

4. Bekanntschaft mit den wichtigsten Hilfsmitteln des geographischen Studiums und Unterrichts, insbesondere Vertrautheit mit dem Gebrauch des Globus, des Reliefs und der Landkarte; einige Fertigkeit im Entwerfen von Kartenskizzen.

B. als Hauptfach überdies:

Vertrautheit mit den Lehren der mathematischen Geographie; Kenntnis der physikalischen und der wichtigsten geologischen Verhältnisse der Erdoberfläche; Uebersicht über die räumliche Entwicklung und die heutige politische Geographie der Hauptkulturstaaten; genauere Bekanntschaft mit der Länderkunde Europas und eines speziell gewählten wichtigeren außereuropäischen Gebiets.

Der Kandidat soll mit der geographischen Literatur vertraut sein und einige der wichtigsten Reisewerke durchgearbeitet haben."

Eine eingehendere kritische Würdigung dieser Anforderungen scheint mir nicht angebracht. Sie rühren augenscheinlich von den beiden hervorragenden Dozenten für Geographie in Freiburg und Heidelberg, Karl Neumann und Alfred Hettner, her, und Examinatoren wie Prüflinge befinden sich daher augenblicklich in der glücklichen Lage, daß die Prüfungsanforderungen nach der in der Studienzeit vorhergegangenen Art der Arbeit bestimmt worden sind. Wenn ich eine Bemerkung mir erlauben soll, so möchte es die sein, daß es vielleicht doch bedenklich ist, überhaupt Geographielehrer zuzulassen, die ohne geologische Grundlage versucht haben, ihr Erdbild sich aufzubauen.

Das eigentliche Kampfobjekt ist nun aber § 8 gewesen, in dem die Stellung der Geographie innerhalb des Examens dargelegt wird. Das für uns wesentlichste aus dem Paragraph ist folgendes: Außer einer allgemeinen Prüfung in Philosophie und Deutscher Literatur findet eine Fachprüfung in mindestens drei Prüfungsfächern aus dem gleichen Gebiete des Unterrichts statt; von diesen ist das dritte Nebenfach. Die Zusammenstellungen sind: a) Lateinisch und

letzten Semesters eine kurze Übersicht der Geographie unseres Staates gegeben werden; die Bestimmungen für die beiden anderen Klassen der Oberabteilung decken sich mit denen für die entsprechenden Klassen des Obergymnasiums. Während also im Gymnasium und Obergymnasium die Schüler erst nach dreieinhalb-, in der Realschule nach zweieinhalbjähriger Pause zur Geographie zurückkehren, erleidet deren Unterricht im Mädchenlyzeum von der ersten bis zur letzten Klasse keine Unterbrechung, ein Vorteil, der die relativ bedeutendere Stundenzahl an Wert noch übertrifft. Es kommt nun aber, last not least, hinzu, daß im Lyzeum, das was wir für die beiden anderen Mittelschulen als fernes Ideal erstreben, innerhalb eines engeren Rahmens freilich, bereits erreicht ist: Geographie auf der Oberstufe! Ja, mehr noch, Geographie als Prüfungsgegenstand der Reifeprüfung in einem Umfang, der über das an den beiden anderen Anstalten geforderte Maß ziemlich weit hinausgeht. Während dort nur eine allgemeine Kenntnis der Geographie Österreich-Ungarns gefordert wird, heißt es in der betreffenden Prüfungsvorschrift für Mädchenlyzeen: „Von der Kandidatin ist zu fordern: Bekanntschaft mit der Gestaltung der Erdoberfläche in physikalischer und politischer Beziehung, genauere Kenntnis der Geographie Österreich-Ungarns mit besonderer Berücksichtigung der Kultur- und Wirtschaftsverhältnisse." Es ist wohl also nach dem Bisherigen nicht zu viel gesagt, wenn man behauptet, daß die Stellung, die unser Fach an den Mädchenlyzeen einnimmt, nach mehr als einer Hinsicht einen Fortschritt bedeutet gegenüber derjenigen, die ihm am Gymnasium und an der Realschule eingeräumt ist.

Gehen wir zur näheren Betrachtung der lehrplanmäßigen Verteilung des geographischen Unterrichtsstoffes auf die einzelnen Jahrgänge des Lyzeums über, wie sie in dem provisorischen Statut dieser Lehranstalt vorgesehen ist, so zeigen sich auch hier im Vergleich zu den beiden Kategorien der Mittelschulen für die männliche Jugend nicht unwesentliche Abweichungen. Der Lehrstoff der ersten Klasse ist in allen drei in Rede stehenden Lehranstalten so ziemlich derselbe, nur ist der Rahmen, der geringeren Stundenanzahl entsprechend, im Mädchenlyzeum enger gezogen; so fehlt insbesondere die Übersicht der Länderkunde ganz. Darin ist meiner Ansicht nach ein entschiedener Vorteil zu sehen, da so für die ausdrücklich geforderte Einführung in das Verständnis der Karte, das doch die Grundlage für jeden ersprießlichen erdkundlichen Unterricht bilden muß, breiterer Raum gewonnen wird. Auch für die ausgiebige praktische Einübung der gewonnenen geographischen Grundbegriffe findet sich mehr Zeit, wie überhaupt die knappere aber doch dehnbare Fassung der Vorschriften über den Lehrstoff dem Lehrer eine größere Freiheit der Bewegung gestatten, als in den beiden anderen Mittelschulen. So läßt sich z. B. die Lücke, die dadurch entsteht, daß einer allgemeinen Übersicht Europas im Lyzeallehrplane keine Erwähnung geschieht, leicht beseitigen, durch sinngemäße Auslegung der Forderung, es sei eine „Übersicht der Gliederung der Erdteile und Ozeane, besonders Europas" zu geben.

Von der II. Klasse an weicht die Lehrstoffverteilung im Lyzeum von der des Gymnasiums und der der Realschule völlig ab. So wird im Lyzeum die Geographie Österreich-Ungarns in den Mittelpunkt des Unterrichts gestellt. Der Gedanke, von dem nächsten ausgehend, allmählich das fernere zu erreichen, dürfte dabei maßgebend gewesen sein. So sehr diese Betrachtungsweise, die beim Heimatsorte beginnt, für die Gewinnung der allgemeinen Grundbegriffe in der ersten Klasse von Vorteil ist, erscheint sie mir hier, wo zugleich in die spezielle Geographie eingetreten wird, nicht haltbar und der sonst eingehaltene Vorgang wünschenswerter zu sein. Gerade unsere Monarchie, die durch ihren Anteil an den Alpen einerseits, an den deutschen Mittelgebirgen anderseits auf das engste mit dem mitteleuropäischen Kontinentalblocke verbunden ist, eignet sich für die Schule wenig zu selbständiger Betrachtung. Deshalb ist es in den beiden anderen Mittelschulen ein Vorteil, daß Österreich-Ungarn in der IV. Klasse zu behandeln ist, wo sich doch noch von dem Pensum der III. Klasse, in der Mitteleuropa ausführlich behandelt wurde, Erinnerungen genug zur Wiederauffrischung und Anknüpfung bieten. Im Lyzeum ergibt sich dagegen hier eine ähnliche Schwierigkeit, wie in der obersten Klasse des Gymnasiums bzw. der Realschule. Dort ist die Darstellung der Geographie Österreich-Ungarns losgelöst vom großen Zusammenhang des geographischen Lehrstoffes, weil sie zu spät, im Lyzeum läßt sich der Zusammenhang nicht herstellen, weil sie zu früh kommt. Ganz besonders fühlbar macht sich dieser Mangel, um ein greifbares Beispiel zu erwähnen, wie bereits angedeutet, bei der Betrachtung der Alpen. Die gesamten Alpen in den Kreis der Betrachtung zu ziehen hat in der II. Klasse des Lyzeums die Gefahr, daß der vorgeschriebene Lehrstoff dadurch unberechtigt erweitert wird, die Ostalpen allein zu behandeln, heißt den allerengsten geographischen Zusammenhang zerreißen. Ganz ähnlich liegen die Dinge bei den deutschen Mittelgebirgen. Ein weiterer Nachteil ergibt sich dadurch, daß die frühzeitige Behandlung unserer Monarchie auf der Unterstufe, wo kaum erst die Anfangsgründe der Erdkunde den Schülerinnen geläufig zu werden beginnen, eine sehr elementare sein muß. Aber im ganzen Rahmen des Lyzeums findet sich kein Raum, das hier Versäumte nachzuholen, denn in der VI. Klasse mit ihrer einzigen Wochenstunde wird es schwer genug halten, den ganzen geographischen Lehrstoff zu wiederholen und die ausführliche Betrachtung der Wirtschaftsgeographie Österreich-Ungarns anzufügen, wie die Vorschrift verlangt. Für eine Vertiefung und Erweiterung der physikalischen Geographie unseres Landes wird sich hier daher noch weniger Zeit finden.

Der für die III., IV. und V. Klasse des Lyzeums vorgeschriebene Lehrstoff läßt sich vermutlich, mir fehlt leider hier die praktische Erfahrung, sehr gut durchführen und bei den bisher verhältnismäßig kleinen Klassen wohl auch genügend vertiefen. Zu begrüßen ist es sicherlich, daß die bisher in unseren Mittelschulen sehr stiefmütterlich behandelten wirtschaftlichen Verhältnisse im Lyzeum mehr Berücksichtigung finden. Die Aufzeichnung des ursächlichen Zusammenhangs zwischen physischer Beschaffenheit eines Landes und seinem wirtschaftlichen Leben kann so zu einer ergiebigen Quelle wertvoller Erkenntnis für die Schülerinnen werden. Das richtige Maß in der Mitteilung wirtschaftsgeographischer Angaben wird sich wohl von selbst aus der Praxis ergeben. Aber gerade diese Seite des geographischen Unterrichts läßt die in den anderen beiden Mittelschulen in den meisten Lehrfächern bewährte Zweistufigkeit (die Geographie muß sie freilich auch dort noch vermissen) wünschenswert erscheinen. Denn der oben erwähnte Zusammenhang zwischen Volkswirtschaft und Geographie läßt sich doch nur reiferen Schülern klar machen. Statt der derzeitigen vorläufig ja ohnehin nur als provisorisch gedachten Lehrstoffverteilung würde ich mir daher etwa folgende denken: I. Klasse: wie bisher die geographischen Grundbegriffe. Dazu eine allgemeine Betrachtung Asiens. II. Klasse: die außereuropäischen Erdteile und Europa allgemein. III. Klasse: das übrige Europa. Diese drei Klassen bilden dann zusammen die erste Unterrichtsstufe, die sich auf die elementare Darstellung der physikalischen und politischen Verhältnisse mit Ausschluß der eigentlichen Wirtschaftsgeographie zu beschränken hätte. Auf der Oberstufe, die die Klassen IV bis VI umfaßte, wäre sodann folgende Verteilung des Stoffes vorzunehmen: IV. Klasse: die außereuropäischen Erdteile.

V. Klasse: die Länder Europas mit Ausschluß Österreich-Ungarns. VI. Klasse: die Geographie unserer Monarchie. Hierbei könnte auf die Herstellung der erwähnten kausalen Verbindung zwischen physikalischer und Wirtschaftsgeographie das Hauptgewicht gelegt werden, wobei sich von Klasse V an die im naturgeschichtlichen Unterrichte erworbenen geologischen Kenntnisse der Schülerinnen verwerten ließen.

Dieser Umsturz des bisher geltenden provisorischen Lehrplanes der Mädchenlyzeen wäre freilich erst dann völlig zu rechtfertigen, wenn dem geographischen Unterrichte in der II., III., IV. und V. Klasse statt der bisherigen zwei je drei und in der VI. statt einer übrigens zwei Wochenstunden eingeräumt würden. Was für die sechs Jahrgänge immer erst einen Gesamtzuwachs von fünf Stunden bedeutete. Die Erfüllung dieser Forderung, würde meines Erachtens den geographischen Unterricht im Mädchenlyzeum, das ja durch keine alte Tradition gebunden, vielmehr in dem ersten Stadium tastenden Versuchs begriffen, dem Wechsel leichter zugänglich sein dürfte, geradezu vorbildlich für die anderen Mittelschulen gestalten, vielleicht nicht nur in Österreich. Denn damit wäre endlich einmal eine Mittelschule geschaffen, die von der ersten bis zur letzten Klasse die Erdkunde als einen den anderen gleichgestellten Lehrgegenstand besäße und die überdies durch die Zweistufigkeit des Unterrichts für den gründlichen und über die elementare Behandlung der Unterklassen weit hinausgehenden Betrieb unseres Faches Raum böte.

Noch erübrigt eine kurze Begründung der eben vorgeschlagenen Lehrstoffverteilung, die namentlich in einer Beziehung von der bisher üblichen Anordnung des Stoffes abweicht. Der wesentliche Unterschied liegt darin, daß vor der Betrachtung Europas alle anderen Erdteile abgetan werden, während im Gymnasium und in der Realschule unser Erdteil zwischen Asien und Afrika einerseits, und Amerika und Australien andererseits gestellt wird. Der Gesichtspunkt, der mich bei meinem Vorschlag leitete, ist der, daß mit dem Hinaufrücken Europas in die höheren Klassen zweierlei gewonnen wird: 1. Auf der Unter- wie auf der Oberabteilung kommt unserem Erdteil damit das gereifte Verständnis der Schüler zu gute, das auch die höhere Behandlung des Gegenstandes gestatten. 2. In der VI. Klasse schließt so die ausführliche Behandlung unserer Monarchie an die noch in frischer Erinnerung stehende Darstellung ganz Europas an, was mir nach dem oben über die Behandlung dieses Stoffes Gesagten dringend notwendig schien.

Gedanken über die Herstellung „fröhlicher Eisenbahn-Odysseuse".
Von Prof. Dr. Lippold-Altenburg.

Ein großer Teil der europäischen und besonders der germanischen Menschheit reist zur Zerstreuung, zur Erholung, zur Bildung, und ein nicht beträchtlicher Teil dieses Reisens wird, wie heutigestags die Verhältnisse liegen, auf weite Strecken hin in Eilzügen abgemacht.

Nach meiner nunmehr vierzigjährigen und gerade in diesem Punkte reichhaltigen Erfahrung stellen aber die Eilzugs-Reisenden wenigstens für die langen Strecken, die sie etwa von ihrer mittelländischen Heimat bis zu den Alpen oder bis zum Meere oder auch beim Durchfahren Deutschlands seiner ganzen Länge oder Breite nach zurückzulegen haben, eine Schar meist schlecht orientierter Leute dar.

Der Weg von der Heimat bis zu dem Punkte, der unmittelbar vor dem eigentlichen Erholungs- oder Lerngebiet liegt, wird von den meisten schlafend, eine Zeitung nach der anderen lesend, magenbeschwerende Biere und Würstlein vertilgend und in ähn-

licher zeitmörderischer, aber nicht gerade Odysseus- oder Goethegeist erweckender Weise zurückgelegt.

Und stets und bleibt die Bedeutung, welche die von ihnen durchflogenen Gegenden in physikalischer und menschenkundlicher Hinsicht haben, den meisten unbekannt.

Dies gilt nicht nur von den Erst- und Zweitklässlern — die nun einmal zu dem sogenannten Fafnirgrähnen verurteilt sind — sondern auch von den im ganzen doch mit mehr Geistesfrische dahinrollenden Drittklässlern.

Ein helläugiges, des deutschen Namens würdigeres Reisen beginnt für die Mehrzahl der aus Mitteldeutschland kommenden erst von München oder von Lindau oder von Mainz, Breslau, Hamburg, Danzig und ähnlich liegenden Städten ab.

Der Mangel an Unterricht über die Bedeutung des langen Weges zwischen Reiseziel und Heimat bedeutet aber für alle intelligenteren Seelen und besonders solche, welche denselben Weg wiederholt machen, nicht nur einen Ausfall an ergötzlicher Unterhaltung, sondern auch den Verlust einer, wenigstens deutschen Reisenden ebenso notwendigen als willkommenen Bildungsgelegenheit.

Es handelt sich bei diesem Unterrichte um erweiterte Heimatkunde. Die Heimatkunde kann aber für den Deutschen, damit sein Partikularismus mehr und mehr aus einem geistig, gemütlich und wirtschaftlich verengenden und arm machenden Etwas zu einer fröhlich-brüderlich, das eigene und das Gesamtheil fördernden Triebkraft werde, gar nicht genug erweitert werden.

Und Heimatkunde überhaupt kann — wie schon seit dem Herder-Goethezeiten bekannt ist und wie doch täglich wiederholt werden muß — gar nicht kräftig genug getrieben werden. Sie ist, indem sie das innige Verwachsensein von Natur und Mensch wie von Mutter und Kind erkennen läßt, insonderheit im Hauptpräservativ gegen die Wirkungen der gerade auch jetzt sich leidenschaftlich gebahrenden Systemsucht, die alles Menschliche über einen Leisten schlagen will, heiße sie nun Ultramontanismus, aussaugender Zentralismus, dörrender Schematismus, verstiegener Spiritualismus oder sonstwie.

Volles, auf innigem Erleben beruhendes Vertrautsein mit dem Heimatlichen ist denn auch von jeher eine erste Bedingung für alles gesunde, künstlerische und dichterische Denken und Bilden gewesen.

Indem aber die deutsche Heimatkunde schon aus Gründen des Eigennutzes und der Selbsterhaltung gegenüber den Feinden ringsum eine erweiterte sein muß und so die Sinne an die Bewältigung vieler und großer Gegensätze gewöhnt, ist sie wohl eine trefflichste Vorschule zur sachgemäß „von unten auf" erfolgenden Kenntnis der Menschenwelt überhaupt und zu einer verständigen Behandlung hochwichtiger Fragen der Kulturentwicklung. Der Wichtigkeit einer Kunde entspricht auch die instinktive Teilnahme fast aller Hörer für gelegentliche Mitteilungen aus ihrem Fahre, insbesondere auch in der Form einer Unterhaltung, die an das unmittelbar auf der Reise Gesehene anknüpft; und wäre es denn auch eine Reise im Eilzuge.

In der Tat, wer beim Durchfliegen von Hessen oder Franken oder Thüringen oder des Vogtlandes oder der Oberpfalz oder der Lausitz oder sonst eines Gaues zwischen der Heimat und dem Reiseziele über die in leidlicher Beleuchtung vom Wagenfenster aus gesehene Landschaft etwas zu sagen weiß, und zwar nicht nur in allgemein-ästhetisch würdigender Weise, sondern im echt geographischen Tatsachensinne über die Wasserläufe, Wasserscheiden, Höhengruppierung, Ursache des Steigens und Fallens der Fahrtlinie, Einfluß der geologischen und der Höhenverhältnisse auf Gestaltung, Bebauung, Besiedlung und malerische Wirkung des Bodens, über Temperaments-, Mundart-, Sitten- und Konfessionsscheiden, über das von der Landschaft vertretene sprach-

liche, gemütliche, geistige, konfessionelle, politische und wirtschaftliche Gepräge, sowie über die sichtbar werdenden Erinnerungsstätten der Sage und Geschichte, der findet denn doch selbst in den plüschpolstrigen, einschläfernden Fahnirklassen dankbare Zuhörer.

Das Spenden solcher Mitteilungen, insofern sie gerade die zumeist eben nur durchflogenen Gaue betreffen, ist bis jetzt wohl nur Zufallssache. Es gehört dazu ein wirklich landeskundiger Einheimischer — und die sind gar nicht so häufig — oder ein durch Reisen und Bücher gebildeter genauer Kenner geographischer Dinge überhaupt, und die sind erst recht selten.

Unsere trefflichen klassischen Reisehandbücher für entferntere Gegenden haben vollauf zu tun mit der eingehenden Behandlung der berühmten Reiseziele; wollten sie die geographische Neugierde des Reisenden auch über die nur wie im Husch sichtbaren Teile der Reisewege erregen und befriedigen, so würden sie dickleibig-unpraktisch. Es ist wahr, den berühmten deutschen Reisebüchern für die Alpen stehen aus denselben Verlägen treffliche Reisebücher durch Deutschland zur Seite, die in der von mir gemeinten Richtung schon mitteilsamer sind. Aber wie wenige Reisende werden gewillt sein, auf eine Sommerreise zwei Handbücher mitzunehmen, und schließlich, wie wenig können doch selbst jene Reisebücher für Deutschland, wenn sie, ihrem Hauptzweck getreu, zunächst über die Reiseziele, also über einzelne Städte und Gebirge orientieren wollen, über die kleinen Geheimnisse des Eisenbahnweges sagen?

Es ist weiter wahr, daß gar manche Spezialwerke und -Werkchen Stoff der von mir gewünschten Art enthalten. Aber entweder sind sie, die systematisch ausgeführten Landeskunden viel zu teuer und umfangreich, um als Begleiter für eine Sommerreise zu dienen; oder sie gehen, wie so viele „illustrierte Führer", aber nicht dem schlichten Tatsachensinnes aus. Auch scheint die Darstellungsweise dieser letzteren Führer häufig wie vom Winkelpatriotismus oder von der Reklamesucht eingegeben und fällt gar leicht ins hochtrabend Rhetorische. Wesentlich ist aber, daß bei den von mir ins Auge gefaßten Reisestrecken das Romantische, das durch starke Gegensätze Reizende, meistens eine sehr geringe Rolle spielt; und vor allem ist wesentlich, daß dem Interesse der in Frage kommenden Reisenden so vieler Reisender durch eine rhetorisch aufgestutzte Darstellung, selbst wenn die zu besprechende Landschaft hochromantisch wäre, gar nicht gedient würde. Es handelt sich hier nicht um ein entzücktes Sehen des unmittelbar großartig Scheinenden, sondern um ein ruhiges Wahrnehmen meist kleiner, unscheinbarer, schlichter Dinge, um ein bedächtiges Zurückrufen von Erinnerungen, um ein besonnenes Vergleichen von Eindrücken, um ein Verstehen von Ursache und Wirkung, es handelt sich mehr um ein schnelles, feuriges Ergriffensein als um ein selbsttätiges, bescheidenes Begreifen als um ein schnelles, feuriges Ergriffensein, kurz um einen Akt der bedachtsameren, reiferen Geisteslebens, aber in jedem Falle um einen Akt, der gerade dem Wesen unseres durch den hochgesteigerten Verkehr zu gesteigertem Wahrnehmen und Vergleichen aufgerufenen modernen Geistes entspricht und der, indem er doch unmittelbar an Sinnfälliges anknüpft, andernteils weit entfernt ist, die Seele mit dem Gewicht eines mühselig errungenen Tüftelwerkes zu belasten, sondern als auf sinnenfrischem Grunde sich vollziehendes Urteilen auch die Jugend anmuten kann!

Indem es wohl unzweifelhaft ist, daß das Herstellen einer Reihe von „Reiseführern vom Eisenbahnwagen aus" dem Verlangen sehr vieler älterer und jüngerer Reisender entsprechen und somit auf dem deutschen Buchmarkt eine Pflicht und ein gutes Geschäft bedeuten würde, ist weiterhin unfraglich, daß bei dem heutigen Zustande der deutschen Kartographie das Anfertigen der für diese Führer nötigen Kartenskizzen keine Schwierigkeit bereiten könnte.

letzten Semesters eine kurze Übersicht der Geographie unseres Staates gegeben werden; die Bestimmungen für die beiden anderen Klassen der Oberabteilung decken sich mit denen für die entsprechenden Klassen des Obergymnasiums. Während also im Gymnasium und Obergymnasium die Schüler erst nach dreieinhalb-, in der Realschule nach zweieinhalbjähriger Pause zur Geographie zurückkehren, erleidet deren Unterricht im Mädchenlyzeum von der ersten bis zur letzten Klasse keine Unterbrechung, ein Vorteil, der die relativ bedeutendere Stundenzahl an Wert noch übertrifft. Es kommt nun aber, last not least, hinzu, daß im Lyzeum das, was wir für die beiden anderen Mittelschulen als fernes Ideal erstreben, innerhalb eines engeren Rahmens freilich, bereits erreicht ist: Geographie auf der Oberstufe! Ja, mehr noch, Geographie als Prüfungsgegenstand der Reifeprüfung in einem Umfang, der über das an den beiden anderen Anstalten geforderte Maß ziemlich weit hinausgeht. Während dort nur eine allgemeine Kenntnis der Geographie Österreich-Ungarns gefordert wird, heißt es in der betreffenden Prüfungsvorschrift für Mädchenlyzeen: „Von der Kandidatin ist zu fordern: Bekanntschaft mit der Gestaltung der Erdoberfläche in physikalischer und politischer Beziehung, genauere Kenntnis der Geographie Österreich-Ungarns mit besonderer Berücksichtigung der Kultur- und Wirtschaftsverhältnisse." Es ist wohl also nach dem Bisherigen nicht zu viel gesagt, wenn man behauptet, daß die Stellung, die unser Fach an den Mädchenlyzeen einnimmt, nach mehr als einer Hinsicht einen Fortschritt bedeutet gegenüber derjenigen, die ihm am Gymnasium und an der Realschule eingeräumt ist.

Gehen wir zur näheren Betrachtung der lehrplanmäßigen Verteilung des geographischen Unterrichtsstoffes auf die einzelnen Jahrgänge des Lyzeums über, wie sie in dem provisorischen Statut dieser Lehranstalt vorgesehen ist, so zeigen sich auch hier im Vergleich zu den beiden Kategorien der Mittelschulen für die männliche Jugend nur unwesentliche Abweichungen. Der Lehrstoff der ersten Klasse ist in allen drei in Rede stehenden Lehranstalten so ziemlich derselbe, nur ist der Rahmen, der geringeren Stundenanzahl entsprechend, im Mädchenlyzeum enger gezogen; so fehlt insbesondere die Übersicht der Länderkunde ganz. Darin ist meiner Ansicht nach ein entschiedener Vorteil zu sehen, da so für die ausdrücklich geforderte Einführung in das Verständnis der Karte, das doch die Grundlage für jeden ersprießlichen erdkundlichen Unterricht bilden muß, breiterer Raum gewonnen wird. Auch für die ausgiebige praktische Einübung der gewonnenen geographischen Grundbegriffe findet sich mehr Zeit, wie überhaupt die knappere aber doch dehnbare Fassung der Vorschriften über den Lehrstoff dem Lehrer eine größere Freiheit der Bewegung gestatten, als in den beiden anderen Mittelschulen. So läßt sich z. B. die Lücke, die dadurch entsteht, daß einer allgemeinen Übersicht Europas im Lyzeallehrplane keine Erwähnung geschieht, leicht beseitigen, durch sinngemäße Auslegung der Forderung, es sei eine „Übersicht der Gliederung der Erdteile und Ozeane, besonders Europas" zu geben.

Von der II. Klasse an weicht die Lehrstoffverteilung im Lyzeum von der des Gymnasiums und der der Realschule völlig ab. So wird im Lyzeum die Geographie Österreich-Ungarns in den Mittelpunkt des Unterrichts gestellt. Der Gedanke, von dem nächsten ausgehend, allmählich das fernere zu erreichen, dürfte dabei maßgebend gewesen sein. So sehr diese Betrachtungsweise, die beim Heimatsorte beginnt, für die Gewinnung der allgemeinen Grundbegriffe in der ersten Klasse von Vorteil ist, erscheint sie mir hier, wo zugleich in die spezielle Geographie eingetreten wird, nicht haltbar und der sonst eingehaltene Vorgang wünschenswerter zu sein. Gerade unsere Monarchie,

die durch ihren Anteil an den Alpen einerseits, an den deutschen Mittelgebirgen anderseits auf das engste mit dem mitteleuropäischen Kontinentalblocke verbunden ist, eignet sich für die Schule wenig zu selbständiger Betrachtung. Deshalb ist es in den beiden anderen Mittelschulen ein Vorteil, daß Österreich-Ungarn in der IV. Klasse zu behandeln ist, wo sich doch noch von dem Pensum der III. Klasse, in der Mitteleuropa ausführlich behandelt wurde, Erinnerungen genug zur Wiederauffrischung und Anknüpfung bieten. Im Lyzeum ergibt sich dagegen hier eine ähnliche Schwierigkeit, wie in der obersten Klasse des Gymnasiums bzw. der Realschule. Dort ist die Darstellung der Geographie Österreich-Ungarns losgelöst vom großen Zusammenhang des geographischen Lehrstoffes, weil sie zu spät, im Lyzeum läßt sich der Zusammenhang nicht herstellen, weil sie zu früh kommt. Ganz besonders fühlbar macht sich dieser Mangel, um ein greifbares Beispiel zu erwähnen, wie bereits angedeutet, bei der Betrachtung der Alpen. Die gesamten Alpen in den Kreis der Betrachtung zu ziehen hat in der II. Klasse des Lyzeums die Gefahr, daß der vorgeschriebene Lehrstoff dadurch unberechtigt erweitert wird, die Ostalpen allein zu behandeln, heißt den allerengsten geographischen Zusammenhang zerreißen. Ganz ähnlich liegen die Dinge bei den deutschen Mittelgebirgen. Ein weiterer Nachteil ergibt sich dadurch, daß die frühzeitige Behandlung unserer Monarchie auf der Unterstufe, wo kaum erst die Anfangsgründe der Erdkunde den Schülerinnen geläufig zu werden beginnen, eine sehr elementare sein muß. Aber im ganzen Rahmen des Lyzeums findet sich kein Raum, das hier Versäumte nachzuholen, denn in der VI. Klasse mit ihrer einzigen Wochenstunde wird es schwer genug halten, den ganzen geographischen Lehrstoff zu wiederholen und die ausführliche Betrachtung der Wirtschaftsgeographie Österreich-Ungarns anzufügen, wie die Vorschrift verlangt. Für eine Vertiefung und Erweiterung der physikalischen Geographie unseres Landes wird sich hier daher noch weniger Zeit finden.

Der für die III., IV. und V. Klasse des Lyzeums vorgeschriebene Lehrstoff läßt sich vermutlich, mir fehlt leider hier die praktische Erfahrung, sehr gut durchführen und bei verhältnismäßig kleinen Klassen wohl auch genügend vertiefen. Zu begrüßen ist es sicherlich, daß die bisher in unseren Mittelschulen sehr stiefmütterlich behandelten wirtschaftlichen Verhältnisse im Lyzeum mehr Berücksichtigung finden. Die Aufzeichnung des ursächlichen Zusammenhangs zwischen physischer Beschaffenheit eines Landes und seinem wirtschaftlichen Leben kann so zu einer ergiebigen Quelle wertvoller Erkenntnis für die Schülerinnen werden. Das richtige Maß in der Mitteilung wirtschaftsgeographischer Angaben wird sich wohl von selbst aus der Praxis ergeben. Aber gerade diese Seite des geographischen Unterrichts läßt die in den anderen beiden Mittelschulen in den meisten Lehrfächern bewährte Zweistufigkeit (die Geographie muß sie freilich auch dort nicht vermissen) wünschenswert erscheinen. Denn die oben erwähnte Zusammenhang zwischen Volkswirtschaft und Geographie läßt sich doch nur reiferen Schülern klar machen. Statt der derzeitigen vorläufig ja ohnehin nur als provisorisch gedachten Lehrstoffverteilung würde ich mir daher etwa folgende denken: I. Klasse: wie bisher die geographischen Grundbegriffe. Dazu eine allgemeine Betrachtung Asiens. II. Klasse: die außereuropäischen Erdteile und Europa allgemein. III. Klasse: das übrige Europa. Diese drei Klassen bilden dann zusammen die erste Unterrichtsstufe, die sich auf die elementare Darstellung der physikalischen und politischen Verhältnisse mit Ausschluß der eigentlichen Wirtschaftsgeographie zu beschränken hätte. Auf der Oberstufe, die die Klassen IV bis VI umfaßte, wäre sodann folgende Verteilung des Stoffes vorzunehmen: IV. Klasse: die außereuropäischen Erdteile.

15*

V. Klasse: die Länder Europas mit Ausschluß Österreich-Ungarns. VI. Klasse: die Geographie unserer Monarchie. Hierbei könnte auf die Herstellung der erwähnten kausalen Verbindung zwischen physikalischer und Wirtschaftsgeographie das Hauptgewicht gelegt werden, wobei sich von Klasse V an die im naturgeschichtlichen Unterrichte erworbenen geologischen Kenntnisse der Schülerinnen verwerten ließen.

Dieser Umsturz des bisher geltenden provisorischen Lehrplanes der Mädchenlyzeen wäre freilich erst dann völlig zu rechtfertigen, wenn dem geographischen Unterrichte in der II., III., IV. und V. Klasse statt der bisherigen zwei je drei und in der VI. statt einer wenigstens zwei Wochenstunden eingeräumt würden. Was für die sechs Jahrgänge immer erst einen Gesamtzuwachs von fünf Stunden bedeutete. Die Erfüllung dieser Forderung, würde meines Erachtens den geographischen Unterricht im Mädchenlyzeum, das ja durch keine alte Tradition gebunden, vielmehr in dem ersten Stadium tastenden Versuchs begriffen, dem Wechsel leichter zugänglich sein dürfte, geradezu vorbildlich für die anderen Mittelschulen gestalten, vielleicht nicht nur in Österreich. Denn damit wäre endlich einmal eine Mittelschule geschaffen, die von der ersten bis zur letzten Klasse die Erdkunde als einen der anderen gleichgestellten Lehrgegenstand besäße und die überdies durch die Zweistufigkeit des Unterrichts für den gründlichen und über die elementare Behandlung der Unterklassen weit hinausgehenden Betrieb unseres Faches Raum böte.

Noch erübrigt eine kurze Begründung der eben vorgeschlagenen Lehrstoffverteilung, die namentlich in einer Beziehung von der bisher üblichen Anordnung des Stoffes abweicht. Der wesentliche Unterschied liegt darin, daß vor der Betrachtung Europas alle anderen Erdteile abgetan werden, während im Gymnasium und in der Realschule unser Erdteil zwischen Asien und Afrika einerseits, und Amerika und Australien anderseits gestellt wird. Der Gesichtspunkt, der mich bei meinem Vorschlag leitete, ist der, daß mit dem Hinaufrücken Europas in die höheren Klassen zweierlei gewonnen wird: 1. Auf der Unter- wie auf der Oberabteilung kommt unserem Erdteil damit das gereiftere Verständnis der Schülerinnen zu gute, das auch die höhere Behandlung des Gegenstandes gestattet. 2. In der VI. Klasse schließt so die ausführliche Behandlung unserer Monarchie an die noch in frischer Erinnerung stehende Darstellung ganz Europas an, was mir nach dem oben über die Behandlung dieses Stoffes Gesagten dringend notwendig schien.

🙰

Gedanken über die Herstellung „fröhlicher Eisenbahn-Odysseuse".
Von Prof. Dr. Lippold-Altenburg.

Ein großer Teil der europäischen und besonders der germanischen Menschheit reist zur Zerstreuung, zur Erholung, zur Bildung, und ein nicht unbeträchtlicher Teil dieses Reisens wird, wie heutigstags die Verhältnisse liegen, auf weite Strecken hin in Eilzügen abgemacht.

Nach meiner nunmehr vierzigjährigen und gerade in diesem Punkte reichhaltigen Erfahrung stellen aber die Eilzugs-Reisenden wenigstens für die langen Strecken, die sie etwa von ihrer mittelländischen Heimat bis zu den Alpen oder bis zum Meere oder auch beim Durchfahren Deutschlands seiner ganzen Länge oder Breite nach zurückzulegen haben, eine Schar meist schlecht orientierter Leute dar.

Der Weg von der Heimat bis zu dem Punkte, im unmittelbar vor dem eigentlichen Erholungs- oder Lerngebiet liegt, wird von den meisten schlafend, eine Zeitung nach der anderen lesend, magenbeschwerende Biere und Würstein vertilgend und in ähnlicher zeitmörderischer, aber nicht gerade Odysseus- oder Goethegeist erweckender Weise zurückgelegt.

Dabei ist und bleibt die Bedeutung, welche die von ihnen durchflogenen Gegenden in physikalischer und menschenkundlicher Hinsicht haben, den meisten unbekannt.

Dies gilt nicht nur von den Erst- und Zweitklässlern — die nun einmal zu dem sogenannten Fafnirgähnen verurteilt sind — sondern auch von den im ganzen doch mit mehr Geistesfrische dahinrollenden Drittklässlern.

Ein helläugiges, des deutschen Namens würdigeres Reisen beginnt für die Mehrzahl der aus Mitteldeutschland kommenden erst von München oder von Lindau oder von Mainz, Breslau, Hamburg, Danzig und ähnlich liegenden Städten ab.

Der Mangel an Unterricht über die Bedeutung des langen Weges zwischen Reiseziel und Heimat bedeutet aber für alle intelligenteren Seelen und besonders solche, welche denselben Weg wiederholt machen, nicht nur einen Ausfall an ergötzlicher Unterhaltung, sondern auch den Verlust einer, wenigstens deutschen Reisenden ebenso notwendigen als willkommenen Bildungsgelegenheit.

Es handelt sich bei diesem Unterrichte um erweiterte Heimatkunde. Die Heimatkunde kann aber für den Deutschen, damit sein Partikularismus mehr und mehr aus einer geistig, gemütlich und wirtschaftlich verengenden und arm machenden Etwas zu einer fröhlich-brüderlich, das eigene und das Gesamtheil fördernden Triebkraft werde, gar nicht genug erweitert werden.

Und Heimatkunde überhaupt kann — wie schon seit den Herder-Goethezeiten bekannt ist und wie doch täglich wiederholt werden muß — gar nicht kräftig genug getrieben werden. Sie ist, indem sie das innige Verwachsensein von Natur und Mensch wie von Mutter und Kind erkennen läßt, insonderheit ein Hauptpräservativ gegen die Wirkungen der gerade auch jetzt sich leidenschaftlich gebährenden Systemsucht, die alles Menschliche über einen Leisten schlagen will, heiße sie nun Ultramontanismus, aussaugender Zentralismus, dörrender Schematismus, verstiegener Spiritualismus oder sonstwie.

Volles, auf innigem Erleben beruhendes Vertrautsein mit dem Heimatlichen ist denn auch von jeher eine erste Bedingung für alles gesunde, künstlerische und dichterische Denken und Bilden gewesen.

Indem die deutsche Heimatkunde schon aus Gründen des Eigennutzes und der Selbsterhaltung gegenüber den Feinden ringsum eine erweiterte sein muß und so die Sinne an die Bewältigung vieler und großer Gegensätze gewöhnt, ist sie wohl eine trefflichste Vorschule zur sachgemäß „von unten auf" erfolgenden Kenntnis der Menschenwelt überhaupt und zu einer verständigen Behandlung hochwichtiger Fragen der Kulturentwicklung. Der Wichtigkeit dieser Kunde entspricht auch die instinktive Teilnahme fast aller Hörer für gelegentliche Mitteilungen aus ihrem Gebiet, insbesondere auch in der Form einer Unterhaltung, die an das unmittelbar auf der Reise Gesehene anknüpft; und wäre es denn eine Reise im Eilzuge.

In der Tat, wer beim Durchfliegen von Hessen oder Franken oder Thüringen oder des Vogtlandes oder der Oberpfalz oder der Lausitz oder sonst eines Gaues zwischen der Heimat und dem Reiseziele über die in leidlicher Beleuchtung vom Wagenfenster aus gesehene Landschaft etwas zu sagen weiß, und zwar nicht nur in allgemein-ästhetisch würdigender Weise, sondern im echt geographischen Tatsachensinne über Wasserläufe, Wasserscheiden, Höhengruppierung, Ursache des Steigens und Fallens der Fahrtrinne, Einfluß der geologischen und der Höhenverhältnisse auf Gestaltung, Bebauung, Besiedlung und malerische Wirkung des Bodens, über Temperaments-, Mundart-, Sitten- und Konfessionsscheiden, über das von der Landschaft vertretene sprach-

liche, gemütliche, geistige, konfessionelle, politische und wirtschaftliche Gepräge, sowie über die sichtbar werdenden Erinnerungsstätten der Sage und Geschichte, der findet denn doch selbst in den
plüschpolstrigen, einschläfernden Fafnirklassen dankbare Zuhörer.

Das Spenden solcher Mitteilungen, insofern sie gerade die
zumeist eben nur durchflogenen Gaue betreffen, ist bis jetzt wohl
nur Zufallsache. Es gehört dazu ein wirklich landeskundiger
Einheimischer — und die sind gar nicht so häufig — oder ein
durch Reisen und Bücher gebildeter genauer Kenner geographischer Dinge überhaupt, und die sind nun erst recht selten.

Unsere trefflichen klassischen Reisehandbücher für entfernere
Gegenden haben vollauf zu tun mit der eingehenden Behandlung der berühmten Reiseziele; wollten sie die geographische
Neugierde des Reisenden auch über die nur wie im Husch sichtbaren Teile der Reisewege erregen und befriedigen, so würden
sie dickleibig-unpraktisch. Es ist wahr, den berühmten deutschen
Reisebüchern für die Alpen stehen aus denselben Verlägen treffl-
liche Reisebücher durch Deutschland zur Seite, die in der von
mir gemeinten Richtung schon mitteilsamer sind. Aber wie
wenige Reisende werden gewillt sein, auf eine Sommerreise zwei
Handbücher mitzunehmen, und schließlich, wie wenig können
doch selbst jene Reisebücher für Deutschland, wenn sie, ihrem
Hauptzweck getreu, zunächst über die Reiseziele, also über einzelne
Städte und Gebirge orientieren wollen, über die kleinen Geheimnisse des Eisenbahnweges sagen?

Es ist weiter wahr, daß gar manche Spezialwerke und -Werk-
chen Stoff der von mir gewünschten Art enthalten. Aber entweder sind sie, wie die systematisch ausgeführten Landeskunden
viel zu teuer und umfangreich, um als Begleiter für eine Sommerreise zu dienen; oder sie gehen, wie so viele „illustrierte Führer",
doch vor allem auf Befriedigung des romantisch erregten Sinnes,
aber nicht des schlichten Tatsachensinnes aus. Auch scheint die
Darstellungsweise dieser letzteren Führer häufig wie vom Winkelpatriotismus oder von der Reklamesucht eingegeben und fällt gar
leicht ins hochtrabend Rhetorische. Wesentlich ist aber, daß bei
den von mir ins Auge gefaßten Reisestrecken das Romantische,
das durch starke Gegensätze Reizende, meistens eine sehr geringe
Rolle spielt; und vor allem ist wesentlich, daß dem hier in Frage
kommenden Interesse so wider Reisender durch eine rhetorisch
aufgestutzte Darstellung, selbst wenn die zu besprechende Landschaft hochromantisch wäre, gar nicht gedient würde. Es handelt
sich hier nicht um ein entzücktes Sehen des unmittelbar großartig Scheinenden, sondern um ein ruhiges Wahrnehmen meist
kleiner, unscheinbarer, schlichter Dinge, um ein bedächtiges Zurückrufen von Erinnerungen, um ein besonnenes Vergleichen von
Eindrücken, um ein Verstehen von Ursache und Wirkung, es
handelt sich mehr um ein selbsttätiges, bescheidenes Begreifen
als um ein schnelles, feuriges Ergriffensein, kurz um einen Akt
bedachtsameren, reiferen Geisteslebens, aber in jedem Falle um
einen Akt, der gerade dem Wesen unseres durch. den hochgesteigerten Verkehr zu gesteigertem Wahrnehmen und Vergleichen
aufgerufenen modernen Geistes entspricht und der, indem er
doch unmittelbar an Sinnfälliges anknüpft, andernteils weit entfernt ist, die Seele mit dem Gewicht eines mühselig errungenen
Tüftelwerkes zu belasten, sondern als auf sinnenfrischem Grunde
sich vollziehendes Urteilen auch die Jugend anmuten kann!

Indem es wohl unzweifelhaft ist, daß das Herstellen einer
Reihe von „Reiseführern vom Eisenbahnwagen aus" dem Verlangen sehr vieler älterer und jüngerer Reisender entsprechen
und somit für den deutschen Buchmarkt eine Pflicht und ein
gutes Geschäft bedeuten würde, ist weiterhin unfraglich, daß bei
dem heutigen Zustande der deutschen Kartographie das Anfertigen
der für diese Führer nötigen Kartenskizzen keine Schwierigkeit
bereiten könnte.

Geogr. Anzeiger, August.

Was den allerdings nicht weniger wichtigen Text anlangt,
so scheint mir, daß die ihn liefernden Federn zu den Tugenden
der Humboldt-Ritter-Schaubach-Daniel-Kirchhoff-Ratzelschen
strengen Sachlichkeit auch etwas von Steub-Fontaneschen und
sei es Noëscher Humorfülle und Geschmeidigkeit, sowie vor
allem eine gute Dosis von Takt im Vermeiden systematischer
Umständlichkeit und Vollständigkeit fügen müßten.

Denn wenn solche Führer gar wohl eine höhere pädagogische
Bedeutung gewinnen könnten, als Mittel zur Hebung des Heimatsinnes und — in unserer Zeit wahrlich auch nicht zu ver-
achten! — als Anreger zum prunklosen Würdigen des Schlicht-
Großen, so ist es doch auch klar, daß sie diese anregende Rolle
gar nicht zu spielen anfangen könnten, wenn sie, um nur ja den
Vorwurf feuilletonistischer Oberflächlichkeit und Schönrednerei
fernzuhalten, etwa gar mit dem Umfange, der gedrängten Fülle
und dem trockenen Tone des Lehrbuches einherträten.

Damit würden sie von vornherein die Fähigkeit verlieren,
gern gekaufte und gern gelesene Reisebegleiter — und zwar
doch nur für den Anfang und den Abschluß der Reise — zu
werden, d. h. überhaupt nur eine Wirkung zu thun.

Habe ich aber recht, daß das Herstellen des Textes, was das
Sachliche betrifft, einen sehr unterrichteten Mann verlangt — das
Führeramt erfordert in diesem Falle die Verbindung ausgedehnteren naturkundlichen und sitten-, wirtschaftskundlichen, sowie
geschichtlichen, vor allem aber auch sprachkundlichen Wissens'—
und habe ich weiter recht, daß die Form des Textes Eigenschaften haben muß, die gerade nicht zu den Lieblingseigen-
schaften des Gelehrtenstiles gehören, so könnte man mir einhalten, daß die Mittel, die ich zur Herstellung einer zunächst
doch nur wie im Fluge gegebenen Anregung verlange, etwas
kostspielig seien.

Denn in der Tat, ich glaube nicht nur, daß die Federn zur
Herstellung des gewünschten „fröhlichen Eisenbahn-Odysseus"
selbst in Deutschland keinesfalls erschreckend häufig sind; ich bin
sogar überzeugt, daß auch unsere besten Federn gerade in diesem
Falle, wo es gilt in der losesten Form doch etwas Geistgediegenes
zu geben, nicht auf den ersten Hieb das Ideal der Gattung
schaffen werden.

Immerhin scheint mir die Verwirklichung des Gedankens, so
vielen Tausenden lernbegieriger deutscher Ferienreisender die bewußten unfruchtbaren Teile ihrer Sommerfahrten zu etwas an
geistigem Vergnügen und Nutzen Ergiebigem umzugestalten, der
schriftstellerischen und geschäftlichen Erwägung wert.

Ich denke mir die Sache so, daß beispielsweise für die Linien
Leipzig—Regensburg—München, Leipzig—Nürnberg—Lindau,
Leipzig—Frankfurt. Metz oder Frankfurt—Basel, Leipzig—Breslau, Leipzig—Cöln, Leipzig—Bremen, Leipzig—Hamburg, Leipzig—Berlin—Danzig Einzelführer hergestellt würden, die besonders auch durch die fliegenden Buchhändler an den Bahn-
höfen selbst, zum Preise von 40—50 Pf. zu vertreiben wären.

Im Falle, daß die Herstellung einigermaßen dem von mir
Gewünschten entspräche, würde wohl insbesondere die deutsche
Lehrerwelt ganz von selbst für die gute Sache kräftig Reklame
machen.

Nachschrift: Als ein gutes Kriterium dafür, ob ein Gedanke
seiner Zeit gerecht wird und lebenskräftig durchführbar ist, muß
es erscheinen, wenn er an verschiedenen Stellen gleichzeitig aber
unabhängig auftaucht. Als vor genau Jahresfrist Herr Professor
Lippold das Manuskript zu obigem kleinen Aufsatze einschickte,
war es der Geographischen Anstalt von Justus Perthes eine große
Freude, daß ein von ihr seit langer Zeit vorbereiteter, bis in die
Einzelheiten ausgearbeiteter Plan sich aufs genaueste deckte mit
seinen Gedanken und Anregungen. Wie weit diese Überein-

16

stimmung geht, hat jetzt ein jeder durch eigenes Urteil festzustellen bequeme Gelegenheit, denn das erste Heft von „Rechts und links der Eisenbahn"[1]), wie der Herausgeber Prof. Langhans seine Sammlung „Neuer Führer auf den Hauptbahnen im Deutschen

---

[1]) Rechts und links der Eisenbahn. Neue Führer auf den Hauptbahnen im Deutschen Reiche. Herausgegeben von Prof. Paul Langhans. Heft 1: Berlin—Frankfurt a. M. über Eisenach von Heinrich Fischer. 32 S. 2 Karten. Preis 50 Pf. In Vorbereitung befinden sich zunächst die Hefte für folgende Strecken: Berlin—Cöln (über Hannover); Hamburg — Bremen — Cöln; Düsseldorf — Frankfurt (linksrheinisch); Düsseldorf—Frankfurt (rechtsrheinisch); Berlin—Stettin—Kolberg; Berlin — Rügen; Berlin — Stettin—Heringsdorf; Berlin—Görlitz—Riesengebirge; Berlin—Holzminden—Aachen; Berlin—Dresden—Prag; München—Innsbruck—Arlberg; München—Ischl; München—Zürich; Berlin—Hamburg—Sylt; Hamburg—Kiel—Kopenhagen; Berlin—Warnemünde—Kopenhagen; Hamburg—Frankfurt (über Cassel); Hamburg—Frankfurt (über Bebra); Berlin—Bremen—Norderney; Berlin—Danzig—Königsberg—Eydtkuhnen; Leipzig—Hof(—Eger)—München; Halle—Saalfeld—München; Frankfurt—Nürnberg—Passau; Straßburg—Stuttgart—München; Neudietendorf—Stuttgart; Elm—Würzburg—München; Berlin—Nordhausen — Frankfurt; Gießen — Koblenz — Metz; Frankfurt — Basel (rechtsrheinisch); Frankfurt—Basel (linksrheinisch); Berlin — Breslau; Leipzig—Breslau.

Reiche" treffend betitelt hat, ist erschienen. Meines Mitherausgebers Heinrich Fischer erfahrene Feder behandelt in demselben die Strecke Berlin—Frankfurt a. M. „Er hat seinen Faden gut ins Öhr gebracht", schreibt Lippold nach Durchsicht des Textes. Und wie der Text, will die beigegebene Karte einen Brauch des Geographen in die Allgemeinheit verpflanzen. Daß es der Geographen, vom Nestor des Faches bis zum jüngsten studiosus geographiae, Brauch ist, Vogels Meisterkarte des Deutschen Reichs als verläßlichen Mentor auf ihren Reisen im Vaterlande zu benutzen, zeigt sich am deutlichsten, wenn die Züge die Besucher der Geographentage nach dem Orte der Tagungen führen. Aber der Geographen sind wenige und Geographentage nur alle zwei Jahre. Um die Karte der Allgemeinheit nutzbar zu machen, mußte eine neue Form gefunden werden; daß die gefundene sich bewährt, ist nicht zuletzt im Interesse der Reisenden selbst zu hoffen, ebenso daß, noch Lippolds Wunsch, insbesondere die deutsche Lehrerwelt ganz von selbst für die gute Sache kräftig — nicht Reklame macht, sondern eintritt aus der inneren Überzeugung heraus, dadurch der Bildung von Jugend und Volk ihre Dienste zu weihen. *Hs.*

Kleine Mitteilungen.

Die Reformgymnasien.

Im Maiheft der „Monatsschrift" schrieb deren Herausgeber: „Für die Beurteilung des humanistischen Charakters der Gymnasien nach Frankfurter System dürfte es von Interesse sein, Vermerk davon zu nehmen und weitere Kreise darauf aufmerksam zu machen, daß bei einer Schulfeier des Goethe - Gymnasiums am 4. April u. a. eine griechische Rede gehalten worden ist mit dem Thema: *Περὶ τῶν παρ' Ἕλλησι εἰς τὸν Χριστιανὸν ἐράεων εἰρημένων.* So nimmt sich Dir. Karl Reinhardt der humanistischen Bildung an. Man kann an die Gymnasien nach Normalsystem nur den Wunsch richten: *Πρασῶιον καὶ σὺ ποιεῖ ὁμοίως.* In einer mir vorliegenden Tageszeitung wird diese griechische Rede meinem Gefühl entsprechend als Prunkstück bezeichnet und der Wunsch ausgesprochen, die Reformgymnasien möchten von solcher Kunststücke willen sich nicht von dem Wege ihrer eigentlichen Bestimmung ablenken lassen. Im pädagogischen Wochenblatt Nr. 35 vom 17. Juni kommt ein Oberlehrer Dr. O. unter der Ueberschrift: „Hat die griechische Abiturientenrede vom 4. April 1903 am Frankfurter Goethe - Gymnasium eine Bedeutung für die alten Gymnasien?" ebenfalls zu einer glatten Ablehnung des Urbildes, indem er das Dilemma aufstellt: „Entweder sind solche Leistungen wie die von Frankfurt a limine zu verwerfen oder es muß zu ihrem ordnungsmäßigen Betrieb offiziell ein starker Raum geschaffen werden durch Vermehrung der Stundenzahl im Griechischen und Lateinischen. Die Mahnung ist weder ein Ruhm für das Reformgymnasium noch ein annehmbarer Sporn für das alte Gymnasium."

Ich mache auf diese Äußerungen aufmerksam, einmal, weil sie mir vom allgemein-pädagogischen Standpunkt wichtig sind und ich einen einseitig fachegoistischen Standpunkt unter allen Umständen für verwerflich halte, dann aber wegen ihrer symptomatischen Bedeutung. Denn das Reformgymnasium ist (wie ich immer wieder zu zeigen versuche werde) weder als Etappe, sondern als endgültige Form gedacht, eine augenschliche Gefahr für die Entwicklung der modernen Disziplinen im besonderen für die Erdkunde. Aus den Altphilologen wird eine übergeordnete Lehrerkategorie gemacht, selbst am Realgymnasium stört das Eingreifen des Lateinischen die harmonische Entwicklung

des Lehrgangs, das selbstverständliche Ziel unserer Bestrebungen, das Obergymnasium wird schwerer zugänglich, an der größeren Anzahl der Realgymnasien haben wir direkt einen Stundenverlust zu verzeichnen. Dazu kommt nun, daß das Mißtrauen der Altphilologen alter Observanz gegen die Neuerung in vielerlei Aeußerungen der Befürchtung ausgesprochen hat, daß Reformgymnasium bedeute eine Zurückdrängung der alten Sprachen während gerade das Gegenteil augenscheinlich der Fall ist. Diese Aeußerungen haben sich nun zu einem Drucke auf die Reformbewegung verdichtet, der zu jenen Uebertreibungen und „Prunkstücken" vermutlich geführt hat. Es wird unsere Aufgabe sein, unser berechtigteres gegenteiliges Mißtrauen deutlich und häufig auszusprechen. Schon jenes Druckes wegen von humanistischer Seite her ist die Wirksamkeit eines Gegendrucks unerläßlich.

Schließlich sei noch auf die Worte von Dr. O. aufmerksam gemacht, in denen er von einer Vermehrung griechischer und lateinischer Stunden spricht. Es bleibt das alte Lied: wer Leistungen und nicht Prunkstücke wünscht, muß Raum schaffen für eine ruhig und nicht überhitzt und überstürzt fortschreitende Arbeit. Niemand kann mehr als wir Geographen wünschen, daß die Erkenntnis: mehr Raum und weniger äußerliche Ansprüche in Gestalt von Lehrzielen mehr und mehr an Boden gewinnt. Zu welcher weiteren allmählich sich anbahnenden Umgestaltung unseres höheren Schulwesens das führen würde, ist hier schon öfter angedeutet worden; jetzt sei darauf nicht eingegangen. *H. F.*

Die neue Badische „Ordnung der Prüfung für das Lehramt an höheren Schulen betreffend" hat am 21. März d. J. Giltigkeit erhalten und ist im Verordnungsblatt des Großherzoglichen Oberschulrats am 1. April in Karlsruhe ausgegeben worden.

§ 15 bringt die Anforderungen für die Prüfung in Geographie:

„In der Prüfung in der Geographie ist nachzuweisen:

A. als Nebenfach:

1. Kenntnis der grundlegenden Tatsachen und Gesetze der mathematischen und physischen Geographie und der Geographie des Menschen nebst den Elementen der Völkerkunde.

2. Geographisches Verständnis der Umgebung des Wohnortes.

3. Übersichtliche Kenntnis der Länder Europas und der außereuropäischen Erdteile nach ihrer Topik, ihrem Naturcharakter und den geographischen Verhältnissen des Menschen; genauere Kenntnis Deutschlands, wie derjenigen Länder oder geographischen Faktoren, die mit dem Hauptfächern des Kandidaten in engeren Beziehungen stehen.

4. Bekanntschaft mit den geographischen Hilfsmitteln des geographischen Studiums und Unterrichts, insbesondere Vertrautheit mit dem Gebrauch des Globus, des Reliefs und der Landkarte; einige Fertigkeit im Entwerfen von Kartenskizzen.

B. als Hauptfach überdies:

Vertrautheit mit den Lehren der mathematischen Geographie; Kenntnis der physikalischen und der wichtigsten geologischen Verhältnisse der Erdoberfläche; Uebersicht über die räumliche Entwicklung und die heutige politische Geographie der Hauptkulturstaaten; genauere Bekanntschaft mit der Länderkunde Europas und einiger speziell gewählten wichtigeren außereuropäischen Gebiete.

Der Kandidat soll mit der geographischen Literatur vertraut sein und einige der wichtigsten Reisewerke durchgearbeitet haben."

Eine eingehendere kritische Würdigung dieser Anforderungen erscheint mir nicht angebracht. Sie rühren das Gute, daß die beiden hervorragenden Dozenten für Geographie in Freiburg und Heidelberg, Karl Neumann und Alfred Hettner, her, und Examinatoren wie Prüflinge befinden sich daher augenblicklich in der glücklichen Lage, daß die Prüfungsanforderungen nach der in der Studienzeit vorhergegangenen Art der Arbeit bestimmt worden sind. Wenn ich eine Bemerkung mir erlauben soll, so möchte es die sein, daß es vielleicht doch bedenklich ist, überhaupt Geographielehrer zuzulassen, die ohne geologische Grundlage versucht haben, ihr Erdbild auszubauen.

Das eigentliche Kampfobjekt ist nun aber § 8 gewesen, in dem die Stellung der Geographie innerhalb des Examens dargelegt wird. Das für uns wesentliches aus dem Paragraph folgendes: Außer einer allgemeinen Prüfung in Philosophie und Deutscher Literatur findet eine Fachprüfung in mindestens drei Prüfungsfächern aus den gleichen Gebiete des Unterrichts statt; von diesen ist das dritte Nebenfach. Die Zusammenstellungen sind: a) Lateinisch und

Griechisch, daneben Deutsch, Geschichte oder Französisch; b) Französisch und Englisch, daneben Lateinisch; c) Deutsch und Geschichte, daneben Französisch, Englisch oder Lateinisch. Bei b) kann Deutsch, Geschichte oder Geographie als Hauptfach gewählt werden, sodaß die von mir so oft gewünschte Trennung der beiden Modernsprachen und die Vereinigung deren einer mit Geographie möglich ist (freilich wäre statt der dann eintretenden Kombination Französisch (oder Englisch), Geographie, Latein für das letztere besser Deutsch, Geschichte, Mathematik u. s. w. zu empfehlen gewesen). Bei c) kann Deutsch durch Geographie ersetzt werden. Auch hier wäre es zweckmäßig gewesen, dann Deutsch als Nebenfach zuzulassen, schon der Uebereinstimmung mit Preußen halber, das bekanntlich die Verbindung Deutsch, Geschichte, Geographie besonders betont. Auf der mathematisch-naturwissenschaftlichen Seite überrascht die Bestimmung, daß Mathematik stets als Hauptfach zu wählen ist. Hier scheinen schultechnische Gründe etwas zu stark mitgewirkt zu haben. Jedenfalls wird die sehr wünschenswerte Verbindung der biologischen Fächer mit Geographie dadurch sehr erschwert, wenn nicht fast vereitelt. Trotz dieser kleinen Ausstellungen, deren sich immer einige werden machen lassen, kann der Schulgeograph mit Befriedigung auf die endliche Lösung des Badener Streites blicken.

Daß es einen harten Kampf gekostet hat, sie herbeizuführen, ist bekannt, auch melden sich jetzt schon Stimmen, die an der Stellung der Geographie in dieser Neuordnung herummäkeln. So schreibt Bn. (Päd. Wochenblatt 35, S. 276): „Was auf den ersten Blick überrascht, ist die hohe Einschätzung der Geographie. Diese erscheint hier als Hauptfach gleichwertig neben den sprachlich-geschichtlichen und mathematisch-naturwissenschaftlichen Fächern, während sie in Wirklichkeit an den Anstalten als Nebenfach in den unteren und mittleren Klassen nur ein kümmerliches Dasein fristet. Es hätte nach den jetzigen tatsächlichen Verhältnissen, die sich auch in absehbarer Zeit nicht wesentlich anders gestalten werden, völlig genügt, sie als Nebenfach neben Geschichte in der ersten Gruppe und Mathematik in der zweiten Gruppe zu stellen; die Ansprüche an den Kandidaten wären so unbeschadet des Faches vermindert worden.

Ich stelle zuerst mit Vergnügen fest, daß Bn. der Meinung ist, die Geographie friste nur ein kümmerliches Dasein. Wir werden ihn als wertvollen Zeugen zu nennen wissen, um mit seiner Hilfe in dem Kampfe, die „tatsächlichen", so sehr veralteten „Verhältnisse in absehbarer Zeit anders zu gestalten", fortzufahren. Was „unbeschadet des Faches" heißt, darüber würden wir wohl weniger schnell einig werden. Ich jedenfalls habe den schon angedeutet, daß es gewiß ein Schade des Faches zu nennen wäre, wenn kein einziger Schulgeograph sich mit Geologie zu befassen angehalten werden würde.

Doch lassen wir Herrn Bn. in seinem Aerger über einen ihm vermutlich wenig verständlichen Fortschritt. Ein anderes ist es, ein sehr ernstes Moment, das die Bedeutung dieser badischen Prüfungsordnung weit über ihresgleichen stellt. Diese badische Ordnung ist in ihrer endgültigen Form unser Fach betreffend gegen einen Beschluß unserer Standesorganisation in Baden nach heftigem Pressekampfe von einem Juristen zur Entscheidung gebracht. Das deutet unter allen Umständen eine höchst unerfreuliche Schädigung unseres Standesinteresses, für welche diejenigen die volle Verantwortlichkeit zu tragen haben, die aus Unkenntnis eines ihnen fernstehenden Wissenschaftsgebiets den Versuch ge-

macht haben, einen notwendigen Fortschritt zu vereiteln. Wollen wir das Vorkommen ähnlicher unliebsamer Ereignisse in Zukunft vermeiden, wollen wir in der Oeffentlichkeit wie im Verkehr mit den Behörden jene „Anerkennung unserer Autorität erringen, die man dem Arzte, dem Techniker zubilligt" (Oskar Jäger), so wird das gewiß auf dem Wege, den im vorigen Jahre die Majorität des Vereins akademisch gebildeter Lehrer in Baden eingeschlagen hat, und der nachher in so unglücklicher Form von Keim in den Südwestdeutschen Schulblättern zu verteidigen versucht worden ist, niemals geschehen können, es sei denn, unser Stand sei vorher endgültig aus dem Kreise der wissenschaftlichen Berufe ausgeschieden. *H. F.*

Der wissenschaftliche Ausflug. In den nächsten Nummern wird dies Thema von berufener Seite des öfteren angeschlagen werden. Heute sei nur auf die vorzügliche Arbeit, die Dr. Sebald Schwarz auf diesem Gebiet seit Jahren geleistet hat, hingewiesen. Er gibt in dem Osterprogramm der Realschule zu Blankenese (Progr. 1903, Nr. 335, im Buchhandel bei J. Harder in Altona), außerdem in der „Monatsschrift", Juninummer, darüber Rechenschaft. In der erstgenannten Schrift schildert er Entwicklung und Methode der Ausflüge, in der zweiten behandelt er die Frage vom allgemeinen Gesichtspunkte.

Dasselbe, mehr vom biologischen Gesichtspunkte, tut B. Landsberg unter dem Titel „Zur Frage der unterrichtlichen Ausflüge" in „Natur und Schule", S. 151 ff. Beide nehmen sich der für die Vorwärtsentwicklung unseres höheren Schulwesens so wichtigen Frage im Sinne der allgemeineren Ausgestaltung der Ausflüge mit großem Verständnis und Interesse an, Schwarz mehr rückblickend, indem er die eigenen Erfahrungen und die Ergebnisse einer umfassenden Rundfrage verarbeitet, Landsberg mehr in der Hoffnung auf die Erarbeitung allgemeiner, den Anfang einer Einigung bringender Gesichtspunkte. *H. F.*

Biologie und Geographie bis zum Schulschluß? Auf der 75. Versammlung deutscher Naturforscher und Ärzte in Cassel, 20. bis 26. September d. J., ist die zweite Geschäftssitzung der Gesellschaft Freitag, den 25. September morgens 8½ Uhr s. t. für eine Beschlußfassung über einen, den biologischen Unterricht betreffenden Antrag, freigehalten. Die Tagesordnung hierfür lautet: 1. Bericht über die auf der 73. Versammlung deutscher Naturforscher und Ärzte in Hamburg seitens der vereinigten Gruppen für Zoologie, Botanik, Geologie, Anatomie und Physiologie eingeleitete Bewegung zugunsten des biologischen Unterrichts an höheren Schulen. Berichterstatter: Prof. K. Kraepelin (Hamburg). 2. Antrag der Komitees zur Förderung des biologischen Unterrichts an höheren Schulen auf Annahme der „Hamburger Thesen" seitens des Plenums der Naturforscherversammlung. (Die Thesen werden am Eingang des Saales verteilt werden.) Zu dem Antrag gedenken das Wort zu nehmen die Herren Professor Felix Klein (Göttingen), Professor Ostwald (Leipzig), Professor Runge (Göttingen) und Professor Voller (Hamburg).

Zur Orientierung sei daran erinnert, daß die sieben sog. „Hamburger Thesen", zu denen die biologischen Unterrichts an höheren Schulen auf Annahme der „Hamburger Thesen" zuerst Rechte die ungenügende Rolle, zu der die biologischen Wissenschaften an der heutigen höheren Schule verurteilt sind, feststellen und eine Ausdehnung der Biologie auf das Obergymnasium verlangen. Sie wurden von den oben angeführten Gruppen angenommen und nachträglich an eine große Anzahl namhafter

Gelehrten und Schulmänner zur Unterschrift gesandt. Später ist dann die stattliche Liste der eingegangenen Namen den Unterzeichnern zugestellt worden. Auch Geographen hatten sich reichlich beteiligt, u. a. der neue Rektor magn. der Berliner Universität Ferd. v. Richthofen. Als weiteres Agitationsmittel entstand dann die vorzüglich geleitete, den Forderungen der Biologen an die Schule dienende neue Zeitschrift „Natur und Schule" (Teubner), die die „Hamburger Thesen" gleich in ihrer ersten Nummer (Januar 1902) von neuem brachte.

Angesichts der bemerkenswerten Tatkraft, mit der die biologische Bewegung, wie die eingangs angeführte „Tagesordnung" sie verrät, von ihrem geistigen Leiter weiter geführt wird, und des lebhaften Echos, das sie bei den heutigen Verhältnis zwischen höherer Schule und deutscher Kultur findet und finden muß, entsteht, wie ich schon einmal angedeutet habe, die Frage: „Wie haben wir Geographen uns dieser jüngeren Bewegung gegenüber zu verhalten, die für die Biologie ähnliche Forderungen aufstellt, wie sie von den deutschen Geographentagen schon seit fast einem Vierteljahrhundert für unser Fach vertreten worden sind?" Die Antwort kann lauten: „Konkurrenzkampf oder kämpfen Schulter an Schulter". Ich glaube, man braucht diese Alternative nur klar auszusprechen, um sofort einzusehen, daß es sich nur um letzteres handeln kann. Ein Konkurrenzkampf würde uns nur gegenseitig schwächen, zum Vorteil unserer gemeinsamen Gegner, der Vertreter der absterbenden, der Ideale von vor hundert Jahren. Schulter an Schulter haben wir dagegen dasselbe Ziel voraus, die dem Geisteslaben der Gegenwart wieder angepaßte, den vermuteten Anforderungen der Zukunft bereitwillig entgegenkommende, im Obergymnasium umgebaute wahre Reformschule, die heutige sogen. Reformschule, die den Biologen, wie den Geographen zum „Pion" herabdrückt.

So werden wir nicht ausrufen können: Biologie ohne Geographie, oder Geographie ohne Biologie durch sämtliche Klassen des Obergymnasiums, sondern beides zusammen in ausreichender Stundenzahl. *H. F.*

Eine Berühmtheit der Polarforschung ist von einem traurigen Ende ereilt worden, die „Vega", das Schiff, auf dem Nordenskiöld 1878/79, die sog. Nordöstliche Durchfahrt, die Fahrt von Europa durch das asiatische Polarmeer bis zur Bering-Straße zurücklegte und welches somit die erste und einzige Umfahrung von Europa und Asien ausgeführt hat, ist am 31. Mai in der Melville-Bai an der Westküste des nördlichen Grönland vom Eise zerdrückt worden. Die 45 Köpfe zählende Bemannung hat sich unter großen Strapazen und Leiden nach den dänischen Kolonien in Grönland retten können. Die „Vega" war 1872/73 in Bremerhaven zum Walfang für die Eismeer-Aktiengesellschaft erbaut worden; sie war 357 Registertons groß und hatte eine Dampfmaschine von zehn Pferdekräften. Nach der berühmten Nordenskiöldschen Fahrt wurde sie ihrem Berufe zurückgegeben und war zuletzt in Dundee beheimatet. *H. F.*

Geographischer Unterricht im Ausland.

Italien. Unter dem Stichwort La geografia nella Scuola di magistero delle Università gibt die „Rivista geografica italiana", April 1903, S. 221 ff., einige lebhafte Proteste bekannt, welche sich gegen die durch ministerielle Zirkularverfügung vom 23. Jan. 1903 vollzogene Vereinigung von Geographie und neuere Geschichte richten. Man muß daneben die auch eben erst erfolgte Begründung der Scuola di geografia in Florenz (Geogr. Anz. S. 21) mit ihrer durchaus modernen ganz anders gearteten Einrichtung hält, wird man diese Proteste begreiflich finden. Sie rühren übrigens her von Prof. Bellio (Universität Pavia) und von der philosophischen Fakultät der Universität in Messina, die unter ihrem Vorsitzenden Ricchieri sich einstimmig gegen die Vereinigung ausgesprochen hat. *H. F.*

Geographische Gesellschaften, Kongresse, Ausstellungen und Zeitschriften.

Die Société de géographie in Paris hat in der Sitzung vom 24. April über die zahlreichen ihr zur Verfügung stehenden Ehrenpreise in folgender Weise verfügt: 1. Große goldene Medaille der Gesellschaft an Aug. Pavie für seine Erforschung von Indo-China in den Jahren 1879—95; seine Mitarbeiter erhielten silberne Medaillen. 2. Preis Pierre-Félix Fournier (Spezialmedaille und 1300 fr.) an Prof. Jean Brunhes in Freiburg i. Schweiz für sein Werk: „L'Irrigation dans la péninsule ibérique et dans l'Afrique du Nord". 3. Preis Ducros-Aubert (Goldene Medaille und 1400 fr.) an Prof. Emile Gautier in Paris für seine Arbeiten über die physische Geographie von Madagaskar. 4. Preis Henri Duveyrier (Goldene Medaille) an Kommandant Deleure für seine Forschungen in der Sahara 1900—1902. 5. Preis Alexandre de la Roquette (Goldene Medaille) an Kapitän Otto Sverdrup für seine Polarforschung 1898—1902. 6. Preis Jules Girard (Goldene Medaille) an A. Hautreux in Bordeaux für seine ozeanographischen Studien 1877—1902. 7. Preis Léon Dewez (Goldene Medaille) an Baron Edm. de Mandat-Grancey für seine Reisewerke 1884—1902. 8. Preis Aug. Logerot (Goldene Medaille) an Paul Labbé für seine Mission nach dem asiatischen Rußland und Japan 1900—02. 9. Preis Louise Bourbonnaud an Emile Baillaud für seine Teilnahme an der Expedition von Trentinian und sein Werk: „Routes du Sudan". 10. Preis Conrad Malte-Brun (Goldene Medaille) an Prof. J. Cvijić in Belgrad für seine wissenschaftlichen Unternehmungen auf der Balkan-Halbinsel 1888—1903. 11. Preis Erhard (Goldene Medaille) an Henri Barrère für seine topographischen und geographischen Publikationen. 12. Preis Charles Maunoir (Vergoldete Medaille) an Lt. Jean Tilho für seine Aufnahmen des Niger. 13. Preis Juvénal Dessaignes (Vergoldete Medaille) an Prof. Augustin Bernard für seine Publikationen über Neukaledonien und Algier. 14. Preis Janssen (Silberne Medaille) an O. Bruel für seine Aufnahmen am Ubangi. 15. Preis Will. Huber (Silberne Medaille) an Prof. Paul Privat-Deschanel für seine Arbeiten über Hoch-Beaujolais. 16. Preis Francis Garnier (Silberne Medaille) an Marquis de Barthélemy für seine Reisen in Hinterindien. 17. Preis Alex. Boutroue (Silberne Medaille) an Gabriel Ferrand für seine Studien über Madagaskar. 18. Preis Molteni (Silberne Medaille) an Baron de Baye für photographische Aufnahmen. 19. Preis Milne-Edwards (Silberne Medaille) an Comtesse du Bourg de Bozas für die Beschreibung ihrer Weltreise. 20. Preis Alphonse de Montherot (Silberne Medaille) an die Witwe von Henri Coudreau für die Teilnahme und selbständige Fortsetzung der Aufnahmen vom Zuflüssen des Amazonas. 21. Preis Silberne Medaille der Geogr. Gesellschaft an Pater Piolet für seine Geschichte der katholischen Missionen im 19. Jahrh. 22. Preis Silberne Medaille der Gesellschaft an De Baye für photographische Aufnahmen. 23. Preis Charles Grad (Silberne Medaille) an Kapt. Rob. Normand für Eisenbahntrassierung in Franzos.-Guinea und Süd-Oran. 24. Preis Jomard an A. Chavanon, Archivar des Departements Pas-de-Calais für historisch-geographische Untersuchungen.

Das Internationale Statistische Institut wird auf Einladung des Reichskanzlers seine diesjährige Versammlung in Berlin vom 21. bis 25. September abhalten. Unter den bisher angemeldeten Vorträgen ist für die Geographen von besonderem Interesse derjenige von Prof. E. Levasseur in Paris: „Oberfläche und Bevölkerung der Erde".

Am 29. April wurde in London die Challenger Society gegründet, die sich die Förderung ozeanographischer Studien zur Aufgabe gestellt hat. Das Sekretariat befindet sich London W, Campden Hall, 58 Bedford Gardens.

Der Londoner Geologischen Gesellschaft hat verliehen: die Wollaston-Medaille an Professor Rosenbusch in Heidelberg, die Murchison-Medaille an Dr. Charles Callaway, die Lyell-Medaille an den langjährigen Kurator des Museums für Praktische Geologie F. W. Rudler, die zum erstenmal überhaupt verliehene Prestwich-Medaille an Lord Avebury und die Bigsby-Medaille an den kanadischen Geologen Dr. H. M. Ami.

Beim U. S. Geological Survey ist entsprechend der Arbeitszunahme eine neue Abteilung für hydrologische Untersuchungen eingerichtet worden, die in zwei Sektionen zerfällt. 1. Ost-, Mississippi- und Golfstaaten unter Leitung von M. L. Fuller; 2. Weststaaten und Territorien unter Leitung von Nelson H. Darton. Eine weitere Teilung dieser Sektionen in verschiedene Gruppen ist vorgesehen. Aufgabe dieser Abteilung ist die Ausnutzung aller vorhandenen Wasserkräfte sowohl der oberirdischen wie unterirdischen zum Zwecke der Landwirtschaft, Industrie u. s. w. vorzubereiten.

Das Internationale Meteorologische Komitee wird bei der diesjährigen Versammlung der British Association for the Advancement of Science, welche vom 9. bis 16. September in Southport stattfindet, zu einer Sitzung zusammentreten. Bei dieser Gelegenheit soll eine große wetterkundliche Ausstellung veranstaltet werden, welche vier Gruppen umfassen wird: 1. Meteorologische Statistik; 2. Wettertelegraphie; 3. atmosphärische Physik (mit Einschluß der wetterkundlichen Photographie, von Instrumenten und ihren Aufzeichnungen, der wetterkundlichen Aeronautik, Balkons, Flugdrachen und von experimentellen Veranschaulichungen); 4. Darstellungen der Beziehungen zwischen der Witterungskunde und anderen Zweigen der Naturwissenschaften.

Der Verlag der Rivista Geografica Italiana ist in den persönlichen Besitz der Herausgeber, Prof. Olinto Marinelli und Attilio Mori, übergegangen. Die Redaktion und der Vertrieb befinden sich in Florenz, Via San Gallo 31.

Persönliches.

Ernennungen.

Der Dozent L. Bréhier zum Professor für Geschichte und Geographie des Altertums und des Mittelalters an der Universität Clermont-Ferrand.

Der Tiergeograph und Reisende Dr. Franz Doflein zum Privatdozenten für Zoologie an der Universität München.

Der Max Friedrichsen aus Hamburg zum Privatdozenten für Geographie an der Universität Göttingen.

Der Geolog R. D. George zum ordentlichen Professor für Geologie an der Universität von Iowa.

Dr. K. A. Osann, Professor an der Chemieschule in Mülhausen i. E., zum außerordentlichen Professor für Mineralogie und Petrographie an der Universität Freiburg i. Br.

Geh. Reg.-Rat Dr. Frhr. v. Richthofen

zum Rektor der Berliner Universität für das Studienjahr 1903/4.

M. H. Saville, Kurator des American Museum of Natural History, zum Professor für amerikanische Archäologie an der Columbia-Universität in New York. Der Herzog von Loubat hat der Universität die Summe von 100 000 $ zur Errichtung dieses Lehrstuhls geschenkt.

Der Kais. Regierungsrat Dr. Franz Stuhlmann zum Geh. Regierungsrat und Direktor des biologisch-landwirtschaftlichen Instituts in Amani, Ostafrika.

W. S. Tower zum Assistenten für Physiographie und Meteorologie am Harvard College der Universität Cambridge, Mass.

Der Privatdozent Dr. Kurt Wiedemann zum Regierungsrat und Assistenten am Kgl. Preußischen Statistischen Bureau.

Auszeichnungen, Orden u. s. w.

Dem Superintendenten des Indischen Museums in Calcutta, Major A. W. Alcock das Ritterkreuz des Ordens vom Indischen Kaiserreich.

Den deutschen Meteorologen Dr. Rich. Aßmann und Arthur Berson die nur alle zehn Jahre verliehene Buys-Ballot-Medaille der Amsterdamer Akademie der Wissenschaften.

Der kanadische Staatsgeolog Dr. Rob. Bell zum Dr. Sci der Universität Cambridge in England.

Dem Togo- und Kamerunforscher O.-Leutn. a. D. K. v. Carnap-Quernheimb zu Mohundo in Südkamerun das Ritterkreuz II. Klasse des Kgl. Württemberg. Friedrichsordens.

Dem Direktor der vorderasiatischen Abteilung der kgl. Museen in Berlin, Prof. Dr. F. Delitzsch, der türkische Osmanie-Orden III. Kl.

Professor Dr. Ernst Ebermayer in München zum Ehrenmitglied des Forstinstituts in St. Petersburg.

Dem bisherigen Staatsmeteorologen von Indien John Eliot das Kommandeurkreuz des Ordens vom Indischen Kaiserreich.

Dem indischen Surveyor General Col. St. George C. Gore das Ritterkreuz des Indischen Sterns.

Dem Madagaskarforscher und Vorsitzenden der Geogr. Gesellschaft in Paris A. Grandidier das Großkreuz des norwegischen Polarsterns, der General-Sekretär der Geogr. Gesellschaft in Paris Baron Hulot das Kommandeurkreuz desselben Ordens.

Der Unterrichtsdirigent am Seminar für orientalische Sprachen in Berlin, Prof. Dr. Paul Güßfeldt zum Geh. Regierungsrat.

Der Professor des Arabischen am Orientalischen Museum in Berlin Dr. Moritz Hartmann, der Professor der semitischen Sprache Dr. Fritz Hommel in München und der Sinolog Professor Dr. Friedr. Hirth an der Columbia-Universität in New York zu Ehrenmitgliedern der Orientalischen Gesellschaft in Amerika; Professor Dr. Fritz Hommel zum Ehrenmitglied der Society of Biblical Archaeology in London.

Dem Tibetforscher Dr. Sven v. Hedin der Stern zum Komthurkreuz des Franz-Josef-Ordens.

Dem Geophysiker Lord Kelvin zum Dr. Sci der Universität London.

Dem Prof. Dr. Kinkelin in Frankfurt a. M. der Rote Adlerorden IV. Kl.

Professor Dr. O. E. Linck in Jena zum Geh. Hofrat.

Dem Bergingenieur und älteren Geologen des Geolog. Komitees Michalski der Wladimir-Orden IV. Kl.

Dem Leiter des indischen Bewässerungswesens Sir C. C. Scott Moncrieff, das Kommandeurkreuz des Sterns von Indien.

Dem Professor Aug. Mouliéras in Oran der Montyonpreis der Académie française im Betrag von 500 fr. für sein Werk: „Fez"; dem Comm. Reibell derselbe Preis im Betrag von 1000 fr. für sein Werk: „Le commandant Lamy d'après sa correspondance et ses souvenirs".

— Paul Privat-Deschanel, Professor am Lycée d'Orléans, hat vom Konsul der Pariser Universität ein Reisestipendium von 16500 frs. erhalten, um auf einer Reise um die Welt den Einfluß des geographischen Milieu auf die historische und soziale Entwicklung der Menschen zu studieren.

— Dem Reg.-Rat Prof. Freiherr v. Richthofen die Vega-Medaille der Stockholmer Gesellschaft für Anthropologie und Geographie, das Kommandeurkreuz des portugiesischen São Thiago-Ordens mit der Kette.

Todesfälle.

Durch Absturz vom Rifferkogl bei Tegernsee verlor der Privatdozent der Geologie an der Universität München, Dr. Franz Bauer, am 21. Juni das Leben.

— Anfang 1903 starb in Cincinnati Dr. Gust. Brühl, Verfasser der Werke: „Kulturvölker Altamerikas", 1875—77; „Zwischen Alaska und Feuerland", 1896.

— Der Professor der Geologie an der Universität Löwen in Belgien, C. L. J. X. De la Vallée-Poussin, ist im Juni in Löwen gestorben.

Am 18. Juli starb in München Dr. Ernst Fischer, früher Professor für Kartenkunde an der Technischen Hochschule daselbst, 64 Jahre alt.

In Madagaskar ist im Mai Maurice Gauthier, Ingenieur-hydrographe, gestorben.

In Weimar starb am 7. Juli der Botaniker und Orientreisende Hofrat Professor Dr. Karl Hausknecht. Nach Beendigung seiner Universitätsstudien bereiste er im Auftrage des Genfer Botanikers Boissier Kleinasien, Mesopotamien und Persien, wo er das Vertrauen des Schahs gewann, den er als Arzt auf seiner ersten Reise nach Europa begleitete. Nach Deutschland zurückgekehrt gründete er in Weimar das Botanische Museum. Außer zahlreichen botanischen Werken veröffentlichte er: K. Hausknechts Routen in Kleinasien 1865—69", 1882, für welche Heinrich Kiepert die Karten bearbeitet hat.

Am 14. Juli starb in Greifswald Major Alex. v. Homeyer, bekannter Ornitholog und Lepidopterolog. Er war geboren am 19. Januar 1834 in Vorland bei Grimmen in Pommern, schlug die Militärkarriere ein, trieb aber in seinen Mußestunden zoologische Studien. 1874 wurde er zum Führer der zweiten Expedition nach Zentralafrika ernannt, die er von der Westküste bis Pungo Ndongo führte, wo er durch Erkrankung zur Rückkehr gezwungen wurde; Dr. Pogge führte die Expedition weiter nach Lunda zum Muata Jamvo. v. Homeyer wurde 1875 Major, verließ 1878 den Militärstand und lebte seitdem seinen zoologischen Studien; berühmt waren seine Schmetterlings- und Eiersammlungen.

Rev. Dr. Langham, 40 Jahre Missionar auf den Fidschi-Inseln, starb am 21. Juni in Stoke Newington. Seit 1898 besorgte er eine neue Übersetzung der Bibel in die Fidschi-Sprache, die er kurz vor seinem Tode vollendete.

Rev. C. H. Newmarch, geb. 1824 in Busford, Oxfordshire, starb am 14. Juni in Tunbridge Wells. In seiner Jugend hatte er als Journalist eine Rolle gespielt. Über längere Reisen im Orient veröffentlichte er unter dem Pseudonym R. N. Hutton: „Five Years in the East", 2 Bde., 1847.

Am 9. Juli starb in Gent der frühere Abbé Alphonse-Renard, Professor der Geologie an der Universität Genf. Geboren am 29. September 1842 zu Roubaix in Belgien, trat er in den Jesuitenorden ein und kam 1867 zur Fortsetzung seiner philosophischen und theologischen Studien nach der Abtei Maria Laach am Laacher See, wo durch die vulkanische Umgebung sein Interesse für die Geologie geweckt wurde. 1869 nach Belgien zurückgekehrt, setzte er seine geologischen Studien als Autodidakt fort; 1875 veröffentlichte er seine erste größere Arbeit gemeinsam mit Prof. De la Vallée Poussin: „Mémoire sur les caractères minéralogiques et stratigraphiques des roches dites plutoniennes de la Belgique et de l'Ardenne française", welche von der belgischen Akademie preisgekrönt wurde. 1877 wurde er Konservator am kgl. Museum in Brüssel, 1887 Professor der Geologie an der Universität Gent. Für das Challenger-Werk bearbeitete er die auf den isolierten Inseln gesammelten Gesteine: „Report on the Petrology of Oceanic Islands", 1889, und gemeinsam mit John Murray die Tiefseeablagerungen: „Deap Sea Deposits", 1891. 1882 war er aus dem Jesuitenorden ausgetreten und 1895 hatte er durch seine Verheiratung mit der katholischen Kirche gebrochen.

Edward Henry Vizetelly, englischer Reisender und Journalist, starb am 13. April in London im 55. Lebensjahre. 1889 wurde er von Gordon Bennett beauftragt, von Zanzibar aus Stanley auf der Emin-Pascha-Expedition entgegenzuziehen. Über seine Erlebnisse veröffentlichte er: „From Cyprus to Zanzibar by the Egyptian Delta", 1901. *H. W.*

🙟

Besprechungen.

Ritzengruber, Franz, Über Schulordnungen. (Pädagogische Abhandlungen, Heft 73.) Bielefeld 1903, A. Helmich. 8°, 12 S. 40 Pf.

Eine kleine, hauptsächlich wohl für Volksschulen berechnete Schrift, welche große Liebe des Verfassers zur Natur verrät und diese auch auf Schüler übertragen wissen möchte. Als besten Weg hierzu werden Schulspaziergänge empfohlen, die besser als alle Lehrstunden in dumpfer Schulstube infolge der Fülle der Beobachtungsgegenstände zum Nachdenken anregen können und die Beobachtungsgabe der Schüler zu schärfen vermögen. Nähere Angaben über zweckmäßige Einrichtung solcher Ausflüge fehlen. *Ed. Lentz.*

Aus fernen Landen. Eine Reihe illustrierter Erzählungen für die Jugend. Aus den Beilagen der „Katholischen Missionen" gesammelt von Joseph Spillmann. Freiburg i. B., Herdersche Verlagsbuchhandlung. — 10. Bändchen: Die Sklaven des Sultans; 13. Der Zug nach Nicaragua; 17. Das Fronleichnamsfest der Chiquiten. Jedes Bändchen geb. 1 M.

Die drei Bändchen, im Durchschnitt etwas über 100 Seiten stark und jedes mit vier Bildern ausgestattet, sind im wesentlichen als Erbauungsschriften aufzufassen. Der Verf., der selbst dem Orden Jesu angehört, läßt in ihnen Ordensgeistliche edle Taten vollführen und zu edlen Taten begeistern. Nr. 10 spielt 1681 in Konstantinopel, 13 zur Konquistadorenzeit im Jahre 1522 an den Gestaden der Südsee, 17 verherrlicht die Werke der Jesuiten auf dem Boden Bolivions und schildert ihre Vertreibung durch „den Haß der Hölle". Die Einkleidung in das Gewand einer entlegenen Zeit und eines fernen Landes ist bis auf einige Anachronismen gar nicht übel gelungen, am besten im 10. Bändchen, das von Panama an den Nicaraguasee führt. *Oehlmann.*

Rohrbach, Paul, Vom Kaukasus zum Mittelmeer. 8°, 224 S., 42 Abbild. im Text. Leipzig und Berlin 1903, B. G. Teubner. 6 M.

Trotzdem der Grundstock der in diesem Buche vereinigten Reiseschilderungen bereits früher in der Unterhaltungsbeilage der „Täglichen Rundschau" zum Abdruck gekommen ist und die meisten der geschilderten Erlebnisse auf einer Reise vom russischen Transkaukasien quer durch das türkische Armenien zur Stadt Messina an der cilicischen Küste bereits zurückgehen in das Jahr 1898 wird man dem erfahrenen und reiseerprobten Verfasser Dank wissen für diese Gabe. Ganz abgesehen von teilweise Ergänzungen und Erweiterungen gegenüber der ersten Fassung sind diese frischen und anschaulichen Schilderungen wenig bereister Teile des Türkischen Armeniens auch deshalb weiterer Verbreitung wert, weil sie mehr sind und einen viel geprüften, viel verschrieenen und so sehr oft mißverstandenen armenischen Volkes. Wer sich über den armenischen Volkscharakter, den Klerus, die Vergangenheit und Zukunft der Armenier, über die Stellung der mohammedanischen Kurden zu ihrem Erzfeinde, den christlichen Armeniern, über die ganze erbärmliche Vorgeschichte der mit Wissen und auf Befehl der türkischen Regierungskreise in den Schreckensjahren von 1895—1896 ausgeführten entsetzlichen Massacres, über die neueste Landplage des unglückseligen Armeniens der sogen. „Hamidiés" (diese von der türkischen Regierung in ihrer Verblendung ins Leben gerufene und nationierte Räubermiliz) orientieren will, der lese die betreffenden Abschnitte des vorliegenden Werkes. Er wird den Eindruck gewinnen, daß hier ein erfahrener Mann über unsäglich traurige Dinge und über sehr schwierig zu beurteilende Fragen ein durch reifliches Studium und mehrjährige persönliche Kenntnisse von Land und Leuten geläutertes Urteil fällt, ein von sentimentaler und einseitiger Rührseligkeit, aber auch getragen von wahrem Interesse und warmer ehrlicher Anteilnahme an dem Schicksal eines Volkes, die Dinge gelitten, wie wir sie bei Lektüre der im 4. Kapitel abgedruckten herzerschütternden Erzählung des Armeniers Raffi zitternd miterleben.

Wenn der Verfasser das Buch hinaus gesandt hat in die Welt, um mit zum Verständnis und zur Würdigung des armenischen Volkes und der armenischen Frage unter vorurteilsfreien, zugleich sittlich und verständig empfindenden Menschen" beizutragen, so sollte ich auf Grund an mir selber gemachter Erfahrung glauben, daß dieser Zweck erreicht werden müßte.

Wenn ich noch eins zur Charakterisierung des Rohrbachschen Buches empfehlend hervorheben darf, so ist es der lebendige geschichtliche Sinn des Verfassers. Wenn er selber gelegentlich jener stilistisch und nach Stimmungsgehalt mustergültigen Schilderung der Jahrhundertwende am Euphrat (S. 212 ff.) gesteht: „Am klarsten aus der großen Flut der Gedanken emportauchend erfüllte mich das unmittelbare, überwältigende Bewußtsein von dem durch nichts zu ersetzenden Wert der historischen Bildung", so versteht Rohrbach es zweifellos, diese seine Überzeugung dem Leser gleichfalls einzuimpfen. Er versteht es, den historisch so bedeutungsvollen Boden Armeniens vor unseren Augen mit den Gestalten der Geschichte zu erfüllen und die Beziehungen der Gegenwart zur Vergangenheit geschickt zu knüpfen. Seine Betrachtungsweise ist daher vorwiegend historisch, verbunden freilich mit einem trefflichen Verständnis für die Bedingtheit der Geschichte eines Landes von seiner Lage im Raume, d. h. von seiner geographischen Situation.

Auf der Reise wurde der Verfasser von seiner jungen Frau begleitet, welche ihrem Manne mutig auf diese eigenartige „Hochzeitsreise" gefolgt ist, und es ist mehr als die hergebrachte Höflichkeit gegen das weibliche Geschlecht, wenn Referent, welcher den oft zweifelhaften Genuß des Reisens in Orient aus eigener Erfahrung kennt, dieser Anteilnahme der jungen Frau mit dem Ausdruck besonderer Hochachtung gedenkt.   *Max Friederichsen.*

Méville, H. de, Auf Back und Schanze. Skizzen und Federzeichnungen aus dem Seemannsleben. 8°, 110 S. mit Abbildungen und Zierstücken. Rostock 1903, C. J. E. Volckmanns Verlag (Volckmann & Wette).

Die Interessen der Deutschen sind in unseren Tagen mächtiger denn je auf das Meer gelenkt, und dieser wachsenden Teilnahme am Seewesen sucht eine stattliche Reihe von Schriften Rechnung zu tragen. Diese Bücher behandeln freilich fast alle nur das Leben auf der deutschen **Kriegsflotte.**

Da ist es denn um so freudiger zu begrüßen, wenn der Binnenländer auch Gelegenheit findet, sich über die **Handelsmarine** einmal genauer zu unterrichten. Das Leben und Treiben unter der deutschen Handelsflagge lernt man ja nur selten kennen, und doch ist das Segelschiff die Heimat des echten Matrosen alten Schlages. Man wird daher dem kundigen, seegewöhnten Verf. Dank wissen, wenn er uns mit diesem Leben genauer bekannt macht. Wir werden durch die prächtige Schilderung Mévilles ebenso heimisch auf dem ärmlichen kleinen Fischerkutter, der auf den kurzen, rauhen Wogen unserer Nordsee mit Wind und Wetter kämpft, wie auf dem schlanken, stählernen Vier- oder Fünfmaster, der mit tausendzentner Ladung die Salzflut des offenen Ozeans durchfurcht.

Ein treues Abbild wirklichen Lebens" wollte der Verf. bringen. Nun, das ist ihm im höchsten Maße gelungen. Reizvoll weiß er zu plaudern von den Freuden und Leiden, die des Seglers Fahrten erfüllen. Er lehrt uns den Beruf des Lotsen der gebührende Achtung zollen und berichtet ausführlich von der gewaltigen Tätigkeit der Eisbrecher in den gefrorenen Wassermassen der Unterelbe. Humoristisch gefärbt ist die Schilderung der ersten Mißerfolge des irischen Schiffsjungen aus dem Binnenlande, bis in die tiefsten Tiefen des Menschenherzens dringen aber seine Berichte von jenen Unglücksfällen auf hoher See, kosten sie nun einem einzelnen Seemann das Leben oder bereiten sie einem ganzen Schiffe den Untergang mit Mann und Maus.

Weiter begleiten wir den Segler durch die Taifune der chinesischen Gewässer, erleben eine angsterfüllte Winternacht am Kap Hoorn, nehmen teil an den schlichten Weihnachtsfeiern da draußen auf hoher See oder begleiten einen „Südseemann", d. h. einen Walfänger, auf der ausregenden, gefahrvollen Jagd nach den Riesen des Weltmeeres.

Überall merkt man dem Buche an, daß das Herz dem Verf. die Feder geführt hat. Daß es sich auch die Herzen der Leser im Fluge erobern wird, dessen sind wir gewiß.
Dr. Alfred Berg.

Karten und Skizzen aus der Entwicklung der größeren deutschen Staaten. Zusammengestellt und erläutert von Prof. Dr. E. Rothert.

a) Nord- und Mitteldeutschland, b) Süddeutschland. Düsseldorf (ohne Jahr!), Verlag von Bagel. 2 Bde.   à 5 M.

Unzweifelhaft ist es sehr wünschenswert, daß die Kenntnisse über die territoriale Entwicklung der deutschen Staaten immer mehr vertieft und erweitert werden. Einer allerersten Orientierung auf diesem Gebiet dienen die vorliegenden Skizzen. Der Verfasser selbst sieht ihren Hauptwert in der Veranlassung, dessen, was unsere historischen Atlanten, auch Schulatlanten, viel reicher und eingehender bieten. Es wird die Entwicklung der einzelnen Staaten von der Zeit der Herzogtümer bis heute auf mehreren Blättern dargestellt; dabei werden selbstverständlich die Zeiten besonders charakteristischer Veränderungen ausgewählt; die Zahl der Farben wird möglichst beschränkt; der dunklere Farbenton zeigt den älteren Bestand, der hellere den Zuwachs. Freilich ist dieser letzte Grundsatz nicht überall, z. B. nicht in a Nr. 3, wo die beiden Farbentöne zwei Linien desselben Hauses bezeichnen, auch nicht a Nr. 10 bei den Erwerbungen Kursachsens, b Nr. 6 und Nr. 8; auf solche Abweichungen kommt aber natürlich nichts an, da die Legende Auskunft gibt. Es ist durchaus richtig, die kartographischen Darstellungsmittel, deren Zahl ja eine sehr beschränkte ist, immer so zu verwenden, wie sie für den jeweilig vorliegenden Zweck besonders brauchbar sind.

Mit der Übersichtlichkeit, die Rothert an erster Stelle erstrebt und erreicht, verzichtet er allerdings auf anderes, was uns sehr wertvoll erscheint. Wir sind nämlich nicht so unbedingte Gegner der bunten Bilder, in denen die territoriale Zerrissenheit Deutschlands z. B. am Ende des 18. Jahrhunderts dargestellt wird. Eben diese Zerrissenheit ist ja gerade das Charakteristische des alten Deutschland; vor allem aber erscheint es uns wichtig, daß z. B. bei Württemberg nicht bloß unterschieden wird zwischen Alt-Württemberg und dem in der Zeit Napoleons erlangten Zuwachs, sondern daß hier unterschieden werden das früher geistliche, das reichsstädtische und reichsgüterliche Gebiet. Gerade dieser alte Zustand ist für das kulturelle Leben noch heute wichtig, denn er wirkt in unendlich vielen Beziehungen, z. B. in der Verteilung der Konfessionen, nach. Solche skizzenhafte Übersichten, wie sie Rothert bietet, sind zweifellos zweckdienlich zur allgemeinen Orientierung, aber einen Ersatz für die reichhaltigeren Atlanten können sie nicht bilden, zumal auch diese Atlanten einfache Karten enthalten und durchaus nicht so unübersichtlich sind, wie es bei der Fülle des von ihnen gebotenen Stoffes nach Rotherts Urteil scheinen könnte.

Dargestellt ist das alte Herzogtum Sachsen, Hannover, Braunschweig, Oldenburg, die Hansestädte (heutiger Stand), Thüringen — Sachsen — Meißen, Hessen, Bayern, Württemberg und Baden, endlich Oesterreichs und Preußens Beziehungen zu Deutschland. Bei aller Anerkennung des Guten wird man doch manches verbesserungsbedürftig finden, z. B. a Nr. 10: da steht Elm. Halberstadt im Gebiet von Hessen-Darmstadt; da stehen folgende Zahlen ohne Zusätze: Breitenfeld 1631, Lützen 1632, Querfurt 1635, Breiten 1635, Wurzen 1581, Stolpen 1587 (Druckfehler für 1581). Von diesen Zahlen beziehen sich die beiden ersten auf Schlachten, die bei Querfurt und Dahme auf die Zeit der Erwerbung, die bei Wurzen und Stolpen auf die Zeit der Amtsniederlegung des letzten Bischofs von Meißen. Zunächst dürften solche Zahlen nicht so grundverschiedenen Sinn haben, sodann müßte, wenn das unbedeutende Dahme ein Erwerbungszahl trägt, die Ober- und Nieder-

lausitz eine solche erst recht erhalten, und wenn das Aufhören des Bistums Meißen angegeben wird, dann dürften doch die Zahlen für Merseburg und Naumburg sicher nicht fehlen. Unschwer könnten wir solche Ausstellungen noch vermehren, aber wir brechen ab. Alles in allem können wir das Werk denen empfehlen, die eine bequeme erste Orientierung über die Entwicklung der größeren deutschen Staaten haben wollen; die Einfachheit und Uebersichtlichkeit der Karten ist in der Tat groß, und deshalb sind sie für diesen Zweck praktisch, wenn sie auch einen historischen Atlas durchaus nicht ersetzen können.   *—m.—*

Geographische Literatur.

(Die Titel-Aufnahme in dieae Spalte ist unabhängig von der Einsendung der Bücher zur Besprechung.)

a) Allgemeines.

Andrees neuer allgemeiner und österr-ung. Handatlas. Herausg. von A. Scobel. 11.—15. Lief. Wien 1903, Moritz Perles. Je 1 M.

Anleitung zur Messung und Aufzeichnung der Niederschläge. Herausg. von Kgl. preuß. meteorol. Inst. 4. Aufl. 16 S. Berlin 1903, A. Asher & Co. 60 Pf.

Benndt, Wilh. v., und Adolf Schmidt, Vorschlag zu einer magnetischen Vermessung eines ganzen Parallelkreises u. Prüfung der Grundlinge der Gaußschen Theorie des Erdmagnetismus. 84, 1 Taf. Berlin 1903, O. Reimer. 80 Pf.

Caligaroli, Ng., Ratte inferiori e razze superiori à talia e migiosando. Rom 1903, Rivista popolare 1898

Geographisches Jahrbuch. Begr. 1866 durch E. Behm. Herausg. von H. Wagner. XXV. Bd. 1902. 400 u. 58 S. Gotha 1903, Justus Perthes. 15 M.

Hantzsch, Vikt., und Ludw. Schmidt, Kartographische Denkmäler zur Entdeckungsgeschichte v. Amerika, Asien, Australien u. Afrika a. d. Bes. d. Kgl. Sächs. Bibliothek zu Dresden. Mit Unterst. d. Gen.-Dir. d. Kgl. kunsu. i. Kunst u. Wissensch. u. Kgl. auf Johann-Stiftung herausg. V S. Text m. 17 Taf. Leipzig 1903, Karl W. Hiersemann. 80 M.

Hübner, Otto, Geographisch-statistische Tabellen aller Länder der Erde. 52. Aufl. Herausg. von Prof. Dr. Juraschek. 36 S. Frankfurt a. M. 1903. Herausg. u. demn. Frankfurt a. M. 1903, Heinrich Keller. 1.50 M.

— **Städtische Tafel aller Länder der Erde.** 52. Aufl. l. 1903. Herausg. u. demn. Frankfurt a. M. 1903, Heinr. Keller. 80 Pf.

Kleiner deutscher Kolonialatlas. Herausg. v. 4 Deutsch Kol.-Ges. 8 K. Berlin 1903, Dietrich Reimer. 1 M.

Meyer, A. B., Dir., Zur Kenntnis der Kartogr. u. geo. mbbi. h. b., Alpen. Bibliographisches. 32 S. m. 2 Taf. 1 Abb. Berlin 1903, M. Friedländer & Sohn. 1 K.

Nippoldt, A., Erdmagnetismus. Erdstrom u. Polarlicht. (Sch.), 3 Taf., 84 Fig. Leipzig 1903, J. G. Göschen. 80 Pf.

Wagner, Herm., Übersichtskarten jeder Charta, Tableau d'Assemblages, Quadri d'Unione) f. d. wichtigsten topographischen Karten Europas und einiger anderer Länder. 8. Aufl. Gotha 1903, Justus Perthes. 1.20 M.

Wahnschaffe, Fel., Anleitung zur wissenschaftlichen Bodenuntersuchung. 2. neubearb. Aufl. 160 S., 54 Abb. Berlin 1903, Paul Parey. 8 M.

b) Deutschland.

Baedeker, K., Süddeutschland, Oberrhein, Baden, Württemberg, Bayern u. d. angrenzenden Teile von Oesterreich. Oct.-Ausg. 42 K., 29 Pl. u. 10 Grundrisse. Leipzig 1903, Karl Baedeker. 8 M.

Behme, Dr., Geologischer Führer durch die Umgebung der Stadt Goslar im Harz sowohl. Hahnenklee, Lauterthal, Wolfshagen, Langelsheim, Seesen und Dörnten. 8°, 189 S., 28 Abb., 1 prof. K. Hannover 1903, Hahnsche Buchhandlung. 1.60 M.

— **Geologischer Führer durch die Umgebung der Harzburg sowohl. Harzburg, Braunlage, Okertal,** Vienenburg. 2. Aufl. 151 S. m. Abb. u. 1 K. Hannover 1903, Hahnsche Buchhandlung. 1.80 M.

Die Sehneekoppe im Riesengebirge. 36 S., 2 Abb. Warmbrunn 1903, E. Ullrich. 30 Pf.

Einaß-Lothringen in 21 Bildern. 1: 250000. Zusammengestellt aus H. Kieperts Spezialkarte d. deutschen Reiches. Berlin 1903, Dietrich Reimer. 2 M.

Kollbach, Georg v., Was wird aus unseren Kolonien? Herausg. d. Bereins. 137 S. Berlin 1903, Reichl & Pickardt. 1 M.

Festschrift und begründung des 14. deutschen Geographentages. Red. v. Wirtschaftsgeogr. d. Stadt Cöln u. d. Rheinlandes. 188 S., 4 Abb., 1 K. Cöln 1903, Du Mont-Schauberische Buchhandlung. 8 K.

Franzen, Karl Emil, Deutschlands Flüsse. Reise- u. Kulturbilder. 1. Krisn. Aus Anhalt u. Thüringen. 376 S. Berlin 1903, Concordia, Deutsche Verlagsanstalt. 5 K.

Hassert, K., Landeskunde des Königreichs Württemberg. 160 S., 16 Abb., 6 K. Leipzig 1903, J. C. Göschen. 80 Pf.

Hellmann, G., Regenkarte der Provinz Hessen-Nassau u. Rheinland, sowie von Hohenzollern u. Oberhessen. 3. Gr. 10 Jähr. Beobachtungen (1893–1903) entw. 1:200000. Berlin 1903, Dietrich Reimer. 3.70 M.

Jahrbuch für Deutschlands Seeinteressen von Nauticus. 5. Jahrg. 530 S., 25 Abb., 19 Taf. Berlin 1903, E. S. Mittler & Sohn. 5 M.

Karte der Insel Rügen. 1:100000. 3. Aufl. Rostock 1903, C. J. E. Volckmann. 50 Pf.

Karte des Ammer- und Würmseegebiets. Herausgeg. v. Topogr. Bureau d. Kgl. bayer. Generalstabes. 1:100000. München 1903, Theodor Riedel. 1.50 M.

Karte des Bodensees und Umgebung. Herausgeg. v. d. Kgl. württemb. statist. Landesamt. 1:200000. Stuttgart 1903, H. Lindemann. 1.20 M.

Meyers Reisebücher, Der Harz. 17. Aufl. 267 S., 21 K. u. Pl., 1 Panor. Leipzig 1903, Bibliogr. Inst. 2.50 M.

Schreiber, Paul. Klimatische Grundwerte f. d. Königr. Sachsen (1864–1900). — Die Schwankungen der jährlichen Niederschlagshöhen und deren Beziehungen z. d. Relativzahlen f. d. Sonnenflecken. 36 S., 12 T. (das Klima d. Königr. Sachsen. 7. Heft). Chemnitz 1903, J. Komm. Martin Bülz. 1.50 M.

Schlosser, Heinr., Das abgegangene Dorf Trimlingen im eigentl. Eichetale m. e. Rückbl. a. d. übrigen in jener Gegend verschwundenen Orte. 65 S. Zabern 1903, A. Fuchs. 1 M.

Spilger, Ludw., Flora u. Vegetation des Vogelsbergs. Mit e. Vorw. v. Prof. Dr. A. Hansen. Gießen 1903, Emil Roth. 1.50 M.

Topographische Karte vom Bayern. Bearb. 1. k. k. Topogr. Bureau. 1:25000. Bl. 612 u. 613. München 1903, Theodor Riedel.

Topographischer Atlas von Bayern. 1:50000. Bearb. 1. d. Topogr. Bureau des Kgl. bayer. Generalstabs. Bl. 89, Kempten (West), Neue Aufnahme. München 1903, Theodor Riedel. 75 Pf.

Vonderpleiss, J., Das Siegtal. Eine Wanderung v. d. Mündung der Sieg bei Mandorf bis Siegen. 51 S. m. Abb. u. 1 K. Siegburg 1903, Cornelius Dietzgen. 1 M.

Wanderkarte des Kreises Gelnhausen, Reg.-Bez. Cassel. 1:35000. Berlin 1903, Dietrich Reimer. 10 M.

c) Übriges Europa.

Baedeker, K., Oesterreich-Ungarn. Handbuch f. Reisende. 26. Aufl. 546 S., 31 K. u. 44 Pl. Leipzig 1903, K. Baedeker. 8 M.

Fitzner, Dr. Rud., Karte d. Bosporus u. d. bithynischen Halbinsel. 1:150000. Rostock 1903, H. J. E. Volckmann. 3.50 M.

Freytag, Gustav, Touristenwanderkarte der Dolomiten. 1:100000. Wien 1903, Freytag & Berndt. 3 M.

Kraetzl, Frz., Forstmstr., Das Fürstentum Liechtenstein u. d. Fürst Johann von u. zu Liechtensteinsche Güter-

besitztung. Statistisch-geschichtlich dargestellt. 7. Aufl. XII, 285 S., 1 K., ill. Ung.-Ostra (Mähren) 1903, Forstmstr. Frz. Kraetzl. 4.80 M.

Menne, Dr. Karl, Die Entwicklung der Niederländer zur Nation. Eine anthropogeographische Skizze. 122 S. (Angew. Geogr. 1, 6). Halle 1903, Gebauer-Schwetschke. Subskr.-Pr. 1.80 M., Einzel-Pr. 2.40 M.

Meyers Reisebücher, Der Hochtourist in den Alpen. Von L. Purtscheller u. H. Heß. 3. Aufl. Leipzig 1903, Bibliogr. Inst. 15 M.

—, Oesterreich-Ungarn, Bosnien u. Herzegowina. 7. verm. Aufl. XII, 372 S., 25 K., 27 Pl., 6 Panor. Leipzig 1903, Bibliogr. Inst. 6 M.

Neue Generalkarte von Mittel-Europa. 1:200000. Herausgeg. v. k. u. k. milit.-geogr. Inst. in Wien. 26. Lief., 8 Bl.: Adrianopel, Anshach, Burgas, Civitavecchia, Genua, Ingolstadt, Philippopel, Stara Zagora. — Wien 1903, R. Lechner. Jed. Bl. 1.20 M.

Počta, Prof. Dr. Philipp, Geologische Karte von Böhmen. publiziert vom Komiteé für Durchforschung Böhmens. Sekt. V. Weitere Umgebung Prags. 1:200000. Prag 1903, Fr. Řivnáč. 5.60 M.

Potbe-Wegner, Capri-Venedig. 2. Aufl. 134 S. Leipzig 1903, Paul List. 3 M.

—, Dalmatien, Montenegro u. Albanien. 2. Aufl. 256 S. Leipzig 1903, Paul List. 3 M.

—, Korsika. 2. Aufl. 158 S. Leipzig 1903, Paul List. 2 M.

Rußland und Finnland. Vom russ. Standpunkte aus betrachtet. Von Sarmatus. 35 S. Berlin 1903, Franz Siemenroth. 60 Pf.

Stradner, Jos. Neue Skizze v. der Adria. III. Liburnien u. Dalmatien. 210 S. Graz 1903, Leykam. 1.40 M.

Topographie von Niederösterreich. Herausgeg. vom Verein f. Landeskunde von Niederösterreich. Red. Dr. Alb. Starzer. 5. Bd., der alphabet. Reihenf. (Schilderung) der Ortschaften 6. u. Bd. 10. u. 19. (Schluß) Heft. S. 1009–1215. 4°. Wien 1903, Wilh. Braumüller. Je 2 M.

—, Red. v. Dr. Max Vancsa. 6. Bd., der alphabet. Reihe der Ortschaften 5. Bd. 1. u. 2. Heft. S. 1–128. Wien 1903, Wilh. Braumüller. 2 M.

Tornquist, Prof. Dr. A., Der Gebirgsbau Sardiniens und seine Beziehungen zu den jungen, circum-mediterranen Faltenzügen. 15 S. Berlin 1903, Georg Reimer. 60 Pf.

Trautwein, Th., Tirol u. Vorarlberg, bayer. Hochland, Allgäu, Salzburg, Ober- u. Niederösterreich, Steiermark, Kärnten und Krain. Wegweiser für Reisende. 719 S., 60 K., 13. Aufl. Innsbruck 1903, A. Edlinger. 7.50 M.

d) Asien.

Behesaillan, K., Armenian bandage and carnage. London 1903, Gowans. 6 sh.

Fitzner, Rud., Forschungen auf d. bithynischen Halbinsel. 163 S., 10 Abb., 3 geol. Prof., 1 K. Rostock 1903, C. J. E. Volckmann. 6 M.

Kalff, S., Van't oude Batavia. Rotterdam 1903, B. van de Watering 2 fl. 25 c.

Müller, K. F., Im Kantonlande. Reisen und Studien auf Missionspfaden in China. 258 S., ill. Berlin 1903, Evang. Missionsges. 4 M.

Preyer, Dr. Axel, Indo-malayische Streifzüge. Beobachtungen u. Bilder aus Natur u. Wirtschaftsleben im trop. Südasien. 287 S., 50 Abb. Leipzig 1903, Th. Grieben. 10 M.

Seidmore, E. R., Winter India. London 1903, P. Unwin. 10 sh. 6 d.

e) Afrika.

Adelmann v. Adelmannsfelden, Dr. Graf. Sigm. 13 Monate in Marokko. Reisebricie. 107 S., 3 Abb., 1 K. Sigmaringen 1903, Carl Lichner. 1.50 M.

Hartmann, Geo, Meine Expedition 1900 ins nördl. Kaokofeld u. 1901 durch das Amboland. Mit bes. Berücks. der Zukunftsaufgaben in Deutsch-Südwestafrika. 31 S. m. Abb. Berlin 1903, Wilhelm Süsserott. 1 M.

Peel, C. V. A., Somaliland, being an account of two expeditions into the far interior. London 1903, F. E. Robinson. 7 sh. 6 d.

Pervinquière, L., Étude géologique de la Tunisie centrale. Paris 1903, F. R. de Rudeval. 19 frs.

Reitemeyer, Else, Beschreibung Aegyptens im Mittelalter, aus den geogr. Werken der Araber zusammengestellt. 238 S. Leipzig 1903, Dr. Seele & Co. 4 M.

f) Amerika.

Smith, L. L., Flying visits to the city of Mexico and the Pacific Coast, including a description of some oil fields of California. 8°. Liverpool 1903, H. Young & Sons. 6 sh.

g) Australien und Südseeinseln.

Semon, Dr., Im australischen Busch u. a. d. Küsten des Korallenmeeres. Reiseerlebnisse u. Beobachtungen eines Naturforschers in Australien, Neu-Guinea u. d. Molukken. 2 verb. Aufl., 565 S., 86 Abb., 4 K. Leipzig 1903, Wilh. Engelmann. 14.50 M.

h) Schulgeographie.

Berger, J., Schulwandkarte v. Kärnten. 1:100000. Klagenfurt 1903, Joh. Leon. 28 M.

Bruhns, W., Petrographie. Oesteinskunde. 170 S. m 15 Abb. Leipzig 1903, J. G. Göschen. 80 Pf.

Cüppers, Jos., Hessen-Nassau, Großh. Hessen, Fürstentum Waldeck. 1:125000. 4 Bl. Düsseldorf 1903, L. Schwann. 16 M.

Dubois, Marcel, Géographie générale Second Cycle: Classe de Seconde. 8°, avec cartes et croquis. Paris 1903, Masson et Cie. 4 frs.
Dupont, J., Cours de géographie. Géographie générale. Classe de seconde (sections A, B, C, D). — 92 S. Paris 1903, lib. Poussielgue.
Foucin, P., Lectures géographiques illustrées. 86 gravures, exécutées d'après les documents photographiques les plus récents. Paris 1903, Librairie Armand Colin. 2.50 frs.
Fritzsche, Rich., Methodisches Handbuch f. d. erdkundlichen Unterricht in d. Volks-, Bürger- u. Mittelschule. Nach d. Grunds. d. vergl. Erdkunde u. d. Forderungen d. Herbartischen Pädagogik bearb. 1. Teil: Das Deutsche Reich. 2. durchges. Aufl. Mit 17 Kartenskizzen. Langensalza 1903, Hermann Beyer & Söhne. 5.70 M.
Gaeblers Atlas zur Heimatkunde des Großherzogtums Hessen. 8 S. Text, 8 K. Worms 1903, Carl Bärchel. 40 Pf.
Gaeblers systematischer Schulatlas für das Großherzogtum Hessen, unter pädagog. Mithilfe von Schulinspektor Scherer. 8. vollst. veränd. u. verb. Aufl. 8 S. Text, 40 K. Worms 1903, Carl Bärchel. 1.20 M.
Geistbeck, Dr. Mich., Geographie für Volksschulen. 3. Teil: Europa u. d. außereuropäischen Erdteile. 11. durchges. Aufl. 48 S., 12 Fig. München 1903, R. Oldenbourg. 25 Pf.
Geistbeck, Dr. Mich. und Dr. Alois Geistbeck, Leitfaden d. Geogr. 1. Mittelsch. 3. Teil: Europa. 14. durchges. Aufl. 77 S. München 1903, R. Oldenbourg. 60 Pf.
Hirschmann, Leonh. und Geo Zahn, Grundzüge der Erdbeschreibung. Hilfsbüchlein zum Unterricht in der Geographie an vielen Fragen zur mündl. u. schriftl. Beantwortung. Für d. Hand der Schüler. 2 Abteilungen. 1. Deutschland. 85. Aufl. 35 S. m. 5 Fig. 30 Pf. 2. Europa u. d. übrigen Erdteile m. Karten v. Europa, Österreich-Ungarn, der Schweiz u. d. 5 Erdteilen. 37. Aufl. 62 S. m. 2 Fig. 45 Pf. München 1903, R. Oldenbourg.
Hoffmann, Prof. Dr. A., weil. Realschul-Oberl. Mathematische Geographie. Ein Leitfaden, zunächst f. d. oberen Klassen höherer Lehranstalten bearb. 5. verb. Aufl. bearb. v. O. Plassmann. 172 S., 50 Fig. 1 Sterak. Paderborn 1903, F. Schöningh. 2 M.
Jacobi, Karl, Wandkarte d. Rg.-Bz. Wiesbaden. 1:1000000. 3 Bl. Wiesbaden 1903, Heinrich Staadt. 20 M.
Kirchhoff, Alfr., Erdkunde f. Schulen. II. Teil: Mittel- und Oberstufe. 10. verb. Aufl. 349 S., 36 Fig. Halle 1903, Buchhandlung des Waisenhauses. 3 M.
Lehmann, Ad., Geographische Charakterbilder. Wien. Leipzig 1903, F. E. Wachsmuth. 4 M.
Maledetto, J. A., Précis de Géographie Générale. I. France, II. Europe, III. Le Monde et L'Expansion européenne. avec cartes hors texte, nombreux croquis et ind. alph. Paris 1903, Ch. Delagrave. 5.50 frs.
Riebandt, Joh., Rekt., Präparationen f. d. erdkundlichen Unterricht i. d. Volksschulen f. Seminarzöglinge u. Lehrer. Mit bes. Berücks. d. Kulturgeogr. I. Bd.: Das Deutsche Reich u. seine Kolonien. 295 S. Paderborn 1903, Ferdinand Schöningh. 3 M.
Schieke, F., Heimatskunde des Kreises Adenau. 13 S. mit K. Linz 1903, P. Ebbecke. 60 Pf.
Schroier, Gottfr., Lernbüchlein der Geographie zum Handgebrauche f. d. Schüler niederdürer. Volks- u. Bürgerschulen zur häusl. Wiederholung u. Einübung des Lernstoffes zusammengestellt. 2. Aufl. 55 S. Sternberg 1903, Aug. R. Mitschfeld.
Daselbe: Ausgaben f. Oester.-Schlesien und Steiermark.
Schultze, Herm., Geographische Repetitionen insonderheit im Anschluß an A. H. Daniels geographische Lehrbücher. Ein in Fragen u. Antworten abgefaßtes Wiederholungsu. Uebungsbuch f. d. Unterricht i. d. Geographie. 1. Ausg. bearb. 180 S. Halle 1903, Buchh. d. Waisenh. 1.80 M.
Seydlitz, E. v., Geographie, Ausg. D in 5 Schülerheften d. 1 Lehrerheft, Herausgeg. v. Prof. O. D. E. Oehlmann u. Prof. P. M. Schröter. Auf Grund d. preuß. Lehrpl. v. 1901 ungearb. v. Prof. Dr. A. Rohrmann. 6. Heft. Lehrstoff d. Sexta. 96 S. Breslau 1903, Fr. Hirt. 90 Pf.
Stelzig, Heinr., Wandkarte d. Bez. Saaz. Herausgeg. v. k. k. Bezirksschulrat. 1:25000. 4 Bl. Saaz 1903, Anton Ippoldts Nachf. 12.50 M.
Werneckes, Rob., Heimatskundlicher Anschauungs-Unterricht im 3. u. 3. Schuljahr. Lehrstoffe u. Lehrproben. Eine Anleitung zu den ersten grundlegenden Naturbeobachtungen u. einer autzbringenden Ausführung d. Spaziergänge 2. verm. u. verb. Aufl. Gr.-8°, XII, 277 S. Leipzig 1902, Theodor Hofmann. 3.50 M.

f) Zeitschriften.

Aus Fernen Landen. Geographische und geschichtliche Unterhaltungsblätter. Herausg.: H. A. Seidel; Verlag: Wilh. Süsserol, Berlin. 1. Jahrg. 1903.
Heft 2. Im märchenhaften Indien. — Seidel, Sprichwörter der Suaheli in Deutsch-Ostafrika. — Fischer, Die Weserfahrten nach Venezuela. — Seidel, Das deutsche Schutzgebiet Kamerun. — Postkarte eines Duala-Mannes. — Ein heiliger Abend in Ostafrika. — A. Leue, in den Steppen von Ugogo.
Deutsche Erde. Beiträge zur Kenntnis deutschen Volkstums. Herausg.: Prof. Paul Langhans; Verlag: Justus Perthes, Gotha. 2. Jahrg. 1903.
Heft 2. v. Borries, Die sprachlichen Verhältnisse im Bezirk Lothringen. — Samosa, Deutsche und Windische in Südösterreich. — Buchholz, Eine neue Quelle zur Geschichte der Einflusses der deutschen Kultur auf Ungarn. — Götz, Karl v. Scherzer. — Lebzelter, Der Anteil der Deutschen an den wissenschaftlichen Erfolgen der österreichischen Novara-Expedition 1857—59. — v. Barrawisch, Das deutsche Gepräge südbrasilischer Kolonial-Landschaft und -Bevölkerung. — Deutsche Schulen und deutscher Unterricht im Auslande (Steiermark, Bosnien und

Herzegovina, Espirito-Santo, S. Katharina). — Deutsche Gewinn- und Verlustlisten (4. Mähren, 5. Tirol, 3a. Ungarn). — Berichte über neuere Arbeiten zur Deutschkunde. — 2 Sonderkarten, 4 Textkarten.

Deutsche Geographische Blätter. Herausg. v. d. Geograph. Ges. in Bremen durch Prof. Dr. A. Oppel u. Prof. Dr. W. Wolkenbauer. XXVI.
Nr. 1. Henning, Der Handel an der Guineaküste im 17. Jahrhundert. — Stavenhagen, Aus der Welt der Vereinigten Staaten. — Deutsche Kolonien in Südbrasilien.

Globus, Illustrierte Zeitschrift für Länder und Völkerkunde. Herausg.: H. Singer; Verlag: Vieweg&Sohn, Braunschweig. Bd. 83.
Nr. 24. v. Bülow, Die Verwaltung der Landgemeinden in Deutsch-Samoa. — Die Kunene-Sambesi-Expedition des Kolonialwirtschaftlichen Komitees. — Wilser, Ein Beitrag zur Urgeschichte des Menschen. — v. Kleist, Die Eisenbahnbauten in China.
Bd. 84. Nr. 1. Markowitz, Der Völkergedanke bei Alex. v. Humboldt. — Mielke, Die Ausbreitung des sächsischen Bauernhauses in der Mark Brandenburg. — Die Südpolar-Expeditionen. — Meyer, Tschuktsch-Kałdh. — Niebus, Indische Rosen und ihre Verwertung. — ten Kate, Nachtrag zur Psychologie der Japaner.
Nr. 2. Fitzner, Die Bevölkerung der deutschen Südseekolonien. — Ausgrabung alter Grabhügel bei Timbuktu. — Gentz, Die Geschichte des südwestafrikanischen Bastardvolkes. — Förster, Zur Klimatologie Deutsch-Ostafrikas. — Rickel, Lippenschmuck.

La Géographie. Bulletin de la Société de Géographie. Herausg.: Hulot et Rabot; Verlag: Masson et Cie., Paris. VII. 1903.
Nr. 6. de Lapparent, Sur une formation marine d'âge tertiaire au Soudan français. — Destenave, Exploration des îles du Tchad. — Pognier, Distribution géographique des forces hydrauliques dans le département de l'Orne et les départements voisins. — Sauerwein, Réunion de la Commission de nomenclature sub-océanique à Wiesbaden. — Girard, Terrasses fluviales de la Nouvelle-Angleterre.

Petermanns Mitteilungen. Herausg.: Prof. Dr. A. Supan; Verlag: Justus Perthes, Gotha. 49. Bd. 1903.
Heft 7. Jerrmann, Diamanten an der Grenze der Zivilisation. — Isachsen, Die Wanderungen der östlichen Eskimo nach und in Grönland. — Supan, Terminologie der wichtigsten unterseeischen Bodenformen. — Supan, Die deutsche und die englische Südpolarexpedition. — Fischer, Zur Entwicklung unserer Kenntnis des Atlas-Vorlandes von Marokko. — Futterer, F. v. Richthofens Geomorphologische Studien aus Ostasien. — Hann, Bemerkungen über die Schwerekorrektion bei den barometrischen Höhenmessungen. — Wichmann, Geograph. Monatsbericht. — Literaturbericht. — 2 Karten.

Revue de Géographie. Herausg.: Ch. Delagrave. XXVII. Jahrg.
Juli. Figuig et la question marocaine. — Destenave, Deux années de commandement dans la région du Tchad. — Truffert, Region du Tchad. Le Bahr-el-Ghazal et l'archipel Kouri. — Bourdarie, Islamisme et fétichisme. — Maury; L'épopée Pavie. — Aspe-Fleurimont, Un essai d'agriculture tropicale en Guinée française. — Chemin-Dupontès, Le Musée Colonial. — P. C.-D.: Congrès d'économie sociale.

The Geographical Journal. Vol. XXI. 1903.
Nr. 7. Markham, Address to the Royal Geographical Society, 1903. — Markham, The First Year's Work of the National Antarctic Expedition. — National Antarctic expedition: Report of the Commander. — Sverdrup, The Second Norwegian Polar Expedition in the Fram 1898—1902. — Schei, Summary of Geological Results.

The Journal of Geography. Herausg.: Richard E. Dodge, J. Paul Goode, Edward M. Lehnerts. Vol. II. 1903.
Nr. 6. Dodge: Approaching Boston. — Barton: The General Geographical Features of Boston and Vicinity. — King: Excursions in and Around Boston. — Schurtleff, The Boston Park System. — Emerson, Boston: A Center of Industry. — Gulliver, The Geographical Development of Boston.

The Scottish Geographical Magazine. XIX. 1903.
Juli. Sverdrup, The Second Norvegian Polar Expedition in the „Fram" 1898—1902. — Brown, Climatic Factors in Railroad Construction and Operation. — An Ivory Trader in North Kenia. — The Antarctic Expeditions. — Primitive Man. — Erratum.

Wandern und Reisen. Illustrierte Zeitschrift für Touristik, Landes- und Volkskunde, Kunst und Sport. L. Schwann, Düsseldorf. I. Jahrg. 1903.
Heft 13/14. Hoek: Eine Winterfahrt aufs Wetterhorn. — v. Saar, Der Campanile di Val Montanaja. — Biendl: Der Tod in den Bergen. — Biedig u. a.: Worauf beruht unsere Bergfreude? — Neues aus dem südlichen Polargebiete. — Zurbriggen, Die erste Ersteigung des Akonkagua. — Hörmann, Die lundige Sennerin. — v. Lendenfeld: Das Matterhorn. — Greyerz, Emmentaler Hochzeitstanz. — Pickl, Die Dachstein-Südwand. — v. Lendenfeld: Das neuseeländische Edelweiß. — Fischer: Eine Traversierung der Meije.

Zeitschrift für Schulgeographie. Herausg.: Dr. Anton Becker; Verlag: Alfr. Hölder, Wien. 24. Jahrg.
Nr. 9. Hödl, Die Geographie in der Ausbildung neuerer Lehr- und Anschauungsmittel für den Unterricht an Mittelschulen in Wien. — Zahler, Die Bevölkerung der Schweiz. — Habenicht, Das „malerische Element" in der Kartographie.

Was willst Du werden?

Ratgeber bei der Berufswahl.

Folgende Hefte sind unter den in Klammern beigefügten Nummern erschienen:

Der Apotheker (3)
„ Architekt und Regierungsbaumeister (57)
„ Arzt (7)
„ Bäcker und Konditor (22)
„ Bankier (16)
„ höhere Baubeamte d. Kaiserl. Marine (62)
„ Bau-Ingenieur (54)
„ Bau- und Möbeltischler (26)
„ Bautechniker [Maurer- und Zimmermeister] (12)
„ mittlere Beamte im preußischen Justizdienste (4)
„ Bergbeamte (30)
„ Bierbrauer (36)
„ Buchdrucker (8)
„ Buchhändler (43)
„ Chemiker (15)
„ Deckoffizier (56)
„ Drogist (49)
„ Eisenbahnbeamte (5)
„ Eisen- und Kurzwarenhändler (19)
„ Elektrotechniker (17)
„ Evangelische Geistliche (14)
„ Feuerwerker der Armee u. Marine (45)
„ Fleischer (42)
„ Forstbeamte (28)
„ Gärtner (40)
„ Gastwirt [Hotelier u. Restaurateur] (55)
„ Geometer (24)
„ Großkaufmann (58)
„ Jurist (18)
„ Kaufmann (44)
„ Klempner und der Blechwarenfabrikant (63)
„ Landwirt (9)
„ Der akademisch gebildete Lehrer (41)

Der Lithograph und Steindrucker (48)
„ Marine-Ingenieur (52)
„ Marine-Zahlmeister und Marine-Intendanturbeamte (53)
„ Maschinenbauer und Schlosser (11)
„ Maschinen-Ingenieur und Maschinen-Techniker (46)
„ Militärarzt (39)
„ Militär-Intendanturbeamte (50)
„ Müller (32)
„ Musikalienhändler (34)
„ Musiker (33)
„ Exakte Naturwissenschaftler [Physiker und Astronom] (61)
„ Offizier (6)
„ Photograph (37)
„ Redakteur (31)
„ Reichspostbeamte, mittlere Laufbahn (13)
„ Reichsbankbeamte (64)
„ Schauspieler (38)
„ Schiffbau-Ingenieur (60)
„ Schuhmacher (20)
„ Seemann (1)
„ See-Offizier (35)
„ Tierarzt (21)
„ Uhrmacher (2)
„ Unteroffizier und seine Zivilversorgung (51)
„ Verwaltungsbeamte (47)
„ Volksschullehrer (10)
„ Wagenbauer (23)
„ Werftbeamte des technischen und Verwaltungssekretariats (59)
„ Zahlmeister (29)
„ Zahnarzt uud der Zahntechniker (25)
„ Zoll- und Steuerbeamte (27)

Jedes Heft ist in sich abgeschlossen und zum Preise von **50 Pf.** einzeln käuflich.

Sich über den Beruf, in den man eintreten will, im voraus genau zu unterrichten, seine Licht- und Schattenseiten kennen zu lernen, zu wissen, welche Ansprüche in Bezug auf Schulkenntnisse, körperliche und geistige Fähigkeiten, Geldmittel u. s. w. gestellt werden, und zu erfahren, welche Aussichten ein Beruf bietet, ist so außerordentlich wichtig für die ganze Lebenszeit eines Menschen, daß die geringe Ausgabe von je 50 Pf. für eine oder einige der vorstehend angezeigten Schriften in Anbetracht des Nutzens, welchen sie gewähren können, nicht gescheut werden sollte.

Weitere Arbeiten für diese Sammlung befinden sich in Vorbereitung.

Verlag von Paul Beyer in Leipzig.

Man achte genau auf den Titel „Was willst Du werden?" und die Firma des Verlegers Paul Beyer in Leipzig. [A. 562.

Geographischer Anzeiger

herausgegeben von

Dr. Hermann Haack   und   Oberlehrer Heinrich Fischer
Gotha, Friedrichsallee 3.   Berlin SW. 47, Belle-Alliancestr. 69.

| Vierter Jahrgang. | Diese Zeitschrift wird sämtlichen höhern Schulen (Gymnasien, Realgymnasien, Oberrealschulen, Progymnasien, Realschulen, Handelsschulen, Seminarien und höhern Mädchenschulen) kostenfrei zugesandt. — Durch den Buchhandel oder die Post bezogen beträgt der Preis für den Jahrgang 1.60 Mk. — Aufsätze werden mit 4 Mk., kleinere Mitteilungen und Besprechungen mit 6 Mk. für die Seite vergütet. — Anzeigen: Die durchlaufende Petitzeile (oder deren Raum) 1 Mk., die dreigespaltene Petitzeile (oder deren Raum) 40 Pfg. | September 1903. |

Zur Frage der geographischen Ausflüge.
Von Dr. Sebald Schwarz-Dortmund.

Mit vollem Rechte und in vortrefflicher Weise hat einer der Herausgeber des Geographischen Anzeigers im Maiheft 1903 (S. 65—68) daran erinnert, das der geographische Unterricht der Exkursionen dringend bedarf; seiner Aufforderung folgend, ein in der Praxis bewährtes Beispiel ihrer Ausführung zu geben, möchte ich im folgenden kurz darstellen, wie wir an der Realschule zu Blankenese in den letzten neun Jahren solche Ausflüge gestaltet haben. Dem ausführlichen Lehrplan, den wir für den Geographieunterricht ausgearbeitet hatten, entsprechend, wurden zunächst in VI sehr viele Stunden ganz oder teilweise im Freien abgehalten: zur Beobachtung des Sonnenlaufes wie zur Einführung ins Kartenverständnis; wir übten zuerst die Kenntnis der Himmelsrichtungen und das Verständnis der Entfernungen, dann wurden der Schulplatz und gewöhnlich zwei Gruppen von Straßen nach der Natur aufgezeichnet; hierauf folgten Übungen im Orientieren im Ort mit der gedruckten Karte, die jeder Schüler hatte, wobei später die Höhenverhältnisse in sie eingezeichnet wurden; dann kam ein Berg in der Nähe heran, von dem wieder eine Karte gezeichnet wurde, um in die Darstellung die Höhenverhältnisse einzuführen, und endlich eine Karte der Umgegend auf etwa 15 km Radius, von einem Aussichtsturm aufgenommen. In den folgenden Klassen wurden besonderer Verhältnisse halber welche Ausflüge gemacht, nur in Quinta regelmäßig mehrere zur Beobachtung des Sternenhimmels, dessen Durchnahme bei unserer Verteilung der astronomischen Erdkunde in diese Klasse fiel.

In Obertertia fingen wir dann die Durchnahme Deutschlands mit einer Wanderung nach dem Steilufer bei Schulau an, das mit seinem Durchschnitt durch die Moränendecke und seinem interglazialen Torfmoor in weiteren Kreisen bekannt ist; auf diesem Ausflug, der auf einen Nachmittag fiel, kam dann noch viel anderes vor: die Wasserwerke der Stadt Altona, die Erosionsschluchten am Elbrand, Dreikanter an Ort und Stelle in der Südwestlage, eine Dünenpartie mit charakteristischer Flora, eine Bachmündung, die vortrefflich illustriert, warum im Gebiet von Flut und Ebbe die Nebenflüsse der Richtung des Hauptstroms entgegen münden, mit einer Nehrung und einem haffartigen Sumple, allerlei Material an Steinen, versteinerten Seeigeln u. s. w., Beispiele für die Verwitterung; von dem, was wir da gesehen hatten, und was sich daran anknüpfte, nährten wir uns wohl 8—12 Stunden lang. Im Herbst lernten wir dann noch einmal Heide und Torfmoor und die sehr interessanten Sanddünen bei Holm kennen. In gewissem Sinne der Geographie dienten dann auch Ausflüge, bei denen in erster Linie der Geschichte galten, wie eine Wanderung durch die Straßen von Hamburg, aus deren Namen und Lage wir eine Geschichte dieser Stadt (in Untertertia) entwickelten, oder Spaziergänge, die uns zunächst darin üben sollten, beschreibende Aufsätze zu machen, und die etwa einen der großen Parks zum Ziele hatten, oder ein Dorf der Umgegend (Entwick-

lung von Dörfern in der Nähe der Großstadt), oder die Anlagen der Gebrüder Stucken, die aus einigen öden Heidebergen eine große Anlage schloßartiger Villen, eine Landwirtschaft und Traberzucht, einen Saupark, große Sand- und Kiesgruben geschaffen haben. Wie sehr solche Aufsatz-Aufgaben den geographischen Sinn schärfen, sah ich mit Vergnügen aus den Briefen eines früheren Schülers, der aus III abgegangen war und nun als Schiffsjunge seiner Mutter von Arequipa, Iquique u. s. w. erzählte, „ganz in der Art, wie wir es bei Ihnen gelernt haben", wie sein Bruder neulich meinte.

Vor allem machten wir der Geographie aber die dreitägigen Wanderungen dienstbar, die wir, Anfang September meistens, mit den Klassen II[B] bis III[B] veranstalteten, und deren Einrichtung ich genauer in der Programmbeilage der Blankeneser Realschule von 1903 (Unsere Schülerreisen, für den Buchhandel durch Harders Buchhandlung in Altona) geschildert habe; an ihnen nahmen so gut wie alle Schüler der drei Klassen teil, die Bedürftigen unterstützt aus einem Fond, den wir dafür angesammelt hatten.

Es war dafür ein fester Turnus von vier Jahrgängen aufgestellt:

1) Marsch und Kreidelager: Kaiser-Wilhelm-Kanal, Meldorf (Wattenmeer), Wilstermarsch, Kreidelager und Zementwerke von Lägerdorf.
2) Lübeck und das Tonland: Sachsenwald (Forstkultur), Geestland (Marsch auf der Bahnfahrt), Elb—Trave-Kanal mit Dünen an der Donner Schleuse, Mölln (Landstädtchen), Ratzeburg (Kreis- und Beamtenstadt), Lübeck (Hafen- und Handelsstadt).
3) Lüneburg und die Geest: Erst durch die Marsch, dann Geestpartien, Hünengrab, Lüneburg mit Besuch des Kalkberges und eines Zementwerkes, event. Lauenburg (gefaltete Tonschichten).
4) Ein Flußtal (die Alster zum Teil von der Quelle) und Segeberg mit dem Kalkberg soll statt einer anderen, minder gelungenen Wanderung versucht werden.

Der Wanderung voran ging eine Vorbereitung, zu der wir 3—4 Stunden brauchten, meist III[A] und II[B] zusammen, III[B], die weniger vom Unterricht hatte wußte, für sich. Wir benutzten dazu die Geographiestunden. In geographischer Beziehung begannen wir mit einer allgemeinen Betrachtung: nach Höhenverhältnissen, Fluß- und Meeresgebieten, politischen Grenzen; dann folgte eine Erörterung der Bodenbeschaffenheit: Marsch, Geest- und Tonland, mit Wiederholungen und dem Unterricht über die Bildung unserer Erdrinde. Es folgte die Frage: Was baut man in diesen Gebieten? und allerlei Volkskundliches: Dorfformen, Hausformen, Flurformen, Giebelschmuck, Trachten. Bei den Städten und Dörfern erörterten wir, warum sie gerade dort lagen, was früher ihre Bedeutung war, was es heute ist. Endlich wurden noch besondere Werke, wie der Kaiser-Wilhelm-Kanal, der Elb—Trave-Kanal besprochen. Behandelt wurden diese Dinge natürlich nach dem Klassenstandpunkt verschieden: Für die Tertia mehr als Fragen, die wir uns stellten (wie unterscheiden sich 1. der Boden, 2. die Vegetation, 3. die Tierwelt, 4. die Dörfer, die Häuser in der Marsch von denen in der Geest? Wovon lebt Lübeck [Ratzeburg, Lüneburg] heute, wovon früher?), für die ersten zwei Klassen zum Teil als Wiederholungen bekannter Dinge, für die wir neue Beweise oder Beispiele suchen wollten.

Nach der Rückkehr wurde dann noch einmal in etwa zwei Stunden durchgenommen, was wir auf unserer Reise gesehen hatten, vor allem aber zehrten wir den ganzen Winter von den Anschauungen und Begriffen, die wir mit heimgebracht hatten.

Vieles lernten wir natürlich erst unterwegs; bei solchen Stellen: einem interessanten Haus, einer Schleuse, einer Windmühle zum Heben des Wassers, einem Söll, einer Stelle, wo der Huflattich zeigt, daß wir auf Tonboden stehen, pfiffen wir unsere Schar — meist 50 bis 60 Schüler — zusammen und hielten ihnen einen kleinen Vortrag, bei dem das Fragen nicht vergessen wurde.

Unsere Reisen dienten in gleicher Weise wie der Geographie auch der Geschichte sowie dem Unterricht im Deutschen und dem Zeichnen, doch ist hier nicht die Stelle, davon zu reden; wenn aber jeder der Jungen einen Aufsatz nach vorhergehender Anleitung dazu liefern mußte und einige Skizzen zeichnete, so kommt diese Reproduktion doch schließlich dem geographischen Verständnis zu Nutze, und auch bei den geschichtlichen Belehrungen haben wir immer den Zusammenhang zwischen dem Boden und den Erlebnissen seiner Einwohner betont.

Ferner haben wir stets darauf gehalten, daß die Jungen jeder eine Karte bei sich hatte, meist eine Habenichtsche Heimatkarte in 1:500000, und dazu einen hektographierten oder selbst gezeichneten Plan der bedeutendsten Stadt, die sie berühren.

Auch den großen allgemeinen Schulausflug, den wir im Juni machten, ein großes Schulfest mit Eltern und Geschwistern, oft bis 600 Menschen auf zwei Dampfern, haben wir zugleich für die Geographie auszunutzen versucht, indem wir in allen Klassen den Jungen etwas von der Gegend erzählten, wohin wir gingen, und ich habe nie gefunden, daß es die Freude an Natur und Spiel irgendwie beeinträchtigte, daß sie vorher gelernt hatten, was zu sehen sei.

Wie ordneten sich nun diese verschiedenen Exkursionen in den Unterricht ein? Für einige, wie den nach dem Steilufer bei Schulau, gab ich einen Nachmittag her, wofür die letzte Stunde ausfiel und die Geographie (2 Stunden in III¹²) angerechnet wurde; andere, kürzere, fielen in die gewöhnliche Unterrichtszeit, wie z. B. die historische Wanderung durch Hamburg oder der zu Stuckens Besitzungen, die den ihr zwei aneinanderschließende Erdkunde- und Deutschstunden verwandte; für die Reise haben wir in den letzten Jahren Sedan, einen Sonntag und einen vom Provinzial-Schulkollegium, das in unserer Provinz solchen Bestrebungen sehr freundlich gegenübersteht, bewilligten dritten Tag genommen. Und ich meine, wo ernsthaft diese Zeit ausgenutzt wird, könnte man sogar alle vier Wochen einmal etwa die Erdkunde-, Geschichts-, Deutsch-, Naturbeschreibungs- und Zeichenstunde zusammenwerfen und in der Schulzeit longehren.

Wie neulich verlautete, hat man bei Revisionen die Erfahrung gemacht, daß unsere Jungen oft von den gewöhnlichsten Pflanzen der Heimat — und gar von ihren Standorten! — keine Vorstellung haben, und ist darauf angeordnet worden, daß botanische Ausflüge öfter gemacht werden sollen; aber in großen Städten hat die Sache ihre Schwierigkeiten, denn selbst mit zwei Stunden hintereinander kann man nicht viel anfangen. Da würden solche Ausflüge in der Schulzeit, die den verschiedensten Zwecken dienen, auch der Botanik helfen können. Wie oft, zu welchen Zwecken, mit welchen Lehrern? das wäre dann an jeder Schule einzeln zu entscheiden.

Freilich darf man keinen Direktor haben, der, wie neulich ein Kollege klagte, „als Allotria ansieht, was man nicht deklinieren kann"; und in dieser Beziehung waren wir in Blankenese sehr gut daran, der Direktor ging auf den größeren Reisen fast immer mit, ja, hörte gern in den Vorbereitungsstunden zu. Gerade daß unsere Exkursionen gewissermaßen in den Lehrplan der Schule gehörten, machte sie besonders wertvoll.

Daran muß man aber festhalten — darin stimme ich Heinrich Fischer in dem oben erwähnten Aufsatze durchaus zu —: so gern der einzelne von uns seine Zeit hergibt, so muß im Prinzip doch die Leitung solcher schulmäßigen Exkursionen in die Pflichtstundenzahl eingerechnet werden, möglichst auch für die Schüler: seien sie nun in den Lehrplan der einzelnen Schule eingeführt oder die dort vorgeschlagenen wahlfreien Ausflüge.

Wie weit überhaupt an unseren höheren Schulen Ausflüge im Dienste des geographischen Unterrichts gemacht werden, ist schwer festzustellen, besonders da unsere Programme, die unermüdlich Dinge abdrucken, die in den Lehrplänen zu finden sind, über derartige, der einzelnen Schule eigentümliche Unternehmungen herrlich wenig sagen. Bei einer Rundfrage über mehrtägige Schülerreisen, die ich vor einem Jahre an 140 Schulen versandt und deren Ergebnis, nach 74 Antworten, ich im Juniheft 1903 der Monatsschrift für höhere Schulen veröffentlicht habe, hatte ich auch die Frage gestellt: Sind unter Ihren eintägigen Ausflügen solche, die wesentlich der Belehrung dienen? 52 antworteten ausdrücklich oder durch Stillschweigen mit Nein, 8 mit einfachem Ja, 5 mit gelegentlich, 1 mit oft, 4 nannten nur botanische Touren, 4 Anstalten gaben ausführlichere Auskunft: eine (Lippstadt) machte geographische Ausflüge in VI, OIII, OII, ein (Berlin Andreas-Realgymnasium) hatte von 1881/98 einen Turnus von zwölf Fabriken, die in Zwischenräumen von zwei Monaten mit der Prima besucht wurden; zwei andere nannten: Zuckerfabriken, Bergwerke, Glasanstalten; irgendwie vollständig ist diese Aufstellung aber nicht, da die Anfrage nur an Schulen ergangen war, die mehrtägige Reisen im Programm verzeichnet hatten; die weitere Frage: Kennen sie andere Schulen, deren eintägige Ausflüge für mich von Interesse sein können? gab freilich ein durchaus negatives Resultat.

Eine größere Reise zu geographischen Zwecken unternimmt ferner die Kieler Oberrealschule jedes Jahr; den Bericht über das erste Unternehmen dieser Art gibt Heyer im Programm der Anstalt 1902: Instruktionsreisen mit Schülern.

Herrn Oberlehrer Dr. Schlee von der Oberrealschule auf der Uhlenhorst in Hamburg verdanke ich endlich folgende Zusammenstellung von Exkursionen, die er — abgesehen von einigen Ausflügen mit anderen Klassen — im Laufe der Jahre 1901/03 mit einer Klasse, die er von UIII bis UII hindurchführt, gemacht hat. Von den 13 bisher gemachten Ausflügen waren die meisten halbtägig (man brach nach zwei- bis dreistündigem Unterricht von der Schule aus auf und kehrte gewöhnlich am Spätnachmittag zurück), drei Ausflüge waren ganztägig und zwei dauerten 1½ Tage. Da die Exkursionen vom Direktor als wünschenswerte Ergänzung des Klassenunterrichts angesehen werden, so wurde allen Anträgen auf Gewährung der nötigen Zeit von ihm bereitwilligst entsprochen. Auf planvolle Vorbereitung der Ausflüge, eingehende Verarbeitung und Nutzbarmachung in folgenden Unterricht wurde das größte Gewicht gelegt. Bei allen Ausflügen ohne Übernachten wurden außer dem Fahrgeld, nur wenn nötig, noch 10—30 Pfennige für Getränke gebraucht; von den beiden 1½ tägigen kostete der eine für jeden Schüler insgesamt 2,40 M., der andere 3,42 M. Gerade daß der Ausflug möglichst billig eingerichtet wurde, machte den ursprünglich ja zum Teil anders gewöhnten Schülern mit der Zeit immer mehr ein besonderes Vergnügen.

U III Ostern 1901/02.

1) 27. April. Eisenbahn nach Bergedorf. Schloß — alte Burg-
anlage mit doppeltem Wassergraben, 1420 von Hamburg
und Lübeck erobert. Am Geestrande Überblick über das
Elbtal und im besonderen die Vierlande. Kiesgruben —
Quellbildung an der Grenze von Lehm und Sand, Granit-
blöcke in allen Verwitterungsstadien, u. s. w. Dahlbekstal
bei Escheburg — Frühlingsflora des Laubwaldes. Nach
Reinbeck und mit der Bahn zurück.

2) 18. juni. Alsterdampfer nach Eppendorf. Eppendorfer
Moor — insektenfangende Pflanzen: 2 Sonnentauarten, Fett-
kraut, Wasserschlauch; Fauna der Sümpfe und Gräben, besonders Insektenlarven. Zum Borsteler Jäger — Spiel im
Walde.

3) 28. August. Bahn nach Blankenese. Besichtigung der
Filteranlagen der Altonaer Wasserwerke. Sammeln von
Pflanzen und besonders Früchten am Elbstrande, Verbreitung
der Früchte, fliegende und häkelnde Früchte, Beeren.
Schulauer Steilufer — Geschiebemergel, interglazialer Torf,
große Mannigfaltigkeit an nordischen Geschieben. Schulau,
Blick auf die Haseldorf-Marsch — Weideland bis zum Hori-
zont. Wedel — Rolandsstandbild. Rückfahrt von Rissen.

4) 31. Oktober. Von Horn in die Boberger Dünen und
nach Bergedorf. Unterwegs vom Geestrand Überblick über
Marsch, Moor und Dünenzug. Beobachtungen in den
Dünen: Riffelungsmarken, Schichtung, Befestigung durch
die Dünengräser, Verschüttung der Kiefernpflanzungen und
der Gärten von Boberg u. s. w. Dann Spiel in den Dünen.

5) 8. Februar. Besichtigung des neuen Altonaer Heimats-
museums, dann an den Elbstrand bei Övelgönne (Eistreiben)
und durch Othmarschen zurück.

6) 11. März. Besichtigung einiger Abteilungen des Museums
für Völkerkunde und des Naturhistorischen Museums.

7) Dazu kommt der mit dem Klassenlehrer am 18. Mai unternommene offizielle Schulausflug in die Waldungen bei
Harburg.

O III Sommer 1902.

8) 19. April. Bahn nach Blankenese und zurück. Heide bei
Wittenbergen — Flugsand mit Dreikantern. Genauere
Untersuchung des Profils am Steilufer vor Schulau und
Sammeln von Geschieben.

9) 31. Mai. Dampfer nach der Lühe. Marsch am Lühedeich
durch die berühmte Obstmarsch des Alten Landes — Beobachtung der Eigentümlichkeiten dieser niederländischen
Ansiedlung im Hausbau, Tracht u. s. w. Nach Horneburg
(wie Buxtehude u. s. w. eine Geestrandbrückenstadt) und in
die Geest nach Bliedersdorf — Besichtigung der alten Feld-
steinkirche und sächsischen Bauernhauses, Stein-
gräber bei Grundoldendorf. Nach Buxtehude und mit dem
Dampfer die Este hinab durch das Alte Land, Elbfahrt
nach Hamburg zurück.

10) 6. Juni nachmittags und 8. Juni (offizieller Schulausflugs-
tag). Mit der Bahn nach Ahrensburg. Marsch nach Lütjen-
see. Bad im See. Übernachten. Am 7. Juni auf die Höhe
72 bei Schleushörn mit schönem Rundblick; nächste Stelle
bei Hamburg, welche die typische, hügelige, wald- und
seenreiche Moränenlandschaft Ostholsteins zeigt. Über Forst,
Karnap und Trittau nach Friedrichsruh.

11) 10. September. Langenfelde — Besichtigung der Ziegelei
und der Tongrube (Gypsfelsen). Über den Winsberg (mit
Aussicht auf Hamburg-Altona) in die Bahrenfelder Kiesgruben. Sammeln von Geschieben. Besichtigung der Eidel-

stedter Glashütte. Spiel im Bornmoor. Rückfahrt von
Eidelstädt.

U II Sommer 1903.

12) 23. Mai. Dampferfahrt (Elbkorrektionsbauten) nach Finken-
werder — größtes Seefischerdorf an der Elbe. Durch die
Marschweiden, dann mit der Fähre über die Süderelbe,
durch den Moorstreifen zwischen Marsch und Geest nach
Neugraben und in die Fischbecker Heide. Große Sand-
grube mit mächtigen fluvioglazialen Sand- und Kieslagern,
welche vorzüglich discordante Parallelstruktur zeigen. Auf
den Falkenberg, dessen Spitze von einem ca 300 m langen
alten Wallgraben umgeben ist: Bauernburg. Zahlreiche
botanische und zoologische Beobachtungen. Von Haus-
bruch mit der Eisenbahn zurück.

13) 26. und 27. Juni. Bahn nach Schwarzenbeck. Marsch
nach Lauenburg. Übernachten. Am 27. Juni: Tongruben
— Marines Diluvium mit Cardium edule; diluviale erdige
Braunkohlenschicht mit mannigfachen Pflanzenresten, schwefel-
kieshaltig, deshalb mit Ausblühungen von gediegenem
Schwefel und von Alaun; prachtvolle glaziale Stauchungen
u. s. w. Übersicht vom Hasenberg über das Diluvialplateau
und die glazialen Schmelzwassertäler der Elbe und der
Stecknitzniederung; in dieser der Elb—Trave-Kanal. Besichtigung einer Zündholzfabrik. Zum Ruhrgrund mit hoch
aufgestauchten Mergelsanden und interglazialem Torflager,
in das zwei Stollen getrieben sind. Durch Wald zu den
Wallresten der von Heinrich dem Löwen verbrannten
Ertheneburg, die den alten Elbübergang von Bardowiek
ins nordelbische Slavenland beherrschte. Der weitere Marsch
nach Tespechude und Geesthacht und die Dampferfahrt
nach Hamburg bietet noch viel geographisch Lehrreiches.

Auf allen Ausflügen, auf dem Marsche und auf Aussichts-
punkten Übungen im Gebrauch des Meßtischblattes und der
Karte des Deutschen Reichs 1 : 100 000. Dazu kommen in allen
drei Jahren häufige Betrachtungen des Sternhimmels, u. a. besonders planmäßige Beobachtungen der Planetenbewegungen.
Weitere Ausflüge, u. a. nach Lüneburg, sollen in diesem Jahre
noch gemacht werden.

Von den örtlichen Verhältnissen wird es abhängen, ob man
einmalige größere Reisen, wie in Blankenese, oder eine Anzahl
kleinerer Ausflüge, wie in Hamburg, vorziehen wird; in Westfalen z. B. wird die Genehmigung zu Schulausflügen, bei denen
auswärts übernachtet werden soll, prinzipiell versagt. Und das
würde jedenfalls ein erfreulicher — und auch zu erwartender —
Erfolg der im Fischerschen Aufsatz vorgeschlagenen Exkursionen
unter Leitung eines geographisch geschulten Lehrers sein, daß
allmählich die einzelnen Schulen selbst in höherem Maße sich
dieser Aufgabe annehmen; wenn dieselbe Hand sät, die später
im Klassenunterricht erntet, ist der dauernde Erfolg doch schließlich am besten gesichert.

✕

Die dritte Auflage von Alexander Supans „Grundzügen der physischen Erdkunde".

Von Dr. W. Schjerning-Charlottenburg.

Als vor 19 Jahren Alexander Supan seine „Grundzüge der
physischen Erdkunde" zum erstenmale erscheinen ließ, war
dies Werk ein Wagnis für ihn, der seit Jahren fern von den
großen Kulturzentren des Westens in der Bukowina lebte und
lehrte, und zugleich eine Überraschung für weite geographische
Kreise. Aber der erste Wurf war nicht leichtfertig geschehen,
das Buch war auf eingehende Einzelstudien gestützt und von

17*

großzügigen Gedanken getragen, und so fand es denn auch bald die verdiente Anerkennung selbst bei denen, die anfänglich erstaunt fragen wollten: Was kann aus Czernowitz Gutes kommen?

Ein gütiges Geschick hat den Verfasser davor bewahrt, in der Abgeschiedenheit des Ostens zu wirken, und hat ihn an eine der Zentralstellen der geographischen Wissenschaft geführt, nach Gotha, wo er nun seit langer Zeit als Herausgeber von Petermanns Mitteilungen seine Kraft betätigt hat. Hier strömte ihm nun auch reichlicher der Stoff zu, als früher, und als im Jahre 1896 die zweite Auflage der „Grundzüge" erschien, da war es ein ganz wesentlich umgearbeitetes Werk geworden. Die Anordnung des Ganzen war in ein strafferes Gefüge gefaßt, eine Fülle von Einzelheiten illustrierte und begründete die ausgesprochenen Tatsachen und Ansichten, und die wichtigsten Literaturnachweise waren angefügt. Dem entsprach auch das Anwachsen des Umfangs von 456 auf 664 Seiten.

Nunmehr erscheint das Buch in dritter Auflage[1]), nach einem kürzeren Zwischenraume, als zwischen der ersten und zweiten Auflage verstrichen war. Nach der Feuerprobe der beiden ersten Auflagen, in der sich die „Grundzüge" als zuverlässiger Berater und anregender Führer bewiesen haben, ist freilich eine ebenso eingehende Umarbeitung wie bei der zweiten Auflage nicht mehr zu erwarten gewesen; der bewährte Rahmen und das Gerüst für die Gliederung des weitverzweigten Stoffes sind dieselben geblieben. Schon der Umstand jedoch, daß der Umfang abermals wesentlich zugenommen hat (der Text umfaßt jetzt 801 Seiten, zu denen noch ein Register von 51 Seiten hinzutritt), weist auf die unablässige Arbeit hin, die der Verfasser seinem Buche gewidmet hat, und auf die Fülle des neu verarbeiteten Stoffes.

In der Tat kann ein Vergleich der neuen Auflage mit ihren Vorgängern uns ein schönes, deutliches Bild von der Entwicklung der geographischen Wissenschaft in den beiden letzten Jahrzehnten geben. Der Wagemut kühner Forscher, die in Asiens heiße Wüsten oder in die Eiswelt der Polarkappen mit der Fackel der Erkenntnis vordringen, spiegelt sich in den Zusätzen und Erweiterungen ebenso wieder, wie die stille, fleißige Arbeit des Gelehrten in der Studierstube, der die Erkundungen der Reisenden verarbeitet, sie mit dem Bekannten vergleicht und aus dieser Vergleichung seine weittragenden Schlüsse zieht.

Gerade in den letzten Jahrzehnten hat uns auch die Erde selbst eine Anzahl von Erscheinungen geboten, die wohl geeignet sind, unser Wissen von unserer Allernährerin zu fördern und die daher eifrig beobachtet und erforscht worden sind. Man wird sie alle verwertet finden, sowohl die großen Veränderungen, die die geheimnisvollen Kräfte des Erdinnern auf der Oberfläche verursachen, wie bei dem Ausbruch des Mont Pelé oder dem ostindischen Erdbeben von 1897, dem größten in geschichtlicher Zeit, wie weniger bedeutende Vulkanausbrüche und Erdbeben, sowohl unterseeische Rutschungen als auch nur durch Kabelbeschädigungen kund werden, wie Erosionswirkung von Hochwasserfluten, die Bodensenkung bei Leprignano von 1895 wie den Ausbruch des Knocknageehan-Moors in Irland von 1896 und den großen Staubfall vom März 1901.

Nicht immer aber fordert die Natur selbst so deutlich und energisch zur Forschung auf, und doch strebt der Mensch, seine Erkenntnis zu mehren und sucht unbekannte Gebiete auf, um in ihnen den Schlüssel für manche Fragen, die Lösung manches Rätsels zu finden. War vor 50 Jahren namentlich Afrika das große dunkle Land, dem die Entdeckungstätigkeit aller Völker sich zuwandte, so sind wir mit dem Ende des 19. Jahrhunderts

---

*) A. Supan, Grundzüge der physischen Erdkunde. Dritte, umgearbeitete und verbesserte Auflage. Mit 230 Abbildungen im Text und 20 Karten in Farbendruck. 801 S. u. 51 S. Register. Leipzig 1903, Veit & Co. 18.50 M.

in eine neue Periode der Polarforschung getreten, wenn auch nicht mehr das Entdecken um jeden Preis, sondern die Forschung und die Beobachtung im Vordergrunde stehen. Da zeigen sich denn auf Schritt und Tritt, in den verschiedensten Zweigen der Erdkunde, die Erfolge dieser Bestrebungen. Nicht nur höhere nördliche und südliche Breiten sind von Nansen, Cagni, Borchgrevink erreicht worden, auch unsere Vorstellungen von den Tiefenverhältnissen der Polarmeere haben starke Änderungen erfahren, Nansens Schweremessungen auf dem Eise geben wichtige Fingerzeige für den Bau der Erdkruste, die tiefe Sommertemperatur der Antarktis ist erkannt worden, wesentliche Aufschlüsse über das Windsystem um den Südpol, über die Vergletscherung von Nordasien, über die Bewegung der Gletscher und des Inlandeises, über die Strömungen im europäischen Nordmeere, über die Herkunft des kalten Tiefseewassers, über die Wirkung der Brandungswoge, über das Auftreten von Föhnwinden im antarktischen Viktorialande, über Verbreitung von Pflanzen und Tieren sind uns durch die Polarfahrten aller Kulturvölker gegeben worden. In den Rahmen der bisherigen Einteilung des Werkes sind nun alle diese neuen Erfahrungen eingefügt worden; hier dienen sie dazu, eine schon ausgesprochene Ansicht zu bestätigen, dort machen sie ältere Anschauungen unhaltbar.

Wenn auch nicht in gleichem Umfange und auf so verschiedenen Wissensgebieten wie die Polarforschungen, haben doch auch in recht mannigfaltiger Weise die Ballonfahrten zu wissenschaftlichen Zwecken und die Höhenstationen unsere Kenntnisse erweitert. Auch nach der Höhe hin ist durch die Fahrten der Luftschiffer die Grenze hinausgerückt worden, die dem Aufenthalte des Menschen gesteckt ist; die vertikale Temperaturverteilung in der freien Atmosphäre, die Zunahme der Windstärke und die Abnahme des Dampfdrucks mit der Höhe, die Grenzen der zyklonischen und antizyklonischen Luftbewegung nach oben zu sind in den letzten Jahren uns bekannter geworden. Auch hier sind die Ergebnisse der Forschungen mit in die Darstellung aufgenommen worden.

Und aus wie vielen Einzelbeobachtungen muß ein Bild zusammengesetzt werden, etwa wie das von der Verteilung der Niederschläge über Meer und Land, über die verschiedensten Breiten und von ihrem Wechsel im Laufe der Jahreszeiten! Wie oft ist die Lotungsmaschine in Tätigkeit gesetzt worden, damit wir die Tiefen des Weltmeeres und die Gestalt des Meeresbodens um so viel besser erkennen können, wie es der Vergleich der ersten der beigegebenen Karten mit ihrer Vorgängern in der zweiten Auflage lehrt! Gerade die Kunde von den größten Meerestiefen sind zugleich von ihrer Beschränkung auf Flächen von verhältnismäßig geringem Umfang sind erst ein Ergebnis der letzten Jahre. So sind denn auch in den „Grundzügen" diese Kapitel besonders verändert und in Einklang mit den neuesten Erfahrungen gebracht worden. Und ein schöner Triumph für die Wissenschaft ist es, wenn die Bodenproben der Tiefseelotungen zu denselben Schlüssen über die frühere Verteilung von Land und Wasser, über Hebungen oder Senkungen führen wie die Beobachtungen der Geologen oder die Forschungen über die Herkunft und Verbreitung der Pflanzen- und Tierwelt.

Daß auch andere Gebiete, beispielsweise die Strömungen im Atlantischen Ozean, die Temperaturverteilung im Meereswasser, die einzelnen Phasen und die Fortpflanzungsgeschwindigkeit der Erdbeben, die Beziehungen zwischen Niederschlag und Abfluß, die Korallenrifftheorie, die Abhängigkeit der Vegetation von Wärme und Wasser auf Grund neuerer Erfahrungen erweitert und umgeändert worden sind, braucht kaum besonders versichert zu werden.

Eine weitere Reihe von Veränderungen haben eine ganze Anzahl von Kapiteln durch theoretische Erwägungen erfahren;

nur die wichtigsten sollen hier angeführt werden. Die Gletscherbewegung, die Frage nach den Eiszeiten, die Entstehung der Gezeiten, insbesondere aber die Theorie der Gebirgsbildung haben in der neuen Auflage vielfach ein ganz anderes Gesicht erhalten. Finsterwalders stationärer Gletscher, Pencks übertiefte Täler, Davis' geographischer Kreislauf und Fastebene, Richters geomorphologische Untersuchungen, Walthers Wüstenstudien, Stübels Vulkantheorien, Suess' Scheitel von Eurasien sind berücksichtigt und gewürdigt worden. Eine Anzahl neuer Ausdrücke mußte eingeführt und erklärt werden; es seien nur das altboreale Flachland, zyklonale, konvektive und orographische Niederschläge, die Regentypen der Tropenzone, orographische Gletscher, die Benennungen der Moränen nach den Beschlüssen der Gletscherkonferenz, die Formenelemente des Meeresbodens, Oberfluten und Kombinationsfluten, die Uvalas, die Grabentäler, die periklinalen Gebirge hervorgehoben.

Natürlich sind auch manche Irrtümer und kleine Ungenauigkeiten, die sich in der vorigen Auflage eingeschlichen hatten, ausgemerzt worden; es soll ferner nicht verschwiegen werden, daß der Verfasser auch an dem deutschen Ausdruck unablässig gefeilt hat. Manche Verbesserungen weisen namentlich auf Abkehr vom „papierenen" Deutsch hin; Wörter wie desselben, der erstere und letztere sind an manchen Stellen verschwunden und werden nicht vermißt. Daß schließlich die Tätigkeit des Verfassers sich nicht auf Sammeln von Stoff und Zusammenstellen von Ansichten beschränkt, sondern daß er mit der Fülle der eigenen Gedanken und selbständiger Arbeit das Ganze durchtränkt, weiß jeder Kundige, dem Supans wissenschaftliche Arbeiten bekannt sind.

Von den 20 beigegebenen Karten, deren Zahl sich nicht vermehrt hat, sind nur wenige unverändert geblieben, abgesehen davon, daß nunmehr bei allen der Greenwicher Meridian als Nullmeridian durchgeführt ist. Am meisten umgearbeitet sind die Nummern 1 (Landhöhen und Meerestiefen), 11 u. 12 (Niederschläge), 18 (Vegetationskarte) und 20 (Faunengruppen und -reiche).

Mit Ausnahme der ersten, für die ebenfalls in Zukunft eine flächentreue oder wenigstens mittelabstandstreue Projektion zu wünschen wäre, sind alle noch in Merkatorprojektion entworfen, während doch den Textdiagrammen, die die Verteilung der meteorologischen Elemente über die Erde darstellen, bereits der Gedanke der flächentreuen Zylinderprojektion zu Grunde liegt.

Die Abbildungen sind stark vermehrt, wiederholt finden sich schlechtere Bilder durch bessere ersetzt. Auch die Zahl der Literaturangaben ist um mehr als die Hälfte gewachsen, am stärksten in dem Abschnitt über die Dynamik des Landes.

Bei der großen Leistung, die die Bearbeitung der neuen Auflage darstellt, wäre es undankbar, kleine Versehen und Druckfehler zu bemängeln, und nur solche, leicht zu berichtigende, sind mir aufgefallen. Nur einer Erwägung möchte ich Ausdruck geben; wird es auf die Dauer möglich sein, den Abschnitt über das Land in Dynamik und Morphologie zu zerlegen? Schon jetzt sind manche Wiederholungen und Verweise von dem zweiten auf den ersten dieser Teile nötig, und namentlich bei der Besprechung der vulkanischen Erscheinungen macht sich die Zerreißung unangenehm fühlbar. Bei einem Buche aber, das, wie es in der Vorrede ausdrücklich heißt, „eine systematische Darstellung der gegenwärtigen Erdoberfläche im Lichte des Entwicklungsgedankens" zum Ziele hat, kann wohl eine bessere Verschmelzung der morphologischen mit der genetischen Anschauungsweise vertreten werden.

Supans Grundzüge bilden keine „allgemeine Erdkunde" im weitesten Sinne; dazu fehlen beispielsweise die mathematischen Teile, die astronomische Geographie und die Kartographie, wie denn überhaupt ein fast ängstliches Vermeiden der mathematischen Formel auffällt (im Gegensatz zu H. Wagner), dazu fehlt auch vollständig die Anthropogeographie. In seiner wohlerwogenen Beschränkung aber ist das Buch in der neuen Auflage abermals an Bedeutung gewachsen und wird weiten Kreisen eine reiche Quelle fruchtbarer Belehrung sein.

Kleine Mitteilungen.

Die VII. Sektion der Ausstellung neuerer Lehr- und Anschauungsmittel für den Unterricht an Mittelschulen in Wien (April 1903).

a) Schulgeographie.
Von Direktor Dr. G. Jurltsch-Mies.

Man muß sie gesehen haben, um zu verstehen, weshalb sie einen so nachhaltigen Eindruck auf das Publikum übte. Den jungen Leuten, die noch tief bis an die Hälften im Schulkram stecken, brachen ins Tausende älterer Jahrgänge, Herren und Damen, in den stark gefüllten Hallen des Oesterreichischen Museums am Stubenring Bahn und konnten Vergleiche machen zwischen einst und jetzt. „Das Schulwesen ist ein anderes geworden!" „An Stelle des Auswendiglernens und des Unverstandes trat die Anschauung und die Erkenntnis!" Und allen anderen Fächern hat es die Schulgeographie zuvorgetan. Mehr als der vierte Teil des 159 Seiten starken Katalogs (Verlag K. Fromme in Wien) befaßt sich mit der VII. Sektion: „Geographie". In der vorbereitenden Kommission treffen wir Namen, die in Oesterreich und Deutschland auf dem Gebiet der Schulgeographie rühmlichst bekannt sind. Wir nennen, um nicht alle anzuführen, den Obmann: Regierungsrat R. Trampler; ferner die Mitglieder: A. Becker, F. Heiderich, M. Klar, J. Mayer, J. Müllner, W. Schmidt und Fr. Umlauft, von denen die meisten an Wiener Mittelschulen wirken.

Die Einteilung der Ausstellungsobjekte wurde sinngemäß nach Weltteilen gemacht. Daran schlossen sich gesonderte Gruppen für

die österreichisch-ungarische Monarchie, speziell für Niederösterreich, für Methodik, für mathematische und physische Geographie und für Geologie. Dazwischen waren Bildwerke und Lichtbilder angebracht und verschiedenartige Reliefdarstellungen verteilt. — Wer den Katalog aufmerksam durchblätterte, dem konnte sich die Ueberzeugung aufdrängen, daß aus der bunten Menge der eingeschickten Bilder, Objekte und sonstiger Anschauungsmittel nur mit großer Mühe einige Ordnung schaffen konnte. Fast gewann man den Eindruck, als hätte sie in letzter Stunde die Handhabe verloren, die Systematik allseitig rationell durchzuführen. So begegnet uns in der Gruppe „Methodik" eine Eisenbahnplakatensammlung, Zeitschriftenbilder, auf Karton aufgezogen, und endlich ein Photokol-Album der Photokol-Gesellschaft in München. Es ist nicht recht einleuchtend, worin bei derlei Anschauungsmitteln eine besondere Methodik liegt. Daß die Kommission unter der Menge des eingesandten Materials fast erdrückt worden sein mag, beweisen die Reliefs, von denen ein Stück dem Glocknergebiet angehörten. Auch die Anordnung der Lichtbilder ließ erkennen, daß man hier in aller Eile die Unmenge des Gebotenen ohne weitere Systematik aneinanderreihen mußte. Wenn man in der Anmerkung des Katalogs eigens darauf aufmerksam macht, daß in der Ausstellung die Reihenfolge im Katalog nicht durchweg eingehalten werden konnte, so darf das der vielbeschäftigten Kommission durchaus nicht zum Vorwurf gemacht werden. Es war eine Riesenarbeit zu leisten, die trotz einiger Mängel mit staunenswerter Ausdauer zur rechten

Zeit fertig gebracht wurde. Um die Aufgabe einigermaßen zu bewältigen, mußte man die von einzelnen Anstalten eingeschickten Lichtbilder in einer Gruppe beisammen lassen, auch auf die Gefahr hin, daß wir im Kataloge unmittelbar von dem Gletscher von Svartisen, (der, nebenbei erwähnt, am Nordkap liegt), und den Lofotinseln einen Sprung nach Liverpool, London und Paris machen müssen, um darauf über Gibraltar, Palermo und Venedig wieder nach Helsingfors und Finnland zurückzukehren. Desto angenehmer wirkte die von Penck zusammengestellte Serie von Lichtbildern aus österreichischen Alpengegenden zur Veranschaulichung der Morphologie. Hier merkte man deutlich die Meisterhand des erfahrenen Forschers. Fast ebenso tüchtig ist die von Sieger getroffene Auswahl von 60 Bildern für die allgemeine physikalische Geographie. Geographielehrer, welche eine brauchbare Sammlung von Lichtbildern erwerben wollen, werden diese beiden Zusammenstellungen in erster Linie berücksichtigen müssen. Daneben haben viele andere Diapositive, wie sie häufig in den Handel kommen und auch reichlich in der Ausstellung vertreten waren, nur einen sehr sekundären Wert, da sie zumeist bloß für das große Publikum als etwaige Reiseerinnerungen berechnet sind.

Unter den „Bildwerken" nahmen die „geographischen Charakterbilder" von Hölzel in Wien, das „geographische Bilderwerk" von A. Müller-Fröbelhaus in Dresden die ersten Plätze ein. Ferner sei erwähnt die „geographischen Typenbilder" von A. Geistbeck und F. Engleder (A. Pichlers Witwe & Sohn,

Wien), ferner die „geographischen Charakterbilder" von Lehmann, das „Schweizer geographische Bilderwerk" von W. Benteli und G. Stucki-Genf, endlich M. Eschners „Deutschlands Kolonien" und Wünsche, „Deutsche Kolonialwandbilder". Unter den vielen Bildern, welche die Ethnographie behandeln, verdienen jene von Dr. R. Martin, erschienen bei Orell Füssli in Zürich, wegen ihrer Größe und Deutlichkeit eine besondere Erwähnung. Ebenso naturgetreu sind die „Rassentypen der Völker der Erde", welche neulich F. Heiderich bei Hölzel herausgab. Es ließe sich nur etwa einwenden, daß diese Darstellung auf größere Entfernung etwas zu klein und daß zu vielerlei auf einer Tafel untergebracht ist. Ein Vorzug könnte in der Möglichkeit eines leichteren Vergleichens verschiedener Typen untereinander erblickt werden.

Sehr reichhaltig und ebenso interessant war die Sammlung zur Veranschaulichung der mathematischen Geographie. Man sieht, wie intensiv und erschöpfend in dem für die Auffassung der Jugend so schwierigen Gebiete gearbeitet wird. Da nach dem Lehrplane vom Jahre 1892 die Kenntnisse der wirklichen Bewegungen der Erde der Physikunterricht vermitteln soll, hätten einige Apparate der Sektion X überwiesen werden können. Auch in der Gruppe VIII, welche der Methodik gewidmet war, fand sich eine Reihe passender Lehrmittel für die „elementare astronomische Geographie" ausgestellt. Wir nennen hier eine Vorrichtung für Winkelmessungen am Himmel von M. Rusch und ein recht brauchbares Modell von M. Klar. Eine Anzahl einfacher Stelle nehmen unter den Apparaten für die eigentliche mathematische Geographie jene von W. Schmidt ein. Besonders verdienen genannt zu werden: ein Apparat zur Erläuterung des Foucaultschen Pendelversuchs, ein sinnreich konstruiertes Tellurium und ein Globus zur Beobachtung im Freien, der an keiner Schule fehlen sollte. Eine Menge anderer Apparate, die wir wegen Raummangels nicht besonders anführen können, beweist die eminente Begabung W. Schmidts für diesen Teil des geographisch-physikalischen Unterrichts. Neben ihm leistete A. Höfler mit seinem Ekliptik-Apparat und einem transparenten Himmelsglobus Hervorragendes. Letoscheks Armillarsphäre ist, wenn wir nicht irren, nach dem System der Schmidtschen Telluriums konstruiert. Schottes Präzisions-Armillarsphäre und E. Schottes Tellurium (E. Schotte & Co., Berlin) sind von Interesse. Auch Felkls Zweiteiliger Globus, der offenbar jenen Uebergang vom Globus zu den Planigloben bilden will, könnte erwähnt werden, obgleich durch eine Drehung eines gewöhnlichen Globus um 180° dieselbe Vorstellung bei den Schülern erzeugt werden wird. Die Anschauungsmittel dürfen unseres Erachtens nicht das selbständige Denken der Schüler überflüssig machen. Hat der Lehrer einen von den genannten Behelfen zur Verfügung, so kann er füglich auf „Karten und Tableaus", wenn wir von Fr. Nabéleks Wandkarten des nördlichen und südlichen Sternhimmels absehen, leicht verzichten, da sie nur als unvollkommene Mittel einer älteren Methode Geltung haben. Hingegen möchten wir Linggs Erdprofil (Piloty & Loehle, München) eine weitere Verbreitung im geographischen Unterricht wünschen, als es bisher erfahren hat.

So richtig es einerseits ist, daß zur Geographie das Pflanzenkleid der Erde gehört und Fauna und Flora von der Oberflächenform, den Gesteinsarten und den meteorologischen Einflüssen abhängig sind, so darf andererseits nicht übersehen werden, daß die geernteten Produkte des Bodens, sobald sie in den Handel kommen, weniger zur Geographie als zur Warenkunde gehören. Nicht das Produkt als solches, sondern die Pflanze, von der es gewonnen wird, gehört, weil sie mit dem Boden verwachsen ist, der Geographie an. Wir möchten daher den Bildern der verschiedensten Vegetationsformen den Vorzug geben. Eine prächtige Sammlung von Lichtbildern über „Kulturpflanzen und Vegetation" besitzt die Wiener Handelsakademie. Sie wurden, wie der Katalog anzeigt, von Prof. Dr. K. Hassack hergestellt. Erst nach Vorführung dieser sehr instruktiven Bilder ist das Verständnis für die Produkte als solche angebahnt. Und diese bot die Lehrmittelsammlung in reicher Fülle.

Nach drei Richtungen entfaltete die Lehrmittelausstellung eine fast erdrückende Menge von Objekten: sie betrafen die Behelfe für die Geologie, die Ethnographie und endlich für die Münzkunde. Und dennoch würde man irren, wollte man daraus einen Schluß auf den Unterrichtsbetrieb an österreichischen Mittelschulen ziehen. Dem Lehrplane nach wäre auch das starke Hervorkehren des mineralogischen Moments unstatthaft und die Ausdehnung der ethnographischen Partien auf die tausenderlei gesammelten Gegenstände und Münzen mit Rücksicht auf das geringe Stundenausmaß einfach unmöglich. Eben bei diesem ethnographischen Material, das zumeist vom Stiftsgymnasium in Seitenstetten und vom Privatgymnasium der Jesuiten in Kalksburg stammt, dürfte man die Wahrnehmung gemacht haben, daß die Ausstellungskommission nicht Zeit fand, die Spreu vom Weizen zu sondern. . Niemand wird den eminenten Wert von Waffen und Kleidungsstücken, von eigentümlichen Hausgeräten und Hausschmuck afrikanischer oder polynesischer Volksstämme für die Belebung des Unterrichts in Abrede stellen wollen. Auch die Kostümpuppen, welche zu sehen waren, haben unser Interesse voll in Anspruch genommen. Hingegen hätten andere Objekte ohne Schaden für das System vorweg ausgeschieden werden sollen. Wir rechnen beispielsweise eine Weinflasche, einen Briefbeschwerer in Mosaik, einen Palmenzweig, in Rom am Palmsonntag getragen, diverse Geldbeutel, Kaffeekannen, Messer, Tabakdosen u. dergl. m. Sogar ein Postsparkassebuch aus Bulgarien wurde von der Franz-Josef-Realschule in Wien ausgestellt! Konsequent müßte ein großer Teil jeder Weltausstellung in den Rahmen der Geographie, bzw. der Ethnographie gehören.

Wir sind ganz einverstanden, wenn im Unterricht auf die Münzeinheiten der größeren Kulturstaaten, mit denen wir in nennenswertem Handelsverkehr stehen, hingewiesen wird. Das neue „Lernbuch der Geographie" von A. Becker und J. Mayer hat auch den angeregten Gedanken zu verwerten gewußt. Es wäre zu wünschen, daß im Laufe der nächsten Dezennien sämtliche Schulen eine dementsprechende Münzensammlung anschaffen könnten. Die beiden oben genannten Gymnasien verfügen schon jetzt nicht bloß über eine solche, sondern brachten auch von den entlegensten Kleinstaaten Asiens und Afrikas eine seltene Menge von Geldwerten. An einigen Stellen begegneten uns, wenn wir nicht irren, sogar Falsifikate! Da auch die sogenannten „Spielpfennige" nicht fehlten, die erst nach Beendigung des Spieles in Geld umgesetzt werden, so erübrigte nur eine Sammlung von Brief- und Stempelmarken, welche bekanntlich auf die Jugend einen größeren Reiz übt als exotische Münzen. Wenn auch viel Spielerei mit Briefmarkensammlungen verbunden sein mag und diese daher in Schulen nicht gerne gesehen werden, so liegt in ihnen, an und für sich ge-

nommen, ein nicht zu unterschätzendes Mittel zur richtigen Lokalisierung von Staaten. —

Ablehnend müssen wir uns zur „Eisenbahnplakatensammlung" verhalten. Es sind Reklame- und keine Anschauungsmittel. Sie sind häufig unwahr in Bezug auf Zeichnung und Farbenkomposition. Wir erinnern uns, irgendwo einen langen Schulgang mit derlei Reklameplakaten „geschmückt" gesehen zu haben. Der weite Raum wäre besserer Bilder wert gewesen.

Die Kommission hat, wenn wir auf die Sektion VII als Ganzes sehen, ihre Aufgabe in glänzender Weise gelöst. Es war eine große Idee, welche, wie die Vorrede sagt, der Initiative des wirklichen Hofrats im Ministerium für Kultus und Unterricht, Dr. J. Huemer, entsprang. Die Ausstellung bot einen denkwürdigen Markstein in der Leitung des österreichischen Unterrichtswesens durch Se. Exzellenz den Herrn k. k. Minister Dr. Wilhelm von Hartel, „der selbst", wie die Vorrede des Katalogs meldet, „als Schulmann seine öffentliche Tätigkeit als Supplent am Akademischen Gymnasium in Wien begann und den hohen pädagogisch-didaktischen Wert guter Lehrmittel für den Anschauungsunterricht vollauf würdigt." Jeder Lehrer erhielt durch die Ausstellung schätzenswerte Anregung für den Ausbau und die anzustrebende Entwicklung des geographischen Kabinetts.

Ist der Gebrauch des Reliefs nach den Lehrplänen von 1901 in Sexta gestattet? — Im Programm des Melanchthon-Gymnasiums in Wittenberg, Ostern 1902, schreibt Prof. K. Haupt in der Beilage „Was bringen uns die Lehrpläne von 1901, besonders für den Unterricht in Geschichte und Geographie?" S. 52/53: „... Während aber früher als Hilfsmittel für die lebendige Anschauung gleich hier in Sexta das Relief verwendet wurde, soll es jetzt erst in der nächsten Klasse zugelassen sein ..." Mit Recht wendet sich Prof. K. Haupt gleich darauf energisch gegen eine solche „Neuerung", die doch gewiß keinen Fortschritt bedeuten würde. Soll der Gebrauch des Reliefs nun aber wirklich in Sexta ausgeschlossen sein? Nach der Fassung der Lehraufgaben kann man zu dieser Ansicht kommen. Die betreffenden Stellen lauten folgendermaßen:

1892: VI. . . . . Erste Anleitung zum Verständnis des Reliefs, des Globus und der Karten . .

     V. . . . Weitere Einführung in das Verständnis des Reliefs, des Globus und der Karten . . .

1901: VI. . . . Erste Anleitung zum Verständnis des Globus und der Karten . . .

     V. . . . Weitere Anleitung zum Verständnis des Globus und der Karten sowie des Reliefs . . .

1901 fehlt also in Sexta das Relief und tritt erst in Quinta in etwas auffallender Form auf.

Trotzdem ist Haupts Ansicht unrichtig, wie folgende Stelle der „Methodischen Bemerkungen für die Erdkunde" (2.) beweist: „Sind so die ersten Grundbegriffe zum Verständnis gebracht, so sind auch an dem Relief und dem Globus so veranschaulichen, daß der Schüler zur Benutzung der Karte anzuleiten . . ." Es liegt also kein Anlaß vor, in Sexta auf den Gebrauch des Reliefs zu verzichten. Es ist in dieser Beziehung nichts durch die Lehrpläne von 1901 geändert. Die unglaublich enge und leitende Abfassung der Lehraufgaben der IV und V aber hätte vermieden werden können; dann wäre ein Zweifel nicht entstanden.

Rich. Tronnier.

Wahlfreie Vorträge. F. Poske, dessen Angriff auf den geographischen Unterricht wir freilich nicht vergessen können, äußert sich (Monatsschrift, S. 274 f.) zu einem Vorschlag des Herausgebers von „Natur und Schule", B. Landsberg, in den Rahmen des augenblicklichen Physikunterrichts an den Gymnasien biologische Kapitel, als geringe Erweiterung des Pensums einzuflechten, mißbilligend. Man werde so nur den „Schein einer Leistung erwecken", zitiert er eine von Landsberg zu Unrecht angeführte Äeußerung Schwalbes. Der einzig gangbare Weg sei fakultativer Unterricht, ihn sei er persönlich auch schon seit Jahren mit Erfolg gegangen. Was Poske gegen solche „geringe" Erweiterung des Lehrpensums, S. 277 f., anführt, ist unmittelbar beweisend. Uns interessiert daran, daß wieder einmal ein ausgezeichneter Fachmann, das ist Poske auf seinem Gebiet, die nachgerade banale, aber leider noch immer meist noch praktisch anerkannte Tatsache feststellt, daß in den Rahmen eines heutigen Faches noch neuen Stoff hineinpressen zu wollen, pädagogisch verfehlt ist. Mehr Raum für jedes einzelne Fach kann nur die Losung sein, nicht Erstickung der wissenschaftlichen Persönlichkeiten durch fremden Stoff. Wenn dann freilich Poske, S. 279, zu der Forderung kommt, den altsprachlichen Unterricht kräftig zu beschneiden, so halte man dem die S. 18 angeführte Äeußerung Dr. O.s entgegen. Bleibt eine andere endliche Lösung als ein gründlicher Umbau des Obergymnasiums im Sinne der Wahlfreiheit der Fächer?

Im übrigen handelt es sich in der Kontroverse Landsberg-Poske um wahlfreien biologischen Unterricht. Wir Geographen werden gut tun, auf der Wacht zu stehen, um uns nicht andere Fächer, die in ähnlicher Lage wie wir zu kämpfen haben, voraus kommen zu lassen.   H. F.

Geographische Gesellschaften, Kongresse, Ausstellungen und Zeitschriften.

Das zur Vorbereitung des im September 1904 stattfindenden 8. Internationalen Geographischen Kongresses eingesetzte Komitee, bestehend aus Dr. W. J. Mc Gee als Vorsitzenden und Dr. J. H. Mc Cormick als Sekretär, erbittet baldige Mitteilung etwaiger Wünsche unter der Adresse: Hubbard Memorial Hall, Washington DC. Es besteht die Absicht, den Kongreß in Washington zu eröffnen und dort die wichtigsten wissenschaftlichen Sitzungen abzuhalten; weitere Sitzungen sollen in Neu-York, Philadelphia, Baltimore und Chicago stattfinden, während der Schluß des Kongresses auf der Weltausstellung in St. Louis erfolgen soll. An den Kongreß schließen sich Ausflüge nach Mexiko und interessanten Teilen der westlichen Staaten und Kanada an.

Unter den Vorträgen, die für die vom 20. bis 26. September in Cassel stattfindende 76. Versammlung deutscher Naturforscher und Ärzte angemeldet sind, werden eine größere Anzahl das Interesse der Lehrer der Geographie erregen. In der Gesamtsitzung beider Hauptgruppen am 23. September wird Prof. Penck (Wien) über die geologische Zeit und Prof. Schwalbe (Straßburg i. E.) über die Vorgeschichte des Menschen sprechen. In der Geschäftssitzung am 25. September wird Beratung der sogen. Hamburger Thesen zugunsten des biologischen Unterrichts an höheren Schulen auch Gelegenheit sich bieten, die Forderungen auf größere Berücksichtigung des geographischen Unterrichts in den oberen Klassen höherer Schulen zu vertreten. Aus den verschiedenen Abteilungen sei auf folgende Vorträge aufmerksam gemacht; in Abteilung 7 (Geographie, Hydrographie, Kartographie):

1. Dr. A. Berg (Friedrichsdorf im Taunus): Geographische Museen und Sammlungen als Förderer geographischer Bildung und Forschung;
2. H. Keller, Geh. Baurat, Leiter der Landesanstalt für Gewässerkunde (Berlin): Die Hochwassererscheinungen in den deutschen Strömen;
3. Dr. A. Wolkenhauer (Göttingen): Über die ältesten Reisekarten von Deutschland aus dem Ende des XV. und dem Anfang des XVI. Jahrhunderts.

In Abteilung 6 (Geophysik):
1. Dr. P. Polis, Direktor des Meteorol. Observatoriums (Aachen): Der heutige Wetternachrichtendienst;
2. W. Krebs (Groß-Flottbeck): Ungewöhnliche Niederschläge im verflossenen Jahrgang und damit zusammenhängende Erscheinungen;
3. Derselbe: Beziehungen des Meeres zum Vulkanismus;
4. Derselbe: Einheitsmaß für Bewegungsgeschwindigkeiten;
5. Mensing (Berlin): Die Erforschung der Ebbe und Flut auf hohem Meer;
6. Nippoldt (Potsdam): Über die innere Natur der erdmagnetischen Variationen.

In Abteilung 8 (Mineralogie):
1. L. Rosenthal, Bergingenieur (Cassel): Reisebilder aus Südamerika, mit spezieller Berücksichtigung der geologischen, mineralogischen und bergbaulichen Verhältnisse, sowie Vorführung von Lichtbildern aus Argentinien, Chile, Peru und Ecuador;
2. Zenker (Bergquell-Frauendorf b. Stettin): Nachweis des diluvialen Menschen im norddeutschen Vergletscherungsgebiet, unter Vorzeigung zahlreicher Steinartefakten;
3. Dr. E. Deckert (Steglitz b. Berlin): Über die westindischen Vulkanausbrüche (mit Lichtbildern);
4. Prof. Hauthal (La Plata, Argentinien): Seestudien aus Patagonien.

In Abteilung 11 (Anthropologie, Ethnologie):
1. Dr. K. Krause (Berlin): Über den chinesischen Volkscharakter;
2. Nolte (Oleiwitz): Die Ursachen der indo-germanischen Völkerwanderung;
3. Wilser (Heidelberg): Über die Urheimat des Menschengeschlechts.

Persönliches.

Ernennungen.

Prof. Dr. Th. Fischer in Marburg a. L. und Prof. Dr. Paul Güßfeldt, Unterrichts-Dirigent am Seminar für Orientalische Sprachen zu Berlin, zum Geh. Regierungsrat.

Prof. Dr. Alfr. Kirchhoff zu Halle a. S. zum Geh. Regierungsrat.

Auszeichnungen, Orden u. s. w.

Bei der Hundertjahr-Feier der Universität Heidelberg wurden der Physiker Prof. Svend Aug. Arrhenius in Stockholm und der Afrikaforscher Prof. Dr. Georg Schweinfurth in Berlin zu Ehrendoktoren der medizinischen Fakultät; Ferd. André Fouqué, Prof. der Naturwissenschaften am Collège de France in Paris und Edw. Ch. Pickering, Direktor der Sternwarte am Harvard College zu Cambridge, Mass., zu Ehrendoktoren der naturwissenschaftlichen Fakultät ernannt.

Der bekannte Forscher über altnordische Literatur und Altertumskunde, Dr. E. Dagobert Schönfeld in Jena, zum Professor.

Der Geophysiker Lord Kelvin zum Ehrenmitglied der Royal Society von Neu-Süd-Wales.

Der Professor der Paläontologie in Leipzig, Dr. Joh. Felix, zum außerordentlichen Mitglied der mathematisch-physikalischen Klasse der Kgl. sächsischen Gesellschaft der Wissenschaften.

Dem bisherigen Direktor des Oldenburgischen Statistischen Bureaus, Geh. Ober-Regierungsrat Dr. Kollmann, der Kronenorden II. Klasse.

Dem Direktor des Geologischen Komitees Tschernyschew der Stanislausorden I. Kl.

Dem Abteilungsvorsteher am Geodätischen Institut in Potsdam Prof. Dr. Westphal das Ritterkreuz I. Kl. des Herzogl. Sächsisch Ernestinischen Hausordens.

Der Reisende Eugen Wolf in München zum Officier de l'Instruction publique.

Geh. Rat Dr. Ferd. Zirkel, Professor der Geologie in Leipzig, zum auswärtigen Mitglied der mathem. naturw. Klasse der Kgl. Gesellschaft der Wissenschaften in Christiania.

Der Rote Adlerorden IV. Kl. dem Direktor des Städtischen Gymnasiums nebst Realgymnasiums zu Düsseldorf Prof. Dr. Cauer. Ferner dem Seminardirektor Prof. Dr. Wychgram, Berlin.

Jubiläen, Denkmäler.

Der hervorragende Sanskritist Professor Joh. Hendr. Kaspar Kern in Leiden feierte am 6. April seinen 70. Geburtstag. Von seinen Schülern und Verehrern aus diesem Anlasse veröffentlichte Festschrift enthält ein ausführliches Verzeichnis seiner sämtlichen Publikationen, welche nicht weniger als 24 Seiten einnehmen.

Dem Kosaken Jermak Timofejewitsch, dem Eroberer Sibiriens, ist in Nowo-Tscherkask ein Denkmal errichtet worden, das am 6./19. Mai enthüllt wurde.

Todesfälle.

Am 27. Juli starb in Rostock der Polarforscher Kapitän Wilh. Bade. 1869–70 nahm er als Steuermann auf der „Hansa" an der zweiten Deutschen Nordpolarexpedition teil und machte die Trift der „Hansa" im Packeise mit, nachdem das Schiff vom Eise zerdrückt worden war, die Schollenrift der Hansamänner längs der Ostküste von Grönland mit. Später hielt er zahlreiche Vorträge über den Verlauf der Expedition. Bade rüstete seit dem Anfang der 90er Jahre alljährlich Vergnügungsfahrten nach dem Nordkap und Spitzbergen aus und hat dadurch unzweifelhaft viel dazu beigetragen, die Kenntnis der Polarwelt und das Interesse für Polarforschung zu fördern. Der Versuch, deutsches Kapital für industrielle Unternehmungen in Spitzbergen, namentlich Kohlenausbeutung und Fischfang, zu gewinnen, hatte keinen Erfolg.

Am 19. August starb in Uhlbach bei Stuttgart der rumänische Generalkonsul Gottlieb Benger im Alter von 52 Jahren. Er war Verfasser eines Werkes über Rumänien (2. Aufl. 1902), welches sich die Aufgabe stellte, eine bessere Kenntnis dieses Landes in Deutschland zu verbreiten.

In Rom starb am 19. Juni der Professor der Physik Philipp Keller, geb. 1830 in Nürnberg. Nachdem er die Gewerbe- und Polytechnische Schule in Nürnberg besucht hatte, war er 1854 als Mechaniker nach Rom, wo er als Privatassistent der Professoren Volpicelli und Padre Angelo Secchi wurde; eine amtliche Stelle blieb ihm als Lutheraner verschlossen, bis sich ihm durch den Fall des Kirchenstaates im Jahre 1870 die akademische Laufbahn eröffnete. Er wurde jetzt Assistent für mathematische Physik, 1875 für Experimentalphysik und später außerordentlicher und endlich ordentlicher Honorarprofessor für Physik. Eine reiche literarische Tätigkeit entfaltete er namentlich in italienischen Zeitschriften über verschiedene Gebiete der Geophysik, welche seinem Entwicklungsgang eigentlich fernlagen. Seine Untersuchungen erstreckten sich auf Bestimmung der Schwere im Gebirge, der Wirbelströmungen der Scylla und Charybdis, auf die natürlichen Brücken in Umbrien (s. Petermanns Mitteilungen 1881), hauptsächlich aber auf die Untersuchung lokaler und regionaler Störungen des Erdmagnetismus. (Einen ausführlichen Nekrolog hat Prof. S. Günther im Unterhaltungsblatt des Fränkischen Kurier, 12. August 1903, Nr. 65, veröffentlicht.)

Am 31. Juli starb in Leitmeritz Prof. Robert Klutschak, einer der besten Kenner des Böhmischen Mittelgebirges, im 81. Lebensjahre.

Am 28. Juli starb in Reichenhall der Oberst des Burenheeres, Ad. Schiel, geb. in Frankfurt a. M. 1858. Nachdem er seine Dienstzeit als Einjährig-Freiwilliger absolviert hatte, wanderte er nach Südafrika aus, wo er sich in Natal, später in Transvaal der Landwirtschaft widmete. Als das Deutsche Reich in die Reihe der Kolonialmächte eintrat, machte Schiel vergeblich den Versuch, das Zululand und namentlich die Santa Lucia-Bai für Deutschland zu gewinnen. Bei Ausbruch des Krieges gegen England wurde Schiel zum Oberst des deutschen Freiwilligenkorps ernannt, geriet aber schon im ersten Gefecht bei Elandslaagte schwerverwundet in englische Gefangenschaft, die er in St. Helena verlebte. Seine Erlebnisse in Südafrika hat er niedergelegt in dem Werke: „23 Jahre Sturm und Sonnenschein in Südafrika", 1902. *H. W.*

Besprechungen.

Nehring, L., Geographisches Merk- und Wiederholungsbuch für die Hand der Schüler in zweisprachigen Volksschulen. I. Teil: Heimatkunde: Preußen, Deutschland. 8°, 32 S. Breslau 1903, H. Handel. 15 Pf.

Für Schüler von Volksschulen, und zwar hauptsächlich von ländlichen, geschrieben (warum von zweisprachigen ist hierbei nicht ersichtlich), will das Büchlein anregend auf den geographischen Unterricht in diesen Anstalten wirken. Bei kurzer, oft nicht unsachgemäßer Darstellung ist doch die Einteilung (Preußen — Deutschland) als irreführend abzuweisen. Auch finden sich teilweise Wiederholungen bei solcher Gruppierung. Ebenso bedürfen manche Angaben einer Berichtigung.

Man könnte sich angesichts der Fülle der schon auf dem Markte erschienenen, ähnlichen kleinen Leitfäden wirklich fragen, ob ein weiteres Bedürfnis für derartige Kompendien vorhanden ist. *Ed. Lentz.*

Landeskunde der Provinz Westfalen und der Fürstentümer Lippe, Schaumburg-Lippe und Waldeck von Professor Dr. J. Wormstall. 3. Aufl. 48 S. Breslau 1902, Ferd. Hirt. 60 Pf.

Ein — mit dem Vorwort — unveränderter Abdruck der zweiten Auflage von 1898 mit Einsetzung der neuen statistischen Ergebnisse und der neuen Rechtschreibung. (Ein kleiner Zusatz auf S. 20 betr. Eisenbahn- und Postverwaltung.)

Eine „Landeskunde" heißt das Buch mit demselben Rechte, mit dem als „Grenzländer" Hannover und Hessen-Nassau erscheinen. Acht Abschnitte: Allgemeines, Bodengestalt, Flüsse, Klima und Bodenerzeugnisse, Geschichtliche Entwicklung, Verwaltung, Ortschaftskunde, Tabellen — sind im Stile des alten Seydlitz ebensoviele selbständige Stoffgebiete, landeskundlich kaum miteinander verknüpft, an Stelle der naheliegenden Gliederung in die drei natürlichen Gebiete (Schiefergebirge, Weserbergland, Tiefland), mit der hier ja auch die Verwaltungsgrenzen annähernd übereinstimmen.

Im allgemein-statistischen Teile vermißt man die Dichteangabe, die prozentuelle Berechnung des Kulturbodens, Waldbodens u. s. w. Bei der Einwohnerzahl lag gerade für Westfalen eine historische Erinnerung nahe, etwa die, daß seit 1815 die Bevölkerung sich genau verdreifacht hat (von 1066000 auf 3200000), gewiß ein lehrreiches Beispiel für unsere wirtschaftliche Entwicklung. Aber die enorme Bedeutung der Steinkohle für Westfalen wird ja auch auf ganzen 2½ Zeilen gewürdigt!! Dafür kann denn die Aufzählung der „Berkel, Dinkel, Stever" und zahlreicher anderer winziger und winzigster Bächlein, die zweckmäßig dem Kartenleser überlassen geblieben wären, nicht entschädigen. Bei der „Beschreibung der Gebirge" fällt die Dürftigkeit der geologischen Bemerkungen auf. Im Rahmen der sonstigen Ausführlichkeit an Namen vermisse ich das „Sintfeld", den „Balver Wald", die „Davert". Statt „Plateau" von Lichtenau erwartet man Hochfläche von Paderborn, statt Lenneschiefergebirge Lennegebirge. Daß die Pader bei Paderborn „am Abhang der Haar entspringt", ist mindestens sehr ungenau; und gar daß „Waldecks im sogenannten rheinischen Schiefergebirge liege", wird schwerlich Beifall finden. Im klimatischen Abschnitt wären einzelne bestimmte Messungsangaben zweckmäßig gewesen. Daß im Lippeschen irgendwo die Temperatur im Mittel 4° C. beträgt, ist wohl ein Irrtum. Volkstümliche Wendungen, Spottverse und dergl. über klimatische Verhältnisse, deren Zusammenstellung m. E. gerade in eine Heimatkunde gehört, fehlen ganz. Dankenswert sind einige historische Angaben über die Pflanzen- und Tierwelt. Überhaupt ist der geschichtliche Teil ziemlich eingehend. (Doch wird man bei Gevelsberg die Erwähnung der Ermordung Erzbischof Engelberts vermissen.) Ein zusammenhängender Abschnitt über die Volkskunde und Volkswirtschaft fehlt. Von der Entwicklung der Eisenindustrie ist nicht die Rede. Das großartige Schiffshebewerk bei Henrichenburg, die neueren Talsperrenbauten im Sauerland sind nicht erwähnt. Die Erklärung des Haubergs ist unrichtig; von den staatlichen Aufforstungen im südlichen Bergland erfährt man nichts. Den Hauptteil des Büchleins nimmt die Aufzählung der Städte und Städtchen ein mit historischen und wirtschaftlichen Notizen sowie die beigefügten Tabellen. Die Einwohnerzahlen sind nur hin und wieder abgerundet, die statistischen Angaben über die höheren Schulen und Militärverhältnisse nicht fehlerfrei.

An Druckfehlern ist mir nur aufgefallen: Binsterfeld für Biesterfeld, Meinershagen statt des ortsüblichen Meinerzhagen, den statt die Zuidersee, NW.- statt SW.-Abhang (S. 7 unten). Die hübschen Bilderanhang ist noch von dorfte Femlinde durch das Herforder Wittekinds-Denkmal passend ersetzt worden. Das Porta Westfalica-Denkmal dürfte zweckmäßig auf S. 37 unten Platz finden. Eine Karte fehlt.

Alles in allem enthält das Büchlein eine Statistik von allerhand Wissenswertem aus der Topographie, Verwaltung und Bevölkerung der Provinz Westfalen mit eingestreuten Bemerkungen zur Landeskunde, die dem Leser mancherlei willkommene Auskunft geben werden; eine „Landeskunde" ist es freilich nicht. *Dr. K. Cherubim.*

Kerp, Heinrich, Methodisches Lehrbuch einer begründend vergleichenden Erdkunde. Einleitender Teil: Die Methodik des erdkundlichen Unterrichts. 2. stark verm. Aufl. 183 S. Trier 1902, Lintz.

Mit geteilten Empfindungen lege ich das Buch nach längerer Beschäftigung damit aus der Hand. Unbedingt anzuerkennen ist die aus jeder Zeile sprechende ehrliche Begeisterung, die der Erdkunde auf den Schulen den gebührenden Platz und die beste Vertretung zu erringen bemüht ist. Ebenso kann man der großen Mehrzahl der in der zweiten, kleineren Hälfte niedergelegten Erörterungen über die Methodik des Unterrichts unbedenklich zustimmen, und auch die Beispiele zu den „Zügen aus dem Kulturbilde der Erde oder der politischen Erdkunde" können mit wesentlichen als wohlgelungen bezeichnet werden. Weniger angenehm berührt allerdings dabei die überall sich zeigende Neigung zu allzu schematischer Gliederung und Einteilung, sowie das wiederholte Hervortreten der eigenen Persönlichkeit. Das hauptsächlichste Bedenken aber liegt in dem häufig auftauchenden Zweifel, ob dem löblichen Wollen auch stets das nötige Können zur Seite steht, ob der Verfasser auch mit vollem Verständnis das erfaßt hat, was er andere im Unterricht verwerten lehren will. Es ist vielleicht bezeichnend, daß der Verfasser, der am häufigsten bei den „Zügen aus dem Naturbilde der Erde oder der physischen Erdkunde" regen, bei denen gerade die größte eigene Klarheit geboten ist, wenn unreinen Schülern nicht geradezu falsche Vorstellungen eingeimpft werden sollen. Hier gerade erwecken ganze Abschnitte, wie der über das trockene Klima der Sahara, über Gletscher, über die Verbreitung afrikanischer Tierformen, bedenkliches Kopfschütteln, und auch sonst zeigen sich wiederholte sachliche Irrtümer, die nicht immer als Versehen zu deuten sind. Neben beherzigenswerten und des Lobes würdigen Partieen finden sich bisweilen, wie in den „Merksätzen" am Schlusse der einzelnen Abschnitte, geradezu Trivialitäten. Ich kann daher als Gesamteindruck nur feststellen, daß der Verfasser, dessen guten Absicht dankbar hervorzuheben ist, sich an ein Unternehmen gewagt hat, dem er, vielleicht seiner ganzen Vorbildung nach, nur zum Teile gewachsen ist. Immerhin enthält das Buch eine reiche Fülle fleißig zusammengetragenen Stoffes, der allerdings nicht ohne Kritik zu benutzen ist, und zahlreiche beherzigenswerte Winke für die Praxis des Unterrichts. Die Darstellungsform weist häufig Härten und Schiefheiten im Ausdruck auf. *W. Schjerning.*

Nagl, J. W., Geographische Namenkunde. (Die Erde. Herausgegeben von M. Klar. XVIII. Teil. 8°, VII, 136 S. Leipzig-Wien 1903, F. Deuticke. 6 Kr.

Ein äußerst schwieriges Gebiet hat der Verfasser mit der vorliegenden Schrift betreten. Wenn auch der am Schlusse beigefügte Literaturübersicht zeigt, daß es schon eine Reihe, zum Teil ausgezeichnete Werke über die geographischen Namen gibt, so sind doch die beabsichtigten Gebiete meist nach Mundart oder Sprache beschrieben. Hier dagegen wird der Versuch gemacht, über die ganze Erde Namenerklärungen vorzunehmen. Ist hierdurch der geographische Charakter gewahrt, so stützt sich doch die Schrift auf Forschungen, die in anderen Wissenschaften angestellt sind, z. T. philologischen, z. T. historischen, z. T. ethnographischen Boden. Die Ortsnamendeutung gestaltet sich überdies noch verwickelter, da „gleichsam mehrere ethnographische Schichten" in den meisten behandelten Gebieten übereinanderlagern. Dieses Gewirr vielfach ineinander geschlungener Fäden zu lösen ist die vornehmste Aufgabe des genannten Werkes, was auch dank der oben angedeuteten Hilfsmittel und vermöge scharfsinnig angestellter Ueberlegungen zumeist gelungen ist. Zugegeben muß allerdings werden, wie ein eingehendes Studium erweist — und nur um ein solches kann es sich angesichts dieser überaus fleißigen Arbeit handeln —, daß des öfteren Lücken in der Erklärung geblieben sind, d. h. daß wohl auf das Falsche in den bisherigen Erklärungen hingewiesen, etwas Besseres aber dafür nicht geboten wird. Die Ursache hierzu liegt eben in den hie und da mangelnden Grundlagen, und es läßt sich verstehen, daß der Verfasser lieber auf jegliche Erklärung verzichtete, als an die Stelle des Vagen wiederum etwas Vages setzte.

Das Buch, in welchem ein alphabetisch geordnetes Register der geographischen Namen das Zurechtfinden erleichtert, wird jedem, und nicht zum mindesten den Lehrern höherer Lehranstalten, genug des Anregenden bieten und vielleicht Veranlassung geben, noch vorhandene Lücken auszufüllen. Es kann in geographischen Kreisen auf das wärmste empfohlen werden. *Ed. Lentz.*

Breitenstein, Dr. H., Einundzwanzig Jahre in Indien. III. Teil: Sumatra. Mit 1 Titelbild und 26 Abbildungen. Leipzig 1902, Griebens Verlag. 6 M.

Das Buch enthält allerlei Einzelheiten aus dem Leben der Europäer im holländischen Indien; aber es befriedigt den Leser nicht. Es bietet zu wenig wissenschaftliche Belehrung und gewährt doch auch nicht zu den unterhaltenden Schilderungen einer fernen, fremden, bunten Welt. Wohl gibt ein Kapitel einen auf Mitteilungen anderer sich stützenden Ueberblick über die Flora von Mittelsumatra, und verstreut finden sich ethnographische Angaben, besonders aus Atjeh; aber den Hauptinhalt des Buches bilden die kleinen, oft recht kleinlichen Tageserlebnisse eines zwischen den verschiedenen Residentschaften viel hin- und hervergezerrten Militärarztes mit allem Klatsche, durch welchen die auf entlegenen Posten sich langweilenden wenigen Europäer ihr Dasein bald würzen, bald sich verbittern, mit mancherlei dienstlichen Reibungen, mit getreuer Aufzählung aller klimatischen und anderen Unbequemlichkeiten, auch dem Mißvergnügen über das Ausbleiben des Willemsordens. Sicherlich war Dr. Breitenstein nicht immer auf Rosen gebettet, und bereitwillig wird ein mitfühlender Leser die Berechtigung der bitteren Tränen anerkennen, welche seine Gattin vergoß, als schon nach dem ersten Ehejahre der stilvolle Haushalt unter den Hammer kommt, weil sie ihren wieder einmal versetzten Gatten in ein ungemütliches Lager in Feindesland begleiten muß, wo nur ein kleines Zimmer mit zwei Veranden und Aussicht auf die „Wirtschaftsgebäude" zur Verfügung steht; aber alle solche Aergernisse sind gar zu wenig durch glücklichen Humor vergoldet, finden gar zu unmittelbaren Niederschlag ohne jede Läuterung durch inzwischen verstrichene Zeit, welche doch umfassendere Gesichtspunkte gewinnen lassen könnte. Absprechende Beurteilung des europäischen Gesellschaftslebens in der Fremde und der holländischen Kolonialverwaltung auf Sumatra nimmt einen unverhältnismäßig breiten Platz ein auf Kosten sachlicher, großzügiger Land schaftsdarstellung und liebevoller Vertiefung in das Treiben der Landeskinder. Schwül wie das Klima Indiens mutet die geistige Luft an, welche durch das Buch weht. Und fürchterlich ist das Deutsch, in dem es abgefaßt ist. Fast jede Seite

gibt Rätsel über den Sinn des Textes auf. Beispiel: Die flottende europäische Bevölkerung bedingt die Existenz eines Auktionsamtes, in welchem entre autre der Verkauf der Einrichtungen der transferierten Beamten besorgt wird (S. 101). Er wurde geschickt, um mich zu evakuieren (S. 170). Mühlen zur Entpolsterung des Reises (S. 184). Unermüdlich begleiten Fragezeichen in Klammern die Einzelausdrücke des Textes und heben den Wert der Textangaben zur Hälfte auf. Inwieweit die medizinischen Ansichten, die im Anhang und im Verlauf der Darstellung geäußert werden, zu billigen sind, vermag ich nicht zu beurteilen; sie weichen von der herrschenden bakteriologischen Richtung stark ab und sind hinsichtlich der Lebensfähigkeit der europäischen Rasse in den Tropen recht optimistisch. Der kurze Schlußanhang über malaiische Musik ist hübsch. *Dr. Felix Lampe.*

Douglas, Archibald, The story of earth's atmosphere. 16°, 194 S., 44 Illustr. z. T. auf Taf. 35 cts. New-York 1901, Appleton & Co.

Es liegt hier eines jener kleinen Werke zu billigem Preise vor, wie sie zur Popularisierung der wissenschaftlichen Forschungen bei den englischsprechenden Völkern beliebt sind. Zu dem Zwecke, dem es dienen soll, ist es auch vorzüglich geeignet, denn es gibt in kurzer, übersichtlicher Form und elementarer Darstellung ein Bild der Verhältnisse unserer Atmosphäre in lebendig anschaulicher Schilderung und leicht lesbarer Darstellung. Die Einteilung in die einzelnen Kapitel ist die übliche, auch das, was darin geboten wird; zu bemerken wäre hier nur, daß die Witterungsvorhersage und die meteorologische Instrumentenkunde (wie die Vorrede ein Kapitel mit dem Fliegen der Atmosphäre (Ballons, Flugmaschinen, Drachen) befaßt, sowie das Schlußkapitel unter dem Titel: „Das Leben in der Atmosphäre" Grundzüge der Klimatologie, freilich mit Berücksichtigung des Einflusses der Klimate auf die Menschen und ihre Eigenschaften bringt, wobei uns die Größe desselben etwas überschätzt scheint. Zum Texte in einem gewissen Gegensatz stehen die Abbildungen, indem sie z. T. tatsächlich geradezu schlecht und unerkennbar sind, wie die Niederschlagskarte Indiens (S. 123), der Luftdruck und die Winde Indiens (S. 81) und einige Wolkenabbildungen. *Greim.*

Keller, Konrad, Die Schwankungen der atmosphärischen Gleichgewichtszone als Ursachen der nassen und trocknen Witterungsperioden. Ein Ausbau meiner Theorie „Der atmosphärische Fixpunkt". Leipzig 1902, Kommissionsverlag von Ed. H. Mayer.

Wenn der Referent dem Verfasser der Arbeit Gerechtigkeit widerfahren lassen will, so muß er ihm zugestehen, daß er augenscheinlich eine Menge Literatur nachgesehen und in sich aufgenommen hat. Verarbeitet hat er sie dann freilich geradeso, wie in seiner früheren Schrift „Der atmosphärische Fixpunkt", so daß für den Meteorologen nur wenig Förderliches aus der Sache entspringen wird. *Greim.*

Nissen, Heinr., Italische Landeskunde. 1. Bd.: Land und Leute, 1883; II. Bd.: Die Städte, Berlin 1902, Weidmannsche Buchhandlung.

Das hervorragende Werk „Italische Landeskunde" von Nissen liegt nunmehr vollständig vor. Der erste Band erschien bereits vor 20 Jahren, 1883, und ist unter den Geographen wie Historikern hinreichend bekannt und gewürdigt worden. Es hieße wirklich, Eulen nach

Athen tragen, wollten wir hier noch weiter auf den Inhalt und den Wert dieses Buches eingehen. Es ist längst eine unentbehrliche Quelle für alle die geworden, die sich mit der gegenwärtigen oder mit der vergangenen Landeskunde Italiens beschäftigen. Gerade der anregende, lehrreiche und streng wissenschaftliche Inhalt des ersten Bandes ließ aber mit großer Spannung das Erscheinen des zweiten Bandes entgegensehen. Dieser ist endlich 1902 in zwei Hälften erschienen, die beide dem ersten Bande an Umfang gleichkommen. Es steckt auch in diesem Bande wieder eine gewaltige Fülle historischer und philologischer Forscherarbeit, die auch ihn zu einer unentbehrlichen Hilfsquelle macht.

Während der erste Band Land und Leute behandelt, wendet sich der Verfasser in dem zweiten Bande der Darstellung der Städte zu. Voraus schickt er als Einleitung eine ausführliche Darstellung der allgemeinen Zustände in dem Italien der Römer. Er behandelt der Reihe nach: Größe und Einteilung, die Landgemeinden, die Munizipien, die Kolonien, die Entwicklung der Städte, die Landstraßen, Maß und Münze, die Volkswirtschaft und die Bevölkerung. Sodann geht er auf die einzelnen Landschaften ein, die sich im wesentlichen decken mit den Regionen, in die Augustus das Land teilte. Es wird hier die gesamte Landesnatur geschildert und dann werden eingehend die alten Städte beschrieben. Das ganze Werk trägt auch wesentlich zum Verständnis des heutigen Italien bei, sodaß es mithin auch dem Geographen zur fleißigen Benutzung zu empfehlen ist. *Ule.*

Wolterstorff, Hermann, Aus dem Hochgebirge. Erinnerungen eines Bergsteigers. 212 S. Magdeburg 1902, Selbstverlag. (In Kommission bei Reisland in Leipzig.)

Der Verfasser, Oberlehrer in Magdeburg, beschreibt in dem vorliegenden, reich mit vorzüglichen Bildern ausgestatteten Buche eine Anzahl seiner Bergfahrten aus den Schweizer und Französischen Westalpen, unter denen namentlich die Berge von Zermatt eine liebevoll eingehende Behandlung erfahren. Die Darstellung ist meist tagebuchartig, rein persönlich gehalten, wobei das Essen und Trinken gewissenhaft gebucht wird; doch ist die ältere, auch die wissenschaftliche Literatur reichlich zu Rate gezogen und vielfach angeführt. Etwas trocken wirken die ausführlichen Aussichtsschilderungen und orographischen Erörterungen; im ganzen liest sich das Buch aber angenehm. Auf wissenschaftliche Bedeutung macht es selbst keinen Anspruch. Einige Ungenauigkeiten fallen auf. Die Häuser auf dem Theodulpasse sind nicht die höchste menschliche Wohnung Europas; selbst in den Ostalpen ist die wirtschaftete Erzherzog-Johann-Hütte am Großglockner mit 3465 m höher gelegen. Die Mär von den Sarazenen im Saastal sollte mit Eduard Richter (Zeitschrift des deutschen und österreichischen Alpenvereins 1880) erledigt sein. Das zu S. 24 versprochene Vollbild findet sich S. 172. Lebhaft anzuerkennen ist das Bestreben des Verfassers, neben den Schönheiten der Hochgebirgsnatur auch die Gefahren der Alpen hervorzuheben und Unberufene von Unternehmungen abzuhalten, denen sie nicht gewachsen sind. Beigegeben sind ein ziemlich grob ausgeführtes Uebersichtsblatt über die Berge der Dauphiné und Savoyens im Maßstab 1 : 400000 und die wohltuend dagegen abstechende Umgebungskarte von Zermatt vom Eidgenössischen Topographischen Bureau (im Ueberdruck) 1 : 100000. *W. Schjerning.*

Fridtjof Nansen, Eskimoleben. Aus dem Norwegischen übersetzt von W. Langfeldt. 5.—10. Tausend. VIII, 304 S. Leipzig und Berlin 1903, G. H. Meyer. Geh. 4, geb. 5 M.

Nansen, der erste Durchquerer Grönlands, hat den auf diese Leistung folgenden Winter (1888/89) unter den Eskimo der Westküste zugebracht und ihn dazu verwandt, sich in engster Berührung mit ihnen einzuleben und, so gut es ging, ihre Sprache zu erlernen. Die Frucht dieser Mühen ist das vorliegende Buch, das sich trotz seines nicht unerheblichen Umfangs mit Spannung bis auf die letzte Seite liest und nur in dem Kapitel „Die Religion der Eskimos", wo von ihrem Dämonenglauben mit allen seinen Abarten die Rede ist, einer Kürzung hätte unterliegen dürfen. Andererseits wird dieses Kapitel eins der bedeutsamsten, da hier der Verf. von seinem Gegenstand aus hinausgreift auf die Frage, ob die christliche Heidenmission überhaupt zu verteidigen sei. Über die Eskimos hat sie — selbstverständlich ohne es zu wollen — nach Nansens Unheil gebracht, und für die übrige farbige Welt kommt er zu demselben vernichtenden Urteil. Missionsfreunde werden nicht gern lesen, wie die Glaubensboten das merkwürdige Völkchen sozial zerrüttet, aber es nicht ermöglicht haben, an die Stelle des alten Baues eine bessere gesellschaftliche Neugestaltung zu setzen. Dennoch werden sie diese Frage der ernstesten Prüfung unterziehen müssen. Natürlich sind es nicht die Missionen allein gewesen, sondern überhaupt die dauernde Berührung mit den Weißen, die den „Giftstachel der Zivilisation" hineingetragen haben in das glückliche, weil zufriedene und dem Klima wie den Nahrungsverhältnissen angepaßte Naturleben der Polarleute. Nansen hebt ausdrücklich hervor, daß diese von den Europäern ungewöhnlich gut, durchweg menschenfreundlich behandelt worden sind, aber dennoch ist es so: die farbigen Naturmenschen müssen den Tag an den „dies ater" den Pfad kreuzt. Durch alles, was diese mitgebracht haben: Kaffee, Schnaps, Schießpulver, Gewöhnung an Bedürfnisse und Krankheiten, dann durch Krankheiten — vor allem die Tuberkulose — und nicht zuletzt das Geld haben sie das liebenswürdige, tüchtige Völkchen, das die schwere Frage des Lebens im Polargebiete so glücklich gelöst hatte, in die Gefahr gebracht, der es fortan dieser Aufgabe nicht mehr gewachsen zu sein scheint. Die Westgrönländer haben Schreiben und Lesen gelernt. Freilich lesen sie nun die Bibel, sie lesen aber auch in anderen Büchern, daß es Länder gibt, in denen es sich bequemer und reichlicher leben läßt, und damit ist die Zufriedenheit dahin, soweit sie nicht schon durch das Geld zerstört war.

Nansens trübe Voraussage, daß es mit den grönländischen Eskimo zu Ende geht, ist allerdings nicht unwidersprochen geblieben. Es wird wohl darauf hingewiesen, daß die Volkszahl seit 1861 von 9553 bis 1901 auf 10244 gestiegen sei, während doch 1890 10560 gezählt worden sind. Dieses und das, was Nansen auf S. 289 f. sagt, ergibt nur, daß es sich noch um ein Auf- und Abschwanken handelt. Auch wenn es gesagt wird, daß neuerdings eine Besserung in sanitärer Hinsicht (dadurch geschaffen sei, daß an die Stelle der bei Epidemien verhängnisvollen Massenquartiere kleine Familienwohnungen gesetzt werden, so ist das nicht ohne Mißtrauen zu lesen. Nansens pessimistische Auffassung der Lage sieht nur noch in der Maßregel das Heil, daß die Europäer mitsamt ihrer Habe das Land räumten, das sie doch verlassen müßten, wenn die Eskimos verschwunden sind. Freilich wird ein solcher Exodus nicht stattfinden, wenn schon die Herrnhuter ihre Arbeit aufgegeben haben und abgezogen sind, und selbst wenn es geschähe, könnten die Eskimos doch nicht mehr in der völligen Rückkehr zu ihrem alten Fischerleben das Heil finden, da der Massenmord der Robbe in anderen Meeren dahin führen muß, daß auch in ihrer Polarsee dieses unentbehrliche Jagdtier schwindet.

Oehlmann.

König, Erich, Alpiner Sport. Buchschmuck von Otto Baufisdl. Bibliothek für Sport und Spiel XVIII. 8°, 113 S. Leipzig o. J., Grethlein & Co.

Der Anfänger im alpinen Sport wird in diesem Buche eine Unsumme von guten Ratschlägen finden, wie sie nur der alte Praktiker, der erfahrene und begeisterte Bergsteiger, geben kann. Wer sich nach Königs Vorschlägen für eine Alpentour ausrüstet, wird gut tun und sich manche unangenehme Erfahrung sparen, die der Neuling immer macht, wenn er vielleicht auch später nach eigenem Geschmack einiges ändert. Übrigens wird der erprobte Hochtourist hat ausnahmslos seine eigenen Erfahrungen in Königs Buch bestätigt finden und zugeben, daß ein solcher Ratgeber ihm manchen Fehltritt erspart hätte. Bezüglich der Ubusfolien sind die Ansichten sehr verschieden. Nur wenigen läßt man das Buch, das sich vom Geleisten bis zum Endwort gut liest, aus der Hand. Man wird kaum etwas Einschlägiges vermissen, kaum vergeblich nach Antwort auf die verschiedensten Fragen suchen, mögen sie nun Ausrüstung, Felskletterei, Gebrauch des Seils, Wintertouren, Alpine Vereine oder was es sonst sei, betreffen. Daß natürlich manches nur angedeutet oder kurz erwähnt ist, bedingt die Knappe, aber übersichtliche Fassung. Was den „Buchschmuck" anbetrifft, so wollen wir darüber mit dem Verfasser nicht rechten. Viele Abbildungen veranschaulichen das im Text Beschriebene, andere erinnern unwillkürlich an Oberländer und die „Fliegenden" und das ist doch wohl nicht immer beabsichtigt.

K. Oreck.

Oberschlesische Industriekarte der Kreise Tarnowitz, Beuthen, Zabrze und Kattowitz. 1:100000. Kattowitz, G. Siwinna. 1 M.

Dieser in Lithographie hergestellten „Übersichtskarte der Kreise Tarnowitz, Beuthen, Zabrze und Kattowitz" liegen die betreffenden Sektionen der Generalstabskarte 1:100000 zugrunde. Die Bereichnung der elektrischen Straßenbahnen durch rote Linien würde auch dann allein noch nicht genügt haben, aus der „Übersichtskarte" eine „Industriekarte" zu machen, wenn die jetzt fehlenden Eisenbahnstrecken, Grubenbahnen, sowie die in der Erklärung vorgesehene Kenntlichmachung der Stationsnamen Aufnahme in die Karte gefunden hätten.

C. Schlerrer.

Korn, Arthur, Die Deutschenverfolgung in Ungarn. München 1903, Lehmanns Verlag.

Als ich im vorigen Sommer in Siebenbürgen und im Banat wanderte, ging ein Schrei der Entrüstung durch die Kreise der Deutsch-Ungarn: innerhalb weniger Wochen waren gegen drei Banater Schwaben (Kramer und Krisch) Preßprozesse wegen „Aufreizung gegen die madjarische Nation" geführt worden, welche mit der Verurteilung der Angeklagten zu drakonisch harten Strafen endigten. In vorliegender Broschüre stellt nun Korn, der inzwischen als „pangermanischer Agitator" ausgewiesene Schriftleiter der Groß-Kikindaer Zeitung, die Akten seines Prozesses zusammen und weist durchaus objektiv nach, wie seine Verurteilung jedem Begriff eines modernen Rechtsstaates Hohn spricht. In den anderen Kapiteln werden die sonstigen Zustände des Banats (Presse, Volksschulen, Lenauleier u. s. w.) einer Prüfung unterzogen und überall wird dargetan, in welcher brutal-gewalttätigen Weise das „liberale Ungarn" bezw. der madjarische Chauvinismus zu der Unterdrückung des Deutschtums arbeitet; eine durchaus ungesetzliche Politik, die sie in schroffem Widerspruch zu dem Staatsgrundgesetz über die Nationalitäten vom Jahre 1868 steht und dazu ganz aussichtslos, wenn man bedenkt, daß die Madjaren selbst nur 44,3% der Gesamtbevölkerung bilden. — Die Schrift ist recht dankenswert und wird hoffentlich weiten Kreisen über die beklagenswerten Verfolgungen unserer Volksgenossen in Ungarn die recht notwendige Aufklärung bringen.

Max Georg Schmidt.

Dlesterweg, M., Aus dem Pionierleben während meines 20jährigen Aufenthaltes in Südafrika. 8°, VIII, 227 S. Burg 1903, A. Hopfer. Geh. 3 M.

Infolge des südafrikanischen Krieges schießen die Burenerzählungen üppig ins Kraut. Auf der einen Seite sind es solche, die mit ihrer ungesunden Phantasie nach Art von Karl May den Sinn unserer Jugend verderben, auf der anderen stümperhafte Darstellungen ohne Saft und Kraft, und nur weniger geben eine anschauliche Schilderung, die den Stempel der Wahrheit trägt. Zu den letzteren gehört die vorliegende schlichte und doch lebendige Erzählung von dem wechselvollen Leben eines deutschen Pioniers, der 20 Jahre lang als Jäger und Kaufmann Südafrika durchkreuzte und nach der Schlacht von Elandslaagte die unfreiwillige Muße der Kriegsgefangenschaft benutzt hat, um seine Erlebnisse zu schildern. So ziehen denn die mannigfachsten Bilder an unserem Auge vorüber. Die Tiere und ihre Jagd, die weißen und schwarzen Menschen in ihren verschiedenen Interessen und Bestrebungen, besonders das Leben in Busch und Veld, Landwirtschaft und Handel, schließlich die Zuspitzung der Verhältnisse, der Jameson-Ritt und der Ausbruch des Burenkrieges — alles findet eine schlichte, aber auf scharfer Beobachtung beruhende und klare Schilderung, die sich bemüht, auch den Kaffern und Engländern gegenüber unparteiisch zu sein. Papier und Druck sind gut, die eingestreuten Bilder leidlich. Das Buch kann für unsere heranwachsende Jugend unbedenklich empfohlen werden und bietet auch für Erwachsene eine angenehme Unterhaltung und Belehrung.

Victor Strauts.

Algermissen, Joh. Ludw., Spezialkarte des Reichslandes Elsaß-Lothringen in Maßstabe von 1:200000. Straßburg 1902, Verlag von W. Heinrich. 7. Aufl. 6 M., auf Leinwand, in Etui oder mit Stäben 10,50 M.

Die Karte ist in vier Farben angelegt, Situation schwarz, Gewässer blau, Terrain braun, Grenzen rot. Sie ist in erster Linie politische und Verkehrskarte und als solche sehr brauchbar. Die Grenzen der Bezirke, Kreise und Kantone sind angegeben. Ein- und zweigleisige Bahnen, Chausseen 1. und 2. Klasse und Gemeindewege sind durch besondere Signaturen gekennzeichnet. Dagegen treten die Gebirgs- und Höhenzüge, die in Schummerungsmanier dargestellt sind, nicht gerade scharf hervor.

R. Langrand.

Geographische Literatur.

(Die Titel-Aufnahme in diese Spalte ist unabhängig von der Einsendung der Bücher zur Besprechung.)

a) Allgemeines.

Andree, neuer allgemeiner und österr.-ung. Handatlas. Herausgeg. von A. Scobel. 16.—18. Lief. Wien 1903, Moritz Perles. Je 1 M.

Braaco, W., Zur Spaltenfrage der Vulkane. 22 S. Berlin 1903, Georg Reimer. 1 M.

Causaa, Précis d'hydrologie. Paris 1903, F. R. de Rudeval. 5 frs.

Geognostische Jahreshefte. 15. Jahrg. 1902. Herausgeg. im Auftrage des Kgl. bayer. Staatsministeriums und der geognost. Abt. des Kgl. bayer. Oberbergamtes in München. 286 S., Abb., 5 Taf. München 1903, Piloty & Löhle.

Jahresbericht der geographischen Gesellschaft in München für 1901/02. (Der ganzen Reihe 20. Heft.) Herausgeg. vom 1. Vors. Eug. Oberhummer und 1. Schriftf. J. F. Pompeckj. 124 u. 55 S. 9 Taf., 4 Textbilder. München 1903, Theodor Ackermann. 4 M.

Petlohm, O., Der Pantograph 1603—1903. Vom Urstorchschnabel zur modernen Zeichenmaschine. 20 S. mit Abb. Berlin 1903, Dietrich Reimer. 1 M.

Seekarten der Kaiserl. deutschen Admiralität. Herausgeg. vom Reichs-Marine-Amt. 115. Nördl. Stiller Ozean, Truk-Inseln. 1:200000. 1.30 M. — 144. Gelbes Meer, Ost-asien, Shantung, deutsches Schutzgebiet Klautschou und Hinterland. 1:300000. 1.75 M. — 145. Ostasien, Shantung, deutsches Schutzgebiet Tsingtau und Umgebung. 1:10000. 1.95 M. — 158. Klautschou-Bucht. 1:50000. 2.70 M. — 165. Lüderitz-Land vom Kegelberg bis Albatroß-Felsen. 1:90000. 1.75 M. — 180. West-Karolinen, Palau-Inseln. 1:300000. 80 Pf. — 195. Ost-Karolinen, Insel Ponape. Ronkiti-Hafen, Ponape-Hafen. 1:12500. Berlin 1903, D. Reimer.

Sohr, K., und **H. Berghaus**, Handatlas über alle Teile der Erde. Entw. und unter Mitw. von Otto Herkt herausgeg. von A. Bludau. 9. Aufl. 5. Lief. Ologau 1903, Karl Flemming. 1 M.

Stielers Handatlas. Neue 9. Liefgs.-Ausgabe. 19. und 20. Lief. Vogel: Frankreich, Bl. 1. 1:1500000. Ders.: Frankreich, Bl. 2. 1:1500000. Ders.: Pyrenäische Halb-insel, Bl. 3 und 4. 1:1500000. Gotha 1903, Justus Perthes. Je 60 Pf.

Tachauer, A., Über diejenigen Flächen, auf denen zwei scharen geodätischer Linien ein konjugiertes System bilden. Diss. 68 S. Würzburg 1903, Felix Freudenberger. 2 M.

b) Deutschland.

Düggeli, Max, Pflanzengeographische und wirtschaftliche Monographie des Sihltales bei Einsiedeln, von Roblosen bis Studen (Gebiet des projektierten Sihlsees). Diss. 223 S. Zürich 1903, Zürcher & Farrer. 6.50 M.

Eifel-Führer. Herausgeg. vom Eifel-Verein. 10. Aufl. 259 S. mit K. Trier 1903, H. Stephanus.

Geologische Spezialkarte von Sachsen. 1:25000. Herausgeg. vom Kgl. Finanzministerium. Bearb. unter der Leitung von Herm. Credner. Bl. 120: Fürstenwalde-Graupen von C. Gabert und R. Beck. 107 S., 3 Fig. Leipzig 1903, W. Engelmann. 3 M.

Halter, Eduard, Die Urheimat der Elsässer. Ein ethnographisches Bild. 16 S. Straßburg 1903, Eduard Halter, K. Univers. und Landesbibliothek. 30 Pf.

Lang, Dr. Hans, Die Entwicklung der Bevölkerung in Württemberg und Württembergs Kreisen, Oberamts-bezirken und Städten im Laufe des 19. Jahrhunderts. 247 S. mit Tab. und 5 K. Tübingen 1903, H. Lauppsche Buchhandlung. 9 M.

Meinholds Spezialkarte von Tharandt und Umgebung mit Führer. 1:20000. Dresden 1903, C. C. Meinhold & Söhne. 1.50 M.

Nestler, Bruno, Das Zschopautal. 1. Lage und geologischer Aufbau. 54 S. 1.50 M. — II. Oberflächenformen. 32 S. 1 M. — III. Klima. 36 S. 1 M. — IV. Bewässerung. 15 S. 50 Pf. — V. Das Pflanzenkleid. Im wesentlichen bearbeitet nach O. Drude, Der hercynische Florenbezirk. 32 S. 1 M. Annaberg 1903, Grasersche Buchh. 5 M.

Peip, Chr., Taschenatlas von Berlin und weiterer Umgebung. 16 K., 3 Plan, 2 Spezialk. mit 2 Textbeigaben: 1. Märkische Landschaft. Eine Skizze von Wolfg. Kirchbach; 2. Führer durch die Umgebung Berlins von Paul Lindenberg. Stuttgart 1903, Hobbing & Büchle. 2 M.

Poser und **Groß-Naedlitz**, Die rechtliche Stellung der deutschen Schutzgebiete. 75 S. Breslau 1903, M. & H. Marcus. 2.40 M.

c) Übriges Europa.

Bradley, A. O., Highways and Byways in South Wales. London 1903, Macmillan & Co. 6 sh.

Berloht über die Arbeiten zur Landeskunde der Bukowina während des Jahres 1901/02. 11. und 12. Jahrgang von R. F. Kaindl. 12 S. Czernowitz 1903, Heinrich Pardini. 40 Pf.

Habets, P. und M., le basin houllier du nord de la Belgique. Paris, Ch. Béranger. 6 frs.

Lochner, Ernst, Drahtbahnen. Illustrierter Reisebegleiter durch alle Talschaften. 232 S., 1 K. Chur 1903, Caesar Schmidt. 2.40 M.

Lester-Garland, L. V., Flora of the Island of Jersey. London 1903, West, Newman & Co. 6 sh.

d) Asien.

Mantegassa, V., Macedonia. Mailand 1903, Frat. Treves. 4 l.

Mitteilungen der Gesellschaft für Salzburger Landeskunde. 43. Vereinsjahr 1903, R.: Prof. Dr. Hans Widmann. 1. Heft. 189 S., 3 Taf. Salzburg 1903, H. Nägelshach. 10 M.

Nicolaides, Cleanthes, Die neueste Phase der macedonischen Frage. Eine Kulturaufgabe der Gegenwart im Spiegel der Vergangenheit und Zukunft. 66 S. Berlin 1903, S. Calvary & Co. 1 M.

Schirmeisen, Karl, Systematisches Verzeichnis mährisch-schlesischer Mineralien und ihrer Funde. 8°. 66 S. Brünn 1903, Karl Winiker. 1.20 M.

d) Asien.

Fauna and Flora of the Maldive and Laccadive archi-pelagos. Vol. II, p. 1. 4°. London 1903, C. F. Clay & Sons. 15 sh.

Fitzner, Red., Der gegenwärtige Stand der Meteorologie in Kleinasien. 14 S. Rostock 1903, C. J. E. Volckmann. 50 Pf.

Gulick, S. L., Evolution of the Japanese. London 1903, Revell. 7 sh. 6 d.

Hobbes, J. O., Imperial India. Letters from the East. London 1903, F. Unwin. 2 sh.

Steln, M. A., Sand-buried ruins of Khotan. London 1903, F. Unwin. 21 sh.

Tydeman, S., Hydrographic Results of the Siboja Expedition. 4° mit 24 K. und Pl. und 3 Tiefenk. (Livr. III, Monogr. III des Siboja-Werkes). Leiden 1903, E. J. Brill. 19 M.

e) Afrika.

Beovor, W., With the central column in South Africa from Belmont to Komati Poort. 4°. London 1903, G. Newnes. 2 f 3 sh.

Kampffmeyer, Priv.-Doz. Dr. Geo., Marokko. 114 S., 1 K. (Angew. Geogr. 7.8). Halle 1903, Gebauer-Schwetschke. 2.20 M.

Elsroh, S., Travel Sketches in Egypt and Greece. London 1903, E. Stock. 10 sh. 6 d.

f) Amerika.

Blum, R., Die Entwicklung der Vereinigten Staaten von Nordamerika. Nach den amtlichen Berichten über die Volkszählungen der Vereinigten Staaten vom 1880, 1890 und 1900 und zum Teil zurück bis 1790. 106 S., 30 K., 1 Taf. (Erg. Heft 142 zu Petermanns Mitteilungen). Gotha 1903, Justus Perthes. 8 M.

Burry, B. Pullén, Jamaica as it is. London 1903, F. Unwin. 6 sh.

g) Australien und Südseeinseln.

Charleson, A. O., Gold milling and milling in Western Australia. London 1903, E. & F. N. Spon. 1 f 5 sh.

h) Polarländer.

Drygalski, Erich v., Allgemeiner Bericht über den Verlauf der deutschen Südpolar-Expedition. Mit Vorbemerkungen von Ferd. v. Richthofen und einem Anhang: Bericht über die Arbeiten der Kerguelen-Station von Karl Luyken. 53 S. Berlin 1903, E. S. Mittler & Sohn. 1.20 M.

i) Schulgeographie.

Gaebler, Eduard, Volksschulatlas für Ober-Elsaß. Mit besonderer Berücksichtigung der Heimats- und Vaterlandskunde. 14. Aufl. 20 K. mit Text von Dr. Bruno Stehle; Ober-Elsaß, Elsaß-Lothringen. 9 S. Gebweiler 1903, J. Boltzsche Buchhandlung. 50 Pf.

Hupfer, Ernst, Seminarlehrer, Hilfsbuch der Erdkunde für Lehrerbildungsanstalten. 3. Heft: Die fremden Erdteile. 109 S. Leipzig 1903, Dürrsche Buchhandlung. 1.40 M.

Seydlitz, v., Geographie. Ausgabe B: Kleine Schulgeographie. 372 S. Breslau 1903, Ferd. Hirt. 3 M.

Waren, Prof. Dr., Zonenbilder, gezeichnet von Hugo d'Alsi. 5 Bl.: Aegypten, Grönland, Italien, Kongu, Rußland. Berlin 1903, G. Winckelmann. 16.50 M.

k) Zeitschriften.

Annales de Géographie. Herausg.: P. Vidal de la Blache, L. Gallois et Emm. de Margerie. Paris, Armand Colin. 12e. Année.

Nr. 64. 15. Juillet. De Lagger, Étude de morphologie glaciaire: Le Hasli im Grund. — De Margerie, L'architecture du sol de la France. – Blanchard, Le Val d'Orléans. – Ganckler, La Pluie à Alger. – Dubois, Bas Chari, rive Sud du Tchad et Bahr el Ghazal, avec une introduction de Mr. le lieutenant-colonel G. Destenave. — Girardin, Eaux courantes et tourbillons. — Auerbach, La distribution de la population en Valachie. – Gautier, Lettre sur le Mouydir. – Zimmermann, L'Atlas les Colonies françaises. — Zimmermann, Chronique géographique.

Deutsche Rundschau für Geographie und Statistik. Herausg.: Prof. Dr. Fr. Umlauft; Verlag: A. Hartleben, Wien. 25. Jahrg. 1903.

Heft 10. Lemcke, Heinrich, Eine Studienreise des Vulkans Popocatepetl in Mexiko. — Jüttner, Fortschritte der geographischen Forschungen und Reisen im Jahre 1903, I. Asien. — Reiner, Die Sorben in Deutschland. – Hübner, Forschungsreise am Rio Branco (Forts.).

Heft 1. Sieger, Der 14. deutsche Geographentag. — Jüttner, Fortschritte der geographischen Forschungen und Reisen. — Schoener, Die Shetlands- und Orkney-Inseln. – Frankreichs Stellung in Nordafrika. – Prager, Allgemeines über die Insel Ponapé der Karolinengruppe.

Geographische Zeitschrift. Herausg.: Prof. Dr. Alfred Hettner; Verlag: B. G. Teubner, Leipzig. 9. Jahrg. 1903.

Heft 7. Götz, Züge und Ergebnisse einer historischen Geographie. – Penck, Neue Alpenkarten. 9. Über die Handdarstellung des Hochgebirges (Schluß). — Thorbecke, F., Der 14. deutsche Geographentag in Cöln.

Globus. Illustrierte Zeitschrift für Länder und Völkerkunde. Herausg.: H. Singer; Verlag: Vieweg & Sohn, Braunschweig. Bd. 84.

Nr. 3. Jaeger, Speier am Rhein. – de Mathaeisens Reisen in Tripolitanien I. – ten Kate, Neuere Publikationen von Dr. Robert Lehmann-Nitsche. – Basutoland.

Nr. 4. Andree, Haarinschriften aus Dänemark. – de Mathaeisels' Reisen in Tripolitanien II. – Behrens, Die Ems. – Tetzner, Zur Sprichwörterkunde bei Deutschen und Litauern. – Kranze, Die Vegetationsverhältnisse der Lausgebiete.

Nr. 5. Friedrich, Einige kartographische Aufgaben in der Wirtschaftsgeographie I. – Krebs, Flutschwankungen und die vulkanischen Ereignisse in Mittelamerika. – Die Inderansiedlungen bei Tanga. — Schmidt, Beiträge zur Ethnographie des Gebiets von Potsdamhafen (Deutsch-Neuguinea) I. – Förstemann, Inschriften von Vachhilan. Kleine Nachrichten.

Nr. 6. Friedrich, Einige kartographische Aufgaben in der Wirtschaftsgeographie II. (Schluß). – Tetzner, Lock- und Scheucnirufe bei Litauern und Deutschen. – Dares-Salaam. Ein ostafrikanisches Städtebild. – Seidel, Kamerun im Jahre 1902. — Trinidad und seine Bedeutung. – Wilser, Nachschrift zu dem „Beitrag zur Urgeschichte des Menschen". Entgegnung von Prof. Emil Schmidt.

La Géographie. Bulletin de la Société de Géographie. Herausg.: Huist et Rabot; Verlag: Masson et Cie., Paris. VIII. 1903.

Nr. 1. Squinabol, Une excursion à Capraotta en Molise. – Superville, De l'Oubangui à N'Dellé par la rivière Kosso. – Hardy, Les réserves forestières des États Unis.

Revue de Géographie. Herausg.: Ch. Delagrave. XXVIII. Jahrg. 1903.

August. Brisse, Transsibérien-Transmandchourien. – Fauvel, La main d'œuvre chinoise dans nos colonies. – De Blainville, Les Mois des regions de Long-Ba et du Darlac (Annam). – Barré, Cuba, hier et aujourdhui. – Lavergne, Le port de Bordeaux et sa situation économique. – G. Regelsperger, Mouvement géographique.

Rivista Geografica Italiana e Bolletino della Società di Studi Geografici e Coloniali in Firenze. IX, Fasc. X. 1903.

VI. u. VII. Bertacchi, Della Storia della Geografia con speciale riferimento alla Geografia matematica. —

Geographischer Anzeiger

herausgegeben von

Dr. Hermann Haack   und   Oberlehrer Heinrich Fischer
Gotha, Friedrichsallee 3.   Berlin SW. 47, Belle-Alliancestr. 69.

| Vierter Jahrgang. | Diese Zeitschrift wird sämtlichen höhern Schulen (Gymnasien, Realgymnasien, Oberrealschulen, Progymnasien, Realschulen, Handelsschulen, Seminarien und höhern Mädchenschulen) kostenfrei zugesandt. — Durch den Buchhandel oder die Post bezogen beträgt der Preis für den Jahrgang 2.60 Mk. — Aufsätze werden mit 4 Mk., kleinere Mitteilungen und Besprechungen mit 6 Mk. für die Seite vergütet. — Anzeigen: Die durchlaufende Petitzeile (oder deren Raum) 1 Mk., die dreigespaltene Petitzeile (oder deren Raum) 40 Pfg. | Oktober 1903. |

Unendlichkeitsfragen aus der mathematischen Erdkunde.
Von Dr. Kurt Geißler-Charlottenburg.

Die mathematische Erdkunde kann die Unendlichkeit nicht ganz ausschließen. Vielleicht würde es mancher für einen Vorteil halten, wenn dies möglich wäre. Das Unendliche erscheint vielen derartig mit Rätseln umhüllt, daß es keinen passenden Gegenstand für den Unterricht abzugeben scheint. Es ist allerdings auch für solche zu untersuchen, ob der Lehrer sich von dem Rätselhaften ganz fern halten soll. Der Schüler gibt sich demselben gern hin, sei es auch nur in seinen Phantasien, und der Lehrer wird danach streben, den Neigungen des lernenden Geistes recht nahe zu kommen, um ihm recht verständlich zu werden. Doch soll uns diese Frage hier nicht beschäftigen. Sehen wir zunächst zu, inwiefern das Unendliche in unserem Gegenstande auftritt, und dann, ob wir dafür eine Auffassung gewinnen können, die klar genug ist und für den Gegenstand im ganzen Vorteile verspricht!

Der Blick ist in der mathematischen Erdkunde sogleich auf das Ferne, Große, Weite gerichtet. Zwar der Horizont als Begrenzung zwischen Himmel und Erde ist nicht so sehr fern; aber wir erkennen bald, daß dieser natürliche Horizont durch einen anderen ersetzt werden muß. Der natürliche liegt bald niedriger, bald höher, je nachdem wir uns auf dem Berge oder im Tale befinden, er ist häufig gar nicht kreisartig, sondern durch begrenzende Hügel u. dergl. unregelmäßig. Er kann nicht dazu dienen, die Höhe von Gestirnen am Himmel festzustellen, und diese Höhe müssen wir doch feststellen, wenn wir auch nur eine einzige Himmelsrichtung, die Nordsüdlinie, finden wollen; denn wir müssen hierzu feststellen, wann ein Gestirn kulminiert, d. h. seinen höchsten Punkt am Himmel erreicht. Oder wenn wir zu größerer Genauigkeit nicht die Südrichtung selbst, sondern erst zwei Richtungen bestimmen wollen, die um gleichen Winkel von ihr abweichen, so müssen wir ebenfalls gleiche Höhe des betreffenden Gestirns, z. B. der Sonne vormittags und nachmittags, aufsuchen. Auch bedürfen wir der Horizontalebene, und diese kann nicht durch den natürlichen Horizont umgrenzt werden, weil die natürliche Erdoberfläche sich alsbald als gekrümmt erweist.

Also wir gelangen zur Vorstellung des astronomischen Horizonts. So leicht es ist, eine horizontale Gerade ungefähr festzustellen, nämlich durch die Verbindung der Wasseroberflächen in einer U-förmig gekrümmten Glasröhre (Wasserwage), so schwer ist es doch, zu sagen, wo eigentlich die Kreislinie liegt, nach der alle Horizontalen hinweisen. Der Schüler vermutet sofort, daß sie im Unendlichen liege, also ein unendlich großer Kreis sei, der um den Sehmittelpunkt herum geht und zwar in der Ebene der Wasserwage oder in der an das Meer gelegten Tangentialebene.

Es ist nun erstlich keine leichte Sache, zu sagen, was eine Tangentialebene oder auch nur eine Tangente sei. Die Mathematiker haben mit gutem Rechte Anstand daran genommen, zu sagen, die Tangente oder Tangentialebene habe nur einen Punkt mit dem berührten Gebilde gemeinsam. Ganz besonders auffällig ist dies in der mathematischen Erdkunde. Kann man wohl die Gegend, in der wir stehen, einen Punkt nennen? Und doch merken wir ganz wohl, daß sich an eine bei uns ruhende Wasseroberfläche eine Ebene anschmiegt und sich nicht sofort von ihr entfernt, nachdem sie einen Punkt mit der Wasseroberfläche gemeinsam hatte. Man ist eher geneigt, von einer Stelle der Berührung zu reden. Wie groß ist diese Stelle, wenn die Erdoberfläche gleichmäßig gekrümmt sein soll? Einfacher: was hat die Kreistangente mit einem Kreise gemeinsam? Der Schüler hat in der Mathematikstunde gelernt, daß man wohl Sekanten ziehen kann, welche den Kreis in zwei Punkten schneiden und eine Sehne liefern. Man kann Sekanten so legen, daß die Sehnen sehr klein werden; es gibt auch Gerade, welche den Kreis überhaupt nicht schneiden, zwischen beiden Arten scheint es Gerade zu geben, die weder die eine noch die andere Eigenschaft haben, sondern berühren. Es erscheint nur wie ein Ausweg, wenn der Mathematiker sagt, die Sehne würde „immer" kleiner. Jeder Schüler fragt: wie klein wird sie denn? Wenn die Schneidende überhaupt noch eine Sehne bildet, so ist es doch keine Tangente, sondern eine Sekante. Nach neueren Untersuchungen über das Unendliche (vgl. „Die Grundsätze und das Wesen des Unendlichen in der Mathematik und Philosophie", B. G. Teubner 1902) hat der Schüler recht mit derartigen Einwänden; die Tangente muß etwas ganz Besonderes sein, und alle früheren Versuche, sie zu definieren, scheinen zu scheitern. Sie hat nicht bloß einen Punkt gemeinsam — diese Erklärung reicht z. B. bei einer Spirale nicht aus, denn die Tangente der Spirale hat mehrere Punkte mit der Kurve, wenn auch an getrennt liegenden Stellen, gemeinsam. Es genügt auch nicht, zu sagen, sie habe einen Punkt mit der Kurve gemeinsam und besitze außerdem eine bestimmte Richtung; denn wodurch soll diese tangentiale Richtung bestimmt sein? Durch mindestens zwei Punkte; und woher nehmen wir den zweiten?

Es hängt diese Frage innig mit der anderen zusammen, wie ein sehr kleiner Teil eines großen Kreises, z. B. ein kleiner Teil eines Erdmeridians, denn eigentlich beschaffen sei. In einem sehr kleinen Bereiche erscheint uns das Krumme wie das Gerade. In der Tat bedurfte es mancher Beobachtungen und Schlüsse, um zu erfahren, daß die Erdoberfläche nicht eben, sondern kugelig gekrümmt ist. Nicht von früh ab haben die Menschen die richtige Ansicht darüber gehabt, und zwar, weil eine irdische Ebene oder eine beschränkte Gegend des Meeres nahezu wie eine Ebene erscheint. Selbstverständlicherweise würde diese Täuschung nicht möglich sein, wenn die Erde eine viel kleinere Kugel wäre. Gerade die ungeheure Größe der Erdkugel macht diese Vorstellungen auch für den Unterricht schwierig. Man möchte nun fast schließen, daß eine sehr kleine Stelle einer Kugeloberfläche oder einer Kreislinie eben oder gerade wäre. Zeichnet man einen Kreis und schneidet eine möglichst kleine Stelle aus dem

Umfange heraus, so erscheint sie allerdings nicht mehr recht krumm, sondern nahezu flach, gerade. Aber wir wissen, daß bei genauerer Betrachtung doch noch die Krümmung zu bemerken ist. Gleichwohl bleibt es sehr eigentümlich und liegt im Wesen der Krümmung, daß die im großen bemerkbare im kleinen immer unbemerkbarer wird. Sollte dies mit der Auffassung der Tangente zusammenhängen?

Ein Philosoph und Mathematiker ersten Ranges, Leibniz, hat bereits gelehrt, daß der unendlich kleine Teil eines endlichen Kreises gerade sei, daß also der Kreis dasselbe sei, wie ein regelmäßiges Vieleck, wenn man die Anzahl seiner Seiten unendlich nimmt. Es wird zwar auch heute noch in der Mathematik der krumme Umfang eines Kreises nur angenähert berechnet, d. h. es wird in Wahrheit gar nicht dieser Umfang bei der Rektifikation ausgedrückt, sondern immer nur der Umfang irgend eines einbeschriebenen Vielecks. Da man unendlich viele Seiten nicht in endlicher Zeit berechnen kann, so kommt man niemals zum Unendlicheck. Es läßt sich darum nicht widerlegen, daß der Kreis ein unendliches Vieleck sei. Aber trotzdem betrachten die Mathematiker den Kreis selbst heute doch gewöhnlich nicht genau als ein solches Vieleck, stimmen also Leibniz nicht völlig bei. Man wüßte auch nicht, warum es nicht möglich sein sollte, sich zu einem unendlich kleinen Bogen noch eine zugehörige Sehne vorzustellen, welche dann noch um unendlich wenig von dem Bogen verschieden wäre. Gleichwohl bleibt der wunderbare Gegensatz des Unendlichen und Endlichen bestehen. In neueren Untersuchungen habe ich wie überhaupt die Größen, so auch die Größen der Sehnen und Bogen relativ aufgefaßt, so daß man sagen dürfte: Für die Betrachtung gewisser Größen z. B. für das Endliche, welches unsere Sinne wahrnehmen können oder welches wir uns wenigstens noch als sinnlich wahrnehmbar vorstellen können, ist ein Unendlichkleines, ein Nichts, Null. Es ist dies ein Grundsatz, den man annehmen und jedenfalls nicht widerlegen kann. Danach ist allerdings der Unterschied zwischen einer unendlich kleinen Sehne und ihrem Bogen „für die endliche Betrachtung" Null; d. h. für das Endliche (die Weitenbehaftung des Sinnlichvorstellbaren) fallen beide zusammen. Die Tangente berührt also einen Kreis nicht in einem Punkte, sondern in einer unendlich kleinen Geraden, falls der Kreis selbst von sinnlich vorstellbarer Größe ist, einen unendlich großen Kreis aber in einer endlichen Geraden, falls man doch von unendlich kleinen Unterschieden absieht. Danach ist überhaupt die Definition einer Geraden etwas anders zu fassen als bisher (vgl. Jahresberichte der Deutschen Mathematikervereinigung 1903, Heft 5: Die geometrischen Grundvorstellungen und Grundsätze und ihr Zusammenhang). Man spricht nicht schlechthin von dem kürzesten Wege zwischen zwei Punkten als einer Geraden, sondern nimmt Rücksicht darauf, um wieviel man den Weg etwa noch verkürzen will. Wenn zwei Punkte endliche Entfernung haben, so gibt es unzählige für das Endliche kürzeste Verbindungen, welche sich untereinander nur um unendlich wenig unterscheiden; für das Endliche fallen sie alle zusammen zu einer einzigen endlichen Geraden, für niedere Weitenbehaftungen aber kommen ihre Unterschiede in Betracht. So fällt ein unendlich kleiner Kreisbogen eines endlichen Kreises mit der zwischen denselben Punkten liegenden Sehne zusammen, und das endliche Stück eines unendlichen Kreises ist für das Endliche eine gerade Entfernung. Auch in der mathematischen Erdkunde werden wir sagen, berühre eine Tangentialebene die Erde nicht in einem Punkte, sondern in einer Stelle, welche wohl noch eine, wenn auch verhältnismäßig verschwindende Ausdehnung hat. Ein Punkt ist grenzenlos klein, während eine Berührungsstelle zwar keine bestimmten Grenzen zu haben braucht, aber doch begrenzt werden kann, so daß man sagen kann, es gebe auf einer unendlichen Kugel begrenzbare

Bezirke, in denen eine Ebene die Kugel berührt. Gibt man die Vorstellung der Begrenzung auf, so ist eine solche Stelle der Berührung so gut wie ein Punkt, falls dieser grenzenlos klein ist.

Wir werden sehen, daß dies in der mathematischen Erdkunde wichtig ist. Der astronomische Horizont soll nur vorgestellt werden als Halbierungskreis einer ungeheuren Kugel, der Himmelskugel, welche wir uns um den Sehmittelpunkt herumgelegt denken. Wie weit die Punkte dieses Horizonts von uns entfernt sind, das ist nicht ganz beliebig. Jedenfalls müssen sie sehr weit entfernt sein, viel weiter wie Punkte der Erde. Man pflegt zu sagen, er solle am Himmel liegen, weiß aber dann nicht, wie weit dieser Himmel ist. Der Himmel hat nur Sinn dadurch, daß die Sterne an ihm stehen. Nun wissen wir aber, daß die Sterne sehr verschiedene Entfernung von der Erde haben. Soll also die Himmelskugel zunächst einmal dazu dienen, daß die irdischen Entfernungen daneben verschwinden, so müssen wir uns die Himmelskugel wirklich unendlich weit entfernt vorstellen. Unendlich weit bedeutet dann so groß, daß neben dieser Entfernung die irdischen Abmessungen Nichts, Null sind. Nach der relativen Auffassung der Größen mittels der Weitenbehaftungen ist gegenüber einer unendlichen Himmelskugel der Radius der Erde derart ein Nichts, daß es einerlei ist, ob wir den Mittelpunkt jener Himmelskugel im Mittelpunkt der Erde oder irgendwo auf der Oberfläche der Erde annehmen. Wirklich ist man in der mathematischen Erdkunde hierzu genötigt. Denn zunächst wird der Sehmittelpunkt als Mitte der Himmelskugel angenommen, die Horizontalebene ist seine Tangentialebene an die Erde im dem Orte des betreffenden Beobachters. Für nahe Gestirne, z. B. den Mond, ist es bekanntlich aber nicht einerlei, ob wir seine Höhe am Himmel auf den astronomischen Horizont oder auf einen parallelen beziehen, den wir uns durch den Erdmittelpunkt gelegt denken. Man muß also für die Ortsangaben wohl unterscheiden zwischen dem scheinbaren und dem wahren astronomischen Horizont. Für weit entfernte Sterne aber bringt, wie man sagt, der Abstand des Erdradius zwischen den genannten Horizontalebenen nichts, es ist also einerlei, ob wir die Horizontalebene durch den Sehmittelpunkt eines beobachtenden Auges auf der Erdoberfläche oder parallel dazu durch den Erdmittelpunkt legen. So wird es heute jedem Schüler gelehrt. Jeder Schüler erkennt aber, daß es eigentlich doch nicht ganz einerlei ist, wenigstens dann nicht, wenn der Himmel ebenso wie die Erde endliche Ausdehnungen hat. Also müßte eigentlich gesagt werden, die Genauigkeit unserer Messungsmethoden reichten nicht aus, um Unterschiede wie den Erdradius bei den ungeheuren Entfernungen der Gestirne noch mitberechnen zu können. Oder aber man müßte sich die Himmelskugel als wirklich unendlich oder übersinnlich vorstellbar vorstellen, was dem Geiste wohl möglich ist. Das bedeutet dann nach den Grundsätzen des Unendlichen, daß relativ dafür der Erdradius Null ist, man also gar keinen Fehler begeht, wenn man für die Weitenbehaftungen des Unendlichen nach Belieben den Erdmittelpunkt oder einen Beobachtungsort der Oberfläche annimmt. Ist der Punkt das Grenzenloskleine, so ist der Mittelpunkt einer unendlich großen Kugel etwas in Beziehung auf das Unendliche Grenzenloskleines, die gesamte Erde ist aber für das Unendliche klein von niederer Weitenbehaftung. Man müßte nun freilich auch die Vorstellung der Begrenzung aufgeben und sie als grenzenlos klein fassen. Und in der Tat ist jene Vertauschung des scheinbaren und wahren Horizonts, wenn man dabei den Abstand gleich dem Erdradius nicht mitberücksichtigt, ihn aufgibt und damit die Erdbegrenzung aufgibt — natürlich immer nur für diesen bestimmten Zweck, für diese unendliche Weitenbehaftung. An einer unendlich großen Kugel kann man ebensogut wie in einem unendlich großen Kreise Winkel jeder endlichen Gradanzahl ausmessen, also die Stellung der Gestirne daran nach Höhe und Azimut feststellen, von welchem Orte der Erde aus man will, ebenso die Deklination.

Erfährt man später, daß die Fixsterne eine Entfernung haben, die man doch ausdrücken kann, sei es auch durch Lichtjahre, so hat man damit freilich ihre unendliche Entfernung aufgegeben. Denn was man überhaupt durch bestimmte Zahlen und Vielfaches von 40000 Meilen ausdrücken kann, das ist nicht mehr unendlich, sondern gehört zu den endlichen, wenn auch sehr großen Entfernungen. Alles, was wir überhaupt sinnlich wahrnehmen können und auf dessen Größen wir durch sinnliche Wahrnehmungen und sich daran anknüpfende sinnliche Vorstellungen schließen, gehört zur endlichen Welt; unsere Naturwissenschaft beschäftigt sich mit dieser, also auch die mathematische Erdkunde. Aber in der Mathematik wie überhaupt in den räumlichen Vorstellungen ist das Unendliche, sowohl das Große wie das Kleine verschiedener Ordnungen nicht vermeidbar. Vieles wie die Tangente können wir durchaus auch im Endlichen nicht entbehren und erklären es genau doch nur durch das Unendliche. Das Endliche weist unaufhörlich auf Unendliches hin und ist ohne das nur mangelhaft erklärbar. Auch jeder junge Geist hat das unzweifelhafte Bedürfnis, das Unendliche mit in den Kreis seines Wissens hineinzuziehen. Er spricht von selbst davon, kommt von selbst darauf, und schweigt nur davon, wenn er beim Lehrer kein Eingehen auf seine Neigungen findet.

Die Fixsterne haben sehr verschiedene endliche Entfernungen von uns. Wir müßten also eigentlich, wenn wir sagen wollten, ein Stern stehe am Himmel, ganz verschieden große Himmelskugeln annehmen. Natürlich wird man gerne bei einer einzigen solchen Kugel zwecks der astronomischen Winkel- und Stellungsbeschreibung bleiben. Und da ein Himmel, wie wir sahen, an dem etwa der Mond mit seiner Entfernung von 50000 Meilen steht, für die übrigen zu klein ist, so wird man einen möglichst großen, am besten einen unendlich großen Himmel wählen. Derselbe ist für die Zwecke, denen er dienen soll, am geeignetsten.

Schon im Anfang des Unterrichts in mathematischer Erdkunde interessiert es die Schüler sehr, wenn man davon spricht, daß eigentlich jedes Auge einen Himmel für sich hat. Denn wenn der Sehmittelpunkt in einem beobachtenden Auge liegen soll und man von da aus, wie es ein vernünftiger Unterricht tut, die Welt beschreiben will, so gibt es ebensoviele Sehmittelpunkte und also ebensoviele Welten, die sich um diese Punkte herum ausdehnen. Nach dem Gesagten ist es den Kindern leicht verständlich, daß es nicht den geringsten Fehler in sich schließt, für eine unendlich große Welt alle diese Sehmittelpunkte als einen einzigen anzunehmen.

Man kann es auch beim Fortgang des mathematischen erdkundlichen Unterrichts, der naturgemäß immer mehr astronomisch wird, nicht vermeiden, von den Einrichtungen der ungeheuren Sternenwelt und der früheren Ansichten der Menschheit darüber zu sprechen. Man muß gelegentlich des Unterschieds des Ptolemäischen und Kopernikanischen Systems von der Beharrung sprechen, von Ruhe und Bewegung, und nirgends so gut wie hier wird dem Schüler klar, daß die Ruhe wie auch die Bewegung relative Begriffe sind. Er erfährt von den gewaltigen Streitigkeiten, welche die Ansicht hervorbrachte, die Erde stehe nicht still, sondern laufe um die Sonne und rotiere, und von den Beweisen, die später geglückt seien, um dem Kopernikus recht zu geben. Während es in der Physik durch sinnliche Beispiele leichter erschien, anzugeben, was Ruhe ist, erscheint hier plötzlich die Vorstellung einer Ruhe völlig unmöglich. Der Körper, welcher in der Stube ruht, bewegt sich samt der Stube mit ungemein großer Geschwindigkeit erstens um die Erdaxe und zweitens um die Sonne. Und nicht genug damit, er erfährt auch noch, daß

die Sonne mitsamt den Planeten im Weltenraume vorwärts eilt und auf die Gegend eines Gestirns loszusteuern scheint. „Was steht denn nun eigentlich still?" fragt er sich, und findet keine Antwort. Und doch müßte irgend etwas stille stehen, meint er, wenn ihm der Satz der Beharrung recht klar werden sollte. In diesem wird gesagt, daß alles, was einmal in Ruhe ist, das Bestreben hat, in dieser Ruhe zu verbleiben, und was sich einmal bewegt, diese Bewegung, aber geradlinig mit derselben Geschwindigkeit fortsetzen will. Ein gründlicher Lehrer sagt ihm wohl, daß dies eigentlich nur eine Feststellung von dem sei, was man Kraft nennt. Nämlich, wenn die Beharrung nicht stattfindet, dann nehmen wir als Grund für diese Störung der Beharrung eine Kraft an und definieren so die Kraft aus der Abweichung von der Beharrung. Man sollte auch dem Schüler nicht ganz verschweigen, daß es logisch nicht unsinnig wäre, sich auch in dem geradlinig forteilenden Sterne, welcher also beharrt, eine Kraft vorzustellen, die dafür sorgt, daß diese Bewegung fortwährend da ist. Aber er wird bald einsehen, wie bequem es ist, die Kraft immer nur nach der Veränderung der Geschwindigkeit, nach der Abweichung von der Geraden (also der Krümmung zum Beispiel bei der Kreisbewegung) zu messen. Er sieht ein, daß diese Methode uns jedenfalls Rechenschaft darüber gibt, ob irgendwo eine so benannte Kraft auftritt oder zu verschwinden scheint, und daß man so imstande ist, in irgend einem System, z. B. dem der Sonne mit den bekannten Planeten, eine gewisse Summe von Kraft anzunehmen. Daß wir hiermit nicht bis in die Tiefen aller möglichen Erklärungen gelangt sind, das sollte der Lehrer dem Schüler getrost zugeben und es offen lassen, wie wir etwa weiter gelangen könnten. Gerade dadurch, daß der Schüler über das Endliche, die Abmessung desselben nachsinnt, wird ihm klar, welchen Wert die exakte Wissenschaft hat, zugleich aber auch, daß sie vernünftig handelt, wenn sie sich hütet abzugrenzen und nicht etwa zu behaupten, daß sie alle Rätsel der Welt auf ihren Wegen lösen könne. In der Beschränkung zeigt sich der Meister, erst durch Beschränkung, durch klare Definition und vernünftige, bescheidene Deutung der Methoden erreicht man die wertvolle Sicherheit.

Dem jugendlichen Geiste kann nimmermehr verwehrt werden, über das Unendliche nachzusinnen. Das tut er ganz besonders im Anschluß an die Astronomie. Können wir Erwachsenen leugnen, daß uns beim Anblick des Sternenhimmels die Idee des Unendlichen immer wieder auftaucht, wenn wir auch sehr wohl wissen, daß alle diese wahrgenommenen Sterne nicht wahrhaft unendlich weit stehen werden? Die wirklich wahrnehmbare Welt ist nicht alles, was es gibt. Das Sein ist ein viel weiter gehender Begriff. Das fühlt jedes Kind bereits sehr lebhaft, oft lebhafter als der Erwachsene und Ausgebildete. Das Sein eines Gedankens ist etwas Anderes als das Sein des Gehirns, mag auch beides in gewisser Weise unzweifelhaft zusammenhängen. Das Sein des Unendlichen ist ein anderes als das Sein des Sinnlichvorstellbaren. Was nützt es im Unterricht mit irgend welchen Mitteln das zu verhindern, wonach der jugendliche Geist drängt? Ist die Welt unendlich? Die Welt, welche wir mit den Sinnen wahrnehmen und soweit wir sie wahrnehmen, wie wir sie wahrnehmen, ist nicht unendlich. Es ist etwas wesentlich anderes, wenn wir etwas Unendliches, etwas Ewiges annehmen. Wann geht die Erde, wann das Sonnensystem zugrunde? Welches Kind fragt nicht danach? Es ist nicht zu hoch für den jungen Geist schon auf die wesentlichen Unterschiede zwischen dem Sinnlichvorstellbaren und dem Übersinnlichen aufmerksam zu werden. Wenn er merkt, daß es eine verkehrte Fragestellung ist, das, was wir in sinnlicher Form kennen lernen, nun auch trotz und in dieser sinnlichen Form als unendlich und ewig aufgeklärt wissen zu wollen, so wird er merken, daß das Ausbleiben der Antwort zum Teil mit auf die Verkehrtheit dieser Frage zu schieben ist, und wird sich bemühen, besser zu trennen in Denken und Fragen. — Ein mathematisches Problem, das seit Jahrtausenden die denkenden Köpfe beschäftigt, zahlreiche Abhandlungen und eine Reihe von besonderen Büchern hervorgerufen hat, ist das Problem der Parallelen. Noch in der Gegenwart beeinflußt es vielfach die Arbeit der höheren Mathematiker wie der Pädagogen. Ich werde zeigen, daß es auch in der mathematischen Erdkunde eine Rolle spielt.

Sogleich im Anfang dieses Unterrichts lernt der Schüler kennen, daß mit der Erhöhung des Standpunktes sich auch der Gesichtskreis erweitert. Diese Tatsache war für die alten Völker wohl der Anlaß, daß sie sich die Welt wie eine flache Schüssel vorstellten, die sehr groß ist. Im heutigen Unterricht nimmt der Nachweis der Erdkrümmung oder kugelähnlichen Gestalt der Erde einen ziemlichen Raum ein. Man spricht davon, daß an freier Stelle der natürliche Horizont kreisartig erscheint, sich dieser Kreis aber erweitert mit dem Hinaufsteigen. Man pflegt zu schließen, die Erde sei also eine Kugel. Sehr nahe liegt der entgegengesetzte Gedanke, er kann kaum abgewiesen werden, denn erst durch das Gegenteil gewinnt der Beweis an Überzeugungskraft. Wie wenn die Erde nicht gekrümmt wäre, sondern eine Ebene? Wie müßte sie uns erscheinen, wenn wir immer höher stiegen? Es ist bekannt, daß, je höher wir steigen, sich scheinbar um so mehr die entfernten Gegenstände erheben. Bei einer Eisenbahnfahrt auf den Rigi habe ich z. B. sehr deutlich den Eindruck gehabt, daß plötzlich der Wagen, auf dem ich saß und über dessen Rand hinweg ich in die ferne Natur blickte, nicht mehr emporstieg, sondern sich senkte. Es erscheinen nämlich immer mehr Berggipfel in der Ferne, die vorher nicht sichtbar waren, sie steigen gewissermaßen über die näheren, vorher sichtbaren hinauf, weil man selbst über sie hinwegblicken kann. So erscheint die Welt immer mehr wie eine Glocke, deren Ränder, hier mit Bergen geschmückt, sich immer mehr emporheben. Wenn nun die Erde eine Ebene wäre, die niemals aufhörte, wie würde ich sie sehen, sobald ich aus einer beschränkten Umgebung, etwa einer durch Hügel umgrenzten, emporstiege? Würde ich nicht, je weiter ich in die Ferne blickte, um so höher hinauf blicken müssen? Es ist gewiß, daß der Winkel zwischen der durch mein Auge nach unten gehenden Vertikalen und der Sehlinie zu einem fernen Gegenstand hin immer größer wird, je ferner der Gegenstand auf der Ebene steht. Aber das Zunehmen dieses Winkels ist nicht gleichmäßig dasselbe. Entfernt sich jemand, auf den ich von einem erhöhten Standort hinabblicke und der nicht sehr fern von mir ist, um einige Meter, so bringt dies schon bemerkbar viel für die Vergrößerung des genannten Winkels. Befindet sich diese Person aber sehr weit, so vermag ein weiteres Entfernen wieder um einige Meter den Winkel nur um äußerst wenig zu vergrößern; kurz die Vergrößerung findet zwar immer ohne Ende weiter statt, aber in immer geringerem Maßstabe. Wollte man den Winkel beliebig vergrößern, so würde man bald nicht mehr zur Erde hinab, sondern zum Himmel empor blicken.

Unter welchem Winkel zur Vertikalen muß man nun schauen, um ganz außerordentlich ferne Punkte einer solchen unendlichen Ebene anzubauen? Auch der Schüler wird mit Hilfe einer Zeichnung bald erkennen, daß dieser Winkel nahezu ein rechter wird oder daß die Sehlinie nach den fernen Gegenstand der Ebene nahezu parallel zur Ebene selbst verläuft. Nicht wirklich parallel. Parallel heißt eine derartige Gerade, welche die Ebene beliebig verlängert überhaupt nicht schneidet. Da sind wir wieder bei den Schwierigkeiten des Unendlichen angelangt. Was heißt überhaupt nicht? Die Mathematiker haben, um die wirklich unangenehme Wort des „Überhaupt-nicht-schneidens", diesen unangenehmen Ausnahmefall zu vermeiden, das Wort gebraucht, die

Parallele schneide im Unendlichen. Man fragt unwillkürlich, auf welcher Seite im Unendlichen, da man eine Gerade nach beiden Seiten hin vom Anfangspunkt aus verlängern kann, und findet keine bestimmte Antwort. Nach der Lehre von den Weitenbehaftungen beschränkt man den Begriff der Parallelen immer auf gewisse Weitengebiete, z. B. auf das Endliche. Eine endliche Parallel ist eine solche Gerade, welche eine andere oder eine Ebene im Endlichen oder Sinnlichvorstellbaren, z. B. in der ganzen sinnlichvorstellbaren Welt nicht schneidet. Eine unendliche Gerade, gelegt durch den Sehmittelpunkt, der sich in endlichem Abstand über der Horizontalebene befindet, möge bis zu einem unendlich entfernten Punkte dieser unendlichen Ebene laufen; dann ist jedes endliche Stück derselben wirklich parallel zur Ebene, schneidet dieselbe im Endlichen, auch bei beliebiger, aber endlicher Verlängerung nicht, hat überall einen Abstand von der Ebene, welcher bis auf unendlich wenig derselbe, also für endliche Größe wirklich derselbe bleibt.

Es läßt sich von hier ein interessanter Ausblick auf ein altes, vielumstrittenes Axiom der Geometrie machen, das Axiom der einzigen Parallelen durch einen Punkt zu einer Geraden. Bekanntlich gilt dieses Axiom nach den Ansichten der Mathematiker bis in die neueste Zeit hinein für die Raumvorstellung, welche wir tatsächlich besitzen sollen, also für die uns bekannte Raumwelt, für die Betrachtungen unserer Astronomie und unserer mathematischen Erdkunde. Man hat oft versucht, es zu beweisen, und glaubt, endlich den Grund der Unbeweisbarkeit darin gefunden zu haben, daß dies Axiom nicht denknotwendig sei, daß man eine oder mehrere richtige Geometrien entwickeln könne unter der Annahme, es gebe mehrere oder gar keine Parallele zu einer Geraden durch einen Punkt. Diese nichteuklidischen Geometrien haben natürlich keine unmittelbare Anwendung auf die Natur, obwohl allgemeine mechanische Betrachtungen, welche über die Mechanik unseres Raumes mit dem Axiom hinausgehen, Vorteile für das Verständnis und die gründliche Beschreibung der Natur durch Mathematik bieten sollen.

Wenn wir die Ansicht weiter verfolgen, nach der es eine Schaar von unendlichen Geraden gibt, die unter lauter unendlich kleine Winkel bilden, und eine feste Gerade erst im Unendlichen schneiden, man nach doch alle diese Geraden für das Endliche Parallele sind und für das Endliche dann allerdings nur die einzige Parallele repräsentieren, so gilt auch für den uns bekannten Raum der Satz, daß bei Berücksichtigung bestimmter Weitenbehaftungen mehrere Parallele durch einen Punkt zu einer Geraden vorstellbar sind. Und dann ordnet sich das oben über die unendliche Ebene Gesagte ohne Widerspruch ein in die Vorstellung der im Endlichen verlaufenden Welt, bei der das Axiom der einzigen Parallelen gültig ist.

Die Erdkunde ist gewiß eine sehr reale Wissenschaft, beschäftigt sich mit Dingen der sinnlich wahrnehmbaren Welt, aber trotzdem verlangt ein genaues Verständnis derselben, namentlich bei den Fragen der mathematischen Erdkunde, nicht selten den Ausblick auf das Unendliche und lehrt dadurch erst recht die Bedeutung der greifbaren und sichtbaren Welt kennen.

Geographische u. verwandte Vorlesungen an den Hochschulen Deutschlands, Deutsch-Österreichs u. der Schweiz.

(Winter-Semester 1903/1904.)

I. Deutschland.

a) Universitäten.

Berlin. v. Richthofen: Allgemeine Geographie 4; Colloquium 2. Uebungen; kartographische Uebungen 2; Gebrauch nautischer und ozeanologischer Instrumente im Institut für Meereskunde. — Sieglin

Aviens Ora Maritima 2; Seminar für historische Geographie 2. — Kretschmer: Geographie des russischen Reiches 2. — v. Luschan: Allgemeine physische Anthropologie 2; Völkerkunde von Ostafrika 2; anthropologisches Colloquium 2; Uebungen 4; Arbeiten täglich; ethnographische Uebungen täglich. — Seler: Mexikanische Altertumskunde 2; Geschichte und Kultur der Mayastämme 2; mexikanische Texte 2. — Ehrenreich: Spezielle Ethnographie von Südamerika 2; Urformen und Entwicklung des menschlichen Kulturbesitzes 2. — v. d. Steinen: Polynesische Mythologie 1; ethnographische Uebungen. — Schiemann: Das heutige Rußland 4; Seminar für osteuropäische Geschichte und Landeskunde 2¼. — Marcuse: Ortsbestimmung 2. — Helmert: Figur und Schwerkraft der Erde 1. — Eggert: Topographische Landesaufnahme 1. — Weinstein: Physik der Erde 1. — v. Bezold: Allgemeine Meteorologie 2; Wind u. Wetter 1; Uebungen; Colloquium 1. — Meinardus: Meteorologische Instrumente und Beobachtungen 1; Geographie von Zentralamerika 1. — Leß: Einleitung in die Klimatologie 1; jeweilige Witterungsvorgänge 1. — Branco: Geologie 5. — Wahnschaffe: Allgemeine Geologie 3; Geologie des Quartärs 1. — O. Warburg: Pflanzengeographie 2. — Ascherson: Allgemeine Pflanzengeographie 3; Pflanzengeographie der Nil-Länder 1. — Volkens: Nutz- und Charakterpflanzen unserer Kolonien 2. — v. Martens: Geographische Verbreitung der Tiere 2. — Ballod: Statistik und Wirtschaftsgeographie Rußlands 2. — Streck: Seminar für historische Geographie 2.

Bonn. Rein: Ozeanographie und Weltverkehr 4; geographische Uebungen über Polarländer 2. — Philippson: Mittelmeerländer mit Berücksichtigung des Altertums 3; geographisches Colloquium 1. — Pohlig: Die Eiszeit nebst Urgeschichte des Menschen im Abriß 1; spezielle Geologie Deutschlands mit Rücksicht auf Bergbau und Bodenkultur.

Breslau. Partsch: Völkerkunde von Europa 2; allgemeine physikalische Geographie, Teil 1: Mathematische Geographie und Kartographie 4; Uebungen des geographischen Seminars 1. — Leonhard: Entdeckungsgeschichte und Geographie der Polarregionen 2. — Frech: Einführung in die Geologie mit Exkursionen und Demonstrationen am Skioptikon. — Kükenthal: Die geographische Verbreitung der Tiere 1.

Erlangen. Pechuel-Loesche: Völkerkunde 4; Uebungen 2. — Neuburg: Bevölkerungs- und Sozialstatistik.

Freiburg i. B. Neumann: Mathematische Geographie, Klimatologie und Ozeanographie 5; vergleichende Uebersicht der Kontinente 1; Landeskunde des Großherzogtums Baden 1; Uebungen des geographischen Seminars 1½; geographisches Colloquium. — Grosse: Die Kunst der niedersten Völker 2; die Formen der menschlichen Familie 1. — Paulcke: Allgemeine Geologie 3.

Gießen. Sievers: Allgemeine Geographie: II. die geographische Verbreitung der Pflanzen und Tiere 2; Länderkunde: Geographie von Afrika 2; Kartenkunde der neueren Zeit (Fortsetzung von Sommer 1903) 1; geographische Uebungen 2. — Fromme: Mathematische Geographie und Elemente der Astronomie 1. — Hansen: Die Vegetation der Erde 2.

Göttingen. Wagner: Geographie von Europa 4; kartographischer Kurs, I. Teil, 2; geographische Uebungen 3. — v. Koenen: Geologie 5. — Peter: Pflanzengeographie 3. — Brendel: Geodäsie 2. — Wiechert: Physik des festen Erdkörpers und der Hydrosphäre 3; Erdbeben 1; geophysikalisches Praktikum.

Greifswald. Credner: Allgemeine Morphologie der Erdoberfläche, Teil 1: Vertikale Gliederung 3; physische Geographie von Deutschland 2; geographische Uebungen 1; geographische Demonstrationen 1. — Ebert; Anleitung zu geographischen Ortsbestimmungen. — Cohen mit Dr. Deecke: Meteoritenkunde 1. — Deecke: Allgemeine Geologie 2; über Vulkanismus 1.

Halle-Wittenberg. Kirchhoff: Europa außer Mitteleuropa 4; neuere Ergebnisse der Erd- und Völkerkunde 1; Repetitorium über Länderkunde 1; Uebungen des Seminars für Erdkunde 1. — Ule: Allgemeine Erdkunde II. (Hydrographie, Klimatologie, Biogeographie) 4; Kartenkunde mit praktischen Uebungen 1. — Schenck: Die deutschen Kolonien 1; Wirtschaftsgeographie 2. — Mez: Grundzüge der Pflanzengeographie 1; die Pflanzenwelt Afrikas, mit besonderer Berücksichtigung der deutschen Kolonien und ihrer Produkte, 1. — v. Fritsch: Gesteinslehre als Grundlage der Bodenkunde 3.

Heidelberg. Hettner: Geographie von Europa 4; typische Landschaften zur Einführung in geographisches Verständnis 1; geographisches Seminar 2. — Wolf: Elemente der Astronomie (mathematische Geographie) 2. — Salomon: Allgemeine Geologie 4.

Jena. Dove: Verkehrs- und Handelsgeographie 2; Landeskunde der Grenzmark 2; Geographische Uebungen 1.

Kiel. Krümmel: Allgemeine Geophysik, Meteorologie und Ozeanographie 4; geographisches Colloquium 1. — Eckert: Die deutschen Kolonien 2; Uebungen über wichtigere Kapitel der Wirtschafts- und Verkehrsgeographie 1—2. — Kobold: Geodätische Uebungen. — Großmann: Uebungen zu geographischen Ortsbestimmungen 1.

Königsberg. Hahn: Eisenbahnnetz der Erde, seine Geschichte und gegenwärtige Bedeutung 1; Topographie des nördlichen Europa 4; geographische Uebungen 1½.

Leipzig. Ratzel: Die Bodenformen und ihre Entstehung 3; Verkehrsgeographie 3; der Indische Ozean, seine Randländer und Inseln, politisch und wirtschaftsgeographisch, 1; geographisches Seminar 2. — Credner: Allgemeine und historische Geologie 4; geologischer Bau des Königreichs Sachsen 1. — Simroth: Geographische Verbreitung der Tiere 1. — Berger: Kosmographie und Geographie des mythischen Zeitalters der Griechen 2; historisch-geographisches Seminar 1½. — Weule: Entwicklungs- und Urgeschichte der Menschheit 2; die Naturvölker Amerikas, II. Teil, 1; ethnologische Uebungen 1. — Friedrich: Wirtschaftsgeographie des Königreichs Sachsen 2; geographisches Seminar 1; Uebungen für die Handelshochschule.

Marburg. Fischer: Geographie der Mittelmeerländer 3; Uebungen auf dem Gebiet der Morphologie der Festlande (Talbildung) 2. — Oestreich: Länderkunde von Amerika 2; Uebungen auf dem Gebiet der Morphologie der Festlande (Talbildung) 2.

München. v. Zittel: Allgemeine Geologie 2. — Rothpletz: Tektonische Geologie 2. — Strumer v. Reichenbach: Geologie der deutschen Schutzgebiete 1. — Erk: Allgemeine Meteorologie und Klimatologie 4. — Ranke: Anthropologie, I. Teil, in Verbindung mit Ethnographie der Ur- und Naturvölker, 4; anthropologische Uebungen und Anleitungen zu wissenschaftlichen Arbeiten im Gesamtgebiet der Anthropologie, täglich. — v. Mayr: Statistik, insbesondere Wirtschaftsstatistik 4.

Münster i. W. Lehmann: Allgemeine physikalische Erdkunde, II. Teil, 3; Geographie von West- und Nordeuropa 3; allgemeine Einleitung in das Studium der Erdkunde 1; die deutschen Schutzgebiete, II. Teil, 1; geographische Uebungen in Verbindung mit Kartenzeichnen 2.

Rostock. Fitzner: Geographie der deutschen Kolonien 2; Uebersicht über die wichtigsten neueren Forschungsreisen 1; geographische Uebungen 2.

Straßburg. Gerland: Wasser- und Lufthülle der Erde (physische Erdkunde II.) 4; Vogesen und Schwarzwald 1; geographisches Colloquium 2. — Rudolph: Geographie von Amerika 4; geographisches Seminar für Anfänger 2. — Hergesell: Die Gestalt der Erde 2; meteorologische Arbeiten im meteorologischen Institut. — Benecke: Geologie (Ueberblick über das Gesamtgebiet) 5. — Becker: Elemente der höheren Geodäsie.

Tübingen. Sapper: Völkerkunde 2; Vulkane und ihre geographische Verbreitung 1; Uebungen im geographischen Institut über ausgewählte Kapitel der physikalischen Geographie. — Koken: Allgemeine Geologie und Erdgeschichte 3.

Würzburg. Regel: Länderkunde von Süd- und Nordamerika (mit Ausschluß der Polargebiete) 4; geographische Uebungen (Anthropogeographie) 2.

b) Technische Hochschulen.

Aachen. Dannenberg: Allgemeine Geologie; Geologie der fossilen Brennstoffe. — Polis: Meteorologie; meteorologische Technik; Uebungen im meteorologischen Observatorium; ausgewählte Kapitel aus der Meteorologie.

Berlin. Kassner: Wetterkunde für Techniker. — Schulz: Niedere Geodäsie. — Galle: Höhere Geodäsie; Nivellements für eine Landesvermessung.

Braunschweig. Koppe: Geodäsie mit Uebungen; geodätisches Praktikum; Vermessungsübungen, Planzeichnen.

Darmstadt. Greim: Morphologie der Erdoberfläche; Vorlesungen aus der physikalischen Geographie. — Forch: Meteorologie. — Chelius: Die Gesteine und Minerale des Odenwaldes; die vulkanischen Gesteine des Vogelsberges. — Fenner: Geodäsie; geodätische Uebungen; Ausarbeitung der geodätischen Vermessungen.

Dresden. Ruge: Geographie von Deutschland; Geographie von Frankreich. — Kalkowsky: Geologie nebst Mineralogie. — Heger: Kartenentwurfslehre. — Fuhrmann: Vermessungslehre; geodätisches Zeichnen. — Bergt: Geologie der Alpen; die natürlichen Bausteine. — Pattenhausen: Geodäsie I. und II.; höhere Geodäsie; geodätische Ausarbeitungen; geodätische Rechenübungen; seminaristische Uebungen für Geodäten.

Hannover. Hoyer: Praktische Geologie 2. — Reinhertz: Geodäsie I. 4; Geodäsie II. 2; höhere Geodäsie 2.

Karlsruhe. Futterer: Morphologie der Erde 1. — Schultheiß: Meteorologie 1. — Haid: Höhere Geodäsie 3; geodätisches Praktikum. — Bürgin: Plan- und Terrainzeichnen.

München. Günther: Mathematisch-physikalische Erdkunde, I. Teil. — Götz: Die Wandlungen im geographischen Aussehen Europas und der Mittelmeerländer nach dem Diluvium (historische Geographie). — Oebbecke: Geologie mit Demonstrationen. — Weber: Geologie von Bayern. — Ramann: Bodenkunde. — Erk: Allgemeine Meteorologie und Klimatologie mit besonderer Berücksichtigung der Forst- und Landwirtschaft. — Schmidt: Vermessungskunde; höhere Geodäsie; Kartierungsübungen. — Finsterwalder: Photogrammetrie.

Stuttgart. Endriß: Geologie von Württemberg; technische Geologie. — Hammer: Astronomische Zeit- und direkte geographische Ortsbestimmung. — Schumann: Länderkunde von Süd- und Westeuropa.

c) Andere Hoch- und Fachschulen.

Berlin (Landwirtschaftliche Hochschule). Vogler: Grundzüge der Landesvermessung. — Hegemann: Kartenprojektionen; das deutsche Vermessungswesen; Uebungen zur Landesvermessung; Zeichenübungen. — Börnstein: Wetterkunde. — Leß: Einleitung in die Klimatologie; über die jeweiligen Witterungsvorgänge; meteorologische Uebungen. — Gruner: Bodenkunde.

Berlin (Bergakademie). Wahnschaffe: Allgemeine Geologie; Geologie des Quartärs. — Beushausen: Spezielle Geologie. — Keilhack: Anleitung zu geologischen Beobachtungen.

Berlin (Seminar für orientalische Sprachen). Forke: Wirtschaftliche Verhältnisse Chinas. — Lange: Geographie von Japan. — Hartmann: Geographie und neuere Geschichte Syriens. — Vacha: Geschichte und Geographie Persiens. — Velten: Landeskunde von Deutsch-Ostafrika. — Lippert: Ethnographie und Geschichte des westlichen Sudan. — Güßfeldt: Geographisch-astronomische Ortsbestimmungen. — Mitsotakis: Geschichte und Geographie Neugriechenlands.

Bonn-Poppelsdorf (Landwirtschaftliche Akademie). Sommer: Kartenprojektionen. — Müller: Tracieren für I. Jahrgang, geodätisches Seminar; geodätische Uebungen.

Clausthal (Bergakademie). Bergeat: Geologie I. 2.

Cöln (Handelshochschule). Hassert: Landeskunde und Wirtschaftsgeographie Asiens 3; die deutschen Schutzgebiete in Afrika (mit Lichtbildern) 1; Kartenkunde, mit Berücksichtigung der Schulkarten und Schulatlanten (vorzugsweise für Handels- und Geographielehrer), 1; geographische Uebungen über Landeskunde und Wirtschaftsgeographie Deutschlands 2. — Sybel: Die Industrie des Wuppertales.

Frankfurt a. M. (Akademie für Spezial- und Handelswissenschaften). v. Möllendorff: Handelsgeographie von Asien (mit besonderer Berücksichtigung von Ostasien) 4.

Freiberg (Bergakademie). Beck: Geologie. — Uhlich: Geodätisches Praktikum; Plan- und Rißzeichnen; über Photogrammetrie.

Hohenheim (Landwirtschaftliche Akademie). Wülfing: Geologie, I. Teil, 3; Entwicklungsgeschichte der Erde 1. — Mack: Meteorologie und Klimatologie 2.

II. Oesterreich-Ungarn.

a) Universitäten.

Czernowitz. Löwl: Allgemeine Geographie, I. Teil, 5; geographische Uebungen 2. — Scharizer: Das Wasser und seine Einwirkung auf die primären Mineralien und Gesteine 3.

Graz. Richter: Geographie von Asien 3; Einführung in die allgemeine Geographie 2; geographische Uebungen 2. — Hoernes: Allgemeine Geologie 1, Lehre von den geologischen Veränderungen, 5; Urgeschichte des Menschen 2.

Innsbruck. v. Wieser: Allgemeine Hydrographie 3; das Festland von Australien 2. — Trabert: Einleitung in die Geophysik 3; Wettervorhersage 1; die Wärmeverhältnisse der Erde (mit höherer Rechnung) 2. — Blaas: Allgemeine Geologie 2.

Prag. Lenz: Geographie von Amerika 5; geographische Besprechungen 2.

Wien. Penck: Geographie von Oesterreich-Ungarn 5; geographisches Seminar 2; geographische Uebungen für Vorgeschrittene. — Oberhummer: Geschichte der Erdkunde und der geographischen Entdeckungen 5; geographisches Seminar 2. — Sieger: Geographie des Weltverkehrs 2. — Haberlandt: Ethnographie von Oesterreich-Ungarn 2. — Hein: Ethnographie der Mikronesier und Melanesier 2; ethnographische Uebungen 1. — Uhlig: Geologischer Bau von Europa 5. — Reyer: Theoretische Geologie mit Experimenten 2. — Hann: Klimatologie 2; Ozeanographie 1½; Ergebnisse der endmagneti-

schen Beobachtungen 1. — Pernter: Allgemeine Meteorologie 3. — Prey: Elemente der darstellenden Geometrie mit Anwendung auf Kartenprojektionen 2.

b) Technische Hochschulen.

Brünn. Makowsky: Geologie, I. Kurs, 3. — Nießl v. Mayendorf: Niedere Geodäsie 6; Situationszeichnen 4.

Graz. Rumpf: Geologie 3. — Klingatsch: Niedere Geodäsie, I. Kurs; höhere Geodäsie (das Präzisions-Nivellement, Landesvermessung) 4.

Prag. Wähner: Geologie, I. Kurs, 2. — Pichl: Meteorologie und Klimatologie 3; klimatologisches Praktikum 1. — Ruth: Elemente der niederen Geodäsie 3; niedere Geodäsie, I. Kurs, 4½; höhere Geodäsie 3; geodätisches Rechnen 2.

Wien. v. Böhm: Morphologie der Erdoberfläche; physische Geographie von Oesterreich-Ungarn. — Toula: Geologie, I. und II. — Kitl: Praktische Geologie. — Müller: Stereographische Projektion und Cyklographie. — Pollack: Elemente der niederen Geodäsie. — Schell: Situationszeichnen; Photogrammetrie. — Tinter: Höhere Geodäsie; geodätische Rechenübungen.

c) Andere Hochschulen.

Wien (Hochschule für Bodenkultur). Liznar: Meteorologie und Klimatologie. — Tapla: Niedere Geodäsie; geodätisches Praktikum; Forstliches Plan- und Terrainzeichnen.

III. Schweiz.

a) Universitäten.

Basel. Tobler: Geologie der Sedimentärformationen; geologische Exkursionen (zusammen mit C. Schmidt).

Bern. Brückner: Physikalische Geographie, II. Teil, 3; Geographie der Schweiz 2; Einführung in die Länder- und Völkerkunde von Europa 1; Vorträge über Probleme aus dem Gebiet der allgemeinen Geographie 1; Repetitorium der Geographie 2; geographisches Colloquium 2; Anleitung zum selbständigen geographischen Arbeiten. — Baltzer: Jura und Alpen 2.

Genf. Rosier: Géographie historique, politique et économique; l'Europe politique; Populations, leur répartition géographique; races, peuples, nationalités; Géographie économique de la France; Conférence de Géographie; Explication et critique d'ouvrages relatifs à la géographie politique de l'Europe; de la méthode en géographie. — de Claparède: Géographie politique, économique et sociale. — Sarasin: Géologie 4. — Gautier: Météorologie 2. — Kißling: Geologie der Schweiz.

Lausanne. Lugeon: Géologie générale et appliquée 2; Géographie physique 2; Géologie de la Suisse 1. — Chenaux: Topographie 1 2; Géodésie 3; Exerc. géodés. 1.

Neuchâtel. Knapp: Géographie camparée; Plaines et déserts 2; Travaux pratiques 1. — Schardt: Géologie générale et pétrographale 4. — Le Grand Roy: Température; Pression atmosphérique; Vents; Phénomènes aqueux 1; Exercices pratiques 1. — Spinner: Les Flores de l'Europe 1; Études générales de géogr. botanique 1.

Zürich. Stoll: Physikalische Geographie 2; Länderkunde von Osteuropa und Russisch-Asien 3; Tiergeographie der Schweiz 1; Länderkunde von Südeuropa 1. — Heim: Allgemeine Geologie 4; Anwendungen der Geologie 1. — Heierli: Aelteste Spuren des Menschengeschlechts 1. — Hitzig-Steiner: Geographie und Ethnographie von Griechenland.

b) Technische Hochschulen.

Zürich. Heim: Allgemeine Geologie. — Zwicky: Planzeichnen. — Weilenmann: Meteorologie und Klimatologie. — Nowacki: Klimatologie und Bodenkunde. — Schröter: Alpenflora; Flora der Vorwelt; naturwissenschaftliche Skizzen von einer Reise um die Welt. — Früh: Die Atmosphäre (phykikalische Geographie); Geographie der Schweiz; Morphologie von Europa und deren Beziehung zur Siedelung. — Rebstein: Kartenprojektionen; Kapitel aus höherer Geodäsie. — Becker: Militärtopographie; Militärgeographie der Schweiz; topographisches Zeichnen.

Kleine Mitteilungen.

Zur Geschichte des geographischen Unterrichts.

Noch heute ist der Geographieunterricht an unseren Mittelschulen keineswegs so klar umgrenzt und in seinen Einzelheiten festgelegt, wie andere Disziplinen. Da macht es Vergnügen, zu konstatieren, wie doch schon in verhältnismäßig früher Zeit einzelne Pädagogen klar und scharf die Bedeutung des damals recht verschiedenartig beurteilten Lehrfaches erkannten. Gymnasiallehrer Franz Stefl weist in seinen interessanten „Beiträgen zur Geschichte des geographischen Unterrichts an den humanistischen Gymnasien des Königsreichs Bayern" darauf hin, daß schon im Jahre 1825 in dieser Hinsicht interessante Abhandlung des Professors am Gymnasium in Hof, Dr. Gebhardt, als Programm dieser Anstalt erschienen ist. Trotz der vielen neuen Erscheinungen auf dem Gebiet der Geographie nur für die Schule, sagt Gebhardt, ertönen zahlreiche Klagen über die ungenügenden geographischen Kenntnisse unserer Jugend. Die Gründe hierfür sieht er einmal in der Hintansetzung dieses Faches, dann darin, daß man den Unterricht in der Geographie viel zu viel zu einer Sache des Gedächtnisses mache. Man lehre Geographie nach Lehrbüchern, welche durch die Masse des in ihnen angehäuften Stoffes junge Leute eher zurückschrecken als anziehen. Als Zweck des geographischen Unterrichts in der Schule bezeichnet er, den Schülern aus dem Reichtum des geographischen Wissens alle diejenigen Kenntnisse beizubringen, welche sie nicht leicht ohne Hilfe des Lehrers erwerben können. Dazu gehöre, den Schüler über unsere Erde und ihre Oberfläche in mathematischer und physischer Hinsicht gründlich zu belehren, ein deutliches und möglichst vollständiges Bild von der Oberfläche der Erde im ganzen und ihren Teilen beizubringen; aus der Beschreibung der Länder in naturhistorischer Hinsicht, aus der Völkerkunde und Statistik, die beständigen Wechsel unterworfen sei, so daß die auf sie verwendete Zeit für verloren zu erachten sei, sei nur das Allgemeinste und Wichtigste zu nehmen. Vor allem aber müsse Globus und Landkarte unausgesetzt in Anwendung gebracht werden, ja er würde lieber ohne Lehrbuch als ohne jene Hilfsmittel in der Geographie unterrichten. Einen hohen Wert legt er auch dem Zeichnen beim geographischen Unterricht in der Schule bei und gibt hierfür eine ausführliche Anweisung, doch warnt er vor einer Uebertreibung dieser Uebung, damit sie nicht dem Schüler zu viel Zeit raube. Man wird den Ausführungen Gebhardts aus dem Jahre 1825 auch heute die Anerkennung nicht versagen. Die Wertschätzung des Atlas beim Unterricht wurzelt in der gleichen Erfahrung, die neuestens Schulmittel wie Denners Lernbuch entstehen ließen. Interessant ist, daß in Bayern schon einmal Geographie in sämtlichen Gymnasialklassen eingeführt war. Der Wismayrsche Lehrplan 1804 zerlegte das Gymnasium, d. h. eigentlich die gemeinsame Mittelschule in drei Triennalkurse und in allen diesen Kursen wurde Geographie gelehrt. Dieser Lehrplan blieb allerdings nur kurze Zeit in Kraft. Aber auch die Revision der bestehenden Lehrplanes 1834 brachte die Vorschrift, daß in allen Klassen des Gymnasiums die politische Geographie in je einer Wochenstunde gelehrt werden soll; außerdem war in den beiden obersten Klassen noch Unterricht in der mathematisch-physikalischen Geographie durch den Mathematiklehrer zu erteilen. *O. Steinel.*

Populäre Astronomie[1]
von Dr. Kurt Geißler.

Es ist gewiß sehr zu wünschen, daß die Gelehrten Resultate der Wissenschaft in populärer Form dem Publikum und der Jugend zugänglich machen. Besonders dankbar ist diese Aufgabe bei der Astronomie, weil sich hierfür fast alle Menschen interessieren, nicht in dem Sinne, daß sie Lust hätten, den langwierigen rechnerischen Aufgaben zu folgen, sondern weil sie begierig nach allgemeinverständlichen neuen Tatsachen, nach großartigen Theorien über die Sternenwelt sind. Welche Pflichten erwachsen anderseits dem Gelehrten, der in würdiger Weise dieser Aufgabe der gemeinverständlichen Mitteilung gerecht werden will? Zunächst sollte es ihm weniger darauf ankommen, dadurch viel zu schreiben, als viel und lang zu schreiben; dann muß er selbstverständlicherweise klar und anziehend sein, letzteres in würdigem Sinne, wie es der Wissenschaft und insbesondere einer solchen entspricht. Er soll durch den Inhalt, aber auch durch die Form bilden, das Denken des Publikums vertiefen, dasselbe nicht zu voreiligen Schlüssen hinreißen, sondern es einsehen lehren, wie vorsichtig die Wissenschaft und erst recht der Laie sein muß; endlich sollte er — eine bloße Forderung des guten Geschmacks — seine eigene Persönlichkeit nicht sehr in den Vordergrund drängen oder seine wissenschaftlichen Streitigkeiten im populären Buch zum Austrag bringen wollen. Der Verfasser des vorliegenden Buches sagt im Vorwort: „Wo es anging, verband ich

[1] Neue Spaziergänge durch das Himmelszelt. Astronomische Plaudereien mit besonderer Berücksichtigung der Entdeckungen der letzten Jahre. Von Leo Brenner, Direktor der Manora-Sternwarte. 352 S. Berlin 1903. H. Paetel. Brosch. 6 M., geb. 7 M.

Heiteres mit Ernstem, so daß man wohl auch dieses Buch nicht trocken finden wird". Ich kann nicht behaupten, daß mir die Art dieser Verbindung sehr zusagt. S. 20 z. B. steht: „Nun wird mir ein Leser einwerfen: wenn das Weltall zeitlich unbegrenzt ist, so kann ja dann auch kein Ding ein Ende haben? Und wir sehen doch, daß alles ein Ende hat (ausgenommen die Wurst, die deren zwei besitzt) und die Astronomen selbst haben über das Ende der Welt verschiedene Hypothesen aufgestellt"! S. 76: „Ja meine schönen Leserinnen (Leserinnen sind immer schön, besonders, wenn sie unsere Bücher nicht der Leihbibliothek oder Freundinnen entlehnt, sondern in der Buchhandlung gekauft haben), eins nach dem anderen (wie Büsching in einer verfänglichen Situation sagte — siehe Webers „Demokritos[2]); hier stehe ich schon zu Ihrer Verfügung." Die Kapitelüberschriften und Einleitungen werden interessant gemacht wie bei Kapitel „4. Auf der Jagd nach der Krone". Es wird an ein Bild erinnert „Die Jagd nach der Krone". Dies soll heißen: die Jagd nach dem Glücke (Ritt auf einem schmalen Balken hinter der auf einer Kugel schwebenden Glücksgöttin her). Dann heißt es: „im Mittelalter kam es auch häufig vor, daß Ehrgeizige sich auf die Jagd nach irgend einer Krone begaben und — ihr Ziel erreichten. Heutzutage sind es jedoch hauptsächlich die Astronomen, welche jede Gelegenheit benutzen, sich auf die Jagd nach der schönsten aller Kronen zu begeben — auf die Jagd nach den Sonnen-Corona." Ein Kapitel über Sonnenfinsternisse wird überschrieben mit „Unsere Großmutter als Türkin" — und sieht sich verschleiert! Zu dem Zitat eines Briefes seitens eines ungebildeten Stadtrates an einen Astronomen, der die Ansicht widerrufen sollte, der viel kleinere Mond verdecke die viel größere Sonne — „sonst werde ich einen fürchterlichen Skandal schlagen" ... setzt der Verfasser des Buches ein angefügtes ... „Bum!" Die Kapitel über Blitze (S. 189—217 in „astronomischen Plaudereien") heißen „Wenn Zeus die Aegis grausend schwingt" und „Himmlische Artillerie". Ersteres wird eingeleitet damit, daß der Mensch sich bekanntlich aus dem tierischen Zustand entwickelt und ihm Blitz und Donner am meisten imponiert haben. (S. 189) „Die alten Griechen stellten sich deshalb auch Blitz und Donner als eine Folge der von Zeus geschwungenen Aegis dar, weshalb auch Schiller in seinem herrlichen Gedicht von „Zeus, dem Schreckensender" spricht, „der die Aegis grausend schwingt". Er kannte eben noch nicht Offenbachs „Schöne Helena", in welcher die Geheimnis verraten wird, daß die etwas rostige, das leben großen Blechplatte nachhallen, wenn Zeus zum Donnern nicht aufgelegt war. Es ist übrigens noch nicht so lange her, daß wir über Blitze und ihren Ursprung näheres wissen." So wird vom Heiteren zum Ernsten übergegangen. Als allgemein belehrend für die Jugend wird man kaum die Wiedergabe von Erzählungen ansehen, wie uns der Verfasser bezüglich eines Gewitters vom 29. August 1791 (dies wie eines anderen gehört nicht gerade zu den Entdeckungen der letzten Jahre) auf S. 201 gibt: „Plötzlich erschien zu ihren Füßen eine Feuerkugel von der Größe zweier Fäuste. Während das Mädchen vor Schreck wie gelähmt dastand, rollte der Kugelblitz auf den Boden zu ihren nackten Füßen, streichelte dieselben, glitt dann unter ihre Röcke, stieg an ihren Waden und Schenkeln empor, wobei er die Unterröcke des Mädchens wie einen Regenschirm aufblies und ausbreitete, zwängte sich dann zwischen den Leibchen und verließ endlich ihren Körper zwischen den Brüsten u. s. w." Oder (S. 200):

„Ein Blitz, der in den Ballsaal einschlug, riß den beiden Damen die Kleider vollständig vom Leibe, so daß sie (zur Verblüffung des Gatten) plötzlich splitternackt mitten unter den Masken standen — eine Demaskierung, wie sie allerdings schneller und gründlicher nicht zu denken ist". Derartige Beispiele, an die sich Worte wie „ungalanter Blitz" und „sehr unanständiges" Benehmen (S. 199) knüpfen lassen, bringt der Verfasser, wie es scheint, mit Vorliebe, selbst wenn er sie nur folgendermaßen verbürgen kann (S. 200): „So z. B. erinnern wir uns, vor einiger Zeit die tragikomische Geschichte zweier Damen gelesen zu haben u. s. w."

Beim Plaudern laufen wohl Sprachfehler unter, doch sollte man Ausdrücke wie (S. 4): „messbare Entfernung, sie beschwören (S. 80) eine Ansicht kann nicht „unwidersprochen" bleiben, „messbare Sterne" (S. 5) statt Sterne meßbarer Entfernung, „sie beschwören (S. 80) die Sonne verschluckt hat", die Rotationszeit, welche (S. 89) „nach dem anderen" — nach den anderen" u. s. w. braucht man nicht drucken zu lassen.

Doch das sind Aeußerlichkeiten, und wir dürfen es vielleicht auch als Aeußerlichkeit gelten lassen, daß es fast überall die wichtigste Rolle spielt; bedenklicher aber ist es, wie in diesen Plaudereien über die wissenschaftlichen Gegner gesprochen, die eigene Ansicht als „die Wahrheit" hingestellt und aus der Zustimmung von einzelnen Seiten trotz des Widerspruchs der bedeutenden Astronomen (Schiaparelli u. a.) ein „Persönlicher Triumf" (Kap. 6) konstruiert wird. Beobachtungen über die Rotation der Venus sind dadurch erschwert, daß sie, wie der Verfasser sagt (S. 29), von einer dichten Atmosphäre umgeben ist, welche die Beobachtung der festen Oberfläche durch eine Atmosphäre ausschließt. Während aber Schiaparelli infolge seiner Beobachtungen von 1877—90 annimmt, daß die Umdrehungszeit gleich der Umlaufszeit um die Sonne ist, der Planet also der Sonne wie unser Mond immer dieselbe Seite zudreht, fand „ich aus meinen Beobachtungen von 1895, daß die Umdrehungszeit der Venus jener der Erde nahezu gleich ist" (S. 28). Man hielt aber, wie der Verfasser meint „aus Rücksicht auf die gewaltige Autorität Schiaparellis an dessen Auffassung fest, bis es 1900 dem russischen Astronomen Bjelopoljskij gelang, auf spektroskopischem, also völlig unzweifelhaften und unanfechtbaren Wege nachzuweisen, daß ich recht hatte". Wie es mit diesem Nachweis steht, ersieht man aber aus den Ausführungen des Verfassers S. 91, 91: „Wenn also Bjelopoljskij seine Arbeiten nur einen „Versuch" nennt und davon spricht, daß mächtigere Instrumente seine Resultate leicht bestätigen „oder widerlegen" könnten, so ist dies lediglich ein Ausfluß seiner bekannten (aber ungerechtfertigten) Bescheidenheit". „Uebrigens ist es eine recht bezeichnende Erscheinung, daß die spektroskopische Bestätigung der von mir entdeckten Venusrotation bei einer großen Zahl von „lieben Kollegen" großes Mißbehagen erregt hat" (S. 92). Und der Verfasser schiebt dies auf die „verwerflichsten Motive, Mißgunst und Neid, weil es einem kleinen Instrumente gelang, was den Riesenfernrohren versagt blieb" und weil es „obendrein aus den Reihen der Amateur-Astronomen hervorgegangen, also von den orthodoxen Zünftlern nicht für „voll" angesehener Kollege war, dem dieser Triumf beschieden war". „Kostbar" findet er diejenigen „braven Kollegen", die trotz der „Entdeckung" des genannten Russen starr an der langen Rotationszeit festhalten und „durch solche Kleinlichkeiten die Wahrheit" unterdrücken möchten.

20*

Der Verfasser leitet jedenfalls nicht an allzugroßer Vorsicht, obgleich er von den Schwierigkeiten überzeugt ist, welche der Astronomie im Wege stehen, und findet, es wäre „am leichtesten (S. 12) für die Wissenschaft, die Entstehungsgeschichte der Erde festzustellen". Er hat etwas wunderliche Vorstellungen über die Schwierigkeit oder „Leichtigkeit", mit der es den Geologen und Paläontologen gelungen ist, das Buch der Natur zu lesen. Und warum? Sie hatten „das Buch der Natur dicht vor sich", „als gelehrte Steinklopfer", während es dem Astronomen so viel schwieriger sei, die Geheimnisse des Weltalls kennen zu lernen (hält der Verfasser die Erdgeschichte für frei von Theorie und offenkundig wie das ABC?) „Das ist zwar (wenigstens nach meiner Geschmacksrichtung) interessanter, als das Steinklopfen, aber auch bedeutend schwieriger" (S. 13). Äußerst bedenklich erscheint mir die Art und Weise, in der Brenner gleich im Anfang des Buches über Unbegrenztheit und Ewigkeit des Weltalls, die Zahl der Sterne, kurz über die schwierigsten zum Teil metaphysischen Dinge aburteilt und seine Meinungen darüber „beweist". Das ist besonders bedenklich für einen Mann, der, wie er sagt, infolge seiner ersten Spaziergänge durch das Himmelszelt „nahezu 1200 Zuschriften von Lesern" erhielt, meist mit Bitten um Ratschläge, und der in einer besonderen Zeitschrift seiner Sternwarte in Istrien an „ca 1100 Leser" in vier Bänden „Auskünfte erteilt" hat. Er sagt zwar bescheiden (S. 1): „unser Wissen sei noch sehr beschränkt und man könne nicht alles ergründen". In diesem Sinne (nicht in jenem Dubois-Reymonds) muß man also leider ein „Ignorabimus" gelten lassen. Dann zitiert er „nach einer Zeitung" eine Rede Newcombs, wonach dieser, die Richtigkeit des Berichts vorausgesetzt, der Ansicht wäre, wie in den kleinsten Sternen, die uns das Fernrohr zeigt, wirklich die Grenzen des Weltalls. „Eine solche Ansicht, deren Unmöglichkeit auf der Hand liegt, kann um so weniger unwidersprochen bleiben, als sie einem der größten lebenden Astronomen in den Mund gelegt wird". Nun argumentiert Brenner: „Die Entfernung der weitesten uns sichtbaren Sterne ist eine für unsere Sinne unfaßbare. Wenn dem aber so ist, so ergibt sich doch aus Gründen der einfachen Logik, daß das Weltall überhaupt keine Grenzen haben kann. Denn selbst, wenn wir mit Struve 12000 Lichtjahre als Grenze unseres Gesichtskreises annehmen, so würde das Weltall einer Kugel entsprechen, deren Durchmesser 227 520 Billionen Kilometer beträgt, also 1½ Milliarden mal die Entfernung unserer Erde von der Sonne genommen, in welcher Weise könnte man diese Riesenkugel begrenzt sein?" Nun fehle uns die Vorstellung, daß irgend ein Raum oder besser gesagt Ding keine Grenzen habe, denn uns fehle der Sinn für das Unendliche, Unbegrenzte. „Unwillkürlich denken wir uns: „aber einmal muß man ja doch das Ende erreichen können!" Bei dem Weltall ist aber eine solche Erreichung, wie eben bewiesen, unmöglich." Wer soll verstehen, wieso das eben bewiesen ist? Verfasser gibt dann Olbers recht, „daß an jedem Punkte des Himmels ein Stern stehen müßte, wenn deren Zahl unendlich wäre". Können denn nicht auf einer Geraden, die unendlich ist, unendlich viele hinter einander stehen? Glaubt Brenner, daß auf irgend einer Linie oder in irgend einem Dreiecke endlich viele Punkte stehen? Olbers habe aber mit seinem Schlusse unrecht, daß alsdann der Himmel hell leuchten müsse und selbst die Sonne sich nicht davon abheben könne, denn Olbers habe die Absorption des Lichtes durch den Aether vergessen, die zwar nicht nachzuweisen, aber anzunehmen sei. Und „so-

mit liegt es auf der Hand, daß die Zahl der Sterne eine unbegrenzte sein muß". Wäre es nämlich möglich, ein Fernrohr zu bauen, dessen Lichtstärke 1 280 000 mal größer als die des Lick-Fernrohres sei, so würden wir statt 850 Millionen etwa 3 Billionen Sterne sehen. Denn je stärker das Fernrohr ist, desto mehr Sterne sähen wir. Das soll ein Beweis sein. Und nun der Beweis für die zeitliche und räumliche Unendlichkeit des Weltalls aus Kap. 2: „Es liegt auf der Hand, daß kein Ding aus nichts entstehen kann" (S. 19). „Also muß auch die Materie von jeher vorhanden gewesen sein; wahrscheinlich ist sie nichts anderes als verdichteter Weltäther". Es folgt Ausführung durch die Anziehung. „So entstanden also und entstehen noch heute durch Verdichtung des Weltäthers an einzelnen Stellen Nebelflecke. Wenn dem aber so ist — und eine andere wissenschaftliche (groß gedruckt!) Erklärung dafür gibt es nicht — so muß sich dieser Vorgang überall wiederholen, wo es Weltäther gibt, und da letzterer sich nach physikalischen Gesetzen überall ausdehnen muß, wo er Raum findet, das Weltall aber unendlich ist, so muß auch letzteres überall von Weltäther erfüllt sein, mithin überall Nebelflecke bilden, aus denen sich Sterne etc. entwickeln. Auch auf diesem Wege gelangen wir somit zur Unendlichkeit der Zahl der Sterne. Nachdem das ganze Weltall mit Weltäther erfüllt ist, letzterer aber nicht aus nichts entstanden und ebensowenig „anderswoher" gekommen sein kann —, so folgt logischerweise daraus, daß der Weltäther von jeher vorhanden war und gar nie ein Ende haben kann, daß er also ewig ist." Nur die Sinne könnten den Begriff der Ewigkeit nicht fassen, weil uns etwas, was keinen Anfang und kein Ende hat, unbegreiflich ist (Man beachte „Begriff" und „unbegreiflich"! Der Ref.), aber die Logik an sich läßt sich deshalb nicht unstoßen: das Weltall ist zeitlich und räumlich unendlich! Quod erat demonstrandum."

Ich hätte von dieser „Logik an sich" des Verfassers nicht so lange gesprochen, wenn dies nicht ein lehrreiches Beispiel wäre dafür, wie man es nicht machen soll. Fragen von solcher Schwierigkeit als gelöst hinstellen und mit solchen Gründen und in diesem Tone der Sicherheit mit der Ueberzeugung eines verdienstvollen Gelehrten und Entdeckers, das ist gewiß nicht allgemein bildend in gutem Sinne. Wer aber Lust hat eine Reihe von zum Teil ganz guten Abbildungen zu betrachten, dem Tone des Buches Geschmack zu lesen gewohnt ist, auch selbst über die nötigen Kenntnisse verfügt, um mit Erfolg kritisch sein zu können, sowie für dergleichen Muße findet, der lese das Buch, es wird ihm dann nichts schaden.

Die geographischen Exkursionen Prof. R. Credners.

Bekanntlich ist eine der Hauptforderungen, die an eine reformierte höhere Schule gestellt werden muß, daß an ihr in den Oberklassen Zeit geschaffen wird für die Vornahme erdkundlicher Schulausflüge von ausgiebigem Umfang. Die Einwände, die gegen solche Unternehmungen erhoben werden, beziehen sich großenteils darauf, daß einerseits ihr Wert an sich zweifelhaft sei, anderseits es auch an Lehrern fehle, die solche Ausflüge wirklich ertragreich zu machen wüßten. Beides wird durch eine kleine Schrift wieder einmal auf das schönste widerlegt, die Prof. Rudolf Credner (20 S. u. Karte. Greifswald 1903, J. Abel) eben hat erscheinen lassen, und die „Zum 20jährigen Bestehen der Geographischen Ex-

kursionen der Geographischen Gesellschaft zu Greifswald von deren Leiter" betitelt. Die im ganzen 19 kurz angeführten und auf einer Uebersichtskarte veranschaulichten Exkursionen haben sich auf die Jahre 1883—1902 verteilt (1888 ist ein Ausflug unterblieben) und, ganz überwiegend im Seefahrten beginnend und nie nach Süden gerichtet, haben sie ein Gebiet den Teilnehmern erschlossen, das sich von Sylt als westlichstem Punkt bis Marienburg und von Vorpommern im Süden bis zum Wener See im Norden erstreckt. Der von Credner gewählte Ausdruck „baltische Exkursionen" ist daher durchaus zutreffend. Teilgenommen haben insgesamt 2722 Herren, davon etwas über die Hälfte Studierende und bereits die Universität als außerordentliche Mitglieder, nämlich 1394. Ich kann dem gegenüber nur die Schlußworte Credners unterschreiben: „Die ... besonders erfreuliche zahlreiche Beteiligung der im Amte befindlichen, namentlich aber zukünftiger Lehrern der Geographie rechtfertigt die Hoffnung, daß die Exkursionen dank der auf ihnen gebotenen lebendigen Eindrücke und Anregungen wie zur Förderung der Wertschätzung unserer Wissenschaft, so auch zur Hebung und Belebung des erdkundlichen Schulunterrichts beigetragen haben". Gerade solche Unternehmungen wie die Credners sind es, durch deren Wirksamkeit, wie man hoffen kann, allmählich die nötigen Energiemengen im höheren Lehrerstande sich ansammeln werden, die einmal die Beseitigung des seltsamen Anachronismus durchsetzen, als welcher der Stundenplan der heutigen Obersluten der Gymnasien, besonders der sogen. Reformgymnasien erscheint. Zeit dazu wird es ja nach gerade. *H. F.*

Naturwissenschaftlicher Ferienkursus.

Aus dem „Programm für den Michaelis 1903 und zwar in der Zeit vom 6. bis 17. Oktober in Berlin abzuhaltenden naturwissenschaftlichen Ferienkursus für Lehrer höherer Schulen" haben folgende Darbietungen Anspruch auf das Interesse der Geographen. Von den Vorträgen: 2. Kustos Dr. Stahlberg: Die wichtigsten nautischen und ozeanologischen Instrumente mit Demonstrationen im Institut für Meereskunde. 2 Stunden.

Unter den Uebungen: 2. Landmesser Radbruch. Praktische Uebungen im Feldmessen. Abstecken und Messen mit einfachen Meßgeräten (Fluchtstäben, Meßlatten, Meßband, Winkelspiegel, Prismenkreuz.) Vermessung einer durch unregelmäßige krumme Linien begrenzten Fläche a) nach der Koordinatenmethode mittels direkter Einmessung und einfacher Lotkonstruktionen. b) Durch Polygonaufnahme unter Anwendung eines Theodoliten und der Meßgeräte. Trigonometrische Höhenmessung. Ausführung eines Nivellements. Bestimmung der Koordinaten für einen unzugänglichen Punkt im Anschluß an einen unzugänglichen hochgelegenen Dreieckspunkt. *Hk.*

Der Hallenser Ortausschuß ladet zur 47. Versammlung deutscher Philologen und Schulmänner ein, die vom 6. bis 10. Oktober d. J. stattfinden wird. Das sonst außerordentlich reichhaltige Programm stellt nur einen auch für den geographischen Unterricht belangreichen Vortrag in Aussicht. In der 3. pädagogischen Sektion wird Prof. Dr. J. Lübbert (Halle a. S.) über „die Verwertung der Heimat im Unterricht" sprechen. Es ist durchaus anerkennenswert, daß man die Schulgeographie nicht zu den Verhandlungen heranzieht, da sie in den deutschen Geographentagen bereits eine genügende Vertretung ihrer Interessen gefunden hat. *Hk.*

Geographischer Unterricht im Ausland.

England. Ein nachahmenswertes Beispiel gibt der englische Ordnance Survey. Die Geographical Association hatte sich in Verbindung mit dem London School Board mit einer Eingabe an den Survey gewandt, die ihm nahelegte, bei Abnahme einer größeren Anzahl zu Unterrichtszwecken einen niedrigen Ausnahmepreis für die einzelnen Blätter der One-inch Ordnance Survey maps (1:63366) festzusetzen. Die Behörde ist diesem Wunsche in der weitgehendsten Weise entgegengekommen. Nur die eigenen Druckunkosten in Anrechnung bringend hat sie folgende Preise festgesetzt: 200 Abzüge 25 M., 500 Abzüge 40 M., 1000 Abzüge 60 M., 5000 Abzüge 240 M., für je weitere 1000 Abzüge 40 M. Der Preis für das einzelne Blatt beträgt bei Abnahme von 500 Stück also nicht ganz 10 Pf., und geht herab bis auf 5 Pf. bei einer Auflage von 5000. Dadurch wird es möglich, jedem Kinde das Blatt seiner Heimat in die Hand zu geben, ohne Zweifel der beste Weg zur Lösung der Heimatkartenfrage. *Hk.*

Persönliches.

Ernennungen.

Dr. H. Fisher Bain zum Mitarbeiter am U. S. Geological Survey in Washington.

Dr. C. B. Berkey, Assistent an der Staatsuniversität von Minnesota, zum Assistent-Professor für Geologie an der Columbia-Universität in New York.

Dr. Ferd. Broili, Assistent an der paläontologischen Sammlung des Staates, zum Privatdozenten für Geologie an der Universität München.

Dr. J. Morgan Clements ist von seiner Stellung als Professor für allgemeine und physiographische Geologie an der Universität von Wisconsin in Madison zurückgetreten und eröffnet ein geologisches Bureau in New York.

Dr. Ananda Coomáraswamy zum Direktor der neubegründeten geologischen und mineralischen Aufnahme von Ceylon mit dem Sitze in Peradeniya. — James Parson zum Assistenten der Vermessung.

Der belgische Senator David Descamps, Professor des Internationalen Rechts in Löwen, Verfasser der bekannten Verteidigungsschrift über den Kongostaat, „L'Afrique nouvelle", zum Staatsminister des Kongostaates.

Dr.. N. M. Fennemann, bisher an der Universität in Chicago, zum Professor für allgemeine Geologie an der Staatsuniversität von Wisconsin in Madison.

Professor Russ. D. George von der Universität von Iowa zum Professor der Geologie an der Staatsuniversität von Colorado in Boulder.

D. W. Johnson als Instruktor für Geologie an die Columbia-Universität in New York.

Professor C. K. Leith zum Professor der Geologie an der Universität von Wisconsin in Madison.

Dr. A. G. Leonard, Assistent-Geolog von Iowa, zum Staatsgeologen von Norddakota.

Dr. Paul Rohrbach, der bekannte Orientreisende und Volkswirt, zum Kommissar für Deutsch-Südwestafrika, um dort einen Plan für Besiedlung und volkswirtschaftliche Entwicklung der Kolonie auszuarbeiten.

H. W. Shimer von der Columbia-Universität in New York, zum Instruktor für Paläontologie und stratigraphische Geologie an das Technologische Institut in Boston.

Privatdozent Dr. Herm. Stahr in Breslau als Assistent an das Zoologisch-Anthropologisch-Ethnographische Museum in Dresden, um die Anthropologische Abteilung zu übernehmen.

Sidney D. Townley zum Direktor des Internationalen Breitenobservatoriums in Ukiah in Kalifornien.

Regierungsrat Dr. Kurt Wiedenfeld, Privatdozent und Assistent am Kgl. preußischen statistischen Bureau in Berlin, zum Professor für Volkswirtschaft an der neu begründeten Akademie in Posen.

Professor Dr. E. Willard von Mayville in Norddakota zum Professor der Geologie an der Staats-Ackerbauschule in Fargo, Norddakota.

Auszeichnungen, Orden u. s. w.

Dem Weltreisenden und Schriftsteller E. v. Hesse-Wartegg der Orden vom Zähringer Löwen II. Klasse.

Dem emeritierten Professor und Bezirksschulrat Dr. Anton Leo Hickmann, Verfasser zahlreicher Atlanten und statistischer Tabellen, der Titel eines Kaiserl. Rates.

Der Astrophysiker Sir Norman Lockyer, Direktor des Solar Physics Observatory in South Kensington, zum Doktor der Rechte der Universität Glasgow.

Todesfälle.

Am 12. Mai starb Will. Talbot Aveline im 81. Jahre, der älteste Mitarbeiter an der Geologischen Aufnahme von England, wofür er seit 1840 tätig gewesen ist. 1874 wurde ihm die Murchison-Medaille der Geological Society verliehen. Schriftstellerisch ist er wenig hervorgetreten; außer Berichten über seine Vermessungstätigkeit in den Memoirs of the Geological Survey veröffentlichte er nur Aufsätze im Geolog. Magazine und Quart. Journ. of the Geolog. Society.

Am 13. April starb Alb. Huntington Chester, Kurator des Geolog. Museums und Professor der Geologie am Rutgers College in New Brunswick, New Jersey.

Ein vielversprechender Seismologe, Dr. Mosè Contarini, Assistent am Geodynamischen Observatorium in Rocca di Papa bei Rom, starb am 28. August nach kurzer Krankheit in Padua im Alter von 28 Jahren. Eine Reihe von Aufsätzen hat er im Bollettino della Società Sismologica Italiana veröffentlicht.

A. Duponchel, Ingenieur en chef des ponts et chaussées, Präsident der Geographischen Gesellschaft von Languedoc in Montpellier, ist Mitte August gestorben. Duponchel hat sich in früheren Jahren sehr lebhaft an der Agitation zugunsten der Transsaharabahn beteiligt.

Der italienische Naturforscher Leonardo Fea, geb. 1852 in Turin, starb daselbst am 27. April. Im Jahre 1871 trat er als Assistent in das städtische Naturhistorische Museum ein, ging 1885 nach Birma, das er, unablässig mit Sammeln beschäftigt, bis zum Jahre 1889 in den verschiedensten Richtungen durchstreifte. „Quattro anni fra i Birmani e le tribu limitrofi", 1896. Seine wissenschaftlichen Sammlungen wurden von Spezialisten in dem umfangreichen, noch nicht abgeschlossenen Werke: „Riassunto generale dei Risultati zoologici", Genua 1877 ff., veröffentlicht. 1898—1900 unternahm er eine Reise nach den westafrikanischen Inseln und Portugiesisch-Guinea, auf welcher er bis St. Thomé gelangte; seine Reisebriefe wurden im Boll. della Soc. Geogr. Italiana veröffentlicht; die Bearbeitung eines ausführlichen Reisewerkes hat er nicht mehr erlebt. Besonders hervorragend war Fea als Entomolog.

Der amerikanische Geologe Charles M. Hall, geb. am 21. Oktober 1870 in Wellington, Ohio, starb am 22. Januar in Fargo, Norddakota. Nach Beendigung seiner Studien in Fargo und Baltimore übernahm er 1898 die geologische Professur am Staats-Ackerbaukolleg in Fargo und war namentlich für die Erschließung der unterirdischen Wassermassen und für die Untersuchung der Bodenverhältnisse des Staates tätig, deren Ergebnisse er in zahlreichen Artikeln allgemein bekannt machte. Als Frucht dieser Studien erschien kurz vor seinem Tode: „Official State Map and Preliminary Geologic and Economic Map of North Dakota", 17 miles to an inch. Außerdem verfaßte er eine Schulgeographie von Norddakota.

Der langjährige Leiter des geologischen Aufnahme von Pennsylvanien J. Peter Lesley, geb. am 17. September 1819 in Philadelphia, starb am 1. Juni in Milton, Mass. Bereits 1839 trat er als Mitarbeiter bei der ersten geologischen Aufnahme seines Heimatstaates ein, war 1847—1850 Pastor an der Congregational-Kirche in Milton, Mass. Nachdem er 1873 zum Professor der Geologie an. der Universität Philadelphia ernannt worden war, übernahm er 1874 auch die Leitung der neuen geologischen Vermessung des Staates. Er war der Verfasser der regelmäßigen Berichte über die Vermessung von Pennsylvanien, sowie von Aufsätzen in den Proceedings der National Academie, of Sciences und im Bulletin der American Geological Soc. of America, die sich vorwiegend mit den Kohlenformation Pennsylvaniens befaßten.

Dr. O. F. v. Möllendorff, Dozent für Handelsgeographie an der Akademie für Sozial- und Handelswissenschaften in Frankfurt a. M., starb daselbst am 17. August. Bis zum Jahre 1901 war er im Konsulatsdienste und den Philippinen und in China tätig gewesen.

Dr. Julius Platzmann, hervorragender Sprachforscher, geb. 1832 in Leipzig, ist am 6. September 1902 in seiner Vaterstadt gestorben. Aus einer angesehenen Leipziger Patrizierfamilie entstammend, konnte er in seinen Jugendjahren seinen künstlerischen Neigungen folgen, die ihn auf dem Lande hatte er zudem große Liebe zur Botanik gewonnen. 1850 bezog er die Kunstakademie in Dresden, seine Vorliebe zum Zeichnen und Malen von Pflanzen erhalten blieb. 1858—64 hielt er sich an der Bai von Paranagua in Brasilien auf, eifrig sich dem Studium und Malen der tropischen Vegetation hingebend. Die hier gewonnenen Eindrücke hat er in dem Werke: „Aus der Bai von Paranagua" 1872 geschildert. Die Ergebnisse seiner Pflanzenstudien, die in Hunderten von Skizzen und Aquarellen niedergelegt waren, haben auf Ausstellungen die ungeteilte Bewunderung von Fachmännern erregt, sind aber durch Vervielfältigung aus der Öffentlichkeit gelangt. Durch einen Zufall, die Widmung der „Glossaria linguarum brasiliensium" durch den Naturforscher v. Martius wurde Platzmann auf ein seither bisherigen Entwicklung gänzlich fremdes Gebiet, auf die Sprachwissenschaft, geführt, doch war sein erstes Debut auf diesem Gebiet ein offenbarer Mißerfolg, da der Nachweis der Verwandtschaft der amerikanischen mit den asiatischen Sprachen, den er in seinem Werke: „Amerikanisch-asiatische Etymologien via Berings-Straße", 1871, führte, auf dilettantischen Trugschlüssen aufgebaut war. Um ein eingehende Sprachstudien treiben zu können, erwarb nun Platzmann die hauptsächlichsten Wörterbücher, zunächst der neuen Welt, dann auch der östlichen Halbkugel und brachte eine bedeutende Sammlung alter Sprachwerke zusammen, die bei Bibliophilen und Sprachforschern großes Aufsehen erregte; leider ist sie nach seinem Tode nicht zusammengeblieben ist, sondern in alle Länder zerstreut wurde, doch hatte Platzmann die wichtigsten Schätze durch Faksimileausgaben der Wissenschaft vorher zugänglich gemacht. Die Liste dieser Publikationen ist eine sehr umfangreiche. (Eine eingehende

Würdigung der Verdienste Platzmanns um die Sprachwissenschaft veröffentlichte Prof. C. A. Grumpelt in der Zeitschrift für Bücherfreunde, VII, Nr. 4.)   *H. W.*

Besprechungen.

Weber, Friedrich, Lehrbuch der Geographie, mit besonderer Berücksichtigung der Verkehrsgeographie. 8°, 211 S. Stuttgart 1903, W. Kohlhammer.   2.50 M.

Die vorliegende Schrift ist einem ganz besonderen Zwecke entsprungen, sie ist bestimmt, dem Unterrichtskurse für Kandidaten des württembergischen Eisenbahn-, Post- und Telegraphendienstes als Leitfaden zu dienen. Dies hätte im Titel des Buches zum Ausdruck kommen müssen; denn dieser Zweck verleiht dem Ganzen seinen Charakter. Die einleitenden Bemerkungen über „die Erde als Himmelskörper", „die Meere", „das Land" hätten ganz wegfallen können, da sie zu dem Folgenden ganz ohne inneren Zusammenhang stehen. Was die Einteilung des Stoffes betrifft, so überwiegt Europa ganz ungeheuer und zwar, selbst wenn man den speziellen Zweck in Rechnung zieht, so unverhältnismäßig, daß z. B. etwa 150 Seiten, die auf Europa entfallen, nur zwölf für Amerika entsprechen. Die Art der Behandlung des Stoffes ist eine recht schematische; sie besteht lediglich in einer Aufzählung von gedächtnismäßig zu erlernenden und sicherlich auch einem Postelevén in anderen Büchern zur Verfügung gewesenen Materials. Was schließlich die besondere Berücksichtigung betrifft, im Titel angekündigt ist, so fällt auf diese Bemerkung ein eigentümliches Licht durch das weitere sich am Schluß des Vorworts zu dieser Auflage findende Wort, daß die handelsgeographischen Angaben eine Einschränkung (?) erfahren haben. Was demnach noch bleibt, sind die Abschnitte über die Eisenbahnen sowie Post- und Telegraphenverbindungen. Sie stellen sich z. T. dar als Auszüge aus dem Reichskursbuch und ähnlichen amtlichen Veröffentlichungen. Diese mögen, zumal im Hinblick auf den besonderen Zweck, ihren Wert haben.

Wogegen hier in diesem „Geographischen Anzeiger" Einspruch erhoben wird, ist, daß der Inhalt der vorliegenden Schrift als Lehrbuch der Geographie bezeichnet wird. Vielleicht ist es dessen oder jenem Postelevén, der hernach jenem Buche lernen müssen, vergönnt, einmal einen Einblick in ein wirkliches Geographiebuch zu werfen, um einen richtigen Begriff von dem zu bekommen, was Geographie heißt. Es läßt sich auch der Wunsch nicht unterdrücken, daß in den oben angedeuteten Unterrichtskursen neben den speziellen Zwecken die „Geographie" eine andere Behandlung in Zukunft erfahre.   *Ed. Lentz.*

Seibert, A. E., Grundzüge der allgemeinen Geographie für zweiklassige Handelsschulen. Vorstufe zur Handels- u. Verkehrsgeographie. 2. Aufl. Wien 1902, A. Hölder.   1.30 Kr.

Beinahe auf das Dreifache seines ursprünglichen Umfangs angeschwollen sowie in seinem Inhalt reich vermehrt und mit Benutzung neuester Quellen auf den augenblicklichen Stand unseres Wissens gebracht, sucht der vorliegende Leitfaden zunächst den für ihn bestimmten Schulen, den Handelsschulen, zu dienen und zwar, wie der Nebentitel besagt, als Vorstufe. So wird denn auch nur die Grundbegriffe der physischen Erdkunde entwickelt; dies geschieht in recht klarer Weise, wie wir uns

z. B. bei dem wichtigen Punkte des Verständnisses der Karte, d. h. des Kartennetzbaues und seines Verhältnisses zur Natur, überzeugen konnten. Die Behandlung des Stoffes geht überall von der physischen Geographie als Grundlage aus; ihr ist der größte Teil des Raumes gewidmet, während in der Topographie, wie natürlich, Oesterreich-Ungarn überwiegt. Betreffs der richtigen Aussprache wie der Betonung von fremden Namen sucht der Verfasser einerseits durch geeignete Transskription, andererseits durch Hervorhebung mit stärkerer Schrift dem Schüler zu Hilfe zu kommen; doch könnte man hierin, z. B. bei England, noch etwas freigebiger verfahren. — Die Gebirgszüge sind auf den zahlreich beigefügten kleinen Kärtchen in starken Linien, wie wir es z. B. in den früheren Auflagen der v. Seydlitzschen Leitfäden fanden, angegeben; ein Verfahren, durch welches ein recht übersichtliches Bild gewonnen wird. Nur müßte man m. E. nicht mit den politischen Grenzen des behandelten Gebiets die Skizze aufhören lassen, sondern gegebenenfalls auch die Nebengebiete berücksichtigen.

Im großen und ganzen nimmt man aber auch aus dieser Auflage des Leitfadens den Eindruck mit, daß er, besonders für den oben angegebenen Zweck, recht brauchbar ist.   *Ed. Lentz.*

Fabri, C., Deutsche Siedelungsarbeit im Staate Santa Katharina, Südbrasilien in fünfjährigem Werdegange. 8°, 111 S. Hamburg 1902. Kittlersche Buchhandlung.

Vorliegende kritische Studie stellt sich als eine im Anfang objektiv-ruhig gehaltene, zum Schlusse immer gehässiger werdende Streitschrift gegen den bekannten Hamburger Rechtsanwalt und Kolonialfreund Dr. Schartach dar. Im Jahre 1897 war die Hanseatische Kolonisations-Gesellschaft gegründet worden, an deren Spitze als Vorsitzender des Aufsichtsrates Schartach trat, während der Verfasser dank seiner durch häufigen und langen Aufenthalt in Brasilien gewonnenen Beziehungen und Erfahrungen zum Geschäftsführer gewählt wurde. Ende des nächsten Jahres schied er jedoch aus seiner Stellung aus, weil Schartach über seinen Kopf hinweg eigenmächtige Anordnungen traf. Aus sachlichem Interesse hat Fabri jedoch das Schicksal der Gesellschaft verfolgt und untersieht die Berichte und Bilanzen derselben einer prüfenden Musterung und kommt zu dem Ergebnis, daß die Gesellschaft durch Schartachs Schuld und Unkenntnis ganz falsche Bahnen eingeschlagen und durch deren Kolonisationsarbeit in dem zukunftsreichen Südbrasilien sehr wesentlich geschadet hat. Sehr scharfe Angriffe fallen hier gegen „Schartach als Gesellschaftsvorsitzenden und Kolonialpolitiker". Zum Schlusse warnt Verfasser vor der Weiterführung des Unternehmens in der bisherigen Weise und der Ausgabe neuer Anteilscheine, da das Gesellschaftskapital um ca 350000 M. erhöht werden soll. Wir kennen Schartach nur als einen begeisterten und opferfreudigen Kolonialfreund und möchten vor einem abschließenden Urteil erst die Verteidigung des Angegriffenen abwarten.   *Dr. Max Georg Schmidt.*

Troost, E., Samoanische Eindrücke und Betrachtungen. Skizzen aus unserer jüngsten deutschen Kolonie. Kl.-8°, 75 S., mit Abb. u. K. Berlin (1901), A. W. Hayns Erben.

Der Verfasser, Oberleutnant à la suite der südwestafrikanischen Schutztruppe, leitet mit diesem Hefte ein neues Sammelwerk ein, in dem die einzelnen deutschen Kolonien in Malgabe des vorliegenden behandelt werden sollen.

Der I. Abschnitt schildert das Land (S. 7—22), dessen Lage, Aufbau, Klima, die Geschichte der Erwerbung, den Verkehr, die Bevölkerungsdichte u. s. w.

Der II. Abschnitt („die Eingeborenen", S. 23—60), enthält eine reizvolle Schilderung der Samoaner, die uns ganz vorzüglich in die Sitten und Gebräuche, die Anschauungen, die Lebensweise dieser hervorragendsten Vertreter der polynesischen Rasse einführt. Die Tracht, der Schmuck, die Einrichtung der Hütten, die Bestellung des Bodens mit den Kulturen der Kokospalme, der Kakaopflanzen u. s. w., das alles hat der Verfasser fein beobachtet und trefflich beschrieben. Dabei ist natürlich auch des Kawa-Umtrunks und der Tappa, jenes merkwürdigen Bekleidungsstoffes aus der Rinde des Papiermaulbeerbaumes, gebührend gedacht. Die auf den Samoa-Inseln eingeführten melanesischen Arbeitskräfte sind jedoch nicht — wie auf S. 8 ausgeführt wird — Neger, sondern echte Papua!

Der III. Abschnitt (S. 61—75) behandelt „die Weißen und die Zukunft" und beleuchtet die weltverkehrsgeographische Stellung Deutsch-Samoas und die dortigen zukunftsreichen Kulturen der tropischen Nutzpflanzen. Der Bilderschmuck ist trefflich und reichhaltig. Das Büchlein verdient die wärmste Empfehlung; es bietet eine knappe und dabei doch gründliche Einführung in die Landeskunde der zum endlich deutsch gewordenen „Perle der Südsee".   *Dr. Alfred Borg.*

Hevesi, Ludwig, Ewige Stadt, ewiges Land. Frohe Fahrten in Italien. Stuttgart 1903, A. Bonz & Co.   3 M.

Das Buch enthält eine Reihe von Schilderungen italienischer Städte und italienischen Volkslebens, die auf guter Kenntnis der dortigen Verhältnisse beruhen und darum viel Lehrreiches und Interessantes bieten. Solche Darstellungen, die bietet eine niedergeschrieben noch unter dem unmittelbaren Eindruck an Ort und Stelle, sind trotz der Ueberfülle an Reiseliteratur immer noch erwünscht und empfehlenswert. Sie vermitteln oft besser das Verständnis für die Eigenart eines Landes als die besten wissenschaftlichen Lehrbücher. Namentlich sollten Reisende sich zur Vorbereitung mehr solcher Bücher wie das vorliegende bedienen. Es behandelt gerade jene Städte in erster Linie, die am häufigsten besucht werden: Rom, Florenz und Venedig. Freilich setzt der Text oft schon einige Kenntnis Italiens voraus; man muß vielfach den Ort der Darstellung schon kennen, um diese ganz zu verstehen. Weiter dürfte die Art der Erzählung nicht jedem zusagen. Wohl um den Text schmackhafter zu machen, sind unzählige Anekdoten und Witze, die oft recht fad sind, eingeflochten. Der Wert des Buches erscheint uns dadurch etwas herabgedrückt.   *Eb.*

Möller, Prof. M., Braunschweig. Eine Frage! Soll die Meteorologie einen fortdauernden Vergleich zwischen Moodastellung und Witterung in ihren Arbeitsplan aufnehmen, oder soll, wie bisher, dieser Einfluß nur durch gelegentliche private Arbeiten einzelner Forscher weiter verfolgt werden? Braunschweig 1903, Druck u. Verlag von A. Limbach.   1 M.

Die Ansichten des Verfassers ergeben sich aus den Eingangsworten: „Durch den Wechsel der Stellung üben Sonne wie Mond einen gewissen Einfluß auf die Witterungsgestaltung aus; das ist schon wissenschaftlich festgestellt". Nur die Art dieses Einflusses ist nach dem Verfasser noch festzustellen, da sie nicht so einfach ist, wie sie Falb sich dachte. Da aber des letzteren Beispiel zeigt, daß finanziell ein Forscher nicht aus Privatmitteln dieser Aufgabe leben kann, fordert er, daß von den „Millionen Mark", die jährlich der Meteorologie zur Verfügung gestellt werden, auch den Forschungen in der von ihm empfohlenen Richtung etwas zugute komme. Durch eine Zusammenstellung von eigenen Beobachtungsergebnissen, sowie von theoretischen Gründen sucht er diesen Mondeinfluß nachzuweisen, der so groß ist, daß „wir ohne Vorhandensein des Mondes vielleicht ein ganz anderes Klima besitzen würden". Daß unter den geschilderten Umständen der Verfasser den ersten Teil der Frage von seinem Standpunkt aus bejaht, den zweiten entschieden verneint, darf nicht wunder nehmen. *Grim.*

Geographische Literatur.

(Die Titel-Aufnahme in diese Spalte ist unabhängig von der Einsendung der Bücher zur Besprechung.)

a) Allgemeines.

Andrees neuer allgemeiner und österr.-ungar. Handatlas. 19.—22. Lief. Wien 1903, Moritz Perles. Je 1 M.
Deutsches meteorologisches Jahrbuch für 1902. Preußen und benachbarte Gebiete. 1. Heft, 62 S. Berlin 1903, A. Asher & Co. 3 M.
Fretwurst, A., Die Kartenschrift. Anleitung zum Schreiben derselben für kartographische und technische Zwecke. 2. Aufl. 8 S., 4 Taf. Stuttgart 1903, Konr. Wittwer Verlag. 1 M.
Hellmann, G., Ergebnisse d. Niederschlags-Beobachtungen in den Jahren 1899 und 1900. 227 und 245 S. Berlin 1903, A. Asher & Co. 18 M.
Jahresbericht des Zentralbureaus für Meteorologie und Hydrographie im Großherzogtum Baden für das Jahr 1902. 113 S., 5 Taf., 1 K. Karlsruhe 1903, G. Braun. 8 M.
Laska, W., Über die Berechnung der Fernbeben. 14 S. Wien 1903, C. Geroids Sohn. 30 Pf.

Mazelle, Ed., Die mikroseismische Pendelunruhe und ihr Zusammenhang mit Wind und Luftdruck. 67 S. Wien 1903, C. Geroids Sohn. 2.60 M.
Mayers historisch-geographischer Kalender. 8. Jahrg. 1904. Leipzig 1903, Bibliographisches Institut. 1.75 M.
Monatskarte für den nordatlantischen Ozean. August und September. Nr. 8 und 9. Hamburg 1903, Eckardt & Meßtorff.
Nautisches Jahrbuch der Ephemeriden und Tafeln für das Jahr 1906. 320 S. Berlin 1903, C. Heymann. 1.50 M.
Scott-Elliot, W., Atlantis nach okkulten Quellen. Eine geographische, historische und ethnologische Skizze. Leipzig 1903, Th. Grieben. 2 M.
Seekarten der kais. deutschen Admiralität. Nr. 40: Ost-Kamerun um Alsen. 1 : 50000. 3 M. — Nr. 97: Ost-Karolinen. 1 : 2000000. 2.10 M. Berlin 1903, D. Reimer.
Segelhandbuch für die Ostsee. 4. Abt.: Russische Küste von der preußischen Grenze bis Dagerort. 3. Aufl. 241 S. Ill., 2 K. Berlin 1903, Dietrich Reimer. 3.50 M.
Veröffentlichungen des Kgl. preuß. meteorologischen Instituts. 1902. 3. Heft. Beobachtungssystem des Königreichs Preußen und benachbarter Gebiete. S. 111—342, 1 K. Berlin 1903, A. Asher. 11 M.

b) Deutschland.

Geinitz, E., Der Landverlust der mecklenburgischen Küste. 27 S., 5 K., 20 Taf. Rostock 1903, G. B. Leopold. 6 M.
Geologische Spezialkarte des Großherzogtums Baden. 1 : 25000. Nr. 109: Furtwangen von F. Schalch und A. Sauer. Nr. 110: Neustadt von F. Schalch. Heidelberg 1903, Carl Winter. Je 2 M.
Habenicht, H., und C. Böhmer, Handkarte von Thüringen. 1 : 250000. Gotha 1903, Justus Perthes. 1.50 M., auf Leinwand 2.40 M., mit Stäben 3 M.
Habenicht, H., und C. Böhmer, Handkarte von Thüringen. Namenverzeichnis. 33 S. Gotha 1903, Justus Perthes. 60 Pf.
Handbuch der Wirtschaftskunde Deutschlands. 6. Aufl. 2. Lief. (S. 129—288). Leipzig 1903, B. G. Teubner. 4 M.
Knett, J., Vorläufiger Bericht über die erzgebirg. Schwarmbeben 1903 vom 13. Februar bis 25. März. 27 S. Wien 1903, C. Geroids Sohn. 80 Pf.
Kurth, Die Ostmark Posen und ihre Bedeutung für Preußen-Deutschland. 32 S. Berlin 1903, Gose & Tetzlaff. 80 Pf.
Meßtischblätter des preußischen Staates. 1 : 25000. Blatt 1764: Hennigsdorf; 1765: Schönerlinde; 1766: Bernau; 1834: Wustermark; 1839: Alt-Landsberg; 1909: Ketzin; 1910: Rüdersdorf; 1911: Herzfelde; 1976: Lichtenrode; 1978: Tremsdorf; 1979: Sperenhagen; 1980: Fürstenwalde; 1981: Briesen in der Mark; 2045: Friedersdorf; 2112: Teupitz; 2114: Alt-Shadow; 2181: Schlepzig; 2326: Werben in Spreewald; 2329: Jeinitz; 2398: Kalau; 2399: Vetschau;

2472: Alt-Döbern; 3365: Kesterl; 3366: St. Goarshausen. Berlin 1903, R. Eisenschmidt. Je 1 M.
Selle, Geo, Der Jadebusen. 70 S. ill. Varel 1903, Ad. Allmers. 2.40 M.
Supp, A., Reisekarte durch Ober-Elsaß. 1 : 150000. Colmar 1903, Max Wetzig. 2 M.
Topographische Uebersichtskarte des Deutschen Reiches. 1 : 200000. 46: Laben; 105: Glogau. Berlin 1903, R. Eisenschmidt. Je 1.50 M.
Wagner, Ed., Die Bevölkerungsdichte in Süd-Hannover und deren Ursachen. 159 S. (Forschungen zur deutschen Landes- und Volkskunde, XIV, 6.) Stuttgart 1903, J. Engelhorn. 8 M.

c) Übriges Europa.

Mayers Reisebücher, Oberitalien und Mittelitalien von Dr. Oscil Feis. 7. Aufl. 452 S., 15 K., 48 Pl. Leipzig 1903, Bibliographisches Institut. 8 M.
Petermann, Richard E., Wanderungen in die östlichen Niedern Tauern. 173 S. Wien 1903, A. Amonesta. 4.50 M.
Schmidtko, Alfr., Das Klosterland des Athos. 107 S. ill. Leipzig 1903, J. C. Hinrich. 3 M.
Thiele, R., Reiseerinnerungen an Griechenland. 54 S. Erfurt 1903, H. Neumann. 80 Pf.

d) Asien.

Fitzner, Rudolf, Aus Kleinasien und Syrien. 1. Lief. S. 1—64 (in 5—6 Lief.). Rostock 1903, C. J. E. Volckmann. 1.50 M.
Richthofen, F. v., Geomorphologische Studien aus Ostasien. IV. Über Gebirgskettungen in Ostasien mit Anschluß Japans. V. Gebirgskettungen im japanischen Bogen. 52 S. Berlin 1903, Georg Reimer. 2 M.

e) Afrika.

Nys, E., L'état indépendant du Congo et le droit international. Bruxelles 1903, A. Castaigne. 1 fr.
Hotchkill, W. L., Sketches from the Dark Continent. London 1903, Headley Brothers. 2sh. 6 d.
Johnson, J. C., Sport on the Blue Nile. London 1903, Banks. 7sh. 6 d.

f) Amerika.

Petroceline, A., Along the Andes. London 1903, Gay & Bird. 7 sh. 6 d.

g) Australien und Südseeinseln.

Karte der deutschen Besitzungen im Stillen Ozean und Klautschou. 1 : 3000000. 9 Bl. Berlin 1903, Dietrich Reimer. 30 M.

Nr. 9. Henning, Die Ergebnisse der Ausgrabungen am Beltempel zu Nippur. I. — Wüst, Diluviale Salzstellen im deutschen Binnenlande. — Weißenberg, Die Karker der Krim. — Vou den afrikanischen Eisenbahnen und Eisenbahnplänen.

Nr. 10. Henning, Die Ergebnisse der Ausgrabungen am Beltempel zu Nippur. II. (Schluß). — Meerwarth, Zur Ethnographie der Paraguaygebiete und Matto Grosso. — Gentz, Einige Beiträge zur Kenntnis der Südwestafrikanischen Völkerschaften. I. — Piechowski, Die schiffbaren Flüsse in Russisch-Polen.

La Géographie. Bulletin de la Société de Géographie. Herausg.: Hulot et Rabot; Verlag: Masson et Cie., Paris, VIII. 1903.
Nr. 2. d'Anty, La navigation à Vapeur dans le bassin du Yang-tseu. — de Wybranowsky, Le régime du Dnjepr. — Chevalier, Exploration scientifique dans les Etats de Saoussi, sultan du Dar-el-Kouti. — Froidevaux, Collections des ouvrages anciens concernant Madagascar.

Petermanns Mitteilungen. Herausg.: Prof. Dr. A. Supan; Verlag: Justus Perthes, Gotha. 49. Bd. 1903.
Heft 8. Krümmel, Die geographische Verbreitung der Wind- und Wassernotwürfe im Deutschen Reiche. — Hübner, Ins Hochland von Liberia. — Enderli, J., Zwei Jahre bei den Tschuktschen und Korjaken. — Friederichsen, Prof. W. W., Sapocchnikows Reisen im Russischen Altai 1895 und 1897. — Hammer, Der Pedograph von Th. Ferguson. — Mitzopulos, Das griechische Erdbeben vom 11. August 1903. — Sibiriakow, A. E. Nordenskiöld und der Seeweg nach Sibirien.

Revue de Géographie. Herausg.: Ch. Delagrave. XXVII. Jahrg. 1903.
September. Dorola, Bonaparte et le monde musulman. — Brisse, Transsibérien — Transmandchourien «Colonisation russe». — de Bisinville, Les Mois des régions du Song-Ba et du Darlac (Annam). — De Taillis, Le Nil français est-il navigable? — C., Dans l'extrème Sud de l'Algérie. — A. B., L'Expédition antarctique allemande.

The Geographical Journal. Vol. XXI. 1903.
September. Murray & Pullar, Bathymetrical Survey of the Fresh-water Lochs of Scotland. — Günther, Earth movements in the Bay of Naples. — Reclus, On Spherical Maps and Reliefs. — Antarctic Sledge Travelling. — Millais On Some New Lakes and a Little-Known Part of Central Newfoundland. — The Eight International Geographical Congress.

The National Geographic Magazine. Vol. XIV.
Nr. 8. Austin, Our United States: Her industries. — The introduction of the Mango. — Moseley, Rainfall and the Level of Lake Erie. — The Railroads and Forestry. — The Peary Arctic Club Map.

The Scottish Geographical Magazine. XIX. 1903.
September. Murray & Pullar, Bathymetrical Survey of the Fresh-water Lochs of Scotland. — Mainprise, Reminiscences of China after the Recent Troubles. — The German Antarctic expedition. — The Scope and Practical Teaching of Geography in Schools.

Tijdschrift van het Koninklijk Nederlandsch Aardrijkskundig Genootschap. Herausg.: A. L. Van Hasselt; Verlag: E. J. Brill, Leiden. Tweede Serie, Deel XX. 1903.
Nr. 5. Patijn, Reis van Bangkok over Korat naar Saigon. — Spaan, in het Birma stroomgebied (21—30 Mei 1903). — Niermeyer, De bevloeiingswerken op Java. — Zondervan, Het Soes-Kanaal. — E. N., Sabang. — Cornelia, Het Tjonda-gebergte. — Red., Nieuw-Guinea expeditie. — Red., Naschrift. — Red., in de Storm Seran een tempel? — J. H. van Hasselt, Gomalie-expeditie.

Wandern und Reisen. Illustrierte Zeitschrift für Touristik, Landes- und Volkskunde, Kunst und Sport. L. Schwann, Düsseldorf. 1. Jahrg. 1903.
Heft 17. Kiehne, im grünen Hart. — H. W., Die dicken Tannen" bei Hobegeiß. — Günther, Oberharzer Hochwild im Sommer. — Wedding, Kloster Wolkenried. — Schirmer, Die Tidlaushöhle. — Günther, Eine Brockenbesteigung im Winter. — Schultze, Die Honnsteinruinen. — S. M., Der Kaiser-Wilhelm-Turm bei Wernigerode. — Reilly, Bei Barchmann.
Heft 18. Ukst-Bernays, Erinnerungen an San Martino di Castrozza. — Trinius, Schwarzburg. — Töppe, Thüringen. — Queitsch, Durch das Isergebirge. — Raupp, Unter en Sternenhimmel. — Börger, Gebt der Maler auf die Reis'. — Kollbach, Ein Ausflug nach Altenahr.

Ymer, Tidskrift, utgifven af Svenska Sällskapet för Antropologi och Geografi. 1903.
1. Heft. Sällskapets styrelse och nyhvalda ledamöter. — Hedin, Resa genom Centralasien. — Andersson, Om Målarmeterns geografi. — Arne, Nyare upptäckter rörande de äldre stenåldrens konst. — F. C., Anton Stuxberg †.
2. Heft. Retzius, Arkeologiska undersökningar i grottor å Kullaberg i Skåne. — Lönborg, Gamla hus och bustycker. — O'Raberg, Om det ayappucktä giraffartade djuret „Okapi". — Nathorst, Den svenska antarktiska expeditionen. — Andersson, De pågående antarktiska expeditionen.

Zeitschrift für Schulgeographie. Herausg.: Dr. Anton Becker; Verlag: Alfr. Hölder, Wien. 24. Jahrg. 1903.
11. Heft. Trampler, Nachwort zur Geographischen Abteilung der Lehrmittelausstellung zu Ostern 1903. — Notizen u. s. w.

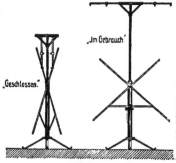

Geographischer Anzeiger

herausgegeben von

Dr. Hermann Haack und Oberlehrer Heinrich Fischer
Gotha, Friedrichsallee 3.   Berlin SW. 47, Belle-Alliancestr. 69.

| Vierter Jahrgang. | Diese Zeitschrift wird sämtlichen höhern Schulen (Gymnasien, Realgymnasien, Oberrealschulen, Progymnasien, Realschulen, Handelsschulen, Seminarien und höhern Mädchenschulen) kostenfrei zugesandt. — Durch den Buchhandel oder die Post bezogen beträgt der Preis für den Jahrgang 2.00 Mk. — Aufsätze werden mit 4 Mk., kleinere Mitteilungen und Besprechungen mit 6 Mk. für die Seite vergütet. — Anzeigen: Die durchlaufende Petitzeile (oder deren Raum) 1 Mk., die dreigespaltene Petitzeile (oder deren Raum) 40 Pfg. | November 1903. |

Die Fortbildung Erdkunde unterrichtender Oberlehrer.

Von Dr. Felix Lampe-Berlin.

Eine Besserung der Lage des Schulunterrichts in der Erdkunde wird seit Jahren als dringende Notwendigkeit gefordert. Sie kann und muß in dreierlei Hinsicht erfolgen: Der Lehrplan ist auszubauen; die Lehrmethoden sind zu klären und weiter zu entwickeln; die Lehrpersönlichkeiten müssen eine ausreichende Ausbildung erfahren.

Ob die Lehrpläne in absehbarer Zeit solche Umgestaltung erfahren, daß dem erdkundlichen Unterricht in den Oberklassen eine Stätte bereitet wird, oder ob zum Verzweiflungsmittel von Aushilfen gegriffen wird, wie fakultative Schulstunden oder freie Vortragsreihen, vielleicht mit Lichtbildern, für Schüler sie darbieten, das alles bildet Gegenstand rein theoretischer Betrachtungen so lange, bis die Behörden ein Zeichen von Bereitwilligkeit geben, eine Neuordnung der Stellung eintreten zu lassen, welche der Erdkunde im Lehrplan der Gymnasien und Realgymnasien angewiesen ist. Vorläufig ist der Lehrer gezwungen, sein Lehrziel so gut wie möglich zu erreichen in einer unbillig knappen Zahl von Unterrichtsstunden mit Schülern, deren Verständnis noch nicht reif genug ist, um tiefere Zusammenhänge zwischen den Tatsachen zu erfassen, deren ursächliche Wechselwirkung das Wesen der Länderkunde wie der allgemeinen Erdkunde ausmacht. Da gilt es zunächst, die Lehrmethode so auszubilden, daß in gedrängtem Lehrgang neben der Mitteilung tatsächlicher Einzelkenntnisse auch die verstandesmäßige Vertiefung in die Bedeutsamkeit der erdbildenden Kräfte und Stoffe und in die Abhängigkeiten der lebendigen Welt von den Raumgrößen und Ortsbeschaffenheiten nicht vergessen wird und das Vermögen, Karten sowohl wie Bilder und die Landschaften selber sinnlich anzuschauen, einige Schulung erfährt. Der Kampf um die Methode ist lebhaft und hat viel Gutes an Gedanken und an Lehrmitteln zutage gefördert; aber weder die Frage nach dem Lehrbüchern und ihrer besten Eigenart, noch die Meinungsverschiedenheit über den Gebrauch von Wandkarte und Atlas oder die Anregung, Heimatkarten zu schaffen, haben ein wirklich abschließendes Ergebnis, eine allseitig befriedigende Antwort erfahren. Die Wissenschaft der Erdkunde ist, unbestimmt in ihren Grenzen gegen Nachbarwissenschaften, in Entwicklung begriffen, und die Kunst des Lehrens, mit der sie sich in schönem Bunde vermählen soll, ist ebenfalls zu wenig in Regeln und allgiltige Gesetze zu schlagen, als daß eine einzige auch nur in der Mehrzahl der Fälle einzuhaltende Unterrichtsart für erdkundliche Gegenstände als vorbildlich hinstellbar wäre. So viel wertvolle Gedanken die literaturreiche Methodik des Geographieunterrichts ausgestreut hat, fürs erste ist nicht zu erwarten, daß alle Vorschläge, Lehren, Meinungen, und mehreren sie sich noch ins tausendfache, mehr als immer neue Anregungen bilden werden. So bleibt der Lehrpersönlichkeit gerade im Fache der Erdkunde ein weites Feld zu freier Betätigung, und die Geographie ähnelt in den Anforderungen an

die Individualität des Lehrers etwa dem Deutschen, der Geschichte, der Religion. Der Kreis der Fragen, welche in die Betrachtung hineingezogen werden sollen, die Art der Verknüpfung, in welcher die Einzeltatsachen erscheinen sollen, die liebevolle Vertiefung in die sinnfällig anschaubar zu machende Landschaft, ins greifbar vor die Vorstellungskraft zu zaubernde Volksleben, alle diese Aufgaben und ähnliche mehr hat der Lehrer nach dem Maße eigenen Könnens und eigener Kenntnisse sich und den Schülern vorzulegen und sie zu lösen ständig im Bewußtsein, daß die Lehrpläne mit Recht zunächst die Erzielung einer gewissen Sicherheit topographischen Wissens fordern, mit Unrecht aber die Zeit versagen, welche zu ruhiger Erledigung aller dieser Unterrichtszwecke notwendig ist.

Muß so der Lehrer aus eigener Kraft und Lehrerfahrung die Mängel zu ergänzen suchen, welche den Lehrplänen hinsichtlich des geographischen Unterrichts anhaften und zu deren Überwindung das, was über die Lehrmethode geschrieben ist, wohl Beihilfen bietet, doch nicht annähernd ausreichende, dann wird mit besonderem Nachdruck auf die Fähigkeit und Unterrichtsfreudigkeit der Lehrer Wert zu legen sein, denen diese schwierigen Aufgaben anvertraut werden. Während die Entwicklung der Methoden wahrscheinlich so wie die jeder echten wissenschaftlichen Forschung zwar andauernd dem Ziele näherkommt, es aber nie bis zur Beantwortung der letzten Frage erreicht, weil jeder neue Fortschritt neue Rätsel in sich schließt, während ferner die Besserung der Lehrpläne in allernächster Zeit noch nicht erreichbar zu sein scheint, läßt sich auf dem Verwaltungswege sofort eingreifen, wenn es sich darum handelt, die rechten Lehrpersönlichkeiten mit dem Erdkunde-Unterricht zu betrauen. Immer noch tauchen von allen Seiten her Klagen und Beschwerden auf, daß dieser Unterricht, weil er einem Nebenfache gilt, bei der Stundenplanverteilung benutzt wird, um beliebigen Laien in der Geographie die Pflichtstundenzahl auszufüllen zu helfen, daß er sogar als Entlastung ruhebedürftiger, von schriftlichen Arbeiten zu befreiender Herren benutzt wird. Hier gilt es mit schonungslosem Nachdruck den auf dem Papier bestehenden Vorschriften, daß nur Fachleute in der Erdkunde unterrichten sollen, Geltung zu verschaffen, gilt es, den Schuldirektoren und den Lehrern selbst das Gewissen zu schärfen, daß es eine Versündigung an den Kindern wie an der geographischen Wissenschaft ist, wenn ein Unterricht, der von inneren und äußeren Schwierigkeiten erfüllt ist, als eine bequem zu erledigende Kleinigkeit ungeschulten Lehrkräften übertragen und von diesen gern zur Erholung übernommen wird. Nicht grundlos ist freilich schon darauf hingewiesen, daß die vor vielen Jahren einmal in der Oberlehrerprüfung erworbene Berechtigung, in Oberklassen erdkundlichen Unterricht zu erteilen, öfters weniger Anwartschaft darauf gibt, daß dieser Unterricht auf einer wissenschaftlich einwandfreien Grundlage beruht, als wenn ein im Fache ungeprüfter Lehrer durch eigene Reisen, Lektüre, geographische Studien von verschiedener Art sich Kenntnisse erworben hat und sie, von lebendiger Anschauung getragen, vor den Schülern verwerten möchte. Die Entwicklung in der geographischen Wissenschaft ist während der letzten Jahrzehnte extensiv und intensiv eine so schnelle gewesen, daß gar manchem die Fühlung mit den neuen Forschungsergebnissen und den neuen Anschauungen in der Länderkunde und allgemeinen Geographie verloren gegangen ist. Neue Gebiete auf der Erdoberfläche werden zwar nicht mehr viel entdeckt werden; aber altbekannte füllen sich an mit neuen, oft wichtigen Einzelheiten. Bisher unbeachtete Gesichtspunkte werden aufgestellt, deren Anwendung das Verständnis für Landschaft und Volk erst erschließt. Die fortschreitende Vertiefung der Forschungen bewirkt eine andauernde Absonderung von Einzelgliedern der geographischen Gesamtwissenschaft, beispielsweise der Lehre vom Gletscher- und Inlandeis, der Limnologie, der Ozeanographie, und jedes Sondergebiet entfaltet einen Reichtum ihm eigener Arbeitsweisen und bringt neue Arbeitsergebnisse. Nicht alle sind für die Schule von Bedeutung; denn für den Knaben ist Erdkunde zunächst nur Bestandteil allgemeiner Bildung, und die Fachausbildung suche er sich dereinst auf der Universität. Manche neu erblühenden Zweige am großen Stamme der Erdkunde erfordern aber dringend der Berücksichtigung, beispielsweise die Wirtschaftsgeographie, und man vergesse auch nie, daß der Lehrer nur dann für sein Fach Begeisterung oder doch unerzwungene Aufmerksamkeit erweckt, wenn die Schüler empfinden, wie er aus dem Vollen schöpft, wie also tausenderlei in ihm als lebendiger Besitz beim Unterricht mitwirkt, was ihnen gar nicht mitgeteilt wird. Ob nun der Lehrer im Besitz des Vollzeugnisses ist, oder ob der Ausnahmefall vorliegt, daß er sich selbst seine innere Berechtigung zum Unterricht in der Erdkunde erworben hat, immer wird er sich gezwungen sehen, für die Auffrischung seiner Kenntnisse zu sorgen. Bei Lehrern der neuen Sprachen sind durch Reisevergütungen oder durch Vorträge, Sprachkurse und andere Veranstaltungen in der Heimat dafür Vorkehrungen getroffen, daß ihr Vermögen französischer und englischer Redefertigkeit hin und wieder eine Stärkung erfahre. Für Lehrer der alten Sprachen werden archäologische Kurse in deutschen Museumsstädten abgehalten oder wird Urlaub nach Rom ans archäologische Institut gewährt. Für die Förderung des naturwissenschaftlichen Unterrichts sind von staatlichen und städtischen Behörden, auch wohl von Universitäten, zweckmäßige Einrichtungen getroffen worden, damit die Lehrer auf wissenschaftlicher Höhe erhalten werden. Was ist bisher für die Fortbildung der Lehrer geschehen, die in der Erdkunde unterrichten? Und was soll künftig in dieser Hinsicht geschehen?

Zur Beantwortung dieser Fragen, in deren Lösung eines der wichtigsten und nächstliegenden Mittel zur Hebung des erdkundlichen Unterrichts enthalten ist, sei nicht der Weg allgemeiner Überlegungen beibehalten, sondern in einigen Zügen an dem Beispiel der Oberlehrer in Berlin geschildert, welche Mittel zur Verfügung stehen, um Anregungen für den Geographieunterricht zu finden. Da die Bildungsmittel in der Reichshauptstadt besonders reichhaltig sind, darf angenommen werden, daß die Verhältnisse in anderen Städten für fortbildungsbedürftige Lehrer nicht günstiger sind, und daß die Unvollkommenheiten und Mängel, die in Berlin fühlbar werden, anderwärts in noch höherem Maße vorliegen. Abzusehen ist von vornherein von der großen Anzahl von Vereinen und im Publikum offenstehenden Gelegenheiten zur Vertiefung in erdkundliche Dinge. Die Berliner Gesellschaft für Erdkunde, die beiden Abteilungen der Kolonialgesellschaft, neuerdings vor allem auch die winterlichen Vorträge in der Anstalt für Meereskunde, geographische Publika an der Universität und am Seminar für orientalische Sprachen, Sitzungen der anthropologischen und der Orient-Gesellschaft und eine fast erdrückende Zahl von gelegentlich mit länder- und völkerkund-

lichen Fragen sich befassenden Veranstaltungen öffentlichen und privaten Charakters spenden sicherlich für die Lehrer eine große Fülle von Belehrungen und werden von vielen auch eifrig benutzt; aber die Teilnahme an alledem setzt meist einen Geldaufwand voraus, den nicht jeder leisten mag, setzt vor allem den Wunsch und Willen der Fortbildung voraus, der durch planvolle Einrichtungen bei sehr vielen, alle die erdkundlichen Unterricht dem Herkommen gemäß, altererworbenen Berechtigungen entsprechend oder auch aus Zweckmäßigkeitsgründen erteilen, erst rege gemacht werden muß, und die Ergebnisse aller solcher Veranstaltungen, an sich im wissenschaftlichen Werte höchst ungleich, von vielen Zufälligkeiten abhängig und meist einer geschulten Beurteilung bedürftig, sind nur in seltenen Fällen für den Unterricht unmittelbar fruchtbar zu machen. Es bedarf eigener Einrichtungen für Oberlehrer, ihrem Bedürfnis angepaßt, mundgerecht gemacht durch behördliche Anordnung oder Empfehlung, die einen leisen moralischen Druck zur Beteiligung in sich schließt; denn es gilt gerade die minder Wohlwollenden dem geographischen Unterricht und seinen Zielen so zu gewinnen, daß auch bei ihnen Kenntnisse und Lust des Lehrers ausgleichen, was dem Handwerkszeuge der Methodik noch mangelt und was vor allem die Lehrpläne noch nicht erfüllen. Solche Maßnahmen zur Hebung des Unterrichts durch Veranstaltungen, die der Geographie nachdrückliche Wichtigkeit verleihen in den Augen von lässigen Direktoren und von Lehrern, welche diesem Fache gegenüber noch zu wenig Verantwortlichkeitsgefühl besitzen, bestehen in Berlin noch nicht. Doch ist bei den staatlichen und städtischen Einrichtungen zur Hebung des naturwissenschaftlichen Unterrichts die Geographie mehrfach berücksichtigt worden.

Seit rund 12 Jahren läßt der preußische Staat Ferienkurse für Oberlehrer der Naturwissenschaften in Berlin abhalten, zu denen man nach voraufgegangener Meldung einberufen wird. Fachleute, meist Universitätsprofessoren, tragen von neuen Ergebnissen, Zielen, Arbeitsweisen wissenschaftlicher Forschung vor; Versuche werden vorgeführt, Sammlungen besichtigt, und ein größerer Ausflug pflegt die Tagung abzuschließen. Er ganz besonders dient neben geologischen, technologischen, auch wohl botanischen Sonderzwecken der geographischen Anschauung; doch sind auch erdkundliche Vorträge mehrfach in den Rahmen der Vorlesungen aufgenommen. Um die Einrichtung dieser Kurse, die Oberlehrern aus den Provinzen und aus Berlin zugute kommen, hat der verstorbene Geh. Regierungsrat Schwalbe sich verdient gemacht, und daß der Provinzialschulrat Geh. Rat Vogel sie jetzt leitet, kommt ihrem Ansehen zu statten. Aber die bittere Notlage des gesamten Erdkunde-Unterrichts wird durch diese Tropfen auf den heißen Stein nicht gemildert. Vor allem sind die sehr zahlreichen Lehrer, welche die Erdkunde mit geschichtlichen oder sprachlichen Fächern verbinden, ständig ausgeschlossen, weil der Gesamtinhalt des Ferienkursus ihnen fern liegt. Gerade sie aber bedürfen der Fortbildung in der Geographie, weil die naturwissenschaftlichen Grundlagen dieser Wissenschaft ihnen an sich fern liegen und weil sie aus eigenem Antrieb und mit eigenen Mitteln in den Pflichten eines andersgearteten Unterrichts und von sprachlichen Korrekturen in Anspruch genommen, der raschen Entwicklung der Naturwissenschaften nicht zu folgen vermögen. In dieser Hinsicht wirken die Veranstaltungen der Stadt Berlin zur Förderung des naturwissenschaftlichen Unterrichts in höheren Lehranstalten zusammen; denn hier handelt es sich um Ausflüge und um Vortragsreihen, deren jede für sich eine Einheit bildet, so daß jeder für seine Bedürfnisse eine Auswahl treffen kann. Wieder war es Geh. Rat Schwalbe, der die Stadt Berlin vermocht hat, jährlich 4000 Mark zur Fortbildung ihrer mit naturwissenschaftlichem Unterricht betrauten Lehrer auszuwerfen. Die Anzahl der Berliner Teilnehmer an den staatlichen Ferienkursen war doch allzu beschränkt, als daß der Gesamtunterricht durch dieselbe hätte gehoben werden können, und für den neusprachlichen Unterricht gab die Stadt bereits Mittel her, um die Oberlehrer, die ihn erteilen, auf wissenschaftlicher Höhe und im Besitz gewandter Sprachfertigkeit zu erhalten. Es erschien also billig, auch den Naturwissenschaften durch Einrichtung von Vorträgen und von Ausflügen Unterstützung angedeihen zu lassen. Diese städtischen Maßnahmen haben sich in vier Jahren ihres Bestehens ganz vortrefflich bewährt. Sie unterstehen der uneigennützigen, geschickten Leitung des Realschuldirektors Professor Reinhardt. Doch für die Ansprüche der Erdkunde reichen auch sie nicht aus. Noch ist kein einziger Vortrag geschweige eine Vorlesungsreihe aus dem Gebiet der reinen Geographie gehalten. Für Tier- und Pflanzengeographie, auch für Geologie ist dagegen gesorgt worden, so daß dem Geographen wenigstens von Nachbarwissenschaften her Anregung kam.

Wertvoll für die Geographie sind dagegen die Ausflüge, die überhaupt den verdienstlichsten Teil der Berliner städtischen Veranstaltungen bilden. Nach Freiluftmenschen, nach unmittelbar sinnlicher Anschauung im Gegensatz zu einseitiger Denkausbildung rufen einseitige, warmherzige Erzieher der Jugend. Diese soll nicht mehr im geistigen Weltbürgertum Ersatz für den Mangel an vaterländischer Betätigung finden wie vor einem, wohl noch vor einem halben Jahrhundert, sondern sie soll verständnisvoll einem Weltwirtschaft und Weltpolitik treibenden Staate einst dienen können. Unmittelbare, selbst erworbene Anschauung erfordert nun gerade auch die Erdkunde, die weniger als, irgend eine andere Wissenschaft im bloßen Studierzimmer betrieben werden darf. Hinaus ins Freie muß also vor allem der, welcher der Jugend Erdkunde lehren will. Berlin liegt nicht günstig für geographische Ausflüge. Ist die Umgebung auch reizvoll genug, so beteiligen sich an der Geländeausbildung nur eine beschränkte Zahl von Stoffen und Kräften, und das Leben, welches diesen verhältnismäßig einfachen Boden überspannt, ist vor weite Entfernungen hin, besonders insoweit es den Menschen betrifft, von der Großstadt beeinflußt und verfälscht. Und trotz dieser Schwierigkeiten hat, wie ein Überblick über die Berliner Oberlehrerausflüge zeigt, eine große Fülle von Anregungen und Belehrungen sich bei geschickter Leitung durch diese Ausflüge erzielen lassen.

Im ersten Jahre des Bestehens dieser Veranstaltungen verfolgten drei Ausflüge den Zweck, durch Vorführung von Tatsachen in der Natur die Frage, ob Kohlenflöze autochthon oder allochthon gebildet seien, zum Verständnis zu bringen. Ein Tagesausflug hatte die Senftenberger Braunkohlenlager zum Ziele, in denen bei Groß-Räschen trefflich erhaltene, aufrecht wurzelnde Stämme von Taxodium distichum beweisen, daß an Ort und Stelle ein Waldmoor durch Aufwachsen vieler Geschlechter von Pflanzen übereinander die Flöz gebildet hat. Ein zweiter Tagesausflug galt den Kulmsteinbrüchen im Magdeburgischen bei Hundisburg, in denen man in unproduktiver Steinkohlenformation massenhafte Reste zusammengeschwemmter Pflanzen findet, „fossilen Häcksel". Zuletzt wurde auf anderthalbtägigem Ausflug der Steinkohle- in Zwickau besucht. Die Ausflüge wurden an Sonntagen oder in der schulfreien Ferienzeit unternommen, waren einzeln oder insgesamt zugänglich; jeder Teilnehmer trug Verpflegungs-, Reise- und Wohnungskosten, abgesehen von der etwas weiten Reise nach Zwickau, deren Kosten die Kasse der Veranstaltungen bestritt. Führer war Professor Potonié. Beobachtet wurden natürlich alle Dinge, die örtlich beisammen an den Zielen der Ausflüge oder auf dem Wege zu ihnen hin sich noch außer der Hauptfrage beachten ließen: Die technische Gewinnung und Verarbeitung von Braun- und Steinkohlen, Tagebau- und unterirdischer Bergwerksbetrieb, Arbeiterfürsorge, Ein- und Abkaufsbedingungen, Verkehrswege. Auf der hangenden Fläche der

Magdeburger Kulmgrauwacken waren eiszeitliche Schrammen zu verfolgen.

Die nächsten drei Jahre brachten eine ganze Anzahl von Reisen und Ausflügen, welche Verständnis für die Bildungsvorgänge erwecken sollten, die das norddeutsche Flachland geformt haben. Zunächst führte Professor Keilhack an den drei Pfingsttagen des Jahres 1901 in die Glaziallandschaft um Stettin. Am Gelände bei Pölitz wurden die Terrassen gezeigt, welche von alten Haffstauseen Kunde geben; bei Nörenberg lernte man die Formen der Moränenlandschaft kennen, auch die Grand-Åsar; an den Cementgruben von Finkenwalde wurde beobachtet, wie die Kreide durch Glazialschub in mächtige Falten gelegt ist. Die folgenden Ausflüge leitete Geh. Bergrat Wahnschaffe. Sie waren eintägig und erstreckten sich in die nähere Umgebung Berlins. In Rüdersdorf begann man mit dem Studium des vom Eiszeitschutt bedeckten Untergrundes. An den einzelnen Steinbrüchen ist die Gliederung des Muschelkalkes deutlich erschlossen; die früher reichlich vorhandenen, für die Geschichte der Glazialgeologie wichtig gewordenen Reste eiszeitlicher Einwirkungen auf den Kreidekalk sind infolge fortschreitender Bearbeitung der Brüche nicht mehr so lehrreich wie früher. Der nächste Ausflug ging durch das Gebiet der Endmoränen bei Chorin, wo die Blockpackungen dieser bogenförmig verlaufenden Gebilde, das rückwärts liegende, einst von Stauseen erfüllte flache und fruchtbare Gelände, die vor den Endmoränen sich ausbreitende Grundmoränenlandschaft und schließlich das Thorn—Eberswalder Tal mit seinem Sande zur Anschauung kamen. Auf einem weiteren, nach Buckow gerichteten Ausflug wurde die Gliederung des märkischen Tertiärs und die in ihm durch den Eisdruck hervorgerufenen Störungen erläutert und gezeigt, wie die reizvolle Hügellandschaft mit Schluchten, Seen und Söllen der ausstrudelnden oder fließenden Tätigkeit der Gletscher-Schmelzwässer ihre Entstehung verdankt. Ein späterer Ausflug lehrte ältere fluvioglaziale Ton- und Sandablagerungen bei Werder an der Havel kennen, die in wechselnden Schichten liegend durch eine spätere Vereisung zu prachtvollen Sätteln aufgepreßt sind. Alle diese Wanderungen boten wiederum auch zu anderen, nicht unmittelbar mit dem Hauptthema in Beziehung stehenden Beobachtungen Anlaß; beispielsweise wurde bei Werder die durch kunstvolle Pflege auf armem Boden blühende Obstzucht eingehend nach ihren Daseinsbedingungen studiert. Wie der letzte Ausflug schon in die Tatsache mehrerer Vereisungen Einblick gegeben hatte, diente im folgenden Jahre eine Wanderung durch das Gebiet von Königs-Wusterhausen, Groß-Besten und Motzen dazu, Spuren der Interglazialzeit an Aufschlüssen nachzuweisen, welche Torfmoorbildungen zwischen Diluvialschichten enthalten. Um auch jüngere Torfmoore kennen zu lernen, reisten dann, immer geführt von Professor Wahnschaffe, etwa 40 Oberlehrer, die gewöhnliche Teilnehmerzahl, ins Hannöversche, wo nördlich Isenbüttel bei Triangel und Gifhorn ein großes Moor in trefflicher Weise bewirtschaftet wird: Kunstdüngung verwandelt die Oberfläche in Wiesen, doch vom Rande her rückt der Torfabbau allmählich vor und an den abgebauten Stellen auf dem bloßgelegten Sanduntergrund wird wieder Landwirtschaft betrieben. Ein anderer Ausflug ging ins Mecklenburgische, wo bei Feldberg, Fürstenhagen und Fürstenwerder wieder die End- und Grundmoränenlandschaft und eine Reihe von Seetypen studiert wurden. Alle diese Wanderungen gruppierten sich also um morphologische Beobachtungen, bei welchen durch lebendige Frage und Antwort angesichts der Natur und an der Hand des besten Kenners dieser Gebiete die Teilnehmer einander in die verschiedenen Forschungen einweihten. Dabei entstand infolge der besonderen botanischen, zoologischen, mineralogischen, historischen, sprachlichen Interessen der Einzelteilnehmer eine reizvolle Mannigfaltig-

21*

keit der Gesichtspunkte, unter denen Land und Volk angeschaut wurden, und die mitwandernden Historiker und Philologen erhielten die wertvollsten Anregungen für einen naturwissenschaftlich zu vertiefenden Erdkunde-Unterricht, die naturwissenschaftlichen Geographielehrer manche Aufklärung über kulturelle und geschichtliche Tatsachen, und neben dieser wechselweisen wissenschaftlichen Bereicherung stand ein erfreulicher Austausch pädagogischer Erfahrungen, alles dies aber nicht im Zeichen einer in Bier- und Tabakduft getauchten, theoretisierenden Vereinssitzung, sondern körpererfrischend in Gottes freier Natur, von der ein Hauch mit in die Klassenzimmer zur Lehrtätigkeit hineingenommen wurde.

Eindrucksvoller noch als diese kleineren Ausflüge verliefen die drei größeren Reisen der Berliner Oberlehrer, die eine wieder geologischen Gehalts, zwei andere zu technologischen Zwecken, jene in den Harz, von diesen eine auch in den Harz, eine zweite ins rheinisch-westfälische Industriegebiet. Das Gelingen dieser Unternehmungen, die von einer Woche bis zu zehn Tagen beanspruchten, hängt noch mehr wie der Ertrag der Tageswanderungen vom Geschick der Reiseführer ab und von ihrer persönlichen Geltung bei den Leitern der zu besichtigenden Anlagen. Die Wahl der Führer bei den Berliner Veranstaltungen ist die denkbar glücklichste gewesen. Professor Beushausen leitete die geologische, Geh. Regierungsrat Weeren die beiden technologischen Reisen. Über ihren Verlauf ist aus den bei O. Walter in Berlin gedruckten Berichten über die „Veranstaltungen der Stadt Berlin zur Förderung des naturwissenschaftlichen Unterrichts in den höheren Lehranstalten" (1902, 1903) Ausführlicheres zu ersehen. Auch ist der Aufsatz „Ein Studienausflug von Berliner Oberlehrern ins rheinisch-westfälische Industriegebiet" in den Wiener Vierteljahrsheften für geographischen Unterricht 1902, S. 251—263 heranzuziehen. Der Vollständigkeit halber sei erwähnt, daß unter Geh. Rat Wahnschaffes Leitung von Berliner Oberlehrern auch die Staßfurter Kalisalzlager besucht worden sind, wo die chemischen Prozesse bei der Verarbeitung des Rohkarnallits in der Chlorkaliumfabrik studiert wurden, der bergmännische Abbau der Salze unter Tage besucht und im Kalisyndikat ein Vortrag über die landwirtschaftliche Verwertung der Salze angeführt wurde. Außerdem finden anhaltend Besichtigungen von Fabriken verschiedener Art in Berlin und Umgebung statt. Im allgemeinen sind Besitzer und Angestellte, z. T. staatliche Beamte, bei solchen Besichtigungen nicht nur äußerst zuvorkommend, sofern die Organisation des Besuchs richtig in die Wege geleitet ist; vielfach schließen sich an die Geist und Körper oft ungemein anstrengenden Besichtigungen gastfreie Bewirtungen seitens der großen Werke; dann wird manches freundliche Wort ausgetauscht, das während der Tagesaufgabe ungesprochen geblieben ist; es lernen die Stände sich vergleichen durch solche Berührung, und besser als durch Agitationen wird durch manche solche Begegnung für die Erkenntnis von der Bedeutung des Lehrerstandes in anderen Kreisen gewirkt und zur Hebung des Ansehens beigetragen.

Doch so reich an Belehrung und Anregung, die schließlich der lernenden Jugend zugute kommt, diese Veranstaltungen sind, sie können dem Bedürfnis der Lehrer der Erdkunde nicht genügen. Sie enthalten wohl Bestandteile, die den geographischen Unterricht fördern; aber sie sind niemals auf diese Förderung zugespitzt. Es müßten mindestens einer oder nachher durch geeignete Vorträge die geographischen Seiten herausgehoben und vervollständigt werden. Die Teilnehmerzahl ist ferner zu gering. Sie kann bei vielen Besichtigungen oder bei Wanderungen, die das Übernachten in kleinen Ortschaften verlangen, nur beschränkt sein und wird ferner durch die Kosten und durch die Tatsache, daß schulfreie Tage und Wochen verwendet werden, von selbst niedrig erhalten. Nur Lehrer, die dem Triebe zur Fortbildung auch

unter Aufwendung persönlicher Opfer an Zeit, Kraft und Geld dienen wollen, finden sich gern zu ihnen bereit; daher die Erscheinung, daß ein ziemlich gleich bleibender Kreis von Herren an den Unternehmungen bisher teilgenommen hat. Es gilt aber gerade die Lauen für die Erdkunde zu gewinnen. Gibt es doch sehr viele Direktoren in Berlin, welche die versendeten Programme und Einladungen zu den Ausflügen nur den in naturwissenschaftlichen Fächern beschäftigten Lehrern an ihrer Schule vorlegen, so daß die Herren, welche Geographie mit Geschichte oder mit Sprachen verbinden, nur durch Zufall, meist aber gar nicht erfahren, welche Veranstaltungen ihren Unterricht heben könnten. Sehr nachdrückliche Empfehlungen dieser Unternehmungen, am liebsten eine Art Zwang wenigstens für solche Lehrer, die ohne innere und äußere Berechtigung in der Erdkunde unterrichten, eine viel breitere finanzielle Grundlage der Veranstaltungen, so daß Ausflüge und Vorträge öfters wiederholt werden und möglichst wenig kostspielig für die Teilnehmer verlaufen könnten, eine eingehendere Berücksichtigung der Geographie bei diesen Veranstaltungen wären also die ersten Erfordernisse, die in Berlin noch zu befriedigen wären.

Mag die Gemeinde oder der Staat den Ausbau der in Berlin immerhin verheißungsvoll begonnenen Veranstaltungen übernehmen, sie sind, recht ausgebaut, ein erstes Hilfsmittel zur Förderung des geographischen Unterrichts. Die Lehrer erhalten durch Anschauung und Belehrung die Möglichkeit und den Ansporn zur weiteren eigenen Fortbildung. Nicht überall ist, so trefflich sonst die Universitäten jetzt für die Geographie sorgen, die lebendige Naturbeobachtung bei den Studierenden ausreichend gepflegt, am wenigsten bei denen, die nicht naturwissenschaftlich geschult sind. Ferner ist der angehende Oberlehrer häufig in anderer Umgebung geographisch erzogen und bedarf, besonders, da bei den Schülern die Heimat Ausgangspunkt ihres Anschauungsvermögens sein muß, einer Einführung in die Einzelbedingungen, welche die Gegend seiner Lehrwirksamkeit ausmachen. Vor allem wird durch Betonung solcher Veranstaltungen die Bedeutsamkeit des erdkundlichen Unterrichts allen denen eingeschärft, die als Direktoren oder als Unterricht erteilende Lehrer ihn als Nebensächlichkeit ansehen und dadurch die unwürdige Stellung, zu welcher die Lehrpläne dies Fach verurteilen, noch verschlimmerten. Sodann darf erhofft werden, daß von selbst an die Lehrerausflüge sich die Schülerwanderungen schließen, die neben der körpererfrischenden Wirkung den geographischen Anschauungsvermögen ebenso dienstbar zu machen sind, wie etwa botanischen Zwecken. Ein festes Programm läßt sich einheitlich für diese Veranstaltungen schwer aufstellen. Örtliche Verhältnisse sind maßgebend, und dehnbar, wie der Umfang der geographischen Wissenschaft selbst, ist auch der Kreis der Betrachtungen, die auf solchen landeskundlichen Wanderungen anstellbar sind. Ist aber auf solche Weise zunächst die Fortbildung der Lehrer in der Geographie ernstlich in Angriff genommen, so wird von selbst die Methodik des Klassenunterrichts weitere Bereicherung finden, wird auch die Lehrplanfrage gefördert werden, weil Schüler und Eltern, Direktoren und Behörden aufmerksam werden auf den Bildungswert und auf die Notwendigkeit geographischen Wissens, was von vielen Seiten über die Erdkunde im Rahmen der Schule gesagt und geschrieben ist, läßt doch erkennen, daß man diese Wissenschaft nur vom Studiertisch-Standpunkt aus beurteilt, vielleicht in ihrem Wesen auch gar nicht begreift. Und wenn auf der letzten Schulkonferenz, die uns die jüngste Lehrplangestaltung gebracht hat, nur Geh. Rat Schwalbe ein Wort für die bessere Stellung der Geographie an den höheren Schulen einlegte, so zeigt sich das, wie wenig die an Universitäten erst seit einigen Jahrzehnten gepflegte Wissenschaft Verständnis gefunden hat. Soll dies Verständnis mit den Schülern heraufwachsend auch die

Schulkollegien und Ministerien durchtränken, dann muß es zunächst unter den Oberlehrern, die Erdkunde unterrichten, allgemein sein und unter den Direktoren, welche die Stundenpläne entwerfen. Die erwünschte geographische Fortbildung der Oberlehrer muß also nach zwei Richtungen hin wirksame Ergebnisse zeitigen: Vorgebildete Lehrer müssen die Gelegenheit erhalten, ihre Anschauungen in freier Natur zu bereichern und ihr Wissen um die seit der Studienzeit frisch gewonnenen Erträge der wissenschaftlichen Forschung an der Hand von Vorträgen zu vermehren; minder gut vorgebildete Lehrer dürften den erdkundlichen Unterricht nur unter der Bedingung erhalten, daß sie durch Teilnahme an solchen Veranstaltungen zur Fortbildung oder an eigens für sie einzurichtenden Unternehmungen sich nachträglich ins Wesen der geographischen Wissenschaft einleben. Es ist Sache des rechten Taktes hier die Mittel und Wege zu finden, die ohne Verbitterung im Einzelfall zu erregen es doch auf bloßem Verwaltungswege ermöglichen, dem erdkundlichen Unterricht die besten Lehrkräfte zuzuführen, weil ihn die Lehrpläne ganz besonders ungünstig stellen und weil die Lehrmethoden weniger Hilfsmittel, die für jeden gleichmäßig brauchbar wären, darbieten, als in anderen Unterrichtsfächern.

✼

F. Ratzels „Politische Geographie" und ihre didaktische Bedeutung.

Von Dr. Chr. Gruber-München.

Zu keiner Zeit fand ein stärkerer Kontakt zwischen der Geographie als Forschungszweig und als Unterrichtsgegenstand statt, als in unseren Tagen. Es ist dies eine der unmittelbarsten und erfreulichsten Folgen der Selbständigkeit, welche sich die Erdkunde im Zirkel der Wissenschaften nunmehr errungen hat und die sie im Begriff steht, sich an der Schule zu erkämpfen. In den weiten Zeiträumen, in denen die Geographie bloß ancilla theologiae und die dienende Magd bei der Klassikerlektüre war, sowie in einer widernatürlich innigen Verbindung mit der Geschichte und Geschichtsphilosophie stand, wurde sowohl die Kunde von den fremden, wie von den heimischen Gegenden nur ärmlich gepflegt und mit starrer Einseitigkeit gelehrt. Aus der Unselbständigkeit der Geographie als Unterrichtsfach folgerte weiterhin, daß weder die großen Länderentdeckungen im 15. und 16. und 16., noch die Förderung der geophysikalischen und staatenkundlichen Forschung im 17. und 18. Jahrhundert, daß weder Merkator, Münster und Kepler, noch Varenius, Büsching und Gatterer einen hervortretenden Einfluß auf die praktische Vervollkommnung der erdkundlichen Unterweisung ausgeübt haben. Wohl mußte notgedrungen eine quantitative Erweiterung des geographischen Lernmaterials vorgenommen werden. Aber sie geschah durch rein äußerliche Zufügung an das bereits Vorhandene, glich einer lückenhaften Verbrämung der alten, da und dort schon fadenscheinig gewordenen Stoffmasse, hatte keine gründliche Verarbeitung, Gruppierung und Durchgeistigung des Tatsachenmaterials zur Folge. Wollte man die Entwicklung der Geographie als Wissenschaft und als Lehrgegenstand durch zwei korrespondierende Kurven veranschaulichen, so würde sich ergeben, daß dieselben erst seit jenen Zeiten merklich miteinander übereinstimmen, wo die Erdkunde mit den Naturwissenschaften enge Fühlung nahm und zugleich der Unterricht psychologisch vertieft wurde, wo die Meister der modernen erdkundlichen Betrachtung von Reinhold Forster und A. von Humboldt an bis hinauf zu Kirchhoff, H. Wagner und Richthofen ihre Tätigkeit entfalteten und Pädagogen von dem Rufe eines Tobler, K. Ritter

und Diesterweg für die Schulvermittlung der wissenschaftlichen Ergebnisse wirkten.

Bedeutsamerweise helfen in unseren Tagen zur Förderung und dem weiteren Ausbau des Lehrverfahrens in der Geographie vielfach auch Männer mit, welche auf dem Felde der Forschung rüstig und bahnweisend schaffen, ohne aber jemals selbsttätig in der Schulstube gestanden zu haben. Der lautredendste Zeuge hierfür ist uns Friedrich Ratzel. Er hat nicht bloß die Erdkunde mit einer Fülle neuer Ideen und Ideenkreise erfüllt, hat sie nicht nur um ein weites und fruchtbares Forschungsgebiet erweitert: die Anthropogeographie, sondern er hat durch seine Schriften und die Einwirkung auf zahlreiche Schüler mittelbar dem erdkundlichen Unterricht das Beste zuteil werden lassen, was ihm ein Hochschullehrer überhaupt zu schenken vermag: hundertfältige Anregungen zur Weiterentwicklung und Vertiefung der Unterrichtsmethode.

Wie viel die Lehrer der Erdkunde aus Ratzels wissenschaftlichen Werken für den Unterricht lernen können, beweist auch die zweite Auflage seiner „Politischen Geographie" (XVIII u. 838 S. München u. Berlin 1903, Druck u. Verlag von R. Oldenbourg). Das Werk will zur Heranbildung eines echten und rechten „geographischen Sinnes" — auch in den Kreisen der Historiker, Staatswissenschaftler und Soziologen — dadurch beitragen, daß es die ganze sogen. politische Geographie mit ursprünglicher und durchaus selbständiger Geisteskraft auf einen höheren Stand hebt. Und zwar durch die „vergleichende Erforschung der Beziehungen zwischen dem Staate und dem Boden". Aus einer reichen und keineswegs erfreulichen Erfahrung heraus schreibt Ratzel: Die Klagen über die Trockenheit der politischen Geographie, so alt sind, wie der geographische Unterricht (?), ertönen immer von neuem. Sie treffen äußerlich einen Mangel der pädagogischen Anwendung; aber der Fehler liegt tiefer in der wissenschaftlichen Behandlung der politischen Geographie. Denn die Schwierigkeiten des Unterrichts in diesem Zweige kommen daher, daß die Tatsachen der politischen Geographie noch immer viel zu starr nebeneinander und neben denen der physischen Geographie liegen. Der Unterricht in diesem wichtigen Zweige kann solange nicht lebendig gestaltet werden, als den massenhaften Stoff nicht eine klärende Klassifikation gegliedert und eine vergleichende und auf die Entwicklung ausgehende Durchforschung vergeistigt hat. — Und so legt denn Ratzel selbst die Hand an und zeigt, wie man die Staaten auf allen Stufen ihrer Ausbildung als „Organismen zu betrachten habe, die in einem notwendigen Zusammenhang mit dem Boden stehen und deswegen geographisch angeschaut werden müssen. Auf diesem Boden entwickeln sie sich, wie uns die Ethnographie und die Geschichte zeigt, indem sie sich immer enger an ihn anschließen und tiefer aus seinen Energiequellen schöpfen. So treten sie als räumlich begrenzte und räumlich gelagerte Gebilde in den Kreis der Erscheinungen, welche die Geographie wissenschaftlich beschreibt, mißt, zeichnet und vergleicht. Und zwar reihen sie sich den übrigen Erscheinungen der Verbreitung des Lebens an, als deren Höhepunkt gleichsam uns die Staaten erscheinen."

Wo immer man das umfangreiche Ratzelsche Buch aufschlägt, bei dem Abschnitt über den Zusammenhang zwischen Boden und Staat, oder bei jenem über die geschichtliche Bewegung und das Wachstum der Staaten, oder bei den Betrachtungen vom Raume, von der Lage und den Grenzen der Staaten, ihrem Verhältnis zur Welt des Wassers, sowie zu den Gebirgen und Ebenen: allüberall tritt eine Fülle ebenso geistreicher, als origineller Ideen, Schlüsse und Anregungen entgegen, welche der politischen Geographie ein ungleich veredelteres und durchgeistigteres Gepräge geben, als sie bisher an sich trug und die vielfach auch für die Schule verwertbar sind. Um das letztere zu erweisen, greife ich

das zu jeder Zeit aktuelle Kapitel über „Eroberung und Kolonisation" (S. 129—172) heraus. Aus ihm dienen der Vertiefung
des erdkundlichen Unterrichts in den höheren und höchsten
Klassen der Mittelschulen etwa nachstehende Gedanken:

An den Phöniziern, Griechen und Niederländern kann gezeigt
werden, daß bei einem Volke auf engem Raume die Expansion
schon mit beginnendem Wachstum anfängt und längere Zeit zu
einer wesentlichen Eigenschaft des Volkes wird (S. 131).

Bei den allgemeinen Betrachtungen über die Kolonien läßt
sich entwickeln, daß die Voraussetzungen für Kolonialbildung
dreifach sind: Land, um die Kolonie anzupflanzen; Volk, das
mit diesem Lande sich zur Kolonie verbindet; Bewegungen, die
das neue Land mit dem alten in Verbindung setzen und ihre
Vereinigung aufrecht erhalten. Diese drei Bedingungen sind darin
sehr verschieden, daß die erste nach der Natur unserer Erde nur
beschränkt sein kann, während die beiden anderen unbeschränkt
sind. Das verfügbare Land bleibt immer dasselbe, während die
Menschen sich erneuern und vermehren und damit auch die
expansiven Bewegungen wachsen machen. Notwendig folgt daraus
eine große Ungleichheit in der Kolonienbildung verschiedener
Zeitalter. Es war eine Zeit, in der es auf der Erde eine Menge
neues, d. h. von Menschen noch nicht besiedeltes Land gab.
Diese Zeit liegt fast durchaus im Dunkel der Vorgeschichte.
Nur wenige Inseln des Atlantischen und Indischen Ozeans und
einige Polarländer sind in geschichtlicher Zeit als Neuland koloni-
siert worden: die Azoren, die Kapverden, die Maskarenen, die
Bermudas, die Falklandsinseln. Dagegen fand man, im Stillen
Ozean fast jede kleine Insel schon bewohnt oder wieder verlassen.
Kolonisation ist seitdem längst Verdrängung geworden
(S. 136, 137).

Die an die Beziehung zum Land anschließende Klassifikation
ergibt folgende Arten von Kolonien: I. Eigentliche Kolonien, deren
Landanspruch vorwiegend wirtschaftlich ist. 1. Ackerbau- und
Viehzuchtkolonien, welche die notwendigsten, dauerndsten und
engsten Verbindungen mit dem Boden schaffen; 2. Bergbaukolonien,
die überall im amerikanischen Westen, in Ostsibirien, in Westaustralien, in Transvaal u. s. w. der Ackerbaukolonisation vorgearbeitet haben. — II. Kolonien, die von vorwiegend politischem
Landanspruch ausgehen. 1. Pflanzungskolonien (Java); 2. Handels-
und Verkehrskolonien (Indien). — III. Kolonien mit rein politischem Landanspruch. 1. Eroberungskolonien (die früheren spanischen Kolonien Amerikas); 2. Feste Plätze, Flotten- und Kohlen-
stationen (Gibraltar, Malta, Cypern, Aden, Singapur). (S. 141 ff.)

Von besonderem Interesse für gereifte Schüler sind Ratzels
Ausführungen über die Europäisierung der Erde. So wie einst
Griechenland die Mittelmeerländer von Massilia bis Alexandria
hellenisierte, hat Europa in allen Teilen der Erde europäisierend
gewirkt, wobei nur noch das Klima als entscheidende Schranke
zu wirken scheint. In der völkererzeugenden Kraft Europas, der
Größe und starken Vermehrung seiner Bewohner liegt der wichtigste
Grund seiner hervorragenden Stellung in der Geschichte der
Menschheit seit 2000 Jahren. Wenn man von der siegreichen
Verbreitung der weißen Rasse über die Erde spricht, sollte man
genauer sagen: des europäischen Zweiges der weißen Rasse.
Die Staaten lassen sich je nach dem Maße der von Europa
empfangenen Einflüsse und Anregungen direkt anordnen, und
man erkennt an ihrer Reihenfolge sofort als die kulturkräftigsten
diejenigen, welche die meisten europäischen Einwirkungen empfangen haben: die Vereinigten Staaten, die Kolonien in Kanada, im

südlichen Australien und Afrika, im südlichen Südamerika, Algier,
Japan, Cuba, Neuseeland, Indien, die Sundainseln (S. 151, 152).

Bei einer Betrachtung über die Verteilung der Kolonien
über unseren Planeten hin dürfte erwiesen werden, daß die
größten Landerwerbungen den ersten Entdeckungen jener expansiven Mächte folgten, die ohne Wettbewerbung weite Gebiete
an den Rändern des geschichtlichen Horizonts fanden und nahmen.
Der Kolonialbesitz der europäischen Mächte läßt noch zum Teil
Richtung und Maß der alten Entdeckung und Ausbreitung erkennen. Dänemark in Grönland, Portugal in Afrika, Spanien in
Mittel- und Südamerika, die Niederlande im Ostindischen Archipel,
Frankreich in Kanada, Hinterindien und Algier, die Engländer
in Nordamerika, Australien und Neuseeland, Rußland in Sibirien
und Mittelasien lassen die geographischen Merkmale dieser Expansionsbestrebungen tief bis in die Gegenwart hereinwirken
(S. 154).

An der Nordamerikanischen Union kann man ausführen, daß
die Völker auf neuem Boden kulturlich, wie politisch unter viel
günstigeren Voraussetzungen arbeiten, als auf altem. Auf dem
weiteren Raume findet das wirtschaftliche Gedeihen eine vielfach
bessere Basis; aber es findet auch die anspornenden Aufgaben
einer gewaltigen, inneren Kulturarbeit. Im Anfang kostet diese
Arbeit viele Opfer; alle Anfänge der Kolonisation haben einen
heroischen Zug, zugleich wächst aber auch die Widerstandskraft des Ganzen (S. 155.)

Bei Algier erwähnt man, daß näher gelegener Kolonialbesitz
leichter und billiger festzuhalten und auszunützen, wirtschaftlich
sonach besser assimilierbar ist, als der entfernte (S. 162).

Die Betrachtung über die englischen Kolonien gibt Gelegenheit,
hervorzuheben, welche hervorragende Rolle das Weltmeer durch
die leichte Überwindung der riesenhaften Entfernungen spielt,
die es zuläßt. Eine Macht wie die britische ist nur durch ihre
Zerstreuung über verschiedene, natürlich miteinander verbundene
Meere zusammenzuhalten. Die große Ungleichartigkeit ihrer Teile
würde mit den schwerfälligeren Landverkehrsmitteln bei so weitgehender Zerfaserung den Zusammenhalt unmöglich machen. Das
englische Kolonialreich ist vor allem eine Flottenschöpfung
(S. 164).

Endlich kann beim Unterricht mehrfach angedeutet werden,
daß der größte Teil aller Inseln Kolonialbesitz ist (S. 165) und
daß der kulturliche Vorteil von letzterem in der Rückwirkung
der Hebung der Kolonie auf das Mutterland liegt, dessen Volk
dabei seine Fähigkeiten zu erproben und in friedlichen Wett-
kämpfen mit anderen Völkern seine Kulturkräfte zu zeigen hat
(S. 170).

Es frommt dem geographischen Unterricht wenig, wenn
Ratzels „Politische Geographie" nur in die Lehrerbibliotheken eingestellt und gelegentlich von dem oder jenem Schulmanne durch-
geblättert wird. Sie muß sich vielmehr als „standard work" in
der Hand jedes einzelnen Lehrers der Erdkunde zu dauerndem
Studium befinden. Dann erst kann von ihr der Segen voll und
ganz ausgehen, der ihr in so hohem Grade bei verständnis- und
maßvoller Benutzung innewohnt. Letztere ist allerdings nicht
ganz leicht und keineswegs selbstverständlich. Gern hätte ich
auch hierüber an diesem Orte ein Wort gesprochen. Allein ich
muß mich bescheiden, in dieser Hinsicht auf den letzten Abschnitt
des zweiten Teiles meiner soeben bei B. G. Teubner erschienenen
Schrift „Geographie als Bildungsfach" hinzuweisen.

Mitteilungen der ständigen Kommission für erdkundlichen Schulunterricht.

In Sachen der „Wahlfreien Kurse" und verwandten Unternehmungen ist Ende September eine Mitteilung versandt worden (vgl. diesen Jahrgang, S. 86 u. 102). Die weitere Entwicklung liegt jetzt in den Händen der Herren, die ihre Zustimmung zu dem Versuch gegeben haben. Möge ihrer Tatkraft und Rührigkeit ein recht reicher Erfolg blühen.

Gleichzeitig seien auch andere bisher dem Unternehmen noch fernstehende geographische Fachlehrer auf diese „Wahlfreien Kurse" aufmerksam gemacht.

Zu diesem Zwecke folgt hier der wesentlichste Inhalt der versandten Mitteilung:

„Deutscher Geographentag.
Ständige Kommission für erdkundlichen Unterricht.
Berlin SW., Bellealliance-Straße 69.
Datum des Poststempels.

Sehr geehrter Herr!

Indem ich Ihnen zunächst im Namen der obengenannten Kommission für Ihre Bereitwilligkeit sich an der Bewegung zur Einrichtung wahlfreier Kurse und verwandter Unternehmungen geographischen Inhalts für Schüler oberer Klassen ergebenst danke, habe ich die angenehme Aufgabe Ihnen mitzuteilen, daß die Kommission in Cöln beschlossen hat, die Sache dieser Kurse zu der ihren zu machen.

Dementsprechend richten wir jetzt an Sie die Bitte, in der durch Ihre örtlichen Verhältnisse gebotenen Form die Einrichtung dieser Kurse bei Ihrer zuständigen Behörde zu beantragen. Wir bitten Sie ferner, von jedem derartigen Schritte, sowie auch von etwaigen Erfolgen und Mißerfolgen uns jedesmal sobald als möglich Mitteilung zu machen, da je gerade in der Gemeinsamkeit der Bestrebungen für uns das Moment der Stärke gesucht werden muß. Wir bitten Sie ferner, uns freundlichst angeben zu wollen, ob und in welcher Form Ihnen eine moralische Unterstützung seitens der Kommission erwünscht ist."

Ich richte noch einmal die dringende Bitte an alle Herren, die an der Sache Anteil nehmen, nicht zu versäumen, an mich als Sammelpunkt alle wesentlichen Nachrichten gelangen zu lassen. Geplante oder geschehene Eingaben, schon in Betrieb gesetzte Kurse, deren Inhalt u. s. w., alles bitte ich an meine Adresse berichten zu wollen.

I. A.: Der geschäftsführende Vorsitzende.

Kleine Mitteilungen.

Geographisches von der
75. Versammlung Deutscher Naturforscher u. Ärzte
in Cassel (20.—26. September).

Nachdem der Geographentag kurz vorher in Cöln getagt hatte, war für Cassel eine große Beteiligung von geographischer Seite nicht zu erwarten. Trotzdem wurde eine ganze Reihe auch die Geographen interessierender Vorträge gehalten. Für die Geographie kamen in Betracht die Abteilungen: 7. Geographie, Hydrographie und Kartographie; 8. Mineralogie, Geologie und Paläontologie; 11. Anthropologie, Ethnologie und Prähistorie; außerdem auch die 17. Abteilung: Geschichte der Medizin und Naturwissenschaften, in der Prof. S. Günther (München) einen Vortrag über das Jahr 1903 als ein Jubiläumsjahr der Hochschulgeographie hielt. Leider waren die Abteilungsvorträge verschiedentlich so gelegt, daß Geographische Vorträge gleichzeitig gehalten wurden und es nicht möglich war, alle anzuhören. Doch muß betont werden, daß für allgemeine Themata auch gemeinschaftliche Sitzungen der verschiedenen Abteilungen stattfanden.

In der Hauptabteilung für Geographie (Nr. 7) wurden zwei Vorträge gehalten. Es sprachen: A. Wolkenhauer (Göttingen): „Über die ältesten Reisekarten von Deutschland aus dem Ende des 15. und dem Anfang des 16. Jahrhunderts" und Geheimer Baurat Keller (Berlin) über „die Hochwasser des letztverflossenen Jahrgangs vom meteorologischen Standpunkt aus betrachtet".

Folgendes möge aus dem ersten Vortrag mitgeteilt werden. Nach einem Ueberblick über die Entwicklung der Kartographie von Deutschland bis zur Wiedererweckung des Ptolemäus wurden die darauf folgenden Karten von Deutschland besprochen. Fast gar nicht gewürdigt sind bis jetzt in ihrer Bedeutung für die Entwicklung der Kartographie von Deutschland eine Gruppe von Reisekarten. Sechs verschiedene Karten dieser Art werden behandelt und zum Teil in Photographien demonstriert. Die erste datierte Karte dieser Art wurde 1501 bei Georg Glockendon in Nürnberg gedruckt. Sie wahrscheinlich älter als diese Karte ist eine Reisekarte ähnlicher Art, deren Ueberschrift beginnt: „Das ist der Rom-Weg ..." Nur von dieser Karte sind mehrere Exemplare vorhanden, während die übrigen vorläufig als Unica angesehen werden müssen. Bei allen diese Reisekarten Karten der Praxis, deren Quellen Itinerarien und Reiseberichte sind. Die Deutschland-Karte von Martin Waldseemüller in der Straßburger Ptolemäusausgabe von 1513 kann als wenig veränderte Kopie der bedeutend älteren Reisekarten bezeichnet werden. Der Verfasser dieser Reisekarten muß der Nürnberger Kompaßmacher Erhard Etzlaub sein (geb. ?; † nach 1547). Auf allen diesen Reisekarten finden sich Mißweisungsangaben, die viel älter sind, als die Angabe auf der Zieglerschen Palästina-Karte von 1532, die man als älteste Mißweisungsangabe auf einer Karte ansieht. — Bei Besprechung der übrigen Karten von Deutschland bis 1513 wurde die Erscheinungsjahr der Deutschland-Karte von Cusa behandelt. Man nimmt an, daß diese Karte 1491 zuerst publiziert wurde. Die Prüfung der vorhandenen vier Exemplare der Karte Cusas, die sich in London, Nürnberg, Weimar und München befinden, hat ergeben, daß diese sich in keiner Weise voneinander unterscheiden. Einer zweiten Ueberschrift zufolge, welche nur das Münchner Exemplar haben sollte, nahm man bisher an, daß die Münchener Karte einer zweiten Ausgabe von 1530 angehöre. Es hat sich gezeigt, daß lediglich der Ueberschrift auch die drei übrigen Karten aufweisen, woraus hervorgeht, das alle vorhandenen vier Exemplare der Cusa-Karte mindestens gleichaltrig mit dem Münchener sind und vermutlich 1530 publiziert wurden. — Mit Unterstützung der Wedekind-Stiftung der Kgl. Gesellschaft der Wissenschaften in Göttingen werden die wichtigsten der Reisekarten zusammen mit allen Karten von Deutschland von 1478—1513 veröffentlicht werden.

Zu dem Vortrag von Geheimrat Keller waren die Mitglieder der Abteilung für Geophysik, Meteorologie und Erdmagnetismus und der Abteilung für angewandte Mathematik und Physik eingeladen.

Geheimrat Keller schilderte, ausgehend von dem letzten verheerenden Hochwasser der Oder, zunächst den allgemeinen Verlauf der Hochwässer der einzelnen deutschen Ströme. Man kann zwischen Sommer- und Winterfluten unterscheiden. Maßgebend für den Verlauf der Flutwellen ist die Form der Wellen, ihre Dehnung und Verflachung nach den unteren Strecken nebst den Veränderungen der Scheitelhöhe, der sekundlich größten Abflußmenge, der Hochwasserschwemmungsdauer, der Fortschrittsgeschwindigkeit, der Einwirkung der Nebenflüsse.

Besondere Aufmerksamkeit erfordern nach der Katastrophe des letzten Sommers die Flutwellen der Oder. Die Oder ist im Flachlande verlästerter Gebirgsfluß. Bis zur Warthemündung wird sie von den Gebirgsflüssen der Sudeten und Beskiden beherrscht. Die Oder sind 46 Proz. aller Flutwellen in den letzten Jahren sommerliche und 54 Proz. winterliche Hochfluten. Aehnlich liegen die Verhältnisse bei allen östlichen deutschen Strömen. Weiter nach Westen überwiegen die Winterfluten. Das häufige Vorkommen der sommerlichen Hochwassererscheinungen in den östlichen Strömen ist auf die ausgedehnten Regengüsse in unseren östlichen Grenzmarken gegen Ungarn und Polen zu zurückzuführen.

Die Frage, ob die Zahl der Hochfluten in der Neuzeit größer geworden ist, oder ob ihre Häufigkeit langjährigen Schwankungen unterliegt, hat zu vielerlei Vermutungen Anlaß gegeben. Uebereinstimmend wurde die Häufung von Hochfluten in den Doppeljahrzehnten 1836—55 und 1876—95. Augenblicklich befinden wir uns in einer hochwasserarmen Periode. Das Hochwasser der Oder widerlegt dies nicht, da die übrigen Ströme wenig Hochwassererscheinungen zeigen.

Zur Bekämpfung der Hochwassergefahren haben die Bewohner unserer Stromniederungen schon von jeher Deiche angelegt. Hierbei ist vielleicht auch manchmal des Guten zu viel geschehen, und die frühere planlose Anlage der ohne Rücksichtnahme auf den Hochwasserabfluß hergestellten Eindeichungen hat öfters zu örtlichen Aufstauungen der Flutwellen Veranlassung gegeben und die Hochwassergefahren stellenweise vergrößert. Die Verbesserung des Hochwasserabflusses wird sich in der Regel darauf beschränken müssen, den Verlauf der Flutwellen zu erleichtern durch Beseitigung nachteiliger Abflußverhältnisse auf den Vorländern der nun einmal vorhandenen Deiche, also durch Freilegung des Hochwasserbettes. Gegen die Ueberschwemmung der Vorländer, die naturgemäß einen wichtigen Teil des Hochwasserbettes bilden, ist kein Hilfsmittel; wenn sie als Grasland benutzt werden, bringen ihnen die Hochfluten oft mehr Vorteile als Nachteile. — Talsperren und Sammelbecken haben für die Verhütung der Hochwassergefahren der großen Ströme nur einen geringen Wert. Zum Schutze der Gebirgstäler bei Wolkenbrüchen oder schneller Schneeschmelze sind sie nicht zu unterschätzen, doch kommen sie für die großen Ströme kaum in Betracht. Man unterschätzt eben häufig die Größe der Hochfluten der Ströme. Um die Herrschaft über die sommerlichen Hochwassererscheinungen nur einem Strome, der großen Sommerfluten unterworfen ist, z. B. der Oder, zu gewinnen, würde ein ausgedehntes Netz von zahlreichen Sammelbecken der Hochflüsse nötig sein, das unverhältnismäßig hohe Kosten verursachen würde. Meistens kann man aus technischen Gründen die Becken nicht dort anlegen, wo sie mit Rücksicht auf die Abflußverhältnisse am nötigsten wären. Die in Betracht kommenden Wassermassen werden gewöhnlich unterschätzt. Die Donauhochflut vom September 1899 hat fast 6,5 Milliarden Kubikmeter (6,5 ckm) zum Abfluß gebracht. Der Oberrhein zeigt häufig Hochfluten, obgleich die Natur sein Zuflußgebiet mit einer Fülle großer Sammelbecken ausgestaltet hat, die an einem einzigen Tage bis zu 340 Mill. cbm Wasser aufzuspeichern vermögen. Der Bodensee allein hat bei dem größten bekannten Ansteigen seines Spiegels in 24 Stunden 183 Mill. cbm aufgenommen. Das von Menschen zu leistende wird hiermit verglichen immer nur geringfähig sein können.

Im Anschluß hieran hielt in der Abteilung für Geophysik W. Krebs-Münster (Oberelsaß) einen Vortrag über: Die Hochwasser des letztverflossenen Jahrgangs vom meteorologischen Standpunkt aus betrachtet. Krebs bezeichnete als Ursache der gewaltigen Niederschläge, welche die schlesische Katastrophe herbeigeführt habe, das Zusammentreffen zweier Depressionen, einer nördlichen und einer südlichen, im deutsch-österreichischen Grenzgebiet zwischen den Karpathen und Sudeten.

In der Abteilung für Geophysik u. s. w. sprachen außerdem: Nippold: Ueber die innere Natur der erdmagnetischen Variationen. Mensing: Die Erforschung der Ebbe und Flut auf hohem Meere mit Vorführung von Instrumenten. Krebs: Ungewöhnliche Niederschläge im verflossenen Jahrgang und damit zusammenhängende Erscheinungen. Professor Rudolph (Straßburg i. E.) gab ein eingehendes Referat über die wichtigsten Ergebnisse der modernen Erdbebenforschung. — Im Anschluß hieran betonte Geheimrat v. Neumayer die Wichtigkeit der Erforschung des Erdinnern, indem er besonders auf die Arbeiten Wiecherts u. a. hinwies. Baron v. Wrangel (Petersburg): Erscheinungen der Brocken-Atmosphäre. v. Nobbe: Inwieweit beeinflussen Mond und Sonne das Wetter?

In der Abteilung für Mineralogie, Geologie und Paläontologie sprachen: Rosenthal (Cassel) über: Reisebilder aus Südamerika, mit spezieller Berücksichtigung der geologischen und bergbaulichen Verhältnisse, sowie Vorführung von Lichtbildern aus Argentinien, Chile, Peru und Ecuador. Lang (Hannover) über: Ringsattelkratere. Deckert (Steglitz): Ueber die westindischen Vulkanausbrüche (mit Lichtbildern). Delkeskamp (München): Die Genesis der Thermalquellen von Wiesbaden, Ems und Kreuznach und ihre Beziehungen zu den Mineralgängen der Pfalz und des Taunus. Prof. Dr. Hauthal (La Plata): Seenstudien aus Patagonien.

Von den Vorträgen der Abteilung Anthropologie, Ethnologie und Prähistorie seien die folgenden genannt: Achelis (Bremen): Die Religion als Objekt der Völkerkunde. Wilser (Heidelberg): Ueber die Urheimat des Menschengeschlechts. Gorjanovic-Kramberger (Agram): Neuer Beitrag zur Osteologie des diluvialen Homo Krapinensis, verbunden mit Vorzeigung von neu ausgegrabenen Knochenresten des Diluvial-Menschen von Krapina. Zenker (Bergquell-Frauendorf bei Stettin): Nachweis des diluvialen Menschen im norddeutschen Gletscherungsgebiet, unter Vorlage zahlreicher Steinartefakten. Alsberg (Cassel): Das erste Auftreten des Menschen in Australien mit Vorlegung von Gipsabgüssen der im australischen Sandstein unweit Warnambool eingefundenen menschlichen Fuß- und Gesäßabdrücke.

Bezüglich der in den beiden letzten Vorträgen ausgesprochenen Auffindung von diluvialen und tertiären Menschenspuren ist wieder nur ein negatives Resultat zu konstatieren. Die zahlreichen von Zenker vorgelegten diluvialen Geröllstücke können, wie auch aus der Versammlung heraus bemerkt wurde, durchaus keinen Anspruch darauf machen, Artefakte zu sein. Eine Probe des Gesteins, in dem sich die australischen Fuß- und Gesäßabdrücke befinden sollen, zeigte bei näherer Prüfung, daß es nicht „tertiärer kalkiger Sandstein", sondern wahrscheinlich alluvialer Süßwasserkalk ist.

Der für die zweite Gesamtsitzung der naturwissenschaftlichen und medizinischen Hauptgruppen angekündigte Vortrag von Prof. A. Penck (Wien): „Die geologische Zeit" ist leider im letzten Augenblick zurückgezogen worden.

Zum Schlusse seien noch einige Worte über die Frage des „Biologischen Unterrichts an höheren Schulen" gesagt, über die in einer Geschäftssitzung der dritten allgemeinen Versammlung verhandelt wurde.

Zugunsten derselben war bekanntlich auf der 73. Versammlung in Hamburg seitens der vereinigten Gruppen für Zoologie, Botanik, Geologie, Anatomie und Physiologie eine Bewegung eingeleitet worden. Ueber die bisherigen Maßnahmen erstattete Prof. Kräpelin (Hamburg) einen eingehenden Bericht.

Die Einführung der Geologie im Rahmen der Biologie als Unterrichtsfach würde auch der Geographie den größten Nutzen bringen. Bekanntlich wurde im August 1902 auch von der Versammlung der Deutschen geologischen Gesellschaft in Cassel ein Antrag des Geh. Bergrats v. Könen (Göttingen) angenommen, ein Gesuch an alle deutsche Unterrichtsbehörden zu senden, mit der Bitte, der Geologie auf der Schule Raum zu geben (s. S. 87, d. Jahrg.). Falls ein geologischer Unterricht auf der Schule eingeführt würde, würde er sich am zweckmäßigsten dem geographischen angliedern, und es müßte die Aufgabe des Geographielehrers sein, auch den geologischen Unterricht zu geben.

Folgendes teilte Prof. Kräpelin über den jetzigen Stand der Frage des biologischen Unterrichts mit. Er verwies darauf, wie aus geringfügigem Anlaß seit 1879 zunächst in Preußen, bald aber auch in fast allen übrigen deutschen Bundesstaaten der naturgeschichtliche Unterricht aus den Oberklassen der höheren Schulen verbannt wurde, nachdem er vorher bereits teilweise eingeführt war. Diese, in der Geschichte des Unterrichtswesens einzig dastehende „Maßregelung" einer Wissenschaft, die heute als Biologie mit den höchsten Problemen der Menschheit arbeitet, mußte naturgemäß für die Erziehung der heranwachsenden Jugend von schwerwiegenden Folgen sein. Nicht nur ein hervorragendes, die Ausbildung der Sinne und des Wahrnehmungsvermögens mehr als alle anderen förderndes Erziehungsmittel wurde hiermit aus der Hand gegeben, sondern auch jede Möglichkeit zerstört, der kommenden Generation Interesse für die Natur und ihre Gebilde, ein zutreibendes Verständnis für das Walten der Naturkräfte, für die Beziehungen der Organismen zueinander, ja für die Stellung des Menschen zur umgebenden Welt als unveräußerlichen Schatz fürs Leben zu übermitteln. Bei dieser Sachlage ist es begreiflich, daß sich schon seit langem Stimmen erhoben, welche eine Wiedereinführung des naturgeschichtlichen oder „biologischen" Unterrichts in den oberen Klassen der höheren Schulen für dringend geboten hielten. Seit 1901 ist nur wenig erreicht, besonders in Preußen. Hier sind nur einige wohlwollende Äußerungen des Regierungsvertreters im Abgeordneten- und Herrenhause zu nennen. Der eigentliche Grund für die Beschränkung des naturwissenschaftlichen Unterrichts war 1879 die Furcht vor dem glaubenzersetzenden Einfluß der Deszendenzlehre. Diese ist heute fast auf der ganzen Linie als irrig und unnötig erkannt, selbst Theologen haben sich wann für die Ausbildung des naturwissenschaftlichen Unterrichts ausgesprochen. In welcher Weise und in welchem Umfang dem biologischen Unterricht stattzugeben ist, ist eine schultechnische Frage. Den Wünschen anderer Disziplinen, wie der Geographie und der Völkerkunde, auf größere Berücksichtigung in den Schulen stehe er nicht feindlich gegenüber, vielmehr sei er überzeugt, daß erst die Ausgestaltung des biologischen Unterrichts zu einer allgemeinen, auch Erd- und Völkerkunde mit umfassenden Kosmographie als wahres Endziel eines das Verständnis der umgebenden Welt erstrebenden Unterrichts zu gelten habe.

Danach kam der Antrag des Komitees zur Förderung des biologischen Unterrichts an höheren Schulen auf Annahme der sogen. „Hamburger Thesen" zur Verhandlung. Prof. Nernst (Göttingen) hielt die ganze Frage noch nicht für genügend geklärt; er verlas eine Resolution der Gesellschaft für mathematischen und naturwissenschaftlichen Unterricht: „Es ist die Durchführung des biologischen Unterrichts für alle Schulen, auch für die humanistischen erstrebenswert; dieser Unterricht darf nicht durch Vermehrung der Stundenzahl ermöglicht werden". Schließlich wurde ein Vermittlungsantrag von Geheimrat Klein (Göttingen) angenommen: „Die Gesellschaft deutscher Naturforscher und Aerzte nimmt die Hamburger Thesen einstimmig an, mit der Maßgabe, daß sie die Frage des mathematisch-naturwissenschaftlichen Unterrichts bei nächster Gelegenheit zum Gegenstand einer eingehenden Verhandlung machen wird."

Zum Ort der nächsten Tagung für den September 1904 wurde Breslau gewählt.

Aug. Wollenhaupt.

Gegen die „didaktische Hyperbel" nennt sich ein kurzer Aufsatz im Korrespondenzblatt für den akademischen Lehrerstand. (1. Oktober 1903, S. 310.) Hierin heißt es wörtlich: „noch geschäftiger aber ist unsere pädagogische Literatur in der Anpreisung neuer (so!) Lehrstoffe. Da wird, um nur das hauptsächlichste aufzuzählen, breiterer Raum für die Geographie und so manches, was mehr oder weniger dazu gehört, als Geologie und Wetterkunde, gefordert." Nun erwähnt der Verfasser die Bestrebungen um Erweiterung des biologischen Unterrichts, die von Geh. Rat Matthias empfohlene Wiedererweckung der philosophischen Propädeutik, die Agitation der Freunde künstlerischer Erziehung. Das von den „pädagogischen Weltverbesserern" geforderte werde sich aber nicht verwirklichen lassen, „es sei denn, daß die eine oder andere unserer altüberlieferten Lehrfächer zum alten Eisen geworfen und damit Raum für das vorgezogene Neue geschaffen würde". „Bis dahin müssen wir nüchtern geblieben uns gegen jede Vermehrung verwahren und zwar im Namen der Gerechtigkeit gegen unsere ... Jugend."

Der „nüchtern gebliebene" Verfasser, der, soweit er die Geographie hereinzieht, die zur Beurteilung der Frage wichtigste Literatur, u. a. die Verhandlungen der letzten deutschen Geographentage, nicht kennt oder ignoriert, ist Direktor Dr. Denicke-Rixdorf und hat die Ehre neben einem Ferd. v. Richthofen Prüfungskommissar für Erdkunde in der Mark Brandenburg zu sein. Kommentar überflüssig.   *H. F.*

Neuer Lehrplan für die **Oberrealschulen**, bisher Realanstalten bis Prima, in Württemberg.

Der neue Lehrplan ist vom 9. März 1903 datiert; in ihm sind für Erdkunde von Klasse I—VI (Sexta—Untersekunda) je 2, für VII (Obersekunda) 1 Stunde vorgesehen. Das sind insgesamt 13 und bedeutet keine Vermehrung gegen früher. Besonders ist die Durchführung des Unterrichts bis zum Schulschluß nicht erfolgt. Wenn angesichts dieser Schwäche Hasselmeyer-Tübingen (Pädag. Wochenblatt, 14. Oktober 1903, S. 12) meint, „der neue Lehrplan für die realistischen Lehranstalten" werde „allseitig freudig begrüßt", so müssen wir Geographen doch von solcher Anerkennung absehen, solange nicht unserer Kardinalforderung, wie dies wenigstens für diese Schulgattung in Preußen einigermaßen geschehen ist, erfüllt wird. Freilich würde doch wohl bei den heute noch in W. herrschenden Prüfungs- und Vorbildungsverhältnissen vermutlich wenig bei dem Erdkundeunterricht herauskommen. *H. F.*

Der **Oberlehrertag** (vgl. Geogr. Anz. d. Jahrg. S. 69) ist in Halle bei Gelegenheit der „47. Versammlung deutscher Philologen und Schulmänner" begründet worden und soll zum erstenmal in den Osterferien 1904 als „Verbandstag der Vereine akademisch gebildeter Lehrer Deutschlands" nach Darmstadt einberufen werden. So ist denn das große Einigungswerk gelungen; möge es nun seine heilsame Tätigkeit entfalten. Wir Nichtphilologen sind aber den an der Gründung in Halle beteiligten Herren zu besonderem Danke verpflichtet, daß sie der naheliegenden Versuchung, bei dieser Gelegenheit für ihre Fachinteressen einzutreten, widerstanden haben. Möge es immer so bleiben. *H. F.*

Persönliches.

Ernennungen.

Der Meteorolog und Aeronaut Dr. A. Berson in Berlin zum Professor.

Der Gymnasiallehrer Dr. Hans Fertig in Bamberg zum Gymnasialprofessor in Schweinfurt.

Der Assistent am meteorol.-magnetischen Observatorium in Potsdam Dr. Georg Lüdeling zum Professor.

John Mc Farlane M. A. zum Dozenten für politische und Schulgeographie am Owens College in Manchester.

Die Celebesforscher Dr. F. und P. Sarasin in Basel zu Dr. med. hon. c. der dortigen Universität.

Auszeichnungen, Orden u. s. w.

Dem Meteorologen Prof. Dr. R. Aßmann in Berlin der Russische Annenorden II. Klasse.

Dem Kustos des Geogr. Instituts in Berlin O. Baschin das Ritterkreuz 2. Abteilung des Großherzogl. Sächsischen Hausordens der Wachsamkeit oder vom weißen Falken.

Dem Direktor des Kgl. preußischen Meteorologischen Instituts Prof. Dr. W. v. Bezold der Russische St. Stanislausorden II. Klasse mit Stern.

Der italienische Geograph Prof. G. Dalla Vedova in Rom zum Dr. und Geolog Prof. Dr. C. De Stefani in Florenz zu Mitgliedern der R. Accademia dei Lincei in Rom.

Prof. Dr. Th. Fischer in Marburg das Offizierkreuz des Kgl. italienischen St. Mauriziusund Lazarusordens.

Der indische Geologe R. Lyddekker zum korrespondierenden Mitglied der R. Accademia dei Lincei in Rom.

Dem Ostafrikaforscher Hauptm.G.Maercker der Rote Adlerorden IV. Klasse.

Dem Bergwerksdirektor Herm. Michaelis in Tsingtau der Kronenorden III. Klasse.

Jubiläen, Denkmäler.

Prof. Dr. A. Kirchhoff in Halle feierte am 1. Oktober das 30jährige Jubiläum seiner Ernennung zum ordentlichen Professor der Geographie.

Todesfälle.

Im September starb in Paris Munier-Chalmas, Prof. der Geologie und Paläontologie an der Sorbonne.

Im 66. Lebensjahre ist im August der Jesuit Chauvin, früher Arzt der französischen Marine, Präfekt der katholischen Mission Kiang-Nan, in Shanghai gestorben.

Am 19. September starb in Zürich der Professor für Topographie und Geodäsie am Eidgenössischen Polytechnikum, Dr. Otto Decher.

Der Meteorolog und Seismolog Prof. Rudolf Falb, der in weitesten Kreisen durch seine Witterungsprognosen populär geworden ist, starb am 29. September in Schöneberg bei Berlin. Falb, der am 13. April 1838 zu Obdach in Steiermark geboren war, wurde frühzeitig für den geistlichen Stand bestimmt, beschäftigte sich schon als Novize mit astronomischen und naturwissenschaftlichen Studien, die er später in Prag fortsetzte. 1868 begründete er die Zeitschrift „Sirius". 1870 trat er in seiner Schrift: „Theorie der Erdbeben", mit seinen Anschauungen über Erdbeben und Vulkanausbrüche hervor, die er als Springfluten des flüssigen Magmas des Erdinnern, hervorgerufen durch die Konstellation von Sonne und Mond, deutete. Um die vulkanischen Erscheinungen gründlicher beobachten zu können, trat er 1877 eine Reise nach Südamerika an, wo er bis 1880 blieb. In fachwissenschaftlichen Kreisen hatte er mit dieser Theorie ebensowenig Glück wie mit seiner Lehre über den ausschlaggebenden Einfluß des Mondes auf die Witterung und die darauf begründete Voraussage der sogen. „kritischen Tage". Auch auf dem Gebiet der Ethnographie und Vorgeschichte trat Falb mit neuen Anschauungen hervor in seinem Werke: „Das Land der Inka in seiner Bedeutung für die Urgeschichte der Sprache und Schrift", 1883; die er in den „Andessprachen", 1888 weiter begründete, ohne jedoch Anklang zu finden. Von seinen weiteren Schriften sind zu nennen: „Gedanken und Studien über den Vulkanismus", 1875; „Von den Umwälzungen im Weltall", 1881; „Sterne und Menschen", 1882; „Wetterbriefe", 1883; „Wetter und Mond", 1887; „Kalender der kritischen Tage",1888; „Neue Wetterprognosen", 1894; „Kritische Tage, Sintflut und Eiszeit", 1895; „Ueber Erdbeben", 1895. Falb war 1872 zum Protestantismus übergetreten und hatte sich 1881 verheiratet.

Dr. Wilbur Clinton Knight, Professor für Geologie an der Staatsuniversität von Wyoming in Laramie, starb daselbst am 28. Juli. Er war geboren am 13. Dezember 1858 in Rochelle, Ill., promovierte 1886 an der Universität von Nebraska und wurde noch in demselben Jahre Assistent-Geolog von Wyoming; 1894 wurde er Professor an der Universität dieses Staates. Eine größere Anzahl von Berichten über die geologischen Verhältnisse von Wyoming entstammen seiner Feder.

Am 11. September starb in Léopoldville am Stanley Pool Paul Mennicken, Intendant des Kongo-Staates. Nachdem er bereits drei Perioden zu je drei Jahren im Dienste des Kongo-Staates, zuletzt als Leiter der Station Lukolela, gestanden hatte, begleitete er die Costermansche Expedition nach dem Kiwu-See und kehrte nach Abschluß ihrer Arbeiten nach Léopoldville zurück.

Dr. A xe l O. O h l i n, Privatdozent der Zoologie in Lund, welcher auch als Polarforscher sich auszeichnete, geb. im Juli 1867 auf der Insel Witing im Wettern-See, starb am 12. Juli in einem Tuberkulosen-Sanatorium im südlichen Schweden. Unmittelbar nach Beendigung seines Studiums trat er hauptsächlich zur Beobachtung und Untersuchung der niederen Tierwelt eine Reise nach dem hohen Norden an und verbrachte den Sommer 1890 auf der Walfangstation Sörvaerö nahe dem Nordkap; 1891 begleitete er einen Robbenschläger nach Jan Mayen. 1894 nahm er als Zoologe an der Hilfsexpedition für Peary nach Nordgrönland teil, hauptsächlich um Nachforschungen nach den 1893 im Smithsunde verschollenen schwedischen Forschern Björling und Kallstenius anzustellen, die, wie er nachweisen konnte, durch Schiffbruch bei den Carey-Inseln umgekommen waren. 1895 beteiligte er sich an Dr. O. Nordenskjölds Reise nach dem Feuerlande; die Beobachtungen auf dieser Reise veranlaßten ihn, der Frage der Bipolarität der Tierwelt seine besondere Aufmerksamkeit zu widmen. 1898 begleitete er Prof. Nathorst auf der Expedition nach König-Karl-Land und Spitzbergen und 1901 schloß er sich der Südpolarexpedition von Dr. O. Nordenskjöld an. Während dieser Reise hatte er in einer Reihe von Abhandlungen der Ergebnisse seiner zoologischen Forschungen und seiner seither gesammelten Sammlungen veröffentlicht. Von geographischem Interesse sind: „På forskningsfärd efter Björling och Kallstenius", 1895; „Antarktiska färder och Antarktis", 1901.

In Klagenfurt starb im Alter von 73 Jahren am 2. August Peter Aug. Pazze aus Triest, ein rühriger Förderer der Alpen- und Höhlenforschung. Er war Begründer und langjähriger Vorstand der Sektion „Küstenland" des Deutschen und Oesterreichischen Alpenvereins und Verfasser der Gedenkschrift zum 20jährigen Jubiläum derselben.

Am 8. September starb in Blasewitz bei Dresden Prof. Dr. Oskar Schneider, bekannter Geograph und Zoolog, früher Professor am Annen-Realgymnasium in Dresden. Er war geboren am 18. April 1841 in Lobau. Auf wiederholten Reisen nach Ägypten, dem Kaukasus, Italien u. s. w. fand er Gelegenheit zu geographisch-naturwissenschaftlichen Studien, die in verdienstvollen Abhandlungen niederlegte: „Beiträge zur Kenntnis der griechisch-orthodoxen Kirche Aegyptens", 1874; „Beiträge zur Kenntnis der kaukasischen Käferfauna", 1878; „Naturwissenschaftliche Beiträge zur Kenntnis der Kaukasusländer", 1878; „Naturwissenschaftliche Beiträge zur Geographie und Kulturgeschichte", 1881; „Riviera di Ponente", 1886; „Ueber schärfere Begrenzung geographischer Begriffe", 1886; „Chamsin und ein Einfluß auf die niedere Tierwelt", 1888; „Vallombrosa", 1888; „Der ägyptische Smaragd", 1892; „San Remo und seine Tierwelt im Winter", 1893; „Tierwelt von Borkum", 1898. Fördernd und anregend hat er auf den geographischen Unterricht eingewirkt, namentlich bahnbrechend durch die Einführung von Anschauungsmitteln: „Ueber die Notwendigkeit und Einrichtung geographischer Schulsammlungen", 1877; und besonders durch seinen „Typenatlas", 1881. *H. W.*

Besprechungen.

Bisching, A., Mineralogie und Geologie für Lehrer- und Lehrerinnen-Bildungsanstalten. 6. Aufl. Wien 1902, A. Hölder.

Seitens der Vertreter der Geologie an den deutschen Hochschulen ist dem preußischen Kultusministerium eine Eingabe unterbreitet worden, welche begründet, daß der Geologie namentlich auch als Grundlage für die geographische Forschung in den Lehrplan der höheren Schulen eine selbständige Stellung gewährt werde. Die Besprechung von Lehrbüchern der Geologie im Geogr. Anz., welche dem Bedürfnis der Schule dienen, dürfte daher einem Widerspruch nicht begegnen. Aus dem vorliegenden Leitfaden, den ich nur für eine Stütze bei häuslichen Wiederholungen ansehe, interessiert an dieser Stelle der zweite Teil. Auf 25 Seiten wird in drei Abschnitten — Petrographie, Geotektonik, Stratigraphie — die Geologie behandelt. Die Kürze der Darstellung erklärt manche Härte im Ausdruck; sie bringt mit sich das Vorherrschen von Definitionen; sie bedingt den dogmatischen Charakter des Buches. Warum ein Teil der Formationenlehre und auch der Versteinerungsprozeß im Kapitel Geotektonik untergebracht wurde, ist nicht ersichtlich. Aufgefallen ist, daß der Verfasser die Drifttheorie vor der Gletschertheorie hervorhebt, daß für die Erklärung der kristallinen Schiefer besondere Verhältnisse zur Zeit ihrer Entstehung in Anspruch genommen werden. Vermißt habe ich eine Behandlung der Gebirge nach ihrem geologischen Bau, welche im zweiten Abschnitt hätte vorgenommen werden können. Ob das Buch sich im Reiche einbürgern wird?! Unter die Grenzen Oesterreich-Ungarns wird nur im Notfall bei Angabe von Beispielen hinausgegangen.

Dr. Lieberian.

Egli, J. J., Kleine Erdkunde für schweizerische Mittelschulen. Neu bearbeitet von Edwin Zollinger. 15. Aufl. 8°, VIII, 188 S. St. Gallen 1903, Fehrsche Buchhdlg. 1.00 Fr.

In voller Würdigung der großen Aufgaben, welche, allen Gattungen von Schulen seit der Zeit erwachsen sind, da die geographische Wissenschaft nicht nur ungeheure Fortschritte an sich gemacht, sondern auch hohe Bedeutung für das tägliche Leben in wirtschaftlicher und kultureller Beziehung gewonnen, hat der Verfasser dies Büchlein geschrieben. In bescheidenem Gewand erscheinen, zeugt es doch durchweg — und ein Vergleich mit der erst vor drei Jahren veröffentlichten Auflage bestätigt dies Urteil — von der Verarbeitung der neueren Literatur und den Ergebnissen der Forschung. Der Leitfaden ist bestimmt für die Schweizer Schulen, und diesem Zwecke wird der Verfasser durch genügende Betonung des Heimatlandes gerecht. Dies will er in den Mittelpunkt des Unterrichts gestellt wissen — und welches Land eignet sich wohl so gut wie die Schweiz für den Geographen dazu! —; von ihm soll die methodische Betrachtung ausgehen, wenngleich, man sieht den Zweck allerdings nicht recht ein, die Anordnung des Stoffes für Europa den umgekehrten Weg vom Allgemeinen zum Besonderen schreitet. In gleicher Weise sollen die Ausführungen über die allgemeine Geographie, mit der das Buch beginnt, am Schluß der Stoffbehandlung dem Schüler vorgeführt werden, gleichsam, um die Ergebnis mitfinden zu lassen. Der Gedanke, so schön an sich, scheint doch m. E. kaum durchführbar zu sein; da viele Fragen, die allerorten dem Lehrer bei der Behandlung des Stoffes für die einzelnen Länder aufstoßen, ein sofortiges Eingehen auf die allgemeine Geographie zur Bedingung machen und daher ohne die Voraussetzung ihrer Kenntnis nicht behandelt werden können. Hinsichtlich der Länderkunde sei bemerkt, daß überall das Prinzip, die physische Betrachtung an die Spitze zu stellen, gewahrt ist. Die beigegebenen kleinen Abbildungen, die zwar, was die Wiedergabe der Originale betrifft, entschieden gegenüber denen der früheren Auflage an Feinheit gewonnen haben, sollen wohl hier und dort besonders typische Landschaftsformen darstellen; doch scheint nicht nur eine Verstärkung der Zahl, sondern auch eine strengere Anordnung nach systematischen Gesichtspunkten geboten zu sein; man vergleiche in dieser Beziehung nur die Pabdeschen Leitfäden. — Im übrigen dürfte das vorliegende Buch das Ziel, das es verfolgt, erreichen. *Ed. Lentz.*

Auf weiter Fahrt. Selbsterlebnisse zur See und zu Lande. Eine Marine- und Kolonialbibliothek. Herausgegeben von Julius Lohmeyer. Band II, mit 12 Vollbildern. Leipzig 1903, Dietrichsche Verlagsbuchhandlung.

Dieser zweite Band der Marine- und Kolonialbibliothek soll wie der erste dazu dienen, Herz und Phantasie der Leser „aus binnenländischer Enge hinauszuführen", Verständnis zu erwecken für den Kampf um die Beherrschung der Meere, für Ansehen in Handel und Schiffahrt, für den Anteil an der noch unverteilten Erde. Diese Absicht soll aber nicht durch systematische Belehrungen über volkswirtschaftliche Notwendigkeiten, über geschichtliche Entwicklung oder über die Landeskunde ferner Gebiete und die Technik des Seefahrens und des Schiffbaues erreicht werden, sondern ein unterhaltsames Buch soll geschaffen werden, das durch bunte Mannigfaltigkeit in der Darstellung teils wirklicher Ereignisse und Tatsachen, teils ersonnener Geschichten anzieht und zugleich den Leser mit einer gewissen Kolonialfreudigkeit erfüllt, ihn mit dem Leben auf dem Meere und jenseits des Meeres vertraut macht. Der vorliegende Band enthält 20 Geschichten und Gedichte, Dichtung und Wahrheit nicht nur der Form nach dem Inhalt nach bunt durcheinander gemischt. Außer der „Springbockjagd" von Oberleutnant Schwabe, die in Deutsch-Südwestafrika vor sich geht und durch seine Landschaftsschilderung sich auszeichnet, wählen die kolonialen Erzählungen ihre Gegenstände sämtlich aus dem ostafrikanischen Schutzgebiet. So bringt Leue in seinem „Simba-Uranga" hübsche Charakteristiken der Araber und auch der Küstenlandschaft, Töppen eine Beschreibung der Thronbesteigung des Sultans von Sansibar Hamed bin Thwain, Wedmann einen Bericht über den Fenstersturz Emin Paschas in Bagamoyo nach seiner Rückkehr mit Stanley und Casati aus dem Sudan. Noch drei andere Nummern, zum Teil voller burschikosen, stellenweise etwas gequälten Humors hat Wedmann beigesteuert. Aus Wißmanns Feder stammen drei Kampfschilderungen aus dem Norden, der Mitte und dem Süden von Deutsch-Ostafrika. John Wilmers schildert launig die „Probefahrt" eines in Dienst zu stellenden, neu erbauten Kriegsschiffes und liefert eine drollige, obschon in den Einzelheiten nicht ganz wahrscheinliche Humoreske „Schiffsjungenliebe". Stark romanhaft, aber doch erschütternd wirkt die Novelle vom Marinepfarrer Heims: „Drei Becher"; ein Kapitän, der auf brennendem, von der Mannschaft verlassenem Schiff im weiten Weltmeere sich mit dem Mädchen verlobt, das ihn liebt und gerade im Augenblick stirbt, als ein rettendes Schiff heraneilt, berichtet hier von seinen Erlebnissen. Etwas gar zu sehr mit Leichen, Schloßbrand, Irrsinn arbeitet v. Werners an die Nerven greifende Erzählung „Gottesgericht". Sie spielt im nordöstlichen England und behandelt das alte Strandrecht. Von Thüringen bis in die Burenländer und den letzten großen südafrikanischen Krieg führt Eugenie Rosenbergers Novelle „Zwei Schiffchen". Abgesehen von einzelnen naturgeschichtlich nicht recht glaubhaften Zügen, etwa von Elefantenjagden im Gebiet der Transvaalgoldfelder, ist die Erzählung überhaupt etwas „gemacht und gedacht". Doch verleugnet sich nicht das zartsinnige Plaudertalent der liebenswürdigen Schriftstellerin, der man das reizende, in Offiziersleben und doch gemütvoll bekannte Buch „Auf großer Fahrt" verdankt. Natürlich und doch dichterisch hochstehend ist Helene Pichlers Novellette „Unter Segel". Es ist teil durch- und nachempfunden, wie die Kapitänsfrau mit Sekt und Geplauder die Stimmung der Kajütpassagiere fröhlich zu erhalten versucht, während sie bebenden Herzens das Hämmern am Sarge aus dem Zwischendeck vernimmt, wo die Pest ausgebrochen ist, deren Ansteckung verheimlicht werden soll.

Ist also nach nicht allen im Buche ja gleichweise wertvoll, sei es hinsichtlich der Tendenz, sei es betreffs der Mittel, die der Tendenz dienen sollen, im ganzen enthält das Buch viel Schönes, so daß ihm Leser in Fülle zu wünschen sind. *Dr. F. Lampe.*

Friederichsen, Max, Reisebriefe aus Russisch-Zentralasien. (S.-Abdr. aus Mitteilungen der Geographischen Gesellschaft in Hamburg. Bd. XVIII, 1902). 8°, 68 S. Hamburg 1902, L. Friederichsen & Co. 3 M.

Die Reisebriefe sind geschrieben unter dem frischen Eindruck einer großartigen, ja zum Teil überwältigenden Natur und im Vollgefühl der Freude, Gegenden, die dem Verfasser durch eifriges Studium schon längst bekannt waren, mit eigenen Augen zu schauen, um aus diesem Besuch Anregungen zu neuen wissenschaftlichen Forschungen zu schöpfen. Sie gewähren zugleich, abgesehen von einer Reihe persönlicher Bemerkungen, einen guten Einblick in die Art des Reisens in jenen Gegenden mit seinen Beschwerlichkeiten, sie enthalten manches für das Leben der Völker im innersten Asien interessante Bild, sie weisen endlich die Probleme auf, welche neben manchem Erforschten noch der Lösung harren. — Das kleine, recht flott geschriebene Buch ist daher nicht nur für den speziellen Asienforscher geschrieben, sondern bildet auch für jeden, der sich aus Reisebriefe gern unterrichten will, eine angenehme Lektüre *Ed. Lentz.*

Mazel, A., Künstlerische Gebirgsphotographie Autorisierte deutsche Uebersetzung von Dr E. Hegg in Berlin. Mit 12 Tafeln nach Originalaufnahmen des Verfassers. Berlin 1903, Verlag von Gustav Schmidt.

Um als Gebirgsphotograph etwas zu leisten muß man alpinistische Schulung, photographische Technik und künstlerischen Blick vereinen Das vorliegende Lehrbuch der Gebirgsphotographie — das erste neben dem vor einiger Jahren im gleichen Verlag erschienenen Büchlein von E. Terschak — legt das Hauptgewicht auf die Anleitung zum künstlerischen Schaffen. Abgesehen davon liegt die schwache Seite der Arbeit Alles, was der Verfasser in anregender Form über Belichtung, Gelbscheibe, Blenden Entwicklung Vergrößerung und Verkleinerung des Negativs, Verwendung der Siegfried-Karte zur Auffindung und Begrenzung der Motive gibt

— kurz alles Technische ist hinreichend klargestellt. Im künstlerischen versagt der Verfasser, wie die Mehrzahl der Tafeln zeigt, weil er geschmackvolle Aufnahmen schon für Kunstwerke hält, als Richtschnur allein einseitig englische Vorbilder und Vorschriften von Robinson und Horsley-Hinton wählt und so weichliche, konventionelle Bilder auch von den kräftigsten, ernstesten, erhabensten Stellen des Hochgebirges heimbringt. Der Geograph tut gut, ganz von Vorbildern abzusehen, dagegen zu versuchen, allein das Charakteristische der Landschaft, geleitet von wissenschaftlicher Erkenntnis derselben, zu fassen. So tritt er dem „Künstlerischen" näher, als wenn er die Komposition von Bildern äußerlich nachahmt. *Friedrich Behrens.*

Schmid, F., Das Zodiakallicht. Ein Versuch zur Lösung der Zodiakallichtfrage. 22 S., 1 Taf. Zürich 1903, in Kommission C. E. Raschers Erben.   1,20 fr.

Der Verfasser ist durch eigene Beobachtungen auf das Studium des Zodiakallichtes gekommen, und hat es durch mehrere Jahre hindurch weiter verfolgt. Als Resultat seiner Ueberlegungen über die eigentümliche Lichterscheinung gibt er die in der vorliegenden Schrift ausgeführte Theorie, die insofern Aehnlichkeit mit denen von manchen früheren Bearbeitern hat, als das Zodiakallicht als eine reflektive Erscheinung der Atmosphäre erklärt wird. Die Atmosphäre nähert sich nach des Verfassers Ansicht infolge der Erddrehung und der dadurch entstehenden Zentrifugalkraft nicht der Kugelform, sondern der Linsenform, und deshalb können ihre äußeren Teile noch Sonnenlicht reflektieren, wenn am Abendhimmel bereits die letzten Spuren des Abendrots verschwunden sind. Ebenso wird der Gegenschein und die Lichtbrücke (mit Vor-

behalten) vorläufig für reflektiertes Mondlicht erklärt. Die beigegebene Tafel veranschaulicht, wie sich der Verfasser die Entstehung der behandelten Lichterscheinungen denkt. *Orrím.*

Geographische Literatur.

(Die Titel-Aufnahme in diese Spalte ist unabhängig von der Einsendung der Bücher zur Besprechung.)

a) Allgemeines.

Andrees neuer, allgemeiner und österr.-ungarischer Handatlas. Herausgeg. von A. Scobel. 23.—26. Lief. Wien 1903, Moritz Perles. 1 M.

Ehrhardt, Karl, Die geographische Verbreitung der für die Industrie wichtigen Kautschuk- und Guttaperchapflanzen. 79 S. (Angew. Geogr. 9.) Halle 1903, Gebauer & Schwetschke.

Hengstenberg, Ernst, Weltreisen. 246 S. III. Berlin 1903, Dietrich Reimer. 10 M.

Kublin, Siegm., Weltraum, Erdplanet und Lebewesen. 115 S. Dresden 1903, E. Pierson. 4 M.

Pernter, J. M., Allerlei Methoden, das Wetter zu prophezeien. 36 S. ill. Wien 1903, W. Braumüller. 1 M.

Schenck, A., Vegetationsbilder aus Südwestafrika. 11 S., 6 Taf. Jena 1903, Gustav Fischer. 4 M.

Schurtz, Heinr., Völkerkunde. (Die Erdkunde, XVI. Teil.) 176 S. Wien 1903, Fr. Deuticke. 7 M.

Seekarten der Kaiserl. deutschen Admiralität. 44 a. Nordsee: Fischereikarte. 1:1 200 000. 1.25 M. — 116. Ost-Karolinen: Insel Ponape. 1:100 000. 2.05 M. — 179. Ost-Karolinen: Insel Kusaie. 1:45 000. 1.90 M. — 187. Dargu-Salaam-Bucht. 1:50 000. 1.35 M. Berlin 1903, Dietrich Reimer.

Stielers Handatlas. Neue 9. Lief.-Ausgabe. 21. bis 24. Lief. Gotha 1903, Justus Perthes. Je 60 Pf.

Thies, F., Himmel und Erde, ihre ewigen Gesetze und ihre wahrnehmbaren Erscheinungen. 170 S. ill. Leipzig 1903, Otto Spamer. 3.60 M.

Thomas, Louis, Buch der denkwürdigsten Entdeckungen auf dem Gebiet der Länder- und Völkerkunde. 1. Die ältere Land- und Seereisen bis zur Auffindung der Seewege nach Amerika und Indien. 10. Aufl. 236 S. ill. Leipzig 1903, Otto Spamer. 2.50 M.

Winkler, Heinr., Skizzen aus dem Völkerleben. 1. Aus Osteuropa. — II. Aus dem Magyarenland. 196 S. Berlin 1903, F. Dümmler. 3 M.

b) Deutschland.

Das überseeische Deutschland. Die deutschen Kolonien in Wort und Bild. Nach dem neuesten Stande der Kenntnis bearbeitet von Hauptmann a. D. Hutter, Dr. R. Böttner, Prof. Dr. Karl Dove, Dir. A. Seidel, Dir. C. v. Beck, H. Seidel, Dr. Reinecke, Kapitänleutnant Deimling. 679 S., 6 K., 21 Taf., 237 Abb. Stuttgart 1903, Union. 10 M.

Franzos, K. E., Deutsche Fahrten. 1. Reihe: Aus Anhalt und Thüringen. 2. Aufl. 374 S. Berlin 1903, Concordia. 5 M.

Rohrbach, Paul, Deutschland unter den Weltvölkern. 200 S. Berlin-Schöneberg 1903, Verlag der „Hilfe". 3.50 M.

Rudel, Grundlagen zur Klimatologie Nürnbergs. 1. Teil: Luftwärme. 77 S. Nürnberg 1903, M. Edelmann. 4 M.

c) Übriges Europa.

Bau und Bild Oesterreichs von Karl Diener, Rud. Hoernes, Frz. E. Sueß und Viktor Uhlig. Mit einem Vorwort von E. Sueß. 1110 S. Leipzig 1903, G. Freytag. 24 S., 1 Taf. Wien 1903, W. Braumüller. 60 Pf.

Böhm, A. v., Das Karlseisfeld, einst und jetzt. 20 S., 1 Taf. Wien 1903, W. Braumüller. 60 Pf.

Calderaio, R., Portugal von der Guadiana zum Minjo. 408 S. ill. Stuttgart 1903, Franckhscher Verlag. 6.50 M.

Hight, J., The English as a colonising nation. London 1903, Whitcombe. 2 sh. 6 d.

Leist, Arthur, Das georgische Volk. 228 S. E. Piersons Verlag. 6 M.

Stelzig, Heinr., Karte des Bezirks Saaz. 1:100000. Saaz 1903, Ant. Ippoldts Nachf. 25 Pf.

Warnsberg, A. v., Dalmatien. Tagebuchblätter aus dem Nachlaß. 125 S. Wien 1903, Karl Konegen. 6 M.

Zugmayer, Erich, Eine Reise durch Island im Jahre 1902. Wien 1903, A. W. Künast. 5 M.

d) Asien.

Headlam, C., Ten thousand miles through India and Burma. London 1903, Dent & Co. 7 sh. 6 d.

Neton, Indo-Chine et son avenir économique. Paris 1903, Perrin et Cie. 3.50 frs.

Parker, E. H., China, past and present. London 1903, Chapman & Hall.

Reudy, O. O., Life and sport in China. London 1903, Chapman & Hall. 10 sh. 6 d.

Schulz, Walt., Zustände im heutigen Persien, wie sie das Reisebuch Ibrahim Bergs enthält. 332 S. ill., 1 K. Leipzig 1903, Karl W. Hiersemann. 25 M.

Seidel, A., Das nordsyrische Vulkangebiet. Dirct et Tulul, Hauran, Dsch. Mâni u. Dschdân. 21 S., 1 K. Leipzig 1903, Max Weg. 2.50 M.

e) Afrika.

Gerhold, Miss. H., Wandertage in Nordost-Ukamba. 33 S. Leipzig 1903, Evang.-lutherische Mission. 10 Pf.
Hayford, C., Gold coast native institutions. London 1903, Sweet & Maxwell. 15 sh.
Park, M., Travels in the interior of Africa. London 1903, A. & C. Black. 3 sh. 6 d.
Wallis, C. B., Advance of our West African empire.

f) Schulgeographie.

Carl, Dr. R., Die verschiedenen Methoden der Geländedarstellung auf Schulwandkarten. Kritisch beleuchtet. 14 S. ill. Dresden 1903, A. Müller-Fröbelhaus. 50 Pf.
Frank, Karl, Geographie und Statistik der österr.-ungar. Monarchie für die VII. Klasse der Realschulen. 99 S. Wien 1903, A. Hölder. 1.50 M.
Gaebler, Ed., Wandkarte der Britischen Inseln. 1:1800000. 2. Aufl. Leipzig 1903, G. Lang. 18 M.
— , Kontor und Bureau-Wandkarte des Deutschen Reiches. 1:300000. 2. Aufl. Ebenda. 19 M.
— , Wandkarte des Deutschen Reiches, von Belgien, der Schweiz und der deutsch-österreichischen Länder. Ebenda. 22 M.
— , Wandkarte der östlichen und westlichen Erdhälfte. Kleine Ausgabe. 1:24000000. 6. Aufl. Ebenda. 20 M.
— , Schulwandkarte von Europa. 1:3200000. 12. Aufl. Ebenda. 22 M.
— , Schulwandkarte von Nordamerika. 1:4500000. 2. Aufl. Ebenda. 22 M.
Hertel, L., Kleine Landeskunde des Herzogtums Sachsen-Meiningen. 118 S. Mild burghausen 1903, F. W. Gadow & Sohn. 1 M.
Hölzels Rassetypen des Menschen. Unter Mitwirkung von F. Heger, ausgewählt und bearbeitet von Prof. Dr. Frz. Heiderich, geraht von Friedr. Beck. 4 Taf. Wien 1903, Ed. Hölzel. 17 M.
Hölzel, Schulwandkarte von Asien. Politische Ausgabe. Bearb. von Frz. Heiderich. 1:8000000. Ebenda. 15 M.
— , Schulwandkarte von Australien und Polynesien. Stiller Ozean. 1:10000000. Ebenda. 19 M.
Keil, W., und Fr. Riecke, Deutscher Schulatlas. 39 Haupt- und 23 Nebenkarten. 35. Aufl. Leipzig 1903, Th. Hofmann. 1.40 M.
Kintz, Hans, Die Kronländer der österr.-ungar. Monarchie. 16 Kartenskizzen. Trient 1903, F. H. Schimpf. 1 M.
Krauses, Max, Heimatatlas der Kgl. Amtshauptmannschaft Großenhain. 5 Bll. Riesa 1903, J. Hoffmann. 60 Pf.
Loreck, C., und A. Winter, Atlas für die bayerischen Mittelschulen. IV. Teil: Asien, Afrika, Australien, Nord- und Südamerika. 25 K. München 1903, Piloty & Loehle. 2.50 M.
Martin, R., Wandtafeln für den Unterricht in Anthropologie, Ethnographie und Geographie. 2. und 3. Serie. Je 8 Taf. Zürich 1903, Orell Füßli. 36 M.
Mauer, A., Geographisches Bilder. 2. Bd. 17. Aufl. 582 S. Langensalza 1903, F. G. L. Oreßler. 5.50 M.
Nehring, L., Geographisches Merk- und Wiederholungs- buch für die Hand der Volksschüler in zweisprachigen Volksschulen. 2. Teil. 28 S. Breslau 1903, Heinr. Handel. 15 Pf.
Selbert, A. E., Schulgeographie in 3 Teilen. 3. Teil: Eingehende Betrachtung der österr.-ung. Monarchie. 112 S. Wien 1903, Alfr. Hölder. 1.50 M.
Umlauft, Friedr., Lehrbuch der Geographie für die unteren und mittleren Klassen österreichischer Gymnasien und Realschulen. 2. Kursus: Länderkunde. 7. Aufl. 186 S. Wien 1903, Alfr. Hölder. 1.70 M.
Wandkarte der Kreise Düsseldorf und Neuß, Reg.-Bez. Düsseldorf. 1:25000. Berlin 1903, Dietrich Reimer. 12.50 M.
Witlarzdi, Hans, Geschichte der Erde, zun. für Mädchenlyzeen. 73 S. Wien 1903, Alfr. Hölder. 1.30 M.

g) Zeitschriften.

Bolletino della Società Geografica Italiana. 1903. April-Mai. Dainelli, Giotto, Di alcuni rumori naturali che si odono presso Otres (Irbihir) in Dalmazia. — Bellucci, L'antico rilievo topografico del territorio perugino miserato e disegnato da padre Ignazio Danti. — Beriolini, Sulla permanenza del significato estensivo del nome diLombardia. — Almagià e Guastalla, La geografia nel Congresso Internazionale di Scienze storiche. — Mochi, La civiltà egiziana tra i terremoti dell'Africa. — Marini, Colonia Eritrea: Escursione lungo le coste settentrionali della penisola di Buri e isole adiacenti.
Juni. Baldacci, Nel paese del Cen. viaggi d'esplorazione. — Bellio, Un disegno geografico di Donato d'Angelo, detto il Bramante.
Deutsche Erde. Beiträge zur Kenntnis deutschen Volkstums. Herausg.: Prof. Paul Langhaus; Verlag: Justus Perthes, Gotha. 2. Jahrg. 1903.
Heft 3. Hasse, Die Sprachverhältnisse im Deutschen Reiche um 1. Dezember 1900. — Piehs, Die Besiedlung des Ordenslandes Preußen. — Harlos, Ist das Deutschtum in Galizien lebensfähig? — Kaindl, Deutsche Ansiedlungen in der Moldau im 18. Jahrhundert. — Hotz, Deutscher Gottesdienst in welschen Landen. II.: Statistik der Deutschen: Deutsches Reich. — Berichte über neuere Arbeiten zur Deutschkunde.
Deutsche Rundschau für Geographie und Statistik. Herausg.: Prof. Dr. Fr. Umlauft; Verlag: A. Hartleben. Wien. 26. Jahrg. 1904.
Heft 1. Herz, Die abflußlosen Gebiete der Erde. — Scheener, Stockholm. — Kettner, Zwei bisher ungedruckte Briefe Emin Paschas. — Meinhard, Nach Mazedonien. — Die deutsche Südpolarexpedition.

Geographische Zeitschrift. Herausg.: Prof. Dr. Alfred Hettner; Verlag: B. G. Teubner, Leipzig. 9. Jahrg. 1903.

Heft 9. Ratzel, Die geographischen Bedingungen und Gesetze des Verkehrs und der Seestrategik. — Heinr. Fischer, Die Atlanten an den preußischen höheren Schulen. — v. Lendenfeld, Agassiz' neueste Untersuchungen über die Korallenriffe.

Globus. Illustrierte Zeitschrift für Länder und Völkerkunde. Herausg.: H. Singer; Verlag: Vieweg & Sohn, Braunschweig. Bd. 84.

Nr. 11. Klose, Wohnstätten und Hüttenbau im Togogebiet. I. — Seler, Eine andere mit Bestimmung versehene altmexikanische Steinmaske. — Aus den Ruinen von Simbabye. — Südpolarforschung.

Nr. 12. Krebs, Staubfälle, Blutregen, Blutschnee. — Klose, Wohnstätten und Hüttenbau im Togogebiet. II. — Roth, Geschichte und Tierkunft der schweizerischen Alpenflora. — Die russischen Sekten.

Nr. 13. Nordenskiöld, Einiges über das Gebiet, wo sich Chaco und Andes begegnen. — Kretische Forschungen. — Leuß, Zur Volkskunde der Inselfriesen. I. — Die Japaner in Cama.

Nr. 14. Zemmrich, Die Polen im Deutschen Reiche. — Burmeister, Groß-Dimon. — Leuß, Zur Volkskunde der Inselfriesen. II.

La Géographie. Bulletin de la Société de Géographie. Herausg.: Hulot et Rabot; Verlag: Masson et Cie., Paris. VIII. 1903.

Nr. 3. Flahault, Forêts et industrie des bois. France et Nouvelle Zélande. — Girardin, La Valachie. — Laloy, La péninsule orientale de la Crète.

Petermanns Mitteilungen. Herausg.: Prof. Dr. A. Supan; Verlag: Justus Perthes, Gotha. 49. Bd. 1903.

Heft 9. Wichmann, Von Dschibuti bis Lana. — Oerland, Die zweite Internationale Erdbebenkonferenz zu Straßburg. — Der geographische Unterricht an den deutschen Hochschulen im Wintersemester 1903/04. — Hammer, Das Claudeche „Prismen-Astrolabium". — Wegemann, Ihr Bevölkerungszuwerpunkt des Deutschen Reiches. — Fitzner, Die Regenverteilung in der Kirkischen Ebene.

Rivista Geografica Italiana e Bolletino della Società di Studi Geografici e Coloniali in Firenze. X. 1903.

VIII. Guarducci, Conferenza Generale dell'associazione geodetica internazionale. — La Geografia nel Congresso internazionale di Scienze Storiche. Roma 2—8 Aprile 1903. — Alfani, Osservatorio Ximeniano di Firenze. — Marinelli, La navigazione interna nella pianura padana. — Crino, Brevi osservazioni sull'Islanda in confine al suo curattere europeo. — Castellani, Lettere dell'Uganda. — Ricchieri, Sui nomi di persona dati alle nuove scoperte.

Revue de Géographie. Herausg.: Ch. Delagrave. XXVII. Jahrg. 1903.

Oktober. Henry, Questions d'Autriche-Hongrie. — Dornin, Bonaparte et le monde musulman. — Chemin-Dupontès, Le Chine du nord et les intérêts français. — Barré, Cela hier et aujourd'hui. — Briggs, Les interêts allemands en Australie. — Oaudard de Vinci, Dans le Finmark. — A. B., Téhéran. — Regelsperger, Mouvement Géographique.

The Geographical Journal. Vol. XXI. 1903.

Oktober. Ramsay, Cilicia Tarsus and the Great Taurus Pass. — Davis, A Scheme of Geography. — McClounie, A journey across the Nyika Plateau. — Satchell, Notes to accompany Map of the Vavary. — Creak, Terrestrial Magnetism in its Relation to Geography.

The Journal of Geography. Herausg.: Richard E. Dodge, J. Paul Goode, Edward M. Lehnerts. Vol. II, 1903.

Nr. 7. Goode, Geographical Societies of America. — Moulton, Time. — Genthe, Geographical Text-Books and Geogr. Teaching. — Harrison, Cultivation of Rice in the United States.

The Scottish Geographical Magazine. XIX, 1903.

Oktober. Creak, Terrestrial Magnetism in its relation to Geography. — Meeting of the British Association. — Report of the Progress of the Ordnance Survey. — The Eight International Geographic-Congress.

Wandern und Reisen. Illustrierte Zeitschrift für Touristik, Landes- und Volkskunde, Kunst und Sport. L. Schwann, Düsseldorf. I. Jahrg. 1903.

Heft 20. Hoek, Von Ravenna nach Ankona. — v. Glauvell, Vom Hochtor zum Oedstein. — Maukowski, Hanake weil Hoek. — Schell, Ein Ausflug ins Gebiet der Wupperquelle. — Skorra, Im Banne der Berge. — Dasch, Herbsttage am Ritten. — Rapp, Der Fels im Wald. — Eichborn, Nebelmeere. — Stöckhardt, Stadt und Burg Wertheim a. M.

Zeitschrift der Gesellschaft für Erdkunde zu Berlin. 1903.

Nr. 6. Engler, Ueber die Vegetationsformationen Ost-Afrikas auf Grund einer Reise durch Usambara zum Klimandscharo. — Basehin, Dünenstudien. — Wegener, Einige neue Aufnahmen vom Mont Pelée.

Nr. 7. Seler, Die Wintersemester in Mexiko und Yucatan. — Kolim, Der XIV. deutsche Geographentag in Cöln.

Zeitschrift für Schulgeographie. Herausg.: Dr. Anton Becker; Verlag: Alfr. Hölder, Wien. 24. Jahrg. 1903.

Heft 12. Kerp, Der XIV. deutsche Geographentag in Cöln. — Becker, Zu den Grundsätzen für Lehrbücher der Geographie.

Geographischer Anzeiger

herausgegeben von

Dr. Hermann Haack   und   Oberlehrer Heinrich Fischer
Gotha, Friedrichsallee 3.   Berlin SW. 47, Belle-Allianzestr. 69.

| Vierter Jahrgang. | Diese Zeitschrift wird sämtlichen höheren Schulen (Gymnasien, Realgymnasien, Oberrealschulen, Progymnasien, Realschulen, Handelsschulen, Seminarien und höheren Mädchenschulen) kostenfrei zugesandt. — Durch den Buchhandel oder die Post bezogen beträgt der Preis für den Jahrgang 2,60 Mk. — Aufsätze werden mit 4 Mk., kleinere Mitteilungen und Besprechungen mit 6 Mk. für die Seite vergütet. — Anzeigen: Die durchlaufende Petitzeile (oder deren Raum) 1 Mk., die dreigespaltene Petitzeile (oder deren Raum) 40 Pfg. | Dezember 1903. |

Die „Generalschulkarte" 1:25000 für das Deutsche Reich.
Von Oskar Steinel-Kaiserslautern.

Mit Recht hat der Herausgeber des „Geographischen Anzeigers", Herr Dr. Haack, in seinem Referate über den 14. deutschen Geographentag in Cöln zum Schlusse seiner Überzeugung Ausdruck gegeben, daß die Tagesordnungen des Stoffes fast zu viel brachten. Freilich war die Leitung in einer Zwangslage; wenn ich recht berichtet bin, waren schon zwölf weiter angemeldete Vorträge als schlechterdings nicht unterzubringen abgelehnt worden, aber auch das so zustande gekommene Menu überbot noch immer die durchschnittliche Aufnahmefähigkeit, zumal am zweiten Sitzungstage. Als ich in der Sitzung für Schulgeographie als letzter das Wort erhielt, schwankte ich zunächst, ob angesichts meiner und des Auditoriums Ermüdung es nicht geratener sei, mich lediglich auf die Bekanntgabe meiner Schlußforderungen zu beschränken. Da ich aber sogar auch noch Geographinnen tapfer mit den anderen ausharren sah, wuchs mir der Mut, eben doch einmal zu versuchen, soweit als es eben gehe, die Frage der Herstellung von Schulheimatkarten für das Deutsche Reich nach einheitlichen Gesichtspunkten zu erörtern. Der Verlauf bewies, daß für den bekandelten Stoff allgemeines Interesse vorhanden war. Freilich zu einer irgend abschließenden Diskussion, zu einer Stellungnahme zu einzelnen Punkten meiner Forderungen konnte es nicht kommen; das war durch die Zeitlage vollkommen ausgeschlossen. Aber schon das kurze Korreferat des Herrn Dr. Haack und die freundliche Würdigung des Vorsitzenden, Herrn Professors Dr. Kirchhoff, der dem befürworteten Unternehmen „nationale Bedeutung" zumaß, noch mehr aber die nach der Diskussion und bis heute mir zugegangenen Kundgebungen, die noch dankbar erkennen, wie recht Herr Geheimrat Dr. von Neumayer hatte, als er mich bestimmt hatte, den deutschen Geographentag mit der Angelegenheit zu befassen.

Da es immerhin noch einige Zeit währen kann, bis die offiziellen Veröffentlichungen des 14. Geographentags erscheinen[1]) und weil diese Veröffentlichungen doch ein verhältnismäßig beschränktes Publikum finden, dürfte es sich empfehlen, einige kurze Darlegungen in einem Blatte zu veröffentlichen, das einer großen Anzahl geographischer Interessenten vorliegt, um sie für die Sache gewonnen werden, ihrerseits viel dazu beitragen können, daß es mit dem Unternehmen vorwärts geht. Wenn ein bestimmter Teil des Volkes den Wert einer empfohlenen Einrichtung zu schätzen imstande ist, ebnen sich wie von selbst die entgegenstehenden Schwierigkeiten. Insofern stellt die Beschaffung der Offiziellen Schweizer Schulwandkarte 1:200000 dem Schweizer Volke ein rühmliches Zeugnis aus.

[1]) Der Vortrag ist soeben als Sonderabdruck unter folgendem Titel erschienen: Die Herstellung von Schulheimatkarten für das Deutsche Reich nach einheitlichen Gesichtspunkten von Oskar Steinel (Berlin, Dietrich Reimer). Preis 50 Pf.

Geogr. Anzeiger, Dezember.

Über den Wert guter Schulheimatkarten braucht man wohl nicht viel Worte zu verlieren. Kirchhoff sagt: „Die Karte der heimatlichen Landschaft muß den Schlüssel bilden zum Begreifen des Wesens jeder Karte". Daß die Heimatkunde und speziell der erdkundliche Unterricht wesentlich dadurch gefördert wird, daß der Schüler eine gute und ihm auch verständliche Heimatkarte benutzen lernt, liegt auf der Hand. Vor allem handelt es sich dabei um den Volksschüler. In den meisten Staaten wird es wie in Bayern sein, wo im ersten Schuljahr das Schulhaus, im zweiten und dritten die nähere Heimat betrachtet wird. In einer preußischen Anordnung wird betont, daß nötigenfalls der Umfang des Lehrstoffs zu beschränken ist, statt auf dessen Veranschaulichung zu verzichten. In einer Verfügung der Regierung zu Düsseldorf vom 26. November 1881 heißt es, daß auf eine richtige Auffassung und auf Verständnis des Kartenbildes hingearbeitet werden muß, ohne welche das geographische Wissen wertlos ist. Auch in den „Lehrplänen und Lehraufgaben für die höheren Schulen Preußens" vom 29. Mai 1901 wird an erste Stelle beim „Allgemeinen Lehrziel" verständnisvolles Anschauen der umgebenden Natur und der Kartenbilder gesetzt; auch in den begleitenden „Methodischen Bemerkungen" wird besonders die nächste örtliche Umgebung empfohlen, „daran sind die allgemeinen Begriffe möglichst verständlich zu machen". Alle diese Vorschriften bleiben leere Phrasen, wenn nicht in genügender Weise die Beschaffung guter, dem Schüler verständlicher Heimatkarten auch für jede Dorfschule in die Wege geleitet wird. Außerdem muß bei dem Überwiegen der Pflege des Wortwissens in unseren Schulen jede Einrichtung willkommen geheißen werden, welche die Anschauung fördert. Gute Heimatkarten sind geeignet, den Geist zu wecken, den Schüler zu befähigen, in dem Bilde die Art und die Maße der heimatlichen Geländeverhältnisse abgespiegelt zu sehen. Im Maßstabe der größeren Vertrautheit mit der Karte wächst das Interesse des Schülers an derselben, je öfter er sich damit beschäftigt. Sogar das Verständnis einfacher geometrischer und stereometrischer Verhältnisse kann durch die Beschäftigung mit der Heimatkarte gefördert werden; es ist bezeichnend für unsere Schulentwicklung, daß die „Geometrie" leider im Laufe der Zeit ihren eigentlichen Ursprung fast vergessen hat. Nur kurz sei angedeutet, daß die Schulheimatkarte Gelegenheit zu Themen im deutschen Aufsatzunterricht gibt, wie ich z. B. solche an Atlaskarten in meinem „Schülerbuch für den deutschen Aufsatzunterricht" (Bamberg, C. C. Buchner) geknüpft habe. Auch die Sache der Schulwanderungen, wie sie neuerdings an verschiedenen Schulen in Aufnahme kommen, und wie sie Major Fleck in der bekannten Dezemberschulkonferenz 1890 geschildert hat, kann durch Benutzung von solchen Karten nur gewinnen; dabei wird auch eine Schulung des Auges im Sinne des Professor Cohn in Breslau und des Hauptmanns a. D. Ziegler in Rummelsburg ermöglicht. Über den wirtschaftlichen Nutzen, der durch eine bessere Kenntnis

23

der heimatlichen Scholle erzielt werden kann, soll hier nicht weiter gesprochen werden.

Die Privatindustrie allein wird vielleicht größere Städte mit genügenden Schulheimatkarten versorgen können, aber dann fehlt es immer noch an Gleichheitlichkeit der leitenden Grundsätze für die verschiedenen Gegenden Deutschlands. Besonders wichtig ist, daß der Soldat schon in der Schule zum Kartenlesen angeleitet wird; die Ansprüche an den einzelnen Mann steigern sich in der Jetztzeit bei unseren weittragenden Gewehren hinsichtlich der Terrainbeurteilung; die abgekürzte Dienstzeit läßt es besonders erwünscht erscheinen, daß der militärischen Ausbildung möglichst viel vorgearbeitet wird; das ist hier um so mehr angebracht, als die Ausbildung im Kartenlesen und im Erfassen der Heimat auch im Schulinteresse und im Gesamtinteresse des Schülers liegt. Bei der Vorbereitung der Offiziellen Schweizer Schulwandkarte wurde wiederholt das militärische Interesse hervorgehoben. Auch in der Schweiz wollte man zuerst die Sache der Privatindustrie allein zuwenden, auch in der Schweiz wirkte der Förderativcharakter des Staates erschwerend; in einer Botschaft wurde ausdrücklich schließlich der Bundesrat als die geeignetste Instanz bezeichnet und zum Schlusse hat auch das eidgenössische topographische Bureau in Bern den Vollzug der Sache in die Hand bekommen und durchgeführt.

Ich bin für Beschaffung von Schulheimatkarten für die Hand des einzelnen Schülers; sie wirken nachhaltiger, der Schüler nimmt sie nachhause, er benutzt sie bei Wanderungen, er hat sie bei anderen Schulaufgaben (deutschen Aufsätzen) zur Hand, er kann sie Familienangehörigen zur Mitbenutzung überlassen. Der Hauptgrund aber, weshalb ich für solche Handkarten und nicht für Schulwandkarten (deren Herstellung beispielsweise in Österreich seit dem 29. Februar 1880 organisiert, aber kaum allgemein durchgeführt ist) bin, ist der Massenverbrauch. Die starkbevölkerten Gegenden ermöglichen die Beibehaltung eines niedrigen Einheitspreises auch für die schwachbevölkerten. Die sorgfältige Vorbereitung der Karte sichert die Verwendung auf lange Jahre, sodaß auch deshalb die Kostspieligkeit solcher Karten im großen Maßstabe gut gewagt werden kann.

Um ein annähernd zutreffendes Bild des Absatzes zu erhalten, habe ich mich um Beibringung der einschlägigen statistischen Zahlen eines neueren Bundesetats bemüht. Nach dem Statistischen Jahrbuch für 1901 treffen in Bayern auf 100 qkm ungefähr 10 (genauer 9,7) Schulen mit je 116 Schulkindern; dabei sind Mittelschulen, Töchterschulen, Feiertagsschulen und Fortbildungsschulen nicht berücksichtigt, auch nicht die Bedürfnisse der Lehrerwelt und des übrigen Publikums. Nach dem Statistischen Jahrbuch für 1899 stehen 614826 Kinder im Alter von 6—10, 600335 Kinder im Alter von 11—15 Jahren. Ähnlich wird es auch anderwärts sein. Es ist zu erwarten, daß bei sorgfältiger Wahl des Darzustellenden solche Karten, an sich ja das Volk in der Schule gewöhnt, von Feuerwehren, von Gemeindebehörden, überhaupt von sämtlichen Behörden und Beamten im Darstellungsbezirk, aber auch von Baubureaus, von Forstbureaus, unter dem gesamten beteiligten Unterpersonal, dieses von allen Verkehrsinteressenten als Orientierungsmittel benutzt werden. Dabei wird der gewählte große Maßstab und die verhältnismäßige Durchsichtigkeit des Dargestellten gerade diese Karten geeignet machen, sie zu bestimmten anderen beispielsweise botanischen, klimatologischen u. s. w. Zwecken zu benutzen, ähnlich wie die treffliche Vogelsche Karte von Deutschland als Grundlage für die Lepsiussche Geologische Karte dient. Zumal der Landbevölkerung werden diese Karten zum Nutzen gereichen. Durch Erziehung des Bauern zum Kartenverständnis wird er reifer für die Benutzung agronomischer Karten, wie solche in Württemberg in der geognostischen Karte 1:50000

und noch besser in Preußen in überdruckten Meßtischblättern 1:25000 schon vorliegen, während man in Frankreich solche im Maßstab 1:10000 anstrebt. Noch in einem anderen Sinne wird die Einrichtung der Landwirtschaft, bzw. der Landbevölkerung zugute kommen. In den Verhandlungen des deutschen Landwirtschaftsrats vom 8. Februar 1902 ist die Bedeutung der landwirtschaftlichen Bevölkerung für die Wehrkraft des Deutschen Reiches erörtert worden. General Blume wies darauf hin, daß neben uns große Militärmächte bestehen, namentlich Rußland, deren Bevölkerung rascher als unsere, dazu auf agrarischer Grundlage, ohne Abminderung der Tauglichkeitsziffern wächst. Wird die Landbevölkerung in den Schulen an der Hand guter Heimatkarten zum Kartenlesen und Terrainverständnis besser befähigt, so kann im Unteroffizierkorps eine Verschiebung zugunsten ländlicher Elemente herbeigeführt werden, die auch ethisch beachtenswert ist. Auch die Erfahrungen des Burenkriegs scheinen die Bedeutung des Terrainverständnisses zu lehren. Das beste Erziehungsmittel hierzu bildet wohl die frühzeitige Erfassung der heimatlichen Landschaft, der ja die Schulheimatkarten dienen wollen und sollen.

Über Einzelheiten des Karteninhalts und über die Ausführung der Karte habe ich mich in Cöln nicht ausgesprochen. Ich bemerkte lediglich, daß ich für gleichen Maßstab und möglichst gleiches Format im Anschluß an die Sektionen einer unserer vielbenutzten Militärkarten bin und daß ich nach Einsicht in die Verhandlungen über die Schweizer Schulwandkarte der Ansicht zuneige, die Benutzung für andere als Schulzwecke habe durch besondere Überdruckplatten und durch Beigabe besonderer Texthefte zu geschehen. Ich wollte dabei auf die Rätlichkeit hinweisen, sich noch genauer über die gemachten Erfahrungen und Wünsche zu informieren. Mittlerweile bin ich wiederholt bei Gelegenheit mündlicher Aussprache über meine derzeitige Ansicht über den Maßstab interpelliert worden. Mit Recht kann man behaupten, daß erst, wenn eine Zahl für den Maßstab, sei es auch nur provisorisch, angenommen ist, die Sache etwas greifbarer für verschiedene Interessenten wird. Ich ergänze deshalb meine Cölner Darlegung hier dahin, daß ich glaube, mich für den Maßstab 1:25000, den die preußischen Meßtischblätter und die bayerischen Positionsblätter haben, aussprechen zu sollen, namentlich auch deshalb, weil man trotz verschiedener Bedenken diesen Maßstab für die agronomischen Karten auch im bergigern Terrain für ausreichend erachtet hat und weil ein noch größerer Maßstab eben doch recht große Kartenblätter für die einzelnen Schulen erfordert. In den höheren Schulklassen freilich wird man, wenn die Schüler in den unteren Klassen im Maßstab 1:25000 die Kartensprache erlernt haben, sogar die gewöhnlichen Generalstabskarten (1:100000) zum Verständnis bringen können. Wenn ich in der Überschrift die leicht anfechtbare, namentlich auch für mich in Cöln schon orientierende Benennung „Generalschulkarte" wählte, so soll damit angedeutet sein, daß mit dieser Karte im Gegensatz zur allbekannten Generalstabskarte geschaffen werden soll, ähnlich in seiner Einrichtung, ähnlich in seiner Bedeutung für die Schule, wie jene für das Heer. Vielleicht hilft auch folgende Betrachtung die Durchführung der „Generalschulkarte", sei es im Maßstabe 1:25000, oder in einem anderen, erleichtern. Kleinere Staaten mit weng arrondierten Gebieten müßten für ihre am Grenzsaum gelegenen Orte auch jenseit der Grenze gelegenen Strecken kartographisch darstellen lassen, sodaß links und rechts dieser Grenzen die beiden Nachbarländer doppelten Aufwand bei getrennter Organisation der Kartenbeschaffung hätten. Geschieht aber die Aufteilung des ganzen Deutschen Reiches in Einzelkarten bei einheitlicher Organisation, so fallen bei sämtlichen Inneren Reichsgrenzen diese Unannehmlichkeiten fort. Die vermeidbare Kraftvergeudung läßt sich schätzen, wenn man sämtliche Grenzlinien, in denen deutsche Bundesstaaten aneinanderstoßen, summiert.

Nur ganz kurz will ich einige zustimmende Urteile, die meine Anregung zu unterstützen geeignet sind, beifügen. Herr Dr. Haack, auf dessen Urteil als Kartograph ich Wert lege, schrieb mir, als er meine erste Darlegung der Angelegenheit kennen lernte, wörtlich: „Bei allen Unternehmungen das Wichtigste ist der Geldpunkt. Derselbe findet im vorliegenden Falle, mag nun der Staat oder eine oder mehrere Privatanstalten die Herstellung übernehmen, sofort dadurch seine Erledigung, daß diese Karte offiziell, d. h. zwangsweise in den beteiligten Schulen zur Einführung kommen. Erklärt sich die Schulbehörde, unter der Voraussetzung, daß die von ihr geäußerten Wünsche in jeder Hinsicht Berücksichtigung finden, dazu bereit, so steht der Ausführung Ihres Planes eigentlich kein Hindernis mehr im Wege." Geheimrat Dr. Ratzel äußerte sich: „Es ist selbstverständlich, daß Ihr Plan von großer erzieherischer und damit auch nationaler Bedeutung ist und alle Unterstützung verdient. Ich möchte noch hinzufügen, daß auch für die Entwicklung des Gefühls für das Naturschöne derselbe von Nutzen sein wird. Und ist nicht dem Naturschönen ein Teil der Aufgabe zugewiesen, die man, zu ausschließlich dem Kunstschönen in der Bildung der Volksseele gestellt hat". Ebenso erklärten Sigmund Günther und Pechuel-Lösche ihre volle Übereinstimmung mit meinen Vorschlägen. Auch von militärischer Seite habe ich verschiedene zustimmende und ermunternde Urteile erfahren, wie auch von Schulmännern. So äußerte sich am 29. April 1902 der württembergische katholische Kirchenrat, d. i. die württembergische Zentralbehörde für die katholischen Volksschulen, dem meine Denkschrift vorlag, „es wäre der Schule und dem Leben im Dienst erwiesen, wenn es möglich wäre, daß jedem Schüler eine gute und billige Karte seiner Umgebung in die Hand gegeben würde". Und der verdiente bayerische Schulmann Kreisschulrat Methsieder, der Verfasser der mittelfränkischen Lehrordnung, schrieb mir: „Ich erkläre mein volles Einverständnis zu Ihren durchaus fach- und zeitgemäßen Ausführungen. Ich wünsche ausdauernden Mut und dann wird ein guter Erfolg sicherlich nicht ausbleiben". Auch seitens der bayerischen Akademie der Wissenschaften ist die Geneigtheit, durch gutachtliche Befürwortung meine Angelegenheit zu fördern, ausgesprochen worden.

Von besonderer Tragweite erscheint mir das Urteil bezüglich des zu erwartenden landwirtschaftlichen Nutzens. Professor Nipeiller, Vorstand einer kgl. bayerischen Kreisackerbauschule, sagt: „Der Plan ist nicht nur von allgemeinem, sondern auch von hervorragendem landwirtschaftlichem Interesse, weil mit dessen Durchführung die Grundlage geschaffen wird, welche allein das Verständnis für agronomische und Kulturkarten in die breiten Schichten der bäuerlichen Bevölkerung zu tragen vermag. Die Bedeutung einer solchen Neuerung aber für eine rationale vaterländische Bodenbewirtschaftung kann selbst gegenüber den hierbei noch zu überwindenden mancherlei Schwierigkeiten gar nicht hoch genug angeschlagen werden".

Ich verzichte darauf, weitere Urteile anzufügen. Auch unterlasse ich es hier, noch die weiteren näher und entfernter mit dieser Angelegenheit in Beziehung stehenden Maßregeln anzuführen, die ich in meinem Cölner Vortrag erwähnte, bezichungsweise erwähnen wollte. Es wird sich ja später wohl noch einmal Gelegenheit finden, auf diese Dinge zurückzukommen; denn ich darf wohl hoffen, daß die Frage noch einige Zeit das Interesse geographischer und anderer Kreise in Anspruch nimmt.

Zum Schlusse wies ich in Cöln darauf hin, daß nur dann ein voller Erfolg zu erreichen ist, wenn in ganz Deutschland

unter Mitwirkung sämtlicher Regierungen und nach Einvernehmen verschiedener Verwaltungsressorts vorgegangen wird. Außer der Schule ist insbesondere das Heer und die Landwirtschaft bei der Angelegenheit interessiert. In der Schweiz, ebenso in Österreich hat auch bei einer gleichen Gelegenheit das Heer fördernd mitgewirkt.

Meine Schlußsätze sind im Geographischen Anzeiger, und zwar in der Juninummer bereits mitgeteilt; ich möchte hier nur noch ergänzend hinzufügen, daß ich bei der zweiten Forderung auch darauf hinwies, es sei in ähnlicher Weise auch die Regelung der einheitlichen Orthographie und die Erdbenforschung — über die Professor Gerland am Tage zuvor auf dem Cölner Tage gesprochen hatte — in die richtigen Wege geleitet worden.

Zum Schlusse meiner hier wesentlich gekürzten Darlegungen füge ich die, wie mir scheint, sehr wichtigen und trefflichen Ausführungen bei, mit denen der militärische Topograph Herr Hauptmann Stavenhagen, der schon in Cöln in der Diskussion meine Forderungen unterstützt hatte, einen Artikel schließt, den er aus Anlaß meines Vortrags in der Rheinisch-Westfälischen Zeitung veröffentlichte. Er macht auf die Notwendigkeit aufmerksam, daß schon in der vorbereitenden Kommission, die jetzt aus Schulmännern besteht, militärische Fachleute mitwirken, damit auch den Bedürfnissen des Heeres Rechnung getragen wird, und auch festzustellen, wie die Vorbereitung zu geschehen habe, damit am raschesten und mit den geringsten Reibungen einheitliche Grundsätze, besonders auch Signaturen für die Heimatkarten Deutschlands wie solche seines Wissens schon für die Schweiz und Österreich-Ungarn vorhanden seien. „Was nun die Ausführung der Karte selbst anlangt", sagte Stavenhagen, „so muß bei einem solchen nationalen Unternehmen und bei den Hunderten von Blättern, die erforderlich werden, jedes Monopol streng vermieden werden. Vielmehr müssen die topographischen Bureaus der Generalstäbe wie die vorzügliche deutsche Privatkartographie, um die uns die Welt beneidet, in gleichem Maße beteiligt werden. Vielleicht gibt die Heimatkarte auch Anlaß, unsere amtlichen Landesaufnahmen reicher zu dotieren und anders zu organisieren, etwa nach dem Muster des berühmten Wiener Militärgeographischen Instituts. Dieses verfügt, zum großen Teil aus eigenen Einnahmequellen, über die reichsten Mittel und ein technisch ganz hervorragend gebildetes Personal. Denn es stellt nicht nur Generalstabskarten her, sondern liefert auch anderen wissenschaftlichen Instituten, Akademien, Schulen, großen Verlegern u. s. w. auf Wunsch das vorzüglichste Karten- und Illustrationsmaterial. Die Heimatkarte aber wird und muß ein neues Band der deutschen Einheit werden!"

Von großem Interesse sind auch die verschiedenen Versuche, welche schon bisher gemacht wurden, um für eine Provinz oder für ein Land Heimatkarten, die auch für die Schule zu brauchen wären, herzustellen. In Cöln selbst noch erzählte mir unmittelbar nach der betreffenden Sitzung ein bekannter Leipziger Verleger, welche weitausgreifenden Vorarbeiten schon in Sachsen zu dem Zwecke geschehen waren, um zu einem befriedigenden Resultat zu gelangen. Von Glogau aus wurden mir die schönen Kreiskarten zugesandt, welche der bekannte Verlag Carl Flemming seit einer Reihe von Jahren im Maßstabe 1:150000 herstellen läßt. Vielleicht am meisten Berührung mit meinem Plane hat das von Herrn Universitätsprofessor Fr. v. Thudichum geleitete Unternehmen, welches die Herstellung historisch-statistischer Grundkarten für ganz Deutschland im Maßstabe 1:100000 sich zum Ziele setzt und bereits die Förderung mehrerer deutscher Staaten, so auch Bayerns, gefunden hat. Freilich hat die „Generalschulkarte" das Besondere für sich, daß sie durch den starken und fortgesetzten Schulabsatz sich finanziell leichter im Gleichgewicht halten kann. Von besonderem Werte ist v. Thudichums Denkschrift (Tübingen 1892, H. Laupp), die ich der gütigen Aufmerksamkeit des Verfassers verdanke; in ihr ist eine Reihe wichtiger Maßnahmen diskutiert, die auch bei der „Generalschulkarte" in Betracht kommen.

Zur Zeit hat die besondere „Ständige Kommission für erdkundlichen Schulunterricht" unter dem Vorsitz des rührigen Mitherausgebers des Geographischen Anzeigers, des Herrn Oberlehrers Heinrich Fischer in Berlin, die Aufgabe, die Angelegenheit vorwärts zu bringen. Die späte Drucklegung des Berichts über

den 14. Geographentag schiebt die Inangriffnahme dieser Aufgabe etwas hinaus. Ich hoffe, daß die Veröffentlichung an dieser Stelle ebenfalls dazu beiträgt, neues Material zu gewinnen. Gerne werde ich nach wie vor, im Interesse der von mir vorgeschlagenen „Generalschulkarte", erscheine sie im Maßstabe 1:25 000 oder in einem anderen, weiter tätig sein. Zumal für Zusendung einzelner schon jetzt in den Schulen benutzter Heimatkarten und für Vorschläge, die sich auf die Herstellung solcher beziehen, bin ich stets dankbar.

Kleine Mitteilungen.

In Halle hat zu Anfang Oktober die 47. Versammlung deutscher Philologen und Schulmänner getagt. Wir können an dieser Stelle auf das meiste, was dort zur Verhandlung gestanden, da es den Zwecken unseres Blattes fern steht, nicht eingehen, halten es aber für geboten, zu einigen Punkten der dort entwickelten Programme Stellung zu nehmen.

Der Versammlung ging die 12. Jahresversammlung des Gymnasialvereins voraus, der z. Z. 2117 Mitglieder zählt. Der Vorsitzende Geh. Rat Oskar Jäger hielt die Programmrede, in der er unter dem lebhaften Beifall der Versammlung gegen die Schulhygieniker mit starken Worten (z. B. „wir haben gesehen, wie die Schulhygieniker mit Zähnefletschen(!) gegen den gegenwärtigen Gymnasialunterricht zu Felde gezogen sind u. ähnl. s.) sich wandte und damit wieder einmal die traurige Tatsache bestätigte, daß ein großer Teil unserer Standesgenossen sich mit verhängnisvoller Hartnäckigkeit gegen jedes Entgegenkommen gegenüber einer kulturellen Fortentwicklung sträubt, die wir auf die Dauer doch nicht werden hintanhalten können. Natürlich haben wir schließlich die Zeche zu bezahlen. Wie dieses Verhalten Jägers und seiner Gesinnungsgenossen schon gewirkt hat, dafür nur ein Beispiel: Dr. Korman-Leipzig im Berliner Verein für Schulgesundheitspflege 20. 10.: „Zwischen den Lehrern der Volksschule und den Hygienikern habe sich vielfach ein schönes Zusammenwirken herausgebildet. Nicht so sei es leider bei den akademisch gebildeten Lehrern. Offen habe Prof. Jäger in Halle es ausgesprochen, daß man in den Vorkämpfern der Schulhygiene nur Gegner sehen dürfe. Die Herrn glichen dem Vogel Strauß u. s. w."

Doch dieser Streit ist für uns hier eine Angelegenheit von minderer Wichtigkeit, wenn wir nicht die seltsame Heftigkeit des Jägerschen Vorstoßes gar so verdrießlich wäre.

Der Hauptgegenstand der materiellen Beratungen betraf die Wahrung und Ausgestaltung der Eigenart des humanistischen Gymnasiums. Der Referent Geh. Rat Uhlig (Heidelberg) legte nicht weniger als 14 Leitsätze vor. 1. stellt als unverändert Aufgabe des Gymnasiums hin, seine Schüler zur Erfassung der verschiedenen auf den Universitäten gelehrten Wissenschaften zu befähigen. Hier hat also der Kritik zu zeigen, in welchem Maße das einseitig humanistische Gymnasium hinter dieser Aufgabe zurückbleibt, z. B. wie oft dargelegt, durch Unterdrückung der Beobachtungsgabe. 2. lehnt, ohne den Namen zu nennen, die Reformschulen scharf ab, und gibt einem Hauptarbeitsgebiet den Vorzug; vor jeder noch so künstlichen Verknüpfung der verschiedenartigen Unterrichtsstoffe über diesen Leitsatz, besonders seine zweite Hälfte, läßt sich reden); 3. versucht den Wert des altsprachlichen Unterrichts darzulegen; 4. den anderen Lehrfächern mit Worten gerecht zu werden (denn daß die Lehrfächer, „welche die Gabe der sinnlichen Beobachtung auszubilden

vermögen" dies eben bei den heutigen Lehrplänen der Gymnasien nicht vermögen, pfeifen die Spatzen auf den Dächern). Von 5. ist der Anfangssatz sehr wertvoll, er lautet: „Der Aufgabe des Gymnasiums widerstreitet ein durchaus, sich mit dilettantischem Treiben und Wissen der Schüler zu begnügen". Das ist vollkommen unsere Meinung, eben um dem als „dilettantisch" überwältigend klar nachgewiesenen Geographieunterricht aus seiner Misere herauszuhelfen, schon um der Würde des gymnasialen Unterrichts überhaupt willen, sind wir ja an der Arbeit. Ähnlich geht es den Biologen, ja den Neusprachlern. 6.—12. beschäftigen sich lediglich mit dem altsprachlichen Unterricht, haben daher für andere kein Interesse; 8. lehnt durch die Forderung von sechs Jahreskursen für das Griechische noch einmal scharf das Reformgymnasium ab; 11. u. 12. haben Vorteile aus dem Betrieb des Griechischen für die modernen Fremdsprachen und für die Geschichte festzustellen; 13. u. 14. beschäftigen sich mit der philosophischen Propädeutik, indem 13. nicht nur aus platonischen Dialogen sondern selbst aus Cicero und Horaz wesentlichen Nutzen für sie zu ziehen hofft, 14. einen wesentlichen Teil der Propädeutik für eine Uebersicht der griechischen Philosophensysteme festlegen will.

Rektor Seeliger trat für eine modernere Gestaltung der philosophischen Propädeutik ein, Oberlehrer Dr. Brandt glaubte die Bewegung für künstlerische Erziehung durch den Hinweis auf die Welt des Griechentums für das altphilologische Gymnasium ungefährlich machen zu können. Beide gaben Leitsätze.

Besonders über Uhligs These 1 wurde in der Diskussion viel gesprochen. Oskar Jäger bezeichnete die Behauptung, das humanistische Gymnasium „züchte Philologen" als „dummes Geschwätz"(!). Dem stimme ich, natürlich mit Ausnahme der Ausdrucksweise, bei, die „Züchtung" geltend in unserer Zeit im allgemeinen nicht mehr.

Die Eröffnungsrede der 47. Versammlung selbst hielt Prof. Dr. Dittenberger. Aus seiner Rede braucht hier nur angemerkt zu werden, daß er die „Gleichstellung" trotz der Oktoberverordnungen vom vorigen Jahres, trotz Bayern und der Juristen, trotz der altsprachlichen Kurse für die Juristen in Preußen als vollzogen hinstellte, und daß er unter dem stürmischen Bravo der Versammlung dort, wo wir einen beschiedenen Anfang, teilweise wohl auch einen Rückschritt sehen müssen, in den Lehrplänen vom 1901 nämlich, einen Abschluß für längere Zeit erhoffte.

Weiter haben wir die Cauersche Rede in der pädagogischen Abteilung zu beachten, deren Thema lautete: „Die Eigenart der verschiedenen höheren Schulen". Gerade Cauer gegenüber haben wir ganz besonders auf dem Posten zu sein, da er in Reden und Leitsätzen scheinbare Zugeständnisse, sogar weitgehender Art zu machen pflegt, die wenn man den Hauptgedanken darüber nicht beachtet, blenden und verwirren können.

So verurteilte er auch diesmal während eines großen Teiles seiner Ausführungen dabei, die Forderungen der Geographen und Biologen als innerlich berechtigt hinzustellen, um sie dann zum Schluß für das Gymnasium als — unannehmbar abzulehnen!

Seine 4. These (er faßte seine Wünsche in 5 Thesen zusammen), lautete: „Die neuausgeblühten Wissenschaften der Geographie und Biologie fordern mit Recht einen stärkeren Anteil an den Aufgaben der Jugendbildung. Für Neuerungen in dieser Richtung ist jedoch am Gymnasium kein Raum(!), das beste Wirkungsfeld bietet, durch ihren vorzugsweise modernen Charakter die Oberrealschule."

Das klingt ganz niedlich; aber 205 humanistische Gymnasien und 76 Realgymnasien standen 1900 nur 37 Oberrealschulen gegenüber (nur die neunklassigen Anstalten, gewiß sehr im Sinne Cauers, gerechnet) das macht 72,3 % + 18,4 % — 90,9 % gegenüber 9,1 %. Und 4640 + 709 gymnasiale Abiturienten standen nur 315 Oberrealschul-Abiturienten gegenüber, d. h. sogar 81,5 % + 12,4 % = 94,4 % gegenüber 5,6 % (nach dem Lexisschen Werke „Die Reform des höheren Schulwesens in Preußen" berechnet).

Ich habe schon auf dem XIV. Geographentag in Cöln, wo Cauer uns fragte, warum wir seine Bundesgenossenschaft verschmähten, geantwortet: „Wir nähmen sie gern an, wenn er die 90 % Gymnasien auf ein Viertel ihrer Zahl herabzudrücken verstände. Darauf wußte er nur mit einem Achselzucken zu antworten. Mit dieser Unmöglichkeit, wenigstens für die nächste Zeit, fällt aber auch Cauers Idee: auch noch nicht 6 % der von den höheren Schulen als reif entlassenen jungen Männer Einfluß gewonnen zu haben, genügt uns unbedingt nicht.

So wie die Dinge liegen, müssen wir ins Obergymnasium vordringen und werden unser Ziel auch wohl erreichen; mit je weniger Kampf um so besser. Es ist ja auch schon einmal „Eigenart des Gymnasiums gewesen, Geographieunterricht bis oben hin zu betreiben (vor und nach 1788, vgl. Lexis, S. 241). Wenn wir hier an einem Zuge der Eigenart des Gymnasiums zur Zeit der Einrichtung der Abiturientenprüfung festhalten wollen, so haben wir dazu mindestens ebenso viel für uns, wie wenn andere auf die Form und Eigenart des Gymnasiums nach Einbruch der Neuhumanisten in seinen Lehrbetrieb zurückwollen.

Aus der Debatte über die Cauerschen Thesen, die übrigens nicht zur Abstimmung gelangten, sei rühmend der Professoren Dr. Kannengießer-Straßburg und Dr. Müller-Charlottenburg gedacht, die wenigstens naturwissenschaftlichen Unterricht in höherem Grade auf dem Gymnasium gepflegt wünschten, wenn nicht anders so auf Kosten des Lateinischen. Kannengießer ist Anstaltsgenosse von Prof. Langenbeck.

Von sonstigen Vorträgen verdient der von Prof. Dr. Lübbert über „Die Verwertung der Heimat im Unterricht" hervorgehoben zu werden. Vielleicht kommen wir an anderer Stelle auf ihn zurück! Im übrigen gehört eine Besprechung oder Berichterstattung über die dortigen Vorträge nicht in eine schulgeographischen Zwecken gewidmete Zeitschrift. Auch die von Kern-Rostock gehaltene Rede über „Die Landschaft von Thessalien und die Geschichte Griechenlands" scheint nichts weniger als eine länderkundliche Skizze enthalten zu haben. *H. F.*

Bemerkungen zur Terminologie erdkundlicher Lehrbücher. Bei Gelegenheit eingebender Betrachtungen über die Behandlung geographischer Grundbegriffe im erdkundlichen Unterricht der Sexta höherer Lehranstalten ist mir in unseren Lehrbüchern und Heimatkunden ein Uebelstand entgegengetreten, der Verfassern und Kritikern scheinbar noch nicht zum Bewußtsein gekommen ist, den aber ebenfalls abzustellen das Lehrbuch der Zukunft Sorge zu tragen haben wird.

Im ganzen ist die Uebereinstimmung in der Auswahl der geographischen Terminologie in den Lehrbüchern neueren Datums schon recht groß, und die Auswahl selbst zu billigen, wenn man auch hier und da noch auf seltsame Mißgriffe stößt (vgl. z. B. in den für die VI bestimmten „Grundbegriffen" Termini wie „Talweg" [= tiefste Rinne des Flusses] bei Pahde, oder „Landspitze" [= flaches Kap] bei Kirchhoff, Ule, Pahde, Schlemmer, u. dgl. m.). Wer sich aber einmal der Mühe unterzieht, die in den genannten Abschnitt gegebenen Begriffe und Bezeichnungen mit den gleich darauf in der ebenfalls für die VI bestimmten ersten Uebersicht der Länderkunde gebrauchten zu vergleichen, der wird finden, daß I. darin nur ein Teil derselben wirklich vorkommt und 2. plötzlich ganz neue oder die alten Begriffe unter anderen Namen auftauchen. Beides beweist, daß man sich bei der Auswahl der Begriffe mehr von rein geographischen als methodischen, mehr von theoretischen als praktischen Gesichtspunkten hat leiten lassen. – Noch viel bedenklicher sieht es in derselben Beziehung in den Heimatkunden aus. Eine Heimatkunde (für die VI einer höheren Schule) kann doch im Grunde nur eine Darbietung der geographischen Vorbegriffe im Gewande eines konkreten Falles sein, ganz entsprechend dem imaginären Falle der Lehrbücher (z. B. Ule), die den Charakter des Lesebuchs mit zusammenhängenden Texte selbst in einzelnen Teile des Lehrbuchs wahren wollen. Den Verfassern von Heimatkunden kann nicht dringend genug angeraten werden, sich vor Ablassung ihrer Schriften einmal aus den erwähnten länderkundlichen Abschnitten die zur Betreibung der Länderkunde, doch dem Ziele der Heimatkunde in VI, praktisch nötigsten Termini auszuziehen und vor Augen zu halten. Dann würde, um nur ein Beispiel zu nennen, Pagenstert (Heimatkunde von Vechta, Programm Ostern 1902) bei sonstiger Dürftigkeit an eigentlich geographischen Begriffen nicht plötzlich S. 30 von „Stromstrich", „konkaves, konvexes Ufer", „Serpentinen" sprechen.

In den Abschnitt „Grund- oder Vorbegriffe" eines Lehrbuchs oder in eine Heimatkunde sollten nur solche Begriffe Aufnahme finden, die für die spätere Betreibung der Länderkunde wirklich erforderlich sind.

Anderseits müßte die Terminologie des länderkundlichen Teiles des Lehrbuchs mit diesen Grundbegriffen des ersten Abschnitts auszukommen suchen.

Der Geographielehrer der VI sollte es jedenfalls nicht versäumen, sich nach solchen Gesichtspunkten eine Tabelle der Begriffe, die er für nötig hält, für den heimatkundlichen Unterricht aufzustellen. *Richard Tronnier.*

Herrn Cauer in die Sammelmappe. Die 32. Hauptversammlung des deutschen Apo-

thekertages, die am 27. August in München getagt hat, hat sich u. a. auch mit der Frage der Vorbildung der Apotheker beschäftigt. Sie hat sich für deren beschleunigte Neuregelung ausgesprochen und als Grundlage das Reifezeugnis eines humanistischen oder Realgymnasiums vorgeschlagen. Wenn selbst ein Stand, für den die Oberrealschulbildung geradezu wie geschaffen scheint, das Reifezeugnis dieser Schulgattung, natürlich wegen des geringeren äußeren Ansehens der Oberrealschulbildung, glaubt ablehnen zu müssen, wie wäre es dann zu verantworten, wenn wir Geographen mit dem an den Oberrealschulen Erreichten es uns genügen lassen wollten und nicht auf der Eroberung der Oberklassen der beiden höher gewerteten neunklassigen Schulen bestünden. Man schneide erst jeden alten Zopf der höheren und geringeren „Wertigkeit" entschlossen ab, stelle ein einigermaßen brauchbares Verhältnis in den Zahlen der Gymnasien und Oberrealschulen her; ehe das nicht geschehen, wird an eine friedliche Weiterentwicklung unseres höheren Schulwesens nicht zu denken sein. Was sagen Sie dazu, Herr Direktor Cauer? *H. F.*

Geologische Ausflüge mit Lehrern in der Heimat. Unsere geologischen Exkursionen auf der Universität und bei Ferienkursen können nur allgemein in die praktische Kunde von der Erdoberfläche einführen; in der Schule brauchen wir aber, wenn wir mit unseren Schülern Exkursionen machen wollen, eine gründliche Kenntnis der speziellen Erscheinungen unserer Gegend und der Stellen, die am instruktivsten sind; wer einmal in eine fremde Gegend versetzt ist, weiß, welche Zeit es kostet, bis man sie sich selbst verschafft hat.

Eine sehr glückliche Ergänzung des Studiums bieten daher Exkursionen mit Lehrern in der Heimat, wie sie auf Veranlassung des Direktors des Dortmunder Realgymnasiums, Dr. Auler, in diesem Herbst in Dortmund veranstaltet sind. Auf seinen Antrag hat die geologische Landesanstalt der Herren, die zur Zeit mit der Kartierung in jener Gegend beschäftigt sind, zur Verfügung gestellt, um die Kollegen in diesem Gebiet umherzuführen, das ihnen von ihrer Arbeit an der geologischen Karte her genau bekannt ist, und so zugleich das Verständnis jener Blätter, die im nächsten Jahre erscheinen sollen, zu erleichtern.

In ebenso liebenswürdiger wie geschickter Weise haben diese Herren sich ihrer Aufgabe unterzogen. An den beiden letzten Tagen der Ferien hat Herr Landesgeolog Dr. Müller die Teilnehmer im Gebiet der steinkohlenfreien Formationen wie der einzelklüstern Bildungen in der Umgegend von Dortmund, am 21. September Herr Bezirksgeolog Dr. Krusch aus im Gebiet des Flötzleeren herumgeführt; im Oktober dieses Jahres und an zwei Tagen des folgenden sollten noch ein Ausflug im Devon unter Leitung des Landesgeologen Herrn Dr. Denkmann folgen. Von den etwa 80 Oberlehrern aus den drei Anstalten haben gegen 20 teilgenommen, dazu einige Herren aus benachbarten Orten. Von besonderem Werte scheint es zu sein, daß nicht nur Geographen von Fach dabei waren, sondern auch Vertreter anderer Fächer bis zu Altphilologen und Religionslehrern; wir können sicher darauf rechnen, daß sie das Verständnis für unsere Forderungen auch in Regionen tragen werden, die ihnen weniger freundlich gegenüberstehen.

Zu wünschen wäre, daß Direktor Aulers Beispiel auch anderswo Nachahmung fände, zunächst in der Umgebung der großen Städte, die soviel höhere Schulen zählen, daß man die

Bemühung der Landesgeologen verantworten kann; für Gruppen von kleineren Schulen und Orten ließe sich vielleicht eine Stelle finden, die ihnen gemeinsam typische Beispiele böte. Die geologische Landesanstalt steht diesen Unternehmungen sehr freundlich gegenüber – hat sie doch selbst den Erfolg davon, daß ihre Arbeit der Allgemeinheit nutzbarer gemacht wird. *Seb. Schwarz.*

Geographische Ausflüge. Unter dem Titel „Heimatkunde in den oberen Klassen" hat Oberlehrer Wermbter-Rastenburg im Oberlehrerverein von Ost- und Westpreußen Bericht erstattet. Er schlägt wahlfreie Nachmittagsspaziergänge auf Primanern vor, will das Gebiet der „Heimat" in der Regel, wenigstens für Kleinstädte, nicht über das innerhalb dieser Zeit erreichbare ausgedehnt wissen und lehnt namentlich längere Bahnfahrten ab. Als Ziel verlangt er „ein auf Kenntnis der erd- und menschengeschichtlichen Entwicklung gegründetes inneres Verstehen der heimatlichen Landschafts- und Siedlungsformen" und sieht demgemäß vor allem mehr oder minder vom ästhetisierenden, feuilletonistischen wie äußerlichen „Beschreiben" ab. Vielseitigkeit, nicht Einseitigkeit wird von ihm lebhaft betont, so fordert er den Naturwissenschaftler, den Historiker zu entsprechender Beteiligung auf. Mit bloßen „Anregungen" in der Stunde sei es nicht getan, im Anfang sei die Tat!

In der Diskussion verhielten sich die beiden Direktoren Kahle und Armstedt ablehnend. Der erstgenannte, dem sich Armstedt anschloß, „erkannte wohl die Idee eines solchen heimatkundlichen Unterrichts als eine sehr zu sagende an" fürchtete aber „eine zu große Belastung"(!). Dem gegenüber wies der Vortragende mit Recht darauf hin, daß die Schüler doch zu anderen wahlfreien Veranstaltungen Zeit fänden, abgesehen von dem hebräischen und englischen Unterricht, für altphilologische, deutsche, musikalische und andere Kränzchen, für chemische Praktika, für botanische Ausflüge u. s. w. Es wird aber außerdem betont werden müssen, daß, wer jenes oben von Wermbter als Ziel angegebene Minimum heimatkundlicher Bildung nicht besitzt, mag er soviel altklassisches Wesen in sich aufgenommen haben, wie er will, nicht mehr zu den Gebildeten gerechnet werden kann. Die höhere Schule, die mit Kahle theoretisch „das Zusagende solches heimatkundlichen Unterrichts" anerkennt, ihn aber selbst in dieser allerbescheidensten Form glaubt versagen zu müssen, würde ihrem Bildungsbankrott entgegensteuern. –

In dem hierzu Ende gegangenen zweijährigen „staatlichen wissenschaftlichen Kursus") für Lehrer im Amte", den das preußische Kultusministerium eingerichtet hatte, hat der Unterzeichnete versucht, die Wichtigkeit des „Ausflugs" praktisch zu zeigen, indem er eine Reihe von Exkursionen mit den Teilnehmern veranstaltet hat. Leider hinderten andere Berufspflichten u. a. m. eine noch weitere Ausgestaltung, während im übrigen in den Jahren jede denkbare Förderung und Unterstützung gewährt worden ist. Es haben im ganzen folgende Ausflüge stattgefunden:

1) Nach Chorin, Oderberg, eintägig
2) Nach Thüringen, sechstägig (vgl. Vierteljahreshefte, Heft I d. Jahrg.)
3) Nach dem Muschelkalk von Rüdersdorf, eintägig.

*) Leider ist der von nun an zunächst gewordene Kursus zunächst auf ein Jahr umgeschnitten worden; einer bloßen umfangreichen Ausgestaltung, geschweige einer Erweiterung der Ausflüge für das nächste Jahr stehen unüberwindliche Hindernisse entgegen.

4) Nach dem Seegebiet der Spree und Dahme, einhalbtägig.

5) Nach Danzig, Oliva, Marienburg, dreieinhalbtägig.

Dazu kommt ein viertägiger Ausflug nach den Odermündungen und Rügen, den die Herren Kursisten für sich veranstaltet, und an dem ich als freiwilliger Leiter teilgenommen habe.

Absicht war, die meist westdeutschen Herren möglichst mit dem Bilde der östlichen Hälfte der norddeutschen Tiefebene und ihrer Randgebiete vertraut zu machen und sie in Wesen und Methode erdkundlicher Ausflüge einzuweiben.	*H. F.*

Zur Reformfrage. „Nur eine Partei zollt uneingeschränkt den Reformbestrebungen Beifall, der **Verein für Schulreform**, der das Reformgymnasium als Sturmbock gegen die Hochburg der klassischen Bildung benutzt. Hat man erst das Latein durchweg aus Sexta, das Griechische aus Tertia verdrängt, dann hat es keine Not. Was in Frankfurt geglückt ist, wird anderswo nicht glücken, eine wirkliche Ueberbürdung wird in den Sekunden eintreten, die armen Einjährigen werden über das einzige Jahr Griechisch jammern, und schließlich werden die Fachlehrer der Mathematik und der Naturwissenschaften, des Französischen und der Geschichte erklären, daß die Leistungen der Primaner unter das Maß herabgehen, weil sie ausschließlich für die alten Sprachen arbeiten müssen. Und dann ist das Ende da." (Almanach des hum. Gym. 1903, S. 96.)

Hier haben wir wieder einmal einen Zeugen — wir können freilich lange nicht jeden anführen — der die offenkundigen Tatsachen feststellt, daß die Reformanstalten den modernen Fächern, so auch der nicht erwähnten Erdkunde, statt ihnen die Bahn frei zu machen, den Weg erschweren, und daß der stärkste Widerstand (dem gegenüber aber die Reformbewegung es leider an der nötigen Gegenwirkung fehlen lassen) vom humanistischen Gymnasium ausgeht. Auch daran sei erinnert, daß, trotzdem das Reformgymnasium doch eben das humanistische Gymnasium reformieren wollte, es erst 11 humanistische Reformgymnasien in Preußen gibt bei 71 Reformanstalten überhaupt.

Uebrigens gesteht ein jüngst vom „Verein für Schulreform" ausgegebenes Flugblatt auch die vor dem Altsprachlertum vollzogene Kapitulation vollkommen ein, indem es an die Spitze den Satz stellt: „Diese Schulen bezwecken nicht den Unterricht in den alten Sprachen auszuschließen, sondern ihn zu verschieben", während der Satz (2b) „Die Reform ermöglicht eine stärkere Pflege der Realien . . ." direkt falsch ist. Oder ferner, wie 9b behauptet, der Lehrplan „naturgemäßer" sei, ist angesichts der unserer Kulturentwicklung widersprechenden Ausschließung der Modernfächer von den Oberklassen, mindestens auffallend zu hören. Selbst der „nationale Vorteil", daß der Anfangsunterricht vom Mitbewerb einer toten Fremdsprache (1b) befreit sei, erscheint äußerst fragwürdig. Die dafür eintretende lebende Fremdsprache möchte doch wohl eher als eine tote zu einer solchen Betrachtung Veranlassung geben können. Summa: Die Reformanstalten müssen noch sehr viel anders werden, ehe sie uns gefallen können.	*H. F.*

Die Verwertung des Heimatlichen im Unterricht nennt sich im Vortrag, den Schuldirektor Paul Weigeldt auf der amtlichen Hauptkonferenz Leipzig 1 gehalten hat (Prakt. Schulmann LII, Heft 3, S. 211 ff.), den als Muster einer sachlichen und besonnenen Darstellung dieser schwierigen Frage gern empfehle. Wer die Fülle von unklaren sich in leere Gedankengespinste verlierenden Schriften

kennt, die sich mit dieser schwierigen Frage beschäftigen, wird doppelt angenehm durch diese ruhige Sachlichkeit berührt werden.	*H. F.*

Ueber den erdkundlichen Unterricht nach den Vorschriften über die innere Einrichtung und Verwertung der Volksschulen vom 1. Dezember 1893 hat Bruno Böhme in der Altenburger Landeslehrerversammlung einen Vortrag gehalten, der in Nr. 33—35 der Lehrer-Zeitung für Thüringen und Mitteldeutschland abgedruckt worden ist (13—27, VIII).

Auf den ziemlich reichen Inhalt kann hier nicht eingegangen werden, doch sei die verständige Sachlichkeit der Ausführungen rühmend anerkannt. Von den vier Gesichtspunkten, unter denen er seinen Stoff behandelt, Lehrziel, Stoffauswahl, Stoffanordnung und Behandlungsweise schließt naturgemäß der letzte die meisten und größten Schwierigkeiten in sich. Die hier herrschende Unsicherheit fühlt man auch bei Böhme, besonders gegenüber der Frage; „Was ist eine natürliche Landschaft?" heraus. Seinen Klagen über Vernachlässigung der Topographie, vorläufig noch weniger in der tatsächlichen Schulpraxis als in neueren methodologischen Schriften, stimme ich wohl bei. Alles in allem hat er noch recht, wenn er gleich im Eingang als ein Zeichen der mangelnden Sicherheit in Methodenfragen die Verhandlungen der vierten Sitzung des Breslauer Geographentages anführt. Am wenigsten stimme ich mit Böhme vermutlich in den Fragen der mathematischen Geographie überein. Ein wirkliches Verständnis der Stellung von Erde zu Sonne und Mond geht fast immer über die geistigen Fähigkeiten eines 13jährigen; dagegen kann der Unterricht kaum so lange, als Böhme will, den Globus und die praktischen Hilfen des Gradnetzes mit Erfolg entbehren.	*H. F.*

Zur Temperierung der Lehrfächer. Unter diesem etwas dunklen Titel gibt E. Th. in den „Lehrmitteln der deutschen Schule" 1903, Nr. 5 nach einer konstruktiven Einleitung, die meines lebhaften Widerspruch findet, einige recht gute Bemerkungen und Wünsche für unser Fach. So gebe ich ihm die Ratiosigkeit vieler Lehrer (eine Folge ihrer mangelhaften oder völlig fehlenden Vorbildung) unbedingt zu und unterschreibe die Unwissenheit unserer Mitmenschen vom ehemaligen Dorfschüler bis zur höchsten Tochter bis zum Juristen aus vollster Ueberzeugung. Ebenso hat er unzweifelhaft recht, wenn er die eigentliche Erdkunde (oder, wie er sich ausdrückt; Erdkunde und Kulturbeschreibung) in die oberen Klassen der höheren Lehranstalten Verweist und für die unteren Topographie unter Illustrierung durch viele Bilder verlangt.

Leider ist der Schluß dieser nützlichen Anregung wieder wie die Einleitung verfehlt. Er meint, es sei vorauszusehen, daß die Regierungen sich an solchem „Experiment" nicht verstehen würden; nun müßten den eigentlichen Schauplatz für den Kampf die Lehrbücher abgeben. Das heißt, den Kampf von der Arena des wirklichen Lebens in die für junge Menschen so unsympatische tote Papierwelt hinüber spielen, den Verfassern und Herausgebern von Lehrbüchern Opfer abverlangen für eine verlorene Sache und gar zu kleinmütig von den Regierungen denken. Warum sollte sich eine Regierung vor einem Experiment scheuen, wenn das Risiko, das er doch meint, gleich Null ist? Denn das ist es angesichts der vom E. Th. hervorgehobenen Tatsache des vollkommenen Mangels geographischer Bildung! Weniger als wieder nichts kann doch auch bei dem „Experiment" nicht herauskommen. Außerdem brauchte es ja nicht für alle Schulen mit einem Schlage durchgeführt zu werden. Ich

komme immer wieder zurück auf meinen „wahlfreien Unterricht" auf den Obergymnasien für die Anstalten, an denen ein geeigneter Lehrer sich findet.	*H. F.*

Nach Uhlig (Das hum. Gym. 1903, S. 149.) kommen unsere Oberrealschulen „in Gefahr, ihre Eigenart einzubüßen", indem sie „immer mehr streben, eine allgemeine Bildung zu geben und für alle höheren Berufsarten vorzubereiten". Danach besäßen die humanistischen Gymnasien überhaupt keine Eigenart, denn gerade dies behaupten ja ihre Vorkämpfer von ihnen, daß sie „eine allgemeine Bildung gäben und für alle höhere Berufsarten vorbereiten könnten". Jedenfalls wird man sich dieses Bekenntnis Uhligs merken müssen, wenn wir auch das humanistische Gymnasium als den immerhin noch besten Typus einer Fachschule zu schätzen wissen.	*H. F.*

Erklärung! „In Nr. 23 des KorrespondenzBlattes findet sich eine Erklärung von Direktor Denicke-Rixdorf, auf die ich, da sie mir zu spät zu Gesicht gekommen ist, leider erst in der nächsten Nummer werde antworten können."	*H. F.*

Lehrplan der Seminarschule zu Löbau, zusammengestellt nach Beratungen in Spezialkonferenzen von Oberschulrat Dr. Burckhardt. 2. Aufl. Löbau 1903. — Heimatkunde S. 67 ff. Geographie S. 80 ff. „Der Lehrstoff (d. H.) wird durch sorgfältig vorbereitete Ausflüge in der Umgebung Löbaus erworben". In der Lehrstunde wird dann eine Reliefkarte zugrunde gelegt. Was ist mit einer solchen gemeint? Wenn etwa eins jener Zerrbilder mit sogen. schiefer Beleuchtung, so wäre das nicht zu billigen. Vermutlich handelt es sich aber um ein wirkliches Relief. Ist dieses auch nicht überhöht? Wie ist es hergestellt? Auskunft wäre erwünscht.

Das Gesamtpensum beider Lehrfächer ist kurz, 1. Jahr: Heimat, 2. Jahr: Sachsen, 3. u. 4. Jahr: Deutschland, 5. Jahr: alte Welt, 6. Jahr: Neue Welt. Einverstanden.	*H. F.*

Wieviel kostet die Herstellung einer Sektion der geologischen Spezialkarte? Diese interessante Frage beantwortet Dr. Paul Wagner an einer Stelle seiner Abhandlung: „Die mineralogisch-geologische Durchforschung Sachsens in ihrer geschichtlichen Entwicklung" (Abhandl. d. naturw. Ges. „Isis" in Dresden 1902, Heft 2) auf Grund der Angaben des Herrn Geh. Bergrats Prof. Dr. H. Credner, durch folgende Zusammenstellung:

200 Arbeitstage im Feld à 12 M.	= 2400 M.
Reisekosten	= 150 „
Gehalt des Geologen (2500—3000 M.)	= 3000 „
Druck inkl. Text	= 1700 „
	7200 M.

Es kostet demnach ein Blatt bei einer Auflage von 600 Exemplaren dem Staate 12 M. Hierbei ist außer Ansatz geblieben: Gehalt des Direktors und Custos, Unterhaltung der Bibliothek, Herstellung der Dünnschliffe, Beschaffung der Arbeitsräume. Diese Generalunkosten müssen zu gleichen Teilen auf die einzelnen Jahre fertiggestellten Karten verrechnet werden. Da die Zahl derselben von 1—10 schwankt, würde eine mittlere Schätzung darum ausführen; doch dürfte sich der Selbstkostenpreis eines Exemplars leicht auf das doppelte der oben berechneten Summe belaufen.

Einige recht interessante Angaben über die mechanische Arbeit, die bei der Aufnahme und Herstellung der Karten geleistet worden ist, entnehmen wir einem freundlichst zur Verfügung-gestellten Privatbrief des Herrn Custos Dr. E. Etzold an den Leiter der Anstalt:

„Setzt man 160 Tage als Durchschnitt für die Aufnahme einer Sektion und 20 km als tägliche Marschleistung, so hat der Sektionsgeolog 3200 km, d. h. etwa den Weg von Paris bis Orenburg zurückgelegt. Hat er 11 Sektionen aufgenommen, so hätte er ebenso gut dem Äquator der Erde in derselben Zeit umlaufen können. Um ein Tal mit 200 m hohen Gehängen zu kartieren, mußte Hazard mindestens 25 mal hinaufsteigen — er hätte also seine feine nicht höher zu heben brauchen, um vom Meeresspiegel bis auf die Höhe des Montblanc zu steigen.

„Zur Reinzeichnung einer Karte sind zwei Wochen erforderlich, das macht für 123 Sektionen 246 Wochen oder 4³/₄ Jahre rein mechanischer Arbeit. Das dreimalige Korrekturlesen der Karte verschlang 123 mal 45 Arbeitsstunden oder 660 Tage. Die Korrektur der 7167 Seiten umfassenden Erläuterungen, die ebenfalls dreimal erfolgen mußte, erforderte einen Zeitraum von dreimal 1194 Stunden, das ergibt also insgesamt 1194 Tage dazu vier Jahre ununterbrochenen Lesens.

„Bis 1895 hatte die Firma Giesecke & Devrient 39100 Texthefte und 39100 Kartenblätter gedruckt, zu welch letzteren 1836 lithographische Steine bearbeitet und 583600 Einzeldrucke ausgeführt werden mußten.

„Hätte das kgl. Finanzministerium — wie ursprünglich geplant — die 1836 Steinplatten gekauft, so könnte dasselbe jetzt, da jeder Stein 42 M. kostet und ca 85 kg wiegt, über ein Steinlager im Werte von 77112 M. und im Gewicht von 156000 kg oder 3121 Zentnern verfügen, zu dessen Transport ein Eisenbahnzug von 15 Doppelwagen notwendig wäre".

Bei der allgemeinen Unkenntnis, die über kartographische Dinge selbst in Kreisen herrscht, die darüber besser orientiert sein sollten, wird die Mitteilung von Daten, wie sie Wagner für die geologische Karte vom Königreich Sachsen zusammenstellt, wesentlich dazu beitragen, die Wertschätzung der Karte zu erhöhen. Vielleicht helfen sie auch dem Unwesen steuern, daß man Kartenwerke, deren Schaffung angesichts der vor der kritischen und zeichnerischen Arbeit der Kartographen, Jahre ausdauernden Fleißes und ein Vermögen an Herstellungskosten erfordern, in der geographischen Presse mit ein paar Worten abtut, die sich allein auf ein flüchtiges Überblicken der Karte und die Wirkung des äußeren Eindrucks gründen. Wem fällt es wohl ein, ein wissenschaftliches Buch nach dem Eindruck zu beurteilen, den Illustration, Satz, Druck und Papier beim flüchtigen Durchblättern hinterlassen? *Hb.*

Geographischer Unterricht im Ausland.

Mexiko. Die mexikanische Regierung läßt seit dem 1. Januar 1903 an Stelle der früheren Revista de la Instrucción Pública Mexicana das Boletin de Instrucción Pública erscheinen, in dem alle auf das Unterrichtswesen des gesamten Bundesstaats bezüglichen Gesetze und Verordnungen veröffentlicht werden sollen.

Die neue offizielle Zeitschrift beginnt mit der Veröffentlichung umfassender Verordnungen auf dem Gebiet des Unterrichtswesens. Mir liegen bisher fast 500 Seiten Text davon vor.

Aus dieser großen Stoffülle hebe ich nur einige wenige unser Fach betreffende Züge heraus. Im großen Ganzen ist ja für uns vorläufig noch wenig Vorbildliches von dort drüben zu holen. Andererseits möge man aber auch die erheblichen Anstrengungen nicht unterschätzen, die hier, wie an manch anderer Stelle gemacht werden. Die von manchen für uneinigend gehaltene Höhe unseres eigenen Erziehungswesens kann uns über dessen Mängel doch nicht so

völlig hinwegtäuschen, daß wir uns der wachsenden Gefahr, vom Auslande eingeholt zu werden, nicht bewußt würden.

Zur Sache: Der Lehrplan für Elementarschulen (S. 20 ff.) umfaßt vier Schuljahre; in diesen kennt das erste und zweite Schuljahr nur „Lektüre", das dritte außerdem Geographie und Geschichte, das vierte dazu auch Rechnen und Bürgerkunde.

Der Lehrstoff im dritten Schuljahr wird entnommen für die Kinder aus dem Bundesdistrikt aus der „Kleinen historischen Geographie des Distrikts" von Noreña, für die übrigen Kinder aus desselben Verfassers „Der Bundesdistrikt und die Territorien des mexikanischen Freistaats" von Arriaga, im vierten Schuljahr für alle aus der „Elementargeographie" von Lic. Chávez. Als Lehrform wird vorgeschrieben: Einfache Lektüre der Lektionen und Lernen von deren Zusammenfassungen.

In den höheren Primärschulen (escuelas de Instrucción primaria superiores), also etwa den Oberklassen unserer Gemeindeschulen — doch ist in Mexiko allgemeiner unentgeltlicher Unterricht angeordnet — sind die Lehrgegenstände des ersten Jahres: Muttersprache, Grammatik, Rechnen, Geographie, Weltgeschichte, Bürgerkunde, Französisch, Geometrie und für die Mädchen noch Hauswirtschaft und Physiologie nebst Hygiene.

Im zweiten Jahr: Dieselben Gegenstände, doch statt Weltgeschichte Vaterländische Geschichte, außerdem Buchführung, Nationalökonomie und jetzt auch für Knaben Physiologie und Hygiene.

Dem Geographieunterricht liegen in der dritten Klasse Chávez' Elementargeographie, Noriegos Kleiner Atlas des mexikanischen Freistaats und León's Kosmographie zugrunde, in der vierten die Fryesche Elementargeographie.

Erwähnt sein. Beachtenswert ist das Eindringen der im übrigen so ganz fremdartigen Fryeschen Erdkunde, die aus der Schule eines M. Davis hervorgegangen ist.

Für die höhere Handelsschule (entspricht wohl etwa den Oberklassen einer deutschen Realschule) sind die Bücher genehmigt (S. 25): Curso de geografía v. E. Noriega und sein Atlas miniatura de la Rep. Mex.

Der Lehrplan ist sehr ausführlich gegeben (S. 138 f.). In fünf Jahreskursen wird ein recht reichhaltiges Programm erledigt: die im fünften Jahre betriebenen Fächer sind z. B. theoretische und praktische Hygiene, Hausheilkunde, pädagogi-

scher Kursus, angewandte Methodenlehre, Weltgeschichte, Englisch, Buchhaltung, Musik.

Geographie wird im zweiten und dritten Jahrgang betrieben. Zugrunde liegen: „Geographischer Elementarkursus" von A. G. Cebas, dessen „methodischer Atlas" und seine „Geographie und Geschichte des Bundesdistrikts".

In der Escuela Nacional Preparatoria (einer höheren Lehranstalt, über deren Charakter ich nicht ganz im klaren bin, vielleicht entspricht sie den oberen Klassen unserer neunklassigen Schule), sind folgende Lehrbücher in Geographie angegeben (S. 132 f.): Kosmographie von Tisserand und Andoyer Geographie von Michel Schulz, ein geographischer Atlas wie der von Schrade oder von Drioux und Leroy, außerdem der Atlas des mexikanischen Freistaats von Cuba. Also keine Atlaseinheit!

Die Reihenfolge in der Behandlung des Stoffes ist sehr eingehend vorgeschrieben.

Die Kosmographie umfaßt vier Seiten (150—154) und besteht nur aus Stichworten. Ich gebe eine Probe. Der Stoff ist in neun Abschnitte geteilt: 1. Umfaßt Definition der Wissenschaft, scheinbare Himmelsbewegungen, horizontales Koordinatensystem u. s. w.; 2. Beobachtungsinstrumente, Pohöhe u. s. w.; 3. Kugelgestalt der Erde, Gradnetz; 4. Bewegungen der Sonne, Kalender; 5. Bewegungen des Mondes; 6. Planeten, Keplersche Gesetze; 7. Kant- (dessen Name fehlt) Laplacesche Theorie, Kometen; 8. Sterngrößen, Nebelflecke u. s. w.

Ich gebe Nr. 5 im einzelnen: Studium der scheinbaren Mondbewegungen; Studium der wahren Mondbewegungen in Bezug auf die Kenntnis der himmlischen Äquatorial- und Ekliptik-Koordinaten; Mondbewegungen nach Länge und Breite; Siderischer, tropischer, drakonitischer, anomalistischer und synodischer Monat; Ihre Bestimmung durch die Oerter; Bestimmung der Mondparalaxe, seiner Entfernung von der Erde und seiner Größe; Kenntnis und Erklärung der Librationen des Mondes nach der Länge, nach der Breite und der täglichen; Erklärung der Mondphasen; Erklärung der Mondfinsternisse und der Bedingungen für ihr Zustandekommen; Sonnenfinsternisse und ihre Bedingungen, Sonnenphasen dabei; wesentliche Unterschiede zwischen Sonnen- und Mondfinsternissen. — Dieser Abschnitt ist noch einer der am kürzesten gefaßten.

In ähnlicher Ausführlichkeit ist S. 180. 181 die Geologie behandelt unter den vier Gesichtspunkten: Ursprung und Gestalt der Erde, Struktur der Erdkruste u. s. w.; 2. Dynamische Geologie; 3. Historische Geologie; 4. Allgemeine Betrachtungen und Anwendung auf wesentliche Verhältnisse.

Wieder ähnlich ausführlich ist die Anweisung für „Allgemeine Erdkunde". S. 181. 182. Die Generaltitel lauten: 1. Fundamentalidee über Charakter und Gegenstand der Geographie u. w. 2. Generalidee über die Geognie der Erdnägel (geognosia del globe?); 3. Die Atmosphäre; 4. Die Bevölkerung der Erde; 5. Die alte Welt und Ozeanien; 6. Besondere Betrachtung auf mineralischen, animalischen und vegetabilischen Reichtümern dortigen Staaten. Dann folgt dieser „allgemeinen" Erdkunde die „Geographie Amerikas und des Vaterlandes". In den methodischen Bemerkungen (S. 183) wird ganz deutsch-substrakt vom Wechsel eines analytisch-synthetischen und eines synthetischanalytischen Lehrverfahrens gesprochen, außerdem Studien der Karten und Tafelzeichnen des Lehrers empfohlen.

Schließlich sei auch die Nationalschule für Ingenieure genannt, deren Zöglingen als Lehrbücher die Topographie von Covarrubias, die Hydrographie von Pedrero, die Geologie (englisch) von Le Conte, die Petrologie (englisch)

24*

von Starker, die Paläontologie (englisch) von Woods, die Geodäsie von Covarrublas gebrauchen müssen. Ueber den Lehrgang finden sich ebenso eingehende Angaben wie die vorher genannten.   H. F.

Persönliches.

Ernennungen, Beförderungen u. s. w.

Professor Fr. Andreas am Orientalischen Seminar in Berlin zum Professor für orientalische Sprachen an der Universität Göttingen.

Dr. C. H. Gordon, Schul-Superintendent in Lincoln, Neb., ist mit der Leitung der geologischen Abteilung der Universität des Staates Washington in Seattle betraut worden.

Der durch seine Forschungen auf dem Gebiet der Siedlungsgeographie hervorragende Nationalökonom Professor Dr. Eberh. Gothein in Bonn zum Professor der Nationalökonomie in Heidelberg.

Privatdozent Dr. B. Osann an der Bergakademie in Berlin zum Professor der Geologie an der Bergakademie in Clausthal.

Der Afrikaforscher Dr. S. Passarge zum Privatdozenten für Geographie an der Universität Berlin.

Professor James E. Todd hat seine Professur für Geologie an der Universität von Süddakota in Vermilion und die Leitung der Geologischen Aufnahme des Staates niedergelegt.

Dr. E. w. Wüst zum Privatdozenten für Geologie und Paläontologie an der Universität Halle a. S.

Auszeichnungen, Orden u. s. w.

Dem Leiter der Geologischen Aufnahme von Kanada Dr. Rob. Bell das Ritterkreuz des Imperial Service-Ordens.

Professor W. C. Brögger in Christiania der Spendiazow-Preis vom internationalen Geologischen Kongreß.

Professor Dr. Jean Brunhes in Freiburg (Schweiz) zum Ehrenmitglied des Internationalen Kolonialinstituts in Brüssel.

Den Afrikaforschern Arch. Butter und Capt. Phil. Maud in Anerkennung ihrer Vermessungsexpedition in den Grenzgebieten zwischen Abessinien und Britisch-Ostafrika der St. Michaelund St. Georg-Orden.

Dem Australienforscher Aug. Ch. Gregory, früher Generalfeldmesser von Queensland, das Kommandeurkreuz des St. Michael- und St.Georg-Ordens.

Dem Meteorologen Professor Dr. Jul. Hann die Goldene Symons-Medaille der R. Meteorological Society in London.

Dem Ostafrikaforscher Hauptmann Johannes die Königl. Krone zum Roten Adlerorden 4. Kl. mit Schwertern.

Dem Direktor der Landesaufnahme von England Col. Duncan A. Johnston den Bath-Orden.

Dem Staatsstatistiker von Tasmania, Rob. Mackenzie Johnston, das Ritterkreuz des Imperial Service-Ordens.

Dem Privatdozenten Dr. K. Kreischmer In Berlin den Titel Professor.

Dem englischen Geologen Prof. Clemens Le Neve Foster in London der Adel.

Dem Polarforscher Admiral A. H. Markham das Kommandeurkreuz des Bath-Ordens.

Dem amerikanischen Polarforscher Comm. Rob. E. Peary die Livingstone-Medaille der Schottischen geographischen Gesellschaft in Edinburgh.

Dem Generalmajor Rykatschew, Direktor des Physikalischen Hauptobservatoriums in Pulkowa, das Kommandeurkreuz I. Kl. des schwedischen Ordens des Polarsterns.

Den Celebesforschern Dr. Fr. und P. Sarasin

in Basel das Offizierkreuz des Oranje-Nassau-Ordens.

Dem österreichischen Geologen Prof. Dr. Ed. Sueß in Wien die Copley-Medaille der Royal Society in London.

Todesfälle.

Der russische Geolog Prof. Dr. Dr. W. W. Dokutschajew, geb. 1846, starb am 26. Oktober (8. November) in St. Petersburg. 1882—88 führte er die geologische Aufnahme des Gouvernements Nishni-Nowgorod aus, deren Ergebnisse er in dem 14 bändigen Werke: "Materialien zur Abschätzung der Ländereien des Gouvernements Nishni-Nowgorod" niederlegte. 1888 begann die auf seine Anregung eingesetzte Kommission zur naturwissenschaftlichen Erforschung von St. Petersburg und Umgegend ihre Tätigkeit. Unter seiner Leitung unternahm von 1893 an eine Spezialexpedition des Forstdepartements Boden- und geologische Untersuchungen in den Steppen Südrußlands, die später auch auf andere Gebiete ausgedehnt wurden und das Material zu dem Werke: "Die Schwarzerde Rußlands" lieferten. Die Russische Akademie der Wissenschaften verlieh ihm dafür die Makari-Prämie. Seiner Anregung ist die Bildung der Kommission für Bodenuntersuchungen und des Bodenarten-Museums an der Kaiserl. Freien Ökonomischen Gesellschaft zu verdanken.

Walter E. Hobbs, junger amerikanischer Geolog, starb Ende September in Stonybrook, Mass., infolge von Tuberkulosis, die er sich durch Überanstrengung auf einer geologischen Reise in Colorado zugezogen hatte. Er stand gerade im Begriff, seine Beobachtungen in den westlichen Minenstaaten in einem größeren Werke zusammenzufassen.

Dr. Wilbur C. Knight, Professor der Geologie an der Universität zu Laramie, Wyo., starb daselbst am 8. Juli.

Dr. Heinr. Moehl, Leiter des meteorologischen Instituts in Cassel, starb daselbst am 15. Oktober im 71. Lebensjahr.

Geh. Regierungsrat Nagel, früher Professor der Geodäsie an der Technischen Hochschule in Dresden, starb am 23. Oktober in Leipzig im 80. Lebensjahr.

Am 15. Oktober starb in Oegstgeest bei Leiden der hervorragende Sinolog Professor Dr. Gust. Schlegel, geb. daselbst am 30. September 1840. Als Knabe bereits wandte er sich dem Studium der chinesischen Sprache zu, wurde sehr jung Dolmetscher in Amoy und Kanton, später in Batavia und hatte in dieser Stellung als Vermittler des Verkehrs zwischen der Regierung und den chinesischen Gesellschaften Gelegenheit, chinesische Anschauungen und Verhältnisse eingehend zu studieren. Krankheit zwang ihn 1872 zur Rückkehr nach Holland, wo für ihn 1875 an der Universität Leiden der Lehrstuhl für chinesische Sprache und Literatur gegründet wurde. Er entwickelte eine höchst fruchtbare wissenschaftliche Tätigkeit; sein Hauptwerk ist das chinesisch-niederländische Wörterbuch, 1882—1890, das auch für die Ethnographie, Geographie und Geschichte von Bedeutung ist. 1889 gründete er die Zeitschrift "Toung-Pao", welche der Geschichte und Geographie Ostasiens gewidmet ist. Als 250 Abhandlungen hat er über China, den Indischen Archipel u. s. w. verfaßt.

Am 1. August starb Dr. Ham. L. Smith, Professor der Astronomie am Hobart College in Geneva, N. Y.

Der Ostasienreisende Wilh. Steller, der Anfang der 70er Jahre Birma und die Provinz Jünnan besucht hat, starb kürzlich in Biberach a. d. Riß, wo er in den letzten zehn Jahren als

Kaufmann gelebt hat. Er veröffentlichte: "Reisen in China und Birma".

In Galashiels, Schottland, starb am 9. Oktober der englische Geolog James Wilson, der sich namentlich verdient gemacht hat durch Aufnahmen im Grenzgebiet zwischen England und Schottland.   H. W.

Besprechungen.

Zwölf Stunden Heimatkunde. Von Dr. Richard Herold, Oberlehrer in Oranienstein a. d. Lahn. Pädagog. Archiv 1903, Heft 6.

Frische Darstellung eines Sextanerunterrichts, der als Muster empfohlen werden kann. Unterricht im Freien wird stark betont, gelegentlich werden selbst im Winter Ausflüge gemacht. Ich kann aber auch hier nicht verschweigen, daß wir nicht als Ziel die Sexta vor uns sehen dürfen, sondern gerade jetzt in der Zeit der "Reformanstalten" nach den oberen Klassen streben müssen; sonst erscheint, was wir betreiben, den Schülern doch als untergeordnet, und wir machen uns zu Mitschuldigen, wenn in der Jugend der höheren Lehranstalten ein verzerrtes Kulturbild zustande kommt.   H. F.

Bericht über den ersten zweijährigen Studiengang an der Handelshochschule in Cöln. Berlin 1903, Julius Springer.

Diese modernste deutsche Hochschule ist in schnellem Aufblühen begriffen; in den vier Semestern ihres Bestehens ist der Zahl der Hörer (eingeteilt in immatrikulierte Studenten, Seminaristen, Hospitanten und "Hörer") von 703 über 827 und 750 auf 1537 gestiegen. Die Handelsgeographie ist in den beiden ersten Semestern in 2 Kursen mit 6 Wochenstunden, im dritten Semester in 4 Kursen mit 8 Wochenstunden, im vierten Semester in 6 Kursen mit 14 Wochenstunden behandelt worden und hat (in Verbindung mit Warenkunde) stattliche Bescherzahlen aufzuweisen. Dabei ist es klar, daß auch benachbarte Wissensgebiete geographische Gesichtspunkte berühren. Das zeigt u. a. das Verzeichnis der im Volkswirtschaftlichen Seminar behandelten Themata. Wenn andererseits bei den zahlreich unternommenen Ausflügen wohl der technische Moment sehr stark in den Vordergrund gerückt ist, so ist das nur natürlich. Aber bei Ausflügen, wie "Steinbrüche im Siebengebirge" u. s. w. drängen sich geologische und geographische Gesichtspunkte ja auch ganz von selbst auf. Zudem ist zu hoffen, daß die nächsten Jahrzehnte ein durch umfangreicheres und mehr auf Ausflüge gestelltes, kurz sachgemäßeren Geographieunterricht besser ausgebildetes Geschlecht auf die Hochschulen schicken werden. Am wichtigsten ist dann der Abschnitt über die Pflege der Geographie an der Hochschule selbst. In einem viersemestrigen Turnus werden allgemeine Erdkunde, Handels- und Verkehrsgeographie und die Länderkunde der einzelnen Erdteile nicht öffentlich vorgetragen. Kürzere öffentliche Vorlesungen behandeln dann speziellere Themata, Polarforschung, Zeitalter der Entdeckungen, Aufteilung Afrikas u. s. w. Ihre Ergänzung finden die Vorlesungen in Uebungen während wöchentlich einmaliger Doppelstunden; in ihnen sollen ausgewählte Abschnitte der in den Vorlesungen behandelten Gebiete bearbeitet werden. Diese Einrichtung stammt erst aus dem letzten Semester, in dem die Essenbahngeographie besonders behandelt worden ist. In enger Verbindung mit dem Handels geographie steht die Warenkunde. Für beide Gebiete sind umfangreiche Sammlungen teils beschafft, teils im Entstehen.   H. F.

Walther, Joh., Geologische Heimatkunde von Thüringen. 2. vermehrte Aufl. Jena 1903, G. Fischer. brosch. 3 M.

Das Buch verlangt eine Besprechung im Geogr. Anz. Es ist für diejenigen, welche den Schülern die Heimatkunde vermitteln, ein eigener Schulung ein vorzüglicher Ratgeber. Es bringt die allgemeinen physikalischen Vorgänge, welche das Antlitz der Erde geschaffen haben und es noch umbilden, dem Verständnis nahe; es will den Boden der Heimat in seinem Werden und seinem Aufbau kennen lehren.

Die Art, in welcher der Verfasser für seine Wissenschaft wirbt, kommt überraschend. Die immer wiederkehrende Hinweisung auf die jetzt bestehenden Verhältnisse macht das Buch anziehend, selbst dann, wenn es sich scheinbar um wenig interessante Kapitel der Geologie handelt. So vergleicht er das Carbonmeer mit dem Wattenmeer, das Meer des oberen Zechsteins mit einem abflußlosen See, den Verwitterungsschutt des Rotliegenden mit dem Laterit. Mag manchmal der Vergleich nicht absolut treffend sein, er hat den Vorzug der Anschaulichkeit, und er lenkt, obwohl Thüringen im Mittelpunkt des Interesses steht, den Blick auf Gebiete der Gegenwart mit ähnlichen Verhältnissen.

Das Buch zerfällt in zwei Hauptabschnitte. Die „Bilder der Urgeschichte“ schildern die einzelnen Entwicklungsphasen Thüringens und der Nachbargebiete, sie führen ein in die Gliederung der einzelnen Formationen. „Die geologischen Wanderungen“ zeigen dem Leser an Ort und Stelle die Beweisstücke. Eingeleitet werden sie durch eine Einführung in das Verständnis geologischer Karten. Immer wird der Zusammenhang der Landschaftsform mit dem geologischen Bau betont. Historische Betrachtungen über Bergbau sind eingestreut.

Den Hauptteilen folgt eine Tafel, welche die Verbreitung der nutzbaren Gesteine erläutert; ein Wörterbuch der Fachausdrücke ergänzt die beiden ersten Abschnitte. Gegenüber der ersten Auflage ist unverkennbar die bessernde Hand zu spüren. Das Buch ist nicht bloß an Umfange gewachsen, es ist inhaltreicher geworden und wird auch dem Besitzer der ersten Auflage manches Neue bieten. *Dr. Lichtenau.*

Ruge, Prof. Dr. Sophus, Dresden und die Sächsische Schweiz. Mit 148 Abb., 2 Skizzen und 1 farbigen Karte. Bielefeld und Leipzig 1903, Velhagen und Klasing. (Land und Leute, Monographien zur Erdkunde. In Verbindung mit hervorragenden Fachgelehrten herausgeg. v. A. Scobel. Bd. 16.)

Der jüngste Band der Scobelschen Monographien reiht sich in populärer Darstellung und prächtigem Bilderschmuck den Vorgängern würdig an. Ruge gehört zu den Historikern unter den Geographen; in den kulturgeschichtlichen Abschnitten, in der Heranziehung älter Literatur liegt naturgemäß der Hauptwert des Buches und die meiste Originalarbeit des Verfassers. Die Durcharbeitung der morphologischen Probleme hätten wir, namentlich soweit sie das Elbsandsteingebiet betrifft, etwas gründlicher erwartet. Man vermißt hier gar manchen geographisch wichtigen Charakterzug der Landschaft, der uns durch die trefflichen Beobachtungen Becks u. a. nahegebracht worden ist (z. B. Quellhorizonte und der Einfluß auf Siedelungsverhältnisse, Erklärung der Berg- und Gehängeprofile durch Schichtenwechsel u. a.). Namentlich in geologischen Beziehung ist mancherlei anfechtbar oder mindestens unklar ausgedrückt. Daß z. B. der Elblauf die Knickung der Hauptverwerfung bei Pillnitz mitmacht, kann wohl kaum behauptet werden. Das

Oengr. Anzeiger, Dezember.

„im Quadersandstein eingebettete Lehmlager“ (S. 122), das als Wasserhorizont des Königsteinbrunnens angeführt wird, gehört ebenso zu den geologischen Unmöglichkeiten, wie eine „Verglasung und Frittung des Sandsteins“ im Kontakt mit dem doch älteren Granit (S. 72). Wenn S. 113 behauptet wird, daß „des Eisen sich am schnellsten zersetzt“ und daher die eisenreichen Sandsteinstellen hochförmig auswittern, so muß dem die hundertfache Erfahrung entgegengehalten werden, daß gerade die mit Eisenhydrat imprägnierten Teile ungemein fest sind und als Rippen, Leisten, erhabene Netze überall — selbst an den ausgetrieenen Treppenstufen — herausragen. Der Oamighügel gilt nicht als „geologische Merkwürdigkeit seines Lausitzer Granits wegen“ (S. 9) — denn solchen gibt's in der Nähe noch an verschiedenen Stellen — sondern wegen der renomaren Klippenfazies. Von „plutonischem Basalt“, „Uebertiefung des Elbtals“, Wechsel der Landschaft bei wechselnder „Bodenart“ zu reden, ist dem Fachmann kaum gestattet, auch wenn das Laienpublikum die bestimmte Prägung der falsch gebrauchten Worte nicht kennt. Die Entstehung der Riesentöpfe (S. 92) mit den Gletscherwasser in Verbindung zu bringen, hätten wir für etwas gewagt. Denn selbst wenn einst die Höhen der Bastei noch vom Inlandeis bedeckt gewesen wären, so dürfte doch die Ausarbeitung der tiefen Gründe einer wesentlich späteren Zeit angehören. Liegt doch das Bett des alten Elbstroms, dem die Schmelzwasser zuflossen, in der Höhe der Ebenheiten. Nicht großer Wasserreichtum, sondern Periodizität der Wasserführung ist nötig zur Bildung so enger Schluchten, und diese Bedingung halten in der zweiten Hälfte der Diluvialzeit, zu Beginn der Steppenperiode, besser erfüllt gewesen zu sein. *P. Wagner.*

Kühtreiber, A., Geographische Skizzen. Als Lernbehelf für die k. u. k. Militär-Akademien I. Auftr. des k. u. k. Reichs-Kriegsminist. bearb. 8°, 336 S. Wien, Seidel u. Sohn. 9,60 M.

Der Verfasser bezweckt mit seinem Buche eine Vorbereitung zum Studium der Militärgeographie, die für österreichischen Offiziere geschrieben, naturgemäß in erster Linie an dem Heimatland zur Darstellung gebracht wird. Das Werk zerfällt in vier Hefte, in denen folgende Gebiete behandelt werden:
1) Der Nordosten der Oesterreichisch-Ungarischen Monarchie mit den angrenzenden Gebieten von Rußland und Rumänien.
2) Der Südosten u. s. w. mit dem Küsten- und Okkupationsgebiet, ferner die Balkanstaaten.
3) Der Südwesten u. s. w. mit den angrenzenden Gebieten Italiens.
4) Der Nordwesten u. s. w. mit den angrenzenden Gebieten des Deutschen Reiches.
Der Aufgabe entsprechend, tritt die Behandlung des Bodenreliefs, der Bodenbedeckung und der Bewässerung in den Vordergrund. Die Gebirge werden besonders auf ihre Wegsamkeit, ihre Pässe und deren Bedeutung für militärische Operationen geprüft. Auch die Flußläufe und Täler mit ihren Brücken und Uferverhältnissen werden als Transportwege, als Hindernisse für Truppenbewegungen oder als Zugstraßen für Heeresköhrper in Kriegsfällen beleuchtet. Besondere Kapitel sind den Festungen, Eisenbahnen, Kanälen, Straßen, Wegen und Transportmitteln gewidmet. Auch das Klima wird nach der Seite der Witterungsverhältnisse (Regen- und Trockenperioden, Gefrieren und Auftauen der Flüsse) hin kurz betrachtet. Der politischen Geographie ist nur ein kleiner Raum zugedacht und eine Behandlung der

Siedelungsverhältnisse fehlt eigentümlicherweise gänzlich. Allen Abschnitten sind Skizzen beigegeben, die durchweg geschickt gewählt und in ihrer Einfachheit sehr klar sind; einige sind jedoch wegen des darauf zusammengehäuften Materials weniger wertvoll.

Die Arbeit ist mit großem Fleiß und mit Geschick zusammengetragen und bietet dem Lehrer der Erdkunde mancherlei Anregendes. Da aber die statistischen Uebersichten, die politische Einteilung der Staaten, die Bevölkerungsverhältnisse, Kultur- und Wirtschaftsgeographie in ihrer summarischen Behandlung in kurz kommen, so kann das Buch nur im Verein mit einem größeren Lehrbuch der Geographie Verwendung finden. Nach meinem Dafürhalten hätten die obengenannten Gebiete in einem Werke, das lediglich militärgeographischen Studien dienen will, vielleicht ganz fehlen können, und der Raum wäre besser für eine Ortskunde unter eingehenderer Betrachtung von Entfernungen, Fahrzeiten, Marschdauer, Kriegsschauplätzen u. s. w. verwandt worden. Das Buch, das auf dem österreichischen Militärakademien Verwendung findet, mag dort wohl am Platze sein und an der Hand eines kundigen Lehrers gute Dienste tun; über den gesteckten Rahmen hinaus wird es wohl kaum eine Bedeutung erlangen. *Prof. Dr. Christian Gorders.*

Dressel, L., Die Vulkanausbrüche auf den Antillen. Frankfurter Zeitgemäße Broschüren, Bd. XXII, Heft 6. 34 S. Hamm i. W. 1903. 50 Pf.

Die verhängnisvolle Katastrophe vom 8. Mai 1902 hat eine Reihe von Forschern veranlaßt, Martinique aufzusuchen. So berichtete auch Sapper dem XIV. Geographentag über seine Erfahrungen. Dressel faßt das zusammen, was über die Ausbrüche des Mont Pelée und der Soufrière von St. Vincent bekannt geworden ist. Zuerst gibt er eine anschauliche Darstellung der einzelnen Phasen der Tätigkeit dieser Vulkane. Ihr reiht er die Betrachtung ähnlicher und gleichzeitiger Erscheinungen an; insbesondere werden die Vulkane Südamerikas, welche der Verfasser zum Teil selbst gesehen hat, geschildert. Schließlich beleuchtet er die Entstehung der Vulkane: er hebt die allgemeine Bedeutung des Wasserdampfes hervor und betont den Zusammenhang der Vulkane mit dem geologischen Bau der Erdkruste. *Dr. Lichtenau.*

Klein, H. J., Die Wunder des Erdballs. 2. Aufl. 423 S. Leipzig o. J., E. H. Mayer. brosch. 6 M.

Wer sich mit den neuesten Ergebnissen der physikalischen Erdkunde vertraut machen will, wer Sinn hat für die historische Seite der Erdkunde, dem kann das Buch nur warm empfohlen werden. Mit Meisterschaft und in edler, formvollendeter Sprache führt der Verfasser in die Probleme ein, welche die Gegenwart beschäftigen. Auf der einen Seite werden die Ansichten hervorragender Forscher in knappen Umrissen und zum Teil mit ihren eigenen Worten gekennzeichnet, auf der anderen Seite die Wege; die Ansichten des Verfassers gegeben, belegt durch von anderen gesammelte Beispiele. Die Zahl der behandelten Erscheinungen ist so groß, die Fülle des Stoffes so reichhaltig, daß es unmöglich ist, auf Einzelheiten einzugehen. Der Referent hält das Werk für eines der besten, dem Streben, der Lehren der geographischen Wissenschaft einem großen Leserkreise zugänglich zu machen, gerecht wird. *Dr. Lichtenau.*

Cannstatt, O., Äußere oder innere Kolonisation? 46 S. Hannover 1903, Verlag von C. Meyer.

In diesem Beitrag zur Frage: Wohin senden wir unsere Sträflinge? untersieht Verf. Koloni-

25

direktor a. D., die Deportationsfrage einer gründlichen Betrachtung. Er schildert zunächst kurz und übersichtlich die historische Entwicklung der Sträflingsdeportation bei Russen, Engländern, Franzosen, Spaniern und Portugiesen, Italienern, Holländern und Nordamerikanern und weist dann nach, wie heute in allen Kulturländern die Zweckmäßigkeit der Deportation mehr Widersacher als Verteidiger gefunden hat. Auch der Verf. bekämpft die überseeische Deportation aus recht einleuchtenden Gründen (Kosten, Klima, Schädigung der Kolonisten und der Autorität der Weißen u. s. w.), insbesondere hält er von unserem gesamten Kolonialbesitz nur die Südseeinseln als für Strafkolonien geeignet. Statt dessen befürwortet er die „innere Deportation", d. h. die zwangsweise Verwendung der Verurteilten zur Kolonisierung brachliegender Ländereien innerhalb Deutschlands, insbesondere zur Anlage von Moorkulturen (Bourtanger und Wiseder Moor, Kehdinger Moor, württemb. Ried, schwäbischer und oberbayerischer Kreis u. s. w.). *Max Georg Schmidt.*

Sundstral, Franz, Aus der Schwarzen Republik. Der Negeraufstand auf Santo Domingo oder die Entstehungsgeschichte des Staates Haiti. 1 Landkarte. Leipzig 1903, Verlag von H. Haessel. 3 M.

Die Insel Haiti oder Santo Domingo ist trotz ihrer Größe, ihrer Schönheit und Fruchtbarkeit auch den Gebildeten im allgemeinen nur wenig bekannt, denn der gelbe wie der schwarze Staat, unter die der Boden seit 60 Jahren geteilt ist, sind keine Gebiete, die den Weißen anlocken könnten. Um so mehr muß es auffallen, daß ein Werk, welches die Geschichte ihrer merkwürdigsten Entwicklungszeit behandelt, die Geographie so ganz beiseite läßt und nicht einmal einen Ueberblick über Bodengestalt, Gewässer und Klima, oder auch nur ein paar statistische Angaben über die heutigen Verhältnisse bietet. Die 15 Jahre des Rassenkampfes, der mit der Beteiligung an der französischen Revolution 1789 begann und mit dem Zusammenbruch der weißen Kultur endete, sind auf 207 Seiten — anscheinend in engem Anschluß an französische Quellen — eingehend beschrieben, und wer dieser Ilias der Greuel seine Teilnahme widmen will, kann Einzelheiten genug finden. Wer aber 3 Mark für das Buch anlegt, sollte billig erwachsen können, eine ordentliche Karte zu finden statt des Blattes, das sich so nennt. *Oehlmann.*

Das große Dorf. Land und Leute des Neuenburger Jura. Monographie von Oswald Schön. Basel 1903, Verlag des Vereins für Verbreitung guter Schriften.

Ein sehr hübsches kleines Buch über La Chaux de Fonds und seine großartige Uhrenindustrie, freilich vor mehr als 30 Jahren geschrieben, was aber wenig Eintrag tut, da die meisten Seiten der Kulturgeschichte des Ortes gewidmet sind. Für die Schule dürften besonders die anspruchslosen und doch fesselnden Lebensbilder des Jean Richard, der das Uhrengewerbe einbürgerte, des großen mechanischen Talents Pierre Jaquet Droz, des Vorkämpfers der neuenburgischen Republik Fritz Courvoisier, des Malers Leopold Robert u. a. wertvoll sein. Auch die Landschaft und die Stadt sind zwar nicht geographisch, doch anschaulich und lebhaft geschildert. J. Tuchschmid hat in einem Anhang die Schilderung auf unsere Tage nachgeführt. La Chaux de Fonds erstellt von den 7,5 Mill. Stück Uhren der ganzen schweizerischen Jahresproduktion 5½ Mill., 18000 Stück per Tag. Die Arbeiterzahl beträgt 8800, die Zahl der Exportgeschäfte 300. Das „große Dorf" ist heute

mit 38000 Einwohnern die sechste Stadt der Schweiz. *Dr. H. Walser.*

Meyers Großes Konversationslexikon. 6. gänzl. neubearb. u. verm. Aufl. II. Bd.; Astibbe bis Bismarck. Leipzig u. Wien 1903, Bibliographisches Institut.

Drei Monate nach dem Erscheinen des ersten Bandes von der sechsten Auflage des großen Meyerschen Konversationslexikons liegt bereits der zweite Band fertig vor. Er bezeugt wie der erste, daß eine achtenswerte Sorgfalt darauf verwendet ist, nicht bloß eine neue, sondern eine bessere Ausgabe herzustellen im Vergleich zu der doch auch schon überall mit Recht anerkannten früheren Auflage. Einesteils sind Ergänzungen hinzugefügt, andersteils aber auch Streichungen und Kürzungen vorgenommen, damit der Umfang des Werkes nicht ins Ungemessene wachse. Die Seitenzahl der ersten beiden Bände ist in der Neuauflage merklich geringer als in dem gleichen Bänden der fünften Ausgabe, und doch sind rund 20 Seiten des dritten Bandes von dieser älteren Auflage bei der neuen noch im zweiten Bande enthalten. Andererseits ist eine Reihe von etwa 25 ganzseitiger doppelseitiges Schwarz- und Buntdrucktafeln und Karten neu hinzugekommen. Es handelt sich in dieser Besprechung nur um die Hervorhebung der für den geographischen Inhalt des Buches geleisteten Verbesserungen, und da fallen folgende Einzelheiten angenehm auf: Die neue Karte von Bayern im Maßstab 1 : 1700000 ist ersetzt durch zwei Karten Nord- und Südbayern in 1:1100000; die Sonderdarstellung des Berchtesgadener Landes ist da für fortgefallen. Statt der Balkankarte 1:6000000 findet man eine neue 1:5000000 mit guter Sonderdarstellung des Bosporus. Besonders erfreuliche Spuren eifriger Durcharbeitung bekundet die Karte des Atlantischen Ozeans. Sie enthält die Lotungen bis zum Jahre 1902; zu ihnen gehören die wichtigsten Untersuchungen der deutschen Valdivia-Expedition, wie deren auch Dr. Schotts Veröffentlichung der Ergebnisse derselben im Literaturverzeichnis aufgezählt sind. Die Lotungen der Gauß und das neue Heft der Veröffentlichungen des Instituts für Meereskunde in Berlin, welches dieselben mitteilt, werden noch nicht benutzt. Auch ist von den zwei Karten für den Abschnitt Berlin eine dritte gefügt, und die den Berliner Denkmälern und Karten gewidmeten Abbildungen sind vermehrt. Ueberhaupt nehmen die Bildertafeln neben den kartographischen Darstellungen einen Hauptanteil an den Verbesserungen des Buches. Neu eingefügt ist eine Buntdruck-Doppeltafel Australier und Ozeanier, und durch Trennung der Einzelköpfe wirkt sie anschaulicher als die früheren Tafeln von Rassentypen mit ihrer Gedrängtheit der Köpfe und übergroßen Buntheit. Anerkennenswert und auch die drei neuen Tafeln „Bergformen", auf deren ersten beiden Landschaftsbilder, möglichst aus deutschen Gebirgen gewählt, von Sandstein-, Kalk-, Granit-, Porphyrbergländern in ihren charakteristischen Formen dargestellt sind. Freilich wird die Laie nicht nun selbst auseinanderhalten, was an der vorgelegten Landschaft als Charakteristische sein wird; beispielsweise fällt an dem Bilde, welches die Tonschiefer zeigen soll, die Erosionswirkung des Rheins und die leicht gewellte Hochfläche des Schiefergebirges auf, zwei vom Gestein ziemlich unabhängige Spuren abtragender und umgestaltender Kräfte, während es beim platischen Buntsandsteinbilde oder bei der Phonolithkuppe aus der Rhön durch charakteristische Verwitterungsformen des Gesteins oder gar aus der Art der Gesteinsbildung selbst ergebende Tatsachen.

Der Text des Bandes enthält bei knappester Raumausparung doch eine Fülle von Inhalt in lesbarer Form und übersichtlicher Anordnung und ist bis möglichst an den augenblicklichen Stand der Kenntnisse herangerückt, wie die Aufsätze über Babylonien, in dem die Arbeiten der deutschen Orientgesellschaft und die Tätigkeit von Delitzsch verzeichnet sind, und der Abschnitt über die Bagdadbahn beweisen. *Dr. Felix Lampe.*

Meyers Historisch-Geographischer Kalender für 1904. VIII. Jahrgang. Mit 12 Planetentafeln und 354 Landschafts- und Städte-Ansichten, Porträts, kulturhistorischen und kunstgeschichtlichen Darstellungen sowie einer Jahresübersicht (auf dem Rückdeckel). Zum Aufhängen als Abreißkalender eingerichtet. Leipzig und Wien, Verlag des Bibliographischen Instituts. 1,75 M.

Pünktlich wie alljährlich ist auch in diesem Jahre der reich illustrierte Kalender erschienen, der sowohl durch seinen Bilderschmuck wie auch durch die Tagesnotizen dem Lehrer der Geschichte wie der Geographie manche Anregung bieten kann. Vor allem sei auf die trefflichen Bilder aus den deutschen Kolonien hingewiesen. Die monatlichen Planetentafeln, die jedenfalls Anklang gefunden haben, sind wiederholt worden. Hinzugefügt ist eine Tabelle deutscher Städte mit Angabe der Breite und dem Unterschied der Ortszeit von der mitteleuropäischen Zeit. Unter den Tagesnotizen könnten die Großtaten geographischer Forschung, die wesentlichen Einfluß auf die Entdeckungsgeschichte ausgeübt haben, wohl mehr berücksichtigt werden, z. B. Serweg nach Ostindien, Vasco da Gama erreicht Calicut 20. Mai 1498; Stanley trifft Livingstone in Ujiji 28. Oktober 1871; Barth entdeckt den Benuë 18. Juni 1851; Barth in Timbuktu 7. September 1853; Schweinfurth entdeckt den Uelle 19. März 1870; Leichhardt durchkreuzt Australien von O nach W 17. Dezember 1845; Stuart durchkreuzt Australien von S nach N 25. Juli 1862; Vollendung der ersten amerikanischen Pazifikbahn 10. Mai 1869 u. s. w. *H. Wichmann.*

Geographische Literatur.

(Die Titel-Aufnahme in diese Spalte ist unabhängig von der Einsendung der Bücher zur Besprechung.)

a) Allgemeines.
Andrees neuer allgemeiner und österr.-ungar. Handatlas. 27.—31. Lief. Wien 1903, Moritz Perles. 1 M.
Berger, Hugo, Geschichte der wissenschaftl. Erdkunde der Griechen. 2. verb. u. erg. Aufl. 602 S. m. Fig. Leipzig 1903, Veit & Co. 20 M.
Dittenberger, Wilh., Zur Kritik der neueren Fortschritte der Orometrie. 16 S., 3 Fig. Halle 1903, Buchh. des Waisenhauses. 60 Pf.
Fritschs, H., Atlas der Erdmagnetismus f. d. Epochen 1600, 1700, 1780, 1842 und 1915. 16 S., 15 Taf. Riga 1903. 10 M.
Gelcich, E., Die astronomische Bestimmung der geographischen Koordinaten. 120 S., 46 Holzschn. (Die Erdkunde, VIII. Teil.) Wien 1903, Franz Deuticke. 3 M.
Haardtschel, E., Des Erdpunktrad und seine Abbildung. 140 S., Leipzig 1903, B. G. Teubner. 3,60 M.
Herrero y García, Léon, Geografía universal. P. Madrid 1903, Ministerio de Marina. 15 pts.
Justus Perthes' Aldeutscher Atlas. Bearbeitet von Paul Langhans. Mit Begleitworte: Statistik der Deutschen auf der Reichsübersicht. 2. Aufl. 3 farb. K. mit 6 S. Text. XL/60. Gotha 1903, Justus Perthes. 1 M.
— Seeatlas. Eine Ergänzung zu Justus Perthes' Taschenatlas von H. Habenicht. 24 K., 127 Nebenpl. Mit neut. Notizen und Tabellen von Erwin Knipping. 6. Aufl. Gotha 1903, Justus Perthes. 2,40 M.
Sander, L., Die geographische Verbreitung einiger tierischer Schädlinge unserer kolonialen Landwirtschaft und der Bedingungen ihres Vorkommens. 93 S. (Angew. Geogr. II.) Halle a. S. 1903, Gebauer-Schwetschke. 1,50 (1,80) M.
Schultze, Bruno, Das militärische Aufnehmen. Unter besonderer Berücksichtigung der Arbeiten der Kgl. preuß. Landesaufnahme; nebst einigen Notizen über Photogrammetrie und über die topogr. Arbeiten Deutschl. bearacht. Staaten. 89 S., 129 Abb. Leipzig 1903, B. G. Teubner. 8 M.
Stielers Handatlas. 7. Lief. 6 Bl. Gotha 1903, Justus Perthes. Je 60 Pf.

b) Deutschland.

Archiv für Landes- und Volkskunde der Provinz Sachsen nebst angrenzenden Landesteilen. Herausgeg. von Alfr. Kirchhoff. 13. Jahrg. 163 S., 3 K., 2 Taf. Halle 1903, Tausch & Grosse. 4 M.
Brennecke, F. J., Bayerisch Land und Volk in Wort und Bild. 2. Aufl. 655 S., 265 Abb. München 1903, Max Kellerer. 4.95 M.
Habenicht, H., und C. Böhmer, Politische Karte von Thüringen. 1 : 240000. Gotha 1903, Justus Perthes. 1.50 M., aufgezog. 2.40 M., auf St. 3 M.
Neumann, Dr. L. und Frz. Döllner, Der Schwarzwald in Wort und Bild. 4. Aufl. 216 S. Stuttgart 1903, J Weise. 25 M.
Schlüter, O., Die Siedelungen im nordöstl. Thüringen. Ein Beispiel für die Behandlung siedlungsgeogr. Fragen. 415 S., 6 K., 2 Taf. Berlin 1903, H. Costenoble. 21 M.
Wöick, Paschali, Geo., Heimatkunde von Elsaß-Lothringen. 1. Aufl. 90 S., ill., 1 K. Zabern 1903, A. Fuchs. 1.20 M.
Wiebert, Fridr., Der Rhein und sein Verkehr. Mit besonderer Berücksichtigung der Abhängigkeit von den natürlichen Verhältnissen. 148 S., 2 K. (Forschungen zur deutschen Landes- und Volkskunde, XV, 1). Stuttgart 1903, J. Engelhorn. 12 M.

c) Übriges Europa.

Bonomartage, A., La Russie d'Europe. Brüssel 1903, Isenens et Cie. 10 M.
Bonomelli, G., dal Piccolo S. Bernardo al Brennero. 9. Kailand 1903, L. F. Cogliati. 3 L. 50 c.
Bülow, H. v., Rußland und die Staaten des Wetterwinkels. 164 S. Wien 1903, L. W. Seidel & Sohn. 4 M.
Gayo, A., Santander y su provincia. 9. Santander 1903, Nortuard y Arce. 1 pes.
Grund, Dr. Alfr., Die Karsthydrographie. Studien aus Westnostrien. 200 S., 1 Taf, 14 Abb. (Geogr. Abhandlungen, VII, 3.) Leipzig 1903, B. G. Teubner. 6.80 M.
Holzammer, Hugo, Florenz und Italien zum alten Rom. (Altkol. Familienbibliothek, 2. Bd.) 232 S. Mainz 1903, Druckerei Lehrlingshaus. 1.20 M.
Karte der Adamello- u. Presantella-Gruppe. Herausgeg. von Deutsch. und Oesterr. Alpenverein unter Leitung von Prof. F. Becker. 1 : 50000. München 1903, J. Lindauersche Buchhandlung. 4 M.
Kalner, Frdz., Geologischer Führer durch Bosnien und die Herzegowina. 280 S., ill., 8 K. Leipzig 1903, Max Weg. 6 M.
Kennedy, E. B., thirty seasons in Scandinavia. 9. London 1903, E. Arnold. 10 sh. 6 d.
Kogutowitz, C., Wandkarte der Balkanhalbinsel. Herausgegeben vom Ungar. geogr. Inst. A. G. Budapest. 1 : 200000. Budapest 1903. (Leipzig, K. F. Koehler.) 21 M.

Krebs, Norb., die nördlichen Alpen zwischen Enns, Traisen und März. 110 S., ill. (Geogr. Abhandlungen, VIII, 2.) Leipzig 1903, B. G. Teubner. 4 M.
Penoluer, Karl, Karte von Bulgarien, mit Ostrumelien und türk. Thrazien. 1 : 864000. Wien 1903, Artaria & Cie. 1 M.
Stoobhaus, O. v., Vom Mittelländischen Meere. 116 S. Heidelberg 1903, C. Winters Verlag. 1 M.

d) Asien.

Giehrl, Red., Chinafahrt. Erlebnisse und Eindrücke von der Expedition 1900-01. 198 S., ill. München 1903, J. Lindauersche Buchhandlung. 7 M.
Dammann, F., Nach dem fernen Osten. Reisebriefen. 81 S., 16 Taf. Berlin 1903, Vogel & Kreienbrink. 2 M.
Pilzmer, R., Aus Kleinasien und Syrien. 3. Lief. S. 66-130. Rostock 1903, C. J. F. Volckmann. 1.50 M.
Gottwald, H., Die überseeische Auswanderung d. Chinesen und die Einwirkung auf die gelbe und weiße Rasse. 130 S. Bremen 1903, M. Nössler. 3 M.
Mann, Alfr., Quer durch Sumatra. 143 S., ill. Berlin 1904, Wilh. Süsserott. 6 M.
Moublin, A. M., in Russian Turkestan. 9°. London 1903, G. Allen & Co. 7 sh. 6 d.
Rjinkert, S. C., Wanderungen in Tibet. 278 S., ill., 1 K. Stuttgart und Calw 1903, Vereinsbuch. 2 M.
Solomonen, E. v., im Sattel durch Zentralasien. 6000 km in 176 Tagen. 312 S., ill. Berlin 1903, D. Reimer. 5 M.

e) Afrika.

Abcock, F., Trade and Travel in South Africa. 9°. London 1903, G. Philips & Sons. 12 sh. 6 d.
Afrika in Wort und Bild, mit besonderer Berücksichtigung der evangel. Missionsarbeit. 416 S., 1 Völkerk. u. 215 Abb. Stuttgart und Calw 1902, Vereinsbuch. 7 M.

f) Amerika.

Engelbrecht, Th. H., Der geographische Verbreitung der Getreidepreise. I. In der Vereinigten Staaten von 1862 bis 1900. 168 S., mit 24 Kärtchen u. 8 Taf. Berlin 1903, P. Parey. 4 M.
Funke, A., Die Besiedlung des östlichen Südamerika mit besonderer Berücksichtigung des Deutschtums. (Angew. Geogr. 10.3 44 S. Halle a.S. 1903.) Gebauer-Schwetschke. 1 M.
Goldberger, L. M., Das Land der unbegrenzten Möglichkeiten. Beobachtungen über das Wirtschaftsleben der Ver. Staaten von Amerika. 399 S. Berlin 1903, F. Fontane & Co. 8.50 M.
Goll, Frdr., Die Erdbeben Chiles. (Münchener geogr. Studien, 14.3 177 S. München 1903, Th. Ackermann. 3.60 M.
Karsten, O. und H. Schenk, Vegetationsbilder. 7. H. Schenk: Strandvegetation Brasiliens. 6 Taf. Jena 1903, Gust. Fischer. 4 M.

Katzer, Frdr., Grundzüge der Geologie des äusseren Amazonasgebietes. 296 S., ill. Leipzig 1903, Max Weg. 14 M.
Sievers, Wilh., Südamerika und die deutschen Interessen. Eine geogr.-geol. Betrachtung. 95 S. Stuttgart 1903, Schrecker & Schröter. 3 M.
Stübel, Alphons, Karte der Vulkanberge Antisana, Chacana o. s. w. 1 : 200000. Begleitw. 12 S. Leipzig 1903, Max Weg. 2 M.
Stutfield, H. E. M. und J. N. Collie, Climbs and Explorations in the Canadian Rockies. 9°. London 1903, J. Long. 12 sh. 6 d.
Zöni, T. al Park, Marsch.b e Caori (Bresile del Nord). 9°. Mailand 1903, Frat. Lanzani. 4 L 50 c.

g) Australien und Südseeinseln.

Sydow, E. v. und H. Habenicht, Methodischer Wandatlas. 4. Australien und Polynesien 1 : 6000000. 3. Aufl. 12 Bl. 12 M., aufgez. mit St. 21 M. — 14. Britische Inseln 1 : 750000. 3. Aufl. 9 Bl. 10 M., aufgez. m. St. 18 M.

h) Polarländer.

Sverdrup, O., Neues Land. 4 Jahre in arkt. Gebieten. 2 Bde. 575 u. 542 S. Leipzig 1903, F. A. Brockhaus. 30 M.

i) Schulgeographie.

Kovach, Methodik des geogr. Unterrichts in der Volksschule. 139 S. Braunschweig 1903, H. Wollermann. 2.40 M.
Lehmann, R. und W. Petzold, Atlas für Mittel- und Oberklassen höh. Lehranstalten. 3. Aufl. 80 S., 60 Hauptu. 40 Nebenk. Bielefeld 1903, Velhagen & Klasing. 5.50 M.
Sach, Aug., Geographie der Provinz Schleswig-Holstein und der Fürstentums Lübeck. 9. verb. Aufl. 86 S. Schleswig 1904, C. C. Bärbect. 1 M.
Schunke, T., Länderkunde für höhere Lehranstalten. Unter Zugrundelegung des E. v. Seydlitzschen großen Lehrbuchs der Geogr. 430 S., ill. Leipzig 1903, F. Hirt. 4 M.
Seibert, A. E., Leitfaden der Geographie für allgemeine Volksschulen. 7. Aufl. (inh. unveränd. Abdr. d. 6.). 148 S., 40 Abb. Wien 1903, A. Hölder. 1.40 M.
— Schulgeographie in 3 Teilen. 2. Teil. 12. Aufl. (inh. unveränd. Abdr. d. 11.). 123 S., 63 Abb. Wien 1903, A. Hölder. 1.20 M.
Sieglin, W., Schulatlas zur Geschichte des Altertums. 3. unveränd. Aufl. 36 K. auf 20 S. Lex. 4°. Gotha 1903, Justus Perthes. 1.20 M.
Stolte, K., Lehr- und Uebungsbuch für den Unterricht in der Geographie in vier konzentr. Kreisen bearb. 1. u. 2. Kursus. 12 Aufl. 108 S. Neu-Brandenburg 1903, C. Brünslow. 60 Pf.
Stülpnagel, F. v., Wandkarte von Europa zur Übersicht der staatlichen Verhältnisse. 1 : 4000000. 6 Aufl. 9 Bl. Gotha 1903, Justus Perthes. 5.60 M., aufgez. m. St. 11.60 M.

Tischendorf, J., Geographie. V. Außereuropäische Erd-
teile 10 u. 11 verb. Aufl. 299 S. Leipzig 1903, Ernst
Wunderlich. 3.20 M.
Tromnau, Ad., Lehrbuch der Schulgeographie. Neu be-
arbeitet von Dr. Em. Schöne. 2. Bd. Länderkunde mit
besonderer Berücksichtigung der Kulturgeographie. Aus-
gabe B, für Präparandenanst. 3 Aufl. 412 S. Halle 1903,
Hermann Schroedel. 4 M.
Umlauft, Fr., Lehrbuch für die unteren und mittleren
Klassen österr. Gymnasien und Realschulen. I. Kursus,
Grundz. d. Geogr. 7 Aufl. (inh. unveränd. Abdr d. 6.)
58 S., 10 Fig. Wien 1903, A. Hölder 1.10 M.
Wald, M., Heimatkunde des Kreises Teltow und der Städte
Charlottenburg, Schöneberg und Rixdorf. 3. Aufl. 44 S.
Berlin 1903, Fr. Zillessen. 50 Pf.

k) Zeitschriften.

Annales de Géographie. Herausg.: P. Vidal de la
Blache, L. Gallois u. Emm. de Margerie. Paris, Armand
Colin. 12e. Année.
　Nr. 66. 15. Sept. Bibliographie géographique annuelle
1902.
　Nr. 68. 15. Nov. de Lapparent, Le Volcanisme. —
Rollier: Le Plissement de la chaîne du Jura. — de Larger,
De Lausanne à Zermatt. — Millie, Projets de canaux de
navigation et d'irrigation en Indo-Chine. — Laffitte, Les
Chalands de mer et le commerce maritime. — Francoise,
Les Ports badois sur le Rhin. — Hitier, La répartition
des races bovines en France. — Delépine, Observations
sur le régime hydrographique de la rive droite de l'Ogoon. —
Bernard, La Tunisie centrale. — Concours d'agrégation
d'histoire et de géographie.

Bollettino della Società Geografica Italiana. 1903.
　Nov. Pedretti, Andrea, Da escursione in Cirenaica
1901. — Baldacci, A., Nel paese del Con. Viaggi ed
esplorazione nel Montenegro orientale e nelle Alpi albanesi.

Bulletin of the American Geographical Society.
Vol. XXXIV.
　Nr. 2. Nassau, Spiritual Beings in West-Africa.
Hæselbarth, Culebra Island. — Smith, The Economic
Geography of the Argentine Republic. — Stone, The North
West Passage and the Circum navigation of America. —
Hydrologic and Hydrographic Surveys of the U. S. —
Johnson, Comparison of Distances by the Isthmian Canal
and other Routes. — Cornell Summer School of Geol. and
Geography. — De Windt, Abstract of a Lecture. — The
Geographical Record. — New Maps. — Lumholtz, The
languages of Mexico.
　Nr. 3. Eisen, Notes during a Journey in Guatemala,
March-December 1902. — Tower, The Climates of the
Philippines. — Topographic Surveys of New Jersey, Mas-
sachusetts and Ohio. — Geographical Record. — New
Maps. — M. Frodevaux's Paris Letter.

Deutsche Erde. Beiträge zur Kenntnis deutschen Volkstums. Herausg.: Prof. Paul Langhans; Verlag: Justus
Perthes, Gotha. 2. Jahrg. 1903.
　Heft 5. Winter, Die Voraussetzungen für die Be-
wahrung der Deutschen Nationalität in fremder Umgebung. —
Schnaidtwell, Die Banater Schwaben. — Hatz, Deutscher
Gottesdienst in welschen Landen. IV. Deutscher evan-
gelischer Gottesdienst in Frankreich. V. Auf der Pyrenäen-
halbinsel. — Klingemann, Ein Kirchenlied als Zeuge
der Beziehungen zwischen dem Sette Communi und dem
Mutterlande. — Stach, Der deutsche Liebenslauf Kolonistän-
bericht bei Odessa. — v. Pfister und v. Borries, Das
völkische Gepräge von Metz vor 1870. — Statistik der
Deutschen: Deutsches Reich. — Berichte über neuere
Arbeiten zur Deutschkunde. — 1 Karte.
　Heft 6. Grundemann, Die deutsche evangelische
Heidenmission. — Wenzeldes, Die Deutschen in Österreichisch-Schlesien. — v. Düring, Das Deutschtum in der
Türkei. — Mohr, Deutsche Betätigung in Marokko. —
Wagner, Die deutsche Bevölkerung der deutschen Schutzgebiete in der bisher. — Deutsche Gewinn- und Verlust-
listen für 1902. 7. Posen und Westpreußen. — Berichte
über neuere Arbeiten zur Deutschkunde. — 1 Karte.

Deutsche Rundschau für Geographie und Statistik.
Herausg.: Prof. Dr. Fr. Umlauft; Verlag: A. Hart-
leben, Wien. 26. Jahrg. 1904.
　Heft 2. Müller, J., Die Aetherfrage in ihren Be-
ziehungen zu den Bewegungen der Erde im Sonnen- und
Weltraum. — Wagner, Madagaskars Bevölkerung. —
Meinhard, Nach Mazedonien. — Musser-Asport,
Von Puerto Columbia nach Bogotá.

Geographische Zeitschrift. Herausg.: Prof. Dr. Alfred
Hettner; Verlag: B. G. Teubner, Leipzig. 9. Jahrg.
1903.
　Heft 10. Wegener, Am Mont Pelée im März 1903. —
Fischer, Die Atlanten an den preußischen höheren
Schulen. — Krug-Genthe, Der Chinook. — Philippson,
C. Schmidts Geologische Wandtafeln.
　Heft 11. Friederichsen, Max, Ueber Land und Leute
der russischen Kolonisationsgebiete des Generalgouverne-
ments Turkestan. — Hettner, Die Feldeinteilung der
sächsischen Schweiz. — Krug-Genthe, Die Geographie
in den Vereinigten Staaten. I. Die wissenschaftliche Geo-
graphie. — v. Loesch feld, Die geologisch-tektonische
der Skandinavischen Polareisgebilden. — Philippson-
Therbecke, Besichtigungen.
Globus. Illustrierte Zeitschrift für Länder und Völkerkunde.
Herausg.: H. Singer; Verlag: Vieweg & Sohn, Braunschweig. Bd. 84.
　Nr. 15. Bouchal, Indonesisches Zahlengleube. —
Meerworth, Aus dem Mündungsgebiet des Amazonas.

Der Congo der Insel Marajó. I. — Maurer und Förster, Zur Klimatologie Deutsch-Ostafrikas. — Aus den Arbeiten der deutschen Orient-Gesellschaft.

Nr. 16. Singer, Tharsischiath und Ophir — Hans Meyers Forschungsreisen in den Anden Ecuadors. — Meerwerth, Aus dem Mündungsgebiet der Amazonas. II (Schluß). — Hochtouren im Kirakorum-Gebirge.

Nr. 17 (Kolonialnummer). y. Liebert, Die Besiedlung Deutsch-Ostafrikas. — Singer, Die Lage in Nord-Kamerun. — Quante, Die Verbindungsstraßen durch die westliche Kalahari. — Fitz, Der Yamskan in Deutsch-Togo. — Stiehar, Die Eisenbahn Dschibuti-Adis-Ababa.

Nr. 18. Rzehak, Das Karstphänomen im nördlichen Deutschgebiet. — Singer, Marokko. — Schmidt, Ein ansprüchlicher Beweis des urältesten Alters des Menschen in Nordafrika. — Angfuss, Die prähistorischen Forschungen von Dr. Penkes in Westindien. — Das ethnographische Bildermuseum in Leiden.

Nr 19. Sapper, St Vincent. — Wilser, Die Namen Menschenrassen. — Halbfaß, Ostpreußens Seen. — Förster, Die Expedition Graf Wickenburgs. — Eine internationale wissenschaftliche Station in Nord-Grönland.

La Géographie. Bulletin de la Société de Géographie. Herausg.: Hulot et Rabot; Verlag: Masson et Cie., Paris. VIII. 1903.

No 1. de Lapparent, La science et le paysage — La notion Lenfant sur la Benoué — Charrol, L'état intermédiaire du bassin occidental de la Méditerranée. — Robert, Le IX congrès géologique international. La session de Vienne et les excursions. — Denikor, Distribution géographique et caractères physiques des Pygmées africains. — Schirmer, Nouvelles études de morphologie.

Petermanns Mitteilungen. Herausg.: Prof. Dr. A. Supan, Verlag: Justus Perthes, Gotha. 49. Bd. 1903.

Heft 10. Philippson, Polarreisen des russischen Admiral Bortnow. — Enderli, Zwei Jahre bei den Tschuktschen und Korjaken (Fortsetzung). — Zondervan, Die wirtschaftliche Entwicklung der offiziellen Kartenkunde in den Niederlanden. — Lehmann, Annexion nach H. B.

Herr Weilkow, Erforschung des Teleizk-Sees und begrenzt im Altai. — Fitzner, Teilnehmerbeobachtungen in Kamerun. — Verkauf der Bibliothek von L. Vivien de Saint-Martin. — Geogr. Monatsbericht. — Literaturbericht.

Heft 11. Reinecke, Die Samoa-Inseln und ihre Vegetation in pflanzengeographischer Beziehung. — Saad, Die deutschen Kolonien und Niederlassungen in Syrien und Palästina. — Enderli, Zwei Jahre bei den Tschuktschen Korjaken (Schluß). — Ruge, Die Kartenschätze der herzoglichen Universität Helmstedt. — Fischer, Marquis Segonzacs Forschungen in Marokko — Geographischer Monatsbericht. — Literaturbericht.

The Geographical Journal. Vol. XXI. 1903.

No 7, November. Campbell, Journeys in Mongolia. — Murray-Pullar, Bathymetrical Survey of the Freshwater Lochs of Scotland — Dr. and Mrs Workman in the Himalaya. — Geography at the British Association Meeting at ... Geographical Education at the British Association.

The Journal of Geography. Herausg.: Richard E. ... J. Paul Goode, Edward M. Lehnerts. Vol. II, 1903.

Nr. 1 Hubbard, The Practice School Course in Geography in the Normal School, Charleston, Illinois. — Alden, The Correlation of Geography and History. — Suggestions for Courses in Agriculture in the Public Schools.

No 2 Brooks, An Exploration to Mount Mc. Kinley, the Highest Mountain. — Hubbard, The Practice School Course in the Geography in the Normal School. — Mauther, The Shape of the Earth.

The National Geographic Magazine. Vol. XIV.

No 10. White, The Geographical distribution of the U. States. — Feary and the North Pole. — Peary, The Influence of Forestry upon the Number improve of the U. States — Guillemot Egge — Skull of dwarf Mammoth — Eighth Annual Geographic Congress. — Philippine Census. — Correction. — Directory of Officers and Councillors of Geogr. Soc. of the U. States.

The Scottish Geographical Magazine. XIX, 1903.

No 11. November. Murray-Pullar, Bathymetrical Survey of the Fresh-Water Lochs of Scotland. — Sand-Buried City of Khotan. — Scottish National Antarctic Expedition.

Wanderer und Reisen. Illustrierte Zeitschrift für Touristik, Länder und Völkerkunde, Kunst und Sport. L. Schwann, Düsseldorf. 1. Jahrg. 1903.

Heft 2. Grosch, Madeira. — Corssen, An der deutsch-französischen Grenze. — Buchholz, Wanderungen im Harz. — Becker, Die Echo beim Landrat — Fickeldey, Die Bee-Spitze in der Seitz-Gruppe. — Thomas, y. Kayser, Vom Reisen in Südamerika.

Zeitschrift der Gesellschaft für Erdkunde zu Berlin.

Nr. 6 Voeltzkow, A., Berichte über eine Reise nach Ostafrika zur Untersuchung der Bildung und des Aufbaues der Riffe und Inseln des westlichen indischen Ozeans. — Halbfaß, W., Zur Morphometrie der europäischen Seen.

Zeitschrift für Schulgeographie. Herausg. von Prof. Chav. Druck unter Mitw. von Dr. Anton Becker, Verlag. Alfr. Hölder, Wien. 25. Jahrg. 1903.

Heft Flick, Aus den Volksangehörigen Unterrichten. — Reisinchel, Einfluß der pädagogischen Reform auf Rüter. — Politkhausen, Der geographische Wert der Landeskunde und Heimatkunde.

Geschichtswandkarten
aus dem Verlag von **Justus Perthes** in Gotha.

v. Spruner-Bretschneider,
Historischer Wandatlas
Zehn Karten
(jede in 9 Blättern, Maßstab 1 : 4000000. — 125 cm hoch, 150 cm breit)

Fünfte Auflage.   **zur Geschichte Europas im Mittelalter bis auf die neuere Zeit.**   Fünfte Auflage.

Inhalt:

I. Europa um 350 nach Christo.
II. Europa im Anfang des 6. Jahrhunderts.
III. Europa zur Zeit Karls des Großen.
IV. Europa in der zweiten Hälfte des 10. Jahrhunderts.
V. Europa zur Zeit der Kreuzzüge.

VI. Europa zur Zeit des 14. Jahrhunderts.
VII. Europa zur Zeit der Reformation.
VIII. Europa zur Zeit des 30jährigen Krieges und bis 1700.
IX. Europa im 18. Jahrhundert, von 1700 bis 1789.
X. Europa im Zeitalter Napoleons I., 1789 bis 1815.

Preis vollständig: 50 M., aufgezogen in Mappe 90 M., aufgezogen mit Stäben 130 M., desgleichen lackiert 155 M.
Preis jeder Karte: 7 M., aufgezogen in Mappe 10.60 M., aufgezogen mit Stäben 14.60 M., desgleichen lackiert 17 M.

TABULAE MAXIMAE
quibus illustrantur terrae veterum in usum scholarum descriptae
ab Alb. van Kampen.

I. Graecia. Modulus 1 : 375000.
Preis: In 9 Blättern 8 M., aufgezogen mit Stäben 16 M., desgleichen lackiert 19 M.

II. Italia. Modulus 1 : 750000.
Preis: In 9 Blättern 8 M., aufgezogen in Mappe 13 M., aufgezogen mit Stäben 16 M., desgleichen lackiert 19 M.

III. Gallia. Modulus 1 : 750000.
Preis: In 9 Blättern 8 M., aufgezogen in Mappe 13 M., aufgezogen mit Stäben 16 M., desgleichen lackiert 19 M.

IV. Imperium Romanum. Modulus 1 : 3000000.
Preis: In 12 Blättern 10 M., aufgezogen in Mappe 16 M., aufgezogen mit Stäben 20 M., desgleichen lackiert 24 M.

(Die 9blätterigen Karten sind 147 cm hoch, 168 cm breit; die 12blätterige 157 cm hoch, 200 cm breit.)

Druck und Verlag von Justus Perthes in Gotha.

Geographischer Anzeiger

Blätter

für den

Geographischen Unterricht.

Herausgegeben

von

Dr. Hermann Haack in Gotha,

Heinrich Fischer und **Dr. Franz Heiderich**
Oberlehrer am Luisenstädtischen Realgymnasium
in Berlin
Professor am Francisco-Josephinum, Mödling
bei Wien.

5. Jahrgang 1904.

GOTHA: JUSTUS PERTHES.

Mitarbeiterverzeichnis.

Inhaltsverzeichnis.

(Die Zahlen bezeichnen die Seiten.)

Kleinere Mitteilungen.

Programmschau.

Mitteilungen der Kommission für den geographischen Unterricht.

Geographische Nachrichten.

VI

Inhaltsverzeichnis.

Besprechungen.

Namenverzeichnis.

Anzeigen.

(Die römischen Zahlen bezeichnen die Seiten.)

Inserentenverzeichnis.

Geographische Literatur.

Arctowski, Die antarktischen Eisverhältnisse. XV.
Bellingshausens Forschungsfahrten. IV, XIX.
Blomberg, Allerlei aus Südafrika. X.
Brockes, Quer durch Kleinasien. X.
Buchner, Acht Monate in Südafrika. X.
Dalton, Indische Reisebriefe. X.
Gering, Süd-Indien. X.
Hansen, Beitrag zur Geschichte der Insel Madagaskar. X.
Neuber, Wissenschaftliche Charakteristik und Terminologie der Bodengestalten der Erdoberfläche. XIV, XXII.
Meyer, Die Insel Teneriffe. IV, XIX.
Partsch, Mitteleuropa. LVIII, LIX.
Rechts und links der Eisenbahn, Heft 1—26. XXVI/VII.
Richter, Uganda. X.
Rußland in Asien. Bd. Heyfelder, Transkaspien und seine Eisenbahn. Bd. Krahmer, Rußland in Mittelasien. Bd. Krahmer, Sibirien und die große sibirische Eisenbahn. Bd. Krahmer, Rußland in Ostasien. Bd. Das nördliche Küstengebiet. V.

196

Aufsätze.

Ferdinand von Richthofens Geomorphologische Studien aus Ostasien.

Von Dr. W. Schjerning-Charlottenburg.

In einer Reihe von Akademieabhandlungen legt der nun siebzigjährige Altmeister der geographischen Wissenschaft Ferdinand Freiherr von Richthofen seine auf eigene Anschauung und Verarbeitung einer gewaltigen Menge fremden Materials gegründeten Ansichten über Natur und Entstehung der eigenartigen Bogengebilde dar, die in Ostasien als Schwellen von Landstaffeln die maritimen Teile von den zentralen Gebieten trennen, als Küstenlinien den Umriß des Kontinents ausmachen oder als Inselkränze die Vorposten des Festlandes gegen die großen Meerestiefen darstellen. Scharf im Erfassen der charakteristischen Einzelheiten, groß in den Ausblicken auf den Zusammenhang der Erscheinungen, stellen diese geomorphologischen Studien ganz neue Gesichtspunkte für das Verständnis Ostasiens auf, räumen mit alteingewurzelten, theoretisch konstruierten Ansichten, die des Tatsachenmaterials als Stütze entbehrten, gründlich auf und errichten zugleich nach der bekannten, den Dingen auf den Grund gehenden Arbeitsweise des Verfassers neue Fundamente, auf denen im Sinne der vergleichenden allgemeinen Erdkunde weitergebaut werden kann. Bei der Bedeutung der Richthofenschen Arbeiten ist es erwünscht, daß ihre wichtigsten Ergebnisse auch Gemeingut möglichst weiter Kreise von Fachgenossen werden, und daher soll im folgenden versucht werden, die Hauptzüge dieser Studien in möglichster Kürze wiederzugeben. Von der Fülle der verwerteten Beobachtungen kann freilich kaum eine Andeutung gegeben werden; wer sich aber selbst in die Arbeiten vertiefen will, wird mit freudiger Genugtuung feststellen, wie Richthofen es versteht, in seinen Quellen das Tatsächliche von dem bloß Vermuteten zu sondern, wie er stets mit weiterem Umblick auf höherer Warte steht als seine Gewährsmänner, wie er aufklärendes Licht auf manche dunkle Erscheinung fallen läßt, und wie er endlich die Mannigfaltigkeit der Einzelbeobachtungen zu gruppieren und zusammenfassende Folgerungen daraus zu ziehen weiß.

Von den bisher erschienenen fünf Mitteilungen behandelt die erste[1]) die Reihe von Landstaffelrändern, die vom nördlichen Wendekreis bis zum Polarkreis die transkontinentale Scheide zwischen dem maritimen und dem binnenländischen Ostasien bilden, die zweite[2]) die Gestalt und Gliederung der ostasiatischen Küstenbogen, die dritte[3]) die morphologische Stellung von Formosa und den Riukiu-Inseln. Von diesen ersten drei Heften finden sich kurze Auszüge von Futterer in Petermanns Mitteilungen[4]). Das jüngste, im Sommer 1903 erschienene Heft enthält zwei Abhandlungen[5]); während die zweite sich speziell mit den Gebirgskettungen im japanischen Bogen beschäftigt, faßt die erste, die vierte der ganzen Reihe, die bisherigen Ergebnisse zusammen und erweitert sie zu einer neuen genetischen Einteilung der »Gebirgskettungen«; diesen Namen wählt Richthofen als angemessene, mit

---

[1]) Ferdinand von Richthofen, Über Gestalt und Gliederung einer Grundlinie in der Morphologie Ostasiens. Sitzungsber. der Kgl. Preuß. Akad. der Wissenschaften zu Berlin, physikalisch-mathematische Klasse, 1900, Heft 40 (38 S.)

[2]) Gestalt und Gliederung der ostasiatischen Küstenbogen. Ebenda 1901, Heft 36 (27 S.).

[3]) Die morphologische Stellung von Formosa und den Riukiu-Inseln. Ebenda 1902, Heft 40 (32 S.).

[4]) Petermanns Mitteilungen 1901, S. 140; 1902, S. 261; 1903, S. 159.

[5]) Über Gebirgskettungen in Ostasien, mit Ausschluß von Japan. — Gebirgskettungen im japanischen Bogen. Sitzungsber. usw. 1903, Heft 40 (52 S.).

keiner theoretischen Erklärung verbundene Bezeichnung für die Angliederung eines Gebirges an ein anderes, wobei er schärfer zu sondern und mannigfacher zu gliedern versteht als seine Vorgänger, die (namentlich Sueß im »Antlitz der Erde« und schon in der »Entstehung der Alpen«) auf die großen Züge in der Entstehung der Gebirge aufmerksam machten. Mit diesen verschiedenen Typen der Gebirgskettung möge der Bericht beginnen.

Zunächst muß hierbei jedoch vorausgeschickt werden, daß die ostasiatischen Bogengebilde wenigstens des Festlandes und der Küste nur die äußere Form mit den länger bekannten und genauer erforschten Gebirgsbogen der Alpen, Karpathen, Appenninen und des Himalaya gemein haben, während sie in genetischer Bewegung davon abweichen. Bei den Alpentypus, dem Stauungsbogen, steht der Verschiedenartigkeit der inneren Gebirgsteile die Einheitlichkeit der Außenrandzonen gegenüber, in denen gleichzeitige Ausbrüche von Tiefengesteinen fehlen, während solche vielfach mit Senkungen auf der Rückseite der betreffenden Gebirge verbunden gewesen sind. Der ostasiatische Typus dagegen oder der Zerrungsbogen geht aus der bogenförmigen Verbindung durch tektonische Linien hervor, die auf der Wirkung von der Außenseite her zerrender Kräfte beruhen; diese Bogengebilde sind auch von Ausbrüchen von Tiefengesteinen verschiedener Altersstufen begleitet. In den »Studien« sind diese beiden Kategorien noch schärfer voneinander geschieden, als es in Richthofens früheren Arbeiten, namentlich in seinem großen Werke über China geschehen war.

Die einzelnen Bogen verbinden sich nun miteinander zu Kettungsreihen. Unter den Schwellen der kontinentalen Landstaffeln lassen sich hier von Norden nach Süden folgende Bogen unterscheiden:

1. Nord-Stanowoi (66° bis 62° N. Br.),
2. Süd-Stanowoi (62° bis 50°),
3. Khingan-Bogen (54° bis 38°),
4. Taihangschan-Bogen } (38° bis 32½°),
5. Hönan-Bogen
6. Kwéi-Bogen (32½° bis 25°),
7. Yünnan-Bogen (25° bis 22⅔°).

Sie bilden eine fortlaufende und vollständige Reihe. Noch weiter nach Süden erstreckt sich die Reihe der Küstenbogen; es sind:

1. Der Doppelbogen der Stanowoi-Küste (62° bis 54°),
2. Der tungusische Küstenbogen (54° bis 40°),
3. Der koreanische Küstenbogen (39° bis 31°); sein südlicher Teil ist unter dem Meere begraben und würde etwa die Saddle-Inseln vor der Mündung des Yangtzekiang treffen.
4. Der chinesische Küstenbogen (31° bis 21°), der am Nordrand des Songkadeltas endet.
5. Der annamitische Küstenbogen (19° bis 10½°).

Auch diese Kettungsreihe ist fortlaufend, aber unvollständig, da ein Teil des koreanischen Bogens durch Bruch verschwunden ist.

Am auffälligsten ist von jeher die Bogenreihe der ostasiatischen Inseln gewesen; sie leitet im Norden nach Amerika hinüber und umgürtet noch weit im Südosten in den Philippinen, Molukken und Sunda-Inseln das asiatische Festland. Hier haben wir jedoch keine fortlaufende, sondern eine unterbrochene Kettungsreihe vor uns, da zwischen Formosa und den Philippinen kein Anschluß erkennbar ist und es scheint, als ob hier eine Reihe ihr Ende erreicht habe und eine andere beginne.

Die ostasiatischen Kettungsreihen sind sämtlich harmonisch, da trotz ihres verschiedenen Baues ihre einzelnen Glieder analoge Bogenrichtung haben. Disharmonisch sind Kettungsreihen mit wechselnder Wölbung der Bogen, wie der Alpenbogen mit dem dinarischen Bogen. Nördlich von etwa 33° N. Br. endlich, von der Linie des Tsinlinggebirges ist sowohl die Kettungsreihe der Landstaffelbogen, wie die der Küstenbogen konkordant, da ihre einzelnen Elemente sämtlich durch Zerrung ihre Bogenform erreicht haben, während sich für die südlicheren Glieder nicht mehr überall dieselbe Entstehungsweise mit Sicherheit annehmen läßt.

Für die Formen der gegenseitigen Anfügung von Gebirgen sind bisher nur wenige Bezeichnungen angewandt worden, und auch diese sind noch nicht fest genug definiert. Die Sueßschen Benennungen Scharung und Virgation sind Beispiele davon; entgegen dem bergmännischen Gebrauch empfiehlt es sich, den Namen Scharung nur zu gebrauchen, wenn zwei homologe Faltengebirge sich in konvergierenden Bogenformen vereinigen (wie bei der indischen Scharung) und die Fälle davon zu trennen, wo ein kleineres Gebirge sich einem größeren anschmiegt und mit ihm zu einem Ganzen vereinigt. Von diesem Verhalten, auf das bisher bisweilen derselbe Name Scharung angewendet worden ist, sind in Ostasien zweierlei typische Formen vertreten. Auch der Ausdruck Virgation sollte auf den Fall beschränkt werden, wo ein zusammengesetztes Gebirge an seinem Ende, wie die Alpen im Osten, in mehrere einseitige homologe Ketten auseinandergeht, und nicht auf ein gliedweise sich vollziehendes Ablösen einzelner Ketten von einem Hauptstamm Anwendung finden, wie es am Felsengebirge auftritt.

Unter den Kettungsformen der ostasiatischen Bogengebilde wiegt durchaus die Flankenkettung vor. So trifft der Aleutenbogen den Kamtschatka-Kurilen-Bogen in die Seite, dieser verhält sich ebenso zum japanischen Bogen, und auch bei den Landstaffelbogen des Festlandes ist die Flankenkettung die Regel. Bei diesen läßt sich besonders deutlich ein im ganzen in der Richtung des Meridians verlaufender, oft fast geradliniger Teil von einem durch Umbiegung mit dem südlichen Ende des ersteren vereinigten Äquatorialteil unterscheiden. An der Berührungsstelle zweier Bogen nun streichen häufig die Gebilde des äquatorialen Schenkels weit über das Nordende des anstoßenden Bogens ungestört nach Westen; er ist dann übergreifend, wie es unter den Landstaffelbogen bei Nord- und Süd-Stanowoi, Süd-Stanowoi und Khingan, dem äquatorialen Teile des Khingan-Bogens und dem Tai-hang-schan, aber auch bei dem tungusischen und koreanischen Küstenbogen, Südwestjapan und dem Riu-kiu-Bogen, sowie wahrscheinlich dem letzteren und Formosa der Fall ist. Umgekehrt ist der Meridionalschenkel an seinem Nordende übergreifend bei den Kettungen zwischen Kamtschatka und den Aleuten, sowie zwischen Yesso und den Kurilen.

Der auf den einen Bogen in Flankenkettung auftreffende Nachbarbogen ist ferner in den meisten Fällen durch diesen ruhig fortstreichenden Bogen nur scheinbar abgeschnitten; in der Regel setzen sich auch seine Strukturlinien durch den wohlgefügten Bau des zweiten hindurch fort, zuweilen weit in dessen Rückland hinein und rufen umgestaltende Querverwerfungen hervor; in allen oben angeführten Fällen zeigen sich mehr oder minder deutliche Anzeichen eines solchen Durchgreifens tektonischer Linien.

Von den Bogengebilden Ostasiens weicht morphologisch der gewaltige, geradlinig fortstreichende Stamm des Tsinling-Gebirges ab, des Ostendes des Kwenlun, der gewaltigen Scheide zwischen Nord- und Südchina. Er selbst ist durch südwärts gerichtete Stauung entstanden und dann als fertiges Gebilde in südlicher Richtung geschoben worden. Der Hönanbruch schneidet ihn im Osten ab; doch zeigt sich seine Fortsetzung noch im Schwemmland der Großen Ebene, ja der ebenfalls äquatorial gerichtete Gebirgshauptstamm von Südjapan bildet wahrscheinlich sein östliches Ende. In China wird er an der Nordseite wie an der Südseite von bogenförmigen Gebilden begleitet. Obgleich diese beiderseits zum Tsinling-Gebirge konvex verlaufen, sind sie ihrem Wesen nach voneinander verschieden. Im Norden, wo sie mit dem Tsinling verwachsen, scheinen sie genetisch in einer Schleppung begründet zu sein und bilden längs einer Erstreckung von mindestens zehn Längengraden zahlreiche Beispiele einer geschleppten bogigen Kettung oder Schleppkettung; im Süden bewahren sie besser ihre Selbständigkeit und werden nur zur Verstärkung des Gebirgsstammes diesem gleichsam längsständig angeschweißt. Diese Art der Kettung kann als rückgestaute bogige Kettung oder Rückstaukettung bezeichnet werden; manche analogen Erscheinungen bieten die Gebirgsbogen, die sich weiter westlich den Alai-Zügen und ihrer westlichen Fortsetzung im Serawschan-Gebirge und Turkestan-Gebirge an der Südseite anschmiegen.

Von den genannten Kettungsformen ist endlich die epigenetische Kettung zu unterscheiden. Sie entsteht durch vulkanische Kräfte, die auf einer fremdartigen Unterlage inkongruent ein selbständiges parasitisches Gebilde erwachsen lassen. Die vulkanischen Gebirge in Nordostungarn und Ostsiebenbürgen, die nicht eigentlich Glieder der Karpathen sind, obwohl sie mit ihnen in engem Verband stehen, gehören hierher; auch die Perlenschnüre vulkanischer Inseln vertreten diese Form. In Ostasien ist ein Beispiel der epigenetischen Kettung der große Bandai-Vulkanbogen, der vom Rischiri (westlich von Jesso) durch die Nordhälfte der japanischen Hauptinsel nach Süden zieht

1*

und sich dann nach Westen quer zur Fossa magna stellt; auch jenseit des großen japanischen Grabens ist er bis an das Meer im Westen zu verfolgen.

Diese Feststellung, daß die große nordjapanische Vulkanreihe ein dem sonstigen Bau des Landes fremdes Gebilde eben von epigenetischer Entstehung ist, ist eine der zahlreichen durch Richthofens Studien verursachten Umwälzungen der bisherigen Anschauungen. Unter Benutzung neuerer japanischer Aufnahmen und auf Grund seiner eigenen Beobachtungen kommt Richthofen zu Vorstellungen über den Bau des japanischen Bogens, die in westlichen Zügen von den üblichen, durch Naumann begründeten abweichen. Ein kurzer Auszug davon läßt sich aber schlechterdings nicht geben; hier muß auf die Abhandlungen selbst verwiesen werden.

Auch sonst kann von dem reichen Inhalt der kleinen Hefte nur einiges angedeutet werden. Wie die Außenbogen der Landstaffeln sich einem größten Kreise der Erdkugel anschmiegen, der durch den Schnittpunkt des Äquators mit dem 95. östlichen Meridian geht und den nördlichen Polarkreis[1]) ein wenig westlich von der Behringstraße (in 185° Ö. L.) berührt und der in seiner Verlängerung die Mittellinie der pazifischen Gebirge Nordamerikas bildet, wie die sinische Streichrichtung von Südchina sich ebenfalls in Südjapan wiederfindet, wie sie aber dort aus der nordöstlichen Richtung allmählich nach Osten umbiegt und so in Ostasien das einzige Beispiel eines nach dem Ozean konkaven und doch von der konvexen Seite gestauten Bogens, eines widersinnigen Stauungsbogens bildet, wie die gesamte Festlandmasse des östlichen Asiens sich in großen Staffeln hinabsenkt, wie der Gebirgsbau von Formosa neue Beleuchtung und Aufklärung erhält, wie der Schluß begründet wird, daß der normale Bau der äquatorialen Komponenten der einzelnen Bogengebilde früher fertig gestellt war als der der meridionalen, alles das und noch manches andere ist in einfacher, klarer und überzeugender Weise wiedergegeben. Und wie maßvoll urteilt der große Gelehrte über verunglückte und voreilige Erklärungsversuche, wie peinlich sorgsam ist er bemüht, jedem der Mitstrebenden nach der Erkenntnis sein Verdienst zukommen zu lassen! Wie frisch mutet endlich das Einflechten eigener, vor mehr als dreißig Jahren gemachter, aber noch nirgends veröffentlichter Beobachtungen an, wie vom Gipfel und von der Umgebung des Kirischima in Kiuschiu!

Die ehrenvolle Bürde des Rektorats der Berliner Universität lastet jetzt auf den Schultern Richthofens und schmälert die Zeit, in der seine sonst ungeschwächte Arbeitskraft sich in wissenschaftliche Probleme vertiefen kann; möge aber die Fortsetzung der geomorphologischen Studien aus Ostasien bald oder später erscheinen, sie wird des regen Interesses der Geographen in aller Welt sicher sein.

Zur geographischen Unterrichtsfrage.
Von Dr. Franz Heiderich.

Bei meinem Eintritt in die Schriftleitung dieser Schulgeographischen Zeitschrift halte ich mich verpflichtet, meine Stellungnahme zur geographischen Unterrichtsfrage zu präzisieren. Daß ich damit weder eine gelehrte Abhandlung schreibe, noch wesentlich Neues bringen kann, bin ich mir zerknirschten Herzens voll bewußt. Aber das Alte ist leider noch nicht veraltet und keineswegs so abgenutzt, daß es nicht solchen, die sich erst jetzt unseren Bestrebungen anschließen, nicht nochmals gesagt werden könnte. Auch in dem Kampfe für die den anderen Fächern ebenbürtige Stellung der Geographie im Mittelschulunterricht sinken müde Streiter und neue Geschlechter müssen kommen und den Strauß mutig ausfechten. Eine Hauptaufgabe des »Geographischen Anzeigers« wird es sein, tüchtig die Werbetrommel zu rühren, das bewährte, aber leider kleine Häuflein derer, die sich für eine Ausgestaltung und Ausdehnung des geographischen Unterrichts einsetzen, durch neue Streiter zu ergänzen und zu vermehren, eine große und schlagfertige Armee auszubilden und auszurüsten. Pflicht eines jeden geographischen Fachlehrers aber ist es, die Erreichung des gemeinsamen Zieles in Wort und Schrift zu fördern! Die Masse hat oft eine entscheidende Wucht und in je größerer Zahl wir unsere Forderungen erheben, desto mehr Aussicht werden wir auf deren endliche Durchsetzung haben.

[1]) In der Abhandlung I, S. 29 heißt es wohl versehentlich: Den 60. Breitengrad.

Obwohl die geographische Unterrichtsfrage schon geraume Zeit aufgerollt ist, scheint sie sich doch nicht recht vom Flecke zu rühren. Trotzdem ist kein Grund vorhanden, den Mut sinken zu lassen und an dem schließlichen Siege zu zweifeln. Wie die Geographie an der Hochschule die ihr gebührende Stellung errungen hat, wird sie auch im Lehrplan unserer höheren Lehranstalten (Mittelschulen) aus ihrer bisherigen Aschenbrödel-Stellung zu einer auch in den Oberklassen vertretenen Disziplin, die die zersplitterten und leicht zersplitternden Kenntnisse einer Reihe anderer Unterrichtsfächer zu einem harmonischen Gesamtbild vereinigt, erhoben werden müssen.

Sehen wir von den im Range der Obermittelschulen stehenden Fachschulen (höhere Handelsschulen und höhere landwirtschaftliche Lehranstalten) ab, an denen sich die Geographie bereits eine den anderen Fächern gleichwertige Stellung erworben hat, und fragen wir, inwieweit die allgemeinen Mittelschulen (Gymnasien und Realschulen) ihrer Aufgabe eine allgemeine und für viele Schüler, die nicht die Hochschule besuchen, abschließende Bildung zu erteilen, gerecht werden, so muß ein objektiver Beurteiler zu dem Schlusse kommen, daß diese allgemeine Bildung ein sehr schleißiges Ding ist, weit davon entfernt, eine vollständige zu sein und daß in dieser Hinsicht unser Unterrichtswesen den heutigen Kulturverhältnissen nicht mehr entpricht. »Unsere vielgepriesene allgemeine Bildung«, sagt der Hochschulprofessor A. Riedler[1]), »kennt wichtige Kulturfaktoren überhaupt nicht; sie verdient ihren Namen ungefähr im umgekehrten Verhältnis, als sie sich ihrer Allgemeinheit rühmt«. Gewiß ist der Begriff der allgemeinen Bildung ein sehr dehnbarer, aber so eng man ihn auch fassen mag, ein Schatz geographischer Kenntnisse wird bestimmt in ihren Kreis fallen. Man hat dafür in weiten Kreisen ein feines Gefühl: Unkenntnis in geographischen Dingen ist immer als Unbildung belächelt und verspottet worden.

Unsere allgemeinen Mittelschulen können aber mit dem geringen Stundenausmaß, das der Geographie in den Unterklassen zugeteilt ist, und bei dem fast vollständigen Fehlen des Unterrichts in den Oberklassen dem Schüler nicht jenes Maß von geographischem Wissen geben, das für seine allgemeine Ausbildung und seine praktischen Bedürfnisse wünschenswert und notwendig ist. Die erstaunliche Unkenntnis, die nach Äußerungen verschiedener Schulmänner die Schüler mitunter bei der Reifeprüfung in der Geographie aufweisen, ist ganz gewiß nicht auf zu geringe Berücksichtigung der Karte beim häuslichen Studium zurückzuführen, sondern einzig und allein darauf, daß die Schüler eben durch drei oder vier Jahre keinen geordneten geographischen Unterricht genossen haben. Mit einem dürftigen Flickwerk von geographischem Wissen entläßt demnach die allgemeine Mittelschule den Schüler und dies in einer Zeit des Welthandels und der Weltpolitik, in der unser geistiges Auge den ganzen Erdkreis umspannen soll, in der kriegerische oder wirtschaftliche Umwälzungen in fernen Weltteilen uns nicht mehr unberührt lassen, in der wir überseeische Absatzgebiete für unsere Waren suchen und von denen wir in stets steigenden Mengen einen großen Teil unserer Nahrungsmittel beziehen, Schiffahrts- und Telegraphenlinien die ganze Welt umgürten und der sibirische Schienenstrang uns bald den gelben Mann nach Europa bringen wird! Schon die Tagesliteratur verlangt von jedermann, der sich bei ihrer Lektüre in geistiger Beschränktheit nicht bloß auf die Lokalchronik verlegt, geographisches Wissen und zwar nicht nur in jenem bescheidenen Ausmaß, daß man mit Mühe geographische Namen lokalisieren kann, sondern in dem Sinne, daß man sich auf Grund der erworbenen Kenntnisse ein selbständiges Urteil bilden kann und nicht stumpfsinnig das nachbetet, was die Tageszeitung orakelt. Und streuen wir denn nicht wahre Bildung in die Herzen der Jugend, wenn wir ihren Blick von den heimischen Gefilden hinweg zu einer vergleichenden Betrachtung anderer Völker erweitern und sie selbst den Maßstab gewinnen lassen zur Beurteilung, um was wir in sozialer, wirtschaftlicher und ethischer Hinsicht besser und um was wir schlechter sind als andere Staaten und Völker. Ein vertiefter geographischer Unterricht gibt der Jugend Münzen von brauchbarem Werte und von hochsittlicher Prägung!

Mit Absicht habe ich den praktischen Wert des Geograpieunterrichts betont. Ich verstehe einfach nicht das Entsetzen jener Pädagogen, die sich gegen jede utilitäre Richtung im Schulunterricht ablehnend verhalten. Wer heute, da die technischen

---

[1]) »Unsere Hochschulen und die Anforderungen des 20. Jahrhunderts.« Berlin 1898, A. Seydel.

Wissenschaften unsere ganzen kulturellen Verhältnisse umgestaltet haben und beeinflussen, die technischen Lehrfächer an den Hochschulen eine gleichwertige Stellung errungen haben, den Technikern der Doktorhut nicht mehr vorenthalten wird, wer heute, sage ich, solche Anschauungen vertritt, gehört als Lustspielfigur auf die Bühne. Schließlich erziehen wir ja unsere Jugend nicht für Wolkenkuckucksheim, sondern haben sie für diese irdische Welt mit geistigen Waffen auszurüsten.

Ich weiß sehr wohl, daß solche Gegner in dieser Frage nicht zu überzeugen sind, wohl aber können sie entwaffnet werden durch den Hinweis, daß die Geographie auch als geist- und gemütbildende Disziplin sich vollwertig anderen an den Mittelschulen gelehrten Fächern an die Seite stellen kann. Zur Schulung des logischen Denkens vermag sie gewiß keine geringeren Dienste zu leisten, als etwa die klassischen Sprachen, oder Mathematik und Physik. Alfred Kirchhoff hat es in trefflicher Weise ausgesprochen [1]), daß die Geographie eine nach dem Warum der Dinge forschende Wissenschaft ist und daß es ein Adelszug erdkundlicher Unterweisung bis zur höchsten Klassenstufe ist, »daß der schlichte, ganz hausbackene Verstand sich dabei üben läßt im Auffinden des Zusammenhangs von Ursache und Wirkung an Dingen, die von einleuchtender Wichtigkeit sind für das praktische Leben der Völker, für die Geschichte der Menschheit«. Wie ist doch die Frage nach dem Warum der Dinge dem Kinde geläufig und wie selten wird sie von dem Jüngling gestellt, der auf den Bänken der oberen Klassen unserer höheren Lehranstalten sitzt. Es ist, als ob sein Kopf, durch den reichlichen Memorierstoff beschwert, die Fähigkeit zur Erkennung von Ursache und Wirkung, kurz gesagt den einfachen, frischen »hausbackenen Verstand« eingebüßt habe. Geographie ist ein Fach, das im Gegensatz zu manchen Disziplinen, die nur das Gedächtnis beanspruchen, zum Denken und selbständigen Urteilen führt. Man öffne nur häufiger die Pforten der Schulzimmer und lasse den geographischen Fachlehrer mit seiner fröhlichen Schar hinaus auf die Landstraße, in Feld und Wald wandern, lasse ihn den Schülern die Kräfte weisen, die an der Erdoberfläche meißeln. Solche Wanderungen werden das Wissen und den Natursinn der Jugend fördern und vertiefen und gewiß höher anzuschlagen als die moderne Lawn Tennis-Hopserei und die Fußball-Bengelei.

Was meines Erachtens unsere Bestrebungen schwer schädigt und worauf auch die Gegner höhnend hinweisen, ist die Ungeklärtheit im eigenen Lager in bezug auf geographische Unterrichtsfragen von teils nebensächlicher Bedeutung. Man kann ruhig behaupten, daß von allen Fächern, die im Mittelschulunterricht gelehrt werden, keines ist, bei dem die Meinungen der Vertreter des betreffenden Faches über das zu lehrende Stoffausmaß wie über die methodische Behandlung soweit auseinandergehen, wie eben leider bei der Geographie. Ich glaube, aus taktischen Gründen müssen methodische Fragen zurückgestellt werden. Was mir als wichtigste Aufgabe erscheint, ist die gemeinsame Ausarbeitung, Feststellung und scharfe Umgrenzung des Lehrplans und zwar nicht nur für die schon bestehende Unterstufe des geographischen Unterrichts, sondern auch für die erst zu erringende Oberstufe. Haben wir uns darüber geeinigt, dann gewinnen unsere Wünsche den Behörden gegenüber einen großen Nachdruck. Dann kann darauf hingewiesen werden, daß für diesen, von Fachmännern als unumgänglich notwendig erkannten Lehrstoff die Stundenzahl in den Unterklassen zu gering, die enge Verbindung der Geographie mit der Geschichte, wie sie an den Gymnasien herrscht, unnatürlich ist, daß anderseits die Geographie eine Fülle von Bildungsstoff bietet, der nur den reiferen Schülern der Oberklassen vorgesetzt werden kann. Ohne mich auf Einzelheiten einzulassen, sei nur bemerkt, daß in den Unterklassen der Stoff der mathematischen Geographie bereits bis an die äußerste Grenze dessen geht, was man den jugendlichen Schülern noch zumuten darf, daß aber die physische Geographie wie die Völkerkunde eingehendere Berücksichtigung erheischen. Auf der Oberstufe wäre der Lehrstoff nicht darauf angelegt, dem Naturhistoriker oder Physiker etwa Kapital zu entreißen, sondern es wäre das in diesen Fächern und in der Geschichte erworbene Wissen geographisch zu verknüpfen, die aus den natürlichen und historischen Bedingungen sich entwickelnde Wirtschaft des Menschen, seine sozialen und staatlichen Verhältnisse zu erörtern. Es sind dies nur beiläufige Andeutungen, für deren spätere eingehende Besprechung ich die Äußerungen der Fachgenossen erhoffe.

---

[1]) Im »Handbuch der Erziehungs- und Unterrichtslehre an höheren Schulen« von Dr. A. Baumeister. XII. Abschnitt, S. 8 ff.

Geographische Lesefrüchte und Charakterbilder [1]).

Wanderungen aus Istrien.

Südistrien [2]).

Von Dr. Norbert Krebs-Triest.

Wiederum war der Herbst ins Land gezogen; eine Woche lang schon kämpften am düsteren Himmel die beiden feindlichen Gewalten des Land- und Seewindes gegeneinander, ohne daß eine den entscheidenden Sieg hätte erringen können. Mit Gewalt jagt die Bora den Steilabfall des Karstes herab, saust und braust über die Gassen und Plätze der Stadt, pfeift und zischt in jedem Hofe und rüttelt an allen Fenstern und Türen; vor sich her rollt sie gewaltige Staubwirbel dem Meere zu, das gepeitscht von ihrer Wucht in beträchtlichen Aufruhr kommt. Aber nur zur Nachtzeit und nur in den unteren Luftschichten ist die Bora die Herrin, oben treibt schwarzes, düsteres Gewölk in großen Ballen von der See heran und sowie die Bora etwas erlahmt, strömen Regengüsse hernieder von solcher Gewalt und Heftigkeit, als sollten der Sintflut Zeiten sich erneuern. Doch endlich hat auch der Scirocco ausgetobt; wenn auch das Meer noch gewaltige Wellen wirft, kehrt doch mit der siegreichen Bora der helle Sonnenschein wieder.

Uns lockt er wieder hinaus; aber das istrische Hochland mit seinen weiten öden Karstflächen und den langgezogenen Kämmen, die teils Weide, teils Waldland sind, ist uns von zahlreichen Exkursionen her ebenso bekannt wie das Sandsteingebiet Mittelistriens, dessen sanftgewellte Höhen allenthalben von Tälern und Regenrinnen durchfurcht sind. In wechselvollen Bildern tritt uns dort bald blatternarbig kahler Boden, bald grünende Flur, hier bald üppiges Gartenland, bald ärmliche Heide oder vegetationslose Plaike entgegen. Von aussichtsreichen Höhen aus haben wir aber wiederholt die niedrige istrische Platte übersehen, der nun zunächst unser Weg gilt. Sie erfüllt den ganzen weiten Raum der dreieckigen Halbinsel südlich einer Linie von Salvore bis zum Arsatal, doch beginnt im Westen ihre unbedingte Herrschaft erst südlich des Quieto [3]). Das auf weite Strecken hin fast völlig ebene Land hat die Gestalt eines Pultes, das sich von 400 m Höhe im Norden und Osten sanft zum Adriatischen Meere hin neigt; der Abfall gegen den Arsakanal im Osten ist steil und unvermittelt, jenseit desselben erhebt sich aus einer gleichhohen Terrasse die Fortsetzung des Maggiore-Zuges, der Albonenser Karst.

Wir versetzen uns zunächst in das kleine Küstenstädtchen Parenzo, das sich rühmen kann, der Hauptort Istriens zu sein, weil hier der Landtag eigentlich tagen sollte. Auf drei Seiten vom Meere umgeben, geschützt durch eine herrlich grüne Insel, erhebt sich die Stadt auf einem kleinen Kalkhügel, dessen höchsten Punkt eine alterwürdige Basilika, das bedeutendste Denkmal altchristlicher Baukunst, einnimmt. Aber so herrlich dieser Bau auch ist, so sehr uns die Fensteröffnungen und Gesimse verschiedener halbverfallener Häuser an Venedigs Machtfülle erinnern und uns die Sammlungen im Landesmuseum in noch viel ältere graue Vorzeit zurückzuführen versuchen, es drängt uns bald von den steinernen und bronzenen Zeugen alter Herrlichkeit weg in das frisch pulsierende Leben der Gegenwart.

Die Weinlese ist in den benachbarten Ortschaften vollzogen; die ersten großen Fässer werden auf dem Molo geschafft, die ganze Stadt vorm frischen und gepreßten Trauben und auf dem Marktplatz vor derselben stehen Hunderte von einfachen Gefährten mit Fässern und Körben und gewaltigen Schläuchen, die weitgehörnte Ochsen und winzig kleine Esel hierhergebracht haben. Auf den Feldern reift nach der Maisernte als Nachfrucht Klee oder etwas Gemüse, viele Flächen sind auch frisch umgepflügt und zeigen die fette rote Erde des Bodens. An Schilfdickichten und verstaubten Dornhecken vorbei geht es durch die ihrer süßen Frucht beraubten Weingärten, deren Laub nun bald gelb und rot zu schimmern beginnt.

[1]) Wir bringen als ersten Beitrag für diese Abteilung, die in der Regel 1—1½ Seiten nicht überschreiten soll, einen Originalaufsatz, welcher nach Form und Inhalt als Muster für die künftige Auswahl der Stücke dienen soll. D. Red.
[2]) Vgl. »Der Tschitschenboden« in den Vierteljahrsheften f. d. geogr. Unterr. II, S. 136 ff. und »West- und Mittelistrien«, ebenda, S. 235 ff.
[3]) Der nördliche Teil um Umago und Buje, der noch von einem Flyschstreifen durchbrochen wird, wurde im zweiten Teile dieser Skizzen besprochen.

Sanft steigt das Land gegen innen an; es ist nicht völlig eben. Lange, aber wasserlose Talfurchten durchziehen es, vergabeln sich gegen aufwärts und münden unterhalb in eine der zahlreichen Buchten des Meeres. Weiter landeinwärts gibt es auch Dolinen und anstehenden Kalkboden, der sofort das Gartenland in dürftige Weide verwandelt. In einzelnen Strichen ragen auch höhere kegelförmige Berge über eine niedrige Einebnungsfläche empor, besonders deutlich in einem Streifen, der sich von Parenzo über Geroldia und Sossich bis über Zabronich hinaus erstreckt, wo diese Bergregion in die eigentliche Plateaufläche übergeht[1]). Hier werden die Mulden zwischen den einzelnen Bergen bedeutender, die Dolinen größer und das ganze Terrain unübersichtlich, zumal diese abseits der Orte gelegenen Gebiete fast nirgends in die intensivere Bodenkultur einbezogen sind und als weites Buschland erscheinen. Weit ausgefahrene und zur Regenzeit sehr klebrige Wege führen durch die oft doppelmannshohen und doch selten waldartigen Bestände, bis näher den Ortschaften wieder intensivere Bodenkultur beginnt.

So geht es fort, bis wir unweit S. Michele di Leme plötzlich am Rande eines tiefen Tales stehen, das in eine weite fast ebene Fläche eingeschnitten ist. Unter uns aber liegt, getrennt durch einen von herrlichsten Macchiengebüsch bestandenen Abhang, blau und heiter wie draußen in der Adria — das Meer, das in einer kaum 500 m breiten, aber 12 km langen Bucht ins Land eindringt. ›Fjordartig‹, pflegen die meisten Beschreiber Istriens zu sagen[2]), doch fehlt dem Canal di Leme wie dem an der Ostküste gelegenen Canale dell' Arsa das wichtigste Kennzeichen des Fjordes, die submarine Bodenschwelle am Ausgang der Bucht. Wir haben hier wie in den kleineren Buchten von Pola, Medolino, Badò, Rabáz und Fianona nichts als unter Wasser gesetzte Flußtäler vor uns; das beweist auch die abwechselnde Folge von Talspornen und Prallstellen am Ufer.

Die Fortsetzung des Canal di Leme, an dessen innerstem Winkel ein großer Holzlagerplatz liegt, bildet das tiefe wasserlose Tal der ›Draga‹, das 200 m tief in die Plateaufläche eingesenkt ist. Der breite Boden deutet auf einen großen Fluß hin, der das Tal geschaffen hat und wirklich sehen wir, daß die Draga in einer alten Terrasse der Fobia endet, die einst hier zum Meere floß, heute aber bei Pisino verschwindet. Mit dem Verlust des fließenden Wassers endete auch das gleichsinnige Gefälle; gewaltige Schwemmkegel aus Terra rossa wurden im Tale aufgeschüttet und bilden stellenweise einen sehr fruchtbaren Ackerboden.

Von den Rändern grüßen die Orte herab, im Tale selbst gibt es nur zwei Mühlen, die im größten Teile des Jahres stillstehen. Steigt man aber westlich von Canfanaro das Südgehänge hinan, so trifft man die Ruinen einer alten Ansiedlung, die den Namen ›Due castelli‹ führt. Sie ist des Fiebers halber, das im ganzen Tale herrscht, verlassen worden und ihre Bewohner haben sich in höheren Lagen niedergelassen. Solch' verlassener Ortschaften und Häuser gibt es mehr, besonders um Barbana und am Arsakanal[3]), denn Südistrien ist, wie uns auf den Exkursionen deutlich vor Augen trat, wohl ein reiches, aber kein glückliches Land: alle tiefer gelegenen Striche leiden an der Malaria und fast überall fehlt es in roten Istrien am nötigen Wasser. Seit der Entstehung der Täler und Tälchen, die wir kennen gelernt haben, muß das Land unbedingt trockner geworden sein und zu Teil und zu Teil auch der Boden zugleich senkte, geriet eine Reihe von Quellen, die ursprünglich an der Küste entsprangen, unter das Meeresniveau. Die Ausnützung der vorhandenen Wasseradern, die in der Tiefe rieseln, ist wegen der Mächtigkeit des durchlässigen Kalkes außerordentlich schwierig, zumal da nahe der Küste, wo das Grundwasser weniger tief liegen würde, in viele Brunnen auch Salzwasser eindringt. So erklärt es sich, daß fast jeder Sommer die arge Wassernot im Gefolge hat und zu Schiff und per Bahn das kostbare Naß aus weiter Ferne hergebracht werden muß. Noch jetzt zu Allerheiligen (1903) muß sich Pola, dessen kostspielige Wasserleitung vollständig erschöpft ist, das Wasser auf Spritzenwagen aus der Nachbarschaft beschaffen. Ein bedeutenderer Regenguß ist zwar imstande, die Not zu lindern, bewirkt aber wieder, da die Terra rossa für Wasser nicht durchlässig ist, daß dort und da rostbraune Tümpel entstehen, deren Miasmen den Gesundheitszustand schwer schädigen. Denn hier hält sich mit Vorliebe die Stechmücke auf, die den Malariakeim auf die Menschen überträgt. Dem Wechselfieber, das in weiten Gebieten Istriens grassiert, sind im Laufe der Jahrhunderte Tausende von Menschen erlegen, in früheren Zeiten bei der Indolenz der Bevölkerung wohl noch weit mehr denn jetzt. Der Krankheit zu steuern ist gegenwärtig das ernste Ziel der Regierung, deren Aktion sich zunächst auf die Nachbarschaft von Pola sowie auf Gebiete der Insel Veglia beschränkt[4]). Auf den Brionischen Inseln, die noch vor 15 Jahren eine von Gestrüpp

---

[1]) Eine zweite höhere Weile bilden die Brionischen Inseln und die Höhen am Ausgang der Bucht von Pola. Näher dem Quieto setzt das Plateauland bei Visignano und Sa. Domenica in einer deutlichen Stufe gegen das Niederland um Parenzo ab.

[2]) Z. B. Bennssi, La regione Giulia, Parenzo 1903, S. 8; Lorenz in ›Österr.-ungar. Monarchie in Wort und Bild‹, das Küstenland S. 28 und Stradner, Neue Skizzen von der Adria, II, Istrien, S. 197.

[3]) Stradner erwähnt (Istrien S. 200) Pesjak, das nach der Volkszählung von 1890 (im Winter!) bloß einen einzigen Bewohner zählte.

[4]) Durch einen Erlaß vom 29. April 1903 ist die k. k. Statthalterei in Triest ermächtigt, sukzessive in bestimmten Gebieten durch Epidemie-Ärzte die Chinin-Behandlung durchzuführen, in einigen Gebieten mechanische Schutzvorrichtungen gegen den Mückenstich einzuführen und die Vernichtung der Stechmücken zu veranlassen.

bedeckte Wildnis waren, ist durch die Bemühungen des Besitzers, Herrn Paul Kupelwieser, die Malaria völlig verschwunden.

Erst wenn der Wassermangel und das Wechselfieber einigermaßen verschwunden sein werden, wird das Land sich zur vollen Blüte erheben. Wie gesegnet es von Haus aus wäre, sieht man in der Umgebung von Dignano, S. Vincenti und Valle, bei S. Lorenzo del Pasenatico, Canfanaro, und Gimino. Vier bis fünf Meter tief ist hier oft der Fruchtboden, aber auch auf kärglicherer Krume wächst der Mais, der Maulbeerbaum, die Olive und allerlei Obst auf demselben Flecke und obendrein schlingt sich in herrlichen Guirlanden die Rebe von Baum zu Baum. Bei Rovigno und Fasana gibt es ausgedehnte Olivenhaine, selten sieht man so starke Feigenbäume wie bei Dignano und Pola. Wenn auch der Boden nicht überall ganz intensiv bebaut wird und man viele Ölbäume verwildern ließ, ist es doch ein erfreuliches Zeichen, daß sich das Kulturland durch neue Rodungen ständig vergrößert. Hin und wieder trifft man abgebrannte Waldpartien, auf deren Boden man zuerst Kartoffel und mindere Getreidefrüchte anbaut und später erst, wenn der Boden dazu vorbereitet ist, die Rebe pflanzt. Das Erdreich ist fast überall vorhanden: es fehlt nur an Arbeitskräften, alles Land zu bebauen — heute noch ebenso wie bei den Kolonisationsversuchen der Venetianer im 16. und 17. Jahrhundert.

Und dabei ist ein außerordentlich mildes Klima dem Süden der Halbinsel eigen; die Bora ist kaum bekannt, allenthalben gibt sich der Einfluß des Meeres kund. Der laubabwerfende Eichenwald ist schon stark durchsetzt von immergrünen Gewächsen, die Inseln an der Westküste und sonnigere Striche am Meeresufer sind mit echten Macchien bekleidet. Schade, daß das Buschland im östlichen Teile um Marzana und Barbana vielfach weiten Heideflächen Platz machen mußte, auf denen nun zahlreiche Schafherden weiden. Allzu groß kann der Viehstand des Südistrianers freilich nicht sein, da ihm das Wasser fehlt; aber in der günstigeren kalten Jahreszeit stellen sich Gäste ein aus dem mit Schnee bedeckten Tschitschenboden; da kommen die Hirten mit ihren Rindern und Schafen vom Bergland herab und pachten geräumige Weideplätze; eine baufällige Hütte dient ihnen als Unterschlupf, bis sie die bessere Jahreszeit wieder in ihre eigentliche Heimat zurückführt, ein Nomadisieren, das dem unserer Alpenländer gerade entgegengesetzt ist.

Einen größeren Reichtum besitzt Südistrien in seinem Gestein. Die Lagerung des Kalkes ist auf weite Strecken hin fast horizontal, von einer Mittelachse aus sanft gegen Norden und Süden geneigt. Unter dem Einfluß der Atmosphärilien nimmt der Kalk eine bräunliche Färbung an, frisch gebrochen ist er fast überall ein blendendweißer Marmor. So wie er gegenwärtig bei Monumentalbauten beliebt ist, diente er den Venetianern als Baustein für ihre Paläste und noch früher den Römern. Die bekanntesten Steinbrüche sind auf den Brionischen Inseln, bei Pola und Marzana.

Etwa 1½ Stunden südlich von Marzana stößt man unweit Altura in öder Gegend am Rande des trostlos einsamen Val di Badò auf die Reste einer uralten Ansiedlung, die den Funden nach in die mykenische Zeit zurückreicht, aber noch während des römischen Kaiserreichs ein wichtiger Hafenplatz am Quarnero war: Nesactium. Mit den Altertümern von Pola, den Resten von Bauten bei Barbariga im Porto Maricchio und in Val Catena auf Brioni gibt es uns Kenntnis von der Besiedlung in früher Zeit. Die Orte wurden im Kriege oder der Malaria halber verlassen oder sie versanken wie das sagenhafte Cissa im Meere. Neue Orte erstanden, aber nicht alle haben sich bewährt und behauptet. Lange blieb Rovigno, das ursprünglich auf einer Insel lag, der größte; die erhöhte Lage schützte es so wie die anderen Orte, die im westlichen Teile allesamt groß, aber spärlich sind, vor dem Fieber. Nun hat es Pola, das in amerikanischer Weise anwuchs[1]), weit überflügelt. Eine ungesunde Stadt ohne ein natürliches Hinterland, dankt sie ihre Existenz nur dem ausgezeichneten Naturhafen, der seinesgleichen an den Mittelmeerküsten sucht. So ist denn Pola der Kriegshafen der österreichisch-ungarischen Monarchie geworden, nachdem es unter den Venetianern bereits seine ganze Bedeutung eingebüßt hatte.

Mit Ausnahme des sorgfältig gehegten Kaiserwaldes ist die Umgebung der Stadt eine öde Fläche, ja der südlichste Teil des Festlandes um Promontore und Pomer ist stellenweise fast kahl; ringsum starren von den Höhen große Forts und man muß bis gegen Medolino oder Sissano und Lissignano gehen, um reichere Kulturen zu finden. Die Halbinsel Merlera endlich ist eine weite Heidefläche, die einen Übergang zur Macchie darstellt. Baumerika und Thymian bilden mit etwas Wachholder und anderem Buschwerk einen zusammenhängenden graugrünen Teppich, der bald fußhoch, bald kniehoch wird und zur Sommerszeit der Lieblingsaufenthalt zahlreicher Vipern ist. Über das Heidekraut weg schweift der Blick ins weite Meer; das einsame Eiland Galiola zeigt sich im Süden, dann folgt Unie, der gewaltige Kegel des M^{te} Ossero auf Lussin und die langgezogenen Rücken von Cherso. Im Nordosten aber erhebt sich aus der flachen istrischen Tafel bei Punta Negra der Albonenser Karst und hinter ihm zeigt sich der das ganze Land beherrschende M^{te} Maggiore.

---

[1]) 1869 zählte das Stadtgebiet 10473 Bewohner, 1890 aber 31623, gegenwärtig etwa 40000 Menschen.

Geographischer Ausguck.

Antarktisches.

Die antarktische Eiskalotte hat nun fast alle ihre Gefangenen freigegeben. Die glücklich gerettete schwedische und die schottische Südpolarexpedition befinden sich auf der Heimreise, und auf die englische fahnden zwei Entsatzschiffe.

Die »Gauß« ist am 25. November in der Holtenauer Schleuße angekommen, womit die erste deutsche Südpolarexpedition ihr offizielles Ende erreichte. Der äußere Abschluß erinnert etwas an die Bremer Auktionstage im Herbst 1852. Lakonisch meldet der Reichsanzeiger: »Die ,Gauß' wird in den nächsten Tagen außer Dienst gestellt und verkäußert werden«. Das Reichsamt des Innern mit dem Hammer Hannibal Fischers! Habeat sibi. Auch die letzte Hoffnung, dem stolzen Forscherschiff eine ehrenvolle Weiterbeschäftigung in der Nordpolarforschung des kanadischen Kapitäns Bernier zu sichern, ist gescheitert. Möge die »Gauß« in ihrem künftigen bürgerlichen Beruf vor dem traurigen Geschick einer anderen Berühmtheit bewahrt bleiben, der »Vega«, die als Nordenskiölds Werkzeug zum ersten und bisher einzigen Male Asien und Europa umsegelte, um als simpler Waldampfer am letzten Maientag des vergangenen Sommers in der Westküste Grönlands vom Eise zerdrückt zu werden.

Die wissenschaftlichen Ergebnisse der Polarfahrt werden sich nach Prof. v. Drygalskis eigenen Worten erst nach Jahren übersehen lassen. Um so mehr wird er sich wundern, wenn er in einer »Geographischen Rundschau für Fachmänner und Laien« aus Scherls Zeitung »Der Tag« vom 13. Dezember erfährt, »daß bis jetzt noch keine antarktische Unternehmung so ergebnisreich und ergebnismannigfaltig zu den heimatlichen Gestaden zurückgekehrt ist, wie die ,Gauß'«, . . . »daß die ,Gauß' die antarktischten Verhältnisse angetroffen habe, die es überhaupt geben konnte«. »Der Herr behüte mich vor meinen Freunden!« wird mancher der bescheidenen wackeren Wissenschaftspioniere bei sich gesagt haben, als er den auch noch in anderer Hinsicht merkwürdigen Artikel las, der bisher wohl die »antarktischste« Verstiegenheit in überschwänglicher Beurteilung darstellt und sich dadurch in einen recht auffälligen Gegensatz stellt gegenüber einer Auslassung, die vor kurzem von ozeanographischer Seite aus in der Zeitschrift »Die Flotte« (Nr. 11) veröffentlicht wurde. Wer in dem Gewirr widerstrebender Meinungen die goldene und sichere Mittelstraße wandeln will, der lese, was im Dezemberheft von »Petermanns Mitteilungen«

über »Die wissenschaftlichen Arbeiten der deutschen Südpolarexpedition« von autoritativer Stelle aus gesagt ist.

Der unerwartet schnelle und glückliche Entsatz der schwedischen Südpolarexpedition ist ein Ruhmesblatt für den argentinischen Kapitän Irizar und sein Kanonenboot Urugay NB. Argentina, dem man am allerwenigsten eine solche Leistung zugetraut hätte. Die Schweden haben am meisten leiden müssen und noch dazu in drei getrennten Abteilungen, jede ungewiß über das Schicksal der anderen. Die »Antarctic« war am 5. November 1902 zum zweiten Male von den Falklandsinseln nach Süden gefahren, um Dr. Nordenskjöld aus seinem Winterquartier auf Louis-Philippe-Land abzuholen. Erst im Dezember wurde die Nordspitze erreicht. Da man zu Schiffe nicht weiter kam, versuchte Dr. Andersson mit zwei Begleitern auf dem Landwege mit Schlitten und Kajak nach der Admiralitätshalbinsel an der Südostküste vorzudringen. Er blieb unterwegs stecken und mußte überwintern. Die »Antarctic« war unterdessen zur Erebus- und Terror-Bucht vorgedrungen, wo sie am 12. Februar 1903 vom Eise zermalmt wurde. Abends 8 Uhr wurde die schwedische Flagge gehißt, sämtliche Teilnehmer bestiegen die Boote, dann trieb das Schiff allmählig tiefer sinkend weiter, bis es gegen 1 Uhr nachts vollständig in der Tiefe verschwunden war. Die Besatzung erreichte nach einer 16 tägigen Fahrt im Treibeis die Paulet-Insel, wo sie überwinterte. Zu Beginn des antarktischen Frühjahrs machte sich Kapitän Larsen mit fünf Mann zu Schlitten auf die Suche nach Nordenskjöld, den er in seinem Winterquartier vorfand, zusammen mit dem kurz vorher eingetroffenen Dr. Andersson und der argentinischen Entsatzexpedition. Irizar hatte schon am 8. November 1903 zwei Mitglieder der Nordenskjöldschen Abteilung auf der Seymour-Insel angetroffen, dann war er zu Nordenskjöld selbst am Snowhill vorgerückt, wo sich auch Andersson seit einigen Tagen eingestellt hatte. Zwei Tage darauf erfuhren sie von Larsen das Schicksal der Paulet-Leute. Der äußerliche Verlauf der schwedischen Expedition ist also der denkbar dramatischste gewesen. Über die wissenschaftlichen Ergebnisse werden wir bald genaueres erfahren, da sich Nordenskjöld seit dem 9. Dezember von Buenos Aires aus auf der Rückreise befindet. Das Entsatzschiff »Fridtjof«, Kapitän Oylden, das die schwedische Regierung mit lobenswerter Pünktlichkeit ausgerüstet hatte, hat nichts mehr von der glücklichen Rettung erfahren können und befindet sich zurzeit noch auf der Suche.

Die schottische Polarexpedition auf der »Scotia« unter Leitung von W. S. Bruce ist auf dem Wege nach Buenos Aires. Unkontrollierbaren Zeitungsmeldungen zufolge soll Bruce selbst den übrigen Teilnehmern vorausgeeilt und bereits in Montevideo eingetroffen sein.

Die Schotten haben somit zwei bis drei Monate eher von sich hören lassen, als man erwartet hatte.

Als letzter Sturmbock der internationalen Südpolarkampagne weilt nun nur noch die englische Expedition unter Kapitän Scott in der Antarktis. Am 5. Dezember haben die beiden Entsatzschiffe, die »Terra nova« und die bewährte »Morning« den Hafen von Hobart auf Tasmanien in der Richtung nach Viktoria-Land verlassen. Wenn die »Discovery« nicht losgeeist werden kann, so soll sie drunten verbleiben und die Expedition auf die Entsatzschiffe übernommen werden.

Der eisbärtige Einsiedler Südpol wird die Jahre 1902 und 1903 so leicht nicht vergessen.

Hat man ihm selbst auch nichts anhaben können, so ist doch in seinem Einflußgebiet von vier Seiten aus tüchtig geschaltet und gewaltet worden, und das andauernde Fixieren aus sechs zirkumpolaren Beobachtungsstationen, die jede seiner meteorologischen oder erdphysikalischen Unwillensbezeugungen auf das gewissenhafteste registrieren, mag ihn auch einigermaßen nervös gemacht haben. Jetzt darf er für einige Zeit wieder aufatmen. Das Nahen der etwas schnell fertigen französischen Expedition des Dr. Charcot dürfte ihm kaum allzu großen Respekt einflößen. Die erste große internationale Erkundungsepoche der antarktischen Forschung ist vorüber.

Gotha, Weihnachten 1903. Dr. W. Blankenburg.

Kleine Mitteilungen.

I. Allgemeine Erd- und Länderkunde.

Der Rhein und sein Verkehr[1]). Zu untersuchen, inwieweit es gelungen ist, die sich der Rheinschiffahrt darbietenden natürlichen Hindernisse zu beseitigen, bzw. zu vermindern, inwieweit auch auf dieser Wasserstraße heute noch der Verkehr von den natürlichen Bedingungen abhängig ist und wie er sich in dieser Abhängigkeit hat entwickeln können, war die Aufgabe, die Wickert in seinem Werke: »Der Rhein und sein Verkehr« zu lösen suchte. In Verfolg dieser echt wirtschaftsgeographischen Aufgabe betrachtet der Verfasser zuerst den Rhein (S. 8—59), dann seine Nebenflüsse und die zugehörigen Kanäle (S. 60—126). Für jedes Gewässer stellt er nach Möglichkeit die für den Verkehr wichtigen natürlichen Verhältnisse zusammen: Geschiebeführung, Form und Breite des Bettes, Untiefen, Stromschnellen, Ufer, Gefälle, Größe des Niederschlagsgebiets, Wassermenge bei Hoch- und Niedrigwasser, deren Zeit und Länge usw. Einzelne Zahlen und Tabellen verdeutlichen diese Verhältnisse. Daneben gehen kurze Mitteilungen über die Eingriffe des Menschen in die Naturzustände, um den Verkehr zu erleichtern, der danach auf Flößerei, Personen- und Frachtschiffahrt besprochen wird. Ein dritter Teil des Buches (S. 127 ff.) bringt eine kurze Zusammenfassung der hauptsächlichsten Ergebnisse; aus ihm sei das Wichtigste hervorgehoben.

Die Gegenstände des Schiffsverkehrs sind fast ausschließlich Massenartikel: Kohlen, Ge-

treide, Eisenerz, Petroleum; Diagramme auf Beilage 3 zeigen den gesamten Güterverkehr (Berg- und Talverkehr unterschieden) auf den Wasserstraßen des Rheingebiets i. J. 1900 und den Verkehr der genannten Gegenstände auf den einzelnen Abschnitten der Flüsse. Die reichste Nahrung gibt dem Verkehr die Kohle, deren natürliche Ausgangspunkte der Ruhr- und der Saarbezirk sind. An dem Bergstrom des Verkehrs von Ruhrort bis Mannheim hat sie den bei weitem größten Anteil. Auch den Bergverkehr auf Main und Neckar nährt sie. Eisenerze werden in Lothringen und an der Lahn gewonnen und waren ein Haupttransportgegenstand nach dem Niederrhein, werden aber neuerdings von schwedischen und spanischen Erzen verdrängt, denen die billige Meeresstraße und die tiefe untere Rheinstraße offensteht, während Mosel und Lahn unzulängliche Wasserstraßen sind. Getreide geht bergwärts besonders unterhalb der Kohlenhäfen; bis nach Mainz gelangt der Getreidestrom noch in ziemlicher Stärke, der größte Teil wird bis Mannheim-Ludwigshafen hinauf verschifft. Petroleum aus dem Auslande geht als starker Strom bis Mannheim.

Personenverkehr wurde überall dort, wo die Fahrwassertiefe für Dampfschiffe nicht genügte, an die Eisenbahnen abgegeben und findet nur noch auf wenigen Strecken des Rheingebiets statt. Auf den Strecken Mainz—Cöln und Heidelberg—Heilbronn verkehren Vergnügungsreisende; auf dem Bodensee, den schweizerischen Seen, auf dem Rhein bis Schaffhausen und der Mosel ergänzt die Dampfschiffahrt die Eisenbahn und wird deshalb von Geschäftsleuten und den Anwohnern viel benutzt; auf den Strecken Mannheim—Mainz und Cöln—Rotterdam wird der Billigkeit halber die Wasserfahrt der Eisenbahnfahrt öfters, z. B. von Auswanderern, vorgezogen; Lokaldampfschiffahrt für Personen wird zwischen vielen nahe bei einander liegenden Städten betrieben.

Eine große Karte, Maßstab 1:850000, bringt die Verkehrsarten auf den Wasserstraßen, die Größe der Häfen und ihres Verkehrs zur Darstellung. Auf vielen Flußläufen des Rheingebiets

---

[1]) F. Wickert, Der Rhein und sein Verkehr mit besonderer Berücksichtigung der Abhängigkeit von den natürlichen Verhältnissen. Stuttgart 1903, 148 S. Mit 2 Karten und 29 Diagrammen (Forsch. zur deutsch. Landes- und Volkskunde, hg. von A. Kirchhoff, XV, H. 1). Preis 12 M.

ist der Verkehr zum Erliegen gekommen, obwohl im ganzen eine erhebliche Verkehrssteige-
rung stattgefunden hat; der Verkehr ist in andere
Bahnen gelenkt worden.

So findet die Holzabfuhr durch Flößerei,
infolge der Konkurrenz der Eisenbahnen, der
Ausrüstung der Flüsse mit Wehren und infolge
der Anlegung von gewerblichen Anlagen von
der Wasserstraße abgezogen, nicht mehr statt:
auf dem Rheinstrom oberhalb Rheinfelden und
von Basel bis Kehl, auf der Aare und Reuß,
dem Neckar oberhalb Bietigheim und seinen
Nebenflüssen Glatt, Murr, Enz mit Nagold und
Kocher, der Kinzig, der Murg oberhalb Kloppen-
heim, der Mosel, der Tauber und der Sinn. Auf
dem Rhein zwischen Straßburg — Kehl und Mannheim ist sie schon fast zur Einstellung gelangt.

Die Klein-Frachtschiffahrt ging auf allen
Flüssen und Flußstrecken durch die Konkurrenz
der Eisenbahnen ein, sobald geringe Fahrwassertiefe die Verwendung von großen Schiffs-
gefäßen unmöglich machte; so auf dem Neckar
oberhalb Lauffen, der Lahn oberhalb Wetzlar,
der Lippe oberhalb Lippstadt, der Ruhr, der
Mosel von Trier bis Metz und der Saar von
Mettlach abwärts. An der Einstellung der
Kleinschiffahrt auf Aare, Reuß und dem oberen
Rhein waren außer der Konkurrenz der Eisenbahnen hauptsächlich die Stromschnellen und das
starke Gefälle schuld, da dieses das Schleppen
mehrerer Schiffe verhindert. Die Schiffahrt auf
der Ill oberhalb Straßburg kam nach Eröffnung
des Rhein—Rhonekanals allmählich zum Erliegen.

Kleinschiffahrt hielt sich überall dort, wo
ein Schleppen mittels Dampf wegen Breite,
Bauart (von Kanälen) oder geringer Fahrwassertiefe unangänglich ist, sonst aber die Verhältnisse der Schiffahrt noch günstig sind: auf dem
Rhein von Basel bis Mannheim, auf den Kanälen
Elsaß-Lothringens, auf dem Saarkanal, der kanalisierten Mosel von der Grenze bis Metz, auf
dem Ludwigskanal, dem Main von Bamberg
abwärts, der Lahn von Wetzlar ab und der
Lippe von Hamm ab. Dampfschleppschiffahrt
findet sich auf allen genügend tiefen Wasserstraßen mit nicht zu starker Strömung: auf
dem Rhein von Straßburg abwärts, dem Main
von Offenbach ab und der Mosel von Trier abwärts. Auf Flußstrecken mit starkem Gefälle wird
Tauerei betrieben, so von Bingen bis Oberkassel.
Kettenschleppschiffahrt findet sich nur auf dem
Neckar bis Lauffen und auf dem Main bis Kitzingen.
Auf dem Unterrhein verkehren kleine Seesegel-
schiffe und Seedampfer (unterhalb Cöln).

Unter den Häfen ist sowohl nach Flächeninhalt als auch nach Verkehrsgröße Mannheim-
Rheinau der bedeutendste infolge seiner beherrschenden Lage. Nächstdem kommen, durch
das mit Naturprodukten gesegnete Hinterland
begünstigt, die Ruhrkohlenhäfen (Hochfeld,
Duisburg, Ruhrort). Düsseldorf, Mühlheim,
Cöln, Mainz, Straßburg, Kehl, Karlsruhe
kommen erst in zweiter Linie. Am Main ist
Frankfurt, in großartiger Lage (Endpunkt der
Großschiffahrt, Eisenbahnknotenpunkt), wichtig,
am Neckar kommt Heilbronn in Betracht.

Die Eisenbahnen haben vor den Wasser-
straßen besonders den Vorzug, zu jeder Zeit
dem Verkehr zu dienen. Die verschiedene
Wasserführung der Flüsse zu den verschiedenen
Jahreszeiten, die der Mensch erst in geringem
Maße reguliert, bedingt die Periodizität des
Verkehrs. Niederwasser oft, Hochwasser selten,
Eisstand und Eisgang, Reparaturen an Schleusen
(bei Kanälen und kanalisierten Flüssen) bringen
auch auf den Wasserstraßen des Rheingebiets
oft genug empfindliche Verkehrsstörungen.
Dr. Ernst Friedrich-Leipzig.

Europa. Murray und Pullar setzen im
Geogr. Journ. (XXII, Nov. 1903) ihren Bericht
über die morphologische Untersuchung der
schottischen Seen fort und zwar diesmal
für die Seen des Tay-Gebiets (2. Hälfte). Der
größte und tiefste der beschriebenen Seen ist
Loch Tay, dessen größte Tiefe 150 m beträgt.
Die Trogform herrscht durchweg vor; doch
sind manche Seen aus mehreren tiefen Trögen
zusammengesetzt, zwischen denen sich flache
Schwellen befinden. Die größten Tiefen liegen
oft im oberen Teile der Seen. Erklärungsversuche werden nicht gemacht.
Dr. R. Neuse-Charlottenburg.

Asien. C. W. Campbell, welcher die Sey-
mour-Expedition mitgemacht hat, in Tientsin
verwundet wurde, vorher schon Nordchina und
Korea bereist hatte, beschreibt seine Reise
durch die östliche Mongolei i. J. 1902 im
Geogr. Journ. (XXII, Nov. 1903). Er ging von
Peking über Kalgan, dessen Teehandel durch
die Konkurrenz der mandschurischen Bahn
schon gelitten hat, auf die Hochfläche hinauf.
Die große Mauer kann nach ihm nicht mehr
als Grenze zwischen China und der Mongolei
angesprochen werden, da chinesische Ansiedler
sie immer mehr überschreiten und schon den
ganzen Gebirgsrand besetzt haben. Campbell
hielt sich zunächst nordostwärts immer am
inneren Rande des Chingangebirges bis zur
Mündung des Chalhan in den Bujur-Nor, von
da nordwestwärts zum Flusse Kerulon und an
diesem entlang nach Urga. Mongolen mit
ihren Herden traf Campbell besonders zahlreich auf den Weidegründen am Kerulon; alle
hatten großen Respekt vor den Russen. In
Urga ist schon eine starke russische Kolonie.
Ebendort residiert der dem tibetanischen Dalai-
Lama entsprechende mongolisch-buddhistische
Papst (eine Inkarnation des Buddha); in der
Nähe befindet sich der heilige Berg Kentei.
Von Urga machte Campbell einen Ausflug nach
den Ruinen der altberühmten Mongolenhaupt-
stadt Karakorum, wo noch eines der ange-
sehensten buddhistischen Klöster ist. Der Rückweg führte ihn aus Urga nach Maimatschin,
von da zur sibirischen Eisenbahn und auf dieser
der Heimat zu.   Dr. R. Neuse-Charlottenburg.

Stellung der Erdkunde im Lehrplan.

»Die Geographen werden und dürfen nicht ruhen, bis sie der Erdkunde die ihr gebührende Stellung im Lehrplan errungen haben; d. i. die Durchführung dieses Lehrfaches in die obersten Klassen«.
(Monatsschrift 1903, S. 208).

Nach wie vor gilt uns als wichtigster Kampfpreis das Obergymnasium. Mögen methodologische Meinungsverschiedenheiten — bei der noch immer recht verschiedenartigen Vorbildung nur zu leicht erklärlich — zwischen den einzelnen hervortreten; in diesem einen Punkte sind wir alle einig. Aber so lange wir auch schon nach diesem Ziele ringen, wesentlich näher sind wir ihm noch nicht gekommen. Ja mir will scheinen, bei der jetzigen Lage der Dinge ist die Aussicht keineswegs größer geworden. Einmal hat sich die Anzahl derjenigen Fächer vermehrt, deren Aufnahme in das Obergymnasium von einflußreicher Seite verlangt, von mächtigen Strömungen gefördert wird (ich erinnere nur an Englisch, Zeichnen, Biologie), anderseits erschwert das Reformgymnasium jede zeitgemäße Entwicklung der sog. realen Bildungsfächer. Die philologisch geschulten Leiter der Reformbewegung schätzen hierbei diese Fächer, im besonderen das der Erdkunde sowohl vom psychologischen, wie vom kulturgeschichtlichen Standpunkt aus gesehen, vollkommen falsch ein. So sehr nun auch allmählich die Abneigung gegen die heutige Form der Reformanstalten in der Zunahme begriffen ist, so ist es doch von Wert, immer wieder auf Zeugen aufmerksam zu machen, die einer naturgemäßeren Reihenfolge der Lehrgegenstände das Wort reden, zumal solchen, die sich mit dieser Frage in bezug auf die Erdkunde beschäftigen. Es sei daher gestattet, einen kurzen Absatz aus Chr. Grubers »Geographie als Bildungsfach« (Leipzig 1903, Teubner), S. 109, 110, zu veröffentlichen:

»Man fordert systematische Durchführung der erdkundlichen Belehrung durch fachmännisch geschulte Männer von Sexta bis Oberprima. Ist es nun im Grunde nicht zuviel verlangt, wenn man die Schulgeographie durch neun Jahre fortgesetzt wissen will. Bedeutet das eine mit den übrigen Lehraufgaben unverträgliche Sonderstellung derselben? Solche Bedenken können nicht ohne weiteres hochmütig von der Hand gewiesen werden. Indessen vermag man Pädagogen, welche die jahrhundertelang fortgepflanzte Tradition in den höheren Lehranstalten in diesem Punkte allzu ängstlich gemacht hat, auf einen nach meiner Überzeugung wohl beschreitbaren Mittelweg hinzuweisen. Wenn es der Geographie einmal versagt bleiben soll, von der niedrigsten bis zur höchsten Lehrstufe der Gymnasien gepflegt zu werden, so ist es sehr viel natürlicher, sie unten, statt oben abzuschneiden, d. h. sie in Sexta und Quinta auf Heimatkunde mit einer Wochenstunde zu beschränken und als selbständiges und eigenes Lehrfach ganz auszuschließen, nicht aber dies in Sekunda und Prima zu tun. Hier soll für sie um jeden Preis Raum geschaffen werden; denn erst hier vermag sie allseitig bildend und wahrhaft gemütswärmend zu wirken.

»Eine sich nicht bloß aufs Flicken und Stücken verstehende Reform hat in ihrem wesentlichsten Punkte an dieser Stelle einzusetzen, unbekümmert um Überlieferung und Konventionalismus. Mag der geographische Fachmann auch nur schweren Herzens auf die Schularbeit in den zwei unteren Klassen verzichten; er vermag es immerhin mit gutem Gewissen und aus psychologischen Erwägungen. Ist es doch eine durch die Erfahrung vielfältig verbürgte Tatsache, daß den jugendlichen Geistern geographische Dinge an sich weiter abliegen, als z. B. sagenhafte und geschichtliche. Sie haben für Vorgänge historischen oder halbhistorischen Inhalts, für hervortretende Männer und ihre Taten, für Kampfspiele und Waffengeklirr, Streit und Sieg mehr Sinn und Wißbegierde, als für den Charakter irgend einer Berglandschaft oder die Entwicklung des Flußsystems. Wer die Probe machen will, der erkunde, ob sie u. a. das Schicksal des Burenvolks oder eine eingehende Schilderung des Burenvolks mit lebhafterem Eifer verfolgen!

»Zehn- bis dreizehnjährigen Knaben stehen Erzählungen aus der Geschichte, der Sagen- und Märchenwelt menschlich näher, sie folgen ihnen gewöhnlich mit mehr Interesse, als dem geographischen Unterricht, vor allem, wenn er nicht in der freien Natur selbst abgehalten wird. Die Jugend in diesem Alter will beim Unterricht hauptsächlich miterleben, will für ihre von der Erde zum Himmel und wieder zurück schweifende Phantasie gesunde Nahrung. Diese bietet aber ein naturwissenschaftlich fundiertes Unterrichtsfach nicht in dem gleichen Maße, als ein geschichtliches oder kulturgeschichtliches.

»Dazu kommt, daß der echte und rechte Natursinn, Gefühl und Verständnis für das Wesentliche an den Gestalten der Natur und ihrer Schönheit bei den jungen Leuten nicht allzu früh erwacht. Er braucht verhältnismäßig lange Zeit, um emporzusprossen. Ist er ja doch auch eine besonders edle Blüte unseres Seelenlebens, die bei vielen zeitlebens leider überhaupt nicht zur vollen Entfaltung kommt und durch das eifrigste Hindozieren auch nicht vorzeitig zur Entfaltung gebracht werden kann. Im Gegenteil: das letztere führt günstigenfalls zu oberflächlichem und nichtsnutzigem Aburteilen.

»Muß es also sein, nun, so nehme man den unteren Gymnasialklassen die Zeit für die Geographie und füge sie zu den Wochenstunden für die Geschichte und die Lebensbeschreibungen großer Männer. In den oberen Klassen lasse man aber dafür auch die Erdkunde zu ihrem Rechte kommen. Man gebe ihr von den drei Stunden, welche sie mit der Geschichte wöchentlich gemeinsam hat, zwei Stunden oder doch die Hälfte und behandle sie als selbständige Disziplin, die man den Händen eines geschulten Fachlehrers anvertraut.«

Mit dieser überzeugenden Darlegung vergleiche man den Satz eines jüngstverbreiteten Flugblatts des »Vereins für Schulreform«! »Die Reform ermöglicht eine stärkere Pflege der Realien, der dem Knabenalter gemäßen Geistesnahrung«, der fast in jedem Satzteil eine Unrichtigkeit enthält. Jedenfalls gilt das eine: wenn wir überhaupt eine Reform unserer Schulen in absehbarer Zeit durchgesetzt sehen wollen, dann dürfen die Fächer des heutigen Lebens nicht in der Aschenbrödelstellung verbleiben, die sie an den Anstalten alter Form einnehmen, und in der die »Reform«anstalten sie verewigen möchten. *H. F.*

II. Geographischer Unterricht.
a) Inland.

Die jüngste Generation der Geographie-lehrer. Nach dem kürzlich erschienenen »Kunze-Kalender« von 1903 ergibt sich folgende Übersicht über den Nachwuchs an akademisch gebildeten Lehrern der Erdkunde:

Es besitzen von den 394 Seminarmitgliedern der Jahrgangs 1903/04 85 eine Facultas in der Erdkunde (gegen 61 von 253 im Vorjahr); mithin sank — bei absoluter Zunahme — der prozentuelle Satz von 24,1 v. H. des Vorjahrs auf 21,6 v. H. Wieviele darunter für die Oberstufe gelten, ist aus der genannten Quelle leider nicht ersichtlich. (19mal ist Erdkunde unter den Fakultäten an erster Stelle genannt, zehnmal im Vorjahr.)

Die Verteilung nach Provinzen zeigt folgendes Bild (wobei die eingeklammerten Zahlen den vorjährigen Bestand angeben):

Ostpreußen	. . . . 6 (4)	Sachsen	8 (5)
Westpreußen	. . . . 1 (0)	Schleswig-Holstein	. 2 (3)
Brandenburg mit Berlin	5 (7)	Hannover	8 (8)
Pommern	. . . . 6 (3)	Westfalen	17 (8)
Posen	. . . . 1 (1)	Hessen-Nassau . . .	4 (1)
Schlesien	. . . . 10 (3)	Rheinprovinz . . .	17 (18)

Auffallend stark ist der Zudrang zur Erdkunde in:

Ostpreußen	mit 6 von 10	(im Vorjahr	4 von 6)
Pommern	„ 6 „ 18	(„ „	3 „ 13)
Westfalen	„ 17 „ 41	(„ „	8 „ 31)
Rheinland	„ 17 „ 62	(„ „	18 „ 53)

Auffallend gering in:

Westpreußen	mit 1 von 16	(im Vorjahr	0 von 5)
Brandenburg-Berlin	„ 5 „ 66	(„ „	7 „ 30)
Posen	„ 1 „ 12	(„ „	1 „ 6)
Hessen-Nassau	„ 4 „ 33	(„ „	1 „ 25)

Was die gewählten Kombinationen von Lehrfächern betrifft, so tritt die geographische Fakultät auf: in Verbindung mit der Geschichte 50mal, und zwar 34mal mit der Geschichte und Deutsch (1902: 32mal, bzw. 22mal); in Verbindung mit den Naturwissenschaften 18mal, und zwar 14mal mit Naturwissenschaft und Mathematik (1902: 14mal, bzw. 14mal); in Verbindung mit Französisch und Englisch zehnmal (1902: zwölfmal); in anderen Verbindungen siebenmal (1902: dreimal).

Alles in allem ist also ein erfreulicher Zudrang zu unserer Wissenschaft festzustellen. Bedenkt man, daß nach den amtlichen Lehrplänen von 1901 die Lehrstundenzahl der Erdkunde: auf Gymnasien 3,5 v. H., auf Realgymnasien 4,2 v. H., auf Oberrealschulen 5,5 v. H., auf Realschulen 7,1 v. H. von der Gesamtstundenzahl beträgt, so fällt jener starke Zudrang besonders ins Auge. Denn auch, wenn man beim Vergleich nicht den obengenannten Hundertteil der mit erdkundlicher Fakultät ausgestatteten Herren zugrunde legt, sondern — wie billig — das prozentuelle Verhältnis ihrer geographischen Fakultäten zur Gesamtzahl der von allen Seminarmitgliedern vertretenen Lehrfächer, so stellt sich doch noch das Verhältnis dieser Prozentzahlen bei Gymnasien und Realgymnasien ungefähr

wie 2:1; und nur an der Realschule dürften Angebot und Nachfrage sich etwa decken.

Mit Mangel an geschulten Fachlehrern werden sich also unsere Anstaltsleiter gewißlich nicht zu entschuldigen haben, wenn auf den Geographentagen immer wieder vergeblich verlangt wird: die Geographiestunde dem Geographielehrer! Wohl aber zeigt sich, daß unsere studierende Jugend mehr und mehr den Wert und den Reiz des Wissens von der Erde schätzen lernt, den zu erkennen sie auf der Schule so wenig Gelegenheit gehabt hat. Unsere Universitäten sind in der Lage, Anregung und Anleitung dazu zu geben. Sie schreiten voran. Wann wird die Schule nachfolgen? — Zur Zeit müßte man angesichts dieses Verhältnisses die studierende Jugend vor dem Geographiestudium geradezu warnen, um sie vor Schaden und Enttäuschungen zu behüten. Uns aber sollen lieber unsere jüngsten Fachgenossen willkommen sein als Mitkämpfer für die Forderung: **Mehr Raum für die Erdkunde!** *Dr. C. Cherubim-Lüdenscheid.*

Konferenz der Direktoren der niederösterreichischen Mittelschulen. Vom k. k. österr. Ministerium für Kultus und Unterricht war für den Herbst 1903 eine Konferenz der **Direktoren** der niederösterreichischen **Mittelschulen** einberufen und ihr eine Anzahl wichtiger Unterrichts- und Prüfungsfragen zu Beantwortung vorgelegt worden, darunter auch die Frage, ob am Gymnasium die Geographie von der Geschichte zu trennen sei. Auf dem letzten Geographenabende des Sommersemesters 1903[1]) machte der Unterzeichnete davon Mitteilung und forderte die Versammlung auf, zu dieser Frage Stellung zu nehmen. Es wurde ein Agitationskomitee, bestehend aus den Mittelschul-Professoren Dr. Becker, Dr. Hödl, Dr. Müllner und dem Berichterstatter eingesetzt und dasselbe beauftragt, die nötigen Schritte einzuleiten. Infolgedessen wurden von den Genannten im Oktober 1903 sämtliche Lehrer der Geographie an den Wiener Mittelschulen zu einer Besprechung eingeladen und denselben ein Aufruf vorgelegt, der an alle Anstalten Niederösterreichs verschickt werden sollte, damit durch eine Massen-Kundgebung der alten Forderung, die Geographie von der Geschichte zu trennen, ein größeres Gewicht verliehen werde. Zu dieser Besprechung erschien erfreulicherweise eine große Anzahl Fachgenossen, der Aufruf wurde besprochen, stilisiert und kam dann an sämtliche Gymnasien des Landes zur Versendung. Eine überwältigende Mehrheit von Anstalten sowohl als einzelne Fachgenossen aus allen Teilen Niederösterreichs erklärten sich durch Unterschrift oder brieflich mit den Forderungen einverstanden, ein Memorandum wurde verfaßt und Dr. Becker mit dem

---
[1]) Diese Abende finden seit Jahren monatlich einmal im Geographischen Institut der Universität Wien statt und vereinigen eine Anzahl von ehemaligen Hörern und Freunden der Geographie zu wissenschaftl. Vorträgen und Diskussionen.

Unterzeichneten beauftragt, dasselbe Herrn Hofrat Dr. H u e m e r vom Hohen Unterrichtsministerium zur gütigen Weiterbeförderung an die Direktoren-Konferenz zu überbringen. Hofrat Dr. H u e m e r erklärte sich gern hierzu bereit. Das Memorandum wies kurz auf die vielen Übelstände hin, welche sich aus der Verquickung beider Gegenstände immerfort ergäben, erwähnte die auffallende Tatsache, daß die Inspektion der jetzt vereinten Fächer doch zwei ganz verschiedenen Landesschulinspektoren überwiesen, daß an vielen anderen gleichwertigen Anstalten die Trennung bereits vollzogen sei, besprach die immer wiederkehrenden gleichlautenden Forderungen auf der Geographen- und Mittelschultagen, und schloß mit der Bitte, die »Hochlöbliche Direktoren-Konferenz möge die billigen und gerechten Forderungen mit dem Gewicht ihres Ansehens unterstützen«.

Wie wir erfahren, hat die obengenannte hochansehnliche Konferenz allerdings hierzu Stellung genommen. Der für diesen Punkt der Tagesordnung am 13. November d. J. bestellte Referent Dir. Dr. Kny legte der Versammlung sogar noch weitergehende Forderungen vor, z. B. daß auch in der dritten Klasse eine Stunde mehr für Geographie eingeschaltet werde, daß am Obergymnasium ebenfalls streng darauf gesehen werde, Geographie zu lehren usw. Es verlautet aber, daß die Konferenz die Forderungen abgelehnt habe und nur nach altem »bewährten Modus« eingehendere Behandlung der Geographie, aber auch als A p p e n d i x der Ge s c h i c h t e, für »wünschenswert« gehalten habe. So ist auch diesmal eine so günstige Gelegenheit vorübergegangen. Eine große Anzahl von Philologen ist über dem Geographen zu Gericht gesessen. Die Fachlehrer der Geographie, unterstützt von den Univ.-Prof. Hofrat Dr. P e n c k, Dr. O b e r h u m m e r, Dr. S i e g e r, konnten sich in einer voll besuchten Versammlung mit vielen Freunden der Geographie nur damit trösten, daß sie sich sagen konnten, ihre Pflicht erfüllt zu haben, und mit der sicheren Hoffnung, daß ihre Zeit doch noch kommen muß und wird, ob die Philologie will oder nicht. *Prof. F. Banholzer-Wien.*

b) Ausland.

Das erste Schuljahr der Scuola di geografia in Florenz. Wie schon eine kurze Notiz im Februarheft 1903 des Geographischen Anzeigers mitteilte, wurde mit dem Studienjahr 1902/03 in Anlehnung an das dortige R. Istituto di Studi Superiori, welches eine Universität mit drei Fakultäten (di scienze, di lettere und di medicina) darstellt, in völlig freier Weise eine »scuola di geografia« begründet, mit der besonderen Absicht, sie für die Zwecke der Forschungsreisenden und der italienischen Kolonien nutzbar zu machen. Da wir in Deutschland eine analoge Einrichtung bis jetzt nicht besitzen, dürfte es von Interesse sein, nach dem Bericht des Sekretärs dieser »Geographenschule«, des rühmlichst bekannten Geographen Olinto Mari-

nelli, einen Einblick in das erste Studienjahr zu gewinnen. Direktor der Schule ist der jedesmalige Dekan der facoltà di scienze (unserer naturwissenschaftlichen Fakultät), augenblicklich Antonio Roiti, Sekretär der Ordinarius der Geographie an dem R. Istituto di Studi superiori, also jetzt O. Marinelli. Zutritt zu den gänzlich unentgeltlichen Vorlesungen und Übungen hatte jeder, der überhaupt die Berechtigung zu Fakultätstudium besaß. Die folgende Tabelle gibt nun zunächst das Vorlesungsfach, den Namen des Dozenten, die Zahl der eingeschriebenen Zuhörer und die Zahl derjenigen, welche sich den Besuch der Vorlesungen attestieren ließen.

Astronomie: Loperfido, A.	22	17
Allgemeine Geographie: Marinelli, O.	15	14
Geomorphologie: Marinelli, O.	58	26
Allgemeine Geologie: de Stefani, C.	14	13
Besondere Geologie: Ristori, G.	47	11
Kartographie: Mori, A.	15	16
Nationalökonomie, Statistik: de Johannes, J.	29	14
Meteorologie: Roster, G.	60	21
Pflanzengeographie: Baccarini, P.	26	12
Ethnographie: Mantegazza, P.	29	15
Geschichte und Geographie Ostasiens: Puini C.	7	4
Moderne Geschichte: Coen, A.	6	5
Deutsche Sprache: Fasola, C.	4	3

Eingeschrieben hatten sich im ganzen 93 Hörer, ein Examen haben abgelegt 51. Es zeigte sich, daß niemand unter den Zuhörern die Schule besuchte, um sich für Forschungsreisen vorzubereiten und daß das Gros derselben in zwei Hälften zerfiel. Die einen waren im Militärgeographischen Institut beschäftigt, also Militärtopographen, Militäringenieure usw., die anderen Lehrer an höheren Schulen oder Kandidaten des höheren Lehrfachs, einschließlich des weiblichen Teils dieser Berufsklasse. Mit den Vorlesungen waren Übungen mannigfacher Art verbunden, so besuchte Loperfido mit seinen Zuhörern das Observatorium von Arcetri; Mori hielt seine letzten Vorlesungen im Militärgeographischen Institut selbst ab, an der Hand des gesamten Kartenmaterials und aller Vorrichtungen, welche zur Herstellung von Karten dienen; Ristori und Marinelli unternahmen geologische und geographische Exkursionen nach Valdarno, Persignano und S. Giovanni. Von ähnlichen Veranstaltungen in Deutschland, von den Volkshochschulen, der Humboldt-Akademie in Berlin, unterscheidet sich die »scuola di geografia« durch den geforderten Nachweis genügender Vorbildung, die Unentgeltlichkeit der Vorlesungen und die Möglichkeit, sich über den Erfolg des Hörens durch abzulegende Prüfungen auszuweisen. In gewisser Beziehung berührt sie sich vielleicht mit Einrichtungen unserer neuen Handelshochschulen. Der Bericht von O. Marinelli enthält zum Schluß ein ausführliches Schema der in allen Vorlesungen behandelten Gegenstände, aus welchem hier nur noch mitgeteilt sein möge, daß O. Marinelli seine geographischen Vorlesungen in solche über Geomorphologie, Anthropogeographie und Geschichte der alten Kartographie eingeteilt hat.

Dr. W. Halbfaß-Neuhaldensleben.

Persönliches.

Ernennungen und Ehrungen.

Als Privatdozenten am R. Istituto die Studi superiori in Florenz haben sich habilitiert Dr. Giotto Dainelli für Geologie und physische Geographie, Prof. G. Ristori für physische Geographie und der Montenegroforscher Dr. Al. Martelli für Geologie.

Privatdozent Dr. K. Heldmann in Halle a. S. zum außerordentl. Professor daselbst für historische Geographie.

Botschafter a. D. v. Holleben hat die Stellung als geschäftsführender Vorsitzender der deutschen Kolonialgesellschaft übernommen.

Dr. A. G. Leonard, Assistent-Staatsgeolog von Iowa, zum Professor der Geologie an der Staatsuniversität von Norddakota.

Prof. E. C. Pericho von der staatlichen Normalschule, in Platteville, Wis., zum Staatsgeologen und Professor der Geologie an der Staatsuniversität in Süddakota in Vermillion.

Generalmajor à la suite der Admiralität Rykatschew, Direktor des Physikalischen Hauptobservatoriums in Pulkowa, zum Generalleutnant.

Dr. A. T. Wilder, Staatsgeolog von Norddakota, zum Professor der Geologie an der Staatsuniversität von Iowa in Des Moines.

Der russische Polarforscher Oberst Wilkizki,

stellvertretender Gehilfe des Chefs der Hydrographischen Hauptverwaltung in St. Petersburg, zum Konteradmiral.

Todesfälle.

Bischof Joh. Baptist v. Anzer, apostolischer Vikar von Süd-Schantung, geb. am 16. Mai 1851 zu Weinried in der Oberpfalz, starb in Rom am 24. November 1903. Er war 1875 in das Missionshaus zu Steyl eingetreten und hatte 1879 seine Tätigkeit als Missionar in China begonnen. Bereits 1882 wurde er zum Generalvikar von Süd-Schantung ernannt, das 1885 zu einem selbständigen apostolischen Vikariat erhoben wurde; 1886 wurde v. Anzer zum Bischof und apostolischen Vikar geweiht. In umfassender Weise hat er die Ausbreitung der katholischen Mission in China und dadurch die geographische Forschung gefördert, zugleich auch großen Einfluß auf die politische Entwicklung Chinas ausgeübt.

Der hervorragende englische Paläontologe Robert Etheridge, geb. am 3. Dezember 1818, starb am 18. Dezember 1903 in Chelsea, fast bis zum letzten Tage mit der kartographischen Verarbeitung geologischer Aufnahmen beschäftigt. Fast 50 Jahre war er Mitarbeiter der geologischen Landesaufnahme gewesen, für welche er namentlich die Fossilien bearbeitete; sein Hauptwerk ist der Katalog englischer Fossilien. Zahlreiche paläontologische Untersuchungen sind in den Memorien der Geologischen Landesaufnahme veröffentlicht, andere geologische Arbeiten im Quarterly Journal of the Geological Society veröffentlicht. 1889 wurde Etheridge Kustos der Geologischen Abteilung des British Museum und 1891 wurde er bei Erreichung der Altersgrenze pensioniert. Seit 1871 war er Mitglied der Royal Society, 1880 wurde ihm die Murchison-Medaille der Geologischen Gesellschaft verliehen.   *H. W.*

Mitteilungen der Kommission.

Mit dem I. Deutschen Oberlehrertag (V. V.) in der Osterwoche zu Darmstadt wird voraussichtlich eine kleine Lehrmittelausstellung verbunden sein. Eine weitergehende besondere Berücksichtigung geographischer Lehrmittel ist nicht in Aussicht genommen, doch sind einleitende Schritte geschehen, sie zu ermöglichen. Mitteilungen und Anfragen sind zu richten an den Vorsitzenden oder an den Vertrauensmann der Kommission für das Ghzgt. Hessen, Prof. Dr. G. Greim, Darmstadt, Alicestr. 19.

Der geschäftsführende Vorsitzende.

Die Zusammensetzung der ständigen Kommission für erdkundlichen Schulunterricht.

Ehrenvorst.: Geh. Rat Wagner-Göttingen, Geh. Rat Kirchhoff-Halle, Prof. Günther-München. — Geschäftsf. Vors.: Heinr. Fischer-Berlin, Belle-Alliancestr. 69, von Ostern ab Hasenhaide 73. — Stellvertr. Vors.: Dir. Auler-Dortmund, Luisenstr. 17,

Ostpreußen: Wermbter, Oberl., Rastenberg.
Westpreußen: v. Bockelmann, Oberl., Danzig, Langgasse 56.
Posen: Friebe, Dir., Posen, Kaiserin Viktoria 1 a.
Schlesien: Huckert, Dir., Patschkau.
Pommern: Credner, Prof., Greifswald, Bahnhofstr. 46.

Brandenburg: Lampe, Oberl., Berlin W., Friedrich-Wilhelm-Str. 6a.
Sachsen (Anhalt): Henckel, Oberl., Schulpforta.
Hannover: Oehlmann, Dir., Hann.-Linden, Beethovenstr. 2.
Westfalen (Waldeck-Lippe): Schwarz, Oberl., Dortmund, Gutenbergstr. 37.
Bayern, Süd: Gruber, Oberl., München, Theresienstr. 56.
Bayern, Nord: Regel, Prof., Würzburg, Rückertstr. 13 a.
Bayern, Rheinpfalz: Zimmerer, Prof., Ludwigshafen a. Rh., Schulstr. 35.
Sachsen, Kgr.: Zemmrich, Oberl., Plauen, Gustav-Adolf-Straße 11.
Baden: Neumann, Prof., Freiburg i. Br., Maximilianstr. 4.
Hessen-Darmstadt: Greim, Prof., Darmstadt, Alicestr. 19.
Reichsland: Langenbeck, Prof., Straßburg i. E., Studentempl.
Thüringische Staaten: Schnell, Oberl., Mühlhausen i. Th., Augustastraße. 18 a.
Hansestädte: Wolkenhauer, Prof., Bremen, Herderstr. 74.
Die Vertrauensmänner, die gleichzeitig Mitglieder der Kommission sind, sind **gesperrt gedruckt**.

Die Lücken der vorstehenden Liste wird die Kommission nach Möglichkeit auszufüllen suchen. Im übrigen wird hier noch einmal an alle Vertrauensmänner die herzliche Bitte gerichtet, die Entwicklung des Erdkundeunterrichts in den ihnen zugeteilten Landschaften mit allen Kräften zu fördern, besonders auch durch Anknüpfung von Beziehungen mit allen erreichbaren für die Sache interessierten Angehörigen des höheren Unterrichtswesens und durch möglichst zahlreiche Mitteilungen an die Zentralstelle.

Alle Berufsgenossen aber, denen die endliche Organisation unseres schönen und wichtigen Lehrfaches eine Herzenssache ist, sind auf das eindringlichste aufgefordert, unsere gemeinsame Sache durch Arbeit fördern zu helfen. Lassen Sie uns das Beispiel der Vertreter anderer Lehrfächer ein Vorbild hierin sein und ein Beweis, daß allein Einigkeit stark macht.

Der geschäftsführende Vorsitzende.

Besprechungen.

I. Allgemeine Erd- und Länderkunde.

Regelmann, C., Gebilde der Eiszeit in Südwestdeutschland. 4°, 77 S. Stuttgart 1903, Druck u. Komm.-Verlag von W. Kohlhammer.

Außer Stein mann und Schuhmacher gehört zu den eifrigsten Glazialgeologen Südwestdeutschlands der kenntnisreiche kgl. Vermessungs-Oberinspektor C. Regelmann in Stuttgart. Schon im Jahre 1895 veröffentlichte der Verf. in den Württembergischen Jahrbüchern für Statistik und Landeskunde eine Abhandlung, in der er für die Morphologie des nördlichen Schwarzwaldes glaziale Einflüsse nachwies. Die uns jetzt vorliegende, in denselben Jahrbüchern erschienene Abhandlung ist in gleicher Natur, erweitert jedoch das Gebiet seiner Forschung über Vogesen und Schwarzwald. Auf Grund der Studien von Prof. Ed. Richter und Böhm über die Bildung der Botner oder Kare in Norwegen und in den Alpen schildert er die Entstehung dieser Gebirgskessel, die nach Nord, Nordost und Nordwest sich mit ihrer offenen Seite den Tälern zuneigen und hier nur oberhalb der Vegetationsgrenze, nahe der Schneegrenze zu finden sind. Die gleichen Vorbedingungen stellt der Verfasser für die zahlreichen Kare in den Vogesen und im Schwarzwald fest: Verwitterung und sekundäre Mithilfe von Firn und Gletscher, die allein diese Gebirgsnischen zustande gebracht haben. In weiteren Abschnitten wird die Gliederung der Glazialgebilde in Deutschland, Württemberg und Elsaß-Lothringen tabellenförmig angegeben, sowie die alpine Endmoräne des Gletschers der vierten Vereisung (nach Penck) festgestellt. Auf Grund der betreffenden Höhenangaben verfolgt dann der Verfasser die Gürtel der großen Endmoränen rings um Vogesen und Schwarzwald, den sog. Weßerlinger Gürtel, der 456 m über dem Meere liegt. Die Karzonen Südwestdeutschlands sind nach den gegebenen Voraussetzungen über den Weßertinger Gürtel gelagert und reichen in beiden Gebirgszügen von 530 m (Nagoldkare) bis 1058 m (Feldbergkare) hinauf. An ihrer Hand sind die Rückzugsphasen der letzten (vierten) Hauptvergletscherung in den verschiedenen Karstufen zu verfolgen, die für die Vogesen eine mittlere Höhe von 85 m für den Schwarzwald von 99 m berechnen lassen.

Auch die verschiedenen Diluvial-Terrassen, ältere und jüngere Deckenschotter, Hochterrassen-, Niederterrassenschotter werden nach ihren Höhen und Erstreckungen kritisch festgelegt und eine Schlußbetrachtung (IX.) schließt die eigentliche, glaziale Abteilung, der ein genaues Register der einzelnen Kare und Endmoränen in den beiden Zwillingsgebirgen eingelegt ist (S. 63—69). — Im »Anhange« werden die natürlichen Wasserbehälter, ehemalige Kare und Cirken mit ihren z. T. noch erhaltenen Seen, in beiden Gebirgen vom praktischen Standpunkt des Technologen betrachtet, sowie die schon

ausgeführten vier Stauweiheranlagen in den Vogesen nach Fechts Spezialschrift geschildert. Auch für den württembergischen Schwarzwald sind einzelne (drei) Stauweiheranlagen bereits ausgeführt, andere sind geplant. Nur auf diese Weise können die sonst zwecklos abströmenden Berggewässer in den dauernden Dienst der Industrie gestellt werden. — Bedauerlicherweise fehlen der gehaltvollen Abhandlung, mit einer Ausnahme, S. 56, die Abbildungen. *Dr. C. Mehlis-Neustadt.*

Zweck, Dr. Alb., Die Bildung des Triebsandes auf der Kurischen und der Frischen Nehrung. Mit 3 Abbild., 2 Skizzen u. 2 Kartenbl. Königsberg i. Pr. 1903, Hartungsche Buchdruckerei.

Unter „Triebsand" versteht der Verfasser mit Berendt jene Mengung von Wasser und Sand, in welcher die einzelnen Sandkörnchen derartig verschiebbar sind, daß die Reibung derselben unter einander fast ganz aufgehoben ist, so daß sie unter dem Drucke irgend eines schweren Körpers verhältnismäßig leicht ausweichen und hernach wieder zusammenfließen. Offenbar kann nur in Bewegung befindliches Wasser die Sandkörnchen dauernd in dieser Lage erhalten, während dieselben in ruhendem Wasser sich bald, dem Zuge der Schwerkraft folgend, auf dem Grunde absetzen werden. Berendt nun nimmt an, daß die in Frage kommende Bewegung des Wassers an den Triebsandstellen der Nehrungen eine von unten nach oben gerichtete sei, wie sie bei der Entstehung von Stauwassern auftritt (Geologie des Kurischen Haffs 1869, S. 24 ff.), während Zweck die Ansicht vertritt, daß die Bewegung des Wassers, die den Sand am Sinken verhindert, eine fallende ist, indem die Bildung des Triebsandes lediglich durch die Wasserzirkulation im Innern der Wanderdüne zustande kommt. Durch eine Anzahl von Messungen vermittelst eingestoßener Stangen glaubt Zweck festgestellt zu haben, daß Adern von echtem Triebsand, also solche Stellen, an denen die Bewegung des abfließenden Wassers so stark ist, daß sie der Fallgeschwindigkeit der Sandkörner im Wasser die Wage hält, tief im Innern der Dünen vorhanden sind. Diese Adern bilden, wenn sie am Fuße der Luvseite (Westseite) des Dünenzugs durch den (vorherrschenden) Wind bloßgelegt werden, alsdann die berüchtigten Triebsandfelder, in denen gelegentlich Mann und Roß einsinken. Die Arbeit enthält allerhand für den Geographen interessante Einzelheiten über die beiden Nehrungen. *Prof. K. Ströse-Dessau.*

Müller, J., Beiträge zur Morphologie des Harzgebirges. Halle a. d. S. 1903, Kreibohm & Co.

Nachdem bereits Leicher 1886 in seiner Orometrie des Harzgebirges gewissenhafte orometrische Werte des Harzgebirges ermittelt hat, unternimmt der Verfasser, gestützt auf die früheren Berechnungen von Leicher und von W. Dittenberger (1895), eine neue Prüfung der orometrischen Verhältnisse des Harzes unter Verwendung einer großen Anzahl von Querprofilen, weil diese eine direkte Veranschaulichung des ganzen Gebirges selbst geben. Abweichend von Leicher nimmt er zunächst eine neue, schärfere durch die Geologie gerechtfertigte Abgrenzung der Grundfläche des Gebirges vor (Fig. 1 ergibt diese Abweichung). Der Verfasser kommt in seiner Berechnung daher zu einen abweichenden Resultat: Die mittlere Höhe des Harzgebirges beträgt nach ihm 456,52 m. Mit dem Areal der Grundfläche 2241,71 qkm (bei Leicher 2468,12991 qkm) zusammengehalten, ergibt sich das Gesamtvolumen der Gebirge zu 1073,215 ckm (bei Leicher 1091,01450015 ckm). Der Verfasser wendet sich sodann zu einer ausgezeichneten Darstellung der Wesenszüge des Gebirges, wie sie aus den 90 gezeichneten Querschnitten entnommen werden können. In einer »Kurve des Massenfalles« (Fig. 4) gibt der Verfasser einen besseren Überblick über die Verteilung des Gebirgsvolumens als wie sie die Zahlenreihen geben können. Eine unmittelbare Veranschaulichung des Anzteigens und Abfallens des Gebirgsmassivs wird durch die Kenntnis der mittleren Höhe jedes einzelnen der vom Verfasser aufgestellten 90 Querschnitte gegeben. Nachdem die Darstellung der Unebenheiten behandelt ist, wobei der Verfasser mit einer kleinen Abweichung der Penkschen Methode verfährt, tritt er in eine Diskussion der einzelnen Teile des Gebirges ein, besonders des Randes hinsichtlich seiner Gefällsverhältnisse, was eine gute Ergänzung zu dem von Leicher sorgfältig berechneten mittleren Talgefälle der Hauptharzflüsse ergibt. (Fig. 7: Neigung des Schollenrandes mit mittl. Fallwinkel von 5½°—7°).

Nach Schilderung der Tallandschaften vereinigt der Verfasser in recht angemessener Weise die Ergebnisse der exakten Berechnung zu einem Gesamtüberblick: Es existieren zwei, durch ihren landschaftlichen Charakter unter sich verschiedene Teile des Harzgebirges; letzteres stellt eine nach Osten sich allmählich herabsenkende Tafel dar, deren ebener Charakter jedoch im Westen durch die starke Wirkung der Flußerosion verwischt wird.   *Dr. Stange.*

Haeckel, Ernst, Indische Reisebriefe. Mit dem Porträt des Reisenden und 20 Illustrationen in Lichtdruck nach Photogrammen u. Originalaquarellen des Verfassers, sowie mit einer Karte der Insel Ceylon. 4. Aufl. Berlin 1903, Verlag von Oebr. Paetel.

Als vor 20 Jahren die erste Auflage dieses Buches erschien, bemerkte Haeckel selbst in der Einleitung, daß über Indien beste Literatur in Fülle vorhanden sei und deshalb eine Reisebeschreibung von Ceylon an sich nichts besonders Anziehendes bietet; vielleicht aber gäben die besonderen Interessen des Reisenden als Naturforscher und Naturfreund dem Buche doch einigen Reiz. Diese Selbsteinschätzung hat mit noch mehr Recht heute der vierten Auflage als Beurteilung zugrunde zu legen. Das Buch ist beinahe ebenso lesenswert um des Verfassers als um des Inhalts willen, als ein Zeugnis, wie der berühmte Naturerforscher gearbeitet hat, um durch exakte Einzelbeobachtungen sich Material für seine Naturanschauungen zu bilden, und mit welcher hingebenden Liebe und Freude er Pflanzen, Tiere, Menschen, Landschaften, das Ganze wie die Teile, anzuschauen pflegt, nicht aber als eine ausreichende Belehrung über den tatsächlichen Zustand Ceylons. In dieser letzten Hinsicht ist das Buch an manchen Stellen veraltet. Nur zwei Beispiele: Ohne daß irgend eine Umarbeitung des alten Textes, eine Zusatz, eine Anmerkung auf gegenwärtige Verkehrsverhältnisse hinwiese, wird auf S. 23 bis 25 der Zustand des Dampferverkehrs im Jahre 1881 beschrieben und daraus die Folgerung gezogen, daß »zu Nutz und Frommen anderer Indienfahrer . . . . »am meisten die österreichischen Lloydschiffe zu empfehlen« seien. Es wird vom Leser vorausgesetzt, daß er selbst den Zusatz mache, in der Gegenwart kämen für deutsche Reisende natürlich Hamburger und Bremer Schiffe in Betracht. Auf S. 230 heißt es, der Kaffee bilde

Ceylons Haupterzeugnis, und bei der Schilderung der Kaffeedistrikte des Hochlandes auf S. 279 ff. wird nur beiläufig von den Schädlingen der Pflanzungen und von Kaffeekrankheiten gesprochen, die an manchen Stellen die Ersetzung des Kaffees durch andere Kulturpflanzen veranlaßt hätten. Die Reise Haeckels fiel in den Winter von 1880 zu 1881. Damals waren die Schilderungen zutreffend. Wird aber jener Leser von selbst wissen, daß heute die Kaffeeernte eine überaus geringe Rolle im Wirtschaftsleben Ceylons spielt und daß die Landschaft der Kaffeepflanzungen wie so manche andere, die Haeckel beschreibt, sehr ihr Ansehen verändert hat? Ebenso wäre, wenn von den großartigen Tiefseeforschungen der Engländer gesprochen wird, wohl ein Hinweis angebracht, wie ehrenvoll inzwischen auch Deutschland an der Förderung solcher Bestrebungen teilgenommen hat, und daß die Bitterkeit, mit der Haeckel die Verweigerung eines Reisezuschusses zu Tiefseeforschungen bei Ceylon seitens der Berliner Akademie bespricht, durch hohe Aufwendungen des Reiches für solche Studien jetzt gegenstandsloser ist als vor 20 Jahren. Kurzum vieles an dem Buche ist gegenwärtig »historisch-interessant«, doch nicht mehr gültig, und ein Hinweis darauf hätte zu Nutz und Frommen minder unterrichteter Leser vorausgeschickt werden müssen. Diese werden das Altertümliche der Schilderungen am meisten an der uns ungewohnt gewordenen Sitte merken, wie der »geneigte Leser«, »die schöne Leserin« mehrfach angeredet und um Verzeihung gebeten werden, daß bisher die Schilderung langweilig gewesen sei, nun werde es besser kommen. Wer aber einigermaßen die Naturverhältnisse und Kulturzustände Indiens kennt, wer sich insbesondere für Haeckels Persönlichkeit interessiert, wird mit Genuß beobachten, wie in dem kühnen Geiste und dichterischen Gewalt des Forschers die Wunder der Tropenwelt sich spiegeln. An plastischer Kraft der Schilderung sind diese »indischen Briefe« Humboldts Ansichten der Natur freilich nicht ebenbürtig, und in Darwins Tagebuch von der Reise auf dem Beagle ist die Entwicklung von Naturauffassungen an der Hand von Reiseeindrücken noch ungleich reizvoller zu beobachten; aber Haeckels Indische Briefe sind immerhin mit diesen Grundwerken der Reiseliteratur zu vergleichen. Daher ist die Neuauflage zu billigen.   *F. Lampe.*

Hahn, Friedrich, Afrika. 2. Aufl. (Allgemeine Länderkunde. Herausgeg. von W. Sievers.) 8°, XII, 681 S. Leipzig u. Wien 1901, Bibliographisches Institut.   17 M.

Abgesehen von Australien hat sich kein Erdteil der geographischen Erforschung gegenüber so spröde verhalten wie Afrika. Erst das letzte Menschenalter und ganz besonders das jüngstverflossene Jahrzehnt haben den Schleier gelüftet, welcher über diesem Kontinent seit Jahrhunderten ruhte. Und die wurde die Schwierigkeit eine so schmerzlicher empfunden, als der Erdteil beinahe vor den Toren der zivilisierten Länder liegt. Mit Recht hat man daher sehnsüchtig ein Werk erwartet, daß in zusammenfassender Form alles das verarbeitete, was intensive, gar oft mit großen Gefahren verknüpfte Pionierarbeit todesmutiger Männer im dunkeln Kontinent selbst und nicht minder angestrengte Forschertätigkeit in der Studierstube zutage gefördert hat. Und gar schwierig war es, das weit verstreute Material zu sammeln, zu sichten und einem weiteren Publikum, nicht nur dem Berufsgeographen, übersichtlich und doch wieder unter weiser Auswahl des riesig angeschwollenen Stoffes in angenehmer Form zugänglich zu machen. Man kann es daher dem Verfasser aufs Wort glauben, wenn er versichert, daß er — mag auch die Form der Anordnung im wesentlichen die gleiche geblieben sein — ein völlig neues Werk geschaffen hat. Und die beteiligten Kreise werden ihm für dasselbe Dank wissen.

Aus ihm geht zunächst deutlich hervor, mit welchen großen, ja fast unüberwindlichen Schwierigkeiten die Forscher im Lande zu tun hatten. Neben dem Überblick über den geschichtlichen Entwicklungsgang der Entdeckung treten aber in dieser Eingangsübersicht auch die Probleme klar hervor, die hierbei der Lösung geharrt haben und jetzt zum größten Teile als gelöst zu betrachten sind, wenngleich die Einzelforschung noch überall wichtige Momente hinzufügen wird. Gerade in dieser Hinsicht hat sich auch gezeigt, daß der dunkle Erdteil mehr des geographisch Interessanten bietet, als man früher anzunehmen geneigt schien. Das Gleiche gilt auch hinsichtlich der Bevölkerung Afrikas, wobei man sich ja bekanntlich den schwierigsten Aufgaben gegenüber befand. Auch in diese Verhältnisse haben die neueren Forschungen viel Licht geworfen, obschon vieles noch der Enträtselung harrt. Endlich hat die Klimalehre, um noch dies hervorzuheben, viel Fruchtbringendes in dem letzten Jahrzehnt erfahren.

Was die Anordnung des Stoffes im übrigen betrifft, so schreitet die Darstellung vom Allgemeinen zum Besonderen fort, während sich die weitere Gliederung nach den in der allgemeinen Geographie geltenden Gesichtspunkten zerlegt. Auf Einzelheiten einzugehen, verbietet der Raum. Nur sei hier besonders auf die die europäischen Kolonien in Afrika behandelnden Abschnitte hingewiesen, welche nicht bloß dem Geographen, sondern auch dem Kolonialpolitiker wichtige Fingerzeige geben und vornehmlich Anspruch auf allgemeineres Interesse erheben dürfen. Wie gewaltig die Literatur seit dem Jahre 1888 angewachsen ist, zeigt die beigefügte Übersicht, die, obgleich sie nur die Hauptwerke umfaßt, sehr umfangreich ist.

Das Werk ist mit einer großen Zahl von Abbildungen, Tafeln und Karten in vorzüglicher Ausführung ausgestattet, die in nicht geringem Maße zur Belebung des Textes beitragen. *Ed. Lentz.*

Die Denkschrift betreffend die Entwicklung des Kiautschou-Gebiets in der Zeit vom Oktober 1901 bis Oktober 1902. Berlin 1903, Reichsdruckerei [1]).

Wenn auch die Nachwehen der chinesischen Wirren noch nicht verwunden sind, so zeigt doch der Bericht eine gedeihliche Weiterentwicklung. Schon ist der erste Kohlenzug von Weihsien, wo ein 4 m mächtiges Kohlenflöz in einer Tiefe von 175 m erschlossen ist, in Tsingtau eingetroffen. Ferner hat sich eine Seidenindustrie-Gesellschaft niedergelassen und ein Hochseefischerei-Unternehmen ist ins Leben getreten. Der Bau der umfangreichen Mole, die in Zukunft der Kohlenverladung dienen soll, ist rege gefördert und auch die private Bautätigkeit zeigt dieselben Fortschritte wie im verflossenen Jahre. Im Gegensatz zur übrigen ostasiatischen Küste waren die Gesundheitsverhältnisse befriedigend; hatte sich doch eine ganze Reihe von Badegästen in Tsingtau eingefunden! Cholera ist nicht epidemisch auf und wurde durch das vom allgemeinen evangelischprotestantischen Missionsverein gegründete Faber-

[1]) Hat für obigen Vortrag natürlich die Hauptquelle abgegeben.

Hospital in ihrer Ausbreitung gehindert. Auch im Schulwesen sind bedeutsame Veränderungen eingetreten, indem die Gouvernementsschule in eine höhere Knabenschule umgewandelt und mit einem Alumnat für Kinder aus anderen Orten Ostasiens verbunden wurde. Für die weibliche Jugend haben die Schwestern (Franziskanerinnen usw.) eine höhere Mädchenschule eingerichtet.

In der Anlage des Berichts finden wir zwei wertvolle Karten: Kiautschou und Umgebung im Maßstab 1 : 200 000 und Tsingtau und Umgebung, 1 : 10 000, ferner 14 Abbildungen, darstellend Landhäuser am Badestrand und an der Augusta-Viktoria-Bucht, Platanen- und Feigenkulturen, Seemannshaus, die ausgedehnten Osterschen Fabrikanlagen, Mädchenschule usw. *Dr. Max Georg Schmidt.*

Nippoldt jun., Dr. A., Erdmagnetismus, Erdstrom und Polarlicht. Sammlung Göschen, Bd. 175. Kl.-8°, 136 S., 3 Tafeln u. 14 Fig. Leipzig 1903. 80 Pf.

Das Büchlein hat Glück mit seinem Erscheinungstermin, denn seit dem magnetischen Ungewitter am 31. Oktober steht ja selbst der Erdmagnetismus zeitweilig im Vordergrund des allgemeinen Interesses‹, um einen vielfach gemißbrauchten Ausdruck anzuwenden. Wenn auch nicht für die bekannten ›weitesten Kreise‹ berechnet, so wird der knappe Abriß doch immerhin jedem (genügend vor-) Gebildeten als zuverlässige Einführung in das Verständnis dieser Vorgänge dienen dürfen, um so mehr als die mathematischen Grundlagen und Entwicklungen auf das Nötigste beschränkt werden. Für den Weiterstrebenden ist ein Wegweiser durch die wichtigste Literatur beigegeben. *Dr. W. Blankenburg.*

Forschungen zur Brandenburgischen und Preußischen Geschichte. In Verbindung mit Fr. Holtze, G. Schmoller u. A. Stötzel, herausgegeben von Otto Hintze. XVI. Bd., 1. Hälfte. Leipzig 1903, Duncker u. Humblot. 6 M.

Enthält als zweiten Aufsatz eine Abhandlung von Albert Detto über ›die Besiedlung des Oderbruchs durch Friedrich den Großen‹ (S. 163—205), die auch für den Geographen von Interesse. Den von der historischen Seite kommenden Lehrer der Erdkunde in der Mark wird die inhaltreiche Zeitschriftenschau wertvollen Stoff bieten. *Hk.*

Stradner, J., Neue Skizzen von der Adria. III. Liburnien und Dalmatien. 8°, 216 S. Graz 1903, Leykam.

Dieselben Vorzüge, die die ersten beiden Bändchen ›Von San Marco nach San Giusto‹ und ›Istrien‹ auszeichnen, finden sich auch in diesem ansprechenden Heftchen wieder. In lebendigen, leicht geschriebenen Skizzen führt uns der Verfasser mit viel Anschaulichkeit und Sachkenntnis von Abbazia und Fiume längs der quarnerischen Inseln und der Morlakkenküste nach Zera und Sebenico. Von dem herrlichen Gestade um Spalato geht es über die Inseln weiter nach Ragusa, dessen Geschichte und Volksleben mannigfach dargelegt wird und bis in die innersten Winkel der bergumrahmten Bocche di Cattaro, wo Orient und Occident sich berühren. Wenn auch die wissenschaftlichen Exkurse ins prähistorische Gebiet oft sehr schwankenden Boden berühren, der einer kundigeren Kraft bedarf, sei doch jedem, der diese Gegenden bereisen will, das Büchlein wärmstens empfohlen. *Krebs.*

2*

II. Geographischer Unterricht.

Pahde, Erdkunde für höhere Lehranstalten. 4. Teil: Mittelstufe, drittes Stück. Mit 1 Titelbild u. 3 Abbild. im Text. Glogau 1902, C. Flemming. Geb. 2 M.

Das Buch behandelt das Deutsche Reich und ist für den Gebrauch in der Obertertia bestimmt, auch für Wiederholungen auf der Oberstufe. Es bietet weder zu viel Namen noch zu viel Zahlen, als daß der Schüler mit Gedächtnisstoff überlastet würde, wohl aber eine große Menge in der Form knapp gehaltener, sachlich weit ausgreifender Erklärungen, so daß der Umfang des Buches 148 Seiten beträgt. Ein beträchtlicher Teil dieser technologischen, geologischen, geschichtlichen und anderen Erläuterungen, wie Namenausdeutungen, Hinweise auf Kulturzustände und auf wissenschaftliche oder künstlerische Einzelheiten, auf Verwaltungseinrichtungen und Verkehrsfragen, sind in zahlreiche Anmerkungen verwiesen, damit der fortlaufende Text, der für die Schüler ein Lesebuch darstellen soll, nicht allzusehr von den Hauptbetrachtungen abschweife, die von den Grundtatsachen des Bodenaufbaues ausgehend Klima, Erzeugnisse, Bevölkerung besprechen und in einer Ortskunde endigen.

Die Einteilung des Buches schließt sich an die drei Hauptglieder der deutschen Bodenformen und der deutschen Landschaften an: Alpen und Alpenvorland, Mittelgebirgsland, zerfallend in das südwestdeutsche Becken, die mitteldeutsche Gebirgsschwelle, die nördliche Umwallung Böhmens, und zuletzt das nördliche Tiefland, eingeteilt in Ostelbien und das westliche Gebiet. Ein allgemeiner Überblick über das gesamte Deutschland leitet ein, statistische Übersichten über Staaten und Städte und ein sehr willkommener Index schließen ab. Das Land und sein Volk sollen also als Einheit aufgefaßt werden, und der Schüler soll sich verständnisvoll in den Zusammenhang und in die Wechselbeziehungen zwischen dem Boden und dem Leben auf ihm vertiefen. Diese Anschauungsweise, längst in Kirchhoffs Erdkunde für Schulen durchgeführt, und die ihr zu Liebe getroffene Stoffanordnung, welche politische Grenzpfähle nicht achtet, ist wissenschaftlich unanfechtbar und pädagogisch um so notwendiger, als die bunte Mannigfaltigkeit mitgeteilter Einzelheiten dringend eine straffe Zusammenfassung zum Gesamtbild, ein klar durchschaubare Unterordnung unter einheitliche Gesichtspunkte verlangt. Und doch muß die Frage aufgeworfen werden, ob der zwischen Wissenschaft und pädagogischer Praxis bei einem jeden Lehrbuch zu schließende Kompromiß bei einer Landeskunde für die Mittelstufe zweckmäßig durchgeführt ist, wenn er, mit der starren Folgerichtigkeit wissenschaftlicher Stoffzergliederung alle einzelnen Landschaften in gleicher Weise systematisch behandelnd, die Einzeltatsachen dem von vornherein festgestellten Ordankengange einordnet, also lediglich die Bodenformen als Maßstab für die Stoffanordnung wählt und ihnen zu Liebe andere Verwandtschaften und Zusammenhänge vernachlässigt. Ein Beispiel und zwar gleich eins aus der Nähe von Pahdes Wirkungsfeld. Bonn wird auf S. 48 beim Rheinischen Schiefergebirge erwähnt; Cöln kommt erst bei der Besprechung der rheinischen Tieflandsbucht der norddeutschen Ebene vor auf S. 134. Bezug nicht Cöln die Bausteine seiner charakteristischen Gebäude vom Drachenfels und von der Wolkenburg? Ist das Klima nicht stark vom Gebirge beeinflußt? Was haben die Einwohner fränkischen Stammes mit den

Niederrachsen der Ebene zu schaffen? Reichen die wirtschaftlichen Beziehungen nicht so gut rheinaufwärts wie der Fluß hinab? Wie eng verknüpft ist die erzbischöfliche Residenz Bonn mit Cöln in der Geschichte! Und lebhaft genug ist wahrhaftig noch heute der Wechselverkehr. Sollen Kinder überhaupt noch von Verwaltungseinheiten etwas lernen, weshalb mutwillig die Scheidung und Zerreißung vornehmen wegen einer systematischen Bedenklichkeit. Ist doch Leipzig trotz der Lage in der Leipziger Tieflandsbucht, Breslau trotz der Zugehörigkeit zur schlesischen beim Mittelgebirge mitbesprochen. Es handelt sich hier keineswegs um eine zufällige Einzelheit, die Kirchhoff und Pahde anders angeordnet haben, als sie dem Referenten zweckmäßig erscheint. Selbst Duisburg und Düsseldorf leben zum wesentlichen Teile vom kohlenreichen Gebirge, und es gehören die Hochöfen von Ruhrort zu denen von Essen. Mit anderen Worten: Wie der Verlauf politischer Grenzen und der geschichtlich entstandene Gruppierung der Verwaltungskörper bei der länderkundlichen Schilderung für Kinder in zarter Jugend für die Stoffzusammenfassung nicht verbindlich sein dürfen, so wenig braucht durchgehende die für die wissenschaftliche Geographie grundlegende Trennung und Verbindung der Einzeltatsachen nach dem Zuständen und Erscheinungen der Bodenformen und der unbelebten Natur der ausschließliche Maßstab für die Betrachtungen zu sein. Vielmehr müßte einmal der Versuch gewagt werden, die Schüler in die hervortretenden Eigenschaften der einzelnen Landschaftsindividualitäten dadurch einzuführen, daß die Stoffgruppierung hier um grundlegende geologische Tatsachen sich kristallisiert, beispielsweise im Gebiet der rheinisch-westfälischen Großindustrie um die Kohlenschichten, dort um morphologische, beispielsweise am Alpenrande und bei den deutschen Küsten, dort um wirtschaftsgeographische, beispielsweise für die Rheinstraße, die im einzelnen wieder zu gliedern wäre. Soll ein Schullehrbuch anschauliches Lesebuch sein, nicht bloß das Knochengerüst eines Leitfadens, dem der Lehrer reicher Individualität entsprechend erst blühendes Fleisch anklebt und pulsierendes Lebensblut einflößt, dann wird es die subjektive Freiheit des Lehrers doch beschränken, darf sich dagegen den hohen Vorzug zunutze machen, den das Unternehmerverfahren vor der wissenschaftlichen Darstellung besitzt, nämlich den Stoff bei Wiederholungen anders zu gruppieren. Hat der Schüler lebensvolle Bilder der einzelnen Landstriche mit ihrem Volke und Wirtschaftsleben erhalten und dabei wegen des Wechsels in der Behandlungsweise und in den angewendeten Gesichtspunkten, unter denen die Betrachtung stattgefunden hat, auch Einblick in den bestehenden Reichtum der Länderkunde gewonnen, dann mag durch Wiederholungen für systematische Zusammenfassung gesorgt und dabei auch Cöln weit von Bonn, Leipzig vom vogtländischen Hinterlande, Breslau von Essen getrennt werden.

Daß in Pahdes Buch nicht der Versuch gemacht ist, in der tastenden Schulgeographie durch neue, kecke Versuche der Stoffbehandlung und Gruppierung einen methodischen Dienst zu leisten, darf nicht als ein Tadel aufgefaßt werden, sondern nur als eine Charakteristik dieses Buches und anderer ähnlicher, mit denen der Verfasser Vorhandenen guten Werken neue gleichwertige hinzugefügt hat, die sich durch glatte Stilistik, durch die Wahl der aufgenommenen Einzelheiten, durch Straffheit des Gesamtaufbaues vor diesem oder jenem Schulbuch der — sage man kurz »Kirchhoffschen Richtung« sogar auszeichnen.

Ein Mann aber von Pahdes ausgebreitetem Wissen und Pahdes reifer Lehrerfahrung wäre vielleicht geeignet gewesen, das Ziel noch höher sich zu stecken und auf der angedeuteten oder einer anderen Reformbahn etwas zu geben, das wirklich neu und zugleich doch so brauchbar oder noch brauchbarer gewesen wäre, wie das treffliche Lesebuch seiner Erdkunde für höhere Lehranstalten jetzt ist.

Billig ist es, bei Büchern von so reichem, vielseitigem Inhalt auf kleine Irrtümer oder Mängel in der Wahl des Ausdrucks Jagd zu machen. In Pahdes Schulerdkunde sind sie sehr selten, fehlen aber nicht ganz. Auch hier nur ein Beispiel: Auf S. 104 werden die Bodden von Rügen und Vorpommern darauf zurückgeführt, daß das Meer das Land überflutet und in den Vertiefungen Wasser zurückgelassen habe. Die Rolle des Meeres beruht bei diesen Bildungen aber vornehmlich auf Wirkung der Küstenbrandung und Uferströmung. Rügen beispielsweise und ähnlich Usedom sind als ursprüngliche Inselarchipele anzusehen, bestehend aus diluvialen oder auch Kreide-Landkernen, die von der Neubildung der Ostsee noch nicht zerstört sind; aber die Erzeugnisse der Zerstörung durch die Brandung wurden von der Strömung in die Sunde zwischen den Inselkernen geschwemmt, indem sich vornehmlich durch Küstenversetzung Haken und Nehrungen bildeten. Diese Vorgänge kann man nicht wohl als Meeresüberflutung darstellen. — Solche Kleinigkeiten lassen sich leicht in kommenden Auflagen bessern. Wichtiger wäre, wenn diese Zeilen zu eigenen Gedanken über die Gesamtanlage von Schullesebüchern der Erdkunde anregten. *F. Lampe.*

Tischendorf, Julius, Präparationen für den geographischen Unterricht an Volksschulen. 5 Teile. I. Das Königreich Sachsen. 5. Aufl. 8°, 192 S. Leipzig 1903, E. Wunderlich. 2 M.

Wenn der Verfasser in dem theoretischen Teile, den er seinen erdkundlichen Präparationen vorausschickt, vor dem Bestreben warnt, dem Schüler möglichst viel bieten zu wollen, da dies Verfahren nur zur Oberflächlichkeit und Flüchtigkeit führe und eine gründliche Behandlung des Stoffes ausschließe (S. 20), so muß man angesichts des in praktischen Teile dem Lehrer zur Durchnahme Empfohlenen sagen, daß gerade der Verfasser selbst in diesen Fehler verfallen ist. Wollte ein Lehrer — und man bedenke in einer Volksschule, die auch in Sachsen nicht allzuwenig Schüler haben dürfte — dies alles, was hier geboten wird, wirklich durchnehmen, so müßte er das Doppelte, wenn nicht das Dreifache der verfügbaren Zeit haben. Der Grund für den Fehler des Verfassers liegt m. E. in dem allzu großen Schematisieren, der überdies zur Langweiligkeit führen dürfte, sodann aber vor allem darin, daß Dinge mit hineingezogen sind, die mit der Erdkunde gar nichts zu tun haben. Man lese nur einmal die Überschriften zu den methodischen Einheiten, nach denen der Stoff gruppiert ist, und man wird dies leicht erkennen. Auf Einzelheiten einzugehen ist unmöglich; ich möchte nur erwähnen, daß z. B. auf S. 126 das bei Waldheim (im Flußgebiet der Zschopau) in einem ehemaligen Schlosse untergebrachte Zuchthaus dem Verfasser Veranlassung gibt, eine in fünf Abschnitte zerlegte sachliche Besprechung über das Zuchthaus folgen zu lassen! Ist das Erdkunde? Was ferner die Anordnung des Stoffes betrifft, so vermißt man jegliches geographische Einteilungsprinzip. Schließlich sei noch die Ansicht des Verfassers über das Kartenzeichnen hier erwähnt. Derselbe empfiehlt,

daß dem Zeichnen auf Schiefertafel und Wandtafel ein Nachzeichnen der Umrisse des Landes in der Luft durch die Schüler vorangehen solle. Wie denkt sich dies der Verfasser in einer vollen Klasse? Und hofft er auf wirklichen Erfolg?

Das Buch bedarf einer gründlichen Umarbeitung, soll wirklich Erdkunde, auch für das Heimatland, aus ihm gelehrt werden können. *Ed. Lentz.*

Tromnau, A., Schulerdkunde für höhere Mädchenschulen und Mittelschulen. I. Teil: Grundstufe B. Ausgabe für höhere Mädchenschulen. 5. Aufl. von K. Schlottmann. 8°, 114 S. Halle 1903, H. Schroedel. Geb. 80 Pf.

Die Behandlungsweise des Stoffes ist elementar und für Kinder, die im dritten bis sechsten Schuljahr stehen, zurechtgestutzt. Durch eingestreute Fragen soll zur Benutzung des Atlasses angeregt werden. Die Anordnung des Stoffes ist entsprechend den Lehrplänen so getroffen, daß von nächstgelegenen und bekannten Gegenden zu den entfernten und unbekannten fortgeschritten wird. Als Grundlage der Betrachtungsweise dient überall die physische Erdkunde, denen sich die politische an- oder eingliedert. Die Auswahl ist so getroffen, daß eine Überlastung des Gedächtnisses wohl ausgeschlossen erscheint. Wünschenswert wäre es, wenn bei einer Neuausgabe noch mehr Rücksicht auf den Ausdruck genommen würde. So kann man wohl kaum, um nur einiges anzuführen, von einer jährlichen Erleuchtung der Erde (S. 9) sprechen. Auch dürfte der Satz: »Der Augenschein lehrt, daß sich Sonne, Mond und Sterne in 24 Stunden einmal um die Erde schwingen« (S. 85) wohl kaum auf Zustimmung rechnen. Was die beigegebenen Bilder betrifft, so sind sie zwar so gewählt, daß sie möglichst einen Typus vertreten von dem, was besprochen ist, aber ihre Ausführung läßt sehr viel zu wünschen übrig. Und hierin muß bei späteren Auflagen entschieden Wandel geschaffen werden.

Im übrigen erhebt sich das Lehrbuch nicht über das Niveau vieler anderer. *Ed. Lentz.*

Bär, Adolf, Wirtschaftsgeschichte und Wirtschaftslehre in der Schule. Stoffe und Betrachtungen zur Ergänzung des Geschichtsunterrichts. 188 S. Gotha 1903, E. F. Thienemann.

Ein seltsames Buch, aber im guten Sinne. B. will, daß man unsere gebräuchlichen Geschichtsstoffe vom Standpunkt der Wirtschaftsgeschichte und Wirtschaftslehre aus untersuche und prüfe. Dabei aber sei nicht zu vergessen, daß die Wirtschaft nur eine Seite des nationalen Lebens sei neben Sprache, Kunst, Wissenschaft, Religion, Sitte, Recht und Staat, und demnach auch in diesen Beziehungen betrachtet und erforscht werden müsse. Bär folgt den Spuren Lamprechts auf dem Felde der Schule und mit Glück. Er strebt weniger ins Weite, sondern sucht vor allem darzulegen, wie viel Wertvolles die nächste Umgebung bietet, in der die Schüler stehen, aus der sie kommen, die zu verstehen lernen sollen: ein durchaus rühmlicher Grundsatz, der die »sinnliche Selbsterfahrung«, für die schon Comenius und die Philanthropinisten eintraten, zu ihrem ganzen Rechte kommen läßt und jenen haltlosen Geist aus den Köpfen der Zöglinge bannen hilft, den bloßes Dozieren über weit entlegene Dinge stets erzeugt. Darum haben wir auch an dem Buche die Ausführungen des II. Abschnitts über das Handwerk des Müllers und Schneiders in seiner früheren Gestalt, über die wirtschaftliche Volkslied die Flur- und Ortsnamen, Familiennamen und Sprich-

wörter in ihrer Bedeutung für die Wirtschaftskunde
ganz besonders gefallen. Ohne Zweifel sind Bärs
Darlegungen geeignet, den geschichtlichen und auch
den geographischen Unterricht anschaulicher, lebendiger und zugkräftiger auszugestalten. Nur darf
die Abschweifung nicht allzuweit gehen. Mit dieser
Mahnung zur Einschränkung für den einzelnen Fall
und die einzelne Örtlichkeit empfehlen wir die inhaltsreiche Schrift jedem Lehrer, der seinen Schülern
auf wirtschaftskundlichem Gebiet verständnisvoll Anregungen geben und ihnen an greifbar nahen Beispielen zeigen will, wie die heutigen Lebensverhält-
nisse vielfach mit der Vergangenheit zusammenhängen
und oft nur aus ihr heraus zu erklären sind.

Dr. Chr. Gruber.

Müller, P., Heimatkunde des Großherzogtums
Hessen. 10. verbesserte Aufl. Gießen 1904,
Emil Roth. 　　　　　　　　　　　　20 Pf.
Wollweber, V., (Karte vom) Großherzogtum
Hessen (1:600000). 16. Aufl. Gießen 1902,
Emil Roth. 　　　　　　　　　　　　20 Pf.
Wamser, A., Neue Karte vom Großherzogtum
Hessen (1:500000). 5. Aufl. Gießen 1903,
Emil Roth. 　　　　　　　　　　　　20 Pf.

In der zehnten, mit dem Ausgabejahr 1904 versehenen Auflage der Heimatkunde von Müller, ist die
neue Rechtschreibung bereits durchgeführt, sonst
finden sich gegen früher nur geringe Änderungen.
Das Buch wird besonders in hessischen Volksschulen
viel gebraucht, es bietet in topographischer Hinsicht
auch dem Lehrer hinreichend Stoff. Die methodische
Behandlung wird aber wohl mancher Lehrer etwas
anders gestalten, als es im Buche getan ist. Die
Aufzählung der nach Provinzen und Kreisen geordneten Orte bildet den Hauptteil. Wie in den
früheren Auflagen, so ist auch in der vorliegenden
ein vier Seiten umfassender geschichtlicher Abschnitt
enthalten, welcher von den frühesten Bewohnern
bis zur Gegenwart reicht. Auf Einzelheiten sei
hier nicht eingegangen; die auch in dieser Auflage
wiederkehrende Anmerkung auf S. 6: Der 50. Breite-
grad durchschneidet Mainz und der 9. Grad östl.
Länge (von Greenwich) Erbach usw. könnte endlich
verbessert werden.

Die Karte von Wollweber entspricht bezüglich
der Darstellung des Geländes nur geringen Ansprüchen.
Das in der neuen Auflage zugefügte hessische Wappen
sollte als Landesfarben doch nicht rosa — weiß
zeigen! — Die fünfte Auflage der Wamserschen
Karte gibt gegen die vierte ein im ganzen keines
Bild. Die in beiden Auflagen gewählte Darstellungsweise: eine Verbindung der Höhenschichten mit der
Reliefmanier bietet m. E. keinen Vorzug. *Ihne.*

Länderkunde von Thüringen. Ein Leitfaden
für die Hand der Schüler des dritten und
vierten Schuljahrs im Anschluß an das methodische Handbuch bearbeitet von R. Fritzsche,
Bürgerschullehrer in Altenburg. Mit einer
Karte von K. Bamberg und 20 Abbildungen.
2. Auflage. 8°, 44 S. Altenburg 1903, Druck
und Verlag von Oskar Bonde. 　　　60 Pf.

Der vorliegende Leitfaden gibt einen sehr brauchbaren Überblick der Geographie von Thüringen für
den heimatlichen Unterricht mit guten Abbildungen
im Texte und einer klaren Karte, die aber im Norden
den Harz nicht mehr mit umfaßt. An der Spitze
derselben stehen die natürlichen Unterabteilungen
Thüringens (Frankenwald und Thüringerwald, Harz,
nördliches und südliches Vorland des Thüringerwaldes
und östliches Thüringen), wobei der Verfasser hinsichtlich der Ausdehnung im Norden und Süden wohl
etwas weit geht, hierauf wird Thüringen als
deutsche Landschaft charakterisiert, sodann die
einzelnen thüringischen Staaten in knappen
Übersichten gewürdigt; ein Anhang bietet schließlich noch verschiedene für die Verarbeitung des
Stoffes wichtige Vergleiche und Zusammenstellungen
der Staaten, Städte, Berge, Flüsse des behandelten
Gebiets. Die Arbeiten des Referenten wurden in
ziemlich weitgehender Weise für diesen Leitfaden
benutzt, neben denen von F. Spieß, G. Brückner,
E. Amende und O. Bräunlich. — Zu erinnern wäre
die auffallende Form Holtemme für Holzemme
(S. 8) und hier und da die Ausdrucksweise wie z. B.
auf S. 6 der Satz: Der Ackerbau tritt auf dem
Thüringerwald zurück, weil es an der dicken
Erdkrume und an der nötigen Wärme fehlt, und
weil die Bestellung der Felder mit großen Schwierigkeiten verbunden ist. Das klimatische Moment ist
für die Abnahme des Anbaues doch wohl die Haupt-
ursache! 　　　　　　　　　　　　　　*Fr. Regel.*

Seyfert, R., Die Landschaftsschilderung. 8°, IV,
113 S. Leipzig 1903, E. Wunderlich. 2. M.

Ein fachwissenschaftliches und psychogenetisches
Problem nennt der Verfasser seine Schrift. Er beleuchtet dasselbe in einem allgemeinen Teile und zieht
hier zunächst die Grenzen zwischen der Beschreibung,
als einer durchaus sinnlichen Auffassung der Landschaft, und der Schilderung, der durchgeistigten,
gemütvollen Auffassung der Natur. Diese betrachtet
er als die bei weitem höhere Stufe, da sie sowohl die
wissenschaftliche Erkenntnis der inneren Beziehungen
zwischen den einzelnen Landschaftselementen, als auch
eine hohe sprachliche, ja künstlerische Fähigkeit des
Ausdrucks voraussetzt. Wie sich nun die Landschaftsschilderung allmählich von ihren ersten Anfängen
— von dem Altertum ist abgesehen — entwickelt
hat, wird sodann in einem kurzen allgemeinen historischen Überblick besprochen und dabei besonders
das malerische und dichterische Moment betont.
Dieser Überblick leitet den Verfasser dann weiter
zu der Frage, welchen Zweck die einzelnen geographischen Schriftsteller in ihren Werken verfolgt
haben, und kommt — hierin erblickt er das psycho-
genetische Problem — zu dem Ergebnis, daß den
anfangs allein herrschenden Nützlichkeitsstandpunkt
später der ästhetische und schließlich der wissenschaftliche mehr und mehr abgelöst hat. Zur höchsten
Entwicklung ist nach des Verfassers Ansicht derselbe
in Friedrich Ratzels Schriften gelangt, von dem er
insofern einen dauernden guten Einfluß erhofft, als
zahlreiche Schüler in des Meisters Spuren wandeln.

Der bei weitem größere Teil der Arbeit ist in
einem besonderen Abschnitt der Entwicklung der
Landschaftsschilderung in der heimatlichen Literatur
Sachsens gewidmet. Dieser Gedanke wird durch die
bezüglichen Schriften vom 16. bis ins 19. Jahrhundert
hinein verfolgt, und zahlreiche Proben sind aus ihnen
mitgeteilt. Wenngleich der Fortschritt vom einfachen
Sehen zum ästhetischen Genießen und weiter zur
künstlerischen Darstellung in Form und Inhalt anerkannt wird, so gilt dies doch dem Verfasser für
Sachsens Gebiet nur hinsichtlich der Behandlung einzelner Landschaften. Eine vollständige Heimatkunde
Sachsens fehlt noch, und mit dem Wunsche, diese
möchte in nicht zu ferner Zeit der Geographie Sachsens
beschert werden, schließt das Buch. 　　*Ed. Lentz.*

Geographische Literatur.

a) Allgemeines.

Archiv des Erdmagnetismus. Eine Sammlung der wichtigsten Ergebnisse der erdmagnetischen Beobachtungen in einheitlicher Darstellung. 1. Heft. Bearbeitet von Ad. Schmidt. 72 S. Potsdam 1903. 4.50 M.

Blochmann, R., Schätze der Erde. 318 S. Stuttgart 1903, Union. 6 M.

Brilloff, W., Praktische Geographie verbunden mit Geschichte, Staatslehre, Völkerkunde usw. 743 S. Dresden 1904, C. Damm. 8 M.

Gaebler, Ed., Neuester Handatlas für alle Teile der Erde. 136 K. Leipzig 1904, F. A. Berger. 5 M.

Gutheil, Arthur, Eine Frühlingsfahrt nach Süden. Reisebriefe. 81 S. Leipzig 1904, F. Luckhardt. 3 M.

Hartner, F., Hand- und Lehrbuch der niederen Geodäsie. Begr. von H., fortges. von Jos. Wastler, und in 9. Aufl. umgearb. und erweitert von E. Dolezal. 1. Bd., 1. Heft. 335 S. Wien 1903, L. W. Seidel & Sohn.

Haushofer, M., Bevölkerungslehre. (Aus Natur- und Geisteswelt 50.) 128 S. Leipzig 1903, B. G. Teubner. 1.25 M.

Hassmann, Karl, Die erdmagn. Elemente von Württemberg und Hohenzollern. Herausg. vom Kgl. Statist. Landesamt. 160 S. Stuttgart 1903, W. Kohlhammer. 6 M.

Jordan, W., Handbuch der Vermessungskunde. 1. Bd. Ausgleichungsrechnung nach der Methode der kleinsten Quadrate. 5. Aufl., durchges. von C. Reinhertz. 1. Lief. S. 1—320. Stuttgart 1904, J. B. Metzler. 7 M.

Klein, H. J., Führer am Sternenhimmel. 2. Aufl. 431 S., 7 Taf. Leipzig 1903, E. H. Mayer. 9 M.

Michow, H., Caspar Vopell und seine Rheinkarte vom Jahre 1558. 25 S., 1 K. Hamburg 1903, L. Friederichsen. 2 M.

Neudeck, G., Um die Erde in Kriegs- und Friedenszeiten. 226 S. Kiel 1904, Univ.-Buchh. 6 M.

v. Rüdgisch, Die militärische Geländebeurteilung und Geländedarstellung. 4. Aufl. 265 S. Berlin 1904, Liebel. 6 M.

Seekarten der K. deutschen Admiralität. 22. Frisches Haff, westl. Teil. 1 : 75000. 1.60 M. — 23. Dasselbe, östl. Teil. 2.20 M. — 51. Danziger Bucht und Frisches Haff. 1 : 150000. 1.45 M. — 207. Marianen. 1 : 2000000. 1.30 M. — 224. Deutsche Bucht, Fischereikarte. 1 : 1200000. 50 Pf. Berlin 1903, D. Reimer i. Komm.

Zehnder, L., Das Leben im Weltall. 125 S. Tübingen 1904, J. C. B. Mohr. 2.50 M.

Zöppritz, A., Gedanken über Eiszeiten, ihre Ursache, ihre Folgen und die Begleiterscheinungen. 80 S. Dresden 1903, H. Schulze. 1.60 M.

b) Deutschland.

Aus den coburg-gothaischen Landen. Heimatblätter. Herausgeg. von R. Ehwald. 76 S., ill. Gotha 1903, F. A. Perthes. 50 Pf.

Bauer, M., Vorläufiger Bericht über weitere Untersuchungen im niederhessischen Basaltgebiet. 5 S. Berlin 1903, G. Reimer in Komm. 50 Pf.

Becker, Aug., Wasgaubilder. 205 S. Kaiserslautern 1903, Thieme. 2 M.

Bielenberg, K., Süderau. Ein Beitrag zur Heimatkunde. 82 S. Krempe 1903. 80 Pf.

Carstens, H., Wanderungen durch Dithmarschen. 140 S. Lunden 1903. 1.50 M.

Das deutsche Volkstum. Herausgeg. von Prof. Dr. Hans Meyer. 2. Teil, 2. Aufl. 438 S., ill. Leipzig 1903, Bibliogr. Institut. 9.50 M.

Fontane, Th., Wanderungen durch die Mark Brandenburg. 2. Teil: Das Oberland, Barnim - Lebus. 7. Aufl. 506 S. Stuttgart 1903, J. G. Cotta. 6 M.

Haer, J. G., Frohuit. Bilder vom Bodensee. 210 S. Konstanz, E. Ackermann. 3.50 M.

Heßler, K., Hessische Landes- und Volkskunde. 2. Bd. Hess.Volkskde. 662 S. Marburg 1904, N. G. Elwert. 10 M.

Lennartz, Jos., Wanderungen durch die Eifel. 77 S. Aachen 1903, J. Kessels. 1 M.

Moritz, E., Die Nordseeinsel Röm. 210 S., 3 K. Hamburg 1903, L. Friederichsen. 6 M.

Stumpfe, E., Die Besiedlung der deutschen Moore mit besond. Berücksicht. der Hochmoor- u. Fehnkolonisation. 460 S., 4 K. Berlin 1903, G. H. Meyer. 12 (14) M.

Trinius, A., Thüringer Stimmungsbilder. 176 S. München 1903, G. Müller. 3 M.

Wagner, Ad., Stadt und Landkreis Schweidnitz. Ein Beitrag zur Heimatkunde. 2. Aufl. 75 S. Schweidnitz 1903, L. Heege. 30 (40) Pf.

c) Übriges Europa.

Andrees Neuer allgemeiner und österr.-ungar. Handatlas in 126 Haupt- und 131 Nebenkarten auf 189 Kartenseiten. Herausg. von A. Scobel. Wien 1904. M. Perles. 40 M.

Deninger, K., Reisetage auf Sardinien. 39 S., 6 Abb. Cassel 1903, Th. G. Fischer & Co. 1 M.

Fischer, Emil, Die Herkunft der Rumänen. 303 S., 4 Taf., 1 K. Bamberg 1904, Handelsdruckerei. 10 M.

Gempeler-Schletti, D., Heimatkunde des Simmentales. 503 S., 87 Illustr., 1 K. Bern 1904, A. Francke. 7.50 M.

Grade, A., Ortsverzeichnis von Rußland mit Finnland, Sibirien, Russ. Zentralasien und Kaukasien. 175 S. Leipzig 1903, C. E. Poeschel. 7.50 M.

Kissling, E., Die schweizerischen Molassekohlen westlich t. der Reuß (Beitr. zur Geologie der Schweiz, 2. Lief.). 76 S., 3 Taf. Bern 1903, A. Francke i. Komm. 4 M.

Koristka, K., Das östliche Böhmen, enth. das Adler-, das Grulicher und das Eisengebirge, sowie das ostböhmische Tiefland. 203 S. Prag 1903, F. Řivnáč i. Komm. 9 M.

Leuzinger, R., Reisekarte von Oberitalien. 1 : 900000. 5. Aufl. Zürich 1904, J. Meyer. 5 M.

Weinschenk, E., Beiträge zur Petrogr. der östl. Zentralalpen, Bd. III. München 1903, G. Franz i. Komm. 3 M.

d) Asien.

Deussen, P., Erinnerungen an Indien. 254 S. Kiel 1904, Lipsius & Tischer. 6 M.

Deusch, E. G., 16 Jahre in Sibirien. 326 S., ill. Stuttgart 1904, J. H. W. Dietz. 3.50 M.

Diest, W. v., Karte des nordwestl. Kleinasien in 4 Bl. 1 : 500000. Bl. B. Berlin 1903, A. Schall. 5 M.

Futterer, K., Durch Asien. Erfahrungen, Forschungen und Sammlungen während der vom Amtm. Dr. Holderer unternommenen Reise. Bd. III, 3. Lief. 161 S. Berlin 1903, D. Reimer. 10 M.

—, Geographische Skizze von Nordost-Tibet. 66 S., 2 K. Gotha 1903, Justus Perthes. 4.40 M.

Hedin, Sven v., Im Herzen von Asien. 10000 km auf unbekannten Pfaden. 556 u. 570 S., 407 Abb. Leipzig 1903, F. A. Brockhaus. 18 M.

Ninck, C., Auf biblischen Pfaden. Reisebilder aus Aegypten, Palästina, Syrien, Kleinasien und Griechenland und der Türkei. 6. Aufl. 416 S. Leipzig 1903, Exped. d. Deutsch. Kinderfreund. 10 M.

e) Afrika.

Kiepert, R., Karte von Deutsch-Ostafrika in 29 Bl. 1 : 300000. Bl. F. 5. Mahenge-Station. Berlin 1903, D. Reimer. 2 M.

Ottmann, V., Von Marokko nach Lappland. 256 S., 32 Taf. (Bildk. d. Reisen, 1. Bd). Stuttgart 1904, W. Spemann. 4 M.

Stengel, K., Frhr. v., Der Kongostaat. Eine kolonialpol. Studie. 55 S. München 1903, C. Haushalter. 75 Pf.

f) Amerika.

Goebel, Jul., Das Deutschtum in den Ver. Staaten von Nordamerika. 90 S. München 1904, J. F. Lehmann. 1.60 M.

Heymann, R., U. S. A. Persönliche Erlebnisse und übersichtliche Betrachtungen. Amerikanische Reisebeschreibung. 161 S. Wüstegiersdorf 1903, M. Jacob i. Komm. 3 M.

Peri, Alb., Durch die Urwälder Südamerikas. 235 S., ill. Berlin 1904, D. Reimer. 8 M.

g) Australien und Südseeinseln.

Kotze, Stef. v., Australische Skizzen. 318 S. Berlin-Charlottenburg 1903, Verlag Kontinent. 4 M.

h) Polarländer.

Arctowski, H., Die antarktischen Eisverhältnisse. Ausz. aus meinem Tagebuch der Südpolarreise der »Belgica« 1898/99. 1 K. ill., 121 S. Gotha 1903, Just. Perthes. 7 M.

Kann, L., Eineinhalb Jahre in Nordpolarregionen. 76 S. Wien 1903, M. Perles. 1.20 M.

i) Geographischer Unterricht.

Bauer, M., Lehrbuch der Mineralogie. 2. völlig neu bearb. Aufl.924 S. m.670 Fig. Stuttgart 1904, E.Schweizerbart. 15 M.

Becker, Ant. u. Jul. Mayer, Lernbuch der Erdkunde. 2. Teil. Mit reich. Lesestoff, ill., Taf. u. K. Wien 1903, F. Deuticke. 4 M.

Daniel, H. A. und Berth. Volz, Geogr. Charakterbilder. 4. Teil. Geogr. Charakterbilder. 2. Aufl. 449 S., ill. Leipzig 1903, O. R. Reisland. 6 M.

Gerasch, A. und E. Pendl, Geogr. Charakterbilder aus Oesterreich - Ungarn. Die Kerkafälle. — Prag. — Der Semmering. Wien 1903, A. Pichlers Witwe. 3 M.

Graf, M., V. Loeßl und Dr. Fr. Zwerger, Leitfaden für den Geogr. Unterricht an Mittelschulen. 2. Teil. Mitteleuropa. 2. Aufl. 105 S., ill. München 1903, R. Oldenbourg. 90 Pf.

Gruber, Chr., Geographie als Bildungsfach. 156 S. Leipzig 1904, B. G. Teubner. 2.80 M.

Grundscheid, C., Vaterländische Handels- und Verkehrsgeographie, in begründend vergleichender Methode nach neuen statistischen Angaben für Handelslehranstalten, höhere und mittlere Schulen und zum Selbstunterricht. 2. Aufl. 188 S. Langensalza 1903, H. Beyer & Söhne. 2.60 M.

Heinze, H., Phys. Geographie nebst einem Anhang über Kartographie f. Lehrerbildungsanstalten u. andere höhere Schulen. 2. Aufl. 132 S. Leipzig 1904, Dürrsche Buchh. 2 M.

Imendörffer, B., Lehrbuch der Erdkunde für Mädchenlyzeen und verw. Lehranstalten. 1. Teil. I.—III. Kl. 205 S. Wien 1903, F. Tempsky. 3 M.

Jenkner, H., Rätsel aus Erd- und Himmelskunde. 59 S. Berlin 1903, Vaterländ. Verlags- und Kunstanst. 1.50 M.

Kaulich, Joh., Landeskunde von Mähren. 2. Aufl. 101 S., K. u. Illustr. Wien 1903, R. Lechners Sortiment.

Krümmel, O., Ausgew. Stücke aus den Klassikern der Geogr., f. d. Gebrauch an Hochsch. zusammengestellt. 1. Reihe: Aus A. v. Humboldt, Carl Ritter, Oscar Peschel u. E. v. Sydow. 174 S., 8 Abb. Kiel 1904, Lipsius & Tischer. 2.50 M.

Lehmann, Adolf, Geographische Charakterbilder. 2 Tafeln. Der Schwäbische Jura. — Das Siebengebirge. Leipzig 1903, F. E. Wachsmuth. Je 1.40 M.

—, Geographische Charakterbilder. Neapel vom Klostergarten nach San Martino gesehen. Leipzig 1903, F. E. Wachsmuth. 1.40 M.

Literaturnachweis für die Vorlesungen über Heimatkunde an der Kgl. Akademie zu Posen. 24 S. Lissa 1903, F. Ebbecke. 40 Pf.

Merth, Bernh., Kleine Landeskunde des Erzhgt. Oesterreich unter der Enns. 3. Aufl. 124 S. Korneuburg 1903, 1. Buchdr.-Genoss. 1 M.

Obst, B., Heimatkunde des Kreises Filehne. 20 S. Lissa 1904, F. Ebbecke. 20 Pf.

Richter, J. W. Otto, Wanderungen durch das deutsche Land. Skizzen für unsere Jugend. 2. Im Donaugebiet. — Von der Rhön bis zur Nordsee. 158 S., ill. — 3. Von der unteren Elbe bis zur böhmischen Grenze. — Von Oberschlesien bis zur Ostsee. — Durch die Provinz West- und Ostpreußen bis zur russischen Grenze. 176 S., ill. Glogan 1903, C. Flemming. Je 2 M.

Rothaug, J. G., Grundriß der Geographie für Bürgerschulen. Einteil. Ausg. 2. Aufl. 174 S., ill. Wien 1903, F. Tempsky. 1.80 M.

—, Oesterreichischer Schul-Atlas. Nach method. Grunds. bearb. Ausg. f. Niederösterreich. 2. verb. Aufl. 25 K. Ebenda 1903. 1.90 M.

—, Dasselbe. Ausg. mit statist. Größenbildern. 2. Aufl. 25 K. Ebenda 1903. 2.20 M.

Ruge, S., Geographie, insbes. für Handels- und Realschulen 14. umgearb. u. verb. Aufl. 383 S. Leipzig 1904, Dr. Seele & Cie. 3.60 M.

Rusch, Gust., Lehrbuch der Erdkunde für österr. Mädchenschulen. 3. Teil f. d. III. bis V. Kl. 253 S., ill. Wien 1903, A. Pichlers Witwe. 3.20 M.

—, Lehrbuch der Geogr. für österr. Lehrer- u. Lehrerinnen-Bildungsanstalten. 2. nach d. neuen Rechtschr. hergest. Abdr. 318 S., ill. Ebenda 1903. 3.50 M.

—, Leitfaden für den Unterricht in der Geogr. f. österr. Bürgerschulen bearb., 2. Teil. 9. Aufl. nach d. neuen Rechtschr. 119 S. Ebenda 1903. 1.70 M.

Seyferth, Paul, Leitfaden der Erdkunde f. höhere Lehranstalten. 2. Lehrstoff f. Obertertia und Untersekunda. 153 S. 1.60 M. — 3. Lehrstoff f. d. Oberklassen. 66 S. 80 Pf. Langensalza 1903, H. Beyer & Söhne.

Tischendorf, J., Geographie. II. Das deutsche Vaterland. 14. Aufl. 254 S. Leipzig 1903, E. Wachsmuth. 2.40 M.

—, Geographie. IV. Europa. 13. u. 14. verm. Aufl. 294 S. Ebenda 1904. 2.40 (2.80) M.

Uhle, W., Lehrb. der Erdkunde f. höh. Schulen. Ausg. A in zwei Teilen. 2. Teil f. d. mittl. u. oberen Klassen. 4. Aufl. 339 S. m. K. u. Illustr. Leipzig 1904, O. Freytag. 3 M.

Wehrmann, Mart., Landeskunde der Provinz Pommern. 4. Aufl., ill. Breslau 1904, F. Hirt. 50 Pf.

Weigeldt, Paul, Aus alten Erdteilen. Komm. z. Adolf Lehmanns Geogr. Charakterbildern. 3. Heft. Aus Europa. 96 S., ill. Leipzig 1903, F. E. Wachsmuth. 1.20 M.

Weingartner, L., Grundzüge der Erdbeschreibung für die I. Klasse der Mittelschulen. 3. umgearb. Aufl. 84 S. Wien 1903, Manz. 1.40 M.

k) Zeitschriften.

Deutsche Rundschau für Geographie und Statistik. Herausg.: Prof. Dr. Fr. Umlauft; Verlag: A. Hartleben. Wien. 26. Jahrg. 1904.

Heft 3. Crola, An den Gestaden des George- und des Champlainsees. — Scharrpfeil, Die Kaffee- und Tabakkultur in den beiden deutschen Kolonien Deutsch-Ostafrika und Kaiser-Wilhelms-Land. — Winter, Die Araberin. — Henz, Die abflußlosen Gebiete der Erde.

Geographische Zeitschrift. Herausg.: Prof. Dr. Alfred Hettner; Verlag: B. G. Teubner, Leipzig. 9. Jahrg. 1903.

Heft 12. Hahn, Die Weltstellung Yemens. — Krug-Genthe, Die Geographie in den Vereinigten Staaten. II. Die Schulgeographie. — Wagner, Vorschläge zur Vervollstän-

digung offizieller Arealangaben. — Derselbe, Die IX. Tagung des Intcrnat. Statist. Instituts zu Berlin. 21.—26. Sept. 1903.

Globus, Illustrierte Zeitschrift für Länder und Völkerkunde. Herausg.: H. Singer; Verlag: Vieweg & Sohn, Braunschweig. Bd. 84.

Nr. 20. Bätz, Zur Psychologie der Japaner. — Szombathy, Der diluviale Mensch in Europa. — Zur Benennung der Reliefformen des Ozeans.

Nr. 21 (Kolonialnummer). Finsch, Papuatöpferei. — Singer, Das Vordringen der Franzosen in der westlichen Sahara. — Oentz, Die Mischlinge in Deutsch-Südwestafrika. — Das marokkanische Heer. — Die neue Republik Panama.

Nr. 22. v. Negelein, Die Stellung des Pferdes in der Kulturgeschichte. — Die künstlichen Höhlen Mitteleuropas, ein ungelöstes Rätsel. — E. M., Sprichwörter der Oberlausitzer Wenden. — Oppert, Buddha und die Frauen.

La Géographie. Bulletin de la Société de Géographie. Herausg.: Hulot et Rabot; Verlag: Masson et Cie., Paris. VIII. 1903.

Nr. 5. Peary, Quatre ans de lutte vers le Pôle. — de Mathuisieulx, Une mission en Tripolitaine. — Schmidt, La végétation de l'île Kouchang dans le golfe de Siam. — Fahre, La dissymétrie des vallées et la loi dite de Baer, particulièrement en Gascogne.

Revue de Géographie. Herausg.: Ch. Delagrave. XXVII. Jahrg. 1903.

Decembre. Lebland, Les États-Unis d'Amérique. — Oonnaud, Aperçus sur la Birmanie. — Berré, Les Philippines. — P. B., Porto-Rico. — Brisse, Les Dardanelles. — Regelsperger, Mouvement géographique.

Rivista Geografica Italiana e Bollettino della Società di Studi Geografici e Coloniali in Firenze. X. 1903.

IX. Povena, Le due Italie. — Almagià, La dottrina della marea nell'antichita classica. — La Geografia al Congresso nazionale dell'emigrazione temporanea di Udine. — Alfani, Osservatorio di Ximeniano di Firenze. — Marinelli, L'introduzione geografica ad una Storia della Franzia. — Castellani, Lettere dall'Uganda.

The Geographical Journal. Vol. XXI. 1903.

December. Evans, Expedition de Caupolican Bolivia 1901—1902. — Peary, Four Years' Arctic Exploration 1898—1902. — Markham, Exploration of Fluvial Highways iu Peru. — Holdich, The Alaska Boundary. — Church, The Republic of Panama. — National Antarctic Expedition.

The National Geographic Magazine. Vol. XIV.

Nr. 11. Panorama of the Wrangell Mountains. — Menku-Hall, Thre Wrangell Mountains Alaska. — Rubber Plantations in Mexico and Central America. — The Ziegler Polar Expedition. — Burritt, The Work of the Mining Bureau of the Philippine Islands. — Record ascents in the Himalayas. — The New Cone of Mont Pelée. — Richard Urquhart Goode.

The Scottish Geographical Magazine. XIX. 1903.

Dezember. Peary, North Polar Exploration. — The Mapping of India. — Correspondence.

Tijdschrift van het Koninklijk Nederlandsch Aardrijkskundig Genootschap. Herausg.: A. L. Van Hasselt; Verlag: E. J. Brill, Leiden. Tweede Serie, Deel XX. 1903.

Nr. 6. Beekman, Nomina Geographica Neerlandica uit een geographisch oogpunt beschouwd. — Enthoven, Geographische plaatsbepalingen. — Een doctoraat in de aardrijkskunde. — Rodenburg, 't Verslag der Kamer van Koophandel te Amsterdam over 1902. — Een tocht naar Apo-Kajan in Centraal-Borneo. — v. Hasselt, Goniëexpeditie. — Achtste international aardrijkskundig congres.

Wandern und Reisen. Illustr. Zeitschrift für Touristik, Landes- und Volkskunde, Kunst und Sport. L. Schwann, Düsseldorf. 1. Jahrg. 1903.

Heft 23. Titzenthaler, Kreuz und Quer durch Korsika. — Rikli, Aus den kursischen Volksleben. — Deledda, Die ersten Leoneddas. — W. Hoerstel, Aus dem sardischen Volksleben. — Müller-Röder, Grazia Deledda.

Heft 24. Schuster, Die Besteigung des Elbrus. — Jensen, Winterliche Wattenfahrten und Wanderungen am Meeresstrand. — Ziegler, Weihnachten bei den Sachsen in Siebenbürgen. — Hobrath, K W 54. — Queitsch, Aus dem Isergebirge. — Schwabe, Winterzauber. — Mader, Josefes Christnacht.

Zeitschrift der Gesellschaft für Erdkunde zu Berlin. 1903.

Nr. 8. Voeltzkow, A., Berichte über eine Reise nach Ostafrika zur Untersuchung der Bildung und des Aufbaues der Riffe und Inseln des westlichen Indischen Ozeans. — Halbfaß, W., Die Morphometrie der europäischen Seen.

Nr. 9. v. Richthofen, Triebkräfte und Richtungen der Erdkunde im 19. Jahrhundert. — Schjerning, Studien über Isochronenkarten. — Halbfaß, Die Morphometrie der europäischen Seen.

Aufsätze.
Der Landverlust der mecklenburgischen Küste.
Von Dr. Georg Wigand - Rostock.

Es ist eine bekannte Tatsache, daß die deutsche Ostseeküste gegenwärtig im Abbruch liegt und jährlich ein mehr oder minder größerer Teil derselben von den Wellen abgerissen und fortgespült wird. Diese jährlichen Abschwemmungen summieren sich im Laufe der Jahre und haben schon oft nach kaum einem Menschenalter erhebliche Beträge erreicht. So ist beispielsweise am Brothener Ufer bei Travemünde ein großer Stein, der 1880 noch an der Unterkante des Steilufers lag, in 21 Jahren 27 m von derselben entfernt und 15 m weit im Wasser gefunden worden. Bei Warnemünde ragt bei niedrigem Wasserstand ein großer Stein ungefähr 120 m vom Steilrand der Stoltera aus der See hervor, um welchen vor etwa 80—100 Jahren beim Bestellen des Landes noch herumgepflügt wurde. Der aus langjährigen Beobachtungen berechnete Durchschnittswert für das jährliche Zurückweichen der Küstenlinie vom Samlande bis zum Brothener Ufer bei Travemünde schwankt zwischen 0,42 m (bei Colberg) und 1,8 m (bei Cranz). Da dieser Landverlust eine große nationalökonomische Bedeutung hat, so ist eine genaue Feststellung der Beträge, der Ursachen und der ev. Schutzvorkehrungen, wie sie E. Geinitz in seiner Abhandlung: »Der Landverlust der mecklenburgischen Küste[1]« gibt, in mehrfacher Beziehung erwünscht. Wie schon der Titel angibt, erstrecken sich zwar seine Nachforschungen auf diesem Gebiet speziell auf die mecklenburgische Küste, trotzdem wird man nicht fehl gehen, wenn man den von ihm hier veröffentlichten Beobachtungen und Folgerungen für das Gebiet der deutschen Ostseeküste eine allgemeine Gültigkeit zuschreibt. Das Material, welches dem Verfasser außer seinen langjährigen eigenen Beobachtungen zu Gebot stand, fand sich in Akten, mündlichen und brieflichen Mitteilungen, hauptsächlich aber in zahlreichen Karten, besonders Vermessungskarten von Gütern, die von 1770 bis in die neueste Zeit vorhanden sind und äußerst wertvolle Aufschlüsse geben, wie dies aus einigen beigefügten Karten und Profilen ersichtlich ist.

Bei dem Zerstörungsprozeß an der Ostseeküste kommen wesentlich zwei Momente in Betracht: Die Arbeit der Atmosphärilien (und des Grundwassers) und diejenige der Wellen; sehr häufig greifen beide bei ihrer Aktion ineinander. Durch Wind, Regen und Schmelzwasser werden Sand und Schlamm losgelöst und bis an den Strand bewegt, wo sie leicht von den Meereswellen abgeschwemmt werden. Einen großen Anteil an der Zerstörung der Steilufer haben noch der Frost und der Antau. Das in die Fugen des Geschiebemergels einsickernde Tageswasser sprengt beim Gefrieren leicht die Massen auseinander und befördert das Abstürzen, Losbröckeln oder Fortschwemmen derselben. Beim Auftauen des Bodens rutscht oder fließt die weiche Masse (Geschiebemergel oder Sand und Ton) oft in Strömen bis in die See hinein, ein Passieren der Stelle unmöglich machend, bis Menschenhand oder die überspülenden Wogen diese Trümmermassen hinwegräumen. Die zerstörende Arbeit der Wellen tritt besonders ein bei den Herbst- und Frühlingsstürmen, am schlimmsten bei den in mehr oder weniger großen Pausen erfolgenden Sturmfluten. Wenn diese letzteren auch momentan gewaltige Uferschäden

[1]) Mitteilungen a. d. Großh. Meckl. Geolog. Landesanstalt. XV. 27 S., 15 Taf. Rostock 1903.

herbeiführen, so ist doch gerade die Schwemmarbeit der Wellen im Herbst und Frühling die bedeutendste, da sie den dauernden jährlichen Landverlust herbeiführt. Bei der Abspülung der Festlandteile spielt auch die petrographische Beschaffenheit der Massen und ihre Lagerung und Struktur eine Hauptrolle. Geinitz erläutert dies an einer Reihe von treffenden Beispielen und gibt hierzu wie auch zur Veranschaulichung der Wirkung von Atmosphärilien und Wellen eine Reihe von äußerst instruktiven Abbildungen, die nach sehr guten meist von ihm persönlich aufgenommenen Photographien hergestellt sind.

Hinsichtlich der Beschaffenheit der Ufer (es kommen im wesentlichen nur die Steilufer in Betracht) sind drei Typen zu unterscheiden: Geschiebemergelufer, dann solche mit Einlagerungen von geschichtetem Sand, Kies und Ton, und drittens Sandufer. Natürlich lassen sich hier, durch Lagerung und andere Einflüsse bedingt, noch eine Reihe von Unterabteilungen und Besonderheiten nachweisen, die ebenfalls eingehend und fachmännisch behandelt sind. Von besonderem Werte war es für den Verfasser, an der ganzen mecklenburgischen Küste die Wirkungen der Sturmflut vom April d. J. beobachten zu können, nachdem er erst kurz vorher fast die ganze Strecke besichtigt hatte.

Nach der tabellarischen Übersicht, die sich in der Zusammenfassung und den Schlußfolgerungen findet, beträgt der Landverlust an der mecklenburgischen Küste in 100 Jahren ca 30 Millionen Kubikmeter. Dieser Verlust erstreckt sich nur auf die hohen Ufer, nicht auf die der Buchten und abflachenden Küsten und wird in früheren Zeiten wahrscheinlich bedeutender als jetzt gewesen sein. Die Küstenlinie wich in 100 Jahren am wenigsten zurück bei Schwansee-Brook (Geschiebemergel) mit 11 m, am meisten bei Müritz-Torfbrück (Heidesand der Rostocker Heide) mit etwa 100 m. Auf die Frage: was wird nun aus der Masse des abgebröckelten Landes, wird sie benutzt, um als Ersatz des Verlustes an anderen Stellen neues Land zu bilden? ergibt sich, daß die abgespülten Massen einem natürlichen Schlammprozeß unterworfen werden. Geschiebemergel und Ton werden ausgeschlemmt, die feinsten Teilchen weit hinaus fortgeführt, der Sand durch Küstenströmungen transportiert, bis er als Sandbank oder sandiges Neuland zur Ruhe kommt. Die großen Steine und Blöcke bleiben liegen oder werden als Gerölle zu Uferdämmen aufgeworfen (Heiliger Damm). Da, wo der Sand angeschwemmt wird, erhalten wir aber nur niedriges Ödland. Einen Vorteil bietet der angeschwemmte Sand nur da, wo er am Ufer Dünen bildet, zumal unter Beihilfe des Menschen (unter dem Schutze von Buhnenbauten), und hier natürliche Wellenbrecher als Schutz gegen andringendes Hochwasser abgibt. Schaden richtet er an, wo er die Versandung der Fahrrinnen herbeiführt, wie z. B. im Hafen von Warnemünde, wo man diesem Übelstand durch Buhnenbauten und Verlängerung der Molen zu steuern sucht. Geinitz gibt dann noch einen Überblick über die geologische Vergangenheit und die Wandlungen des Ostseegebiets und des jetzigen Festlandufers in der Diluvialzeit und zieht dabei naturgemäß das Relief des jetzigen Meeresbodens in den Kreis seiner Betrachtungen.

Die Frage, wie dem Verlust des Küstenlandes abzuhelfen sei, will Geinitz als Geolog nicht beantworten, wohl aber sollen seine Erfahrungen und Beobachtungen den fachmännischen Arbeiten bedeutsame Anregungen geben. Bei einer Abhilfe der Schäden ist deshalb sowohl die Zerstörung durch die Atmosphärilien wie diejenige durch den Wogenschlag zu berücksichtigen. Es empfiehlt sich bei Geschiebemergelufern eine Sicherung durch Abböschen und Bepflanzen. Sandufer müssen eine sehr flache Böschung haben. Hierbei handelt es sich also darum, das Stück, welches sonst nach und nach verschwemmt wird, auf einmal abzutragen und so einen Schutz für die dahinter liegenden Strecken zu schaffen. Bei den Sandab- bzw. Anspülungen haben Pfahlreihen, die je nach der Beschaffenheit der Strömung und unter Berücksichtigung der gefährlichen Windrichtung senkrecht oder parallel zum Ufer zu ziehen sind, guten Zweck, da sie den Sand festhalten und neues Ufer schaffen helfen. Unter Umständen, besonders bei rasch abfallendem Meeresgrund, empfehlen sich gut fundierte Mauerwerke, die sich natürlich in bezug auf Arbeit und Herstellungskosten viel teurer stellen. Jedenfalls ist bei allen Schutzbauten eine vorherige geologische Beurteilung der in Frage kommenden Stellen unerläßlich.

※

Der gegenwärtige Stand der deutschen Kolonien in Zahlen ausgedrückt.

Von H. Seidel - Berlin.

Zu den am meisten umstrittenen Teilen im Reichsetat gehören fast regelmäßig die Forderungen für unsere Kolonien. Erst in jüngster Zeit hat sich darin einiger Wandel gezeigt, da selbst unsere schärfsten Gegner zugeben müssen, daß die wirtschaftliche Entwicklung des überseeischen Deutschlands im Aufschwung begriffen ist. Dieser Fortschritt läßt sich aus den Handelsbilanzen der einzelnen Schutzgebiete sowie aus den Posten des Kolonialetats mit Sicherheit nachweisen. Etwaige Ausnahmen können trotz ihres Gegengewichts dem Gesamtresultat keinen erheblichen Abbruch tun.

Das kleine Togo, das schon in Bismarcks Tagen mit Überschüssen aufzuwarten vermochte, ist jetzt zum zweitenmal in der Lage, alle Bedürfnisse aus eigenen Mitteln zu decken. Die Selbsteinnahmen, die 1899 rund 600000 M. betrugen, sind heuer mit 1605000 M. angesetzt oder eine halbe Million mehr als im Vorjahr. Reichszuschüsse hat Togo bisher nur viermal beansprucht und zwar von 1899 bis 1902. Sie erreichten eine Summe von 2,4 Mill. M. Der Totalwert des Handels nach Einfuhr und Ausfuhr stieg in derselben Zeit von 5,9 Mill. M. auf 10,4 Mill. M.

Bei Kamerun hat sich durch die politischen Wechselfälle und sonstige Störungen der Fortgang nicht so gleichmäßig vollzogen. Auch ist hier noch immer ein Zuschuß vonnöten, der aber von Jahr zu Jahr erfreulich abnimmt. Er bemaß sich für 1901 noch auf 2,40 Mill. M., für 1902 auf 2,20 Millionen, sank 1903 auf 1,58 Millionen und ist für 1904 nur mit 1,4 Mill. M. veranschlagt. An Selbsteinnahmen für dieses Jahr stehen 2,68 Mill. M. in Rechnung. Das Verhältnis zwischen Zuschuß und Einnahmen lautet demnach fast wie 5:10 gegen 8:10 für 1903. In den Vorjahren 1902 und 1901 hieß es noch 12:10 und 16:10. Ein Fortschritt ist also nicht zu verkennen, wenngleich die neueste Steigerung nur durch ein teilweises Verdoppeln der Zollsätze ermöglicht wird. Die Handelsbilanz unterlag einer Schwankung, indem auf die Höhe von 20,1 Mill. M. in 1900 ein Rückschritt auf 15,2 Mill. M. in 1901 erfolgte. Dieses Minus ist 1902 beinahe ausgeglichen, da wir für dieses Jahr auf 19,6 Mill. M. gestiegen sind. Für 1903 ist ein weiteres Anwachsen in Aussicht.

Selbst das schwergeprüfte Südwestafrika nimmt an der Aufwärtsbewegung teil. Seine Handelsbilanz ist leider noch unstät, weil der Export erst mit dem Abbau der Kupferminen in geregelte Bahnen einlenken wird. Die Einfuhr und Ausfuhr für 1898 erbrachte 6,7 Mill. M., 1899 infolge des Bahnbaues schon 10,3 Mill. M., dann 7,9 Millionen, 11,3 Millionen und endlich 10,8 Mill. M. für 1902. Um so stetiger sieht es bei den Selbsteinnahmen aus. Sie haben sich 1901 von 1,6 Mill. M. auf 1,8 Millionen (für 1902), 2,17 Millionen (für 1903) und jetzt auf 2,72 Millionen für 1904 gehoben, dies aber auch durch ein verschärftes Anziehen der Zölle. Die Zuschüsse sind ebenso stetig gesunken, nämlich von 9,1 Mill. M. in 1901 auf 7,6 Millionen in 1902, auf 6,26 Millionen in 1903 und 5,4 Millionen im neuen Etat. Leider macht uns jetzt der Herero-Aufstand einen argen Querstrich durch die schöne Zukunftsrechnung.

Auch bei Deutsch-Ostafrika lassen sich gewisse Lichtpunkte unschwer aufzeigen. Allein im ganzen betrachtet, gewährt die Kolonie noch längst kein erfreuliches Bild. Die Selbsteinnahmen verraten diesmal zwar ein geringes Plus gegen 1903, das mit seinen 3 Mill. M. hinter 1902 um rund 100000 M. zurückblieb. Jetzt erwartet man 3,45 Mill. M. Trotzdem fordert der Etat 6,18 Mill. M. Zuschuß. Das ist seit 1900 mit seinen 6,7 Mill. M. der zweithöchste Zuschuß, der je für die Kolonie verlangt wurde. Und diese Summe ist, recht besehen, noch viel zu winzig, um eine durchgreifende Besserung zu schaffen. Der Kolonie fehlt es bekanntermaßen an Eisenbahnen, vor allem an der Linie zum Nyassa, ohne deren Ausbau eine wirtschaftliche Entwicklung des riesigen Landes gar nicht zu erhoffen ist. Leider weiß der Etat von solchen-Forderungen nichts. Die Folgen dieser Politik zeigen sich in der Handelsbilanz. ·· Wir stehen hier fast auf demselben Punkte wie 1897, als der Gesamtwert der Ein- und Ausfuhr 13,9 Mill. M. betrug; für 1902 haben wir 14,1 Millionen oder genau soviel wie 1901. Die höchsten Sätze fanden sich bisher bei 1900 und 1898 und zwar 15,7 Mill. bzw. 16,2 Mill. M. Hier ist also ein Rückgang wohl nicht zu leugnen. Wir dürfen indes über dieser unerquicklichen Tatsache nie vergessen, was in der Kolonie im einzelnen an

2a*

Straßen, Telegraphenlinien, Stationen, Pflanzungen und kommunalen Werken aller Art geleistet ist, oft mit den bescheidensten Mitteln, damit unser Urteil nicht gar zu trüb werde.

Bei den pacifischen Schutzgebieten scheiden die Marshall-Inseln in gewisser Hinsicht aus, da für sie von Jahr zu Jahr ein Sonderetat mit der Jaluit-Gesellschaft verabredet wird, dessen Lasten die Gesellschaft zu decken hat. Sie ist diesen Verpflichtungen stets gerecht geworden und hat sich dabei noch in der glücklichen Lage befunden, seit geraumer Zeit erst 10, dann 12 Proz. Dividende an ihre Teilhaber auszahlen zu können.

Für Deutsch-Neuguinea ist ein Zuschuß nötig, der von 882500 M. im Vorjahr auf 907500 M. für 1904 gestiegen ist. Damit stehen wir fast auf dem Satze von 1901. Die Selbsteinnahmen sind auf 108500 M. bemessen oder 1000 M. mehr als 1903. Sie haben sich danach seit 1900 um 20000 M. gebessert. Für die Karolinen und Marianen rechnet der Etat auf 160000 M. eigene Einnahmen. Davon sind aber 100000 M. aus den auf 222000 M. bezifferten Ersparnissen des Jahres 1902 herübergenommen. Der Rest setzt sich teils aus direkten Steuern, teils aus Abgaben, Gebühren und sonstigen Eingängen zusammen und weist dabei in allen Posten eine Vermehrung auf. Der Reichszuschuß, dessen man trotzdem bedarf, stellt sich auf 160000 M. oder 209000 M. weniger als für 1903. Die Handelsbilanz geht aus folgenden Zahlen hervor: Neu-Guinea und der Bismarck-Archipel hatten nach der statistischen Übersicht in den Reichstagsdenkschriften vom 3. Dezember 1903, Anlagen, S. 422, für 1901 eine Einfuhr von 1,65 Mill. M. und für 1902 von 2,21 Mill. M. Die Ausfuhr betrug zur selben Zeit 1,40 Mill. bzw. 1,12 Mill. M. Der Gesamtwert beider Posten erreichte 1901 schon 3,05 Millionen und 1902 — durch den vermehrten Import — 3,33 Mill. M. Weiter als bis 1901 können wir in diesem Falle nicht zurückgreifen, da noch in der vorjährigen »Denkschrift« geklagt wird, daß »fortlaufende und vergleichbare Zahlen« früher nur für den Bismarck-Archipel zu erlangen gewesen seien.

Auf den Karolinen und Marianen ergab sich für 1901 eine Bilanz von 1,07 Mill. und für 1902 mit kleiner Steigerung 1,32 Mill. M. Daß im einzelnen gelegentlich Schwankungen vorkommen, hier Zunahmen und dort Abnahmen, zuweilen im jähen Wechsel, ist bei einem so weitläufigen und erst in den Anfängen der wirtschaftlichen Entfaltung stehenden Gebiete nicht zu verwundern. Für die Marshall-Inseln haben wir seit Jahren einen ziemlich konstanten Satz für Einfuhr und Ausfuhr. Sie belaufen sich rund auf je 500000 M. oder in Summa auf 1 Million, zuzeiten schon etwas mehr. Für die Handelsstatistik Samoas liegt eine ausführliche Übersicht vor, die bis auf das Jahr 1891 zurückgeht. Danach hat sich der Betrag, von gewissen unvermeidlichen Rückschlägen abgesehen, fast ununterbrochen gesteigert. Das Jahr 1898 bezeichnete mit 3,55 Mill. M. einen Höhepunkt in dieser Reihe, weil mit Beginn der deutschen Herrschaft zunächst ein Nachlassen zu bemerken war. Dieses trat 1901 bei 2,6 Mill. M. am deutlichsten auf, ist aber überwunden, da wir für 1902 schon 4 Mill. M. eingetragen finden. Vorläufig gehört Samoa noch zu den Kostgängern des Reiches. Es hat 1900 einen Zuschuß von 52000, 1901 von 169000, dann von 170000 und 250000 Mark benötigt, soll aber für 1904 etwas weniger, nämlich 235480 M. erhalten. An eigenen Einnahmen erzielte es 1900 gegen 217000 M., danach 325000, 271000, 291000 und jetzt 350000 M. Hoffentlich wird dieser Zustand, also das Wachsen der Einnahmen bei gleichzeitiger Verminderung der Zuschüsse, fortan Lebensregel für Samoa.

In Deutsch-China sind die Beihilfen durch das Mutterland noch immer am größten. Sie betrugen 1903 über 12,95 Mill. M. und sind für 1904 auf 12,58 Mill. M. bemessen, also um 230000 M. mehr. Die Selbsteinnahmen sind demgegenüber höchst gering, da sie im vorigen Etat auf 450000, jetzt auf 505000 M. angegeben sind. Die Gründe für die bedeutenden Ausgaben liegen auf der Hand: der Bau des sogenannten »großen« Hafens, die verschiedenen Hoch- und Tiefbauten im Stadtbereich, die Anlage eines Schwimmdocks und eines Elektrizitätswerkes heischen unabweislich derartige Mittel, und auf halbem Wege dürfen wir in Tsingtau um keinen Preis stehen bleiben. —

Zählt man alles zusammen, was unsere Schutzgebiete an Selbsteinnahmen für das neue Etatsjahr erbringen sollen, so kommen 11587000 M. heraus. Für 1903 waren es 9350000 M., für 1902 = 8500000, für 1901 = 7810000 und so hinab bis 5944000 M. im Jahre 1899, dies aber ohne Kiautschou. Seit 1899 haben sich die Selbsteinnahmen also beinahe verdoppelt, seit 1897 sogar verdreifacht. Damit verglichen sehen sich die Zuschüsse auf den ersten Blick noch immer sehr gewaltig an. Sie machten 1903 etwas über 27 Mill. M. aus und sind heute nur um 175 000 M. erniedrigt. Läßt man jedoch Kiautschou aus der Rechnung fort, so wird das Bild ein wesentlich günstigeres. Wir gewahren dann, daß die Beihilfen für die übrigen Kolonien von 19,27 Mill. M. in 1901 auf 16,92 Millionen, 14,97 Millionen und jetzt auf 14,31 Mill. M. heruntergegangen sind. Aus diesen Summen soll, zuzüglich der eigenen Erträge, nach bisheriger Praxis alles und jedes in den Kolonien bestritten werden, selbst die Eisenbahnen. Gegen letzteren Brauch ist unter Berufung auf andere Kolonialmächte schon viel geeifert worden; vorläufig wird man aber auf besondere Bewilligungen für koloniale Bahnbauten bei uns wohl kaum zu hoffen haben. Eine Zinsgarantie dürfte das höchste sein, was der Reichstag uns bietet. Hier muß also, wie bereits in Schantung und bei der südwestafrikanischen Minenbahn, das Privatkapital eintreten.

Fragt man endlich, und das sei zum Schlusse noch angeführt, nach dem Totalwert für den Handel sämtlicher Schutzgebiete, einschließlich Kiautschous, so ergibt sich für 1899 die Summe von 65,3 Mill. M.; diese ist in der Folge auf 72, 78 und zuletzt, d. h. für 1902, auf 90 Mill. M. angewachsen. Damit ist, wenn man die bestimmenden Faktoren, namentlich die hemmenden, in Betracht zieht, vor der Hand genug gesagt; denn diese Zahlen beweisen unleugbar den eingangs behaupteten Fortschritt.

Zur Schulreform, im Anschluß an Hermann Schillers Aufsätze.
Von Heinrich Fischer.

Hermann Schiller, der am 11. Juli vorigen Jahres verstorbene Pädagoge hat als letzte Schrift zwei Aufsätze zur Schulreform verfaßt (ein dritter, beabsichtigter ist nicht mehr zu Papier gekommen). Sie sind von Schillers altem Verleger Otto Nemnich in Wiesbaden jüngst herausgegeben.

Bei der hervorragenden Stellung, die der Verstorbene auf pädagogischem Gebiet eingenommen, verdient dieses letzte Werk eine etwas breitere Besprechung. Sie läßt sich um so eher rechtfertigen, als ja die Fragen zur Förderung des Erdkundeunterrichts bei uns nicht vom einseitigen Fachinteressestandpunkt sondern im steten Hinblick auf die Gesamtentwicklung unseres Schulwesens aufgefaßt werden.

Aufsatz 1, etwas älteren Datums, ist der Berechtigungsfrage gewidmet, Aufsatz 2 nennt sich »die äußere Schulorganisation«. Der dritte, nicht erschienene, sollte den Fragen der inneren Schulorganisation vorbehalten bleiben. Es ist vermutlich kein großer Schaden, daß gerade er nicht erschienen ist; denn Schillers Kardinalfehler, die Unterschätzung des Persönlichen im Lehrer, besonders seiner wissenschaftlichen Neigungen und die Überschätzung des Wertes der »wissenschaftlichen« Pädagogik, würde dort am schärfsten sich geltend gemacht haben. Was uns die »Aufsätze zur Schulreform« aber wertvoll macht, das ist die Entschiedenheit, mit der ein Pädagoge, der doch dem altklassischen Lager entstammt, der bisherigen Praxis den Rücken kehrt und nach freier Bahn für die neuzeitlichen Fächer ruft.

Aufsatz 1 ist im wesentlichen eine Umschreibung seines Einleitungswortes »Der Kern der Schulreform ist die Berechtigungsfrage«, und des Satzes gegen den Schluß hin (S. 40), auf den der Aufsatz gewissermaßen hinführt: »Die neueste sog. (!) Reform ... kann nicht das letzte Wort in der Berechtigungsfrage sein, weil sich die Realanstalten dabei nicht beruhigen können.« Der Nachweis zwischenin wird im allgemeinen in der Weise geführt, daß Schiller eine Skizze der geschichtlichen Entwicklung des deutschen höheren Schulwesens gibt und hierbei zeigt, wie Notwendigkeit und Nützlichkeitsrücksichten von Beginn eines Schulwesens in deutschen Landen die Pflege des Lateinischen geboten haben. Aber diese Notwendigkeit tritt mit der fortschreitenden Kultur des deutschen Volkes immer mehr zurück; im 18. Jahrhundert tauchen neben den Lateinschulen (über deren »Latinitätsdressur« ein sehr kräftiges Wörtchen Herders S. 13 mitgeteilt wird) »Real«schulen auf. Diese haben indes, besonders seitdem die Berechtigungsfrage stärker hervortritt, in ihrer gesunden Entwicklung viel von den Versuchen zu leiden, dem Lateinischen an ihnen Eingang zu verschaffen, bzw. das schon eingeführte auf noch breitere Grundlage zu stellen. Dabei entwickelt sich der lateinische Unterricht im 19. Jahrhundert immer mehr zu einem grammatikalen Betrieb unter dem Schlagwort von dem Werte der formalen Bildung, ja das Griechische eifert ihm nach und hat dadurch, vermutlich für immer, den Augenblick verpaßt, an dem es als die weit wertvollere antike Kultursprache dem Lateinischen den Rang hätte ablaufen können.

An Einzelheiten führe ich ein Zitat Mommsens an, der auf der Junikonferenz 1900 die Worte sprach: »Das Latein der Realgymnasien ist der Krebsschaden unserer ganzen modernen Erziehung; wenn wir damit nicht behaftet wären, dann würden wir eine durchaus gesundere Entwicklung unserer höheren Erziehung gehabt haben«; seinetwegen sei »der Unterricht im Französischen und Englischen ebenfalls verkümmert«. Daneben halte man die Tatsache, daß dann die Lehrpläne von 1901 den neusprachlichen Unterricht noch weiter »verkümmert« haben, ebenso den biologischen, der erdkundliche aber keinen Schritt vorwärts, an den meisten Reformrealgymnasien sogar einen zurück getan hat, alles zugunsten einer Erweiterung von Mommsens »Krebsschaden«. Nichts will Schiller auch von den altsprachlichen Kursen wissen, die jetzt für die Maturen, die nicht vom humanistischen Gymnasium stammen, eingerichtet sind. Er weist mit Recht darauf hin, daß die oberflächlichen Bildungserfolge, die dort nur erzielt werden können, eigentlich mit dem sonst von seiten der Gymnasialfreunde vorgetragenen Anschauungen kontrastierten und prägt ihnen gegenüber mit vollem Rechte den Satz (S. 57): »Der schnelle Erwerb, das äußere Ankleben ist ohne Wert für die geistige Bildung«. Diesen Satz müßten doch wohl auch alle ernsthaften Freunde des Alten unterschreiben können, wie er der Schlüssel ist, der unseren Gegnern das Verständnis für die Notwendigkeit unseres Kämpfens erschließen kann. Wir sind mit einem unvergleichlich reichen wissenschaftlichen Stoffe bei unseren armseligen paar Stunden zu einem ewigen »äußeren Ankleben« verurteilt, wir sind es noch um so mehr, als wir fast völlig von den Oberklassen ausgeschlossen sind und durch die unglückliche bisherige Entwicklung der »Reform«schulbewegung noch stärker zu Stoffanklebern herabgedrückt zu werden in Gefahr stehen [1]).

Eine Ausführung, die anderseits eine gewisse Einschränkung verlangt, bringt Schiller S. 42, wo er das »Schlagwort« von der »Erziehung zur wissenschaftlichen Arbeit« bespricht. Indem er behauptet, daß die Mehrzahl der akademisch Gebildeten weder selbständig noch unselbständig wissenschaftlich arbeiteten und den Begriff der wissenschaftlichen Produktion für den der wissenschaftlichen Arbeit unterschiebt, verrückt er die ganze Frage, die sonst gerade einer Behandlung sehr wert gewesen wäre. Sie wird, freilich auch nur mit wenigen Worten, aber doch weit richtiger von Eulenburg »Die soziale Lage der Oberlehrer« S. 55 angedeutet, wenn er schreibt: »Nicht darauf kommt es in erster Reihe an, daß die Oberlehrer hervorragende wissenschaftliche Leistungen produzieren, sondern daß sie produktiv konsumieren, um an der wissenschaftlichen Gesamtarbeit und den Fortschritten teilnehmen zu können: sie erfüllen damit im geistigen Gesamtleben des Volkes eine unentbehrliche soziale Funktion.« Ich stelle auch hier wieder fest, daß die augenblicklichen Schulverhältnisse gerade den Vertretern der Modernfächer, im besonderen den Erdkundelehrern noch nicht gestatten, in dem Grade, wie es auch bei bescheidenen Ansprüchen nötig wäre, »wissenschaftlich zu konsumieren« oder gar das konsumierte im Unterricht der Oberklassen produktiv anzulegen.

Indem schließlich Schiller die »immer wiederkehrende Versicherung«, die Gymnasien und Realschulen seien keine Fachschulen (was sie meiner Meinung nach, wenigstens in ihrer Blütezeit, unbedingt gewesen sind) sondern geben eine allgemeine Bildung, als »nicht unbedenklich« hinstellt, und fernerhin meint, durch nichts leide unsere höhere

---

[1]) Übrigens tritt er in einen etwas seltsamen Gegensatz zu dem obigen Satze in II, 27: »(es) kommt bei der allgemeinen Denkweise doch nur auf das Daß nicht auf das Wie der Erwerbung und des Besitzes an«. Nein, tausendmal nein! Es kommt fast nur auf das Wie des geistigen Besitzes an, nur das Wie gewährleistet ein verständiges Daß. Nachträglich entsteht der Trugschluß, als wäre es auf solch ein Daß von vornherein angekommen. Der Grund des Widerspruchs liegt wohl darin, daß an dieser zweiten Stelle Schiller seiner Überschätzung der äußeren Form des Unterrichtswesens erliegt, indem er für eine ganz unmögliche Ausgestaltung eines festen Lehrkanons in allen Sprachen eintritt, die den Hochschullehrern gestatten würde, »überall die ähnlichen Bewußtseinsinhalt vorauszusetzen zu können«. Welche befremdliche, aber leider bei unseren modernen Pädagogen gar nicht selten anzutreffende rein äußerliche Auffassung von dem Entstehen individueller »Bewußtseinsinhalte«.

Schule mehr Schaden als durch solche Schlagworte, wie ihr höchstes Ziel sei »harmonische Geistes- und Charakterbildung« usw., kommt er (S. 44) zur »Hauptsache«, die ist, »daß der Schüler sich diejenigen Lehrfächer wählen kann, für die er ein ausgesprochenes Interesse, oft genug auch eine ausgesprochene Begabung besitzt«. Das ist auch meiner Meinung nach durchaus »die Hauptsache«, besonders wenn man seine Willkür durch ein Verfahren einschränkt, das die preußische Regierung durch eine Ministerialverfügung vom Jahre 1856 (!) für den Unterricht in der Naturgeschichte in den unteren Klassen angeordnet hatte. In ihr war bestimmt, daß dieser Unterricht nur dort, wo eine geeignete Lehrkraft, die ihn anschaulich und anregend geben könnte, vorhanden wäre, gegeben werden sollte. Wo es aber nach dem Urteil der Provinz-Schulkollegien an einem solchen Lehrer fehlte, sollten die Stunden der Erdkunde und dem Rechnen zugewiesen werden[1]).

Ich muß gestehen, daß dieser Schluß, zu dem Schiller kommt, mich bestimmt hat, trotz manchem, was mich von seiner Auffassung im einzelnen trennt, hier auf seine Schrift so ausführlich einzugehen. Und ich bin auch bei diesem Entschluß geblieben, als ich nach Lektüre des 2. Heftes, noch stärker empfand, was mich von Schiller trennt. Jedenfalls kann ich aber über diese zweite Arbeit darum weit schneller hinweggehen. Wo er hier, allemal nur nebenbei, von Erdkunde spricht, zeigt er, daß er für dieses Fach doch noch einer vergangenen Epoche, hinsichtlich seiner eigenen geistigen Entwicklung angehört hat. Dies gilt z. B. wenn er in den beiden unteren Klassen unserer höheren Schulen »Länderkunde intensiv pflegen« lassen will. Eine länderkundliche Art der Betrachtung geht über Quintanerköpfe noch völlig hinaus; wir müssen froh sein, wenn wir mit Tertianern sachte beginnen können eine roh gezimmerte äußerliche Länderkunde zustande zu bringen, und haben gewiß auch dort noch immer die Empfindung, daß wir weit besser täten, mindestens die Anfangsgründe des Physikunterrichts erst abzuwarten und eine weit breitere biologische Grundlage nötig hätten, als das heutige sog. »Real«gymnasium sie bieten kann. So muß ich auch seinen Stundenplan mit seinem Schwerpunkt für den Erdkundeunterricht in den Unterklassen ablehnen, trotzdem er mit 14 gegen 9 Stunden (am humanistischen Gymnasium) und mit seiner Durchführung bis zum Schulschluß immerhin einen bedeutenden Fortschritt darstellte, also im konkreten Falle selbstverständlich als Abschlagzahlung zu nehmen wäre. Er lautet übrigens: VI, 3; V, 3; IV, 2 von da ab je 1 = 14.

Indem ich an den Schluß komme und noch einmal diese zum Teil scharfen Ausfälle, die ein aus dem Altphilologentum hervorgegangener Pädagoge gegen den heutigen altphilologischen Schulbetrieb unternimmt, durchlese, denke ich unwillkürlich derjenigen Männer, die aus dem Altphilologentum heraus es doch zu einer wohlwollenden Stellung gegenüber unseren Bestrebungen gebracht haben. Sie empfinden es, wie ich aus mancher Zuschrift weiß, ohne Freude, daß wir uns besonders mit dem Altsprachlertum im Kampfe befinden. Aber wie ist es anders zu bessern, als daß man uns den notwendigen Raum am Obergymnasium endlich frei gibt? Könnten wir im Ernst damit einverstanden sein, wenn ein Cauer uns in Worten anerkennt, praktisch aber aus den Oberklassen an reichlich 4/5 aller neunklassigen Anstalten fernhalten will? Wenn ein Uhlig Dilettantismus nur auf dem Gebiet der alten Sprachen bekämpft, ihn im Erdkundeunterricht aber ruhig duldet? Wenn endlich ein Reinhardt mit seinem Reformgymnasium für die Vertreter der Fächer des heutigen Lebens den Riegel schon in die Tertien rückt? Solange Altsprachler auf diese drei Methoden die »Wahrung der Eigenart« des Gymnasiums glauben betreiben zu sollen, müssen wir uns gegen sie aus Rücksicht der Selbsterhaltung wie im Hinblick auf unsere Zukunftshoffnung für unser Volk, mit Entschiedenheit wenden. Wir wären aber weit glücklicher, wenn wir in den Reihen der Männer, die ja doch unsere Standesgenossen sind, auch Verständnis und Anteilnahme für das fänden, was uns bewegt.

---

[1]) S. 11; er fährt dann fort: »Während nun doch eigentlich die nächste Aufgabe gewesen wäre, möglichst rasch für geeignete Lehrer zu sorgen, wird von den altphilologischen Direktoren öfters lieber der Ausweg gewählt, die betreffenden Stunden auch noch dem — schon damals unbefriedigenden — Lateinunterricht zuzulegen.« Man sieht wieder einmal, wie so oft, daß die Vereitelung des Fortschritts nicht von der Regierung, sondern von ganz anderen Stellen ausgegangen ist.

Geographische Lesefrüchte und Charakterbilder.

Aus Ostturkestan.

Sven von Hedin: »Im Herzen von Asien«. 2 Bde. Leipzig 1903, F. A. Brockhaus.

Wir begleiten den berühmten Forschungsreisenden während des ersten Jahres seiner letzten dreijährigen Reise 1899—1902 erst auf seiner selbstgebauten Fähre den Tarim hinab (1 und 2), dann durch die berüchtigte Takla-Makanwüste, der er einige Jahre zuvor fast zum Opfer gefallen wäre, auf der Strecke zwischen Jangi-Köll (ca 87° Ö. L) und Tschertschen im Südwesten davon (3), schließlich im Schilfgewirr des untersten Tarim, wo dieses seinem Ende im Lop-nor entgegen geht (4).

1. Der Tarim und sein Uferwald (Bd. I, S. 77—79).

(28. Sept. 1899.) Schon vom vorigen Lagerplatz an sind die Ufer mit einem dichten, prachtvollen Walde von alten, ehrwürdigen, knorrigen Pappeln besetzt, deren grüne, verschlungene Kronen jetzt ins Rote und Gelbe zu spielen beginnen; es ist, als kleideten sie sich zu einem lustigen Herbstkarneval in bunte Gewänder. Die Leute von Lailik hatten nie einen solchen Wald gesehen und machten ihrem Erstaunen und Entzücken in lebhaften Ausrufen Luft. Sie nannten den Wald »Östäng-bag«, den Baumgarten am Kanal, wie die bewässerten Parke und Haine der Oasen gewöhnlich genannt werden. Sie hatten recht; es war ein Genuß für das Auge, diesem farbenprächtigen Uferschmuck zu begegnen, und in dem lautlosen Schweigen, das den ganzen Tag herrschte, konnte man glauben, in einem Triumphwagen von unsichtbaren Nixen und Elfen auf einer Straße von Saphiren und Kristall durch einen verzauberten Wald gezogen zu werden. Es war so still, daß man kaum zu sprechen wagte, um nicht den Zauberbann zu brechen. Feierlich standen die Pappeln in zahlreichen Reihen, wie sie in vielen hundert Jahren die Ufer bekränzt; aufrecht standen sie da wie Könige und spiegelten ihre Kronen aus falbem Herbstgold in dem lebenspendenden Flusse, der Nährmutter der Wälder, der Herden und Hirsche und des Königstigers, dem größten Gegensatz des Wüstenmeeres. Da stehen sie in einer dunklen Mauer, würdevoll und still, lauschen sie einer Hymne, die zwischen den Ufern zum Lobe des Allmächtigen leise erklingt, einer Hymne, die auch Wanderer und Reisende vernehmen können, wenn nur ihr Gemüt für die Größe der Natur empfänglich ist. Die Pappeln stehen da, als hätten sie sich nur deshalb hier aufgepflanzt, um dem merkwürdigen Flusse zu huldigen, ohne den ganz Ostturkestan eine einzige ununterbrochene Wüste sein würde. Sie huldigen dem Tarim in andächtiger Ehrfurcht, wie dem Ganges die Brahminen und die altersschwachen Pilger huldigen, die nach Benares eilen, nur um an den Ufern des heiligen Stromes zu sterben.

Der Wald dehnt sich bis dicht an den Uferrand aus, aber den Erdwall bedeckt dichtes gelbes Kamisch (Schilf) und über demselben bildet das Buschholz ein undurchdringliches Dickicht, wo nur Wildschweine durch dunkle Gänge, in die nie ein Sonnenstrahl fällt, hindurchkommen können. Zu oberst bildet der Wald eine grünende Mauer, die oft so dicht ist, daß die Stämme nur selten durch das Laubwerk schimmern. Die Kronen sind wie mit Sepia gepudert in Farbentönen, die schreiend wären, wenn die unklare Luft sie nicht dämpfte. Doch so wie es jetzt ist, bilden sie einen dem Auge angenehmen Farbenübergang zu dem blaugrauen Gewölbe des Himmels. All diese Pracht der Natur und der Farben wiederholt sich auf beiden Seiten und spiegelt sich im Wasser wider, und dennoch kann man sich nicht satt daran sehen.

Unsere Wasserstraße war unglaublich krumm. In einer Biegung mußten wir, um 180 m in unserer Hauptrichtung nach Nordosten zurückzulegen, einen Weg von 1450 m machen, wobei wir einen Kreis beschrieben, an dessen Vollständigkeit nur ein Neuntel der Peripherie fehlte. Bald gehen wir nach Nordosten, bald nach Südwesten und verlieren wieder, was wir eben gewonnen haben. Nur äußerst selten streckt sich der Fluß eine kleine Strecke weit geradeaus, meistens windet er sich wie eine Schlange im Grase.

2. Das Herantreten der Wüste (Bd. I, S. 160—162).

Am folgenden Tage (26. Nov.) trieben wir gerade auf die höchsten Partien von Tokkus-kum (»neue Dünen«) zu, riesenhafte, außerordentlich imponierende Anhäufungen von gelbem Flugsand.

Sie sind ein Ausläufer der großen Wüste, die hier bis an das rechte Ufer des Flusses heranreicht: die Basis der Dünen wird vom Wasser zerfressen und unterwühlt. Es war die gewaltigste Sandanhäufung, die ich gesehen habe. Die Fähre legte am linken Ufer an, und wir ruderten in Kähnen hinüber und erstiegen die losen Abhänge, auf denen man in den Sand einsinkt und mit ihm abrutscht. Endlich erreichten wir doch den Kamm der äußersten Düne, die sich wie eine steile Wand über dem Flusse erhebt. Hier liegt dem Beschauer eine selten großartige Landschaft zu Füßen, und man erstaunt über die eigentümlichen Formen, in welchen die tätigen Kräfte der Erdrinde Gestalt angenommen haben. Wohl bin ich früher durch das Meer der Wüste und über berghohe Dünenkämme gewandert und habe über ihre erstarrten Wogen von Sand und wieder Sand hingeschaut, und nach Süden hin breitete sich auch jetzt eine solche Landschaft aus. Hier aber standen wir an der nördlichsten Grenze der Sandwüste und zwar an einer so scharfen Grenze, wie man sie nur an den Küsten eines Meeres oder an den Ufern eines Sees findet. Die äußerste Dünenreihe bildete eine Mauer, einen Wall, einen geschweiften Bogen von lauter Sand, der in einem Winkel von 32° unmittelbar nach dem Wasser abstürzte. Die Feuchtigkeit, die das Flußband sowohl in Gestalt reichlicher fallenden Taues wie als mechanik aufgesogene Nässe begleitet, verleiht hier dem Sande kräftigeren Halt als im Innern der Wüste, dadurch entsteht ein eigentümliches Relief von Einsenkungen, Terrassen und Kegeln. Die Erosion an der Basis der Düne verursacht unaufhörlich Sandrutsche; der Sand stürzt hinunter und bildet Kegel. Der fortgeschwemmte Sand lagert sich nicht weit davon ab und bildet Bänke und Anschwemmungen. Wenn man diese Sandmauer von dem gegenüberliegenden linken Ufer betrachtete, sah sie ganz senkrecht aus, und man glaubte, die Männer würden den Hals brechen, als sie ungestüm den Abhang hinunterliefen und neue Abstürze und Rutsche des Sandes verursachten. Die Dünen waren hier ungefähr 60 Meter hoch; die Männer oben auf dem Kamme erschienen verschwindend klein. Die Aussicht über den Fluß war großartig. Tief unter uns schlängelte sich das Wasser wie in einem Kanal und verschwand im Osten in bizarren Bogen. Auf der östlichen Flanke dieser kolossalen Sandanhäufung war die Grenze ebenso scharf; dort setzte ohne jeden Übergang Tograkwald ein, und die Pappeln standen in üppigen Gruppen unmittelbar am Fuße der Ostabhänge der Dünen.

Geographischer Ausguck.
Südwestafrikanisches.

Es ist doch ein eigen Ding ums Prophezeien!

»Die Hereros werden ein höchst gefährlicher Feind sein, wenn eines Tages bei ihnen der Glaube zur Gewißheit wird, daß es um ihre Selbständigkeit und den unbestrittenen Besitz ihrer Ländereien geschehen sei. Darum zeugt es von wenig Urteil, wenn man glaubt, daß die Ovaherero nach der Bildung von kleinen Garnisonen in ihren Hauptorten für alle Zukunft und unter allen Umständen Frieden halten würden; ein verwerflicher Leichtsinn aber wäre es, wenn Gesellschaften oder Private es zu unternehmen wagten, Deutsche mit ihren Familien auf streitigem Grund und Boden anzusiedeln. Die Hereros würden auch dann wahrscheinlich nicht zum offenen Angriff gegen deutsche Truppen schreiten, aber eines Morgens würden die Deutschen mit ihren Frauen und Kindern ermordet auf den Farmen gefunden werden.«

* * *

»Die wichtigste Voraussetzung für eine wirtschaftliche Erschließungspolitik großen Stils, Friede und Ordnung, erscheint nach den Erfahrungen des Berichtsjahres in den Schutzgebieten in ausreichendem Maße gesichert. . . . Freilich zeigen Vorkommnisse, wie der nach Abschluß des Berichtsjahres zum Ausbruch gekommene Aufstand der Bondelzwarts in dem seit Jahren pazifizierten südwestafrikanischen Schutzgebiet, daß Vorsicht und Wachsamkeit noch für lange hinaus am Platze sein werden. . . . Die Leichtigkeit jedoch, mit der diese Unruhen von vornherein auf einen kleinen Herd beschränkt worden sind, und die Unterstützung, welche die deutsche Verwaltung in der Niederkämpfung derselben bei den übrigen Eingeborenenstämmen gefunden hat, sind — namentlich im Vergleich zu den noch vor einem Jahrzehnt in Südwestafrika bestehenden Verhältnissen — ein deutlicher Beweis dafür, auf welcher sicheren Grundlage die deutsche Herrschaft im Schutzgebiet heute steht.«

Der das erste schrieb vor bald acht Jahren, war Karl Dove in seinem Skizzenbuch »Südwestafrika«, und das andere sind die Einleitungsworte der jüngst ausgegebenen amtlichen Denkschrift!

Und nun Bestätigung des einen und Dementi des anderen! Zugleich mit der Nachricht vom Entsatz Windhuks und Okahandjas kommt die Hiobspost: »Ermordet und zumeist verstümmelt sind 44 Ansiedler, Frauen und Kinder, gefallen sind 26. Außerdem 50 Tote«

Als ein Glück muß man betrachten, daß die Witbois und Bastards treu geblieben sind. Der Name Hendrik Witbooi allein wiegt viel in den Augen der Eingeborenen, und gern werden die Hottentotten die Gelegenheit wahrnehmen, über ihre alten Feinde die Ovaherero herzufallen.

Die Eisenbahn funktioniert nur 209 km bis Karibib, dem südwestafrikanischen Wunder mit

der elektrischen Beleuchtung. Das größte Bauwerk der Strecke, die 306 m lange Swakopbrücke
(davon 180 m aus Eisen) bei Okahandja haben
die Aufständischen zerstört.

Ein Unglück kommt nie allein. Mit den
Menschenhänden konkurrieren die Elemente in
vernichtender Tätigkeit. Hinter Karibib soll der
Bahnbetrieb durch Wolkenbrüche gestört sein.
Viel größer aber ist die Oefahr auf der vorderen
Hälfte in der Namib-Wüste, wo man aus Er-
sparnisrücksichten das Oleis einige km weit
im Sande des Khanrivier entlang geführt hatte.
Wenn der jetzt abkommen und seinen Kot-
brei durch das Trockenbett wälzen sollte, dann
dürften die schweren Vorspannmaschinen, die
den Zug bei einer Steigung von 1:20 die jen-
seitige Steilrampe hinaufzuschieben haben, bald
beschäftigungslos auf dem toten Strange zwischen
den Stationen Khanrivier und Wellwitsch umher-
pendeln, zur stillschweigenden Verwunderung
der wellwitschia mirabilis. Als leise Bestätigung
solcher Befürchtungen kommt schon die Nachricht, daß viertägige Reparaturarbeiten an dieser
heiklen Stelle sich nötig gemacht haben.

Man wird später genug Zeit haben, darüber
nachzudenken, wie das alles so hat kommen
können; wie man sich den unerschütterlichen
Optimismus selbst alter Afrikaner wie Oberst
Leutwein erklären soll; wie weit das Händler-
unwesen, Viehwucher, zwangsweise Durchführung der Kochschen Rinderpestimpfung, Land-
entziehung und falsche Eingeborenenpolitik daran
schuld sind; vor allem: wie weit der alte Fuchs
Kapitän Mahahero in Okahandja die Hand mit
im Spiele hat. Einstweilen heißt es handeln.
Schon jetzt glauben Kenner vorauszusehen, wie
die Sache verlaufen wird. Die deutsche Truppen-
macht dürfte kaum allzuviel vom Feinde zu sehen
kriegen. Gegen feste Mauern, und seien sie
nur aus Lehm oder Ziegeln, rennt der Herero
nicht gern, und ein Draufgehen mit Hurrah ist
ihm höchst peinlich. Er wird sich allmählich
ins unzugängliche Feld des Nordostens zurückziehen.

Aber was dann? Jahrzentelange Arbeit ist
zerstört. Wir haben wahrlich allen Anlaß, kleinmütig zu werden ob des wiederum mißlungenen
Kolonial-Experiments, mit dem wir dem Engländer nebenan die billigste Freude, die Schadenfreude, bereitet haben. Und doch können wir
den Ereignissen fast dankbar sein: schafft uns
ihr scharfer Besen doch eine tabula rasa, freies
Feld für eine völlige Neuordnung der Dinge.
Regelung der Eingeborenen-, der Land- und Be-
siedlungsfrage! Abschaffung und Einschränkung
des Konzessionsunwesens, das bisher jede wirksame Erschließung des Landes (Personenzu-
nahme im letzten Jahre + 8 Menschen!) verhindert hat. Da der Etat unseres kolonialen
Schmerzenskindes durch die unvermeidliche Vermehrung der Schutztruppe eine neue Steigerung
erfahren wird, ist es vielleicht angebracht, auf
Doves Vorschlag zurückzugreifen, nämlich die

Truppe von Dienst wegen zur Wasseraufsuchung
zu verwenden. Das kolonial-wirtschaftliche Komitee hat im Oebiet des großen Fischflusses
erfreulich vorgearbeitet, und die amtliche Denkschrift zählt schon mehr als 40 allerdings höchst
primitive Stauweiher- und Dammvorrichtungen
auf. Und wer weiter grübeln will, der mag
sich den Kopf zerbrechen über die Anlage
einer großen Viehtransportstraße mit Tränk-
etappen nach dem Süden, oder gar über das
einstige Schicksal des blinddarmartigen Caprivi-
Zipfels vom Okavango zum Sambesi, jenes
traurigen Zeugen aus der Zeit unserer afrikanischen Nasenstüberpolitik.

Aber das sind alles Hoffnungen und Entwürfe! Wünschen wir, daß aus der blutigen
Saat eine segensreiche Ernte hervorgehen möge!

[*Gotha, 4. Februar 1904.*　　　　*Dr. W. Blankenburg.*

Kleine Mitteilungen.

I. Allgemeine Erd- und Länderkunde.

**Triebkräfte und Richtungen der Erd-
kunde im 19. Jahrhundert.** Bei der feierlichen
Eröffnung des VII. Internationalen Oeographen-
kongresses im Jahre 1899 hat v. Richthofen
rückschauend auf das verflossene Jahrhundert,
gleichsam von einer erhabenen Warte aus in
großen Zügen die Wandlungen und Fortschritte
gezeichnet, welche sich auf geographischem Oebiet im Laufe der letzten hundert Jahre vollzogen
haben. Vor einem anderen Forum, aus Anlaß
der Übernahme des Rektorats an der Kgl.
Friedrich-Wilhelms-Universität zu Berlin, hat
der Altmeister die inneren Triebkräfte und die
daraus resultierenden Richtungen der Erdkunde
im 19. Jahrhundert aufgezeigt. Diese Rede ist in
unveränderter Form im Novemberheft der Zeitschrift der Oesellschaft für Erdkunde zu Berlin
(1903, S. 655 ff.), zum Abdruck gekommen.

Nachdem in der Einleitung betont ist, daß
gerade bei der Erdkunde, d. h. auf dem Oebiet
der Wissenschaften von der Erde, in dem be-
regten Zeitraum sich so gewaltige Wandlungen
vollzogen haben, daß mit dem Beginn dieses
Säkulums sich eine scharfe Scheide gegen alle
früheren Zeiten konstatieren läßt, und nachdem
ferner darauf aufmerksam gemacht ist, daß
man die Art, wie der Schatz des auf Anschauung und Erfahrung begründeten Wissens geworden ist, von derjenigen seiner methodischen
Behandlung und geistigen Verarbeitung zu
trennen hat, geht der Verfasser, unwillkürlich,
hierbei auf die Oeschichte der Geographie
zurückblickend, auf die Motive ein, welche zur
Erschließung der Erdoberfläche geführt haben.
Als deren erstes erscheint die Abenteuerlust,

welche bei Alexander dem Großen oder Kolumbus ebenso mächtig war, wie bei einem Marco Polo oder den Afrikadurchquerern, Polarfahrern und Tibetforschern der letzten Jahrzehnte. Sodann wirkte das Verlangen, Gold in entfernten Erdgegenden leicht zu gewinnen, fördernd auf die Aufhellung des Horizonts ein, wenngleich man allerdings zugestehen muß, daß man hier vielfach Phantomen nachgejagt hat. Erst dann kommt der Handel in Betracht, sei es als Seehandel, wie bei den Phöniziern, den Griechen, z. Z. der Ophirfahrten u. a. m., oder als Binnenhandel, wie er sich z. B. durch Asien z. Z. des gewaltigen Mongolenreiches gestaltet hat. Abgesehen von Gesandtschaftsreisen, welche wichtige Nachrichten heimbrachten, war endlich förderlich für die Erdkunde, das Verlangen der Kulturmächte nach Erwerbung ertragreicher Länder, gleichviel ob auf friedlichem Wege, durch Anlage von Kolonien, oder auf kriegerischem Wege, wie z. B. Napoleon I. auf seiner Expedition gegen Ägypten durch Mitnahme eines Stabes von Gelehrten, auch der Geographie große Dienste geleistet hat. Gegen sie tritt das religiöse Motiv als Faktor für die Kenntnis der Länder verhältnismäßig zurück, und zwar hat die Mission wohl bei großen Unternehmungen, wie bei den Kreuzzügen oder den Eroberungszügen der Mohammedaner, bestimmte Länder als Ziel im Auge gehabt, bewegt sich aber sonst bei einzelnen nicht auf festen Linien, sondern sucht, man denke z. B. an die Missionsbestrebungen der Jesuiten, entlegene Gegenden auf.

Darauf geht v. Richthofen auf die Art und Weise der Verwertung des so für die Erdkunde gewonnenen Stoffes ein und unterscheidet dabei, von den Zeiten des Altertums bis zum Jahre 1800 hin, drei Richtungen. Zuerst kommen die Versuche in Betracht, das der Fülle der hereinströmenden Nachrichten entnommene Wissen graphisch darzustellen. Diese bleiben — nur die Griechen haben eine etwas höhere Stufe erreicht, nicht so die Araber noch die folgenden Geschlechter — bei einem linearen Kartenbild stehen, da infolge des Mangels des Verständnisses für Gelände und Gebirge, der geeignete Ausdruck für die Plastik fehlt, daher die Landkarte nur ein dürres Gerippe ohne Fleisch und Blut bleibt. Die Versuche, das gewonnene Material schriftlich zu registrieren, ruft bei den Griechen Werke hervor, welche praktischen Nutzen zu bringen deutlich verraten, wie es bei den beiden hervorragenden Typen des Altertums, Herodot und Strabo, der Fall ist. Bei den Arabern zeitigt das schnelle Anwachsen des politischen Horizonts nur enzyklopädisch-geographische Werke, an Gehalt Repertorien des länderkundlichen Wissens ihrer Zeit. Und diese Art der Darstellung bleibt auch für das Mittelalter maßgebend, repräsentiert hauptsächlich durch Sebastian Münsters »Kosmographie« (1550). Erst im 17. Jahrhundert bereitet sich dann durch die »Geographia specialis« des

Bernhard Varenius und den »Mundus subterraneus« des Athanasius Kircher, welche aus der Fülle des Wahrgenommenen gewisse Erscheinungen, Zustände und Vorgänge herausgreifen, Zustände und ihr Wesen zu erfassen streben, eine neue, die dritte, Richtung vor, welche bis gegen das letzte Drittel des 18. Säkulums hin maßgebend geblieben ist. Doch konnte man, da die grundlegende Erforschung fremdländischer Erdräume fehlte, zu keinen befriedigenden Ergebnissen kommen. Erst dann vollzog sich infolge des allgemeinen geistigen Aufschwungs, welcher auf die Förderung der Naturwissenschaften, mithin auch der Erdkunde, eine rückwirkende Kraft ausübte, eine Wandlung.

Es war um das Jahr 1800, als eine wirklich wissenschaftliche Behandlung erdkundlicher Probleme im modernen Sinne anhebt. An diesem wichtigen Wendepunkt, der Grenze des alten und dem Übergang zur neuen Zeit, steht Alexander von Humboldts machtvolle Persönlichkeit, dem sich Männer wie Hutton, Werner und Saussure zugesellen. Humboldt sucht, gestützt auf die auf eigenen großen Reisen gesammelten Erfahrungen und beeinflußt durch jenen vorhin betonten allgemeinen geistigen Aufschwung, in dem weiten Forschungsbereich der Erdkunde die gegenseitigen Kausalbeziehungen zu ergründen und vermag sie auch in meisterhaft geschriebenen Werken großenteils einheitlich zusammenzufassen. Die Wege, die er gewiesen, werden nun von einzelnen Forschern weiter verfolgt; es eröffnet sich für diese eine glanzvolle Zeit, da sie die Grundzüge der Topographie für die im Innern fast gänzlich unbekannten Kontinente festlegen können. Da macht sich als wichtiges neues, für das 19. Jahrhundert charakteristisches Moment, die Beteiligung der Staatsregierungen geltend, für welche bei diesem Vorgehen vorwiegend praktische Ziele maßgebend sind, wie sie z. B. bei den geologischen Landesaufnahmen durch die Aussicht auf Nutzen für Auffindung von Mineralschätzen geleitet sind. Praktische Ziele sind es auch, wenn die Staaten, und zwar die Kultur Westeuropas, die neuentdeckten Länder unter sich in sehr kurzer Zeit — bis in die jüngsten Tage macht sich dies Vorgehen fühlbar — aufteilen. Doch zieht die Erdkunde hieraus großen Nutzen, da nicht allein hierdurch Mittel zu weiterer Forschung zur Verfügung gestellt werden können, sondern gerade durch den Zusammenschluß aller oder einiger Staaten die Bearbeitung wichtiger Wissensgebiete gemeinsam in Angriff genommen werden kann. So wird gerade durch die Staaten die Arbeit international, wie es z. B. bei der Herstellung der geologischen Karte von Europa, den Unternehmungen der Erdmessung u. a. m. der Fall ist.

Was nun die Verarbeitung der Wahrnehmungen, Messungen und Beobachtungen betrifft, so machen sich auch für das 19. Jahr-

3*

hundert wie für die voraufgegangenen Zeiten in der Erdkunde — im weitesten Sinne gefaßt — drei Richtungen geltend, nur mit dem Unterschied, daß dieselben, da von gemeinsamen Zielen getragen, vielfach ineinander übergehen und vor allem auf ein höheres Niveau gehoben sind. Es sind dies die enzyklopädisch registrierende Richtung; ferner die früher in den Anfängen stehen gebliebene, jetzt aber durch die Methode gefestigte, durch inneren Gehalt gesicherte, wie äußeren Umfang erweiterte Richtung der allgemeinen Erdkunde; endlich diejenige, welche die höchsten Aufgaben der messenden Richtung und geophysikalische Probleme zu einer allgemeinen Wissenschaft von der Erde zusammenfaßt, die wiederum als ganzes der Landeskunde oder beschreibenden Geographie gegenübersteht.

Diese drei Richtungen skizziert alsdann der Verfasser im einzelnen. Die Länderkunde, noch zu Beginn der Periode ein nur nach äußeren Merkmalen zusammengesetztes Mosaik, wird durch Karl Ritter methodisch infolge genauester Quellenbenutzung und Quellenkritik, inhaltlich infolge philosophischer Behandlung des Stoffes auf einen höheren Standpunkt erhoben. Durch Spezialisierung nach Inhalt und Raum wird das Material für die chorologische Behandlung geschaffen, welche die auf einem Erdraum verbundenen natürlichen Erscheinungen in ihrem Kausalnexus und genetischen Zusammenhang darzustellen erstrebt und dem Erdraum damit einen lebensvollen Inhalt zu verleihen bemüht ist. Der allgemeinen Erdkunde hinwiederum ist ein so umfassendes Gebiet zugewiesen, daß ihre Pflege in einzelne Disziplinen, aber nach festen Linien, auseinandergeht. Hierfür greift der Verfasser einige Beispiele heraus, stellt aber bei ihnen zugleich auch den inneren Zusammenhang mit der Erdkunde allgemein fest und beleuchtet ihren Entwicklungsgang näher. So kommt die kosmische, von Kant-Laplace anhebende, Erdkunde, von welcher sich wiederum die Geophysik als eine Teildisziplin abzweigt, ebenso wie die mit ihr eng verwandte Geodäsie, welche durch Messungen Gestalt und Größe der Erde genau zu bestimmen sucht, der allgemeinen Erdkunde zu gute, indem sie außer jenen angegebenen Punkten nicht nur die Mittel für die Herstellung der genauen Landkarte schafft, sondern auch zu Schlußfolgerungen über die Gestalt unseres Planeten, sein inneres Wesen und die ihm innewohnenden Kräfte fortzuschreiten gestattet. An sie knüpfen sich Fragen über die Atmosphäre und den Ozean u. a. m. So setzt sich alles zusammen zur allgemeinen Erdkunde oder zur Wissenschaft von der Erde.

Wenngleich die grundlegenden Disziplinen voneinander unabhängig sind, wie die Geophysik, die Erdmessung, die Geologie, die Meteorologie, die Hydrodynamik usw., so liefern doch die aus ihnen gewonnenen Ergebnisse reiches Material, um mit ihnen zur Erkenntnis der Vorgänge auf der Erdoberfläche selbst vorzudringen. Die Erde selbst bleibt daher das Arbeitsfeld der physischen Geographie, deren Streben in der Geomorphologie, d. h. in der genetischen Erkenntnis der Formengebilde der Erde, im weitesten Sinne gefaßt, gipfelt. Die physische Erdkunde hinwiederum wird von anderen Disziplinen z. B. der Geologie, der Meteorologie, der Ozeanologie, der Anthropologie usw. aufs kräftigste unterstützt, wie sich auch ihre Forschungsgebiete aufs engste miteinander berühren. Am meisten geschieht dies wohl zwischen der Geologie und der physischen Geographie. So haben z. B. auch hervorragende Geologen, wie Murchison und v. Hochstetter — und wir können wohl den Verfasser selbst hier vor allem mit einrechnen — im späteren Leben ihr Interesse vornehmlich der Geographie zugewendet.

Es hat sich also das Gebiet der Erdkunde nach allen Seiten hin erweitert. Aber auch die Methode selbst ist eine andere geworden: von planlosem Sammeln der Tatsachen aus dem Gesamtbereich der Erscheinungen, ist man zum methodischen Befragen der Natur vorgedrungen. Und überall ist man bestrebt, — und damit ist man zu dem zurückgekehrt, was Alexander von Humboldt gewollt — den gegenseitigen Kausalnexus zu ergründen. So ist denn die physische Geographie das Vereinigungsfeld für alle Wissenschaften von der Erde geworden. Sie macht die Erdoberfläche zum fundamentalen Gegenstand ihrer Behandlung und schafft damit Berührungspunkte für alle naturwissenschaftlichen Disziplinen, deren Ergebnisse sie für sich wiederum verwertet. In demselben Maße, wie das Gebiet der Erdkunde gewachsen ist und die Methoden sich verbessert haben, ist auch die Mannigfaltigkeit der Triebkräfte gestiegen. Ohne auf alle hier näheren einzugehen, wie es der Verfasser tut, wollen wir nur auf den Schlußgedanken hinweisen, daß nämlich für diesen Punkt außer den durch vertiefte und verschärfte Forschung, sowie durch methodisch geschultes Denken gegebenen Anregungen, die der einzelne von allen Seiten empfängt, die staatliche Fürsorge in Betracht zu ziehen ist, die sich, vor allem im Deutschen Reiche, u. a. durch die Schaffung von Lehrstühlen für Erdkunde an den Hochschulen dokumentiert hat. In dieser Beziehung ist schließlich die zum Teil von den großen Städten ausgehende Gründung von Handelshochschulen als jüngstes Glied dieser Bestrebungen zu nennen.

Ed. Lentz.

Die Verhandlungen des XIV. Deutschen Geographentags zu Cöln, herausgeg. von dem Geschäftsführer des Zentralausschusses, Hptm. Kollm, liegen jetzt als stattlicher Band von LXX u. 269 Seiten gedruckt vor. Es ist mit Genugtuung zu begrüßen, daß auch jetzt die Fertigstellung zu nahezu demselben Termin gelungen ist, den wir von früher gewohnt waren, während die Tagungen selbst von Ostern auf Pfingsten verlegt worden sind, wodurch sieben der wesentlichsten Arbeitswochen verloren gegangen sind.

H. F.

Europa. Über die zahlreichen starken Quellen der Umgebung des altberühmten Benediktinerstifts Kremsmünster wurden schon früher Beobachtungen angestellt, die aber verloren gingen; eine neue Beobachtungsreihe welche 1893 beginnt, gibt Prof. P. Franz Schwab Veranlassung, sich mit dem Gegenstand in einer besonderen Abhandlung zu beschäftigen (»Über die Quellen in der Umgebung von Kremsmünster«. XXXI. Jahresber. d. Ver. für Naturk. in Österreich o. d. E. Gr.-8°, 24 S. Mit Umgebungsskizze von Kremsmüster, 1 Profiltafel, 2 Textfig. Linz 1902). Er schildert zuerst den geologischen Aufbau des Bodens, welcher mitteltertiärer, undurchlässiger Schlier ist, den altglaziale Nagelfluh und Deckenschotter, überlagert von Mindelmoräne, großenteils verhüllen. An den Rändern des Kremstals entstehen dadurch Schichtquellen überall, wo der Schlier ausbeißt. Von den besprochenen 18 Quellen sind mehrere sehr wasserreich – bis 1 hl in der Sekunde – sodaß sie gleich Mühlen treiben können. Die Grundwasserströme scheinen präglazialen Bachrinnen zu folgen, ein Areal von über 30 qkm wird durch sie entwässert. Die Quellen sind sehr konstant, sowohl was die Wasserführung, als auch die Temperatur anlangt, welche im Mittel 9° etwas überschreitet, während die Lufttemperatur 7—8° beträgt. Am Schlusse der sehr fleißigen Arbeit ist in fünf Tabellen die Niederschlagshöhe und Wasserführung, dann das Monats-, Jahres- und sechsjährige Mittel der Quellentemperaturen verzeichnet.

H. Commenda-Linz.

Asien. Über das Reisewerk von Aurel Stein: Sand-buried Ruins of Khotan bringt das Scot. Geogr. Magazine einen ausführlichen Bericht. Stein ist ein anglisierter Ungar, der im indischen Unterrichtswesen angestellt ist und die nordindischen sowie die tibetanischen Mundarten beherrscht. Er ging von Srinagar in Kaschmir zum Gilgit-Flusse, hinauf aufs Pamirplateau und dann am Südrand des Tarimbeckens über Kaschgar nach Khotan. Einerseits unter den vielen Schwierigkeiten genaue Aufnahmen jenes Bezirks, insbesondere von Teilen des Kwen-lun, hauptsächlich aber erforschte er mit größtem Erfolg die interessanten, vom Flugsand verschütteten Ruinenstädte und nordöstlich von Khotan. Er fand u. a. Münzen, Siegel, Statuen, Steine mit Inschriften, viele Manuskripte in verschiedenen Sprachen. Die bildlichen Darstellungen zeigen unverkennbar den Einfluß der antiken (griechischen) Kultur und Kunst. Aus einigen Inschriften ließen sich Zeitbestimmungen ableiten, welche ungefähr ins achte nachchristliche Jahrhundert führen. Die ge-

samten, kulturgeschichtlich sehr wichtigen Funde werden augenblicklich im Britischen Museum weiter bearbeitet.

Neuse.

Alaska. Den nunmehr entschiedenen Grenzstreit zwischen Kanada und den Vereinigten Staaten um das südöstliche Alaska vergleicht der englische Militärgeograph Holdich im »Geographical Journal« (Dez. 1903) mit dem Streite zwischen Chile und Argentinien um das südliche Patagonien. Wie es im letzteren Falle den Chilenen gelang, Argentinien von der pazifischen Küste mit ihren Inseln, Halbinseln und tiefen Meereseinschnitten fernzuhalten, so ist dies auch den Vereinigten Staaten als Rechtsnachfolgern Rußlands gegenüber Kanada im Norden des Stillen Ozeans gelungen. Nur ist für die Kanadier dies Ergebnis weit schmerzlicher als für Argentinien mit seiner ohnehin sehr starken Küstenentwicklung, da das strittige und nun verlorene Alaskagebiet für den ganzen Nordwesten des so breit und massig gestalteten Britisch-Nordamerika den natürlichen und einzigen Zugang zum Meere bildete. Man muß nämlich beachten, daß sich das Territorium Alaska nicht auf die eigentliche Halbinsel dieses Namens beschränkt, welche man im Osten hergebrachterweise durch den Meridian 141 w. L. begrenzt. Vielmehr streckt es noch einen schmalen, langen Zipfel an der Küste nach Südosten vor, vom 60.° bis zum 55.° n. Br., und dieser eben ist nun endgültig den Vereinigten Staaten zugesprochen worden. Zum Schaden fügen die Yankees noch den Spott, indem ihre Zeitungen den Kanadiern zurufen: Tröstet euch nur über das verlorene Gebiet! Wenn ihr demnächst in unsere Gemeinschaft eintretet, bekommt ihr es ja doch wieder!

Dr. R. Neuse.

II. Geographischer Unterricht.

Der moderne Landschaftsbegriff in seinen Forderungen an den erdkundlichen Unterricht nennt sich ein Aufsatz von Sem.-Oberlehrer Dr. E. Schöne in Dresden. (Pädag. Blätter, S. 184 ff. u. 227 ff.), in dem der Verfasser der Landschaftsschilderung im Unterricht warm das Wort redet. Er kann die großen Schwierigkeiten nicht leugnen, die einer guten Schilderung im Wege stehen, hält es aber eben deswegen für besonders wichtig, daß „berufene Geister das bisher so stiefmütterlich behandelte Kind des geographischen Unterrichts aus seinem Aschenwinkel hervorziehen". Klassische Schilderungen (wie wir sie jetzt im Geographischen Anzeiger zu bieten versuchen) sind gewiß vortreffliche Vorbilder für den Lehrer; aber auch sie reichen nicht aus, wenn der Lehrer nicht Selbstgeschautes in Nacheiferung guter Vorbilder darzustellen vermag. Deshalb möchte ich das Schönesche Programm vor allem durch die Pflege des wissenschaftlichen Ausflugs erweitern. *H. F.*

Praktischer Konzentrationsversuch. So nennt Bonif. Baader eine kleine lehrprobeartige

Darstellung des **Nabgebiets** (Oberbayer. Schulanzeiger Landsberg a. L., 10. April 1903). Ich bezweifle stark, daß diese Art Konzentration den einzelnen Fächern wirklich zu ihren Rechte verhilft.   *H. F.*

Erwiderung auf einen persönlichen Angriff[1].

In der Novembernummer des »Geogr. Anz.« hatte ich einer Meinungsäußerung Dir. Denickes Erwähnung getan, in der dieser erklärt hatte, die »nüchtern gebliebenen« müßten Verwahrung einlegen gegen die »didaktische Hyperbel der Weltverbesserer«, und als eine solche Hyperbel u. a. die Forderung von mehr Raum für den Erdkunde-Unterricht bezeichnet hatte. Der »rasch hingeworfene Erguß«, wie der Verfasser seinen »Stoßseufzer« selbst später charakterisiert hat, hätte neben so mancher ähnlichen Rückständigkeit aus anderer Feder nicht erwähnt zu werden brauchen, wenn der Verfasser nicht neben einem Ferdinand v. Richthofen Prüfungskommissar in Erdkunde wäre. Die ungeheuren Schwierigkeiten, mit denen die Durchfechtung unserer alten, von den Geographen Deutschlands wiederholt einmütig erhobenen Forderungen an die höheren Schulen zu rechnen hat, konnten durch kein Schlaglicht schärfer beleuchtet werden. Allein Denickes amtliche Stellung zur Schulgeographie rechtfertigte eine Inhaltsangabe seines »in der Tat sehr unbedeutenden Artikels«. Hiermit ist für mich der auf mich persönlich im »Korr.-Blatt f. d. akad. geb. Lehrerstand« 1903, 1. Dez. gerichtete Angriff Denickes erledigt; auf den Gebrauch ähnlicher Vokabeln, wie sie dort beliebt sind, verzichte ich gern. Nachträglich hat Denicke, was zu berichten die Gerechtigkeit verlangt, seine schroffe Absage gegen die Geographen zurückgenommen und erklärt, er habe gegen die Forderung vermehrten Lehrstoffs sich wenden wollen und »erhoffe und erwarte im Gegenteil eine »maßvolle Verstärkung oder Weiterführung (der Erdkunde) von einer künftigen Neugestaltung unserer amtlichen Lehrpläne«[2]. Da sich Herr Denicke vermutlich sonst noch nicht für eine solche Revision der Lehrpläne in unserem Sinne ausgesprochen hätte, so hat meine kurze Mitteilung im November auch den Vorteil gehabt, ihn zu veranlassen, sich auf dieser unserer Forderung festzulegen. Wir werden ihn seinerzeit daran erinnern.   *H. F.*

Erdkunde und obere Klassen der Gymnasien.

Am König-Wilhelms-Gymnasium zu

---

[1] Wegen des besonderen Charakters der ersten Nummer dieses Jahrgangs, erscheint diese »Erwiderung« erst jetzt.
[2] Neulich hat er es freilich im Ausdruck wieder arg versehen (Pädag. Wochenblatt XIII., Nr. 14 u. 15), indem er unter dem Titel »Ein Schutzmittel gegen versiegende Lehrbücher« als einiges geographisches dieser Art das von Kirchoff nennt. Auf diese Weise macht er es dem von neuem unmöglich, über den bereichtigten Kern seiner Ausführungen (lehngrenzt von Lehrbuch und Unterrichtsnoth) mit ihm zu diskutieren.

Stettin hat sich unter Leitung des Lehrers der Erdkunde ein geographischer Verein gebildet, durch den die Schüler zu eingehenderer Beschäftigung mit der Erdkunde angeregt werden sollen. Dazu dienen in erster Linie Vorträge, die teils vom Lehrer, teils von Schülern gehalten werden über Themen aus allen Gebieten der Erdkunde, vornehmlich aus der Geschichte der Entdeckungen, der Polarforschung, der physischen Erdkunde, der Völkerkunde und der Verkehrslehre. Außerdem hat in jeder Sitzung ein Schüler die Aufgabe, nach einem geographischen Lehrbuch über irgend ein Land oder Ländergebiet zu berichten, wozu ein zweiter nach einem anderen Lehrbuch Ergänzungen zu liefern hat. Auf diese Weise werden wenigstens einige Schüler gezwungen, sich mit einem Teile aus dem Gebiet der Geographie etwas eingehender zu beschäftigen, und es findet nicht nur eine Bereicherung oder Befestigung ihrer Kenntnisse statt, die die Schule bei der geringen Stundenzahl in den oberen Klassen nicht geben kann, sondern es wird dadurch auch bei dem einen oder dem anderen Lust zum Weiterarbeiten, überhaupt Interesse für geographische Dinge geweckt. Im Sommer wird zum Zwecke geologischer und sonstiger Belehrung mindestens eine Exkursion unternommen, deren Kosten die Vereinskasse tragen hilft. Es verdient hervorgehoben zu werden, daß durch diesen neuen Verein eine besondere Belastung der Schüler in keiner Weise stattfindet, da die Arbeit des Vortragenden nur in der zusammenfassenden Wiedergabe eines größeren Abschnitts besteht und da bei der großen Zahl der Mitglieder — die Primaner beteiligen sich fast ausnahmslos, außerdem noch einige Obersekundaner — der einzelne nicht öfter als einmal im Jahre an die Reihe kommt.   *A. Hahn-Stettin.*

»Einige Sätze über Wahrung und Ausgestaltung der Eigenart des humanistischen Gymnasiums« von G. Uhlig. (Das hum. Gym. 1903, S. 150 ff.): »l. Der Aufgabe des Gymnasiums widerstreitet es durchaus, in den klassischen Unterricht mit dilettantischem Treiben und Wissen der Schüler zu begnügen.« 9. . . . (Inwiefern der griechische und lateinische Unterricht auch für das geographische Wissen, die erdkundlichen Anschauungen der Schüler fruchtbar werden können, ist auf der vorjährigen Versammlung des Gymnasialvereins besprochen worden.) — Kommentar überflüssig; daß der „besprochene" — empfohlene" hat man sich zu schreiben doch gescheut — Unterricht hinsichtlich der Geographie kaum selbst „dilettantisch" genannt werden kann, sieht ja jeder Geograph von selbst.

Uebrigens ist jene rheinische Versammlung gemeint, die unter schulgeographischer Flagge alte Geschichte empfahl. (Vgl. auch Geogr. Anzeiger 1903, S. 180, Spalte 2.)   *H. F.*

Kartographie.

Der »Neue Stieler« zur Hälfte fertig!
Mit der Doppellieferung (Nr. 25 u. 26) ist die
Herausgabe der neuen, neunten Lieferungsausgabe von Stielers Hand-Atlas[1])
bis zur Hälfte vorgerückt. Es mag an der Zeit
sein, in diesen Blättern von dem Fortschreiten
des Werkes Notiz zu nehmen und sich dabei
über das Gelingen desselben Rechenschaft zu
geben.

Recht eindringlich und mit lauter Stimme,
wie es heutzutage üblich und leider auch notwendig ist, wurde der Welt das Erscheinen
einer neuen, vielfach verbesserten und dabei
noch erstaunlich viel billigeren Ausgabe des
»Großen Stieler« verkündigt und beim Erscheinen
der ersten Lieferungen sprachen viele Rezensenten geradezu von einem »Ereignis«. Da
durfte man wohl etwas gespannt sein.

Wer die hohe Entwicklung des Karten- und
im besonderen des Atlantenwesens in Deutschland einigermaßen kennt, der mußte in der Tat
gespannt sein, ob nach alledem, was man zu
lesen bekam, wirklich etwas so Eigenartiges
und Neues, alles bisher erreichte hinter sich
Zurücklassendes erscheinen werde. Eine Reform
oder gar Revolution auf dem Gebiet der geographischen Handkarte? neue Darstellungsarten
in der Zeichnung und neue Verfahren in der
Reproduktion? oder sonst etwas Unerhörtes,
Hochmodernes?

Nichts von alledem! Es ist, wenigstens
dem Prinzip nach und damit also in der Hauptsache, der alte Stieler, den wir, wenn auch in
neuem Gewand, wiedererkennen und gerade
deshalb so freudig begrüßen.

Bei wie vielen Werken, die in mehreren
immer »verbesserten« Auflagen weiter erscheinen,
wenn auch ihr erster Schöpfer schon lange vom
Schauplatz seiner Tätigkeit abgetreten ist, muß
man sich fragen, ob der erste Ersteller, wenn
er selbst weiter gelebt und sich demgemäß auch
weiter entwickelt hätte, das Werk auch wirklich
in der Weise ausgebildet hätte, wie es geschehen
war? Im vorliegenden Falle kann man wohl
die Frage bejahen.

Als der Unterzeichnete sich besann, welchen
neuen Atlas er für die Kartensammlung des
eidgenössischen Polytechnikums, in der doch
wesentlich die klassischen Sachen vertreten sein
sollten, anschaffen sollte, ging er zunächst
in sich und fragte sich: welche Anforderungen

¹) Herausgeg. von Justus Perthes' Geogr. Anstalt in
Gotha. Erscheint in 50 Lieferungen (jede mit 2 Karten)
zu je 60 Pf. oder in 10 Abteilungen (jede mit 10 Karten)
zu je 3 M.

sind in erster Linie an einen solchen Atlas
bzw. die in ihm enthaltenen Darbietungen zu
stellen? Diese Anforderungen sind: einmal
größte Genauigkeit und größter Reichtum in
den eigentlichen geographischen Angaben und
dann die richtige Reproduktionsart, um all das
Darzustellende deutlich und in richtiger Neben-
und Unterordnung zum Ausdruck zu bringen.
Die Wahl fiel, trotz des vielen Verlockenden
anderer Atlanten, auf den »Stieler«, und zwar
wirkte dabei nicht etwa bestimmend das Ost-
alpenblatt der ersten Lieferung mit seiner hohen
Plastik bei einfachen Mitteln, sondern das Blatt
China mit dem Reichtum der Angaben aller Art
und der Unterbringung derselben im Kartenbild.

Die nunmehr erschienenen 26 Lieferungen
haben das von Anfang an gefaßte Zutrauen
gerechtfertigt. Mit einer Art sicheren Ruhe nimmt
man Lieferung für Lieferung entgegen und sieht
in denselben Bausteine, aus denen das Monument sich aufbaut. Man erkennt gleich, daß
da nach einem festen und bewußten Plane gearbeitet wird und daß es bei der bestehenden
und bekannten Tradition der Verlagsanstalt auch
bei dem Plane bleibt bis zur Vollendung des
Werkes.

Möchte man hie und da etwas anders
wünschen — gewünscht ist bald — so sagt
man sich doch, die Autoren werden gewußt
haben, warum sie es so machten! Gerade dem
einsichtigsten Beurteiler solcher Arbeiten, der
sowohl die Schwierigkeiten des zeichnerischen
Entwurfs als des Stiches und Druckes kennt,
tritt das Autoritäre dieser Arbeitsleistung am ein-
dringlichsten entgegen. Es ist da eine Summe
von Wissen und Können kumuliert, die in Erstaunen setzt und gewissermaßen die Krönung
von Gelehrten-, Künstler- und Technikerarbeit
von Jahrhunderten darstellt.

Man muß sich in diese Arbeit hineindenken,
man muß an die an dieselbe gestellten vielen und
vielfach sich widerstreitenden Anforderungen
kennen, man muß mit dem Zeichner am Pulte
stehen, den Stichel des Stechers mitführen, die
Tücken des Druckes erleben und auch mit dem
Verleger planen und rechnen, um die Arbeit zu
würdigen und — was oberflächlich Urteilende
leicht übersehen — sich in den eigenen Wünschen
weise zu beschränken.

Wir hätten auch etwa solche Wünsche an-
zubringen; sie betreffen aber mehr nur die
Ornamentik und Durchführung im einzelnen des
Werkes und nicht die Grundanlage und den
Gesamtaufbau, vor dessen Bemeisterung wir
uns in Achtung beugen. Ist einmal der ganze
Bau aufgerichtet, dann mag der Zeitpunkt gekommen sein, denselben kritisch zu würdigen
und nach weiteren möglichen Verbesserungen zu
suchen; einstweilen wollen wir das Meisterwerk
ruhig seiner Vollendung entgegengehen lassen
und uns dessen freuen, als eines gewaltigen
Monuments moderner Forschung und Arbeit.

Prof. Oberst Becker.

Persönliches.

Ehrungen, Orden, Titel usw.

Dem Geodäten und Leiter der geodätischen Aufnahme von Südafrika Sir Dav. Gill die kgl. Medaille der Royal Society in London.

Baron Hulot, Generalsekretär der Geogr. Gesellschaft in Paris, zum Chevalier der Ehrenlegion.

Prof. Dr. J. Partsch in Breslau zum Geh. Regierungsrat.

Prof. Dr. Joh. v. Ranke in München zum Ehrenmitglied der schwedischen Gesellschaft für Anthropologie und Geographie.

Dem Klimatologen Prof. Dr. Rudel in Nürnberg die silberne Medaille »bene merenti« der kgl. Bayerischen Akademie der Wissenschaften.

Die Landesgeologen Dr. E. Schumacher und Dr. L van Werveke in Straßburg i. E. zu kaiserl. Bergräten.

Dem Kartenredakteur in der Militärtopographischen Verwaltung des russ. Generalstabs, Steller, der St. Wladimir-Orden III. Klasse.   *H. W.*

Todesfälle.

Am 19. November 1903 starb Dr. Wilhelm Hein, Privatdozent der allgemeinen Ethnographie und Kustos-Adjunkt am naturwissenschaftlichen Hofmuseum in Wien. 1861 geboren, verfolgte er von Jugend auf den Gedanken, als Forschungsreisender im Orient und in Afrika zu wirken und trieb deshalb neben geographischen und ethnographischen Studien auch orientalische. Das Geschick hat seinen Lebensweg nicht leicht gestaltet, aber seine unbeugsame Energie, seine eiserne und selbstlose Arbeitskraft haben schließlich doch die Schwierigkeiten zu besiegen gewußt. Außer der vergleichenden Ethnographie betrieb er, seit er Musealbeamter geworden, mit Erfolg volkskundliche Forschungen und gründete mit Dr. M. Haberlandt 1899 den Verein und das Museum für österreichische Volkskunde. Hervorzuheben sind seine Arbeiten über die geographische Verbreitung der Totenbretter und über Tier- und Menschengestalten in der Ornamentik. Erst als Vierzigjährigem war es ihm vergönnt, den Plan seiner Jugend zu verwirklichen. Im Winter und Frühjahr 1901/02 weilte er im Auftrag der Wiener Akademie der Wissenschaften und unterstützt von dem Unterrichtsministerium mit seiner mutigen Frau in Südarabien, studierte in Aden und insbesondere unter außerordentlichen Schwierigkeiten in Gischin die Dialekte, vor allem die Mahrasprache und die Volksbräuche, erkundete geographische und statistische Daten, sammelte ethnographische und naturgeschichtliche Objekte und brachte u. a. einen lebenden Weihrauchstrauch nach Europa. Zu weiteren Sprachstudien Veranlaßte er auch H einen Mahra- und Sokotrismann, mit ihm nach Wien zu kommen. Von seinen überaus reichhaltigen Reiseergebnissen ist leider nur ein Aufsatz »Zur Statistik von Gischin« in den Mitteilungen der k. k. Geographischen Gesellschaft Wien (1903) kurz vor seinem Tode erschienen, doch ist die Bearbeitung der Mahratexte

fast abgeschlossen. Im Jahre 1904 wollte Hein Sokotra bereisen u. später ins Innere von Hadramaut · vorstoßen. Ein schweres Siechtum, dessen Keim er sich in Arabien geholt, hat ihm einen frühen Tod bereitet. Die Wissenschaft hat an Hein einen hingebungsvollen Forscher, von dem noch Bedeutendes zu erwarten stand, verloren. Wer ihn im Leben nahe gestanden und seine kernige, jeder Phrase und jedem Schein abholde Individualität kennen ′gelernt hatte, wird auch das Andenken des edlen und braven Menschen in trauernder und hochschätzender Erinnerung behalten.   *F. H.*

Berghauptmann Siegfr. v. Ammon ist in Bonn am 13. Dezember 1903 im 60. Lebensjahr gestorben.

Ernest Ayscoghe Floyer, Generalinspektor des ägyptischen Telegraphenwesens, starb am 1. Dezember 1903 in Kairo, 51 Jahre alt. 1869 war er in den indischen Telegraphendienst eingetreten; 1876 benutzte er einen längeren Urlaub zu einer Forschungsreise in das Innere von Beludschistan: »Unexplored Beludschistan«, 1877. In demselben Jahre trat er in den ägyptischen Telegraphendienst, 1887 bereiste er die Arabische Wüste: »Two routes in the Eastern Desert of Egypt« (Proc. of the R. Geogr. Soc.) und setzte 1891 die Erforschung derselben fort: »Étude sur le Nord-Etbai«. Später war er besonders tätig, wüste Landflächen, die früher in Bearbeitung gestanden hatten, der Kultur wieder zu gewinnen.

Richard Urquhart Goode, Geograph an der Geologischen Aufnahme der Vereinigten Staaten, geb. 1858 in Bedford (Virginia), starb am 9. Juni 1903 in Rockville (Maryland). Nach kurzem Besuch der Universität von Virginia war er 1878 in das Ingenieurkorps der Vereinigten Staaten eingetreten und trat 1879 als Topograph zur Geologischen Aufnahme über. Seine Haupttätigkeit entfaltete er bei der Vermessung der pazifischen Staaten. Verschiedene Arbeiten veröffentlichte er im Bulletin der Washington Academy of Sciences, Bulletin of the Geol. Survey und National Geogr. Magazine.

Dr. Karl Kaerger, Privatdozent an der Landwirtschaftlichen Hochschule in Berlin, starb daselbst am 30. Oktober 1903. Besondere Verdienste hat er sich erworben durch Beschaffung wissenschaftlicher Grundlagen für die Besiedlung der deutschen Kolonien: »Brasilianische Wirtschaftsbilder«, 1889; »Kleinasien, ein deutsches Kolonisationsfeld«, 1892; »Tangaland und die Kolonisation Deutsch-Ostafrikas«, 1892; »Die künstliche Bewässerung in den wärmeren Erdteilen«, 1893; »Aus drei Erdteilen«, 1893; »Landwirtschaft und Kolonisation im spanischen Amerika«, 1901. Mehrere Jahre war er landwirtschaftl. Attaché bei der deutschen Gesandtschaft in Buenos-Aires.

Dr. Frank Russel, junger amerikanischer Anthropolog, starb am 7. November in Arizona.

Freiherr O. Z. Yrjö-Koskinen, Führer der finnischen Partei im Kampfe gegen die Schweden, starb im November 1903 in Helsingfors im Alter von 72 Jahren. Obwohl einer aus Schweden stammenden Familie angehörig, machte er es sich zur Aufgabe, die Hegemonie der schwedischen Sprache zu bekämpfen, für welche hier er als Journalist, Mitglied der Landtager und des Senats und als Unterrichtsminister unermüdlich tätig war. Er kam seinem Ziele, der Gleichberechtigung der finnischen mit der schwedischen Sprache immer näher, mußte aber schließlich die Enttäuschung erleben, daß Rußland in die Sprachkämpfe eingriff und im Oktober 1903 die Verfügung erließ, daß alle Aktenstücke des finnländischen Staates in russischer Sprache abgefaßt werden mußten.   *H. W.*

Besprechungen.

I. Allgemeine Erd- und Länderkunde.

Pastor, Willy, Lebensgeschichte der Erde. Überblick üb. d. Metamorphose d. Erdensterns. 8°, 253 S. Leipzig 1903, Diederrichs. 4 M.

»Gegen das darwinistische Dogma vom Kampfe ums Dasein heißt freilich der Begleitzettel, mit dem der Verleger die Aufmerksamkeit erregen will; aber wenn auch der Verfasser auf manchen Seiten gegen den schonungslosen Materialismus dieses Dogmas zu Felde zieht, los wird er es deshalb doch nicht, und der Kreislauf der Völker, wie das Ende der großen Jurasaurier wird nur durch solchen Kampf erklärt. Jedoch läßt man sich gern einmal den Versuch gefallen, die geologische Geschichte der Erde in dem Sinne zu erzählen, daß allen Veränderungen eine zielbewußte, zur Entwicklung drängende, manchen Weg umsonst versuchende, kleinere Opfer um großer Ziele willen nicht scheuende Kraft zugrunde liegt, die der als einheitlicher Organismus aufgefaßten Erde eigen ist. Und nicht ungern folgt man dem Verfasser auch auf seinen etwas gewagten Hypothesen, wie von der Umwandlung des Siliziums und seiner Organismenwelt in die Kohlenstoffwelt, von dem Fehlen der Atmosphäre in der paläozoischen Zeit. Wirken die Darstellungen auch nicht überzeugend, so sind sie stets anregend; gerade auf die größten Lücken unserer Erkenntnis weisen sie hin, wenn sie sie auch nicht ausfüllen können. So ist das Ganze eigenartig und von fesselnder Darstellung, oft von dichterischem Schwunge getragen; in der Natur der Sache liegt es, daß sich die Schilderung der jüngsten Perioden immer mehr an die geschmähte »Schulmeinung« anschließt.

Die von Heinrich Vogeler gezeichneten Kopfleisten und Schlußstücke der Kapitel stellen allerhand Tiergestalten vor; sie stören wenigstens nicht, während man das von den unleidlichen kleinen Zeichen am Schluß und Beginn jedes Absatzes sagen muß.

Dr. W. Schjerning-Charlottenburg.

Woltmann, Dr. phil. et med. **Ludwig,** Politische Anthropologie. Eine Untersuchung über den Einfluß der Deszendenztheorie auf die Lehre von der polit. Entwicklung der Völker. Eisenach u. Leipzig 1903, Thüring. Verlagsanstalt.

Die Deszendenztheorie, die Grundlage der modernen, auf die Erforschung der organischen Wesen gerichteten Naturwissenschaft, steckt sich immer höhere Ziele, und eine politische Anthropologie wird nicht das letzte bleiben. So will Woltmann »auf naturwissenschaftlichen, d. h. biologischen und anthropologischen Erkenntnissen eine politische Theorie« begründen, indem er »die anthropologische Naturgeschichte mit der politischen Rechtsgeschichte« verbindet und nachweist, wie die politischen Rechts-

einrichtungen aus dem biologischen Prozeß der Rassen herausgewachsen sind«. Das Schlußkapitel behandelt denn auch den Ursprung der politischen Parteien und zwar der konservativen, der liberalen und der sozialistischen, ohne des Zentrums zu vergessen.

Ich fürchte, der unbefangene Leser wird von vornherein für Woltmanns kühnes Unterfangen kein Verständnis haben. Ist denn aber eine politische Anthropologie überhaupt ein aussichtsloses Unterfangen? Das meine ich nicht! Es wäre meines Erachtens ein dankbares Unternehmen, die einzelnen Rassen und Stämme der Erde anthropologisch zu untersuchen und nachzuweisen, wie aus den und den Rasseeigenschaften die und die politische Verfassung erwachsen mußte. Aber derartiges liegt Woltmann fern. Er beginnt mit der Urzelle und dem Keimplasma, entwickelt die Lage und Teilungseigenschaften der Chromatinfäden und will so schließlich einen wissenschaftlichen Einblick in die Frage gewinnen, ob die landwirtschaftlichen Zölle (S. 306) berechtigt sind, oder ob die sozialistische Gefahr für uns drohender ist als die klerikale (S. 326).

Das ist Woltmanns Grundfehler bei dieser Arbeit, daß er, ausgehend von einer ganz allgemein menschlichen, d. h. alle Rassen gemeinsam berührenden Grundlage, zu Schlußfolgerungen für das politische System eines bestimmten Rassenvolkes gelangen will. Er hätte vielmehr die Rassenfrage, die durch Gobineau zur Wissenschaft erhoben ist, zum Ausgangspunkt seiner Untersuchung machen müssen, anstatt sie, über das ganze Werk verstreut, eigentlich immer nur dann zur Aushilfe heranzuziehen, wo er mit seinen rein physiologischen Voraussetzungen zu keinem sicheren Schlusse kommen kann. Wenn so dem Buche, das eine bedeutende Wissensmenge birgt, ein in aufbauender Tätigkeit gewonnener Erkenntniswert fehlt, so liegt das wohl mit daran, daß Woltmann die Bedeutung der Rassenfrage unterschätzt und ihr ein so eingehendes Studium wie den biologischen Fragen bisher nicht gewidmet hat. Seine Kenntnis von Gobineaus Rassenphilosophie, aus der er vieles anführt, ist oft unklar und z. T. nicht frei von offenen Mißverständnissen. Vielleicht gibt mir die Leitung des Geographischen Anzeigers später einmal Gelegenheit, mich über die für die Erdkunde so wichtige Rassenfrage im Sinne Gobineaus zu äußern. Für heute beschränke ich mich auf die Bitte an den Leser des Woltmannschen Werkes, alles was sich darin auf die Rassenfrage bezieht, mit Vorsicht aufzunehmen. Dagegen bietet das Buch dem Wissensdurstigen nicht nur eine treffliche Quelle der Erkenntnis für alle grundlegenden physiologischen und biologischen Gesetze, sondern der Verfasser bemüht sich auch mit Erfolg, die unausbleiblichen Gegensätze und Widersprüche in den Theorien der verschiedenen Naturforscher richtig zu beleuchten und, wo es angeht, auszugleichen.

Dr. Paul Kleinecke-Friedenau.

Völkerhaß oder Völkerfrieden nennt sich eine kleine (28 S.) in Kolombo unter großen technischen Schwierigkeiten gedruckte und deshalb schwer lesbare Broschüre, in der ein Anonymus die Beseitigung der zwischen England und Deutschland bestehenden Mißverständnisse anstrebt, in der Überzeugung, daß der germanische Stamm zur Führerschaft auf dem Wege »humanistischer Zivilisation« berufen sei. Die Darstellung ist vielfach schwülstig und mirakelhaft, die aufgestellten Gesichtspunkte ganz interessant, wenn sie auch nicht unsere Zustimmung finden können.

Dr. Max Georg Schmidt-Marburg a. L.

Langhans, Paul, Neue Kriegskarte von Ostasien. Mit Begleitworten: Ostasien vom politisch-militärischen Standpunkt. Ootha 1904,
Justus Perthes. 1 M.

Die Hauptkarte gibt die Reibungsfläche der
Mächte im fernen Osten, Rußland, Ostasien, Mandschurei, Japan, Korea, China in dem großen Maßstab 1 : 5000000. Kräftige Zeichnung in Gerippe
und Schrift, markantes Hervorheben der politischen
Verhältnisse sind Vorzüge der Karte. Die Angabe
der militärischen Stützpunkte der Mächte, der Verteilung der Landtruppen und Kriegsschiffe, der
Eisenbahn- und Telegraphenlinien, der Landungs-
truppen - Transportwege der Japaner,
die zahlreichen Nebenkärtchen politisch - militärisch
hervorragender Punkte stempeln die Karte zur Tageskarte und kennzeichnen ebenso wie die statistischen
Mitteilungen des Textes Langhans' Meisterschaft,
in Karte und Zahl der Zeit zu folgen. *Ht.*

Brandt, M. v., Die Zukunft Ostasiens, ein
Beitrag zur Geschichte und zum Verständnis
der ostasiatischen Lage. 3. umgearb. u. verm.
Aufl. Stuttgart 1903, Verlag von Strecker
und Schröder.

Seit dem Jahre 1895, wo die erste Auflage des
Buches kurz vor dem Frieden von Shimonoseki erschien, sind auf dem ostasiatischen Schauplatz zwei
neue Machtfaktoren als politische Mitbewerber (Japan
und die Union) erschienen, sodaß dadurch für das
Ausland nach verschiedenen Richtungen hin eine
vollständig neue Lage geschaffen ist. Dadurch ist
Ostasien auch in viel größerem Umfang in das Getriebe der Weltpolitik hineingezogen worden und
für jeden politisch Gebildeten muß es daher von
Interesse sein zu sehen, wie der bekannte Kenner
der ostasiatischen Verhältnisse die jetzige Lage dort
beurteilt und welche Politik er zur Wahrung der
deutschen Interessen empfiehlt. Allerdings gibt der
Verfasser in seinem Buche das Material zu
solcher Beurteilung an die Hand: er untersucht zunächst die nationalen Eigenschaften der drei Haupt-
völker Ostasiens (Japaner, Chinesen, Koreaner) und
erörtert ihre bisherigen friedlichen und kriegerischen
Beziehungen zueinander; sodann schildert er die
Maßnahmen, welche England, Frankreich und Rußland zur Wahrung ihrer Interessen dort trafen —
mit dem Boxeraufstand als Antwort. Die Zukunft Ostasiens betrachtet er unter kommerziell-industriellem,
moralisch - religiösem und politischem Gesichtspunkt.
Er nimmt dabei sehr entschieden für China Partei
und meint, daß wenn es dort zu neuen Störungen
des Weltfriedens kommen sollte, vor allem Japans
Expansionsgelüste sowie die Mission und die Kon-
zessionsjagd der Vertragsmächte die Schuld daran
tragen würden.

Eine Einteilung in Kapitel wäre übrigens im
Interesse der Übersichtlichkeit und leichteren Lesbarkeit des Buches zu wünschen gewesen.

Dr. Max Georg Schmidt-Marburg a. L.

Van Kol, H., Uit onze Koloniën. 8⁰, S. 377—
826, Abb., 1 Karte. Leiden 1903, A. W. Sijthoff.

Das Buch ist wohl (denn aus dem Titelblatt
geht das nicht hervor) der zweite Band eines Werkes,
das den eingehenden Bericht einer Reise in Niederländisch - Indien enthält, die der Verfasser, ein Mitglied der zweiten Kammer der Generalstaaten, unternommen hat, um die Kolonien besonders auf ihr
Wirtschaftswesen hin kennen zu lernen. Unseren Band

füllen die Schilderungen von den Inseln Lombok,
Bali und Java. Land und Leute werden liebevoll
gezeichnet, und der Verfasser findet oft Worte voll
hohen poetischen Schwunges, um die Schönheit der
Landschaft, insbesondere auf Java, zu schildern.
Das Bild aber, das er uns von den wirtschaftlichen
Verhältnissen der Inseln entrollt, ist zum großen
Teile sehr trübe. Freimütig weist er nach, wie
groß die Schuld der Regierung an den traurigen
ökonomischen Zuständen ist, wie das europäische
Regiment auf Java den Eingeborenen nur Verarmung,
Jammer, Elend und die ganzen unseligen Folgen
extrem kapitalistischer Ausnutzung gebracht hat.
Er fordert im Schlußwort den Staat auf, zu helfen
wo noch zu helfen ist, die Missetaten der Väter
wieder gut zu machen und der Bevölkerung das
Glück wieder zu geben. Wenn die Niederlande dies
nicht vermögen, so haben sie bewiesen, daß sie
zu klein waren für die große Aufgabe, die ihnen
die Geschichte zugewiesen hatte. Neben diesen
Schattenseiten hebt er um so eindringlicher hervor,
wo er etwas zu loben fand, so die vorbildlichen
Bewässerungsanlagen auf Lombok, so den Botanischen Garten in Buitenzorg, »eine Einrichtung, auf
die wir mit Recht stolz sein können«, so findet er
Worte höchster Anerkennung für private Einrichtungen
werktätiger Liebe. Zahlreiche Abbildungen, veranschaulichen Land und Volk. Eine Karte des Archipels im Maßstabe 1 : 8750000 zeigt die Reisewege des Verfassers. *Dr. M. Hammer-Kiel.*

Conradi, A., Chinas Kultur und Literatur. 6 Vorträge. 32, 39, 40 S. Leipzig 1903, Dr. Seel & Ko.

Die sechs volkstümlich gehaltenen Vorträge, die
hier unter obigem Titel einem größeren Leserkreis
zugänglich gemacht werden, sollen mitwirken, die
vielen schiefen, oberflächlichen, falschen Urteile über
das vielverkannte Volk der Chinesen zu berichtigen.
Um ein Volk wirklich kennen zu lernen, müsse man
da anklopfen, wo es sein Bestes niedergelegt habe,
wo es seine Freuden und seine Schmerzen ausgesprochen und seine Ideale verkörpert habe, bei seiner
Literatur, die zugleich ein Abbild seiner Kultur sei.
Das sei allerdings gerade bei den Chinesen sehr
schwer, da bis jetzt von ihrer überreichen Literatur
uns nur ein kleiner Teil erschlossen sei. Diesen
benutzt der Verfasser, um uns in die chinesische
Kultur einzuführen und ihre Entwicklung von der
ältesten Zeit bis zum heutigen Tage in großen Zügen
darzustellen. Die Schilderung der verschiedenen
Kulturepochen wird durch die Analyse der bedeutendsten literarischen Denkmäler vertieft. Zum Schluß
sucht der Verfasser nach einer Antwort auf die Frage,
wie der Chinese zur Mitarbeit an der Menschheit
zu gewinnen sei. Nicht durch Kanonenboote, auch
nicht durch die Mission. »Ein Verstandesvolk
genügt sich nicht am Glauben; China will nicht
bekehrt, sondern China will überzeugt
sein«. Und das ist erreichbar, da der Chinese der
gemeinsamen Kulturbeförderung durchaus nicht ab-
geneigt ist. »Dazu muß man ihn aber vor allen
Dingen verstehen lernen, und ihn nicht als Barbaren,
sondern als Ebenbürtigen behandeln«.

Dr. M. Hammer-Kiel.

Zitkoff, B. M., Die Stadt Mangazeja. 15 S.
Moskau 1903. (In russischer Sprache.)

Mangazeja war eine kleine Handelsstadt an der
Mündung des Tas, deren Gründung sich auf das
Jahr 1601 zurückführen läßt. Bereits 1610 hatte
sie eine gewisse Blüte erreicht: Zwei Kirchen, 20 Läden
und an die 200 Privathäuser gruppierten sich an vier

Straßen, zwei Getreidespeicher, ein Pulver- und ein Weinkeller und zwei Schenken waren vorhanden. Selbst eine Art hölzerne Festung mit fünf Türmen war, so berichtet die Chronik, errichtet zum Schutze des nordischen Handelsemporiums. Aber die Herrlichkeit war nur von kurzer Dauer. Eine große Feuersbrunst war der Vorbote des Niedergangs. Der Handel ließ nach, die Pelztiere verminderten sich zusehends, dazu kam die ungünstige Lage des Ortes an einem Flusse, der, da seine Quellen bei 62° N. Br. in der ödesten Wildnis lagen, kein Hinterland erschloß: Der Tas mußte dem gewaltigen Jenissei den Vorrang lassen, Mangazeja verödete und Turuchansk trat an seine Stelle. *Hh.*

Zugmayer, Erich, Eine Reise durch Island im Jahre 1902. 8°, 192 S., ill. 1 Karte. Wien 1903, Adolf W. Künast. 4 M.

Die »ultima Thule« ist neuerdings das Opfer einer literarischen Massenproduktion geworden, die in dem Referenten beinahe den vermessenen Gedanken aufkommen lassen könnte, sich als Wegweiser zu verdingen, einzig und allein auf Grund der im letzten Jahre genossenen Lektüre. Und doch begrüßt man mit Freuden jeden neuen Beitrag, zumal wenn er wie der vorliegende seine Existenzberechtigung objektiv nachweisen kann (wenn auch nicht gerade einem Kenner wie Thoroddsen gegenüber): objektiv, insofern die vier Heidelberger Studienkameraden auf ihrer ungebundenen Streife immerhin mehr sahen als manche andere Vergnügungsreisenden und zu den meist begangenen Routen Reykjavik— Geysir—Hekla und Akureyri—Reykjavik einen Ritt durch den weniger oft beschriebenen Sprengisandur ihrem Reiseweg einverleibten, — subjektiv durch den frischen, im besten Sinne studentischen Ton, in dem die anspruchslosen Reiseerlebnisse vorgetragen werden. Ein allgemeiner Abschnitt über Land und Leute nach Poestion ist dem Reisebericht vorausgeschickt. Hübsche photographische Selbstaufnahmen erhöhen den Reiz der Unmittelbarkeit. *Dr. W. Blankenburg-Gotha.*

Ludwig Amadeus von Savoyen, Herzog der Abruzzen, Die Stella Polare im Eismeer. 1. italien. Nordpolexp. 1899—1900. 8°, XIV, 566S. ill., 2 Karten. Leipzig 1903, F. A. Brockhaus.

S. A. R. Luigi Amadeo di Savoia, Duca degli Abruzzi, La »Stella Polare« nel Mare Artico, 1899—1900. Seconda edizione. 8°, XI, 592 S. Con 208 illustrazioni nel testo, 25 tavole, 2 panorami e 4 carte. Milano 1903, Ulrico Hoepli.

Zu gleicher Zeit liegen dem Referenten das in dem rühmlich bekannten Verlag von Ulrico Hoepli in Mailand erschienene italienische Originalwerk über die in den Jahren 1899—1900 ausgeführte Nordpolarexpedition des Herzogs Ludwig Amadeus von Savoyen und der Kapitänleutnants Umberto Cagni, sowie die deutsche im Verlag von F. A. Brockhaus erschienene Übersetzung dieses Werkes vor. Es sei gestattet, die wertvollen Werke, beide des gleichen Inhalts und gleich prächtig mit einer Fülle trefflicher Illustrationen ausgestattet, gemeinsam anzuzeigen.

Es kann natürlich nicht die Aufgabe einer Besprechung an dieser Stelle sein, über den Verlauf der Reise der italienischen Expedition ausführlicher zu referieren: den meisten Lesern dieser Zeitschrift wird derselbe aus anderen Zeitschriften oder aus Auszügen in Tagesblättern wohl bekannt sein. Es mag nur daran erinnert werden, daß der Herzog Ludwig Amadeus es unternommen hat, mit einer italienisch-norwegischen Expedition auf dem Wege, den zuerst Nansen und Johannsen gewiesen, dem Nordpol der Erde näher zu kommen, also mit einem Schiff in möglichst hohe Breiten zu gelangen und dann zu Fuß mit Hilfe von Hundeschlitten nach Norden vorzudringen. Mit dem Schiffe, der in jeder Hinsicht auf das beste ausgerüsteten »Stella Polare«, bis in den Norden von Franz Josefs-Land gelangt, überwinterte die Expedition in der Teplitz-Bai auf Kronprinz-Rudolf-Land, einer der nördlichsten Inseln dieses Archipels. Von hier aus wurde, da der Herzog unter den Folgen der Frostschäden zu schwer litt, unter der Führung des Kapitänleutnants Cagni eine Schlittenexpedition nach Norden entsandt, welcher es bekanntlich gelungen ist, in 86° 34' die höchste nördliche Breite zu erreichen und dann glücklich, wenn auch unter furchtbaren Entbehrungen und Mühsal zum Schiffe zurück zu gelangen. Nur der ersten von dieser Schlittenreise zurückgesandten Gruppe unter dem Leutnant Querini war es nicht vergönnt, den Rückweg zur Winterstation zu finden, sodaß die Expedition leider den Verlust dreier tüchtiger Mitglieder zu beklagen hat. Am Ende des Sommers 1900 vom Eise befreit, ist die »Stella Polare« im Herbst desselben Jahres nach Norwegen und von dort nach Italien zurückgekehrt, wo die mutigen Reisenden, die ersten italienischen Nordpolarforscher, warme Anerkennung und Lohn gefunden haben.

Der erste Teil des Buches, die Einleitung und die Schilderung der Vorbereitung der Expedition, der Schiffsreise selbst und der Überwinterung ist von dem Herzog Ludwig Amadeus selbst geschrieben; die Berichte über die Schlittenreise sind von Umberto Cagni und dem Arzte der Expedition, Cavalli Molinelli, verfaßt. Beide Teile sind lebendig und durchweg fesselnd geschrieben, und auch in der Übersetzung sind diese Eigenschaften des Originals gewahrt geblieben. Beide Werke stellen natürlich nur den allgemeinen Reisebericht dar: ein starker Quartband, welcher die reichen wissenschaftlichen Ergebnisse der Reise und der Forschungen während der Zeit der Überwinterung enthält, ist daneben in italienischer Sprache bei dem Mailänder Verleger erschienen, wird aber nicht in andere Sprachen übertragen werden. Der Bilderschmuck beider Werke ist ein außerordentlich großer; besondere Anerkennung verdient die technische Herstellung der vielen Vollbilder und der Panoramen, namentlich der in leichtblauem Tone gehaltene Eisbilder.

Die deutsche Verlagshandlung wünscht dies neue Polarbuch neben Nansens klassisches Werk »In Nacht und Eis« gestellt zu sehen, und hat auch durch die äußere Ausstattung, die derjenigen des Nansenschen Werkes nachgebildet ist, zu einem solchen Vergleich angeregt. Auch der Ref. hat in beiden Werken die Schilderung der Fuß- und Schlittenreise über das Schollenmeer neben- und nacheinander gelesen. Als seinen Gesamteindruck möchte er hier anführen, daß auch neben diesem neuen Buche die Erzählung Nansens auch das Mindeste verliert, daß seine Tat, an derjenigen Cagnis und seiner Gefährten gemessen, sogar als die heroischere erscheint: Nansen war der erste, der die Fußreise polwärts, fort vom Schiff und ohne jede Hoffnung, es wieder zu erreichen, wagte; er trotzte mit seinem Genossen der harten Natur der Eiswüste mit der siegesgewissen Kraft nordischer Recken, während die Italiener die Strapazen und Unbilden zwar mit Mut und Energie auf sich nahmen, sie aber nur mit Mühe ertrugen, und aus dem Kampfe nicht als Sieger, sondern nur unbesiegt die Rückkehr fanden. *Dr. P. Dinse-Friedenau.*

3 a*

II. Geographischer Unterricht.

Kehrbach, Karl, Das gesamte Erziehungs- und Unterrichtswesen in den Ländern deutscher Zunge. II. Jahrg. (1897), 4 Abt. (Vierteljahrsh. zu 5 M.). Berlin 1899—1900, Harrwitz Nachf.

Dieses umfassende »bibliographische Verzeichnis und Inhaltsangabe der Bücher, Aufsätze und behördlichen Verordnungen zu deutscher Erziehungs- und Unterrichts-Wissenschaft nebst Mitteilungen über Lehrmittel« erscheint monatlich im Auftrag der Gesellschaft für deutsche Erziehung und Schulgeschichte.

Der Absatz Geographie umfaßt im ganzen 188 Titel, dazu eine größere Anzahl unter dem Stichwort »Heimatkunde«, ist also ziemlich ausgiebig. Vielfach sind uns die Titel selbst gegeben, oft auch eine kurze, kritikvermeidende Inhaltsangabe. Ob die Auswahl hierbei immer richtig gewesen, nicht manche Schrift sich allein mit dem Titel hätte begnügen können, die einer Inhaltsangabe gewürdigt worden, und umgekehrt manchmal, wo nur die Titel stehen, ein kurzer Nachweis wünschenswert gewesen, wird für den Kritiker solchen Sammelwerken gegenüber immer eine strittige Frage bleiben. Davon abgesehen bleibt das Kehrbachsche Erziehungs- und Unterrichtswesen ein erstklassiges Nachschlagewerk für jeden Fachmann.   *H. F.*

Morgan, Alex., The Scope and practical Teaching of Geography in Schools. (The Geographical Teacher II, Nr. 2, Juni 1903, S. 48—61.)

Morgan läßt, ganz wie es auch die deutsche Methodik fordert, den Unterricht beim Naheliegenden beginnen. Das Schulhaus macht den Anfang und die engere Heimat soll die Grundbegriffe, auf denen sich der spätere Unterricht aufbaut, liefern. Dazu sollen während der Schulzeit längere oder kürzere Exkursionen gemacht werden. Auf diesen soll jeder Schüler eine einfache Handkarte größten Maßstabs seines Heimatsgebiets bei sich führen und so durch den ständigen Vergleich der Natur mit ihrem Kartenbild praktisch und erfolgreich in das Kartenverständnis eingeführt werden. In der Klasse hat die Wandtafel-Skizze des Lehrers der Benutzung der eigentlichen Wandkarte vorauszugehen, diese selbst hat nur physisches Kolorit zu tragen, denn die Erde als physisches Ganzes in erster Linie Aufgabe des Unterrichts, die künstliche, wechselnde Aufteilung unter die Mächte darf erst in zweiter Linie in Betracht kommen. Eng mit dem Unterricht verknüpft werden eigene Naturbeobachtungen der Schüler und die Lösung einfacher Aufgaben, ähnlich wie sie Dennert einzelnen Kapiteln seines Lernbuchs beigefügt hat. Der Abhandlung beigefügt sind »Suggestions as to Practical Work in Geography for the Older Pupils«. Die einzige praktische Arbeit, welche die Schüler bisher zu leisten pflegten, sei die mehr oder weniger mechanische Nachzeichnung einer größeren Anzahl Karten, die in den meisten Fällen mehr auf eine Zeichenübung als auf eine Förderung geographischer Kenntnisse hinauslaufe. Aber es ist nicht Aufgabe der Schule, schlechte Kartographen heranzubilden, sondern ihre Schüler die Landesnatur verstehen zu lehren. Das geschehe am besten durch eine, wenn auch noch so einfache eigene Aufnahme eines kleinen charakteristischen Gebiets. Eine äußerst instruktive Anleitung zu solchen Aufnahmen bildet den Schluß der Abhandlung.   *Hk.*

Imendörffer, Dr. Benno, Landeskunde von Steiermark. 84 S. mit 8 Holzschnitten, 3 Kartenskizzen und 1 Karte. Wien 1903, R. Lechner (Wilhelm Müller).

Die Landeskunde von Steiermark ist ein Bändchen der unter der Leitung Dr. K. Schobers methodisch bearbeiteten Texte zu den vom k. u. k. militärgeographischen Institut in Wien herausgegebenen Schul-Wandkarten und Handkarten.

Das Bändchen besteht aus zwei Teilen: Der erste Teil (28 S.) hat »die Einführung in das Kartenverständnis« zu vermitteln, der zweite Teil enthält die Landeskunde und zerfällt in die Abschnitte: Überblick, Ober-, Mittel-, Untersteiermark, Statistik, Übersichtsfragen; sie ist im ganzen recht anziehend geschrieben.

Schade, daß mit ausnahmsweise — überall dort, wo es »heute« heißt, dann in der Liste der Orte mit mehr als 10000 Einwohnern (S. 76) — die Ergebnisse der Volkszählung von 31. Dezember 1900 verwendet werden; dadurch verliert insbesondere die Tabelle auf S. 77 sehr an Wert. Sollte eine zweite Auflage nötig werden, so müßte nicht nur dies, sondern es müßten auch folgende Mängel, abgesehen von einigen Druckfehlern, verbessert werden. S. 4: Mürzzuschlag wird hier Stadt, auf S. 49 Markt genannt. S. 5: Unter 47° liegt der mittlere Teil der Steiermark. S. 6: Der Meridian von Greenwich läuft 17²/₃° ö. v. F. In Österreich nennt man den Meridian, nach dem die Bahnzeit gerechnet wird, Meridian von Gmünd. Die auf S. 8 und 9 angegebene Orientierung ist großenteils verfehlt. Bei so kurzen Entfernungen hätte sie auf einen bestimmten Punkt von Graz, etwa auf den Schloßberg, bezogen werden sollen. S. 8, Z. 3 u. 5 v. u., muß es Orte statt Städte heißen. S. 22 ff.: Der Abschnitt »Weitere Verwendung der Tonskala« weist bedeudendere Fehler auf. Für ein nach der Wandkarte (1:150000) zu verfertigendes Relief muß die Unterlage (0—600 m) 4 mm, die folgenden 300 m-Schichten müssen je 2 mm, die 500 m-Schichten etwas über 3 mm (3¹/₃ mm) stark sein; demnach sind auch die Profile falsch. S. 25: Die Sottla ist der Grenzfluß gegen Kroatien, die Save ist nicht erst ab Ratschach, sondern bald unterhalb der Station Sagor Grenzfluß. — S. 32: Die Mürz begrenzt nicht die Obersteiermark (vgl. S. 35); die Hauptentwässerungslinien zeigen allerdings in der Mittel- und Untersteiermark, nicht aber in der Obersteiermark die Neigung gegen Südosten. Während auf S. 36 das Gebiet der Traun vergessen ist — das Gebiet der Gurk und jenes der Lavant kann übergangen werden —, ist auf S. 43 von vier Flußgebieten der Obersteiermark die Rede; es werden aber nur drei (jenes der Mur, Enns, Traun) aufgezählt. S. 38: 2946 m mißt der Torstein; die höchste Spitze des Dachsteins mißt 2996 m. S. 39: Die von Maria Zell kommende Salza strömt der Enns von rechts zu. S. 41: Die charakteristische Teilung der Zentralalpen beginnt schon östlich von der Arlscharte; die Störungslinie Buchberg—Maria Zell — Hieflau — Admont, welche die großen Plateaustöcke der steierischen Kalkalpen im Norden begrenzt, hätte genannt werden sollen. S. 42 u. 43: Statt Kargestein soll es wohl Urgestein heißen. S. 46: Liezen (1890: 1900 Einwohner), Sitz einer Bezirkshauptmannschaft, am Beginn der Pyhrnstraße, ist zu nennen. Ebenso weiterhin Rottenmann, Neuberg. S. 49: Bruck a. M. ist als Stadt mit »eigenem Statut« bezeichnet; vgl. dagegen S. 77. S. 54: Einige wichtige Lokalbahnen wären zu nennen gewesen, auf S. 64 werden mehrere Lokalbahnen als

Hauptbahnen. angeführt. Auf S. 79 ist der Posten »Hirse und Sago« (Kartoffel-Sago?) auffällig. Beim Bergbau (S. 80) vermißt man das Salz.

Die Handkarte (1 : 750 000) ist sehr sauber und, so weit ich sie prüfen konnte, richtig ausgeführt.

Dr. Julius Mayer-Wien.

Lentz, Dr. Alfred und Ernst Seedorf, Erdkunde für höhere Mädchenschulen, in strengem Anschluß an die Bestimmungen über das Mädchenschulwesen vom 31. Mai 1894. I. Teil, 62 S. Lehrstoff der Klassen V u. IV unter Mithilfe der ursprünglichen Verfasser Dr. Zweck und Dr. Bernecker bearbeitet. 3. Aufl. 1901. II. Teil, 284 S. Lehrstoff der oberen Klassen unter Mithilfe des Prof. Dr. Zweck in Königsberg i. Pr. 3. durchgesehene Aufl. Hannover u. Leipzig 1903, Verlag der Hahnschen Buchhandlung.

Unter den ausschließlich für die Zwecke der höheren Mädchenschulen bearbeiteten Lehrbüchern der Erdkunde liegt dieses Buch bereits in dritter Auflage vor. Es hat sich also seinen Platz erobert; nicht ohne Grund, denn Auswahl und Anordnung des Lehrstoffes schließen sich den preußischen Lehrplänen von 1894 an. Zwar tut dies »streng« nur der I. Teil, der das germanische Mitteleuropa für Kl. V, die außerdeutschen Länder Europas und die Länder um das Mittelmeer für Kl. IV behandelt. Teil II weicht insofern von den Bestimmungen ab, als er zwar für Kl. III die außereuropäischen Erdteile bringt, für Kl. II aber eingehend Deutschland mit seinen Kolonien, für Kl. I die außerdeutschen Länder Europas behandelt, während der Lehrplan die umgekehrte Reihenfolge vorschreibt. Doch dafür mag maßgebend gewesen sein die Erwägung, daß das Lehrbuch sowohl in einer neunjährigen, wie in einer voll ausgebauten zehnjährigen Mädchenschule Verwendung finde. Vorausgeschickt sind der Länderkunde in Teil I »Grundbegriffe«, wie sie der Lehrplan für Kl. VI ohne Zugrundelegung eines Lehrbuchs empfiehlt, und diesen ist ein Abschnitt über die »Einführung in das Verständnis der Kartenbilder« hinzugefügt. Teil II beginnt mit einer kurzgefaßten »allgemeinen Erdkunde« und schließt mit einem Anhang über die großen Verkehrs- und Handelswege und einem Namen- und Sachregister. In beiden Teilen hält die Länderkunde eine feste Disposition inne: 1. Physisches, wobei Lage, Begrenzung, Größe, Weltstellung, Bodenbildung und Bewässerung, Klima, Pflanzen- und Tierwelt (wenn auch diese drei letzten Punkte nicht jedesmal getrennt), Erwerbsquellen und Bewohner in großen Zügen behandelt werden; 2. Politisches, das nach kurzer geschichtlicher Erläuterung die Bildung und Verfassung des jedesmaligen Staatswesens, seine Einteilung und kolonialen Besitzungen zur Darstellung bringt.

Über die Stoffauswahl kann man verschiedener Ansicht sein. Die Bestimmungen des Lehrplans, die den praktischen Nutzen des erdkundlichen Unterrichts für die Mädchen betonen, lassen Spielraum. Im allgemeinen haben die Verfasser das Richtige getroffen. Mir erscheint der I. Teil als der gelungenere; er ist knapp, klar, bringt das, was auf der Unterstufe zu wissen nötig ist und zum festen geistigen Besitz der Schülerin gebracht werden kann, während der Teil für die oberen Klassen in manchen Einzelheiten zu weit geht und die Gefahr der oberflächlichen Kenntnisaneignung für die Schülerin in

sich birgt. So könnten S. 43 Kap Nome, S. 64 Abuschehr, Bamianpaß, S. 69 Amritsar, S. 77 Urumtsi, Leh, S. 88 Lupatzenge unbesehen fehlen; auch die Religionsformen Asiens S. 75, das Kapitel vom Vulkanismus S. 20, von säkularer Hebung und Senkung S. 25, die geschichtliche Entwicklung Preußens S. 140 u. a. könnten leicht auf ihre wesentlichen Merkmale gekürzt werden. — Vom pädagogischen Geschick der Verfasser zeugt die Einführung in das Verständnis der Kartenbilder I, S. 11, die Lage einzelner Städte z. B. München, Nürnberg (weniger gut Berlin, Hamburg in Teil I), das Größenverhältnis der preußischen Provinzen S. 22 (wiederholt II, 143), die Pflanzenwelt Südamerikas II, 34, Mexikos II, 43, Australiens II, 56, und meist der Abschnitt über die Weltstellung der Erdteile oder Länder, die beim Deutschen Reiche und Österreich-Ungarn in Teil I freilich fehlen. Die richtige Aussprache der fremden Namen könnte durch Umschrift in Klammern ausgiebiger gepflegt sein, denn selbst z. B. der Klang britischer überseeischer Besitzungen oder nordamerikanischer Städte bereitet den Mädchen erfahrungsgemäß Schwierigkeit zumal auf der Unterstufe, wo noch kein Englisch getrieben wird. Die Betonung ist in geeigneter Weise durch Akzentuierung beobachtet.

Ungenauigkeiten, Versehen, ja Fehler kommen naturgemäß bei der Fülle des Stoffes vor. Der II. Teil verzeichnet einige Druckfehler. Ich füge hinzu: I, 36, Guyana (richtig I, 60), I, 29, Kiaotschau (richtig II, 77 und 179), II, 15, größte Meerestiefe 9633 m bei den Marianen (nicht im Philippinenarchipel) II, 59, Sandwich-Inseln 1897 amerikanisch (nicht 1898) II, 65, Antitaurus südwestlich bis an die Küste (nicht südöstlich) II, 74, Sachalin (nicht Sachálin) II, 81, Ceylons Reichtümer Tee (nicht Kaffee) II, 95, Lundavölker (nicht Bundavölker) II, 99, Benue (nicht Binue, richtig S. 171). Beanstanden möchte ich ferner den Ausdruck I, 10, »wilde« Völker und ihn ersetzt sehen durch »Naturvölker im Gegensatz zu Kulturvölker«. Auch den Begriff »Heide« I, 8, als Landstrich, der hauptsächlich Heidesträucher, Moose und Flechten trägt, halte ich für nicht zutreffend erklärt. Denn im mittleren Norddeutschland schließt »Heide« außer Heidekraut vorwiegend den Kiefernwald in sich (vgl. Lüneburger Heide, Letzlinger Heide, Oranienbaumer-Mosigkauer Heide bei Dessau, Lochauer Heide bei Annaberg). Und mindestens ungenau und daher eine falsche Vorstellung erregend ist die Angabe II, 133: »Der dürftige, unfruchtbare Fläming und westlich der Elbe die Lüneburger Heide, deren kahle, sandige Höhen n u r (!) Schafen (Heidschnucken) dürftiges Futter geben«. Wenn schließlich bei Wittenberg II, 149, sich kein Hinweis auf die Reformation findet (erst S. 160 bei der Wartburg ist Luther erwähnt; auch bei Eisleben und Mansfeld S. 150 geschieht es nicht), so ist das eine übertriebene konfessionelle Rücksichtnahme.

Doch das sind keine schwerwiegenden Ausstellungen grundsätzlicher Natur. Indem ich hinzufüge, daß der sprachliche Ausdruck unter Vermeidung z. B. aller unnötigen Fremdwörter meist angemessen erscheint, höchstens die Wendung »reizend« (z. B. I, 17 bei Heidelberg, II, 149 bei Naumburg) ist vielleicht den Mädchen zuliebe, wenn auch unnötig, gebraucht worden, so fasse ich im großen und ganzen meinen Eindruck dahin zusammen, daß das Lehrbuch seinen Zweck zu erfüllen wohl imstande ist, und möchte nur raten, daß der Verlag ließe auch Teil II in demselben geschmackvollen Einband erscheinen wie Teil I.

Dr. W. Lüdecke-Dessau.

Reinisch, R., Mineralogie und Geologie für höhere Schulen. 8°, 102 S. Leipzig 1903, Freytag. Geb. 2 M.

Der systematisch gegliederte Stoff bringt zwar für die meisten höheren Schulen viel zu viel des Guten; jedoch ist die Einteilung übersichtlich genug, daß eine Auswahl möglich ist. Auf eine Darstellung der Kristallographie mit der Naumannschen Bezeichnungsweise folgt eine Übersicht über die physikalischen und chemischen Eigenschaften der Mineralien und dann ihre systematische Aufzählung, die selbst Eläolith, Chabasit und Rubellit berücksichtigt und zahlreiche Verbreitungsangaben bringt. Die zweite Hälfte, die Geologie, ist in Gesteinslehre, dynamische Geologie und Erdgeschichte eingeteilt; hier fallen mehrere Versehen und Unvollkommenheiten auf. Die Basaltergüsse des Vogelsbergs (S. 55) sind viel zu gering angeschlagen; die Aachener Quellen (auf dem Burtscheider Quellenzuge bis 77° warm!) liegen nicht in vulkanischer Gegend (S. 65); der Jura kurzweg kann nicht als Faltengebirge bezeichnet werden (S. 68). Durchgängig sind die Spiralkiemer (Armfüßer) als Brachyopoden bezeichnet.

Das Buch ist mit einem Schatze von 200 gut ausgeführten Abbildungen versehen, die zum großen Teile aus anderen Veröffentlichungen des Verlags bekannt sind. Auch die beigegebene geologische Karte von Mitteleuropa (warum Zentraleuropa?) ist aus Hann-Hochstetter-Pokorny entnommen.

Dr. W. Schjerning-Charlottenburg.

Scharizer, Rudolf, Lehrbuch der Mineralogie und Geologie für die oberen Klassen der Realschulen (auf dem Deckel: Für Ober-Realschulen). 174 S. Leipzig 1902, Freytag.

Das Buch weist in Ausstattung und Anordnung auf einen Vergleich mit dem oben besprochenen Leitfaden von Reinisch hin. Das mehr als anderthalbmal so starke Bändchen verdankt seinen größeren Umfang mehr einer ausführlicheren Darstellung als einem reicheren Inhalt; während auch minder wichtige Mineralien aufgeführt werden, vermißt man beispielsweise Scheelit, Strontianit und Epidot. Die Kristallbezeichnung ist die Weißsche. In den geologischen, kleineren Teile fehlt eine Erwähnung der Eiszeit. Dankenswert für österreichische Schulen, für die das Buch in erster Linie bestimmt erscheint, ist der Schlußabschnitt, der die Grundzüge der Geologie von Österreich-Ungarn auf 7 Seiten behandelt. Über die Ausstattung mit über 200 schönen Abbildungen und die beigegebene geologische Übersichtskarte von Zentral-Europa gilt das Gleiche, was bei der Besprechung des Reinischschen Buches gesagt worden ist. Wo die Unterrichtszeit für die behandelten Gegenstände reichlicher bemessen ist, als es auf deutschen Schulen der Fall zu sein pflegt, wird das Lehrbuch gute Dienste leisten können. Für den Selbstgebrauch des Realschülers reicht die Erklärung der Fremdwörter nicht völlig aus (enneasymmetrisch, dendritisch u. a.).

Dr. W. Schjerning-Charlottenburg.

Zweck u. Bernecker, Hilfsbuch für den Unterricht in der Geographie. I. Lehrstoff für Quinta und Quarta. 3. Aufl. 96 S. 90 Pf. II. Lehrstoff der mittleren und oberen Klassen. 3. Aufl. 8°, VII, 291 S. Leipzig u. Hannover 1901 u. 1903, Hahnsche Buchhandlung.

Übersichtlich und klar, sowie allerorten dem Standpunkt des Schülers angepaßt ist die Darstellung in diesen Lehrbüchern, deren Verfasser, Zweck, ja durch eine Reihe geographischer Werke bekannt ist, während als Mitarbeiter an Stelle des verstorbenen Oberlehrers B. Herr Prof. Lullies-Königsberg getreten ist. Ohne das Gedächtnis des Schülers mit Memorierstoff überladen zu wollen, sind die Verfasser doch bemüht, das Wissenswerte aus allen Gebieten der Erdkunde dem Schüler möglichst vollständig darzubieten. Auf der Unterstufe ist die allgemeine Erdkunde, wobei übrigens weise Auswahl getroffen ist, der Länderkunde vorausgeschickt, auf der Mittel- und Oberstufe jedoch dieser in wesentlich erweiterter Form angegliedert. Die Betrachtung des Physischen ist vom Politischen in der Länderkunde getrennt. Das Historische ist möglichst zurückgedrängt; das Handelsgeographische dagegen in den Vordergrund gerückt. *Ed. Lentz.*

Behrendt, F., Inwieweit wird der geographische Unterricht über die deutschen Kolonien in unseren Landschulen ausgedehnt bzw. das Wichtigste über Verkehr und Handel hiermit in Verbindung gebracht werden? (Zweispr. Volkssch. 1903, S. 184—188.)

Der Verfasser, ein warmer Kolonialfreund, möchte der Behandlung der deutschen Kolonien auch im Unterricht der einfachen Landschulen eine wenn auch noch so bescheidene Stellung wahren. »Selbstverständlich aber ist, daß bei der Behandlung unserer Besitzungen in fremden Erdteilen dieselben nicht aus dem geographischen Ganzen herausgerissen und für sich behandelt werden sollen. Vielmehr werden sie in der Reihenfolge, wie sie ihrer geographischen Lage nach zur Behandlung kommen müssen, besprochen. Die deutschen Kolonien aber gar in eingehende Besprechung zu ziehen, kurz nachdem Deutschland behandelt wurde, wäre im höchsten Grade unnatürlich.« Vom elenden Deutsch abgesehen, stimme ich diesen Sätzen bei, ebenso dem Bestreben des Verfassers, die Schüler- und Volksbibliotheken, deren Leitung ja in der Regel dem Lehrer anvertraut wird, zur Verbreitung kolonialer Kenntnisse heranzuziehen. Ich bewundere den Mut, den der Verfasser in den Schlußsätzen seines Artikels zeigt. »Wie jedermann, so ist es auch des Lehrers Pflicht«, heißt es da, »der deutschen Kolonialgesellschaft jede mögliche Hilfe zu leisten«. Nicht zuletzt geschieht dies dadurch, daß er im Unterricht schon die Kinder auf das selbstlose Bemühen der dieser Vereinigung angehörenden Männer hinweist und sie darauf aufmerksam macht, wie auch sie imstande sind, die Ziele der deutschen Kolonialgesellschaft erreichen zu helfen und wie sie dadurch mitarbeiten an der Erfüllung des kaiserlichen Ausspruchs: »Unsere Zukunft liegt auf dem Wasser«. — Wenn das »die um Richter« hören! *Hh.*

Volkmer, Dr., Schulrat, Grundriß der Volksschulpädagogik in übersichtlicher Darstellung. 330 S. Habelschwerdt 1903, Franke-Wolf. 3,20 M.

Der Anhang bringt S. 249—307 eine »Kurze Geschichte der speziellen Methodik des Volksschulunterrichts« und in ihr als Abschnitt V: Erdkunde, S. 278—281. Was auf diesen 3½ Seiten geboten werden kann ist in der Tat sehr kurz gefaßt. »Die von Ritter, dem größten Geographen der Neuzeit, eingeschlagene Bahn verfolgen v. Roon, Klöden, Daniel, Pütz, Guthe, Seydlitz und Kirchhoff«. Diesem Satze folgt nur noch eine Seite »Neuere Richtungen« bezüglich Anordnung des Stoffes und des Kartenzeichnens. *H. F.*

Geographische Literatur.

a) Allgemeines.

Böttcher, Dr., Neuere Gletscherforschung. Vortrag. Wiesbaden 1903, J. F. Bergmann. 80 Pf.

Frobenius, Leo, Geographische Kulturkunde. Eine Darstellung der Beziehungen zwischen der Erde und der Kultur nach älteren und neueren Reiseberichten zur Belebung des geograph. Unterrichts. 923 S., ill. Leipzig 1904, F. Brandstetter. 11.50 M.

Haas, H., Der Vulkan. Die Natur und das Wesen der Feuerberge im Lichte der neueren Anschauungen für die Gebildeten aller Stände in gemeinfaßl. Weise dargestellt. 340 S., ill. Berlin 1903, A. Schall. 5 M.

Jentsch, Otto, Unter dem Zeichen des Verkehrs. 283 S. Stuttgart 1904, Deutsche Verlagsanstalt. 5 M.

Jordan, W., Handbuch der Vermessungskunde. 2. Bd. Feld- und Landmessung. 6. erw. Aufl. bearb. v. C. Reinhertz. 863 S. Stuttgart 1904, J. B. Metzler. 17.80 M.

Oberhummer, E., Die Stellung der Geographie zu den historischen Wissenschaften. Antrittsvorlesung. 31 S. Wien 1904, Gerold & Ko. 90 Pf.

v. Reitzner, V., Situationszeichnungsschule für Reserve-, Landwehr- u. Landsturm-Offiziersaspiranten. Wien 1903, L. W. Seidel & Sohn. 2 M.

Sprigade, Paul, u. Max Moisel, Großer deutscher Kolonialatlas. 3. Lief.: Die deutschen Besitzungen im Stillen Ozean und Kiautschou. Deutsch-Ostafrika. 3 Bl. Berlin 1903, D. Reimer. 3 M.

Statistisches Jahrbuch f. d. Preuß. Staat. 1. Jahrg. 1904. Herausgeg. v. Kgl. Preuß. Statist. Bureau, Berlin. Gr.-8°, 242 S. 1 M.

Torres Campos, R., Geografía en 1901. 4°. Madrid 1904. 3 Pes.

Wernicke, E., Beitrag zur Frage des Zusammenhangs zwischen Katarakt und Struma. Diss. Freiburg i. B. 1903, Speyr & Kaerner. 1 M.

b) Deutschland.

Grübel, V., Statistisches Ortslexikon des Königr. Bayern. 4. Aufl., 46 u. 809 S. Ansbach 1904, C. Brügel & Sohn. 10 M.

Harms, H., Deutschlands Kolonien. 2. Aufl., 61 S. Braunschweig 1904, H. Wollermann. 60 Pf.

Karte des Badischen Schwarzwald-Vereins. 1 : 50000. VIII. Neustadt. Karlsruhe 1904, Müller & Gräf. 3.50 M.

Läcken, D. Wilh., Die Niederschlagsverhältnisse der Provinz Westfalen und ihrer Umgebung. 128 S., 1 K., 27 Tab., 2 Diagr. Münster 1903, Regensberg. 1.60 M.

Popp, H., Die Stellung der Südost-Lausitz im Gebirgsbau Deutschlands und ihre individuelle Ausgestaltung in Orographie und Landschaft. (Forschungen zur deutschen Landes- u. Volkskde, XV, 2.) 98 S., 1 K. Stuttgart 1903, J. Engelhorn. 7 M.

Scharff, V., Der Moselkanal, eine wirtschaftl. u. politische Notwendigkeit. 32 S. Trier 1904, Fr. Link. 1 M.

Steffens, Vkt., Luv und Lee. Bilder aus Westerland, Sylt u. Helgoland. 127 S. Berlin-Steglitz 1904, Hans Priebe & Ko. 4 M.

Sölle, H., Geologisch-hydrologische Verhältnisse im Ursprungsgebiet des Paderquellen zu Paderborn. 129 S. Berlin 1903, Kgl. preuß. geol. Landesanstalt. 5 M.

c) Übriges Europa.

Baedeker, K., Griechenland. Ein Handbuch für Reisende. 4. Aufl., 438 S. Leipzig 1904, K. Baedeker. 1.50 M.

Bierbaum, Otto Julius, Eine empfindsame Reise im Automobil. Von Berlin nach Sorrent und zurück a. d. Rhein. 273 S. Berlin 1903, Bard, Marquardt & Ko. 6 M.

Calvert, A. F., Impressions of Spain. 8°. London 1904, G. Philipp & Son. 4 sh.

Carez, L., Géologie des pyrénées françaises Fasc. 1. Paris, Ch. Béranger. 15 frs.

Engler, A., Die Pflanzenformationen und die pflanzengeographische Gliederung der Alpenkette. 2. Aufl., 96 S. Leipzig 1903, W. Engelmann. 2.40 M.

Kennedy, B., Tramp in Spain, from Andalusia to Andorra. London 1903, G. Newnes. 10 sh. 6 d.

Palmer, F. H. E., Austro-Hungarian life in town and country. London 1903, G. Newnes. 3 sh. 6 d.

Slingsby, W. C., Norway, the northern playground. London, D. Douglas. 16 sh.

Straßburger, Ed., Streifzüge an der Riviera. 2. Aufl., gr.-8°, 481 S., ill. Jena 1904, Gust. Fischer. 12 M.

Widmann, J. V., Calabrien-Apulien und Streifereien a. d. oberitalienischen Seen. 272 S. Gera-Untermhaus 1904, Fr. Eug. Köhler. 12 M.

d) Asien.

Gibbs, P. H., Indra, Our Eastern Empire. London 1903, Cassell & Cie. 2 sh. 6 d.

Halkin, J., en Extrême Orient. 8°. Brüssel 1904, O. Schepens & Cie.

Martin, K., Reisen in den Molukken, in Ambon, den Uliassern, Seran und Buru. Leiden 1904, E. J. Brill. 9 fl.

Morgenstjerna, B., Fra Nordsöen til Nubien. 9°. Christiania 1903, Aschehoug & Co. 4 Kr. 25 Ö.

v. Salzmann, Erich, Im Sattel durch Zentralasien. 6000 km in 176 Tagen. 312 S., ill. Berlin 1903, D. Reimer. 5 M.

Stol, G., Kiekjes op Java. 8°. Haag 1904, Blankwaardt & Schoonhoven. 2 fl. 90 cts.

Strange, E. F., Colour-prints of Japan, An appreciation and history. 16°. London 1904, A. Siegle. 2 sh. 6 d.

e) Afrika.

Baken, H. J., Um und in Afrika. Reisebilder. 243 S. Cöln 1903, J. B. Bachem. 10 M.

f) Amerika.

Dawson, T. C., The South American republics. London 1903, G. P. Putnam's Sons. 6 sh.

Stephan, Ch. H., Le Mexique économique. 8°. Paris 1904, Chevalier & Rivière. 7 frs 50 cts.

g) Australien und Südseeinseln.

Gibbs, P. H., Australasia, Britains of the South. London 1903, Cassell & Cie. 2 sh. 6 d.

Huguenin, P., Raiatea la sacrée. Iles sous le vent de Tahiti. 4°. Paris 1903, H. Le Soudier. 20 frs.

Ribbe, Carl, Zwei Jahre unter den Kannibalen der Salomoinseln. Reiseerlebnisse und Schilderung von Land und Leuten. 352 S., ill. Dresden 1903, H. Beyer. 12 M.

van Kol, H., Naar de Antillen en Venezuela. 9°. Leiden 1904, A. W. Sijthoff.

h) Polarländer.

Enderlein, Dr. G., Die Landanthropoden der von der Tiefsee-Expedition besuchten antarktischen Inseln. (Wiss. Ergebnisse d. deutschen Tiefsee-Exped. III. Bd. 7 Lief.) S. 197–270. Jena 1903, Gust. Fischer. 5 M.

Fauna arctica. Eine Zusammenstellung der arktischen Tierformen a. Gr. d. Ergebnisse d. deutschen Exped. in das nördl. Eismeer 1898. Herausgeg. v. Dr. F. Römer und Fritz Schaudinn. 3. Bd., 2. Lief., S. 91–412, ill. Jena 1904, Gust. Fischer. 30 M.

i) Geographischer Unterricht.

Baldamus, Wandkarte zur deutschen Geschichte des 19. Jahrhunderts. II. Deutschland und Oberitalien seit 1815. 1 : 800000. Leipzig 1904, Georg Lang. 15 M.

Buchholz, P., Hülfsbücher zur Belebung des Geogr. Unterrichts. V. Charakterbilder aus Europa. 4. Aufl. verb. von Prof. Dr. R. Schoener. 163 S. Leipzig 1904, J. C. Hinrichs. 1.60 M.

Bürchner, Ludw., Geographische Grundbegriffe, erläutert an der Heimatkunde von München. 8°, 20 S. München 1904, Piloty & Loehle. 50 Pf.

Gaebler, Ed., Wandkarte vom Deutschen Reiche, Alpengebirge u. Nachbarländern. 1 : 800000. 15. Aufl. 22 M. — Dieselbe mit Grenzen der Einzelländer und der preußischen Provinzen. — Eisenbahn- und Verkehrskarte von Deutschland. I. Süddeutschland. 1 : 700000. 3.50 M. — Wandkarte der östlichen und westlichen Erdhälfte. Kleine Ausgabe. 1 : 24000000. Politisch. 6. Aufl. 1904. 20 M. — Wandkarte von Niederlande und Belgien sowie Luxemburg. 1 : 250000. 18 M. Leipzig 1904. Georg Lang.

Harms, H., Erdkunde in entwickelnder anschaulicher Darstellung. 1. Vaterländische Erdkunde. 6. Aufl., 509 S., ill. m. K. Braunschweig 1904, H. Wollermann. 5 M.

Hübner, Max, Geographische Bilder für die Oberstufe mehrklassiger Schulen. (Hübner u. Richter, Realienbuch, B. I.) 96 S. Breslau 1903, Franz Goerlich. 40 Pf.

Junker, J., Schulwandkarte des Kriegsschauplatzes 1870/71. 1 : 350000. 4. Aufl. Leipzig 1904, Georg Lang. 6 M.

Naumann, L., Skizzen und Bilder zu einer Heimatkunde des Kreises Eckartsberga. 4. Heft, gr.-8°, 124 S. Leipzig 1903, H. G. Wallmann. 1.50 M.

Richter, G., Wandkarte von Schlesien für den Schulgebrauch. 1 : 250000. 3. Aufl. Leipzig 1904, Georg Lang. 15 M.

v. Seydlitz, E., Geographie. Ausg. D. 7. Heft: Grundzüge der allgemeinen Erdkunde. — Verkehrskunde. 88 S. Breslau 1904, F. Hirt. 80 Pf.

Seytters, Wilh., Württembergischer Volksschulatlas. 3. unveränderte Aufl., 20 S. Stuttgart 1903, Hobbing & Büchle. 60 Pf.

Shaler, N. S., Elementarbuch der Geologie für Anfänger. Übers. von C. v. Karczewska. 306 S., ill. Dresden 1903, H. Schultze. 4 M.
Wagner, A., Soziale Erdkunde. Hilfsbücher f. d. Hand der Schüler in Volks- und Fortbildungsschulen zur Einf. in die Länder- u. Gesellschaftskunde. I. Sachsen. 48 S. 30 Pf. II. Deutschland. I. Kurs. 1. Abt. Vorwiegend Landschaftskunde. 48 S. 30 Pf. II. 2. Abt. Gesellschaftskunde. S. 49—88. 30 Pf. Dresden 1904, Müller-Fröbelhaus.

k) Zeitschriften.

Annales de Géographie. Herausg.: P. Vidal de la Blache, L. Gallois et Emm. de Margerie. Paris, Armand Colin. 72e. Année.
Nr. 67. Brunhes, Bernard, et Jean Brunhes, Les analogies des tourbillons atmosphériques et des tourbillons des cours d'eau, et la question de la déviation des rivières vers la droite. — Vidal de la Blanche, La Géographie de l'Odyssée, d'après l'ouvrage de Mr. V. Bérard. — Gallois, Le nom d'Amérique et les grandes mappemondes de Waldseemüller de 1507 et 1516. — Andrband, A., La Houille blanche en France; Son état présent; Son avenir. — Sorre, Régime pluviométrique de la Vendée. — De Margerie, La structure du sol autrichien. — Blayac, J., Observations Géographiques au sujet de la feuille de Toulouse (Nr. 230) publiée par le Service de la Carte géologique. — Schirmer, Les Documents scientifiques de la mission Saharienne par F. Foureau.

Bollettino della Società Geografica Italiana. 1903 und 1904.
Det. Marini, Osservazioni meteorologiche raccolte nella Colonia Eritrea. — Marson, Neval di circo e trucce carsiche e glaciali nel gruppo del Cavrale. — Gribaudi, L'Italia nel Mappamondo di Ebstorf. — A proposito del nome Cànines.
Jan. Oestro, R., Collezioni zoologiche del levante Ofirot in Somalia. — Marinelli, Olinto, Studi geografici nelle Alpi Orientali. — Penry, Quattro anni l'esplorazione nelle regioni artiche.

Deutsche Erde. Beiträge zur Kenntnis deutschen Volkstums. Herausg.: Prof. Paul Langhans; Verlag: Justus Perthes, Gotha. 3. Jahrg. 1904.
Heft 1. Aufruf zur Ermittlung noch heute gebräuchlicher deutscher Ortsnamen in fremden Sprachgebieten. — Krämer, Die Völkerschaften Preußens. — Kelmesch, Die Gliederung des Kirchen- und Schulwesens der Siebenbürger Sachsen. — Stach, Die deutsche Kolonie in Odessa. — Canstadt, Die Siedelungs-Unternehmen der deutschen Adelsvereins in Texas. — Töpfer, Deutschland im Beginn unserer Zeitrechnung. — Hasse, Deutsche und Undeutsche im Deutschen Reiche. — Helmolt, Anregung zur Schaffung eines deutschen "Who's who". — Neues vom Deutschtum am alten Erdteilen. — Deutsche Schulen und deutscher Unterricht im Auslande. — Berichte über wichtige Arbeiten der Denkschmäle. — Vereine und Zeitschriften für deutsche Volkskunde. Deutsches Zeitschrifttum in St. Louis. — Zwei farbige Karten.

Deutsche Rundschau für Geographie und Statistik. Herausg.: Prof. Dr. Fr. Umlauft; Verlag: A. Hartleben, Wien. 26. Jahrg. 1904.
Heft 6. Bencke, Ein Beitrag zur Ethnographie Afrikas. — Werner, Das Massenmaterial im Oberalsatz. — Müller, P. J., Die Abenfrage in ihren Beziehungen zu den Bewegungen der Erde im Sonnen- und Weltraum. — Nebehay, Totenbestattung in Almeralho.

Geographische Zeitschrift. Herausg.: Prof. Dr. Alfred Hettner; Verlag: B. G. Teubner, Leipzig. 10. Jahrg. 1904.
Heft 1. Hutter, Landschaftsbilder aus Kamerun. — Hettner, Die deutschen Mittelgebirge. Versuch einer vergleichenden Charakteristik. 1. Der innere Bau. — Penck, Neue Reliefs der Alpen. — Greim, Über die allgemeine Zirkulation der Atmosphäre.

Globus, Illustrierte Zeitschrift für Länder und Völkerkunde. Herausg.: H. Singer; Verlag: Vieweg & Sohn, Braunschweig. Bd. 84 u. 85.
Nr. 23. Mehlis, Neolithische und spätneolithische Silex- und Knochenware. — Krämer, Wechselbeziehungen ethnographischer und geographischer Forschung, nebst einigen Bemerkungen zur Kartographie der Südsee. — Redlich, Vom Drachen zu Babel. — Meyer, Die Bedeutung zweier russischer Bahnstoßplätze.
Nr. 24. Lapper, St. Vincent II. Schloß. — Winter, Die Mondmythe der Jakutzy. — Redlich, Vom Drachen zu Babel. — Gebhardt, Über eine neugefundene Höhle auf Island.
Nr. 1. Engelhardt, Eine Reise durch das Land der Mvote und Emin, Kamerun I. — Singer, Die deutsche Bahn von Tschadsee. — Aus dem Süden Deutsch-Südwestafrikas. — Seidel, Palau und die Karolinen auf den deutschen Admiralitätskarten von 1903. — Der Entwurf von neuen Kolonialamt.

Nr. 3. Tetzner, Die Krosten I. — Krebs, Das Hochwasser des verflossenen Jahrganges in meteorologischer Beziehung. — Die Brennkanäle. — Meyer, Aus der Geschichte der Krim. Der Bürgerwald der alten Chersonner.
Nr. 5. Tetzner, Die Krosten II. — v. Gabnay, Ungarisches Kinderspiele. — Morgenländische Götterdarstellungen in Europa. — Topographische Studien zu den portugiesischen Enddeckungen in der Westküste Afrikas.

La Géographie. Bulletin de la Société de Géographie. Herausg.: Hulot et Rabot; Verlag: Masson et Cie., Paris. VIII. 1903.
Nr. 6. Chaix-De Bois, Le pont des Oulhes. Phénomène d'érosion par les eaux courantes. — Brunhes, Jean, et L. Gobet, L'excursion glaciaire du IX. Congrès géologique international. — Lainy, L., Géographie de la Carte. — Sauerwein, Terminologie des principales formes de relief sous-marin. — Granadier, L'architecture du sol de la France.

Petermanns Mitteilungen. Herausg.: Prof. Dr. A. Supan; Verlag: Justus Perthes, Gotha. 50. Bd. 1904.
Heft 1 (Jan.). Wagner, Stielers Handatlas in neuer Gestalt. — Vogelsang, Reisen im südlichen und mittleren China. II. Reise durch das Gebirgsland der Tsapa-shan (Prov. Hupeh, Shensi u. Szechuan). — Haas, Zur Geologie von Canada. — Kleinere Mitteilungen. — Geographischer Monatsbericht. — Literaturbericht. — Zwei Karten.

Rivista Geografica Italiana e Bollettino della Società di Studi Geografici e Coloniali in Firenze. X. 1903.
X. Squinabol, Il laghetto termale di Lipada (England). — Almagià, La dottrina della marea nell'antichità classica. — Paini, Lhasa. — De Toni, Le parole Lombarde.

The Geographical Journal. Vol. XXII. 1904.
Januar. Lugard, Northern Nigeria. — Holdich, Geographical Research. — Murray & Pullar, Bathymetrical Survey of the Fresh-Water Lochs of Scotland. — Barclay, The Land of Magellans, with Some Account of the One & Other Indians. — Tikel. — Elliot, British East Africa: from the Ravine Station, Fort Nandi. — Reeves, Notes and Suggestions on Geographical Surveying and Practical Astronomy suited to Present Requirements.

The Journal of Geography. Herausg.: Richard E. Dodge, J. Paul Goode, Edward M. Lehnerts. Vol. II. 1903.
Nr. 10 (Dec.). Mackinder, H. J., Geographical Education. — Hubbard, O. D., The Practice School Course in Geography in the Normal School. Charleston, Illinois. Part III. — Davis, W. M., Practical Exercises in Physiography. — Monltun, F. R., The Shape of the Earth. Part I.

The National Geographic Magazine. Vol. XIV.
Nr. 12. Peary, R. E., The Value of Arctic exploration. — Putnam, G. R., Surveying the Philippine Islands. — Andrews, C. L., Naif Glacier. — The Grape Growing Industrie of the United States. — Precious Stones. — Notes on Panama and Colombia. — The U. S. Signal Corps. — Davidsons Book on the Island of Formosa.
Nr. 1. Foster, John W., The Alaskan Boundary Tribunal. — Newell, The Reclamation of the West Snow Crystals. — Wilson, James, The U. S. Weather Bureau. — Dall, Wm. H., Marius Baker. — Hitchcock: Controlling Sand Dunes in the U. S. — Russel, J. C., Timberlines. — Statistical Atlas of the U. S.

The Scottish Geographical Magazine. XX. 1904.
Januar. Murray-Pullar, Bathymetrical Survey of the Fresh-Water Lochs of Scotland. — Climbing in the North West Himalaya. — The Antarctic Expeditions. Proceedings of the Royal Scottish Geographical Society.

Wandern und Reisen. Illustrierte Zeitschrift für Touristik, Landes- und Volkskunde, Kunst und Sport. L. Schwann, Düsseldorf. 2. Jahrg. 1904.
Heft 1. Müller, Der Sprenwald im Winter. — Wagner, Ein vergessenes Stück der Sächsischen Schweiz. — Pichl, Die Nordwand der Planspitze. — Vogel, Automobiltrise quer durch Amerika. — Fluwes, Winterwanderung. — Modery, Mai Pfeile. — Preindlsberger, Das Nest der Grauen Falken. — Worm, Rügen. — Mirbach, Die Neukaboot. — Mankowski, Eine entgegengesetzte Frauentracht.

Zeitschrift der Gesellschaft für Erdkunde zu Berlin. 1903.
Nr. 10. Schjerning, Studien über isochronenkarten. — Halbfaß, W., Die Morphometrie der europäischen Seen.

Zeitschrift für Schulgeographie. Herausg. von Prof. Gust. Buach unter Mitw. von Dr. Anton Becker; Verlag: Allr. Hölder, Wien. 25. Jahrg. 1903.
Nr. 3. Zuderwan, Die Lage der Geographie und des geographischen Unterrichts in den Niederlanden. — Hänisch, Der geographische Wert der Landschaftsschilderung Ad. Stifters. — Schwarzleitner, Etwas über runde Karten.

Aufsätze.

Hermann Wagners Lehrbuch der Geographie.

Buch I: Mathematische Geographie.

Von Dr. Kurt Geißler-Charlottenburg.

Daß die mathematische Erdkunde in Wagners Lehrbuch nicht bloß hinsichtlich des Umfangs — sie umfaßt etwa 200 Seiten —, sondern auch hinsichtlich der Wichtigkeit eine bedeutende Rolle spielt, ist nicht zu verwundern. Der Verfasser sagt im Vorwort: »Die Grundaufgabe des Geographen ist doch entschieden eine messende. Das unterscheidet ihn auch vom Geologen, Biologen, Ethnologen. Nun zielt die allgemeine Erdkunde auf eine Zusammenfassung aller Kategorien von Erscheinungsformen über die gesamte Erde hin ab. Die hier berührten Fragen erfordern also auf den verschiedensten Gebieten auch eine vergleichende Zusammenfassung nach Maß und Zahl, bei der die wissenschaftlich begründete Schätzung die Resultate von räumlich oder zeitlich beschränkten Messungen und Zählungen mehr oder weniger zu Weltübersichten ergänzen muß.« Der mathematisch-geographische Teil ist mit großer Sorgfalt, Gründlichkeit und Klarheit behandelt, sodaß er auch dem Nichtmathematiker beim Lesen Genuß bereitet. Besonders hervorzuheben ist der für eine mathematische Geographie nicht gerade häufige Umstand, daß ein durchgehender Zusammenhang von Abschnitt zu Abschnitt erkennbar ist. Zwar würde ein Lehrbuch dieser Wissenschaft für Schulen manches im einzelnen anders gruppieren können, aber das Buch ist auch nicht für Schüler, sondern für Lehrer und Studierende geschrieben. Auf die Orientierung am Horizont folgt sachgemäß diejenige am Himmelsgewölbe, auf welche schon die Einteilung des Horizonts hinweist. Dann kehrt man vom Himmel wieder zur Erde zurück und überträgt die dort gefundenen Einteilungen auf den Erdkörper, um durch das Gradnetz im allgemeinen eine Einteilung des ganzen zu finden. Die Einzelheiten der geographischen Ortsbestimmung lassen sich nun in allen ihren Schwierigkeiten überschauen und verstehen. Sie weisen bereits bei der Nivellierung auf die Höhen und Tiefen, die besonderen Eigenschaften der Erdoberfläche hin. Es wird im zweiten Kapitel der Erdkörper, auch schon mit seinen physikalischen Eigenschaften, im dritten die Bewegung der Erde behandelt, welche die Kenntnis allgemein physikalischer Gesetze voraussetzt. Die Präzession und Nutation bilden naturgemäß hiervon den Schluß. Ein sehr gründliches Kapitel über die geographische Karte bildet mit Recht den Schluß der mathematischen Geographie, da nur durch die vorhergehenden Abschnitte ein genügendes Verständnis hierfür erzielt werden kann.

Der Verfasser will zwar an »Erläuterungen, Formeln und Zahlenwerten meist nur eine erste Annäherung an die schärferen Begriffe und Ziffern geben, welche unter Berücksichtigung der mannigfachen Fehlerquellen der Beobachtungsmethoden und unter Anwendung schärferer mathematischer Entwicklung auf einer höheren Stufe erstrebt und zumeist auch erreicht werden« (S. 39). Aber er gibt überall durch gründliche Literaturanführung und leicht verständliche Angabe des Weges eine bequeme Möglichkeit, das ungemein große Gebiet der schwierigeren Untersuchungen zu überschauen und, wenn man wünscht, sich hineinzufinden. Mit Recht tadelt es Wagner, daß fast alle Schulbücher die genaueren Zahlen zitieren, ohne Rechenschaft darüber abzulegen, bei welchen Gelegenheiten, bei welchen Autoren diese Resultate gefunden wurden, sodaß oft Angaben dastehen, die sich miteinander nicht vertragen, weil sie verschiedenen

Methoden entnommen sind. Er begnügt sich daher mit Annäherungswerten, mit Abkürzungen, freilich gibt er für alle wichtigeren Zahlen auch die bisher gefundenen Werte unter Angabe der Quellen; und zwar deshalb, weil er wünscht, daß gelegentlich doch der Leser mit Hilfe derselben selbst Rechnungen anstellt. In der Tat hat es wenig Zweck, Werte in Schulbüchern auf gar zu viele Dezimalstellen anzugeben, zumal wenn dieselben unsicher sind, aber wenn man einmal gewisse Annahmen macht, so kann man auch die genauen Folgerungen ziehen, sobald man hinzusetzt, worin nicht die Möglichkeit einer Abweichung, einer Ungenauigkeit liegt. Der Leser, selbst der Schüler, will immer gern wissen, wie es denn nun eigentlich genau ist z. B. mit der Schiefe der Ekliptik, der Parallaxe, der Sonnenentfernung, man gebe ihm genauere Werte, aber nur mit Hinzufügung des Grundes der Unsicherheit. Überhaupt kann sowohl der Laie wie auch der Verfasser eines Schulbuchs viel aus Wagner lernen. Viele Laien glauben, daß die Sonne sechs Stunden vor dem Mittag immer im Osten, wenn auch nicht im Ostpunkt wie an den Tag- und Nachtgleichen, aber doch über dem Ostpunkt (im ersten Vertikal) stehen müsse. Wie falsch dies ist, wird einfach und gut klar gemacht (S. 58). Jeder Schüler wundert sich darüber, daß ihm gesagt wird, Foucault habe ein außerordentlich langes Pendel angewendet. Dann sollte auch der Grund hierfür klar angegeben werden. Die Formel für die Größe des Ablenkungswinkels unter der Breite φ, nämlich $t \cdot \sin \varphi$ gilt nur genau, wenn die Weite der Schwingung gegen die Pendellänge verschwindend klein ist und das Quadrat der Winkelgeschwindigkeit ohne merkliche Fehler gleich Null gesetzt werden darf. Darum die langen und langsam schwingenden Pendel und die Ungenauigkeiten, falls man, wie möglich, auch den Versuch im Klassenzimmer macht (S. 145). Auch gewisse Mängel unserer Karten werden gerügt, z. B. daß dieselben nur in seltenen Fällen darüber Auskunft geben, welche Punkte denn nun eigentlich wirklich astronomisch festgelegt sind (S. 68). Überhaupt wird unumwunden zugegeben, daß trotz der großen Mühe, die man auf Messungen verwendet, doch noch die Mehrheit der Angaben zum nicht geringen Teile auf Schätzungen beruht; es wäre zu wünschen, daß auch die Schulbücher darüber Auskunft gäben und nicht im Lernenden falsche Gedanken über die wissenschaftlichen Methoden und Resultate verursachten. Die neuesten Forschungen über die geringen Achsenveränderungen, über die Polhöheschwankungen fehlen nicht (S. 175), es sollten sich die Schulbücher daran ein Beispiel nehmen, man kann auch dies klar sagen, wenn man stets richtig die Grenze trifft zwischen dem Gewissen und Wahrscheinlichen. Das reizt zum Nachdenken und hilft zur Bildung klarer Vorstellungen.

Bei der Erklärung der Ebbe und Flut, die etwas kurz ausgefallen ist, wird zwar die Theorie nach dem Newtonschen Gesetz angedeutet, es wird aber auch die gewöhnliche, in so vielen Schulbüchern zu findende Erklärung angeführt, wonach das Zentrum der Erde von der Sonne mehr angezogen wird wie die abgekehrte Seite, es werde sich »folglich ein ähnlicher Zwischenraum bilden« wie zwischen dem Mittelpunkt und der abgekehrten Seite. Wäre es nicht richtiger, dies anders zu gestalten? In Wahrheit kann das Zentrum nicht zur Sonne hinweichen, die Schwungkraft hindert das. Diese Erklärung, welche doch ganz elementar ist, kann nur unter der Voraussetzung verstanden werden, daß die Erde ihre Bewegung erst beginnt; will man das nicht hinzusetzen, sollte man lieber darauf verzichten und von den Verhältnissen der Schwungkraft und Anziehungskraft an den drei Stellen sprechen. Um von der Gründlichkeit und dem Geschick in der Darstellung der Kartenentwürfe nur ein Beispiel anzuführen, sei auf die sehr nützliche Betrachtung der Grenzfälle hingewiesen (S. 193), wonach z. B. die Kegelprojektion in eine Zylinderprojektion übergeht, wenn der Strahlenpunkt sich immer mehr entfernt (genauer zur endlichen Zylinderprojektion wird, wenn jener Punkt unendlich fern ist). Man kann hierdurch besonders gut die Fehler der einzelnen Projektionen vergleichen; auch dem Schüler wird es leichter, die Verzerrungen nach den Rändern der Kegelprojektion hin mit denen der Merkatorkarte zu vergleichen und so beide zu behalten. Das Unendliche bzgl. Unendlichkleine gibt hier wie oft in der Mathematik lebhafte Anregung und Mittel zu klarer Vergleichung. In dem Streben nach Übersichtlichkeit und Zusammenhang steht Wagners Werk, wie in manchen anderen Beziehungen, auf hoher Stufe.

———

Buch II: Physikalische Geographie.
Von Prof. Dr. Georg Greim-Darmstadt.

Der zweite Teil (Buch II) enthält die eigentliche »Physikalische Geographie« in engerem Sinne, d. h. die Lehre von der Landfläche, der Meeresfläche und der Atmosphäre. Dadurch ist die Einteilung selbstverständlich gegeben und wenn wir erwähnen, daß den drei auf diese Weise präzisierten Kapiteln ein weiteres über die Erdoberfläche im allgemeinen vorausgeht, so sind damit die großen Züge der Stoffverteilung klargestellt. Wenn es auch sicher scheint, daß gerade in diesem Teile des Werkes die Eigenart des Verfassers etwas weniger in den Vordergrund tritt, als in den anderen Büchern, wenigstens, was die Anordnung des Stoffes und die der Darstellung zugrunde liegenden Tatsachen betrifft, so zeigen sich doch auch wieder manche Vorzüge des Gesamtwerks gerade hier besonders in hellem Lichte. Dahin gehört vor allem die kritische Durcharbeitung, insbesondere in bezug auf Zahl und Maß, die sowohl die Methoden der Messung und Rechnung, wie auch die numerische Größe der erhaltenen Werte in gleicher Weise scharf unter die Lupe nimmt und an vielen Stellen mit hergebrachten und seither als feststehend angesehenen und anerkannten Zahlenwerten aufräumt, das Material sichtet, und uns überall die Lücken zeigt, die selbst zur Schaffung der für vergleichende Darstellungen nötigen Grundwerte noch auf lange Zeit Arbeit genug verbürgen. Dazu bot aber auch gerade der vorliegende Teil des Werkes besonderen Anlaß, denn das Verhältnis von Wasser und Land, Größen von Seen, Stromentwicklung, Stromgebiete, Küstenentwicklung und Gliederung und ähnliches geben reichlichen Anlaß zu kritischen Bemerkungen in dieser Hinsicht. Das Resultat ist dann aber, daß eine, wenn auch geringere Anzahl von Werten als in anderen Lehr- und Handbüchern der Geographie übrig bleibt, die nach den besten Quellen oder nach eigenen Bestimmungen des Verfassers und seiner Schüler mitgeteilt werden, und sich bzgl. ihrer Genauigkeit und Zuverlässigkeit mit großer Sicherheit abschätzen lassen. Durch diese minutiöse Genauigkeit wird unseres Erachtens auch bei weitem das Fehlen der Anregungen und andeutungsweise ausgeführten großzügigen Bilder, auf das bei Besprechungen von anderer Seite aufmerksam gemacht wurde, aufgewogen; daß der Verfasser nicht nur bei der Kritik der Werte stehen bleibt, sondern dieselben in der mannigfachsten Weise weiter verwertet und durch Beispiele im einzelnen noch illustriert, sei übrigens hier gleich angefügt. Der zweite große Vorzug, der wie in den anderen Büchern auch im zweiten hervortritt, sind die sehr reichlichen und gut gewählten Literaturangaben, die das Werk in hervorragendem Maße als Einführung für Weiterstrebende geeignet machen. Sowohl dem ganzen zweiten Buche, sowie seinen wichtigeren Unterabschnitten (die Geländeformen, das Meer, die Lufthülle) sind zusammenfassende literarische Wegweiser beigegeben, die auf die seither erschienenen Kompendien, welche den Abschnitt behandeln, sowie auf alle sonstigen größeren Hilfsmittel zum Studium (Kartenmaterial, Zeitschriften) mit kurzen kritischen Zusätzen aufmerksam machen. Außerdem finden sich aber noch reichliche Einzelzitate unter dem Texte, die diejenigen Schriften anführen, welche gerade zu dem betreffenden Gegenstand gehörige wichtige Arbeiten bieten. Selbstverständlich konnte die neueste Literatur darunter keinen Platz finden, da die Erscheinungszeit des Bandes, was schon öfter bedauert wurde, sich leider so lange hinauszog; deshalb sind auch einige Abschnitte des Textes schon etwas überholt, was sich besonders in dem vierten Kapitel (die Lufthülle) infolge des großen Aufschwungs der Meteorologie in den letzten Jahren an manchen Stellen fühlbar macht; doch wird es einem, der etwas tiefer einzudringen wünscht, an der Hand der schon erwähnten allgemeinen literarischen Wegweiser nicht schwer fallen, in dieser Hinsicht von dem Verfasser musterhaft dargestellten Grundzüge nach Bedarf zu erweitern, zu ergänzen oder zu verbessern.

Ein Überblick über den Inhalt des zweiten Buches kann sich kurz fassen. Das erste Kapitel (die Erdoberfläche) behandelt die allgemeinen Fragen der Morphologie der gesamten unserer Forschung zugänglichen Erdoberfläche und beginnt mit einem historischen Exkurs über die Entwicklung des sog. Weltbildes und die Grenze der terra cognita, über deren Verhältnis zu der tatsächlichen, empirischen Erdoberfläche der Verfasser in dem ersten Paragraphen sich auseinandergesetzt hat. Hier sowohl, wie in dem Rest des ersten Kapitels, der die Flächenverteilung von Land und Wasser, die Gliederung der Land- und Wasserflächen in horizontaler und vertikaler Richtung und

4*

Zugehöriges enthält, ist der Verfasser so recht in dem Felde seiner eigenen Studien und die Darstellung und Durcharbeitung der Abschnitte läßt dies auch überall empfinden. Mehr Anschluß an andere mußte er in dem zweiten Kapitel suchen, das die Verhältnisse des Festlandes als Gegenstand hat. Die geologischen Grundlagen werden im ersten Teile des Kapitels nur kurz gestreift, desto eindringlicher aber darauf hingewiesen, wie notwendig für das Verständnis aller hierher gehörigen Fragen die Durcharbeitung eines geologischen Lehrbuchs, sowie insbesondere das Studium in der freien Natur ist. Auch hier wird an Kritik nicht gespart, die dann auch freilich manchmal über das Ziel zu schießen scheint, wie da, wo den Geologen der Gebrauch überhöhter Profile zum Vorwurf gemacht wird, oder da, wo von ihnen größere Genauigkeit bei der Bestimmung des Streichens und Fallens und der Mächtigkeit der Schichten gefordert wird, die bei dem fortwährenden Variieren dieser Werte für eine und dieselbe Schicht doch nur geringen Zweck haben dürfte. Eingehender werden die heutigen Bewegungen der Erdrinde und die Umgestaltung der Erde von außen betrachtet, und daran allgemeine Erörterungen über die Resultate dieser Umwandlungen, die morphologischen Regionen und die regionale Bodenbedeckung angeschlossen. Den größten Teil dieses Kapitels nimmt die Besprechung der einzelnen morphologischen Formen des Festlandes ein, bei der der Verfasser größtenteils Richthofens System, bei den Faltengebirgen dagegen Supan gefolgt ist. Auch hier sind die Schlußabschnitte über die orometrischen Werte wohl die interessantesten, da sie wieder zu des Verfassers eigenstem Arbeitsfeld gehören und der kritischen Richtung desselben den besten Spielraum zur Betätigung bieten. Sie enthalten daher eine große Menge anregenden Stoffes, wobei übrigens festgestellt werden soll, daß auch die übrigen Abschnitte, in denen sich der Verfasser notgedrungen an andere Autoren anlehnen mußte, durchaus nicht der eigenen Gestaltung entbehren. Dasselbe gilt von dem folgenden Abschnitt, der die Besprechung der Seen enthält und in dem Verfasser hauptsächlich Pencks Morphologie gefolgt ist. Reichlichen Anlaß zu kritischen Bemerkungen, zu interessanten Hindeutungen auf noch offene Fragen und fehlendes Material lieferte das noch wenig systematisch gepflegte Feld der Geographie der Flüsse. Den Beschluß des zweiten Kapitels bildet die Besprechung der Küsten und Inseln. Das dritte Kapitel erörtert die Verhältnisse des Meeres in einer von der üblichen im allgemeinen kaum abweichenden Einteilung. Es zerfällt in drei Abschnitte, deren erster die Morphologie des Meeres mit den sich daranschließenden Fragen behandelt, der zweite die Chemie und Physik des Meerwassers, in die auch die allgemeine Vertikalzirkulation der Meere, sowie bei den Temperaturverhältnissen des Meeres die Temperatur der Binnenseen eingegliedert wurde, der dritte die Bewegungen des Meeres. Auch das vierte Kapitel zeigt in Hinsicht auf die Stoffverteilung im großen keine Abweichungen von dem gewöhnlich Üblichen. Es zerfällt in einen kürzeren einleitenden Abschnitt über die allgemeinen Verhältnisse (Höhe, Menge usw.) und die Zusammensetzung der atmosphärischen Luft und das Klima, und die vier Hauptabschnitte, in denen die Temperatur der Luft, Luftdruck und Winde, Wasserdampf, Niederschläge und das Klima in bezug auf seine regionalen und zeitlichen Veränderungen besprochen werden. An die verschiedenen Arten der Niederschläge schließt sich die Besprechung der Schneedecke und Schneegrenze, sowie der Gletscher, was insofern zu einer Zerreißung bei der Darstellung der letzteren führt, als ihre umgestaltenden Wirkungen bei der Morphologie des Festlandes schon ihre Stätte gefunden hatten, und es selbstverständlich war, daß einzelne Verhältnisse schon dort besprochen werden mußten. Das sowie die Unterbringung der Temperatur der Binnenseen bei dem Meere anstatt bei der Besprechung der Seen sind die einzigen Bedenken gewesen, die bei der Durchsicht der Stoffverteilung aufgefallen sind. Gerade das ständige Durchleuchten der Eigenart des Verfassers, die sich überall im zweiten Buche äußert und zwar auch in denjenigen Abschnitten, in denen eine engere Anlehnung an andere Autoren notwendig und geboten war, wird das Werk seinen Platz behaupten lassen auch neben anderen Darstellungen des gleichen Stoffes, an denen es bei den im zweiten Buche behandelten Gegenständen, der physikalischen Geographie weniger mangelt, als bei den übrigen Büchern des Werkes. Deshalb dürften auch die Fachkollegen dem Verfasser dankbar sein, für diejenigen aber, die es zur Einführung in die Wissenschaft benutzen wollen, ist es wegen seiner kritischen Methoden ganz besonders empfehlenswert.

Was sind Fachlehrer?

Von Dr. K. Severin-Görlitz.

In unseren Tagen, wo von den verschiedensten Seiten eine würdigere Stellung der Erdkunde im Lehrplan erstrebt wird, ist vielleicht ein Umstand beachtenswert, der der Verbreitung dieser Tendenz ein Hindernis bereitet. Mit dem Verlangen, den erdkundlichen Unterricht auf eine höhere Stufe zu heben, geht naturgemäß die Forderung Hand in Hand, ihn ausschließlich in die Hände von Fachlehrern gelegt zu wissen. Eine Forderung, der das tatsächliche Bild nur wenig entspricht. Selbst von der Seite solcher, die ihr erdkundliches Staatsexamen für die erste Stufe abgelegt haben, fehlt es oft an einem tatkräftigen Eintreten für die Erdkunde an höheren Schulen. Das hat verschiedene Gründe. An manchen Anstalten ist für unseren Lehrgegenstand noch so wenig Verständnis und Interesse zu finden, daß ein etwa vorhandener Fachlehrer überhaupt nicht seinen Willen durchzusetzen vermag, daß man allen seinen Ausführungen in der Konferenz oder in den Zwischenstunden mit einem mehr oder wenig spöttischen Lächeln begegnet. In diesem Falle gibt oft ein begeisterter Freund der Erdkunde verzweifelt den Kampf auf. — Nun fehlt es aber unter den offiziellen Fachlehrern auch nicht an solchen, die aus inneren Gründen — möchte ich sagen — nicht erfolgreich genug für den ihnen anvertrauten Unterrichtsgegenstand eintreten können, und das liegt zum großen Teile an dem schwankenden, unklaren Begriff, den sie überhaupt von der Erdkunde haben. Sie können Angriffen, die von anderer Seite erhoben werden, nicht bestimmt genug entgegentreten, weil sie sich selbst über die Umgrenzung ihrer Wissenschaft nicht klar sind. Was gehört zur Erdkunde, und was ist auszuscheiden, was müssen wir dem Historiker, dem Naturwissenschaftler überlassen, und wo fängt »unseres Reiches Grenze« an? Es wäre dankenswert, wenn in dieser entscheidenden Frage recht bald eine bestimmte, eindeutige Antwort gegeben werden könnte. Mit viel größerer Hingabe an seinen Unterricht, mit viel entschiedenerem Auftreten gegen fremde Einflüsse würde der Lehrer der Erdkunde arbeiten können. Es kommt aber noch ein anderer, wichtigerer Grund hinzu, weswegen der »Fachlehrer« der Erdkunde nicht für sein Fach die Waffe zieht, weil nämlich viele gar keine — es ist hart, das auszusprechen — Fachlehrer sind. Die Erdkunde ist nach des Verfassers Ansicht im letzten Grunde doch eine Naturwissenschaft. Dürfen wir also einen Mann als Fachlehrer bezeichnen, der zwar im Besitz der vollen Fakultas ist, dem aber die naturwissenschaftliche Grundlage fehlt, der von jedem an einer Anstalt mit ihm unterrichtenden und womöglich gegen die Erdkunde eingenommenen Naturwissenschaftler mit leichter Mühe aus dem Sattel gehoben wird? Nein, und deswegen muß etwas mit der Vorbildung der Jünger der Erdkunde nicht ganz in Richtigkeit sein. Die heutige Verbindung von Erdkunde mit anderen als naturwissenschaftlichen Fächern ist höchst bedenklich. Ein Philologe kann sich gar nicht in der relativ kurzen Zeit seines Studiums den naturwissenschaftlichen Unterbau verschaffen, er ist und bleibt, auch wenn er nach redlichem Sitzen »über Büchern und Papier« sein Examen besteht, Dilettant, er ist abgeschnitten von seiner Lebensquelle, die die Erdkunde täglich von neuem speisen sollte, der Naturwissenschaft. Angelernte Kenntnisse sind wertlos und treiben im Leben keine Frucht. Wie soll z. B. ein eben charakterisierter Fachlehrer mit Erfolg erdkundliche Exkursionen oberer Klassen leiten, wie soll er, der Steine, Pflanzen und Tiere nur aus Büchern kennt, geweckten und in der Naturwissenschaft beschlagenen und für sie interessierten Primanern auf alle ihre Fragen Rede stehen, wie soll er ihnen ein lebensvolles Bild von dem Stück Erde entwerfen können, das er zum Zwecke einer kleinen wissenschaftlichen Forschungsreise mit seinen Schülern aufgesucht hat. Schenkt uns also wirkliche Fachlehrer, heißt die Parole, d. h. gebt den Lernenden in der Erdkunde die nötige, auf naturwissenschaftlicher Grundlage erwachsene Vorbildung!

Vorstehenden Schmerzensruf eines jungen Schulgeographen habe ich um so lieber in den »Geographischen Anzeiger« aufgenommen, als der Verfasser selber Philologe (Germanist) ist. Was er sagt, wird von vielen naturwissenschaftlich gebildeten Geographen oft genug als richtig empfunden worden sein, aber kaum so unumwunden ausgesprochen werden können. Immerhin dürfen wir neben dem unzweifelhaft naturwissenschaftlichen

Grundcharakter unserer Wissenschaft das historische Element, das sie enthält und dessen
sie gerade für den Schulunterricht besonders stark bedarf, nicht übersehen, und Beispiele
wie das von Sebald Schwarz und seinem naturwissenschaftlichen Kollegen ehedem in
Blankenese geben uns von der Möglichkeit und Nützlichkeit eines gedeihlichen Zusammenarbeitens gerade eines germanistisch-historisch gebildeten Kollegen mit einem Naturwissenschaftler Zeugnis. So möchte ich den Kern des Übels etwas tiefer suchen, indem ich auf
die obigen Worte vom »naturwissenschaftlichen Unterbau« hinweise. Dieser fehlt allerdings; aber das ist schon ein Mangel unserer Gymnasien. Ehe nicht eine gründliche Umgestaltung des Obergymnasiums im Sinne stärkerer Berücksichtigung der Erdkunde und
der Naturwissenschaften durchgesetzt worden ist, werden die Zustände wohl im allgemeinen vielfach mißlich bleiben. Man mag auch hieraus wieder entnehmen, wie wenig
angängig es ist, mit Uhlig[1]) nur auf dem Gebiet der alten Sprachen für das Gymnasium
dem »Dilettantischen Treiben« wehren zu wollen. Gerade durch das Übermaß der
Philologie drängt man für die anderen Fächer zum Dilettantismus hin.   *H. F.*

  [1]) 47. Vers. deutscher Philologen und Schulmänner, vgl. Geogr. Anzeiger, IV. Jahrg. 1903, S. 180.

Die Erdkunde in der Unter-Sekunda preußischer Realprogymnasien.

Von Dr. F. Höck-Luckenwalde.

Während die Hoffnung der Vertreter der Erdkunde seit Jahrzehnten dahin gerichtet war,
daß ihr Fach auf den höheren Lehranstalten endlich solche Anerkennung finden werde,
daß ihm selbständige Stunden in den oberen Klassen zugewiesen würden, haben die neuen
»Lehrpläne und Lehraufgaben für die höheren Schulen in Preußen« vom Jahre 1901 eigentlich noch den Enderfolg in diesem Fache für die realgymnasialen Anstalten herabgesetzt.
    Die Zahl der Unterrichtsstunden für Erdkunde in der UII der Realgymnasien ist
allerdings die gleiche geblieben wie vorher, da sich kaum vermindern ließ, nämlich
eine Stunde wöchentlich. Auch die Lehraufgabe ist im allgemeinen die gleiche geblieben:
»Wiederholung und Ergänzung der Länderkunde Europas mit Ausnahme des Deutschen
Reiches. Elementare mathematische Erdkunde«.
    Der erste Teil dieser Aufgabe würde bei einer Wochenstunde allein voll ausreichen,
denn er stimmt genau mit dem überein, dem in Quarta zwei Wochenstunden zugewiesen
sind, soll aber selbstverständlich keine Wiederholung des Quartanerpensums allein sein,
sondern, wie auch ausdrücklich gesagt, auch eine »Ergänzung«. Diese Ergänzung wird
wohl weniger in der Einprägung neuer Namen beruhen; da hat man Arbeit genug, die
in der Quarta gelernten neu aufzufrischen. Denn in den zwei Jahren, welche mindestens
seit der Versetzung aus der Quarta verstrichen sind, gingen viele ganz verloren, da
sie zum Teil in der Erdkunde ebenso wenig wie in anderen Unterrichtsgegenständen gebraucht wurden. Zunächst wird eine Ergänzung in einer mehr vergleichenden Art der
Betrachtung beruhen. Für viele Anstalten werden die Verkehrsverhältnisse vielfach
herangezogen werden müssen, da die Mehrzahl der Schüler mit der Versetzung nach
OII die Schule verläßt, um in das tägliche Leben einzutreten, für dieses aber in der Erdkunde durch Kenntnis der wichtigsten Verkehrsstraßen vorgebildet sein muß. Dann
wird aber vor allem auf das Klima der Länder und auf ihre Erzeugnisse weit mehr
eingegangen werden müssen als in der Quarta. Dies erfordert aber eine Heranziehung
fast aller Abschnitte aus der »allgemeinen Erdkunde«. Nur einige Teile der mathematischen Geographie, nämlich die, welche eigentlich nur als »volkstümliche Astronomie«
zu bezeichnen wären, könnten allenfalls entbehrt werden, wenn ein wirkliches Verständnis der klimatischen Verhältnisse erzielt werden soll; diese aber sind gerade noch
als Zugabe zur Länderkunde vorgeschrieben. So können wir getrost sagen, daß in der
einen Wochenstunde »Europa außer Deutschland« und die »allgemeine Erdkunde« allenfalls mit Auslassung einiger weniger wichtigen Abschnitte durchgenommen werden muß.
    Gewiß wird für einige Abschnitte aus der allgemeinen Erdkunde schon in früheren
Klassen vorgearbeitet werden. Da aber die Physik erst in dem zweiten Halbjahr der
OIII beginnt, kann die Vorarbeit naturgemäß nur eine sehr geringe sein. Denn erst
wenn Thermometer und Barometer in den naturwissenschaftlichen Stunden den Schülern

vollkommen verständlich gemacht sind, wenn die Rückwerfung der Lichtstrahlen, das Verhalten des Wassers bei verschiedenen Wärmegraden usw. in der Physik besprochen ist, kann man bei der Mehrzahl der Schüler auf ein Verständnis für klimatische Verhältnisse rechnen. Aus diesen aber erst folgt ein Verständnis für die verschiedenartige Verteilung der Pflanzen und Tiere. Daher habe ich auch schon an anderer Stelle (Natur und Schule II, 463) darauf hingewiesen, daß ein Unterricht in der Pflanzengeographie »als dauernde Mitgabe für das künftige Leben« nur »in den obersten Klassen den Schülern gegeben werden« könnte. Das Gleiche gilt natürlich für Tiergeographie und Anthropologie (vgl. auch meinen Aufsatz in »Vierteljahrsh. f. d. geogr. Unterr.«, I, S. 1—8) sowie auch für große Teile der Klimatologie. Gelegentlich soll nach den amtlichen Lehrplänen auch auf diese Gegenstände in den höheren Klassen eingegangen werden, doch »in Anlehnung an den Unterricht in der Mathematik und Physik« (Lehrpläne 1901, S. 50), während sonst erdkundliche Wiederholungen (mindestens sechs im Halbjahr) in den Geschichtsstunden vorgenommen werden sollen. Beides ist mißlich. Der Lehrer der Mathematik und Physik steht oft der eigentlichen Erdkunde recht fern, und für den Lehrer der Geschichte ist nur ein Teil der Erdkunde, nämlich die politische unbedingt erforderlich.

Dies sind aber Mißstände, die schon vor 1901 in gleichem Maße vorhanden waren. Verloren aber hat die Erdkunde geradezu durch Beschränkung des naturwissenschaftlichen Unterrichts. Wie ich schon in dem genannten Aufsatz in »Natur und Schule« zeigte, ist für Pflanzengeographie kaum mehr die nötige Zeit zu finden und mit der Tiergeographie steht es ähnlich. Doch diese Teile mag mancher Geograph als nicht zur eigentlichen Erdkunde gehörig betrachten. Aber auch die Völkerkunde, die doch wohl jeder Lehrer in der Erdkunde berücksichtigt, hat durch Herabsetzung der naturwissenschaftlichen Stunden in UII der Realgymnasien verloren. Während man früher von den fünf naturwissenschaftlichen Stunden bequem zwei im zweiten Halbjahr der UII auf die Lehre vom menschlichen Körper verwenden konnte, ist das jetzt nicht gut möglich, mindestens nicht für unvollständige Anstalten, an denen nachher eine Abgangsprüfung abgehalten wird. Bei zwei Wochenstunden fand sich leicht Zeit, mehrere Stunden auf eine zusammenhängende Besprechung der Rassen und wichtigsten Sprachstämme zu verwenden. Hierzu kommt man aber kaum bei einer Wochenstunde, da »Bau und Pflege des menschlichen Körpers« diese Zeit reichlich in Anspruch nimmt; man muß die Durchnahme der Einteilung der Menschen in Volksstämme ganz auf die erdkundlichen Stunden verweisen, wo sie dann für die außereuropäischen Erdteile in UIII, für Europa in UII vorzunehmen wäre. Schon diese Zerreißung des Stoffes ist mißlich; vor allem aber wird der Sekundaner erst für einzelne Abschnitte daraus einigermaßen Verständnis zeigen, während dies dem Untertertianer abgeht.

Ähnlich wie die Völkerkunde haben auch Klimatologie und mathematische Geographie durch Beschneidung der naturwissenschaftlichen Stunden gelitten. Bei fünf naturwissenschaftlichen Wochenstunden war es möglich, im Anschluß an viele Teile der Physik auch auf die damit im Zusammenhang stehenden Abschnitte aus der allgemeinen Erdkunde einzugehen; jetzt findet sich kaum mehr Zeit dazu, das rein physikalische Pensum fest einzuprägen.

Wenn ein Schüler die oberen Klassen des Realgymnasiums besucht, wird zum Teil dieser Mangel ersetzt, da in diesen Klassen wieder fünf Wochenstunden für Naturwissenschaften vorhanden sind, also wohl drei der Physik gewidmet werden können; doch ist immer fraglich, ob der Lehrer es nicht vorzieht, fast ausschließlich die mathematische Seite des Faches zu behandeln. Jedenfalls würde eine befriedigende Behandlung der allgemeinen Erdkunde erst erreicht, wenn mindestens eine Wochenstunde einem wirklichen Geographen übertragen würde, vielleicht wie ich in »Natur und Schule« gezeigt, im Anschluß an die Biologie in den oberen Klassen; denn diese Fächer sind sicher näher verwandt als Erdkunde und mathematische Physik. Von unvollständigen Anstalten geht aber nur ein sehr geringer Bruchteil der Schüler in die oberen Klassen eines Realgymnasiums über. Diesen wird eine zusammenhängende Behandlung der Abschnitte[1])

---

[1]) Einzelne dieser Abschnitte ließen sich in Form von Erläuterungen leicht an die Länderkunde anschließen, wie ich dies für die Sexta im »Zentral-Organ für die Interessen des Realschulwesens XIX, 1891, S. 201 ff. gezeigt habe; aber diese würden doch eine zusammenhängende Behandlung des Faches und vor allen Dingen eine solche auf physikalischer Grundlage nur notdürftig ersetzen.

aus der »physischen Erdkunde« auf der Schule überhaupt nicht geboten. Vor allen Dingen ist bei diesen die Zeit in der UII noch beschränkter als in einer Vollanstalt. Zunächst geht oft ein Teil der Stunden dadurch verloren,· daß die Prüfung schon einige Wochen vor dem Schluß des Schuljahres abgehalten wird. Diese sind aber nicht etwa durch Fortsetzung des regelrechten Unterrichts nach dem Prüfungstage zu ersetzen, denn nach dieser Zeit werden sicher nur wenige Schüler und besonders nicht solche, die ins Leben hinauszugehen gedenken, ordentlich weiter arbeiten.

Doch noch in einer anderen Weise erleidet durch die Prüfung der regelrechte Unterricht eine Störung. Man ist gezwungen, wenigstens einige Stunden vor der Prüfung auch zur Wiederholung anderer Abschnitte aus der Erdkunde zu verwenden. Da bei der jetzigen Art des Prüfungsverfahrens besonders schlechte Schüler in jedem Fache geprüft werden, nicht die, welchen vorher der Fachlehrer ein uneingeschränktes »Genügend« gibt, werden solche Wiederholungen ganz unvermeidlich sein, wenn der Lehrer sich mit diesen Schülern nicht ganz bloßstellen und die Schüler rücksichtslos der Gefahr des Durchfallens aussetzen will. Vor allen Dingen wird er aus »Deutschland« Wiederholungen vornehmen müssen. Denn sobald ein Schüler in irgend einem Gebiet der Erdkunde schwache Leistungen zeigt, pflegt der Schulrat in die Prüfung einzugreifen und diese auf die Heimatkunde zu lenken. Zeigen sich dann in der Kenntnis des Vaterlandes Mängel, so lassen sich diese kaum mehr durch andere Vorzüge decken. Daher ist eine Wiederholung der Vaterlandskunde kurz vor der Prüfung das Nötigste.

Daß nun aber von den 40 Stunden in der Untersekunda, von denen drei bis vier noch durch die schriftlichen Ausarbeitungen in Anspruch genommen werden, nicht viele zu Wiederholungen zur Verfügung stehen, wird jeder Lehrer berechnen können. Daher wäre eine Änderung der Klassenaufgabe sehr erwünscht. Entweder müßte die allgemeine Erdkunde nur anhangsweise, soweit sie in Verbindung mit der Länderkunde steht, in UII behandelt werden, oder sie müßte als Krönung des gesamten erdkundlichen Unterrichts die einzige eigentliche Aufgabe der UII sein, so lange namentlich, wie in den oberen Klassen, keine besonderen Stunden für Erdkunde angesetzt sind. Dies ließe sich erreichen, wenn die jetzigen Aufgaben von V und IV in der ersten Klasse vereint, also Europa in einem Jahre durchgenommen würde und alle anderen Klassenaufgaben um eine Klassenstufe hinunter gerückt würden. Daß aber meines Erachtens für die Quinta es vorteilhafter ist, »ganz Europa« statt »Mitteleuropa« zur Durchnahme gelangen zu lassen, habe ich schon vor fast zwei Jahrzehnten zu zeigen versucht (Progr. d. Kgl. Friedrichs-Gymnasiums zu Frankfurt a. O. 1885, S. 12 f.). Meine seitdem gemachten Erfahrungen haben mich in dieser Meinung bestärkt. Ich habe sowohl ganz Europa (in Friedeberg i. Neum.) als auch nur Mitteleuropa (in Luckenwalde) als Klassenaufgabe der Quinta behandelt, bin aber jedesmal bei der ersten Art besser befriedigt worden. Im zweiten Falle ist zu viel Zeit, und man läßt sich leicht verleiten, den Schülern zu viel Stoff zu bieten, erreicht dadurch aber wenig, da gerade die hinzugefügten Einzelheiten leicht wieder verloren gehen, weil sie wenig Anwendung finden; für die meisten Abschnitte aus der allgemeinen Erdkunde sind die Schüler auf der Stufe aber noch zu jung. Man kann nicht etwa hier schon wesentlich den mittleren Klassen in dieser Beziehung vorarbeiten. Daher möchte ich eine Verschiebung der Jahresaufgaben in der Erdkunde in der angegebenen Weise den vorgesetzten Behörden empfehlen.

Dann ließe sich in UII Zeit finden, die Hauptabschnitte aus der »allgemeinen Erdkunde« im Zusammenhang zu behandeln und nur von Zeit zu Zeit daran Wiederholungen aus dem Gesamtgebiet der Länderkunde anzuschließen. Diese Wiederholungen würden natürlich hauptsächlich in den letzten Wochen vor der Prüfung vorgenommen werden. Für unvollständige Anstalten würde ich selbst dann diese Art der Stoffverteilung in der Erdkunde als die richtige halten, wenn einmal in den oberen Klassen der Vollanstalten Erdkunde selbständig von Fachlehrern unterrichtet werden sollte, da erfahrungsgemäß nur wenige Schüler einer unvollständigen Realanstalt (mindestens in kleinen Städten) die oberen Klassen der entsprechenden Vollanstalt durchmachen.

Geographische Lesefrüchte und Charakterbilder.

Aus Ostturkestan.

Sven Hedin: »Im Herzen von Asien«. 2 Bde. Leipzig 1903, F. A. Brockhaus.

(Schluß.)

3. Die Sandwüste (Bd. I, S. 222—224).

In der Anordnung des Sandes herrscht beständig dieselbe Regelmäßigkeit. Gibt es auch sonst nichts in dieser Wüste, so treffen wir doch hier eine Kraft, die mit souveräner Allmacht aus diesem flüchtigen Material ein phantastisches Gebilde — ein Mittelding zwischen Gebirge und Meer — gestaltet. Jede einzelne Düne gibt die Form der großen Protuberanzen wieder, und die Form der Düne wiederholt sich in den unzähligen kleinen Wellen, die ihren Rücken kräuseln. Der tiefste Teil des Wellentals ist stets der, welcher der Basis der steilen Leeseite zunächst liegt, welches Gesetz auch für die Bajirmulden, die größte Wellentälerform der Wüste, gilt. Der Sand, der von granitharten Bergen stammt, muß treu denselben Gesetzen gehorchen wie das wenig beständige Wasser. Er wälzt sich in Wogen dahin, die denen des aufgeregten Ozeans gleichen; auch die seinen rollen unwiderstehlich vorwärts, nur ist die Bewegung unendlich viel langsamer.

Wir hatten jetzt den Abschnitt der Wüstendurchquerung erreicht, in welchem man die großen Schwierigkeiten hinter sich hat und jedes neue Anzeichen von Leben und Wasser mit Spannung und Interesse wahrnimmt. Derartige Zeichen blieben auch heute nicht aus. Wir hatten schon das erste Kamisch und die erste Tamariske passiert. Ich ritt jetzt als Vorhut über die große, lange Bajir Nr. 33, die sich noch immer wie ein ausgetrocknetes Flußbett vor mir hinzog.

Den Boden kreuzten in allen Richtungen Spuren von Hasen, welche Tiere des Wassers gar nicht zu bedürfen scheinen; auch Fuchsfährten waren zu sehen. Dann traten einige Steppenpflanzen, Grasflecke und »Tschigge«, eine am Lop-nor vielfach vorkommende Binsenart, auf. Schließlich zeigten sich wieder Tamarisken, teils frische, geschmeidige, teils abgestorbene, die auf den charakteristischen Kegeln thronen, die ihre längst verdorrten Wurzeln umschließen.

4. Im Sumpfgewirr des unteren Tarim (Bd. I, S. 341—342, 349—350).

Die Fahrt war ziemlich mühsam. Der Buran fuhr fort, im Schilfe zu heulen und zu pfeifen, und wir mußten an dem dichten Schilfbestande entlang rudern, um Schutz zu finden. Auf offenem Wasser drohten die Kähne sich selbst bei ziemlich unbedeutendem Wellenschlag mit Wasser zu füllen und unterzugehen. In dem Schilfdickicht war es halbdunkel. Hier und dort plätscherte ein Fisch; Schwäne und Gänse eilten fort, und bei ein paar Gelegenheiten wurden sie ihrer Eier beraubt. Solange die Strömung deutlich war, ging alles gut; dann aber wurden wir durch ein vollständiges Labyrinth von dichtem Kamisch, aus dem Wasser herausguckenden Tamariskenkegeln, Anschwemmungen, Landzungen und Landengen gehemmt. Über drei Stunden lang suchten wir hier kreuz und quer nach einem Durchgang, gingen denselben Weg, den wir gekommen waren, wieder zurück, verloren uns in schlängelnden Buchten, wo wir wieder umkehren mußten, forcierten den Schilfbestand, indem wir die Kähne mit den Rudern durch seine knackenden Wände trieben, und schleppten sogar die Fahrzeuge über schilfbewachsene Landengen, die benachbarte Wasserflächen voneinander trennten. Jede Düne, die dabei passiert wurde, mußte einer von uns besteigen; doch der Blick reichte bei dem Nebel nicht weit, und die ganze Umgebung war ein einziges dichtes Dschungel. Als dieses Suchen umsonst war, steckten wir das Kamisch in Brand. Es gab in dieser mit Dämmerung gesättigten Atmosphäre ein großartiges Schauspiel, als sich die Flammen in die regenfeuchten Schilfhecken hineinwarfen und diese knallten, knisterten und dampften und rabenschwarze Wolken emporsteigen ließen, die vom Sturme zerzaust wurden und wie ein Trauerflor über diese irreführenden Sümpfe mit ihren überwachsenen Irrgängen führten. Rußflocken erfüllten die Luft, und man wird ebenso schmutzig wie naß, während man in dem seichten Wasser umherpatscht und die Kähne in die vom Feuer gebahnte Gasse schleppt, die jetzt auch einen Blick nach vorn gestattet und uns sehen läßt, wo wir den nächsten Weg zum offenen Wasser haben. Endlich waren wir wieder auf dem rechten Wege, wo das Wasser tüchtig strömte. Die Strömung war so saugend und so schnell, daß die Ruderer all ihre Kraft aufbieten mußten, um den Kahn gegen sie vorwärts zu bringen. Gegen Abend sahen wir uns nach einem geeigneten Lagerplatz an dem hier überall feuchten Ufer um; da es uns aber nicht gelang, einen solchen zu finden, blieben wir bei einigen Tamarisken und legten, um wenigstens trocken zu liegen, Kamisch auf die Erde. In schneidendem Winde machte ich meine Aufzeichnungen beim Scheine des Lagerfeuers, und der Sturm peitschte den Flußarm derart, daß von den Wogenkämmen weißer Gischt sprühte.

Am 27. brachen wir bei Tagesgrauen aus diesem unwirtlichen Mückenneste auf. Es dauerte nicht lange, so fegte ein warmer, dunstiger Südwestwind über das Wasser in diesem unheimlich verwickelten Labyrinth von Seen, Sümpfen und Flüssen hin. Wir folgen unserem alten Ilek aufwärts; er gleicht kaum einem Flusse, sondern eher einer offenen Gasse in einem Sumpfsee. Unsere Richtung ist anfangs nördlich, aber beim Suji - sarik - köll (See des gelben Wassers) biegen wir nach Westen ab, um in ungeheuer verwickelten Dickichten und Dschungeln von Kamisch, durch die ein schlecht instand gehaltener Tschappgan führt, zu verschwinden. Drinnen ist es dunkel und schwül; das Kamisch ist von den Stürmen über den engen Wasserweg gelegt worden und ist mit Staub und Flugsand bedeckt. Stellenweise bildet das Ganze eine Brücke, auf der man bequem weite Strecken über das im allgemeinen 2 m tiefe Wasser gehen kann. Es war jedoch nicht immer ganz leicht, unter diesen mächtigen natürlichen Gewölben, wo man so staubig wird wie auf einer Landstraße, vorzudringen. Zwischen Milliarden von Schilfstengeln rinnt das Wasser nach dem Ilek hinab.

Geographischer Ausguck.

Ostasiatisches.

Als der Russe im Frühjahr 1858 durch die Verträge von Aigun und Tientsin der chinesischen Regierung das Amur- und Ussuriland, ein Gebiet von der Größe Schwedens, ohne Schwertstreich abknöpfte, da spürte wohl der Chinese das Näherrücken der unbequemen Nachbarschaft, aber in Europa bekümmerte man sich gar nicht um diese Grenzkorrektion. Japan, das abgeschlossene, dessen unwirtliche Küste noch kein Leuchtturm erhellte, war eben erst durch Commodore Perrys Kriegsschiffe aus seiner Verstocktheit aufgerüttelt worden und nun gerade dabei, die ersten drei Vertragshäfen zu öffnen und diplomatische Vertreter und Konsuln zuzulassen. Zwei Jahre darauf erstanden an der öden »Bucht Peters des Großen« eine Kaserne und Offiziershäuser mit dem scheinbar anmaßend - provozierenden Namen Wladiwostok d. i. besiege den Osten! Dreißig Jahre gingen ins Land, noch wurde das Rußland Alexanders III. allgemein nur als Faktor der Europapolitik eingeschätzt — aber der Großfürst-Thronfolger Nicolai Alexandrowitsch weilte im Fernen Osten wohl nicht nur als junger Globetrotter. Am 17. März 1891 ereilte ihn der kaiserliche Ukas, das endgiltig beschlossene große Werk einer russischen Überlandbahn vom Stillen Ozean her einzuleiten. Mit jenem ersten Spatenstich zum Bau des Eisenbahndammes 2¹/₂ Werst vor Wladiwostok, am 31. Mai 1891, dem noch am selben Tage die Grundsteinlegung zum Stationsgebäude und zum »Trockendock des Zesarewitsch Nikolaus« folgte, beginnt die völlige Abkehr der russischen Politik von ihren bisher verfolgten Zielen, eine Umleitung russischer Expansionskräfte in neugegrabene Kanäle. Der zu erringende Preis hieß: Hegemonie in Ostasien! In Europa haben wohl nur die wenigsten die Bedeutung dieses Schrittes ermessen; am allerwenigsten vermochte die russische Nation diesem Hochziele irgendwelches Verständnis abzugewinnen, spielte für sie doch der goldene Halbmond auf der Sophienkuppel am Bosporus die Rolle des glänzenden Knopfes in der Hypnose. Dort das orthodoxe Kreuz aufzurichten, erheischte jahrhundertelange Tradition. Wer aber jetzt noch nicht daran glauben wollte, daß die moskowitischen Weltpolitiker zeitweilig ihren Anspruch auf den Hausschlüssel am Goldenen Horn zugunsten eines in seiner Brauchbarkeit noch nicht erprobten neuen am Gelben Meere aufzugeben gewillt waren, den mußte es stutzig machen, daß die leitenden Kreise niemals klare Auskunft über die Amur-Strecke der ostsibirischen Bahnhälfte gaben, sogar von einer bloßen Tracierung dieser 2000 km langen Linie Strietensk-Chabarowsk absahen. Das beweist, daß die Ussuribahn von vornherein als toter Strang gedacht war, der lediglich die Zufuhr zur Wasserstraße des Amur aufrecht erhalten sollte, während die Abkürzung durch die Mandschurei von Anfang an einen integrierenden Bestandteil, wenn nicht den Kernpunkt des Gesamtplanes gebildet hat. Der weitere Verlauf der Ereignisse und die Schläfrigkeit Europas kamen Rußland zustatten. Was das japanisch-chinesische Kriegsgewitter noch vermochte, das bewirkten die Friedensschalmeien von Shimonoseki: Der Okzident wurde munter, und jener merkwürdige neue Dreibund Deutschland, Frankreich, Rußland zwang das siegreiche Japan zum Verzicht auf seine strategisch-wichtige Eroberung, wie sich später herausstellte, einzig und allein zugunsten des russischen Bären. Es waren wirklich keine allzu anspruchsvollen Forderungen gewesen, die der Sieger betreffs Liautung gestellt hatte, — es handelte sich um ungefähr 20000 qkm mit einer halben Million Einwohnern — aber die Rußland unterstützenden Interventionsmächte mochten, soweit sie bona fide handelten, wohl glauben, daß die Türe nach Tientsin und Peking zugesperrt werden würde, wenn Port Arthur und das damals noch verpfändete Weihaiwei, die einander gegenüberliegen wie Portsmouth und Cherbourg, in einer Hand verblieben. Man versteht die lodernde Erbitterung, aus der heraus die japanische Zeitschrift »Ostasien« in Berlin in ihrer psychologisch hochinteressanten Februar - Kriegsnummer schreibt: »Rußland hat nach dem Friedensschluß zu Shimonoseki gesagt: ,Wenn Japan den südlichen Teil der Mandschurei und die Liautung-Halbinsel behalten wird, dann ist der Friede Ostasiens beständig bedroht', und Japan ist gezwungen worden, auf die Früchte seiner Siege zu verzichten. Das hinderte aber Rußland durchaus nicht, die Liautung-Halbinsel im Jahre 1898 als sog. ,Pachtung' von China als Beute in die eigene Tasche zu stecken und dort Befestigungen zu errichten. Unsere geschätzten Leser werden wohl selbst beurteilen können, daß bereits damals das Feuer der japanischen Kanonen sofort energisch gegen solch unverschämte Handlungsweise hätte Front machen müssen. Kisak Tamai, der Verfasser dieses patriotischen Ergusses wird wissen, daß der Verzicht damals zustande kam unter den Mündungen der Kanonen der fremden Geschwader, die drohten, im Weigerungsfalle Shimonoseki zu bombardieren. Die rückwärtige Verbindung der Tigerschwanz-Halbinsel und ihrer Häfen Port Arthur und Dalni mit der mandschurischen Linie, der »Chinesischen Ostbahn«, wie sie heuchlerisch-offiziell genannt wird, stellte die letzte Masche des Herrschafts-Netzes dar, in das die nunmehr erstarkten Japaner mit Waffengewalt hineingefahren sind.

Eine bemitleidenswerte Rolle spielte, spielt und wird wohl ewig spielen, der unfreiwillige Hauptzankapfel Korea. Nirgends in der Welt rächen sich die Nachteile der geographischen Lage so schwer wie hier. Kein schwer übersteigbares Alpengebirge legt sich dem ostasiatischen Italien im Norden vor als Schutzwehr gegen Tungusenhorden und andere feindliche Nachbarn. Die Küstenzone, im Osten glatt verlaufend, abgesehen von der Bucht von Gensan, die daher immer den Neid einer fremden Macht erregen mußte, durch Schlammbänke meist unzugänglich im zerklüfteten Westen, erschließt sich gerade dort, wo es für seine ganze Entwicklung am verhängnisvollsten sein mußte: im Süden. In 6—8 Stunden von Fusan und Masampho von den japanischen Flottenstützpunkten Nagasaki, Saseho, Shimonoseki und Moji aus zu erreichen. Halbwegs liegen obendrein die beiden Tsushima-Inseln, etwa von der Größe Usedoms und Wollins, die Beherrscherinnen der Koreastraße. Meisterhaft hat es Japan verstanden, ihre Bewohner zu Schlüsselwärtern des Japanischen Meeres heranzubilden. Jetzt stellen die Tsushima-Leute aus eigener Kraft zwei Infanterie-Bataillone, eine Kavallerie-Eskadron und eine Batterie, die laut Ausweis der jüngsten Manöverberichte zu den leistungsfähigsten Truppen Japans gehören sollen.

Der Kriegsschauplatz in Ostasien ist zweifellos der idealste, den der Geograph sich nur wünschen kann. Eine 1600 km lange japanische Operationsbasis von Hakodate bis Nagasaki, halbkreisförmig der russischen Ausfalltür Wladiwostok vorgelagert, von der aus jeder Hafen des Japanischen Meeres in 21—28 Stunden zu erreichen ist. Dazu in der japanischen Inlandsee ein Flottenstützpunkt und Zufluchtshafen, wie ihn die Erde in gleicher Größe und Gunst der Lage kaum zum zweitenmal aufweisen kann. Anderseits auf mandschurischer Seite ein verlorener Außenposten wie Port Arthur mit einer rückwärtigen Verbindungslinie von mehr als 1000 km Länge bis Charbin und einer 10000 km langen Zufuhrstraße von der Heimat. Das sind Entfernungen, mit denen bisher noch kein Feldzug gerechnet hat, nicht einmal der Burenkrieg.

Gotha, Ostern 1904.   *Dr. W. Blankenburg.*

Kleine Mitteilungen.

I. Allgemeine Erd- und Länderkunde.

Die Felsbildungen der Sächs. Schweiz. Merkwürdige Formen, denen im deutschen Mittelgebirge wenig Ähnliches an die Seite gesetzt werden kann, sind die Felsbildungen der Sächs. Schweiz (Hettner, Geogr. Zeitschr. 1903, 11. Heft, S. 606—626). Erinnern die engen, steilwandigen Täler (»Gründe«) an die Cañons des Colorado, so erwies die neuere Wüstenforschung eine weitgehende Ähnlichkeit mit den typischen Oberflächenformen der Wüste. Diese eigentümlichen Bildungen sind jedoch nicht durch ehemaliges Wüstenklima verursacht, sondern lediglich eine Folge der Beschaffenheit des Quadersandsteins, eines grobkörnigen, weißen, grauen oder gelblichen Quarzsandsteins mit wenig tonigem oder eisenschüssigem Bindemittel. Das Auffallendste an ihm ist die regelmäßige, senkrechte Zerklüftung, die in der Anlage schon im Oestein vorhanden und wahrscheinlich durch eine Zerreißung der Gesteinsmasse im Zusammenhang mit den großen mitteltertiären Verwerfungen und Dislokationen begründet ist. Darauf beruht die bekannte quaderförmige Absonderung.

Das fremdartige der Landschaft erklärt sich aus drei verschiedenen Eigenschaften des Quadersandsteins; es sind dies »die Zusammensetzung fast ganz aus Quarz, welche nur mechanische Verwitterung erlaubt, die große Durchlässigkeit für das Regenwasser und die in der quaderförmigen Absonderung begründete Neigung zur Bildung senkrechter Wände«.

Chemische Verwitterung kommt fast gar nicht in Betracht, auch die Windwirkung ist unbedeutend, wenngleich sie früher einmal größer gewesen sein mag. Am wichtigsten war und ist zweifellos das Wasser, das hier eine ähnliche Rolle spielt wie in der Wüste. »Die Durchlässigkeit des Bodens bewirkt ähnliche Verhältnisse der Wasserführung wie das trockne Klima in der Wüste: Abwesenheit des spülenden Wassers, unregelmäßiges Auftreten von Regenfluten, ein weitmaschiges Flußnetz.«

Verwitterung und Denudation machen sich bemerkbar einerseits durch Abrundung des ursprünglich rechten Winkels der Felskanten, anderseits durch Modellierung der Felswände durch zahlreiche Löcher und Nischen, die den feuchten, leicht zerreiblichen Sandstein in ein wabenartiges Netzwerk auflösen (vgl. die »Steingitter« der Wüste nach Walther). Da die Nischen und Überhänge an bestimmte Bänke gebunden sind, so sind sie wohl durch das

4 a*

Sickerwasser verursacht. Weil nicht aller Schutt vom Fuße der Felswand entfernt wird, so entsteht endlich durch fortschreitende Zerstörung die »Felswand mit Fußhang«, das der Sächsischen Schweiz eigentümliche, vom gleichmäßig geneigten Hang des undurchlässigen Gesteins ebenso wie von der nackten schuttlosen Felswand der Wüste verschiedene Gebilde.

Das fließende Wasser zeigt zweierlei Formen: »die linear gestreckten, eigentlichen Bäche oder Flüsse und die verzweigten, im Umriß mehr oder weniger halbkreisförmigen Quell- oder Sammelgebilde, in denen eine Anzahl kleiner Wasseradern radial zusammenfließen«. Nur durch erstere entstehen jene cañon-ähnlichen Täler oder »Gründe«, deren Boden manchmal (analog den Wadis) äolische Umbildung verrät, d. h. Umlagerung des Sandes durch Wind. Die meisten Täler lassen ferner ein zweifaches System von Talterrassen erkennen, von denen die obere weitaus wichtiger erscheint, weil sich an dieses große Denudationsflächen anschließen, die in größerer Höhe den eigentlichen Talcharakter aufheben. Diese Terrassen und Platten waren zur Zeit der weitestreichenden glazialen Bedeckung bereits ausgebildet, während die Gründe erst nach der größten (vorletzten) Eiszeit eingeschnitten wurden; auf sie hat das Inlandeis keinen Einfluß genommen.

Im Quell- und Sammelgebiet des Wassers, wo Abtragung und Zerstörung des Gebirges am meisten gefördert wird, fallen die Felskessel und Amphitheater auf, die die Halbtrichter des undurchlässigen Gesteins vertreten. Die Amphitheater der Wüste, die Felskessel der Sächsischen Schweiz und die Kare (Botner) der ehemals vergletscherten Hochgebirge gehen auf verwandte Bildungsursachen zurück: Abwesenheit des spülenden Wassers und Abtragung durch Untergrabung (E. Richter). Die Abtragung dringt von den gegebenen Tiefenlinien aus ins Innere vor, aber nicht mit trichter- sondern mit kesselförmigen Einsenkungen, wodurch die ursprünglichen Tafeln aufgelöst und schließlich in eine wellige Ebene verwandelt werden — eine besondere Form der Einebnung (peneplanation).

Das morphologische Verständnis dieser Vorgänge ist aber noch nicht völlig erschlossen, »weil zwei verschiedene Arten von Terrassen oder Ebenheiten nebeneinander liegen und sich berühren, vielleicht ineinandergreifen, und weil sie bei der flachen Lagerung der Schichten und der ungefähren Übereinstimmung der Schichtenneigung und Flußrichtung auch äußerlich so schwer zu unterscheiden sind«.

Dr. Georg A. Lukas-Linz.

Die geographische Lage von Graz. Dr. R. Marek (Sep.-Abdr. a. d. Jahresber. d. Grazer Handelsakademie f. 1903) hat es sich zur Aufgabe gemacht, für einen einzelnen Ort, Graz, alle jene Momente aufzusuchen, durch die der Mensch auf die Natur, aber auch die natürlichen Verhältnisse auf die Ansiedlungsmöglichkeit und die Form der Ansiedlungen eingewirkt haben. Da es sich hier um eine bisher neue, auf modern geographischer Basis angestellte Untersuchung handelt, wird daraus sowohl die Schwierigkeit als auch das Verdienstliche dieser Schrift klar. Nach einigen Bemerkungen allgemeiner Art geht Marek auf die »besondere geographische« Lage über, d. h. auf jene Umstände, die das Entstehen einer Ansiedlung an dieser Stelle begünstigen. Die prähistorische und römische Zeit liefert uns wohl einige Funde, die jedoch nur darauf hinweisen, daß, wenn damals hier eine Niederlassung bestanden hat, sie ganz unbedeutend gewesen sein muß. Da also war die ausgezeichnete natürliche Lage nicht imstande, einen bedeutenderen Ort entstehen zu lassen; hier mußten noch, wie Marek später ganz richtig hervorhebt, die allgemeinen Verkehrsbedingungen und politischen Verhältnisse dazukommen.

Nach den Stürmen der Völkerwanderung kamen die Slawen ins Land und Marek verweist sowohl auf den Namen der Stadt (gradec), wie auf eine Stelle bei Krones (Die deutsche Besiedlung der östlichen Alpenländer. Forschungen z. d. L. u. Vk. III, 1898), daß die Slawen den Spuren der römischen und vorrömischen Besiedlung nachgegangen seien; d. h. daß dort, wo die, offenbar nicht sehr dichte Besiedlung dieser Epoche sich ausgedehnt hat, in den Tälern und Ebenen, sich die Slawen festgesetzt hätten. Dieser Satz bewährt sich auch noch vielfach in den Alpengegenden, daß in den Tallandschaften die Slawen sitzen, während der Hang und das Gebirge der deutschen Nachbesiedlung zur Rodung und zur Ausbeute der Erzschätze überlassen bleibt; so fand es Meitzen in der Saalegegend (Ztschr. f. Vk. zu Berlin I, 1891), Grund im Wiener Becken, so erklärt sich auch die Nationalitätenverteilung in Böhmen und Ungarn.

Den Grund, weshalb sich gerade hier die Slawen festgesetzt haben, sieht Marek in dem Bedürfnis nach Schutz (Schloßberg—Grad), in der Mur als Fischwasser und Verkehrsweg, im Vorhandensein des Waldes im Westen und Süden, eines guten Bausteins (Dolomit dés Schloßbergs, tertiärer Lehm usw.) und guten Ackerbodens. Auch die anderen Orte des Grazer Feldes sind nicht in die sumpfigen Niederungen am Flusse (Murauen), sondern an den Rand der Ebene gebaut, eine Ansiedlungsart, die in den Karstpoljengebieten die Regel ist. Mit ähnlichen Vorzügen war aber auch Wildon ausgestattet, das der natürliche Rivale von Graz wurde und es lange geblieben ist. Die nun folgende germanische Nachbesiedlung verdichtete nur die Bevölkerung und mit der größeren Bedeutung dieser beiden Orte mußte es zu einem wirtschaftlichen Existenzkampf kommen. Daß dabei Graz den Sieg davontrug, sieht Marek mit Recht durch den Willen des Landesherrn, dort eine Zentrale zu begründen, bedingt.

Das aber auch hier die natürlichen Verhältnisse stark mitgesprochen haben, erhellt aus dem zweiten Kapitel über die allgemeine geographische Lage. Im Altertum und in der Neuzeit, da die Haupt- und Weltverkehrslinien über rasches Wachsen oder Verfallen von Orten entscheiden, lag Graz abseits; im Mittelalter aber, als der Lokalverkehr (im weiteren Sinne) herrschend war, gewann Graz durch seine Lage einen größeren Wirkungskreis. Die Linie Wien — Mürz — Mur — Villach — Venedig und die Draulinie (Marburg — Villach) brachten zwei Handelszentren, Bruck und Marburg, in die Höhe und Graz als große landesfürstliche Stadt, lag so schön in der Mitte, daß ein wichtiger Verkehrsweg längs der Mur und über die windischen Bücheln entstand. Das von den zwei Querverbindungen, Sulmtal — Radkersburg und Kainach — Raabtal, die letztere, wieder durch landschaftliche Besonderheiten ausgezeichnet, gerade an Graz vorbeiführte, erhöhte noch die Bedeutung.

Aber auch über die Grenzen des Landes hinaus wirkte Graz als Vorort für die sog. innerösterreichischen Länder. Diese ursprüngliche Verkehrs- und Handelsbedeutung findet noch heute in den letzten Reste ihren Ausdruck; darin nämlich, daß noch einige Oberämter für Kärnten und Krain in Graz konzentriert sind. Diese große Bedeutung erklärt sich aber erst dann, wenn zu allen dem noch die Möglichkeit eines günstigen Güteraustausches hinzukommt, und da sehen wir, daß von Süden her bis in das Grazer Feld der Weinbau vorgreift, von der anderen Seite schieben sich die nordsteirischen Wirtschaftsformen vor; Viehzucht, Bergbau und Metallindustrie, und während sich im Westen große Steinkohlenreviere finden, spendet der Osten reiche Obstsorten.

Es sei noch bemerkt, ob nicht für die Darlegung dieser geographischen Momente eine Kartenskizze nötig gewesen wäre. Auch einem Wunsche sei hier noch Platz gegeben: Die Territorialentwicklung von Graz ist vielfach von den genannten Bedingungen in hohem Grade abhängig. Auch ihre Behandlung wäre recht lohnend, da sich gerade an der Grazer Universität die Hilfsmittel dazu in so angenehmer Weise gesammelt finden. *Dr. Jauker-Laibach.*

Bolivia. Über seine Reisen im nördlichen Bolivia berichtet Dr. Evans im Geographical Journal (Heft 12, 1903). Er ging vom Titicaca-See über den östlichen Hauptkamm der Anden nach Norden und bereiste die Gegenden bis zum Benifluß östlich. Nach seiner Beschreibung ist das Land durchzogen von lauter parallelen Höhenrücken, welche ohne Zweifel Vorstufen des Andensystems sind. Zwischen ihnen erstrecken sich breite, sehr fruchtbare Täler.

Das Land ist wohl bewässert, mehrfach durchbrechen die Flüsse die Bergkämme und stellen so bequeme Verbindungen zwischen den vorwaltenden Längstälern her. Das Klima ist sehr angenehm, Metallschätze scheinen vorhanden zu sein, und so könnte das Land eine lebhafte Entwicklung nehmen, wenn es nur besser zugänglich wäre. Vorläufig ist die Bevölkerung noch ganz spärlich, und da die Anden im Westen als Grenzwall wirken, die Hauptwasserader, der Beni, durch Stromschnellen unterbrochen wird, so wird es mit der Erschließung dieser Gegenden wohl noch gute Wege haben. Der bolivianischen Regierung fehlt es außer vielem anderen am wichtigsten: am Gelde. *Neuse.*

Arktis. Über seine Forschungen im Nordpolargebiet, die er in den Jahren 1898—1902 unternahm, erstattete Commander Peary den Geographischen Gesellschaften in London und Edinburgh vorläufige Berichte, denen wir nach dem Geographical Journal und dem Scottish Geographical Magazine (beide vom Dez. 1903) folgendes entnehmen: Pearys Expedition war keine staatliche, sondern wurde finanziert vom sog. Peary Arctic Club, einer Gruppe reicher Privatleute. Das für die Fahrt gewählte Schiff, die »Windward«, erwies sich leider für den Kampf mit dem Eise als ganz ungeeignet und blieb deshalb im Payerhafen an der Westseite des zwischen Grönland und Grinnelland gelegenen Smithsundes, durch welchen Peary nach Norden vordringen wollte, zurück. Seitdem arbeitete Peary nur noch mit Schlitten, Eskimos, Hunden und einem einzigen Europäer (Henderson). Das erste Winterquartier war bei Kap d'Urville (an der Ostküste des Grinnellandes), das zweite bei Etah (an der Westküste von Nordgrönland), das dritte bei Fort Conger (wieder an der Westseite des Sundes, aber weiter nördlich) und das vierte im Payerhafen. Zwischen diesen Winterquartieren, die auch nicht in träger Muße verbracht wurden, liegen nun Perioden von geradezu furchtbaren Arbeiten und Leiden, vor allen Dingen, weil die Eisverhältnisse so außerordentlich ungünstig waren, dann aber auch, weil Peary weder gegen sich noch seine Leute und Tiere irgendwelche Rücksicht übte. Unablässig unternahm er Vorstöße nach Nordosten, drang dabei u. a. an der Nordküste Grönlands bis zu dessen absolut nördlichstem Punkte vor (Kap Morris Jesup 83° 40′) ging dann an der Ostseite des Ellesmere-Grinnellandes bis Kap Hecla vor, von wo er im Frühling 1902 den letzten heroischen Angriff auf den Pol machte, freilich nur, um unter 84° 17′ durch den ganz abscheulichen Zustand des Packeises zum Rückzug genötigt zu werden.

Trotz der furchtbaren Strapazen, denen mehrere seiner Begleiter erlagen und die ihn selbst zwangen, sich acht Zehen amputieren zu lassen, ist Peary guten Mutes und gibt am Schlusse seines Berichts seiner Überzeugung dahin Ausdruck: der Pol muß erreicht werden, die Amerikaner werden ihn erreichen; der Smith-Sund bildet die beste Basis, die Hilfe von Eskimos und Hunden ist nicht zu entbehren. *Neuse.*

II. Geographischer Unterricht.

a) Inland.

Der deutsche Geographentag hat seit seiner Begründung im Jahre 1881 sich bemüht, die Ergebnisse erdkundlicher Forschung der Allgemeinheit der Gebildeten dadurch zugänglich zu machen, daß der geographische Unterricht an höheren Schulen in steter Fühlung mit den Fortschritten der Wissenschaft erhalten wird. Dies Bestreben war um so notwendiger, als die Organisation der Schulen und die Eigenart der Lehrpläne durchaus nicht in allen Ländern deutscher Zunge eine ausreichend vertiefende Belehrung über länderkundliche und allgemein geographische Gegenstände versprochen hat oder noch jetzt verspricht. Der deutsche Geographentag hat deshalb eine Ständige Kommission für erdkundlichen Schulunterricht eingesetzt, welche die schulgeographischen Beratungen der Geographentage sachkundig vorbereiten, aber auch andere Maßregeln für die Verbesserung des erdkundlichen Unterrichts in Angriff nehmen soll. Sie kann ein Mittelpunkt zu dauernder Verständigung geographischer Fachlehrer werden, bedarf aber dazu des freudigen Willens derselben zur Mitarbeit. Der Kommission hat eine größere Zahl von Fachmännern sich angegliedert, welche die Lage des erdkundlichen Unterrichts in enger begrenzten Gebieten als Vertrauensleute beobachten können; aber die schöne und schwere Sorge dafür, daß der Geographieunterricht allenthalben in deutschen Landen auf eine den Bedürfnissen der Gegenwart entsprechende Höhe gebracht werde, vermag die Kommission doch nur dann auf sich zu nehmen, wenn sie von allen Seiten, insbesondere von den Lehrern, welche in der Erdkunde unterrichten oder die Berechtigung besitzen, dies Fach zu vertreten, in geeigneter Weise unterstützt wird. Deshalb sei die schon auf dem Cölner Geographentag ausgesprochene Bitte wiederholt: Wer Mißstände am erdkundlichen Unterricht beobachtet, ob sie in der Schulorganisation liegen oder in der Vorbildung der Lehrer oder in der Methode des Lehrverfahrens, er teile sie der Kommission mit. Ebenso nimmt diese gern Meldungen über Erfolge bei Bestrebungen für die Besserung des erdkundlichen Unterrichts entgegen. Es gilt aus solchen örtlichen Erfahrungen einzelner eine umfassende Sammlung von gesicherten Tatsachen zu gewinnen, die von den Bedürfnissen und den Ergebnissen, von der Gesamtlage des geographischen Schulunterrichts Zeugnis ablegen. Auf Grund solcher Sammlungen kann die Kommission aus sich heraus oder vor dem deutschen Geographentag auf Abhilfe dringen, kann geeignete Veröffentlichungen veranlassen oder bei Behörden vorstellig werden. Es gilt aber auch die tastende Methodik des Schulunterrichts zu fördern, gilt an der Hand umfassender Erfahrungen über Lehrmittel und ihre Verwendung zu immer größerer Klarheit zu gelangen. Wenn die ständige Kommission für erdkundlichen Schulunterricht mehr ist als die durch das Vertrauen eines Geographentags berufene Anzahl von Männern mit bestimmten theoretischen Anschauungen und mit naturgemäß begrenzten Erfahrungen, wenn sie wirklich den Mittelpunkt bildet aller Bestrebungen, die ohne Ansehen politischer Grenzpfähle in sämtlichen Ländern, wo es eine deutsche Jugend zu erziehen gilt, auf innere und äußere Verbesserung des erdkundlichen Schulunterrichts hinzielen, dann erst wird sie vor den Versammlungen des Geographentags für den fördernden Ausgleich verschiedener Meinungen recht einzutreten vermögen, vor der großen Öffentlichkeit die Bewältigung entgegenstehender Schwierigkeiten erfolgreich anstreben, kurz erfolgreich darauf hinwirken können, daß der Schulunterricht in der Erdkunde dem schönen Aufschwung, den die geographische Wissenschaft genommen hat, in nicht allzu fernem Abstand zu folgen vermag. Die Zusammensetzung der Kommission nebst Wohnungsangaben der Mitglieder ist im 1. Heft dieses Jahrgangs vom Geogr. Anzeiger (S. 16) mitgeteilt.

Dr. F. Lampe.

Schulausflüge an Mädchenschulen. Prof. Wychgram, Direktor der Augustaschule mit Lehrerinnenseminar in Berlin, hat im Verein für Schulgesundheitspflege (4. Dez. 03) neben anderen »hygienischen« Maßnahmen an den Mädchenschulen für jede Woche einen Schulausflug unter Fortfall der häuslichen Arbeiten, daneben Schulreisen für mehrere Tage, schließlich den Ferienkolonien ähnliche Ferienansiedlungen verlangt. Das ist sehr vernünftig und schön. Doch wird man, wenn man neben körperlicher Kräftigung geistigen und seelischen Nutzen aus diesem verstärkten Verkehr mit der Natur zu ziehen wünscht, für eine tiefer greifende naturwissenschaftliche und erdkundliche Bildung des Lehrpersonals sorgen müssen. Ist diese nicht vorhanden, so wird man in der Praxis zwischen sinn- und ziellosem Umherstreifen und kleinlichen Sammlereien nicht die rechte Mitte finden, und das wird dem ganzen Unternehmen auf die Dauer schaden. *H. F.*

Schutz der natürlichen Landschaft, ihrer Pflanzen- und Tierwelt war das Thema, über das Prof. Conwentz, Direktor des naturwissenschaftlichen Museums von Danzig am 5. Dez. 03 in der Gesellschaft für Erdkunde in Berlin sprach. Indem er für sein verdienstvolles Unternehmen Stimmung zu machen suchte, appellierte er auch an die Mitwirkung der Schule. Aber viel wird von dieser zur Zeit nicht zu erhoffen sein. Erst wenn wir eine Lehrergeneration haben werden, die nicht ganz so natur- und erdfremd aufgewachsen ist, wie die jetzige, wenn erst wirklich Raum für heimatliche Erdkunde und verwandte Fächer in den oberen Klassen — den allein entscheidenden — geschaffen ist, wenn der Bann des Vokabel- und Formelwesens geschwunden ist, in dem noch unsere höhere Schule liegt, kann, von einzelnen rühmlichen Ausnahmen abgesehen, die Schule etwas erhebliches leisten. *H. F.*

Geologische Exkursionen mit Primanern werden in der Zahl 5—8 und in einer Ausdehnung von drei Stunden bis zu Tagestouren an den badischen Oberrealschulen nach J. Ruska, Heidelberg (›Natur und Schule‹ 1904, S. 36, 37) gemacht. Die Hauptschwierigkeit liegt hier wie anderwärts in der Gewinnung der nötigen Zeit. Als Unterlage im Lehrplan besteht ein zweistündiger Jahreskursus in Mineralogie und Geologie als Abschluß des chemischen Unterrichts. Obgleich allgemein landeskundliche Ausflüge auf geographischen Klassenunterricht gegründet noch erwünschter wären, wird man doch den Ausflügen lebhaften Anteil von unserer Seite entgegenbringen müssen. Ruska gedenkt demnächst einen tatsächlichen Geologischen Ausflug an derselben Stelle zu schildern. *H. F.*

b) Ausland.

England. Für den geographischen Unterricht auf den englischen höheren Schulen hat der bekannte Dozent der Geographie in Oxford, H. J. Mackinder ausführliche Lehrpläne ausgearbeitet und der geographischen Sektion der British Association auf deren Meeting in Southport vorgelegt (Geogr. Journ. Nov. 1903). Seine Vorschläge sind gesund und gut durchdacht; sie geben über das hinaus, was in Deutschland unter den gegenwärtigen Beschränkungen des geographischen Unterrichts geleistet werden kann. Um so mehr natürlich eilen solche Pläne den tatsächlichen Zuständen an den englischen Mittelschulen voraus. Wird es doch als wesentlicher Erfolg angeführt, daß zum erstenmal ein Lehrer mit dem Oxforder Diplom für Geographie (etwa unserer Fakultas für Oberklassen entsprechend) angestellt worden ist, und zwar an der University College School in London. — An Schulen werden die Blätter der englischen Landesaufnahme als Lehrmittel für den Unterricht in der Heimatkunde neuerdings zu einem sehr billigen Preise abgegeben; — eine Einrichtung, die auch bei uns Nachahmung verdiente! *Neuss.*

Oberlehrerexamen in Frankreich (concours d'agrégation d'histoire et de géographie). Die Annales de géographie veröffentlichen S. 462 die Themen für das Examen vom Sommer 1903 und das ›Programm‹ für 1904.

Zur Orientierung diene folgende (schon im vorigen Jahrgang S. 38 gebrachte) Angabe: Das Examen wird in Paris und einigen anderen Städten gleichzeitig mit Vorlegung derselben Themen im Hochsommer abgehalten. Es besteht aus einer Klausurarbeit (composition écrite de géographie), ähnlich unserer Aufnahme-

prüfung für die Kriegsakademie usw., einigen leçons pédagogiques de géographie, d. h. einfacheren Darlegungen der geographischen Verhältnisse und eines Gebiets, berechnet für das Begriffsvermögen älterer Knaben (ca 15 Jahre), und einigen leçons de géographie, wissenschaftlich gehaltenen Darlegungen. Beide, die leçons pédagogiques de géographie und die leçons de géographie finden vor einem Kollegium prüfender Fachmänner statt.

Als Programm (vgl. die Zeitschr. 1903, S. 38) für das Examen, aus dem der Stoff der Prüfung besonders entnommen werden sollte, war im Herbst 1902 bekannt gegeben: 1. Allgemeine physische Erdkunde. 2. Westeuropa (mit Österreich ohne Ungarn). 3. Die Alpen. 4. Nordamerika. 5. Mittelamerika, besonders Panama und Antillen. Die großen Nährprodukte der Erde.

Diesem Programm entsprechend hieß diesmal die ›Komposition‹ ›Weizenbau und -Handel, betrachtet besonders unter dem Gesichtspunkt der Geologie, der Bevölkerung, des Ackerbaues und der Handelsbeziehungen Frankreichs‹. Die leçons pédagogiques de géographie lauteten: 1. Die Erscheinungen des Vulkanismus. 2. Formation und Erosion der Gletscher. 3. Klima und Vegetation Nord- und Zentralamerikas (die Antillen ausgenommen). 4. Die natürlichen Landschaften Belgiens. 5. Böhmen. 6. Island, physische und wirtschaftliche Studie.

Die leçons de géographie heißen: 1. Die Hauptformen der Erdoberflächen. 2. Die hauptsächlichen Sedimentärgesteine, ihre geographische Rolle. 3. Die Niederschläge. 4. Der große Ozean, physische Studie. 5. Die Vegetation des Mediterrantypus. 6. Schottland, physische Studie. 7. Die englischen Industriezentren. 8. Die niederländische Küstenebene. 9. Die norddeutsche Tiefebene inkl. Jütland. 10. Das Verkehrsleben Deutschlands vom geographischen Gesichtspunkt aus. 11. Die Oberrheinische Tiefebene. 12. Entstehung, Klima und Bewässerung der Ostalpen. 13. Physische Studie über die französischen Alpen. 14. Französische Mittelmeerküste. 15. Die Causses (dürre Kalkplateaus in Zentralfrankreich). 16. Haushalt der Garonne und ihrer Zuflüsse. 17. Die Ebene der Saone. 18. Die Antillen, physische Studie. 19. Der Mississippi. 20. Das Koloradoplateau und das große Becken in den Vereinigten Staaten. 21. Kalifornien. 22. Verteilung und Gruppierung der Bevölkerung der Vereinigten Staaten. 23. Der Reis, geographische Studie. 24. Zuckerrohr und Zuckerrübe, geographische Studie.

Als Programm für das Examen von 1904 ist aufgestellt: 1. Allgemeine physikalische Erdkunde. 2. Frankreich. 3. Die Uferländer des Mittelmeers. 4. Südamerika. 5. Die großen Handelswege der Erde (natürliche Straßen, Eisenbahnen, Schiffahrtsstraße, Telegraphenlinien). *H. F.*

Persönliches.

Ehrungen, Orden, Titel usw.

Dem o. Prof. Geh. Bergrat Dr. Branco in Berlin die Schleife zum Roten Adlerorden 3. Kl.

Der bekannte Forscher und Südseereisende Dr. Otto Finsch, bisher Ethnograph am Reichsmuseum in Leiden, hat eine Stellung in gleicher Eigenschaft am städtischen Museum in Braunschweig angenommen.

Dem Meteorologen Prof. Julius Hann in Wien die goldene Symons-Medaille der Londoner Royal Meteorological Society.

Dem o. Prof. der Geologie A. Heim in Zürich die Wollaston-Medaille der Londoner Geolog. Gesellschaft.

Dem Geh. Bergrat Prof. Ad. Hörmann in Berlin der Rote Adlerorden 3. Kl. mit der Schleife.

Der Privatdozent der Geologie Dr. O. Jaekel in Berlin zum ao. Professor.

Der Militärarzt Dr. A. Nieuwenhuis zum o. Prof. der Ethnologie und physik. Erdkunde des indischen Archipels an der Universität Leiden.

Der Afrikareisende Prof. J. Pfeil auf Friedersdorf zum Ehrendoktor der Philosophie der Univ. Dorpat.

Dem Geologen v. Reinach in Frankfurt a. M. der Kgl. preuß. Kronenorden 3 Kl.

Der o. Prof. der Geologie und Präsident der Wiener Akademie der Wissenschaften, Dr. Ed. Sueß zum Ehrenmitglied der Universität Dorpat.

Dem Prof. an der Bergakademie Geh. Bergrat Dr. Wedding der Kgl. preuß. Kronenorden 2. Kl.

Todesfälle.

Marcus Baker, geb. 23. Sept. 1849, starb am 12. Dez. 1903. Er führte 1871—72 mit Dr. Wm. H. Dall und M. W. Harrington im Auftrag der U. S. Coast and Geodetic Survey Aufnahmen in der Gegend der Aleuten aus. Nach der Rückkehr aus den wenig bekannten Gebieten nahm die gemeinsame Verarbeitung des gewonnenen Materials geraume Zeit in Anspruch. Bakers Hauptarbeit war die Sammlung und Redaktion der noch unveröffentlichten erdmagnetischen Beobachtungen von 1740 bis 1880. Diese Arbeiten über Magnetismus, eine ausgedehnte bibliographische Tätigkeit, Kartenvergleichung auf historischer Grundlage, bildeten eine gute Vorbereitung auf seine spätere Wirksamkeit, die ihn zunächst als Direktor einer erdmagnetischen Station nach Los Angeles in Californien führte. Nach äußerst erfolgreicher Tätigkeit kehrte er 1885 nach Washington zurück und trat in den U. S. Geological Survey über, wo er sich besonders mit den topographischen und sonstigen Kartenwerken, welche in diesem Amte bearbeitet werden, beschäftigte. Die Venezuela-Streitfrage gab ihm Gelegenheit, sein geographisches Wissen glänzend zu betätigen. 1902 veröffentlichte er ein Werk über die Synonymik und Geschichte der geographischen Namen in Alaska unter dem Titel: »A Geographic Dictionary of Alaska« (Geol. Survey Bulletin Nr. 187). Besondere Verdienste erwarb er sich um die Washingtoner National Geograph. Society. Er gehörte zu ihren Gründern und widmete ihr lange Jahre Zeit und Kraft an hervorragender Stelle. *Hä.*

Am 5. Januar d. J. starb in Wien der Geograph und Ethnograph Felix Kanitz, der unter den Erforschern der Balkanhalbinsel, insbesondere Serbiens und Bulgariens, einen ehrenvollen Platz behauptet. 1829 zu Pest geboren, hatte er seit 1860 seinen ständigen Aufenthalt in Wien genommen. Der Hauptteil seiner literarischen und wissenschaftlichen Tätigkeit fällt in die sechziger und siebziger Jahre des verflossenen Jahrhunderts. Durch seine Beziehungen zu dem Altmeister des Forschungswerkes auf der Balkanhalbinsel, Ami Boué und dem durch seine »Albanesischen Studien« bekannten Generalkonsul v. Hahn angeregt, bereiste er 1859—68 Serbien und debatte dann seine Reisen auch über Bulgarien aus, wobei sein Hauptaugenmerk auf den damals noch wenig erforschten Balkan gerichtet war, den er 18 mal auf Pässen überschritt, die vor ihm noch kein Forscher begangen hatte. Als Frucht seiner Reisen erschienen »Serbien«, histor.-ethnogr. Reisestudien aus den Jahre 1859—68 (1868, 2. Aufl. 1877) und »Donaubulgarien und der Balkan«, histor.-geogr.-ethnol. Reisestudien aus dem Jahre 1860—75 (3 Bde, Leipzig 1875—78, 3. Aufl. 1882). Letzterem Werke ist eine »Originalkarte des Balkans« im Maßstab 1 : 420 000 beigegeben, die zum erstenmal ein korrektes Bild des Gebirges gibt. Das auf seinen Reisen gesammelte reiche kartographische Material hat er dem k. k. Militärgeogr. Institut zur Verfügung gestellt, welches es für die bei den Friedensverhandlungen von 1878 als offizielle Grundlage dienende »Generalkarte der europäischen Türkei« benutzte. Weniger erfolgreich war er mit seinen kunsthistorischen Arbeiten. Eines seiner letzten Werke »Studien über römische Altertümer in Serbien« hat von der wissenschaftlichen Kritik eine Ablehnung erfahren. *P. H.*

Karl v. Zittel, Dr., Geheimrat, Prof. d. Paläontologie und Präsident der bayerischen Akademie der Wissenschaften, geboren am 25. September 1839 zu Bahlingen bei Freiburg, starb am 5. Januar 1904 in München. Z. studierte in Heidelberg und ein Jahr in Paris Naturwissenschaften. Nach Vollendung der Studien war er zunächst als Volontär an der k. k. Geologischen Reichsanstalt in Wien tätig und ließ sich dann 1863 als Privatdozent an der Wiener Universität nieder. Noch in demselben Jahre erhielt er einen Ruf als Professor für Mineralogie und Geologie an das Polytechnikum in Karlsruhe, das er jedoch schon 1866 wieder verließ, um die Professur für Geologie und Paläontologie an der Universität München anzutreten. Von seinen verschiedenen wissenschaftlichen Reisen verdient an dieser Stelle die Afrikareise, auf der er 1873/74 die Rohlfssche Expedition nach der lybischen Wüste begleitete, besondere Erwähnung. Gelegenheitsreisen in Nordamerika gaben Anlaß zu den Aufsätzen: »Naturhistorische Museen in Nordamerika« (1882) und »Vom Atlantischen zum Pazifischen Ozean« (1883). Das Hauptarbeitsfeld Zittels war indes die Paläontologie, in deren Geschichte »Das Handbuch für Paläontologie«, welches er mit Schimper und Schenck in 17jähriger Arbeit gemeinsam schuf (4 Bde, 1876—93), seinen Namen verewigen wird. Neben einem kleineren Lehrbuch »Grundzüge der Paläontologie« (1895) verdient die »Geschichte der Geologie und Paläontologie bis zum Ende des 19. Jahrhunderts« besonders hervorgehoben zu werden. Eine umfangreiche literarische Tätigkeit, die Zittel in zahlreichen, angesehenen Zeitschriften entfaltete, machte seinen Namen weit über den engeren Kreis der Fachgenossen hinaus bekannt und beliebt. *Hä.*

Besprechungen.

I. Allgemeine Erd- und Länderkunde.

Schurtz, Heinr., Völkerkunde. Mit 34 Abbild. im Text. 16. Teil der Enzyklopädie: Die Erdkunde. Eine Darstellung ihrer Wissensgebiete, ihrer Hilfswissenschaften und der Methode ihres Unterrichts. Herausgeg. von Max Klar. Leipzig und Wien 1903, Deuticke.

In einer solchen Sammlung, wie der vorliegenden, durfte natürlich ein Handbuch der Völkerkunde nicht fehlen, obschon sonst das Bedürfnis wohl als hinreichend gedeckt angesehen werden könnte. Es ist die letzte Arbeit des verdienten Bremer Ethnologen gewesen, dem die Wissenschaft so manche wertvolle Untersuchungen zu danken hat; volle Beherrschung des Materials und dementsprechende tiefe psychologische Durchdringung desselben, gepaart mit weiser Vorsicht gegenüber allzu vorschnellen Hypothesen, verschaffte seinen Forschungen, zumal sie klar und fließend geschrieben waren, einen großen Leserkreis (bekanntlich hat der Verstorbene auch einen sehr weitreichenden Anteil an dem großen Helmoltschen Werke der Weltgeschichte gehabt). Hier handelt es sich nach Lage der Sache um einen knappen Entwurf, der sich in drei große Abschnitte gliedert: Grundlagen der Völkerkunde, Vergleichende Völkerkunde und Die Völker der Erde. Wir müssen uns hier auf einige Bemerkungen beschränken. Der zweite Hauptteil führt folgende Kapitel auf: Gesellschafts-, Wirtschafts- und Kulturlehre; wir würden die Betrachtung der Wirtschaftsformen, Kulturpflanzen, Haustiere usw. lieber an die erste Stelle gerückt haben, um Gesellschaft und Kultur, zwei völlig unlösbare Glieder einer geistigen Einheit, auch äußerlich in näherem Zusammenhang zu haben. Wichtiger sind unsere Bedenken gegenüber manchen religionswissenschaftlichen Ansichten des Verfassers; für jeden Ethnologen bedarf die Religion als ein äußerst wichtiges soziales Problem einer sehr behutsamen, scharf eindringenden psychologischen Erklärung, gerade hier ist es mitunter äußerst schwer, die letzten entscheidenden Motive zu erfassen. Religion im Sinne der Kulturwelt (heißt es hier) haben die Naturvölker nicht, wohl aber besitzen sie die Keime der einzelnen Anschauungen, die in der Religion endlich zu einer gewaltigen Einheit verschmelzen. Als solche Keime sind in erster Linie der Glaube an ein Fortleben nach dem Tode und an eine allgemeine Beseelung der Natur (Manismus und Animismus) zu nennen. Alle Anfänge der Religion führen freilich im Grunde auf eine Wurzel, das Gefühl der Abhängigkeit von höheren Gewalten, zurück, das sich zunächst als Furcht, später als Verehrung und endlich als vertrauende Liebe äußert; aber die Entwicklungsformen dieses Gefühls sind äußerst mannigfaltig (S. 113). Sehr richtig ist der Gedanke, daß die ursprünglichen Gebilde die späteren Erscheinungen schon keimartig in sich schließen, um so mehr muß man

sich aber hüten, schon für jene Urzeit eine scharfe Sonderung von Gefühlen vorzunehmen, die sich eben erst im weiteren Verlauf differenziert haben. Das ist nun m. E. ganz besonders bei dem in Rede stehenden Begriff der Religion der Fall, die auf den primitiven Entwicklungsstufen Glauben, Mythologie und Kultus unterschiedslos in sich schließt. Es geht deshalb nicht an, mit dem Verfasser zu sagen: Die Mythologie beruhigt den Verstand, der Kultus den Willen (S. 116), weil eben beides ganz von selbst ineinander übergeht. Wie wäre auch die ganze bunte Welt der Sagen und Naturdichtungen möglich (an der übrigens nicht nur, wie Schurtz meint, der Verstand, sondern in viel hervorragenderem Maße die Phantasie beteiligt ist), ohne daß diesen Wesen zugleich eine Verehrung gezollt würde, sei es auch gar nicht sofort in Form eines organisierten Kultus? Die Mythologie ist doch wahrhaftig nicht, wie uns Max Müller und seine Schule glauben machen wollte, nur ein geistreiches Spiel und eine hübsche Unterhaltung für Mußestunden — dazu ist die ganze Sache viel zu ernst —, sondern sie hängt mit der ganzen Religion, d. h. in diesem Falle, mit dem Glauben der Naturvölker aufs engste zusammen. Würden die Naturkinder diesen ihren Schöpfungen keinen unmittelbaren Glauben entgegenbringen, so fiele das ganze schöne Kartenhaus in sich zusammen, und wir hätten es mit der gewaltsamen Abstraktion eines modernen Dichters zu tun, der sich geradezu zwingt, in unbewachten Augenblicken diesen Phantasiegestalten poetische Realität beizulegen. Und mit dem Glauben verknüpft sich auch das Kultusmoment, d. h. die scheue Ehrfurcht, das bange Abhängigkeitsgefühl von diesen unerreichbaren Mächten, die über Tod und Leben herrschen; Gebet, Gelübde und Opfer wachsen auf diesem fruchtbaren Nährboden empor, den man, wie gesagt, immer in seiner umfassenden Einheit bei der Erklärung religiöser Vorgänge im Auge behalten sollte. Die mannigfachsten Kultusbestandteile, die für uns jeden Zusammenhang mit der Religion verloren haben, wie der Tanz, das Rauchen, die Aufnahme der Jünglinge unter die vollkräftigen Männer (die sog. Pubertätsweihen), die ältesten Strafformen usw., hängen letzten Endes mit religiösen Motiven zusammen, wogegen, wie der Verfasser mit Recht bemerkt, die Sittlichkeit erst spät im Bewußtsein ein bestimmender sozialer Faktor wird. Trotz dieser Entgegnung können wir das vorliegende Buch seines gediegenen Inhalts und seiner klaren Darstellung wegen nur dringend empfehlen, nicht am wenigsten zur allgemeinen Orientierung.

Dr. Th. Achelis-Bremen.

Sieger, R., Sechs Vorträge aus der allgemeinen physischen Geographie. Begleitw. zu einer Diapositivsammlung. 52 S. Wien 1903, R. Lechner.

Die sechs Vorträge bilden die Begleitworte zu einer Sammlung von 193 Diapositiven, die physische Geographie behandelnd, die von dem Verlag von Lechner zu beziehen sind, und sind aus Vorträgen herausgewachsen, die der Verfasser als Teil der „volkstümlichen Universitätskurse" wiederholt in Niederösterreich gehalten hat. Sie sollen keinen erschöpfenden Abriß der physischen Erdkunde geben, wie im Vorwort ausdrücklich festgestellt wird, sondern nur die einzelnen Bilder kurz charakterisieren und den sie verbindenden Gedankengang angeben, indem sie es dem Vortragenden jeweils überlassen, zu diesem Gerippe das Übrige nach eigenem Ermessen zuzufügen und so den hier nur

5

angedeuteten Vortrag zu einem lebendigen Ganzen durch Detailerklärungen usw. auszugestalten. Diesem Zwecke dürften sie, wie Proben ergaben, recht gut entsprechen. Der erste Vortrag behandelt die Gestalt, Größe und Oberflächengestaltung der Erde im allgemeinen, der zweite die Gebirgsbildung, Vulkane und Erdbeben, der dritte die Lufthülle der Erde, an die die Verwitterungserscheinungen und äolischen Ablagerungen angeschlossen sind, der vierte das Wasser auf der Erde, Meer, Binnenseen, fließendes Wasser und seine Arbeit, der fünfte bespricht Gletscher und Eiszeit und bringt, nachdem nunmehr die Wirksamkeit der gestaltenden Kräfte besprochen, eine Übersicht aber die Formen der Erdoberfläche im einzelnen, der letzte befaßt sich mit der Erde als Wohnsitz des Lebens. Über den zweiten Hauptteil, die Diapositive, wäre es dem Referent unmöglich, ein Urteil abzugeben, wenn er nicht bei Wiener Aufenthalten im geographischen Institut schon früher gelegentlich einiges davon gesehen hätte; das, was er damals gesehen, kann er aber als für den vorliegenden Zweck vorzüglich geeignet bezeichnen. *Dr. Grube-Darmstadt.*

Karsten, Dr. G. und Dr. H. Schenk, Vegetationsbilder. Jena 1903, Gustav Fischer. Preis für das Heft (6 Taf.) 4 M., Subskriptionspreis 2.50 M.

Ein vortreffliches Werk, welches eine eingehende Besprechung rechtfertigt. Die »Vegetationsbilder« geben in ziemlich großem aber doch sehr handlichem Format äußerst scharfe Lichtbilder von Vegetationsformationen oder auch von einzelnen Pflanzen. Zunächst haben nur tropische Gewächse Berücksichtigung gefunden. Heft 1 von Schenk bearbeitet, bringt sechs Bilder aus Südbrasilien, zwei Bilder stellen einen tropischen Regenwald dar, während ein drittes eine Wiedergabe einer prachtvollen Coccos Romanzoffiana ist. Tafel 4 zeigt eine Gruppe von Ameisenbäumen, die sehr anschauliche Tafel 5 einen querliegenden Baumstamm, der mit Epiphyten, Philodendron, Rhipsalis, Bromeliaceen usw. besetzt ist. Ein sonderbares Bild gewähren die Kronen der Araucaria brasiliana auf Tafel 6: die die Äste fast alle am Ende des schlanken Stammes entspringen, gleichen die Bäume riesigen Dolden.

Das zweite von Karsten bearbeitete Heft stellt Vegetationsbilder aus dem Malaiischen Archipel dar. Auf Tafel 7 ein Dickicht der Nipapalme an einem Wasserbach, Tafel 8 und 9 ein tropischer Regenwald auf Java: Alfingia excelsa und riesige Baumfarne (Alsophila contaminans). Tafel 10—12 bringen Bilder von den Molukken. Eine Straße in Amboina mit Sagopalmen, Dorio, Onestem, Garcinia, Musa und Manihot, ein tropischer Regenwald mit Zuckerpalmen, Calamus, Carica und zahlreichen Lianen und schließlich eine Straße in Ternate mit riesigen Kanarienbäumen, deren Stämme dicht mit Farnen (Polypodium quercifolium) bedeckt sind, dazu Ricinus, ein Bambusheim, Musa und Garcinia.

Heft 3 gibt Habitus- und Detailbilder von tropischen Nutzpflanzen und zwar von Tee, Kakao, Arabischem und Liberiakaffee, Muskatnuß und Melonenbaum. Die Abbildungen sind ganz außerordentlich instruktiv. Das letzte jetzt vorliegende 4. Heft enthält Bilder aus den Tropen und Subtropen Mexikos. Tafel 19 zeigt einen Terminalbaum, der mit ungeheuer langen Enden der Tillandsia usneoides ganz behangen ist. Tafel 20—22 stellen Bilder des tropischen Regenwaldes dar. In den außer-

ordentlich dichten Waldungen klimmen zahlreiche Lianen an den Stämmen empor, alles dicht verflechtend. Wo ein Stammstück frei bleibt siedeln sich überall Epiphyten an und trotz des dichten Schattens ist der Boden dicht mit Vegetation bedeckt, Begonien, Anthurien, Selaginellen und Moose drängen sich untereinander. Sehr abweichend sind die Vegetationsformationen auf den letzten beiden Tafeln, einen subtropischen Regenwald aus Platanen und deren Bodenvegetation darstellend. Die Blätter sind viel kleiner, das ganze Bild ist viel unruhiger.

Das Werk ist außerordentlich geeignet, in Schulen und an Universitäten zur Veranschaulichung der Vegetationsverhältnisse der verschiedenen Länder zu dienen. Die geschickte Auswahl und die Schärfe der Bilder lassen es als das beste bisher existierende Hilfsmittel erscheinen, um die Formationen fremder Länder sich zu vergegenwärtigen. Hoffentlich behandeln die Verfasser unsere einheimische Flora nicht stiefmütterlich, denn eine Darstellung unserer Vegetationsformationen in typischen Bildern würde sehr geeignet sein, das Verständnis für die Heimat zu fördern und würde eine empfindliche Lücke ausfüllen. *Dr. P. Graebner-Groß-Lichterfelde.*

Gersin, K., Makedonien und das türkische Problem. 8°, 48 S. Wien 1903, Kratz, Hefl & Co.

Bevor sich der Autor der eigentlichen Behandlung seines Themas zuwendet, belehrt er uns in einer »Einleitung«, daß die »wilde« Interessenpolitik der europäischen Großmächte über die Situation in Makedonien flüchtende Berichte in der Presse verbreitet und bezahlt, und diese mit Vergnügen solche Artikel in Aussicht auf ein bevorstehendes Geschäft: auf der Balkanhalbinsel wiedergibt, daß die makedonischen Revolutionäre (NB. richtig »bulgarische«) durchaus keine Aufrührer, sondern christliche, um ihre Existenz kämpfende Raja sind, daß die Religionsgeschichte dem Islam den Zug der Perversen, Kranken und Blutgierigen zuerkennen muß, daß die »balkanische« Frage — so schreibt der Autor — eine die gesamte Kulturwelt berührende Angelegenheit sei, und alles was über die ethnologischen Verhältnisse Makedoniens geschrieben wurde, keine Spur von Objektivität besitze, (NB. natürlich mit Ausnahme der slawophilen Veröffentlichungen, auf deren Wiedergabe sich die Ausführungen des Herrn Gersin stützen?) Aus solchem Vorwort können wir uns eine Vorstellung machen, mit welchem wissenschaftlichen Ernst der Verfasser bei seinen Untersuchungen zu Werke geht. Er gibt seinen vier Kapiteln die Überschriften »Geschichte«, »Kultur und Bevölkerung«, »Sprachinseln innerhalb slawischer Grundbevölkerung« und »Statistische Übersicht«. Gersin schlägt sich nicht auf die Seite der phantastischen Slawenköpfe, die wir der Serbe Milojević, der Bulgare Zacharief, der Ruße Bethof, der Pole Bielowski in ihren Abhandlungen ernstlich die Slawen als autochthone Bevölkerung der Balkanhalbinsel bezeichnen, eine Ansicht, zu der sich sogar der deutsche Forscher Cuno und der wohlbekannte Schafarik in seinem Werke »Über die Abkunft der Slawen« (1828) bekehrten, letzterer freilich nicht ohne seine Meinung neun Jahre später in das »Slawischen Altertümern« widerrufen zu haben. Die slawische Einwanderung zerlegt er nicht in ihre einzelnen Phasen, ihre einzelnen Gruppen wie die Untersuchungen von Hilferding, Drinow und Jireček, allerdings mit teilweise zeitlich zu früher Ansetzung der slawischen festen Niederlassung, sie dargestellt haben, sondern unter Ignorierung der nordöstlichen

Einwanderung slawischer Stämme legt er das Hauptgewicht auf die »slowenische« Eroberung, auf jenes von Norden von den Gebieten zwischen Elbe und Weichsel her seit dem 7. Jahrhundert sich ereignende Eindringen der Serben und Kroaten. Dem Serbentum gilt seine Glorifizierung. Stephan Duschan »Silni« (der Gewaltige) 1331—55 ist der Repräsentant der Kraft des Südslawentums. Im 14. und 15. Jahrhundert regierten serbische Fürsten in Thessalien, Epirus, Makedonien und Albanien; die Völker in Dalmatien, Serbien, Bosnien, in Krain, im Peloponnes, in der Walachei sprachen »Serbisch«. Ragusas Republik ist im 16. Jahrhundert stand auf der Höhe der Kultur, seine Dramatiker und Epiker wie Palmotič und Gundulič waren den Franzosen und Italienern ebenbürtig, das ganze Janitscharenkorps sprach serbisch, Sultan Selmi II. sprach fließend serbisch, ja die diplomatische Sprache der Türken war das »Serbische«. Die Serben wären die einzigen echten christlichen kunstsinnigen und fortschrittliebenden Erben Konstantinopels gewesen, die den Humanisten die Flucht erspart hätten, wenn — ja wenn sie eben nicht den Türken unterlegen wären. Solcher patriotischer Optimismus ist verzeihlich. Auch deutsche Forscher begeisterten sich über objektive Abwägung hinaus für einzelne Phasen der serbischen Geschichte, so Gelzer für Stephan Duschan, dessen Tod er eine weltgeschichtliche Kalamität für die Christenheit des Ostens nennt (Abriß der byzantinischen Kaisergeschichte in Krumbacher »Geschichte der byzantinischen Literatur« Seite 1060). Weniger verzeihlich ist aber, wenn Gersin alles nicht slawische Volkstum und seine Kultur als minderwertig und verächtlich hinstellt, vor allen Türken und Griechen. Sein Urteil äußert sich da in geradezu kindlichen Sätzen, die zu dem Glauben führen, daß unter dem Pseudonym Gersin sich ein des Deutschen nicht voll mächtiger Serbe verbirgt. So Seite 30: »Der Türke hält sich streng an die Vorschriften Kurans« und »der Türke ist phlegmatisch aber stolz, beleidigt man seine Familie oder Religion, so wird er wild«. »Der Grieche ist sehr gesprächig, lobt sich gern, liebt die Bequemlichkeit und flieht die Ehe«. Seite 25: »Der freie slawische Bauer ist der Bestialität der türkischen Bosnien ausgesetzt«. Seite 17: »In den Palästen der griechischen Bischöfe herrschte der größte Luxus und raffinierteste Sittenlosigkeit. Wo es keine schönen Armenierinnen und Griechinnen gab, da vertraten ihre Stelle bartlose Knaben mit dem Mädchenblick«. Seite 32: »Kriegsdienst war zu allen Zeiten die Lieblingsbeschäftigung der Albanesen. Von Alexander dem Großen angeführt, eroberten sie das riesige Perserreich«. Letztere Behauptung steht ungefähr auf gleicher Stufe mit der ernstlich vorgebrachten Meinung sogar gebildeter Slawen, daß Alexander der Große der erste bedeutende Südslawe war, und mit solcher von Albanesen, die in ihm ihren Vorfahr erblicken. Welchen Wert die »übersichtliche Statistik« hat, wird man begreifen, wenn man als Gewährsmänner derselben den »Inspektor der bulgarischen Schulen in Makedonien« und einen Russen verzeichnet findet. Die Slawen stellen nach seines Angabes 52,1 Proz. der Gesamtbevölkerung Makedoniens dar und zwar 1182036. Es dürfte diese Zahl um 25—30 Proz. zu hoch sein. Für eine Betrachtung der politischen Situation ist die Summe der ethnologisch Zusammengehörigen auch irreführend, indem die mohammedanischen Slawen, insbesondere die Pomaken, durchaus Gegner ihrer Rasseverwandten sind. Zu niedrig gegriffen ist unbedingt die Anzahl der Griechen,

die im nördlichen Makedonien nicht unwesentlich, im mittleren Makedonien wesentlich als Stadtbevölkerung in Betracht kommen und im südlichen Makedonien die Hauptmasse der ländlichen Bevölkerung stellen. Statt 226702 Seelen (10,1 Proz.) wird man reichlich 500000, wenn nicht mehr rechnen dürfen. Die Zahl der Türken ist wohl leidlich richtig angegeben (499204 = 22,1 Proz.). Wie ich in meinem Buche »Auf türkischer Erde« im betreffenden Kapitel (S. 345 u. 452 ff.) ausführte, gibt es so gut wie kein offizielles Material, das zu Feststellung der Bevölkerungsanzahl herangezogen werden kann. Neben dem Verzeichnis der männlichen Geburten (für Mohammedaner zwecks des Kriegsdienstes) und dem der Steuerköpfe, die von türkischer Seite geführt werden, vermag man zur Ergänzung nur die Matrikela patriarchistischer und exarchistischer Bischoftümer, sowie die statistischen Daten der einzelnen nationalen Schulen heranzuziehen, die mehr oder weniger parteiisch gefärbt sind. Es wird also stets nur eine ungefähre Schätzung erreicht, die wieder nach dem Parteistandpunkt des Schätzenden verschiedentlich ausfällt. Nach Gersin ist für die makedonischen Slawen das Heil von den Serben zu erwarten, weil diese eine Nation sind, »die alle Grundlagen und Fähigkeiten besitzt, in kurzer Zeit auf eine hohe Kulturstufe zu gelangen«. Ich bezweifle den guten Willen und die Fähigkeiten des serbischen Volkes durchaus nicht, will diesem Gesichtspunkt also nicht widersprechen. Unbedingt zu unterschreiben vermag ich die Meinung, daß man »aus den makedonischen Slawen die besten Serben als die besten Bulgaren erziehe könnte«! Nicht die ethnische Zugehörigkeit, sondern Machtverhältnisse und sich bietende moralische oder praktische Vorteile sind für ihre Parteistellung maßgebend.

Dr. Hugo Grothe-München.

Katzer, Fr., Geologischer Führer durch Bosnien und die Hercegovina. 8°, 280 S. Sarajevo 1903.

Das als Gelegenheitsschrift anläßlich des Geologenkongresses von der bosnischen Landesregierung herausgegebene und deshalb leider nicht käufliche Buch ist ein sehr hübsches und brauchbares Werk. Der Verfasser, der als Landesgeolog an der Erforschung der Okkupationsgebiete den intensivsten Anteil nimmt, bringt in den ersten 62 Seiten einen knappen, aber auch vom morphologischen und montanistischen Standpunkt aus befriedigenden Überblick über das ganze Land, während der größere Teil des Buches eingehend die von der Exkursion gestreiften Gebiete bespricht. — Von wichtigeren neuen Ergebnissen der Forschung seien aus der hübsch illustrierten und mit geologischen Kärtchen versehenen Werke besonders die zahlreichen Hinweise auf mesozoische und tertiäre Eruptivmassen, die Gliederungsversuche der den Südalpen sehr analog gestalteten Trias und die Modifikationen der geologischen Karte in Bezug auf die Kreide- und Eozängesteine erwähnt. Allzu kurz ist die Besprechung der Tektonik; der Hinweis auf ein älteres SW—NE-Faltungssystem, das von dem jüngeren dinarischen gekreuzt und verwischt werde, verlangt dringend nach ausführlicheren Darstellungen aus dem Scharungsgebiet, die das Beweismaterial erbringen. Mit vollem Rechte ist für die Karstregion die Unabhängigkeit des Oberflächenbildes vom Schichtbau betont worden, auf den die Abrasionsebenen keine Rücksicht nehmen. Durch die Erkenntnis von kretazeischen und eozänen Transgressionen, einer miozänen Einebnung und einer

5*

letzten spätglioxänen und frühdiluvialen Störung, die mit dem Einbruch der nördlichen Adria zusammenfällt, sind uns aber zunmehr so ziemlich die wichtigsten Bausteine zur Morphogenese der südlichen Karstländer gegeben.   *Dr. Krebs-Triest.*

II. Geographischer Unterricht.

Wandtafeln für den Unterricht in Anthropologie, Ethnologie und Urgeschichte. Nach photographischer Aufnahme von N. J. Lyschin. Kollektion Professor N. J. Sograf. Herausgeg. von Prof. Dr. Rudolf Martin. Druck u. Verlag Art. Institut Orell Füssli, Zürich.

Diese zu Schulzwecken bestimmten Tafeln verdienen uneingeschränktes Lob; alle Anforderungen an die Technik und künstlerische Behandlung des Gegenstandes sind hier erfüllt. Zunächst wird es sich immer darum handeln, ob der betreffende Typus getroffen ist, charakteristisch erfaßt und wiedergegeben. Damit muß sich aber stets auch das individual-psychologische Moment verknüpfen, d. h. wir müssen solchen Abbildungen gegenüber immer das unwidersprechliche Gefühl haben, daß wir es nicht mit toten Schemen, sondern wirklichen Persönlichkeiten zu tun haben, die freilich andererseits einem bestimmten ethnischen Habitus entsprechen. Und gerade dies lebensvolle Moment ist außerordentlich glücklich getroffen, so daß für den Unterricht der unmittelbare Eindruck in voller Stärke gewahrt ist. Der Stoff verteilt sich in folgender Weise: 1. Wedda, 2. Javanin, 3. Australier, 4. Massai, 5. Melanesier, 6. Dakota, 7. Eskimo, 8. Großrusse. Somit sind alle Spielarten der wenigstens die hauptsächlichsten Typen vertreten. Beiläufig bemerkt würden die Bilder sich auch als Schmuck und zugleich zu Lehrzwecken für Museen eignen, wo sie in Ermanglung plastischer Hilfsmittel die Einbildungskraft der Besucher ungemein fesseln und anregen würden.
                    Dr. Th. Achelis-Bremen.

Das Realseminar. Ein pädagogisches Zukunftsbild von Carl Nebel. 32 S. Osterwieck a. Harz 1903, Zickfeld.

Versuch des Nachweises, daß der akademisch gebildete Lehrer an den sechsklassigen Realschulen nicht am richtigen Platze stände und durch einen auf besonderen »Realseminaren« ausgebildeten ersetzt werden müsse. Der Wert der Erdkunde wird nirgends gewürdigt, das Wort nur gelegentlich in Verbindung mit Deutsch und Geschichte erwähnt. Starke Überschätzung von äußerlich erworbenem und mit pädagogischen Kunststücken weiter vermitteltem Wissensballast hindert die Entwicklung wertvollerer Gedankenreihen. Durch Lehrer, wie sie bei der Verwirklichung von Nebels Zukunftsbild herangebildet werden, werden Bildungsphilister, aber nicht Männer der produktiven Arbeit erzogen. *H. F.*

Moser, Die mathematische Geographie in der Volksschule. (Die zweispr. Volkssch. 1903, S. 122—127, 144—148.)

Die mathematische Geographie »kräftigt die religiösen Gefühle in hohem Maße, ist nicht ohne Einfluß auf den Aufbau der sittlichen Lebensanschauung der Schüler und liefert dem Charakter des Kindes bildende Momente«. »Noch immer gibt es Leute, die in allem Ernste einen am nächtlichen Himmel sichtbaren Kometen als Vorkunde nahen Unheils erachten, Sternschnuppen bedeuten ihnen, daß um dieselbe Stunde auf Erden das Lebenslicht eines

Menschen zu Ende geht. Und zur Zeit einer Sonnenfinsternis sollen nach ihrer Meinung sogar Sonne, Mond und Himmel um die Herrschaft kämpfen.« Darum gebührt der mathematischen Geographie ein Platz auch in der Volksschule, denn ohne sie müßte der Schüler »auf Irrwege und falsche Bahnen, zu Trugschlüssen und Wahngebilden, in Aberglauben und Glaubenszweifel geraten.« Allerdings, solchem Unheil muß vorgebeugt werden, darin stimmen wir mit dem Verfasser überein. Der Weg, den er dazu einschlägt, ist vielbegangen und die Verwechslung von mathematischer Geographie mit elementarer Astronomie hat er mit vielen seiner Vorgänger gemein.   *Ha.*

Drehbare Sternkarten, Deutsche Lehrmittelanstalt Frankfurt a. M., 1.25 M., oder Otto Meier, Ravensburg.   50 Pf.

Die Sternkarte ist zum Zurechtfinden am Himmel in jeder Nachtstunde des Jahres zu empfehlen.

Neusalz, R. A., Kleine Himmelskunde. Frankfurt a. M., Deutsche Lehrmittelanstalt.   80 Pf.

Eine unterhaltende kleine Beschreibung zur Sternkarte, zum Lesen für solche, die keine Kenntnisse vom Himmel haben.

Kreuschmer, Prof. Dr., Universal-Winkelmeßapparat. Breslau, Ferd. Hirt. 40 Pf. Bezugsquelle des Apparats: Dörffel u. Färber, Berlin, Friedrichstraße 105 a.

Als Vorzüge seines Apparats werden vom Verfasser und Konstrukteur betont »ungemein vielseitige Verwendbarkeit, äußerst bequeme Handhabung«, »nicht zu unterschätzender pädagogischer Wert für den propädeutischen Unterricht in der Geometrie aller Schulen«, »gewisser praktischer Wert in der Vermessungspraxis aller Techniker der verschiedensten Berufsarten«. Originell am dem Apparat ist ein beim Messen durch ein Pendelloth als Hypotenuse begrenztes Meßplattendreieck, welches ähnlich ist dem Geländedreieck und den betreffenden Winkel als Dreieckswinkel dem Auge und einer Genauigkeit gehenden Ablesbarkeit zugänglich macht (»der Lotfaden muß außerordentlich dünn und fein sein«, S. 9). Es ist jedenfalls häbsch, wenn der Schüler das kleine Dreieck sieht, und ihm die Verhältnisse des großen in der Natur vor Augen treten, er also auch ohne Trigonometrie ziemlich genau die gesuchten Längen in der Natur auffinden kann.
                    Dr. Genfter-Charlottenburg.

Ule, Willi, Lehrbuch der Erdkunde für höhere Schulen. Ausgabe A. I. Teil. Für die unteren Klassen. 4. Aufl. 8°, VIII, 144 S. Leipzig 1903, G. Freytag.   Geb. 1.80 M.

Der eigentlichen Länderkunde hat der Verfasser ein Kapitel vorausgeschickt, das er »Einführung in die Erdkunde« betitelt. Er beginnt dasselbe mit der Betrachtung von Wetter und Klima sich anschließt, um mit kurzen Erörterungen über die Lebewesen, einschließlich des Menschen, zu enden. Dann erst schreitet der Darstellung zur Erklärung der Himmelserscheinungen und ihrer Beziehung zur Erde und macht mit der Darstellung des Landes auf der Karte den Beschluß, einem Abschnitt, dem zur Erläuterung der vorher erklärten Benennungen von Fluß, Gebirge usw. eine dieselben enthaltende Karte beigefügt ist. Die Anordnung weicht von der sonst in Lehrbüchern gewählten ab. Ob diese Wahl eine glückliche ist, wird m. E. von der Gegend selbst abhängen, in welcher der Schüler aufwächst, wie ja überhaupt gerade für den Anfangsunterricht in der Erdkunde diejenigen Schüler besser vorbereitet sind, welchen die Natur selbst schon von Kindheit an gewissermaßen Lehrmeisterin gewesen ist. Im Tiefland, besonders in Großstädten, wird man hier immer den größten Schwierigkeiten begegnen. Der Aufbau der eigentlichen Länderkunde ist nach einer kurzen Einleitung allgemeineren Inhalts nach Erdteilen geordnet, und zwar so, daß jedesmal erst allgemeine Betrachtungen angestellt werden und erst dann die besondere Behandlung des Stoffes folgt. Beigegeben sind recht gut ausgeführte bildliche Darstellungen, die sowohl einzelne Typen aus dem Gebiet der allgemeinen Erdkunde erläutern, als auch Gegenden besonders charakteristischer Natur veranschaulichen sollen. *Dr. Ed. Lentz-Charlottenburg.*

Halbfaß, W., Über Einsturzbecken am Südrand des Harzes. Arch. f. Landes- u. Volkskunde d. Prov. Sachsen. XIII, 1903, S. 74—77. Mit 1 Taf.

Der Verfasser macht Mitteilung von Beobachtungen an Erdfällen aus der Gegend von Liebenroda, die dauernd mit Wasser erfüllt sind. Einige derselben gehören dem Rotliegenden, andere dem Zechstein an. Eine Tabelle orientiert über ihre Größe, Tiefe, Inhalt, Temperatur u. dergl. *Dr. Liebetrau-Eisenach.*

Rusch, Gustav, Lehrbuch der Erdkunde für österreichische Mädchenlyzeen. 8₄, II, 253 S. Wien 1903, A. Pichlers Witwe & Sohn. 3.60 K.

Referent kann sich für die in vorliegendem Lehrbuch eingehaltene Methode, die freilich die bei den meisten Lehrbüchern der Erdkunde üblich ist, nicht so recht erwärmen. Abgesehen von dieser lediglich auf subjektiver Anschauung des Referenten beruhenden methodischen Einwendungen, seien die hohen Vorzüge des Werkchens gerne anerkannt. Hier stehen an erster Stelle die gleichmäßige und wohldurchgearbeitete Darstellung, die fast absolute wissenschaftliche Zuverlässigkeit und die übersichtliche Anordnung des Stoffes. Besondere Sorgfalt ist auf die Erklärung fremder Namen und auf die Verdeutlichung ihrer Aussprache gelegt; letztere wird durch durchweg sehr glückliche Transkriptionen wesentlich gefördert, erstere wird überdies durch ein im Anhang gegebenes Verzeichnis in lexikographischer Anordnung in sehr willkommener Weise erleichtert. Die Auswahl der Bilder ist zumeist eine gelungene, nur einige kleine Ausschnitte aus großen Städten sind zu wenig charakteristisch; dies gilt insbesondere von Hamburg (S. 86) und Berlin (S. 81). Bei den einzelnen Erdteilen vermißt Referent schmerzlich einen allgemeinen Überblick, der genauere Betrachtung vorauszuschicken gewesen wäre; die angehängten Rückblicke ersetzen ihn kaum. Im einzelnen sind dem Referenten nur Kleinigkeiten aufgefallen. Seite 36 werden die Basken noch als Nachkommen der alten Iberer angesehen, obgleich sie zweifellos gar keine Indogermanen sind. Seite 51 wird die Lehre der anglikanischen Kirche als der lutherischen näherstehend bezeichnet, während sie doch wesentlich auf reformierten Dogmen beruht. Die "Schreibung Congo wäre doch besser durch Kongo zu ersetzen. Der Plural "die Alleghanys« (S. 222) ist zumal in einem Buche, das für Schülerinnen geschrieben ist, die Englisch lernen, unzulässig; es muß notwendig »Alleghanies« heißen.

Im ganzen wird das Buch, namentlich wenn im Unterricht wesentliche Kürzungen und Auslassungen vorgenommen werden, sicherlich sehr gute Dienste tun. *Dr. B. Imrеdáffér-Wien.*

Atlas für Schweizerschulen. Druck und Verlag von Oskar Katz in Bruchsal. 50 cts.

Das im Titel liegende Attribut »für Schweizerschulen« führt zunächst zu der Frage, wodurch sich dieses Lehrmittel als ein speziell für Schweizerschulen berechnetes legitimiere. Antwort: Einmal enthält es auf der Querseite des Umschlags (Halbkarton) eine tabellarische Übersicht der Schweizer Kantone, und sodann ist ihm ein doppelformatiges Schweizerkärtchen beigegeben. Die erstere Gabe ist entbehrlich, da sie in unseren Leitfäden und — wo solche fehlen — in den Lesebüchern sich findet, und was die zweite, ungleich wichtigere anbetrifft, so ist sie von recht fragwürdigem Werte. Wir besitzen nämlich in allen Schulen eine von der Eidgenossenschaft an alle Klassen gratis verabfolgte, von Herrn Kümmerly in Bern gemalte Wandkarte der Schweiz, welche in ihrer wunderbaren Plastik beinahe wie ein Gemälde des Terrains wirkt, und soweit diese nicht genügt, stehen uns Handkärtchen von Kümmerly und von Schlumpf zur Verfügung, mit denen es das vorliegende in keiner Beziehung aufnehmen kann. Wer diese Lehrmittel studiert und verwendet hat, wird einem Kärtchen der Schweiz, in welchem z. B. Hochalpen, Voralpen, Hügelgebiet und Jura als wesentlich gleichartige Terrainformen behandelt sind, wenig Geschmack abgewinnen.

Aber ich will nicht ungerecht sein. Für 50 cts läßt sich auf diesem Gebiet wohl nichts ordentliches bieten. Und der vorliegende Atlas enthält immerhin außer der Schweizerkarte 15 bedruckte Kartenseiten, scheint also mehr zu bieten, als der »kleine Volksschulatlas« von A. Hummel (15 S.), der 50 Pf. kostet, also um ein Drittel teurer ist. Der letztere bietet aber doch insofern ungleich mehr, als er in der Auswahl des Stoffes entschieden glücklicher gewesen ist. So hat beispielsweise Hummel Raum für die Darstellung jedes einzelnen europäischen Landes gefunden, wenn auch größtenteils nur auf Viertelseiten, während der Atlas von Katz nur Deutschland separat bietet, und zwar in zwei doppelseitigen und einer einseitigen Karte. Und dabei fehlt es erst noch an einer klaren Übersicht der Bodengestaltung Deutschlands — das Kärtchen auf der achten Seite ist unanschaulich im Kolorit und in der Zeichnung des Alpengebiets geradezu verfehlt — und ebenso an einer Übersicht des Alpensystems, welche beide Hummel sein hübsch bietet. Überhaupt scheint mir der Herausgeber das orographische Moment zugunsten des politischen etwas stark vernachlässigt zu haben. Die moderne Kartographie hat auch für kleine Maßstäbe bessere Mittel zur übersichtlichen Darstellung und allgemeinen Charakteristik der Terrainformen, als wir hier verwendet finden. Wie überaus matt und schwächlich nehmen sich z. B. auf der Karte von Asien die riesigsten Gebirge der Erdballs aus! Und wenn eingewendet werden sollte, der Atlas müsse eben eine Ergänzung zu den Wandkarten bilden, welche in der Tat den Schwerpunkt auf die Orographie zu verlegen pflegen und mit Recht, so folgt daraus noch lange nicht, daß die Handkarte nicht auch in dieser Richtung das Bestmögliche zu bieten habe.

Freilich: Der überaus niedrige Preis! Aber meine Ansicht ist diese: Entweder begnügt sich der Lehrer der ungünstiger situierten Volksschule — denn nur diese kann hier überhaupt in Betracht kommen — mit einer guten Wandkarte, oder aber: er sucht es möglich zu machen, den Schülern einen besseren Atlas in die Hand zu geben, auch wenn dieser größere Opfer erfordert. Mit einem Werke, das die Wirkung der Wandkarte nur abschwächen, die Phantasie des Kindes nur verwirren kann, ist auch bei der größten Billigkeit niemandem gedient.

O. Stuchi, Seminarlehrer-Bern.

Walser, Dr. Hermann, Die Schweiz. Ein Begleitwort zur eidgenössischen Schulwandkarte. 2. Aufl. VI, 118 S. Mit 7 Zeichnungen. Bern 1902, A. Francke. Geb. 2 frs.

Schon vier Wochen nach dem Erscheinen der ersten Auflage wurde die zweite — unveränderte — nötig; es hat also das Büchlein offenbar einem »tiefgefühlten Bedürfnis« entsprochen. Seinem Titel entsprechend, ist es nicht etwa eine Geographie der Schweiz — eine solche, der neuen Auffassung entsprechend, fehlt uns leider immer noch — sondern wirklich ein Begleitwort zur Schulwandkarte, welche der Bund an sämtliche Schulen der Schweiz gratis abgegeben hat. Es ist für die Hand des Lehrers bestimmt und sucht ihn zu zeigen, wie viel sich bei genauer Betrachtung aus der Schulwandkarte herauslesen läßt. Nach einer kurzen Einleitung über Lage und Größe wird die Bodengestalt behandelt, die Art der Darstellung der Karte — Höhenkurven mit 100 m Äquidistanz, schiefe Beleuchtung und farbige Höhenstufen kombiniert — erklärt, dann folgen Alpen, Jura und Mittelland mit ihren verschiedenen Formen. Weitere Abschnitte sind: das Klima und seine Wirkungen, die Gletscher, die Flüsse, Volk, Staat und Grenze, die Eisenbahnen, die Siedelungen. Dabei wird natürlich beständig auf die Darstellung in der Karte hingewiesen, aber ebenso beständig der Zusammenhang und die Wechselwirkung aller Erscheinungen betont. Die lebensvolle Darstellung des Verfassers ruft im Referenten den Wunsch hervor, gerade aus dieser Feder möchte recht bald eine vollständige systematische Behandlung der Schweiz hervorgehen, so ein kleines Handbuch von 200—300 Seiten, wie es für den Lehrer längst ein Bedürfnis ist.   *Dr. Aug. Aeppli-Zürich.*

Umlauft, Dr. F., Lehrbuch der Geographie für die unteren und mittleren Klassen österr. Gymnasien und Realschulen. 5. verm. Aufl. Erster Kursus 51 S., Zweiter Kursus 186 S. Wien 1903, Hölder.

Ein in der fünften Auflage erscheinendes Lehrbuch hat nicht immer deshalb schon seine Existenzberechtigung nachgewiesen. Es könnte den Büchermarkt ohne Konkurrenz beherrschen. Auf dem Gebiet der geographischen Schulbücher-Literatur sind aber in letzterer Zeit ganz neuen wert Erscheinungen zu verzeichnen. Trotzdem nimmt vorliegendes Lehrbuch eine gesicherte Position ein. Der ganze Unterrichtsgang ist wohl durchdacht, wobei freilich auf die für Österreich publizierten »Instruktionen für den Unterricht an Realschulen« gebührend Rücksicht genommen wurde. Das erste Bändchen ist für die I., das zweite für die II. und III. Klasse der Realschulen bestimmt. Der Umfang der Lehrstoffe ist in engen Grenzen gehalten und alles Überflüssige sorgfältig vermieden. Diese wohltuende Kürze bei einem durchaus lesbaren und gewiß nicht depeschenartigen Stil ist um so höher anzuschlagen, als in letzterer Zeit Lehrbücher auch für die untersten Klassen vielfach einen so großen Umfang erreichten,

daß eine hinlängliche Vertiefung des Unterrichts kaum mehr möglich wird. Der Verf. hat auch das »Pragesystem« in sein Lehrbuch, wenigstens für den ersten Kursus, aufgenommen. So viel wir sehen, sind die Fragen im ganzen dem Fassungsvermögen der Schüler angepaßt und nicht zu zahlreich. Bei fremdländischen Namen wurde die Aussprache in Klammern nebenan gesetzt. Zu wünschen wäre nur noch die Anlehnung an einen Schulatlas mit Angabe der zu gebrauchenden Karte bei jedem Paragraphen des Buches. Infolgedessen würde die Gradeinteilung nach Ferro überall durch jene von Greenwich zu ersetzen sein. Auch halten wir es für überflüssig, Strecken in geographischen Meilen und Kilometern anzugeben. Eine scharfe, zifferngemäße Höhengrenze für Mittel- und Hochgebirge gibt es nicht; jedenfalls ist die Ausdehnung der Begriffe »Mittelgebirge« bis zu 2500 m der gewöhnlichen und landläufigen Auffassung entgegen. Daß in einem kurz gefaßten Leitfaden mitunter eben wegen der Kürze Ungenauigkeiten vorkommen, ist fast selbstverständlich. Wir möchten beispielsweise hierher die Sätze rechnen: »Die Luft enthält immer große Mengen von Wasserdampf« (S. 3); »Wenn die Sonne untergegangen ist, tritt die Nacht ein« (genauer Dämmerung) (S. 2); »Je näher dem Äquator, desto steiler, je weiter vom Äquator, desto schräger treffen die Sonnenstrahlen die Erdoberfläche« (S. 19). Es sei doch bemerkt, daß unseres Erachtens die Schüler der untersten Klasse an der Hand des Lehrbuches hinlänglich Gelegenheit finden dürften, in die Kartensprache eingeführt zu werden. Wir wünschen dem Verfasser, daß er bei in so gewärtigenden späteren Auflagen seines Lehrbuches Gelegenheit findet, es noch mehr zu vervollkommnen.

Dir. Jarisch-Mies i. Böhmen.

Heimatkunde vom preußischen Regierungsbezirk Wiesbaden (Nassau). Bearbeitet von V. Wollweber, Lehrer in Frankfurt a. M. Mit 1 Titelbild, 12 Abbild. u. 1 Karte. Preis 40 Pf. Die Karte einzeln 20 Pf. Dreizehnte verbesserte Auflage (neue Orthographie). Frankfurt a. M. Kesselringsche Hofbuchhandlung.

In den Volksschulen tritt der heimatkundliche Unterricht im vierten Schuljahr auf, da und dort auch noch einmal im achten Schuljahr als Wiederholung, in höheren Schulen wird er in Sexta erledigt. Dies vorausgesetzt, enthält das vorliegende Büchlein viel zu viel Einzelheiten, die für das neun- oder zehnjährige Kind kein Interesse haben. Wenn es in die Hand von Kindern gegeben werden soll, dann wird sich eine Zerlegung in zwei Teile empfehlen, von denen der erste nur das enthält, was für Kinder der ersten Stufe verständlich und wissenswert ist, der zweite Teil aber kann Ergänzungen für die Oberstufe bieten. — Die beigegebene Karte wird durch die aufdringlichen Grenzlinien der Kreise zu bunt. Diese bleiben besser weg, da die Behandlung der Kreise eine Sache für sich ist. Büchlein wie Karte dürfen nur das für alle Schüler des Regierungsbezirks Wissenswerte vom Regierungsbezirk enthalten. Ortskunde, Kreiskunde und Landeskunde müssen auseinandergehalten werden. Je näher das Objekt, um so mehr Einzelheiten sieht und beobachtet man, je ferner, um so weniger einzelne Punkte treten in das Gesichtsfeld, es werden nur noch Massen oder große Gegenstände beobachtet, das will sagen: Man sieht nur noch ganze Gebirge und die höchsten Berge, die größten Flüsse, die bedeutendsten Orte, die großen Verkehrslinien usw. *Rekt. A. Gläß-Cassel.*

Geographische Literatur.

a) Allgemeines.

Anleitung zur Anstellung und Berechnung meteorologischer
Beobachtungen. Herausgeg. von Kgl. preuß. Meteorol.
Inst. 2. völlig umgearb. Aufl. I. Teil, Beobachtungen
der Stationen II. und III. Ordnung. 4°, 66 S. 2 M.

Congrès international d'hydrologie, de climatologie et
de géologie. 1e session. Grenoble 1902. 6°. Paris 1904,
O. Doin. 12 frs.

Finsterwalder, S. u. W. Scheufele, Das Rückwärts-
einschneiden im Raum. Gr.-8°, 24 S. München 1904,
G. Franz. 40 Pf.

Oelrich, A. u. Fr. Englofer, Geographische Typenbilder. Tel. 8. Der Rheindurchbruch bei Bingen und
der Rheingau. Tallandschaft der deutschen Mittelgebirgsschwelle. Dresden 1904, A. Müller-Fröbelhaus. 5 M., auf
Leinw. m. St. 8.20 M.

Oilofsky, S. u. J. Reinolt, Seismologische Untersuchungen.
4°, 45 S. Wien 1904, G. Franz. 60 Pf.

Hinkmann, A. L., Geogr.-statist. Universal-Taschenatlas.
Ausg. 1904. 62 K., 64 S. Wien 1904, Freytag & Berndt.
2.80 M.

Röd, Hans, Klimalehre der alten Griechen nach der geographica Straboo. 8°, 62 S. Kaiserslautern 1904, Eugen
Crusius Verlag. 1 M.

Schwalbe, G., Die Vorgeschichte des Menschen. 32 S.
Braunschweig 1904, Fr. Vieweg & Sohn. 1.60 M.

Verhandlungen der vom 24.—26. Juli 1903 zu Straßburg
abgehalt. 2. internationalen seismologischen Konferenz.
Red. von Dr. E. Rudolph. (Beiträge zur Geophysik. Ergänzungsbd. II.) 4°, 362 S. Leipzig 1904, Wilhelm Engelmann. 3 M.

Verhandlungen des 14. Deutschen Geographentages zu
Cöln am 2., 3. u. 4. Mai 1903. Herausgeg. von Hptm.
a. D. Georg Kollm. 269 S. m. 4 Taf. Berlin 1903, Dietrich Reimer. 8 M.

b) Deutschland.

Adamy, Heinr., Geographie von Schlesien. 31. Aufl. 8°,
80 S. Berlin 1904, Ed. Trewendt. 30 Pf.

Deutsches Meteorologisches Jahrbuch für 1902. Met.
Station I. Ordn. zu Magdeburg. Herausgeg. von Rudolf
Weidenhagen. XX. Jahrg. Gr.-4°, 64 S. Magdeburg 1904,
Faber. 4 M.

Hager, Die Bedeutung des Großschiffahrtsweges Berlin—
Stettin f. d. Melioration des Oderbruchs und die Regu-
lierung der Oder. Gr.-8°, 15 S. Berlin 1904, Leonh.
Simion. 50 Pf.

Nehring, L., Kurzgefaßte Landeskunde der Provinz Westpreußen. Gr.-8°, 8 S. Breslau 1904, Heinr. Handel. 10 Pf.

Partsch, Prof. J., Schlesien an der Schwelle und dem Ausgang
des XIX. Jahrh. Festrede. 14 S. Breslau 1904,
W. G. Korn. 25 Pf.

Weber, Heinr., Das Verhältnis Deutschlands zu England.
Rede. 20 S. Posen 1904, Merzbach. 30 Pf.

c) Übriges Europa.

Bérard, A., pro Macedonia. 12°, Paris 1904, A. Colin. 3 frs.

Bruder, Geo., Geologische Skizzen aus der Umgebung
Aussigs. Eine Anleitung z. selbständigen Naturbeobachtung.
46 S., 16 Taf., ill. Aussig 1904, Ad. Becker. 2 M.

Doninger, K., Reisetage auf Sardinien. 39 S., ill. Cassel
1903, Th. G. Fischer. 1 M.

Gandolphe, M., la crise macédonienne. 12°, Paris 1904,
Perrin et Cie. 2 frs. 50 cts.

Gervaela, L. M. J., Turkish life in town and country. 8°,
London 1904, O. Newnes. 2 sh. 6 d.

Gotzer, Heinrich, Vom ill. Berge und aus Makedonien.
Reisebilder aus den Athosklöstern u. d. Insurrektions-
gebiet. 262 S., 43 Abb., 1 K. Leipzig 1904, B. G. Teubner.
5 M., geb. 7 M.

Maurin, Felix, Das Königreich Serbien und das Serbenvolk
von der Römerzeit bis zur Gegenwart. 1. Bd. Land u.
Bevölkerung. Lex.-8°, 455 S., ill. (Monographien d. Balkanstaaten, Herausgeg. v. Dr. W. Ruland 1.) Leipzig 1904,
Bernh. Meyer. 25 M.

Märs, Christian, Der Seenkessel der Solern u. Karwendelkar.
(Wiss. Veröffentl. d. V. f. E. a. Leipzig VI, 2.) Leipzig
1904, Duncker & Humblot.

Klonsemt, Joa. S., Handkarte der europäischen Türkei, Bulgarien u. Ostrumelien. 1:1200000. Wien 1904, Ed. Hölzel.
2.50 M.

Rohrbauer, H., Höhengrenzen u. Vegetation in den Stubaier
Alpen u. in der Adamellogruppe. (Wiss. Veröffentl. d. V.
f. E. z. Leipzig VI, 1.) Leipzig 1904, Duncker & Humblot.

Rosenmund, Adj. Ing. M., Die Aenderung des Projektions-
systems der schweiz. Landesvermessung. 137 S., 1 Taf.
Bern 1903, A. Francke. 5.40 M.

Schöitz, O. E., den syddatige del af spangmil-kvarts-
fjeldet i Norge. 8°. Aschehoug & Co., Christiania. 1 Kr. 10 ö.

Singh, J. R. v., Rundschau von der Kasslanspitze, 2583 m.
Nach d. Natur gezeich. München 1904, J. Lindauersche
Buch. 3 M.

Taine, Hippolyte, Reise in Italien. A. d. Franz. v. Ernst
Hardt. 1. Bd. Rom u. Neapel. 8°, 371 S. Leipzig 1904,
Eugen Diederichs.

Wacha, Major Otto, Die englischen Etappenstraßen von
Großbritannien über d. kanadische Dominion nach d.
westl. Häfen der Pacific und nach Indien. 44 S., 3 K.
Berlin 1904, Rich. Schröder. 1 M.

Weigand, Prof. Dr. Gust., Linguistischer Atlas des daco-
romänischen Sprachgebiets. 1:600000. 8 Bl. 5. Lief. Leipzig 1904, Joh. Ambros. Barth. 4 M.

d) Asien.

Bittner, O. H., Impressions of Japan. 8°. London 1904,
Methuen & Co. 10 sh. 6 d.

Ehlers, Otto E., Im Sattel durch Indochina. 2 Bde. 145 S.,
ill., 1 K. Berlin 1904, H. Paetel. 2.50 M.

Fauna and Geography of the Maldive and Laccadive
Archipelagos. Vol. II., Part 2. 4°. London 1904, C. J.
Clay & Sons. 15 sh.

Fraser, J. F., real Liberia. Dash through Manchuria. 8°.
London 1904, Cassel & Co. 3 sh. 6 d.

Hamilton, A., Korea. 8°, London 1904, W. Heinemann. 15 sh.

Hartshorne, A. C., Japan and her people. 2 vols. 8°,
London 1904, K. Paul, Trench, Trübner & Co. 21 sh.

Hesse-Wartegg, E. v., Korea. Eine Sommerreise nach
d. Lande der Morgenruhe, 1904. 2. Aufl. 229 S. Dresden
1904, Carl Reißner. 6 M.

Jakobsen, Paul, Neue Kriegskarte v. Ostasien. 1:5000000.
Mit Begleitworten: Ostasien vom polit.-milit. Standpunkt.
Gotha 1904, Justus Perthes. 1 M.

Lautterer, Joa., Japan. Das Land der aufgehenden Sonne
einst und jetzt. Nach seinen Reisen u. Studien gesch.
407 S., ill. Leipzig 1904, G. Spamer. 8.50 M.

Meyers Reisebücher, Palästina u. Syrien. 4. Aufl. 12°,
274 S. m. K. Leipzig 1904, Bibl. Inst. 7.50 M.

Nieuwenhuis, A. W., Anthropometrische Untersuchungen
bei den Dajak. Bearb. durch Dr. J. H. F. Kohlbrugge.
Hoch-4°, 17 S., Taf., 1 K. Haarlem 1904, H. Kleimann
& Co. 3.50 M.

Phunged, Arth., Aus der indischen Kulturwelt. Gesammelte
Aufsätze. Gr.-8°, 202 S. Stuttgart 1904, Fr. Frommann. 3.40 M.

Rasmussen, V., Japan. 8°. Kopenhagen, Nordiske Forlag.
2 K. 50 ö.

Semper, C., Reisen im Archipel d. Philippinen. II. Teil.
Wissensch. Resultate. IX. Bd., 2. Teil, 1. Lief. Dr. Rud.
Bergh, Malacologische Untersuchungen. Wiesbaden 1904,
C. W. Kreidel. 22.80 M.

Willcocks, J., from Kabul to Kumassi. 8°. J. Murray,
London. 21 sh.

e) Afrika.

Dankckriff, betr. die Entwicklung des Klautschougebiets
in der Zeit vom Okt. 1902 bis Okt. 1903. Hoch-4°, 62 S.,
Tafeln u. K. Berlin 1904, Dietrich Reimer. 9 M.

Dove, Karl, Südwest-Afrika. Kriegs- u. Friedensbilder aus
der ersten deutschen Kolonie. 175 S., ill., 1 K. Berlin
1904, H. Paetel. 1.50 M.

Friedrichs, Ernst, Karte der Umgebung von Okahandja.
Geo. v. E. Vonag. 1:500000. Breslau 1904, A. Favorke. 80 Pf.

Hartmann, Dr. Oro, Die Zukunft Deutsch-Südwestafrikas.
Betr. z. Besiedlungs- u. Eingeborenenfrage. 31 S. Berlin 1904, E. S. Mittler & Sohn. 75 Pf.

Jahresbericht über die Entwicklung der deutschen Schutzgebiete in Afrika und der Südsee im Jahre 1902/03. Beil.
z. Deutschen Kolonialblatt 1904. Fol., 134 u. 525 S. Berlin 1904, E. S. Mittler & Sohn. 2.50 M.

Kartes des Kriegsschauplatzes in Deutsch-Südwestafrika
zur Veranschaulichung der Aufstandes der Herero, Bondelzwarts u. Ovambo. Aus Langhans' Deutschem Kolonial-
Atlas, 1:12000000. Gotha 1904, Justus Perthes. 2 M.

Rapp, Erwin, Soll und Haben in Deutsch-Südwestafrika.
Gr.-8°, 69 S. Berlin 1904, Dietrich Reimer. 1 M.

Schwabe, Hptm. Kurt, Mit Schwert und Pflug in Deutsch-
Südwestafrika. Vier Kriegs- und Wanderjahre. 3. Aufl.
514 S. m. K. Berlin 1904, E. S. Mittler & Sohn. 13 M.

f) Amerika.

Binday, A. u. O. Herkt, Karte von Nordamerika aus
Sohr-Berghaus' Handatlas. 1:10000000. 9. Aufl. Glogau
1904, Carl Flemming. 4 M.

Spillmann, Joa. S., in der neuen Welt. 1. Hälfte: Westindien und Südamerika. Ein Buch mit vielen Bildern für
die Jugend. 2. verm. Aufl. Gr.-8°, 409 S. Freiburg 1904,
Herder. 9.40 M.

Unruh, M. v., Amerika noch nicht am Ziele. Trans-germanische Reisestudien. 2°, 210 S. Frankfurt a. M. 1904. Neuer Frankfurter Verlag. 4 M.
Waldseemüller, M., Die älteste Karte m. Namen Amerika aus dem Jahre 1507 und d. Carta Marina aus dem Jahre 1516. Herausgeg. von Prof. Jos. Fischer u. Prof. Fr. R. v. Wieser. 26 Bl. Text in deutscher u. englischer Sprache. 55 S., Ill. Innsbruck 1904, Wagner. In Mappe 65 M., auf Leinwand 80 M.

g) Schulgeographie.

Bamberg, Frz., Wandkarte zur Kultur-, Wirtschafts- und Handelsgeographie von Deutschland u. seinen Nachbar-gebieten. 1:750000. Berlin 1904, Carl Chun. Auf Leinw. mit St. 25 M.
Bamberg, Karl, Schulwandkarte von Afrika, 1:5300000. 10. Aufl., 18 M.; Asien, 1:6700000, 21. Aufl., 22 M.; Australien, 1:8000000, 4. Aufl., 16 M.; Deutschland, 1:750000, 24 M.; östl. Halbkugel, neue Ausg., 18 M.; westl. Halbkugel, neue Ausg., 18 M.; östl. u. westl. Halb-kugel, 1:12000000, 16 M.; Palästina, 19. Aufl., neu bearb. von Fr. Bamberg, 18 M.
Bamberg, Karl u. Franz Bamberg, Schulwandkarte von Europa, 1:4000000. Ausg. f. einf. Schulverhältnisse. Ber-lin 1904, Karl Chun (Bersh. Fabrig). 16 M.
Gaebler, Eduard, Schulwandkarte, der Provinz Sachsen, 1:175000. Magdeburg 1904, Creutz. 16 M.
Geißler, K., Anschauliche Grundlagen der mathematischen Erdkunde. Zum Selbstverstehen und zur Unterstützung des Unterrichts. 199 S., 52 Fig. Leipzig 1904, B. G. Teubner. 3 M.
Geographie für Volks- und Mittelschulen. Von prakt. Schulmännern. 6. verm. u. verb. Aufl. I°, 96 S. Cöln 1904, H. Theißing. 50 Pf.
Halasz, H., Der Unterricht in der Erdkunde auf der Grundl. des Landschaftsprinzips. Ein Lehrbuch für Semi-naristen und junge Lehrer. Ein Leitf. z. Vorber. a. d. Mittelschullehrer- u. Rektorprüfung. 129 S., ill. Leipzig 1904, Dürrsche Buchh. 3 M.
Hempfrich, Karl, Rektor, Beiträge zur Verwertung der Heimat im Unterricht in d. Erziehungsschule, insbes. in d. vaterl. Gesch. u. d. Erdk. Or.-8°, 70 S. Langensalza 1904, H. Beyer & Söhne. 1 M.
Mützels Wandbilder f. d. Anschauungs- u. Sprechunterricht. V. Serie. 17. Bl. Die Stadt Berlin. Von Heinrich Otto. 2 Bl. Wien 1904, Ed. Hölzel. 7 M., auf Leinw. m. St. 10.20 M.
Lehmann, Adolf, Geogr. Charakterbilder. Venedig. Leipzig 1904, F. E. Wachsmuth. 3 M.
Nehring, J., Geographisches Merk- u. Wiederholungsbuch f. d. Hand d. Schüler in einfachen u. zweisprach. Volks-schulen. I. Or.-8°, 32 S. Breslau 1904, G. Handel. 15 Pf.
Steinel, Osk., Der Herstellung von Schulheimatkarten für das Deutsche Reich nach einheitlichen Gesichtspunkten. Vortrag. 20 S. Berlin 1903, Dietrich Reimer. 50 Pf.

h) Zeitschriften.

Deutsche Rundschau für Geographie und Statistik. Herausg.: Prof. Dr. Fr. Umlauft; Verlag: A. Hart-leben, Wien. 26. Jahrg. 1904.
Heft 3. Prager, Der Nyassa-See. — Roßmäßler, Völkerkunde. Skizzen aus dem Gebiet der Woiga und des Kaukasus. — Bolle, Die Gründe der wirtschaftl. Zurück-gebliebenheit der latino-amerikanischen Länder, insbes. Bra-siliens. — Vedsemeyer, Ein Brief E. v. Sydows. — Sven Hedins jüngste Forschungsreise nach Zentralasien. — Im Lande der Japaner.
Geographische Zeitschrift. Herausg.: Prof. Dr. Alfred Hettner; Verlag: B. G. Teubner, Leipzig. 10. Jahrg. 1904.
Heft 2. Mantzsch, Sophus Ruge. — Hutter, Land-schaftsbilder aus Kamerun. — Hettner, Die deutschen Mittelgebirge. II. Die Augustkunng. — Penck, Neue Reliefs der Alpen. — v. Kleist, Das französische Terri-torium von Snegumbien und dem Niger.
Globus, illustrierte Zeitschrift für Länder und Völkerkunde. Herausg.: H. Singer; Verlag: Vieweg & Sohn, Braun-schweig. 85. Bd.
Nr. 4. Thilenius, Dr., Alex Krämers Werk „Die Samoa-Inseln". — Krebs, Der Witterungsdienst auf den Philip-pinen. — v. Gabnay, Ungarische Kinderspiele (Schluß). — Zur Ethnographie der Nord-Queensländer.
Nr. 5. Kloss, Industrie und Gewerbe in Togo. — Engelhardt, Eine Reise durch das Land der Howés und Emim, Kamerun (Schluß). — Hutter, Meteorologisches aus Kamerun. — Gentz, Beiträge zur Kenntnis der süd-westafrikanischen Völkerschaften. III.
Nr. 6. Lustig, Die Trichtergruben vom Zobtenberge in Schlesien. — Klose, Industrie und Gewerbe in Togo (Schluß). — Förster, Deutsch-Ostafrika 1902/1903. — Der Verlauf der schwedischen Südpolarexpedition. — ten Kate, Neueste Publikationen von K. Lehmann-Nitsche.
Nr. 7. Raum, Ueber angebliche Götzen am Kili-mandscharo, nebst Bemerkungen über die Religion der

Wadschagga und die Bantu-Neger überhaupt. — Kraemer, Die Abstammung des Bernardhörns I. — Alsberg, Die ältesten Spuren des Menschen in Australien. — Schreuer, Die Insel Gotland.
La Géographie. Bulletin de la Société de Géographie. Herausg.: Hulot et Rabot; Verlag: Masson et Cie., Paris. IX. 1903.
Nr. 1. Anget, A.f Les observations météorologiques de la Mission saharicene Fourrau-Lamy. — Nordenskjöld, Note sur la glaciation antarctique. — François, Le Lieou-Kiang et la rivière de Kiang-Yuan-Fou (Kouang-Si). — J. Deniker, Voyage de M. Tsjbikov à Lhassa et au Tibet.

Petermanns Mitteilungen. Herausg.: Prof. Dr. A. Supan; Verlag: Justus Perthes, Gotha. 50. Bd. 1904.
Heft 2. Breitfuß, Dr. L., Oceanographische Studien über das Barents-Meer. — Hass, Prof. Dr. H., Zur Geo-logie von Kanada (Schluß). — Kleine Mitteilungen. — Geo-graphischer Monatsbericht. — Literaturbericht. — 2 Karten.
Revue de Géographie. Herausg.: G. Regelsperger; Verlag: Ch. Delagrave, Paris. XXVII. Jahrg. 1903.
Déz. Lebland, Les États-Unis d'Amerique. — Gos-nand, Aperçus sur la Birmanie. — Barré, Les Philip-pines. — P. S., Porto-Rico. — Brisse, Les Dardanelles. — Regelsperger, Mouvement géographique.
Rivista Geografica Italiana e Bollettino della Società di Studi Geografici e Coloniali in Firenze. XI. 1904. I u. II (Jan., Febr.). Marinelli, Giovanni Targioni Tozzetti e la Illustrazione geografica della Toscana. — Almagià, La dottrina della marea nell antichità classica (Fors.). — Dainelli, Il IX Congresso Geologico Inter-nazionale e l'escursione glaciale nelle Alpi Austriache. — Errera, La superficie del Principato di Monaco. — Magrini, La spedizione inglese nel Tibet.
The Geographical Journal. Vol. XXII. 1904.
Februar. Holdich, The Patagonian Andes. — Kro-potkin, The Orography of Asia. — The Swedish Antarctic Expedition. I. Summary of Events. II. Scientific Work at the Winter Station, by Dr. Otto Nordenskiöld. III. The Scientific Operations on Board the Antarctic in the Summer 1901/1902, by Dr. J. Gunnar Andersson. IV. The Sledge Expedition from the Antarctic, by Dr. J. Gunnar Anders-son. — Tate, Journey to the Rendile Country, British East Africa. — v. Richthofen, The Impetus and Direction of Geography in the Nineteenth Century. — Everett, On a Flat Model which solves Problems in the Use of the Globes.
The Scottish Geographical Magazine. XX. 1904.
Februar. First Antarctic Voyage of the „Scotia" I. Nar-rative by William S. Bruce. — Cadell, The Industrial Development of the Forth Valley. — Proceedings of the Royal Geographical Society.
Wandern und Reisen. illustrierte Zeitschrift für Touristik, Landes- und Volkskunde, Kunst und Sport. L. Schwann, Düsseldorf. 2. Jahrg. 1904.
Heft 2. Hirsch, Die Trettachspitze. — Bierlein, Rucksack Schaudahölpien. — Heinicke, Eine Winter-wanderung nach dem Fichtelgebirge. — Losenthin, Der Scheidewetz. — v. Hesse-Wartegg, San Gimignano in Italien. — Kilß, Der alte Karl. — Sokolowsky, Die Vul-kane Neuseelands.
Heft 3. Leonhard, Lübeck. — v. Schweiger-Lerchenfeld, Die Karakälße in Dalmatien. — Wallburg, Was man am Backofen erlebt. — Beck, Popez und Prosa in den Bergen. — v. Hörmann, Tiroler Volkstrachten. — Hacker, Wiegenlied, Thüringisch. — HauHe, Roccolo. — Sokolowsky, Tibet.
Heft 4. Friese, Wildenberg im Odenwald. — Ahler, Windbruch im Böhmerwald. — Urban, A schnlands Hai-mat g'aug'l. — Conforti, Die Neugestaltung des Museums in Neapel. — Braun, Deutsche Seeposten. — Kulahl, Eine Ueberschreitung des Weißhorns von Zinal u. Randa.
Zeitschrift der Gesellschaft für Erdkunde zu Berlin. 1904.
Nr. 1. v. Drygalski, Bericht über die außerordent-liche Sitzung zur Begrüßung der deutschen Südpolarexpe-dition. — Meyer, Reisen im Hochlande von Ecuador.
Zeitschrift für Schulgeographie. Herausg. von Prof. Gust. Rusch unter Mitw. von Dr. Anton Becker; Verlag: Alfr. Hölder, Wien. 25. Jahrg. 1904.
Nr. 4. Wolkenhauer, Nachruf für Paul Buchholz. Friedrich Behr und Oskar Schneider. — Ein geo-graphischer Schulausflug nach Meß u. durch die Wachau. — Schwarzleitner, Etwas über russie Karten. — Oppermann, Politische Geographie.
Heft 5. Prof. Dr. Sophus Ruge †. — Oppermann, Herder und der erdkundliche Unterricht. — Braun, Die Antarktis. Eine geogr. Skizze. — Gerge, Zur Konzen-tration der Geschichte und Geographie. — Habernat, Die Lehrmittel für den geogr. Unterricht in der Nürn-berger Ausstellung „Die Kinderwelt".

Aufsätze.

Beiträge zur Literatur der letzten Jahre über Bosnien und die Herzegowina in deutscher Sprache.

Von Dr. Otto Jauker-Laibach.

»Neuösterreich« oder der »k. u. k. Orient« wird das Okkupationsgebiet häufig genannt. Es wäre jedoch ganz falsch, wollte man sich daraufhin vorstellen, daß das Land heute noch, wie zur Zeit der Besetzung, mittelalterliche und orientalische Verhältnisse aufweise. Freilich sehen wir im Lande allenthalben Anzeichen einer uns fremden Kultur, Absonderlichkeiten in Bau und Tracht, Sitte und Anschauungen, und das grelle Nebeneinandertreten von Europa und Asien ist gerade das Reizvolle, das dem Reisenden am schärfsten entgegentritt. Aber überall können wir auch verfolgen, wie dieses ursprüngliche, orientalische Wesen vor dem Schwalle der einbrechenden, abendländischen Kultur zurückweicht und bald verschwunden sein wird, zur großen Betrübnis des Ethnographen und Kulturhistorikers.

Bosnien und die Herzegowina ist heute ein Land, das sich bestrebt, allen Fortschritten der neuen Zeit Tür und Tor zu öffnen und erst kürzlich hat die bosnische Schriftstellerin Milena Mrazović in der »Wage« mit allem Nachdruck darauf hingewiesen, daß man auch in den breiten Schichten des Volkes die Augen vor dem Aufstreben dieses Landes nicht verschließen soll. Daher darf es uns nicht wundernehmen, wenn die wissenschaftliche Literatur der letzten Jahre ein immer regeres Interesse für unsere Gebiete an den Tag legt. Haben wir auch aus den Zeiten des Mittelalters und der Türkenherrschaft manches Zeugnis in den nunmehr von der Agramer Akademie gesammelten Urkunden und manchen Berichten z. B. des Franziskaners Fra Nikolaus von Laiva, haben auch Männer wie Hadschi Chalfa uns Beschreibungen des Landes gegeben, so ist doch unsere Kenntnis von den politischen und wirtschaftlichen Verhältnissen so unklar und lückenhaft, daß die einzige, zusammenfassende Geschichte Bosniens von Klaic einer Verbesserung und Vertiefung dringend bedarf, die nunmehr von ungarischer Seite erfolgen soll.

Erst mit der Erschließung des Landes durch die Besetzung Österreichs ist uns wieder genauere Kunde zugegangen und die rege Anteilnahme der Gelehrten zeigt sich in einer erstaunlichen Flut von größeren und kleineren Schriften am Ende der 70er und Anfang der 80er Jahre.

Wenn man die Entwicklung ins Auge faßt von der Mitte der 70er Jahre, als der deutsche Konsul Dr. Otto Blau noch im Lande Routenaufnahmen machte, wie man sie heute noch in Innerasien oder Afrika macht, — bis auf die wissenschaftliche Arbeit der letzten Zeit, so wird man dem großen Aufschwung unserer Kenntnis gewiß seine Bewunderung nicht versagen. Aber man sieht auch ein, daß ein guter Teil Arbeit noch zu leisten ist, bis die vereinzelten, auf so verschiedenen Gebieten geleisteten Arbeiten zu einem einheitlichen Bilde vereinigt werden können. Schon jetzt wurde ein solcher Versuch gemacht in dem großen Sammelwerk: »Die österreichisch-ungarische Monarchie in Wort und Bild«, dessen Schlußband uns bereits vorliegt.

Wenn wir eine kurze Umschau halten über die in den letzten Jahren erschienene Literatur, so fällt zunächst eine große Menge populär gehaltener Bücher auf, die eine ungefähre Vorstellung von Land und Leuten geben wollen. Unter diesen nenne ich nur das bekannte Buch von Renner, »Durch Bosnien und die Herzegowina kreuz und quer« (2. Aufl. 1897) und die bestbekannte Arbeit von Milena Mrazovič, »Bosnisches Skizzenbuch« (1900[1]) und in allerjüngster Zeit ist ein Heft erschienen von Franz Frhr. v. Mac Nevin O'Kelly, »Vor 25 Jahren« (1903).

Uns kümmert aber nur die wissenschaftliche Literatur. Da ist es mit besonderer Genugtuung zu begrüßen, daß die bosnische Landesregierung als Parallelorgan zum kroatisch geschriebenen »Glasnik« die »wissenschaftlichen Mitteilungen aus Bosnien und der Herzegowina« seit dem Jahre 1893 herausgibt. Wir finden hier die gekürzte oder erweiterte Wiedergabe von Arbeiten aus dem Glasnik, aber auch eigene Beiträge, Notizen und Abhandlungen. Es sind bereits acht dicke Bände erschienen. In diesen Publikationen nimmt die Prähistorie den breitesten Raum ein und die hier besprochenen Funde (von Butmir, Laiva, Glasinac usw.) haben die Aufmerksamkeit der Forscher weit über die Grenzen des Landes beschäftigt. Nebenher gehen aber auch Aufsätze geographischen, geschichtlichen, naturwissenschaftlichen und volkskundlichen Inhalts. Außerdem hat die bosnische Landesregierung durch die Herausgabe anderer Handbücher für reiches Untersuchungsmaterial gesorgt. Hier sind zu nennen:

1. Die Landwirtschaft in Bosnien und der Herzegowina (1899). Dazu hat Fr. Heiderich in den Mitteilungen der Wiener geographischen Gesellschaft 1900 willkommene Beiträge geliefert.
2. Das Bauwesen in Bosnien und der Herzegowina vom Beginn der Okkupation bis zum Jahre 1887.
3. Die Ergebnisse der meteorologischen Beobachtungen der Landesstationen 1895.
4. Die Ergebnisse der Viehzählung in Bosnien und der Herzegowina 1896.
5. Die Hauptresultate der Volkszählung in Bosnien und der Herzegowina 1896. Auf dieses Werk verweise ich besonders, denn selten hat ein Gebiet oder eine Provinz eine so umfangreiche und genaue Behandlung erfahren.

Zu dieser Gruppe sind auch die mit Unterstützung der Landesregierung herausgegebenen Arbeiten von Oberbaurat Ph. Ballif zu nennen und zwar 1. »Wasserbauten in Bosnien und der Herzegowina« (1896), darin untersucht er die, früher und jetzt unternommenen Meliorationsarbeiten, den Bau von Zisternen, Brunnen, Wasserleitungen usw., was ihn wieder zu verschiedenen Schlüssen über Anbau und Besiedlung im Altertum und Mittelalter veranlaßt. 2. Die »Römerstraßen in Bosnien und der Herzegowina« (1893). In diesem Buche ist in dankenswerter Weise die ältere, ziemlich verworrene Literatur gestreift und eine Fülle neuen, wertvollen Beobachtungsmaterials hinzugefügt, denn Ballif ist selbst auf seinen Inspektionsreisen den Spurrillen der Römerstraßen auf mehr als 2000 km nachgeritten. Wenn wir noch gleich aus der Fülle des Materials einige Schriften über Verkehrswesen zusammenstellen wollen, so sind aus früherer Zeit zu nennen: M. Hoernes, »Altertümer der Herzegowina und des südlichen Teiles von Bosnien, nebst einer Abhandlung über die römischen Straßen und Orte« (Sitzungsber. d. phil.-hist. Kl. d. Ak. d. W., 97. u. 99. Bd.) und: »Über römische Heerstraßen«. (Archäol. epigr. Mitt. IV. Wien); ferner die Arbeiten von Const. Jireček, »Die Bedeutung Ragusas in der Handelsgeschichte des Mittelalters« (1898) und »Die Handelsstraßen und Bergwerke in Serbien und Bosnien während des Mittelalters.« (Abhandl. d. kgl. böhm. Akad. d. Wiss. Prag 1881). In neuester Zeit ist noch ein Beitrag von Dr. G. Lukas erschienen: »Studien zur Verkehrsgeographie des österr.-ungar. Okkupationsgebiets. (Deutsche Rundschau 1902).

Zu diesen mehr geschichtlichen Arbeiten gehören auch die Aufsätze und Bücher über die Nachbargebiete; so die zahlreichen Abhandlungen von Kurt Hassert über Montenegro, K. Patsch, »Die Lika in römischer Zeit«. (Schr. d. Balkankommission d. Akad. d. W., Antiquar. Abt. 1900) und C. Jireček, »Die Romanen in den Städten Dalmatiens während des Mittelalters«. (Denkschr. d. Akad. d.W., phil.-hist. Kl. 1901).

Endlich treffen wir eine große Menge von Einzelarbeiten, die beweisen, daß auf allen Gebieten fleißig gearbeitet wird. Von naturwissenschaftlichen Arbeiten

[1] Das soeben in zweiter, veränderter Auflage erschienen ist.

sind zu nennen: v. Guttenberg (80er Jahre), Maly (Wiss. Mitt.), Beck v. Mannagatta (Verhandlungen der zoolog. botan. Ges., Annalen des Hofmuseums 1886—1896) und A. Pichler, einem Verwandten des Tiroler Dichters.

Auf dem Gebiet der Geologie ist viel gearbeitet worden. Gleich nach der Okkupation ist durch Mojsisovics, Tietze und Bittner eine Aufnahme gemacht worden, die mit Rücksicht auf die entgegenstehenden Schwierigkeiten als eine Riesenleistung bezeichnet werden muß. »Grundlinien der Geologie von Bosnien und der Herzegowina« 1881). Doch wurde die Aufnahme auf Grund einer alten ungenauen Karte (wahrscheinlich der von Scheda) gemacht, so daß das der geologischen Karte eingefügte Flußnetz mit der Wirklichkeit nicht stimmt und daher die Benutzung dieses Werkes oftmals einfach zur Unmöglichkeit wird. Eine Reihe von Untersuchungen von Benes, Bittner, Brandis, Katzer und Rücker haben uns schon eine Menge von Einzelheiten geboten und man geht nun allen Ernstes daran, eine geologische Neuaufnahme des Landes vornehmen zu lassen. Der bestbekannte Geologe Dr. Friedr. Katzer ist dazu ausersehen und es liegt uns vorläufig ein Heft: »Geologische Übersicht von Bosnien und der Herzegowina« (1903) vor.

Es ist dies dem Führer für die Exkursionen durch Bosnien und die Herzegowina des IX. internationalen Geologenkongresses entnommen und gibt uns eine kurze Übersicht über die Verteilung der Formation. Das Archaicum hat nur geringe Ausdehnung und Bedeutung; dagegen bilden die jungpaläozoischen Schichten durchaus das Grundgebirge und kommen in größeren, zusammenhängenden Gebirgsmassen zum Vorschein (»paläozoische Entblößungen« nennt dies Mojsisovics). Diese Schichten bilden fast überall breite Rücken mit abgerundeten Kuppenformen; nur wo Kalk eingefaltet ist, bemerken wir Zacken und steile Abstürze. Diese paläozoischen Gebiete sind fast durchaus gut bewässert und ausgiebig bewaldet. Der Erzreichtum ist groß, sodaß der Name »Bosnisches Erzgebirge« berechtigt erscheint.   (Schluß folgt.)

Hermann Wagners Lehrbuch der Geographie.
Buch III: Biologische Geographie.
Von Prof. Dr. Arnold Jacobi-Tharandt.

Mit Genugtuung kann ein biologisch vorgebildeter Berichterstatter über denjenigen Teil des Lehrbuchs sich aussprechen, welcher die Verbreitung der Lebewesen nach allgemeinen Gesichtspunkten zu behandeln sucht. Wer freilich in diesem immerhin 89 Seiten zählenden Abschnitte einen Abriß der Tier- und Pflanzengeographie zu finden hofft, der den Umfang des Tatsachenbesitzes dieser beiden Wissenschaften und dessen Gliederung erkennen ließe, der wird enttäuscht sein. Keins der zahlreichen tiergeographischen Systeme, nicht einmal die »klassische« quaternäre Einteilung Wallaces wird wiedergegeben, keine Verzeichnisse systematischer Namen füllen die Seiten; dennoch kann diese rein andeutungsweise verfahrende Einführung mehr Anspruch darauf erheben, die räumlichen Beziehungen der lebenden Wesen zur Oberfläche des Planeten ins rechte Licht zu rücken als manches eigens den Disziplinen der Biogeographie gewidmete Lehrbuch. Denn die strenge Innehaltung des wirklich geographischen Standpunkts, das heißt die tunliche Zurückführung der Verbreitungserscheinungen auf Masse, Gliederung und Beschaffenheit des tellurischen Substrats, muß sie dem nach vorläufiger Belehrung über die Aufgabe tier- und pflanzengeographischer Forschung Suchenden auch in der Beschränkung auf großzügige Umrisse davor behüten, bei weiterer Vertiefung in die Einzelheiten des Stoffes den Blick für die Bedeutung des Ganzen zu verlieren. Dank aber gebührt dem Verfasser, dem Sohne eines Rudolf und Neffen eines Moritz Wagner, daß er dem Wesen und der Stellung eines von vielen seiner Fachgenossen wenig beachteten, ja infolge einseitiger Vorbildung verachteten Zweiges der physischen Erdkunde gerecht werden will. Sehen wir, wie dieses sein Vorgehen zustande kommt!

Auf einen den Zwecken des Buches genügende Bibliographie folgend leitet der erste, die Biosphäre behandelnde Abschnitt in das Verhältnis der organischen Materie zur Masse des irdischen Raumes im allgemeinen ein. Der Verfasser erkennt anscheinend der Biosphäre grundsätzlich die gleiche morphologische Stellung zu wie den zwei anorganischen Kugelschaalen, betont aber in längerer Ausführung, daß wir über die Ausdehnung des für die Lebewelt bewohnbaren Erdraums in älteren Erdperioden wenig aussagen können; eine zeitweilige Überbevölkerung hält er aber nicht für ausgeschlossen. Ausdehnung und Grenzen, Dichte und Masse der Biosphäre sind der Gegenstand weiterer Abschnitte, die in interessanten Schätzungen von Zahlenwerten für diese Eigenschaften gipfeln. So glaubt Wagner den Rauminhalt der tierischen Ökumene mit rund 1300 cbkm. beziffern zu können, während die gesamte organische Schicht, zu einer homogenen Masse verdichtet gedacht, die Erdoberfläche wohl nicht höher als 5 mm bedecken würde. Eine Betrachtung über das Verhältnis der organischen Masse zum Kohlensäuregehalt der Luft beschließt das erste Kapitel. Das zweite leitet zu den heutigen Verbreitungserscheinungen über, da es die Verbreitungsweise der Organismen schildert. Sein Inhalt läßt sich wegen der hier gebotenen Raumbeschränkung nur durch Wiedergabe der engeren Einteilung andeuten. Unter »allgemeinen Verbreitungsbedingungen der Organismen« werden die verschiedenen Möglichkeiten genannt, welche die aktive und passive Ausbreitung gestatten, beschränken, verhindern. Es folgen die »äußeren Lebensbedingungen der Pflanzen, Pflanzenwanderung, pflanzenfressende und fleischfressende Tiere, Abhängigkeit der Tierwelt von äußeren Verhältnissen, Verbreitungsmittel der Tiere[1], Einfluß des Menschen, Verbreitungsgebiete von Einzelorganismen, Artenstatistik, biogeographische Schranken im Lichte der Erdgeschichte«. In diesem letzten Paragraphen werden auch die wichtigsten Grundsätze genannt, nach denen Tatsachen vergangener Verbreitung des Lebens für die Zwecke der historischen Geologie benutzt werden können.

Der dritte von den »allgemeinen Ergebnissen der Wanderungen und Umbildungen« handelnde Abschnitt hat das zum Inhalt, was gewöhnlich unter der Bezeichnung »Tier-« und »Pflanzengeographie« vorgetragen wird, hier natürlich nur die Hauptzüge berücksichtigend. Die Biosphäre gliedert sich Wagner zufolge nach den Grundbedingungen organischen Lebens in die drei Stockwerke des Festlandes, der durchleuchteten oberen Wasserschichten und der dunklen Tiefsee. Weiterhin äußert sich die Gliederung in den drei klimatisch bedingten Gürteln, ferner geomorphologisch in der Anschmiegung an die großen Kontinentalmassen, endlich gehorcht sie teilweise den großen beständigen Bewegungen oder Wirbeln von Wasser und Luft. Dementsprechend kommen nacheinander die marinen Lebensbezirke und das Süßwassergebiet zur Behandlung; bei letzterem Gegenstand möchte sich Ref. gegen die Aufstellung des Grundsatzes wenden, der tiergeographisch zu falschen Schlußfolgerungen führen kann, daß nämlich Flüsse und Seen der Hauptsache nach vom Meere aus durch Anpassung ihrer Lebewelt an das Süßwasser bevölkert worden seien (S. 618). Für die Pflanzenwelt ist diese Annahme nämlich fast gänzlich, für die Tiere größtenteils unrichtig, da ein höchster bzw. hoher Prozentsatz von ihnen aus Landformen sich zu Süßwasserbewohnern umgebildet haben muß.

Während der folgende Paragraph über »Florenreiche des Festlandes« eine breiter angelegte Ergänzung im IV. Kapitel findet, das die Vegetation der Landoberfläche nach Biocönosen geordnet schildert, werden die Grundzüge der eigentlichen Tierverbreitung nur in dem letzten Paragraphen als »regionale Verbreitung von Landtiergruppen« mitgeteilt. Dem einleitenden Satze, wonach die Tierwelt wegen der Ungleichheit ihrer Lebens- und Verbreitungsbedingungen sich nicht in solche für alle Gruppen gültige Einteilungen fügen läßt, wie es die Pflanzen erlauben, kann man nur beistimmen, dagegen geht Wagner zu weit, wenn er sagt, daß die bisher kartographisch festgelegten Faunenreiche nur auf die Verbreitung der Säugetiere begründet seien. Es dürfte vielmehr die auch mit manchen Problemen der historischen Geologie sich berührende Tatsache gelten, daß die beiden obersten Wirbeltierklassen bezüglich ihrer eigentlichen Wohngebiete, bei den Vögeln also der Brutbezirke, im wesentlichen denselben Verbreitungsgesetzen gehorchen, den gleichen Faunenreichen angehören. Auch die vom Verfasser in seinem Sinne zitierte Karte des Ref. ist vielmehr von beiden Gesichtspunkten

---

[1] Die Ableitung Wagners, daß wegen des zeitigeren Vorhandenseins pflanzlicher Nahrung auch pflanzenfressende Tiere die ursprünglicheren Formen gewesen seien, muß berichtigt werden. Simroth hat nämlich überzeugend dargelegt, daß zwar in der Entwicklungsreihe des Tierstammes Kryptogamenfresser den Anfang gemacht haben, die Ausnutzung der Gefäßpflanzen zur Nahrung aber erst spät nach dem Fleischgenuß folgte.

aus entworfen. — Die weiteren Ausführungen des Lehrbuchs betonen in diesem Abschnitt den Einfluß, welchen die seit dem Tertiär erfolgte Gliederung des Festlandes in die großen Blöcke einer Nordwelt und Südwelt (Australien und Südamerika) für die Säugetiere gehabt hat.

Für das IV. Kapitel gab die gute literarische Durcharbeitung der Pflanzengeographie, über die wir heute verfügen, die Möglichkeit von »der Vegetation der Landoberfläche« eine inhaltreiche und abgerundete Zusammenfassung zu liefern. Das letzte Kapitel endlich, von nutzbaren Pflanzen und Tieren handelnd, ist im Raume wie im Eingehen auf Einzelheiten sehr freigebig behandelt; warum wurde dann die Honigbiene ganz übergangen?

Buch IV: Anthropogeographie.
Von Dr. Otto Schlüter-Berlin.

Das vierte rund 200 Seiten (S. 674—868, § 297—391) umfassende Buch des Werkes führt den Titel »Anthropogeographie oder Erde und Mensch«. Es bildet nicht allein das erste Lehrbuch über das genannte Gebiet, sondern man kann vielleicht sagen, überhaupt die erste größere methodisch-systematische Darstellung dieses in kräftiger Entwicklung befindlichen Zweiges der Geographie. Für Ratzels Werke würde eine solche Bezeichnung nicht recht angemessen sein; dazu sind sie zu subjektiv, dazu überwiegen in ihnen die anregenden Gedanken und Einfälle oft zu sehr die methodische Durcharbeitung und systematische Ordnung des Stoffes. Zum wenigsten bedürfen sie einer Ergänzung nach den so bezeichneten Richtungen, wie sie eben die Darstellung Wagners bis zu einem gewissen Grade zu geben geeignet ist. Freilich nur bis zu einem gewissen Grade; Einschränkungen müssen gemacht werden. Sie liegen einmal in der Lehrbuchnatur des Werkes begründet, die dem Verfasser eine Reihe von Beschränkungen auferlegt. Sie ergeben sich ferner daraus, daß die bisher allein vorliegende allgemeine Darstellung auf eine Ergänzung durch die folgenden, der Länderkunde vorbehaltenen Bände zugeschnitten ist. Und endlich muß man mit den Worten »System« und »Methode« im gegebenen Falle eine ganz bestimmte Bedeutung verbinden, die weniger die Vorstellung von philosophischer Vertiefung und folgerechter Durchführung leitender Gedanken einschließt, als die der Ordnung, Klarheit, Exaktheit, Brauchbarkeit (insbesondere für die Zwecke der Studierenden). Jenes könnte man bei dem augenblicklichen Stande der noch ganz jung und gar im Werden begriffenen Anthropogeographie selbst von einem Buche, das nicht für Lernende bestimmt wäre, kaum erwarten; und wenn auch die Anordnung im großen und kleinen oft das bestimmende Prinzip mehr vermissen läßt als nötig wäre, so wird dieser Mangel doch durch den Inhalt der einzelnen Paragraphen vollständig wieder aufgehoben. Hier ist alles durchdacht; jeder Zahl, jeder Literaturangabe, jedem Worte des Textes merkt man an, daß über Aufnahme und Fortlassung durchweg eine von bestimmten, klar erkannten Gesichtspunkten geleitete Überlegung entschieden hat, wie sie in ähnlicher Weise jeder Benutzer des Sydow-Wagnerschen Schulatlasses auf Schritt und Tritt beobachten kann.

Eine Besonderheit der Darstellung, die auch ihn Hinblick auf den Namen des Verfassers nur wie etwas Selbstverständliches angeführt werden kann, liegt in dem allerorten hervortretenden Streben nach zahlenmäßiger Bestimmtheit und nach größtmöglicher Exaktheit in diesen Zahlen, — Exaktheit im wohlverstandenen Sinne, die nichts zu tun hat mit unverständiger Berechnung von Dezimalstellen und dergleichen Zwecklosigkeiten, sondern die in strenger Kritik der Quellen und des Materials besteht und von einer klaren Einsicht in das Maß von Genauigkeit, das erreichbar oder wünschenswert ist, getragen wird. Die auf sicheren Grundlagen fußenden Bestimmungen der Zahl der Menschen überhaupt, der Angehörigen der einzelnen Rassen und Religionsgemeinschaften, der Arealgröße der Staaten und vieler anderer meßbarer Größen, dazu die Nennung des wichtigsten statistischen Materials und die in den Anmerkungen verstreuten Winke über dessen Zuverlässigkeit und die Art seiner Verwendung — das alles sind Dinge, für die wir dem Verfasser zu nicht geringem Danke verpflichtet sind. Und dabei kann man der Darstellung nicht vorwerfen, daß sie das Statistische einseitig bevorzugte, wenn auch in dieser Richtung wohl die Hauptvorzüge des Buches gesucht werden müssen. Nur in ganz wenigen Fällen wird der Kritik der Zahlen vielleicht ein etwas zu großer Raum zugestanden; im ganzen aber drängt sich das Statistische nicht ungebührlich vor. Auch läßt sich der Verfasser niemals dazu verleiten, die Zahl als Selbstzweck zu behandeln, sondern er ist überall mit Erfolg bemüht, mit den Zahlen wirklich etwas zu sagen, anschauliche Vorstellungen durch sie zu vermitteln. So wirkt die Exaktheit nie pedantisch, sondern immer nur wohltuend. Am Ende wird doch auch die mit dem Menschen sich befassende Wissenschaft überall auf Zahl und Maß gestellt werden müssen, ohne die eine streng kausale Betrachtung nicht möglich ist. Wir werden daher alles, was uns in dieser Richtung irgendwie fördert, stets willkommen heißen, so wenig auch das letzte Ziel in erreichbarer oder auch nur sichtbarer Nähe vermutet werden darf.

Die Eigenschaft der »Anthropogeographie« H. Wagners als eines Lehrbuchs kann ich nur vom Standpunkt des Lernenden aus beurteilen. Mir scheint aber, daß sich recht viel aus ihr lernen läßt und daß sie in allen ihren Abschnitten dem Lernenden eine gute Grundlage verschafft, von der aus er leicht in jedes Teilgebiet der Anthropogeographie tiefer eindringen kann.

Der Inhalt des Buches gliedert sich in folgende acht Abschnitte:

I. Das Menschengeschlecht (§ 298—300). Den Gegenstand bilden hauptsächlich die Grenzen der Ökumene und die Zahl der Menschen, die (mit Benutzung eines auch der vorigen Auflage gegenüber zum Teil neuen Materials) auf rund 1600 Mill. bestimmt wird (im Jahre 1800 waren es rund 1000 Mill.).

II. Natürliche Gliederung des Menschengeschlechts (§ 301—308). Die Rassen werden nach der etwas modifizierten Blumenbachschen Einteilung besprochen. Die genaueren und interessanteren Rassenprobleme werden nicht behandelt; doch bleibt das vielleicht der Länderkunde, vor allem der Darstellung Europas, vorbehalten.

III. Kulturelle Gliederung des Menschengeschlechts (§ 309—317), wobei die Gedanken von Ed. Hahn, E. Große und auch gelegentlich die von A. Vierkandt verwertet werden.

IV. Die Staaten (politische Geographie) (§ 318—338). Dieser Abschnitt, der vielfach auf Ratzel fußt, ist gerade dadurch von besonderem Interesse, weil er zu Vergleichen über die verschiedene Art und Weise anregt, in der die beiden genannten Verfasser ihr Thema behandeln. Daß Wagner den Ausführungen Ratzels überall selbständig gegenüber tritt (wie das Buch überhaupt nirgendwo bloße Kompilation ist), braucht kaum besonders gesagt zu werden. Manches erscheint dabei klarer und zur unmittelbaren Verwendung geeigneter. Wiederum sind die wohlgeordneten Angaben über die Größe der Staaten und ihrer Teile von besonderem Werte.

V. Die Religionsgemeinschaften und ihre Verbreitung (§ 339—345).

VI. Siedelungen und Volksdichte (§ 346—365).

VII. Verkehrswege und Verkehrsmittel (§ 366—381).

VIII. Weltverkehr und Welthandel (§ 382—391).

Durch welche Gesichtspunkte diese Einteilung bestimmt wird, ist, wie gesagt, nicht klar zu ersehen. Innerhalb der einzelnen Abschnitte stehen die Paragraphen dann einfach nebeneinander, ohne daß sie zu größeren Gruppen vereinigt würden. Und ihre Reihenfolge läßt meistens einen leitenden Gedanken mehr oder weniger vermissen. Namentlich scheint sie mir im sechsten und siebenten Abschnitt eines Prinzips völlig zu entbehren. Selbst im vierten Abschnitt, der — abgesehen von einigen allgemeineren Paragraphen — ziemlich deutlich gleichsam in eine quantitative und eine qualitative Betrachtung der Staaten zerfällt, indem er zuerst die Größenverhältnisse der Staaten und dann ihre organische Gliederung (wenn ich mich im Sinne des Ratzelschen Vergleichs zwischen Staat und Organismus so ausdrücken darf) behandelt, ist die Gliederung im einzelnen nicht recht durchsichtig.

Auf Einzelheiten einzugehen, dazu gebricht es an Raum. Doch kann ich nicht unterlassen, die im § 350 gegebenen kurzen Mitteilungen über die Ortsnamen richtig zu stellen, da sie völlig irrig sind. Wagner knüpft in freier Weise an W. Arnolds drei Perioden der Ortsgründung an. Dabei führt er aber als »der ältesten Zeit« angehörige Namen lauter Endungen an, die weit jüngeren Ursprungs sind, während er anderseits die Namen auf -leben dem 7. und 8. Jahrhundert zuweist, obwohl gerade sie überall, wo sie vorkommen, mit Sicherheit als viel älter angenommen werden können.

Die Zusammenziehung des Judentums und Christentums in einen Paragraphen

(343), während doch alle anderen Religionen in einem besonderen Paragraphen besprochen werden, ist angesichts der völligen Verschiedenheit beider Religionen nicht zu rechtfertigen. Die Rücksicht auf die räumliche Einteilung des Buches sollte man in solchen Fällen hintanstellen.

Den Ausdruck »politischer Raum«, der an einen der besten und tiefsten Gedanken aus Ratzels »Politischer Geographie« erinnert, hätte Wagner nicht in dem rein äußerlichen Sinne verwenden sollen, in dem er »jedes politisch abgegrenzte Flächenstück, einerlei ob selbständig oder nicht« bezeichnet (§ 326). Die »Unbestimmtheit« des Ratzelschen Ausdrucks ist hier durchaus am Platze; auf die Grenzen kommt es dagegen absolut nicht an.

Die Abweichungen der neuen Auflage von der im Jahre 1899 erschienenen vorigen beschränken sich auf nebensächliche Dinge.

Die Erdkunde auf der 25. westfälischen Direktorenversammlung in Arnsberg 1903.

Von Dr. Sebald Schwarz-Dortmund.

Erfreuliche Aussichten für die Entwicklung des Geographie-Unterrichts eröffnen die Verhandlungen der 25. westfälischen Direktoren-Konferenz in Arnsberg vom 20. bis 22. Oktober, über die jetzt im 69. Band der preußischen Direktoren-Versammlungen, der Bericht vorliegt; erfreuliche Aussichten zunächst, weil der leitende Provinzial-Schulrat, Geh. Reg.-Rat Dr. Hechelmann, unumwunden zugab, daß »die Lehrerfolge des erdkundlichen Unterrichts sich zwar nicht unwesentlich gebessert hätten, aber immer noch vielfach nicht befriedigten«; dann aber auch wegen des allgemeinen Beifalls, den die hochstrebenden und zugleich praktischen Ausführungen und Thesen des Berichterstatters, Dir. Auler vom Dortmunder Realgymnasium, fanden, auch bei den Mitgliedern der Konferenz, die den Bestrebungen der Geographen ferner stehen. Insonderheit, um dies vorwegzunehmen, zeigte sich das bei den Verhandlungen über These 4, wo die Fassung, daß »das dem Fache auf der Oberstufe der Gymnasien und Realgymnasien zugewiesene Mindestmaß von Stunden überschritten werden muß, wenn die erdkundlichen Wiederholungen von dauerndem Nutzen sein sollen«, mit großer Mehrheit den Sieg davontrug über die des Mitberichterstatters, Dir. Hellinghaus aus Wattenscheid: »Das den ‚Wiederholungen' auf der Oberstufe zugeteilte Mindestmaß von zwölf Jahresstunden bezieht sich nur auf die Länderkunde, nicht auch auf die ‚zusammenfassende Behandlung des Wesentlichsten' aus der allgemeinen physischen Erdkunde; diese sind am Gymnasium und Realgymnasium Aufgabe des Lehrers der Naturkunde«; im Anschluß daran wurde auch mit gleich großer Mehrheit These 20 angenommen: »Der Unterricht in der allgemeinen physischen Erdkunde ist von dem länderkundlichen im allgemeinen nicht zu trennen«. Man darf dies Resultat wohl als einen tatsächlichen Erfolg bezeichnen.

Das Thema für die Berichte lautete: »Wie sind die in den neuesten Lehrplänen von 1901 (S. 50 ff.) vorgeschriebenen ‚zusammenfassenden Wiederholungen' in der Erdkunde auf der Oberstufe zu gestalten? Die Verteilung des Lehrstoffs auf die drei oberen Klassen und auf die verfügbare jährliche Stundenzahl ist dabei besonders zu berücksichtigen.« Der Inhalt des knappgefaßten und reichhaltigen Aulerschen Berichts — der Mitberichterstatter weicht nur in der eben skizzierten Frage ab — ist etwa folgender:

Als seinen Standpunkt bezeichnet Auler sowohl im Bericht wie im Eingang der Verhandlungen ausdrücklich, daß er mehr von der Zukunft erhoffe, als er auf Grund der noch geltenden Bestimmungen jetzt fordern kann; »ein anderes Bild vom geographischen Unterricht, als das des Berichts, trage ich im Kopf und Herzen; mein Ziel ist ein selbständiger geographischer Unterricht auch in den Oberklassen, der mit dem geschichtlichen eng verbunden ist«. Er rechnet jedoch mit den gegebenen Zuständen; so mit der Tatsache, daß »der Geschichtslehrer, mag er geographisch durchgebildet sein oder nicht, auf den Gymnasien und Realgymnasien das Fach da, wo es nach VI die meisten Schwierigkeiten bietet, vertreten muß, daß mit der langen Gewöhnung, die Erdkunde als Vorstufe des Geschichtsunterrichts anzusehen, so bald nicht gebrochen werden kann;« wenn er immer wieder betont, daß es nicht auf Menge des Wissens ankomme, sondern auf klare Anschauung und Verständnis, auf Fähigkeit und Freudigkeit zur Weiterbildung; »wer Zweifel hegt, die Menge des angedeuteten Stoffes bewältigen zu können, der schneide nur getrost heraus, so viel er meistern zu können glaubt.«

Eine große Rolle spielt von diesem Standpunkt der Bescheidung aus die Auslegung der Lehrpläne, denen Auler mit allen Mitteln philologischer Exegese beizukommen sucht. Soweit der Bericht sehen läßt, hat sich der Vertreter des Ministeriums, Geh. Ober-Reg.-Rat Dr. Meinertz, der sich »an der Besprechung soweit beteiligen wollte, als es sich um Beseitigung von etwaigen Zweifeln über die Ausführung von Bestimmungen der neuen Lehrpläne handele«, zu den Zweifeln auf diesem Gebiet nicht geäußert.

Auler trennt zunächst die Wiederholungen von den Grundzügen der allgemeinen physischen Erdkunde — das dritte Pensum, das der Oberrealschule allein zugewiesen ist, die vergleichende Übersicht der wichtigsten Verkehrs- und Handelswege, will er, nicht ohne Widerspruch aus der Versammlung, auf allen Anstalten dem Geschichtsunterricht zuweisen, weil ihm jede Minute Geographie kostbar ist. Den Charakter der Wiederholungen bestimmt er dahin, daß sie nur »den gegenwärtigen Zustand der Erdoberfläche und ihrer menschlichen Bewohner zum Gegenstand haben«; damit weist er die Durchnahme der antiken Topographie, überhaupt Geographie des Altertums, ebenso zurück, wie etwa eine Darstellung Deutschlands in der Karbon- oder Diluvialzeit, und nimmt für die »Grundzüge der physischen Erdkunde« ausgewählte Kapitel aus der Klimatologie, Ozeanographie, Geologie in Anspruch, verwirft aber die Tier- und Pflanzengeographie. »Wie Lage und Natur eines Landes auf die Geschichte der Bewohner gewirkt haben?« ist ihm in den Oberklassen die entscheidende Frage, und zwar für alle drei Formen unserer höheren Schule. Allerdings wird ein Unterschied in der Gestaltung des Lehrstoffs nötig, je nach Interesse und Vorbildung; auf dem Gymnasium, wo die historische Betrachtung vorherrscht, werden die länderkundlichen Wiederholungen fast den ganzen Raum einnehmen, allein schon weil der Schüler weniger aus den Mittelklassen mitbringt, während auf den anderen beiden Anstalten die allgemeine physische Erdkunde mehr zur Geltung kommen kann und muß.

Aber selbst auf der Oberrealschule sollen keine allzu hohen Forderungen gestellt werden; genauer zeigt der Bericht dies bei den »geologischen Erörterungen«, wie er in bewußter Abweisung einer systematischen Geologie sich ausdrückt. In vorzüglicher Weise legt er dar, wie diese Erörterungen sich an die Heimat anschließen müssen und in gewissem Sinne auf sie beschränken, wie man sie nicht fordern darf, wo der Lehrer der Sache nicht sicher genug ist, wie sie nur im Zusammenhang mit der allgemeinen geographischen Betrachtung auftreten sollen.

Es folgt nun eine Verteilung des Stoffes auf die Oberklassen; da sie am kürzesten und anschaulichsten den Geist des Berichts wiedergibt, lasse ich sie am Schlusse meines Berichts folgen, obwohl sie zunächst nur ein Vorschlag für die Behandlung eines neu erschlossenen Gebiets ist und sein will.

Daß der Verfasser, und mit ihm die überwiegende Mehrheit der Versammlung verlangt, daß die Stundenzahl erhöht werde, ist schon gesagt. Er selbst widmet der Erdkunde in den beiden Primen auf dem Realgymnasium mindestens 20 Stunden; dieselbe Zeit weist er auf der Oberrealschule der Länderkunde allein zu, von der übrigen Zeit will er 15 Stunden auf die physische Erdkunde, 5 Stunden auf die Behandlung der Handelswege im Zusammenhang mit dem Pensum der Geschichte verwendet sehen.

Von der Verteilung dieser Stundenzahl über das Schuljahr spricht der Bericht unter den methodischen Bemerkungen; für die länderkundlichen Wiederholungen wenigstens verlangt er die Einsetzung von einzelnen Stunden in bestimmten Intervallen, allein schon, weil sie größere Anforderungen an die Lernarbeit der Schüler stellen, dann aber auch, weil »sonst leicht Willkür einrisse«; natürlich dürften gelegentlich auch einmal zwei Stunden zusammengefaßt werden. Er geht dagegen nicht auf die Frage ein, wie es mit der Zeit für die Belehrungen aus der allgemeinen physischen Erdkunde gehalten werden soll; aus seinem Schweigen darf man gewiß schließen, daß er für sie eine zusammenhängende Reihe von Stunden wünscht — ist doch schon die Behandlung solcher Dinge in einer Wochenstunde nicht sehr erquicklich. Es wäre unserem Unterricht, auch auf anderen Gebieten, schon viel geholfen, wenn wir weniger Dinge zugleich, diese aber in größerer Stundenzahl auf einmal betrieben.

Was die Arbeit der Schüler für die Wiederholungen angeht, so warnt Auler davor, schriftlich ausgearbeitete Vorträge oder auch Beantwortung bestimmter Fragen zu verlangen, empfiehlt aber gelegentliche frei gesprochene Berichte; hierin ist ihm die Konferenz nicht gefolgt, »damit sich niemand gebunden fühle«. Einverstanden ist sie dagegen mit den Forderungen, daß die Wiederauffrischung des Lehrstoffs Sache des häuslichen Fleißes sei und nach besonderen, vom Lehrer aufzustellenden Gesichtspunkten geschehen solle, in erster Linie nach dem Atlas, unter Ergänzung durch das Lehrbuch; einverstanden auch damit, daß von dem Schüler verlangt werden kann, daß er einfache Kartenskizzen aus dem Stegreif anfertigt, die aber nicht große Länderräume umfassen dürfen. Auler führt auch hier wieder Beispiele aus der Praxis an, wie er in 15—20 Minuten durch Abfragen und Kartenskizzen sich von den Kenntnissen der Schüler überzeugt und dann der Rest der Zeit zur Vertiefung des länderkundlichen Wissens ausnutzt.

Der vorliegende Bericht kann nur in kurzen Hinweisen zeigen, was an Anregung und Belehrung die Arnsberger Verhandlungen bieten; im Laufe des Jahres werden die Fachgenossen sie ja überall durch die Zirkulation der Versammlungsberichte selbst ausnutzen können. Hervorgehoben sei nur noch der Schluß der Verhandlungen: Direktor Auler erzählte von den geologischen Wanderungen für Oberlehrer, über die auch an dieser Stelle (1903, S. 181) berichtet ist, die er unter Führung der Landesgeologen veranstaltet und auch noch für 1904 geplant hat; auch hierfür fand er großes Interesse bei der Versammlung, und es bleibt nur zu hoffen, daß die Regierung diese Anregung zur Ausbildung der Geographielehrer ergreift und auch anderswo verwirklicht; ein Bericht darüber an das Ministerium wird in den Verhandlungen in Aussicht gestellt.

Gymnasium	Realgymnasium	Oberrealschule
Wiederholungen aus der Länderkunde:		
O II Der Schauplatz der alten Welt: die europäische Südosthalbinsel*, Italien*, die iberische Halbinsel, Frankreich*; Vorderasien (Kleinasien*, Armenien und Kaukasusländer, Iran, Syrien u. Palästina*, Arabien); Nordafrika (Ägypten*, Tripolis, Tunis*, Algier* und Marokko). Der Rest von Asien und Afrika im Überblick nach Oberflächengestalt, Flußsystemen, Klima, Bewohnern und hauptsächlichsten für den Weltmarkt wichtigsten Erzeugnissen. Die deutschen Kolonien sind zu belosen.	Dasselbe.	Dasselbe, nur eingehender und vertieft, entsprechend der verfügbaren Zeit. Verkehrswege des Altertums.
Aus der allgemeinen physischen Erdkunde:		
O II Klimatisches: Erwärmung der Erdoberfläche und Einfluß der Verteilung von Wasser und Land. Temperaturschwankungen. Das Wichtigste über Luftdruck und Winde, insbesondere Passate, Monsun und die außertropischen Luftströmungen im nordatlantischen Ozean. Arten der Niederschläge, besonders ihre Verteilung über die Ostfeste und ihr jahreszeitliches Auftreten vor allem in Europa und im nördlichen subtropischen Gebiet. Wüstengürtel. Zusammenstellung der Klimate.	Dasselbe, nur etwas erweitert und vertieft. Dazu Ozeanographisches: besondere Teile des Weltmeeres: Ozeane, Mittelmeere, Randmeere. Ebbe und Flut. Meeresströmungen besonders im nordatlantischen Ozean, ihre Gesetze und ihr Einfluß auf Klima und Schiffahrt.	Dasselbe wie beim Realgymnasium ergänzt und vertieft durch Aufzeigen des Gesetzmäßigen. Dazu vertikale Verteilung der Temperatur, lokale Winde; Beschaffenheit des Meerwassers, Polarmeere. Die wichtigsten Strömungen der anderen Ozeane.
Wiederholungen aus der Länderkunde:		
U I Mitteleuropa*, bes. das Deutsche Reich. Kürzer Nordeuropa. Übersicht über Amerika wie über Asien und Afrika in C II, etwas eingehender Mittelamerika.	Dasselbe.	Dasselbe, nur eingehender. Verkehrswege des Mittelalters.

*) Besonders zu betonende Gebiete.

Geogr. Anzeiger, April 1904.

6

Aus der physischen Erdkunde:

Die wichtigsten Meeresströmungen und ihr Einfluß auf Klima und Schiffahrt.	Schichtenbau der Erdrinde. Die Wirkung des Erdinnern auf die Erdoberfläche.	Dasselbe wie im Realgymnasium, nur eingehender. Dazu der Einfluß der Atmosphärilien auf die Erdoberfläche, und zwar Verwitterung, Abtragung, Erosion in unseren Breiten. Äolische Bildungen (Wüste, Löß).

Wiederholungen aus der Länderkunde:

O I England*, Rußland*, Vereinigte Staaten von Nordamerika*, das Monsungebiet*. Australien und die Inselwelt des Großen Ozeans im Überblick. Vergleichende Übersicht des überseeischen Besitzes der europäischen Kolonialmächte*.	Dasselbe.	Dasselbe, nur eingehender. Die Verkehrswege der Neuzeit.

Aus der allgemeinen physischen Erdkunde:

Schichtenbau der Erdrinde. Verschiedenartige Lagerung der Bodenschichten. Einfluß der Atmosphärilien auf die Bodengestaltung in unseren Breiten. Menschenrassen, Staatsformen, Religionen, Sprachen.	Wirkung der Atmosphärilien, Einfluß der Temperaturschwankungen und Winde (Äolische Bildungen), Glazialerscheinungen, Übersicht der räumlichen Verteilung der verschiedenen Menschenrassen, Staatsformen, Religionen, Sprachen.	Glazialerscheinungen viel eingehender, Menschenrassen usw. wie im Realgymnasium.

*) Besonders zu betonende Gebiete.

Geographischer Ausguck.

Marokkanisches.

I.

Am 8. April fiel in London die Entscheidung: Lord Lansdowne und Paul Cambon unterzeichneten das englisch-französische Abkommen, wodurch zum teil jahrhundertealte Streitpunkte aus der Welt geschafft oder vertagt wurden. So wichtig auch für die Beteiligten die Regelung der neufundländischen Fischereifrage und der westafrikanischen, sudanesischen und siamesischen Grenzschwierigkeiten sein mag, der Kulminationspunkt liegt in der wechselseitigen Abmachung über Ägypten und Marokko, diesem diplomatischen Meisterstück Delcassés, das die Ohrfeige von Faschoda tausendfach wieder gut macht. »In Marokko wird die territoriale Unverletzlichkeit und der Regierungs-status quo von England und Frankreich verbürgt. Beide Mächte versprechen sich gegenseitig Beistand zur Durchführung des Abkommens.«

Obgleich diese Verständigung dem »Weltfrieden« dient, haben wir Deutsche doch kaum Veranlassung, uns ihrer zu freuen, denn sie bedeutet nicht mehr oder weniger als den Leichenstein für die erste Ära deutscher Weltpolitik. Mit dem scherifischen Reich ist das letzte Stück Kolonialland außerhalb Südamerikas und der schon bestehenden Herrschaft oder Herrschafts-ansprüche europäischer Mächte verteilt. Und Deutschland wurde dabei gar nicht befragt; in dem ganzen Abkommen ist es mit keinem Worte erwähnt, wo doch selbst Spanien wohlwollend wenigstens mit Vertröstungen und Zukunftswechseln berücksichtigt worden ist.

Als marokkanische Anwärter galten England, Frankreich, Deutschland und Spanien. Im Sommer 1903 bemerkte man die ersten Anzeichen von politischen Gruppenbildungen. Loubets Besuch in London und Silvelas francophile Bündnisrede in der spanischen Kammer hätten dem vierten ausgesperrten Rivalen eigentlich schon die Augen öffnen sollen. Dr. Mohrs Kassandraruf in seiner Zeitschrift »Nordafrika« kennzeichnete die damalige Lage mit folgenden Worten: »Mit einiger Geschäftigkeit bemüht sich die französische Politik, die Fäden zu schlingen zu dem Netze, mit dem Marokko überdeckt werden soll. Zwei Bündnisse mit einem Male, das wäre allerdings ein gelungenes Spiel. Frankreich verbündet sich mit Spanien. Gegen wen? Doch gegen England. Frankreich verbündet sich mit England. Gegen wen? Doch gegen Spanien. (! d. R.) Und man muß sich fragen, wer soll hier betrogen werden?« Heute wissen wir die Antwort genauer zu geben. Natürlich wurde zuerst der Kleine und Schwache mit den Sirenenklängen der »lateinischen Rassengemeinschaft« eingelullt und mit der Anerkennung seiner historischen Rechte auf Marokko abgespeist. Aber die Hauptspitze der wechselseitigen Abmachungen richtete sich gegen Deutschland, das nunmehr noch hinter Spanien als Leidtragender einherzieht. Gewisse Anzeichen in der französischen offiziösen Presse schienen anzudeuten, daß es nicht unbedingt so zu kommen brauchte. Man schien auf eine Forderung Deutschlands um einen atlantischen Hafen zu rechnen und hätte sie wohl auch bewilligt, da Frankreichs Auge in erster Linie dem Atlasgebiet und der Mittelmeerküste zugewandt war. Als aber überhaupt keine Forderung angemeldet wurde, verständigten sich Frankreich und England über Afrika ohne Deutschland, rechneten Ägypten und Marokko hübsch gegeneinander auf, hatten somit jeder die Katze im Sack — und eine Reibungsfläche weniger. Schwarzseher meinen, diese marokkanische Angelegenheit sei nur der erste Schritt; das blaue Wunder würden wir erst später mit dem Kongostaat erleben.

Wir haben in Marokko im wesentlichen nur wirtschaftliche Interessen, belehrt uns die offiziöse Weisheit. Freilich, der deutsche Handel steht an dritter Stelle und würde bei normaler Entwicklung den französischen bald überflügelt haben. Jetzt beschränkt man sich darauf, »zuversichtlich zu hoffen«, daß der neue Herr die Türe wenigstens offen stehen lassen wird.

Obschon die »nur« wirtschaftlichen Interessen einen hinlänglichen Grund zum Mitreden abgegeben haben sollten, könnten wir ebensogut wie die übrigen Mitbewerber mit politischen, historischen und »moralischen« Interessen aufwarten.

Im romantischen Nebeldunst sog. historischer Rechte brauchten wir kaum den Spaniern nachzustehen, denn bis ins 16. Jahrhundert hinauf reichen die Handelsbeziehungen deutscher Kaufleute, das Blut von 3000 deutschen Landsknechten düngte die marokkanische Erde in der Schlacht von Alkassar, und noch heute heißt eine Festung südlich von Mogador »takit'n aleman«, Hügel der Deutschen.

Aber ganz gleichgültig. Sind keine Interessen da, so schafft man eben welche. Die Franzosen sind ja Meister in dieser Kunst, aus dem Nichts ein Etwas hervorzuzaubern. Da zieht zuerst ein einzelner Forscher aus, dann eine wissenschaftliche Expedition, der eine »mission militaire« auf dem Fuße folgt. Diese legt sagenhafte Etappenstraßen und fragwürdige Forts an, die den Kartographen zu immer neuen Einzeichnungen und Korrekturen verurteilen, ... und auf einmal sind geistige, »moralische«, wirtschaftliche und strategische Werte, Interessen und Einflußgebiete entstanden, wo früher kein Mensch an Frankreich dachte. Auch wir Deutsche haben solche Pioniere in Marokko gehabt, darunter den unermüdlichen Prof. Theobald Fischer. Was er und andere Einsichtige erstrebten, einen Handels- und (horrible dictu — ganz unter uns —) einen Flottenstützpunkt an der atlantischen Küste Marokkos, das scheint nun unwiderbringlich verloren. Über diese weltpolitische Seite der verpaßten Gelegenheit werden wir uns an gleicher Stelle das nächste Mal zu unterhalten haben.

Goethe, den 25. April 1904.   Dr. W. Blankenburg.

Kleine Mitteilungen.

I. Allgemeine Erd- und Länderkunde.

Über Land und Leute der russischen Kolonisationsgebiete des Generalgouvernements Turkestan. Ausgehend von dem Grundsatz, »daß ein richtiges Verständnis für die Verwertung und Brauchbarkeit einer Kolonie nicht zu erreichen sei ohne Eindringen in ihre geographischen Eigentümlichkeiten«, stellt Dr. Max Friederichsen (Göttingen, Geogr. Ztschr. 1903, H. 11, S. 593—607, mit Abb.) die Beobachtungen seiner im Sommer 1902 unternommenen Forschungsreise in den zentralen Tiën-schan in diesem Aufsatz zusammen, um, unterstützt von der maßgebenden Literatur, die Frage nach dem geographisch-morphologischen Aussehen, dem Klima und der Bevölkerung des bezeichneten Gebiets übersichtlich zu beantworten. Daran schließt sich eine Erörterung der Eignung Turkestans für europäische Kolonisation, sowie eine Würdigung der wirtschaftlichen Tätigkeit Rußlands.

Das russische Zentralasien zerfällt unter Nichtbeachtung der ungeographischen politischen Provinzgrenzen in folgende natürliche Abschnitte: 1. Transkaspien zwischen Kaspisee und West-Tiën-schan, südlich bis zu den Randketten Persiens und Afghanistans; 2. das nördliche Vorland des zentralen und westlichen Tiën-schan bis zu den Hügeln der »Kirgisensteppe«; 3. den zentralen und westlichen Tiën-schan und den Pamir-Alai. Letzterer wird als minder wichtig nicht behandelt.

I. Morphologische Grundzüge. a. Transkaspien. Transkaspien ist ein Teil des großen Wüstengürtels und zeigt die drei wichtigsten Formen der Wüstenlandschaft: die Fels- und Kieswüste, die Lehm- und Salzwüste, die Sandwüste in typischer Form.

Die Felswüste umgibt bereits den Ausgangspunkt der transkaspischen Bahn, Krasnowodsk am Kaspischen Meere; besonders zeigt der nördlich vom Bahnkörper in südöstlicher Richtung streichende Gebirgszug des Großen Balchan alle Erscheinungen der Wüstendenudation: kahle Felswände mit gewaltigen Schuttkegeln, den schwarzen, metallglänzenden »Wüstenlack«, die schuppige Verwitterung, Höhlungen, durch chemische Verwitterung und äolische Denudation geschaffen, überall Unmassen von Gesteinsgrus, denen Regen und Wind — hier stets Orkan und Wolkenbruch — leichtes Spiel haben. Weiterhin verflachen sich die aus den Balchantälern

6*

hervorquellenden Schuttdeltas zu weiten Kies-
feldern, denen der schwarze Wüstenlack ein
düsteres Aussehen verleiht; die graugrüne Farbe
der blätterarmen, stacheligen Wüstenkräuter
vermag dasselbe nicht zu mildern. Die schwereren Kiesel werden zwar nicht mehr vom
Winde, wohl aber vom Platzregen in Form
einer Geröllflut streckenweise verfrachtet.

Sobald die Bahn die Kieswüste des Balchan-
flusses verläßt, betritt sie auf den »Takyrböden«
die Lehm- und Salzwüste, die sich am Ausgang der von den Randgebirgen Irans herab-
strömenden Wasserläufe bildet. Wo der Fluß
versiegt, lagern sich die feinen Schlammteilchen
und die chemisch gelösten Salze ab. Nach dem
vergänglichen Blumenschmuck des Frühlings
folgt hier im Sommer eine trostlose Öde, die
auf den letzten Wüstentypus vorbereitet: die
Sandwüste.

In diesem Kara-kum (Schwarzer Sand) genannten beweglichen Sandmeer spielt nur
noch der Wind eine Rolle, der die hier (im
Gegensatz zu den libyschen Sandwällen) vorherrschenden Sicheldünen (Barchane) verschiebt und ihre Arme in die Richtung streckt,
in die er bläst; so wandert der Sand vor dem
sommerlichen Nordwind 18 m nach Süden,
während er von dem schwächeren Südwind
des Winters um 12 m nach Norden zurück-
geweht wird. Um den Bahndamm zu schützen,
versuchte man mit Erfolg eine Bindung der
losen Flugsandmassen durch den typischen
Wüstenstrauch des Saxaul. Nur dem Amudarja gelingt es, die jedem anderen Rinnsal
verderblichen Sandmassen zu durchqueren, freilich nicht ohne erhebliche Einbuße an seiner
anfangs gewaltigen Wassermasse.

Aber auch er vermag den Sand nicht abzuhalten von seinem Vordringen gegen die letzte
morphologische Zone Transkaspiens, die Löß-
oassen am Rande der umgebenden Hochgebirge.
Der Löß ist auch hier wie in China ein Produkt des feinsten, äolisch verfrachteten Wüsten-
staubes. Genügend bewässert ist er die Bedingung des reichen wirtschaftlichen Lebens
in den Oasenbezirken von Taschkent, Buchara
und Samarkand, im Ferghanabecken und im
Turkmenengebiet am Nordrand von Iran.

b. Nördliches Vorland des westlichen
und zentralen Tiën-schan. Auch hier kehren
die eben charakterisierten morphologischen Typen wieder: den Sandmassen der Wüsten Mu-
jun-kum, Tau-kum, Ljuk-kum u. a. erliegen selbst
die größeren Flüsse wie der Tschu; im Bal-
kasch-See versiegt der Ili. Dem Ferghanabecken
entspricht an Oberflächengestalt und Kulturwert
die Gegend von Kuldscha. Doch ist die Lößzone hier bloß die Trägerin von Wiesensteppen, die sich nur im Ilibecken zum gut
bewässerten und besiedelten Oasenland erheben.
Für die sommerliche Öde der staubigen Steppe
entschädigen der herrliche Gebirgshintergrund
und prächtige Farbeneffekte beim Scheiden des

Tagesgestirns. Der Frühling freilich zaubert
einen zwar vergänglichen, aber üppigen und
farbenglühenden Blumenteppich hervor.

2. *Klimatische Grundzüge.* Das Klima ist
es, dessen Ungunst Steppe und Wüste bedingt:
Niederschlagsarmut, extreme Sommerhitze,
außerordentlich starke Verdunstung und große
tägliche und jährliche Temperaturschwankungen.
Die ohnehin so geringen Niederschläge (unter
25 cm jährlich) fallen ausschließlich im Winter.
Die gewaltige Verdunstung des Kaspi- und Aral-
sees kommt im Sommer nur den Randgebirgen
zugute, an denen sich die Nord- und Nordwestwinde ihrer Feuchtigkeit entladen. Die sommerliche Trockenheit bewirkt einen ununterbrochen
heiteren Himmel, damit aber auch starke nächt-
liche Ausstrahlung und entsprechende Temperaturschwankungen. Die meiste Beachtung
erfordert jedoch das Überwiegen der Verdunstung über die Niederschläge, das
sich nicht nur in der Wüsten- und Steppenzone
am Einschrumpfen der großen Seen sondern
auch in den feuchteren Gebirgsgegenden des
Tiën-schan am Issyk-kul und in dem intensiven
Rückgang der dortigen Gletscher feststellen läßt.

3. *Die Russen als Kolonisatoren in Turkestan.*
Für europäische Kolonisation können nach dem
gesagten nur die randlichen Oasendistrikte
in Betracht kommen; das Innere der Hochgebirge sowie die Wüsten und Steppen sind entweder gar nicht oder nur für Nomaden bewohnbar.

a. Die transkaspische Lößzone allein
beherbergt seit langem eine seßhafte Bevölkerung mit mohammedanischer Kultur. Die ersten
russischen Kolonisten ließen sich natürlich in
den wichtigsten Siedelungen nieder, die sie
fanden: Buchara, Taschkent, Samarkand. Es
waren nach der Eroberung (1865 ff.) zumeist
Kaufleute, dann Militärs und Beamte. Einen
gewaltigen Aufschwung brachte die gelegentlich
des Turkmenenaufstandes von 1881 vom General Skobelew aus militärischen Gründen
geforderte und von General Annenkow unter
den größten technischen Schwierigkeiten gebaute Transkaspische Bahn, die heute schon
bis Taschkent und Andidschan (Ferghana) fortgeführt ist; eine militärische Zweigbahn führt
nach Kuschk, an die afghanische Grenze.
Noch größer wird die Bedeutung des gegenwärtig 2500 km umfassenden Netzes durch die
Verbindung mit dem europäischen (Taschkent—
Orenburg) und dem sibirischen Bahnnetz (Taschkent—Wjernyj—Semipalatinsk—Omsk) in Zukunft sein. Die einwandernden Russen können
in dem mühseligen Feld- und Gartenbau mit
der eingeborenen Bevölkerung nicht konkurrieren; ihnen fällt die kaufmännische Verwertung der Bodenprodukte zu (vgl. China).
Am günstigsten liegen die Verhältnisse unstreitig
im Ferghanabecken. Nicht genug anzuerkennen ist die Geschicklichkeit Rußlands in der
Behandlung der 26 transkaspischen Völkerschaften. Am bekanntesten darunter sind die

Sarten, ein städtebewohnendes Mischvolk, dessen Name nur die Seßhaftigkeit im Gegensatz zu den Nomaden hervorheben soll; die Hauptvertreter der letzteren sind die Turkmenen, einst räuberische Hirten, heute friedlich und teilweise schon seßhaft; ihr mongolischer Typus ist durch indogermanische Beeinflussung fast ganz verwischt.

b. Die Weide- und Ackerbauzone im nördlichen Vorland des westlichen und zentralen Tiën-schan entbehrt der fruchtbaren Lößoasen, an deren Stelle nur Wiesensteppen mit ausschließlich nomadisierenden Eingeborenen zu treffen sind, den Kirgisen. Hier haben sich russische Bauern niedergelassen, die in Ackerbau und Viehzucht ihr Auskommen finden. Die meist aus den Schwarzerddistrikten Rußlands stammenden Kolonisten haben ihren Siedelungen das heimatliche Gepräge zu bewahren verstanden; einen wohlhabenden und freundlichen Eindruck macht besonders die Residenz des Gouverneurs von Semirjetschensk (Siebenstromland), Wjernyj (23 000 Einw.), am Ufer der schnellen Almatinka mit dem prächtigen Gebirgshintergrund des schneebedeckten transalenischen Ala-tau. Nur die Kommunikationen lassen derzeit zu wünschen übrig; dies gilt noch mehr für die Städte und Dörfer des inneren Tiën-schan, worunter Prschewalsk am Ostende des Issyk-kul zu nennen ist. Die Russen sind bei den einheimischen Kirgisen damit sehr gut gefahren, daß sie ihnen ihre alte Hordeneinteilung ließen, die nur mit der russischen Bezeichnung »Wollostj« belegt wurde; an der Spitze der »Wollostj« steht der Freigewählte »Wollostnoj« (Gemeindeälteste), dem ein russischer Schreiber (»Pissar«) als Dolmetsch und Regierungsorgan beigegeben ist. Da die Eingeborenen gegen diese geringe Beschränkung ihrer Freiheit größere Ordnung und Sicherheit eintauschten, so sind sie mit ihrer Lage ganz zufrieden und stehen in lebhaftem Verkehr mit den eingewanderten Kolonisten; namentlich verdienen die großen Märkte zu Merke und Karkará Erwähnung. Die Kirgisen liefern Vieh (Pferde, Rinder, Hammel), Felle und Wolle und handeln dafür namentlich Tee und Zucker ein.

Im Ilibecken wiederholen sich die günstigen Verhältnisse des Ferghanabeckens; auf chinesischem Boden liegt Kuldscha, auf russischem das aufblühende Dscharkent, das vielfach an die Städte der Transkaspischen Lößzone erinnert. Unter den Eingeborenen sind besonders zu nennen die in Abstammung, Aussehen und Tracht den Sarten ähnlichen, seßhaften mohammedanischen Tarantschis, sowie die gleichfalls ansässigen Dunganen, welche türkischer Abstammung sind, jedoch Sitte, Sprache und Tracht der beherrschenden Chinesen angenommen haben; nur bekennen sie sich noch zum Islam.

Der Verf. schließt seine lehrreichen Aus-

führungen mit der warmen Anerkennung der von den Russen geleisteten Kulturarbeit in diesem größtenteils unwirtlichen Lande, das auch einer wesentlichen Besserung kaum fähig scheint. Insbesondere verdienen die kluge Behandlung der Einheimischen, sowie der unerschrockene Bahnbau unter den schwierigsten Verhältnissen Nachahmung von seiten anderer Kolonialmächte; das Deutsche Reich könte auf diese Weise mancher seiner Besitzungen viel höheren Wert und dauernde Blüte verschaffen. *Dr. Georg A. Lukas-Linz.*

Afrika. Britisch Nord-Nigeria erhält eine eingehende, aber keineswegs bloß panegyrische Darstellung durch den Statthalter der Kolonie General Lugard im Geogr. Journ., Heft 1, 1904. Der General schildert zunächst die Verhältnisse, wie sie vor der britischen Besitzergreifung waren. Die in den sog. »Sultanaten« Bornu, Sokoto, Kano usw. herrschende Rasse der Fulbe (Fulani) war entartet und hatte sich durch Steuerdruck, Grausamkeit und vor allem durch Sklavenjagden gegen die noch z. T. unabhängig gebliebenen Negerstämme sehr verhaßt gemacht, sodaß die britische Herrschaft, zunächst die der Royal Niger Company, sodann die der englischen Krone bei der Masse der Bevölkerung willige Aufnahme fand. Der Widerstand der Fulbe-Sultane wurde mit Gewalt gebrochen (entscheidend war die Erstürmung von Kano, in dessen Gefängnissen schauerliche Zustände entdeckt wurden). Trotzdem haben sich die Briten bei der Neuordnung der Verhältnisse wieder der Fulbe-Häuptlinge bedient, in welcher fortwährend heftige Wirbelstürme mit Gewitterregen einander ablösen; Herbst und Winter sind beherrscht von einem kühlen, trockenen, staubigen Nordostwind, welcher im Norden des Landes oft empfindliche Kälte bringt. Sehr interessant ist die Bemerkung, daß die Wüste dank diesem staubreichen, vegetationsfeindlichen Winde gegen Süden an Boden gewinnt.

Die Schiffbarkeit des Niger, welche überhaupt fast auf die Regenzeit beschränkt ist, nimmt fortwährend ab; der verfügbare Wasserstand beträgt kaum 1 m. Lugard hält daher Schmalspurbahnen zur Erschließung des Landes für durchaus erforderlich. Über die wirtschaftlichen Aussichten äußert er sich nicht ungünstig; die Kolonie liefert bisher Gummi, Palmkerne, Elfenbein, könnte aber eins der größten Baumwollproduktionsländer werden.

Auch Mineralschätze sind vorhanden. Die topographischen Aufnahmen schreiten rüstig fort. *Dr. R. Neuse-Charlottenburg.*

II. Geographischer Unterricht.

Zur Vermeidung von Mißverständnissen.

Herr Bludau behauptet (Zeitschr. f. d. Gymnasialwesen, Jan. 1904, Abt. 2, S. 40—42) bei Besprechung des Geographen-Kalenders, daß, wie auch der Geographische Anzeiger beweise, auf dem Gebiet der Schulgeographie radikale Reformvorschläge sich entwickelt hätten, was daher komme, daß der praktisch unerfahrene Theoretiker den bedächtigen Fachmann in den Hintergrund gedrängt habe, und was anderseits eine Schädigung unseres Faches zur Folge habe, dessen Weiterentwicklung die Zeitverhältnisse ohnedies mit sich bringen würden.

Da Herr Bludau keine »radikalen Forderungen, die ohne Rücksicht auf andere Fächer und den gesamten Schulorganismus im Geographischen Anzeiger erhoben worden wären«, anführt sondern nur ganz allgemeine Beschuldigungen ausspricht, ist es nötig festzustellen, was er nicht gemeint haben kann. Da er sich nämlich in Breslau an der entsprechenden Resolution des XIII. Geogr.-Tages beteiligt und überdies in einem eigenen Vortrag einige besondere Forderungen erhoben hat, sind: Ausdehnung des geographischen Unterrichts auf die Oberklassen aller höheren Lehranstalten, seine Überweisung an fachmännisch gebildete Lehrer und eine ziemlich weitgehende Behandlung der Kartenprojektionslehre auf einer Oberklasse, Forderungen, für die Herr Bludau auch jüngst selbst eingetreten ist, die also auch ihm nicht »über alles Maß und Ziel« hinausgehen.

Wenn er nun nicht bemerkt hat, daß im Geographischen Anzeiger die Höhe dieser Forderungen im allgemeinen noch nicht erreicht worden ist, sondern im speziellen der Unterzeichnete sich bemüht hat, niedere, zunächst zu erstrebende Ziele (fakultativer Unterricht in den oberen Klassen) aufzustellen, nicht ohne manchen Widerspruch sowohl von »Kartographen« als von »Fachmännern« zu finden, so wird dies bei der umfassenden und sehr ersprießlichen, außerhalb des eigentlichen Schullebens sich abspielenden kartographischen Tätigkeit des Herren gewiß zu entschuldigen sein; die Erneuerung eines veralteten Handatlas bringen die Zeitverhältnisse ebenso wenig von selbst mit sich, wie die unseres Schulwesens. Was aber nicht hätte geschehen sollen, das ist der Abdruck dieses Ergusses in einer Zeitschrift, bei deren Lesern er im allgemeinen nicht das nötige Verständnis und Wohlwollen für die von ihm angeschnittene Frage voraussetzen durfte. *H. F.*

Der Bludausche Angriff ist geschrieben zu einer Zeit, wo der Schriftleitung des Anzeigers nur Oberlehrer Fischer als Schulmann angehörte; deshalb kommt diesem allein das Wort zur Abwehr zu. Ganz unnötig ist Bludaus Besorgnis durch den Eintritt Heiderichs in die Schrift-

leitung geworden; er wird selbst nicht glauben, daß sich die beiden Fachmänner durch den »praktisch unerfahrenen Theoretiker« in den Hintergrund werden drängen lassen. Auch in Sachen des Geographenkalenders kann ich Bludaus Kummer stillen: Der Schulbericht wird dort nicht mehr erscheinen. Ich werde in Zukunft also nur als Kartograph mit Bludau zu verhandeln haben. *Hn.*

Die Verhandlungen des XIV. deutschen Geographentages und das »humanistische Gymnasium«.

In Heft IV, V des humanistischen Gymnasiums, 1903, S. 219 f. wird das Referat Dr. Haacks im Geographischen Anzeiger einer kurzen Besprechung unterzogen, auf die mit einigen erwidernden Worten eingegangen werden muß.

Zuerst wird dort gesagt, Direktor Cauer habe seine von vielen Mitgliedern des Gymnasialvereins geteilten Ansichten, denen auch von einem Manne wie Alfred Hettner Anerkennung nicht versagt worden, dort vertreten. Hierzu ist zu bemerken, daß es sich bei Cauers Ansichten für uns neben vielen annehmbaren oder doch diskutabeln um eine schlechthin abzuweisende handelt, den Satz nämlich, daß in den Oberklassen des humanistischen Gymnasiums für einen selbständigen Erdkundeunterricht kein Raum sei (u. a. Verhandl. des XIV. deutschen Geographentages, S. XXVIII oben). Daher muß die Abweisung Cauers erfolgen, wenigstens solange, als man nicht ernstlich auf eine wesentlich andere prozentuale Zusammensetzung unseres Bestandes 'an höheren Schulen hinarbeitet[1]. Dieser Satz fehlt aber in den Cauerschen »Thesen«, wie sie in der Geographischen Zeitschrift Alfred Hettners Bd. 8, S. 469, abgedruckt stehen und leuchtet auch S. 466 nur halbverschleiert durch. Hettners »Anerkennung« S. 465 Anm., ist außerdem für jeden, der lesen kann, eine halbe Entschuldigung der Aufnahme. Immerhin ist es hocherfreulich, daß eine in Baden erscheinende Philologenzeitschr. Hettners Urteil so hoch stellt, und damit die Angriffe, die gegen ihn aus Philologenkreisen wegen seines mutigen Eingreifens für eine würdige Stellung der Erdkunde in der neuen badischen Prüfungsordnung gerichtet wurden, auf das deutlichste desavouiert.

Der andere Punkt betrifft die »Enttäuschung« der Herausgeber, daß sich im Bericht bei dem Vortrag Direktor Dr. Steineckes über »Die Reformschulen und der geographische Unterricht« nichts 'finde, was sich speziell auf die Erdkunde und die Reformanstalten beziehe, was um so eher zu erwarten gewesen wäre, als der Geographische Anzeiger wiederholt auf die

---

[1] »Die Besorgnis (!), als ob die Gymnasien nach Einführung der Reformanstalten abnehmen würden, hat sich nicht erfüllt« (Zeitungsbericht über die Beratung des Kultusetats in der Budgetkommission des preußischen Abgeordnetenhauses).

durch die Reformanstalten bedrohte Position der Erdkunde hingewiesen habe. Die Sache hat ihre Richtigkeit. Nachdem nunmehr der Steineckesche Vortrag vorliegt (Verhandlungen S. 165—171) mag der Unterschied in der Auffassung, die uns in dieser Frage von dem um die Förderung des Geographischen Schulunterrichts so verdienten Verfasser trennt, mit einigen Worten berührt werden. Er ergibt sich am klarsten im Anschluß an Steineckes Schlußworte: »Wenn … feinsinnige Lehrer frei von elementarem Schematismus … den Schülern einen freien Blick und einen offenen Sinn geben für die Wechselwirkung zwischen Mensch und Scholle, Land und Volk, Mensch und Mensch, dann werden wir in stiller Tätigkeit uns Anerkennung erwerben und ohne Kampfgeschrei den Boden dauernd erobern, der uns versuchsweise (?) zur Bestellung anvertraut ist.« Dieser »Boden« besteht in der zweiten Erdkundestunde in den beiden Tertien, die an den Reformrealgymnasien der Erdkunde ursprünglich genommen, versuchsweise aber einzelnen Anstalten widerruflich wiedergegeben ist und einer dritten Stunde in Quarta (?). Daß »feinsinnige Lehrer« höchstens in den Mittelklassen obiges Programm mit Erfolg würden durchführen können, halte ich für eine Illusion. Je höher sie den Wert ihrer Wissenschaft einschätzen, um so mehr wird ihrem Feinsinn die Pionstellung unerträglich sein, zu der sie verdammt sind. — Mit Befriedigung und voller Zustimmung wird man dagegen Steineckes Einleitungsworte lesen müssen, die in dem Satze zusammengefaßt werden können: Die Vertreter der Erdkunde haben Grund, mit der Schulreform unzufrieden zu sein, da ihr als Wissenschaft der Zugang zu Vierfünftel der höheren Lehranstalten versagt worden ist, und da sie auf dem Gebiet des Gymnasiums eine gründliche Niederlage erlitten haben. Wenn er aber glaubt, in den Reformanstalten nun das neue Heil für uns erblicken zu können, so kann ich ihm da nicht folgen. »Die Wissenschaft der Erdkunde« ist auch an ihnen ausgeschlossen und ihr Eindringen nach Auslieferung dieses Schultypus an das Altphilologentum erheblich erschwert. Das immer wieder festzustellen halte ich aber nicht für »Kampfgeschrei« sondern für eine der allerersten Pflichten der Selbsterhaltung gegenüber der noch immer erdrückenden Übermacht gegnerischer Stimmen.

H. F.

Der XI. deutsche Neuphilologentag findet dieses Jahr in der Pfingstwoche zu Cöln a. Rh. statt. In einem im Januar versendeten Rundschreiben des »Vorstandes des deutschen Neuphilologenverbandes« wird als eine der »aktuellen Fragen«, die »besondere Aufmerksamkeit der Lehrer und Freunde der neueren Sprachen in Anspruch nehmen werden«, die »Verbindung des Englischen mit dem Französischen« im Studium als Schulunterricht bezeichnet. Diese Frage ist auch für uns Geographen aktuell; denn erst die Trennung dieser beiden Studienfächer würde es ermöglichen, daß in viel höherem Grade als bisher die wissenschaftliche Kultur unserer beiden großen Nachbarnationen zum Gegenstand des Studiums gemacht werden könnte, während bekanntlich heute noch z. B. die ungeheuer wichtige englische geographische Fachliteratur von uns nur verschwindend wenig ausgenutzt wird, ähnliches auch von der allerdings bescheideneren französischen gilt. Ebenso würde auch eine gerechtere Verteilung der Korrekturlast sich dann ermöglichen lassen.

H. F.

Ein typischer Studiengang. Vor uns liegt die Dissertation W. Ademeits »Beiträge zur Siedelungsgeographie des unteren Moselgebiets«. Auf sie selbst soll an anderer Stelle näher eingegangen werden, doch aus dem »Lebenslauf« des tüchtigen jungen Gelehrten kann ich mir nicht versagen, hier einige Sätze abzudrucken. Vom humanistischen Gymnasium Ostern 1897 entlassen, geht er nach Marburg. »Dort«, schreibt er dann, »hörte ich meist klassisch-philologische Kollegs, gewann aber gleichzeitig durch ein bei Prof. Th. Fischer gehörtes Kolleg über die Mittelmeerländer Interesse an der Geographie. Dieses konzentrierte sich in Leipzig unter der Anregung von Prof. Sieglin auf historisch-geographische Studien, die ich, als Prof. Sieglin nach Berlin berufen wurde, vom Herbst 1899 ab auch in Berlin weiter verfolgte. Durch den Besuch des geographischen Kolloquiums des Frhrn v. Richthofen wurde ich jedoch mehr und mehr wieder zur modernen Geographie hingelenkt, die, nachdem ich Ostern 1901 nach Marburg zurückgekehrt war, im Mittelpunkt meiner Studien stand. Diese erstreckten sich gleichzeitig, schon vorher und auch jetzt, auf Geschichte und Deutsch. Die Anregung zu dem Thema meiner Dissertation gaben mir einmal mein Interesse an der Anthropogeographie, im besonderen, dann die Wanderungen, die ich in früheren Jahren zusammen mit meinem Vater im Gebiet der Eifel und des Hunsrück machen durfte«. Wir sehen vollständige Abkehr von dem, worauf die Schule den Sinn hingerichtet hatte. Die Mittelmeerländer sind wohl zuerst nur als Schauplatz der antiken Kultur gedacht; ihre lebenswarme Schilderung durch ihren größten Kenner gewinnt den Sieg über die blassen Schemen des humanistischen Schullebens; auf »historisch-«geographischer Grundlage hofft der junge Mann weiter bauen zu können, da vollendet sich die Wandlung unter dem Einfluß v. Richthofens. Erleichtert wurde die ganze dadurch, daß das Elternhaus (vgl. Wanderungen mit dem Vater) die Versäumnisse der heutigen Schule an seiner statt etwas ausgeglichen hatte.

H. F.

Persönliches.

Ehrungen, Orden, Titel usw.

Der bisherige Professor der Geographie und Ethnographie an der Universität Leiden de Groot zum Professor der chinesischen Sprache.

Dem cand. rer. nat. Rudolf Deikeskamp, Gehilfen am Mineralog. Institut der Univ. Gießen von der Senckenbergischen Naturforschenden Gesellschaft in Frankfurt a. M. der Reinach-Preis für Geologie für seine Arbeit: »Die Genesis der Thermalquellen von Ems, Wiesbaden und Kreuznach und deren Beziehung zu den Erzgängen des Taunus und der Pfalz«.

Außer der Wollaston-Medaille verlieh die »Geological Society of London« noch folgende Auszeichnungen: die Murchison-Medaille an Prof. G. A. Lebour-Newcastle-on-Tyne, die Lyell-Medaille an Prof. A. G. Nathorst-Stockholm.

Dem Direktor des Yerkes Observatoriums zu Williamsbai Prof. George E. Hale die Goldene Medaille der Royal Astronomical Society in London.

Der argentinische Landesgeolog Prof. Hauthal wegen seiner Verdienste um die Erforschung der südlichen Anden zum Dr. honoris causa der Universität Straßburg.

Sven v. Hedin die Goldene Medaille für 1904 der Pariser Geographischen Gesellschaft.

Dem Herzog der Abruzzen der Brasso-Preis der Turiner Akademie der Wissenschaften.

J. E. Marr zum Präsidenten der Geological Society of London.

Am R. Istituto di Studi superiori in Florenz haben sich als Privatdozenten habilitiert: Dr. Giotto Dainelli für Geologie und physische Geographie, Prof. G. Ristori für physische Geographie und der Montenegroforscher Dr. Al. Martelli für Geologie.

Die Russische Geographische Gesellschaft verlieh ihre höchste Auszeichnung, die goldene Lütke-Medaille an Sir John Murray, für seine ozeanographischen und limnologischen Forschungen. Vor ihm war Ed. Sueß der einzige Ausländer, der sie erhalten hat.

Geheimrat Prof. Dr. Georg v. Neumayer die Cullum Geographical Medal der American Geographical Society in New York.

Dr. Rothpietz zum o. Prof. der Geologie und Paläontologie an der Universität München und zum Konservator der geologischen und paläontologischen Staatssammlungen (an Stelle des † Zittel).

Dr. Fritz Sarasin und Dr. Paul B. Sarasin in Basel zu Mitgliedern der Zoological Society of London.

Dr. J. Stille habilitierte sich an der Universität Berlin für Geologie.

Hermann Strebel in Hamburg zum Ehrendoktor der Univ. Gießen für seine Arbeiten auf dem Gebiet der Zoologie und Mexikanischen Archäologie.

Der Gedgwick-Preis für Geologie der Cambridge-Universität an H. H. Thomas, Sidney Sussex College.

Prof. E. B. Voorhees zum Präsidenten des New Jersey State Board of Agriculture.

Der Anthropolog Dr. Ludw. Wilser in Heidelberg zum korrespondierenden Mitglied der schwedischen Gesellschaft für Anthropologie und Ethnologie.

Todesfälle.

Beecher, Charles Emerson, Dr., Prof. der Geologie an der Yale-University, New Haven, gest. 14. Februar 1904.

Beushausen, Ludwig, Dr., Prof. und Dozent für Geologie und Paläontologie an der Kgl. Bergakademie zu Berlin, gest. 21. Februar 1904.

Blanchard, Rufus, Kartograph und Historiker, geb. 1821 zu Syndeboro, N. H., gest. 3. Januar 1904 zu Wheaton, M.

Bocourt, Firmin, ehemaliger Kurator des Naturhistorischen Museums in Paris, gest. 4. Februar 1904 im 85. Lebensjahre.

Callandreau, Prof. der Astronomie in Paris, gest. 13. Februar 1904.

Chapman, Edward John, Dr., Prof. d. Mineralogie und Geologie an der Universität Toronto, gest. 28. Januar 1904 zu The Pines, Hampton Wick, 83 Jahre alt.

Doggett, Walter G., naturwissenschaftlicher Begleiter der englisch-deutschen Grenzkommission, gest. beim Kreuzen des Kagera-Flusses in Uganda.

Fouqué, F. A., Prof. der Geologie und Mineralogie am Collège de France und der Éc. des Hautes Études, geb. 21. Juni 1828 zu Mortain (Manche), gest. 7. März 1904 in Paris.

Franzos, Karl Emil, bekannter Reiseschriftsteller, gest. 28. Januar 1904 zu Berlin, 56 Jahre alt.

Gillet, Alfred, Geolog und Fossiliensammler, gest. 24. Januar 1904 zu Street, 90 Jahre alt.

Liebig, Dr. Georg v., prakt. Arzt, Physiolog und Klimatolog, gest. 31. Dez. 1903 in München, 76 Jahre alt.

Koropitschewskij, Dmitrij Andrejewitsch, Privatdozent für Ethnographie und Geographie an der Universität St. Petersburg, gest. 31. Dezember 1903, 50 Jahre alt.

Mc Mahon, Charles Alexander, Lieut.-Général, Geolog und Paläontolog, geb. 23. März 1823, gest. 21. Februar 1904.

v. Pallich, Dr., 1. Assistent am Physikalischen Institut und Leiter der Meteorologischen Station an der Grazer Universität, gest. in Görz, 35 Jahre alt.

Perrotin, Henri, Direktor des Observatoriums in Nizza, gest. 29. Februar 1904, 58 Jahre alt.

Proctor, John Robert, ehemaliger State Geologist von Kentucky, geb. 16. März 1844 in Mason-county, Ky, gest. 12. Dezember 1903 in Washington.

Reclus, Elie, Ethnolog und Prof. der Religionsgeschichte, gest. 12. Februar 1904 in Brüssel, 77 Jahre alt.

Ujfalvy, Baron Karl Eugen v., Prof. der französisch-orientalischen Akademie, Asienforscher und Anthropolog, geb. 16. Mai 1842 in Wien, gest. in Florenz, 62 Jahre alt.

Weljaminow-Sernow, Orientalist, Ethnolog, gest. Anfang Februar 1904 in Kijew.

Winlock, Miß Anna, Astron. am Harvard College Observatory, starb im Januar 1904.

Geographische Gesellschaften, Kongresse, Ausstellungen und Zeitschriften.

Die 76. Versammlung deutscher Naturforscher und Ärzte findet vom 18.—24. September d. J. in Breslau statt. Vorträge und Demonstrationen sind bis zum 15. Mai bei Prof. Dr. J. Partsch, Breslau IX, Sternstr. 22 anzumelden.

Zum 8. Internationalen Geographenkongreß in Washington hat das ausführende Komitee die vorläufigen Einladungen verschickt. Der Kongreß wird am Montag den 8. September d. J.

in Washington eröffnet, wo er auch am 9. und 10.
tagt, am 12. veranstaltet die Geographical Society
in Philadelphia, am 13., 14. und 15. die American
Geographical Society in New York wissenschaftliche
Sitzungen. Am 16. besucht der Kongreß die Nia-
gara-Fälle und folgt am 17. einer Einladung der
Geographischen Gesellschaft von Chicago. Für Montag und Dienstag den 19. und 20. September ist
er zur Teilnahme am internationalen Kongreß für
Kunst und Wissenschaft und zum Besuch der Weltausstellung in St. Louis eingeladen. Bei genügender Beteiligung ist endlich eine Exkursion nach dem
Westen geplant, von St. Louis über Mexiko, Santa
Fe, durch das Grand Canyon des Colorado nach
San-Francisco und dem Goldenen Tor; der Rückweg
soll durch die Rocky Mountains führen.

Der Erdbebenkommission der Kgl. Akademie

Besprechungen.

I. Allgemeine Erd- und Länderkunde.

Partsch, Joseph, Schlesien. Eine Landeskunde
für das deutsche Volk auf wissenschaftlicher
Grundlage. II. Teil: Landschaften und Siedelungen. 1. Heft: Oberschlesien. 186 S., 2 Karten
und 12 Abbildungen in Schwarzdruck. Breslau
1903, Hirt. 5 M.

Dem ersten, vor sieben Jahren erschienenen Bande
seiner großen Landeskunde Schlesiens läßt der Breslauer Geographie-Professor nun die Einzelschilde-
rungen der einzelnen Gebietsteile folgen. Den Beginn macht Oberschlesien; dieser Begriff deckt sich
im wesentlichen mit dem Regierungsbezirk Oppeln,
doch sind die erst später ihm angeschlossenen Kreise
Neiße, Grottkau und Kreuzburg von der Betrachtung
ausgeschlossen worden. Das übrigbleibende Land
läßt sich als natürliches und kulturgeographisches
Einzelwesen auffassen, wenn auch seine einzelnen
Teile recht wechselnde Daseinsbedingungen für ihre
Bewohner bieten. Scharf hebt sich so das dicht-
bevölkerte Industrierevier im Südosten schon von
dem Pleß-Rybniker Hügelland ab, obwohl auch in
diesem das Vorhandensein von Kohlenschätzen in
immer steigendem Maße die Industrie anlockt; und
auf ganz anderer Grundlage ist das Leben der Bewohner in dem oberschlesischen Muschelkalkrücken
zwischen Klodnitz und Malapane, sowie in dem
weiten, aber die Hälfte mit Forsten bedeckten Wald-
gebiet der Malapane und des Stober gestellt. Das
Odertal ist ebenfalls ein gesondert betrachteter Landstrich; auf der linken Stromseite ist das Lößland
deutlich von dem waldreichen Gebiet um Falkenberg
geschieden.

Diese Landschaften durchwandert der Leser unter
der Leitung des kundigen Verfassers, der nicht nur
das Gegenwärtige klar vor Augen zu führen weiß
sondern auch das historisch Gewordene verstehen lehrt.
Eine gewaltige Fülle von Stoff ist in sorgfältig ge-
feilter Sprache zu fesselnden Bildern verarbeitet.

der Wissenschaften in Wien sind aus dem Treitl-
Vermächtnis 3000 Kronen überwiesen worden.

In Heidelberg hat sich ein »Badischer Verein
für Volkskunde« konstituiert, dessen Ortsgruppen
sich über das ganze Großherzogtum verbreiten sollen.
In den Vorstand wurden die Professoren Dr. Bernh.
Kahle, Dr. Ludw. Sütterlin und Dr. Theodor Lorentzen
gewählt.

Mitteilungen der Kommission.

Herr Dr. Wermbter ist zum 1. April von Rastenburg nach Hildesheim versetzt, seine Mitgliedschaft in der Kommission wird dadurch nicht berührt.
Vertrauensmann für Ostpreußen wird an seiner
Stelle Prof. Dr. Zweck-Königsberg i. Ostpr., Schön-
straße 18a. *H. F.*

Wohltuend berührt überall das warme schlesische
Heimatgefühl, und nur einige stark ins Politische
übergreifende Ausfälle gegen »die Regierung« (S. 21,
63), die dieser Empfindung entsprießen, würde
mancher gern missen; die Schwierigkeiten der gegenwärtigen Lage in Oberschlesien werden durch sie
nicht gemindert.

Anschaulich geordnetes statistisches Material gibt
der Darstellung eine sichere Stütze; hervorzuheben
sind ferner gutgewählte Ansichten und namentlich
die kartographischen Beilagen. Von diesen gibt die
eine einen Überblick über den Großgrundbesitz, von
dessen Bedeutung für Oberschlesien fast auf jeder
Seite des Bandes Zeugnis abgelegt wird; eine zweite
stellt die Besitzgrenzen des Bergbaues in Oberschlesien dar. Textkärtchen zeigen ferner die Gliederung Oberschlesiens, die Wasserversorgung des In-
dustrlereviers und als besonders dankenswerte Gabe
die Verschiedenheit in den Grundsteuer-Reinerträgen
des Ackerlandes.

Das auf Grund genauer Kenntnis von Land und
Leuten verfaßte Buch liefert in der Tat eine zusammenfassende Landeskunde auf breiter wissenschaftlicher Grundlage, ohne sich in kleinliche Einzel-
untersuchungen zu verlieren. Sein Studium läßt
den Wunsch, die folgenden Teile kennen zu lernen,
immer lebhafter werden. Gleichen sie diesen ersten
Teile, so werden wir in dem Gesamtwerk einen
wahren landeskundlichen Schatz besitzen.

Dr. W. Schjerning-Charlottenburg.

Lang, Hans, Entwicklung der Bevölkerung in
Württemberg und Württembergs Kreisen,
Oberamtsbezirken und Städten im Laufe des
19. Jahrhunderts. 8°, XII, 247 S. mit Ta-
bellen und fünf Karten. (Fr. Julius Neumanns
Beiträge zur Geschichte der Bevölkerung in
Deutschland seit dem Anfang des 19. Jahr-
hunderts.) Tübingen 1903. 9 M.

In drei Teilen werden für das Königreich Württemberg die Bevölkerungszunahme überhaupt, die natürliche Bevölkerungszunahme und der Wanderungs-
gewinn bzw. -verlust mit dem Mittein der Statistik
festgestellt. Der Zeitraum, auf den sich die Untersuchungen erstrecken, wird gebildet zum Teil durch
die Jahre 1835—1895 (bzw. 1900), zum Teil durch
die Jahre 1856—1895 (1900). Er wird jedesmal
zuerst im ganzen betrachtet und dann in kleinere
Perioden zerlegt. Ähnlich gehen die Untersuchungen
nach Räumlich schrittweise von größeren zu kleineren
Gebietsteilen vor, indem sie jedesmal zuerst das
Königreich im ganzen betrachten, dann nach seinen

vier politischen Kreisen, hierauf nach einer Reihe von zehn Gebieten, die aus einer auf die geographischen Eigentümlichkeiten des Landes Rücksicht nehmenden Vereinigung der Bezirksämter zu Gruppen entstanden sind, und endlich nach den Bezirksämtern selbst. Die Ergebnisse der letztgenannten Berechnungen sind in einigen Kartogrammen von kleinem Maßstab niedergelegt, während eine andere Karte die Einteilung in Bezirksgruppen gibt.

Wie Bevölkerungsdichte und Bevölkerungsbewegung durch die Landesnatur, durch die wirtschaftlichen Verhältnisse, durch den Grad der Parzellierung des Grundes und Bodens und andere Momente beeinflußt werden, kann hier nicht näher verfolgt werden. Mit ihrer immer weiter fortschreitenden Teilung des Gebiets betreten die Untersuchungen des Verfassers den Weg, der zu einer innigeren Berührung mit der Geographie führen kann und führen muß. Der Treffpunkt liegt bei der Gemeinde und ihrer Gemarkung. Erst wenn die Statistiker sich gewöhnen, diese als Grundlage ihrer Rechnungen zu nehmen, und wenn die Geographen sich entschließen, von den exakteren Methoden der Statistik mehr als bisher Gebrauch zu machen, was zu der Einsicht führen muß, daß die Verwendung amtlich fest umgrenzter Flächenelemente unumgänglich ist und daß von etwaigen »geographischen« Wünschen, die hierzu nicht ganz stimmen sollten, vorderhand manches zu gunsten einer größeren Exaktheit lieber noch zurückgestellt wird, — erst dann wird ein Zusammenarbeiten beider möglich sein, das nach beiden Seiten hin die reichsten Früchte abzuwerfen vermöchte. *Dr. G. Schüler-Berlin.*

Behme, Dr. Friedrich, Geologischer Führer durch die Umgebung der Stadt Goslar am Harz einschließlich Hahnenklee, Lautenthal, Wolfshagen, Langelsheim, Seesen u. Dörnten. 3. Aufl. m. 226 Abbild. u. 2 geolog. Karten. Hannover u. Leipzig 1903, Hahnsche Buchhandlung. 1.40 M.

—, Geologischer Führer durch die Umgebung der Stadt Harzburg einschl. Ilsenburg, Brocken, Altenau, Oker u. Vienenburg. Mit 137 Abb. u. 1 geolog. Karte. Ebenda 1903. 1.40 M.

Verfasser hat sich die Aufgabe gestellt, durch Darbietung von geologischen Führern durch die von Touristen vielbesuchten Harzgegenden bei den Laien Interesse für die Wissenschaft und Verständnis für geologische Erscheinungen zu erwecken und zugleich den bereits Geschulten die Auffindung der wichtigeren Aufschlüsse und Versteinerungen zu erleichtern; diesem Zwecke dienen auch beigegebene Karten und Abbildungen, während zahlreiche Landschaftsbilder auf zumeist photographischer Grundlage die Erinnerung an das Geschaute und das dabei Gelernte wach erhalten sollen. Den Anfang machte der Verfasser mit dem Goslarer Führer im Jahre 1894, für den sich schon nach einem Jahre eine Neuauflage nötig machte, und dem zunächst derjenige für Harzburg gefolgt ist. Der Erfolg beweist, daß mit ihnen einem Bedürfnis entsprochen wurde und wird nicht gelengnet werden können, daß solcher Erfolg auch dem inneren Werte nach und nicht allein deshalb, weil bei guter Ausstattung in Papier und Druck für wenig Geld viel geboten wird, im allgemeinen wohl verdient ist. Im einzelnen läßt dagegen mancherlei auszusetzen. So wird man z. B. für die petrographisch-mineralogischen Schilderungen, insbesondere im Harzburger Führer, die

nötige Gemeinverständlichkeit nicht anzuerkennen vermögen; ihr widerstrebt u. a. schon der willkürliche Wechsel in den nicht erklärten Bezeichnungen Plagioklas und trikliner Feldspat. Viel wichtiger ist aber der Vorwurf mangelnder Beschränkung. Jede Neuauflage ist gegenüber der früheren beträchtlich vermehrt worden und entsprechend ist der Preis des Goslarer Führers (von 90 Pf. für die 2. Aufl.) auf 1.40 M. gestiegen. Insoweit solche Steigerung durch die Vermehrung der Landschafts- und Versteinerungsbilder bedingt wurde, kann man sie sich wohl gefallen lassen; leider aber aber die »Bereicherungen« hauptsächlich anderer Art. Der Verfasser beschränkt seine Darstellungen nämlich nicht auf diejenigen Gebiete, für welche er Kartenunterlagen (im Maßstab 1:25 000) bietet; nun ist solches gewiß nicht verwerflich, insoweit durch kurze Hinweise auf die weitere Nachbarschaft das Verständnis gebessert wird; so ist z. B. durchaus anzuerkennen, wenn er bei Aufführung der auftretenden Schichtensysteme erwähnt, daß in anderen Harzgegenden noch ältere (silurische) anzutreffen sind als die in den betrachteten Gebieten vorgefundenen; ja es ist sogar zu rügen, daß er versäumt hat, gleicherweise des Vorkommens von oberem (produktivem) Karbon im Harze zu gedenken und daß dieses, was für die Zeitbestimmung der Gebirgsbildung wichtig ist, im Gegensatz zu dem an den Schichtenfaltungen beteiligten Unter-Karbon (Kulm) diskordant auflagere. Aber dieses Hinübergreifen über die Gebietsgrenzen findet ganz willkürlich statt und insbesondere häufig und umfangreich zugunsten montanistischer Interessen, in deren Dienste die Verhältnisse von nicht nur den im Bereich der beigegebenen Karten ausgeführten oder auch nur verwuchten Bergbauten und Schürfungen, sondern auch diejenigen von außerhalb unternommenen ausführlich unter Beigabe vieler umfangreicher, trotzdem aber teilweise ganz überflüssiger Pläne, Risse und Abbildungen mitgeteilt werden (so z. B. im Goslarer Führer alle bis zu den weitentlegenen Salzwerten Carlsfund und Salzgitter hin) und zwar zumeist in einer Weise, die sich über die in Montanbörsenblättern beliebte nicht erhebt. Solche Aufzählungen von verliehenen Grubenfeldern, in der Mehrzahl ergebnislos eingegangenen Bohrgesellschaften, von gebräunten Zubußen, Jahresverträglassen, Dividenden, Aktienkursen usw., die man dort auf Holzfaserpapier in kleinem Drucksatz zu lesen bekommt, machen hier in ihrer opulenten Druckausstattung wohl einzig auf Bergbauspekulanten keinen abschreckenden Eindruck und sind entschieden besser auszumerzen. So würde der Umfang der Führer leicht auf die Hälfte zu beschränken sein. *Dr. Otto Lang-Hannover.*

Halter, E., Die Urheimat der Elsässer. Ein ethnographisches Bild. Straßburg 1903.

Der Titel läßt mehr hoffen als der Inhalt gewährt. Auf acht Seiten ergeht sich der Verfasser in allerlei Erzählungen über vorgeschichtliche Bewohner des Elsaß und über Kelten sowie hereingezogene Franken und Alemannen daselbst. Erst auf Seite 8 bringt er ein paar brauchbare kräftige Skizzenstriche zur Kennzeichnung der recht verschiedenartigen Volkschläge, wie sie jetzt das Elsaß auf dem platten Lande bewohnen: große, kräftige Gestalten im mittleren Landstrich, wo man die rauhe Kolmarer Mundart redet, verkümmertes Wachstum zufolge der schwereren Feldarbeit im Kocherbergischen Lößgebiet, die nach kleinwüchsigen, jedoch hübscheren, geschmeidigeren »Sandhasen« auf den Sandflächen beim Hagenauer Forst, dann wieder nördlich davon die Höhengestalten der elsässischen Pfalz mit ihren gewaltigen Schädeln. Manche Eröffnungen hätten dagegen besser fortbleiben sollen, z. B. daß am Ende der Tertiärzeit sich noch ein Festland »von den Pyrenäen nach Brasilien« erstreckte, oder die minder auftregende Äußerung: »Wie alle Eier sind alle Schädel mehr oder weniger rund!«

Die letzten acht Seiten sind mit einigen Anmerkungen gefüllt, deren jüngste (S. 11—13) in einer Anzahl von Wörtern des »Jurasso-Vogeso-Argonaischen Patois« der Gegenwart keltische Wurzeln nachzuweisen versucht. *A. Kirchhoff-Halle.*

Neuse, Richard, Landeskunde der Brit. Inseln. 8⁰, VIII, 163 S. Breslau 1903, F. Hirt. 4.60 M.

Das Bestreben des überaus rührigen Verlags, durch Herausgabe von Landeskunden, die von guten Kennern der Gegenden bearbeitet werden, Ergänzungen zur E. v. Seydlitzschen Geographie zu schaffen, ist sehr anzuerkennen. Denn mit diesen Büchern, die zunächst Preußen und die anderen deutschen Staaten betrifen, ist ein erfolgreicher Schritt getan, den Forderungen der neueren Richtung in der Erdkunde, denen man in den Seydlitzschen Schulbüchern nur allmählich nachkommen kann, wollte man nicht diese von Grund aus neu aufbauen, gerecht zu werden. Auch die vorliegende Schrift gliedert sich diesen Veröffentlichungen ein. Nach des Verfassers eigenen Worten beruht ein großer Teil der Ausführungen auf Autopsie und man merkt dies auf Schritt und Tritt.

Der »Abriß« dieser Landeskunde der Britischen Inseln ist übersichtlich geordnet, fließend geschrieben und hält sich von unnötigem, dem Bereich der Landeskunde entrücktem Beiwerk fern; und dies ist besonders deshalb zu betonen, weil das Buch nicht nur für den Geographen, sondern auch für den Anglisten und einen weiteren Kreis gebildeter Laien berechnet ist. Nach einer allgemeinen Übersicht über die Britischen Inseln, in der die Fragen aus der allgemeinen Geographie mit Bezug auf das Inselreich, aber auch Finanz-, Kriegs-, Eisenbahnwesen u. a. m. erörtert werden, gliedert sich der Inhalt der eigentlichen Landeskunde derart, daß England-Wales, Schottland und Irland nach der physischen und politischen Seite hin betrachtet werden. Tritt hiermit auch eine gewisse Scheidung zwischen diesen beiden Gebieten der Landeskunde ein, so wird dieselbe doch überbrückt durch die Art und Weise der Betrachtung. Den Ausgangspunkt bildet überall die physische Geographie, mit einer Küstenwanderung beginnt, dann eine orographische und geologische Übersicht läßt und in eine solche über die Hydrographie des betreffenden Gebiets u. a. m. erörtert werden, gliedert sich der Inhalt über die Hydrographie des betreffenden Gebiets reiht sich die politische Übersicht an und zwar auf Grundlage der physischen.

Der Verfasser fußt auf dem bekannten Werke von Hahn, ergänzt dies aber besonders unter Berücksichtigung der neueren Literatur. Dankenswert wäre es, wenn bei einer Neuauflage eine Literaturübersicht, selbst auch nur mit Auswahl, angefügt würde. Übrigens werden hier, dem Verfasser ist ja nach seinen eigenen Worten mit Ergänzung gedient, die handelsgeographischen Werke von Popescu und Wiedenfeld (letzteres als Veröffentlichung des Instituts für Meereskunde zu Berlin) in Betracht kommen. Die beigefügten typischen Landschaftsbilder sind zum Teil vorzüglich ausgeführt.

Das Buch, das in diesem Gewand nur als Abriß bescheidenerweise bezeichnet ist, wenngleich es über die Grenzen eines solchen weit hinaus geht, soll demnächst zu einem umfangreicheren Werke erweitert werden. Hoffentlich zögert der Verfasser nicht zu lange mit der Ausführung dieses Planes. Er wird des Dankes der beteiligten Kreise gewiß sein.

Dr. Ed. Lentz-Charlottenburg.

Omura, Jintaro, Tokio—Berlin. 229 S. Berlin 1903, Ferd. Dümmler. Geh. 5 M.

Ist es an sich schon lohnend, den Weltweg Berlin—Tokio einmal in umgekehrter Richtung zu verfolgen und sich vom ewig milden Sonnenlande der kalten Fremde zuführen zu lassen, so wird die Fahrt noch reizvoller und zugleich höchst lehrreich, wenn wir sie an der Hand eines japanischen Führers machen, der an die Einrichtungen und Vorstellungen unseres Westens den Maßstab seiner heimischen Gesittung und seines völkischen Empfindens legt. Audiatur et altera pars!

Unser Führer ist kein Anfänger mehr in der europäischen Kultur; hat er doch in seiner Heimat als Professor an der Kaiserlichen Adelsschule zu Tokio lange Zeit die deutsche Sprache gelehrt und u. a. eine weitverbreitete deutsche Grammatik geschrieben. So dürfen wir uns nicht wundern, wenn wir gar nicht selten Zitaten aus Schiller, Goethe, Geibel, ja, aus der Bibel bei ihm begegnen. Hie und da zeigt er, mit ein klein wenig amüsanter Betonung, daß er in den Formen des modernen europäischen Lebens wohlbewandert ist, und daß er einen geläuterten Geschmack besitzt, der vornehme Einfachheit sehr bestimmt dem Grellen und Überladenen vorzuziehen weiß.

Professor Omura also unternimmt im Auftrage seiner Regierung eine Studienreise nach Deutschland, dem Ziele seiner Wünsche, »dem Ausgangspunkte aller Wissenschaften«. Er nimmt seine Aufgabe ernst, er führt regelmäßig Tagebuch »als treuer Berichterstatter«, und er will durch sein Buch belehren, seine Landsleute belehren, denn er ist begeistert national gesinnt. Alles Schöne, was er unterwegs sieht, erinnert ihn an die Heimat, alles setzt er zu ihr in Beziehung. Das hindert ihn freilich nicht, sachliche Urteile zu fällen und das Gute überall anzuerkennen. Wo er es aber findet, da fehlt selten eine Mahnung an seine Volksgenossen, zu kommen, zu prüfen und zu lernen. Wir hören mancherlei beachtenswerte Urteile über Menschen und Zustände, so über Ceylon, das mit Unrecht gepriesene »Paradies der Welt«. Schroff und verächtlich spricht er von den Chinesen, die »so schmutzig sind wie ihre Flüsse«, oder von den gierig gewinnsüchtigen Semiten in Port Said. Interessant ist auch die Charakterisierung seiner Mitreisenden als Vertreter der einzelnen Nationen auf Grund seiner Beobachtungen an Bord. An dem Deutschen findet er namentlich den Leseeifer bemerkenswert. Sie haben die Schiffsbücherei wie durch ein schweigendes Abkommen für sich mit Beschlag belegt. Beim Engländer gefällt ihm die tadellose Sorgfalt, die er jederzeit auf seine Toilette verwendet. Die vorzüglichen Einrichtungen der deutschen Lloyddampfers erkennt unser Japaner rückhaltlos an; nur mit der Köche ist er insofern nicht ganz einverstanden, als ihm die Gerichte zu stark gesalzen sind. Vielleicht, meint er, kommt daher der große Durst der Deutschen. »Unangenehm berührt« ist er von dem europäischen Glücksspiel, und geradezu mit Abscheu hört er die Erzählung von dem Hannöverschen Spielerprozeß. Unserem Tanzen dagegen sieht er mit — neidlosem — Interesse zu. Fast zum Propheten wird Prof. Omura da, wo er von der Möglichkeit eines japanisch-russischen Zusammenstoßes in Ostasien redet. Als ein weiser Patriot enthält er sich der eigenen Meinungsäußerung und beschränkt sich auf die Wiedergabe der dahingehenden Unterhaltung der Schiffsgäste; aber man spürt den tiefen Eindruck, den auf ihn die leidenschaftlichen Angriffe eines Mitreisenden wider das barbarische Rußland gemacht haben — es war ein Pole! (S. 145.)

Besonders anziehend ist das Schlußkapitel des Buches, das über die ersten Eindrücke in Berlin berichtet. Bezeichnend steht als Titelbild darüber die Gestalt eines reitenden Schutzmanns. Die peinliche Sauberkeit der Straßen, die noch größer ist als daheim in Japan, die Pracht der Schaufenster, die rastlose Tätigkeit der Bevölkerung, ganz besonders aber die Energie und Selbständigkeit des weiblichen Geschlechts haben es ihm angetan. Aber so sehr ihm diese tatkräftigen Damen imponieren, gegen ihre Straßenschleppkleider erhebt er scharfen Protest. Seine ironischen Bemerkungen darüber verdienten wohl in eine deutsche Modezeitung aufgenommen zu werden. Die Körpergröße der Deutschen findet er »Gott sei Dank denn doch nicht so bedeutend, wie gedacht«, aber leider irrt er, wenn er meint, bei uns zu Lande lege man sehr viel Wert auf die körperliche Erziehung der Jugend. Auch das ist ein Irrtum — glücklicherweise —, daß in Deutschland jedermann »mindestens ein Musikinstrument fertig spiele«. Nun, Professor Omura wird noch zwei Jahre lang unser Volk beobachten, er verspricht uns ein neues Buch über seine weiteren Studien, und man darf darauf gespannt sein. Denn er ist ein unbefangener, liebenswürdiger Kritiker, der es versteht, seine klugen Gedanken in ansprechende Form zu kleiden, wobei ihm ein guter Humor und ein empfängliches Gemüt glücklich zur Seite stehen. Seine Schrift ist in einem angenehmen Plauderton gehalten, in gewandtem Deutsch, und mit flotten kleinen Illustrationen ausgestattet. Sie liest sich spannend, und dem Laser wird es schwerlich anders ergehen als dem Berichterstatter, der das Buch nicht eher aus der Hand legte, als bis er es zu Ende gelesen hatte.   *Dr. C. Cherubim-Lüdenscheid.*

II. Geographischer Unterricht.

Baur, L., Wiederholungs- und Übungsbuch für den Unterricht in der Geographie in Frage und Antwort nebst Aufgaben. Zur Repetition für höhere Lehranstalten, Seminarien und Lehrer. Mit 31 Kartenskizzen. Stuttgart 1903, Muthsche Verlagsbuchhandlung.   3 M.

Das Buch ist in Katechismusform geschrieben und gibt in den Antworten meist trockenste Nomenklatur. Z. B. S. 51: Gruppiere die Flüsse Afrikas nach ihren Mündungsgebieten! Antwort: In den Indischen Ozean münden: Dschuba, Tana, Rufidji, Rovuma, Sambesi, Limpopo. S. 89, 75: Welche Städte liegen am Ohio? Evansville, Louisville, Cincinnati, Wheeling, Allegany und Pittsburg. Das Fichtelgebirge ist ein Gebirgsknoten, der uralisch-karpatische Landrücken feiert eine fröhliche Auferstehung; auf die Frage, was man über die Entstehung der Norddeutschen Tiefebene wüßte, erfährt man, sie sei eine Bildung des »Diluviums«. Wer sagte doch, die gute alte Zeit sei ausgestorben! Anhangsweise ist eine Sammlung Examen-Aufgaben gegeben: für die zweite Dienstprüfung für Volksschullehrer 31, für die Reallehrerprüfung 21, für die Präparatorsprüfung 30, für die Oberreallehrer-prüfung 21 und für Professoratsprüfung 25. Es handelt sich bei allem wohl um wörtlich gestellte Themata. Die Zusammenstellung ist ganz interessant, nur kann man freilich vielleicht nirgends so wenig wie in Erdkunde aus dem Thema auf die Höhe der Anforderungen zu seiner Behandlung schließen.   *H. F.*

Hupfer, Ernst, Hilfsbuch der Erdkunde für Lehrerbildungsanstalten. Zwei Hefte. 87 u. 93 S. Leipzig 1903, Dürr.   je 1.25 M.

Heft 1 enthält eine »Vorläufige Einführung in die allgemeine Erdkunde und Deutschland«, Heft 2 die außerdeutschen Länder Europas. Eine weitere Fortsetzung ist also wahrscheinlich. Die Einführung befriedigt in vielfacher Hinsicht nicht. § 10: Einführung in das Verständnis von Globus und Karte (auf nicht zwei Seiten) äußert: »auf (dem Globus) allein ist das Gradnetz genau, da die Meridiane senkrecht auf den Parallelkreisen stehen«, das tun sie doch auch bei allen winkeltreuen Projektionen. Als Gebirge unterscheidet § 9 Faltengebirge (Alpen usw.), Rumpfgebirge (Skandinavische Gebirge), Horstgebirge (Harz), Erosionsgebirge (Elbsandsteingebirge) und Aufschüttungsgebirge (Vulkane). Daß der Harz sowohl Faltengebirge, wie Rumpfgebirge, wie Horst- und Erosionsgebirge ist, wird nicht erkannt. Bei Rumpfgebirgen sind übrigens »die Falten durch Verwitterung verschwinden, gleichsam abgeschiefert«. Richer hat nicht den ihm S. 6 zugeschriebenen Schluß gemacht sondern lediglich das verkürzte Pradel gefunden. Die Abplattung der Erde ist gut 60 Jahre später erst festgestellt worden.

Die länderkundlichen Abschnitte sind besser, zum Teil recht befriedigend, nur stören die programmatischen Überschriften »Das Isergebirge, eine düstere Landschaft«, die statt den Gesamtinhalt der folgenden Schilderungen wirken zu lassen, den Sinn auf ein Einzelnes hinrichten. So beliebt diese Art auch im Unterrichtsbetrieb selbst ist, so wenig vermag ich sie als dem Wesen der Erdkunde und ihrer Unterrichtsbedürfnisse entsprechend anzuerkennen.   *H. F.*

Baenitz, Dr. C., und Oberlehrer **Kopka,** Lehrbuch der Geographie. Nach methodischen Grundsätzen für gehobene und höhere Lehranstalten. Mit 62 farbigen Karten und 117 Holzschnitten. 5. durchgesehene Aufl. Bielefeld und Leipzig 1902, Velhagen und Klasing.

Das bekannte Lehrbuch, das seine Eigenart ungefähr in die Mitte zwischen den Seydlitzschen Typus und den von Kirchhoff und seinen Nacheiferern ausgebildeten stellt, liegt hier in neuer Auflage vor. Es hat bei einem alten Buche wenig Zweck, noch über Anlage und Ausführung sich zu ergeben; die stehen einmal fest. So sei auch nur konstatiert, daß die Neuauflage sorgfältig durchgesehen ist und man versucht hat, sie auf dem laufenden zu erhalten. Empfehlenswert wäre der Ersatz mancher Abbildungen, besonders der älteren Holzschnitte; man vergleiche 57 und 58 oder 39 und 46 und man wird den Abstand merken.   *H. F.*

Schwartz, Dr. Paul, Heimatkunde der Provinz Brandenburg und der Stadt Berlin. Zunächst zur Ergänzung der »Schulgeographie« von E. v. Seydlitz. Mit einem Bilder- und Kartenanhang. 5. durchgesehene Auflage. Breslau 1903, Ferd. Hirt.   75 Pf.

Ein nach der bekannten Seydlitzschen Form gearbeitetes statistisch und historisch reichhaltiges Heftchen. Der Bilderanhang bedarf dringend der Erneuerung und Erweiterung im Sinne des geographischen Typenbildes. Jedenfalls sollte eine Abbildung wie die S. 61 von einem so tüchtigen und rührigen Verlag nicht mehr gebraucht werden. *H. F.*

Schlee, Paul, Schülerübungen in der elementaren Astronomie. Leipzig 1903, B. O. Teubner. 50 Pf.

Im Anschluß an die bereits sehr verbreitete und beliebte Zeitschrift »Natur und Schule« haben Otto Schmell und W. B. Schmidt begonnen bei B. O. Teubner eine Sammlung naturwissenschaftlich pädagogischer Abhandlungen herauszugeben, das zweite Heft bietet Schlees Arbeit. Der Verfasser Oberlehrer Dr. Paul Schlee-Hamburg steht wie S. Günther, Pick, wie überhaupt viele tüchtige Verfasser neuerer mathematischer Geographien auf dem Standpunkt, daß »jeder Mensch in großen Zügen den Weg wieder zurücklegen muß, den die Menschheit in der Entwicklung ihrer Erkenntnis gegangen ist« (S. 14) und ich kann ihm wie Edler (Programm der städt. Oberrealschule in Halle 1901) nur darin recht geben, daß die Kinder sich durchaus erst vorstellen müssen, die Sonne bewege sich am Himmel und wir wären der ruhende Mittelpunkt der Welt. Es ist in der Tat nur für beide Teile störend, wenn die Lernenden gleich im Anfang mit der nachgeschwatzten Kenntnis kommen, die Erde liefe doch um die Sonne und die Erde drehe sich doch. Dies muß erst später geschlossen werden. Die Erdkunde ist zum guten Teile eine empirische Wissenschaft, auch die mathematische, und sie soll sich, namentlich im Anfang, aus Erfahrungen, aus Beobachtungen, zum Teil auch Experimenten, aufbauen. Darum ist es dankenswert, wenn Schlee sich bemüht, praktische Schülerübungen für dieses Gebiet anzugeben. Statt gleich von den Zonen und Gradeinteilungen auf der Erde zu sprechen, soll man erst den (scheinbaren) Sonnenlauf kennen lernen und, wie Schlee vorschlägt, mit Hilfe eines Senkels ein rechtwinkliges Dreieck aus Schattenlänge und Lotlänge und daraus den Höhenwinkel für die verschiedenen Mittagsstellungen der Sonne bestimmen. Für Nachweis der täglichen Kreisbahn aber benutzt er, wie Böttcher und Edler, eine Fliegenglocke aus Drahtgaze, vor die man ein durchlochtes Papierstück so hält, daß die Sonne durch das Loch einen hellen Fleck gerade in die Mitte des Grundkreises der Glocke zeichnet. Man markiert die Stelle des Gitters, durch die das helle Strahlenbündel fällt, stellt eine Anzahl solcher (durch Holzstückchen markierter) Stellen her und sieht, daß die so auf das Fliegennetz projizierte Sonnenbahn kreisartig ist. Vor der täglichen Bewegung des Fixsternhimmels wird beim Unterricht oft mehr gesprochen, als daß man sie durch Beobachtung kennen lernte, und doch ist es nicht schwer, durch Beobachtung eines Sternes, der gerade an einer Hausecke erscheint, in kurzer Zeit die Bewegung zu bemerken, natürlich muß man die Schüler dahin bringen, einmal bei Dunkelheit mit dem Lehrer solche Beobachtungen vorzunehmen. Wichtig ist es auch, den Frühlingspunkt selbst aufzusuchen, der sich im Herbst und Winter nach Sonnenuntergang über dem Horizont befindet. Man verlängert nach Schlee die Verbindungslinie des Polarsterns, und des letzten Sterns im schiefen W der Kassiopeia um sich selbst, bis zu einem hellen Stern in der Andromeda (in der linken oberen Ecke des Pegasusvierecks) und nun noch um ein drittes gleiches Stück: dort ist der, freilich nicht durch einen hellen

Stern ausgezeichnete Frühlingspunkt. Jene Verbindungslinie (wenigstens im Anfangsstück Pol-Kassiopeia stets auffindbar) ist der Zeiger der Weltenuhr; die Sternzeit (der Sterntag) beginnt, wenn I° kulminiert; die Null von 24 um den Pol herum geschriebenen Stundenziffern steht oben im Zenit, die XII am Nordpunkte, die VI westlich usw. Solcher Anschauungsübung kann man nur auf das Wärmste zustimmen, schwieriger aber ist das Verlangen, die Schleifen der Planetenbahnen den Schüler durch eigene Anschauung finden zu lassen, zumal man den Jupiter erst in den Jahren 1905—09, Saturn günstig erst 1910—20 sieht, die Venus als Abendstern erst wieder im Winter 1904—05 erscheint. Auch erfordert das längere und wiederholte Beobachtungen, die nur sehr selten ein Lehrer mit den Schülern machen kann. Gewiß ist es nützlich, wenn Kinder »bei günstiger Gelegenheit z. T. schon vorher« selbst Beobachtungen machen, ehe sie eine geschlossene Anzahl von Stunden in mathematischer Erdkunde absolvieren. Nach einem »wohlüberlegten Plane« aber wird man das kaum über einen langen Zeitraum hinaus ausführen lassen können. Der Schüler kann dann unmöglich den Zusammenhang würdigen. Es wäre auch sehr zu bedauern, wenn die mathematische Erdkunde in einzelne Stücke zerrissen würde; denn sie ist wie kein anderes Fach außer der Mathematik fähig in logischem Zusammenhang aufgebaut zu werden und zusammenhängendes Denken beizubringen. Man muß doch vielfach zu Modellen greifen und gewisse Dinge mitteilen, als Resultate mühsamer Erforschung. Auch Schlee sagt (S. 12): »Wenn den Kindern nun gesagt wird, daß die Umlaufszeit des Jupiter 12 Jahre, die des Saturn 30 Jahre beträgt usw.«. Man gestalte aber die Modelle natürlich und knüpfe möglichst viel an die Beobachtung an. *Dr. Kurt Geister-Charlottenburg.*

Reusch, Dr. Hans, kortfattet geografi. 9. udgave. 131.—160. tusende. Or.-8°, 64 S. Kristiania 1902, T. O. Brøgger. 0.55 Kr.

Für die vom Direktor der norwegischen geologischen Untersuchung bearbeitete kurzgefaßte Geographie, welche für die Volksschulen und die Anfängerklassen der höheren Schulen bestimmt ist, war das Rundschreiben des Kirchen- und Unterrichts-Departements vom 19. Dezember 1889 maßgebend. Einer kurzen Entwicklung der geographischen Grundbegriffe folgt die Länderkunde und dann das wichtigste aus der allgemeinen Geographie. Bei der starken Beschränkung ist die Stoffauswahl im allgemeinen zweckmäßig; beachtenswert sind bei jedem Lande die Abschnitte über »Erwerbszweige« (fehlt bei Deutschland) und »Staatsverfassung«. Angesichts der verhältnismäßig weiten Verbreitung wäre auf eine Erneuerung der Karten Bedacht zu nehmen, welche die Spuren übertriebener Generalisierung bis zur Entstellung (besonders Großbritannien und Frankreich) tragen. Die Erklärung der Höhenschichtenfarben fehlt, ebenso ein Oradnetz. Belebend wirken die eingefügten Schilderungen, unter denen »Zwei Tage in Kristiania« und »Die Reise Nansens mit der Fram« hervorzuheben sind. *A. Lorenzen-Kiel.*

Klaußmann, A. Oskar, Mit Büchse, Spaten und Ochsenstrick. Mit 6 Vollbild., Farbenbild, Titelzeichnung u. Kartenskizze. Or.-8°, 300 S. Kattowitz und Leipzig, Karl Siwinna. 4.50 M.

Der Verfasser hat sich die Aufgabe gestellt, in seiner »Phönix-Bibliothek« der Jugend eine unterhaltende, belehrende und erziehlich wirkende

Lektüre zu bieten und so der meist geist- und gemüt-
losen und die Phantasie des Lesers überreizenden
Massenware auf dem Gebiet der Jugendliteratur,
die alljährlich den Weihnachtsmarkt überschwemmt,
erfolgreich entgegen zu treten. Das ist ihm in dem
vorliegenden zweiten Bande aufs beste gelungen.
Dieser Band erzählt dem jugendlichen Leser in anziehender Weise die Erlebnisse eines Kriegsfreiwilligen
der südwestafrikanischen Schutztruppe, der an den
Kämpfen gegen den Hottentottenhäuptling Hendrik
Witboi und die Hereros teilgenommen. Wir lernen
dabei Deutsch-Südwestafrika und seine Bewohner,
sowie ihre Sitten und Gebräuche und die Tier- und
Pflanzenwelt des Landes kennen. Heitere Szenen
wechseln mit ernsten ab und halten das Interesse
des Lesers stets wach. Die Ausstattung des Buches
ist gut; die Illustrationen gehören dem besseren Genre
an. Doch erscheint uns der Preis für eine Jugend-
schrift etwas hoch. Wir können das Buch für die
reifere männliche Jugend aufs beste empfehlen.
L. Nehring-Neustadt b. Pinne.

Klaußmann, A. Oskar, Heiß Flagge und
    Wimpel. Mit 6 Vollbildern, Farbenbild und
    Titelzeichnung. Gr.-8°, 318 S. Kattowitz und
    Leipzig, Karl Siwinna.   4.50 M.

Dieser dritte Band der »Phönix-Bibliothek«
schildert in eingehender und recht anschaulicher Weise
das Leben und Treiben an Bord eines deutschen
Schulschiffs, das eine Fahrt nach Westindien unternimmt. Beschreibungen fremder Länder und ihrer
Bewohner, Schiffermärchen und Episoden aus dem
Schiffahrtsleben bieten die nötige Abwechslung im
Lesestoff. Bezüglich der Ausstattung und des Preises
wäre dasselbe zu bemerken, was beim zweiten Bande
gesagt worden ist. Unnötige Fremdwörter, wie
»eventuell« und »respektive« können in der Neuauflage wegbleiben. Das Buch ist wohl geeignet,
das Interesse für unsere Flotte zu erwecken und das
geographische Wissen des Lesers zu bereichern. Wir
können dasselbe der reiferen männlichen Jugend
empfehlen.   *L. Nehring-Neustadt b. Pinne.*

Dodu, G., Géographie de la France et de ses
    colonies. Classe de Troisième. 8°, VI, 284 S.
    Paris 1904, F. Nathan.

Dodu, G., Asie et Insulinde, Afrique. Classe
    de Cinquième. 8°, VI, 200 S. Paris 1904,
    F. Nathan.

Schrader, F., et L. Gallouédec, Asie et In-
    sulinde, Afrique. Classe de Cinquième. 8°,
    362 S. Paris 1903, Hachette et Cie.

Sieurin, E., Géographie de la France et de
    ses colonies. 8°, VIII, 212 S. Paris 1903,
    Masson et Cie.

Nach dem zu schließen, was in den oben genannten Lehrbüchern den Schülern französischen
Schulen an geographischem Wissensstoff geboten und
dessen Kenntnis von ihnen verlangt wird, ist gegenüber früheren Zeiten ein bedeutender Fortschritt zu
vermerken. Es scheinen also dort die Jahre vorüber zu sein, wo im größeren Publikum die Kenntnis unseres Erdballs mit den französischen Grenzen
aufhörte. Nicht nur der Umfang, auch der Inhalt
und die Gruppierung des Stoffes schließt sich im
wesentlichen dem an, was wir in deutschen Geographiebüchern zu finden gewohnt sind. Nur ist
selbstverständlich Frankreich mit seinem Kolonialbesitz, auch in den Büchern, die von größeren Ge-

bieten die Verhältnisse klar legen, besonders berücksichtigt.

Die Methode, die bei allen angewandt wird, ist
derart, daß allgemeine Bemerkungen über das
zu behandelnde Land vorausgeschickt sind, denen
dann die Sonderbehandlung folgt. Und zwar ist
Physisches und Politisches getrennt, nicht aber in
der Art, als ob es zwei heterogene, einander ausschließende Gebiete wären, sondern es ist Gelegenheit genommen, die Abhängigkeit der politischen
Geographie von der physischen Beschaffenheit des
Landes in der Beschäftigung der Bevölkerung, im
Klima u. a. m. aufzuzeigen. Und die »Géographie
économique«, also die Wirtschaftsgeographie bildet
hierbei meistens das Bindeglied. Die Dodusehen
Bücher sind nach Lektionen eingeteilt, in denen
immer ein bestimmtes Gebiet, zu einem umfangreicheren Abschnitt zusammengefaßt, behandelt ist,
während man bei Schrader-Gallouédec am Schlusse
größerer Teile kurze Zusammenfassungen findet,
welche die Hauptsachen noch einmal in gedrängter
Kürze wiederholen, bei Sieurin dagegen auf das Vorhergehende bezügliche Fragen, nach Art der Daniel-
schen Lehrbücher, den Schüler zu eigenem Nachdenken und geistigem selbständigen Erarbeiten zwingen wollen. Recht zweckmäßig erscheint es, daß
den einzelnen Abschnitten größere oder kleinere
Stücke von Reisebeschreibungen oder Landdarstel-
lungen folgen, welche geeignet sind, den Schülern
Proben geographischer Bearbeitung zu liefern und
die Gegend ihnen geistig näher zu rücken. Sehr
auffallen muß es nur hierbei, daß solche Lehrbücher
es nicht vermeiden, auf die Politik hinüberzuspielen.
Sowohl Dodu als auch Sieurin können in ihren
Arbeiten den Verlust von Elsaß-Lothringen nicht
verschmerzen. Der letzte hat (S. 156) dies Land
ganz so behandelt, als ob es noch jetzt französisches
Gebiet wäre, der erste (S. 15) unterscheidet zwischen
den Grenzen vor und nach 1871 und läßt diesen
Abschnitt ausklingen (S. 14) mit der Lektüre-Beigabe
aus Hennebert »La guerre«, während Sieurin sich
auf eine enthusiastische Schilderung dieser Länder
beschränkt, aber dabei auch den Schmerz um den
Verlust in den Schülern rege erhalten will!

Ein Trost für die Verfasser liegt in dem Gedanken, daß Frankreich wieder ein großes Kolonialreich geworden ist und dort seine Kulturaufgabe zu
erfüllen hat. Aber auch hierbei sind z. B. bei
Schrader-Gallouédec in der Übersicht über die Erforscher von Afrika die Deutschen fortgelassen, sodaß man (S. 215) Männer wie Schweinfurth, Graf
Götzen, Emin Pascha, Wißmann, Stuhlmann u. a.
dort vergeblich sucht. Einige Unrichtigkeiten haben
sich — sonst ist anzuerkennen, daß man sich der
größten Genauigkeit befleißigt hat — eingeschlichen.

Zur Erläuterung der Darstellung und Übersichts-
tabellen für Stoffe aus der allgemeinen Geographie,
kleinere und größere Skizzen, Ansichten im Schwarzdruck und Karten beigegeben. Von den beiden
letzteren muß man allerdings sagen, daß sie in
unseren deutschen Lehrbüchern viel Besseres finden.
Z. B. wirkt bei Dodu (Asie ... S. 73) die Darstellung des »Kuro-Sivo« östlich von Japan einfach
lächerlich. — Im großen und ganzen aber wird
man sich über die Art und Weise der Behandlung
der Geographie in französischen Lehrbüchern, wenn
man dieselben als Typus der neueren Richtung nehmen
darf, freuen.   *Dr. Ed. Lentz-Charlottenburg.*

Geographische Literatur.

a) Allgemeines.

Bartsch, A., Aus aller Herren Länder. Reiseerinnerungen. Gr.-8°, 300 S. Liegnitz 1904, Ewald Scholz Nachf. 7 M.

Böhmcke, Wilh., Die Abstammung des Menschen. Gr.-8°, 99 S. mit Abb. Stuttgart 1904, Franckh. 2 M.

Ebermayer u. Hartmann. Untersuchungen über den Einfluß des Waldes auf den Grundwasserstand. Fol., 17 S., Taf. u. Tab. München 1904, Piloty & Loehle. 3 M.

Freytag, G., Welt-Atlas. 55 Haupt- und Nebenkarten (in 49) nebst alphabetischem Verzeichnis von mehr als 13 000 geographischen Namen und statistischen Notizen über alle Staaten der Erde. 2. Aufl. Schmal-8°, 80 S. Wien 1904, G. Freytag & Berndt. 3.60 M.

Gebrück, A. u. Fr. Englacker, Geographische Typenbilder. Taf. 11. Der Hardanger Fjord. Typus der norwegischen Steil- und Klippenküste. Dresden 1904, Müller-Fröhlham. 8.20 M.

Günther, S., Ziele, Richtpunkte und Methoden der modernen Völkerkunde. Gr.-8°, 52 S. Stuttgart 1904, F. Enke. 1.60 M.

Haß, Hans, Die Oletscher. Gr.-8°, 425 S. mit Abb. u. 4 K. Braunschweig 1904, F. Vieweg & Sohn. 16 M.

Henze, Alb., Natur und Gesellschaft. Eine kritische Untersuchung der Bedeutung der Descendenztheorie für das soziale Leben. Gr.-8°, 234 S. Jena 1904, G. Fischer. 5 M.

Jannasch, R., Die Wege und Entfernungen zur See im Weltverkehr. 17 S., 16 Tab. u. 1 K. Leipzig 1904, Rob. Friese. 3 M.

Leinhaas, G. A., Aus vier Weltteilen. Reiseerinnerungen. Gr.-8°, 214 S. mit Abb. Mainz 1904, L. Wilckens. 3 M.

Lóckay, Nik., Sonnen- und Sternenland an jedem Orte der Erde. Kreisförmig auf Pappe. Budapest 1904, Ungar. Geogr. Institut. 1.25 M.

Ludwig, A., Die älteste Weltkarte. Gr.-8°, 3 S. Prag 1904, Fr. Řivnáč. 12 Pf.

Oxenberg, Ewald, Münchener Transparent-Karte von nördlichen Sternenhimmel. 2. Aufl. München 1904, Wilh. Pießmann. 0.50 M.

Schnee, Paul, Darwinistische Studie auf einer Koralleninsel. Gr.-8°. Odrokirchen 1903, Breitenbach. 1 M.

Wachtler, Wilh., Das Feuer in der Natur, im Kultus und Mythus, im Völkerleben. 8°, 166 S. Wien 1904, A. Hartleben. 4 M.

b) Deutschland.

Albrecht, Th., Neue Bestimmung des geographischen Längenunterschieds Potsdam–Greenwich. Gr.-8°, Berlin 1904, G. Reimer. 50 Pf.

Credner, Herm., Der vogtländische Erdbebenschwarm vom 13. Februar bis zum 18. Mai 1903 usw. Registrierung durch das Wiecherts che Pendelseismometer in Leipzig. Lex.-8°, 107 S. mit Abb. u. 1 K. Leipzig 1904, B. G. Teubner. 5 M.

Karte des Deutschen Reiches. 1 : 100 000. Nr. 209 : Amelinghausen. — Nr. 210 : Lüneburg. Berlin 1904, R. Eisenschmidt. Je 1.50 M.

Liebenow, W., Spezialkarten für Bremen und Oldenburg, der Reg.-Bez. Frankfurt a. O., Gumbinnen, für die Umgegend der Freien Städte Hamburg und Lübeck, der Reg.-Bez. Königsberg, Köslin, Posen, Potsdam, Stettin und Schleswig-Holstein, der Provinz Westfalen mit Lippe und Waldeck. 1 : 300 000, je 1.50 M., Spezialkarte der Reg.-Bez. Bromberg, Danzig, Düsseldorf und Aachen, Liegnitz, Oppeln, Trier, je 1 M., der Reg.-Bez. Marienwerder, Coblenz u. Wiesbaden, je 1.30 M. Frankfurt 1904, L. Ravenstein.

Maßtischblätter des preußischen Staates. 1 : 25 000. Nr. 1091 : Kremmen. — Nr. 1912 : Beerfelde. — Nr. 2246 : Ißterbog. — Nr. 2535 : Delitzsch. — Nr. 2548 : Weißwasser. — Nr. 2549 : Meukau. Berlin 1904, R. Eisenschmidt. Je 1 M.

Polis, P., Die Gewitterlohe in der Rheinprovinz vom 26. Juli 1902. Gr.-8°, 17 S. mit Fig. Karlsruhe 1904, G. Braun. 2 M.

— Ergebnisse der Niederschlagsregistrierungen von Aachen. Gr.-8°, 15 S. mit Fig. Karlsruhe 1904, G. Braun. 2 M.

Topograph. Übersichtskarte des Deutschen Reiches. 1 : 200 000. Nr. 12 : Wiek a. R. — Nr. 13 : Sagard. — Nr. 45 : Wollin. — Nr. 61 : Prenzlau. — Nr. 116 : Arnsberg.

Uecker, P., Pommern in Wort und Bild. Im Auftrag des Pestalozzi-Vereins herausgegeben. Gr.-8°, 600 S., ill. Stettin 1904, Franz Wittenhagen. 6 M.

Veröffentlichungen des meteorologischen Observatoriums Aachen. Herausgegeben durch dessen Direktor P. Polis. (Deutsch. Met. Jahrb. für 1902, Aachen). Gr.-8°, 87 S., 13 Fig. u. 1 Taf. Karlsruhe 1904, G. Braun. 9 M.

c) Übriges Europa.

Carrère, S., des Pyrénées au Bosphore. Brügge 1904, Desdée, De Brouwer & Cie. 3.50 frs.

de Bray, A. J., La Belgique et le marché asiatique. Brüssel 1904, Pollewein et Ceuterick. 5 frs.

Durham, M. E., Trough the lands of the Serb. 8°. London 1904, E. Arnold. 14 sh.

Fixpunkte, die, des schweizerischen Präzisionsnivellements. 15. Lfg., 77 S. mit Fig. u. 1 K. Bern 1904, A. Francke. 4 M.

Führer für die Exkursionen in Österreich. Herausgegeben von dem Organisationskomitee des IX. internationalen Geologen-Kongresses. Redigiert von F. Teller. Gr.-8°. Wien 1903, Franz Deuticke. 25 M.

Goering, Traug. u. Rodolphe Hotz, Economique politique de la Suisse. 179 S. Zürich 1903, Schulheß & Cie. 3 M.

Johnson, W., Neolithic in North East Survey. London 1904, E. Stock. 6 sh.

Noë, R., Tirol und die angrenzenden Alpengebiete von Vorarlberg, Salzburg u. Salzkammergut, sowie das bayrische Hochland nebst München in 30 Tagen. 12°, 67 S. Freiburg i. B. 1904, Fr. Paul Lorenz. 1.80 M.

Parona, C. F., Trattato di geologia con speciale riguardo alla geologia d'Italia. Mailand 1904, F. Vallardi. 22 L.

Philippson, Alfr., Das Mittelmeergebiet, seine geographische und kulturelle Eigenart. Gr.-8°, 266 S. mit Abb. u. 10 K. Leipzig 1904, B. G. Teubner. 7 M.

Schaffer, Franz X., Geologie von Wien. I. Teil, 1 K. Gr.-8°, 33 S. Wien 1904, R. Lechner. 5 M.

Veltas, O., La Russie d'aujourd'hui. 8°. Paris 1904, Combet & Cie. 2.50 frs.

Vierteljahrskarte für die Nord- und Ostsee. Frühling 1904. Mit ill. Text auf der Rückseite. Hamburg 1904, Eckardt & Meßtorff. 75 Pf.

d) Asien.

Brinkley, C. F., Japan and China, their history arts, sciences, manners, customs, laws, religions and literature. 12 vols. London 1904, T. C. & E. J. Jack. Je 16 sh.

Courtois, E., Tonkin français contemporain. 8°. Paris 1904, Charles Lavauzelle. 7.50 frs.

De Lorenzo, Giu., India e buddhismo antico. 8°. Bari 1904, Giss. Laterza & Figli. 3.50 L.

Deppling, G., Le Japon. 16°. Paris 1904, Combet & Cie. 2.25 frs.

De Riegia, O., Caucaso ed Asia Centrale. 8°. Luciano 1904, R. Carabba. 4 L.

Die Mandschurei. Nach dem vom Russischen Generalstab herausgegebenen «Material zur Geographie Asiens». Übersetzt von Leutnant R. Ullrich. 31 K. u. 1 K. Berlin 1904, Karl Siegismund. 1 M.

Eisenstein, Rich. Frhr. von und zu, Reise nach Siam, Java, Deutsch-Neu-Guinea und Australasien. Tagebuch mit Erörterungen, um zu überseeischen Reisen anzuregen. Gr.-8°, 280 S. mit Abb. u. K. Wien 1904, C. Gerolds Sohn. 7.40 M.

Gosselin, Ch., Empire d'Annam. Paris 1904, Perrin & Cie. 3.50 frs.

Hiroi, R. K. M., Japan, wie es wirklich ist. 2. Aufl. Gr.-8°, 60 S., 12 Taf. Leipzig 1904, Haas Hedewig. 1.50 M.

Jack, R. C., Back blocks of China. 8°. London 1904, E. Arnold. 10 sh 6 d.

Klepert, R., Karte von Kleinasien in 24 Blättern. 1 : 480 000 Blatt A VI u. D VI. Berlin 1904, Dietrich Reimer. 9 M.

Munzinger, Carl, Japan und die Japaner. 8°, 174 S. Stuttgart 1904, D. Gundert. 1.50 M.

Swayne, H. G. C., Through the highlands of Liberia. 8°. London 1904, R. Ward. 12 sh 6 d.

Schmidt, Richard, Liebe und Ehe im alten und modernen Indien (Vorder-, Hinter- und Niederländisch-Indien. Gr.-8°, 571 S. Berlin 1904, H. Barsdorf. 11.50 M.

Volz, Wilhelm, Zur Geologie von Sumatra. Beobachtungen auf Studien. 112 S., 12 Taf., 3 K. u. 45 Abb. Gr.-8°, Jena 1904, Gust. Fischer. 36 M.

Watson, W. P., Japan: Aspects and destinies. 8°. London 1904, G. Richards. 12 sh 6 d.

Weber, Otto, Arabien vor dem Islam. 2. Aufl. 30 S. Leipzig 1904, J. C. Hinrichs. 60 Pf.

Winter, Reise-Handbuch für Ostasien. 160 S. u. 1 K. Kiel 1904, Robert Cordes. 3 M.

Zabel, Eug., Auf der sibirischen Bahn nach China. 2. Aufl. Gr.-8°, 29 S., ill. Berlin 1904, Allgemeiner Verein für deutsche Literatur. 6 M.

e) Afrika.

Bernstein-Stieglitz, Auf der Wanderschaft in Ägypten. 2. vermehrte Aufl. Gr.-8°, 303 S. Berlin 1903, Hermann Paetel. 4 M.

Bilder von Deutsch-Südwestafrika. Quer-Or.-4°, 15 Blätter. Gütersloh 1904, C. Bertelsmann. 1 M.

Engler, A., Über die Vegetationsverhältnisse der Somaliländer. Gr.-8°, 82 S. u. 1 K. Berlin 1904, Georg Reimer. 2 M.

L'État indépendant du Congo. Documents sur le pays et ses habitants. 2 vols. Brüssel 1904, Spineux & Cie. 15 frs.

Peel, S., Finding of the Nile and the New Soudan. 8°. London 1904, E. Arnold. 12 sh 6 d.

f) Amerika.

André, Eug., Naturalist in the Guianas. 8°. London 1904, Smith, Elder & Co.

g) Australien und Südseeinseln.

Wohltmann, F., Pflanzung und Siedlung auf Samoa. Erkundungsbericht an das kol.-wirtsch. Komitee. Gr.-8°, 104 S. mit Taf., Abb. u. 2 K. Berlin 1904, E. S. Mittler & Sohn. 5 M.

h) Polarländer.

Expédition antarctique belge. Résultats du voyage du S. Y. »Belgica« en 1897—99. 13 vols. Antwerpen 1904, J. E. Buschmann. 107.50 frs.

i) Geographischer Unterricht.

Burillo Stolle, M., Elementos de cosmografia y nociones de fisica del globo. 4°. Madrid 1904, J. Kafz. 3 pes.

Frobenius, Leo, Geographische Kulturkunde. Eine Darstellung der Beziehungen zwischen der Erde und der Kultur nach älteren und neueren Reiseberichten zur Belebung des geographischen Unterrichts. 4 Teile, 19 Taf. 4) Kartenskizzen. 1. Afrika, S. 1—224. — 2. Ozeanien und die Ozeanier, S. 225—438. — 3. Amerika und die Amerikaner, S. 439—602. — 4. Asien und die Asiaten, S. 603—923. Leipzig 1904, Friedrich Brandstaeter. Jeder Teil 2.50 M., 1 Leinwandband 11.50 M.

Hoehner, Herm., Lehrproben zur Länderkunde von Europa. Ein Beitrag zum Problem der Stoffgestaltung. Gr.-8°, 177 S. Leipzig 1904, B. G. Teubner. 4.20 M.

Killmann, M., Karte der öffentlichen höheren Lehranstalten im Königreich Preußen u. Fürstentum Waldeck. 1 : 750.000. Berlin 1904, Dietrich Reimer. 8 M.

Marius, H. C. E., Astronomische Erdkunde. Ein Lehrbuch angewandter Mathematik. Große Ausgabe. 5. Aufl. Gr.-8°, 473 S. Dresden 1904, C. A. Koch. 11 M.

Ule, W., Lehrbuch der Erdkunde für höhere Schulen. Ausgabe B in einem Bande. 267 S. mit 59 Abb. Leipzig 1904, G. Freytag. 2.25 M.

Wörndle v. Adelsfried, Edm., Schulwandbilder aus Palästina. 12 Taf. mit Text (36 S.). München 1904, Piloty & Loehle. 12.50 M.

k) Zeitschriften.

Annales de Géographie. Herausg.: P. Vidal de la Blache, L. Gallois et Emm. de Margerie. Paris, Armand Colin. 13e. Année.
Nr. 68. Zimmermann, Mr. Maurice, L'océanographie du bassin polaire boréal d'après Fridtjof Nansen. — Vidal de la Blache, La carte de France au 50000e. — Vacher, Montlçons: Essai de Géographie urbaine. — Auerbach, La région de la Weser. — Monchicourt, La région de Tunis. — Sion, La seconde édition de la Politische Geographie de Mr. Fr. Ratzel. — Grandidier, Tuléar au point de vue économique.

Bulletin of the American Geographical Society. Vol. XXXVI.
Nr. 1 (Jan.), Russell Smith, The Economic Geography of Chile. — The Swedish Antarctic Expedition. — Notes on Geological Surveys. — Eighth International Geographic Congress. — Geographical Record. — The Uganda-Protectorate and The Nile Quest.

Deutsche Geographische Blätter. Herausg. v. d. Geograph. Ges. in Bremen durch Prof. Dr. A. Oppel u. Prof. Dr. W. Wolkenhauer. XXVII.
Nr. 1. Penck, Antarctic. — Eckert, Wesen und Aufgaben der Wirtschafts- und Verkehrsgeographie. — Dreher, Kartographie bei den Naturvölkern.

Geografiska Föreningens Tidskrift. Femtonde Årgången 1903. Redigerad af E. E. Rosberg.
Nr. 1—2, Rosberg, Australien, och Oceanien. — Smrdberg, Hydrografiska förhållanden Finby' ens 1902—1903. — Sköldebrand, En resa i Finland år 1799. — Piccard, Bidrag till Finska vikens fysiska geografi.

Geographische Zeitschrift. Herausg.: Prof. Dr. Alfred Hettner; Verlag: B. G. Teubner, Leipzig. 1904.
Heft 5. Hutter, Landschaftsbilder aus Kamerun; III. Adamaua. — Hettner, Die deutschen Mittelgebirge; III. Die Typen der deutschen Mittelgebirge. — Friderichsen, Grundlinien im Aufbau Ostasiens nach Frhr. v. Richthofen. I. — Oestreich, Die Geschichte der Kartographie d. südosteuropäisch-Balkans. — Zimmerer, Die wirtschaftliche Bedeutung Westasiens. — Henkel, Ist die deutsche Kleinstaaterei geographisch bedingt.

Globus, Illustrierte Zeitschrift für Länder und Völkerkunde. Herausg.: H. Singer; Verlag: Vieweg & Sohn, Braunschweig. Bd. 80.
Nr. 8. David, Über die Pygmäen am oberen Nurt. — Kraemer, Die Abstammung des Bernhardiners I. (Schlufl). — Die südliche Einflussphäre nach Tibet. — Philippi, Über die Nationalität der Südamerikaner, besonders der Chilenen. — Die Wenden in Sachsen. — Die Sujeten.

Nr. 9. Gentz, Der Herreroaufstand in Deutsch-Südwestafrika. — Gessner, Die Aufforstungsfrage in Südwestafrika. — Rascher, Eine Reise quer durch die Gazelle-Halbinsel. — Nord-Nigeria. — Krebs, Das Deutschtum in den Vereinigten Staaten von Nordamerika. — Singer, Die Verwendung des Afrikalandes.
Nr. 10. Meyer, Die gegenwärtigen Schnee- und Eisverhältnisse in der Andes von Ecuador. — Japans militärische Entwicklung. — Die Bahn auf die Mendel. — Meyer, Nachrichten der Kaiserl. russ. archäologischen Kommission.

La Géographie. Bulletin de la Société de Géographie. Herausg.: Hulot et Rabot; Verlag: Masson et Cie., Paris. IX. 1903.
Nr. 2. La Mission Lenfant. — Créqui Montfort, Exploration en Bolivie. — Soulié, Géographie de la Principauté de Bathang. — Simmons, Études botaniques exécutées dans l'archipel polaire américain par l'expédition Sverdrup. — Chisarri, Le pays des Héréros.
Nr. 3. D'Hisart, Le Tchad et ses habitants. — Simmons, Observations météorologiques faites dans l'archipel polaire américain par l'expédition Sverdrup. — Angot, Premiers résultats météorologiques de l'expédition antarctique écossaise de la »Scotia«. — Pishavit, Les quinquinas, leur patrie, leur introduction dans les diverses parties du monde.

The Geographical Teacher. The Organ of the Geographical Association, ed. by A. J. Herbertson. Vol. II. 1904.
Februar. Freshfield, Note on the Road to Tibet. — Annual Meeting of Geographical Association: President's Address; Discussion on R. G. S. Syllabus in Geography. — Conferences on Teaching of Geography: Excursions and the Teaching of Geography by J. Lomas; The Making and Use of Models by F. T. Kendall. — The Geographical Exhibition: The Making of Maps by A. J. Herbertson; Geological Maps by W. W. Watts; Lantern Slides, Models and Appliances by A. M. Davies; Wall Pictures by Miss A. G. Winny; L. S. S. Conference by A. A. Davey. — Practical Notes. — Cash, How to make a Panorama. — Regional Bibliography of the U. Kingdom, Part I. — Brooks, Syllabus in Geography for a P. T. School.

The National Geographic Magazine. Vol. XIV.
Nr. 2. Burr, The Republic of Panama. — Eighth International Geographic Congress, Washington 1904. — The Philippine Weather Service. — Some Facts about Korea. — The Best Sugar Industry.
Nr. 3. Gannett, The Philippine Islands and their People. — H. P. Miller, Russian Development of Manchuria. — Manchuria and Korea. — Lumbering in Manchuria. — Weather Proverbs. — Beveridge »The Russian Avance«.

The Scottish Geographical Magazine. XX. 1904.
März. First Antarctic Voyage of the »Scotia«. II. Scientific Reports. — Morel, The Economic Development of West-Africa. — Round Kingchenjunga. — The Swedish Antarctic Expedition.

Tijdschrift van het Koninklijk Nederlandsch Aardrijkskundig Genootschap. Herausg.: A. L. van Hasselt; Verlag: E. J. Brill, Leiden. Tweede Serie, Deel XX. 1904.
Nr. 1 (Januar). Blink, Studiën over nederzettingen in Nederland. — Veeren, De rivier »de Linde« en haar stroomgebied boven de Oklterknospster Aroellerag. — Westerenk, Simaloer. — Verslag van de Samarinca-expeditie.
Nr. 2 (Maart). Homan van der Heide, Aanteekeningen betreffende het Kraiermeer op de Kloot in verband met de uitbarsting op 23 Mei 1901. — van Stockum, Verslag van de Sámarincaexpeditie. — Beekman, De havens van Emden en Delfzijl.

Wandern und Reisen. Illustrierte Zeitschrift für Touristik, Länder- und Volkskunde, Kunst und Sport. L. Schwann, Düsseldorf. 3. Jahrg. 1904.
Heft 5. Schneider, La Mortola. — Rank, Abend in den Dolomiten. — Hirsch, Bayerische Sudelburge. — Ritter, Kirwen in der Eifel. — Biedig, Hochtouren im Zentralstocke des Monteroso. — Massive.
Heft 6. Sattler, Auf Kletterpfaden in der Sächsischen Schweiz. — Snader, Aus Finnland. — Helmsbchütz fordern wir. — L. Mörschell, in die Rhön. — Schöttner, Winterfahrt zur Radlon-Paasdütte bei St. Joachimsthal und auf dem Keilberg im Erzgebirge.

Zeitschrift der Gesellschaft f. Erdkunde zu Berlin. 1904.
Nr. 2. v. Erlanger, Bericht über meine Expedition in Nordost-Afrika in den Jahren 1899—1901. — P. Sprigade, Geographische Ergebnisse derselben Expedition.

Zeitschrift für Schulgeographie. Herausg. von Prof. Oust. Ruech unter Mitw. von Dr. Anton Becker; Verlag: Alfr. Hölder, Wien. 25. Jahrg. 1904.
Heft 4. Ze Raum 100. Todestage. — Branky, Der Ostälkwert des Begriffs Insel. — Opperman, Wandskizzen für den Unterricht in der Vaterlandskunde. — Häntsch, Über Landschaftsschilderung.

Aufsätze.

Zur wirtschaftlichen Erschließung der deutschen Kolonien.
Von H. Seidel-Berlin.

Die Zeiten sind vorüber, als kurzsichtige Kolonialschwärmer glaubten, schon der bloße Besitz tropischer Gebiete genüge, um dem Mutterlande die Schätze beider Indien zufließen zu lassen. Dazu sind unsere Kolonien ebensowenig angetan, wie alle anderen, selbst die an Gold und Edelsteinen reichsten nicht ausgenommen. Wo gegen diese Erkenntnis gesündigt wird, treibt das Land unfehlbar dem Schicksal des spanischen Amerika zu. Es wird ausgeraubt und ausgesogen und bleibt trotz der größten natürlichen Vorzüge hinter minder begabten, aber rationell bewirtschafteten Erdstrichen notwendig zurück. In den zwei Jahrzehnten, seit wir Kolonien unser eigen nennen, war es allerdings nicht wohl möglich, für jeden Teil des überseeischen Deutschlands die richtigen Produktionen zu bestimmen. Dazu gehören langwierige und kostspielige Vorversuche, eingehende Studien in fremden Kolonien und die Heranbildung gründlich geschulter Personen, deren Rat und Obhut die Neuanlagen anvertraut werden können.

Der mit obigem Satze ausgesprochene Arbeitsplan wird bei uns seit 1896 von einer besonderen Körperschaft mit solchem Nachdruck und solcher Intelligenz vertreten, daß sich dort, wo man nach den Weisungen dieser Stelle handelt, ein deutlicher Fortschritt zu zeigen beginnt. In der breiten Öffentlichkeit, vielleicht auch in den Kreisen der Geographen, ist diese Körperschaft noch nicht zur Genüge bekannt. Sie nennt sich ›Kolonial-Wirtschaftliches Komitee‹ mit dem Sitze in Berlin, ist aber durch direkte oder korporative Mitglieder über ganz Deutschland und seine Kolonien verbreitet. Bedeutende Geldmittel, teils aus den laufenden Beiträgen, teils aus sonstigen Quellen, stehen ihm zu Gebote, und es ist eine Freude, an der Hand seiner Berichte die Tätigkeit des Komitees auf den verschiedensten Gebieten zu verfolgen. Für jemand, der erst nach ausländischen Stimmen fragt, ehe er den Wert heimischer Leistungen anerkennt, sei bemerkt, daß das ›Imperial Institute‹ in London, das Zentrum der englischen ›Erbweisheit‹, neuerdings völlig in die Bahnen unseres Komitees hinüberlenkt.

Im Vordergrund des Interesses stehen zurzeit die Baumwollen-Unternehmungen, für die man namentlich in Togo einen günstigen Boden gefunden hat. Der Anbau der wichtigen Nutzpflanze, deren Produkt heute zu den meistbegehrten auf dem Weltmarkte zählt, soll zur Eingeborenenkultur größten Stils erhoben werden. Zu dem Zwecke sind nordamerikanische Baumwollenfarmer, Neger von Geburt, als Lehrmeister in der Kolonie angesiedelt worden. Ermutigt durch die bisher erzielten Resultate, hat das Komitee seine Baumwollenpläne durch Einbeziehung von Deutsch-Südwestafrika, Ostafrika, Kamerun und Kleinasien auf eine breitere Grundlage gestellt. Von gleicher Bedeutung erscheinen uns die Arbeiten zur Kautschuk- und Guttaperchagewinnung, sei es durch geeignete Kulturen, wie in Kamerun mit der Kickxia und anderen Gewächsen, sei es durch Erziehung der Eingeborenen zur vernünftigen Pflege und Ausbeute der Bestände, wie in Neuguinea. Zu allen Fragen dieser Art haben die ausgedehnten Forschungen des Botanikers R. Schlechter die besten Fingerzeige gegeben. Gleichfalls auf die Südsee bezogen sich die jüngsten Studien unseres ersten Bodenexperten, des Kaiserl. Regierungsrats Prof. Dr. Wohltmann, der im Auftrag des Komitees eine landwirtschaftliche Erkundung Deutsch-Samoas durchgeführt hat. Sodann ist hier noch die pflanzen-pathologische Expedition nach Westafrika zu erwähnen, der die eingehende Untersuchung, bzw. Bekämpfung aller tierischen und pflanzlichen Schädlinge der Baumwoll-, Kokos-, Kaffee-, Kakao- und Kautschukkultur zum Ziel gesetzt ist.

Eine besondere Abteilung des Komitees befaßt sich mit dem Bau von Maschinen für den tropenkolonialen Bedarf, mit der Prüfung der eingesandten Rohstoffe, sowie mit der Beschaffung und Verteilung von Saatgut. Durch Ausschreibung eines Preises ist dem Wettbewerb kürzlich die Konstruktion einer Maschine gelungen, die eine doppelte bis dreifache Ausbeute der Ölpalmenfrüchte und -Kerne, gegenüber der verlustreichen Negermethode, gewährleistet. Um welche Werte es sich in diesem Falle handelt, mag daraus hervorgehen, daß der jährliche Export aus Afrika an 50 Mill. Mark beträgt, woran Togo und Kamerun bereits mit mehr als 7 Mill. Mark beteiligt sind. Im ganzen verbraucht Deutschland allein für etwa 200 Mill. Mark Ölprodukte.

Die weiteren Unternehmungen des Komitees beziehen sich auf die Prüfung, bzw. Trassierung von Eisenbahnlinien, z. B. der Strecke Lome—Palime in Togo und der Kilwa-Nyassa-Bahn in Ostafrika, auf die Wasserversorgung in Südwestafrika, auf die Bekämpfung der mancherlei Viehseuchen, auf die Seiden- und Bienenzucht, die Anlegung von Musterwirtschaften u. dgl. m. Das Komitee hat ferner dahin gewirkt, daß bei den Handelskammern tunlichst Fachausschüsse aus den Reihen seiner Mitglieder ernannt wurden. Es sorgt endlich für koloniale Ausstellungen und Schulsammlungen und veröffentlicht außer dem periodisch erscheinenden »Tropenpflanzer« noch das »Koloniale Handelsadreßbuch« mit seinen reichen statistischen Nachweisen, die vornehm ausgestatteten Spezialwerke über seine Expeditionen, sowie seine Jahres- und Verhandlungsberichte, — und das alles für 10 Mark jährlich.

Bisher hat das Komitee seine gedeihliche Tätigkeit völlig uneigennützig in den Dienst der kolonialen Sache gestellt, sogar »mit Verzicht auf Agitation und Polemik«, wie es in seinem Programm heißt. Wir wollen hoffen, daß es diesen Grundsätzen immer getreu bleibt, und daß in seinen Reihen nicht Personen zu Einfluß kommen, die das Komitee nur zur Förderung ihrer eigenen selbstsüchtigen oder spekulativen Pläne dienstbar zu machen wissen.

Beiträge zur Literatur der letzten Jahre über Bosnien und die Herzegowina in deutscher Sprache.

Von Dr. Otto Jauker-Laibach.

(Schluß.)

Das unterste Niveau der mesozoischen Gruppe bilden hier die leicht kenntlichen Werfnerschiefer. Auch jetzt wird eine Eigentümlichkeit bestätigt, die schon in den »Grundlinien« herausgetreten war: daß diese Werfnerschiefer im Gebiet der Trias und an den Taleinschnitten und Gehängen zutage treten. Ihre Oberflächenerstreckung ist jedoch, (da sie offenbar der Abrasion stark unterliegen) nirgends groß. Mächtig sind die Kalkablagerungen, doch sind sie der Vegetation durchaus nicht feindlich; sie stellen uns sogar den eigentlichen Typus des bedeckten Karstes dar. Der Hauptteil der berühmten Urwälder Bosniens dehnt sich im Bereich der Trias aus. Über die Zugehörigkeit vieler Schichtkomplexe zum Jura herrscht noch ein großer Streit, ebenso wie über die Zugehörigkeit des sog. Flysch zur Kreide. Nun hat sich aber aus den neueren Untersuchungen ergeben, 1. daß sich unter der Bezeichnung Flysch bisher noch recht Verschiedenartiges versteckt hat und 2. daß die Erstreckung des Kreidekalks in der Herzegowina nicht so ununterbrochen ist, wie man angenommen hat. Immerhin ist es der karstbildende Boden und wird nur beschränkt durch Eozänbildungen, die oft orographisch vom Kreideboden sich nicht loslösen. Sie sind weit bedeutender, als man bisher angenommen hat; sie haben im Westen eine mehr kalkige, im Osten mehr sandig-mergelige Ausbildung. Als Poljenauskleidungen treten sie vielfach auf; in der Herzegowina spielen die Mergel und Sandsteine eine sehr große Rolle, da sie einerseits Anlaß zu Erosionstälern geben, anderseits aber auch einen wichtigen, wasserführenden Horizont abgeben. Auch die wenigen Petroleumquellen Bosniens kommen im Eozän vor.

Das binnenländische Oligozän und Miozän deutet uns durch seine Verbreitung und sein Auftreten an, daß fast das ganze Gebiet von Bosnien und der Herzegowina in dieser Zeit trocken gelegen hat. Die bisherige Ansicht, daß wir es hier mit Ausfüllungen bereits vorhandener, dem gegenwärtigen Streichen entsprechender Talweitungen zu tun hätten, muß aufgegeben werden. Überhaupt war das Aussehen des Landes noch in der jungen Tertiärzeit von dem heutigen ganz verschieden. In dieses Niveau gehören auch viele Braunkohlenlager z. B. um Zenica (10 m mächtig!)

Nur das nördliche Bosnien war in der Oligozän-Miozänzeit der Schauplatz einer größeren Meerestransgression, mit der das Entstehen der großen Salzlager von Tuzla zusammenhängt. Die erste Jungtertiäre Gebirgsfaltung Bosniens fand im Unter-miozän statt. Am Ende des Pliozän und am Anfang der Quartärzeit wurde Bosnien und die Herzegowina nochmals von einer Küstenbewegung betroffen, die für die heutige orographische Gestaltung maßgebend gewesen ist. Wie diese Umstände auf die Karst-hydrographie eingewirkt haben, haben schon früher Mojsisovicz und Stacha untersucht und die neueren Arbeiten von Cvijić und Grund handeln eingehender davon. Zum Schlusse wird noch von Katzer ein kurzer Abriß der Tektonik gegeben.

Ebenso kommt das in neuerer Zeit so gepflegte Gebiet der Glazialgeologie zur genaueren Bearbeitung. Schon Beck v. Mannagatta hatte auf Eiszeitspuren aufmerksam gemacht und in neuerer Zeit haben J. Cvijić (Verh. d. Ges. für Erdkunde zu Berlin XXIV. Bd.) und C.·Grund (Globus 1902) die Sache weiter verfolgt. Im Globus (1900) erschien auch die Arbeit A. Penck, »Die Eiszeit auf der Balkanhalbinsel« und Katzer hat außer einem Aufsatz »Die ehemalige Vergletscherung der Vratnica planina« (Globus 1902) in seinem eben genannten Buche dem Diluvium einige Beachtung geschenkt.

Der junge, aber kräftig aufstrebende Wissenschaftszweig der Morphologie kommt dabei jedoch nicht zu kurz; er führt uns auf das in den Karstländern mit immer neuer Lust behandelte Gebiet der Hydrographie. Hier sind zu nennen: A. Penck, »Geo-morphologische Studien aus der Herzegowina« (Zeitschr. d. D.-Ö. A.-V. 1900) und J. Cvijić, »Morphologische und glaziale Studien aus Bosnien und der Herzegowina«. Der 1. Band behandelt die Karsthochflächen und Cañontäler in ihren tektonischen und hydrographischen Beziehungen, der 2. Band das Problem der Karstpoljen (beide Bände erschienen in den Abhandlungen d. k. k. Wiener geogr. Ges. 1900 und 1901). Diese Studien werden ergänzt durch die soeben erschienene Arbeit von Dr. A. Grund, »Die Karsthydrographie«. Studien aus Westbosnien (Pencks Geogr. Abh. 1903). Etwas älter sind die beiden Werke von Karlinski, »Zur Hydrologie des Bezirks Stolac und Konjic« (herausgegeben von der Landesregierung, 1892 und 1893).

Von allgemein geographischem Werte sind andere Schriften: So die Arbeit von Dr. G. Lukas, »Orographie von Bosnien und der Herzegowina« und systematische Einteilung des illyrischen Gebirgslandes auf geologischer Grundlage. (W. M. VIII, 1901). In dieser kleinen, aber gewissenhaften und gründlichen Schrift wird, entgegen den bisherigen, äußerlichen Einteilungsversuchen, eine Gliederung nach geologischen und morphologischen Gesichtspunkten durchgeführt, die durch eine gute Karte (1 : 750 000) deutlich gemacht wird. Für die Erkenntnis der Tektonik des ganzen Karstgebiets wird freilich jetzt noch die Abhandlung von Cvijić heranzuziehen sein: »Die dinarisch-albanische Scharung (Sitzungsber. d. math.-naturw. Kl. d. Akad. d. W. 1901), die unsere bisherige Meinung, wo nicht umzustoßen, so doch stark zu verändern geeignet ist.

Von G. Lukas liegt uns noch eine Arbeit vor, »Studien über die geographische Lage des österr.-ungar. Okkupationsgebiets und seiner wichtigsten Siede-lungen« (Linz 1903). Nach einer längeren Auseinandersetzung über die Lage von Ländern und Siedelungen im allgemeinen, spricht es über die Lage Bosniens und der Herzegowina (IV. Kap.), die natürlichen Verhältnisse in bezug auf den Menschen (V. Kap.), das bosnisch-herzegowinische Verkehrsnetz (VI. Kap.), die Lage der wichtigsten Siede-lungen (VII. Kap.), die Lage der bosnischen Hauptstadt (VIII. Kap.). Wir kommen somit mit dieser Arbeit aus der Landschaft hinaus zu den Menschen und ihren Ansied-lungen. Für diese ist nun auffallenderweise das Interesse nicht so rege. Wenn wir von einigen älteren Arbeiten über Konfessionen und soziale Gliederung absehen (Asboth, Kiepert,

7*

Blau, Hoernes, Krauß) so haben wir nur die fleißigen Arbeiten von Em. Lilek in den wissenschaftlichen Mitteilungen zu nennen. Über bosnische Trachten, Geräte, Schmuckstücke, Gewebe usw. sind infolge der Bestrebungen des Staates und verschiedener Gesellschaften, diese Industriezweige zu heben, zahlreiche kleine und größere Publikationen erschienen, an einer zusammenfassenden Darstellung fehlt es aber auch hier.

Das bosnische Wohnhaus ist behandelt worden in den Arbeiten von Bancalari (Deutsche Rundschau 1889), Meringer (wissenschaftliche Mitteilungen 1900) und Tetzner (Globus 1901). Auf dem noch jungen Gebiet der Volksdichte- und Siedelungsdarstellung liegt uns als vorbildliche Schrift aus einer anderen Gegend vor: Smiljanić, »Beiträge zur Siedelungsgeschichte Südserbiens« (Abhandl. d. Wiener geogr. Ges. 1900); diese fleißige Arbeit, mit den auffallenden Resultaten verdient größere Aufmerksamkeit. Für unsere Ländergruppe hat schon Asboth in seinem 1888 erschienenen Buche, »Bosnien und die Herzegowina« die Verteilung nach Freibauern und Grundholden, nach Konfessionen und die Verteilung nach der Dichte in Karten dem Buche beigegeben. Doch ist der kleine (nicht angegebene!) Maßstab (ich vermute 1:2000000) für die Klarlegung der Verhältnisse nicht ausreichend. Außerdem geht er dabei von den Bezirksgrenzen aus, die jedenfalls für die Verteilung der Bevölkerung nicht maßgebend gewesen sind. Ich bin daher genötigt, in diesem Zusammenhang auch von meiner Arbeit zu sprechen, da sie bisher der einzige Versuch auf diesem Gebiet ist. Dieses Heft (O. Jauker, »Über das Verhältnis der Ansiedlungen in Bosnien und der Herzegowina zur geologischen Beschaffenheit des Untergrunds«. Wissenschaftliche Mitteilungen 1901) entsprang, ich darf wohl aufrichtig behaupten, einer recht mühevollen Arbeit. Es sollte der Versuch gemacht werden, die ortsanwesende Bevölkerung nach der geologischen Karte auf die verschiedenen Bodenarten zu verteilen, und so die Siedelungsdichte auf den einzelnen, sehr ungleichartigen geologischen Gebieten zu ermitteln. Die Resultate waren ja recht überraschend und neu, entbehren aber leider oft der gewünschten Zuverlässigkeit, da sie sich an die alte geologische Karte anschließen mußten, deren besprochene Mängel hier besonders unangenehm fühlbar wurden. Aus diesem Umstand erklärt sich auch der Mangel einer Karte.

Vor ganz kurzer Zeit ist in den Arbeiten der tschechischen Universität eine Abhandlung von Dr. Georg Daneš erschienen, »Bevölkerungsdichtigkeit der Herzegowina« (1903), in der ungefähr die Methode von Smiljanić angewendet erscheint. Nähere Ausführungen über diese Arbeit siehe im 6. Heft der Zeitschrift für österreichische Volkskunde (1903), S. 252.

Die Ergänzung zu vorliegenden Arbeiten, der Nachweis der mannigfachen Wandlungen in der Besiedlung in geschichtlicher Zeit, die sog. historische Siedlungskunde ist leider bisher nur ein frommer Wunsch geblieben.

Deutscher Oberlehrertag.
Von Hermann Rodenhausen-Friedberg (Hessen).

Unter rauschendem Beifall wurde am Sonnabend den 9. April der »Verband der akademisch gebildeten Lehrer Deutschlands« als konstituiert erklärt, nachdem unter dem Vorsitz des Professor Block-Gießen in der Vertreterversammlung der Entwurf der Satzungen durchberaten worden war. Nach der Eröffnungsansprache des Vorsitzenden Professor Block, den Begrüßungsreden des Staatsministers, des Vertreters der Stadt, der Hochschule, der deutschen Auslandsschule betrat unter anhaltendem Beifall Professor Dr. Paulsen-Berlin die Rednerbühne und nahm das Wort zu seinem Vortrag über: »Das höhere Schulwesen in Deutschland, seine Bedeutung für den Staat und für die geistige Kultur des deutschen Volkes und die daraus sich ergebenden Folgerungen für die Stellung des höheren Lehrerstandes«. Seine Ausführungen waren ungefähr folgende: Im Thema sind drei Dinge zu einer Einheit zusammengefaßt, die höhere Schule, der moderne Staat und die geistig wissenschaftliche Kultur unseres Volkes. Diese gehören eng zusammen und sind auch gleichzeitig ins Dasein getreten und zwar in der bewegten Revolutionszeit am Ausgang des Mittelalters. Das Geburtsjahr unserer höheren Schule ist das Jahr 1543, das Jahr, in dem Moritz v. Sachsen die Fürstenschulen Meißen, Grimma und Pforta gründete. Dieses war der Ausgangspunkt für das moderne Schulwesen in Deutschland. Dadurch zeigte der moderne protestantische Staat, daß er ein Kulturstaat sein wollte. Der mittelalterliche Staat war ein einseitiger Rechtsstaat, der die Aufgabe der Förderung der Kultur der Kirche überlassen hatte. Diese Aufgabe nahm nun der moderne protestantische Staat der Kirche ab. Anders war der Gang in katholischen Ländern. Hier lag der Unterricht in den Händen der »Gesellschaft Jesu«, die sich dieser Aufgabe mit erstaunlicher Energie bis ins 18. Jahrhundert unterzogen, aber immer mehr die Fühlung mit dem fortschreitenden Denken eingebüßt hatte. —

In der Folgezeit erstreckte der moderne protestantische Staat seine beständige Fürsorge besonders auf die Universitäten, für die Fürsten und leitende Staatsmänner, die den vorwärtsdrängenden Geist verstanden und zu würdigen wußten, ihre Kraft einsetzten. Dieses Verhältnis ist bis heute bestehen geblieben, und in keiner Zeit war das Denken weniger beschränkt von seiten der Staatsmächte, als gerade jetzt.

Die Grundanschauung unseres gesamten höheren Schulwesens ist die, daß durch wissenschaftlichen Unterricht alle geistigen Kräfte entwickelt und zu freier Selbständigkeit geführt werden sollen. Dadurch unterscheidet sich auch unsere Bildung von der Frankreichs und Englands. In Frankreich ist das Bildungsideal die literarische und rhetorische Ausbildung, in England die Erziehung zu einem festen, seiner selbst sicheren Charakter. Diese Bildungsideale bestimmen auch den Gesamthabitus der Nation. In neuester Zeit hat jedoch das Bildungsideal des einen Volkes mehr oder weniger auch Eingang gefunden in dem Schulwesen des anderen.

Nun zu den Folgerungen, welche sich daraus für den deutschen Lehrerstand ergeben. Der deutsche Oberlehrer ist Beamter des Staates, Gelehrter und Erzieher. In England ist kein Lehrer, in Frankreich nur ein Teil Staatsbeamter, Gelehrte sind es in keinem der beiden Staaten sondern ausschließlich Erzieher. Der Hauptakzent fällt beim deutschen Oberlehrer auf Gelehrter. Die ganze Universitätsausbildung, die Lehramtsprüfung, die Seminare dienen dazu, ihn zum Gelehrten zu machen. In zweiter Linie erst ist der deutsche Oberlehrer Beamter. Als solcher hat er auch heute noch manche Vorurteile bezüglich der Gleichstellung mit den anderen Akademikern zu überwinden, er darf aber diesen Kampf im Interesse der Schule niemals aufgeben. Der Lehrer ist ein Beamter besonderer Art, er ist Kulturbeamter nicht politischer, er steht im Dienste der nationalen geistigen Kultur, er ist »Kulturtechniker«.

Zum Schlusse faßt der Redner zusammen, was stets der neue Verein erstreben soll: Freiheit für die persönliche Wirksamkeit und für die Entfaltung der persönlichen Kräfte, Freiheit gegen Übermaß von einengenden Verordnungen und drückender Beaufsichtigung, Freiheit gegen ein Übermaß von Pflichtstunden und Pflichtarbeiten, die ihm die Zeit für freie geistige Arbeit nehmen. Weil zur Erreichung dieser Ziele vor allem Geld notwendig ist, ist die öffentliche Meinung davon zu überzeugen, daß Sparsamkeit in diesen Dingen Torheit ist. —

Nach einer kurzen Frühstückspause hielt Oberlehrer Lauteschläger-Darmstadt seinen Vortrag: »Über Anschauung und Anschauungsmittel im Unterricht«. Er betont die eminente Wichtigkeit der Anschauungsmittel oder besser Veranschaulichungsmittel für den Unterricht. Vor allem ist aber darauf zu sehen, daß die Anschauungsmittel zweckentsprechend, verständlich und künstlerisch geschmackvoll sind. So sind rekonstruierte Modelle besser als Nachbildungen von verstümmelten Originalen. Die in der Schule gezeigten Bilder sollen gleichzeitig von allen Schülern gesehen werden können; sie müssen deshalb groß genug, deutlich und einheitlich sein. Kleine Bilder sind selten zu benutzen.

Besonders in Geographie ist eine reiche Anzahl von Anschauungsmitteln nötig, um klare Vorstellungen zu erzeugen. Da der erdkundliche Unterricht von der Heimat ausgehen soll, und die geographische Ausbeute der nächsten Umgebung sehr gering ist, so tuen Reliefs ausgezeichnete Dienste. An ihnen lassen sich Begriffe veranschaulichen, die an der Karte nie abgelesen werden können. Weniger gut, aber dennoch brauchbar sind gute Bilder. Als Karten sind für den Schüler die besten, die eine plastische Darstellung geben. Das beste Veranschaulichungsmittel jedoch bleibt für alle Unterrichtsgegenstände das Skioptikon. Zum Schlusse gibt der Redner einige Andeutungen über Verwendung der Anschauungsmittel und Einrichtung des Sammlungsraumes.

Herr Professor Dr. Kolisch-Stettin erörtert darauf die Bedeutung des Kunze-Kalenders und wünscht, daß der Verfasser von seiten des Verbandes angeregt werde, den Kalender auf alle deutschen Staaten und auf deutsche Auslandschulen (Antrag des Professor Dr. Oaster-Antwerpen) auszudehnen und denselben in zwei Teile (erster Teil Preußen; zweiter Teil die übrigen Staaten und Ausland) erscheinen zu lassen. Nachdem noch Anträge zur Unterstützung der »Sterbekasse für akad. gebild. Lehrer« der University of London und eine Schilderung der meklenburgischen Lehrerverhältnisse gebracht worden waren, schloß ein Festmahl mit darauffolgendem Abschiedstrunk den bedeutungsvollen Tag.

Noch zu erwähnen ist die Ausstellung der »Lehrmittel, die von hessischen Oberlehrern hergestellt wurden.« Man traf dort neben mathematischen, physikalischen Apparaten und Schriften, philologische Schriften, die bekannten Schulwandkarten in Höhenschichten und Reliefmanier von Professor Wamser-Butzbach, sowie einige Spezialkarten von Oberlehrer Hoffmann, ferner mehrere Reliefs und einige literarische Arbeiten geographischen Inhalts.

Die Erdkunde in der neuen Lehrordnung für die sächsischen Realschulen.

Von Dr. Joh. Zemmrich-Plauen.

In der neuen Lehrordnung, die von Ostern 1904 ab für die sächsischen Realschulen in Kraft tritt, ist die Stellung der Erdkunde erfreulicherweise in ihrem bisherigen Umfang bewahrt worden. Durch alle sechs Klassen ist sie mit zwei Wochenstunden vertreten, also ausreichend bedacht. Der Lehrplan ist für die drei unteren Klassen der alte geblieben. In der untersten Klasse (VI) sind die Grundbegriffe an der heimatlichen Umgebung zu entwickeln; dann folgt eine eingehende Behandlung Sachsens und eine kurze Darstellung des Deutschen Reiches. In V folgt das übrige Europa mit anschließender Erweiterung der Grundbegriffe. In IV ist eine »kurze wesentlich topographische Behandlung« der übrigen Erdteile vorgeschrieben, dazu ein »Überblick über das Erdganze nach dem Globus; dabei Mitteilungen des Nötigsten aus der mathematischen Geographie«.

Der obere Kursus, Klasse III—I umfassend, erleidet in der Stoffverteilung eine Verschiebung. In III war bisher nur das Deutsche Reich zu behandeln, jetzt ist dieser Klasse ganz Europa zugewiesen, »besonders Mitteleuropa, vornehmlich nach der physischen Seite zu behandeln, unter steter Rücksichtnahme auf Handel und Verkehr«. Die übrigen Erdteile werden dadurch von Klasse I auf II, also um ein volles Jahr, vorgeschoben. Für Klasse I ist eine ganz neue Lehraufgabe vorgeschrieben. Sie lautet: »Ergänzende und vertiefende Wiederholung des in den vorhergehenden Klassen Durchgenommenen, bei gegebener Gelegenheit auch Behandlung wichtiger Abschnitte aus der mathematischen Geographie. Das Deutsche Reich und seine Schutzgebiete überwiegend unter naturwissenschaftlichen und volkswirtschaftlichen Gesichtspunkten. Die für das Deutsche Reich wichtigsten Handels- und Verkehrswege unter gelegentlichen Ausblicken auf den Welthandel.«

Diese Neuordnung des oberen Kursus ist ein entschiedener Fortschritt. Es ist nun in der obersten Klasse Platz geschafft für die so nötigen Wiederholungen aus früheren Jahren und eine eingehendere Behandlung des Deutschen Reiches mit reiferen Schülern. Deutschland wird nunmehr im Laufe des ganzen Unterrichts dreimal mit je zweijährigen Zwischenräumen und in immer tiefer gehender Darstellung behandelt, ohne daß in der obersten Klasse die übrigen Länder und Erdteile ganz verdrängt werden. Dadurch wird es ermöglicht, dem Schüler im letzten Jahre ein möglichst abgerundetes Bild des Erdganzen mit Deutschland — das bisher in den letzten zwei Jahren nicht wieder berührt wurde — als Mittelpunkt einzuprägen. Eine eingehende Behandlung des Deutschen Reiches vom Standpunkt der wissenschaftlichen Geographie sollte in allen höheren Schulen des Reiches den Abschluß des erdkundlichen Unterrichts bilden. Die Gründe hierfür brauchen an dieser Stelle nicht wiederholt zu werden. In geographischen Kreisen wird man daher der sächsischen Unterrichtsbehörde nur Dank wissen, daß sie dies in dem neuen Lehrplan für die Realschulen durchgeführt hat, wenn man auch gleichzeitig das Bedauern nicht unterdrücken kann, daß bei den neuen Lehrplänen für die Realgymnasien, die vor Jahresfrist erlassen und hier besprochen wurden, nicht derselbe Weg eingeschlagen worden ist. Mit Leichtigkeit ließe sich auch für die Realgymnasien derselbe Abschluß erzielen, wenn der einstündige Kursus in Obersekunda und Unterprima auf Oberprima ausgedehnt und für diese Klasse eine Behandlung Mitteleuropas vom Standpunkt der wissenschaftlichen Geographie vorgeschrieben würde.

Die allgemeinen Bemerkungen zum Lehrplan betonen die Aufgabe des geographischen Unterrichts, zum denkenden Erfassen der inneren Zusammenhänge zu führen, soweit dies bei dem jugendlichen Alter der Schüler möglich ist. Der Gedächtnisstoff ist auf das Nötigste zu beschränken, aber durch häufige Wiederholungen fest einzuprägen. Zahlen sind stark abzurunden und durch fortgesetztes Vergleichen zu erläutern. Empfohlen wird, von Zeit zu Zeit einfache Kartenskizzen ohne Wiedergabe unwesentlicher Einzelheiten entwerfen zu lassen.

Bei der vorjährigen Besprechung des neuen Lehrplans für die Realgymnasien mußten wir bedauern, daß dieser fachmännisch ausgebildete Lehrer der Geographie überhaupt nicht kennt. Der Lehrplan für die Realschulen erwähnt sie zwar auch nicht, geht aber doch nicht so weit, an ihre Stelle direkt die Lehrer der Naturwissenschaften zu setzen. Er erwähnt nur, daß »es im hohen Grade wünschenswert ist, daß der Unterricht in Erdkunde in enge Beziehung zu dem naturkundlichen gesetzt wird«, da die »inneren Zusammenhänge vornehmlich physischer Natur sind«. Wir wollen dem nur hinzufügen, daß selbstverständlich jeder, der sich eine volle Lehrbefähigung in Erdkunde erwirbt, diese Zusammenhänge und die dazu nötigen Kenntnisse gründlich beherrschen muß, gleichviel welche Fächer er sich sonst gewählt hat. Das besagt doch die Prüfungsordnung für das höhere Lehramt ausdrücklich. Hoffen wir, daß die nächste Lehrordnung, die allerdings für Sachsen nicht so bald kommen dürfte, den geographischen Unterricht endlich ausdrücklich den Geographen zuweist. Im übrigen wollen wir Geographen mit Dank anerkennen, daß der neue Lehrplan die Erdkunde gebührend berücksichtigt und in seiner Verteilung des Unterrichtsstoffes einen entschiedenen Fortschritt bedeutet.

❦

Der geographische Unterricht an den höheren Schulen des Großherzogtums Meklenburg—Schwerin.

Von Gymnasialdirektor Dr. Anton Kuthe-Parchim.

Die maßgebende Verfügung vom 3. April 1901 bestimmt, »daß in den Lehrplan der großherzoglichen Gymnasien die Erdkunde als selbständiges Lehrfach für sämtliche Klassen eingestellt und der Unterricht in diesem Fache auf der unteren Stufe von Sexta bis Quarta einschließlich in je zwei wöchentlichen Stunden, auf der mittleren und oberen dagegen von Untertertia bis Prima einschließlich in je einer wöchentlichen Stunde erteilt wird«. Weiter wird bestimmt, »daß der Unterricht in der mathematischen Geographie auf der oberen Stufe wie bisher dem mathematischen, bzw. physikalischen Unterricht verbleibt«.

Damit ist den berechtigten Forderungen der Geographie in ausreichender Weise genügt. Heißsporne, die eine zweite Wochenstunde auch für die mittleren und oberen Klassen fordern, werden sich zwar sehr bald finden, aber in welchem Fache gibt es die nicht? Die Hauptsache ist, daß es jetzt wieder humanistische Gymnasien gibt, an denen der geographische Unterricht in eigenen Wochenstunden bis zum Abiturientenexamen durchgeführt wird, eine Tatsache, die vielleicht manchen unserer Gegner — ich selbst bin ein entschiedener Anhänger des alten Gymnasiums — etwas milder stimmen wird gegenüber dieser »veralteten, überlebten« Schulform. Die Selbständigkeit, die die Geographie damit bei uns zurückgewonnen hat, entspricht allein der Bedeutung des Faches für den Jugendunterricht in unserer Zeit, die preußische Halbheit genügt nicht. Daß ein Mann wie Cauer auch in den berühmten sechs Stunden Erfreuliches leisten wird, daß er vor allem seinen Schülern den Blick öffnen, bzw. erweitern wird für die Bedeutung, die die Erdkunde für das Leben der Völker zu allen Zeiten gehabt hat, bezweifle ich keinen Augenblick, aber dieser Erfolg kann doch höchstens trotz der ungenügenden Stundenzahl erreicht werden, und gar mancher Lehrer, der Cauers Beispiel zu folgen wähnt, wird der Didaxis der großen Worte verfallen, d. h. er wird sehr geistreiche, sehr interessante Betrachtungen, Durchblicke und Rückblicke anstellen — vor Schülern, deren positive Kenntnisse sich von Jahr zu Jahr mehr verflüchtigen

Ein — wenn auch bescheidenes — Quantum sicheren Wissens muß durch einen regelmäßigen Unterricht festgehalten werden, wenn von einer wirklichen Vertiefung und
Erweiterung der Kenntnisse gesprochen werden soll.

Für die Aufstellung eines verbindlichen Lehrplans auch für die oberen Klassen ist
die Zeit noch nicht gekommen, und die Regierung hat daher mit Recht davon abgesehen,
einen solchen vorzuschreiben. Er würde weit mehr schaden als nützen, so lange zu
seiner Durchführung die gleichmäßig vorgebildeten Lehrkräfte fehlen. Die Lehrpläne
der einzelnen Schulen sind geprüft, und es ist dafür gesorgt, daß der Unterricht überall
in die geeigneten Hände gelegt ist. Ob der einzelne Lehrer den Naturwissenschaften
oder der Geschichte näher steht und dementsprechend der Unterricht mehr so oder
so gefärbt ist, ist von geringerer Bedeutung, die Hauptsache ist, daß wirklich geographischer Unterricht erteilt wird und zwar von einem Lehrer, der dies mit Lust und
Liebe tut. Eine besondere Schwierigkeit für den Unterricht in den oberen Klassen
liegt noch darin, daß ein geeignetes Lehrbuch fehlt. Die einzelnen Schulen des Landes
behelfen sich daher auch mit sehr verschiedenen Büchern, wir in Parchim haben uns
noch für keins fest entschließen können.

Dieser richtigen Bewertung der Geographie gibt nun auch die neue Ordnung der
Reifeprüfung an den Gymnasien vom 28. November 1903 klaren Ausdruck, die Geo-
graphie ist nach derselben den anderen Nebenfächern völlig gleichberechtigt zur Seite
getreten. Es heißt in derselben unter § 2 (Maßstab zur Erteilung des Zeugnisses der
Reife), 6: »In der Erdkunde muß der Schüler von den Grundlehren der mathematischen
Geographie, von den wichtigsten physischen Verhältnissen und der politischen Einteilung
der Erdoberfläche unter besonderer Berücksichtigung von Mitteleuropa genügende
Kenntnis besitzen«, und bei der mündlichen Prüfung § 10, 8: »jedem Schüler sind,
abgesehen von den in der geschichtlichen Prüfung etwa vorkommenden Beziehungen
auf Geographie, geographische Fragen vorzulegen«.

Geographische Lesefrüchte und Charakterbilder.

Ausgewählte Stücke aus den Klassikern der Geographie[1]).
Für den Gebrauch an Hochschulen zusammengestellt von Prof. Dr. Otto Krümmel-Kiel.

Derselbe Gedanke, der uns bestimmt hat, die »Lesefrüchte« als ständige Abteilung in den
Geographischen Anzeiger aufzunehmen, nämlich aus dem unversiegt fließenden Quell klassischen
geographischen Schrifttums zu schöpfen, um weite, der Quelle fernstehende Kreise zu erquicken,
derselbe Gedanke leitete Krümmel, als er aus den Klassikern der Geographie ausgewählte Stücke
zusammenstellte. Nur daß er in tiefster Auffassung des Begriffs als klassisch allein bezeichnet, was
den Beweis der Unvergänglichkeit für alle Zeiten erbracht hat, während wir das lebendige Wort
der Gegenwart in der Länder- und Völkerschilderung mit Vorliebe pflegen möchten; nur daß
wir durch Vermittlung der Lehrer der lernenden Jugend unserer höheren Schulen geographische
Anschauungen vermitteln wollen, während Krümmel in erster Linie das akademische Studium bei
seiner Sammlung im Auge hat. Ihm mehrten sich die Zeichen, »daß die Studierenden der
Geographie gegenwärtig die wichtigsten Werke unserer großen Meister, zumal Alexander von
Humbolds und Carl Ritters, »nur ungenügend oder überhaupt nicht lesen«. Der Student unserer
Zeit findet bei der Zahl der Fächer, denen er sich widmen muß, und bei dem Umfang jedes
einzelnen, nicht mehr die Muße, sich mit den »veralteten« Klassikern abzugeben. Dazu kommt
die weitere Schwierigkeit, daß manche der in Frage kommenden Arbeiten nicht leicht zugänglich
ist. Alle diese Hindernisse beseitigt Krümmels Sammlung; die sorgsame Auswahl aus der Fülle
gestattet das Studium auch bei beschränkter Zeit, der billige Preis der Bücher ermöglicht es,

[1]) I. Reihe, 174 S. mit 8 Abb. II. Reihe, 176 S. mit 9 Abb. Kiel und Leipzig 1904, Lipsius und Tischer. Je 2.50 M.

daß in den geographischen Übungen und Kolloquien jeder Teilnehmer sein eigenes Exemplar benutzen kann.

Erster Grundsatz war, die Stücke so auszuwählen, daß sie einen sachlichen Inhalt bieten und sich dadurch zu geographischen Übungen verwenden lassen; daneben soll ihr innerer Wert sie dem künftigem Lehrer der Geographie sowie jedem sonstigen Freunde dieser Wissenschaft zu dauerndem Erwerb empfehlen. Dem Geiste der Sammlung entsprechend sind die Texte »wortgetreu in der Originalsprache unter pietätvoller Wahrung aller Eigentümlichkeiten der Interpunktion und Schreibung der Ortsnamen« wiedergegeben. Bei den didaktischen Zielen des Unternehmens wurde von allem, was einem Kommentar mit sachlichen Erläuterungen, Berichtigungen, Nachträgen u. dergl. ähnlich sieht, abgesehen; soll doch gerade hier die Aufgabe des die Übungen leitenden Dozenten oder des referierenden Studenten beginnen. Die beiden bisher vorliegenden Reihen, denen eine dritte Schlußreihe in Jahresfrist folgen soll, haben folgenden Inhalt:

Humboldt: I, 1. Hauptmomente einer Geschichte der physischen Weltanschauung. — Aspect physique du royaume de la Nouvelle Espagne. — II, 1. Le Courant équinoxial et le Gulf-Stream. — 2. Der Perustrom — 3. Considérations sur la population de l'Amérique. —

Ritter: I, 2. Über geographische Stellung und horizontale Ausbreitung der Erdteile. — Über das historische Element in der geographischen Wissenschaft. — II, 4. Über räumliche Anordnungen auf der Außenseite des Erdballs und ihre Funktionen im Entwicklungsgang der Geschichte.

Peschel: I, 3. Das Wesen und die Aufgabe der vergleichenden Erdkunde. — Die Fjordbildungen. — II, 5. Die Rückwirkung der Ländergestaltung auf die menschliche Gesittung. — 6. Einfluß des Handels auf die räumliche Verbreitung der Völker. — 7. Colons Projekt. —

Sydow: I, 4. Drei Kartenklippen.

Darwin: II, 8. Theory of the Formation of the Different Classes of Coral-Reefs.

Richthofen: II, 9. Verhältnis des nördlichen China zu anderen Erdräumen nach dem Gesichtspunkt der äußerlichen Bedeckung.

Die Sammlung dieser geographischen Grundsteine wird weiter dazu beitragen, die Stellung der Erdkunde als Universitätsdisziplin zu festigen: Eine Wissenschaft, die in der Vergangenheit solche Arbeiten zeitigte, hat auch das Recht, in der Zukunft nach großen Zielen zu streben! *Hs.*

Geographischer Ausguck.
Marokkanisches.
II.

Vor einiger Zeit veröffentlichte die Pariser Zeitschrift »Le Correspondent« ein interessantes von Delcassé und Castillos unterzeichnetes Aktenstück, das, wenn es keine Mystifikation ist, jedenfalls den Entwurf eines französisch-spanischen Geheimabkommens aus früheren diplomatischen Verhandlungen über die Zukunft des scherifischen Sultanats darstellt. Diese Abmachung vom 2. November 1902 bestimmte nicht mehr oder weniger als eine Dreiteilung Marokkos. Die Nordspitze gegenüber Gibraltar wird mit dem gesamten Hinterland, den Provinzen Tanger und Tetuan, neutralisiert und im Süden durch eine dem Terrainaufbau anzupassende Linie vom Penon de Velhez bis Larasch abgegrenzt. Von der Neutralisierung ausgeschlossen sind natürlich Ceuta und die Presidios. Im Süden dieses Streifens errichten Frankreich und Spanien für ihre Angehörigen »eine Ausdehnungszone, genannt Einflußzone«,

die für ein selbständiges Sultanat Marokko nichts mehr übrig läßt. An Spanien fällt das, was man gemeinhin Königreich Fes nennt, die Mittelmeerküste bis zur Muluja und die atlantische bis zur Mündung des Um-er-Rebbia mit den Häfen Rabat und Casablanca, also der schmale Norden und das Nordweststück. Den bei weitem größeren Rest nimmt Frankreich, den Osten und den ganzen Südwesten bis zur spanischen Kolonie am Rio de Oro mit Masagan und Mogador, also gerade das Land, worauf deutsche Kolonial-, Handels- und Siedlungspolitiker ihre Hoffnungen gesetzt hatten. Doch halt, ganz leer sollen wir doch nicht ausgehen. Artikel 7 Abteilung a bedenkt die spanische Regierung mit folgender Klausel: »In Erwägung der bedeutenden Handelsinteressen der Untertanen S. M. des Deutschen Kaisers und bei förmlicher Erklärung der Uninteressiertheit der deutschen Regierung (sous un acte de désinteressement formellement stipulé!) verpflichtet sich die Regierung S. M. des Königs von Spanien, an das Deutsche Reich einen Hafen an der atlantischen Küste auf einen noch näher festzusetzenden Zeitraum zu verpachten. Ein späteres Einvernehmen zwischen den Kabinetten von Madrid und Berlin wird diesen Küstenpunkt, der Rabat oder Casablanca sein kann, noch genauer festlegen.« Der Schlußpassus dieses apokryphen Vertrags bestimmt, daß das Protokoll bis zu dem Tage geheim gehalten werden soll, da es auf eine gemeinsame Entschließung der beiden Regierungen hin den Parlamenten Frankreichs und Spaniens zur Kenntnis gebracht und zur Ratifizierung unterbreitet werden wird.

Dieser Tag müßte nun, wiederum vorausgesetzt, daß «Le Correspondent» nicht das Opfer einer Täuschung geworden ist, wogegen allerdings die Unterschriften der beiden Minister sprechen, in Kürze bevorstehen, denn nach Artikel 8 des englisch-französischen Marokko-Abkommens soll sich Frankreich mit Spanien, dessen (territoriale?) Rechte ausdrücklich anerkannt werden, noch gesondert auseinandersetzen. Daraus erklärt sich dann auch die bemerkenswerte Gleichgültigkeit, mit der man in Spanien bisher dem dunklen Handel zugesehen hat. Man hofft eben immer noch. So hat jetzt die geographische Gesellschaft von Madrid eine Eingabe an die Regierung gerichtet, in der sie folgende Politik vorschlägt: Umwandlung der Presidios in Handelsplätze; Schaffung von Handelsstraßen nach dem Innern; Hinziehen der Eingeborenen zu den spanischen Plätzen; freundschaftliche und Handelsbeziehungen zum Sultan und zum marokkanischen Volke; Studium des Arabischen und des an der Rifküste gesprochenen Dialekts; tatkräftige Unterstützung aller bereits in Marokko bestehenden spanischen Institute; Einrichtung von Schulen und Hospitälern für die Eingeborenen; Legen und Unterhalten von Seekabeln zwischen Spanien und der Nordküste Marokkos. Ähnliche praktische Forderungen stellt der Liberale Klub. Er betont sogar — trotz der französischen entente cordiale — die Notwendigkeit, die Chafarinen, die die Mulujamündung und damit den Zugang zum Herzen Marokkos beherrschen, schleunigst zu befestigen und Ceuta bis zu den Wasserquellen des Benzu auszudehnen. Und gleichsam um den amtlichen Segen zu diesen optimistischen Aspirationen der kolonialpolitischen Dränger zu geben, besucht der junge König Alphons auf seiner Yacht «Giralda» ostentativ die Presidios, versichert der Minister des Äußeren Rodriguez San Pedro jedem, der's hören will: man könne nicht wissen, welchen Vorteil man noch in Zukunft aus dem Vertrag ziehen könnte; die Verhandlungen mit Frankreich hätten bereits begonnen. So ermutigen sich im iberischen Reiche, wo doch nunmehr tagtäglich die Sonne untergeht, Regierung und «Publikum» im wechselseitigen Ausharren.

Auch in Deutschland hofft man noch immer. Und es sind wahrlich nicht die schlechtesten Männer, die sich weigern, jetzt schon die Hände tatenlos in den Schoß zu legen. Allen voran erläßt der treffliche nationale Stürmer und Dränger Rechtsanwalt Claß-Mainz einen dringlichen Mahnruf in letzter Stunde «Marokko verloren?» Noch einmal wird uns vor Augen geführt, wie wir hier im Begriff sind, etwas auszuschlagen, was keine Ewigkeit zurückbringen kann, einen Flottenstützpunkt am offenen Ozean

und somit die Ansatzstelle für den Hebel künftiger Weltpolitik, ein reiches Hinterland zu Siedelungszwecken und wirtschaftlicher Ausnutzung. «Nicht eine Minute darf Deutschland verlieren» lautete die Devise der ad hoc vor zwei Jahren gegründeten Marokkanischen Gesellschaft. Soll all ihr Streben, alle Arbeit der deutschen Kulturpioniere, der wirtschaftlichen wie der wissenschaftlichen, umsonst gewesen sein? — Kein Volk redet soviel von Weltpolitik als das deutsche. Aber Weltpolitik läßt sich nicht aus zwei Binnenseen wie der Ost- und Nordsee (— nur mit gütiger Erlaubnis der Herren Torwächter am Ärmelkanal —) heraus bewerkstelligen, dazu gehört das offene Weltmeer. Hier an der westmarokkanischen Küste winkt uns zum ersten und zugleich zum letzenmale die folgenschwerste Aufgabe für eine weitausschauende Staatskunst. Hoffentlich findet der große Augenblick kein kleines Geschlecht!

Gotha, am 5. Mai 1904.　　　Dr. W. Blankenburg.

Kleine Mitteilungen.

I. Allgemeine Erd- und Länderkunde.

Allgemeines. Mit einer Frage, der man auch in Deutschland näher getreten ist, beschäftigt sich in der Revue de Géographie (1904, Heft 1) G. N. Tricoche. Wie bei uns Prof. Conwentz (Danzig) dafür eintritt, in unseren Wäldern gewisse Denkmäler, welche die Natur geschaffen, zu erhalten, so strebt man jetzt in den Vereinigten Staaten dasselbe auch von der Regierung an, nachdem Privatgesellschaften vorangegangen sind. Es wird empfohlen, außer den jetzt bereits bestehenden reservierten Territorien, wie Yellowstone-Park usw., noch andere Gebiete den Eingriffen der Spekulation zu entziehen, wie z. B. in den Apalachen, in Tennessee, Georgia u. a. m. Gerade der oft in ganz unsinniger Weise arbeitenden Spekulation, welche es nur auf Geldgewinnung absieht und für die Zukunft durch Ergänzung des niedergeschlagenen Waldes oder des Wildbestandes nicht sorgt, soll zu Leibe gegangen werden. Auch wäre es angebracht, durch fachmännische Aufklärung, diese Klassen selbst dahin zu bringen, von ihrem Tun abzulassen. Für beides ist nach der Meinung des Verfassers Aussicht vorhanden. In den so geschaffenen Territorien müßten dann die Arten untergebracht werden, die erhalten werden sollen, wie Büffel, Elentier, Antilope u. a.

Dr. Ed. Lentz-Charlottenburg.

Über «Schlesien an der Schwelle und am Ausgang des 19. Jahrhunderts» sprach

Professor Dr. Joseph Partsch in der Festsitzung, welche die Schlesische Gesellschaft für vaterländische Kultur zur Feier ihres hundertjährigen Bestehens am 17. Dezember 1903 in Breslau veranstaltete. Seit dem ersten Versuch einer geognostischen Beschreibung Schlesiens durch Leopold von Buch (1802) hat sich die Anschauung von der Gestaltung und dem Bau seines Bodens gewaltig geändert, die Sache selbst aber nur wenig. Am tiefsten griff in die Landoberfläche der Bergbau ein: weit hinab drang er in den Schoß der Erde (2003 m, das tiefste Bohrloch der Welt bei Paruschowitz, Kreis Rybnik) und förderte eine Steinkohlenmenge, die einem Würfel von 900 m Seitenlänge gleichkommt. Das Antlitz des Landes durchfurchten gar oft zerstörend die reißenden Bergwasser, deren unstäte Wildheit man neuerdings durch geräumige Staubecken (so bei Marklissa) zu meistern sucht; auch den Charakter des Hauptstroms blieb nicht unverändert, besonders infolge planvoll durchgeführter Regulierungen seines Laufes. Der Waldbestand hielt sich ungefähr auf gleicher Höhe (1900 28,₄% des Gesamtareals), die Anbauflächen für Getreide und Kartoffeln aber erweiterten sich bedeutend:

	1886		1900	
Getreide . .	909800 ha	= 24,₄%	1 336884 ha	= 33,₅%
Kartoffeln . .	14 600	0,₄	340737	8,₄
Flachs . . .	50100	1,₈	4 367	0,₁
Buchweizen . .	36000	1,₀	3843	0,₁

Überaus stark vermehrte sich die Bevölkerung, die von ca 2 Millionen (1816: 1942000, 49 auf 1 qkm) auf 4668405 (116) stieg; das Landvolk hat sich seit den Freiheitskriegen verdoppelt, die Bewohnerschaft der Städte vervierfacht. Wie haben sich die kleinen rückständigen Städtchen, von denen außer Breslau (60000; 1900: 422738) keines über 10000 Einwohner hatte, verwandelt! In den industriegebieten bildeten sich Bevölkerungszentren; mit märchenhafter Schnelle erwuchsen in Oberschlesien in wenig Jahrzehnten neue Städte (Königshütte, 1900: 57875 Einwohner) und volkreiche Gemeinden. Diese Bewegung nach den Brennpunkten der Industrie entvölkerte natürlich auch hier die rein ländlichen Kreise, von denen manche in 30 Jahren 13 bis 14 % ihrer Insassen verloren haben. Das setzt eine Verschiebung der Erwerbsverhältnisse voraus, und tatsächlich sind von 1882—1895 die land- und forstwirtschaftlichen Arbeiter von 53 auf 47 % zurückgegangen.

Wenig erfreulich ist das Bild der wirtschaftlichen Lage Schlesiens in der ersten Hälfte des verflossenen Jahrhunderts. Kontinentalsperre und russische Handelspolitik hatten die ehedem blühende Leinwand- und Tuchindustrie beinahe vernichtet, und die von Westeuropa ausgehenden Fortschritte wurden für das abgelegene, halbvergessene Schlesien immer erst spät, zum Teil zu spät wirksam. Nur langsam und allmählich trat es aus seiner Isolierung heraus;

natürlich wurde die unverschuldete Rückständigkeit für einzelne Stände, besonders für Spinner und Weber, verhängnisvoll. Auch Bergbau und Eisenindustrie mußten sich in hartem Kampfe aus eigener Kraft emporarbeiten — Schlesien in seiner binnenländischen, weltfremden Lage war eben schon immer ein wenig Stiefkind gegenüber dem bevorzugten Westen.

Sein endlicher Eintritt in den lebhaften Weltverkehr und sein festes Anlehnen an Deutschland haben die Grundlagen und das Wesen seiner wirtschaftlichen Tätigkeit tiefgehend verändert. Dieser enge Anschluß an das Gebiet des großen Vaterlandes hat auch dem Geistesleben Schlesiens das entscheidende Gepräge aufgedrückt. Auch auf diesem Gebiet war manches fremde Vorurteil zu bekämpfen und zu überwinden! Als Henrik Steffens 1811 nach Breslau berufen ward, »schreckte ihn mehr als alles die entfernte Lage der fast von wendischen Völkern umschlossenen Provinz«, die ihm, »der Sprache ungeachtet kaum ein wahres lebendiges Glied des Deutschen Reiches zu sein schien«. Bald dachte er anders über seine neue Heimat, in deren Hauptstadt er im März 1813 noch vor der Kriegserklärung die akademische Jugend zur Teilnahme am großen Freiheitskampfe aufrief. Seitdem ist die Breslauer Hochschule Schlesiens geistiger Mittelpunkt geblieben, sind doch hier, an Deutschlands Ostmark, Gelehrte aus allen deutschen Stämmen bemüht, deutsches Wesen und deutsche Wissenschaft zu pflegen. Daß dabei auch die Erforschung des schönen Schlesierlandes und die Pflege schlesischer Eigenart unverkürzt zu ihrem Rechte kommen, dafür bürgt der Name des Redners, des vortrefflichsten Kenners seiner Heimat und des feinsinnigsten Beobachters schlesischen Volkstums.

Prof. Dr. Franz-Neisse.

Die Geographie in den Vereinigten Staaten nimmt auch heute noch trotz der hervorragenden Leistungen amerikanischer Gelehrten und Forschungsreisenden nicht die Stellung ein, die ihr gebührt (Dr. Martha Krug-Genthe, Geogr. Zeitschr. 1903, S. 626—637 und 666—685). Es liegt dies zunächst daran, daß man sich nur unter »Physical geography« oder — wie es gewöhnlich heißt »Physiography« eine echte Wissenschaft vorstellt, während die Geographie schlechtweg als ein unwissenschaftliches Elementarfach gilt, dem ein offizielles Dasein an den amerikanischen Hochschulen versagt ist. Die Schwierigkeiten beginnen schon bei der Frage des Namens, als welcher vorläufig wohl das 1878 von Huxley aufgebrachte Wort Physiographie noch beibehalten werden muß, weil man sich gewöhnt hat, »die Anwendung des Evolutionsgedankens auf das Studium der geographischen Vorgänge« so zu bezeichnen. Jede geographische Erscheinung wird als Glied eines Kreislaufs von organisch

7a*

zusammenhängenden Prozessen aufgefaßt, eines ›geographischen Zyklus‹, das ist jenes Zeitraums, ›innerhalb dessen eine gehobene Landmasse durch die geomorphologischen Vorgänge umgestaltet und schließlich bis zum Stadium eines ausdruckslosen Tieflandes abgetragen wird‹ (Davis). Die Grenze zwischen zwei zeitlich aufeinanderfolgenden Zyklen ist die (ideale) Ebene, für die Powell den treffenden Namen ›baselevel‹ gefunden hat (nicht zu verwechseln mit Davis' ›peneplain‹). Von der sonst freilich nahe verwandten dynamischen Geologie unterscheidet sich die Physiographie insofern, als sie nicht nur auf die Vergangenheit sondern auch auf die Zukunft der geographischen Objekte Rücksicht nimmt, also deren vollständige Lebensgeschichte betrachtet.

Die Aufgaben der Physiographie sind zweifach; einmal hat sie die verschiedenen Stadien im Zustand des geographischen Objekts innerhalb des Zyklus festzustellen und zu benennen, sodann ist ein einheitliches System auszuarbeiten auf Grund des ›geographischen Stammbaums‹ der einzelnen Formen. Die Klassifikation der geographischen Individuen in junge, vollentwickelte und alte ist das erste und bereits allseitig anerkannte Ergebnis der neuen Methode.

Schlimmer steht es um das zweite Hauptgebiet der Erdkunde, die politische, Bio- und Anthropogeographie, wofür Davis kürzlich die Bezeichnung ›Ontographie‹ vorgeschlagen hat; die Zweiteilung unserer Wissenschaft erfolgt nämlich hier nicht so sehr im Sinne von ›naturwissenschaftlich und historisch‹ oder ›Erde und Mensch‹, vielmehr soll der Gegensatz von ›anorganisch und organisch‹ oder ›Erde und Leben‹ entscheidend sein, eine Einteilung, die sich wohl mit Ratzels jüngster Formulierung der Geographie berührt.

Die wissenschaftliche Länderkunde steckt in Amerika noch vollkommen in den Kinderschuhen; einerseits ist die geringe Bekanntschaft amerikanischer Geographen mit der ausländischen Fachliteratur ein Hindernis, dafür bedeutet anderseits die Voraussetzungslosigkeit ihrer Arbeit jedenfalls einen Vorzug.

Existiert die Geographie an den Hochschulen entweder überhaupt nicht oder nur als ›Physiography‹ bzw. in Verbindung mit Geologie, so ist ihre Daseinsberechtigung als ›Schulgeographie‹ an höheren und niederen Schulen nie angezweifelt worden. Für die High Schools ist der Lehrplan bestimmt durch die Anforderungen der Aufnahmeprüfung in die Colleges; da diese Geographie als offizielles Prüfungsfach anerkennen, so müssen jene für entsprechende Vorbildung ihrer Zöglinge sorgen. Dies geschieht, dem in Amerika herrschenden elektiven System zufolge, in einem einjährigen Kursus mit vier wöchentlichen Unterrichtsstunden. Rein physiographisch gruppiert sich der Lehrstoff um die vier Begriffe: Erde als Kugel,

Ozean, Atmosphäre und Land. Viel größer als bei uns ist der Einfluß des umfänglichen, bilderreichen, z. T. fast feuilletonistisch geschriebenen Lehrbuchs, das aber doch die wissenschaftliche Seite der Probleme betont. Mehr versprechen die praktischen Übungen: ›Laboratory work‹ (Lehrmittelsammlung zum Gebrauch der Schüler) und ›Field work‹ (geogr. Exkursion). Die Prüfungskommission verlangt hierüber authentischen Nachweis. Besonders hervorzuheben ist endlich die durch das hochentwickelte Bibliothekswesen ermöglichte ausgebreitete Privatlektüre.

In den niederen (Volks-)Schulen wird fünf bis acht Jahre mit drei bis fünf wöchentlichen Unterrichtsperioden von meist 30 Minuten Geographie getrieben. Begonnen wird mit der durch Anschauungsunterricht (›Nature study‹) vorbereiteten Heimatskunde im zweiten und dritten Schuljahr. Im allgemeinen wird die Erde hauptsächlich als Wohnplatz des Menschen betrachtet, und die physiographischen Tatsachen sollen nur die Eignung der Erde für diesen Zweck erläutern. Der Unterricht besonders auf der Unterstufe (Primary school), weniger auf der Mittelstufe (Grammar school) ist zweckmäßig, wird vielfach im Freien erteilt und durch Modellieren geographischer Objekte, Karte und Globus, Bilder und Lektüre in reichlichem Maße unterstützt. Der Hauptübelstand ist die ungenügende Vorbildung der Lehrer.

Dr. Georg A. Lukas-Linz.

Australien. Über einige Stämme Britisch-Neuguineas berichtet H. Chalmers im Journal of the Anthrop. Institute XXXIII, S. 108—134.

1) Die Bugi-lai, jetzt an der Mündung des Mai-Kasa ansässig, lebten früher etwas westlicher im Busch. Ihre Laubhütten benutzten sie nur bei schlechtem Wetter. Ihre Nahrung Jams, Bananen, Zuckerrohr, Kokosnüsse, Taro rösten sie. Die Männer tragen, außer zuweilen Schamdeckel, keine Kleidung, die Frauen doppelte Grasröcke. Sie haben Totemismus; Krokodile, Kängurus u. a. sind einzelnen Familien heilig. Gegen böse Geister haben sie Amulette am Halse und in den Häusern. Der oberste heißt Kaka. Im Schlafe verläßt die Seele (yedo) den Körper, beim Tode fliegt sie nach Bemor im Westen, wo sie dann ewig tanzt und schmaust.

2) Die Eingeborenen der Insel Kiwai in der Mündung des Fly-Flusses sind Ackerbauer, zuweilen jagen sie wilde Schweine mit Pfeil und Bogen. Hunde werden seltener gegessen, meist gelten sie für unrein. Ihre größeren Kähne mit einem Ausleger (pe) beziehen sie von Dibiri. Fische fangen sie in Reusen aus den Dornen der Sagopalme (eonea) wie auf Neupommern oder in Fenzen, worin die bei Eintritt der Ebbe zurückschwimmenden Fische stecken bleiben (parane). Das Essen wird nie gekocht, stets geröstet, vorher waschen sie sich die Hände

(etwas ungewöhnliches!). Feuer wird mit der Feuersäge erzeugt, d. h. ein Stück Bambus wird über ein Stück Holz quer schnell hin und hergezogen (wie auf den Philippinen und Malaka); in anderen Gegenden gebraucht man den Feuerbohrer. Die Häuser ruhen auf 4—6 Fuß langen Pfosten. Ein Dorf besteht aus einem oder mehreren großen und kleineren Häusern für die Weiber. Ein großes Haus mißt 692 Fuß in der Länge. Sie werden mit Nipapalmenblättern gedeckt, haben in der Mitte einen Festplatz und Kammern von 12×8 Fuß (wie bei den Dayaks auf Borneo). Ihr morastiges, von Gräben durchzogenes Land bearbeiten sie mit einem paddelförmigen Palmenstock und bauen darauf Taro, Bananen, süße Kartoffeln, Jams, Kokosnüsse, Brotfruchtbäume, Mangos usw. Kleinere Idole werden als Amulette getragen, größere bei Jünglingsweihe und Krankheit gebraucht; sie sind aus Holz und weiß und rot bemalt. Menschenfleisch essen sie nicht. Die Toten werden begraben, ihre Seelen sollen im Boden bei der Leiche bleiben. Man glaubt, daß der Tod stets infolge von Vergiftung eintritt, und sucht den Urheber mit Hilfe der Idole zu finden und zu strafen. Auf das Grab eines Mannes steckt man Pfeile und Bogen, über das einer Frau hängt man ihren Rock. Darüber erbaut man eine kleine Plattform, worauf Essen für die Seele gelegt wird; daneben zündet man ein Feuer an, um sie zu erwärmen, neun Tage lang. — Spinnen, Weben und Töpferei sind unbekannt. An Musikinstrumenten haben sie Trommeln, Panspfeifen, Flöten, Muschelhörner, Rasseln aus leeren Nüssen. Tabak rauchen sie aus großen Bambuspfeifen. Bei Festen trinken sie gekaute Kava, Betel kennen sie nicht. Zur Ader lassen sie mit einer Muschel und rasieren mit einem Bambusstreifen. Sie zieren ihren Körper mit Narben und rot-weißer Gesichtsbemalung. Als Schmuck tragen sie Nasenstäbchen, Ohrringe, Halsketten und Stirnbänder aus Muscheln. Die Männer verschneiden ihr Haar in drei Büschel oder in kleine Vierecke oder zu einer Raupe. Die Frauen kürzen es bei der Verheiratung. Die Männer tragen nur eine Schamschale, die Weiber einen zwischen den Beinen durchgezogenen Baststreifen. Sie sind Kopfjäger und jeder muß möglichst viele Schädel aufweisen können, wenn er heiraten will (wie bei den Dajaks). Einem getöteten Feinde schneiden sie den Kopf mit einem Bambusmesser ab, lösen das Fleisch los und hängen ihn an Ehrenpfosten des Hauses auf. Geld kennen sie nicht, Steinwerkzeuge gibt es schon längst nicht mehr. Zum Schlafen benutzen sie Kopfstützen mit Krokodilornamenten. Leute gleichen Namens dürfen sich heiraten, der Vater sogar seine Tochter und Stieftochter; aber nicht der Bruder die Schwester oder der Vetter seine Base (?).　*Aby.*

II. Geographischer Unterricht.
a) Inland.

Die 15. Hauptversammlung des Vereins für Schulreform hat am 29. März in Berlin getagt. Prof. Lentz-Danzig stattete den Jahresbericht ab. Es gibt jetzt 76 Reformschulen im ganzen Reiche. Auf der Ausstellung in St. Louis werden sie reich vertreten sein. Zum Schlusse erklärte der Redner, die Erfolge des alten Gymnasiums seien nach dem Urteil der Gymnasiallehrer selber unbefriedigend gewesen, es habe das an dem verfrühten Anfang des lateinischen Unterrichts gelegen, der besonders auch den lateinischen Unterricht schädige! Man sieht: die Reformer haben leider immer noch das Bestreben, das Altsprachlertum, für das sie ja freilich unendlich viel getan haben, für sich zu gewinnen; sie können es nur durch fortgesetzte Schädigung und Entwicklungshemmung der Modernfächer. Auch Prof. Eickhoff wußte dementsprechend die von Reformanstalten gekommenen Mitglieder eines altphilologischen Seminars zu rühmen. Über den Grund des bisherigen Mißerfolgs der Reformer in Berlin befand er sich im Irrtum: nicht mangelndes Verständnis des Oberbürgermeisters sondern der Versuch Eickhoffs, statt Gymnasien zu »reformieren«, Realschulen mit überflüssigem Lateinunterricht zu beglücken, hat den Erfolg bisher vereitelt. Das bedeutet aber just das Gegenteil von »einer moralischen Unterstützung der Oberrealschulen«, die Prof. Ulrich-Stettin wünschte. Prof. Pietzker-Nordhausen referierte über die »Lage des exakt wissenschaftlichen Unterrichts« an den Reformschulen. Die ganze Bildung werde noch immer nach den Leistungen in den alten Sprachen bewertet, klagte er. Darin hat er recht, die Reformschulen werden diese Lage, vorausgesetzt, daß sie so bleiben, wie sie sind, noch mehr verschlimmern helfen. Was er als Rezept angab, war jedenfalls genau das Gegenteil von dem, was uns helfen kann. Wenn sich besonders die Mathematiker im Laufe des 19. Jahrhunderts für ihr Fach eine sehr geachtete Stellung an allen höheren Bildungsanstalten errungen haben, so ist das geschehen, weil sie auf den Dunst der »allgemeinen Bildung« nie hereingefallen sind. Sie waren tüchtig in ihrem Fache, darum leisteten sie etwas und so ihre Schüler. Ein allgemeiner physisch-mathematischer Bildungsbrei würde bald und mit Recht aus den Räumen der höheren Schulen verschwinden. Ist es doch noch heute die Hauptstärke der Altphilologen, daß sie wirkliche Fachmänner sind. Ihre »allgemeine Bildung« ist nie das gewesen, wofür sie galt. Die falsche Bewertung der altphilologischen Fachschulung als allgemeine Bildung hat dem Gymnasium wie anfangs eine Überschätzung so später und jetzt die Kämpfe um seine Existenz und um die Bildung der Nation überhaupt auf den Hals gezogen.　*H. F.*

Heimatkunde. Im »Pädagogischen Archiv«, 45. Jahrg., Heft 6, hat Oberlehrer Dr. Herold in Oranienstein an der Lahn, heimatkundliche Stoffe für zwölf Unterrichtstunden skizziert. Das Lahntal ist durch Finger die Wiege der Heimatkunde geworden, und es ist erklärlich, daß dort das Interesse für dieses Unterrichtsfach bis auf den heutigen Tag rege geblieben ist. In den vorliegenden Skizzen zeigt sich Herold als einen echten Jünger Fingers. Er hält mit seinen Schülern Umschau in Schulstube, Schulhof, in Stadt und Land, leitet sie zum Messen, Abschätzen, Berechnen und Zeichnen von Längen (Entfernungen), Flächen an, führt sie wiederholt hinaus auf den Berg, in das Tal, an die Quelle und Mündung des Baches, in den Wald, auf das Feld. Überall regt er sie zum Beobachten über Auf- und Untergang, Lauf, Stand, Wärmewirkung der Sonne zu den verschiedenen Tages- und Jahreszeiten, über die Richtung und Länge des Schattens, über Wind und Wetter, über Ablagerungen von Schlamm, Geröll und Sand, über Bodenarten und Erdschichten in Steinbrüchen an. Die Schüler sehen alle diese Dinge wiederholt in der Natur, sodaß sie aus den lebensvollen Anschauungen die geographischen Vorstellungen und Begriffe: Fuß, Abhang, Gipfel, Berg, Höhenrücken, a, ha, qkm, Flußbett, links und rechtes, steiles und flaches Ufer, Gefälle, Quelle, Mündung usw. gewinnen. Das Prinzip der Anschauung ist hier in jeder Weise gewahrt. Die Schüler erhalten Apperzeptionshilfen zur klaren Erfassung ähnlicher Vorstellungen aus fremden, den Schülern nicht sichtbaren Landschaftsbildern.

Da der Lehrstoff nur skizzenhaft angedeutet worden ist, läßt sich aus den einzelnen Lektionen der methodische Gang der Unterredung nicht klar genug ersehen, und es scheint mir, hie und da für eine Unterrichtsstunde zu viel Material geboten zu werden. In der fünften Stunde werden Entfernungen in m, Schritten gemessen, Flächenmaße (qm, a, ha, qkm) veranschaulicht, Erhebungen (Berg, Kamm, Sattel, Gipfel) erläutert und noch das Ausfurchen, die Ablagerung durch Wasserkräfte, die Gestalt der Kieselsteine, der Wolken, die Richtung der Winde, das Knospen der Bäume beobachtet, auf die Beschäftigung der Menschen hingewiesen und die Anfertigung einer Skizze von der betrachteten Landschaft aufgegeben. Der Gefahr des Zuviel für eine Stunde entgeht der Lehrer der Heimatskunde, wenn er die zu entwickelnden geographischen Vorstellungen und Begriffe nach dem geistigen Standpunkt der Schüler gleichmäßig auf die verschiedenen Klassenstufen der acht Schuljahre (Siehe Heimatskunde von Chemnitz!) und die einzelnen Stunden einer Klasse verteilt. Die Besprechungen über die Entstehung der Gesteine, über die Bedeutung der Bodenarten im Haushalt der Natur usw. gehören auf eine höhere Klassenstufe, und die Erörterungen über die Ursachen der verschiedenen Niederschläge und Winde können erst mit Erfolg angestellt werden, wenn in der Naturlehre die Versuche über Ausdehnung der Luft und des Wassers durch Wärme angestellt worden sind. Jedem Spaziergang muß eine kurze Besprechung vorausgehen, die zunächst durch eine konkrete Zielstellung z. B. »Wir wollen uns den Schloßteich näher besehen!« das Interesse für den neuen Stoff weckt. In der darauf folgenden Vorbereitung werden alle auf das Ziel bezüglichen Vorstellungen ins Bewußtsein gehoben, und durch bestimmte Fragen, die das Kind selbst stellt, z. B. Wir wollen wissen, wo der Schloßteich liegt, welche Gestalt und Größe er hat und was wir dort alles sehen können, wird die Spannung auf das neue Gebiet erregt. Der Spaziergang hat nun lediglich die Aufgabe, diese von Schülern gestellten Fragen zu beantworten. Die Belehrungen und genaueren Erklärungen erfolgen in der nächsten Unterrichtsstunde im Klassenzimmer. Die Antworten auf diese Fragen werden in kurzen Ergebnissätzen fixiert und in ein Merkheft eingetragen. In dasselbe gehören auch die Kartenskizzen. Das angeschaute Gebiet muß zunächst im Gelände auf Grund der wirklichen Anschauung in den Sande durch Striche, Linien, Rauten usw. gezeichnet werden. Das mehrmals angeschaute Landschaftsbild (Schloßteich) stellen nun die Schüler unter Beihilfe des Lehrers im Sandkasten plastisch dar, zeigen es auf dem Relief oder auf der Reliefkarte und zeichnen es unter Anleitung des Lehrers nach der Vorlage an der Wandtafel in ihr Skizzenheft. Auf diese Weise wird am besten das Kartenlesen vorbereitet (siehe »Heimatskunde von Chemnitz« S. 45 das Gebiet des Oablonztales und »Fünf Hauptfragen aus der Methodik der Geographie«, S. 11—26 über das Kartenlesen! E. Wunderlich, Leipzig).   *Oberlehrer H. Prüll-Chemnitz.*

b) Ausland.

Schweden. In den neuen für die schwedische Schulreform vorgeschlagenen Stundenplänen finden sich folgende Ansätze für Geographie:

Realschule, Kl.	I	II	III	IV	V	VI	Sa.
Geographie	3	(+1)3	(—1)2	(+1)2	(+1)2	2	13
von	27	30	30	30	30	30	177

Über dieser Realschule baut sich eine vierklassige Oberstufe auf, die in »Realgymnasium« (ohne alte Sprachen) und »Lateingymnasium« gespalten, folgende Ansätze zeigt:

Kl.	I	II	III	IV
	(+3)2	(+1)1	0	0

Danach würde die Erdkunde zwar in den vier Oberklassen drei Stunden gewinnen, aber noch immer, da nicht bis zum Abschluß durchgeführt, unzureichend mit Stunden versehen sein.

Ob das Prinzip der »Wahlfreiheit«, das für die oberen Klassen eingeführt werden soll, hieran etwas Wesentliches ändert, kann ich nicht angeben. Immerhin möchte es tatkräftigen Männern den Kampf mit dem alten Zopfe leichter machen.   *H. F.*

England. In recht glücklicher Weise hat der Präsident der geological society Prof. Charles

Lapworth in einigen Abschnitten seiner »Jahresadresse« (The quaterly Journal of the geolog. society. Vol. LIX, Nr. 234; Mai 1903, S. LXXXIX—XCVII) sich über »Geologie und Erziehung« ausgesprochen.

In Geologie, dem Schlüssel zu den wichtigsten Wissenschaften, braucht zwar nicht die »ganze Jugend des Landes« unterrichtet zu werden, jedenfalls aber darf der Unterricht in den oberen Klassen der »Schulen«, in den Kollegien und auf den Universitäten« nicht fehlen. Im weiteren zeigt Lapworth, wie er sich diese zentrale Stellung der Geologie innerhalb der Naturwissenschaften denkt und gibt in einem besonders ausführlichen Abschnitt »Erziehung in Erdkunde« ein kurzgefaßtes Bild eines mustergiltigen Erdkundeunterrichts, um in einem kurzen Schlusse noch einmal die Geologen aufzufordern, für »Erleuchtung und Emanzipation der Erzieher« zu sorgen. Als wichtigste allgemeine Züge seiner Ausführungen, die wohl ziemlich genau den in englischen Geologenkreisen herrschenden entsprechen, führe ich zwei an: erstens die Aufforderung, einer planmäßigen pädagogischen Auswertung der 25 inch und 1 inch map im Schulunterricht den Boden zu ebnen (man vergleiche damit die auf den letzten deutschen Geographentag lebhaft besprochene Frage einer Auswertung unserer Karten in 1:25000 und 1:100000 für den Unterricht in Heimatkunde; Steinel, Haack, Stavenhagen) und zweitens das rückhaltlose Zugeständnis, daß die heutigen Erzieher für die der Schule und der heranwachsenden Generation hier erblühenden unbedingt nötigen Aufgaben selber erst zu erziehen sind. Das gilt wie für England ebenso auch für Deutschland. Der deutsche Philologentag in Halle hat uns jüngst wieder die Augen weit aufgemacht, wie sehr »The enlightment and emancipation of the educationalists themselves« eine Lebensfrage für unser höheres Schulwesen ist. *H. F.*

Mexiko. Oscoy, A., Compendio de Geografia de Méxiko y universal. Ein kleines 182 Seiten starkes für den obligatorischen Elementarunterricht bestimmtes Büchlein. Der Verfasser ist nach dem Titelblatt Seminarprofessor (prof. en las escuelas normal de professores) und hat neben anderem Schulmuseum und »Bücherei eingerichtet.

Auf eine Einteilung: Orientierung, geographische Grundbegriffe (mit zahlreichen winzigen Abbildungen und Kärtchen folgt S. 23 »Topographie oder lokale Geographie der Schule«, dann S. 25 die Stadt Mexiko und nun bis S. 102 das Land Mexiko, mit zahlreichen ziemlich rohen Kärtchen (sie enthalten meist nur Distriktgrenzen und einige unwahrscheinlich rohen Gebirgsraupen) und Abbildungen durchwebt. Die ganze übrige Welt wird dann auf den 20 letzten Seiten abgemacht. Europa mit zwei Seiten fährt am schlechtesten. Die Schüler erfahren nichts über irgend eine europäische Stadt, selbst die Namen, London, Paris, Berlin fehlen, dagegen glänzen Luxemburg, S. Marino, Monaco und Andorra. Liechtenstein ist vermutlich dem Verfasser unbekannt geblieben. — An jeden Absatz schließen sich Fragen und Aufgaben an. *H. F.*

Programmschau.

Österreichische Lehranstalten.

Eine schon von Oedike aufgestellte, aber nicht oft genug betonte methodische Forderung erhebt J. J. Emig in seinem Aufsatz: Die Betätigung der Phantasie im Geographie-Unterricht (k. k. Oberrealsch., Dornbirn 1902): Die Erweckung und Stärkung einer richtigen Phantasie, die — weil vor dem Gedächtnis erwacht — bei der Bewältigung des vorwiegend realen Unterrichtsstoffes sehr viel helfen kann. Ein Ding entstehen zu sehen, verbürgt ein lebhafteres Bild als das Anschauen eines fertigen Gegenstandes. Dies läßt sich nun leichter beim Kartenzeichnen durchführen als bei einem Bilde; letzteres kann man nur im Geiste entstehen lassen, indem man die Landschaft in der Vorstellung aufbaut. Da dies aber nur auf Grund schon klarer Anschauungselemente geschehen kann, so dient auch hier die Heimatkunde als Vorbildungsstufe. Der Verfasser weist dies an mehreren Beispielen nach, indem er Dornbirns Umgebung zur Entwicklung geographischer Anschauung fremder Kulturgebiete verwendet, so der holländischen, messenischen, lakonischen Landschaft, des Fjordes, des Nillandes. Mag man auch bei den zwei letzteren Beispielen die Erwartungen zu hoch gespannt finden, so ist doch die Arbeit ein auf richtigen Grundlagen ruhender glücklicher Versuch, die Heimatkunde höheren Zwecken dienstbar zu machen.

Auf einem kleinen Gebiet bewegt sich Dr. M. Binn in seiner fleißigen Arbeit: Die geographische Lage, die geologischen und klimatischen Verhältnisse von Böhmisch-Leipa (k. k. Staats-Obergymn., B.-Leipa 1902). Die Heimatkunde auch für die Erwerbung eindringender Kenntnis in den Oberklassen zu verwerten, an der Hand typischer Erscheinungen gewissermaßen pragmatische Geographie zu betreiben ist Aufgabe seiner Arbeit, die zum Teil auf den Ergebnissen gemeinsamer Schülerausflüge beruht. Die Entwicklung Leipas zum Verkehrsmittelpunkt infolge seiner Lage als Randort an dem natürlichen Grenzgebiet »Niederland« und an einem Talknoten gleicht einerseits der von Eger und Asch am Fichtelgebirge, anderseits der von Paris, Berlin usw.; zudem ähnelt das Polzenbecken dem Pariserbecken. Auf Grund seiner Lage zum Mittelpunkt von Verkehrsstraßen aus allen Richtungen hin geworden, konnte es die kürzeste Verbindung mit Prag gegen die Elbelinie nicht aufrecht erhalten, ein Beispiel dafür, daß die Flüsse den Verkehr wohl fördern, aber auch von den kürzesten Straßen ablenken, ein Analogon zur Verbindung Dresden—Hamburg. Die Bahnen saugten auch hier den Massenverkehr auf und bewirkten das Veröden der Straßen, wie z. B. die Brennerbahn es bewirkte; daher ist Leipa als Handelsmittelpunkt auch ein Typus für die Städte des Mittelalters. Als Ansiedlung auf dem hohen Polzenufer erinnert es an Vindobona und Hannover, während das Leipa des 15. Jahrhunderts der Typus einer Inselstadt mit uferseits gelegenen Stadtteilen ist, wie z. B. Rom und Paris. — Die Bergformen und Gebirgsbildungen der Umgebung dienen zur Veranschaulichung mannigfacher geologischer

Kräfte und Vorgänge, selbst Canons, Wadis, Fjorde, das Niltal und glaziale Erscheinungen veranschaulicht das Relief der Umgebung. Ebenso reichlich wird die vergleichende Methode bei der Betrachtung der klimatischen Verhältnisse angewendet. Der Schüler schöpft aus dieser dankenswerten Arbeit allenthalben die Überzeugung von dem innigen Zusammenhang zwischen Landesnatur und Kultur, der Lehrer aber die Erkenntnis, daß der geographische Unterricht, so lebendig gestaltet, der freudigen Teilnahme der Schüler sicher sein kann.

Prof. Jul. Braul-Horn (U. Ö.).

Persönliches.

Ehrungen, Orden, Titel usw.

Der bisherige Vizepräsident im Bureau des Longitudes und Direktor des Service géogr. de l'armée, General J.-A.-L. Bassot als Nachfolger des verstorbenen Perrotin zum Direktor des Observatoriums in Nizza.

Der Professor der Mineralogie und Geologie Dr. Reinh. Brauns, z. Zt. Rektor der Universität Gießen, hat einen Ruf nach Kiel angenommen.

Geh. Rat Prof. Dr. G. Hellmann zum auswärtigen Mitglied der Akademie der Wissenschaften in Kristiania.

Dem Afrikaforscher Dr. med. Rich. Kandt der Rote Adlerorden 2. Kl.

Prof. Alfred Lacroix zum Mitglied der Pariser Akademie der Wissenschaften.

Dr. Lubomic Niederle zum ord. Professor der Archäologie und Ethnologie an der tschechischen Universität Prag.

Dem Dr. H. Preiswerk die venia legendi für Mineralogie und Geologie an der Universität Basel.

Der Adjunkt des eidgenössischen topographischen Bureaus in Bern, Ingenieur Max Rosenmund zum Lieutel zum ord. Professor für Geodäsie und Topographie am Polytechnikum in Zürich.

Prof. Dr. Joh. Schubert, seit 1896 Lehrer der Geodäsie an der Forstakademie in Eberswalde, zum Professor der Physik, Meteorologie und Geodäsie an der Forstakademie Hannoversch-Münden.

Dem Privatdozenten Dr. Sommerfeldt, Assistent am Geologisch-mineralogischen Institut, ein Lehrauftrag für Kristallographie und Mineralogie an der Universität Tübingen.

Prof. Dr. Karl von den Steinen zum auswärtigen Mitglied der Akademie der Wissenschaften in Kristiania.

Dem Dozenten am Seminar für orientalische Sprachen in Berlin, Dr. Karl Vellen, das Prädikat Professor.

Dem Madagaskarforscher Prof. Dr. Voeltzkow das Ritterkreuz des k. k. Franz-Joseph-Ordens.

Dem Privatdozenten der Geologie Dr. W. Volz in Breslau der Titel Professor.

Todesfälle.

Andrews, Dr. Edmund, prakt. Arzt, Geolog, geb. 22. April 1824, gest. 22. Januar 1904 in Chicago.

Duchesne-Fournet, Jean, französ. Abessinienforscher, geb. 8. Januar 1875 in Lisieux, gest. 27. Januar 1904.

Laurent, Emile, Dr. Prof. der Botanik, Kongoforscher, gest. 20. Februar 1904 an Bord der »Albertville« auf der Rückreise vom Kongo.

Nusser-Asport, Christian, gründlicher Kenner südamerikanischer Verhältnisse, langjähr. Mitarbeiter der Deutschen Rundschau für Geographie und Statistik, gest. 26. Februar 1904 im Alter von 66 Jahren in Ulm.

Prihoda, Eduard, Oberst und Vorstand der kartographischen Gruppe im Militärgeographischen Institut, gest. 7. März 1904 in Wien, 72 Jahre alt.

Smitt, Fredrik Adam, Prof. der Zoologie in Stockholm, Begleiter Torells und Nordenskjölds auf der Spitzbergenexpedition (1861) und Nordenskjölds auf der Expedition nach der Bäreninsel und Spitzbergen (1868), geb. 9. Mai 1839 in Halmstadt, gest. 19. Februar 1904.

Stephen, Sir Leslie, bekannter Alpinist, gest. 22. Februar 1904 im Alter von 72 Jahren.

Watermeyer, J. C., Begleiter Rehbocks auf seiner Reise zur Erforschung der Wasserverhältnisse Südwestafrikas 1896/97, geb. 1865 in Kapland, gest. 14. Januar 1904 als Opfer des Hererroaufstandes.

Geographische Gesellschaften, Kongresse, Ausstellungen und Zeitschriften.

Der Geh. Hofrat Prof. Dr. Arthur Bäßler in Berlin vermachte dem Museum für Völkerkunde in Berlin eine Stiftung von 100 000 M., die dazu bestimmt sein soll, ethnologisch vorgebildete Reisende in erster Linie nach der Südsee zu entsenden.

Eine Rudolf-Virchow-Stiftung ist von den Erben des Verstorbenen errichtet worden. Durch die Zinsen des ca 200 000 M. betragenden Kapitals soll das Studium der Anthropologie, Ethnologie, Archäologie, der Vergleichenden Sprachforschung und der medizinischen Geographie gefördert werden.

Die Freie Vereinigung der systematischen Botaniker und Pflanzengeographen hält ihre zweite Zusammenkunft vom 4.—7. August 1904 in Stuttgart ab. Außer pflanzengeographischen Vorträgen mit Lichtbildern sind Ausflüge nach dem Hohen-Neuffen, Urach und Tübingen geplant. Vorträge sind möglichst bis 1. Juni bei dem 1. Schriftführer, Prof. Dr. K. Schumann, Berlin W., Schöneberg, Grunewaldstraße Nr. 6/7 anzumelden.

Die anthropologische und geographische Gesellschaft in Stockholm hat beschlossen, auf

ihre Kosten eine Biographie des Polarluftschiffers Andree zu veröffentlichen. Außerdem soll eine Medaille zur Ehrung des unglücklichen Forschers geprägt werden.

In Matupi ist eine Abteilung »Bismarck-Archipel« der Deutschen Kolonialgesellschaft mit 50 Mitgliedern gegründet worden.

Der Pelée-Club in Washington, der zunächst von etwa 80 Mitgliedern, die irgendwie an den Ereignissen auf Martinique und St. Vincent Anteil genommen hatten, gegründet wurde, hat auf seiner zweiten Jahresversammlung beschlossen, alle auf die vulkanischen Ereignisse bezüglichen Urkunden und Photographien zu sammeln und das Studium des Vulkanismus überhaupt zu seiner dauernden Aufgabe zu machen.

Besprechungen.

I. Allgemeine Erd- und Länderkunde.

Giberne, Agnes, Das Meer und was wir darüber wissen. Autorisierte Ausgabe des Englischen. Deutsch von E. Kirchner. 8°, VIII, 226 S. Berlin 1903, Siegfried Cronbach.

Nachdem Miss Giberne uns in drei Werken in die Wunder der Sternenwelt eingeweiht, uns in einem vierten über das Luftmeer und in einem fünften über die Entstehung und Bildung unserer Erde belehrt hat, führt sie den Leser jetzt an das Meer, enthüllt uns die Geheimnisse, die es in seinen Tiefen birgt, weckt unser Interesse für die kleinen und kleinsten Geschöpfe, wie für die Riesen und Ungeheuer des Oceans; berichtet über Ebbe und Flut, die Ströme im Meere und die mannigfaltigen Vorgänge, die mit ihm zusammenhängen.

Aus der Inhaltsangabe, die ungefähr in diesem Wortlaut der Übersetzer dem vorliegenden Büchlein vorausschickt, ist klar ersichtlich, wes Charakters die schriftstellerische Tätigkeit der Verfasserin ist. Das Bestreben, die Wissenschaft zu popularisieren und das, was sie in trockner Form gibt, einem weiten Publikum in leichtem plauderndem Tone näher zu bringen, ist jedesfalls des Lobes wert. Miss Giberne mag diese Kunst für ein englisches Publikum besitzen — der große Erfolg ihrer vielen Werke scheint dafür zu sprechen —; auch soll nicht in Abrede gestellt werden, daß sie die Ergebnisse der meereskundlichen Forschung verständnisvoll erfaßt hat: aber einem deutschen Leserkreis kann das Werk meines Erachtens nicht genügen. Wir fordern auch von populären Büchern ein großes Maß Gediegenheit!

Ref. hat das Buch auf einer Seereise, die ihn von den Atlantischen Gestaden bis ins östliche Mittelmeer führte, von der ersten bis zur letzten Seite gelesen. Es war ihm während der vielen Stunden des Hindämmerns auf der sonnegflüheten See durch seine frische Schreibweise im allgemeinen eine angenehme Lektüre, wenn er auch über die Ausführungen der Verfasserin oft den Kopf schütteln und nicht minder oft lächeln mußte. *Dr. P. Dinse-Friedenau.*

Testa, O. M., L'avvenire della Geografia. 84 S. Napoli 1903.

Der Verfasser, Lehrer der Geographie an der Oberrealschule in Neapel, steht auf dem vernünftigen Standpunkt, den manche jüngere Geographen namentlich in Deutschland in neuerer Zeit so perhorreszieren,

daß die Wissenschaft eins ist und daß es gleichgültig ist, ob ein Geograph, Geologe, Meteorologe oder Historiker diese oder jene Wahrheit entdeckt hat, wenn sie nur eine Erweckung und Vertiefung unserer Kenntnisse bedeutet. Es ist daher begreiflich, daß ihm diejenigen Männer, welche die einzelnen Zweige der Geographie in bestimmte Fächer einordnen und bemüht sind, sie gegen andere verwandte wissenschaftlichen Disziplinen scharf abzugrenzen, weniger sympathisch sind als diejenigen, welche von einem weiteren Standpunkt aus das Ganze der Erde künstlerisch konzipieren und darstellen. Das Hauptgewicht legt er auf eine kongeniale, das Wesen der betreffenden Landschaft möglichst scharf fassende Beschreibung eines Landes, ihm ist daher Geographie im wesentlichen Länderkunde und Elisée Réclus, der Verfasser der Nouvelle Géographie universelle sein höchstes Ideal und der größte Meister der Erdkunde. Seine Polemik gegen Ratzel, Wagner und Oerland, deren Bestrebungen er übrigens durchaus gerecht wird, wie überhaupt das ganze Büchlein, ist durch den Gedankenreichtum, der überall hervortritt, sehr lesenswert besonders für deutsche Leser, welche leicht geneigt sind, den lebendigen Inhalt der Welt über das Systematisieren und logische Einordnen zu vernachlässigen.

Prof. Dr. W. Halbfaß-Neuhaldensleben.

Meyers Großes Konversationslexikon. Ein Nachschlagewerk des allgemeinen Wissens. 6. gänzl. neu bearb. u. verm. Aufl. Mit mehr als 11000 Abbild. im Text u. 1400 Bildertaf., Karten u. Plänen sowie 130 Textbeil. 3. Band: Bismarck-Archipel bis Chemnitz. Leipzig und Wien 1903, Bibliographisches Institut. 10 M.

Mit anerkennenswerter Pünktlichkeit ist auf dem zweiten Band der dritte gefolgt. Wie der erste und letzte Abschnitt desselben geographischen Gegenständen gewidmet ist, enthält er daneben eine große Anzahl von Schilderungen aus dem Gebiet der Länderkunde, z. B. Bolivia, Borneo, Bornu, Bosnien, Brandenburg, Brasilien, Ceylon, von Städtebeschreibungen und auch einige für die allgemeine Geographie beachtenswerte Darstellungen. Alle diese Einzelabschnitte bekunden die Zuverlässigkeit, die schon in den ersten Bänden an dem geographischen Inhalt des Lexikons zu loben war. Auf knappem Raume findet man viel Inhalt zusammengedrängt, und zwar in übersichtlicher Darstellung, die den reichen länderkundlichen Stoff möglichst einheitlich in der Weise gliedert, daß Bodengestalt und Klima, Bevölkerung, Naturerzeugnisse und Wirtschaftsleben, Verwaltung, Landesgeschichte die Einzelabsätze bilden. Nicht ganz so einheitlich sind die statistischen Maße und Zahlen behandelt. Bei Ceylon wird die Ausbeute an Salz in Pfund Sterling ausgedrückt, der Wert der Teeausfuhr in Rubeln, die Höhe der Gesamtausfuhr in Rupien. Viel anschaulicher ist bei den statistischen Angaben über Brasilien alles in Mark umgerechnet. Freilich steht auch hier neben den Kilogrammen der Kaffeeausfuhr die Ernte in Zentnern ausgedrückt; doch sind diese Größen einigermaßen schnell vergleichbar,

Bei fremdländischen Maßen, Gewichten und Münzen sieht der Leser sich nicht nur zu Umrechnungen gezwungen sondern stellenweise zum Nachschlagen nach der Bedeutung der ihm unbekannten Größen unter den betreffenden Abschnitten, die sich meist in anderen, vielleicht noch nicht erschienenen Bänden befinden. Quellenmäßige Zahlenangaben sind für solche Nachschlagewerke weniger wertvoll als die schnelle Befriedigung der Auskunftsbedürfnisse deutscher Leser. Deshalb sei der Wunsch ausgesprochen, daß möglichst die deutsche Maß-, Gewichts- und Münzeneinheiten den statistischen Mitteilungen zugrunde gelegt werden. Sehr wertvoll sind die Literaturangaben, auf Grund deren das Lexikon sogar fachmännisches Studium vieler Einzelheiten erleichtert, zumal gerade bei dieser Literaturzusammenstellung erkennbar ist, daß die neuesten Forschungen im Lexikon Berücksichtigung gefunden haben. Selten finden sich Ungenauigkeiten oder Lücken. Beispielsweise liegt von Haeckels Indischen Reisebriefen seit nahezu einem Jahre die vierte Auflage vor, während bei Ceylon noch die dritte angeführt ist, und bei Borns mußte v. Oppenheims Rabeh genannt werden; in diesem Buche ist die Reichsgeschichte ziemlich ausführlich behandelt. Doch ist auf den späteren Abschnitt »Rabeh« verwiesen, wo wahrscheinlich die Literaturangabe noch folgen wird. Solche Kleinigkeiten sind bedeutungslos gegenüber dem hohen Gesamtwert des Nachschlagewerks.

Dr. P. Lampe-Berlin.

Klein, Prof. Dr. **Hermann J.,** Jahrbuch der Astronomie und Geophysik. Enthaltend die wichtigsten Fortschritte auf den Gebieten der Astrophysik, Meteorologie und physikalischen Erdkunde. Unter Mitwirkung von Fachmännern herausgegeben. XIII. Jahrgang 1902. 366 S., 5 Taf. Leipzig 1903, E. H. Mayer.

Es ist eigentlich in mancher Hinsicht recht schwer, über ein Buch, wie das vorliegende, ein kritisches Urteil abzugeben. Denn, da in demselben eine absolute Vollständigkeit in der Übersicht über die betreffende Literatur nicht angestrebt wird, wie der Titel andeutet, und auch aus Gründen des Raumes nicht angestrebt werden kann, so wird selbstverständlich auch die Auswahl der besprochenen Werke mehr oder weniger subjektiv ausfallen, und es ist deshalb einerseits leicht, andererseits aber auch wieder schwer, mit dem Herausgeber über das, was er bietet, zu rechten. Wenn deshalb der Ref. hier bestätigt, daß ihm die wesentlichsten Erscheinungen der Wissenschaft aus dem Jahre 1902 in dieser Übersicht wieder begegnet zu sein scheinen, so darf das nicht im Sinne einer subjektiv gemeinten Vollständigkeit aufgefaßt werden. Über die Stoffverteilung sei deshalb auch nur noch mitgeteilt, daß auf die Astrophysik, die dem Geographen ferner liegt, 147 Seiten, auf die uns hier näher angehende physikalische Erdkunde (einschl. der Meteorologie) der umfangreichere zweite Teil des Buches entfällt. Hier sind, um nur einiges herauszugreifen, die vulkanischen Ausbrüche der Antillen, unter Heranziehung von Originalberichten, der große Staubfall vom März 1901, der dritte Band von Sueß' »Antlitz der Erde«, die Südpolarexpedition und die Valdiviafahrt in ihrer Bedeutung für die Meereskunde u. a. in zusammenfassender Darstellung ausführlich besprochen. Die Besprechungen sind meist rein sachlich und mehr referierend gehalten, die wichtigsten Zahlenwerte, manchmal auch größere Tabellen, wo sie für das Verständnis und zur Erläuterung nötig sind, aus der Originalarbeit ent-

nommen; nur an wenigen Stellen fanden wir auch etwas mehr kritische Referate, unter denen uns das über Sueß' »Antlitz der Erde« um deswillen besonders aufgefallen ist, weil darin öfter und mit einem etwas sehr großen Nachdruck auf das »Hypothetische« der Sueßschen Ausführungen hingewiesen ist, ein Urteil, das uns etwas sehr scharf scheint. Die Tafeln sind gut, nur dürfte sich vielleicht nach hier nach dem sonst schon geübten Brauche und Vorschlag von Früh eine Erklärung zu den einzelnen Abbildungen empfehlen, was z. B. der Tafel mit den Dimensbildern erst rechten Wert verleihen würde. Im ganzen ist das Jahrbuch aber zur Orientierung, besonders für den »Amateur« vorzüglich geeignet und wird bez. der Ausführlichkeit der gebotenen Orientierung bei den darin enthaltenen Artikeln gewiß niemand unbefriedigt lassen.

Prof. Dr. G. Greim-Darmstadt.

Schmidt, Dr. **Wilhelm,** Astronomische Erdkunde. (VI. Teil von: »Die Erdkunde, eine Darstellung ihrer Wissensgebiete usw.«, herausgegeben von M. Klar). 8°, 231 S., 3 Taf. Leipzig und Wien 1903, Franz Deuticke.
7 M., für Abnehmer des ganzen Werkes 6 M.

Das Buch enthält, dem Titel entsprechend, nicht die gesamte mathematische Geographie sondern nur ihren astronomischen Teil. Die Kartenentwurfslehre und eingehenderes über die Erforschung der Erdgestalt sind anderen Teilen des Gesamtwerkes vorbehalten. Um sich an alle Lehrer wenden zu können, hat der Verfasser auf die Anwendung der sphärischen Trigonometrie verzichtet. Man muß anerkennen, daß seine Bemühungen, ohne dieses Rüstzeug den Gegenstand gründlich zu behandeln, Erfolg gehabt haben. Aber dieser elementaren Gründlichkeit entspricht leider nicht ganz die Klarheit der Darstellung. Sie wird häufig durch Schwerfälligkeit und Mängel des Stils beeinträchtigt, und das ist besonders zu bedauern im Hinblick auf das viele Wertvolle und didaktisch Originelle, das in dem Buche enthalten ist.

Was die Anordnung des Stoffes betrifft, so ist sie ja für ein Buch, das nicht dogmatisch sondern genetisch vorgehen will, im ganzen gegeben; in Einzelheiten wird man vielleicht anderer Meinung als der Verfasser sein. Unklar ist mir z. B., weshalb das dritte der Keplerschen Gesetze, das erst 1619 in den Harmonices mundi veröffentlicht wurde, zuerst besprochen wird, und zwar so, daß man den Eindruck gewinnen muß, auch Keppler habe es vor den anderen gefunden. Das natürlichste und didaktisch richtigste scheint mir doch zu sein, die beiden anderen, viel eher entdeckten und schon zehn Jahre vorher in der Astronomia nova veröffentlichten Gesetze voran zu stellen, insbesondere das erste und wichtigste. Das führt uns zu einer anderen, allgemeineren Bemerkung. Wünschenswert scheint mir, daß man bei einer so ausführlichen Behandlung zugleich auch ein deutlicheres Bild von der historischen Entwicklung der Wissenschaft erhält. Gerade bei der Astronomie ist ein Einblick in ihren wunderbaren Werdegang ganz besonders fesselnd und läßt sich, wie andere Bücher zeigen, vorzüglich mit der entwickelnden Darstellung verbinden. Zudem bietet er besonderes kulturgeschichtliches Interesse und verleiht demnach der Darstellung verdoppelten allgemeinmenschlichen Wert.

Der letzte, 45 Seiten umfassende Teil führt den Titel: »Zum Unterricht der astronomischen Erdkunde an Mittelschulen- und enthält viele sehr nützliche Bemerkungen, die Zeugnis von der reichen Erfahrung des Verfassers ablegen. Es ist höchst erfreulich, daß er auf das Erfassen der Erscheinungen vom geozentrischen Standpunkt aus so großen Wert legt und mit Hilfe der mannigfaltigsten Untersuchungen an einfachen Sphären volle Klarheit des Verständnisses erstrebt. Erst im vierten und letzten Jahreskursus geht er zur heliozentrischen Betrachtung über. So ist auch dieses Buch, wie jede Anregung, welche fleißige eigene Beobachtung und daran anknüpfende ernste geistige Arbeit des Schülers fordert, mit um so größerer Freude zu begrüßen, als so viele Lehrer noch immer glauben, schon durch das Herumleiern des Telluriums eine Glanzleistung anschaulichen und bildenden Unterrichts vollführt zu haben.

Dr. Paul Schloe-Hamburg.

Geinitz, Dr. Eugen, Das Land Mecklenburg vor 3000 Jahren. Mit einer Karte. Rektorats-Programm, Rostock 1903. Druck der Univ.-Buchdruckerei von Adlers Erben.

Nachdem die Lyellsche, zur Deutung der sogenannten Diluvialablagerungen aufgestellte Drifttheorie sich als unfähig erwiesen, die Entstehung des Geschiebemergels, der zerritzten Oberflächen von Felsen und Geschieben und auch die Art des Transports von Geschieben gewisser Größe zu erklären, zeigte der Schwede Otto Torell in seiner »Inlandeis-Theorie« den richtigen Weg zur Erklärung aller einschlägigen Erscheinungen, und ihm sind, teilweise zögernd, die meisten unserer bekannten Geologen gefolgt, als der entschiedenste Eiser, besonders für Mecklenburg Geinitz. Geinitz hat seit fast 25 Jahren durch zahlreiche Schriften (»Beiträge zur Geologie Mecklenburgs«, 1880; »Die Seen, Moore und Flußläufe Mecklenburgs«, 1886; »Die Mecklenburgischen Höhenrücken«, 1886; »Der Boden Mecklenburgs«, 1885; »Geologischer Führer durch Mecklenburg«, 1899; »Grundzüge der Oberflächengestaltung Mecklenburgs«, 1899; usw.) den Nachweis geliefert, daß Mecklenburg und das angrenzende Gebiet eine »Morænenlandschaft« ist. Die vorliegende Arbeit, »Das Land Mecklenburg vor 3000 Jahren«, ist im wesentlichen ein Auszug aus den beiden letzten Arbeiten des Verfassers: »Die geographischen Veränderungen des südwestlichen Ostseegebiets seit der quartären Abschmelzperiode«, 1903 und der vor wenigen Tagen erst erschienenen Schrift: »Der Landverlust der Mecklenburgischen Küste« (Mitteilungen aus der mecklenburgischen Geologischen Landes-Anstalt, 1903). Gründlich vertraut mit den geologischen Verhältnissen des heimischen Landes, zeigt der Verfasser in höchst fesselnder und anschaulicher Weise, gestützt auf die sorgfältigsten Beobachtungen und Messungen, »wie man auf zwei Wegen gehend: von der Gegenwart rückwärts und von den geologischen Überlieferungen vorwärts nach den ersten geschichtlichen Phasen« zu der Lösung der Frage gelangen kann, wie unser Mecklenburger Land und die angrenzenden Teile des südwestlichen Baltikums vor 3000 Jahren ausgesehen haben. Ausgehend von der bekannten Tatsache, daß die deutsche Ostseeküste gewissermaßen im »Abbruch« liegt, weist er nach, daß allein die Mecklenburgische Küste an den Klintufern jährlich über 300 000 cbm Landmasse, also in hundert Jahren (geologisch gerechnet eine winzige Zeit) über 30 Mill. cbm einbüßt hat. Bald brechen große Schollen ab, bald sind es nur unscheinbare Partien die vom steilen Ufer oder Klint verloren gehen und von

den Wellen zerkleinert und weggespült werden. Die direkte Arbeit der Wellen macht sich besonders geltend bei den Herbst- und Frühjahrstürmen, wo die Sturmfluten kommen und oft mit einem Male ganz energisch soviel wegwaschen, wie sonst mehrere Jahre stiller nagender Tätigkeit erzielen. Dieser Prozeß des Landverlustes wird nicht allein durch die Tätigkeit des Meerwassers, also das Unterspülen, bewirkt, es spielen dabei auch andere Faktoren wesentlich mit, so die Atmosphärilien, besonders der Frost und der Antau, das Auftauen des Bodens im Frühjahr, heftige Gewittergüsse, welche von den steilen Wänden das Material niederschwemmen, das dann bei Hochwasser vom Meere in Schlamm- und Sandmassen verwandelt und von ihm verschlungen wird; auch das Grundwasser hat seinen Anteil. Was etwa wieder angespült wird, hat wenig Wert; statt des fruchtbaren Bodens niedriges Ödland, aus dem sich höchstens nach Jahren ein dürftiges Weideland entwickeln kann, und außerdem steht die Größe des neuen Areals in keinem Verhältnis zu dem Verlust. Ein Vorteil ist höchstens die Dünenbildung. Jedenfalls beträgt der Landverlust sehr viel, da füglich anzunehmen ist, daß vor 2½ Jahrtausenden die Mecklenburgische Küste etwa 2 km nördlicher gelegen hat. Aber all der bedeutende Landverlust in historischer Zeit, so führt der Verfasser weiter aus, ist verschwindend gering gegen den Verlust, den ein hier (in der südwestlichen Ecke der Ostsee) einst sich ausdehnendes Festland, das Mecklenburg und Schleswig-Holstein mit Dänemark und Südschonen verband und von Menschen der jüngeren Steinzeit besiedelt war, erlitten hat durch die Katastrophe der Litorinasenkung wodurch die Ostsee (früher ein großer Binnensee, der Ancylussee mit Süßwasserfauna) wieder in Verbindung mit der Nordsee trat und die heutige Nordseefauna erhielt. Meilenweite Strecken ehemaligen bewohnten Landes gerieten auf immer unter dem Meeresspiegel. Um die Herausbildung jenes früheren Landes verständlich zu machen, schlägt der Verfasser den anderen Weg ein, er schreitet vorwärts aus der jüngsten geologischen Vergangenheit und entwirft an der Hand der verwertbaren geologischen Aufschlüsse und der Konfiguration des heutigen Seebodens ein Bild über die orographische Gestaltung und besonders die Fluß-Systeme dieses Landes. Die beigegebene Karte zeigt das Land zwischen den Kreidehöhen von Rügen und Möen, die südliche und westliche Ostseeküste und die dänischen Inseln zu der Zeit, als der Eisrand des dänischen Gletschers etwa in der Gegend zwischen Möen und Rügen stand, unter Annahme einer Erhöhung des Gebiets um 50 m gegenüber dem heutigen Meeresspiegel. (Warnemünde lag im Verhältnis zu seiner südlichen Umgebung um 18 m höher und heute reicht die Sohle des alten Warnowtals bei Rostock 14 m unter den Meeresspiegel; die Rinne der Trave zwischen Travemünde und der Mecklenburgischen Grenze ist sogar bis 48 m tief in den Geschiebemergel ausgewaschen). Dieses Land hatte, abgesehen von seinem größeren Reichtum an Gewässern, dieselbe Konfiguration wie das heutige Binnenland; Höhen wechselten mit Niederungen, gewaltige Ströme und zahllose Söße, kleine und große Süßwasserseen unterbrachen das Gelände. Die Ströme entsprangen den südlich und westlich gelegenen Endmoränen-Bogen; sie führten die Schmelzwässer der rasch zurückweichenden Eismassen und die in jener Zeit massenhaften Niederschläge nach O und N zu einem Sammelstrom, der seinen Abweg weiter

8*

nach dem heutigen Kattegat fand. Zwei große Täler fanden sich im O: Das große Mecklenburgisch-Pommersche Orenztal (benutzt von den heutigen Gewässern der Recknitz, Perne, Trebel und Tollense) und der Strelasund (der breite und tiefe Abfluß des Stettiner Haffsees). Die Gewässer beider Täler vereinigten sich, noch verstärkt von SW her durch die Warnow und Trave und ergossen sich nach W und N, genau mit der heutigen tiefsten Rinne der Ostsee übereinstimmend (nach den Tiefenangaben der Seekarte), als baltischer Urstrom unter rechtwinkliger Umbiegung durch den Langelandbelt zwischen den heutigen Inseln Langeland und Laaland in den Großen Belt. (Also nicht in die Untertrebe!)

Über dieses Land, das vor etwa 3000 Jahren noch existierte, brach nun die Katastrophe der Litorinasenkung herein, die den deutschen und dänischen Küstenländern in allgemeinen Umrissen ihre heutige Gestalt vorgezeichnet hat. Die Senkung erfolgte langsam, wie jede »säkulare Senkung« (sie betrug etwa 50 m). Es mögen auch ruckweise Verschiebungen und Katastrophen durch Sturmfluten eingetreten sein. In dem heutigen Relief des Meeresbodens sehen wir noch in rohen Zügen sich die frühere Landoberfläche widerspiegeln: Die rinnenartigen Vertiefungen entsprechen den Flußtälern, die Untiefen und Riffe den höheren Teilen des Landes.

Spuren der Litorinasenkung finden sich allenthalben an unserer Küste: Durch das ausgedehnten Baggerungen, die in den letzten Monaten im Wismarschen Hafen vorgenommen werden, sind ganze Berge schwarzen, sandig-toeigen Schlammes der Litorinaablagerung mit einer Unmasse von marinen Muscheln (bes. Cardium und Mytilus) heraufgeworfen worden; dasselbe hat stattgefunden bei den Baggerungen vor Warnemünde. Gleiche Vorkommnisse sind nachgewiesen in den Niederungen von Ribnitz, in der unteren Trave und im Untergrund von Oldesloe.

Die Auffindung menschlicher Gerätschaften in den diluvialen Ablagerungen (Einzelt) und die Spuren des Zusammenlebens der Menschen mit den diluvialen Tieren Mammut, Renntier, Höhlenbär und »Hyäne u. a. sind unzweifelhafte Beweise, daß der Mensch ein »Leitfossil des Diluviums« ist und die Vorher geschilderte Umwandlung der baltischen Lande miterlebt hat. Darum kommt der Verfasser, indem er die Fäden geologischer Überlieferung mit denen archäologischer und geschichtlicher Chronologie verknüpft, zu dem Resultat, daß die Zeit der Litorinasenkung (da die Steinzeit etwa 1500 v. Chr. und die Bronzezeit etwa 500 v. Chr. ihr Ende erreichten) ums Jahr 550, höchstens 700 v. Chr. zu setzen ist und daß die Ereignisse der säkularen Senkung in der »Litorinazeit« mit der »cimbrischen Flut« identisch sind.   *Direktor C. Ackermann-Wismar.*

Schaefer, Dietrich, Kolonialgeschichte. Leipzig 1903, Sammlung Göschen. Geb. 80 Pf.

Auf 149 Kleinoktav-Seiten hat der bekannte Historiker den ungeheuren Stoff der Kolonialgeschichte von den orientalischen Völkern anfangend und mit dem Anwachsen der russischen Macht endend, zusammengedrängt. Da konnte es sich natürlich nur darum handeln, in großen Zügen die leitenden Grundsätze, nach denen die verschiedenen Völker ihre Kulturpioniere arbeiten ließen, darzutun; eine ausführliche Behandlung der Einzelheiten verbot sich von selbst. Aber gerade das Skizzieren bestimmter Zeitrichtungen oder kolonialer Methoden mit kurzen Strichen war eine besonders schwierige Aufgabe und

diese hat der Verfasser meisterhaft gelöst. Zur allgemeinen Orientierung (ein ausführliches Namensregister im Anfang erleichtert das Suchen) ist das Werkchen recht brauchbar.

Dr. Max Georg Schmidt-Marburg.

II. Geographischer Unterricht.

Conwentz, Prof. Dr., Die Heimatkunde in der Schule. 139 S. Berlin 1904, Bornträger. 2.40 M.

Obgleich nicht Schulmann, unternimmt es der von uns hochgeschätzte Oelehrte, eine Lanze für weitere Ausbildung und Vertiefung der in unseren Schulen noch vielfach stiefmütterlich behandelten Heimatskunde zu brechen. Er stellt zunächst auf Grund eingehender Studien in der pädagogischen Literatur und vielfacher Beobachtungen in Unterrichtsanstalten fest, inwieweit in der Schule die naturgeschichtliche und geographische Kenntnis der Heimat Berücksichtigung erfährt und gibt dann Anregungen und Vorschläge zur weiteren Förderung solcher Bestrebungen. Nach dieser Richtung hin behandelt er hinter einander Volksschulen, Präparandenanstalten und Lehrerseminare, höhere Töchterschulen und Lehrerinnenseminare, zuletzt die höheren Lehranstalten, dabei auf die Lehrpläne, Unterrichtsmittel und Förderung der Lehrer eingehend. Wir greifen hier aus der anregenden Schrift nur Hauptsächliches heraus, das die geographische Seite der Heimatskunde betrifft, die naturkundliche anderen Blättern überlassend.

Der Verfasser, welcher sein Augenmerk besonders auf preußischen Schulen richtet, daneben aber, besonders wenn es gilt, Vorbilder hinzustellen, auch auf die anderen deutschen Länder, ja auf solche Außerdeutschlands Schlaglichter wirft, erkennt überall das Gute, das sich vielfach in Bezug auf den Unterricht in der Heimatskunde herausgebildet hat, bereitwillig an, Hauptsache ist ihm aber, die Mängel darzustellen, welche leider an vielen Schulen sich zeigen. Solche findet er im völligen Mangel oder in ungenüger Berücksichtigung der Heimatskunde im Unterrichtsplan, insbesondere in den Lehrerbildungsanstalten, in welchen dieser Lehrzweig so stiefmütterlich behandelt wird, dabei auf die Präparandenanstalten beschränkt ist, ferner in der mangelhaften Beschaffenheit der Lehrmittel. Ganz davon abgesehen, daß manche Schule keine geographischen Anschauungsbilder besitzt, böten viele Schulsammlungen für unsere Verhältnisse nicht passende oder doch in der Mehrzahl das Ausland bevorzugende, während das Umgekehrte zu fordern sei. In höheren Schulen müßten sich zu ihnen Photographien und Projektionsbilder gesellen. Die Lesebücher berücksichtigten zu wenig oder gar nicht die ursprüngliche Natur der Heimat mit ihren Eigentümlichkeiten, böten nur vereinzelt darauf bezügliche Lehrstücke, welche bisweilen nicht frei von starken Fehlern seien. Kurze Lehrausflüge nach in geographischer Beziehung ausgezeichneten Stellen fand er nicht überall richtig erkannt, da und dort sporadisch nur freiwillig vollzogen, sogar bisweilen unterdrückt. An jeder höheren Schule wünscht er sie einmal im Jahre zu mehrtägiger Reise erweitert, wo sich Ferienausflüge eingebürgert, in hervorragende Gegenden der Heimatprovinz gerichtet zu sehen, nicht in das Ausland (Tatra, Alpen usw.). Den Lehrern empfiehlt er neben der Pflege von Schul- die der Gemeindechroniken und zu ihrer eigenen Förderung Behandlung der Heimatskunde in Lehrerkonferenzen, auch mit Ausflügen verbundene Lehrkurse, durch welche ein tiefer gehendes Interesse an der Natur der Heimat gewonnen werde. Weiterhin empfiehlt er im Etat der Schule Scheidung nach den Unterrichtsfächern, damit jedem sein zukommendes Recht werde, bei Neubauten eine Anlage zu schaffen, um die Schüler über die örtlichen Verhältnisse im engeren und weiteren zu unterrichten (Aussichtstürme, Plattform), ein besonderes Lehrzimmer für Erdkunde, das zugleich das gesamte Material an Bildern, Karten, in den höheren Schulen auch ein Skioptikon aufzuweisen hätte, die Gründung eines Landesschulmuseums und einer Oberaufsicht für Erdkunde, durch welche das Ansehen des Faches nur gewinnen könne.

Wenn wir auch nicht behaupten können, daß das Buch bisher noch nicht Gefordertes und Gewünschtes biete, so ist es doch insofern freudig zu begrüßen, als es bisher Zerstreutes einmal zusammenfaßt und zwar im Sinne einer nationalen Pädagogik. Möge seine Anregung auf gutes Boden fallen.

Prof. H. Engelhardt-Dresden.

Vollmann, R., Wortkunde in der Schule auf Grundlage des Sachunterrichts. 1. Teil: Heimat- und Erdkunde. 8°, IX, 122 S. München 1903, M. Kellerer.

Der Verfasser dringt darauf, dem Schüler alle deutschen Ausdrücke, die im Unterricht vorkommen, sprachlich so gründlich zu deuten wie sachlich. Der Schüler soll lernen, daß Volk ursprünglich die Kriegerschaar, die waffenführende Volksmasse bedeutet, »Liut« (noch heute bayerisch: Das Leut) die Gesamtheit des Volkes, Dampf (mit dimpfen zusammenhängend) Rauch u. dgl. Von diesen allgemeinen Worterklärungen wird man praktisch im Unterricht nicht viel Gebrauch machen können, wenn man die erdkundliche Stunde nicht großenteils der Germanistik widmen will. Gerade das letztgenannte Beispiel freilich mag wenigstens den Lehrer gemahnen, daß der bei Physikern übliche Ausdruck Wasserdampf auch für gasförmiges Wasser recht sprachwidrig ist. Wasserdampf ist unserem Volk stets ein sichtbarer weißlicher Dampf; für unverdichtetes, daher auch unsichtbares Wasser bietet sich doch der Ausdruck Wassergas von selbst dar. Wie breitspurig müßte man den schlichten Satz »In kalter Luft verdichtet sich das Wassergas, das wir ausatmen, zu Wasserdampf« umformen, wenn man letzteres Wort auch zur Bezeichnung des gasigen Wassers benutzen wollte!

Nur ein kleinerer Abschnitt (S. 55—92) beschäftigt sich mit der etymologischen Deutung geographischer Eigennamen deutscher Wurzel. Indessen tischt uns der Verfasser gar zu oft längst überholte irrige Erklärungen auf. So kann »Westfalen« doch nicht nach einem »Volksstamm der Falen« benannt sein, weil ein solcher gar nicht nachweisbar ist. Zur keltischen Wurzel »sal« (Salzwasser) gehört unmöglich der rein deutsche Name Salzach. Dagegen ist Hall, norddeutsch Halle, vermutlich keltisch und hat nicht das Mindeste mit dem deutschen Worte die Halle zu tun, bedeutet vielmehr eine Stätte der Salzgewinnung. Der Harzfluß Oker (mit langem o) darf nicht Ocker geschrieben werden; seine alte Form lautet Ovakra, nicht Ovokra. Der Eigenname Brocken hat gar keinen sprachlichen Zusammenhang mit dem Gattungsnamen Blocksberg, obwohl der ehrwürdige Harzgipfel der berühmteste unserer ehemaligen Blocksberge d. h. heiligen der Götterberge war, der Olymp der alten Sachsen. Der Hörselberg bedeutet nicht Pferdchenberg sondern hurselberg d. h. Berg der Liebeslust, Venusberg

(von sel, seil — Stätte). Kyffhäuser ist entstellt aus Kufese (Zeit, wahrscheinlich nach der zersehnlichen Gestalt, die der Berg, von SO aus gesehen, zeigt), das Wort Haus steckt gar nicht darin, ebenso wenig der nur erfundene Name Kipicho, der hier gar für eine Variante von Giebich angesprochen wird, allerdings mit Fragezeichen. Den früher rätselhaften Namen Unstrut (kindisch zurückgeführt auf »ohne Strudel»!) hat Prof. Größler endgültig erklärt als »großes Sumpfdickicht« (un im Sinne wie bei Untier, Strut — Oeströppicht, Unland; von der Umgebung wurde der Name also erst auf den Fluß später bezogen. *Alfred Kirchhoff-Halle.*

Freytag, E. R., Darbietungen, Ergebnisse und Zusammenfassungen aus dem heimatskundlichen Unterricht. Altenburg 1903, H. A. Pierer.

Der Verfasser läßt die Kinder das, was sie in ihrer Heimat (Auerbach i. V.) sehen und erleben, beschreiben oder schildern und sucht dadurch bei ihnen Interesse für die Heimat zu erwecken. So erfährt man von wichtigen Ereignissen aus dem Leben der Kinder, von der Geburt, der Taufe, dem Schulbesuch, einem Ausflug nach dem benachbarten Rittergut, von der mannigfaltigen Fürsorge der Behörden und der Geistlichkeit, von Verkehrseinrichtungen, Vergnügungen und einigen Volkssitten. Der Jetztzeit werden vielfach die Zustände der früheren Zeiten gegenübergestellt, und sehr oft wird auf das Walten Gottes hingewiesen. Eine Erläuterung erdkundlicher Grundbegriffe wird hier und da in die Darstellung eingeflochten. Längen-, Flächen-, Raummaße und sonstige Zahlenangaben werden durch Vergleichungen anschaulich gemacht.

Der Gedanke, auf solche Weise bei den Schülern das Interesse für die Heimat zu beleben, ist nicht übel, die Ausführung jedoch ist hier recht mangelhaft. Zunächst ist es zum mindesten strittig, ob Verschiedene von den angeführten Sachen zur Heimatkunde gehören, z. B. die Kirchenpatron, eine Stiftung, die Gemeindeschwester, das Verhalten auf einer Eisenbahnfahrt usw. Sodann ist die Anordnung des Stoffes höchst willkürlich. Auf den Kirchenpatron folgt der Schutzmann; an die Versorgung der Stadt mit Milch schließt sich ein Abschnitt über die Beschaffenheit der Straßen sonst und jetzt, und dann ist von der Wasserleitung die Rede. In Nr. 21 und 22 hören wir von dem Rettungshaus und der Bezirksarbeitsanstalt, in Nr. 23 von der Schützengesellschaft und dem Vogelschießen. Noch weit schlimmer aber ist die Sprache des Buches, die voll von dialektischen Eigentümlichkeiten und oft geradezu undeutsch ist. Der Satzbau ist schwerfällig und zuweilen unverständlich. Lange, schleppende Partizipialkonstruktionen sind häufig und manchmal falsch gebraucht, z. B. der Geistliche ließ seine gehaltene zweistündige Leichenpredigt mit vielen Gedichten auf den Seligen drucken; — das Feuer entwickelt sich bei der vorfindenden reichlichen Nahrung u. dgl. Sehr zahlreich sind grobe Verstöße gegen die Grammatik, wie am Mittwoch dem 2. Sept. — eine Tiefe von drei und mehr Meter — aus Ziegel gemauerte Abzugsgräben — die Polizei wacht über der Feuerlöschgeräte guten, diensttüchtigen Zustande — die Beeinflussung des Christentums auf den Staat — der Teich wird aller drei Jahre gefischt — die Fischgattern sind mit einem Staketzaune umgebenes Brett aufgestellt — u. s. w.

Bei einem Büchlein von nur 40 Druckseiten konnte wohl mehr Sorgfalt auf die Durcharbeitung verwendet werden. So, wie das Buch jetzt vorliegt, ist vor seiner Benutzung dringend zu warnen, da die Kinder daraus nur lernen können, wie sie sich im Deutschen nicht ausdrücken dürfen.

Dr. Richard Herold-Oranienstein.

Zollinger, Dr. Edwin, J. J. Eglis Handelsgeographie für kaufmännische und gewerbliche Schulen. 8. Aufl. VII, 244 S. St. Gallen 1903, Fehr.   Geb. 4.50 frs

Zum zweitenmale erscheint das bewährte Lehrmittel für Wirtschaftsgeographie J. J. Eglis in der neuen Bearbeitung von Dr. Edwin Zollinger. Gegenüber der 7. Auflage (1899) sind nur die notwendigen kleinen Änderungen vorgenommen, die durch politische Verschiebungen und durch neues statistisches Material nötig geworden sind.

In dem ersten, allgemeinen Teile des Buches — ⅓ des Ganzen — wird eine Übersicht über die wirtschaftlichen Verhältnisse der Erde, verbunden mit den nötigen Erklärungen und Definitionen gegeben. Sie umfaßt Rohprodukte des Pflanzenreichs, Tierreichs und Mineralreichs, Industrie, Handel, Verkehr, und Kolonialwesen.

Dann folgt der spezielle Teil, d. h. die Behandlung der einzelnen Staaten. Dabei ist konsequent der Grundsatz durchgeführt, daß unmittelbar nach einem Lande dessen Kolonialbesitz eine gebührende Berücksichtigung findet. Für eine Wirtschaftsgeographie ist diese Anordnung zweifellos die richtige; denn ein Verständnis für die Verhältnisse irgend einer Kolonialmacht ist doch nur möglich im Zusammenhang mit der Betrachtung der Kolonien. — Das setzt nun allerdings voraus, daß der Wirtschaftsgeographie in der Schule ein gründlicher Kursus in der Länderkunde vorangegangen sei — eine Voraussetzung, die speziell für die schweizerischen Handelsschulen zutrifft. Aus diesem Grunde wird auch bei der Behandlung der einzelnen Länder jeweilen nur eine gedrängte Übersicht der physischen Verhältnisse: Lage, Bodenform und Gewässer, Klima, Bevölkerung usw. vorangestellt, um den Zusammenhang dieser Faktoren mit dem Wirtschaftsleben klar zu legen. Dann folgt die ausführliche Besprechung von Rohproduktion, Industrie, Handel und Verkehr des betreffenden Gebiets.

Vom statistischem Material wird ein weiser Gebrauch gemacht; die Darstellung ist eine fließende, zusammenhängende. Alles das macht das Buch für Handelsschulen sehr brauchbar.

Prof. Dr. August Aeppli-Zürich.

Hannak und Umlauft, Historischer Schulatlas in 30 Karten zur Geschichte des Altertums, des Mittelalters und der Neuzeit. I. Altertum 12 Karten. 1 Kr. 60 h. II. Mittelalter und Neuzeit 18 Karten. 2 Kr. 32 h. Wien 1902, Verlag von Alfred Hölder.

Der vorliegende Atlas liegt uns im sechsten Abdruck vor, scheint also in österreichischen Schulen benutzt zu werden: uns gefällt er, wie wir offen gestehen, nicht. Zunächst äußerlich. Die technische Ausführung der Karten genügt den Ansprüchen, die man heute zu stellen berechtigt ist, in keiner Weise; die großen kartographischen Anstalten bekunden sonst auch bei billigen Atlanten eine ganz andere Leistungsfähigkeit.

Aber auch inhaltlich kann der Atlas nicht befriedigen. Zunächst erscheint er uns nicht reichhaltig genug, da für wichtige Vorgänge entsprechende Karten fehlen. Wir wollen nur hinweisen auf die Territorialveränderungen der Napoleonischen Zeit,

auf Nordamerika, auf die orientalische Frage, auf ethnographische Verhältnisse, ohne damit alle Desiderien ausgesprochen zu haben. Sodann geben auch die vorhandenen Karten in ihren Einzelheiten Anlaß zur Kritik. Karte 1 von Band 2 ist der Völkerwanderung gewidmet; in der Erklärung wird gesagt ‹...›. Grenzen vor 493‹. Diese Grenzen zeigt nun innerhalb des Frankenreiches das Reich des Syagrius: Das muß also den Anschein erwecken, als ob dieses Reich bis 493 bestanden habe. Ähnliche Unklarheiten ließen sich noch mehr anführen; es fehlt vor allem eine Angabe, welchen Zeitpunkt die gewählte Flächenfarbe darstellt. Auch die Namensformen lassen Sorgfalt vermissen. Wir sind der Meinung, daß man im ganzen (gewisse Ausnahmen vorbehalten) auf Schulkarten für das Mittelalter die modernen Namen anwenden soll; das ist auch hier zumeist geschehen. Aber was soll man dazu sagen, wenn man auf Karte 2 (Zeit Karls des Großen) liest: Maas, Donau, Elbe und auf Karte 3 (Zeit der sächsischen und fränkischen Kaiser) Mosa, Danubius, Wisara? Oder auf eben dieser Karte neben den angeführten Namen die Namen Main, Rhein, Mosel oder Schwarzwald neben Vosagus Gebirge oder Herolfenfeld statt Hersfeld neben Straßburg, Frankfurt, Speier. Derartige Beile sich leicht vermehren. Vermißt haben wir u. a. auch die Kennzeichnung der Bistümer, während die Klöster zum Teil, aber eben nur sehr zum Teil, angegeben sind. Auf Karte 2 (Zeit Karl des Großen) ist z. B. Corvey als Kloster bezeichnet, Fulda dagegen nicht.

Indes wir brechen ab; weitere Einzelheiten würden ja nur wirklich klar zu machen sein, wenn man die Karten daneben legen könnte. Alles in allem genügt der Atlas den Ansprüchen, die nach unserer Meinung gestellt werden müssen, in vieler Hinsicht nicht.

Geschichtsatlas zu dem Lehrbuch der Geschichte für höhere Lehranstalten von Dr. Friedrich Neubauer. Für den Geschichtsunterricht in Quarta bis Untersekunda. Halle 1903, Verlag des Weisenhauses.   60 Pf.

Der vorliegende kleine Atlas ist, wie aus der Vorbemerkung ergibt, hervorgegangen aus der Initiative der Verlagshandlung; er wird seitens des Autors des Lehrbuchs der Geschichte, für das er als Ergänzung bestimmt ist. Wir treten also dem Verfasser jenes trefflichen Lehrbuchs nicht zu nahe, wenn wir meinen, daß der Atlas denn doch gar zu dürftig ist, als daß er dem Unterricht von Quarta bis Untersekunda genügen könnte. Auf zehn Karten läßt sich eben die Geschichte von der Perserzeit bis zur Gegenwart nicht darstellen; es mag nur darauf hingewiesen werden, daß von der Karte der Reformationszeit übergesprungen wird auf die Zeit der größten Machtentfaltung Napoleons I. Wir meinen aber auch, daß nach einem solchen Atlas gar kein Bedürfnis vorliegt. Die größeren historischen Schulatlanten kommen durch Hervorhebung des Wichtigsten (auf Nebenkarten und durch andere Mittel) auch dem Verständnis der kleineren Schüler durchaus entgegen; vor allem aber soll man doch auf den Vorteil nicht verzichten, daß der Schüler durch Betrachten der reichhaltigeren Karten eine Fülle von Dingen ohne jede Mühe sich nebenbei aneignet, die nicht gerade ›drankommen‹, aber doch recht nützlich sind, wenn sie eben ohne besondere Arbeit gewonnen werden. Sodann aber können nur kartenreiche Atlanten eine Anschauung über den Wandel der territorialen Verhältnisse vermitteln; nur sie haben die

Möglichkeit, den Schülern das den jeweiligen Ereignissen, die behandelt werden, entsprechende Kartenbild zu bieten. Es ist ein Widerspruch in sich und hebt den Gewinn historischer Karten auf, wenn z. B. für die Geschichte des 30 jährigen Krieges und des spanischen Erbfolgekrieges eine Karte genommen werden muß, die in der üblichen Weise die Territorialentwicklung Brandenburg - Preußens von 1415

bis 1871 (auch mit Hinzufügung des Reichslandes) darstellt. Daß endlich auf diesen dürftigen Karten unendlich viel nicht steht, was der Tertianer und Untersekundaner suchen wird, ist selbstverständlich. Man gebe also schon den kleinen Schülern ruhig den größeren Atlas, den er von Obersekunda an so wie so haben muß, in die Hand und lasse ihn darin recht heimisch werden. ◄

Geographische Literatur.

a) Allgemeines.

Föppl, A., Über einen Kreiselversuch zur Messung der Umdrehungsgeschwindigkeit der Erde. 22 S. München 1904, G. Franz. 40 Pf.

Geographenkalender. In Verbindung mit Dr. W. Blankenburg, Prof. Paul Langhans, Prof. Paul Lehmann und Hugo Wichmann herausgegeben von Dr. Hermann Haack. 2. Jahrg. 1904/05. Mit den Bildnis von Sir Clements Markham in Photographie und 16 Karten. Gotha 1904, Justus Perthes. 4 M.

Koenig, E., Die Entstehung des Lebens auf der Erde. 334 S., III., 1 Taf. Berlin 1904, Wunder. 5 M.

Kretschmer, K., Historische Geographie von Mitteleuropa. 651 S. München 1904, R. Oldenbourg. 16.50 M.

Mößmer, Wie lerne ich eine Karte lesen und wie orientiere ich mich nach derselben im Gelände. Erläutert durch Beispiele an der Hand der Generalstabskarte für das Deutsche Reich. 30 S., 1 K. Dresden 1904, C. Heinrich. 1 M.

Messerschmidt, J. B., Das magnetische Ungewitter vom 31. Oktober 1903. 10 S., 1 Taf. München 1904, G. Franz. 40 Pf.

Philips mercantile marine atlas. London 1904, G. Philip & Son. 3 £ 3 sh.

Rochas, L., Dix ans à travers l'Islam. 8°. Paris 1904, Perrin & Cie. 5 frs.

Schubert, Joh., Der Wärmeaustausch im festen Erdboden, in Gewässern und in der Atmosphäre. 8°, 30 S., 9 Taf. Berlin 1903, Julius Springer. 2 M.

Stielers Handatlas. Neue 9. Lief.-Ausg., 29. u. 30. Lfg. Nr. 48 u. 46: Kehnert–Habenicht: Rußland 5 und 6. Nr. 76: Dr. Haack: Australien und Polynesien. Nr. 92: Habenicht: Nordamerika; Übersicht. Gotha 1904, Justus Perthes. 1.20 M.

b) Deutschland.

Brose, M., Die deutsche Kolonialliteratur im Jahre 1902. 63 S. Berlin 1904, W. Süsserott. 1.50 M.

Geologische Spezialkarte des Königreichs Sachsen. 1:25000. 133: Pausa-Pausa, von E. Weise. Leipzig 1904, W. Engelmann. 2 M.

Jaeger, Fritz, Über Oberflächengestaltung im Odenwald. 53 S., 10 Fig., 1 K. (Forschungen zur deutschen Landes- und Volkskunde, XV, 3.) Stuttgart 1903, J. Engelhorn. 3.30 M.

Kirchhoff, Alfred, u. Fritz Regel, Bericht über die neuere Literatur zur deutschen Landeskunde. II. Bd. 1900 u. 1901. Gr.-8°, 413 S. Breslau 1904, F. Hirt. 12 M.

Knebusch, Führer durch das Sauerland, Siegerland, Wappergebiet und Waldeck. 7. Aufl., 209 S., 2 K. Dortmund 1904, Koeppen. 2 M.

Mayr, Aug., Untersuchungen über die Agglomerationsverhältnisse der Bevölkerung im Königreich Bayern. 57 S., 1 Kartogr. u. 13 Tab. München 1904, Ernst Reinhardt. 5 M.

Messerschmidt, J. B., Magnetische Beobachtungen in München aus den Jahren 1899 u. 1900. Gr.-8°, 92 S., 3 Taf. München 1904, G. Franz. 4 M.

Meyer, Erich, Der Teutoburger Wald (Osning) zwischen Bielefeld und Werther. Diss. Gr.-8°, 36 S. Göttingen 1904, Vandenhoeck & Ruprecht. 1 M.

Richter, Paul Emil, Literatur der Landes- und Volkskunde des Königreichs Sachsen. 4. Nachtrag. Herausg. von dem Verein für Erdkunde in Dresden und Leipzig. 8°, 220 S. Leipzig 1903, Alwin Huhle. 3 M.

Topographische Karte von Königr. Sachsen. 1:25000. 36: Kamenz. – 54: Bautzen. – 55: Hochkirch. – 70: Schirgiswalde. – 71: Neusalza. – 87: Seifhennersdorf. Leipzig 1904, W. Engelmann. Je 1.50 M.

c) Übriges Europa.

Beck, Heinr., u. Herm. Vetters, Zur Geologie der Kleinen Karpaten. 109 S., 1 K., 2 Taf., 40 Fig. Wien 1904, Wilhelm Braumüller. 12 M.

Hans, H., Neapel, seine Umgebung und Sizilien. (Land und Leute, XVII.) Gr.-8°, 104 S., 154 Abb., 1 K. Bielefeld 1904, Velhagen & Klasing. 4 M.

Pocsek, Wilh., Islandzauber. 191 S. Hamburg 1904, A. Janssen. 3 M.

Proet, E., La Belgique agricole, industrielle et commerciale. 8°. Paris 1904, Ch. Béranger. 7 frs. 50 ct.

Wyon, J. R., Balkan from within. 8°. London 1904, J. Finch & Co.

d) Asien.

Beiträge zur Kenntnis des Orients. 1 Bd. Jahrbuch der Münch. Orient. Gesellschaft. Herausg. von Dr. H. Grothe. 308 S. Berlin 1904, Hermann Paetel. 5 M.

Bülow, v., Chinas landeshauptliche Stellung zur Außenwelt. Gr.-8°, 163 S. Berlin 1904, Süsserott. 4 M.

Clement, E. W., Handbook of modern Japan. London 1904, Paul, French, Trübner & Cie. 6 sh.

Hogarth, D. G., Penetration of Arabia. 8°. London 1904, Lawrence and Bullen. 7 sh. 6 d.

Jacob-Guillarmod, Six mois dans l'Himalaya, le Karakorum et l'Hindu-Kosh. 8°. Paris 1904, Plachbacher. 15 frs.

Mahl, Ottmar v., Aus japanischen Hofe. 239 S., 50 Taf. Berlin 1904, D. Reimer. 10 M.

Wieghum, H. J., Manchuria and Korea. 8°. London 1904, Isbister & Co. 7 sh. 6 d.

Zeiller, R., Flore fossile des gîtes de charbon de Tonkin. Paris 1904, Ch. Béranger. 50 frs.

e) Afrika.

George, C., Rise of British West-Africa. 8°. London 1904, Houlston & Sons. 12 sh.

Hübner, Max, Eine Pforte zum schwarzen Erdteil. Die Ostsüde, Steppen und Wüsten Französisch - Nordafrikas. Moderne Wanderziele zwischen Marokkos Ostgrenze und Tripolitanien. Gr.-8°, 313 S., 42 Photogr., 1 K. u. 9 Taf. Halle 1904, Gebauer - Schwetschke. 7 M.

Klepert, R., Karte von Deutsch - Ostafrika. 1:300000. Bl. G 5 u. H 5 Mittl. Ruwana. Berlin 1904, D. Reimer. 3 M.

Selner, Frz., Bergtouren und Steppenfahrten in Hereroland. 276 S., 1 K. Berlin 1904, W. Süsserott. 6 M.

f) Amerika.

Hanbury, D. T., Sport and Travel in Northland of Canada. 8°. London 1904, E. Arnold. 16 sh.

Hobson, A., in Old Alabama. 8°. London 1904, G. Richards. 8°.

Lynch, J., Three years in the Klondike. 8°. London 1904, E. Arnold. 12 sh. 6 d.

Ogg, F. A., Opening of the Mississippi. 8°. London 1904, Macmillan & Co. 8 sh. 6 d.

Stübel, A., Rückblick auf die Ausbruchsperiode des Mont Pelée auf Martinique 1902 und 1903 vom theoretischen Gesichtspunkt aus. 24 S., 20 Abb. Leipzig 1904, Max Weg.

Voß, E. L., Beiträge zur Klimatologie der südlichen Staaten von Südamerika. Lex.-8°, 48 S. (Erg.-Heft 145 zu Petermanns Mitt.) Gotha 1904, Justus Perthes. 4 M.

g) Schulgeographie.

Andree u. Behlmann, Berliner Schulatlas. In erweit. Neubearb. herausg. von Rektor F. Bellardi. 64 Karten. Berlin 1904, Stubenrauch. 1.50 M.

Coerworth, Die Heimatskunde in der Schule. Grundlagen und Vorschläge zur Förderung der naturgemäß. und geogr. Heimatskunde in der Schule. 139 S. Berlin 1904, Borntraeger. 2.40 M.

Dilcher, A., v. Schwarzhaupt, G. Walther, Erdkunde für Volks- und Mittelschulen. Nach Landschaftsgebieten bearb. Gr.-8°, 172 S., mit erläut. Skizzen u. Abb. Frankfurt a. M. 1904, Kesselring. 60 Pf.

Eckhardt, A., Leitfaden der Handelsgeographie für kaufmännische Fortbildungsschulen sowie für mittlere und niedere Handelsschulen. Für die Hand der Schüler bearbeitet. 142 S. Hannover 1904, Carl Meyer. 1.50 M.

Prahm, E., Schulgeographie. Ausg. B., 5. Aufl., 66 u. 16 S. Parchim 1904, H. Wendemann. 60 Pf.

Geistbeck u. **Engleder**, Geographische Typenbilder. 4. Der Golf von Neapel. Dresden 1904, Müller-Fröbelhaus. Auf Leinw. m. St. 5.30 M.

Hübschel, Philipp, Handbuch der Erdkunde für Volks-, Bürger- und Mittelschule. Auf Grund des neuen Frankf. Lehrplans für Volksschulen mit bes. Berücksicht. der kulturellen Geogr. Deutschlands, nach Landschaftsgebieten bearb. 1. Teil Deutschland, Österreich-Ungarn und die Schweiz (Mitteleuropa). Gr.-8°, 198 S. Frankfurt a. M. 1904, Kesselring. 2.30 M.

Hummel, A., Kleine Geographie in Oberblicken u. Lebensbildern. Bearb. von Sem.-Lehrer A. Koch. 4. Aufl., 94 S., ill. Leipzig 1904, Hirt. 60 Pf.

Kellerer, M., Neue Schulwandkarten. Bl. I—VI Karte von Bayern rechts des Rheins. 1 : 250000. München 1904, M. Kellerer. Auf Leinw. m. St. 25 M.

Kotzer, A., Schulgeographie für sächsische Realschulen und verwandte Lehranstalten. 3. Aufl., 148 S., 18 Fig. Leipzig 1904, Dürr. 2 M.

Mellinat, Gust., Geographie mit Einschluß des wichtigsten aus Verkehr und Handel. (Lehr- und Lernbücher für den realistischen Unterricht in Seminar, Stadt- und Mittelschulen auf neumethodischer Grundlage, III.) 200 S., ill. Langensalza 1904, Greßler. 1.50 M.

Oberfeld, Grundzüge der mathematischen Geographie und der Astronomie für mittlere und höhere Schulen, insbesondere für Lehrerbildungsanstalten und Lehrer. Neubearb. von Sem.-Lehrer Brammer. 3. Aufl., 142 S., 1 K. Großenhain 1904, Baumert & Ronge.

Oehlmann, E., Die deutschen Kolonien. Für Schule und Haus bearbeitet. 3. durchges. u. verb. Aufl., 72 S., 6 K. u. 40 Abb. Breslau 1904, F. Hirt. 1.25 M.

Pabst, A., Landeskunde der preußischen Rheinprovinz. 4. Aufl., 56 S., ill. m. K. Breslau 1904, Hirt. 80 Pf.

Rehm, Gustav, Physikalische Karte von Asien. 1 : 7000000. 9 Bl. Essen 1904, G. D. Baedeker. 20 M., a. Leinw. m. St. 22 M.

Seydlitz, E. v., Geographie. Ausgabe A. 34. Bearb. bes. v. E. Oehlmann. 128 S. Breslau 1904, Hirt. 1 M.

—, Geographie. Ausgabe D in 5 Schülerheften u. 1 Lehrerheft. 1., 2., 3. u. 5. Heft auf Grund des Lehrplans von 1901 umgearb. von Prof. Dr. A. Rohrmann. Breslau 1904, F. Hirt. 2.75 M.

—, Geographie. Ausgabe E. Für höhere Mädchenschulen und verwandte Anstalten. In 4 Heften u. 1 Lehrerheft. Bearb. von Paul Gockisch. 4. Heft. Breslau 1904, F. Hirt. 1.50 M.

Stolze, K., Geschichtsauszüge, verbunden mit geographischen Belehrungen, zum Gebr. b. Geschichtsunterricht in Stadtschulen in drei konzentr. Kursen bearb. I.—III. Stufe. Gr.-8°. Neubrandenburg 1904, G. Brünslow. 1.90 M.

Trotnann, A., Heimatskunde der Provinz Ostpreußen. Durchges. von F. Trotmann. 96 S., 2 K. Leipzig 1904, Th. Hofmann. 20 Pf.

h) Zeitschriften.

Bollettino della Società Geografica Italiana. 1904. Februar. **Marinelli**, Studi geografici nelle Alpi Orientali. — **Peary**, Quattro anni d'esplorazione nella regione artiche. — **Baldacci**, Nei paesi dei Čem.
März. **Marinelli**, Studi geografici nelle Alpi Orientali. — **Faustini**, Uno sguardo ai lavori scientifici della spedizione antartica svedese. — **Bertollini**, Ascensione della vetta «Lavoia» nelle Spitzberghe. — **Baldacci**, Nei paesi dei Čem.

Deutsche Erde. III, 1904.
Heft 3. **Töpfer**, Deutschland im Beginn unserer Zeitrechnung. II. Das deutsche Land. — **Hasse**, Die Deutschsprechenden im Königreich Belgien. — **Witte**, Beamte des heiligen Römischen Reiches im französischen Sprachgebiet Lothringens und Burgunds. — **Hotz-Linder**, Deutsche katholischer Gottesdienst in welschen Landen. — **Wirth**, Der deutsch-schweizerische Seefahrer Basser. — **Hötzsch**, Der Anteil der Deutschen an der Erschließung des mittleren Westens (von den Alleghanies bis zum Mississippigebiet). — **Hantzsch**, Die Verdienste der Deutschen um die Erforschung Südamerikas. I. bis 16. Jahrhundert. — **Hasse**, Statistik der Deutschen. I. Belgien. — Neues vom Deutschtum aus allen Erdteilen. — Deutsche wirtschaftliche Betätigung im Auslande. — Berichte über wichtige Arbeiten zur Deutschkunde. — Karten zur Verbreitung und Betätigung des Deutschtums auf der ganzen Erde. — Farbige Karten.

Deutsche Rundschau für Geogr. u. Stat. XXVI, 1904.
Heft 5. **Neuber**, Gletscherarbeit. — **Cappus**, Die Wassersperren des Rio Prinero in Argentinien. — **Roßmäßler**, Völkerkundliche Skizzen aus dem Gebiet der Wolga und des Kaukasus. — **Schiller-Tietz**, Die Humusfrage. — Die zweite norwegische Polarexpedition.
Heft 7. **Benche**, Westasiatica und seine Goldfelder. — **Katscher**, Japans Heer und Flotte. — **Jenssen**, Die Wladighoroda und ihre Sagen. — **Prager**, Der Njassa-See. — **Roßmäßler**, Völkerkundliche Skizzen aus dem Gebiet der Wolga und des Kaukasus.

Geographische Zeitschrift. X, 1904.
Heft 6. **Oestreich**, Makedonien. — **Hutter**, Landschaftsbilder aus Kamerun, IV. — **Friedrichsen**, Grundlinien im Aufbau Ostasiens. — **Bergeat**, Die Siebbelsche Vulkantheorie.

Globus. Bd. 85, 1904.
Nr. 21. **Goldstein**, Die Bevölkerungszunahme der deutschen Städte. — **Looff**, Erdhütten in Holstein. — **Kraemer**, Die Abstammung der Bernhardiner. II. — **Krebs**, Bedeutsame Aufschlüsse über das Klima der Antarktis.
Nr. 22. **Bielenstein**, Das Kochen und der Kesselhaken der alten Letten. — **Kraemer**, Die Abstammung des Bernhardiners. — **Mehlis**, Eine zweite neolithische Ansiedlung im Hasllocher Walde und der Keramik. — **Moisel**, Die Ortsbenennungen der Mission «Fourrans-Lany». — **Kochs** brasilianische Forschungsreise.
Nr. 23. **Ramsay**, Ununakkng. — **Seidel**, Deutsch-Südwestafrika im Jahre 1903. — **Graetz**, Die Ovambos. — **Singer**, Kamerun im Jahre 1902/03. — Die Mission Lenfant.
Nr. 24. **Stavenhagen**, Über Seekarten, I. — **Kainer**, Landschaftliche Charakterbilder aus Bosnien und der Herzegowina. — tea Kate, Nach einmal zur Psychologie der Japaner. — **Heger**, Die Insel Mocha.
Nr. 25. **Seler**, Archäologische Untersuchungen in Costarica. — **Stavenhagen**, Über Seekarten, II. — C. C. Swart, Der erste Kartograph des Nordens. — **Krebs**, Bonartige Fallwinde an Ostseeküsten.
Nr. 26. **Schweinfeld**, Die Halbinsel Sinai. — **Brons**, Über Flaggen und Fischerbooten. — **Hagen**, Die älteste Spuren der Menschen in Australien. — **Lehmann-Filhés**, Die Waldringe in Island.

Petermanns Mitteilungen. 50. Bd., 1904.
Heft 4. **Hauthal**, Beiträge zur Geologie der argentinischen Provinz Buenos Aires. I. Die südliche Gebirgsgruppe. — **Friedrich**, Wesen und geographische Verbreitung der «Raubwirtschaft» (Schluß). — **Bogdanowitsch**, Geologische Skizze von Kamtschatka (Fortsetzung). — Kleinere Mitteilungen. — Geographischer Monatsbericht. — Literaturbericht. — 1 Karte.

Rivista Geografica Italiana. XI, 1904.
III (März). **Magrini**, I recenti progressi nella determinazione relative di gravità e la loro importanza per la geofisica. — **Marinelli**, I recenti studi sul laghi della penisola balcanica. — **Alfani**, Osservatorio Ximeniano di Firenze.

The Journal of Geography. Vol. II, 1904.
Nr. 2 (Februar). **Darling & Smith**, The Geography Course in the Chicago Normal School. — **Brown**, Map Making and Map Reading. — **Holway**, Inductive Method of Teaching Change of Seasons. — **Benzley**, Mediaeval Trade and Trade Routes.
Nr. 3 (März). **Church**, The Republic of Panama. — **Holdsworth**, Transportation. — **Darling-Smith**, The Geography Cours in the Chicago Normal School, II. — Nr. 4 (April). **Moulton**, The Motions of the Earth, I. — **Holdsworth**, Transportation, II. — **Moore**, The Course in Geography in the State Normal School at Salem.

The National Geographic Magazine. Vol. XIV, 1904.
Nr. 4. **Fairchild**, Travels in Arabia and Along the Persian Gulf. — The American Deserts. — Consul Skinners Mission to Abyssinia. — **Peary**, The Sailing Ship and the Panama Canal. — The New Home of the National Geographic Society.

Wandern und Reisen. II, 1904.
Heft 7. **Beneuck**, Das Oredson. — **Meuner**, Erschließung der Beatushöhle. — **Oräber**, Eine Trombe. — Siebenbürgisches Jahrmarktsbild. — Seidelbords.
Heft 8½. **Flemes**, Vom Weserstrom. — **Schnirr-Smidt**, Bremen. — **Flemes**, Wasserfahrt von Bremen nach Karlshafen. — **Henze**, Die Wiege der Weser. — **Löns**, Eine Sennelsfahrt. — E. F., Durch Steinbachtal über den Säntel zur Schaumburg. — **Müller-Brand**, Die wiedergefundene Treisburg und die Örtlichkeit der Varusschlacht. — **Reissert**, Die Inklippen. — **Reuter**, Das Wesertal bei Hörter. — **Heidelbach**, Wilhelmshöhe. — **Lehmann**, Maut und Naturgeschichtliches und den Friesischen Inseln.

Ymer. 1904.
1. Heft. **Conwentz**, Om skydd af de naturliga landskapet plante dess växt- och djurvärld, särskildt i Sverige. — Den svenska sydpolarexpeditionen 1901—1903. I. **Nordenskjöld**, O., Allmän öfversikt samt resloglerelse för vinterstationen vid Snow-Hill. — II. **Andersson**, J. G., De vetenskapliga arbetena omkord på Antarctic sommaren 1902—1903, och studiferden till Snow-Hill 1903. — III. **Larsen**, C. A., Anacrtis sidste faerd. — **Hamburg**, Till frågan om förekomsten af sköld krasen mark i Sverige. — **Pettersson**, A., Den internationella undersökningen af de nordiska hafven.

Zeitschrift für Schulgeographie. XXV, 1904.
Heft 7. Dr. **Wilhelm Julius Behrens** †. — **Becher**, Die Grundsätze für Lehrbücher der Geographie. — **Michler**, Die Instruktionen für Gymnasien und die Lehrbücher der Geographie.

Aufsätze.

Die Siedelungsgeographie, das natürliche Arbeitsfeld unserer germanistisch-historisch gebildeten Erdkundelehrer.

Im Anschluß an Otto Schlüter »Die Siedelungen im nordöstlichen Thüringen«.

Von Heinrich Fischer-Berlin.

Unsere augenblicklich noch herrschende Prüfungsordnung bringt es mit sich, daß ein wenig im Gegensatz zu dem Charakter der Erdkunde als Naturwissenschaft mit historischem Element das Studium der Erdkunde in der überwiegenden Anzahl der Fälle, statt von Naturwissenschaftlern mit sprachlich-historischen Interessen und Anlagen, von Germanisten und Historikern für ihre Examenbedürfnisse aufgesucht wird. Wird nun dieses kleine Mißverhältnis zum Teil dadurch ausgeglichen, daß gerade die letzen Zeiten (besonders dank der Tätigkeit Ratzels) das menschliche Moment auch in der wissenschaftlichen Erdkunde wieder stärker in den Vordergrund gerückt haben, und daß ferner das überaus anziehende, mit dem stark bewegten Leben unserer Zeit in so inniger Weise verknüpfte geographische Studium auch manchem Herrn, der vom philologischen Lager herüber kommt, die Augen vom Staube der Bücher hinweg auf die Welt des lebendigen irdisch bedingten Geschehens, das sich um ihn und gleichzeitig mit ihm abspielt, hinlenkt, so bleibt doch, besonders infolge der nach wie vor vollkommen ungenügenden Vorbildung, mit der das Gymnasium seine Maturen entläßt, insofern ein stark unausgeglichener Rest, als, wie uns ja auch der Artikel Severins gezeigt hat, das Studium im allgemeinen wohl dazu ausgereicht hat, die Augen zu öffnen, das einst auf der Schule nicht durch eigene Schuld versäumte zu erkennen, aber nicht genügt, um zu einigermaßen sicherer Bewegung auf dem Gebiet der mit so vieler Liebe ergriffenen Wissenschaft zu führen.

Liegt das so, dann wird man eine Besserung der Lage einerseits von der ja allgemein erstrebten aber durch die Reformanstalten so erschwerten Neuorganisation unserer Obergymnasien zu erwarten haben, anderseits nach Gebieten suchen müssen, auf denen auch gerade die Germanisten und germanistisch interessierten Historiker nützliche Arbeit finden, und zwar wieder hauptsächlich solche, die sie und, wenn es geht, auch ihre Schüler aus den Stuben hinaus in unser schönes Land weist. Es ist ja doch ein Laienirrtum, wenn man glaubte, hier sei eigentlich schon alles getan. Wohl ist es wahr, daß ein ungeheurer, vielfach oft noch wenig gehobener Stoff durch unsere topographischen, geologischen, magnetischen Landesaufnahmen, unsere Stromarbeiten, unsere Küstenvermessungen, die Arbeiten der Forstverwaltung und der Generalkommissionen, den Wetterdienst, die Tätigkeit von Vereinen und Gesellschaften mit historischen, naturwissenschaftlichen, vorgeschichtlichen, folkloristischen Interessen, die Zentralkommission für die wissenschaftliche Landeskunde Deutschlands und vieles andere zusammengebracht worden ist. Aber ihre geographische, genauer gesagt landeskundliche Verarbeitung steht noch im allgemeinen recht tief. Man schlage nur, um gleich an die Bedürfnisse der Schule (gleichviel welches Grades) zu denken, irgend welche Provinzkunden oder noch enger begrenzte Heimatkunden auf, und man wird fast immer eine mehr oder minder umfangreiche Fülle fast nur äußerlich geordneten nicht innerlich verbundenen Stoffes finden. Selbst wenn, wie es ja in jüngster Zeit anerkennenswerterweise geschieht, versucht wird, »begründend« darzustellen, so bleibt solche »Begründung« doch meist stark an der Oberfläche, ja man darf fragen, ob sie es bei derlei Arbeiten nicht bleiben muß.

Als ein unvergleichliches Vorbild sieht Partsch »Schlesien« freilich da, das selbst in die kleinen Heimatkunden seines Gebiets schon seinen segensreichen Einfluß geltend gemacht hat. Aber wie viele günstige Momente mußten zusammenkommen, es zu schaffen: Der Verfasser ein Landeskind in Forschung wie in Lehrtätigkeit vorwiegend auf diese Provinz beschränkt, tätig in ihrem unbestrittenen Mittelpunkt, ein Meister der Stoffbearbeitung und Darstellung — und doch ist das Werk noch immer lange nicht vollendet. So ist es gewiß richtig, wenn ich behaupte, ein Werk wie dieses, wird zwar zeigen, was eigentlich landeskundliche Darstellung ist; doch würden sich kaum Herren aus dem höheren Unterrichtswesen in der Möglichkeit sehen, einer ähnlich umfassenden und doch tiefgehenden Arbeit sich zu widmen. Er wird die Grenzen seines Arbeitsfeldes bescheidener umstecken müssen, wenn anderseits der Arbeit in die Tiefe kein Ziel gesetzt werden darf.

Eine Arbeit, die mir in hohem Maße angetan scheint, zu zeigen, wie man besonders gerade vom sprachlich-historischen Lager her, auf örtlich beschränktem Gebiet in die Tiefe gehen kann und die mir daher als Muster sehr willkommen ist, wie eine einzelne deutsche Landschaft in systematischer geographischer Arbeit durcharbeitet werden kann, liegt in den jüngst bei Hermann Kostenoble (Berlin 1903) erschienenen »Siedelungen im nordöstlichen Thüringen, ein Beispiel für die Behandlung siedelungsgeographischer Fragen« von Dr. Otto Schlüter (XIX, 153 S., 6 Karten, 2 Tafeln) vor. Aus diesem Grunde halte ich eine etwas breitere Beschäftigung mit der Arbeit hier für geboten.

Es handelt sich um ein recht kleines Stück des deutschen Landes, ja Thüringens selber, im allgemeinen um das Gebiet der Unstrut von der Sachsenpforte bis Naumburg, die Harzzuflüsse der Helme abgerechnet. Zuerst wird ein Bild des Landes entworfen, Geotektonik und Hydrographie in ihren großen Zügen klarzulegen versucht. Mehrfaches eigenes Durchwandern der Landschaft ist hier wie für die späteren Abschnitte Bedingung gewesen, dazu die Fähigkeit, die geologischen Spezialkarten und Untersuchungen verständnisvoll auffassen und verarbeiten zu können (vgl. S. 27, 28). Nachdem so der Boden festgelegt worden, und in seiner Eigenart sich vor uns entwickelt hat[1]), werden wir in die Methodik der Volksdichtedarstellungen eingeführt. Schlüter nimmt hier die Neukirchsche Arbeit wieder auf und führt sie zu größerer Klarheit fort; er stellt sich — auch hierin müssen wir ihm beipflichten in — einen gewissen Gegensatz zu Hettner, wie zu den im übrigen so ausgezeichneten Sandlerschen Volkskarten. Nachdem er so den Grund für seine Dichtekarten gelegt hat, verfolgt er in zwei weiteren Abschnitten »die Bevölkerung in ihrer Beziehung zur Bodenfläche« unter besonderer Berücksichtigung der Grundsteuerreinerträge (leider nur für die allerdings sehr stark überwiegenden preußischen Anteil ausführbar) und »das Anhäufungsverhältnis der Bevölkerung«. Nun folgt eine Darlegung des geschichtlichen Ganges der Besiedlung, in der die bekannte »negative Siedelungsperiode im ausgehenden Mittelalter«, die vor Schlüter von Grund so ausgezeichnet behandelt worden, auch für unser Gebiet festgestellt und erörtert wird. Der Parallelismus der damaligen Zeit mit der heutigen ebenfalls von der Landflucht beherrschten, macht diese Erscheinung so ungemein interessant. Er scheint von unseren Sozialpolitikern noch wenig gewürdigt zu werden.

Soweit bewegt sich Schlüter auf Gebieten, die, wie man sieht, vor ihm auch schon in ähnlicher Weise behandelt sind, freilich selten alle so ausgiebig von demselben Autor. Man wird ihm nun gewiß zugestehen, daß er fast überall nicht nur sein Gebiet nach

---

[1]) Ich weiß hier freilich nicht, ob die an sich sehr interessante Studie über die mutmaßliche Entwicklung des Flußsystems streng genommen zum Thema gehört und nicht anderseits von den drei landeskundlichen Faktoren: Klima, Pflanzen- und Tierwelt, die ·füglich übergangen werden können· (S. 4) nicht der mittelste eine zusammenfassende Darstellung recht wohl hätte gebrauchen können. Die Siedelungen haben sich in dem wald- und sumpffreien Zwischenlande mittlerer Höhe entwickelt und sind von dort mehr oder minder weit gegen beide große Vegetationsformen mit ihrer Kultursteppe vorgedrungen; wir verfolgen diesen Vorgang im dritten Teile ·Der geschichtliche Gang der Besiedlung· genauer, müssen auf Wald und Sumpf im vierten Teile ·Lage und äußere Gestalt der Siedelungen· immer wieder Rücksicht nehmen, finden beides ·ehemaliges Sumpfgelände· und ·mutmaßliche Ausdehnung der Wälder in den ältesten geschichtlichen Zeiten· zur Darstellung gebracht, aber wir vermissen eine kurzgefaßte Übersicht beider Erscheinungen in den einleitenden Absätzen.

den besten anerkannten Methoden behandelt hat, sondern daß er, eben bei der Arbeit an seinem Gebiet, sich selber zu einer Verbesserung der Methoden gegen seine Vorgänger durchgearbeitet hat. Am weitesten aber entfernt er sich über seine Vorgänger hinaus in dem letzten großen Abschnitt seiner Arbeit »Lage und äußere Gestalt der Siedelungen«, und hier wieder — denn über die »Lage« ist verhältnismäßig schon viel gearbeitet worden — ist es die »äußere Gestalt der Siedelungen«, die eine durchgreifende Behandlung von Schlüter erfährt. Sie entfernt sich von den bekannten Meitzenschen Dorftypen nach der Richtung der Beschränkung, indem er bei der Gestalt der Siedelung die Einteilung der Feldflur völlig ausscheidet, nach der Richtung der Erweiterung aber, indem ein ausgearbeitetes System geschaffen wird, das, um nicht hypothetisches in die Gruppierung zu bekommen, vorderhand rein formal gedacht ist, aber eben dadurch späterhin zu genetischen Schlüssen brauchbar wird. Schlüter hat es absichtlich möglichst reich gegliedert (S. 302 ff); sollte sich vielleicht diese oder jene Siedelungsart in Zukunft als überflüssig erweisen, so wäre das wohl nicht schlimm, anderseits glaubt er hoffen zu dürfen, mit diesen Typen möchte man überall in der Welt auskommen (S. 292); doch würde, was von Schlüter ja selbst in früheren Arbeiten geschehen ist, III, »Flecken und Städte«, und hier besonders III, 2 solche »mit planmäßig angelegtem Stadtgrundriß« weiter aufzulösen sein. Von den Anlagen, drei Schriftenverzeichnissen, acht Tabellen, zwei Tafeln und sechs Karten (1 : 200000) mache ich nur noch auf diese letzten aufmerksam, da in ihnen ein sehr großer Teil der Schlüterschen Arbeit steckt.

Schlüter sagt (S. VII): »(es) erscheint ... die möglichst exakte Arbeit im kleinen gerade als das, was zur Zeit am meisten not tut; der gewünschte Erfolg läßt sich von ihr freilich nur dann erwarten, wenn sie von Vielen und an vielen Stellen der Erdoberfläche« (sagen wir hier ruhig einmal »zunächst Deutschlands«) »betrieben wird«. So habe er weniger methodische Untersuchungen gegeben, als durch ein »Beispiel« zu »Nachahmung« und zu »Überholung« »reizen« wollen. Hier treffen wir mit dem zusammen, was ich anfänglich hervorhob. Die vertiefte siedelungsgeographische Forschung unseres Vaterlandes braucht Arbeiten, unsere germanistisch-historisch geschulten jungen Erdkundelehrer stehen mit ihren wissenschaftlichen Arbeitsinteressen am Markte, gerade diese Arbeit würde sie in das Verständnis ihrer Wohnsitzumgebung führen und damit wieder der Schülerexkursionsbewegung dienen, womit dann, wie man sieht, mancherlei Leuten geholfen wäre.

Die Kartographie der Balkanhalbinsel im XIX. Jahrhundert[1].

Von W. Stavenhagen-Berlin.

Ein zeitgemäßes Werk aus berufenster Feder! Am Balkan gärt es wieder. Über Nacht können sich schwere Gewitterwolken zusammenballen und durch ihre Blitze Europa in Flammen setzen. Die geographische Karte besitzt aber auch politische und militärische Kraft. Sie erweitert nicht nur den geographischen, sondern den staatsmännischen und strategischen Gesichtskreis. Sie ist ein wichtiges Hilfsmittel für diplomatische Verhandlungen wie für die Kriegführung und unterstützt den Zeitungsleser. Also schon das Tagesinteresse läßt ein die Entwicklung und den Stand der Kartographie des »nahen Ostens« darstellendes Buch hochwillkommen erscheinen. Noch mehr aber muß die wissenschaftliche Landeskunde eine Arbeit begrüßen, die wie die vorliegende wirklich geeignet ist, die noch arg im dunkeln liegende Kenntnis der südosteuropäischen Halbinsel zu erhellen und zu erweitern. Sind doch hier, wie es sonst nur noch auf der iberischen in Europa der Fall ist, wo ebenfalls Kreuz und Halbmond Jahrhunderte um den Vorrang gekämpft haben, Machtstellung und Kultur der einzelnen Staaten seit dem Falle von Byzanz unter der Osmanenherrschaft, deren Element der »heilige Krieg«

[1] Von Vincenz Haardt v. Hartenthurm, k. u. k. Vorstand 1. Klasse im militärgeographischen Institut. Separatabdruck aus den »Mitteilungen des k. u. k. militärgeographischen Instituts«, XXI. und XXII. Band. Wien 1903, Verlag des k. u. k. militärgeographischen Instituts.

von jeher gewesen, zurückgegangen. Erforschung, Messung, Zählung und gar kartographische Darstellung wurden fast zur Unmöglichkeit, da der Türke nicht nur selbst
keine Neigung dazu verspürte, sondern ihre Betätigung auch dem Fremden eifersüchtig
wehrte, um seinen Gegnern nicht Orientierungsmaterial zu liefern. Mangel brauchbarer
Karten und damit immer größere Verdunklung des geographischen Wissens über ein
Land, von dem gerade im Altertum die bewundernswertesten Errungenschaften der Erdkunde ausgegangen sind und dessen Umrisse damals die am besten bekannten waren,
wurden die Folge! Auch die »Kartographie« der Balkanhalbinsel entwickelte sich zur
orientalischen Frage. Wiederholt hat sich dieser Mangel sowohl in der Wissenschaft, wie
namentlich in der Diplomatie und in der Kriegführung schwer fühlbar gemacht, so im
russisch-türkischen Feldzug 1828, dann während des Krimkriegs, bei den Verhandlungen
des Pariser Kongresses über das Donau-Delta — wo zwei Belgrad statt des einen in
Betracht kommenden besondere Schwierigkeiten machten — und endlich gelegentlich des
Berliner Kongresses von 1878. Die Politik bedarf eben für Grenzfestlegungen und
Verträge ebenso der geographischen Karte wie der Soldat für seine Operationen und
der Forscher, Gelehrte und Lehrer der Erdkunde für seine wissenschaftlichen Aufgaben.

Trotz dieser traurigen kartographischen Verhältnisse und des Fehlens systematischer
Aufnahmen größerer Räume noch bis weit in das eben verflossene Jahrhundert hinein
ist doch im Laufe der Zeit ein ungeheures kartographisches und geographisches Material
über das interessante Land sowohl in graphischer wie in literarischer Hinsicht angehäuft
worden. Und in dieses Chaos oft weit zerstreuten und schwer zugänglichen Quellenmaterials auch nur für den Zeitraum eines, freilich des wichtigsten und entscheidenden,
des 19. Jahrhunderts Ordnung zu bringen, ja es bloß aufzuspüren und zu sammeln, geschweige kritisch zu prüfen, bedurfte es langer und mühevoller Arbeit eines auf einer
hohen, Überblick gewährenden Warte stehenden kundigen Fachmanns. Niemand konnte
diese ebenso schwierige wie für die Landeskunde und künftige vollkommene kartographische
Darstellung nützliche Arbeit besser unternehmen, als das theoretisch und praktisch längst
bewährte Mitglied eines großen geographischen Instituts, das sich seit Menschenaltern aufs
höchste um die Gewinnung eines zutreffenden Kartenbildes der Balkanhalbinsel verdient
gemacht hat und wie wohl kein zweites über die reichsten sie berührenden kartographischen Schätze verfügt. Für diese Anstalt war es auch gewissermaßen Ehrenpflicht, diese
eng mit seiner eigenen Geschichte verknüpfte Darstellung der Entwicklung der Kartographie
eines ohnehin in dem Interessengebiet des großen Donaustaats Österreich-Ungarn gelegenen
alten Kulturlandes zu liefern. Und v. Haardt hat sich dieser wissenschaftlichen wie vaterländischen Aufgabe mit seltener Umsicht und Gründlichkeit, mit Unparteilichkeit und Fleiß
unterzogen, so daß das Gebotene, wenn es auch bei dem großen Umfang des manchmal
auch ihm nicht zugänglich gewordenen Stoffes nicht ganz vollständig sein kann, doch
weit mehr ist als ein Versuch, wie er es bescheiden nennt: es ist die erste grundlegende geschichtliche und kritische Darstellung der Kartographie der Balkanhalbinsel (einschl. Rumäniens) vom Ende des 18. Jahrhunderts bis zum Jahre 1903.
Und diese fleißige Arbeit hat um so höheren Wert, als sie sich nicht bloß auf die kartographischen Erzeugnisse beschränkt, sondern auch die Literatur eingehend berücksichtigt
und zwar nicht nur die unmittelbar auf das Kartenwesen bezügliche, sondern auch die
übrige geographische, soweit sie für Entstehung und Beurteilung des Kartenbildes notwendig oder nützlich war. Den Schwerpunkt bildet freilich die Beschreibung und Kritik
der Karten selbst und zwar nicht bloß der geographischen und topographischen, sondern
auch der geologischen, physikalischen usw., wobei wohl alle bedeutenderen Werke
— im Ganzen weit über 100 — aus den Verhältnissen ihrer Enstehungszeit heraus
und immer im Rahmen und im Zusammenhang mit der Ländererforschung, von der
ja auch alle kartographischen Fortschritte abhängig sind, gewürdigt werden. v. Haardt
gibt zugleich nicht nur eigene Urteile, die durch strengste Sachlichkeit und ruhiges Maß
erfreuen, sondern läßt auch die berufensten Fachgenossen, sowohl früherer Zeit wie der
Gegenwart sprechen, sodaß der Leser ein möglichst objektives Bild von der Entwicklung und dem Werte der einzelnen Leistungen und oft auch ihrer Urheber erhält. Es wird da, vielleicht unbeabsichtigt, auch eine Art Psychologie der Kritiker geliefert, so des stets ruhig und sachlich urteilenden v. Sydow und des temperamentvolleren
und oft scharfen H. Kiepert, der selbst so Epochemachendes für die kartographische

Festlegung der Balkanhalbinsel geleistet hat, daß er mitunter doch mehr beteiligt erscheint, als für eine gänzlich unbefangene Beurteilung fremder Arbeiten dienlich sein mag. Und wie oft gehen die Urteile maßgebender Autoritäten über dasselbe Werk, z. B. die Schedasche Karte 1:570000 auseinander. Das mag auch heute manchem ein Trost sein, es führen eben auch hier viele Wege ans Ziel und »Patentlösungen« gibt es nicht. Es berührt auch angenehm, wie v. Haardt deutschen Fachmännern, namentlich dem unvergeßlichen v. Sydow unter den Kritikern und deutschen Forschern in allen ihnen zukommenden Verdiensten gerecht wird, während er nicht ansteht, auch tadelnde Urteile über die Leistungen seines Musterinstituts anzuführen und zuzugeben, wo solche ihm zutreffend oder für die Charakterisierung geboten erscheinen. Stets strebt er auch danach, den Ursachen einer Erscheinung unparteiisch nachzuspüren. Überaus erleichtert wird die Benutzung des rund 500 Seiten Text umfassenden Geschichtswerkes durch ein äußerst sorgfältig gearbeitetes alphabetisch und chronologisch abgefaßtes Namen- und Sachregister von etwa 100 Seiten. Es gibt eine eingehende Inhaltsübersicht, wobei durch fetten Druck die Stellen des Buches besonders hervorgehoben sind, an denen die betreffende Karte, Literatur-Quelle oder der gesuchte Autor oder Staat am ausführlichsten behandelt sind. Hierbei kommen natürlich Wiederholungen vor, da manche Erscheinung unter mehreren Schlagworten zweckmäßig verzeichnet wurde. Zu bedauern ist, daß der Verfasser sein Werk noch nicht auf die »Seekarten« mit ausgedehnt hat (wenn wir von der Adria absehen, die berücksichtigt wurde), und daß mit einer Ausnahme die wertvollen Arbeiten in den großen Atlanten, die doch dem Zeitungsleser gerade am zugänglichsten sind, nicht Aufnahme gefunden haben. Hoffentlich ist v. Haardt durch eine ihm und seiner guten Sache aufrichtig zu wünschende neue Auflage recht bald in der Lage, diese Lücken seines so verdienstvollen und hervorragenden Werkes auszufüllen! Es ist besonders auch dem Pädagogen durch Inhalt wie durch seine Methode zu empfehlen.

Wenden wir uns noch kurz dem Inhalt etwas zu! Verfasser gliedert seinen Stoff in fünf große, charakteristischerweise nach den verschiedenen Kriegsereignissen bestimmte Perioden, innerhalb welcher dann die einzelnen Staaten nacheinander behandelt werden. Mit dieser Einteilung kann man im allgemeinen einverstanden sein, denn in der Tat, die Balkanhalbinsel verdankt kartographisch das Meiste dem Kriege, der hier wahrhaft kulturfördernd gewirkt hat. Es fragt sich aber, ob es die Übersicht nicht noch mehr erhöht hätte, die Gliederung nach den einzelnen Ländern, die nun zerrissen werden, voranzustellen, und innerhalb dieser Gruppen dann chronologisch zu verfahren. Wiederholungen waren freilich dann nicht vollständig vermeidbar, aber doch durch Verweisungen einzuschränken. Im einzelnen kann man einige Erscheinungen vielleicht noch besser, nämlich nicht streng nach der Jahreszahl ihrer Entstehung, sondern nach ihrer sachlichen Zugehörigkeit, auf die Perioden verteilen, z. B. scheinen mir die 1828 beginnenden französischen Arbeiten in Griechenland nicht in den zweiten Zeitabschnitt (1800—29), sondern erst in den folgenden zu gehören, während ich Kieperts Karten von 1855 sachlich noch in die dritte Periode (1829—56), statt in die vierte (1856—78) ansetzen würde. Gern hätte ich die sehr großen Verdienste von W. Tomaschek bezüglich der antiken Geographie der Balkanhalbinsel gelegentlich der Erwähnung seines Namens betont gesehen, obwohl Verfasser sachlich nur das 19. Jahrhundert behandelt.

In der zweiten Periode würde sich die Aufnahme von zwei Arbeiten noch empfehlen, nämlich des Türken Mustafa Ben Abdallah Hadschi Chalfa: »Rumeli and Bosna«, eine 1812 ins Deutsche übersetzte geographische Beschreibung des türkischen Reiches, die in Wien erschienen ist, und F. W. Gell: »Itinerary of Greece, containing one hundred routes in Attica, Boetia, Phocis, Locris and Thessaly«, London 1819. In der dritten Periode könnten die beiden Werke C. F. Weilands: »Das gesamte osmanische Reich« 1839 und »das osmanische Europa«, Weimar 1840 vielleicht noch berücksichtigt werden. Dann mache ich für den neuesten Zeitabschnitt auf E. Ravensteins »A railway and navigation map of the empire of Russia and Turkey«, London 1883 und bezüglich der Triangulation Rumäniens darauf aufmerksam, daß die Verhandlungen der internationalen Erdmessung (Paris 1900) eine Darstellung derselben enthalten. Cherubinis Relief von Montenegro gibt die Höhen 1:150000, die Längen 1:300000.

Auch auf die gründliche Landeskunde von E. de Martonne: »La Valachia, essai de monographie géographique«, Paris 1903, Armand Colin, dann A. Strucks Aufsatz im Globus: »Die makedonischen Seen« (Band 83) und F. Geyers: »Topographie und Geschichte der Insel Euböa«, Berlin 1903, Weidmann sowie G. Weigands auf Kosten der rumänischen Akademie verfaßter »Linguistischer Atlas des dakorumänischen Sprachgebiets« 1:600000, der in Leipzig bei I. A. Barth erscheint (lithographierte und kolorierte Blätter von je 52,5:49 cm) sei des Verfassers Aufmerksamkeit gelenkt.

Zum Schlusse möge noch ein kurzer Blick auf die charakteristischen Erscheinungen und Geschehnisse in den fünf Entwicklungsperioden und den gegenwärtigen Stand der Kartographie der südosteuropäischen Halbinsel auf Grund unseres Werkes geworfen werden.

Im ersten Zeitabschnitt (1770—1800) gibt es schon Gesamtdarstellungen des türkischen Reiches und zwar von Le Rouge und Rizzi-Zannoni — natürlich in sehr dürftiger Ausführung, namentlich hinsichtlich des Geländes; doch bedeutet die Karte des Italieners von 1774 in 1:400000 nach Kanitz Urteil schon eine wesentliche Verbesserung der bis dahin bestandenen Karten. Die wichtigsten Karten der einzelnen Länder (Bosnien, Serbien, Griechenland, Moldau, Kandias) diese Periode sind russischen und österreichischen Offizieren zu verdanken; unter ihnen befinden sich Handzeichnungen, auf das griechische Festland bezüglich, im Wiener militärgeographischen Institut.

Unter den Arbeiten der durch den Franzosen F. C. Pouqueville Reisen (1798 bis 1801) eröffneten zweiten Periode (1800 bis zum Friedensschluß von Adrianopel 1829) sind von Kartenwerken, welche die ganze Türkei umfassen, die von Mannert (Nürnberg 1804) und L. Riedl (Berlin, Schropp & Cie. 1812) zu nennen, welche aber noch keinen erheblichen Fortschritt bezeichnen, obwohl sich besonders die Riedlsche Arbeit auf ein reiches Material stützte. Erst in den zwanziger Jahren des neuen Jahrhunderts wurden militärischerseits zwei das Gesamtgebiet der Balkanhalbinsel betreffende Karten veröffentlicht, welche lange hindurch die Quelle aller späteren blieben. Besonders gilt dies von der 15blättrigen Lapieschen »Carte générale de la Turquie d'Europe« in 1:816000, die 1822 in Paris erschien. Aber auch des österreichischen Oberleutnants Weiß »Karten der europäischen Türkei« in 21 Blatt 1:576000 (die auch Teile von Kleinasien umfaßte) von 1829 hat sich lange behauptet, so verschiedenartig auch die Kritik über sie urteilte und soviel Fehler sie enthielt. Unter den Einzeldarstellungen sind die des britischen Obersten Leake sowie französischer und österreichischer Offiziere bemerkenswert. Napoléon, der damals die Eroberung der Türkei ins Auge gefaßt hatte, hat sich ebenfalls und zwar durch Entsendung von Offizieren zur Erkundung der wichtigsten Straßenzüge 1807—12 um das Kartenbild verdient gemacht.

Der Beginn wissenschaftlicher Erforschung der Balkanhalbinsel ist aber erst in den dritten Zeitraum (1829 bis zum Pariser Frieden 1856) und zwar in das Ende der dreißiger Jahre zu legen, wo Ami Boué, Viquesnel, Griesebach, v. Hahn u. a. förmliche Endeckungsreisen — etwa wie sie heute nach Afrika ausgeführt werden, nur mit dem Unterschied, daß sie im Balkangebiet gefährlicher und schwieriger waren — gemacht haben. Ami Boués 1840 erschienenes Werk »La Turquie d'Europe« ist noch heute von Wichtigkeit, und hervorragend waren auch, wie Hassert feststellt, seine Leistungen bezüglich der an Montenegro grenzenden Landstriche. Freilich hatte der geistreiche Mann die Schwäche, auch irrige fremde Angaben, die er nicht durch eigene Anschauung geprüft, mit den seinigen zu verschmelzen, so daß es selbst dem Fachmann schwer wird, das Gold vom Kupfer sicher zu sondern. Auch bleibt der rein kartographische Teil seiner Arbeiten hinter den Verdiensten seines Reisegefährten Viquesnel, der einen Atlas aus 34 Blatt geboten, weit zurück. Der Krimkrieg brachte — abgesehen von der durch österreichische Offiziere ausgeführten Triangulation der Walachei, welche eine 1867 veröffentlichte Generalkarte zur Folge hatte — nichts besonders Wertvolles. Dagegen erstand um die Mitte des Jahrhunderts ein genialer Kenner und unermüdlicher Sammler und Ordner des weitzerstreuten kartographischen und literarischen Materials der Balkanhalbinsel in unserem Heinrich Kiepert, dessen 1853 zum erstenmal erschienene Generalkarte der Türkei in 1:12 Millionen einen wesentlichen Fortschritt um den Stand der damaligen Landeskunde bezeichnete. Ebenso ist in diese Periode die Entstehung des ersten Beispiels einer einheimischen Kartographie, nämlich der vier serbischen Kreiskarten, welche die Belgrader Gelehrte Gesellschaft im Jahrbuch

»Glasnik« veröffentlicht hat, wohl am besten zu legen (v. Haardt bringt sie in die folgende Periode).

Der Anfang einer wissenschaftlichen Landeskunde der Balkanhalbinsel ist aber nach Th. Fischers treffendem Urteil in den Beginn der 70er Jahre, also in die vierte Periode (1856 bis zum Berliner Vertrag 1878) zu versetzen, seitdem die Halbinsel nämlich im Vordergrund des politischen Interesses steht, namentlich aber seit den kriegerischen Ereignissen von 1877—78. Da waren es auch ganz besonders Offiziere des Wiener militärgeographischen Instituts, welche für die Generalkarte von Zentraleuropa 1872—75 hervorragendes geleistet haben wie die Leutnants v. Sterneck, Millinković, H. Hartl, v. Gyarkovic u. a. Auch der wichtigen österreichischen Küstenaufnahme der Adria ist zu gedenken, ebenso der schon 1865 veröffentlichten überaus verdienstvollen Karte von Bosnien, der Herzegowina und von Novibazar des — zugleich mit dem preußischen Konsul Dr. Blau — gleichsam als Entdecker dieses Gebiets geltenden k. k. Generalstabshauptmann Johann Roskiewicz, der namentlich grundlegend für die Auffassung des Gebirgssystems wurde.

Aus der von 1878 bis 1903 reichenden neuesten Periode möchte ich nur kurz den gegenwärtigen Stand charakterisieren. Landesaufnahmen europäischer Art haben das Okkupationsgebiet zufolge einer mustergiltigen österreichischen Katasteraufnahme und einer Mapplerung in 1:25000, die der Spezialkarte 1:75000 und der Generalkarte 1:200000 als Grundlage diente, und Rumänien, von dem heute über die Moldau, den östlichen Teil der Walachei und die Dobrudscha vollkommen genügende Kartenwerke 1:50000 und 1:200000 vorhanden sind. Leidlich gut sind die auf Grund von 1881 bis 1888 in 1:20000 erfolgten Aufnahmen geschaffenen serbischen Generalstabskarten 1:75000 und 1:200000. Bulgarien und Ostrumelien haben eine Reambulierung der verhältnismäßig guten russischen Karten 1:126000 und 1:210000 begonnen und wollen dann eine eigene Spezialkarte 1:50000 (oder 1:100000) schaffen. Auch die österreichische Generalkarte 1:200000 kann hier zu Rate gezogen werden. Das Festland Griechenlands ist noch immer am besten in der französischen Carte de la Grèce 1:200000 aus dem Jahre 1852 bzw. in der österreichischen Generalkarte 1:300000 dargestellt; besser steht es mit den Inseln, dank den britischen Admiralitätskarten und den Arbeiten deutscher Forscher — Partsch im Jonischen, Philippson im Ägäischen Meere. Am weitesten zurück bleibt wohl Montenegro, wo die russische Karte 1:294000 von Rowinski und die österreichischen Arbeiten 1:75000 und 1:200000 einen Notbehelf darstellen sowie in der europäischen Türkei große Teile des inneren und östlichen Albaniens und von Nord-Epirus sowie fast ganz Makedoniens, die togographisch eigentlich noch jungfräulich sind. Für den östlichen Teil der Türkei haben die Russen ein verhältnismäßig gutes Kartenwerk 1:126000 und 1:210000 in den siebziger Jahren ausgeführt; das letztere wurde vom türkischen Generalstab teilweise reambuliert und übersetzt. In jüngster Zeit ist erfreulicherweise eine provisorische türkische Generalstabskarte 1:210000 erschienen, die manche Neuerung bringt, aber nicht auf regelrechten Aufnahmen beruht. Colmar Frhr. v. d. Goltz ist ihr wesentlicher Urheber.

Der Wandervogel.
Von Prof. Dr. L. Gurlitt-Steglitz.

Der Wandervogel ist eine Vereinigung von Studenten und Schülern zur Pflege des Wandertriebs. Seine Wiege steht in Steglitz; ehemalige Schüler des dortigen Gymnasiums, vor allem Herr stud. Hoffmann, jetzt Dragoman in Bayreuth und Herr stud. jur. Karl Fischer luden frühere Mitschüler zu Ausflügen und weiterem Wanderungen ein. Daraus bildete sich eine feste Gewöhnung und eine Organisation heraus. Die Anfänge fallen ins Jahr 1897. Es wurden an den Sonnabenden der Sommerhalbjahrs fleißige Wanderungen in die Mark unternommen, um die Schüler leistungsfähig zu machen für die anstrengenden Reisen in den größeren Ferien, welche, wie die Zusammenstellung am Schlusse zeigt, in die verschiedensten Gegenden Deutschlands und über Deutschland hinaus führten.

Alle Teilnehmer verpflichten sich zur Enthaltsamkeit dem Alkohol und Nikotin gegenüber, sowie zum Gehorsam und zu guter Sitte. Das Wesentliche an dem Wandervogel ist, daß er sich herausgebildet hat ohne jeden autoritativen Einfluß von seiten der Schule oder irgend einer Behörde und daß er sich diese Unabhängigkeit auch zu bewahren beabsichtigt. Um nach außen hin vertreten zu sein und um innere Angelegenheiten zu beraten, hat der Wandervogel einen Ausschuß gebildet, zu dem u. a. die Schriftsteller Wolfgang Kirchbach als Vorsitzender (jetzt ausgetreten) und Heinrich Sonrey (den Vorsitz hat z. Z. der Verfasser) gehören. Die Hauptarbeit wird aber von den Bachanten d. h. den Führern der Schüler geleistet, zumal von dem Oberbachanten, der die Wanderungen vorbereitet und die ganze Geschäftsführung in Händen hat. Diese Arbeit hat bisher Herr stud. Fischer geleistet. Man darf diese Leistung nicht gering einschätzen, zumal er auch auswärtige Schüler zur Mitnahme gewonnen und neue Gruppen in Hamburg, Lüneburg, Breslau, Posen und München gegründet hat. Um die daraus erwachsenen Verhandlungen abzukürzen, hat er jüngst ein kleines »amtliches Organ der Geschäftsleitung des Ausschusses für Schülerfahrten«, genannt »Wandervogel, illustrierte Monatsschrift«, geschaffen, das von Fritz A. Meyer in Steglitz herausgegeben wird, und von dem bisher drei Hefte vorliegen (Preis halbjährig 75 Pfg.). Wer dem Wandervogel beizutreten wünscht, beziehe sich die Blätter durch die Post (Nachtrag IV, Februar 1904): er findet darin Angaben der Geschäfte, in denen er sich die Wandervogelmütze, den Rucksack u. dgl. zur Reise Nötiges zu kaufen hat und alle sonstige Belehrung über den Geist, die Organisation und über die Aufnahmebedingungen. Auch auf meinen Aufsatz »Wandervogel« in der »Monatsschrift für höhere Schulen« II (1903), S. 545 ff. und »Schülerreisen« in der »Woche« 1903, Heft 22, S. 958 ff. sowie auch den Bericht des stud. R. Weber in der illustrierten Knaben-Zeitung »Guter Kamerad« XVII, Nr. 28, S. 437, Nr. 29, S. 459 sei hingewiesen.

Der ganze Apparat, zunächst für die Heimat des Wandervogels geschaffen, bedarf einer weiteren Ausgestaltung, falls es gelingen sollte, dem Unternehmen größeren Umfang zu geben, wie mir das höchst erwünscht scheint. Wo der Wandertrieb gepflegt wird, da erstirbt von selbst das peinliche Verbindungs- und Kneip-Unwesen, ganz abgesehen von all den Forderungen, die außerdem den Teilnehmern für Körper und Geist daraus erwachsen. Auch die Herren Geographen dienen ihrer eigenen Sache, wenn sie den Wandervogel unterstützen.

Jahr	Zeitpunkt	Dauer	Reiseweg	Zahl der Teilnehmer	Kosten in Mark
1897	Herbstferien	3 Tage	Königswusterhausen, Taugliz, Storkow, Fürstenwalde	9	5½—6
1898	Sommerferien	3 Wochen	Von Magdeburg durch den Harz, Thüringerwald, Rhön, den Main entlang, bis zum Mittelrhein (4 Teilnehmer mit Dampfer weiter bis Cöln)	11	35—60
1899	Herbstferien	5 Tage	Mecklenburgische Schweiz	4	12—15
	Osterferien	2 Tage	Brandenburg, Lehnin. Potsdam	15	3,50
	Sommerferien	4 Wochen	Fichtelgebirge, Böhmerwald, Budweis, Prag, Dresden	23 [†]	50
1900	Herbstferien	4 Tage	Märkische Schweiz	9	6
	Sommerferien	3 Wochen	Schleswig-Holstein bis Kolding	3	35
	Herbstferien	4 Tage	Löwenberg, Alt-Ruppin, Rheinsberg, Fürstenberg, Himmelpforte	5	7,50
1901	Sommerferien	14 Tage	1. Sudeten	5	20
			2. Böhmerwald	5	40
	Herbstferien	6 Tage	Erzgebirge, Müglitztal, Keilberg, Fichtelberg, Abstecher nach dem Milleschauer	12	16
1902	Osterferien	2 Tage	Zossen, Scheerenberg, Gulm, Petthus, Jüterberg	25	3,50
	Pfingstferien	3 Tage	Königswusterhausen, Taugliz, Storkow, Fürstenwalde	30	4,50
	Sommerferien	3 Wochen	Eisenach, Thüringerwald, Rhön, Spessart, Maingebiet, Neckar	9	45
		5 Tage	Märkische Schweiz	8	9

†) 8 Teilnehmer kehrten schon nach 2—3 Wochen zurück.

Mitteilungen der Kommission.
Die Frage der Steinelschen Schulheimatkarte.
Von Heinrich Fischer, geschäftsführenden Vorsitzenden, Berlin, Hasenhaide Nr. 73.

Durch Beschluß des XIV. deutschen Geographentages (S. XXXII der »Verhandlungen«) ist oben genannte Frage der »ständigen Kommission für erdkundlichen Schulunterricht« zur Durchberatung und Vorlage für den nächsten Geographentag (Pfingsten 1905) überwiesen.

Aus Gründen, die sich weiter unten besser werden angeben lassen, scheint es mir wichtig, den jetzigen Stand der Angelegenheit klar zu legen.

Zuerst ist von mir der Versuch gemacht worden, entsprechend Nr. 3 der Steinelschen Thesen (Verh. S. 192), da ich glaube nur mit schon etwas durchgearbeitetem Material vor die Kommission treten zu sollen, eine Art besonderes, in Berlin tagendes, doch Herrn Steinel mitumfassendes Komitee zusammen zu bringen. Der Versuch ist gescheitert.

Sodann bin ich an die Kommission mit der Frage herangetreten, ob sich die Einsendung des Steinelschen Vortrags an sämtliche deutsche Regierungen empfehle. Die Meinungen waren geteilt; besonders wurde von einer Seite hervorgehoben, daß ein derartiger Schritt nicht ohne Befragen des Ehrenvorstands erfolgen dürfe. Dieser Meinung habe ich mich anschließen zu sollen geglaubt, zumal eine solche Zusendung bei dem augenblicklichen Stande der Dinge doch vermutlich nur eine wirkungslose Demonstration bleiben wird, also mit ihrem Aufschub kaum eine Verzögerung verbunden ist.

Ist soweit nach der Richtung der Propaganda noch nichts geschehen, so wird das bei dem Stande der Frage, auch nicht schlimm erscheinen — es wird ja von der Kommission erst eine Durchberatung bis 1905 verlangt.

Um zu dieser aber zu kommen, habe ich eine Befragung unserer zuständigen Militärbehörde der »Landesaufnahme« für das zunächst Gegebene halten müssen.

Herr Steinel weist (S. 179) selbst auf die Karten unserer Landesaufnahme hin. Zwar lehnte er ihren Gebrauch für die ersten Jahre geographischen Unterrichts ab, hält ihn aber doch in den oberen Klassen für möglich. Anderseits äußert sich Prof. Conwentz in seiner Schrift »Die Heimatskunde in der Schule« (vgl. Geogr. Anz. Heft 5 d. J., S. 116), deren Vorarbeiten mit Unterstützung des Kgl. preußischen Kultusministeriums geleistet sind, S. 8 »die beste Heimatskarte, welche besteht, ist die Generalstabskarte im Maßstab 1 : 100000 bzw. das Meßtischblatt im Maßstab 1 : 25 000. Auf Anregung würde die Preußische Landesaufnahme vielleicht geneigt sein, Abzüge der erstgenannten Karte auf wohlfeilerem Papier herzustellen und zum Selbstkostenpreis, lediglich an Schüler und Schülerinnen abzulassen. Im Königreich Sachsen kann jede Karte der Art zum Preise von 30 Pf. von Schülern bezogen werden; in England gibt die Ordonance Survey jedes Blatt der One-inch-Maps (1 : 63366) für Schüler zu 10 Pf. bzw. (bei 5000 Stück) zu 5 Pf. ab. Wenn in ähnlicher Weise bei uns vorgegangen werden möchte, würde die Heimatskartenfrage gelöst und die Heimatskunden überhaupt gefördert werden.«

Zu diesem Urteil, das freilich nicht von einem Schulmanne, aber von jemand herrührt, der in äußerst langem jahrelangem Verkehr mit vielen Schulmännern gestanden hat, kommt die Erwägung, daß die Herstellung einer neuen besonderen Karte nicht nur sehr zeitraubend, sondern gegebenenfalls so kostspielig werden könnte, daß schon hieran die ganze Frage Gefahr liefe, zu scheitern. Anderseits ist die Berechtigung pädagogischer Einwendungen gegen den frühen Gebrauch der für ganz andere Zwecke geschaffenen Karten in der Schule nicht zu bestreiten.

Meine Anfrage bei der »Landesaufnahme« hat nun folgendes Resultat ergeben: Die Geneigtheit, unseren Wünschen für billige brauchbare Karten großen Maßstabs im Rahmen des durch die eigentlichen Zwecke der »Landesaufnahme« erlaubten entgegen zu kommen, ist vollkommen vorhanden.

Das bedeutet in der Praxis, daß die Bezug der Blätter der drei großen Kartenwerke 1 : 25 000, 1 : 100000 und 1 : 200000, sowie der besonderen nebenher laufenden Karten z. B. der Karte 1 : 50000 der Umgebung Berlins zu den ermäßigten Preisen, die »für den Dienstgebrauch« vorgesehen sind, zu erreichen wäre. Diese Preise (näheres ist aus einem bei R. Eisenschmidt, Berlin NW. 7, Dorotheenstraße 70 A, der einzigen Firma, die den Vertrieb hat, erhältlichen Verzeichnis zu entnehmen), sind für 1 Blatt 1 : 25000 50 Pf., für 1 Blatt 1 : 100000 75 Pf., für 1 Blatt 1 : 200000 1 M. gegenüber 1 M., 1.50 M. und 1.50 M. Außerdem fertigt die »Landesaufnahme« billige, zum Teil kolorierte Umdrucke an. Bei diesen würde sich die Höhe der Kosten mit der Höhe der bestellten Exemplare vermindern. Blätter 1 : 100000 könnten zu 30 Pf., bei höheren Bestellungen (über 200 Exemplare) zu 12 Pf. geliefert werden. Buntdrucke von Meßtischblättern (also die Wälder usw. in den bekannten Kroldfarben) kämen bei einer Auflage von 2000 Stück etwa 35 Pf. Wenn mehrere Blätter zusammengestellt würden, könnte man die Karten verhältnismäßig noch billiger liefern. So kosten z. B. Manöverkarten (also Schwarzdrucke) von neun Sektionen 35 Pf. Von manchen Kreisverwaltungen, von der badischen Regierung sind schon entsprechende Bestellungen gemacht und von der »Landesaufnahme« ausgeführt worden. Aber während die erstgenannten billigen

Preise der Originalkarten »Zum Dienstgebrauch« unmittelbar von der »Landesaufnahme« bewilligt werden können, ist für diese Umdrucke eine Genehmigung des Kriegsministers nötig, deren Ausbleiben aber kaum zu befürchten ist.

Unter diesen Umständen habe ich den nachfolgenden Vorschlag zu machen:

Es mögen die Herren Vertrauensmänner, an die ich diese Mitteilung daher persönlich schicke, entweder selbst die Erlaubnis zur Anschaffung der für ihren Heimatsort in Frage kommenden Sektion(en) derjenigen der drei Karten, die ihnen am geeignetsten scheint, für die Schüler einer bestimmten Klasse bei ihrer Behörde beantragen und nach erhaltener Genehmigung mir hiervon, sowie von der Anzahl der nötigen Exemplare und der Nummer der Sektionen Mitteilung machen oder einen geeigneten anderen Herrn für diesen Zweck werben. Anschaffungskosten könnten entweder den Knaben selbst zugemutet (ein Meßtischblatt 50 Pf.) oder von einer Schulkasse übernommen werden[1]). Dann bitte ich, natürlich alles mit Erlaubnis der zuständigen Behörden, also zunächst des Schulleiters, die Brauchbarkeit der Karte für den Schulunterricht im Unterricht selbst zu prüfen und mir in absehbarer Zeit ein kurzgefaßtes Urteil zusenden zu wollen, das geeignet wäre, als Unterlage für die Frage zu dienen, welche Änderungen an unseren offiziellen Karten für Unterrichtszwecke wünschenswert sein möchten.

Auf diesem Wege könnten wir wohl zu einer Verständigung über die Beschaffenheit etwaiger Umdrucke kommen, die wir als zukünftige Schulheimatskarten zu den oben genannten billigen Preisen würden zu erwarten haben. Ich halte die Herstellung von geeigneten Schulheimatskarten auf diesem Wege durchaus für möglich und glaube anderseits — was ich noch zum Schlusse hervorheben möchte — daß sich die private Kartenindustrie von diesem für sie heiklen Gebiet immer fernhalten wird, außer wenn die Umgebungen von Großstädten in Frage kommen.

---

[1]) Ich werde dann für das Weitere sorgen.

Geographischer Ausguck.

Bajuvarisches.

Der Ausguck kann heuer in seiner pfingstlichen Betrachtung das Fernrohr beiseite lassen; richtet sich der Blick doch in die nächste Nähe, wo Dinge vor sich gehen, die für die Nächstbeteiligten, die deutsche Geographische Wissenschaft, zwar recht traurig sind, die aber eines gewissen unfreiwilligen Humors nicht entbehren. Der Schauplatz solcher Vorgänge bedarf demnach für den Kenner keiner näheren Bestimmung.

Am 3. Mai also spielte sich im Finanzausschuß der bayerischen Kammer folgendes ab. Im Kultusetat werden bei den Postulaten für die Universität München wiederum 1380 M. gefordert zur Umwandlung der außerordentlichen Professur für Geographie in eine ordentliche. Vor zwei Jahren ist diese Forderung »in Anbetracht der schlechten Finanzlage« von der Kammermajorität abgelehnt worden, obgleich auf die Gefahr hingewiesen wurde, daß der Extraordinarius Prof. Oberhummer einer Berufung nach auswärts Folge leisten könne, wenn er in München nicht zum Ordinarius befördert werde. Dies trat denn auch ein, und der hervorragende Gelehrte zog es vor, in Wien ord. Professor zu werden, statt in München weitere zehn Jahre als ao. Professor zu bleiben.

Seit drei Semestern ist der Lehrstuhl nun gänzlich verwaist. — Auch diesmal kann der Referent Domkapitular Dr. Schädler ein Bedürfnis nicht anerkennn. Daraus, daß an anderen Universitäten ordentliche Professuren bestehen, folge nicht, daß auch in München eine solche errichtet werde. Korreferent Dr. Casselmann bedauert, daß man eine tüchtige einheimische Kraft, noch dazu einen guten Katholiken, habe ziehen lassen. Man möge der zweitgrößten Universität Deutschlands das Ordinariat nicht verweigern. Der Kultusminister Dr. v. Wehner erklärte, daß man bisher zu dem geringen Gehalt des Extraordinarius niemanden habe finden können, der eine Berufung habe annehmen wollen. München als Sitz einer geographischen Gesellschaft brauche eine vollwertige Kraft für ein Fach, das immer mehr an Wichtigkeit gewänne. Abg. v. Vollmar findet den Gedankengang des Referenten dunkel und tritt für das Postulat ein, ebenso die Abg. Wagner und Hilpert, beide unter dem Hinweis, daß zurzeit der Lehrgegenstand der Geographie ohnehin viel zu sehr vernachlässigt werde. Der Vorsitzende Dr. v. Daller hingegen meint, man habe in München schon an der technischen Hochschule einen Ordinarius für Geographie, man könne jetzt auf das Ordinariat an der Universität noch nicht eingehen. Überdies habe es der Minister ja in der Hand gehabt, Prof. Oberhummer zu halten, wenn er sich an die »Position für Abwendung von Berufungen nach auswärts« gehalten hätte, wie dies in einem anderen Falle geschehen sei (womit NB. das Zentrum auch nicht einverstanden gewesen war). Der Korreferent macht auf diesen klaffenden Widerspruch aufmerksam. Im Schlußwort weist der Referent darauf hin, daß im Falle der Nichtbewilligung keine Schmälerung im Ansehen der Hochschule zu befürchten sei, und verwahrt sich obendrein gegen Äußerungen einer »gewissen« (welcher?) Presse. Daraufhin erfolgt die Ablehnung des Postulats mit sieben Stimmen des Zentrums gegen sechs der übrigen Parteien. —

So die Kommissionssitzung. Jeder Zusatz würde die Wirkung dieses Satyrspiels abschwächen.

Zwar hat das Plenum noch ein Schlußwort zu reden, aber: lasciate ogni speranza! Ein Begräbnis II. Klasse ist den 1380 M. so gut wie sicher. Lediglich »der schlechten Finanzlage wegen«! Der Referent Dr. Schädler betonte ausdrücklich, daß das Ansehen der Universität nicht unter der Nichtgenehmigung des Postulats zu leiden haben werde.

Gotha, Pfingsten 1904.   *Dr. W. Blankenburg.*

Nachschrift.

Diese Zeilen waren noch nicht getrocknet, als von München das Zeitungsblatt eintraf (19. Mai) mit dem Bericht über die 510. Plenarsitzung der Kammer. Es ist alles so gekommen, wie vorausgesagt. Der Kultusminister, sekundiert vom liberalen und sozialdemokratischen Wortführer, legte sich nochmals kräftig ins Zeug; man wies darauf hin, daß Geographie Prüfungsgegenstand sei, daß man in München in diesem Fache nicht promovieren könne; Abg. v. Vollmar suchte zu retten, was sich retten ließ, und schlug vor, einstweilen dem Institutsdiener zu eine Art von Lehrauftrag (aus dem pp. Dispositionsfond zu decken) zu geben, »damit die Studenten wenigstens einigermaßen etwas von Geographie hörten«, ... nützte alles nichts: In namentlicher Abstimmung wurde das Postulat mit 72 gegen 63 Stimmen abgelehnt, nachdem unmittelbar vorher 5100 M. zur Errichtung einer ordentlichen Professur für lateinische Philologie des Mittelalters einstimmig ohne Debatte bewilligt worden waren. Dr. v. Daller, dem die Begründung oblag, erging sich gegen seine Gewohnheit diesmal in Spitzfindigkeiten. »Wenn wir am Polytechnikum nicht die ordentliche Professur hätten, wäre es selbstverständlich, daß wir sie an der Universität hätten. Wir hätten, wenn die Regierung dem Dr. Oberhummer den Titel ordentlicher Professor gegeben und den Gehalt jetzt gefordert hätte, keine Schwierigkeiten gemacht. Jetzt würde der »gute Herr in Wien« mit Recht sagen, nachdem ich fort bin, bewilligt man das Ordinariat«. Am meisten wird sich der Angerufene selbst über diese Begründung gewundert haben.

Der allgemeine Protest, der sich nicht nur in Fachkreisen gegen eine derartige Behandlung eines allgemeinen Bildungsfaches erhoben hat, wird hoffentlich in zwei Jahren eine Wiederholung der bedauerlichen Vorgänge unmöglich machen.   *D. O.*

Kleine Mitteilungen.

I. Allgemeine Erd- und Länderkunde.

Über die Ursachen des Erdmagnetismus und des Polarlichts (Anz. d. Kaiserl. Ak. d. Wiss. in Wien, 1903, Nr. XXVII) legte Professor Dr. Johann Sahulka der Kaiserl. Akademie der Wissenschaften in Wien eine Abhandlung vor, in der er eine Erklärung dieser Phänomene zu geben versucht. Er nimmt an, daß die obersten Luftschichten gegenüber der Rotation der Erde zurückbleiben; da sie im Vergleich zur Erde positiv elektrisch sind, wirken sie wie Ströme, die die Erde von O nach W umkreisen. Diese Ströme rufen den Erdmagnetismus hervor. Die Variationen und Störungen desselben sowie auch der Einfluß der Sonnenflecken sind bedingt durch Änderungen und Störungen des elektrostatischen Feldes im Bereich der Erde. Das Polarlicht ist bedingt durch einen Ausgleich der elektrischen Ladung zwischen Erde und den obersten Luftschichten, bzw. dem Himmelsraum, welcher Ausgleich einer Störung im Bereich der Erde entspricht; das Polarlicht kann wegen der Rotation der Erde nur in den Polargegenden auftreten.   *F. H.*

Ein geophysikalisches Höhenobservatorium auf dem Monte Rosa ist mit Unterstützung der Königin Margherita, des Herzogs der Abruzzen und des italienischen Ministeriums für Landwirtschaft vom Schweizer Alpenklub gegründet worden. Es liegt 4560 m hoch, bildet also mit dem bekannten Valiotschen Observatorium auf dem Montblanc eine der höchsten Beobachtungsstationen Europas. Die Arbeiten werden noch diesen Sommer aufgenommen und versprechen im Verein mit den internationalen Ballonaufstiegen wichtige Erfolge für die Höhenmeteorologie.   *Hz.*

Geographische Bibliographie von Italien. L. F. de Magistris vollendet in der Riv. Geogr. Ital. (1904, Heft 1/2) seine sehr sorgfältige und dankenswerte geographische Bibliographie für das Jahr 1902, deren Anfang das Dezemberheft 1903 der Rivista gebracht hatte und die etwa demselben Zwecke entspricht, wie Siegers Übersicht für Österreich-Ungarn, Regels Zusammenstellung für Deutschland. Magistris Bibliographie umfaßt in 23 Gruppen 741 Titel und ist von einem Namenverzeichnis der Autoren der angeführten Schriften begleitet.

Als Beispiel dafür, daß de Magistris sich keineswegs auf die bloße Anführung von Titeln

9*

beschränkt, sondern meist das Wesentliche der betr. Abhandlung kurz andeutet, sei mitgeteilt, daß nach einem Aufsatz von Ferroglio über die Zunahme der städtischen Bevölkerung von der Bevölkerung Italiens in den Jahren

	1861	1881	1901
in Gemeinden unt. 2000 Seelen	17,44	15,47	12,45 %
in solchen v. 2—5000 „	44,68	44,81	42,44
5—20000 „	18,46	18,43	19,48
20—50000 „	8,54	9,84	11,64
50—100000 „	4,81	3,87	4,46
über 100000 „	5,48	8,54	9,43

lebten.   *Prof. Dr. W. Halbfaß-Neuhaldensleben.*

Über den Pont des Oulles (Bellegarde, Ain) veröffentlicht E. Chaix-du Boix einen Aufsatz (La Géogr. 1903, Dec.), in welchem ein Beitrag zu der Erosionswirkung von fließendem Wasser, und zwar der rotierenden Einwirkung, geliefert wird. Der Verfasser findet die von J. Brunhes in verschiedenen Arbeiten ausgesprochenen Ansichten auch hier bestätigt.
Dr. Ed. Lentz-Charlottenburg.

Lappland. Das erste Heft des neuen Jahrgangs der Revue de Géographie 1904, in welchem sich die Zeitschrift in modernem Gewand, mit Abbildungen, seinen Lesern vorstellt, bringt an der Hand der neu eröffneten Ofoten-Bahn, Luleå-Narvik, d. h. von dem Bottnischen Meerbusen zum Atlantischen Ozean, eine kurze Beschreibung von Lappland, soweit es im Bereich der Bahn liegt. Hervorgerufen ursprünglich durch die reichen Mineralschätze um Gillivare, bis wohin sie auch zuerst nur gebaut war, wird diese Strecke nicht unwesentlich zur Aufhellung eines Gebiets beitragen, das bisher noch zu den unbekanntesten Teilen Europas gehört hat. Allerdings wird das Eindringen der Zivilisation manche Änderungen hervorrufen, z. B. dem Stamme der Lappen wie auch dem Renntier nicht gerade zuträglich sein, im übrigen aber auch gern von Reisenden benutzt werden, welche mit dem Besuch der norwegischen Fjordküste auch den von Schweden in bequemer Weise verbinden wollen.   *Dr. Ed. Lentz-Charlottenburg.*

Über Hütten und Waffen der Buschleute und Hereros berichtet Ltn. Gentz in Nr. 5 des »Globus«, 1904: Die nomadischen Buschleute bauen sich halbkreisförmige Hütten aus Zweigen und bedecken den Boden mit Fellen. Hottentoten und selbst noch Bastardshausen in Mattenpontoks, nur reichere Häuptlinge haben Häuser nach europäischem Muster wie Hendrik Witbol in Gibeon. Die Hereros bestreichen ihre halbkugeligen Laubhütten innen und außen mit Lehm und Ochsenmist; aus gleichem Stoffe besteht der Fußboden. Da der Rauch der in der Mitte der Hütte liegenden Feuerstätte keinen Abzug hat, so kann man nur liegend oder hockend darin verweilen und alle Hereros haben davon einen an verdorbene Rauchwaren erinnernden Geruch. — Die Bogen der Buschleute haben Tiersehnen, die der

Hereros dafür gedrehte Lederriemen; Bogen und Pfeile der Hereros sind größer (letztere bis 1 m lang) als die der Buschleute. Köcher haben sie nicht, die Hereros tragen ihre mit oder ohne Widerhaken oder mit Eisenspitzen versehenen Pfeile in der Hand oder in der Hüftschnur. Doch haben die meisten schon Gewehre, neuerdings Modell 71 für 100 M. von dem deutschen Gouvernement. Ein Bogen aus dünnem Holze, mit einem dünnen Riemen zwischen Sehne und Bogen als Spanner, dient als Musikinstrument; das Holz wird zwischen die Zähne genommen und die ungleichen Hälften der Sehne mit einem Stäbchen angeschlagen, wobei der Mund den Resonanzboden abgibt, es entstehen so nur zwei Töne. — Die Hereros bemalen, beschnitzen, verzieren ihre Geräte sorgfältig, während sie ihre Waffen weniger sorgfältig herstellen; bei den Buschleuten ist es gerade umgekehrt. — Zum Schlusse erwähnt der Verfasser ein von Hottentoten angewendetes wirksames Mittel gegen Schlangen- und Skorpionenbiß, »Burmeester«, ein Ammoniaksalz, das in den Bergen am Oranjefluß im Namaland gefunden wird.   *Aby.*

Die Forschungsreise von Prof. A. Voeltzkow nach Ostafrika und Madagaskar (vgl. Geogr. Anz. 1902, S. 152), die mit Unterstützung der von der Akademie der Wissenschaften verwalteten Heckmann-Wentzel-Stiftung unternommen wird, ist bis jetzt plangemäß durchgeführt worden. Der Gelehrte hat zuerst die Witu-Inseln, dann Pemba und Mafia, schließlich die Hauptinseln der Comoren-Gruppe eingehend durchforscht und ist am 1. November vorigen Jahres auf Madagaskar gelandet. Den wichtigsten Punkt seiner bisherigen Tätigkeit daselbst bildet der erfolgreiche Besuch der mitten zwischen Madagaskar und Afrika im Kanal von Mozambique gelegenen kleinen Insel Europa und die Untersuchung des großen Salzsees im Mahafaly-Lande. Die letzte Mitteilung datiert vom April aus Tulear, vor dem Aufbruch zu der großen Inlandreise, die den Forscher von Androka im äußersten Südwesten durch Südmahafaly, Land der Antandroy quer durch die Insel in das Tanala-Waldgebiet und von dort zur Ostküste führen soll, eine Reise die zwei bis drei Monate erfordern wird. Es erübrigt noch der Besuch der Insel St. Marie, der Antongil-Bai und des Alaotra-Sees, sodaß im Herbst die Heimreise angetreten werden könnte.

Über die Lolos und andere Stämme des westlichen China berichtet A. Henry im Journ. of the Anthropol. Inst. XXXIII, S 96—107. Tibetaner finden sich im westlichen Szetswan und Jünnan. Miao-Tse aus Kweitou leben als Bauern in den Bergen Jünnans, sie haben monosyllabische Sprache und tragen selbstgewebte Kleider aus Hanf. Yao aus Kwangsi bauen in Süd-Jünnan auf Waldlichtungen eine Heilpflanze San-tš'i (Aralia-Art) und ein Indigogewächs (Strobilanthes). Sie sind auch geschickte Jäger. Die Männer tragen weite Hosen und Jacken mit vielen Knöpfen. Die Weiber sehen sehr kindlich aus. Ihre Sprache ist monosyllabisch. Schans, ein Siamesen-Stamm, bewohnen die Täler und Ebenen Ober-Birmas und Süd-Jünnans, sind aber gegen die dort herrschende Malaria gefeit. Schans oder Tai sind die Tsung-Kia in Kweitsou, die T'o in Kwangsi, die Eingeborenen von Hainan, die Tu-lao, Lung-dšen, Sha von Jünnan. Eigene Reiche hatten sie in Jünnan (bis 1252) und in Kwangsi. Sie sind von den Chinesen vollständig verschieden. Die dunkelhäutigen Woni wohnen südlich vom Hung-Kjong; ihre Stämme heißen Mahé, Pudu, Kado, Aka, Piza. Ihre Sprache ähnelt der der Lolos, physisch sind sie aber ganz anders geartet. Sie färben ihre Zähne schwarz oder rot. Die Pula bei Möngtse und Juanbiang reden einen Lolo-Dialekt, sie sind nur 4½–4¾ Fuß hoch und vielleicht die Ureinwohner [vgl. die Andamanen, Orangûtan, Tolao, Ref.]. Von den Chinesen werden sie als Zauberer gefürchtet. Sie tragen grüne, rote und blaue Gewänder und lieben Tanz, Musik und Alkohol. Die Lolos sind in ganz Jünnan und einigen Teilen Kweitsous zu treffen; unabhängig sind die des Taliang-Šan, wohin noch kein Reisender vorgedrungen. Sie sind hoch gewachsen, Gesicht oval, Augen groß und gerade, Backenknochen etwas vorstehend, Nase gebogen und breit, Kinn spitz. Das Haar wird in einen Knoten geflochten und mit einem Tuche umwickelt. Die Männer tragen einen langen Filzmantel, die Frauen Jacken, Falbelröcke und zwei Haarflechten. — Sehr merkwürdig ist es, daß sie eine von der chinesischen ganz verschiedene piktographische Schrift haben, die der altsyrischen, nestorianischen in gewisser Beziehung ähnelt. Die Sprache ist monosyllabisch (S. 99–102). — Sie glauben an böse Geister, die Seelen »unrein« Gestorbener. Bei schwerer Krankheit verläßt die Seele den Körper und muß durch einen Priester zurückgeholt werden, der sie mit einem roten Faden am Arme festbindet [vgl. Dayaks auf Borneo usw., Ref.]. Auch Vieh und Saat sollen beseelt sein. Stirbt jemand, so wird ein Loch ins Dach gemacht, damit die Seele hinaus kann. Über der Leiche liest der Priester Riten, den su-pu, meh-tša, wu-tša und unterwegs zum Grabe den dšo-mo. Da jeder seinen Stern am Himmel hat, gräbt man im Totenzimmer ein Loch, und der Priester fordert den Stern auf, in das Loch zu fallen. Am 9. Tage stellt man die mit Tinte beschriebene Ahnentafel aus Pierisholz im Hauptzimmer auf. Sie kennen grüne, rote und blaue Krankheitsdämonen. Slo-ta sind ungewöhnliche, ihnen unheimliche Erscheinungen, wie z. B. eine krähende Henne, Mißgeburten usw. Diese beiden Arten sowie die unreinen Seelen werden durch Gebete und Opfer gebannt, wo-

bei der Priester einen Dornenzweig schwingt. Tempel haben sie nicht, nur einen allgemein verehrten 1 Fuß hohen Stein an einem Drachenbaume, wo sie zweimal jährlich ein Huhn und ein Ferkel opfern. Der Stein stellt den schützenden Himmelsgott vor, und im Baume wohnt der das Dorf behütende Drache. — Der Himmel soll vom Geiste A-tši schön glatt geformt worden sein, die Erde aber vom Geiste A-li uneben, da er die Schöpfung des Himmels verschlafen hatte und seine Arbeit eilig nachholen wollte. Da Sonne und Mond düster waren, so wurden sie von zwei Himmelsmädchen blank geputzt. Auch eine Sintflut kennen die Lolos, aus der nur Du-mu mit seinen vier Söhnen in einem Einbaume von Pierisholz gerettet wurde, den Stammvätern der zivilisierten Völker, wie Chinesen, Lolos usw. Die ungebildeten Völker schuf Du-mu aus Holzstücken. — Jeder sechste Tag ist Feiertag. Die Lolos kennen auch Patriarchen von 660–990 Jahren, die im Himmel wohnen, der erste unter ihnen ist Tse-gu-dzih. Die Patriarchen, die Schreibweise, die Sintflut, der Feiertag weisen auf nestorianische Einflüsse hin. 635 n. Chr. kam der Nestorianer Alopen nach China, und noch Marco Polo (13. Jahrh.) berichtet von nestorianischen Kirchen in Jünnan. Die Lolo-Namen sind von Tieren und Bäumen genommen, die als ihre Ahnen gelten und nicht angerührt werden dürfen (Totemismus). Heiraten zwischen gewissen Namengruppen sind ohne ersichtlichen Grund verboten. Einige Tage nach der Hochzeit flieht die junge Frau ins Vaterhaus; der Mann sendet Geschenke, damit der Vater sie zurückschicke. Wenn sie trotzdem nicht kommt, holt er sie mit Schlägen. — Sie lieben Gesang, Tanz und Musik, und haben recht nette Volkslieder [s. ebd. Proben]. Die Schriftsprache weicht von der Umgangsprache wesentlich ab, sie hat rhytmische Reihen von je fünf Worten. Sie besitzen viele Manuskripte religiösen, genealogischen, legendenhaften und poetischen Inhalts. *Aby.*

Die meteorol. Resultate der Foureau-Lamyschen Expedition durch die Sahara behandelt ein Artikel in La Géographie (1904, Heft 1). Sie bilden einen Auszug der höchstwichtigen »Documents scientifiques de la mission saharienne«, deren erster Abschnitt soeben erschienen ist. Aus ihnen geht deutlich hervor, welche bedeutende Rolle die Sahara für die Luftzirkulation über einen großen Teil der nördlichen Halbkugel spielt.
Dr. Ed. Lentz-Charlottenburg.

II. Geographischer Unterricht.

a) Inland.

Geographie als Bildungsfach ist der Titel einer von Dr. Christian Gruber verfaßten Arbeit[1]), die des höchsten Interesses der Geo-

[1]) Leipzig 1904, Verlag von B. G. Teubner.

graphielehrer an Lehranstalten aller Kategorien
sicher sein darf, denn sie ist zweifellos eine
der gehaltvollsten Schriften, die bisher über
die Geographie als Unterrichtsfach geschrieben
worden sind. Langjährige pädagogische Erfahrung und sichere Kenntnis der Entwicklung
der Geographie als Forschungs- und Unterrichtsgegenstand vom Mittelalter bis in die neueste
Zeit haben den Verfasser zur Durchführung der
gestellten Aufgabe ganz besonders geeignet gemacht. Er bringt nicht, wie ähnliche Schriften,
bloße Referate über Arbeiten anderer, zeigt
kein verlegenes Schwanken in dem Widerstreit
der Meinungen, sondern nimmt bewußt, entschieden und ohne Halbheit Stellung zu jeder
offenen Frage. Es geht durch das Werkchen
ein frischer polemischer Ton, der sich auch
gegen die »nichtsnutzige Methodenreiterei« und
die »pedantischen Zänkereien« im eigenen Lager
richtet. Mit wahrer Freude erfüllt mich die
von einander ganz unbeeinflußt gewonnene und
deshalb um so wertvollere Übereinstimmung
Grubers in allen wesentlichen Punkten mit
meinem im ersten Hefte dieses Jahrgangs des
»Geographischen Anzeigers« skizzierten Anschauungen. Manches, was ich dort bloß andeuten konnte, findet sich bei Gruber erweitert,
vertieft und begründet.

Der Verfasser will Geographie als ein echtes
und rechtes Bildungsfach im Lehrplan der Schulen
ausreichend vertreten wissen, als ein wichtiges
Glied der allgemeinen Bildung, das in seiner
sittlich erziehlichen Richtung bisher ebenso
unterschätzt, wie manches andere Lehrfach diesbezüglich überschätzt worden ist und das auch
im Sinne der Forderungen des Tages praktische
Kenntnisse zu vermitteln habe. Nur eine Gleichberechtigung der Geographie mit anderen Lehrfächern, keineswegs eine unbegründete Sonderdarstellung im Kreise des Gesamtlehrstoffs
wird angestrebt und verfochten. Also keine
willkürliche Bevorzugung, sondern bloß Eben-
bürtigkeit! Die Nichtvertretung der Geographie
in den oberen Klassen, sagt Gruber, ist ein
Posten, der sei genauer Zeit im Schuldbuch
der Pädagogik sieht.

Der über den geschichtlichen Gang des erdkundlichen Unterrichts in Deutschland und seinen
Zusammenhang mit der Entwicklung der geographischen Wissenschaft handelnde Teil drängt
von selbst den Vergleich mit den entsprechenden
Kapiteln in dem bekannten Werke von H. Oberländer[1] auf, der durchaus zugunsten der Arbeit Grubers ausfällt. Wie ungleich vertiefter,
lückenloser und — durch die stete Bezugnahme
auf die gegenwärtigen Verhältnisse — auch
anregender hat Gruber dieselbe Aufgabe gelöst.
Welch eingehende und sachlich korrekte Besprechung erfahren z. B. Ritter, Humboldt,
Peschel und deren Gefolgschaft! Fr. Ratzels
hohe Bedeutung für die Wissenschaft wird

klar und liebevoll gezeichnet und eine verständige
Analyse seiner Werke, die der Schulgeographie
eine Fülle neuer Ideen und Anregungen gaben,
gebracht. Gewiß alle Geographielehrer werden
die Gefühle der Bewunderung und Huldigung
des Verfassers für diesen genialen Forscher
teilen, der gerade jenem Teile der Geographie,
die hauptsächlich in den Schulen betrieben werden
muß und deren Los er vor nicht zu langer
Zeit schien, zu einer höchst mitleidig beurteilten
Populärgeographie herabzusinken, die wissenschaftliche Weihe gab.

Am wertvollsten ist der dritte Hauptteil des
Buches, in dem der Verfasser die Hauptaufgaben
der heutigen Schulgeographie festzustellen und
die Richtungen anzugeben versucht, nach welchen
sie ausgebaut werden soll. Er vertritt auch für
die Behandlung der Schulgeographie das wissenschaftliche Verfahren, das von Beobachtung
und Vergleich auszugehen hat. Die Grenzen
zwischen Hoch- und Mittelschulunterricht sind
bloß durch die Leistungsfähigkeit und den Er-
kenntnisgrad der Schüler bestimmt, wobei selbstverständlich der Übertragung des Dozierens auf
den Mittelschulunterricht nicht das Wort geredet
wird. Die Hauptaufgabe des Unterrichts sieht
Gruber in der vertieften und vergeistigten Betrachtung der Länderkunde, jede Bevorzugung
der allgemeinen Erdkunde sowie der physischen
gegenüber den politischen Elementen ist zu vermeiden. Die Städte, sagt Gruber nicht ohne
Sarkasmus, gehören doch auch zur Landschaft
und die von den Menschen geschaffene Kultur-
landschaft beansprucht gewiß kein geringeres
Interesse als das menschenleere Hochgebirge.
Ich möchte hierzu eine treffende Bemerkung
F. Lampes zitieren, die dieser an etwas ver-
borgener Stelle gelegentlich der Besprechung
eines Buches gemacht hat[1]. »Über der Kultur-
landschaft«, sagt er, »liegt genau wie die wirkliche
Atmosphäre eine Art geistiges Klima, das in
seiner Eigenart abhängig ist vom Boden, über dem
es erzeugt wurde und auf den es zurückwirkt.
Nicht achtlos darf der Geograph daran vorüber-
sehen; falsch wäre nur, es äußerlich als örtliche
Merkwürdigkeit aufzuzählen; vielmehr ist dem ursächlichen Zusammenhang des örtlichen Wohlstandes nachzuspüren, die
meist in deutlicher Wechselwirkung mit dem von
Klima und vom Bodenaufbau abhängigen landwirtschaftlichen, industriellen und Verkehrsleben
stehen. Trotz alles Reichtums solcher kultur-
geschichtlicher Mitteilungen wird bei solcher
Methode eine moderne geographische Landes-
schilderung weder ein Baedeker noch eine Kosmographie des 16. Jahrhunderts mit ihren Anhäufungen von Einzelheiten werden«. Mit Schärfe
spricht sich Gruber gegen die Behandlung der
Geographie im Unterricht als Memorialfach aus
und tritt für die strenge Durchführung der genetischen Methode ein. Allerdings bricht gegenwärtig

---

[1] Der geogr. Unterr. nach den Grundsätzen der Ritter-
schen Schule historisch und methodologisch beleuchtet.

[1] Vierteljahrsh. für den geogr. Unterr. II, S. 124 f.

der Unterricht gerade zu der Zeit ab, wann diese Methode in oberen Klassen und mit reiferen Schülern ihr bestes leisten könnte. Den beherzigenswerten Vorschlag Grubers, lieber der Erdkunde in den unteren Klassen einige Stunden zu nehmen und ihr dafür in allen oberen Klassen Raum zu schaffen, hat bereits Kollege F i s c h e r im ersten Hefte dieses Jahrgangs vollständig zum Abdruck bringen lassen. Durchaus zuzustimmen ist den Ausführungen über den wünschenswerten Parallelismus von Geographiebuch, Hand- und Wandkarte, über die Verwendung von Spezial-, Reliefkarten und Bildwerken, die Illustration der Geographiebücher, die Schülerreisen, die geographischen Anforderungen an die Lesebücher unserer Mittelschulen usw. Zu weit scheint mir Gruber mit der Forderung der Experimentalgeographie gegangen zu sein, wenigstens die Mehrzahl der empfohlenen Experimente möchte ich doch lieber dem Physiker und Chemiker überlassen, er wird sie auch besser treffen. Auch gegen die befürwortete Einführung von Bildkarten auf der untersten Stufe des geographischen Unterrichts zur Unterstützung des Verständnisses der Landkarte lassen sich ernste Bedenken nicht unterdrücken. *F. H.*

Die ungenügende Stellung der Geographie an den sächsischen Realgymnasien beklagt Dr. R. F a u s t im Päd. Wochenbl. Nr. 17, 1904, die zwar um zwei Stunden besser als in Preußen gestellt sei und bis I b hinaufgehe, aber doch den Anforderungen des heutigen Lebens (Seewesen, Volkswirtschaft) nicht gerecht werden könnte. Man kann nur wünschen, daß solche Klagen immer wieder und immer lauter erschallen; sie sind ja mehr als berechtigt. *H. F.*

Der erste Internationale Kongreß für Schulhygiene, der Anfang April in Nürnberg getagt hat, gibt uns Veranlassung, auf einige der dort verhandelten Dinge zurück zu kommen. Gleich der Vortrag von Geh. Med.-Rat C o h n - Breslau (1. Sitzung) »Was haben die Augenärzte für die Schulhygiene geleistet und was müssen sie noch leisten?«, der den Sünden unserer Schulen an den Kinderaugen scharf zu Leibe ging und mit der Forderung endete »Keine Schule ohne Augenarzt« legt die Frage nahe, ob wir Lehrer auch hier wieder uns von einem anderen Stande für dringend nötige Reformen den Wind aus den Segeln nehmen lassen sollen oder gegen überlebte Vorurteile selbst Beschränkung des Klassenunterrichts gegenüber dem Unterricht im Freien erkämpfen wollen.

In der »Abteilung für allgemeine Fragen« sprach Dr. E. K a p f f, Leiter der deutschen Nationalschule in Wertheim a. M. über »Unsere Erziehung im Lichte der Weltpolitik«. Mit dem ungeheuren Umschwung der seit 1870 auf wirtschaftlichem und sozialem Gebiet sich vollzogen hat, habe die Schule nicht Schritt gehalten. Die Aussichten auf genügende Reformen seien

sehr gering, infolge der Bürokratisierung und Normierung unseres heutigen Schulwesens. Er empfiehlt die K o l o n i a l p ä d a g o g i k. Doch möchte, so vorzügliches er persönlich mit seiner Neuschöpfung in Wertheim leistet, doch die Begründung eines dann gewiß auch wieder der »Bürokratisierung« anheimfallenden neuen Schultypus, wie er es empfiehlt, weniger zweckmäßig sein, als die Ausgestaltung unserer vorhandenen höheren Schulen im Sinne der bekannten ewigen Forderungen der Geographentage. Nur dadurch kann, worauf es in letzter Linie ankommt, die in den zu Gebote stehenden Erdkundelehren unbenutzte Kraft in den Dienst der nationalen Sache gestellt werden.

Von großem Interesse war der Vortrag von Dr. U h l e m a y e r - Nürnberg »Der fremdsprachliche Unterricht in seiner Beziehung zur Schulhygiene«. Er gipfelte darin, daß der »produktive Sprachbetrieb« zu beseitigen sei, da er keinen wahrhaft bildenden Wert habe. Der rezeptive aber erfülle den idealen Schulzweck und tue dem praktischen Bedürfnis der internationalen Verkehrsmöglichkeit Genüge. Die Schule würde so vom »schwersten Ballaste befreit«. Ich möchte zu dieser Frage keine Stellung nehmen; aber man wird es uns Geographen nicht verdenken können, wenn wir auf alle Möglichkeiten achten, die Raum für unsere Sache uns gewähren würden.

In der Schluß-Plenarsitzung sprach Dr. L. L i e b e r m a n n, Professor der Hygiene in Ofenpest über »Die Aufgaben und die Ausbildung von Schulärzten«. Er wendete sich in äußerst scharfer, zum Teil Widerspruch hervorrufender Form gegen die heutige vom einseitigen Philologentum beherrschte höhere Schule. Die Feindschaft zwischen den berufensten Wächtern über der Entwicklung des heranwachsenden Geschlechts, den Schulmännern und den Ärzten, ist ja äußerst zu beklagen (man entsinne sich z. B. anderseits der verletzenden Worte O. Jägers »Geogr. Anz.« IV, S. 180), aber sie wird erst dann erwinden, bis die tiefere Grund belegt ist, der darin liegt, daß unser höheres Schulwesen nach den verschiedensten Richtungen hin veraltet ist; bei besonders darin, daß diejenigen Elemente des höheren Lehrerstandes, die eine Brücke zwischen den feindlichen Brüdern schlagen könnten, die Vertreter des Wissenschaften des heutigen Lebens, noch immer völlig zurückgedrängt sind. Jedenfalls unterschätze man nicht solche Ausbrüche von »Haß«, sondern lenke beizeiten ein.

Da es in neuer Zeit vielfach beliebt worden ist, eine zeitgemäße Ausgestaltung unseres Lehrfachs mit der Motivierung abzulehnen, man fürchte eine Überbürdung, mag auf den Vortrag von Sanitätsrat Dr. W i l d e r m u t h - Stuttgart hingewiesen werden, der in der Abteilung für Unterrichtshygiene über »Schule und N e r v e n k r a n k h e i t e n« sprach und der Meinung war, daß für die Entstehung von Nervenkrankheiten im kindlichen und jugend-

lichen Alter die geistige Überbürdung nur
eine ganz geringe Rolle spiele.

Über das Maß der Lehrpensen und
Lehrziele an den höheren Unterrichts-
anstalten sprachen in derselben Abteilung Dr.
Benda (Nervenarzt)-Berlin und Dr. Schwand-
Stuttgart. Des ersteren Forderungen, denen
die Schwands im allgemeinen entsprachen, waren
ein eigenes Gemisch von Unbrauchbarem und
Vortrefflichem. Unbrauchbar nenne ich seine
Forderung internationaler Vereinbarungen über
die Lehrziele und statistische Erhebungen über
die geistige Leistungsfähigkeit der Schüler nach
Höhe der Begabung. Reden läßt sich über die
Abschaffung des Abiturientenexames und über
die Gleichstellung von körperlicher und geistiger
Ausbildung. Vollkommen überein stimme ich mit
ihm in seiner (schon vorher von Wetekamp,
Paulsen, dem Referenten) erhobenen Anempfehlung einer freieren Lehrverfassung, die den
Übergang vom Schulzwang zu akademischer
Freiheit herstellte, und sich durch »Abschluß
in Untersekunda, darauf wahlfreier Unterricht«
kurz bezeichnen läßt.   *H. F.*

b) Ausland.

England. Für den Eifer, mit dem die Engländer dem auch bei ihnen so lange arg vernachlässigten Erdkundeunterricht in den Schulen
aufzuhelfen sich bemühen, legt der 1902 nach
amerikanischem Vorbild gegründete »Geographical Teacher« lebhaft Zeugnis ab. Wir könnten
die Inhaltsverzeichnisse aller einzelnen Nummern
zum Beleg anführen, wir beschränken uns aber
auf gelegentliche Notizen. So beschäftigt sich
(Febr. 1903) T. Alford Smith mit dem Kartenzeichnen in der Schule, indem er statt des häuslichen Kopierens von Atlaskarten methodische
Kartenserien empfiehlt, die aus dem Unterricht
herauswachsen (Beispiel Australien).   *H. F.*

Schweden. Kjellen, Rudolf, inledning
till Sveriges geografi, Bd. XIII der „Populärt
vetenskapliga föreläsningar vid Göteborgs Hög-
skola. Gotenburg, Wettergren u. Kerber. 2 Kr. —
Eine eingehende Analyse der schwedischen
Grenzen bildet den beschließenden Hauptteil,
auf den eine einleitende Geschichte der wissenschaftlichen Entwicklung, eine solche des Landes,
dem die Untersuchung gilt (natürlich nur unter
Berücksichtigung des Grenzproblems), eine Darlegung der heutigen Grenzverhältnisse und eine
allgemeine Morphologie des Landes vorausgehen.
Das Schlußergebnis sieht nicht in Schweden
sondern in „Finnoskandien" ein geographisches
Individuum.   *H. F.*

Mexiko. Gracía Genaro, La educación,
nacional en México. México Tipografia econó-
mica 1903. — Ein lebhafter Aufruf angesichts
der Schulbildung und nationalen Größe anderer
Staaten (besonders wird die Union gepriesen),
dem nicht ganz unzutreffenden Vorwurf, der
Mexikanische Staat sei nicht viel mehr als eine
Anhäufung von Analphabeten, seine Berechtigung zu nehmen.   *H. F.*

Programmschau.

Mit meteorologischen Zusammenstellungen
haben sich auch diesmal die k. k. Staatsgymnasien
von Eger und Weidenau (ebenda 1902) eingestellt.
J. Kostliry liefert eine Übersicht der an der
meteorologischen Beobachtungsstation in Eger im
Jahre 1901 angestellten Beobachtungen, dagegen
rührt die Übersicht »Die meteorologischen Verhältnisse von Weidenau und Umgebung im
Jahre 1901« diesmal von K. Procházka her. Beide
Zusammenstellungen befolgen fast die gleiche
Anordnung wie im Vorjahr und bieten neues,
wertvolles Material. Angesichts der vorjährigen
eingehenden Würdigung der beiden Zusammenstellungen in den »Vierteljahrsheften für den
geographischen Unterricht« genügt wohl heuer
eine Anzeige derselben. Eine nähere Erörterung
muß dem dereinstigen Bearbeiter des in beiden
Programmen seit 40 bzw. 15 Jahren niedergelegten
Materials überlassen bleiben.

H. Kurzwernhart behandelt in einem feuilletonistisch gehaltenen Aufsatz: China, Land und
Leute (nied.-österr. Landes-Real- und Obergymn.,
St. Pölten 1902) das Reich der Mitte. Die mit
einer Faustkartenzeichnung versehene Arbeit beansprucht nicht den Charakter exakter Wissenschaftlichkeit, sondern will nur dem Laien ein
anschauliches Bild liefern und diesen Zweck
unterstützen nicht nur die gelungenen Kartenbil-
bilder, sondern vor allem die Vergleiche mit
europäischen Verhältnissen.

Einen ähnlichen Tenor schlägt L. Adamek
in seinem Aufsatz: Oberitalienische Großstädte
(k. k. Staatsgymn., Reichenberg 1902) an. In
einer Reihe von kurzen Charakterbildern kommen
da Venedig, Mailand, Turin, Genua und Bologna
zur Sprache, wobei der ursächliche Zusammenhang zwischen der natürlichen Lage, dem historischen und gegenwärtigen Stadtbild in markanten
Skizzen hervorgehoben wird.

In seinem Aufsatz: Einige Geheimnisse der
geographischen Karten (k. k. Staats-Realsch., Jičín
1902) erklärt A. Mach in Form eines ziemlich
volkstümlich gehaltenen Dialogs mancherlei bei
oberflächlicher Betrachtung rätselhaft vorkom-
mender Erscheinungen der Landkarten, berichtigt durch unklaren, der Bequemlichkeit
dienenden Spachgebrauch entstandene Irrtümer
und gibt eine Übersicht der in unseren Schulatlanten gebräuchlichsten Kartennetze und der
dadurch hervorgerufenen Bilderverzerrungen.
Von der nicht immer gebührend betonten Erkenntnis ausgehend, daß nur ein größter Kreis
die kürzeste Verbindung zweier Orte herstellt,
weist der Verfasser nach, wie eben durch Vernachlässigung dieser Erkenntnis die Orientierung
leidet. Den Abschluß bildet eine Betrachtung
über das Messen auf der Landkarte, wodurch
die geheimnisvollen Verschiedenheiten der Entfernungen trotz peinlicher Berücksichtigung der
Maßstäbe erklärt werden.

Prof. Jos. Benes-Horn (N.-Ö.).

Persönliches.

Ernennungen.

Professor Barrois in Lille zum Mitglied der Pariser Akademie der Wissenschaften als Nachfolger von Fouqué.

Der Professor der Geologie an der Universität Kristiania W. E. Brögger als Nachfolger Zittels zum korrespondierenden Mitglied für die Sektion Mineralogie der Pariser Académie des Sciences.

Dem Südpolarforscher Leutnant Colbeck der Murchison Grant der R. Geogr. Soc. in Gestalt eines silbernen Globus, der die Route der Expedition zeigt.

Prof. William Morris Davis zum Mitglied der National-Academy of Science zu Washington.

Dr. F. Exner habilitierte sich in Wien für Meteorologie.

Der Madagaskarforscher Alfred Grandidier zum Ehrenmitglied der Societa Geografica Italiana in Rom.

Dem Prof. E. Hale, Direktor des Yerkes Observatory, Wisconsin die goldene Draper-Medaille der National-Academy of Science in Washington.

Dem Geologen und Ethnologen Dr. Karl Haberer in Yokohama das Prädikat Professor.

Der Direktor des Carnegie Museums, Dr. W. J. Holland zum korrespondierenden Mitglied der schwedischen Gesellschaft für Anthropologie und Geographie.

Dem Captain der argentinischen Flotte Irizar die Gill memorial der R. Geogr. Soc. für die Befreiung der Nordenskiöldschen Südpolarexpedition und die silberne Medaille der Societa Geografica Italiana in Rom.

Dem langjährigen Vorsitzenden des Zentralvereins für Handelsgeographie und Herausgeber der Zeitschrift »Export« Dr. Rob. Jannasch das Prädikat Professor.

Sir Harry Johnston, dem bekannten Afrikaforscher, die Royal Medal der R. Geogr. Society.

Der Direktor des Pariser Observatoriums, Mitglied der französischen Akademie der Wissenschaften, Maurice Loewy, der Direktor des Observatoriums am Kap der Guten Hoffnung Sir David Gill, der Direktor des Meteorologischen Instituts zu Christiania Henrik Mohn und der Direktor des Meteorologischen Observatoriums zu Upsala Prof. Hugo Hildebrandsson zu Ehrenmitgliedern der finländischen Gesellschaft der Wissenschaften.

Der Direktor des Museo de La Plata Francisco P. Moreno zum korrespondierenden Mitglied der Societa Geografica Italiana in Rom.

Dr. J. Müllner und Dr. A. Grund habilitierten sich in Wien für Geographie.

Dem ordentl. Professor der Geographie Dr. Ed. Richter in Graz der Hofratstitel.

Geheimrat H. Rosenbusch, Professor der Mineralogie und Geologie in Heidelberg zum auswärtigen Mitglied der National-Academy of Science in Washington.

Dem Südpolarforscher Commander R. F. Scott die Royal Medal der R. Geogr. Soc.

P. S. Smith zum Instructor in **Geology an der Harvard University** in Cambridge, Mass.

Dem Dr. M. A. Stein der Back Grant der R. Geogr. Soc. für seine Forschungen in Zentralafrika und besonders für die Kappierung der Mustaghata und Kuen-Lun Ketten.

Léon Teisserenc de Bort, Dir. des Meteorologischen Observatoriums in Trappes, zum Ehrenmitglied der Österreichischen Gesellschaft für Meteorologie.

Dem Andenforscher Don Juan Villalta der Cuthbert Peek Grant der R. Geogr. Soc.

Todesfälle.

Abadie, Captain G. H. F., der sich durch sorgfältige Routenaufnahmen in Kano und Sokoto Verdienste erwarb, geb. 1873, gest. am Fieber 11. Februar 1904 in Kano.

Amati, Amato, bekannt durch die Veröffentlichung eines großen achtbändigen Diccionario corographico d'Italia, geb. im Januar 1831 in Monza, starb am 27. März in Rom.

Deburaux, Captain, Aeronaut, starb im Alter von 40 Jahren.

Dumas-Vence, Charles Joseph, contre-amiral, der sich mit Studien über die durch langsame Bewegungen der Erdrinde verursachten Meeresoszillationen beschäftigte, starb am 2. März, 81 Jahre alt.

Foster, Sir Clement Le Neve, F. R. S., Professor of mining am Royal College of Science, geb. 23. März 1841 in Camberwell, starb 19. April 1904 in London im Alter von 63 Jahren.

Froberville, Eugène de, bekannt durch linguistische und ethnographische Arbeiten über Madagaskar, starb in Paris.

Garnier, Jules, Geolog, starb im Alter von 65 Jahren.

Gemmellaro, Gaetano Giorgio, Prof. der Geologie an der Universität Palermo, starb 16. März 1904.

Hull, Commander Thomas Arthur, eine anerkannte Autorität auf dem Gebiet der nautischen Vermessung und Navigation, früher superintendent of charts im British hydrographic department, starb 25. März 1904 im Alter von 75 Jahren.

Jacottet, Henri, langjähriger Mitarbeiter am großen Dictionnaire géographique de Vivien de Saint-Martin und der Zeitschrift Tour du Monde, geb. 1856 in Neuchâtel, starb Ende März 1904.

Makaroff, Stepan Ossipowitsch, russischer Vizeadmiral und bedeutender Ozeanograph, geb. 1848 in Kiew, fand seinen Tod am 12. April beim Untergang des Panzerschiffs Petropawlowsk vor Port Arthur.

Marindin, Henry L., seit 1863 Hydrograph beim U. S. Coast and Geodetic Survey, starb im Alter von 60 Jahren.

Ricketts, Charles, englischer Arzt und Geolog, geb. ca 1818 in Tichfield, Hants, gest. 29. Februar 1904 zu Cardbridge, Hants.

Sowerbutts, Eli, langjähriger Sekretär der Geographischen Gesellschaft in Manchester, starb kürzlich im Alter von 70 Jahren.

Stanley, Henry Morton, berühmter englischer Afrikaforscher, geb. 28. Januar 1841 bei Denbigh in Wales, gest. 10. Mai 1904 in London.

Staub, Moritz, Dr., Paläontolog und Botaniker, General-Sekretär der ungarischen geologischen Gesellschaft, gest. 14. April 1904 in Budapest im Alter von 64 Jahren.

Swan, Robert M. W., bekannt durch seine Forschungen über »Ruined Cities of Mashonaland«, geb. 1858, gest. 26. März 1904.

9a

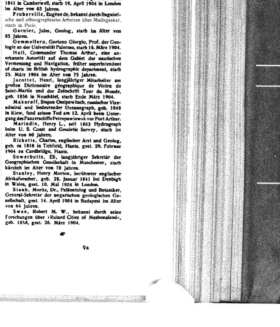

Besprechungen.

I. Allgemeine Erd- und Länderkunde.

Pernter, Allerlei Methoden, das Wetter zu prophezeien. (Schriften des Vereins zur Verbreitung naturwissenschaftlicher Kenntnisse. XLIII, Heft 14, 36 S. Wien 1903.)

Die auf Beobachtungen der organischen und anorganischen Natur fußenden Methoden der Wetterprognose, sodann die aus aprioristischen Vorstellungen hervorgegangene »Mondwetterlehre« erfahren eine kurze Würdigung. An der Hand von mehreren, die Haupttypen der Luftdruckverteilung über Europa darstellenden Wetterkarten werden die bei der wissenschaftlichen Prognose angewendeten Regeln abgeleitet; mit vollem Rechte aber betont der Verfasser, daß wir gegenwärtig von der Kenntnis jener Gesetze, nach welchen sich die Formen der Luftdruckverteilung erhalten oder verändern, außerordentlich weit entfernt und auf nur wenige empirische Sätze von beschränkter Gültigkeit angewiesen sind. So erklärt sich auch die bescheidene Zahl der Treffer (ca 80 unter 100) bei der Prognose für den nächsten Tag, die allerdings bedeutend größer ist als die aus der Mondprognose hervorgegangene Zahl; so zwar, daß eine Beeinflußung des Wetters durch kosmische Kräfte noch gänzlich unerwiesen bleibt. Nur eine immer intensivere Erforschung der Witterungsverhältnisse möglichst vieler Orte und der Kennzeichen für die Beurteilung der Formen von Luftdruckverteilung und -veränderung kann dazu beitragen, die Wetterprognose immer trefflicher zu gestalten.

Dr. F. Machatek-Brünn.

Klein, Prof. Dr. Hermann, Astronomische Abende, allgemeine verständliche Unterhaltungen für Geschichte und Ergebnisse der Himmelsforschung. 5. vermehrte Aufl. mit 6 Tafeln. Leipzig, E. G. Mayer.

Das vortreffliche anregende nunmehr wieder in neuer Form vorliegende Werk wird aus besten durch den Satz aus der neuesten Vorrede gekennzeichnet: »Der Hauptzweck ist: eine anregende Lektüre zu sein für denjenigen, der ohne große Vorkenntnisse zu besitzen, die Herrlichkeiten des Weltalls im allgemeinen kennen lernen und seines Geist mit den erhabenen Ideen beschäftigen will, die daraus entspringen«. Für mein Gefühl ist gerade von Klein der richtige Ton getroffen, den zwischen wissenschaftlicher Trockenheit und feuilletonistischer Redseligkeit zu finden uns Deutschen so schwer zu fallen scheint. Ganz besonders erfreulich sind auch die überall reichlich eingestreuten biographischen Skizzen. Sie geben den Darlegungen jene Wärme und Fülle, die von anderen Verfassern durch den erfreulichen sog. »Plauderton« vergebens angestrebt wird. *H. P.*

Schwarz, Prof. P. Thiemo, Resultate aus den im Jahre 1901 auf der Sternwarte zu Krems-

münster angestellten meteorologischen Beobachtungen. 4°, 23 S. Wels 1901, Verleger: Sternwarte Kremsmünster.

In 17 Tabellen und einer Seite Schlußbemerkungen werden nicht bloß die gewöhnlichen meteorologischen Beobachtungen über Luftdruck, Lufttemperatur, Temperatur und Abflußmenge der Gewässer, Dampfdruck, Feuchtigkeit, Verdunstung, täglicher Gang des Schneefalls, Übersicht der Niederschläge und Gewitter, Bewölkung, Zugrichtung und Geschwindigkeit des Windes verzeichnet, sondern auch über Ozon, magnetische Elemente, Sonnenflecken, sowie die vom Seismographen verzeichneten Erdbebenstörungen die Beobachtungen zusammengefaßt. Einen besonderen Wert haben die mühevollen Beobachtungen des Sonnenscheins, die Insolations- und photochemischen Beobachtungen, welche seit einer Reihe von Jahren daselbst angestellt werden.

H. Commenda-Linz.

Trautwein, Th., Tirol und Vorarlberg, Bayer. Hochland, Allgäu, Salzburg, Ober- und Niederösterreich, Steiermark, Kärnten und Krain. Wegweiser für Reisende. 13. Aufl., bearb. von Anton Edlinger und Heinrich Hess. Mit 60 Karten und Plänen. Innsbruck 1903, Edlinger. 7,50 M.; Brieftaschenausgabe in einzelnen Teilen.   8,50 M.

Mit unverändertem Preise erscheint nach zweijähriger Frist die neue Auflage des bewährten Trautweinschen »Tirolerführers«. Sie ist sorgfältig auf dem Laufenden gehalten und in ihren kartographischen Beilagen wiederum verbessert worden; besonders die Ausschnitte aus der vorzüglichen Ravensteinschen Spezialkarte der Ostalpen im Maßstab 1 : 250 000 sind vermehrt worden. Eine Besonderheit büden die von Waltenberger zuerst gezeichneten Aussichtskärtchen der wichtigsten Hochgipfel mit ihrer Charakterisierung der einzelnen Wege durch besondere Signaturen. Die Einteilung ist die bliche in einzelne Routen (jetzt 95) geblieben; der gesamte Umfang ist auf 680 Seiten angewachsen. Von der Fülle des verarbeiteten Stoffes zeugt das 33 Seiten in engem Drucke umfassende Register; die 76 Seiten Anzeigen werden aber wohl von den meisten Benutzern als Ballast empfunden. Eine Nachprüfung des gesamten Inhalts ist natürlich nicht möglich; die genauere Durchsicht einzelner Abschnitte zeigte Zuverlässigkeit und Vollständigkeit.

Dr. W. Schjerning-Charlottenburg.

Benussi, B., La regione Giulia. 8°, 360 S., 1 Karte. Parenzo 1903.

Unter diesem nicht gleich verständlichen Titel ist das österreichisch-illyrische Küstenland gemeint, das den intensiven der italienischen Bevölkerung entsprechend mit den Namen aus der Zeit belegt wird, da Rom noch der Mittelpunkt eines großen Reiches war. Das Buch ist die zweite Auflage eines 1885 noch unter dem Titel »Litorale« gedruckten »geographisch-historisch-statistischen Handbuchs«. Es hat seither mancherlei Verbesserungen erfahren und besonders der historische Abschnitt ist derzeit sehr gut. Dem geographischen und topographisch-statistischen Teile aber hängt immer noch ein altmodischer Zug an, der sich in der Aufzählung der Golfe und Inseln, der Berge und Flüsse usw. äußert; im ganzen tragen diese Abschnitte (56 resp. 71 Seiten gegen 207 Seiten des historischen Teiles) allzuviel kompilatorischen Charakter, als daß sie viel Neues bringen

Räunies. Die beigegebene Karte (1:500000) ist ein Musterbeispiel dafür, welch Unheil man anrichtet, wenn man schumiert, ohne im mindesten die Oberflächenformen zu berücksichtigen. Es ist geradezu erstaunlich, daß das militärgeographische Institut in Florenz sich mit einer solchen Reproduktion abgibt.

Dr. Norbert Krebs-Trient.

Garbe, Richard, Beiträge zur indischen Kulturgeschichte. 8°, 266 S. Berlin 1903, Paetel.

Sieben sehr anziehend geschriebene Aufsätze über wichtige und charakteristische Erscheinungen in der indischen Kulturentwicklung. Die Weisheit des Brahmanen oder des Kriegers? sucht nachzuweisen, daß dem Brahmanen mit Unrecht der Ruhm zukommt, der Welt den Monismus beschert zu haben. Die indische Priesterkaste wäre bei ihrer moralischen Verworfenheit, wofür der Verfasser aus alter und neuer Zeit Beispiele und Beweise beibringt, eines zu hohen Gedankenfluges nicht fähig gewesen. Aus auffälligen Erscheinungen in den Upanischaden, jenem tiefsinnigen philosophischen Werke aus dem indischen Altertum, wo uns diese Lehre zuerst entgegentritt, wie daraus, daß Buddha und andere indische Religionsstifter der Kriegerkaste angehören, schließt er, daß dieser jenen bisher den Brahmanen zugeschriebene Verdienst gebührt. Der zweite Aufsatz »Die sechs Systeme indischer Philosophie« bespricht einleitend die Lehre von der Seelenwanderung der Ausgangspunkt aller indischen philosophischen Systeme, um dann diese selbst zu erörtern. In dem nächsten Aufsatz »Milindapañha, ein kulturhistorischer Roman aus Altindien«, interessiert uns Geographen am meisten die Einleitung, ein Kapitel aus der historischen Geographie Altindiens. Milindapañha bedeutet die Fragen des Milinda. Milinda ist eine volksetymologische Umgestaltung des griechischen Namens Menagder mit Anähnlichung an Indra (in den Volkssprachen Inda) = König. Das Buch ist im zweiten Jahrhundert n. Chr. entstanden und enthält in Pālisprache den Bericht über eine Unterredung des Königs Milinda mit einem buddhistischen Weisen, was den Übertritt des Königs zum Buddhismus zur Folge hat. Dieser Milinda ist identisch mit einem griechisch-indischen König Menander, der nach Strabo im zweiten Jahrhundert v. Chr. sein Reich bis zur Duhramna, nach Sanskritquellen sogar noch erheblich weiter ostwärts ausdehnte. An tatsächlichen geographischen Angaben bietet der Roman selbst nur eine kleine Ausbeute. Erwähnt wird die Residenz Sâgala 12 Meilen (= 130 km) von Kaschmir entfernt. Milinda spricht auch von seiner Geburtsstadt Kalasi auf der Insel Alasanda, 200 Meilen von Sâgala entfernt. Garbe verlegt dieses Alasanda == Alexandria in das Indusdelta und erinnert daran, daß Nearch einen Hafen am Indusdelta den »Hafen Alexanders« genannt hat. An dieser Stelle liegt heute die Stadt Karâtschi, in deren Namen nach einer vorsichtig geäußerten Vermutung des Verfassers vielleicht der Name Kalasi steckt. Der vierte Aufsatz »Die Witwenverbrennung« deckt den ethnographischen Grund dieser Sitte auf, schildert den Vorgang nach alten und neuen Berichten und beschreibt historisch ihren Entwicklungsgang und ihr Verschwinden. Der englische Generalgouverneur Lord William Bentinck, dem Indien die Unterdrückung dieses grausamen Brauches verdankt, erwies ihm noch eine zweite Wohltat durch Ausrottung der Thugs. Über sie handelt Garbe im nächsten Aufsatz. Die Thugs waren eine über das ganze Land verbreitete religiöse Brüderschaft, die mit dem plan-

mäßigen Ermorden und Berauben von Reisenden Befehle der Göttin Durgâ zu erfüllen glaubten. Das Quellenmaterial findet sich in einem seltenen 1836 in Calcutta erschienenen Werke Sleemann. Der 6. Aufsatz beschäftigt sich mit dem willkürlichen Scheintod indischer Fakire und schildert besonders mehrere solcher Versuche des Hindu Haridas, der, wie es zweifellos beglaubigt ist, es bis zu einem todähnlichen Schlaf von 40 Tagen gebracht hat. Der letzte Aufsatz: »Leben der Hindus«, eine Skizze, ist eine kurze, aber inhaltsreiche Schilderung der arischen Inder. Zum Schluß wird der wohltätige Einfluß der englischen Regierung auf Volk und Land gewürdigt, doch kann nicht unbedingt bejaht werden, daß das Vorbild europäischen Lebens eine förderliche Einwirkung auf die Moralität des Volkes gehabt habe.

Dr. M. Hammer-Kiel.

Falkenegg, Baron v., Was wird aus unseren Kolonien? Berlin 1903, Boll und Pickardt.

Der Verfasser will über die bisherigen Leistungen der Kolonien und der Kolonialverwaltung eine volkstümliche Darstellung geben. Er schildert zunächst die Schwierigkeiten der Gründung unserer Kolonien wie einst gegenüber der Feindschaft der Holländer, so heute gegenüber der offenbaren Mißgunst Englands und würdigt dann mit einer auf fleißigem Studium der einschlägigen Literatur beruhenden Sachkenntnis die wirtschaftlichen Ergebnisse der einzelnen Kolonien. Auffallend berührt dabei den Verfassers ablehnende Haltung gegenüber der Besitzergreifung Kiautschous und seine Ansicht »ob diesen eigenartige Schutzgebiet dem Deutschen Reiche je Vorteile bieten wird, ist mehr als zweifelhaft«. Wir wollen doch hoffen, daß dem ersten Kohlenzug, von dem die letzte Denkschrift berichtete, noch viele andere folgen werden.

Als Gesamterrungenschaft konstatiert der Verfasser eine in weiten Volkskreisen sich zeigende Kolonialmüdigkeit. Diese ist bedingt durch die Maßnahmen und Unterlassungssünden des Verwaltungssystems, gegen welches scharfe Angriffe fallen. Besserung ist nur da zu hoffen, wenn erfahrene Fachmänner, Praktiker an die Spitze treten, wenn das deutsche Kapital sich weniger zurückhaltend zeigt und die deutsche Auswanderung in die Kolonien amtlich unterstützt wird. Auch als Anhänger der Deportation gibt sich Verfasser zu erkennen; freilich wollen aus seine Gründe gegenüber den von O. Canstatt in seinem Hefte »Äußere oder innere Kolonisation« entwickelten Bedenken nicht recht beweiskräftig erscheinen.

Dr. Max Georg Schmidt-Marburg a. L.

Hartmann, Dr. Georg, Meine Expedition 1900 ins nördliche Kaokofeld und 1901 durch das Amboland. Mit besonderer Berücksichtigung der Zukunftsaufgaben in Deutsch-Südwestafrika. Berlin, Verlag von Wilh. Süsserott.

Das Heft bringt einen Vortrag, den der Verf. in der Dresdener Abteilung des Kolonialvereins gehalten hat. Die Mitwirkung der Diskonto-Gesellschaft im Jahre 1900 führte zur Gründung der Otavi-Minen- und Eisenbahn-Gesellschaft, die sich den Abbau der Minen und die Verbindung derselben mit der Küste durch eine Eisenbahn als Aufgabe setzte. Hartmann wurde mit einer Expedition ausgesandt, um die Minen noch einmal auf ihre Reichhaltigkeit zu prüfen und die Landungsstelle am Khumibmund, den Ausgangspunkt der Eisenbahntrasse, zu untersuchen. Recht anschaulich schildert er

9a*

hier (unter Beigabe von Bildern) nach Tagebuchaufzeichnungen seinen abwechslungsreichen, wenn auch anstrengenden Marsch durch das Kaokofeld, welches bald aus Sandwüste, bald aus Grassteppe, bald aus zerrissenem Gebirgsland mit von Galleriewaldungen oder dichtem Dschungelgebüsch umsäumten Flußtälern besteht. Da das Ergebnis der Untersuchungen unbefriedigend war, führte Hartmann im Jahre 1901 eine zweite Expedition nach Port Alexandre über die Katarakte des Kunene durch die herrlichen Parklandschaften des Amboiandes, wo sich die Verhältnisse für den Bahnbau als recht günstig herausstellten. Aus der Schilderung dieser zweiten Reise werden besonders die Begegnungen mit den Ovambovölkern und -Häuptlingen Interesse erregen. Übrigens ist meines Wissens inzwischen von dem geplanten Bahnbau Abstand genommen.

Dr. Max Georg Schmidt-Marburg a. L.

II. Geographischer Unterricht.

Erklärung.

In seiner sonst sehr dankenswerten Besprechung meiner »Landeskunde von Steiermark« dürfte Herr Dr. Julius Mayer mir stellenweise unabsichtlich unrecht getan haben, weshalb ich einige Punkte richtigstellen, bzw. mich einzelnen Vorwürfen gegenüber rechtfertigen möchte:

1. Die endgültigen Ergebnisse der letzten Volkszählung hätte ich wohl gern benutzt, doch waren diese im Frühjahr 1902, wo das Buch entstand, in Brünn, meinem damaligen Aufenthalt noch nicht zu beschaffen.

2. Bezüglich einzelner Punkte, die ich im allgemeinen Teile nach dem Redaktionsplan aus den früheren Erscheinungen des Schoberschen Sammelwerkes, dem mein »Steiermark« angehört, übernehmen mußte, hatte ich gebundene Marschroute, muß also die Verantwortung abweisen. Hierher gehören die stark abgerundete Angabe der Differenz zwischen Ferro und Greenwich mit $17^1/_2°$, ferner die Berechnung des 15. Meridians nach Stargard, ebenso endlich die beanstandete Orientierungsangabe auf S. 8 u. 9.

3. Die Beschuldigung, das Kapitel »Weitere Verwendung der Tonskala« weise bedeutende Fehler auf, scheint mir ungerechtfertigt. Sie fußt wohl nur auf der etwas unklaren Darstellung meinerseits, in der die Höhen der einzelnen Schichten immer wieder vom Nullpunkt gerechnet sind, wodurch scheinbar zu große Höhen angegeben werden. Ein Nachmessen auf der, bis auf technische Mängel der Darstellung, richtigen Profilzeichnung hätte gezeigt, daß die vom Herrn Referenten geforderten Maße ohnehin eingehalten sind.

4. Seite 25 ist »Ungarn«, dessen integrierenden Bestandteil bekanntlich Kroatien bildet, im weiteren Sinne gebraucht, keineswegs aber in falscher Weise.

5. Seite 32 behaupte ich nicht, die Mürz begrenze Obersteiermark, sondern spreche nur von einer Linie, die von der Stub-Alpe gegen die Mürz zuläuft.

6. Die falsche Höhenangabe 2946 (für 2996) ist ebenso wie Kargenstein (für Urgestein) ein stehengebliebener Druckfehler.

Im übrigen bin ich zu dem Geständnis genötigt, daß solcher manche Flüchtigkeit entstehen wurde, was sich aus den ungünstigen Verhältnissen, unter denen ich arbeiten mußte, erklärt.

Dr. Benno Imendörffer-Wien.

Schultze, H., Geographische Repetitionen insonderheit im Anschluß an H. A. Daniels geogr. Lehrbücher. 2. neu bearb. Aufl. 180 S. Halle a. S. 1903, Buchh. d. Waisenhauses.

Der Nebentitel dieses Buches lautet: »Ein in Fragen und Antworten abgefaßtes Wiederholungs- und Übungsbuch für den Unterricht in der Geographie«. Daraus geht deutlich hervor, daß dieses Buch in gewisser Hinsicht in der gleichen Linie mit dem Referenten »Lernbuch der Erdkunde«[1] liegt, daß es sich aber doch auch wieder sehr wesentlich von ihm unterscheidet. Dieses Buch ist eigentlich ein regelrechter »Katechismus« der Erdkunde; denn es bringt nicht nur die Fragen sondern auch die Antworten hübsch zurecht gelegt. Ganz gewiß wird es daher ein sehr angenehmes Hilfsmittel für die häusliche Repetition des Schülers sein, zumal wenn er daneben den »Daniel« benutzt. Allein für richtig kann der Referent diese Methode nicht halten. Sie unterscheidet sich sehr wesentlich von der seinigen dadurch, daß sie die Selbsttätigkeit des Schülers nicht fördert, ja sie geradezu untergräbt, und das ist denn doch ein sehr schwerwiegender Fehler. Gerade die Erdkunde und die Naturwissenschaften mit ihrem auch für die häusliche Wiederholung dem Schüler vorliegenden Anschauungsmaterial (Karten, Bilder) können so schön benutzt werden, um die Beobachtungskraft und dann auch das selbständige Nachdenken der Schüler auszubilden. Dies ist der Grund gewesen, weshalb der Referent die induktive Methode auch für die häusliche Repetition in seinem Buche soweit angewendet hat, wie es nur irgend geht.

Durch Bücher wird das vorliegende wird dagegen die Selbsttätigkeit noch weniger ermöglicht als durch die bisherigen »Lehrbücher«, und daher kann der Referent nicht anders als es ablehnen. Im ersten Augenblick schien es ihm zu seiner Freude, als verfolge das Buch dieselben Ziele wie das seinige, allein sofort springt der große Unterschied in die Augen! Es liegt von des Referenten Methode viel weiter ab als der »Daniel«; daß es, wie der Verf. meint, dem Kartenlesen dienen wird, ist eine Täuschung; der Knabe wird, wenn er die Antwort schon hübsch vor sich hat, in hundert Fällen kaum einmal zum Atlas greifen. Das Buch wird also das gerade Gegenteil erreichen von dem, was es will.

Dr. E. Dennert-Godesberg.

Linnarz, E., Heimatskunde der Stadt Berlin, Provinz Brandenburg und des Deutschen Reiches. Zum Gebrauch in Volks-, Vor- und Mittelschulen, sowie in den Unterklassen höherer Lehranstalten mit Berücksichtigung der neuesten Bestimmungen bearbeitet. 5. mehrfach verbesserte u. erweiterte Aufl. 64 S. mit Karte. Berlin 1903, Rosenbaum u. Hart. 50 Pf.

Der Ausdruck »Heimatskunde« erschöpft den Inhalt des Heftes nicht; Verf. hat das selbst gefühlt und sagt deshalb erläuternd im Vorwort, daß die 5. Auflage nach der »Erweiterung« und »Verbesserung« den gesamten heimatskundlichen und geographischen Lehrstoff der Mittelstufe ein- und mehrklassiger Volksschulen, der 5. und 4. Klasse mehrstufiger Volks- und Mittelschulen, der 6. und 5. Klasse höherer Mädchenschulen, der Septima und Sexta höherer Knabenschulen enthält«. Demnach

---

[1] Dennert, Dr. phil. E., Lernbuch der Erdkunde. Ein Leitfaden für die häusliche Wiederholung nach neuen methodischen Grundsätzen. 2. Aufl. Gotha 1904, Justus Perthes. Geb. 2.40 M.

sind die Gegenstände des Unterrichts: »1. Das Schulhaus und seine Umgebung; 2. Die geographischen Vorbegriffe; 3. Der Stadtbezirk Berlin (bzw. die Kreisstadt); 4. Die Provinz Brandenburg; 5. Das Deutsche Reich; 6. Die Erdteile, Weltmeere und deutschen Schutzgebiete«. Daß dieser gesamte geographische Lehrstoff, auch wenn er für die Unterstufe richtig und in weiser Beschränkung ausgewählt wäre, auf 64 Seiten (mehrere Seiten gehen noch durch Kärtchen verloren) in annehmbarer Form nicht dargestellt werden kann, ist ohne weiteres klar. Wie aber der Verf. auswählt, kann man daran ersennen, daß ihm unter den Flüssen von Kaiser-Wilhelm-Land der Kaiserin-Augusta-Fluß nicht genügt, sondern auch der »Ramu und Kabenau-Fluß« noch gemerkt werden müssen. Von den Seen Brandenburgs sind als die »wichtigsten«, »hauptsächlichsten«, »größten« usw. 26 aufgezählt, von den 42 Kreisen der Provinz Brandenburg wird dem Schüler keiner geschenkt. Daß der Verf. sie lernen lassen will, darf man wohl daraus folgern, daß er zu dem Abschnitt die Bemerkung setzt: »Selbstverständlich sind nur die allerwichtigsten (der Einwohnerzahlen der Städte nämlich: D. Ref.) zu lernen«. Einiges menschliche Röhren scheint der Verf. also doch noch mit den 8—10jährigen Kleinen zu spüren. Von dem Stil mag folgende typische Probe eine Vorstellung geben. Seite 45—47 »behandelt« Verf. die Gewässer des Deutschen Reiches; er sagt Seite 46: (Flüsse) »f. die Elbe entspringt auf dem Riesengebirge und mündet in die Nordsee. Rechte Nebenflüsse: Iser, schwarze Elster, Havel mit der Spree, Eide. Linke Nebenflüsse: Moldau (Prag), Eger, Mulde, Saale mit der Unstrut, Bode und weiße Elster. Elbstädte: Josephstadt, Königgrätz, Theresienstadt, Königstein, Dresden, Torgau, Wittenberg, Magdeburg, Hamburg«. Ob der Verf. wohl nie auf den Gedanken gekommen ist, daß das alles viel besser vom Atlas und der Wandkarte zu entnehmen ist, auch in dem Sinne, daß die Schüler es vom Atlas lernen! Was nun speziell die Heimatskunde der Stadt Berlin betrifft, so hilft sich der Verf. damit, daß er bei den Überschriften »Stadtbezirk« und »Stadtteil« sagt: »In Berlin und anderen Städten ist hier nur derjenige Stadtbezirk (Stadtteil), in welchem die Schule liegt, zu behandeln«. Das ist für einen Leitfaden dieser Art natürlich die glücklichste Lösung, wenn der Schüler auch nichts damit anfangen kann. Aber was bietet nun der dritte Teil, wo die Heimatskunde Berlins wirklich gegeben wird? Auf sechs Seiten fast nichts als 21 Namen von Stadtteilen und Angabe ihrer Lage, 60 Namen von Anlagen, Denkmälern und Bauwerken, Namen von Erzeugnissen, Anstalten, Verwaltungsbehörden und den Ortschaften der Umgebung Berlins. Nur äußerst wenige lakonische Bemerkungen sind den Namen hinzugefügt, sie bringen fast immer nur die Lage zum Ausdruck. Daß Verf. Seite 26 den Lausitzer Grenzwall, den Fläming usw. Bergzüge nennt, könnte ihm vielleicht der eine oder andere verzeihen; daß er aber den baltischen Landrücken ein »Gebirge« nennt (S. 53, 55), daß er die »Seebäder« zu den »Mineralquellen« rechnet (S. 47) und noch immer die Meeresströmungen durch die Rotation der Erde »entstehen« läßt u. v. a., das kann auch die größte Nachsicht nicht ungerügt lassen. Von »Landschaftskunde«, von lausaier Verknüpfung ist in dem Hefte natürlich nichts zu verspüren. Was nützt die Vorbemerkung, daß »der Leitfaden seiner Bestimmung nach ein Lernbuch für den Schüler, aber nur ein Führer für den Lehrer

(ich danke! Ref.) ist«; daß es »ihm überlassen ist, den hier gegebenen Stoff nach Maßgabe des Bildungszwecks und der Bildungszeit auszuwählen, ihn in bildender Weise zu entwickeln, ihn zu beleben und zu ergänzen« usw.! Tatsache bleibt, daß der gesamte Stoff bestimmt ist für 8—10jährige Kinder und daß überall gesagt wird: Wir merken — Wichtig sind — Bemerkenswert ist — u. ä.

Verwunderlich ist es, daß in der Ära v. Richthofen-Kirchhoff eine Heimatskunde dieser Art die 5. Auflage erreichen konnte, verwunderlicher noch, daß dieselbe eine »verbesserte« genannt werden durfte. Ich kenne sehr wohl die vorläufig vielleicht noch unüberwindlichen Schwierigkeiten, die Heimatskunde einer Großstadt wie Berlin in Form eines Leitfadens, eines Schulbuchs überhaupt, abzufassen; Verf. hat aber nach meiner Ansicht gezeigt, wie diese Heimatskunde nicht beschaffen sein soll.

Rektor W. Hastedt-Berlin.

Ruge, S., Geographie insbesondere für Handelsschulen und Realschulen. 14. Aufl. 8°, 363 S. Leipzig 1904, Dr. Seele & Co.

Je größer die Zahl der neubegründeten Handelshochschulen wird, je mehr sich das Bedürfnis geltend macht, die Ergebnisse der geographischen Forschung den beteiligten Kreisen zugänglich und verwertbar zu machen, desto fühlbarer wird auch die Frage nach einem geschickt abgefaßten und doch das Wesentliche umfassenden Lehrbuch. Zwar gibt es deren verschiedene; ob sie aber den Anforderungen gerecht werden, steht dahin. Gilt es doch in ihnen zweierlei zu berücksichtigen! Sowohl die wissenschaftliche Seite genügend zu würdigen als auch den Forderungen für die Praxis Rechnung zu tragen. Eines gewissen Rufes erfreut sich das vorliegende Lehrbuch, welches noch kurz vor dem Tode des Verfassers in 14. Auflage neu erschienen ist. Daß hier das Neueste der Forschung berücksichtigt ist, erscheint bei dem Fleiße und der verständnisvollen Behandlung des Stoffes seitens des Verfassers selbstverständlich. Ob er aber, trotz der genügend ausführlichen Berücksichtigung des handelsgeographischen Teiles, überall das Richtige getroffen hat, darüber dürfte erst die Zukunft entscheiden. Dem Referenten will es scheinen, als ob die Behandlung der eigentlichen Länderkunde, selbst unter dem angegebenen Gesichtspunkt betrachtet, zu sehr in den Vordergrund gerückt ist und z. B. der gegenüber die Verkehrsgeographie stark zurückgedrängt worden ist. Auch würden m. E. Tabellen, wenn auch nur auszugsweise mitgeteilt, über die Produkte in verschränkt werden, mit Ausnahme des Kapitels über die Erde am Platze sein für den Unterricht in Handelsschulen; desgleichen eine Zusammenstellung über die Verkehrsmittel und -wege in den Gegenden, welche der Handel aufsucht oder in Zukunft mit Aussicht auf Erfolg aufzusuchen hat. Und manche andere Wünsche wären gewiß auch noch zu erfüllen. Dem gegenüber könnte der allgemeine Teil, der die allgemeine Erdkunde in Kürze behandelt, noch eingeschränkt werden, mit Ausnahme des Kapitels über die Völkerkunde, der auch in dem Falle, daß man den jetzigen Inhalt des Buches im wesentlichen nicht änderte, umfassender behandelt werden müßte.

Was die Fassung des Buches, wie sie ist, betrifft, so möchte wir hervorheben, daß bei der größten Zahl der Namen Erklärungen hinzugefügt worden sind, wodurch vielfach das Verständnis erleichtert wird. Übrigens ist dies wohl auf die

philologische Bildung des Verfassers zurückzuführen
Störend wirkt dagegen die Angabe der Flächen-
inhalts nach Quadratmyriametern (= 100 qkm; qmyr),
da hier ein ungewohnter Begriff in die Erdkunde
eingeführt wird und dem Schüler, dessen Gedächtnis überdies mit Zahlen schon an und für sich über-
häuft wird, Schwierigkeiten unnötigerweise bereitet werden. Das Buch schließt mit der Angabe
der jüngsten wichtigsten geographischen Ereignisse,
des Vordringens der englischen Südpolarexpedition
über den 82. südlichen Breitengrad hinaus, einer
Tatsache, an die übrigens jüngst F. v. Richthofen
die Bemerkung knüpfte, daß es vielleicht nicht unwahrscheinlich ist, daß es den antarktischen Einver-
hältnissen zufolge den Südpol noch eher als den
Nordpol zu erreichen gelingen könnte.

Dr. Ed. Lentz-Charlottenburg.

Auer, L., Die landschaftlichen Schönheiten der
Heimat als Erziehungsmittel. Katholische
Schulzeitung, Nr. 20—28. Donauwörth 1903.

Der Verfasser nennt seine Arbeit eine pädagogische Plauderei; und eine Plauderei ist sie auch,
die sich vorzugsweise in pädagogischen Allgemein-
heiten mit zahlreichen Wiederholungen bewegt. Sehr
stark betont wird der religiöse Standpunkt. Häufig
findet sich Ausfälle gegen die moderne Bildung, und
besonders die akademische. So wird u. a. erwähnt,
daß »25 % der erschrecklichen Zahl von Geschlechts-
kranken Studenten« sind, was mit den landschaftlichen Schönheiten der Heimat doch sicherlich nur
in ganz losem Zusammenhang steht. Das eigentliche Thema wird recht kurz behandelt; erst gegen
das Ende der Arbeit finden sich einige Anweisungen
für Naturbetrachtungen, die meistens anderen Schriften
entlehnt sind.

Dr. Richard Herold-Oranienstein a. d. Lahn.

La ensenanza de la geografía lo que es y
lo que debería ser en españa, conferencia
dada en la »Real sociedad geográfica« por
Rafael Alvarez Sereix y Leopoldo Ped-
reira Taibo 15 Dez. 1903, Boletin de la Real
soc. geogr. tom. XLV (1903), S. 267—312,
Madrid, imprenta del cuerpo de artilleria.

»In Spanien ist die Geographie keine Wissenschaft, sondern nur eine Anweisung; nicht ein
Studium, sondern nur ein Lehrplan-Regulativ«. »Die
Wurzel unseres Unglücks, des Verlustes unserer Kolonien war unsere Unwissenheit in Geographie«. Einst
war das Studium der Erdkunde der Stolz unseres
Volkes, das der Welt zwei der fünf Erdteile entdeckt hat; so sei es auch die Grundlage neuer Blüte
für unser Geschlecht und das unserer Söhne. —
Das sind die Töne, die zu Anfang wie zum Schlusse angeschlagen werden, doch auch zwischendurch immer
wieder erklingen. Die Pflege auf den höheren Lehranstalten ist der Inhalt. Wir kennen diese Klagen
nur zu gut, die nachgerade in jedem Lande ertönen,
dessen Bevölkerung sich darauf besinnt, daß das
verwichene Jahrhundert es an ganz neue wirtschaftliche wie wissenschaftliche Aufgaben herangeführt hat,
es wäre zu hoffen, daß wir in Deutschland weniger
Grund hätten, sie anzustimmen, als es dem Spanier
scheint.

Im einzelnen stellen die Verfasser, von zahlreichen belebenden Ausführungen abgesehen, fest,
daß zu Anfang des 19. Jahrhunderts der Stand der
geographischen Bildung in Spanien höher war als

an dessen Ausgang [1]. Dann folgt der schwere Nieder-
bruch der Napoleonischen Zeit und des Abfalls der
südamerikanischen Pflanzländer.

Ausführlich wird der Zustand um 1836 geschildert,
zu welcher Zeit der Unterricht nicht mehr wie
40 Jahre früher in den Händen von Philanthropen
und Volksfreunden lag und »alle Laster einer ab-
surden Pädagogik« blühten (286) (Einzelheiten lese
man selber nach). Unter den angeführten Lehrplänen datiert der erste von 1825, der Passus lautet:
»Die Erdkunde figuriert nicht in den Lateinschulen. Sie
wird, vermengt mit Geschichte und Chronologie, in
den »Humanitätskollegien« verlangt. Fast noch schöner
ist es 1836 geworden. Neue Pläne kommen 1845,
1847, 1850, alle von größter Kümmerlichkeit. Auch
1852 wird die Geographie nur in Verbindung mit
Geschichte gegeben. Dafür gibt es drei Jahreskurse
in lateinischer Grammatik und drei in lateinischen
und kastilischen Klassikern. Außerdem wird ein Zeugnis in römischer Mythologie und Kultus verlangt;
von Cuba und den Philippinen brauchen die
Zöglinge nichts zu wissen. »46 Jahre nach
diesem Zeitalter der Bachanalien- und Luperkalien-
kenntnis brach die Stunde des Unheils herein!« Harte
Worte; aber auch unrichtige? kaum. Nun folgen sich,
ohne wesentliches zu bessern, die Lehrpläne von 1857,
1861, 1866, 1868, 1873, 1880, und dann der Schluß-
teil, der mit dem Worte einleitet, daß die Erdkunde,
um in Fleisch und Blut überzugehen, viele Unterrichts-
jahre nötig hat, ist die klarste Sache von der Welt.
In diesem Teile werden die neuen Unterrichtsmethoden
verständig [2] diskutiert. Doch hat dieser Teil, der
uns wenig neues sagt, wohl nicht so viel Interesse
für uns, wie der erste historische. Die »Luperkalien«
stehen ja auch unseren höheren Schulen im allgemeinen
noch immer weit näher, als die Arbeit unserer Volksgenossen in Südafrika oder in Brasilien.   *H. F.*

Geographische Literatur.

a) Allgemeines.

Barbetta, R., Manuale di topografia pratica. Turin 1904,
F. Casanova. 4 L.

Bestimmung der Längendifferenz Potsdam—Greenwich
im Jahre 1903. (Veröffentl. des Kgl. preuß. geodät. Instituts. Neue Folge 15, astronomisch-geodätische Arbeiten
I. Ordnung.) 4°, 77 S. Berlin 1904. 3 M.

Friedrich, E., Allgemeine u. spezielle Wirtschaftsgeographie.
370 S., 3 K. Leipzig 1904, Göschen. 4.20 M.

Herrero y Garcia, L., Geografía universal. Madrid 1904,
Minist. de Marina. 15 pes.

Herrmann, E., Wetterprognosen für den Ozean und ihre
Bedeutung für die Schiffahrt. Ein Beitrag zur Frage der
allgemeinen Wetterprognose auf lange Zeit. Vortrag.
Gr.-8°, 24 S., 1 Tafel. Hamburg 1904, Eckardt & Mess-
torff. 80 Pf.

Jahrbuch der Astronomie und Geophysik. Enthaltend die
wichtigsten Fortschritte auf den Gebieten der Astrophysik,
Meteorologie und physikalischen Erdkunde. Herausgg.
von Herm. J. Klein. 14. Jahrg., 1903. 308 S., 6 Tafeln.
Leipzig 1904, Ed. Heinr. Mayer. 7 M.

---

[1] Hiermit ist es interessant, Hermann Wagners Nachweis
zu vergleichen, daß die preußischen Gymnasien vor über
100 Jahren schon Erdkundeunterricht bis zum Schulschluß
hatten. »Die Reform des höheren Schulwesens in Preußen«,
Herausg. Lexis. S. 341.

[2] So nennt er Frankreich, das doch auch hier vielfach
als Vorbild dient, »das Land alles Übertriebenen« (309).

Karutz, Rich., Von Lübeck nach Kokand. Ein Reisebericht. 148 S. Lübeck 1904, Lübcke & Nöhring. 3 M.
Leitfaden für den Unterricht in der Feldkunde (Geländelehre, Darstellen und Aufnehmen) an der bayerischen Kriegsschule. 5. Aufl. 60 S., 44 Abb., 4 Taf. München 1904, Th. Riedel. 3.20 M.
Mann, A., Die Wunder des Himmels und der Erde, erforscht und begründet als Naturereignisse allgemeinfasslich. Art. 2. Aufl. 128 S. Kolberg 1904, Selbstverlag. 3 M.
Meyer, M. Wilh., Die Gesetze der Bewegungen am Himmel und ihre Erforschung. (Hillgers Illustr. Volksbücher. Eine Sammlung von gemeinverständlichen Abhandlungen aus allen Wissensgebieten. Nr. 1.) 96 S. Berlin 1904, Hillger. 30 Pf.
Pinkó, Jul., Die Südhalbkugel im Weltverkehr. Reise als Handelspol. Fachreferent des k. k. österr. und Kgl. ungar. Handelsministeriums. 245 S. Wien 1904, C. W. Stern. 10 M.
Reydmann, Loth., Das Entstehen und Vergehen der Weltenkörper. Ein neues Weltsystem. Kurzgefasste populärwissenschaftliche Abhandlung mit Illustrationen. 31 S. Leipzig 1904, Jaeger. 60 Pf.
Schubert, Theod., Die Ursachen aller Bewegungen der Himmelskörper, gesetzmässig nachgewiesen. 47 S. m. Abb. Bautzen 1904, O. Kronschner. 1.30 M.
Siebert, Aug., Handbuch der Erdbebenkunde. Or.-8°. 362 S., 113 Abb. und Karten. Braunschweig 1904, Friedr. Vieweg & Sohn. 7.50 M.
Sturdza, A. C., La terre et la race romaines dépuis leurs origines. Paris 1904, J. Rothschild. 20 frs.
Supan, Alex., Die Bevölkerung der Erde. Periodische Unterricht über neue Arealberechnungen, Gebietsveränderungen, Zählungen und Schätzungen der Bevölkerung auf der gesamten Erdoberfläche. (Petermanns Mitteilungen, Ergänzungsheft 140.) 156 S., 1 K. Gotha 1904, Justus Perthes. 9 M.
Weigel, Generalmajor, Andeitung zum militärischen Planzeichnen, Kartenlesen und Kroskieren. 64 S. mit Abb. und 1 Taf. Berlin 1904, Vossische Buchhandlung. 2.40 M.
Wondel, Hauptmann Vikt., Leitfaden der Vermessungsarbeiten zunächst als Studie für alle, die in der praktischen Geodäsie und Geometrie tätig sind, insbesondere die Ingenieure der Grundsteuer-Regulierungskommissionen. Auf Grundlage der Katastral-Vermessung von Bosnien und der Herzegowina. 261 S., 50 Taf. Wien 1904, Szelinski & Co. 3 M.

b) Deutschland
Assmann, R., Die Temperatur der Luft über Berlin in der Zeit vom 1. Oktober 1902 bis 31. Dezember 1903, dargestellt nach den täglichen Aufstiegen am aeronaut. Observ. der Kgl. preuß. met. Inst. 4 S., 15 Taf. Berlin 1904, Otto Salle. 1.30 M.
Brossmann, Eduard, Karte vom Oberland der Fürstentümer Reuß und einem Teile der Pflege Reichenfels mit Berücksichtigung der angrenzenden Landesteile. 5. Aufl. der Oberländerschen Spezialkarte 1 : 50000. Lobenstein 1904, F. Krüger. 3 M.
Gotpin, K., Zur Kritik der oberrheinischen Binnenschiffahrtsprojekte unter besonderer Berücksichtigung der Ausbildung der Rheinstromstraße zwischen Basel und Mannheim. 75 S. Basel 1904, Helbing & Lichtenhahn. 3 M.
Harther, R., Herrenalb im württembergischen Schwarzwald. Neuester Führer. 3. Aufl. 135 S. Freiburg i. B., F. Paul Lorenz. 90 Pf.
Höhenkurvenkarte vom Königreich Württemberg. Herausgegeben von dem Kgl. württembergischen statistischen Landesamt. 1 : 25000. Blatt 71. Plochingen. Stuttgart 1904, H. Lindemann. 1.50 M.
Karte des badischen Schwarzwaldes. 1 : 50000. VII. Freiburg i. B. 2. Aufl. Karlsruhe 1904, Müller & Gräff. 3.50 M.
Karte des Schwäbischen Alb-Vereins. Herausgeg. vom Kgl. stat. Landesamt. 1 : 50000. Blatt IV und XI. Stuttgart 1904, H. Lindemann. Je 90 Pf.
Lützower, W., Spezialkarte des Reg.-Bez. Erfurt und der Thüringischen Staaten. Desgl. des Königreichs Sachsen. Beide in 1 : 300000. Frankfurt a. M., Ravenstein. 1.50 und 1 M.
Meyers Reisebücher. Nordseebäder und Städte der Nordseeküste. 2. Aufl. 208 S., 25 K., 19 Pl., 1 Abb. Leipzig 1904, Bibliographisches Institut. 4.50 M.
Meyers Reisebücher. Riesengebirge und die Grafschaft Glatz. 14. Aufl. 280 S. auf K. und Pl. Leipzig 1904, Bibliographisches Institut. 2 M.
Neue Karte des Württembergischen Schwarzwaldvereins. 1 : 50000. 8. Blatt: Triberg. Stuttgart 1904, A. Bonz. 2 M.
Partsch, Jos., Landeskunde der Provinz Schlesien. 5. Aufl. 60 S. mit K. und Abb. Breslau 1904, Hirt. 50 Pf.
Pohr, Chr., Taschen-Atlas vom Mittelrhein-Gebiet. Neue Ausgabe 1904. 16 K. Stuttgart 1904, Hobbing & Büchle. 1 M.
Petz, A., Geologie des Königreichs Sachsen in gemeinverständlicher Darstellung. 152 S., 121 Fig., 1 K. Leipzig 1904, E. Wunderlich. 3.60 M.

Rißmann, Wilh. C., Wandkarte vom Ort. Heilbronn und Weinsberg. 1 : 25000. Je 2 Blatt. Heilbronn 1904, A. Scheurlen. Je 14 M.

c) Übriges Europa
Porrario, C., la penisola Balcanica. Turin 1904, F. Casanova. 3 l.
Paudler, A., Der neue Kammweg vom Joschken- zum Rosenberge. 251 S. mit Abb. und 1 K. Leipa 1904, Hamann. 4.50 M.
Penck, A., Neue Karten und Reliefs der Alpen. Studien über Geländedarstellung. 112 S. Leipzig 1904, Teubner. 2.80 M.
Vahl, M., Madeiras Vegetation. 8°. Kopenhagen 1904, Gyldendalsche Buchhandlung. 3 K. 50 ö.

d) Asien
Bernard, J., A travers Sumatra. 16°. Paris, Hachette et Co. 4 frs.
Bilder aus Ostasien. I. Japan. II. Mandschurei und Korea. III. Kiautschou (19 Blatt mit 2 S. Text). Quer-gr.-4°. Gütersloh 1904, C. Bertelsmann. 1 M.
Pailleux et Houtigon, L'Asie au début du 20 e siècle. Paris 1904, Ch. Delagrave. 3 frs. 50 c.
Hartmann, S., Japanese art. London 1904, G. P. Putnam's Sons. 6 sh.
Hitomi, J., Japan, Land und Leute. Übersetzt von Wilh. Thal. 113 S., 16 Illustr., 1 K. (Hillgers Illustr. Volksbücher. Nr. 2.) Berlin 1904, H. Hillger. 30 Pf.
Jacot-Guillarmod, J., au mois dans l'Himalaya, le Karakorum et l'Hindu-Kush. Neuenburg 1904, W. Sandoz. 20 frs.
Karte des russischen Schutzgebiets auf der Halbinsel Liautung. Herausgeg. von der kartographischen Abteilung der Kgl. preuß. Landesaufnahme. 1 : 300000. Berlin 1904, R. Eisenschmidt. 3 M.
Meyer, A. B., und O. Richter, Celebes I., Sammlung der Fterren Dr. Paul und Dr. Franz Sarasin aus den Jahren 1893—96 (Publikation aus dem Kgl. ethnogr. Museum zu Dresden XIV). 140 S., 29 Taf., 17 Abb., 1 K. Dresden 1904, Stengel & Co. 120 M.
Rohrbach, P., Die russische Weltmacht in Mittel- und Westasien. (Monographien zur Weltpolitik. Herausgeg. von Dr. Rud. Breitscheid und Rud. Zabel. 3. Bd.) 2°, 176 S. Leipzig 1904, Wiegand. 2.50 M.
Übersichtskarte des russisch-japanischen Kriegsschauplatzes. Bearbeitet für die kartogr. Abt. der Kgl. preuß. Landesaufnahme. 1 : 3300000. Berlin 1904, R. Eisenschmidt. 1 M.
Was braucht Indien? Eigenes und Entlehntes in neuer Beleuchtung. Beitrag zur Mission. Von Philind. II. Ausgabe. 34 S. Ascona 1904, v. Schmidtz. 50 Pf.

e) Afrika
Dawson, A. J., Things seen in Morocco. London 1904, Methuen et Co. 10 sh. 6 d.
Dehdrain, H., Études sur l'Afrique. Paris 1904, Hachette et Cie. 3 frs. 50 c.
Pailles, M., L'Afrique au début du 20 e siècle. 8°. Paris 1904, Ch. Delagrave. 3 frs. 50 c.
Fenn, G. M., The Khedive's Country. London 1904, Cassell & Co. 5 sh.
Girard, Étude sur le Maroc. 8°. Paris 1904, R. Chapelot & Cie. 2 frs. 25 c.
Hartmann, Geo, Karte des nördlichen Teiles von Deutsch-Südwestafrika. 1 : 300000. 6 Blatt je 72 : 90 cm. 4 S. Begleitworte. Hamburg 1904, Friederichsen & Co. 30 M., einzelnes Blatt 6 M.
Matthews, F. P., Thirty years in Madagascar. London 1904, Relig. Tract Soc. 6 sh.
Münsterberg, Hugo, Die Amerikaner. 1. Bd.; Das politische und wirtschaftliche Leben. 494 S. Berlin 1904, E. S. Mittler. 6.25 M.

f) Amerika
Harriman, Alaska expedition: Alaska, vol. III. Glaciers and glaciation, by G. K. Gilbert. Vol. IV. Geology and Palaeontology by B. R. Emerson and others. Vol. V. By F. Cardot and others. 8°. London 1904, J. Murray. Je 21 sh.

g) Australien
Wolff, Emil, Die Durchquerung der Gazelle-Halbinsel, Bismarckarchipel. (Verhandlungen der deutschen Kol.-Ges., Abt. Berlin-Charlottenburg. VIII, 2.) 34 S. Berlin 1904, Dietrich Reimer. 40 Pf.

h) Geographischer Unterricht.
Daniel, H. A., Leitfaden für den Unterricht in der Geographie. 236. Aufl. Herausgeg. von W. Wolkenhauer. Halle 1904, Waisenhaus. 1.35 M.

Eggert, E., Mathematische Geographie für Lehrerbildungsanstalten. Gänzliche Umarbeitung (7. Aufl.) von Lorch-
Eggerts mathemat. Geographie. 99 S., 43 Abb. Leipzig
1904, Dürr. 1.50 M.

Egli, J. J., Handelsgeographie für kaufmännische und
gewerbliche Schulen. Umgearbeitet und fortgeführt von
Dr. Edwin Zollinger. 8. Aufl. 244 S. St. Gallen 1905,
Fehr. 2.40 M.

Pritzsche, Rich., Methodisches Handbuch für den erdkundlichen Unterricht in der Volks-, Bürger- und Mittelschule. Nach den Grundsätzen der vergleichenden Erdkunde und den Forderungen der Herbartischen Pädagogik
bearbeitet. 2. Teil: Länderkunde von Europa. 226 S.
Leipzig 1904, Herm. Beyer & Söhne. 3.50 M.

Gaebler, Ed., Wandkarte des Deutschen Reiches. Polit.
1:800000. 18. Aufl. 22 M. — Wandkarte der östlichen
und westlichen Erdhälfte. 1:12000000. Physik. 8. Aufl.
16 M. — Schulwandkarte von Europa. 1:1500000. Grade
Ausgabe. 10. Aufl. Polit. und physik. 22 M. Leipzig
1905, Lang.

Hupfer, E., Deutschlands Anteil am Welthandel. Anhang
zu dem Hilfsbuch der Erdkunde für Lehrerbildungsanstalten. 28 S. Leipzig 1904, Dürr. 20 Pf.

Jacob, K., Atlas für die Heimatskunde von Leipzig. 5. verb.
Aufl. Fol. 8 K. Leipzig 1904, Hahn. 30 Pf.

Korp, H., Methodisches Lehrbuch einer begründeten ver-
gleichenden Erdkunde. 3. Bd.: Die außereuropäischen
Erdteile nebst den deutschen Kolonien. 356 S. Trier 1904,
Lintz. 5 M.

Kirchhoff, A., Erdkunde für Schulen. 1. Teil, Unterstufe.
10. Aufl. 50 S. Halle 1904, Waisenhaus. 60 Pf.

Lattaa, H., Kleine Geographie für Volksschulen. 15. Aufl.
54 S., 9 Abb. Leipzig 1904, Peters. 50 Pf.

Meinhold neuester Schulplan von Dresden, nach ver-
messungsamtlichen Unterlagen für heimatkundlichen Schulunterricht bearbeitet. 1:20000. Dresden 1904, Meinhold
& Söhne. 20 Pf.

Seydlitz, E. v., Geographie. Ausgabe E. 1. 3. Die außereuropäischen Erdteile. 7. Aufl. 96 S. Breslau 1904,
Hirt. 80 Pf.

Wietecky und Schleichert, Heimatskunde von Halle und
Umgegend. 2. gänzlich umgearbeitete Aufl. hrsg. von
A. Grothe. 1. Teil: Georg. Heimatskunde. 100 S. mit
Abb. und K. Halle 1904, Waisenhaus. 1.20 M.

Ziessmer, Jos., Kleine mathematische Geographie. 5. völlig
umgearbeitete Aufl. Gr.-8°, 64 S., 30 Fig. Breslau 1904,
F. Hirt. 1 M.

f) Zeitschriften.

Annales de Géographie. 13e Année.
Nr. 69 (Mai). Navarre, La géographie médicale, à
propos d'un livre récent. — Gallois, La Woëvre et la Haye.
Étude de zones de pays. — Bulard, L'industrie du fer dans
la Haute-Marne (Premier article). — Léon, Les grands ports
français de l'Atlantique (Premier article). — Auerbach,
Le régime de la Weser (Second article). — Courtellemont,
La grande bouche du Yang-tse-kiang. — Camena
d'Almeida, La carte des sols de la Russie publiée par le
Département de l'Agriculture. — Ferrand et Martin,
Schirmer, Les Mountianes à Madagascar.

Bollettino della Società Geografica Italiana. 1904.
April. Baldacci, Nel paese del Cza. Viaggi di
esplorazione nel Montenegro orientale e nelle Alpi Albanesi.
Gestro, Una gita in Sardegna. — Tancredi, Chevaland.
Biasioli, Sophus Ruge.

Bulletin of the American Geogr. Society. Vol. XXXVI.
Nr. 2. Lansing, The Questions Settled by the Award
of the Alaskan Boundary Tribunal. — Notes as Geological
Surveys. — Piera, The New Seaport of Zeebrugge. —
River Surveys in the U. States. — Geographical Record. —
Base Maps of the U. S. — Littlehales, Mr. E. A. Reeves'
Notes and Suggestions on Geographical Surveying and
Practical Astronomy.
Nr. 3. Ward, Sensible Temperatures. — Littlehales,
Concerning Sextant Observations for Determining Geo-
graphical Positions. — Wieland, Polar Climate in Time
the Major Factor in the Evolution of Plants and Animals. —
Hubbard, A Case of Geographic Influence upon Human
Affairs. — A Picture of Kano. — Balch, American Explorers
in Africa.

Deutsche Rundschau für Geogr. u. Stat. XXVI. 1904.
Heft 8. Friedrich, Der jüngste Sudan. —
Trampler, Die neue Trophäenschale bei Kirtein in
Mähren. — Aus dem Acro-Gebiet. — Jensen, Die Wieding-
harde und ihre Sagen (Schluß).

Globus. Bd. 85. 1904.
Nr. 17. Bauer, Bilder aus dem deutschen Tundera-
gebiet. — Wegener, Lhasa. — Das Magengebirge in
Deutsch-Ostafrika. — Kloss, Der Mono als Salzstraße. —
Hauptmann Hermann über die Zentralafrikanischen Vulkane.
Nr. 18. Kaindl, Die Hochzeitsfeier bei den Ruthenen
s Berhometh am Pruth (Bukowina). — Seidel, Togo im

Jahre 1903. — Abschluß der englischen Südpolarexpedition. —
Fehlinger, Die Teperano-Indianer. — Krebs, Streitfragen urgeschichtlicher Bautechnik.

La Géographie. IX. 1903.
Nr. 4. Les travaux géodésiques, topographiques et
cartographiques exécutés à Madagaskar. — Bullock-
Workman, Exploration des glaciers de Kara-Korum. —
Hulot, Historique des missions Béoud-Tchad. — Gobet,
Les Hautes-Chaumes des Vosges.

Petermanns Mitteilungen. 50. Bd., 1904.
Heft 5. Schlagintweit, Tibet. — Pfauthal, Bei-
träge zur Geologie der argentinischen Provinz Buenos Aires.
II. Die südliche Oadergruppe. — Sodmas, Meteoro-
logische Ergebnisse der schwedischen Südpolarexpedition. —
Bogdanowitsch, Geologische Skizze von Kamtschatka
(Fortsetzung). — Kleinere Mitteilungen. — Geographischer
Monatsbericht. — Literaturbericht. — 1 Karte.

Rivista Geografica Italiana. XI. 1904.
IV. Marinelli, Giovanni Targioni Tozzetti e le
illustrazione geografica della Toscana (Cont.). — Magrini,
I recenti progressi nelle determinazioni relative di gravità
e la loro importanza per la geofisica (fine). — La Rivista. —
I V Congresso Geografico Italiano.

The Geographical Journal. Vol. XXII. 1904.
März. Manifold, Recent Exploration and Economic
Development in Central and Western China. — Lewin,
Geographical Distribution of Vegetation of the Basins of
the Rivers Eden, Tees, Wear and Tyne. — Kropothin,
Progress of Asia. — Freshfield, Notes from Tibet. —
Waddell, Map of Lhasa and its Environs.
April. Mackinder, The Geographical Pivot of
History. — Murray-Pullar, Bathymetrical Survey of the
Freshwater Lochs of Scotland. — Turley, A Visit to the
Yale Region and Central Mancheria. — Collinger, Abont
Korea. — Varley, The Island of Anjidiv. — Brealey,
Globe of 1592. — Russian Travel and Research in Asia.
Mai. Markham, The Antarctic Expedition. — Hand,
Exploration in the Southern Borderland of Abyssinia. —
Iriser, Rescue of the Swedish Antarctic Expedition. —
Church, The Acre Territory and the Cautchouc Region
of South Western Amazonia. — Russell, A Journey from
Peking to Tsinshor. — Cornish, On the Dimensions of
Deep-sea Waves and their Relation to Meteorological and
Geographical conditions. — Lucas, A bathymetrical Survey
of the Lakes of New-Zealand. — Moss, Peat Moors of
the Pennines: their sign, Origin and Utilisation.

The National Geographic Magazine. Vol. XIV, 1904.
Nr. 5. Map of Alaska. — Evermans, The bureau
of Fisheries. — Brooks, The Geography of Alaska. —
Balch, Termination Land. — The end of the Antarctic
continent Discovered by the American Wilkes. — Lessons
from Japan. — Inoculating the ground. — The Crosby
Expedition to Tibet.

The Scottish Geographical Magazine. XX. 1904.
April. Murray-Pullar, Bathymetrical Survey of the
Fresh-Water Lochs of Scotland. Part IV. Lochs of the
Awans District. — Richardson, The Port of London:
A French View. — Central Asia and Tibet.
Mai. M'Hardy, Somaliland. — Murray-Pullar,
Bathymetrical Survey of the Fresh-Water Lochs of Scotland.
Part IV. Lochs of the Awans District. — The Uttermost
East. — Macdonald, The Opal Formations of Australia.

**Tijdschrift van het Koninklijk Nederlandsch Aard-
rijkskundig Genootschap.** Tweede Serie, Deel XX. 1904.
Nr. 3. van Baren, De morphologische bouw der
Noord-Duitsche Caagvlakte. — van Dissel, Landrotz van
Fakfak naar Sekar. — v. D., Gebruik van het arbeids-
vermogen van een waterval. — Sa., Het Japansche Volkscharakter.

Wandern und Reisen. II. 1904.
Heft 10. Loescher, Künstlerische Landschafts-
graphie. — Ritter, im Dükuie. — Tingi, Das vordere
Fiederhorn. — Schmidt, Tote Städte in Süd-Frankreich:
Arles, Les Baux, Aigues Mortes.

Zeitschrift der Gesellschaft f. Erdkunde zu Berlin. 1904.
Nr. 3. Passarge, Die klimatischen Verhältnisse Vor-
kühlanns Südafrikas seit dem mittleren Mesozoicum. —
Conwentz, H., Schutz der natürlichen Landschaft, ihrer
Pflanzen- und Tierwelt. — Halbfaß, Die Morphometrie
der europäischen Seen (Schluß).
Nr. 4. Philippson, A., Das westliche Kleinasien
auf Grund eigener Reisen. — Voeltzkow, A., Bericht
über eine Reise nach Ostafrika zur Untersuchung der
Bildung und des Aufbaues der Riffe und Inseln des Indischen Ozeans.

Zeitschrift für Schulgeographie. XXV. 1904.
Heft 8. Braun, bearbeiten von Osterreden. — Hättl,
Die Kolonisationsfrage vom österreichischen Standpunkt. —
Branky, Die Namen im geographischen Unterricht. —

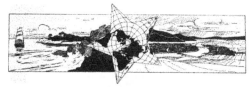

Aufsätze.

Die Solfatara.

Eine geographische Studie.

Von Dr. Egid v. Filek-Brünn.

Der merkwürdige Ringwall, der für eine große und nicht allzu scharf begrenzte Gruppe vulkanischer Erscheinungen die Bezeichnung und den Namen geliefert hat, ist von Strabo bis auf Sueß der Gegenstand eifrigen Forschens und steten Nachdenkens jener Männer gewesen, die sich mit geographischen Dingen beschäftigten. Man bezeichnet ihn als den merkwürdigsten Punkt der phlegräischen Felder; in der Tat vereinigt er so ziemlich alle Erscheinungen, die sich zerstreut an diesem so außerordentlich interessanten Fleck Erde vorfinden, und das Auge des Fachmanns wie des Laien wird in gleicher Weise durch seine Kraterform, seine heißen Quellen, seine Schwefeldampfausströmungen und die Eigenart seiner vulkanischen Gesteine gefesselt.

Die phlegräischen Felder, deren nähere Würdigung die Grundlage und den Ausgangspunkt unserer Betrachtung bildet, unterscheiden sich wesentlich von den benachbarten vulkanischen Gebieten, vor allem vom Vesuv. Das Charakteristische bei ihnen sind zunächst die vielen kleinen Einzelkrater, deren Totalansicht, etwa vom Kloster Camaldoli aus betrachtet, den von Sueß so schön geschilderten Eindruck einer Mondlandschaft bietet. Die Zahl der Krater wird sehr verschieden angegeben. Rechnet man bloß die ausgeprägten Ringwälle, so dürfte sie 13 betragen; nimmt man hingegen auch die mehr oder minder zerstörten vulkanischen Ränder dazu, so kommt man auf 20 und darüber. Hat man doch in und um Neapel mit Einschluß des Posilipp fünf verschiedene Krater annehmen zu müssen geglaubt[1]). Zahlbestimmungen haben in solchen Fällen immer etwas Unsicheres, da man die Zahl und Ausdehnung der jedenfalls auch bedeutenden submarinen Vulkane nicht kennt; darum bezeichnet schon Strabo die ganze Gegend vom Kap Misenum bis gegen Sorrent schlechthin als »der Krater«. Mit dem Fehlen des zentralen Auswurfskegels hängt auch die Abwesenheit großer und langer Lavaströme zusammen. Ebensowenig scheint ein Zusammenhang mit dem Vesuv nachweisbar; denn die gewaltigen vulkanischen Erscheinungen von 1538 (die Bildung des Monte nuovo) und 1302 (Eruption aus dem Kegel Kremate am Gehänge des Epomeo auf Ischia) verliefen ohne Wirkung auf den Vesuv, während die größten Eruptionen aus diesem die phlegräischen Felder nicht weiter beeinflußt haben.

Die Einzelkrater der phlegräischen Felder liegen durchaus in geringer Meereshöhe. (Solfatara 98 m, M. Olibano 156 m, M. nuovo 139 m Gipfelhöhe.) Der Zustand ihrer Tätigkeit ist verschieden. Der Explosionskrater des Astroni wird als Wildpark benutzt und zeigt keine Spur vulkanischer Tätigkeit, wenn man eine kleine Trachytkuppe ausnimmt, die sich in seiner Mitte befindet; bei Bagnoli gibt es heiße Quellen, ebenso auf Ischia (Gurgitello 64° C) und Procida, das aus drei Kratern besteht; auch die kreisrunde Form des Porto d'Ischia weist auf einen alten Krater hin. Andere Krater hauchen Schwefeldämpfe aus, wie bei Stufe di San Germano am lago d'Agnano, oder Kohlensäure, wie die Grotta del Cane.

Eine andere Eigentümlichkeit des Gebiets ist der große Gegensatz zwischen ruhigen und bewegten Schollen. Man denkt hier zunächst an die von Neumayr nach

[1]) Vgl. Neumayr-Uhlig, »Erdgeschichte«, 2. Aufl. Bd. I, S. 172. Leipzig 1895.

den Berichten gleichzeitiger Zeugen so lebensvoll geschilderte Bildung des Monte nuovo [1]). Die charakteristischen Merkmale dieser Erscheinung sind nach dem Briefe des Francesco del Nero die leichte Erhebung des Bodens und die ruckweise Entstehung des Berges an einer Stelle, wo früher eine große Ebene sich ausgebreitet hatte.

Allein hiermit ist die Zahl der Beispiele für plötzliche lokale Veränderungen in unmittelbarer Nähe von völlig ruhigen Stellen keineswegs erschöpft. Plinius sagt in seiner Historia naturalis II, 93 von der Hundsgrotte: »spiracula et scrobes Charoneae mortiferum spiritum exhalantes in agro Puteolano.« Also ganz genau dasselbe, was man auch heute von jener Stelle sagen kann, an der sich somit seit dem Altertum keine nennenswerte Veränderung vollzogen hat. Westlich vom Serapistempel, auf den wir später zurückkommen werden, befindet sich der Tempel des Neptun und der Nymphen; beide stehen tief unter Wasser, und man hat dort öfters antike Statuen und Säulen aus dem Meere gezogen. Hier müssen also starke Veränderungen stattgefunden haben wie bei der Bildung des Monte nuovo. An der alten via Puteolana fand man guterhaltene römische Gräber, die Piscina Cardito in der Nähe des Amphitheaters weist eine wohlerhaltene gewölbte Decke auf, ebenso steht der Arco Felice, ein 20 m hoher, 6 m breiter Ziegelbau, den Domitian aufführen ließ, in der Nähe des Monte nuovo durchaus aufrecht. Bei genauester Untersuchung fand ich die Fundamente und Grundmauern des sehr gut erhaltenen Amphitheaters in nächster Nähe der Solfatara völlig unversehrt, so daß hier seit dem Altertum keine Spur vulkanischer Erschütterung stattgefunden haben kann. Dagegen findet sich vom lago d'Agnano, der seit 1870 trocken gelegt ist, in der ganzen antiken Überlieferung keine Erwähnung, obzwar Plinius von der unmittelbar benachbarten Hundsgrotte spricht. Sehr wahrscheinlich hat sich der Krater erst während des Mittelalters gebildet.

Von diesem Gesichtspunkt aus wollen wir nun die nächst der Solfatara am meisten umstrittene Stelle in den Kreis unserer Betrachtung ziehen, nämlich den Serapistempel.

Dieses Bauwerk wird bald als Tempel, bald als Bad, bald als eine antike Markthalle (Macellum) bezeichnet. Es besteht aus einem rechteckigen, von 48 Granit- und Marmorsäulen umgebenen Hofe, an den sich 36 kleine Kammern anschließen, die fast ganz zerstört sind; die Vorhalle ruhte auf sechs korinthischen Säulen, von denen drei noch stehen, und führte in einen Hof. In dessen Mitte befand sich ein von 16 Säulen umgebener Rundbau; die Basen der Säulen sind noch gut erhalten, die Schäfte dagegen wurden in das Theater zu Caserta gebracht.

Wie in allen antiken Gebäuden, lag auch im sog. Serapistempel der Boden im Altertum tiefer als heutzutage; man schätzt die Differenz auf 1,50 m. Zur Zeit meines Besuchs stand übrigens der Boden des Tempels, der ⅓ m unter dem Meeresniveau liegt, unter Wasser und man konnte die Fußgestelle der »drei Säulen« nicht erkennen. Das Wasser floß ganz langsam gegen das Meer ab und schien mit demselben in Verbindung zu stehen.

Die berühmten tre colonne sind bis etwa 3½ m über dem Boden glatt, von 3,60 bis 5,70 m Höhe aber von vielen Löchern der Bohrmuscheln (Lithodomus dactylus) angefressen. Somit müßte also das Meer früher mindestens 6 m über dem heutigen Niveau gestanden haben und dann gesunken sein.

Die ganze Frage steht natürlich auch mit den Erscheinungen in der Solfatara im Zusammenhang. Denn wenn der Nachweis erbracht werden kann, daß diese seit dem Altertum eine Eruption gehabt und Asche, Schlacke, vulkanischen Staub u. dgl. ausgeworfen hat, so ist die Hebung oder Senkung des Bodens und die Verschüttung der Tempelfundamente eben ganz einfach auf vulkanische Kräfte zurückzuführen, da keiner der anderen Krater dem Serapeum so nahe liegt als eben die Solfatara. Wir müssen also unsere Betrachtung stets unter dem Gesichtspunkt anstellen, ob wir nicht zur Erklärung der rätselhaften Bewegungserscheinungen am Serapistempel den genannten Einzelkrater heranziehen können.

Freilich erscheint uns hier sofort der Umstand höchst auffallend, daß die berühmten drei Säulen zwar ein wenig schief, aber doch völlig aufrecht stehen. Wenn das Gebäude wirklich von der Solfatara her verschüttet wurde, dann die ganze Gegend bis

---

[1]) a. a. O. S. 174.

6 m tief ins Meer sank und sich erst 1538 bei Entstehung des Monte nuovo wieder
hob, so wären die Mauern des Tempels ganz zerstört und die Säulen umgestürzt und
zertrümmert worden. Auch entsteht die Frage, wie bei jenem Ausbruch der Solfatara
und der darauffolgenden Hebung und Senkung die ganzen Fundamente des nahegelegenen Amphitheaters völlig unversehrt bleiben konnten. Heimische Forscher, wie
Scacchi, bestreiten zudem jene Eruption der Solfatara, die ungenügend beglaubigt ist
und im Jahre 1198 stattgefunden haben soll. Die Ansicht Niccolinis, der einige
Dezennien lang Beobachtungen anstellte, geht dahin, daß eine Bewegung des Meeres bei
Stillstand des Landes anzunehmen ist. Die von Lyell zuerst angeregte und von Sueß
im »Antlitz der Erde« mit großer Gründlichkeit behandelte Frage der Hebung und
Senkung jener Erdstelle ist von letzterem Forscher dahin beantwortet, daß es sich um
eine positive Bewegung jener Stelle seit einer Reihe von Jahrhunderten, hohen Stand vom
13. Jahrhundert bis 1538, dann plötzliche negative Bewegung während des Ausbruchs
von 1538 handelt. Goethe nahm an, daß sich innerhalb des Tempels ein Salzwasser-
tümpel gebildet hätte, in dem die Muscheln lebten; andere behaupten, der sog. Tempel
sei eine Markthalle und die drei Säulen hätten zu einem Reservoir für Seefische gehört[1]).

Allein noch ein anderer sehr gewichtiger Umstand spricht gegen die Annahme,
daß sich an jener merkwürdigen Erdstelle starke vulkanische Kräfte geäußert hätten, sei
es nun in Gestalt eines Ausbruchs der Solfatara oder durch bedeutende Hebung und
Senkung des sog. Tempels. Hinter der als Cella angesprochenen Wandung nämlich
befindet sich eine warme Quelle, deren Vorhandensein im Altertum bezeugt ist. Mit
Rücksicht auf diese spricht man das Serapeum auch als Badeanlage an, da die Benutzung
dieser Quelle zu Bädern schon im Altertum stattfand[2]). Wäre die Senkung der drei
Säulen auf vulkanische Kräfte zurückzuführen, so hätte die in unmittelbarer Nähe des
Serapeums befindliche Quelle unbedingt versiegen müssen. Der Vergleich mit der
Hebung von Pantellaria, wo die Quellen an derselben Stelle wiederkehrten[3]), beweist
für unsere Stelle nichts, denn bei Pantellaria handelte es sich um eine Niveaudifferenz
von acht Dezimetern, beim Serapistempel um fast sechs Meter Höhenunterschied!
Eine Hebung, die nur die nächste Umgebung des Serapeums betraf, hätte also die
Quelle hinter der Cella unbedingt zum Versiegen gebracht, da selbst bei Pantellaria die
dortigen Quellen eine Zeitlang aussetzten. Betraf aber die Hebung das ganze Gebiet
in größerem Umkreis, so hätten die Fundamente des Amphitheaters unter allen Umständen alteriert werden müssen, was nicht der Fall ist.

Es scheint uns also nach genauer Erwägung der örtlichen Verhältnisse
und eingehender Betrachtung des Tempels die Annahme, daß ein Ausbruch
der Solfatara denselben verschüttet und er sich sodann gesenkt habe, um
bei der Bildung des Monte nuovo sich von neuem zu heben, zumindest als
sehr unwahrscheinlich.

Nicht ganz belanglos scheint ferner die Frage, welchem Zwecke der sog. Tempel
gedient haben mag. Die erste Erwähnung desselben stammt aus dem Jahre 105 v. Chr.;
daß der Serapiskult damals in Puteoli sehr häufig war, kann man wohl nicht direkt
nachweisen; bis 205 n. Chr. stand er unversehrt, im Jahre 1750 wurde er ausgegraben,
wobei sich zeigte, daß die tieferen Teile unter dem Meeresniveau lagen. Auch heute
noch führen mehrere Stufen in die Tiefe des Hofes hinab. Entspricht eine solche Anlage
schon nicht der gebräuchlichen Art, Tempel zu bauen, die doch meist an höhergelegenen
Orten angelegt werden und mit Stufen versehen sind, über die man zum Eingang gelangt,
so erscheint die große Ähnlichkeit des Serapeums mit dem Macellum in Pompeji noch
auffallender. Auch das dortige Markthallengebäude auf der Ostseite des Forums besitzt
einen viereckigen Hof, in der Mitte zwölf Fußgestelle für Säulen, die einen runden Kuppel-
bau tragen, in der Mitte eine Vertiefung und am Rande eine Anzahl Verkaufslokale. Wenn
man bedenkt, daß der Boden des Gebäudes, der zur Zeit meines Besuchs unter Wasser
stand, tiefer liegt als der Meeresspiegel, so daß eine Verbindung sehr leicht statt-

---

[1]) Die Literatur enthalten bei Sueß, Das Antlitz der Erde, 1888, II. Bd. S. 464—494; Neumayr,
Erdgeschichte, S. 399 ff, Leipzig 1895; Hann-Hochstetter-Pokorny, bearbeitet von Brückner, »Die
feste Erdrinde«, 1897; Deecke, Italien; Theob. Fischer, La penisola italiana, Torino 1902.
[2]) Neumayr, a. a. O. I., S. 400.
[3]) Neumayr, ebenda, S. 188.

10 *

finden kann; wenn man ferner erwägt, daß sich in der Nähe das Amphitheater befindet, welches durch eine Wasserleitung für Seekämpfe unter Wasser gesetzt wurde, daß also derartige Leitungen nichts außergewöhnliches darstellen, so kommt man sehr leicht auf die Vermutung, als hätten hier, vielleicht erst in späteren Zeiten, tatsächlich Behälter für Seetiere bestanden, die durch Verbindung mit dem Meere stets mit frischem Wasser gefüllt werden konnten. Zog ja doch bei dem ganz nahen Bajä der Redner Hortensius seine geliebten Moränen, und Wasserkünste und hydrostatische Experimente sind in jener Gegend genugsam bezeugt. Man denke nur an die berühmte Verbindung des Lukriner und Averner Sees und die Schaffung des Pontus Julius durch Augustus, ein Werk, das von Horaz und Vergil als Wunder gepriesen wurde und sich durch das ganze Mittelalter erhalten hat. Im Vergleich mit solch kolossalen Werken nimmt sich die Herstellung einer Piscina im Serapeum wie ein kleines Kunststückchen eines Marine-Ingenieurs aus.

Wir haben also gesehen, daß eine Überschüttung mit vulkanischen Auswurfsprodukten, die in erster Linie von der benachbarten Solfatara herrühren müßten, beim Serapistempel nicht sehr wahrscheinlich ist. Es sei nun unsere Aufgabe, die Solfatara selbst in den Kreis der Betrachtung zu ziehen.

Man ist sehr überrascht, wenn man auf dem Wege vom Meere her nach Durchwanderung der reizenden und lieblichen Landschaft, deren Zauber den Historiker ebenso wie den Maler und Geographen völlig gefangen nimmt, plötzlich vor jenem großen, weißgebleichten Kraterboden steht. Sein Durchmesser beträgt 500 m; die Umwallung, ein fast kreisförmiger Kraterrand, liegt an der höchsten Stelle 200 m, an der tiefsten 166 m über dem Meeresspiegel. Der Trachyttuff, der von den ausströmenden Schwefeldämpfen gebleicht erscheint, bildet auch die umgebenden Höhen; die Schichtung desselben ist quaquaversal, und die Ränder des Kraters geben verschiedenem Kräuter- und Sträucherwerk Gelegenheit zu kümmerlicher Entfaltung. Außer Vitexgebüsch finden sich Lorbeer und trockne Gräser. Der Boden des Kraters klingt stellenweise hohl; ob hier unterirdische Hohlräume liegen, ist schwer zu entscheiden; wahrscheinlicher ist, daß die lockere Beschaffenheit des Gesteins die Ursache darstellt, weil ein wirklicher Hohlraum doch kaum so lange Zeit Widerstand geleistet hätte. Das Gestein ist stellenweise mit Schwefel inkrustiert. Aus zahlreichen Ritzen und Spalten, Fumaroli genannt, entweicht unter Zischen und Sausen Wasserdampf und Schwefelwasserstoff, dessen Vorhandensein den Aufenthalt im Krater oft kaum erträglich gestaltet. Der Hauptkrater liegt nicht ganz genau in der Mitte. Er stellt eine runde Öffnung von etwa 2 m im Durchmesser dar, in welcher unter starkem Getöse weißlichgrauer Schlamm brodelt. Außer der Bildung von Keramohalit und Gips liefern diese Dämpfe auch Schwefelkrusten. Die schwefelsaure Tonerde diente hier und da auch zur Fabrikation von Alaun.

Die eigentliche Solfatara, bocca grande genannt, liegt am Ostende des Kraters. Man stelle sich eine kleine Grotte vor, die wagerecht in den Berg hinein geht; von allen Seiten brausen aus dem Gehänge starke Schwefeldämpfe, auch werden Bimssteine von Bohnenbis Taubeneigröße ununterbrochen ausgeworfen. Der Führer, der in einem kleinen, höher gelegenen Häuschen notdürftig vor den erstickenden Gasen geschützt ist, bricht mit eisernen Haken die Schwefelkrusten von dem Gestein ab. Diese erscheinen als zarter Anflug, oft aber auch als dicke Krusten; jeder Gegenstand, den man den Dämpfen aussetzt, überzieht sich in kurzer Zeit mit solchen Inkrustationen. Die Bezeichnung »lautes Brausen und Geheul« [1] scheint uns etwas zu stark; das Geräusch ist eher als ein Sieden zu bezeichnen. Die Temperatur der Dämpfe beträgt nach Hochstetter [2] 50—72° C; Deville hat in denselben Kohlensäure, Schwefelwasserstoff, schweflige Säure, Wasser, Stickstoff und Sauerstoff nachgewiesen, also dieselben Gase wie in vulkanischen Laven [3].

Die Ränder der Solfatara bestehen aus Lava. Somit kann kein Zweifel bestehen, daß sie in früheren Zeiten ein tätiger Vulkan gewesen sein muß. Daß diese aber sehr weit jenseit aller historischen Überlieferung liegen, dafür bieten die Berichte der alten Autoren Gewähr. Nur ein einziger, schlecht beglaubigter Bericht spricht von einer Eruption im Jahre 1198 [4]. Abgesehen davon, daß heimische Gelehrte denselben stark

[1] Neumayr, a. a. O., S. 183. Im übrigen ist die Schilderung dort durchaus zutreffend.
[2] Hann-Hochstetter-Pokorny, Allg. Erdkunde, S. 261. Prag 1881.
[3] Brückner, Die feste Erdrinde, S. 115. Wien 1897.
[4] Neumayr, a. a. O., S. 183. Sueß, ebenda, S. 490.

in Zweifel ziehen, bietet Strabo (Beschreibung Kampaniens, V. Buch, 4. Kap.) eine Belegstelle, aus der deutlich hervorgeht, daß die Solfatara zu seiner Zeit nicht anders aussah und arbeitete wie heute.

Strabos Urteil ist für uns von maßgebender Bedeutung. Er war es, der schon die vulkanische Natur des Vesuv richtig erkannte, ob zwar derselbe zu seiner Zeit eine Periode des Stillstandes besaß; er hat von der Bildung der vulkanischen Inseln zwischen Thera und Therasia (196 v. Chr.) berichtet und die Vulkane zuerst als eine Art von Sicherheitsventilen aufgefaßt. Wie hoch seine Auffassung derartiger Vorgänge über späteren Ansichten aus dem Mittelalter (Philoponos, Isidor, sogar Albertus Magnus) steht, braucht nicht erst dargelegt zu werden [1]).

Strabo erklärt zunächst die Bezeichnung Puteoli und nennt die Beziehungen zu puteal (Brunnen), als wahrscheinlicher aber die zu putor (Gestank) wegen der Schwefeldämpfe. Die Örtlichkeit beschreibt er folgendermaßen:

»Die ganze Gegend von Bajä an bis zum Gebiet von Cumae ist voll von Feuer, Schwefel und warmen Quellen. Gleich über der Stadt (Puzzuoli) liegt der Markt des Vulkanus, eine von vulkanischen Bergrändern umschlossene Ebene, die an vielen Stellen Dampflöcher enthält, die Feueressen gleichen und tosendes Geräusch machen. Auch die Ebene ist voll von herabgespültem Schwefel.«

Jedem unbefangenen Besucher der Solfatara drängt sich die Überzeugung auf, daß diese Beschreibung Wort für Wort auf die heutigen Verhältnisse paßt. Die Bezeichnung »oberhalb der Stadt« stimmt zu der Lage der Solfatara, zu der ein kurzer Weg in leichten Krümmungen emporführt; der Vergleich des großen, 500 m im Durchmesser messenden Kraterbodens mit einem Marktplatz ist sehr zutreffend, ebenso wie der Ausdruck »eine von Bergrändern umschlossene Ebene«.

Strabo, dessen Geburt um das Jahr 63 v. Chr., dessen Tod um 25 n. Chr. fällt, hat einen großen Teil der den Alten bekannten Welt bereist. Es besteht kein Zweifel, daß er die Solfatara aus eigener Anschauung kannte, da er ja das von ihm so anschaulich beschriebene Kampanien von Rom aus leicht erreichen konnte. Dazu kam, daß der Zeitgenosse des Augustus gewiß schon aus dem Grunde die Umgebung von Bajä und Puteoli besucht haben dürfte, weil der Kaiser dort jene großen Hafenanlagen bauen ließ, von denen wir vorhin gesprochen haben. Übrigens ist Bajä um diese Zeit ein äußerst beliebter Aufenthaltsort der vornehmen römischen Welt.

Aus der verläßlichen Angabe Strabos geht nun also zur Genüge hervor, daß sich seit 2000 Jahren im großen und ganzen bei der Solfatara nichts verändert hat. Sie ist also auch eine jener ruhigen Stellen, von denen wir vorhin sprachen. Gewiß sind 2000 Jahre eine lange Zeit des »Erlöschens« vulkanischer Kräfte; aber wir dürfen nicht vergessen, daß es fast unmöglich ist, die Grenze zwischen tätigen und erloschenen vulkanischen Ausbruchstellen zu ziehen. Wenn man die vielen, den phlegräischen Feldern gemeinsamen Eigenschaften, sowie den Umstand erwägt, daß sie sich von Vulkangebieten, wie Ätna und Vesuv, in wesentlichen Punkten sehr scharf unterscheiden, so erscheint uns die Frage berechtigt, ob man nicht hier selbständige und eigenartige Formen vulkanischer Erscheinungen vor sich habe, da wir die Zeitspanne des allmählichen »Erlöschens« ja doch nur mit historischen, nicht mit geologischen Zeitmaßen messen können[2]).

Es spricht also die Strabostelle entschieden gegen jene Eruption von 1198; somit dürfte auch die Frage, ob das Serapeion, mag es nun ein Tempel, eine Badeanlage oder ein Macellum gewesen sein, jemals von der Solfatara aus verschüttet worden ist, mit Nein zu beantworten sein. Für diese Antwort spricht auch die Anlage der bagni romani am Rande der Solfatara, deren Beschreibung wir hier geben wollen, da die sonstigen Schilderungen der Solfatara nichts davon enthalten. Am Rande des Trichters, nicht weit von der Bocca grande, ist ein Höhlensystem etwa 20 m tief in den Berg getrieben, das

---

[1]) Man vergleiche Ovids Met. 15, V. 296—306.

[2]) Diese Unsicherheit tritt auch bei anderen geographischen Erscheinungen auf, die in die Klasse der Solfataren gerechnet werden. Auf St. Vincent in der Inselgruppe der kleinen Antillen befindet sich die Solfatara des Morne Garou, (1220 m hoch) die 5 km im Umfang mißt. Ihre Tiefe beträgt 150 m. In der Mitte befindet sich ein kleiner Kegel, dessen Gipfel mit Schwefel bedeckt ist, ähnlich wie beim Astroni. Auf Guadeloupe liegt auch eine »Grande Soufrière« (1676 m), die andere schon zu den tätigen Vulkanen rechnen. Wo liegt nun hier die scharfe Grenze?

zwei Eingänge enthält, die sich nach rechts und links erstrecken. Diese »bagni romani« werden von den Einwohnern als Männer- und Frauenbad bezeichnet. Es scheint hier eine alte Anlage vorzuliegen, deren Außenwerke zerstört sind. Wenn Strabo nichts davon erwähnt, so erklärt sich dies wohl aus dem Umstand, daß derartige zu Schwitzbädern eingerichtete Grotten im Altertum in der Umgebung des berühmten Badeorts Bajä allenthalben vorkamen, so daß eine eigene Erwähnung überflüssig schien[1]. Man denke an Bagnoli, an die Quelle hinter dem Serapeum u. a. Die Höhlen gehen fast horizontal in den Berg hinein; ihre Breite ist nicht sehr bedeutend, ebensowenig die Höhe. Ich drang so tief als möglich in dieselben ein; von allen Seiten braust und zischt aus den Wänden des Gehänges heißer Dampf, und die Temperatur sowie der Schwefelgeruch sind fast unerträglich. Ein Stück angezündetes Papier, gegen den Hintergrund der Höhlen geworfen, ließ eine senkrechte Abschlußwand erkennen. Da die Annahme, daß es sich hier um eine antike Schwitzbadanlage handelt, wahrscheinlich ist und Strabos Angaben nicht dagegen sprechen, so dürfte auch hierin ein Grund zum Mißtrauen gegen jenen unsicher bezeugten Ausbruch von 1198 liegen. Es existieren einige ältere Bilder der Solfatara; eins stellt sie im ersten Drittel, ein anderes im letzten Drittel des 18. Jahrhunderts dar. Das erste findet sich in Mercatis »Metallotheka« (Rom 1719) und entspricht ganz genau dem heutigen Anblick, bis auf die Schlammsprudelquelle, die in Wirklichkeit exzentrisch liegt; das andere Bild ist aus Sir William Hamiltons »Campi Phlegraei« vom Jahre 1776 entnommen und gibt besonders genau die Umgebung der bocca grande wieder[2]. Dieses Zeugnis spricht also für 200jährige ungestörte Ruhe dieser merkwürdigen Stelle, die man ja auch mit Fug und Recht als längst verheilte Narbe im Antlitz der Erde ansprechen kann.

Die Ansichtskarte im Geographieunterricht.
Von Dr. Sebald Schwarz-Dortmund.

»In den unteren Klassen Topographie unter Illustration durch viele Bilder« nennt H. Fischer (im vorigen Jahrgang des Anzeigers, S. 182) die Aufgabe des Geographieunterrichts. Ihrer negativen wie ihrer positiven Seite nach eine gleich vortreffliche Bemerkung — der negativen nach: denn ich fürchte, daß viel abstrakter, für Quartaner zu gelehrter Unterricht gegeben wird — man sehe nur manche neuere Lehrbücher, oder, als schrecklichstes Beispiel, den Unterklassen-Atlas zum Diercke-Gäbler! Aber auch ihrer positiven Seite nach vortrefflich: denn Anschauung ist hier alles, Anschauung in der Natur, Anschauung in der Darstellung, Anschauung im Bilde.

»Durch viele Bilder« — und das ist etwas, was noch zu wenig beachtet wird. Wir haben ja zahlreiche, prächtige Wandbilder, geographische Typen aus aller Welt; und wir haben sie sehr nötig, aber allein tun sie es so wenig, wie man eine Sprache aus einer Grammatik ohne Lektüre lernen kann. Soll der Mensch von einem Typus eine lebendige Vorstellung gewinnen, so muß er sie sich selbst aus einer Fülle von Einzelheiten schaffen, sie wieder an einer Fülle von Einzelheiten prüfen und verstärken, und darum brauchen wir eine Menge kleiner Bilder im Geographieunterricht zur gesunden Entstehung, wie zur Ausführung jener geographischen Paradigmen. Auch hierfür haben wir allerlei Material: Bilderatlanten, Illustrationen in Länderkunden, Reisebeschreibungen, Handbüchern. Diesen Schatz auszunutzen, hindern aber zwei praktische Schwierigkeiten: Wenn in der Stunde ein Buch von Hand zu Hand geht, so gibt das immer eine gewisse Störung des Unterrichts, und was der Schüler so flüchtig gesehen hat, unter dem Drucke, daß er das Buch weitergeben muß, wird kaum fest genug haften. Wir müssen also nicht nur viele Bilder haben, wir müssen sie auch in der Klasse aufhängen können, für einige Tage hängen lassen; dann werden sie immer aufs neue betrachtet, beim Hinein- und Hinausgehen, es wurzeln die Anschauungen aus ihnen, und im Hin- und Hergespräch der verschiedenen in der Pause, wo dieser auf das und jener auf jenes zeigt, treiben sie Zweige und Früchte.

----

[1] Sueß, a. a. O., S. 471.
[2] Reproduktionen der beiden Bilder bei K. Sapper, »Die Erforschung der Erdrinde«, in Weltall und Menschheit, Bd. I, S. 83 u. 84.

Woher solche kleinen Bilder nehmen? Von einem Bilderatlas kann man zwei Exemplare anschaffen und sie zerschneiden; bei anderen Büchern wird man sich nicht so leicht dazu entschließen, und so ist man auf das angewiesen, was einem der Zufall in Prospekten und Probelieferungen schenkt; das gibt, wenn man mehrere Jahre sammelt, schon allerlei, freilich in sehr verschiedener Technik der Darstellung. Dagegen haben wir, gerade in Deutschland, ein sehr reiches, leidlich gleichartiges Material, das nur etwas allgemeiner zugänglich gemacht werden muß: die Ansichtskarten.

Sie sind so recht geeignet, jene Lücke in unserer geographischen Anschauung auszufüllen. Statt langer Ausführung ein paar Beispiele: Von einer Reise durch Ost- und Westpreußen habe ich mir mitgebracht: 1. Sturzdüne bei Schwarzort, 2. Alter Waldboden, aus der Wanderdüne wieder hervortretend, bei Nidden, 3. Festlegung der Wanderdünen bei Schwarzort (Blick auf ein kleines Stück der Arbeit), 4. Überblick über ein großes festgelegtes Stück bei Rossitten, 5. Dünenzirkus in Pillkoppen, 6. Dorfstraße auf Hela, 7. Häuser von Hela von der Rückseite, 8. Leuchtturm von Hela mit der eigentümlichen Bewaldung der Nehrung, 9. Blick auf Schwarzort, 10. Litauisches Bauernhaus, 11. Ein Haffkahn auf einer Künstlerkarte: Abendstille am Haff. Das gibt zusammen ein schönes Bild von dem Wesen der Nehrung, lebendig eben, weil es die Elemente einzeln bietet. Ähnliche Zusammenstellungen habe ich mir für die Lüneburger Heide gemacht: das Böhmetal in einer Nahansicht und im Überblick, Heidschnuckenherden, inneres einer Rauchkathe, einige Dorfansichten, die großen Hünengräber der sieben Steinhäuser. Von der Fülle malerischer alter Bauten in Lübeck, Lüneburg, Nürnberg geben wir eine Vorstellung, wenn wir statt oder neben einer Gesamtansicht durch unsere Karten ein reiches Material von Einzelheiten bieten können; aus ihnen sehen wir, was eine Stadt wie Dresden, Prag bedeutet. In Algier machte mich ein liebenswürdiger Buchhändler auf eine Serie aufmerksam, an der ich nun den Jungen zeigen kann, was die französische Kolonisation geschaffen hat: in je sechs Ansichten derselben Stellen nach Lithographien von 1838 und nach Photographien von heute. Solche Sachen wie angeseilte Bergsteiger, einzelne Stellen einer Klamm, Kamine, Partien im Gletscher können wir auf den großen Anschauungsbildern nicht verlangen, und sie gehören doch in die Vorstellung von den Alpen. Auch für andere Fächer lassen sich die Ansichtskarten gruppieren; für die Zeit Ludwigs XIV. im Geschichtsunterricht habe ich mir allerlei aus Versailles zusammengesucht, und wenn wir vom deutschen Orden sprechen, habe ich eine ziemlich vollständige Sammlung der erhaltenen Ordensschlösser bereit. Eine Anzahl Dorfkirchen aus Süd- oder Westdeutschland neben solchen aus dem Norden und Osten beleuchtet, mit ein paar Worten des Hinweises, wie mit einem Blitze den Unterschied zwischen dem alten Kulturgebiet und dem später gewonnenen; und für Schüler aus Gegenden, die wenig Burgruinen haben, können wir erst aus einer ganzen Reihe lebendig machen, wie am Rhein sich eine Veste an die andere reihte. Mein bestes Anschauungsmaterial für den Humor mittelalterlicher Baumeister habe ich mir neulich von den Kathedralen in Paris und Reims mitgebracht, und von der Grazie barocken Turmbaues kann ich aus ganz Deutschland mannigfache Beispiele geben.

Ein paar Worte noch über das, was sich für die Verwendung der Karten im Unterricht als praktisch erwiesen hat. Zunächst einige Platten zum anheften, die mir geschickte Jungen gern in beliebiger Anzahl anfertigen: ein Rahmen aus altem Kistenholz, vier Latten von etwa 4 cm Breite zu einem Rechteck zusammengefügt, etwa 30×60 cm groß, also für zwölf Postkarten reichend; darauf ein Stück braune Pappe genagelt, von einer Mantelschachtel, wie sie unsere Damen zahllos von Konfektionsgeschäften bekommen; und hierauf werden die Karten mit Reißnägeln festgeheftet. Der Rahmen muß natürlich in Augenhöhe hängen, und mit der rohen Holzseite nach der Wand zu.

Die Behandlung im Unterricht wird je nach der Art des Lehrers und seinen jeweiligen Zwecken sehr verschieden sein; am liebsten hänge ich die Bilder schon vor der Besprechung der Stadt, des Landes in die Klasse, diktiere auch wohl einmal eine Frage darüber vorher zum Beantworten; die Darstellung wird sich dann oft an die Bilder anschließen, ja aus ihnen entwickeln, oft nur mit einem Worte darauf hinweisen; immer wird sie darauf gerichtet sein, den Jungen den Sinn für das Charakteristische zu schärfen, sie sehen zu lehren. Besonders wertvoll scheint es mir, auch Übungen im Beschreiben hieran zu knüpfen; etwa, wenn man auch Deutsch lehrt, einen Aufsatz wie:

Lüneburg, ein Gang durch Hamburg, die Marsch; oder wenigstens eine mündliche Beschreibung in dieser Art — solch zusammenhängendes Sprechen über konkrete Dinge scheint mir eine bessere Schulung in der Redekunst als Debattierklubs, und mehr in den Rahmen der Schule zu passen. Wenn man ein gewisses Schema zugrunde legt, vielleicht eine Disposition diktiert, kann man eine große Anzahl von Jungen in zehn Minuten sprechen lassen und sie dadurch zwingen, sich zu Hause gründlich darauf vorzubereiten, das in der Schule gesehene wieder zu erzählen.

So dient dies kleine Mittel der Geographie auch dem Deutschen; es hat aber noch ein anderes, vielleicht wertvolleres Ziel: es ist wieder ein Weg, Schule und Leben zu verbinden. Als ich einmal bei einer Umfrage über Schülerreisen auch fragte: was würden Sie für Schulwanderungen wünschen? hieß eine Antwort: Verbot der Ansichtskarten; und im Ausland merkt man recht, daß die Ansichtskartenseuche eine deutsche Krankheit ist. Sie ist aber nur eine Übertreibung einer gesunden Richtung; daher gilt es nicht, sie totmachen, sondern sie in rechte Wege lenken, zum Guten wenden. Alles ist euer, sagt der Apostel, auch die Ansichtskarte. Indem wir den Jungen verständig gewählte Karten zeigen und sie lehren zu finden, was darauf zu sehen ist — leider muß man oft sagen, daß etwas darauf zu sehen ist — machen wir aus einem müßigen Spiele der Eitelkeit, was das Kartensammeln meist ist, eine lebendige Quelle der Belehrung und des Genusses; nun kommen sie und tragen selbst herbei, was sie zu Hause haben; die paar Exemplare, die ich von Übersee habe, verdanke ich ehemaligen Schülern, die jetzt dort leben.

Und damit komme ich zu dem, was mir eigentlich die Feder in die Hand gedrückt hat. Wer mit mir der Meinung ist, daß wir in unseren Ansichtskarten ein schönes Unterrichtsmittel haben — und ich kenne manchen Kollegen, der es gern benutzt —, hat auch schon gemerkt, daß es seine Grenzen hat. Wie wenig Teile der Erde, ja nur Deutschlands, hat der einzelne so durchreist, daß er sich seine Sammlungen anlegen kann! Unser Besitz ist nur zu sehr Stückwerk. Ja, selbst wo man herumwandert, kann man nicht alles finden, was es gibt; von der Nehrung z. B. hätte ich noch so manches gern gehabt: Die Föhren, die bis unter die Achseln im Sand stecken, einen Blick auf die Gegend, wo der Wald ganz, ganz allmählich in öden Sand übergeht, einen der kleinen Schilfhäfen, die in Schwarzort vor jedem Hause liegen; ist es nicht vielleicht nur Zufall, daß ich es nicht gefunden habe?

Gäbe es da kein Mittel, durch systematische Arbeit den Schatz geographischer Belehrung, der in unseren Karten aufgehäuft ist, uns allen dienstbar zu machen? Ich meine etwa so: Zunächst sind es einige wenige große Firmen, welche unsere Ansichtskarten zum größten Teile herstellen, und zwar unsere besten Karten: Römler & Jonas in Dresden, Knackstädt & Näther in Hamburg, Dr. Trenkler & Co. in Leipzig, Carl A. E. Schmidt in Dresden (malerische Motive, leider ohne den Aufnahmeort zu nennen), Ottomar Anschütz in Berlin, Reinicke & Rubin in Magdeburg, Schleich Nachf. in Dresden und andere arbeiten in ganz Deutschland und vielfach im Auslande; auch viele Karten, die unter dem Namen eines lokalen Verlegers erscheinen, sind in jenen großen Druckereien hergestellt. Von diesen würde also leicht, etwa für unsere Kommission, eine Sammlung ihres Verlags zu erhalten sein; auch der anscheinend unbedeutendsten Sachen, denn z. B. das Bild einer Schneidemühle in Klonowo bei Lautenburg, das ich vom Besitzer habe, ist mir ein wertvolles Stück für die Geographie Ost-Deutschlands. Schwerer wäre es die Bilder zu bekommen, die in kleinen Orten erschienen sind; meine schon erwähnte Nehrungssammlung z. B. nennt sechs Verleger: R. Schmidt in Memel, R. Th. Kühn in Danzig, K. & B. in D., Johannes Schenke in Memel, R. Mingloff in Tilsit, Otto Franz in Stallupönen. Hier müßten wir uns um Hilfe an die Vertrauensmänner in den Provinzen oder besser an die Geographielehrer in den einzelnen Orten wenden; stellt sich heraus, daß die brauchbaren Karten ihrer Verleger in den großen Kunstanstalten gedruckt sind, so wären sie schon in jenen ersten Sammlungen enthalten; sonst müßten sie diese an die Zentralstelle einsenden.

Aus dem — gewaltigen — Material, das so zusammen kommen würde, gälte es dann, Serien zusammenzustellen und zwar, damit die nicht geringe Arbeit recht ausgiebig wäre, nach den verschiedensten Gesichtspunkten: unsere bedeutendsten Städte, geographische (meinetwegen auch politische) Provinzen, romanische, gotische, barocke Kirchen, einzelne geographische Erscheinungen, wie Dünen, Moor, Heide, Marsch, Alpen, Mittelgebirge, zur Geschichte des 12., 13. usw. Jahrhunderts, Städteanlagen — einem oder besser mehreren vielseitig gebildeten Männern würden aus dem Material die Gedanken in Fülle hervorsprießen, die man so verfolgen könnte, um lehrreiche Zusammenstellungen zu machen.

Eine letzte Schwierigkeit wäre dann, daß eine solche Serie jedenfalls die Werke verschiedenster Druckereien enthalten würde; und darum müßte zum wissenschaftlichen Sammelpunkt der geschäftliche kommen: ein Verleger, der mit den einzelnen Kunstanstalten über dem Gebrauch ihrer Platten verhandelte — das Übereinkommen mit ihren etwaigen Auftraggebern in den einzelnen Orten wäre dann deren Sache — und die Serien in seinen Verlag nähme, von denen eine größere Folge schnell erscheinen müßte und — da die Platten ja vorhanden sind — erscheinen könnte. An Abnehmern würde es nicht fehlen, wenn die Sammlung sonst gescheit gemacht wäre, nicht nur an den Schulen und modern angelegten Museen, sondern auch unter Privatleuten. Als Form behielte man am besten die der Postkarte bei; denn darauf sind die Fabriken eingerichtet und sie ist im Unterricht am besten zu verwenden.

Ein solches Unternehmen würde aber auch befruchtend auf unsere Postkartenindustrie wirken. Es ist ja traurig, wie stumpfsinnig die Auswahl der Gegenstände meist ist, die photographiert werden; in den Städten z. B. fast immer nur die großen »Sehenswürdigkeiten«, in den Dörfern Gasthof Meyer oder bestenfalls die Kirche, meistens noch nüchtern und trocken aufgefaßt, daß »alles drauf ist«; selten nur das charakteristische, das, woran sich Ideen entzünden können. Würden die Kunstanstalten aus einer geistreich angestellten Sammlung merken, worauf es ankommt, sie würden besser wählen und darstellen (wie es die besten heut schon tun, wie z. B. Anschütz in seiner wundervollen Sammlung aus der Marienburg), und man könnte manches Stück, das man jetzt zur Not noch einstellen müßte, bald durch bessere ersetzen.

Das wäre ein umfassender Plan — bis aber vielleicht etwas daraus wird, rufe ich den Kollegen, die es noch nicht versucht haben, zu — jetzt vor der Reisezeit: Sammelt einmal Karten für Euren Unterricht, leuchtende Augen mit frischen Vorstellungen dahinter werden es Euch danken!

Geographische Lesefrüchte und Charakterbilder.

Gang der Jahreszeiten in Griechenland, einem Lande typischen Mittelmeerklimas.

Aus A. Philippson: Das Mittelmeergebiet (Leipzig 1904, B. G. Teubner) ausgewählt von Oberlehrer Fr. Behrens-Posen.

I. Die Regenzeit.

Um die Mitte des September beginnt die Regenzeit, zunächst mit einzelnen Gewittern. Im Oktober häufen sich die Güsse immer mehr und nehmen sogar zuweilen den Charakter echter Landregen an. Dabei ist aber die Temperatur noch hoch und drückend schwül. Unter der reichlichen Befeuchtung bei ziemlich warmer Temperatur erwacht die Natur zu neuem Leben. Die Bäche und Sümpfe füllen sich; die Herden beziehen ihre Winterquartiere in den Niederungen, wo sie nun wieder Nahrung finden. Der Boden verliert sein dürres Aussehen, Kräuter und Gräser beginnen ihm zu entsprießen und ihn mit einem leichten grünen Schimmer zu bedecken.

Im November und Dezember steht die Regenzeit auf ihrem Höhepunkt. Die stürmischen Südwinde, welche die heftigen, böigen Regenschauer heranbringen, wechseln mit rauhen, durchdringenden Nordwinden, die im Dezember schon Schneefälle in der Ebene herbeiführen können. Die Flüsse schwellen an, die Verbindungen zu Lande und zur See sind erschwert. Die Temperatur fällt im November besonders rasch ab und bleibt dann im Dezember ziemlich gleichmäßig auf niederem Stande, doch wechselt sie von Tag zu Tag, sogar von Stunde zu Stunde sehr stark. Die Unstetigkeit des Wetters sowie die heftigen Winde machen diese Monate besonders unangenehm; freilich ist die Bewölkung trotz allem lange nicht mit derjenigen unseres trüben

Novembers zu vergleichen. Die Krautvegetation erleidet bei der hinreichenden Wärme und der reichlichen Befeuchtung keine Unterbrechung. Das Getreide wird gesät und sprießt in kurzer Zeit hervor. Dagegen verlieren die laubwechselnden Bäume ihre Blätter.

Im Januar tritt bereits wieder eine erhebliche Verminderung der Niederschläge ein. Die Temperatur fällt im Anfang Januar noch etwas und bleibt dann ziemlich gleichmäßig (Mittel in Athen 8,0 °). Der Januar ist der Monat der kalten Nordwinde und des reichlichsten Schneefalls. Die Schneedecke zieht sich jetzt am tiefsten an den Gebirgen herab. Bei Nordwinden ist die Kälte oft sehr durchdringend und empfindlich; die Vegetation verlangsamt ihre Entwicklung.

Im Februar nimmt die Regenmenge weiter ab. Die Temperatur steigt sehr wenig; Schnee-fälle können noch bis zum Meeresniveau vorkommen. Im ganzen weicht das Witterungsbild des Februar kaum von dem des Januar ab. Heitere Tage, meist bei Nordwind, mit Kälte des Morgens, ziemlicher Wärme am Tage, wechseln mit trüben, wärmeren Regentagen bei Südwind ab.

Der März bringt keine weitere Abnahme der Regenmenge; aber die Niederschläge nehmen schon mehr den Charakter heftiger, kürzerer Güsse an. Sie werden meist von Südstürmen gebracht, die dem März besonders eigen sind und von den Schiffern gefürchtet werden. Es scheinen vornehmlich wandernde Zyklonen zu sein, die jetzt das schlechte Wetter bringen. In den Zwischenzeiten herrscht entzückendes Frühlingswetter bei klarer, durchsichtiger Luft, angenehm frischer Temperatur. Die letztere hat schon eine bedeutende Steigerung erfahren. Schnee fällt gewöhnlich nicht mehr im Meeresniveau, und die Schneedecke im Gebirge beginnt sich schnell zurückzuziehen, die Flüsse schwellen infolgedessen wieder stark an. Unter der gesteigerten Temperatur, besonders der stärkeren Wirkung der Sonnenbestrahlung beginnt die Kraut- und Grasvegetation wieder kräftig zu wachsen, die laubwechselnden Holzgewächse fangen an auszuschlagen.

Geographischer Ausguck.
Neuerforschtes.
I.

Ein kurzer Überblick über die wichtigsten Fortschritte und den jeweiligen Stand der Erderforschung soll künftig etwa in halbjährigen Zwischenräumen an dieser Stelle gegeben werden.

In der Antarktis ist nunmehr nach erfolgreicher Beendigung der ersten großen internationalen Erkundungsepoche verhältnismäßige Ruhe eingetreten. Am 1. April ist die britische Südpolarflottille bestehend aus der »Discovery« und den beiden Entsatzschiffen »Terra Nova« und »Morning« wohlbehalten in Lyttleton auf Neuseeland eingetroffen. Auch die zweite Überwinterung der »Discovery« ist wieder von reichen Erfolgen begleitet gewesen, indem die Schlittenfahrten trotz fehlender Hunde weiter fortgesetzt wurden. 440 km entfernte sich Kapitän Scott vom Schiffe auf dem kontinentalen Hochplateau von Victorialand, während der Meteorolog Bernacchi 260 km weit nach SO über das Inlandeis bis zur großen Eisbarriere vordrang. Die Hilfsexpedition, deren Abgang wir im Januarausguck meldeten, brauchte nach einmonatlicher Fahrt zum Eisrand noch länger als sieben Wochen, um endlich mit Dynamit und Sturmsegewalt zur eisumschlossenen »Discovery« durchzudringen. Zur Zeit durchfurcht ihr Kiel den südlichen Großen Ozean, wo zwischen Neuseeland und Kap Horn Tiefenlotungen möglichst nahe der

Eiskante vorgenommen werden sollen. — Die schottische Südpolar-Expedition unter Leitung von Dr. Bruce erreichte am 7. Mai Kapstadt, nachdem ihr Schiff »Scotia« Roß' Südrekord noch um etwa 120 Seemilen geschlagen hatte. Vier Mitglieder sind auf den Orkney-Inseln zurückgeblieben, um dort die meteorologischen und magnetischen Beobachtungen noch ein Jahr lang fortzusetzen. Nunmehr weilt nur noch die französische Expedition des Dr. Charcot in der südpolaren Eiskalotte. Ihr Schiff, der »Français«, bekannter unter dem früheren Namen »Belgica«, hatte am 15. Januar Ushuaia (Feuerland) in der Richtung Grahamland verlassen. — Der kaum heimgekehrte Dr. Otto Nordenskjöld trägt sich bereits mit dem Gedanken einer neuen Südpolar-Expedition.

Das nördliche Eismeer hat neue Opfer gefordert: zwischen der Bennett-Insel und dem sibirischen Festlande scheint der kühne Polarforscher Baron Toll mit seinen Begleitern, dem Astronom Seeberg und zwei eingeborenen Jägern, den Tod gefunden zu haben. Alle Nachforschungen, die Leutnant Koltschak und Ingenieur Brussnew im Laufe des Sommers 1903 auf Neusibirien angestellt haben, sind erfolglos gewesen. Um kein Rettungsmittel unversucht zu lassen, hat die Kais. russ. Akademie Auftrag zur Absuchung der sibirischen Inselküste gegeben, für den Fall, daß die Expedition etwa auf einer Scholle in das offene Meer getrieben ist, welche Vermutung zuerst Nansen äußerte. Das letzte Lebenszeichen des verschollenen Forschers, das Koltschak am 4. August 1903 in der verlassenen Hütte auf der Bennett-Insel auffand, ist ein auf den 8. November 1902 datiertes Schriftstück, das den Reisebericht, Karte und Beschreibung der Bennett-Insel enthält.

Unterwegs befindet sich Kapitän Amundsen, der während einer auf 4—5 Jahre berechneten

Expedition den magnetischen Nordpol und die nordwestliche Durchfahrt von neuem aufsuchen will. Die Nordpolsphynx reizt nach wie vor die Amerikaner. Nicht weniger als drei Projekte, den Pol zu erreichen, liegen vor. Peary will es mit einem ›Fram‹artigen Schiffe bewerkstelligen und legt zu diesem Zwecke einstweilen ein Kohlendepot an der Ostküste des Smithsundes gegenüber Kap Sabine an; der Kanadier Bernier gedenkt sich ihm nach Nansens Vorgang auf dem Eise zutreiben zu lassen und beordert daher für das Frühjahr 1905 das ehemalige deutsche Südpolarschiff ›Gauß‹, das nun doch für eine wissenschaftliche Tätigkeit gerettet worden ist, in die Beringsstraße; Andrew Stone endlich will von Sverdrups letztem Forschungsgebiet aus auf ihn losdampfen. Wir erleben also wieder den Wechsel, daß antarktische und arktische Forschung einander ablösen.

Über die außerpolaren Zonen ist nicht allzuviel zu berichten. In Asien bildet immer noch Tibet den Hauptanziehungspunkt. Neuerdings ist der bekannte Pamir-Reiter Leutnant Filchner in Begleitung von Dr. Tafel nach dem Gebiet des oberen Jangtsekiang aufgebrochen. Einen Vorstoß nach Lhasa beabsichtigt er nicht, überläßt ihn vielmehr der handelspolitisch-militärischen Expedition des angloindischen Oberst Younghusband, die die Eröffnung des Landes erzwingen soll. — Aus Zentralasien, wo er zwei Jahre besonders im Thianschan verweilte, ist der Kaukasusforscher G. Merzbacher reich mit wissenschaftlichen Schätzen beladen zurückgekehrt.

Im dunklen Erdteil konzentriert sich das Hauptinteresse auf die Umgebung des Tschadsees, der künftig auf der Karte andere Gestalt und andere Lage annehmen wird. Die Expedition des französischen Botanikers A. Chevalier, die von Brazzaville am Stanley-Pool ausgehend das Wasserscheidengebiet zwischen Kongo, Nil und Schari, sowie Bagirmi und die Inseln im Tschadsee erforschte, ist nach zweijähriger Dauer heimgekehrt. Faunistischen Untersuchungen gedenkt im gleichen Gebiet eine englische Expedition von Leutnant Alexander und Kapitän Gosling nachzugehen, während Dr. Kumm vom Benue aus Adamaua, Bagirmi und Wadai bereisen will. Von besonderer Bedeutung ist die ›Mission Niger-Bénoué-Tschad‹ des Kapitän Lenfant geworden. Auf seiner Fahrt Niger aufwärts, Benue, Mayo-Kebbi, Tuburi, Logone, Tschadsee bedurfte er nur einer einzigen Unterbrechung zur Umgehung der Katarakte, über die der seenartige Tuburi während dreier Monate der Regenzeit einen Teil der Logone-Gewässer zu dem 100 m niedriger liegenden Mayo-Kebbi herabstürzen läßt. Ein seit mehr als 50 Jahren umstrittenes Problem, die Wasserverbindung zwischen dem Tschadsee und dem Atlantischen Ozean, ist damit im Sinne Heinrich Barths entschieden.

Gotha, am 15. Juni 1904.   *Dr. W. Blankenburg.*

Kleine Mitteilungen.

I. Allgemeine Erd- und Länderkunde.

Ziele, Richtungen und Methoden der modernen Völkerkunde[1]). Diese Schrift, die zugleich eine historische Orientierung und selbständige Gedanken über die Begründung einer ethnologischen Weltanschauung bietet, ist die Erweiterung eines früheren Vortrags. Das Thema dürfte wohl als sehr zeitgemäß bezeichnet werden, da die Völkerkunde neuerdings einen sehr erfreulichen Aufschwung genommen hat und auch seitens der Regierungen eine wohlwollende Förderung erfährt. Damit hängt zusammen die stetige Ablösung derselben von der Geographie, sodaß sich mit dieser Trennung auch die methodische Begründung der Völkerkunde immer mehr befestigt. Gerade an dieser Wissenschaft läßt sich die organische Notwendigkeit eines unmittelbaren Zusammengehens von besonnener Deduktion (Denken, psychologischer Analyse) und Induktion (möglichst umfassender Materialsammlung) besonders anschaulich darstellen. Mit vollem Rechte erklärt Günther: Die Völkerkunde kann mit gutem Rechte eine moderne Wissenschaft genannt werden: erst der philosophisch abgeklärten Anschauung der Neuzeit war die Möglichkeit gegeben, sich rein um der Sache halber, ohne Nebenrücksichten und ohne irgendwelchen fremdartigen Zwecken dienen zu wollen, dem Studium fremder Eigenart hinzugeben (S. 1). Wie befangen, allzu menschlich dachte und verfuhr z. B. noch die berühmte Aufklärung! Ja, wie schwer fällt es selbst vielfach noch unseren Reisenden, die verhängnisvolle Kulturbrille, wie es sarkastisch K. v. d. Steinen nennt, abzulegen! In gewissem Sinne entsprechen Ethnographie und Ethnologie diesen beiden sich gegenseitig ergänzenden Richtungen; jene beschränkt sich lediglich auf die erforderliche Materialsammlung, diese dagegen verwendet jenen Rohstoff zu weiteren Schlußfolgerungen und psychologischen Vergleichungen. Es ist bekannt, wie man vielfach diese in der Hauptsache durch Altmeister Bastian vertretene Auffassung, die ihre knappeste Bezeichnung in dem freilich etwas unglücklichen Ausdruck ›Völkergedanken‹ gefunden hat, befehdet hat, meist nur auf Grund leidiger Mißverständnisse. Völlig verkehrt ist es, zu behaupten, Bastian widerstrebe einer genaueren geographischen und topographischen Untersuchung; nur muß dann

[1] Prof. Dr. S. Günther, Ziele, Richtungen und Methoden der modernen Völkerkunde. Stuttgart 1904, Ferd. Enke.

10a*

156 Geographischer Anzeiger.

auch stets die wirkliche Übertragung irgend einer Erscheinung (Sitte, Brauch, Technik usw.) nachgewiesen sein, eine bloße Hypothese ins wilde hinein hilft, wie die unglücklichen Beispiele zeigen, nichts. Auf alle Fälle, erklärt Günther, wäre abzuraten, die Möglichkeit spontaner Entstehung der nämlichen Sache an distanten Orten grundsätzlich in Abrede zu stellen; mit einer Reihe allerdings sehr notwendiger Einschränkungen dürfte das Prinzip, welches mit dem etwas mystischen Terminus »Völkergedanke« in der Tat nicht ganz glücklich gekennzeichnet ist, seine relative Berechtigung immerhin darzutun imstande sein (S. 49). Besonders die vergleichende Rechtswissenschaft auf ethnologischer Basis und neuerdings auch die auf ähnlichen Bahnen wandelnde Mythologie und Religionswissenschaft haben in dieser Beziehung für die stammfremdesten Völkerschaften, wo alle ethnographischen und kulturgeschichtlichen Beziehungen versagen, die unzweideutigsten Beweise geliefert. Insofern ist die Äußerung unseres Gewährsmannes durchaus zutreffend: Gar manche Dinge, welche ethnographische Sammellust zunächst ohne besonderen Plan aufspeicherten, um von dem ganzen Inventar eines bestimmten Volkes möglichst viele Probestücke beisammen zu haben, nahmen von dem Augenblick an eine ganz andere Gestalt an, da die komperative Völkerkunde den höheren Zweck erspürte, dem ein solcher Gegenstand, der zunächst nur etwa von dem Werte eines roh ausgeführten Kinderspielzeugs zu sein schien, nach der Absicht nicht sowohl der Verfertiger als ihrer Inspiratoren dienen sollte (S. 41). Den verschiedenen Gebieten entsprechend, die sich in der zusammenfassenden Wissenschaft der Völkerkunde vereinigen, unterscheidet Günther vier Methoden oder Richtungen: die anthropologisch-prähistorische, die linguistische, die soziologisch-psychologische und endlich die geographische, und zwar alle, soll ein fruchtbarer Gewinn erzielt werden, in unmittelbarer Fühlung miteinander. Schon Schiller sah, wie die jetzigen Naturvölker längst verschwundenen, wenigstens von den Europäern überwundenen Gesittungsstufen entsprechen, und so geht die Prähistorie mit der Völkerkunde Hand in Hand. Gerade Anthropologie und Urgeschichte erfreuen sich in jüngster Zeit lebhafter Förderung von den verschiedensten Seiten her, und manche wertvolle Funde sind der Wissenschaft des Spatens beschieden gewesen. Daß überall erst eine genauere sprachliche Orientierung in das Geistesleben der Naturvölker einführt, bedarf kaum ausdrücklicher Versicherung, und schon deshalb sollte man bei allem anderweitigen Vorbehalt die betreffende Arbeit der Missionare nicht grundsätzlich mißachten, wie das häufig geschieht. Anderseits geht freilich die Völkerkunde über den Rahmen der vergleichenden Sprachwissenschaft, die sich stets an gewisse ethnographische Stammbäume hält,

hinaus, indem ihre Übereinstimmungen das vordem so oft vergeblich gesuchte allgemein Menschliche hervorheben. Die ethnographischen Parallelen z. B. Andrees (von denen Bastians noch gar nicht zu sprechen) übertreffen nach allen Richtungen die sprachvergleichenden Studien der Sanskritforscher, die ihrer Zeit so berechtigtes Aufsehen hervorriefen. Der soziologisch-psychologische Einschlag in dem Gewebe der Völkerkunde (am meisten systematisch wohl in den Arbeiten Charl. Letourneaus) ist besonders fruchtbar geworden durch die von seltenem Glücke begleiteten vergleichenden rechtsgeschichtlichen Untersuchungen, die zuerst Bachofen ins Leben rief, bis nach ihm eine ganze Schule entstand, in der wir als glänzende Namen Post, Kohler und Dargun hervorheben wollen. Wie bereits früher erwähnt, sind Religion, Mythologie und Kunst (von den eigentlichen sozialen Formen noch ganz abgesehen) davon nachhaltig befruchtet worden; man hat sich gewöhnt, auch hier große Zusammenhänge zu sehen und treibende Kräfte, mächtige Strömungen, die bei weitem über die Sphäre individueller Wirksamkeit hinausgreifen. Die Geographie endlich ist und bleibt die organische Basis für die Völkerkunde, das leuchtet von selbst ein, und insofern ist gerade der emsige An- und Ausbau der detaillierten geographischen Untersuchung, wie ihn Ratzel vor allem pflegt, ethnologisch äußerst wichtig; nur so können wir das empirische Material für die Entscheidung der streitigen Probleme erhalten. Neben der Völkerkunde hat, wie bekannt, die Volkskunde, die sich die Sammlung von Märchen, Sitten, Bräuchen in den niederen Schichten der Kulturvölker zur Aufgabe setzt, überall sich glücklich entwickelt und in einer Reihe von Zeitschriften ihr Material aufgespeichert. Mit Recht ist hier zuletzt auf das große Helmoltsche Geschichtswerk hingewiesen, das ganz und gar auf diesem fruchtbaren ethnographischen Untergrund errichtet ist, im bewußten Gegensatz zu der bisher üblichen historischen Auffassung. — Wir sind überzeugt, daß diese (überall mit Hinweisen auf das betreffende Material versehene) Arbeit gern zur Aufklärung über das so interessante Thema benutzt werden wird.

Prof. Dr. Th. Achelis-Bremen.

Über die allgemeine Zirkulation der Atmosphäre sind die Anschauungen gegenwärtig in bedeutsamer Umbildung begriffen (Dr. G. Greim, Darmstadt, Geogr. Zeitschr. 1904, S. 39—48). Längst überwunden ist die Theorie Doves, wonach die Bewegungen innerhalb der irdischen Lufthülle in einheitlicher Weise von der Sonnenwärme erzeugt sein sollen; Halley hatte schon 1686 die Ursache der Passatwinde in der starken äquatorialen Erwärmung gefunden und auf die Grundtatsache der ungleichen Verteilung der Sonnenwärme über die Erde baute dann Dove seine Lehre von den dauernden Luftströmungen zwischen dem thermischen Äquator und den Polen, die auch durch die Achsendrehung der Erde beeinflußt sind. Der Kampf zwischen Polar- und Äquatorialstrom verursacht die veränderlichen Winde der gemäßigten Breiten; nach dem »Doveschen Winddrehungsgesetz« soll ihr Wechsel geregelt sein.

Aber die Dovesche Theorie ist mit den Grundgesetzen der mechanischen Wärmetheorie unvereinbar und war deshalb auch durch die phantasievollen Konstruktionen Maurys nicht zu retten. Auf der einen Seite hatte man durch die Entdeckung des Buys-Ballotschen Windgesetzes, durch Wettertelegraphie und synoptische Wetterkarten die Lage der barometrischen Maxima und Minima als Ursache der Windverteilung in mittleren Breiten erkannt, auf der anderen Seite suchte man, von physikalischen und mathematischen Gesichtspunkten ausgehend, eine allgemeine Zirkulation der Atmosphäre nachzuweisen und theoretisch zu begründen.

Dies unternahm zuerst der Amerikaner Ferrel (1856). Nach Ferrel haben wir in der gesamten allgemeinen Luftbewegung jeder Hemisphäre je einen durch die konstanten Temperaturdifferenzen erzeugten und durch die Erdrotation in bestimmter Weise modifizierten großen atmosphärischen Wirbel zu erblicken; im inneren Gebiet desselben erfolgt die Rotation der Luftteilchen in der bekannten Weise; zyklonal nördlich, antizyklonal südlich vom Äquator. Jeder der beiden Wirbel besitzt aber noch ein äußeres Gebiet mit entgegengesetzter Rotation; durch die Zentrifugalkraft häuft sich an der Grenze beider Gebiete Luft an und bedingt den höheren Luftdruck der subtropischen Roßbreiten.

Daß die Zentrifugalkraft die Ursache der Erniedrigung des Druckes mit wachsender Breite ist — dieser Nachweis ist nach A. Sprung (Lehrb. d. Meteorol.) das Hauptverdienst der Ferrelschen Theorie. Ihr schwächster Punkt ist ohne Zweifel die Erklärung der Luftrückführung aus den höchsten Breiten; sie muß wegen der vorausgesetzten dreifachen Übereinanderschichtung der Luft in den gemäßigten Breiten ziemlich hypothetisch genannt werden, obwohl der mathematische Nachweis geliefert wird, daß eine »südwärts gerichtete Komponente« der atmosphärischen Bewegung in mittleren Schichten (gegen den Gradienten) vorhanden sei.

Gleichzeitig, aber unabhängig von Ferrel, stellte Thomson eine der Ferrelschen sehr ähnliche Theorie auf.

Neues brachte hingegen (1886) die Auffassung W. v. Siemens', die sich auf den Satz von der Erhaltung der Kraft stützte, während Ferrel seinen Erwägungen das Prinzip der Erhaltung der Fläche zu Grunde gelegt hatte. Da die in der Rotation der Luft um die Erdachse angesammelte Energie konstant bleiben muß, so

kann die Luftmischung durch meridionale Ausgleichsströmungen nur so geschehen, daß die Summe der lebendigen Kraft dieselbe bleibt, wie im Zustand relativer Ruhe, daß also in der ganzen Atmosphäre dieselbe absolute Rotationsgeschwindigkeit herrscht (379 m in der Sekunde, das ist die normale Rotationsgeschwindigkeit von 35° Br.). Luftströmungen höherer Breiten müssen also der Erdrotation vorauseilen (Westwinde), in den Tropen jedoch hinter ihr zurückbleiben; statt der über dem Äquator vermuteten Kalmen wehen also dort Ostwinde.

Diese neue Auffassung fand in den ostwestlich wandernden Krakatau-Dämmerungserscheinungen einen willkommenen Beweis und wurde von Oberbeck auch mathematisch begründet.

Daß bezüglich der oberen aus den Theorien abgeleiteten Winde der Hypothese ein so breiter Raum gewährt werden mußte, erklärt sich aus der Schwierigkeit der Beobachtung, da man ja nur an wenigen Punkten (z. B. Pic de Teyde) in die Region der oberen Luftströmungen direkt eindringen kann. Sonst ist man vor allem auf die Wolken und ihren Zug angewiesen, die ja allerdings bisweilen wertvolles Material liefern; so ergab Abercrombys Entdeckung des äquatorialen Cirruszuge aus Osten eine wichtige Stütze für die Siemenssche Theorie (1885).

Diese wenngleich spärlichen exakten Beobachtungen waren allein geeignet, die Bewegungen der oberen Luftschichten von jeder theoretischen Spekulation loszulösen. Auf Grund solcher einwandsfreier Tatsachen konnte H. Hildebrandsson 1889 nicht bloß eine ostwestliche Luftströmung in den Tropen und eine westöstliche in höheren Breiten feststellen sondern auch nachweisen, »daß die mittlere Zugrichtung der oberen Luftströmungen nicht im direkten Zusammenhang mit der mittleren Luftdruckverteilung auf der Erdoberfläche steht.« Desto größer ist ihre Übereinstimmung mit der kartographischen Darstellung des Luftdrucks in 4000 m Höhe von Teisserenc de Bort, wo die subtropischen Maxima fehlen und der Gradient einfach fast überall polwärts gerichtet ist. Das Beobachtungsmaterial des sog. internationalen Wolkenjahrs ermöglichte es Hildebrandsson (1903), unsere Kenntnisse in bedeutungsvoller Weise zu erweitern.

Zunächst erscheinen die ostwestlichen Strömungen über dem thermischen Äquator und den Kalmen bestätigt; der Gegenpassat weht nicht über die Passatzone hinaus in die Polargegenden (Ferrel und Thomson), sondern wird durch die Erdrotation zum reinen Westwind umgewandelt, als welcher er in der Gegend der Roßbreiten herabsinkt und die Passate ernährt. An der Äquatorialgrenze der Passate herrschen auch in der Höhe veränderliche Verhältnisse.

In der gemäßigten Zone nimmt der Luftdruck

bis zum Polarkreis ab; die Atmosphäre bis zur Höhe der Cirruswolken (8—11 km) zeigt west-östliche Bewegung und zwar bildet sie einen Wirbel mit einem dem Pole nahegelegenen Zentrum und mit einer Komponente von Norden bzw. Süden, die mit der Erhebung wächst. So werden die Hochdruckzonen nicht nur von dem westlich abgelenkten äquatorialen Antipassat, sondern auch von den aus dem Polarwirbel austretenden Nordwest- oder Südwestströmungen gespeist.

Danach existiert der über die subtropischen Maxima hinausreichende »Äquatorialstrom« Doves, Ferrels und Thomsons nicht, wenigstens nicht bis in die Höhe von 15—18 km, wohin Registrierballons gedrungen sind. Die Zirkulation zwischen den Tropen und dem Pole erscheint übrigens bei der geringen Höhe des Luftmeeres gegenüber den großen horizontalen Entfernungen ohnehin kaum möglich.

Endlich sei noch auf eine durch spektroskopische Beobachtungen Dunérs nachgewiesene Analogie auf der Sonne hingewiesen, deren Bewegungen aber genau entgegengesetzt verlaufen. Man gelangte durch weitere Verfolgung dieser Tatsachen zur Erkenntnis, »daß die Ursachen der barometrischen Depressionen in den höheren Luftschichten zu suchen sind.«   *Dr. Georg A. Lukas-Linz.*

II. Geographischer Unterricht.

Aus Versammlungen in der Pfingstwoche.

In der Hauptversammlung der deutschen Kolonialgesellschaft (Stettin) hat Herzog Johann Albrecht der Mithilfe der deutschen Lehrer gedacht, deren Aufgabe es sei, den Blick des heranwachsenden Geschlechts zu weiten, das Verständnis für die großen weltpolitischen Aufgaben des deutschen Volkes anzubahnen.

Auf dem allgem. deutschen Lehrertag (Königsberg i. Ostpr.) ist die Einrichtung einer Versammlung der Kolonialfreunde der deutschen Lehrerschaft zu einer ständigen gemacht, nachdem Lehrer Günther-Cassel »über unsere Kolonien, ein Neu-Deutschland nationalen Willens, nationaler Tatkraft und Entschlossenheit«, Rektor Seidel-Berlin über »Deutsch-Mikronesien« und namentlich Rektor Pistar-Elberfeld (mit Leitsätzen) über das Thema »Soll und kann es zu den Aufgaben der deutschen Lehrerschaft gehören, in den breiten Schichten unserer Volksschule den Sinn für das nationale Werk der Kolonialsache zu wecken und zu pflegen?« gesprochen hatten.

In der Hauptversammlung des Alldeutschen Verbandes (Lübeck) hob Oberstudiendirektor Dr. Ziehen-Berlin in einem Vortrag »über Volkserziehung im deutschnationalen Sinne« die dankbare Aufgabe hervor, die der Oberrealschule nach Erlangung der Gleichwertigkeit jetzt zufallen würde, indem sie ein möglichst vollständiges Bild des deutschen Geisteslebens entrollte.

Auf der Deleg.-Versammlung des deutschen Realschulmännervereins (Darmstadt) wurde eine Reihe von Leitsätzen angenommen, in denen an den Reichskanzler die Bitte um Befürwortung der Zulassung der Oberrealschul-Abiturienten zum Studium der Medizin ausgesprochen ist.

Auf dem XI. deutschen Neuphilologentag (Cöln a. Rhein) trat Dr. Borbein-Berlin dafür ein, daß die Unterrichtsbehörde eine Fremdsprache als ausreichend anerkennen möge und daneben freie Wahl anderer Gebiete gestatten solle (vgl. S. 87).

Auf dem ersten allgemeinen Tag für deutsche Erziehung (Weimar) sprach zuerst A. Schulz-Friedrichshagen über »Die grundsätzlichen Forderungen für die Neubildung des Gesamtschulwesens« und nannte neben anderen als eine solche: möglichst viel Anschauungsunterricht in freier Natur. Der Unterricht müsse in erster Linie Heimatsunterricht sein. Der Vorsitzende Prof. Dr. Förster-Berlin erklärte in seinem Vortrag über »Die alten Sprachen und die formale Bildung« beiden in scharfer Form den Krieg, der Deutsche hätte statt mit allem möglichen Wissenskram aus römischer und griechischer Zeit aufgehalten zu werden, viel mehr sein Land, sein Volk und dessen Gesetze kennen zu lernen. Der klassische Philologe Prof. Dr. Gurlitt-Stegliz meinte in seinem Vortrag »Klassizismus und Historismus«, das Studium der alten Philologie und Geschichte dürfe nicht über Bord geworfen werden, wolle Deutschland seine wissenschaftliche Großmachtstellung nicht einbüßen. Aber sein Einfluß in der höheren Jugenderziehung dürfe nicht mehr im Vordergrund stehen[1]). Unser humanistisches Gymnasium, soweit es auf dem überwundenen römischen Humanitätsbegriff beruhe, habe keine Berechtigung mehr. Prof. Schwend-Stuttgart beklagte unter lebhaftem Beifall die bekannte Tatsache, daß »die Naturwissenschaften in der Schule nur geduldet seien«. Oberlehrer Dr. Steinweg-Halle sprach schließlich über das Thema »Der Weg zur Kunst durch die Natur«.

Man sieht, an lebhaften Strömungen auf pädagogischem Gebiet ist kein Mangel, die Unzufriedenheit mit der augenblicklichen Lage nicht gering. Man kann es nach dem Rückschlag, als welchen man die neuesten preußischen Lehrpläne immer mehr empfindet, auch voll begreifen. Nun gar zu lange Zeit trennt uns von den nächst kommenden Lehrplänen wohl nicht mehr. Hoffentlich bringen diese dann wirkliche Reformen und nicht nur lediglich altphilologische »Reform«schulen.   *H. F.*

[1]) Vgl. dazu »Geogr. Anz.« 1903, S. 180. 81,₃ Proz. humanistische Gymnasien und 12,₃ Proz. Realgymnasien gegenüber 5,₆ Proz. Oberrealschul-Abiturenten.

Kartographie.

Zum gegenwärtigen Stande der Schulkartographie.

Von O. Steinel-Kaiserslautern.

In der Entwicklung der Schulkartographie scheint zurzeit ein gewisser Stillstand eingetreten zu sein. Nicht nur in der äußeren Ausstattung der Atlanten hat die Konkurrenz unserer großen Offizinen eine ziemliche Gleichmäßigkeit hervorgerufen, auch das Maß der darzustellenden Objekte, sowie die Darstellungsmethode sind im ganzen und großen zurzeit festgelegt. Weitergehende Neuerungen, auch nur etwa im Sinne Peuckers, oder vielleicht eine vollständige Neuzeichnung der sämtlichen physischen Karten unter Preisgabe der Bergschraffen und Ersetzung derselben durch eine anschauliche Darstellung des Geländes mit Hilfe von Höhenkurven, ähnlich wie bei Kümmerlys schöner Schweizer Schulwandkarte, erscheinen offenbar zurzeit den Verlegern zu riskiert; vestigia terrent: Der mißglückte Rohmeder-Wenz-Atlas, der übrigens seinen Mißerfolg in erster Linie wohl dem Umstand zuschreiben muß, daß er ähnlich wie Guthe in seinem Buche noch zu einer Zeit sich an den Pariser Fuß bei seiner Höhendarstellung anklammerte, wo es schon klar war, daß es sich damals nur um eine Übergangsfrist bis zum endgültigen Siege des Meters handeln konnte, hat, scheint es, auf lange Zeit alen kartographischen Radikalismus bei Unterrichtszwecken eingeschüchtert. Nur zwei Probleme beherrschen den kartographischen Unterrichtsmarkt.

Das eine ist die Herstellung eines wirklich guten Elementaratlasses, das nach meinem Urteil bisher trotz aller Mühe noch nicht, auch noch nicht annähernd gelöst ist, schon weil die betreffenden Schulmänner und Kartographen es unterließen, einmal die Geschichte der Kartographie für diese Zwecke zu prüfen, ob sie nicht geeignet wäre, Fingerzeige für die einzuschlagenden Wege zu geben. Man berücksichtigt bis jetzt nicht, daß voraussichtlich am besten der psychologischen Entwicklung des Kartenverständnisses eines Schulkindes unserer Zeit derjenige dient, der die Entwicklung des Kartenverständnisses der verschiedenen Generationen erforscht und deren Lehren beherzigt, weil sicher sich in ähnlicher Weise beim Einzelkind, natürlich nur ungleich rascher, der Prozeß des Kartenverständnisses vollzieht. Auch hier gibt es keine Sprünge. Wenn ein Kartograph meint, er habe dem Verständnis eines Sechsjährigen sich angenähert, weil er eine Gebirgskette durch eine »Raupe« mit recht dicken Strichen wiedergab, so gleicht er dem gutmütigen Schwaben, der im französischen Quartier durch lautes Schreien und durch Buchstabieren seiner Hauswirtin klar machen wollte, daß er S-a-l-z wolle! Oder, um bei der Schule zu bleiben, welchem Mathematiker fiele ein, es wäre »elementarer« Unterricht, wenn man einem Volksschüler Radizier- und Logarithmirexempel vorsetzte, freilich nur im Umfang des Zahlenkreises 1—10!

Das andere Problem besteht darin, durch Bereicherung der landläufigen Atlanten mit Übersichtskarten, welche klimatologische, faunistische, botanische usw. Verhältnisse klar legen, und mit Spezialkarten im größerem Maßstab den erweiterten Aufgaben der modernen Erdkunde gerecht zu werden. Nur zögernd geht man daran, das umworbene allgemeine Schulpublikum durch spezielle, für bestimmte Schulgattungen gezeichnete Karten zu spalten, wie es für Lehrbücher längst geschehen ist. Daß sich diese Erscheinung erst verhältnismäßig spät vollzieht, erklärt sich wohl daraus, daß sich der »Geschichtsatlas« schon so lange abgespalten hat, sodaß man bei ihm gar nicht mehr an allgemeine geographische Beziehungen denkt und daß er seinerseits geeignet ist, die speziellen Bedürfnisse der Gymnasien zu befriedigen. Nun aber tritt bereits in mehreren Neuschöpfungen ein Handelsschulatlas — Langhans, Peucker, Scobel — auf den Plan. Nur dem unverantwortlichen Zustand des modernen Schulwesens in bezug auf landwirtschaftliche Ausbildung ist es zuzuschreiben, daß wir noch keine speziellen »landwirtschaftlichen« Schulatlanten haben, mir ist wenigstens keiner bekannt geworden.

Langhans' kleiner aber schöner Handelsatlas[1] ist als eine Ergänzung zu einem unserer »Normalatlanten« gedacht. Peucker[2] benutzte seinen Atlas als Anschauungsmittel für seine farbenplastischen Theorien; bei ihm tritt der spezielle Charakter als Handelsatlas nur in einigen Zutaten zu tage; Scobels Handelsatlas[3], den ich nur kurze Zeit in Händen hatte, stellte sich offenbar die Aufgabe, in bezug auf Vielseitigkeit der Darstellung von Naturprodukten, Industrie und Verkehrsveranstaltungen allem bisher Gebotenen voranzukommen. Die Mißlichkeit, für die Handelsbeflissenen allein, eigentlich für die Handelsschulen allein, ein in der Herstellung kaum billiges Unterrichtsmittel geschaffen zu haben, dürfte den Verlag bestimmt haben, ähnlich wie bei Peuckers Atlas ein Schulwerk fertig zu stellen, das an allgemeinen Lehranstalten Eingang findet, zumal man sogar an Handelsschulen kaum auf eine größere Anzahl physikalischer und politischer Karten verzichten dürfte.

Der neue Atlas von Lehmann und Scobel[4] ist sicher besser geeignet für einen Massenabsatz als Scobels Handelsatlas. Man wird sich gern die Erweiterung des Schulatlas nach der Seite der Darstellung wirtschaftlicher und verkehrspolitischer Verhältnisse gefallen lassen. Freilich ist zurzeit im Geographieunterricht genug Zeit, den beispielsweise im »Großen Dierckes« enthaltenen ähnlichen Spezialkarten gerecht zu werden; wie soll also der neue Zuwachs bewältigt werden? Es geht uns in der Geographie wie in anderen Fächern. Mit der Zeit ist die Methode der Behandlung eine andere geworden; der Schwerpunkt des Faches wird in etwas anderem als früher gefunden, aber immer noch glauben wir beim Unterricht das Maß auch des früher Gelehrten beibehalten zu müssen, sodaß das Wichtige, das jetzt Wertvolle nur als gelegentliche Zugabe und als beiläufige Ergänzung erscheint. So wird in der Geschichte die Neuzeit auf Kosten des Altertums, die soziale Entwicklung auf Kosten genealogischer

[1] Handelsschulatlas. Unter Förderung des deutschen Handelsschulmännervereins bearbeitet von Paul Langhans. 2. Aufl. Gotha, Justus Perthes. 2 M.
[2] Peucker, K., Atlas für Handelsschulen. 2. Aufl. Wien, Artaria & Co. 7.50 Kr.
[3] Scobel, A., Handelsatlas zur Verkehrs- u. Wirtschaftsgeographie. 40 Karten. Leipzig 1902, Velhagen & Klasing.
[4] Atlas für höhere Lehranstalten mit besonderer Berücksichtigung der Handelsgeographie. Bearbeitet und herausgegeben von Dr. R. Lehmann und A. Scobel. 74 Haupt- und 66 Nebenkarten auf 80 Kartenseiten. Bielefeld und Leipzig, Velhagen & Klasing. Kart. 5 M., geb. 5.50 M.

und militärwissenschaftlicher Einzelheiten zusammendrängt, so nimmt hergebrachte Terminologie — man denke an die Einteilung der Alpen in früheren Büchern — ferner eine übel angewendete Schablonisierung bei der Staatenbeschreibung viel Zeit und Gedächtnisbemühung in Anspruch. Welcher Wert wird immer noch den Gipfelhöhen beigelegt, die in Sportkreisen ja das Interesse beanspruchen mögen, welches in wirtschaftlicher Hinsicht besser auf Tunnel- und Paßhöhen und auf Verkehrskonstanten sich richten sollte!

Beim Anblick der schönen physikalischen Karten, z. B. der Karte 38 und 39 Süddeutschland und Alpenländer im Lehmann-Scobel kann ich doch den Stoßseufzer nicht unterdrücken: Warum bieten unsere Atlanten mit ihren vielen und schönen Darstellungen keine Übersichtsblätter, die die Gebirgsmassen als solche in ihren Hauptumrissen, nicht aufgelöst in Einzelheiten, erkennen lassen? Vor mir liegt ein französischer Schulatlas, oder besser gesagt ein französisches Atlas-Lehrbuch (die Franzosen benutzen lieber Atlanten in denen zugleich der Lehrbuchtext eingefügt ist); die Karten können nicht entfernt an die in unseren Atlanten heran, aber durch scharf umrissene Höhenschichtenstreifen (über 200, 400 und 1000 m) ferner dadurch, daß alle Details wegblieben, zu deren Einzeichnung die Schraffendarstellung Gelegenheit gibt, sind die Kartenbilder durchsichtiger, die Gebirge selbst übersichtlicher vorgeführt. Mir fällt es nicht ein, die Leistungen französischer Kartographie mit der unserer Institute, um die uns die wissenschaftliche Welt beneidet, in Parallele zu stellen, aber es kommt mir immerhin eigentümlich vor, daß die mir bekannten französischen Schulatlanten des Verlags Delagrave fast durchweg schon die Schraffenmanier aufgegeben haben; nur in einigen politischen Karten sind in Schraffenumrissen einzelne Gebirge angedeutet; offenbar auch da bloß, weil sie so den Charakter der politischen Karte wenig beeinträchtigen.

Was die neuen, die wirtschaftlichen Karten in demselben Atlas anlangt, so habe ich prinzipiell die Aufnahme derartiger Veranschaulichungen bereits als ersprießlich begrüßt. Freilich die Ausführung der einzelnen Karten muß gerechte Zweifel erregen, ob nicht des Guten zu viel geschehen ist. Wer will mit seinen zwei Augen dieses bunte Durcheinander durchdringen, wer vermag leicht Gruppen von Einzelerscheinungen, die in Wechselbeziehungen zu einander stehen, aus dem Kunterbunt auszuscheiden und festzuhalten? Das gilt sogar für Karten, die Einzelgebiete behandeln, z. B. bei den zwei Karten: pflanzliche Produkte, noch mehr bei Karten wie Europa, Industrien; Mitteleuropa, Industrien, aber auch bei den Produktenkarten der Erdteile. Abgesehen davon, daß zuvielerlei auf der gleichen Karten untergebracht wird, fehlt es zurzeit, wie es scheint, an geeigneten Darstellungsmethoden, um bei einem Einzelprodukt den Grad der Häufigkeit, dann vor allem auch den zum Export verfügbaren Überschuß zu bezeichnen. Bei Flächenkolorit und bei Schraffierung, die für einzelne Produkte gewählt sind, kann ja durch Farbenverdichtung und Strichhäufung die gesteigerte Produktion angedeutet werden; doch fehlt auch da ein bestimmterer Maßstab. Es wird sich hier wohl im Laufe der Zeit auch eine Art Skala für die Einzelproduktion ausfindig machen lassen, oder eine Beifügung von Indizes, die über die Mengen Aufschluß geben. Oder vielleicht geht es an, durch Beifügung von durchsichtigen Deckblättern, wie sie ähnlich bei naturwissenschaftlichen Bildern z. B. in Meyers Konversationslexikon gebraucht werden,

zu helfen, so zwar, daß etwa in der eigentlichen Karte die Qualität, lediglich die Produkte selbst, eingetragen werden, während die durchsichtige Deckkarte Bezeichnungen für die Quantitäten derselben enthielte. Es wird sich darum handeln, Bezeichnungsmethoden ausfindig zu machen, die außer dem Umfang des Fundorts oder Erzeugungsbereichs eines Stoffes die erzeugte Qualität oder mindestens die Quantität in bezug auf 1 qkm oder auf 100 oder 1000 Einwohner der betreffenden Gegend in einer bestimmten Frist, sagen wir in einem Jahre, erkennen lassen, vielleicht auch den für den Handel verfügbaren Überschuß über den lokalen Bedarf. Da mir kaum andere Versinnlichungsmittel als die verschiedenen Farben kombiniert mit geometrischen Signaturen, wozu ich in diesem Falle auch den einfachen Strich zähle, zur Verfügung hat, so werden sich wohl nur wenige Produkte in ihrer ganzen wirtschaftlichen Bedeutung, Erzeugung, lokalen und universellen Verwendung auf einer Karte darstellen lassen. Ähnlich liegen die Verhältnisse bei Darstellung der Industrien, die ja immer in einer gewissen Abhängigkeit von bestimmten Produkten stehen, so daß sie von deren kartographischer Darstellung losgelöst eigentlich nicht zur Anschauung gebracht werden können. Ich bin in die Geheimnisse der modernen Volkswirtschaft nicht soweit vorgedrungen, um zu wissen, ob auf diesem Gebiet zurzeit derartige Abstraktionen zur leichteren Verständigung und Vergleichung der Verhältnisse schon im Schwunge sind, wie wir sie beispielsweise in der Mechanik in der ›Pferdekraft‹, dann aber auch in der Elektrizitätsmeßlehre besitzen; es wäre sehr interessant, wenn das Bedürfnis bei kartographischen Arbeiten der Volkswirtschaft zu solchen neuen ›absoluten‹ Maßeinheiten verhelfen würde. In gewissem Sinne ist die Aufgabe der Kartographie bei solchen Problemen: in Farben und Zeichen ein anschauliches Ersatzmittel zu liefern für ähnliche Zahlenkomplexe, wie die, in welchen die meteorologischen Stationen ihre Ablesungen an verschiedenen Instrumenten der Zentralstation berichten. Eines nimmt mich wunder, daß Scobel darauf verzichtet hat, die wichtigsten Ausfuhrstoffe in den betreffenden Häfen durch entsprechende farbige Pfeile zu symbolisieren, welche höchst anschaulich wirken; das tut Langhans; aber auch die französischen Schulkarten machen von diesem Mittel Gebrauch; es steht zur allgemeinen Anwendung zur Verfügung, ohne daß man den Vorwurf eines Plagiats zu fürchten brauchte, auf kartographischem Gebiet ist man übrigens in diesem Punkte wenig heikel.

Wenn ich eine der von bunten Farbenflecken und -Strichen wimmelnden Karten ansehe, fällt mir unwillkürlich Schillers Spruch ein: ›In den Ozean schifft mit tausend Masten der Jüngling — Still und gerettetem Bot treibt in den Hafen der Greis!‹ Ob man nicht in 50 Jahren, wenn diese Dinge mehr ausgereift sind, sich darauf beschränkt, für einzelne aber wichtige, typische Stoffe kartographische Darstellungen dem Schüler vorzulegen, die aber dann ihm mehr sagen? Nehmen wir an, es gelinge die Darstellung des Kaffees, der Produktion und des Verbrauchs in einer ähnlichen Klarheit, wie sie bei unseren Flußdarstellungen vorliegt, daß man die Produktionsadern, die Sammelbecken in den Export- und Importhäfen, die Versickerungskanäle in den einzelnen Konsumtionsländern, vielleicht auch die Art und den Wert der Tauschmittel für den Kaffee versinnlichen könnte!

Und zum Schlusse noch eine Frage! Mehr und mehr dringt die Gewißheit durch, daß in der Geographie neben der Erde der Mensch der wichtigste Interessegegenstand ist, daß eigentlich bei Klimakarten, bei phänologischen, ja auch bei geologischen Karten sogar in einem gewissen Sinne weniger die einzelnen dargestellten Tatsachen als vielmehr deren Wichtigkeit für den Menschen den Grund zur Versinnlichung bildet. Wie kommt es, daß nicht vor den verschiedenen genannten Kartenarten eine für den Menschen unstreitig wichtige Platz findet, die

Karte mit Kenntlichmachung der Gebiete, die unheilvollen Krankheiten als ständige Quartiere zugewiesen scheinen? Mir ist außer der betreffenden Darstellung in Berghaus' Atlas keine zweite bekannt geworden. Ich vermute, daß die Beigabe einer solchen Karte, die auf Grund neuesten Materials entworfen ist, in jedem Schulatlas willkommen geheißen wird, in einem Handelsatlas würde sie besonders angebracht sein!

Persönliches.

Ernennungen und Ehrungen.

Der Astronom Prof. Bakhuyzen-Leiden zum Dr. hon. c. der Universität Cambridge.

A. Bonnel de Mézières die Goldene Medaille des Léon Dewer Preises der Pariser Geographischen Gesellschaft für seine Forschungsreisen im Gebiet des Kongo, Oubangui, Bahr el Ghazal.

Der Geh. Reg.-Rat Dr. von der Borght zum Präsidenten des Kaiserl. Statistischen Amtes in Berlin.

Dem Leutenant Chédeville der Louise Bourbonnaud-Preis (Goldene Medaille) für die Bearbeitung einer Karte des dritten Militärterritoriums von Französisch-Westafrika.

Dr. John M. Clarke, Staatspaläontolog von New York, zum Direktor des State Museum-Albany als Nachfolger Fred. J. H. Merrils.

Dem Direktor des Observatoriums in Ambohidembona (Madagaskar) R. P. Colin ist von der Pariser Akademie der Wissenschaften ein Preis von 2500 fr. für seine Arbeit: Positions géographiques à Madagascar zuerkannt worden.

Dem Leutenant L. P. Trot die Goldene Medaille des Conrad Malte-Brun-Preises der Pariser Geographischen Gesellschaft für seine Routenaufnahmen in Dahomé.

Dem Dr. Paul Gast die venia legendi für Geodäsie und astronomische Ortsbestimmungen an der technischen Hochschule in Darmstadt.

Der bisherige Kartenzeichner Georg Karsunke zum Topographen beim Kaiserl. Gouvernement von Deutsch-Südwestafrika.

Dr. Koert zum Bezirksgeologen an der Geologischen Landesanstalt zu Berlin.

Dem Prof. A. Lacroix der Ducros-Aubert-Preis (Goldene Medaille und 1400 fr.) für seine Reise nach Martinique zur Erforschung der Ereignisse am Mont Pelée.

Dem Capitaine E. Lenfant der Herbert-Fournet-Preis (Goldene Medaille und 6000 fr.) der Pariser Geographischen Gesellschaft für die erfolgreiche Ausführung der Benue-Logone-Tschadsee-Expedition (vgl. S. 155).

Dr. v. Linstow zum Bezirksgeologen an der Geologischen Landesanstalt in Berlin.

Dem ao. Prof. der Ethnologie Dr. v. Luschan in Berlin der Kgl. preußische Kronenorden 3. Kl.

Der Geologe Hofrat Edm. v. Mojsisovics-Wien zum Dr. hon. c. der Universität Cambridge.

Professor Eduard L. Morse zum korespondierenden Mitglied der schwedischen Gesellschaft für Anthropologie und Geographie.

Dem Leutnant Nieger der Henri Duveyrier-Preis (Goldene Medaille) der Pariser Geographischen Gesellschaft für die Bearbeitung seiner Karte der Sahara-Oasen in 1 : 250000.

August Plane die Medaille des Charles Maunoir-Preises der Pariser Geographischen Gesellschaft für zwei Forschungsreisen in Südamerika.

Dem Professor Paul Pelet der P. F. Fournier-Preis (besondere Medaille und 1300 fr.) für die Vollendung des großen »Atlas des Colonies françaises«.

Der Anthropolog Prof. Retzius-Stockholm zum Dr. hon. c. der Universität Cambridge.

Dem Dr. Jules Richard die goldene Medaille des Jules Girard-Preises der Pariser Geogr. Ges. für ozeanographische Forschungen.

Der Daniel Pidgeonfund der Londoner Geol. Ges. an Linsdall Richardson in Cheltenham.

Dem Kapitän J. B. Roche die Medaille des Janssen-Preises der Pariser Geogr. Ges. für astronomische Beobachtungen bei der französisch-spanischen Grenzregulierung in Guinea.

Der Oberlehrer an dem Realgymnasium in Mainz, Dr. Wilhelm Schottler zum Landesgeologen an der geologischen Landesanstalt in Darmstadt.

Dem Direktor der Sternwarte in Kremsmünster, P. Franz Schwab der Liebenpreis (2000 Kronen) der Wiener Akademie der Wissenschaften für seine Arbeit über »Das photomechanische Klima von Kremsmünster«.

Dr. A. Schwantke habilitierte sich in Marburg für Mineralogie und Geologie mit einer Antrittsvorlesung: »Über das Innere der Erde«.

Dem Polarforscher Kapitän Robert F. Scott die Elisha Kent Kane-Medaille der Geogr. Ges. in Philadelphia.

Der bisherige Dozent an der Universität Sund, Dr. L. E. Strömgren, habilitierte sich in Kiel für Astronomie.

Der Sekretär der Zentralanstalt für Meteorologie Dr. Joseph Valentin habilitierte sich für Meteorologie an der Wiener Universität.

Dr. Weißermel zum Bezirksgeologen an der Geologischen Landesanstalt in Berlin.

Todesfälle.

Bredichin, Fedor, ehem. Direktor des astronomischen Observatoriums in Pulkowa, geb. 8. Dez. 1831, starb im Alter von 73 Jahren in St. Petersburg.

Cancani, Prof. Dr., Assistent am Ufficio Centrale di Meteorologia e di Geodinamica al Collegio Romano, starb am 29. Mai im Alter von 48 Jahren.

Castillo, E. D. del, der eine Flora der französischen Südsee-Inseln vorbereitete und einen Teil der Pflanzen beschrieb, die Grandidier aus Madagaskar brachte, ist kürzlich gestorben.

Duclaux, Emile, Prof. der Physik und Meteorologie am Institut national agronomique, Mitglied der Acad. des Sciences, starb in Paris im Alter von 75 Jahren.

Kaech, Dr. Max, Geolog, geb. 22. Jan. 1875 in Entlebuch, starb am 22. Mai 1904 in Para (Brasilien),

wo er eben die Stelle des Chefs der geologischen
Anstalt am Museum Goeldi angetreten hatte.

Odend'hal, Vizeresident in Phan-rang, geb.
24. Nov. 1867 in Brest, wurde am 6. April 1904
von Eingeborenen auf einer wissenschaftlichen Expedition in Laos ermordet.

Der Geologe Frank Rutley, einer der ersten,
der das Mikroskop ausgiebig für petrologische Studien
in Anwendung brachte und wertvolle petrographische
Arbeiten veröffentlichte, starb vor kurzem.

Geheimrat Dr. Justus Schneider, genauer
Kenner der Rhön, Gründer und 28 Jahre lang Präsident des Rhönklubs, starb am 8. April 1904 in Fulda,
62 Jahre alt.

Der Seismologe Prof. Charles Soret in Genf,
starb am 4. April 1904.

J. N. Tata, ein bekannter Millionär und Philan-
thropist in Bombay, der Jahre hindurch Versuche
über die Akklimatisierung der ägyptischen Baumwolle in Indien und über andere wirtschaftliche
Probleme anstellen ließ, ist vor kurzem gestorben.

Geographische Gesellschaften, Kongresse, Ausstellungen und Zeitschriften.

Die British Association for the advance-
ment of Science wird vom 17. bis 24. August
in Cambridge tagen. Präsident der Sektion C. Geologie ist Aubrey Strahan; E. Geographie: Douglas
W. Freshfield; F. Wirtschaftskunde und Statistik:
William Smart; H. Anthropologie: Henry Balfour;
L. Unterricht: Lord Bishop of Hereford. Jedem
Besucher wird ein »Handbook to the Natural History
of Cambridgeshire«, ferner ein Führer für die Stadt
und die Exkursionen, sowie eine vom Ordnance
Survey bearbeitete Karte von Ostengland überreicht.
Von Vorträgen, die den Geographen interessieren,
sind angemeldet: für den 19. August: Ripple-marks
and Sand-dunes von Prof. George Darwin; für
den 20.: »The Forms of Mountains« von Dr. J.
E. Marr und für den 22.: »Recent Explorations and
Researches on Extinct Mammalia«. Nähere Auskunft
erteilt A. E. Seward, Emmanuel College, Cambridge.

Der Vierte Kongreß des Internationalen
Komitees für wissenschaftliche Aëronautik
wird vom 29. August bis 3. Sept. in St. Petersburg
tagen. Die Einladungen wird im Namen der Kais.
russ. Akad. der Wissensch. das russ. Auswärtige
Amt verschicken. Geplant wird die Errichtung eines
Ständigen Bureaus, welches ähnlich dem Berner internationalen Telegraphenbureaus von einer Reihe von
Staaten finanziert werden soll.

Die Senckenbergische Naturforschende
Gesellschaft in Frankfurt a. M. hat einen Preis
von 500 M. ausgesetzt für eine Arbeit über einen
Teil der Paläontologie des Gebiets zwischen Aschaffenburg, Heppenheim, Alzey, Kreuznach, Koblenz, Ems,
Gießen, und Büdingen. Die Arbeiten sind bis zum
1. Oktober 1905 einzureichen.

Der American Geographical Society
wurden von Sarah M. de Vaugrigneuse 120000 M.
vermacht.

Die Société helvétique des Sciences naturelles wird ihre 87. Jahresversammlung vom
30. Juli bis 2. August in Winterthur abhalten. Zu
gleicher Zeit und am gleichen Orte wird die geologische, botanische, zoologische, chemische und die
Züricher physikalische Gesellschaft tagen. Anfragen
sind an M. E. Zwingli, Winterthur, Geiselweidstr.,
zu richten.

Die Russische Geographische Gesellschaft rüstet eine neue Expedition aus, welche

unter Tolmatscheff das Gebiet zwischen der Jenissei-
und Lena-Mündung erforschen soll.

Der XIV. Internationale Orientalisten-
Kongreß findet Ostern 1905 in Algier statt. Anfragen sind an Edmond Doutté, professeur à l'École
des lettres à Alger zu richten.

In Newcastle on Tyne ist eine Astronomische
Gesellschaft gegründet worden. P. E. Espin ist
der erste Präsident.

Geographische Nachrichten.

In Belgien ist ein »Preis der Belgica« geschaffen worden, auf Anregung des Kommandanten
der ersten belgischen Südpolfahrt, A. de Gerlache;
er besteht aus einer goldenen Medaille im Werte
von 500 fr. und soll für erfolgreiche physische und
geographische Untersuchungen innerhalb des südlichen Polarkreises verliehen werden.

Aus dem Nansenfonds, der jetzt die Höhe
von 1 Million Kronen erreicht hat und die Grundlage einer freien norwegischen Akademie der Wissenschaften bilden soll, sind u. a. 76000 Kronen für
die Drucklegung der wissenschaftlichen Berichte über
die Nansenexpedition verausgabt worden. Die beiden
letzten Bände sind fast fertig, der Abschluß des
Werkes ist noch im Laufe dieses Jahres zu erwarten.

Dr. Gottfried Merzbacher ist von seiner
wissenschaftlichen Forschungsreise in Zentralasien
nach München zurückgekehrt (vgl. S. 155).

Die dänische Grönlandexpedition ist in
Westgrönland angekommen.

Der Professor der Geologie und Paläontologie
Dr. T. Steinmann ist von einer nahezu einjährigen
Studienreise aus Südamerika zurückgekehrt.

Der Archäologe Dr. Puchstein ist von einer
längeren Forschungsreise in Syrien zurückgekehrt.

Der seit Dez. 1867 als außerordentlicher Professor der Geologie wirkende Dr. Hippolyt Haas
ist vom Lehramt zurückgetreten.

Dem Père De Deken, dem Teilnehmer an den
großen Expeditionen des Prinzen Henri d'Orléans
und Bonvalots in Tibet, der im März 1895 in Boma
im Kongostaate starb, soll bei Wilryck in der Nähe
von Antwerpen ein Denkmal errichtet werden. Die
Enthüllung ist für den August geplant.

Dr. Kießling hat sich im Auftrag des deutschen
archäologischen Instituts zu geographischen und
anthropologischen Untersuchungen nach Griechenland begeben.

Der Professor der Geologie an der Grazer Universität, Dr. Rud. Hoernes, hat sich im Auftrag
der Wiener Akademie nach Makedonien begeben,
um dort nähere Untersuchungen über das große
Erdbeben vom 4. April d. J. anzustellen.

Geheimrat Prof. Alfred Kirchhoff in Halle ist
eines Augenleidens wegen für die Dauer des Sommersemesters vom Abhalten von Vorlesungen enthoben
worden. Wir wünschen unserem hochverehrten Vorkämpfer für die Schulgeographie von ganzem Herzen
eine recht baldige und dauernde Heilung.

Peary hat die für diesen Sommer geplante Polarfahrt aufgegeben, da die für sie angestellten Geld-
sammlungen nicht den gewünschten Erfolg gehabt
haben.

Die Kanadische Regierung hat das deutsche Südpolarschiff, den »Gauß« für 75000 $ angekauft.
Er soll zunächst einem in der Hudson-Bai über-
winternden Regierungsdampfer Proviant und Kohlen
bringen, später zu Aufnahmen an den Küsten Labra-
dors verwendet werden (vgl. S. 155).

Die Reihe geographischer Handbücher, welche H. J. Mackinder unter dem Titel »The Regions of the World« im Verlag von W. Heinemann in London herausgab, ist in den Verlag der Clarendon Press übergegangen. Der neue Herausgeber ist Henry Frowde. Im Laufe dieses Jahres sollen 2 Bände erscheinen: »North America« von Israel Russell (ist inzwischen erschienen) und »India« von Sir Thomas Holdich. »The Far East« von Archibald Little wird demnächst druckfertig (Nature).

Die Wiener Akademie der Wissenschaften hat den Direktor des Meteorologischen Zentralinstituts in Wien, Hofrat Prof. Pernter, 700 Kronen zur Aufstellung eines Limnographen am Gardasee bewilligt.

Für die Transvaal Colony ist ein Meteorological Service errichtet worden. »Direktor desselben ist R. T. A. Innes. Das Zentral-Observatorium liegt drei Meilen nördlich von Johannesburg, 5900 Fuß über dem Meere.

Besprechungen.

I. Allgemeine Erd- und Länderkunde.

Land und Leute. Monographien zur Erdkunde, herausgegeben von A. Scobel. Band XV: Deutschland im Stillen Ozean. Samoa-, Karolinen-, Marshall-Inseln, Marianen, Kaiser-Wilhelmsland, Bismarckarchipel und Salomo-Inseln. Von Georg Wegener. Mit 140 Abb. nach photogr. Aufnahmen und einer farbigen Karte. Bielefeld u. Leipzig, Velhagen & Klasing. Preis geb. 4 M.

Der Titel des Buches kann irre führen. Nicht Deutschlands politische oder wirtschaftliche Anteilnahme am Stillen Ozean bildet den Gegenstand der Darstellungen, sondern es handelt sich um die deutschen Schutzgebiete im Umkreis dieses Meeres, und auch bei ihrer Behandlung, die nach den Inselgruppen erfolgt, so wie sie im Nebentitel aufgezählt sind, tritt der Gesichtspunkt zurück, wieviel sie für Deutschland zu gelten haben und was deutsche Bewirtschaftung und Verwaltung für sie bedeutet. Beispielsweise sind die mancherlei wirtschaftlichen und Verwaltungsschwierigkeiten, die seit der Besitzergreifung von Kaiser-Wilhelmsland und von Samoa aufgetreten sind, nur ganz leicht gestreift oder gar nicht berührt; vielmehr heißt es: »Das Leben der Weißen in Samoa wäre ein ungemein anziehendes Kapitel, allein der zur Verfügung stehende Raum verbietet uns näher darauf einzugehen.« Ein Schlußwort beurteilt aber so kühl und objektiv den Wert dieser Schutzgebiete, daß man bedauert, von dem ruhig denkenden Verfasser nichts Eingehenderes über das Thema »Deutschland im Stillen Ozean« zu hören. Kleinheit der Inseln, Arbeitermangel, Entfernung von Absatzgebieten, Dürftigkeit des Bodens wenigstens auf den Korallengebilden machen diesen Kolonialbesitz zu einem Luxus, der aber notwendig ist für Deutschlands Ansehen im Rate der Völker.

Die landeskundliche Charakteristik der Inselgruppen und der einzelnen Eilande ist ganz vortrefflich gelungen. Die kleinen, in sich abgeschlossenen Landgebilde laden einen des Wortes so mächtigen Schilderer, wie Dr. Wegener es ist, förmlich dazu ein, sich in ihre Individualitäten zu vertiefen, und unterstützt durch die persönliche Bekanntschaft mit einer ganzen Reihe von ihnen entwirft er nun so anschauliche Bilder, daß unter den von Prof. Scobel

herausgegebenen Monographien, die an wissenschaftlichem Werte und an Geschick der für ein breiteres Publikum berechneten Darstellung als sehr verschieden gelungen gelten müssen, dies 15. Bändchen als eins der anmutendsten zu beurteilen ist. Gewiß erhält man nicht wissenschaftliche Neuigkeiten; auch ist die nach dem Grundsatz politischer Zugehörigkeit zu Deutschland erfolgte Zusammenstellung der Inselgruppen weder einer geistvollen Ausdeutung geologischer Leitlinien in der Anordnung pazifischer Länder noch der ethnographischen Zusammenfassung günstig. Verstreut durch das Buch von Dr. Wegener finden sich aber doch Ausblicke und Betrachtungen, die einer über die schwarz-weiß-roten Grenzpfähle hinaus verlangenden Auffassung von der Landverteilung, von der geologischen Entstehung, von Rassen und Kulturen der Bewohner gerecht zu werden strebt. Mit großer Liebe vertieft sich der Verfasser in das Leben und Treiben der Bevölkerung.

Der bildliche Schmuck des Buches entspricht dem, was die Verlagshandlung von Velhagen & Klasing zu geben gewohnt ist; doch ist zu loben, daß die Bilder nicht bloß zahlreich und gut sind, sondern infolge wohldurchdachter Auswahl auch lehrreich. Schade ist, daß von den Marianen keine Abbildung mitgeteilt wurde. Auffällig ist schließlich, daß unter den Literaturangaben neben Friedrichsens Arbeit über die Karolinen nicht auch der schon allein methodisch bemerkenswert treffliche Aufsatz von Geheimrat Kirchhoff in der Geogr. Zeitschrift V, S. 545 erwähnt ist. *Dr. Felix Lampe-Berlin.*

Berdrow, W., Jahrbuch der Weltreisen und geographischen Forschungen. 2. Jahrgang 1903. 8°, 286 S. Leipzig, Wien, Teschen. 1 M.

Das Bedürfnis zu einem Werke dieser Art liegt unleugbar vor. Einmal ist die Zahl der Reisen mit der zunehmenden Erleichterung des Weltverkehrs derartig gestiegen, daß eine Verfolgung auch nur der wichtigeren unter ihnen gar nicht mehr möglich ist. Zweitens hat sich die Art der Forschungsreisen heute bedeutsam gewandelt. Die Zeit der großen Entdeckungen ist, vielleicht von den Polargebieten abgesehen, heute vorüber. Was jetzt die wie ein Heer fleißiger Ameisen über den Globus schwärmende Schaar der Reisenden leistet, ist im wesentlichen Detailausgestaltung des topographischen Erdbildes oder intensive, statt der früher extensiven Forschung, wissenschaftliche Vertiefung. Beides aber setzt, um recht verstanden zu werden, immer eine Spezial- und Fachkenntnis voraus. So läuft diese großartig fleißige Tätigkeit der Reisenden Gefahr, sich dem allgemeinen Interesse zu entziehen.

Hier setzt das vorliegende Buch ein. Es ist nicht nur für Fachleute berechnet, sondern auch für gebildete und interessierte Laien, und versucht, in cilk fertige, abgerundete Bilder vom Stande und Fortschritt der Forschung in der Gegenwart zu geben. Was gegeben wird, ist im allgemeinen gut und zeugt von nicht gewöhnlicher Arbeitskraft und

11*

Beherrschung des Stoffes. Eigene Darstellung und Exzerpte werden geschickt verbunden, so daß die einzelnen Kapitel durchaus als selbständig geformte Ganze erscheinen, ja bei der Gewandtheit und Schönheit des Stiles oft sehr fesselnd zu lesen sind.

Neben dem abstrakt Wissenschaftlichen richtet der Verfasser sein Augenmerk auch auf politische und wirtschaftliche Fragen, insbesondere bei der Behandlung unserer Schutzgebiete. Die Darstellung der ostafrikanischen Zentralbahn-Frage, das Kapitel Deutsch-Südwestafrika, das in seiner Kritik der Verwaltung mancherlei heute besonders beherzigenswerte Winke enthält, sind treffliche Beispiele dafür. Daß bei politischen Erwägungen die Schlußfolgerungen für zukünftige Entwicklung nicht immer zutreffend geraten, ist ein Risiko, das der Autor mit den größten Kennern teilt. Ich denke hierbei z. B. an die von ihm vorgetragene Meinung, daß Tibet über kurz oder lang Rußland zufallen wird. Das haben vor kurzem fast alle Autoritäten geglaubt.

Alles in allem ist das »Jahrbuch der Weltreisen« eine sehr willkommen zu heißende Unternehmung, der man einen glücklichen Fortgang wünschen darf.

Soeben wird auch der Jahrgang 1904 ausgegeben. Es gilt von ihm dasselbe Lob, wie von den vorhergehenden. Besonders interessieren werden diesmal die Ergebnisse der neuesten Südpolarreisen. Ausführlich wird auf die inzwischen erschienenen Arbeiten über die vulkanischen Ereignisse in Mittelamerika eingegangen.

Wünschenswert wäre es für künftig, wenn auch für die zahlreichen Abbildungen die Quellen angegeben würden. Häufig sind ja die photographischen Aufnahmen mit die wertvollsten Ergebnisse einer Forschungsreise.   *Dr. Georg Wegener-Berlin.*

Luedecke, O., Über die gleiche geognostische Beschaffenheit von Brocken und Kyffhäuser. Archiv für Landes- und Volkskunde der Prov. Sachsen. 13. Jahrg., S. 56—62. Halle 1903.

Verf. zunächst eine kurze Darstellung von der Entstehung des Brockens nach Lossens Auffassung. Nach ihr ist er ein Lakkolith. Dann macht er Mitteilung von Beobachtungen, welche diese Auffassung stützen. Die am Rande des Granits auftretenden Gesteine werden charakterisiert z. T. als metamorphische Produkte, der sog. Eckergneis.

Der Gneis des Kyffhäusers wurde bisher als Urgneis angesehen. Nach Luedecke ist nun der Kyffhäuser gleichfalls ein Lakkolith von ähnlicher Zusammensetzung wie der Brocken. Die den Lakkolithen umkleidenden Gneise sind nach der mikroskopischen Untersuchung durch Druck aus Granit entstanden. Aus diesem Umstand und der gleichen petrographischen Zusammensetzung ihrer Gesteine folgert Luedecke, daß Brocken und Kyffhäuser auf gleicher Entstehung sind.   *Dr. E. Liebetrau-Eisenach.*

Unger, W. v., Eine militärische Studienfahrt nach Oberitalien. Beiheft zum Militär-Wochenblatt 1903, Heft 11.

In anziehender Weise schildert Verf. eine zehntägige Fahrt von München über den Brenner durch Oberitalien nach Rivoli. Die geographisch-historische Skizze zerfällt in folgende Abschnitte: 1. Von München nach Genua; 2. An der Riviera; 3. Im Appenin; 4. In der Tiefebene; 5. Das Hügelland am Mincio; 6. Am Fuße der Alpen. Es wird hier gezeigt, was nach sorgfältigster Vorbereitung ein feiner Kenner der kriegsgeschichtlichen Ereignisse in Norditalien, selbst in einer so knappbemessenen Frist, alles beobachten kann und wie er es für mo-

derne Verhältnisse zu beleuchten und zu verwerten weiß. Die Arbeit ist gewissermaßen ein Programm, eine Art Führer für strategische Forschungsreisende. Die napoleonischen Aufmärsche, die Kämpfe und Schlachten von Monterotte, Millesimo, Dego und Mondovi, ferner von Marengo und Magenta, Solferino, Rivoli u. a. m. werden selbst in diesem engen Rahmen treffend kritisiert. Eine flottgeschriebene, anregende Lektüre. *Dr. Chr. Goeders-Gr.-Lichterfelde.*

Ghislain, Oskar, Géographie industrielle et commerciale de la Belgique. Bruxelles, J. Lebègue & Cie.   4 frs.

Das Buch ist ein vorzügliches Nachschlagewerk, an dem niemand vorbeigehen kann, der sich mit der Wirtschaftsgeographie Belgiens beschäftigt. Als Lehrbuch würden deutsche Geographen es anders gehalten haben. Zwischen den rein materiellen Daten fehlt einigermaßen der Geist, der die wirtschaftlichen Erscheinungen in ihrem gegenseitigen Zusammenhang, in ihrer Abhängigkeit von Lage, Bodengestalt und Geschichte erscheinen läßt. Zwar wird bei den Erzeugnissen des Ackerbaues die Bodenbeschaffenheit überall genau geschildert; auch finden sich sehr viele geschichtliche Daten über die Entwicklung der Verkehrswege, der Industrien, ja sogar einzelner Fabriken. Aber diese tragen alle mehr statistischen Charakter. Der äußerst gewissenhaften, mit großer Sachkunde ausgeführten Detailarbeit fehlt der großzügige Charakter, der das Land als Ganzes, die Erscheinungen als Teil eines großen Ganzen auffaßt und darstellt. Das Werk zerfällt in vier Bücher. Das erste gibt auf etwa 100 Seiten eine eingehende Landesbeschreibung der neun Provinzen unter genauer Aufzählung der Verkehrswege. Die schönen Beschreibungen des Bodens, welche den Eingang zu jedem der neun Kapitel bilden, finden im ersten und zweiten Kapitel des dritten Buches eine willkommene Ergänzung. Bei den einzelnen Städten, die nach Arrondissements geordnet bis zur Größe von 3000 Einwohnern angeführt werden, sind alle Industrien, zuweilen mit Benennung hervorragender Firmen genau und zuverlässig aufgezählt. Doch findet sich keine Andeutung über Behörden oder sonstige staatliche oder kommunale Einrichtungen, die zur Förderung von Handel getroffen sind. Während sich im ersten Buche außer den Tiefen der Kanäle und den Einwohnerzahlen der Städte keine numerischen Angaben finden, gibt das zweite, dem Verkehr gewidmete Buch in fünf Kapiteln auf 78 Seiten eine überaus genaue Statistik. Leider erzeugt diese aber kein Bild bei uns, weil die Angaben besonders in bezug auf die Anordnung der Verkehrslinien zerrissen erscheinen. Angenehm wären bei der auch zukünftige Verhältnisse schon berücksichtigenden Beschreibung der 7 bzw. 8 Häfen kleine Skizzen, aus denen die relative Lage der Hafenbauten ersehen werden könnte. Fast die Hälfte des Werkes (230 Seiten, aber nur vier Kapitel) ist der Besprechung der Industrien gewidmet, die aber durch gelegentliches Eingehen auf geschichtliche Entwicklung, besonders durch die in ihrer Auswahl und Darstellung eine große Fachkenntnis verratenden Auseinandersetzungen über Vorkommen und Herstellung der Waren so interessant ist, daß sie von Schülern, ein einige Gewandtheit im Französischen haben, gern gelesen werden wird. Einzelne Teile könnten, soweit es den Stoff handelt, einem französischen Lesebuch für Handelschulen eingereiht werden. Das vierte Buch (72 Seiten, fünf Kapitel) behandelt den auswärtigen Handel und ist ebenso wie die sechs Anhänge auch da rein statistisch, wo es keine Zahlen gibt. Im ganzen ist das Werk kein Schulbuch, aber vorzüglich für die Hand des Lehrers. *Prof. Dr. A. Blind-Cöln.*

Hedin, Sven v., Meine letzte Reise durch Innerasien. Mit einer Einleitung von Prof. Dr. Dove, dem Bildnis Hedins und einer Karte. Angewandte Geographie. I. Serie. 5. H. XIV, 50 S. Halle a. S. 1903, Gebauer-Schwetschke. 1,50 M.

Der Schilderung der letzten Reise Hedins, die etwas aus dem Rahmen des Programms der Sammlung fallend geboten wird und die sich ziemlich genau mit dem Texte der von Hedin im letzten Winter gehaltenen Vorträge und mit dem seines Aufsatzes im Scottish Geographical Magazine, 1903, Nr. 3: »Three years exploration in Central Asia« deckt, geht eine kurze Einleitung von Prof. Dr. Dove voraus, die in großen Zügen über die in Frage kommenden Gebiete orientieren will. Hedin gibt dann im allgemeinen eine Beschreibung seiner drei Jahre drei Tage dauernden Reise, in dem frischen und die eigenen Verdienste nicht aufdrängenden Tone, den wir von ihm gewöhnt sind. Die Darstellung ist streng chronologisch gehalten, schildert zuerst die Schiffahrt auf dem Tarim mit seinen waldigen Ufern, dann eine zweite Durchquerung der aus Hedins letztem Werke berüchtigten Takla-Makan und eine Exkursion an den alten Lop-nor. Die hierbei endeckten und bei einem späteren Besuch genauer erforschten Ruinen aus dem dritten und vierten Jahrhundert n. Chr. scheinen mit der endgültigen Lösung der Lop-nor-Frage die wichtigsten und interessantesten Resultate des Aufenthalts im Tarimbecken zu sein. Hieran schloß sich eine Reise durch das östliche Tibet, ein zweiter Aufenthalt am alten Lop-nor und eine Präzisionsnivellierung durch die Wüste von hier nach dem Kara-Koschun, wobei eine Verschiebung des Sees nach N, also der Anfang seiner Rückkehr in sein altes Bett konstatiert wurde. Den Schluß der Reise bildete die äußerst mühevolle Wanderung durch Tibet nach Ladakh mit den zwei mit allen Vorsichtsmaßregeln unternommenen Vorstößen nach Lhasa. Sie scheiterten, wie bekannt, an der Wachsamkeit der Bewohner. Erwähnenswert erscheint hierbei besonders das entschieden ablehnende, aber doch liebenswürdige Verhalten des Dalai-Lama und seiner Untergebenen. Mit der Rückkehr von Leh nach Kaschgar endete diese Reise, auf der 10 700 km, von denen 9000 km von Europäern noch nicht betreten wurden, zurückgelegt worden sind, und deren Schilderung den dringenden Wunsch nach einer eingehenden Behandlung entstehen läßt.

Leider hält die Ausstattung des Heftes mit dem Inhalt nicht gleichen Schritt. Die beigegebene Karte ist ungenügend, sie ist vor allem zu klein, da sie zu viel umfaßt, während gerade bei der Fülle unbekannterer Namen eine Spezialkarte notwendig gewesen wäre. Erschwert wird die Lektüre außerdem durch den überaus nachlässigen Druck der Namen. Störende Verwechslungen wie Akon statt Aksu (S. 3) und vor allem verschiedene Schreibweisen derselben Namen finden sich leider zahlreich. Kaschgar, um einige der schlimmsten Fehler anzuführen, wird S. 27 Kaschnal geschrieben, Jarkent tritt als Jaskent auf, der Kara-Koschun kommt als Karakoschun, Kara-Hosheik und Kem-Koschun, Temirlik als Temilik, Tennlik und Temislik, und

Hedins Begleiter Tokta Ahun wird zum Takta-Akeen und Toki Chen. Zum Schlusse sei die Bemerkung gestattet, daß die in Klammern beigefügten Erklärungen hinter Irrigationskanäle als Bewässerungskanäle (S. 5) und besonders hinter Sammelplatz als Stelldichein (S. 3) doch wohl zu wenig Vertrauen in die Fähigkeiten der Leser der angewandten Geographie setzen. *G. v. Zahn-Halensee.*

Dove, K., Wirtschaftliche Landeskunde der deutschen Schutzgebiete. Neuer Wegweiser für die Schutzgebiete des Deutschen Reiches in Afrika, Asien, der Südsee mit besonderer Rücksicht auf Lage, Landes- und Volkskunde, Tier- und Pflanzenwelt, Handels- und Wirtschaftsverhältnisse. Mit Illustrationen und Karten. Leipzig o. J., Huberti.

Diese knappgehaltene Einführung in die Kenntnis von unseren Schutzgebieten ist hauptsächlich für den Kaufmann bestimmt, weshalb sie besonders die Produktions-, Verkehrs- und Handelsverhältnisse berücksichtigt. Doch auch was sonst von Landschaft und Klima, von den Bewohnern und den Siedelungen gesagt wird, zeigt durch klare Bestimmtheit wie Zuverlässigkeit aller Angaben den geographischen Fachmann. Soweit eignet sich das Büchlein auch recht wohl für die Benutzung seitens des Lehrers, da wir in zugleich guten und kurzen Darstellungen der deutschen Schutzlande gerade keinen Überfluß haben.

Einer neuen Auflage wünschen wir nur eine etwas bessere Karte beigefügt zu sehen. Das Miniaturkärtchen von Samoa zumal ist auf dem diesmaligen Übersichtsblatt ein Muster, wie man gerade für den Einzuführenden eine Karte n i c h t herstellen darf. Man sieht da nichts wie ein paar höchst unklare Farbentüpfchen und — den Maßstab; dabei stehen einige Namen, von denen Tiltuila Tutuila heißen soll, und ein noch viel unleserlicher Name zur Rechten davon nur von einem Kenner Manua gelesen werden wird. *Prof. Dr. A. Kirchhoff-Halle a. S.*

Deeken, R., Rauschende Palmen. Bunte Erzählungen und Novellen aus der Südsee. Kl.-8°, 204 S. Berlin, Oldenburg, Leipzig, G. Stalling.

Zwölf Schilderungen eigener und fremder Südsee. Erlebnisse aus jüngster Vergangenheit sind hier vereinigt und mit hübschen Bildern von Landschaften wie Volkstypen nach photographischen Aufnahmen geschmückt. Meistens beschreibt der Verf. seine eigenen Reiseeindrücke in recht anschaulicher Weise und frisch aus der Situation heraus. Die Skizzen betreffen hauptsächlich unsere mikronesischen Schutzgebiete, Samoa und Hawaii. *Prof. Dr. A. Kirchhoff-Halle a. S.*

Kausch, Oskar, Deutsches Kolonial-Lexikon, mit einem Anhange: Kolonial-Post- und Telegraphen-Tarif. Dresden 1903, Verlag von Gerhard Kühtmann. 5 M.

In mühsamer Arbeit hat der Verf. für unsere deutschen Kolonialgebiete ein wertvolles Handbuch zusammengestellt, wie solches für die heimischen Gebiete das so wichtige Werk des »Ortslexikons für das Deutsche Reich von Neumann« darbietet. Selbst sehr unscheinbare Orte finden wir verzeichnet und dazu alles, was nach dem heutigen Stande unserer Kenntnis und den Verhältnissen der kolonialen Verwaltung an diesen Orten bemerkenswert ist. Darum ist es in der Tat ein Buch, das Gewerbtreibenden, Kaufleuten und Verkehrsbeamten, sowie Freunden der deutschen Kolonialpolitik gute Dienste leisten kann. Die kurze Einleitung mit einer geschichtlich-geographischen Übersicht sowie das abschließende Namensverzeichnis von kolonialen Forschern hat zwar keinen eigenartigen Wert, ist aber eine ganz nützliche Ergänzung des Hauptteils. Wichtig ist der Anhang mit seinen Angaben über den Post- und Telegraphentarif für die deutschen Kolonien. Auf kurzem Raume bietet er alles Nötige. Das kleine Werk erscheint uns um so verdienstlicher, weil gerade die erstmalige Zusammenstellung derartiger Angaben eine besondere Mühe erfordert und weitere später notwendige Arbeiten sehr erleichtert. Das rechtfertigt auch den scheinbar hohen Preis von 5 M. *Direktor A. Fabarius-Wiltenhausen.*

II. Geographischer Unterricht.

Felgner, Robert, Heimatkunde als Mittelpunkt des gesamten Unterrichts im dritten Schuljahre. 123 S. Dresden 1903, Alwin Huhle.

Es handelt sich in Felgners Buch um den Versuch einer vollständigen Durchführung der berühmten Konzentration des Unterrichts um ein Fach. Wer diese in unseren Schulen mit den einmal eingeführten Fächern auch nur für möglich hält, für den ist das Buch geschrieben — für mich also nicht (trotz Matzat). Die Geographie speziell kommt stark zu kurz, wenn sich alle anderen Fächer um sie konzentrieren — und um sie reißen: sie lassen nämlich wenig übrig. Ohne Bild zu reden: es wird dann eher das Geographische unter Gesichtspunkten und zu Zwecken des Sprach- und Rechenunterrichts betrieben als umgekehrt.

So ist denn auch bei Felgner oft der Unterricht nicht bloß angefangen und beschlossen mit Kinderrätseln, die allenfalls dem deutschen Unterricht anstehen, sondern bleibt oft ganz im poetischen Bilde oder schreitet durch Rätselfragen fort, z. B.: »Wer mag die Eisblumen nicht leiden?« (ɘuuoS ɘı̣p) Dies letztere hängt schon damit zusammen, daß der Versuch gemacht ist, durchweg die heuristische Methode anzuwenden. Diese ist aber nur möglich, soweit der geographische Unterricht Anschauungsunterricht ist; und wie weit er das ist, darüber täuscht eben viele (z. B. auch Oberländer) die Vorliebe für die heuristische Methode. So kommen Scheinfragen zustande. Z. B.: »Wann gefriert die Elbe zu?« »Bei 10—15° anhaltender Kälte.« In Wahrheit würde das dogmatisch mitgeteilt werden müssen. Das ist auch der fundamentale Unterschied gegen Fingers Heimatkunde, wo wir die Kinder eine Beobachtung der andern wirklich machen sehen. Bei Felgner werden ganze Beobachtungsreihen scheinbar vorausgesetzt, in Wirklichkeit zusammenfassend mitgeteilt. Der Inhalt dieses Mitgeteilten ist vielfach viel zu hoch für acht bis neunjährige, für die er ja bestimmt ist, namentlich im Verhältnis zu anderen überaus leicht gehaltenen Teilen. So geht es gleich in der Anfangslektion, die übrigens keinen Anfang darstellt, da sie — natürlich nach pädagogischer Methode — mit einer Repetition beginnt: da wird den Schülern ausgeredet, — woru, sehe ich nicht ein — daß es im Frühling deshalb wärmer werde, weil die Sonne länger scheine; und als Ersatz für diesen, wenn auch nicht ausreichenden, so doch ihnen verständlichen Grund bekommen sie einen Zusammenhang zu hören, der für sie noch unverständlich bleiben muß: weil die Sonne höher steht, ist es wärmer. Die Tatsache aber, daß die Sonne höher steht, wird durch Schattenmessung demonstriert! Daß der Schatten im Winter länger ist, wird dabei einfach mitgeteilt. Felgners Heimatkunde ist mit einem Worte ein Musterbuch der allein seligmachenden Pädagogik, aber nichts für Geographen. *Dr. Paul Gerber-Berlin.*

Krebs, Wilhelm, Das Zeichnen in seinen Beziehungen zum naturwissenschaftlichen und zum erdkundlichen Unterricht. Unterrichtsblätter für Mathematik und Naturwissenschaften 1903, Nr. 2 u. 3.

In einem beachtenswerten Vortrag behandelt Krebs die Wichtigkeit des Zeichnens, dessen allgemeiner erzieherischer Wert namentlich von Flinzer und Thadd betont worden ist, für die besonderen Fälle des naturwissenschaftlichen, insbesondere biologischen und erdkundlichen Unterricht. Er hebt kurz und treffend die mannigfachen Vorteile hervor, die das Zeichnen bei richtiger Handhabung sowohl dem Lehrer wie dem Schüler gewährt und weist auf den Nutzen hin, den Zeichnen und Malen in künstlerisch-methodischer Hinsicht und in richtiger Auffassung der Erziehung von den Naturwissenschaften erwarten dürfen. Zugleich warnt er aber auch vor einer zu weit gehenden Überschätzung dieser Vorteile und vor übertriebenen Forderungen.

Im geographischen Unterricht bietet das Kartenzeichnen die Gewähr, die dem ungeübten Sprachvermögen versagt blieb, daß nämlich der Schüler sich tatsächlich bemüht hat, die Atlaskarte zu lesen und zu verstehen. Ferner gibt das Zeichnen dem Lehrer ein Mittel zu leichter, schneller und doch recht scharfer Kontrolle der Anschauungen und Fortschritte der Schüler an die Hand und ermöglicht eine gewisse Art topographischer Schulung insofern, als es zu ständigem genauen Nachsehen, Abschätzen und Vergleichen der Atlaskarte zwingt. Endlich soll die Kartenskizze durch tunlichst saubere und korrekte Ausführung auch ästhetisch wirken und zur ästhetisch-zeichnerischen Erziehung des Schüler beitragen. Aus diesem Grunde spricht sich Krebs entschieden gegen die groben, rasch hingeworfenen, fehlerhaften und verzerrten Faustzeichnungen aus. Vielmehr greift er auf seine schon 1887 auf dem Geographentag in Karlsruhe entwickelte, damals nicht ohne Widerspruch gebliebene Zeichenmethode mittels einfacher, wissenschaftlich richtiger und vom Schüler selbst zu entwerfender Projektionen zurück und berichtet über die — guten — Erfahrungen, die er während zweier Schuljahre mit seinem Verfahren gemacht hat. *Prof. Dr. K. Hassert-Cöln.*

Fick, Wilhelm, Erdkunde in anschaulich-ausführlicher Darstellung. I. Die Alpen und Süddeutschland nebst einem Vorkursus der allgemeinen Erdkunde. XII, 248 S. Hilchenbach 1903, Wiegand. Brosch. 1.60 M., geb. 2 M.

»Das Werkchen soll in der Hand des Lehrers ein Hilfsbuch für den Unterricht in der Volks-, der Mittel- und der höheren Mädchenschule sein.« Es beruht natürlich nicht auf eigenen Forschungen oder einem Studium der gesamten Fachliteratur; doch hat sich der Verf. mit Erfolg »bemüht, nur Zuverlässiges zu bieten.« (Einige Zahlenfehler, wie S. 44 für den Aletsch-Gletscher 15 qkm statt 115, sind wohl Druckfehler). Auch die Absicht, »die Vollständigkeit des (Schul-)Lehrbuchs mit der Anschaulichkeit der sog. Geographischen Bilder zu vereinen«, ist wohl im ganzen erreicht. Um so weniger möchte ich versäumen, einige Mängel des Buches hervorzuheben: In dem Vorkursus bleibt auch die Erklärung der Zonen (lehr-)grundsätzlich auf dem geozentrischen Standpunkt und läßt die Sonne sich emporschrauben — Sacrificium intellectus! — Die einzelnen Teile der allgemeinen Erdkunde, die vernünftigerweise meist in die Länderkunde eingefügt sind, stehen oft in merkwürdig verkehrter Reihenfolge (z. B. 13. Gletscher, 14. Lawinen und 15. Föhn vor 16. Abnahme der Wärme bei zunehmender Höhe und weit vor 19. Gewässer und 20. Niederschläge!). — Endlich fehlt der erfreulicherweise kurzen, eigentlich politischen Geographie das erläuternde Moment der Staatengeschichte. Iller und Inn z. B. (S. 175) sind doch wahrhaftig nicht von Natur als Staatengrenzen gesetzt. Hoffentlich ist dies in Kirchhoffs Schul-Erdkunde so einsichtsvoll benutzte Moment in den weiteren Bänden zur Erklärung herangezogen.

Dr. Paul Gerber-Berlin.

Krauße, M., Heimatatlas der Kgl. Amtshauptmannschaft Großenhain. Riesa, Joh. Hoffmann. Ungeb. 60 Pf.

Die Heimatkarten von Großenhain und dem Königreich Sachsen sind klar und nicht überladen. Zu wünschen wäre eine Änderung des Maßstabs bei einer der beiden Karten (für Sachsen vielleicht 1 : 625 000), um eine Vergleichung der Größenverhältnisse zu erleichtern. Recht nutzbringend erscheint mir die Karte mit den vier Siedelungsformen; die geologische Karte und die beiden geologischen Profile dagegen werden auch bei älteren Schülern volles Verständnis nicht finden. Als Mangel ist es zu bezeichnen, daß bei einem Heimatatlas Zeichnungen fehlen, die zur Einführung in das Kartenverständnis dienen.

Dr. Richard Herold-Oranienstein a. d. Lahn.

Hupfer, Ernst, Hilfsbuch der Erdkunde für Lehrerbildungsanstalten. 3. Heft: Die fremden Erdteile. 109 S. Leipzig 1903, Dürrsche Buchhandlung. Geb. 1.40 M.

Mit dem vorliegenden dritten Hefte erhält das erst vor kurzem im »Geographischen Anzeiger« (S. 92) besprochene Werk seinen Abschluß. Es will dem Unterricht in der Präparandenanstalt und im Seminar dienen, enthält aber nach meiner Auffassung nicht wesentlich mehr, als ein Präparand der jetzigen Zeit wissen muß. Der Verfasser schlägt wie in der Anlage des ganzen Werkes, so auch in der Behandlung der einzelnen Erdteile den synthetischen Gang ein. Der Stoff ist nach sachgemäß abgegrenzten Landschaften gegliedert, deren jede in der Überschrift noch besonders charakterisiert wird, z. B. Mesopotamien, eine fruchtbare, aber sehr vernachlässigte Muldenlandschaft. Die Behandlung begnügt sich aber nicht etwa in einseitiger Weise mit dem Nachweis dieses einen Charakterzugs, sondern bemüht sich, den ursächlichen Zusammenhang aller geographischen Elemente in anschaulicher Schilderung darzustellen, um bei geeigneter Gelegenheit kommt sie auf den zuvor aufgestellten Gesichtspunkt zurück. Leider läßt sich der Verfasser verleiten (besonders bei der Besprechung der Flüsse), Einzelheiten in die Besprechung aufzunehmen, die nach dem heutigen Stande der Methodik selbst bei der häuslichen Wiederholung von der Karte gelesen werden müssen, im Lehrbuch aber höchstens durch Fragen und Aufgaben angedeutet sein dürfen.

In sachlicher Hinsicht wird der Verfasser nicht überall Anklang finden, wenn er fast stets die Bodennutzung der Landschaft als ihren »landschaftlichen Charakter« bezeichnet. Auch wäre es erwünscht, bei der zweiten Auflage hier und da zutage tretende Unklarheiten zu vermeiden; so heißt es auf S. 28: »Das Klima (von Britisch-Nordamerika) ist sehr kühl, da das Land nach Norden und Osten offen ist, so daß die kalten Nordwestwinde hinein können«. Ähnliches findet sich auf S. 31, 47, 58, 66, 108 usw. Ebenso könnte ein größerer Gebrauch von der Namendeutung gemacht werden. Endlich geht mir der Verfasser in der Deutung der Regeln der neuen Orthographie zu weit, wenn er z. B. schreibt: Die Heiße Zone, das Brasilianische Hochland.

Seminarlehrer H. Heinze-Friedeberg (Nm.).

Geographische Literatur.

a) Allgemeines.

Berdrow, Wilh., Illustriertes Jahrbuch der Weltreisen. III. Jahrg. Teschen 1904, K. Prochaska. 2 M.

Bibliotheca geographica. Herausgeg. von der Gesellschaft für Erdkunde zu Berlin. Bearbeitet von O. Baschin. Jahrg. 1900. 9. Bd., 510 S. Berlin 1904, W. H. Kühl. 8 M.

Finsterwalder, S., Eine neue Art, die Photogrammetrie bei flüchtigen Aufnahmen zu verwenden. 8 S. München 1904, G. Franz. 40 Pf.

Graf, Gustav, Kurze Himmelskunde und die Sternbilder des nördlichen Himmels, nebst einer dreifarbigen Sternkarte. 46 S. mit Fig. Schweinfurt 1904, G. J. Giegler. 80 Pf.

Jahrbuch der Naturwissenschaften 1903—04. 19. Jahrg. Herausgeg. von Dr. Max Wildermann. 518 S., 41 Abb. Freiburg i. B. 1904, Herder. 7 M.

Muschketow, I. W., Physische Geologie. II. Bd. Denudation. Heft 1. Die Geologie der Atmosphäre und des unterirdischen Wassers. 360 S., 4 K., 229 Abb. St. Petersburg 1903 (in russischer Sprache).

Rechts und links der Eisenbahn! Neue Führer auf den Hauptbahnen im Deutschen Reiche. Herausgeg. von Prof. Paul Langhans. 3.—26. Heft mit je zwei farbigen Karten. Schmal-8°. Gotha 1904, Justus Perthes. Je 50 Pf.

Schwedler, Frdr., Das Buch der Natur. 3. Teil: Astronomie und Physik. 1. Abt. Astronomie von B. Schwalbe, bearb. und herausgeg. von H. Böttger. 319 S., 170 Abb., 13 Taf. Braunschweig 1904, Fr. Vieweg. 6 M.

Stielers Handatlas. 31. u. 32. Lief. Nr. 36. Die britischen Inseln. Nr. 53: Balkanhalbinsel Bl. 3; Nr. 54: Balkanhalbinsel Bl. 4; Nr. 56: Nord- und Mittelasien. Gotha 1904, Justus Perthes. 1.20 M.

Weule, Karl, Geschichte der Erdkenntnis und der geographischen Forschung, zugleich Versuch einer Würdigung beider in ihrer Bedeutung für die Kulturentwicklung der Menschheit. 2 Teile in 1 Bd. 180 u. 256 S., ill. mit K. u. Taf. Berlin 1904, Deutsches Verlagshaus. 25 M.

Wislicenus, W., Astrophysik die Beschaffenheit der Himmelskörper. 2. Aufl., 156 S., 11 Abb. Leipzig 1904, Göschen. 80 Pf.

Woeikow, A. I., Meteorologie in vier Teilen. Teil 4. 176 S. St. Petersburg 1903, Ilin. (in russischer Sprache).

b) Deutschland.

Bremer, Otto, Ethnographie der germanischen Stämme. 2. unveränderter Abdruck. 225 S., 6 K. Straßburg 1904, Karl J. Trübner. 7 M.

Brückner, K., Führer durch die Fränkische und Hersbrucker Schweiz. 103 S., ill. mit K. u. Pl. Wunsiedel 1904, Gg. Köhler. 1.80 M.

German, Wilh., Führer durch Schwäbisch-Hall und Umgebung. 56 S., ill., 1 Taf. u. K. Schwäbisch-Hall 1904, German. 1 M.

Götz, W., Landeskunde des Königreichs Bayern. 181 S., 16 Abb., 1 K. Leipzig 1904, Göschen. 80 Pf.

Kanisch, W., Spezialkarte der Lüneburger Heide. 1 : 75000. 1. Blatt. Hamburg 1904, Otto Meißner. 1.50 M.

Kleiner deutscher Kolonialatlas. Herausgeg. von der Deutschen Kolonial-Gesellschaft. 4°, 8 K., 6 S. Berlin 1904, D. Reimer. 1 M.

Müller, Gust., Karte des Kreises Teltow. 1:125000. Neue Ausg. mit Ortsverzeichnis. Berlin 1904, Herm. Peters. 3 M.
Simon, Walt., Deutschlands Ruhmeskarte. Entworfen und bearbeitet von O. Herkt. 1:700000. 6 Blätter. Königsberg 1904, W. Koch. 16 M.
—, Eine Handkarte des Deutschen Reiches zur Belebung des deutschen, geschichtlichen und geographischen Unterrichts. 1:2000000. 10 S. Ebenda. 1 M.
Sommerlade, F., u. G. Peyer, Karte der preußisch. und anhaltischen Kreise Quedlinburg, Aschersleben und Ballenstedt. 1:120000. Quedlinburg 1904, Paul Deher. 30 Pf.
Topographische Karte von Bayern. 1:50000. Blatt 97. Mittenwald (west.). München 1904, Th. Riedel. 1.50 M.
Trautermann, R., Schichtenkarte von Weimars Umgegend. Für die Hand des Schülers bearbeitet. 2. Aufl., 12 Papptafeln, 1 Blatt Text. Weimar 1904, L. Thielemann.
Wagner, Rud., Führer und Karte der Sächsischen Schweiz für Touristen und Sommerfrischler. Kl.-8°, 42 S., 1 K. Leipzig 1904, R. Wagner. 75 Pf.
Wandkarte des königlich württembergischen Oberamts Reutlingen. 1:25000. 2 Blätter. Tübingen 1904, Franz Fues. 12.50 M.

c) Übriges Europa.

Becker, F., Wasserstraßen zu und in der Schweiz. Eine verkehrsgeographische Studie. 29 S., 1 K. Zürich 1904, Alb. Müller. 80 Pf.
Freytag, G., Touristen-Wanderkarte der Dolomiten (westl. Blatt). 1:100000. Wien 1904, G. Freytag & Berndt. 3 M.
Lemmermann, E., Das Plankton schwedischer Gewässer. Stockholm 1904, Norstedt & Söner. 5.75 Kr.
Nahmer, E. v., Vom Mittelmeer zum Pontus. 2. Aufl. 324 S., 20 Abb., 1 K. Berlin 1904, Allgemeiner Verein für deutsche Literatur. 7.50 M.
Penck, A., Neue Karten und Reliefs der Alpen. Studien über Geländedarstellung. (Aus Geogr. Zeitschr.). 112 S. Leipzig 1904, Teubner. 2.80 M.
Steinmetz, R., Eine Reise durch die Hochländergaue Oberalbaniens. 66 S., 13 Abb., 1 K. (Zur Kunde der Balkanhalbinsel 2 Hefte). Wien 1904, A. Hartleben. 2.25 M.
Tarnuzzer, Chr., Geologische Verhältnisse des Albulatunnels. 17 S., 2 Profile. Chur 1904, F. Schuler. 1.30 M.
Vallot, H., Manuel de topographie alpine. 16°, Paris 1904, H. Barrère. 3 frs. 50 c.
Weber, W., Das Erdbeben von Schemachinsk 31. Jan. 1902. 73 S. St. Petersburg 1904. 1 Rbl. 50 Kr.

d) Asien.

Behme, Fr., u. M. Krieger, Führer durch Tsingtau und Umgebung. 139 S. mit Abb. und 7 Taf. Wolfenbüttel 1904, Heckner. 2.50 M.
Boguslawski, N. D., Japan. Herausgg. mit Unterstützung des Generalstabs. St. Petersburg 1904, W. A. Beresowskij (in russischer Sprache). 3 Rbl.
Davenport, A., China from within. 8°, London 1904, F. Unwin. 6 sh.
Etienne, Aug., Deutschlands wirtschaftliche Interessen in China. Betrachtungen über die handelspolitische Lage im asiatischen Osten. Berlin 1904, J. Quittentag. 1.80 M.
Gleiner, A., Sibirien, das Amerika der Zukunft. Nach John Frasers The real Siberia. Autorisiert. 80 S. Stuttgart 1904, R. Lutz. 1 M.
Hatch, E. F. G., Far Eastern Impressions: Japan, Korea, China. London 1904, Hutchinson & Co. 6 sh.
Kiepert, Rich. und Paul Sprigade, Karte von Ostasien. 1:12000000 mit Spezialkarte von Korea. 1:2000000. Berlin 1904, D. Reimer. 1 M.
Scherer, J. A. B., Japan to-day. London 1904, Paul, Trench, Trübner & Co. 6 sh.
Sykes, M., Dar-Ul-Islam: Record of journey through ten of Asiatic provinces of Turkey. London 1904, Bickers & Son. 15 sh.

e) Afrika.

v. Bülow, H., Deutsch-Südwestafrika seit der Besitzergreifung, die Züge und Kriege gegen die Eingeborenen. 80 S., 1 K., 1 Skizze. Berlin 1904, Wilh. Süsserott. 1.50 M.
Gibbons, A. S. H., Africa: from South to North through Marotseland. 2 vols. London 1904, J. Lane. 6 sh.

f) Amerika.

Mangels, H., Wirtschaftliche, naturgeschichtliche und klimatologische Abhandlungen aus Paraguay. 364 S., 7 Taf. Freising 1904, Datterer & Cie. 8.50 M.
Münsterberg, Hugo, Die Amerikaner. 2. Bd. Das geistige und soziale Leben. 336 S. Berlin 1904, E. S. Mittler & Sohn. 6.25 M.
Wadsack, A., Die Studienreise der Deutschen Landwirtschafts-Gesellschaft nach Nordamerika. Reiseberichte, Eindrücke und Betrachtungen. 2. Aufl., 124 S., 8 Taf., 1 K. Leipzig 1904, R. C. Schmidt & Co. 3 M.

g) Polarländer.

Bull, H. J., Südwärts. Die Expedition von 1903—95 nach dem südl. Eismeer. Aus dem Vortrag von Marg. Langfeldt. 234 S. mit Abb., 3 Pläne. Leipzig 1904, H. Hoessel. 5 M.

---

h) Geographischer Unterricht.

Daniel, H. A., Leitfaden für den Unterricht in der Geographie. 239. durchgesehene und berichtigte Aufl. Herausgegeben von Dr. Wolkenhauer. 266 S. Halle 1904, Waisenhaus. 1.35 M.
Elzingre, Henri, Cours de Géographie. La 2. année de géographie. Le district, le Jura, le canton de Berne. (Vv et Vs années scolaires: Plan d'études du jura bernois, 1897). Manuel-atlas illustré, contenant 4 cartes et une cinquantaine d'illustrations. 2. éd. Bern 1904, A. Francke. 1 M.
Geistbeck, M., Leitfaden der math. und physik. Geographie für Mittelschulen und Lehrerbildungsanstalten. 24. verbesserte und 25. Aufl. 172 S., Ill. Freiburg 1904, Herder. 1.80 M.
Handkarte des Herzogtums Anhalt. Entworfen von Ed. Behrendt. 1:300000. Cöthen 1904, Otto Schulze. 50 Pf., Schulausgabe 30 Pf.
Kienk, J. O., Geographie der fünf Erdteile nebst Grundriß der mathematischen Geographie. Für Volks-, Mittel-, Real- und Lateinschulen. 2. verbesserte Aufl. 77 S. Stuttgart 1904, Adolf Bonz. 25 Pf.
Kloppenburg, H., Karte des Reg.-Bez. Hildesheim. 1:75000. 4 Blätter. Hildesheim 1904, Steffen. 18 M.
Ruge, Sophus, Kleine Geographie. Für die untere Lehrstufe in drei Jahreskursen. 7. Aufl. bes. von Walt. Ruge. 284 S. Leipzig 1904, Dr. Seele & Co. 2.50 M.
Tromnau, A., Heimatskunde der Provinz Posen. 9. Aufl. durchgesehen von F. Tromnau. 20 S., 2 K. Leipzig 1904, Th. Hofmann. 25 Pf.

i) Zeitschriften.

Bollettino della Societa Geografica Italiana. 1904. Mai. Palazzo, La Stazione limnologica di Bolsena. — Martelli, Osservazioni geografico-fisiche e geologiche sull' isola di Lissa. — La Missione di geografia commerciale della Soc. Geogr. Italiana nel Bacino Orientale del Mediterraneo. — Brocherel, in Asia Centrale, Una esplorazione nel Tien Scian Centrale. — Marinelli, Il V Congresso Geografico Italiano.

Deutsche Rundschau für Geogr. u. Stat. XXVI, 1904. Heft 9. Wiese, Der Kommunismus in den Vereinigten Staaten. — Braun, Griechische Walddörfer am Bosporus. — Katscher, Die Japanerin einst und jetzt. — Dürnwirth, Von dem Köß.

Geographische Zeitschrift. X, 1904. Heft 5. Oestreich, Makedonien. 5. Die Seenlandschaft Dessaretien. — Frech, Bau und Bild Österreichs. — Lindeman, Sverdrups letzte Polarexpedition 1898—1902. — Reusch, Das Knie des Glommenflusses in Norwegen. — Günther, Seeschwankungen am Chiemsee.

Globus. Bd. 85, 1904. Nr. 19. Lehmann-Nitsche, Die dunklen Hautflecke der Neugeborenen bei Indianern und Mulatten. — Niehus, Der Maharaja von Durbangan und sein Wohnsitz. — Der Jalu. — Sievers, Die Geologie des unteren Amazonasgebiets nach Katzer. Nr. 20. Brecht-Bergen, Der Altai und sein Gold. — Krebs, Magellan-Straße und Smythkanal. — Wilser, Nochmals die bemalten Kiesel von Mas-d'Azil. — Eine Tektonik des Vorlandes der Karpathen in Galizien und in der Bukowina. — Weißenberg, Jüdische Statistik. — Schmidt, Zur Frage nach der Bedeutung der Fußabdrücke der australischen Tertiärmenschen. Nr. 21. Schnee, Zur Geologie des Jaluit-Atolls. — Bauer, Bilder aus dem deutschen Tsadsee-Gebiet. — Singer, Das englisch-französische Abkommen vom 8. April 1904. — Gessert, Über Rentabilität und Baukosten einer Kunene-Ableitung.

La Géographie. IX. 1903. Nr. 5. Lenfant, De l'Atlantique au Tchad par la Benoué. — Chevalier, De l'Oubangui au lac Tchad à travers le basin du Chari.

The Scottish Geographical Magazine. XX, 1904. Juni. Sir Henry Morton Stanley. — Dingelstedt, The Riviera of Russia. — Lenfant, From the Atlantic to the Chad by the Niger and the Benue.

Wandern und Reisen. II, 1904. Heft 11. C. M., Durch Amerikas Italien. — Walther Thiel, Eine Pfingstfahrt in den Böhmer Wald. — Huttinger, Radstadt in den Tauern. Heft 12. Der Kaiserweg im Harz. — Bruns, Haydar-Pascha, der Anfangspunkt der anatolischen Bahn.

Zeitschrift der Gesellschaft f. Erdkunde zu Berlin. 1904. Nr. 5. R. Tronnier, Die Durchquerung Tibets seitens der Jesuiten Johannes Grueber und Albert de Dorville im Jahre 1661. — Vanhöffen, Die Tierwelt des Südpolargebiets. — Schott, Zur Frage der Tiefenverhältnisse zwischen Crozet-Inseln und Kerguelen. — Meinardus, Bemerkungen zu Schott: Zur Frage der Tiefenverhältnisse usw.

Aufsätze.

Wo bleibt Baron Toll?
[Von Dr. O. Ankel-Hanau.

Nachdem vor kurzem die englische Expedition unter Kapitän Robert F. Scott auf der »Discovery« mit, soweit man bis jetzt beurteilen kann, recht erfreulichen Ergebnissen von ihrer mehr als zweijährigen Südpolarreise zurückgekehrt ist, hat die antarktische Forschung einen gewissen Abschluß erreicht. Mit wesentlich neuen und überraschenden Tatsachen, wenigstens auf dem rein geographischen Gebiet, das vorläufig immer noch im Vordergrund der Südpolarforschung stehen muß, dürften auch die beiden noch ausstehenden Expeditionen, die schottische unter William S. Bruce auf der »Scotia«, hauptsächlich zu ozeanographischen Forschungen ausgesandt, und die französische unter Dr. Jean Charcot auf der »Français«, ursprünglich als Hilfsexpedition für Nordenskjöld gedacht, nicht nach Hause zurückkehren. Im ganzen schließt, wenn wir die wissenschaftlichen Leistungen mit den dafür eingesetzten Opfern an Gut und Blut vergleichen, die Südpolarforschung des letzten Jahrfünfts nicht ungünstig ab.

Nicht ganz so steht es in den arktischen Breiten; hier ergibt die Bilanz der zehn letzten Jahre trotz des durch Kapitän Cagni 1900 erzielten Rekords von 86° 34′ N. Br. ein Defizit. Nicht so sehr, weil weder Nansen, noch Andrée, noch der Herzog der Abruzzen, noch Peary, noch Sverdrup, noch Baldwin ihr ganz bestimmt ausgesprochenes Ziel, die Bezwingung des Nordpols, erreicht haben, als vielmehr, weil von den Unternehmungen, die sich nicht an der bis zu einem gewissen Grade nationalsportmäßigen Jagd nach dem Nordpol beteiligten, sondern ihre Aufgabe darin suchten, auf einem beschränkteren Gebiet der arktischen Breiten eine möglichst intensive wissenschaftliche Tätigkeit zu entfalten, die in verschiedenen Beziehungen aussichtsvollste Expedition, die des russischen Barons E. v. Toll, aller Wahrscheinlichkeit nach zum Teil verloren ist. Soeben hat die Petersburger Akademie der Wissenschaften eine Belohnung von 5000 Rubel für die Auffindung der Expedition und von 2500 Rubel für die Mitteilung einer sicheren Spur von ihr ausgesetzt. Also doch noch ein schwacher Hoffnungsschimmer. In diesem Augenblick erscheint es daher wohl nicht als überflüssig, die Frage zu erörtern: Wo bleibt Baron Toll?

Die aus sieben wissenschaftlichen Mitgliedern bestehende Expedition des Barons Toll hatte sich die Gebiete der 1878—1879 von A. E. Nordenskiöld auf der »Vega« gefundenen nordöstlichen Durchfahrt, besonders die Neusibirischen Inseln und deren Nachbarschaft, die Toll schon früher wiederholt besucht, als Wirkungsfeld erkoren. Zu den besonderen Aufgaben der Expedition gehörte die Wiederauffindung eines 1811 von Sannikow nördlich von der Insel Kotelny gesichteten Polarlandes. Am 7. Juli 1900 war Toll, ein erprobter Polarforscher, von Bergen, wohin er sich zur Vollendung seiner Ausrüstung von Petersburg aus begeben hatte, auf dem Dampfer »Sarja« nach Norden gesteuert, um das Nordkap zu gewinnen und von da in östlicher Fahrt noch im Laufe des Sommers Kap Tscheljuskin und die Ostküste der Taimyr-Halbinsel zu erreichen. In Tromsö wurden 200 Zentner englische Kohlensteine zu Heiz- und baulichen Zwecken eingenommen und in Alexandrowsky am Murman die sibirischen Hunde an Bord gebracht. Dann lief mit vergeblichem Warten auf eine frische Kohlenzufuhr mit beträchtlicher Verspätung am 7. August durch die Jugor-Straße in das Karische Meer ein und gab dort einem begegnenden russischen Kriegsschiff

die letzten Grüße für die Heimat mit. Nachdem auf der durch Nebel und widrige
Eisverhältnisse stark behinderten und verzögerten Fahrt längs der sibirischen Küste die
Aufnahmen Nordenskjölds und Nansens vielfach berichtigt und ergänzt waren, sah sich
die »Sarja« bereits am 26. September gezwungen, im Colin Archer-Hafen (nach dem
Erbauer von Nansens »Fram« genannt) am Eingang der Taimyr-Straße zur Über-
winterung vor Anker zu gehen.

Elf Monate, bis zum 25. August 1901, lag das Schiff im Eise fest. Während dieser
langen Zeit hatten die Mitglieder der Expedition vollauf Muße, sich in der näheren und
weiteren Umgebung umzusehen und astronomische, magnetische und meteorologische
Beobachtungen und sonstige Forschungen anzustellen, wenn auch zunächst die 100tägige
Polarnacht vom 31. Oktober 1900 bis zum 10. Februar 1901 ihre Tätigkeit vielfach
einschränkte und lahmlegte. Große Sorge bereitete Toll das starke Schwinden des
Kohlenvorrats. Er beschloß daher, den Leutnant Kolomeizoff nach Sibirien zu entsenden, um von irgend einem Punkte der sibirischen Bahn zu Land oder zu Wasser
Kohlen herbeizuschaffen und an dem Ausgang des Jenissei-Busens in Dicksonhafen, sowohl als auch auf den Neusibirischen Inseln, dem Ziel von Tolls Sommerreise 1901,
eine Niederlage zu errichten. Nach zwei vergeblichen Versuchen erreichte Kolomeizoff
auf seiner dritten, zu Anfang April 1901 unternommenen Reise auf 40tägiger Fahrt
über Land in südwestlicher Richtung den Jenissei und von da Tomsk am Ob. Die
Schwierigkeit des Auftrags lag nicht in der Beschaffung der Kohlen selbst, sondern in
ihrem Transport an die bezeichneten Stellen, namentlich nach Kotelny, der größten Insel
von Neusibirien. Um nun die Durchführung seiner Absicht überhaupt zu ermöglichen,
begab sich Kolomeizoff im November nach Petersburg. Von den beiden Transporten aber
kam nur der nach Dicksonhafen, wo Toll bei einer etwaigen Umkehr anzulegen gedachte,
zustande, während sich die Zufuhr von der Lena aus nach Kotelny als unmöglich erwies.

Unterdes hatten Toll und seine Gefährten den arktischen Sommer nach Kräften
ausgenutzt. Auf wochenlangen Schlittenfahrten wurden die Buchten und Küsten des
Taimyr-Landes erforscht. Toll fand nach langem Suchen die Mündung des Taimyr-
flusses; die Tundra bot reiche zoologische und botanische Ausbeute. Endlich am
25. August 1901 schlug die Stunde der Erlösung: das Eisfeld, in dem die »Sarja«
gefangen lag, setzte sich in Bewegung, und am folgenden Tage war das Schiff frei.

Nun ging es in nordöstlicher Fahrt zum Kap Tscheljuskin und von da nach der
Gegend des Eismeers, wo nach den Beobachtungen Tolls vom Jahre 1886 das mythische
Sannikow-Land liegen sollte. Aber trotz eifrigen Suchens von Land keine Spur.
Einige Meilen vor Kap Emma, dem südlichsten Punkte der 1881 von der Jeanette-Ex-
pedition entdeckten und nach dem bekannten Gordon Bennett genannten Bennett-Insel,
gebot das Packeis Halt. Nach nochmaliger vergeblicher Ausschau nach dem Sannikow-
land wandte sich die »Sarja« südwärts, ging in der Nerpitschja-Bucht an der Westküste der Insel Kotelny zur Reinigung der Kessel vor Anker und fror hier am
24. September 1901 zum zweitenmal ein. Nachrichten von Toll brachte im Februar
1902 der Naturforscher Wolossowitsch nach Rußland, der als Führer einer zur Ergänzung der Forschungen Tolls von der Akademie der Wissenschaften in Petersburg ab-
gesandten Expedition im Herbst 1900 auf dem Land- und Eiswege nach den Neusibirischen Inseln aufgebrochen, auf Kotelny mit Toll zusammengetroffen und in seine Erlebnisse und nächsten Pläne eingeweiht worden war.

Sehen wir nun zu, wie sich das Schicksal der »Sarja«-Expedition weiterhin gestaltete! Am 11. Mai 1902 trat vom Winterlager aus der Zoologe Birula eine Schlittenreise nach der östlichsten Insel des Archipels, Neusibirien, an. Am 5. Juni folgte
ihm Toll mit dem Astronomen Seeberg und zwei Jakuten, streifte aber nur die
Nordwestspitze der Insel, Kap Wyssoki, und machte sich am 13. Juli über das Eis auf
den Weg nach der nördlich liegenden Bennett-Insel. Dort hat sich laut schriftlich
hinterlassenen Aufzeichnungen Toll vom 3. August bis zum 8. November 1902 aufgehalten. Sein Plan war, von da auf demselben Wege über das Eis nach Neusibirien
zurückzukehren. Seitdem sind Toll und seine drei Begleiter verschollen.

Sie aufzusuchen, machten sich, nachdem im Februar 1903 Birula allein nach Sibirien zurückgekehrt war, ohne Kunde von Toll zu bringen, zwei Mitglieder der Expedition, die im November 1902 nach vergeblichen Versuchen, auf der am 21. August

freigewordenen »Sarja« nach Neusibirien und der Bennett-Insel vorzudringen, zur Lena-
mündung und von da auf dem Dampfer »Lena« nach Jakutsk zurückgekehrt war, Leutnant Koltschak und Ingenieur Brussnew, auf den Weg. Koltschak drang im August
1903 von Neusibirien aus nach der Bennett-Insel vor und fand hier die schon erwähnten,
aus dem November 1902 stammenden Mitteilungen Tolls, die nach Neusibirien hinüber-
wiesen. In der Hoffnung, ihn dort doch zu finden, kehrte er im September dahin
zurück und verweilte hier bis Ende November — leider, ohne die geringste Spur von
Toll anzutreffen. Mit dem gleichen negativen Ergebnis suchte Brussnew den Neusibirischen Archipel ab. Im Dezember kehrten beide nach Sibirien zurück.

Es fragt sich nun: Was ist aus Baron Toll und seinen Begleitern geworden? Am
8. November 1902 hatte die kleine Schaar nach einem mehr als dreimonatigen Aufenthalt die Bennett-Insel verlassen, um, nach Süden wandernd, quer über das Eis die Insel
Neusibirien zu erreichen. Hier ist, wie man aus den erfolglosen Bemühungen der
beiden Hilfsexpeditionen mit Sicherheit schließen darf, Toll nicht eingetroffen. Also
bleibt nur eine dreifache, ziemlich gleich trostlose Möglichkeit: 1. Toll ist unterwegs
aus Nahrungsmangel und Erschöpfung zugrunde gegangen; 2. er ist in eine
offene Stelle des Meeres geraten und ertrunken; 3. er ist von einer Nordwestdrift
gefaßt worden und hat dann, auf einer Scholle treibend, ein klägliches Ende gefunden.
Anzunehmen, wie es die Petersburger Akademie der Wissenschaften und wohl auch
Nansen zu tun scheint, daß Toll, der nur zu einer Schlittenreise ausgerüstet war, jetzt
nach 25 monatiger Abwesenheit von seinem Schiffe noch leben könne, erscheint, wenn
nicht gerade ein Wunder geschehen ist und ihn irgendwo an Land verschlagen hat,
etwa nach Franz Joseph-Land oder Spitzbergen, schier undenkbar. So bleibt also nur
die traurige Gewißheit: Baron Toll ist tot.

Osten und Westen.
Von Dr. Kurt Geißler-Charlottenburg.

Wie man im allgemeinen beim geographischen Unterricht von der Erfahrung ausgehen wird, also an die Orientierung beim Wohnhaus, im Garten, in der Straße,
der Stadt, in Wald und Feld anknüpft, so kann man auch mit Vorteil für eine
Wiederholung in mathematischer Erdkunde eine eingebildete Reise wählen. So stelle
ich bisweilen hierfür die Frage: Welche in die mathematische Erdkunde gehörigen Erfahrungen macht man auf einer größeren Eisenbahnfahrt oder an welche Tatsachen
wird man erinnert? Man erhält alsbald Antworten über die Veränderung der Zeit,
z. B. bei Überschreiten der französischen Grenze, über die veränderte Stellung der Gestirne, der Sonne, des Mondes, des Polarsterns bei Zurücklegung sehr großer Strecken
in nordsüdlicher Richtung oder auch bei allen Veränderungen der Himmelsrichtung.
Mancher Schüler erinnert sich der Höhentafel, dessen geheimnisvolles NN er oft ohne
Verständnis betrachtete, und führt damit auf die Wiederholung der Lehren von der Erdoberfläche, auf das Ellipsoid, die Applattung, die Verschiedenheit der Niveauflächen der
Meere, das Referenzellipsoid usw.

Von allen diesen Fragen möchte ich eine einzige herausgreifen, welche für den
gesamten geographischen Unterricht von der größten Bedeutung ist, gerade deshalb,
weil man die dabei vorkommenden Begriffe überhaupt nicht entbehren kann, sobald
man von der Lage der Orte, von Karten, vom Reisen, kurz von jeder genaueren Lagen-
oder Richtungsbeschreibung spricht. Es scheint zunächst, als wäre nichts einfacher als
die Einführung der Richtungen wie Nordsüd und Westost; manche machen sich auch
im Anfangsunterricht wenig Kopfzerbrechen über die Schwierigkeiten, die darin stecken
und tragen dadurch nicht gerade dazu bei, den Unterricht zu vertiefen. Für die Bestimmung der Nordsüdrichtung wählt man recht bequem den Kompas, muß freilich
bedenken, daß dieser Apparat für jüngere Kinder etwas höchst Wunderbares vorstellt
und daß man überhaupt seine Bedeutung nur durch Vergleichung mit den anders festgestellten Richtungen findet, wie ja auch der tüchtige Seefahrer astronomische Beobachtungen trotz des Kompasses anstellt. Lassen wir hier die Bestimmung der Nordsüd-

richtung durch die Kulmination der Gestirne und verwandte Erscheinungen beiseite und wenden uns der scheinbar leichteren Einführung der Ostwestrichtung zu! Hat man einmal Norden und Süden gefunden, so erscheint es so einfach, auf der Wind-rose O und W an die betreffenden Stellen zu schreiben, und für ebenso einfach halten viele die Feststellung der Ostwestrichtung und der scheinbaren und wahren Drehung.

So prüfte ein Schulinspektor eine Klasse, die ein halbes Jahr Unterricht in mathe-matischer Erdkunde gehabt hatte, indem er die Frage stellte, ob die Erde sich von Osten nach Westen oder von Westen nach Osten drehe. Die Antworten lauteten ver-schieden; etwas erzürnt über diese Unsicherheit wollte er feststellen, ein wie großer Bruchteil der Klasse derartig schlechte Erfolge des Unterrichts zeigte, und erklärte es für selbstverständlich, daß ein Kind, das solchen Unterricht genossen habe, mit Ent-schiedenheit antworten müsse: von Westen nach Osten. Hatte er recht?

Auf die Entgegnungen des betreffenden Lehrers war er freilich damit einverstanden, daß man mit dem Augenschein beginnen und zuerst die scheinbare Bewegung der Gestirne zeigen solle. Ist diese von Osten nach Westen gerichtet?

Ein tüchtiger Lehrer wird nicht unterlassen, den Kindern auch eine Vorstellung des nördlichen Himmels zu geben; er muß dies schon deswegen tun, um auf die Pol-höhe und damit auf die geographische Breite zu kommen, um die Umdrehungsachse zu finden usw. Er wird nicht vermeiden, wenigstens die Sternbilder des großen Bären, des kleinen mit dem Polarstern, der Cassiopeja und den Stern Wega kennen zu lehren, wenn er auch sonst nicht die Zeit hat, Ausführliches über den gestirnten Himmel zu sagen. Die Zirkumpolarsterne, ihre Begrenzung, die den Horizont im Nordpunkt berührt, die Drehungsrichtung der Sterne um den Pol herum darf nicht ausgelassen werden. Oder soll man nur Sterne in die Betrachtung ziehen, die Aufgang und Untergang zeigen und außerdem nach ihrem Aufgang sich sofort nach Westen zu wenden? Der äußerste Zirkumpolarstern steht bei seiner unteren Kulmination im Nordpunkt, indem sein Kreis daselbst den astronomischen Horizont berührt. Er erhebt sich nun über den letzteren, aber tangential und zwar in der Richtung nach Osten, nach rechts hin, wenn man sein Gesicht zum nördlichen Himmel wendet. Erst nachdem er ein Viertel seiner Bahn zurückgelegt hat, steigt er gerade nach oben, um nun den oberen Halbkreis und die nach Westen gerichtete Bahn zu beginnen. Ähnlich machen es auch die anderen am nördlichen Himmel stehenden Sterne, welche Aufgang und Untergang zeigen, man kann von ihnen durchaus nicht behaupten, daß sie sich nach ihrem Aufgang in west-licher Richtung bewegten. Die Zirkumpolarsterne selbst bewegen sich auf dem unteren Teile ihrer Bahn zeitweise fast parallel zum Horizont und zwar von der linken Hand zur rechten, also hierbei von der westlichen Seite zur östlichen hin.

Wendet man sich freilich gegen Süden, betrachtet z. B. die Bahn der Sonne im Verlauf des Tages, so geht dieselbe in östlicher Gegend auf und in westlicher unter, und es muß die wirkliche Rotation der Erde also, hiernach beurteilt, von Westen nach Osten gehen. Bei Betrachtung des nördlichen Himmels indessen ist die Antwort allein richtig, die wirkliche Drehung der Erde gehe von Osten nach Westen. Denn wie eine Drehung muß uns die untere Bahn der Zirkumpolarsterne erscheinen, also auch die wirkliche, dieser Bewegung entgegengesetzte Bahn der nördlichen Erdgegend. Ein Kind kann sich also bei jener Frage des Schulinspektors nur dann mit Sicherheit für die gewünschte Antwort entscheiden, wenn es einseitig allein den südlichen Himmel betrachtet und danach unterrichtet worden ist, und obenein, wenn im Unterricht stets in Gedanken auf der nördlichen Halbkugel und zwar in unseren Gegenden ge-blieben ist. Gewiß aber wird ein guter Unterricht die Vorstellung zu erweitern suchen, wie sollte sonst das Kind überhaupt die geographischen Erscheinungen der ganzen Erde, die klimatischen Unterschiede, den Wechsel von Sommer und Winter für beide Erdhälften begreifen?

Suchen wir zunächst eine genaue und richtige Antwort auf die Frage von der scheinbaren und wirklichen Drehungsrichtung für unsere Gegenden zu gewinnen, so müssen wir hinzusetzen: über Süden oder über Norden. Der Himmel dreht sich scheinbar von Osten über Süden nach Westen, die Erde wirklich von Westen über Süden nach Osten. Besser freilich wäre es, die Antwort auch gleichzeitig richtig für den Anblick des nördlichen Himmels zu gestalten. Nun könnte man zwar auch am nördlichen Himmel in der Gegend um den Polarstern herum Norden und Süden unterscheiden. Die nördliche Richtung wäre dann unterhalb des Poles nach dem nördlichen Horizont hin zu suchen. Will man aber vom Nordpol des Himmels aus zum Südpunkt gelangen, so ist der weitere Weg derjenige abwärts bis zum Nordpunkt und nun unterhalb der Horizontalebene durch das Nadir um 180 Grad bis wieder aufwärts zum Südpunkt (im Rücken des Beschauers); der kürzere Weg wäre der vom Nordpol aufwärts über Zenit hinweg bis (im Rücken) hinunter zum Südpunkt. Wollte man also die Gegend oberhalb des Nordpols südlich nennen, so könnte man auch hierfür richtig sagen, die Gestirne bewegten sich scheinbar von Osten über Süden nach Westen. Indessen wird den Kindern diese Bezeichnung eines Teiles des nördlichen Himmels als südlich recht wunderlich erscheinen. Darum erreicht man seinen Zweck besser, wenn man sagt, die Gestirne bewegten sich scheinbar von Osten aufwärts nach Westen. Allerdings darf man dann z. B. das erste bogenförmige Emporheben des äußersten Zirkumpolarsterns vom Nordpunkt aus nicht als aufwärts bezeichnen, denn dies geht nach Osten zu; man muß also dem aufwärts wieder einen ganz bestimmten beschränkten Sinn beilegen.

Danach wird man sich am leichtesten dazu verstehen, beim Anblick des südlichen Himmels zu bleiben und zu sagen, die Gestirne bewegten sich scheinbar von Osten über Süden nach Westen und die Erde umgekehrt, falls man sich bei dieser Regel nach dem südlichen Himmel zuwendet.

Leider ist aber dies nur für unsere Gegenden richtig. Versetzen wir uns z. B. auf den Nordpol der Erde, so gibt es daselbst die bestimmte horizontale oder Kartenrichtung Süden und Norden überhaupt nicht mehr, die Gestirne (mit Ausnahme der Sonne und Planeten) gehen nicht auf und unter, sondern behalten während einer ganzen Umdrehung des Himmels bzw. der Erde ihre Höhe über dem Horizont bei. Wohin man auch blicken mag, sie bewegen sich immer von der linken Hand zur rechten Hand hin, die Erde also wirklich umgekehrt. Gerade umgekehrt ist es für den Südpol, und für den Äquator gar steigen sie senkrecht empor und drehen ihre Bahn weder nach dem südlichen noch nach dem nördlichen Himmel, weder von der einen noch zur anderen Hand, oder wenn man Gestirne mit nur kleinem Kreise wählt, so ist die Handregel wieder umgekehrt für die Wendung zum südlichen Himmel als für den nördlichen. Natürlich gilt die Schwierigkeit auch nahezu ebenso für Gegenden, die nahe am Äquator und den Polen liegen.

Ein sehr beliebtes Mittel ist es, den Kindern recht rasch die wirklichen Bewegungen mittels des Telluriums oder des Planetariums beizubringen. Ich habe es oft erlebt, daß jüngere Lehrkräfte für die unteren Klassen beim Anfangsunterricht in der Geographie ein oder zwei Stunden die Lampe als Sonne mit der darum bewegten Globuskugel mit in die Klasse nahmen und sehr befriedigt waren, wenn die Kinder nun die Drehung des Apparats sehen und womöglich nachher ohne Apparat mit der Hand nachmachen konnten. Dann meinten sie, hätten sie alles gut verstanden und glaubten genügend mit Kenntnissen aus der mathematischen Erdkunde ausgerüstet zu sein, um nun in der übrigen Geographie von den Himmelsrichtungen, wohl gar von der Erklärung des Sommers und Winters sprechen zu können, ähnlich wie manche gar schnell die Begriffe der Breite und Länge mit dem Globus schon kleinen Kindern lehren.

Haben die Kinder wirklich die richtigen Vorstellungen? Besitzen sie einigermaßen Gründe oder nur feste Anknüpfungsgedanken dafür, daß diese ihnen vorgeführte Kugel die Erde sei, auf der sie herumspazieren. Die Kugel dreht sich um eine schiefgerichtete Achse, das sieht man, die Sonne scheint schief darauf, das zeigt die Lampe. Nun nennt man diese Drehungsrichtung der Erdkugel die Richtung von West nach Ost, und damit soll die Sache dargetan sein. Kann man wohl von einem einzigen, von einem ganz besonders klugen Kinde erwarten, daß es diese sog. Westostrichtung als dieselbe erkennt, die wir im Anblick des Himmels am Felde oder der Straße stehend so nennen? Es erfordert dies für den Lehrer sogar die genaue Überlegung und Vorstellung einer irgendwo an die Kugel gelegten Tangentialebene, ein Hineinversetzen des eigenen Körpers oder einer Puppe vertikal in den Berührungspunkt dieser Ebene und dann noch die sehr schwere Vorstellung, wie denn nun diese Sonne (die Lampe) in gewissen Punkten der Umgrenzung dieser Tangentialebene für verschiedene Erdgegenden aufgeht und in anderen untergeht, wieso sie, was bei der Sonne doch nötig ist, zu verschiedenen Jahreszeiten verschieden läuft. Oder soll man nun zum Tellurium noch die Stellung der Fixsterne hinzuziehen und deren Bewegung in Beziehung auf diese irgendwie angelegte Tangentialebene sich klar vorstellen?

Kurz, wenn man diese Umdrehung des Globus als Drehung von Westen nach Osten bezeichnet, so wird dies von den Kindern einfach nachgesprochen und mit oft geäußerter, bei strengen Lehrern aber verschwiegener Verwunderung hingenommen als dasselbe, was man auf der Karte, auf der Windrose des Kompasses oder in der Natur als Westost bezeichnet. Oder aber man bedarf vielfacher Übungen über den Himmel und seine Bewegung für verschiedene Breiten und Übertragung auf den Globus. Wie soll man schließlich diese Umdrehung der Erde gegenüber der entgegengesetzten allgemein und bestimmt kennzeichnen, was doch auch wohl nötig wäre? Der Vergleich mit der Kaffeemühle oder der Uhrzeigerbewegung liegt hier wie oft in der Physik nahe. Aber diese Regel gilt nur für ganz bestimmte Betrachtung. Man muß von oben auf das Tellurium schauen und dann sagen, die Drehung sei umgekehrt wie die des Uhrzeigers, blickt man von unten, so ist es gerade umgekehrt. Was heißt nun von oben? Das Tellurium befindet sich doch nur in der Stube, da gibt es ein Oben und Unten. In der Welt aber, wo Sonne und Erde schweben, kennt man dies nicht mehr.

Man muß, um dies zu kennzeichnen, den nördlichen Himmel wählen und sagen, man blicke für diese Regel vom nördlichen Sternhimmel herunter auf das Sonnen-Erdsystem. Von welcher Stelle des nördlichen Himmels? Was heißt der nördliche Himmel? Gibt es ohne die Erde überhaupt einen nördlichen Himmel, einen Unterschied zwischen diesem und dem südlichen? Man ist also genötigt, die Richtung der Erdachse und zwar die bestimmte nach Norden gerichtete oder die Polachse der Ekliptik hinzu zu nehmen. Wie unterscheidet sich denn allgemein die nördliche Richtung dieser Achse von der südlichen? Es ist dies derselbe Unterschied wie zwischen der nördlichen und südlichen Halbkugel. Wenn wir uns auf einer befinden und diese einmal nördliche nennen, auch den Gleicher kennen, so ist es nicht schwer zu sagen, welches die südliche ist. Aber, um dies zu wissen, müssen wir den Unterschied der nördlichen und südlichen Halbkugel kennen, d. h. also auf den Unterschied der Gestaltung der Länderverteilung kommen. Ebenso könnten wir die notwendige Richtung durch die Verschiedenheit des Sternenhimmels, d. h. der daselbst sich tatsächlich in verschiedenen Formen zeigenden Sternfiguren festsetzen. Nur dann hat die Uhrzeigerregel einen Sinn.

Ich könnte diese Betrachtung fortsetzen und schließlich zeigen, daß überhaupt der Unterschied einer Drehung, absolut im Raume genommen, von der entgegengesetzten Drehung einzig und allein ein relativer ist und nur nach den hierfür zufälligen Verschiedenheiten der Gestaltung (Länderverteilung, Sternfiguren) unterschieden werden kann und auch dies natürlich nur innerhalb eines bestimmten, von diesen Figuren bestimmten Raumgebiets; daß es also allgemein eine ganz bestimmte Drehung für sich gar nicht gibt, ebenso wenig wie es auf einer Linie eine bestimmte Richtung für sich gibt. Für den Mathematiker und Philosophen sind solche Untersuchungen von Wichtigkeit und großem Interesse, sie erlauben Schlüsse über das Wesen der geometrischen Elemente überhaupt. Die sonderbare Tatsache der symmetrischen Figuren, der kongruenten, aber in derselben Ebene nicht zur Deckung zu bringenden Dreiecke, der rechten und der linken Hand, die übereinstimmen, aber doch nicht zur Deckung zu bringen sind, gehört hierher. Bekanntlich haben vor nicht allzu langer Zeit gewisse philosophierende Forscher daraus gar die Existenz einer vierten Dimension ableiten wollen, mit deren Hilfe die symmetrischen dreidimensionalen Figuren ebenso zur Deckung zu bringen seien, wie die symmetrischen Figuren der Ebene durch Hinausbringen aus der Ebene und Drehung mittels der dritten Dimension.

Doch liegt uns diese Fortsetzung fern, sie zeigt nur, wie eng schwierige, ganz allgemeine Betrachtungen auch mit den einfachsten Begriffen der Erdkunde zusammenhängen. Die einfache Festsetzung des Ost- und Westpunkts auf einer Kompaßrose, auf der man also Norden und Süden schon bezeichnet hat, erfordert bereits eine Betrachtung dieser Ebene aus der dritten Dimension heraus und die Hinzuziehung des Handunterschieds, ebenso die Umdrehung der Erde, die Feststellung der Drehung von Osten nach Westen rechtsherum oder linksherum. Für den Unterricht ist eine solche Vertiefung der Untersuchung wichtig. Nicht der Schüler soll sie so weitgehend mitmachen, aber der Lehrer soll sich hüten, unrichtige und ungenaue oder unvollständige Regeln zu geben. Er soll endlich ganz und gar von dem Verlangen abkommen, den Kindern zu früh den Einblick in die wahren Bewegungen der Erde zu geben, Modelle oberflächlich und unzeitig zu gebrauchen, er soll immer von neuem zum Sinnlichen seine Zuflucht nehmen und äußerst gründlich in der Erklärung der ersten einfachen Begriffe sein. Bleibe er zunächst dabei, die Ostwestrichtung nur für eine beschränkte Betrachtung, für eine Karte, für den augenblicklichen Standpunkt festzustellen, so richtig, daß Irrtümer und Verwirrungen ausgeschlossen sind, wie sie die Frage nach der Umdrehungsrichtung der Erde mit »entweder von Westen nach Osten oder von Osten nach Westen« erzeugt. Wenn ein Schüler soweit ist, im Zusammenhang die scheinbaren und wirklichen Bewegungen für alle Teile der Erde wirklich begreifen zu können, erst dann haben derartige allgemeine Angaben Wert, vorher dienen sie nur der Gewöhnung an Oberflächlichkeit. Und selbst dann soll man nie verschmähen, immer durch die Anschauung nachzuprüfen. Mag der Schüler vergessen, mag er wenig Positives wissen, mag er nicht einmal sofort sagen können, wie die Erde sich dreht, aber möge er gelernt haben, klar zu arbeiten!

Geographische Lesefrüchte und Charakterbilder.

Gang der Jahreszeiten in Griechenland, einem Lande typischen Mittelmeerklimas.

Aus A. Philippson: Das Mittelmeergebiet (Leipzig 1904, B. G. Teubner) ausgewählt von Oberlehrer Fr. Behrens-Posen.

II. Die Trockenzeit.

Im April macht sich bereits der Beginn der Trockenzeit sehr fühlbar. Die Temperatur nimmt rasch zu und hohe Hitzegrade (bis 33°), daneben aber auch plötzliche Kälterückfälle (bis + 2,5°) sind häufig. Die Regen nehmen bedeutend ab, das Meer ist meist ruhig. Der April ist der eigentliche Frühlingsmonat für die Niederungen Griechenlands. Wenn auch die Regen schon geringer sind, so ist doch der Boden noch durch und durch befeuchtet, und die Bäche führen reichlich Wasser. Bei der steigenden Wärme entfaltet sich die Vegetation schnell zu ihrem Höhepunkt. Die blattwechselnden Holzgewächse belauben sich, das Getreide wächst mächtig empor, die Maquis fangen zu blühen an; wo nur irgend fruchtbarer Boden ist, da bedeckt er sich mit blühenden Kräutern und Graswuchs. Die Landschaft hat jetzt die größte Ähnlichkeit mit der mitteleuropäischen im Mai und Juni.

Im Mai vermögen die immer selteneren Regen den in den längeren Zwischenräumen ausgetrockneten Boden nicht mehr wirksam zu durchfeuchten, sondern rinnen rasch ab oder verdunsten schnell. Die Landschaft beginnt ihre sommerliche gelbe Staubfarbe anzunehmen. Die Temperatur übertrifft in der Niederung schon bedeutend die deutsche Juliwärme, doch treten noch immer Kälterückfälle auf.

Im Monat Juni ist in den Niederungen die Trockenzeit, die man von Mitte Mai bis Mitte September ansetzen kann, zur vollen Herrschaft gelangt. Die Regenmenge ist nicht höher als im August, während die Zahl der Regentage, die Bewölkung und die relative Feuchtigkeit noch etwas größer sind als in den beiden folgenden Hochsommermonaten. Die Temperatur ist schon durchaus sommerlich (Athen im Mittel 25,5°) und steigt in diesem Monat nur noch mäßig an. Temperaturen von 40,4° sind bereits im Juni in Athen beobachtet worden. Die Vegetationsperiode der meisten einjährigen Pflanzen ist nunmehr vorüber, das Getreide wird in den letzten des Mai oder in den ersten des Juni abgeerntet; die Stoppelfelder bleiben, mit Ausnahme feuchter Niederungen, wo noch Mais gesät werden kann, öde liegen und erscheinen bald so, als ob sie niemals von Menschenhand bearbeitet wären. Die Weide- und Phryganaflächen dörren aus, nur die Maquis behalten noch ein frisches Aussehen und sind mit zahllosen Blüten bedeckt, unter denen besonders die des Oleanders an den Bachbetten entlang hervorleuchten. Die Wasserführung der Bäche wird immer geringer, einer nach dem anderen versiegt. —

Die Monate Juli und August sind die Zeit der größten Hitze und Trockenheit; die vorherrschenden Nordwinde, die Etesien, wehen dann im Ägäischen Meere oft mit sturmartiger Heftigkeit. Tag für Tag sendet die Sonne ihre glühenden Strahlen auf die dürstende Erde herab, von einem tiefblauen Himmel, an dem sich nur hier und da im Laufe des Tages eine kleine weiße Haufwolke zeigt. Sehr selten geht einmal ein kurzer Regenguß nieder, um sofort zu verdampfen, ohne Spuren zu hinterlassen. Die direkte Einwirkung der Sonnenstrahlen ist ungemein stark. Gegenstände, die ihnen ausgesetzt sind, erhitzen sich in erstaunlichem Maße. Während im Schatten die Temperatur zuweilen über 40° erreicht, erwärmt sich z. B. der Dünensand von Phaleron im Extrem bis zu 71°. In stillen Stunden vibriert die erhitzte Luft über dem glühenden Boden; in anderen jagt der Nordwind dichte Staubwolken über das Blachfeld dahin und wirbelt sie in großen Tromben auf. Luftspiegelungen lassen ferne Inseln und Vorgebirge über der Meeresfläche schwebend erscheinen. Die meisten Flüsse und Bäche sind versiegt, Gräser und Kräuter verdorrt, das Getreide abgeerntet. Von Trockenrissen zerspalten liegt der Boden kahl und nackt da unter der schimmernden Sonnenglut; wüstenhaft, in grelle Farben getaucht, erscheint jetzt dieselbe Landschaft, die im Frühjahr von wogenden Kornfeldern oder vom grünen Schimmer der sprossenden Kräuter bedeckt war. Nur die Wein- und Maisfelder und die bewässerten Gärten bewahren sich ihr frisches Grün. Während der Mittagsstunden scheint jegliches Leben erstorben, Mensch und Tier ziehen sich nach schattigen Plätzen zur Ruhe zurück; nur das grelle, einförmige Lärmen der Zikaden, die zum Ton einer riesigen, ohne Unterlaß geschwungenen Rassel vergleichbar, erfüllt die Luft. Doch wird die Hitze durch die Trockenheit und die dadurch verursachte starke Verdunstung für den Menschen erträglich gemacht, sobald er sich vor der allzulangen Einwirkung der direkten Sonnenbestrahlung schützt. Die Hitze ist glühend, aber nicht schwül. Dazu kommt die fast beständige, zuweilen stürmische Luftbewegung durch die Etesien oder den Seewind. Viel drückender als an den Küsten ist die Hitze in geschützten Tälern und Becken des Innern oder in künstlich bewässerten, feuchten Gartenlandschaften; doch ist auch das Binnenland, wenigstens am Fuße höherer Gebirge, nicht ohne regelmäßigen Luftaustausch. Am Tage weht der Wind bergwärts, aber kaum geht die Sonne unter, so beginnen die ersten Stöße des kühlen Windes, der des Nachts von der Höhe herabsinkt, so daß man sich in der Nähe des Gebirges abends sehr vor Erkältung schützen muß. Des Nachts findet zwar eine verhältnismäßig starke Ausstrahlung statt, trotzdem bleibt aber die Temperatur immer noch reichlich warm; nur selten kommt es zur Taubildung. Nichts ist herrlicher als eine Sommernacht an griechischer Küste, wenn der Landwind leise fächelnd balsamisch linde Luft heranweht und die Sterne mit einem in unseren Breiten nie gesehenen Feuer erstrahlen. Die Einheimischen schlagen dann fast alle ihr Nachtlager im Freien auf, der dumpfen Luft und dem Ungeziefer der Häuser zu entgehen. Das mittlere Minimum dieser Monate in Athen ist 18,5° das absolute 14,5°. Der Hochsommer ist auch die Zeit der grellsten Beleuchtung, des herrlichsten Farbenspiels, besonders in den Abendstunden. Jede Linie der Landschaft erscheint bis in erstaunliche Entfernung hin scharf geschnitten, jeder leise Farbenton des von der Vegetation wenig verborgenen Bodens tritt bunt hervor. Nur wer die Mittelmeerländer im Hochsommer gesehen, kennt ihre landschaftliche Eigenart, eine Eigenart von hohem, charaktervollem Ernst, kein heiter erfreuliches Bild, wie sie unsere grünen Wiesen und duftig verschwommenen Waldberge darbieten.

Geographischer Ausguck.

Ostasiatisches.
II.

Mit dem Auflodern des ostasiatischen Brandes ist in die »aktuelle« Kartographie, die seit Beendigung des Burenkriegs ein stilles Dasein geführt hatte, neues Leben gefahren. Im Februar und März standen alle kartographischen Anstalten Deutschlands unter dem Zeichen der Kriegskarten. Wohl noch nie ist der Bedarf des zeitungslesenden Publikums ein so ungeheurer gewesen. Da man anfangs über die Machtverhältnisse der beiden Rivalen noch durchaus im unklaren war, wird es nicht weiter wundernehmen, daß mit der Bestimmung des mutmaßlichen Kriegsschauplatzes mancher Fehlgriff verbunden war. Eine gewisse Sicherheit bot nur die Übersichtskarte von Ostasien, die denn zunächst auch das Feld beherrschte. Als dann der militär-politische Zeichendeuter auftraten, wurde Korea beliebtes Objekt der kartographischen Darstellung, bis der erste Maientag am Jalu die Erkenntnis brachte, daß auch diese Mühe vergeblich gewesen war. An Stelle Koreas traten nun die südliche Mandschurei und die Halbinsel Kwangtung. Im umgekehrten Verhältnis, wie der Kriegsschauplatz zusammenschrumpfte, stieg der Maßstab der Kriegskarten von 1:7500000 auf 1:100000.

Als erster, wie schon beim Burenkrieg, erschien bereits vor Ausbruch der Feindseligkeiten Prof. Langhans auf dem Plane mit seiner »Neuesten Tageskarte von Ostasien« (Gotha, Justus Perthes), die dann schleunigst in »Neue

Kriegskarte« umgetauft wurde. Im Gegensatz zu beliebigen anderen Karten von Ostasien, die vielleicht vom chinesisch-japanischen Kriege her noch einigermaßen brauchbar waren, brachte sie, nicht nur in ihrem politisch-militärischen Begleitwort, allerlei aktuell-wichtige Angaben über Truppendislokationen, Kriegshäfen, Transportwege nebst Fahrtdauer u. dgl. m., die in den zahlreichen Neuauflagen stets auf dem Laufenden gehalten wurden. Die Nebenkarten enthielten Pläne von Port Arthur und den großen japanischen Häfen, auf die sich nach damaliger Ansicht ein russischer Angriff zuerst stürzen würde, zum Vergleich obendrein die deutsche Seeküste. Daß diese im Maßstab 1:5000000 erschienene Kriegskarte auf Grund der Ostasien-Blätter aus dem Neuen Stieler bearbeitet worden ist, verleiht ihr bleibenden Wert auch über die Zeitereignisse hinaus.

Reiche Verwendung fanden wiederum Übersichtskarten von Ostasien, die bereits während des chinesisch-japanischen und des Boxer-Krieges ihre Schuldigkeit getan hatten. Herrigs bekannte »Generalkarte« erwies sich bald für die jetzige Lage als unzureichend, weshalb sich Flemmings Verlag noch zur Herstellung einer Ergänzungskarte entschloß, die dem arg vernachlässigten Norden (Mandschurei und Südsibirien) endlich zu seinem Rechte verhalf. Das ist überhaupt der Fehler der meisten Übersichtskarten: China tritt ungebührlich in den Vordergrund; im Süden fallen sogar noch Formosa, Tongking und Java mit ins Kartenbild, während Wladiwostock und die Südmandschurei kaum noch über den Nordrand hinweglugen. Ganz bescheidene Anforderungen sind an die kleine Karte 1:7500000 von Freytag und Berndt in Wien zu stellen. Nur der erläuternde Text ist brauchbar. Als kuriose Blüte der aktuellen Kartographie erscheint mir die »Karte vom russisch-japanischen Kriegsschauplatz« bearbeitet von Dr. Max Eckert. (Leipzig, Krug). Ganz abgesehen davon, daß weder Dalni noch die meisten anderen vielgenannten Orte darauf verzeichnet sind, offenbart sie zum mindesten eine eigenartige Auffassung vom »Kriegsschauplatz«, indem zwei Umgebungskarten von Peking und ein ehrwürdiger Plan der deutschen Kiautschou-Bucht den Hauptteil des Ganzen bilden. Man wird den Bearbeiter wohl kaum für die Herausgabe dieser »zeitgemäßen« Karte verantwortlich machen dürfen. A. Scobel stellte auf seiner »Politischen Karte« (Bielefeld und Leipzig, Velhagen & Klasing) drei Blätter aus Andrees Handatlas zusammen: Übersicht 1:10 Mill., Ostchina und Korea 1:7½ Mill. und Japan 1:5 Mill. Verhältnismäßig spät erschien eine Generalkarte im Verlag des Bibliographischen Instituts bearbeitet von P. Krauß. Sie zeigt eine vorteilhaft plazierte Übersicht über die Länder des Gelben Meeres im Maßstab 1:3000000. Zu einer Zeit, wo das allgemeine Interesse sich bereits den Einzelblättern zugewendet hatte, veröffentlichte Artaria in Wien

noch eine »Übersichtskarte von Ostasien im Maßstab 1:5000000 mit 14 Beikarten in großen Maßstäben«. Dr. Karl Peucker hat sie geschickt entworfen und mit ungemeinem Fleiß bearbeitet. Daß Peucker trotz aller Zugeständnisse an die Bedürfnisse des Zeitungslesers, ständig bemüht ist, auch den Ansprüchen wissenschaftlicher Kartographie gerecht zu werden, zeigt die korrekte Zeichnung der in normaler Kegelprojektion entworfenen Gradnetzes und die Sorgfalt, die er auf die Schreibweise der Namen verwandt hat. Vielleicht trägt gerade dieses Bestreben die Schuld daran, daß er mit seiner Karte als letzter auf dem Plane des Wettbewerbs erschien und er wird, wie jeder Kartograph, der der Tagesgeschichte dient, die herbe Erkenntnis gewonnen haben, wie schwer oder besser unmöglich es ist, wissenschaftliche Kartographie mit Schlagfertigkeit zu vereinigen.

Das allmähliche Zusammenschrumpfen des Kriegsschauplatzes verfolgt man am besten an der Hand der Kriegskarten aus Dietrich Reimers Verlag. Die erste, gewissermaßen ein Versuchstaster, brachte neben einer Übersicht über ganz Südostasien von Bhutan und Sumatra bis Jeso eine Karte von Korea in 1:2000000, die P. Sprigade nach der des japanischen Geologen Kotô gezeichnet hatte. Der Jalu-Übergang der Japaner veranlaßte den rührigen Verlag zur Herausgabe einer zweiten Karte, die die Südmandschurei, Korea und Nordost-China im einheitlichen Maßstab von 1:2000000 darstellte. Der weitere Fortgang der kriegerischen Ereignisse brachte dann die dritte im Maßstab 1:850000 mit den beiden Brennpunkten Port Arthur und Mukden. Gegenüber diesem »Zug nach Westen« in der Entwicklung der Reimerschen Karten tat das k. u. k. Militärgeographische Institut zu Wien gleich von vornherein einen festen und glücklichen Griff mit seiner schönen Karte »Südliche Mandschurei mit Nord-Korea«. Auf Grundlage des offiziellen russischen Kartenmaterials im Maßstab 1:1500000 bearbeitet und von Shanhaikwan bis Wladiwostok und Söul reichend, dürfte sie den Zeitungsleser seit Beginn des Krieges kaum irgendwo einmal im Stiche gelassen haben. In ungleich höherem Maße gilt dies von der großen Karte Ostchina 1:1000000 der Preußischen Landesaufnahme, die im Norden bis Mukden und Wladiwostok reicht und nunmehr schon auf 17 Einzelblätter gebracht worden ist. Für den räumlich kleinsten Kriegsschauplatz auf Kwantung spendet dieselbe Quelle noch eine Spezialkarte im Maßstab 1:200000.

Die uns vorliegenden außerdeutschen Kriegskarten sind, von einigen französischen abgesehen, zumeist minderwertige Ware. Die englischen entbehren wie üblich jeder Terrainzeichnung, die russischen sind oft dreiste Nachdrucke, wenn nicht gar Pausen deutscher Karten.

Gotha, am 19. Juli 1904. Dr. W. Blankenburg.

Kleine Mitteilungen.

I. Allgemeine Erd- und Länderkunde.

Zur Siedelungsgeographie des unteren Moselgebiets.[1]) Das Tal der Mosel zwischen Trier und Reil, die nordwestlich davon gelegenen »Moselberge« und die zwischen diesen und den Eifelbergen südwestlich—nordöstlich verlaufende »Wittlicher Senke« behandelt Ademeit, ein Gebiet, das den westlichen Südrand der Eifel bildet, sich aber wirtschaftlich wesentlich von dem rauhen zentralen Plateau unterscheidet und dem Charakter der Eifel: ursprüngliches Plateau mit aufgesetzten Vulkanen und eingeschnittenen Tälern, nur in der letzteren Beziehung: in den Erosionstälern, voll entspricht. Die Mosel hat ein vielgewundenes tiefes Erosionstal ausgenagt, und ihre linksseitigen Zuflüsse, besonders Salm und Lieser, fließen durch die Wittlicher Senke zwar in breitem Tale, durchbrechen aber in engen Schluchten die Moselberge, sie in drei Berggruppen zerlegend, deren sanfte Rücken von Wäldern bedeckt, wegen der Steilheit der begrenzenden Talhänge schwer zugänglich und völlig siedelungsleer sind.

Das siedelungsgeographische Interesse konzentriert sich auf die Täler.

Die Trierer Talweitung, tektonischen Ursprungs wie die Wittlicher Senke, welche in derselben Richtung streicht, enthält den größten Ort des Gebiets, Trier, das als eine künstliche, wahrscheinlich auf Augustus zurückgehende Siedelung zu betrachten ist. Es ist eine reine Flußufersiedelung, angelegt trotz Hochwassergefahr und Nähe des Grundwasserspiegels, welche von der hochentwickelten Baukunst der Römer überwunden wurden. Übrigens ist der Punkt innerhalb der Talweitung ausgesucht worden, welcher die stärkste Terrassenbildung am Flusse zeigt, also relativ gesichert war. Heute ist die Hochwassergefahr kaum mehr von Belang, da sie durch die Regulierung des Flusses abnahm, und die Straßen 3½—4 m höher liegen (Kulturschutt) als zur Zeit der Anlage. Trier wurde durch seine Lage in der Talweitung, wo Seitentäler und daher Verkehr sammelt, der Hauptort des unteren Moselgebiets, aber auch nicht mehr. Der kurze Aufschwung der Stadt im 4. Jahrhundert n. Chr. ist lediglich darauf zurückzuführen, daß sie zum Verteidigungsposten auf der Rückzugslinie des römischen Reiches vor den nach Westen vordringenden

Germanen geworden war; die politischen Verhältnisse hatten den Vorteil der geographischen Lage ausgelöst.

Für das Siedelungsbild der Trierer Talweitung sind zwei Haupttypen charakteristisch: Gebirgsrandsiedelungen und Flußufersiedelungen. Die Siedelungen am Gebirgsrand, z. B. Ehrang (Tonwarenindustrie), Ruwer usw., meiden die Flußufer wegen der Hochwassergefahr, weil diluviale Terrassen fehlen, und gehören der frühesten, der keltischen, Siedelungsperiode an. Sie liegen jedesmal dort, wo ein Tälchen oder eine Schlucht sich zur Talweitung öffnet. Auch Straßen und Eisenbahnen laufen trotz Umwegs möglichst nahe am Fuße der Berge und begünstigen die Randsiedelungen zumal an den Punkten, an denen die westöstliche Verkehrsachse des Schiefergebirges (Moseltal) getroffen wird von den bedeutendsten Tälchen (Kyll bzw. Ruwer; jetzt auch Eisenbahnen), die das Eifelplateau bzw. den Hunsrück gegen diese Achse erschließen; so bekamen Ehrang und Ruwer eine gewisse Wichtigkeit. Die Flußufersiedelungen bleiben im Nachteil. Pfalzel, jüngerer Entstehung, am Ufer der Mosel konnte seine frühere Bedeutung, die es als Bollwerk der Erzbischöfe gegen Burggrafen und Bürger von Trier hatte, nicht behaupten.

Der stattliche Flecken Schweich, ¾ km von der Mosel auf dem Rande der diluvialen Terrasse gelegen, die vor Hochwasser sicher ist, beherrscht den Eingang von der Trierer Talweitung zur Wittlicher Senke und zugleich den Moselübergang der Straße Trier—Koblenz. Das ergibt die Verkehrsbedeutung des Ortes (3000 Einwohner), die auch die 2 Proz. protestantischen Elements in rein katholischem Lande beweisen.

Das Moseltal zwischen Schweich und Reil ist ein gutes Beispiel dafür, wie der stete Wechsel zwischen Steil- und Terrassenufer auch gesetzmäßig die Anlage und Gruppierung der Siedelungen, deren 50 auf 80 km Flußufer sich finden, beherrscht. Bis Mehring zeigen die Örtchen noch fast alle Beziehungen zu Tälchen oder Einschnitten der hinter ihnen liegenden Höhen.

Dann aber beginnen die Schleifen der Mosel (Trier—Reil in Luftlinie 45 km, im Flußlauf 95 km), durch welche die beiderseitigen Ufer in Halbinseln gegliedert werden. Letzteren, die steilwandig aus dem Tale sich erheben, lagern sich niedrige, sanft geneigte Terrassen vor, die sich allmählich zum Flußufer abdachen und allein Siedelungen tragen können. So spiegelt die Verteilung der Siedelungen die der Terrassen wider.

Doch finden sich zwei Typen von Halbinseln. Am rechten Ufer liegen die größeren, die rechteckig sind und an den drei von der Mosel umflossenen (3—4 km langen) Seiten Terrassen zeigen. Diese sind nun an den beiden Ecken und dort, wo sie am Steilufer beginnen, mit

[1]) W. Ademeit, Beiträge zur Siedelungsgeographie des unteren Moselgebiets. Stuttgart 1905, 104 S. (Forsch. zur deutsch. Landes- und Volkskunde, hg. von A. Kirchhoff, XIV, H. 4). Preis 3.90 M.

Siedelungen besetzt, die auf der im Moseldurchbruch vertretenen, vor Hochwasser sicheren Diluvialterrasse gelegen sind und höchstens noch auf die niedrigere Alluvialterrasse übergreifen. Die Siedelungen zeigen keine Beziehungen zu den begrenzenden Höhen und liegen stark insular da, sodaß Ademeit für ihre Anlage neben dem Bestreben, den guten Boden der Terrassen nutzbar zu machen, vor allem das Schutzbedürfnis als einflußreich ansieht. So liegen Thörnich, Köwerich, Rachtig, Erden, Detzem, Leiwen, Zeltingen und Kindel-Lösnich. Sämtliche Orte sind reine Flußufersiedelungen ohne Beziehung zum Hinterlande und alle gehören der ältesten (keltischen) Siedelungsperiode an.

Ein zweiter Typus von Halbinseln findet sich besonders am linken Ufer; keine ist mehr als 1200 m breit und ein schmaler Terrassenraum begleitet das weniger hohe und sanfter abgedachte Höhenufer nur an der stromabwärts gelegenen Seite. Die hier sich findenden Siedelungen sind neueren (deutschen) Ursprungs, und auf jeder Halbinsel liegt nur ein Ort und zwar auf der diluvialen Terrasse an der Halbinselspitze. So liegen Pölich, Trittenheim, Minheim, Kues (spr. Küs) usw.

Übrigens hat man für die keltische Zeit, als der Weinbau, welcher heute vor allem die dichte Besiedlung ermöglicht, hier noch nicht bekannt war, wahrscheinlich an Vorherrschen der Einzelsiedelung zu denken.

Zu den reinen Talsiedelungen gehören auch Ferres, Piesport, Kesten, deren Namen römischen Ursprung vermuten lassen. Auf Boden gelegen, der in Überschwemmungsgefahr steht, verdanken sie ihre Anlage und zähe Behauptung wohl dem Weinbau, für den es hier leicht erreichbare, amphitheatralisch gegen Süden gewandte, äußerst günstige Terrassen gibt. Ähnlich günstig für den Weinbau liegt Graach, doch auf mehr schützendem Schuttkegel.

Gänzlich ohne Verkehr sind die genannten Flußtalsiedelungen natürlich nicht. Der Kleinverkehr ist sogar ungewöhnlich rege, weil fast keine Gemarkung sich über beide Ufer erstreckt. Denn da nur die Schiefergehänge die Kultur des Rebstocks ermöglichen, während die Terrasse allein Boden für Siedelung, Ackerbau und Tierzucht (Dünger für die Weinberge) gewährt, so ergänzen sich die Ufer stets gegenseitig und müssen regen Verkehr haben. 27 Fähren und zwei feste Brücken (Bernkastel und Trarbach) finden sich zwischen Schweich und Reil.

Aber als Durchgangsstraße hat der Wasserweg der Mosel infolge seiner ungünstigen Krümmungen und ungünstigen Wasserstandsbewegung (Minimum im August) trotz der Regulierung zumal in trocknen Sommern, geringe Bedeutung. Der Segelschiffsverkehr ist wesentlich umfangreicher als der Dampfschiffsverkehr. Man strebt jetzt die Kanalisation an.

Als Rinne im Boden oder für den Landverkehr hat das Moseltal fast gar keine Bedeutung. Der fortwährende Wechsel zwischen Steil- und Terrassenufer und die verkehrswidrigen Krümmungen bewirkten, daß von jeher die großen Straßen (Trier—Koblenz und Trier—Mainz) das Tal mieden.

In politischer Beziehung erwies aber der Fluß seine vereinigende Wirkung, indem sein Tal nie Grenze war, sondern sogar Rückgrat eines politischen Gebildes (Erzbistum Trier) wurde, das, dem Laufe seines Wassers folgend, an ihm erstarkt und gewachsen ist, freilich bei dem Mangel an Seitentälern im allgemeinen nicht weit über den Talrand hinausreichte.

Eine ganz andere Gruppe von Siedelungen des Moseltals haben wir in den Mündungssiedelungen zu sehen, die ihr Aufwachsen dem Gesetz verdanken, daß Punkte, an denen Täler zusammenstoßen, mit Vorliebe Siedelungen anziehen; die Mündungen aller einigermaßen bedeutenden Seitentäler sind auch an der Mosel regelmäßig von einer Niederlassung besetzt. Die Rücksicht auf die Hochwassergefahr beeinflußt die topographische Lage im einzelnen, sodaß die Örtchen z. B. nicht selten etwas abseits der Mündungen liegen. In diese Gruppe gehören Klüsserat an der Mündung der Salm, Lieser an der des gleichnamigen Flusses, Uerzig, Dhron, Neumagen, Enkirch, Mülheim, Bernkastel und Trarbach.

Die drei letzteren Orte gehörten bis in die Neuzeit verschiedenen Territorialgewalten an, und deren nachbarliche Gegensätze und Machtverhältnisse beeinflußten ihr Gedeihen. Dabei blieb Mülheim, mit schwächstem politischem Rückhalt (Grafschaft Veldenz) zurück, Trarbach (Grafschaft Sponheim) und Bernkastel (zu Trier) hatten sich der kräftigeren Fürsorge ihrer Landesherren zu erfreuen.

Dazu kommt, daß Bernkastel und Trarbach an den Endpunkten der am meisten gegen den Hunsrück ausgebogenen Moselschleifen liegen, sodaß der Verkehr von Mainz hierher strebte.

So sind noch heute die beiden Orte (Bernkastel 1895 2396 Einw., Trarbach 2102 Einw.), abgesehen von Trier, Hauptstapelplätze für Moselweine in unserem Gebiet. Die räumliche Beschränktheit ihrer Lage, einst schützend, setzt sie aber nun bei der fortschreitenden Entwicklung des Verkehrs, der Raum braucht, gegenüber Kues und Traben am linken Ufer in Nachteil.

Einer Talbahn entbehrt die Mosel zwischen Reil und Ehrang, und nur zwei Seitenbahnen der »Moselbahn« Koblenz—Trier, welche die Wittlicher Senke benutzt, schließen in Traben und Kues das Moseltal an die Hauptbahn an. Neuestens ist übrigens eine Bahn von Trier nach Bullay, die dem rechten Ufer folgen soll, in Angriff genommen worden.

In der Wittlicher Senke liegt der Hauptort Wittlich (1895 3646 Einwohner) dort, wo

12*

die Senke beim Eintritt der Lieser am weitesten gegen Norden ausgebuchtet ist. Hier lag schon eine keltische Siedelung. Keltische Orte finden sich sonst namentlich am Südrande der Mulde und in den Tälern der Moselberge, indem die Siedelung vom Moseltal aus vordrang. Die spätere deutsche Siedelung belegte hauptsächlich den Fuß der Eifelhochfläche im Norden der Mulde. Die Siedelungen liegen auf den fruchtbaren diluvialen Böden, während sie die vom Wasser bedrohten alluvialen Talböden meiden. Der Einfluß der Verkehrswege ist für die meisten Orte unwesentlich geblieben; Schweich und Wittlich an den Enden der Senke und das zentral gelegene Wengerohr (Ausgangspunkt der Nebenbahnen nach Wittlich und Kues) haben gewonnen.

Das ganze Gebiet, das Ademeits tüchtige Schrift behandelt, hat sich in den Tälern den Charakter eines fast reinen Ackerbaugebiets bewahrt, mag nun der Acker als Getreide- oder Tabakfeld, Obst- oder Weinpflanzung erscheinen. Die Hochböden der Moselberge tragen Eichenschälwald.

Zum Schlusse sei noch besonders auf die wichtigen methodologischen Betrachtungen Ademeits in dem Abschnitt: Bedingungen für Anlage und Entwicklung der Siedelungen, S. 55—63, hingewiesen.

Eine Karte hätte die Brauchbarkeit der Arbeit wesentlich erhöht.
Dr. Ernst Friedrich-Leipzig.

Das Eisenbahnnetz Europas. Folgende Tabelle gibt den Stand des europäischen Eisenbahnnetzes am 1. Januar 1903.

Land	Länge am		Zuwachs	Auf Quadratkilometer	Auf 10000 Einwohn.
	3. Januar 1902 km	1. Januar 1903 km	km	km	km
Belgien	6476	6629	153	22,1	9,5
Dänemark . . .	3067	3105	38	8,1	12,5
Deutschland . .	52700	53700	1000	9,9	9,5
Frankreich . . .	43657	44664	997	8,4	11,6
Griechenland . .	1035	1035	—	1,8	4,6
Großbritannien und Irland	35462	35591	129	11,4	8,6
Italien	15810	15942	132	5,4	4,9
Luxemburg . .	466	466	—	18,0	19,0
Malta, Jersey u. Man	110	110	—	10,0	3,4
Niederlande . .	2791	2845	54	8,6	3,5
Norwegen . . .	2101	2344	243	0,7	10,4
Österreich-Ungarn .	37492	38041	549	5,5	6,1
Portugal . . .	2388	2409	21	2,6	4,4
Rumänien . . .	3171	3177	6	2,6	5,6
Rußland . . .	51409	52339	930	0,9	4,4
Schweden . . .	11588	12177	589	2,7	23,0
Schweiz . . .	3910	3997	87	9,7	12,0
Serbien . . .	576	576	—	1,8	2,4
Spanien . . .	13630	13770	140	2,7	7,7
Türkei (Bulgarien u. Rumelien) . .	3142	3142	—	1,5	5,5
Summa . .	290995	296051	5056	2,6	7,4

Quest. dipl. et cons. 1904, Nr. 170, S. 466.   *Hz.*

Flächeninhalt von Monaco. Der Turiner Geograph Carlo Errera erörtert (Riv. Geogr. Ital. 1904, 1/2) die Gründe, weshalb das Areal des kleinsten europäischen Reiches, des Fürstentums Monaco, bis auf 1903 überall statt 1,5 stets zu 22 qkm angegeben wurde, obgleich der Irrtum aus jeder größeren Karte Frankreichs als solcher sogleich erkannt werden konnte. Die Angabe von 22 qkm fußt nämlich auf einer Angabe Strelbitzkys in seinem bekannten grundlegenden Werke La superficie de l'Europe, St. Petersbourg 1822, 8. Dieser führte seine Berechnung auf der Carta degli Stati Sardi im Maßstab 1:50000 aus, auf welcher das Fürstentum in dem ganzen Umfang dargestellt war, welchen es vor dem Plebiszit besaß, das im Jahre 1861 die Gemeinden Mentone und Roccabruna an Frankreich fallen ließ. Jene Zahl von 22 qkm bezieht sich also auf das Fürstentum in seinem früheren, nicht in seinem jetzigen Umfang.
Prof. Dr. W. Halbfaß-Neuhaldensleben.

Die Weltstellung Yemens bespricht Dr. Eduard Hahn (Berlin) in der »Geogr. Zeitschrift« 1903, S. 657—666. Erst jetzt wieder beginnt Yemen, die südwestlichste Spitze der arabischen Platte, jene Aufmerksamkeit auf sich zu ziehen, die ihm seit alter Zeit gebührt. Hier, wo an der Wurzel des afrikanischen Osthorns das mächtige abessinische Alpenland dem kleineren aber nahe verwandten Alpenlande so nahe gerückt ist, gab es zu allen Zeiten einen besonders kulturgeschichtlich hochwichtigen Austausch zwischen Afrika und Asien. Dies um so mehr, als die vornehmlichsten Handelsverbindungen Arabiens Landwege nach Nordwesten sind, gegenüber denen das Rote Meer (für sich betrachtet) recht wenig und die Persische Meerbusen fast gar keine selbständige Verkehrsbedeutung besitzen.

Schon zu Beginn des uns bekannten geschichtlichen Lebens steht das sagenhafte Reich der Königin von Saba — das heutige Yemen — in hoher Blüte, wenigstens können wir aus nichts schließen, daß die Elemente der arabischen Kultur (Dattelpalme, Schaf und Ziege, Gerstenanbau, damit zusammenhängend künstliche Bewässerung und Rinderwirtschaft) hier gefehlt hätten. Erwünschten Aufschluß über die Anfänge der wirtschaftlichen Kultur geben uns die ägyptischen Denkmäler. Auf Grund der Ausgrabungen von Flinders Petrie hat Schweinfurth die älteste Geschichte Ägyptens zu rekonstruieren vermocht; die Steinzeit, welche wir da zuerst antreffen, hat immerhin schon das treffliche Nilschiff, das Vorbild der späteren phönizischen Seeschiffe wie auch der heutigen arabischen Dhaus, besessen. Nach Schweinfurth waren diese ägyptischen Steinzeitleute einer Abstammung mit den jetzigen Ababde und Bischarin zwischen Nil und Rotem Meere. Vor dem Ende der Steinzeit aber ist schon der Übergang zur Metallkultur (Bronzezeit) festzustellen; wir finden Spuren der Pflugkultur mit Pflug und Rind, mit Gerste und Weizen, offenbar von außen ins Land getragen. Gleichzeitig scheint ein neuer Volksbestandteil hinzugekommen zu sein, der sich »allmählich die herrschende Kaste assimilierte«. Vermutlich waren es semitische Elemente, die als »älteste Propheten des Ackerbaues« über Südarabien und die engste Stelle des Roten Meeres nach Abessinien und von da den Nil abwärts zogen, woraus sich das Vorhandensein des uralten Reiches Meroe erklären läßt.

In die gleiche Zeit fällt auch die Expansion der Semiten nach Nordosten (Babylonien), wobei sie auf die Turanier stießen, von denen nicht nur die Elemente der Astronomie, sondern auch der Pflug und die Getreide- und Milchwirtschaft ausgegangen sind.

Der Einfluß der Südsemiten auf Nordwesten und Nordosten, auf Ägypten und Babylonien läßt sich besonders deutlich am Weihrauchhandel verfolgen, der allmählich fast alle Länder eroberte. Während das ägyptische Volk aus hamitischen und semitischen Elementen zu einer geschlossenen Individualität zusammenwuchs, wurde Mesopotamien gänzlich semitisiert. An Stelle des eigentlich südarabischen Kulturvolks, der Sabäer, traten als Träger des Handels bald die nordarabischen Kamelhirten; Südarabien spielte lange Zeit eine passive Rolle, namentlich während der ptolemäischen Blütezeit des unteren Niltals. Doch erklärt sich diese Passivität genügend aus der gleichzeitigen Kolonisation Äthiopiens, des abessinischen Gebirgslandes, das seine Schrift und teilweise auch seine Sprache aus Südarabien empfing. Umgekehrt erfolgten auch Bewegungen aus Abessinien nach Arabien. Die heutige und zukünftige Weltstellung Yemens ist durch den Namen Aden gekennzeichnet.

Dr. Georg A. Lukas-Linz.

Über die Reise des Burjäten Tsybikov nach Lhasa berichtet La Géogr. (Jan. 1904): Wenn sie auch nicht viel neues Material über die Geographie von Tibet bringt, bleibt sie doch wegen der Tatsache interessant, daß sie uns Nachrichten über die Zustände in Lhasa von einem Augenzeugen gibt. Sven v. Hedin blieb bekanntlich der Eintritt in die Stadt versagt. Die Bevölkerung von ganz Tibet wird auf 2 Millionen Einwohner geschätzt, die sich außer Tibetanern selbst aus Chinesen, Mongolen und Eingewanderten aus Nepal und Kaschmir zusammensetzt. Abgesehen von Mitteilungen über Handelsverhältnisse, über die wir hierdurch manches Neue erfahren, interessiert noch die Nachricht, daß es gelungen ist, eine Bibliothek tibetanischer, an Ort und Stelle gesammelter Bücher (74 Werke) mitzubringen, welche über die buddhistische Theologie, Geschichte und Geographie des Landes u. a. m. Licht verbreiten können. *Dr. Ed. Lentz-Charlottenburg.*

Geographische Lage von Fez. Die Aufnahmen, welche Joachim Graf von Pfeil auf seinen 1897, 1899 und 1901 in Marokko ausgeführten Forschungsreisen gemacht und jetzt in zwei Routenkarten niedergelegt hat (Mitt. Geogr. Ges. Jena 1903), haben mit großer Wahrscheinlichkeit ergeben, daß die Lage von Fez auf unseren Karten falsch verzeichnet ist. Während bisher als Länge für die Stadt 4° 55' resp. 4° 58' angenommen wurde, hat Pfeil 5° 7' resp. 5° 12' gemessen. Eine andere Methode führte zu 5° 11' als wahrscheinlichem Werte. Der Forscher hofft, auf seiner nächsten Reise die Frage endgültig zu lösen. *Hk.*

Antarktis. In das Gebiet des ewigen Eises führt den Leser eine kurze Auslassung von Dr. O. Nordenskiöld (La Géographie, Jan. 1904) über die Ergebnisse der Schwedischen Südpolarexpedition, welche eine Ergänzung durch Ch. Rabot (ebendort, S. 48) erfahren haben. Kann man infolge der soeben erst erfolgten Rückkehr der Expedition auch noch keine endgültigen Resultate erwarten, so ist man doch jetzt bereits von der Wichtigkeit derselben überzeugt. Die »Iles des Phoques« (Sälöarna) sind keine Inseln, sondern nur aus dem Eise hervorragende Nunataks und gehören einer größeren Festlandmasse an.

Dr. Ed. Lentz-Charlottenburg.

II. Geographischer Unterricht.

Zur Aussprache-Bezeichnung geographischer Namen in unseren Lehrbüchern.
Von Dr. Rich. Tronnier-Leer.

Seit sich in Deutschland das Prinzip, geographische Namen so auszusprechen, wie es an Ort und Stelle geschieht, ziemlich allgemeine Anerkennung verschafft hat, haben sich unsere Lehrbücher genötigt gesehen, dieser Anforderung durch entsprechende Aussprache-Bezeichnungen nachzukommen. Wie es scheint, ist indes seit längerer Zeit auf diesem Gebiet der Lehrbuchfrage ein Stillstand eingetreten, der leicht zu der Meinung Veranlassung geben könnte, diese Frage sei schon endgültig in zufriedenstellender Weise gelöst. Die folgende kleine Untersuchung hat den Zweck, das Irrtümliche einer solchen Annahme darzutun, und zu zeigen, daß es vielmehr auch hier noch mancherlei zu bessern gibt.

Vorauszuschicken ist, daß sich in der äußeren Wiedergabe der Aussprache-Bezeichnungen fast durchweg folgende vier Punkte eingebürgert haben: 1. die Bezeichnungen werden nicht in schwer auffindbare Anmerkungen versteckt, sondern direkt hinter den Namen gesetzt; 2. die Bezeichnungen werden rein äußerlich dadurch kenntlich gemacht, daß man sie in eckige Klammern einschließt; 3. die zur Umschrift nötigen Laute und Zeichen werden (unter Zuhilfenahme von Accenten usw.) dem deutschen Lautstande und Alphabet entlehnt; 4. alle Bezeichnungen werden klein geschrieben.

Verfehlungen gegen diese Äußerlichkeiten sind ziemlich selten. So vergißt Daniel (1899)

bei Frankreich (Reims und Verdun)[1]) zweimal
den Sinn der Klammern ⇌ sprich: [franz.:...].
Ähnlich ferner Pahde II, 47, Anm. 5 (zugleich
ein Fehler gegen I): »Franz. bâfôr gesprochen«,
und II, 65, Anm. 3: »House sprich: hauß.

Nach zwei Gesichtspunkten hin soll sich die
Untersuchung besonders erstrecken: 1. auf das
Maß der Aussprache-Bezeichnungen und
2. auf die Aussprache-Bezeichnungen
selbst.

·I. Was den ersten Punkt angeht, so ist in
den einzelnen Lehrbüchern die Zahl und der
Druckraum der Aussprache-Bezeichnungen sehr
verschieden. Einige statistische Mitteilungen
hierfür werden nicht uninteressant sein. Es
enthält:

1. für Frankreich:

	in Gesamt-zellen	umschriebene Namen	Druckzeilen[2])
Daniel (1899) . . .	ca 220	107	11¹/₂(5 %)
Pahde II (1900) . .	ca 510	70	7 (1,₃%)

Schlemmer II (1900) verzichtet (s. Vorrede) überhaupt auf
die Umschreibung französischer Namen.
Seydlitz (D, V) gibt nur einige unbekanntere.

2. für britische Inseln:

Seydlitz (D, V, 1903),

ohne »Kolonien«).	ca 150	65	über 6 (4 %)
Daniel	ca 170	52	6 (3,₄%)
Pahde	ca 425	50	5 (1,₂%)
Schlemmer	ca 225	26	3 (1,₃%)

Für den Kenner der verschiedenen Lehrbücher und für jemand, der statistische Zahlen
zu interpretieren versteht, werden sich aus obigen
Reihen viele Folgerungen ergeben; es würde
aber zu weit führen, auf das Zustandekommen
der einzelnen Zahlen an dieser Stelle näher
einzugehen; nur darauf sei hingewiesen, daß
man aus den Prozenten allein schon deutlich
ersehen kann, ob ein Buch im Telegrammstil
oder als Lesebuch abgefaßt ist.

Zwei Mängel sind es, die zu I. zu bemerken
sind: der eine besteht darin, daß zu wenig,
der andere darin, daß zuviel geboten wird.
Beispiele der ersten Art sind häufiger als solche
der zweiten. Im allgemeinen hat man also die
obere Grenze sicherer erreicht als die untere.
Ein Überschreiten der oberen Grenze stellt sich
wohl nur da ein, wo das Prinzip zu konsequent
befolgt wird, sodaß die Tugend zum Fehler
wird.

Beispiele der ersten Art: Schlemmer (II):
a) siehe oben die Behandlung französischer
Namen. Die Aussprache von Doubs, Lille,
Le Creuzot u. dgl. m. dürfte kaum so all-
gemein bekannt sein. Eher läßt sich noch
Seydlitz (s. oben) rechtfertigen.

b) einzelne Beispiele: S. 53 sind Aussprache-
Bezeichnungen gegeben für Greenwich, Woolwich,
Cambridge, Wight, Portsmouth, Plymouth, da-
gegen nicht für Spithead, Southampton (weitere
Beispiele 54); sehr charakteristisch ist 219:
Minneapolis [minipolis] — St. Paul (Mississippi).
Soll da St. Paul deutsch gesprochen werden

---

oder ist die Bezeichnung vergessen? An sich
ist die Aussprache doch durchaus nicht für
jedermann klar[1]).

Pahde (II, Frankreich): es fehlen z. B. Bezeichnungen für Isère, Roubaix, Montmartre,
Sorbonne: bei den »britischen Inseln« ebenso
für die Zitate »toy-shop of Europe«, »My heart's
in the Highlands« u. dgl. m.

Beispiele der zweiten Art sind es, wenn
Kirchhoff Trier [tri-er], Seydlitz (D, VI, 1903)
Ganges [gang-ges], Pahde (II, 69) jute [dschûte][2])
umschreiben. Ebenso gehören Bemerkungen
wie Pahde II, 63, Anm. 4 (zu »Thames«): »Eins
der wenigen englischen Wörter, in denen th
wie t gesprochen wird« nicht in ein geographisches Lehrbuch.

II. Viel wichtiger als die Betrachtung über
das Maß der Aussprache-Bezeichnungen ist die
der Aussprache-Bezeichnungen selbst.

Die wissenschaftliche Phonetik ist noch eine
junge Wissenschaft, und ihre Ergebnisse und
Bestrebungen sind noch nicht so weit verbreitet,
als es wünschenswert wäre. Macht sich selbst
noch auf dem Hauptgebiet der modernen Phonetik, den lebenden Sprachen, ein beklagenswerter
Dilettantismus breit, so ist es nicht zu verwundern, daß Ähnliches sich auf abgelegeneren
Gebieten erst recht findet.

Zweierlei gibt es hier in unseren Lehrbüchern der Erdkunde zu rügen: 1. falsche
Aussprache-Bezeichnungen, die, soweit
ich sehe, allerdings nicht allzu häufig sind.
Fehlerhaft sind z. B. folgende Bezeichnungen:

Schlemmer (II, 50): Mersey [mērsi] . . . s statt ss
Pahde (II, 47): St. Etienne [sängt ...] .	s ,, ss
Ule (I, 105): Saone [sône]	s ,, ss
Ule (I, 105): Seine [säln]	s ,, ss
Ule (II, 167): Isère [išär]	š ,, s
Seydlitz (D, VI, 39): Melbourne [mélbern] -ern ,, ôrn

2. die Art der Aussprache-Bezeichnung
selbst. Es ist schon erwähnt, daß die fremden
Laute und Zeichen durch die des Deutschen
wiedergegeben werden. Nun hat aber die
wissenschaftliche Phonetik als unbestreitbare
Tatsache festgestellt, daß eine völlige Übereinstimmung in der Artikulation selbst naheverr-
wandter oder durch dasselbe Zeichen bezeich-
neter Laute zwischen mehreren Völkern nicht
stattfindet, daß man deshalb eine besondere
Lautschrift an Stelle der aus einer bestimmten Sprache
entnommenen erfinden muß. Als solche anerkannte Lautschrift gilt zur Zeit die der Association phonétique internationale. Deren Lautschrift nun aber in unsere geographischen Lehrbücher einzuführen, würde nicht nur verfrüht
und recht kostspielig, sondern auch aus praktischen Gründen unangebracht sein.

[1]) Bei Schlemmer ist durch Bevorzugung der Wort-
erklärung die Aussprache-Bezeichnung fast mangelhaft geworden. Das ist bei Betrachtung der obigen Tabellen wohl
zu berücksichtigen.
[2]) Dagegen will Pahde (II, 48, Anm. 1) Reims deutsch
aussprechen, da der Name wie Schiller so bekannt sei!
Weshalb gilt dann dasselbe nicht auch für Orléans oder
g r Sedan?

Mit der Preisgabe der Lautschrift ist ohne weiteres der Verzicht auf eine völlig genaue Wiedergabe der Aussprache verbunden, nicht jedoch ein solcher auf die Ergebnisse der Phonetik überhaupt. Die wichtigsten Lautunterschiede lassen sich auch auf andere Weise genügend zum Ausdruck bringen.

Als ganz besonders der Abhilfe bedürftig erscheinen folgende gebräuchliche Umschriften: a) eine Unterscheidung von stimmhaften und stimmlosen Lauten. So darf das j in Dijon nicht durch sch wiedergegeben werden, da sch der stimmlose Laut, das französische j aber stimmhaft ist. Derselbe Unterschied besteht zwischen s (stimmhaft) und ss (ß) (stimmlos); vgl. die obigen Beispiele. So ist es endlich unsinnig, zu schreiben Biscaya und zu transskribieren [viscaga] (Daniel). Bei den letzten Lauten ist die Umschreibung leicht gegeben; j wird wohl am besten mit dem uns geläufigem Worte (ja, je usw.; franz. in gn, ill (mouillirt) beibehalten; das stimmhafte j, das mit dem deutschen nichts zu tun hat, kann z. B. durch j' oder dgl. m. bezeichnet werden. sch (Pahde) würde ich nicht empfehlen.

b) namentlich aber muß ein Wandel in der Bezeichnung der französischen Nasallaute Platz greifen. Die am weitesten verbreitete Wiedergabe dieser Laute ist an = ang, on = ong usw. Der Laut ist im Französischen aber ein wirklicher Vokal, bei dem nur ein Teil der Luft durch die Nase entweicht; bei richtiger d. h. beliebig dauernder Aussprache ist es unmöglich ein g hören zu lassen. Trotzdem man nun mit dem g wohl nur beabsichtigt, an den entfernt ähnlichen deutschen Laut (z. B. in dan[g]ken) zu erinnern, liegt die Gefahr auf der Hand, daß das g mitgesprochen wird, was grundfalsch ist. Kaum scharf genug gebrandmarkt werden können die Aussprache-Bezeichnungen für die Nasalen, die Daniel mit ins zwanzigste Jahrhundert hinübergenommen hat (Frankreich, namentlich 156/7): Languedoc [längdok'], Gironde [schirònjde], Avignon [awinjong'], Besançon [bsanßong'] und endlich Champagne [schänjpánj-ge][1]).

Wie sollen nun aber die Nasallaute umschrieben werden? Konrad Ganzenmüller (Erklärung geographischer Namen nebst Anleitung zur richtigen Aussprache, Leipzig 1892) hat versucht die Bezeichnungen der Association teilweise (ᴀ) einzuführen. Wie gesagt aber dürfte sich das für Schulbücher kaum empfehlen. Von allen den anderen Bezeichnungen scheint mir am einfachsten und leichtesten faßlich die Art zu sein, die den betreffenden (deutschen) Vokal angibt und daran wie einen Koeffizienten ein kleines n, das also nur als Abkürzung für n(asaliert zu sprechen!) zu gelten hat (Beispiel: aⁿ). Diese Bezeichnung würde sich namentlich

[1]) Da anj und ang' durcheinander vorkommen, liegt es nahe anzunehmen, daß das sinnlose j ursprünglich durch Druckfehler aus g' entstanden ist.

auch deshalb empfehlen, weil sie auch die der weitverbreiteten Plötzschen Lehrbücher ist.

Die vorhandenen Mängel in den Aussprache-Bezeichnungen unserer geographischen Lehrbücher sind nicht nur geeignet, den Wert derselben wirklich und insbesondere in den Augen der Gegner herabzusetzen, sondern bergen auch die Gefahr, daß der Schüler (durch eine mangelhafte Kenntnis des Lehrers unterstützt) sich eine falsche Aussprache aneignet, gegen die dann die neusprachlichen Lehrer schwer anzukämpfen haben.

Möge auch in diesem Punkte eine baldige Zukunft Fortschritt und Besserung bringen!

Programmschau.

Hochpoetisch und trotz seinem vorwiegend historischen Charakter doch auch für den Geographen (schon infolge reichlicher Literaturangaben, interessant ist Fr. Herolds Reisebericht: **Ein Ausflug nach Oberägypten** (k. k. Akad. Gymn., Wien 1902). Der Aufenthalt in Kairo, die Beobachtungen während der Nilfahrt bieten viel Anlaß zu ethnographischen und naturwissenschaftlichen Schilderungen, die namentlich dort, wo der Zusammenhang zwischen Landesnatur und Mensch beleuchtet wird, ungemein fesselt. Besonders gilt dies für den Abschnitt, der an Philae und die Rückfahrt anknüpft.

Eine Frage, deren Gegenstück auf historischem Gebiet auf dem letzten Mittelschultage in Wien angeschnitten wurde, behandelt H. Ostermann in seinem Aufsatz: **Zur Aussprache geographischer Namen in der Schule** (k. k. Staats-Gymn. mit deutscher Unterrichtssprache in Prag, Altstadt 1902). Anknüpfend an eine Übersicht über die bisherigen diesbezüglichen Bestrebungen und deren Hindernisse würdigt der Verfasser Kirchhoffs ' und Eglis vermittelnde Vorschläge, hält sie aber auch nicht für gelungen, sondern schlägt den Weg ein, den »uns andere Nationen lehren«: In der Schule zu üben, was im praktischen Leben erlaubt ist, nämlich von allzu großen Feinheiten abzusehen und womöglich mit nur deutschen Lauten zu arbeiten. Der Verfasser unterscheidet mehrere Gruppen: 1. Apellativa und übersetzbare Attribute sollen übersetzt werden, wie »Grünes Vorgebirge«, »Neu-York«. 2. Die nach Egli »vulgäre Formen« genannten Namen, die wohl nicht verdrängt, aber auch nicht vermehrt werden sollen, z. B. Milano, Genf. 3. National geschriebene, aber deutsch aussprechbare Namen, wie Virginia, Paris, Falklands-Inseln. 4. Ortsnamen der nicht lateinisch schreibenden oder analphabetischen Völker sollen deutsch geschrieben und gesprochen werden, zumal fremde Schreibweise oft zu falscher Aussprache führt, z. B. Al Dschezair, französisch Algier, gesprochen Alschir oder Kwen-lun, Kuen-lun, Küen-lün. Was außer den vier Gruppen übrig bleibt (und das gilt auch für deutsche Namen mit ungewöhnlicher Aussprache) soll in den Lehrbüchern mit reindeutscher Umschreibung und jedesmaliger Angabe der Betonung angeführt werden, so daß der Schüler die richtige Aussprache hört und das richtige Lautbild sieht.

F. Schönbergers Sammlung von Aufgaben über die Grundlehren der Astronomie (Deutsche Landes-Oberrealsch., Brünn 1902) liefert dem Mathematiker und Physiker eine überreiche Fülle von Beispielen für Oberklassen, aber auch manche dankenswerte Aufgabe für die Unterklassen. Manche dieser Aufgaben sind auch für den Geographen, namentlich an den Lehrer-Bildungsanstalten, brauchbar, wie z. B. einige Beispiele der I. Gruppe über Polhöhe und Tageslänge oder der II. Gruppe über Zeit- und Längenunterschied.

Einen willkommenen Beitrag zur Landeskunde Steiermarks liefert Fr. Reibenschuhs kleine Monographie: Der steirische Erzberg (k. k. Staats-Oberrealsch,. Graz 1902). Der Verfasser würdigt zunächst den äußeren Eindruck des Erzbergs und bringt in gedrängter Kürze einige historische Daten, besonders in wirtschaftlicher Beziehung. Der Betrieb des Bergbaues und die geologischen Verhältnisse bilden den Inhalt der nächsten Kapitel; aus den letzteren wird die leichte Möglichkeit des Tagbaues abgeleitet. Daran schließt sich eine Übersicht über die Mineralien des Erzbergs, unter denen der Spateisenstein die erste Rolle spielt. Acht Hochöfen lieferten 1901 fast 3,8 Mill. Zentner. — Die Literaturangaben sind reichlich.

Prof. Jul. Bexel · Horn (N. Ö.).

Persönliches.

Ernennungen.

O. Boccardi, Assistent am Observatorium zu Catania, zum Professor der Astronomie an der Universität Turin.

R. C. Carruthers und G. W. Crabham zu Geologen am British Geological Survey.

Der Professor der Geologie an der Universität Chicago, Thomas C. Chamberlin, zum Dr. h. c. der University of Wisconsin.

O. E. Condra zum Professor der Geologie an der Universität von Nebraska zu Lincoln.

Der Privatdozent der Geodäsie Dr. O. Eggert in Berlin zum etatsmäßigen Professor an der technischen Hochschule in Danzig.

Der Privatdozent der Geographie an der Universität Rostock, Dr. Rudolf Fitzner zum Professor.

Prof. Dr. Harry Gravelius zum etatsmäßigen außerordentlichen Professor für Wasserwirtschaft mit der Erteilung eines Lehrauftrags für Geographie an der technischen Hochschule zu Dresden.

Dr. Hermann Haack in Gotha zum korrespondierenden Mitglied des Instituto Archeologico e Geographico Pernambucano in Recife.

Hofrat Dr. Julius Hann in Wien zum Ehrenmitglied der Russischen Geographischen Gesellschaft in St. Petersburg.

Der ehemalige Präsident der Geographischen Gesellschaft von Philadelphia, Prof. Angelo Heilprin zum Lecturer in physical Geography an der Sheffield Scientific School of Yale University, New Haven.

Percy F. Kendall zum Professor der Geologie an der Universität Leeds.

Der Astronom W. S. King, sein Assistent Otto Klotz und der Surveyor general Captain Deville zu Drs. h. c. der Universität Toronto.

Der Prof. H. Mohn in Christiana, der Astronomer royal David Gill-Cape of Good Hope und Sir John Murray zu Drs. Sc. der Universität Oxford.

Dem Prof. Paolo Revelli die libera docenza in Geographie an der Universität Palermo.

Dem assistant professor of geology an der Universität Birmingham W. W. Watts der Ehrentitel eines Professors der Geographie.

Berufungen.

Der Professor der Geologie an der Universität in Melbourne, J. W. Gregory, in gleicher Eigenschaft an die Universität in Glasgow.

Der ordentliche Prof. der Astronomie Dr. H. Struwe in Königsberg wurde zu gleicher Stellung nach Berlin berufen.

Beihilfen zu wissenschaftl. Arbeiten.

Dem Professor Dr. O. Hecker in Potsdam 750 M. zu erdmagnetischen Beobachtungen bei Gelegenheit einer wissenschaftlichen Reise im Indischen und Großen Ozean.

Dem Privatdozenten Dr. Siegfried Passarge in Berlin 2000 M. von der kgl. Akademie der Wissenschaften zu Berlin zur Herausgabe eines Werkes über die Kalahari.

Auszeichnungen.

Dem Leiter der schottischen Polarexpedition W. S. Bruce die goldene Medaille der Royal Scottish Geogr. Society.

Dem Direktor des Lick-Observatoriums W. W. Campbell den Lalandepreis der Pariser Akademie der Wissenschaften.

Dem Colonel Chaille-Long, der sich um die Lösung des Nilquellenproblems Verdienste erworben hat, die goldene Medaille des Staates Maryland.

Dem Herausgeber von Petermanns Geographischen Mitteilungen, Prof. Dr. Alexander Supan in Gotha die Cothenius-Denkmünze der Kaiserl. Leopold.-Carol. Deutschen Akademie der Naturforscher zu Halle a. S.

Die Pariser Société de Géographie commerciale hat folgende Auszeichnungen verliehen: Die Berge-Medaille an Vidal de le Blache für sein »Tableau de Géographie de la France« und seinen »Atlas général«. — Die Medaille de France an P. Pelet für seinen »Atlas des Colonies françaises«. — Die Gauthiot-Medaille an Dr. Traugott Geering und Dr. Rud. Hotz für ihre Werke »Économie politique de la Suisse« und »Traité pratique de Géographie de la Suisse«. — Die Crevaux-Medaille an Frau Coudreau, die Witwe des bekannten Forschungsreisenden, für ihre Reisen in Brasilien. — Die Henri-d'Orléans-Medaille dem Leutnant Grillières für seine Reisen in Afghanistan und Tibet. — Die Medaille de la Presse coloniale an Robert de Caix für Reisen in Siam, Indochina und Korea. — Die Médailles des Négociants-Commissionaires an Henry Dumolard für sein Werk über Japan und an Albert Métin für die Werke »L'Inde d'aujourdhui« und »La Transformation de l'Égypte«. — Die Pra-Medaille an Gaston Donnet für ein Werk über Indochina. — Die Médaille Caillé an den Marquis de Segonzac für seine Forschungen in Marokko. — Die Médaille Dewez an George Thomann für Forschungen im Sudan. — Die Médaille Castonnet des Fosses an General Lyautey für sein Werk »Dans le Sud de Madagascar«, an Auguste Plane für seine Arbeiten »Le Pérou« und »En Amazonie«, und Paul Léon für sein Buch »Fleuves, Canaux et Chemins de fer« je eine Medaille.

Todesfälle.

Gernhard, Robert, Kolonialschriftsteller, der sich besonders mit den wirtschaftlichen und politischen Verhältnissen Südbrasiliens beschäftigte, geb. 8. Juli 1858 in Oldisleben, S.-Weimar, gest. 24. April 1904 in Elze bei Hannover.

Lambrecht, Wilhelm, Erfinder meteorologischer Instrumente, starb vor kurzem in Göttingen, 71 Jahre alt.

Paolino, Guido, ein verdienter italienischer Speleolog, starb am 4. Mai 1904.

Renner, Heinrich, Journalist, bekannt durch sein in verschiedene fremde Sprachen übersetztes Werk »Durch Bosnien und die Herzegowina kreuz und quer«, starb 55 Jahre alt in Groß-Lichterfelde.

Walpole, Frederick A., geb. 1861 in Essex county, N. Y., bekannt durch seine mustergültigen Pflanzenzeichnungen, mit denen er auch den Bericht über die Harriman-Alaska-Expedition schmückte, erlag am 11. Mai 1904 dem Typhus im Cottage-Hospital, Santa Barbara, Cal.

Geographische Nachrichten.

Gesellschaften.

Die Deutsche Geologische Gesellschaft hält ihre diesjährige Hauptversammlung vom 16.—18. Sept. in Breslau ab. Vom 11.—15. Sept. wird Herr Dathe eine Exkursion durch die Gneisformation in Silur, Devon, Carbon und Rotliegendes der Grafschaft Glatz, am 14. und 15. Sept. Herr Frech eine Exkursion in die oberschlesische Kreide, Trias und Steinkohlenformation, am 19. und 20. Sept. in die Kreideformation der Grafschaft Glatz führen.

Der XIV. Internationale Amerikanisten-kongreß, der, wie wir bereits mitteilten, vom 18.—23. Aug. in Stuttgart tagen wird, hat ein ausführlicheres Programm verschickt, welches die außerordentliche Reichhaltigkeit der Tagung an Vorträgen und Mitteilungen erkennen läßt. Für die Verhandlungen sind folgende Gruppen zusammengestellt, denen die Anzahl der angemeldeten Vorträge in Klammern beigefügt ist: Urgeschichte und Geologie (3), Entdeckungsgeschichte und Kolonisation (8), Archäologie (7), Anthropologie, Ethnographie und Forschungsreisen (12), Pictographie und Ornamentik (5). Mythologie (8), Paläographie und Linguistik (9). Die Mitgliedschaft am Kongreß wird durch Zahlung von 12 M. erlangt, Teilnehmer zahlen 4 M. Anmeldungen sind an Herrn Oberstudienrat Dr. Kurt Lampert, Stuttgart, Archivstr. 3, zu richten.

Für die vom 18.—24. September in Breslau tagende 76. Versammlung deutscher Naturforscher und Ärzte ist jetzt die ausführliche Tagesordnung ausgegeben worden. Aus der außer-

ordentlich reichen Folge von Vorträgen haben die folgenden besonderen Anspruch auf das Interesse des Geographen: In der gemeinschaftlichen Sitzung der naturwissenschaftlichen Hauptgruppe: E. Brückner, Die Eiszeiten in den Alpen. — H. Meyer, Die Eiszeit in den Tropen. — J. Partsch, Die Eiszeit in den Gebirgen Europas zwischen dem nordischen und dem alpinen Eisgebiet. In der 6. Abteilung (Geophysik, Meteorologie und Erdmagnetismus): Bergholz, Das Klima von Südindien. — Börnstein, Der tägliche Gang des Luftdrucks. — Krebs, Über Seebeben. — Derselbe, Probleme der Seeklimate. In der 7. Abteilung (Geographie, Hydrographie, Kartographie): Hamel, Über die Umwandlung des Oderstroms durch die Eingriffe des Strombaues. — Leonhard, Forschungen im nördlichen Kleinasien. — Mommert, Zur Geographie und Kartographie Palästinas. — Oestreich, Die Eiszeit des Himalaya. — Weidner, Über die Bewegung des Wassers und der Sinkstoffe im Oderstrom.

Die Società Alpina in Rom hat eine besondere Abteilung für Höhlenforschung unter dem Titel Circolo speleologico gegründet.

Zeitschriften.

Der Circolo Speleologico ed Idrologico Friulano in Udine hat eine neue Zeitschrift für Höhlenforschung gegründet, die seit Juli 1904 unter dem Titel »Mondo sotterraneo, Rivista per lo studio delle grotte e dei fenomeni carsici« erscheint. Herausgeber ist Prof. F. Musoni; als Redakteure zeichnen: G. Feruglio, M. Gortani, A. Lazzarini. Alle zwei Monate erscheint ein Heft, der Bezugspreis ist 5 l für das Jahr.

Stiftungen.

Die Stiftung von Schnyder v. Wartensee schreibt für das Jahr 1906 als Preisaufgabe aus dem Gebiet der Naturwissenschaften von neuem aus: »Das Klima der Schweiz, zu bearbeiten auf Grundlage der jetzt 37jährigen Beobachtungen der schweizerischen meteorologischen Stationen sowie älterer Beobachtungsreihen«. Der Preis beträgt 3500 fr. Die Arbeiten sind bis zum 30. Sept. 1906 »An das Präsidium des Konvents der Stadtbibliothek Zürich« einzureichen.

Die Hinterbliebenen des Anfang d. J. verstorbenen französischen Forschungsreisenden Jean Duchesne-Fournet haben der Pariser Geogr. Gesellschaft eine ständige Rente von 3000 fr. gestiftet, welche alle zwei Jahre dem Forschungsreisenden oder Expeditionsleiter zuerkannt werden soll, der in diesem Zeitraum am meisten zur Erweiterung oder Erschließung des französischen Kolonialgebiets beigetragen hat.

Auch die Gattin des verstorbenen Édouard Foa hat einen Preis von 1500 fr. ausgesetzt, der alle zwei Jahre einem Forscher zufallen soll, der sich um die geographische und naturwissenschaftliche Erschließung Afrikas Verdienste erwirbt.

Neugründung wissenschaftl. Anstalten.

An der Ostküste Spaniens in der Nähe von Tortosa ist ein neues meteorologisches Observatorium, das »Observatorio de Fisica Cosmica del Ebro« gegründet worden. Direktor ist Cirera, der die magnetische Abteilung des Observatoriums in Manila gründete und sechs Jahre leitete.

In Honolulu wird eine meteorologische Station des U. S. Weather Bureau errichtet, deren Leitung Alex. McC. Ashley erhalten soll.

In Cambridge ist ein Board of Anthropological Studies errichtet worden, welcher sich mit prähistorischer und historischer Anthropologie und Ethnologie einschl. Soziologie und vergleichender Religionswissenschaft, physischer und psychologischer Anthropologie beschäftigen soll.

Forschungsreisen.

Prof. Dr. Paul Herrmann vom Gymnasium in Torgau unternimmt auf Anregung und mit Unterstützung des Unterrichtsministeriums eine Studienreise nach Island. Das Ende der Reise ist auf den 1. September festgesetzt, ihr wissenschaftlicher Zweck: Land und Leute, vor allem den Schauplatz der nordischen Saga kennen zu lernen.

Commander R. E. Peary beabsichtigt Anfang Juli ein Schiff nach dem hohen Norden zu schicken, welches Neufundland, Labrador, Grönland, Ellesmere Land und die Baffins-Bai besuchen und im September zurückkehren soll. Es soll durch Kohlenniederlagen usw. die für 1905 geplante Polarexpedition vorbereiten.

Der Astronom Villatte setzt seine Saharareise, die er im Auftrag der Pariser Geogr. Gesellschaft ausführt, erfolgreich fort. Die letzten Nachrichten datieren vom 28. März, wo er sich unter 24° 30' N. und 0° 30' Ö. befand. Neben zahlreichen Positionsbestimmungen führt er geologische und meteorologische Beobachtungen aus.

Die von zahlreichen Forschern vergeblich versuchte Durchquerung der westlichen Sahara ist den Franzosen gelungen. Die Expedition Laperrine ist von Insalah aus bis Timissao, etwa 22° N. vorgedrungen, wo sie Ende Mai mit Cpt. Theveniaut zusammentraf, der seinen Marsch von Timbuktu aus angetreten hatte.

Der Direktor der Ozeanographischen Gesellschaft in Bordeaux, Charles Bénard hat einen Kongreß, der unter dem Vorsitz des Fürsten Albert von Monaco in Paris tagte, den Plan einer neuen Nordpolarexpedition vorgelegt. Er empfiehlt einmal, nach dem erfolgreichen Beispiel Dänemarks in Grönland, jährliche Reisen nach räumlich begrenzten Gebieten und deren genaue Durchforschung, ferner starke Vorstöße nach dem Nordpol auf Grund von Nansens Erfahrungen, wobei er bessere Erfolge erhofft, wenn der Ausgangspunkt weiter östlich, etwa auf 150° Ö. gewählt wird. Die Expedition soll aus zwei Schiffen bestehen, die 80 Seemeilen von einander entfernt nach N treiben und sich durch drahtlose Telegraphie verständigen sollen; sie soll drei Jahre dauern, aber auf fünf Jahre verproviantiert werden.

Mitteilungen der Kommission.

Während einer Studienreise, die Oberlehrer Heinrich Fischer im Auftrag des preußischen Kultusministeriums nach den Vereinigten Staaten angetreten hat, führt Direktor Auler, Dortmund, Luisenstr. 17, den Vorsitz. Man bittet an ihn etwaige Anfragen oder Anregungen gelangen zu lassen. Die Verfolgung der Heimatkartenfrage ist indessen bis zum Herbst verschoben worden.

Der geschäftsführende Vorsitzende.

Besprechungen.

I. Allgemeine Erd- und Länderkunde.

Sander, L., Die geographische Verbreitung einiger tierischer Schädlinge unserer kolonialen Landwirtschaft und die Bedingungen ihres Vorkommens. 91 S. Halle 1903. (Angewandte Geographie I, 11). Preis einzeln 1.80 M.

L. Sander unterscheidet Schädlinge, deren Verbreitung an bestimmte Haustiere (bzw. Kulturpflanzen) gebunden ist, und solche, die zwar an bestimmte geographisch-klimatische Bedingungen, aber nicht an Pfleglinge des Menschen geknüpft sind, sondern auch an wildwachsenden Pflanzen und freilebenden Tieren ihre Daseinsbedingungen erfüllt finden. Sander betrachtet die letzteren Schädlinge als die gefährlicheren. Der Schaden, den die ersteren anrichten, findet seine Grenze darin, daß diese Schädlinge doch ihre Wirtspflanzen bzw. Wirtstiere nicht vernichten können, auf die sie angewiesen sind. Die zweite Kategorie dagegen macht gelegentlich geradezu vernichtende Vorstöße in das menschliche Wirtschaftsgebiet.

Die Wanderheuschrecken (vgl. L. Sander, Die Wanderheuschrecken und ihre Bekämpfung in unseren afrikanischen Kolonien. Berlin 1902) sind Pflanzenschädlinge, die an bestimmte geographisch-klimatische Bedingungen gebunden sind. Besonders kommen letztere für die Eiablage und die Entwicklung der jungen Nachkommenschaft in Betracht. Für die Eiablage ist ein nicht zu trockner und nicht zu feuchter Boden, also besonder Steppenboden am günstigsten; die ausgeschlüpften Hupfer sind auch gegen Austrocknung empfindlich und brauchen für längere Zeit zarteres, junges Grün. Alle diese Bedingungen finden sich am besten erfüllt in den Suptropen und jenen Gegenden der Tropen und gemäßigten Zone, die ähnliches Klima zeigen. Hier wachsen nun die Hupfer heran, bis die Steppe dürr wird; dann fliegen sie (bis über 10 Breitengrade) in ungeheuren Zügen in die Winterherbergen, als welche sie schützende busch- und dickichtbewachsene Gegenden bevorzugen. Wenn aber der »Regenmonsun« erwacht, ziehen sie ihren Brutgründen wieder zu. Sander spricht sich den näheren über die Wanderungen aus.

Eine Brutgegend, ein »Einbruchsland« ist Deutsch-Südwestafrika für Schwärme, deren Winterherbergen in der südöstlichen Kalahari liegen müssen. Auch das Kapland, Deutsch-Ostafrika, Togo und Kamerun (das Innere des Landes) werden heimgesucht; doch werden wenigstens einige Kulturpflanzen, wie die Knollen des Maniok, Gurken und Kürbisarten, Negererbse, Erdnuß und Erdmandel und zumeist auch die Negerhirse weniger gern angegangen.

Feinde haben die Wanderheuschrecken genug. Versuche, durch Einimpfung niederer Schimmelpilze Seuchen unter ihnen zu erregen, haben bereits Erfolg gehabt haben. Unter anderem Feinden sind besonders die Vögel, welche der Mensch leider unverständig verfolgt, gute Heuschreckenvertilger.

Des Menschen Abwehr war bisher meist planlos; nur gemeinsames Vorgehen der beteiligten Länder kann helfen. Vor allem aber sind die Lebensgewohnheiten der Heuschrecken genau zu erforschen.

Die Bockkäfer, weniger klimatisch abhängig, aber an das Vorkommen von Holzgewächsen gebunden, richten großen, wenn auch lokalen, Schaden in Kaffee-, Kakao-, Tee-, Kautschukplantagen an. Ihre eigentlichen Wirtspflanzen sind noch wenig bekannt, und doch ist diese Kenntnis für ihre Bekämpfung ganz notwendig, damit man die Wirtspflanzen in der Nähe der Plantagen ausrotten kann. Der Kaffeebohrer Usambaras richtet z. B. großen Schaden an und kann vorläufig nur durch Kappung der befallenen Bäumchen bekämpft werden.

Die Tsetsefliegen Afrikas impfen bei ihrem Stich einen lebenden Krankheitserreger ein, den sie wohl von einem kranken Tiere beim Stiche übernahmen. Für die meisten Haustiere, besonders Pferd und eingeführte Esel, Rind und Hund, dann Ziegen und Schafe, ist die Krankheit tötlich, während bei Schweinen, bei dem Wild, bei einheimischen Haustieren und bei dem Menschen die Krankheit in milder Form auftritt. Ob außer der »echten« Tsetse (Zuluname: Nagana) noch andere Tsetsearten infektionstüchtig sind, ist unbekannt. An der ostafrikanischen Küste spielt der Wadenstecher wohl dieselbe Rolle wie die echte Tsetse. Eine ganz ähnliche Krankheit wie die durch den Tsetsestich hervorgerufene ist die »Surrah« Indiens und Südamerikas »Mal de caderas.«

Die Tsetse tritt am zahlreichsten zur Regenzeit auf; mit der vordringenden Bodenkultur verschwindet sie, wohl infolge der Vernichtung bestimmter schattender Baumarten und Gräser, die sie aus irgend welchen Gründen bevorzugte. Wie sie Urwald, sonnendurchglühte Steppe und hochgelegene Gegenden meidet, so meidet sie auch Wasser durchaus, Flüsse sind tsetsefrei. Sumpf betrachtet Sander nicht als notwendige und unumgängliche örtliche Vorbedingung, dagegen das Vorhandensein von Gehölzen. Jedenfalls stellt die Tsetse sehr bestimmte, nur lokal erfüllte Ansprüche an den Charakter eines Landes.

Der Wadenstecher scheint durch seine Lebensansprüche weniger in der Verbreitung beschränkt zu sein. Die Ausdehnung der menschlichen Siedelung ist ihm gerade günstig, vielleicht weil er im Madenstadium in dem Dung, besonders des Kleinviehs, gedeiht.

Da eine Anpassung oder Angewöhnung an den Erreger der Surrah möglich ist, wendet man jetzt bei Rindern die Schutzimpfung an.

Das Verbreitungsgebiet der Tsetse ist groß: das nördliche Transvaalgebiet, Maschona- und Matabililand, die Gegenden am Limpopo und unteren Sambesi; portugiesisch Ostafrika; das Gebiet des Rovuma, das Ostufer des Nyassasees; das Hinterland von Kilwa, die Landschaften Khufu, Mahenge, Teile von Uhehe, Ussagara, Ukami, Bondei-Usambara, Pare, die südliche Kilimandscharogegend und Aruscha, Teile des Massailandes, die Gegend zwischen Tabora und Udschidschi; im britischen Ostafrika das Hinterland von Mombas, besonders Taveta und Voi, Wituland, fast ganz Somaliland gehören dazu. Teile von Abessinien und Nubien sind verdächtig. Die Gegend um den Ngamisee, das nördliche deutsche und das portugiesische Ovamboland, die Gegend am Tschobe usw., am Stanley Pool (Kongostaat), von dort nordwärts der Sudan, besonders am Tsad, sind heimgesucht. In Kamerun muß die Tsetse im Hinterland vorkommen. In Togo ist sie aus Misahöhe, Tove, Dadya, Aumtscha, Alahajo (Atakpame), Mangu bekannt und wahrscheinlich auch in Basari vorhanden. Auch in Guinea, Sierra Leone und im Süden Algiers (?) kommt sie vor.

Zeckenarten, Schädlinge, die unter den verschiedensten geographisch-klimatischen Bedingungen vorkommen, werden Überträgerinnen eines Parasiten, der das Texasfieber hervorruft. Dasselbe ist auf den Weiden des Staates Texas heimisch, aber auch in Süd- und Ostafrika, Indien, Australien, ja auch in Deutschland, Rumänien und Italien beobachtet worden. In den eigentlichen Bergländern fehlen die Zecken, sie gedeihen am besten in feuchten Tiefländern. Wo der Europäer wirtschaftet, nahmen sie zu, wohl infolge der dichteren Feldbepflanzung, welche die Feuchtigkeit zusammenhält. Als Wirte werden Rinder und Pferde bevorzugt, aber auch andere Tiere und der Mensch dienen als solche; doch sind der Mensch und die meisten Haustiere für die Krankheit unempfänglich. Am meisten bedroht sind die Rinder, doch nur die eingeführten, während die in Texasfieberländern geborenen immun sind. Man erreicht durch Schutzimpfung der einzuführenden Kälber Seuchenfestigkeit; doch sind einzelne Verluste dabei nicht ausgeschlossen. Wie aber ist die gefährliche Verschleppung des Texasfiebers aus verseuchten in gesunde Gegenden abzuwenden? — Nur durch Vernichtung der Zecken. In Amerika, jetzt auch in Australien und Südafrika, wendet man mit gutem Erfolg das »Dippen« der Herden in großen Wäschen an.

Der sicherste Weg, aller Schädlinge Herr zu werden, ist und bleibt die genaueste Erforschung der Lebensgewohnheit jedes Schädlings.

Dr. E. Friedrich-Leipzig.

Wagner, Rudolf, Führer und Karte der Sächs. Schweiz für Touristen und Sommerfrischler. 42 S., 1 Karte. Leipzig 1904, Wagner. 75 Pf.

Der Führer erhält seinen Wert durch die beigegebene Karte, die in 1 : 75 000 sauber und deutlich gezeichnet ist und auch in der technischen Ausführung die Erwartungen übertrifft, die man an die Kartenbeilagen so kleiner Führer zu stellen gewohnt ist. Der Text ist der übliche, störend wirkt nur, daß er durch reklamehafte Hinweise auf Touristen-Postkarten der besuchtesten Punkte ständig unterbrochen wird. Die Postkarten geben außer den üblichen Ansichten in Farbendruck kleinere Ausschnitte aus der obigen Karte.

Hk.

Kogutowitz, Em., Wandkarte der Balkanhalbinsel 1 : 800000. Herausg. vom Ungar. Geogr. Inst. Ofenpest 1903. 14 M.

In Bonnescher Projektion entworfen stellt die Karte die ganze südosteuropäische Halbinsel zwischen 45½° N. Br., also von der natürlichen Grenze zwischen der Kulpa-Quelle und Fiume einerseits, der Dobrudscha anderseits und dem 35.° N. Br., also Kreta eingeschlossen, dar. Im Osten reicht sie bis zum Meridian des Sabandscha-Sees. Doch entbehrt das Festland von Kleinasien der Geländedarstellung. Italien ist nur im Umriß eingezeichnet.

Über die Grundlage der Karte geben kurze Erläuterungen Aufschluß. Sie beruht somit überwiegend auf der neuen vom militärgeographischen Institut in Wien herausgegebenen 1 : 200 000 Karte, für Griechenland auf der griechischen 1 : 300 000 Karte. Die Karte scheint in erster Linie mit Rücksicht auf die politischen Ereignisse hergestellt zu sein, soll aber auch noch als Wandkarte zu Unterrichtszwecken gebraucht werden, wie sie auch dem Ref. als solche vorliegt. Dem ersteren Zwecke entspricht die Fülle der Eintragungen, dem letzteren leider die Gelände-

12a*

darstellung ganz und gar nicht. Diese ist in schiefergrauer Schummerung gegeben und ist ohne jede Fernwirkung, ja die politischen Grenzen, die allerdings gute Fernwirkung haben, fälschen, wo sie mit den Gebirgen zusammenfallen, die Bodenplastik.

Bei der Verallgemeinerung mag der Verfasser, wie er angibt, die größte Sorgfalt angewendet haben, aber er hat nur als Kartograph mit Karten gearbeitet, es ist ihm offenbar nicht einmal der Gedanke gekommen, daß ein Kartograph heutzutage auch wissenschaftlich gebildeter Geograph sein, daß er die Formen, die er darstellt, auch verstehen muß. Nur dann ist eine naturwahre Verallgemeinerung möglich, die die großen Züge zum Ausdruck bringt, das Nebensächliche ausscheidet. Wissenschaftliche Darstellungen der Bodenplastik seines Gebiets hat der Verfasser offenbar gar nicht benutzt. Von dem Gegensatz in der Oberflächengestaltung, wie in der Gesamtheit der geographischen Verhältnisse zwischen dem westlichen Faltenland und dem fast ²/₃ der Halbinsel umfassenden östlichen Schollenlande ist in der Karte keine Spur zu erkennen. Die Rhodopemasse z. B. die doch fast ringsum prall aus der Umgebung aufsteigt, mit relativ geringer Höhe ihrer höchsten Rücken und Kuppen, erscheint vollständig in Gebirgsketten zerlegt.

Für deutsche Schulen ist die Karte schon nicht zu brauchen, weil sie die deutschen Städte in Südungarn nur mit den magyarischen Namen enthält, die in Deutschland kein Mensch kennt, während sonst vielfach doppelte, ja dreifache Namen eingetragen sind. *Prof. Dr. Theobald Fischer-Marburg.*

Sievers, Prof. Dr. Wilhelm, Südamerika und die deutschen Interessen. Eine geographisch-politische Betrachtung. Stuttgart 1903, Verlag von Strecker und Schröder. 2 M.

Der rühmlichst bekannte rührige Gießener Hochschullehrer bietet in dem vorliegenden Buche dem Geographen wie dem Politiker eine schätzenswerte Gabe. Auf knappem Raume werden dem Leser die Grundzüge der politischen und wirtschaftlichen Entfaltung Südamerikas und der Anteil der deutschen Interessen daran vorgeführt.

Das Buch zerfällt in vier Abschnitte. Teil I behandelt die politische Entwicklung Südamerikas. Das Hauptgewicht wird dabei auf die Verteilung der Bevölkerung gelegt, also der Prozentsatz der Indianer, Neger, Weißen, Mischlinge, Chinesen usw. an der Volkszahl untersucht. — In Teil II betrachtet der Verfasser die wirtschaftliche Entwicklung Südamerikas. Die Erzeugnisse der einzelnen Länder in Bergbau, Ackerbau, Waldkultur, Viehzucht und Industrie werden unter genauen Zahlenangaben einzeln vorgeführt. Für den Handel mit Südamerika kommen hauptsächlich Großbritannien, das Deutsche Reich, die Vereinigten Staaten von Nordamerika und Frankreich in Frage. Deutschland führte 1900 für rund 189 Millionen Mark Waren ein, für 490 Millionen Mark bezog es Waren. Am meisten zugenommen hat Deutschlands Handel mit Argentinien. Im Schiffsverkehr mit Südamerika hat Großbritannien noch immer die erste Stelle inne, doch gehen jetzt schon vier deutsche Hauptlinien nach Südamerika: die Hamburg—Amerika-Linie, die Hamburg—Südamerikanische Linie, der Norddeutsche Lloyd und die Hamburger Kosmoslinie. — In Teil III werden Deutschlands Beziehungen zu den einzelnen Staaten Südamerikas, der Betrag der Ausfuhr und der Einfuhr genau erörtert. Es ergibt sich daraus, daß z. B. einer Ausfuhr von

Argentinien nach Deutschland von 86 Millionen Mark eine Einfuhr von 67 Millionen Mark gegenübersteht. Während sonst Ausfuhr und Einfuhr sich annähernd gleichen, beträgt die Ausfuhr von Brasilien nach Deutschland 114 Millionen Mark, die Einfuhr von uns dorthin nur 35 Millionen Mark. Bei Chile sind die Zahlen 111 Millionen Mark und 52 Millionen Mark. Mit besonderer Wärme behandelt der Verfasser dabei die deutschen Ackerbaukolonien in Südbrasilien und die deutschen Kolonistenländereien in Südchile. Nach ihm beträgt die Zahl der deutschen Kolonisten in Südbrasilien 250000, die der deutschen Ansiedler in Südchile 20000. Für diese wie für alle anderen Zahlen müssen wir natürlich der Autorität des Verfassers die Verantwortung überlassen. — In einem kurzen Schlußwort endlich stellt Sievers die Tatsache fest, daß Südamerika fast nur Rohstoffe liefert. Die Gründe, warum dieses so reich gesegnete Festland nicht dieselben Fortschritte gemacht hat wie Nordamerika, sieht er einmal in der Vorherrschaft des romanischen Elements daselbst, sodann in der hier noch reiner und zahlreicher erhaltenen indianischen Bevölkerung und endlich in der Neigung zu inneren Zwisten und Bürgerkriegen. Der Handel Südamerikas dagegen ruht schon jetzt in germanischen Händen, und hier überwiegen die deutschen Firmen wenigstens in kommerzieller Hinsicht. Für uns ergibt sich daraus die Lehre, daß wir einmal, ohne koloniale Landeroberungen machen zu wollen, das deutsche Element durch Zuführung tüchtiger deutscher Kaufleute, Techniker, Gelehrter und Offiziere stärken, sodann, daß wir den bestehenden südamerikanischen Staaten einen pekuniären, handelspolitischen und industriellen, vielleicht auch militärischen Rückhalt gegen die Begehrlichkeit der Vereinigten Staaten von Nordamerika gewähren müssen.

Soweit der Inhalt des interessanten Buches, dessen Ergebnisse sich auch für den Unterricht gut verwerten lassen. Es sei daher, wenn es sich auch stellenweise etwas trocken und nüchtern liest, jedem Geographen hiermit bestens empfohlen.

Oberl. Emil Becher-Marburg i. H.

Richter, J., Nordindische Missionsfahrten. Erzählungen und Schilderungen von einer Missions-Studienreise durch Ostindien. 325 S. Gütersloh 1903, Bertelsmann. 3 M.

Die erste Abteilung enrollt uns Einzelbilder aus der deutsch-evangelischen Missionstätigkeit im Norden Vorderindiens, besonders der Goßnerschen Kohlmission.

Die zweite Abteilung ist mehr geographisch gehalten. Sie schildert, wenn auch immer mit vorzugsweiser Beachtung christlicher Missionsleistung sowie der religiösen Lebensäußerungen der Eingeborenen: Kalkutta, Benares, Delhi und einen Ausflug nach dem Himalaya. Protestieren muß man beim letzterwähnten Abschnitt nur gegen die Schreibung Dardjiling, eine ebenso unbefugte Französierung eines jetzt englischen Ortsnamens wie »Fidji«. Nach englischer Schreibung ist allein richtig Darjeeling wie Fiji, während man, falls die Aussprache im Lautwert des deutschen Alphabets wiedergegeben werden soll, zu schreiben hat Dardschiling wie Fidschi. Tertium non datur.

Die dritte Abteilung behandelt wichtige allgemeinere Fragen und erscheint darum als die lesenswerteste. Sie erörtert: Indien als Missionsfeld, Hinduismus und Kaste, zum Schluß das Missionschulwesen in Indien. *Dr. Prof. A. Kirchhoff-Halle.*

Hackmann, W., Beschreibung der Rheinprovinz in Skizzen u. Bildern. 2. Aufl., 141 S. mit 13 Abb. Essen 1903, Baedeker. Kart. 1.80 M.

Auf eine 24 Seiten lange Übersicht über die physikalischen und wirtschaftlichen Verhältnisse der Rheinprovinz, in die auch statistisches Material aus dem Rheinstromwerk und den Volks- und Gewerbezählungen aufgenommen worden ist, folgt eine Reihe von ansprechenden Einzelbildern, die sich nicht ängstlich auf die Provinzgrenzen beschränken, sondern den Oberrhein und die angrenzenden Gebiete von Hessen-Nassau und Westfalen mit in den Kreis der Betrachtung ziehen. Geschichtliche und kunstgeschichtliche Notizen wechseln mit meist gelungenen Landschaftsschilderungen, und namentlich die wirtschaftlichen Verhältnisse der berührten Landstriche finden eingehende Berücksichtigung. Die geologischen Bemerkungen sind nicht immer zutreffend. Die Tiefe des Laacher Sees beträgt nicht 15, an einigen Stellen 60 m; nach den genauen Messungen von Halbfaß ist die mittlere Tiefe 32,5 m, die größte 53 m. Das Weinfelder Maar ist nur 51 m tief. Am wenigsten gelungen sind die mit »ich« eingeführten Wanderungen von Trier nach Coblenz und in der Eifel, die zuviel Namen bringen und in denen vor allen Dingen der Stil recht verbesserungsbedürftig ist. Auf Seite 13 wird die chemische Industrie vermißt. Burtscheid ist längst in Aachen eingemeindet. Trotz dieser kleineren Ausstellungen ist das mit 13 Ansichten von Landschaften und Bauwerken begleitete Buch, das von fleißiger Quellenbenutzung zeugt, recht zu empfehlen.

Dr. W. Schjerning-Charlottenburg.

II. Geographischer Unterricht.

Tischendorf, Julius, Präparationen für den geographischen Unterricht an Volksschulen. IV.: Europa. 13. und 14. verm. Aufl. 293 S. Leipzig 1904, Wunderlich. Geb. 2.80 M.

Die Mängel, die vor einiger Zeit (Heft I, 1904) an dem ersten Teile des vielgebrauchten Werkes gerügt wurden, haften auch dem vorliegenden vierten an. Es sind in erster Linie zu große Stoffülle, die eine gründliche Behandlung ausschließt, und die damit zusammenhängende Hereinziehung von Dingen, die mit der Erdkunde nur in loser Verbindung stehen. Trotzdem kann der Anfänger für seinen Unterricht manches daraus lernen, besonders auch die anschauliche Schilderung.

Seminarlehrer H. Heinze-Friedeberg (Neum.).

Kirchhoff, Alfred, Erdkunde für Schulen. I.: 9. verb. Aufl. — II.: 10. verb. Aufl. — Schulgeographie. 18. verb. u. erw. Aufl. — Halle 1903, Waisenhaus.

Die Eigenart dieser vortrefflichen Lehrbücher, aus denen ein geographisch geschulter Lehrer für sich und seine Schüler ungemein vieles und vielseitiges schöpfen kann, ist auch in den neuen Auflagen unangetastet geblieben. Die unermüdliche Sorgfalt des um die Schulgeographie hochverdienten Verfassers bei dem Ausbau der Bücher im einzelnen wird dagegen durch eine Reihe von kleinen Veränderungen gekennzeichnet. Sie betreffen in der Unterstufe der Erdkunde für Schulen einige Angaben von Bevölkerungszählungen, in ihr wie in der Oberstufe desselben Buches die Einführung der neuen Rechtschreibung; doch weicht Kirchhoff hier bei einigen Namen mit Bewußtsein von Duden ab, z. B. beim Etna, bei Tokyo und Kyoto, die zweisilbig

zu sprechen sind. Die Schulgeographie ist inhaltlich etwas erweitert, insofern bei den Abschnitten, welche die Gebirge und Formationen, die Menschenrassen, die Kartenentwurfslehre betreffen, einiges aus der Oberstufe der »Erdkunde für Schulen« in die Schulgeographie mit übernommen und bei der Länderkunde eine Überschau der Schutzgebiete des deutschen Reiches hinzugefügt ist. Sehr erfreulich ist die Tatsache, daß jetzt die Schulgeographie ebenso wie die Erdkunde für Schulen ein alphabetisches Register enthalten.

Dr. F. Lampe-Berlin.

Wie wir unsere Heimat sehen. Anregungen zur intimen Betrachtung der Leipziger Heimat. Herausgegeben vom Verein der Leipziger Zeichenlehrer. Leipzig 1903, K. O. Th. Scheffer.

Die Heimatskunde erfreut sich im Königreich Sachsen einer ganz besonderen Pflege. In der vorliegenden kleinen Schrift wird gezeigt, wie man einer bei dem Fehlen von nennenswerten Erhebungen scheinbar reizlosen Landschaft, der Leipziger Ebene, durch aufmerksame künstlerische Betrachtung eine Fülle von Reizen abgewinnen kann. Wir werden da u. a. darauf aufmerksam gemacht, wie gewisse Pflanzen an gewisse Örtlichkeiten gebunden sind. In den Flußniederungen finden wir üppig entwickelte, saftstrotzende Pflanzen, bei denen die Farben grün, gelb und weiß vorwiegen. Die Sträucher haben hier infolge der zahlreichen Überschwemmungen eine pilzartige Form angenommen. Auf den Höhen dagegen finden wir eine buntere Farbenpracht, aber die Pflanzen haben dünnere Stiele und zierlich gegliederte Blätter; auch sind sie zum Schutze gegen die austrocknenden Wirkungen von Wind und Sonne mit Härchen versehen. — Feine Beobachtungen des Tierlebens sind hier und da in die Schilderungen der Landschaft eingeflochten. Geschichtliche Erinnerungen werden geweckt, wenn man in der Ruhe des Abends auf dem Leipziger Schlachtfeld am Napoleonstein steht. Recht gelungene Bilder, die auch stimmungsvoll wirken, werden entrollt durch die Betrachtung einzelner Waldpartien oder die Beobachtung der Leute in der Heuernte. An dem weithin sichtbaren Wahrener Kirchturm und seiner Umgebung wird gezeigt, wie man ein Bild schön gestalten kann, wenn man es vom richtigen Standpunkt aus ansieht; an den Mendebrunnen und das altehrwürdige Leipziger Rathaus werden höchst lehrreiche Betrachtungen über Architektonik geknüpft. Die zahlreichen gelungenen Skizzen, welche zur Veranschaulichung des Gebotenen dienen, regen zur Nacheiferung an, und so wird jeder, der seine Heimat nach künstlerischen Gesichtspunkten betrachten will, von dem Büchlein reichen Gewinn haben.

Dr. Richard Herold-Oranienstein.

Prüll, Hermann, Fünf Hauptfragen aus der Methodik der Geographie. 8°, 71 S. Leipzig 1903, E. Wunderlich. 80 Pf.

Der Verfasser gliedert den Stoff unter folgende fünf Punkte: 1. der geographische Unterricht im Rahmen der natürlichen Landschaftsgebiete; 2. über das Kartenlesen (Probelektion: Poebene); 3. das Warum und Weil im geographischen Unterricht; 4. Assoziation und System (die geographischen Begriffe und Gesetze); 5. der geographische Unterricht als assoziierende Wissenschaft. Er hat dabei die Lage des Unterrichts an den Volksschulen, und zwar den sächsischen, vor Augen, und der rein pädagogische Gesichtspunkt ist für seine Ausführungen maßgebend. Kann man auch nicht behaupten, daß dieselben überall sehr lichtvoll sind, so ist doch manches Gute in ihnen enthalten, und die Verhältnisse an den Volksschulen machen es erklärlich, daß hier für manche Forderung noch gekämpft wird, die an anderen, besonders höheren Schulen wohl längst erfüllt sind, z. B. die Atlaseinheit. Was die gebotene Probelektion betrifft (S. 26), so stößt man dort auf manche Punkte, die zum Widerspruch herausfordern, so z. B., wenn als Einführung in die Betrachtung, die doch eine rein geographische sein sollte, mit den Longobarden begonnen wird; auch ist hier noch an der alten Einteilung der Alpen in West-, Mittel- und Ostalpen festgehalten. Desgleichen sind die Bemerkungen (S. 55 ff.) über die Pyrenäenhalbinsel, als »Beispiel mit Landschafts-Gattungsbegriffen und Gesetzen aus Europa in natürlichen Landschaftsgebieten« vielfach verworren. Betonen möchte ich auch noch, daß sich Erklärungen aus dem Gebiet der allgemeinen Geographie finden, die in der Allgemeinheit, wie sie ausgesprochen sind, nicht ohne Einschränkung angenommen werden können. So liest man z. B. S. 49: »Je weiter vom Meere, desto weniger Niederschläge« (?; man vgl. z. B. die verschiedenen Gegenden in Deutschland, wo lokale Verhältnisse große Ausnahmen von diesem Satze bedingen); S. 49 steht als Grund der Entstehung von Fjorden: -Entstehung derselben durch riesenhafte Gletscherschliffe«. (??).

Im großen und ganzen ist hinsichtlich der Ausführungen des Verfassers zu sagen, daß sie noch vielfach der Klärung bedürfen.

Dr. Ed. Lentz-Charlottenburg.

Osenberg, Ewald, Münchener Transparentkarte des nördlichen Sternhimmels. 2. erweiterte u. vermehrte Aufl. von Prof. Dr. Örtel, Observator a. d. Kgl. Sternwarte in München. 70×83 cm. München 1904, W. Pleßmann.
6.50 M.

Die neue Sternkarte unterscheidet sich von den gebräuchlichen dadurch, daß die Sternzeichen aus einer starken Pappe ausgestanzt und mit Pergamentpapier hinterklebt sind. Hält man die Tafel gegen das Fenster oder abends gegen ein Licht, so heben sich die Sterne leuchtend und entschieden eindrucksvoll von dem dunkelblauen, dann fast schwarz wirkenden Grunde ab. Nur die wichtigsten Sterne und Sternbilder sind aufgenommen; die zu einem Sternbild gehörigen Sterne sind durch kräftige weiße Linien verbunden.

Daß sich die Neubearbeitung auf wissenschaftlichen Grundsätzen aufbaut, dafür gibt der Name des Bearbeiters eine Gewähr.   *Hk.*

Geographische Literatur.

a) Allgemeines.

Barolin, Joh. C., Die Teilung der Erde. 208 S., 1 Tab., 4 K. Dresden 1904, E. Pierson. 4.50 M.
Bruntsch, Friedr. Max, Die Idee der Entwicklung bei Herder. (Von geogr. Gesichtspunkten aus betrachtet.) Diss. 87 S. Crimmitschau 1904, Rob. Raab. 1 M.
Fischer, Theobald, Der Ölbaum. Seine geographische Verbreitung, seine wirtschaftliche und kulturhistorische Bedeutung. Eine Studie. 87 S., 1 K. (Petermanns Mitt., Ergänzungsheft 147.) 5 M.

Geldel,Heinrich, Alfred der Große als Geograph. (Münchener Geogr. Studien 15.) 105 S. München 1904, Th. Ackermann. 2.20 M.
Gewecke, Herm., Neue Karte des Sternhimmels. Mit Text auf der Rückseite. Berlin 1904, D. Reimer. 2 M.
Günther, Siegm., Geschichte der Erdkunde. (Die Erdkunde. I.) 343 S. Wien 1904, F. Deuticke. 11.50 M.
Horowitz, W. L., Das Leben im Weltall. 229 S. Berlin 1904, J. M. Spaeth Verlag. 3 M.
Hübner, Otto, Geographisch-statistische Tabellen aller Länder der Erde. 53. Ausg. f. d. Jahr 1904. Herausgeg. von Prof. Dr. v. Juraschek. 99 S. Frankfurt a. M. 1904, H. Keller. 1.50 M.
—, Statistische Tafel aller Länder der Erde. 53. Aufl. für 1904. Herausgeg. von demselben. Ebenda. 60 Pf.
Karsten, G., u. H. Schenck, Vegetationsbilder. II. Reihe. 1. Heft. E. U l e: Epiphyten des Amazonasgebiets. 6 Taf., 12 S. Jena 1904, G. Fischer. 4 M.
Klein, Herm. J., Kosmischer und irdischer Vulkanismus. Vgl. Untersuchungen über das vulkanische Problem. 21 S., 5 Abb., 1 Taf. Leipzig 1904, E. H. Mayer. 75 Pf.
Klinkert, Wilh., Der Weltsauerstoff. Kosmische Betrachtungen. 73 S. m. Fig. Dresden 1904, E. Pierson. 3 M.
Meyer, M. Wilh., Wie kann die Welt einmal untergehen? 93 S. mit Abb. Stuttgart 1904, Franckh. 2 M.
Mooser, J., Theorie der Entstehung des Sonnensystems. Eine mathematische Behandlung der Kant-Laplaceschen Nebularhypothese. 39 S. St. Gallen 1904, Fehr. 1 M.
Papst, Wilh., Grundzüge der allgemeinen Witterungskunde. 94 S. 26 Abb. (Hillgers III. Volksbücher, 6.) Berlin 1904, Hillger. 30 Pf.
Pastor, Willy, Die Erde in der Zeit des Menschen. Versuch einer naturwissensch. Kulturgeschichte. (Leben und Wissen, 5.) 286 S. Jena 1904, Eug. Diederichs. 6.50 M.
Pilgrim, Ludw., Versuch einer rechnerischen Behandlung des Eiszeitproblems. 91 S., 1 Taf. Cannstatt 1904, H. Reitzel. 4 M.
Schanz, Geo, Der künstliche Seeweg und seine wirtschaftliche Bedeutung. 96 S. Berlin 1904, A. Troschel. 2 M.
Scheuffgen, F.), Der vorgeschichtliche Mensch. (Frankfurt. zeitgem. Broschüren, 23. Bd., 9. Heft.) 40 S. Hamm 1904, Breer & Thiemann. 50 Pf.
Seekarten der kais. deutschen Admiralität. 13. Gewässer am Hangö. 1 : 30000. 2 M. — 36. Mecklenburger Bucht. 1 : 100000. 3.70 M. — 44. Die Nordsee. Segelkarte nach den neuesten Vermessungen. 1 : 1200000. 4.25 M. — 45. Küste von Ostpreußen und nördlicher Hälft. 1 : 150000. 2.20 M. — 91. NW.-Küste von Neu-Mecklenburg. Hafen von Nuza. 1 : 12500. 85 Pf. — 150. Finnischer Meerbusen von Hangö bis Heisingfors. 1 : 150000. 2.50 M. — Finnischer Meerbusen von Helsingfors bis Hochland. 1 : 150000. 2.30 M. — 165. Lüderitzland und Kegelberg bis Albatroßfelsen. 1 : 100000. 1.85 M. — 166. Hand-Bucht und Hamrarue. 1 : 200000. 3.30 M. — 173. Bottessee von Gran bis Skags Udde. 1 : 200000. 1.65 M. — 182. Kamerunküste von Kap Madale bis Kap Bimbia. 1 : 50000. 2.10 M. — 185. Einfahrten nach Zanzibarhafen. 1 : 50000. 1.90 M. —186. Zanzibarhafen. 1 : 12500. 2.10 M. — 188. Kilwa-Kissiwanti-Bucht. 1 : 75000. 1.25 M. — 189. Kiswere Hafen. 1 : 25000. 1.05 M. — 190. Mtschinga-Bucht. 1 : 20000. 75 Pf. — 197. Die Downa. 1 : 50000. 1.35 M. — 211. Lister-Tief. 1 : 50000. 1.05 M. Berlin 1904, Dietr. Reimer.
Sterne, Carus, Werden und Vergehen. 6. Aufl. bearbeitet von Wilh. Bölsche. In 40 Heften. 1. Heft. 32 S. mit Abb. und 4 Taf. Berlin 1904, Gebr. Borntraeger. 50 Pf.
Vaillot, H., Instructions pratiques pour l'exécution des triangulations complémentaires en Haute Montagne. Paris 1904, G. Steinheil. 5 frs.
Weber, Leonhard, Wind und Wetter. 5 Vorträge über die Grundlagen u. wichtigeren Aufgaben der Meteorologie. 130 S., 27 Fig. und 5 Taf. (Aus Natur und Geisteswelt, 55.) Leipzig 1904, B. G. Teubner. 1.25 M.
Zöpprttz, Aug., Gedanken über Flut und Ebbe. Widerlegung der herrschenden Ansichten über deren Entstehung und Vergleich mit ähnlichen in Wassermassen auftretenden Erscheinungen. 61 S. Dresden 1904, H. Schultze. 1 M.

b) Deutschland.

Das Ahrtal und das vulkanische Eifel. 4. Aufl. 84 S., 5 Taf., 2 K. Trier 1904, Heinr. Stephanus. 1 M.
Flötzkarte vom nördlichen Teil des oberschlesischen Steinkohlenbeckens, bearb. und herausgeg. vom kgl. Oberbergamt zu Breslau. 1 : 10000. Bl. 10—43. Breslau 1904, Priebatsch. 111 M.
Friedrichroda und Umgebungen. 2. erw. Aufl. 131 S., 1 K. Gotha 1904, Justus Perthes. 1.50 M.
Gebauer, Curt, Die Dresdner Heide. Ein geographisches Landschaftsbild. 1. Teil. Diss. 93 S., Fig., 1 K. Leipzig 1904, L. Hirzel. 5 M.
Joseph, Paul Herm., Kaschuben. Kleine Bilder aus der Heimat. 90 S. Berlin 1904, Schriftenvertriebsanstalt. 1.50 M.
Seifert, E., Karte der Umgebung von Straßburg i. E. 1 : 50000. Straßburg 1904, W. Heinrich. 2 M.

Karte des Thüringerwaldes um Friedrichroda. 1:60000.
Gotha 1904, Justus Perthes. 80 Pf.
Karte des Thüringerwaldes um Tabarz. 1:60000. Gotha
1904, Justus Perthes. 80 Pf.
Keil, Herm., Neueste, beste und billigste Spezialkarte der
bayerischen Rheinpfalz. 6. Aufl. 1:225000. Kaiserslautern 1904, A. Gotthold. 2.60 M.
Krause, W., Die keltische Urbevölkerung Deutschlands.
Erklärung der Namen vieler Berge, Wälder, Flüsse, Bäche
und Wohnorte, bes. aus Sachsen-Thüringen, der Rhön
und dem Harze. 136 S. Leipzig 1904, Paul Eger. 2.50 M.
Linde, Rich., Die Lüneburger Heide. 149 S., 111 Abb.,
1 K. (Land und Leute, 18.) Bielefeld 1904, Velhagen &
Klasing. 4 M.
Oschmann, Reinh., Spezialkarte des Stadt- u. Landkreises
sowie der weiteren Umgebung von Cöln a. Rh. 2. Aufl.
1:80000. Cöln 1904, Du Mont-Schauberg. 1.20 M.
Tabarz und Umgebungen. 100 S., 3 K. Gotha 1904,
Justus Perthes. 1.50 M.
Topographische Karte von Bayern. 1:25000. Blätter:
11. Bischofsheim a. d. Rhön. 1.05 M. — 25. Steinach.
1.05 M. — 59. Alzenau. 1.05 M. — 785. Tölz nord.
1.05 M. — 786. Oberwarngau. 1.05 M. — 809. Penzberg.
1.50 M. — 810. Heilbrunn. 1.50 M. — 811. Tölz süd.
1.50 M. München 1904, Th. Riedel.
Topographischer Atlas von Bayern. 1:50000. Bl. 89:
Kempten (Ost), Neuaufnahme. München 1904, Th. Riedel.
75 Pf.
Verkehrskarte von Württemberg und Baden (mit der
bayer. Pfalz), zugleich Straßen- und Ortsenferrungskarte.
1:333333½. Freiburg i. B. 1904, Paul Woetzel. 4 M.
Wagner, Hermann, Orometrie des ostfälischen Hügellandes
links der Leine. (Forschungen zur deutschen Landes-
und Volkskunde. XV, 4. Heft.) 55 S., 1 K. Stuttgart
1904, J. Engelhorn. 4 M.
Wegekarte von Friedrichrodas Umgebungen. 1:25000.
Gotha 1904, Justus Perthes. 80 Pf.
Wegekarte von Tabarz' Umgebungen. 1:25000. Gotha
1904, Justus Perthes. 80 Pf.

c) Übriges Europa.

Bauer, B., Nach Spanien und Portugal. Reise zu den
interessanten Stätten und heiligen Orten von Südfrankreich,
Spanien und Portugal. 361 S. mit Abb. Rudolfszell 1904,
W. Moriell. 3.80 M.
Brunns, Oskar, Karte der deutschen und österreichischen
Alpenländer (die Ostalpen). 1:600000. Nebst: Tobier,
Hüttenverzeichnis. Gruppeneinteilung der Ostalpen nach
H. Oerbers. München 1904, Oskar Brünn. 4 M.
Das Europa der Zukunft. 14 S. Leipzig 1904, L. Fernau.
50 Pf.
Karte des Wienerwaldes. Ausgeführt im k. u. k. milit.-
geogr. Inst. in Wien. 1:75000. Wien 1904, R. Lechner.
4 M.
Lambelet, Geo, Neues Orts- und Bevölkerungslexikon der
Schweiz. 225 S. Zürich 1904, Schulthess & Co. 3.20 M.
López Prudencio, J., Extremadura y España. Badajoz
1904, A. Arqueros. 3 pes.
Neue Generalkarte von Mitteleuropa. 1:200000. Heraus-
gegeben vom k. und k. militär-geogr. Institut in Wien.
27. Lief.: 37. Buzau 45°45'. — Inseln Elba 28°43'. —
Focsani 45°46'. — Kufstein 30°48'. — München 29°48'. —
Ravenna 30°48'. — Silistra 45°44'. Wien 1904, R. Lechner.
Je 2 M.
Osman-bey, Die Frauen in der Türkei. 256 S. Leipzig
1904, Deutsches Verlagsinstitut. 2 M.
Otto, A., Touristenkarte der hohen Tatra. 1:50000.
Breslau 1904, W. G. Korn. 2 M.
Patsch, Karl, Das Sandschak Berat in Albanien. 205 S.,
120 Abb. und 1 K. (Schriften der Balkankommission III.)
Wien 1904, A. Hölder. 10 M.
Schroeter, C., Das Pflanzenleben der Alpen. Eine Schil-
derung der Hochgebirgsflora unter Mitwirkung von Dr.
A. Günthart, Marie Jerosch und Prof. P. Vogler. In
4 Lief. Lief. 1: 124 S. Ill. Zürich 1904, Alb. Raustein.
2.80 M.
Schröter, Ludw., Taschenflora des Alpenwanderers. 9. verb.
Aufl. 26 Taf. mit je 2 S. Text. Zürich 1904. Alb. Rau-
stein. 8 M.
Schwaigers Führer durch das Kaisergebirge. Neu bearb.
und ergänzt durch Dr. Georg Leuchs. 178 S., 2 K.
München 1904, J. Lindauer. 4 M.
Schweiz, Die, in 20 Spezialkarten und 1 Übersichtskarte
für Touristen. 1:400000. Mit Ill. Text 36 S.
1904, A. H. Payne. 2 M.
Sébillot, P., Le Folk-Lore de France. Tome I. Paris 1904,
E. Guilmoto. 16 frs.
Tirol und Vorarlberg in 18 Spezialkarten und 1 Über-
sichtskarte für Touristen. 1:400000. Mit Ill. Text 36 S.
Leipzig 1904, A. H. Payne. 2 M.
Wagner, H. F., Der Dürrnberg bei Hallein. Kultur-
geschichtlicher Abriß mit 1 Bergkarte. 52 S. Salzburg
1904, H. Nägelsbach. 1 M.

d) Asien.

Barzini, L., Dall' impero del Mikado all'impero dello Zar.
Mailand 1904, Libr. editr. nazionale. 4 l.
Clark, F. E., Great Siberian Railway. London 1904,
Partridge & Co. 2 sh, 6 d.
Friedemann, Adolf, Reisebilder aus Palästina. Mit Nach-
bildungen von Orig.-Radierungen und Handzeichnungen
von Herm. Struck. 134 S. Berlin 1904, Bruno Cassirer.
3 M.
Karte der südlichen Mandschurei mit Nordkorea. Auf
Grundlage d. Offiz. russ. Kartenmaterials ausgeführt im
k. u. k. militär-geogr. Inst. in Wien. 1:1500000. Aufl.
von Ende 1904. R. Lechner. 2 M.
Karte von Ost-China. Herausgeg. von der kartogr. Abt.
der Kgl. preuß. Landesaufnahme. Blätter: Kirin—Pyöng-
yang—Wladiwostok—Söul—Tschang-tu-fu. 1:1000000.
Berlin 1904, Eisenschmidt. Je 1.50 M.
Nieuwenhuis, A. W., Quer durch Borneo. Ergebnisse
seiner Reisen in den Jahren 1894, 1896—1897 und 1898—
1900. Unter Mitarbeit von Dr. M. Nieuwenhuis, v. Usekül-
Güldenbrandt. 1. Teil. 495 S., 97 Taf., 2 K. Leiden
1904, E. J. Brill. 42 M.
Peucker, Karl, Übersichtskarte von Ostasien mit 14 Bei-
karten in großen Maßstäben. 1:5000000. Wien 1904,
Artaria & Co. 3 M.
Sladen, D., Japan in pictures. London 1904, F. Warne &
Co. 3 sh, 6 d.
Sprigade, P., Port Arthur—Mukden. 1:850000. Berlin
1904, D. Reimer. 1 M.
Vautier, Ch., et H. Fraudin, En Corée. Paris 1904,
Ch. Delagrave. 3 fr. 50 c.

e) Afrika.

Aubin, E., Le Maroc d'aujourdhui. Paris 1904, Libr. A.
Colin. 5 frs.
Blyden, E. W., Africa and the Africans. 8°. London 1904,
C. M. Philipps. 3 sh, 6 d.
Brochet, M. J., De Tunis à Alger. Paris 1904, Ch. Dela-
grave. 3 frs, 50 c.
Chevalley, Heinr., Rund um Afrika. Skizzen u. Miniaturen.
210 S. Ill. Berlin 1904, Vita. 3 M.
Fischers, J. J., Reiseskizzen: Durch Nordafrika. Land
und Leute. 1895—1903. 75 S. Zürich 1904, Schulthess
& Co. 1 M.
Förster, Dr. E. Th., Reinen Tisch in Südwestafrika. Lose
Blätter zur Geschichte der Besiedlung. 48 S. Ill. Berlin
1904, W. Süsserott. 1 M.
Huchard, R., Autour de l'Afrique par le Transvaal. Paris
1904, Perrin & Co. 3 frs, 50 c.
Leclercq, H., L'Afrique chrétienne. 2 vols. Paris 1904,
V. Lecoffre. 7 frs.
Pfeil, Joachim Graf v., Warum brauchen wir Marokko?
(Flugschriften des Alldeutschen Verbandes, 18.) 24 S.
München 1904, J. F. Lehmann. 40 Pf.

f) Amerika.

Gerhard, Herm., Die volkswirtschaftliche Entwicklung des
Südens der Vereinigten Staaten von Amerika. Von 1860—
1900. 99 S. (Angew. Geogr. 12.) Gebauer-Schwetschke.
1.80 M.
Huret, J., En Amérique. De New York à la Nouvelle-
Orléans. Paris 1904, E. Fasquelle. 3 frs, 50 c.
Leroy-Beaulieu, P., Les États Unis au XXe siècle.
Paris 1904, A. Colin. 4 frs.
Russell, J. C., North America. 8°. London 1904, H. Frowde.
7 sh, 6 d.
Wettstein, R. v., Vegetationsbilder aus Südbrasilien. 55 S.
58 Taf. in Lichtdruck, 4 farbige Taf., 6 Textbilder. Jena
1904, Fr. Deuticke. 24 M.

g) Australien und Südseeinseln.

Courte, Comte de, Nouvelle Zélande. Paris 1904, Hachette
et Co. 12 frs.
Hutton, F. W., Animals of New Zealand. London 1904,
Whitcombe. 15 sh.
Schnee, Heinr., Bilder aus der Südsee. Unter den kanni-
balischen Stämmen des Bismarck-Archipels. 304 S., 30 Taf.
und 1 K. Berlin 1904, D. Reimer. 12 M.

h) Polarländer.

Leclercq, J., Une croisière au Spitsberg sur un Yacht
polaire. Paris 1904, Plon-Nourrit et Co. 4 frs.
Lecointe, G., Expédition antarctique belge. Brüssel 1904,
Soc. belge de librairie. 5 frs.
Nansen, F., The Norwegian North Polar Expedition 1893—
1896. Scientific results. Vol. IV. 74, 16 und 232 S.,
32 Taf., 3 K. Leipzig 1904, F. A. Brockhaus. 21 M.

i) Geographischer Unterricht.

Brust, G., und H. Berdrow, Lehrbuch der Geographie.
Unter besonderer Berücksichtigung des praktischen Lebens
für Real- und Mittelschulen, Seminare, Handels- und Ge-

werbeschulen sowie für den Selbstunterricht. 2. Aufl. 420 und 44 S., 36 K. und einen Anhang. Leipzig 1904, Jul. Klinkhardt. 2.60 M.

Daniel, A. H., Leitfaden für den Unterricht in der Geographie. 24l. Aufl. Herausgeg. von W. Wolkenhauer. 266 S. Halle a. S. 1904, Waisenhaus. 1.35 M.

Dittmar, Frz., Geographie, Geschichte, Naturkunde auf Grundlage d. Anschauung. Für bayerische Volksschulen bearb. Zwei Abteilungen. 10. Aufl. III. München 1904, R. Oldenburg. 95 Pf.

Dolwa, Joh., Präparationen für die unterrichtliche Behandlung der österreichisch-ungarischen Monarchie. 2. Aufl. 259 S., 14 Fig. Wien 1904, A. Pichlers Witwe & Sohn. 3.20 M.

Geyer, Bernhard, Oeographie für die Schulen des Reg.-Bez. Arnsberg. 10. von einem praktischen Schulmann besehene Aufl. 76 S., 1 K. Arnsberg 1904, J. Stahl. 40 Pf.

Heiderich, Franz, Österreichische Schulgeographie. 3. Teil: Vaterlandskunde. Für die IV. Klasse der Mittelschulen. 137 S., 51 Abb., 6 Taf. Wien 1904, Ed. Hölzel. 2 M.

Hirschmann, L., und Georg Zahn, Grundzüge der Erdbeschreibung. Hilfsbüchlein zum Unterricht in der Geographie mit vielen Fragen zur mündlichen und schriftlichen Beantwortung. Für die Hand der Schüler bearbeitet. 2 Abteilungen. München 1904, R. Oldenbourg. 75 Pf.

Karp, Heinz., Lehrbuch der Erdkunde. Ausgabe B. 202 S. mit 36 Abb. Trier 1904, Fr. Lintz. 2.80 M.

Kleine Geographie für Volks- und Bürgerschulen. I. Heimatskunde: Die Provinz Hessen-Nassau. 15. Aufl. 35 S. Cassel 1904, R. Röttger. 25 Pf.

Kunz, M., Plastischer Repetitionsatlas über alle Teile der Erde für gehobene Volksschulen und höhere Lehranstalten. Neue Aufl. 19 Taf. Oebweiler 1904, J. Boltze. 2.50 M.

Roesch, I., Schulwandkarte von Mecklenburg-Schwerin und Mecklenburg-Strelitz. 1 : 200000. 3. Aufl. Parchim 1904, H. Wehdemann. 9 M.

Rusch, Gust., Kurzes Lehrbuch der Oeographie. Nach Maßgabe des vorgeschriebenen Lehrplans für österreichische Bürgerschulen bearbeitet. Ausgabe in einem Bd. 3. unveränderte Aufl. 156 S. mit Abb. Wien 1904, A. Pichlers Witwe & Sohn. 1.50 M.

Stahl, J., Atlas für die Volksschulen des Stadt- u. Landkreises Bochum. Mit besonderer Berücksichtigung der Heimats- und Vaterlandskunde. 21 K. Arnsberg 1904, J. Stahl. 60 Pf.

— Dasselbe für die Kreise Hörde, Hagen (Land und Stadt), Schwelm, Witten (Stadt).

k) Zeitschriften.

Deutsche Erde. III, 1904.
Heft 3. Fischer, Wo liegt in Ostelbien die Grenze zwischen Niederdeutsch und Mitteldeutsch? — Töpfer, Deutschland im Begiau unserer Zeitrechnung. III. Die Germanen und die germanische Staat. — Blöcker, Der gegenwärtige Stand des Deutschtums im Wallis. — Wagner, Die deutsche Bevölkerung der deutschen Schutzgebiete in Afrika. — Hantzsch, Die Verdienste der Deutschen um die Erforschung Südamerikas. II. Im 17. Jahrhundert. — Neues vom Deutschtum aus allen Erdteilen. — Deutsches Kirchen- und Missionswesen im Auslande. — Berichte über wichtige Arbeiten zur Deutschkunde. — Die Herkunft der Deutschen am Südabhang der Alpen. Rede und Gegenrede. — Farbige Kartenbeilagen.

Deutsche Rundschau für Geogr. u. Stat. XXVI, 1904.
Heft 10. Purtscheller, Der Sommer in den Alpen. — Nebehay, Bilbao als Zukunftshafen. — Cruse, Tiergeographie. — Rehwagen, Bilder aus Barbados. — Umlauft, Fortschritte der geographischen Forschungen und Reisen im Jahre 1903: 1. Australien und die Südsee.

Geographische Zeitschrift. X, 1904.
Heft 6. Wegener, Der Panama-Kanal. — Fischer, Entstehung und Verlauf des Oderhochwassers im Juli 1903. — Frech, Bau und Bild Österreichs.

Globus. Bd. 85, 1904.
Nr. 22. Fischer, Eine altmexikanische Steinfigur. — Geusert, Über Rentabilität und Baukosten einer Kunene-Ableitung. — Schnee, Zur Geologie des Jaluit-Atolls. — Vierkandt, Der Mimus. — Baron Tolls letzter Bericht.
Nr. 23. Förstemann, Die Stein J. von Copan. — Schnee, Zur Oeologie des Jaluit-Atolls. — Krebs, Neues aus der amerikanischen Antarktis. — Meinhard, Die neuen Linien der rätischen Bahnen.
Nr. 24. v. Lendenfeld, Über die Abschmelzung der Oletscher im Winter. — Bach, Die Grenze zwischen Britisch-Columbia und dem kanadischen Yukon Gebiet. — Krause, Einige neuere Ergebnisse der skandinavischen Quartärforschung. — Reinadi, Die ehemaligen Weinkulturen in Südbayern. — Krebs, Beziehungen des Vulkanismus zu Temperatur- und Strömungsverhältnissen des Meeres. — Mehlis, Die Nekropole im Bengenloch bei Neustadt a. H. — Winter, Totenklagen der Russen.
Bd. 86. Nr. 1. Hutter, Völkergruppierung in Kamerun. — v. Senftenberg, Zwei Reisen durch

Ruanda. I. — Seidel, Tobi in Westmikronesien, eine deutsche Insel mit acht Namen. — Parkinson, Tätowierung der Mogemokinsulaner. — Singer, Südwestafrikanische Bahnfragen.
Nr. 2. Krämer, Der Neubau des Berliner Museums für Völkerkunde im Lichte der ethnographischen Forschung. — Hagen, Die Gajos auf Sumatra. — Förster, Manda Expedition in Nordostafrika. — v. Hahn, Neues über die Kurden. — Krebs, Der Schneesturm vom 18. bis 20. April 1903 in Ostdeutschland.

La Géographie. IX. 1904.
Nr. 6. Neveu-Lemaire, Le Titicaca et le Poopo. — Brumpt, Mission du Bourg de Bozas, IIe partie. — Girardin, Voyage en France.

Petermanns Mitteilungen. 50. Bd., 1904.
Heft 6. Anz, Eine Winterreise durch Schantung und das nördliche Kiang-su. — Steffen, Der Baker-Fjord in Westpatagonien. — Bogdanowitsch, Oeologische Skizze von Kamtschatka (Forts.). — Kleinere Mitteilungen. — Geographischer Monatsbericht. — Literaturbericht. — 3 Karten.

Rivista Geografica Italiana. XI, 1904.
V./VI. Mesoni, La penisola Balcanica e l'Italia. — Marinelli, Giovanni Targioni Tozzetti e la illustrazione geografica della Toscana (cont. e fine). — Almagià e Marinelli, II v Congresso Geografico Italiano. Sezioni Scientifica ed Economico commerciale.

The Geographical Journal. Vol. XXII. 1904.
June. Crosby, Turkestan and a Corner of Tibet. — Kropotkin, The Desiccation of Eur-Asia. — Colbeck, The National Antarctic Expedition. — Lucas, A Bathymetrical Survey of the Lakes of New Zealand. — Heawood, The Waldseemüller Facsimiles. — Kropotkin, Baron Toll.
July. Markham, Address to the Royal Geographical Society 1904. — Scott, The National Antarctic Expedition. — Nordenskiöld, The Swedish Antarctic Expedition. — Powell-Cotton, A Journey through Northern Uganda. — Murray-Pullar, Bathymetrical Survey of the Fresh-water Lochs of Scotland. — W. J. L. Wharton, Admiralty Surveys during the year 1903.

The Geographical Teacher. Vol. II. 1904.
Juni. Mackinder, From Nature Study to Oeography. — Smith, Practical Use of the Globe. — Moss, Botanical Geography for Schools. — Ward, Climates of the U. S. A. — White, Regional Geography. — Reynolds, Regional Geography. — Summer Courses in Geography. — The Geographical Exhibition. — South London Branch of the Geographical Association.

The Journal of Geography. Vol. II, 1904.
Nr. 5. Lehnerts, Summer Courses in Oeography. — Lloyd, The Delta of the Mississippi. — Moulton, The motions of the earth II. — Bagley, The functions of Geography in the Elementary School: A study in educational value.

The National Geographic Magazine. Vol. XIV, 1904.
Nr. 6. Edwards, The Work of the Bureau of Insular Affairs. — Harris, Some Indications of Land in the vicinity of the North-Pole. — Miller, Notes on Manchuria. — The Red Ant versus the Boll Weevil. — Sir Henry M. Stanley. — Map of the World on the Equivalent Projection. — Some Recent English Statements about the Antarctic.

The Scottish Geographical Magazine. XX, 1904.
July. Annandale, The Peoples of the Malay Peninsula. — White, The rehabilitation of Egypt. — Cotton-Cultivation in the British Empire and Egypt. — Capenny, The Economic Development of Nyassaland.

Wandern und Reisen. II, 1904.
Heft 13. Alkier, Nordlandfahrten. — Schell, Bornholm. — Friedmann, Berg- und Wanderfahrten in Norwegen. — Oskar II., König von Schweden, im nordischen Hochland. — v. Jaden, Eine Reittour in Südwest-Island. — Hoffmann, Das Reisen in Norwegen. — Lorenzen, Gebirgsbilder. Nach Tagebuchblättern von Fr. Nansen. — Albrecht, Die Insel Hven.
Heft 14. Bötticher, Bilder aus dem Taunus. — Christian, Eine Fuji-Besteigung. — Hörstel, Die Nuraghen auf Sardinien. — Hübner, Militärische und touristische Eindrücke aus der Sologne. — Kuhfahl, Die Südseite des Matterhorns. — Vogel, Eine Automobilfahrt durch Algier und in der Sahara. — Muschner, Vom Mittagstein zur Schneekoppe.

Zeitschrift der Gesellschaft f. Erdkunde zu Berlin. 1904.
Nr. 6. Janke, Die Ergebnisse einer historisch-geographischen Studienreise in Kleinasien. — Voeltzkow, Berichte über eine Reise nach Ostafrika zur Untersuchung der Bildung und des Aufbaues der Riffe und Inseln des westlichen Indischen Ozeans (Forts.).

Zeitschrift für Schulgeographie. XXV, 1904.
Heft 9. Braun, Die Antarktis. Eine geographische Skizze. — Oehlmann, Niedersachsen. — Hätti, Die Kolonisationsfrage von österreichischem Standpunkt.

Aufsätze.

Zur Frage des erdkundlichen Unterrichts in den oberen Klassen.

Von Realgymnasial-Direktor Dr. Auler-Dortmund.

Nach § 10,5 der Ordnung der Reifeprüfung an den neunstufigen höheren Schulen in Preußen 1901 ist der Königliche Kommissar »befugt, die Prüfung in dem einen oder anderen Fache abzukürzen oder ganz fortfallen zu lassen, anderseits aber auch eine Prüfung in anderen, als den in § 5,3 genannten Lehrfächern der Prima anzuordnen«. Der § 5,3 bestimmt als Gegenstände der mündlichen Prüfung bei allen Anstalten christliche Religionslehre, Geschichte und Mathematik, ferner bei den Gymnasien die lateinische und griechische, sowie, je nach dem Lehrplan, entweder die französische oder englische Sprache, an den Realgymnasien Latein, Französisch und Englisch, ferner Physik oder Chemie, bei den Oberrealschulen Französisch, Englisch, Physik und Chemie.

An allen drei Schulgattungen ist aber nach den Lehrplänen von 1901 die Erdkunde Unterrichtsgegenstand der Prima geworden und kann, sowie auch das Deutsche zum Gegenstand der Reifeprüfung gemacht werden, während es früher geradezu untersagt war, dem Prüfling Fragen aus Erdkunde vorzulegen. Nur bei den Extranern wurde eine Ausnahme gemacht.

Wenn ferner im § 13,2 bestimmt wird, daß »für die Lehrfächer der Oberprima, welche nicht Gegenstand der Prüfung gewesen sind, das auf Grund der Klassenleistungen festgestellte Prädikat in das Zeugnis aufzunehmen ist«, und nicht mehr, wie früher, bei der Erdkunde das bei der Versetzung von Untersekunda nach Obersekunda erworbene Prädikat, so folgt daraus, daß jetzt in den Reifezeugnissen für Erdkunde eine Zensur erscheinen muß, die dem Kenntnisstande des Prüflings am Schlusse seiner Schülerlaufbahn entspricht.

Es ist kein Zweifel, daß beide Bestimmungen geeignet sind, auch auf Gymnasien und Realgymnasien, wo der Erdkunde auf den oberen Klassen keine besondere Unterrichtsstunde zugewiesen ist, die nicht fachmännisch geographisch vorgebildeten Lehrer der Geschichte zu eingehenderer Beschäftigung mit dem Fache zu veranlassen, und daß letzteres für die Schüler unendlich an Bedeutung gewinnt. Es ist eben Prüfungsgegenstand, und dafür muß gearbeitet werden.

Aber es kommt darauf an, ob und wie diese Bestimmungen gehandhabt werden. Daß die preußische Unterrichtsverwaltung der Erdkunde großes Interesse entgegenbringt und der beklagenswerten Unwissenheit in diesem Fache abhelfen will, beweist ihr stetiges Vorgehen auf diesem Gebiet. Die Ausführung aber läßt nach meinen Erfahrungen noch viel zu wünschen übrig, und die Auslassungen Cauers, Wiesenthals und Wolfs flößen Bedenken ein. Es wäre besser, wenn an Stelle des Beliebens des Königlichen Kommissars der Befehl getreten wäre, daß mit der geschichtlichen eine geographische Prüfung stets zu verbinden sei. Mag auch die geographische Vorbildung manches Geschichtslehrers der oberen Klassen geringfügig sein, dieser Befehl wäre immerhin Veranlassung, daß Lehrer und Schüler sich mehr mit Erdkunde befassen und dann auch mehr Interesse dafür gewinnen. Der Appetit kommt ja beim Essen, ganz besonders bei der Erdkunde.

Leider liegen die Dinge anders. Bevor man aber ernstlich an weitere Anträge auf Besserstellung des Faches auf den Oberklassen denkt, ist zuzusehen, wie die neuen Bestimmungen gehandhabt werden und gewirkt haben. Es dürfte, wenn demnächst in Preußen eine Reihe von Reifeprüfungen an neunstufigen höheren Schulen statt-

gefunden haben, an der Zeit sein, daß die Kommission für geographischen Schulunterricht vor Zusammentritt des nächsten Geographentages entsprechende Erhebungen
anstellt. Wenn auch einer direkten Erhebung bei den Anstalten durch Vertrauensmänner, nichts im Wege steht — denn die Pflicht der Amtsverschwiegenheit kann sich
nicht auf Dinge erstrecken, über die jeder Abiturient Auskunft geben kann—, so wäre
doch eine Eingabe an das Unterrichtsministerium, das unserer Sache wohlwollend
gegenübersteht, das gebotene und bequemste Mittel, zuverlässiges Material zu gewinnen.
Die Eingabe müßte die Bitte enthalten, die neunstufigen Anstalten anweisen zu wollen, etwa
folgende an sie gelangenden Fragen zu beantworten:

1. Hat bei den letzten gemäß der Prüfungsordnung von 1901 stattgehabten Reifeprüfungen eine Prüfung in Erdkunde stattgefunden?

2. Ist in das Reifezeugnis ein besonderes, dem Kenntnisstande des Schülers zur Zeit
der Reifeprüfung entsprechendes Prädikat für Erdkunde aufgenommen worden?

Sehr wünschenswert wäre auch eine Erhebung über die Stundenzahlen, die der Erdkunde auf den drei oberen Klassen zugeteilt sind, nicht minder eine kurze Antwort auf
die Fragen, an wie vielen Anstalten für die oberen Klassen ein genauer Lehrplan besteht,
und wie derselbe nach Umfang, Auswahl und Verteilung auf die einzelnen Stufen beschaffen
ist. Das Ministerium ist ähnlichen Gesuchen freundlich entgegengekommen.

Eine Bearbeitung dieser Antworten in Verbindung mit einer Beleuchtung der leicht
nachzuweisenden Lehrbefähigung der Oberlehrer, die den Unterricht in den Oberklassen, oft notgedrungen, erteilen, würde ein zuverlässiges Bild liefern und wahrscheinlich die Unhaltbarkeit des jetzigen Zustandes an beiden Gymnasien dartun.

Die wirtschaftlichen Interessen Deutschlands in Südamerika.
Von Oberlehrer Dr. Schwarz-Oevelsberg i. W.

Im Jahrbuch für Deutschlands Seeinteressen vom Jahre 1903 gibt Nauticus auf S. 323
bis 352 eine Übersicht über die wirtschaftlichen Interessen Deutschlands in Südamerika.
Zahlreiche statistische Tabellen und andere Zahlenangaben dienen den Ausführungen zur
Grundlage und gewähren einen Vergleich des Außenhandels von seiten der vier wichtigsten
Handelsstaaten mit den einzelnen südamerikanischen Ländern. Danach stehen Peru und
Ecuador wesentlich im englischen Interessenbereich, in Bolivien hat Deutschland den
zweiten Platz; verhältnismäßig bedeutend sind auch die Kapitals- und Handelsinteressen
in Uruguay und Paraguay; doch werden sie alle weit von denjenigen übertroffen, die
in Chile, Argentinien und Brasilien schon bestehen und in Zukunft zu erwarten sind.

Denn das ist nicht zu bezweifeln, daß unsere schon heute bedeutenden Beziehungen
mit Südamerika einer reichen Entwicklung fähig sind und ihr auch aller Wahrscheinlichkeit nach entgegen gehen. Eine Konkurrenz, wie sie zwischen Deutschland und
der Union besteht, ist ja nicht zu befürchten. Denn für die wichtigste Industrie, die
das eigentliche Wahrzeichen der modernen Kultur bildet, die Eisenindustrie, fehlen in
Südamerika die natürlichen Bedingungen. Somit wird für die Zukunft wohl dauernder
Austausch von Ackerbauprodukten gegen Industrieerzeugnisse gesichert sein, z. T. auch
deshalb, weil der größte Teil von Südamerika keine europäischen Getreidearten, sondern
Kaffee, Tabak, Kakao, Vanille, Droguen usw. hervorbringt. Argentinien wird sich allerdings zum ersten Getreide- und Wollproduzenten der Welt entwickeln; indessen, gleichzeitig wird die Union bei ihrer gewaltigen Bevölkerungszunahme, wie Nauticus meint,
nach einem bis zwei Menschenaltern ihren Weizen selber verbrauchen müssen und als
Getreidelieferant auf dem Weltmarkt ausscheiden.

Die Zahlen zeigen, daß die Einfuhr aus Südamerika nach Deutschland bereits die
nach Frankreich und der Union überflügelt hat und sich auf gleicher Höhe mit der
englischen hält. Auch die Ausfuhr übertrifft schon reicht bedeutend diejenige Frankreichs und um ein geringes wohl auch die der Union nach Südamerika, obwohl zuverlässiges Material über Deutschland für 1902 noch nicht vorlag.

Die auffallendste Entwicklung hat Argentinien genommen; die Ausfuhrwerte haben sich
in den letzten 20 Jahren geradezu verdreifacht. Es ist der erste Woll- und Häutelieferant der
Welt geworden, hat somit in der Wollproduktion Australien überflügelt und den Handel

Deutschlands mit Chile und Brasilien weit hinter sich gelassen, während das letztere noch 1893 an der Spitze stand. Man kann also sagen, daß es in rapidem Aufblühen begriffen ist. Trotzdem ist Nauticus der Überzeugung, daß für unsere künftigen Handelsbeziehungen Brasilien die größte Zukunft hat. Natürlich ist es das Deutschtum Südbrasiliens, das für diesen Staat so schwer ins Gewicht fällt. Wenn er aber insgesamt nur etwa $\frac{1}{4}$ Million Deutsche annimmt, stützt er sich auf ganz veraltete Angaben. Nach seinen Quellen sind im ganzen kaum 50000 Kolonisten ins Land gekommen, die dank dem ausgezeichneten Klima und, so fügen wir hinzu, den guten Lebensbedingungen auf 200000 bis 250000 angewachsen sind. Übertrifft doch die Geburtenziffer die Sterbeziffer um das 3- bis 4-, ja 5- bis 6fache. Für Santa Katharina gibt er in Übereinstimmung mit Otto Hötzsch (Deutsche Monatsschrift 1904, Heft 6, S. 951) ca 70000 Ansiedler an, für Rio Grande aber nur 100000!). Eine genaue Zählung ist ja bisher noch nicht möglich gewesen, doch ist es interessant, zu beobachten, daß die fortgesetzten Bemühungen, die wirkliche Anzahl zu ermitteln, zu immer höheren Ziffern führen. A. Funke, gewiß ein guter Kenner Südbrasiliens, nimmt in seinem Buche »Aus Deutsch-Brasilien« im Jahre 1902 (S. 63) für Rio Grande noch 150000 Deutsche an. In seinem Aufsatze: »Deutsche Siedlung über See« (Deutsche Monatsschrift 1903, Heft 12) für ganz Brasilien 350000, was für Rio Grande schon eine höhere Zahl als 150000 voraussetzt. Hötzsch zählt a. a. O. insgesamt 400000, wovon allein auf Rio Grande 260000 (240000 Kolonisten, 20000 zerstreut und in den Städten) entfallen sollen. In dem letzten mir zugänglichen Werke (Kolonisation in Rio Grande do Sul und das Taquary-Projekt, Porto Alegre-Berlin, im September 1903 von Ernst Haeußler und Fritz Harbst) finde ich die höchsten Ziffern. Nach der offiziellen Zählung von 1900 betrug demnach die Bevölkerung dieses Staates ca 1300000 Seelen. Mit Sicherheit, heißt es da, ist auf folgende Zahlen zu schließen:

Deutsche und Deutsch-Riograndenser in den Kolonien (also Ackerbauer) ca 210000
In den Stadtplätzen der Koloniedistrikte 30000
In den Städten Porto Algre, Rio Grande, Pelotas und sonst im Lande zerstreut 25000

Das sind zusammen 265000 im Jahre 1900. Der heutige Stand dürfte bei der großen Vermehrung, die unter den Kolonisten von Rio Grande stattfindet, und unter Berücksichtigung der (schwachen) Einwanderung 280000 betragen. Diese Ziffer gilt also für September 1903. Wenn eine ähnliche Erhöhung der Ziffern auch für das übrige Südbrasilien stattfinden müßte, würde die von Hötzsch angenommene Zahl 400000 noch zu niedrig gegriffen sein. Für die den deutschen Grundbesitz in Rio Grande betreffenden Wertangaben des Nauticus folgt daraus aber, daß 40 Millionen Mark viel zu niedrig gerechnet ist. Rein deutsche Handelshäuser, heißt es an betr. Stelle S. 332, die ein Beispiel für unsere Handels- und Kapitalsinteressen in Rio Grande abgeben mag, gibt es in Porto Alegre 16, die mit einem Kapital von 15 Millionen Mark und Kredit in der Höhe von 16 bis 17 Millionen Mark arbeiten. Außerdem sind 45 Handelshäuser vorhanden, deren Inhaber deutscher Herkunft sind, sodaß man sagen kann, daß in Rio Grande (wie in Santa Katharina und Parana) der Hauptteil des Handels in den Händen von Firmen deutscher Herkunft liegt. Zu diesen Summen tritt noch der Wert des Grundbesitzes von Reichsdeutschen in den Städten und der der Industrieanlagen hinzu, welcher auf etwa 6 Millionen Mark angegeben wird.

Auch was Nauticus über die materiellen Verhältnisse der deutschen Kolonien sagt, trifft nur zum Teil zu. Für Rio Grande kann mit Recht von einer »mächtigen Entwicklung« gesprochen werden. Davon zeugt ja auch die außerordentliche Bevölkerungszunahme. Die Verkehrsverhältnisse sind freilich im Vergleich zu der Produktion noch nicht genügend entwickelt. Gerade die Gegenden, welche nächst der Viehzucht den Hauptanteil· an der Produktion haben, und das sind vor allem die deutschen Kolonien, haben noch keine direkten Verbindungen mit dem Absatzmarkt, und aus diesem Grunde haben viele Gegenden eine sehr schwache Ausfuhr. Die 2000 km im Betriebe befindlichen Bahnen berühren allerdings einige Koloniedistrikte oder gelangen in ihre Nähe, ja auch vermitteln schiffbare Flüsse den Verkehr; der allergrößte Teil aber ist auf zeitraubende und

---

[1]) Diese veraltete Ziffer bringt auch noch W. Sievers in seinen beiden Werken vom Jahre 1903 : »Südamerika« und »Südamerika und die deutschen Interessen«, eine geographisch-politische Betrachtung, Stuttgart, Strecker und Schröder, und zwar mit ausdrücklicher Berufung auf A. Funke. Das letztere, eine Broschüre, hat indes für diese Arbeit im übrigen nicht mehr benutzt werden können.

teure Fuhrwerks- oder Maultierfrachten angewiesen. Welcher Aufschwung läßt sich da erwarten, wenn einmal mitten durch die produktiven Gebiete Bahnen gebaut werden!

Ganz unrichtig ist es aber, von einer verfehlten Anlage im Urwald und im Gebirge zu sprechen. Gerade der Urwald ist ja die Bedingung für das Gedeihen der bäuerlichen Kolonien. Im Urwald werden auch von den Söhnen der alten Kolonisten die neuen Siedelungen gegründet, auf die Urwaldzone bezieht sich auch das Taquary-Projekt. Der Kamp, die baumlose Grasebene, dient bisher noch der Viehzucht und das Problem der Kampwirtschaft ist noch nicht gelöst. »Für Kleinbauern mit geringem Kapital ist jedenfalls Kampwirtschaft unmöglich und die Bewirtschaftung des Waldlandes das einzig Richtige«, heißt es auch in der erwähnten Schrift über die Kolonisation in Rio Grande. Mit ihren 43 vorzüglichen Abbildungen, zwei Karten[1]) und dem lehrreichen Inhalt ist sie für die wirtschaftliche Seite der Geographie von hohem Interesse. Nach Abzug der für Kolonisation nicht geeigneten Tee- und Pinienwälder, die sich hauptsächlich an der Peripherie der Waldzone hinziehen, umfaßt das Taquary-Projekt ca 17 000 Kolonien à 28 ha oder 4250 qkm = 1 700 000 preußische Morgen. Darunter befinden sich 2500 Kolonien Pinienwald (Fichten), welcher wegen seines großen Holzwertes und seiner günstigen Lage an der Bahnlinie in das Projekt mit einbezogen ist. Zur Besiedlung sind also vorhanden 14 500 Kolonien. Das ganze Areal ist ein ununterbrochener Waldkomplex mit erstklassigem Boden und den besten Nutzhölzern. — Daß diese in der Osthälfte zu gründenden Kolonien eine gute Zukunft haben, wenn das ganze Programm durchgeführt wird, ist mir nicht zweifelhaft. Denn wenn auch in der Bodenart auf einem so großen Raume Verschiedenheiten obwalten, im ganzen ist der Urwaldboden von großer Fruchtbarkeit. Stehen doch selbst die 1820 angehauenen Waldkolonien noch heute unter Kultur und rentieren sich, ohne je Dünger gesehen zu haben. In Argentinien freilich bewirtschaftet nach dem Zeugnis von Kaerger ein einzelner Kolonist mit einem Knechte nicht selten 80 Cuadras = 128 ha Weizenland, insgesamt eine Landfläche von 100 bis 120 Cuadras, 164 bis 196 ha, gleich der Größe eines kleinen deutschen Rittergutes. So leicht ist die Bearbeitung des südbrasilianischen Urwaldbodens nicht; doch ist die Arbeit lohnend, wenn ein Sack Mais in einer Ernte 150 bis 250 Sack Ertrag ergibt.

Bei dem neu erwachten Interesse für Südbrasilien und der genaueren Kenntnis dieses Landes dürfen wir hier wohl eine Periode stärkerer deutscher Kolonisierung erwarten. Die Wirkung des v. d. Heydtschen Reskripts ist zwar nicht ganz wieder aufzuheben; denn die zahlreichen italienischen Kolonisten werden ebenfalls immer neue Nachzügler erhalten. Das Übergewicht aber wird den Deutschen bleiben, erst recht dann, wenn zu der natürlichen Veranlagung die bessere berufliche Ausbildung tritt. Schon jetzt sind die deutschen Kolonien blühender und wohlhabender als die italienischen; das wird nach der Herbeiziehung gelernter Landwirte, die hier, wie nachgewiesen wird, für ein verhältnismäßig kleines Kapital schon kultivierte Güter erwerben können, und solcher einheimischer Landleute, die auf der geplanten landwirtschaftlichen Lehranstalt und Versuchsstation in Rio Grande ausgebildet worden sind, in noch höherem Grade der Fall sein. Während aber diese Schöpfung für den Osten Rio Grandes sich erst in der Zukunft mit der Entstehung einer neuen großen Kolonie verwirklichen soll, wird früher als man erwarten konnte, eine ähnliche Anstalt im Westen und zwar in der Kolonie Neu-Württemberg gegründet werden. Der Vorstand der deutschen Kolonialgesellschaft nämlich hat (s. Kolonialzeitung vom 2. Juni 1904) den Beschluß gefaßt, 30 000 M. in drei Jahresraten von 10 000 M. Herrn Dr. Hermann Meyer für wissenschaftlich-wirtschaftliche Versuche bereitzustellen.

Blicken wir zum Schlusse mit Nauticus noch einmal auf das Ganze, so ist Südamerika doppelt so groß als Europa bei kaum $^1/_{10}$ der Bevölkerung desselben und hat denselben Prozentsatz, nämlich 75 %, kulturfähigen Bodens. Für die europäische Rasse, insonderheit für die wirtschaftlich tüchtigeren Nationen ist dort noch heute ein Arbeitsfeld vorhanden wie sonst nirgends mehr auf der Erde, und dies um so mehr, als $^2/_3$ bis $^3/_4$ der Bevölkerung wirtschaftlich untüchtig sind.

---

[1]) Karte 1: Das Wald- und Kolonisationsgebiet von Rio Grande do Sol im Maßstabe von 1:1 250 000, Lithogr. und Druck von Dietrich Reimer, Berlin. — Karte 2: Das Land- und Bahngebiet des Taquary-Projekts nach den neuesten offiziellen Vermessungen im Maßstabe von 1:300 000, Lithogr.: Graph. Ges. 1903.

Die allgemeine Geographie an Realschulen.

Von Oberlehrer Dr. Th. Arldt-Radeberg.

Der Unterricht in Geographie an Realschulen ist fast ausschließlich eine Behandlung der Länderkunde, in den unteren Klassen nach topographischen, in den oberen Klassen nach naturwissenschaftlichen und anthropogeographischen Gesichtspunkten. Für eine zusammenhängende Besprechung der allgemeinen Geographie ist auch nach dem neuen Lehrplan für sächsische Realschulen kein Platz vorhanden; nur einige Tatsachen der mathematischen Geographie sollen in IV im Zusammenhang durchgenommen werden. Wir müssen uns daher im Geographieunterricht darauf beschränken, gelegentlich an die Länderkunde passende Gebiete der allgemeinen Geographie anzuschließen, freilich wird dabei oft Zusammengehöriges auseinander gerissen werden und ein volles Verständnis nur schwer zu erzielen sein. Einzelne Gebiete besonders Anthropogeographie lassen sich ja in dem Wiederholungskurse in I zusammenfassend behandeln, aber für die physikalische Geographie z. B. ist dies nicht möglich, und auch häufige Exkursionen können nur einzelne Teile derselben zu rechtem Verständnis bringen. Hier kann der naturwissenschaftliche Unterricht uns zu Hilfe kommen, indem er viele geographische Vorgänge erklärt. In erster Linie kommen Physik und Mineralogie in Betracht, die beide aus einem derartigen Handinhandgehen mit der Geographie ebenfalls Nutzen ziehen können, denn die letzere liefert für viele physikalische Gesetze praktische Beispiele, und die jetzt mehr geologisch betriebene Mineralogie muß schon im eigenen Interesse verschiedene Gebiete der physikalischen Geographie behandeln. Neben den genannten Fächern können auch Chemie und die mathematischen Fächer uns manche Dienste leisten, während die biologischen bloß vorbereitend für den geographischen Unterricht wirken können, da sie nur bis III heraufreichen. In der Mathematik aber können bei Gelegenheit der angewandten Gleichungen geographische Beispiele viel Nutzen stiften, und besonders würde das geometrische Zeichnen in den wichtigsten Kartenprojektionen ein sehr dankbares Objekt finden. Diese Arbeitsteilung wird sich freilich an den einzelnen Schulen nur in sehr verschiedenem Maße so durchführen lassen, daß keine wesentlichen Lücken entstehen, am besten natürlich dann, wenn Geographie und Naturwissenschaften der oberen Klassen in einer Hand liegen, oder wenn wenigstens der Naturwissenschaftler gleichzeitig geographisch gebildet ist. Große Gebiete wird man freilich oft auch dann nicht zusammenhängend betrachten können, aber es tritt doch keine solche Zersplitterung der allgemeinen geographischen Kenntnisse ein, wie wenn dieselben nur im Anschluß an die Länderkunde vermittelt werden. Sehen wir nun wie die einzelnen Teile der allgemeinen Geographie sich an andere Fächer anschließen lassen. Die mathematische Geographie wird in ihren Grundzügen bereits in IV behandelt. Erweitern läßt sie sich im Physikunterricht, in dem auch einzelne astronomische Tatsachen sich besprechen lassen. So können wir von der Schwere zur allgemeinen Gravitation übergehen und die durch dieselben verursachten Bewegungen der Himmelskörper schließen sich an die Lehre von der Zentralbewegung an, wobei wir gleichzeitig auf die Keplerschen Gesetze einzugehen Gelegenheit haben. Auf die Finsternisse führt uns die Geradlinigkeit der Lichtstrahlen, und es läßt sich an sie zugleich eine Betrachtung der Zeitunterschiede verschiedener Meridiane anknüpfen, indem wir beide Arten von Finsternissen nach der Gleichzeitigkeit ihres Beginns miteinander vergleichen. Auf die Gestalt der Erde wie auf ihre Rotation kommen wir gelegentlich des Pendels zu sprechen, nachdem schon Versuche mit der Zentrifugalmaschine uns die Möglichkeit einer Abplattung bewiesen haben. Von Kartenprojektionen betrachten wir im geometrischen Zeichnen vielleicht die perspektivischen, die Kegel- und Zylinderprojektionen. Die Terraindarstellung der Karten dagegen wird am besten im Anschluß an geographische Ausflüge den Schülern klar gemacht. In der physikalischen Geographie behandeln wir das Erdinnere im Anschluß an die kritische Temperatur, wobei wir gleichzeitig auf die geothermische Tiefenstufe eingehen. Die ganze Lehre von der Lithosphäre fügt sich in die Mineralogie ein. So schließen wir die Erscheinungen des Vulkanismus an die Betrachtung der vulkanischen Gesteine an, die Gebirgsbildung und die Erdbeben an die Besprechung der karbonischen oder tertiären Formation, die Hebungen und Senkungen vielleicht an die Trias. Die Lehre vom Erdmagnetismus bildet ein ab-

geschlossenes Kapitel der Physik, die elektrischen Erscheinungen erörtern wir am
Schlusse der Lehre von der Reibungselektrizität. Die Meteorologie wird im Zusammenhang im Anschluß an die Wärmelehre behandelt, und an sie können wir das wichtigste
aus der Klimakunde anschließen. Auf die ozeanischen Wärmeverhältnisse gehen wir ein
im Anschluß an die Betrachtung des Verhaltens des Wassers bei Temperaturänder-
ungen, auf Ebbe und Flut bei Besprechung der Gravitation, auf die Meeresströmungen
nach der Erklärung der Passatwinde. Die Quellenbildung erklärt sich durch das Gesetz der kommunizierenden Röhren, auf die Moorbildung gehen wir in der Mineralogie
bei der Betrachtung der karbonischen Periode ein, auf die Gletscher im Anschluß an
das diluviale Zeitalter. An derselben Stelle können wir auch die Wirkungen des Windes besprechen, während die Besprechung der mechanischen zerstörenden und aufbauenden
Tätigkeit des Wassers der Betrachtung der klastischen Gesteine vorauszugehen hat. Der
Tätigkeit der Organismen gedenken wir, wenn wir die Kohlengesteine und den Kalkspat
besprechen, die chemische Wirkung des Wassers dagegen wird am besten in der Chemie
im Anschluß an die Behandlung der Silikate erklärt. Eine vergleichende Betrachtung der
Gebirge, Flüsse, Seen, Küsten und Inseln gehört naturgemäß ausschließlich in die Geographie und bietet uns geeignete Themen für die Wiederholung des geographischen
Stoffes in I. Ebendort ist auch auf die Biogeographie einzugehen, aus der nur
weniges in der Geologie in I behandelt werden kann. So können wir im Anschluß
an die Betrachtung der diluvialen Tierwelt die jetzige Verbreitung derselben streifen,
und besonders ist hier auch Gelegenheit geboten, nach Erwähnung der diluvialen Funde
von menschlichen Skeletten und menschlicher Kultur auf die Völkerkunde einzugehen
und aus ihr Beispiele für den Kulturzustand der Menschen in der Steinzeit und der
Metallzeit zu nehmen. Unter Umständen läßt sich daran auch noch einiges aus der
Siedelungs- und der Staatenkunde anschließen, während wir auf diese sonst außer in
der Geographie nur in der Geschichte zu sprechen kommen können. Sind wir sicher,
daß die aufgezählten Wissensgebiete in den naturwissenschaftlichen Stunden eine eingehende und begründende Besprechung finden, so können wir sie in den eigentlichen
Geographiestunden viel kürzer behandeln als es sonst notwendig ist, und diese werden
für die Pflege der Länderkunde und der Anthropogeographie frei, wie sich dann auch
eher die Zeit für die Ausführung einfacher Kartenskizzen findet. Auch jetzt werden ja
schon vielfach geographische Tatsachen in den naturwissenschaftlichen Fächern mit angeführt. Die Meteorologie z. B. wird in reichlich einem Drittel der sächsischen Realschulen in der Physik eingehend behandelt, und insofern werden für viele der vorstehenden Zeilen nichts Neues bieten. Aber vielfach fehlt doch noch das rechte Zusammenwirken. Wo in den Oberklassen Geographie und Naturwissenschaften in einer
Hand sich befinden, wie es nach den neuen Lehrplänen noch mehr als nach den alten
als erstrebenswert bezeichnet werden muß, genügt ein sorgfältig ausgearbeiteter Lektions-
plan; dieser ist aber auch nötig, sollen zwecklose Wiederholungen vermieden werden.
In allen anderen Fällen muß sich der Geograph vergewissern, welche geographischen
Tatsachen in den anderen Stunden besprochen werden, wann dies der Fall ist und
welche Auffassung der betreffende Lehrer in dem einzelnen Falle vertritt, damit die
Möglichkeit beseitigt wird, daß der Schüler in der Geographie- und Mineralogiestunde
für denselben Gegenstand z. B. für den Vulkanismus, die Gebirgsbildung, die Entstehung der Korallenriffe verschiedene einander wohl gar widersprechende Erklärungen
bekommt, sodaß in seinem Kopfe eine heillose Verwirrung entsteht. Der einzige Ausweg, diesen Fehler zu vermeiden, besteht darin, daß auch der Schulgeograph der Entwicklung unserer Wissenschaft folgend einen möglichst engen Anschluß an die Naturwissenschaften zu erreichen sucht, mag er selbst gleichzeitig Naturwissenschaftler oder
Historiker sein. Gerade dem letzteren könnte die vorgeschlagene Entlastung des Geographieunterrichts nur angenehm sein, brauchte er dann doch nicht den Schülern Dinge
klarzulegen, zu deren Erörterung ihm die breite naturwissenschaftliche Grundlage fehlt.

Geographische Lesefrüchte und Charakterbilder.

Wanderungen aus Istrien.

Die liburnische Küste[1]).

Von Dr. Norbert Krebs-Triest.

Am Tage nach dem Besuch von Punta Merlera ging es zusammen mit einem guten Freunde per Schiff nach Fiume. Die Ostküste Istriens, deren Besichtigung diese Fahrt in erster Linie galt, ist vom übrigen Lande durch den Maggiore Zug, die Caldiera der Alten so abgeschlossen, daß ihr ein besonderer Platz in der Besprechung der Halbinsel gebührt. Denn von der Punta Nera an, wo der höhere Gebirgsrücken einsetzt, bis nach Voloska im innersten Winkel des Golfes von Fiume bilden nur die Bucht und der Sattel von Fianona eine bequeme Verbindung zwischen Inneristrien und dem Küstensaum am Quarnero. Darum bildete auch dieser Scheide- rücken im Altertum die Grenze Istriens gegen Illyrien und diese Grenze hat noch lange durchs Mittelalter und bis in die Neuzeit ihre Bedeutung behalten.

Der erste Teil der Fahrt nach dem Verlassen des Hafens von Pola war etwas stürmisch. Große Wellen kamen von Süden heran und brachten das Schiff in schaukelnde Bewegung. Gewaltige Kliffufer, Brandungshöhlen, lappige Buchten und Scoglien zeugen von der Kraft der Seestürme, die nicht allzu selten die Südspitze Istriens umtoben. Auch unser Schiff ergriffen die Wogen nächst dem einsamen Leuchtturm von Porer, bald mußte es den Wellenberg hinab, bald wieder hinan, bald legte es sich nach links und dann wieder gegen rechts. Doch kraftvoll durchschnitt es die Wellen und wußte noch klug den unheimlichen Klippen auszuweichen, die vom Meere bedeckt, doch an der heftigen Brandung erkennbar sind. Weiterhin im Quarnero wurde es ruhiger und bei dem heitersten Wetter vollzog sich die übrige Fahrt.

Im Bauch des Schiffes und am Vorderdeck waren Kisten und Fässer übereinander gestapelt, das Mitteldeck aber war gut besetzt von Leuten aus den benachbarten Küstenstrichen. Ein malerisches Bild der Unordnung; rings von Körben und Säcken umgeben lag, hockte und saß die bunt zusammengewürfelte Gesellschaft und verbrachte die lange Fahrt mit Schlafen und Plauschen. Zuweilen machte ein großer Bocksbeutel die Runde, dessen Inhalt ein guter Inselwein sein mochte und als es Mittag ward, ließ sich ein Teil der Leute vorher gekaufte oder gefangene Fische rasch durch den Koch abbraten und verschlang sie in halbrohem Zustand. Trachten sah man wie in ganz Istrien nur ausnahmsweise; bloß die blaue Tuchhose und die niedere Mütze scheinen bei den Männern unentbehrliche Attribute der Kleidung zu sein; die Chersiner tragen außerdem unter der kurzen Weste rotweißgestreifte Leibbinden.

Öde und verkehrsarm ist das Ostgestade der istrischen Platte; selbst den breiten Arsakanal durchquert nur selten ein Dampfer, der sich in Carpano mit Kohle versorgt. So wie die flache Küste dem Auge immer mehr entschwindet, zeigt sich deutlicher das Westufer der öden Insel Cherso und der über 500 m hohe Albonenser Karst. Cherso konnte uns mit seinen kahlen Gehängen trotz der gutgeschlossenen Bucht, in der es liegt, wenig gefallen; freundlicher und pitoresker erscheint die Festlandsküste, obwohl der Einblick infolge der Steilheit des Gehänges beschränkt ist. Die größeren Orte liegen am Plateau des Albonenser Karstes, nur kleinere Weiler finden sich auf Terrassen in halber Höhe, umrahmt von Gartenkulturen, während die stärker gegliederte Küste von niederem Macchiengebüsch bestanden ist.

Besonders anmutig erscheint der Hafen von Rabáz, dessen Häusergruppe knapp am Berge angelehnt von Olivenhainen und Kastanienwäldern umgeben ist. Als treuer Wächter sieht das maueeumgürtete Städtchen Albona darauf herab, das in 320 m Höhe thront und eine Aussicht genießt, die ihresgleichen selbst im aussichtsreichen Istrien wohl suchen kann.

Von der Punta Santa Andrea bei Rabáz an beginnt ein anderer Küstentypus. Bisher zeigte die horizontale Gliederung annähernd das bogenförmige Streichen der Höhenzüge an, die bei Punta Lunga und Punta Nera ins Meer tauchen, um auf den südquarnerischen Inseln wieder zu erscheinen; von da ab verläuft die Küstenlinie fast geradlinig, obwohl die Streichungsrichtung

---

[1]) Vgl. »Geographischer Anzeiger«. V. Jahrgang, Heft 1, S. 7.

schräg dagegen abstößt. Das ist eine deutliche Bruchlinie und die Fortsetzung des mauerartig aufragenden Sissol (833 m) und des dreigipfeligen Monte Maggiore (1396 m) liegt auf der Insel Cherso. Ausgesprochene Steilküste mit hohen Uferwandungen und einzelnen vorgeschobenen Klippen beginnt bei der 3 km langen schlauchartigen Bucht von Fianona, von deren rechtem Gehänge das malerisch hingelehnte Städtchen gleichen Namens herabgrüßt. 250 m hoch über dem Meere zieht die Straße gegen Norden und nicht viel niedriger liegen die Siedelungen in diesem unzugänglichen Gebiet, Schwalbennestern gleich kleben Berseo und Mołtzeniœe auf der Höhe und nur halsbrecherische Pfade führen zum Meere herab. Auf hoher See wird die Post vom Dampfer an ein Boot abgegeben und von demselben entgegengenommen; in nächster Nähe der Küste weist das Meer schon Tiefen von 50 bis 60 m auf.

Gelegentlich durchbrechen enge Schluchten das Gehänge, wo sie münden, bildet der Kalkschotter kleine ebene Flächen und in einer solchen liegt der Hafen für Mołtzeniœe, Draga Santa Marina. Weiter im Norden wird dann der Charakter der Landschaft wieder freundlicher. Die Kette des Maggiore tritt weiter zurück, freundliche anbaufähige Vorberge bilden die der Küste zunächstliegenden Erhebungen, eine mächtige Krume von Terra rossa reicht zum Gestade herab, das nun wieder Platz zu menschlichen Ansiedlungen gewährt. Die erste derselben ist Lovrana, ein altertümlicher Hafenort mit manch kunsthistorisch wertvollem Bau, doch bereits beeinflußt von der Nachbarschaft des eleganten Kurorts Abbazia. Villa drängt sich an Villa längs des Gestades bis zum innersten Winkel bei Voloska, von wo die Küste plötzlich, aber ebenso geradlinig nach Südosten abbiegt. Anmutiges Gartenland umrahmt allenthalben diese Bucht, bis über 600 m hinauf steigt die intensive Bodenkultur, höher hinauf ragen die Eichenhaine und zu oberst finden sich die großen Buchenwälder am Maggiore und oberhalb Veprinaz und Castua. Das ganze Gelände im Westen und Norden von Voloska ist übersät mit Landhäusern, ganz besonders um Castua, dessen beherrschende Lage es zum ältesten Orte der Gegend gemacht hat; soll es doch nach einer allerdings schlecht begründeten Ansicht der Hauptort der Königin Teuta und ihrer Piraten gewesen sein.

Heute ist das Zentrum der Gegend das künstlich großgezogene Fiume, das außerhalb des Rahmens unserer Schilderung bleiben muß. Seine Lage ist denkbar ungünstig; die Bora, die Voloska und Abbazia nicht berührt, saust mit Gewalt durch die Straßen und gegen die gefürchteten Sciroccowellen war ein gewaltiger Wellenbrecher notwendig. Um wie vieles günstiger lägen die Sachen bei Abbazia oder Voloska, dessen Hinterland über 300 m niedrigere Pässe zu erreichen ist, wenn der Hafen nicht eben ein spezifisch ungarischer sein müßte!

Doch stören uns solche Gedanken nicht lange während der Wanderung auf der herrlichen Bergstraße, die zum Monte Maggiore emporführt. Immer vollständiger wird der Ausblick auf den Golf von Fiume, je höher wir über das Bergkirchlein von Veprinaz hinauf gelangen. Velebit und Krainer Schneeberg beschließen das herrliche Bild, aus dessen Mitte das blaue Meer mit seinen Inseln sich landkartenartig abhebt. Tief unter uns liegt der Lorbeerhain der Villa Angiolina und immer einsamer wird es, je mehr wir uns der Paßhöhe nähern. Auf derselben liegt das Schutzhaus, vor dessen Front sich das ganze Bild nochmals erschließt. Oliven, Lorbeer und Palmen in den Gärten und Anlagen da unten, zwei Meter hoher Schnee zur Winterszeit auf dieser Höhe! Ein schlechter Fußpfad führt von hier in 1½ Stunden auf den Gipfel; jetzt rauscht das Laub zu unseren Füßen, im Frühjahr aber grünt und blüht hier alles, da wächst so manche seltsame Blume auf den Bergwiesen, zu Tausenden gleich die wilde Narzisse und die bunte Kaiserkrone. Immer steiler und steiniger wird der Steig, aber das Walddach öffnet sich nicht früher, bis wir nicht dem Gipfel ganz nahe stehen. Der bildet eine nicht allzu steile Kuppe, deren Abfall nur gegen Westen hin schroff zu nennen ist. Es ist die mittlere der drei Erhebungen.

Nun liegt die Halbinsel uns zu Füßen, die wir auf so vielen Wanderungen kreuz und quer durchzogen haben. Bis zum Cap Promontore und zur Friauler Ebene reicht unser Blick, deutlich erkennen wir den Wechsel in den Formen auf Kalk- und Sandsteingebiet, sehen die breiten, fast unbewohnten Täler, deren Flüsse träge dahinschleichen und finden unzählige bekannte Orte, die von den Höhen herabgrüßen. Und mit einiger Wehmut überdenken wir auch die Geschichte des Landes, das seine geographische Lage unter den verschiedensten Verhältnissen zu einem Rand- und Grenzgebiet gemacht, in das die Feinde am leichtesten einfielen und das die Besitzer am schwersten zu verteidigen vermochten, für das sie kaum immer die nötige Sorge zu tragen sich verpflichtet fühlten. So ist das in weiten Gebieten unzweifelhaft reich gesegnete Land zurückgeblieben in der Kultur und holt heute nur langsam ein, was es jahrhundertelang versäumt hat. Von verschiedenen Stämmen bewohnt, die andere Sitten und Gebräuche mitgebracht haben, deren jedes anders gewohnt ist, regiert zu werden, findet es schwer den Pfad, der es fortbrächte auf dem Wege wirtschaftlichen Gedeihens zu hoher Gesittung.

Geographischer Ausguck.

Tibetisches.

Die Entschleierung des letzten großen geographischen Problems außerhalb der Polargebiete, des zentralasiatischen, macht in unseren Tagen unaufhaltsame Fortschritte. Zwei fast gleichzeitig eingetretene Ereignisse von großer Tragweite kennzeichnen seinen jetzigen Stand: das Erscheinen des ersten Bandes der »Journey of Central-Asia« aus Sven von Hedins Feder und das Erscheinen der angloindischen Expedition vor Lhasa, der geheimnisvollen Stadt.

Äußerliche Ruhe und innerliches Mißtrauen — auf diesen Ton waren seit Beginn des 19. Jahrhunderts die Beziehungen Tibets zu Britisch-Indien gestimmt. Es ist für Chinas Ansehen beim Tale Lama stets von ausschlaggebender Bedeutung gewesen, daß es sich ihm gegenüber rühmen konnte, die verhaßten Phyilings, die Fremden, am Zutritt gehindert zu haben. Die nahezu hermetische Abgrenzung des Hochlandes gegen Indien durch den Zentralgebirgsstock den des Himalaya und die beiden ebenfalls verschlossenen Staaten Nepal und Bhutan erwies sich solchen Bestrebungen förderlich. Nur an einer Stelle zeigt der Grenzwall eine Unterbrechung, nämlich im Tschumbital östlich von Sikkim, wo Tibet Anteil an den Himalayalandschaften hat und in einem schmalen Streifen bis in die hindostanische Tiefebene hinabreicht. Hier hat es schon öfter Reibereien gegeben, zumal bei der Regelung der Sikkim-Frage. Daß England niemals die Hoffnung auf Wiederanknüpfung der im 18. Jahrhundert gepflegten Beziehungen aufgegeben hatte, bewies die emsige Erforschung Tibets durch indische Punditen und der ungeheure Aufwand für Wegebauten im Grenzgebiet. Der erste, allerdings fehlgeschlagene Versuch einer amtlichen englischen Mission nach Lhasa steigerte das Mißtrauen der tibetischen Regierung, die schließlich 1886 aggressiv vorging. England siegte zwar in dem 1888er Grenzkrieg, nutzte aber aus Respekt vor China seine Erfolge nicht aus. Auch nachher blieben die Beziehungen nicht die besten. Eine ewige Quelle von Zollplackereien floß aus dem Versuch des indischen Teehandels, dem tibetischen Ziegeltee die Spitze zu bieten, sowie aus den wechselseitigen Ansprüchen auf die fetten Weidegründe diesseits und jenseits der nördlichen Sikkim-Grenze. Alle Bemühungen der indischen Regierung, die Bestimmungen des indisch-chinesischen Handelsvertrags auch auf Tibet auszudehnen, scheiterten an dem aktiven und passiven Widerstand der tibetischen Behörden, die vorgaben, nicht mit befragt worden zu sein. Sie rechneten dabei mit den südafrikanischen Schwierigkeiten Großbritanniens und wohl auch auf die Unterstützung Rußlands, wohin im Jahre 1901 sogar eine offizielle Gesandtschaft abging, über deren Zweck und Erfolg man sich bis heute noch nicht im klaren ist. Jedenfalls glaubte man auf englischer Seite Anlaß zu der Befürchtung zu haben, daß der Tale Lama gewillt sei, sein Schutzverhältnis zum Groß-Khan in Peking gegen das des weißen Zaren einzutauschen. Aber Lord Curzon, der Vizekönig von Indien, war nicht der Mann, sein Spiel aufzugeben. Da er der Zentralregierung in London nicht die nötige Energie zutraute, die »Glacis von Indien« vor russischer Besetzung zu bewahren, ging er selbst zum Themsestrand, um dort seine Sache zu führen. Jetzt, wo er aufs neue als Vizekönig bestätigt in seinen Wirkungskreis zurückkehrt, darf er sich sagen, daß er alles erreicht hat, was er sich vorgenommen hatte, ja noch viel mehr. Drohende Führung der Handelsvertragsverhandlungen mit Tibet, und zwar auf tibetischem Staatsgebiet selbst, war seine Hauptforderung. Er setzte eine starke militärische Begleitmannschaft und die Erlaubnis zum Vormarsch bis Gyantse durch. Unter seinem Einfluß wandte sich Landsdowne in einer Note von noch nicht dagewesener Schärfe gegen die Einmischung Rußlands, unter Hinweis auf dessen eigenes Verfahren in der Mandschurei, Turan und Persien. Und als dem russischen Bären in Ostasien die Pranken gebunden waren, hielt man den Zeitpunkt für gekommen, loszuschlagen. Es war ein politisch-militärisches Meisterstück, einer wirklich starken Nation würdig!

Seit Anfang August lagert nun die englische Expedition auf dem Alluvialboden des Kitschu angesichts der heiligen Stadt, überragt von den vergoldeten Zinnen und unzähligen Fensterreihen des Potala-Palastes, der in seiner märchenhaften Großartigkeit die vor 2½ Jahrhunderten kaum geglaubte Darstellung des Jesuiten Gruber (1661) allseitig bestätigt, wenn nicht übertrifft. Am 4. August hat Oberst Younghusband die Stadt mit Eskorte betreten, als erster Vertreter europäischer Gewalt! Lhasas Bann ist nun für immer gebrochen.

Die Expedition ist allerdings noch nicht zu Ende. Der Tale Lama ist entflohen, kein Unterhändler zeigt sich. Zwar erklärt der Brite, er wolle nur einen Handelsvertrag, keinen ständigen Residenten. Aber der Appetit kommt beim Essen und nach Tische hört man anders. Balfours Erklärung, er würde die Annexion Tibets durch England für ein Unglück halten, hat verzweifelte Ähnlichkeit mit einer ebenso feierlich abgegebenen seines Amtsvorgängers vor Beginn des Burenkriegs. Vielleicht branden dereinst doch am alten Kuenlun die Wogen britischen und russischen Einflusses zusammen.

Gotha, am 23. August 1904. Dr. W. Blankenburg.

Kleine Mitteilungen.

I. Allgemeine Erd- und Länderkunde.

Die Stellung der Geographie zu den historischen Wissenschaften[1]) behandelte E. Oberhummer in seiner Antrittsvorlesung am 2. Mai 1903 und versuchte damit zugleich jene Richtung unserer Wissenschaft zu kennzeichnen, die zu vertreten er für seine Aufgabe an der Wiener Universität hält. Ohne auf die differierenden Ansichten der Methodiker über den Begriff und Umfang der »historischen Geographie« näher einzugehen, hebt er hervor, daß er an der Einheit der geographischen Wissenschaft festhält und daß sein Vortrag auf dem Wiener Geographentag 1891 keiner Loslösung der historischen Geographie das Wort reden wollte. Das spezifisch geographische Moment ist auch ihm die räumliche Betrachtungsweise. Das Arbeitsgebiet des historischen Geographen aber, wie es tatsächlich sich gestaltet hat, lasse sich von jenen drei Gesichtspunkten aus übersehen, die man, jeden für sich, als historische Geographie bezeichnet hat, Geschichte der Erdkunde, historische Topographie und Anthropogeographie. Oberhummer bespricht nun jedes dieser Gebiete eingehend und hebt die Wichtigkeit hervor, welche für sie die Geschichte, Philologie, Archäologie, vergleichende Sprachwissenschaft als Hilfswissenschaften haben. Wie nach Richthofen der naturwissenschaftliche Geograph mindestens eine Hilfswissenschaft beherrschen, alle aber verfolgen müsse, so auch auf seinem Gebiet der »historische« Geograph; immer aber müsse die geographische Auffassung maßgebend sein. Daher hebt Oberhummer auch auf jedem der drei Gebiete die Wichtigkeit gewisser weniger gepflegter Forschungszweige hervor; bemerkenswert ist die starke Hervorhebung der Völkerkunde. Diese umschließe wie die Meteorologie neben ganz ungeographischen auch manche geographisch wichtige Gegenstände: »Die Verteilung der Völker auf der Erde nach Rassen und Sprachen und die wesentlichen Züge ihrer Eigenart und ihrer Lebensformen (nomadische und seßhafte Lebensweise, Abhängigkeit von den natürlichen Bedingungen ihrer Wohnsitze) werden wie von jeher auch in Zukunft den Geographen beschäftigen müssen. Dabei muß sein Blick auch hier von der Gegenwart nach rückwärts gerichtet sein«, d. h. das historische Werden zum

[1]) Der Vortrag ist in etwas verschiedenen Fassungen gedruckt in der Beilage zur »Münch. Allgem. Ztg.«, 3. Juli 1903, Nr. 147, im Bericht 1900/1 und 1901/2 des Vereins der Geographen an der Universität Wien und in Sonderausgabe. Wien 1904, Gerold & Cie.

Verständnis der Gegenwart herangezogen werden. Oberhummer fordert deshalb geradezu, daß der Geograph an Hochschulen, wo die Ethnographie noch nicht die ihr gebührende eigene Vertretung hat, sich ihrer annehme, wie er dies in München mit Erfolg getan hat. Scharf wendet sich Oberhummer hier gegen jene »einseitigen Anschauungen, welche die Völkerkunde entweder nur als Naturwissenschaft gelten lassen oder sie ganz von der Erdkunde trennen wollen«. Ich muß bekennen, daß ich hier eine etwas andere Formulierung vorgezogen hätte. Ich verkenne nicht die hohe Bedeutung, welche Geographie und Völkerkunde für einander haben, und die Dienste, welche sie einander als Hilfswissenschaft leisten; insbesondere erscheint es mir erfreulich, daß der geographische Gesichtspunkt über die räumlichen Verbreitung in der Völkerkunde und namentlich in der sog. »Volkskunde« immer mehr Eingang findet (die nebenbei bemerkt nicht bloß von naturwissenschaftlicher, sondern ebensogut von philologischer Einseitigkeit bedroht ist). Aber ich meine, daß ein Teil der von Oberhummer ihr zugerechneten, oben als Beispiele angeführten Tatsachen nicht mehr zur Völkerkunde gehöre, sondern ins Kerngebiet der Anthropogeographie falle. Wenn wir die geographische Disziplin der Klimatologie immer mehr von der physikalischen Wissenschaft der Meteorologie trennen, die gleichwohl ihre Grundlage bildet, so können wir auch die Grundtatsachen der Bevölkerungs-, Siedelungs- und Staatengeographie nicht mehr der Völkerkunde zuweisen. Die Verbreitung der Seßhaftigkeit und des Nomadismus gehört beispielsweise hierzu. Daß auch im übrigen die Völkerkunde dem Arbeitsgebiet des Anthropogeographen nicht fern bleiben darf, gestehe ich dem Verfasser gern zu. — Nicht unbetont darf der Umstand bleiben, daß der kleine Vortrag dem Studierenden eine treffliche Einführung nicht bloß in methodische Probleme sondern auch in den Entwicklungsgang und den heutigen Stand der Geographie gibt.

Prof. Dr. R. Sieger-Wien.

Über »Le Volcanisme« veröffentlicht A. de Lapparent eine Abhandlung in den »Annales de Géographie« XII, 1903, S. 385—402. Die hauptsächlichste Erscheinung bei den eruptiven Vorgängen eines Vulkans, welche alle anderen an Wichtigkeit übertrifft, ist das Ausstoßen von Lava; diese enthält stets über 40 Proz. Kieselsäure. Je nach der Zusammensetzung der Laven schwankt ihre Ausbildung zwischen der leichtflüssigen und sehr dichten Form, die als Basalt bezeichnet wird, und den Rhyolithen, die über 76 Proz. Kieselsäure enthalten können. Der Flüssigkeitsgrad der Laven steht im umgekehrten Verhältnis zu ihrem Kieselsäuregehalt. Mit dem Austreten der Lava ist unzertrennlich die Entwicklung von Gasen und Dämpfen verbunden, die bald relativ ruhig erfolgt, bald zu Explosionen Veranlassung gibt.

Es ist nun eine feststehende Tatsache, daß die Explosionen um so heftiger sind, je geringer der Flüssigkeitsgrad der Lava ist. So ist z. B. der Vulkan auf Hawai bis zu einer Höhe von über 4000 m ganz aus Lavaströmen aufgebaut, da die Basaltlava sehr leicht flüssig ist; anderseits bestehen die Vulkane der Cordillere der Anden und diejenigen der Insel Java fast ganz aus Schlacken, weil ihr Auswurfsprodukt, der Andesit, sehr zähflüssig ist. Der Ätna stellt einen Mischtypus dar, bei dem die Lavaströme eine wichtigere Rolle spielen als die Schlackenanhäufungen.

Ein weiterer wichtiger Zug der vulkanischen Vorgänge ist das paroxismusartige Auftreten der Ausbrüche. Die eruptive Tätigkeit ist keine ununterbrochene, sondern erfolgt in Abschnitten. Jeder Ausbruch entspricht einem inneren Stoße, und diesen Stößen ist ein für jeden Vulkan besonderer Rhythmus eigen, der beim Stromboli einige Minuten umfaßt, beim Sangay in Ekuador etwa eine Viertelstunde. Beim Vesuv wechseln strombolianische Perioden mit anderen von längerer Dauer, bei denen die Heftigkeit der ersten Explosion um so größer ist, je länger die vorhergehende Ruhepause war.

Ferner lehrt die Beobachtung, daß fast jedem Vulkan oder jeder Gruppe von Vulkanen eine bestimmte Lavaart eigentümlich ist, ja, es gibt Eruptionszentren, in denen die Beschaffenheit des Eruptionsmaterials mit der Zeit gewissen Veränderungen in der Zusammensetzung unterliegt. Das ist besonders der Fall, wenn man die Aufeinanderfolge der Laven in ein und demselben Gebiet durch mehrere geologische Perioden hindurch verfolgt. Diese Tatsache ist nur erklärlich durch die Annahme, daß das Magma mit der Zeit eine gewisse Verarbeitung erfährt. Die Unabhängigkeit der verschiedenen Gruppen von einander würde nur beweisen, daß die Magmaherde tatsächlich so weit von einander getrennt sind, daß die Umarbeitung des Magmas unbeeinflußt von anderen Seiten vor sich gehen kann. Trotz dieser Unabhängigkeit haben alle Vulkane einen Zug gemeinsam, nämlich die innerliche Verbindung der Lavamasse mit den Gasen. Diese letzteren stellen keinen zufälligen, sondern einen integrierenden Bestandteil der Laven dar. Sobald die Laven beim Ausfluß aus dem Vulkanschlot einem geringeren Druck ausgesetzt sind und sich abkühlen, trennen sich die Gasmassen von den Laven. In diesem Vorgange sieht der Verf. die Ursache der Eruptionen. Gegen die Annahme, daß die gasigen Produkte von dem Eindringen des Meereswassers in die Magmaherd herrühren, spricht das Verhalten der Vulkane auf Hawai, die mitten im Meere liegen, aber keine explosiven Eruptionen haben; anderseits ist der durch seine Explosionen ausgezeichnete Vulkan Sangay 250 km von der Küste des Großen Ozeans entfernt. Der Verf. teilt also die Ansicht von E. Sueß, daß alle Äußerungen des Vulkanismus, von den heftigsten Explosionen bis zu den Thermalquellen, zurückzuführen sind auf das periodische und rhythmische Entweichen der in dem Magma enthaltenen Gase und Dämpfe. Die von Stübel aufgestellte Theorie wird für unhaltbar erklärt. Das Auftreten der Vulkane ist in der Gegenwart wie in der geologischen Vergangenheit an die großen Bruchlinien geknüpft, welche die Erdrinde durchsetzen.

Prof. Dr. E. Rudolph-Straßburg.

Baumindividualitäten und Landschaftsbild betitelt S. Günther einen Aufsatz in »Natur und Schule« II (S. 343—351, 405—412). Er geht dabei von dem sehr beachtenswerten Grundsatz aus, bei der Schilderung vom »Antlitz der Erde« auch das Pflanzenkleid nicht zu vergessen; er weist daher mit Recht darauf hin, daß vor allem die Pflanzenformen und Formationen (Bestände) auch in der Erdkunde Berücksichtigung finden müssen. Wenn er nun glaubt, daß ein Lehrer, dem ein botanischer Garten nicht zu Gebote stehe, viele wichtige Charakterpflanzen (besser Leitpflanzen) wie Epiphyten, Welwitschia oder Tussockgras nicht den Schülern vorzeigen könne, so vergißt er, daß für die zuerst genannte Pflanzenform wir in den Überpflanzen unserer Kopfweiden einerseits, in den stammbewahrenden Flechten und Moosen anderseits, wenigstens Entsprechendes (Analoges) unseren Kindern in der Natur zeigen können, daß aber vor allem Landschaftsbilder (z. B. viele von Hölzel) und Trachtenbilder von Nutzpflanzen (wie die von Zippel und Bollmann) hier sehr gut verwendbar sind. Daß solche mit Vorteil auch im geographischen Unterricht benutzt werden, hat Unterzeichneter schon vor 20 Jahren (Zentral-Organ für Realschulwesen und Zeitschrift für Schulgeographie 1884) hervorgehoben. Noch heute möchte er diese für weit beachtenswerter für die Erdkunde im allgemeinen halten, als einzelne besonders in einer Landschaft hervorstechende Baumformen, auf die Günther besonders näher eingeht, die doch nur für eine Einzellandschaft (also etwa für die engere Heimat) bezeichnend sind. Dadurch soll natürlich nicht der Wert der Sammlung solcher Bilder und Naturdenkmäler, wie er namentlich durch Conwentz angeregt ist, herabgesetzt werden; nur für die eigentliche Erdkunde sind sie minderwertig (abgesehen von der Heimatkunde). Wichtiger in der Beziehung ist schon die Feststellung des Landschaftsbildes in vergangenen Zeiten, weshalb Unterzeichneter mit dem Verf. wünschen möchte, daß sich diese Untersuchungen mit den Bestrebungen jener »Merkbücher«, welche jetzt fast überall in Deutschland geplant werden, vereinten. Noch wertvoller würden diese forstbotanischen Untersuchungen, wenn sie nicht nur auf die Oberpflanzen, die Bäume, sondern auch auf den Niederwuchs (Stauden, Kräuter usw.) Rücksicht nähmen, in ähnlicher Weise, wie es der Unterzeichnete in seiner »Nadelwaldflora

13a*

Norddeutschlands« und »Laubwaldflora Norddeutschlands« (Forschungen zur deutschen Lan-
des- und Volkskunde, Band VII, Heft 4 und
Band IX, Heft 4) angeregt hat, daher möchte
er auf derartige Feststellungen bei dieser Gelegenheit noch einmal hinweisen.
                              Dr. F. Höck-Luckenwalde.

Die Monroe-Doktrin.

Die sog. Monroe-
Doktrin wurde von dem fünften Präsidenten
der Vereinigten Staaten von Amerika, James
Monroe (geb. 1758, gest. 1831, Präsident 1817
bis 1825), in seiner Botschaft an den Kongreß
vom 2. Dezember 1823 ausgesprochen. Der
Grundsatz der Monroe-Doktrin »Amerika den
Amerikanern« wurde seither von sämtlichen
amerikanischen Präsidenten anerkannt, und von
John Quincy Adams in seiner Botschaft über den
Panama-Kongreß 1828 ausführlicher begründet.
Die Monroe-Doktrin wurde später bei verschiedenen Gelegenheiten betätigt, so z. B. durch
die Botschaft des Präsidenten Cleveland vom
17. Dezember 1895, worin er in dem englisch-
venezulanischen Grenzstreit das Schiedsrichter-
amt für die Vereinigten Staaten in Anspruch
nahm und durch die Parteinahme der Vereinigten Staaten für die aufständischen Cubaner, wodurch 1898 der spanisch-amerikanische Krieg
herbeigeführt wurde.

Monroe sagte am 2. Dezember 1823: »In
den Erörterungen, zu welchen dieses Interesse
Anlaß gegeben hat und in den Anordnungen,
zu welchen sie führen mögen, ist die Gelegenheit für schicklich gehalten worden, als Grundsatz, der Rechte und Interessen der Vereinigten Staaten in sich schließt, zu behaupten, daß
die amerikanischen Kontinente infolge der freien
und unabhängigen Stellung, welche sie einnehmen und aufrecht erhalten, hinfort nicht mehr
als Gegenstand zukünftiger Kolonisation durch
irgend eine europäische Macht angesehen werden können ... Wir sind es daher der Lauterkeit und Freundschaftlichkeit unserer Beziehungen zu diesen Mächten schuldig, zu erklären,
daß wir jeden Versuch derselben, ihr System
auf irgend einen Teil dieser (amerikanischen)
Hemisphäre auszudehnen, als gefährlich für
unseren Frieden und unsere Sicherheit ansehen
müßten. In die Angelegenheiten der bestehenden Kolonien oder abhängigen Gebiete irgend
einer europäischen Macht haben wir uns nicht
gemischt und werden uns nicht dareinmischen.
Hinsichtlich derjenigen Regierungen jedoch, welche ihre Unabhängigkeit erklärt haben und diese
aufrecht erhalten, und deren Unabhängigkeit
wir nach reiflicher Erwägung und um gerechter
Gründe willen anerkannt haben, können wir
eine Einmischung irgend einer europäischen
Macht zu dem Zwecke, diese Regierungen zu
unterdrücken oder in anderer Weise ihre Bestimmung zu beeinflussen, nur in dem Lichte
der Bekundung einer unfreundlichen Gesinnung
gegen die Vereinigten Staaten betrachten.«

Staatssekretär Olney sagte in seinem Erlaß
vom 20. Juli 1895 im venezulanischen Grenzstreit: »Sie (die Monroe-Doktrin) will nicht ein
allgemeines Protektorat der Vereinigten Staaten
über andere amerikanische Staaten aufrichten.
Sie befreit keinen amerikanischen Staat von
den ihm durch internationale Verträge auferlegten Verpflichtungen, noch hindert sie eine
unmittelbar interessierte europäische Macht, die
Erfüllung solcher Verpflichtungen zu erzwingen
oder für den Bruch derselben die verdiente
Strafe zu verfügen.«
                                          Klm.-Leipzig.

Das neue Abkommen zwischen Eng-
land und Frankreich,

welches am 8. April
1904 in London unterzeichnet wurde, wird
nicht nur politisch die wichtigsten Folgen
nach sich ziehen, sondern auch auf wissenschaftlichem Gebiet. Es wird allerseits anerkannt, daß
das Schwergewicht der Abmachungen in Afrika
liegt, und es ist wohl nicht mit Unrecht gesagt,
daß Frankreich in diesem Vertrag hier gut abgeschnitten hat. Wie nun große Ereignisse
ihre Schatten immer vorauswerfen, so findet
man bereits in den vorangehenden Nummern
der französischen wissenschaftlichen geographischen Zeitschriften eine Fülle von Artikeln und
Abhandlungen, welche in unmittelbarem oder
weiterem Zusammenhang mit diesem Ereignis
stehen.

Auf das Abkommen selbst weist ein Artikel »Conventions Franco-Anglaises« hin und
wägt die Bestimmungen gegeneinander ab,
welche den beiden Ländern aus ihm zugute
kommen werden. (Revue de Géographie, 1904,
S. 133ff.). Die eifrige Tätigkeit der Franzosen
in der Erforschung ihrer afrikanischen Besitzungen bekunden eine Reihe von Aufsätzen,
welche in der Zeitschrift »La Géographie« 1904,
Heft 1—5 erschienen sind. Im Mittelpunkt dieser Bestrebungen steht der Tschad-See mit seiner näheren und weiteren Umgebung, sowie
mit seinen Zugängen vom Kongo-Ubangi als
auch vom Niger-Benuë aus. Mit der Geschichte
der Forschungen und Expeditionen vom Benuë
zum Tschad-See beschäftigt sich Hulot (a. a. O.,
S. 257); er betont hier besonders die Tätigkeit der Franzosen, welche die von Deutschen
und Engländern angeregten Probleme gelöst
oder der Lösung nahe gebracht haben. Die
Gebiete nördlich des Tschad berücksichtigt ein
Referat von Angot (a. a. O., S. 1) über die
meteorologischen Beobachtungen der Expedition
durch die Sahara von Foureau-Lamy, die, sind
die Ergebnisse auch zunächst noch provisorischer
Art, doch wichtige Beiträge geliefert zu haben
scheinen. Mit dem Tschad-See selbst und den
Bewohnern der Ufergebiete beschäftigt sich
D'Huart, der vornehmlich auf die großen Veränderungen hinweist, die sich in der Gestalt
des Sees vollziehen. Eine äußerst wichtige
Frage hatte endlich die Expedition Lenfant zu
lösen (S. 73 u. 322), ob nämlich eine dauernde
Wasserverbindung zwischen dem See und

dem Niger-Benuë vorhanden ist oder eine solche sich ohne große Schwierigkeiten wird herstellen lassen: Eine ununterbrochen fahrbare Verbindung kommt nur für die Zeit von Ende Juli bis Ende Oktober in Betracht und hängt von dem Wasserstand des Tuburi-Sees ab. Die größten Schwierigkeiten liegen in der Überwindung von Stromschnellen des Mao Kelebi (Nebenfluß des Benuë), welche eine Unterbrechung der Schiffahrt für einen großen Teil des Jahres bedingen. Hier wird die Anlage einer Umgehungsbahn, ähnlich der von Boma nach Léopoldville bei den Kongofällen, vorgeschlagen. Die Rentabilität einer solchen Anlage bei Seite gesetzt, wäre die Frage insofern von hoher Wichtigkeit, als sich die Beförderungszeit für Warentransporte von Marseille aus von etwa fünf Monaten auf 70 Tage verkürzen würde. Dementsprechend groß wäre auch die Ersparnis der Kosten, welche für die Tonne von 2000 frs auf der bisherigen Kongo-Ubangi-Route bis auf 500 frs zum Eintreffen am Schari sänke. *Dr. Ed. Lentz-Charlottenburg.*

Über die geodätischen, topographischen und kartographischen Arbeiten auf Madagaskar, handelt ein Aufsatz in »La Géographie« (S. 241) in welchem für die einzelnen Gebiete die Fortschritte für die Jahre 1902 und 1903 nachgewiesen werden. Jedenfalls liefern sie einen Beweis für die großen Anstrengungen, welche den Franzosen mit dem Besitz dieser Insel zugefallen sind. *Dr. Ed. Lentz-Charlottenburg.*

Antarktis. Terminationland. Die Annahme Drygalskis, des Leiters der deutschen Südpolarexpedition, daß das von Marineleutnant Wilkes im Februar 1840 gesichtete und seitdem in den Karten verzeichnete Terminationland nicht vorhanden sei, scheint sich nicht aufrecht erhalten zu lassen. Ein Artikel des Amerikaners E. S. Balch im National Geogr. Magazine (Mai 1904), gibt Singer Veranlassung, die Frage im Globus zu erörtern (86. Bd., Nr. 4, S. 63). Er kommt zu dem Ergebnis, daß in der Tat vorläufig kein Grund vorhanden sei, den Namen Terminationland aus unseren Karten auszumerzen. Er vertrage sich im Gegenteil ziemlich gut mit den Feststellungen der Gaußexpedition und könne daher mindestens neben dem neuentdeckten Kaiser-Wilhelm II.-Land weitergeführt werden. *Ht.*

Andrees Polarexpedition. Der Metallzylinder, den der Leiter der Zieglerschen Entsatzexpedition, Mr. Champ, auf Kap Flora gefunden hat, ist als Teil eines photographischen Behälters von Andrees Polarexpedition erkannt worden. Da der Zylinder auf einem Berge eine beträchtliche Stelle landeinwärts gefunden wurde, liegt die Vermutung nahe, daß die Expedition nördlicher als bisher angenommen — mindestens 80° N, 46° O — ihren Kurs genommen hat und vielleicht auf Franz Joseph-Land selbst niedergegangen ist. Dafür

spricht auch, daß außer den aufgefundenen Bojen so wenig Ausrüstungsgegenstände der Expedition als Strandgut geborgen worden sind. Wäre der Ballon auf offenem Meere verunglückt, so müßte ihre Zahl bedeutend größer sein, zumal alle so konstruiert waren, daß sie sich lange Zeit schwimmend erhalten konnten. *Ht.*

II. Geographischer Unterricht.
Der geologische Unterricht in der Schule.
Es unterliegt keinem Zweifel, daß die Geologie an unseren deutschen Schulen das am stiefmütterlichsten behandelte naturwissenschaftliche Fach ist. In den meisten Handbüchern der Pädagogik gibt es einen Artikel »Geologie« überhaupt nicht. In den offiziellen Lehrplänen findet sie allenfalls bei den Realanstalten schüchterne Erwähnung unter dem Kapitel »Geographie«. Die Mineralogie wird ja an Realgymnasium und Oberrealschule vielfach mit Erfolg mit dem Chemieunterricht verbunden. Ebenso ließe sich das wichtigste aus der Paläontologie sehr gut im Anschluß an Botanik und Zoologie bringen. Die eigentliche Geologie findet naturgemäß die ihr zukommende Stelle im Geographieunterricht, dessen eigentliche Grundlage sie bilden sollte. Wie es damit heute noch vielfach bestellt ist, braucht hier nicht nochmals erörtert zu werden. Hocherfreulich aber ist es, daß berufene Vertreter dieser Wissenschaft einen Vorstoß unternommen haben, um dieses Aschenbrödel zu verdienten Ehren zu bringen. Auf der Versammlung der deutschen geologischen Gesellschaft zu Cassel (1902, s. näheres Geogr. Anz. IV [1903], S. 87) wurde auf die Initiative des Herrn Prof v. Koenen hin eine an die Herrn Kultusminister der deutschen Bundesstaaten zu richtende Eingabe beschlossen. Darin heißt es: Man wolle anordnen, »daß auf den höheren und mittleren Lehranstalten auch Unterricht in den Elementen der Geologie erteilt werde, nicht in solcher Weise, daß das Gedächtnis damit irgendwie erheblich belastet werde, sondern daß die Anschauung und Beobachtung dadurch geklärt und geschärft und eine Anzahl von Begriffen und Bezeichnungen des täglichen Lebens verständlich gemacht werde«. Es wird ferner hingewiesen auf das Beispiel Württembergs, Englands, Nordamerikas und Frankreichs. Weiter wird betont, daß eine gewisse Kenntnis der Geologie unerläßlich ist für das Studium der Heimatskunde, der physikalischen Geographie und zum Verständnis der geologischen Spezialkarten. Herr Oberbergrat Chelius stellte im Anschluß daran die Forderung auf, geeignete Lehrer durch Informationskurse in Geologie auszubilden (was hier und da bereits geschieht), damit diese nicht auf ungenügende Leitfäden angewiesen seien. In verschiedenen Staaten sind daraufhin Erwägungen über den Gegenstand eingeleitet worden. Das preußische Kultusministerium hat die Gesellschaft aufgefordert, ihre Wünsche näher zu prä-

zisieren. Auf der letzten Versammlung in Wien (Herbst 1903) wurde nun eine Kommission zur Ausarbeitung einer geeigneten Vorlage erwählt. Es ist nur zu bedauern, daß praktische Schulmänner in dieser Kommission nicht sitzen. Wir aber haben alle Ursache, ihren Arbeiten den besten Erfolg zu wünschen und sind dankbar für die Hilfe, die uns von dieser Seite kommt.

Landesgeolog Dr. W. Schottler-Darmstadt.

Vernachlässigte Gebiete im Geschichtsunterricht. Vortrag von Oberlehrer Dr. Orj̈ahn, November-Sitzung der Berliner Gymnasiallehrergesellschaft. An Stelle von Einzelheiten aus der antiken Götterlehre, die doch ganz überwunden sei, müsse entsprechend der heutigen Weltwirtschaft und Weltpolitik die Geschichte Amerikas und Ostasiens gepflegt werden, ja bald wahrscheinlich auch die Afrikas und Australiens. — Stimmen wie diese sind gegenüber dem von Cauer, Jäger usw. wachgehaltenen Streben nach einer höchst überflüssigen Vermehrung der Stunden für alte Geschichte sehr erfreulich, und geben uns die Bürgschaft, daß die Entfremdung zwischen Erdkunde und Geschichte, die durch das geringe Verständnis der Historiker älterer Observanz für die Bedürfnisse der Erdkunde verschuldet worden ist, keine dauernde sein wird. Denn eine völlige Trennung beider Unterrichtsgegenstände zu verlangen ist eine »zweischneidige Forderung«. (J. Partsch).   *H. F.*

Kartenzeichnen im Unterricht. In den »Pädagogischen Blättern für Lehrerbildung und Lehrerbildungsanstalten« (Gotha, Thienemann) beschäftigt sich der Seminarlehrer Dieterich in Alzey mit der **Frage des Kartenzeichnens** nach den preußischen Lehrplänen vom Jahre 1901. Er folgert aus ihrem Wortlaut, daß das Entwerfen von Kartenskizzen trotz seiner starken Betonung doch nur als Hilfsmittel für den geographischen Unterricht gedacht sei, und daß es sich in erster Linie auf die natürlichen Verhältnisse der »größeren oder kleineren geschlossenen Erdräume, die einheitlich zu behandeln sind«, also der Landschaften, erstrecken solle. Das Zeichnen von politischen Grenzen, Meeresküsten und Flußlinien ist nach seiner Meinung, da Kartenbilder als häusliche Arbeiten nicht aufgegeben werden dürfen, zu schwer und, da es »beziehungslos, mit dem geographischen Sachunterricht nicht zusammenhängend« auftritt, ohne Wert. »Die durch das wiederholte scharfe Anschauen des Kartenbildes erzeugte Vorstellung der staatlichen Grenzen und der Flußläufe genügt vollkommen bis dahin, wo im Interesse der Sache (z. B. bei Besprechung von Verkehrswegen) es einmal nötig wird, ein Stück der Grenze oder einen Teil eines Flusses mit aller Schärfe zu betrachten und zeichnend wiederzugeben«.

Über die Ausführung der Kartenskizzen spricht er sich folgendermaßen aus: »Mehr oder weniger bedeutende Höhenzüge, meist geradlinig verlaufend, schließen öfter die Landschaft ab. So ergibt sich nicht selten als äußerer Umriß der Landschaft eine leicht darstellbare geometrische Figur. Zur Darstellung des äußeren Umrisses können manchmal selbst Meridiane und Parallelkreise dienen, deren Anwendung auch im Hinblick auf die Lage und gegenseitige Entfernung bedeutsamer Orte von Wert ist. Im Innern der Landschaft ist wohl der eine oder andere Höhenzug beachtenswert, vor allem aber kommt es hier auf die Wasserwege an, seien es nun kleinere, der Landschaft ganz angehörende Flußläufe oder Teile größerer Flüsse. Während Bergzüge die Landschaft abschließen, weisen die Flüsse vielfach über den abgeschlossenen Erdraum hinaus. Sie sind aufzufassen als Teile oder Seitenwege der Hauptverkehrslinien. Bedeutsame Punkte an den Wasserwegen sind durch Städte gekennzeichnet.« So erscheint die Oberrheinische Tiefebene als ein von den Grenzgebirgen gebildetes Parallelogramm mit dem 8. Meridian als Diagonale, der für die Zeichnung der Rheinstrecke, der Flußmündungen, der Städte und der Verkehrswege ein wichtiges Hilfsmittel ist, — das Rheinische Schiefergebirge als ein von den Meridianen 6 und 8 und den Parallelkreisen 50 und 52 gebildetes Rechteck mit dem Rhein als Diagonale. Im Norddeutschen Tiefland soll sich das Zeichnen besonders mit der Lage der hervorragenden Städte beschäftigen. So werden Hamburg, Stettin, Breslau, Leipzig durch 4 Gerade zu Winkelpunkten eines Parallelogramms, in dessen Mittelpunkt Berlin liegt.

Zum Schlusse geht der Verfasser auf den Wert des Kartenzeichnens näher ein. Er findet ihn darin, daß es »wie jedes Zeichnen zum scharfen Hinsehen nötigt und das Auge schärft«, daß es »zur scharfen Auffassung des im geographischen Sinne sachlich Wertvollen zwingt«. Auch für die Gewöhnung zum Kartenlesen ist das allmähliche Entstehen von Kartenbildern vor den Augen der Kinder, das sofortige Nachzeichnen und die häusliche Übung darin zum Zwecke der Wiedergabe in der nächsten Stunde (nicht die häusliche Herstellung von zum Abgeben fertigen Kartenbildern) bedeutungsvoll. Endlich ist das Zeichnen ein sachlich wertvolles Wiederholungs- und Prüfungsmittel. Als Beispiel einer Prüfungsaufgabe sei genannt: »Die günstige Lage Frankfurts am Main. Darzustellen durch eine Skizze.«

Seminarlehrer H. Heinze-Friedeberg.

»**Konzentrationsschwindel.**« Der bekannte Pädagoge Dr. Hans Schmidkunz äußert sich in einem »Lesebücher eigener Art« überschriebenen kleinen Aufsatz (Pädagog. Wochenblatt XIII, 19, 20) wie folgt: »Die sog. Konzentration zwingt uns schließlich dazu, die Eigenart und die eigenen Ansprüche eines jeden Faches oder wenigstens der Nebenfächer zu unterdrücken, verschiedenes nach ein und derselben, dem Gegenstand meist fremden Methode zu behandeln. ›Der Verfasser dieser

Zeilen scheut sich nicht, geradezu von einem ‚Konzentrationsschwindel' zu sprechen. Er sieht in diesem ein Hauptsymptom für den Holzweg, auf dem unsere Pädagogik größtenteils ist, für die formalistisch-pädagogische Stilisierung des Wissensinhalts; ein Weg, dessen Einhaltung nachgerade der Pädagogik zahlreiche Feinde auf den Hals hetzen muß. Hierher gehört auch die Schwärmerei für den Klassenlehrer an Stelle des Fachlehrers, die bereits soviel böses Blut gemacht hat. Das ist ein Zeugnis von erfreulicher Frische, das uns lehrt, wie auch in spezifischen Pädagogenkreisen sich die Erkenntnis davon Bahn bricht, wo die Wurzel des Übels zu suchen ist. Wir werden uns der obigen Worte noch öfter zu erinnern haben (vgl. dazu auch die Bemerkungen zu einem Vorschlag von W. Krebs im Geogr. Anz. II [1901], S. 39).

Im folgenden räumt S. ein, daß auf den untersten Stufen der Klassenlehrer gewiß am Platze sei. Das geben auch wir zu; aber eben gerade auch darum bedürfen wir des Unterrichts auf den Klassenstufen, wo der Fachlehrer hingehört, den obersten. *H. F.*

Programmschau.

Die geographische Namengebung behandelt die in Form eines wissenschaftlichen Vortrags gehaltene Betrachtung L. Juroszeks: Die Sprache der Ortsnamen (öffentl. Unter-Realsch. Rainer, Wien 1902) vom historisch-linguistischen Standpunkt. Insofern die Arbeit volks- und völkerkundliche Streiflichter aufweist, ist sie auch für den Geographen von Interesse. Das gilt besonders von dem ersten Teile, der den Unterschied in der Namengebung zwischen den niedriger kultivierten, mehr den sinnlichen Eindrücken unterliegenden, auf allgemeine Begriffe und Bezeichnungen beschränkten und den gebildeteren, mehr abstrahierenden, innerlich und äußerlich unterscheidenden Völkern behandelt.

In der sehr klar disponierten und konsequent durchgeführten Arbeit: Versuch einer Morphometrie der pyrenäischen Halbinsel (k. k. Staatsgymn., CIIII 1902) faßt J. Bronner die ziemlich zahlreichen Angaben über die Höhenunterschiede in einigen wenigen Mittelwerten unter Berücksichtigung der Hoch- und Tiefebenen zusammen und gibt die mittleren Erhebungsverhältnisse der ganzen Halbinsel wie auch einzelner Teile derselben. Der Verfasser geht in der Benutzung der vorhandenen Literatur und des vorliegenden Materials ziemlich weit zurück und schafft sich so eine breite Basis für seine Durchschnittswerte. Diese ermittelt er, indem er an der Hand einer zum Teil selbst ergänzten Höhenschichtenkarte das Areal der einzelnen Höhenstufen und dann mit Hilfe der hypsographischen Kurve das Volumen und die mittlere Höhe berechnet. Daraus zieht dann der Verfasser interessante Schlüsse auf die äußere Gestaltung. Die Ergebnisse für die einzelnen Teile und für das ganze Gebiet vergleicht er mit den Resultaten anderer Autoren. Aus diesen Vergleichen geht hervor, daß die vorliegende Arbeit mit ihren Werten: 584 000 qkm Areal, 374000 ckm Volumen und 640 m mittlere Höhe, das Richtige getroffen hat. Die Betrachtung des Verhältnisses zwischen dem Volumen der einzelnen Teile und dem Gesamtvolumen ergibt, daß die ganze kontinuierliche Hochebene auf die mittlere Höhe der Halbinsel mehr einwirkt als die großen Gebirgsketten. Wir haben es da mit einem sehr massigen Gebiet zu tun, dessen mittlere Erhebung fast das Doppelte der des ganzen Erdteils ausmacht und das in dieser Beziehung auch an Afrika erinnert. Die Bedeutung dieser Werte drückt sich im Klima und in den Vegetationsformen aus. *Prof. Jul. Brael-Horn (N.-Ö.).*

Persönliches.

Ernennungen.

Der zweite Beobachter an der Berliner Sternwarte Prof. Dr. Hans Battermann zum Direktor der Königsberger Sternwarte.

Die Professoren Capitan und Manouvrier von der École d'Anthropologie in Paris zu korrespondierenden Mitgliedern der Berliner Gesellschaft für Anthropologie, Ethnologie und Urgeschichte.

Thomas C. Chamberlin, Professor der Geologie an der Universität Chicago zum Dr. hon. c. der Universität von Wisconsin in Madison.

Prof. W. M. Davis zum Mitglied der National Academy of Science zu Washington.

Der Astronomer Royal Sir David Gill in Kapstadt zum korrespondierenden Mitglied des Pariser Bureau des Longitudes.

Der Assistent Dr. Paul Graebner zum Kustos am Botanischen Garten der Universität Berlin.

Die bisherigen Direktorialassistenten, Prof. Dr. Albert Grünwedel und Dr. Felix Ritter v. Luschan sowie die bisherigen Dirigenten Professoren Dr. Karl von den Steinen und Dr. Ed. Seler zu Abteilungsdirektoren bei dem Kgl. Museum für Völkerkunde in Berlin.

Dr. George F. Kay von der Universität zu Toronto zum assistant professor der Geologie an der Kansas Universität zu Lawrence.

Der Dirigent der in der Entwicklung begriffenen Humboldtschule (Realprogymn. nebst Realschule) in Linden, Prof. Dr. Ernst Oehlmann zum Direktor dieser Anstalt.

Der Geologe Albert v. Reinach in Frankfurt a. M. zum Dr. phil. hon. c. der Universität Marburg.

Dr. Charles Schuchert von U. S. National Museum als Nachfolger Beechers zum Professor für historische Geologie an der Sheffield Scientific School (Yale University, New Haven).

Der Direktor des Geological Survey of the United Kingdom J. J. Teall zum Dr. Sc. der Universität Dublin.

Berufungen.

Oberlehrer A. v. Bockelmann in Danzig zum Professor und Dozenten an der Technischen Hochschule in Danzig.

Prof. Dr. Ed. Brückner in Bern als o. Professor der Geographie an die Universität Halle a. S. an die Stelle Alfred Kirchhoffs.

Frank Carney auf den Lehrstuhl für Geologie an der Denison Universität, Granville (Ohio).

Dr. C. H. Gordon von der Washington State University hat einen Ruf auf den Lehrstuhl für Geologie an der New Mexico School of Mines angenommen.

Der Geolog beim Russ. Geologischen Institut in St. Petersburg, Staatsrat J. M. Moroziewicz, zum o. Professor der Mineralogie an der Univ. Krakau.

Der Professor der Geographie an der Universität Breslau, J. Partsch, hat einen Ruf nach Halle an die Stelle von Prof. Dr. Alfred Kirchhoff abgelehnt.

Prof. Dr. Fritz Rinne an der Technischen Hochschule zu Hannover hat einen Ruf als Ordinarius für Geologie und Mineralogie nach Gießen abgelehnt.

Der Assistent am Meteorol. Observ. in Aachen, Aug. Sieberg, als Hilfsarbeiter an die Kais. Hauptstation für Erdbebenforschung in Straßburg i. E.

Der Professor der Geologie und Mineralogie an der Kgl. württ. Landwirtschaftlichen Hochschule zu Hohenheim, Dr. E. A. Wülfing als etatsmäßiger Professor der naturwissenschaftl. Fächer an die Technische Hochschule in Danzig.

Beihilfen zu wissenschaftl. Arbeiten.

Von der Göttinger Gesellschaft der Wissenschaften erhielten: Prof. Dr. Martin Brendel zur Unterstützung seiner Arbeiten an der Herausgabe von Gauß' Werken für 1903 und 1904 je 1200 M.; Prof. Dr. Ed. Riecke und Prof. Dr. Emil Wiechert zur Fortsetzung ihrer luftelektrischen Untersuchungen 1600 M.; Prof. Dr. Emil Wiechert für seismologische Untersuchungen in den Alpen 1000 M.; Prof. Dr. Hermann Wagner für Katalogisierung alter Kartenwerke 600 M.

Dem Astronomen an der Innsbrucker Universität, Prof. Dr. Egon Ritter von Oppolzer wurden 30000 Kronen aus der Treitelschen Erbschaft bewilligt zur Ausführung von astrospektro- und astrophotographischen Untersuchungen.

Der Professor an der Staats-Universität von Michigan in Ann-Arbor, V. M. Spalding, hat vom Carnegie Institution eine Unterstützung erhalten, damit er während des Winters 1904/05 im Desert Laboratory zu Tucson-Arizona seine Untersuchungen über die Wasser-Absorption- und Transpiration der Kreosot- und andere Wüstensträucher fortsetzen kann.

Auszeichnungen.

Dem Assistenten a. Inst. f. Meereskunde, Dr. Brühl in Berlin, der Kais. russ. St. Annenorden 3. Klasse.

Dem Forschungsreisenden Prof. Dr. A. Voeltzkow in Straßburg i. E. das Ritterkreuz des k. k. österr. Franz-Joseph-Ordens.

Todesfälle.

Carpeaux, Charles, der im Dienste der École française d'Extrême-Orient archäologische Forschungen in Annam ausführte, geb. den 23. April 1860, starb am 28. Mai 1904 in Saigon.

Coillard, François, Verfasser eines Werkes »Sur le Haut Zambèze« (1898), geb. 17. Juli 1834 in Asnières-les-Bourges, starb vor kurzem in Paris.

Gamél, Augustin, dänischer Großkaufmann, der neben anderen Nansens Grönlandexpedition 1888 ausrüstete, starb am 16. Juni 1904 in Kopenhagen.

Hecht, Dr. Viktor, hervorragender Alpinist, starb am 16. Juni 1904 in Linz im 57. Lebensjahr.

Lindenkohl, Adolf, Senior-Kartograph im U. S. Coast and Geodetic Survey, geb. zu Niederkaufungen in Hessen, starb am 22. Juni 1904 zu Washington im Alter von 71 Jahren.

Ratzel, Dr. Friedrich, Geh. Hofrat, o. Professor für Geographie an der Universität Leipzig, geb. 30. August 1844 in Karlsruhe, starb am 9. August 1904 in Ammerland am Starnberger See (vgl. die Biogr. Ratzels von Prof. Dr. K. Hassert im Geogr. Anz. II [1901], S. 161 und den Aufs. von Dr. Chr. Gruber: F. Ratzels »Politische Geographie« und ihre didaktische Bedeutung. Geogr. Anz. IV [1903], S. 165).

v. Schele, Frhr., Generalleutnant, 1892/95 Gouverneur von Deutsch-Ostafrika, starb am 20. Juli 1904 in Berlin im Alter von 57 Jahren.

Sharbau, Henry, Chef-Kartograph der Londoner Geogr. Gesellschaft, geb. 1822 in Lübeck, starb kürzlich in London.   *Ht.*

Geographische Nachrichten.

Gesellschaften.

Das neugegründete Comité du Maroc beabsichtigt eine wissenschaftliche Expedition nach Marokko zu senden. Zum Führer derselben ist der bekannte Marokkoforscher, Marquis de Segonzac bestimmt. Als Mitarbeiter werden ihn Louis Gentil, Renè de Flotte-Roquevaire, Zenagui Abd-el-Aziz und Boulifa begleiten.

Der Erforschung des niederländischen Anteils von Neuguinea schenkt die Geogr. Gesellschaft in Amsterdam besondere Aufmerksamkeit: in ihrem Auftrag soll eine Expedition bis zum Kamme des mächtigen, bis zu 5000 m ansteigenden Oebirges vordringen, das als Karl Ludwig-Kette beginnend, das Gebiet bis zur Ostgrenze durchzieht. Als Führer ist für die Expedition ein Topograph der indischen Armee in Aussicht genommen, als Geolog begleitet sie der Mineningenieur R. Posthumus Meyjes, der bereits vorausreist, um an Ort und Stelle die nötigen Vorbereitungen zu treffen.

Der Bombay branch of the Royal Asiatic Society feiert am 17. Januar 1905 sein 100jähriges Jubiläum.

Zeitschriften.

Der Geological Survey of India läßt seine Records, die, 1866 gegründet und 1892 mit den Memoirs verschmolzen wurden, wieder selbständig erscheinen. Es hatte sich doch als wünschenswert herausgestellt, daß manche Beobachtungen der Öffentlichkeit schneller übergeben werden können als es bisher möglich war.

Stiftungen.

Charles E. Potron vermachte der Franz. Geogr. Gesellschaft 20000 frs.

Zum Gedächtnis ihres Gatten hat die Witwe Walter Percy Sladens einen Percy Sladen Memorial Fund von 20000 £ gestiftet, dessen Zinsen zur Förderung naturwissenschaftlicher Forschungen, insbesondere auf dem Gebiet der Zoologie, Geologie und Anthropologie dienen sollen.

Wissenschaftliche Anstalten.

In der Pariser Deputiertenkammer ist ein Antrag eingebracht worden zur Errichtung eines französisch-marokkanischen Instituts in Marokko zur wissenschaftlichen Erforschung des Landes und zur Heranbildung von Verwaltungs-,

Konsulats- und Dragomanatsbeamten. Die Kosten sind auf 75000 frs. jährlich veranschlagt.

Das bisher auf der Nordseite von Kairo in Abassia gelegene Observatorium ist am 1. Januar 1904 nach seinem neuen Sitze Helwan verlegt worden, auf das Wüstenplateau oberhalb der gleichnamigen Stadt, etwa 22 km südlich von Kairo. Die Gebäude, von denen das Hauptgebäude fertig und mit der meteorologischen Ausrüstung versehen ist, gestatten im Nordosten und Süden den Ausblick nach der Wüste, im Westen nach dem Niltal. Transit- und Equatorialhaus sind vorhanden, das Haus für die selbstregistrierenden magnetischen Instrumente aber noch nicht fertig. Die Lage des Transitpfeilers ist: 29°51'33,5'' N. und 31°20'30,8'' O. Gr. Das Barometer befindet sich 115,4 m über dem mittleren Seespiegel von Alexandria.

Grenzregelungen.

Brasilien und Bolivia haben am 17. November 1903 zu Petropolis einen Vertrag über das vielumstrittene Acregebiet, das reiche Kautschukland im Herzen Südamerikas, geschlossen. Bolivien verzichtet auf das ganze Acre- und obere Purusgebiet (ca 185000 qkm) zugunsten Brasiliens und behält nur einen Streifen zwischen den Flüssen Abuna und Madeira (ca 2000 qkm). Dafür erhält es von Brasilien eine Entschädigung in der Höhe von 40000000 M. Ob Peru mit dieser Abmachung einverstanden ist, bleibt abzuwarten.

Der Schiedsspruch des Königs von Italien über die strittige Grenze zwischen Britisch-Guayana und Brasilien ist am 15. Juni d. J. veröffentlicht worden. Die Grenze läuft vom Yakontipuberge östlich zur Mahuquelle, folgt diesem Flusse bis zur Tacutumündung und dann dem Tacutu bis zur Quelle. Der weitere Verlauf wird durch den am 6. November 1901 in London abgeschlossenen Schiedsvertrag geregelt. Das Gebiet östlich der neuen Grenze ist England, das westlich von ihr Brasilien zuerkannt worden.

Eisenbahnen.

Die erste Teilstrecke der Eisenbahn von Konakry zum Niger, Konakry—Kindia ist am 29. Mai feierlich eröffnet worden.

Auf der im Bau befindlichen Eisenbahnstrecke von Kayes zum Niger ist am 19. Mai zum erstenmal ein Zug bis Bamako gefahren. Im Juli soll die Strecke bis zu diesem Punkte dem allgemeinen Verkehr übergeben werden.

In Siam ist vor einigen Monaten die 151 km lange Eisenbahnstrecke Bangkok—Petchaburi, deren Bau 10½ Mill. frs gekostet hat, vollendet worden.

Forschungsreisen.

Europa. Dr. C. Wesenberg Sund, der eben ein Werk über das Plankton der dänischen Seen vollendete, ist von Sir John Murray zur Teilnahme an der biologischen Erforschung der schottischen Seen eingeladen worden.

Afrika. Mac-Millan vollendete soeben eine Reise vom Sudan nach Abessynien. Von Chartum gelangte er nilaufwärts auf dem Sobat und Baro bis zum Katarakt Gambela und von da glückte es der Expedition mit vollbeladenen Lasttieren ohne Unfall die für unzugänglich geltenden Höhen von Bouré zu erreichen. Seine Reise bedeutet in gewisser Hinsicht die Eröffnung eines neuen Handelswegs vom Sudan nach Abessinien.

Baron Maurice de Rothschild führt gemeinsam mit einer Reihe von Gelehrten eine Forschungsreise nach Abessinien aus, deren Zweck ist, wissenschaftliche Sammlungen für französische Museen auszuführen. Die Expedition hat Mitte April Addis Abeba erreicht, von wo die Reise nach dem Rudolphsee angetreten wurde.

Australien. Captain Vere Barclay hat zusammen mit Ronald Macpherson am 26. April eine Reise nach dem Nord-Territorium von Südaustralien angetreten zur Erforschung des östlich vom Überlandtelegraphen und südlich vom M'Donnellgebirge gelegenen Gebiets. Auch auf etwaige Überreste oder Spuren der unglücklichen Suchhardt-Expedition von 1848 soll sich die Aufmerksamkeit der Forscher lenken.

Polares. Captain Bernier ist im Begriff seine Polarfahrt mit dem Gauß anzutreten. In Halifax soll noch ein Teil der Besatzung aufgenommen und dann die Reise um Kap Horn nach Vancouver, Herschell Island und der Mackenzie-Mündung angetreten werden. Von da aus beabsichtigt Bernier einen Vorstoß nach dem Pol zu machen.

Die »Scotia« ist mit der schottischen antarktischen Expedition an Bord am 21. Juli in der Heimat eingetroffen.

Die englische antarktische Expedition hat am 8. Juli auf der »Discovery« die Heimreise nach Europa von dem neuseeländischen Hafen Lyttleton angetreten. *Hb.*

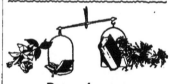

Besprechungen.

I. Allgemeine Erd- und Länderkunde.

Weltall und Menschheit, Geschichte der Erforschung der Natur und der Verwertung der Naturkräfte im Dienste der Völker. Herausgeg. v. Hans Kraemer. I. Bd. Berlin, Bong & Co.

Der vorliegende erste Band dieses Werkes, das auf fünf Bände berechnet ist, gewinnt den Leser sofort durch die vorzügliche äußere Ausstattung und die prächtigen überaus reichhaltigen und guten Illustrationen. Die inhaltlich fesselnde Darstellung, es sei gleich gesagt, entspricht vollkommen der äußeren Ausstattung, sie ist reich, gediegen, den Leser anregend und erfreuend.

Die Ziele, die sich das Werk gestellt hat, sind hohe und weitgehende: »Es will nicht nur eine Geschichte der Vorzeit geben, sondern auch die gesamten, weit sich dehnenden Beziehungen des Menschengeschlechts zum Weltall und seinen Kräften von der Gegenwart an so weit zurück verfolgen, wie überhaupt Spuren denkender menschlicher Wesen auf dem Erdball nachweisbar sind«. Der Herausgeber des Werkes, Hans Kraemer, entwickelt in der Einleitung alle die verschiedenen Fragen, welche sich aus dem zitierten Programm ergeben und welche in dem vorliegenden und den folgenden Bänden einer Untersuchung unterworfen werden sollen: Entstehung und Entwicklung des Menschen-

14

geschlechts, Erforschung des Meeres und der atmosphärischen Hülle, endlich Erforschung der Naturkräfte und deren Verwertung im Dienste der Kultur.

Zunächst, und zwar im vorliegenden ersten Bande, wird die Erde betrachtet, losgelöst von ihren Beziehungen zum Weltall, lediglich als Sitz des Menschengeschlechts. Den geologischen Teil hat Prof. Dr. Karl Sapper in Tübingen, den geophysikalischen Dr. A. Marcuse in Berlin bearbeitet.

Nach der ganzen Anlage des Werkes konnte der geologische Teil eine systematische Darstellung der einzelnen geologischen Entwicklungsperioden der Erde nicht geben. Diese finden ihre Besprechung bei der Betrachtung gewisser Naturerscheinungen, die wir beobachten können, die betreffenden Perioden der Erdentwicklung sind dem heutigen Standpunkt der Wissenschaft entsprechend behandelt. In dieser Behandlung liegt gerade ein besonderer Vorzug des Werkes, da bei derselben der Leser eine Ermüdung nicht spürt und das Interesse an dem Gegenstand dauernd erhalten bleibt.

Sapper hat die geologischen Betrachtungen in zwei Abschnitte getrennt, deren erster »Erforschung der Erdrinde« und deren zweiter »Erdrinde und Menschheit« betitelt ist.

In der ersten Abhandlung finden wir zu Beginn die Geschichte der Erforschung der Erdrinde, im Anschluß hieran Erörterungen über die Entstehung und Beschaffenheit der Erde. Die historische Entwicklung der Ansichten von den Griechen an bis auf unsere Tage ist durch vorzügliche Abbildungen und Darstellungen unterstützt, so daß der Leser unschwer ein klares Bild der Weltanschauungen der Völker zu allen Zeiten gewinnen muß.

Der Vulkanismus und die Gebirgsbildung werden hierauf eingehend besprochen, gleichfalls beginnend mit den Ansichten der Alten über jene Erscheinungen. Die Erdbeben werden etwas zu knapp behandelt; zu wünschen wäre gewesen, daß die neueren seismologischen Forschungen und die Bestrebungen von Prof. Gerland-Straßburg mehr gewürdigt worden wären (S. 142). In dem folgenden Abschnitt »Versteinerungen und Erdgeschichte« sind die einzelnen Perioden der Erdentwicklung übersichtlich besprochen. Die Besprechungen der geologischen Tätigkeit des Wassers und des Windes sowie der wichtigsten Zweige der angewandten Geologie, Quellensuchen und Bergbau, beschließen den ersten Abschnitt.

Der zweite Abschnitt: »Erdrinde und Menschheit« gliedert sich in die Abschnitte »Mineralschätze und Menschheit« und »Geologische Forschung und Menschheit«. In diesen wird in großen Zügen ein Bild von dem Einfluß entworfen, den die Erde und ihre Schätze auf die Menschheit ausgeübt haben, sowie auch von der Bedeutung, welche die fortschreitende Erforschung der Erdrinde und der Erdentwicklung für die gesamte geistige Kultur der Menschheit und deren Weltanschauung gewonnen hat.

Die Erdphysik wird im dritten Kapitel des vorliegenden Bandes von A. Marcuse behandelt. In einem historischen Überblick erörtert der Verfasser die einzelnen Aufgaben geophysikalischer Forschung, von denen er jedoch nur auf drei der wichtigsten näher eingeht, auf den Erdmagnetismus, die Ebbe und Flut, die atmosphärischen Erscheinungen. Wir finden eine hübsche Zusammenstellung des Wissenswertesten über die erdmagnetischen Kräfte, während die Polarlichter im Hinweis auf den noch zu erscheinenden meteorologischen Teil sehr kurz besprochen werden. Die Erscheinungen der Kimmung, des Regenbogens, der Mondhöfe werden klar und

übersichtlich erörtert und die Besprechung durch vorzügliche Abbildungen unterstützt. Dasselbe ist von den Wolkenformen zu sagen und den eingehend behandelten meteorologischen Instrumenten. Meines Erachtens würden weitere Angaben über die verschiedenen Windströmungen in der Atmosphäre und die seit einer Reihe von Jahren systematisch durchgeführten Ballonfahrten (S. 492) dem Leser willkommen gewesen sein.

Dr. W. Boller-Frankfurt a. M.

Weltall und Menschheit. Herausgegeben von Hans Krämer. II. Band. (1903). 4°, 518 S., mit zahlr. Beilagen u. Textbildern. Berlin, Deutsches Verlagshaus Bong & Co.

Der zweite Band dieses großangelegten und reich-illustrierten Werkes zerfällt in drei Teile:

1. Teil: H. Klaatsch, Entstehung und Entwicklung der Menschengeschlechter.
2. Teil: H. Potonié, Entwicklung der Pflanzenwelt.
3. Teil: L. Beushausen, Entwicklung der Tierwelt.

Prof. Dr. H. Klaatsch hat seine schwierige Aufgabe auf Grund von eingehenden Studien an Tier und Mensch, sowie von wissenschaftlichen Reisen in Deutschland, England, Frankreich, Belgien nach Kräften gelöst. Er geht von der Geschichte der Prähistorie und Anthropologie in Skandinavien, England (Lyell), Frankreich (Schmerling) und Deutschland (Lisch) aus, die er bis zur Neuzeit, bis zur Feststellung des Neandertaltypus behandelt. In einem 2. Abschnitt behandelt Klaatsch die Zugehörigkeit des Menschen zum Tierreich im allgemeinen, wobei allerdings manche Rudimentbildungen zur Abstammungslehre nur in hypothetischem Verhältnis stehen können. Einzelne anatomische Verhältnisse aus diesen Relationen behandelt der nächste, 3. Abschnitt, doch mahnt Klaatsch S. 94 mit Recht zur Vorsicht, bezüglich der Anschauungen von dem Aussehen unserer Ahnenreihe, von der, setzt der Ref. hinzu, wir trotz aller geistreichen Theorien nichts bestimmtes wissen.

Abschnitt 4 führt uns in die Paläontologie und zwar in die Periode der Saurier und ihre Verwandtschaft mit den Säugetieren, während der nächste Abschnitt 5 die Stellung des Menschen innerhalb der Reihe der Säugetiere näher zu bestimmen sucht. Das Faultier steht dem Primaten im Skelettbau am nächsten (S. 137). Aus der Reihe seiner »Vettern« der Primaten (S. 139) ringt sich der Mensch durch Vereinigung niederer und höher Eigenschaften des Skelettbaues empor, wobei zunächst an die Eigenheiten der Menschenaffen einerseits (Gibbon, Orang, Schimpanse, Gorilla) und das Pithecanthropos erectus nach Dubois erinnert wird. Das wichtigste Problem: Die Menschwerdung des Menschen behandelt der 6. Abschnitt. Hier stellt sich Klaatsch auf den Standpunkt Virchows, daß für eine Einheit des Menschengeschlechts eintritt. Die Bildung selbst aus der Primatenreihe durch Isolierung, Nahrungsverhältnisse (Baumfrüchte), die Herbeiführung des Klettermechanismus und das aufrechten Ganges usw., wird in geistreicher Weise verfolgt. Als Ort der Entstehung denkt sich Klaatsch mit Schötensack (S. 203—206) die Welt des Indoaustralischen Archipels, als geologische Zeit das Tertiär. Abschnitt 9 bespricht die Ausbreitung des Menschen und die Erwerbung von Werkzeugen, zunächst der Flintsteine, wobei Klaatsch die verschiedenen Fundstätten (Taubach, Chelles, St. Acheul,

Aurillac, Belgien, Theben u. a.) zur Vergleichung heranzieht. Über diese älteste, eolithische Werkzeugbildung sind auch die Resultate der Wormser Diskussion (Anthropologen-Kongreß) zu vergleichen. Ranke und Fritsch mahnten zur Vorsicht, und nach den Entdeckungen des Ref. im »Haßlocher Walde« vom Spätherbst 1903 (vgl. »Globus«, 84. Band, Nr. 23), wo in eolithischen Schichten spätzeitliche Silexware festgestellt wurde, sind auf dasselbe Echo hin zu verwerten!

Die verschiedenen Eiszeiten und ihre Beziehungen zu den ältesten Kulturstätten in Europa bespricht der 10. Abschnitt; diesem schließt sich auch inhaltlich der 11. an, der die »Anfänge der Kunst« in der Mammut- und Renntierperiode an der Hand eines reichillustrierten Materials (Höhlenfunde der Dordogne!) behandelt. Im Anschluß an diese archäologische Darlegung gibt Klaatsch in Abschnitt 12 ein genaues Bild von der körperlichen Entwicklung der diluvialen Menschheit, wobei schon die Skelettreste des fossilen Menschen von Krapina (S. 295—296) mit zur Beweisführung angezogen werden. Mit der Rassengliederung der jetzigen Menschheit, die ebenfalls im Sinne der Entwicklungstheorie diskutiert wird, schließt der 13. Abschnitt die Arbeit des Prof. Klaatsch ab. Mit Recht weist der Verfasser (S. 337) auf die merkwürdige Übereinstimmung der Zeichnungen und Schnitzereien der Eskimos, Tschuktschen und Lappländer mit denen der Eiszeitmenschen hin. Das Werk von Klaatsch ist nach System, Methode und Resultat so epochemachend, daß es von keinem Forscher und keinem Lehrer außer acht gelassen werden kann. Jeder Gelehrte und Lehrer muß sich mit der Theorie und den Tatsachen, die hier vereinigt sind, in Zukunft abzufinden bestrebt sein.

Im zweiten, kürzer gehaltenen Teile behandelt Prof. Potonié die Entwicklung der Pflanzenwelt. Auch er geht von der Entwicklungstheorie von Forschern, wie Lamark und Darwin, aus. Der Ernährung und Bildung der Pflanzen, die er in vier Typen (S. 358) einteilt: Lagerpflanzen, Moose, Pteridophyta, Phanerogamae, wird auf geologischer Grundlage besonders Raum gegeben, ebenso den Beziehungen zu den Ergebnissen der Paläontologie. Danach »verdrängen auch die Geschlechter der Gewächse einander und wandern, aber es geschieht hier in Ruhe und Stille, unblutig und ohne Leidenschaft« (S. 408).

Der 3. Teil ist von der Feder des Prof. Beushausen der Entwicklung der Tierwelt gewidmet. Zur Vermeidung eines Konflikts mit dem 1. Teil hat sich der Verfasser lediglich auf die Wiedergabe der Ergebnisse der zoologischen Paläontologie beschränkt, für die Werner und Curier bahmbrechend waren. Die Abstammungslehre bezeichnet der Verfasser mit Recht als ein »schönes Gedicht«; doch hätten wir zur Zeit nichts besseres an ihre Stelle zu setzen. Aber »ohne Hypothesen gibt es nun einmal keinen Fortschritt in der Wissenschaft«. »Nur müssen die Hypothesen als solche kenntlich sein« und sie »gehören nicht auf den Marktplatz des Lebens« (S. 416).

Prof. Beushausen hat mit diesen Worten, die er seiner Spezialarbeit voraussetzt, die von den Fusulinen bis zu den Boviden reicht, jedoch mit Rücksicht auf den 1. Teil der Halbaffen und Affen nicht behandelt, den Kernpunkt der ganzen, großen, die wissenschaftliche Welt und die Laienkreise bewegende Frage getroffen. Der Darwinschen Entwicklungstheorie und ihrer Einschätzung hat nichts mehr Schaden gebracht, als die Umwertung dieser Theorie zum Gewand bewiesener Tatsachen.

ist vom Einzelnen z. B. vom Beweis eines roh behandelten Flintsteinstücks für die Handarbeit des tertiären oder diluvialen Menschen ein weiter und oft gewagter Schritt, desto mehr vom Ganzen, vom Zusammenballen einzelner, bald feststehender, bald zweifelhafter Entwicklungsmomente zu einer umfassenden genetischen Spekulation.

Vorsicht im Einzelnen, Vorsicht im Ganzen, muß hierin der Kampfruf besonnener Forschung sein und bleiben, und von diesem Standpunkt aus müssen manche Partien dieses hervorragenden Werkes gewürdigt und gewertet sein! —

Noch ein Wort zum Schluß über den illustrativen Teil des Werkes sei dem Ref. gestattet!

Mit Karten, Vollbildern in Farben, photographischen Tafeln, Textabbildungen ist das Werk überreich ausgestattet. Die bezüglichen Originale befinden sich meist in den Museen zu Paris, Berlin, Leipzig, Bonn. Die Reproduktion ist in Technik und Maßstab eine durchaus anerkennenswerte und übersichtliche. Nur ganz wenige Werke, die in Deutschland in den letzten Jahren erschienen sind, können sich mit diesen vorliegenden Leistungen vergleichen. Von Nordamerika gehören hierher einige vornehm ausgestattete Institutswerke. So können wir mit Fug und Recht vom Gesamtinhalt — abgesehen von einzelnen Partien, die uns hypothetisch erscheinen — und vom Beiwerk den Spruch anwenden, den Ludwig XIV. über die Tore der Festung Landau setzen ließ: Nec pluribus impar! *Prof. Dr. C. Mehlis-Neustadt.*

Die Schiffahrt der deutschen Ströme. Band I (130 u. 342 S., 1 Karte, 1 graph. Darstellung) und Band II (306 S.). Leipzig 1903 (Schriften des Vereins für Sozialpolitik. C.).

Die zwei starken Bände sind in erster Linie für den Sozialpolitiker bestimmt und stellen sich zur Aufgabe, »die Verhältnisse der deutschen Wasserstraßen mit Rücksicht auf die Fragen der Konkurrenz zwischen diesen Straßen und den Eisenbahnen und der Erhebung von Abgaben von ersteren« zu untersuchen. Dennoch findet auch der Wirtschaftsgeograph, zumal der Verkehrsgeograph, in ihnen mannigfache Belehrung, und bei Spezialuntersuchungen über die deutschen Ströme dürften die vorliegenden Arbeiten mit zu Rate gezogen werden müssen.

Im ersten Bande behandelt G. Bindewald die Entwicklung des Abgabewesens und der Regulierungskosten der Elbschiffahrt 1871—1900, mit 1 Karte; O. G. Giersberg die Bedeutung der Wasserstraßen im östlichen Deutschland für den Transport landwirtschaftlicher Massengüter, mit einer graphischen Darstellung; G. Seibt die Wartheschiffahrt; im zweiten Bande Eb. Gothein die geschichtliche Entwicklung der Rheinschiffahrt im XIX. Jahrhundert.

Zur näheren Erläuterung des Inhalts dieser Arbeiten diene die Mitteilung der Inhaltsverzeichnisse zu Seibt und zu Gothein. Seibt: I. Allgemeine Entwicklung der Wartheschiffahrt; II. Der Schiffsverkehr in gesonderter Darstellung nach den einzelnen Gütern, a. Talverkehr, b. Bergverkehr; III. Die verkehrs- und volkswirtschaftliche Bedeutung der Wartheschiffahrt; Gothein: Einleitung und Zustand der Rheinschiffahrt im XVIII. Jahrhundert; I. Die Revolution; II. Der Oktroivertrag; III. Das Kaiserreich und die Rheinschiffahrt; IV. Die Rheinschiffahrt auf dem Wiener Kongreß; V. Der Streit um die Befreiung des Rheins; VI. Der Schiffahrtsbetrieb und seine Ergebnisse; VII. Die Anfänge der

14*

Dampfschiffahrt auf dem Rhein; VIII. Die Durchführung der Rheinschiffahrtsakte und die Beurt-
fahrten; IX. Die Verkehrspolitik der Rheinuferstaaten
von 1831—1848; X. Der Kampf der Verkehrsmittel;
XI. Der Verfall und die Aufhebung der Schiffahrts-
abgaben. Rückblick. *Dr. E. Friedrich-Leipzig.*

Rühl, Karl, Das obere Saaletal. 2. verm. Aufl.
132 S. mit zahlreichen Illustrationen und einer
Spezialkarte Ostthüringens. Ziegenrück 1903,
H. Jentzsch. 1 M.

Nach tausenden zählt das Heer der »Fremden«,
die alljährlich, um der Erholung willen in frischer
Tannenluft oder um sich an landschaftlicher Schönheit zu freuen, das Thüringerland zum Wanderziel
wählen. Aber leider nur wenige werden die Meer-
straße der Touristen verlassen und ihre Schritte dem
wenig beachteten, aber ungeahnte Naturreize bietenden
Flecken der Thüringer Erde zuwenden, den Rühl
durch seinen Führer erschließt. Die obere Saale
mit ihrem Gefolge, der Selbitz, Sormitz, Loquitz
und dem Wisentbach, deren Wasser zwischen Felsen
und dunklen Tannen in schönen Tälern rauschen,
und liebliche Waldorte, allen voran das freundliche, im engen Tale langgestreckte Ziegenrück lohnen
mit reichem Danke die Beachtung, die der Wanderer
ihnen schenkt. Wer je eine Thüringer Reise plant,
greife nicht nur zum »Meyer« und »Baedeker«, er
nehme auch Rühls schönes Buch zur Hand: es wird
ihm weniger Bade- aber um so mehr Thüringerleben
finden und genießen lehren. *Hh.*

II. Geographischer Unterricht.

Seignette, A., Cours élémentaire de Géologie,
rédigé conformément aux programmes officiels
à l'usage des lycées et collèges de jeunes filles,
des écoles normales primaires et des écoles
primaires supérieures. 6. édition, Paris 1903.

An den höheren Schulen Frankreichs ist seit
dem Jahre 1902 die Geologie als besonderer Lehrgegenstand eingeführt. Der vorliegende Leitfaden
ist nach den offiziellen Lehrplänen ausgearbeitet und
gibt in drei Abschnitten einen Überblick über das
Gebiet. Der erste Teil (S. 1—16) behandelt die
wichtigsten Gesteine nach äußeren Merkmalen unter
besonderer Berücksichtigung ihrer Verwendung. Die
hier gegebenen Definitionen sind aber sehr wenig
wissenschaftlich. Bei den Schichtgesteinen: »Die
Lagen sind gewöhnlich matt und von erdigem Ansehen; wenn sie Kristalle enthalten, sind diese gewöhnlich gleichartig.« Bei den kristallinen Gesteinen:
»Sie sind gewöhnlich glänzend und sehr hart und
schließen zahlreiche Kristalle von verschiedener Natur
ein.« S. 3—4. Bei den Eruptivgesteinen wird die
wichtige Einteilung in Tiefen- und Ergußgesteine
vermißt, die doch auch von französischen Petro-
graphen anerkannt wird (S. 153). — Der zweite Teil
(S. 27—132) lehrt die aktuellen Veränderungen
des Bodens kennen und beschäftigt sich mit den
Wirkungen des Wassers, der Gletscher, der Entstehung der Sedimentgesteine, den Vulkanen und
den Bewegungen des Bodens. Bei Behandlung des
Wassers als eines geologischen Agens bezieht sich der
Verfasser auf die angebliche aushöhlende Wirkung
des auf den Stein fallenden Tropfens und erklärt die
nagende und abradierende Wirkung an festem Fels
nur durch die Reibung (frottement) des Wassers am
Gestein, während er die Arbeit der Geschiebe ganz
außer acht läßt (S. 42—62). Ferner kennt er außer

der durch Lösung bewirkten unterirdischen Erosion,
noch eine solche durch eben diese Reibung. (S. 56).
Die Meeresströmungen werden nur durch Temperaturdifferenzen des Meerwassers erklärt (S. 65), während
die Zöppritzsche Theorie nicht berücksichtigt ist.
Bei den Gletschern wird die Grundmoräne gänzlich
unerwähnt gelassen; auch hier erscheint wieder die
Bearbeitung der Gesteine durch das Eis, nicht durch
die Geschiebe (S. 87). Auch die Auffassung des ersten
Tiefseeschlammes als Verwitterungsprodukt der Gesteine des Meeresbodens ist recht problematisch (S. 110);
desgleichen der Ausspruch, daß die Gegenwart des
Meeres notwendig sei für die Tätigkeit eines Vulkans
(S. 122). Die tektonischen Erdbeben fehlen gänzlich
(S. 128). — Der dritte Teil des Buches (S. 132—274)
bringt die erdgeschichtliche Entwicklung Frankreichs
mit Einschluß der vorgeschichtlichen Epoche und zwar
jede Periode nach folgendem Schema: Leitfossilien,
wichtige Gesteine, geographische Verbreitung, Verteilung von Land und Meer, nutzbare Ablagerungen,
Flora und Fauna. Auffallen muß, daß das Oligocän,
das doch in Frankreich recht verbreitet ist, keine
Erwähnung findet. Die Störungen der Erdrinde
sind sehr kurz und nicht immer richtig behandelt.
(S. 148—149). — Abgesehen von den eben besprochenen, leicht zu beseitigenden Mängeln liegt hier
ein gutes Schulbuch vor. Das zeigen die klare Dis-
ponierung, die übersichtliche Paragrapheneinteilung,
die Zusammenfassungen und Tabellen am Ende jeden
Abschnitts, sowie die guten Abbildungen und Karten.
Dadurch daß immerfort auf aktuelle Verhältnisse Bezug genommen wird, erleichtert der Verfasser sehr
das Verständnis früherer Vorgänge. — Leider fehlt
uns in Deutschland bis jetzt eine solche geologische
Heimatskunde für die Hand der Schüler. Freilich sind
wir auch noch weit von der Erteilung geologischen
Unterrichts entfernt. Solange es sogar noch Ober-
realschullehrpläne gibt, wo die beschreibenden Naturwissenschaften mit Obertertia aufhören und die Geographie von Obersekunda ab mit der Geschichte verschmolzen ist (wie z. B. in Hessen), ist in dieser Hinsicht
wenig zu hoffen. *Dr. W. Schottler-Darmstadt.*

Colomb, G. et C. Houlbert, Géologie. Étude
des Phénomènes actuels. (Cours de Sciences
naturelles, rédigé conformément aux nou-
veaux Programmes, 31. Mai 1902.) 162 S.
Paris 1903, Colin. 2 frs

Die französischen Lehrpläne schreiben für die
Klassen V B und IV A einen gesonderten Kursus
über die Erscheinungen der Gegenwart vor, dem
später in Klasse II die historische Geologie folgen
soll. Die beiden Verfasser (Colomb ist Botaniker
an der Sorbonne, Houlbert Naturwissenschaftler am
Lyceum in Rennes) bieten in dem vorliegenden,
sehr ansprechend ausgestatteten Lehrbuch für den
ersten Kursus eine durch Klarheit und flüssige Sprache
wohltuend berührende Zusammenstellung der auf
der Erde wirkenden Naturkräfte (Wasser, Wind,
Zentralwärme, Organismen), durch zahlreiche hübsche
Bilder illustriert, deren Gegenstände, wo angängig,
dem französischen Boden entnommen sind. Ich
wüßte kein deutsches Buch, das diesem an die Seite
zu stellen wäre, wenn auch bisweilen etwas zu
viel theoretische Konstruktion mit unterläuft und
die verwirrende Mannigfaltigkeit der Erscheinungen
manchmal etwas gewaltsam auf ein einfaches Schema
zurückgeführt wird. Es scheint allerdings aus dem
französischen Lehrern wie ihren deutschen Amtsgenossen bei diesem Gebiet die undankbare Rolle

zugefallen zu sein, daß sie einen zu schweren Stoff mit noch unreifen jugendlichen Köpfen bearbeiten müssen. *Dr. W. Schjerning-Charlottenburg.*

Thomas, Louis, Buch der denkwürdigsten Entdeckungen auf dem Gebiete der Länder- und Völkerkunde. I. Die älteren Land- und Seereisen bis zur Auffindung der Seewege nach Amerika und Indien. 10. Aufl., 68 Illustrationen. Leipzig 1904, Otto Spamer. II. Entdeckungen usw. nach Auffindung der Neuen Welt bis zur Gegenwart. 10. Aufl., 81 Illustrationen. 1904. Jeder Band 2.50 M.

Kleinpaul, Johannes, Ferdinand Cortez und und die Eroberung von Mexiko. Für Jugend und Volk geschildert. Mit 48 Textabbildungen. VI, 249 S. Leipzig 1904, Otto Spamer. 3.60 M.

Die beiden erstgenannten Bände sind alte Bekannte aus früheren Tagen und die zahlreichen Bilder größtenteils dieselben, die mit ihrer bescheidenen Technik der Jugend um die Mitte des vorigen Jahrhunderts soviel Vergnügen bereitet haben. Neuere Bilder sind hier und da eingestreut. Der Text führt die jugendlichen Leser in angenehmer Darstellung in Gebiete der Entdeckungsgeschichte, über die sich der Unterricht nur berührend oder gar nicht verbreiten kann, und deshalb sind die Bücher immer noch achtbare Stücke der Schülerbibliothek, sagen wir etwa, der Quarta und auch höher hinauf. Eins freilich täte ihnen gut, nämlich etwas mehr Verjüngung in den geographischen Teilen. Der Text, die Beschreibung Indiens, S. 64 ff., liest sich wie ein Kapitel »Belehrendes« aus Großvaters Kalender mit recht vielen anfechtbaren Mitteilungen. Die beiden indischen Halbinseln und »die dazu gehörigen Inseln« (welche?) haben danach 200 Millionen Einwohner, während doch das Kaiserreich Indien allein 300 Mill. besitzt. Jener Einwand gilt zumal für den II. Teil, der zwar die Jahreszahl 1904 auf dem Titelblatt trägt, aber mit seinen statistischen und entdeckungsgeschichtlichen Angaben schon in der ersten Hälfte der letzten 90er Jahre Halt macht. Das ergibt denn freilich besonders für die Polargebiete und die in den schnellen Wechsel des politischen Lebens gezogene Südsee ein durchaus nicht mehr zutreffendes Bild. Das Schreckensgebäude, in das die 146 Gefangenen von Fort William (S. 107) eingesperrt wurden, heißt nicht »Schwarze Hölle«, sondern »Schwarze Höhle.«

Kleinpauls ausführliche Erzählung der Eroberung Mexikos gibt zwar auf einigen Seiten den Text aus dem vorgenannten Werke wörtlich wieder und enthält auch einige Bilder daraus, stellt sich aber im übrigen durch Text und Ausstattung als ein selbständiges Werk dar, das für die Schülerbibliothek oberer Klassen geeignet ist. Mit 249 Seiten ist das Gute nicht zu reichlich zugemessen, denn die Spannung wird den Leser dieses Romans in der Geschichte nicht müde werden lassen. Die märchenhafte Tat der Konquistadoren und der nicht unrühmliche Untergang einer alten Kultur trägt einen Abglanz der homerischen Kämpfe um Ilion in den Beginn der Neuzeit hinein und hat dabei vor den Versen des Ilias die geschichtliche Wahrheit voraus. Der saubere Kartenausschnitt auf S. 15 gestattet hinreichend den Zug des Eroberers zu verfolgen. Im übrigen gilt für Karte und Text (S. 30), daß der Citlaltepetl nicht der Orizaba, sondern der Pic von Orizaba heißt.

Dir. Dr. E. Oehlmann-Linden-Hann.

Korsch, H., Methodik des geographischen Unterrichts in der Volksschule, ein Hilfsbuch für Lehrer und Seminaristen. Mit Abbildungen und einer farbigen Tafel Terraindarstellungen. Braunschweig und Leipzig 1903, Verlag von Hellmuth Wollermann. 2.40 M.

Wenn der Verfasser nach dem Vorwort auch nicht beabsichtigt, neue methodische Ideen vorzutragen, sondern sich nur bemüht, alte anerkannt bewährte Grundsätze übersichtlich zusammengefaßt darzustellen, so vermißt man doch in dem klar und gut geschriebenen und fein disponierten Buche keineswegs die Berücksichtigung der neuen Bestimmungen und heutigen Forderungen. — Neben die Aneignung der konkreten Wissensstoffe stellt er die Einführung der Schüler in den ursächlichen Zusammenhang der erdkundlichen Erscheinungen als das Ziel des geographischen Unterrichts in der Volksschule hin und sucht dieses auf dem Wege der Unterrichtsstufen »Anschauen, Denken, Anwenden« zu erreichen. Mit der einschlägigen Literatur hinreichend vertraut, zeigt er sich auch als ein Meister in der Praxis.

Die gründliche »Methodik« wird Lehrern und Seminaristen ein willkommener und zuverlässiger Ratgeber sein. Für die zweite Auflage möchte ich jedoch den aus Tromnaus' Lehrbuch der Schulgeographie, neu bearbeitet von Dr. Emil Schöne, mit Quellenangabe entnommenen Abschnitt »Die Bewohner des Harzes«, der kritischen Aufmerksamkeit des Verfassers besonders empfehlen. Er ist trotz einiger neueren Einschiebungen völlig veraltet und kann nicht »als Muster einer Besprechung der Bevölkerungsverhältnisse einer Gegend« dienen.

Zu allem, was er selbst geschrieben hat, nur zwei leise Wünsche. Ich schlage ihm vor, unter die »zu empfehlenden« Bücher (S. 126 ff.) auch einige von der Art aufzunehmen wie die Velhagen-Klasingschen »Monographien zur Erdkunde«, und inbetreff der Erklärung der Ortsnamen (S. 577) etwas weitere Grenzen zu ziehen als Harmo: wenn der Lehrer — wo sich gerade ungesucht die Gelegenheit bietet — reifere Schüler darauf aufmerksam macht, daß die Endungen hausen, heim (em, um), stedt, leben (d. i. Erbgut) nur alten Orten, Siedelungen eines frein Mannes, eignen; daß die Orte mit der patronymischen Endung ingen (ungen) auf eine Sippe hinweisen und daß auf dorf später als Niederlassung eines »Trupps« entstanden sind; alle Orte aber auf lah und feld, hagen, rode und schwende erst der ausbauenden Kolonisation angehören; ferner: daß Orte der letzten Gruppe weniger gute Feldmarken haben und deshalb zum großen Teil wieder wüst geworden sind; oder: daß sich aus »leben« noch heute erkennen läßt, wie weit nach Norden vor alters die Herrschaft der Thüringer reichte usw. usw., so kann er auf das höchste Interesse seiner Hörer rechnen; es sind das nicht zu unterschätzende Stellen, an denen sich Vaterlandskunde (auf der Oberstufe) und Kulturgeschichte die Hand reichen.

Den Abriß »§ 12 die Entwicklung des geographischen Unterrichts in der Volksschule« heiße ich in Erinnerung an die Zeit, wo ich gleichfalls als Seminarlehrer in Geographie und Geschichte unterrichtete, im Interesse der Seminaristen besonders willkommen.

Zum Schlusse lasse ich nicht unerwähnt, daß Druck und Ausstattung des Buches tadellos sind.

Schulinspektor Fr. Günther-Klausthal.

Leitfaden der Handelsgeographie für kaufmännische Fortbildungsschulen sowie für mittlere und niedere Handelsschulen. Für die Hand der Schüler bearbeitet von Rektor A. Eckart, Leiter der kaufm. Fortbildungsschule zu Höchst a. M. 142 S. Hannover und Berlin 1904, Carl Meyer (Gustav Prior). 1.50 M.

Der Verfasser ist bei der Ausarbeitung des Buches von dem Grundsatz ausgegangen, die kulturellen Erscheinungen nach Ursache und Wirkung darzustellen, bzw. den natürlichen Zusammenhang zwischen Boden und Kulturleben in seiner Einwirkung auf Handel und Verkehr in den Vordergrund treten zu lassen. Diese Aufgabe hat er im ganzen und großen ordentlich gelöst, in Einzelheiten aber weist das Buch eine große Anzahl von Irrtümern auf, die nicht bloß als Schreib- oder Druckfehler entschuldigt werden können. So heißt es S. 76 von Oberitalien: die Grenzen der ausgedehnten Felder bilden Maulbeerbäume, auf denen die Seidenraupen gezüchtet werden. — S. 79 ist Venedig auf Lagunen erbaut. Die Norweger dürften wohl lächeln zu der Behauptung, Astrachan sei neben Neufundland die wichtigste Fischerei der Welt (S. 85) und Drontheim sei die nördlichste Eisenbahnstation der Welt (S. 89). Daß im Kapland Kaffee angebaut wird (S. 113 und 119), daß Alexandria Baumwolle nach Ägypten einführt, (S. 116) und Deutsch-Ostafrika Kopalholz ausführt (S. 53), ist ebenso unrichtig wie die Bemerkung, die christlichen Kopten seien nomadisierende Araber (S. 115) und die Hindus seien arabischer Abkunft. (S. 104). Wieso der Verfasser imstande ist, das Wasser des San Juan, d. i. des Abflusses des Nikaragua-Sees, beim Bau des Panamakanals zu verwenden (S. 124), ist mir rätselhaft. Eine Transkontinentalbahn Port Darwin—Adelaide (S. 141) gibt es noch nicht. Die statistischen Angaben sind vielfach veraltet: Der Verfasser hat die Ergebnisse der Volkszählungen von 1900/01 nicht überall verwertet.

Auch in der Schreibweise der Namen finden sich Absonderlichkeiten. Formen wie Bombey Jenisai, Nagasakia, Barrenquilla, Valpareiso, Wilitzka, Debretin, Tokey, Steyer, Insbruck, Loplate u. a. m. sollten in einem deutschen Lehrbuch nicht vorkommen. Denselben Vorwurf der Flüchtigkeit müssen wir leider auch dem Stile des Verfassers machen: S. 137 heißt es, Paraguay fehlt jede Berührung mit dem Meer, hat aber eine vorzügliche Abfuhrstraße für seine Erzeugnisse. — S. 139 Australien, dieser wohl infolge seiner großen Entfernung von Europa und inmitten der Wasserhalbkugel gelegene Erdteil ist zuletzt bekannt geworden. — S. 126 die Westküste Grönlands ist vom Golfstrom erwärmt und ermöglichte die Ansiedlung der christlichen Eskimos. S. 117 der schiffbare Senegal und Niger sind vorzügliche Handelsverbindungen nach dem Innern.

Das Büchlein weist noch manche solcher Nachlässigkeiten des Stiles auf, so daß aus ihm eine Neuauflage von Wustmanns Sprachdummheiten reichlichen Stoff entnehmen könnte.

Über die Auswahl der Ortschaften kann man verschiedener Ansicht sein, immerhin sollten aber noch Städte wie Glasgow, St. Gallen, Roubaix, Cette, Grenoble, Bilbao, Bergamo, Ancona, Livorno, Lodz, Tula, Kaluga, Charkow, Kischinew, Täbris, die persischen Hafenorte am kaspischen Meere, Karatschi, Surabaja, Rangun, Tampico, Potosi, Brisbane u. a. m. in einem für mittlere Handelsschulen bestimmten Leitfaden nicht fehlen.

Wir raten dem Herrn Verfasser, das Buch vor der Drucklegung einer neuen Auflage einem Lehrer der deutschen Sprache und einem Geographen zur Durchsicht zu übergeben; dann kann es ein ganz brauchbares Lehrmittel werden. *Dr. R. Hotz-Basel.*

Heimatkunde der Stadt Basel. Herausgeg. von einer Kommission der freiwilligen Schulsynode. Zürich 1903, artistisches Institut Orell Füßli. 1.50 fr.

Dieses Werk, ein Faszikel von 139 Seiten, zerfällt in zwei Teile, von denen der erste, umfassendere, die geographische Heimatskunde behandelt und von Rektor Dr. Edwin Zollinger verfaßt ist, während der von Dr. Rudolf Luginbühl erstellte zweite Teil Bilder aus der Geschichte Basels darbietet. Diese äußere Trennung der Stoffe soll keineswegs eine innere bedingen. Zieht doch der Verfasser des ersten Teiles in sehr glücklicher Weise bei jeder sich bietenden Gelegenheit historische Notizen herbei. Aber auch wenn der Lehrer in noch bedeutend ausgedehnterem Maße, als es hier geschieht, das historische Moment in das geographische unmittelbar einzuflechten unternimmt, so wird dadurch der zweite Teil nichts weniger als überflüssig, da ihm immer noch die Aufgabe bleibt, die im ersten Teile nur vereinzelt und gelegentlich bearbeiteten historischen Bausteine zusammenzutragen und zum einheitlichen Gebäude zusammenzufügen.

Das im allgemeinen befolgte Prinzip, nach welchem zuerst auf einem Spaziergang mit den Schülern das Material gesammelt und dieses hierauf in der Stunde verarbeitet wird, ist ganz besonders zu begrüßen. Dagegen will mir scheinen, der Verfasser sei einer der ersten Aufgaben heimatkundlichen Unterrichts: Herausarbeitung von Gemeinvorstellungen, nicht genügend gerecht geworden, sondern fast überall auf der Stufe der Einzelvorstellung stehen geblieben, obwohl die formalen Stufen, an die er sich im allgemeinen in seinen Darbietungen hält, es ihm besonders nahe gelegt hätten, durch Vergleiche (Assoziation) und Herausbildung des Wesentlichen (System) zu allgemeinen Gesichtspunkten vorzudringen. Nicht begriffliche Definitionen schweben mir hier vor, sondern lediglich Hervorhebung der wesentlichen Merkmale von Begriffen, wie Ebene, Tal, Hügel, Berg, Plateau, Gebirge — Bach, Fluß, Kanal — Fabrik, Kirche, Villa, Bauernhaus, Weiler, Dorf, Stadt — usw.

Von diesem Mangel, den übrigens viele gar nicht als einen solchen gelten lassen werden, abgesehen, kann die »Heimatkunde der Stadt Basel« als ein Muster ihrer Art gelten. Sie geht überall in naturgemäßen Weg von der Anschauung (Spaziergang) zur Vorstellung, vom Nahen zum Fernen, bietet eine Fülle nützlicher Anregungen, leitet überall an zur zeichnerischen Wiedergabe des Gesehenen und schreitet in der Einführung ins Kartenverständnis in methodisch unanfechtbarer Weise von der Grundrißzeichnung erst des Zimmers, dann des Schulhauses, zum Planzeichnen und zu eigentlicher Kartendarstellung fort. Daß die letztere die Terraindarstellung in Tuschmanier bietet, welche der Lehrer an der Wandtafel durch die flachgeführte hellbraune Kreide in einer Art Schummerung wiedergeben wird, mag sich ebenfalls empfehlen. Mit Vorteil hätten da und dort Aufgaben für die Schüler eingestreut werden können, z. B. genauere Beobachtungen auf ihrem Schulweg an Gebäuden, am Wasser, auf der Straße, am Himmel, zeichnerische Wiedergabe von Gesehenem, Versuche (z. B. über die Wirkung fließenden Wassers auf schiefer Ebene usw.). Die geschichtlichen Bilder, unter denen eine mustergültig durchgeführte Lektion besonders zu nennen ist, sind klar, abgerundet und nicht zu hoch gehalten. Der chronologische Anhang mit den zahlreichen Literaturnachweisen wird dem Lehrer — auch auf oberen Stufen — vortreffliche Dienste leisten.

Seminarlehrer O. Stucki-Bern.

Geographische Literatur.

a) Allgemeines.

Chamberlin, T. C., Contribution to the theory of glacial motion. 4°. London 1904, W. Wesley & Son. 3 sh.

Geographisches Jahrbuch. Begr. 1866 durch E. Behm. XXVI. 1903. Herausgeg. von Herm. Wagner. 2. Hälfte. S. 249—490. Gotha 1904, Justus Perthes. 7.50 M.

Kraemer, Hans, Weltall und Menschheit. 3. Bd., 442 S. mit Abb. Berlin 1904, Bong & Co. 16 M.

Loewy, A., u. F. Müller, Über den Einfluß des Seeklimas und der Seebäder auf den Stoffwechsel des Menschen. 27 S. Bonn 1904, Mart. Hager. 1 M.

Orlopp, Rud., Welt, Wald und Wanderung. 206 S. Dresden 1904, E. Pierson. 3 M.

Roberts, C. G. D., Earth's enigmas. London 1904, Duckworth & Co. 5 sh.

Treubert, Frz., Die Sonne als Ursache der hohen Temperatur in den Tiefen der Erde, der Aufrichtung der Gebirge und der vulkanischen Erscheinungen. Eine geophysik. und geol. Skizze. 63 S. München 1904, M. Kellerer. 1.80 M.

b) Deutschland.

Baron, P., Spezialkarte vom Kreise Mogilno. Rev. von den zust. Behörden. 1 : 100000. Lissa 1904, F. Ebbecke. 1 M.

—, Spezialkarte vom Kreise Strelno in 5 fachem Farbendruck. 1 : 100000. Lissa 1904, F. Ebbecke. 1 M.

Cervus, A., Führer durch das Gebiet der Riesentalsperre zwischen Gemünd und Heimbach-Eifel mit nächster Umgebung. 58 S., 26 Abb., 1 K. Trier 1904, Fr. Lintz. 1 M.

Der Harz. Deutsche Städte u. Landschaftsbilder. 50 Bromsilberphotogr. Berlin 1904, Neue photogr. Gesellschaft. 25 M.

Dreesen, Wilh., Wanderungen durch Heide und Moor zwischen Elbe, Jeetze, Aller und Weser. Text von H. Benrath. 8.—11. Lief. 24 Taf. Hamburg 1904, O. Meißner. Je 5 M.

Freytag, G., Touristen-Wanderkarten mit in Farben ausgeführten Wegemarkierungen. 1 : 100000. X. Blatt: Berchtesgadenerland und Pinzgau. Wien 1904, G. Freytag & Berndt. 1.70 M.

Karte des Deutschen Reiches. 1 : 100000. Nr. 265. Gardelegen. — 317. Luckenwalde. Berlin 1904, R. Eisenschmidt. Je 1.50 M.

Karte des Thüringer Waldes um Oberhof. 1 : 50000. Gotha 1904, Justus Perthes. 80 Pf.

Landestriangulation, Die Kgl. preuß., Abrisse, Koordinaten und Höhen sämtlicher von der trigon. Abteilung der Landesaufnahme bestimmten Punkte. 15. Teil: Reg.-Bez. Merseburg und Hzgt. Anhalt. 619 S., 2 K. Berlin 1904, Mittler & Sohn. 10 M.

Müller, Wilh., Flora von Pommern. Nach leichten Bestimmungsverfahren bearbeitet. 2. Aufl. V., 366 S. kl.-8°. Stettin 1904, J. Burmeister. 3.50 M.

Oberhof und Umgebungen. 98 S., 4 K., Textkärtchen und Rundschaubilder. Gotha 1904, Justus Perthes. 1.50 M.

Meßtischblätter des preuß. Staates. 1 : 25000. Nr. 2233. Dardesheim. — 2234. Schwanebeck. — 2235. Ordenlingen. — 2236. Egeln. — 2237. Atzendorf. — 2309. Kochstedt. — 2310. Staßfurt. — 2313. Aken. — 2314. Dessau. — 2315. Coswig. — 2316. Wittenberg. — 2317. Wartenburg. — 2371. Dahme. — 2386. Cöthen. — 2387. Quellendorf. — 2388. Raguhn. — 2390. Kemberg. — 2391. Pretzsch. — 2396. Wendisch-Drehna. — 2459. Löbejühn. — 2462. Bitterfeld, Ost. — 2463. Söllichau. — 2465. Prettin. — 2467. Herzberg a. d. Elster. — 2468. Buckowien. — 2469. Kirch-

hain. — 2470. Finsterwalde. — 2533. Landsberg bei Halle. — 2538. Torgau (West). — 2540. Übigau. — 2542. Oppelhain. — 2543. Kl.-Leipisch. — 2544. Klettwitz. — 2545. Senftenberg. — 2546. Jossen, Kreis Spremberg. Berlin 1904, R. Eisenschmidt. Je 1 M.

Offizielle Karte des Spessart. 1 : 150000. Herausgeg. von dem Verein der Spessartfreunde. 8°, 47 S. Aschaffenburg 1904, C. Krebs. 1.70 M.

Regelmann, C., Trigonometrische und barometrische Höhenbestimmungen in Württemberg, bezogen auf den einheitlich deutschen Normalnullpunkt. Donaukreis. 1. Heft. Oberamtsbez. Biberach. 34 S. Stuttgart 1904, H. Lindemann. 50 Pf.

Rhein-Ansichten. 200 Bromsilberphotogr. Berlin 1904, Neue photographische Gesellschaft. 100 M.

Rhein-Weinbau-Karte für die Strecke Coblenz-Bonn einschließlich des Ahrtals. Mit Benutzung amtl. Materials angefertigt im Bureau der Kgl. Regierung zu Coblenz. 1 : 50000. 2 Bl. Coblenz 1904, W. Groos. 3 M.

Routenkarte der Haupt-Touristenwege, der wichtigsten Fahrstraßen — auch Eisenbahn-, Post- und Omnibuslinien — im Thüringer Wald. Herausgeg. vom Thüringer Wald-Verein, bearb. von Dr. J. Bühring. IX. verb. Jahrg. 1904. 1 : 150000. Arnstadt 1904, Wald. Jost. 50 Pf.

Rudel, Grundlagen zur Klimatologie Nürnbergs. Ergebnisse 20 jähriger Wetterbeobachtungen zu Nürnberg 1881 bis 1900. 2. Teil: Luftdruck, Wind und Bewölkung. 38 S., 2 Taf. Nürnberg 1904, M. Edelmann. 2 M.

Rübel, Karl, Die Franken, ihr Eroberungs- und Siedelungssystem im deutschen Volkslande. 561 S. Bielefeld 1904, Velhagen & Klasing. 12 M.

Topographische Übersichtskarte des Deutschen Reiches. 1 : 200000. Nr. 25. Rostock. — 27. Greifswald. — 44. Swinemünde. — 58. Lauenburg a. d. Elbe. — 60. Neustrelitz. — 63. Arnswalde. — 86. Hannover. — 98. Detmold. — 171. Göppingen. Berlin 1904, R. Eisenschmidt. Je 1.50 M.

Übersichtskarte von Baden in 6 Blättern. Bearb. in der kartogr. Abt. der Kgl. preuß. Landesaufnahme. 1903 bis 1904. 1 : 200000. Berlin 1904, R. Eisenschmidt. 1 M.

Wandkarte des Kgl. württ. Oberamtsbez. Tübingen. 1 : 30000. 2. Aufl. 4 Bl. Tübingen 1904, Franz Fues. 9 M.

Wegekarte von Oberhofs Umgebungen. 1 : 25000. Gotha 1904, Justus Perthes. 80 Pf.

Wendland, Illustrierter Führer durch Schleswig-Holstein und Lauenburg. 105 S., 1 K. Hamburg 1904, Joh. Kriebel. 50 Pf.

Wissenschaftliche Meeresuntersuchungen herausgeg. von der Kommission zur wissenschaftlichen Untersuchung der deutschen Meere in Kiel. N. F. VI. Bd., 2. Heft. Abt. Helgoland. S. 127—200, 1 Abb., 14 Taf. Kiel 1904, Lipsius & Tischer. 15 M.

Zenetti, Paul, Der geologische Aufbau des bayerischen Nordschwabens und der angrenzenden Gebiete. Gr.-8°, VIII, 143 S., 1 K. Augsburg 1904, Theod. Lampart. 4.80 M.

c) Übriges Europa.

Baedeker, K., Belgien und Holland nebst dem Ghzgt. Luxemburg. 23. Aufl. 504 S., 16 K., 27 Pl. Leipzig 1904, K. Baedeker. 6 M.

Baedeker, K., Rußland. Europ. Rußland, Eisenbahnen in Russ.-Asien, Teheran, Peking. Handbuch für Reisende. 6. Aufl. Kl.-8°, 530 S., 40 Pl., 20 K., 11 Grundr. Leipzig 1904, K. Baedeker. 15 M.

Boulger, D. C., Belgian Life in town and country. London 1904, G. Newness. 3 sh, 6 d.

Jahrbuch des schweizer Alpenklub. 39. Jahrg. 1903—1904. 509 S., 79 Abb., 3 Panor. Bern 1904, A. Francke. 9 M.

Joubert, C., Russia as it really is. London 1904, E. Nash. 7 sh, 6 d.

Kümmerly, H., Gesamtkarte der Schweiz. Reliefbearbeitung. 1 : 400000. Bern 1904, Geogr. Kartenverlag. 3.60 M.

Peucker, Karl, Kleines Ortslexikon von Österreich-Ungarn. II. Teil: Königr. Ungarn und Okkupationsgebiet mit Anhang: Die Nachbarländer der Monarchie, insbes. das Deutsche Reich. Kl.-8°, IX, S. 61—145. Wien 1904, Artaria & Co. 1.30 M.

Roland, H., Les îles de la Manche. Paris 1904, Hachette et Co. 4 frs.

Smrčeck, Ant., Der Pardubitz-Prerau-Kanal und sein Zusammenhang mit dem Donau-Oder-Kanal. 17 S., 2 Taf. Berlin 1904, Trooschel. 1 M.

Tarnuzzer, Chr., Mit der Albulabahn ins Engadin. 2. verb. Aufl. 80 S., 1 K., 1 farb. geol. Prof. Chur 1904, Jul. Rich. 4.50 M.

Topographisches Kartenbild vom Wetterstein-Gebirge. 1 : 33330. München 1904, H. Köhler. 2.50 M.

Übersichtskarte von Kärnten und den angrenzenden Ländern. 1 : 600000. Klagenfurt 1904, F. v. Kleinmayer. 1 M.

d) Asien.

Anderson, J. J. C., A Journey of exploration in Pontus. 8°. London 1904, A. Owen & Co. 6 sh, 6 d.

Franke, O., Beiträge aus chinesischen Quellen zur Kenntnis der Türkvölker und Skythen Zentralasiens. 111 S. Berlin 1904, O. Reimer. 4.50 M.

Gardiner, J. St., Fauna and geography of the Maldive and Laccadive archipelagoes. Vol. II, Part. 3. 4°. London 1904, C. J. Clay & Sons. 15 sh.

Morison, M. C., Lonely summer in Kashmir. London 1904, Duckworth & Co. 7 sh, 6 d.

Ohler, Die kulturellen und sozialen Verhältnisse Chinas und ihre Bedeutung für die Mission. Referat. 8°, 15 S. Bern 1904, Christl. Studentenkonferenz. 25 Pf.

Vambéry, H., Die gelbe Gefahr. Eine Kulturstudie. 36 S. Budapest 1904, F. Kilian. 1 M.

Weale, B. L. P., Manchu and Muscovite. London 1904, Macmillan & Co. 10 sh.

Wehrli, Hans J., Beitrag zur Ethnologie der Chingpaw (Kachin) von Ober-Burma. 83 S., 1 K., 5 Taf. Leiden 1904, E. J. Brill. 9 M.

Werschtschagin, A. W., Vom Kriegsschauplatz in der Mandschurei. 2. Bd. Kriegsbilder aus Ostasien. Feldzugserinnerungen. 201 S. Berlin 1904, K. Sigismund. 3 M.

e) Afrika.

Cuvillier-Fleury, H., La mise en valeur du Congo français. Paris 1904, L. Larose & L. Tenin. 6 frs.

Erffa, Burkh. Frhr. v., Reise- und Kriegsbilder von Deutsch-Südwestafrika. 64 S. Halle 1904, Waisenhaus. 80 Pf.

Kälin, Karl S. T., in den Zelten des Mahdi. Eine Erzählung aus dem Sudan. 104 S., 4 Bilder. Freiburg i. B. 1904, Herder. 1 M.

Kecker, Ein Beitrag zur Frage der wirtschaftlichen Entwicklung von Deutsch-Südwestafrika. 38 u. 11 S. Brandenburg 1904, M. Evenius. 1.20 M.

Kriegskarte von Deutsch-Südwestafrika. 1 : 800000. Bl. Warmbad. Bearb. von P. Sprigade und M. Moisel, gez. von H. Nobiling. Berlin 1904, D. Reimer. 1 M.

f) Amerika.

Broili, Ferd., Permische Stegocephalen und Reptilien aus Texas. 121 S., 5 Fig., 13 Taf., 13 Bl. Erkl. Stuttgart 1904, E. Schweizerbart. 30 M.

Neumayer, L., Die Koprolithen des Perms von Texas. 7 S., 1 Taf., 1 Bl. Erkl. Stuttgart 1904, E. Schweizerbart. 2.50 M.

g) Australien und Südseeinseln.

Spenzer, B., and F. J. Gillen, Northern tribes of Central Australia. London 1904, Macmillan & Co. 21 sh.

h) Polarländer.

Borchgrevink, Carsten, Das Festland am Südpol. Die Expedition zum Südpolarland in den Jahren 1898—1900. In etwa 20 Heften. Heft 1—2. 48 S., 2 K., 1 Taf. Breslau 1904, S. Schottlaender. Je 60 Pf.

Hann, J., Die Anomalien der Witterung auf Island in dem Zeitraum 1851—1900 und deren Beziehungen zu den gleichzeitigen Witterungsanomalien in Nordwesteuropa. 87 S. Wien 1904, Karl Gerolds Sohn. 1.60 M.

i) Geographischer Unterricht.

Baldamus, A., Wandkarte zur Geschichte der Völkerwanderung (einschließlich der Araber und Normannen). 1 : 2500000. Leipzig 1904, Georg Lang. 13 M.

Bartsch, Adalb., Erste Heimatkunde, als Grundlage für die deutschen Landeskunden für niedere und höhere Schulen bearb. 26 S. Lissa 1904, F. Ebbecke. 40 Pf.

Gaebler, Ed., Wandkarte der östlichen und westlichen Erdhälfte. 1 : 12000000. 5. Aufl. Je 15 M. — Schulwandkarte von Mittel- und Südamerika. 1 : 4500000. 2. Aufl. 22 M. — Schulkarte von Königr. Sachsen. 1 : 700000. 20. Aufl. 10 Pf. Leipzig 1904, Georg Lang.

Kohl, A., Geographisches Skizzenbuch mit vorgedruckten Gradnetzen. Für die Hand der Schüler. 16 S. Leipzig 1904, A. Hahn. 20 Pf.

Rücker, Jul., u. O. Wilpert, Heimatkunde für die Schulen der Provinz Schlesien. Zum Gebrauch bei dem ersten geogr. und historischen Unterricht. Ausg. A. 8°, 42 S., 1 K. Groß-Strehlitz 1904, A. Wilpert. 25 Pf.

k) Zeitschriften.

Annales de Géographie. 12e. Année.
Juli. Passerat, La température des pôles. — Robert, La densité de la population en Bretagne calculée d'après l'éloignement progressif de la mer. — Bulard, L'industrie de fer dans la Haute-Marne (Second article). — Léon, Les grands ports français de l'Atlantique (Second article). — Vanutberghe, La Corse, étude de géographie humaine. — Besnier, La Conque de Salmons.

Beiträge zur Geophysik. VII.
Nr. 1. Kniep, Der Vang-tzi-kiang als Weg zwischen dem westlichen und östlichen China. — Schweydar, Untersuchung der Oscillationen der Lotlinie auf dem Astrometrischen Institut der Orbzgl. Sternwarte zu Heidelberg. — Schmidt, Über die Geologie von Nordwest-Borneo und eine daselbst entstandene >Neue Insel<.

Bulletin of the American Geogr. Society. Vol. XXXVI.
Nr. 6. Cook, Round Mt. Mc. Kinley. — Hovey, Southern Russia and Caucasus Mountains. — Notes on the U. S. Geological Survey. — The Zkara, a Christian Tribe in Morocco. — Caillié-Longs Work on the Nile.
Nr. 7. Cox, The Island of Guam. — Rodway, The River Names of British Guiana. — A Reconnaissance in Northern Alaska. — The Population of India. — Nassau, Fetish, its Relation to the family.

Deutsche Rundschau für Geogr. u. Stat. XXVI, 1904.
Heft 11. Crola, Die Aufgabe der Expedition Lenfant zum Tsadsee zu gelangen. — Fehlinger, Bilder aus Canada. — Francé, Der echte Typus der Magyaren. — Jüttner, Fortschritte der geographischen Forschungen und Reisen im Jahre 1903. 2. Asien.

Geographische Zeitschrift. X, 1904.
Heft 7. Benrath, Eine Reise durch die Cordillere Mittelperus. — Hettner, Das Klima Europas. — Philippson, Ein neues Werk über den Bau Frankreichs. — Reusch, Gibt es mehrere tausend Jahre altes Gletschereis?

Globus. Bd. 86, 1904.
Nr. 3. v. Blazer †, Die Römerwege zwischen der Unterweser und der Niederelbe. — Meyer, Tasch-Rabat. — Wilser, Die Menschenrassen Europas. — Hennig, Die sumerische Grundlage der vorderasiatischen Schöpfungssage. — Aus der Entstehungsgeschichte von Port Arthur. — Die Erforschung des Balkaisees.
Nr. 4. Meyer, Neue Mitteilungen über Nephrit. — Die englische Tibetexpedition auf dem Wege nach Lhasa. — Hennig, Die sumerische Grundlage der vorderasiatischen Schöpfungssage. — Davids, Forschungen über das Okapi und am Runssoro. — Zur Frage nach der Existenz von Terminationland. — Die Vegetationsverhältnisse des Somalilandes.
Nr. 5. Klose, Produktion und Handel Togos (I.). — Parish v. Senftenberg, Zwei Reisen durch Ruanda 1902—1903. — Schmidt, Eine Begräbnishöhle auf der Insel Bussira (Viktoria Nyansa). — Das Oewerbe in Ruanda.

La Géographie. X. 1904.
Nr. 1. Gautier, Le Mouidor-Abnet. — Reclus, Les Canadiens français d'après le recensement de 1901.

Petermanns Mitteilungen. 50. Bd., 1904.
Heft 7. Van der Grinten, Darstellung der ganzen Erdoberfläche auf einer kreisförmigen Projektionsebene. — v. Hedin, Die wissenschaftlichen Ergebnisse meiner letzten Reise. — Bogdanowitsch, Geologische Skizze von Kamtschatka (Forts.). — Kleinere Mitteilungen. — Geographischer Monatsbericht. — Literaturbericht. — 2 Karten.

The Journal of Geography. Vol. II, 1904.
Nr. 6. Brigham, The Geographic Importance of the Louisiana Purchase. — Darton, The Surface and Climate of the Louisiana Purchase. — Howland, Explorations within the Louisiana Purchase. — Trotter, Present Industries within the Louisiana Purchase. — Hollister, The Valère and Development of Irrigation in the Louisiana Purchase Tract. — Semple, Geographic Influences in the Development of St. Louis. — Chadsey, Denver, the Queen City of the plains.

The National Geographic Magazine. Vol. XIV, 1904.
Nr. 7. Edwards, Governing the Philippine Islands. — Forecasting the Weather. — Notes on Tibet. — The Bullock-Workman Explorations. — A New Harbor in Porto Rico.

Tijdschrift van het Koninklijk Nederlandsch Aardrijkskundig Genootschap. Tweede Serie, Deel XX. 1904.
Nr. 4. van Dissel, Reis van Ati Ati onin over Patipi en Degen naar Kajonl. — van Stockum, Verslag van de Saramacca-expeditie. — Easton, Maan-oppervlak en Aardoppervlak. — Snelleman, Encyclopaedie van Nederlandsch-Indië.

Wandern und Reisen. II, 1904.
Heft 15. Rikli, Reise- und Vegetationsbilder aus den nordwestlichen Tessiner Alpen und dem Pommat. — Roesberg, Eifelbilder. — Eckstein, Die Krähen-Indianer Reservation. — Bruns, Die Albulabahn.
Heft 16. Dessauer, Die kleine Zinne in den Sextener Dolomiten. — Bötticher, Bilder aus dem Taunus. — Kuypers, Aus der hohen Tatra.

Zeitschrift für Schulgeographie. XXV, 1904.
Heft 10. Henry Morton Stanley †. — Janker, Ein Beitrag zur modernen Erdbebenbeobachtung. — Gorge, Weniger beachtete Höhenangaben. — Die Chinook-Winde. Ein Beitrag zur Klimatologie von Nordamerika. *Hb.*

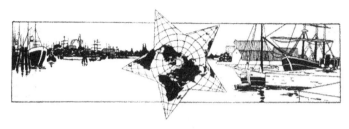

Aufsätze.

Der geologische Aufbau der deutschen Marianen-Insel Saipan.

Von H. Seidel-Berlin.

Es ist vielleicht verfrüht, schon jetzt der Frage nach dem geologischen Aufbau unserer größten Marianen-Insel näher zu treten, da die wichtigste Vorbedingung solcher Arbeit, nämlich eine genaue fachmännische Untersuchung, zurzeit noch fehlt. Wenn wir trotzdem ans Werk gehen, so geschieht das hauptsächlich in der Absicht, auf jenen Mangel um so nachdrücklicher hinzuweisen, der besonders deshalb so empfindlich wirkt, weil er uns über die Natur des höchsten Berges von Saipan, des Tapochao, dauernd im unklaren läßt.

Nach seiner äußeren Gestalt, die, von gewissen Punkten betrachtet, mit Genauigkeit die Kegelform eines typischen Feuerspeiers wiederholt, wird der Tapochao fast in allen Quellen als erloschener Vulkan bezeichnet. Selbst kritische Beobachter konnten sich dieses Eindrucks nicht erwehren, zumal wenn sie den Berg vom Schiffe aus bei einer Reise längs der Ost- und Nordküste der Insel scharf über die niedrigeren Erhebungen der Umgegend herausragen sahen. Gegen diese landläufige Ansicht ist bisher nur einmal bestimmter Widerspruch erhoben worden, und zwar von dem französischen Reisenden Alfred Marche, der im Jahre 1887 eine Besteigung des Berges ausgeführt hat, dabei aber keinerlei vulkanisches Gestein entdeckt haben will.

Wie eine bisher nur handschriftlich vorhandene Triangulationskarte von Saipan durch den kaiserlichen Bezirksamtmann Fritz erkennen läßt, hat dieser den Tapochao als Stützpunkt für seine Vermessungen benutzt. Da aber weder über die Karte, noch über die dazu erforderlichen Exkursionen irgendwelcher Bericht veröffentlicht ist, so bestehen unsere Zweifel leider unbehoben fort, und das veranlaßt uns, diese Darstellung der geologischen Verhältnisse Saipans zu entwerfen.

Die Marianen liegen auf einem submarinen Rücken, der sich über einer von den Bonin-Inseln nach Süden verlaufenden Bruchspalte erhebt. Zu beiden Seiten des Rückens fällt das Meer rasch zu erheblichen Tiefen ab, die im Osten und Süden zu grabenartigen Senken werden, wie solche häufig am Rande großer Kontinentalsockel vorkommen. Im innigsten Zusammenhang mit diesen Niederbrüchen steht anderseits der Austritt eruptiver Massen, die hier in einer Reihe tätiger und erloschener Vulkane zur Erscheinung gelangen. Die Stärke der seismischen Aktion nimmt indes von Norden nach Süden stetig ab. Am 16. Breitengrad verschwinden überhaupt die rein vulkanischen Inseln, und es beginnt eine zweite, wohl durchweg aus gehobenen Kalkschollen bestehende Gruppe, die von Medinilla bis nach Guam hinabreicht.

Zu diesen Gebilden gehört unser Saipan, das somit in seinem geologischen Aufbau wenig Abwechslung verspricht. Selbst der Eruptivkern, dessen Dasein man unter dem alles bedeckenden Korallenkalk vermutet, ist bisher weder hier, noch auf einer der anderen Südinseln einwandfrei nachgewiesen worden. Bezirksamtmann Fritz behauptet es zwar von Rota[1]) und der Weltumsegler de Freycinet sogar von Guam[2]); allein Professor Dr. Volkens, der bei der Besitzergreifung des Archipels zugegen war, schreibt mir auf Grund seiner Erfahrungen, daß »Rota gleich Tinian ganz ohne Zweifel reiner Korallen-

---

[1]) Bericht über die Insel Rota. Mitteilungen aus den deutschen Schutzgebieten, Bd. XIV (1901), S. 194.
[2]) Voyage autour du Monde, »Historique«, Paris 1829, tome II.

kalk sei«. »Von Guam«, fährt er fort, »kenne ich nichts weiter als die Formationen, die am Wege vom Hafen nach der Hauptstadt liegen. Bis hoch hinauf, ich schätze an 300 m, bestanden auch hier alle abstürzenden Wände nur aus Kalk. Die Amerikaner waren eben dabei, die Straße damit zu beschottern, und es ist anzunehmen, daß sie lieber anderes Material gewählt hätten, wenn es in der Nähe zu haben gewesen wäre.«

Fast die gleichen Beobachtungen hat Professor Volkens auf Saipan gemacht, und dasselbe hat bereits ein Dutzend Jahre vor ihm der Franzose Marché[1]) feststellen können. Nach letzterem ist das Grundgestein Saipans ausschließlich Madreporenkalk, der etwa in der Mitte der Insel, wo diese durch den Vorsprung über der Lanianbucht ihre größte Breite erreicht, zu einer ostwestlich gelagerten Bergkette aufschwillt. Eine Erklärung für das Entstehen dieser Kuppen hat Marché leider nicht versucht; auch über deren Anordnung und Verteilung im Gelände ist er uns jede Auskunft schuldig geblieben. Es sei daher gleich bemerkt, daß die landläufige Darstellung Saipans mit den hart an die ungegliederte Morgenseite gerückten Kulmen der Wahrheit nicht entspricht. Die Spitze des Tapochao dürfte von Garapan in der Luftlinie kaum 3½ km entfernt sein, von der äußersten Ostspitze dagegen über 7 km, wodurch die plötzliche Verbreiterung des sonst schmalen, langgestreckten Inselkörpers gerade in diesem Bereich am deutlichsten hervortritt. Nach Fritz erreicht der Tapochao nicht bloß 410, sondern 466 m; sein nächster Rival, der Tipa Pale, schneidet indes schon mit 327 m ab, während ein Maquina, den Marché zu 303 m[2]) ansetzt, bei unserem deutschen Gewährsmann gar nicht eingetragen ist.

Der Boden Saipans steigt bereits um Marpi am Nordgestade ziemlich rasch zu einzelnen Bergen auf. An diese schließen sich, fast das ganze Land erfüllend, weitere Erhebungen, die ungefähr in der Längsachse der Insel zwei oder drei markante Gipfel tragen. Gerade halbwegs zwischen Marpi und dem Tapochao liegt nur 2 km hinter Tanapag ein jäher, scharf zugespitzter Kegel, den Fritz unter dem Namen Atchugau einführt und als »Vulkanrest« bezeichnet. Hiermit wäre der erste Anhalt für das Vorhandensein eruptiver Gesteine auf Saipan gegeben, und es wird nun Sache der Geologen sein, darüber entweder aus eingesandten Handstücken oder durch eine Lokaluntersuchung das endgültige Urteil festzustellen.

Gegen Westen, Südwesten und Süden, von der Mitte Saipans gerechnet, flacht sich das Land allmählich zur Küstenebene und dem sandigen Strandsaum ab. Wirkliche Steilufer zeigen sich nur am Ost- und Südostgestade, dessen horizontal geschichtete Kalkfelsen scharf abgeschnitten in die Fluten tauchen. Daher ist auf dieser Seite der Insel der begleitende Korallengürtel nur schmal. Erst im Westen nimmt er eine größere Ausdehnung an. Das ist besonders vor dem Dorfe Tanapag der Fall, wo das Riff, auf zwei Vorsprüngen fußend, mit breiten Zungen ins Meer ausstrahlt und unter dem Inselchen Mañagassa ein kleines, nach den neuesten Durchlotungen nur für Schiffe geringeren Tiefganges praktikables Hafenbecken umschließt.

Da Marché am 21. Juni 1887 eine Ersteigung des Gebirges, speziell des Tapochao[3]), ausgeführt hat, so ist es, um die Verhältnisse kennen zu lernen, am besten, daß wir ihn auf diesem Ausflug begleiten. Er ging von Westen, von Garapan aus, durchschritt zunächst den niedrigen, 500 bis 600 m breiten Strandgürtel und kreuzte dann die mittlere Kalkzone, die anfangs mit verwilderten Kokoshainen, Bataten- und Maispflanzungen, später, bis zur Höhe von 160 m und darüber, mit Buschwald oder Grasflächen bedeckt ist. Letztere sind noch heute an den überwachsenen, reihenweise geordneten Pflanzlöchern für Taro und Bataten als altes Kulturland der früheren Bewohner zu erkennen[4]). Nun wird das Terrain bewegter. Hügel und kleine Plateaus sperren den Pfad, der sich gelegentlich auf fettem Erdreich zwischen mächtigen Kalkblöcken dahinzieht. Zur vollen Regenzeit dürfte ein Besuch des Berges kaum zu empfehlen sein, da der Weg, wie Marché erfahren mußte, schon nach einigen kleinen Schauern recht schlüpfrig und

---

[1]) Note de voyage sur les îles Mariannes. Bulletin de la Société de géogr. commerc. du Havre, 1899, p. 60sqq.
[2]) Mon voyage au îles Mariannes. Bullet. de la Société de géogr. de Marseille, tome XIV (1890), p. 26.
[3]) Bulletin Havre a. a. O., p. 67—69.
[4]) Bericht des Kaiserl. Gouverneurs v. Bennigsen nach der Übernahme der Inseln in deutschen Besitz, Deutsches Kolonialblatt Bd. XI (1900), S. 110.

mühsam wurde. Bei 250 m stand der Reisende an der Basis des eigentlichen Kegels, der jetzt schroff ansteigt und mit einem aus 30 bis 40 m hohen Kalkfelsen gebildeten Gipfel endigt. Überall wuchert dorniges Gestrüpp, das an den sanfteren Abhängen von Waldwuchs unterbrochen wird.

Eine teilweise Bestätigung dieser Angaben enthält ein Brief von Professor Dr. Volkens, den mir dieser hervorragende Gelehrte und Forscher unterm 14. Februar vorigen Jahres auf einige den Tapochao anlangende Fragen zukommen ließ. Professor Volkens hat nicht nur die bekannten Höhlen besucht, sondern ist auch bis zu den Grasfluren des Mittellandes vorgedrungen. »Beide Male«, sagt er, »habe ich nur Korallenkalk gefunden, auf dem man massenhaft fossile und halbfossile Muscheln auflesen kann. Ich entsinne mich auch nicht, etwa in den wenigen Bächen, die ich überschritt, Rollsteine gesehen zu haben, die den Charakter eines Eruptivgesteins gehabt hätten. Dennoch glaubte ich, daß die Angabe, der Tapochao sei vulkanisch, richtig wäre und zwar darum, weil er mit seiner scharfen Spitze ganz so aussieht, wie die Bergformen, die ich später vom Schiffe aus auf der Reise nach Japan als nördliche Marianen kennen lernte«.

Die »scharfe Spitze« erklärt sich vielleicht ungezwungen aus den 30 bis 40 m hohen Gipfelfelsen, die Marche wahrgenommen hat. Im übrigen zeigt diese Kontroverse am besten, was noch auf Saipan zu tun ist, ehe eine mit gesicherten Resultaten arbeitende Landeskunde möglich wird.

Die Aussicht von der Spitze des Tapochao ist weit und umfassend. Zu den Füßen liegt wie eine Karte ausgebreitet die stille Insel, rings vom Ozean umschlossen, dessen Brandungswellen mit weißer Schaumkrone unaufhörlich ans Gestade rollen. Im Südwesten, jenseit einer von Klippen und Riffen durchsetzten Meeresstraße, taucht das benachbarte Tinian aus den Wassern, noch mehr vereinsamt, mehr entvölkert und verödet als das größere Saipan, das jetzt unter Deutschlands Flagge einer glücklicheren Zukunft entgegensieht.

Blickt man nun zurück, besonders auf die Berge um und unter uns, so entdeckt man bald, daß der Tapochao ein wenig seitab von der Längsachse des Gebirges steht, aber gerade deshalb eine um so bessere Rundschau gewährt. Die meisten Gipfel erscheinen kahl; nur einzelne tragen wilden Busch, während sich an der Basis, durchschnittlich bis zu 150 m hinauf, die vorerwähnten Grasflächen ausdehnen. Am Südende der Insel liegt ein kleiner See, dessen Spiegel sich kaum 2 m über das Meer erhebt. Seine Ufer schmückt kein menschlicher Wohnplatz; kein Fruchtgefilde, kein Garten breitet sich in seiner Umgebung aus. Selbst seine Fluten sind arm an Leben. Marche konnte nur einige Insekten aufspüren; nicht einmal Weichtiere waren zu finden.

Das Ackerland auf Saipan wird im ganzen als fruchtbar gerühmt, obschon es nur wenig tiefgründig ist. Der sandige Uferrand eignet sich namentlich für Kokosplantagen, deren Gedeihen durch die Seeluft und auskömmliche Niederschläge begünstigt wird. Weiter binnenwärts tritt rötlicher Lehm auf, der im Gebirge in einen dunklen, nur teilweise steinigen, sehr humusreichen Boden übergeht.

Da Berge und Hügel aus gehobenem Korallenkalk gebildet sind, so darf uns das Vorkommen von Höhlen oder Grotten nicht in Erstaunen setzen. Solche besitzen auch Tinian und Rota, wo sie schon den alten Chamorros als schützendes Asyl bei Unwetter oder Verfolgung dienten. Auf Saipan dagegen scheinen sie hauptsächlich Begräbnisstätten gewesen zu sein. Denn Marche stieß bei seinen Untersuchungen vielfach auf menschliche Überreste: Knochen, Schädel, selbst vollständige Skelette, deren eines noch sehr gut erhalten war[1]). Dazwischen fand er etliche eiförmige, an den Enden zugespitzte Steine, jedenfalls Geschosse für die ehedem beliebten Schleudern, und außerdem ein paar Lanzenspitzen, die nach autochthonem Brauche aus menschlichen Oberschenkelknochen hergestellt und auf ihrer ganzen Länge gezähnt waren. Des weiteren sammelte er steinerne Hacken und irdene, rötliche Gefäßscherben, die augenscheinlich einen Brennprozeß durchgemacht hatten.

Entsprechend ihrer Lage und Entstehung haben die Marianen, besonders die nördlichen, häufig von Erdbeben zu leiden. Diese pflegen bisweilen auch die südliche Reihe,

---

[1]) Deshalb konnten v. Bennigsen und Professor Volkens in dieser Höhle »nur einige wenige Knochenreste« finden. Ihr glücklicherer Vorgänger ist aber nicht, wie der Gouverneur schreibt, ein »belgischer Forscher Maçon« gewesen, sondern eben der Franzose Marche.

14a*

obschon man hier größere Ruhe des Bodens vermutet, empfindlich heimzusuchen. Das beweist aus jüngerer Zeit das Beben vom 22. September 1902, das sich südlich bis zu den Karolinen fühlbar gemacht hat. Selbst das weit nach Osten vorgeschobene Pónapé wurde an demselben Tage wie Saipan und Guam zum erstenmal seit Menschengedenken merklich erschüttert[1]). Am heftigsten hat sich die Bewegung auf Guam geltend gemacht, dessen Hauptstadt Agaña schwere Schaden davontrug[2]). In Saipan begannen die wellenförmigen Stöße vormittags bald nach 11 Uhr und währten etwa eine Minute, dabei stets von unterirdischem Rollen begleitet. Die Stöße wiederholten sich teils am 22. September, teils an den folgenden Tagen, zuletzt am 10. Oktober, doch mit immer geringerer Stärke und Dauer. Verluste an Menschenleben oder Verletzungen waren nicht zu beklagen; auch der Materialschaden blieb in mäßigen Grenzen. Insbesondere hatten die neuerrichteten Dienstgebäude in Saipan und Rota keinerlei Beschädigung erfahren.

Unsere 185 qkm umfassende Hauptinsel ist neuerdings das Ziel einzelner deutscher Kolonisten geworden, die hier mit Erfolg der Bodenkultur obliegen und nach den bisherigen Erfahrungen eine gesicherte Existenz begründet haben dürften. An der Ostküste verspricht ferner die scharf eingeschnittene Lanlanbucht ein für Schiffe jedes Tiefgangs brauchbarer Hafen[3]) zu werden, den schon jetzt eine fahrbare Straße mit dem Regierungssitz Garapan verbindet. Es dürfte daher wohl an der Zeit sein, nicht bloß aus rein wissenschaftlichen, sondern auch aus praktischen Motiven die sorgfältige Untersuchung der geologischen Verhältnisse Saipans baldigst in die Wege zu leiten. Möge dieser Aufsatz dazu den Anstoß geben!

Die Farbe des Wassers und der Seen.
Von Dr. Otto Lang-Hannover.

Eine große Anzahl von Forschern und zwar meist recht namhaften Forschern hat sich schon mit dieser Frage beschäftigt, ohne daß sie eine ganz befriedigende Antwort gefunden hätte. Es standen sich bisher zwei Theorien gegenüber, die als physikalische oder »Diffraktionstheorie« und »Chemische Theorie« bezeichnet wurden. Jene, der schon Leonardo da Vinci, Newton und Goethe für das Blau des Himmels Ausdruck geliehen haben und die von Tyndall und Lord Rayleigh näher begründet wurde, erklärt die Wasserfarbe für die Farbe eines trüben Mediums, in welchem durch im Verhältnis zur Lichtwellenlänge kleine Teilchen das Licht diffundiert und polarisiert werde, nach der chemischen Theorie von Bunsen, Wittstein und Beetz dagegen werden die verschiedenen Färbungen ausschließlich durch die Farben der im an sich blauen Wasser gelösten Substanzen gegeben. Einen vermittelnden Standpunkt gewann W. Spring bei seinen erst unlängst ausgeführten sorgfältigen Untersuchungen, indem er für das reine Wasser das Blau als Eigenfarbe nachwies, für die davon abweichenden Färbungen aber Trübungen desselben durch suspendierte kleine Teilchen haftbar macht. Zu einer endgültigen Entscheidung dieser Frage, wie sie Otto Freiherr von und zu Aufsess in München in einer Arbeit in Drudes Annalen der Physik, 1904, S. 678—711 bringt, fehlten eben bisher wirkliche spektrophotometrische Analysen, durch welche die prozentuale Zusammensetzung der »Wasserfarbe« aus den einzelnen Spektralelementen quantitativ festgestellt wurde. Zwar lagen Messungen der Absorptionsverhältnisse des Wassers, z. B. von Hüfner und Albrecht, sowie von Aschkinass schon vor, doch waren dieselben nur im Laboratorium ausgeführt worden, während man sich bei Untersuchung in der Natur auf qualitative Bestimmungen beschränkt hatte. Diesem Mangel ist nun von Aufsess abgeholfen worden durch sowohl im Laboratorium als auch in der Natur ausgeführte Untersuchungen, über deren Methode mit eingehend beschriebenen Instrumenten die näher Interessierten die Angaben a. a. O. finden; bei jenen ging er vom vollkommen reinen (zweifach destillierten), optisch leeren Wasser aus,

---

[1]) Deutsches Kolonialblatt, Bd. XIII (1902), S. 611.
[2]) Ebenda, S. 592.
[3]) Vgl. die Skizze der inneren Bucht in 1:25000 auf der deutschen Admiralitätskarte 207: Die Marianen. Berlin 1903.

um zu Mischungen desselben mit chemischen Substanzen und zu künstlich getrübtem Wasser fortzuschreiten, während bei den Beobachtungen in der Natur die Lichtabsorption des Wassers verschiedener Seen gemessen und Beobachtungen über die Durchsichtigkeit und die Temperatur des Wassers sowie die Polarisationsverhältnisse des aus ihm kommenden Lichtes angestellt wurden. Nur um zu zeigen, wie mühsam diese Arbeiten waren, sei es gestattet trotz des Raummangels hier die Vorbedingungen aufzuzählen, um auf einem See eine brauchbare Messungsreihe mit dem Spektrophotometer ausführen zu können: »Vor allem muß man ein geräumiges stabiles Boot haben; am besten eignen sich hierzu große Kähne mit breitem Boden, wie sie an. vielen unserer bayerischen Seen angetroffen werden. Kielschiffe sind gänzlich unbrauchbar. Die Beleuchtung muß während der Messung gleichmäßig sein, man braucht also entweder wolkenlosen oder ganz bedeckten Himmel. In letzterem Falle ist aber der Apparat meist zu lichtschwach. Teilweise wechselnde Bewölkung ist schädlich wegen der stets sich ändernden Menge an polarisiertem Himmelslicht. Ich mußte daher immer auf wolkenlose Tage warten. Das Boot ließ ich durch einen Gehilfen stets so einstellen, daß der Apparat direkt gegen die Sonne gerichtet war, dann war die Beleuchtung der (versenkten weißen, bei 1 m Durchm. kreisförmigen) Scheibe im Wasser am intensivsten und eine Beschattung durch das Schiff ausgeschlossen. Diese Stellung mußte der Gehilfe während der Messung genau einhalten. Eine weitere Vorbedingung ist die, daß der See vollkommen glatt ist, weil schon durch die kleinsten Wellen ein Flimmern auf der Scheibe eintritt, wodurch eine genauere Messung unmöglich wird. Messungen im Schatten, auch bei wolkenlosem Himmel sind zu vermeiden. Die Temperatur der benutzten Wasserschicht soll möglichst konstant sein, da sonst Schlieren auftreten können. Die geeignetsten Zeiten sind daher der Winter oder der Hochsommer«.

Die Untersuchungsergebnisse, welche, wie schon angedeutet, tatsächlich die Entscheidung in der jahrhundertelang verhandelten Frage gebracht und diese, man kann wohl sagen, abgesehen vom Meerwasser erschöpfend beantwortet haben dürften, sind nun zunächst die, daß alle Abweichungen vom Blau des reinen Wassers durch Anwesenheit von anderen Stoffen, Aufseß sagt Fremdkörpern, verursacht werden. Die Farbenzusammensetzung eines Sees bleibt, wie Messungen im Kochelsee an ganz verschiedenen Stellen und zu verschiedenen Jahreszeiten ergaben, konstant, vielleicht bis auf minimale Abweichungen; demnach hat auch eine Trübung, welche die Sichttiefe um mehrere Meter verändert, auf die Art der Farbe keinen Einfluß, sondern nur auf deren Intensität. — Die Durchsichtigkeit eines Gewässers hängt aufs engste zusammen mit der scheinbaren Farbe, in der uns dasselbe erscheint; ein klarer See mit durchsichtigem Wasser erscheint viel dunkler als ein solcher mit trübem Wasser; auf die Sichttiefe haben Sonnenstand oder Bewölkung keinen Einfluß, weil nach dem psychophysischen Grundgesetz von Weber und Fechner das menschliche Auge die Unterschiede zweier Reize nur dann empfindet, wenn das Verhältnis ihrer Intensitäten ein nahezu konstantes Maß überschreitet, das von Helmholtz zu $\frac{1}{137}$ bestimmt wurde. Wie weit das Licht in ein Gewässer eindringt, hängt eben mit der Größe der Absorption für die einzelnen Farben aufs engste zusammen. Ein Einfluß der Temperatur auf die Farbe des Seewassers, auf den man wegen dessen im Winter größerer Dunkelheit geschlossen hat, ist nicht nachzuweisen, umgekehrt hat aber die Farbe einen Einfluß auf die Temperatur eines Sees insofern, als Wasser die roten Strahlen stärker absorbiert als die anderen; auch werden die Temperaturverhältnisse in einem See von der Sichttiefe bedingt deshalb, weil klares Wasser die Sonnenstrahlen tiefer eindringen läßt als trübes; während also ein klarer Gebirgsee in seinen oberen Schichten sich bei Besonnung nur langsam erwärmen wird, da sich die eindringende Wärmemenge auf einen größeren Bereich der Tiefe nach verteilt, werden die Oberflächenschichten in einem undurchsichtigeren See schneller erwärmt, in dessen tiefer gelegenen Regionen dann allerdings noch niedere Temperaturen vorherrschen. Man wird also aus der Absorptions- und Sichttiefenkurve eines Sees direkt auf seine thermischen Verhältnisse schließen können. Die thermischen Störungen beeinflussen die Durchsichtigkeit in einem trüben See überhaupt so wenig, daß sie nicht in Betracht kommen, während sie in klaren Seen allerdings wenigstens im Herbst bei der Abkühlung einige Wirkung auf die Sichttiefe auszuüben vermögen.

Die Hauptergebnisse der Untersuchungen waren aber die, daß die Wasserfarbe keinesfalls als die Farbe eines trüben Mediums aufgefaßt werden kann, und daß es einzig und allein Lösungen verschiedener Substanzen sind, die, dem Wasser auf irgend einem Wege zugeführt, ihm seine spezifische Farbe verleihen. Unter den gelösten Substanzen unterscheidet Aufsess als die am häufigsten und in größten Mengen vorkommenden einerseits Kalk als Carbonat oder Sulfat, anderseits organische, humöse Stoffe. Großer Kalkgehalt verleiht dem Wasser einen grünen Ton, während größere Mengen von gelösten organischen Bestandteilen die Farbe über Grün nach Gelb führen. Während das Wasser des Achensees genau die Farbenzusammensetzung des reinen Wassers zeigt, nämlich ebenso wie dieses 1. große Absorption im Rot, 2. den charakteristischen Absorptionsstreifen im Orange und 3. die große Lichtdurchlässigkeit für das Blau, und demnach nur sehr wenige gelöste Bestandteile enthält, und auch bei allen stark kalkhaltigen Gewässern dieselben Erscheinungen mit mehr oder weniger großer Änderung im blauen Teil auftreten, wächst mit steigendem Gehalt an organischen Stoffen die Absorption im Blau. So kann man in der Farbe deutlich den chemischen Gehalt des Wassers verfolgen, nachdem man nur erst einmal die Einwirkung der beiden wichtigsten Substanzen auf den Verlauf der Absorptionskurve erkannt hat. Die tiefgrünen Gewässer liegen denn tatsächlich auch auf reinem Kalkboden; viele Vorlandseen, wie Kochel-, Würm-, Ammer- und Chiemsee liegen wohl auch noch im Kalkgebiet, grenzen aber doch großenteils an moosige Gegenden oder haben Zuflüsse, die aus solchen kommen, ihre Farbe ist deshalb ein gelbliches Grün. Die gelben oder braunen Gewässer treffen wir in Gegenden mit großen verwesenden Pflanzenmassen; wegen der zahlreichen schwimmenden Teilchen trübt Moorwasser die Seen und verringert die Sichttiefe. Mithin »ist die Farbe eines jeden Sees und auch die jedes anderen Gewässers eine Eigenfarbe, die ihre Ursache zunächst in der Eigenfarbe des reinen Wassers hat, welche dann modifiziert wird durch den chemischen Gehalt, der seinerseits wiederum großer Änderung im Blau. Von letzteren hängt aber in hohem Maße auch die das Gewässer umgebende Vegetation ab, die ihrerseits einen großen Einfluß auf die Durchsichtigkeitsverhältnisse des Wassers ausübt, und Farbe und Durchsichtigkeit sind die beiden Faktoren, welche die Temperaturverhältnisse regeln, durch welche das organische Leben im See bedingt wird.

Auf Grund seiner Ergebnisse schlägt Aufsess eine neue Einteilung der Seen vor nach ihrer schon mit bloßem Auge oder mit Hilfe eines Taschenspektroskops festzustellenden Farbe, bzw. nach der Größe der Absorption, welche das betreffende Wasser auf die blauen Strahlen ausübt, nämlich in:

I. Gruppe: Blau wird nicht absorbiert, Farbe blau, (Typus Achensee).

II. Gruppe: Blau wird schwach absorbiert, Farbe grün, (Typus Walchensee, in dessen Wasser 0,0505 %oo Kalk und 0,01455 %oo organische Substanzen gefunden wurden).

III. Gruppe: Blau wird stark absorbiert, Farbe gelblichgrün (Typus Kochelsee mit 0,0804 %oo Kalk und 0,02278 %oo organischer Substanzen).

IV. Gruppe: Blau wird vollständig absorbiert, Farbe gelb oder braun (Typus Staffelsee).

Lehrplan der Erdbeschreibung
nach
»Lehrpläne und Lehraufgaben für die höheren Schulen in Preußen 1901. S. 49—52.«
Von Prof. Dr. Franz Zählke-Insterburg.

Vorbemerkung.

Lehrziel, Lehraufgaben und methodische Bemerkungen gelten für die entsprechenden Stufen aller Arten von höheren Schulen; doch wird an den Realanstalten in denjenigen Klassen, in welchen eine Stunde mehr zur Verfügung steht (U III und O III) eine entsprechende Vertiefung und Erweiterung des Lehrstoffs sich ermöglichen lassen.

a) Allgemeines Lehrziel.

Verständnisvolles Anschauen der umgebenden Natur und der Kartenbilder, Kenntnis der physischen Beschaffenheit der Erdoberfläche und der räumlichen Verteilung der Menschen auf ihr, sowie Kenntnis der Grundzüge der mathematischen Erdkunde.
Dazu:

Methodische Bemerkungen für die Erdkunde.

1a. Dem Zwecke dieses Unterrichts an höheren Schulen entsprechend ist, unbeschadet der Bedeutung der Erdkunde als Naturwissenschaft, vor allem der **praktische Nutzen** des Faches für die Schüler ins Auge zu fassen. Die physische Erdkunde darf nicht grundsätzlich vor der politischen bevorzugt werden, beide sind vielmehr innerhalb der Länderkunde in möglichst **enge Verbindung** zu setzen.

1b. Demgemäß sind Lehrziel und Lehraufgaben zu bemessen. Überall ist bei fester Einprägung des notwendigsten, sorgfältig zu beschränkenden Gedächtnisstoffes zu verständnisvollem Anschauen der umgebenden Natur, sowie der Relief- und Kartenbilder anzuleiten. An Zahlenmaterial sind auf den einzelnen Gebieten stufenweise nur wenige, stark abgerundete Vergleichsziffern festzulegen.

Zu 1a: Wie aller Unterricht den Bedürfnissen der Zeit dienen soll, so ist auch unter dem oben verlangten »praktischen Nutzen des geographischen Unterrichts« angewandte Geographie zu verstehen, das aus dem Wissen sich ergebende Versehen unserer Zeit. Das Verständnis derselben zu erzielen ist aber eine Hauptaufgabe gerade der Erdkunde; durch sie soll eine innigere Verknüpfung der Schulwissenschaften mit dem praktischen Leben hergestellt, den Forderungen des Lebens wie der allgemeinen Bildung unserer Zeit mehr Rechnung getragen werden als früher. So sind es die Bedürfnisse der Gegenwart, die bei der Erdkunde zu berücksichtigen sind, und diese weisen uns auf eine eingehendere und praktischere Betrachtung sowohl unseres eigenen deutschen Vaterlandes als auch auf die des Auslandes oder der deutschen Kolonien, unter besonderer Berücksichtigung ihrer wirtschaftlichen Verhältnisse hin, aus deren Kenntnis wir im Vaterlande oder in der Fremde Nutzen ziehen können.

Es ist eine der unabwendbaren Konsequenzen der Entwicklung der modernen Weltwirtschaft und des deutschen Volkes in ihr, daß wir die heranwachsenden Generationen auf der allgemein erschlossenen und überschaubar gewordenen Erde einigermaßen heimisch zu machen uns bemühen, die Länderkunde in einer vertieften, physische und politische Verhältnisse eng verknüpfenden Ausgestaltung in den Mittelpunkt des erdkundlichen Unterrichts stellen und Länder- und allgemeine Erdkunde durch die Wirtschaftskunde verbinden.

Das gesamte wirtschaftliche Leben in Deutschland (Landbau, Viehzucht, Fischerei, Bergbau, Industrie, Verkehrsleben) bedarf einer eingehenderen Behandlung als früher. Die nicht deutschen Länder Europas sowie der fremden Erdteile sind im Verhältnis ihrer politischen, wirtschaftlichen und kulturellen Bedeutung zu behandeln. Bei der Durchnahme dieser fremden Länder und Erdteile sind die deutschen Interessen stark zu betonen, die deutschen Kolonien (in weiterem Sinne) stehen dabei im Vordergrund. Der erdkundliche Unterricht muß also in allen Klassen volkswirtschaftlich gefärbt sein — nicht bloß, vgl. Meth. Bem. der Lehrpläne, S. 51: »Bei der Betrachtung der Einzelländer sind auch die wirtschaftlichen Hilfsquellen in geeigneter Weise zu berücksichtigen.«

Zu 1b: Demgemäß sind Lehrziel und Lehraufgaben zu bemessen und an der Hand der Stoffverteilung der Lehrpläne und Lehraufgaben für die höheren Schulen in Preußen vom Jahre 1901 zur Durchführung zu bringen.

Zu a): Als allgemeines Lehrziel stellen dieselben auf: »Verständnisvolles Anschauen der umgebenden Natur und der Kartenbilder, Kenntnis der physischen Beschaffenheit der Erdoberfläche und der räumlichen Verteilung der Menschen auf ihr, sowie Kenntnis der Grundzüge der mathematischen Erdkunde«, wobei die Anleitung dazu — vgl. Meth. Bem. S. 51 — überall unter fester Einprägung des notwendigsten, sorgfältig zu beschränkenden Gedächtnisstoffes zu geschehen hat, namentlich in Bezug auf das Zahlenmaterial.

Gymnasium und Realgymnasium haben dasselbe Lehrziel, das letztere wird aber, entsprechend der ihm zur Verfügung stehenden größeren Stundenzahl den Lehrstoff mehr erweitern und vertiefen können.

Methode.

Die Anschaulichkeit bleibt nach wie vor eine Hauptforderung des Unterrichts (doch ist vor einer übertriebenen Anwendung von Anschauungsmitteln zu warnen). Meth. Bem. Nr. 2, S. 51 (und Allg. Lehrziel S. 49): »Behufs Gewinnung der ersten Vorstellungen auf dem Gebiet der physischen und mathematischen Erdkunde ist an die nächste örtliche Umgebung anzuknüpfen; daran sind die allgemeinen Begriffe möglichst verständlich zu machen. Hierbei ist aber jede Künstelei zu vermeiden.«

Unter dem Begriff »die nächste örtliche Umgebung« ist für die höheren Schulen auf dieser untersten Stufe nur der engste vom Schüler überschaubare Heimatsbezirk zu verstehen, nicht die ganze Heimatsprovinz.

Meth. Bem. Nr. 2, S. 51, Absatz 2: »Sind so die ersten Grundbegriffe zum Verständnis gebracht, so sind sie an dem Relief und dem Globus zu veranschaulichen;
dann aber ist der Schüler zur Benutzung der Karte anzuleiten, welche er allmählich
lesen lernen muß. Wandkarte und Atlas bilden fortan den Ausgangs- und Mittelpunkt
des Unterrichts in der Klasse.«

Diese Grundsätze haben also zunächst für den schwierigsten — den Anfangsunterricht in der	Sexta — besondere Bedeutung und danach ist die Lehraufgabe für diese Klasse zu stellen.

I. Atlas.

Meth. Bem. Nr. 3, S. 51: »In den unteren und mittleren Klassen ist tunlichst
darauf zu halten, daß alle Schüler denselben Atlas gebrauchen«; (und etwas
später) »Von den unteren Klassen sind größere Atlanten auszuschließen«,

d. h. also bis zur IV einschließlich; von da ab wird ein einheitlicher und umfangreicherer Atlas für alle weiteren Klassen zu verwenden sein.

Abzuweisen ist der Satz der Meth. Bem. Nr. 3, S. 51: »Ob ein Einheitsatlas für alle
Klassen oder ein Stufenatlas zu wählen sei, bleibt den einzelnen Anstalten überlassen«.

Diese Atlanten müssen sich den Bedürfnissen der Gegenwart möglichst anschließen und Karten zur allgemeinen Erdkunde, z. B. der Flußsysteme, der Jahrestemperatur und der Niederschläge, der Be-	völkerung nach Rasse und Religion, auch Dichte und Sprache, der Erwerbszweige, der Hauptverkehrs- straßen, der wirtschaftlichen Hilfsquellen enthalten und das Deutsche Reich (resp. die Heimat) bevorzugen.

Meth. Bem. Nr. 3, S. 51: »Bei Neuanschaffung von Wandkarten ist darauf zu
sehen, daß das System dieser mit dem der Atlanten, welche von den Schülern gebraucht
werden, möglichst übereinstimmt.«

II. Das Zeichnen.

Meth. Bem. Nr. 4, S. 51: »Sehr wichtig für diesen Unterricht ist das Zeichnen als
ein Hilfsmittel zur Förderung klarer Anschauungen und zur Einprägung erdkundlichen
Wissens. Dabei ist aber vor Überspannung der Anforderungen zu warnen. Mit Umrissen, Profilen und ähnlichen übersichtlichen Darstellungen an der Wandtafel wird man
sich meist begnügen müssen. Häusliche Zeichnungen sind im allgemeinen nicht zu
verlangen. Die Schüler werden sich nach vorbildlichem Zeichnen des Lehrers auf frei-
händige Anfertigung einfacher Skizzen während der Unterrichtsstunden zu beschränken
haben. Ausgeschlossen ist das bloße Nachzeichnen von Vorlagen.«

Dazu ist zu bemerken, daß mit dem Entwerfen von Umrissen, Skizzen und Profilen durch die Schüler erst im Unterricht der V zu beginnen ist, wo die Handfertigkeit der Schüler im Zeichen-unterricht die erste Anleitung erhält.

Das Zeichnen ist zwar für die scharfe Erfassung und klare Wiedergabe des Gesehenen bedeutungsvoll, man muß aber dabei nicht über das, was die Lehr-pläne fordern, hinausgehen: die Kartenskizze hat den Zweck, das Bedeutungsvolle des Kartenbildes herauszuheben. Umrisse von Ländern, Skizzen von Gebirgs- und Flußsystemen, Strommündungen, Quellgebieten, mancherlei Profile usw. werden ausreichend sein. Auf den Gymnasien wird man der beschränkteren Stundenzahl und der geringeren Zeichenfertigkeit der Schüler wegen weniger skizzieren können als auf dem Realgym-nasium. — Eine allgemein anerkannte Weise des zeichnenden Verfahrens gibt es nicht; der Lehrer zeichne etwa in der Weise an der Tafel vor, wie es die Lehrbücher von Seydlitz haben. Anwendung von verschiedenen Farben für Fluß-, Gebirgs- usw.-

Zeichnungen ist zu empfehlen; doch darf die Skizze dabei nicht zu bunt werden, namentlich sind die farbigen Striche für die Grenzen eines Landes oder die Punkte zur Bezeichnung der Städte so zu ge-stalten, daß sie nicht zu sehr hervortreten. Die Namen sind horizontal zu schreiben (bei Städten am besten nur der Anfangsbuchstabe), nur bei Fluß-läufen und Gebirgen in der Richtung des Laufes derselben (vgl. darüber Lehraufgabe der V, S. 25—26, besonders über die Zuhilfenahme von Hilfs-linien bei der Anfertigung der Kartenskizzen).

Es ist davor zu warnen, das geographische Können eines Schülers nach seinen aus dem Ge-dächtnis wiedergegebenen Skizzen zu beurteilen — das wäre das Urteil über ein oft sehr äußerliches Können. Wenn die Lehrpläne (Nr. 4. S. 51) »auf der Oberstufe das Zeichnen besonders für die regel-mäßig anzustellenden Wiederholungen empfehlen«, so ist dieser Wunsch schon wegen der Kürze der Zeit wie der Masse des zu bewältigenden Stoffes unerfüllbar. Man hat hier Wichtigeres zu tun, als Kartenbilder durch Zeichnen einzuprägen.

III. Das Lehrbuch.

Meth. Bem. Nr. 2, S. 51: »Das Lehrbuch dient nur als Führer bei der häuslichen
Wiederholung. Anzustreben ist, daß in diesem bei den Namen die richtige Aussprache
und Betonung angegeben wird.«

Anm.: Vgl. bei dem Folgenden und weiterhin vielfach die »Denkschrift von
Hermann Wagner, Prof. in Göttingen: Die Lage des geographischen Unterrichts
an den höheren Schulen Preußens um die Jahrhundertwende«. Hannover

und Leipzig 1900, Hahn, die hiermit allen Lehrern der Erdkunde aufs wärmste empfohlen sein mag.

Ein Lehrbuch, das den Schüler veranlassen könnte, beim Wiederholen den Atlas unberücksichtigt zu lassen, wirkt verderblich. Der Atlas soll das eigentliche Lehrbuch sein.

»Für Sexta hat man in Preußen 1892 den gedruckten Leitfaden abgeschafft — glücklicherweise, im Hinblick auf die vielfach verkehrten Wege, welche diese zumeist gerade in ihren einführenden Kapiteln einschlugen und teilweise noch einschlagen. Es liegt im übrigen jener Maßregel der richtige Gedanke zugrunde, daß ein Unterricht, der, ebenso wie der naturgeschichtliche, so vorwiegend von der Anschauung auszugehen hat, sich möglichst frei von dem geschriebenen Wort halten muß. Man kann dasselbe für die nächstfolgenden Klassen geltend machen und allein den Atlas als das auszulegende Textbuch hinstellen. Für häusliche Wiederholungen wird .... ein kurzgefaßtes Lehrbuch in den mittleren und oberen Klassen immer seinen Wert behalten, ja auch in den unteren Klassen bis zu einem gewissen Grade notwendig sein.

Aber so lange der Unterricht in den Händen von Unkundigen war und noch ist, deren allgemeine geographischen Anschauungen den naturgemäß nur dürftigen Inhalt der kleinen Leitfäden wenig überragen, lastet auf den letzteren eine ganz gewaltige Verantwortung für die wirkliche Gestaltung des Unterrichts — eben weil Auswahl, Gang, Ausdrucksweise oft unmittelbar maßgebend für denselben sind. An der Geringfügigkeit der bisherigen Erfolge tragen daher zu einem beträchtlichen Teile die seit jahrzehnten eingeführten Leitfäden die Schuld.« (Wagner a. a. O. S. 62, 63.)

VI. Von Anschauungsmitteln

zur Belebung und Förderung des geographischen Unterrichts neben der durch verständnisvolle Betrachtung des Globus, Reliefs und besonders der Karte zu erzielenden Anschauungsfähigkeit wären noch einige mehr äußerliche zu erwähnen, die zur Belebung des schulgeographischen Unterrichts mehr oder weniger beitragen dürften: so

1. Die Ausstattung der Schülerbibliothek mit mustergültigen Werken der geographischen Literatur: Reisebeschreibungen, Heimat- und Landeskunden, Charakterbilder und Lebensbeschreibungen von Forschern und Entdeckern usw.

2. Abhaltung von Unterrichtsstunden mit den Sextanern im Freien zur Veranschaulichung geographischer Grundbegriffe und Formen.

3. Kleine oder größere Märsche nach erreichbaren schönen Punkten, bedeutenderen Orten, typischen Landschaften, hohen Flußufern usw. Diese wecken den geographischen Sinn der Schüler, und sie lernen dabei u. a. Entfernungen messen und gewinnen die Liebe zur Heimat.

4. Anempfehlung von Fußwanderungen besonders während der langen Ferien — an den Strand oder in besonders anziehende Gegenden im Inlande unter Anweisung der Benutzung eines guten Reiseführers und Anleitung zu einer (vom Reiseführer unabhängig) kartographisch zu skizzierenden Reiseroute.

5. Besteigen eines hohen Berges oder eines Kirchturms zur Betrachtung eines ausgedehnteren Landschaftsbildes.

6. Vorführung oder Anregung zum Sammeln und Mitbringen (in die Schule) von Photographien und Ansichtskarten aus den verschiedensten Gegenden des deutschen Vater- oder des Auslandes. Gerade hierdurch wird (wie ich es durch mehrjähriges Erproben gesehen) das Interesse der Schüler ungemein gewickt. Die Reiselust der heutigen Zeit kommt uns dabei sehr zu statten, wie sie ja auch anderseits selbst dadurch gefördert wird. Verwandte und Bekannte schicken den Schülern oft recht interessante und sie geographisch anregende Ansichtskarten zu oder bringen denselben solche Darstellungen und Abbildungen mit. Sie stellen sie ja gern den Schüler zwecks Vorzeigens in den Unterrichtsstunden zur Verfügung oder nehmen wohl auch selbst Gelegenheit, die in der Schule gerade behandelten Partien mit ihren Söhnen zuhause durchzusprechen und damit neben dem eigenen Genuß der Erinnerung an ihre Reisen die Arbeit des Lehrers zu fördern.

7. Empfehlung des Besuchs von Panoramen, die uns schöne oder charakteristische Landschaftsbilder und -Formen vorführen.

Allgemeine Bemerkungen zur Handhabung des Unterrichts in allen Klassen, damit den Bedürfnissen der Gegenwart mehr Rechnung getragen wird.

Es sind beim Unterricht mehr zu betonen:

Bei der Betrachtung unseres deutschen Vaterlandes:

a) Das wirtschaftliche Leben in Deutschland:

1. Die Bodenbeschaffenheit und die Ausnutzung desselben: Körnerbau, Kartoffel, Zuckerrüben, Wein, Hopfen, Flachs, Tabak usw. und Waldbau (Waldreichtum der europäischen Länder — Aus- und Einfuhr, Verwertung des Holzes).

2. Die Berufstätigkeit im Anschluß an diese Produkte — Industrien in Deutschland, Mitteleuropa und den anderen besonders wichtigen Ländern Europas: Bergbau und Metallindustrie (Stein- und Braunkohlen, Eisenerzlager; Salz, Silber, Kupfer, Zink, Blei), Textilindustrie (Seide, Wolle, Baumwolle, Leinen; keramische, Glas, chemische usw.).

3. Verkehrswege, Verkehrsmittel, Handel: Haupteisenbahnlinien, Wasserwege, Schiffbarkeit der Flüsse, Kanäle in ihrem Werte für Industrie und Verkehr; Seehäfen für überseeischen Verkehr, Schiffbau (Werften, Reederei), Kriegsflotte und Handelsschiffe.

4. Deutsche Seefischerei: a) Hochseefischerei, Fischauktionen und Lieferungen vom Auslande. b) Wert der Küsten: Erwerb, Handel, Verkehr.

b) **Deutschlands wirtschaftliche Beziehungen zum Auslande**, wobei die Abhängigkeit Deutschlands in seinem ganzen wirtschaftlichen Leben, in seiner Existenz zu betonen und auch hervorzuheben ist, daß das Heraustreten Deutschlands aus dem engen Bereich eines mitteleuropäischen Staatswesens es nötig macht, daß wir dabei sein müssen überall da, wo höhere Interessen für Welthandel und Weltverkehr auf dem Spiele stehen. — Diese Abhängigkeit wird erwiesen durch Betonung der notwendigen Einfuhr (in bezug auf Getreide, der Rohstoffe für Industrie usw.), der Ausfuhr und der Absatzgebiete, wobei unsere Kolonien leider nur sehr wenig in Betracht kommen; dazu die Auswanderung und Ausbreitung des Deutschtums in allen Erdteilen und die Europäisierung der gesamten Erde: ihre Gründe, Ziele; die Beförderung dorthin, Art des Transports, Beschäftigung im Auslande, Stellung zur Heimat. Forschungsreisen, Missionstätigkeit (besonders in Afrika), Bedeutung des Schiffsverkehrs (Subventionierung der Linien durch den Staat). Dieses letztere besonders geeignet als Wiederholungsstoff für die oberen Klassen.

c) **Verkehrswege und Verkehrsmittel:**

1. **Land- und Seewege:** a) Wichtigste Eisenbahnverbindungen: sibirische, transkaspische, südafrikanische, Pacific; die Grenzen des Eisenbahn- und Postverkehrs im Norden und Süden. b) Seekanäle: Anlage, Zeitdauer, Preis der Durchfahrt für Personen und Waren usw.
2. **Deutsche und außerdeutsche Dampfergesellschaften und -Linien.**
3. **Küstenschiffahrt.**
4. **Unterschied von Dampf- und Segelschiffahrt.**
5. **Kabel:** Englands Übergewicht, Deutschlands Anfänge darin, Gefahr von Blokaden.
6. **Seestreitkräfte:** Entwicklung unserer Kriegsflotte.

Anm.: Vgl. Mitbericht des Gymnasialdirektors Prof. Dr. Armstedt-Königsberg zu dem Hauptbericht des Realschuldirektors Prof. Dr. Heine in Kulm über das Thema: »Wie ist der erdkundliche Unterricht auf den höheren Schulen mit Rücksicht auf die Bedürfnisse der Gegenwart zu gestalten?« aus den Verhandlungen der Direktoren-Konferenz in Preußen (Danzig 1903), S. 41 ff., dem ich auch weiterhin vielfach gefolgt bin.

(Fortsetzung folgt.)

Geographische Lesefrüchte und Charakterbilder.

Das Klima Paraguays.

Aus H. Mangels: Wirtschaftliche, naturgeschichtliche und klimatologische Abhandlungen aus Paraguay, München 1904, Datterer & Co., ausgewählt von Oberlehrer Dr. Schwarz-Oevelsberg.

Die Lage Paraguays am südlichen Wendekreis legt die Vermutung nahe, daß das Land ein heißes und trocknes Wüsten- und Steppenklima habe, da die Erde zu beiden Seiten der Tropenzone von einem breiten Wüstengürtel umgeben ist, welcher im Norden von der Sahara, Arabien, Persien, den Wüsten Zentralasiens, Teilen von Mexiko und Texas gebildet wird, und im Süden von der Wüste Atacama, den Steppen des nördlichen Argentiniens, Südafrikas und Australiens; aber glücklicherweise bildet Paraguay eine Ausnahme von der Regel. Sein Klima hat mit dem der genannten Länder derselben Breite nichts gemein. Genügende Niederschläge während des ganzen Jahres haben eine dichte Pflanzendecke zur Folge, und kein Acre Land ist hier von Vegetation entblößt, was einen mildernden Einfluß auf die Temperatur ausübt, so daß diese hier entschieden gemäßigter ist als in den genannten Gegenden.

Während in den Tropen die Hälfte des Jahres meistens unfruchtbar ist wegen der trocknen Zeit und in der gemäßigten wegen des Winters, hat Paraguay vor beiden den Vorzug, daß es keine unproduktive Jahreszeit kennt, da hier im Sommer die Erzeugnisse der Tropenzone und im Winter die der gemäßigten gedeihen. Das hiesige Klima hat wegen seiner hohen Sommertemperatur die Vorteile der Tropen, ohne an ihrem Nachteil, der trocknen Zeit, teilzunehmen; es bietet die Annehmlichkeit der gemäßigten Zone, Verteilung des Regens über das ganze Jahr, ohne die Nachteile eines langen Winters in den Kauf nehmen zu müssen. Das subtropische Klima Paraguays ist das denkbar günstigste. Hier gedeihen, sei es im Sommer, sei es im Winter, friedlich neben einander Ananas und Erdbeeren, Bananen und Äpfel, Maniok und Kartoffeln, Kaffee und

Zichorie, Zuckerrohr und Runkelrübe, Sechium edule und Hibiscus esculentus neben Blumenkohl und Spargel, der Affenbrotbaum neben der deutschen Eiche.

I. Temperatur.

Die dreimaligen täglichen Beobachtungen ergaben eine Durchschnittstemperatur von 21,7° C für das Jahr. Dies Ergebnis ist als Norm für das mittlere und südliche Paraguay anzusehen, während das nördliche eine etwas höhere Temperatur aufweisen dürfte. Die gebirgigen Gegenden im Inneren des Landes sind erheblich frischer, je nach der Lage um 2 bis 5°.

Die regenreichen Jahre sind kühler als die trocknen, da durch häufige Niederschläge die Hitze gemildert wird, während bei andauernder Trockenheit ungeheure Brände im Gran Chaco die Luft ausdürren und erhitzen, wodurch zeitweilig außergewöhnlich hohe Temperaturen erzeugt werden. Da die Luft in Paraguay im allgemeinen reiner und leichter ist als in Deutschland, so empfindet man die gleichen Wärmegrade hier nicht so sehr wie dort; 35° in Deutschland sind ebenso fühlbar wie 40° hierzulande. Der reinen Luft ist auch zu danken, daß Sonnenstiche hier seltene Ereignisse sind, während sie in höheren Breiten (Rosario, Nowyork z. B.) häufig vorkommen.

Der höchsten Temperatur von 41,5° (absolutes Maximum im Jahre 1886) steht die niedrigste von 0° gegenüber, d. h. in der Hauptstadt und in der Nähe des Flusses. Im Innern des Landes sinkt der Wärmemesser auch wohl noch etwas tiefer, und dasselbe ereignet sich merkwürdigerweise im Norden innerhalb der Tropenzone. Während z. B. im Winter 1902, dem gebirgsten, den ich in Paraguay erlebt habe, das Thermometer in der Nähe der Hauptstadt kaum auf Null sank und der Reif wenig Schaden anrichtete, erfroren im Norden des Landes die Bananen bis auf die Wurzeln, ebenso Kaffee und junge Yerbabäume.

Die ganze Skala, die der Wärmemesser hier durchläuft, beträgt nach dem Gesagten ungefähr 42°. Größere Extreme haben z. B. Córdoba in Argentinien (41 und —8°) Melbourne (44 und —2°) sowie Deutschland, wo die Temperatur zwischen 35 und —20° schwankt, das macht 55°.

Der Unterschied zwischen Sommer- und Winterhalbjahr beträgt hier nur 6°. Fragen wir aber: welcher Monat ist der heißeste, welcher der kälteste, so geben die Beobachtungen aus den Jahren 1885 bis 1889 folgende Antwort: Für Januar 27,3, Februar 26,1, Dezember 25,7, November 24,4; für die Wintermonate August 17,5, Mai 17,0, Juli 16,5, Juni 14,3 mittlere Temperatur. Demnach wäre der Januar der heißeste und der Juni der kälteste Monat im Jahre, was aber nicht hindert, daß ausnahmsweise das Verhältnis sich verschiebt. Der Unterschied zwischen der Durchschnittstemperatur des heißesten und des kältesten Monats beträgt 12,6°.

Die Schwankungen der Temperatur in einem Monat sind mitunter recht bedeutend. Fast jeden Monat steigt der Wärmemesser in den heißesten Monaten bis auf 13,5°, ja zweimal habe ich im Dezember ein Minimum von 10° C abgelesen, dem im Maximum von 37,5° C gegenüberstand. Die größten Schwankungen aber weist der Monat August auf, von 0° bis 32°. Die täglichen Schwankungen sind besonders stark, wenn nach lange anhaltendem Nordwind plötzlich Südwind mit starkem Regen eintritt. Dann kann es sich ereignen, daß das Thermometer in Zeit von einer halben Stunde um 10 bis 15° fällt.

Als besonderer Vorzug des hiesigen Klimas gilt der Umstand, daß sowohl die heißen als auch die kalten Tage so verteilt sind, daß im Winter die Kälte angenehm durch Wärme, im Sommer die Hitze durch kühle Tage unterbrochen wird. Die Erholung liegt in der Abwechslung. Wenn im Winter bei Südwind und lange anhaltendem Regen die Temperatur auf 6 bis 8° sinkt und man tagelang die Sonne nicht sieht, da fühlt man sich höchst ungemütlich und sehnt sich nach einem warmen Ofen, in dessen Abwesenheit man aber das bald zum Durchbruch kommende siegreiche Tagesgestirn um so freudiger begrüßt.

Geographischer Ausguck.

Die Schreibweise der Ortsnamen.

In der für den Geographen und besonders den Kartographen wichtigen Frage, in welchem Maße der neuen deutschen Rechtschreibung ein Einfluß auf die Schreibung der Ortsnamen einzuräumen ist, hat die württembergische Regierung eine wichtige Entscheidung ge- troffen. Sie ordnet an (Reg.-Bl. Nr. 231), daß die württembergischen Ortsnamen deutschen Ursprungs, welche zur Zeit ein Th enthalten, künftig im öffentlichen Verkehr, insbesondere bei allen amtlichen Veröffentlichungen, nur mit T geschrieben werden. Die Maßregel erfolgte nach Anhörung der beteiligten Gemeinden und aus überwiegend praktischen Gründen wegen der Häufigkeit des Vorkommens dieser Zusammensetzungen und der zu befürchtenden Verwirrung durch Beibehaltung der alten Schreibweisen.

Das Recht zu diesem Vorgehen wird der württembergischen Regierung niemand bestreiten können. Ebenso ist es wahrscheinlich, daß die Entscheidung der ganzen Frage nur durch eine amtliche Festlegung der Schreibweise erfolgen kann. Der Weg aber, den die Regierung ein-

15*

geschlagen hat, erscheint in hohem Grade bedenklich. Wenn nach dem Vorgang Württembergs jeder Einzelstaat amtlich auf eigene Faust seine Entscheidung trifft, darf man wirklich neugierig sein, ob die durch Beibehaltung der alten oder durch Einführung der neuen Schreibweise zu »befürchtende Verwirrung« größer sein wird. Noch bedenklicher als der eingeschlagene Weg erscheint die Begründung. Eine Verwirrung ist bei Beibehaltung der alten Schreibweise doch höchstens für die Köpfe der württembergischen Schuljungen zu befürchten, die einmal tal mit und ein anderes Mal ohne h schreiben sollen. Was fängt denn nun aber ein Schuljunge namens Rosenthal an, dessen Vater so hartköpfig ist, auf seinem h zu bestehen? Und nun die »praktischen Gründe wegen der Häufigkeit des Vorkommens dieser Zusammensetzungen«! In erster Linie hat man dabei wohl an die Verkehrsanstalten Post und Eisenbahn gedacht. Denen kann es aber ganz gleichgültig sein, ob das halbe Dutzend »Grünthal« im Deutschen Reiche sich mit h oder ohne h schreibt. Praktische Bedeutung hat es für sie nur, daß Grünthal (Württemberg) von Grünthal (Oberbayern) und den vier anderen unterschieden wird, und dafür ist das h ohne Belang. Wenn praktische Gründe für die Frage entscheidend sein sollen, so sprechen sie eher für als gegen die Beibehaltung der alten Schreibweise. Ganz abgesehen von den Büchern und Stempeln der Verkehrsanstalten, die, wahrscheinlich zur Verminderung der Verwirrung erst »bei passender Gelegenheit« geändert werden sollen, wie stellt sich denn das Statistische Landesamt zu der Frage? Wird es in allen seinen Karten die Anordnung befolgen, aus allen Platten die h herausschlagen lassen? und die Kgl. preuß. Landesaufnahme? wird sie in der 100000teiligen Generalstabskarte und der 200000teiligen topographischen Übersichtskarte, die doch das ganze Reich umfassen, in den Württemberg betreffenden Platten die neue Rechtschreibung einführen, in den übrigen es aber bei der alten bewenden lassen? Man sieht jedenfalls, es spricht mancher praktische Grund dafür, daß man die Ortsnamen ebenso wie die Personennamen als Eigennamen behandelt, die außerhalb der Rechtschreibung stehen. Hängt man aber der Meinung an, daß die Ortsnamen ihr unterstehen (und dann müßte sie folgerichtig auch auf die Personennamen ausgedehnt werden), so darf die Entscheidung dieser Frage nicht den Einzelstaaten überlassen bleiben, sondern sie muß nach einheitlichen Grundsätzen gleichzeitig für das ganze Reichsgebiet getroffen werden.   *Hk.*

Kleine Mitteilungen.

I. Allgemeine Erd- und Länderkunde.

Die Stellung der Südostlausitz im Gebirgsbau Deutschlands behandelt Hermann Popig in einem Hefte der Forschungen zur deutschen Landes- und Volkskunde[1]. Die mit großem Fleiße gearbeitete Monographie eines interessanten und landschaftlich ungemein wechselvollen Abschnitts der deutschen Mittelgebirge zerfällt in drei ungleiche Teile. Nach einer Einleitung, die sich mit der Abgrenzung und Gliederung des Gebiets befaßt, gibt der erste Teil Betrachtungen über die Lage, die sich im wesentlichen innerhalb des bekannten Ratzelschen Gedankenkreises bewegen. Sie leiden an einer gewissen unbefriedigenden Unbestimmtheit, und das Ergebnis der Untersuchungen: »Die Südostlausitz kann infolge ihrer Lage von den Nachbargebieten befruchtet werden und selbst wieder fördernd auf peripherische Landschaften zurückwirken. Diese Wechselwirkung muß aber nicht eintreten, da die Lagebeziehungen nicht stark genug sind, sie zu erzwingen und festzuhalten« kann auch nicht als erschöpfende Charakteristik gelten. Der zweite Teil, der umfangreichste, bringt die Orographie, namentlich die Orometrie des Gebiets, in dem das Schwarzbrunngebirge, das Gablonzer Gebirge, das Jeschkengebirge, das Lausitzer Gebirge (Hochwaldgruppe und Lauschegruppe), das Rumburg-Schönlinder Bergland und die Spreehöhen unterschieden werden. Eine ausführliche Darstellung ist dabei zunächst den Richtungsverhältnissen gewidmet und mit zahlreichen Winkeln und Zahlen wird aus der Richtung der Spalten und Gangsysteme, der Kämme und Täler der Schluß begründet, den man auch wohl einfacher schon aus einer Betrachtung der Karte ableiten könnte, daß das Gebiet noch völlig als Glied der Sudeten erscheint, und daß nur in seinen westlichen Teilen ein Übergang zur erzgebirgischen Richtung sich zu vollziehen beginnt. Die orometrischen Abschnitte behandeln Gebirgsfuß, Gipfel, Sättel, Kämme und Täler und geben mit großer Fülle von Zahlen die üblichen orographischen Mittelwerte, wobei auf die Böschungsverhältnisse mit Recht ein bedeutendes Gewicht gelegt ist. Die mittlere Kammhöhe für das Schwarzbrunngebirge beträgt 760 m, für das Gablonzer Gebirge 560 m, das Jeschkengebirge 680 m, das Lausitzer Gebirge 574 m, das Bergland von Rumburg-Schönlinde 500 m, die Spreehöhen

[1] Popig, Hermann, Die Stellung der Südostlausitz im Gebirgsbau Deutschlands und ihre individuelle Ausgestaltung in Orographie und Landschaft. (Forschungen zur deutschen Landes- und Volkskunde XV, 2, 88 S., mit 1 Karte und einer Tafel Profile. Stuttgart 1903, Engelhorn.)

476 m [1]). Unter den Ergebnissen dieses Abschnitts ist hervorzuheben, daß Jeschkengebirge und Lausitzer Gebirge in morphologischer und geologischer Hinsicht zwei gesonderte Individuen sind, und daß nicht nur das Jeschkengebirge die charakteristischen Züge eines wahren Gebirges zeigt, sondern auch das Lausitzer Gebirge als ein solches bezeichnet werden muß, wenn auch seine Formen bisweilen schon die Bezeichnung als Berggruppe rechtfertigen.

Der dritte Teil beschäftigt sich, leider nur auf zehn Seiten, mit dem Landschaftsbild der Südostlausitz. Hier hätte man gern mehr gehabt; der Aufstieg von Reichenberg zum Jeschken, die Wanderung von ihm ins Christophsgrunder Tal oder der Spaziergang über den Höhenkranz um Oybin wären dankbare Gegenstände für echt geographische Landschaftsschilderung. Leider verzichtet der Verfasser auch auf ein weiteres Eingehen in die Probleme der Entstehung der Landschaftsformen, und somit hört die Schilderung manchmal gerade da auf, wo sie für den Geographen anfing, besonders interessant zu werden. Vielleicht ermöglichen es seine weiteren Studien in dem von seinem Wohnsitz Löbau leicht erreichbaren Gebiet dem Verfasser, auch in dieser Beziehung seine Arbeit zu vervollständigen; er würde der schönen Südostlausitz neue Freunde erwerben und bei den alten liebe Erinnerungen an fröhliche Wandertage hervorrufen.

Gymn.-Dir. Dr. W. Schjerning-Krotoschin.

Die elsässische Frage. Im Septemberheft 1903 der »Revue de l'Ecole d'Anthropologie de Paris« S. 285—301 beschäftigt sich Prof. G. Hervé mit der elsässischen Frage [2]) und sucht die Unrichtigkeit der Ansicht, daß die Bewohner des Elsaß denen des übrigen Deutschland gleichartig seien, auf Grund anthropologischer und ethnologischer Tatsachen zu beweisen. Kurz zusammengefaßt lauten seine Ausführungen folgendermaßen:

Die deutsche Wissenschaft hält noch immer an dem Satze fest, daß die Gruppierung der Völker auf ihrer Zugehörigkeit zu einer bestimmten Rasse beruhe, und der »Germanismus« nimmt manches Gebiet für sich in Anspruch, dessen Bewohner sich dagegen sträuben. Auch Bismarck und der deutsche Kaiser, Wilhelm II., haben sich in ihren Reden zu derartigen Anschauungen bekannt. Kurz heutzutage gibt es, wie schon Hovelacque kurz nach dem Kriege von 1870—71 sagte, keine einheitlichen Völker mehr; Deutschland ist nur z. T. germanisch, der Süden keltisch, der Osten jenseit der Elbe slawisch. Die Nationalitätsfrage läßt sich nicht mit

Hilfe der Ethnologie oder Anthropologie lösen, weder im allgemeinen, noch im Hinblick auf den Elsaß. Den deutschen Schriftstellern und Staatsmännern zufolge gehören die Elsässer zu den Germanen, den Allamanen (daher Allemands), wenn sie auch mit gallisch-römischen Elementen durchsetzt sind. Von Seiten französischer Anthropologen jedoch ist festgestellt worden, daß das germanische Element zwar einen wesentlichen Anteil an der Bildung der elsässischen Bevölkerung gehabt hat, aber nicht im Stande gewesen ist, ihren überwiegend keltischen Charakter zu verwischen. Und abgesehen davon ist ja nie ein Volksstamm ethnologisch beständig, von Jahrhundert zu Jahrhundert unterliegt er Veränderungen. Die teilweise Germanisierung des Elsaß ist neueren Datums, beginnt erst mit der Wiederbevölkerung im 17. Jahrh. nach seiner Verwüstung während der vorausgegangenen Kriege; die Elsässer des Mittelalters waren ethnisch anders geartet als die der Römerzeit, und diese wieder anders als die der vorgeschichtlichen und der Steinzeit. Schicht setzt sich auf Schicht, die spätere vermischt sich mit der früheren, und zuweilen überwiegt die letztere, wie es im Elsaß der Fall ist. — Von jeher ist das breite Rheintal besiedelt gewesen. Schon aus der paläolithischen Zeit hat man Reste eines Schädels mit Knochen vom Hirsch, Rind und Mammuth zusammen gefunden (Bühl bei Egisheim), aus der neolithischen ganze Skelette in Schachtgräbern (Bollweiler, Tagolsheim) und Schädel vom Cro-Magnon-Typus (Colmar), zusammen mit verzierten und rohen Töpfen, sowie geschliffene Steinbeile, zur Hälfte aus Jadeit und Nephrit. Die zahlreichen Tumuli aus der Bronze- und Eisenzeit beweisen eine intensivere Besiedlung der Ebene seitens eines brachykephalen Volkes. Bernstein, Korallen, Lignitarmbänder bezeugen ausgedehnte Handelsverbindungen. Diese brachykephale Bevölkerung stimmt überein mit der des vorrömischen und dem Gallien Caesars und ist seitdem immer vorherrschend geblieben. Am Ende der gallischen Zeit, in der La Tène-Periode, drangen Germanen ein, besonders die Tribochen in die Gegend von Straßburg. 60 Skelette, am Weißturmtor in Straßburg ausgegraben, zeigen eine Vermischung der dolichokephalen Germanen mit der früheren Bevölkerung, indem zahlreiche mesokephale Schädel auftreten, in gleichem Maße wie in Gallien. Eine umfängliche Verschiebung zugunsten des germanischen Elements bewirkte das Eindringen der Allamannen und Franken. Aber auch dieses wurde allmählich so völlig absorbiert, daß im Mittelalter der keltische Typus wieder überwiegt mit 58%, während der dolichokephale nur 7,5% beträgt. Die dritte Germanisierung des Elsaß nach dem Dreißigjährigen Kriege würde wohl ein ähnliches Schicksal gehabt haben, wenn nicht die Annexion seitens Deutschlands da-

---

[1]) Aufs neue muß hier wieder gegen die Unsitte Verwahrung eingelegt werden, bei solchen Mittelwerten, die doch nur eine rohe Annäherung bilden können, den Schein einer erhöhten Genauigkeit dadurch hervorzurufen, daß die mittleren Höhen auf zehntel oder hundertstel Meter, Winkel bis auf Zehntelminuten, Kammlängen auf Meter, Prozentzahlen bis auf tausendstel Prozent gegeben werden.

[2]) La question d'Alsace et l'argument ethnologique.

zwischen gekommen wäre. Seitdem sind wenigstens 180000 Elsässer ausgewandert; die entstandene Lücke wurde zum Teil durch die natürliche Vermehrung der einheimischen Bevölkerung ausgefüllt, ferner durch Zuwanderer aus der Schweiz, besonders aber durch Altdeutsche. So zählte man 1895 gegen 82000 Untertanen deutscher Staaten, dazu kommen noch 35000 Soldaten, Beamte usw. und Altdeutsche, die elsässische Bürger geworden sind. In Straßburg bilden sie mit 6000 schon ein Drittel aller eingeschriebenen Wähler. So ist die gegenwärtige Lage, und dieses Zuströmen Altdeutscher wird, wie man sich nicht verhehlen darf, eine starke Einwirkung auf die Rassenmerkmale der Elsässer ausüben.   *Abr.*

Die letzte Hebung der Alpen war das Thema eines Vortrags, den Prof. Penck an einem Geographenabend im Geographischen Institut der Universität Wien am 13. Juli hielt. Er führte aus, daß in den Westalpen seit dem Pliocän eine Hebung in vertikalem Sinne eingetreten ist, und daß dabei das Gebirge eine Aufwölbung erfuhr, deren Betrag der Redner auf einige hundert Meter veranschlagt. Penck begründete dies durch die Schrägstellung der präglazialen Talböden, die er mit Brückner auf der Nord- und Westseite der Alpen nachweisen konnte, und durch das mehrfach nachgewiesene Ansteigen des marinen Pliocäns alpeneinwärts. Die postpliocäne Hebung betraf nur die Westalpen, während in den Ostalpen nur eine postmiocäne Hebung nachweisbar sei. Daraus will der Redner zum Teil die größere Höhe der Westalpen erklären und zeigt, daß sein Ergebnis von Heim angenommenen Rücksinken der Alpen widerspricht. Die Hebung der Westalpen ist nach der Ansicht des Redners der oberflächliche Ausdruck von in der Tiefe vonstatten gehender Faltung.   *Dr. A. Grund-Wien.*

Ägyptische Wasserkünste. Der Schöpfer der großen Bewässerungsanlagen bei Assuan, William Willcox, sucht durch einen neuen großartigen Plan sein Werk zu vervollständigen. Schon früher war der Vorschlag gemacht worden, das Gebiet des ehemaligen Moeris-Sees, welcher das jetzige Birket el Kerun und die Niederung Fajum bedeckte, in ein Staubecken für das Nilwasser umzuwandeln. Willcox nimmt diesen Gedanken wieder auf, an Stelle des Birket el Kerun will er den sich etwas südlicher hinziehenden Wadi Rajan als Sammelbecken benutzen. Der geplante Stausee soll zunächst in Ergänzung der Assuaner Wasserwerke das nötige Wasser zur künstlichen Bewässerung des Geländes am Nilunterlauf liefern; er soll aber auch anderseits einen wirksamen Schutz gegen die das Land oft bedrohende gar zu starke Nilflut gewähren. Die Bausumme schätzt Willcox je nach der Größe des geplanten Sees auf 40—52 Mill. Mark, als Bauzeit hält er 3½—4 Jahre für notwendig.   *Hk.*

Die Bevölkerung des Schutzgebiets Togo. Nach einer Statistik des D. Kolonialblattes betrug die weiße Bevölkerung zu Beginn des Jahres 1904 189 Köpfe gegen 168 am 31. März 1903. Von diesen sind 179 Deutsche Staatsangehörige. Dem Beruf nach weisen die Handwerker und Arbeiter die stärkste Zunahme auf. Die Gesamtbevölkerung des Schutzgebiets wird auf höchstens 1½ Millionen geschätzt, so daß sie bisher erheblich zu groß angenommen worden ist.   *Hk.*

Die Höhe des Aconcagua. Eine Neumessung des Aconcagua, die der Präsident des französischen Alpenklubs, Schrader und der Ing. Enrique del Castello gemeinsam vornahmen ergab 6956 m. Zum Vergleich seien einige ältere Messungen beigefügt: Brackebusch fand 7000 m, Pissis 6984 u. 6835 m, Güißfeld 6970 m.   *Hk.*

Die Hauptstadt Australiens. Bisher nahm man bestimmt an, daß das kleine Städtchen Tumut am gleichnamigen Zufluß des Murumbidgee zur Hauptstadt des neugeschaffenen australischen Bundesstaats erkoren sei, da sich der zur Wahl eines geeigneten Punktes eingesetzte Ausschuß dafür entschieden und auch das Unterhaus mit 36 gegen 25 Stimmen seine Genehmigung gegeben hatte. Das Oberhaus hatte allerdings mit großer Mehrheit für das kleine Städtchen Bombala gestimmt. Das neue Parlament hat sich jedoch für Dalgety entschieden, ein kleines Dorf von 300 Einwohnern am Snowy River, etwa 380 km südlich von Sydney.   *Hk.*

Die Abdrücke von Warrnambool. Vor nicht langer Zeit wurden im Dünenkalke bei Warrnambool, Victoria (Australien) Abdrücke gefunden, die von englischen und australischen Gelehrten für Abdrücke von Gesäß und Füßen eines Menschen erklärt wurden. M. Alsberg legte auf der Casseler Naturforscher-Versammlung Abgüsse davon vor, woraufhin verschiedene deutsche Gelehrte sich dagegen aussprachen. Hofrat Dr. Hagens Hinweis auf die Kleinheit der Abdrücke und darauf, daß Wilde sumpfiges Land aus hygienischen Rücksichten meiden, will nun Alsberg (Globus LXXXV, 7, S. 108—112) nicht gelten lassen: bei niederen Rassen kämen in der Tat zierliche Füße vor, außerdem sei es wahrscheinlich, daß früher Zwergvölker auch in Australien existiert hätten; zweitens sei der damalige Mensch als Fischer und Muschelsucher auf die Küste angewiesen gewesen. Prof. Emil Schmidt-Jena gegenüber, der die Echtheit bezweifelte, entgegnet Alsberg, daß man in der Skepsis nicht gar zu weit gehen dürfe. Es liege kein Verdachtsgrund gegen die australischen Angaben vor. Der Geologe Professor Bücking-(Straßburg) begutachtet, daß das Gestein sich in diluvialer oder gar noch früherer Zeit gebildet hat, demnach müssen die Abdrücke ebenso alt sein. Nun haben wir aber noch andere Zeugnisse vom Vorhandensein des Menschen in spättertiärer und pleistocäner Zeit in Australien: einen bearbeiteten fossilen Nototheriumknochen aus der Buninyong-Goldmine bei Ballarat (Vict.), 238 Fuß tief, der mit anderen fossilen Knochen zusammen lag; Backenzähne aus einer Knochenbreccie in den Wellington Caves zusammen mit fossilen Resten ausgestorbener Beuteltiere. Schon auf Grund des Fundes dieser Zähne könne man ohne Bedenken die Existenz des Menschen in spättertiärer oder in der Übergangszeit zum Diluvium annehmen, auch wenn man die Abdrücke von Warrnambool nicht als beweiskräftig gelten lassen wolle. *Aby.*

Ellesmere-Land. Der Geographic Board of Canada hat den Namen Ellesmere-Land für das ganze zwischen 76° u. 84° N. und 62° u. 90° W. gelegene Gebiet festgelegt. Bisher bezeichnete man damit nur das Gebiet westlich des Smith-Sundes, während nunmehr auch GrantLand, Grinnell-Land und Nord-Lincoln mit umfaßt. *Hk.*

II. Geographischer Unterricht.

Aus den Verhandlungen der Direktoren-Versammlungen. In der zweiten Sitzung der 8. Direktoren-Versammlung in der Rheinprovinz am 18. Juni 1903 stand der Antrag zur Verhandlung: Wie ist der geschichtliche Lehrstoff in Prima zu sichten, um Raum für ausführlichere Behandlung gewisser Aufgaben (Wiederholung der alten Geschichte, römische Kaiserzeit) und besonders für Wiederholungen aus der Erdkunde zu gewinnen.

Berichterstatter waren die Gymnasialdirektoren Dr. Mertens-Brühl und Dr. Broicker-Trier. Ersterer hatte seinem Bericht trotz des obigen »besonders für die Wiederholung aus der Erdkunde« nur die kurze Bemerkung einverleibt, daß die einzelnen Berichte, wie solche von den ersten Anstalten eingefordert werden, für U 1 und O 1 je 12 Stunden, zwei Anstalten 15 bzw. 18 Stunden ansetzen; beide Auffassungen ließen sich nach den Lehrplänen verteidigen, und außerdem wird in seinen Leitsätzen (3 enggedruckte Seiten gr.-8°) 11, 10, S. 117 die Geschichte der Entdeckungen des 15. und 16. Jahrhunderts, sowie die Darstellung der wirtschaftlichen Entwicklung der neuesten Zeit dem erdkundlichen Unterricht (natürlich diesen Wiederholungsstunden) zugewiesen. Dem Mitberichterstatter war diese Stofffülle für die armseligen paar Stunden doch zu groß erschienen (S. 132). In den von ihm gegenübergestellten Leitsätzen (S. 136) lautet dann der 16.: a. die für die Wiederholungen aus der Erdkunde vorgeschriebenen Stunden können dem Geschichtsunterricht einen (kleinen) Teil seiner Aufgabe abnehmen, wenn sie mit ihm in engen sachlichen Zusammenhang gesetzt werden; b. das wird namentlich möglich und nötig sein bei der Geschichte der Entdeckungen, der außereuropäischen Kriege des 18. Jahrhunderts und der Darstellung des gegenwärtigen außereuropäischen Besitzes der Kolonialmächte;

c. die Erdkunde als Hauptaufgabe dieser Stunden darf unter dieser Rücksicht nicht leiden. Wie sie das zu machen hat, wird vom Verfertiger dieser Verlegenheitslösung nicht verraten. In den von beiden Berichterstattern vereinbarten Leitsätzen war denn auch klugerweise jeder Versuch einer Lösung des unlösbaren unterdrückt und nur S. 185, 3. gesagt: »Es empfiehlt sich folgende Verteilung.« (folgt geschichtliches). Dazu in jedem Tertial Wiederholungen aus der alten Geschichte in 2 und aus der Erdkunde in 4 Stunden.

In der Diskussion wünschte SteineckeEssen (S. 161) »mit Rücksicht auf die erdkundlichen Wiederholungen die Einschiebung von ,wenigstens' vor ,4 Stunden'«. Eine Beschlußfassung darüber, wie über den entsprechenden Leitsatz selbst erfolgte aber nicht.

In den zum Schlusse angenommenen Leitsätzen (S. 165—166) findet sich dann trotz der mißzuverstehenden Fassung des Themas daher kein Wort von Erdkunde überhaupt. Befremdlich wirkt solch Verfahren freilich nur auf die Fernerstehenden. Der Eingeweihtere weiß, was er noch immer von den Mehrheiten für unser Fach zu erwarten hat.

Daß es aber an einer besserbelehrten Minderheit durchaus nicht gefehlt hat, dafür sind uns die Schlußsätze des Sitzungsberichts Zeugnis (S. 164). Sie lauten:

»Zum Schlusse stellt Geh. Regierungsrat Leuchtenberger folgenden Antrag:

»Die Konferenz erachtet es, im Interesse der Schüler wie der Lehrer und gemäß der Bedeutung sowohl des geschichtlichen wie des geographischen Unterrichts, auf den drei Klassen des Obergymnasiums für an der Zeit, die drei wöchentlichen Stunden lediglich für den Geschichtsunterricht zu bestimmen, dem geographischen Unterricht aber eine weitere Wochenstunde einzuräumen. Diese weitere Unterrichtsstunde kann ohne hygienische Bedenken auf diesen drei Klassenstufen durch Aufgeben einer von den drei Turnstunden gewonnen werden.«

»Leuchtenberger, Evers, Schwertzell, Wirsel, Menge, Schwabe, Becker, Schwering, Vogels, Windel, Lemmen.

»Auf Vorschlag des Vorsitzenden nimmt die Versammlung von dem Antrag Kenntnis, ohne in Verhandlung darüber einzutreten.«

Das heißt zu deutsch: die Mehrheit lehnte ihn ohne Motivangaben ab.

Wir aber sind den einsichtsvollen und tatkräftigen elf rheinischen Direktoren zum lebhaftesten Danke verpflichtet und werden ihre Namen nicht vergessen.

Außer bei den Rheinländern haben 1903 noch Direktorenversammlungen stattgefunden in Posen, Pommern, Sachsen, Hannover. In keiner Provinz haben Fragen des erdkundlichen Unterrichts auf der Tagesordnung gestanden. Wir brauchen über sie daher hier nicht ausführlich

zu berichten. Am meisten drängt sich als Beratungsgegenstand der verlangte Unterricht in
philosophischer Propädeutik vor. Die Art, wie
man sich mit diesen Verlangen auseinandersetzt,
ist manchmal für uns Geographen lehrreich genug, so wenn es (Posen S. 651) heißt, »die
philosophische Propädeutik bildet ein notwendiges Glied in dem Organismus der Gymnasial-
unterrichts ... er darf nicht bloß nebenbei und
stückweise erteilt werden ... es ist nicht erforderlich, besondere Stunden anzusetzen«. Nun
erkläre mir Orindur?! Wertvoll ist eine Stelle
aus Hannover. Dort ist eins der Verhandlungs-
themen »die erziehliche Einwirkung der höheren
Schulen auf ihre Zöglinge«. Der Berichterstatter
Dir. Stegmann-Norden behandelt S. 12 ff. die
erziehliche Einwirkung durch den Unterricht und
weis über den Einfluß des Geschichtsunterrichts S. 12—14 folgendes zu sagen:
»vor allem muß das eigene Herz des Lehrers
bei der Sache sein« und wo eine frische natürliche Begeisterung des Lehrers auch die Schüler
belebt und mit sich fortreißt, während ein ein-
förmiger, gleichgültiger Vortrag, dem man nicht
die Liebe zur Sache anmerkt, ohne Wirkung
bleibt; das gilt auch für die anderen Fächer.
Vielleicht würde z. B. die Begeisterung
der Jugend für die altklassischen Studien
auch eine andere sein, als sie heutzutage
in der Tat ist, wenn die Lehrer noch alle
selbst die Begeisterung früherer Pädagogen für den Stoff besäßen und zeigten
und ihm zum Teil unter dem Einfluß moderner Strömungen und Ideen
ziemlich kühl gegenüber ständen«.

Ach wenn man doch aus solchen unzweifelhaft wichtigen Worten einmal die richtigen Konsequenzen ziehen wollte! Das ist ja der Jammer
unseres höheren Schulwesens, daß die Männer
(Geographen, Biologen u. a.) die mit frischer
Begeisterung in ihrem Wissenschaftsleben stehen,
die jedesmal wenn sie mit der Jugend höherer
Klassen in ach zu flüchtige Berührung kommen,
merken, wie sehr es beiden Teilen Bedürfnis
wäre, auf weiterer Unterrichtsgrundlage mit einander zu verkehren, abseits stehen und ihre besten
Kräfte brach gelegt sehen müssen. Nicht der rohe
Wissensstoff ist es ja, dessen Überschätzung
uns nach Ausdehnung unserer Stundenanzahl
nach oben immerdar rufen läßt, sondern die
Gewißheit, daß wir Dinge mit der Jugend zu
verhandeln haben, die jetzt mit ihr verhandelt
werden müssen, die gerade wir mit ihr verhandeln
könnten. Statt dessen sehen wir — gewiß
nicht in allen Fällen, aber doch oft genug, —
den das altklassischen Studien unter dem Einfluß moderner Ideen ziemlich kühl gegenüberstehenden Herrscher der Oberklassen sich und
die Jugend dort langweilen.

Bei der Erwähnung der Klassenausflüge
und Turnfahrten wird der Gedanke, durch diese
dem Schüler das deutsche Land lieb und vertraut zu machen, nicht einmal gestreift.

Daß Alpenfahrten von Hannover aus Bedenken finden, ist begreiflich. Sie würden auch
kaum vorkommen, wenn Verständnis und Liebe
zu unserem Heimatboden besser gepflegt würden.

Aus Pommern ist für uns beachtenswert
Leitsatz 12 des Berichterstatters zu dem Thema
»die Entwicklung des Kunstsinns bei den Schülern, S. 121, nach dem der Zeichenunterricht auch
an den Gymnasien für alle Klassen verbindlich gemacht werden soll. Der Mitberichterstatter übernimmt ihn (S. 127) wörtlich und
will auch Schulausflüge für den Kunstsinn
»durch Vorführung von Originalwerken der
bildenden Kunst und durch Belebung des Sinnes
für die Schönheit der umgebenden Natur« nutzbar machen. Man täte wohl besser, zuerst einmal
die Schulausflüge überhaupt auf eine sichere
Grundlage zu stellen und dann den Grundsatz
zu beherzigen, daß alles gesunde Erfassen der
Schönheit der Natur auf Erkenntnis beruht. H. F.

Programmschau.

Ernst Schumacher gibt in seinem Auf-
satz: *Zur Orientierung über die Deportationsfrage*
(Freienwalde a. O. 1901), im ersten Teile einen
geschichtlichen Überblick über die Entwicklung
der Deportation, indem er ausführlich die Versuche der Engländer, Franzosen und Russen,
kürzer die der Spanier und Portugiesen darstellt. Im zweiten Teile, auf den unseres Erachtens das Schwergewicht der Arbeit hätte
gelegt werden müssen, zählt er, ohne selbst
Stellung zur Frage zu ergreifen, die in der
deutschen Literatur geltend gemachten Anschauungen der Freunde (Fabri, Brück, Graf Pfeil)
und Gegner (Merensky, Aschrott, Fabarius) der
Bewegung auf. Eine Ergänzung der Arbeit ist inzwischen durch O. Canstatts Broschüre: »Äußere
oder innere Kolonisation?« gebracht worden.

**Die geographische Lehrmittelsammlung der
Realschule zu Gardelegen und ihre Verwendung
beim Unterricht** von Alb. Boeckler. (S. 43—96
der Beilage zum Jahresbericht der Städt. Realschule zu Gardelegen 1901. 8°.) In den Jahren
1899—1903 veröffentlichte Ref. als Programmabhandlungen »Die geogr. Naturaliensammlung
des Dorotheenstädt. Realgymnasiums und ihre
Verwendung beim Unterricht«. Er möchte hier
seiner Freude darüber Ausdruck geben, daß
sein Versuch, einen Beitrag zur anschaulicheren
Gestaltung des erdkundlichen Unterrichts zu
liefern, nicht nur allgemeine Anerkennung, sondern auch Nachahmung gefunden hat, wie die
vorliegende Abhandlung beweist, welche wohl
nicht ohne Absicht den Titel fast wörtlich übernommen hat. Die Schrift gibt den erfreulichen
Beweis, daß der erdkundliche Unterricht in
Gardelegen von einer tüchtigen Kraft erteilt
wird, die nicht nur bestrebt ist, den Schülern
das beste zu bieten, sondern auch selbst an
der Herstellung und Beschaffung von Anschau-

Dr. Max Georg Schmidt-Marburg.

ungsmaterial arbeitet. Bei aller Anerkennung, welche die Abhandlung als Ganzes verdient, ist es Ref. leider nicht möglich, sich mit allen Einzelheiten einverstanden zu erklären. Was z. B. über Reliefs gesagt wird, ist doch sehr anfechtbar. Dieselben werden, wie besonders hervorgehoben wird, vertikal aufgehängt. Sie können aber doch nur dann eine bessere Anschauung geben als Karten, wenn sie horizontal liegen. An kleinen Schulen, wie in Gardelegen, wird das auch möglich sein. Wenn ferner »die Überhöhung nicht mehr wie 1:20 beträgt«, so ist das entschieden viel zu viel und muß notwendig eine falsche Anschauung geben. Die kurzen Erläuterungen, welche zu den einzelnen Gegenständen der Produktensammlung gegeben sind, halten oft der naturwissenschaftlichen Kritik nicht stand.　*Oberl. H. Bohn-Berlin.*

Persönliches.

Ernennungen.

Der Anthropolog Otto Ammon in Karlsruhe zum Dr. hon. c. der philos. Fakultät der Universität Freiburg i. Br.

Der Astronom Prof. Oskar Backlund in St. Petersburg, der Astronom Sir David Gill in Kapstadt, der Direktor des Solar Physics Observatory Sir Norman Lockyer in South Kensington zu Drs. Sci. der Universität Cambridge.

Die Professoren Dr. Aug. Billwiller in Zürich, Dr. N. Thege von Konkoly in Budapest, der Astronom Paulsen, Dir. des Meteorol. Inst. in Kopenhagen, und Hofrat J. M. Pernter, Dir. der Zentralanst. f. Meteorol. in Wien zu Ehrenmitgliedern der Deutschen meteorol. Gesellschaft.

Der Capitano di Vascello G. Boet zum Direktor des R. Istituto Idrografico in Genua.

Auf weitere drei Jahre sind ernannt worden: Dr. A. J. Herbertson zum lecturer in regional geography und curator der School of Geography, Dr. G. B. Grundy zum lecturer on ancient geography, und Mr. C. R. Beazley zum lecturer on the history of geography, sämtlich in Oxford.

Der Professor der Geologie, Geh. Bergrat Adolf v. Koenen, zum außerordentl. Mitglied der belgischen Akademie der Wissenschaften.

Der Professor der Geologie in Lüttich, Max Lohest, zum korrespondierenden Mitglied der belgischen Akademie der Wissenschaften.

Dr. C. K. Schwartz zum instructor in geology and paleontology an der John Hopkins University.

Berufungen.

Der ao. Prof. der Paläontologie, Dr. J. Pompecki, als o. Professor an die Landwirtschaftl. Akademie in Hohenheim.

Der Privatdozent der Geologie an der Univ. Bonn, Prof. Dr. Hermann Rauff, als o. Professor der Geologie und Paläontologie an die Bergakademie in Berlin.

Der Professor der Anthropologie und Ethnologie an der Universität Breslau, Dr. Georg Thilenius, als Direktor an das Staatl. Museum f. Völkerkunde in Hamburg.

Habilitationen.

Der Assistent an der Kgl. Anthropologisch-prähistorischen Sammlung, kgl. Hofpriester Dr. Ferdinand Birkner hat sich mit einer Probevorlesung »Die Anthropologie der Mongolen« in München habilitiert.

Dr. Arrien Johnsen habilitierte sich in Königsberg für Mineralogie und Geologie.

Dr. Friedrich Ristenpart hat sich mit einer Antrittsvorlesung über den »Aufbau des Weltgebäudes« in Berlin habilitiert.

Der durch anthropologisch-ethnologische Studien bekannte Dr. O. Schoetensack hat sich in Heidelberg für Anthropologie habilitiert mit der Antrittsvorlesung »Die Australier in ihren Beziehungen zur Urgeschichte des Menschen«. Seine Habilitationsschrift behandelt »Die neolithische Fauna Mitteleuropas« mit besonderer Berücksichtigung der Funde am Mittelrhein.

Auszeichnungen.

Dem Leiter der engl. antarktischen Expedition, Commander Rob. Scott, die goldene Livingstone-Medaille der schottischen Geogr. Gesellschaft.

Todesfälle.

Everett, J. D. Dr., 30 Jahre lang Professor der Naturphilosophie am Queen's College in Belfast, auch auf geographischem Gebiet tätig, starb in Belfast, 74 Jahre alt.

Der Curator of vertebrate paleontology im Carnegie-Museum in Pittsburg, John Bell Hatcher, geb. 11. Okt. 1861 zu Cooperstown, Ill., starb am 3. Juli 1904 zu Pittsburg.

Der Kamerun-Erforscher Major a. D. Rich. Kund in Berlin ist am 31. Juli 1904 im 52. Lebensjahre gestorben.

Louis, Gustave Georges, Chef du Service cartographique im Depart. des Innern des Kongostaats, geb. 13. Aug. 1858 zu Saint-Troud, starb am 17. Aug. 1904 zu Brüssel.

G. B. Magrini, der Professor für Geschichte und Geographie am R. Liceo ed Istituto Technico in Arezzo starb am 7. Juli 1904.

Martens, Eduard v., Prof. Dr., Geh. Reg.-Rat, 2. Dir. des Kgl. Zoologischen Museums in Berlin, geb. 18. April 1831 in Stuttgart, gest. 14. Aug. 1904 in Berlin.

Der bekannte Chileforscher, Prof. Dr. R. A. Philippi, geb. 14. Sept. 1808 in Charlottenburg, starb am 27. Juli 1904 in Santiago de Chile.

Wagner, Hans, Dr., Kolonialschriftsteller, geb. 1871 zu Glückshäfen, starb am 3. Sept. 1904 in Charlottenburg.

Weidmann, Konrad, Kunstmaler, der als Berichterstatter der Leipz. Illustr. Zeitung die Expedition Wißmann 1879 nach Deutsch-Ostafrika begleitete, geb. 10. Okt. 1847 zu Dießenhofen a. Rhein, starb am 18. Aug. 1904 in Lübeck.

Am 7. Aug. hat die feierliche Enthüllung der auf der Zugspitze zur Erinnerung an Dr. Joseph Enzensberger (vgl. Geogr. Anz. IV [1904], S. 104) angebrachten Gedenktafel stattgefunden. Der Akademische Alpenverein München wird seinem Gedächtnis ein Prachtwerk widmen, welches Ende September im Verlag der Münchner Vereinigten Kunstanstalten erscheinen und 20 M. kosten soll.　*Hh.*

Geographische Nachrichten.

Gesellschaften.

Die Freie Vereinigung der systematischen Botaniker und Pflanzengeographen, die vor kurzem in Stuttgart getagt hat, beschloß, ihren nächsten Kongreß Pfingsten 1905 in Wien abzuhalten.

In England ist man eben dabei, eine große wissenschaftliche Gesellschaft zu gründen, die den Namen »The British Science Guild« tragen soll. Ihr Zweck soll sein, alle Engländer, die an Wissenschaft und wissenschaftlicher Methode ein Interesse haben, als Mitglieder der Guild zusammen zu bringen, in allen die öffentliche Wohlfahrt berührenden Angelegenheiten wissenschaftliche Gutachten der Regierung vorzulegen, die Anwendung wissenschaftlicher Grundsätze auf allen Gebieten, besonders aber dem industriellen zu fördern, durch Unterstützung der Universitäten und aller, ähnlichen Zwecken dienenden Institute endlich die wissenschaftliche Erziehung zu fördern. Ein Komitee, welches sich aus hochangesehenen Männern der Wissenschaft und des öffentlichen Lebens zusammensetzt, tut die vorbereitenden Schritte. Präsident des Komitees ist der Direktor des Solar Physics Observatory, Sir Norman Lockyer.

Eine Deutsch-Niederländische Telegraphengesellschaft ist in Cöln gegründet worden. Sie wird im Anschluß an das Kabelnetz von Niederländisch-Indien ein Kabel von Menado auf Celebes über Jap nach Guam und von Guam nach Schanghai legen. Die neuen Kabel erhalten Anschluß in Guam an das amerikanische Pacifickabel von San Francisco nach den Philippinen, in Schanghai an das dem Deutschen Reiche gehörende Kabel Schanghai—Tsingtau—Tschifu, sowie an die Kabel der Großen Nordischen Telegraphengesellschaft und der Eastern Extension Telegraph Company.

Zeitschriften.

Soeben beginnt eine neue »Zeitschrift für die wissenschaftliche Erforschung der höheren Luftschichten« im Verlag von K. J. Trübner in Straßburg zu erscheinen. Sie führt den Titel: »Beiträge zur Physik der Atmosphäre« und wird im Zusammenhang mit den Veröffentlichungen der internationalen Kommission für wissenschaftliche Luftschiffahrt von R. Aßmann-Berlin und H. Hergesell-Straßburg herausgegeben. Zunächst sollen Untersuchungen über die Ergebnisse der internationalen Ballonfahrten, dann aber auch Arbeiten, die sich mit der Meteorologie der freien Atmosphäre und mit den physikalischen Verhältnissen der Lufthülle in deutscher, französischer und englischer Sprache zum Abdruck kommen. Das 1. Heft enthält folgende Aufsätze: H. Hergesell, Drachenaufstiege auf dem Bodensee. — R. Aßmann, Ein Jahr simultaner Drachenaufstiege in Berlin und Hamburg. — A. de Quervain, Über die Bestimmung der Bahn eines Registrierballons am internationalen Aufstieg vom 2. Juli 1903 in Straßburg. Für die folgenden Hefte liegen Beiträge vor von Prof. Sprung, Prof. Wiechert, Dr. J. Maurer, Dr. A. de Quervain.

Wissenschaftliche Anstalten.

In der Nähe der von den Russen gegründeten Stadt Alexandrowsk an der Murmanküste ist eine biologische Station, die nördlichste der bestehenden, errichtet worden. Sie soll alle Verhältnisse des dortigen Meeres, insbesondere seine Lebewelt erforschen.

Im Anschluß an unsere Notiz über die Gründung des Observatorio di Fisica Cosmica del Ebro (S. 185) teilt uns der Direktor desselben Abbé R. Cirera mit, daß außer den meteorologischen und Beobachtungen über alle Fragen, die die Physik des Erdkörpers betreffen, angestellt werden sollen. Die Beziehungen aufzudecken, die zwischen den magnetischen, elektrischen und solaren Störungen bestehen können, ist die vornehmste Aufgabe, welche sich das neue Observatorio gestellt hat.

Eisenbahnen.

Für die neue Eisenbahn Perm—Jekaterinburg—Kurgan werden jetzt die endgültigen Trassierungsarbeiten vorgenommen.

Der regelmäßige Verkehr auf der Eisenbahnlinie St. Petersburg—Witebsk ist am 14. Aug. eröffnet worden.

Der Conseil supérieur de l'Indo-Chine hat die Eisenbahn Hanoi—Thai-nguyen genehmigt. Es scheint die Absicht zu bestehen, sie über Cho-moi, Bac-kan und Ngan-son bis nach Cao-bang an die chinesische Grenze weiter zu führen.

Durch das Sultanat von Johore auf der Malayenhalbinsel soll eine wichtige Bahnlinie angelegt werden. Neben ihrem großen Werte für das Land selbst besteht ihre hohe politische Bedeutung darin, daß sie die föderierten Malayenstaaten mit Singapore verbindet. Die Linie wird 193 km lang, die Baukosten sind auf 1,3 Mill. £ veranschlagt.

Die erste 450 km lange Teilstrecke der Damaskus—Mekka-Bahn ist am 31. Aug. eröffnet worden.

Nach der vor einiger Zeit erfolgten Vollendung der Bahnstrecke Kayes—Bammako (vgl. S. 209) war die Verbindung der französischen Senegalküste zum Niger hergestellt. Aber da der Wasserweg des Senegal vier Monate im Jahre ganz versagt und in den übrigen Zeit die Schiffahrt manchen Schwierigkeiten und Zufälligkeiten aussetzt, plant man den Bau einer Bahn von Thiès nach Kayes. Eine mit der Voruntersuchung betraute Kommission hat bereits dem franz. Kolonialminister ein eingehendes Gutachten unterbreitet. Die Kosten der neuen Bahn werden auf 50 Mill. geschätzt.

Die Kap-Kairobahn ist soweit vorgeschritten, daß Züge von Kapstadt bis zu den Viktoriafällen regelmäßig verkehren können. Die Vorarbeiten sind etwa 225 km weit über den Sambesi hinaus gediehen, die Grundsteinlegung für die Brücke über den Sambesi hat bereits stattgefunden.

Der Gesellschaft, welche die transandinische Eisenbahn von Los Andes über Juncal nach dem Kamme der Kordilleren baut, ist von der chilenischen Regierung die Fortführung dieser Bahn bis nach Mendoza (Argentinien) übertragen worden.

Forschungsreisen.

Asien. Der Geolog vom U. S. Geol. Sarvey, Bailey Willis, der im Auftrag der Carnegie Institution zwecks geologischer Forschungen China bereiste, ist von seiner Reise zurückgekehrt.

Afrika. Eine Expedition zur Erforschung der Gebiete westlich des Tschad-Seen in Britisch-Nord-Nigeria wird in England gerüstet. Als Aufgabe ist ihr die Vermessung und Untersuchung des Landes und die Sammlung zoologischer Kenntnisse gestellt. Zur Erforschung der Provinzen Süd-Bornu und Bauchi wird die Expedition in Tonga am Gongola, einem der nördlichen Nebenflüsse des Benue, drei Monate Standquartier beziehen. Von Tonga soll sich nördlich in das Gebiet des Koma-

Lugu begeben und große Teile des wenig bekannten Landes kartographisch aufnehmen. Ihre weiteren Ziele sind der Tsad-See und Kuka.

Dr. Maclaud hat die Festlegung der Grenze zwischen Portugiesisch-Guinea und Französisch-Guinea und Senegambien beendet und ist nach Frankreich zurückgekehrt. Neben seiner eigentlichen Aufgabe schenkte M. dem Studium der Landesprodukte, namentlich des Kautschuks, besondere Aufmerksamkeit.

Amerika. Der Chef des Coast und Geodetic Survey in Washington, Dr. C. H. Tittmann, hat sich nach Alaska begeben, um gemeinsam mit dem Chefastronomen von Canada, Dr. W. P. King, die Grenze zwischen Alaska und Canada festzulegen.

Der Geologe Robert T. Hill ist von einer großen Forschungsreise in Mexico nach Washington zurückgekehrt. Seine Forschungen erstreckten sich besonders auf die geologische Entwicklungsgeschichte des Landes und seine geographischen Beziehungen zu den Ver. Staaten und Mittelamerika.

Polares. Das der Zieglerschen Polarexpedition nachgehende Hilfsschiff »Frithjof« ist am 3. Aug. in Vardö angekommen. Ungünstige Eisverhältnisse und Nebel machten bisher eine Verbindung mit der »America«, dem Schiffe der genannten Expedition unmöglich. Nach Ergänzung seines Kohlenvorrats ist der »Frithjof« am 5. Aug. wieder nordwärts in See gegangen.

Peary hat seinen Plan, in diesem Sommer ein Schiff nach N zu schicken, welches eine Kohlenstation anlegen und die Eskimos anweisen sollte, Hunde, Fleisch und Pilze zu sammeln und sich im nächsten Sommer für ihn bereit zu halten (vgl. S. 186), der großen Kosten halber nicht zur Ausführung gebracht. Dagegen hat er neuerdings seinen Plan für die nächstjährige Expedition eingehend dargelegt. Er hält daran fest, daß der Weg durch den Smithsund die meiste Gewähr für die Erreichung des Nordpols biete. Um den schwierigsten Teil der Fahrt, die Strecke von Sabine nach Nord-Grantland zu überwinden, will er sich ein Polarschiff bauen lassen, das an Widerstandskraft und in anderen Eigenschaften Nansens »Fram«, den deutschen »Gauß« und die englische »Discovery« weit in den Schatten stellen soll. Anfang Juli 1905 will er die Expedition antreten. In Etah soll eine Kohlenstation, auf Kap Sabine eine Hilfsstation mit Lebensmitteln errichtet werden. Die Nordküste von Grant-Land hofft er Anfang September zu erreichen; dort will er mit seinem Schiffe überwintern und Anfang Februar 1906 die Schlittenfahrt beginnen, die ihn zum Nordpol führen soll. Vorläufig beschäftigt ihn neben der Beaufsichtigung des Schiffbaues die Aufbringung der noch fehlenden Gelder.

Die »Terra nova« ist am Sonntag, den 14. Aug. in Plymouth angekommen. Sie wurde bekanntlich von Hobart aus der im antarktischen Eise eingefrorenen »Discovery« zu Hilfe gesandt, stieß am 4. Jan. d. J. auf Packeis und sichtete am 8. Jan. die Mastspitzen der »Discovery«. Die Besatzung sprengte einen Durchlaß in das zwölf Meilen breite Eisband, welches die »Dicovery« vom offenen Wasser trennte. Als sie bis auf zwei Meilen an das Schiff herangekommen waren, brach das Eis, die Aufgabe war gelöst und die Schiffe konnten die Heimreise antreten.

Der erste Teil der Sammlungen der Discovery-Expedition ist im British Museum angekommen. Er besteht aus einer Sammlung von Seehundsfellen der vier in der Antarktis vorkommenden species. *Hk.*

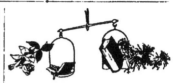

Besprechungen.

I. Allgemeine Erd- und Länderkunde.

Bastian, A., Die Lehre vom Denken. Zur Ergänzung der naturwissenschaftlichen Psychologie in Anwendung auf die Geisteswissenschaften. 2 Teile. Berlin 1903, Ferd. Dümmler.

Der unermüdliche Altmeister der Völkerkunde, der ja neuerdings wieder in seinem hohen Greisenalter zum Wanderstab gegriffen hat (er ist jetzt in Jamaika), ist auch stets bestrebt, die Umrisse seiner Wissenschaft in dem Rahmen des gewaltigen Materials zu entwerfen. Das Schlimme ist bekanntlich, daß Material und Theorie zu sehr sich durchdringen, sodaß kein einheitlicher Eindruck aufzukommen vermag, und eben manche kostbare Tatsache so nicht entsprechend verwertet wird. Der leitende Gedanke dieser Schrift ist die Betonung des Menschen als Zoon politikon, woraus dann alle weiteren organischen Schöpfungen: Sprache, Religion, Recht, Sitte usw., ja das Denken in höheren Stadien sich ergeben. Nicht das anscheinend regellos und willkürlich, sondern der viel mehr organisch und notwendig funktionierende logische Prozeß entscheidet über die höchsten menschlichen Kulturgüter; denn nicht wir denken, wie Bastian einmal sagt, sondern es denkt in uns. Namentlich bekundet sich dieser sozialpsychische Zusammenhang in der Ethik, die, wie es hier heißt, naturgemäß, weil auf dem Gemeinwohl begründet, auf dem aus instinktiven Unterlagen zum Bewußtsein gelangten Gefühl beruht, daß nach dem zoopolitischen Charakter des Menschen, als Gesellschaftswesen, nur im sympathischen Einklang mit der sozialen Umgebung, dem allgemein durchströmenden Leben rein gesundheitlich normaler Verlauf bewahrt bleiben kann (S. 36). Deshalb sind auch alle Strafen nur Ausgleichsakte, um das erschütterte soziale Gleichgewicht wieder herzustellen, dasselbe, was für das Individuum das Organ des Gewissens vollzieht. So gelangt Bastian in der weitesten Überschau über die Entwicklung der Menschheit zu gewissen allgemeinen, stets wiederkehrenden, obwohl ja nach den verschiedenen Völkern variierenden Elementargedanken, die als das eigentliche Grundprinzip der menschlichen Natur selbst bezeichnet werden können. Auch die Anfänge der Kunst, wie sie neuerdings untersucht sind, führen auf diese primären Motive, in der Entwicklung der Rechtsanschauungen hat die so überaus glückliche vergleichende moderne Rechtswissenschaft dafür den vollgültigen Beweis geliefert. *Dr. Th. Achelis-Bremen.*

Hassert, Prof. Dr. Kurt, Landeskunde des Königreichs Württemberg. 160 S., Sammlung Göschen. 80 Pf.

Es ist eine erfreuliche Wahrnehmung, daß das Interesse für die Heimatskunde immer mehr und mehr wächst. Jene Klage des alten Humanisten Willibald Pirkheimer: »Es kann doch nichts Schimpflicheres geben, als daß die Deutschen die ganze Welt beschreiben und ihr eigenes Vaterland vergessen«,

15a*

trifft heutzutage nicht mehr zu. Als im vorletzten Winter Dr. Kurt Hassert, damals Professor der Geographie in Tübingen, anläßlich der in Stuttgart veranstalteten Volkshochschulkurse Vorträge über die Landeskunde Württembergs hielt, fand er ein zahlreiches und dankbares Publikum, und wir zweifeln nicht, daß die vorliegende Schrift, welche wohl aus jenen Vorträgen herausgewachsen ist, in weiteren Kreisen einer freundlichen Aufnahme begegnen wird. Das Büchlein schildert nach einem Hinweis auf die allgemeinen geographischen Verhältnisse Württembergs zunächst die vier natürlichen Teile derselben: Schwarzwald, Neckarland, Alb und Oberschwaben, gibt sodann einen wirtschaftsgeographischen Überblick, handelt von der Bevölkerung des Landes, der Volkszahl, Volksdichte, dem Volkscharakter usw., und schließt mit einem Literatur- und Sachverzeichnis. Der Verfasser ist offenbar nicht nur mit der einschlägigen Literatur wohl vertraut, sondern schöpft auch aus eigener Anschauung und Forschung; dabei bekommt man den Eindruck, daß er während seines Tübinger Aufenthalts das Schwabenland lieb gewonnen hat. Die Darstellung hat eine wohltuende Wärme, ist lebendig, anziehend, anschaulich und gibt ein wohlgelungenes Bild von Land und Leuten, wenn auch einzelne Notizen nicht ganz zutreffend sind wie z. B. die Angabe Seite 51, daß in Cannstatt warme Quellen sich finden. Aufgefallen ist uns, daß die Ortskunde verhältnismäßig kurz wegkommt, während die geologischen Abschnitte für eine populäre Schrift wohl etwas beschnitten werden dürften. Beigegeben sind eine Karte, die gute Dienste leisten wird, und 16 Vollbilder, die jedoch zum Teil wenig gelungen, auch nicht typisch genug sind und bei einer neuen Auflage durch bessere Abbildungen ersetzt werden dürften.

Dr. P. Kapff-Stuttgart.

Die Provinz Sachsen in Wort und Bild. Herausgeg. von dem Pestalozziverein der Provinz Sachsen. Mit etwa 200 Abbildungen. 2. Band. Leipzig 1902, Klinkhardt.

In der nämlichen Weise wie der erste Band dieses Sammelwerks vereinigt auch dieser zweite eine große Zahl kürzerer volkstümlicher Darstellungen zur Kunde der Provinz Sachsen. Sie sind alle von Ortskundigen verfaßt und beziehen sich auf Landschaftliches, Volkskundliches, Geschichtliches, auf Landbau, Industrie und Bergbau in bunter Reihe und monographischer Fassung. Die Auswahl ist nicht übel getroffen, wenn es auch nur eine Nachlese zum vorangegangenen Bande galt. Die natürliche Mannigfaltigkeit des Thüringer Berglandes, des Harzes, des sich anschließenden diluvialen Flachlandes gab immer noch gute Ausbeute für Landschaftsbilder, nicht minder die Fülle geschichtlicher Stätten für Kultur- und Städtebilder. Aus dem blühenden Wirtschaftsleben der Provinz sind besonders zwei hervorragende Zweige recht lehrreich beschrieben: Der Braunkohlenbergbau und die Rübenzuckerindustrie. Die eingedruckten Bilder (meist Stadt- und Landschaftsansichten, aber auch technologische Illustrationen) verdienen alles Lob. *Prof. Dr. A. Kirchhoff-Mockau.*

Scherers Geographie und Geschichte von Tirol und Vorarlberg. 6. Aufl., vollständig neu bearbeitet von Alois Menghin. 444 S. Innsbruck 1903, Wagner.   1.80 K.

In volkstümlicher Weise und gewissenhafter, etwas trockner Aufzählung werden nach einigen einführenden Bemerkungen Nordtirol, Südtirol und

Vorarlberg, nach Flußtälern gegliedert, besprochen, wobei sorgfältig bei jedem Orte seine Merkwürdigkeiten angeführt werden. Einen weiteren Abschnitt bilden die politischen und wirtschaftlichen Verhältnisse des Landes; nahezu zwei Drittel des Ganzen nehmen Darstellungen aus der Geschichte ein, denen eine Anzahl geschichtlicher Sagen und Gedichte folgt, alles etwas einseitig unter tirolischem Gesichtswinkel betrachtet. Das Buch ist eine neue Bearbeitung des »kleinen Staffler«, aus dem schon eine ganze Generation von Tirolern ihre Kenntnis von der Heimat geschöpft hat, und kann auch dem Nachwuchs zu dem gleichen Zwecke bestens empfohlen werden; warme Vaterlandsliebe spricht aus jeder Zeile. Die beigegebene Übersichtskarte genügt ihrer Bestimmung. Einige Bedenklichkeiten sind namentlich in der ersten Übersicht zu finden, wie die Gegenüberstellung der Zillertaler Alpen als Kettengebirge und des »Massengebirgs« der Ötztaler und Stubaier Gruppe, und besonders die Bezeichnung des Dolomits als »magnesiumsaurer Kalk«.

Gymn.-Dir. Dr. W. Schjerning-Krotoschin.

Baedeker, K., Rußland, Europäisches Rußland, Eisenbahnen in Russ.-Asien, Teheran, Peking, 6. Auflage. L, 530 S., 20 K., 40 Pläne. Leipzig 1904, K. Baedeker.   15 M.

Der Reiseführer ist auch in der neuen Auflage von Ferdinand Moll einer sorgfältigen Durchsicht und Berichtigung unterzogen worden. Neben literarischen Hilfsquellen erleichterten ihm zahlreiche Beiträge von Freunden des Buches in Rußland und Deutschland die schwierige Arbeit erheblich. Neu hinzugekommen sind die Angaben über Teheran. Der von Prof. Dr. August Conrady bearbeitete neue Abschnitt über die chinesische Ostbahn durch die Mandschurei und über Peking bedeutet eine wesentliche Bereicherung des Werkes, wenn auch gegenwärtig die Zahl derer nicht groß sein wird, die die Reiselust nach dieser Gegend anwandelt. An Plänen sind die von Alt-Marno, Dorpat, Irkutsk, Jaroslawl, Kißlowodsk, Libau, Mitau, Peking, Pjätigorsk, Pleskau, Ssamarkand, Ssmolensk, Teheran, Tomsk, Troïzko-Ssergijewskaja Lawra, an Karten die von Südsibirien und Turkestan neu aufgenommen.   *Hk.*

Birt, Th., Griechische Erinnerungen eines Reisenden. Marburg 1902, Elwert.

Theodor Birt bemerkt im Vorwort, er übernehme nur für die Herausgabe dieses Buches die Verantwortung, den Verfasser nenne sich nicht; doch macht er dem Stil des letzteren so ungerechte Vorwürfe, daß man seiner Höflichkeit wohl zutrauen darf, er sei der Autor selbst. Der Stil ist nämlich recht packend und anschaulich, gar nicht »salopp«, wie er ihn schilt. In anmutige Schilderungen wird uns eine Reise von Italien nach Griechenland vorgeführt. Besonders wird in Athen verweilt, dann der Peloponnes (Mykenä, Olympia) besucht und die ägäische Inselflur durchfahren. Nur gelegentlich wird der Naturrahmen dieser Reisebilder mit einigen hübschen Skizzenstrichen bedacht, häufiger das Volk und seine Lebensäußerungen. Vor allem aber hängt des Autors ganze Seele an der Antike. Immer von neuem daher versenkt sich seine Betrachtung von Boden und Volk der frischen Gegenwart in die Zustände, die am nämlichen Orte das Altertum gezeitigt hatte. Da entwirft er uns, oft in drastischem Vergleich mit dem Jetzt, geist- und phantasiereiche Kulturgemälde in Umrissen voll tiefgründiger Gelehrsamkeit, die auch aus dem harmlosesten Geplauder absichtslos herausklingt.

Prof. Dr. A. Kirchhoff-Halle a. S.

Baedeker, K., Nordamerika. Die Vereinigten Staaten nebst einem Ausflug nach Mexiko. Handbuch für Reisende. 2. Aufl. 591 S., 25 K., 32 Pläne. Leipzig 1904, K. Baedeker. 12 M.

Ein besserer Zeitpunkt für die Ausgabe der 2. Auflage des vorliegenden Führers konnte nicht gewählt werden. Die Besucher der Weltausstellung in St. Louis werden ihn zu ihrem ständigen Begleiter machen und selbst der gelehrteste Geograph wird, wenn er zum internationalen Kongreß nach Amerika wandert, sich in praktischen Reisefragen seiner Autorität willig beugen. Verfasser des Textes ist James F. Muirhead, der zeitweise in Amerika lebt und den größten Teil des Landes aus eigener Anschauung kennt. An der Durchsicht der Karten und Pläne, die wieder bedeutend vermehrt worden sind, hat sich der Direktor der Landesaufnahme, Henry Gannett beteiligt. Die sorgfältige Arbeit beider verdient das Vertrauen aller, die der »Neuen Welt« einen Besuch abzustatten gedenken. *Hk.*

Sievers, Wilhelm, Süd- u. Mittelamerika. 2. Aufl. 656 S. ill. m. Karten. Leipzig 1903, Bibl. Inst. 16 M.

In der vorliegenden Neubearbeitung der Sievers-schen Allgemeinen Länderkunde hat besonders der Erdteil Amerika durch die Trennung in zwei Bänden und die damit verbundene sachgemäße Erweiterung einen großen Vorzug erhalten. Der von Prof. Sievers bearbeitete Teil, Süd- und Mittelamerika, schließt sich der ersten Leistung des geschätzten Geographen und Forschungsreisenden würdig an. Die großen Schwierigkeiten, die sich gerade bei Südamerika aus dem Mangel an Übereinstimmung zwischen den großen physikalischen Abteilungen des Erdteils und den Staatengebilden in demselben ergeben, hat Verfasser in überaus glücklicher Weise gelöst.

Nachdem Verfasser in der Erforschungsgeschichte des Erdteils unter Berücksichtigung der neuesten und wichtigsten Entdeckungen uns ein Bild von der Aufdeckung des Continents, beginnend mit der Vorgeschichte der Entdeckung bis zu den gerade in den letzten 15 Jahren zahlreichen Einzelforschungen, gegeben hat, berücksichtigt er vor allem die großen physisch gleichartigen Länderräume in seinen Ausführungen nach einer kurzen allgemeinen geographischen Übersicht. Es werden in eingehender, klarer Weise die geographischen Einzellandschaften besprochen: das ungefaltete Land des Ostens, Guayana und die Llanos, das Tiefland des Amazonas, das mit dem ansprechenden Namen Amazonien eingeführt wird, das brasilianische Bergland, die La Plataländer und Patagonien nebst dem Feuerlande; daran schließt sich das gefaltete Land des Westens, von der patagonisch-südchilenischen Cordillere bis zu den colombianisch-venezolanischen Cordilleren; die Besprechung Südamerikas schließt mit dem übrigen Venezuela und den Inseln der Nordküste.

Den 2. Hauptteil bildet die Besprechung Mittelamerikas. Wenn auch das Verhältnis Mittelamerikas zu Süd- und Nordamerika noch nicht genügend geklärt ist, so weist Verfasser doch mit Recht darauf hin, daß es ein beiden fremder Bestandteil des Amerikanischen Landes ist, da das Streichen der Schichten seiner Gebirge im Gegensatz zu dem der Gebirge Süd- und Nordamerikas aequatorial verläuft. In Bezug auf Klima, Vegetation, Tierwelt und Bevölkerung jedoch ist Mittelamerika be-

sonders eng mit Südamerika verknüpft. Auf der natürlichen Grundlage der Zweiteilung in den Inselteil, Westindien oder die Antillen, und in den festländischen Teil, Zentralamerika, erfolgt dann die geographische Besprechung. Wenn auch der Verfasser auf die politische Einteilung erst in zweiter Linie Rücksicht nimmt, so ist auch diese Darstellung eine durchaus mustergiltige, basiert auf sicheren statistischen Angaben.

Den Schluß des Werkes bildet ein Verzeichnis der wichtigeren Literatur über Süd- und Mittelamerika, sowie ein Register, welches den Leser sofort in den Stand setzt die gewünschte Auskunft durch Nachschlagen zu erhalten. Dem erweiterten Umfang des trefflichen Werkes entsprechend, ist die Zahl der neuen Abbildungen, sei es an Kartenbeilagen, sei es an Abbildungen im Texte, besonders groß. Kurz, die Gesamt- wie Einzelbilder, die Verfasser auf der Grundlage der wissenschaftlichen Forschungen entworfen hat, sind in geistvoller, klarer Weise auch in der 2. Auflage zum Ausdruck gekommen. *Dr. P. Stange-Erfurt.*

II. Geographischer Unterricht.

Kunz, M., Plastischer Repetitionsatlas über alle Teile der Erde für gehobene Volksschulen u. höh. Lehranstalten. Neue Aufl. 19 K. Illzach b. Mülhausen i. E. 1904, Verlag der Blindenanstalt. In Umschl. 2.50 M., in Mappe 3 M.

Daß Übungen im Kartenzeichnen einen Wert für den geographischen Unterricht haben, wird nicht bestritten, wohl aber herrscht Streit über die Art, wie diese Übungen praktisch und erfolgreich ins Werk gesetzt werden sollen. Aber auch dieser Streit scheint sich in einem Punkte zu klären: man scheint sich einig darüber zu werden, daß das rein gedächtnismäßige Zeichnen von Karten ganzer Länder und Erdteile über das Können des Durchschnittsschülers hinausgeht. Zahlreiche Lehrmittel bemühen sich deshalb, dem Schüler diese Aufgabe zu erleichtern. Man gibt ihm als Anhalt die Lage bestimmter wichtiger Punkte, Fix- und Merkpunkte nach Länge und Breite. Man gibt ihm gedruckte Gradnetze als Grundlage oder vereinfachte Kartenbilder als Vorlagen für seine eigene Zeichnung.

Kunz schlägt mit seinem Repetitionsatlas einen anderen Weg ein, er gibt seinem Schüler ein Relief der Bodengestalt als Anhalt. Das Terrain ist in 5—7 Höhenschichten ohne oder mit ganz geringer Überhöhung als Treppenrelief modelliert und dann in weißes Papier geprägt. In dieses Relief soll der Schüler das Fluß- und Wegenetz und die Siedelungen aus dem Gedächtnis einzeichnen. Das entspricht seinem Können und wird ihn durch die Freude des Gelingens zu weiteren auch freiwilligen und privaten Versuchen anspornen, während er sonst der Geländedarstellung hilflos gegenüberstand, sich mit steifen Strichen und Signaturen behelfen mußte oder durch die Terrainandeutung nur die übrigen gelungene Zeichnung verdarb. Die Pappreliefs wirken bei weitem plastischer und anschaulicher, als man bei den kaum bis zu 1 mm ansteigenden Reliefhöhen vermuten sollte. Begründet scheint mir diese Wirkung in erster Linie in dem matten Weiß des Kartons. Schon der glänzende Lacküberzug (Schweiz) hebt sie zum Teil auf. Bei dem Versuch, die verschiedenen Höhenlagen durch verschiedenfarbiges Tuschen der Schichten noch anschaulicher hervorzuheben, wie es Richard Lehmann empfiehlt, würde die Plastik nach meiner Überzeugung noch mehr leiden oder überhaupt in Frage gestellt.

Neben diesem Repetitionsatlas hat Kunz auch die Blätter seines Blindenatlas, der sich eines internationalen Rufes erfreut, den Zwecken des allgemeinen Unterrichts angepaßt. Auf den für Blinde bestimmten Karten erscheinen die Flüsse, etwas widersinnig zwar, aber dem Zwecke ganz entsprechend, als scharfe Linien im Relief. Diese sind in der allgemeinen Ausgabe beseitigt, die Flüsse werden in gebirgigen Landesteilen gar nicht, in den Ebenen aber durch ganz flache, hin und wieder aussetzende Vertiefungen angedeutet; sie sollen nur als Unterstützung für die Schülerzeichnung dienen, wo das Gelände sie nicht mehr gewähren kann. Diese Karten haben ein bedeutend größeres Format als die des Repetitionsatlas, sie gestatten Darstellungen in größeren Maßstäben: Als Beispiel liegt mir Elsaß-Lothringen in 1:500000 vor. Die plastische Wirkung des Reliefs ist in diesem großen Maßstabe bei weitem wirkungsvoller als im Repetitionsatlas. Die mir vorliegenden Schülerarbeiten, denen das gleiche Blatt zu Grunde lag, beweisen die Brauchbarkeit der Kunzschen Methode; die Fehler aber, die sich in ihnen finden, geben einen Maßstab für den Lehrwert der Übungen. Oder Förderung des Kartenverständnisses sowohl wie dem Geographischen Unterricht überhaupt wäre viel gedient, wenn jeder Schüler, gleichviel welcher Schulgattung er angehört, sich die Karte seiner Provinz und Deutschlands auf der Grundlage eines solchen Reliefs selbst herstellte. Möglich ist es, denn die finanzielle Mehrbelastung des einzelnen Schülers würde nur 40 Pf. betragen. *Hz.*

Kaulich, Johann, Landeskunde von Mähren, 101 S., mit 8 Holzschn., 1 Karte u. 4 Kartensk. Wien 1903, Lechner. 3 K 60 h.

Diese soeben in zweiter Auflage erschienene landeskundliche Monographie Mährens gehört zu den als Erläuterung der von Dr. R. Schober herausgegebenen Schulwandkarten bestimmten, methodisch verarbeiteten Texten und ist daher in erster Linie für Lehrer der unteren und mittleren Schulen berechnet. Der erste Teil des Büchleins enthält eine sehr elementar gehaltene Einführung in das Kartenverständnis, der zweite schildert die natürlichen Gebiete des Kronlandes (westliches Plateau, mittlere Stufenlandschaft (?), Sudeten- und Karpatengebiet, Inneres) nach allen geographischen Beziehungen, wobei erfreulicherweise dem landschaftlichen Moment und dem Verständnis der Bodengestaltung ein breiterer Raum gegönnt ist, wenn auch nirgends der Versuch einer genetischen Vertiefung gemacht wird. Die Einleitung zu diesem Abschnitt bildet eine (nicht durchaus einwandfreie) Einführung in das Verständnis der geologischen Geschichte des mährischen Bodens; das Werk schließt mit einer Reihe von Angaben statistischen Inhalts. *Dr. F. Machatschek-Brünn.*

Lóskay, N., Sonnen- u. Sternenlauf an jedem Orte der Erde. Budapest 1904, Geogr. Inst.

Diese vom ungarischen Geographischen Institut (Aktien-Gesellschaft) herausgegebene drehbare Tagbogen-Tafel unterscheidet sich von den sonst üblichen Lehrmitteln dieser Art dadurch, daß die Drehscheibe an Stelle der Sternkarte nur ein Gradnetz in transversaler orthographischer Projektion trägt, in dem jeder 15. Meridian und jeder 5. Parallelkreis ausgezogen ist. Neben der geographischen Breite des Beobachtungsortes muß also zur Bestimmung der Sonnen- oder Sternbogen noch die Deklination der Gestirne bekannt sein. Der Tafel sind ausführliche Erläuterungen von Dr. R. v. Kövesligethy beigegeben. *Hz.*

Riehl, W. H., Wanderbuch als II. Teil von Land und Leute. 4. Aufl. Stuttgart 1903, I. G. Cotta.

Es wäre überflüssig über den allgemeinen und den geographischen Wert dieses Buches noch etwas zu sagen. Die Kritik hat ihm längst seinen sicheren Platz angewiesen. Hier sei die Spezialfrage erwogen: »Was kann das Buch für die Schule sein. Antwort: Ein gutes Stück für die Schülerbibliothek oberer Klassen; gelegentlich auch ein Muster für den Lehrer, der schildern will. Die Probe hat gezeigt, daß viele Schüler an den Ausführungen Riehls Gefallen finden, mehr Gefallen noch als an seinen Novellen, und daß sie diese Ausführungen auch größtenteils verstehen. Zugleich leitet sie besonders die Großstädter zum verständnisvollen Betrachten dessen an, was um sie herum ist, legt manchen das Fußwandern wieder nahe, lehrt endlich die stetig wachsende Zahl der Radfahrer, wie sie nicht nur Kilometer fressen, sondern auch Natur, Kunst und Geschichte genießen sollen. Freilich setzt es gegenüber den gelegentlichen spöttischen Bemerkungen eine gewisse Freiheit des Geistes voraus, die sich über nichts ärgert; es kann auch die jungen Leute, die gerne auf der Bank der Spötter sitzen, veranlassen, ihrem Hange noch weiter nachzugehen. Doch wird es bei ernst gezogenen Schülern keinen Schaden anrichten. Am meisten möchte man das Buch für die Gegenden empfehlen, die darin behandelt sind, und für die ihnen benachbarten. Hier bietet es eine nicht hoch genug zu schätzende Beihilfe zur gemütvollen Ausgestaltung des geographischen Unterrichts. Der Teil erinnert daran, daß das Werk zum größten Teile aus der Mitte der sechziger Jahre und daß es — von Riehl stammt. Diese Schreibweise mutet unsere Schüler etwas fremd an. Wünschenswert wäre es, wenn sie in bescheidenem Maße zur Nachahmung reizte. *Prof. Dr. Blind-Cöln a. Rhein.*

Lungwitz, O., und **Schröter, F. M.,** Landeskunde des Königr. Sachsen. 24 S. u. e. Bilderanh. (16 S.). 6. Aufl. Breslau 1903, F. Hirt. 50 Pf.

Das Heft ist zur Ergänzung der Seidlitzschen Schulgeographie bestimmt. Es behandelt in kurzem Abriß nach einander Oberflächenformen, Gewässer, Bodenbenutzung, wirtschaftliches und geistiges Leben, Staatswesen, Landesgeschichte und Ortskunde (nach der politischen Einteilung). Wenn auch in den Abschnitten zur physischen Geographie die anthropogeographischen Verhältnisse bereits Erwähnung finden, so bringt doch die ganze Anlage des Heftes eine derartige Zerreißung des Stoffes mit sich, daß sich nirgends eine abgerundete Darstellung der natürlichen Landschaften ergibt. Das Ganze lehnt sich noch zu sehr an die alte Schablone der geographischen Lehrbücher an, erst eine Umarbeitung des Büchleins im Sinne der heutigen wissenschaftlichen Landeskunde wird es zu einem unbedingt zu empfehlenden Unterrichtsmittel machen. Die Abschnitte VI—VIII enthalten manches, was mit der Erdkunde nur in sehr losem Zusammenhang steht. Der Bilderanhang erfüllt seinen Zweck in ansprechender Weise. Eine erweiterte Ausgabe für die sächsischen Lehrerbildungsanstalten hat Dr. H. Schunke bearbeitet (geb. 1,50 M.), sie betont das geologische und landschaftliche Moment und die Siedelungsformen stärker und enthält auch eine geologische Übersichtskarte in Buntdruck. Für Lehrer und reifere Schüler ist diese Ausgabe vorzuziehen. *Dr. J. Zemmrich-Plauen i. V.*

Geographische Literatur.

a) Allgemeines.

Becke, Friedr., Über die vulkanischen Laven. 18 S. Wien 1904, Wilh. Braumüller. 50 Pf.

Boule, M., Conférences de géologie. Paris 1904, Masson et Cie. 2 frs 50 c.

Dehn, Paul, Weltwirtschaftliche Neubildungen. 2. Aufl., VIII, 366 S. Berlin 1904, Allg. Ver. f. deutsche Literatur. 6.50 M.

Groß, H., Die Luftschiffahrt. (Hillgers Ill. Volksbücher;9.) 107 S., 46 Ill. Berlin 1904, H. Hillger. 30 Pf.

Jordan, W., Handbuch der Vermessungskunde. 1. Bd. Ausgleichungsrechnung nach der Methode der kleinsten Quadrate. 5. Aufl. von Prof. Dr. C. Reinhertz. XI, 582 u. 21 S. m. Abb. Stuttgart 1904, J. B. Metzler. 13.60 M.

Láska, W., Bericht über die seismologischen Aufzeichnungen des Jahres 1902 in Lemberg. (Mitt. d. Erdbebenkomm. d. Kais. Akad. d. Wiss. Wien. N. F. XXII.) 37 S. Wien 1903, C. Gerolds Sohn. 70 Pf.

Meyers historisch-geographischer Kalender. 9. Jahrg. 1905. (Abreißkal. m. Abb.) Leipzig 1904, Bibliogr. Inst. 1.75 M.

Mourlon, M., Bibliographia geologica. Série A, tome VIII. Brüssel 1904, Hayez. 8 frs

Palacký, J., La distribution géographique des rongeurs sur le globe. (Trav. géogr. tschéques. 5.) 31 S. Prag 1904, J. G. Calve. 1.50 M.

Pernter, J. M., Besondere Gat ungen gefürchteter Winde bei uns und anderwärts. 27 S. Wien 1904, W. Braumüller. 60 Pf.

Pisko, Jul., Die Südhalbkugel im Weltverkehr. Reise als handelspol. Fachref. d. K. K. Österr. und K. ung. Handelsministeriums. 245 S., ill., 2 Bildn., 1 K. Wien 1904, A. Hölder. 8.60 M.

Ratzel, Frdr., Über Naturschilderung. 394 S., 7 Bild. München 1904, R. Oldenbourg. 7.50 M.

Schmidt, Carl, Geologische Reiseskizzen und Universalhypothesen. Akademischer Vortrag. 47 S., 2 Taf. Basel 1904, Benno Schwabe. 1 M.

Schwab, Frz., Bericht über die Erdbebenbeobachtungen in Kremsmünster im Jahre 1902. (Mitt. d. Erdbebenkomm. d. Kais. Akad. d. Wiss. Wien. N. F. XXI.) 23 S. Wien 1903, C. Gerolds Sohn. 50 Pf.

Terrainlehre, Elemente der —, des Kartenlesens und Krokierens. 45 S., 1 Taf. Brody 1904, Feliks West. 1.20 M.

b) Deutschland.

Dorn, Hanns, Die Vereinödung in Oberschwaben. VII, 223 S., 4 K. Kempten 1904, Jos. Kösel. 5.40 M.

Eifel, Die, 24 Wanderungen durch das Gebirge und durch die angrenzenden Gebiete: Luxemburg, Hochwald und Saargau nach Algermissens Karte 1 : 240000. 4. Aufl. Trier 1904, H. Stephanus. 1.60 M.

Elbe, Die Elbe bei Hamburg. Herausgeg. vom Bureau für Strom- und Hafenbau. 1 : 25000. Hamburg 1903, Otto Meißner. 1.50 M.

Elbe, Stromkarte der Norder-Elbe aus Bunthaus bis Altona. Herausgeg. vom Bureau für Strom- und Hafenbau, Hamburg. 1 : 5000. Bl. III : Dove-Elbe-Mündung. Bl. VI : Grasbrook. Hamburg 1904, Otto Meißner. Je 5 M.

Elbe, Stromkarte der Ober-Elbe von Geesthach bis Bunthaus. Herausgeg. vom Bureau für Strom- und Hafenbau, Hamburg. Bl. V : Neuengamm. Bl. VII u. XII : Riepenburg. Ausg. 1851 u. 1860. Nachträge bis 1904. Hamburg 1904, O. Meißner. 5 M.

Elbe, Stromkarte der Ober-, Süder- und Norder-Elbe von Lauenburg bis Hamburg. Herausgeg. vom Bureau für Strom- und Hafenbau, Hamburg. 1 : 6000. XII. Hamburg 1904, Otto Meißner. 5 M.

Elsaß-Lothringen, Wandkarte von Elsaß-Lothringen. 1 : 150000. Straßburg 1904, Straßburger Druckerei. 12 M.

Fahrenwaldt, C., Karte des Oberamts Rotenburg. 1 : 25000. 2 Bl. Tübingen 1904, Franz Fues. 12 M.

Hamburg, Der Hafen von Hamburg. Herausgeg. vom Bureau für Strom- und Hafenbau. Wasserbaudir. J. F. Buhendey. 1 : 10000. Hamburg 1904, O. Meißner. 1.50 M.

Hoßfeld, C., Höhenschichtenkarte des Rhöngebirges. 1 : 100000. 3. Aufl. Eisenach 1904, H. Kahle. 1.50 M.

Karte des Deutschen Reiches. 1 : 100000. Nr. 314 : Magdeburg. Berlin 1904, R. Eisenschmidt. 1.50 M.

Langenbeck, R., Landeskunde des Reichslandes Elsaß-Lothringen. Samml. Göschen 215. 140 S., 11 Abb., 1 K. Leipzig 1904, Göschen. 80 Pf.

Liebert, E. v., Die deutschen Kolonien im Jahre 1904. Vortrag. 24 S. Leipzig 1904, Wilh. Welcher. 50 Pf.

Meßtischblätter des preußischen Staates. 1 : 25000. Nr. 2238. Kalbe a. d. Saale. — 2311. Nienburg a. d. Saale. — 2312. Wulfen. — 2389. Gräfenhainichen. — 2397. Fürstlich-Drehna. — 2460. Zörbig. — 2461. Bitterfeld (West). — 2531. Wettin. — 2534. Brehna. — 2539. Torgau (Ost). Berlin 1904, R. Eisenschmidt. Je 1 M.

Müller, Gust., Spezialkarte der Umgegend von Straßburg i. E. 1 : 75000. 2. Aufl. Straßburg 1904, Schlesier & Schweikhardt. 3.20 M.

Rhöngebirge, Schulwandkarte des Rhöngebirges nach Dr. Hoßfelds Höhenschichtenkarte. 1 : 50000. 4 Bl. Eisenach 1904, H. Kahle. 13.50 M.

Riesengebirge, Bilder aus dem Riesengebirge. 100 Orig.-Aufn. von Adolf Rehnert u. a. 4 S., 100 Bl. qu.-Lex.-8°. Warmbrunn 1904, Max Leipelt. 8 M.

Riesengebirge, Das Riesengebirge in 100 Bildern. Nach Orig.-Aufn. von Ad. Rehnert u. a. 6 S., 100 Bl. qu.-4°. Warmbrunn 1904, Max Leipelt. 3 M.

Riesengebirge, Das Riesengebirge in 50 Bildern. Nach Orig.-Aufn. von Ad. Rehnert u. a. 6 S., 50 Bl. Warmbrunn 1904, Max Leipelt. 1.80 M.

Salzbrunn, Fürstenstein und das Waldenburger Gebirge in 42 Bildern. Nach Orig.-Aufn. von M. Heinz u. a., Text von M. Reimann. 42 Bl., 16 S. Warmbrunn 1904, M. Leipelt. 3 M.

Sauerland, Höhenschichtenkarte vom Sauerland, Siegerland und Wittgenstein in Schichten von 50 zu 50 m. 1 : 100000. Bl. 1 : Arnsberg. Eisenach 1904, H. Kahle. 2 M.

Topographische Übersichtskarte des Deutschen Reiches. 1 : 200000. Nr. 24. Eutin. — 26. Stralsund. — 59. Ludwigslust. — 179. Ulm. Berlin 1904, R. Eisenschmidt. Je 1.50 M.

Tromnau, Adf., Kulturgeographie des Deutschen Reiches und seine Beziehungen zur Fremde. 3. neubearb. Aufl. von Dr. M. Eckert. 512 S., 7 Taf. 3. Halle a. S. 1904, H. Schroedel. 2.40 M.

Wagner, H., Wandkarte von Elsaß-Lothringen 1 : 200000. Neue Ausg. Straßburg 1904, Straßburger Druckerei. 10 M.

Waldenburger Gebirge, Bilder aus dem Waldenburger Gebirge in 42 Bildern. Nach Orig.-Aufn. von M. Heinz u. a. Text von M. Reimann. qu.-gr.-8°. 16 S., 42 Bl. Warmbrunn 1904, Max Leipelt. 3 M.

Weber, Carl Jul., Eine Rundreise durch die bayerische und badische Pfalz zu Großvaters Zeiten. Aus W., Briefe eines in Deutschland reisenden Deutschen. Neu herausgeg. u. eingel. von Osk. Steinel. Kl.-8°. 66 S. Kaiserslautern 1904, H. Kayser. 1 M.

Württemberg, Das Königreich Württemberg. Eine Beschreibung nach Kreisen, Oberämtern und Gemeinden. Herausg. v. d. K. statist. Landesamt. 1. Bd. Allgem. Teil u. Neckarkreis. VIII, 676 S., ill., 7 T., 6 K. Stuttgart 1904, W. Kohlhammer. 6.70 M.

c) Übriges Europa.

Beck von Managetta, G. v., Beitrag zur Flora des östlichen Albanien. (Annalen des k. k. Naturhist. Hofmus. S. 68—78.) Wien 1904, A. Hölder. 40 Pf.

Becker, F., Karte der Kurfürsten-Säntis-Gruppe. 1 : 75000. Herausgeg. v. Schweiz. Alpenkl. 1903. St. Gallen 1904, Komm. Fehr. 4.40 M.

Belgique, statistique de la Belgique. Fol. Brüssel 1904, A. Mertens et fils. 12 frs

Brunn, Übersichtskarte vom Chiemgau, Salzkammergut, Hohen und Niederen Tauern. 1 : 600000. München 1904, O. Brunn. 1 M.

Brunn, Übersichtskarte von Kärnten und den angrenzenden Ländern. 1 : 600000. München 1904, O. Brunn. 80 Pf.

Brunn, Übersichtskarte von Südtirol mit den oberitalienischen Seen südl. bis Mailand—Verona—Venedig. 1 : 600000. München 1904, O. Brunn. 1 M.

Eberswein, Rich. u. Dr. Aug. v. Hayek, Die Vegetationsverhältnisse von Schladming in Obersteiermark. (Vorarbeiten zu einer pflanzengeogr. Karte Österreichs I.) III, 28 S., 1 K. Wien 1904, Alfr. Hölder. 3.40 M.

Ferrario, C., la penisola balcanica. 8°. Turin 1904, F. Casanova & Co. 2 l.

George, H. B., historical geography of British Empire. London 1904, Methuen & Co. 3 sh 6 d.

Hamberg, H. E., Die Sommernachtfröste in Schweden 1871—1900. 4°, 94 S., 4 Taf. Berlin 1904, R. Friedländer & Sohn l. K. 6.90 M.

Hedin, Sven v., l'Asia sconosciuta. 8°. Mailand 1904, U. Hoepli. 14 l.

Heß, Heinr., Spezialführer durch das Gesäuse und durch die Ennstaler Gebirge zwischen Admont und Eisenerz. 4. Aufl. VIII, 195 S., 25 Orig.-Bilder. Wien 1904, Artaria & Co. 4 M.

Ilger, F. G., Humoristisch-politische Land- und Seekarte von Oesterreich-Ungarn. Maßstab: 70 : 30. Oesterreich-Ungarn in der Kikeriki-Projektion. Wien 1904, Administr. d. Kikeriki. 1 M.

Kerp, Heinr., Landeskunde von Skandinavien (Schweden, Norwegen u. Dänemark). Sammlung Göschen 202. 138 S., 11 Abb., 1 K. Leipzig 1904, Göschen. 80 Pf.

240   Geographischer Anzeiger.

Lüthi, Glieb u. Carl Egloff, Das Säntis-Gebiet. Illustr.
   Touristenführer. 156 S., 50 Illustr., 1 Distanzk. St. Gallen
   1904, Febr. 2.50 M.
Maly, Karl, Beiträge zur Kenntnis der Flora Bosniens und
   der Herzegowina. Verhandlungen. d. k. k. Zool.-botan.
   Gesellsch. in Wien, 185—306. Wien 1904, A. Hölder. 4.20 M.
Nicolis, E., Geologia ed idrologia della regione veronese.
   Fol. Verona 1904, R. Cabianca.   8 l.
Penck, Albr., Ueber das Karstphänomen. (Vorträge d.
   Ver. z. Verbr. naturhist. Kenntnisse 44 [1904] Heft 15.)
   38 S., 5 Abb. Wien 1904, W. Braumüller. 80 Pf.
Rockenschuß, R. v., Die Albulabahn. 34 S., 14 Taf.
   Wien 1904, W. Braumüller. 1.60 M.
Schaffer, F. H., Die geologischen Ergebnisse einer Reise
   in Thrakien im Herbst 1902. 56 S., 1 K. Wien 1904,
   C. Geroids Sohn Komm. 50 Pf.
Schweiz, Volksatlas der Schweiz. Vogetschaukarte der
   Schweiz. Gez. v. Ing. G. Maggini. Bl. b: Zürich u.
   Umgebung. Zürich 1904, Orell Füßli. 1 M.

d) Asien.

Berard, V., la révolte de l'Asie. Paris 1904, A. Colin. 4 frs.
Boehm, E. C., Persian Gulf and South Sea Isles. London
   1904, H. Cox. 6 sh.
Brennitz u. Sydacoff, Aus dem Reiche des Mikado und die
   asiat. Gefahr. III, 87 S. Leipzig 1904, B. Elischer. 1.60 M.
Farrer, R. J., Garden of Asia. Impressions from Japan.
   London 1904, Methuen & Co. 6 sh.
Nippoldt, Otfr., Die Entwicklung Japans in den letzten
   50 Jahren. 42 S. Bern 1904, K.J. Wyß. 80 Pf.
Nordqvist, O., dal Nipon eller Japan. Stockholm 1904,
   Björck & Börjesson. 3 Kr. 25 ö.
Ostehina, Karte von Ostchina. Herausgeg. v. d. kartogr.
   Abt. der Kgl. preuß. Landesaufn. 1 : 1 000 000. Blatt Dalon
   nor. Berlin 1904, R. Eisenschmidt. 1.50 M.
Reclus, O., Léchona l'Asie — Prenons l'Afrique. Paris
   1904, Libr. univers. 3 frs 50 c.
Wegener, Georg, Tibet und die englische Expedition.
   (Angew. Geogr. II, 1.) 147 S., 2 K. u. 8 Bilder, Halle a. S.
   1904, Gebauer & Schwetschke. 2 M.

e) Afrika.

Affalo, M., Truth about Morocco. London 1904, J. Lane.
   7 sh 6 d.
Dehérain, H., Etudes sur l'Afrique. Paris 1904, Hachette
   et Co. 3 frs 50 c.
Garstin, Sir William, Report upon the Basin of the Upper
   Nile. 300 S., 60 Abb., 30 K. Kairo 1904, F. Diemers
   Nachf. 12 M.
Kiepert, Rich., Karte von Deutsch-Ostafrika in 29 Blatt.
   1 : 300000. Bl. G4 u. H4. 5songr.u. Mit Begleitworten.
   5 S. Berlin 1904, D. Reimer. 3 M.

f) Amerika.

Baedeker, K., Nordamerika. Die Vereinigten Staaten nebst
   einem Ausflug nach Mexiko. 2. Aufl. LVIV, 591 S.,
   25 K., 32 Pl., 4 Grundr. Leipzig 1904, K. Baedeker. 12 M.
Osgood, H. L., American colonies in 17th century. 2 vols.
   London 1904, G. P. Putnams Sons. 21 sh.

g) Geographischer Unterricht.

Mairt, Eduard, Kleine Vaterlandskunde der österreichisch-
   ungarischen Monarchie. Für d. häusl. Wiederholung bearb.
   2. verm. Aufl. 40 S. Leoben 1904, Max Laserey. 40 Pf.
Rothaug, Joh. Ceo, Grundriß der Handels- und Verkehrsgeographie für zweiklassige Handelsschulen, kommerzielle
   Fachschulen und verwandte Anstalten sowie zum Selbstunterricht f. d. Handelsstand. 4. umgearb. Aufl. IV, 195 S.
   Wien 1904, A. Hölder. 3 M.
Schwannsche Schulwandkarten Nr. 10. Jos. Cüppers: Süddeutschland 1 : 300000. Düsseldorf 1904, L. Schwann. 19 M.
Trommanns, Adolf, Schulerdkunde für höhere Mädchenschulen und Mittelschulen. 2. Tl. Obersaufe. 3. verb. Aufl.
   v. Karl Schlottmann. IV, 391 S., 39 Holzschn. Halle a. S.
   1904, H. Schroedel. 1.60 M.
Wauer, A., Soziale Erdkunde. Hilfsbücher für die Hand
   der Schüler in Volks- u. Fortbildungsschulen zur Einf. in
   die Landes- u. Gesellschaftskunde. III. Deutschland im
   Kampfe um seine Erhaltung und Wohlfahrt. 68 S., 7 Skizz.,
   37 Bilder, 1 K. Dresden 1904, Müller-Fröbeltraus. 60 Pf.
Wittrisch, Max, Methodisches Handbuch für den Unterricht in der mathemat. Geographie in der Volksschule.
   Halle a. S. 1904, Herm. Schroedel. 2 M.

h) Zeitschriften.

Bulletin of the American Geogr. Society. Vol. XXXVI.
   Nr. 4. Stevenson, Martin Waldseemüller. — New
   Boundary between Brazil and Bolivia. — Davis, A Summer
   in Turkestan. — Annual Report of the Coast and Geodetic
   Survey for 1903.
   Nr. 5. Symons, The Projected New Barge Canal,
   New York. — The New Siders Handatlas. — Aboriginal
   Pottery of the Eastern U. States. — The Great Landslide
   on Turtle Mountain.

Deutsche Erde. III, 1904.
   Heft 4. Nowotny, Die sprachlichen Verhältnisse
   Niederösterreichs auf Grund der Ergebnisse der beiden
   letzten Volkszählungen 1890 und 1900. — Fuchs, Die
   Eigenart der deutschen Stämme Ungarns und ihr Verhältnis
   zum Madjarentum. — Wilser, Die Wanderungen der Angeln
   und die Ortsnamen auf -leben. — Hantzsch, Die Verdienste der Deutschen um die Erforschung Südamerikas.
   III. Im 18. Jahrhundert. — Bovenschen, Deutsche Ge-
   winn- und Verlustliste in Posen, Westpreußen und Schlesien
   für 1903. — Zemmrich, Deutsche Gewinn- und Verlustliste in Böhmen für 1903. — Hoyer, Deutsche Gewinn-
   und Verlustliste in Mähren für 1903. — Neues vom Deutschtum aus allen Erdteilen. — Deutsche Schulen und deutscher Unterricht im Auslande. — Berichte über wichtige
   Arbeiten zur Deutschkunde. — Deutsch-Amerikanische
   historische Gesellschaften und Zeitschriften. — Farbige
   Kartenbeilagen.

Deutsche Geographische Blätter. XXVII.
   Nr. 3. Schütz, Die magnetischen Pole der Erde. —
   Kürchhoff, Die Bedeutung des Panamakanals. — Wolken-
   hauer, Aus der Geschichte der Kartographie.

Deutsche Rundschau für Geogr. u. Stat. XXVI, 1904.
   Nr. 12. Hess, Luxemburg. — Jüttner, Fortschritte
   der geographischen Forschungen und Reisen im Jahre 1903.
   3. Amerika. — Durch die Hochländergaue Oberalbaniens.

Geographische Zeitschrift. X, 1904.
   Nr. 8. Chalikiopoulos, Geographische Beiträge zur
   Entstehung des Menschen und seiner Kultur. — v. Kleist,
   Die wirtschaftliche Bedeutung des Niger. — Oestreich,
   Makedonien. — Regel, Die geologische Entwicklung des
   unteren Amazonasgebiets nach Katzer.

Globus. Bd. 86, 1904.
   Nr. 6. Tetzner, Zur Volkskunde der Serben. —
   Goll, Das Leuchten der Vulkane in den südamerikanischen
   Anden. — Kunstgewerbliche Frauenarbeit in den Ostalpen
   und Nachbargebieten. — Goldziher, Orientalische Bau-
   legenden. — Die Sandsteppen Serbiens.
   Nr. 7. von den Steinen, Ausgrabungen am Valencia-
   See. — Preuß, Der Ursprung der Menschenopfer in
   Mexiko. — Schmidt, Aus den Ergebnissen meiner Ex-
   pedition in das Schinguquellgebiet. — Krämer, Der Wert
   der Südseekewien für Völkerbeziehungen. — Die erste deutsch-
   amerikanische Zeitschrift.
   Nr. 8. Janke, Das Schlachtfeld am Oraxikus. — Mayr,
   Die vorgeschichtlichen Denkmäler von Sardinien. — Lasch,
   Wachstumszeremonien der Naturvölker und die Entstehung
   des Dramas. — Karsten, Abbaji Radscha und sein Schwa-
   ger Tinnäl. — Ausgrabungen auf der Stätte von Theben
   (Ägypten). — Geographische Unternehmungen der Kgl.
   Gesellschaft der Wissenschaften in Göttingen.
   Nr. 9. Klose, Produktion und Handel in Togo. —
   Hutter, Der Elefanten-See, ein Urwaldidyll in Nord-
   kamerun. — Dr. Heinr. Schnees Buch über den Bismarck-
   archipel. — Die Arbeiten der Jola-Tschadsee-Grenzexpedition.

Petermanns Mitteilungen. Bd. 50, 1904.
   Heft 8. Steindorff, Eine archäologische Reise durch
   die Libysche Wüste zur Amonsoase Siwa. — Jerrmann,
   Reise in die Ouimidistrikte Ostboliviens. — Bogdano-
   witsch, Geologische Skizze von Kamtschatka (Forts.). —
   Kleinere Mitteilungen. — Geographischer Monatsbericht. —
   Literaturbericht. — Karten.

Rivista Geografica Italiana. XI, 1904.
   VII. Grasso, Per la storia della conoscenza dell'
   Apennino. — Bisautti, I momenti storici della colonizza-
   zione. — Musoni, Il V Congresso Geografico Italiano. Sez.
   Didattica.

The Geographical Journal. Vol. XXIII. 1904.
   August. v. Drygalski, The German Antarctic Ex-
   pedition. — Cunigname, Queensland. — Gleisher,
   Changes in the Level of the City of Naples. — Canadian
   Survey Methods. — Map showing the Work of the National
   Antarctic Expedition. — French Explorations in the Lake
   Chad Region.

The Scottish Geographical Magazine. XX, 1904.
   August. Little, The Irrigation of the Cheuts-Plateau. —
   Sykes, Life and Travel in Persia. — An old Story of Arctic
   Exploration. — Talmage, Salt Lake Water. — The return
   of the Scotia.

Wandern und Reisen. II, 1904.
   Heft 17. Schell, Ein Ausflug nach Möens Klint. —
   v. Hofmann, Die neue Sindtertal-Bahn. — Sattler, Die
   Dresdner Hütten in der Rala-Gruppe. — Jaro-Chadims,
   Totenstätten in Bosnien.
   Heft 18. Chelius, Die Felsenmerre im Odenwald. —
   Friese, Hornsberg am Neckar. — Diehl, Hirschhorn am
   Neckar. — Lorentzen, Michelstadt-Erbach. — Hers,
   Heppenheim und Umgebung.

Zeitschrift für Schulgeographie. XXV, 1904.
   Heft 11. Hanacke, Arabien und die Semiten. —
   Mayer, Karte für den heimatkundlichen Unterricht.

Aufsätze.

Klimatographie von Österreich.
Von Dr. A. E. Forster-Wien.

Vor einigen Jahren feierten zwei von den großen Staatsanstalten, die in Österreich der Erforschung der physischen Natur des Reiches dienen, ihr 50jähriges Jubiläum, die geologische Reichsanstalt und die Zentralanstalt für Meteorologie und Erdmagnetismus. In beiden ist während der ersten 50 Jahre des Bestehens ein kolossales Beobachtungsmaterial angehäuft worden, und was lag wohl näher, als den Anlaß des 50jährigen Bestehens zu einer Verarbeitung dieses Materials zu benutzen. Als eine solche Verarbeitung kann das zum vorjährigen internationalen Geologenkongreß in Wien erschienene große Werk: »Bau und Bild Österreichs« angesehen werden und eine solche tritt uns entgegen in dem soeben ausgegebenen ersten Teile der Klimatographie von Österreich, in dem J. Hann die Klimatographie von Niederösterreich behandelt. Schon zum Jubiläum selbst stellte sich die Zentralanstalt mit einer umfangreichen Festschrift ein, die einen ganzen Band der Denkschriften der Wiener Akademie der Wissenschaften von 463 Quartseiten einnimmt und eine Reihe von Arbeiten ihrer Beamten enthält, worunter von klimatologischen Arbeiten die von Hann über die Meteorologie von Wien 1850—1890, von Valentin über den täglichen Gang der Lufttemperatur in Österreich sowie von Trabert über die Isothermen in Wien erwähnt seien. Außerdem gab in der feierlichen Sitzung der Akademie, welche zur festlichen Begehung des 50jährigen Bestehens der k. k. Zentralanstalt für Meteorologie am 26. Oktober 1901 veranstaltet war, Se. Exz. der k. k. Minister für Kultus und Unterricht, Dr. Wilhelm v. Hartel das bindende Versprechen: »daß die 50jährigen Beobachtungsergebnisse bald in einem monumentalen Werke, welches eine eingehende Darstellung des Klimas der verschiedenartigen Teile unseres Reiches geben wird, zum Nutzen der Allgemeinheit erscheinen werden«. Mit einer Längserstreckung von fast 1300 km und einer Breitenerstreckung von ca 1100 km, mit seiner vielgestaltigen Oberfläche, die vom Meeresniveau bis ins Hochgebirge reicht, und an der Grenze zwischen ozeanischem und kontinentalem Klimatypus gelegen, bietet Österreich in bezug auf klimatische Verhältnisse zu viel Verschiedenheiten, als daß die geplante Arbeit in einem Zuge und von einem Bearbeiter hätte bewältigt werden können. Zudem ist die Fülle des zu verarbeitenden Beobachtungsmaterials eine wahrlich erdrückende. Man entschloß sich daher zur Bearbeitung nach Kronländern, »die je nach der Fertigstellung, ohne andere Norm für die Reihenfolge, nacheinander zur Veröffentlichung gelangen werden«. Außerdem wurde als Grundsatz aufgestellt, daß der Bearbeiter eines Kronlandes dieses selbst gut kenne und entweder dort längere Zeit gelebt habe oder noch besser zur Zeit der Ausarbeitung der Klimatographie dort lebe. Ein Schlußband soll die Ergebnisse der Kronlandsmonographien zusammenfassen und die klimatischen Verhältnisse, Eigenarten und Unterschiede sowie den Witterungszug von ganz Österreich darstellen. Um aber eine gewisse Einheitlichkeit in der Bearbeitung der einzelnen Teile zu erreichen, war es notwendig, ein Vorbild dafür zu schaffen, und ein solches liegt nun in dem ersten Teile des großen Werkes vor, der Klimatographie von Niederösterreich von Julius Hann[1]). Daß der erste

---

[1]) Klimatographie von Österreich. Herausgegeben von der Direktion der k. k. Zentralanstalt für Meteorologie und Geodynamik. I. Klimatographie von Niederösterreich von J. Hann. Lex.-8°, II, 104 S. und 1 Regenkarte von Niederösterreich, 1 : 400000. Wien 1904, in Kommission bei W. Braumüller.

Klimatologe der Welt das Werk eröffnet, gereicht ihm nur zur Ehre und ist hoffentlich
für den Fortgang des Werkes ein guter Leitstern. Freilich betont Hann gleich in der
Einleitung seiner Arbeit, daß er nur die witterungsstatistischen Grundlagen zu einer
Klimatographie von Niederösterreich liefern konnte. Seiner Auffassung nach müßte uns
»eine wahre Klimabeschreibung ein Stück aus dem Naturleben vorführen, das
Zusammenspiel der meteorologischen Elemente zu jener Totalwirkung, die wir eigentlich
unter dem Begriff Klima zu verstehen haben, mit Hinweisen auf die Beziehungen zu
der örtlichen Bedingtheit der natürlichen Vegetationsdecke sowohl, als auch besonders
der Kultur und Produktionsverhältnisse des Landes, auf die Anlage der Siedelungen
des Menschen selbst und auf dessen Lebensführung, soweit dieselbe von den durchschnittlichen Zuständen der Atmosphäre und deren Wechsel abhängt, die auf ihn in
seiner Wohnstätte einwirken.«

   Es wäre sehr wünschenswert, wenn eine Klimabeschreibung nach diesen Gesichtspunkten abgefaßt würde, ich glaube aber, daß die schon mehr in das Gebiet des Geographen gehört und in einer modernen Landeskunde nicht fehlen darf. Zu bedauern
ist nur, daß die Phänologie, der früher viel mehr Aufmerksamkeit geschenkt wurde, nur
wenig mehr berücksichtigt wird. Gerade bei einer wahren Klimabeschreibung darf sie
nicht fehlen.

   Niederösterreich mit rund 19000 qkm und mit seiner verschiedenartigen Oberfläche
kann in bezug auf das Klima nicht mehr im ganzen behandelt werden. Es mußten die
verschiedenen Landesteile einzeln betrachtet werden. Nun trifft es sich gerade in
Niederösterreich gut, daß die alte Landeseinteilung nach Vierteln so ziemlich der verschiedenen Oberflächengestaltung gerecht wird. Das Waldviertel umfaßt beinahe den
ganzen niederösterreichischen Anteil des Böhmischen Massivs, das Viertel unter dem
Manhartsberg das niederösterreichische Tertiärhügelland und die große Fläche des
Marchfelds, das Viertel ob dem Wiener Wald die verschiedenen Zonen des Alpengebiets: Alpenvorland, Flyschmittelgebirge, Kalkhochgebirge. Nur das Viertel unter dem
Wiener Wald besitzt die größten Gegensätze: den tiefsten und höchsten Punkt des Landes,
den Anteil an einer Ebene und am Hochgebirge. Doch ist dieses Viertel am besten
mit Stationen besetzt, sodaß die Verschiedenheit der Bodengestaltung voll in ihrem
Einfluß auf die klimatischen Verhältnisse erfaßt werden kann. Es war daher das
zunächst liegende, sich dieser Einteilung zu bedienen. Jedem der Viertel ist ein Abschnitt
gewidmet. Es werden darin die Temperaturverhältnisse in allen klimatisch wichtigen
Beziehungen wie in verschiedenen Höhenlagen, die Mittel, Extreme, Wahrscheinlichkeit
des Eintretens bestimmter Temperaturen, Frosttage, Eintritt des ersten und letzten Frostes
und bestimmter Temperaturen von 5 zu 5°, sowie Dauer von bestimmten Temperatur-
perioden erörtert, der Luftfeuchtigkeit und Bewölkung und insbesondere ausführlich den
Niederschlagsverhältnissen Beachtung geschenkt, auch die Zahl der Nebel- und Gewittertage und die Schneedecke gewürdigt, wie auch die Windverhältnisse erörtert. In einem
vorangestellten kurzen Überblick sind diese Elemente für das ganze Land im Zusammenhang dargestellt und mit Berücksichtigung der das Klima von ganz Mitteleuropa beherrschenden meteorologischen Vorgänge.

   Bei jedem Viertel sind für einzelne ausgewählte Stationen Klimatafeln beigefügt, so
vom Waldviertel für 'sechs Orte, dem am gleichförmigsten Viertel unten dem Manhartsberg für drei, vom Viertel ob dem Wiener Wald ebenfalls für drei, von dem am mannigfachsten Viertel unter dem Wiener Wald für sechs Orte. Bei letzterem Abschnitt findet sich
auch eine interessante Ausführung über die Temperaturumkehr im Winterhalbjahr im
Höhenklima unter Bezugnahme auf die günstigen klimatischen Verhältnisse, die zu dieser
Jahreszeit am Semmering im Gegensatz zu Wien herrschen, und die seine zunehmende
Beliebtheit als Winteraufenthalt gerechtfertigt erscheinen lassen. Die Klimatafeln sind
meist für die Periode 1881—1900 berechnet und enthalten für die einzelnen Monate und
das Jahr die Temperatur zu den drei Terminstunden, die mittleren Extreme, Bewölkung,
Niederschlagsmenge und -tage, Schneetage, Gewittertage, sowie für die ganze Periode
die Temperaturextreme, Frostgrenzen, Niederschlagsangaben usw. Den Schluß machen
ausgiebige Tabellen: 50jährige Temperaturmittel für 91 Stationen, Temperaturmittel für verschiedene Höhenlagen, Andauer gewisser Tagestemperaturen für 23 Stationen, mittlere
Monats- und Jahresextreme 1881/1900 für 43 Stationen, Zahl der Frosttage für 34 Stationen,

Bewölkung für 47 Stationen, Zahl der Nebeltage für 27 Stationen. Jahressummen des Nieder-schlags für 21 und mittlere monatliche und jährliche Niederschlagsmenge 1881/1900 sowie Niederschlagstage für 44 Stationen, Niederschlagstage mit mindestens 1 mm für 20 Stationen, mittlere und längste Dauer von Trocken- und Regenperioden für 6 Stationen und die mittlere Häufigkeit der acht Windrichtungen für 5 Stationen. Als Anhang erscheinen die Abwei-chungen der Monats- und Jahresmittel der Temperatur in Wien in der Periode 1851—1900 und die Niederschlagsmenge für die gleiche Periode in Prozenten der 50jährigen Monats-und des Jahresmittels ausgedrückt. Beigegeben ist noch eine Regenkarte, die im Maßstab von 1:400000 die Niederschlagsstufen von 50 cm in einer Stufe bringt (solcher Gebiete zählt Niederösterreich vier, das eine in der Thayaniederung zwischen Retz und Pern-hofen, das nach Hann das trockenste Gebiet in ganz Österreich-Ungarn sein dürfte, Retz und Pernhofen je 46 cm, Znaim 45 cm), dann zwischen Lundenburg und Matzen, ferner zwei kleine Inseln im Kamptal (um Horn und östlich davon, um Meißau), dann die von 50—100 cm in Stufen von je 10 cm, und in einer Stufe, die über 100 cm darstellt.

Es ist somit ein ungemein reichhaltiges Zahlenmaterial mitgeteilt worden, und man kann daraus ermessen, wie ungleich größer noch das Beobachtungsmaterial ist, das in vorliegendem Werke zur Verarbeitung gelangte. Nur dadurch, daß Hilfskräfte der meteorologischen Zentralanstalt in Wien an der Zusammenstellung des Urmaterials mit-arbeiten, ist es möglich, diese Arbeit zu leisten. Freilich liegen in derselben die klimatischen Grundgleichungen für Niederösterreich vor und man kann sagen, daß damit die klima-tologische Aufnahme des Landes abgeschlossen ist. Was jetzt zu tun übrig bleibt, sind Beobachtungen an einer Reihe ausgewählter Stationen, die die typischen klimatischen Verhältnisse des Landes repräsentieren, für praktische Zwecke und gelegentliche Spezial-untersuchungen.

Wenn das Unternehmen für alle Kronländer vorliegen wird, dann wird Österreich ein Werk besitzen, wie es in gleicher Ausführlichkeit kein anderer Staat aufzuweisen hat. Forschung und Praxis werden ihm dafür Dank wissen. Mußten doch bisher bei jeder landeskundlichen Monographie, wie sie in den letzten Jahren besonders zahlreich aus dem geographischen Institut der Wiener Universität hervorgegangen sind (ich nenne nur für Niederösterreich Raffelsberger, Treixler, Grund, Krebs, Schiberl, für Oberösterreich Hackel) die klimatischen Verhältnisse eigens bearbeitet werden, und doch fehlte ihnen dann das für klimatische Werte so wichtige Moment der Vergleichbarkeit. Darum Glück auf dem großen Werke.

Zum Gedächtnis Friedrich Ratzels.
Von Prof. Th. Achelis-Bremen.

Mitten aus der Bahn, aus einem rüstigen, fruchtbaren Schaffen wurde der geistvollste Vertreter der Geographie und Völkerkunde, den wir gegenwärtig auf deutschen Hochschulen besitzen, Friedrich Ratzel, am 9. August in Ammerland am Starnberger See bei München durch einen Herzschlag abberufen. Eine große Zahl von Schülern, die an seinem Wirken echte wissenschaftliche Methodik kennen gelernt haben, und eine fast noch größere Schar von Gesinnungsgenossen und Freunden, die in dem Verstorbenen die seltene Vereinigung deutscher Gründlichkeit mit tiefsten philosophischen Ideen bewundern, steht trauernd an der Bahre des noch nicht Sechzigjährigen, von dem die Wissenschaft und die Publizistik so viele reiche Gaben zu erwarten vollauf berechtigt war. In der Tat, überblickt man den Kreis und die stattliche Reihe der Werke und Schriften, die wir dem Dahingeschiedenen verdanken, so müssen wir staunen über die Fülle, den glänzenden Reichtum seines Wissens, und noch mehr über die vollendete stilistische Kunst, die schwierigsten Probleme bis zu einem gewissen Grade allgemein verständlich zu behandeln. Neben den rein fachwissenschaftlichen Untersuchungen, die sich ebensowohl auf Geologie, Paläontologie, Zoologie, wie natürlich auf die eigentliche Geographie und Ethnographie erstrecken, finden wir auch ästhetische Studien (»Zur Entwicklung des Schönheitssinns« u. a.), sowie psychologische und ethische Arbeiten. Gerade um dieser Vielseitigkeit willen vermochte er Stoffen gegenüber, die bislang in der

16*

zünftigen Behandlung als recht spröde galten, ganz neue interessante Gesichtspunkte zu entdecken, — es mag genügen, statt vieler Beispiele nur auf das eine epochemachende Werk »Die Erde und das Leben« zu verweisen. Aber bei aller Originalität fehlte es doch an jeder Phantastik, stets wußte Ratzel die flüssige Grenze zwischen der exakten Erfahrung und dem Denken, zwischen genau kontrollierbaren Tatsachen und der, sei es durch den Zusammenhang der Dinge naheliegenden, sei es völlig willkürlichen Hypothese mit unfehlbarer Sicherheit zu treffen. Das freilich ist unleugbar, wer nicht mit einem Tropfen philosophischen Öls gesalbt ist, dem wird sich nun und nimmermehr das Verständnis Ratzels erschließen.

Schon früh regte sich in dem vielversprechenden Knaben die Neigung und Liebe zur Natur, ihrem gewaltigen Leben und Schaffen; gefördert wurde diese Anlage durch einen vierjährigen Aufenthalt in Lichtersheim bei Langenbrücken (Baden), den der am 30. August 1844 in Karlruhe als Sohn eines Arztes geborene angehende Naturforscher dort als Apothekerlehrling über sich ergehen lassen mußte. Die dortige Gegend zeichnet sich nämlich durch mannigfaltige geologische Vorzüge aus, besonders durch eigenartige Reste der Jura- und Keuperformationen. Im Frühjahr 1866 bezog der junge Forscher das Polytechnikum in seiner Heimat, dann im Herbst desselben Jahres die Universität Heidelberg, wo er im Jahre 1868 mit einer Dissertation über Oligochaeten promovierte. Längere Zeit spielten zoologische Studien, die Charles Martin in Montpellier und Cette am Golf von Lion leitete, eine wichtige Rolle, und dies wurde insofern später von Bedeutung, als Ratzel auf Grund dieser Beobachtungen »Zoologische Briefe vom Mittelmeer« an die Kölnische Zeitung schickte (erschienen dann in Buchform unter dem Titel: »Wandertage eines Naturforschers«, 2 Bände, Leipzig 1873/74), der er infolgedessen längere Zeit als wissenschaftlicher und vorübergehend auch als politischer Mitarbeiter diente. In ihrem Auftrag unternahm er Reisen nach Siebenbürgen, Ungarn, Sizilien, dann nach Nordamerika, Mexiko, Kuba usw. 1870 unterbrach der deutsch-französische Krieg wenigstens zeitweilig diese Tätigkeit, der junge Kriegsfreiwillige trat als Musketier in das 5. badische Infanterieregiment ein, wurde im November bei Auxerre durch eine Kugel schwer verwundet und erhielt das eiserne Kreuz für seine Tapferkeit, die er im Feuer bewiesen. Im Winter 1871/72 kehrte er nach München zurück, wo er außer zu seinem alten Karlsruher Lehrer Prof. Zittel in ein besonders inniges Verhältnis zu Moritz Wagner trat, dem bekannten Begründer der Migrationstheorie der Organismen. Wir können es uns nicht versagen, diesen äußerst wichtigen Wendepunkt eines Lehrers mit den Worten des Verstorbenen selbst (wenigstens auszugsweise) zu schildern: »Das Gefühl des Dankes, mit welchem ich auf ein Leben zu blicken habe, das der gemütlichen Teilnahme und der geistigen Anregung lieber Freunde vom Knabenalter an mehr zu verdanken scheint als seiner eigenen, zwar ziemlich unverdrossenen, aber wohl nicht immer klar bedachten Tätigkeit, steigert sich im Gedanken daran, was mir Ihre Freundschaft ist, zu der Überzeugung, einen guten Teil meines besseren Selbst Ihnen zu schulden. Seit den unvergeßlichen Dezembertagen 1871, an welchen ich, der schiffbrüchig an hohen Hoffnungen damals in diesen guten Hafen München einlief, das Glück hatte, Ihnen näher zu treten, habe ich fast jeden Plan mit Ihnen durchsprechen, fast jeden Gedanken mit Ihnen austauschen dürfen, und ich kann geradezu sagen; daß ich seitdem, was die geistigen und gemütlichen Interessen betrifft, mein Leben nicht allein zu führen brauchte. Wie viel liegt in einem solchen Bekenntnis! Wie glücklich ist der zu schätzen, der es aussprechen darf, wie dankbar sollte er sein! Ich glaube wohl die Größe dieser Dankesschuld voll zu empfinden und würde doch, weil ich Ihren aller Ostentation abgeneigten Sinn kenne, nicht gewagt haben, dieser Empfindung öffentlichen Ausdruck zu geben, wenn nicht dies Werkchen (es ist ohne Ihr Wissen Ihren Namen vorzusetzen mir erlaube, in so hervorragendem Maße auf Ihre Anregungen zurückführte, und wenn ich nicht glaubte, die Pflicht an meinem Teile erfüllen zu sollen, welche die Welt Ihnen für den fruchtbaren Gedanken der Migrationstheorie schuldet.« Dies war somit der natürliche Ausgangspunkt der anthropogeographischen und ethnologischen systematischen Studien, denen die späteren größeren Werke entspringen sollten, von denen wir in erster Linie die große dreibändige Völkerkunde anführen. Von der eben berührten »Anthropogeographie«, womit eine ganz neue Perspektive erschlossen wurde, wird später die Rede sein; dagegen dürfen wir, wenn wir auch alle anderen anziehenden Publikationen (namentlich meinen wir damit die Reiseschilderungen) unerwähnt lassen, nicht das vortreffliche Werk: Politische Geographie (2. Aufl., München 1903) übergehen, das geographische und geschichtliche Momente in eine ganz eigenartige organische Verknüpfung brachte«. 1876 wurde Ratzel Professor der Geographie am Polytechnikum in München, zehn Jahre später an der Universität Leipzig, wo er bis zu seinem Tode, als eine Zierde des Lehrkörpers, in vollster Frische wirkte.

Gerade die eben berührte gleichmäßige Würdigung des geographischen und des geschichtlichen Gesichtspunkts ist für die tiefere Begründung der Völkerkunde von besonderer Tragweite. Die einseitige Hervorhebung Europas und die dementsprechende Zurücksetzung von Kulturvölkern, wie den Peruanern, Mexikanern, Japanern, Chinesen usw. in der »Weltgeschichte« ist auf die Dauer unhaltbar. Es ist deshalb auch kein Zufall, wenn schon jetzt in die Urgeschichte und in das Dunkel der Wanderzüge oder der damit öfter zusammenhängenden Kolonisationen die Geographie ihr klärendes Licht sendet. So führt die streng geographische Forschung, die unentwegt räumlichen Grenzbestimmungen folgt, in unmittelbarer Verbindung mit der geschichtlichen, die verschiedenen Wechselfälle, Zusammenstöße und Vermischungen der Völker verfolgenden Betrachtung zu der Anthropogeographie, die Ratzel folgendermaßen bestimmt: Rein begrifflich gefaßt ist der Mensch Gegenstand der Erdkunde, insoweit er von den räumlichen Verhältnissen der Erde abhängt oder beeinflußt wird. So wie die Tier- und Pflanzenkunde durch die Lehre von der geographischen Verbreitung der Tiere und Pflanzen uns herüberreichen, so tut es die Gesamtwissenschaft vom Menschen durch die Lehre von der geographischen Verbreitung des Menschen. Aber dieser Wissenszweig, welchen wir nach der Analogie der Tier- oder Pflanzengeographie Anthropogeographie nennen, ist in demselben Maße tiefer und umfassender, als die Menschheit mehr Seiten, sowie schwierige und folgenreichere Probleme unserer Forschung darbietet. Die Menschheit ist einmal zahlreicher und in wechselnderen Formen des Einzel- und Zusammenlebens auf der Erde zu finden, sodaß allein schon ihre Dichtigkeit, ihr mehr oder minder ständiges Wohnen, das Aneinandergrenzen, Verschieben, Durchsetzen der Völker, kurz die ganze Bevölkerungsstatistik eine Fülle neuer Probleme bietet. Sie ist ferner vielseitiger, beweglicher als alle anderen Organismen, so daß wir auch eine Fülle von Land- und Seewegen zu betrachten haben, ein dichtes Netz um die Erde schlingen. Dann bildet die Geschichte ihrer Ausbreitung über die Erde und ihrer Heimischmachung auf derselben, sei es durch Völkerwanderungen, Handelszüge oder Forschungsexpeditionen eine wichtigen, wesentlich geographischen Teil der allgemeinen Geschichte. Wie folgenreich ist ferner die Tatsache, daß sie durch dauernde Werke die Erde samt ihren Gewässern, Klima und Pflanzendecke verändert, bzw. bereichert, die eigene Beweglichkeit gewissen Pflanzen und Tieren mitteilt, die sie bewußt oder unbewußt über die ganze Erde hinführt, kurz in eingreifendster Art das Antlitz der Erde verändert! Pflanzen und Tiere erfahren vielfältige Beeinflußungen durch die Gesamtheit der geographischen Verhältnisse an der Erdoberfläche, die der Körper des Menschen in demselben oder vielleicht höherem Maße erleidet; aber bei Menschen kommt das für äußere Eindrücke in höchstem Grade empfindliche Organ des Geistes hinzu, durch welches alle Erscheinungen der Natur in bald derb auffälliger, bald geheimnisvoll feiner Weise auf sein Wesen und seine Handlungen wirken und zum Teil in demselben sich spiegeln. Ist es nötig zu sagen, daß Religion, Wissenschaft, Dichtung zu einem großen Teile solche zurückgeworfene Spiegelungen der Natur im Geiste der Menschen sind? Die Erforschung dieser Wirkungen ist eins der größten Probleme der Anthropogeographie, die hier selbst mit der Psychologie sich berührt (Anthrop. I, 20). Überall hat der feinsinnige Forscher der geheimen, unausgesetzten Wechselwirkung zwischen den natürlichen physikalischen Verhältnissen und dem Charakter der Bewohner nachgespürt, um so die Betrachtung auf den Boden klarer, gesetzmäßiger Erkenntnis zu erheben. Die Gegensätze der Berg- und Küstenvölker, der Steppen- und Tiefebenen-Bewohner, der friedlichen, im ererbten Wohlstand vielfach trägen Ackerbauer und der räuberischen, freiheitsliebenden, eroberungssüchtigen Hirtenstämme spiegeln sich in der Geschichte ihrer Länder deutlich wieder. Die Völkerkunde nun beschäftigt sich mit der ganzen lebenden Menschheit, und darin besteht gerade, wie Ratzel auseinandersetzt, die bedeutungsvolle Ergänzung gegenüber der Weltgeschichte. »Da man lange gewohnt ist, nur die fortgeschrittenen Völker, die die höchste Kultur tragen, eingehend zu betrachten, so daß sie uns fast allein die Weltgeschichte darstellen, erblüht der Völkerkunde die Pflicht, sich um so treuer der vernachlässigten tieferen Schichten der Menschheit anzunehmen. Außerdem muß hierzu ein Wunsch drängen, diesen Begriff der Menschheit nicht bloß oberflächlich zu nehmen, so wie er sich im Schatten der alles überragenden Kulturvölker ausgebildet hat, sondern eben in diesen tieferen Schichten die Durchgangspunkte zu finden, die zu den heutigen höheren Entwicklungen geführt haben. Die Völkerkunde soll uns nicht bloß das Sein, sondern auch das Werden der Menschheit vermitteln, soweit es in ihrer inneren Mannigfaltigkeit Spuren hinterlassen hat; nur so werden wir die Einheit und die Fülle der Menschheit festhalten. (Völkerkunde I, 3). Auch hier gilt es, jedem Dogmatismus zu entsagen, weder in dem Naturmenschen das verlorene Ideal unserer eigenen Unschuld, wie Rousseau und die Aufklärung wollte, noch mit manchen enragierten heutigen Darwinianern eine Bestie sehen zu wollen. Vielfach stellen die Naturvölker die niederen Entwicklungsstufen dar, die auch wir einst durchliefen, anderseits weisen sie unzweideutige Anzeichen einer starken inneren Zersetzung auf, die sich mit unwiderstehlicher Gewalt an ihnen vollzieht, und nicht lediglich (was wohl zu beachten) infolge der Berührung mit höherer Zivilisation. Diese hat sehr oft diesen durch anderweitige Ursachen begründeten Zerfall nur noch beschleunigt (wie z. B. an den Indianern zu ersehen), nicht aber eigentlich, wie man meist glaubt, erzeugt.

Noch ein Punkt, der gerade für Ratzels ethnologische Weltanschauung von besonderer Wichtigkeit ist, bedarf, ehe wir zum Schlusse eilen, der Erörterung. Es betrifft die häufig mit mehr Rhetorik als nüchterner Erwägung behandelte Streitfrage, ob wir bei gemeinsamen Anschauungen, Bräuchen, Sitten und Einrichtungen Übertragung und Entlehnung oder umgekehrt selbständige Entstehung anzunehmen haben. Ratzel vertritt die erste Ansicht, indem er z. B. erklärt: Wenn Stäbchenpanzer im Tschuktschenlande, auf den Aleuten, in Japan und in Polynesien gleichsam durch eine generativ aequivoca des menschlichen Intellekts ins Dasein treten, so genügt die Untersuchung eines einzigen Falles dieser Art, um alle anderen zu verstehen. Dann ist es mehr der Geist des Menschen, als die Erzeugnisse dieses Geistes, welche die Ethnographie interessieren, dann hat es geringen Wert, die geographische Verbreitung irgend eines ethnographischen Gegenstandes sorgsam zu untersuchen, und die Völkerkunde kann der Hilfe der Geographie entbehren (Anthropogeographie II, 692). Wir können an dieser Stelle begreiflicherweise nicht in eine weitläufige Polemik eintreten, sondern wir begnügen uns mit der einfachen Bemerkung, daß uns jener anscheinend unversöhnliche Gegensatz übertrieben zu sein scheint. In allen Fällen bedarf es gegenüber einer zunächst auffälligen Übereinstimmung, namentlich bei stammfremden Völkerschaften, einer genauen Prüfung des Materials; ergibt diese aber keine sicheren Anhaltspunkte für eine Entlehnung, so scheint uns in der Tat nichts anderes übrig zu bleiben als zu jener Annahme zu greifen, die schon Peschel in der Überzeugung ausdrückte, daß sich das Denkvermögen aller Menschenstämme bis auf seine seltsamsten Sprünge und Verirrungen gliche. Ganz besonders hat die moderne vergleichende Rechtswissenschaft auf ethnologischer Basis für diese Gleichheit der menschlichen Natur, für das im schärfsten Sinne allgemein Menschliche, die schlagendsten Beweise geliefert.

Wer der Wissenschaft neue Bahnen weisen will, muß freilich mit der Literatur vollauf vertraut sein, aber noch wichtiger ist es, daß er die schöpferische Kraft besitzt, nicht nur neues Material zu gewinnen, sondern eben daraus einen ganz anderen Bau zu bilden. Nicht nur bedarf es, was eigentlich ganz selbstverständlich ist, einer genauen wissenschaftlichen Methodik — und gerade hierin bewies zunächst Ratzel bei seinen zahlreichen Schülern eine wahrhaft erzieherische Kunst —, sondern eben eines genialen, alle unbedeutenden Einzelheiten würdigenden und zusammenfassenden Blickes, den der Verstorbene in ganz besonderem Maße besaß. Stets war für ihn, wie für jeden echten wissenschaftlichen Forscher, das Wissen nur die unerläßliche Vorstufe für die Erkenntnis, — der Buchstabe tötet, aber der Geist macht lebendig —, und deshalb verkörperte er auch in seiner ganzen Haltung den Typus des wahren deutschen Denkers, deshalb erwuchsen ihm stets, wohin er sich auch wandte, neue Probleme, an denen andere gleichgültig und achtlos vorübergegangen waren, und deshalb endlich war und ist seine ganze Tätigkeit im besonderen Sinne belebend, anfeuernd. Aber wem die Interessen der Völkerkunde auch ferner liegen, wem es aber anderseits um eine Einführung in das große Arbeitsfeld dieser Wissenschaft zu tun ist, dem möchten wir vor anderen gerade Ratzel als einen der verläßlichsten und liebenswürdigsten Führer auf diesem Gebiet empfehlen.

Lehrplan der Erdbeschreibung

nach

›Lehrpläne und Lehraufgaben für die höheren Schulen in Preußen 1901. S. 49—52.‹

Von Prof. Dr. Franz Zählke-Insterburg.

(Fortsetzung.)

b) Lehraufgaben für die einzelnen Klassen.

(Vgl. Lehrpläne und Lehraufgaben 1901, S. 49 ff.)

Erste Stufe des Lehrgangs.

VI, 2 Stunden wöchentlich.

»Grundbegriffe der allgemeinen Erdkunde in Anlehnung an die nächste Umgebung und erste Anleitung zum Verständnis des Globus und der Karten. Anfangsgründe der Länderkunde, beginnend mit der Heimat und mit Europa. Der Gebrauch eines Lehrbuchs ist ausgeschlossen.« Dazu Meth. Bem. S. 51—52, Absatz 1: »Behufs Gewinnung der ersten Vorstellungen auf dem Gebiet der physischen und mathematischen Erdkunde ist an die nächste örtliche Umgebung anzuknüpfen; daran sind die allgemeinen Begriffe möglichst verständlich zu machen. Hierbei ist aber jede Künstelei zu vermeiden.

»Da dieser Anfangsunterricht methodisch weitaus der schwierigste ist und ungemein viel Takt und liebevolles Eingehen auf das Alter voraussetzt, so sollte er am wenigsten ungeübten Händen anvertraut werden‹ (vgl. Wagner a. a. O., S. 49).

Es handelt sich um die unmittelbare Anknüpfung an die Natur und nächste Umgebung, die Anleitung, aus dem selbst im Freien Beobachteten sich Anschauungen zu bilden, sich auf dem Horizont und am Himmelsgewölbe, auf Feld und Flur oder in Berg und Tal zu orientieren, nicht darum, den jugendlichen Geist mit allen möglichen ›Grundbegriffen‹ der physischen oder mathematischen Geographie zu überladen.

Zuerst müssen diese vom Schüler in ihrem konkreten Vorkommen erfaßt und dann auf dem Globus oder der Karte gründlich eingeübt werden, vgl. Meth. Bem. S. 51—52, Absatz 2: »Sind so die ersten Grundbegriffe zum Verständnis gebracht, so sind sie an dem Relief und dem Globus zu veranschaulichen; dann aber ist der Schüler zur Benutzung der Karte anzuleiten, welche er allmählich lesen lernen muß.«

Bei der ersten Anleitung zur Orientierung gehe man vom Zimmer und seinen vier Wänden aus, orientiere die Schüler darin nach den Himmelsgegenden (Erklärung derselben), betone besonders die Nordseite (Gesicht stets nach N, den rechten Arm nach O, den linken nach W, im Rücken S), dann auf dem Korridor (Richtung desselben), Schulhaus, Schulhof, umgebende Straßen, freie Plätze oder Stadtteile. Sehr instruktiv ist auch die Orientierung einer Bahnhofsanlage mit ihren Strecken nach verschiedenen Himmelsrichtungen: Man bilde aus mehreren Schülern Eisenbahnzüge und lasse sie in den betreffenden Richtungen abgehen und abschwenken. Als häusliche Aufgabe stelle man die

Orientierung im eigenen Zimmer und Hause (Lage, Sonnenseite und Nordseite usw.) und der Straße in ihrem Verlauf, die Richtung des Weges nach Hause oder zu einem besonders bedeutsamen Punkte des Heimatsorts.

Dann folge das Ausmessen und Messen von Entfernungen, Übertragen auf die Tafel in verkleinertem Maßstab: Orientierung (nun oben N, unten S, aber rechts wieder O, links W). Das Verständnis für die Anwendung eines richtigen Maßstabs, besonders eines oft wechselnden, läßt sich nicht leicht erreichen. Es kommt bei diesen ersten Kartenzeichnungen an der Tafel (oder dem Nachzeichnungen der Schüler in einem Hefte) mehr auf die richtige Orientierung an (vgl. Lehraufgaben der V, S. 24—26).

So entstehen Grundrisse, Pläne von kleineren oder größeren Teilen des Heimatsbezirks, die in großen Zügen auch schon ein topographisches Bild (Flüsse, Teiche, Bodengestalt, Ackerland, Wiesen, Wälder, Einzelgehöfte und Gruppen von Gebäuden, hervorragende Bauwerke [Kirchen, Wasserturm usw.]) bieten und das spätere Verständnis von Karten vorbereiten.

Die Zuziehung von Reliefkarten ist zunächst noch nicht zu empfehlen, ebenso nicht eine Ausdehnung der Betrachtung eines Kreises, Regierungsbezirks oder sogar der ganzen Provinz (vgl. Pensum der VI). Erst die Erweiterung des Gesichtskreises (Horizonts), zu der man durch das Besteigen eines höhen Aussichtspunkts oder eines Turmes gelangt, führt zur Betrachtung der Erde als Kugel und damit des Globus. Dabei sind dann: Nord- und Südpol, Erdachse, Äquator (nördlich-südliche Halbkugel, noch nicht östlich und westliche), Zonen nach Wende- und Polarkreisen (ohne genauere Erklärung) anzugeben.

Von den weiteren Grundbegriffen der

physischen und mathematischen Erdkunde über Sonne, Tageslänge und -kürze, Jahreszeiten; den Mond (Sonnen- und Mondfinsternisse); Achsendrehung der Erde (Wechsel zwischen Tag und Nacht); Sternbilder (Planeten und Fixsterne) gebe man nur das Allereinfachste an, ohne auf die genauere Erklärung all dieser Erscheinungen sich einzulassen. Das bleibe der V vorbehalten.

Der Übergang von der Betrachtung des Globus zu der der Karte muß sehr vorsichtig gemacht werden: die Unterscheidung des vorher gewölbten, nun flachen Bildes, dort der Erde als Ganzes, hier nur in größeren oder kleineren Teilen, die Unterscheidung von Land und Wasser (bei beiden in größeren oder kleineren Teilen zu Festländern, Ozeanen usw.) fällt manchen Schülern nicht leicht, und doch muß diese Gesamtbetrachtung erst sicher erfaßt sein, bevor der Lehrer zu der der kleineren Teile: Gliederung des Landes, Inseln, Halbinseln, Meerbusen, Meerengen, Kanälen, Straßen usw. übergeht. Dann erst folge die Einführung in das speziellere Kartenbild, bei der Skizzen gute Dienste leisten, die der Schüler nach der Vorzeichnung des Lehrers an der Tafel in seinem Diarium nachzuzeichnen versuchen möge, wobei auch ein Kartenbild aus der örtlichen Umgebung, also auf Grund von natürlicher Anschauung zu entwerfen sich empfiehlt. So lernen die Schüler die Signaturen auf der Karte des Atlas kennen und verstehen: Die Unterscheidung von Ebenen und Berg oder Gebirge (Fuß, Abhang, Stufen, Kamm, Täler, Paß, Hochebene, Gipfel) nach den Farben; Gewässer: Flüsse (Quelle, Lauf [Ober-, Mittel-, Unter-]), rechtes und linkes Ufer (der Schüler denke sich als Riese mit zwei riesigen Beinen so stehend, daß er, das Gesicht nach der Seite des Abflusses gewendet, mit dem rechten Bein auf dem einen, dem linken auf dem anderen Ufer steht, dann unterscheidet er beide als rechtes und linkes sicher), Nebenflüsse von rechts und links; Teiche, Seen, Küste, Ufer (Formen), Bezeichnung der politischen Grenzen eines Staates durch Farbe, Straßen, Städte usw. So lernen die Schüler wohl schon früh oro- und hydrographische und politische Karten unterscheiden.

Die Lehrpläne schreiben dann weiter vor: »Anfangsgründe der Länderkunde, beginnend mit der Heimat und mit Europa.«

Nun soll aber in VI noch keine spezielle Länderkunde getrieben werden; daher könnte es sich bei der »Heimat« wohl nur um eine summarische Betrachtung der Heimatsprovinz bzw. des Heimatstaats handeln, um dadurch gleich anfangs einen Maßstab für das geographische Betrachtung ferner Gebiete zu gewinnen; und da die den Atlanten beigegebenen Heimatskarten wohl alle sehr speziell gezeichnet sind, wird der Lehrer wohl am besten tun, wenn er den Heimatsbegriff sehr eng faßt, die engere Heimat in ihren Hauptzügen auf der Tafel zeichnend zur Darstellung bringt, erst darauf die Schüler dieselbe auf der Karte betrachten läßt und sie in den größeren Körper Deutschlands oder Europas eingliedern lehrt.

Ebenso soll die Betrachtung Europas anfangs nur eine ganz summarische sein. Man gebe dem Schüler erst einen Begriff von Lage, Größe, Volksart (Sprache), Bedeutung der europäischen Mutterländer, ehe man, wie es jetzt im Anschluß an die Leitfäden geschieht, ihn Kolonialgebiete europäischer Staaten lernen läßt (Wagner a. a. O. S. 52). Darauf gehe man erst zu den anderen Erdteilen über, beschränke sich aber auch hier nicht nur auf die oro - hydrographischen Verhältnisse derselben im allgemeinen, sondern betone auch das Klima, die Vegetation in großen Zügen (nur hinsichtlich der fünf Wärmezonen, sowie der Gegensätze der großen Trockengebiete der Erde und der reicher bewässerten Wald- und Kulturregionen, illustriert durch einige Tierformen), die Verteilung der Hauptrassen (wenn auch nur in der Dreizahl) nach ihren Wohnsitzen. Die Hauptstaaten der Erde sollen dabei weniger ihrer selbst willen genannt und lokalisiert werden, als um mit ihren Namen weite Regionen der Erdteile sofort in Lage und annähernder Ausdehnung zu bezeichnen. Der Lernstoff wäre also durch Außerachtlassung kleinerer Staaten im Anfangsunterricht ebenso zu beschränken, wie man es von jeher mit den Städten macht. Von diesen gehören aber einige wenige genug in das Sextanerpensum; sie sind in ihrer Lage — die Sache muß also nach der Karte, nicht nach dem Buche betrieben werden — die wichtigsten Fixpunkte, an die sich das allmähliche auf den höheren Schulen sich vervollständigende Bild anlehnen kann.

Nachdem die Sextaner nun eine erste Orientierung über die Gesamtanordnung der einzelnen Erscheinungen an der Außenseite des Erdballs gewonnen haben, dürfte sich eine Reise um die Erde etwa wie die von Seydlitz VI, S. 42—81, dargestellte mit Innen anzutreten sehr empfehlen; sie führt in sehr ansprechender Weise zur Beobachtung der wichtigsten Erscheinungen auf dem Meere und Lande, der Oro- und Hydrographie, der Witterungserscheinungen, gibt Schilderungen menschlicher Tätigkeit und Bilder aus dem Volksleben usw. und bietet so z. B. auch ein Vorbild, wie man etwa an die Behandlung Afrikas gehen soll, dessen spätes Bekanntwerden doch der Unzugänglichkeit seines Küstenrandes und seines Innern zuzuschreiben ist. Dieser Umstand wird dem Schüler erst dann verständlich, wenn der Lehrer ihn auch an der Hand einer Reise an die afrikanische Küste oder ins Innere dieses Erdteils führt (vgl. UIII).

Daraus würden die Schüler auch den praktischen Nutzen ziehen, der nach den Lehrplänen nun besonders bei dem geographischen Unterricht zu betonen ist.

Und ebenso wäre ein Versuch zur Einführung schon des Sextaners in die Volkswirtschaft (wie ihn Armstedt-Königsberg a. a. O. vorschlägt) wohl zu machen, wenn man bei der Besprechung der engeren Heimat stehen steht. Man mache den Schüler aufmerksam auf die von den Landleuten zum Markt gebrachten Erzeugnisse des Bodens und der Viehzucht; den Einkauf von Waren und Industrieerzeugnissen in der Stadt (Ein- und Ausfuhr, Nachfrage, Angebot, Handel, Industrie); die Schiffe, Bedeutung der natürlichen und künstlichen Wasserstraßen; die Verkehrswege und -mittel: Fußwege, Landwege, Chausseen, gepflasterte Wege, Eisenbahnen (Voll- und Kleinbahnen), Telegraphen; fremde Arbeiter (Polen), Auswanderer (russische auf dem Bahnhof und der Auswandererstation), Reisende; Kolonialwaren, die in den Familien gebraucht werden oder in Schaufenstern, manches Kleidungsstück, mancher Gebrauchsartikel, der den Schüler zum Nachdenken anregt, seinen Blick erweitert und ihn in die Volkswirtschaft und Handelslehre einführt und dem Lehrer Gelegenheit bietet, auf das besprochene Land zurückzukommen.

V, 2 Stunden wöchentlich.

Meth. Bem. S. 49: »Länderkunde Mitteleuropas, insbesondere des Deutschen Reiches, unter Benutzung eines Lehrbuchs. Weitere Anleitung zum Verständnis des Globus und der Karten sowie des Reliefs. Anfänge im Entwerfen von ein‑ fachen Umrissen an der Wandtafel.«

1. Unter »Mitteleuropa« ist folgendes Gebiet zu verstehen: a) Hochgebirge der Alpen, b) Französisches, deutsches und karpatisches Mittelgebirge, c) Das französische und deutsche Tiefland, das ganze Stück etwa zwischen 45 und 54° N. Br. und zwischen 0 und 23° Ö. L., begrenzt im Westen vom Atlantischen Ozean, im Norden von Nord- und Ostsee, nach Osten Karpaten, im Süden Karpaten, Alpen, Mittelmeer und Pyrenäen. Die übrigen Teile Europas werden Pensum der IV.

2. Unter »Deutsches Reich« ist die nördliche Abdachung der Alpen zu verstehen, nicht das damit oft identifizierte zur Bezeichnung eines politischen Gebiets gebrauchte »Deutschland«. Dieses ist noch heute ein geographischer Begriff zur Bezeichnung für den von Deutschen bewohnten Kern Europas. Der Kern Europas oder Deutschland ist aber nach Obigem auch nicht Mitteleuropa. So umfaßt das Pensum neben dem weiteren Gebiet Mitteleuropas besonders das Deutschlands, und dieses gliedert sich in folgende zwölf Teile: 1) Alpenland, 2) Schweizer Hochfläche, 3) Schwäbisch - bayerische Hochfläche, 4) Stufenland von Böhmen und Mähren, 5) Fränkisch‑ schwäbisches Stufenland, 6) Südwestdeutsches Bergland, 7) Lothringisches Stufenland, 8) Rheinisches Schiefergebirge, 9) Hessisches und Weser-Bergland, 10) Harz, Thüringen, Fichtelgebirge, 11) Westelbisches-, 12) Ostelbisches Tiefland, und dazu tritt die Betrachtung des Deutschen Reiches in politischer Beziehung mit kurzer Aufzählung der deutschen Kolonien.

Eine scharfe Scheidung der Betrachtung dieses Pensums nach 1) Bodengestalt, 2) Gewässern, 3) Klima, 4) Bevölkerung und Religion, 5) Erzeugnissen, Gewerbe, Handel, wie sie fast alle Lehrbücher bringen, ist, weil unnatürlich, zu verwerfen; man muß vielmehr bei der Hervorhebung des Einzelnen stets darauf Bedacht nehmen, daß dieses in einer der obengenannten Beziehungen Bedeutung auch für das Ganze hat, sonst wäre es eben eine Einzelerscheinung, die für die Schüler zu lernen überflüssig wäre. Dieser Gesichtspunkt gilt für den Unterricht in allen Klassen.

3. Der Lehrer wird es danach schwer haben, den Schüler zur Benutzung des Lehrbuchs anzuleiten. Auf den in den Vorbemerkungen betonten Satz (Meth. Bem. S. 51—52): »Das Lehrbuch dient nur als Führer bei der häuslichen Wiederholung«, wie auch auf den zweiten »Der Atlas soll das eigentliche Lehrbuch sein«, mag hier noch einmal scharf hingewiesen werden.

4. Die weitere Anleitung zum Verständnis des Globus und der Karten sowie des Reliefs wird (vgl. VI, S. 4—5) das in der VI aus diesem Gebiet Durchgenommene in vertiefter und erweiterter Weise zum Verständnis der Schüler bringen, so

a) besonders das Gebiet aus der Globuslehre: Längen- und Breitengrade, geographische Breite und Länge, Längen-, Höhen- und Flächenmaße (Meter, Kilometer, Quadratkilometer); Sonne, Sonnenwärme, danach die Wärmegürtel oder Zonen (Thermometer); Mond; Sternbilder; Achsendrehung der Erde usw., also das, was in der VI mehr als Tatsache und ohne eingehendere Erklärung behandelt worden ist.

b) In Bezug auf das Lesen der Karte wäre als Erweiterung zu nehmen: Die Anleitung zum Verstehen des Maßstabs, zur Bestimmung der Lage eines Ortes nach Breiten- und Längengraden, der Unterscheidung der verschiedenartigen Zeichen bei Städten nach der Größe oder als Festungen, der Fluß- und Gebirgszeichnung (heller, dunkler, Hochebene, Gipfel, Pässe), der Verkehrs- und Handelsstraßen usw. (vgl. VI, S. 5).

c) Das Relief (vgl. VI, S. 5): Bei dem Mangel an guten Reliefkarten wird man sich hier mit wenigem begnügen müssen, dabei weise man auf die Bedeutung des Reliefs hin bei Eisenbahn- und Kanalbauten. Zur Betrachtung von Längs- und Querschnitten (Profilen) bieten die Atlanten wohl genügendes Material auf einer ihrer ersten Karten. Dadurch erhalten die Schüler erst eine Vorstellung von Seehöhe (oder absoluter Höhe), NN = Normal-Null auf Höhentafeln der Bahnhöfe, einer Gegend oder eines Berges und ihrer relativen, und in ähnlicher Weise von der Tiefe und Ungleichheit des Meeresbodens. Instruktiv ist auch eine einfache Zeichnung an der Tafel, die die höchsten Erhebungen auf der Erde nebeneinandergestellt in Abstufungen von 1000 m Höhe.

5. »Anfänge im Entwerfen von einfachen Umrissen an der Wandtafel.« Unter Hinweis auf Meth. Bem. S. 51—54 und meine Ausführungen dazu S. 2 will ich nur noch bemerken, daß vor Überspannung der Anforderungen zu warnen ist, hier, wo die erste Anleitung zum Nachzeichnen gegeben wird. Ferner: nicht jeder Lehrer hat die Fähigkeit, schön und kartographisch richtig zu zeichnen. Das liegt, auch abgesehen von der Zeichenfertigkeit, die eine besondere Anlage ist, an dem mangelhaften Material, dem dicken Kreidestück und der großen Schultafel, deren Nähe und Ausdehnung dem Zeichner das Darstellen in richtigem Verhältnis ungemein schwer macht. Es ist daher jedem Lehrer dringend anzuraten, daß er diese einfachen Skizzen gleich von Anfang an unter Zuhilfenahme einfachster Hilfslinien entwirft und auch von den Schülern die Nachzeichnung dieser verlangt, bevor er an die Entwerfung des durch die Skizze herauszuhebenden topographischen Bildes geht. Ohne diese verzerrt sich oft das Bild zu leicht, die Orientierung des Verlaufs eines Gebirgszugs oder Flußlaufs wird eine falsche und die Maße werden zu unrichtig. Natürlich verlangt ein solches Verfahren eine gewissenhafte Vorbereitung seitens des Lehrers, und dazu verweise ich auf den Abschnitt der Guthe-Wagnerschen Lehrbuchs, 7. Aufl., Bd. 1 (Hannover und Leipzig 1903, Hahn), § 95, S. 82—83, in dem betont wird, daß diese Hilfslinien nicht beliebigen geometrischen Figuren entnommen sondern von vornherein geographische Bedeutung haben müssen. Und weiter auf: § 100, S. 194 über Plankarten, auf denen man das Kartenbild zu einer beliebigen, aber namhaft gemachten Himmelsrichtung in Beziehung setzt. Die einfache Beifügung eines gradlinigen Pfeiles, etwa mit der Bezeichnung »Nord«, stempelt den Plan zur Plankarte; denn dann können wir alle Punkte und Linien des Planes durch wenige Hilfs-

linien orientieren. Die Plankarte kennt noch kein Gradnetz, wohl aber ein Kreuz zweier Gradlinien, indem man die sich senkrecht schneidenden Richtungen der Nord-Süd- und West-Ost-Linie als Hauptorientierungslinien nicht nur auf dem Horizont selbst sondern auch auf seinem Bilde, der Plankarte, annimmt. Der Entwurf einer solchen beginnt also mit Zeichnung eines das Kartenblatt vierteilenden einfachen Kreuzes gerader, sich senkrecht schneidender Linien; sie besitzt also im Prinzip immer zwei gerade Mittellinien, von denen die eine den Meridian der Kartenmittelpunkts darstellt, die andere die West-Ostlinie. Das zentrale Gradkreuz entwickle man dann später auf den nächsten Klassen zu einer Plankarte mit quadratischen oder rechteckigen Maschen, auf der man leicht auch die Entfernungen durch Abzählung abschätzen kann, wenn z. B. die Abstände der Parallelen je 10, 20, 50, 100 km usw. auf den einzelnen Karten betragen. Daß man damit (§ 100, S. 195) nicht ein richtiges Gradnetz erhält, ist ja selbstverständlich, da diese parallelen Linien einerseits den richtigen, nach den Polen konvergierenden Meridianen, andererseits den Breitenparallelen nicht entsprechen, sodaß die Plankarte nur für sehr kleine Teile der Erdoberfläche Geltung haben kann. Aber davon möge man zunächst beim Unterricht in den unteren Klassen absehen und die Schüler erst später auf diesen Fehler aufmerksam machen, der sich bei einer Plankarte um so mehr vergrößert, je mehr man sich vom Mittelkreuz den vier Ecken der Karte nähert.

Die Betrachtung der in Mercators Projektion (vgl. § 101, S. 197/98) konstruierten Wand- und Atlaskarten, die ein Gesamtbild der ganzen Erde zur Orientierung über das Verkehrswesen usw. geben, bietet ja zu einem solchen Hinweis die beste Gelegenheit.

Jedenfalls gewinnen die Schüler aber durch die Anwendung anfangs nur des einfachen Gradkreuzes, später einiger rechteckiger Gradnetzmaschen eine annähernd richtige Vorstellung von der Lage des auf der Kartenskizze dargestellten Teiles der Erdoberfläche, sodaß sie instande sind, in der Phantasie die Bilder an die richtige Stelle auf der Erdkugel zu rücken. Dazu diene auch der öfter zu gebende Hinweis zum Aufmerken auf gewisse gleichgestimmte Längen- und Breitenlagen von Ländern und Städten, z. B. die bekannten gleichen Breitenlagen gewisser Orte in Europa des 60., 50., 40. Grades — die von New-York mit Neapel (bei sehr verschiedenem Klima), Berlin, Venedig, Rom, ca 13° in annähernd gleicher Längenlage; Görlitz, Prag, ca 15° (mitteleuropäische Zeit!) usw.

Bei dem trotz der Zuhilfenahme dieser Hilfslinien

immerhin mangelhaften Vorbild, das der Lehrer dem Schüler an der Tafel zu bieten imstande ist, berücksichtige er nun auch die ungleiche Zeichenanlage und besonders die noch nicht durch den Zeichenunterricht ausgebildete Handfertigkeit seiner Schüler, und dabei soll das Vorzeichnen des Lehrers wie das Nachzeichnen des Schülers ja nur freihändig während der Unterrichtsstunden geschehen! — Dann wird der Lehrer erstens nur das Allereinfachste als Zeichenobjekt auswählen und zweitens auch das Mangelhafte, was die Schüler im Nachzeichnen leisten können, nicht gleich absprechend zurückweisen oder tadeln. Nur da, wo Nachlässigkeit oder Unsauberkeit beim Zeichnen hervortritt, tadle er. »Kein Meister fällt vom Himmel« und Geduld muß ja die Haupteigenschaft des Lehrers sein. Oft wird gerade ein geistig nicht sehr regsamer Schüler den Lehrer durch sein gutes und richtiges Nachzeichnen überraschen und sein besonderes Interesse für die Geographie dadurch erweisen. Und ebenso wird gerade der Lehrer der Geographie mit Freude und Genugtuung sehen, daß das geographische Zeichnen fast allen Schülern großes Vergnügen macht, von Stufe zu Stufe ihr Interesse für die Geographie steigert — gewinnt ja doch jeder Punkt hier Leben! — und oft wird er sehen, daß Schüler einen Teil ihrer freien Zeit diesen Zeichnungen widmen und mitunter ganz hervorragende Resultate sowohl im kartographischen Zeichnen liefern als auch in Bezug auf das Dargestellte ein eingehendes Können und Verstehen zeigen.

Danach ist wohl der Satz der Meth. Bem. S. 51—54: »Häusliche Zeichnungen sind im allgemeinen nicht zu verlangen« so zu verstehen, daß die in der Schule gefertigten Nachzeichnungen nicht von allen Schülern in sauberer Ausführung verlangt werden dürfen, sondern nur dann, wenn das Resultat der Klassenzeichnung ein gar zu mangelhaftes war und der betreffende Schüler die Anweisung erhält, nach dem Vorbild einer guten Zeichnung eines Mitschülers oder nach einer Vorlage, wie sie etwa die Seydlitzschen Lehrbücher bieten, eine häusliche Zeichnung anzufertigen.

»Ausgeschlossen ist das bloße Nachzeichnen von Vorlagen«; dagegen wird ein Nachzeichnen des vom Lehrer in der Schule vorgezeichneten und dabei inhaltlich durchgesprochenen Kartenbildes in besserer Ausführung zu Hause auch nach dem Atlas als anregend und fruchtbringend nicht abzuweisen sein; skizzieren sich doch auch Schüler (und Erwachsene) oft aus einer Spezialkarte oder dem Atlas bestimmte Routen oder Gegenden zu Reisen oder anderen Zwecken.

IV, 2 Stunden wöchentlich.

Meth. Bem. S. 50: »Länderkunde Europas mit Ausnahme des Deutschen Reiches. Entwerfen von einfachen Kartenskizzen an der Wandtafel und in Heften.«

Es handelt sich demnach hier um die Durchnahme der die Glieder Europas bildenden Teile und ihrer sie umgebenden Meeresteile, dazu des osteuropäischen Tieflandes (Rußland) und der Gebiete Mitteleuropas, die bei der Betrachtung in V als Staatengebiete noch nicht behandelt sind (vgl. V, 1 u. 2, S. 22).

Eine Umfahrt um Europa, wie sie Seydlitz IV, S. 2—7 gibt, orientiert uns am besten über dasselbe als Erdteil, seine Ausdehnung, die Beziehungen zu Asien, Afrika, Amerika und die Europa mit ihnen verbindenden Meere (Verkehr dorthin),

wie die dasselbe beeinflussenden Binnenmeere und Busen, Flußmündungen, benachbarte Inseln usw. Dann gehe man unter Zurückgreifung auf die in V betrachtete Gliederung Mitteleuropas (den Kern des Erdteils) zu einer allgemein gehaltenen Durchnahme der sich an den Kern anschließenden Gebirgsglieder über und leite den Schüler zu einer Gesamtbetrachtung der hydrographischen Verhältnisse Europas (Wasserscheide) an, wie die Sonderstellung Skandinaviens und der britischen Inselgruppe in oro- und hydrographischer Beziehung, endlich des Einflusses, den die Meere oder das osteuropäische Flach- und Tiefland auf Klima und Vegetation im großen haben. — Dagegen behalte man sich nach dieser Gesamtbetrachtung des Erdteils eine zusammenfassende Behandlung der Bevölkerungsverhältnisse, Religionen usw. für den Schluß des Jahres, bzw. für die Behandlung in UII vor, wo die einzelnen Gebiete, als Staaten gesondert, dem Schüler vertrauter geworden sind.

Die Reihenfolge, in der man die Staaten Europas (außer dem Deutschen Reiche) zur Durchnahme bringt, mag dem Lehrer überlassen bleiben: die Scheidung derselben nach Südeuropa (Südwest- und Südosteuropa): Spanien, Portugal, Frankreich, Italien — Türk.-griech. Halbinsel); Osteuropa: Rußland; Nord- und Nordwesteuropa: Schweden, Norwegen, Dänemark, Großbritannien und Irland; von Mitteleuropa: Österreich-Ungarn, Schweiz (Lichtenstein), Belgien, Niederlande, Luxemburg ergibt sich ja von selbst für die Durchnahme des letzten Teiles — im Anschluß an das Pensum der V — das Nächstliegende.

In bezug auf das Zeichnen vgl. Vorbemerkungen S. 249 und V, S. 249—50! Doch tritt hier als neues Moment hinzu: Entwerfen von Kartenskizzen (nicht wie in V nur von Umrissen) in

Heften: d. h. wohl die Forderung, der Schüler solle sich ein festes Kartenheft anlegen, in das er das vom Lehrer an der Wandtafel Vorgezeichnete unmittelbar nachzeichnet. Für die Auswahl der vor- und nachzuzeichnenden Partien verweise ich auf die Vorbemerkungen unter Betonung dessen, das es nur Kartenskizzen sein sollen, nicht Zeichnungen von ganzen Ländern. — Nicht jedes Land kann und soll dabei zur Wiedergabe durch Zeichnen kommen: so werden z. B. Belgien und die Niederlande mit ihren Küsten- und Inselpartien, den vielen Verzweigungen der Rhein- und Maaßmündungen zum Nachzeichnen ungeeignet sein; anderseits wäre es nutzlos, die weiten Ebenen Rußlands oder gar die norwegische Küste mit ihren Fjords nachzuzeichnen; dagegen empfehlenswert im ersteren Falle die Südersee mit Nordholland und seinen Kanälen bis Helder und den westfriesischen Inseln, im zweiten und dritten das Kanalsystem der Newa und des Ladogasees nach dem oberen Wolgagebiet, oder die Wasserverbindung von der Göta-Elf und den südschwedischen Seen nach Stockholm.

Ein Gradnetz bei diesen Skizzen anzuwenden, halte ich für durchaus überflüssig — selbst in den Tertien und der Sekunda; und Projektionslehre mit den Schülern zu treiben, noch mehr.

Damit ist der erste Kursus des geographischen Unterrichts erledigt. Der zweite dreijährige Lehrgang, die beiden Tertien und die Untersekunda umfassend, soll nun nach Wagner a. O. S. 53 »ein wirklich neuer Aufbau, nicht nur eine um Namen und Zahlen vermehrte Wiederholung des früheren Lehrgangs, ein in sich abgeschlossenes System bilden, das nach Form und Inhalt der vorauszusetzenden Reife der Schüler, wie dem sonstigen Wissen angepaßt wird.

(Schluß folgt.)

Geographische Lesefrüchte und Charakterbilder.

Das Klima Paraguays.

Aus H. Mangels: Wirtschaftliche, naturgeschichtliche und klimatologische Abhandlungen aus Paraguay, München 1904, Datterer & Co., ausgewählt von Oberlehrer Dr. Schwarz-Oevelsberg.

(Fortsetzung.)

2. Winde.

Die herrschenden Winde sind Nord und Süd, welche zwei Gegensätze bezeichnen wie Tag und Nacht, Hitze und Kälte, Leben und Tod. Der Nordwind, aus dem tropischen Innern Brasiliens stammend, ist immer warm, manchmal heiß; der Südwind, welcher ungehindert aus der Polarregion über die öden Flächen Patagoniens und der Pampa daherfegt, ist stets kühl, im Winter schneidend kalt, und diese steten Gegensätze, die im steten Kampfe mit einander liegen, drücken dem hiesigen Klima den Stempel auf. Wenn der Nordwind die Herrschaft hat, steigt die Temperatur im Winter auf 20 bis 30°, im Sommer auf 30 bis 37°, ja ausnahmsweise noch höher; die Luft ist dann schwül und feucht, man schwitzt fortwährend, der Schlaf in der Nacht ist unruhig und die Mücken feiern wahre Orgien. Nach einigen Tagen nimmt der Wind einen unruhigen Charakter an, wirbelt in der Stadt und auf vielbefahrenen Wegen viel Staub auf, flaut aber gegen Abend ab und macht schließlich völliger Windstille Platz. Es ist die Ruhe vor dem Gewitter. In der dunsterfüllten Luft steigen am Gesichtskreis ringsum dicke Haufenwolken auf, Blitze zucken unaufhörlich, der ganze Horizont scheint in Flammen zu stehen, und plötzlich wird die Stille von heftigen Windstößen aus Süden unterbrochen, die Feuchtigkeit der Luft verdichtet sich durch die kalte Luftströmung, die nun die Oberhand gewonnen hat, zu dicken Regentropfen. Ein heftiges Gewitter bricht los und Regen, Blitz, Donner und Sturm vereinigen sich zu einer großartigen Sinfonie der Natur. Mit der schwülen Nordluft wird gründlich aufgeräumt, das Thermometer fällt um 10 bis 15°, während das Barometer um 5 bis 6 mm steigt.

Nachdem der erste starke Regen vorüber ist und der heftig zuströmende Südwind das Vakuum im Norden in etwas ausgefüllt hat, regnet es sich die Nacht hindurch allmählich aus, der Wind flaut ab, und am nächsten Morgen lächelt uns ein tiefblauer, heiterer Himmel an. Die erschlaffende Nordluft vom vorigen Tage hat einer Körper und Geist erfrischenden Kühle Platz gemacht. So im Sommer. Im Winter vollzieht sich der Wechsel in derselben Ordnung; der Umschlag in der Witterung ist aber weniger schroff, ist selten mit starken Gewittern und heftigen Winden verbunden, und statt Platzregen bringt der Südwind häufig tagelang anhaltende Land- und Staubregen oder Nebel, dunkles, garstiges Wetter, das an den deutschen Oktober erinnert.

Nach einigen Tagen geht der Südwind nach Osten und bald darauf nach Nordost über, wo er sich eine Zeitlang hält, um schließlich aus rein nördlicher Richtung das Spiel von neuem zu beginnen.

Westwind ist beinahe unbekannt; er kommt bloß einigemale im Jahre vor und hält nie Tage, höchstens ein paar Stunden an. Nur in regnerischen Zeiten bricht er in Begleitung eines starken Regenschauers mit großem Ungestüm herein und geht gleich darauf nach Süden über. Nordost und Nord zusammengenommen sind die häufigeren Winde; in zweiter Linie folgt Süd, in dritter Ost.

Der Südwind ist seiner Natur nach trocken und kalt. So angenehm sein Erscheinen im Sommer für die Menschen ist — nervenstärkend, den Appetit reizend, zur Tätigkeit anspornend —, so wenig bekömmlich ist er der Pflanzenwelt, deren Wachstum er völlig lahm legt. Wenn er zur Zeit der Rebenblüte zur Herrschaft gelangt, so kann er die ganze Ernte vernichten, wenn die Pflanzung ungeschützt seiner Einwirkung ausgesetzt ist. Es ist nicht geraten, bei Südwind Umpflanzungen vorzunehmen, wenigstens ist darauf zu achten, daß der Wind nicht die Wurzeln der Pflänzlinge berührt. Im Winter werden Pferde und Rinder bei Südwind rauhhaarig, und die Kühe erleiden erhebliche Einbuße an Milch. Trotzdem verdanken wir dem Südwind die Gesundheit des Klimas. Er räumt mit allem Unreinen in der Luft auf, verhindert das Überhandnehmen von Ungeziefer und Plagen und wirkt desinfizierend.

Der Ostwind ist ebenfalls trocken und im Winter empfindlich kalt. Regen bringt er selten; der Osten ist bloß eine Übergangsstation.

Reiner Nordwind ist nicht sehr häufig; was man hier gewöhnlich Nordwind nennt, ist zum großen Teil Nordost. Dieser ist der angenehmste der hiesigen Winde. — Der Nordwind wirkt durch seine hohe Temperatur im Sommer erschlaffend auf alles Lebende. Da die heiße Luft viel Feuchtigkeit aufnehmen kann, so kommt es bei ihm selten zu Niederschlägen; wenn aber die Feuchtigkeit der Luft den Sättigungspunkt erreicht hat, so kommen hin und wieder kurze Regenschauer vor, aber nie völlige Entladungen der Atmosphäre wie beim Südwind. Im Winter gibt es häufig viele Tage nacheinander heftigen Nordwind, meistens trocken und heiß, weil er aus dem um diese Jahreszeit regenlosen Matto Grosso kommt.

Fast jeden Sommer gibt es eine kleine tropische Regenzeit von ungefähr einem Monat, wo es beinahe jeden Nachmittag etwas regnet. Dabei springt der Wind fortwährend von einer Richtung zur andern über, bis schließlich der Südwind zum Durchbruch kommt und der veränderlichen feuchten Witterung ein Ende macht.

Eigentliche Orkane (Zyklone, Tornados) von der verheerenden Wirkung, wie sie in den Tropen und Nordamerika vorkommen, sind hier unbekannt, doch fehlt es im Frühling und Sommer nicht an heftigen Winden, welche Bäume entwurzeln, morsche Gebäude, Ranchos und Gartenmauern umwerfen. Sie haben fast alle südliche Richtung und rasen, durch kein Gebirge gehindert, über die weite Ebene hinweg bis ins Innere Matto Grossos. Ein echter Pampero drückt das Thermometer in Cuyabá beinahe auf denselben Punkt herab wie in Asunción. Regenreiche Jahre sind stürmischer als regenarme. Die Zahl der heftigen Winde schwankt zwischen 9 und 31 im Jahre.

Gewitter kommen in den Wintermonaten verhältnismäßig wenig vor, im Sommer sind sie desto häufiger. Von 42 jährlichen Gewittern kommen ungefähr $^2/_3$ auf den Sommer und $^1/_3$ auf den Winter. An schwülen Sommerabenden ist die Luft meistens derart mit Elektrizität angefüllt, daß man ringsum fortwährendes Wetterleuchten sieht, das ganze Firmament scheint in Flammen zu stehen, oder es türmen sich riesige Haufenwolken auf, und zackige und schlängelnde Blitze fahren von Wolke zu Wolke, ohne daß man einen Donner hört. Es kommt aber auch vor, daß der Himmel bei und nach Sonnenuntergang vollkommen klar ist. Nichts deutet auf Regen; da sieht man etwa um 9 Uhr abends unten am Horizont im Süden schwaches Wetterleuchten, das niemand weiter beachtet. Es pflegt jedoch ein sicheres Zeichen zu sein, daß noch in derselben Nacht ein starkes Gewitter heraufzieht und sich entladet.   (Schluß folgt.)

Geographischer Ausguck.

Wo ist der Baeyer der Kartographie?

Wenn ein Abonnent der neuen Stielerausgabe seine Kartensammlung mustert, wird er sich des erhebenden Gefühls unserer Zeit kaum erwehren können, das in dem viel gebrauchten und noch häufiger mißbrauchtem Ausruf »Wie haben wir's doch herrlich weit gebracht« seinen Ausdruck findet. So richtig es oft ist, ihn als Anmaßung zurückzuweisen, so berechtigt scheint er im vorliegenden Falle, wenn man den Stieler nicht als kartographisch-technische Leistung auffaßt, sondern als eine Chronik, die seit beinahe 100 Jahren historisch getreu den Stand unserer Erdkenntnis bucht. Die weißen Flächen, die vor einem Menschenalter noch auf den Karten von den Lücken unseres Wissens zeugten, sind verschwunden oder aufs äußerste eingeengt. Ganze Reihen von Namen dringen in die ödesten Teile der Erde ein und beweisen, daß auch der Sand der Wüste und das Eis der Polarwelt dem Forschertrieb des Menschen kein Halt zu gebieten vermochten. Hier haben sich glatte Küstenläufe in ein Gewirr von Buchten gegliedert, dort strömt der Fluß, den frühere Zeichner nur in vorsichtiger Strichelung anzudeuten wagten, in gesicherten Windungen dem Meere zu und wo die ältere Karte Ebenen sich dehnen ließ, da erheben sich jetzt Gebirge! Das Antlitz der Erde ist unserem Forscherauge entschleiert, wir können stolz sein! — Und doch ruht unser Stolz auf dem tönernen Grunde sinntäuschenden Scheines! Trotz aller Freude am Erreichten legt der Fachmann ehrlich dies Bekenntnis ab. Dem Fernerstehenden mag es W. Stavenhagen in seiner »Skizze der Entwickelung und des Standes des Kartenwesens des außerdeutschen Europas«[1] vor Augen führen. Wenn auch auf die Arbeit selbst näher einzugehen an anderer Stelle meine Pflicht sein wird, so gab doch der Gedankengang des umfangreichen Vorworts, in dem die hier angeschnittene Frage aufgerollt wird, die Anregung zu diesen Zeilen.

Ein trügerischer Schein ist es schon, wenn dem Beschauer alle Länderkarten des Atlasses vom ersten bis zum letzten Blatte gleich genau und inhaltreich erscheinen. Die ausgleichende Macht der Maßstäbe zerstört für das prüfende Auge den Schein. Auf den ersten Blick steht die Karte von Indien oder Kapland im neuen Stieler der Karte eines

[1] Ergänzungsheft zu Peterm. Mitt. Nr. 148, XXVIII, 376 S. Gotha 1904, Justus Perthes.

europäischen Landes weder im Reichtum der Detailzeichnung, noch im Inhalt nach. Aber Indien ist in 1:7500000 und die Europäischen Länder in 1:1500000 gezeichnet, d. h. man muß die Karte von Indien in der Länge 5mal und in der Fläche 25mal vergrößern, um sie mit der Karte eines europäischen Landes direkt vergleichbar zu machen. Auch das ungeübteste Auge wird dann mit Leichtigkeit erkennen, daß die ursprüngliche gleiche Genauigkeit nur auf einem Schein beruht.

Schwerer zu durchblicken ist der Schein, der sich auf die Mängel der Grundlagen gründet. Einer fertigen Weltkarte ist es, wenn der Kartograph seine Sache einigermaßen verstanden hat, kaum anzusehen, wie verschiedenwertig das Material war, aus dem sie entstanden ist. Und doch vermag der Kartograph nur für ungefähr den 6. Teil (15,4%) unserer Erde seine Zeichnung in letzter Linie auf wirkliche Vermessungen zu gründen. »Der ganze Rest der Erde ist noch topographisch jungfräulich und über 4½ Mill. qkm, also ein Raum, wie das europäische Rußland, ist noch von keinem gebildeten Reisenden betreten oder höchstens nur in wenigen Linien durchquert worden, so in Mittelasien, im Innern Afrikas und Teilen von West- und Südamerika. Und in den Polargegenden, besonders in der Antarktis, einem Gebiet an Größe wie der ganze Erdteil Südamerika, ist noch nicht einmal die erste Grundaufgabe der Geographie, die Verteilung von Land und Wasser gelöst« (a. a. O. S. XXV). Und wie verschieden ist der Genauigkeitsgrad in dem wirklich vermessenen kleinen Teile unserer Erde! Sind doch selbst die Länder Europas, die in der Landesaufnahme an der Spitze marschieren, noch weit entfernt von einem Messen bis zur völligen Genauigkeit innerhalb der Zeichnungsgrenze!

Dem weitaus größeren Gebiet, das nur durch einzelne, zusammenhanglose Triangulationen erschlossen ist, folgen Länder ohne jede Dreieckslegung, die nur ein mehr oder weniger dichtes Netz von astronomischen Ortsbestimmungen und Routenaufnahmen überspannt. In seine weiten Maschen dringt nur hier und da ein Kroki ein, unsicher tastend, sodaß Verschiebungen von vielen Kilometern wahrscheinlich werden. Und wie winzig erscheint diese, doch nur durch schwerste und Jahrhunderte während Arbeit errungene Erdkenntnis gegenüber der Tatsache, daß der weitaus größte Teil der Erde topographisch noch gänzlich unerforscht ist, daß sich sogar in Europa noch Stellen finden, auf die diese Tatsache zutrifft, auf der Balkan- und Iberischen Halbinsel, sowie in großen Teilen Rußlands.

So erkennen wir, daß sich der kartographische Standpunkt unserer Erdoberfläche eigentlich noch — ohne die gemachten Fortschritte im geringsten zu verkennen — im Anfangsstadium befindet, wenn wir die strengen Anforderungen stellen, welche der heutigen Entwicklung der Wissenschaft entsprechen‹ (a. a. O. S.XXVII). Selbst die erschöpfenden Aufnahmen, die der kleinste Kontinent, Europa, gegenwärtig zu einem gewissen Abschluß bringt, können in diesem Gedankengang nur als Vorstudien für von neuem zu beginnende Vermessungen betrachtet werden. Und welche Mittel an Zeit und Geld mußten die europäischen Staaten aufwenden, um diese Vorstudien zu ermöglichen. ›Um einige Daten anzuführen, hat die Herstellung der Cassinischen Karte die Zeit von 1744—93, d. h. 49 Jahre erfordert, die der Carte de France 1:80000 von 1818—78, d. h. 60 Jahre. Die österreichische Spezialkarte 1:75000 mit 718 Blatt brauchte dagegen schon nur 17 Jahre, wobei allerdings Heliogravüre statt des mühsamen Kupferstichs verwendet wurde. Jedes Blatt der Karte des Deutschen Reiches (675 Blatt) durchläuft von der ersten Erkundung bis zur Veröffentlichung 10 Jahre. Auch die bloße kartographische Bearbeitung von Aufnahmematerialien selbst wenig bekannter und scheinbar nicht viel Arbeit bietender Länder ist zeitraubend, so gibt Petermann 3 Jahre für ein solches Gebiet Innerafrikas an. Auch der Stich der Karten ist mit viel Zeitaufwand verbunden, z. B. ist Blatt Amsterdam der niederländischen Karte 1:500000 in 2½ Jahren, die 4blättrige Vogelsche Karte des Deutschen Reiches 1:1500000 in 6 Jahren in Kupfer gestochen worden. Und gewaltig sind die Kosten der Landesaufnahmen und ihrer Kartierung. Die französische Carte de France erforderte im ganzen 12 Mill. Francs (ohne Gehälter der Offiziere), d. h. 53 333 Francs für 1 Blatt. Das Jahresbudget der deutschen Landesaufnahme beträgt 1 250 000 Mark. Im Großherzogtum Baden kostet 1 qkm 700 Mark aufzunehmen (1:25 000), in Frankreich erfordern 1000 ha in 1:10000 rund 500 Francs, in 1:20000 rund 335 Francs, während man die neue Carte de France 1:50000 von 830 Blatt mit Aufwand von rund 17 Mill. Francs aufzunehmen hofft. Die Aufnahme der Westküste Schottlands, also einer bloßen Linie, hat einst 2 Mill. Taler gekostet, die Vermessung der türkisch-persischen Grenze von 1849—52 den vier Mächten 1½ Mill. Taler. Die bloßen Stichkosten der Schedaschen Karte von Österreich 1:576000 erforderten 5- bis 7000 Gulden für jedes Blatt, das dann zu nur 1 Gulden 60 Kreuzer verkauft wurde. Jedes Blatt Double Elephant der englischen Seekarten kostet im Stich 52 Pfd. Sterl.‹ (a. a. O. S. XXVIII).

Wenn man auch diesen Zahlenangaben als willkürlich herausgegriffenen Beispielen nur die Beweiskraft von Annäherungswerten beimessen will, so genügen sie doch, um darzutun, ›daß es eines innigen Zusammenarbeitens aller geographischen wie technisch-wissenschaftlichen Kräfte bedarf, staatlicher wie privater, einer planmäßigen Organisation und Vereinigung großer finanzieller Mittel auf der ganzen Erde, ähnlich wie es heute die internationale Erdmessung schon für die Bestimmung der wahren

Größe und Gestalt der Erde tut, um auch die Kartographie aus dem jetzigen Anfangsstadium zur Höhe der auf Grund heute zu stellender Ansprüche zu fordernden Entwicklung zu bringen. Wo ist aber der Baeyer der Kartographie?‹
Hk.

Kleine Mitteilungen.

I. Allgemeine Erd- und Länderkunde.

Vegetations-Formationen der nördlichen Penninen. Entsprechend dem regen wissenschaftlichen Leben, welches überhaupt an den in den letzten Jahrzehnten entstandenen großstädtischen Universitäten Englands herrscht, hat von dort aus auch die geographische Erforschung des eigenen Landes einen erfreulichen Aufschwung genommen. So behandelt F. J. Lewis, Dozent für Botanik an der Universität Liverpool, in einem gründlichen, durch Illustrationen und eine gute Karte erläuterten Aufsatz die Vegetations-Formationen der nördlichen Penninen (Geogr. Journ. 1904, Märzheft). Die Arbeit ergänzt sich vielfach mit der von Smith über Yorkshire (G. J. 1903). Einige Ergebnisse von Lewis sind recht interessant. Der Getreidebau endet in dem untersuchten Gebiet schon bei 300 m Meereshöhe, von da ab verschwinden auch die laubabwerfenden Holzgewächse, und selbst die Nadelhölzer gehen nur noch 100 m höher. Bei 400 m Meereshöhe beginnt also die subalpine Region, in welcher teils natürlicher Graswuchs vorherrscht, teils eine Mischung von Gras und Heide, im übrigen reine Heide (meist mit Calluna) oder auch Torfmoor mit einer dürftigen Decke von Eriophorum oder gar nur Sphagnum. In 600 m Höhe endlich beginnt schon die alpine Zone; hier wachsen büschelweise Calluna und Vaccinium, kurzgrasige Alpenmatten breiten sich aus, oder wir finden — auf den höchsten Kuppen und Rücken — nur ganz kahles, von Wind und Regenwasser zerfetztes Moor und nackte Felsenrippen.

Die Ursachen dieser auffallenden Herabdrückung der Vegetationsgrenzen sind jedenfalls das rauhe, feuchte Klima, starke Winde, besonders auch ein boreartiger Nordostwind.
Dr. R. Neuse-Charlottenburg.

Seenforschungen auf der Balkanhalbinsel. In der Riv. Geogr. Ital. (1904, Heft 3) referiert Olinto Marinelli über Seenforschungen auf der Balkanhalbinsel, unter denen die von Cvijić in seinem Atlas der macedonischen Seen dargestellten an erster Stelle stehen. Der größte unter ihnen ist der Scutarisee mit 362 qkm, er gleicht also ungefähr dem Gardasee an Größe, wird aber nur in einigen Löchern 44 m tief, während sonst seine Tiefe einige Meter nicht übersteigt; der tiefste ist der Ochridasee (286 m), dessen Areal 271 qkm beträgt, der etwas größere Prespasee wird nur 54 m tief, der 74 qm große Ostrovosee, der so groß wie der Chiemsee ist, wird nur 62 m tief. Kryptodepressionen sind sicher der Scutarisee und der Vranasee in Dalmatien, während dies bei dem Agrinionsee in Ätolien nur wahrscheinlich ist, da die wenigen vorhandenen Lotungen seine größte Tiefe nicht genau genug angeben. Der Prespasee ergießt sein Wasser zugleich in zwei Flußsysteme, nämlich in das des Drin auf unterirdischem Wege und in das des Devol sowohl oberflächlich wie unterirdisch. Die von Cvijić behandelten Seen sind meist tektonischen Ursprungs oder Karstseen, außerdem kommen aber auf der Balkanhalbinsel noch Strandseen vor, die bis jetzt noch nicht untersucht sind. Neben Cvijić haben sich Oestreich, Philippson, Hassert, Struck um die Erforschung von Seen auf der Balkanhalbinsel verdient gemacht, namentlich auch hinsichtlich ihrer Entstehungsursachen und hydrographischen Verhältnisse, die ein besonderes Interesse darbieten. Die Seen Griechenlands sind bisher nur recht mangelhaft bekannt geworden durch die zusammenfassenden Untersuchungen von Philippson und einzelner Beobachtungen von Oberhummer.

Dr. W. Halbfaß-Neuhaldensleben.

Über seine zweimalige Durchquerung Chinas, insbesondere über seine Reisen in der großen und fruchtbaren Provinz Szetschwan berichtet Colonel Manifold im Geographical Journal (Heft 3, 1904). Diese Reisen haben ein besonderes Interesse noch insofern, als sie kurz vor bzw. kurz nach dem Boxeraufstand unternommen wurden, welcher sich mehr und mehr als eine spezifisch nordchinesische Bewegung herausstellt. Auch Manifold macht wieder darauf aufmerksam, wie groß die Dezentralisation in China ist, die es u. a. dem Vizekönig in Tschen-ting-fu, also gar nicht weit vom Zentrum des Aufstandes ermöglichte, mit ein paar lumpigen Polizisten die katholische Mission vor jedem Angriff zu schützen, zu einer Zeit, wo in der Hauptstadt die fremden Gesandtschaften auf Tod und Leben belagert wurden. — Oberst Manifold ging zunächst vom nordöstlichen Burma durch Yünnan nach Szetschwan und dann den Yang-tse abwärts nach Schanghai; das zweitemal ging er von Peking immer südwestwärts wiederum nach der genannten Provinz, die er nun eingehend, besonders in wirtschaftlicher Beziehung, würdigt. Szetschwan, welches etwa 50 Millionen Einwohner zählt, zerfällt in den östlichen hügeligen Teil, der nach seinem fruchtbaren, lockeren Sandsteinboden auch das Rote Becken heißt, wohlbewässert, gut angebaut und dicht bevölkert ist, — und das westliche, bergige »tibetanische« Szetschwan. Die Lebensader des Gebiets, der

Yang-tse, ist zwar vom Meere her rund 1500 km weit schiffbar, und zwar für Dampfer von 1000 t, aber gerade an der Schwelle der Provinz, bei I-tschang, bildet er seine für regelmäßigen Schiffsverkehr unüberwindlichen Katarakte; hier scheiterte u. a. der erste deutsche Flußdampfer auf dem Yang-tse (der Sui-Schang). Manifold glaubt nicht, daß diese Schwierigkeit in absehbarer Zeit gehoben werden wird und empfiehlt demgegenüber den südwestlichen Zugang nach Szetschwan (durch Yünnan); er glaubt sogar, daß es möglich sei, durch die Pässe von Yünnan eine Eisenbahn zu bauen. Innerhalb des Roten Beckens und bis an den Fuß des tibetanischen Szetschwan ist der Yang-tse dann wieder schiffbar, und Flußdampfer würden hier ein lohnendes Frachtgeschäft finden. Eingeführt werden nach Szetschwan vorläufig besonders Baumwollwaren (englische und deutsche), ferner englische Kurzwaren und deutsche Anilinfarben. Zur Ausfuhr gelangen Seide, Tee, Wachs, Hanf, Häute, Wolle, auch Metalle (aus den gebirgigen Westteil). Der Handel ist bedeutender Steigerung fähig und auch Industrie würde in Szetschwan günstige Bedingungen finden, insbesondere billige Arbeitskraft. Das Yang-tse-Tal ist bekanntlich Deutschen wie Engländern gleichmäßig geöffnet, und überall bekam Manifold von dem deutschen Unternehmungsgeist einen lebhaften Eindruck.

Dr. R. Neuse-Charlottenburg.

Geographische Länge von Kuka. Nach den Messungen der englisch-französischen Grenzkommission unter Kapitän Moll liegt Kuka 15 km d. h. 8 Bogenminuten westlicher als bisher auf unseren Karten angenommen wurde. *Hk.*

Länge der afrikanischen Eisenbahnen. Auf dem afrikanischen Kontinent sind nach Le Tour du Monde gegenwärtig in Betrieb:

5167 km	in den französischen Kolonien
4646	,, ,, Ägypten
9747	,, ,, den englischen Kolonien
244	,, ,, deutschen ,,
943	,, ,, portugies. ,,
28	,, ,, italienischen ,,
308	,, im Kongostaat.

zusammen 21083 km oder etwa ⅔ der Länge der Vereinigten Preußischen und Hessischen Staatsbahnen. *Hk.*

Schreibung und Aussprache des Namens Algier. Zu »Geogr. Anz.« S. 183, Spalte II, Zeile 4 von unten wird uns von geschätzter Seite geschrieben: »Die Hauptstadt der französischen Kolonie heißt nicht französisch Algier, sondern Alger, gesprochen Alsché, und das Land Algérie. Die im deutschen übliche Form Algier, mag man sie Algier oder Alschier sprechen, hat im französischen keine Begründung. Obwohl die harte Aussprache üblicher ist, so würde sich m. E. trotzdem die weiche empfehlen, weil im Grundwort Al Dschesair kein g vorhanden ist, gerade wie im Worte China, wo alle anderen Sprachen richtiger ein s oder sch oder dsch haben.«

Togo. Vom 1. Januar 1905 ab erhält Kleinpopo die Bezeichnung, die der Ort in der Eingeborenensprache führt, A n e c h o als amtlichen Namen. *Hz.*

Der amerikanische Indianer. Der Jahresbericht des Agenten des Amtes für indianische Angelegenheiten der Vereinigten Staaten gibt nach der letzten Zählung von 1900 die Zahl der indianischen Bevölkerung Nordamerikas auf 270 544 an; dieselbe verteilt sich auf die einzelnen Staaten folgendermaßen:

Arizona	40 180	New York	5 334
Californien	11 431	North Carolina	1 436
Colorado	995	North Dakota	8 276
Florida	575	Oklahoma	13 926
Idaho	3 557	Oregon	4 063
Indianerterritorien	86 205	South Dakota	19 212
Iowa	385	Texas	290
Kansas	1 211	Utah	2 115
Michigan	7 557	Washington	9 827
Minnesota	8 952	Wisconsin	10 726
Montana	10 076	Wyoming	1 642
Nebraska	3 854	Sonstige Staaten	849
Nevada	8 321	zusammen:	270 544
New Mexiko	9 480		

Von diesen trugen 98 199 bürgerliche Kleidung, 32 846 trugen ein Gemisch von indianischem und zivilisiertem Gewand. Lesen konnten 46 044 und 57 975 konnten eine gewöhnliche Unterhaltung in englischer Sprache führen.

Die gesamte indianische Bevölkerung der Vereinigten Staaten mit Ausnahme von Alaska, aber einschließlich von 32 567 besteuerten oder steuerpflichtigen Indianern betrug nach der Zählung von 1890 : 249 273. Die nachstehende Übersicht gibt die Anzahl der Indianer im besonderen zur Zeit dieser Zählung. Die Aufwendungen der Vereinigten Staaten für die Indianer in dem am 30. Juni 1902 schließenden Finanzjahr betrugen 10 049 584 Dollars à 86 Cts. Von 1789 bis einschließlich 1902 sind 389 282 361 Dollars dafür ausgegeben worden. Für indianische Schulen wurden vom 57. Kongreß (1902/3) 1 240 000 Dollars bewilligt. Diese Schulen befinden sich in Albuquerque (N.-M.,) Chamberlain (S.-Dak.), Cherokee (N.-C.), Carlisle (Pa.), Carson City (Nev.), Chilocco (Okla.), Genoa (Neb.), Hampton (Va.), Lawrence (Kan.) und an 24 anderen Plätzen.

Indianer auf Reservationen oder in Schulen, unter Aufsicht des Indianischen Amtes (nicht besteuert oder steuerpflichtig)	133 382
Indianer unter zufälliger Aufsicht des indianischen Amtes und ihren Unterhalt selbst bestreitend: Die fünf zivilisierten Stämme, Indianer und Farbige: Cherokees 29 599, Chickasaws 7 182, Choctaws 14 397, Creeks 14 632, Seminolen 2 561, zusammen 68 371. Indianer zusammen 52 065, farbige indianische Bürger usw. 14 224, zusammen	66 289
Pueblos von Neu-Mexiko	8 278
Sechs Nationen, Saint Regis und andere Indianer von New York	5 304
Östliche Cherokees von Nordcarolina	2 885
Besteuerte oder steuerpflichtige Indianer und sich selbst ernährende Bürger nach der allgemeinen Volkszählung (98% nicht auf den Reservationen)	32 567
Indianer unter Aufsicht des Kriegsamtes, Kriegsgefangene (Apachen in den Mount-Vernon-Baracken)	384
Indianer in Staats- oder Territorialgefängnissen	184
Summa	249 273

Klm.-Leipzig.

II. Geographischer Unterricht.

Der geographische Unterricht an den deutschen Hochschulen. Im 10. Abschnitt des Werkes »Das Unterrichtswesen im Deutschen Reiche« gibt H. W a g n e r einen in großen Zügen gehaltenen Überblick über den Stand, Umfang, die Art und Weise des Betriebs des heutigen geographischen Unterrichts an den deutschen Hochschulen, sowie über die diesem zu Gebote stehenden Institute, die zum Teil aus kleinen Anfängen sich zu reich ausgestatteten wissenschaftlichen Arbeitsstätten ausgebildet haben. Erwägt man, daß erst in den Siebziger Jahren an den deutschen Universitäten geographische Professuren geschaffen wurden, so muß man mit hoher Befriedigung den staunenswerten Aufschwung konstatieren, den die Geographie als akademische Disziplin innerhalb dreier Jahrzehnte genommen hat und man wird jener ersten Generation geographischer Universitätslehrer, die von verschiedenen Arbeitsgebieten kommend, in den Kreis neuer Aufgaben hineinwuchsen und dem jungen Universitätsfach erst die wissenschaftliche Vertiefung geben und damit auch das Ansehen im Kreise der anderen Universitätsdisziplinen verschaffen mußten, aufrichtigen Dank und hohe Anerkennung zollen. Mit dem praktischen Ziele, eine bessere Ausbildung von geographischen Unterrichtslehrern an den höheren Schulen zu erreichen, begründet, hat die akademische Geographie nicht bloß diese Aufgabe sich angelegen sein lassen, sondern ist bald auch zur reinen Wissenschaftspflege fortgeschritten, die bereits eine große Zahl wissenschaftlicher Mitarbeiter erzogen hat. Dabei bestand immer für die geographischen Universitätslehrer die große Schwierigkeit, daß sie ein nach Vorbildung und Interessenkreis sehr ungleichartiges Auditorium haben, indem sich sowohl Studierende der philologisch-historischen wie auch der mathematisch-physikalischen und biologischen Disziplinen in ihren Hörsälen einfinden. Bezüglich des Lehrbetriebs kann Wagner konstatieren, daß der Kreis der Vorlesungen im Laufe der Jahrzehnte erweitert und ihre Form abgeklärt hat. »Eine ausgesprochene Bevorzugung der allgemeinen Erdkunde, die sich im Anfang naturgemäß zeigte, um den engen Anschluß an die sich mächtig entwickelten Naturwissenschaften, besonders die Geologie und Meteorologie, zu vollziehen, ist einer gleichmäßigen Verteilung auf allgemeine und spezielle Erdkunde, welch letztere bei uns den Namen Länderkunde angenommen hat, gewichen. Aber auch innerhalb der ersteren läßt sich eine mehr systematische Behandlung der einzelnen Zweige, als sie anfangs üblich war, feststellen.« Immerhin bestehen nicht bloß, was die Behandlung, sondern auch was die Begrenzung des Stoffes betrifft, je nach der Neigung und dem besonderen Arbeitsfeld des Dozenten recht große Verschiedenheiten und Wagner hält deshalb einen Wechsel der Universität während der Studienzeit für sehr vorteilhaft. Die Lust hierzu hätten wohl die meisten Studierenden, nicht aber immer die nötigen Mittel. Da aber erfahrungsgemäß die weitaus überwiegende Zahl der Geographie-Studierenden das Lehramt an höheren Schulen anstrebt und für dieses ein ganz bestimmtes Stoffgebiet, das durch die behördlichen Lehrpläne der Schulen festgelegt ist, beherrschen müssen, wird es sich wohl der Mühe lohnen, einmal von autoritativer Seite bestimmen zu lassen, inwieweit die Universität den Bedürfnissen der Schule entgegenkommt, bzw. diesen Rechnung trägt. Man darf wohl der Meinung Ausdruck geben, daß es von höchstem Werte ist, wenn der Lehramtskandidat alles, was er an Wissen und methodischer Behandlung des Stoffes in seinem künftigen Lehrberuf braucht, auch an der Universität gleichsam von höherer Warte aus behandelt findet. Es würde durchaus keine Beeinträchtigung der Lernfreiheit sein, wenn man — ähnlich wie bei den Theologen, Juristen und Medizinern, die ein öffentliches Amt anstreben — einen Kreis von geographischen Vorlesungen und seminaristischen Übungen für die Lehramtskandidaten obligatorisch machte. Neben den an allen Universitäten gehaltenen Vorlesungen über allgemeine Erdkunde und Länderkunde größerer und kleinerer Erdgebiete würden sich besonders empfehlen: Vorträge über Methodik der Erdkunde, speziell des geographischen Unterrichts, kartographische Übungen, die der jetzt noch herrschenden Kritiklosigkeit in der Beurteilung von Kartenwerken steuerten, sowie die für den Lehrer, der ja aus der Umgebung des Schulorts geographische Anschauungen den Schülern vermitteln soll, so wichtige eingehende Darstellung eines kleineren Gebiets in allen geographischen Beziehungen, was bisher nach Wagner in den Vorlesungen der Hochschulen noch zu den Seltenheiten gehört. *F. H.*

Vom Geogr. Unterricht in Hessen. Im Abschnitt »Stellung der Erdkunde im Lehrplan«, Geographen-Kalender I, S. 166 sagt Haack, nachdem er die preußischen Lehrpläne mitgeteilt hat, daß diese für die anderen deutschen Staaten als allgemeine Grundlage gelten könnten, namentlich mit der für die Erdkunde ungünstigen Seite hin, mit Ausnahme Mecklenburgs, wo die Erdkunde als selbständiges Fach für sämtliche Klassen ausgestellt ist. Auch Hessen unterscheidet sich vorteilhaft von Preußen, indem in den hessischen Gymnasien, Realschulen und Oberrealschulen, nicht in den Realgymnasien, in Quinta die Erdkunde mit drei Stunden angesetzt ist; Lehrziel ist Hessen und Deutschland. — Noch ein Umstand ist erwähnenswert. Im Gymnasium sind in den Tertien für Geschichte und Geographie drei Stunden angesetzt, desgleichen in Sekunda und Prima. Für Sekunda und Prima besteht die Vorschrift, daß der Unterricht in der Geographie mit dem geschichtlichen zu verbinden sei, für Tertia aber

nicht. Es können somit in Unter- und Ober-Tertia Geschichte (zwei Stunden) und Geographie (eine Stunde) selbständige Unterrichtsfächer sein und in verschiedenen Händen liegen. Tatsächlich ist das an einzelnen Anstalten so, und die Schulbehörde kommt Wünschen dieser Art, die sich natürlich nach den an der betr. Anstalt tätigen Lehrern richten, bereitwillig entgegen. Für die Erdkunde kann man das wohl immerhin als Gewinn ansehen.

Prof. Dr. E. Ihne-Darmstadt.

Persönliches.

Ernennungen.

Der Forschungsreisende Aug. Chevalier, Leiter der Chari-Tschadsee-Mission, zum Ritter der Ehrenlegion.

Der ständige Mitarbeiter beim Meteorol. Institut zu Berlin, Dr. K. J. Edler, zum Professor.

Der ständige Mitarbeiter beim Meteorol. Institut, Dr. K. Kaßner, zum Professor.

Dr. Otto Klotz, Astronom in Ottawa, zum Ehrenmitglied des New Zealand Institute.

Der ao. Professor der Mineral. und Petrographie an der Universität Freiburg i. B., Dr. Alfred Osann, zum Honorarprofessor.

Senor Augusto Ribeiro vom Portugiesischen Kolonialamt und Dr. Don Eulogio Delgado, der Präsident der Limaer Geogr. Gesellschaft sind zu korrespondierenden Mitgliedern der Londoner Royal Geogr. Society ernannt worden.

Unser Mitarbeiter, OLehrer Dr. W. Schjerning in Charlottenburg zum Gymnasialdir. in Krotoschin.

Berufungen.

Der kgl. Bezirksgeolog an der Geol. Landesanstalt in Berlin, Dr. Erich Kaiser, zum o. Prof. der Mineralogie an der Universität Gießen.

Habilitationen.

Oberlehrer Dr. A. Kraus habilitierte sich mit einer Habilitationsschrift über die Geschichte der Handels- und Wirtschaftsgeographie an der Akademie für Sozial- und Handelswissenschaften zu Frankfurt a. M.

Auszeichnungen.

Dem Kamerunforscher OLeutn. Oskar Förster der Kgl. Kronenorden 4. Klasse.

An Dr. Sven v. Hedin die Goldene Medaille der American. Geogr. Gesellschaft.

Prof. Dr. Hans Meyer in Leipzig der Kaiserl. russ. St. Annenorden 2. Kl. mit Brillanten.

Dem o. Professor des Wasserbaues an der Karlsruher Technischen Hochschule Theodor Rehbock der Rote Adlerorden 4. Klasse.

Dem Legationsrat Dr. Alfred Zimmermann anläßlich seiner nachgesuchten Entlassung aus dem Reichsdienst der Rote Adlerorden 3. Kl. m. d. Schleife.

Todesfälle.

Erlanger, Carlo Frhr. v., Afrikareisender, geb. 5. Sept. 1872 zu Nieder-Ingelheim (Rheinhessen), starb am 4. Sept. 1904 zu Salzburg infolge eines Automobilunfalls.

Mahlon, Emil, Ingenieur und Topograph im Navy Department, starb am 31. August 1904.

Nehring, Alfred, Geh. Reg.-Rat, Prof. der Zoologie an der Landwirtschaftl. Hochschule zu Berlin, Verfasser des hervorragenden Werkes «Über Tundren und Steppen», geb. 1845 zu Gandersheim, starb 1. Okt. 1904 zu Berlin.

Plehn, Friedrich, Prof. Dr., Kolonialarzt, Autorität auf dem Gebiet der Tropenhygiene, geb. 15. April 1862 zu Lubochin in Westpreuß., starb 27. Aug. 1904 zu St. Magnus b. Bremen.

Das Denkmal des Missionars, Tibet- und Kongoforschers De Deken in Wilryk ist am 4. Sept. feierlich enthüllt worden.

Am 15. Juli wurde in Herbertshöhe (Neuguinea) ein Denkmal zu Ehren des Forschers Bruno Menke eingeweiht. Das Denkmal besteht aus einer, aus grauem Granit gehauenen, abgebrochenen Säule, die auf einem ebenfalls granitenen Sockel und Fundament ruht und oben mit einem abgerissenen Lorbeerkranz geschmückt ist, ein Symbol dafür, daß er sein Werk nicht hat vollenden können. *Hh.*

Geographische Nachrichten.

Gesellschaften.

Eine internationale Vereinigung zur Erforschung aller auf die Sonne bezüglichen Erscheinungen sucht die National Academy in Washington in die Wege zu leiten. Ein Fachmännerausschuß unter dem Vorsitz von Prof. George Hale, dem Leiter der Yerkes Sternwarte bei Chicago, trifft die nötigen Vorbereitungen. Von der Gelehrtenzusammenkunft in St. Louis hofft man eine starke Förderung des Planes.

Die British Association hat auf ihrer diesjährigen Tagung in Cambridge folgende Geldbeiträge zur Unterstützung wissenschaftlicher Arbeiten ausgesetzt: 800 M. an Prof. J. W. Judd zu seismologischen Beobachtungen — 800 M. an Dr. W. N. Shaw zu Untersuchungen der oberen Atmosphäre — 1000 M. an Sir W. H. Preece zu magnetischen Beobachtungen — 200 M. an Dr. J. E. Marr zu Studien über Erratische Blöcke — 200 M. an Prof. W. A. Herdmann zum Studium der Fauna und Flora der Brit. Trias — 2000 M. an Sir J. Murray zu Forschungen im Indischen Ozean — 800 M. an C. H. Read, 200 M. an Prof. D. J. Cunningham und 200 M. an Prof. A. Macalister zu anthropologischen Studien.

Die Deutsche Geologische Gesellschaft hat zum Ort ihrer nächsten Tagung Tübingen gewählt.

Der Internationale Kongreß für wissenschaftliche Luftschiffahrt in St. Petersburg wählte Rom als Ort für seine nächste Tagung, die im Jahre 1906 stattfinden soll.

Prof. George H. Darwin in Cambridge, der älteste Sohn von Charles Darwin, ist zum Präsidenten für die nächste Jahresversammlung der British Association for the advancement of Science gewählt worden, die nächstes Jahr in Südafrika tagen wird.

Wissenschaftliche Anstalten.

Die Ben-Nevis Höhenobservatorien sollen geschlossen werden. Sie erfordern einen Jahresaufwand von 20000 M., der dauernd nicht zur Verfügung steht.

Der Platz für das neue physiologische Höhenlaboratorium in der Monterosagruppe (siehe S. 131) ist zwischen der Vinzentpyramide und dem Corno di Canoscio gewählt worden.

Bei der Neuorganisation der Universität Athen ist u. a. auch ein Lehrstuhl für Geologie und Paläontologie errichtet worden.

Das Hugh Miller Memorial Institute ist am 26. Aug. zu Cromarty von seinem Stifter, Mr. Andrew Carnegie eröffnet worden. Es liegt ganz in der Nähe des Geburtshauses des Geologen Hugh Miller, zu dessen hundertjährigem Gedächtnis es errichtet wurde.

In Riksgränsen, einer Haltestelle der Ofotenbahn nahe der schwedisch-norwegischen Grenze, ist eine staatliche meteorologische Station errichtet worden.

Grenzregelungen.

Der S. 209 erwähnte Grenzvertrag, den Brasilien mit Bolivia über das Acregebiet abgeschlossen hat, scheint, wie vorauszusehen war, zu weiteren Verwicklungen zu führen. Paraguay macht auf einen Teil der an Bolivia abgetretenen Ländergebiete Eigentumsrechte geltend und beabsichtigt den Schiedsspruch Argentiniens anzurufen.

Die Deutsche Jola-Tschadsee-Grenzexpedition hat unter Führung Hauptmann Glaunings ihre Aufgaben in bester Weise gelöst. Die Position von Jola wurde durch Beobachtungen von Mondhöhen und sechs Beobachtungen der Mondrektascension mittels Durchgangsinstruments bestimmt, das ganze Grenzgebiet zwischen Jola und dem Tschadsee trianguliert und die Triangulation bis Kuka fortgeführt. Hinsichtlich der Grenzfestsetzung selbst bestehen Differenzen, die sich besonders auf die Lage von Dikoa und den Schnittpunkt der Grenzlinie mit dem Südufer des Tschadsees beziehen. Ihre Beilegung wird durch diplomatische Verhandlung auf Grund der Triangulationsaufnahmen erfolgen müssen (Globus 86, Heft 9).

Die Grenze zwischen dem deutschen Schutzgebiet Togo und den Northern Territories der englischen Goldküstenkolonie vom Schnittpunkt des Dakaflusses mit dem 9.° N. nordwärts bis zur Südgrenze des französischen Sudan ist auf Grund der Arbeiten der Grenzkommission vom Jahre 1902 endgültig festgesetzt worden. Eine genaue Beschreibung des neuen Grenzverlaufs findet sich im Deutsch. Kolonialblatt 15 (1904), H. 19, S. 580/81, der nördliche Teil der Grenze ist auf der soeben erschienenen «Karte der deutsch-englischen Grenze im Tschokossi-Mamprussi-Gebiet» (1:100000) von P. Sprigade (Mitt. a. d. D. Schutzgeb. XVII [1904], H. 3, K. 3) dargestellt.

Eisenbahnen.

Pyrenäenbahnen. Frankreich und Spanien haben ein Abkommen unterzeichnet, nach dem zu den bestehenden Linien Bayonne—St. Sebastian und Port Vendres—Barcelona, die das Pyrenäengebirge an seinen äußersten Enden überschreiten, drei neue hinzukommen; die Linie Saint-Girons—Lérida zur direkten Verbindung der Städte Toulouse und Saragossa, die Linie Ax—Ripoll zur Verkürzung der Linie Toulouse—Barcelona, und endlich als die wichtigste die Linie Oloron—Zuera, welche die direkte Verbindung Bordeaux—Saragossa schaffen, die Strecke Paris—Madrid bedeutend abkürzen und damit für den internationalen Verkehr von großem Werte sein würde.

Eröffnung der Baikal-Ringbahn. Die letzte Strecke der Baikal-Ringbahn zwischen den Stationen Baikal und Kultuk wurde am 18. September d. J. vollendet. *A. W.*

Zum Projekt der Saharabahn. Die Reisen Laperrines und Thévenauts (s. S. 186) haben ergeben, daß eine dauernde direkte Verbindung zwischen der Oase Tuat und Timbuktu infolge des großen Wassermangels dieser Gegend wohl als gänzlich ausgeschlossen erachtet werden muß. Aber auch alle anderen Projekte einer Saharabahn werden in absehbarer Zeit wohl kaum verwirklicht werden können, da sich allen geplanten Routen stets ungeheure Hindernisse in den Weg stellen dürften. Die Erbauung einer Wüstenbahn hängt nämlich in erster Linie von der Möglichkeit ab, artesische Brunnen längs der ganzen Strecke bohren zu können; ohne diese ist die Ausführung der Saharabahn undenkbar. *A. W.*

Die portugiesische Regierung hat den Bau einer Eisenbahn von Beira nach Senna am Sambesi genehmigt. Die Strecke wird 370 km lang und soll später bis zum Nyassa fortgeführt werden.

Die Usambarabahn ist bis zur neuen Station Maurui fertig.

Natal wird den Bau einer Bahn von Bethlehem, dem jetzigen Endpunkt der Linie von Durban über Ladysmith, nach Kroonstad, einer Station an der Hauptlinie nach Pretoria, übernehmen. Die Kosten werden auf 12 Mill. M. geschätzt.

Telegraphen und Telephone.

Die Verhandlungen zwischen der dänischen Regierung und der Großen Nordischen Telegraphengesellschaft über Legung des isländischen Kabels sind kürzlich zum Abschluß gelangt. Danach übernimmt die Gesellschaft die Anlage und den Betrieb des Kabels zwischen den Shetlands-Inseln, den Faeroer-Inseln und Island gegen eine jährliche Subvention von 54000 Kr. von Dänemark und 35000 Kr. von Island.

Deutsche Telegraphenlinien im Orient. Konstanze und Konstantinopel werden demnächst durch ein von deutschen Unternehmern hergestelltes Kabel verbunden werden. — Ebenso ist der Bau einer deutschen Telegraphenlinie längs der Bagdadbahn in Aussicht genommen; dieselbe wird von Konstantinopel über Angora und Bagdad bis Fao am Persischen Golf reichen; diese Linie wird eine direkte Fortsetzung der bestehenden Linie Berlin — Konstantinopel bilden und für den Verkehr Deutschlands mit Indien von großer Bedeutung sein. *A. W.*

Telegraph und Telephon in Abessinien. Das abessinische Telegraphennetz umfaßt gegenwärtig 3800 km, es besteht hauptsächlich aus den Linien Addis Abbeba—Massaua, Addis Abbeba—Harar und Djibuti—Harar. Projektiert sind die Linien von Addis Abbeba zum Blauen Nil (900 km) und über Kaffa zum Rudolf-See (600 km). Telephonlinien bestehen zwischen Addis Abbeba und Harar und zwischen Djibuti und Dire-Dauah (Addis Harar). *A. W.*

Fernsprechwesen in Nordamerika. Eine telephonische Verbindung zwischen New York und San Francisco soll in Bälde eröffnet werden. Es handelt sich darum, in Arizona und Neu-Mexiko eine neue Telephonlinie zu errichten, die Neu-Orleans über Texas mit Californien verbinden soll. Von New York aus, das bereits mit Neu-Orleans tele-

phonisch verbunden ist, bis nach San Francisco wird die ganze Leitung 5000 km lang sein. *A. W.*

Drahtlose Telegraphie in den Vereinigten Staaten. Auf Grundlage der zwischen dem amerikanischen Marinedepartement in der Forrest Telegraph Co. abgeschlossenen Verträge sollen demnächst fünf große drahtlose Telegraphenlinien fertiggestellt werden. Es sind dies die Linien Pensacola — Key West, Key West—Panama, Key West—Puerto Rico, Südküste — Kuba — Panama und Südküste — Kuba — Puerto Rico. *A. W.*

Forschungsreisen.

Europa. Eine genaue wissenschaftliche Erforschung von Island und den Färöern durch Fachgelehrte wird von der dänischen Regierung geplant. Die Ergebnisse der Arbeiten, die man in acht Jahren zum Abschluß zu bringen hofft, sollen auf Staatskosten veröffentlicht werden.

Asien. Der Professor der Anthropologie, Joseph Starr von der Universität Chicago, beabsichtigt eine ausgedehnte Studienreise nach Japan und China zu unternehmen.

Prof. Dr. W. Detmer, dem das Buitenzorgstipendium für das Jahr 1904 verliehen worden ist, begibt sich nach Buitenzorg, um Beobachtungen über Teekultur und Chinapflanzungen anzustellen mit besonderer Berücksichtigung ihres Gedeihens nach den Bodenverhältnissen und ihrer Exposition.

Afrika. Der Astronom Villatte, der Begleiter des Kommandant Laperrine auf seiner Sahara-Reise, ist Ende August von In Salah aufgebrochen. Er hat auf dieser Reise die geogr. Länge und Breite von 43 Punkten bestimmt und zahlreiche Aneroidhöhenmessungen vorgenommen.

Dr. Richard Kandt wird mit Unterstützung der Kolonialverwaltung seine ethnologischen Studien in Ruanda (Deutsch-Ostafrika) fortsetzen.

Amerika. Prof. E. W. Woodworth von der Univ. of California ist mit Untersuchungen über die Seidenraupenkultur an der Pazifischen Küste beschäftigt. Er will feststellen, ob eine wirtschaftlich auszunutzbare Zucht in Californien möglich ist.

Dr. Theodor Koch vom Berliner Museum für Völkerkunde setzt seine Forschungen im oberen Amazonasgebiet erfolgreich fort. Er ist am Rio Tiqui in noch unbetretene Gebiete vorgedrungen und mit bisher gänzlich unbekannten Indianerstämmen in enge Berührung getreten.

Polares. Auch der zweite Versuch des nach der Zieglerschen Polarexpedition ausgesandten Hilfsschiffes »Frithjoff« nach Franz-Josephsland vorzudringen, ist gescheitert (vgl. S. 235). Ungünstiges Wetter zwang es, nach Norwegen zurückzukehren, ohne etwas von der »Amerika« entdeckt zu haben. Von dieser fehlt seit ihrer Abfahrt von Norwegen im Juli 1903 jede Nachricht.

Am Sonnabend den 10. September ist die »Discovery« mit den Mitgliedern der Britischen Südpolarexpedition in Portsmouth glücklich angekommen. Der König sandte dem Leiter der Expedition Commander Scott telegraphisch seinen Glückwunsch und ernannte ihn zum Captain in the Royal Navy. Für Offiziere und Mannschaften soll eine neue Medaille »für Dienste in der Polarforschung« geprägt werden.

Die Veröffentlichung der reichen wissenschaftlichen Ergebnisse der deutschen Südpolarexpedition wird eifrig vorbereitet. Das Werk, das Drygalski herausgibt und G. Reimer in Berlin verlegt, wird zehn Quartbände und einen Atlas von drei Bänden mit hunderten von Abbildungen und Tafeln umfassen. *Hn.*

17*

Besprechungen.

I. Allgemeine Erd- und Länderkunde.

Herders Konversations-Lexikon. 3. Aufl.
Reichillustriert durch Textabbildungen, Tafeln
und Karten. Freiburg in Breisgau 1902, Herdersche Verlagsbuchhandlung. I. Band: A bis
Bonaparte. II. Band: Bonar bis Eldorado.

Eine charakteristische Erscheinung der derzeitigen
Verbreiterung des Interesses bilden die verschiedenen Enzyklopädien und deren Zurichtung für besondere Zwecke und Kreise. Seit 1846 besitzen
wir in Deutschland das Werk »Allgemeine Real-
enzyklopädie oder Konversationslexikon für das katholische Deutschland« in zwölf Bänden, die 4. Auflage
1880—90 zählt 13 Bände. In ähnlicher Weise
wie Meyer und Brockhaus dem Bedürfnis weiterer Kreise nach einem gedrängten Nachschlagebuch nachkommen, hat Herders »Konversations-
Lexikon«, in erster Auflage erschienen 1853—57
in fünf Bänden, diese Aufgabe im Geiste und im
Dienste katholischer Autoritäten zu lösen gesucht, ist
somit seinen Konkurrenten, dem »kleinen« Meyer
und dem »kleinen« Brockhaus, zeitlich vorangegangen.
Die neueste, illustrierte Auflage ist auf acht Bände
berechnet und erscheint seit 1902, eigentlich 1901.

In diesen Blättern wird man zunächst Aufschluß
darüber suchen, wie in dem Buche, soweit es vorliegt, die geographischen Fragen behandelt sind;
immerhin aber wird man auch über den anderweitigen Inhalt hier ein Wort verlieren dürfen. Eine
gewisse Selbständigkeit gegenüber unseren anderen
Konversations-Lexika fällt nicht unangenehm auf;
freilich merkt man bei gar manchem Artikel und bei der
Bewertung einzelner Schriftsteller, daß die mitwirkenden Kreise in einem anderen Bannkreis leben,
wie unsere übrige Gelehrtenwelt. Einzelne der bei
Herder der Konversations-Lexikons-Unsterblichkeit
teilhaft Gewordenen scheinen allerdings erst durch
Betrachtung durch eine stark vergrößernde Lupe zum
erforderlichen Maß über die Mittelmäßigkeit hinaus
gelangt zu sein. Immerhin hat das den Vorteil, daß
man so eine Ergänzung zu unseren anderen Lexika
hat. Eine rein objektive Feststellung, was aufzunehmen und was auszuscheiden sei, ist ja so nicht
möglich. Auch die geographischen Artikel zeigen
durchweg ziemlich selbständigen Charakter; etwas
knapp ist das Vorgetragene, aber nach bestimmten
und klugen Grundsätzen bemessen; zumal in bezug
auf Aussprachebezeichnung geht die Sorgfalt weiter
als in unseren Schulbüchern. Ein Vergleich des
Artikels Südwestafrika im Großen Meyer und bei
Herder (im ersteren werden nahezu sechs Spalten
einschließlich des Raumes für eine Kartenskizze,
im letzteren zwei Spalten hierfür verwendet) läßt
insbesondere die raffinierte Zusammendrängung
des Stoffes bei Herder gut erkennen; übrigens
ist auch die Rückseite der Kartentafel bei Herder
zur Aufnahme einer interessanten Statistik der wei-

Ben Bevölkerung von Deutsch-Südwestafrika 1902
und des dortigen deutschen Handels 1901 benutzt,
alles Einrichtungen, die man nur gut heißen kann.
Bei dem Artikel Deutschland zeigt eine beigegebene
Tafel: Deutschland-Diözesankarte, deren Rückseite
eine Statistik der Bistümer, Orden und religiösen
Genossenschaften enthält, den besonderen Charakter
des Nachschlagewerks; aber auch andere wirtschaftlich wichtige Statistiken sind auf den Rückseiten der
Karten zum Artikel Deutschland untergebracht. Interessant ist ferner die ziemlich ausführliche und illu-
strativ anschaulich gemachte Beschreibung der Dampfschiffahrt; unsere Geographieschulbücher haben sich
noch immer nicht ihr Anrecht auf dieses Gebiet genug gewahrt; oft findet man über die Eingeborenen-
hütten anschauliche Schilderungen in Geographiebüchern aber den wandernden Städten auf dem
Meere und dem Leben auf der See ist weniger
Raum zugemessen als irgend einem armseligen
Räuberstamm, der in den Grenzbezirken einer Wüste
sich herumtreibt. Daß die Landkarten mehr statistische und topographische Übersichtlichkeit anstreben
als bodenplastische Anschaulichkeit ist bei ihrem geringen Flächenraum nur zu billigen.

Oskar Steinel-Kaiserslautern.

**Wagner, Eduard, Die Bevölkerungsdichte in
Südhannover und deren Ursachen. 159 S.,
mit 1 Fig. und 1 Karte. Forschungen zur
deutschen Landes- und Volkskunde. 14. Band,
Heft 6. Stuttgart 1903.**   8 M.

Das Gebiet, dessen Bevölkerungsverhältnisse in
der vorliegenden Arbeit behandelt werden, schließt
sich südlich an dasjenige an, das die gleichfalls in
den »Forschungen« (Band 14, Heft 3) erschienene
Arbeit von Nedderich zum Gegenstand hatte.
Anfangs war eine weitere Ausdehnung nach Norden
geplant; aber die Rücksicht auf die Nedderichschen
Studien hat die bezeichnete Einschränkung veranlaßt. Man kann darüber wohl verschiedener Meinung
sein, ob es nötig ist, in solchen Fällen einem Kon-
flikt mit anderen Bearbeitern so ängstlich aus dem
Wege zu gehen. Mir will scheinen, daß es mitunter von großem Interesse sein könnte, ein und
dasselbe Gebiet durch mehrere Verfasser, unabhängig von einander vorgehen, bearbeitet zu sehen.
So erst würde man die Vorzüge und Nachteile der
verschiedenen Methoden recht deutlich erkennen und
beurteilen können.

Die Volksdichtekarte, die der Arbeit beigegeben
ist, überträgt die Methode Sprecher von Berneggs
auf den Maßstab von 1:300000, den größten, bei
dem sie Anwendung finden kann. Was der Verfasser in dem methodischen Teile (S. 6—35) zur
Begründung und näheren Erläuterung seiner Darstellungsweise anführt, enthält manches Treffende
und Wertvolle, leidet aber im ganzen an dem beständigen Schwanken zwischen der siedelungsgeographischen und wirtschaftsgeographischen Auffassung des Begriffs der Bevölkerungsverteilung,
zwischen jener Auffassung, die vorzugsweise das
Wohnen der Menschen berücksichtigt, und der,
welche die Bevölkerung auf den Flächenraum beziehen will, der ihr die Daseinsbedingungen gewährt.
Im 5. und 6. Abschnitt nimmt Buches über die
»Siedelungen im nordöstlichen Thüringen« habe ich
mich eingehend über diese Fragen ausgesprochen;
meine Stellung zu den Ansichten, die E. Wagner
im einzelnen vertritt, ergibt sich daraus von selbst,
und ich muß mich darauf beschränken, auf meine
Darlegungen am genannten Orte zu verweisen. Ich

will nur noch hinzufügen, daß die Karte, wenn man sich einmal auf den Standpunkt des Verfassers stellt, volle Anerkennung verdient und daß sie, äußerlich genommen, vielleicht die hübscheste aller bis jetzt vorliegenden Volksdichtekarten großen Maßstabes ist.

Der gegenständliche Teil der Arbeit E. Wagners zerfällt in zwei Kapitel, von denen das eine sich mit dem Oberharz, das andere mit der »südhannoverschen Trisplatte« beschäftigt. Der auf Grund eines reichhaltigen Materials fleißig ausgearbeitete Text ist hauptsächlich für die klimatischen und wirtschaftlichen Verhältnisse wertvoll. Der Verfasser ist nicht bei der bloßen Stoffanhäufung stehen geblieben, sondern er bemüht sich, auch überall Vergleiche anzustellen. Aber diese vergleichende Tätigkeit bewegt sich etwas zu sehr im Kleinen und Einzelnen, man vermißt ein kräftiges Herausarbeiten der wesentlichsten Grundzüge. Es ist deshalb auch nicht gut möglich, den sachlichen Inhalt in Kürze wiederzugeben.

Die Arbeiten von E. Wagner, Nedderich, Nehmer (Eichsfeld; in den Mitteilungen des Vereins für Erdkunde, Halle 1903) und Zimmermann (Braunschweig) schließen sich sowohl räumlich wie auch durch das häuptsächliche bzw. ausschließliche Verweilen bei den wirtschaftlichen Dingen so eng aneinander an, daß eine Zusammenfassung ihrer wesentlichen Ergebnisse sehr erwünscht und für einen Kenner des Gebiets verhältnismäßig leicht ausführbar wäre. Die in den angeführten Schriften behandelten Gegenden sind geographisch so mannigfaltig gestaltet, daß es an Vergleichungspunkten gewiß nicht fehlen wird, die bei einer zusammenfassenden Darstellung klarer herausgehoben werden könnten als es bei der Spezialbehandlung möglich ist. *Dr. O. Schlüter-Berlin.*

Stebler, F. G., Das Ooms und die Oomser. 112 S. Bern 1903, A. Franke. Brosch. 3 frs.

Als weitere »Monographie aus den Schweizeralpen« gibt der Verfasser eine ausführliche Darstellung eines ganzen Bezirks, des Ooms, der das oberste Wallis, von Deisch (14 km oberhalb Brig) an bis zur Furka hinauf umfaßt. Die vielen kleinen Dörfer, darunter ausgestorbene und aussterbende, die Lebensweise und die täglichen Arbeiten in Feld, Wiese und Alp, die altertümlichen Hausbauten, Sitten und Gebräuche werden ähnlich wie im vorigen Buche in lebendiger anschaulicher Weise dargestellt. *Dr. Aug. Aeppli-Zürich.*

Tarnuzzer, Dr. Chr., Illustr. Bündner Oberland. Zürich 1903, Orell Füssli. Brosch. 1.50 M.

Das Büchlein erscheint als Nr. 256—258 der »Europäischen Wanderbilder« und ist demnach in erster Linie für die Touristen berechnet, welche das Bündner Oberland aufsuchen. Für den Geographen ist der Abschnitt von Prof. J. C. Muoth über Geschichte und Sprache interessant, ferner die Schlußübersicht über Geologie, Klima und Vegetation, Bodenschätze und Landesprodukte. *Dr. Aug. Aeppli-Zürich.*

Schrameier, Die Grundlage der wirtschaftlichen Entwicklung in Kiautschou. Berlin 1903, Fr. Reimer.

In diesem in der Abteilung Berlin-Charlottenburg der deutschen Kolonial-Gesellschaft gehaltenen Vortrag führt der Verfasser eine in klarer und übersichtlicher Weise aus, was die Regierung bisher geleistet hat, um »das deutsche Ausgangstor der chinesischen aber

unter deutschem Einfluß sich entwickelnden Provinz Schantung« wirtschaftlich zu erschließen. Sowohl was den Eisenbahnbau, die Bergwerksausbreitung und die Hafenanlage anbetrifft, als auch was den äußeren und inneren Ausbau der Kolonie (Besteuerung, Bebauungsplan, Kuliwohnungen, Schulverhältnisse u. dgl.) angeht, sind erfreuliche Fortschritte gemacht. *Dr. Max Georg Schmidt.*

II. Geographischer Unterricht.

Diesterwegs populäre Himmelskunde und mathematische Geographie. Neu bearbeitet von Dr. Wilhelm Meyer unter Mitwirkung von Prof. Dr. B. Schwalbe. 20. verm. u. verb. Aufl., ill. Hamburg 1904, Henri Grand.

Seit der Herausgabe der elften Auflage (1899) war durch den schnellen Absatz eine Reihe von Auflagen nötig gewesen, bei denen nur eine Durchsicht auf die im Druck vorgekommenen Versehen stattgefunden hatte, erst in dieser zwanzigsten Auflage konnte Dr. Meyer (leider war Direktor Prof. Dr. Schwalbe am 1. April 1901 durch einen jähen Tod mitten aus seiner regsten Lehrtätigkeit gerissen worden) an gründliche Verbesserungen resp. Neubearbeitungen herangehen. Solche Verbesserungen treten besonders im astrophysikalischen Teile und im Abschnitt über die veränderlichen Sterne hervor; die Lichtverhältnisse des typischen Sternes Algol werden durch eine neue Spektraltafel und durch eine graphische Darstellung der Lichtschwankungen für den Stern δ Cephei klarer anschaulich gemacht. Natürlich finden wir auch Angaben (mit Abbildung) über den von Anderson am 21. Februar 1901 entdeckten neuen Stern im Perseus, der bald an Glanz dem hellsten Stern, Sirius, gleich kam. Auch die Erscheinung vom März 1903, die durch die photographische Himmelsbeobachtung bekannt geworden, wird erwähnt. Die Tafel der Entfernungen der Fixsterne von der Erde ist nach den neuesten Forschungen richtig gestellt und es ist eine Reihe der neuesten astrophotographischen Aufnahmen diesem Abschnitt hinzugefügt.

Im wesentlichen unverändert scheint der erste Teil geblieben zu sein. (Beobachtungen über dem Horizont und in dem Abschnitt über die Erde). Hinzugefügt ist nur eine neue Abbildung eines Versuchs mit dem Rotationsapparat zum Nachweis der Abplattung der Erde. Wesentlich verbessert ist die Tafel über das Größenverhältnis der verschiedenen Planeten zu einander und zu der Sonne, ebenso die Tabelle der Dichtigkeit der verschiedenen Planeten, hinzugefügt eine vortreffliche Abbildung der Korona während der Sonnenfinsternis vom 28. Mai 1900, und eine völlig neue Spektraltafel nach den Beobachtungen und Zeichnungen von H. C. Vogel, sowie der Protuberanzen am Sonnenrande vom 28. Mai 1900.

Die beiden Abbildungen der Venus in der alten Auflage sind durch die Abbildungen nach den Beobachtungen von Tachini (Rom) ersetzt. Unter den Planetoiden ist natürlich auch der am 13. August 1898 von G. Witt auf der Urania-Sternwarte (Berlin) entdeckte neue Planet, der dadurch eine besondere Stellung einnimmt, daß er der Erde wesentlich näher kommt, als ein anderer Planet (20 Mill. km), den Mond ausgenommen. Er scheint auch keine Kugelgestalt zu besitzen, sondern nur der unregelmäßige Splitter eines Weltkörpers zu sein. Daß bei einer so sorgfältig durchgeführten Bearbeitung auch eine gründliche Durchsicht der am

Schlusse angefügten Tabellen vorgenommen, ist wohl selbstverständlich. Berücksichtigt ist darin auch die Mitteleuropäische Zeit (eingeführt 1. April 1893), fast ganz neu sind die Fixsternparallaxen und die mittleren Örter der Sterne für das Jahr 1900. Zu diesen allen kommt noch, daß Papier und Druck, sowie die ganze Ausstattung entschieden vervollkommnet ist; so wird wohl das alte vortreffliche Werk des hervorragenden Altmeisters Diesterweg in dieser sorgfältigen neuen Bearbeitung Meyers neue Freunde finden.   *Prof. Utgenannt-Siegen.*

Rusch, Gustav, Lehrbuch der Geographie für österr. Lehr- u. Lehrerinnenbildungsanstalten. III. Teil. Für den IV. Jahrgang. Wien 1904, Verlag von A. Pichlers Witwe u. Sohn. 2 K.

Vorliegendes Buch ist die Fortsetzung des bereits 1901 erschienenen I. Teiles und des im Jahre 1902 herausgegebenen II. Teiles des Lehrbuchs der Geographie für Lehrer- und Lehrerinnenbildungsanstalten von demselben Autor. Inhaltlich zerfällt es in zwei Teile. Das Buch behandelt 1. die Astronomische Geographie von Direkt. Anton Wollensack, dem Bearbeiter der Himmelskunde im I. Teile für den ersten und zweiten Jahrgang, und 2. die physikalische Erdkunde (die Grundlehren der physikalischen Geographie). Der Autor geht von der Kugelgestalt der Erde aus, bespricht dann die scheinbare Bewegung der Himmelskörper, knüpft daran die Betrachtung des geo- und heliozentrischen Weltsystems und schließt mit den Kapiteln »Die einzelnen Glieder unseres Sonnensystems«, »Von der Zeitmessung« und »das Jahr«. — Der Kalender. Im ganzen sind von den 141 Seiten des Buches 26 Seiten diesem ersten Abschnitt zugewiesen, im Verhältnis zur Gesamtzahl gewiß nicht zu viel, was jedoch der Herausgeber mit der Bemerkung zu rechtfertigen sucht, daß eben dieser Teil (III.) nach dem Organisationsstatut für Lehrer- und Lehrerinnenbildungsanstalten zur Aufgabe hat »eine zusammenfassende und ergänzende Behandlung der Grundlehren aus der physikalischen und mathematischen Geographie und eine vergleichende Wiederholung des Gesamtstoffes«, daß sich also der Unterricht in der Geographie im IV. Jahrgang eng an das anschließen soll, was bereits in den beiden vorangehenden Teilen (I. und II. Teil) geboten worden ist. Ich muß aber gleich erwähnen, daß hier in manchem zu weit gegangen worden ist, ein Umstand, den auch der Autor eingesteht, er selbst in seinem Begleitwort darauf hinweist, daß manches übergangen werden kann. Dafür hätte so manches gebracht werden können, was eigentlich nirgends Erwähnung gefunden hat. So wäre es ganz gut gewesen, wenn etwas ausführlicher über die Form der Erdbahn und ihre Größe, sowie über die Größe der Erde und die geographische Ortsbestimmung gesprochen worden wäre. Wenn schon einmal von der Erde gesagt wird, daß sie ein kugelförmiger, gegen die Pole abgeplatteter Körper ist, so hätte man auch gleichzeitig auf den Namen »Geoid« hinweisen können. Auch läge es im Interesse des Lehrers und der Schüler, wenn hier und da eine Zeichnung zur besseren Anschaulichkeit des Objekts, wie z. B. beim Kapitel »Finsternis« beigegeben worden wäre.

In der physikalischen Geographie geht der Verfasser von der Entstehung der Erdoberfläche aus, läßt die Besprechung des Wassers und Landes, der Weltmeere und Erdteile ganz logisch richtig folgen, weil ja das Meer für die Messung der absoluten Höhe

und die Erosionslinie wie auch für die Wind- und Feuchtigkeitsverteilung die Grundlage abgeben muß, knüpft daran die Betrachtung der Umgestaltung der Erde in der Gegenwart, der Oberflächenformen des Festlandes, des Klimas, der Gewässer des Festlandes und schließt nach kurzer Berücksichtigung der Pflanzen- und Tierwelt mit dem Kapitel »Der Mensch«. Der Verfasser hat sich, wie er selbst sagt, der Form nach der zusammenhängenden Darstellung bedient, weil sie ihm durch die Rücksicht auf sprachliche Ausbildung der Zöglinge namentlich in einer Wissenschaft geboten erschien, in welcher die richtige und klare Fassung der Begriffserklärungen und Gesetze Schwierigkeiten begegnet«. Alles, was der Autor hier bringt, steht wissenschaftlich auf der Höhe der Forschung und Zeit, denn die besten geographischen Werke werden zur Benutzung herangezogen. Einzelne Kapitel sind ganz neu aufgenommen und regen nicht bloß durch ihre Form sondern noch mehr durch ihren Inhalt das Interesse an. Ich weise nur auf die Kapitel »Halbinsel«, »Küste«, »Die Arbeit des Windes«, »Die Klima- und Lebensgebiete« usw. hin; jedesmal ist dem besprochenen Kapitel eine eingehende Würdigung der Bedeutung des betreffenden geographischen Objekts beigefügt. Oft treten, die Klarheit und die Anschaulichkeit unterstützend, Bilder — darunter befinden sich einzelne ganz neue — hinzu.

Wenn ich nun auch einige Fehler und Mängel hervorheben will, so muß ich sagen, daß sachlich außer einigen Ungenauigkeiten keine größeren Verstöße zu verzeichnen sind. So hätte ausführlicher über vulkanische Erscheinungen geschrieben werden können, desgleichen auch über die Erdbeben und die Seenbildung. Gar nicht berücksichtigt wurde die Temperatur des Meeres, die Farbe desselben, das Leben daselbst, worüber wir jetzt vielfach durch so manche sehr ergebnisreiche Tiefseeforschungen aufgeklärt worden sind. Bei der Besprechung der Erdwärme hätte wohl der Ausdruck »geothermische Stufe« Platz finden können. Auch ist es nicht richtig, von einem Becken von Karlsbad zu sprechen, da ja dieses eigentlich nicht in einem Kessel, sondern in einem Tale (der Tepl) liegt, viel bezeichnender aber ist es, dasselbe das Becken von Falkenau zu nennen. Und sollte denn der Verfasser recht haben, wenn er die Japaner, er spricht auch von Japanesen, zu den Halbkulturvölkern zählt? Ebenso wenig dürfte er Zustimmung finden in seiner Ansicht, daß Frankreich ein Ackerbaustaat ist. Auf einige Kleinigkeiten sei noch aufmerksam gemacht. Seite 32 ist die Ausdrucksweise »Halbinsel, welche ehemals selbständig waren und allmählich mit dem Festlande verwachsen sind« unklar und undeutlich. Bei der Behandlung der Passate (Zyklone und Antizyklone) würde sich die bekannte schematische Zeichnung empfehlen (S. 82). Auf Seite 35 muß es in Klammer Großer statt Indischer Ozean heißen.

Abgesehen von diesen Mängeln kann das Buch als ein sehr brauchbares Hilfsmittel für den Unterricht bezeichnet werden und wird sich daher für den Lehrer als ein schätzbarer Bundesgenosse erweisen, der die Erdkunde dem Unterricht an Lehrer- und Lehrerinnenbildungsanstalten in echt wissenschaftlichem Sinne behandelt. Ganz würdig reiht sich dieser III. Teil seinen zwei Vorgängern, dem I. und II. Teil (für den letzteren vgl. S. 69), an, die schon längst als taugliche Leitfaden beim Geographie-Unterricht an den ihnen zugewiesenen Schulen erkannt worden sind.

Prof. Eduard Bechmann-Komotau (Böhmen).

Foncin, P., inspecteur général de l'Instruction publique. — Lectures géographiques illustrées 86 gravures, exécutées d'après les documents photographiques les plus récents. VI u. 216 S. Paris 1903, Armand Colin.

In 60 Kapiteln, werden wir durch Frankreich und die übrige Welt geführt, einige wenige Kapitel aus der allgemeinen Geographie, einige mehr technologische verschwinden fast in der Menge. Jedem Kapitel ist ein Bild (manchmal mehrere) beigegeben. Sie sollen nach den neuesten Photographien hergestellt sein; oft könnten sie schärfer sein. Die einzelnen Kapitel sind in Abschnitte mit besonderen fettgedruckten Vorschriften gegliedert. Sie lauten z. B. bei den Vogesen: Les Vosges — La source de la Moselle — Les sources de la Moselotte — La Vologne — La vallée de Granges Gérardiner — L'ascension du Hohneck — La Schlucht — Le Hohneck. Daß das Kapitel XXIV Souvenirs d'Alsace weder geographischen Inhalts ist noch uns Deutsche gerecht zu werden versucht, ist bei einem französischen Schulbuch selbstverständlich. *H. F.*

Geographische Literatur.

a) Allgemeines.

Ai Pa, Abriß einer vorgeschichtlichen Völkerkunde nach Scott-Elliots »Atlantis«, H. P. Blavatskys »Geheimlehre« und anderen Quellen. 70 S. Bitterfeld 1904, F. E. Baumann. 75 Pf.

Götz, Wilh., Historische Geographie. Beispiele und Grundlinien. IX, 294 S. (Die Erdkunde XIX.) Wien 1904, Franz Deuticke. 10.50 M.

Haacke, Wilh., Die Menschenrassen. (Hillgers Ill. Volksbücher 12.) 80 S., 24 Abb. Berlin 1904, H. Hillger. 30 Pf.

Jacobi, Arnold, Tiergeographie. (Sammlung Göschen 218.) 152 S., 2 K. Leipzig 1904, G. J. Göschen. 80 Pf.

Kittel, Rud., Zu Friedrich Ratzels Gedächtnis (aus: Grenzboten). 8 S. Leipzig 1904, F. W. Grunow. 25 Pf.

Leicht, Alfred, Lazarus der Begründer der Völkerpsychologie. 111 S., 1 Bildn. Leipzig 1904, Dürr. 1.40 M.

Oyen, P. A., Versuch einer glazialgeologischen Systematik (Christiania videnskabs - selskabs forhandlinger). 20 S. Christiania 1904, Jacob Dybwad. 40 Pf.

Polp, Chr., Taschenatlas über alle Teile der Erde. 36 Haupt- und 70 Nebenkarten. Mit geogr.-statist. Notizen von Otto Weber. Stuttgart 1904, Deutsche Verlagsanstalt. 2.50 M.

Ratzel, Zu Friedrich Ratzels Gedächtnis. Geplant als Festschrift z. 60. Geburtstag, nun als Grabspende dargebracht von Fachgenossen und Schülern, Freunden und Verehrern. VIII, 471 S., 1 Titelbildn., 1 K., ill. Leipzig 1904, Dr. Seele & Co. 22 M.

Schubert, Johs., Der Wärmeaustausch im festen Erdboden, in Gewässern und in der Atmosphäre. III, 30 S., Fig., 9 Taf. Berlin 1904, Jul. Springer. 2 M.

Schütt, Frz., Kosmologie als Ziel der Meeresforschung. Rektoratsrede (S.-A. a. d. Naturw. Wochenschr.). Jena 1904, G. Fischer. 50 Pf.

Siepert, Paul, Grundzüge der Geologie. (Hillgers Volksbücher 11.) 96 S., 40 Ill. Berlin 1904, H. Hillger. 30 Pf.

Stables, W. Gordon, In regions of perpetual snow. London 1904, Ward, Lock & Co. 6 sh.

Valdivia. Wissenschaftliche Ergebnisse der deutschen Tiefsee-Expedition auf dem Dampfer ›Valdivia‹. 1898—99. Herausgeg. von Prof. Carl Chun; VII, 3. Marenzeller, Emil v.: Steinkorallen. (S. 261—318, 5 Taf.) Jena 1904, Gust. Fischer. 16 M.

b) Deutschland.

Benesch, Fritz, Spezialführer auf die Rax-Alpe. 3. verm. u. verb. Aufl. XII, 166 S., ill., K. Wien 1904, Artaria & Co. 3.50 M.

Börnstein, R., Der tägliche Gang des Luftdrucks in Berlin. (Sitz.-Ber. d. Akad. Wiss.) 18 S., 4 Fig. Wien 1904, C. Gerolds Sohn. 50 Pf.

Canstatt, Osc., Die deutsche Auswanderung, Auswandererfürsorge und Auswandererziele. X, 349 S. Berlin 1904, E. Hahn. 8 M.

Detters illustrierter Führer durch den unteren Bayer- und Böhmerwald mit Mählkreis. II. XV, 272 S. Deggendorf 1904, E. Bachmann. 4.50 M.

Deutschland, Handbuch der Wirtschaftskunde Deutschlands. Herausgeg. im Auftr. d. Deutsch. Verbandes f. d. kaufm. Unterrichtswesen. IV. Bd. VII, 748 S. Tab. u. 1 K. Leipzig 1904, B. G. Teubner. 21 M.

Engelhardt, jos., Allgemeines Ortsverzeichnis für das Großherzogtum Baden. II, 40 S. Freiburg 1904, O. Ragoczy. 1 M.

Hamburg, Taschenatlas der Städte Hamburg, Altona, Wandsbeck. 68 S. m. Pl. u. Text. Hamburg 1904, Hamburger Verlagsanstalt. 80 Pf.

Heßler, Carl, Die deutschen Kolonien. Beschreibung von Land und Leuten unserer auswärtigen Besitzungen. 6. verm. u. verb. Aufl. VIII, 251 S., 62 Abb., 1 K. Leipzig 1904, Georg Lang. 3.50 M.

Knauer, Herm., Deutschland am Mississippi. Neue Eindrücke und Erlebnisse. VI, 184 S., ill. Berlin 1904, L. Oehmigke. 2 M.

Lorentzen, Prof., Der Odenwald in Wort und Bild. 2. verm. Aufl. (in 30 Lfgn.) 1. Lfg. S. 1—16 ill. Stuttgart 1904, J. Weise. 60 Pf.

Oder, Uebersichtskarte von dem Niederschlagsgebiet der Oder mit Ausnahme desjenigen der russischen Warthe. Bearb. v. d. Oderstrom-Bauverwaltung. 1:600000. Glogau 1904, C. Flemming. 10 M.

— dasselbe, mit Darstellung der mittl. jährlichen Niederschlagshöhen aus den neuesten veröffentlichten Beobachtungen des hydrol. Jahrzehnts. 1:600000. Glogau 1904, C. Flemming. 11.50 M.

Partsch, Jos., Mitteleuropa. Die Länder und Völker von den Westalpen und dem Balkan bis an den Kanal und das Kurische Haff. XII, 463 S., 16 farb., 28 schwarze K. u. Diagr. Gotha 1904, Justus Perthes. 11.50 M.

Rathsburg, Alfr., Geomorphologie des Flöhagebiets im Erzgebirge. III, 196 S., 3 K. (Forschgn. z. D. Landes- u. Volkskunde.) Stuttgart 1904, J. Engelhorn. 10 M.

Rübsamen, Wilh. C., Wandkarte vom Oberamt Brackenheim. 1:25000. 2 Bl. Heilbronn 1904, A. Scheurlen. 14 M.

Sachsen, Topographische Karte des Königreichs Sachsen. 1:25000. 121. Reiboldsgrün. — 143. Oelsnitz. Leipzig 1904, W. Engelmann. Je 1.50 M.

Sachsen, Topographische Karte des Königreichs Sachsen. 1:25000. 43. Lausigk. — 59. Frohburg. — 37. Kloster St. Marienstein. — 86/105. Hinterhermsdorf und Am Raumberg. — 107. Zittau. Leipzig 1904, Wilh. Engelmann. Je 1.50 M.

Topographie zur Flözkarte des oberschlesischen Steinkohlenbeckens. Nach eigenen Aufnahmen und anderem amtl. Material kartiert v. d. Kgl. Oberbergamt zu Breslau. 1:10000. Sekt. Nr. 7, 8, 12, 13, 18, 19, 27 u. 34. Breslau 1904, Priebatsch. Je 1.50 M.

Wamser, A., Neue Karte in Höhenschichten-Darstellung z. Reliefmanier des Kreises Gießen. 1:100000. 3 S. Text. Gießen 1904, E. Roth. 60 Pf.

Württemberg, Höhenkurvenkarte v. Königreich Württemberg. Herausgeg. v. Kgl. württemb.-stat. Landesamt. 1:25000. Bl. 47. Gschwend. — 60. Gmünd. Stuttgart 1904, H. Lindemann. Je 1.50 M.

c) Übriges Europa.

Everdingen, E. van, og C. H. Wind, Oberflächentemperaturmessungen in der Nordsee. Vorl. Mitteilg. Kopenhagen 1904, A. F. Höst & Søn. 1 Kr.

Grönwall, K. A., Forsteningsförende blokke fra Langeland, Sydfyn og Ærö samt bemaerkninger om de aeldre tertiaerdannelser i det baldiske omraade. Kopenhagen 1904, C. A. Reitzel. 1 Kr. 75 ø.

Jaeger, Jacques, Die nordische Atlantis (Island und Faeröer). Kulturbilder und Landschaften. 192 S., 48 Abb. Wien 1905, O. Stellinskl. 4.20 M.

Jungmann, N., Holland. London 1904, A. & C. Black. 1 £.

Nlesch, Jak., Das Keßlerloch, eine Höhle aus paläolitischer Zeit. Neue Grabungen und Funde. Mit Beiträgen von Dr. Prof. Th. Studer und Dr. Otto Schötensack. IV, 113 S., 9 Taf. Basel 1904, Georg & Co. 12 M.

Peters, Carl, England und die Engländer. VIII, 285 S. Berlin 1904, C. A. Schwetschke & Sohn. 8 M.

Stavenhagen, W., Skizze der Entwicklung und des Standes des Kartenwesens des außerdeutschen Europa. XXVIII, 376 S. (Peterm. Mitt., Erg.-H. 148). Gotha 1904, Justus Perthes. 16 M.

Becker, F., Exkursionskarte von Biel und Umgebung. Herausgeg. v. Verkehrs-Verschönerungsverein Biel u. dem schweiz. Juraverein. 1:75000. Biel 1904, E. Kuhn. 1.50 M.

d) Asien.

Dal Verme, L., Giappone e Siberia. Disp. 8 e 9. Mailand 1904, Frat. Treves. Je 1 L.

Foy, W. und E. Meißner, Westasiatische Studien. (Mit. Sem. orient. Spr. 5, 2). V, VII, 283 S. Berlin 1904, G. Reimer. 6 M.

Friederichsen, Max, Forschungsreisen in den zentralen Tien-schan und dunganischen Alatau (Russisch-Zentralasien) im Sommer 1902. VI, 311 S., 3 K., 80 Orig.-Abb. Hamburg 1904, L. Friederichsen & Co. 30 M.

Geil, W. E., Yankee on the Yangtze. London 1904, Hodder & Stoughton. 6 sh.

Japan, Unser Vaterland Japan. Ein Quellenbuch, geschrieben von Japanern. XXVI, 736 S. Leipzig 1904, E. A. Seemann. 7,50 M.

Lange, R., u. A. Porko, Ostasiatische Studien. (Mit. Sem. or. Spr. 6, 1.) V, VII, 263 S. Berlin 1904, G. Reimer. 6 M.

Lisznar, J., Ueber die Abhängigkeit des täglichen Ganges der erdmagnetischen Elemente in Batavia vom Sonnenfleckenstand (Sitz.-Ber. d. Ak. Wiss.). 58 S. Wien 1904, C. Geralds Sohn. 1,10 M.

Sezanami, Sanjin, Briefe eines Japaners aus Deutschland. Uebers. von Dr. A. Gramatzky. Mit einem Begleitwort u. Anmerkungen herausgeg. v. Pfr. Dr. H. Haas. VII, 77 S. Bremen 1904, Max Nößler. 1 M.

Stead, Alfred, Japan by the Japanese. London 1904, W. Heinemann. 1 £.

e) Afrika.

Merker, M., Die Masai. Ethnographische Monographie eines ostafrikanischen Semitenvolkes. XVI, 424 S., 80 Fig., 6 Taf., 61 Abb., 1 K. Berlin 1904, D. Reimer. 8 M.

Velten, C., u. J. Lippert, Afrikanische Studien. (Mit. Sem. or. Spr. 6, 3.) V, VII, 410 S. Berlin 1904, G. Reimer. 6 M.

Vollkommer, Max, Die Quellen Bourguignons d'Anville für seine kritische Karte von Afrika. Gekrönte Preisschr. VIII, 124 S. (Münch. Geogr. Stud.) 16. Stück. München 1904, Th. Ackermann. 2.60 M.

Willcocks, W., Assuân reservoir and Lake Moeris. London 1904, E. & F. N. Spon. 5 sh.

f) Amerika.

Dockert, Emil, Nordamerika. 2. Aufl. XII, 608 S., 130 Abb., 12 K., 21 Taf. (Sievers Allg. Länderkunde.) Leipzig 1904, Biblogr. Institut. 16 M.

Seler, Ed., Gesammelte Abhandlungen zur amerikanischen Sprach- und Altertumskunde. 2. Bd. Zur Geschichte und Volkskunde Mexikos — Reisewege und Ruinen — Archäologisches aus Mexiko — Die religiösen Gesänge der alten Mexikaner. XXXVI, 1027 S., ill. Berlin 1904, A. Asher & Co. 24 M.

g) Polarländer.

Lecointe, Georges, Im Reiche der Pinguine. Schilderungen v. d. Fahrt d. »Belgica«. XI, 220 S., 98 Abb. u. 3 K.

h) Geographischer Unterricht.

Andreesen, H. u. H. Bruhns, Geographisch-statistische Karten von Deutschland. 1:1200000. In 11 Karten. 1. Sprachenkarte. 2. Konfessionskarte. 3. Geol. Karte. 6. Regenkarte. 7. Temperaturkarte. Braunschweig 1904, H. Wollermann. Je 1.70 M.

Blumanek, Otto, Das Kartenzeichnen als Hilfsmittel des Unterrichts in der Erdkunde. Eine Anleit. z. Gebrauch der Kartenskizzen u. d. Skizzenwandtafeln. 2. Aufl. 26 S. Wittenberg 1904, R. Herrosé. 40 Pf.

Dennert, E., Lernbuch der Erdkunde. Ein Leitfad. f. d. häusl. Wiederholung nach neuen meth. Grundsätzen. 2. durchges. Aufl. VII, 250 S. Gotha 1904, Justus Perthes. 2.40 M.

Hüttmanns, Jantram Marten, Weltkunde. Leitfaden der Geogr., Gesch. u. Naturkunde f. Mittelschulen u. mehrkl. Volksschulen. 20. Aufl. Ausg. B. bearbeitet v. Marren, Renner, Feddeler. IV, 438 S., 110 Abb. Hannover 1904, Helwing. 2.20 M.

Kapff, Paul, Landeskunde des Königreichs Württemberg und der Hohenzollernschen Lande. 3. durchges. Aufl. 16 S., Bilderanh. Breslau 1904, Hirt. 50 Pf.

Langhaus, Paul, Handelsschulatlas. Unter Förderung d. deutsch. Handelsschulmänner-Vereins bearb. 3. verm. Aufl. 3 S., 17 K. Gotha 1904, Justus Perthes. 2 M.

Naumann, L., Skizzen und Bilder zu einer Heimatskunde des Kreises Eckardsberga. 3. Heft. 160 S. Leipzig 1904, H. O. Wallmann. 1.75 M.

Olbrich, Jul. und Gottfr. Schröder, Lernbüchlein der Geographie für die Hand der Schüler der Volks- und Bürgerschulen in Tirol und Vorarlberg zur ländlichen Wiederholung und Einübung des geographischen Lehrstoffes. 30 S. Salzburg 1904, A. R. Flitschfeld. 22 Pf.

Rückert, A. j. u. J. Weißenberger, Kurze Heimatskunde von Unterfranken. 34 S., ill., 3 K. m. e. Anhang: Das Maingebiet. Würzburg 1904, F. X. Bucher. 33 Pf.

Schloske, F., Heimatskunde. Vorber. i. d. Unterr. i. d. Erdkunde. Der Kreis Schildberg. 16 S., ill. Lissa 1904, Fr. Ebbecke. 80 Pf.

i) Zeitschriften.

Beiträge zur Geophysik. VII.
Nr. 3. Montessus de Ballore, Comte, L'art de construire dans les pays à tremblements de terre.

Bollettino della Società Geografica Italiana. 1904.
Juni. Martelli, Osservazioni geografico-fisiche e geologiche sull'isola di Lissa. — Rossetti, Impressioni di Corea. — Brocherel, in Asia Centrale. — Enrico M. Stanley.

Bulletin of the American Geogr. Society. Vol. XXXVI.
Nr. 4. Semple, The influence of Geographic Environment on the Lower St. Lawrence. — The Pan American railway. — The essential in Geography. — U. S. Geol. Survey.

Geographische Zeitschrift. X, 1904.
Nr. 6. Hettner, Das europäische Rußland. — Dove, Die geographische Eigenart des Aufstandsgebiets in Südwestafrika. — Oestreich, Makedonien.

Globus. Bd. 86, 1904.
Nr. 10. Krebs, Beziehungen des Meeres zum Vulkanismus. I. Meeresstrudel als vulkanische Herde. — Niebus, Die Zuckerfabrikation der indischen Bauern. — Was haben die amerikanischen Indianer für die Kultur geleistet? — Meyer und Richter, Das indonesische Webgestell. — Forschungen der Expedition Graf Crégui-Montfort in Bolivia. Nr. 12. David, Notizen über das Pygmäen des Ituriwaldes. — Bürchner, Das Erdbeben auf d. Insel Samos vom 11.–15. Aug. 1904. — Froysch, Der XIV. Internat. Amerikanistenkongreß in Stuttgart, 18.–23. Aug. 1904. — Meyer, Alte Südseegegenstände in Südamerika. — Klose, Produktion und Handel Togos. III.

La Géographie. X, 1904.
Nr. 2. Le raid du commandant Laperrine à travers le Sahara. — Gautier, La Mouiddr-Ahnet. — Brushes, Friedrich Ratzel. — Lafay, Anthropogeographie d'Herzégovine.

Petermanns Mitteilungen. 50. Bd., 1904.
Heft 9. Sapper, Neue Beiträge zur Kenntnis von Guatemala und Westsalvador. — Passarge, Zur Oberflächengestaltung von Kamerun. — Bogdanowitsch, Orologische Skizze von Kamtschatka (Schluß). — Kleinere Mitteilungen. — Geographischer Monatsbericht. — Literaturbericht. — Karten.

Rivista Geografica Italiana. XI, 1904.
VIII. Loperfido, Le moderne teorie della livellazione geometrica e precisione. — Bisantti, I mencamti storici della colonizzazione (Cont. e fine). — Musoni, Il V Congresso Geografico Italiano. Sezione Storia (Cont. e fine.).

The Geographical Journal. Vol. XXII, 1904.
September. Fischer, Western Tibet. — Lewis, Geographical Distribution of Vegetation of the Basins of the Rivers Eden, Tees, Wear and Tyne. — Patterson, On the influence of Ice-melting upon Oceanic Circulation.

The National Geographic Magazine. Vol. XIV, 1904.
Nr. 8. Calderon, Peru. — Bellows, Agriculture in Japan. — Osgood, Lake Clark, a Little Known Alaskan Lake. — The Geographical Pivot of History.
Nr. 9. Nelson, A Winter Expedition into Southwestern Mexico. — Mitchell, Building the Alaskan Telegraph Line. — Smith, The Fisheries of Japan. — What the U. S. Geol. Survey has done in 25 years. — Colossal Natural Bridges of Utah. — Gazetteers of the States.

The Scottish Geographical Magazine. XX, 1904.
September. Murray-Pullar, Bathymetrical Survey of the Fresh-Water Lochs of Scotland. — The Dutch in Java. — The Annual Rise and Fall of the Nile.

Tijdschrift van het Koninklijk Nederlandsch Aardr. Genootschap Genootschap. Tweede Serie, Deel XX, 1904.
Nr. 5. Kern, Iets over de nedutbehinde aardrijkskundige namen in Nederland. — van Dissel, Beschrijving van een tocht naar het landschap Bahaan. — van Stockum, Verslag van de Saramaccaexpeditie.

Wandern und Reisen. II, 1904.
Nr. 19. Hildrich, Wandern und Reisen. — Radio Radus, Eine Ersteigung der Aiguille du Géant in der Mt. Blanc-Gruppe. — Mankowski, in der Rominter Heide.

Zeitschrift für Schulgeographie. XXV, 1904.
Heft 12. Archenhold, Ein Apparat zur Erklärung von Ebbe und Flut. — Herdegen, Sternkundliches aus Zeitungen u. d. schönen Literatur. — Hättil, Ueber die Notwendigkeit geographischer Schulsammlungen. — Gorge, Deutschlands Flüsse.

Aufsätze.

Die Aufgabe der historischen Geographie [1]).
Von Prof. Dr. Th. Achelis-Bremen.

Es bedarf wohl keiner ausführlichen Begründung, daß erst unsere Zeit imstande ist, eine auf echt wissenschaftlichem Grunde ruhende, die Ergebnisse der Völkerkunde und zugleich der Kulturgeschichte gleichmäßig berücksichtigende Erdkunde zu schreiben, die einerseits streng empirisch auf einen kleinen Ausschnitt der Forschung beschränkt ist und doch anderseits mit vollster Klarheit und Bestimmtheit allgemeinere Probleme ins Auge faßt, wie sie eben nur den vergleichenden, psychologisch geschärften Blicke sich ergeben. Einer der Pfadfinder auf diesem Gebiet, das ja neuerdings nach langer Pause wieder eifriger bestellt wird — vor allem ist es natürlich Ratzel mit seiner Schule, dessen wir hierbei in Dankbarkeit gedenken —, ist der vielverkannte Carl Ritter, dessen wahrhaft geniale Gedanken gegenüber kleineren, zum Teil durch Zeitverhältnisse erklärlichen Schwächen meist nur zu leicht übersehen werden. Schon in seinem 1817 erschienenen Werke (das sich übrigens das Baconsche Motto charakteristisch ausgewählt hat: Citius emergit veritas ex errore quam ex confusione): »Die Erdkunde im Verhältnis zur Natur und zur Geschichte des Menschen oder eine allgemeine, vergleichende Geographie« heißt es: Sollte es sich nicht der Mühe verlohnen, um der Geschichte des Menschen und der Völker willen auch einmal von einer minder beachteten Seite, von dem Gesamtschauplatz ihrer Tätigkeit aus, der Erde, in ihrem wesentlichen Verhältnis zum Menschen, nämlich der Oberfläche der Erde, das Bild und Leben der Natur in ihrem ganzen Zusammenhang so scharf und bestimmt, als einzelne Kräfte es vermögen, aufzufassen und den Gang ihrer einfachsten und am allgemeinsten verbreiteten geographischen Gesetze in den stehenden, bewegten und belebten Bildungen zu verfolgen? Von dem Menschen unabhängig ist die Erde auch ohne ihn und nur ihm der Schauplatz der Naturbegebenheiten; von ihm kann das Gesetz ihrer Bildungen nicht ausgehen. In einer Wissenschaft der Erde muß diese selbst um ihre Gesetze befragt werden; ihre Oberflächen, ihre Tiefen, ihre Höhen müssen gemessen, ihre Formen nach ihren wesentlichen Charaktern geordnet, und die Beobachter alter Zeiten und Völker selbst müssen in dem, was sie ihnen verkündigen, und in dem, was durch sie von ihr bekannt wurde, gehört und verstanden werden. Die daraus hervorragenden oder länger schon überlieferten Tatsachen müssen in ihrer oft schon wieder zurückgedrängten und vergessenen Menge, Mannigfaltigkeit und Einheit zu einem überschaulichen Ganzen geordnet werden. Dann träte aus jedem einzelnen Gliede, aus jeder Reihe von selbst das Resultat hervor, dessen Wahrheit sich in den lokalisierten Naturbegebenheiten und als Wiederschein in dem Leben derjenigen Völker bewährte, deren Dasein und Eigentümlichkeit mit dieser oder jener Reihe der charakteristischen Erdbildung zusammenfällt. Denn durch eine höhere Ordnung bestimmt treten die Völker wie die Menschen zugleich unter dem Einfluß einer Tätigkeit der Natur und der Vernunft hervor aus dem geistigen wie aus dem physischen Element in den alles verschlingenden Kreis des Weltlebens. Gestaltet sich doch jeder Organismus dem inneren Zusammenhang und dem äußeren Umfang nach und tut sich kund in dem Gesetz und in der Form, die sich gegenseitig bedingen

---

[1]) Mit besonderem Bezug auf das Werk von K. Kretschmer, Historische Geographie von Mitteleuropa (München und Berlin 1904, R. Oldenbourg).

Geogr. Anzeiger, Dezember 1904.

und steigern, da nirgends in ihm ein Zufall waltet. Nicht nur in dem beschränkten
Kreise des Tales oder des Gebirges oder eines Volkes oder Staates greifen diese gegenseitigen
Bedingungen in ihre Geschichten ein, sondern in allen Flächen und Höhen, unter allen
Völkern und Staaten von ihrer Wiege bis auf unsere Zeit. Daraus erhellt schon zur
Genüge, daß Ritter (wenigstens prinzipiell) der eigentlichen physischen Geographie eine
nicht geringe Bedeutung beilegte, da sie in der Tat das erforderliche Material für alle
weiteren Schlußfolgerungen liefern muß. Richtig ist es freilich, daß ihm die Verknüpfung
seiner Wissenschaft mit der Geschichte mehr am Herzen lag, — widmete er ihr doch
eine besondere Abhandlung: Über das historische Element in der geographischen Wissenschaft, so daß wir den eigentlich anthropogeographischen Gedanken im Sinne Ratzels
aus der Untersuchung herausheben möchten: Unverkennbar ist, daß die Naturgewalten in
ihren bedingenden Einflüssen auf das Persönliche der Völkerentwicklung immer mehr
und mehr zurückweichen mußten, in demselben Maße wie diese vorwärtsschritten. Sie
übten im Anfang der Menschengeschichte als Naturimpulse über die ersten Entwicklungen in der Wiege der Menschheit einen sehr entscheidenden Einfluß aus, dessen
Differenzen wir vielleicht noch in dem Naturschlag der verschiedenen Menschenrassen
oder ihrer physisch verschiedenen Völkergruppen aus einer uns gänzlich unbekannten
Zeit wahrzunehmen vermochten. Aber dieser Einfluß mußte abnehmen, der einzelne
Mensch tritt in der ihm angewiesenen Lebensperiode aus dem Stande und den Beschränkungen der Kindheit heraus, die weit mehr als die Periode des Mannes noch
den Natureinflüssen unterworfen ist. Die zivilisierte Menschheit entwindet sich nach
und nach, ebenso wie der einzelne Mensch, den unmittelbar bedingenden Fesseln der
Natur und ihres Wohnorts. Die Einflüsse derselben Natureinflüsse und derselben
tellurischen Weltstellungen der erfüllten Räume bleiben sich also nicht durch alle Zeiten
gleich. Und diese Betrachtung wird ganz feinsinnig auf die allmähliche Entwicklung
des Kosmopolitismus angewendet: Das historische Element greift auf sehr verschiedene
Arten in die Physik des Erdballs ein, aber auch in sehr verschiedenartigen Progressionen
und Weisen. Denn in früheren Jahrhunderten und Jahrtausenden, als die Völker-
geschlechter überall mehr auf ihre Heimaten und auf sich selbst angewiesen waren,
wurden sie von der allgemeinen tellurischen Physik kaum berührt; desto mächtiger aber
griff die lokale Physik der Heimat, die vaterländische Natur in die Individualitäten der
Völker und Staaten ein. Sie entwuchsen, unberührt von der Fremde, noch ganz dem
heimatlichen Himmel und Boden, der in seiner vollen jungfräulichen Kraft ihr ganzes
Geäder und alle Glieder durchdrang mit seinen nährenden Gaben und Kräften. Dadurch trat bei ihnen alles Nationale auch wirklich vaterländisch und heimatlich in großer
Einheit auf, so bei den Ägyptern, Persern, Hebräern, wie bei den Hellenen und Italern,
als noch keine Verpflanzungsweise oder Kolonisation, Umtausch, Verkehr durch Hin-
und Rückwirkung auf und aus der Fremde der Kulturentwicklung in der Heimat vor-
herging, um einen noch größeren Vertrag für das Allgemeine zu erzielen. Wir haben
dies Moment etwas ausführlicher behandelt, um, wie schon oben angeführt, zu zeigen,
daß in der Tat Ritter die Aufgaben der politischen und historischen Geographie völlig
richtig erklärt hatte; um sie unbefangen und kritisch zu lösen, hinderte ihn freilich,
ähnlich wie Herder, die falsche Teleologie, die ihn überall von vornherein einen
geheimen Erziehungsplan sehen ließ. Davon ist selbstverständlich in dem vorliegenden
Handbuch nichts zu spüren, das seinen Stoff nach dreifachem Gesichtspunkt behandelt:
Physische, politische, Kulturgeographie. Mit vollem Rechte betont der Verfasser die auch
auf diesem Gebiet so fruchtbare Arbeitsteilung, während die Nichtbeachtung der maßgebenden Unterschiede, wie er ausführt, nur zu häufig unbegründete Vorwürfe hervorgerufen hat. Wenn gegen die historische Geographie eingewendet wurde, daß sie kein
eigentlich geographisches Arbeitsfeld bilde, so hatte man dabei immer nur die politische
Geographie und Topographie im Auge. Man vermißte bei ihr die spezifisch geographische Auffassung und Methode, man vermißte das kausale Moment, die Wechselbeziehungen der Erscheinungen untereinander in Abhängigkeit von der räumlichen Anordnung. Es ist aber nicht richtig, stets nur auf das Kausalitätsprinzip zu pochen;
neben der analytischen Behandlungsform der Geographie gibt es auch eine beschreibende.
Schon die Feststellung der räumlichen Gruppierung der Staaten, ihrer gegenseitigen Beziehungen ist eine geographische Arbeitsleistung, wenn auch das Material ein historisches

ist und nach historischer Methode bearbeitet werden muß. Auch bedenke man, daß nicht jeder Satz und Gedanke, welchen der physische Geograph formuliert, vom Schlagwort Kausalität getragen ist (S. 9). Die erwünschte Arbeitsteilung aber hat z. B. eine sehr rege Tätigkeit der kartographischen Darstellung seitens der Historiker zu Wege gebracht, die ihnen unvergessen sein soll. Die Kulturgeographie fällt in der Hauptsache mit der Ratzelschen Anthropogeographie zusammen. Sie hat, wie Kretschmer erklärt, den Einfluß nachzuweisen, welchen die natürlichen Verhältnisse der Länder auf die Völker jeweilig ausgeübt haben. Dieser Einfluß äußert sich in hervorragendem Maße zunächst im wirtschaftlichen Leben; auch auf geistigem und sittlichem Gebiet tritt er hervor, wenn auch weniger greifbar. Erinnert sei nur beispielsweise an das Volk der Friesen, welche im harten Kampfe ums Dasein ihren klimatischen Boden dem Meere mit seltener Hartnäckigkeit und Ausdauer abgerungen haben; es war nur zu natürlich, daß ein solcher Kampf manche Spuren im Temperament und Charakter des Volkes zurücklassen mußte. Weit mehr ist die materielle Kultur eines Volkes von geographischen Verhältnissen abhängig; doch wird diese Abhängigkeit sich bei einem Naturvolk viel tiefgreifender und unmittelbarer bemerkbar machen als bei einem Kulturvolk, welches die ungünstigen Einflüsse der geographischen Lokalität einzuschränken oder gar aufzuheben vermocht hat. Aber bei aller Fähigkeit, den durch geographische Momente bedingten Einfluß zu überwinden, läßt der Kulturmensch ihn in um so stärkerem Maße auf sich einwirken, sobald er seinen Existenzbedingungen förderlich ist. Die Behandlungsform der Kulturgeographie ist aus unseren modernen länderkundlichen Darstellungen ersichtlich. Es wird nach einer ausführlichen Betrachtung der physikalischen Verhältnisse eines Landes gezeigt, wie die Gebiete für Ackerbau und Viehzucht sich verteilen, wie Klima, Höhenlage und geographische Beschaffenheit des Bodens das landwirtschaftliche Leben fördern oder erschweren, ja stellenweise ganz ausschließen, wie ferner die Bodenschätze des Erdinnern hier und dort eine rege Gewerbtätigkeit hervorgerufen haben, wie diese Umstände vereint auf die Verteilung der Bevölkerungsdichte einwirken und sie bestimmen, kurz, wie das ganze heutige Kulturleben eines Volkes im Boden wurzelt (a. a. O. S. 13). Es bedarf keiner besonderen Begründung, daß gerade die Gegenwart durch die riesenhafte Entwicklung der Technik und des internationalen Verkehrs die Gestalt und das Aussehen der Erde, soweit sie als Ökumene in Betracht kommt, von Grund aus umgewandelt hat, — man denke z. B. nur an die Vereinigten Staaten Nordamerikas, um dafür den zutreffenden Beleg zu haben. Mesopotamien früher und jetzt veranschaulichen desgleichen die Intensität dieses Eingriffs von Menschenhand in den natürlichen Organismus, dessen etwaige Leistungsfähigkeit dabei eine selbstverständliche Voraussetzung bildet. Wie sehr aber diese physischen Bedingungen beschränkt, resp. ausgeschaltet werden können, zeigt der über alle Beschreibung emsige Anbau der Chinesen auf den denkbar ungünstigsten Stellen (Felsen, Ödland usw.). Und nicht minder beruht zum großen Teil der traurige, fast pathologische Kampf der Natur- und Kulturvölker auf diesem wirtschaftlichen Moment, das selbst noch auf späteren Stufen, wenn der Industrialismus seine Herrschaft angetreten hat, seine verhängnisvolle Rolle spielt, — so z. B. in dem Burenkriege und der allmählichen Absorption ganz Südafrikas durch die überlegene europäische Zivilisation. Der Verfasser hat seine Aufgabe dem allgemeinen Rahmen, in welchem das Werk erschienen ist, angepaßt, es ist nämlich ein Teil der großen Enzyklopädie der Mittelalterlichen und Neueren Geschichte, herausgegeben von G. v. Below und F. Meinecke, deren vierte Gruppe die Hilfswissenschaften und Altertümer umfaßt. Es sind nun für die Darstellung gewisse allgemein orientierende Zeitpunkte ausgewählt, die uns einen Einblick in die jeweilige Kultur des Landes, resp. Zeitalters gewähren. Eine historische Geographie ganzer Epochen (des Mittelalters und der Neuzeit — das Altertum dient uns als Einleitung) läßt sich, wie es heißt, methodisch nur so behandeln, daß die politisch-geographischen und wirtschaftsgeographischen Verhältnisse möglichst zahlreicher Termine geschildert und in ihrem ursächlichen Zusammenhang untersucht werden. Die Anzahl der gewählten Zeitpunkte ist abhängig von der Beschaffenheit des Quellenmaterials, welches für die Neuzeit begreiflicherweise reichlicher fließt als für das Mittelalter. In dem vorliegenden Buche ist diese Behandlungsweise für Mitteleuropa systematisch durchgeführt worden. Die Geographie des Altertums ist nur in Umrissen gegeben, soweit es für den un-

17a*

mittelbaren Anschluß an die mittelalterliche Zeit erforderlich war. Für Mittelalter und
Neuzeit wurden die Jahre 1000, 1375, 1550, 1650 und 1770 gewählt (S. 3). Durch
diese Beschränkung (freilich umfaßt das Buch trotzdem 650 Seiten) konnte natürlich die
so interessante internationale Umgestaltung des Erdballs, wie sie sich unter unseren
Augen vollzogen hat, nicht mit in den Kreis der Untersuchung gezogen werden. Endlich ist den Hilfswissenschaften, vor allem der so maßgebenden Ethnographie und der
neuerdings so erfolgreichen Volkskunde, gleichfalls die gebührende Rücksicht zu Teil
geworden, so daß wir nicht zweifeln, daß das Werk, das zudem mit allen erforderlichen literarischen Nachweisen versehen ist, bei den Fachleuten und hoffentlich noch
weiter über diesen Rahmen hinaus die verdiente Würdigung finden wird.

Nachrichtenaustausch über die Fortschritte des erdkundlichen Schulunterrichts mit dem Auslande.

Unter den verschiedenen, dem VIII. Geographenkongreß vorgelegten Anträgen befand sich
auch ein vom Unterzeichneten herrührender. Er lautete in deutscher Übersetzung: »Es möge
beschlossen werden, ein internationales Komitee der in Sachen des erdkundlichen Unterrichts
interessierten Länder zu gründen, das die Aufgabe hätte, über die Fortschritte auf dem Gebiet
dieses Unterrichts in den betreffenden Ländern zu berichten. Diese Berichte sollen in zweijährigem
Turnus je in einer der leitenden geographischen Zeitschriften der betreffenden Länder erscheinen.«
Er wurde angenommen und als vorläufige Mitglieder bis zum weiteren Ausbau für die
Vereinigten Staaten Prof. Dodge (Teachers College, New York), für England Prof. Oldham-
Cambridge, für Frankreich Prof. de Martonne-Nantes, für Deutschland der Unterzeichnete,
bestimmt.
Über die Art der zu leistenden Arbeit sagt der Antrag eigentlich alles nötige. Es erübrigt
daher hier nur ein Wort zur Begründung seiner Nützlichkeit. Wie der Unterzeichnete auf dem
Kongreß sich auszuführen erlaubte, stößt man bei dem Bestreben, die Entwicklung des geographischen Unterrichts im Auslande zu verfolgen — ein Bestreben, dessen Spuren die Leser
des »Geographischen Anzeigers« oft genug bemerkt haben werden — ganz besonders dadurch
auf unangenehme Schwierigkeiten, daß es schwer, ja fast unmöglich ist, aus der Entfernung
wesentliches und unwesentliches von einander zu trennen. Wer nun mit uns aber des Glaubens
ist, daß die Weiterentwicklung des geographischen Unterrichts an den mittleren und niederen
Schulen eine ganz wesentliche Forderung unserer Zeit ist, und unsere nationale Erziehung, wenn
sie hier nach wie vor versagt, sich einer bösen Unterlassungssünde schuldig macht, wer aber
gerade durch Verfolgen der Bestrebungen und Fortschritte wetteifernder anderer Kulturvölker
aus unserer Schwerfälligkeit in Erziehungssachen aufgerüttelt werden könnten — wer in allem
diesen mit uns einer Meinung ist, der wird auch die Nützlichkeit zuverlässig übersichtlicher
Nachrichten aus dem Auslande wohl verstehen. Nächstdem denken wir ausführlicher auf dieses
Thema zurückzukommen.   *H. F.*

Lehrplan der Erdbeschreibung
nach
»Lehrpläne und Lehraufgaben für die höheren Schulen in Preußen 1901. S. 49—52.«
Von Prof. Dr. Franz Zählke-Insterburg.
(Schluß.)

Zweite Stufe des Lehrgangs.
U III, 1 bzw. 2 Stunden wöchentlich.

Meth. Bem. S. 50: »Länderkunde der außereuropäischen Erdteile. Die deutschen
Kolonien; Vergleichung mit den Kolonialgebieten anderer Staaten. Kartenskizzen wie in IV.«

Wagner fordert hierbei, daß der Unterricht
sorgfältig abwäge, bei welchen Ländern länger — und
wie lange — zu verweilen sei; daß die deutschen
Kolonien dabei zu bevorzugen, erscheine selbstverständlich; aber sicher empfehle es sich, sie im
Rahmen ihrer Umgebung, in ihrer Lage inmitten
anderer Kolonialgebiete zu betrachten, wodurch allein
ein richtiger Maßstab des Vergleichs ihres geographischen Wertes gewonnen werden könne. Es
solle hier die denkende Betrachtung der Karte noch
mehr gepflegt werden; die Verknüpfung der Merkpunkte und »Linien«, in welche das lehrende Wort
ein in das Vorstellungsvermögen einzuprägendes
Kartenbild auflöst, müsse durch eine größere Reihe
von Beziehungen erfolgen. Es komme hier ganz
besonders auf Beschränkung und Auswahl an, da

der Unterricht auf dem Gymnasium ja nur über 1 Stunde verfüge.

Da das Pensum der U III seinem äußeren Umfang nach durchaus bestimmt, die Reihenfolge, in der die Erdteile zu behandeln, wohl im ganzen gleichgültig ist, so kommt es hier also nach den obigen Worten Wagners besonders darauf an, wie der Unterricht gestaltet wird. Der in den Lehrbüchern gebotene Stoff ist seiner meist zu systematisch gehaltenen Anordnung verleite den Lehrer nicht zu einem Vorwärtsgehen in engem Anschluß an dasselbe. Der Atlas möge, wie schon vorher immer, doch besonders hier das Lernbuch sein, wo es vornehmlich sich darum handelt, weite Gebiete zu überschauen und weite Gesichtspunkte zu gewinnen. Gewiß ist auch hier, wie in allen Unterrichtsfächern, die Einprägung von Einzelerscheinungen und -kenntnissen notwendig, um intellektuell vorwärts zu schreiten; doch hier wird bei der Fülle des Stoffes und der beschränkten Zeit die Förderung noch mehr, als sonst wo, zur zwingenden Notwendigkeit, der Lehrer sei selbst über das Wichtigste orientiert und biete seinen Schülern nur dieses. Und so möge er gerade hier es als seine Hauptaufgabe betrachten, das auszuwählen und zu betonen, worin die Bedeutung der außereuropäischen Erdteile für Deutschland als einem zum Handels- und Industriestaat ersten Ranges sich entwickelnden Staat besteht, in welchen Beziehungen mit jenen wir bereits stehen und welche weiter zu entwickeln für uns eine Frage der Zukunft ist. — Hier wird also das, was in den Vorbemerkungen S. 12—14 unter Ab zur Durchnahme empfohlen ist, ganz besonders betont werden müssen.

Man breche deshalb endlich mit der übertieferten Methode einer eingehenderen Betrachtung der Topographie usw. der einzelnen Länder der außereuropäischen Erdteile, gebe nur allgemeine Übersichten über die weiten Gebiete, deren staatliche Anordnung an sich zu wissen ja fast gar keine Bedeutung hat und hebe sofort die Beziehungen hervor, in denen dieselben zu den europäischen Hauptstaaten, insbesondere zu unserem deutschen stehen. Die allmählich eintretende Europäisierung der Welt wird dann dem Schüler erst klar werden, erst dann wird die Geographie ihm neben der Förderung seines Wissens und Erkennens den praktischen Nutzen bringen, den die Lehrpläne gerade bei diesem Fache im Auge zu behalten vorschreiben.

So gehe man z. B. bei Afrika — nach einer kurzen einleitenden Betrachtung der Lage des Erdteils in bezug auf die sich ihm nähernden Europa und Asien bzw. Amerika dazu über (vgl. S. 248):
1. welche Linien der Weltverkehr dorthin unterhält;
2. die Zeitdauer und Kostspieligkeit der Fahrt;
3. wie schwierig die Annäherung für den Schiffsverkehr ist; 4. wie wenige gute Häfen der Erdteil besitzt, erweise dann die Schwierigkeit der Landung, des Aufenthalts an der Küste, des Vordringens ins Innere (Transport, Träger, klimatische und topographische Hindernisse — Terrassen, Stromschnellen, Wasserfälle — Insektenplage, Unzuverlässigkeit und Feindseligkeit der Bewohner, Wassermangel, Urwald usw.), gebe hier (die wenigen vorhandenen Bahnen — die projektierten, besonders von Deutschland aus —), die Karawanenstraßen (seit alters her), die hauptsächlichsten Entdecker und Förderer des Verkehrs in alter und neuer Zeit und die Besitzergreifung der Küstengebiete durch die europäischen Nationen (welcher besonders?), den Wert gerade dieser in bezug auf Bodenprodukte (Nutzpflanzen oder Bergbau) usw.

Auf diese Weise erhalten die Schüler ein Gesamtbild von der Natur des Erdteils und seiner Bedeutung für uns, und in diesen Rahmen fügt sich dann auch die Betrachtung unserer afrikanischen Kolonien wie von selbst ein (vgl. Lehrpläne: »Vergleichung mit den Kolonialgebieten anderer Staaten«); sie mögen dabei immerhin eine eingehendere Betrachtung erfahren, als die der anderen europäischen Staaten.

Und in ähnlicher Weise wird man auch bei der Durchnahme der anderen Erdteile verfahren können.

Das Zeichnen von Kartenskizzen wird hier bei der Ausdehnung der Gebiete und ihrer zum Teil noch unbestimmt gehaltenen staatlichen Abgrenzung im Innern sich auf wenige Partien beschränken, z. B.

bei Afrika: das Nilgebiet (im Unterlauf Delta und im oberen Seengebiet), ev. die Kapkolonie, die Hauptkarawanenstraßen des Sudan und der Sahara, wie einiger Küstengebiete, besonders der deutschen Kolonien usw.;

bei Australien gar nicht nötig sein;

bei Asien: ev. Vorderindien in seiner Gestaltung; Euphrat- und Tigrisgebiet bis Trace der sibirischen Bahn, des Küstengebiets am Gelben Meer, vielleicht auch des Seewegs vom Kanal von Suez bis Japan;

bei Amerika: Nord- und Mittelamerika: Kanadische Seen und ihre Kanalverbindungen zum Mississippi und der Ostküste — der Bucht von San Francisco, des Nicaragua- und Panamakanals, der Trace der Canadian-Pacific und der Union-Pacific-Railway. — Südamerika: der Kordilleren-Verlauf von Patagonien bis Panama; wie auch vielleicht der Hauptschiffahrts- und Kabellinien von Europa nach Amerika.

O III, 1 bzw. 2 Stunden wöchentlich.

Lehrpläne S. 50: »Wiederholung und Ergänzung der Landeskunde des Deutschen Reiches.« Kartenskizzen mit in IV.

Das Pensum entspricht demnach dem der V, und ich verweise deshalb in bezug auf die Auffassung des Begriffs (Landeskunde) »des Deutschen Reiches« auf das an jener Stelle Gesagte. Es sind damit auch diejenigen Gegenden außerhalb der Reichsgrenze gemeint, die ausschließlich oder doch überwiegend von Deutschen bewohnt oder durch die natürliche Bodengliederung und die gemeinsamen großen Flußbetten der Elbe, der Donau und des Rheins mit unserem Reiche zu einer geographischen Einheit verschmolzen sind.

Eine sachgemäße Vertiefung und lebensvollere Ausgestaltung des Unterrichts auf dieser Stufe erfordert an sich viel mehr Zeit, als sie eine Stunde wöchentlich im Gymnasium bietet; daher heißt es auch hier sich beschränken und auswählen. — Im Realgymnasium dagegen, dem zwei Stunden für O III zugewiesen sind, wird der Unterricht den Lehrer mehr befriedigen und die Schüler besonders interessieren, weil diese — nun in bezug auf das Kartenlesen und -verstehen geübter — an dem Pensum, das ja ihr Vaterland behandelt, besondere Freude haben werden. Diese bei ihnen zu fördern, sei die Hauptaufgabe des Lehrers.

Unsere heutigen Obertertianer sind — anders als vor 20—30 Jahren — zum Teil selbst schon vielfach aus ihrer engeren Heimat herausgekommen, haben während der großen Ferien mit ihren Eltern (oder auch allein) Touren an die See oder ins Gebirge gemacht, haben Großstädte gesehen oder wenigstens auf dem Stahlroß resp. der Eisenbahn entlegenere interessante Partien durchstreift; sie sind infolge von Reisen ihrer Angehörigen, der vorbereitenden Orientierung und der Korrespondenz derselben mit ihnen zum Kartenstudium (Spezialkarten) veranlaßt oder geradezu genötigt worden.

Alles das kommt dem Lehrer bei seinem Unterricht zugute, und das soll er auch in der Weise ausnutzen, wie es von mir S. 5—6 unter »Anschauungsmittel zur Be[le]bung und Förderung des geographischen Unterrichts« vorgeschlagen ist.

Das Heft 4 OIII von Seydlitz, die »Erdkunde« für Schulen, Teil II, S. 160—234, oder die »Schulgeographie« S. 162—236 von Alfred Kirchhoff, Halle Waisenhaus, vor allem aber das Lehrbuch der Geographie von Guthe-Wagner bieten dem Lehrer so viel treffliches Material zur Orientierung über das Pensum der OIII, daß es nur darauf ankommen wird, eine richtige Auswahl zu treffen und in der Anordnung des Stoffes richtig zu verfahren.

Wie diese in dem zuletzt zitierten Buche durchgeführt ist, erscheint mir wenigstens noch immer als die zweckentsprechendste. Man beginne also mit der Nord- oder Meeresgrenze, wobei zugleich unsere Heimatsküste zuerst zur Durchnahme kommt, gehe dann erst zur Alpengrenze über (Schweiz, Tirol), dann Süddeutschland, Lothringisches Stufenland, Rheinisches Schiefergebirge, Hessisches und Weserbergland, Harz, Thüringen, Fichtelgebirge, Randgebirge von Böhmen-Mähren, dann ostelbisches und westelbisches Tiefland. Die Betrachtung dieser Ge-

biete nach Bodengestalt, Be- oder Entwässerung, Klima, Tier- und Pflanzenleben, Produktivität des Bodens, Bevölkerung, Erwerbstätigkeit, Verkehrsmittel, Religion und endlich staatlicher Gliederung soll so gehandhabt werden, daß sie alle diese Momente, soweit möglich, jedesmal da hervorhebt, wo sie für das Ganze bedeutungsvoll werden. Eine Sonderung dieser Betrachtungsformen nehme man eventuell nach der Durchnahme eines größeren Teiles in Repetitionsstunden vor, wie sie sich namentlich für das letzte Quartal des Schuljahres empfehlen. Dadurch wird man den Schüler zur Gesamtbetrachtung der Bedeutung unseres Vaterlandes als eines Ackerbau-, Industrie- und Handelsstaates führen, ihn lehren, welche bedeutungsvolle Stellung es nicht nur seiner Lage, sondern auch seinem wirtschaftlichen Leben nach in der Welt einnimmt und wie die Beziehungen der einzelnen Gebiete zu einander und die des Gesamtstaates zum Auslande sind. So werden aus der Betrachtung gerade dieses Teiles der Erdkunde die Schüler Erfahrungen für das praktische Leben erhalten, wie kein anderer Lehrgegenstand sie ihnen bietet.

Daß hier ein größeres Feld der Betätigung im Zeichnen den Schülern eröffnet wird, ist natürlich: 1. Partien unserer Küstengebiete (z. B. der Heimatprovinz, der Weichsel- und Odermündungen usw.); 2. Partien von Flußläufen (z. B. des Rhein, des Main [Verbindung zur Donau]); 3. Flußverbindungen durch Kanäle (z. B. in der Mark); 4. Gebirgspartien (St. Gotthard-Straßen, obere Flußläufe, Verbindungen durch Tunnel), das Fichtelgebirge als Zentrale für Gebirgs- und Flußgliederung, das böhmisch-schlesische Grenzgebirge mit seinen Pässen (für den Geschichtsunterricht besonders wichtig); 5. der Wasserverbindung der Seen und Flüsse in unserem Ostpreußen (masurischer Schiffahrtskanal); 6. der Hauptverkehrsstraßen ebendaselbst; 7. der Industriezentren: Berlin, rheinisch-westfälischer usw.; 8. der Kaiser-Wilhelm- und der Trave-Kanal usw.

Das seien nur einige von den mannigfaltigen Partien, die geradezu zum Zeichnen, d. h. sich geistig deutlich vor Augen führen, einladen.

U II, 1 Stunde wöchentlich.

Lehrpläne S. 50: »Wiederholung und Ergänzung der Länderkunde Europas mit Ausnahme des Deutschen Reiches. Elementare mathematische Erdkunde. Kartenskizzen wie in IV. (Dazu in der Realschule die bekanntesten Verkehrs- und Handelswege der Jetztzeit).«

Hier entspricht das Pensum dem von IV, vgl. daher die Ausführungen über dieses S. 10. Eine Ergänzung in bezug auf den Umfang des territorialen Gebiets darf also nicht eintreten, wie überhaupt alles Topographische hier in den Hintergrund zu treten hat; dagegen wird eine nach bestimmten Gesichtspunkten angeordnete vertiefte Betrachtung der außerdeutschen Länder Europas am Platze sein (vgl. IV, S. 10).

Hiernach wären besonders zu betonen, vgl. Guthe-Wagner Lehrbuch der Geographie, 6. Auflage, § 93:

1. Europas zentrale Lage in der Mitte der drei großen Erdteile, seine Begrenzung, Gliederung in Süd-, West-, Nord- und Osteuropa, die Beziehungen, die sich daraus für die Staaten untereinander und ihre Entwicklung nach außen hin ergeben haben; Ausdehnung ihrer Machtsphäre über Mittelmeer, den Nordwesten, Norden Europas, über den Ozean (Weltverkehr und -handel), dabei Bedeutung der

Meere, Meeresteile und Küstenstriche für alle diese Länder (allmähliche Veränderungen in diesen Verhältnissen).

2. Wie hat die Bodengestaltung und -beschaffenheit (Verbreitung der Kulturpflanzen und Tiere) eingewirkt auf die kulturelle Entwicklung der einzelnen Nationen?

3. Welche klimatischen Unterschiede beeinflussen die verschiedenen europäischen Gebiete an ihrer Außenseite und in ihrem Innern?

4. Welche Faktoren haben mitgewirkt, die Machtstellung der verschiedenen Nationen zu verschieben? Naturanlage der Nationalitäten, politische und religiöse Verhältnisse (Auswanderung) — Verdichtung der Bevölkerung in Mittel- und Westeuropa — Bedürfnis der Ein- und Ausfuhr nach und in andere Erdteile, besonders in bezug auf Nahrung und Kleidung.

5. Welche Veränderungen haben infolge dessen im Laufe der letzten Jahrhunderte eintreten müssen: bedeutungsvolle Anlagen von Wasserstraßen (z. B.

Suez-Kanal) — Eisenbahnen (transsibirische) — Anlage von Kabelverbindungen, Schiffsverkehr (Dampfergesellschaften), die den Verkehr und Handel in andere Bahnen gelenkt haben — welche Änderungen stehen noch bevor?

Nach letzterem wird dann nicht nur die Realschule den Vorzug haben, ihren Schülern die wirtschaftliche Entwicklung der europäischen Länder, besonders in den letzten Dezennien, vorzuführen, sondern auch unsere Gymnasiasten und Realgymnasiasten sollen davon ein wenn auch nur in großen Zügen (zu einem Mehr fehlt es ja leider an Zeit) gehaltenes Bild bekommen.

Auf die Forderung der Lehrpläne »Elementare mathematische Erdkunde« mögen die Worte Wagners

Antwort geben: »Wie bei einer Lehrstunde die Länderkunde Europas und daneben die elementare mathematische Erdkunde in einem Jahre zur Behandlung kommen sollen, ohne ganz skizzenhaft und damit wertlos zu werden, ist schwer ersichtlich. Es ist leicht eine Lehraufgabe zu stellen, aber man muß dem Lehrer dann auch Zeit und Spielraum gönnen, sie zu lösen.«

Das Kartenzeichnen wird hier aus denselben Gründen, wie bei U III, S. 11 bei der Behandlung der außereuropäischen Erdteile, zurücktreten müssen, besonders mit Rücksicht auf die Wichtigkeit der Durchnahme des oben angegebenen so umfangreichen Materials, dessen Betrachtung der Atlas ausschließlich vermittelt.

Anm. Lehrpläne und Math. Bem. S. 52 f.: »In den Klassen, deren Lehrplan nur je eine Stunde in der Woche für Erdkunde aufweist, ist darauf zu halten, daß diese Zeit regelmäßig und uneingeschränkt dafür verfügbar bleibt.«

Dritte Stufe des Lehrgangs.

O II und I.

Lehrpläne S. 50: »Zusammenfassende Wiederholungen; im Gymnasium und Realgymnasium das Wesentlichste aus der allgemeinen physischen Erdkunde (gelegentlich auch einiges aus der Völkerkunde) in zusammenfassender Behandlung. — Begründung der mathematischen Erdkunde in Anlehnung an den Unterricht in der Mathematik oder Physik. — Vergleichende Übersicht der wichtigsten Verkehrs- und Handelswege bis zur Gegenwart — in Anlehnung an den Geschichtsunterricht.

An Gymnasien und Realgymnasien sind innerhalb jedes Halbjahrs mindestens sechs Stunden für die erdkundlichen Wiederholungen zu verwenden.

Dazu Math. Bem. S. 51, Nr. 4: »Auf der Oberstufe empfiehlt sich das Zeichnen besonders für die regelmäßig anzustellenden Wiederholungen« — und unter Nr. 5: »Die Wiederholungen auf der Oberstufe der Gymnasien und Realgymnasien, soweit sie die physische und politische Erdkunde betreffen, werden dem Lehrer der Geschichte, die mathematische Erdkunde dem Lehrer der Mathematik oder der Physik zufallen.«

Dazu möchte ich zwei Bemerkungen gleich vorwegnehmen, die unbedingt gemacht werden müssen, bevor man überhaupt auf die obigen Forderungen der Lehrpläne eingeht:

1. Die 12 nach den Lehrplänen für die erdkundlichen Wiederholungen angesetzten Lehrstunden haben, weil ihre Zahl zu gering ist, gar keinen Wert, und

2. »in die Lehrpläne der neunstufigen Schulen ist ein mindestens einstündiger, vom geschichtlichen Unterricht getrennter, selbständiger geographischer Unterricht für jede der oberen Klassen einzuführen« (Wagner a. a. O. S. 60).

Zu 1: Diese 12 Lehrstunden — sie betragen übrigens nach den jetzt eingelegten Zwischenpausen nur etwa je 45 Minuten, d. h. 540 Minuten = 9 volle Stunden im ganzen Jahre! — werden dem geschichtlichen Unterricht entzogen: eine schwere Schädigung desselben.

Ein Unterrichtsgegenstand, der so dürftig zur Behandlung kommt (wie die Geographie der Zeit

nach überhaupt), erweckt bei den Schülern naturgemäß schon deshalb ein geringeres Interesse, als die anderen, bei denen eine Vertiefung möglich ist. Dazu kommt, daß die Schüler doch in den zwei oder drei Jahren der O II und I von dem früher angeeigneten geographischen Wissen einen großen Teil vergessen. Kann sich der Lehrer also wundern, wenn die Schüler den geographischen Wiederholungen wenig Interesse entgegenbringen? Muß ihn selbst diese Beobachtung nicht von vornherein entmutigen und sein Interesse daran vermindern, daß er die Schüler fördern will?

Zu 2: Daher muß die zweite Bemerkung besonders betont werden: die Einstellung eines selbständigen geographischen Unterrichts mit einer wöchentlichen Lehrstunde in allen Klassen der Oberstufe ist von allen zur Hebung dieses Lehrzweigs im Rahmen der Lehrpläne zu ergreifenden Maßregeln weitaus die bedeutendste und schwerwiegendste. Sie ist aber auch die notwendigste, wenn den Bedürfnissen einer neuen Zeit Rechnung getragen werden soll (Wagner a. a. O. S. 58).

So lange der Lehrer der Geographie aber nun diese Forderung unerfüllt sieht und sich mit dem, was von ihm verlangt wird, irgendwie abfinden muß, wird er auf Mittel und Wege sinnen müssen, das möglichst Erreichbare zu erreichen.

I. Zunächst dadurch, daß er das von ihm verlangte Pensum einschränkt und lieber ein dem Umfang nach geringeres Gebiet besser zur Durchnahme bringt, als ein größeres ganz oberflächlich.

A. Als ein dahingehender Vorschlag (vgl. Arnstedt-Königsberg a. a. O. S. 55—56) ist der zu empfehlen, die allgemeine physische Erdkunde zum großen Teile der Physik zuzuweisen; der Lehrer der Geographie müßte sich dazu mit dem der Physik ins Einvernehmen setzen, damit sich beide in ihrem Unterricht nacheinander richten können:

1. bei der Wärmelehre in O II: die Erklärung der Isothermen, Wärmezonen, Kältepole, des ozeanischen und kontinentalen Klimas, Meeresströmungen, der Bewegung der Luft (Winde, Passate, Monsune) —, beim Barometer: Isobaren, Minima, Zyklone, Teifune;

2. bei der Chemie (U II) die Besprechung der Lager der Mineralien, Mineralogie, Gebirgsformationen, Vulkanismus, Magnetismus (O II), Linien gleicher Deklination und Inklination, magnetischer Nordpol, Polarlicht usw.

Der Geographielehrer wird natürlich trotzdem in seinem Unterricht immer wieder auf die allgemeine physische Erdkunde kommen — eine elementare Erklärung hierher gehöriger Erscheinungen und ihrer Ursachen ist ja auch inmitten des übrigen Unterrichts schon früher gegeben —; dann würde er aber nicht die Gesamtaufgabe zu bewältigen haben und könnte in seinen zusammenhängenden Wiederholungen das in der Physikstunde Gelernte sehr gut verwerten.

B. Mit der mathematischen Erdkunde könnte das Gleiche geschehen und dieses geschieht ja wohl auch in den meisten Anstalten. Nur müßte der mathematische Lehrer seine Unterweisung mehr in den Dienst der Geographie stellen. (Die Lehre von den Kartenprojektionen, ihre mathematische Entwicklung und Begründung bereits auf der Schule zu behandeln, ist überflüssig. — Dieser Meinung stimmen wir nicht bei. D. Red.) — Auf beides weisen ja auch die Lehrpläne hin und der Lehrer der Geographie hat so ein Recht, sich das Arbeitsfeld zu verkleinern.

II. Das Pensum etwas modifiziert: Der geographische Unterricht betone die Hauptmomente aus der allgemeinen physischen Erdkunde schon auf den beiden unteren Stufen etwas mehr, damit die obere Stufe entlastet werde. Daraufhin ist z. B. von mir auch die Durchführung der Lehraufgabe der U II etwas anders gestaltet, als es die Lehrpläne vorschreiben. Wenn an Stelle der für diese Klasse geforderten »Elementaren mathematischen Erdkunde« die allgemeine physische (von Europa ausgehend) mehr in den Vordergrund treten würde, so bedürfte dieser Ersatz sicher nicht der Rechtfertigung. Greift doch die Kenntnis der allgemein physischen Erdkunde mehr ins Leben ein, als jener den gesamten späteren Lebensinteressen der gebildeten Stände so viel ferner liegende, wenn auch in hohem Grade bildende Zweig der Erdkunde, die mathematische Geographie. Die erstere führt das Zuhausesein auf der Erdoberfläche: das Bekanntsein mit der Gruppierung des Menschengeschlechts nach Rassen, Religionen, Völkern, Kulturzuständen, Staaten, Produktions- und Verkehrsgebieten, Städten und Siedelungen herbei — also die geographische Bildung, die man von unseren Schülern heute verlangt (vgl. Wagner a. a. O. S. 56).

III. Das geographische Moment bei dem Geschichtsunterricht mehr betont: Wagner a. a. O. S. 58 sagt: »Von hervorragendem Werte ist ein solcher selbständiger geographischer Unterricht in den oberen Klassen zugleich dadurch, daß durch ihn Auge und Verstand des Schülers drei volle Jahre länger an das Kartenbild gehaftet und er an den Gebrauch des Atlasses gefesselt wird. Der letztere ruht jetzt in den oberen Klassen fast ganz.« Von den anderen Disziplinen soll namentlich die Geschichte dem geographischen Unterricht zu Hilfe kommen; es soll nicht umgekehrt gefragt werden, wie kann dieser seinerseits den geschichtlichen unterstützen. Von dem Augenblick an, wo der Schüler eine Karte nach der Seite der Topik zu lesen versteht, sollte man keine Gelegenheit vorübergehen lassen, ohne ihn jeden sich äußerlich auf dem Erdboden abspielenden historischen Vorgang, wie Wanderungen, Bündnisse, Grenzverschiebungen, Städtegründungen, Kriegszüge usw. auf den Karten seines Atlasses verfolgen zu lassen. (Dasselbe gilt übrigens auch für den naturgeschichtlichen Unterricht in bezug auf das Vorkommen und Verbreitungsgebiet von Tieren, Tiergruppen, Pflanzenbeständen, Kulturgewächsen usw.) Ganz besonders würde der Mangel an den einfachsten topischen Kenntnissen Mitteleuropas, wie er so oft bei Schülern der oberen Klassen hervortritt, auf ein geringeres Maß zurückgeführt werden können, wenn der Geschichtslehrer dauernd die Schüler während des Unterrichts auf die betreffenden Karten des Atlasses verwiese, die ihm die Lagenverhältnisse der zu besprechenden Punkte oft viel deutlicher zur Anschauung bringen als die meist ohne Terrain und in viel kleinerem Maßstab gezeichneten Karten der historischen Schulatlanten.

IV. Welche Gebiete sind nun für die zusammenfassenden Wiederholungen in den einzelnen oberen Klassen auszuwählen? Es empfiehlt sich wohl dabei ein engerer Anschluß an das zeitige geschichtliche Pensum der Klassen, also für O II: die Berücksichtigung der Länder des Mittelmeerbeckens und im Anschluß daran die Asiens (besonders des westlichen Teiles) und Nordafrikas. U I: Nord- und Ostseegebiete, Frankreich, England, deren Beziehungen zu Amerika, dessen Abhängigkeit von Europa und allmählich sich herausbildende Selbständigkeit, und Australien. O I: Österreich-Ungarn, Rußland (Vordringen in Asien), zeitiger Stand der kolonialen Besitztümer, besonders der deutschen, und Übersicht über die Verkehrs- und Handelswege der Neuzeit.

Eine dem obigen Plane sich eng anschließende Behandlung dieser Gebiete ist selbstverständlich nicht erforderlich und durchführbar. Es wird dem jedesmaligen Ermessen des Geschichts- und Geographielehrers überlassen bleiben müssen, welche Gebiete er zu den Wiederholungsstunden auswählt. »Man sollte, je höher die Stufen steigen, gerade im Gebiet der Geographie, dem Lehrer größere Freiheit gestatten, sich den Unterricht zweckentsprechend zu gestalten« (Wagner a. a. O. S. 54) und da doch wohl in den meisten Anstalten der geschichtliche und geographische Unterricht in der Hand desselben Lehrers ist, so wird eine Kontinuität der Betrachtung in bezug auf das Gebiet herzustellen hier leichter sein, als bei dem der unteren und mittleren Stufe zugewiesenen, wo ja leider der Wechsel des Lehrers (und auch die Verschiedenheit der Befähigung der Lehrer für den geographischen Unterricht) dem Eintrag tut.

Von Wichtigkeit bleibt bei den Wiederholungen immer: 1. Daß sie nach den oben angeführten den Bedürfnissen der Gegenwart entsprechenden Gesichtspunkten vorgenommen werden. »Mit Bildern außereuropäischer Länder, wie sie nach den jetzigen Lehrplänen zuletzt in U III der Knabe von 13—14 Jahren vorgeführt erhält, wird man einen Primaner nicht entlassen dürfen. Die Länderkunde muß auch noch auf dieser Stufe gepflegt werden, wobei man immer nach der Wichtigkeit der Länder und Völker für die Weltwirtschaft und die Beziehungen zu Deutschland abstufen kann« (Wagner a. a. O. S. 58). 2. Daß der Lehrer dieser nicht ganz leichten Aufgabe gewachsen ist (vgl. Lehrpläne: Meth. Bem. S. 51, Nr. 5).

In bezug auf das Zeichnen auf dieser Oberstufe, das die Lehrpläne (Meth. Bem. S. 51—54) empfehlen, vgl. S. 5 meiner Vorbemerkungen.

Anm. Der Vorschlag, der neulich in Königsberg i. Pr. gemacht ist, anstatt der 30 Stunden wöchentlich, die die drei Oberklassen eines Gymnasiums (und Realgymnasiums) haben, diesen 31 zu geben, wie es die Oberrealschulen haben, und damit 1 Stunde für die Geographie zu schaffen, mag noch zum Schlusse zu ernster Erwägung gestellt werden.

Geographische Lesefrüchte und Charakterbilder.
Das Klima Paraguays.
Aus H. Mangels: Wirtschaftliche, naturgeschichtliche und klimatologische Abhandlungen aus Paraguay, München 1904, Datterer & Co., ausgewählt von Oberlehrer Dr. Schwarz-Gevelsberg.
(Schluß.)

3. Niederschläge.

Die Luftfeuchtigkeit ist im Sommer bei regnerischer Witterung sehr groß, sie erreicht häufig 80 bis 90%, ja ausnahmsweise den Sättigungspunkt, geht aber in trocknen Zeiten auf 40, ja 30% herab. Im Jahre 1893 hatten wir sogar ein paarmal 10%.

Nebel kommen natürlich in gebirgigen Gegenden häufiger vor als in der Ebene, verschwinden aber meistens bald nach Sonnenaufgang. Wenn sich im Sommer nach einem Regen am Morgen Nebel bildet, so folgt darauf gewöhnlich Trockenheit. In Asunción und Umgegend ist Nebel eine seltene Erscheinung und kommt im Jahre durchschnittlich bloß 8 bis 10 mal vor.

Tau fällt nach starkem Regen ungemein reichlich, besonders im Sommer und Herbst; bei anhaltend steifem Nordwind aber fehlt er gänzlich.

Schnee ist völlig unbekannt, selbst auf den Bergen.

Hagel kommt zuweilen vor, richtet aber selten erheblichen Schaden an. Während der ganzen Zeit meiner Beobachtungen sind mir bloß zwei sehr starke Hagelschläge vorgekommen, im Oktober und im Mai, welche die Bäume derart entblätterten, daß der Wald einer deutschen Winterlandschaft glich. Es gibt Jahre, die so gut wie gänzlich hagelfrei sind, andere, welche meist unbedeutende Schauer bringen. In der kühlen Jahreszeit ist diese Erscheinung naturgemäß seltener als in der warmen.

Die Dämmerung dauert im Winter beinahe ¾ Stunden, im Sommer ist sie etwas kürzer. Von Erdbeben hat man in Paraguay nie gehört, trotzdem daß einige vereinzelte Basaltkegel vulkanischen Ursprung verraten. Eigentliche Vulkane gibt es nicht, weder tätige noch erloschene.

Wiewohl die heitere Witterung vorherrscht, kann doch von einem sog. »ewig blauen Himmel« nicht die Rede sein in einem Lande das 1½ m Regen hat. Jedoch ist die Zahl der heiteren Tage bedeutend größer als in Deutschland, trotzdem daß hier doppelt so viel Regen fällt als dort, weil die Niederschläge hier trotz großer Ergiebigkeit von kurzer Dauer sind. Der Himmel ist meistens von intensiver Bläue, besonders nach starkem Regen bei Süd- und Ostwind. Durch eine dichte Pflanzendecke wird das grelle Sonnenlicht gemildert und die Strahlung vermindert. In den Jahren 1877—1883 gab es im Mittel 79 Regentage, 72 bewölkte und 214 klare Tage. Vergleichsweise sei hier angeführt, daß London 167 Regentage hat.

Die stete Abnahme der Niederschläge (von 1897—1902 bloß noch 1250 mm gegen rund 1500 mm von 1879—1883) läßt eine dauernde Verschlechterung des Klimas befürchten, wenn nicht der unsinnigen Waldverwüstung sowie den großen Chacobränden Einhalt getan und das Zerstörte durch Neu-Aufforstung ersetzt wird. Von der Gesamtregenmenge kommen ungefähr 60 % auf den Sommer und 40 % auf den Winter. Paraguay hat Sommerregen, worin ein Hauptvorzug des hiesigen Klimas liegt im Gegensatz zu dem Winterregengebiet der unteren La Plata-Länder. In den kurzen Wintertagen mit geringer Verdunstung würden sehr ergiebige Niederschläge höchst unerwünscht kommen, während der Sommer mit seinen längeren Tagen, starker Verdunstung und kräftigem Pflanzenwuchs viel Feuchtigkeit verbraucht.

Die regenreichen Jahre unterscheiden sich von den trocknen abgesehen von der unterschiedlichen Regenmenge, durch größere Entschiedenheit und Wucht der atmosphärischen Erscheinungen, Häufigkeit und Stärke der Gewitter, größere Bewegung der Luft und Hagel, während die verhältnismäßig trocknen Jahre seit 1890 arm an starken Gewittern, Hagel und Sturm waren, dagegen die früheren Jahre durch hohe Extreme der Temperatur übertrafen.

In den 23 Jahren von 1877—1902 mit Ausschluß der Jahre 1884, 1887 und 1890 ist kein Monat gänzlich regenlos geblieben. — Der im Durchschnitt regenreichste Monat ist der Januar mit 172,7 mm, der trockenste ist August mit 45,7 mm. — Die durchschnittliche Regenmenge war 1413,3 mm, das macht für den Monat 117,8 mm. Nach den Erfahrungen der letzten Jahre ist aber wenig Hoffnung vorhanden, daß wir dauernd dieses Mittel haben werden; seit dem Jahre 1891, also in zwölf Jahren, ist es bloß dreimal erreicht und überschritten worden, während die übrigen neun Jahre bloß 1020,1 bis 1355,2 mm ergaben. Die letzten zwölf Jahre lieferten ein Mittel von 1278,9 mm, die letzten sechs Jahre bloß 1248,6 mm. — Aus den Zahlenreihen ergibt sich eine große Unregelmäßigkeit in den Niederschlägen, trotzdem entdecken wir als feststehende Regel, daß in den Sommermonaten bedeutend mehr Regen fällt als im Winter. Da man hier gewöhnlich nur zwei Jahreszeiten unterscheidet Sommer und Winter, so kann man rechnen, daß der Sommer sieben Monate dauert, vom Oktober bis April einschließlich, und der Winter vom Mai bis September. Die Verteilung der Niederschläge auf die beiden Jahreszeiten ist nun folgende:

Sommer: Oktober 139,2; November 149,8; Dezember 132,9; Januar 172,7; Februar 135,0; März 154,0; April 147,7; Mittel 147,3 mm.

Winter: Mai 111,9; Juni 72,4; Juli 61,0; August 45,7; September 88,1; Mittel 76,1 mm.

Demnach fällt im Sommer durchschnittlich 147,6 im Winter 76,1 mm Regen. Diesen Vorzug gegenüber den La Plata-Staaten verdankt meiner Ansicht nach Paraguay der topographischen Beschaffenheit von Matto Grosso. Dort bildet der Sommer die tropische Regenzeit und der Winter die trockne fast regenlose Zeit. Wenn nun während der Regenzeit ungeheure Wassermassen niedergehen, so kann der Paraguay diese nicht so schnell befördern wie sie fallen, und da jener Staat samt dem gegenüberliegenden Chaco sehr ausgedehnte Tiefebenen aufweist, so werden diese überschwemmt und bilden jenen großen Wasserbehälter, welchen die früheren Geographen »Mar de Xarayas« nannten, dessen Inhalt sich während der nachfolgenden trocknen Zeit in den Rio Paraguay ergießt und von diesem dem Weltmeer zugeführt wird.

Der über dieses gewaltige Wasserbecken hinstreichende Nordwind führt der Atmosphäre in Paraguay die Feuchtigkeit für den Winterbedarf zu. Je mehr sich nun die Gewässer von Matto Grosso verlaufen, desto geringer ist die Sättigung des Nordwindes mit Feuchtigkeit und desto geringer sind die Niederschläge in Paraguay, so daß sich zur Zeit, wo alle Gewässer abgelaufen sind und die nördlich gelegenen Länderstrecken eine dürre Ebene bilden, auf ein Mindestmaß beschränken. Glücklicherweise tritt dann allmählich die Regenzeit ein und die Nordwinde bringen wieder mehr Feuchtigkeit. Wenn Matto Grosso nicht jenen großen Wasservorrat für den Winter ansammelte, so würde Paraguay höchstwahrscheinlich im Winter ebenso regenarm sein wie Tucuman. Während das Klima im Sommer mehr dem Seeklima gleicht, weil der Wind um diese Jahreszeit über das große Überschwemmungsgebiet von Matto Grosso hinstreicht, nimmt es im Winter um so mehr den Charakter des Kontinentalklimas an, je weiter die Jahreszeit fortschreitet, so daß wir im August und September entschieden Landklima haben, d. h. bedeutende Unterschiede in der Temperatur zwischen Tag und Nacht. Während in diesen Monaten die Tage oft recht heiß sind, können die Nächte empfindlich kalt sein, auch ist die Feuchtigkeit in diesen trocknen Monaten natürlich geringer als im Sommer.

4. Jahreszeiten.

Nur zwei Jahreszeiten unterscheidet man hier. Den Sommer bilden die Monate Oktober, November, Dezember, Januar, Februar, März, den Winter April bis September. Man kann jedoch zweifelhaft sein, ob man April und Oktober als Sommer- oder als Wintermonate bezeichnen soll. Sie sind zuweilen recht warm, ausnahmsweise bringen sie aber auch Reif. Das Richtigste wäre demnach wohl, April als Herbst- und Oktober als Frühlingsmonat anzusehen, da beide die Übergänge zwischen den beiden Hauptjahreszeiten darstellen. April bringt gewöhnlich ruhiges, schönes Wetter und ist der geeignetste Monat zu Reisen im Lande; besonders um die Osterzeit pflegt die Witterung außerordentlich angenehm zu sein. Die Hitze wird nicht mehr lästig, die Kälte hat noch nicht richtig eingesetzt. Die Natur, die während des heißen Sommers ihre Kraft in heftigen Umwälzungen im Dunstkreise, wie starken Gewittern, tropischen Regengüssen, plötzlichem Windwechsel usw. erschöpft zu haben scheint, ist in einen Zustand der Ruhe getreten, der selten gestört wird. Ruhig werden die Erzeugnisse der Felder eingebracht, die Orangen färben sich alle Tage mehr mit dem köstlichen Gold, und in langen Zügen ziehen die schwerfälligen Ochsenkarren der Hauptstadt zu, um die Landesfrüchte an den Markt zu bringen. — Die Wintermonate sind nicht so angenehm, es ist häufig regnerisch und kalt, was nicht ausschließt, daß sie eine gute Anzahl herrlicher, sonniger Tage bringen. Oktober, der stürmische, wetterwendische, ist ein richtiger Frühlingsmonat. — dem deutschen April oder auch Mai zu vergleichen. Er bringt kalte und warme, ja heiße Tage, Sturm, Hagel, Nebel, Staubregen, Gewitter mit starken Niederschlägen in buntem Wechsel. Unter diesen Begleiterscheinungen wird der Frühling geboren. Das mächtige Aufsteigen der Säfte, das fabelhafte Wachstum der Schlingpflanzen, die nach kurzer Winterrast ihre alles überwuchernde Tätigkeit fortsetzen, mit dem Dufte ihrer Blüten die Luft erfüllend; alles stimmt darauf, daß die Natur ununterbrochene Freudenfeste der Auferstehung feiert. — Der Sommer ist als angenehm zu bezeichnen, wenn er, wie das gewöhnlich geschieht, alle acht Tage einen tüchtigen Regenschauer mit luftreinigendem Gewitter und Südwind bringt, kann aber unangenehm werden, wenn eine längere Trockenheit eintritt und die rauch- und dunsterfüllte Luft ein frisches Aufatmen erschwert. Herrlich sind meistens die Nächte, besonders bei Vollmondschein, herrlich sind auch die taufrischen Sommermorgen.

Geographischer Ausguck.

Die Engländer in Tibet. Die Franzosen in Marokko.

Der Ausguck hatte sich im Laufe des Jahres mit zwei, politisch-geographisch weittragenden Ereignissen zu beschäftigen, die sich auf dem Boden Marokkos (vgl. S. 82 u. 105) und Tibets (vgl. S. 201) abspielten. Beide sind jetzt zu einem gewissen — vorläufigen — Ruhepunkt gekommen, der an dieser Stelle festgehalten zu werden verdient.

Younghusband ist mit seinen frierenden Soldaten auf dem Rückweg von seiner schwierigen Lhasafahrt; daß er erreicht hat, was zu erreichen war, zeigt der Entwurf eines Vertrags, den England mit Tibet abzuschließen beabsichtigt. Er lautet:

Art. 1. Die Tibetaner verpflichten sich, die Grenze von Sikkim durch Marken festzulegen.

Art. 2. Die Tibetaner verpflichten sich, Straßen

nach Yang-tse, Gang-tok und Ya-tung zu bauen, um den Handel zwischen englischen und tibetanischen Händlern zu erleichtern, sobald zur Änderung des Vertrags von 1893 ein Übereinkommen zwischen England und Tibet getroffen ist. Die von den Tibetanern in Indien gekauften Waren können auf den vorhandenen Straßen befördert werden und man wird Vorkehrungen treffen, weitere Straßen anzulegen.

Art. 3. Tibet ernennt einen Bevollmächtigten, der mit englischen Bevollmächtigten über die Änderung des Vertrags von 1893 verhandelt.

Art. 4. Sobald nach gemeinsamer Übereinkunft der Tarif zwischen England und Tibet festgestellt ist, darf kein neues Zollrecht geschaffen werden.

Art. 5. Auf der Straße zwischen der Indischen Grenze und Ya-tung, Yang-tse und Gang-tok darf kein Zoll erhoben werden. Tibet läßt die Wege über die gefährlichen Pässe ausbessern.

Art. 6. Wegen Vertragsbruchs, Belästigung des Kommissars und feindseligen Verhaltens gegen England zahlt Tibet eine Entschädigung von 20 Mill. Mark, die erste am 1. Januar 1906.

Art. 7. Die englischen Truppen halten das Tschumbital 3 Jahre lang besetzt, bis die Handelsplätze zugerichtet und die Entschädigung gezahlt ist.

Art. 8. Alle Befestigungen zwischen der Indischen Grenze und Yang-tse, an den Straßen, die von Händlern aus dem Innern Tibets begangen werden, sind zu schleifen.

Art. 9. Ohne Englands Einwilligung darf kein tibetanisches Gebiet an irgend eine Macht verkauft,

18*

verpachtet oder verpfändet werden. Keiner fremden Macht ist eine Einmischung irgend welcher Art in die innere Verwaltung Tibets zu gestatten. Keine fremde Macht darf offizielle oder andere Vertreter schicken, um bei der Leitung tibetanischer Angelegenheiten helfend einzugreifen. Keine fremde Macht darf in Tibet Wege, Bahnen und Telegraphen bauen oder Bergwerke anlegen. Sollte England in einem Falle dies dennoch zulassen, so wird es auf eigene Rechnung eine Untersuchung über die Ausführung der betr. Pläne anstellen. Gebiete oder unbewegliche Güter, welche Minerale oder wertvolle Metalle enthalten, dürfen keiner fremden Macht verpfändet, vertauscht, verpachtet oder verkauft werden.

Art. 10. Der Grenzkommissar Younghusband und der Dalai Lama unterzeichnen und siegeln diesen Vertrag.

Art. 10 ist nicht erfüllt und damit bleibt der ganze Vertrag Entwurf. Nicht einmal die offizielle englische Fassung ist bekannt. Der Dalai Lama hat sich durch die Flucht allen Verhandlungen entzogen. Indes hat sich sofort sein alter Konkurrent, der Taschi Lama von Tschigatse, an den frei gewordenen Platz gestellt und auch der Amban von China, dessen gesunkenes Ansehen in Tibet durch Rußlands Notlage sich wieder hebt, ist damit einverstanden; trotzdem liegt die Gefahr eines Bürgerkriegs für Tibet nahe, denn es ist kaum anzunehmen, daß der energische Dalai so ohne weiteres auf seine Macht verzichtet. Klar verrät aber schon der Umriß des Vertrags Englands Absichten: das vermutete Gold Tibets unter allen Umständen den Engländern zu sichern und russischen Einfluß in Tibet bis zur letzten Wurzel auszuroden. Auch dieses Ziel wird ohne eiserne Würfel nicht endgültig zu gewinnen sein.

Weniger bedrohlich entwickelt sich der marokkanische Handel — in der Gegenwart, in der Zukunft wird auch hier ein beschriebenes Blatt Papier nicht die letzte Entscheidung bringen.

Vorläufig freut sich Frankreich seiner marokkanischen Erfolge, es leiht dem Sultan Geld, gründet ein wissenschaftliches Comité du Maroc und schickt, nach mancher Seite hin erprobte Forscher (Segonzac!) ins Land.

Sehr harmonisch fügt sich in dieses Konzert die eben bekannt werdende Note, in welcher Spanien dem englisch-französischen Abkommen vom 8. April d. J. (s. dazu a. S. 204) beistimmt:

›Die Regierung der französischen Republik und die Regierung S. M. des Königs von Spanien haben Verhandlungen gepflogen, um den Bereich der Rechte und die Garantie der Interessen festzustellen, welche sich für Frankreich aus seinen Besitzungen in Algier und für Spanien aus seinen Besitzungen an der marokkanischen Küste ergeben, und nachdem die Regierung S. M. des Königs von Spanien ihre Zustimmung zu der ihr von der französischen Regierung mitgeteilten englisch-französischen Erklärung vom 8. April 1904, in betreff Marokkos und Ägyptens, gegeben hat, erklären sie, daß sie an der Integrität des marokkanischen Reiches unter der Souveränität des Sultans festhalten werden.‹

Durch welche Versprechungen und sonstigen Abmachungen die französische Diplomatie diese

liebenswürdige ›déclaration‹ erreicht hat, verrät die Regierung nicht, sie überläßt es den französischen Blättern und Politikern, sich im Raten zu üben. Darin treffen diese aber vielleicht das Richtige, daß die Verhandlungen ihnen zu lange gedauert haben, als daß ein Satz als ihr Ergebnis befriedigen könnte.

Gotha, 29. Oktober 1904. Hh.

Kleine Mitteilungen.

I. Allgemeine Erd- und Länderkunde.

Die Morphometrie der europäischen Seen. Die letzten Jahre haben der Seenforschung einen außerordentlichen Aufschwung gebracht; in fast allen Ländern begann die Untersuchung der Landgewässer und sie wurde in mehreren schon zu einem vorläufigen Abschluß gebracht. Durch diese Entwicklung waren ältere, verdienstvolle Zusammenfassungen einem raschen Veralten unterworfen. Die vorhandenen Seenverzeichnisse (das letzte von Peucker, Europa behandelnd, war 1896 in der ›Geographischen Zeitschrift‹ erschienen) genügten so den Ansprüchen bei weitem nicht mehr. Der tätigste Seenforscher der Gegenwart, Professor Halbfaß, entschloß sich in den letzten Jahren, die große Arbeit einer Neuordnung des Stoffes auf sich zu nehmen. Mit Unterstützung einzelner Behörden und vieler Privatpersonen stellte er ein Verzeichnis der europäischen Seen zusammen, das jetzt als Sonderabdruck aus der ›Zeitschrift der Gesellschaft für Erdkunde zu Berlin‹[1]) vorliegt. Die Arbeit schließt ab mit dem Juli 1902, spätere Forschungsresultate sind in einem Anhang noch mitgeteilt bis Dezember 1902. Nach wenigen einleitenden Worten beginnen die Tabellen, die 873 Seen umfassen. Dieselben sind nach Ländern geordnet, bei den größeren noch weiter in teils natürliche, teils politische Unterabteilungen geteilt. Die Seen eines Landes sind durchlaufend numeriert, innerhalb der Unterteilungen alphabetisch geordnet. Die Tabelle beginnt mit A. Deutschland, 1. Die baltische Seenplatte. Die erste Spalte nach dem Namen des Sees bringt die Meereshöhe in m, die zweite das Areal in ha, dann folgen größte und mittlere Tiefe, Volumen in Mill. cbm, mittlere Böschung, Umfang in km, Umfangsentwicklung, Zahl der Lotungen, a) überhaupt b) für den qkm, Maßstab der vorliegenden Tiefenkarte, Jahr der Auslotung, der Name des Verfassers, der Ort der Veröffentlichung und eine Spalte Bemerkungen, so daß im ganzen 16 Spalten ausgefüllt sind. Die Berechnung der morphometrischen Werte ist in den meisten Fällen durch Halbfaß selbst

---

[1]) Jahrgang 1903, Nr. 8, 9, 10; 1904, Nr. 3.

erfolgt, die benutzten Methoden werden im Vorwort angegeben.

Den Tabellen folgen einige Nachträge für Ostpreußen, Westpreußen und Brandenburg, dann Bemerkungen, die namentlich auf auffallende Lücken unserer Kenntnis hinweisen und hoffentlich Nutzen für Neuauslotungen bringen werden. In einem Schlußabschnitt stellt dann Halbfaß einige seiner Resultate zusammen. Er führt auf: 1. die über 200 m tiefen Seen, 2. diejenigen mit über 100 m mittlerer Tiefe, 3. Die Seen mit über 1 cbkm Volumen, 4. die mit über 100 km Uferlänge, 5. diejenigen mit auffallend starker Böschung. Es sei gestattet, die Tabelle der tiefsten Seen Europas hier wiederzugeben:

Name	Tiefe in m	Name	Tiefe in m
Hornindalsvatn	486	Tyrifjorden	281
Mjøsen	452	Breimsvatn	273
Salvatn	445	Brienzer See	259
Tinnsjø	438	Boden-See	252
Comer See	410	Iseo-See	251
Lago Maggiore	372	Totak	250
Garda-See	346	Rosvatn	250
Loch Morar	329	Loch Neß	238
Vandvatn Övre	327	Hornalvan	221
Oenfer See	310	Thuner See	217
Landevatn	310	Bygdin	215
Storsjo in Rendalen	301	Vierwaldstätter See	214
Luganer See	288	Bandakvatn	211
Ochrida-See	286		

Die »Morphometrie der europäischen Seen« von Halbfaß bezeichnet einen wichtigen Abschnitt in der Entwicklung der modernen Seenkunde. Alle weiteren Arbeiten haben zunächst die Lücken, auf welche er hinweist, auszufüllen. Manches ist inzwischen bereits geschehen, Halbfaß beabsichtigt, diese neuesten Ergebnisse in einer zweiten Auflage seiner Schrift zu verarbeiten, die als besonderes Buch Ende des Jahres erscheinen soll. Sie wird auch manche kleine Versehen noch verbessern, die bei dem ungeheuren Zahlenmaterial dieser ersten Ausgabe naturgemäß anhaften. Dann wird seine »Morphometrie« ein unentbehrliches Repertorium für jeden Seenforscher sein.

Dr. Gustav Braun-Königsberg i. Pr.

Hamburgs Handel von Antwerpen überflügelt? Nach einer Notiz im Juniheft der »La Géographie«, dem in Paris erscheinenden Organ der Pariser Geographischen Gesellschaft, wäre der Tonnengehalt der Einfuhr Hamburgs im Jahre 1903 von demjenigen Antwerpens überflügelt worden, denn jener betrug Cuxhaven mit eingerechnet 9 156 000 t, ohne Cuxhaven aber nur 9 043 000 t, während die Einfuhr Antwerpens auf 9 133 000 t belief. Nach der vom Department of Commerce and labour in Washington aufgestellten Statistik hätte im Jahre 1902 Antwerpen den dritten Rang unter den Handelsstädten der Erde eingenommen; an der Spitze stand London mit 17 564 108 t, es folgte New-York mit 17 398 058 t und darauf kam schon Antwerpen mit 16 721 011 t Einfuhr und Ausfuhr zusammen genommen. Demnach hätte Hamburg erst an vierter Stelle gestanden.

Dr. W. Halbfaß-Neuhaldensleben.

Die Quellen von Langensalza und Mühlhausen in Thüringen hat der Bezirksgeolog Dr. Erich Kaiser zum Gegenstand einer Studie gemacht, die sich auch mit den hydrologischen Verhältnissen der weiteren Umgebung befaßt [1]). Beide Städte liegen in der am weitesten nach Nordwesten vorgeschobenen Keupermulde Thüringens nahe der Muldenmitte, an kurzen, aber wasserreichen Bächen dicht vor ihrer Mündung in die Unstrut. Die Wasserfülle der Bäche liefert die nötige Kraft für zahlreiche gewerbliche Unternehmungen. Noch heute setzen die Bäche Kalktuff ab, wie denn auch die beiden, selbst in ihrer äußeren Erscheinung manche Ähnlichkeiten bietenden Städte auf Kalktuffablagerungen aufgebaut sind.

Durch Mühlhausen fließt der Popperöder Bach, der 2,5 km südwestlich von der Stadt aus drei Hauptquellen sich zusammensetzt; sie liefern zusammen täglich 14 000 cbm, also 160 l in der Sekunde. In ebenfalls 2,5 km Entfernung von Langensalza liegen die Quellen der Salza, über ihre reiche Wasserführung liegen jedoch keine Angaben vor. Obgleich selbst benachbarte Quellen eines Quellgebiets recht verschiedenes Wasser liefern, sind doch die beiden Gebiete so ähnlich, daß der Gedanke nahe liegt, eine Linie zu verbinden. Eine solche in herzynischer Richtung verlaufende Linie oder besser Zone von den »Golken«, den Salzaquellen, nach Popperode trifft unterwegs mehrere Erdfälle, ihre Verlängerung nach Nordwesten und Südosten hin wird noch durch Störungen angedeutet, sodaß sich die ganze Zone als Streifen intensiver Zerklüftung ansehen läßt, die man eine größere Zahl meist paralleler Sprünge mit geringer Sprunghöhe auftreten.

Nun wird die von der oberen Unstrut durchflossene Keupermulde im Südwesten von dem Muschelkalkrücken des Hainich begrenzt. Mittlerer und unterer Muschelkalk bilden seine Höhe und seinen Westabhang, der Ostabhang besteht fast ganz aus oberem Muschelkalk, und mit sanftem Einfallen nach Nordosten lagert sich nach Osten zu auf diesen erst der untere und weiterhin die mittlere Keuper auf, aber durch diluviale Überdeckung meist verschleiert. Parallel mit der Golken-Popperöder Linie ziehen sich am Osthang des Hainich Reihen von Erdfällen hin, deren Entstehung schon früher auf Auslaugung von Gips und Steinsalzlagern des mittleren Muschelkalks zurückgeführt worden ist. Aus einigen dieser Erdfälle entspringen ebenfalls starke Quellen, aber meist in größerem Abstand von einander, anscheinend auch unabhängig selbst von benachbarten Austrittsstellen. Auch hier sind Störungsrichtungen und Klüftungszonen weiter-

---

[1]) Erich Kaiser, Die hydrologischen Verhältnisse am Nordostabhang des Hainich im nordwestlichen Thüringen. (Jahrbuch der Kgl. Preuß. Geologischen Landesanstalt und Bergakademie zu Berlin für das Jahr 1902; Band XXIII, S. 323—341; 1903).

hin über die Grenzen des Gebiets zu verfolgen, sodaß auch die parallele Golken-Popperöder Linie nur als die am weitesten nach Nordosten vorgeschobene und zugleich in der geringsten Meereshöhe ausstreichende Linie dieses ganzen Systems angesehen werden kann.

Nicht geringe Schwierigkeit bietet aber die Frage nach der Herkunft des hier zutage tretenden Wassers. Am nächsten läge es, seinen Ursprung auf den Höhen des Hainich zu suchen, von wo es längs der Schichtfugen zwischen durchlässigen und undurchlässigen Gesteinen, wie solche namentlich der mittlere Muschelkalk in reicherem Wechsel aufweist, oder innerhalb der stärker zerklüfteten Schichten des unteren Muschelkalks nach Nordosten abfließt, bis es auf einer der Querspalten wieder auf‹steigen kann. Gegen eine solche allgemeine Zirkulation spricht aber die Unabhängigkeit selbst benachbarter Quellen in Wasserführung und chemischer Zusammensetzung. Auf der anderen Seite käme die Herleitung von Nordwesten her, von den Höhen des Eichsfeldes, längs der einzelnen Klüftungszonen in Frage. Eine Entscheidung über diese Frage steht noch aus und muß von weiteren Untersuchungen an den einzelnen Quellen selbst erwartet werden.

Bemerkenswert ist die jahreszeitliche Schwankung der Wassermenge. Die erwähnten Quellen bei Mühlhausen, sowie die im Jahre 1901 in der Nähe von Popperode neu entstandene Thomasquelle, die aus einem 56 m tiefen Quellbecken nach wiederholter Tieferlegung des Abflusses zuletzt täglich über 20000 cbm lieferte, zeigen sämtlich ein Maximum der Wasserführung, soweit die Beobachtungen reichen, in der ersten Jahreshälfte, meist im Mai und Juni, während das Maximum des Regenfalls im Juli liegt. Sollte wirklich eine Verzögerung des Abflusses um volle $3/4$ Jahre anzunehmen sein? Die geringste Wassermenge wird durchgehends im November verzeichnet. Die höher am Gehänge des Hainich austretenden Quellen trocknen regelmäßig im Sommer aus.

Gymn.-Dir. Dr. W. Schjerning-Krotoschin.

Die Eisenproduktion der Erde im Jahre 1903. Die Gesamtproduktion betrug nach Quest dipl. et col.:

1901	. . . .	39,84 Mill. Tonnen
1902	. . . .	43,08 „ „
1903	. . . .	45,97 „ „

Davon entfallen in Millionen Tonnen auf:

	1901	1902	1903
Vereinigte Staaten	15,09	17,56	18,31
Deutschland	7,79	8,54	10,09
Großbritannien	7,66	8,44	8,91
Frankreich	2,89	2,40	2,83
Rußland	2,78	2,91	2,46
Österreich-Ungarn	1,28	1,40	1,72
Belgien	0,77	1,10	1,30
Schweden	0,52	0,52	0,5	*Hk.*

Marcus Island, eine kleine bis zu ca 25 m ansteigende Südseeinsel in 24° 14′ N 154° O, deren Besitz zwischen Japan und den Ver-

einigten Staaten strittig war, ist den letzteren zugesprochen worden. 　　*Hk.*

Aves Island, eine kleine etwas abseits vom westindischen Inselkranz unter 13° 38′ N 63° 36′ W liegende Insel, ist von England in Besitz genommen worden. 　　*Hk.*

Die Kabel der Erde. Nach der neuesten Veröffentlichung des internationalen Bureaus der Telegraphenverwaltungen (Nomenclature des Cables formant le Réseau sous-marin du Globe, 9e Éd. Oct. 1903) beträgt die Zahl sämtlicher Kabel der Erde 2003 mit einer Länge von 412030 km, von denen 381 mit 346964 km in privatem und 1622 mit 65066 km in staatlichem Besitz sind. Auf Deutschland entfallen vier Kabel mit 13350 km Länge. 　　*Hk.*

II. Geographischer Unterricht.

Ein seltsamer Angriff auf den naturwissenschaftlichen Unterricht im höheren Lehrwesen. Ein Angriff, der durchaus der Abwehr bedarf, findet sich in einem »Über die häusliche Lektüre unserer Schüler« überschriebenen kleinen Aufsatz von Prof. H. Kummerow. Er ist doppelt bedenklich, weil er von dem schultechnischen Mitglied eines Provinzialschulkollegiums herrührt und weil er in der »Monatsschrift« (III, 297 ff), mit der wir sonst so oft unsere Übereinstimmung feststellen können, Aufnahme gefunden hat.

Der Verfasser beklagt auf den ersten Seiten die sittlichen Schädigungen, die der Jugend aus der Beschäftigung mit der modernen Literatur (ästhetischer wie philosophischer Art) erwüchsen und die Stärke, mit der gerade die begabten Jünglinge sich zu solcher Geisteskost hingezogen fühlten. Geschieht dies nun auch gerade nicht von sonderlich hoher Warte, und sticht das Klagelied etwas ab von der Art, wie z. B. ein Lagarde die Frage nach dem Idealismus der Jugend in ihrer Tiefe gepackt und zu lösen versucht hat, so ist es doch das nicht, wodurch wir uns ernsthaft beschwert fühlen könnten. Dies ist gegeben in der Angabe der Ursachen der beklagten Übelstände. Sie seien nämlich neben der allgemeinen Unruhe und Nervosität der Zeit in der »modernen Entwicklung« unserer höheren Schulen gefunden.

»Es ist wahr«, heißt es darüber wörtlich, »die Erfahrungswissenschaften, insbesondere die verschiedenen Zweige der Naturwissenschaft haben sich in den Lehrplänen je länger desto mehr eine bevorzugte Stellung (!) erworben. Ihre Untersuchungsmethoden sind Zählen, Messen, Wägen; ihr Ziel ist Erkenntnis der äußeren Welt und ihrer Gesetze; sie lehrt die Natur beherrschen. Dagegen tritt die Pflege des Gemüts und der Phantasie, die Teilnahme für die idealen Güter der Menschheit entschieden zurück«. So entstände, meint Kummerow, eine verhängnisvoll einseitige Verstandesbildung. Diese sei wiederum die »Wiege des Skeptizismus«,

›der bei edleren Naturen gern in einen welt-verachtenden und weltflüchtigen Pessimismus umschlägt.‹ ›Ebenso führt er aber auch... zu einem Absterben jeder Begeisterung und un-eigennütziger Hingabe an ideale Zwecke. An ihre Stelle tritt eine utilitaristische Weltanschau-ung, ein nackter Egoismus, der als oberstes Prinzip das schrankenlose Recht des Sichhinaus-lebens für die eigene Person in Anspruch nimmt. So ist der Boden hergerichtet, auf dem das Unkraut der Lehren eines H ä c k e l, H a r t m a n n, Schopenhauer und N i e t z s c h e wuchern und lustig gedeihen kann.‹

Es könnte locken, diesen ganzen Rattenkönig von Schiefheiten und Viertelswahrheiten ent-wirren zu wollen; ich verzichte darauf — hier ist ja auch nicht der Ort dazu. Ich frage nur: Wie kommt der Verfasser dazu, Männer wie N i e t z s c h e und S c h o p e n h a u e r, die ganz und gar aus der h u m a n i s t i s c h e n Geisteskultur herausgewachsen sind, und deren einer sogar Lehrer und Professor der alten Sprachen war, deren Schriften man es auf Schritt und Tritt anmerkt, daß ihr vielleicht größter Mangel e i n e durch naturwissenschaftliche Geistes-zucht zu wenig in Schranken gehaltene Phantasie gewesen ist, in dieser Weise gerade mit der Geistesrichtung zusammenzukoppeln, mit der sie am wenigsten innerlich zu tun gehabt haben?

Ich frage aber ferner: Was berechtigt ihn, die Lebensarbeit eines ansehnlichen Teiles seiner Berufsgenossen für diese Schäden verantwortlich zu machen, die, mögen sie existieren oder nicht, jedenfalls von ihm behauptet und auf das schärfste beurteilt werden? Denn, man beachte wohl: nicht etwa naturwissenschaftliche Strömungen außerhalb der Schule, sondern ›die bevorzugte Stellung‹, die ›die verschiedenen Zweige der Naturwissen-schaft je länger desto mehr in den Lehrplänen erworben haben‹, sie wird ausschließlich als ›zweiter Grund für die behauptete unerfreuliche Tatsache‹ hingestellt. Also ganz allein die Ar-beit der naturwissenschaftlichen Lehrer an der deutschen Jugend ist es, die in dieser eindeutigen Form an den Pranger gestellt wird.

Und ich frage drittens: Wie kommt ein ›Schultechniker‹ dazu, von einer ›be-vorzugten Stellung‹ der verschiedenen Zweige der Naturwissenschaft zu reden? Rechne ich Sprachen, Religion und Geschichte als sprachlich historische Fächer, Mathematik, die eigentlichen Naturwissenschaften und Geo-graphie, trotz der Bestimmungen der Prüfungs-ordnung und trotzdem, daß in der überwiegen-den Mehrzahl der Fälle die Erdkunde in den Händen von Philologen liegt, also kaum ihren ätzenden ›Skeptizismus und bei edleren Na-turen Pessimismus‹ zeitigenden Einfluß aus-üben kann, als Naturwissenschaften im weitesten Sinne, daneben drittens die technischen Fächer, so stehen sich die drei Gruppen an den

humanistischen G y m n a s i e n mit ca 72, 23 u. 5%; an den Realgymnasien „ „ 61, 31 „ 8%; „ „ Oberrealschulen „ „ 55, 37 „ 8% Stunden gegenüber.

Das heißt, es gibt keine höhere Schul-gattung, an der nicht die sprachlich-historischen Fächer allem anderen gegenüber sich in der bevorzugten Stel-lung befinden, selbst die Anstalten, die man trotz dieses Umstandes als ›Realanstalten‹ zu bezeichnen pflegt, nicht ausgenommen.

Diese Bevorzugung ist aber noch viel stärker als obige Zahlen allein verraten: Denn wenig-stens an den humanistischen Gymnasien ändert sich das Verhältnis nach oben hin, wo auch für Kummerow der Schwerpunkt der Entwick-lung liegt, noch mehr zugunsten der sprachlich-historischen Fächer; die humanistischen Gym-nasien befinden sich in erdrückender Überzahl gegenüber den anderen Anstalten, schon nach den Anstalten gerechnet, noch mehr nach den Oberklassenschülern; und neuerdings hat nun auch noch die Reformanstalten das Ihre, die Naturwissenschaften noch mehr zu unterdrücken.

Wenn alle diese Dinge dem Schul-techniker unmöglich unbekannt sein können, wie ist dann anderseits seine Behauptung erklärbar?

›Die Persönlichkeit des Lehrers muß dem Schüler Vorbild... idealer Lebens-auffassung sein . . . Lauterste Wahr-haftigkeit, ... Gerechtigkeit und Wohl-wollen müssen sich in ihm verkörpern und immer aufs neue bewähren.‹ Auch das ist ein Zitat aus Kummerows Aufsatz. Vollste Gutgläubigkeit dem Verfasser gern zugegeben; aber kann er sich denken, daß auch nur einer der die Naturwissenschaften an den Schulen vertretenden Kollegen gerade diese drei Tugenden in Kummerows Angriff auf ihr Lebenswerk in vorbildlicher Form zum Ausdruck gebracht finden wird?   H. F.

Geographische Bilder.

Im Anschluß an die Ausführungen von Dr. Seb. Schwarz im Juli-heft ist ein Hinweis auf eine eigenartige Organi-sation, die weitesten Kreisen umfangreiches An-schauungsmaterial zu vermitteln bestimmt ist, nicht ohne Interesse. Eine Sammlung von Photo-graphien, die sich Professor Bickmore vom American Museum of Natural History zunächst zu seinem persönlichen Gebrauch bei geographi-schen Vorträgen angelegt hatte, ist allmählich zu einer, für die Schulen des Staates sehr wichtigen und segensreichen öffentlichen Einrichtung ge-worden. Die Regierung stellt zur Vervollständi-gung der Sammlung jährlich bedeutende Geld-mittel zur Verfügung mit der einzigen Bedingung, daß die Bilder dem Unterricht in den Staats-schulen zugänglich gemacht werden. Gegen-wärtig enthält die Sammlung 21 000 Bilder, die sich auf 300 Serien verteilen. — Ähnliche Zwecke verfolgen zwei französische Gesellschaften, die

Société Nationale des conférences populaires und die Société Havraise. Mit staatlicher Beihilfe haben sie gegen 120000 Bilder gesammelt, die sie in den Schulen ganz Frankreichs und seiner Kolonien umlaufen lassen. Vielleicht liefern die angeführten Beispiele einen Fingerzeig für die Verwirklichung der Schwarzschen Vorschläge. Nur ein Bedenken kann ich nicht unterdrücken: steht der Verwaltungsapparat, der unzweifelhaft notwendig ist, wenn die Einrichtung dauernd funktionieren soll, im Verhältnis zum erreichbaren Erfolg?   *Hl.*

Gedanken eines Vaters zur Gymnasialsache nennt Ludwig v. Sybel eine kleine, der 12. Generalversammlung des Gymnasialvereins gewidmete Schrift (Marburg 1903, 54 S.), welche in dem Abschnitt »wichtige Nebensachen« manchen hübschen Wink enthält. In der »Sache« versagt sie völlig. »Die Vereinigung von physischer und historischer Erdkunde in einer Hand wird eine widernatürliche Ehe (!) genannt (49), der philologisch geschulte Geschichtslehrer ist am Ende auch ohne naturwissenschaftliches Fundament imstande, die Kulturbedeutung eines Wasserlaufs ... zu würdigen« (S. 50). Ja wenn das noch nicht Dilettantismus ist, was ist denn noch welcher? (vgl. Uhligsche These 5, Geogr. Anz. 1903, S. 180). Ganz dürftig ist auch das S. 53, 54 über »physische Erdkunde« gesagte. Was für ein weltfremder Geist im ganzen herrscht, dafür spricht schon sein Vorschlag, die Stellung von Latein und Griechisch zu vertauschen. Man sollte solche Schriften, die eine Verständigung nur erschweren können, nicht so loben, wie es an einigen Orten geschehen ist.   *H. F.*

In den Grundfragen der Mädchenschulreform (Berlin 1903, Moeser, S. 16) gibt Helene Lange eine sachlich und ruhig gehaltene Darlegung von besonnen reformatorischem Standpunkt. Wir können hier indessen ihrem Inhalt nicht näher treten. Beachtung verdient die Ausführung (S. 11), in der die bei »halbgebildeten Frauen beobachtete unbegrenzte Hochachtung vor der sog. naturwissenschaftlichen Weltanschauung« als verschuldet hingestellt wird durch den in dem Lehrplan begründeten Zwang für den Lehrer, im allgemeinen nur fertige Resultate darzubieten. Mir scheint, daß diese sog. naturwissenschaftliche Bildung, mit anderen Worten blödester Materialismus, auch beim Halbgebildeten des anderen Geschlechts durchaus zuhause ist und seine stärksten Mängel just in demselben Unglück, der unzureichenden Stellung der Naturwissenschaften im Lehrplan der höheren Knabenschule hat. Sie, zum mindesten Biologie und Geographie sind auch an ihnen »Stiefkinder«, auch an ihnen kommt der Unterricht nur zu oft »über etwas Spielerisches nicht hinaus«.   *H. F.*

Verteilung des erdkundlichen Lehrstoffs. »Über die Verteilung des erdkundlichen

Lehrstoffs in den Oberklassen der Oberrealschule« gibt Dir. V. Steinecke-Essen in der »Monatschrift« einige gehaltvolle Winke. Besonders ist hervorzuheben, daß er »geologischen Ausflügen« das Wort redet und, seine Anforderungen an die wissenschaftliche Bildung des Lehrers so hoch ansetzt, daß nur »Fachgeographen« ihnen gerecht werden zu können hoffen dürfen. Hierin liegt das wertvollste seiner Anregung. Schade nur, daß das ungeheure Mißverhältnis zwischen höheren Schulen mit Erdkundeunterricht in den Oberklassen und solchen ohne diesen seine Anregung auf einen so winzigen Kreis von Schulen beschränkt.   *H. F.*

Einen ausführlichen Stoffplan für den Unterricht in der Erdkunde für die achtklassige Bürgerschule zu Markneukirchen entwirft Dir. Göhler in der Zeitschrift »Aus der Schule — für die Schule« (Jahrg. XV, Heft 4, S. 159—168. Leipzig, Dürrsche Verlagshandlung). Der Stoff ist folgendermaßen angeordnet: Kl. VI (3. Schuljahr): Heimatkunde (der südlichste Teil des Vogtlandes), Klasse V: Vaterlandskunde (Königreich Sachsen: a) natürliche Landschaften, b) politische Verhältnisse). Kl. IV: Deutschland. Kl. III: Europa. Wiederholung von Deutschland. Kl. II: Globuslehre und die außereuropäischen Erdteile. Kl. I: Allgemeine Erdkunde und Betrachtung von Sachsen und Deutschland unter Hervorhebung der wirtschaftlichen Verhältnisse. Näher ausgeführt ist der Stoffplan für Kl. VI und V; er enthält auch Angaben über die methodische Behandlung.
Sem.-Lehrer A. Gieseler-Soest.

Programmschau.

»Die Dauer der Dämmerung auf der Erdoberfläche«, berechnet von Joseph Gallenmüller, kgl. Gymnasialprofessor (Humanistisches Gymnasium Aschaffenburg 1899/1900, 8°, 24 S.). Der Verfasser weist in der Einleitung seiner Abhandlung auf die Tatsache hin, daß unsere Kalender wohl die Zeiten für den Auf- und Untergang der Sonne, aber keine Angaben über die Dauer der Dämmerung enthalten. Die Dämmerung verlängert aber den Tag um ein beträchtliches, sei es, daß man darunter die bürgerliche, während welcher man Gedrucktes noch gut lesen kann, oder die astronomische Dämmerung versteht, die erst mit Eintritt der völligen Dunkelheit ihren Anfang resp. ihr Ende erreicht. Da erst durch Hinzunehmen der Zeiten für die Dämmerung zu den Tageslängen der Wert eines jeden Tages zu beurteilen ist, so hat sich der Verfasser, um eine Lücke in unseren Kalendern auszufüllen, der Mühe unterzogen, sowohl analytisch wie numerisch zu berechnen: 1. die Dauer der Dämmerung, 2. die wahren Zeiten des wahren Auf- und Untergangs der Sonne, 3. das Maximum und Minimum der Dauer der Dämmerung. Die Berechnungen werden sowohl für die astronomische als bürgerliche Dämmerung durchgeführt, indem für Anfang resp. Ende der ersteren eine Sonnenhöhe von —18°, für letztere eine solche von —7° den Rechnungen zu grunde gelegt wird. Die zahlreichen Tabellen enthalten die Rechnungsergebnisse für die geographischen Breiten von 0° bis 90° von 5 zu 5 Grad fortschreitend, ferner für die Deklinationen: —23° 27′ (21. Dez.), —15° 36′ (6. Febr. und 5. Nov.), —7° 49′ (1. März und 13. Okt.), 0° 0′ (21. März und 23. Sept.), +7° 49′ (10. April und 3. Sept.), +15° 38′ (3. Mai und 10. Aug.), +23° 27′ (21. Juni). Zum Schlusse werden die zunächst für die nördliche Halbkugel berechneten Resultate noch auf südliche Breiten übertragen und auch für diese übersichtlich zusammengestellt. Die Arbeit gibt interessante Einzelheiten und ist allen Freunden der Kalenderkunde und mathematischen Geographie zur Lektüre bestens zu empfehlen. *Dr. G. Bree-Soren.*

Über die Pflege des Heimatsinnes von Wilhelm B u s c h. (Programmbeilage. Gymnasium Friedenau 1901. 22 S., 4°.) »Daß es in der Gegenwart kaum eine nationalere Aufgabe gibt als die Erweckung des Heimatsgefühls (S. 10)« hat der Verfasser mit herzerfreuender Wärme ausgeführt; im ganzen sind seine Ausführungen mehr allgemeiner Art und berühren die verschiedensten Lebensgebiete. Was speziell die Schule im Unterricht für den Heimatsinn tun kann, will B. erst in einem späteren Hefte erörtern. Bedeutsam scheint mir in dieser Hinsicht, daß auch er (S. 17) darauf hinweist, daß der Erdkunde- und Naturgeschichtslehrer mit einer Stunde für seine Ausflüge nicht auskommen kann, daß man also mehrere Stunden zusammenlegen soll; das geht, wenn der Ausflug verschiedenen Zwecken zugleich dient.
Dr. Sebald Schwarz-Dortmund.

Persönliches.

Ernennungen.

Der ao. Prof. für Meteorologie und Klimatologie an der böhmischen Univ. in Prag, Franz Augustin zum ord. Professor.

Der Chef Kolonialadministrator Decazes zum Offizier der Ehrenlegion.

Léon Desbuissons, Geograph des franz. Ministeriums des Auswärtigen, und der franz. Konsul in Baku, Claine, sind in die Ehrenlegion aufgenommen.

Dr. G. K. Gilbert vom U. S. Geological Survey z. auswärtigen Mitgl. der Accademia dei Lincei in Rom.

Prof. G. P. Grimsley zum Assistant-Geologist von West-Virginien.

Berufungen.

Der Prof. der Geogr. am Züricher Polytechnikum Dr. J. Früh, hat einen Ruf nach Bern abgelehnt.

Der Privatdozent für Geographie an der Universität Bonn, Prof. Dr. Alfred Philippson, als ord. Professor an die Universität Bern.

Geogr. Anzeiger, Dezember 1904.

Auszeichnungen.

Auszeichnungen.

Dem ständigen Mitarbeiter beim Meteorologischen Institut in Berlin, Prof. Berson, das Ritterkreuz 1. Klasse des Kaiserl. japanischen Verdienstordens der aufgehenden Sonne.

Dem ord. Prof. der Astronomie, Geh. Reg.-Rat Dr. Foerster, der Rote Adlerorden 2. Klasse mit Eichenlaub.

Dem Direktor des Kaiserl. statistischen Amtes, Geh. Reg.-Rat Herzog der Rote Adlerorden 2. Kl. mit Eichenlaub.

Dem Polarforscher R. E. Peary wurde auf dem Bankett des internationalen Geographenkongresses in New York am 14. Sept. die Goldene Medaille der Pariser Geogr. Gesellschaft durch deren Präsidenten Cordier überreicht.

Dem Prof. der semitischen Sprachen, Geh. Reg.-Rat Dr. Sachau in Berlin, der türkische Medschidschieorden 1. Klasse.

Dem Abteilungs-Vorsteher im Meteorologischen Institut, Prof. Dr. Sprung in Berlin, der Kgl. preuß. Kronenorden 2. Klasse.

Dem Abteilungs-Vorsteher an der deutschen Seewarte, Prof. Dr. Stechert in Hamburg, der Rote Adlerorden 4. Klasse.

Dem Abteilungs-Vorsteher im Meteorologischen Institut, Prof. Dr. Süring in Berlin, der Rote Adlerorden 4. Klasse.

Todesfälle.

Bartels, Maximilian, Geh. Sanitätsrat, Prof. Dr., Anthropolog und Ethnograph, langjähriger Sekretär der Berliner Anthropologischen Gesellschaft, geb. 1843 in Berlin, gest. ebenda im Oktober 1904.

Berger, Hugo, Dr., ao. Prof. der Geschichte der Erdkunde an der Univ. Leipzig, geb. 6. Okt. 1836 zu Gera, gest. am 27. Sept. 1904 in Leipzig.

Bishop, Mrs Isabella, die sich durch ihre zahlreichen Reisen in Korea, Japan, China, Tibet und Persien einen Namen gemacht hatte, geb. 15. Okt. 1832, starb am 7. Okt. 1904 in Boroughbridge Hall.

Junger, François, Major und Congoforscher, geb. 1851 in Arlon, gest. 7. Oktober 1904 in Ixelles.

Jurisch, Max, Surveyor General der Kapkolonie, geb. 13. Januar 1842 in Jamnal, Kreis Orsudenz, gest. 20. August 1904 in Berlin.

Lemström, Karl Selim, Dr., Prof. der Physik in Helsingfors, einer der Teilnehmer der ersten großen Nordenskiöldschen Expedition nach Spitzbergen (1868) gest. 2. Oktober 1904 im Alter von 66 Jahren.

Meyer, Carl Friedrich, Dr. Prof., Oberlehrer an der Friedrich-Wilhelm-Schule in Stettin, geb. in Quedlinburg 1840, gest. in Stettin im Oktober 1904.

Rascher, Peter M., der Leiter der Missionsstation St. Paul auf der Gazellehalbinsel, wurde am 13. August 1904 von Eingeborenen überfallen und getötet.

Der Forstmeister und frühere Professor der Mathematik und Geodäsie an der Forstakademie zu München in Hannover, Scherling, starb in Genthin im Alter von 70 Jahren.

Schlagintweit, Emil, bekannt durch sein großes Werk »Indien in Wort und Bild«, geb. in München 7. Juli 1835, starb am 21. Okt. 1904 in Zweibrücken.

Thierry, Gaston, Hauptmann in der Schutztruppe für Kamerun, früher eine Reihe von Jahren Stationsleiter in Togo, wurde 16. September 1904 bei Muhi durch einen Pfeilschuß getötet.

Taners, Karl, Hauptmann a. D., Reiseschriftsteller, geb. 9. Juni 1849 zu Landshut, gest. 5. Oktober 1904 in Lindau. *Hh.*

18a

Geographische Nachrichten.

Gesellschaften.

In England hat sich eine neue Gesellschaft gebildet, die den Namen »The Morocco Society« führt und ihren Sitz in London hat. Sie will dahin wirken, daß erstens die von Frankreich übernommenen Verpflichtungen bez. der Gleichberechtigung des Handels aufrecht erhalten werden und daß zweitens der Handel Großbritanniens, seine wirtschaftlichen Interessen und seine Schiffahrt in der Weiterentwicklung nicht gehemmt werden. Der Mitgliedsbeitrag beträgt für das erste Jahr 1 £ 1 s, für jedes weitere 10 s 6 d. (Deutsche Monatsschrift 2 [1904] S. 194).

Der 14. Kongreß der schweizerischen Geographischen Gesellschaften hat vom 28.—30. Oktober in Neuchâtel getagt.

Die schweizerische Naturforscher-Gesellschaft schreibt ein Reisestipendium von 5000 Fr. aus, welches einem Naturwissenschaftler die Ausführung wissenschaftlicher Arbeiten im botanischen Institut zu Buitenzorg während des Winters 1905/6 ermöglichen soll. Die endgültige Festlegung des Reise- und Arbeitsplanes bleibt gegenseitiger Verständigung vorbehalten, das Arbeitsgebiet ist nicht ausschließlich auf Buitenzorg und auf Botanik beschränkt. Bewerbungen sind bis spätestens zum 21. Dezember 1904 an Prof. Dr. C. Schröter, Zürich V einzusenden.

Zeitschriften.

Unter Redaktion von Dr. Waldemar Belck in Frankfurt a. M. und Ernst Lohmann in Freienwalde a. O. erscheint unter Mitwirkung von Prof. Hilprecht, Ramsay, Sayza, A. Wirth u. a. eine neue Zeitschrift für Orientforschung unter dem Titel »Anatole«. Sie wird von Max Ruper in Freienwalde a. O. verlegt und soll in zwanglosen Heften ausgegeben werden.

In New York erscheint seit September eine neue Zeitschrift unter dem Titel »El Americano. Revista de las Americas, Decenario de intereses generales Pan-Americanos«. Sie wird C. Zumeta redigiert, von einer eigenen Gesellschaft verlegt und kostet jährlich 2.50 $, für das Ausland 3.00 $.

Die Sociedad Geografica è Historica de Santa Cruz-Bolivia gibt ein neues Boletin heraus, von dem bisher zwei Nummern erschienen sind.

Als »Organo del Sindicato Español del Norte de Africa« erscheint in Tanger eine neue spanische Zeitschrift unter dem Titel »El Africa Española«. Sie erscheint monatlich und soll die spanischen Ansprüche in Marokko kräftig vertreten.

Das Meteorol. Zentral-Observatorium von Japan hat die Veröffentlichung einer neuen Serie von Bulletins begonnen, in denen meteorologische und verwandte Untersuchungen von Mitgliedern des Stabes des Observatoriums veröffentlicht werden sollen.

Grenzregelungen.

Die Nordgrenze des französischen Saharagebiets wird nach dem Bulletin offiziell durch folgende Punkte bestimmt: Figuig, Oued Chegged, El Abid, Oued el Onazzani, Oued el Abiodh bis Aïn Sidi Dehar, Kamm des Djebel el Mahdjeb bis El Ahmar; Oued Mongheul und Oued Talzaza bis zu seinem Zusammenfluß mit dem Oued Guir.

Eisenbahnen.

Europa. Die Stubaitalbahn. Durch die feierliche Eröffnung der Stubaitalbahn, die bereits am 31. Juli d. J. stattgefunden hat, wurde eines der schönsten Täler der Alpen dem Weltverkehr zugänglich gemacht. Die elektrisch betriebene Bahn ist 18 km lang und verbindet Innsbruck—Wilten mit Fulpmes; es dürfte nicht nur der Touristenverkehr, sondern auch die alte Eisenindustrie der Gegend von dieser am 1. August d. J. dem regelmäßigen Verkehr übergebenen Bahnstrecke großen Nutzen haben. *G. W.*

Die Vintschgaubahn. Die Fertigstellung dieser wichtigen Bahnlinie, die schon vor dem 1. Juli 1906 eröffnet werden soll, ist gesichert; zunächst wird die Linie Meran—Mals, dann ohne Verzug die Strecke Mals—Nanders und bald darauf die Strecke Nanders—Landeck ausgebaut werden. Durch die erwähnte Fortsetzung der Bahn bis Landeck wird der Anschluß an die Arlbergbahn erreicht. *G. W.*

Von der Petersburg—Witebsker Linie sind die Strecken Zarskoje Selo—Dno (223 km) und Nowossokolniki—Witebsk (147 km) dem Verkehr übergeben worden.

Asien. Der Bau der Eisenbahn Orenburg—Taschkent steht kurz vor der Vollendung, wenn auch die offizielle Eröffnung erst für Mitte 1905 vorgesehen ist. Durch die neue Strecke wird die mittelasiatische Linie mit dem russisch-europäischen Bahnnetz verbunden. Die Entfernung Moskau—Taschkent erfährt dadurch eine bedeutende Verkürzung: über Orenburg beträgt sie 3286 Werst = 3505 km, während der bisherige Weg über Baku und Krasnowodsk, die Überfahrt über das Kaspische Meer nicht eingerechnet, 4147 Werst = 4425 km betrug.

Die Eisenbahn Canton—Fatschan—Seinam—Samshui ist dem Verkehr übergeben worden.

Der erste Abschnitt der Bagdadbahn, die Strecke Konia—Eregli—Burgulu, ist dem Betrieb übergeben worden.

Afrika. Großes Interesse bietet ein Vergleich der Einnahmen der Ugandabahn nach dem Voranschlag von 1893 und dem wirklichen Ergebnis des Jahres 1902/03 n. d. Railw. Gaz.:

	Voranschl.	Einn.
Pers.- u. Stückgutverkehr	507 500	486 060 M.
Postbeisteuer	20 000	55 220 M.
Verkehr nach der Küste .	330 000	132 240 M.
Verkehr von der Küste .	381 500	1 073 040 M.
Die gesamten Einnahmen	1 240 000	1 746 560 M.

Ein Vergleich der Baukosten der Ugandabahn mit denen anderer afrikanischer Bahnen ergibt folgendes Bild: Es kostete eine Bahnmeile der Ugandabahn 193 998, der Kongobahn 20 432, der Kapbahnen 214 691, der Natalbahnen 224 532, der Goldküstenbahnen 163 296 M.

Schiffahrtslinien, Kanäle.

Schiffahrtslinie Triest—Zentralamerika. Die vereinigte österreichische Schiffahrts-Aktiengesellschaft verpflichtete sich vertragsmäßig von September 1904 bis zum November 1905 monatlich regelmäßige Fahrten von Triest nach einem oder mehreren Häfen der Ostküste von Mexiko und zurück zu unternehmen.

Das Projekt für einen Riga--Cherson-Kanal, der die Ostsee mit dem Schwarzen Meere durch eine für große Seeschiffe befahrbare Wasserstraße verbinden soll, ist von dem russischen Ingenieur W. v. Ruckteschell ausgearbeitet und dem Kaiser unterbreitet worden. Der Kanal benutzt die Flußläufe der Düna und des Dnjepr, die so günstige Bedingungen bieten, daß man den Kanal sogar ohne Schleusenwerke bauen zu können hofft. Die Gesamtlänge des Kanals beträgt 2360 km, von denen 530 km auf die Düna, 106 km auf den Landdurchstich zwischen den beiden Flußläufen und 1724 km auf den Dnjepr entfallen. Die Tiefe des Kanals soll 9½ m, die Sohlenweite 42 m, die Breite an der Oberfläche 80 m betragen. Die Kosten des Kanals werden auf ca 760 Mill. M. veranschlagt, d. h. etwa das fünffache der Kosten des Kaiser-Wilhelm-Kanals, die insgesamt 157 Mill M. betrugen.

Telegraphen und Telephone.

Drahtlose Telegraphie in Montenegro. Die Marconilinie Antivari—Bari wurde am 3. August d. J. eröffnet; damit hat die drahtlose Telegraphie auch in dem früher dem Verkehr so schwer zugänglichen Montenegro ihren Einzug gehalten. *O. W.*

Forschungsreisen.

Europa. T. S. Muir-Edinburg und Dr. J. H. Wigner haben sich nach Island begeben, um das weite, bisher gänzlich unerforschte Eisfeld des Vatua Jökull im SO der Insel zu erforschen.

Asien. Prof. Dr. Dürck hat eine Reise nach Niederländisch Indien angetreten, um dort verschiedene tropische Krankheiten, insbesondere die Beri-Beri-Krankheit zu studieren.

Der bekannte Forschungsreisende Jean Chaffanjon in Wladiwostok gedenkt trotz der durch die Kriegslage hervorgerufenen Schwierigkeiten eine mehrmonatliche Forschungsreise durch Korea auszuführen.

Dr. Alfred Hildebrand, Prof. des Sanskrit an der Universität Breslau, unternimmt eine halbjährige wissenschaftliche Reise nach Indien.

Dr. Ernst A. Bessey vom U. S. Dep. of Agriculture ist nach zweijährigem Aufenthalt im Auslande, während dessen er Rußland, den Kaukasus, Turkestan und Algier im Auftrag des Department bereiste, zurückgekehrt.

Prof. Dr. Rudolf Fitzner von der Universität Rostock wird sich diesen Winter wissenschaftlicher Studien halber in Kilikien aufhalten.

Claudius Madrolle, der im Auftrag der Pariser Geogr. Gesellschaft eine ethnographisch-geographische Forschungsreise im äußersten Osten ausführt, hat in Frühjahr d. J. das nördliche Tonkin und das Grenzgebiet von Kuang-si und Yun-nan besucht. Mitte Mai ist er von Hanoï nach Peking gereist, Herbst und Winter will er ethnographischen Studien im südlichen China widmen.

Afrika. Prof. Dr. C. Uhlig, der Leiter der Ostafrikanischen Expedition der Otto Winter-Stiftung hat, nach einem von Moschi aus an die Berliner Gesellschaft für Erdkunde gerichteten Briefe, in Begleitung von Th. Gunzert und Dr. F. Jäger eine Besteigung des Kibo ausgeführt. Während des dreistündigen Aufenthalts auf dem Gipfel wurden fleißig Messungen angestellt, jedoch reichten Zeit und Kräfte nicht aus, den höchsten Punkt des Kraterwalles, die Kaiser-Wilhelm-Spitze zu ersteigen.

Der Bezirksgeolog Dr. Koert hat sich am 10. Oktober nach Togo begeben.

Unter Führung des Hauptmanns v. Hahnke hat eine aus zwei Trigonometern und sechs Topographen bestehende Vermessungsexpedition die Reise nach Südwestafrika angetreten.

Kapitän Baccari, von dem das Gerücht ging, daß er wahnsinnig geworden sei, ist in guter Gesundheit in Rom angekommen. Er begab sich im Juni 1903 im Auftrag des Königs von Italien nach dem Kongostaat, um eine Zone im Seengebiet zu untersuchen, die dieser der italienischen Regierung zur Kolonisation durch italienische Auswanderer zur Verfügung gestellt hatte. Von anderer Seite wird berichtet, daß sich Baccari durch sein Auftreten im Kongostaat viel Feinde gemacht habe.

Der Service géographique de l'armée française plant die Herstellung einer Karte des französischen Westafrika im Maßstab von 1:500000, die mindestens 60 Blätter umfassen wird. Für einzelne wichtige Gebiete ist ein noch größerer Maßstab in Aussicht genommen. Die Umgegend von Dakar und Saint Louis wird von französischen Geodäten und Topographen aufgenommen. Zur Kartierung der Colonie Côte d'Ivoire soll eine besondere Expedition entsandt werden.

Der lieutenant de vaisseau Mazeran hat seine Aufgabe, die hydrographische Aufnahme des oberen Senegal zwischen Podor und Kayes, gelöst und kehrt nach Frankreich zurück. Die Aufnahmen umfassen 300 Blätter und sollen auf $\frac{1}{15000}$ zum Gebrauch für die Schiffahrt reduziert werden. Ebenso hat die hydrographische Aufnahme des Niger unter Leutnant Le Blevec große Fortschritte gemacht. Le Blevec hat das Gebiet der großen Stromschnellen bei Bamako und Koulikoro aufgenommen. Diese 75 km lange Strecke umfaßt zwölf Pläne in 1:110000. Im ganzen wurde der Niger von Koulikoro bis Mopti, d. h. eine Strecke von ca 300 km aufgenommen.

Amerika. Dr. J. C. White, der Staatsgeolog von Westvirginia, hat eine Reise nach Brasilien angetreten zur Untersuchung der Kohlenfelder in Rio Grande do Sul.

Sr. Cristián Suárez Arana, der Präsident der Sociedad de Estudios Geográficos é Históricos in Santa Cruz-Bolivia unternimmt eine Forschungsreise in die Provinz Ilènes, um den gleichnamigen Fluß und seine hauptsächlichsten Nebenflüsse hydrographisch aufzunehmen.

Die Liverpool School of Tropical Medecine beabsichtigt, gegen Ende dieses Jahres eine zweite Expedition zur Erforschung des Gelben Fiebers an den Amazonas zu schicken.

Polares. Der Herzog von Orléans hat sich an das norwegische Ministerium der Landesverteidigung gewandt, um das Schiff »Fram« für eine L. J. 1905 auszuführende Polarexpedition zu mieten. Das Ministerium hat die grundsätzlichen Bedingungen gestellt, daß Kommandant Sverdrup Führer der »Fram« wird, daß die Expedition die Billigung der norwegischen Autoritäten findet und daß wenigstens ein Teil der wissenschaftlichen Ergebnisse der Universität Kristiania zur Verfügung gestellt wird.

In Argentinien rüstet man ein Schiff, welches den Meteorologen Robert C. Moßman, den Beobachter der auf den Süd-Orkney errichteten meteorologischen und magnetischen Station ablösen soll. Moßmann war der Meteorolog der schottischen Südpolarexpedition und mit einigen argentinischen Gelehrten als Beobachter auf der genannten Station zurückgeblieben. Die Officina Meteorologica Argentina beabsichtigt die Station weiter zu erhalten und sucht einen Nachfolger für Moßman.

Die Bearbeitung der meteorologischen Ergebnisse der Deutschen Südpolarexpedition ist dem Privatdozenten Dr. W. Meinardus in Berlin übertragen worden.

Ozeane. Der Prinz von Monaco hat die Sommerfahrten auf seiner Yacht »Prinzesse Alize« abgeschlossen. Neben allgemeinen ozeanographischen Untersuchungen widmete er der Erforschung der Meteorologie der oberen Luftschichten im NO-Passatgürtel durch Drachenaufstiege besondere Aufmerksamkeit. In seiner wissenschaftlichen Arbeit wurde er von J. Y. Buchanan und Prof. Hergesell unterstützt. *Hk.*

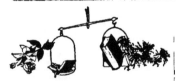

Besprechungen.

I. Allgemeine Erd- und Länderkunde.

Drygalski, Erich v., Zum Kontinent des eisigen Südens. Deutsche Südpolarexpedition, Fahrten und Forschungen des »Gauß«, 1901—1903. 700 S., 400 Abb., 15 Taf. u. Karten. Berlin 1904, Georg Reimer.   18 M., geb. 20 M.

Es ist eine schöne Sitte geworden, daß die Führer großer Forschungsreisen, ehe sie nach jahrelanger, mühevoller Arbeit der Fachwelt ihre wissenschaftlichen Ergebnisse unterbreiten, weiteren Kreisen in lebendiger Erzählung und spannender Darstellung ein anschauliches Bild von dem äußeren Hergang, den Erlebnissen, Freuden und Fährlichkeiten ihrer Fahrt zu entwerfen suchen. Und diese Berichte, die in frischester Erinnerung an die Ereignisse niedergeschrieben wurden, verfehlen nicht, auf alle, denen die Sehnsucht nach der Ferne im Herzen schlummert, auf die Jugend mithin besonders tiefen Eindruck zu machen. Mit welcher Begeisterung wurde Nansens »In Nacht und Eis« aufgenommen, welchen Erfolg hatten Sven v. Hedins »Im Herzen von Asien« und Sverdrups »Neues Land« zu verzeichnen! Das mag als gute Vorbedeutung gelten für die Aufnahme, die Drygalskis »Zum Kontinent des eisigen Südens« finden wird, zumal es zum erstenmal über Taten berichtet, die deutsche Männer in der Antarktis in des »Reiches Namen vollbrachten.   *Hk.*

Lecointe, Georges, Im Reiche der Pinguine. Schilderungen von der Fahrt der »Belgica«. Ins Deutsche übersetzt von Wilhelm Weismann. 220 S. mit 98 Abb. und 5 Karten. Halle a. S. 1904, Gebauer & Schwetschke.

Mit der Fahrt der Belgica, welche 1897 die belgische antarktische Expedition unter der Führung von Adrien de Gerlache nach den Eisfeldern des Südpolarlandes trug, begann die neue Ära großangelegter Südpolarforschung, die jetzt im wesentlichen zum Abschluß gekommen ist. Die lange Reihe wissenschaftlicher Berichte, welche von der Belgica-Kommission in 10 Bänden niedergelegt sind, legen ein glänzendes Zeugnis ab für die Arbeitskraft und den Fleiß des wissenschaftlichen Stabes der Expedition. Von dem Opfermut und der Ausdauer aller ihrer Mitglieder vom Kapitän bis zum letzten Matrosen aber reden Georges Lecointes, des zweiten Führers, lebendige Schilderungen, die Weismann meisterhaft ins Deutsche zu übertragen verstanden hat, ein deutliches, zu Herzen dringendes Wort. Nicht nur von freudigen Szenen, die das öde Bordleben oft unterbrachen, auch von Ereignissen und Zufällen, die den Menschen bis ins Innerste ergreifen mußten, wissen die Tagebuchblätter zu berichten. Sicher ist es dem Verlag als ein Verdienst anzurechnen, daß er durch die deutsche Ausgabe das Werk einem größeren Leserkreis zugänglich gemacht hat, zu bedauern ist nur, daß es nicht bereits vor einigen

Jahren erscheinen konnte, jetzt wird dem deutschen Leser Drygalskis Bericht näher liegen.   *Hk.*

Bastian, A., Das logische Rechnen und seine Aufgaben. Berlin 1903, A. Asher & Co.

In dieser Denkschrift wird der Wert der Völkerkunde für eine empirische Psychologie, die sich zunächst nicht um die hergebrachten Systeme kümmert, sondern lediglich um die im Völkerleben selbst sich betätigende geistige Entwicklung, von verschiedenen Seiten her beleuchtet. »Der Gedankengang des Wilden erweist sich innerhalb seiner Begrenzung, je enger dieselbe, desto konsequenter geschlossen — in eisern geschmiedeter Logik gleichsam —, und aus dem Reflex solcher Denkschöpfungen (wenn in ungetrübter Reinheit beschaffbar) sind deshalb unschätzbar kostbare Belegstücke geliefert für die Niederschau auf geistiges Werden« (S. 23). Um aber die bedeutsame Rolle der Ethnologie zu veranschaulichen, die ihr hierbei, zunächst eben für die Errichtung der unentbehrlichen Grundlagen des ganzen Gebäudes, zufällt, erinnert Bastian an die bekannten Worte A. v. Humboldts im »Kosmos«: Ein physisches Naturgemälde bezeichnet die Grenze, wo die Sphäre der Intelligenz beginnt, und der ferne Blick sich senkt in eine andere Welt; er bezeichnet die Grenze und überschreitet sie nicht (1845). Dieser mit dem Meisterblick höchster Autorität scharf gezogene Grenzstrich galt damals kategorisch, so lange die tatsächlichen Belegstücke noch mangelten, die intellektuellen Realien, die wenige Jahrzehnte später durch die seitdem eingesetzte Akkumulation des kosmopolitischen Völkerverkehrs in den ethnischen Zeugenaussagen zur Verfügung gestellt sind, als die auf Sphäre »intelligibler Welt« zweckdienlich zurechtgeschnittenen Bausteine (S. 64). Und eben weil diese völlige Veränderung der bisherigen Sachlage so unvorbereitet schnell erfolgte gleich einer jäh hereinbrechenden Revolution — eine Überfülle des Lichtes brach herein und längs der Bahnen des rapid akkumulierenden Völkerverkehrs flutete aus allen Ecken und Enden der Erde ein Massenmaterial wundersamer Neuigkeiten herbei, heißt es hier —, so erklärte es sich, daß die schwierige Aufgabe der Völkerkunde gerade für diese geistige Beziehung, für die Regeneration der Philosophie, unseres ganzen Weltbildes überhaupt noch verhältnismäßig so Wenigen recht aufgegangen ist. Das Bewußtsein aber, gerade dieses Moment immer wieder geweckt zu haben, ist ein ganz besonderes Verdienst Bastians.
          Dr. Th. Achelis-Bremen.

Miller, Prof. Wilhelm, Die Vermessungskunde. Ein Taschenbuch für Schule und Praxis. 2. Aufl. 8°, 174 S., 117 Fig. Hannover 1903.   3 M.

Das Buch behandelt das Gebiet der Geodäsie im Auszug mit besonderer Berücksichtigung der praktischen Anwendungen. Von den Abbildungen geben 42 gute Darstellungen von Instrumenten. Für die trigonometrischen Arbeiten würden einige vollständig durchgeführte Rechenbeispiele, an manchen Stellen eine schärfere Fassung des Ausdrucks erwünscht sein; so z. B. S. 101 statt »erreichbare Genauigkeit« mittlerer Fehler. Beim Nivellement werden auch die Präzisionsarbeiten behandelt. Ein besonderer Abschnitt ist den Wassermessungen gewidmet, der Schlußabschnitt gibt eine Übersicht über die für eine bestimmte Art von Messung erforderlichen Gerätschaften und Hilfskräfte. Auch sonst sind im Buche manche nützliche praktische Winke und Regeln eingestreut. Im allgemeinen wird es eine gute Vorbereitung zum Studium der umfangreichen Werke über Geodäsie von Jordan, Vogler und Bauernfeind bilden. *Paul Kahle-Braunschweig.*

Richter, Dr. J. W. Otto, Wanderungen durch das deutsche Land. Heimatkundliche Skizzen für unsere Jugend. I. Band: Von der Nordsee rheinaufwärts bis zum Bodensee. 8°, XII u. 174 S., II. Band: Im Donaugebiet. Von der Rhön bis zur Nordsee. 8°, VIII u. 158 S., III. Band: Von der unteren Elbe bis zur böhmischen Grenze. Von Oberschlesien bis zur Ostsee. Durch West- und Ostpreußen bis zur russischen Grenze. 8°, VIII u. 176 S. Mit zahlreichen Abbildungen. Glogau 1903—1904, Flemming. Geb. das Bändchen 2 M.

Nach dem Muster des auch in deutschen Schulen eingeführten Buches von O. Bruno: »Le tour de la France par deux enfants« wird hier eine Heimatkunde von Deutschland in Form von Reisen durch die deutschen Gaue geboten. Im ersten Bande zeigt ein nach langen Jahren aus der Fremde heimkehrender Deutscher seiner Familie das Rheinland. Alle wichtigen Ortschaften zwischen Amsterdam und Bregenz werden berührt, alle schönen Punkte aufgesucht, alle Industrieplätze und Gewerbebetriebe besichtigt, und überall weiß Vater Becker — ein zweiter Baedeker — etwas zur Belehrung und Unterhaltung vorzubringen. Häufig nehmen diese Erläuterungen infolge der Überfülle von Namen und Zahlen allzu sehr den Charakter des Reisehandbuchs an, und man würde statt dessen lieber eine ruhige Schilderung lesen. Dieser Fehler ist in dem zweiten und besonders in dem dritten Bändchen mehr vermieden. Da wird uns zunächst das Donaugebiet in Anlehnung an eine Ferienreise zweier aufgeweckter Knaben geschildert; der Reiseplan ist geschickt zusammengestellt, sodaß in kurzer Zeit alle Sehenswürdigkeiten zwischen Nürnberg und dem Königsee, zwischen dem Arber und der Donauquelle besichtigt werden. Dann begleiten wir einen jungen Handwerker auf der Wanderschaft durch das Gebiet der Weser und Saale von der Rhön bis nach Wilhelmshaven; hier wird die Schilderung ruhiger und behaglicher, die Zahlen werden seltener und die Beschreibung wird infolgedessen fesselnder. Mit besonderer Liebe ist der dritte Teil bearbeitet, der uns nach dem ostelbischen Deutschland führt. Das Elbgebiet bereisen wir mit einem in Norwegen ansässigen deutschen Kaufmann, der eine Geschäftsreise benutzt, um seinem Sohne die gewerbtätigen Gegenden von Mitteldeutschland, aber auch die landschaftlichen Schönheiten von der sächsischen bis zur holsteinischen Schweiz und die in den Städten aufgespeicherten Kunstschätze zu zeigen. Eine Ferienreise macht uns mit dem Odergebiet bekannt, und schließlich stellt sich der Verfasser noch die lohnende Aufgabe, uns durch Ost- und Westpreußen zu führen.

Das Ganze ist von patriotischem Geiste getragen. Die Landschaft wird mit einem für alles Schöne empfänglichen Blicke aufgenommen. Die gewerblichen und Handelsverhältnisse finden überall rege Aufmerksamkeit und gutes Verständnis. Gerade auf diesem Gebiet hat der Herausgeber eine große Zahl von Fachmännern unterstützt, während er selbst den topographischen und geschichtlichen Teil bearbeitet hat. Die Angaben des Buches sind fast durchweg zuverlässig, die Stoffauswahl ist gut, von den zahlreichen Bildern dürften manche schärfer ausge-

prägt sein. Das Werk ist eine hübsche Ergänzung der Heimatkunde und wird sich, wenn spätere Auflagen vielleicht die trockne Aufzählung mehr vermelden und dafür mehr auf den Grund und den Zusammenhang der Erscheinungen eingehen, leicht einbürgern, um so mehr da jeder Band einzeln käuflich ist. Empfehlenswert sind die Büchlein als Reisebegleiter bei Ausflügen, besonders bei Schülerreisen. *Dr. V. Steinecke-Essen.*

Kogutowicz, Em., Wandkarte der Balkanhalbinsel 1:800000.

Es sei dem Unterzeichneten gestattet, gegenüber der Kritik der Karte, welche Prof. Th. Fischer (Marburg) im VIII. Heft dieser Zeitschrift veröffentlichte, festzustellen, daß die vom Rezensenten geforderte Charakterisierung des östlichen Schollenlandes, insbesondere der Rhodopemasse auf keiner deutschen Schulwandkarte existiert und selbst C. Vogels treffliche Karte der Halbinsel zeigt keine Spur von jener Geländedarstellung, wie sie der Kritiker vorschreibt. Der gewissenhafte Kartograph kann sich bei Generalisierungen in erster Linie nicht an Theorien halten, sondern ist auf das Detailkartenmaterial angewiesen, das allerdings für jene Gebiete recht mangelhaft ist, wie ich das ja im Begleitwort zur Karte selbst anführte. Prof. Fischers Standpunkt ist weiter insofern ein einseitiger, als er die Karte bloß als Schulmann und auf ihre Fernwirkung hin betrachtet, auf die sie vermöge ihrer ganzen Anlage nicht berechnet sein konnte.

Ohne in eine Polemik bezüglich der ungarischen Ortsnamen einzutreten, konstatiere ich, daß man nach und nach im Auslande die Berechtigung unserer historisch begründeten, gut ungarischen Ortsnamen anerkennt, wobei die ersten geographischen Anstalten wie Justus Perthes, Velhagen & Klasing u. a. m. mit gutem Beispiel vorangehen.

Budapest im September 1904.

Em. Kogutowicz,
Direktor des Ungar. Geograph. Instituts, A.-G.

Soweit Herr Kogutowicz in seinen Ausführungen auf die Geogr. Anstalt von Justus Perthes Bezug nimmt, habe ich dazu zu bemerken, daß im Stielerschen Handatlas, um den es sich dabei allein handeln kann, seiner ganzen Anlage nach auch die ungarische Schreibung für die Orte Anwendung finden muß, für welche sie amtlich festgelegt ist. Jedoch wird auch in diesen Fällen die deutsche Schreibweise besonders beigefügt. *Dr. H. Haack.*

II. Geographischer Unterricht.

Seyferth, Paul, Leitfaden der Erdkunde für höhere Lehranstalten. 8°, II. 153 S., III. 66 S. Langensalza 1903, H. Beyer & Söhne (Beyer & Mann). II. 1.60 M., III. 0.80 M.

Die Entwicklung, welche unser höheres Schulwesen seit den Reformen zu Beginn der neunziger Jahre genommen, hat der Erdkunde nur an den Realanstalten einen etwas weiteren Platz gewährt, und unter diesen besonders den Oberrealschulen durch Bewilligung einer erdkundlichen Stunde für die Woche in den oberen Klassen. Es entspricht daher den augenblicklich obwaltenden Verhältnissen, wenn aus den Kreisen der an diesen Anstalten unterrichtenden Fachlehrer unternommen wird, die aus der Praxis gewonnenen Erfahrungsergebnisse in Lehrbüchern niederzulegen. Zahlreiche Versuche dieser Art liegen vor. Sie sind, mag auch durchaus nicht alles gleichartig sein, insofern zu begrüßen, als sie zeigen, mit welchem Eifer man bemüht ist, die Früchte der auch an unseren Hochschulen erst etwa zwei Jahrzehnte heimischen Wissenschaft für die höheren Lehranstalten zu verwerten.

Der vorliegende Leitfaden gehört zu diesen Versuchen. In dem zweiten Teile, der für die beiden oberen Klassen einer Realschule berechnet ist, schließt er sich im allgemeinen seinen Vorgängern Kirchhoffscher Richtung an; d. h. die Betrachtungsweise ist auf physischer Grundlage aufgebaut, und das politische Moment tritt zurück. Ob hinsichtlich dieses letzten Punktes die Ausführungen überall Anklang finden werden, steht dahin. Ich möchte nur eins hervorheben: Königreich Sachsen (S. 50) ist zu den Norddeutschen Kleinstaaten gerechnet. Recht lehrreich sind die zahlreichen Durchschnitte durch größere Landschaftsgebiete, wenngleich sich bei einzelnen von ihnen die notwendige Überhöhung unangenehm bemerkbar macht. Am Schlusse findet sich ein Abschnitt über Verkehrskunde, deren Kenntnis sicherlich den meist von dieser Stufe ins Leben tretenden Schülern von großem Nutzen sein dürfte.

Dieser Abschnitt bildet gewissermaßen den Übergang zu dem dritten Teile, der den Lehrstoff für die Oberklassen enthält. Auf diesen legt der Verfasser nach seinen eigenen Worten in der Vorrede das Hauptgewicht, mit dem Anspruch, in ihm das »erste Schulbuch« geschaffen zu haben, welches die Forderung der Lehrpläne gemäß, eine vergleichende Übersicht der wichtigsten Verkehrs- und Handelswege bis zur Gegenwart bringt«. Das Recht der Priorität darf nach Ansicht des Referenten vom Verfasser nicht in Anspruch genommen werden, wie wohl aus manchen Lehrbüchern (z. B. dem von R. Langenbeck), ersichtlich ist. Immerhin ist dieser Versuch der Anerkennung wert, da er der Verfasser unternimmt, die Schüler der oberen Klassen in das einzuweihen, was man in der geographischen Wissenschaft »allgemeine Geographie« nennt. Ob mit der Verteilung des Stoffes auf die einzelnen Klassen, wie sie hier vorgenommen ist, überall das Richtige getroffen ist, erscheint fraglich. M. E. dürften den Verfasser, der an einer Realschule beschäftigt ist, d. h. die oberen Klassen wohl nicht aus der Praxis kennen gelernt hat, mehr theoretische Überlegungen als praktische Erfahrungen bei der Bearbeitung geleitet haben. Wer, wie Referent, den Unterricht in den oberen Klassen einer Oberrealschule zu erteilen hat, wird zu dem Ergebnis kommen, daß je nach dem Stande des Wissens der Schüler, der nach Jahrgängen wechselt, von einem tüchtigen Lehrer hinsichtlich der Stoffverteilung zu verfahren ist. Es ist bisher wohl unmöglich, nach einem bestimmten Plane (betreffs der Verteilung) zu unterrichten; schon deshalb nicht, da es stets gilt, die Lücken — und meist sind sie recht groß — in der Länderkunde auszufüllen. Es ist hier sicherlich nicht eher Wandlung zu schaffen, als bis die Forderung, Geographie auf den Oberrealschulen zum Prüfungsfach zu machen, Rechnung getragen ist. Bis dahin wird unser Fach immer noch mehr oder weniger als eine quantité négligeable behandelt werden, sowohl vonseiten der Schüler als auch vonseiten der Kollegen von allen anderen Fakultäten.

Kurz zusammengefaßt, macht der vorliegende Leitfaden einen günstigen Eindruck und läßt den Wunsch berechtigt erscheinen, die Geographie, vorläufig an den Realanstalten, zu der Stellung erhoben zu sehen, die ihr sowohl nach ihrer Bedeutung im Völkerleben wie nach dem Stande der Wissenschaft gebührt. *Dr. Ed. Lentz-Charlottenburg.*

Schneider, Emil, Deutschland in Lied, Volksmund u. Sage. 1. Teil: Das Königreich Preußen. 2. verm. Aufl. 8°, 251 S. (Wiegands Sammlung guter Jugendschriften, Band 4). Hilchenbach 1903, Verlag von L. Wiegand. Geb 1.50 M.

Das Buch enthält »Gedichte, Volkssprüche und Sagen zur Unterstützung des erdkundlichen Unterrichts in niederen und höheren Schulen« und soll »zugleich eine Gabe für die deutsche Jugend und das deutsche Volk« sein. Es ist demnach zunächst für die Hand des Lehrers bestimmt, als »Ergänzung zu den erdkundlichen Lehrbüchern«, bietet m. a. W. also einen Ersatz für eine handschriftliche Sammlung von Lesefrüchten poetisch-geographischer Natur (mit Beschränkung auf die Provinzen des preußischen Staates in diesem ersten Teile). Warum sollte man einen solchen Helfer nicht willkommen heißen? Denn den Wert von Kollektaneen wird jeder, der zu unterrichten hat, zugeben, nicht minder aber, daß eben die Kenntnis von Einzelheiten, um mit einem kurzen Ausdruck alles das zu bezeichnen, was sich in solchen Notizen der Hauptsache nach befinden wird, den Lehrenden in den Stand setzt, seinen Unterricht lebendiger und anziehender zu gestalten und den Lehrstoff durch dreierlei Darbietungen — auch humoristischer Art, die der Verfasser gleichfalls nicht ausschließt — behaltbarer zu machen. Selbst die Einschaltung einer längeren Erzählung (einer Sage) oder der gemütstiefen Worte eines von seinem heimatlichen Landstrich begeisterten Dichters in einem ganzen Gedicht ist nicht als Zeitverlust anzusehen; es muß auch Ruhepunkte im Unterricht geben. — Der Verfasser hat seinen Stoff nach den preußischen Provinzen geordnet. Ob diese Einrichtung sich empfiehlt, wird sich erst entscheiden lassen, wenn wir auch den zweiten Teil vor uns haben und sehen können, was und wieviel er darin über die ausgelassenen Staaten, Mecklenburg, die freien Städte, Anhalt, Oldenburg und Braunschweig, noch bringen wird. Das Bedenkliche dieser politischen Anordnung liegt darin, daß gleiche landschaftliche Bilder so voneinander getrennt stehen, wie der Verfasser denn auch in dem vorliegenden Teile Heidebilder gibt bei Schleswig-Holstein, Hannover und Westfalen, den Rhein besingen läßt in Hessen-Nassau und dann noch in einem besonderen Abschnitt. Sein Vorgänger, L. Gittermann (›Deutschland, seine Natur [Geschichte] und Sage, von seinen Dichtern besungen‹, Teil A: Magdeburg bei E. Fabricius), hat rein physikalische Gruppierung, und auch die Behandlung Deutschlands im Unterricht wird sich nicht von Provinzial- und Landesgrenzen abhängig machen. — Die einzelnen Provinzen sind verhältnismäßig gleich berücksichtigt worden, — verhältnismäßig, da nicht alle Teile der preußischen Monarchie die gleiche Menge bezichungsreichen Stoffes zur Auswahl an die Hand geben. Der Verfasser wird sein Sammeln aber doch wohl fortsetzen und sein Buch so in einzelnen Partien noch reichhaltiger gestalten können (Bücher wie Ziehnert, Preußens Volkssagen; Kopisch, Gedichte; Fr. Brümmer, Deutschlands Helden; Fontane, Wanderungen durch die Mark usw. werden für ihn schon neue Fundgruben für den Osten sein. (Das Fontanesche Gedicht »Havelland« auf S. 72 hätte nicht verkürzt gegeben werden müssen.) Für Berlin empfehle ich ihm auch die Aufnahme der beiden Gedichte »Friedrich I., König in Preußen« von O. F. Gruppe (Ergänzungen zum Seminar-Lesebuch) und »Sonnenaufgang über Berlin« von Karl Philipp Moritz (trotz dem Jahre

des Erscheinens: 1760). — Die landschaftlichen Stimmungsbilder und die Lieder zum
Preise Deutschlands und der einzelnen Stämme und
ihrer engeren Heimat sind gut ausgewählt, und die
Heimatdichter stehen dabei, wie es recht ist, in
erster Linie; auch mundartliche Beispiele werden
gegeben, was noch besonders hervorgehoben werden
soll. Ein »Zu viel!« möchte man freilich dem Verfasser zurufen, wenn man die unendlich große Zahl
der Rheinlieder überblickt. Statt der vielen allgemein
gehaltenen Lobgesänge hätte er noch Gedichte aufnehmen sollen, die mehr einzelnes herausheben, und
an solchen Dichtungen fehlt es doch wahrlich nicht. —
Von den »Sprüchen« könnte eine ganze Anzahl
als zu unbedeutend gestrichen werden. — Die Sagen
haben den mannigfaltigsten, meist auch allgemeiner
interessierenden Inhalt; sie sind sehr viel in Prosa
gehalten, und in dieser Beziehung könnte das Buch
später auch noch eine Änderung erfahren. Recht
viele von den aufgenommenen Sagen sind in einer
poetischen Bearbeitung vorhanden (vgl. z. B. außer
einzelnen Dichtern und besonderen Sagenbüchern
auch Hocker, »Deutscher Volksglaube in Sang
und Sage«), und die ist, Prüfung vorausgesetzt,
für ein Buch, das doch auch als Unterhaltungsschrift
der deutschen Jugend und dem deutschen Volke
dargeboten wird, vorzuziehen; erzählen läßt sich
der Inhalt einer Sage auch in Prosa, als Lesestoff
wird die poetische Form größere Anziehungskraft
ausüben. — Wenn die Sammlung demnach der Kritik
auch noch Anlaß gibt, Wünsche auszusprechen, so
bezweckt dieses doch nichts anderes, als dem Verfasser für sein empfehlenswertes Unternehmen Winke
zu geben, wie er sein Buch nur noch brauchbarer
und unterhaltender machen kann. — Das »Lied von
den deutschen Strömen« (S. 18) ist nicht von Max
v. Schenckendorf, sondern von Karl Buchner.

Oberlehrer A. Schaefer-Duisburg.

Geographische Literatur.

a) Allgemeines.

Dexter, E. G., Weather influence. London 1904, Mac Millan
& Co. 7 sh 6 d.

Gordon, J. J. H., The Sikhs. London 1904, Blackwood
and Sons. 7 sh 6 d.

Grundemann, R., Kleiner Missionsatlas zur Darstellung
des evangelischen Missionswerkes nach seinem gegenwärtigen Bestande. 3. durchaus neu bearb. u. verm.
Aufl. 16 K., 2 S. Text. Calw u. Stuttgart 1905, Vereinsbuchhandlung. 3 M.

Haarhaus, Wikt., Die Landkartenbestände der kgl. öffentl.
Bibliothek zu Dresden. Nebst Bemerkungen über Einrichtung und Verwaltung von Kartensammlungen. VI,
146 S. Leipzig 1904, Otto Harrassowitz. 8 M.

Hennig, R., Katalog bemerkenswerter Witterungsereignisse
von den ältesten Zeiten bis zum Jahre 1800. III., 93 S.
(Abh. Kgl. preuß. Met. Inst. II., Nr. 4.) Berlin 1904,
A. Asher & Co. 5 M.

Koboß, W., Die geographische Verbreitung der Mollusken
in dem paläarktischen Gebiet. X, 170 S., 6 K. Wiesbaden 1904, C. W. Kreidel. 18.00 M.

Läska, W., Über die Verwendung der Erdbebenbeobachtungen zur Erforschung des Erdinnern. (Mitt. Erdbeb. Komm.
1. Ak. Wiss. Wien N. F., Nr. 23.) 13 S., 2 Fig. Wien
1904, C. Gerolds Sohn. 40 Pf.

Meyer, M. Wilh., Weltschöpfung. Wie die Welt entstanden
ist. 63 S. ill. Stuttgart 1904, Komm. Franckh. 2 M.

Oppel, A., Natur und Arbeit. Eine allgemeine Wirtschaftskunde. In 18 Heften. Heft 1. 48 S. Leipzig 1904,
Bibliogr. Inst. 1 M.

Pauli, Karl, Der Kolonist der Tropen als Häuser-, Weg-
und Brückenbauer. 30 S., 4 Taf. ill. (Säuerotts Kolonialbibliothek 9.) Berlin 1904, W. Säuerott. 2 M.

Scheles's Handatlas. 9. Lief.-Ausg., 35. u. 36. Lief. Nr. 8:
Deutsches Reich, Übersicht von C. Vogel. Nr. 43: Rud-
land und Skandinavien, Übersicht, von H. Kehnert und
H. Habenicht. Nr. 51: Balkanhalbinsel, Blatt 1, von
B. Domann. Nr. 52: Balkanhalbinsel, Blatt 2, von
B. Domann. Gotha 1904, Justus Perthes. Je 60 Pf.

Wundt, W., Baronetrische Felderprozessoren und wellen-
förmige Aufeinanderfolge. 25 S., Fig., 3 Taf. (Abh.
Kgl. preuß. Met. Inst. II, Nr. 5.) Berlin 1904, A. Asher
& Co. 1.80 M.

b) Deutschland.

Fahrenwaldt, C., Karte des Oberamts Rottenburg.
1 : 25000. 2 Bl. Tübingen 1904, Franz Fues. 12.50 M.

Janssen, Olivier, Nordwestdeutsche Studien. Gesammelte
Aufsätze. VII, 366 S. Berlin 1904, Gebr. Paetel. 6 M.

Karte des Deutschen Reiches. 1 : 100000. Abt.: Königreich
Preußen. Nr. 315: Loburg. Nr. 316: Belzig. Berlin
1904, R. Eisenschmidt. Je 1.50 M.

Kayser, E., Abriß der geologischen Verhältnisse Kurhessens.
(Aus Kessler, Hessische Landes- u. Volkskunde. 1. Bd.)
39 S., 1 prof. K. Marburg 1904, N. G. Elwert. 1.50 M.

Krümmel, Otto, Die deutschen Meere im Rahmen der
internationalen Meeresforschung. Vortrag. 36 S., 3 Taf.,
12 Abb. (Veröff. Inst. f. Meereskunde. 6. Heft.) Berlin 1904,
E. S. Mittler & Sohn. 3 M.

Meßtischblätter des preuß. Staates. 1 : 25000. Nr. 2239.
Barby. — 2240. Zerbst. — 2241. Mühlstedt. — 2242. Hunde-
luft. — 2244. Zahna. — 2247. Schlessen. — 2250. Waldow. —
2318. Seyda. — 2319. Linda. — 2322. Uckro. — 2323.
Lorkau. — 2385. Bernburg. — 2392. Schweinitz. — 2394.
Calochau. — 2395. Schlieben. — 2458. Könnern. — 2532.
Halle a. S. (Nord). — 2533a. Döben. Berlin 1904, R. Eisen-
schmidt. Je 1 M.

Neischl, Adalb., Die Höhlen der fränkischen Schweiz und
ihre Bedeutung für die Entstehung der dortigen Täler.
96 S., 24 Taf. Nürnberg 1904, J. L. Schrag. 8 M.

Peltz, Rob., Vom sächsischen Erzgebirge nach Konstantinopel. Eine Reise an Rad und Eisenbahn. III, 95 S.
Plöna 1904, Pertz & Sohn. 1.50 M.

Tewelen, Heinr., Harzreise und andere Fahrten. 120 S.
Prag 1904, M. Mercy Sohn. 1 M.

Topographische Übersichtskarte des Deutschen Reiches.
1 : 200000. Nr. 11, Wester-Markelsdorf. — 42. Schwerin i. M.
Berlin 1904, R. Eisenschmidt. Je 1.50 M.

c) Übriges Europa.

Hibsch, J. E., Geologische Karte des böhmischen Mittelgebirges. Bl. IV: Aussig. 70 S., 23 Fig., 1 K. Wien
1904, A. Hölder. 4.40 M.

Meinholds Karte der Dresdner Heide, bearbeitet von
E. A. Lehmann. 1 : 18000. Dresden 1904, Meinhold &
Söhne. 1.75 M.

Hoernes, R., Bericht über das makedonische Erdbeben
vom 4. März 1904. (Mitt. Erdbeb.-Komm. Ak. Wiss.
Wien. N. F., Nr. 24.) 54 S. Wien 1904, C. Gerolds
Sohn. 1 M.

Phanariny, L., Dalmatien und Montenegro. Reise- und
Kulturbilder. VII, 343 S. Leipzig 1904, B. Elischer. 7 M.

Fuster, Ch., Bretagne. Lausanne 1904, Payot et Cie. 4 frs.

d) Asien.

Bilait, H., Nederlandsch Oost- en West-Indië, geogr.,
ethnogr. en economisch beschreven. Afl. 1. Leiden 1904,
E. J. Brill. 1 fl.

Böhm, Geo., Beiträge zur Geologie von Niederländisch-
Indien. 1. Abt.: Die Südküsten der Seia-Inseln Taltabu
und Mangoli. 1. Abschnitt: Grenzschichten zwischen
Jura und Kreide. S. 1—44, III., 2 K., 7 Taf. (Palaeontographica IV, Lief. 1.) Stuttgart 1904, E. Schweizerbart. 15 M.

Clifford, H., Further India. Story of exploration from
earliest times in Burma, Malaya, Siam, Indo-China. 6°.
London 1904, Lawrence and Bullen. 7 sh 6 d.

Deventer, C. Th. van, Overzicht van den economischen
toestand der inlandsche bevolking van Java en Madoera.
(Kol.-econ. Bijdr. I.) Haag 1904, W. Nijhoff. 4 fl.

Deutsch, L. O., 16 Jahre in Sibirien. Erinnerungen eines
russischen Revolutionärs. XV, 336 S., ill. Stuttgart 1904,
J. H. W. Dietz. 3.50 M.

Floch, O., Beschouwingen en voorstellen ter verbetering
van den economischen tvestand der inlandsche bevolking
van Java en Madoera. (Kol.-econ. Bijdr. III.) Haag 1904,
W. Nijhoff. 1 fl. 50 c.

Girard, H., Les tribus sauvages du Haut-Tonkin. Paris
1904, Challamel. 3 frs.

Grenard, F., Tibet. London 1904, Hutchinson & Co.
10 s 6 d.

Hedin, Sven v., Abenteuer in Tibet. 414 S. ill., 8 Taf.,
2 K. Leipzig 1904, F. A. Brockhaus. 6 M.

Kielstra, E. B., de financiën van Nederlandsche Indië.
(Kol.-econ. Bijdr. II.) Haag 1904, W. Nijhoff. 1 fl. 50 c.

Rijke, Joh., Zomerreis van Oost-Azië naar Nederland met
den trans-sibirischen spoorweg. Wageningen 1904, Vada.
2 fl. 5 c.
Ronaldshay, Earl of, On outskirts of empire in Asia.
London 1904, Blackwood & Sons. 3 £ 3 s.
Sievers, W., Asien. Eine allgemeine Landeskunde. 2. neubearbeitete Aufl. 1. Heft. 48 S. m. Abb. u. K. Leipzig
1904, Bibliogr. Inst. 1 M.

e) Afrika.

Gaare, H. V., by Nile and Euphrates. 8°. London 1904,
T. & T. Clark. 3 sh 5 d.
Hacquet, F., Traité pratique des maladies du Congo. Gent
1904, F. & R. Buyck. 5 frs.
Henry, Yves, Le coton dans l'Afrique occidentale française.
Paris 1904, A. Challamel. 7 frs 50 c.
Leroy-Beaulieu, P., Le Sahara, Le Soudan et les chemins
de fer transsahariens. 8°. Paris 1904, Guillaumin & Co. 8 frs.
Lucas e Tauchard, État indépendant du Congo. Livrs.
12 & 20. Bruxelles 1904, P. Weissenbruch. à 3 frs 75 c.
Morié, E. J., Histoire de l'Éthiopie. 2 vols. Paris 1904,
A. Challamel. 8 frs.
Passarge, Siegfr., Die Kalahari. Versuch einer physisch-
geogr. Darstellung der Sandfelder des südafrikanischen
Beckens. XVI, 823 S., 3 Taf., 40 Abb., 1 Kartenband.
Berlin 1904, D. Reimer, 80 M.
Paul, F. Karl, Die Mission in unseren Kolonien. 3. Heft:
Deutsch-Südwestafrika. IV, 167 S. Ill., 1 K. Dresden
1904, Fr. Richter. 1.50 M.
Solitro, Gius, Lago di Garda. Bergamo 1904, Ist. Italiano
d'arti graf. 3 L. 50 c.
Suleyeman Ibn Inger Abdullah, Emir, Ungarns Kolonie
im Somalilande. Offizielle und Original-Korrespondenzen.
XV, 111 S. Budapest 1904, Karl Drill. 2 M.
Wachtmeister, Hg., till Sahara. Stockholm 1904, Wald-
ström & Widstrand. 2 Kr. 50 b.
Wildeman, E. de, et L. Gentil, Lianes caoutchoutifères
de l'État indép. du Congo. 4°. Renaix 1904, J. Scherte-
Courtin. 25 Frs.

f) Amerika.

Hazziedine, O. D., White man in Nigeria. London 1904,
E. Arnold. 10 s 6 d.
Hood, Fr., Vom Rhein zum Missisippi. Reisebriefe.
8°. V, 276 S. Plötzerk 1904, Bruno Feigenspan. 2 M.
Klaveness, P., Det norske Amerika. Heft 1—3. Christiania
1904, Cammermeyer. 1 Kr. 60 b.
Kühlmann, Alberto, Die Eisenbahnen des brasilianischen
Staates São Paulo. 39 S. Ill. Stuttgart 1904, Deutsche
Verlagsanstalt. 60 Pf.
Lorini, E., La republica Argentina e i suoi maggiori
problemi di economia e di finanza. Rom 1904, H. Loescher
& Co.
Röthlisberger, Ernst, Südamerikanische Streitfragen zu
Ende des XIX. und Beginn des XX. Jahrhunderts. 53 S.
Bern 1904, A. Francke. 80 Pf.
Thomas, O., Agricultural and pastoral prospects of South
Africa. London 1904, A. Constable & Co. 6 sh.

g) Südsee.

Colson, L., Culture et industrie de la canne à sucre aux
îles Hawaï et la Réunion. Paris 1904, A. Challamel. 12 frs.

h) Polarländer.

Expédition antarctique belge. Dobrowolski, A., Météorologie. La neige et le givre. 4°. Anvers 1904, J. E.
Buschmann. 10 frs.
Gauert, Dr., Die deutsche Südpolarexpedition. Ihre Aufgaben, Arbeiten und Erfolge. Vortrag. 31 S. Leipzig
1904, Joh. Ambr. Barth. 1 M.
Frieker, K., Antarctic regions. London 1904, S. Sonnenschein & Co. 7 sh 6 d.

i) Geographischer Unterricht.

Capoelus, Dr. J., Abriß der astronomischen Erdkunde.
In geschichtlichem Aufbau für den Schulunterricht bearb.
VIII, 45 S. Hermannstadt 1904, W. Krafft. 60 Pf.
Diercke, C., Schulwandkarte der Provinz Brandenburg.
1 : 200 000. 4 Bl. 20 M. — Schulwandkarte des deutschen
Reiches (Staatenkarte). 1 : 900 000. 6 Bl. 22.50 M. —
Schulwandkarte von Deutschland und des Nachbarländern
(Bodenverhältnisse). 1 : 900 000. 6 Bl. 22.50 M. — Schul-
wandkarte von Europa (Bodenverhältnisse). 1 : 3 000 000.
6 Bl. 22.50 M. — Dieselbe (Staatenkarte). 22.50 M. —
Schulwandkarte von Palästina. 1 : 250 000. 4 Bl. 16 M.
Braunschweig 1904, G. Westermann.
Imendörffer, Benno, Lehrbuch der Erdkunde für Mädchen-
lyzeen und verwandte Lehranstalten. II. Teil. 4., n. Klasse.
V, 147 S. Leipzig 1904, G. Freytag. 2.50 M.
Krämer, E., Hilfsbuch für den ersten geogr. Unterricht.
II. Teil: Kurze Übersicht der fünf Erdteile. 4. Aufl.
64 S. Breslau 1904, E. Morgenstern. 40 Pf.
Ochsenwadel, G., Erdkarte in Merkator-Projektion.
1 : 15 500 000. 6 Bl. Stuttgart 1904, Hobbing & Büchle. 10 M.

Reiniger, Max, Heimatkundlicher Unterricht. Zugleich
eine meth. krit. Studie über die neuesten Konzentrations-
bestrebungen. III, 45 S. Berlin 1904, Alb. Kohler. 1.25 M.
Schmid, Bastian, Lehrbuch der Mineralogie und Geologie
für höhere Lehranstalten bearb. II. Teil: Geologie und
Paläontologie. VI, 26 u. III S., Abb., 1 K. Eßlingen
1904, Schreiber. 2 M.
Seydlitz, E. v., Geographie. Ausgabe D. 1. Heft: Länder-
kunde Mitteleuropas, insbesondere des deutschen Reiches.
8. Aufl. 80 S. ill. Breslau 1904, G. Hirt. 60 Pf.
Supan, A., Lehrbuch der Geographie für österreichische
Mittelschulen und verwandte Lehranstalten sowie zum
Selbstunterricht. II. Aufl. IV, 202 S., Fig. Laibach 1904,
Kleinmayr & Bamberg. 2.60 M.
Wamser, A., Neue Karte von Deutschland, bearb. im
genauen Anschluß an die Wandkarte von Deutschland.
1 : 750 000. 1 : 5 000 000. Gießen 1904, G. Roth. 45 Pf.
Wendt, Dr., Lernheft zur Erdkunde. Eine Beilage zu
jedem geogr. Lehrbuche. Mit 300 Fragen für Schüler
und zum Selbstunterricht. IV, 40 S. Kassel 1904, Ferd.
Kessler. 60 Pf.

k) Zeitschriften.

Deutsche Erde. III, 1904.
    Heft 5. Wirth, Deutschtum und deutsche Geschichts-
schreibung. — Zimmerli, Deutsche und Romanen im
schweizer Mittellande. — Schmidt, Das germanische Volkstum in den Reichen der Völkerwanderung. — Meyer,
Deutsche Neukolonisation der Missionen in Rio Grande do
Sul. — Schröder, Deutsche Gewinn- und Verlustliste in
Schleswig für 1903. — Rohweder, Deutsche Gewinn- und
Verlustliste in Tirol für 1903. — Hoyer, Deutsche Gewinn-
und Verlustliste in Österreichisch-Schlesien für 1903. —
Ochsenius, Rudolf Amandus Philippi †. — Weule,
Friedrich Ratzel †. — Langhans, Die S. Sonderkarte —
ein Gedenkblatt. — Neues vom Deutschtum aus allen Erd-
teilen. — Berichte über wichtige Arbeiten zur Deutsch-
kunde. — Farbige Kartenbeilage.
Deutsche Rundschau für Geogr. u. Stat. XXVI, 1904.
    Heft 12. Kuntze, Der Kilauea auf Hawaii als Vulkan
erloschen. — Wagner, Portugiesisch-Guinea. — Herrmann,
Durch die Argentinische Puna zum Bolivianischen Chaco. —
Floessel, Höhlenbewohner im nördl. Deutsch-Böhmen. —
Fischer-Treuenfeld, Kolonie Hohenau in Paraguay.
Globus. Bd. 86, 1904.
    Nr. 13. Kandt, Ein Marsch am Ostufer des Kiwu. —
v. Reitzenstein, Die Silberinsel bei Chioklang. — Laufer,
Religiöse Toleranz in China. — Lenz, Die Sichbaha Dar-
es-Salaam—Morogoro.
    Nr. 14. Oflbert, Babylons Gestirndienst. — Wein-
berg, Prähistorische Feuerstätte und der westindische
Mensch in Baltisch-Rußland. — Hutter, Meteorologische
Ergebnisse der Expedition Fourau-Lamy 1898/1900. —
Krebs, Friedliche Regelung im internationalen Wettbewerb
der Seeschiffahrt.
    Nr. 15. Halbfaß, Die Tieferlegung des Chiem-Sees. —
Kandt, Ein Marsch am Ostufer des Kiwu. — Opperi,
Erinnerungen an Indien. — Krebs, Der bisherige überantisch-
indische Grenzhandel.
    Nr. 16. Halbfaß, Der Frickenhäuser See in Unter-
franken. — Weinberg, Der syrjänische Pam Kultus. —
Gebhardt, Die Kuminaten auf Island. — Singer, Haupt-
mann Merviers Monographie über die Maysai. — ten Kate,
Anthropologische Publikationen aus La Plata.
La Géographie. X. 1904.
    Nr. 3. Brousseau, Le Borgou. — Laloy, Le Baïkal. —
Fleury, Une discussion récente au sujet de l'emploi de
la fluorescine dans l'étude des eaux souterraines.
Petermanns Mitteilungen. 50. Bd., 1904.
    Heft 10. Stahl, Die geographischen und geologischen
Verhältnisse des Karadag in Persien. — Lendenfeld,
Die einstige Vergletscherung der Australischen Alpen. —
(Keiners Mitteilungen. — Geographischer Monatsbericht. —
Berichtigung. — Literaturbericht. — Karten, Abbildungen.
Wandern und Reisen. II, 1904.
    Nr. 20. Spindler, Eine Herbstwanderung durch die
Lüneburger Heide. — Günther, Die Mundart des Ober-
harzes. — Kaindl, Im Huguiengau. — Heimfelsen,
Am Piburger See. — Stoess, Auf Londons nördlichen
Höhen. — Nissen, Kletterien in den kanoserischen
Dolomiten.
    Nr.21. v. Hesse-Wartegg, Japanische Küstenstädte. —
Stolz, Auf die Pagunella und den Monte Gazza. — Hock,
Von Ancona nach Reggio.
Zeitschrift der Gesellschaft f. Erdkunde zu Berlin. 1904.
    Nr. 7. Fjort, J., Forschungsfahrten auf nordischen
Meeren. — Jansen, A., Die Ergebnisse einer historisch-
geographischen Studienreise in Kleinasien.
Zeitschrift für Schulgeographie. XXVI, 1904.
    Heft 1. Oppermann, Friedrich Ratzel. — Jaeger,
Der Einfluß der Landesnatur auf die Geschichte und die
Kultur der Völker. — Geographische Dichter. — Bilder und
Schilderungen.
                                                            HR.

Geographischer Anzeiger

Blätter

für den

Geographischen Unterricht.

Herausgegeben

von

Dr. Hermann Haack in Gotha,

Heinrich Fischer und **Dr. Franz Heiderich**
Oberlehrer am Luisenstädtischen Realgymnasium   Professor an der Export-Akademie in Wien.
Berlin

6. Jahrgang 1905.

GOTHA: JUSTUS PERTHES.

Mitarbeiter.

Acholis, Dr. Th., Gymn.-Prof., Bremen.
Ackermann, C., Direktor der Höheren Töchterschule, Wismar.
Aeppli, A., Prof. a. d. Kantonsch., Zürich.
Albrecht, H., Lehrer, Berlin.
Ankel, Dr. Otto, Oberlehrer, Hanau.
Arldt, Dr. Th., Oberlehrer Radeberg.
Auler, Dr. A., Realgymn.-Dir., Dortmund.
Baldamus, Dr. A., Gymn.-Prof., Leipzig.
Banholzer, Dr. F., Gymn.-Prof., Wien.
Bean, Prof. Dr. Otto, Sorau.
Bochmann, Ed., Prof. an der Lehrer-bildungsanstalt, Komotau.
Bocker, Prof. F., Oberst, Zürich.
Becker, Dr. Emil, Oberlehrer, Marburg.
Behrens, Dr. Fr., Oberlehrer, Posen.
Benel, Julius, Gymnasial-Professor, Konviktsleiter, Horn.
Biedermann, Dr. Georg, Gymnasial-Professor, Traunstein.
Binn, Dr. Max, Gymn.-Prof., Wien.
Blankenburg, Dr. Wilhelm, Erfurt.
Blind, Dr. August, Professor, Cöln.
Böckler, Oberlehrer, Kempen.
Bohn, Heinrich, Oberlehrer, Berlin.
Bollor, Dr. W., Oberl. Frankfurt a. M.
Braun, Dr. Gustav, Königsberg i. Pr.
Byhan, Dr. A., wiss. Hilfsarb. am zoolog.-anthrop. u. ethnogr. Museum, Dresden.
Cherubim, Dr. C., Oberlehrer, Stettin.
Commenda, Hans, Realschul-Dir., Linz.
Dennert, Dr. Eberh., Oberl., Godesberg.
Dinse, Dr. Paul, Kustos am Institut für Meereskunde, Friedenau.
Eggert, Dr. Otto, Prof. an der Technischen Hochschule, Danzig.
Engelhardt, Hermann, Prof. am Real-gymnasium, Dresden.
Fabarius, Albert, Direktor der deutschen Kolonialschule, Witzenhausen.
Flick, Dr. Egid v., Gymn.-Prof., Brünn.
Fischer, Heinrich, Oberlehrer, Berlin.
Fischer, Dr. Th., Univ.-Prof., Marburg.
Friedrich, Dr. Ernst, Priv.-Doz., Leipzig.
Forster, A. E., Adjunkt und Konsul für Met. und Geol. am hydrogr. Zentral-bureau, Wien.
Franz, Dr. Eduard, Gymn.-Prof., Neisse.
Friederichsen, Dr. Max, Privat-Docent, Göttingen.
Geisler, Dr. Kurt, Luzern.
Gerber, Dr. Paul, Oberlehrer, Berlin.
Gild, Andreas, Rektor, Cassel.
Goeders, Dr. Christian, Professor an der Kadettenanstalt, Gross-Lichterfelde.
Graebner, Dr. Paul, Kustos am botanischen Garten, Gross-Lichterfelde.

Greim, Prof. Dr. Georg, Darmstadt.
Grothe, Dr. Hugo, München.
Gruber, Prof. Dr. Christian, München.
Grund, Dr. Alfred, Wien.
Günther, Fr., Schulinspektor, Klausthal.
Gurlitt, Dr. L., Gymn.-Prof., Steglitz.
Haack, Dr. Hermann, Gotha.
Hahn, Dr. A., Oberlehrer, Berlin.
Halbfaß, Dr. Wilh., Gymnasial-Prof., Neuhaldensleben.
Hammer, Dr. Martin, Oberlehrer, Kiel.
Hammer, Dr. Wilh., Oberlehrer, Berlin.
Hantzsch, Dr. V., Verwalter der Karten-Sammlung der Kgl. Bibliothek, Dresden.
Hartwig, Prof. Ernst, Direktor der Sternwarte, Bamberg.
Haol, Dr. Max, Oberl., Gunzenhausen.
Heiderich, Prof. Dr. Fr., Mödling-Wien.
Heinzo, H., Seminarlehrer, Friedeberg.
Herold, Dr. Richard, Oberlehrer, Halle.
Höck, Dr. Ferando, Oberl., Luckenwalde.
Hotz, Dr. R., Gymn.-Lehrer, Basel.
Hustedt, Wilhelm, Rektor, Berlin.
Ihne, Dr. E., Gymn.-Prof., Darmstadt.
Imendörffer, Dr. B., Realsch.-Prof., Wien.
Jacobi, Dr. Arnold, Professor an der Forstakademie, Tharandt.
Jauker, Dr. Otto, Gymn.-Prof., Laibach.
Juritsch, Dr. Schuldirektor, Pilsen.
Kahle, P., Stadtgeometer, Braunschweig.
Kapff, Dr. Paul, Rektor, Stuttgart.
Kirchhoff, Dr. Alfred, Universitäts-Professor i. R., Leipzig.
Kleinecke, Dr. P., Oberl., Friedenau.
Krebs, Dr. N., Realschul-Prof., Triest.
Kreuschmer, Prof. Dr. Robert, Barmen.
Kuthe, Anton, Gymn.-Dir., Parchim.
Lampo, Dr. Felix, Oberlehrer, Berlin.
Lang, Dr. Otto, Hannover.
Langenbeck, Prof. Dr. R., Strassburg.
Lentz, Dr. Ed., Oberl., Charlottenburg.
Liebetrau, Dr. Edmund, Oberl., Essen.
Lorenzen, A. P., Mittelschullehrer, Kiel.
Lüdecke, Dr. Wilh., Oberlehrer, Dessau.
Lukas, Dr. G. A., Prof. an der Staats-Oberrealschule, Graz.
Machaček, Dr. F., Gymn.-Prof., Wien.
Mayer, Dr. J., Gymn.-Prof., Wien.
Mehlis, Prof. Dr. Chr., Neustadt a. H.
Morftz, Dr. Hugo, Oberlehrer, Posen.
Müller, Prof. Dr. Johannes, Nürnberg.
Nehring, L., Hauptl., Neustadt/Posen.
Nessig, Dr. Schuldirektor, Dresden.
Neuse, Dr. B., Oberl., Charlottenburg.
Oehlmann, Dr. Ernst, Direktor der Humboldtschule, Linden-Hannover.
Oppermann, E., Schulinsp. Braunschweig.

Palicnko, Dr. R., Oberl., Landshut i. Schl.
Peucker, Dr. Karl, Kartograph, Wien.
Polis, Dr. P., Privat-Docent an der Technischen Hochschule, Aachen.
Pomnitz, Hermann, Bibliothekar, Gotha.
Pottag, Seminarlehrer, Prenzlau.
Prüll, Herm., Oberlehrer, Chemnitz.
Rexel, Dr. Fritz, Univ.-Prof., Würzburg.
Richter, Dr. J. W. Otto, Gymnasial-Professor, Godesberg a. Rh.
Rodenhausen, Herm., Friedberg (Hessen).
Rudolph, Prof. Dr. A. E., Strassburg.
Schaefer, Albert, Oberlehrer, Duisburg.
Schjerning, W., Gymn.-Dir., Kretoschau.
Schleo, Dr. Paul, Oberlehrer, Hamburg.
Schlemmer, Prof. Dr. K., Treptow (Rega).
Schlottmann, K., Lehrer an der Höheren Mädchenschule, Brandenburg.
Schmidt, Dr. Otto, Brandenburg.
Schmidt, Dr. M. G., Oberl., Marburg.
Schock, Prof. J., Seitenstetten.
Schoenichen, Dr. Walter, Oberlehrer, Schöneberg b. Berlin.
Schottler, Dr. Wilhelm, Landesgeolog, Darmstadt.
Schütz, Dr. E. H., Bremen.
Schwarz, Dr. Seh., Realsch.-Dir., Lübeck.
Schwarz, Dr. Th., Oberl., Gevelsberg.
Seidel, Heinrich, Rektor, Berlin.
Severin, Dr. K., Oberlehrer, Görlitz.
Sieger, Prof. Dr. Robert, Graz.
Stange, Dr. Paul, Oberlehrer, Erfurt.
Stavenhagen, W., Hauptm. a. D., Berlin.
Steinel, O., Reallehrer, Kaiserslautern.
Steinecke, Dr. Victor, Realgymnasial-Direktor, Essen a. d. R.
Ströse, Karl, Gymn.-Prof., Dessau.
Stucki, Gottl., Seminarlehrer, Bern.
Stummer, Dr. Ed., Professor an der Staatsrealschule, Salzburg.
Tronnier, Rich., Oberl., Hamm.
Utgenannt, Prof. Paul, Dir., Siegen.
Vital, Prof. Dr. Arthur, Triest.
Wagner, Herm., Geh. Reg.-Rat, Prof. Dr., Göttingen.
Wagner, Dr. Paul, Oberlehrer, Dresden.
Walser, Dr. H., Gymn.-Lehrer, Born.
Woerner, Dr. Georg, Berlin.
Weigeldt, Paul, Schuldirektor, Leipzig.
Weinert, H., Lehrer an der Mädchenschule, Braunschweig.
Wigand, Dr. Georg, Oberl., Rostock.
Wollemann, Dr. August, Oberlehrer, Braunschweig.
v. Zahn, G., Berlin.
Zemmrich, Dr. J., Oberl., Plauen i. V.
Zühlke, Dr. F., Gymn.-Prof., Insterburg.

Inhaltsverzeichnis.

(Die Zahlen bezeichnen die Seiten.)

Aufsätze.

I. Allgemeine Erd- und Länderkunde.

II. Geographischer Unterricht.

Geographische Lesefrüchte und Charakterbilder.

Geographischer Ausguck.

Kleine Mitteilungen.

I. Allgemeine Erd- und Länderkunde.

Programmschau.

Persönliches
zusammengestellt von Dr. H. Haack.

Geographische Nachrichten
zusammengestellt von Dr. H. Haack.

Besprechungen.

Geographische Literatur und Zeitschriftenschau

zusammengestellt vom Bibliothekar Herm. Pommnitz, 23, 24, 46—48, 71, 72, 95, 96, 119, 120, 142—144, 167, 168, 189—192, 215, 216, 238—240, 262—264, 285—288.
Aus der pädagogischen Fachpresse I. 120; II. 264; III. 288.

Druck von Justus Perthes in Gotha.

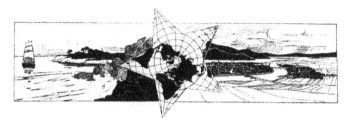

Zum gegenwärtigen Stande der Gletscherkunde.
Von Dr. Fritz Machaček-Wien.

Seitdem vor bald 20 Jahren Heims »Handbuch der Gletscherkunde« erschien, haben die verfeinerten Methoden der Untersuchung ein tieferes Eindringen in das Wesen der Gletscherbewegung ermöglicht, die Ausdehnung der Beobachtung auf neue Gebiete brachten eine Fülle neuen Materials hinzu und gestatteten die Prüfung der in der Heimat der Gletscherforschung, den Alpen, gewonnenen Resultate. Nicht zum mindesten machte schließlich die rege Beschäftigung mit dem Eiszeitproblem auch ein intensiveres Studium der Gletscher der Gegenwart in allen ihren Gepflogenheiten notwendig. So enorm war das neue Material angewachsen, daß das Bedürfnis nach einer dem Heimschen Handbuch analogen Zusammenfassung immer dringender wurde. Diesem Wunsche sucht ein kürzlich erschienenes, umfangreiches Werk von Hans Heß nachzukommen; dem Heimschen Werke darin ähnlich, trägt es einen durchaus persönlichen Charakter, indem sein Verfasser bei den meisten Fragen in der Lage ist, sich auf eigene Untersuchungen zu stützen und vielfach neue, noch nicht veröffentlichte Ergebnisse mitzuteilen. Im folgenden soll versucht werden, an der Hand dieses Buches ein Bild von dem gegenwärtigen Stande der Gletscherforschung zu geben, wobei nach Tunlichkeit auch die von anderen Forschern in den letzten Jahren gefundenen Resultate berücksichtigt werden[1]).

Drei großen Gruppen von Problemen hat die Gletscherforschung in der letzten Zeit namentlich ihre Aufmerksamkeit zugewendet: Wie wird das scheinbar so spröde Eis zur strömenden Masse, d. h. welches sind die physikalischen Eigenschaften, die sein Fließen ermöglichen; ferner: in welcher Weise reagiert ein Gletscher auf die als veränderlich erkannten klimatischen Verhältnisse, und schließlich: in welcher Beziehung steht der Gletscher zu seinem Bette, inwiefern wirkt er als umgestaltender Faktor der Landoberfläche.

Die Untersuchungen über die physikalischen Eigenschaften der verschiedenen Arten des Eises haben zunächst ergeben, daß das Gletschereis seinem Wesen nach nicht anders geartet ist als gewöhnliches Eis. Emden fand 1890, daß jedes Eis, einer schwachen Schmelzung ausgesetzt, eine eigentümliche (kristallinische) Kornstruktur zeigt; nur Form und Anordnung der Körner ist verschieden. Wassereis besteht aus parallelen Stengeln, von denen jeder ein optisch einachsiger, auf der Gefrieroberfläche senkrecht stehender Kristall ist. Die Kristallindividuen des Gletschereises sind optisch regellos orientierte, verschieden große, knotig ineinander greifende Körner, hervorgegangen aus den im Nährgebiet des Gletschers fallenden Schneekristallen. Emden und Crammer gelang es ferner, aus Schnee durch Durchtränkung mit Wasser und mehrmaliges Gefrieren und Schmelzen eine kristallinische Masse zu erhalten, deren Körner sich in nichts von echten Gletscherkörnern unterschieden. Andere, schon recht weit zurückreichende Untersuchungen haben gezeigt, daß jedes Eis schon vor Erreichung der Schmelztemperatur

---

[1]) H. Heß, Die Gletscher, Braunschweig 1904, Vieweg; ferner sei auf folgende Werke hingewiesen: Crammer, Eis- und Gletscherstudien, N. Jb. f. Mineralogie XVIII, 1903. — Blümcke und Heß, Untersuchungen am Hinterreisferner, Wiss. Erg.-H. z. Zeitschr. d. D. u. Ö. Alp.-Ver. II, 1899. — Drygalski, Grönlandexpedition d. Berl. Ges. f. Erdkunde, Berlin 1897. — Emden, Über das Gletscherkorn, Basel 1890. — Finsterwalder, Der Vernagtferner, Wiss. Erg.-H. z. Zeitschr. d. D. u. Ö. Alp.-Ver. I, 1897. — Finsterwalder, Verh. d. deutsch. Geographentages zu Breslau 1901. — Hagenbach-Bischoff, Das Gletscherkorn, Verh. d. naturf. Gesellschaft in Basel, VII, 1888. — Richter, Der Obersulbachkees, Zeitschr. d. D. u. Ö. Alp.-Ver. 1883. — Richter, Die Gletscherkonferenz im August 1899, Verh. d. VII. internat. Geographenkongresses in Berlin 1899.

Geogr. Anzeiger, Januar 1905.

unter Einwirkung verhältnismäßig kleiner Kräfte, die eine Pressung oder Biegung bezwecken, bleibende Deformationen erfährt, es wird plastisch, und zwar gebührt nach Emden diese Eigenschaft der Plastizität jedem einzelnen Eiskristall. Indem nun diese Deformationen mit der Zeit zunehmen, ist das Eis als eine zähe Flüssigkeit von der Art wie Glas oder Stahldraht zu betrachten. Unter der Einwirkung des Druckes erfährt das Eis ferner eine Erniedrigung seines Schmelzpunktes, da der Druck einen Teil der zur Volumminderung, d. h. zur Annäherung der Moleküle notwendigen inneren Arbeit leistet, die ohne Druck durch Wärmezufuhr allein geleistet wird. Auch diese Erfahrungen lassen sich auf das Gletschereis übertragen. Es befindet sich unter einem mit der Tiefe wachsenden Drucke, und eine Reihe von Beobachtungen von Forel, Hagenbach-Bischoff, Blümcke, Heß und Drygalski haben übereinstimmend erwiesen, daß mit Ausnahme der oberflächlichsten Schichten das Gletschereis überall und immer die den jeweiligen Druckverhältnissen entsprechende Schmelztemperatur besitzt.

Die bekannte Erscheinung, daß das Material des Gletschers gegen sein Ende immer grobkörniger wird, indem die Körner von Erbsen- bis fast zu Faustgröße zunehmen, ist als Problem des Kornwachstums seit langem eine der umstrittensten Fragen der Gletscherphysik gewesen. Ziemlich früh schon war man zwar von der Ansicht abgekommen, daß das durch die Haarspalten einsickernde Schmelzwasser durch Wiedergefrieren zur Vergrößerung der Körner beitrage. Es mußte vielmehr der Vorgang des Kornwachstums auf Einwirkungen in der Tiefe der Eismasse zurückgeführt werden. Ein solcher wäre derart möglich, daß infolge von Druckschwankungen vorübergehende und partielle Verflüssigungen eintreten, denen die von Haus aus kleineren Körner zuerst erliegen, und daß das so entstandene Schmelzwasser durch Wiedergefrieren den erhalten gebliebenen kleineren Körnern einverleibt wird. Diese Auffassung des Kornwachstums wurde in letzterer Zeit u. a. von v. Drygalski vertreten. Schon früher aber schloß Hagenbach-Bischoff, daß auch ohne vorübergehende Verflüssigung ein Wachsen der größeren Körner auf Kosten der kleineren stattfinden könne. Emdens Versuche ergaben, daß in körnigem Eise durch künstliche Züchtung die Zahl der Körner abnimmt, ihre Größe aber wächst, und schließlich bestätigten Vallots Beobachtungen diesen Vorgang auch am Gipfel des Mont Blanc bei Temperaturen von $-17°$ C. und in Tiefen von wenigen Metern unter der Oberfläche, wo also das Kornwachstum bei geringen Drucken und Temperaturen weit unter dem Schmelzpunkt stattfand. Die Korngröße ist also eine Funktion der Zeit; dementsprechend sind im Gletscher diejenigen Individuen, die am längsten gewandert sind, also die in den verzögerten Rand- und Grundschichten und die am Gletscherende, die größten. Als Ursache des Kornwachstums haben wir nach dem Vorgang Hagenbach-Bischoffs die Wirkung der Molekularkräfte anzusehen, die ein trocknes »Überkristallisieren« ermöglichen, wenn auch, wie z. B. auch Heß zugibt, gelegentlich die Umformung durch Druckschwankungen und damit verbundene Zustandsänderungen, nämlich vorübergehende Verflüssigung, vorkommen mag.

Neben der allen Eisarten gemeinsamen kristallinischen Struktur begegnen wir speziell beim Gletschereis noch besonderen Strukturformen. Das Material des Firnfeldes entsteht durch schichtenförmige Übereinanderlagerung gefallenen Schnees; so kommt die der geologischen Schichtung entsprechende Erscheinung der Firnschichtung zustande, deren Schichten sich durch eine dünne, während der Abschmelzungszeit gefallene Staublage abheben. Die aus blankem Eis bestehende Gletscherzunge hingegen zeigt die leicht zu beobachtende Erscheinung der löffelartig ineinander gelagerten Bänder oder Blätter. Aus Beobachtungen am Mer de Glace, wo sich Bänderung und Schichtung unter spitzen Winkeln zu schneiden schienen, kam Tyndall und nach ihm Forbes dazu, jeden ursächlichen Zusammenhang dieser beider Erscheinungen abzuweisen und die Bänderung, namentlich die blauen, luftfreien Blätter, als eine Wirkung des Druckes, analog der Druckschieferung der Gesteine, anzusprechen, und diese Auffassung finden wir auch in Heims Gletscherkunde vertreten. In den letzten Jahren aber gelang es Heß, H. F. Reid und Crammer an mehreren Gletschern den Übergang von Schichtung in Bänderung zu beobachten, und außerdem konnte Heß durch Experimente mit verschieden gefärbten Wachslagen zeigen, daß diese durch Pressung in einem engen Abflußkanal dieselben Deformationen erfuhren, wie sie die Lagerung der Blätter in der Gletscherzunge verrät. Das so gewonnene Ergebnis, das übrigens schon 1847 von Agassiz geahnt wurde, lautet:

Die zumeist horizontalen Firnschichten werden beim Übergang aus dem weiten Firnbecken in das enge Tal der Gletscherzunge in löffelartig ineinander gefügte Lagen
umgeformt, es ist also die Bänderung aus der Schichtung entstanden.

Die bisher gewonnenen Resultate über die physikalischen Eigenschaften des Gletschereises verhelfen uns zu einer Vorstellung vom Wesen der Gletscherbewegung. Ganz allgemein wird heute als treibende Kraft der Bewegung die Schwerkraft anerkannt; auch wird
zugegeben, daß die Fähigkeit des Eises, in seinem Bette wie eine zähe Flüssigkeit zu strömen,
daß also alle die bekannten Analogien zwischen der Bewegung des Gletschers und der
eines Flusses, namentlich die kontinuierliche, nicht sprungweise Änderung der Geschwindigkeit an verschiedenen Punkten der Oberfläche und der Tiefe, sich ungezwungen aus
der großen Plastizität des Eises erklären lassen, also im Prinzip im Sinne der Vorstellungen
eines Rendu und Forbes, die in den 40er Jahren des vorigen Jahrhunderts die »Theorie
von der Viskosität des Eises« begründet haben. Noch aber bleiben mehrere Fragen
mehr quantitativer Natur offen: Welche Bedeutung besitzt die Blätterstruktur des Eises
für die Bewegung des Gletschers, und in welchem Umfang vermag die kristallinische
Struktur des Eises und seine dem Schmelzpunkt gleichkommende Temperatur die
Bewegung zu unterstützen?   (Schluß folgt.)

J. Partschs »Mitteleuropa«[1]).
Von Dr. Franz Heiderich-Mödling.

Der Fortschritt der Wissenschaft wird in erster Linie durch Spezialforschungen bedingt.
Je kleiner das Feld ist, das ein Forscher bearbeitet, desto tiefer wird er es auf-
ackern, desto sicherer und verläßlicher werden die Ergebnisse sein. Auch in der Wissenschaft gebührt dem intensiven Betrieb der Vorzug vor dem extensiven. Von Zeit zu
Zeit ist es aber notwendig, die Einzelforschungen zu einem Gesamtbild zusammenzufassen,
gleichsam die Summe vieljähriger Forschungstätigkeit zu ziehen, zunächst um den Grad
und das Ausmaß der Förderung der Wissenschaft zu erkennen, dann aber auch, um
durch Aufdeckung noch vorhandener Lücken der Forschung neue Wege und Richtungen
zu weisen. Alle eigentlich geographische Forschung, ob sie nun auf diesem oder jenem
Felde tätig ist, findet ihre vornehmste Zusammenfassung und Verwertung in der Länderkunde: hier werden die Einzelforschungen, deren Objekte und Ziele oft weit auseinander
liegen, miteinander verknüpft. Die Spezialforschung wendet sich an den Fachmann; die
Form, in der ihre Resultate zu Papier gebracht werden, spielt eine nebensächliche Rolle; die
Voraussetzungen, die an die wissenschaftliche Vorbildung des Lesers gemacht werden und
die durch den Gebrauch von Fachausdrücken geschaffene wissenschaftliche Geheimsprache
schließen von vornherein einen weiteren Leserkreis aus. Anders die Länderkunde. Sie hat
sich an alle Gebildeten und an alle nach Bildung Strebenden zu wenden, sie muß diesen
ohne weiteres ebenso verständlich sein, wie etwa die Weltgeschichte, deren Darstellung
sich ebenfalls auf einer schier unübersehbaren Fülle von Einzelforschungen aufbaut.
Das Volk hat ein Recht, an den Früchten geistiger Arbeit zu partizipieren, wie ja
auch der Gelehrte die Früchte und Annehmlichkeiten der Arbeit von Millionen genießt,
die am sausenden Webstuhl der Zeit stehen und sich nicht der reinen Wissenschaftspflege
hingeben können. Leopold von Rankes Weltgeschichte ist ein leuchtendes Beispiel, wie
von hoher Zinne aus ein großer und tiefer Stoff allgemein verständlich behandelt werden
kann und gewiß niemand wird sich unterfangen, diesem herrlichen Werke das Gepräge
echter Wissenschaftlichkeit zu leugnen. Diesem hohen Vorbild hat die länderkundliche
Darstellung nachzustreben. Sie muß mit streng wissenschaftlichem auch ein gewisses
künstlerisches Gepräge vereinigen und verlangt daher von dem Bearbeiter neben wissenschaftlicher Beherrschung eines großen und mannigfachen Materials, neben dem sicheren Blicke
für die Erkennung und Hervorhebung der kausalen Zusammenhänge und des Typischen
und Charakteristischen aus der Fülle der Erscheinungen auch noch — last not least —
eine künstlerische Ausdrucksfähigkeit, eine schriftstellerische Gewandtheit und Befähigung.

---

[1]) Mitteleuropa. Die Länder und Völker von den Westalpen und dem Balkan bis an den Kanal
und das Kurische Haff. Mit 16 farbigen Kartenbeilagen und 28 schwarzen Karten und Diagrammen im
Text. Gotha 1904, Justus Perthes. Geh. 10 M., geb. 11.50 M.

Die Zeit ist hoffentlich für immer vorbei, in der man es für eine Schmälerung wissen-
haftlichen Ansehens hielt, gut deutsch und verständlich zu schreiben, und die Zahl jener
Gelehrten, die aus ihren engen Hörsälen hinaus zu einem größeren Auditorium zu sprechen
sich berufen fühlen, mehrt sich in erfreulicher Weise.

An dem außerordentlichen Aufschwung, den die Geographie als Wissenschaft in
den deutschen Landen hauptsächlich seit Begründung der geographischen Lehrkanzeln
genommen, hat die Länderkunde anfänglich nur wenig teilgehabt; es mußte wohl auch
erst durch Spezialforschungen das Material und das Fundament für einen neuen Aufbau
derselben geschaffen werden. In neuerer Zeit zeigt sich aber wieder — zum Teil nicht
wenig durch die in verschwenderischer Fülle gegebenen Anregungen und Ideen Ratzels
beeinflußt — mehr Geneigtheit zur Behandlung länderkundlicher Aufgaben. Immerhin
ist die Zahl guter länderkundlicher Darstellungen größerer Erdgebiete im deutschen
Schrifttum noch ziemlich gering und mit lebhaftem Beifall wird man die so wertvolle
Bereicherung begrüßen, die sie durch das im Titel angezeigte Buch von J. Partsch
erfahren hat, das sachlich, methodisch und formell geradezu mustergiltig zu nennen ist.
Der Breslauer Universitätslehrer, der auf historischem wie naturhistorischem Forschungs-
felde heimisch ist und seine Begabung für landeskundliche Darstellung bereits in prächtigen
Monographien griechischer Inseln (Korfu, Leukas, Kephallonia, Ithaka) und in der
Schilderung seiner schlesischen Heimat bewiesen hat, war der richtige Mann für die
Behandlung des großen und schwierigen Stoffes. Das Buch entstand auf Anregung
des Oxforder Universitätsprofessors John Mackinder, der für englische Leserkreise ein
12 Bände starkes geographisches Sammelwerk über alle Länder des Erdkreises herausgibt.
Partsch übernahm als einen Band Mitteleuropa. Die Mannigfaltigkeit des Stoffes und
die Übersetzung ins Englische beanspruchte aber einen etwas größeren Raum als vorgesehen war und der Herausgeber ließ dann, wie Partsch mitteilt, »am englischen Texte
erhebliche Kürzungen vornehmen, deren Eingriffe wieder des Verfassers Hand zu beträchtlichen Änderungen im Interesse der Erhaltung des Zusammenhangs und des Gleich-
maßes der Darstellung in Tätigkeit setzten. Das Ergebnis dieser Entwicklung wich von
dem ursprünglichen Flusse der Darstellung doch recht wesentlich ab. Der Rücksicht
auf das Ganze des Unternehmens waren Opfer gebracht, die viel von dem Eigensten
des Verfassers, seiner Art zu empfinden, zu denken, zu reden, hinweggenommen hatten.
Sein lebhafter Wunsch, dem Urteil aller Urteilsfähigen, daheim wie in der Fremde, seinen
Versuch unterworfen zu sehen, den unter Führung deutscher Kultur zur heutigen Blüte
erhobenen Erdenraum im Rahmen eines Weltbildes zu angemessener Geltung zu bringen,
war durch die gekürzte englische Ausgabe nur unvollkommen befriedigt. Der Verfasser mußte deshalb hohen Wert darauf legen, das ganze Buch in der Anlage und der
Form, wie er es in der Muttersprache entworfen hatte, an die Öffentlichkeit treten zu
sehen. Den Weg dazu eröffnete eine Vereinbarung des englischen Verlags mit der geographischen Anstalt von Justus Perthes«.

Daß das Werk auf solidester wissenschaftlicher Basis ruht, braucht bei einem
Manne wie Partsch nicht erst betont zu werden. Aber daneben kommen noch andere
Vorzüge, wie Klarheit der Disposition, außerordentliche Kraft, Anschaulichkeit und edler
Schwung der Sprache, eine wohltuende Wärme und Strammheit der nationalen Gesinnung,
die aber nie in lächerlichen Chauvinismus ausartet, zur Geltung. Wo die Darstellung
weit ausholen müßte und das Wort durch Anführung von Einzelheiten ermüden würde,
sind Diagramme und Kartenskizzen im Texte und auf besonderen Blättern eingeschaltet,
so daß das sonst den Fluß der Darstellung unterbrechende Ziffernmaterial auf ein
Minimum beschränkt werden konnte. Hohe Aktualität gewinnt das Buch dadurch, daß
der Verfasser mit reifem Urteil zu politischen, nationalen und wirtschaftlichen Fragen
der Gegenwart Stellung nimmt. Das edle Selbstbewußtsein, das die Völker Mitteleuropas in Hinblick auf die Größe der bisher — trotz vielfach ungünstiger natürlicher
und geschichtlicher Verhältnisse — geleisteten Kulturarbeit haben dürfen, läßt den Verfasser ohne Zagen und Bangen in die Zukunft blicken. Keine Furcht vor Vernichtung
der Selbständigkeit seitens der russischen und britischen Weltmacht, wohl aber Bereitwilligkeit zur Erhaltung des Friedens und zur Abwehr des Feindes schwere Rüstungen
auf sich zu nehmen! »Der Gang der Weltgeschichte gibt den Staaten Mitteleuropas
die Mahnung sich wirtschaftlich enger zusammenzuschließen und kleinere politische

Sonderinteressen zurückzustellen hinter dem wichtigen Ziele der vollsten Aufrechterhaltung ihrer Selbständigkeit und des Reichtums der wirtschaftlichen und geistigen Kultur, welche den Vorrang Europas unter den Erdteilen zur Geltung gebracht hat«. Partschs Mitteleuropa ist ein vornehm und frisch geschriebenes Buch, das den Leser von der ersten bis zur letzten Seite fesselt.

Der Stoff wird in zehn Hauptabschnitten behandelt. Der erste legt den Umfang Mitteleuropas fest und bespricht die Weltlage und Bedeutung des letzteren. Die folgenden drei Kapitel behandeln das physische Bild (Grundzüge der Entwicklungsgeschichte der Landoberfläche, Relief und Landschaftsbild, Klima), das 5. bis 7. die Völker, die Staatenbildung und das wirtschaftliche Leben, das 8. (das umfangreichste) die nach natürlichen Landschaftsgruppen geordneten politischen Gebilde mit ihrem Wirtschaftsleben und ihren vornehmsten Siedelungen, das 9. und 10. das Verkehrsleben Mitteleuropas und die geographischen Bedingungen der Landesverteidigung. Mitteleuropa wird in ziemlich weiten Grenzen gefaßt. Gegen Osteuropa scheidet es Partsch durch die Linie Pillau—Odessa, auf der die Breite des Erdteils sich auf die Hälfte verringert, gegen Westen durch die Ardennen und Vogesen, die das im Zentrum Westeuropas liegende Pariser Becken umrahmen. Sein hervorstechenster Zug ist der große Alpenbogen (im weitesten Sinne, also mit dem Dinarischen Gebirge, den Karpathen und dem Balkan), von dem ein Mittelgebirge zu dem Tiefland der Nord- und Ostsee hinüberleitet. »Der Dreiklang Alpen, Mittelgebirge, Tiefland beherrscht die Symphonie des mitteleuropäischen Länderbildes. Wo einer seiner Töne ausklingt, ist Mitteleuropa zu Ende. Seinen westlichsten Punkt bezeichnet die sich auskeilende Westspitze des großen Tieflandes bei Dünkirchen, einen Markstein seines Ostrandes das polnische Mittelgebirge bei Sandomierz.« In diese natürlichen Grenzen fügen sich recht gut die Staaten Belgien, Holland, Deutsches Reich, Schweiz, Österreich-Ungarn mit Bosnien, Montenegro, Serbien, Rumänien, Bulgarien, nur in Polen und auf der jütischen Halbinsel bleibt die politische Grenze hinter der natürlichen zurück, wie anderseits letztere mit Deutsch-Lothringen, Teilen Bulgariens und Galiziens über die natürlichen Schranken hinausgreift.

Ganz falsch wäre es, aus der angegebenen Gliederung des Stoffes auf eine Zerreißung desselben zu schließen. Es wird vielmehr in den physischen Abschnitten stets auf den Menschen und seine durch die natürlichen Bedingungen beeinflußten geschichtlichen, wirtschaftlichen und politischen Verhältnisse hingewiesen, wie anderseits in den wirtschaftlichen und eigentlichen kulturgeographischen Abschnitten stets auf die natürliche Grundlage der Erscheinungen eingegangen wird. Wir müssen uns wegen Raummangel versagen, auf Einzelheiten des Werkes einzugehen. Es sei nur auf die herrlichen Landschaftsbilder hingewiesen, die Partsch in den physischen Abschnitten zu entwerfen weiß und welche Erinnerungen an eigene sonnige Wandertage hervorrufen, wie auch auf die fesselnden Kultur- und Städtebilder in den politischen Abschnitten. Wie treffend sind seine Bemerkungen über den Nationalitätenkampf in Österreich-Ungarn, der an den Grundfesten des alten Reiches rüttelt, und mit welcher Meisterschaft weiß er die großen Züge des heutigen Wirtschaftslebens Mitteleuropas zu einer belebten Darstellung zusammenzufassen! Das Werk von Partsch ist ein Buch für alle und wird sich mit sieghafter Kraft seinen Platz im deutschen Hause erobern. In erster Linie wird es dem geographischen Fachlehrer willkommen sein, der es auch als wertvolle Lektüre seinen reiferen Schülern empfehlen wird.

Kurzer Bericht über den Verlauf des VIII. Intern. Geographen-Kongresses.
Von Heinrich Fischer-Berlin.

Im Auftrag des preußischen Kultusministeriums nach den Vereinigten Staaten geschickt, um über die Entwicklung des geographischen Unterrichts mich zu belehren, hatte ich Gelegenheit, den VIII. Internationalen Geographen-Kongreß zu besuchen, dessen Verhandlungen am 8. September d. J. in Washington D. C. begannen.

Ich werde hier den äußeren Verlauf zu schildern versuchen und behalte mir vor, auf solche Dinge, die für unsere Bestrebungen hervorragende Wichtigkeit besitzen, in anderem Zusammenhang zurück zu kommen.

Also der Kongreß wurde am 8. September in Washington eröffnet. Die Zahl der Teilnehmer betrug nur einen kleinen Teil der Zahlen, die man von London oder Berlin her gewohnt war. Verhältnismäßig klein war auch die Anzahl der Europäer; Deutschland war immerhin am stärksten vertreten, doch fehlte u. a. jeder Universitätsdozent für Erdkunde, während aus Wien Penck und Oberhummer anwesend waren. Auch die Räumlichkeiten — die der kleinen Washingtoner Universität — waren recht beschränkt, doch reichten sie unter den gegebenen Umständen, da das Bureau in einem Gasthaus untergebracht war, vollkommen aus.

Vier Tage blieb der Kongreß in der Bundeshauptstadt vereinigt. Von diesen waren der zweite und dritte eigentliche Sitzungstage. Am ersten Tage fand nach der feierlichen Eröffnung die Besichtigung der wissenschaftlichen Institute statt. Sie war für uns Ausländer entschieden fruchtbringender als die Verhandlungen. Denn in diesen herrschte einige Verwirrung; beispielsweise konnte ich die Sektion für Gletscherforschung deswegen nicht besuchen, weil sie nach Zeit und Ort falsch angezeigt war. Durch sog. Abstrakte, Auszüge, die gedruckt schon vorher verteilt wurden, konnte man sich zwar einigermaßen orientieren. Doch hatte man keine Gewähr, daß die den »Abstrakten« zugrunde liegenden Vorträge auch wirklich gehalten wurden. Man bekam auch »Abstrakte« von Herren, die ruhig in Europa saßen. Die Berichte in den Zeitungen waren erst recht unzuverlässig und äußerst dürftig. In den Verhandlungen fielen uns die oft uferlosen Debatten auf.

Außerordentlich belehrend war dagegen der Besuch der wissenschaftlichen Institute, des U. St. Geological Survey, des Weather Bureau, des Agricultural Department, der Smithsonian Institution usw. Bei allen konnte neben den immer eigenartigen oft überraschend praktischen Einrichtungen, die Bereitwilligkeit, mit der uns alles gezeigt und belehrendes Material zur Verfügung gestellt wurde, nicht genug gerühmt werden.

Der vierte Tag galt einem Ausflug Potomac-abwärts nach Mont Vernon und darüber hinaus. Die Fahrt zwischen den sanftgeschwungenen Waldhügeln der »Küstenebene«, die im Dunste einer südlichen Sonne verschwammen, war außerordentlich schön. Nur fehlte es an Karten und persönlicher Belehrung, ein Mangel übrigens, der bei späteren ähnlichen Gelegenheiten sich nicht wiederholt hat.

Nun folgte ein Tag in Philadelphia, an dem uns die Sehenswürdigkeiten der Stadt gezeigt wurden und eine Sitzung im Philadelphia Commercial Museum stattfand. Dieses eben ein Jahrzehnt alte Institut ist eins der wesentlichsten Gebilde zur Erweckung, Hebung und Ausbreitung des amerikanischen Handels. Es wäre dringend zu wünschen, wenn wir in Deutschland ein ähnliches Institut bekämen, sei es im Anschluß an eine Handelshochschule, sei es — wohl noch besser — ganz unabhängig.

Die nächsten beiden Tage fanden Sitzungen in New York statt. Sie waren auch nicht besser besucht, als die in Washington: für die New Yorker Gesellschaft begann der Kongreß noch etwas zu früh, für die Fremden gab es so manches andere zu tun. Besonders nachteilig für den Besuch war der Umstand, daß das Lokal, das Naturhistorische Museum bei seinen großen Reichtümern im allgemeinen anziehender wirkte als die Sitzungen. Doch sei diesmal erwähnt, daß dem uns entrissenen Ratzel Frau Dr. Krug-Genthe an der Bedeutung des Entschlafenen entsprechender Stelle einen warmen Nachruf hielt, und daß als nächster Tagungsort Genf gewählt wurde, als Jahr aber schon 1908, in dem die Genfer Geographische Gesellschaft ihr 50jähriges Bestehen feiern kann.

Am 15. September fand dann eine Fahrt auf dem Hudson statt, die unter bester Leitung (Davis-Cambridge) und von den besten vorhandenen Karten unterstützt, dazu nach einem vorausgegangenen Unwetter von der klarsten Luft begünstigt, ebenso genußreich wie belehrend war und uns ein treffliches Bild des unteren Hudsontales vermittelte. Der Abend schloß mit einer Parade der Westpointer Kadetten.

Der 16. September sah uns am Niagara; auch hier geschah wieder alles denkbare, um uns in die Entstehungsgeschichte des Falles einzuführen und uns sein Tal ober- und unterhalb gründlich zu zeigen. Neben Davis ist hier vor allem auch der beste Kenner des Niagara Gilbert zu nennen.

Der nächste Tag sah uns in Chicago. Hier wurde ähnlich wie in Philadelphia uns ein Teil der Stadt gezeigt. Die Stock-Yards konnten wegen des kriegerischen

Zustandes der streitenden Parteien nicht besichtigt werden. Anderseits fanden wir aber in der jungen mächtig sich entwickelnden Universität und im »Field-Museum« mit seinen nirgends übertroffenen ethnologischen Sammlungen der amerikanischen Völker reichste Belehrung. Die Sitzung in der Aula der Universität war das Muster guter Disposition. Auf einige Vorträge von Ausländern (Penck über die Alpen, Grandidier über Madagaskar, Mill über methodologische Fragen), bei denen die Chicagoer zu ihrem Rechte kamen, folgten solche von Chicagoern, die uns ein abgerundetes Bild der natürlichen Lage, der Entwicklung und der heutigen Bedeutung der »Kaiserin der Seen« boten.

Nachdem wir nun den folgenden Tag die gesegneten Fluren von Illinois durchfahren hatten und unterwegs fast genau dort, wo einige Tage später ein mißglückter Eisenbahn-überfall stattfinden sollte, eines jener illinoisischen Kohlenbergwerke besichtigt hatten, die in der wagrechten ungestörten Lagerung ihrer Flötze so ungemein bequeme Abbau-bedingungen bieten, kamen wir schließlich in St. Louis an. Hier sollte unser Kongreß als Bestandteil des »Weltkongresses für Kunst und Wissenschaft« weiter leben, besonders sollte die noch ausstehende Sitzung für Anthropogeographie stattfinden. Der für die Abhaltung eines wissenschaftlichen Kongresses aber denkbar ungünstigste Boden eines Weltjahrmarktes erwies sich indes als unbesiegbares Hindernis, die anthropogeographische Sitzung ist nie gehalten worden. Einigen Ersatz boten Führungen durch die ethnologischen Sonderausstellungen, besonders durch die überaus wohlgelungene und nach dem Urteil von Kennern »absolut authentische« Philippinosausstellung. Nur verhindert bei solchen Gelegenheiten das amerikanische Publikum, indem es sich rücksichtslos herzudrängt, daß die, für die etwa eine besondere Führung veranstaltet wird, etwas rechtes zu sehen und zu hören bekommen.

Am 20. September fand dann zu guter Letzt der Kongreß seinen förmlichen Schluß. Der Präsident des Kongresses Peary hielt einen äußerst populären Vortrag über die Arktis, der mit den Worten schloß: »Der Nordpol ist das stolzeste Ziel, das zu erringen auf der Erde noch möglich ist, es ziemt sich, daß die stolzeste Nation es erringt«. Dann fanden einige Ansprachen von Vertretern fremder Nationen statt und Peary schloß den Kongreß.

Tatsächlich hatte der Kongreß sein Ende aber noch nicht erreicht, vielmehr fand nun noch der große Ausflug in den Westen und Südwesten statt, der am Abend des 21. September beginnend uns erst am Morgen des 10. Oktober wieder nach St. Louis zurückbringen sollte.

Sehe ich davon ab, daß die gedruckten Verhandlungen, vorausgesetzt, daß es möglich sein wird, den Weizen von der Spreu zu sondern, uns eine Fülle aus-gezeichneten Materials bieten werden, das bei der nicht ausreichenden Vorbereitung des Kongresses uns so oft entgangen ist, so muß ich bekennen, daß ich diesen großen Ausflug im Zusammenhang mit den Fahrten durch den vereinstaatlichen Osten nach und von St. Louis für das wertvollste halte, was wir Europäer drüben genossen haben. Die Amerikaner sind stark in Superlativgedanken, die öfters nicht recht nach unserem Geschmack sein mögen. Dieser Gedanke, uns die wesentlichsten Züge eines halben Erdteils unter wissenschaftlicher Leitung zu zeigen, war aber nicht superlativistisch allein, er war auch gesund und — übersehen wir die Mängel, die mit der Unvollkommenheit der jugendlichen Einrichtungen der neuen Welt notwendig verknüpft sind, — durchweg gelungen, ein Verdienst, das dem Führer des Ausflugs Dr. Day zukommt und nicht verschwiegen werden darf.

Der äußere Verlauf des großen Ausflugs war aber der folgende: Von St. Louis sahen wir uns am nächsten Morgen nach Kansas City versetzt, fuhren den Tag über im Kansastal weiter hinauf und zum Arkansas hinüber. Gegen Abend hatten wir 100° W. L. hinter uns gelassen, die als ungefähre Grenze des auf Regenfall allein beruhenden Bodenbaues anzusehen ist. In der folgenden Nacht hatten wir die östlichen Vorhöhen des Felsengebirges überstiegen und fanden uns morgens an dessen Südostkante. Nun folgten Tage in den Wüsten und Steppen von Neu-Mexiko und Arizona. Besuche in den Dörfern der Puebloindianer, ein Ausflug nach dem »versteinerten Walde«, ein Abstieg in das Canjon des Colorado wechselten mit einander ab. Schließlich fanden wir uns in Albuquerque wieder an, wo die Santa Fé-Bahn den Rio Grande überschreitet. Von hier sollte es südwärts nach Mexiko gehen. Aber in der Nacht brach ein riesiger Wolkenbruch los — in seiner Größe und seinem zeitlichen Auftreten ein unerhörtes

Ereignis — verwandelte die Steppe in ein Gemenge von Strömen, Seen und Inseln und zerwusch unsere allerdings unglaublich leichtsinnig gebaute Bahn derart, daß wir erst mit mehreren Tagen Verspätung in El Paso ankamen und auch noch im Staate Chihuahua nicht mit der üblichen Schnelligkeit fahren konnten. Nach Überwindung dieser Hindernisse lernten wir die Berieselungsoasen des nördlichen Mexiko kennen, die entlang der Ferrocarril central entstanden sind (Mais, Baumwolle), sahen uns den nächsten Tag in das Hochland von Anahuac versetzt und erreichten über Queretaro die Hauptstadt. Dort hatten wir etwa zwei und einen halben Tag zur Verfügung, die natürlich nur zu einem ganz allgemeinen Eindruck ausreichten. Dann fuhren wir nach Orizaba hinab und hatten trotz der sonst etwas ungünstigen Witterungsverhältnisse das Glück, beim Abstieg in den Infernillo den Citlaltepetl, ja die weit niedrige Sierra negra in glänzendem Schneemantel bewundern zu können. Von Orizaba kehrten wir wieder um und erreichten schließlich bei Laredo die vereinsstaatliche Grenze. In fast ununterbrochener Fahrt ging es · nun durch Texas, das Indianerterritorium, dessen herrliche Waldberge uns erfreuten, Arkansas und Missouri nach St. Louis zurück.

Geographische Lesefrüchte und Charakterbilder.
Bau- und Entstehungsgeschichte der Mittelmeerländer.
Wortgetreuer Auszug aus A. Philippson, »Das Mittelmeergebiet«, S. 4—19. (266 S. mit Abb. und 10 Karten. Leipzig 1904, B. G. Teubner.)
Ausgewählt von Dr. Felix Lampe-Berlin.

In auffallendem Gegensatz zu der regelmäßigen Gestalt des Erdkörpers steht die scheinbar jeder Gesetzmäßigkeit entbehrende Gestaltung seiner Oberfläche. Ein Blick auf den Globus zeigt uns ein wirres Durcheinander von unregelmäßigen Land- und Wassermassen, die sich gegenseitig durchdringen. Das ist das Ergebnis einer langen Entwicklungsgeschichte, welche die Erde durchgemacht, das Werk unzähliger großer und kleiner Verschiebungen in der Erdkruste, die sich bald hier, bald da vollzogen haben, mit wechselndem Schauplatz und in wechselnder Art, bald die Spuren der vorhergehenden vertilgend, bald sie unberührt lassend, bald sie verstärkend. Neben diesen Bewegungen in der Erdkruste, die Höhen und Tiefen schaffen, sind die großen Kräfte der Atmosphäre, Verwitterung und Erosion, und die gewaltige Arbeit des brandenden Meeres beständig tätig, diese Formen umzugestalten. So sind die Formen der Erdoberfläche beständigem Werden und Vergehen unterworfen, wie im kleinen die Berge und Täler, so im großen die Kontinente und Meere. Dennoch gelingt es aufmerksamer Betrachtung, einige große Züge in der Verteilung der Ozeane und Festländer herauszulesen. Allerdings die Ursachen dieser Anordnung sind uns verborgen. Sie bilden eines der höchsten und letzten Probleme der Erdkunde.

Der wichtigste dieser Züge ist die unsymmetrische Verteilung der Landmassen auf der Erdkugel. Wir können einen größten Kreis auf der Oberfläche des Globus ziehen derart, daß fast alle Landmassen auf die eine, die sog. Landhalbkugel, entfallen, wogegen die andere, die Wasserhalbkugel fast ganz vom Meere bedeckt wird. Aber daneben läßt ein Blick auf den Globus noch eine bedeutsame zweite Untereinteilung hervortreten: Es ist die Zone der Mittelmeere Sie durchschneidet Amerika mit dem Mexikanischen und Karaibischen Mittelmeer bis auf eine schmale Landbrücke. Sie setzt sich gegenüber in der Alten Welt im europäischen Mittelmeer fort, das lang von Westen nach Osten gestreckt, auch seitwärts die Landmassen tief zerlappt, sich endlich im Osten in zwei Arme teilt. Der eine, nach Nordosten, besteht aus dem Ägäischen und Schwarzen Meer und tritt dann noch einmal in dem abgesonderten Kaspischen Meere hervor; der andere ist nach Osten gerichtet als Levantinisches Meer und setzt dann nach Südosten im Roten Meere und im Persischen Golfe, im Arabischen und Bengalischen Meerbusen, endlich im großen Asiatisch-Australischen Mittelmeer die Umkreisung des Globus fort. So zieht eine natürliche Wasserstraße quer durch die Alte Welt, in ihr Inneres hinein die Vorteile maritimer Bildung tragend, Klima mildernd, jahrtausendelang die wichtigste Handelsstraße der Welt und heute wieder eine der wichtigsten. Die Einteilung der Alten Welt in die Erdteile Asien, Afrika und Europa ist durch das Mittelmeer begründet.

Die Mittelmeere bestehen aus einer großen Zahl einzelner Becken von verhältnismäßig geringer Ausdehnung, wenn auch vielfach bedeutender Tiefe, und am Grunde vieler dieser Becken finden wir wieder zahlreiche allseitig geschlossene Einsenkungen. Die Becken sind getrennt durch höhere Schwellen, die teils als Halbinseln und als Inseln hervorragen, teils unter dem Meeresspiegel bleiben. So setzt sich das europäische Mittelmeer aus zwei Hauptbecken zusammen, einem westlichen und einem östlichen, getrennt durch die Schwelle Italien—Sizilien—Tunis. Jedes dieser Hauptbecken wieder durch andere Schwellen in mehrere Teilbecken zerlegt; außerdem sendet das östliche Hauptbecken nach Norden als Nebenbecken das Adriatische und die Reihe Ägäisches—Schwarzes Meer. Die Böschungen, die von den Schwellen zu den Becken hinabführen, sind vielfach weit steiler als wir sie in den Ozeanen antreffen. So liegt zwischen der südwestlichen Spitze des Peloponnes und den Tiefen des Ionischen Meeres ein unterseeischer Absturz, wie er an Steilheit wohl kaum auf der Erde ein Gegenstück findet — von Korallenbauten abgesehen. Er entspricht einem Böschungswinkel von 41° bei einer Höhe von 2200 m. Die Mittelmeere setzen sich demnach zusammen aus tiefen Einsenkungen im Kontinentalsockel. Wir kennen keinen anderen Vorgang, der solche Becken schaffen könnte, als Einbruch. Die Umgebung der Mittelmeere ist geradezu durchschwärmt von Einbrüchen verschiedenster Form und Größe, hier dichter gedrängt, dort weiter verteilt, hier die Richtung unterseeischer Becken fortsetzend, dort selbständig auftretend. Es seien nur zwei Beispiele hervorgehoben: der große syrische Graben, dann der tiefe Grabenbruch, der Griechenland durchquert und die Golfe von Patras, Korinth, Ägina sowie den Isthmus von Korinth in sich enthält. Am stärksten von der Zertrümmerung ergriffen sind überhaupt die Südspitzen der drei südeuropäischen Halbinseln. Den Einbrüchen verdankt die Region in erster Linie ihre Zersplitterung in Höhen und Tiefen, von der die Zerschlissenheit der Küstenumrisse nur ein augenfälliger Ausdruck ist.

Die Einbrüche der Mittelmeerzone sind sehr jugendlichen Alters. Wir können aus den jungtertiären Ablagerungen, welche die Becken des Mittelmeers umranden oder auf den Inseln und in Landsenken auftreten, die Geschichte dieser Einbrüche ziemlich gut verfolgen. Auch die Tiergeographie bietet uns manche Handhabe. Man weiß, daß die Einbrüche sich im Miocän zu bilden begannen, daß sie sich dann durch das Pliocän bis in die Quartärzeit fortgesetzt haben, daß also noch unter Anwesenheit des prähistorischen Menschen bedeutende Verschiebungen von Land und Wasser vor sich gegangen sind. Das junge Alter der Einbrüche zeigt sich auch in ihrem Verhältnis zu dem übrigen Bau des Gebiets, das sie durchsetzen. Der Bau der Kontinentalmasse war im großen und ganzen vollendet, die Gebirge fertig aufgefaltet, als die Einbrüche sich einzusenken begannen. Sie unterbrechen willkürlich den Zusammenhang der Gebirgssysteme. Daher die auffallende Erscheinung, daß, so oft die Gebirge an Senken oder Meeresteilen quer abschneiden, sie jenseits weiterziehen. So setzt sich der Apennin in Sizilien und im Atlas, dieser in den Andalusischen Gebirgen und in den Balearen fort; das Ende der Pyrenäen liegt in der Provence; die Gebirge Nordgriechenlands, des Peloponnes und des südwestlichen Kleinasien bilden eine Einheit; Syrien gehört eng zur großen libyschen Tafel.   (Schluß folgt.)

Geographischer Ausguck.
Rund um den Balkan.

Das blutige Ringen im fernen Ostasien fesselt das allgemeine Interesse der europäischen Kulturwelt in solchem Maße, daß man manchen bedrohlichen Erscheinungen auf der Balkanhalbinsel, dem alten Wetterwinkel Europas, nur wenig Beachtung zu schenken Zeit findet. Hat das türkische Reich in früheren Jahrhunderten durch seine aggressive Politik wiederholt schwere Bedrängnis über Europa gebracht, so bildet der jetzt morsche Staatskörper in seiner Passivität keine geringere Gefahr für den Bestand des europäischen Friedens. Die alte Bedeutung der europäisch-asiatischen Zwischenstellung der Balkanhalbinsel konnte zwar etwas vermindert werden, als der Weltverkehr neue Bahnen einschlug, wird aber wieder zu ungeahnter Wichtigkeit kommen, wenn die kleinasiatischen Bahnen nach Osten einen Anschluß zum mesopotamischen Tieflande und weiterhin nach Indien gefunden haben werden. Dann wird sich voraussichtlich der Zug der Auswanderer, der sich bisher fast ausschließlich nach Westen richtete, nach Osten kehren und der ausschauende Blick sieht den Orient, der, wie Hahn so vortrefflich bemerkt, seit der mongolischen Invasion wie ein zu Tode Getroffener daliegt, durch europäische Arbeitskraft und Intelligenz zu neuem Leben und neuer Blüte erwachen.

Der Besitzstand des türkischen Reiches auf europäischem Boden ist im verflossenen Jahrhundert stark geschmälert worden; es haben sich unter Intervention der europäischen Großstaaten selbständige Staatswesen gebildet. Aber von dem der Türkei verbliebenen Reste sind namentlich Mazedonien, wie auch Albanien und Altserbien, begünstigt durch die außerordentliche orographische, ethnographische und konfessionelle Zersplitterung, ein Herd bedenklichster Gährung, ein Feld der mannigfachsten, einander durchkreuzenden und bekämpfenden Bestrebungen, denen keine starke Staatsgewalt entgegenzutreten vermag. Vielfach wird das Feuer von den jungen Staatswesen geschürt, die statt in ehrlicher und unverdrossener Arbeit an der wirtschaftlichen Konsolidierung tätig zu sein, sich in Großmachtsträumen gefallen und eine Großmachtspolitik treiben, die mit ihren wirtschaftlichen und militärischen Machtmitteln in grellem Widerspruch stehen. Rußland, dessen Bestreben ja seit Jahrhunderten dahin geht, aus seiner binnenländischen Lage heraus an die belebenden Gestade des Meeres zu kommen, hat als unverrückbares Ziel die Erreichung des Bosporus, der Eingangspforte zum Schwarzen Meere, vor Augen und die Gerechtigkeit muß gestehen, daß es dieser Tendenz bereits schwere Opfer an Gut und Blut gebracht hat. Aber auch Österreich-Ungarn bekennt sich durchaus nicht mehr zu der Metternichschen Ansicht, daß die Balkanfrage eine ausschließlich russische Angelegenheit sei, sondern sucht seit seinem Ausscheiden aus dem deutschen Bunde in einer kräftigen Balkanpolitik sein wirtschaftliches Interesse zu sichern. Die deshalb zwischen den beiden Großmächten entstandene Spannung, die die Befürchtung einer kriegerischen Verwicklung nicht bannen ließ, hat vor zwei Jahren eine wenigstens vorläufige Lösung gefunden, indem sich Österreich-Ungarn und Rußland über die Ziele der Balkanpolitik zu gemeinsamer Aktion verständigten. Strenge Erhaltung des türkischen Besitzstandes und Einleitung einer Reformaktion in den europäischen Wilajets, vor allem Steuerung der geradezu anarchistischen Zustände in Mazedonien, waren die Hauptpunkte dieser Mürzsteger Verhandlungen, die ohne und gegen die Balkanstaaten und auch ohne Italien, das zu einer erträumten Beherrschung der Adria das Hinterland Albanien nicht entbehren zu können glaubt, abgeschlossen wurden. So bereitwillig sich die Türkei zur Durchführung der Reformaktion anscheinend zeigte, so wenig hat sie bisher getan, sie scheint trotz neuerlicher scharfer Vorstellungen die Pläne der Vertragsmächte vereiteln zu wollen und es ist nicht unmöglich, daß sich diese zu schärferen Maßregeln gezwungen sehen, um so mehr als die sich häufenden Dynamitattentate und das wüste Bandenunwesen die persönliche Sicherheit und das Eigentum der in Mazedonien lebenden fremden Staatsangehörigen gefährden und Handel und Verkehr lahmlegen. Aber auch die Balkanstaaten sind mit den Abmachungen der Großmächte, durch welche ihre eigenen Absichten auf Gebietserweiterung vereitelt wurden, unzufrieden und immer wieder flattert die allerdings unverbürgte Nachricht eines Serbien,

Bulgarien und Montenegro umfassenden Balkanbundes auf, dessen Tendenzen sich nur gegen die beiden genannten Großmächte und deren Vormundschaft kehren kann und welcher bei Störung des friedlichen Programms derselben diese zu einem bewaffneten Einschreiten zwänge. Daß aber bei einem Vordringen der Österreicher über Novipazar hin auch das offizielle Italien gegenüber dem von der irredentistischen Propaganda in glühendem Haß gegen Österreich-Ungarn aufgewühlten Volke nicht seine Stellung im Dreibund erhalten könnte, ist als ziemlich sicher anzunehmen. Glücklicherweise scheint der jüngste, aber wirtschaftlich und militärisch kräftigste Balkanstaat, Bulgarien, den Gedanken an kriegerische Aktionen aufgegeben zu haben. Es hat in neuester Zeit sich der Türkei wie auch Österreich-Ungarn genähert und es steht zu hoffen, daß die Großmächte durch Einigkeit und Entschiedenheit den glimmenden Funken zertreten, bevor er einen verheerenden Brand entfacht.   *F..H.*

Kleine Mitteilungen.

I. Allgemeine Erd- und Länderkunde.

Die geographische Eigenart des Aufstandsgebiets in Südwest-Afrika erfährt durch die berufene Feder Prof. K. Doves neuerlich eine kurze, aber treffliche Schilderung (Geogr. Zeitschr. 1904, S. 507—513). Ist schon der Seeweg zwischen Hamburg und Swakobmund mit seinen 5800 Seemeilen mehr als anderthalbmal so groß als die Strecke Hamburg—Neu-York, so ist die Größe des Landes noch weit mehr ein Hindernis für die rasche Bewältigung des Aufstandes. Das Gebiet desselben umfaßt, gering gerechnet, mindestens 200000 qkm und um welche Distanzen es sich hier handelt, möge nur ein Hinweis auf die Tatsache dartun, daß, »falls die nördlichsten und die südlichsten Gebiete gleichzeitig militärisch im Zaume gehalten werden sollen, ein in der Luftlinie gemessener Weg zwischen dem Amboland und den Gegenden am Oranjefluß liegt, der der Weglänge zwischen Kopenhagen auf der einen und Venedig oder Triest auf der anderen Seite gleichkommt.«

Muß der Verkehr mit den landesüblichen Ochsenwagen an sich schon als recht umständlich und langsam bezeichnet werden, so bereitet die erforderliche große Anzahl von Zugtieren selbst bei kleineren Transporten ernstliche Schwierigkeiten hinsichtlich der Bedeckung; ein Zug von 15 Wagen z. B. entwickelt sich auf einer Strecke von 5—600 m, während des Marsches aber beträgt dann die Zuglänge wenigstens 1 km.

Die gewaltige Ausdehnung der Grenze, die ohne den schmalen tropischen Landstreifen im Nordosten und ohne die Küste noch 2800 km (Petersburg—Kreta) mißt, erlaubt keine gänzliche Verhinderung der Einfuhr von Kriegsbedarf für die Eingeborenen. Hingegen ist der Aufbau des Landes nur im Westen und Süden einigermaßen verkehrsfeindlich, besonders durch tief eingeschnittene Täler, schroffe und zerrissene Ränder welliger Hochgebiete und zahlreiche vereinzelte Erhebungen. Wirklich maßgebend für alle Truppenbewegungen ist aber das Klima und im Zusammenhang damit die Pflanzenwelt.

Die Temperaturverhältnisse sind für Europäer das ganze Jahr hindurch günstig; in dem allerdings heißen Sommer ermöglichen kühle Nächte fast täglich einen erquickenden Schlaf, während »die Dampfarmut der reinen Luft, die auch im Winter herrscht, die Gefahr schwerer Erkältungen ziemlich ausgeschlossen erscheinen läßt«. Daher wirkt selbst monatelanges Biwakieren auf die Gesundheit nicht nachteilig ein.

Die Niederschlagsmengen, die in der letzten Regenzeit sehr ergiebig waren, können dagegen — vom militärischen Standpunkt aus — folgenschwer wirken; hängt ja doch von ihnen die Zahl der so überaus wichtigen Wasservorkommen ab. Die Häufigkeit derselben in diesem Jahre kommt aber mehr den Eingeborenen zu statten als den deutschen Truppen; letztere waren durch die infolge der starken Regen mehrfach eingetretene Unterbrechung der Bahn Swakobmund—Windhuk in ihrer Leistungsfähigkeit gehemmt, erstere wurden dadurch in die für sie erwünschte Lage versetzt, mit ihrem Vieh auch abseits von den größeren Flußläufen (Omuramben des Nord-Hererolandes) im Felde herumzutreiben. Freilich wird und muß die Trockenperiode da eine gründliche Änderung der Sachlage herbeiführen.

Eine üble Folge der kräftigen Regen war ferner die starke Entwicklung der dornigen Akaziengebüsche, die vielfach zu förmlichen Wäldern heranwuchsen und das Gelände höchst unübersichtlich und schwer passierbar machten. Schließlich erhöht auch das häufige Vorkommen von Nährfrüchten, besonders der Uientjes, einer kleinen zwiebelähnlichen Knolle, sowie der noch immer nicht unbedeutende Wildbestand die Beweglichkeit kleinerer Eingeborenentrupps.

Dove schließt mit dem Hinweis darauf, daß auch künftig extensiv betriebene Viehzucht die Hauptbeschäftigung der Ansiedler bilden muß; große Farmen, weit verstreute Wohnstätten würden auch in Zukunft eine rasche Vereinigung der Besitzer zur Abwehr von Feinden verhindern. »Der einzig sichere Weg, solche Ereignisse ein für allemal unmöglich zu machen, bleibt demnach die Einrichtung einer Reservation«. 50000 qkm hätten vor der Rinderpest genügt, selbst bei extensivster Viehwirtschaft alle Herden der Schwarzen zu ernähren; um so wünschenswerter erscheint jetzt vom geographischen wie nationalökonomischen Standpunkt aus eine entsprechende Einschränkung der Wohnsitze des rohen und grausamen Volkes der Ovaherero.
Dr. Georg A. Lukas-Graz.

Geographische Länge von Kuka. Unsere Angabe über die Geogr. Länge von Kuka (5. Jahrg., S. 255) ist auf Grund einer Notiz Singers im Globus (Bd. 86, Nr. 21) dahin zu berichtigen, daß sowohl die französische als die deutsche Messung die Vogelsche Länge um den angegebenen Wert von 8 Bogenminuten nach Osten verschiebt, d. h. von 13° 24′ O. auf 13° 32′ O. *Hh.*

Die Karte der Expedition Foureau-Lamy. Die geographischen Ergebnisse der großen französischen Sahara-Expedition sind in einem Atlas von 16 Blättern niedergelegt, der von den Zeichnern des Service géogr. de l'Armée unter Redaktion des Capit. Verlet-Hanus bearbeitet und wie die übrigen Veröffentlichungen über die Expedition aus den Mitteln des Renoust des Orgeries Fonds veröffentlicht wurde. Das Itinerar von Ouargla nach Bangui ist auf den ersten 11 Blättern in 1:400000 dargestellt, die übrigen 5 Blätter enthalten das Cnari-Itinerar in 1:100000. Die Kartenblätter, die nur direkt von Mitgliedern der Expedition gelieferte oder bestätigte Angaben verarbeiten und sich auf mehr als 100 astronomische Positionsbestimmungen stützen, können als erste kartographische Basis für eine Generalkarte der Sahara und der Militär-Territorien Tschad und Baguirmi gelten (La Géogr., Okt. 1904). *Hh.*

Südwestafrikanische Ortsnamen. Der kaiserl. Gouverneur hat die Namen »Wilhelmstal«, »Hatsamas«, »Otjimbingwe«, »Otawi« als amtliche Schreibweise festgesetzt. *Hh.*

Von den Sulka Neu-Pommerns gibt P. Müller (veröff. von P. M. Rascher[1]) im Archiv für Anthropologie N. F. Bd. I, S. 209 bis 235 eine ausführliche Schilderung. Sie wohnen zwischen dem Mu- und dem Monde-Flusse, und haben zu Nachbarn die Tunnuip, die Oaktei (ihre Feinde) und die Mengen im Südwesten. Die Sulka zerfallen in zwei Stämme; Heiraten innerhalb eines Stammes sind verboten. Die Mädchen dürfen sich ihre Männer selbst wählen. Von der Verlobung bis zur Hochzeit lebt die Braut in Verborgenheit bei den Schwiegereltern und darf keinen Mann sehen; inzwischen legt der Bräutigam eine Pflanzung an und baut sein Haus. — Wenn die Knaben größer geworden sind, werden sie feierlichst in die Maskengeheimnisse eingeweiht; mit 10—15 Jahren werden sie beschnitten, und wird ihnen die Nasenscheidewand durchbohrt. Zuletzt haben die jungen Männer noch das Schwarzfärben der Zähne durchzumachen. — Stirbt jemand, so werden seine Waffen und Pflanzungen vernichtet, seine Schweine geschlachtet, ja sogar seine Weiber getötet, und er selbst in eine flache Grube im Hause innerhalb eines hohen

[1] Vor kurzem von den Eingeborenen ermordet.

Bananenblattzaunes gesetzt. Einige Zeit danach wird durch wüstes Lärmmachen die Seele des Toten verjagt. Nachdem das Fleisch abgefault, werden die Gebeine, in Blätter genäht, aufgehängt. Die Seelen Verstorbener sollen nachts umhergehen, um Leute zu fressen; sie sollen an Leuchtkäfern, als Sternschnuppen und badend im Meerleuchten sichtbar werden. Große Furcht haben die Sulka vor bösen Geistern, die den Frevler mit dem Blitze oder anders plötzlich töten, wenn er verbotene Speise genießt, bei Tage Märchen erzählt, Hunde anlügt u. a. Auch in Gewässern sollen schlangen- und menschenähnliche Geister leben, die sich darin badenden Menschen krank machen oder ihn gar verschlingen. In Felsspalten hausen früchtestehlende Zwerge. — Gekauten Ingwer und einheimischen Tabak gebrauchen junge Leute zu Liebeszauber. Rache mit Hilfe von Geistern nimmt man, indem man symbolische Handlungen tut, z. B. durch Zuziehen einer Schlinge oder ins Wasser werfen von Haaren einer Person will man ihr Krankheit verursachen; oder wenn man einer Frau kalkgefüllte Früchte in den Weg wirft, wird diese so oft schwanger, daß sie davon stirbt. In entsprechender Weise eignet sich einer, der einem anderen feind ist, von diesem eine Betelnuß und läßt durch einen Zauberer, der die Nuß über ein Feuer hängt, dessen Seele dahin bannen, sodaß er sterben muß; nur durch Geschenke an den Zauberer kann der Bann gelöst werden. Wird jemand heimlich allein Tabak rauchend gesehen, so kann er ebenfalls verhext werden. Auch zum Auffinden von Dieben und als Schutz gegen Diebstahl wendet man Zauber an. Menschliche Unterkiefer trägt man auf der Brust als Amulette. — Alle Sulka sollen auf geheimnisvolle Weise sterben: einsam gehend werden sie von einem Zauberbegabten getötet, durch einen Spruch wiedererweckt und nach Hause geschickt, dort aber sterben sie dann bald endgültig (pur mea). Die Verwandten suchen dann den Mörder zu erforschen, indem sie das Auge des Toten veranlassen, ihnen nachts den Weg zu diesen zu zeigen; oder ein vor der Hütte des Toten aufgepflanzter Baum soll ihnen durch Bewegungen ihn nennen usw. Es findet ein Kampf statt, der aber meist durch Geschenke von seiten des angeblichen Mörders beendet wird. Zauber mit Ingwer u. a. gebraucht man, um Hunde jagdlustig, Schweine tragend, Ebernetze stark zu machen, oder damit Taros, Yams, Bananen usw. gut gedeihen. Neue Schilde, Kähne, Häuser werden mit Sprüchen geweiht. Regen ruft man herbei, indem man bezauberte Pflanzen ins Wasser taucht; schönes Wetter, indem man den Regen sich an heißen Steinen verbrennen läßt. — Einige Leute waren in Fischmasken gekrochen und ins Meer getaucht und verschlingen sie zur Hälfte. Die Masken sind für Weiber großes Geheimnis, Verrat

wird mit dem Tode bestraft. Sie kommen an bestimmten Festtagen aus einem versteckten Buschhause, wo die großen Trommeln — angeblich von der Mutter der Masken Parol mit den Zähnen — ausgehöhlt werden. An den Vorabenden treiben junge Leute allerlei Unfug, um die Weiber zu erschrecken, die sie für Kinder der Masken halten. Es gibt verschiedene Arten von Masken: die einen vertreiben die Weiber und holen sich Esswaren, andere prügeln die Leute und geiseln die Knaben, damit sie stark werden, die meisten springen, tanzen und werfen mit Zitronen und Steinen. (Es handelt sich um die überall vorkommenden Männerbünde, vgl. S c h u r t z. Die Bismarck-Archipel-Masken sind die kompliziertesten Schnitzwerke, die sich Wilde je erdacht).   *Abr.*

Die bisher erreichten höchsten Breiten in der Antarktis von Cook bis Scott werden im Mouv. Géogr. zusammengestellt:

1773 Cook . . .	71° 10'	1842 Roß . . .	78° 10'
1820 Bellingshausen	69° 30'	1845 Moore . . .	67° 30'
1823 Weddell . .	74° 15'	1873 Dallmann .	64° 56'
1831 Biscoe . . .	67° 1'	1874 Nares . . .	67° —
1834 Kemp . . .	66° 30'	1892 Larsen . .	65° 57'
1839 Balleny . .	68° —	1898 de Gerlache .	71° 36'
1840 Wilkes . . .	66° 25'	1900 Borchgrevink .	78° 40'
— Dumont d'Urville	66° 30'	1902 Scott	82° 17'

Die einzelnen Etappen im allmählichen Vordringen gegen den Südpol kennzeichnen demnach folgende Forscher:

1773 Cook	71° —	1900 Borchgrevink .	78° 40'
1823 Weddell . . .	74° 15'	1902 Scott	82° 17'
1842 Roß	78° 10'		

      Hk.

Zuckererzeugung der Welt in den Jahren 1901—03. (»Dtsch. Handels-Archiv«, Sept. 1904).

Erzeugungsländer	1903	1902	1901
Rübenzucker		in Tonnen	
Deutschland	1 940 000	1 748 556	2 304 923
Österreich-Ungarn . . .	1 230 000	1 057 092	1 301 540
Frankreich	770 000	833 210	1 123 533
Rußland	1 200 000	1 250 000	1 098 983
Belgien	225 000	215 000	334 960
Niederlande	125 000	102 411	203 172
Andere europ. Länder	410 000	350 000	393 241
Europa	5 900 000	5 455 869	6 760 361
Ver. Staaten v. Amerika	233 000	195 463	163 126
Rohrzucker			
Ver. Staaten v. Amerika	240 000	300 000	310 000
Portoriko	126 000	85 000	85 000
Hawaii	393 000	391 000	317 500
Kuba	1 130 000	998 878	850 000
Mexiko	125 000	115 000	103 110
Brilsch-Guayana . .	125 000	121 570	123 967
Peru	140 000	140 000	138 000
Brasilien	237 000	187 500	345 000
Andere Länder . .	410 000	421 272	453 043
Amerika	2 926 000	2 760 220	2 725 620
Java	880 000	842 812	767 130
Andere Länder . .	140 000	105 000	93 637
Asien	1 020 000	947 812	860 767
Australasien . . .	163 800	133 126	169 856
Mauritius	175 000	150 349	147 628
Andere Länder . .	125 000	125 000	131 200
Afrika	300 000	275 349	279 028
Spanien (Rohrzucker) . .	28 000	28 000	28 000
Rohrzuckererzeugung	4 437 800	4 144 569	4 063 282
Zuckererzeugung **überhaupt**	10 570 800	9 896 901	9 717 355

      Hk.

Ein »Geographisches Lexikon«, welches alle in den verschiedenen Sprachen gebräuchlichen geographisch-topographischen Fachausdrücke zusammenstellen soll, beabsichtigt Cleveland Abbe zu bearbeiten. Zur Vervollständigung seiner schon weit vorgeschrittenen Sammlung bittet er alle Fachgenossen, ihm über jedes neue Fachwort, welches ihnen beim Studium begegnet, folgende Angaben zu machen:

1. das Fachwort, den Namen des Erfinders und dessen, der es zum erstenmal im gegebenen Sinne benutzte;
2. wenn möglich die Etymologie des Wortes;
3. die Veröffentlichung (Band, Seite, Jahr), in der es zum erstenmal gebraucht wurde;
4. d e Originaldefinition;
5. die Formen, für die es der Erfinder oder erste Benutzer anwandte.

Die Auskünfte, für die der Einsender die volle Verantwortung zu übernehmen hat, werden möglichst in Schreibmaschinenschrift an Abbes Adresse 1441 Florida Av. NW., Washington D. C. erbeten.

Hk.

II. Geographischer Unterricht.

Die Erdkunde im Schulunterricht.

Unter diesem Titel bringt Prof. H. Wagner (Göttingen), der hochverdiente Vorkämpfer für die Erweiterung und Ausgestaltung des geographischen Unterrichts, in den von M. Verworn herausgegebenen »Beiträgen zur Frage des naturwissenschaftlichen Unterrichts an den höheren Schulen« (Jena 1904) einen höchst bemerkenswerten Artikel, der einige wissenschaftliche und pädagogische Grundanschauungen erörtert, durch deren Beachtung und praktische Durchführung dem geographischen Unterricht mehr Erfolg als bisher gewährleistet erscheint. Von besonderem Interesse ist die scharfe Hervorhebung der Eigenart geographischer Betrachtungsweise, namentlich der spezifischen Momente, die sie von den biologisch-naturwissenschaftlichen und mathematischen Disziplinen trennt. Wagner will hauptsächlich fünf Punkte oder Beobachtungsgruppen beim geographischen Unterricht berücksichtigt wissen. 1. Die Geographie hat es in erster Linie mit Raumvorstellungen zu tun und demnach den Raumsinn auszubilden und besonders die geographische Orientierung auf allen Stufen des Unterrichts zu betreiben. Er erwähnt, wie durch einfache Beobachtung und Anwendung ganz elementarer mathematischer und geometrischer Kenntnisse eine Menge von »Orientierungsaufgaben« gelöst werden können. Diese »bieten durch den Zwang, den Blick unausgesetzt auf die unmittelbare Umgebung zu richten, dem jugendlichen Geiste ein Gegengewicht gegen die im übrigen fast rein abstrakte Form der Denktätigkeit, wie sie der sprachliche und rein mathematische Unterricht wählen müssen«. 2. Eine zweite Gruppe von Naturbeobachtungen betrifft die Formen des Bodens, seine Bewässerung und pflanzliche Bedeckung. Mit vollem Rechte weist Wagner

die von den Lehrplänen empfohlene Zuweisung der Geologie an die Chemie als ganz unhaltbar zurück. »Zur begrifflichen Erfassung kommen die Lehren der Geologie wesentlich nur bei einem richtig gehandhabten geographischen Unterricht. Wenn also für jetzt eigene Lehrstunden für den Aufbau der Erdrinde nicht erhältlich sind, so liegt es in der Natur der Sache, dem Geographen zur Pflicht zu machen, den Schüler an der Hand konkreter Beispiele, wie sie sich ihm hundertfach bieten, auch in die Grundlehren dieses wichtigen Zweiges der beschreibenden Naturwissenschaften einzuführen«. In Österreich ist zwar ein kurzer Abriß der Geologie in den Lehrplan der oberen Klassen aufgenommen, aber wir müssen doch daran festhalten, daß der geographische Unterricht auch auf der untersten Stufe nicht ohne einige geologische Grundvorstellungen auszukommen vermag, daß ohne sie überhaupt kein lebensvoller geographischer Unterricht möglich ist. Wir dürfen dem Schüler die Bodenformen der Heimat und die großen Züge des Erdreliefs nicht als etwas Gegebenes und Unveränderliches, sondern müssen sie ihm als etwas Gewordenes und Werdendes vorführen. Selbstverständlich kann es sich auf der unteren Stufe nur um Lehren der allgemeinen Geologie handeln. Wie leicht und spielend lassen sich diese durch Hinweis auf tägliche Erscheinungen in der Natur dem Schüler vermitteln! Und es ist gewiß keine große Forderung, wenn man von jedem Lehrer, der geographischen Unterricht übernimmt, gleichviel ob er von den historisch-philologischen oder mathematischen Disziplinen kommt, verlangt, »alle wichtigeren geologischen Phänomene der Umgebung des Schulorts selbst zu erkennen und an ihrer Hand die Schüler auf die Grundlehren der Morphologie der Erdoberfläche aufmerksam zu machen«. 3. In vollem Einverständnis mit Wagner befinde ich mich in der Zurückweisung des von mancher Seite gemachten Vorschlags, den gesamten naturwissenschaftlichen Unterricht, zum mindesten den über Tier- und Pflanzenwelt, im geographischen Unterricht aufgehen zu lassen. Gerade in dieser Richtung erscheint eine scharfe Begrenzung der Geographie notwendig. Klar setzt Wagner auseinander, »daß, was die Organismen betrifft, die Einzelerscheinung, die Einzelform nicht irgendwie Gegenstand geographischer Betrachtung sein kann. Während die biologischen Wissenschaften gerade an erstere anknüpfen und ihren Bau mit den näher oder ferner verwandten Formen in Vergleich stellen, um dem Schüler einen Begriff der Entwicklung im Bereich der Lebewesen zu verschaffen, hat die Geographie nur das gesellige Auftreten der verschiedenen Organismen, einschließlich des Menschen, im Auge. Wohl also kann, was aus der Pflanzen- und Tiergeographie in die Schule gehört, dem geographischen Unterricht einverleibt werden«. Ich möchte selbst letztere Aufgabe noch beschränken auf die Anführung bloß jener Pflanzen, die in ihrem geselligen Auftreten der Landschaft Charakteristik und Farbentöne geben wie auch auf die für die Wirtschaft des Menschen bedeutungvollen Kulturpflanzen und Haustiere. Selbstverständlich wird eine klare Veranschaulichung der einzelnen klimatischen Provinzen der Erde für diese Fragen von höchstem Werte sein. 4. Eine bereits allgemein anerkannte Kardinalforderung im geographischen Unterricht ist, die Karte in den Mittelpunkt des Unterrichts zu rücken und stetig nach allen Seiten hin auszunützen. Auch Wagner sieht bei aller Wertschätzung der formalen Bildung auf dem Standpunkt daß die Schule »eine gewisse Summe positiven Wissens oder mehr noch des Könnens mit auf den Lebensweg zu geben« habe. Bei den wenigsten von den an unseren höheren Lehransťalten gelehrten Disziplinen ergibt sich im späteren Leben das Bedürfnis an die zumeist längst entschwundenen Schulkenntnisse anzuknüpfen. »Anders«, sagt Wagner, den wir hier zur Dokumentierung unserer freudigen Zustimmung ausführlicher zu Wort kommen lassen müssen, »liegt die Sache für die Geographie. Wir stehen in einer Periode intensivster Berührung fast aller Länder und Völker der Erde, wie sie selbst vor 50 Jahren noch nicht geahnt wurde. Die Entwicklung des Verkehrswesens und Welthandels knüpft heute das Interesse eines jeden Gebildeten mit hundert Fäden an nahe oder ferne Lokalitäten der Erde. Unser gesamtes wirtschaftliches Leben wurzelt in der Vielseitigkeit unserer Beziehungen nach allen Erdteilen hin. Wir Deutsche stehen in gewissem Sinne erst am Anfang dieser Entwicklung. Unmerklich erweitert sich der Horizont von Hunderttausenden unserer Landsleute von Jahr zu Jahr. Bei solchem Zustand der Dinge kann die höhere Schule sich auf die Dauer nicht mehr der Aufgabe entziehen, die heranwachsende Jugend auf dem gesamten im allgemeinen Bewußtsein klein und überschaubar gewordenen Erdball zu orientieren. Nicht nur wie bisher, in betreff des Schauplatzes der vaterländischen Geschichte oder der Länder des klassischen Altertums, auf den namhafte Schulmänner selbst heute noch den geographischen Unterricht der Gymnasiasten beschränken wollen. Das Ziel des geographischen Unterrichts muß daher heute weiter gesteckt werden. Er kann freilich ebenso wenig wie andere Lehrfächer — zumal bei seiner heutigen Beschränkung im Kreise der übrigen Unterrichtsgegenstände — beabsichtigen wollen, der Jugend positive Kenntnisse und Anschauungen so fest einzuprägen, daß sie später nicht ebenso verblassen, wie die übrigen, nicht unmittelbar weiter betriebenen Schulstudien. Aber er wird und muß imstande sein, einem jeden Schüler dauernd und fürs Leben an die Ausnützung des Hausbuches zu gewöhnen, das dem angedeuteten Bedürf-

nis entsprechend heute in der Tat schon kaum in einem Hause mehr fehlt, des Atlas. Vielen wird dieses Ziel vielleicht niedrig und hohl erscheinen. Was soll damit gewonnen sein, wenn jemand die Situation der täglichen Weltbegebenheiten auf der Karte zu verfolgen sich angelegen sein läßt? Die bloßen Namen, die aufzufinden auf den überfüllten Kartenblättern oft eine Geduldprobe ist, tun es freilich nicht. Aber der Gesamtanblick der Karte ist für einen jeden, der einst gelernt hat aus ihr zu lesen, eine Quelle von rasch wieder auftauchenden Reminiszenzen und Kombinationen, die sonst nur durch eingehende Lektüre gewonnen werden können. Darin liegt das Weiterbildende, unvermerkt Wirkende des Studiums des Atlas im späteren Leben. Und dazu muß auf der Schule der Grund gelegt werden«. 5. Als wichtige Bedingung eines ersprießlichen geographischen Unterrichts bezeichnet Wagner schließlich die klare Erfassung von Raumgrößen physischer und politischer Teile der Erdoberfläche. Ich möchte als ebenso wichtig hinzufügen die klare Erfassung und stets durchgeführte Vergleichung der Bevölkerungsgröße und der aus dieser und der Raumgröße resultierenden Bevölkerungsdichte.

In den einleitenden Worten des Artikels gibt Wagner der Freude Ausdruck, daß die Geographie ihre Interessen an Schulter mit den Naturwissenschaften vertreten kann, will aber deshalb nicht die Geographie als reine Naturwissenschaft aufgefaßt, wohl aber ihre echt naturwissenschaftliche Grundlage voll und ganz anerkannt wissen. Demgemäß verlangt er, daß der Lehrer »sich wesentlich naturwissenschaftlicher Methoden der Unterweisung zu bedienen hat, und daher erst selbst gründlich in die gleichen Grundanschauungen hinein wachsen muß, wenn er Erfolg haben will«. Die leidige Tatsache, daß gleichwie beim naturwissenschaftlichen so auch beim geographischen Unterricht gegenwärtig der Erfolg noch ausbleibt, sieht Wagner neben dem geringen Ansehen im Kreise der Schuldisziplinen und dem zu frühen Abbrechen des Unterrichts vor allem darin, daß es den jungen Geographen an den höheren Schulen Deutschlands an Beschäftigung mangelt. »Man zieht sie nicht genügend zum geographischen Unterricht heran, sondern überläßt diesen an vielen Schulen in wahrhaft unverantwortlicher Weise Lehrern, die dem Fache ganz fern stehen, welche weder Lust noch Fähigkeit haben, sich nachträglich in dasselbe einzuarbeiten, den Unterricht übernehmen müssen, weil das Maß der Pflichtstunden für sie nicht voll durch anderweitige Lehrstunden erschöpft ist. Zoologischen oder botanischen Unterricht zu erteilen, mutet man keinem Philologen zu, geographischen ohne weiters. Dazu tritt die außerordentliche Zersplitterung desselben an der gleichen Anstalt unter zahlreiche Einzellehrer und der stete

Wechsel, der diesen das Einleben in ihre Aufgabe zur Unmöglichkeit macht, alles Punkte, die beim biologischen Unterricht sich von selbst verbieten«. Es ist begreiflich, daß Wagner eine Abstellung dieser unhaltbaren Verhältnisse fordert. Ich will nicht unerwähnt lassen, daß wir in dieser Beziehung in Österreich voraus sind. Hier wird der Unterricht durchaus geprüften Fachlehrern übertragen und nur in Ausnahmefällen wird für die unterste Klasse ein Naturwissenschaftler oder Mathematiker, fast nie aber ein Philologe zum geographischen Unterricht herangezogen. *F. H.*

Von der 76. Versammlung Deutscher Naturforscher und Ärzte zu Breslau. Es stand, ähnlich wie drei Jahre zuvor am selben Orte auf dem XIII. Deutschen Geographentage, den seit der neuesten Schulreform so brennend gewordenen Fragen des Unterrichts an den höheren Schulen ein breiterer Raum als sonst, für eine Gesamtsitzung beider Hauptgruppen zur Verfügung. Zuerst wurden vier Vorträge gehalten mit sich anschließender Diskussion und dann schritt man zur Bildung einer besonderen Kommission, ähnlich wie dies 1901 auf dem XIII. D. G.-T. auch geschehen. Über die Vorträge kann hier natürlich nicht ausführlich referiert werden (vgl. dafür u. a. Natur und Schule, III, 517ff.). Doch sei einzelnes hervorgehoben. Man bewegte sich allgemein auf dem Boden der Hamburger Thesen (Ausdehnung der Biologie bis zum Schulschluß). Das ungeheuere für unsere Kulturentwicklung so bedenkliche Übergewicht der humanistischen Gymnasien, das sich u. a. darin zeigt, daß noch 73% der Studierenden der technischen Berufe auf solchen Anstalten vorgebildet werden, wurde von Prof. Fricke gebührend hervorgehoben. Bei seinen Wünschen für einzelne Lehrfächer sprach er sich für einen näheren Anschluß des geographischen Unterrichts an den naturwissenschaftlichen aus. Die Rückbildung der Realgymnasien auf dem Gebiet des naturwissenschaftlichen Unterrichts wurde ebenfalls mit Recht beklagt. Geh. Rat Klein-Göttingen, der die Interessen der Mathematik und Physik zu vertreten hatte, und den wir als einen der vordersten Vorkämpfer für die endliche Erneuerung unseres höheren Schulwesens seit lange schätzen, wies u. a. auf den Zusammenhang eines verstärkten naturwissenschaftlichen Unterrichts (worunter wir wohl auch einen recht verstandenen geographischen uns denken dürfen) mit dem Konkurrenzkampfe der Nationen und mit der Erhaltung eines leistungsfähigen, vom öffentlichen Vertrauen getragenen Oberlehrerstandes hin. Das sind gerade die beiden Punkte, auf die auch ich immer wieder die Augen derer, deren Amt an der Besserung unseres höheren Schulwesens zu arbeiten ist, hinlenken zu müssen geglaubt habe. Geh. Rat Merkel-Göttingen bot nichts

für unsere Zwecke wesentliches. Wohl aber verdiente die Rede von Med.-Rat Leubuscher Erwähnung, der »Schulhygienische Erwägungen« anstellte und also auch die Überbürdungsfrage zu behandeln hatte. Diese ist ja der gebräuchlichste Strick mit dem alle Versuche, die Fächer des heutigen Lebens auf eine der Zeit entsprechende Höhe zu bringen, erdrosselt werden. Leubuscher trat demgegenüber für das ein, was je länger je mehr als einzig mögliche und von Natur wie Geschichte selbst gepredigte Lösung sich bietet »Einschränkung des Sprachunterrichts« (natürlich, muß ich hinzufügen, nur des klassischen).

Was nun die Kommission betrifft, so verdankt sie nachfolgendem Beschluß der Versammlung ihr Leben: »In voller Würdigung der großen Wichtigkeit der behandelten Fragen spricht die Versammlung dem Vorstand den Wunsch aus, in einer möglichst vielseitig zusammengesetzten Kommission diese Fragen weiter behandelt zu sehen, damit einer späteren Versammlung bestimmte, abgeglichene Vorschläge zu möglichst allseitiger Annahme vorgelegt werden können.«

Die Kommission setzt sich aus Medizinern, Mitgliedern des »Hamburger Komitees«, solcher des Vereins zur Förderung des Unterrichts i. d. Math. u. d. Nat.-Wissenschaften, solchen der Mathematiker-Vereinigung und Vertreter der Technik zusammen. Zum Vorstand gehören Prof. Gutzmer-Jena und Dir. Schotten-Halle.

Ich werde es als meine Aufgabe ansehen, mit dieser Kommission, die im allgemeinen in Fragen des höheren Unterrichts mit uns an demselben Strange zieht, in Verbindung zu treten. *H. F.*

Kein Reformgymnasium in Berlin. Der Magistrat hat die Begründung eines Reformgymnasiums resp. die entsprechende Umwandlung einer bestehenden Anstalt abgelehnt. So bleibt das reichshauptstädtische Publikum vor einem Experiment bewahrt, das erst dann Wert hätte, wenn durch Beschränkung des altsprachlichen Unterrichts in den Oberklassen auf ein erträgliches Maß Raum für eine gedeihliche Entwicklung der Modernfächer geboten würde. *H. F.*

Meteorologischer Unterricht in den Vereinigten Staaten. Um ein zuverlässiges Bild über den gegenwärtigen Stand des meteorologischen Unterrichts in den Vereinigten Staaten zu gewinnen, hatte man im Anschluß an die dritte Zusammenkunft der Weather Bureau Officials im Herbste d. J. an alle, die zu diesem Unterricht an Universitäten oder anderen Lehranstalten in Beziehung stehen, ein Rundschreiben versandt. Man wollte Auskunft über Anzahl und Charakter der bestehenden Kurse, über das Bedürfnis nach solchen Kursen, über den Lehrwert der Meteorologie und die Aussichten, die sie als Fachberuf gewährt. Die Antworten sind wenig ermutigend ausgefallen. An einigen Universitäten werden nebenamtlich elementare meteorologische Kurse abgehalten, an anderen hat man damit begonnen, sie aber nicht fortgesetzt. Im ganzen zeigt sich von der Schule bis zur Universität ein offenbarer Mangel an meteorologischer Unterweisung (Science Nr. 512). *Hk.*

Die Lateinkurse an der Universität als Ersatz des neunjährigen Lateinbetriebs an den Gymnasien reichen vollkommen aus. Prof. Kübler veröffentlicht in der »Monatsschrift« (Novemberheft) ein Gutachten über die Leistungen der angehenden Juristen, zu dem keiner besser als er befähigt ist. Aus diesem Gutachten sei der Satz hervorgehoben: Mancher Oberrealschüler, der auf der Schule kein Wort Latein gelernt hat, bewältigt, nachdem er ein Jahr lang fleißig Lateinisch getrieben hat die schwierigsten Pandektenstellen geschickter, als viele Gymnasiasten, die neun Jahre lang in jeder Woche ihre sechs bis acht Stunden lateinischen Unterricht gehabt haben«. Auch ist Kübler »der Ansicht derjenigen«, »die glauben, daß es auf Schulart und Lehrpläne weniger ankommt, als auf die Qualität der Schule, den Geist der Lehrer und die geistige Zucht. Das ist auch völlig unsere Meinung. Eben weil die Lehrer der alten Sprachen »die Begeisterung früherer Pädagogen für den Stoff nicht mehr in demselben Maße »besitzen, sondern ihm zum Teil unter dem Einfluß moderner Strömungen und Ideen ziemlich kühl gegenüberstehen« (Stegmann-Norden, vgl. S. 232), es damit aber auf dem Gebiet der Wissenschaften, der Kultur, im Januar leben, ganz anders steht, und so durch die heutige Stunden- und Stoffverteilung die höhere Schule sich großenteils des Einflusses, den sie auf die Jugend zum Segen der Nation ausüben könnte, selbst beraubt, eben deshalb müssen wir für eine Reorganisation, zunächst für eine möglichst baldige nicht bis 1910 ausbleibende Neuordnung der Lehrpläne eintreten. *H. F.*

Programmschau.

Beiträge zur mathematischen Geographie. Von Prof. Dr. Schmidt (Großherzgl. Ostergymnasium zu Mainz). 1. Schuljahr 1902/1903: »Der Unterschied zwischen dem Richtungswinkel (Azimut) und Stundenwinkel eines Sternes in seiner Abhängigkeit von dem Stundenwinkel und der Deklination des Sternes und von der Polhöhe betrachtet« (4°, 14 S.). — II. Schuljahr 1903/1904: »Die Zeitgleichung« (4°, 30 S.). I. Der Verfasser knüpft an die Tatsache an, daß es möglich ist, mit Hilfe der Uhr und der Sonne die Himmelsgegend zu bestimmen. Man hat die Uhr wagerecht zu halten, so daß der kleine Zeiger auf die Sonne zu gerichtet ist; sodann wird die Halbierende des Winkels, den der kleine Zeiger mit dem Radius nach der 12 zu bildet, die Richtung von N nach S anzeigen. Es ist klar, daß diese Regel nicht die genaue, sondern nur eine ungefähre Richtigkeit für die Himmelsgegenden liefern kann, da die Ebene, in der die Drehung des Uhrzeigers einerseits, und die Ebene, in der die tägliche Sonnenbahn anderseits vor sich geht, beträchtlich gegen einander geneigt sind. Die erstere Ebene ist horizontal, die zweite dem Himmelsäquator parallel; der Winkel, den der Uhrzeiger beschreibt, entspricht daher der Himmelsrichtung im Horizont, dem sog. Azimut a, während der Winkel, der durch die tägliche Drehung der Sonne entsteht, mit dem Stundenwinkel t übereinkommt. Der Verfasser will nun — und das ist der Zweck der Abhandlung — die Größe des Fehlers, der durch die Differenz $a-t$ gegeben ist, für die verschiedenen jahres- und Tageszeiten untersuchen und namentlich auch das Maximum dieses Fehlers ermitteln. Er löst diese Aufgabe analytisch und numerisch und stellt die Rechnungsergebnisse für die geographische Breite von Mainz ($\varphi = 50°$) in einer Tabelle zusammen. Diese Tabelle enthält für verschiedene Tage im Jahre die Tageszeit t (in Zeit und Graden ausgedrückt), das Azimut a und den Wert $a-t$ für den Augenblick, in welchem $a-t$ seinen größten Wert erreicht, und endlich den Wert $a-t$ bei Sonnenuntergang. Nach dieser Tabelle tritt am 21. Juni das Maximum des Fehlers um $2^h\ 59^m\ 55^s$ bei einem Azimut von 69° 35' 9" ein und beträgt 24° 36' 31". Er nimmt bei abnehmender Sonnendeklination entsprechend ab und beträgt am 21. März resp. 23. September um $2^h\ 44^m\ 47^s$ bei einem Azimut von 48° 48' 23" nur noch 7° 36' 45", um am 21. Januar resp. 22. November (Deklination $\delta = -20° = -[45° - \frac{1}{2}\varphi]$) auf 0 herabzusinken.

II. In der zweiten Abhandlung will der Verfasser das Wesen der Zeitgleichung, d. i. den Unterschied zwischen wahrer und mittlerer Sonnenzeit, elementar entwickeln und durch Beispiele erläutern. Weder die Lehrbücher der mathematischen Geographie, noch diejenigen der sphärischen und theoretischen Astronomie enthalten die ausführliche Theorie, sie beschränken sich vielmehr auf das Allgemeine und führen höchstens die Ergebnisse auf. Demgegenüber will der Verfasser mathematisch genau auf die verursachenden Einflüsse zurückgehen, die ja in der elliptischen Gestalt der Erdbahn und dem damit verbundenen schnelleren und langsameren Fortschreiten der Sonne auf ihrer scheinbaren Bahn, sowie in der Schiefe der Ekliptik und der ungleichen Zunahme der Rektaszension bestehen. Die einzelnen Abschnitte der Arbeit werden in folgenden Paragraphen behandelt: § 1. Entwicklung der Grundbegriffe. § 2. Wahre und mittlere Sonnenzeit. § 3. Verlauf der Zeitgleichung und ihrer beiden Summarden während eines Jahres. Graphische Darstellung. § 4. Berechnung der Länge der Sonne. § 5. Auf-

lösung der Gleichung u — e sin u — m. § 6.
Beispiele für die Berechnung der Länge. § 7.
Das Maximum und Minimum der Mittelpunkts-
gleichung v — m und die zugehörigen Zeitpunkte im Jahre 1903. § 8. Berechnung der
Zeitpunkte für 1903, in welchen die Summanden
der Zeitgleichung gleich Null werden. § 9.
Reihenentwicklungen. § 10. Anwendung der
entwickelten Reihe auf die im § 6 berechneten
Beispiele. — Von großem Interesse ist die der
Abhandlung beigegebene graphische Darstellung
der Zeitgleichung und der beiden sie verursachenden Einflüsse, welche sehr deutlich den ganz
regelmäßigen Verlauf dieser beiden ursächlichen
Faktoren während eines Jahres und die daraus
resultierenden ungleichmäßigen Schwankungen
der Zeitgleichung zur Anschauung bringt und
erkennen läßt, welchen Einfluß jeder derselben
auf den Wert der Zeitgleichung an irgend einem
Tage hat.

Beide Abhandlungen seien dem genaueren
Studium bestens empfohlen.

Dr. Otto Brau-Sorau.

Persönliches.
Ernennungen.

Der Bergassessor Georg Baum zu Essen a. d.
Ruhr zum etatsmäßigen Professor an der Berliner
Bergakademie.

Der o. Prof. der Geologie Dr. Benecke in Straßburg zum auswärtigen Mitglied der Kgl. Gesellschaft der Wissenschaften in Göttingen.

Der Reg.- und Schulrat Diercke zu Schleswig
zum Geh. Reg.-Rat.

Der wissenschaftliche Hilfsarbeiter am Kgl. preuß.
geodätischen Institut zu Potsdam, Dr. Philipp
Furtwängler zum Professor der Mathematik an der
Landwirtschaftlichen Akademie Bonn-Poppelsdorf.

Der Direktor des Museums für Völkerkunde
Dr. Obst in Leipzig zum Professor.

Pier L. Rambaldi zum Professor der Geschichte
und Geographie am R. Istituto Tecnico in Florenz.

Der frühere Prof. der Astronomie Dr. Retzius
in Stockholm zum auswärtigen Mitglied der Kgl.
Gesellschaft der Wissenschaften in Göttingen.

Frank Springer aus Las Vegas, New Mexiko,
zum auswärtigen korrespondierenden Mitglied der
Londoner Geologischen Gesellschaft.

Der Prof. der Astronomie an der Universität
Berlin Dr. Struve zum o. Mitglied der Kgl. preuß.
Akademie der Wissenschaften.

Unser Mitarbeiter, der wissenschaftliche Hilfs-
lehrer Tronnier in Leer, als Oberlehrer an die
Realschule zu Hamm in Westfalen.

Der Prof. an der Bergakademie in Freiberg i. S.
Uhlich zum Oberbergrat.

Auszeichnungen.

Dem Prof. der Mineralogie und Geologie Dr.
Haas in Kiel der Rote Adlerorden 4. Kl.

Berufungen.

Geh. Reg.-Rat Prof. Dr. Josef Partsch als
Nachfolger Friedrich Ratzels an die Univ. Leipzig.

Habilitationen.

Der Bergingenieur Max Krahmann ist als
Pr.-Doz. für Bergwirtschaftslehre und Montanstatistik
an der Kgl. Bergakad. zu Berlin zugelassen worden.

Todesfälle.

Der Major A. d'Avril, der frühere Vertreter
Frankreichs in Rumänien, bekannt durch zahlreiche
Veröffentlichungen über die Balkanstaaten, starb im
Alter von 82 Jahren.

Clarke, Frederic Henry, Local Forecaster, U. S.
Weather Bureau, geb. 26. Februar 1857 in Fairfax
Co., Va., gest. 8. Juni 1904 zu Scranton, Pa.

Clarence L. Herrick, der frühere Mitherausgeber
des American Geologist, starb am 15. September
zu Socorro, New Mexico.

Higginson, John, der Begründer der Société
française des Nouvelles Hébrides, seit Jahrzehnten
bemüht, den französischen Einfluß auf diesen Inseln
zu stärken, starb 24. Okt. 1904 in Paris, 65 Jahre alt.

Der italienische Geograph, Colonnello Gius.
Roggero, geb. im Juni 1842 zu Settime d'Asti,
gest. 20. September 1904 in San Mauro bei Turin.

Ladislaus Satke, der Leiter der meteorologischen
Station, Prof. an der Lehrerbildungsanstalt in Tarnopol
und Korrespondent der meteorologischen Zentralanstalt in Wien, geb. 1853 in Brzeżany, starb im
September 1904 in Tarnopol.

Stübel, Alfons Moritz, Dr., Forschungsreisender,
Ethnograph und Geolog, besonders bekannt durch
seine vulkanologischen Studien, geb. am 26. Juli 1835
zu Leipzig, starb am 10. Nov. 1904 zu Dresden.

Wolff, Alex., Forscher auf dem Gebiet der Orts-
namenkunde, starb in Udine (Friaul) fast 80 Jahre alt.

Geographische Nachrichten.
Zeitschriften.

Im Januar 1905 beginnt eine neue amerikanische
Zeitschrift für den naturwissenschaftlichen Unterricht
unter dem Titel: The Nature Study Review zu
erscheinen. Ihr Redakteur ist Dr. M. A. Bigelow,
adjunct professor of biology at Teachers College,
Columbia University, New York.

Stiftungen, Stipendien usw.

Die Wiener Akademie der Wissenschaften ver-
willigte folgende Beihilfen für wissenschaftliche Arbeiten: Dem Prof. Dr. V. Uhlig 1500 Kr.
zur Ausführung geologischer Arbeiten in den Ost-
karpathen, Dr. H. Vetors 1000 Kr. zu geologischen
Untersuchungen des Zjargebirges in den West-
karpathen, Dr. K. Rudolf in Wien 400 Kr. zur
Untersuchung der fossilen Flora von Ré Val Vigezzo,
dem Hofrat Prof. Dr. Boltzmann 1000 Kr. aus der
Treitlschen Erbschaft für Ballonfahrten zu luftelektrischen Messungen.

Prof. J. Mlakar vermachte der Sektion Krain
des D. und Ö. Alpenvereins 12 000 Kr.

Die Berliner Akad. der Wissenschaften hat dem
Prof. Dr. Heinrich Potonié in Berlin zu Untersuchungen über die Bildung der fossilen Humuspro-
dukte, insbesondere der Steinkohle 1500 M. bewilligt.

Das Engelmannstipendium im Betrag von
mehr als 2400 M. ist von der Universität Straßburg
dem Dr. phil. Hugo Bretzel verliehen worden
zu Studien über die geographische Verbreitung und
Entwicklung der Pfanzenwelt des südl. Mittelmeers.

3

Die Universität Chicago hat drei Preise im Betrag von 3000, 2000 und 1000 Dollars ausgesetzt für die drei besten Arbeiten über das Thema: Das deutsche Element in den Vereinigten Staaten, unter besonderer Berücksichtigung seines politischen, ethischen, sozialen und erzieherischen Einflusses. Die Arbeiten können deutsch oder englisch geschrieben sein und sind bis zum 22. März 1907 an das German Department of the University of Chicago abzuliefern.

Grenzregelungen.

Bolivia und Chile haben in Santiago einen Vertrag unterzeichnet, der tatsächlich den endgültigen Abschluß des Krieges bildet, den Bolivia und Peru als Verbündete vor 20 Jahren gegen Chile führten. Die wichtigsten Punkte des Vertrags sind: die Suveränität Chiles über die ehemalige bolivianische Provinz Antofagasta wird anerkannt. Chile gewährleistet den Bau einer Eisenbahn in derselben, Bolivia den einer solchen von Arica nach Paz. Diese Bahnen sollen Bolivia den Zugang zum Meere offen halten und es für den Verlust der Küste entschädigen. Chile genießt in Bolivia den Meistbegünstigungs-Zolltarif. Etwaige künftige Streitigkeiten zwischen beiden Staaten sollen dem Schiedsspruch des deutschen Kaisers unterstellt werden. (Quest dipl. 185.)

Eisenbahnen.

Die Portugiesische Regierung hat den Bau einer 370 km langen Eisenbahn von Beira nach Sena am Sambesi genehmigt.

Auf Madagaskar ist am 1. November die Eisenbahnstrecke Brickaville—Tamovona (101 km) eröffnet worden.

Unter dem Titel: The Land Grant Railway across Central Australia veröffentlichte die Regierung von Südaustralien ein 120 Seiten starkes Heft in Folioformat, über dessen eigentlichen Zweck der Untertitel — The Northern Territory of the State of South Australia as a field for enterprise and capital — Aufschluß gibt: es gilt, das Northern Territory als ein Land von unerschöpflichen Hilfsquellen für Weidebetrieb, Ackerbau, Mineralgebirge, mit natürlichen Häfen und schiffbaren Flüssen‹, kurz als ein Land, hinzustellen, in dem es sich wohl lohnt, die noch fehlenden ca 1200 englischen Meilen (Oodnadatta—Pine Creek) der transkontinentalen Bahn Adelaide—Port Darwin zu bauen, zumal unter den angegebenen Bedingungen, wonach 75 000 Acres für jede fertige Eisenbahnmeile gewährt werden sollen. Es werden Zeugen aller Art aufgeführt: Forscher, Reisende, Ingenieure usw. Doch scheint die Beweisführung nicht überzeugend genug gewesen zu sein: am 2. Mai 1904 war der letzte Termin für Anerbieten zum Bahnbau, aber es verlautet nichts, daß es zu einer Entscheidung im positiven Sinne gekommen wäre.   Ot.

Schiffahrtslinien, Kanäle.

In Rußland werden Voruntersuchungen über den geplanten Kanal Peters des Großen angestellt, der das Newabecken über den Onega-See mit dem Weißen Meere verbinden soll. Von der 233,4 km betragenden Gesamtlänge müssen nur 96 km ausgebaut und mit Schleußen versehen werden, während für die übrigen 137 km die vorhandenen Wasserstraßen benutzt werden können. Die Kosten werden auf 17 Millionen Mark veranschlagt.

Telegraphen und Telephone.

Zwischen Duala und den nördlich davon gelegenen Orten Bonambasi und Jabasi ist eine Telegraphen- und Fernsprechlinie hergestellt worden, durch welche diese Orte Anschluß an das internationale Telegraphennetz gefunden haben.

Die Legung des Kabels im Gabun zwischen Libreville und Denis, durch das die direkte Verbindung Libreville—Loango und Brazzaville hergestellt wird, wurde am 17. September vollendet.

Das Kabel Sitka—Valdez wurde am 12. Oktober dem internationalen Verkehr geöffnet.

Forschungsreisen.

Europa. Prof. Antonio Baldacci von der R. Scuola Diplom. Colon. in Florenz und Dr. Pirro Zanotti vom Istit. di Anatomia an der Universität Bologna haben eine ethnologisch - anthropologische Studienreise nach Albanien und Montenegro angetreten.

Afrika. Eine wissenschaftliche Expedition von drei Mitgliedern wird unter Leitung von Dr. Frobenius eine Forschungsreise nach dem Congo antreten. Die Kosten der Expedition werden aus der Karl Ritter-Stiftung bestritten.

Major Powell Cotton rüstet eine neue Afrika-Expedition, deren Dauer er auf 1½ Jahre abschätzt. Sie gilt der Erforschung des Gebiets zwischen Nil und Sambesi. Nach Erforschung des Gebiets westlich vom Kivu-See, soll die Expedition das Gebiet westlich vom Tanganjika kreuzen und sich dann südlich nach Katanga wenden. In Nyasaland hofft Cotton britisches Gebiet zu betreten und auf dem Sambesi zur Küste zu gelangen.

Die Expedition des Captain Boyd Alexander in Nigeria hatte von Lokoja benuezaufwärts am 24. März Ibi erreicht. Während der Leiter der Expedition ausführten, wurde von St. Claude Alexander und Mr. Talbot Bauchi trigonometrisch angeschlossen. Die nächste Arbeitsbasis soll Ashaka bilden. Die Fußkolonne soll dieses auf dem Landweg erreichen, die Hauptabteilung zum Komadugu und diesen abwärts zum Yo und Tschadsee. (G. J., November 1904).

Amerika. Der kanadische Geolog Lowe ist von einer erfolgreichen wissenschaftlichen Fahrt zurückgekehrt, die er auf dem Schiffe ›Neptun‹ im Auftrag der Regierung nach der Hudsonbai und den arktischen Gewässern ausführte. Eine große Nordreise soll ihn dem Pole näher gebracht haben, als es Peary bisher vorzudringen gelang. Außerdem soll er einige Spuren der Franklinexpedition vom Jahre 1845 entdeckt haben. Die kanadische Regierung wird die Veröffentlichung seiner Forschungsergebnisse übernehmen.

G. V. Nash vom New Yorker botanischen Garten hat sich in Begleitung Taylors nach Inagua begeben, um die Untersuchung der Flora der Bahama Inseln fortzusetzen.

Australien. Dr. Hermann Klaatsch ist am 19. August wohlbehalten in Normanton am Golfe von Carpentaria eingetroffen. Die damit vollendete Expedition durch die Batavia- und Archerflüssen hat eine große wissenschaftliche Ausbeute eingetragen. Die Regierung von Queensland hatte dem deutschen Forscher — eine noch keinem Deutschen gewährte Gunst — das Regierungsschiff ›Melbidir‹ auf sechs Wochen kostenfrei zur Verfügung gestellt, um die Küstenstriche und Inseln des Golfes von Carpentaria durch ihn genauer anthropologisch untersuchen zu lassen. Am 22. August ging Professor Klaatsch auf dem ›Melbidir‹ wieder in See, um eine vierwöchentliche Rundfahrt nach den Inseln in diesem Golfe anzutreten.

Polares. Oberst Drishenko hat eine genaue Aufnahme der Westküste der Jalmal-Halbinsel ausgeführt. Damit ist die Erforschung und Aufnahme des Weges nach der Ob- und Jenisseimündung, die acht volle Jahre in Anspruch nahm, zu Ende geführt. Bei günstigem Wetter dauert die Fahrt von Archangelsk 7, von Petersburg 18 Tage (G. J.).

Die dänische literarische Grönlandexpedition ist mit dem Dampfer Fox zurückgekehrt.

Ozeane. Nach dem Vorbild der Challenger-Expedition soll eine englische Expedition nach dem Indischen Ozean ausgeschickt werden. Zum Expeditionsschiff ist der »Scalark« von der englischen Marine bestimmt, der Ceylon im April 1905 verlassen und die Expedition zunächst nach den Tschagos-Inseln bringen soll. Für die Forschungen an dieser Stelle sind drei Monate in Aussicht genommen. Dann soll eine zusammenhängende Folge von Lotungen bis zur Linie Seychellen–Mauritius ausgeführt und weitere drei Monate zur genauen Untersuchung der Nazareth- und Saya de Malha-Bank verwendet werden. Die Expedition besucht als nächsten Punkt die Agalegas-Inseln und endet bei den Seychellen. Als Naturwissenschaftler werden sie J. Stanley Gardiner und Forster Cooper, beide aus Cambridge, begleiten. Neben einem ausgedehnten biologischen Programm wird die genaue Untersuchung der Frage des früheren Landzusammenhanges zwischen Indien, Madagaskar und Südafrika eine besondere Aufgabe der Expedition bilden. (G. J., November 1904).

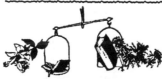

Besprechungen.

I. Allgemeine Erd- und Länderkunde.

Lepsius, Dr. Richard, Geologie von Deutschland und den angrenzenden Gebieten. II. Teil: Das östl. und nördl. Deutschland. Lieferung 1: (Das hercynische Gebirgssystem). Leipzig 1903, W. Engelmann. Preis der Lieferung 8 M.

Die vorliegende Lieferung umfaßt das Fichtelgebirge, die Münchberger Gneisplatte, das ostthüringische Schiefergebirge und das gesamte außerdiluviale Sachsen. Lepsius bietet somit die erste moderne Zusammenfassung der sächsischen Geologie seit Naumann, eine Arbeit, die um so bedeutungsvoller ist, als in diesem jahrhundertlang intensiv durchforschten Lande die Einzelliteratur gewaltig angeschwollen ist und eine einführende Darstellung längst dringend not tat. Das Bild, das uns hier entrollt wird, weicht auch in den Hauptzügen so sehr von den bisherigen Anschauungen der geologischen Landesanstalt ab, daß wir es für nötig halten, durch Heraushebung der wichtigsten Punkte den Standpunkt des Verfassers zu kennzeichnen.

Das Erzgebirge ist nach Lepsius in der Hauptsache aus Eruptivgesteinen aufgebaut. Wie schon früher die großen Granitmassive von Eibenstock u. a. als Lakkolithen aufgefaßt wurden, so erklärt Lepsius auch die kuppelförmig gelagerten typischen »grauen Gneise« von Freiburg, Annaberg,

Marienberg als »Granite«, die in der Tiefe der Erdkruste zwischen die Schichtfugen und parallel der Schichtung der ältesten Schiefer in das Schiefergebirge eingedrungen sind, vielfach sich mit Schiefermaterial sättigten und die Schiefer selbst in Glimmerschiefer, die Grauwacken in »dichte Gneise durch ihre Hitze unter Druck und mittels überhitzter wäseriger Lösungen und Wasserdämpfe metamorph umgewandelt haben«. Der Unterschied besteht nur darin, daß die älteren »Gneisgranite« im allgemeinen konkordant im Schiefermantel liegen, die jüngeren dagegen das Schiefergebirge durchsetzen. Die »roten Gneise« sind echte Granitintrusionen; die »geröllführenden archäischen Gneise« werden zum Kulm gerechneten Weesensteiner Grauwacken gleichgestellt. Quarzitschiefer und Kalkstein sind metamorphe Gesteine (wobei jedoch die Existenz der Dynamometamorphose energisch in Abrede gestellt wird); Amphibolite sind umgewandelte Diabase, vielleicht nach Art von Gümbels Epidiorite. »Ein Faltengebirge ist das Erzgebirge kaum zu nennen; die leichten Aufwölbungen der Gneiskuppeln und die mantelförmige Umlagerung der Schiefermassen um dieselben oder um die Granitlakkolithen lassen sich besser durch Senkungen erklären, bei denen die gewaltigen Granitlakkolithen den Bewegungen der Erdkruste weniger leicht folgten als die weit nachgiebigeren Schiefer«. Die Bildung jedes Lakkolithen endete mit dem Hervorbrechen heißer Dämpfe und überhitzter wäseriger Lösungen, durch welche Stockscheider und Erzgänge entstanden. Die Erze waren vorher fein verteilt in den Schiefern; sie wurden eingeschmolzen und dann als leichter flüchtige Substanz in Spalten abgeschieden. Müllers Ansicht vom tertiären Alter einiger Erzgangsysteme hält Lepsius nicht für richtig. (Übrigens ist die Bemerkung von dem wälligen Aufhören des sächsischen Zinnbergbaues falsch; anderseits ist der S. 164 erwähnte »Alte Hoffnung-Erbstollen« schon seit Jahren aufgelassen.)

Analog dem Erzgebirge besteht auch das Granulitgebirge aus einem großen, mit Kontakthöfen versehenen Granulitlakkolithen, dessen Entstehung zwischen Kulm und Oberkarbon gesetzt wird, und den diskordant durchgreifenden jüngeren Graniten. Der Pyroxengranulit gilt als eine Mischung des Granitmagmas mit eingeschmolzenem Gabbro und Amphibolschiefer. Die metamorphischen Schieferschollen sind verschiedenen Alters, vielleicht vom Cambrium bis Kulm. (Der oft genannte Ort »Böhringen« heißt Böhrigen!)

Auch das Lausitzer Massiv stellt einen Riesenlakkolithen dar, der in der Tiefe aus dem typischen Lausitzer, am Rande aus Meißner Granit besteht und als äußerste Hülle den Meißner Syenit trägt. Der Hornblendegranit entsteht durch Einschmelzen von Diabas und Diabastuff; die häufigen »basischen Schlieren« sind »unkristallisierte Reste von resorbierten Schiefergesteinen«. Der flaserige Gneis von Strehla wird als Fluidalgranit erklärt, wie überhaupt Lepsius Fluidalerscheinungen an verschiedenen Orten zur Erklärung von Gesteinsabarten und Absonderungsformen heranzieht.

Kürzer als die kristallinischen Gebiete sind die Sedimentärformationen abgehandelt. Die Auflagerungsfläche des Elbsandsteingebirges als Abrasionsfläche anzusehen, hält Lepsius für falsch. Die Hohnsteiner Überschiebung wird ausführlich besprochen, dagegen der übrige Teil der Lausitzer Hauptverwerfung und die neueren Arbeiten über Verlauf und Alter desselben etwas vernachlässigt.

3*

Aus den kurzen Andeutungen möge der Leser den modernen »eruptiven« Standpunkt des Verfassers erkennen. Im allgemeinen hat man den Eindruck: Was die sächsische Landesanstalt in ihren offiziellen Veröffentlichungen in bezug auf genetische Fragen zu zurückhaltend ist, ist Lepsius zu kühn. Manche seiner Anschauungen, für die hier der Beweis nicht näher erbracht ist, dürfte zu Debatten Anlaß geben. Anderseits möchten wir für Fernstehende hinzufügen, daß sich auch unter den sächsischen Geologen längst ein Wandel der Ansichten vollzogen hat und daß die eruptiven Granulite und Gneise bereits in die Erläuterungen der Spezialkarte Einzug gehalten haben. (Vgl. Blatt Fürstenwalde und Geringswalde, 2. Auflage). Auch andere wichtige zusammenfassende Arbeiten haben leider keine Berücksichtigung mehr finden können (z. B. Dalmers »Westlichen Erzgebirge«, Möllers »Freiberger Erzgänge« u. a.

Zum Schlusse möchten wir der Verlagshandlung nahelegen, derartige Lieferungen, die ein deutsches Land fast vollständig behandeln, auch als Separata zugänglich zu machen. Es würde sicher mancher eine zusammenfassende Geologie seines engeren Vaterlandes erwerben, der nicht in der Lage ist, das kostspielige Gesamtwerk anzuschaffen.

Dr. P. Wagner-Dresden-A.

Menne, Karl, Die Entwicklung der Niederländer zur Nation. I. Serie, 6. Heft, 122 S. Halle a. S. 1903, Gebauer & Schwetschke.

Auf Grund eingehender Kenntnis des Landes und seiner Bewohner, die offenbar großenteils durch Selbstsehen gewonnen wurde, schildert der Verfasser, wie aus den Deltaniederungen des Rheines und der Maas — sumpfig, unwirtlich und von der Natur zum baldigen Untergang bestimmt — durch harte, unausgesetzte Arbeit im Laufe der Jahrhunderte reichsten Kulturbodens geworden sind, auf dem eine »kühnemutige Völkerschaft« »nicht sicher zwar, doch tätig frei« zu wohnen vermag; er schildert weiter, wie in diesem fortwährenden Kampfe mit einer feindlichen Natur auf dem besonderen Boden auch ein besonderes Volk entstanden ist, das gegenüber seinen ursprünglichen fränkischen, friesischen und sächsischen Elementen in vieler Beziehung eine scharf ausgeprägte Eigenart gewonnen hat, die sich ihrer selbst bewußt ist und den bestimmten Willen, eins zu sein, bekundet.

Alles, was der Verfasser, zu Konkret-tatsächlichem zur Beurteilung des Verhältnisses zwischen Mensch und Boden beibringt, werden wir gern dankbar entgegennehmen. Die beiden leitenden Gedanken, mit denen er seine Ausführungen zu durchdringen sucht, können jedoch weniger befriedigen. Der eine ist durch die allgemeine Auffassung gegeben, daß es die Aufgabe der Anthropogeographie sei, die Abhängigkeit des Menschen von den geographischen Bedingungen nachzuweisen. Die Einseitigkeit dieser Auffassung tritt gerade in den Darlegungen Mennes oft mit großer Deutlichkeit zu Tage. Besonders seine Ausführungen über die Kunst lassen das Bestreben, das sich so leicht aus jener Auffassung ergibt, das Bestreben, alles und jedes aus den geographischen Verhältnissen zu erklären, in unverhüllter Reinheit erkennen. Gewiß wird niemand leugnen, daß die Kunst eines Volkes und vor allem die Malerei durch die umgebende Natur den stärksten Einfluß erfährt; wie sollte es wohl anders sein? Aber das eigentlich Schaffende ist doch der Mensch selbst, die

geistige Eigenart einer Rasse, bei deren Ausbildung zwar möglicherweise geographische Einflüsse mit im Spiel gewesen sind, die aber im vorliegenden Beispiel sich doch keinesfalls erst in den Niederlanden entwickelt hat. Fast befustigend wirkt es, wenn der Verfasser bei der Musik sowohl das Fehlen der künstlerischen Produktion als auch den trotzdem bemerkbaren musikalischen Sinn der Niederländer gleichfalls auf geographische, klimatische Faktoren zurückführt, da es doch wohl kaum ein Volk geben dürfte, das nicht in irgend einer Weise »musikalisch« ist, es sich hier also um eine allgemein menschliche Eigenschaft handelt.

Der zweite Gedanke, der Mennes Darstellung beherrscht und welcher der Schrift zu ihrem Titel verholfen hat, ist die Kirchhoffsche Anschauung über das Wesen und die Entwicklung der Nationen. Die betreffenden Ausführungen Kirchhoffs enthalten viel Anziehendes und Geistvolles, obwohl selbst sie manchen Widerspruch hervorzurufen geeignet sind. Aber auch hier geht der Verfasser zu weit, und, wie bei den anthropogeographischen Gedanken, so übertreibt er auch hier gerade nach der Richtung hin, die einer Einschränkung und Umformung bedürfte. Mit allen Mitteln sucht er nachzuweisen, daß die Niederländer eine besondere, durchaus für sich bestehende Nation seien. Deshalb wird (S. 74) das Niederländische als »fünfte Deutsche Sprache« dem Hochdeutschen, Englischen, Schwedischen, Dänischen als vollkommen gleichwertig zur Seite gestellt. Deshalb werden (S. 14) die Niederlande einfach als Landindividualität bezeichnet, also ob es nicht sehr verschiedene Grade von Individualität im geographischen Sinne gäbe. Ohne Zweifel sind die Niederlande als ein »geographisches Individuum« zu betrachten, aber auch der Harz ist ein solches, und man kann sie doch nicht z. B. mit den Britischen Inseln auf eine Stufe stellen. Ebenso sollte man hinsichtlich der Nationfrage das Schwergewicht auf die Grade der Verwandtschaft und Verschiedenheit legen und sich nicht auf die Frage: bildet dieses oder jenes Volk eine Nation oder nicht? versteifen. Ob der »Wille, eins zu sein«, im Falle der Niederlande Partikularismus ist oder Nationalgefühl, das läßt sich theoretisch gar nicht entscheiden; es kommt im Grunde nur darauf an, ob eine umfassendere Nationalidee kräftig genug ist, die bestehenden Schranken zu überwinden, das Verschiedene zusammen zu schmelzen, oder nicht.

Dr. O. Schlüter-Berlin.

Makedonien und die Albanesen. Eine politisch-ethnographische Skizze, zumeist auf Grund eigener Reiseeindrücke von Dr. Karl Oestreich. Jahresbericht des Frankfurter Vereins für Geographie und Statistik. 66. und 67. Jahrgang, herausgegeben von Dr. Franz Höfler. Frankfurt a. M., Verlag von Gebr. Knauer.

Karl Oestreich, der Verfasser der überaus wertvollen »Beiträge zur Geomorphologie Makedoniens« (Wien 1902. Abh. der k. k. Geogr. Gesellschaft), sucht in der vorstehend genannten Studie zum Verständnis der auf der Balkanhalbinsel mannigfach sich bietenden verwickelten ethnologischen Fragen auf Grund seiner Reisebeobachtungen von 1898 und 1899 eine Beisteuer zu geben. Ehe er zur Beurteilung über die Klassifikation, politische und religiöse Stellung sowie Anzahl der einzelnen Stämme näher eingeht, gibt er jedesmal eine treffende

territoriale Begrenzung der einzelnen politischen
Bezirke, der Wilajets wie der Sandschaks, wie sie
namentlich der Berliner Vertrag geschaffen hat, und
zeichnet zugleich ein klares Bild der physikalischen
Verhältnisse des westlichen Teiles der Balkanhalbinsel, wie sie auf Verteilung und Ausbreitung der
in Frage kommenden Volksstämme gestaltend wirkten.
Daß der politische Begriff Makedonien eine neue,
vielleicht griechische Erfindung der jüngsten Zeit
ist, wie Dr. Oestreich meint, will mir nicht
recht einleuchten. Der Berliner Vertrag wie die
Verhandlungen des Berliner Kongresses haben allerdings mit dem Worte »Makedonien« nicht operiert,
da er ein festes territoriales Gebilde nicht vorstellte,
und die Anschauung über den Umfang eines Makedoniens damals sehr schwankende waren, wie sie es
auch heute noch sind. Die ältere Literatur, auch
ältere Kartenwerke über die Türkei, die d'Anville,
Reinhard verzeichneten stets ein Makedonien, wenn
auch ohne feste Umrisse. Durch die Nationalitäts-
bestrebungen der Völker der Balkanhalbinsel ist
erst dem stets in Schwung stehenden historischen
Begriff »Makedonien« ein politischer Beigeschmack
gegeben worden. Nicht glücklich gelungen ist die
Oestreichsche Äußerung, daß der Friedensver-
trag von San Stefano mit Bulgarien »etwas
Ähnliches meinte wie die Länder, die wir heute
allgemein mit dem Namen Makedonien bezeichnen«.
Doch nur für einen kleinen Bruchteil ist das zutreffend. Sehr richtig ist, was Oestreich über
das Verhältnis von Serben und Bulgaren sagt, Beobachtungen, die ich auf Grund in Makedonien gemachter Erfahrungen auch in meinem Buche »Auf
türkischer Erde« (Berlin 1903) betonen zu können
glaubte. Wirklich tiefgreifende oder nur fühlbare
Rassenunterschiede bestehen nicht. In der Hauptsache die religiöse Spaltung zeitigt den Unterschied.
Slawen, die zum Exarchat gehören, bezeichnen sich
als Bulgaren, solche, die beim Patriarchat blieben,
wollen Serben sein. Die Bulgaren haben durch
Brutalität, die in den Augen der Bevölkerung leider
als berechtigte Machtstellung wirkt, sowie durch
reichlich aufgewandte Geldmittel es wohl an manchen
Punkten erreicht, Serben zu Bulgaren zu machen,
da eben ein aus der Rasse herzuleitender instink-
tiver Widerstand nicht gegeben war. Die Frage,
wie weit nach Mittel- und Südmakedonien die
reinere slawische serbische Besiedlung gegenüber
der früher erfolgten Besitzergreifung durch die mit
humischmongolischen Bestandteilen durchsetzten
Bulgaro-Slowenen — Jagić (»Ein Kapitel aus der Geschichte der südslawischen Sprachen« 1895) meint
neuerdings, daß diese Besetzung gleichzeitig, nicht
nacheinander erfolgt sei, so vornherein also das
Mischung auf der Hand gelegen haben muß — beantwortet Oestreich: »Die allgemeine serbische
Besiedlung mag soweit gereicht haben, wie heute
das nationale Bewußtsein der christlichen
Bevölkerung das serbische ist«. Nach meinem
Dafürhalten, dem die Oestreichsche oben charakteri-
sierte Anschauung zu entsprechen scheint, ist ein
eigentliches nationales Bewußtsein kaum allerorten untrüglich festzustellen, kann dieses, wo es
heute sich zeigt, in jedem Falle aber schwerlich
immer dazu dienen, historische Schlüsse zu ziehen.
Die Machtfragen wirken bestimmend, indem die
herrschende Partei das Volksbewußtsein der Terrori-
sierten an zahlreichen Punkten niederdrückt. Die
Propaganda verschiebt ständig das Besitzfeld von
Bulgaren, Serben, Griechen, Walachen. Die frühere
starke kultivatorische Arbeit des Griechentums, durch

Geistlichkeit und Schule unterstützt, hat die fremde
Bevölkerung mancher Gegenden, die ehemals von
Südslawen und Walachen besetzt waren, sich assi-
miliert. Ausgezeichnet ist, was Oestreich im
dritten Abschnitt seiner Studie über »die Albanesen«
(oder besser wie der Autor selber betont »Albaner«)
sagt. Die Entstehung der albanischen Frage, die
Entwicklung der albanischen Selbständigkeitsbestre-
bungen bis zur Bildung der albanischen Liga, der
ständigen Konflikte der Albanier mit der Türkei
wie mit ihren Grenznachbarn, den Montenegrinern,
die albanische Volksausbreitung, namentlich in den
durch serbische Auswanderung entvölkerten Gebieten der Metoja und des Kosovodistrikts, ist unter musterhafter Berücksichtigung der politischen
Wirkungen, des historischen Zusammenhangs und
der durch die Landesnatur bedingten Verhältnisse
knapp und doch äußerst anschaulich dargestellt.

Dr. Hugo Grothe-München.

II. Geographischer Unterricht.

Becker, Dr. A. und Dr. J. **Mayer**, Lernbuch
der Erdkunde. I. Teil (allgemeine Ausgabe).
Mit 3 Textfig., 3 Abbild. und 4 Karten im
Anhang. Wien 1904, Franz Deuticke. II. Teil.
Mit 16 Textfiguren, sowie 4 Tabellen und
1 Diagramm. Wien 1903, Franz Deuticke.

Von dem ersten Teile des Lernbuches, der bereits
im Geographischen Anzeiger 1902, S. 41 besprochen
wurde, ist nun mit Hinweglassung der speziellen
Beziehungen auf die Umgebung Wiens eine allgemeine Ausgabe veranstaltet worden. Schon früher
wurde der zweite Teil für die zweite und dritte
Klasse der österreichischen Mittelschulen, also für
Schüler von 11—13 Jahren veröffentlicht. Hier
tritt vielleicht noch deutlicher das Bestreben zutage,
die Fortschritte der Wissenschaft auch der Schule
zuzuführen und dabei doch die auf dem Atlas beruhende selbständige Arbeit der Schüler möglichst
zu steigern. Es ist ferner auch vielfach den Wünschen Rechnung getragen, welche bei der Besprechung
der von Becker in der Zeitschrift für Schulgeographie aufgestellten Thesen geäußert wurden. Das
Lernbuch gibt zunächst eine Erweiterung der Grundbegriffe der mathematisch-physischen Erdkunde und
der Kulturgeographie (20 S.), die astronomische
Geographie und die Klimatologie sind dabei sehr kurz
gehalten und es müßten beispielsweise die Passatwinde ausführlicher erörtert und durch ein oder
zwei Figuren veranschaulicht werden. Der Bau der
Erdkruste wird auf zwei Seiten in sehr gedrängter
Weise besprochen, so daß alle wichtigen Begriffe
erklärt werden. Die Kulturgeographie kann wohl
erst zu späterem gelegentlichem Nachlesen dienen,
denn sie ist einerseits für Schüler, die normal im
Alter von 11—12 Jahren stehen, teilweise zu hoch
gefaßt und dann beginnt der Unterricht der zweiten
Klasse mit Asien und Afrika, wo viele der in diesem
Abschnitt besprochenen Verhältnisse nicht bestehen.

Die Länderkunde (360 S.) beginnt in herkömm-
licher Weise mit Asien, dann folgen Afrika, Europa,
mit Ausschluß von Österreich-Ungarn, das in einem
dritten Bande behandelt wird, Amerika, Australien
und Polynesien. Eigenartig im Widerspruch mit
dem Lehrplan für die österreichischen Mittelschulen
ist die Reihenfolge der europäischen Länder: Südeuropa, die Alpen (= Schweiz), Frankreich, die Britischen Inseln, Nordeuropa, Osteuropa und Mitteleuropa. Die Abweichung vom österreichischen Lehr-

plan erklärt sich wohl daraus, daß die Verfasser eine teilweise Verschiebung des Lehrstoffs aus der dritten in die zweite Klasse anstreben, was indessen wohl in passenderer Weise geschehen könnte[1]). Das Lernbuch faßt sonst nach Möglichkeit natürliche Gebiete zusammen ohne Rücksicht auf ihre staatliche Zugehörigkeit, so wird z. B. Dänemark zwischen die deutschen Ostseeprovinzen und die ostdeutsche Tieflandsmulde eingeschoben. Die gewählte Anordnung der Länder Europas trennt aber die Beschreibung der Alpen von der Deutschlands durch die Besprechung von West-, Nord- und Osteuropa, so daß Deutschland auf Rumänien folgt, in ähnlicher Weise wird Belgien 73 S. später als Frankreich behandelt. Der Lehrer muß, wenn er eine natürlichere Verbindung herstellen und dem Lehrplan folgen will, von dem Schulbuch abweichen und dies ist insofern nicht unbedenklich, als bei den einzelnen Ländern auch Tatsachen der allgemeinen Erdkunde angeführt werden, auf die dann spätere Abschnitte Bezug nehmen. — Bei der speziellen Länderkunde wird so vorgegangen, daß zunächst durch Fragen die bedeutendsten Züge des Kartenbildes hervorgehoben werden, dann folgt die Beschreibung eines größeren natürlichen Gebiets, wobei auch auf die geologische Beschaffenheit hingewiesen wird, hier sind auch häufig treffliche landschaftliche Schilderungen eingeschaltet (zum großen Teil der allgemeinen Länderkunde von Sievers entlehnt). Daran schließen sich zusammenfassende Bemerkungen über die Staaten des Gebiets, die häufig als »Kulturbild« ausgeführt sind, dabei werden auch die wichtigsten klimatischen Daten mitgeteilt. Aus dem großen Material ist dann zum Schlusse in gesperrtem Drucke der eigentliche Lernstoff hervorgehoben. Am Ende des Buches veranschaulicht ein Diagramm die Bodenbenutzung in den wichtigsten Staaten, während vier Tabellen Längen und Flächen für Vergleiche bieten. Bei einer zweiten Auflage wäre es wünschenswert, für die Donau, welche zu Vergleichen mit anderen Flüssen dienen soll, zwei Längenzahlen anzugeben, nämlich außer der gewöhnlichen auch noch eine Zahl, die aus Messungen auf einer Karte mit kleinerem Maßstab gewonnen wurde, denn nur dann ist ein Vergleich mit den großen außereuropäischen Strömen möglich, die zumeist nur ungenau vermessen worden sind. Es würde sich ferner die Sammlung der vielen zerstreuten Temperaturangaben in eine Tabelle empfehlen, da sich so die Gebiete mit ähnlicher wirklicher Jahrestemperatur dem Schüler leichter einprägen würden und überhaupt das Vergleichen erleichtert wäre. — Seinen besonderen Charakter erhält das Lernbuch indessen durch die Fülle des gebotenen Stoffes. Ein außerordentlicher Raum ist natürlich Deutschland zugewiesen, doch auch solche Länder, welche für Österreich geringere Bedeutung haben, sind mit ungewöhnlicher Ausführlichkeit dargestellt, so sind bei England mehr als 70 Städte genannt, bei Südamerika 56 Städte, 31 Flüsse im ganzen über 100 geographische Namen). Dies sind nicht trockne Aufzählungen bloßer Namen, sondern es ist zu jeder Stadt, jedem Fluß etwas bemerkt. Die Zahl der eingestreuten Fragen und Aufgaben beträgt für Südamerika über 140, so daß es dem Lehrer wohl kaum möglich ist, selbständige Fragen und Aufgaben den Schülern zu stellen. Verhältnismäßig gering, geringer als es sonst in österreichischen

[1]) Vgl. die Ausführungen des Ref. in den Vierteljahresheften für den geogr. Unterricht. II, Heft 4, S. 230—240.

Lehrbüchern der Fall ist, ist dagegen der eigentliche Lernstoff. Man darf auch nicht zu viel Hoffnung darauf setzen, daß sich die Schüler aus dem Vorausgegangenen vieles gemerkt haben, denn dazu ist das Material zu reich. Diese Fülle und Mannigfaltigkeit des Gebotenen ist auch daran schuld, daß sich der Lernstoff meist nicht von selbst aus dem Lehrstoff ergibt, nicht als ein Auszug erscheint, sondern eher wie willkürlich aus dem ganzen herausgehobene Sätze. — Daß bei einem so inhaltsreichen Werke einzelne Fehler unterlaufen sind, kann billig nicht verwundern. Bei einigen Stichproben fand sich: Wagga—Wagga am Murray statt am Murrumbidge (S. 366). Kamelien statt Kalmien (S. 324). Störender ist es, daß Wittenberg noch als Universität erscheint und der Fluß Leipzigs Neiße genannt wird (S. 273). Ein zusammenfassendes Urteil wird wohl aussprechen müssen, daß diese Verbindung eines Handbuchs mit einem Lernbuch dem Lehrer bei seiner Vorbereitung recht nützlich sein kann, daß es sich aber als Schulbuch bei der jetzigen Beschränkung des geographischen Unterrichts auf die unteren und mittleren Klassen wenigstens an österreichischen Anstalten kaum sehr einbürgern dürfte.

Dr. M. Binn-B.-Leipa.

Bürchner, Ludwig, Geographische Grundbegriffe, erläutert an der Heimatskunde von München. 30 S. mit zahlreichen Abbildungen. München 1904, Piloty und Loehle. 50 Pf.

München und seine nähere und weitere Umgebung liefern dem Verfasser das Material zur Erklärung der geographischen Grundbegriffe. Daß er auf dem von ihm eingeschlagenen Wege bei den Schülern den gewünschten Erfolg hat, möchte ich bezweifeln; denn es fehlt durchaus die Anschaulichkeit und Klarheit, die durch das Fortschreiten vom Nahen zum Entfernten gewonnen wird. Wenn bei der Einführung in das Kartenverständnis erst der Grundriß des Gymnasiums und seiner Umgebung und dann der des Schulzimmers besprochen wird, wenn die Pläne nicht nach den Himmelsrichtungen orientiert, sondern diese nur durch einen Pfeil in der Zeichnung gegeben werden, so ruft das selbst bei älteren Schülern, nicht nur bei Sextanern, Unklarheit hervor. Auch die Anordnung des gesamten Stoffes ist höchst willkürlich. Es wird mit einem Blicke über München vom nördlichen Turme der Frauenkirche begonnen, um den Begriff Horizont zu gewinnen, daran schließen sich Himmelsrichtungen, Niederschläge, Bewässerung, relative und absolute Höhe, Darstellung der Landschaft in Relief und Karte, Maßstab, und dann folgen endlich »Talung«, Hügel, Berg, Trockental usw.

Um brauchbar zu werden, bedarf das Büchlein einer Umarbeitung nach pädagogischen Gesichtspunkten. *Dr. Richard Herold-Oranienstein a. d. Lahn.*

Lehmann, R., und W. Petzold, Atlas für die Mittel- und Oberstufen höherer Lehranstalten. 69 Haupt- und 90 Nebenkarten auf 80 Kartenseiten. 3. verbesserte Aufl. Leipzig 1904, Velhagen und Klasing, kart. 5 M., geb. 5.50 M.

Die 3. Auflage des Lehmann-Petzold hat zu grundsätzlichen, größeren Änderungen keinen Anlaß gegeben. Die Verbesserungen beschränken sich auf Berichtigungen der einzelnen Karten, zu deren Ausführung der Neudruck eines solchen Kartenwerkes stets erwünschte Gelegenheit bietet. *Hh.*

Geographische Literatur.

a) Allgemeines.

Bosse, Aug., Weltkarte zur Bestimmung der Zeitunterschiede im Depeschenverkehr mit überseeischen Ländern. Berlin 1904, Dietr. Reimer. 2 M.

Hellmann, G., Neudrucke von Schriften und Karten über Meteorologie und Erdmagnetismus. Nr. 15 (Schlußheft): Denkmäler mittelalterlicher Meteorologie. 46, 269 u. 12 S. Berlin 1904, A. Asher & Co. 28 M.

Krebs, Wilh., Einige Beziehungen des Meeres zum Vulkanismus. Drei Beiträge, 17 Abb., 1 K. (Aus: Globus). 4°. 17 S. Berlin 1904, C. A. Schwetschke & Sohn.

Langhans, Paul, Justus Perthes' Alldeutscher Atlas. Mit Begleitworten: Statistik der Deutschen und der Reichsbewohner. 3. Aufl. 5 K., 4 S. Text. Gotha 1905, Justus Perthes. 1 M.

Müller, Gust. Ad., Der Mensch der Höhlen- und Pfahlbautenzeit. Ein Handbuch für Lehrer und Lernende. 2. (Titel)Aufl. III, 145 S., 11 Taf. Bühl 1904, Konkordia. 2 M.

Oppel, Alwin, Natur und Arbeit. Eine allgemeine Wirtschaftskunde. 1. Teil. X, 352 S., 99 Abb., 13 K., 7 Taf. 2. Teil. X, 456 S., 119 Abb., 10 K., 17 Taf. Leipzig 1904, Bibliogr. Institut. Je 10 M.

Ritters geographisch-statistisches Lexikon über die Erdteile, Länder usw. 9. vollst. umgearb., sehr stark verm. u. verb. Aufl. Unter Red. von Joh. Penzler. In etwa 42 Lief. 1. Lief. S. 1—56. Leipzig 1904, O. Wigand. 1 M.

Schwend, Karl, Zur Zodialkalischtfrage. Diss. 59 S., 1 Taf. Schweinfurt 1904, G. J. Ziegler. 2.40 M.

Stielers Handatlas. 37.—40. Lief. Nr. 7. Europa, Übersicht, 1 : 15 000 000 von C. Scherrer. Nr. 50. Balkanhalbinsel, Übers cht, 1 : 3 700 000 von B. Doman. Nr. 59. Kleinasien, Syrien usw. 1 : 3 700 000 von H. Habenicht. Nr. 66. Hinterindien und Archipel 1 : 12 500 000 von C. Barich. Nr. 73. Afrika, Bl. 5, 1 : 7 500 000 von H. Habenicht. Nr. 74. Afrika, Bl. 6, 1 : 7 500 000 von H. Habenicht. Nr. 99. Südamerika, Bl. 5, 1 : 7 500 000 von H. Habenicht. Nr. 100. Südamerika, Bl. 6, 1 : 7 500 000 von H. Habenicht. Gotha 1904, Justus Perthes. 1.20 M.

Valdivia. Wissensch. Ergebnisse der deutschen Tiefsee-Expedition a. d. Dampfer Valdivia, herausgeg. von Prof. Carl Chun. VII. Bd., 5. Lief., 16 S. 2 Taf. 4 M. — VIII. Bd., 1. Lief., 26 S., 4 Bl., 4 Taf. 8.50 M. — IV, VI. u. VII. Bd., 6. Lief. Jena 1904, Gust. Fischer. 253 M.

Wundt, Wilh., Völkerpsychologie. Eine Untersuchung der Entwicklungsgesetze von Sprache, Mythus und Sitte. 1. Bd.: Die Sprache. 2. umgearb. Aufl. 2. Teil. X, 673 S., 4 Abb. Leipzig 1904, W. Engelmann. 17 M.

b) Deutschland.

Backhausen, Karl, Ein Beitrag zur Siedelungskunde des norddeutschen Flachlandes. Diss. 95 S. Halle a. S. 1904.

Detlefsen, D., Die Entdeckung des germanischen Nordens im Altertum. (Quellen und Forschgn. zur alten Gesch. u. Geogr. 8.) 65 S. Berlin 1904, Weidmann. 2.40 M.

Elsaß-Lothringen in 21 Karten. 1 : 250 000. 3. durchges. mit vollst. Ortsreg. verm. Aufl. VII, 75 S. Berlin 1904, D. Reimer. 3 M.

Fitzner, Rud., Deutsches Kolonial-Handbuch. Nach amtl. Quellen bearb., Ergänzungs-Bd. 1904. IV, 240 S. Berlin 1904, Herm. Paetel. 3 M.

Neumanns Orts- u. Verkehrslexikon des Deutschen Reiches. 4. neubearb. u. verm. Aufl., herausgeg. von Dr. M. Broesike u. Dir. W. Keil. 33 Liefgn. 1. Lief. S. 1—32. Leipzig 1904, Bibliogr. Institut.

Starke u. Schönf.lder, Großes Ortslexikon des Deutschen Reiches. 6. Aufl. von Langes Handbuch des ges. Verkehrswesens. Enth. ca 125 000 Orte. XXIV, 1165 u. 7 S. Dresden 1904, Gerh. Kühlmann. 12 M.

Vogesen, Karte der — 1 : 50 000. Herausgeg. vom Zentralausschuß des Vogesen-Klubs. Bl. VI u. VII. Niederbronn-Wörth. — XV. Schlucht Gérardmer. 2. Aufl. — XVI. Kaysersberg - Münster. 2. Aufl. Straßburg 1904, J. H. Ed. Heitz. Je 25 Pf.

Württemberg. Höhenkurvenkarte des Königreichs Württemberg. Herausgeg. vom Königl. württ. statist. Landesamt. 1 : 25 000. 7.8. Böttingerhof und Sieglingen. — 58. Winnenden. Stuttgart 1904, H. Lindemann. Je 1.50 M.

c) Übriges Europa.

Aegerter, I., Karte der Langkofel- und Sellagruppe. Herausgeg. vom deutschen und österr. Alpenverein. 1 : 25 000. München 1904, J. Lindauer. 4 M.

Gudmundsson, Valtyr, Island am Beginn des 20. Jahrhunderts. Aus den Dänischen von Rich. Palleske. XV, 233 S. III. Kattowi z 1904, Gebrüder Böhm. 7.50 M.

Hann, J., Klimatographie von Niederösterreich II, 104 S., 1 K. (Klimatographie von Österreich I.) Wien 1904, Wilh. Braumüller. 2.50 M.

Katzer, Friedrich, Geschichtlicher Überblick der geologischen Erforschung Bosniens und der Herzegowina. (S. A. a. d. Bosnischen Post.) 46 S., 6 Bildnisse. Sarajevo 1904.

Petrovic, Alex., Mazedonien und die Lösung seines Problems. 161 S. Berlin 1904, Herm. Walther. 2 M.

Róna, S., u. L. Fraunhofer, Die Temperaturverhältnisse von Ungarn. (Publ. Kgl. Ung. Reichsanst. f. Met. u. Erdmagn. 6. Bd.) III, 155 S., 5 farb. K. Budapest 1904, Ludw. Toldi. 4 M.

Touia, Frz., Der gegenwärtige Stand der geologischen Erforschung der Balkanhalbinsel und des Orients. Vortrag. (Cptes rend. IX. congr. géol. intern. Vienne 1903.) S. 175—330, 2 K. Berlin 1904, R. Friedländer & Sohn. 7 M.

d) Asien.

Boekelmann, Albr. v., Wirtschaftsgeographie von Niederl. Ostindien. (Angew. Geogr. II, 2.) Halle 1904, Gebauer-Schwetschke. 1.80 M.

Hübschmann, H., Die altarmenischen Ortsnamen. Mit Beitr. zur hist. Topographie Armeniens und einer Karte. (Indogerm. Forschgn. 1904, 197—490.) Straßburg 1904, Kar l J. Trübner. 8 M.

Jastrow, Morris, Die Religion Babyloniens und Assyriens. Vom Verf. revidierte u. wesentlich erweiterte Übersetzung. 1. Bd. XI, 552 S. Gießen 1904, J. Ricker. 13 M.

Kiepert, Rich., Karte von Kleinasien in 24 Bl. 1 : 400 000. Bl. B VI: Erzerum; C VI: Diarbekir; D I: Budrûm. Berlin 1904, Dietr. Reimer. Je 6 M.

Pistor, Erich, Durch Sibirien nach der Südsee. Wirtschaftliche und unwirtschaftliche Reisestudien aus den Jahren 1901 und 1902. XIII, 533 S., 20 Vollb. Wien 1905, Wilh. Braumüller. 6.60 M.

e) Afrika.

Bauer, Fritz, Die deutsche Niger-Benue-Tschadsee-Expedition 1902—03. VIII, 182 S., 45 Abb., 2 K. Berlin 1904, Dietr. Reimer. 4 M.

Esch, Ernst, F. Solger, M. Oppenheim, O. Jaekel, Beiträge zur Geologie von Kamerun. Herausgeg. von Dr. Ernst Esch. XIII, 298 S., 9 Taf., 83 Abb., 1 Pan., 1 K. Stuttgart 1904, E. Schweizerbart. 8 M.

Gürnpell, Jean, Im Land der Herero. Erlebnisse eines jungen Deutschen. Erzählung für die reifere Jugend. VII, 168 S. III., 1 K. Berlin 1904, Wilh. Süsserott. 4 M.

Kuhn, Alex., Bericht über die von der deutschen Kolonialgesellschaft dene kolonialwirtschaftlichen Komitee übertragene Fischfluß-Expedition. Reisen und Arbeiten in Deutsch-Südwestafrika im Jahre 1903. XI, 157 S., 37 Abb., 2 K. Berlin 1904, E. S. Mittler & Sohn. 3 M.

Leue, A., Die Besiedelungsfähigkeit Deutsch-Ostafrikas. Ein Beitrag zur Auswanderungsfrage. 40 S. Leipzig 1904, Wilh. Welcher. 1 M.

Rehbock, Th., Deutschlands Pflichten in Deutsch-Südwestafrika. 44 S. Berlin 1904, D. Reimer. 80 Pf.

Schlunk, Mart., François Coillard und die Mission am oberen Sambesi. III, 211 S., 1 Porträt, 13 Abb., 1 K. Gütersloh 1904, C. Bertelsmann. 3 M.

Schnelller, Ludwig, Bis zur Sahara. Welt- und kirchengeschichtliche Streifzüge durch Nordafrika. III, 207 S. III. Leipzig 1904, H. G. Wallmann. 4.80 M.

Ungard Edler v., Onkalom, Alb., Der Suezkanal. Seine Geschichte, seine Bau- und Verkehrsverhältnisse und seine militärische Bedeutung. VIII, 104 S., 6 farb. K. Wien 1905, A. Hartleben. 5 M.

f) Amerika.

Hintrager, Wie lebt und arbeitet man in den Vereinigten Staaten? Nordamerikanische Reiseskizzen. VII, 291 S. Berlin 1904, F. Fontane & Co. 6.50 M.

Semper, Bergassessor, u. Michels, Die Salpeterindustrie Chiles. III, 123 S., 12 Taf. Berlin 1904, Wilh. Ernst & Sohn. 6 M.

g) Australien und Südsee.

Turner, H. O., History of Colony of Victoria from its discovery to its absorption into the commonwealth of Australia. London 1904, Longmans & Co. 21 s.

h) Polarländer.

Astrup, Eivind, Unter den Nachbarn des Nordpols. Aus dem Norwegischen von Marg. Langfeldt. V, 275 S., 12 Vollbilder, 64 Textill., 3 K. Leipzig 1904, H. Haessel. 5 M.

Drygalski, Erich v., Zum Kontinent des eisigen Südens.
Deutsche Südpolarexpedition. Fahrten und Forschungen
des «Gauss», 1901—03. XV, 668 S., 400 Abb., 21 Taf. u. K.
Berlin 1904, G. Reimer. 39 M.
Nordenskjöld, Otto, J. Gunnar Andersson, C. A. Larsen
u. C. Skottsberg, Antarktis. Zwei Jahre in Schnee und
Eis am Südpol. Nach den schwed. Orig. von Deutsche
übertragen von Math. Mann. 2 Bde. XXIII, 373 u. IV,
411 S., 4 K., 300 Abb. Berlin 1904, Dietr. Reimer. 12 M.

f) Geographischer Unterricht.

Becker, Anton, u. Jul. Mayer, Lernbuch der Erdkunde.
1. Teil. (Allgem. Awig.) IV, 56 S. Ill., 4 K. Wien 1904,
Franz Deuticke. 1.50 M.
Bi-ching, A., Mineralogie und Geologie für Lehrer- und
Lehrerinnenbildungsanstalte. 7. Aufl. IV, 100 S., 92 Abb.
Wien 1904, Alfr. Hölder. 1.70 M.
Effert, G., Grundriß der mathematischen und physikalischen
Geographie. 6. Aufl. IV, 107 S., 14 Fig. Würzburg 1905,
Stahel. 1.25 M.
Friedemann, Hugo, Die deutschen Schutzgebiete. Nach
den neuesten Quellen bearbeitet. 36 S. Dresden 1904,
Alwin Huble. 30 Pf.
Geistbeck, Mich., Orographie für Volksschulen. 3 Teile.
München 1904, R. Oldenbourg. 1.10 M.
— u. Alois Geistbeck, Leitfaden der Geographie für
Mittelschulen. 2. bis 4. Teil. München 1904, R. Olden-
bourg. 1.95 M.
Günther, A., u. O. Schneider, Heimat- und Landeskunde
von Anhalt. Heimatkundliches Lesebuch für die Schulen
des Herzogtums. 4. verb. Aufl. 109 S., 1 K. Köthen
1904, Otto Schulze. 90 Pf.
Jochem, Max, Theorie und Praxis der Heimatkunde.
Hilfsbuch für den heimatkundlichen Unterricht und allen
Klassenstufen. V, 110 S., 9 Taf., 1 K. Leipzig 1905,
Ernst Wunderlich. 3.50 M.
Kerp, Heinr., Führer bei dem Unterricht in der Heimat-
kunde. Nach begründeter Methode und mit vorwiegender
Betrachtung des Kulturbildes der Heimat. 3. durchges.
Aufl. 168 S., 10 Zeichn. Breslau 1904, Ferd. Hirt. 3.25 M.
Kohl, A., Das Kartenzeichnen als Hilfsmittel im Unterricht.
Ein Beitrag zur Methodik des erdkundlichen Unterrichts.
29 S. Leipzig 1904, Alfr. Hahn. 50 Pf.
Lehmann, Ad., Geographische Charakterbilder, Helsing-
fors, Leipzig 1904, F. E. Wachsmuth. 1.40 M.
Nehring, L., Geographisches Merk- und Wiederholungs-
buch für die Volksschulen des Ostens der Monarchie.
1. Teil. 4. Aufl. 32 S. Breslau 1905, Handel. 15 Pf.
Rascho, Emil, Kleine Handelsgeographie für Handelsschulen
usw. 10. u. 11. verb. u. erw. Aufl. 164 S., 8 K. Leipzig
1904, F. Hirt. 2 M.
Rusch, Gust., Lehrbuch der Geographie für österreichische
Lehrer- und Lehrerinnenbildungsanstalten. 3. Teil. Für
den IV. Jahrgang. 143 S., 34 Abb. Wien 1904, A. Pichlers
Wwe & Sohn. 3 M.
Weingartner, Leop., Länder- und Völkerkunde für die
2., 3. Klasse der Mittelschulen. 2. umgearb., nach Herr
15. Aufl. IV, 210 S., 36 Holzschn. Wien 1904, Manz. 2.80 M.
Wolff, A., u. H. Pflug, Wirtschaftsgeographie Deutschlands
und seiner Hauptverkehrsländer (Knörk, Sammlung von
Lehrmittel). 1. Teil; Das Deutsche Reich. XI, 160 S.,
3 Tab. Berlin 1904, E. S. Mittler & Sohn. 2.40 M.

k) Zeitschriften.

Annales de Géographie. 12e, Année.
Sept. XIII, Bibliographie Géographique Annuelle 1903.
Nov., de Martonne, Les enseignements de la topo-
graphie. — Prudent, La cartographie de l'Espagne. —
Mori, Les italiens en France. — Les chemins de fer africains.
Bollettino della Società Geografica Italiana. 1904.
Juli, Brochevet, Ghisu, in Asia Centrale. — Rossetti,
La Corea nello "spetto politico-economico. — Barbarich,
Saggio per una sistemazione orometrica della regione
albanese. — La vertenza Anglo-Brasiliana per il confine
occidentale della Guiana inglese e la Sentenza Arbitrale di
S. M. il Re d'Italia. — Grasso, L'opera scientifica di
Amato Amati.
Bulletin of the American Geogr. Society. Vol. XXXVI.
Nr. 6, Hovey, The Grande Soufrière of Guadeloupe. —
Littlehales, The Disproof of the Existence of Reed or
Redfield Rocks. — Goethe-Semple, Tributes to Friedr.
Ratzel. — Davis, The Hudson River.
Deutsche Rundschau für Geogr. u. Stat. XXVI, 1904.
Nr. 2. Besche, Alb., Der St. Lawrence und sein
Flußgebiet. — Meinhard, Durch das Nilgebirge. — Crola,
Der Untergang der Expedition Oderahl im Orbiet der
Lno-Sidume von Assam. — Mohr, Casablanca in Marocco.
Geographische Zeitschrift. X. 1904.
Nr. 10. Hettner, Das europäische Rußland. —
Brückner, Die Einzelnen in den Alpen.
Nr. 11. Meyer, Die Eiszeit in den Tropen. — Hettner,
Das europäische Rußland, VI. VII. — Friederichsen;

Sven v. Hedins letzte Reise durch Inner-Asien. — Oestreich,
Die Geogr. a. d. 76. Vers. deutsch. Naturf. u. Ärzte in
Breslau.
Globus. Bd. 86, 1904.
Nr. 17. Leßner, Die Balu!- oder Rumpfberge und
ihre Bewohner. — Seidel, Saipan, die Hauptinsel der
deutschen Marianen. — v. Döring, Über die Herstellung
von Seife in Togo. — Die Festlegung der Westgrenze von
Togo.
Nr. 18. Meerwarth, Eine geologische Forschungs-
reise nach dem Rio Acará im Staate Pará (Brasilien) I. —
Ein altnordisches Freilichtmuseum. — Schneider, Die
Entwicklung Istriens. — Hutter, Aug. Chevaliers For-
schungsexpedition vom Ubangi durch das Stromgebiet des
Shari nach dem Tsad ee.
Nr. 19. Oppel, Der 8. internationale Geographen-
Kongreß. — Meerwarth, Eine zoologische Forschungs-
reise nach dem Rio Acará im Staate Pará (Brasilien) II.
Schindl. — Kaindl, Neuere Arbeiten zur Völkerkunde I.
Nr. 20. Preuß, Der Ursprung der Religion und Kunst.
Der Zauber der Körperöffnungen I. — Die Malerei in
Abessinien. — Kaindl, Neuere Arbeiten zur Völkerkunde
II. (Schluß).
Petermanns Mitteilungen. 50. Bd., 1904.
Heft 11. Ang., Aus dem zentralen Gebirgsland der
Provinz Schantung. — Hailfaß, Wikere Beiträge zur
Kenntnis der pommerschen Seen. — Ihering, Der Rio
Jurual. — Benrath, Über eine Eiszeit in der peruanischen
Küstenkordillere.
Heft 12. Supan, Zum Abschluß des 50. Bandes von
Petermanns Mitteilungen. — Hammer, Zwei praktische
Beispiele schiefachsiger zylindrischer Kartennetzentwürfe. —
Keßner, Das regenreiche Orbiet Europas. — Bratißä,
Zur Frage über den sibirischen Seeweg nach Osten.
Rivista Geografica Italiana. XI, 1904.
IX. Bertelli, Sopra un nuovo supposto primo in-
ventore della pendola nautica. — L'ottavo Congresso inter-
nazionale Geogr. di Washington. — Bissutti, Problemi
vecchi e idee nuove; la classificazione delle razze umane. —
Faustini, Uno sguardo sull' opera scientifica delle più
recenti spedizioni antartiche (1901—04). — Ricchieri, Il
Colonello Giuseppe Roggero.
The Geographical Journal. Vol. XXII, 1904.
Oct. Return of the National Antarctic Expedition. —
O'Driscoll, A Journey to the North of the Argentine
Republic. — Report on the Work of the Anortcanic Con-
gress at Stuttgart. — Zondike, Description of an Aero-
labe. — Herbertson, Recent Discussions on the Scope
and Educational Applications of Geography. — Cox, Notes
on the Anglo-Liberian Frontier.
The Geographical Teacher. Vol. II. 1904.
October. Hubbard, A River Study. — Herbertson,
Studies of Large-Scale Maps. — Unstead, Regional Geo-
graphy in Schools. — Dryer, Educational Geogr. at Eighth
International Geographic Congress. — Geography in German
Reform and Cadet Schools. — Herbertson, Recent Geo-
graph. Works.
The National Geographic Magazine. Vol. XIV, 1904.
Nr. 10. Address by Com. Robert E. Peary. — Chester,
Some Early Geographers of the United States. — Peuck,
Recent Progress in the Execution of a Map of the World
on the Uniform Scale of 1:1000000. — Gibbons, Methods
of Exploration in Africa. — The Special Telegraphic Time
Signal from the Naval Observatory in Honor of the
VIII. Intern. Geogr. Congr. — Resolutions by the VIII. Intern.
Geogr. Congress. — The VIII. Int. Geogr. Congress.
The Scottish Geographical Magazine. XX, 1904.
Nov. Jeannides, Egyptian Agriculture, with Special
Reference to Irrigation. — The Improvement of the Upper
Nile. — Macdonald, Some Features of the Australian
Interior. — Six Month in the Himalaya. — Loch Ness
II. The bathymetrical Survey of Loch Ness, by T. N. Johnston.
II. Bioogy of Loch N-e. by James Murray. — Brown,
A Visit to the Sinai Penansala.
Wandern und Reisen. II, 1904.
Nr. 22. Hoerstel, Am Karsenkap. — Ziegler,
Kleinigkeiten aus dem Zigeunerleben. — Reinhardt, Auf
der Insel Bornholm. — Simon, Eine Ferieninsel auf dem
Grand Paradis. — Lambrecht, Im Venn. — Eckstein,
Nach Armenien.
Nr. 23. Fischer, Brücke de la Meija und Barre des
Ecrins. — Kollbach, Ein Tag im Pariser Straßenleben. —
Tetzner, im hannöverischen Wendland. — v. Hesse-
Wartegg, Bilder aus Calcutta. — Altelr, Spitzbergen. —
Pichl, Wiener Kletterschulen II. Das Gesäuse.
Nr. 8. Schweinfurth, Die Umgegend von Schaghab
und el-Kab (Oberägypten).
Zeitschrift für Schulgeographie. XXVI, 1904.
Heft 2. Sieger, Die Schulorthographie und die geo-
graphischen Namen. — Jasner, Der Einfluß der Landes-
natur auf die Geschichte und die Natur der Völker.

Zum gegenwärtigen Stande der Gletscherkunde.

Von Dr. Fritz Machatschek-Wien.

(Schluß.)

Crammer, dem wir im nachstehenden folgen, beobachtete, daß ebenso wie im Rieseleis auch im Firneis die zwischen zwei Schichten lagernde Staubschicht ein Überkristallisieren der Körner von einer zur nächsten Schicht verhindere, und daß ebenso die aus den Schichten hervorgegangenen Blätter eine scharfe Scheidegrenze zwischen den Körnern bilden. Bestände die Eisbewegung wesentlich in einer Verschiebung der Moleküle oder Kristalle untereinander, so würde im ersteren Falle die Kristall- oder Kornstruktur, im andern die Schichtung und Bänderung vernichtet werden. Die Erhaltung dieser Strukturformen ist also ein Beweis dafür, daß sich die Blätter als ganzes bewegen und übereinander hingleiten. Ermöglicht wird dies dadurch, daß längs der Blattgrenzen infolge der dazwischen lagernden Staubschicht bei der Schmelztemperatur des Eises die Lockerung des Gefüges größer ist als im Innern der Blätter. Nach Crammer wird also die Bewegung im Firnfeld durch Lockerung des Gefüges längs der Firnschichtflächen eingeleitet, und der Schwerkraft folgend gleiten die Schichten übereinander hinweg; derselbe Vorgang bleibt auch bei den Blättern erhalten; auch in der Gletscherzunge besteht die Bewegung in der gegenseitigen Verschiebung der Blätter, deren Beweglichkeit durch Druckschmelzung erhöht wird.

Gegen diese Auffassung der Gletscherbewegung hat nun Heß eingewendet, daß, wie seine Versuche ergeben haben, durch Beimengung von Staublagen die innere Reibung des Eises wesentlich größer wird als für reines Eis, daß daher die Beweglichkeit längs der Trennungsflächen der Schichten nicht größer sein könne als in deren inneren Teilen. Die Lockerung des molekularen Zusammenhangs muß nach Heß vielmehr namentlich längs der Korngrenzen erfolgen, da die Körner in das durch Druck entstandene Schmelzwasserhäutchen gleichsam eingebettet sind, und dieses Wasser kann als Schmiermittel die gegenseitige Verschiebung der Körner und somit die Bewegungsfähigkeit der Masse begünstigen. Somit betrachtet Heß Kornstruktur und Temperatur des Gletschers als fördernde Momente der das Eis zum Fließen befähigenden Plastizität, wenn auch diese nicht durch jene Momente bedingt ist.

Man sieht also: über die Bedeutung der physikalischen Eigenschaften des Eises für seine Bewegung ist noch keine völlige Einigung erzielt worden. Diesen Schwierigkeiten entgeht die Finsterwaldersche Strömungstheorie, die von allen physikalischen Voraussetzungen absieht und auf rein geometrischem Wege eine Vorstellung über den Verlauf der Eisbewegung zu geben vermag, indem Finsterwalder die Gesetze der stetigen und stationären Strömung einer absoluten Flüssigkeit auf die Verhältnisse des strömenden Eises übertrug. Die Finsterwaldersche Darstellung ist bereits in mehrere Handbücher übergegangen (vgl. Günther, Geophysik, 2. Aufl. 1901), auf die hier verwiesen werden kann. Es sei nur bemerkt, daß es auch schon gelungen ist, diese zunächst für den Idealfall eines stationären Gletschers geltende Theorie auf nicht stationäre anzuwenden, indem von Blümcke und Heß auf diesem Wege die Geschwindigkeitsverteilung in dem schwach zurückgehenden Hintereisferner und von Heß in dem im Vorstoß begriffenen Vernagtferner untersucht wurde.

Wir sind damit zu dem Phänomen der Gletscherschwankungen gekommen. Auch deren Studium ist in den letzten Jahren in eine neue Phase getreten, indem

Zweifel geäußert wurden, ob die 1891 von Ed. Richter gefundene Koïnzidenz der
Brücknerschen Klimaschwankungen und der der Alpengletscher sich angesichts der auffallenden Unregelmäßigkeiten in dem Verhalten ganzer Gruppen und auch unmittelbar
benachbarter Gletscher überhaupt noch aufrecht halten lasse. Bekanntlich hat sich der
im letzten Viertel des 19. Jahrhunderts erwartete Vorstoß nur bei verhältnismäßig wenig
Gletschern (90 von 250 beobachteten) in einer Verlängerung der Zunge geäußert; viele
der bestbekannten Gletscher, wie Hochjoch-, Hintereis- und Gepatschferner, Pasterze u. a.
zeigten in den letzten 45—50 Jahren einen ununterbrochenen Volumverlust. Die letzte
Vorstoßperiode war also nur partiell und wenig intensiv; ferner verzögerte sich ihr
Eintritt von Westen gegen Osten und in gleicher Richtung nahm auch die Dauer des
Wachstums ab. Angesichts dieser Unregelmäßigkeiten wird die Forschung für jeden
einzelnen Fall die Ursachen der Verschiedenheiten zu untersuchen und jeden Gletscher
nach seinen besonderen Lebensbedingungen zu prüfen haben, wobei namentlich der
orographische Bau der Becken zu berücksichtigen ist, in die die Firnmassen eingelagert
sind. Je mehr das Firnfeld imstande ist, Material aufzuspeichern, bevor es zum Abfluß
kommt, desto später muß der Vorstoß eintreten; je kontinuierlicher und ungehinderter
der Abfluß erfolgen kann, desto besser wird der Vorstoß mit dem Eintreten reichlicherer
Niederschläge zusammenfallen. Diesen sehr nahe liegenden Gedanken ist nun Heß
auch durch quantitative Bestimmungen näher getreten, indem er für eine große Anzahl
von Gletschern den »Stauwinkel« des Firnfeldes und einen der mittleren Neigung des
Firns proportionalen Empfindlichkeitskoeffizienten berechnete. Dabei zeigt sich, daß
tatsächlich in jeder Alpengruppe mit einigen, allerdings recht auffälligen Ausnahmen die
am letzten Vorstoß beteiligten Gletscher einen größeren Empfindlichkeitskoeffizienten
haben als diejenigen, welche nicht gewachsen sind, und es reagierten die Gletscher um
so rascher auf den vermehrten Firnauftrag, je geringer ihre Stauung.

Der namentlich seit dem Bestehen der internationalen Gletscher-Kommission fast
über die ganze Erde ausgebreiteten Beobachtung können wir zur Beurteilung der Frage
nach dem Verhältnis von Klima- und Gletscherschwankungen vorläufig nur
entnehmen, daß auch außerhalb der Alpen Unregelmäßigkeiten die Regel sind; dazu
kommt, daß bei den Gletschern vom norwegischen und Inlandeistypus sich auf deren
ebenen Firnfeldern durch sehr lange Zeit Massen ansammeln können, bevor der für eine
beschleunigte Abfuhr erforderliche Druck erreicht ist; auch ist bei der geringen Neigung
dieser Firnbecken die Empfindlichkeit für Schwankungen recht gering, und dasselbe gilt
von Gletschern mit sehr langer Zunge, z. B. denen des Himalaya. Zu einer eingehenden
Behandlung dieser Frage wird es also noch jahrzehntelanger Sammlung neuen Beobachtungsmaterials bedürfen.

Das Ausmaß der Schwankungen ist bisher durch sorgfältige Messungen von
einer Reihe von Alpengletschern bekannt geworden. Dabei stellt sich heraus, daß gegenwärtig von einer bestimmten Beziehung zwischen der Größe des Gletschers und der
Größe des Substanzverlustes nicht mehr gut die Rede sein kann; so ist z. B. bei dem
zweitgrößten Gletscher der Ostalpen, dem Gepatschferner, der Verlust an Volumen bei
1 qm des Firnfeldes außerordentlich klein, nämlich nur 8,8 cbm, hingegen bei dem viel
kleineren Vernagtferner 20,5 cbm. Wo man die Gründe für dieses auffällige Mißverhältnis zu suchen hat, ist noch unklar. Über den Verlauf einer Rückzugsperiode
unterrichten uns die seit ca 30 Jahren in den Alpen angestellten genauen Beobachtungen
und Messungen; da aber das letzte Maximum des Gletscherstandes schon vor bald
50 Jahren eintrat, sind wir noch nicht in der Lage, über die ersten Jahrzehnte des
Rückganges ein sicheres Urteil auszusprechen, möchten daher auch nicht Heß folgen,
nach dem das Maximum des Rückganges kurz nach Beendigung des Vorstoßes eintrat.
Über den Verlauf eines Vorstoßes belehren uns namentlich die von Finsterwalder
unternommenen Messungen am Vernagtferner. Daraus ist zu entnehmen, daß dem Vorstoß der Zunge, der 1898 eintrat, eine Schwellung in ihren obersten Teilen vorausging,
die mit einer mittleren jährlichen Geschwindigkeit von 240 m in drei Jahren den Weg
bis zum Gletscherende herablief; sie schritt bedeutend schneller vorwärts, als sich der
aus dem Firnfeld kommende Massenzuwachs bewegte. Zudem aber war der Vorstoß
von einer durchgängigen Beschleunigung der Geschwindigkeit angekündigt und begleitet;
in dem untersuchten Profil betrug diese in der Achse des Gletschers vor dem Auf-

treten der Schwellung nur 17 m im Jahre, stieg erst langsam, sodann immer rascher bis auf 280 m (1899), worauf sie bis 1903 wieder auf 60 m herabsank. Der Maximalstand an der Zunge (1902) trat also erst drei Jahre nach dem Maximum der Geschwindigkeit ein. Diese Beobachtungen gestatten folgende allgemeine Formulierung für die Ursachen und den Verlauf einer Vorstoßperiode, wie sie schon vor Jahren von Forel und Richter gefunden wurde: Wenn durch mehrere Jahre sich im Firnfeld größere Massen ansammeln als in der vorangegangenen Zeit, so üben dieselben auf das vorliegende Eis der Zunge einen verstärkten Druck aus, bis schließlich der zur Erhöhung der Abflußgeschwindigkeit erforderliche Druck erreicht ist, dessen Größe von der Querschnittsänderung der Eismasse abhängig ist. Sobald dieser Druck den Widerstand der vorgelagerten Eismassen zu bewältigen vermag, tritt das angesammelte Firneis wie eine Hochwasserwelle in die Gletscherzunge, und es breitet sich die Geschwindigkeitszunahme wie in einer idealen Flüssigkeit fast augenblicklich durch die ganze Masse aus. Das Eis verliert auf gleichem Wege, aber infolge der erhöhten Geschwindigkeit in kürzerer Zeit weniger durch Schmelzung als vorher, jeder Querschnitt gelangt in größerer Mächtigkeit an das Zungenende, und dieses stößt vor. Da der Druck infolge des Substanzverlustes im Firnfeld wieder abnimmt, wird eine Maximalgeschwindigkeit erreicht, die auch bei weiterer Druckminderung noch einige Zeit anhält, bis die Niederschläge im Firnfeld wieder unter das mittlere Maß herabgesunken sind.

Nur kurz sei zum Schlusse noch jener Probleme gedacht, die die Bedeutung des Gletschers als formengestaltenden Faktors betreffen. Die einst so vielumstrittene Frage der Glazialerosion nähert sich heute ihrer Lösung, indem man immer mehr dem Gletscher die Fähigkeit einräumt, an seiner Sohle eine kräftige ausbrechende Tätigkeit zu entfalten, die durch die hier infolge beständiger Druck- und Temperaturschwankungen herrschende Verwitterung vorbereitend unterstützt wird. So gelangt man auch zu der Überzeugung, daß diese Erosionstätigkeit die weitaus vorherrschende Quelle des auf der Gletschersohle und in den untersten Eisschichten als »Untermoräne« fortbewegten Materials ist. Auch die Anordnung und Herkunft des Schuttes auf der Gletscheroberfläche ist durch die Finsterwaldersche Strömungstheorie in allen Einzelheiten verständlich geworden; sie erklärt ungezwungen das Vorkommen gerundeten Materials in den Mittelmoränen aus dem Auftreten eisfreier Inseln im Abschmelzungsgebiet, die Entstehung der innenmoränen und die Zusammensetzung mancher Mittelmoränen ausschließlich aus Grundschutt aus dem Auftreten von Hindernissen auf dem Grunde des Firnfeldes, die vom Eise nicht mehr umflossen werden konnten.

Durch das Studium der erodierenden Tätigkeit des Eises ist auch die Erkenntnis von der Bedeutung der eiszeitlichen Gletscherströme für das Relief der Alpen mächtig gefördert worden; es sei zu diesem Zwecke auf das große Werk von Penck und Brückner, »Die Alpen im Eiszeitalter« verwiesen, das uns das richtige Verständnis für das Antlitz unseres Hochgebirges erschlossen hat. Zu den Anhängern einer intensiven Glazialerosion gehört auch Heß; aber in seinen Folgerungen geht er weit über die von Penck gefundene Beurteilung hinaus. Nach ihm lag die präglaziale Talsohle noch höher als die oberste Schliffgrenze der Talgehänge; danach hätte vornehmlich die glaziale Erosion der vier Eiszeiten die Tiefe unserer Alpentäler geschaffen. Dieser Auffassung vermögen wir uns nicht anzuschließen; nach wie vor betrachten wir die Alpentäler als ein Werk der Erosion des rinnenden Wassers, die allerdings durch glaziale Wirkungen eine nicht unbedeutende Ausgestaltung und Übertiefung (im Sinne Pencks) erfahren haben.

Die Wärme- und Niederschlagsverhältnisse der Rheinprovinz.
Von Dr. P. Polis-Aachen.

Da nunmehr die Temperatur- und Niederschlagsverhältnisse der Rheinprovinz nach neueren Gesichtspunkten bearbeitet worden sind, wobei sich einmal die geographische Verteilung, anderseits gewisse klimatologische Eigentümlichkeiten ergeben, so dürfte ein kurzer Überblick über die geographische Verteilung dieser beiden Elemente unter Beifügung der betr. Jahreskarten von interesse sein.

1. Temperatur.

Die geographische Verteilung der Temperatur, über welche vordem nichts Genaueres bekannt war, ist im Jahre 1903[1]) am Aachener Meteorologischen Observatorium zum Gegenstand einer Untersuchung gemacht worden.

Zu diesem Zwecke wurde das neuere Material der Periode 1881—1900 verwendet; sieben Stationen hatten diesen ganzen Zeitraum ununterbrochen beobachtet, während von den übrigen 16 längere oder kürzere Beobachtungsreihen vorlagen. Zum Vergleich mußten daher die Werte der letzteren Stationen, und zwar diejenigen für das Jahr, sowie für Winter, Frühling, Sommer und Herbst, nach der Hannschen Regel auf die Periode 1881—1900 zurückgeführt werden. Auf diese Weise gelang es zum erstenmale Karten der Temperaturverteilung des Rheinlandes herzustellen, wobei eine Reduktion der Temperatur auf die Meeresoberfläche nicht vorgenommen wurde; dadurch kam in anschaulichster Weise der Einfluß der vertikalen Gliederungen auf die Temperaturverhältnisse zur Darstellung.

Die für das Jahr und für die einzelnen Jahreszeiten entworfenen Temperaturkarten beziehen sich auf den neuen zwanzigjährigen Zeitraum 1881—1900; Tabelle I enthält die ihnen zu grunde liegenden Zahlenwerte:

Tabelle I.
Mittlere Temperatur 1881—1900.

		Seehöhe	Jahr	Winter	Frühling	Sommer	Herbst
Rhein- u. Moseltal	Cleve	45	8,9	1,6	8,3	16,4	9,2
	Crefeld*	42	9,3	1,8	8,4	17,3	9,6
	Mülheim-Ruhr* . .	49	9,6	2,4	8,9	17,4	10,0
	Cöln	56	10,0	2,4	9,4	17,6	10,3
	Neuwied*	68	9,3	1,2	8,9	17,2	9,4
	Trier	150	9,5	1,5	9,2	17,8	9,6
	Geisenheim* . . .	108	9,4	0,8	9,4	17,9	9,3
Main	Wiesbaden	112	9,3	1,1	9,2	17,6	9,4
	Frankfurt a. M. . .	103	9,4	1,1	9,3	17,8	9,5
Hunsrück	Birkenfeld	400	7,4	—0,5	7,0	15,6	7,6
Pfälzer-Bergland	v. d. Heyt-Grube* .	283	8,8	1,0	8,5	16,7	9,0
Westerwald	Hachenburg* . . .	350	7,6	—0,5	7,2	15,4	8,2
	Weilburg*	164	8,3	0,5	8,0	16,5	8,4
	Siegen*	240	7,4	0,4	6,9	14,8	7,9
Bergisches Land	Müllenbach* . . .	410	7,2	0,4	6,3	14,7	7,8
	Lüdenscheid* . . .	403	7,2	0,8	6,8	14,5	7,7
	Dortmund*	80	8,8	1,6	8,1	16,2	9,3
Vena	Aachen	169	9,6	2,4	8,8	17,2	10,1
	Walheim*	264	8,3	1,3	7,3	15,9	8,7
	Monte Rigi* . . .	675	5,8	—2,5	4,4	13,2	6,7
Eifel	Hollerath*	617	6,8	—1,7	6,0	15,0	7,5
	Schneifelforsthaus* .	657	5,8	—1,9	5,1	13,4	6,6
	Bitburg*	335	8,2	0,4	7,7	16,0	8,5

Bei den mit einem * versehenen Orten sind die Temperaturwerte durch Reduktion auf Nachbarstationen gewonnen.

Bezüglich der geographischen Verteilung (vgl. Figur 1) erweist sich nach dem Jahresdurchschnitt als die wärmste Gegend das gesamte Rheintal, das Moseltal sowie die Tiefebene zwischen Maas und Rhein, Gebiete, in welchen die mittlere Jahrestemperatur fast 10° erreicht. Der ganze übrige Teil besitzt eine mittlere Jahrestemperatur von weniger als 9°, die zunächst langsam, mit zunehmender Erhebung über den Meeresspiegel schneller herabsinkt. Es bringt daher der Einfluß der Höhenlage einen großen Wechsel der Wärmeverteilung in dem so reich gegliederten Gelände des Rheinischen Berglandes hervor. Der Hunsrück wird von der Isotherme von 7° umschlossen; eine weitere Fläche abzustufen war mangels genügender Beobachtungen nicht angängig. Auch der Gebirgsstock des Taunus und die höher gelegenen Punkte des Westerwaldes konnten aus dem gleichen Grunde nicht mehr in den Kreis der Beobachtungen gezogen

---

[1]) Polis: »Die klimatischen Verhältnisse der Rheinprovinz«. Verhandlungen des XIV. deutschen Geographentags. Cöln 1903.

werden. Auf der Westseite des Rheins umfaßt die 7°-Isotherme die höheren Lagen des Venns und der Eifel, da dort nach den Beobachtungen von Schneifelforsthaus in der Schneifel und von Monte Rigi, der höchsten Erhebung des Venns, die mittlere Jahrestemperatur noch unter 6° (5,8°) herunter sinkt; demnach gehören diese Gebiete zu den kältesten Deutschlands. Auf der rechten Rheinseite umschließt die 7°-Isotherme die höheren Lagen des Bergischen Berglandes.

Außerdem wurden Karten der Temperaturverteilung für die einzelnen Jahreszeiten hergestellt. Auch deren Grundwerte enthält Tabelle I. Obwohl von einer Veröffentlichung dieser Kartenbilder hier abgesehen werden mußte, seien dieselben doch in Kürze hier besprochen.

Im Winter ist es am wärmsten in dem Gelände, welches nördlich der Abdachung des Hohen Venns von der Maas und dem Rhein begrenzt wird; hier steigt die Wintertemperatur auf 2° und mehr an.

Das eigentliche Rheintal, von Neuwied aufwärts bis Geisenheim, ferner die südliche Abdachung des Taunus und das Moseltal haben eine Wintertemperatur von 1° bis 2°; dagegen wird das Bergmassiv des Hunsrück von der 0°-Isotherme umschlossen. Auch der ganze Gebirgsstock der Eifel und des Venns weist Temperaturen unter 1° bzw. 0° auf; hier geht auf den höchsten Erhebungen die mittlere Temperatur auf —2° herunter. Eine verhältnismäßig hohe Wintertemperatur besitzt das Bergische Bergland, namentlich auf den nordwestlichen Ausläufern, indem dortselbst bei einer Seehöhe von 400 m die Temperatur noch 0,5° bis 0,8° beträgt;

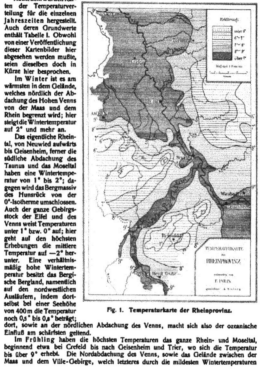

Fig. 1. Temperaturkarte der Rheinprovinz.

dort, sowie an der nördlichen Abdachung des Venns, macht sich also der oceanische Einfluß am schärfsten geltend.

Im Frühling haben die höchsten Temperaturen das ganze Rhein- und Moseltal, beginnend etwa bei Crefeld bis nach Geisenheim und Trier, wo sich die Temperatur bis über 9° erhebt. Die Nordabdachung des Venns, sowie das Gelände zwischen der Maas und dem Ville-Gebirge, welch letzteres durch die mildesten Wintertemperaturen ausgezeichnet ist, haben während der Frühjahrsmonate noch keine 9°. In den Gebirgen sinkt die Temperatur bis auf 5°; auch tritt das Bergische Bergland im Gegensatz zum Winter durch eine bedeutend niedere Temperatur dem Rheintal gegenüber hervor.

Im Sommer besitzt der südlichste Teil des Gebiets vom Rheinknie an bis Frankfurt a. M. mit fast 18° die höchste Wärme; dort tritt also nunmehr der kontinentale Einfluß, kräftige Erwärmung bei großer Trockenheit, hervor. Auch im Moseltal und in der Cölner Bucht steigt die Temperatur auf fast 18° an. Eifel, Venn und Hunsrück werden von der 16°-Isotherme umschlossen. Die Temperaturabnahme mit der Höhe ist in jener Jahreszeit am stärksten, sodaß sich jetzt die größten thermischen Unterschiede zwischen Gebirge und Ebene herausbilden müssen. Im Venn und in der Eifel sinkt die mittlere Sommertemperatur auf 13°. Das Bergische Bergland wird von der 16°-Isotherme begrenzt, in welcher sich noch die Isothermen von 15° und 14° in den höheren Lagen verzeichnen ließen.

Der Herbst endlich weist in bezug auf die Temperatur ähnliche Verhältnisse wie das Jahr auf, während die geographische Verteilung große Ähnlichkeiten mit der Winterkarte besitzt, indem die wärmsten Gebiete mit ≥ 10° auf das Gelände nördlich des Hohen Venn entfallen. Mehr als 9° beträgt die Temperatur des gesamten Rhein- und Moseltales. In dieser Jahreszeit geht die Abnahme der Temperatur am langsamsten vor sich, sodaß die höchsten Erhebungen der Eifel und des Venn eine Temperatur von 6,5° besitzen, während die höheren Lagen des Bergischen Berglandes, ebenso wie des Hunsrück, von der 8°-Isotherme umschlossen werden.

Wie aus alledem ersichtlich, zeigt die Temperaturverteilung während des Jahres wesentliche Verschiebungen, da die wärmsten Gebiete für Winter und Herbst auf das Tiefland zwischen Maas und Rhein, für Frühjahr und Sommer hingegen auf das Rheintal bei Oeisenheim fallen. Das Zurücktreten des ozeanischen Einflusses muß sich vor allem in der Jahres-Amplitude (Temperaturunterschied zwischen dem wärmsten und dem kältesten Monat) bemerkbar machen; letztere ist für einige Stationen der Ebene nachstehend mitgeteilt und wächst demzufolge für das Jahr um etwa 3°.

Jahres-Amplitude: Aachen 16,0°, Cleve 16,3°, Cöln 16,5°, Trier 17,8°, Frankfurt a. M. 18,7°.
(Schluß folgt.)

Die geographische Lage der Donaustadt Linz.

Von Prof. Dr. Georg A. Lukas-Graz.

Wenn wir an Mitteleuropas mächtigstem Strome aufwärts wandern, so treffen wir oberhalb der österreichischen Reichshauptstadt keine Siedelung, die sich an Volkszahl und Bedeutung mit Linz vergleichen könnte. Gab auch die Vergangenheit mancher anderen Römergründung, wie den vindelizischen Lagerorten Castra Regina und Castra Batava, ja selbst dem benachbarten Lauréacum den Vorrang vor dem bescheidenen Lentia, so hat doch die Gegenwart endgiltig für dieses entschieden. Eben darum bietet dem Geographen die Aufgabe besonderen Reiz, den Ursachen dieser bevorzugten Entwicklung ein wenig nachzuspüren und zu zeigen, warum die schöne Hauptstadt des »Landes ob der Enns« der wichtigste Wohnplatz an der oberen Donau geworden ist.

Im Gegensatz zu den meisten mitteleuropäischen Strömen, zumal zum Rhein, durchfließt die Donau fast ausschließlich Gegenden mit geringerer Bevölkerungsdichte; es folgt daraus, daß hier auch kleinere Uferstädte zu größerer Geltung sich erheben können. Denn das Bedürfnis nach Flußhäfen und Brückenorten ist an dem nicht allzu belebten Strome kein so starkes wie etwa am Rhein oder an der böhmischsächsischen Elbe, auch deshalb, weil ja der Verkehr überwiegend westöstlich, also dem Laufe der Donau parallel gerichtet ist. Dann muß man ferner die bajuwarische Vorliebe für zerstreute Niederlassungen berücksichtigen. Dem Verkehr über den Strom und auf demselben genügt eine verhältnismäßig geringe Zahl von Übergangs- und Haltepunkten; es hat infolgedessen jede städtische Siedelung von vornherein nur wenig schädlichen Wettbewerb zu fürchten, was natürlich allen Donaustädten zu gute kommt, in deren jeder schon um der Überbrückung willen etliche, wenngleich mitunter dünne Fäden des Verkehrs zusammenlaufen.

Die Zahl der Uferstädte an der Donau ist übrigens auch dadurch beschränkt, daß der Strom, sobald er sich nicht durch Steilufer gehemmt fühlt, flugs seine Wassermasse teilt und Auen bildet, die zwar dem Wilde willkommene Zuflucht gewähren, der Schifffahrt jedoch schwere Sorgen bereiten und manche schöne Talweitung für menschliche Wohnhütten minder geeignet machen.

Für die Lage von Linz fällt ein Umstand besonders ins Gewicht. Bekanntlich nimmt das Alpenvorland von Westen nach Osten an Breite ab, indem sich die Donau, durch die böhmische Masse gedrängt, dem Nordfuß der Alpen mehr und mehr nähert. Östlich des Inn wird die voralpine Hochfläche vom österreichischen Alpenvorland fortgesetzt, das sich nach Osten als schmaler Streifen bis in die Nähe von Wien erstreckt. Nur in Oberösterreich weist es noch eine ansehnlichere Breite auf; da ist der Alpenwall von der Traunmündung beinahe ebenso weit entfernt wie die Karwendelketten von München. Aber die räumlichen Verhältnisse sind doch derartige, daß fast die ganze von Traun und Steyr entwässerte Landschaft sich von einem geeigneten Punkte an der Donau beherrschen läßt, daß der Hauptort dieses voralpinen Gebiets an der Donau liegen kann, ja liegen muß. Ist auch ein Vergleich mit Wien, das drei umfangreiche Ländergruppen beherrscht, kaum statthaft, so hat Linz doch seinen Rang als Hauptstadt eines Kronlandes mittlerer Größe unbestritten seit mehr als vier Jahrhunderten behauptet, während seine Rivalen in Süddeutschland (Passau, Regensburg, Ingolstadt, Ulm) in den Verband von Staatswesen kamen, deren politische und kulturgeographische Schwerpunkte nicht an der Donau liegen (München, Nürnberg, Stuttgart).

Die Bedeutung einer Stadt bemißt man heute vorzugsweise nach der Stellung, die sie im internationalen Verkehrsnetz einnimmt. Je wichtigere und weitreichendere Verkehrsbahnen welcher Art immer einander auf ihrem Boden kreuzen, ein desto rascheres Wachstum und eine um so nachhaltigere Blüte sind ihr gesichert, namentlich so lange das Verkehrsnetz einer Ausgestaltung und Vervollkommnung fähig ist. Der Donautalweg und die Orientexpreßlinie bedürfen wohl keiner eingehenderen Würdigung. Linz liegt aber ferner unweit der Einmündung zweier bedeutender Flüsse, Traun und Enns, in die Donau; aus diesem Grunde laufen auch alle diesen Flußsystemen angehörigen Talwege schließlich im Linzer Becken oder doch in dessen nächster Nachbarschaft zusammen; die links der Donau gelegenen niedrigen Vorberge des Böhmer Waldes (das »Mühlviertel«) sind durch kurze, aber zahlreiche Täler gegen den Strom aufgeschlossen. Zu der so geeinten Landschaft auf beiden Seiten der Donau kam 1779 noch das Innviertel, das sich um so leichter dem Machtbereich von Linz einfügte, als der untere Inn merkwürdig wenig Ansiedler an seine Ufer gelockt hat, dafür aber eine gute Grenze abgibt.

Unter den nordsüdlichen Verkehrslinien haben wir nun jener besondere Aufmerksamkeit zuzuwenden, welche die Donau bei Linz überschreitet. Zwischen dem volkreichen Industrielande Böhmen und den Ackerbau und Viehzucht treibenden Alpenländern besteht ja schon seit alter Zeit ein lebhafter Austausch der Erzeugnisse; hat doch das Salzkammergut dem sonst so gesegneten Böhmen etwas zu bieten, was diesem gänzlich fehlt: das Salz. Die Wichtigkeit der Linie Gmunden—Linz—Budweis wird durch nichts besser gekennzeichnet als durch die Tatsache, daß zwischen den letztgenannten Städten die erste (Pferde-)Eisenbahn auf dem Kontinente erbaut worden ist. Schon am 1. August 1832 wurde dieselbe, deren Linzer »Stationsplatz« auf dem linken Donauufer (in Urfahr) gelegen war, dem öffentlichen Verkehr übergeben; 1835 folgte ihr die ebenfalls mit Pferden betriebene Bahn nach Gmunden, deren »Aufsitzplatz« und Bahnhof sich in Linz selbst befanden. Erst 1855 verdrängte das aufregende Dampfroß die gemütlich trabenden Rößlein. Gegenüber dieser frühzeitigen Entwicklung des böhmisch-alpenländischen Verkehrs, mag es überraschen, daß noch drei Jahre vergingen, bis der verkehrsgeschichtlich so interessante Boden der Stadt Linz von einer westlichen Hauptbahn (Wien—Salzburg 1858) erreicht wurde. Aber für den westöstlichen Verkehr genügte eben außer den Landstraßen lange Zeit die Donau allein, die schon ziemlich früh von Dampfschiffen belebt war; der erste bayerische Dampfer kam aus Regensburg am 18. März 1833, das erste Dampfschiff aus Wien am 17. September 1837 in Linz an.

Heute ist wohl die den Orient mit Westeuropa verbindende Linie die wichtigere der beiden großen Linzer Verkehrsstraßen; aber ihre Frequenz ist keiner solchen Steigerung fähig wie die der nordsüdlichen, für die der Ausbau der neuen Alpenbahnen von kaum zu überschätzender Tragweite sein wird. Die bequemen Straßen über das Granitplateau des Mühlviertels finden eine direkte Fortsetzung innerhalb der Reichsgrenzen zum Meer; nicht unbeträchtlich wird der Teil des böhmischen Exportes sein, der dann in Triest die Seereise antritt statt in Hamburg oder Bremen. Wenige Orte dürften aber aus dieser Wandlung der Dinge einen solchen Nutzen ziehen wie Linz. Es hätte dann zweifellos auch der jetzt schon (des Salzkammergutes wegen) nicht geringe Personenverkehr eine namhafte Vermehrung zu gewärtigen.

Nachdem wir also feststellen konnten, daß Linz seinen Aufschwung nicht bloß der Donau, sondern ebenso der alten Straße zwischen dem Salzkammergut und Böhmen verdankt, erübrigt noch der Nachweis, daß die Lage der Stadt im engeren Sinne tatsächlich unter den möglichen die beste und vorteilhafteste ist.

Natürlich konnte für eine größere Siedelung nur eine der Talweitungen in Betracht kommen, deren es in Oberösterreich drei gibt. Da scheint nun das oberhalb Linz gelegene Eferdinger Becken insofern zu einer solchen Gründung einzuladen, als es an der durch den Inn zur wahren Großschiffahrtsstraße gewordenen Donau die erste Möglichkeit einer Stadtanlage gewährt (etwa bei Aschach). Aber vom Hauptfluß des Alpenvorlandes, der Traun, gelangt man nur über die allerdings niedrige Wasserscheide gegen den Innbach dahin; weiter reichende Seitentäler fehlen, auch der Böhmer Wald verhält sich gegenüber Annäherungsversuchen hier weniger zuvorkommend als bei Linz. So ist die Verbindung mit entfernteren Landesteilen allenthalben, wenn auch nicht sehr erheblich, erschwert. Das untere, dem sog. »Machlande« angehörige Becken zwischen Mauthausen und Grein weist zwar verkehrsgeographisch günstigere Verhältnisse auf, da an dem Westende der ziemlich ausgedehnten Ebene die Enns mündet und die Bahnverbindung mit Böhmen sogar kürzer wäre als von Linz aus. Aber die ganze Gegend liegt für ein Land, dessen Hauptlebensader die Traun ist, schon zu weit abseits; zudem ist die Donau, hier bereits Grenzfluß gegen Niederösterreich, fast ganz ohne Anwohner, da sich alle Siedelungen an den Rand des Granitmassivs zurückgezogen haben.

So bleibt also nur das mittlere Talbecken als das eigentliche Herz der Landes berufen, die oberösterreichische Kapitale zu tragen. In der Tat treffen wir hier die denkbar günstigsten Bedingungen für das Gedeihen einer größeren Stadt. Zunächst bietet sich an der Donau, da, wo sie aus dem zweiten Engtal seit Passau heraustritt, auf dem Plateau des heute noch so genannten »Römerberges« eine vortreffliche Schutzlage, die dann auch von den Römern für ihr Kastell Lentia ausgenutzt wurde. Den Stürmen der Völkerwanderung scheint dasselbe freilich nicht standgehalten zu haben, aber schon um 800 beginnt ein neuer Aufschwung der Siedelung (799 wird die St. Martinskirche erwähnt). Die Bezeichnung »Stadt« findet sich zum erstenmal unter Herzog Friedrich dem Streitbaren (1241). Am 10. März 1490 wurde sie von Kaiser Friedrich III., der hier 1493 starb, zur Landeshauptstadt des Erzherzogtums ob der Enns erhoben. Rasch entwickelten sich neuere Stadtteile am Fuße des Römerberges, der das kaiserliche Schloß (jetzt Schloßkaserne) trug. Vielleicht erhöhte auch der Umstand die Annehmlichkeit des Wohnplatzes, daß man durch die Höhe des Freinberges gegen die Wetterseite (Westen) einigermaßen geschützt war.

Linz liegt, wie wohl zu beachten ist, an der Nordspitze der umfangreichen dreieckigen Ebene, die gegen Südosten bis zur alten, stillgewordenen Grenzfeste Enns, nach Südwesten an der Traun bis über das aufblühende Wels hinausreicht. So wurden die Straßen des Enns- und Traungebiets von selbst zur Linzer Donaubrücke hingelenkt, von der aus der Haselgraben in gerader nördlicher Richtung der bequemsten Verbindung mit dem Moldautale ihren Weg wies. Die meist sehr fruchtbare Ebene bietet ferner den für eine größere Menschenansammlung nötigen unmittelbaren Nährboden; auch die längst kultivierte »Welser Heide« gehört dazu.

Der Baugrund der Stadt läßt ebenso wenig zu wünschen übrig wie das Material, zu dem die jüngeren marinen Ablagerungen Lehm und Sand liefern, das Urgebirge aber vortrefflichen Granit beisteuert. Desgleichen ist an gutem Wasser eher Überfluß als Mangel; für Trinkwasserversorgung und Kanalisation, infolgedessen auch in gesundheitlicher Beziehung, ist alles Erforderliche geschehen.

Nicht vergessen seien schließlich die landschaftlichen Reize der Umgebung, das abwechslungsreiche, von dem majestätischen Strome belebte Donautal, die herrliche Aussicht auf Ebene, Voralpen und Hochgebirge von den Höhen des Böhmerwaldes, der selbst mit seinen ernsten Waldtälern manchen genußfrohen Wanderer erquickt.

Linz zählt gegenwärtig allein 61000, mit der Schwesterstadt Urfahr, die um den Brückenkopf am linken Donauufer entstand, 75000 Einwohner. Die eben dargelegten Vorzüge seiner geographischen Lage verbürgen eine dauernde Blüte, zumal auch die Industrie eine Heimstätte gefunden hat und mehrfach hervorragend vertreten ist. Anderseits ist jedoch bei der Hauptstadt eines Landes mit überwiegend bäuerlicher Bevölkerung ein allzu rasches, ungesundes Anschwellen der Bewohnerzahl ausgeschlossen, so daß nicht zu befürchten steht, es werde in dem reichgesegneten Lande ob der Enns das schöne Ebenmaß zwischen Haupt und Gliedern in absehbarer Zeit gestört werden.

Geographische Lesefrüchte und Charakterbilder.

Bau- und Entstehungsgeschichte der Mittelmeerländer.

Wortgetreuer Auszug aus A. Philippson, »Das Mittelmeergebiet«, S. 4—19. (266 S. mit Abb. und 10 Karten. Leipzig 1904, B. G. Teubner.)

Ausgewählt von Dr. Felix Lampe-Berlin.

(Schluß.)

Die wesentlichste Eigenschaft der Erdräume ist ihr innerer Bau, der auf alle übrigen Eigenschaften von maßgebenstem Einfluß ist. Nach dem inneren Bau zerfällt die Alte Welt in drei Regionen, die das Festland von Westen nach Osten durchziehen, ohne auf die Abgrenzung der Erdteile Rücksicht zu nehmen.

1. Im Süden breitet sich eine große Schollenregion aus, die Afrikanisch-Indisch-Australische. Von der Umgebung des Mittelmeers gehören zu ihr Nordafrika ohne den Atlas, Syrien und Mesopotamien. In diesen Gebieten ist seit dem Altertum der Erde keine erhebliche Gebirgsfaltung mehr vorgekommen. Was an Gebirgsfaltung vorhanden war, ist durch die Einwirkung der Atmosphäre und des vordringenden und zurückweichenden Meeres abgetragen und abgehobelt worden. Je älter eine Faltung ist, desto weniger erscheint sie an der Oberfläche als Kettengebirge. An ihre Stelle ist eine ebene oder wellige Oberfläche getreten, unter der man noch den Sockel des alten Faltengebirges erkennt, ein sog. Rumpfgebirge. Neben den Rumpfgebirgen breiten sich weite Inseln horizontal gelagerter Schichten aus, Schichttafelländer; auch vulkanische Massen treten auf. Trotz des Schollencharakters fehlt es diesen Gebieten nicht an Höhenunterschieden. Brüche haben in verschiedenen Zeiten das Gebiet durchsetzt, und an diesen sind einzelne Schollen erhoben zu Hochschollen, andere eingesunken zu Tiefländern und Meeresbecken; aber eine ebene Fläche bildet die Höhe, Steilabstürze die Ränder, die nur von unten als Gebirge erscheinen. Freilich sind diese Hochschollen häufig von Tälern tief zerschnitten, besonders kristalline Massen sind oft durch Erosion in wilde Gebirge umgeschaffen, z. B. das Sinai-Gebirge. Wenn die Grenzbrüche nahe zusammenrücken, kann die Hochscholle zu einem lang gestreckten Rücken werden, der einem Kettengebirge ähnlich sieht, z. B. der Libanon.

2. Eine andere Region von Schollen- und Rumpfgebirgen nimmt den ganzen Norden Asiens und Europas ein. Wir können sie als boreale Schollenregion bezeichnen. Sie berührt das Mittelmeergebiet an zwei Stellen, an der Nordküste des Schwarzen Meeres mit der russischen Tafel und zwischen Pyrenäen und Provence mit dem Rumpfgebirge des französischen Zentralplateaus.

3. Zwischen diesen beiden Schollenregionen zieht sich ein Gürtel junger Faltengebirge quer durch die Alte Welt vom Atlantischen zum Großen Ozean. Er umfaßt die Atlasländer, die drei südeuropäischen Halbinseln, die Alpen, die Karpathenländer und Kaukasien, Kleinasien und Iran sowie die südostasiatische Gebirgswelt. In dieser Region finden wir in gewissen breiten Streifen die gesamten Schichten bis hinauf zum mittleren Tertiär in mehr oder weniger steile

Falten durch seitlichen Druck zusammengepreßt, dieselben Schichten, die in der Schollenregion horizontal lagern. Diese gefalteten Streifen der Erdoberfläche bilden die großen Kettengebirge. Sie sind zwar von der Erosion mannigfach zerschnitten, aber noch nicht eingeebnet. Indem vielfach derselbe Fluß streckenweise in einem Längstal verläuft, dann mit scharfer Biegung ein enges Quertal durchzieht, entsteht eine rostartige Anordnung der Ketten und Täler, die dem Verkehr besonders große Schwierigkeiten bereitet. Derart ist z. B. die Anordnung in großen Teilen des Dinarischen Gebirges wie des Zagros-Gebirges. Die Faltengebirge werden als »jung« bezeichnet im Gegensatz zu den alten abgehobelten Faltengebirgen oder den Rumpfgebirgen. Immerhin sind sie älter als jene Einbrüche, von denen sie durchsetzt werden. Die Faltung war im großen und ganzen vor dem Miocän beendet.

Man kann ein südliches und ein nördliches System unterscheiden. Das südliche besteht aus bogenförmigen Gebirgen, die ihre konvexe Seite nach Süden wenden: das Gebirge Irans; der Taunusbogen, in Armenien sich mit dem vorigen berührend und das östliche und mittlere Kleinasien erfüllend; der griechisch-dinarische Bogen, dem vorigen im westlichen Kleinasien sich anschließend; der große Bogen Apennin, Atlas, Andalusisches Gebirge, Balearen, an einem Ende an die Westalpen sich anschließend und dann fast in sich zurück gebogen. Das nördliche System besteht teils aus geradlinigen Gebirgen, teils aus Bogen, die ihre konvexe Seite nach Norden oder Westen wenden: Kaukasus, geradlinig, und Krim, seine Fortsetzung, Balkan—Transsylvanische Alpen, ein Bogen, der sich scharf von ostwestlicher in die nördliche und westöstliche Richtung wendet; die Karpathen, ein großer nach Norden konvexer Bogen, mit dem vorigen bei Kronstadt, mit den Alpen bei Wien verwachsen; die Alpen, nach Nordwesten konvex; die Pyrenäen, wiederum geradlinig nach Westnordwesten; ihr östliches Ende, das kleine Gebirge der Provence, begegnet den Westalpen.

Was liegt nun zwischen diesen Faltenbogen? Ein großer Teil wird von jenen nachträglichen Einbrüchen, also Meeren oder Tiefebenen eingenommen, wie die ungarische, die oberitalische Niederung. Aber aus den Versenkungen ragen Inseln oder inselartige Gebirge auf, die uns die alten Zwischenstufen erkennen lassen; an anderen Stellen, wie in Spanien und Thrakien, sind diese Massen noch in größerer Ausdehnung erhalten. Diese Gebirgsteile zwischen den Faltengebirgsbogen sind teils Bruchstücke der umgebenden Faltensysteme, z. B. der Bakony-Wald in Ungarn, die Hügelgruppen der oberitalischen Ebene und in Toskana; zumeist aber sind es alte gefaltete Massen aus kristallinen Schiefern, paläozoischen Gesteinen, dazwischen granitische Eruptivstöcke, alle zu Rumpfgebirgen abgehobelt. So liegt zwischen den Andalusischen und Pyrenäischen Falten das große Rumpfgebirge der Spanischen Hochlandes; im Innern des Apenninbogens bilden große Teile der Inseln Korsika und Sardinien die zerstückelten Reste eines alten Rumpfgebirges. Zwischen Balkan und dinarisch-griechischem Gebirge liegt das alte thrakische Rumpfgebirge (Istrandscha, Rhodope, Makedonien). Kleinere derartige Massen schieben sich zwischen die einzelnen Faltenzüge, z. B. die Kykladen und in Kleinasien die Lydische Masse.

Dieser Bau der tektonischen Regionen läßt eine Reihe wesentlicher landschaftlicher und kultureller Gegensätze verstehen. Die Tiefebenen, Sitze und Mittelpunkte reicher Kultur, sind auf die einzelnen Einbrüche verteilt, voneinander getrennt teils durch Rumpfgebirgsmassen, teils durch Kettengebirge. Erstere sind meist durch ihre höhere Lage klimatisch ungünstiger gestellt, bieten aber, einmal erstiegen, dem Verkehr keine hervorragenden Hindernisse. Ihr Gesteinscharakter begünstigt seltener Formen und reichere Vegetation. Der Schollenregion mit ihren endlosen Schichttafelländern ist Einförmigkeit und Weiträumigkeit in allen Erscheinungen eigen. Anders die Kettengebirge. Sie stellen langhin ausgedehnte Verkehrsschranken dar, sofern sie nicht von Quersenken durchbrochen sind. In den mesozoischen Ablagerungen walten massige Kalksteine vor, mächtige Riffe, entstanden in tiefen Gewässern eines Meeres, von dem das heutige Mittelmeer nur eine stark verkleinerte Nachbildung ist. Wesentlich durch mächtige Tiefseekalke unterscheiden sich die mesozoischen Ablagerungen der Mittelmeerregion und der Alpen von gleichzeitigen Ablagerungen im nördlicheren Europa, die in flachen Küstengewässern gebildet sind. Diese mächtigen, zur Bildung jäher Abstürze, gewaltiger Bergklötze, zackiger Kämme neigenden Massenkalke, kahl, steinig, dürr, hellfarbig, geben den meisten Kettengebirgen des Mittelmeers ihre wilde Schönheit. Indem sie wenig Ackerkrume bilden, bringen sie unter dem dortigen Klima verkarstete Gebirgswüsten hervor, und mit ihren schwierigen Wegen hemmen sie den Verkehr. Doch fehlt es auch den Kettengebirgen nicht an Zonen sanfter Formen und weicheren Pflanzenwuchses. Das sind die, wo Flysch auftritt, ein wichtiges Sedimentgebilde, das aus wechselnden Sandsteinen, Konglomeraten, Tonschiefern, Mergeln in oberen mesozoischen wie besonders in alttertiären Formen mächtig entwickelt ist. Die jungtertiären Schichten, meist locker gefügte Tone, Mergel, Sande reichen bis hoch in die Gebirge und bilden als Hügellandschaften ein vermittelndes Bindeglied zwischen den Tiefebenen und den Bergländern. Sie tragen dichte Bevölkerung und nach den Tiefebenen die Kulturzentren zweiten Grades.

Geographischer Ausguck.
Ostasiatisches.

Nach fast elfmonatlicher Belagerung ist Port Arthur, das mächtige russische Bollwerk in Ostasien, in die Hände der Japaner gefallen. Leider ist damit der blutige Krieg, der bereits gewiß 100000 Menschen das Leben gekostet hat, noch nicht zu Ende. Der Wille des Zaren hat es neuerlich verkündet, daß der Krieg bis »zur Stunde des Sieges« fortgeführt werden wird. In der Mandschurei lagern sich die feindlichen Heere kampfbereit gegenüber, eine gewaltige russische Flotte nähert sich den japanischen Gewässern und die Ausrüstung eines dritten Geschwaders wird mit fieberhafter Eile betrieben. Je länger der Krieg dauert, desto mehr wird auch die Geldfrage von maßgebender Bedeutung. Zweifellos hat Rußland mehr natürliche Hilfsmittel und wohl auch viel größeren Kredit als Japan. Die letzte japanische Anleihe ist bereits unter überaus drückenden Bedingungen abgeschlossen worden und Japan ist auf dem besten Wege für die Ströme vergossenen Blutes ein Tributärstaat der englischen und amerikanischen Hochfinanz zu werden.

Ist auch der Fall von Port Arthur kein den Krieg abschließendes, so doch ein höchst bedeutungsvolles Ereignis. Es bedeutet eine schwere Erschütterung, wenn nicht Vernichtung der russischen Autorität in Asien. Über ganz Zentralasien hin, das die Russen als ihre Machtsphäre zu betrachten gewohnt waren, wird die Kunde von dem Falle der russischen Trutzburg fliegen und die dunklen Instinkte der Einheimischen zur offenen Abwehr gegen die weiße Rasse auslösen. So Unrecht hat die französische »Temps« nicht, wenn sie schreibt: »Der moralische Effekt des Falles von Port Arthur im äußersten Osten wird niederschmetternd sein. Das ist mehr als eine Revanche für die gelben Rassen, das ist fast eine Prophezeiung. Jetzt erscheint ihnen das Zurückweichen Europas nicht mehr als eine Möglichkeit, sondern als eine Wirklichkeit. Ein neuer Faktor der Hoffnung und des Vertrauens scheint jetzt in die asiatische Politik einzutreten zum Nachteil aller europäischen Mächte.« Japan hat in dem bisherigen Kampfe eine kriegerische Tüchtigkeit bewiesen, vor der alle Mächte, die mit schweren Opfern Chinapolitik betreiben, berechtigtes Gruseln empfinden mögen — England nicht ausgenommen! Sicher wird sich ein siegreiches Japan kein zweitesmal von Europa den Kampfpreis entwinden lassen, es wird auch nicht mehr ein bloß geduldeter Faktor in der Politik Ostasiens, sondern deren maßgebender Führer und Lenker sein, und wird bestimmt die Solidarität der gelben Rasse zur Wirklichkeit machen.

In den deutschen Landen scheinen die Sympathien sich mehr auf Seite des tapferen und klugen japanischen Volkes zu neigen, wobei die trostlosen innerpolitischen Verhältnisse Rußlands die Stimmung nicht wenig beeinflussen. Auch mag man die Erschütterung der militärischen Macht Rußlands als eine Erleichterung und Verminderung der »kosakischen Gefahr«, von der sich Mitteleuropa bedroht fühlt, empfinden. Es soll aber nicht vergessen werden, daß in dem Maße, als das russische Reich in Asien sich konsolidiert, als ihm dort kulturelle Aufgaben erwachsen, die seine ganzen Machtmittel absorbieren, der Druck auf Mitteleuropa immer geringer wird. Auch die russische Politik wird zur Erkenntnis gelangen, daß man nicht viele Hasen zu gleicher Zeit jagen kann. Durch Übernahme einer ungeheuren Kulturarbeit im Osten hat ja Rußland bereits die westliche Politik geändert; wie aggressiv und störend ist nicht früher seine Balkanpolitik empfunden worden und in welch' ruhigem Fahrwasser bewegt sie sich gegenwärtig! Wird Rußland der Weg zu einem brauchbaren Hafen im Osten versperrt, dann wird es mit ganzer Kraft nach dem Besitz eines solchen im Westen drängen. Sehr bemerkenswert erscheint mir eine Äußerung von Prof. W. Sievers in dem Buche »Südamerika und die deutschen Interessen«[1]). Er weist darauf hin, daß Südamerika ein Feld für die Betätigung deutschen Einflusses und zur Hebung deutscher Macht auf der Erde sei. Deutschland ist hier der im Handel mächtigste Faktor, der auch die Schiffahrt an sich zu bringen im Begriff ist. »Da liegt es nahe, diese starke Stellung soweit zu befestigen, daß sie uneinnehmbar wird, und es wird in der Tat Zeit für Deutschland, sich seinen Platz hier zu wahren. Denn bei der heutigen Verteilung der politischen Macht über die Erde kann nicht geleugnet werden, daß es zur Zeit nur drei wirkliche Weltmächte gibt, nämlich Großbritannien, das Russische Reich und die Vereinigten Staaten. Diese teilen sich in die großen Landmassen oder sind im Begriff, sie zu teilen. Das Deutsche Reich und Frankreich kommen erst in zweiter Linie und können trotz ihrer afrikanischen und Südseebesitzungen kaum noch als Weltmächte angesehen werden. Will das Deutsche Reich sich die rasch verloren gehende bisherige Stellung als eine führenden Mächte der Erde von neuem erwerben, so suche es dort maßgebenden Einfluß zu erlangen, wo dieser noch zu erwerben ist, nämlich in Südamerika, aber nicht in Gestalt von Besitzergreifungen, welche die Bevölkerung erbittern, wie in Kiautschou, sondern in Bildung eines pekuniären, handelspolitischen und industriellen, im Notfall auch militärischen Rückhalts für die südamerikanischen Staaten

[1]) Stuttgart 1903, Strecker u. Schröder, vgl. O. A. 5 (04), S. 168.

gegen die wachsende Begehrlichkeit der Vereinigten Staaten. Dazu freilich müßte man seitens des Deutschen Reiches die Kraft haben, den Vereinigten Staaten energisch entgegenzutreten, um die Handelsfeindschaft Großbritanniens in den Kauf zu nehmen, die überdies schon jetzt zur Genüge besteht, und man müßte rückhaltslose Anlehnung an diejenige Macht suchen, welche in Südamerika so gut wie keine Interessen hat, nämlich an das Russische Reich, dem man dafür natürlich freie Hand in Asien zuzusichern hätte. Diese Politik dürfte um so empfehlenswerter sein, als Rußland der natürliche Gegner Großbritanniens und auch der Vereinigten Staaten ist, und als wir schon zu Zeiten eines politisch so klar sehenden Herrschers, wie Wilhelm I. und des größten Staatsmanns unserer Geschichte, Bismarcks, in enger Freundschaft oder doch wenigstens in einem Rückversicherungsvertrag mit Rußland standen.«

F. H.

Kleine Mitteilungen.

I. Allgemeine Erd- und Länderkunde.

Die Eiszeit in den Tropen war der Gegenstand eines Vortrags, den Prof. Dr. H. Meyer (Leipzig) auf der deutschen Naturforscher-Versammlung in Breslau am 22. September 1904 hielt. (Abgedr. Geogr. Zeitschrift 1904, S. 593 bis 600). Der Vortragende, der durch Erforschung der Glazialverhältnisse des Kilimandjaro und der Anden von Ecuador selbst sehr wesentlich zur Förderung dieses Themas beigetragen hat, gab zunächst eine Übersicht über unsere derzeitige Kenntnis von eiszeitlichen Erscheinungen in der Tropenzone.

Unter Beobachtung der hier doppelt gebotenen Kritik erscheinen folgende Beobachtungen als zuverlässig »innerhalb der für jene schwierigen Gebiete zu ziehenden Wahrscheinlichkeitsgrenzen«: In den afrikanischen Tropen (am Kilimandjaro, Kenia und Runsoro) lag die diluviale Gletschergrenze 900—1000 m, die diluviale Firngrenze aber durchschnittlich nur 500 m tiefer als heute (am Kilimandjaro z. B. 3800 bzw. 4900 m gegen 4800 bzw. 5400 m).

Im tropischen Amerika ist der Unterschied der Höhengrenzen zwischen den einzelnen Schneebergen relativ ebenfalls sehr gering, obwohl sich diese auf eine meridionale Strecke von 41° verteilen; es mag deshalb ein Blick auf das hinsichtlich seiner Gletscherverhältnisse derzeit am besten bekannte Ecuador genügen, dessen eisgekrönte Hochgipfel ja wie die afrikanischen in unmittelbarer Nachbarschaft des Gleichers liegen. Die Firngrenze liegt in Ecuador

bei 4700—4800 m, die Gletschergrenze bei 4500 m; alte Glazialbildungen reichen 600—800 m tiefer herab (in einem Falle bis 3700 m). Wie am Kilimandjaro konnte Prof. Dr. H. Meyer auch am Chimborazo, Altar, Antisana, Quilindaña u. a. drei ziemlich weit von einander entfernte Endmoränengürtel feststellen, die also auf einen Rückzug der Gletscher in drei größeren Phasen schließen lassen. Auch die Erscheinung des »Tals im Tale« und der »Übertiefung« (nach Penck) kommt vor und beweist eine zweimalige, durch eine Interglazialperiode getrennte Vergletscherung (analog den von Conway in Bolivia gemachten Beobachtungen). Nach dem Alter der andinen Vulkane, nach den Anzeichen der fossilen und rezenten Fauna und Flora müssen die beiden Glazialperioden in das spätere Diluvium verlegt werden.

Schon das Vorhandensein einer aus höheren Breiten eingewanderten Relikten-Fauna und Flora in den Hochregionen des äquatorialen Afrika und Amerika erbringt den Nachweis einer großen diluvialen Klimaschwankung, die sich naturgemäß auch im Stande der Gletscher ausgeprägt hat. Die ältere Glazialperiode war die stärkere, seit der schwächeren Kulmination der letzten Eiszeit erfolgte dann der Rückzug in den drei erwähnten Phasen. Die Firngrenze oder klimatische Schneegrenze liegt heute in Ecuador bei 4700—4800 m; nach der bekannten Depression der Gletschergrenze, sowie mit Rücksicht auf die Karhöhen (im Mittel 4100 m) läßt sich (im letzteren Falle nach dem Vorgang E. Richters) eine diluviale Firngrenze von annähernd 4200 m ableiten.

Die heutige Firngrenze der südamerikanischen Anden senkt sich nach Norden bis gegen den Wendekreis nur wenig (auf 4450 m), südwärts steigt sie wegen des trocknen Klimas sogar noch auf 6000 m (18° S.), dann aber fällt sie sehr rasch. Fast parallel verlief 500 bis 600 m tiefer innerhalb der Wendekreise die diluviale Firngrenze; »außerhalb der Tropenzone jedoch nahm polwärts das Maß der Depression der diluvialen Firnlinie gegenüber der heutigen Firngrenze zu« (von 500—600 m in den Tropen auf 1000 m im »Großen Becken«, 1100 m in den Pyrenäen, 1300 m in den Alpen usw.). Der Grund liegt wohl in der Gleichmäßigkeit des Tropenklimas; denn die Firngrenze hängt nicht wie die Gletscher vom Klima und der orographischen Beschaffenheit des Naturgebiets, sondern allein vom Klima ab.

Die beiden erwähnten Eiszeiten in Ecuador entsprechen den letzten nordamerikanischen oder europäischen Glazialperioden, zeugen also »sowohl für die Gleichzeitigkeit der eiszeitlichen Phänomene auf der ganzen Erde, als auch dafür, daß die Eiszeit nur eine Steigerung des heutigen Gletscherklimas war« (Penck). Die damalige Abnahme der Temperatur im Tropengürtel mag 3—4° betragen haben.

Dr. Georg A. Lukas-Graz.

»Rog-eis.« Diesen Namen möchte der für die Erforschung des Landes Salzburg verdiente Schulmann, Prof. Karl Kastner (Staatsrealschule in Salzburg), als allgemeine Bezeichnung für eine Flußeisbildung eingeführt wissen, für die in Tirol der obige Name ziemlich gewöhnlich ist. Für die Einführung dieses Namens spricht neben der Ähnlichkeit mit dem Fischrogen auch die Entstehungsursache dieses merkwürdigen Eises. In der bei Salzburg noch immer rasch dahineilenden Salzach bildet sich bei einer Temperatur von wenigstens 8—10° R unter Null mitten im Flußwasser ein körniges Eis. Aus der sehr stark abgekühlten Luft fallen Körperchen (Staub, Sand u. dergl.) in das wärmere Wasser; sofort kühlen sie das sie umgebende Wasser so stark ab, daß ein Körnchen Eis um den Fremdkörper herum entsteht. Diese Eiskörnchen vereinigen sich im Wasser und schwimmen mit dem Stromstrich abwärts. Nur bei einer Verlangsamung des Wassers, z. B. Änderung des Stromstriches, kann dieses »Rogeis« sich anstauen und so zu einer festen Oberflächeneisschicht werden. Sonst aber ist das »Rogeis« weder dem Grundnoch dem Oberflächeneis unterzuordnen, sondern es ist ein mitten im Wasser sich bildendes Korneis. Es ist auch möglich, daß der Name »Rogeis« auf das Dialektwort »rogl« d. i. locker zurückzuführen ist, da dieses Eis aus rogl d. i. locker aneinander gereihten Eiskörnchen besteht.

Dr. Ed. Stummer-Salzburg.

Der Amerikanisten-Kongreß hielt seine wohl vorbereiteten Sitzungen — außer dem Grafen von Linden u. a. hatte sich Prof. Dr. Karl von den Steinen um die Vorbereitung verdient gemacht — vom 18.—23. August vorigen Jahres in Stuttgart, der Hauptstadt des Schwabenlandes ab in ernster, würdiger Weise, wie man es stets an wissenschaftlichen Kongressen gewohnt ist. Zahlreiche Vorträge wechselten ab, welche die verschiedensten Gebiete der amerikanischen Forschung berühren. Der Zeit der zweiten, wissenschaftlichen Entdeckung der Neuen Welt durch Alexander von Humboldt und Aimé Ouyou Bonpland widmete Prof. Hamy (Paris) seine Ausführungen, wie es s. Z. der siebente Internationale Geographen-Kongreß getan hatte, als er 1899 zum Gedächtnis der hundertjährigen Wiederkehr der Humboldtschen Reise nach Amerika seine Festschrift mit neuentdeckten Briefen und dem Passe des Forschers herausgab. Die ältesten kartographischen Darstellungen der von den Normannen auf ihren Grönland-Vinland-Fahrten berührten Gegend besprach im Verein mit Nielsen (Kopenhagen) der Entdecker selbst der neuen, Aufsehen erregenden Funde, P. Fischer. Hans Meyer legte den Zuhörern seine in den Anden von Ecuador gemachten Entdeckungen über die Eiszeit zum Vergleich mit seinen Forschungen am Kilimandscharo klar. Geologischen Inhalts waren die Ausführungen von Fraas (Stuttgart), archäologischen diejenigen von Bäßler (Berlin), der durch

die Herausgabe seines Prachtwerkes über alte Schätze von Peru sich einen Namen gemacht hat. Ihm schloß sich Créqui de Montfort (Paris) für Bolivien, Seler (Steglitz) im Verein mit seiner unermüdlichen Gattin für Mexiko, und Yukatan an, während Sapper (Tübingen), der ein jahrzehnt seines Lebens der Erforschung Mittelamerikas gewidmet hat, Guatemala zum Gegenstand seiner Ausführungen machte. Und ihnen, die bisher genannt, sind in- und ausländische Forscher bekannteren Namens in großer Zahl gefolgt. Man sieht eine Fülle von Vorträgen verschiedenartigsten Inhalts, welche die Reichhaltigkeit des wissenschaftlichen Programms glänzend dartun, und den Ernst, der die Verhandlungen dieser Zusammenkunft durchzieht, zur Genüge erweisen. Nur zur Erholung dienen einige wenige Empfänge, getragen vom Geiste großer Herzlichkeit und echtdeutscher Gastfreundschaft, zur weiteren wissenschaftlichen Belehrung ein Ausflug ins Bodensee-Gebiet behufs Besichtigung einiger urgeschichtlich wichtigen Stätten und Sammlungen über Friedrichshafen und Schaffhausen. Dies in großen Zügen der Verlauf und die Arbeitsleistung des Amerika gewidmeten Kongresses auf deutschem Boden ! Der nächste Amerikanisten-Kongreß soll in Quebec tagen. Wie mir außerdem Prof. Hamy mitteilte, wird er, einer Anregung der Stuttgarter Tagung folgend, die Briefe Humboldts aus der Zeit seines Aufenthalts in der Neuen Welt neu herausgeben.

Dr. Ed. Lentz-Charlottenburg.

Südamerika. Eines der unbekanntesten Gebiete der Erde war bis vor kurzem und ist zum Teil noch heute das Gebiet der südlichen Nebenflüsse des Amazonas: Ucayali, Jurua, Purus, Madeira. Zugleich aber sind diese Gegenden, die man der Bequemlichkeit halber unter dem Namen Acre-Distrikt zusammenfaßt, außerordentlich wertvoll und wichtig durch ihren Reichtum an Kautschuk. Die drei Staaten, deren Grenzen hier in allerdings noch keineswegs endgültigen Linien zusammentreffen, nämlich Brasilien, Bolivia und Peru, oder wenigstens deren unternehmungslustige und gewinnsüchtige Grenzbevölkerungen ließen es denn auch an Anstrengungen zur Erschließung der Kautschukvorräte jener ungeheuren, feuchtheißen Urwälder nicht fehlen. Aber ihre Bemühungen scheiterten größtenteils, sei es an den Transportschwierigkeiten, da die Ströme voll von Katarakten, die Wasserscheiden teils versumpft, teils zu gebirgig sind, sei es an dem Mangel brauchbarer Arbeiter. Nur ein so wertvolles Produkt wie der Kautschuk vermochte überhaupt die Kosten des teuren und unsicheren Transports einigermaßen zu lohnen. Die Herstellung eines brauchbaren Großverkehrswegs wurde durch die Eifersucht, die Feindschaft der drei Republiken verhindert.

Dieses Hindernis scheint nun endlich überwunden zu sein. Denn wie Oberst Church, der Vizepräsident der Londoner Geogr. Gesellschaft und selbst einer der besten Kenner jener Gegenden im Geogr. Journal (Bd. 23, H. 5.) ausführlich berichtet, haben sich zunächst Brasilien und Bolivia im sog. Acre-Vertrag dahin geeinigt, daß in territorialer Hinsicht Brasilien zwar den Löwenanteil des Acre-Distrikts erhält, sich dafür aber auch verpflichtet, für die Eisenbahn-Erschließung des Landes zu sorgen und zwar durch Anlegung eines Schienenwegs entlang dem Laufe des Madeira-Mamoré, sodaß also das Acre-Gebiet endgültig an den Verkehr des Amazonastales angeschlossen würde (d. h. an den atlantischen, nicht den pazifischen Verkehr, der auch in Frage kam), eine Lösung, die Oberst Church für die einzig richtige erklärt. Die Abgrenzung im Westen, gegen Peru, bleibt gütlicher Lösung vorbehalten, zu der freilich nach neuesten Zeitungsberichten wenig Aussicht ist. Die auffallende Begeisterung, oder offen gesagt, der übliche »cant« von »Völkerfrieden«, »Kulturmission« u. dgl., womit der englische Oberst das Abkommen begrüßt, erklärt sich wohl nur unvollkommen aus der Tatsache, daß die Auslegung zweifelhafter Punkte der Entscheidung der Geogr. Gesellschaft in London anheimgestellt ist. Jedenfalls werden die neuen Eisenbahnunternehmungen von der Londoner City finanziert werden.   *Dr. R. Neuse-Charlottenburg.*

Den Suezkanal passierten im Jahre 1903 3761 Schiffe, 53 mehr als 1902. Davon waren fast ¾ englische, nämlich 2278; in weitem Abstande folgten 494 deutsche, 261 französische, 223 holländische, 128 österreichisch-ungarische, 119 russische, 72 italienische, 53 japanische usw. An englischen Schiffen betrug die Zunahme gegen das Vorjahr 113, alle übrigen Staaten weisen eine mehr oder weniger große Abnahme auf.   *Dr. W. Halbfaß-Neuhaldensleben.*

Neue Karte des Jablonoj-Gebirges. Die Schüler J. V. Musketovs haben zu seinem Gedächtnis eine Sammlung seiner Aufsätze veranstaltet. Einem dieser Aufsätze ist eine Karte über »Teile des Jablonoj-Gebirges und des Vitimskischen Hochlandes« beigegeben, die von A. P. Grasimov bearbeitet ist und als die beste Verarbeitung alles über dieses Gebiet vorhandenen Materials gelten muß. (Izvěst. 40. ½.) *Hh.*

Die Erforschung des Baikalsees. Nach einer Mitteilung im Septemberheft der »La Géographie«, dem Organ der Pariser Geographischen Gesellschaft, hat die Erforschung des Baikalsees einstweilen einen Abschluß erreicht. Auf Grund von nicht weniger als 225 000 Lotungen ergab sich als größte Tiefe des 34 000 qkm großen Sees 1610 m auf der Linie zwischen Angara und Myosovaia im südlichen Teile des Sees. Da seine Meereshöhe 484 m ist, so ist der Boden des Sees die tiefste Kryptodepression der Erde, die nächsttiefste ist die tiefste Punkt des Kaspisees. Abgesehen von geschützten Buchten ist die Temperatur des Wasser das ganze Jahr hindurch und in allen Tiefen von 4° nur wenig

verschieden. Das Ergebnis der biologischen Untersuchung weist auf einen früheren Zusammenhang des Sees mit dem nördlichen Eismeer hin, seine Fauna hat aber auch Berührungspunkte mit der Fauna am Ende der Tertiärzeit in gewissen Teilen Innerasiens, der Mongolei und der Gegend von Kaschgar, sodaß eine ehemalige Ausdehnung des Sees bis hierher wahrscheinlich ist. Man kann daher wohl behaupten, daß der Baikalsee gewissermaßen ein zoologisches Museum darstellt, in welchem sich neben recenten Tierformen auch solche längst vergangener Erdperioden erhalten haben.
          Dr. W. Halbfaß-Neuhaldensleben.

II. Geographischer Unterricht.

Adolf Harnack über »Das alte Gymnasium und die moderne Zeit«. Im Ausgang des vorigen Jahres ist in Berlin eine Sektion des Gymnasialvereins gegründet worden, des bekannten von Oskar Jäger begründeten Gegners des Vereins für Schulreform. In seiner konstituierenden Versammlung teilte Stadtschulrat Michaelis-Berlin mit, daß ein »Reformgymnasium« in Berlin nicht erstehen würde, was angesichts der oft erörterten Unfähigkeit der Reformanstalten andere Geschäfte als die der Altphilologen zu besorgen gewiß nicht bedauert werden kann. Die Hauptanziehung des Abends bot aber ein Vortrag von Harnack: »Die Notwendigkeit der Erhaltung des alten Gymnasiums in der modernen Zeit«. Wenn nun auch der Redner eigentlich nichts neues zu bieten hatte, so verlangt doch sein Name, mit einigen Worten auf sein pädagogisches Bekenntnis einzugehen. Viel an Wert verliert dieses freilich sofort durch die auf »Sein oder Nichtsein« gestellte Fassung des Themas. Was von vielen Einsichtigen verlangt wird, ist eine weitgehende Einschränkung der Zahl der humanistischen Gymnasien, aber hiervon war überhaupt nicht die Rede. Brauchen wir 80% humanistischen Gymnasien oder genügen 50 oder 20%? ; die Frage hätte durchaus mit untersucht werden müssen. Eine andere Seltsamkeit war auch die Behauptung, daß einerseits die Presse mit wunderbarer Einmütigkeit gegen das humanistische Gymnasium Partei ergreifen soll, ernste Wetterzeichen, die den Sturz des alten Gymnasiums bedroht erscheinen ließen, aber nicht vorhanden wären. Gehört dieser Stand des »Thermometers der öffentlichen Meinung« wirklich nach Harnack nicht zu den ernsten Wetterzeichen?

Der Hauptteil seiner Rede gliedert sich in ein Lob der Leistungen des humanistischen Gymnasiums und den Versuch, fünf »Einwürfe« der Gegner zu widerlegen. Auf die erste Hälfte einzugehen ist überflüssig. Wo der Lehrer noch selbst die Begeisterung früherer Pädagogen für ihren Stoff besitzt und nicht unter dem Einfluß moderner Strömungen und Ideen großenteils verloren hat (Vgl. V, 232), wird ein Teil der Schüler auch heute noch für die Arbeit auf den Gebieten der altsprachlichen Wissenschaften sich begeistern lassen. Die Widerlegung der fünf Einwürfe anderseits verliert viel von ihrem Werte durch das Fehlen der oben angedeuteten Diskussion der Frage nach der Herabdrückung der Zahl der humanistischen Gymnasien. Die Einwürfe lauten aber: Übersetzungen leisten dasselbe wie die Lektüre der Originale. Das ist dieselbe Verkehrtheit, die uns gegenüber von seiten der Freunde des Alten wie z. B. (Cauer u. a.) begangen wird, wenn man Lehrstoff und Arbeit falsch einschätzt. Diesen Angreifern gegenüber hat also Harnack unbedingt recht. Der zweite ist der, den auch Verworn erhebt: Wir haben nötigeres heute als Griechisch und Lateinisch. Harnack gibt ihn als teilweise berechtigt zu. Nur über den Bruchteil der Nation, der der alten Sprachen entraten müßte, würde vermutlich zwischen ihm und uns der Streit entbrennen. Der dritte lautet: Das Gymnasium vermittele kein Können. Auch er hat seinen richtigen Kern. Aber eine Vermehrung der altsprachlichen Stunden würde ihm zufolge empfohlen werden müssen und dann erst recht eine weitgehende Beschränkung der Zahl der Gymnasien. Der vierte ist der der Anhänger des Reformgymnasiums: Das humanistische Gymnasium fange zu früh mit Latein an. Er berührt uns erst, wenn, wie es an den »Reform«-anstalten geschieht, die praktische Folge eine Beeinträchtigung der Modernfächer ist. Der letzte lautet: das Gymnasium mache hochmütig. Das ist wohl eine falsche Fassung. Er könnte lauten: Das neue Gymnasium führt unnötig weit von den Grundlagen unseres Volksempfindens fort. Weit fort ist es immer geführt, das ist die Klage seit Jahrhunderten. Unnötig weit ist die Entfernung wohl aber erst geworden, seit die Bedeutung der antiken Kultur für unser Leben so stark gesunken ist, wie das durch die geistige Entwicklung unseres Volkes im 19. Jahrhundert geschehen mußte. *H. F.*

Rechtschreibung und Erdkunde, zwei für die heutige Erziehungswissenschaft charakteristische Fächer, heißt der Titel eines temperamentvollen Aufsatzes aus der Feder von Albert Gruhn (Pädag. Wochenblatt XIV, Nr. 12, 21. Dezember 1904), der die erfreuliche Tatsache wieder einmal bestätigt, daß in den Kreisen der Berufsgenossen das Verständnis für die Notwendigkeit einer wirklichen Schulreform, die den Bedürfnissen unserer Kultur gerecht zu werden strebt, im Wachsen begriffen ist. »Wer die Pflege (der Erdkunde) mit der so liebevollen Berücksichtigung der Orthographie (von der man im Leben etwa drei verschiedene zu lernen bekomme) vergleicht und helle, von keiner grauen Schulbrille getrübte, Augen im Kopfe hat, der mag die Hände über dem Kopfe zusammenschlagen und ausrufen: »O, ihr schlechten Agrarier, die ihr die Spreu vom Weizen nicht zu unterscheiden vermögt!«

Nach einem lebhaften Lobe auf die Erdkunde folgt zum Schlusse noch eine kernige Absage an den durchschnittlichen altsprachlichen Lehrbetrieb, dessen weitgehende räumliche Beschränkung und gleichzeitige wesentliche Vertiefung an einer kleinen Anzahl von Schulen wie etwa Pforta usw. auch mir eine der ersten Forderungen, ohne deren Erfüllung wir nicht vorwärts kommen können, zu sein scheint. Aber wieviel Kampf mag es noch kosten, ehe eine Reform unseres Schulwesens in Fluß kommen wird. *H. F.*

Zur kommenden Schulreform. Bekanntlich hat die vorjährige Versammlung deutscher Naturforscher und Ärzte eine Kommission begründet, die besonders gestützt auf die »Hamburger Thesen« den Kampf für die Wiederversöhnung unserer Schule mit dem heutigen Leben aufnehmen soll. Ein Ergebnis, das hier in Zusammenhang steht, sind die »Beiträge zur Frage des naturwissenschaftlichen Unterrichts an den höheren Schulen«, gesammelt und herausgegeben von Max Verworn (Gustav Fischer, Jena). In dieser Sammlung findet sich auch der Aufsatz Hermann Wagners, über den wir (5. Jahrg., S. 256) berichtet haben und der uns zeigt, daß von naturwissenschaftlicher Seite unsere Forderungen rückhaltlos als berechtigt anerkannt werden. Ich kann aber nicht umhin, außer dem schon mitgeteilten Gedankengang Wagners noch einiges von dem zu geben, was der Herausgeber, bekanntlich Physiologe in Göttingen, einleitend als sein Bekenntnis angibt. »Die Auswahl (des Lehrmaterials muß), so schreibt er, nach den jeweiligen Anforderungen des Kulturlebens (getroffen werden)«. »Der Raum, den der Betrieb des Griechischen und Lateinischen auf dem Gymnasium einnimmt, (erscheint) mit Rücksicht auf die modernen Kulturbedürfnisse übertrieben breit, und zwar aus dem Grunde, weil er der Entwicklung anderer Kenntnisse und Fähigkeiten, die unser heutiges Kulturleben von jedem Gebildeten gebieterisch fordert, die Luft versperrt«. »Unser Kulturleben ändert und entwickelt sich rapid. Suchen wir mit der Auswahl des Lehrstoffs für die Schulen seinen Anforderungen nachzukommen«. »Auf Schritt und Tritt, immer und überall wieder stößt man in allen möglichen Variationen auf die Folgen der einen Tatsache, daß die Schulbildung der Gymnasialabiturenten ganz überwiegend eine scholastische, philologische Bücherbildung ist«. »Man kann eigentlich ohne allzu große Übertreibung behaupten, daß die erste wichtige Aufgabe des Universitätsunterrichts für die Mediziner darin besteht, gewisse Folgen der philologischen Gymnasialbildung zu beseitigen«. Später wird die Tatsache festgestellt, daß »scholastische Verblendung« manche Studenten einfache Reaktionen nachzumachen verhinderte, weil sie sie für zu leicht hielten. Den Schluß bildet die Forderung »Einschränkung des

Unterrichts in den alten Sprachen‹ (wir wissen von Kübler in wie kurzer Zeit das z. B. für Juristen nötige beschafft werden kann (vgl. S. 16). »Das den heutigen Kulturanforderungen weniger entsprechende Bildungsmaterial (muß) Unterrichtsstoffen weichen, die dem modernen Kulturleben mehr angepaßt sind. Haben doch die Schulen die Aufgabe, den Menschen für das Leben zu erziehen, wie es in der Gegenwart ist und nicht in der Vergangenheit war«.

Nach alledem dürfen wir auf die diesjährige Versammlung der Naturforscher und Ärzte, auf der auch unsere Sache mit Eifer verfochten werden wird, mit gespanntem Interesse uns freuen. *H. F.*

Geographieunterricht an österreichischen Realschulen. Nur in wenigen österreichischen Kronländern (z. B. Mähren) sind in den Zeugnissen der 2., 3. und 4. Klasse der Realschulen Geographie- und Geschichtsunterricht eigens zensiert. So fand ich auch in Salzburg, wohin ich im September 1904 kam, auf den Zeugnisblanketten erwähnter Klassen Geographie und Geschichte vereint! Einem sofort von mir gestellten und begründeten Antrag auf Trennung beider Gegenstände willfahrte auch die k. k. Landesschulbehörde, sodaß im kommenden Schuljahre (1905/06) in der 2., 3. und 4. Klasse der Realschule in Salzburg die Leistungen der Schüler in Geographie und Geschichte getrennt beurteilt sein werden. Man muß schrittweise der Geographie den Boden zu erobern trachten! *Dr. Ed. Stummer-Salzburg.*

Programmschau.

Dionys Jobst, Scylla und Charybdis. (Jahresbericht des kgl. Realgymnasiums, Würzburg 1901/02). Der Verfasser hat fleißig die antiken Berichte zusammengetragen und die Ergebnisse der modernen Forschungen zu einem übersichtlichen Bilde zusammengefügt. Das erste Kapitel behandelt die Berichte des Altertums und die Erklärungsversuche dieser merkwürdigen Naturerscheinung. Das zweite Kapitel gibt eine genauere Beschreibung der in Frage kommenden Örtlichkeit, der Straße von Messina. Nach den Untersuchungen von Th. Fischer, Sueß, Schott, Krümmel, Keller wird die Entstehung dieser Meeresstraße auf einen Bruch zurückgeführt, der beim Absinken der westlichen Masse (Tyrrhenis) entstanden ist. Die an diesen Linien auftretende vulkanische Tätigkeit, die Anschwemmung der Fiumaren und neue Hebungen haben dann eine mannigfach gegliederte Küstenlinie geschaffen. Das dritte Kapitel umfaßt die Schilderung und Begründung der Wirbelerscheinungen. Nachdem die verschiedenen Erklärungen (Ausgleichströmung, Wind, Seiches) abgewiesen werden, wird die Ursache in der Ebbe und Flut gefunden. Im Anschluß (Bd. Schott (Globus Bd. 65) wird die von Norden kommende Ebbe- mit der von Süden laufenden Flutbewegung und die dadurch hervorgerufenen Wirbel- und Brandungserscheinungen besprochen. »Dieses mächtige Auftreten der Strömung rührt von der Gestalt der Meerenge her, die nach Norden zu enger und seichter wird und deshalb sehr verschiedene Stromquerschnitte aufweist; dann aber besonders von der Verschiedenheit der Hafenzeiten in den nächst liegenden Häfen des Jonischen und Tyrrhenischen Meeres, sodaß in dem einen Meere Hochwasser herrscht, während das andere Niederwasser hat«.

Dr. Otto Jauker-Laibach.

Beiträge zur Frage der unterrichtlichen Verwertung von Schulausflügen von Wilh. Krebs. Zwei Vorträge. (Programmbeilage. Barr 1901. 20 S., 4°.) Der erste dieser zwei Vorträge handelt vornehmlich von botanischen Ausflügen; er führt, einsichtig und umsichtig, ihren besonderen Nutzen für sein Fach wie ihre allgemeine Bedeutung an und zeigt, was besonders wertvoll ist, an einigen Beispielen, wie sie sich praktisch einrichten lassen. Der zweite stellt dar, wie die höheren Schulen als örtliche Zentralen für landeskundliche Forschung dienen können. Der Verfasser denkt zunächst an wissenschaftliche Arbeit der Lehrer unter Heranziehung der Schüler und deren Veröffentlichung in den Schulprogrammen, dann aber auch an die Ausgestaltung der Schulsammlungen zu einem »zentralen Museum der Landeskunde im engsten Bezirk«. Mit Recht klagt er, daß unsere Programme bei all ihrer Breite über solche der einzelnen Anstalt eigentümlichen Dinge so wenig sagen: ihm also insbesondere »über die Art, in der bisher Ausflüge für unterrichtliche Zwecke gehandhabt werden, wie über die Einrichtung der Lehrsammlungen«. Namentlich für höhere Schulen in kleinen Orten, die zu Zentralpunkten geistigen Lebens für ihr Gebiet werden sollten, findet sich vielerlei Anregung in der kleinen Schrift. *Dr. Sebald Schwarz-Dortmund.*

Persönliches.

Ernennungen.

Unser Mitarbeiter Dr. A. E. Forster zum Konsulenten für Geographie und Meteorologie im Hydrographischen Bureau des k. k. Ministeriums des Innern.

Der Zoolog und Tiergeograph Dr. W. Kobelt in Schwanheim (Hess.-Nass.) zum Professor.

Der Polarforscher Dr. Otto Nordenskiöld zum Ehrenmitglied der Kon. Nederl. Aardrijkskundig Genootschaap in Amsterdam.

Der Astronom Senator G. V. Schiaparelli in Mailand zum auswärtigen Mitglied der physikalisch-mathematischen Klasse der Kgl. Akademie der Wissenschaften zu Berlin.

Der Prof. für Völkerkunde und Urgeschichte Dr. Karl Weule zum korrespondierenden Mitglied der russischen Anthropologischen Gesellschaft in St. Petersburg.

Silva White, der frühere Sekretär der schottischen Geographischen Gesellschaft und Herausgeber ihrer Zeitschrift, des Scottish Geographical Magazine zum Assistant-Secretary der British Association.

Der Geh. Rat Prof. Dr. Zirkel in Leipzig zum Mitglied des Kgl. bayerischen Maximiliansordens, Abteilung für Wissenschaft und Kunst.

Berufungen.

Zum Nachfolger Joseph Partschs in Breslau ist Prof. Dr. Rudolf Credner in Greifswald ausersehen.

Der Chefdirektor des niederländischen, meteorologischen Instituts Dr. C. H. Wind erhielt einen Ruf als Professor der Mathematik und Naturwissenschaften an die Universität Utrecht.

Ehrungen.

Dr. Otto Nordenskiöld wurde, als er kürzlich zu einem Vortrag vor der Geographischen Gesellschaft in Paris weilte, der Mittelpunkt großer Ehrungen. Der Pariser Stadtrat bewirtete ihn im Rathaus und überreichte ihm eine silberne Medaille als Erinnerungszeichen an seinen Pariser Besuch.

Todesfälle.

Der bekannte englische Kartenverleger Edward Stanfort starb am 3. November 1904 zu Sidmouth in Devonshire im 79. Lebensjahr.

Der Chefgeolog des Geologischen Comités zu St. Petersburg Alexander Michalski in Krakau ist vor kurzem gestorben.

Der Prof. der Physik und Meteorologie an der Kgl. Forstakademie in Eberswalde, Geh. Reg.-Rat Gottlieb Anton Müttrich, geb. 23. Oktober 1833 zu Königsberg i. Pr., starb 16. Dezember 1904.

Feldmarschall Sir Henry W. Norman, langjähriges militärisches Mitglied des Council in India, später Gouverneur von Jamaica und Queensland, geb. 2. Dezember 1826, starb vor kurzem.

Geographische Nachrichten.

Kongresse und Gesellschaften.

Der Internationale Archäologenkongreß wird am 7. April in Athen zusammentreten. Die Verhandlungen, welche in sieben Sektionen geführt werden, dauern acht Tage. Im Anschluß an den Kongreß sind Ausflüge nach dem Peloponnes, nach Kreta, Smyrna, Samothrake und nach Kleinasien zur Besichtigung der Altertümer von Ephesus, Pergamos und Milos vorgesehen.

Am 10. Dezember tagte im deutschen Kolonialheim unter dem Vorsitz des geschäftsführenden Vizepräsidenten der deutschen Kolonialgesellschaft die von 45 Delegierten besuchte konstituierende Sitzung des Komitees zum zweiten deutschen Kolonialkongreß. Einstimmig wurde zum Vorsitzenden Herzog Johann Albrecht zu Mecklenburg, zum stellvertretenden Vorsitzenden Exzellenz v. Holleben wiedergewählt. — Als Zeitpunkt des Kongresses ist der 5., 6. und 7. Oktober dieses Jahres festgesetzt worden. Der Kongreß wird im Reichstagsgebäude abgehalten werden. Gegenstände der Verhandlungen werden bilden: 1. Geographie, Ethnologie und Naturkunde der Kolonien und überseeischen Interessengebiete; 2. Tropen-Medizin und Tropen-Hygiene; 3. die rechtlichen und politischen Verhältnisse der Kolonien und überseeischen Interessen-

gebiete; 6. die deutsche Auswanderung und die Einwanderung in die Kolonien. 7. die weltwirtschaftlichen Beziehungen zwischen Deutschland und seinen Kolonien und überseeischen Interessengebieten.

Das französische Unterrichtsministerium hat das genaue Programm für den Congrès des sociétés savantes, der 1905 in Algier stattfinden soll, bekannt gegeben. Die Section de Géographie historique et descriptive umfaßt allein 16 Beratungsgegenstände. Der Kongreß soll am 19. April eröffnet und am 26. April geschlossen werden.

Als Tochtergesellschaft des Cercle africain ist in Brüssel eine neue Société d'anciens agents de l'Equateur congolais gegründet worden.

In Coburg ist Anfang November ein Verein für Geologie und Paläontologie des Herzogtums Coburg und der Meininger Oberlande gegründet worden. Er will die geologische Heimatskunde durch Vorträge und Exkursionen pflegen und wird an dem ersten Sonnabend jeden Quartals auf der Veste Coburg tagen. Der Verein, dessen Vorsitz Dr. Fischer, der Vorstand der naturwissenschaftlichen Sammlungen auf der Veste Coburg, führt, zählt bereits 60 Mitglieder.

Stiftungen, Verwilligungen usw.

Der am 10. November 1904 in Dresden verstorbene Geograph Dr. Alfons Stübel hat dem Grassi-Museum in Leipzig außer einer Anzahl wertvoller Bücher aus seiner Bibliothek 15 000 Mark vermacht, deren Zinsen für die von ihm gegründete Abteilung für vergleichende Völkerkunde verwendet werden sollen.

Die Kgl. Akademie der Wissenschaften in Berlin bewilligte dem Privatdozenten Dr. A. Weberbauer in Breslau 2000 Mark zur Fortsetzung seiner botanischen Reise in Peru, dem Landesgeologen a. D. Dr. O. Zeise in Südende bei Berlin 600 Mark zur Sammlung fossiler Spongien in Oran.

Die kais. Akademie der Wissenschaften in Wien hat dem Prof. Dr. Georg Greim in Darmstadt 360 Kronen aus der Pontiwidmung zu Vorversuchen über die Niederschlagsverteilung in den Hochregionen des Jamtals zugewendet.

Zu Ehren des aus seinem Amte scheidenden Gouverneurs von Lagos Sir William Macgregor hat die Liverpool School of Tropical Medicine eine Stiftung beschlossen, zu der Sir Alfred Jones bereits 500 £ und John Holt 200 £ beigesteuert haben. Die Stiftung soll zur Unterstützung zweier medizinischer Expeditionen nach der Westküste Afrikas Verwendung finden, von denen die eine von Prof. Boyce, die andere von Colonel Giles geleitet werden soll.

Zeitschriften.

Seit Mitte vorigen Jahres erscheint bei Norman Macleod in Edinburgh eine neue Zeitschrift unter dem Titel »The Celtic Review«. Sie wird von Miss E. C. Carmichael geleitet und in Vierteljahrsheften zu 2 s 6 d ausgegeben.

Die illustrierte Zeitschrift für Touristik, Landes- und Volkskunde, Kunst und Sport »Wandern und Reisen« hat nach zweijährigem Bestehen ihr Erscheinen mit dem Dezemberheft 1904 eingestellt. Es mag dahin gestellt bleiben, ob die dafür angegebene Grund allein die Schuld trägt, daß nämlich die Arbeitslast für die anderweitig bis zur ganzen Manneskraft in Anspruch genommenen Herausgeber unerträglich wurde und die Bemühungen, das Werk an freiere Kräfte zu übertragen, erfolglos blieben, jeden-

6

falls kann man die Tatsache selbst nur mit dem größten Bedauern hinnehmen. Schriftleitung, Mitarbeiter und Verlag haben ein Recht zu dem stolzen Abschiedswort: »Die beiden Bände werden in der Folgezeit als ehrliche Wegweiser dienen können, die aus den Niederungen billiger und verflachender Allerweltskultur zur Herrlichkeit der verjüngenden Natur, zur kraftvollen Poesie wetterfesten Volkstums zurückführen. Sie können Mahner sein, die den Blick aus einem Zeitalter des unbeschränkten Nützlichkeitsprinzips und irrwandelnder Genußsucht zurücklenken zu jenen Tagen, wo lebensfrohe Kunstübung auch in den Einzelheiten des bescheidenen Bürgerhauses als Emanation einer schönen, glücklichen Volksseele hervortrat, einer Volksseele, deren Prägungen den Wanderer auch in späteren Jahrhunderten noch ebenso entzücken werden, wie der Blick auf die unberührte Schönheit des Hochgebirges.«

Grenzregelungen.

»Zwischen Französisch- und Portugiesisch-Guinea ist der im Gebiet der Flüsse Rio Grande und Componi liegende Teil der Grenze durch eine gemeinsame Kommission genau vermessen und bestimmt worden. Die Mitglieder derselben hatten Vollmacht erhalten, über streitige Punkte sofort an Ort und Stelle eine Entscheidung zu fällen. Die angenommene Grenze folgt soweit als möglich dem Talweg oder den Wasserscheiden. Kade und eine Umgebung ist als französisches Territorium anerkannt worden, während Portugal durch ein zu N'gabou gehöriges Gebiet entschädigt wurde. Die Grenze selbst hat man durch Steinpfeiler, welche von 6 zu 6 km errichtet wurden, gekennzeichnet. (Aus fremden Landen und deutschen Kolonien, S. 269).

Eisenbahnen.

Mit dem Bau einer elektrischen Bergbahn von Münster (383 m) nach dem auf dem Vogesen-Grenzkamm liegenden Schluchthotel soll im nächsten Frühjahr begonnen werden. Die Bahn soll bis zum Fuße des Berges und vom Hotel Altenburg bis zum Endpunkt als Adhäsionsbahn gebaut werden, für die dazwischen liegende Strecke kommt das Zahnstangensystem in Anwendung. Die Kosten sind auf 1 200 000 Mark veranschlagt. Da von französischer Seite bereits eine Bergbahn bis zur Paßhöhe gebaut ist, wird durch die neue Strecke eine ziemlich geradlinige Verbindung zwischen Donaueschingen—Freiburg—Colmar—Epinal hergestellt.

Durch die Eröffnung der 42 km langen Bahnlinie Holstebro—Herning auf Jütland ist die Verbindung zwischen den Strecken Vemb—Skive—Viborg—Randers und Skjern—Silkeborg—Skanderborg—Aarhus hergestellt.

Der Verwaltungsrat der rhätischen Bahn hat den Weiterbau der Linie von Samaden nach Pontresina beschlossen.

Mexico hat die Konzession zum Bau einer elektrischen Eisenbahn zwischen Guadalajara und Chapala erteilt. Die etwa 70 km lange Strecke soll über den Chapala-See bis nach Moralia weitergeführt werden, sodaß die Länge im ganzen dann etwa 200 km betrüge.

Nach dem amtlichen brasilianischen Blatte »O Dia« ist Herrn Oberingenieur Harry v. Skinner oder einer von ihm zu bildenden Gesellschaft die Konzession zum Bau einer Bahn vom Stadtplatz Blumenau nach der Kolonie Hansa (Stadtplatz Hammonia) und von dort nach dem linken Ufer des Rio Negro, gegenüber der Stadt gleichen Namens,

sowie einer Bahn von Hammonia nach Curitibanos verliehen. — Eisenbahnbauten stehen in Südamerika im Vordergrunde des Interesses.

Kanäle.

Die chilenische Regierung hat sich bereit erklärt Columbien in der Ausführung eines alten, aber immer wieder zurückgestellten Planes, eines interozeanischen Kanals auf dem Istmus von Darien nahe der Grenze zwischen Columbien und der neuen Republik Panama zu unterstützen. Unter sachgemäßer Ausnutzung der Flüsse Atrato und San Juan sollen nur 5 km eigentlicher Erdarbeit nötig sein, sodaß man in verhältnismäßig kurzer Zeit diese wichtige Konkurrenzlinie des Panamakanals fertigstellen zu können hofft.

Telegraphenlinien.

Zu den beiden Telegraphenlinien, die gegenwärtig über den Simplonpaß führen, Brig—Mailand und Brig—Domodossola—Novara, ist eine dritte geplant, die als Kabel durch den Simplontunnel gebaut werden soll. Wegen der beschränkten Raumverhältnisse in dem eingleisigen Tunnel muß das Kabel vor Eröffnung des Bahnbetriebs gelegt werden.

Um den telegraphischen Fernverkehr zwischen Bayern und Württemberg einerseits und der Schweiz andererseits zu erleichtern, macht die württembergische Postverwaltung den Vorschlag, zwischen Romanshorn und Friedrichshafen ein Kabel durch den Bodensee zu legen. Die Schweiz hat die nötigen Geldmittel bereits in das Budget des nächsten Jahres eingestellt.

Die holländische Regierung hat das Projekt eines Kabels von Pontianak nach Batavia als Verlängerung der Linie Saigon—Poulo—Condor—Pontianak angenommen.

Die direkte telegraphische Verbindung zwischen Liverpool und Teheran in Persien ist vor kurzem eröffnet worden. Die Linie gehört der Indo-European Telegraph Company.

Forschungsreisen.

Allgemeines. Zur Beobachtung der nächsten totalen Sonnenfinsternis sendet die Universität von Californien Expeditionen nach Spanien, Labrador und Ägypten. Die Professoren Svante Arrhenius aus Stockholm und Wilhelm Oßwald aus Leipzig werden sich der spanischen Expedition anschließen.

Europa. Unser verehrter Mitarbeiter Dr. A. Byhan in Dresden wird Mitte Februar eine Reise zu Studienzwecken nach Südungarn, Rumänien, Süd- und Westrußland antreten. Wir wünschen ihm einen vollen Erfolg.

Asien. Der Prof. an der Freiburger Universität Dr. Frhr. von Dungern, der sich besonders mit der Infektions- und Immunitätslehre beschäftigt, hat für eine Forschungsreise nach den Sundainseln einen einjährigen Urlaub erhalten.

Der Leiter der mesopotamischen Expedition der deutschen Orient-Gesellschaft Prof. D. Koldewey hat nach einem sechsmonatlichen Sommeraufenthalt in Deutschland am 5. November die Rückreise nach Babylon angetreten.

Paul Patté hat seine Expedition in das von den unabhängigen Mois bewohnte Hinterland von Cochinchina und Annam mit gutem Erfolg zum Abschluß gebracht. Zu einem Itinerar in 1:50 000 kommen zahlreiche Notizen über Volk und Gelände. In den Dörfern hat er Einwohnerzählungen vorgenommen, außerdem sammelte er ein Vokabular von etwa 500 Molwörtern und nahm eine Reihe guter Photographien auf.

Afrika. E. D. Levat berichtete der Pariser Geographischen Gesellschaft in einem Schreiben aus Forthassa über seine Studienreisen in Süd-Oran und Süd-Marocco, auf denen er dem etwa möglichen Bergbau besondere Aufmerksamkeit schenkte. Die größte Wichtigkeit mißt er der Erschließung neuer Wasserstellen bei, deren Besitz nicht nur den Reichtum des Landes erschließe, sondern auch große politische Bedeutung habe, da er die Autorität über die eingeborenen nomadischen Völkerschaften sichere.

Amerika. Erland Nordenskjöld hat gemeinsam mit Dr. Holmgren eine Forschungsreise in Bolivia ausgeführt, über deren Verlauf er der französischen Geographischen Gesellschaft von Tirapata eine kurze Mitteilung sandte. Von La Paz ging die Expedition, dem rechten Ufer des Titicaca-Sees folgend, über die Anden nach Quiaca und Mojos. Hier weilte Holmgren mehrere Monate. Nordenskjöld unternahm von Mojo aus drei Exkursionen, die erste nach Apoli, wo er linguistische Studien ausführte, und Ater, eine zweite in die Täler der Puina, Saqui und Sina, zur Untersuchung von Gräbern, und weiter nach Poto und Cojata, die

dritte endlich führte ihn nach Santa Cruz und Buturo, wo er interessante Reste alter Wohnungen fand, weiter nach San Fermin und auf bisher unbegangenem Wege nach Vacamayo. Eine große Menge gut erhaltener Fossilien wurde gesammelt, und auch die ethnographischen und archäologischen Sammlungen hatten guten Erfolg (La Géogr. Nov.).

In La Paz in Bolivien trafen sechs von der nordamerikanischen Gesandtschaft angenommene Ingenieure ein, welche die Topographie des Departements Troya und die Möglichkeit eines Eisenbahnnetzes studieren sollen.

Polares. Unter der am 18. August vorigen Jahres von Miriel in der Orange Bai (im SO. der Hoste Insel, etwa 55° S. Br.) aufgefundenen Briefschaft des französischen Polarforschers Charcot befand sich ein Schreiben an die Pariser Geographische Gesellschaft. Es ist vom 27. Januar 1904 datiert. Der Forscher teilt mit, daß er in der genannten Bai Beobachtungen ausführe. An Bord des Français sei alles wohl. Der Gouverneur von Argentinisch Feuerland beabsichtigt im Januar 1905 in der Orange Bai eine Station zu errichten, die die französische Expedition mit neuen Nahrungsmitteln und Kohlen ausrüsten soll.

Besprechungen.

I. Allgemeine Erd- und Länderkunde.

Kanitz, Felix, Das Königreich Serbien und das Serbenvolk von der Römerzeit bis zur Gegenwart. I. Band. Land und Bevölkerung (Monographien der Balkanstaaten, herausgegeben von Dr. Wilhelm Ruland). 653 S., illustriert. Leipzig 1904, Bernh. Meyer. M. 25.

Der Name eines Kanitz ist mit der Erforschung der Balkanhalbinsel, insbesondere auf dem Felde der historischen Geographie und Ethnographie, gleich Boué, Visquenel, Pouqueville, Hahn, Jireček, Tomaschek lebhaft verknüpft. Was er unter dem Titel »Donau-Bulgarien und der Balkan« (Historisch-geographisch-ethnographische Reisestudien aus den Jahren 1860—75, Leipzig 1875) gegeben hat, gehört nächst dem Buche von Jireček (»Das Fürstentum Bulgarien«, Wien 1891) zu dem besten, was wir über jene Gebiete besitzen. Seine vorhergegangenen umfassenden Arbeiten zur Altertumskunde und Geschichte Serbiens, wie »Serbiens byzantinische Monumente« (Wien 1862), »Römische Studien im Königreich Serbien« (Wien 1892), seine oft persönliche Anteilnahme an den inneren Ereignissen des Landes, befähigten Kanitz, das vorliegende Buch über Serbien, seine Landschafts- und Städteformen mit einer Fülle von archäologischen, architektonischen und politischen Einzelheiten auszustatten, über die kein zweiter wie er zu verfügen vermochte. Freilich wirken diese stellenweise so erdrückend, daß der Stoff überlastet ist, die Lebendigkeit der Darstellung und das Kolorit der Landschaft leidet, die Geläufigkeit des Stils

beeinträchtigt wird. Eines muß man jedoch vor allem zugunsten der Publikation betonen: Das Buch füllt eine empfindliche Lücke aus. An guter deutscher Literatur über die Balkanstaaten ist ein Mangel und speziell die wenigen vorhandenen Monographien über Serbien, die von Spiridion Gopčević (Wien 1888) und der geographisch-militärische Abriß von Wettinghausen (Preßburg 1883) dienen durchaus nicht hinsichtlich Gründlichkeit und Wissenschaftlichkeit vorhandenen Bedürfnissen. Die Kanitzsche Monographie besitzt im hohen Maße, was diese Bücher entbehren, Tiefe des Studiums und der Beobachtung, während aus oben erwähntem Grunde Flüssigkeit und Eleganz der Schilderung leider nicht zu häufig zu treffen sind.

Der vorliegende erste Band beschäftigt sich vornehmlich mit dem Norden und dem Zentrum Serbiens. Belgrad, seine ältere Geschichte, seine allmähliche Entwicklung, sein heutiger Eindruck, sowie seine Umgebung, erfährt in den Kapiteln 1—3 eingehende Darstellung; Die Kapitel 4—7 sind den aufblühenden Kreisstädten des Donaudistrikts, Smederowo, Požarevac, Gradište, Cupria, gewidmet. Besondere Aufmerksamkeit schenkt in diesen Partien des Buches Kanitz der römischen Reichslimesanlage zwischen Singidunum-Egeta. Die Okkupationsepoche Österreichs und die Anfänge nationaler Herrschaft waren es, welche den Donauplätzen, sowie der im Kapitel 8 geschilderten Majdanpeker Mine und den berühmten Klöstern Gornjak, Manasija wie Ravanica (Kapitel 9) zu neuem Gedeihen verhalfen. Das 10. Kapitel bringt die erste durch Pläne und Ansichten erläuterte authentische Darstellung des größten serbischen Rüstplatzes Kragujevac; ferner würdigt es die für die politische Wiedergeburt Serbiens bedeutsamen Orte: das romantische Topola der Karageorgević, dann das verborgene Crunée und das nahe Kloster Vraćevtica der Obrenović, wo wir mit Berührung der interessanten neolithischen Fundstätte am Jablanicabach nach Belgrad zurückgekehrt, uns nach dem Westen des Königreichs begeben. Über Schabac an der Donau und die sagenreichen Burgen des Sava-Gebiets die Drina aufwärts ziehend, schildert Kanitz im 11. Kapitel die in der Umgegend der nun öster-

6*

reichisch-ungarischen Feste Zvornik hausenden fanatischen moslimischen Bosniaken. Das folgende Kapitel führt durch den reichen Krupanjer Bleigrubenbezirk zur vielgenannten Türkenburg Soko (? Sokol auf der dem Werke von Gopčević beigegebenen Karte), das nächste, 13. Kapitel zur alten Kreisstadt Valjevo. Im 14. Kapitel streifen wir durch den zukunftsvollen nordserbischen Minendistrikt Rudnik, welcher die tüchtigsten Geologen und Hüttenmänner Europas auf das angelegentlichste beschäftigt, nach Srezojevci, ferner von dem vornehmen Bade Kisela Voda zu dem historisch gewordenen Takovo, wo Miloš am Ostersonntag 1815 die Erhebung entfachte, und dem Schlachtfeld am Ljubicberg. Das 15. Kapitel schildert die geschichtsreiche, in den türkisch-österreichischen Kriegen vielgenannte Kreisstadt Užice, ferner die von Kanitz aufgefundenen bedeutenden Reste der Römerstadt Mal... bei Požega und den benachbarten, bisher ungenau bestimmten Geburtsort des Ahnherrn der Dynastie Obrenović, von dem wir durch das an Klöstern reiche, pittoreske Kablar-Ovčar-Defilé zur Morava nach Čačak gelangen (16. Kapitel). Von dieser ansehnlichen Industrie- und Kreisstadt führen uns lohnende Ausflüge durch das serbisch-bosnische obere Drinagebiet bei Bajina Bašta in die forstenreiche Tara Planina und die durch Mehemed Ali Pascha, den aus Magdeburg stammenden Karl Detroit, 1876 glänzend verteidigte militärisch hochwichtige Mokra Gora. In den beiden Schlußkapiteln ersteigen wir den viel umkämpften in das von den Serben erstrebte Wilajet Kossovo blickenden Vasiljin vrh, ziehen durch das hochromantische Oruža, wo der energische russische General Oruřk 1804 dem hartbedrängten Karageorg, unfern des architektonisch fesselnden Klöstern Kalenić und Ljubostina, nahe der Morava, gegen die übermächtigen Türken siegreich beistand und den Grundstein zu der engeren Berührung des Zarenstaates mit Serbien legte, welche in späteren Jahren wiederholt und erneut 1902 durch die Reise des Grafen Lamsdorff Ausdruck erhielt. — Die Reisen von Kanitz in den serbischen Distrikten erstrecken sich auf die Jahre 1859, 1860 1861, 1888, 1897. Einzelne Kreise hat Kanitz seit seinem ersten Besuch nicht wieder gestreift. Hier können jüngere Reisende feststellen, was ziemlich 40 Jahre für Veränderungen gebracht haben. Was die Kanitzsche Darstellung besonders wertvoll macht, das sind die Augenblicksbilder, die er von den in den einzelnen Jahren gesehenen Städten und Gegenden entwirft. Für diese Punkte lassen seine Beobachtungen demgemäß erkennen, die Entwicklung des Landes sich vollzog, welche Züge sich verloren und welche neue, namentlich solche von Bevölkerung und Kultur sich eingeschaltet haben. Zur Skizzierung des kulturwirtschaftlichen Charakters der behandelten Gegenden hat Kanitz reiches Material beigebracht, was um so höher zu veranschlagen ist, als es ungemein schwierig ist, für die Staaten der Balkanhalbinsel verläßliche und genügend mannigfaltige Daten über Bevölkerungsbewegung und Wirtschaftsleben zu erhalten. — Als Herausgeber der projektierten groß angelegten »Monographien der Balkanstaaten« zeichnet ein Dr. Wilh. Ruland. In Verbindung mit geographischer Literatur ist dieser Name noch nicht aufgetreten. Der Kürschnersche Literaturkalender verzeichnet einen Wilh. Ruland als Verfasser von Dramen und Gedichten »Aennchen von Godesberg«, »Hexe von Gleichenberg«, »Der Mönch von St. Georgenberg«, die mehrere Auflagen erlebten, was entschieden für die Beliebtheit

seiner Helden vom Berge zu sprechen scheint. Das dem Kanitzschen Buche beigegebene »Geleitwort des Herausgebers« kündet nichts, was die einen Kanitz zu Rat Ziehenden sich nicht selber sagen könnten. Sehr bezweifeln darf der Kenner des türkischen Orients die Weisheit des geschmackvollen Satzes »die Zeichen mehren sich, die Oßtäubigen wie Ungläubigen künden, daß die Füße derer, die den Padischah hinaustragen, von wo er gekommen, vor der Türe stehen«. — Eine Karte Serbiens wäre bereits für den ersten Band äußerst wünschenswert gewesen. — r —

The second Danish Pamir Expedition. Meteorological Observations from Pamir 1898/99 by O. Olufsen, Lieut. of the Danish Army. Chief of the Expedition. Det Nordiske Forlag 1903.

Die Expedition ging von Ferghana durch die Alai-Berge am Karakul und an Pamirski-Post vorbei zum See von Jaschilchul, wo einige Zeit verweilt wurde, dann durch Wakhan nach Chorok, wo von Oktober 1898 bis zum März 1899 überwintert wurde. Die Rückkehr wurde nicht wie bei der ersten Expedition Olufsens am Jaschgulam entlang und über eine Reihe von Pässen zur Alai-Steppe angetreten, sondern auf demselben Wege vorgenommen. Die Witterungsbeobachtungen, um die es sich unter Wiedergabe umfangreicher Tabellen im vorliegenden Bericht vornehmlich handelt, sind während der Reise leider nicht zu fest bestimmten Stunden angestellt worden, so daß es nicht möglich ist, brauchbare Mittelwerte zu erhalten; aber Beobachtungen aus den durchzogenen Gebieten sind so selten, daß auch das lückenhafte Beobachtungsmaterial wertvoll ist.

Die Witterungserscheinungen haben der Pamirlandschaft ihr eigentümliches Gepräge gegeben. Im August wurde eine Stunde vor Sonnenuntergang +24° gemessen; wenige Stunden darauf warm es —10°. Der alltägliche Temperaturstuz veranlaßt wahre Explosionen im Gestein, laut wie Kanonenschüsse. Der Winter kennt dieselben Wirkungen. Als niedrigste Temperatur nachts wurde dann —40° beobachtet; aber am Tage erhielten sich die Schiefer bis +30°. Die Folge dieser Schwankungen ist neben der starken mechanischen Bodenzertrümmerung ein heftiger Ausgleich der Luftschichten. Pamir bedeutet wörtlich eine den Winden ausgesetzte hohe Wüste. Die meist westlichen Stürme tragen so viel Staub, daß tags über trotz klaren Himmels die Luft undurchsichtig und die Sonne in grünlichen Nebel gehüllt ist. Die ganze Pamirlandschaft erscheint wie ein ungeheurer Haufen von Kies und Steinen, der von Osten nach Westen sich abdacht. Die Eingeborenen verstehen unter Pamir nur das Gebiet zwischen Alai-Gebirge, den Kaschgar-Bergländern und dem Hindukusch, also unser »Hochpamir«. Der geographische Begriff Pamir erstreckt sich jedoch auch auf die Quellgebiete des Amu, in denen die klimatischen Bedingungen anders sind. Vor allem ändern die Ströme das Landschaftsbild. Sie werden von den Gletschern der Transalai-Kette und vom Winterschneefall gespeist, sind also im Mai und Juni wasserreich und füllen dann ihre Täler zum Teil so aus, daß dieselben ungangbar sind. Doch nur einige, etwa der Murghab, Surchab, Psendsch, bleiben auch weithin so groß, daß ihre Überschreitung Fähren erfordert. Die übrigen schwinden zu einer oft durchbrochenen Kette von Wasserrischen zusammen. Der massenhaft herabgeflößte Sand breitet sich dann weit in den Talböden aus. Wenn der Paendsch beispielsweise auf $\frac{1}{12}$ des Umfangs zusammengeschmolzen ist, setzt der Westwind die Sandmengen in Bewegung und wirft Dünenzüge auf, welche Felder und Obstgärten verschütten. Immerhin ist Niederpamir doch durch diese Flußrinnen in Schluchten und Täler scharf gegliedert. Hochpamir ist es wahrscheinlich früher auch gewesen; aber Sand und Gesteinsschutt haben die Niederungen ausgefüllt, so daß die Täler weiten Sandseen gleichen, über die nur die Spitzen und höchsten Grate der verfallenden Schieferkämme herüberschauen, eine Welt kleiner Steinwüsten, über die sich die Bergzüge in den Pässen 600—700 m erheben, 3500 bis 4000 m über dem Meeresspiegel. In Niederpamir ist vor allem der Temperaturwechsel nicht so jäh, der Feuchtigkeitsgehalt der Luft größer. Wo künstliche Bewässerung nachhilft, gedeiht Feige und Mandel, Wein und Kastanien. Echter Wald ist freilich ganz selten. Immerhin schützt doch Pflanzenwuchs die Gehänge. Die Winde sind nicht so scharf wie auf Hochpamir.

Das Pamirklima ist nach Olufsen gesund. Fieber kommen nur in den niederen Gebieten an einzelnen Flüssen vor. Auf der Höhe ist die Dünnheit der Luft lästig, selbst den Pferden, die, wie der Mensch, der an allen Erscheinungen der Bergkrankheit leidet, vor Atemmangel oft stillstehen bleiben. Magenerkrankungen sind häufig, vielleicht wegen des Salzmangels. Alles Salz wird aus Afghanistan eingeführt. Ferner herrscht allgemein Zahnweh, und die Kirgisen verlieren früh ihre Zähne. Doch Schwindsucht fehlt gänzlich, und die Zusammensetzung des Blutes bessert sich, wenn man von Turkestan nach der Höhe aufsteigt. Hundertjährige Leute sind in Pamir nicht selten.

Dies alles zur Probe, daß in dem kleinen, doch inhaltreichen Hefte nicht bloß trockne Tatsachen über den Witterungscharakter der Pamirgebiete mitgeteilt werden, sondern daß sie in Zusammenhang gebracht sind mit dem geographischen Bilde von Land und Volk. Zwar sind diese wechselseitigen Beeinflussungen zwischen der Gliederung der Erdkruste und dem Klima in den Grundgedanken bekannt. Im einzelnen jedoch werden eine Reihe wichtiger Züge dem Gesamtbild durch die Bemerkungen Olufsens hinzugefügt. *Dr. F. Lampe-Berlin.*

II. Geographischer Unterricht.

Geogr. Charakterbilder aus Thüringen und Franken. Nach Aquarellen von Oskar Jacobi herausg. von R. Fritzsche, Altenburg. I. Serie: 1. Durchbruch der Saale bei der Rudelsburg; 2. Thür. Braunkohlenlandschaft; 3. Inselsberg m. Tabarz im Fuße; 4. Kyffhäuser m. Goldener Aue; 5. Koburg mit Veste. Nebst einem Begleitheft (31. S.). Altenburg 1904, O. Bondes Verlag. Aufgez. M. 12.50, unaufgez. mit Text M. 11.50. Jedes Bild M. 3.—, unaufgez. M. 2.80.

Der durch das »Methodische Handbuch für den erdkundlichen Unterricht« (Band I: Das Deutsche Reich, Langensalza 1901) sowie die »Präparationen zur Landeskunde von Thüringen« und das dazu gehörige Schülerheft in den Kreisen der Thüringer Lehrerschaft bekannte Lehrer R. Fritzsche in Altenburg unternimmt es nunmehr, eine größere Anzahl Geogr. Charakterbilder aus Thüringen und Franken, die in vier Serien zu je fünf Bildern im

Laufe der nächsten Jahre erscheinen sollen, herauszugeben und mit einem heimatkundlichen Lesebuch als erläuternden Text zu versehen. Die erste Serie dieser nach Aquarellen von O. Jacobi in Leipzig in lithographischem Buntdruck reproduzierten Bilder liegt seit kurzem vor, die zweite ist in Vorbereitung und erscheint im nächsten Jahre. Somit ist auch Thüringen in die Reihe derjenigen deutschen Gebiete eingetreten, welchen ein solches spezielles Anschauungsmittel neben den allgemeinen Bildertafeln von Hölzel, Lehmann, Langl u. v. a. zur Verfügung steht. Es sind das bis jetzt außer Thüringen nur Bayern (Engleder u. Greber) Württemberg (Hörle) und Sachsen (Meinhold). Betrachten wir zunächst die fünf vorliegenden Bilder dieses neuen Unternehmens, so stellt Nr. 1 den Austritt der Saale aus der Muschelkalkplatte bei Kösen dar und bietet ein in der Stimmung wohlgetroffenes Bild der Rudelsburg und der Burg Saaleck mit dem zugehörigen Hintergund. Auf der rechten Seite hat der Zeichner den Vordergrund jedoch bedeutend verändert und die Gehänge dem linken Ufer der Saale bedeutend genähert, um den Durchbruch mehr hervorzuheben. Es dürfte hier aber die dem Künstler zuzubilligende Freiheit in der Veränderung des jeweiligen Vordergrundes überschritten sein, denn der Eindruck der Landschaft wird der Natur gegenüber meines Erachtens doch zu stark abgeändert. Die Charakterbilder sollen die letztere nicht idealisieren, sondern möglichst naturgetreu wiedergeben, wie dies z. B. auf Bild 2 mit dem Braunkohlengebiet von Ostthüringen aus der Gegend von Meuselwitz auch wirklich geschehen ist: Die beiden folgenden Bilder: Nr. 3 der Inselsberg und Tabarz (etwa von der Finsteren Tanne aus aufgenommen) und Nr. 4 das Kyffhäusergebirge mit dem Kaiser Wilhelm-Denkmal (von den Goldenen Aue aus gesehen) erscheinen mir in der Ausführung etwas zu weich geraten; bei Nr. 3 ist nicht ganz klar, ob der schützende Wald rechts im Vordergrund Fichten oder Lärchen sein sollen, es fehlt diesem Teile des Vordergrundes etwas an Kraft und auch dem Kyffhäuserbilde wäre durch kräftigere Zeichnung des vordersten Rasens eine bessere Perspektive zu Teil geworden. Das Denkmal scheint mir auch etwas zu übermächtig, allerdings habe ich dasselbe nicht von dieser Seite her zu sehen Gelegenheit gehabt. Sehr gut ist sodann wiederum der Charakter der Koburger Keuperlandschaft auf dem letzten Bilde dargestellt. Bei der Fortsetzung der Serie würde das ganze Unternehmen nach meiner Empfindung durch eine noch kräftigere Behandlung des Vordergrundes und Vermeiden der zu weichen Töne noch weiterer Steigerung des Eindrucks fähig sein, doch bieten auch die vorliegenden fünf Bilder sämtlich ein für den Unterricht sehr nützliches und empfehlenswertes Anschauungsmittel thüringischer Landschaftstypen dar. Was sodann den als geographisches Lesebuch gedachten Text zu dieser ersten Serie anlangt, so gibt derselbe zunächst einen knappen, orientierenden Überblick über die Entstehungsgeschichte von Thüringen überhaupt und sodann eine frische und sachkundige Erläuterung der jeweiligen Landschaft, diese immer auch auf deren weitere Umgebung gebührend Rücksicht nimmt. Für eine Neuauflage möchten wir dem Verfasser empfehlen, die geologischen Partien der Begleitworte genau zu revidieren: So heißt es z. B. auf S. 3 von der jüngeren Tertiär- und Diluvialzeit: »An einzelnen Stellen drang das

Meer wieder vor und bedeckte die tieferliegenden Gegenden«. Wo aber sind in Thüringen Beweise massiver Ablagerungen aus dieser Zeit? Bei der Erwähnung der Funde von Braunkohlen auf S. 9 ist »Steinheide in der Gegend südlich von Plaue« aufgeführt; sollte dies eine Verwechslung mit dem Pliocän von Rippersroda sein? Verfasser spricht von einem einzigen Flöz der Rhön: »In der Gegend von Bischhofsheim beginnend, zieht es über Kaltennordheim und erstreckt sich bis an die Werra hin, die es in der Nähe von Vacha noch überschreitet. Bei Kaltennordheim wird dieses Flöz abgebaut«. Gemeint ist die Verbreitung der miocänen Braunkohle in der Rhön, in der bei dem verwickelten tektonischen Bau dieser Gegend einzelne abbauwürdige Stellen sich erhalten haben wie z. B. bei Bischhofsheim und Kaltennordheim. Auch für Nordostthüringen nimmt der Verfasser »ein gewaltiges Braunkohlenflöz« an und gibt an: »Die Mächtigkeit dieses Kohlenflözes ist nicht allenthalben gleich; sie schwankt zwischen 3 und 18 m«, gemeint ist offenbar die Verbreitung der oligocänen Braunkohlenformation, in der hier und da verschieden starke Flöze von abbauwürdiger Braunkohle auftreten. Für die Entstehung desselben hätte an die Swamps von Florida erinnert werden sollen. Auch bei der Entstehung des Saaletals (S. 5) ist der Satz »Anfangs füllte der Fluß mit seinen Wassermassen wohl das ganze Tal aus« usw. zu streichen, ebenso, wenn von der Goldenen Aue (S. 24) gesagt wird: »sie stellt eine tiefe Mulde dar, die einstmals eine Bucht des Meeres gewesen sein mag, das in der jüngsten Tertiär- und Quartärzeit den Norden Deutschlands bedeckte«, so steckt in diesen Worten noch die alte Vorstellung einer diluvialen »Drift«. Welche Belege haben wir sodann dafür, daß der Kessel von Tabarz ein »alter Seeboden« (S. 14, Anmerkung) gewesen ist? Der mittelalterliche Name des Thüringer Waldes »Loybe« oder »Loiba« ist doch nicht mehr so rätselhaft, seitdem A. Kirchhoff denselben als die Erhebung, die Erhebung über den sonstigen Landessockel gedeutet hat (Mitteilungen der Geogr. Gesellschaft für Thüringen zu Jena, Band III, 1885, S. 18—27), auch gehen die Spuren dieser Bezeichnung weiter als der Verfasser meint, wie kürzlich L. Gerbing nachgewiesen hat (Mitteilungen des Vereins für Erdkunde zu Halle, 1904, S. 88—90). Auch beim Inseloder, wie es nun einmal allgemein heißt dem Inselberg, ist die Namenerklärung doch ganz einwandfrei von »Emsenberc«, dem Berg, an dem die Emse (Emisa) ihren Ursprung nimmt, herzuleiten, wir brauchen daher nicht zu ganz willkürlichen volksetymologischen Deutungen zu greifen. Übrigens kann man doch auch nicht sagen, daß Friedrichroda »am Fuße des Inselsberges« liege; für Tabarz mag dies im weiteren Sinne, noch hingehen, doch liegt dieses auch schon am Ausgang des Lauchatals, also am Fuße des Daten- und Zimmerberges, Friedrichroda aber am Fuße der Gänsekuppe und des Gottlobs. — Für eine Neubearbeitung der Begleitworte empfehlen wir somit dem Verfasser eine genaue Revision derselben, damit dieses so verdienstliche Unternehmen nicht der Schule nur gute Anschauung und Schilderungen nach Art von A. Trinius, sondern auch in jeder Hinsicht einwandfreie Belehrung und naturwissenschaftlich exakte Erläuterung dieser Bilder biete, die nach der Karte die Geographie der behandelten Gegend so weit dies durch Bild und Wort möglich ist, dem Verständnis zu erschließen geeignet ist. In diesem Sinne dem strebsamen Verfasser ein kräftiges »Glück auf«! *Fr. Regel-Würzburg.*

Geographische Literatur.

a) Allgemeines.

Dutton, C. E., Earthquakes in light of new seismology. London 1904, J. Murray. 6 sh.

Herz, Norbert, Geodäsie. Eine Darstellung der Methoden für die Terrainaufnahme, Landesvermessung und Erdmessung. Mit einem Anhang: Anleitung zu astron., geodät. u. kartogr. Arbeiten auf Forschungsreisen. IX, 480 S., 3 Taf., 280 Fig. (Die Erdkunde XXIII), Wien 1905, Franz Deuticke. 14 M.

Knox, A., Glossary of geographical and topographical terms. London 1904, E. Stanford. 15 s.

Laurentt, Géogr. médicale. Paris 1904, A. Maloine. 7.50 frs.

Lóskay, Nik., Sonnenlauf am Himmel der Planeten (Anh. z. drehbaren Tagebogen-Tafel. Leipzig 1904, O. Schneider. 35 Pf.

Stelzner, Alfr. Wilhelm, Die Erzlagerstätten, bearb. von Alfr. Bergeat. 1. Hälfte. VI, 470 u. 15 S., 100 Abb., 1 K. Leipzig 1904, Arthur Felix. 12.50 M.

Sündflut. Kehrt die Sündflut wieder? Astron.-geol. Studie. Nach dem franz. Original deutsch bearb. von Philotheus. (Veröff. I. wiss. Verein. Kosmos Dresden.) 64 S., Fig. Dresden 1904, L. C. Engel. 40 Pf.

Wallace, Alfr. R., Des Menschen Stellung im Weltall. Eine Studie über die Ergebnisse wissenschaftlicher Forschung in der Frage nach der Einzahl oder Mehrzahl der Welten. Deutsch von F. Heinemann. 3. Aufl. VIII, 306 S., 1 Taf. Berlin 1904, Vita. 8 M.

b) Deutschland.

Arnold, L., u. A. Köhn, Elsaß-Lothringen. Schulatlas in 5 farb. Karten. 9. durchges. u. bearb. Aufl., herausgeg. von Munsch. Oelweiler 1904, J. Boltze. 40 Pf.

Bayer, Hans Sommerreise nach dem bayerischen Hochgebirge. 103 S., 1 Bildnis. Wiesbaden 1904, Heinrich Staadt. 2 M.

Boschheidgen, H., Urstromtäler am Niederrhein. Ostwestalbildungen von Düsseldorf bis Cleve. Beobachtungen über die Oberflächengestaltung zur Eiszeit. 26 S., 1 Karte. Crefeld 1904, J. Greven. 2 M.

Brillmayer, Karl Joh., Rheinhessen. VII, 513 S.. 1 Karte. Gießen 1905, Emil Roth. 10 M.

Engelmann, Hugo, Die wirtschaftliche Entwicklung des Kreises Worbis (Eichsfeld). Wissenschaftl. Monogr. V, 223 S., 2 Tab. Halle 1905, C. A. Kaemmerer & Co. 3 M.

Franzißß, Franz, Bayern zur Römerzeit. Eine historisch-archäologische Forschung. XVI, 487 S., illust., 1 Karte. Regensburg 1905, Friedrich Süstet. 7.50 M.

Haucke, Herm., Eine Ferienwanderung durchs Fichtelgebirge. Skizze. 12 S. Berlin 1904, Waldemar Wellnitz. 20 Pf.

Lemberg, Heinr., Übersichtskarte des niederrheinisch-westfälischen Industriebezirks. 1 : 120000. 5. Aufl. nebst Zechenverz. 2 Bl. Dortmund 1904, C. L. Krüger. 4 M.

Petersille, Erich, Untersuchungen über die Kriminalität in der Provinz Sachsen. Ein Beitrag zur Landeskunde auf statist. Grundlage. 36 S. Diss. Halle a. S. 1904.

Rotteck, Tuiskon, Geographie von Thüringen. 2. Aufl. 39 S., 1 Karte. Hildburghausen 1904, F. W. Gadow & Sohn. 20 Pf.

Schöne, Emil, Die Elbtallandschaft unterhalb Pirna. VI, 122 S. Ill. Meißen 1905, H. W. Schlimpert. 2.75 M.

Simon, A., Das Vogtland. 72 S. ill. Meißen 1905, H. W. Schlimpert. 2.25 M.

Stübler, Hans, Die Sächsische Schweiz. VIII, 48 S. Ill. Meißen 1905, H. W. Schlimpert. 1.75 M.

Topographie zur Flözkarte des oberschlesischen Steinkohlenbeckens. Kartiert v. d. Kgl. Oberbergamt in Breslau, 1 : 10000. 3. Trockenberg. — 4. Koslowagora. — 16. Alt-Zabrze. — 17. Zabrze-Ruda. — 20. Laurahütte. — 22. Makoschau. — 24. Antonienhütte. — 25. Helduk. — 26. Katbowitz. — 29. Preiswitz. — 30. Halemba. Breslau 1904, Priebatsch. 1.50 M.

Wamser, A., Neue Karte vom Großherzogtum Hessen. 1 : 500000. 6. Aufl. Gießen 1904, E. Roth. 45 Pf.

Wohlrabe, Dr., Deutschland von heute. Ein Ergänzungsband zu jedem Volks- und Fortbildungsschul-Lesebuch. 3. Teil: Land und Stadt. 208 S., 1 Abb. Leipzig 1905, Dürr. 1.10 M.

Zache, Eduard, Die Landschaften der Provinz Brandenburg. VIII, 338 S. Ill., 1 K. Stuttgart 1905, Hobbing & Büchle. 6.25 M.

c) Übriges Europa.

Barvir, Heinrich, Oeolog. und bergbaugesch. Notizen über die einst goldführende Umgebung von Meu-Knin und Stechovic in Böhmen. (Sitz.-Ber., Böhm. Oes. Wiss.) 79 S., 3 Abb. Prag 1904, Komm. Řivnáč. 90 Pf.

Boehm, Max v., Spanische Reisebilder. VIII, 239 S., 14 Abb. Berlin 1904, O. Orote. 4.50 M.

Carey, E. F., Channel Islands described, painted by H. B. Wimbush. London 1904, A. & C. Black. 1 £.

Dimitz, Ludw., Die forstlichen Verhältnisse u. Einrichtungen Bosniens und der Herzegowina. VIII, 309 S., 1 K. Wien 1905, Wilh. Frick. 12 M.

Douglas, R. K., Europe and the Far East. London 1904, C. J., Clay & Sons. 7 sh 6 d.

Früh, J. u. C. Schröter, die Moore der Schweiz mit Berücksichtigung der gesamten Moorfrage XVIII, 750 S., 1 Karte, 4 Taf. (Beitr. zur Oeol. der Schweiz 3) Bern 1904, A. Franke. 32 M.

Hanzikob, Heinr., In Frankreich. Reiseerinnerungen. 2. Aufl. VII, 468 S. Stuttgart 1904, Ad. Bonz & Co. 5.60 M.

Hunziker, J., Das Schweizerhaus, nach seinen landschaftlichen Formen und seiner geschichtlichen Entwicklung dargestellt. Dritter Abschnitt: Oraubünden nebst Sargans, Oaster und Olarus. VI, 335 S., 82 Autotypien, 307 Grundrisse. Herausgeg. von Prof. Dr. C. Jecklin. Aarau 1905, H. R. Sauerländer & Co. 14 M.

Kosteretz, Karl, Über das projektierte Bergobservatorium auf dem Sonnwendstein. Nach einem Vortrage. 7 S. Wien 1904, Carl Oerolds Sohn. 20 Pf.

Kühtreiber, A., Orographische Übersicht des Nordostens der österreichisch-ungar. Monarchie mit den angrenzenden Gebieten des russischen Reiches, 1 : 2 000 000. Wien 1905. L. W. Seidel. 30 Pf.

Kuhn, Richard, Die Trassen der österreichischen Kanäle. 21 S. Wien 1904, Alfr. Hölder. 1 M.

Lorimer, N., On Etna. London 1904, W. Heinemann. 6 sh.

Ludwig Salvator, Erzherzog, Zante. Allgem. Teil. XIV, 667 S. m. Abb. Leipzig 1904, Woerl. 60 M.

Oettli, Max, Beiträge zur Ökologie der Felsflora. Untersuchungen aus dem Curfirsten- und Sentisgebiet. 171 S., 4 Taf. Zürich 1905, Alb. Raustein. 3.20 M.

Tanera, Karl, Zur Kriegszeit auf der sibirischen Bahn und durch Rußland. Reisebriefe. VIII, 240 S. ill., 1 K. Berlin 1905, Trowitzsch & Sohn. 4 M.

Schroeder, Osw., Mit Camera und Feder durch die Welt. Schilderungen von Land und Leuten nach eigenen Reiseerlebnissen. I. Norwegen, das Land der Mitternachtssonne. IX, 174 S., 66 Abb., 1 K. Leipzig 1904, Wanderer Verlag. 6 M.

Sennett, A. R., Across the Great Saint Bernard. London 1904, Bemrose & Sons. 6 s.

d) Asien.

Brereton, F. S., With the Dyaks of Borneo. London 1904, Blackie & Co. 6 sh.

Cordier, H., Aperçu sur l'histoire de l'Asie en général et de la Chine en particulier. Paris 1904, E. Ouilmoto. 3 frs.

—, L'expédition de Chine de 1857—58. Hist. diplom. Paris 1904, F. Alcan. 7 frs.

—, Histoire des relations de la Chine avec les puissances occidentales. Paris 1904, F. Alcan. 30 frs.

Dyer, H., Dai Nippon, Britain of the East. London 1904, Blackie & Son. 12 sh 6 d.

Gallois, E., Au Japon. Paris 1904, E. Ouilmoto. 2 frs.

Glabert, P., Der Schrecken von Peking. Hist. Roman aus Chinas Oegenwart. 186 S. Stuttgart 1904, Paul Unterborn. 1.50 M.

Hémon, F., Sur le Yang-Tsé. Paris 1904, Ch. Delagrave. 6 frs.

Jernigan, T. R., Chinas business methods and policy. London 1904, F. Unwin. 1.25 M.

Kennan, George, Zeitleben in Sibirien und Abenteuer unter den Korjaken und anderen Stämmen in Kamtschatka und Nordasien. Deutsch von E. Kirchner. Berlin 1905, S. Cronbach. 5.50 M.

Martin, K., Beiträge zur Oeologie Ostasiens und Australiens. Herausg. von K. Martin. (Sammlungen des Oeol. Reichsmuseums in Leiden I.) Leiden 1904, E. J. Brill. 7 M.

Meyer, A. B., Album von Philippinen-Typen. III. Negritos, Mangianen, Bagobos. 37 Taf., 190 Abb., 22 S. Text, deutsch und englisch. Dresden 1904, Stengel & Co. 60 M.

Mukden, Karte der Umgebung von Mukden, 1 : 400 000. Wien 1904, R. Lechner (W. Müller). 1.20 M.

Olufsen, O., Through the unknown Pamirs. London 1904, W. Heinemann. 15 s.

Schlagintweit, Emil, Bericht über eine Adresse an den Dalai Lama in Lhasa (1902) zur Erlangung von Bücherverzeichnissen aus den dortigen buddhistischen Klöstern. (Aus den Abh. bayer. Akad. Wiss.) S. 657—674, 2 Taf. München 1904, O. Franz. 1 M.

Schön, Jos., Der Kriegsschauplatz in Ostasien. Oeogr. Beschreibung und Würdigung. 2. verm. Aufl. 310 S. Leipzig 1904, Fried. Luckhardt. 5 M.

Shoemaker, M. M., Heart of the Orient. London 1904, O. P. Putnams Sons. 10 sh 6 d.

Sievers, Wilh., Asien. 2. Aufl. XI, 712 S., 167 Abb., 16 Karten, 20 Taf. Leipzig 1904, Bibl.-Inst. 17 M.

Takaoka, Kumao, Die innere Kolonisation Japans. X, 108 S. (Staats- u. soz.-wiss. Forschungen, XXIII, 3.) Leipzig 1904, Duncker u. Humblot. 2.00 M.

Wörishöffer, S., Kreuz und Quer durch Indien. Irrfahrten zweier junger deutscher Leichtmatrosen in der indischen Wunderwelt. 5. Aufl. IV, 629 S., 16 Abb. Bielefeld 1904, Velhagen & Klasing. 9 M.

e) Afrika.

Chantre, E., Recherches anthropologiques en Egypte. Paris 1904, A. Rey & Cie. 50 frs.

Denkschrift über Eingeborenen - Politik und Hereroaufstand in Deutsch-Südwestafrika. 94 S. Berlin 1904, E. S. Mittler & Sohn. 1.25 M.

Kandt, Rich., Caput Nili. Eine empfindsame Reise zu den Quellen des Nil. XVI, 538 S., 12 Taf., 1 Karte. Berlin 1904, Dietr. Reimer. 8 M.

Lepsius, C. Rich., Denkmäler aus Agypten und Äthiopien, nach den Zeichnungen der von Sr. Maj. dem Könige von Preußen Friedrich Wilhelm IV. nach diesen Ländern gesendeten und in den Jahren 1842—45 ausgeführten wissenschaftlichen Expedition. Herausgeg. von Eduard Naville. Unter Mitwirkung von Ludw. Borchardt bearb. von Kurl Sethe. 2. Bd.: Mittelägypten mit dem Fajum. V, 261 autogr. S. mit Abb. Leipzig 1904, J. C. Hinrichs. 32 M.

Lippe, Bernhard Graf zur, In den Jagdgründen Deutsch-Ostafrikas. Erinnerungen aus meinem Tagebuch mit einem kurzen Vorwort über das ostafrikanische Schutzgebiet. XI, 154 S., 16 Taf. Berlin 1904, D. Reimer. 6 M.

Löckay, Nik., Die astronomischen Beziehungen der Cheops-Pyramide. 1 Bl., 2 Abb. Leipzig 1904, O. Schneider. 20 Pf.

Montgelas, Pauline Gräfin, Ostasiatische Skizzen. V, 103 S. München 1904, Th. Ackermann.

Morel, E., King Leopolds rule in Africa. London 1904, W. Heinemann. 8 M.

Nassau, R. H., Fetichism in West Africa. London 1904, Duckworth & Co. 7 s 6 d.

Prince, Magdalene, Eine deutsche Frau im Innern Deutsch-Ostafrikas. 2. durchges. Aufl. X, 212 S., 14 Abb., 1 K. Berlin 1904, E. S. Mittler & Sohn. 4.50 M.

Renty, E. de, Chemins de fer coloniaux en Afrique. 2e partie. Paris 1904, F. R. de Rudeval. 3 frs 50 c.

Rouard de Card, E., Relations de l'Espagne et du Maroc pendant le 18me et le 19me siècle. Paris 1904, A. Pedone. 3 frs.

Schoenfeld, E. Dagobert, Erythräa und der ägyptische Sudan. Auf Grund eigener Forschungen an Ort und Stelle dargestellt. III, IV, 245 S. Berlin 1904, D. Reimer. 8 M.

Steindorff, Oeorg, Durch die libysche Wüste zur Ammonsoase. 163 S., 173 Abb., 1 Karte. (Land und Leute XIX). Bielefeld 1904, Velhagen & Klasing. 5 M.

f) Amerika.

Baadevant, J., L'action coercitive anglo-germano-italienne contre le Vénézuéla. Paris 1904, A. Pedone. 4 frs.

Bonaparte, Prince Rolande. Le Mexique au début du 20e siècle. 2 vols. Paris 1904, Ch. Delagrave. 30 frs.

Buron, E. J. P., Richesses du Canada. Paris 1904, E. Ouilmoto. 7 frs 50 c.

Eisen, Oust., An account of the Indians of the Santa Barbara Islands in California. (Sitz.-Ber. Böhm. Oes. Wiss.) 30 S. Prag 1904, Fr. Řivnáč. 40 Pf.

Grinnell, G. B., American big game in its haunts. London 1904, K. Paul, Trench, Trübner & Co. 12 s.

Sapper, Karl, in den Vulkangebieten Mittelamerikas und Westindiens. Reisescilderungen und Studien über die Vulkanausbrüche d. J. 1902 u. 1903, ihre geol., wirtsch. und sozialen Folgen. 76 Abb., 33 Taf., VI, 334 S. Stuttgart 1905, E. Schweizerbart. 16 M.

Zabel, Eugen, Bunte Briefe aus Amerika. 268 S. Berlin 1904, Oeorg Stilke. 4. M.

g) Australien und Südsee.

Wörishöffer, S., Das Naturforscherschiff oder Fahrt der jungen Hamburger mit der »Hammonia« nach den Besitzungen ihres Vaters in der Südsee. 7. Aufl. IV, 464 S., 24 Abb. Bielefeld 1904, Velhagen & Klasing. 7 M.

h) Polarländer.

Borchgrevink, Carsten, Das Festland am Südpol. Die Expedition zum Südpolarland in den Jahren 1898—1900. VIII, 609 S., 321 Text- u. 5 bunte Abb., 6 K. Breslau 1905, Schlesische Buchdruckerei. 15 M.

Enzberg, Eugen v., Heroen der Nordpolarforschung. Der reiferen Jugend und einem gebildeten Leserkreis nach den Quellen dargestellt. 2. neubearb. und verm. Aufl. VIII, 439 S., 55 Illustr. Leipzig 1905, O. R. Reisland. 5 M.

f) Geographischer Unterricht.

Andrees Schulatlas, in erweit. Neubearbeitung herausgegeben von A. Scobel. 51 Aufl. 56 S. Bielefeld 1904, Velhagen & Klasing. 1.50 M.

Andrees und Putzgers Gymnasial- und Realschul-Atlas. 10. Aufl. III, 70 Bl. Bielefeld 1904, Velhagen & Klasing. 4.50 M.

Andrees und Rugges Dresdner Schul-Atlas in erweiterter Neubearbeitung herausgegeben von A. Scobel. 11. Aufl. 64 S. Bielefeld 1904, Velhagen & Klasing. 1.50 M.

Becker, Ant., Methodik des geographischen Unterrichts. Ein pädagogisch-didaktisches Handbuch für Lehramtskandidaten und Lehrer. (Die Erdkunde III). IX, 92 S. Wien 1905, Franz Deuticke. 3 M.

Bitzan, Jos., Kurzgefaßte Heimatkunde für das dritte Schuljahr der Volksschulen der Stadt Reichenberg. 2. verm. u. verb. Aufl. 24 S., 1 K. Reichenberg 1904, P. Sollers. 50 Pf.

Daniel, H. A., Leitfaden für den Unterricht in der Geographie. 248. Aufl. Für höhere Mädchenschulen usw. bearb. von Justus Baltzer u. Dr. Karl Leonhardt. Halle a. S. 1904, Waisenhaus. 80 Pf.

Frey, Hans, Mineralogie und Geologie für schweizerische Mittelschulen. 2. verb. Aufl. IV, 225 S., 261 Abb. Leipzig 1904, G. Freytag. 2.75 M.

Fritzsche, Rich., Geogr. Charakterbilder aus Thüringen und Franken. 1. Serie. 5 Tafeln. 1. Durchbruch der Saale bei der Rudelsburg. — 2. Thüringische Braunkohlenlandschaft. — 3. Inselsberg mit Tabarz am Fuße. — 4. Kyffhäuser mit Goldener Aue. — 5. Koburg mit Veste. Altenburg 1904, Oskar Bonde. 11 M., einzelne Tafel 2 M. Texthelt dazu: Geogr. Charakterbilder aus Thüringen und Franken. Ein heimatkundl. Lesebuch. 1. Heft. 31 S. 50 Pf.

Harms, H., Schulwandkarte von Deutschland in plastischer Terrainmanier mit Höhenfärbung. 1 : 700000. Ausg. A: Phys.-pol. Aug. B: Physik. 3. Aufl. Braunschweig 1904, H. Wollermann. 27 M.

Hirschmann, Leonh., u. Georg Zahn, Grundzüge der Erdbeschreibung. Für die Hand der Schüler. 2 Abteilgn. München 1904, R. Oldenbourg. 75 Pf.

Hoek, S., Handelsgeogr. für Handelsschulen sowie zum Selbstunterricht. VII, 200 S. Berlin 1904, C. Regenhardt. 3 M.

Hölzels Geogr. Charakterbilder. IV. Suppl. 38. Die Tundra. — 39. Chinesische Lößlandschaft. — 40. Erdpyramiden. Wien 1904, Ed. Hölzel. Je 4 M.

Kaufmann, Ant., Kurzgefaßte Erdbeschreibung in Fragen und Antworten. Bearb. für die Volksschulen Bayerns. 2. Heft: Geographie von Bayern. 26. verb. Aufl. 16 S. Straubing 1904, Herm. Appel. 10 Pf.

Maierl, Ed., Kleine Heimatkunde von Steiermark nach Landschaftsgebieten. Für die häusliche Wiederholung bearbeitet. 3. verb. Aufl. 27 S. Leoben 1904, Max Enserer. 30 Pf.

Pillkallen. Schulwandkarte des Kreises Pillkallen. 1 : 40000. Leipzig 1904, Georg Lang. 18.25 M.

Reinhardt, Guido, Heimatkunde der thüringischen Staaten. 3. verb. Aufl., herausgeg. von L. Schmidt. 28 S., 9 Bilder, 1 K. Gotha 1904, Rich. Schmidt. 40 Pf.

Retzlaff, Fd., Astronomische Geographie. Vorbereitungen für die beiden Lehrstufen des geogr. Unterrichts in der sechs- bis achtstufigen Volksschule. (Lehrerheft) VIII, 182 S. Potsdam 1904, A. Stein. 2.50 M.

—. Astronomische Geographie in der sechs- bis achtstufigen Volksschule. IV, 44 S. Potsdam 1904, A. Stein. 60 Pf.

Ruff, Karl, Geographie für Militäranwärter. III, 160 S. Straßburg 1904, Fr. Engelhardt. 2 M.

Scharizer, Rud., Lehrbuch der Min. u. Geol. für die oberen Klassen der Gymnasien. 5. Aufl. VI, 116 S., 120 Abb. Leipzig 1904, G. Freytag. 1.90 M.

Sydow, E. v. und Herm. Wagners methodischer Schulatlas. 12. ber. u. erg. Aufl. 8 S. Text, 47 Taf. Gotha 1904, Justus Perthes. 5 M.

Tischendorf, Jul., Geographie II. Das Deutsche Reich. (I. Abt.) 16. u. 17. verm. Auflage. X, 257 S. Leipzig 1905, H. Zimmermann. 2.40 M.

Tischendorf, Jul., IV. Europa. 15. u. 16. verm. Aufl. VII, 205 S. V. Außereuropäische Erdteile. 12. u. 13. verb. Aufl. Leipzig 1905, Ernst Wunderlich. Je 2.80 M.

Zehden, Karl, Leitfaden der Handels- und Verkehrsgeogr. f. zweikl. Handelsschulen. 5. Aufl. v. Th. Cicalek. V, 234 S. Wien 1904, A. Hölder. 3 M.

k) Zeitschriften.

Bollettino della Società Geografica Italiana. 1904.
August. **Coen,** La supposta decadenza della Gran Bretagna ed il risveglio dell'Oriente Asiatico. — **Marini,** Il rilievo topografico della Colonia Eritrea. — **Joubert,** Le isole di Loos e Conacri (Africa occident.). — **Ottavio Cerroti.**
September. **Chimielli,** Pechino e la Città proibita. — **Coen,** La supposta decadenza della Gran Bretagna ed il risveglio dell'Oriente Asiatico.

Bulletin of the American Geogr. Society. Vol. XXXVI.
Nr. 10. **Cady,** The Historical and Physical Geogr. of the Dead Sea Region. — **Tower,** The Development of Cut-off Meanders. — **Huibret,** An Ancient Map of the World.

Deutsche Erde. III, 1904.
Heft 6. **Braun,** Das Deutschtum in Konstantinopel. — **Friedemann,** Die neue Rechtschreibung in den Niederlanden. — **Weber,** Die Ursachen der Verslawung Zipsens. **Hantasch,** Die Verdienste der Deutschen um die Erforschung Südamerikas. IV. Im 19. Jahrhundert. — **Helmolt,** Die Schaffung eines deutschen »Who's who«. — Neues vom Deutschtum aus allen Erdteilen — **Langhans,** Statistik der Deutschen. II. Schweiz: Die Muttersprache der Wohnbevölkerung 1880, 1890 und 1900.

Geographische Zeitschrift. X, 1904.
Nr. 12. **Partsch,** Die Eiszeit in den Gebirgen Europas zwischen dem nordischen und dem alpinen Eisgebiet. — **Hettner,** Das europäische Rußland. — **Fischer,** Der VIII. Intern. Geogr. Kongreß. — **Regel,** Der XII. Intern. Amerikanisten-Kongreß in Stuttgart.

Globus. Bd. 86, 1904.
Nr. 21. **Leßner,** Die Baluš- oder Rumpiberge und ihre Bewohner II. — **Hennig,** Die Entwicklung des Seekabelnetzes der Erde. — Hirtlers Zug von Bamum nach Jabassi.
Nr. 22. **Nerong,** Haus- und Viehmarken auf der Insel Föhr. — **Preuß,** Der Ursprung der Religion und Kunst. — Die Funde im Maglemose und ihre zeitliche prähistorische Stellung. — **Krebs,** Russische Reformbestrebungen in der praktischen Witterungskunde.
Nr. 23. **Förstemann,** Vergleichung der Dresdner Mayahandschrift mit der Madrider. — **Singer,** Das Reisewerk der deutschen Südpolarexpedition. — **Preuß,** Der Ursprung der Religion und Kunst (Fortsetzung). — Der See Kossogol. — Restaurierung der hanseatischen Ringmauer in Wisby.
Nr. 24. **David,** Weitere Mitteilungen über das Okapi. — **Lauto,** Ein buddhistisches Pilgerbild. — **Preuß,** Der Ursprung der Religion und Kunst (Schluß). — **Leßner,** Die Baluš- oder Rumpiberge und ihre Bewohner III. (Schluß).

La Géographie. X. 1904.
Nr. 4. **de Lapparent,** Le dernier voyage de Sven Hedin. — **Allemand-Martin,** Les îles Kerkenna. — **Cordier,** Le VIII e Congrès internat. de Géographie.

Mitt. d. k. k. Geogr. Ges. Wien. 47 Bd., 1904.
Nr. 9/10. **Peucker,** Neue Beiträge zur Systematik der Geotechnologie (Schluß). — **Schmit R. v. Tavera,** Mein erster Ausflug in die mexikanische Tierra caliente. — **Schaffer,** Neue Beobachtungen zur Kenntnis der alten Flußterrassen bei Wien.

The Journal of Geography. Vol. II, 1904.
Sept. **Norton,** Excursions in College Geography. — **Whitbeck,** Response to Surroundings. — A Geographic Principle. — **Holdsworth,** Transportation, Part III. — **Ireland,** What a Child should gain from Geography. — **Farnham,** What the Child should know of Geography at the End of his Grade Course.

The Geographical Journal. Vol. XXIV. 1904.
Nov. **Elliot,** The Anglo French Niger Chad Boundary Commission. — **Sven Hedin,** The Scientific Results of Dr. Sven Hedins Last Journey. — **Murray-Pullar,** Bathymetrical Survey of the Freshwater Lochs of Scotland. — The Evolution of Climates. — The Fifth Italian Geographical Congress.

The National Geographic Magazine. Vol. XIV, 1904.
Nr. 11. The New English Province of Northern Nigeria. — **Bigelow,** Scientific Work of Mount Weather Meteorological Research Observatory. — Some Facts about Japan. — The Glaciers of Alaska. — Government Assistance in Handling Forest Landes. — Problems of the East-Land of Earthquakes.

The Scottish Geographical Magazine. XX, 1904.
Dez. **Smith,** Botanical Survey of Scotland III. u. IV. Forfar and Fife. — **Murray-Pullar,** Bathymetrical Survey of the Fresh-Water Lochs of Scotland. Part VI. The Lochs of the Ewe Basin. — Letters from Morocco. — The Voyages of Pedro Fernandez de Quiros, 1595.

Wandern und Reisen. II, 1904.
Nr. 24. **Schnitzlein,** Ein Spaziergang durch Rothenburg o. T. — **Liebnitz,** Weihnachten in Schweden. — **Schuster,** Die Davoser Berge. — **Buchholz,** Wanderungen in Litauen. — **Meyer,** Eine Feluenkahrt im Roten Meere. — **Müller-Brauel,** Die Externsteine und das Relief an den Externeisen. — **v. Glauveli,** Die Rosengartenspitze in den Dolomiten.

Zeitschrift der Gesellschaft f. Erdkunde zu Berlin. 1904.
Nr. 9. **Uhlig,** Vom Kilimandscharo zum Meru. — **Uie,** Alter und Entstehung des Würmsees. — **Ruete,** Geplante Bewässerungsanlagen im Gebiet des oberen Nil

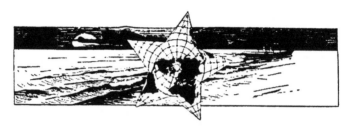

Eduard Richter †.
Von Dr. Otto Jauker-Laibach.

Am 6. Februar verlor die geographische Wissenschaft einen ihrer bestbekannten und auf den verschiedensten Gebieten hervorragenden Vertreter, die heranwachsende Generation einen der tüchtigsten Lehrer und liebenswürdigsten Förderer, alle, die das Glück hatten, ihn kennen, schätzen und lieben zu lernen, einen fürsorglichen Berater und väterlichen Freund in dem Professor der Geographie an der Grazer Universität: Hofrat Dr. Eduard Richter. Von Jugend an ein Verehrer der Natur und wackerer Tourist, lange Jahre als Mittelschullehrer an den Verkehr und die Unterrichtstätigkeit mit der Jugend gewöhnt, vereinigte er als Universitätsprofessor die Gabe lebendigster, aus unmittelbarer Anschauung geschöpfter Schilderungskraft mit dem anregendsten Lehrton.

Eduard Richter wurde am 3. Oktober 1847 zu Manersdorf in Niederösterreich geboren; da er den Vater schon früh verlor, so blieb die Erziehung des aufgeweckten und phantasiereichen Knaben der Mutter überlassen. 1866 kam Richter an die Universität Wien, wo er sich hauptsächlich historischen Studien widmete, Aschbach, Lorenz, Sickel waren u. a. seine Lehrer, durch sie wurde er der archivalischen Forschung näher gebracht und wurde Mitglied des Instituts für österreichische Geschichtsforschung. Aber schon damals zeigte sich, angeregt durch größere Wanderungen in den Alpen, ein lebhaftes Interesse für die Geographie, die durch Friedrich Simony vertreten war, an den sich Richter mit großer Liebe anschloß. Und wie sich die Vorliebe Simonys für Seen- und Gletscherstudien in Richters Arbeiten widerspiegelt, so sind auch viele seiner landeskundlichen und historischen Abhandlungen auf Anregungen aus dieser Zeit zurückzuführen.

Im Jahre 1871 wurde Richter Gymnasialprofessor in Salzburg und verbrachte hier eine an Anregungen und Freuden reiche Zeit. Die schöne, interessante Landschaft und ein gewählter Freundeskreis regten ihn auch zu schriftstellerischer Tätigkeit an, hier begannen die Beziehungen zum Deutschen und Österr. Alpenverein sich anzuknüpfen, die bis zu seinem Tode dauernd geblieben sind, hier lebte er sich, ein geborener Lehrer, in den Mittelschulbetrieb ein und ein reges Mithandeln auch in der späteren Zeit lehrt, daß er die Mittelschule nicht aus dem Auge verlor.

Auf Grund seiner wissenschaftlichen Arbeiten und des ausgezeichneten Rufes, dessen sich Richter als Kenner der Alpen erfreute, wurde er am 6. Februar 1886 als Nachfolger W. Tomascheks an die Grazer Universität berufen, wo er bis zu seinem Hinscheiden wirkte. Hatte er schon in den Jahren 1883—85 die ehrenvolle Stellung eines Präsidenten des Deutschen und Österr. Alpenvereins bekleidet, so nahm er auch später im wissenschaftlichen Beirat eine maßgebende Stelle ein. Das genauere Studium und namentlich die zahlreichen Gletschervermessungen, wie sie Finsterwalder, Heß, Blümcke, Kerschensteiner, Pfaundler, Seeland u. a. durchgeführt haben, gehen z. T. auf Richters Anregung zurück. Seit dem Zustandekommen der »Internationalen Gletscherkommission« gehörte ihr Richter als Mitglied, seit 1887 als Präsident an. 1900 wurde Richter Rektor der Universität, in demselben Jahre korrespondierendes und 1902 wirkliches Mitglied der Akademie der Wissenschaften; 1903 wurde er zum Hofrat ernannt.

Wenn auch Richter auf den verschiedensten Gebieten der Wissenschaft tätig war, so sind doch in erster Linie seine Gletscherstudien zu erwähnen, die seinen Namen zuerst bekannt gemacht haben. Schon 1873, also zu einer Zeit, da die Gletscherkunde noch in den Anfängen steckte (die Arbeiten von Agassiz, Forbes, Mousson, Sonklar u. a.), faßte Richter die Gesichtspunkte zusammen in der Schrift »Das Gletscherphänomen« (Jahresbericht des Gymnasiums zu Salzburg 1873 und Zeitschrift des Deutschen und Österr. Alpenvereins 1874). Als Richter 1879 die Rhônegletschervermessung sah, begann er auch in den Ostalpen in diesem Sinne zu wirken; seine »Beobachtungen an den Gletschern der Ostalpen« sind in der Zeitschrift des Deutschen und Österr. Alpenvereins niedergelegt (1877, 1883, 1885, 1888). Den Abschluß bilden »die Gletscher der Ostalpen« (Sammlung geographischer Handbücher, Stuttgart 1888), die neben Heims Gletscherkunde (Stuttgart 1885) noch ihren Platz behaupten. Zog auch später die Internationale Gletscherkommission die Blicke Richters auf ein weiteres Feld, so blieb er doch seinem eigentlichen Gebiet, den Ostalpen, getreu; 1892 erschienen die »Urkunden über die Ausbrüche des Vernagt- und Gurglergletschers im 17. und 18. Jahrhundert« (Forschungen zur deutschen Landes- und Volkskunde VI, 4. Heft), eine Arbeit, in der neben den Erfahrungen auf dem Gebiet der Gletscherkunde auch die historische Forschungsmethode hervortritt. Dieselbe Behandlungsweise treffen wir auch in seiner »Geschichte der Schwankungen der Alpengletscher« (Zeitschrift des Deutschen und Österr. Alpenvereins 1891), in der auch schon die Rapports Forels und Brückners »Klimaschwankungen« herangezogen sind. In jüngster Zeit hat Richter und Penck die »Glazialexkursion in die Ostalpen« herausgegeben (Führer zum IX. Internationalen Geologen-Kongreß.

Mit den Gletscherstudien hängen auch Richters Arbeiten auf touristischem und morphologischem Gebiet zusammen. Außer zahlreichen Beiträgen in den Veröffentlichungen des Deutschen und Österr. Alpenvereins ist hier vor allem das dreibändige, reich ausgestattete Werk »Die Erschließung der Ostalpen« zu nennen (Berlin 1892—94), das ein Nachschlagewerk ersten Ranges ist. Die Ergänzung bildet »Die wissenschaftliche Erforschung der Ostalpen seit der Begründung des österreichischen und deutschen Alpenvereins (Zeitschrift des Deutschen und Österr. Alpenvereins 1894, selbständig erschienen: Richter-Purtscheller: In Hochregionen, Berlin 1895). Richter, der Alpinist war, ehe Wegemarkierungen, Schutzhütten und sonstige Erleichterungen vorhanden waren, der Wintertouren unternommen hat, bevor sie noch Mode waren, ist durch seine Beobachtungen und Messungen an den Hochseen der Frage der Morphologie der Hochalpen und dem Karproblem näher getreten. Die Frucht dieser Studien sind die »Geomorphologischen Untersuchungen in den Hochalpen (Petermanns Mitt., Erg.-Heft 132, 1900). Schon früher hatte er dieses Thema angeschlagen (über Kare und Hochseen, Naturforscherversammlung, Wien 1894) und sein längerer Aufenthalt in Norwegen brachte ihm neues Material. Seine Beobachtungen auf dieser Reise sind in verschiedenen Abhandlungen niedergelegt: Aus Norwegen (Zeitschrift des Deutschen und Österr. Alpenvereins 1896); Geomorphologische Untersuchungen aus Norwegen (Sitzungbericht der Akademie der Wissenschaften 1896); die Gletscher Norwegens (Hettners Geogr. Zeitschrift 1896); neue Beiträge zur Morphologie Norwegens (Hettners Geogr. Zeitschrift 1901). Die norwegische Strandebene und ihre Entstehung (Globus, 69. Bd.).

Damit steht wieder Richters Tätigkeit auf dem Gebiet der Seenforschung im Zusammenhang. Von den Karen und Hochseen stieg er herab zu den größeren und kleineren Seen der Voralpen und der inneralpinen Ebenen. Er unternahm zahlreiche Lotungen mit einer von ihm selbst konstruierten Lotmaschine, auf die er ebenso stolz war, wie auf irgend eine seiner Arbeiten. Das Ergebnis ist der »Atlas der österreichischen Alpenseen« (Wien 1896) und die »Seenstudien« (Pencks Abhandlungen, Wien 1898).

Richters historische Arbeiten fallen z. T. in die früheste, z. T. in die letzte Zeit seiner schriftstellerischen Tätigkeit. Verschiedene Veröffentlichungen zur Prähistorie und Geschichte von Salzburg sind in den Mitteilungen der Gesellschaft für Salzburger Landeskunde, deren Leiter Richter seinen Jahre war, und in den Schriften des Instituts für österreichische Geschichtsforschung veröffentlicht; selbständig erschienen »Studien zur historischen Geographie des Erzstiftes Salzburg« (Innsbruck 1884). Das letzte Jahrzehnt in Richters Leben ist von dem Bestreben erfüllt, einen historischen Atlas der österreichischen Alpenländer herauszugeben. Aufrufe wurden erlassen und das Programm aufgestellt: (Über einen historischen Atlas der österreichischen Alpenländer,

Festschrift für Krones, Graz 1895; Mitt. der k. k. geogr. Gesellschaft in Wien, 1896, Korrespondenzblatt 1896, Mitt. des Instituts für österr. Geschichtsf., Ergänzungsband V und VI). Ein Stab von tüchtigen und eifrigen Mitarbeitern sammelte sich bald und man konnte daran gehen, die schwierige, mühevolle und vielfach undankbare Arbeit der Sichtung und Bearbeitung des verstreuten und oft schwer zugänglichen Materials zu beginnen. Getreu dem aufgestellten Programm, »der historische Atlas des deutschen Mittelalters muß von der Neuzeit aufwärts oder rückwärts gearbeitet werden«, suchte man mit Hilfe der Landesgerichts-, Herrschafts- und Burgfriedsgrenzen die ältere administrative Einteilung zu ermitteln und in dem einen Falle war die Mühe durch die Auffindung des comitatus Liutpoldi belohnt. Mitten in der Durchführung dieser Forschung, die in der letzten Zeit seine Haupt- und Lieblingsaufgabe bildete, hat ihn der Tod herausgerissen. Und wenn auch dadurch der Bestand des Werkes nicht in Frage gestellt wird, so verliert es doch einen hervorragenden Mitarbeiter, der seine ganze, mit so reicher Erfahrung ausgestattete Persönlichkeit der Sache widmete.

Eduard Richter, der in seinen Arbeiten und bei den Vorlesungen stets ein so großes Gewicht auf das Zusammenwirken aller einzelnen Bedingungen zu einer geographischen Individualität legte, mußte sich besonders zur Landeskunde hingezogen fühlen; und er hat es oft geäußert, daß über alle Einzelbetätigungen in Geologie, Klimatologie, Ethnographie usw. hinaus die eigentliche Aufgabe der Geographie die wissenschaftliche Landeskunde sei. Hat Richter schon früher in seinem »Herzogtum Salzburg« (Umlauft, Die Länder Österr.-Ungarns. V. 1881 u. 1889 und in der Österr.-Ungar. Monarchie in Wort und Bild) und in dem mit A. Penck herausgegebenen »Land Berchtesgaden« (Zeitschrift des Deutschen und Österr. Alpenvereins 1885) sich auf diesem Arbeitsgebiet betätigt, so sind auch viele Arbeiten über die Alpen und Norwegen landeskundliche Beiträge. Dem gewissenhaften und gründlichen Manne aber schien eine auf alle Gebiete sich ausdehnende Vorbereitung allein die Voraussetzung für eine wirklich wissenschaftliche Landeskunde zu sein. Ein solches abschließendes Werk sollte seine Landeskunde von Bosnien werden. Richter hatte auf seinen Reisen in diesem Lande es lieben gelernt und seine reichen geographischen und geschichtlichen Vorkenntnisse ließen ihn eine Behandlung des bisher noch immer stark vernachlässigten Landes notwendig und verdienstlich erscheinen. Auch dieser ihm so lieben Arbeit wurde er durch den Tod entrissen; doch sind die Studien so weit gediehen, daß eine Vollendung von berufener Hand wohl erwartet werden kann.

Neben seinen fachwissenschaftlichen Arbeiten darf jedoch Richters Tätigkeit auf dem Gebiet der Schulgeographie nicht übersehen werden. Er war der Meinung, daß eine gründliche, für das Leben taugliche Vorbildung aus der Geographie schon in der Mittelschule gewonnen werden, daß an Stelle des toten statistischen Materials eine lebendige Anschauung von Ländern und Völkern treten, daß mit weisem Maße die Errungenschaften der Wissenschaft in die Mittelschule getragen werden müsse. So hat er schon früher über »die historische Geographie als Unterrichtsgegenstand« geschrieben, so hat er sich wiederholt in der Lehrbücherfrage zum Worte gemeldet und auf den Geographentagen mit treffenden Worten auf die Mängel und Irrtümer, aber auch auf die Verbesserungen hingewiesen; auf dem XIII. Deutschen Geographentag zu Breslau (1901) wurde Richter auch in die ständige Kommission für den erdkundlichen Unterricht gewählt. Nicht zufrieden mit dem bloßen Theoretisieren schrieb er auch ein »Lehrbuch der Geographie«, das in Österreich vielfach Verbreitung fand und schon 1902 in 5. Auflage erschien. Eine Ergänzung bildet Richters geographischer Schulatlas (Wien 1898, 1902).

Seine Unterrichtstätigkeit als Hochschulprofessor bringt uns Richter als Menschen und Lehrer nahe. Dieser Punkt sei zuletzt, aber mit besonderem Nachdruck besprochen. Da lernte ihn auch der, der ihn etwa aus seinen Schriften noch nicht kannte, achten und lieben. Sein Talent, Menschen für sich zu gewinnen und für eine Sache zu begeistern, hatte zur Folge, daß gar mancher, der mit anderen Absichten an die Hochschule gekommen war, sich der Geographie zuwandte oder doch wenigstens mit ihr in Fühlung blieb. Den Studenten war er stets ein treuer Berater und Helfer, wo es anging, förderte er sie auf jede Weise bei ihren wissenschaftlichen Arbeiten. An allen akademischen Angelegenheiten nahm er mit jugendlicher Begeisterung teil und konnte da, ein ehemaliger Burschenschafter, der zwar nur kurz, aber mit ganzer Seele

7*

sich angeschlossen hatte, streng und hart im Urteil sein, wenn er irgendwelche Verstöße gegen akademischen Brauch und gute Sitte vernahm. Bei aller Vertraulichkeit und bei allem gemütlichen Zusammensein mit der studentischen Jugend empfand man doch stets den Abstand, der die jungen Leute von dem gereiften, weltgewandten und gelehrten Manne schied. Vornehmheit nicht nur im Auftreten, sondern auch in der ganzen Denk- und Handlungsweise ist eine der hervorstechendsten Eigenschaften in Richters schönem Charakterbild.

In den Vorlesungen Richters fand man nicht nur Hörer aus anderen Wissenschaftsgebieten, die die ausgezeichnete Vortragsweise angelockt hatte, sondern auch Damen und Herren des Militär- und Forstwesens. Es möge hervorgehoben sein, daß sich die Zahl der Mitglieder des geographischen Seminars in den letzten zehn Jahren von 5—7 auf über 100 erhöht hatte. Richter verstand es, durch zahlreiche Bilder, Karten, Zeichnungen, einfache Modelle, die er selbst verfertigt hatte, oft auch nur durch eine kurze Bewegung, ein Witzwort, eine treffende Bezeichnung die Sache besser und leichter verständlich zu machen, als durch lange Reden. Dazu kommt, daß Richter durch seine zahlreichen Reisen in den Alpen und Deutschland, in Norwegen und Rußland, in den Karstländern, Italien, Griechenland und Algerien seine Ausführungen aus der lebendigen Anschauung schöpfen konnte, durch kurze Erzählungen, Anekdoten den Vortrag nicht nur angenehm belebte, sondern auch leicht merkbar machte. In allem und jedem merkte man eben den Mann der Mittelschule, der nicht vom Katheder lehrt, sondern unterrichtet, immer im lebhaften Wechselverkehr mit den aufmerkenden Zuhörern.

Aber so recht traten Richters beste menschliche Eigenschaften hervor bei den zahlreichen Schülerausflügen, die er in die Alpen und den Karst unternahm, um die Fragen, mit denen er sich beschäftigte, auch seinen Schülern vorzuführen. Die Gletscher- und Moränenuntersuchungen in den Hohen und Niederen Tauern, im Dachstein- und Eisenerzgebiet und bei Udine, die Reisen in die Karstländer und nach Bosnien bilden für alle, die dabei sein konnten, eine herzerquickende Erinnerung, eine Quelle reicher Belehrung. Hier verband sich Richters Beobachtungsgabe, sein frischer Humor, seine geschickte Behandlung des Menschen, sein poetischer Sinn für Naturschönheiten und markante Erscheinungen zu einem harmonischen Ganzen. Wie er uns mit einem drastischen Bilde, einem hübschen Vergleich, einigen kräftigen Vierzeilern die Eigenheiten von Land und Volk in Bosnien und der Herzegowina erklärte, wird uns besser in der Erinnerung haften, als wenn er uns einen langen Vortrag gehalten hätte.

Und so steht Richter vor uns und wird auch künftig in unserem dankbaren Andenken leben als ein durch und durch gesunder, allem unwahren und verlogenen abholder Mann, als ein vielseitig anregender, streng führender Lehrer, als ein gediegener, ernster Forscher, als ein edler, hochdenkender Mensch.

✱

Die Verhandlungen schulgeographischer Fragen
auf dem VIII. Intern. Geographen-Kongreß (Vereinigte Staaten).

(Vgl. Heft 1, S. 5 ff.).
Von Heinrich Fischer-Berlin.

Für die Entwicklung des lange recht vernachlässigten geographischen Unterrichts ist man in den Vereinigten Staaten zur Zeit sehr eingenommen. Die allgemein verbreitete Neigung, sich mit Erziehungsfragen zu beschäftigen, gibt diesen wie anderen pädagogischen Bestrebungen die breiteste Grundlage. Die immer mehr erkannten engen Beziehungen zwischen einer gewissen geographischen Bildung und der wirtschaftlichen und kommerziellen Leistungsfähigkeit eines Landes wie des einzelnen Individuums, schließlich nicht am wenigsten der Umstand, daß sich im Gegensatz zu der alten Allerleiweisheit die »Physiographie« ausgebildet und von oben her in die Schullehrpläne eingenistet hat, sind die bemerkenswerten Quellen, aus denen diese Strömung im amerikanischen Geistesleben ihre Nahrung empfängt. Für diejenigen Lehrer, denen der Begriff der »Physiographie« weniger geläufig ist, mag dabei bemerkt werden, daß es sich hierbei im wesentlichen um »allgemeine Erdkunde« handelte, der Hauptsache nach ausgebildet von den Gelehrten der »Geologischen Landesaufnahme«. Sie umfaßt besonders die Kapitel, die wir unter dem Namen der »dynamischen Geologie« abgehandelt zu sehen gewohnt sind, mit ganz kurzer mathematisch-geographischer Einleitung, umfangreichen meteorologischem Einschlag und möglichst ausgedehnter Weiterbildung im Sinne der Bedeutung der genannten geographischen Faktoren auf das menschliche Wirtschaftsleben in Industrie und Handel.

Man wird sich daher nicht wundern, zu hören, daß zwei umfangreiche Sitzungen der »educational geography« gewidmet waren. Sie fanden am Dienstag den 13. und Mittwoch den 14. September in New-York statt. Der Verhandlungsraum befand sich im Amerikanischen Museum für Naturgeschichte, das außer einem großen »Auditorium« über einige Hörsäle (lecture rooms) verfügt. Die Räume dort reichten für alle Zwecke völlig aus, doch zogen die reichen und schönen Sammlungen begreiflicherweise viel von dem Interesse, das sich auf die Sitzungen hätte konzentrieren sollen, auf sich. Immerhin waren die beiden schulgeographischen Sitzungen recht gut besucht.

Auf dem »täglichen Programm« waren nicht weniger als 26 Vorträge für unsere Sitzungen angekündigt, von denen aber nur sieben am ersten Tage erledigt werden konnten. Die schließliche Abwicklung der ganzen Kette wurde nur dadurch erreicht, daß die Anzahl der nur angekündigten Vorträge recht stattlich war, wie ja auch sonst im amerikanischen Leben die Präsentation der Vorträge das wesentliche, das Halten das meist mehr nebensächliche zu sein scheint.

Über den Inhalt der Vorträge steht mir eine Anzahl sog. Abstrakte zur Verfügung, es sind dies mehr oder minder ausführliche Inhaltsangaben der Vorträge selbst. Sie bilden die wesentlichste Grundlage der nun hier folgenden Ausführungen. Eine historische Reihenfolge ist dabei nicht beabsichtigt, doch wohl im wesentlichen durchgeführt.

Davis, der unbestrittene Führer der Bewegung, dem Erdkundeunterricht im nordamerikanischen Schulwesen eine zweckentsprechende innere Ausgestaltung und bessere äußere Stellung zu verschaffen, sprach an erster Stelle über »Eintrittsprüfungen in Physiographie« an den Colleges.

In Lehrgegenständen, die mehr mit ausgedehnten Problemen und allgemeinen Beziehungen arbeiten, als daß sie mit engbegrenzten und genauen Fragen zu tun haben, ist der Wissensbestand der Prüflinge schwerer festzustellen. Wenn nun ein Fach zu den Prüfungsgegenständen der obengenannten Examina gehört, so muß es in die Lage gebracht werden, daß scharfe Fragestellungen möglich sind, sonst wird das Fach an Achtung bei den Prüflingen verlieren. Es besteht aber augenblicklich die Gefahr, daß die »Physiographie« einem solchen Schicksal anheimfällt, wenn die jungen Leute entdecken, daß eine leichte Vorbereitung zum Erhalten der »Passiernummer« ausreicht. Man wird dieser Gefahr begegnen, wenn man, ohne den allgemeinen Charakter aufzugeben, nach größerer Präzision im einzelnen strebt. So wird man allmählich zu einer Lehrplanausgestaltung gelangen können, die der »Physiographie« einen anerkannten Platz neben klassischen und mathematischen Studien einräumt. Ein bedeutsamer Faktor für die gewünschte Besserung wird die Ausgestaltung und Einführung praktischer Übungen im Laboratorium sein, durch deren Vornahme die Schüler eine eingehendere Kenntnis der Erscheinungen sich erwerben würden, als sie durch alleinigen Buchunterricht erreichen können.

Prof. Albert P. Brigham der Mitherausgeber des Gilbert und Brighamschen Lehrbuchs in »physischer Geographie«, aus Hamilton (N.-Y.), sprach über Geographie und Geschichte in den Vereinigten Staaten.

Neben der persönlichen Initiative sind die »geographischen Bedingungen« für die Entwicklung der Rasse das wesentlichste. Sie sind weit mehr als das ehemalige »historische Theater«. Sie sind von lokaler Natur, wie Beispiele des Ausbaues der Städte, die Formen des Ackerbaues u. a. zeigen; sie sind regionaler Natur, wie die Geschichte eines Volkes mit »wandernden Grenzen« wie des nordamerikanischen besonders lehrreich zeigt; sie sind ökumenischer Natur, wenn es sich um die besten Plätze an der Sonne für die eigene Rasse handelt.

Dies müßten die Lehrer in den amerikanischen Schulen zu beachten wissen. Es ist aber vorläufig wenig daran zu bemerken, da der Siebener-Ausschuß der amerikanischen historischen Gesellschaft sich ablehnend verhält, so auch Bestrebungen gegenüber, beide Fächer, Geschichte und Erdkunde, wie das in Deutschland üblich wäre, in eine Hand zu legen.

Mit der Frage, wie »Beobachtungsunterricht mit Kindern« zu treiben sei, beschäftigte sich ein Vortrag von Frank Carney.

Über die Stellung der Geographie an den amerikanischen Seminarien gibt Charles R. Dryer einen ausführlichen Bericht. Bei Erscheinen der Verhandlungen des Kongresses wird auf denselben vielleicht zurückgegriffen werden müssen. Dryer ist auch als Verfasser von »Lektionen« in physischer Erdkunde bekannt. Dann gab Martha Krug-Genthe ein Bild der Lage des »Schulunterrichts in den Vereinigten Staaten«. Der meiste Schulunterricht, der zur Zeit gegeben wird, ist Elementarunterricht. Auf diesen Stufen besteht keine Wahlfreiheit der Fächer. Er ist noch recht besserungsbedürftig, wenn auch Fortschritte bemerkbar sind. So beginnt man, statt des Lehrbuchunterrichts auf mündlichen Vortrag des Lehrers zu halten, richtet praktische Übungen im Schulzimmer und im Freien ein und verfügt über gute Bilder. Doch liegt überall die Gefahr der Übertreibung nahe. Das Studium von geographischen Typen, das durch die Menge der Objekte nötig gemacht wird, sollte der Betrachtung der Einzelformen stets folgen, ihr aber nicht vorausgehen. Kartenzeichnen und -lesen werden auch wenig geübt. Das Entgegenkommen der Behörden läßt eine Besserung für die Zukunft erhoffen. Frau Krug-Genthe, in Hartfort (Ct) tätig, ist eine ehemalige Schülerin Ratzels und hat uns schon früher durch ihre Arbeiten über den Erdkundeunterricht in den Vereinigten Staaten aufgeklärt.

Geo. d. Hubbard aus Ithaka (N.-Y.) verbreitete sich über den »Geographischen Einfluß, ein Feld für Untersuchungen«. Der Redner erläuterte zuerst Beispiele geographischen Einflusses getrennter Gebiete großen Ausmaßes, Kulturgebiete verschiedener Gewächse, Verbreitungsgebiete unterschiedlicher Industrien, Areale von typischen Seuchen u. a. Dann wendete er sich dem geographischen Einfluß lokaler Natur zu. Er findet die Einheit der geographischen Wissenschaft und deren »Gipfelknospe« (terminal bud) in der Frage nach dem geographischen Einfluß gegeben. Untersuchungen dieser Art stäken noch in den Anfängen, versprächen aber großen Erfolg für die Wissenschaft, Aufschlüsse für die soziale und industrielle Wirtschaftslehre, Millionen für Handel und Industrie. (Vgl. meine Einleitungsworte!)

Über physikalische Erdkunde an »Hochschulen« äußerte sich M. J. Platt-Brooklin (Mass). Sie verglich den früheren Zustand mit dem jetzigen, der sich abgesehen von inhaltlicher Verbesserung durch die Einführung der Übung in Laboratorium und Feld unterscheide, und suchte ein Zukunftsbild zu entrollen. Hier bemühte sie sich, die Stellung der Erdkunde im Unterricht festzulegen, und sprach Hoffnungen im Sinne guter Einheitlichkeit in Methode und Zielen aus, trat für eine gründlichere Lehrerausbildung ein und kämpfte für eine bessere Anerkennung des Faches überhaupt.

Den »Zweck des Erdkundeunterrichts an Elementarschulen« besprach J. O. Winslow-Providence (R. I.). Der Schulkursus ist ihm nicht abgeschlossen genug, Geographie für Fachleute und Schulgeographie nicht scharf genug gesondert. Bei den Vereinigungsversuchen der »alten« und der »neuen« Erdkunde habe man sich mannigfach vergriffen. Hängen am Alten, Mangel an systematischer Ordnung im Fache, Unkenntnis oder Nichtbeachten der Fähigkeiten der Kinder seien daran schuld. Der praktische Nutzen, die vorhandene geistige Kultur der Kinder und die zur Verfügung stehende Zeit, sollten die Lösung des Problems bestimmen, indem wir zwischen »wünschenswert« und »möglich« unterschieden. — Im allgemeinen sei die Fähigkeit der Kinder, astronomisch-mathematische Beziehungen zu erfassen, überschätzt worden; erregte eine gesonderte physische Erdkunde das Interesse der Kinder nur mäßig, (es sollte vielmehr der Behandlung von allerlei Volk mehr Raum gewährt werden), sei eine ausführliche Landeskunde unnötig, (darum sollten Betrachtungen gewerblichen Charakters überall eine große Rolle spielen, an die sich logischerweise Kenntnisse über Warenaustausch anschließen müßte); kurz zugunsten der Handelsgeographie hätte sich die physische Erdkunde auf die Hochschulen zurückzuziehen.

Über »praktische Übungen in der Schulgeographie« stellte R. H. Whitbeck-Trenton (N. J.) eine Reihe von Thesen auf. Zwischen solchen Übungen in Biologie,

Chemie, Physik, Mineralogie usw. und in Erdkunde besteht insofern ein gewisser Unterschied, als bei jenen Wissenschaften die Übungen sich auf solche im Laboratorium beschränken können, dies aber in der Erdkunde nicht der Fall ist. An höheren Schulen und Seminarien sind Übungen beider Art besser ausführbar als an Elementarschulen infolge des höheren Alters der Kinder, doch sind sie unter günstigen Verhältnissen auch an diesen ausführbar und kommen tatsächlich immer mehr auf. Es ließe sich etwa die folgende Einteilung der Übungen vornehmen.

1. Handfertigkeitsübungen: Modellieren in Sand, Ton und anderen weichen Stoffen; Kartenzeichnen im allgemeinen; Herstellen von Kartogrammen wie z. B. über Produkte, Regenverteilung, dazu Reliefkarten, Skizzen; Geographische Darstellungen.

2. Beobachtungsübungen: Ausflüge zum Studium von Naturgegenständen und -erscheinungen; Besuche von Fabriken, Steinbrüchen, Märkten; Studium von Gesteinen, Erzen, Bodenproben; solches von den Rohmaterialien der Industrie und deren Erdprodukten; solches von Reliefen und den verschiedenen Kartenarten; solches von Bildern, einschließlich den stereoskopischen.

Außer diesen Vorträgen, von denen mir, wie gesagt, brauchbare »Abstrakte« vorliegen, würde noch mancher andere eine kurze Inhaltsangabe wohl verdienen, ich muß eine entsprechende Mitteilung leider aber bis nach dem Erscheinen des offiziellen Berichts zurückstellen. Zu solchen Vorträgen gehörten u. a. die über mathematische Erdkunde für Lehrer von Goode-Chicago, Wirtschaftsgeographie an Sekundärschulen von Herrick-Philadelphia, Physiographie an Universitäten von Marbut-Columbia (Mo.).

Von Vorträgen, die von Ausländern gehalten wurden, kann ich bestimmt zwei nennen, meinen eigenen, über dessen Zweck und Erfolg ich Jahrgang V, S. 268 zu vergleichen bitte[1]) und einen von Dr. Béla Erödi über den Stand der geographischen Wissenschaft in Transleithanien. Da sein Inhalt mit den amerikanischen Schulverhältnissen nichts zu tun hat, gehe ich auf ihn hier nicht ein.

Auch aus diesen abgerissenen Angaben wird man entnehmen können, daß die eingangs von mir aufgestellten Angaben zurecht bestehen. Das amerikanische Unterrichtswesen ist ja, im ganzen betrachtet, noch erheblich hinter dem unseren zurück. Aber ausgezeichnete Leistungen im einzelnen, Rührigkeit in Fragen des Unterrichtswesens überhaupt und das fast völlige Fortfallen der bei uns hemmenden Schranken überlebter Unterrichts- und Schulformen lassen eine sehr gedeihliche Entwicklung unseres Faches im vereinsstaatlichen Unterrichtswesen vermuten, so weit die allgemeinen Kulturunterlagen — was man ja als ausgemachte Gewißheit nicht wird hinstellen können — vor größeren Erschütterungen noch längere Zeit bewahrt bleiben.

Die neuen Meßtischblätter des Königreichs Sachsen.
Von Oberlehrer Friedrich Behrens-Posen.

Eher als die meisten deutschen Staaten hat das Königreich Sachsen eine topographische Aufnahme seines ganzen Gebiets durchgeführt. In dem großen Maßstabe 1:12000, aufgebaut auf eine Basismessung und ein weitmaschiges trigonometrisches Netz, wurde in den Jahren 1780—1825 mit dem Meßtisch ein Kartenbild geschaffen, das auch das Gelände in Bergstrichen sorgfältig darstellte. Auf dieser Aufnahme beruhen alle sächsischen Kartenwerke, wie die 1836—1860 erschienene sog. Oberreitsche topographische Spezialkarte 1:57600, ferner die 30 Blätter der Karte des Deutschen Reiches 1:100000 sächsischen Anteils, auch die 1874—1884 hergestellte Gradabteilungskarte des Königreichs in 1:25000 auf 156 Blättern in dreifachem Buntdruck, die sog. Äquidistantenkarte, die auch die Grundlage der geologischen Spezialaufnahme von Sachsen bildet.

Die Gradabteilungskarte 1:25000 ist technisch ganz hervorragend ausgeführt, besticht durch ihr Äußeres die Benutzer. Der Lageplan ist in Kupferstich schwarz, das Gewässernetz in Lithographie blau, das Gelände durch Höhenschichten von 10 m Abstand ebenso in leuchtendem Rötlichbraun gegeben. Nivellements- und trigonometrische Höhenpunkte sind auf eine Dezimale abgerundet zahlreich eingetragen. Dazu wird die

[1]) Durch ein Schreibversehen ist dort Prof. de Martonne von Rennes nach Nantes versetzt worden.

Äquidistantenkarte seit 1886 durch eingehende Revisionen auf dem Laufenden erhalten; man ist sicher, daß man beim Kauf eines Blattes nicht einen im Straßen- und Eisenbahnnetz ganz veralteten Abdruck erhält.

Für einen Kartenbenutzer und Kritiker, der nach Äußerlichem zu urteilen geneigt ist, stellt das Kartenwerk eine hervorragende Leistung dar. Aber wie verhält es sich mit seinem inneren Werte?

Die Geschichte seiner Entstehung berichtet, daß man 1874 wieder auf das trigonometrische Netz von 1780 zurückgriff, weil wirtschaftliche Bedürfnisse eine schnelle Herstellung erforderten und man deshalb die Ergebnisse der schon begonnenen neuen Triangulierung nicht abwarten wollte. Die Schichtlinien, die man als Darstellungsmittel der Geländeformen wählte, nahm man nicht im Gelände selber auf, sondern konstruierte sie im Zimmer an der Hand der Schraffen der alten Blätter von 1780—1825, freilich unter Heranziehung zahlreicher nivellitisch, trigonometrisch und barometrisch gemessener Punkte.

Wie groß die durch die Zugrundelegung alten Materials verursachten Mängel wirklich sind, kann man jetzt leicht feststellen, da die ersten Blätter einer völligen Neu-aufnahme des Königreichs in 1:25000 erschienen sind. Diese hat zur Grundlage eine sich eng an das preußische Netz anschließende Triangulation, die strengen Genauigkeitsanforderungen entspricht. Das Kartenwerk soll ebenso wie die alte Karte 156 Blätter umfassen, deren jedes ein ellipsoidisches Flächenstück von 10′ Breite und 6′ Länge darstellt, also den Ausmaßen der preußischen Meßtischblätter genau entspricht. Daher ist auch die Bezifferung und Benennung der Blätter die alte geblieben. Die Kartenblätter werden entsprechend den preußischen Bestimmungen und Genauigkeitsanforderungen von der Abteilung für Landesaufnahme des Königlich Sächsischen Generalstabes bearbeitet und vom Königlich Sächsischen Finanzministerium herausgegeben, das durch einen Vermerk auf jedem Blatte dem Staatsfiskus die Rechte des Miturhebers zuspricht und unbefugte Nachbildung verbietet. 1900 begann nach mannigfachen Versuchen mit verschiedenen Aufnahmeverfahren die Meßtischarbeit, die in 15 Jahren vollendet vorliegen soll. 1904 erschienen die ersten 9 Blätter im Buchhandel. Sie stellen einen Streifen der Oberlausitz ungefähr von Kamenz bis Zittau dar.

Da durch die Vertriebshandlung von W. Engelmann in Leipzig, Mittelstraße 2 außer den Blättern der Neuaufnahme, die je 1.50 M. kosten, auch noch die gleichen der alten Karte als »ältere Ausgabe« abgestempelt zu je 1 M. auf besonderen Wunsch bis längstens zwei Jahre nach dem Erscheinen der neuen Blätter zu beziehen sind, ist die Vergleichung des alten und des neuen Kartenbildes sehr erleichtert.

Wir wählten dazu das Blatt 107 Zittau, weil es nicht nur im Lageplan, sondern auch in dem Gelände eine große Mannigfaltigkeit der Formen zeigt. Vom Neiße-Tal mit 230 m steigen wir nach Südwesten auf die etwa 300 m höher liegende, stark ausgenagte und zerklüftete Quadersandsteinscholle, der noch der Eruptivkegel des Hochwaldes mit 749 m absoluter Höhe aufgesetzt ist.

Eine Betrachtung der beiden Ausgaben zeigt zuerst äußerliche Unterschiede. Das neue 1904 erschienene Blatt weist gegenüber dem älteren zuletzt 1890 »kurrent gestellten« zunächst eine äußere schwarze Umrahmung auf; dann ist der österreichische Anteil nicht dargestellt, während die ältere Karte diesen auch übernimmt. Das ist jetzt nicht mehr angängig, da der innere Wert der österreichischen und der sächsischen Aufnahme zu verschieden ist. Die technisch musterhafte Ausführung in Kupferstich, Lithographie und Druck rührt wie früher von der bewährten Anstalt von Giesecke & Devrient in Leipzig her. Der Grundriß ist mit der gesamten Schrift in schwarz, das Gewässergeflecht in blau gegeben, die Höhenschichtlinien in braun. Strichstärke, Signaturen, Schrift sind dem Vorbild der einfarbigen preußischen Meßtischblätter angeglichen. Ebenso sind die aufnehmenden Topographen in einem Schema am oberen Kartenrande mit Namen bezeichnet, wie es seit 1896 auch in Preußen geschieht. Nur stehende Gewässer sind nicht parallel dem unteren und oberen Blattrande, wie auf den entsprechenden preußischen Karten im Maßstabe 1:100000 und 1:200000 schraffiert, sondern gleichlaufend den Uferlinien. Die Höhenschichten sind im Abstande von 20, wenn nötig auch von 10, 5 und 1,25 m gegeben. Das Abzählen ist dadurch schwieriger als früher, daß jetzt die 20 m-Linien verstärkt gegeben werden, früher nur die 50 m-

Kurven. Dafür kann durch die Hilfschichtenlinien von 1,25 m das Gelände viel genauer und charakteristischer dargestellt werden als durch die 10 m-Stufen der alten Karte, die doch selten mit einem Böschungswechsel zusammenfallen. Daß der Zusammendruck der drei Platten ohne Tadel ist, kann man nicht allein an den Eckpunkten des Blattrahmens sehen, sondern auch an jedem Schnittpunkt einer Höhenlinie mit einem durch zwei Parallellinien dargestellten Wege, da die Höhenlinien hier wie auf jedem breiteren Grundrißgegenstande ausgespart werden. Daß sie über der Stadt Zittau ebenso wie über den Felshängen des Oybin fast völlig aussetzen, kann man begreifen, wenn man es auch bedauert. Die zahlreich eingeschriebenen Höhenzahlen zeigen gegen früher manche Abweichung, bald nach oben, bald nach unten, z. B. Buchberg neu 651,3, alt 651,0; Tomper-B. (alt: Pomper-B.) 483,5, alt: 488,0; Jons-B. 652,5, alt: 652,2; Oybin 513,1, alt: 513,7; Schuppen-B. 515,0, alt: 522,0; Hochwald 749,3, alt: 749,0; Brandhöhe 595,7, alt: 593,9; Zigeuner-B. 510, alt: 512,5.

Mehr noch als ein bloßer Vergleich der beiden Kartenblätter lehrt ihre Aus messung, wenn diese auch, da hier nicht mehr als zwei Blätter zu Grunde gelegt werden, nur Anhaltspunkte, keinen Maßstab zur Beurteilung des ganzen Werkes ergeben kann. Die Druckverzerrung ist bei beiden Ausgaben nicht außer Acht zu lassen. Der Nordrand zeigt bei dem vorliegenden neuen Blatte das Maß von 459,1 statt 468,9 mm, der Südrand 460,0 statt 469,9 mm. Das ergibt ein Zusammenschrumpfen von 2,1 %. Ost- und Westrand sind beide 440,0 statt 444,9 mm lang, also nur 1,1 % verkürzt. Bei anderen neueren Kartenwerken, die von der Kupferplatte auf gefeuchtetes Papier gedruckt werden, findet sich eine nur wenig verringerte Schrumpfung. Das ungleiche Zusammen ziehen der Papierstoffe ist dabei das störendste, aber unvermeidbar. Da das ältere und das neuere Kartenblatt gleiche Maße der Schrumpfung zeigten, war die Ausmessung von Einzelheiten sehr erleichtert.

Daß beide nicht dasselbe Flächenstück darstellen, ist schon dem betrachtenden Auge auffällig. Legt man die beiden Blätter übereinander und betrachtet sie in der Durchsicht, so ergibt sich, daß die Neuaufnahme einen etwa 10 mm (= 250 m in der Natur) breiten Streifen am Ostrande mehr enthält als die ältere Karte und daß diese ebenso einen gleichgroßen Streifen am Westrande mehr darstellt. Das Gradnetz der Neuaufnahme zeigt also für gleiche Punkte kleinere Längen, gibt ihnen eine westlichere Lage. Das ist die Folge des Anschlusses an das preußische geodätische Netz.

Der Versuch, die beiden Kartenblätter in der Durchsicht zur Deckung zu bringen, lehrt ferner, daß dies nur für kleinere Teile einigermaßen möglich ist, daß nebeneinander liegende Stücke oft gegeneinander ein wenig verschwenkt und verschoben sind. Messen wir den Abstand identischer Punkte, wie scharf aufzufassender Wegekreuzungen, vom West- und Ostrand, so erhalten wir für die Größe der Verschiebung verschiedene Werte: 10,3, 9,9, 13, 10,1, 8,5, 8,4, 10,4 mm am Westrand, im Mittel = 10,1 mm, ferner 12,1, 12,1, 13, 13,6, 13, 12, 10, 9 mm am Ostrand, im Mittel 11,8 mm und sehen an diesen Zahlen unmittelbar, wie groß die Verschiebungen der Einzelpunkte gegeneinander sind, diese gehen bis 13,6—8,4 = 5,2 mm = 130 m in der Natur.

Daß da Prüfungen der vom Grundriß doch abhängigen Höhenschichtenlinien auch nicht unbeträchtliche Differenzen zwischen beiden Blättern ergeben werden, ist vor auszusehen. In einem Geländestück mit mittleren Böschungsgraden zeigten 36 ver glichene Punkte, die je zur Hälfte dem Arbeitsgebiet der beiden Topographen ent nommen sind, die das Blatt Zittau neu aufgenommen haben, Abweichungen in den Höhenwerten bis 12 m, im Mittel solche von 3,6 m. An den Steilhängen des Quader sandsteines, die z. B. am Nordhang des Oybin im Durchschnitt 45 % übersteigen, würden sich wohl noch größere Unterschiede ergeben, wenn die Identifizierung gleicher Punkte gesichert wäre.

Daß bei Beurteilung von Karten von der äußeren technischen Ausführung und Ausgestaltung nicht auf den Wert des schwerer zu erfassenden Inhalts geschlossen werden kann, sollte hier an einem einzigen geeigneten Beispiel gezeigt werden. Wie weit die Neuaufnahme des Königreichs Sachsen in geometrischer Richtigkeit von der Natur abweicht, das könnten selbstverständlich nur eingehende Neumessungen im Gelände erkennen lassen.

Kartographie.

Militärtopographie und Ziviltopographie.

Von Prof. F. Becker-Zürich, Oberst im Generalstab.

Es ist eigentümlich, daß in verschiedenen Staaten, wie besonders auch in Preußen noch ein Unterschied gemacht wird zwischen der gewöhnlichen und der militärischen Aufnahme, oder vielmehr, daß es noch eine besondere Gattung von Aufnehmern gibt, die Militärtopographen, und daß man glaubt, an die letzteren in bezug auf ihr Können und Wissen nur geringere Anforderungen stellen zu müssen. Man sollte ja eigentlich eher das umgekehrte annehmen, daß, weil die Kriegskarte dem Staate ja gerade in den schwierigsten Lagen und Zeiten dienen muß und die allerwichtigste ist, die Militärtopographen in ihrem Wissen und Können noch höher entwickelt sein sollten, als die zivilen Aufnehmer, in einem so fortgeschrittenen Militärstaate noch mehr als in jedem anderen! Das ist nun allerdings in Wirklichkeit nicht so notwendig, da dem Militärtopographen nur eine eigentlich ziemlich eng begrenzte Arbeit zugewiesen wird. Aber schon der Grund, daß dies geschieht, daß man dem Militärtopographen nur gewisse einfachere Arbeiten überträgt, weil man ihm die schwierigeren nicht zuteilen kann, ist ein Beweis, daß man nicht auf dem richtigen Boden steht. Nach unserer Ansicht soll der Militärtopograph in allererster Linie Topograph und als solcher vorzüglich durchgebildet sein, dazu ein verständnisvoller Militär und nicht zunächst ein guter Militär und dazu noch ein bischen Topograph; ja, wenn das eine noch mehr zurücktreten kann, so ist es das militärische Können. Man hört vielfach die Ansicht aussprechen, es bestehe ein großer Vorteil darin, daß die Offiziere die Karte aufnehmen, weil sie bei dieser Gelegenheit sich im Aufnehmen und damit auch in der Benutzung der Karte üben und das Land bzw. das Terrain gründlich kennen lernen können. So sehr wir diesen Vorteil für die Offiziere anerkennen, so sind wir doch der Ansicht, daß die Landesaufnahme ein zu wichtiges und schwieriges Werk sei, als daß man junge Offiziere nur ihrer Übung oder eines Nebenzwecks halber daran beschäftigen solle, daß im Gegenteil für diese Arbeiten nur gerade die besten Kräfte, die gewiegtesten Fachleute, gut genug seien. Die Karte eines Landes soll in all ihren Teilen, durchgehend, ein Meisterwerk sein, also auch der Aufnehmer eines jeden Blattes, der Besorger jeder Funktion, ein Meister und nicht ein Lehrling! Aber wie viele Blätter der Karte sind gerade Lehrlingsarbeiten, Lehrplätze für Offiziere, die sich dann gern wieder von der Arbeit weg und ihrer eigentlichen militärischen Betätigung zuwenden und zwar um so lieber, je tüchtiger sie gerade sind, während sie erst eigentlich jetzt gut zu arbeiten beginnen würden. Man zitiert mit Vorliebe Moltke, der in seinen jüngeren Jahren so viel und vorzüglich topographierte. Moltke wurde nicht ein großer General und Stratege, weil er sich mit Topographie und Geographie soviel abgegeben; er ist auch ein guter Topograph gewesen, weil er eben ein Genie war.

Militärtopographen, als Offiziere, die nicht à fond und mit aller Wissenschaftlichkeit als Vermessungsingenieure ausgebildet sind, sind und bleiben Dilettanten; man soll ihnen nicht Arbeiten zuweisen, weil dieselben keine hohen Anforderungen stellen; man soll im Gegenteil die Anforderungen an die Arbeiten steigern und diese dann aber nur den besten Fachleuten zuweisen, die daneben auch mit Vorteil Offiziere sein können. Warum die Landesaufnahme anders behandeln als andere große Aufgaben und Werke des Staates? Die großen Verkehrs- und Bauanlagen aller Art, die Bearbeitung von Gesetzen usw. übergibt man ja auch nicht jungen Anfängern, sondern nur erprobten Meistern.

Mit der alten Tradition, daß die Generalstäbe mit den ihnen im Offiziercorps zur Verfügung stehenden Kräften die Landesaufnahme durchführen, sollte gebrochen werden. Man ist ja auch in Preußen zum Teil schon von diesem System abgegangen, indem im Jahre 1870 ein Zentral-Direktorium der Vermessungen geschaffen wurde, das aus dem Chef des Generalstabs der Armee als Vorsitzenden, dem Chef und dem Abteilungschef der Landesaufnahme und aus Vertretern aller einzelnen Ministerien besteht. Es arbeiten z. Z. an dieser Landesaufnahme 55 Offiziere, 252 technische und 24 Registraturbeamte. Es ist also offenbar der Hauptteil der Arbeit ohnehin schon technischen Beamten zugewiesen worden, von denen wir annehmen wollen oder müssen, daß sie eigentliche Fachleute seien. Was spielen aber diesen gewiegten Praktikern und wissenschaftlich geschulten Theoretikern, diesen eigentlichen Fachleuten gegenüber die Offiziere für eine Rolle? Gewiß keine sehr glückliche. Entweder müssen sie ihre eigene Unzulänglichkeit selber einsehen und auch danach behandelt werden, oder dann müssen die eigentlichen Fachleute auf ihr Niveau herabsteigen und selber in der Entwicklung zurückbleiben. Bei der Geltung, die sich in Preußen der Offiziersstand zu schaffen verstanden hat, müssen wir fast das letztere befürchten. Wir glauben auch nicht, daß die deutschen Gelehrten und Ziviltechniker ganz mit dieser Richtung einverstanden seien und daß sie nicht lebhaft den Wunsch empfinden, es möchte sich in der Landesaufnahme und im Betrieb derselben der Fortschritt in der zivilen Wissenschaft, namentlich der Geographie und Geologie, noch mehr widerspiegeln.

Man mag es einem Schweizer Topographen, der mit all den verwickelten Formen der Erd- oberfläche und deren Wiedergabe im Kartenbild reichliche Bekanntschaft gemacht hat, zu gute halten, wenn er meint, nur gerade die vollste Aneignung aller Erkenntnis der Wissenschaft und Forschung sei genug, um die dem Dar- steller der Erdoberfläche gestellten Aufgaben lösen zu können und daß daher der Terrain- darsteller und der Mitarbeiter an der Landes- aufnahme in all den in Betätigung kommenden Zweigen möglichst vollständig durchgebildet sein solle. Dann, und nur dann allein vermag seine Arbeit das zu leisten, was nicht nur der Krieg und das Militärhandwerk, sondern auch das friedliche Leben mit all seinen Anforderungen und Bestrebungen von ihr verlangen. Man möge es uns nicht als unbescheiden auslegen, daß wir unseren Anschauungen hier Ausdruck gegeben haben.

Kleine Mitteilungen.

I. Allgemeine Erd- und Länderkunde.

Die wirtschaftliche Bedeutung des Niger beleuchtet ein lehrreicher Aufsatz des Oberst- leutnants a. D. v. Kleist (Geogr. Zeitschrift, S. 438—450). Durch das Gesetz vom 1. Okt. 1902 wurden die französischen Einzelkoloni- algebiete von Senegambien, Cassamance, Guinée française, Côte d'Ivoire, Dahomé und die binnen- ländischen Militärdistrikte nach dem Muster von Madagaskar und Indo-China zu einem einheitlichen Verwaltungsgebiet zusammenge- schlossen, welchem die Bezeichnung »Terri- toire de Sénégambie et du Niger« ge- geben wurde. Der Kern des nunmehr eine politische und wirtschaftliche Einheit bildenden Kolonialreichs ist das Nigerbecken, der Strom selbst aber muß als die Hauptlebens- und Ver- kehrsader des West-Sudan angesehen werden.

Unter den zahlreichen, vormals in stetem Unfrieden lebenden Volksstämmen dieser Gegen- den des schwarzen Erdteils ist seit der Be- festigung der französischen Herrschaft (Anfang der 90 er Jahre) der Friede hergestellt; nun kann auch das Netz der Verkehrswege seiner Ausgestaltung zugeführt werden. Der Handel des Westsudan beruht auf einer nördlichen, dem Wüstenrande entsprechenden Basis und einer südlichen, die durch die Küste des Guinea- Golfes gegeben ist; Karawanen aus den afri- kanischen Mittelmeerländern vermitteln den Austausch der Erzeugnisse des Nordens (Salz, Erdnüsse, Produkte der Viehzucht und Industrie) mit denen des Südens (Kola, Guineastoffe, Sklaven). Die beiden Handelsbasen sind natür-

lich nur durch meridional gerichtete Verkehrs- wege verbunden, die alle den Niger zu erreichen suchen; ein wesentliches Hindernis bildet die unwegsame und menschenleere, 150—300 km breite Urwaldzone im Süden.

Die Blüte der französischen Besitzungen im Nigergebiet kann am besten gefördert werden »durch moderne Bodenkultur, durch Regulierung seines Stromlaufs, durch den Bau von Anschluß- bahnen an die Teilstrecken seines Stromlaufs, durch Erleichterung und Beschleunigung des Verkehrs mit der Küste und durch eine völlige Erschließung seines Stromgebiets.« Was be- sonders die Eisenbahnen betrifft, so werden drei Strecken (Chemin de fer de Guinée, Ch. d. f. du Senegal et du Niger, Ch. d. f. de Dahomé) in absehbarer Zeit fertiggestellt sein; die Fortsetzung der Dahomébahn nigeraufwärts bis Tombuktu zum Anschluß an die projek- tierten »Trans-Saharien« gehört zu den weit ausschauenden Plänen französischer Kolonial- politiker.   *Dr. Georg A. Lukas-Graz.*

Die Verkehrswege und Ansiedlungen Galiläas in ihrer Abhängigkeit von den natür- lichen Bedingungen behandelt Dr. V. Schwöbel in dem jetzt abgeschlossenen 27. Bande der »Zeitschr. des Deutschen Palästina-Vereins«. Einige geographisch bemerkenswerte Sätze heben wir aus.

Die Küstenebenen Palästinas sind ihrer Lage nach durch eine große Straße verbunden, deren Lauf durch die versumpften Flußmün- dungen und Dünensande sowie durch das zwischen die beiden Ebenen sich verbreitende Vorgebirgsland, das in bedeutsamer Kunststraße umgangen wird, gegeben ist. Die von Osten in die Ebene eintretenden Straßen sind im wesentlichen durch die großen Häfen am Meere selbst, durch die Sümpfe und Fluten und durch die zum Verkehr sich gelegentlich eignenden, in die Ebenen ausmündenden Fluß- täler bedingt. In Akka münden sechs, in Haifa vier bis fünf Straßen ein.

Die große Jesreel-Ebene ist ein Sammel- becken, wie einst die Flüsse zu einem See, so jetzt des menschlichen Verkehrs. Wichtige Straßen münden ein bei Tell Kaimun im Osten des Karmelzugs, bei Tell el Mutesellim, bei Dschenin sogar zwei, von Jerusalem und von der philistäischen Ebene, bei Zerin vom Ghor, ferner je eine Straße östlich und westlich vom Tabor, endlich die Straßen vom hochgelegenen en Nasira und die der westlichen Ausbuchtung von Haifa und Akka. Die hohe militärische Bedeutung dieser Ebene ist damit gegeben: wer sie beherrscht, hat die Straßen nach allen Richtungen in seiner Hand.

Die Ghor-Ebene ist auf der mittleren und unteren Stufe der Länge nach von einer wich- tigen Straße durchzogen, deren Lauf durch den Steilabfall des westlichen Plateaus, den hier ziemlich an den westlichen Gebirgsfuß heran- drängenden Jordan und durch die schmale

8*

Strandebene am See Tiberias bedingt ist. Die Verbindung zur oberen Stufe des Ghor ist erschwert durch die basaltische Überflutung der breiten Ebene. Diese Scheidemauer muß, da die enge Erosionsschlucht, die der Jordan gegraben hat, der Sicherheit wegen vermieden wird, in mühseligem Anstieg überwunden werden.

Das Unterland ist von wichtigen Straßen westöstlich durchzogen, deren Bahn bedingt ist durch die eingelagerten länglichen Ebenen, durch die westöstlich gerichteten Gebirgszüge, durch die im Westen viel breiteren und offeneren Täler, sowie durch die Lage der aus anderen Gründen herangeblühten Siedelung en Nasira. Das Oberland wird von größeren Straßen wegen des Steilabfalls seiner Randgebirge besonders im Süden und Osten ganz umgangen.

Der schlechte Zustand der Straßen hängt zusammen mit den petrographischen und klimatischen Verhältnissen des Landes und mit der kulturfeindlichen Herrschaft des türkischen Steppenvolkes, also mit der Lage des Landes am Rande der Wüste. Alle großen Hauptstraßen mit einer einzigen Ausnahme umgehen das Gebirgsland, berühren also Galiläa nur in seinen Randlandschaften. Besonders gilt dies von den geschlossenen Oberlande, trotz der großen Siedelungen daselbst. Das wegsamere Unterland ist von einem dichteren Straßennetz bedeckt. Die Täler werden ihres cañonartigen Charakters wegen gemieden. Die Straßen ziehen die Höhenrücken vor, schon der Sicherheit wegen. Die großen Karawanenstraßen, die dem Durchgangsverkehr dienen, ziehen die ihnen durch die Natur gewiesene Straße und lassen die Siedelungen in auffallender Weise zur Seite liegen. Mehrere Städte, besonders Nazareth und Safed, sind nicht darum, weil sie an günstigen Verkehrspunkten liegen, also durch die Straßen, groß geworden, sondern sie haben wichtige Straßen an sich gezogen. Die Zentren des heutigen Straßennetzes sind nicht die gleichen wie die im goldenen Zeitalter Syriens. Das Straßennetz hat sich hinsichtlich der Bedeutung einzelner Teile nicht unwesentlich verschoben. Weitere Verschiebungen sind nicht ausgeschlossen. Das Bild des Landes wird dadurch besonders hinsichtlich seiner Bevölkerungsdichte und seines Siedlungswesens nicht unwesentliche Änderungen erfahren. *E. Oppermann-Braunschweig.*

Argentinien. Zwei interessante Gebiete des nordwestlichen Argentinien hat der Engländer Driscoll besucht und berichtet darüber im Geogr. Journ. (Okt. 1904). Zunächst stieg er von Jujuy, dem äußersten nordwestlichen Endpunkt der argentinischen Eisenbahnen aus auf das Plateau hinauf, welches zwischen der Sierra de Victoria im Osten und der Sierra de Santa Catalina im Westen liegt, und über welches der einzige brauchbare Zugang sowohl nach dem südlichen Bolivia als auch nach den nord-

chilenischen Häfen (Iquique, Antofagasta) führt, welches auch in Zukunft jedenfalls von einer Eisenbahn überschritten werden wird. Einstweilen herrscht dort noch tiefe Einsamkeit; die von den spanischen Eroberern in der Sierra de Santa Catalina betriebenen Goldwäschereien sind meist verfallen und gewähren nur noch kümmerliche Ausbeute. Die wenigen heutigen Bewohner: Kreolen, Indianer und Mischlinge lassen den fruchtbaren Boden fast unbearbeitet liegen und treiben nur etwas Viehzucht: Lamas, Schafe. Bessere Wolle als beide Haustiere liefert das nur wild lebende und sehr scheue Vicuña. Den Warentransport (hauptsächlich Fabrikate nach Bolivia, wenig Gold und Früchte abwärts nach Argentinien) besorgen Maultiere und Lamas. Das Land ist vollkommen ruhig und sicher, das Klima der Höhe entsprechend reich an schroffen Gegensätzen, die Besonnung aber auch im Winter reichlich (das Land liegt unter dem Wendekreis!)

Nach Überschreitung der Sierra de Catalina hielt Driscoll sich zwischen den nordsüdlich streichenden Kämmen der Cordilleren, passierte die merkwürdigen Boraxfelder nördlich von Salta, auf denen die weichen, weißen Boraxknollen lagenweise dicht unter der Erdoberfläche liegen und gewonnen werden »wie die Kartoffeln auf dem Acker«.

Das zweite Ziel war der Bezirk Rioja, eine hochgelegene große Mulde zwischen der Sierra Famatina im Westen (bis 6400 m hoch) und der niedrigeren Sierra Velazco im Osten. Gegen alle Niederschläge abgeschlossen ist dies Gebiet jetzt oberflächlich eine Wüste, selbst die von den seitlichen Gebirgshängen herabkommenden Bäche versinken in dem Schutte, der das ganze Tal infolge der lebhaften subaërischen Zersetzung bedeckt. In der Tiefe freilich ist das Wasser vorhanden, und wo es, gehoben, zur künstlichen Bewässerung verwandt wird, da entstehen die fruchtbarsten, fast paradiesischen Oasen. Indessen wird eine solche Kultivierung des Bodens der Rioja doch immer nur als angenehme Zutat gelten, ihr Hauptreichtum liegt in den ungeheuren Mineralschätzen: Silber, Gold und besonders Kupfer, durch welche die Landschaft zum wichtigsten Bergwerksdistrikt Argentiniens wird. Man hat eine Eisenbahn aus dem seitlichen Bewässerung wegen immer von Chilecito, dem jetzigen Endpunkt der Eisenbahn aus eine Schwebebahn für den Erztransport angelegt und englisches Kapital ist eifrig an der Erschließung beteiligt.

Dr. R. Neuse-Charlottenburg.

Zur Monroe-Doktrin. In einer Botschaft an den Kongreß vom 7. Dezember 1904 erklärte der Präsident Roosevelt — die Monroe-Doktrin um eine Nuance bereichernd: Es sei unwahr, daß die Vereinigten Staaten von Ländergier erfüllt seien oder hinsichtlich dieser Länder andere Projekte hegten als solche, welche deren Wohlfahrt bezweckten. Jedes dieser Länder, dessen Bevölkerung sich gut führe, könne auf die herzliche Freundschaft der Vereinigten Staaten rechnen. Anhaltendes Unrechttun aber und Ohnmacht würden, wie sie anderwärts auch schließlich das Einschreiten einer zivilisierten Nation erforderten, auf der westlichen Hemisphäre auf Grund der Monroe-Doktrin die Vereinigten Staaten zwingen, wenn auch wiederstrebend, eine internationale Polizeigewalt auszuüben. Die Interessen der Vereinigten Staaten und die ihrer südlichen Nachbarn seien in Wirklichkeit identisch. — Diese südlichen »Nachbarn« wohnen bekanntlich bis zum Kap Horn und sollen durch die Drohung Roosevelts einigermaßen beunruhigt sein. Da die Union als »allgemeiner Ordnungspolizist« der westlichen Hemisphäre selbstverständlich nach diesem Ausspruch keinen zweiten oder dritten ohne ihre Einwilligung neben sich dulden könnte (nach dem Grundsatz *εἰς κοίρανος ἔστω*) so stellt sich ihre »Uneigennützigkeit« in Wirklichkeit als das weiteste Ziel dar, das jemals von einem Präsidenten der Union hingestellt worden ist. An Grund zu solcher Betätigung fehlt es ja in Südamerika infolge der politischen Zustände kaum zu irgend einer Zeit. Gegenwärtig dürften die Zustände in Uruguay und Paraguay danach angetan sein, die Union zu veranlassen, ihre Kräfte und Fähigkeiten zu diesem Amte im kleinen zu üben. Indessen ist zum spöttischen Belächeln diese Doktrin nicht geeignet. Immer ist ein hohes Ziel, das ein Volk sich stellt, ein Ideal, welches das Streben beflügelt und zu Erfolgen führt, und in diesem Falle gehen politischer Ehrgeiz und wirtschaftliche Macht Hand in Hand. *T. S.*

Namenänderung. Zur Umtaufung der Stadt Inowrazlaw in Hohensalza bemerkt der »Globus«: »Es erscheint viel zu weit gegangen, den altehrwürdigen Namen Inowrazlaw (= das andere Breslau, Neu-Breslau) zu beseitigen, und vom Standpunkte des Geographen ist das Verfahren ebensowenig zu billigen wie s. Zt. die ‚Umtaufungen‘ in der deutschen Südsee, mit denen man dann auch innehielt. Namenänderungen wichtiger Ortschaften liegen außerdem nicht im Interesse des Verkehrs. Einen Sinn haben sie jedenfalls nur dann, wenn es sich um die Wiederherstellung verloren gegangener deutscher Namen handelt. Übrigens ist ‚Hohensalza‘ keine sehr glückliche Bezeichnung; die Stadt liegt gar nicht hoch, sondern in einer Ebene, und die Anspielung auf das nahe Salzbergwerk durch ‚Salza‘ ist etwas gesucht«. Diesen Bedenken gegenüber muß wohl mit allem Nachdruck auf die nationale Bedeutung solcher Umtaufen hingewiesen werden. *Hk.*

II. Geographischer Unterricht.

Oberlehrertag. Über die Vorstandssitzung des Oberlehrertages (28. Dez. 1904) in Eisenach liegt eine offizielle »Mitteilung«, herausgegeben vom Geschäftsführenden Ausschuß, vor. Für uns von besonderer Wichtigkeit ist die Ablehnung des von Dr. Nicolai, Weimar befürworteten »Ausbaues des Verbandstages«, in Gestalt von Fachsektionen. Da bei Nicolais Vorschlägen jede Erwähnung einer geographischen Sektion fehlte (wie übrigens auch einer biologischen) ist diese Ablehnung schon darum mit Freuden zu begrüßen, ganz abgesehen davon, daß der Oberlehrertag nur dann von Stürmen freigehalten werden kann, wenn Fachlehrersorgen ihm in jeder Form prinzipiell ferngehalten werden. Aus diesem Grunde kann selbst der endgültige Beschluß des Ausschusses, mit den fachwissenschaftlichen Vereinen akademischer Lehrer Deutschlands zwecks zeitlich und örtlich gleichzeitiger Tagung zu verhandeln, vorläufig nicht ohne leichtes Mißtrauen betrachtet werden. Wir wissen vorläufig unsere Fachsorgen auf den Geographentagen weit besser verstanden, als daß wir diesen, die zu denselben vorgeschlagenen Zeiten tagen, untreu werden könnten. Ähnlich wird es auch wohl den Biologen hinsichtlich der Versammlungen der Naturforscher und Ärzte gehen. Man bedenke auch, daß der Vertreter der badischen Oberlehrerschaft Keim-Karlsruhe ist, der für uns Geographen nun einmal den Wert eines Typus sich erworben hat. Ich kann es mir nicht versagen, hier einen anderen Fachgenossen zu zitieren, da gerade hierbei sich am deutlichsten zeigt, wessen wir Geographen vom Philologentum uns zu gewärtigen haben. In den »Jahresberichten über das höhere Schulwesen« XVIII, 1903, aber jetzt erst erschienen, Abschnitt XI, Erdkunde, sagt Lampe S. 3, »Aus dem Lehrerstand Badens heraus war das von beschämender Unkenntnis in der geographischen Wissenschaft zeugende Ersuchen an die Regierung gerichtet, die Erdkunde als Prüfungsfach (unter den sattsam bekannten Scheingründen) »nicht anzuerkennen«. »Der juristische Vertreter der Regierung bewies ein schärferes Verständnis für die Erfordernis der Jugendausbildung usw. Solche Vorkommnisse mache man in Zukunft erst einmal unmöglich. *H. F.*

Auch eine Standespflicht nennt Prof. Halbfaß-Neuhaldensleben einen Weckruf, den er unter obigem Titel in den Blättern für das höhere Schulwesen (22. Jahrg. 1904, Nr. 12, 23. Jahrg. 1905, Nr. 1) veröffentlicht. Er versteht unter ihr die Frage: »Diene ich mit und in meinem Berufe dem besten meines Vaterlandes und seiner Zukunft und dem Fortschritt der Menschheit überhaupt?« mit einer Antwort, die ihrem Kerne nach etwa so lautet: Nein; denn unser Schulwesen ist veraltet; wir sind in Gefahr von unseren Wettbewerbern um Weltgeltung erst hier, und dann überhaupt überholt zu werden. Denn die beste Schulbildung ist eines der Fundamente, auf der sich die Macht eines Volkes aufbaut. Wollen wir für die Zukunft unseres Volkes sorgen, so müssen wir das ungeheure nummerische Übergewicht der

Gymnasien beseitigen. Etwa drei Gymnasien für eine mittlere Provinz erscheinen den Bedürfnissen zu genügen. Halbfaß hat unzweifelhaft recht, das wird ihm jeder bestätigen, der sich im Auslande umgesehen hat, nur denke ich mir die Art der Umgestaltung etwas weniger radikal als er. Denn die Schwierigkeit liegt genau da, wo sie auch Halbfaß sieht, wenn sein Schlußsatz lautet: »Es gilt nur eines noch zu überwinden, das allerdings nicht so leicht aus den Köpfen auszurotten sein wird: Das Vorurteil.   *H. F.*

Lehrplan der Erdkunde. Herr Professor Zühlke bittet uns, die folgende Erklärung zu seiner in den Heften 10—12 des vorigen Jahrganges veröffentlichen Abhandlung »Lehrplan der Erdkunde« [1]) aufzunehmen.

Eine Erläuterung des geographischen Lehrplans nach »Lehrpläne und Lehraufgaben für die höheren Schulen in Preußen 1901, Seite 49—51« erscheint mir aus zwei Gründen notwendig:

erstens, weil die in großer Kürze für die einzelnen Klassen gestellten Lehraufgaben eine ausführlichere Angabe der einzelnen Klassenpensa geradezu erheischen und ebenso die sich anschließenden »Methodischen Bemerkungen« in ihren fünf Abschnitten dem Lehrer einen weiten Spielraum lassen, da sie ihm nur in großen Zügen gewisse Leitsätze vorschreiben —

zweitens, weil die Erdkunde in ihrer Behandlung auf unseren höheren Schulen bisher eine Vernachlässigung, die ihr nicht zukommt, erfahren hat, sowohl hinsichtlich der ihr zugewiesenen Stundenzahl, besonders in den oberen Klassen, als auch inbezug auf die Qualifikation der sie vertretenden Lehrer.

Nicht den aus reichem Wissen schöpfenden und durch erprobten Unterricht erfahrenen Kollegen soll das, was ich durch langjährige Praxis als im ganzen erprobt hier zur Darstellung gebracht habe, Dienste leisten, sondern vor allem denen, die, wie einst ich, ohne besondere Vorbildung und Erfahrung sich in die Lage versetzt sehen, den geographischen Unterricht, namentlich in den unteren Klassen, geben zu müssen und dann, von Stunde zu Stunde experimentierend, erkennen, wie schwierig derselbe ohne genügende Vorbildung sei und wie sehr er einer praktischen Ausbildung bedürfe. — Diesen Lehrern einige Fingerzeige zu geben und damit eine Förderung des geographischen Unterrichts an unseren höheren Lehranstalten herbeizuführen — des Unterrichts, der bei den heutigen Zeitverhältnissen gefördert zu werden verdient — dazu mögen diese Erläuterungen dienen.

Insterburg, im Sept. 1904.   Dr. F. Zühlke.

Die Generalstabskarte in der Schule. Wie wir seinerzeit mitteilten (vgl. »Geogr. Anz. IV [1903], S. 153), hatte sich der englische Ordnance Survey auf Anregung der Geographical Association bereit erklärt, die einzelnen Blätter der 1 inch Karte (1 : 63366) für Unterrichtszwecke zu besonders niedrigen Ausnahmepreisen abzugeben. Wie der neueste Bericht dieser Behörde mitteilt, hat die Neueinrichtung einen

----
[1]) Die Abhandlung kann als Sonderabzug für 60 Pf. vom Verfasser bezogen werden.

schönen Erfolg zu verzeichnen. Im Berichtsjahre 1903/04 wurden 46000 Blatt an Lehrer abgegeben, die sich durch Unterschrift verpflichtet hatten, die Karten nur zu Unterrichtszwecken zu benutzen und nur an Schüler weiterzuverkaufen. Hoffentlich bringt das englische Vorbild auch uns endlich zum Handeln. *Ho.*

Die Pflanzengeographie im naturkundlichen Unterricht an preußischen Realgymnasien. Nach den neuen »Lehrplänen« gehört zu dem allgemeinen Lehrziel der Botanik für Realgymnasien unter anderen auch die Bekanntschaft mit der geographischen Verbreitung der Pflanzen, zum wenigsten der ausländischen Nutzpflanzen. Ein zusammenhängender Unterricht in der Pflanzengeographie ist den Bestimmungen der Behörde zufolge nur noch an den Oberrealschulen möglich; an den Realgymnasien hingegen kann nur hin und wieder, gleichsam diasporadisch, auf pflanzengeographische Fragen eingegangen werden. Wie solches nun geschehen kann, führt F. Höck in »Natur und Schule«, Band II, Heft 8, aus. Zunächst wird sich bei der Durchnahme der ausländischen Nutzpflanzen Gelegenheit finden, auf pflanzengeographische Verhältnisse einzugehen. Z. B. läßt sich die Rebe als Liane, der Kaffeebaum als Glied der Formation der immergrünen tropischen Holzpflanzen betrachten usw. Wenn aber derartige Erörterungen auf fruchtbaren Boden fallen sollen, so ist nötig, daß zuvor die Bestände der Heimat mit ihren wesentlichsten Charakteren von den Schülern erkannt worden sind. Man schließe z. B. an die Besprechung der Heidekräuter eine Behandlung der Bestände heideartiger Pflanzen, an die Durchnahme der Getreidearten eine Aufzählung derjenigen Arten von Unkräutern an, die mit dem Getreide gewandert sind, usw. Des weiteren wird sich auf Ausflügen Gelegenheit zu einem näheren Studium dieses oder jenes Pflanzenbestandes finden lassen. Kurz von den untersten Klassen an wird man pflanzengeographische Fragen hin und wieder streifen können. Späterhin kann man bei der Behandlung der Farne auf die Baumfarnvegetation der tropischen Urwälder, bei Erörterung der baumbewohnenden Flechten auf die Epiphyten, bei Erwähnung der stein- und erdbewohnenden Flechten auf die Felsenpflanzen und Tundrenflora eingehen. Alle diese Vorschläge sind für einen Lehrer, der in seinem Unterricht dem Prinzip der Konzentration ein Plätzchen gönnt, so naheliegend und einleuchtend, daß man sie ohne weiteres akzeptieren muß. Wenn aber der Verfasser in das botanische Pensum der Unter-Sekunda, das mit der Behandlung der Anatomie, Physiologie und der Pflanzenkrankheiten ohnehin genugsam überlastet ist, noch eine zusammenfassende Erörterung der Pflanzengeographie einfügen möchte, so scheint uns dies unausführbar, falls man nicht wichtigere Dinge als Pflanzen-

geographie über Bord werfen will. Jener zusammenfassende Überblick muß vielmehr dem
erdkundlichen Unterricht vorbehalten bleiben.
Desgleichen können wir die Meinung des Verfassers, daß die Botanik in Sexta gern zu
gunsten eines leichteren Faches gestrichen
werden könnte, in keiner Weise billigen; nach
unserer Erfahrung gibt es für den Sextaner
kaum ein leichteres und interessanteres Fach
als Naturkunde. *Dr. W. Schoenichen-Schöneberg.*

Erdkundl. Unterricht an Realschulen.
Bekanntlich ist auf S. 51 der amtlichen Lehrpläne für die höheren Schulen in Preußen vom
Jahre 1901 zu lesen: »Wünschenswert ist, daß
auf allen Schulen der Unterricht der Erdkunde
in die Hand von Lehrern gelegt werde, die für
ihn durch eingehende Studien besonders befähigt
sind.«
In einem Aufsatz, den Dr. Broßmann in der
»Zeitschrift für lateinlose Schulen« über »die
preußischen Realschulen und die Zusammensetzung ihrer Lehrkörper« veröffentlicht hat
(XV, 257 u. 269), ist zu lesen: »Rund 14 v. H.
des erdkundlichen Unterrichts an städtischen
Realschulen, 18,3 v. H. der Geographiestunden
an Kgl. Realschulen lagen in der Hand von
seminaristisch gebildeten Lehrern (Schuljahr
1902/03). Die höchsten Hundertsätze zeigten
Dülken mit 72,7 v. H., Görlitz mit 54,5 v. H.
und Kreuznach und Buxtehude mit je 50 v. H.
Es unterrichteten seminaristisch gebildete Lehrer
in Erdkunde bis II in Dülken, bis III in Görlitz.
Sicherlich waren das lauter Herren, die für
Geographieunterricht »durch eingehende Studien
besonders befähigt sind«. Und meinen nicht
gar viele mit Herrn Direktor Cauer, daß gerade
Realschulen die Hauptpflegestätte für erdkundlichen Unterricht sind? *Dr. F. Lampe-Berlin.*

Schülerreisen. Fachgenossen im westlichen Deutschland, die ihren Schülern eine
Vorstellung von der deutschen Küstenlandschaft
geben wollen, ist vielleicht mit einem Umriß
einer fünftägigen Reise gedient, die wir im
Mai v. J. gemacht haben. 1. Tag: Moor und
Geest: 10 Uhr von Station Dörpen über Haar
nach Börgerwald, am Kanal nach und durch
Papenburg (Hochmoor, Geest mit Geschieben
und Windwirkung, Mooskultur alter und neuer
Art, Torfstreufabrikation, in P. Holziager und
Fabrik von Weißmetall, Schiffswerft, Industrie
bedingt durch Verkehrslage und Arbeitskraft).
2. Tag: Hafen und Marsch. 9 Uhr in
Emden: Rathaus mit Rüstkammer, alte Kauf-
häuserstraßen holländischen Charakters auf dem
Westhügel, Kirche; Motorboot nach dem Hafen
an der im Bau befindlichen großen Werft vorbei, Besichtigung der Hafen- und Schleusen-
anlagen, Riesenkrahn, eingehende Besichtigung
eines großen Dampfers, Seezeichen. Auf dem
Deiche nach Harreit, Wattenmeer, Marsch mit
Vorland, 1875 gewonnener und alter Polder,
Marschdorf, auf der Chaussee zurück. 3. und
4. Tag: Kriegshafen. Über Aurich nach

Wilhelmshaven, Besichtigung der Hafenanlagen,
Fort, Werft, Kriegsschiff, Torpedoboot. Nach-
mittag 4 Uhr nach Norderney. 5. Tag: Nord-
seeinsel. An der Nordseite zum Leuchtturm,
Besichtigung, auf der Südseite zurück. Segeln.
Im Sommer, wenn alle Schiffe fahren, ist
manchmal Möglichkeit, den Weg nach Norder-
ney oder Borkum zur See zu machen. 2½ aus
Norderney zurück, abends zu Hause.
Dr. Srbold Schvers-Dortmand.

Programmschau.

Schönemann; Über die Ermittlung von Entfernungen und Höhen durch perspektivische Beziehungen. (Programm Archigymnasium, Soest
1901). Verfasser beschreibt im ersten Teile der
Abhandlung ein Instrument zur Bestimmung
von Entfernungen, das auf der Messung der
sog. parallaktischen Verschiebung beruht. Ist
in nebenstehender Figur die Entfernung E zu messen, so wird
die beliebige Länge der Basis b
bestimmt und in konstantem Abstand e die parallaktische Verschiebung $\triangle$ gemessen. Für e
wird die Größe 202 bzw. 180 mm
benutzt. Die Ausführung der
Messung nach diesem schon seit
Jahrhunderten angewendeten
Prinzip erfolgt unter Benutzung
eines einfachen Reflexions-
struments, dem Verfasser den Namen »Spiegelstab« gibt. Das Instrument ist für den Frei-
handgebrauch eingerichtet und wird in den
beiden Endpunkten der Basis b benutzt, um
$\triangle$ als Differenz zweier Ablesungen an einer
Millimeterskala zu erhalten. Nach Ableitung
der Gebrauchsformel $E = b \frac{e}{\triangle}$ zeigt Verf., wie
der Spiegelstab in Verbindung mit einem zwei-
ten einfachen Instrument, dem »Linienstab«,
auch zur Bestimmung der Länge l einer lot-
rechten Linie in der Entfernung E benutzt werden kann. Letzteres Instrument dient lediglich
zur Messung der scheinbaren Größe λ von l
in der Entfernung e. Es ist dann $l = \lambda \frac{E}{e}$.

Hieraus wird die Fehlertheorie der Spiegel-
stabes aufgestellt, die die bekannten Beziehungen
gibt, daß der Fehler der Entfernung bei kon-
stanter Basis mit dem Quadrat der Entfernung
wächst, und daß bei veränderlicher Basis der
Fehler umgekehrt proportional der Basis ist.
Die Beziehungen werden auf elementarem Wege
entwickelt und die Entwicklungen sind deshalb
entsprechend umfangreich.
Im zweiten Teile der Abhandlung behandelt
Verfasser die Entfernungsmessung auf der See
von der Küste aus mit Benutzung der Kimmlinie. Es werden hierbei die scheinbaren Abstände der Wasserlinien von Schiffen von der
Kimmlinie an einer lotrecht gehaltenen Millimeterskala abgelesen. Aus einer bekannten

Entfernung können dann alle anderen ermittelt werden. (Statt der einen Entfernung genügt auch die Kenntnis der Höhe des Beobachtungspunktes über der Meeresfläche). Es ist dies dasselbe Verfahren, das auch im Mittelalter bereits sehr häufig angewendet wurde.

Schließlich ist eine Anzahl von Entfernungsmessungen zusammengestellt, bei denen die wahre Entfernung bekannt war. Die Fehler entsprechen etwa einem mittleren Fehler von ¼ mm (rund 4' Visierfehler) in der Bestimmung der parallaktischen Verschiebung.

Die Annahme des Verfassers, daß dieses oder ähnliche Instrumente bei wissenschaftlichen Forschungsreisen Verwendung finden könnte, dürfte sich wohl nicht bestätigen. Dagegen ist auch Referent der Ansicht des Verfassers, daß der mathematische Unterricht auf den höheren Schulen wesentlich gewinnen würde, wenn der vorgetragene Lehrstoff auf einfache Aufgaben der praktischen Geometrie angewendet würde. *Prof. Dr. O. Eggert-Danzig.*

Persönliches.

Ernennungen.

Prof. Dr. Sigm. Günther zum auswärtigen Mitglied der Società Sismologica Italiana.

Der Kustos der anthropol.-ethnogr. Abteilung Reg.-Rat F. Heger und der Kustos der mineral.-petrogr. Abteilung F. Berwerth zu Direktoren am Naturhistorischen Hof-Museum in Wien.

Der außerordentliche Professor der Geophysik an der Universität Göttingen Dr. Emil Wiechert zum ordentlichen Professor.

Auszeichnungen.

Dem Geh. Ober-Reg.-Rat Prof. Dr. v. Bezold in Berlin der Rote Adlerorden 2. Kl. mit Eichenlaub.

Dem Geh. Reg.-Rat Prof. Dr. Güßfeldt in Berlin der Kronenorden 2. Klasse.

Dem Kaukasus- und Tiën-schan-Forscher G. Merzbacher wurde von der Münchener Geographischen Gesellschaft eine Goldene Medaille verliehen.

Dem Dir. der Geol. Landesanstalt Geh. Bergrat Schmeißer in Berlin der Kronenorden 3. Klasse.

Dem Direktor des biologisch-landwirtschaftlichen Instituts Geh. Reg.-Rat Dr. Stuhlmann in Amani (Deutsch-Ostafrika) der Kronenorden 3. Klasse mit Schwertern am Ringe.

Dem Direktor des astrophysikal. Laboratoriums Geh. Ober-Reg.-Rat Prof. Dr. Vogel in Potsdam der Rote Adlerorden 2. Klasse.

Dem Konservator am Botanischen Garten in Brüssel, E. de Wildeman die Goldene Medaille der Société nationale d'Agriculture de France für seine zahlreichen Arbeiten über die Flora des Kongostaats.

Amtsentbindung.

Privatdozent für Geol., Päläontol. und Geogr., Dr. Max Blanckenhorn an der Univ. Erlangen wurde auf sein Ansuchen seines Amtes entbunden.

Todesfälle.

Abbe, Ernst, Dr., Prof., Astronom und Meteorolog, geb. 23. Januar 1840 in Jena, gest. 14. Januar 1905 in Jena.

Der Direktor des ethnogr. Museums in Berlin, Geh. Reg.-Rat Prof. Dr. Adolf Bastian, geb. 26. Juni 1826 in Bremen, ist auf einer Forschungsreise in Port of Spain auf Trinidad gestorben.

Der Geologe Albert Adolf von Reinach, Dr. h. c., bekannt durch seine geologischen Forschungen besonders über das Taunusgebiet, starb am 12. Januar 1904 in Frankfurt a. M. im Alter von 58 Jahren.

Hofrat Dr. Eduard Richter, Professor der Geographie an der Universität Graz, starb am 6. Februar im Alter von 59 Jahren.

Oberbergrat Paul Uhlich, Professor der Geodäsie an der Kgl. Bergakademie in Freiburg, ist im Alter von 45 Jahren plötzlich am Herzschlag gestorben.

Wünsche, Otto, Dr., Gymn.-Prof., Pflanzengeograph, starb 7. Januar 1905 in Zwickau im 65. Lebensjahre.

Geographische Nachrichten.

Kongresse und Gesellschaften.

Der Zentral- und Ortsausschuß des deutschen Geographentags ladet zur 15. Tagung ein, die in der Pfingstwoche, am 13., 14. und 15. Juni in Danzig stattfinden wird. Zur Beratung stehen: 1. Südpolarforschung; 2. Vulkanismus; 3. Morphologie der Küsten- und Dünenbildung; 4. Landeskunde Westpreußens und des Nachbargebiets; 5. Schulgeographische Fragen. Mit der Tagung ist eine geographische Ausstellung verbunden, welche die Landeskunde der Provinz Westpreußen veranschaulichen soll. Wissenschaftliche Ausflüge sind in das Weichselund Küstengebiet sowie in die Höhen- und Seenlandschaft von Karthaus geplant.

In Amerika ist eine neue Geographische Gesellschaft gegründet worden, die den Namen »Association of American Geographers« führt und nur Gelehrte und Forscher, die »Original work in some branch of Geography« geleistet haben, als Mitglieder aufnimmt. Zum Präsidenten wurde W. M. Davis, zu Vizepräsidenten G. K. Gilbert und A. Heilprin und zum Sekretär A. P. Brigham-Hamilton, N. Y. gewählt. Die gegenwärtige Mitgliederzahl beträgt etwa 60.

Ende vorigen Jahres konnte die Bombay Asiatic Society das Fest ihres hundertjährigen Bestehens feiern. Sie schaut auf eine rege und erfolgreiche Tätigkeit, die sich vorwiegend auf die Erforschung des indischen Kulturlebens erstreckte, zurück.

Die Geological Society of London hat die Wollaston-Medaille an Dr. J. J. Harris Teall verliehen, die Murchison-Medaille an Edward John-Dunn, die Lyell Medaille an Dr. Hans Reusch, die Bigsby-Medaille an Prof. J. W. Gregory, die Wollaston-Stiftung an H. H. Arnold-Bemrose, die Murchison-Stiftung an H. L. Bowman und die Lyell-Stiftung an E. A. Newell-Arber und Walcot Gibson.

Die Kais. Russische Geographische Gesellschaft hat ihre Constantin-Medaille dem Geologen Friedrich Schmidt, die Graf Lütke-Medaille 'an Sir John Murray und die Goldene Semenov-Medaille an N. J. Kuznecov verliehen. Silberne Medaillen erhielten: V. A. Vlasov, Th. N. Panaev und W. M. Nedzwiedski für meteorologische Arbeiten, M. M. Siazov für seine Teilnahme an der Expedition

Grum Grshimailo' und E. L. Byakov für die Unterstützung dieser Expedition.

Der wissenschaftliche Rat der Kgl. Dänischen Geographischen Gesellschaft verlieh in seiner Sitzung vom 2. Dezember 1904 die Goldene Medaille der Gesellschaft an Captain R. F. Scott, R. N. Chef der englischen National Arctic Expedition.

Wissenschaftliche Anstalten.

Um eine gleichmäßige Beobachtung der Erderschütterungen herbeizuführen, ist auf Anregung des Deutschen Reiches eine Vereinbarung zwischen der Mehrzahl der Kulturstaaten zustande gekommen. Die Hauptstelle für Erdbebenforschung in Straßburg soll die Sammelstelle für die Ergebnisse werden. Für Preußen sind Erdbebenstellen in Potsdam, Aachen, Göttingen und Königsberg geplant.

Stiftungen.

Zu Ehren des Geheimrats Prof. Dr. Johannes Justus Rein in Bonn, der am 27. Januar d. J. seinen 70. Geburtstag feierte, haben seine Schüler und Verehrer eine »Justus Rein-Stiftung zur Förderung der Geographischen Forschung« gestiftet. Ihre Erträgnisse sollen besonders dazu dienen, jüngeren Geographen die Möglichkeit zu gewähren, auf Reisen ihre Kenntnisse zu erweitern.

Das Kapital der Rudolf Virchow-Stiftung betrug Ende 1904 316600 M. und soll aus dem Nachlaß des Verstorbenen Arztes und Anthropologen Bartels um weitere 3000 Mark vermehrt werden.

Für die praktisch-wissenschaftliche Expedition an der Murmanküste, die in Alexandrowsk ihr Standquartier hat und unter der tatkräftigen Leitung des Dr. L. Breitfuß seit Jahren in den Gewässern des Barents-Meeres eine sehr erfolgreiche Tätigkeit entfaltet, sind die Mittel für die Jahre 1905, 1906 und 1907 bewilligt worden.

Die Kais. Akademie der Wissenschaften in Berlin bewilligte: dem Oberbergrat Prof. Dr. K. Chelius in Darmstadt zur Fortsetzung seiner geologisch-petrographischen Bearbeitung des Odenwaldes 1000 M. — Dem Prof. Dr. G. Klemm in Darmstadt zur Fortsetzung seiner geologischen Untersuchungen in Tessinial 500 M.; — Dem Prof. Dr. R. Lauterborn in Heidelberg zur Fortsetzung seiner Erforschung der Tier- und Pflanzenwelt des Rheins und seiner Zuflüsse 1000 M.

Die Pariser Akademie der Wissenschaften hat für das Jahr 1905 drei Preise ausgesetzt: Den Gay-Preis (1500 fr.) für einen Forscher, der die geographischen Coordinaten der Hauptpunkte seiner Reiseroute mit großer Genauigkeit bestimmt hat, den Tchichatckeff-Preis (3000 fr.) für Naturforscher jeder Nationalität, die sich in der Erforschung des asiatischen Kontinents, besonders seiner weniger bekannten Gebiete, besonders ausgezeichnet haben, und den Binoux-Preis (2000 fr.)

Zeitschriften.

Eine neue »Zeitschrift für Handelsgeographie und Kolonialwesen« erscheint unter dem Titel »Die Weltwirtschaft« im Verlag von C. W. Stern, Wien I, Franzensring 16. Sie wird monatlich ausgegeben und kostet jährlich 10 M. Das 1. soeben ausgegebene Heft enthält folgende Aufsätze: Über den auswärtigen Handel Bosniens und der Herzegowina von K. Sch. — Die anglocongolische Streitfrage von P. Leclair. — Missionen nach Abessynien von C. Minnigis. — Die Holländer in Ostindien. Die Atschenfrage von G. Dubois. — Kolonial-Eisenbahnen von R. Hergh-Biat.

Geogr. Anzeiger, März 1905.

Eisenbahnen.

Die erste elektrische Fernbahn in Österreich. Der Bau der elektrischen Bahn Wien—Preßburg wird im Sommer 1905 beginnen; die Strecke bis Fischament wird noch 1905, die ganze Bahn 1906 dem Betrieb übergeben werden. Die Bahn wird 70½ km lang sein, wovon 63 km auf österreichisches Gebiet kommen.

Der französische Ingenieur Duportal hat ein neues Montblanc-Bahn Projekt ausgearbeitet, für das bereits die Bau-Genehmigung erteilt ist. Die Bahn soll bei der Station Playet von der Linie Paris—Lyon—Marseille in 580 m Seehöhe abzweigen, und über die Tête-Rousse (3825 m) geführt werden. Die Strecke wird 18,5 km lang und soll 10 Mill. fr. kosten. Vom Endpunkt bis zur Montblancspitze soll später eine besondere Bahn gebaut werden.

Kayes—Niger Bahn. Am 10. Dezember v. J. ist der Bahnhof von Kouli-Koro dem Verkehre übergeben worden. Damit ist die wichtige Verbindung zwischen den schiffbaren Strecken der Ströme Senegal und Niger vollendet worden.

Der Bau der großen Tsádsee-Eisenbahn soll nunmehr endgültig beschlossen sein. Die erste Linie der Eisenbahn in einer Länge von ca 250 km, etwa der vierte Teil der Gesamtstrecke, soll in diesem Jahre in Angriff genommen werden. Zwei technische Expeditionen haben die Bahnstrecke bereits untersucht und trassiert. Die Eisenbahn wird ihren Anfang beim Hafen von Dualla nehmen und unter Durchbrechung des Küstengürtels direkt auf das Kameruner Hochplateau steigen. Das Grundkapital der Kamerun-Eisenbahn-Gesellschaft ist zunächst auf 20 Millionen bemessen.

Der Bau der großen transaustralischen Eisenbahn (vgl. Geogr. Anz., Heft 1, S. 18) ist nunmehr durch Parlament mit allen gegen sieben Stimmen beschlossen worden. Die Ausschreibung der Lieferungen soll im 1. Vierteljahr nach Annahme des Projekts erfolgen. In den ersten beiden Jahren sollen mindestens 200 englische Meilen, in jedem folgenden 100 fertiggestellt werden, sodaß der Bau der ganzen Bahn, die eine Spurweite von 1,065 m bekommen soll, in etwa acht Jahren vollendet sein würde. Jeder Bewerber soll 200000 M. Sicherheit, der Unternehmer 800000 M., als Garantie für die Vollendung der Linie stellen, dafür aber tritt der Staat für je Meile Bahn 30000 ha Land, für die ganze Linie 365000 qkm als zehn Jahre steuerfreies Eigentum an die Baugesellschaft ab. Daß man auch bereits genaue Bestimmungen für den Betrieb der Bahn, die Zahl und Fahrtgeschwindigkeit der Züge getroffen hat, erscheint vorläufig etwas verfrüht.

Auf den Philippinen ist der Bau folgender Bahnen geplant und zwar auf Luzon: 1. Manila-Aparri; 2. Dagupan—Laoag; 3. Manila—Batangas; 4. Pasacao—Tabaco—Legaspi; auf Panay: Capiz-Iloilo; auf Negros: von Escalante quer durch die Insel und dann die Westküste entlang; auf Leyte: Tacloban—Carigara; auf Cebu: Davao—Dumaguete.

Die Regierung von Haiti hat den Bau einer Eisenbahn genehmigt, die von Gonaives, dem in NW der Insel gelegenen Hafen, nach Ennery und von da nach Hincha führen soll.

Schiffahrtslinien, Kanäle.

Kanalprojekt Wien—Triest. Das kühne Projekt, die Donau nächst Wien mit der Adria zu verbinden, ist in letzter Zeit vielfach erörtert worden[1]).

[1]) Vgl. diesbezüglich besonders: »Studie einer Kanal- und Schiffsverbindung zwischen der Donau und der Adria« von Dr. Karl Urban. Wien, Manzscher Verlag.

9

Der Kanal soll von Wien bis Ternitz geführt werden; die 32,3 km lange Strecke über den Semmering bis zur Mürz bei Mürzzuschlag soll dann durch eine Schiffseisenbahn, auf welcher die Boote überführt würden, für das Kanalprojekt dienstbar gemacht werden. Die Mürz und die Mur wären dann zu kanalisieren, bei Graz soll ein Lateralkanal erbaut werden. Im Gebiet der Wasserscheide zwischen der Mur, Drau und Save und im Karstgebiet von Oberlaibach an sollen Schiffseisenbahnen erbaut werden; die Flüsse des Karstes wären in den Talstrecken teils zu kanalisieren, teils sollen besondere Kanäle geschaffen werden. Die ganze Strecke von Wien bis Triest wird eine Länge von 492 km haben, davon kommen 156,6 km auf die Schiffseisenbahnen und 335,2 km auf die Wasserstraßen. Alle diese großartigen Bauten sollen nur 476½ Mill. Kronen kosten, wobei noch Wasserkräfte für 70 Mill. Kronen gewonnen würden.

Neue Verbindung zwischen Triest, Fiume und den La Platastaaten. Die ungarische Schiffahrtsgesellschaft ›Adria‹ sendet gegenwärtig zeitweise direkte Dampfer nach Montevideo, Buenos-Aires und Rosario ab; ebenso werden die nach Brasilien regelmäßig verkehrenden Dampfer in Zukunft Sendungen mit direkten Ladescheinen nach den La Plata Häfen übernehmen; der Anschluß erfolgt in Rio Janeiro.

Telegraphenlinien.

Projekt einer neuen Telegraphenlinie durch Alaska und Sibirien. Der Direktor der North Eastern Sibiria Company erhielt von der russischen Regierung die Genehmigung zur Herstellung einer Telegraphenlinie im nordöstlichen Sibirien. Zunächst wird die amerikanische Telegraphenlinie von Nome bis zum Kap Prinz Wales verlängert werden; dort erfolgt die Errichtung einer Marconistation, ebenso auf dem Ostkap von Asien. Vom Ostkap soll dann die große nordsibirische Linie bis zum Anschluß an die sibirische Bahn gelegt werden. Durch diese neue Telegraphenlinie, die in der Lage sein wird, die Telegramme viel billiger zu befördern, als es bisher auf den Kabellinien der Fall war, würde eine von den Kabeln ganz unabhängige telegraphische Verbindung zwischen den Vereinigten Staaten, Ostsibirien, China und Japan mit Europa geschaffen werden.

Marconi-Telegraphie in Tripolis. Die Errichtung einer Station für drahtlose Telegraphie wird in Derna, Sandschak Bengasi und auf der Insel Rhodus geplant; die Herstellung soll der Firma Siemens & Halske übertragen werden.

Die Landtelegraphenlinie Tripolis—Derna wurde vor kurzer Zeit eröffnet, so daß bald eine neue telegraphische Verbindung zwischen Tripolis und Konstantinopel über Rhodus ins Leben treten wird, da Rhodus bereits durch ein Kabel mit Konstantinopel verbunden ist. Bisher war ein telegraphischer Verkehr zwischen Konstantinopel und Tripolis nur durch das Kabel Malta—Tripolis möglich.

Zwischen der italienischen und englischen obersten Postbehörde schweben Verhandlungen, die die Verbindung der Stationen Poldhu und Bari durch drahtlose Telegraphie zum Zwecke haben.

Forschungsreisen.

Afrika. Im Auftrag des Komitees für die wissenschaftliche Erforschung des Tanganjika-Sees führt W. A. Cunnington eine Forschungsreise nach diesem aus. Er verließ England im März vorigen Jahres, kam wohlbehalten in Zomba an und führte zunächst erfolgreiche Sammlungen am

Njassa-See aus. Von Karonga begab er sich auf der Stevenson-Straße nach Vua, das er zunächst als Standquartier für seine Forschungen am Tanganjika machte. Nach seinen letzten Mitteilungen gedachte er Ende des Jahres nach England zurückzukehren (Nature 71, S. 278).

Die Expedition Jacques kehrt nach Erforschung des Minengebiets zwischen Katanga und dem Zusammenfluß des Lufefu mit dem oberen Congo nach Europa zurück. Die Expedition erforschte zunächst das Gebiet des oberen Lububi und wandte sich dann dem des Lubilashe-Sankuru zu. Diesem Flusse folgte sie abwärts bis Lusambo, von wo sie sich nordwestlich zum Kasai wandte (Mouv. G.).

Polares. Die Korvette ›Uruguay‹, die am 10. Dezember v. J. mit den Beamten der neuen meteorologischen Station nach den Süd-Orkney-Inseln abgegangen und beauftragt war, dabei nach der Charcotschen Südpolarexpedition zu forschen, ist in Punta Arenas eingetroffen. Von dort meldet ihr Befehlshaber, er habe die ganze Bransfieldstraße und den Belgischen Kanal durchfahren und sei bis zum 61,57 Grad westlicher Länge gelangt, ohne etwas über die Expedition zu erfahren. Ebensowenig sei etwas von ihr auf den Inseln Deception und Winkie zu hören gewesen. — Die Charcotsche Expedition ist seit dem August 1903 unterwegs. Ihr Hauptzweck ist, wissenschaftliche Forschungen im südlichen Eismeer vorzunehmen. Die einzige Nachricht von ihr stammt vom 27. Januar 1904 aus der Missionsbai, sie berichtete, daß alle Mitglieder der Expedition wohl seien. (Vgl. Heft I, S. 43). — Zum Glück haben sich, wie soeben bekannt wird, die obigen Befürchtungen nicht bestätigt. Das Expeditionsschiff ›Le Français‹ ist mit der gesamten Mannschaft wohlbehalten in Puerto Madrin angekommen. Charcot meldet in einer Depesche nach Paris, daß die Überwinterung auf der Insel Wandel ihm gestattete, sämtliche wissenschaftliche Arbeiten unter guten Umständen auszuführen. ›Die Frage der Bismarckstraße ist aufgehellt. Wir haben das Alexanderland als vorhanden erkannt, aber es ist Eises halber unzugänglich. Dann haben wir mehrere unbekannte Punkte des Grahamlandes erkundet und erforscht. Trotz einer Strandung, die ein ernstliches Leck des Schiffes herbeiführte, konnten wir die Fahrt auf der von uns erkundeten Küste fortsetzen und den äußeren Umriß des Palmer-Archipels feststellen. An Bord ist alles wohl.‹

Besprechungen.

I. Allgemeine Erd- und Länderkunde.

Salzmann, E. v., Im Sattel durch Zentralasien. Berlin 1903, Dietrich Reimer (Ernst Vohsen).

Erich v. Salzmann, ein deutscher Artillerieleutnant, der am chinesischen Feldzuge vom Jahre 1900 teilgenommen hatte, kehrte aus Lust am Reiten auf Pferdesrücken durch Innerasien in die Heimat zurück. Er schlug die bekannten, viel begangenen Karawanenwege ein: Von Tientsin über Tschinntingfu und

Tayuěnfu durch Schansi nach Hsinganfu, dann durch Schensi und Kansu über Lantschoufu in die Gobi und das Tarimbecken, weiter über Kaschgar durch Pamir nach Andischan. Wissenschaftlich zu beobachten versuchte der Reisende nicht; sein Interesse gehörte den Pferden, kleinen Jagdabenteuern, dem Nächsten, was das Fortkommen hindert oder fördert. Die Landschaft schildert er kaum. Er blickt jedoch mit gesundem Wirklichkeitssinn um sich, versteht sich trefflich mit der Bevölkerung abzufinden, erlebt nichts Großes, aber eine Menge kleiner Auftritte, aus denen sich Landessitten und die Anschauungen und Lebensweise der Chinesen und Mongolen trefflich erkennen lassen. Leute mit so gesunder Auffassungsgabe, wie v. Salzmann sie besitzt, mit so natürlichen Takt im Verkehr mit Fremden, mit so gutem Willen, sich durch kleine persönliche Reise-Unannehmlichkeiten den trocknen Humor nicht nehmen zu lassen, könnten durch mancherlei Beobachtungen, wären sie geographisch nur besser vorgebildet, der Wissenschaft brauchbare Dienste leisten. Hätte v. Salzmann, ehe er das Buch schrieb, sich wenigstens etwas in der vorhandenen Literatur über Innerasien umgeschaut! Er hätte dann nicht den Kwenlun schlechthin als »Fortsetzung« des Nanschan angesehen und wohl noch manche Beobachtung von seiner Reise besser zu verwerten gewußt als jetzt. Auch so ist es aber erfreulich, daß ein deutscher Offizier einmal die Fremde auf Deutsche aufmerksam macht und daß er seine schwierige Reiseaufgabe mit so viel Glück durchgeführt hat. Auch ist seine sportliche Leistung mit den dabei gesammelten Erfahrungen nicht umsonst getan, schon insofern nicht, als einmal wieder gezeigt ist, daß die Deutschen in solchen Fähigkeiten anderen Völkern Europas nicht nachstehen.

Dr. F. Lampe-Berlin.

José de Castro Pulido, Nociones de física del Globo. 8°, 143 S. mit 62 Textfiguren. Madrid 1903.

Das vorliegende Buch enthält in elementarer Behandlung die wichtigsten bekannten Tatsachen der Hydrographie und Klimatologie, sowie einige Bemerkungen über Erdwärme, Erdbeben und Vulkane. Die zahlreichen Abbildungen sind teilweise recht gut gelungen und ganz instruktiv, z. B. Fig. 23, welche »los pozos artesianos« (die artesischen Brunnen) und Fig. 24, welche die bekannte Fingalshöhle darstellt; weniger klar dürften dagegen z. B. die Abbildungen der Cirruswolken Fig. 35 und 36 sein, während der zugehörige, die einzelnen Wolkenformen beschreibende Text auf S. 101—109 an Klarheit nichts zu wünschen übrig läßt; dasselbe gilt von der Beschreibung und Darstellung der Gletscher, welche ebenfalls als besonders gut gelungen bezeichnet werden kann. Interessant ist die ziemlich eingehende Behandlung der Stürme, besonders der Wirbelstürme, deren Entstehung und Bewegung durch eine Anzahl einfacher, schematischer Zeichnungen in vorzüglicher Weise veranschaulicht ist. Der letzte Abschnitt des Buches handelt von den säkularen Änderungen des Klimas und den Beweisen, welche für diese Tatsache besonders durch die Geologie, Botanik usw. erbracht sind. Auch der vielbesprochene »Löß« Chinas wird erwähnt, aus dessen Vorhandensein der Verfasser folgert: »Necessario es, pues, admitir que esas planicies chinas, actualmente húmedas, y abundantamente regadas, fueron en otro tiempo secas y áridas« (man muß folglich annehmen, daß diese Ebenen Chinas, welche heute feucht und reichlich bewässert sind, in früherer

Zeit trocken und dürr waren), eine Schlußfolgerung, welcher ich[1]) heute noch ebenso skeptisch gegenüberstehe, wie vor zwei Dezennien.

Das Buch Pulidos, welcher bereits eine größere Anzahl mathematischer und astronomischer Bücher verfaßt hat, ist in leicht verständlicher Weise und gewandter Form geschrieben und dürfte deshalb besonders für Schüler höherer spanischer Lehranstalten recht brauchbar sein, ebenso aber auch für jeden Gebildeten anderer Nationen, welcher sich durch interessante, leicht verständliche spanische Lektüre in der spanischen Sprache üben und vervollkommnen will. *Dr. A. Wollemann-Braunschweig.*

Jansson, A. Carl, De Europeiska Kolonierna. Kl.-8°, 119 S., Stockholm o. J.

Eine ziemlich elementare Zusammenstellung der wichtigsten Tatsachen aus der Kolonialgeschichte der europäischen Staaten. Der Verfasser bestimmt sein Buch für reifere Studierende und einen weiteren Leserkreis, der an der modernen Geschichte Anteil nimmt. Dem Zwecke, für solche Leser eine knappe, klare Übersicht zu geben, kommt das Büchelchen gut nach. Der Deutsche wird es nur selten gebrauchen, da wir in Schäfers Kolonialgeschichte (Sammlung Göschen; 1903) einen Leitfaden besitzen, der noch weit höhere Anforderungen befriedigt. Geographisches enthält das Buch nichts, außer der rein äußerlichen Angabe des Areals und der Bewohnerzahl bei jeder Kolonie.

Der Abschnitt über die Kolonien Deutschlands ist in der Weise gegliedert, daß einige einleitende Sätze darlegen, wie seit der Einigung 1871 unser Reich so erstarkte, daß es Kolonien erwarb, um nicht zurückzubleiben. Dann beginnt Jansson mit Kiautschau, geht auf Afrika über und schließt mit den Kolonien im Stillen Ozean, wobei sehr ungeographisch Neu-Guinea zu Polynesien gerechnet wird. Die angegebenen Zahlen halten im allgemeinen Stichproben stand, nur auf S. 76 ist die Volkszahl des Deutschen Reiches um 3½ Millionen zu niedrig angegeben, wohl der Wert einer älteren Zählung gewählt. Zu sonstigen kritischen Bemerkungen ist wenig Anlaß; es fällt auf, daß unter den dänischen Kolonien die Faer-Öer und Island fehlen.

Dr. Gustav Braun-Königsberg i. Pr.

Deutsches Wanderbuch. I. Teil: Süddeutschland. Stuttgart 1903, Hobbing & Büchle. 1.50 M.

Der seit 1883 bestehende und gegenwärtig 52 Vereine umfassende »Verband deutscher Touristenvereine«, welcher besonders »die Erforschung und Kenntnis der deutschen Gebirge in touristischer und wissenschaftlicher Beziehung hegen und pflegen und den Verkehr zwischen den Verbandsvereinen vermitteln« will, tritt mit diesem Wanderbuche zum erstenmal an die Öffentlichkeit. Dasselbe soll »einen raschen Überblick über das Wesentliche jeden Gebiets geben, dem Wanderer ermöglichen, auch bei gemessener Zeit das Eigenartige und Besondere jeden Gebiets kennen zu lernen«. Der Wanderer soll in den Stand gesetzt werden, »schon in nur wenigen Tagen einen ausreichenden Ein- und Überblick zu gewinnen«. Man sieht, daß das Buch besonders für Leute bestimmt ist, die nicht viel Zeit haben und in kürzester Frist ein größeres Gebiet durcheilen wollen. Unter solchen Verhältnissen kann der Wanderer nicht gründlich verfahren, sich auch nicht nach den verwirrenden, weil überreichen Angaben der »örtlichen Führer« richten, welche übri-

---

[1]) Vgl. Wollemann, Über die Diluvialsteppe. Verhandl. d. nat. Ver. der pr. Rheinlande usw., Jahrg. 45, S. 239—291.

9*

gens weder verdrängt noch ersetzt werden sollen. Das Wanderbuch will gewissermaßen »ein Führer durch diese Führer« sein. Bei näherer Einsicht können wir auch vollauf zugeben, daß es für die Kreise, denen es gewidmet ist, für eilige, schnellfüßige Touristen, die ohne zu rasten, »frisch auf« die Gebirge durchstreifen, seine Aufgabe gut erfüllen wird. Für unsere Jugend freilich, die erst wandern lernen, in den hervorragenden Gegenden des Vaterlandes offene Augen allem Wichtigen, Guten und Schönen zuwenden und dadurch mit warmer Liebe zur Heimat erfüllt werden soll, eignet sich ein solches Wanderbuch nicht, und ich selber habe derselben in meinen »Wanderungen durch das deutsche Land« (C. Flemming, Glogau) soeben eine inhaltreichere Anleitung zu geben gesucht. Der noch viel weiter gehende Anspruch des Touristenbuches, »auch ein Geographiebuch für jeden Deutschen« zu sein, kann natürlich als berechtigt nicht anerkannt werden. — Trotzdem steht der Unterzeichnete dem Streben der Touristenvereine, und deshalb auch dieser ihrer ersten Veröffentlichung, durchaus wohlwollend gegenüber, da sie unzweifelhaft weit mehr zur Kräftigung vaterländischer Gesinnung beitragen können, als die meisten anderen, besonders die rein sportlichen Vereine; er sieht daher dem Erscheinen des zweiten Bändchens (Mittel- und Norddeutschland) mit Spannung entgegen.

Prof. Dr. O. Richter-Godesberg a. Rhein.

Meyers Großes Konversationslexikon. Ein Nachschlagewerk des allgemeinen Wissens. 6. Aufl. 4.—6. Band. Leipzig 1904, Bibl. Inst.

Die sechste Auflage des Großen Meyerschen Konversationslexikons nimmt ihren Fortgang in derselben befriedigenden Weise, wie sie begonnen hatte. Der vierte bis sechste Band enthält viel, was den Geographen interessiert, beispielsweise die allgemeinen erdkundlichen Abschnitte über Erde und Erdkunde, die länderkundlichen über Europa, Deutschland, England, Frankreich, China und andere in sich geschlossene größere oder kleinere Gebiete. Die Behandlungsweise ist gleichmäßig. Lage, Grenzen, Bodenbildung und Geologie beginnen; es folgt Klimatologie und Hydrographie, dann eine Reihe von Betrachtungen über Pflanzen- und Tierwelt, Siedelungen, Verwaltung, Wirtschaftsleben und Münzen, zuletzt Geschichtliches. Gewiß wird hier sehr vielerlei, dem praktischen Bedürfnis entsprechend, unter dem Stichwort des Landes vereint, was der Geograph als nicht mehr zur Landeskunde gehörig ausschalten würde, und anderseits fehlt es bei der wieder den Anforderungen eines Lexikons entsprechenden scharfen Stoffgliederung an der rechten wechselseitigen Durchdringung der einzelnen tatsächlichen Erscheinungen, an ihrer Bezugnahme aufeinander, an ursächlichen Verknüpfungen. Man erhält mehr Teile als ein Ganzes. Und doch wird auch der Geograph immer mit Nutzen diese Abschnitte für sich verwerten; denn erstaunlich ist bei der Fülle des Stoffes die Reichhaltigkeit und Zuverlässigkeit der Angaben, die unparteiische Sachlichkeit der Darstellung. Daß deutsche Ortschaften, deutsche Forscher in weit größerer Zahl und Ausführlichkeit berücksichtigt sind als außerdeutsche, ist selbst bei dem internationalen Charakter der Erdkunde durchaus zu billigen. Um so mehr fällt es auf, daß auf der Tafel »Geographen« unter den sechs dargestellten Bildnissen als einziger Ausländer Elisé Reclus Aufnahme gefunden hat, während Alexander v. Humboldt fehlt. Diesem wird auch der Text des Abschnittes »Erdkunde« nicht

gerecht, wenn es heißt: »Die naturwissenschaftliche Länderbeschreibung, wie sie in Alexander v. Humboldt ihren glänzendsten Vertreter gehabt hat, steht außerhalb der eigentlichen Geographie; alle Reisenden mit weitem Blick sind in diesem Sinne Geographen gewesen«. Man hat in der Tat lange Zeit Humboldt im allgemeinen Sinne als »Naturforscher« bezeichnet, ist sich aber bei der weit um sich greifenden Ausgestaltung der modernen Erdkunde, die in vielen Einzelzweigen wie auch in der Art der Zusammenfassung verstreuter Beobachtungen zum Gesamtbild gerade Alexander v. Humboldt als Meister ansehen darf, doch ziemlich einig darüber, daß neben Ritter die neuere Erdkunde auf ihm fußt. Sehr zu loben ist, daß im Meyerschen Lexikon die allerneuesten Forschungen und literarischen Erscheinungen schon mitberücksichtigt werden.

Die Ausstattung ist nach wie vor gut. Bei manchen Karten freilich geht im Gewirr der Namen und Linien von Flüssen, Verkehrswegen, Verwaltungsgrenzen die Plastik der Bodenformen ganz unter, beispielsweise auf der vom nördlichen Frankreich. Auch auf der Karte von China ist das ziemlich willkürliche Gewirr von Raupen und Schraffen im südlichen Teile des Landes nicht gerade ein Muster übersichtlicher Ausdeutung der Geländeformen.

Dr. Felix Lampe-Berlin.

II. Geographischer Unterricht.

Frank, Karl, Professor an der Landes-Oberrealschule in Brünn. Geographie u. Statistik der österr.-ungar. Monarchie. Wien 1903, A. Hölder. 1 K. 68 h.

Die österreichische Realschule ist gegenüber dem Gymnasium insofern auf den Geographie-Unterricht wenigstens insoweit etwas begünstigt, als bei ersterer die Leistungen der Schüler in Geographie und Geschichte im Zeugnis durch besondere Noten klassifiziert erscheinen. Im übrigen aber ist es dasselbe Elend wie bei dem Gymnasium. Auch in der Oberrealschule ist die Geographie im Lehrplan so gut wie gar nicht vertreten, denn selbst wenn der Lehrer dem Wunsche der Instruktionen nachkommt und die Geographie jener Landschaften, auf denen sich die zur Behandlung gelangenden geschichtlichen Ereignisse abspielen, wiederholt, so bleibt doch bei dem Umstand, daß unsere »Welt«-geschichte sich fast ausschließlich auf Europa und die Mittelmeerländer beschränkt, der weitaus größte Teil der Erdoberfläche ohne Besprechung und Wiederholung. Nur für die höchste, die siebente Klasse verlangt der Lehrplan wieder selbständige Geographie, und zwar: »Wiederholung der Geographie der österr.-ungar. Monarchie mit Hinzufügung einer statistischen Übersicht der Rohproduktion, der Industrie und des Handels, wobei die entsprechenden Verhältnisse in den großen Kulturstaaten Europas zum Vergleich herangezogen werden. Behandlung der Verfassung und Verwaltung der Monarchie, mit besonderer Berücksichtigung der österreichischen Reichshälfte«.

Diesem abschließenden geographischen Unterricht dient das vorliegende Buch in vortrefflicher Weise. Es ist eine jener erfreulichen Erscheinungen auf dem Gebiet der Schulliteratur, die man wärmstens begrüßen und empfehlen muß. Ein modernes Buch im besten Sinne des Wortes! Man merkt auf jeder Seite, daß der Verfasser nicht ohne ernste Vorbereitung an dessen Niederschrift gegangen ist. Nichts Schablonenhaftes, kein bequem herzustellender und mit den neuesten statistischen Daten aufgeputzter Auszug aus Handbüchern, sondern eine aus der Beherrschung der neuesten Forschungsergebnisse und aus der pädagogischen Erfahrung hervorgegangene Eigenarbeit. Der an der Schwelle der Hochschule stehende Jüngling erhält hier nochmals einen lehrreichen Einblick in das Wechsel- und Aufeinanderwirken von Natur und Menschen. Besonders ansprechend sind die Schilderungen der physischen Verhältnisse, namentlich des Aufbaues der Ostalpen. Ohne sich in verwirrende Einzelheiten einzulassen, wird den großen charakteristischen Zügen der Bodengestaltung nachgegangen. Nur bei der Schilderung der Schieferalpen (S. 16) scheint mir der Verf. zu viel in Details gekommen zu sein. Dagegen wird bei den Karstländern (S. 26 ff.) zwar eine recht gelungene Schilderung der Karstlandschaft und der typischen Karstphänomene gegeben, aber auf jedwede orographische Gliederung verzichtet, kein einziger Berg, kein Höhenzug genannt. Diesbezüglich hätte dem Verf. die Arbeit von Lukas[1]) eine wertvolle Unterstützung geboten, wie auch bei der Besprechung der Sudeten die Arbeit von A. R. Franz[2]) zuverlässige Orientierung verschafft hätte. Die Kulturbilder der einzelnen Länder Österreichs sind zumeist recht gelungen, nur halte ich die Anführung der Zahl der Bezirkshauptmannschaften für überflüssig. Die Städteschilderung gerät etwas in Baedekerstil, die statistischen Daten verwerten meist durchaus die neuesten Ergebnisse, sondern gehen oft auf 1890 zurück. Die Bevölkerungsziffer von Mitterburg (16000 Einw. auf S. 56) ist irreführend, der Wohnort zählt nur 3800, die weitverstreute Gemeinde allerdings 16000; aber als Gemeinde zählt auch Spalato über 27000 Einw. Die Bosniaken treiben nicht Viehzucht aus »angeborener Bequemlichkeit« (S. 66), sondern wegen der fast vollkommenen Steuerfreiheit der Weiden und der Geringfügigkeit der Viehsteuer. Der eigentlich statistische Teil bringt in recht klarer und anziehender Weise, ohne zu große Häufung von Zahlen, einen Einblick in das Getriebe des Wirtschafts- und Staatslebens. Von kleinen Irrtümern erwähne ich, daß der Maisbau keineswegs in Galizien fehlt (S. 5), er nimmt vielmehr nach den statistischen Ausweisen von 1902 hier eine Fläche von 72290 ha ein (941493 hl Ernte 1902). Die Wiederaufforstung (S. 27) macht in Krain und Istrien sehr erfreuliche Fortschritte. Von einer besonderen Gunst des Klimas in Böhmen (S. 60) kann wohl kaum gesprochen werden; die Zahl der Juden ist an einer Stelle (S. 70) zu klein angegeben. Irrig ist die Schreibung Süß, Penk für Sueß und Penck. Das sind aber kleine Mängel, die bei einer zweiten Auflage leicht beseitigt werden können.   *F. Heiderich.*

Bruder, Georg, Geologische Skizzen aus der Umgebung Aussigs. Mit 16 Original-Lichtdrucktafeln und 17 Abb. im Text. 8°, 67 S. Aussig 1904, A. Beckers Buchhandlung.

Unter Hinzuziehung der angrenzenden Teile des Erzgebirges und des Elbsandsteingebirges zeigt der Verfasser die Grundzüge der Geologie an Beispielen aus der Umgebung Aussigs. Er gibt zunächst eine Übersicht über die Gesteine, dann werden die geologischen Wirkungen des Wassers, der lebenden Organismen, der bewegten Luft und des Erdinnern in klarer, leicht faßlicher Weise besprochen. Hieran schließen sich eine kurze Geschichte der Urzeit

[1]) Orographie von Bosnien und Herzegowina usw. Wissensch. Mitt. aus Bosnien und Herzegowina. VIII. 1902.
[2]) Die Sudeten; Bau und Gliederung des Gebirges. Programm der deutschen Landes-Oberrealschule. Leipnik 1901 und 1902.

der Umgebung Aussigs und ein Kapitel über die Bildung der Ackerkrume. Von allgemeinerem Werte sind die vorzüglichen Abbildungen einiger Partien des Elbetals und geologischer Schaustücke des Aussiger Museums, sie beruhen durchweg auf Neuaufnahmen, die mit Unterstützung der Stadtgemeinde hergestellt wurden. Das Fehlen einer geologischen Umgebungskarte erklärt sich wohl daraus, daß die entsprechenden Blätter der geologischen Karte des böhmischen Mittelgebirges von Hibsch und Pelikan noch nicht erschienen sind.

Das Buch wird seiner Methode wegen namentlich auch jenen Lehrern erwünscht sein, denen die naturwissenschaftlichen Gebiete der Erdkunde ursprünglich ferner liegen.   *Dr. M. Binn-B.-Leipa.*

Senckpiehls Schul-Atlas für den Unterricht in der Geschichte. 2. verb. Aufl. Leipzig 1904, Dürrsche Buchhandlung und Ed. Peters Verlag. Geh. 80 Pf., geb. 1 M.

In »26 Haupt- und 14 Nebenkarten« oder richtiger in 13 ganzseitigen, 13 halbseitigen Karten und 14 Nebenkärtchen will der Atlas auf 20 Seiten dem Schüler das nötige Kartenmaterial für die gesamte alte, mittlere und neuere Geschichte geben. Schon dieser geringe Umfang zeigt, daß er mit reichhaltigeren historischen Schulatlanten, wie besonders dem weitverbreiteten Putzgerschen nicht in Wettbewerb treten kann. Überhaupt dürfte er für höhere Schulen kaum in Betracht kommen. Eher könnte man an Mittelschulen denken, die vor der Einführung eines teureren Atlasses zurückschrecken. Aber auch für diese ist er nicht zu empfehlen, zunächst schon wegen seiner schlechten topographischen Grundlage. Ist schon die Zeichnung der Küstenlinien, Flußläufe usw. häufig sehr mangelhaft, so bietet die Gebirgszeichnung oft ein ganz falsches Bild. Man betrachte z. B. den Atlas auf Karte 1, die Karpathen auf Karte 10, die Alpen und die Randgebirge Böhmens auf Karte 11. Aber auch der historische Inhalt ist keineswegs einwandfrei. So ist die Farbengebung auf Karte 3 und 7, wo die natürlichen Landschaften Griechenlands und Italiens durch verschiedene Farben unterschieden sind, irreführend, auf Karte 4, wo offenbar die griechischen Stämme unterschieden werden sollen, geradezu falsch. Karte 9 genügt für die Geschichte der Völkerwanderung in keiner Weise, zumal eine Karte des alten Germaniens, auf der die ursprünglichen Wohnsitze der Völker angegeben wären, fehlt. Eine Karte zur Geschichte des Kalifats fehlt völlig. Karte 14 bringt auf einer ganzen Seite die Kreiseinteilung von 1512, die im Unterricht nur einmal flüchtig erwähnt wird; eine Karte, welche die Auflösung des Reiches bzw. der alten Stammesherzogtümer in zahlreiche Territorien deutlich (durch Farbenunterscheidung) zur Anschauung brächte, sucht man vergebens. Ähnlich unterscheidet Karte 16 (Deutschland zur Zeit des 30 jährigen Krieges) durch Farben nur katholische, evangelische und »paritätische« Länder, während die einzelnen Territorien wieder nicht klar hervortreten. Karte 17 stellt das osmanische Reich zur Zeit seiner größten Ausdehnung dar; die allmähliche Entwicklung desselben ist nicht ersichtlich. Karte 18 zeigt eine verwirrende Fülle einzelner Entdeckungsreisen und unterscheidet durch Farben höchst überflüssigerweise die Erdteile, nicht aber die spanischen und portugiesischen Entdeckungen. Verhältnismäßig am besten, wenn auch teilweise mit Namen überladen, sind noch die Karten zu den Kriegen von 1864, 1866, 1870/71.   *Dr. H. Moritz-Posen.*

Prüll, Hermann, Deutschland in natürlichen Landschaftsgebieten aus Karten- und Typenbildern dargestellt. 2. Aufl. 195 S. Leipzig 1903, Wunderlich.   1,60 M., geb. 2 M.

Das für die Hand des Lehrers bestimmte Buch liefert den Stoff schon zugeschnitten und mundrecht gemacht mit Ziel, Vorbereitung, Darbietung, Vertiefung und Resultat, nicht ohne wertvolle Fingerzeige zu Anknüpfungen und Vergleichen im einzelnen, aber doch ohne die nötige Beherrschung des Stoffes, so daß wunderliche Anschauungen, wie meistens bei den Erklärungen über die Entstehung der Oberflächenformen, und merkwürdige Irrtümer und Verwechslungen (z. B. Oderbruch mit dem schlesischen Odertal, vielleicht auch Lebus mit Leubus S. 152?) nicht fehlen. Kann das ganze als Unterrichtsleistung eines einzelnen auch mit Dank anerkannt werden, so fehlt ihm doch die volle Zuverlässigkeit, ohne die es nicht ein Vorbild und Führer für Nachstrebende sein kann.

Die einzelnen Landschaften, in die Deutschland zerlegt wird, sind: 1. Die Oberdeutsche Hochebene mit den deutschen Kalkalpen, 2. die Oberrheinische Tiefebene und ihre Randgebirge, 3. das Rheinische Schiefergebirge, 4. das Lothringische Stufenland, 5. das Neckargebiet mit der Rauhen Alb, 6. das Fränkische Stufenland, 7. die Weser und die Weserberglandschaften, 8. Thüringen und seine Randgebirge, 9. der Harz, 10. der westliche Teil der Norddeutschen Tiefebene, 11. die Nordsee, 12. das Erzgebirge mit der Zwickauer und Freiburger Mulde, 13. das Elbsandsteingebirge, 14. das Tiefland der mittleren Elbe, 15. die Ober- und Niederlausitz, 16. Schlesien, 17. die östliche Hälfte der Norddeutschen Tiefebene, 18. die Ostsee und der Baltische Landrücken, 19. Schleswig-Holstein. Die Teile sind zwar sehr ungleich groß (z. B. 2 und 13), doch wird man schwer eine nach allen Seiten befriedigende Teilung des so mannigfach zusammengesetzten Deutschen Landes treffen können.

Der Stil wechselt zwischen Depeschenform (Fragen mit angedeuteten Antworten) und ausführlicheren, z. T. recht hübschen Wanderungsschilderungen. Den Schluß bilden 7 Seiten einer Art Staatsbürgerkunde. Ein Namenregister fehlt.

Dr. W. Schjerning-Krotoschin.

Koischwitz, Otto, Lesebuch für die Heimatskunde. Jauer, Hellmann.

Auf 30 Seiten wird in der vorliegenden Broschüre die Geschichte von Jauer und Umgegend von der Germanenzeit bis zur Gegenwart in wohltuender Breite dargestellt. Die Gegend von Jauer in Schlesien ist ganz besonders reich an geschichtlichen Ereignissen, die allgemeines Interesse beanspruchen dürften. Auf Grund seiner Erforschungen der germanischen und slawischen Flur- und Ortsnamen und unter Anführung der zahlreichen Funde von Altertümern beschreibt der Verfasser die Ansiedlungen der Germanen und der Slawen nach der Völkerwanderung und die allmähliche »Entwicklung und Kultivierung der schlesischen Landschaften nach der Polenherrschaft unter eigenen Fürsten und Herzögen durch deutsche Mönche, Bauern und Handwerker. Wir erfahren, wie sich die deutsche Ansiedlung Jauer zum Marktflecken, zur befestigten Stadt entwickelte, wie die Bürger von den schlesischen Fürsten das Meil- und Salzrecht erhielten, wie sie sich das Stadtrecht und Halsgericht erkämpften und sich die verschiedenen Zünfte die Beteiligung am Stadtregiment erstritten (wie im Sülfmeister von

J. Wolf). Das ist vorbildlich für die kulturgeschichtliche Entwicklung der meisten deutschen Städte. Ganz besonders wichtig aber für die allgemeine deutsche Geschichte sind die Kämpfe um die Einführung der Reformation in Jauer, die Not und Drangsal im Dreißig- und Siebenjährigen Kriege, die Begeisterung und Aufopferung der Bewohner in den Freiheitskriegen. Wir heben noch besonders die vortrefflichen Schilderungen der Schlachten von Hohenfriedberg und an der Katzbach hervor, wertvoll finden wir auch die Einzelszenen barmherziger Liebe helfender Frauen in den Kriegsnöten und des Mutes und der Opferwilligkeit der Männer in den Freiheitskriegen.

Möchten sich doch noch recht viele Kollegen in den verschiedenen Gauen Deutschlands finden, die sich in ähnlicher Weise um die historische Erforschung ihrer Heimat bemühten und so schon vom dritten Schuljahre an in den Schülern den Sinn für die Geschichte unseres Vaterlandes weckten.

H. Prüll-Chemnitz.

Vahl, M., Almindelig Geografi for Seminarier, Folkehøjskoler og andre videregaaende Skoler. København, Nordiske Forlag.

Es ist eine erfreuliche Erscheinung, daß seit einigen Jahren ein größeres Verständnis für den Bildungswert der Erdkunde in immer weitere Kreise dringt. Hoffentlich ist die Zeit nicht mehr fern, daß die maßgebenden Behörden sich den Forderungen der einschlägigen Resolutionen nicht weiter verschließen und der Erdkunde im Rahmen des Unterrichts diejenige Feld einräumen, das ihr zukommt. Einen kleinen Beweis für die steigende Erkenntnis der Bedeutung erdkundlichen Unterrichts liefert auch die »Allgemeine Geographie« von Vahl. Es ist noch nicht lange her, daß man die Geographie in Dänemark fast noch stiefmütterlicher behandelt als bei uns, und der Unterricht in derselben wurde und wird wohl nach vielfach nach der Methode betrieben, die bei uns vor 15—20 Jahren im Schwunge war und nach der wohl leider hier und da von Nichtfachlehrern heute noch unterrichtet wird.

Der Verfasser will eine neuen Bahnen beschreiten. Sein kleines Werk, das allerdings keine neuen Gesichtspunkte bringt, hat den Vorzug, daß die Hauptgebiete der allgemeinen Erdkunde hier in knapper und übersichtlicher Weise zusammengestellt sind. Es enthält folgende Abschnitte: Himmel und Erde, Länge und Breite, Jahreszeiten und Zonen, die Landkarte, der Mond, das Innere der Erde, die Erdoberfläche und ihre Veränderungen, Klima (Luftdruck, Winde, Regen usw.), die Arten des Windes (Passate, Monsune usw.), Pflanzenwelt, Tierwelt, das Meer (Strömungen, Gezeiten, Küstenformationen), der Mensch.

Mit der Reihenfolge der Kapitel kann ich mich nicht einverstanden erklären, und der mathematische Teil ist entschieden zu kurz gekommen; es fehlt eine genaue Unterscheidung von scheinbarer und wirklicher Bewegung; ferner vermisse ich Rotation, Revolution, mitteleuropäische Zeit u. a. m. Die Kapitel der physischen Erdkunde sind hingegen für den eng bemessenen Raum recht geschickt behandelt, sodaß dem Schüler nichts unverständlich bleibt. Die beigegebenen Skizzen und typischen Bilder (ca 40) sind recht anschaulich. Eine Übertragung ins Deutsche hieße Eulen nach Athen tragen, aber für die höheren Lehranstalten Dänemarks hat das Büchlein gewiß eine Bedeutung.

Dr. Christian Goeders-Gr.-Lichterfelde.

Hemprich, Karl, Beiträge zur Verwertung der Heimat im Unterricht in der Erziehungsschule. 70 S. mit 8 Textabbild. u. 1 Karte. Langensalza 1903, Hermann Beyer & Söhne. 1 M.

Für einen Bericht im Geogr. Anzeiger kommt Abschnitt V »Die geographische Heimatskunde« in erster Linie in Betracht. Auf zahlreichen Wanderungen in die Umgebung der Heimat (Freyburg a. U.) werden die Schüler mit dieser bekannt gemacht und ihnen die einfacheren geographischen Grundbegriffe übermittelt. Großer Wert wird auf die Topographie gelegt, und durch Skizzen jeder Wanderung wird in geschickter Weise das Verständnis der Karte angebahnt. Bei der zusammenfassenden Besprechung am Schlusse jeder Wanderung wird diese auch für andere Unterrichtsfächer nutzbar gemacht, indem sie den Stoff für Übungen in der Rechtschreibung, für kleinere Aufsätze und Rechenaufgaben liefert. Stets wird auf die heimatlichen Sagen eingegangen; ihnen wird aber eine zu große Bedeutung beigemessen, wenn sie hier gleichsam in den Mittelpunkt des ganzen Unterrichts gestellt werden. So wird es z. B. (S. 25) als die erste Aufgabe der geographischen Heimatskunde bezeichnet, »den Schüler mit dem Schauplatz, dem plastischen Hintergrund der Sagen, bekannt zu machen«. — Die Sprache zeigt öfters dialektische Färbung; es ist dies wohl durch das Bestreben hervorgerufen, sie dem Fassungsvermögen der Schüler anzupassen. *Dr. Richard Herold-Oranienstein a. d. Lahn.*

Auer jun., Ludwig, Die Schönheit der Landschaft. Taschenkalender für die studierende Jugend. Donauwörth 1904, Ludwig Auer.

Ein ähnliches Thema wie der Vater (vgl. Geogr. Anzeiger 1904, S. 142) behandelt der Sohn in der vorliegenden kleinen Arbeit. Er will dadurch der gebildeten Jugend für die Beobachtung der Natur die Augen öffnen und schärfen. Deshalb leitet er sie an, auf die einzelnen Gegenstände in der Landschaft, auf charakteristische Linien, auf Färbung und Stimmung des Bildes genau zu achten. Es geschieht dies in ganz geschickter Weise, so daß das Lesen des Aufsatzes für die Jugend recht gewinnbringend sein wird. *Dr. Richard Herold-Oranienstein a. d. Lahn.*

Berichtigungen.

S. 46, Z. 3 von oben lies **mariner** statt massiver.
S. 19, Z. 35 von unten lies **völlig** statt wällig; Z. 14 von unten lies **umkristallisiert** statt unkristallisiert.

Geographische Literatur.

a) Allgemeines.

Frech, Fritz, Aus der Vorzeit der Erde. Vorträge über allgem. Geologie. (Aus Natur u. Geisteswelt, 61. Bdchen.) V, 135 S. Leipzig 1905, B. G. Teubner. 1.25 M.
Hartleben, A., Volksatlas. 4. Aufl. 100 Kartenseiten. 32 S. Wien 1904, A. Hartleben. 12.50 M.
Hoff, J. H. van't, Zur Bildung der ozeanischen Salzablagerungen. 1. Heft. VI, 85 S., ill. Braunschweig 1905, F. Vieweg & Sohn. 4 M.
Linke, F., Luftelektrische Messungen bei zwölf Ballonfahrten. (Abh. d. Kgl. Ges. d. Wiss. zu Göttingen. Math. phys. Kl. N. F. III. Bd., Nr. 5). 90 S., Taf. 4. Berlin 1904, Weidmann. 6 M.

Mayer, Wilh., Weltschöpfung. 3. Aufl. 93 S. Stuttgart 1904, Franckh. 1 M.
Weinek, Prof. Dir. Dr. Ladisl. Die Lehre von der Aberration der Gestirne. (Aus »Denkschrift d. k. Akad. d. Wiss.«). 66 S. Wien 1904, C. Gerolds Sohn. 6 M.
Woelnsky, Mor. Die inkrustierte Keramik der Stein- und Bronzezeit. 188 S., 150 Taf., ill. Berlin 1904, A. Asher & Co.

b) Deutschland.

Behrens, Oberlehrer Friedr., Umgebungskarte von Posen. 1 : 100000. Lissa 1904, F. Ebbecke. 1.80 M.
Engel, Th., Die Schwabenalb und ihr geologischer Aufbau. 2. Aufl. VI, 199 S., ill. Tübingen 1904, G. Schnürlen. 2 M.
Flemming, Carl, Neue Kreiskarten, 1 : 150000. 29. Blatt. Kreise Reichenbach und Frankenstein. 2. Aufl. Glogau 1905, C. Flemming. 80 Pf.
Haussmann, Prof. Karl, Magnetische Messungen im Ries und dessen Umgebung. (»Abb. d. preuß. Akad. d. Wiss.«). 138 S. Berlin 1904, G. Reimer. 9 M.
Karten über Geologie, Topographie. Besitzverhältnisse im rheinisch-westfälischen Industriebezirk. Aus dem Sammelwerk: Die Entwicklung des niederrheinisch-westfälischen Steinkohlen-Bergbaues in der zweiten Hälfte des 19. Jahrh. 18 farb. Taf. Berlin 1905, J. Springer. In Leinw.-Mappe 25 M.
Koenen, A. v., Über die untere Kreide Helgolands. (Abh. d. Kgl. Ges. d. Wiss. zu Göttingen math.-phys. Klasse N. F. III. Bd. Nr. 2). 63 S., 4 Taf. Berlin 1904, Weidmann. 4 M.
Mende, Alfr., Neue Karte der südlichen Vororte Berlins bis Köpenick und Grünau reichend. 1 : 27300. Berlin 1905, A. Mende. 1.10 M.
—, Neue Karte der südwestl. Vororte Berlins bis Teltow und Stahnsdorf reichend. 1 : 27300. Ebd. 1905. 1.10 M.
Nentwig, Dr. Heinr., Literatur der Landes- und Volkskunde der Provinz Schlesien, umfassend die Jahre 1900 bis 1903. Ergänzungsh. zum 81. Jahresber. der schles. Ges. für vaterl. Kultur. VIII, 152 S. Breslau 1904, G. P. Aderholz. 2.50 M.
Sachsen, Geologische Spezialkarte des Königr. Sachsen. 1 : 25000. Nr. 42: Borna-Lobstädt von K. Dalmer. 2. Aufl. von C. Gäbert. Leipzig 1904, W. Engelmann. 2 M.
Sprigade, Paul, u. Max Moisel, Großer deutscher Kolonialatlas. 4. Lief.: Deutsch-Ostafrika. Die deutschen Besitzungen im Stillen Ozean und Kiautschou. 3 Bl. Berlin 1904, D. Reimer. 3 M.
Bayerisches Verkehrsbuch. Bayern rechts des Rheins. Herausgeg. vom Verein zur Hebung des Fremdenverkehrs in München u. im bayer. Hochlande. Illust. VIII, 108 S., 11 K. München 1904, Selbstverlag. 40 Pf.

c) Übriges Europa.

Angell, Diego, Römische Stimmungsbilder. (Roma sentimentale). Aus dem ital. von E. Müller-Röder. 111 S. Leipzig 1905, F. Rothbarth. 1.50 M.
Kümmerly, H., Namenverzeichnis zur Gesamtkarte der Schweiz. 1 : 400000. 78 S. Bern 1904, Geogr. Kartenverlag. 1.60 M.
Metzer, Otto, Aus Innsbrucks Bergwelt. 12 Photographien nach Aufnahmen von M. Lex. Innsbruck 1904, H. Schwick. 6 M.
Rauchberg, H., Sprachenkarte von Böhmen. 1 : 500000. Wien 1904, R. Lechner. 6 M.
Schindela, Dr. St., Reste deutschen Volkstums südlich der Alpen. Eine Studie über die deutschen Sprachinseln in Südtirol und Oberitalien. Mit einer Übersichtskarte der verschiedenen Sprachgebiete. 136 S. Köln 1904, J. J. Bachem. 2 M.
Stach, J., Die deutschen Kolonien in Südrußland. 1. Heft, V, 216 S. Leipzig 1904, J. C. Hinrichs. 1.60 M.
Starzer, Archiv-Dir. Dr. A., Die Konstituierung der Ortsgemeinden Niederösterreichs. VII, 244 S. Wien 1904, Niederösterreichische Statthalterei. 1.80 M.
Voldřich, J. N., und Jos. Voldřich, Geologische Studien aus Südböhmen. II. Das Wolynkatal im Böhmerwalde. 136 S., 1 K., ill. Prag 1904, Fr. Řivnač. 4 M.
Žunkovič, Hauptm. Mart., Wann wurde Mitteleuropa von den Slaven besiedelt? Beitrag zur Klärung eines Geschichts- u. Gelehrtenirrtums. 111 S., 1 K., ill. Kremsier 1904, Heinr. Slovák. 1 M.

d) Asien.

Berensmann, Wilh., Wirtschaftsgeographie Schantungs unter besonderer Berücksichtigung des Kiautschou-Gebiets. Diss., 33 S. Halle a. S. 1904.
Merzbacher, Gottfried, Forschungsreisen in Tian-Schan. (»Sitzungsber. der bayer. Akad. der Wiss.«). S. 277—369. München 1904, G. Franz Verlag. 1.80 M.
—, Vorläufiger Bericht über eine in den Jahren 1902 und 1903 ausgeführte Forschungsreise in den zentralen Tian-Schan. III, 100 S., 1 K. u. 2 Pan. (Peterm. Mitt. Erg.-H. Nr. 149). Gotha 1904, Justus Perthes. 8 M.

e) Afrika.

Schanz, Moritz, Ägypten u. der ägyptische Sudan. 160 S. (Angew. Geogr. II, 3). Halle 1904, Gebauer-Schwetschke. 3 M.

f) Amerika.

Behrens, Hans Osc., Grundlagen und Entwicklung der regelmäßige deutschen Schiffahrt nach Südamerika. VIII, 180 S. (Angew. Geogr. II, 4). Halle 1905, Gebauer-Schwetschke. 3.60 M.

Hagen, Ad. v., Auf Wildpfaden in Amerika und Asien. 80 S. Wiesbaden 1905, Moritz & Münzel. 1.50 M.

Schwarz, Ad., Streiflichter auf das amerik. Wirtschaftsleben. V, 241 S. Wien 1904, J. Eisenstein & Co. 5 M.

Wegener, Dr. Georg, Reisen im westindischen Mittelmeer. Fahrten und Studien in den Antillen, Colombia, Panama und Costarica im Jahre 1903. 2. Aufl. VII, 302 S., 4 K., ill. Berlin 1904, Allgemeiner Verein für deutsche Literatur. 7.50 M.

g) Geographischer Unterricht.

Ambrassat, A, Geographie für kaufmännische Fortbildungsschulen und verwandte Unterrichtsanstalten. 2. Auflage. 132 S. Dresden 1905, Alwin Huhle. 1.20 M.

Baumann, Franz, Landschaftliche Zeichenvorlagen aus dem Elsaß, dem badischen Schwarzwald, Bodensee und Hohenzollern, nach der Natur gezeichnet. Für Schulen, Pensionate, Gewerbeschulen usw. 50 Taf. m. 4 S. Text. Straßburg 1905, J. H. E. Heitz. 20 M.

Hübner, Max, Heimatskunde von Schlesien. 11. Auflage. 56 S. Breslau 1904, Franz Goerlach. 40 Pf.

Kreuzberg, P. J., Geschichtsbilder aus dem Rheinlande. Ein Beitrag zur Heimatskunde der Rheinprovinz. IV, 148 S. Bonn 1904, P. Hanstein. 3.50 M.

Schiffels, Jos., Erzählungen aus der Geschichte des trierischen Landes und Volkes. Ein Lehr- und Lesebuch für Schule und Haus. 2. verb. Aufl. VIII, 186 S., 1 Karte. Trier 1905, H. Stephanus. 2. M.

— Geographiebüchlein für die Oberstufe der Volksschule. 8. u. 7. Aufl. 93 S. Ebd. 1904. 40 Pf.

h) Zeitschriften.

Bollettino della Società Geografica Italiana. 1904.
Oktober. Lorenzi, A., Excursioni di geografia fisica nel bacino del Lirí. — Coen, G., La supposta decadenza della Gran Bretagna e il risveglio dell'Oriente Asiatico.

Bulletin of the American Geogr. Society. Vol. XXXVI.
Nr. 11. Mill, The Present Problems of Oeography. — Work on the U. S. Topographic Atlas. — Geographical Record. — New Guinea Natives who can Scarcely Walk. —
Nr. 12. Brigham, Good Roads in the United States. — de Mathuisieux: An Expedition to Tripoli. — Gaurisankar is not Mt. Everest. — The Trans-Andean-Route in Peru—Topographic Survey in the Western U. States.

Deutsche Rundschau für Geogr. u. Stat. XXVII, 1905.
Nr. 3. Dürr, Die Milchstraße und ihre Stellung im Universum nach den neuesten Forschungen. — Müller, Pernambuco. — Koch, Zur Entwicklung der Flößerei im Schwarzwald. — Oppel, Der VIII. Intern. Geogr.-Kongreß in Washington. — Mankowski, Ein Ritt über die Kurische Nehrung.
Nr. 4. Lemcke, Quer durch Kanada. — Oppel, Der VIII. Intern. Geogr.-Kongreß in den Vereinigten Staaten. — Grüner, Eine neue transkontinentale Eisenbahn. — Lhasa, das Mekka des Buddhisten. — Bolle, Die Zukunft des brasilianischen Deutschtums.
Nr. 5. Meinhard, F., Eisenbahnkunstbauten. — Müller, C., Die Salzversorgung Zentralafrikas. — Gelcich, E., Volkswirtschaftl. aus Dalmatien. — Schnurpfeil, H., Die Samoa-Inselgruppe, das Kleinod der deutschen Kolonien.

Geographische Zeitschrift. XI, 1905.
Nr. 1. Dove, K., Grundzüge einer Wirtschaftsgeographie Afrikas. — Schlüter, O., Das österreichischungarische Okkupationsgebiet und sein Küstenland. Eine geographische Skizze. I. Einleitung. II. Der Boden. — Steffen, H., Neue Forschungen in den chilenisch-argentinischen Hochkordilleren. — Regel, A., Das ostasiatische Küstenland zu Beginn des Jahres 1904.

Globus. Bd. 87, 1905.
Nr. 1. Seiner, Über die Ursachen des südwestafrikanischen Aufstandes. — Schütze, Die Handelszonen des Sambesi. — Singer, Der deutsche Kolonialetat für 1905. — Fies, Der Hostamm in Togo. — Ruete, Die Schlafkrankheit im Kongogebiet.
Nr. 2. Adler, B., Die deutsche Kolonie Riebensdorf im Gouvernement Woronesh. — Nordenskjöld, E. Freiherr v., Über die Sitte der heutigen Aymara- und Quichua-Indianer, den Toten Beigaben in die Gräber zu legen. — Mehlis, C., Die neuen Ausgrabungen im neolithischen Dorfe Wallböhl bei Neustadt a. d. H. und ihre Bedeutung für die Kulturgeschichte. — Halbfaß, Der Einfluß des Genfer Sees auf die Bevölkerungsverteilung in seiner Umgebung.

Nr. 3. Adler, B., Die deutsche Kolonie Riebensdorf im Gouvernement Woronesh (Schluß). — Förster, B., Die Arbeiten der englisch-französischen Grenzkommission zwischen Niger und Tsadsee. — Wilser, L., Urgeschichtliche Neger in Europa. — Goldstein, F., Die Malthusische Theorie und die Bevölkerung Deutschlands.
Nr. 4. ten Kate, H., Die blauen Geburtsflecke. — Niehus, H., Das Ram-Festspiel Nordindiens. — Fehlinger, H., Die Neger der Vereinigten Staaten.
Nr. 5. Hermann, Die letzten Fragen des Nilquellenproblems. — Fies, K., Der Hostamm in Deutsch-Togo. — Senfft, A., Religiöse Quarantäne auf den Westkarolinen. — Oessert, F., Auf der Flucht von Inachab zum Oranienfluß. — Die ethnographischen und politischen Verhältnisse in Nord-Nigeria.

La Géographie. X. 1904.
Nr. 5. Drot, Notes sur le haut Dahomey. — Mougin, Les poches intraglaciaires du glacier de Tête-Rousse. — Les communications entre Djibouti et Addis-Abeba. — Huot, Les réseaux ferrés du Brésil.
Nr. 6. Le chemin de fer de Madagascar. Nordenskjöld, O., Résultats scientifiques de l'expédition antarctique suédoise. — Mathuisieux, M. de, Troisième mission en Tripolitaine. — Isachsen, O., Découvertes de ruines nordiques dans l'archipel polaire américain. — Rabot, Ch., Les marais du Bas-Poitou, daprès M. E. Clouzot.

Mitt. d. k. k. Geogr. Ges. Wien. 47 Bd., 1904.
Nr. 11/12. Lozinski, W. R. v., Aus der quartären Vergangenheit Bosniens und der Herzegowina. — Fehlinger, H., Die Malaria in den Vereinigten Staaten.

Petermanns Mitteilungen. 51. Bd., 1905.
Heft 1. Nansen, Fr., Die Ursachen der Meeresströmungen. — Stahl, A. F., Reisen in Zentral- und Westpersien. — Wagner, Z., Der VIII. internationale Geographenkongreß. — Kleinere Mitteilungen. — Geographischer Monatsbericht. — Beilage: Literaturbericht. — Karten.

The Journal of Geography. Vol. III, 1904.
Juli, johnson, Cl., The first American Oeography. — Ridgeley, D. C., The School Excursion and the School Museum as Aids in the Teaching of Oeography. — Goode, J. P., The human Response to the Physical Environment.
August. Brigham A. P., Geography and History in the United States. — Semple, E. Ch. Emphasis upon Anthropo-Geography in Schools. — Whitbeck, K. H., Practical Work in School Geography. — Platt, M. J., Physical Geography in High Schools.
Oktober. Redway, J. W., Final Results in the Study of Oeography. — Emerson, Ph., Results of an Elementary Course in Geography. — Irvnig. A. P., Foundational Experiences. — Winslow, J. O., What should Graduates from Elementary Schools knowtabout Oeography. — Hubbard, O. D., Commercial Importance of Continents. — johnson, Cl., Later Geographies.

The Geographical Journal. Vol. XXIV. 1904.
Dez. The Antarctic Meeting at the Albert Hall. — Mill, England and Wales niewed geographically. — Burdon, The Fulani Emirates of Northern Nigeria. — Cpt. J. Liddells journeys in the White Nile Region. — Skottsberg, On the Zonal Distribution of South Atlantic and Antarctic Vegetation.

The National Geographic Magazine. Vol. XIV, 1904.
Nr. 12. Foster, China. — Hague, A doubtful island of the Pacific. — The U. S. Government Telegraph and Cable Lines. — A Bird City. — A Fossil Egg. — The Wealth of Alaska.

Tijdschrift van het Koninklijk Nederlandsch Aardrijkskundig Genootschap. Tweede Serie, Deel XX. 1904.
Nr. 6. Bruyn, F. de, Proeve van verklaring der temperatuur-anomalieën in den St. Petersberg by Maastricht. — Hellfrich, O. L., Bijdrage tot de kennis van Boven-Djambi. — Oosterzee, L. A. van, Eene verkenning in het binnenland van Nord-Nieuw-Guinea. — Osterzee, L. A., van, Nota over eenige grestenoten van Nieuw-Guinea. — Stockum, A. J. van, Verslag van de Saramacca-expeditie.

Zeitschrift der Gesellschaft f. Erdkunde zu Berlin. 1904.
Nr. 10. Uhlig, Vom Kilimandscharo zum Meru. — Ehrenreich, Der XIV. Intern. Amerikanisten-Kongr. zu Stuttgart. — Fischer, Vom VIII. Intern. Geographen-Kongr. 1905. Nr. 1. Ebeling, Z. Die Ergebnisse einer Studienreise im Gebiet des Jostedalsbrae. — Passarge, S., Die Grundlinien im ethnogr. Bilde der Kalahari-Region.

Zeitschrift für Schulgeographie. XXVI, 1904.
Heft 3. Branky, Die Exkursionen des geographischen Seminars der k. k. Wiener Universität. — Singer, Die Schulorthographie und die geographischen Namen. — Die wirtschaftlichen Grundlagen der ostasiatischen Verwicklungen. — Gorge, Zur Behandlung der Karpathen im Mittelschulunterricht. — Welche Stellung nehmen Zeitungen im Geographie-Unterricht ein.
Heft 4. Marek, R., Der VIII. Internationale Geographen-Kongreß. — Oppermann, E., Deutsch-Südwestafrika. — Ottsen, O., Ein Besuch in den Düppeler Schanzen.

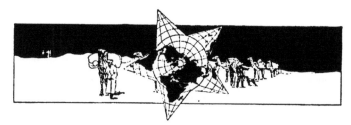

Adolf Bastian †.

Von Prof. Th. Achelis-Bremen.

Nun ist auch, ebenso unerwartet wie Ratzel, der andere geistvolle Vertreter der modernen Völkerkunde dahin; anfangs Februar ist Bastian, dessen unermüdliche Wander- und Schaffenslust der Last der Jahre spotteten, in den ihm so lieb gewordenen Tropen, seiner zweiten Heimat, wie er so oft versicherte, nach anscheinend kurzer Krankheit abberufen worden. Es ist hier nicht der Ort, in eine Besprechung des alten, nicht immer mit der erforderlichen wissenschaftlichen Ruhe und Unparteilichkeit geführten Streites zwischen den Verfechtern der Lehre des Völkergedankens und der gegenseitigen Übertragung und Entlehnung einzutreten, nur soviel sei bemerkt (was übrigens auch der Verstorbene stets hervorhob), daß es sich gar nicht, wenigstens nicht immer und schlechthin, um einen ausschließlichen Gegensatz, sondern um eine Vereinigung und Ergänzung dieser anscheinend sich widersprechenden Erklärungen handelt. Es gilt hier lediglich, das Verdienst des seltenen Mannes um seine Wissenschaft, der er alle Kräfte des Körpers und Geistes bis zum letzten Atemzug gewidmet hat, in aller Kürze zu würdigen — von einer persönlichen Charakteristik, so verlockend dieselbe auch ist, sehen wir gleichfalls ab —, und dies liegt nach einer doppelten Richtung. Zunächst hat Bastian mit weit vorausschauendem Blicke zur Zeit, als die Ethnologie kaum mehr war als ein Kuriositätenkabinet, die Ziele und die methodischen Grundsätze zugleich festgestellt, vermöge deren das bisherige Chaos von allerlei interessanten, aber sich zum Teil widersprechenden Materialien zu einer wirklichen Wissenschaft sich gestalten könne, und sodann hat er diese Entwicklung wie kein anderer gefördert, nicht zum wenigsten dadurch, daß er stets die rechten Männer aufzuspüren wußte, um überall auf Erden die bedrohten Schätze in die Museen zu bergen und damit der unwiderruflichen Vernichtung zu entziehen. Das bedarf einiger orientierenden Worte, besonders der erste Punkt.

Die Geburtsstunde der Völkerkunde fällt in eine Zeit eigenartiger Krisis, wo nach dem völligen Bankerott der Spekulation die Naturwissenschaft sich anschickte, die bevorzugte Stelle der gehaßten Gegnerin einzunehmen. Es ist deshalb kein Zufall, daß auch Bastian, wie die meisten Ethnologen, ursprünglich Naturforscher war und von diesem Felde aus die Völkerkunde zu begründen suchte und zwar durch eine Umwandlung der individual- in die sozial- oder völkerpsychologische Methode. Schon in seinen Jugendwerken findet sich dieser revolutionäre Gedanke ganz klar ausgesprochen, so z. B. in dem Sammelwerk: Der Mensch in der Geschichte, das eben den bedeutsamen Zusatz trägt: Zur Begründung einer psychologischen Weltanschauung. Hier heißt es u. a. so: Die Psychologie darf nicht jene beschränkte Disziplin bleiben, die mit unterstützender Herbeiziehung pathologischer Phänomene, der von den Irrenhäusern und von der Erziehung gelieferten Daten sich auf die Selbstbeobachtung des Individuums beschränkt. Der Mensch, ein politisches Tier, findet nur in der Gesellschaft seine Erfüllung. Die Menschheit, ein Begriff, der kein Höheres über sich kennt, ist für den Ausgangspunkt zu nehmen, als das einheitliche Ganze, innerhalb welches das einzelne Individuum nur als integrierender Bruchteil figuriert. Der in die Vorzeit zurückschauende Blick folgte dem gegebenen Faden der Tradition, soweit sie ihm einen deutlichen Weg vorzeichnete, bis zu der Höhezeit einer Literatur, zur Ausbildung der Schrift, die erst dauernde Überlieferungen zu bewahren vermochte, und die lange Reihe der Vorstudien übersehend, welche der Menschengeist überwunden haben mußte, bis er diese Höhe erstieg, schloß er, von ihrer Helle geblendet, mit einer Urweisheit ab, von der später nur ein Herabsinken möglich war. So gab die Geschichte bisher den Entwicklungsgang einzelner Kasten statt den der Menschheit, das glänzende Licht, das von den Spitzen der Gesellschaft ausströmte, verdunkelte die Breitengrundlage der großen Massen, und doch ist es nur in ihnen, daß des Schaffens Kräfte keimen, nur in ihnen kreist des Lebens Saft. Der innere Organismus des Werdens kann einzig in der Psychologie erkannt werden, der Psychologie, die nicht allein die Entwicklung des Individuums, sondern die der Menschheit verfolgt, die sich auf der Basis der Geschichte bewegt (Vorrede S. XI). Der junge Forscher suchte geradezu, wie er sich zu seinen weltumspannenden Reisen anschickte, nach eigenem Geständnis alle bisherigen philosophischen Systeme und Vorstellungen zu tilgen, um möglichst unbefangen die Originalaufnahmen des Völkerlebens (wenn dieser Ausdruck gestattet ist) zu bewerkstelligen. Auf dieser breiten naturwissenschaftlichen Basis erwuchs nun mit organischer Notwendigkeit seine Lehre von den großen Elementargedanken, jenem ursprünglichen Gute des Menschengeistes, das sich bei allen lokalen Variierungen (bedingt durch Rasse, Klima, Boden usw.) in den typischen Grundzügen als einheitlich, ja identisch erweist. Für ihn, den unermüdlichen Wanderer, der mit offenen Augen überall die wertvollen Originalitäten des Völkerlebens zu erfassen verstand, dessen Ideenreichtum ein wunderbarer war, mußte sich in der Tat diese geistige Entfaltung, wie er es gern nannte, als ein organischer Wachstumsprozeß herausstellen, so daß er erklärte: Nicht wir denken, sondern es denkt in uns. Ganz anschaulich schildert das folgende Ausführung: Als mit Beginn ernstlicher Forschung in der Ethnologie das darin aufgehäufte Material sich zu mehren begann, als es wuchs und wuchs, wurde die Aufmerksamkeit bald gefesselt durch die Gleichartigkeit und Übereinstimmung der Vorstellungen, wie sie aus den verschiedensten Gegenden sich miteinander deckten unter ihren lokalen Variationen. Anfangs war man noch geneigt, wenn frappiert, vom Zufall zu sprechen, aber ein stets wiederholter Zufall negiert sich selbst. Dann wunderte man sich über die wunderbaren Koinzidenzen. Jetzt infolge des sich teilweise erschöpfenden Materials haben sich von selbst leitende Gesetze ergeben. Von allen Seiten, aus allen Kontinenten tritt uns unter gleichartigen Bedingungen ein gleichartiger Menschengedanke entgegen mit eiserner Notwendigkeit. Überall gelangt ein schärferes Vordringen der Analyse zu gleichartigen Grundvorstellungen, und diese in ihren primären Elementargedanken, unter dem Gange des einwohnenden Entwicklungsgesetzes, festzustellen für die religiösen sowohl wie für die rechtlichen und ästhetischen Anschauungen, also diese Erforschung der in den gesellschaftlichen Denkschöpfungen manifestierten Wachstumsgesetze des Menschengeistes, das bildet die Aufgabe der Ethnologie, um mitzuhelfen bei der Begründung einer Wissenschaft vom Menschen (Der Völkergedanke S. 8). Durch diese grundlegende Perspektive ist erst — darüber kann unter Unbefangenen gar kein Zweifel aufkommen — Ordnung und Klarheit in das bislang gewonnene Material hineingebracht und für die Zukunft ein methodisches Verfahren begründet. Es bedarf keiner besonderen Betonung, daß keiner mehr als Bastian auf seinen großen Weltreisen den ethnographischen Horizont erweitert hat. Müssen wir es auch beklagen (was man u. E. rückhaltlos eingestehen sollte), daß es ihm versagt war, diese Ergebnisse systematisch zu ordnen, so daß sie ohne weiteres für eine spätere Bearbeitung brauchbar wären, so darf man auf der anderen Seite nicht vergessen, daß es seinem Spürsinn nicht selten gelungen ist, kostbare Schätze zu entdecken, an denen andere achtlos vorübergegangen waren. Ich erinnere nur an das für die ganze polynesische Mythologie und Religion so äußerst wichtige Tempelgedicht: »He pule heiau«, das Bastian bei seinem Aufenthalt in Honolulu auf der königlichen Bibliothek auffand und übersetzte. Ebenso bedeutungsvoll ist aber die praktische Förderung, deren sich die Völkerkunde von dem unermüdlichen Agitator erfreuen dürfte. Es gab wohl keine Expedition, keine wissenschaftliche Vereinigung, kein Institut und keine Zeitschrift, die nicht von Bastian und zwar opferwillig (auch durch materielle Unterstützung) gefördert wäre. Hier bewährte sich gerade sein unvergleichlicher Enthusiasmus, seine nie ermattende Energie, sein unerschütterlicher Glaube an die Ideale. Auch darin, daß er, wie schon angedeutet, überall die mutigen Pioniere anzuwerben verstand, die den Urwald lichten sollten, und ihnen immer die besten Instruktionen mit auf den Weg gab. Es war sein Stolz, daß das ihm unterstellte Museum für Völkerkunde in der Reichshauptstadt selbst von Engländern als eine unerschöpfliche Rüstkammer der Ethnologie mit stillem Neide bezeichnet wurde, wie dies der Verfasser dieses aus dem Munde des sonst so bescheidenen Mannes vernommen hat. Wie er es als ein ethisch wirksames Ergebnis der Völkerkunde bezeichnete, daß wir den uns gleichsam im Blute liegenden Dünkel ablegen, uns als das ideal der Menschheit anzusehen, nach unserem einseitigen europäischen Maßstab alle anderen Anschauungen, Sitten und Einrichtungen zu beurteilen, so zeigte er auch an sich selbst diese vornehme Toleranz abweichenden Ansichten gegenüber, wie sie meist das untrügliche Kennzeichen eines weiten Blickes und einer inneren Liebenswürdigkeit ist. Bis in seine letzten Tage hinein war er unermüdlich tätig, weit ausschauende Pläne beschäftigten ihn unablässig — noch Ende vorigen Jahres erhielt ich aus Marengo Bai (auf Jamaika) ein längeres Schriftstück, das davon Zeugnis ablegt —, und gerade in dieser Rastlosigkeit des Wirkens ,solange es Tag ist', die sich keine Ruhe und Bequemlichkeit gönnt, ist er für uns Epigonen ein leuchtendes Vorbild echt wissenschaftlichen Strebens.

Die Wärme- und Niederschlagsverhältnisse der Rheinprovinz.
Von Dr. P. Polis-Aachen. (Schluß).

2. Niederschlag.

Es gibt wohl kein Gebiet in Norddeutschland[1]), welches bei ganz geringen Entfernungen so krasse Gegensätze in der Regenverteilung aufweist, wie die Rheinprovinz; wechseln doch regenreiche und trockne Gebiete in einer horizontalen Entfernung von nur 30 km mit einander ab.

Nach der beigegebenen Niederschlagskarte Fig. 2, welche sich auf den Zeitraum 1893—1902 bezieht, steigt die Niederschlaghöhe im Laufe des Jahres an zwei Stellen über 1000 mm an, nämlich im Hohen Venn und auf den Bergischen Höhen, während die Gebiete größter Trockenheit den unteren Lauf der Mosel und Nethe, sowie das Rheintal von Lorch bis oberhalb Geisenheim einschließlich des Nahetals bis Sobernheim umfassen. Hier in den Trockengebieten geht die jährliche Regenhöhe unter 500 mm herunter. In der gesamten Rheinprovinz schwankt sie etwa um 900 mm herum, wohingegen die mittlere Regenhöhe 50 mm beträgt. Besonders stark ist der Regenschatten, den das Hohe Venn auf das östlich liegende Dürener Bergland und dessen Abdachung wirft, wie dies aus den Beobachtungen des in jenem Gebiet seit dem Jahre 1897 noch verdichteten[2]) Stationsnetzes auf schärfste hervorgeht. Für das zehnjährige Mittel 1893—1902[3]), welches im Vergleich zu den langjährigen Reisen fast normal zu nennen ist, ergibt sich, daß auf der Botrange die jährliche Niederschlaghöhe 1370 mm, dem Monte Rigi 1350 mm beträgt, wohingegen das Trockengebiet auf der Leeseite des Venn (Euskirchen) nur 540 mm hat. Tabelle II enthält nach dem neuen Zeitraum 1893—1902 die jährlichen Regenhöhen einiger in der Provinz gelegenen Orte.

Tabelle II.
a) Jährliche Niederschlaghöhe (1893—1902).

		Seehöhe in m	Regenhöhe in mm
Cöln		60	677
Bonn		60	572
Boppard	durch Reduktion auf Nach-	99	625
Kreuznach	barstationen gewonnen	105	489
Trier		140	653
Aachen		169	838
Crefeld		39	608
Neuß		40	689
Düsseldorf		38	717

[1]) Vgl. Hellmann: »Regenkarten der Provinzen Hessen-Nassau und Rheinland«. Berlin 1903. Vgl. Polis: »Die Niederschlagsverhältnisse der Rheinprovinz«, mit 2 Karten. Forschungen zur deutschen Landes- und Volkskunde. Bd. XIV, Nr. 1, Stuttgart 1899.

[2]) In dem untersuchten Gebiet befinden sich etwa 60 Stationen, wovon 40 dem Aachener Observatorium unterstehen.

[3]) Vgl. Polis: »Zur Hydrographie von Ahr, Erft und Roer«. Boltzmann-Festschrift, Leipzig 1904.

10*

b) Regenreichste Orte (1893—1902).

		See-höhe in m	Regen-höhe in mm
Hohes Venn	Botrange*	695	1367
	Monte Rigi*	675	1352
	Mützenich*	590	1296
	Montjoie*	430	1183
Bergisches Land	Gogarten*	350	1345
	Lennep	340	1269
	Gummersbach	275	1204
	Otzenhausen (Hunsrück)	420	982
	Schneifelforsthaus (Eifel)	657	986

c) Regenärmste Orte (1893—1902).

		See-höhe in m	Regen-höhe in mm
Vord. Eifel	Münstermaifeld	266	513
	Wassenach	278	585
Rheinland	Lorch	82	478
	Rüdesheim	85	486
	Laubenheim*	90	480
Eifel-Vor-land	Euskirchen*	160	546
	Mechernich*	300	604
Ahrtal	Neuenahr*	93	583
	Westum*	105	539

Bei den mit einem * versehenen Orten sind die Niederschlagswerte durch Reduktion auf Nachbarstationen gewonnen.

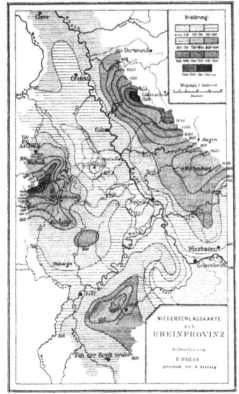

Fig. 2. Niederschlagskarte der Rheinprovinz.

Der hier wiedergegebene Profilschnitt Fig. 3, welcher für die Periode 1886—1895 in südwest-nordöstlicher Richtung, im belgischen Tiefland beginnend, über das Hohe Venn- und Rheintal bis auf die Höhen des Ebbegebirges geführt wurde, bringt so recht die Abhängigkeit der Regenhöhe von der Seehöhe, sowie das verschiedene Verhalten von Luv- und Leeseite zum Ausdruck. Auf der den regenbringenden Winden unmittelbar ausgesetzten West-(Luv-)Seite steigt die Regenhöhe rasch an; aber auf der Ost-(Lee-)Seite fällt das Minimum der Regenhöhe nicht mit demjenigen der Seehöhe (Rheintal) zusammen, und zwar infolge der Stauwirkung der Luft an dem rechtsrheinischen Gebirge.

Wie genau sich selbst die kleineren Einzelheiten des vertikalen Gebirgsaufbaues in der Niederschlagshöhe wiederspiegeln, zeigt Fig. 4, ein ähnlicher Profilschnitt durch das Gelände vom Monte Rigi bzw. der Botrange, der höchsten Erhebung des Venns, bis zum Trockengebiet bei Euskirchen in der Erftmulde. Derselbe bezieht sich auf die Periode 1893—1902.

Der durch die Regenfälle bedingte große Wasserreichtum im Bergischen Berglande und im Roergebiet hat in erster Linie dazu beigetragen, durch Anlage von Staubecken sowohl die Wasserversorgung der Städte, als auch die Umsetzung der im Wasser schlummernden Energie in elektrische Kraft vorzunehmen. Zur Zeit sind im Sauerlande, im Wupper- und Roergebiet bereits 18 Talsperren durch Herrn Intze[1]) ausgeführt, während weitere in der Erbauung begriffen sind. Die größte von 45½ Mill. cbm Wasserinhalt bei einem Nutzeffekt von mehr als 4800 Pferdekräften ist soeben in der Eifel in dem schwer zugänglichen Tale der Urft unterhalb Gemünd und Malsbenden in einer Länge von etwa 8 km bis zu einer Talenge am Heffgesberge bei Wollseifen vollendet worden. Mit der Füllung begann man am 8. Dezember 1904, am 10. Januar 1905 waren bereits 19 Mill. cbm Wasser vorhanden. Der Urft-See mit seinen 45½ Mill. cbm Wasserinhalt und 216 ha Fläche ist das größte Gewässer der Nordeifel, dem in der Südeifel der Laacher See mit 107½ Mill. cbm Inhalt und 331 ha Fläche gegenübersteht.

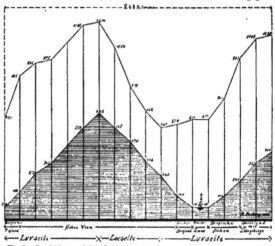

Fig. 3. Seehöhe und Niederschlagshöhe im Rhein- und Maasgebiet.

Ebenso sind die Niederschläge für die Art der Bebauung von grundlegender Bedeutung. So gedeihen im Regenschatten der Eifel und des Venn vor allen Kartoffeln und Rüben. Die Hauptflußtäler sind durch Obst- und Weinbau, ihre Haupttrockengebiete gerade durch die besten Weinsorten ausgezeichnet. Hingegen auf der regenreichen Luvseite des Venn und der Eifel treffen wir üppige Wiesen und damit das Vorwiegen der Viehzucht in dem sog. »Butterlande« an der preußisch-belgischen Grenze an.

Im Jahresverlauf haben das Belgische Tiefland, die niederen Lagen des Venn, die Bergischen Höhen und der Westerwald ein Juli-Maximum, während die Rheinebene, das Moseltal und die südliche Eifel die meisten Niederschläge im Juni empfangen. Ferner tritt in den höheren und ausgesetzten Gebirgslagen, den Ardennen, dem Venn und dem Hunsrück ein Oktober-Maximum hervor, welches sich übrigens bei allen Gebirgen als ein sekundäres bemerkbar macht. Auch weisen die Gebirge viele Niederschläge im Dezember auf. Im Gegensatz zu den niederschlagsreichsten Monaten, die mit der topographischen Lage eine so mannigfache Verschiebung erfahren, ist der trockenste Monat durchweg der April.

Besonders deutlich tritt die Änderung der Regenverteilung während der einzelnen Jahreszeiten zu Tage, wenn man die monatlichen Regenfälle in Prozenten der Jahrsumme

---

[1]) Intze: »Entwicklung des Talsperrenbaues in Rheinland und Westfalen«. Aachen 1903.

darstellt und hieraus die Menge etwa für die Jahreszeiten ableitet. Hierbei zeigt die
Winterkarte ein ausgesprochenes Maximum in den Gebirgen mit einem Anteil von 30%
auf dem Venn, während Rhein- und Moseltal nur 18% der Jahrsumme aufweisen. Im
Sommer jedoch macht sich eine vollständige Verschiebung bemerkbar, indem am Rheinknie der sommerliche Anteil 36%, in den Gebirgen jedoch nur 18% beträgt.

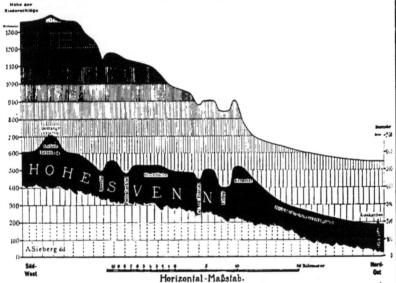

Fig. 4. Seehöhe und Niederschlagshöhe im Venn.

Geographischer Ausguck.
Wieder Ostasiatisches.

Die Ereignisse in Ostasien halten uns in dauernder Spannung. Bricht sich doch immer mehr die
Erkenntnis Bahn, daß dort ein Kampf von welt-
historischer Bedeutung ausgetragen wird. Nachdem die feindlichen Heere durch Monate anscheinend untätig gegenüberlagerten, wie einst
Gustav Adolf und Wallenstein vor Nürnberg,
begann mit Eintritt der milderen Witterung ein
wochenlanges fürchterliches Ringen, das mit
einer vollständigen Niederlage der Russen endete.
Sie haben nicht nur Mukden, sondern auch
Tjelin aufgeben müssen und die Trümmer des

geschlagenen Heeres werden sich wahrscheinlich
erst bei Charbin sammeln und zu neuem Widerstande rüsten können. Trotzdem ist auf russischer Seite der feste Wille der Fortsetzung des
Krieges vorhanden und wer nicht gänzlich im
Banne der aus ziemlich durchsichtigen Gründen
russenfeindlichen Tagespresse steht, muß nach
objektiver Prüfung der Sachlage sich sagen, daß
Rußland auch keinen Frieden schließen kann und
darf, es von dem mit unermeßlichen Opfern
erkauften Zugang zum Pazifischen Ozean wieder
verdrängte, wie denn überhaupt vielleicht kein
Bestreben der russischen Politik jemals gerecht-
fertigter war, als das nach einem brauchbaren
Hafen in Ostasien. Übrigens darf auch nicht
außer acht gelassen werden, daß gerade ein
schmachvoller Friede die bedenkliche Gährung
im Innern des weiten Reiches zu einer offenen
Revolution entfachen würde! Durch die Fortsetzung des Krieges rechnet man in Rußland
zweifellos mit der vollständigen finanziellen und
militärischen Erschöpfung Japans, dem es un-

möglich sein dürfte, durch Jahr und Tag ein stehendes Heer in der Mandschurei zu erhalten und bei dem eine Erschöpfung seiner Reserven, vor allem hinsichtlich des Offizierskorps wohl in naher Aussicht steht. Die Äußerungen stets zu Interviews bereiter und für neue Anleihen Stimmung machender japanischer Diplomaten in London und anderswo, daß Japan noch eine Million Krieger ins Feld stellen könnte, wird niemand ernst nehmen. Sicherlich aber kann Rußland noch bedeutende Streitkräfte nach der Mandschurei schicken und wenn der bisher so unbegreiflich hartnäckige Zarismus sich unter der Wucht der Verhältnisse endlich einmal bequemen wird, durch die notwendigen Reformen seinen Frieden mit dem Völke zu machen, dann werden auch die russischen Männer mit mehr Begeisterung als bisher in den Krieg ziehen, der je länger je mehr mit der Hartnäckigkeit und der Erbitterung eines Rassenkampfes geführt werden wird. Daß es ein solcher ist, war dem Einsichtigen längst klar; die »gelbe Gefahr«, die den weißen Menschen von Osten her droht, ist kein Phantom, sondern drohende Wirklichkeit. Ein Kenner der ostasiatischen Verhältnisse, Regierungsrat Franz Heger hat diesbezüglich höchst beachtenswerte Bemerkungen getan[1]), deren wir hier auszugsweise gedenken wollen: »Japan, das sich heute seiner ganzen Entwicklung nach mit Recht als den Vorkämpfer der gelben Rasse betrachtet, weiß nur allzu genau, was in dem Kampfe für diese und dadurch auch für sein eigenes Volk auf dem Spiele steht. Ostasien für den gelben Menschen steht auf jeder seiner Fahnen in unsichtbaren Lettern, aber desto unverwischbarer im Herzen eines jeden seiner für diese große Idee kämpfenden Männer geschrieben ... Japans Pläne gehen wohl dahin, nach einer siegreichen Beendigung des Feldzugs eine Art Übergewicht über China zu erlangen, um diesen großen Körper mit der seinen Staatsmännern eigentümlichen Energie und politischen Klugheit möglichst rasch zu reorganisieren. Dann ist mit einem Schlage die oft belächelte gelbe Gefahr wirklich da ... Wenn es Japan gelingen sollte, als Lehrmeister und Reorganisator dieser gewaltigen Menschenmasse aufzutreten, so können für den weißen Menschen gefährliche Zeiten herankommen. Jeder Chinese hat in seinem Innern einen unbesiegbaren Widerwillen und Haß gegen die Weißen, der bei vielen Gelegenheiten offen zutage tritt und der durch die bekannten Ereignisse der letzten Jahre eher zuals abgenommen hat. Diesen echten und ungeschminkten Rassenhaß braucht nur der Japaner bei seinem chinesischen Bruder in der entsprechenden Weise anzufachen. Die dadurch erzeugte Flamme kann dann unter Umständen bis nach Europa hinüberschlagen. Es sind das nicht nur Möglichkeiten, sondern vielmehr Wahr-

scheinlichkeiten, die man heute schon ruhig erwägend ins Auge fassen muß, um durch geeignete Mittel und Maßnahmen der unaufhaltsam nahenden Gefahr wirksam begegnen zu können ... Bei der überaus raschen Entwicklung der Dinge im Osten, der heute durch kleine Mittel kaum mehr Einhalt getan werden kann, sind für unsere europäischen Staaten bedeutsame und folgenschwere Überraschungen nicht ausgeschlossen, ja sogar sehr wahrscheinlich; gegen solche mögen sich die Diplomaten jener Mächte, die an Gestaltung der Verhältnisse in Ostasien ein näheres Interesse haben, nur rechtzeitig wappnen. Ein Flickwerk, wie wir ein solches in unserer nächsten Nähe an dem siechen Körper der Türkei ausgeführt sehen, wird in dieser weit umfassenden Frage wohl kaum durchführbar sein. Aus den kläglichen Resultaten, welche die Intervention der europäischen Mächte bei den letzten Unruhen in China gezeitigt hat, sollen aber unsere, an diesen Gebieten interessierten Staatsmänner noch beizeiten die weise Lehre ziehen, daß auf diesem Boden und gegenüber einer geschlossenen Masse von fast 500 Millionen Menschen die gewöhnlichen Kunststückchen einer kleinlichen und kurzsichtigen Politik nicht mehr ausreichen«.

In der Tat ist in jüngster Zeit unter den europäischen Diplomaten eine gewisse nervöse Beunruhigung bemerkbar. Vielleicht erkennt man jetzt, daß in diesem Kampfe um die Vorherrschaft Ostasiens ein siegreiches Rußland auch den übrigen europäischen Mächten noch ein Fleckchen chinesischer Erde gönnen müßte, weil es als europäische Macht in Europa in seinem edelsten Kern verwundbar und keiner europäischen Koalition gewachsen ist. Ein siegreiches Japan aber wird nach wenigen Jahren, wenn es das große chinesische Volk organisiert und zum Widerstande entflammt haben wird, keine ähnlichen Rücksichten zu nehmen brauchen und allen in China interessierten europäischen Mächten die Retourkarten in die Heimat zustellen. Frankreich, dessen Kolonial- und Wirtschaftspolitik eine bei uns schmerzlich vermißte Großzügigkeit zeigt, denkt bereits daran, seine Häfen in Indochina zu befestigen und dort starke Flottenstützpunkte zu schaffen. Der französische Kolonialminister wird auf seiner demnächst stattfindenden Reise nach Indochina von militärischen Beratern begleitet werden. Recht unerfreulich für die europäische Diplomatie ist das mit großer Hartnäckigkeit auftretende Gerücht von dem Abschluß eines japanisch-amerikanischen Vertrags, dem zufolge ein amerikanisches Konsortium die pekuniären Mittel zur Fortsetzung des Krieges gegen die Verpflichtung der Überlassung von Ansiedlungen an der ostasiatischen Küste zur wirtschaftlichen Ausbeutung liefern soll. Das ist gesunde Realpolitik! Die Amerikaner verbieten dem gelben Manne die Einwanderung nach Amerika und machen in Ostasien mit ihm gute Geschäfte!

[1]) Der gegenwärtige Kampf in Ostasien und Ausblicke in die Zukunft. Österr. Rundschau, II. Bd., 19. Heft, S. 251 ff.

Unsere europäischen Diplomaten sind zumeist klassisch gebildete Leute, die schwungvoll zu reden wissen. Wenn Sie nur auch einmal einen weiten Blick für die Gegenwart und einen vorausschauenden für die Zukunft gewännen und sich zu entschlossenem Handeln aufrafften! *P. H.*

Kleine Mitteilungen.

I. Allgemeine Erd- und Länderkunde.

Eine ethnographische Karte der Balkanhalbinsel bezeichnet V. v. Haardt (Neue Freie Presse, 1. Dezember 1904), als die unumgängliche Grundlage, auf der allein eine Lösung der Balkanwirren möglich erscheint. »Niemand wird bestreiten können, daß alle diplomatischen und sicherheitspolizeilichen Maßnahmen, mit welchen man Ruhe und Ordnung in den dortigen unruhigen Landstrichen zu schaffen bemüht ist, nur dann auf Erfolg rechnen können, wenn sie auf einer genauen Kenntnis der Verteilung der Bevölkerung nach Nationalität und Konfession gegründet sind«. Diese ist aber nur durch eine in strenger wissenschaftlicher Unparteilichkeit durchgeführten ethnographischen Aufnahme und Kartierung des Landes zu schaffen. An Bemühungen, zu einer solchen hat es nicht gefehlt. In klarer Erkenntnis der Unzulänglichkeit aller Versuche einzelner Personen legten die Balkanforscher Baldacci und Hassert dem zwölften internationalen Orientalistenkongreß zu Rom 1899 den Antrag vor, eine ethnographische Karte der Balkanhalbinsel im Maßstab 1 : 1 000 000 zu schaffen, fanden aber durchaus nicht das erwartete Verständnis für die Wichtigkeit der Sache. Günstigere Aufnahme wurde dem Antrag auf dem IV. italienischen Geographenkongreß in Mailand 1901, der in einer Resolution seine Wichtigkeit anerkannte, während ein Beschluß des V. italienischen Kongresses vom 13. April 1904 nähere Richtlinien für die Ausführung des Planes feststellte. Auch diese Entwicklung gibt wieder ein glänzendes Beispiel für die Schwerfälligkeit der Kongreßarbeit, namentlich wenn es sich um internationale Arbeiten handelt. Man faßt »kühne Resolutionen«, um bei dem ersten schüchternen Versuch zur Tat die betrübliche Beobachtung zu machen, daß dazu Mittel und Arbeitskräfte und nicht selten wohl auch die klare Erkenntnis des rechten Weges fehlen. Die Resolution ruht im Kasten bis zur nächsten Tagung, die sich bemüht, ihr durch Anfügung einiger Sätze Lebenskraft für ein weiteres Intervall einzuflößen. Man denke an Pencks Millionenkarte. Aber das Leben der Männer, die arbeiten wollen und sich stark fühlen zur Tat, ist zu kurz für den Schnecken-

gang von Kongreßresolutionen mit ihren drei- bis fünfjährigen Haltestellen. Vincenz v. Haardt hat deshalb recht, wenn er zur Tat drängt, und sich an tatkräftige Körperschaften wie die kaiserliche Akademie der Wissenschaften in Wien und die Wiener Geographische Gesellschaft wendet und an sie die dringende Bitte richtet, eine kräftige Initiative zu ergreifen.   *Ht.*

Die ältesten niederländischen Ortsnamen behandelt H. Kern in der »Tijdschr. van het k. nederl. Aardrijksk. Genootschap« 2. S. XXI, S. 773—786. Das klassische Altertum hat sie uns überliefert, und sie sind dreierlei Ursprungs: germanischen, keltischen und lateinischen. — Lateinischer Herkunft sind: Voorburg, aus Forum Hadriani; Niger Pullus; Maastricht, aus Mosae Trajectum; Utrecht, aus germ. ût und trajectum (bei Beda Wiltaburg); Kesteren, aus castra. — Keltisch sind die Flußnamen Rijn, Maas, Schelde (Waal, lat. Vahalis, ist germ., vgl. angelsächs. wôh, sanskr. wakra = krumm); ferner die Ortsnamen Niemwegen, aus Noviomagus (= Neustadt; vgl. irisch magen = Platz); Lugdunum (= Feste des Gottes Lug) in der Nähe von Leiden; Coriovallum (= Lagerwall; vgl. irisch cuire = Heer, cymr. gwal); Duurstede, aus [Batavo] durum; Arnhem, aus Arenacum; Blerik in Limburg, aus Blariacum; Kuik, aus Cevecum. Keltisch oder germanisch kann Amisia, althochdeutsch Emisa, jetzt Ems sein. — Germanisch sind: Flevum oder Flevo (Kastell und Rheinmündung), jetzt Vlie = Sund; Fectio (Ort), jetzt Vecht (Fluß in Twente und Rheinarm), vgl. dazu: die Fechte im Elsaß, Vechta in Oldenburg, Vectorp und Vechtrup im Münsterschen, Vechteleer an der Lippe; Nabalia, *Navalia* (Ptolemaeus), amnis Nakala (Otto I. 966), jetzt Nagele (Unterlauf der Ijsel); Vada bei Wageningen (= Furt); Grinnes, vielleicht das heutige Rhenen, früher Hreni. In Hellevoet steckt der alte germanische Name für das Haringvliet: Helinium (Plinius) = Knie; in Lucus Baduhennae in Friesland ein german. badwa, angelsächs. beadu (= Krieg).   *Abr.*

Eine Reise durch die Cordillere Mittelperus schildert Dr. Alfred Benrath (Geogr. Zeitschrift 1904, S. 361—371). Der Ausgangspunkt derselben war die peruanische Hauptstadt, die sich am Austritt des Rimac auf die daselbst 6—8 km breite Küstenebene erhebt, an einer Stelle, wo man sich, als dies noch nottat, leichter gegen die Seeräuber verteidigen konnte. Lima verfügt nicht bloß über den geschützten Hafen von Callao, sondern auch über die bequemsten Verbindungslinien nach dem Innern: durch das Rimactal nach Yauli und durch das benachbarte Chillontal nach dem Cerro de Pasco; so ist sie die politische Hauptstadt und zugleich die merkantile Beherrscherin des Landes. Überdies lud schon die fruchtbare Ebene an der Rimac- und Chillonmündung zur Ansiedlung ein; der einzige Übelstand ist

die große Trockenheit des Klimas, indem
Regengüsse sehr selten sind und dann die
aus luftgetrockneten Lehmsteinen (Adobes) bestehenden Häuser gefährden. (Niederschlagsmenge bei Lima 64 mm). Gewitter gab es seit
Gründung der Stadt Lima erst fünf. Die durch
den Passat verursachte Trockenheit würde zur
Wüstenbildung führen, wenn nicht der kalte
Meeresstrom und aufsteigendes, sehr kaltes
Tiefenwasser (14°) eine Abkühlung des westlichen Windes im Herbste zur Folge hätte, so
daß dann die Abhänge der Küstengebirge mit
dichten Wolkenmassen bedeckt sind und manchmal ein feiner Staubregen (Garua) hernieder-
sprüht. Dann bedecken sich die Bergwiesen
(Lomas) mit üppigem Pflanzenwuchs und erinnern wohl an unsere Alpenmatten; aber im
Gegensatz zu diesen haben die Lomas fast nur
einjährige Gewächse, denn sobald im Frühling
(Oktober) die Sonne den Nebel durchbricht,
beginnt die Austrocknung, welche bald den
Berghang wiederum zur Wüste gemacht hat.

Als in der Mitte des 19. Jahrhunderts die
großen Guanofunde auf den Chinchainseln
riesige Geldsummen ins Land brachten, gedachte
die Regierung dieselben zum Eisenbahnbau zu
verwenden. Die Herrlichkeit war aber bald
vorüber und heute ist die mittlere der drei
Bahnlinien, welche die Küste mit dem Innern
verbinden sollten, der bedeutendste Zeuge jener
üppigen Zeit. Es ist die Zentralbahn, gewöhnlich Oroyabahn genannt, welche zugleich auf
die leichteste Art den Besuch des Hochgebirges
und dessen Überquerung bis in die Amazonas-
ebene ermöglicht. Diese Reise ist um so lehrreicher, als sich selten auf so engem Raume
solche Verschiedenheiten der Höhe, des Klimas,
der Flora und Fauna und damit überhaupt der
Bedingungen des menschlichen Lebens zusammendrängen. Denn schon in 150 km Entfernung
von der pazifischen Küste erhebt sich die bis
5000 m aufragende Küstencordillere, welche sich
nach Osten zu jener 4000 m hohen Ebene (Puna)
abdacht, die östlich von der scharfzackigen Kette
der Ostcordillere begrenzt wird; letztere fällt
steil nach der Montaña ab, dem hügeligen
Quellgebiet des Amazonenstromes und seiner
ersten Nebenflüsse.

Die Oroyabahn bringt uns bald aus den
tropischen Talböden ins Hochgebirge; bei 800 m
hört auch die Lomasflora auf, Agaven, Kakteen,
Euphorbiaceen und Bromeliaceen treten an ihre
Stelle. Nur wenige angebaute Flächen sind in
die grauenvolle Wildheit des Rimactales und
seiner Seitenverzweigungen eingebettet. Die
furchtbare Verrugakrankheit wehrt hauptstädti-
sche Sommerfrischler von den hochgelegenen
Bergdörfern ab. Die Großartigkeit der Aussicht
von der Kammhöhe wirkt überwältigend; im
Galeratunnel (4775 m) durchfährt die Bahn den
Kamm und senkt sich im Tale von Yauli bis
zur Oroya (3700 m) zur Vereinigungsstelle des
Baches von Yauli mit dem Mantaro.

Der auffälligste Eindruck ist auf der Höhe
des Gebirges der einer beklemmenden Einsamkeit, die durch die Schweigsamkeit der ohnehin spärlichen Tierwelt noch erhöht wird. »Das
Summen und Zirpen, das die Alpenwiesen so
belebt, fehlt in den Cordilleren gänzlich«. Die
Pflanzen sind dem rauhen Klima angepaßt, mit
ungeheuren oft meterlangen Rhizomen und
winzigen Vegetationsorganen, welche meist
durch ein Haarkleid vor dem Austrocknen oder
Erfrieren geschützt sind. So vermag das fuß-
hohe, wollige »Edelweiß der Anden« (Culcitium
nivale) bis 5100 m emporzuklimmen. Da man
mit dem Begriff des Winters — im Innern wie
an der Küste — die feuchte Jahreszeit verbindet, so nennen die Eingeborenen den eigentlichen Winter mit seinen klaren und warmen
Tagen »verano«, den trüben und schneereichen
Sommer hingegen »invierno«; doch gilt diese
Umkehrung der Jahreszeiten nicht auch für die
Küste, wo sich das feuchte Wetter auf den
wirklichen Winter beschränkt. Die Schneegrenze
liegt derzeit bei 5250 m, die Gletscher gehen
auf 5100 m herab, während eine frühere Vereisung, der Dr. Benrath seine besondere Aufmerksamkeit widmete, bis 3900 m gereicht hat.

Den Hauptreichtum dieser stillen Hochflächen und zugleich die wirtschaftliche Grundlage der Oroyabahn bilden die Erze: Silber-
erze (Silberglanz, Fahlerz, Rotgültigerz), Kupfer-
erz (Enargit) und Gold. Die Erzgewinnung
ist recht primitiv, weil die große Höhe der
meisten Minen (bis 5000 m!) nur Eingeborene
zu verwenden gestattet, welche faul und dem
Trunke ergeben sind.

Über Tarma wird der Ostabhang der östlichen Cordillere erreicht, der bereits den gewaltigen tropischen Regengüssen des Marañon-
gebiets ausgesetzt ist; zwei auffällige Erscheinungen sind deren Folge: das starke Rück-
wärtseinschneiden aller Flüsse dieser Seite
und eine Vegetationszone, die man dem ganzen
Ostabhang der Anden entlang verfolgen kann
und die den Lokalnamen »Augenbraue des
Waldgebirges« (Ceja de la montagna) führt.
Freundliche Haziendem inmitten riesiger Mais-
oder Zuckerrohrfelder und anderer tropischer
Pflanzungen nehmen den Reisenden auf, wenn
er den Urwald verläßt; dem wärmeren und
feuchteren Klima entsprechend treten Bambus-
hütten an Stelle der Lehmhäuser. Zwischen
den Städten La Merced und Perené, den äußersten Vorposten der Zivilisation, liegt in 1800 m
Höhe die durch ihre vorzüglichen Produkte
hervorragende Kaffeeplantage Pampa-Camona;
sie bildete das Ziel der Reise Dr. Benraths,
von hier aus der auf dem gleichen Wege nach den
Gestaden des Großen Ozeans zurückkehrte. —
Dr. Georg A. Lukas-Graz.

Die Zahl der Analphabeten in China.
»Weil China von alters her das Land der
Examina ist, das Land, in welchem selbst das
kleinste Dorf seine Schule hat,« schreibt Missio-

11

nar J. Genäler in der »Allgemeinen Missions-
Zeitschrift« (1904, 12. Heft, S. 543), »hält man
die Chinesen vielfach für ein lesendes Volk.«
»Man setzt sich hin und schreibt ein Buch, das
dann von 300 Mill. Menschen gelesen werden
kann.« »Die chinesische Zeichenschrift ist ein
Mittel, womit ungefähr 300 Mill. Menschen erreicht werden können.« Diesen und ähnlichen
Äußerungen kann man in Büchern über China
immer noch begegnen. Und doch ist die Zahl
derer, die weder lesen noch schreiben können,
in China gar nicht gering. So kommt der
amerikanische Missionar D. Martin in seinem
Werke »The Chinese: Their Education, Philo-
sophy and Letters« auf Grund einer sorgfältigen,
auf jahrzehntelanger Beobachtung ruhenden
Schätzung zu dem Ergebnis, daß unter den
300 Mill. Bewohnern nicht ganz 6 Mill. Leser
sind. Der Engländer Dr. Gibson schaltet die
Kinder unter zehn Jahren mit 25 v. H. aus der
Rechnung und bringt die Frauen mit 1 v. H.,
die Männer mit 10 v. H. in Ansatz. Seine
Schätzung ergibt zwar eine doppelt so große
wie die Gibsons, aber doch noch außerordentlich
geringe Gesamtsumme der Leser von etwa
12 Mill. Eine chinesische Autorität, der Gelehrte Sun-Kien-tsing, gibt in der Shanghaier
Monatsschrift »Review of the Times« der Überzeugung Ausdruck, daß von den 400 Mill.
Chinesen kaum 20 Mill. imstande wären, eine
Zeitung |zu lesen, unter diesen 20 Mill. aber
kaum 5, die wirklich die Feder zu führen oder
einen Aufsatz zu schreiben und zu erklären
fähig wären. Genäler findet die Ursache dieses
für einen »Gelehrtenstaat« auffallenden Miß-
verhältnisses in der außerordentlichen Schwierigkeit der sog. klassischen oder Buchsprache und
anderseits in der unbegreiflichen Vernachlässigung der gesprochenen Sprachen.   *Hk.*

Die Konday am Kottai-Maravar, ein
Dravida-Stamm von Tinnevelli in Süd-Indien,
leiten nach F. Fawcett (Journal of the Anthropological Institute XXXIII, 57—65) ihren Ursprung vom Gotte Indra und der Ahalya her;
deshalb heißen sie Tevamar, und alle ihre Namen haben das Suffix tevan (ind. deva =
Gott). Die Maravar zählen insgesamt 308000
(1891), der Kondayamkottai-Stamm davon
104000 Seelen. Die Kodayamkottai sind stark
gebaut, dunkelhäutig, energisch und gefürch-
tete Räuber. Ihr Kopfhaar ist dicht und ge-
wellt, der Körper stark behaart, die Nasen-
wurzel eingedrückt. Sie sind brachykephal und
durchschnittlich 165—170 cm hoch (vgl. die
Weddas auf Ceylon). Den Vorderkopf rasieren
sie und tätowieren sich darunter. Goldene und
silberne Ringe tragen die Weiber in den Spitzen
der Ohrmuscheln, die Männer in den Ohrläpp-
chen; die letztere noch andern derartigen
Schmuck in der linken Ohrspitze, an Armen,
Knöcheln und Zehen. Silberne, bleierne und
eiserne Ornamente gelten als Schutzmittel gegen Krankheit und Gefahr. — Die Kondayam-

kottai zerfallen in sechs Stämme (Khotu =
Baum), Milaku (= Weinbaum), Vettile (= Be-
tel), Thennang (= Kokosnuß), Komukham
(= Areca), Ichang (= Dattel), Panang
(= Palmyrapalme). Angehörige desselben
Stammes dürfen sich nicht heiraten, wohl aber
Kinder eines Bruders und einer Schwester.
Letztere war durch Heirat zu einem anderen
Stamme gekommen, ihre Kinder fielen aber
ihrem eigenen Stamme wieder zu, während die
Kinder ihres Bruders durch seine Frau einem
anderen Stamme angehören. Vielweiberei ist
üblich. Zwecks Heirat begeben sich die weiblichen Verwandten des Mannes auf die Braut-
schau; den Tag der Hochzeit bestimmt ein
Brahmane. Mädchen werden zuweilen schon
im Kindesalter verheiratet. Die Verlobung
(nichiathambulam) feiert man betelkauend
auf Kosten des Bräutigams im Hause der
Braut, der er ein neues Gewand schenkt.
Zur Hochzeit wird die Braut mit Musik von
ihren Verwandten zum Hause des Bräutigams
gebracht, wo ihr dessen Schwester ein Amulett
gegen den »bösen Blick« überreicht. Die Trau-
ung findet vor dem Herdfeuer statt, wobei die
Schwester des Bräutigams der rotgekleideten
Braut einen Halsschmuck (tâli) umlegt. Der
Brahmane (purohit) feiert man die rechten kleinen
Finger der Verlobten mit einem seidenen Faden
zusammen, sie gehen dreimal um den Hoch-
zeitssitz (manavadai), der Bräutigam mit einem
saffrangelben Faden um das rechte Handgelenk
wird vom Brautvater beschenkt und dann wird
der seidene Faden gelöst. In ein Gefäß mit
Milch, Blumen und geweihter Asche werfen
die Verwandten Geldstücke. Am nächsten
Tage baden die Neuvermählten gemeinsam.
Am dritten Tage empfangen sie den elterlichen
Segen (kumbittu kattuthal). Die männlichen Verwandten der Braut beschenken den
Bräutigam mit Geld, die weiblichen Verwandten
des Bräutigams die Braut (pillai mathu)
und die der Braut den Bruder des Bräutigams.
Einladungen geschehen durch Zusendung von
Betelblättern und 10—20 Arecanüssen. Der
Kaufpreis für die Braut beträgt bis 150 Rupien.
Bei Ehescheidung muß der Teil, der die Ehe
lösen will, dem anderen die Hochzeitskosten
zurückerstatten.

Bei einem Todesfall bläst ein Mann aus
einer niederen Kaste auf einer Muschel im Dorfe.
Der Sohn wäscht den Leichnam. Verwandten
bringen Reis (vaikai arini) und Blumen
(mirmalai). Mit den Füßen voran wird der
Leichnam zum Scheiterhaufen gebracht. Dem
Toten wird etwas Reis in den Mund gestopft,
Wasser aus einem irdenen Topfe mit zwei bis
drei Löchern über ihn gespritzt und dann der
Topf über seinem Kopfe zerbrochen. Dann
geht der Sohn weg, läßt sich vollständig rasieren,
darf den Toten nicht mehr ansehen und zu wenig
genießen. Am nächsten Tage sammelt er die
verbrannten Knochenreste. Am 11. oder 12.

Tage wird Samen in zwei neue zerbrochene Töpfe gesteckt, und am 16. Tage werden die Sprossen ins Wasser geworfen, alles unter Wehklagen. Danach findet ein Festessen statt, wobei man dem Leichenführer, d. i. dem Sohne (karma karta) ein neues Kleid schenkt, der sich am 17. Tage der Reinigung seitens eines Brahmanen (punyagavachanam) und einem Ölbade unterzieht. — Unverheiratete Personen werden begraben, verheiratete verbrannt. — Die Witwe darf einen Bruder ihres Mannes heiraten, aber nur einen älteren. Geerbt wird nur in männlicher Linie. Brüder müssen für die Hochzeitskosten der Schwestern aufkommen.

Aby.

»Ross Land oder König Eduard VII. Land«? Der italienische Schulkartograph Penesi hatte in seinem vor einem Jahrzehnt in erster Auflage erschienenen Schulatlas das Gebiet, welches die englische Südpolarexpedition nach König Eduard benannte, als »Terra di Ross« bezeichnet. F. Muzoni tritt nun, ob mit Recht, erscheint sehr zweifelhaft, in der Riv. Geogr. Ital. (Jan. 1905) dafür ein, daß diese alte Bezeichnung, die sich seit einer Reihe von Jahren in den italienischen Schulen eingebürgert habe, auch für die Zukunft beibehalten wird. *Hk.*

Denksteinzerstörung? Der portugiesische Seefahrer Diogo Cão endeckte Ende des 15. Jahrhunderts die Kongomündung und fuhr den Strom aufwärts bis zu den Jellala Fällen. An diesem Punkte errichtete er einen Gedenkstein, der seinen und seiner Begleiter Namen verewigte. Die »Mala da Europa« bringt in ihrer Nummer vom 26. Februar die Nachricht, daß diese Inschrift zerstört worden sei, mag ihr aber selbst keinen Glauben schenken. Auch wenn sich die Tatsache bestätigt, liegt kein Grund vor, sich mit der Mala da Europa zu erregen, bevor nähere Nachrichten über den Vorgang vorliegen. *Hk.*

II. Geographischer Unterricht.

Kleine Bemerkungen zum Erdkunde-Unterricht an den höheren Schulen Preußens. 1. Schon im Jahrgang 1903, S. 134 des Geogr. Anz. habe ich bei Besprechung der Frage, ob der Gebrauch des Reliefs in der Sexta nach den Lehrplänen von 1901 gestattet wäre, darauf hingewiesen, daß der Wortlaut der Lehrpläne geeignet sei, einen Irrtum hervorzurufen. Ein anderer Fall dieser Art ist betreffs der Lehraufgabe der OIII eingetreten. Nach den Lehrplänen ist sie: »Wiederholung und Ergänzung der Landeskunde des Deutschen Reiches«. In einer ganzen Anzahl von Jahresberichten (1903/04), z. B. Neumünster, Demmin, Borbeck, Berlin (s. u.), findet sich statt dessen: »Wiederholung ... Deutschlands. Die deutschen Kolonien«. Die Frage liegt also so: Ist unter dem »Deutschen Reiche« der Lehrpläne zu verstehen nur das Mutterland oder das Mutterland und seine Kolonien? Nach der Verteilung der Länderkunde in den Lehrplänen kann nur das

erstere gemeint sein. Sollte sich hier ein Rest aus den Lehrplänen von 1892 erhalten haben, nach denen in III b Deutschland politisch und die fremden Erdteile außer den deutschen Kolonien, in III a Deutschland physisch und die deutschen Kolonien zu lehren waren?

2. Keinesfalls mit den Lehrplänen in Übereinstimmung zu bringen sind jedoch folgende Lehraufgaben:

a) eines westfälischen Gymnasiums: III b: Physische und politische Erdkunde der außereuropäischen Erdteile. Wiederholung der physischen und politischen Erdkunde Deutschlands.

b) einer Berliner Oberrealschule: III a: 1. Halbjahr das Deutsche Reich, physisch; 2. Halbjahr das Deutsche Reich, politisch. Wiederholung des Pensums der III b.

c) eines Berliner Realgymnasiums: III b: Erdkunde der fremden Erdteile (außer den deutschen Kolonien, s. o.); III a: Deutschland (u. seine Kolonien, s. o.), Schweiz, Niederlande; II b: Europa (außer Deutschland, Schweiz, Niederlande).

3. Die häusliche Arbeitszeit für Erdkunde wird von der zuletzt genannten Anstalt folgendermaßen bemessen:

VI wöchentl. bis ½ St. (pro Stunde bis 15 Min.)
V, IV „   „ ½ „   „   „   „ 15 „
III „   „ ¾ „   „   „   „ 20 „
II b „   „ ½ „   „   „   „ 30 „

Wieviel Schüler werden diese Zeit wohl in Wirklichkeit darauf verwenden?

Rich. Tronnier-Leer i. O.

Unterricht in der mathematischen Geographie. Der Unterricht in der mathematischen Geographie kann dem Interesse der Schüler beträchtlich genähert werden, wenn diese auf eine einfache, anschauliche Weise mit dem Fixsternhimmel, der Orientierung an ihm in den verschiedenen Jahreszeiten, mit dem Sonnenlauf an demselben usw. vertraut gemacht werden können. Dazu eignet sich in vorzüglicher Weise der Vogtherrsche Fixsternzeiger oder Führer durch den Fixsternhimmel, ein bequem im Freien aufzustellender und nach dem Meridian und der geographischen Breite des Beobachtungsortes zu richtender Apparat, der zunächst jeden am Himmel sichtbaren Stern nach Namen nach sofort kennen lernen und umgekehrt jeden dem Namen nach bekannten Stern spielend leicht am Himmel auffinden, also auch über alle Sternbilder den Beobachter sich selbst ohne jede fremde Hilfe unterrichten läßt.

Beim Gebrauch am Tage veranschaulicht er unmittelbar die augenblickliche Stellung der Sonne unter den Sternbildern mit Angabe ihrer Rektaszension und Deklination, gibt den Ort am Horizont, wo sie an dem Beobachtungstage und sonst an jedem beliebigen Tage im Jahre auf- oder untergeht und die zugehörige

11*

Zeit an, läßt daher sehr einfach die Größe des Tagbogens finden und ebenso den täglichen Lauf der Sonne in Bezug auf den Horizont des Beobachters, besonders die Tiefe der Sonne unter dem Horizont in den verschiedenen Jahreszeiten, die Entstehung der kurzen hellen Sommernächte und langen dunklen Winternächte zur Veranschaulichung und zum Verständnis kommen. Ebenso wie für den Ort des Beobachters lassen sich diese Verhältnisse in der einfachsten Weise für jede geographische Breite darstellen, z. B. unmittelbar die gegen den Horizont senkrecht stehende tägliche Bahn der Oestirne am Äquator und die zum Horizont parallele am Pol, dann die unveränderliche Lage des Pols für jede geographische Breite.

Das Interesse der Schüler für die ihnen meist trocken erscheinenden Lehren der mathematischen Geographie wird durch den handlichen Apparat, der Lehrer wie Schüler in der Astrognosie mühelos unterweist, intensiv und dauernd angeregt.

Seine Konstruktion ist eine Umgestaltung des von dem gleichen Erfinder herrührenden und in der Zeitschrift »Humboldt« 5, Heft 9 und in der Zeitschrift für Instrumentenkunde 1886, Seite 361 beschriebenen Apparats, bei dem jetzt statt des Globus eine ebene Sternkarte von stereographischer Polarprojektion benutzt ist. Diese Karte ist von dem Erfinder für das Äquinoktium 1900 angelegt und entspricht also für die Koordinatenangaben des Apparats genau der Gegenwart, während sie für seinen eigentlichen Gebrauch wohl ein Jahrhundert lang von unveränderlichem Werte bleibt.

Ist der Apparat für den Ort des Beobachters orientiert, d. h. seine Umdrehungsachse der Erdachse parallel gestellt, was mit Hilfe von Bussole und Dosenlibelle, die über dem Dreifuß in bequemer Lage für die Augen angebracht sind, sehr leicht und rasch erreicht wird, und ist dann ein Index auf das am Rande der Sternkarte verzeichnete Datum des Beobachtungstags gebracht und derselbe Index in gemeinsamer Drehung mit der Sternkarte auf die Beobachtungszeit des außen liegenden Kreises eingestellt, dann hat der Beobachter nur das Visierröhrchen auf den Stern am Himmel zu richten, um den Namen von der Spitze des Zeigers auf der Sternkarte angegeben zu erhalten oder nur die Spitze des Zeigers auf den gewünschten Stern der Karte zu bringen, um beim Durchblick durch das Visierröhrchen denselben am Himmel zu sehen.

Der Apparat wird von der unter der Direktion des Herrn Prof. Böttcher stehenden Großherzoglich Sächsischen Fachschule und Lehrwerkstatt in Ilmenau unter Kontrolle des durch seine astronomische Tätigkeit auf dem Gebiet der veränderlichen Sterne bestbekannten Lehrers dieser Schule Herrn Fr. Schwab angefertigt und mit Gebrauchsanweisung zum Preise von 160 M. geliefert.

Der Erfinder des Apparats, Georg Vogtherr in Bamberg, ist nach langen Leiden am 29. März 1904 gestorben und hat nur noch die Freude gehabt, die ersten Bestellungen zu erfahren. *Prof. Ernst Hartwig-Sternwarte Bamberg.*

Kunst- und Oberrealschule von Dr. Max Georg Schmidt, Oberlehrer in Marburg a. d. Lahn. Sonderabdruck aus der »Zeitschrift für lateinlose höhere Schulen«, 14. Jahrg., Heft 9. Mit erfreulicher Entschiedenheit wird die Zumutung Klinghardts, im geographischen Unterricht allerlei kunsthistorische Allotria zu treiben, abgelehnt, und für diese Ablehnung der richtige Grund angegeben (S. 11). Wenn der Verfasser aber nun meint, mit der Erwähnung von Bauten, wie dem Cölner Dome oder dem Heidelberger Schlosse, »hehren Merkzeichen für die geographische Landschaft«, sei schon die Grenze dessen gegeben, innerhalb derer der Geograph die Kunst in seinen Unterricht hineinziehen darf« (S. 12), so ist das wohl wieder zu eng. Das Künstlerische im geographischen Unterricht macht sich überall da geltend, wo eine vollwertige fachmännisch gebildete Persönlichkeit, die »aus dem Vollen schöpfen kann«, genügend breiten Boden im Lehrplan unter den Füßen hat, um, besonders auch im Exkursionsunterricht der deutschen Jugend die Größe und Schönheit ihrer Heimat nahezuführen. *H. F.*

Unter der Überschrift: **Bezirkswandkarten** erschien in der Freien Schul-Zeitung 1903, Nr. 40, die zu Reichenberg vom Deutschen Landeslehrerverein in Böhmen herausgegeben wird, ein längerer Artikel, der sich mit dem derzeitigen Stande der Beschaffung einer Bezirkskarte für den Mieser Schulbezirk beschäftigt. In verschiedenen Versammlungen, so in drei Osterversammlungen, behandelten Ausschüsse die Frage. Ein Teil der Lehrer trat für eine ganz einfache Ausführung (wie es scheint ohne Terraindarstellung) der Bezirkskarte ein, die Mehrheit entschied sich für die genaue, bis ins einzelne gehende Kartierung. Die Benutzung soll im dritten und vierten Schuljahr stattfinden. Der Referent Pecher knüpft an diese Tatsachen seine speziellen Vorschläge. Interessant ist die eingeflochtene Bemerkung, ›daß die meisten Bezirkskarten im Maßstab 1:25000 hergestellt sind‹. Unabhängig davon bin auch ich für meine ›Generalschulkarte‹ zur Forderung des gleichen Maßstabs gekommen. Im übrigen freilich sind, wenigstens nach meinen Beobachtungen, derartige Bezirksschulkarten meistens bisher in erheblich kleinerem Maßstab gezeichnet gewesen. Um so erfreulicher ist es, daß anderwärts schon größere Dimensionen gewählt wurden. *O. Steinel-Kaiserlautern.*

Mehr Pflege des Heimatlichen in den Gymnasien! Diese Forderung erhebt im ersten Hefte des laufenden Jahrgangs der ›Zeitschrift für den deutschen Unterricht‹ der bekannte Herausgeber derselben, Prof. Dr. Otto Lyon in Dresden. In einem mit großer Wärme geschriebenen Aufsatz, ›Die Schule der Gegenwart im Lichte der Gemeindeverwaltung‹, stellt er zunächst die Ansprüche zusammen, welche die Städte an die Schule überhaupt zu erheben berechtigt sind. ›Der in keiner Theorie befangene, natürliche Einfluß der Gemeindeverwaltungen macht sich besonders nach vier Seiten geltend. Er fordert innigen Anschluß der Schule an das Leben, die Eingliederung der Schule in den Dienst der sozialen Aufgaben des Staates und der Gemeinde, hingebende Pflege des Heimischen und Nationalen und die stetig fortschreitende Emporhebung unserer Schule von einer bloßen Unterrichtsanstalt, von einer Stätte des Geistesdrills zu einer im Mittelpunkte des gesamten Volkslebens stehenden, allgemeinen Volkserziehungsanstalt‹.

Für die Pflege des Heimischen und Nationalen findet er folgende beherzigenswerten Worte: ›Endlich müssen die Gemeindeverwaltungen eine größere Betonung und Pflege des Heimischen, namentlich auch in unseren Gymnasien, fordern. Die Heimat ist das Maß der Fremde. Ohne Verständnis der heimischen Sprache,

Geschichte, Geographie, Volksentwicklung, des heimischen Gewerbes, Schaffens und Arbeitens, der heimischen Kunstdenkmäler, Bauten und Kulturüberlieferungen, der angestammten Eigenart, des Grundes und Bodens, auf dem wir leben, bleibt uns jede fremde Sprache und Kultur ein unverstandenes Rätsel, ein nur äußerlich angelegtes Kleid, das für die Entwicklung unserer innersten Kraft und unseres innersten Wesens niemals Bedeutung gewinnt. Ganz anders ist es dagegen, wenn wir in gründlicher Kenntnis des Heimischen das Fremde begreifen und ergreifen lernen, dann leben wir in den fremden Sprachen geradezu ein zweites neues Leben, das das erste heimische täglich befruchtet und weiter entfaltet. An die Heimat sollte sich daher der Unterricht bis in die obersten Klassen der höheren Schulen ohne Ausnahme anlehnen. Heimatkunde soll nicht nur in der Volksschule, sondern auch noch in der Oberprima der Gymnasien das Lieblingsfach der Schüler sein. Auch die heute vielfach für die Schule gewünschten künstlerischen Bilder sollten in erster Linie Gegenstände, Landschaften, Gebäude, verdiente Personen der Heimat zur Anschauung bringen. Der Weg zur Vaterlandsliebe geht nur durch die Heimatsliebe hindurch. Ich möchte nicht unterlassen, hier auf das von der Stadt Dresden auf der Deutschen Städteausstellung ausgestellte, von unserer Dresdner Lehrerschaft mit vollster Hingabe an die wichtige Aufgabe geschaffene ›Heimatkundliche Schulmuseum‹ hinzuweisen, das die Grundzüge für die rechte Würdigung des Lebens, der Geschichte, der Natur und Kunst der Heimat in lebendiger Weise zur Anschauung bringt .

Sem.-Lehrer H. Heinze-Friedeberg (Nm).

Erdkunde in den Oberklassen der Oberrealschulen. Ohne daß die Redaktion der ›Zeitschrift für lateinlose höhere Schulen‹ einen Vorbehalt machte, spricht ein Aufsatz in diesem ›Organ des Vereins zur Förderung des lateinlosen höheren Schulwesens‹ (15. Jahrg., S. 68) folgende Ansicht aus:

›Weil die Kenntnisse des Gymnasiasten in der Erdkunde recht viel zu wünschen übrig lassen, rief man nach Einführung dieses Lehrgegenstandes in die höheren Schulen im allgemeinen, und da die Gymnasien sich gegen eine Mehrbelastung mit Erfolg sträubten, wälzte man das neue Lehrfach auf die Oberrealschule ab, ohne Rücksicht darauf, daß diese Schulen schon in ihren Mittelklassen der Erdkunde so viele Stunden widmen, daß alles, was man an anderen Anstalten vermißt, hier betrieben werden kann und die neu eingeführten Lehrstunden in den oberen Klassen tatsächlich nur der Wiederholung dienen, wofern sie nicht gar den Schülern dadurch langweilig werden, daß das, was im naturwissenschaftlichen Unterricht schon weit gründlicher behandelt worden ist, noch einmal von einem Nichtfachmann in oberflächlicher Weise mit ihnen durchgenommen wird.‹

So schreibt der Direktor einer Oberrealschule, also der einzigen Gattung von Schulen, in deren Oberklassen die Erdkunde mit einer mageren Wochenstunde zugelassen ist, Herr Quossek in Crefeld. Und da wundert sich noch jemand, daß seitens der Geographen eine agitatorische Pionierarbeit für das Verständnis vom Werte des Erdkundeunterrichts geleistet werden muß? Übrigens ist diese einer Erläuterung nicht erst bedürfende Anschauungsweise des Herrn Direktor Quossek eine ernste Mahnung an alle die, welche meinen, bei Vertretern einer Naturwissenschaft sei die Erdkunde sanfter gebettet als bei Historikern oder Philologen. *Dr. F. Lampe-Berlin.*

Jahresberichte über das höhere Schulwesen. In den Jahresberichten über das höhere Schulwesen hat an Stelle Engelmanns Oberlehrer Dr. F. Lampe die Berichterstattung für Erdkunde übernommen. Der erste Bericht aus seiner Feder für das Jahr 1903 ist erschienen und rechtfertigt vollauf das Vertrauen, welches die Fachwelt dem um die Förderung des geographischen Unterrichts hochverdienten Verfasser entgegenbringt. Die Berichte sind um so wichtiger, als sie, seitdem der Geographenkalender die Schulgeographie aus seinem Programm hat streichen müssen, die einzigen zusammenfassenden Jahresübersichten sind, die über unseren Gegenstand erscheinen. *Hk.*

Die erdkundlichen Leitfäden und die Atlanten an den höheren Mädchenschulen Norddeutschlands 1903. Die Schulberichte der austauschenden höheren Mädchenschulen Deutschlands lassen vielfach Angaben über Leitfäden in der Erdkunde und über Atlanten vermissen. Insbesondere gilt das von den süddeutschen Anstalten. So kommt es, daß nur rund 100 Programme norddeutscher höherer Mädchenschulen die Unterlagen zu folgender Zusammenstellung liefern konnten.

Zum Vergleich mögen die Ergebnisse ähnlicher Untersuchungen aus den Jahren 1887, 1891 und 1900, die von dem verstorbenen Seminarlehrer Tromnau und mir in der Zeitschrift für Schulgeographie veröffentlicht wurden, daneben gesetzt werden.

1. Leitfäden.

Es waren eingeführt, in %	1891	1900	1903
Daniels Leitfaden	55	23	18
Seydlitzsche Leitfäden, A, B, C . .	20	54	55
(davon Seydlitz f. höh. Mädchensch.)	—	(49)	(52)
Tromnau	—	9	13
Lentz und Seedorf	—	3	4
Kirchhoff	?	2	2
Andere Leitfäden	?	9	8

Ein Bericht enthält die interessante Bemerkung: »Für Geographie sind keine Lehrbücher eingeführt«.

Im übrigen zeigt sich die Neigung, Leitfäden zu bevorzugen, die eigens für die Bedürfnisse der höheren Mädchenschule geschrieben sind; selbst in drei Jahren ist die prozentuale Verteilung von Seydlitz-Oockisch, Tromnau

sowie Lentz und Seedorf von 61% auf 69% gestiegen.

2. Atlanten.

	1887	1891	1900	1903
Es herrschte Atlase nheit in % . .	46	53	73	76
Empfohlen wurde ein bestimmter				
Atlas oder mehre e Atlanten . .	10	18	12	12
Ein »Schulatlas« wi rde verlangt .	44	29	15	12
	100	100	100	100

Diese Übersicht lehrt, wie es seit 17 Jahren stetig besser geworden ist; immerhin ist ein nicht unerheblicher Bruchteil der Mädchenschulen noch immer nicht davon überzeugt, daß Atlaseinheit durchaus gefordert werden muß, um die Karten gehörig ausnutzen zu können.

Von den fest eing: führten Atlanten wurde gebraucht in %	1891	1900	1903
Debes.		17	31	40
Diercke und Gä bler		19	23	31
Lange, Volksscl alatlas		?	6	9

Von den 74 Schulen, an denen Atlaseinheit herrscht, gebrauchen 57% von unten bis oben einen Atlas; der Rest, also 43%, verwendet für Mittel- und Oberstufe je einen besonderen der betreffenden Stufe angepaßten Atlas. Es ist dieses Verfahren unbedingt vorzuziehen, leider stellt es an den Säckel der Eltern größere Ansprüche.

Ein Viertel der Anstalten mit je einem Mittelstufen- und Oberstufenatlas benutzte dabei Atlanten desselben Herausgebers, nämlich 6 Schulen den mittleren und oberen Diercke und 13 den Debes für Mittel- und Oberstufe.

Den Schluß möge eine Tafel der Verwendung der drei verbreitetsten Atlanten (Debes, Diercke und Lange) machen. Die Zahlen geben die Anstalten an.

		fest eingeführt		empfohlen	
		allein	mit andern Atlanten	allein	nicht allein
Oberstufen-Debes	Mittelstufe . .	—	—	—	—
	Mittel-,Oberst.	8	—	—	—
	Oberstufe . .	13	—	—	—
Mittelstufen-Debes	Mittelstufe . .	17	—	1	—
	Mittel-,Oberst.	6	—	1	—
	Oberstufe . .	0	1	—	—
Diercke, Oberstufe	Mittelstufe . .	—	—	—	—
	Mittel-,Oberst.	11	3	—	1
	Oberstufe . .	10	1	2	3
Diercke, Mittelstufe	Mittelstufe . .	3	—	1	—
	Mittel-,Oberst.	3	2	3	—
	Oberstufe . .	3	1	1	—
Lange, Volksschulatlas	Mittelstufe . .	5	—	1	—
	Mittel-,Oberst.	3	—	—	—
	Oberstufe . .	—	—	—	—

K. Schlottmann-Brandenburg.

Reisestipendien für Lehrer. Im neuen Etat des preußischen Kultusministeriums ist für Reisestipendien für Lehrer der neueren Sprachen die Summe von 28000 M. ausgeworfen und damit die Zahl der Stipendien von 21 auf 24 erhöht worden. Man findet diese Summe in Neusprachlerkreisen noch lange nicht als ausreichend, bezeichnet das doppelte der Stipendien als wünschenswert und die Zahl 36 als das mindestens zu erstrebende. — Ehe an eine so einseitige Vermehrung gedacht wird, sollte man doch endlich lieber auch für Erdkundelehrer in derselben Weise sorgen, oder mindestens bei der Auswahl der Stipendiaten nach Möglichkeit darauf sehen, daß Neusprachler mit erdkundlicher Fachausbildung den Vorzug bekommen. Bei dieser Gelegenheit sei auch daran erinnert, daß die baldige Trennung der beiden westeuropäischen Weltsprachen im Oberlehrerexamen eine unserer berechtigsten, auch von vielen Neusprachlern gewünschte Forderung ist. Nur wenn sie erfolgt ist, und ein Teil der Studierenden neben einer Neusprache sich in genügend breitangelegtem Studium realen Fächern widmen kann, werden wir für unser Volk durch den Neusprachler den nötigen Nutzen aus den Fortschritten der realen Wissenschaften bei unseren Nachbarvölkern ziehen können. *H. F.*

Programmschau.

Schulgeologie von Bayern. Von J. F. Wirth.

(Programm des Eichstätter Gymnasiums 1902.) Der Titel dieses Schulprogramms, das gewiß aus dem löblichsten Bestreben hervorgegangen ist, nämlich »Anregungen zu geben, der Geologie diejenige Stellung unter den Erziehungs- und Bildungsmitteln unserer Gymnasien zu verschaffen, die sie verdient«, würde statt »Schulgeologie von Bayern« richtiger heißen: Anleitung zur Anlegung einer Sammlung der wichtigsten Gesteine und Versteinerungen Bayerns exkl. der Pfalz, die der Verfasser dieser Schulgeographie von Bayern seltsamerweise ganz unberücksichtigt gelassen hat. — Denn der Leser lernt wohl im ersten Teile (Petrographie) des Wirthschen Programms die Namen und Zusammensetzung der wichtigsten Gesteine und im zweiten Teile (historische Geologie) zahlreiche Varietäten derselben nebst ihren Fundorten in Bayern kennen; aber von der Bildung und der Lagerung der Gesteine, von dem Zusammenhang zwischen Bodenbeschaffenheit und Geländeform sowie von den Umbildungen der Erdrinde durch endogene und exogene Kräfte erfahren wir aus dem Wirthschen Programm nahezu gar nichts. Und doch wäre das Heranziehen derartiger für die Vertiefung der Heimatskunde unbedingt notwendiger geologischer Kenntnisse für den Anfänger in der Geologie weit wertvoller und auch anziehender als die Benennung aller möglichen Gesteinsvarietäten und Leitfossilien der am Aufbau des bayerischen Bodens beteiligten Formationen. Wir fürchten also, daß philologische Oberstudienräte und sonstige für die Gestaltung des bayerischen Mittelschulwesens maßgebende Persönlichkeiten, den Naturwissenschaften ihr Recht und ihren Platz im Lehrplane der bayerischen Gymnasien gern gönnen möchten, durch einen Einblick in das gewiß von den besten Absichten zeugende Wirthsche Programm mit seiner großen Menge von Namen aus der Petrographie und Paläontologie und seinen geradezu dürftigen Erörterungen aus der eigentlichen Geologie von der Heranziehung der Geologie zu den Erziehungs- und Unterrichtsmitteln der bayerischen Gymnasien eher abgeschreckt als dazu ermuntert werden möchten.
Dr. J. Müller-Nürnberg.

Beiträge zur Volkskunde des preußischen Litauens. Von G. Fröhlich. (Mit 7 Tafeln und Abbildungen, Programm des kgl. Gymnasiums, Insterburg 1902.)

Überall gilt das Wort Altmeister Bastians, rechtzeitig vor der drohenden Stromflut moderner Zivilisation die wertvollen Schätze ursprünglichen Volkstums zu retten; nicht nur die Ethnographie im allgemeinen, sondern auch die Folklore hat sich ja neuerdings mit verdoppeltem Eifer an diese dankenswerte Aufgabe gemacht. Auch für das Litauertum ist das Aussterben, wie der Verf. der vorliegenden sorgsamen Studie klagt, nur eine Frage der Zeit: Sein Rückgang vollzieht sich von Süden nach Norden. Vom alten Nadrauen ist die Germanisierung vorgedrungen. Schule und Heerdienst, Chaussee und Eisenbahn hat sie gefördert, und so finden wir heute nur noch in dem nordöstlichen Winkel Deutschlands, den Kreisen Heydekrug und Memel, echtes, altes litauisches Volkstum (S. 5). Die Untersuchung bezieht sich auf das Wohnhaus (Anlage, Verteilung der Räumlichkeiten, Hausgerät), auf einige Fertigkeiten (wie Weben, Waschen, Bestellung des Ackers, Dreschen usw.), auf die Totenbestattung, wo den verschiedenartigen Grabkreuzen eine besondere Aufmerksamkeit geschenkt wird. Wie gesagt, auch hier heißt es in erster Linie, das erforderliche Material in möglichster Lückenlosigkeit zu beschaffen, die eigentliche wissenschaftliche Bearbeitung ergibt sich dann von selbst.
Prof. Dr. Th. Achelis-Bremen.

Beiträge zur Geschichte des geographischen Unterrichts an den humanistischen Gymnasien des Königreichs Bayern. Von Franz Stefl.

(Programm zum Jahresbericht des k. Neuen Gymnasiums in Regensburg, Regensburg 1902.) Der Verfasser behandelt den geographischen Unterricht an den Gymnasien im Gebiet des jetzigen Königreichs Bayern vom Beginn des Schulwesens zur Zeit der Einführung des Christentums bis zur Gegenwart. — Bis in die letzten Jahrzehnte (ca 1730) des Jesuitenordens, der das Schulwesen des katholischen Süddeutschland fast souverän beherrschte, findet sich geographischer Unterricht nur sporadisch. Die Schulordnungen des Staates seit 1773 sind vom Zeitgeist (Pietismus, Philanthropinismus, Neuhumanismus) beeinflußt und der Geographie günstiger. Sie erhielt wenigstens in einzelnen Klassen eigene Unterrichtsstunden, ja von 1834—1854 in allen Klassen eine Stunde und war zeitweise, mit Geschichte verbunden, Gegenstand der Abgangsprüfung. Seit 1854, dem Jahre der Grundlegung des heutigen Gymnasiums Bayerns, wurde sie auf die unteren Klassen beschränkt; nur die mathematisch-physische Geographie behauptete sich in den oberen Klassen und wird von dem hierfür geprüften Lehrer für Mathematik und

Physik gelehrt. Die Landeskunde, die Magd
der Geschichte, blieb dem Klassenlehrer, der
dafür entweder gar nicht oder doch unzulänglich
vorgebildet war und zumeist noch ist; Vorschläge zur Abhilfe waren bisher ohne Erfolg.
Zeitgemäße Winke für Lehrer über Wesen und
Methode des Faches vermochten daher der Frucht-
losigkeit des Unterrichts wenig zu steuern. —
Abgesehen von allgemeineren Werken, wie von
Specht, Paulsen, Gruber usw. stützt sich
der Verfasser auf Lehrpläne, Instruktionen und
Schulgeschichten und erläutert und ergänzt sie
durch zeitgenössische Stimmen; die oft recht
lehrreichen Schulbücher finden fast keine Berücksichtigung. — Für die Zeit von 1773—1854
bietet die Schrift einen schätzenswerten Beitrag
zur Geschichte des geographischen Unterrichts;
doch zeigt auch sie wieder die Notwendigkeit,
daß noch viele Kleinarbeit (Schulgeschichten)
zu verrichten ist; hoffentlich regt sie dazu an.

Dr. M. Hasl-Gunzenhausen.

Persönliches.

Ernennungen.

Dr. R. Hauthal in La Plata und Karl Hagen-
beck in Stellingen bei Hamburg in Anerkennung
ihrer Verdienste um die Tiergeographie zu korrespondierenden Mitgliedern der Senckenbergischen
Naturforschenden Gesellschaft.

Sir John Murray zum Ehrenmitglied der Genfer
Geographischen Gesellschaft.

Berufungen.

Wie Prof. Credner hat auch Prof. Alfr. Hettner
einen Ruf als Nachfolger von Jos. Partsch nach Breslau abgelehnt.

Todesfälle.

Der Captain Claude Alexander erlag am 30. Nov.
1904 dem Fieber auf einer Forschungsreise, die er
gemeinsam mit seinem Bruder Boyd Alexander in
Nordnigeria ausführte. (Vgl. H. 1, S. 18.)

Der P. Timoteo Bertelli in Florenz, ein hervorragender Erdbebenforscher, ist am 6. Febr. gestorben.

Prof. Charles Gauthiot, der ständige Sekretär
der Pariser Geographisch-kommerziellen Gesellschaft,
geb. 1832 zu Dijon, starb 27. Februar in Paris.

Der Intendant des ethnographischen Reichsmuseums und Professor der Archäologie an der Universität Stockholm Dr. Hjalmar Stolpe, starb am
29. Januar 1905 im Alter von 64 Jahren.

Der Nordpolfahrer Otto Sverdrup hat die
Leitung einer Pflanzergesellschaft in Westindien
übernommen. Neben Gesundheitsrücksichten, die
einen vorübergehenden Aufenthalt im Süden wünschenswert erscheinen ließen, bestimmte ihn der
Umstand dazu, daß die Zahlung des ihm staatlich
gewährten Ehrensoldes von 3000 Kronen infolge
der z. Zt. gedrückten Finanzlage auf Schwierigkeiten
stieß. Die neue Stellung macht es Sverdrup möglich, die Streichung des Gehaltes dem Staate an-
heimzustellen. (Allg. Ztg.)

Geographische Nachrichten.

Wissenschaftliche Anstalten.

Der naturwissenschaftliche Verein in Karlsruhe
hat mit den Mitteln eines Vermächtnisses zwei neue
Erdbebenstationen errichtet, die eine in einem unterirdischen Gange im Turnberg bei Durlach, die andere
in Freiburg.

Grenzregelungen.

Zwischen der Verwaltung des Kongostaates und
des englischen Sudan haben neue Verhandlungen
über das Gebiet am oberen Nil stattgefunden. Der Schnittpunkt des Parallels 5° 30′ N
mit dem Nil ist genau bestimmt und über die Inseln des Nillaufs von Lado bis zu diesem Punkte
sind Vereinbarungen getroffen worden. Eine endgültige Lösung der Frage ist damit nicht getroffen.

Eisenbahnen.

Am 24. Februar morgens nach sieben Uhr ist
der Durchstich des Simplontunnels erfolgt.
Die Bauzeit dieses 19731 m langen Tunnels, des
längsten Tunnels der Erde, hat bis zum Durch-
schlag 6½ Jahre gedauert. Für den um 1/3 kürzeren
Gotthardtunnel betrug die Bauzeit bis zum gleichen
Standpunkte 7½ Jahre.

Der Bau der Eisenbahn von Lome nach Palime
in Togo ist der Berliner Firma Lenz & Co. vertragsmäßig übertragen worden. Die Firma ist verpflichtet, die Bahnanlage in 24 Monaten herzustellen,
sodaß die Strecke im Oktober 1906 eröffnet werden
könnte. Die Regierung hat die Gegenverpflichtung,
für stärkeren Anbau von Nahrungsmitteln an der
Strecke zu sorgen und die Wasserbeschaffung zu
erleichtern.

Forschungsreisen.

Asien. Der Gründer und Leiter der Anthropologischen Gesellschaft und des städtischen völker-
museums zu Frankfurt a. M., Hofrat Dr. Hagen,
hat eine Studienreise nach Ceylon und Malakka angetreten. Er wird sich vornehmlich der anthropologischen Erforschung der Malayenstämme widmen.

Die von der Russischen Geogr. Gesellschaft ausgerüstete Chatanga-Expedition hat unter der
Leitung des Konservators des Geologischen Museums der Petersburger Akademie, Tolmatschew
die Reise angetreten. Zweck der Expedition ist
die genaue geologische und geographische Erforschung
des Flußsystems der Chatanga, das sich zwischen
die großen Flußgebiete der Lena und des Jenissei
einschiebt. Der Leiter wird die geologischen Beobachtungen übernehmen, für die übrigen Aufnahmen
sind der Expedition besondere Vertreter beigegeben.

Der bekannte Forschungsreisende Leutnant G.
Grillières hat im Januar d. J. eine neue Forschungsreise nach China, der Mongolei und Tibet
angetreten. Die Reise ist auf 20 Monate berechnet,
er gedenkt im November 1906 zurückzukehren.

Robert L. Barrett und Ellsworth Huntington
haben eine Forschungsreise nach Zentralasien angetreten. Von Bombay gehen sie nach Kashmir,
wo ein zwei- bis dreimonatlicher Aufenthalt vorgesehen ist. Das große Plateau von West-Tibet
und Ost-Turkestan bildet das weitere Ziel der
Expedition. Während des Winters 1905/06 gedenken
sie einen längeren Aufenthalt in Kaschgar zu nehmen
und dann die Turfan-Depression, den Lop Nor und
den Kuku Nor zu besuchen. Von da soll die Heimreise südwärts zur See oder durch China nach
Peking angetreten werden. (B. Am. G. S., Heft 1.)

Afrika. Prof. Boyce und die Mitglieder der Malaria-Expedition haben die Rückreise von Sierra Leone nach England angetreten.

Leut. Boyd Alexander hat über den weiteren Fortgang seiner Expedition in Nigeria an die Londoner Geographische Gesellschaft berichtet. In Ibi (vgl. G. A. Heft 1, S. 18) trennte sich die Expedition in eine Flußkolonne und eine Aufnahmekolonne. Die erstere verließ Ibi am 30. Juni und fuhr mit Booten den Benuë aufwärts bis zur Einmündung des Gongola. Diesen aufwärts erreichte sie das etwa 60 Meilen von der Mündung entfernte Kombe. Von diesem Punkte an begann die Bootfahrt sehr schwierig zu werden, doch gelang es am 15. August Ashaka zu erreichen. Am 30. August wurde die Reise zu Land fortgesetzt, über Gujiba, das man am 7. September erreichte, nach den fünf Tagemärsche von letzterem entfernten Geidam, einem wichtigen Stützpunkt für den Karawanenverkehr zwischen Kano und Kuka, etwa eine Meile vom Flusse Komadugu entfernt. Auf diesem trat man am 24. September die Bootfahrt nach Yo an, wo die Expedition am 3. Oktober wohlbehalten ankam. Die Vermessungskolonne, bei der sich der am 30. Nov. v. J. verstorbene Bruder Boyd Alexanders, Claude Alexander, befand, hat unter Talbots Führung wichtige Aufnahmen im Bauchi- und Kerre-Kerregebiet ausgeführt. In Kuka gedenkt Alexander mit Talbot zusammen zu treffen. (G. J., Febr. 05, S. 178).

Paul Lemoine ist von einer geologischen Forschungsreise im westlichen Marokko, die er im Auftrag des Comité du Maroc ausführte, nach Frankreich zurückgekehrt. Er bereiste das Gebiet zwischen Mogador, Safi und Marrakesch und durchquerte den Atlas.

Der französische Marquis de Segonzac, der mit dem Geologen Gentil und dem Topographen Flotte de Roquevaire im Auftrag des Comité du Maroc eine Forschungsreise in Marokko ausführt, ist auf der Südabdachung des Atlas, im Stromgebiet des Wed Draa von den Eingeborenen als Gefangener zurückgehalten worden. Gentil und Flotte de Roquevaire begleiteten die Expedition nur bis ins Muluja-Gebiet und kehrten dann nach Marrakesch zurück.

Chevalier tritt eine Reise nach Französisch Guinea an, um dort einen geeigneten Punkt für die Einrichtung eines Sanatoriums zu suchen. Auch die Errichtung eines Instituts für wissenschaftlich-industrielle Untersuchungen ist geplant. Ferner hat er sich ein genaues Studium der Baumwollenindustrie zur Aufgabe gestellt und wird zu diesem Zwecke Kamerun, Nigeria und San Thomé in seinen Reiseweg einbeziehen.

Polares. Morris K. Jesup, der Präsident des Peary Arctic Club, erläßt einen Aufruf, in dem er um Beiträge zur Fertigstellung des im Bau begriffenen Polarschiffes bittet, mit dem Peary im Sommer dieses Jahres seine geplante Nordpolfahrt ausführen will. Es fehlen noch 100000 $ und Jesup meint, »es sei nicht anzunehmen, daß gemeinnützig denkende, wohlhabende Männer in diesem großen Lande und besonders in dieser Stadt (New-York) es zulassen würden, daß ein so großes und löbliches Unternehmen scheitere an Mangel an einer verhältnismäßig so geringfügigen Geldsumme«.

Das große Schneefeld des Vatna Jökull auf Island haben T. S. Muir und J. H. Wigner im letzten Spätsommer gekreuzt (vgl. vorig. Jahrg., S. 283). Sie begaben sich am Nordostrande des Jökull bis etwa 8 km südlich vom Snaefell. Von

hier aus drangen sie in südwestlicher Richtung in das Schneefeld vor bis nahe zum Südrand, schlagen dann aber eine mehr westliche Richtung ein. Die Hauptwasserscheide kreuzten sie in etwa 1500 m Seehöhe. Am 3. September stiegen sie in der Nähe einer der Djupáquellen vom Jökull ab, erreichten nach zwei Tagen unter großen Schwierigkeiten Nupstathr, von wo sie nach Reykjavik reisten. Da sie ganz allein reisten, waren sie nicht in der Lage, ausgedehntere wissenschaftliche Beobachtungen auszuführen. Jedoch gelang es ihnen, neben zahlreichen Photographien ein ziemlich genaues Kroki ihres Reiseweges aufzunehmen. Daß Thoroddsen's Karte sie im Vatna Jökull öfters im Stiche ließ, darf nicht wunder nehmen.   *Hk.*

Besprechungen.

I. Allgemeine Erd- und Länderkunde.

Knüll, Bodo, Historische Geographie Deutschlands im Mittelalter. 8°, VII, 240 S. Breslau 1903, Ferdinand Hirt.   4 M.

Im Geschichtsunterricht kommt es häufig vor, daß der Lehrer bei der Behandlung des deutschen Mittelalters die damals herrschenden geographischen Zustände Deutschlands und seiner Bewohner schildern muß. Ebenso ist im erdkundlichen Unterricht bei der Besprechung der gegenwärtigen landeskundlichen Verhältnisse unserer Heimat häufig ein Anlaß gegeben, die Schüler in die Zustände der Vergangenheit und in die seitdem stattgefundenen Veränderungen hineinblicken zu lassen. Für den Lehrer, selbst wenn er sowohl historisch als geographisch geschult ist, dürfte es nicht immer möglich sein, das Alte und das Neue mit gleicher Sicherheit zu überschauen. In diesem Falle wird ihm die vorliegende historische Geographie Deutschlands von wesentlichem Nutzen sein. Der Verfasser hat es verstanden, trotzdem er an einem kleinen entlegenen Orte ohne beträchtliche literarische Hilfsmittel seiner pädagogischen Berufsarbeit lebt, ein anschauliches Bild der natürlichen Verhältnisse Deutschlands im Mittelalter und der in den nachfolgenden Zeiten eingetretenen Veränderungen zu entwerfen. Die Anregung zu seinem Buche empfing er durch Wimmers bekannte »Historische Landschaftskunde«. Dem Begriffe Deutschland legt er weder den Umfang des heutigen noch den des mittelalterlichen Reiches, sondern das Gesamtgebiet zu Grunde, das dauernd der Kulturarbeit des deutschen Volkes unterworfen und wenigstens zum größten Teile auch von ihm bewohnt war. Das Werk schließt sie die schon früh von dem großen Ganzen abgesprengten Außenteile von vornherein aus. Das Werk bespricht zunächst die natürlichen Veränderungen, welche der deutsche Boden während des Mittelalters namentlich an den Meeresküsten, sowie durch den Einfluß der Ströme und der stehenden Gewässer erfahren hat, dann den Wechsel der Bewohner, wie er namentlich in der Völkerwanderung und während der Kolonialzeit

eintrat, hierauf die allmähliche Besiedlung und Bevölkerungszunahme in den einzelnen Landschaften,
weiterhin die Veränderungen der Pflanzen- und Tierwelt auf dem unbebauten und dem besiedelten Boden
und die Erschließung der Bodenschätze, vor allem
des Salzes und der Erze, darauf die Arten der
Besiedlung, die Verkehrsverhältnisse, die Land-
und Wasserstraßen, endlich die verschiedenen einander ablösenden und ineinander übergehenden
Bauformen der Einzelhöfe, Dörfer und Städte, der
Burgen, Klöster und Kirchen. Die politische Landeskunde ist wegen ihres allzu großen Umfangs weg-
geblieben. Den Schluß bildet eine nochmalige gedrängte Übersicht des gesamten Stoffes in chrono-
logischer Folge nach Perioden geordnet. Der Verfasser, der eine gründliche Kenntnis der alten Quellen
und der modernen Spezialuntersuchungen und zusammenfassenden Darstellungen verrät, wird durch
seine Arbeit manchen Lehrern an Mittelschulen einen
Dienst erwiesen haben.

Dr. Viktor Hantzsch-Dresden-N.

Schott, Dr. Gerhard, Physische Meereskunde.
8°, 162 S., mit 28 Abb. im Text und 8 Taf.
Leipzig 1903, Sammlung Göschen, Nr. 112.

In die treffliche Göschensche Sammlung kleiner
Lehr- und Handbücher ist nunmehr als 112. Heft
auch eine Darstellung der Physischen Meereskunde
eingereiht worden. Wer, wie der Ref., aus eigener
Erfahrung weiß, wie schwer es ist, den Inhalt eines
bestimmten weiten Wissensgebiets in einen so engen
Raum zusammenzudrängen, wie er durch die äußeren
Bedingungen dieser Sammlung geboten ist, wird schon
aus diesem Grunde der Leistung des Verfassers unbedingte Anerkennung zollen müssen. Vor einigen
Jahren erschien aus der Feder Schotts der erste Band
des großangelegten Werkes über die Deutsche Tiefsee-
expedition der »Valdivia«, ein Fundamentalwerk,
in dem sich der Verfasser als ein hervorragender
und selbständiger Förderer der ozeanologischen
Wissenschaft erwiesen hat. Nunmehr hat er auf
kaum zehn Druckbogen kleinsten Formats die Gesamtheit der physischen Verhältnisse, sowohl die
Statik, wie die Dynamik des Weltmeeres, klar und
so erschöpfend, wie es bei der Kürze möglich ist,
zur Darstellung gebracht! Besonders frisch und
anregend wirkt das kleine Werkchen dadurch, daß
der Verfasser es trefflich verstanden hat, an vielen
Stellen des wissenschaftlichen Zusammenhangs der
theoretischen Darstellung Erscheinungen und Tatsachen aus der meereskundlichen Praxis, die ihm
von seinen Reisen und aus seiner amtlichen Tätigkeit vertraut sind, zur Erläuterung und Veranschaulichung hereinzuziehen.

Die Kritik möge an dieser Stelle schweigen!
Nur einige kleine Wünsche zur Berücksichtigung
bei einer Neuauflage, die wir dem trefflichen Büchlein recht bald wünschen! Auf Seite 30, bei der
Beschreibung der hypso-bathymetrischen Kurve dürfte
es sich wohl empfehlen, in den Satz, daß »die begrenzende Kurve ein Bild von den Böschungen
gebe«, das Wort »relatives« oder eine ähnliche
Einschränkung einzuschieben; auf Seite 76 muß der
Holzschnitt, welcher das Tiefsee-Kippthermometer
nach dem Umkippen darstellt, umgekehrt in den
Satz eingesetzt werden. Schließlich wäre es sehr
erwünscht, wenn die Verlagsanstalt dem Verfasser
noch einige wenige Seiten bewilligte und ihm damit
die Möglichkeit gäbe an manchen Stellen auch durch
Beziehungen auf interessante Tatsachen aus dem
Gebiet der maritimen Meteorologie und durch kurze

Hinweise auf die Praxis der Nautik den Wert des
Büchleins zu erhöhen. *Dr. Paul Dinse-Friedenau.*

Nehmer, A., Beiträge zur Landeskunde des
Eichsfeldes. Archiv für Landes- und Volkskunde der Prov. Sachsen. 13. Jahrg. S. 77 bis
127, mit 2 K. und 1 Profiltaf. Halle 1903.

Als Eichsfeld faßt Verfasser das Gebiet innerhalb
einer Linie auf, die die Orte Treffurt, Witzenhausen,
Lindau, Weilrode, Friedrichsrode, Treffurt verbindet.
Zunächst untersucht er die Bodengestalt. Das Eichsfeld ist als Nordwestrand des Thüringer Beckens
anzusehen. Die Meeresbedeckung während der
einzelnen Epochen der Erdgeschichte wird diskutiert.
Orographisch wie geologisch und selbst klimatologisch
sind Ober- und Unter-Eichsfeld zu unterscheiden.
Die Oberflächenformen stehen unter dem Einfluß
von Verwerfungen, die zum Teil NW—SO, N—S zum
Teil NO—SW streichen. In besonderer Bedeutung
erscheinen die Eichenberg—Gothaer Senke und die
Leinefelder Mulde ; jene löst vom Ober-Eichsfeld die
Gruppe der Goburg ab, diese liegt als höchste Erhebung
im Zuge der Bahn Eichenberg—Nordhausen, welche
Linie im allgemeinen als Grenze der beiden Hauptglieder des Eichsfeldes anzusehen ist. Sodann gibt
Verfasser eine Übersicht der wichtigsten Glieder
des Unter- und Ober-Eichsfeldes und der sie bestimmenden Einfurchungen. Es folgt die Darstellung
der Bewässerung. Bäche und Flüsse erweisen sich
einmal abhängig von den Verwerfungen, dann auch
von den Fallen der Schichten. Für die kartographische Darstellung der Volksdichte sind die Gemarkungs-
grenzen der Ortschaften zugrunde gelegt worden.
Durchgeführt ist das nur für den sächsischen Anteil.
Die Bevölkerung hat seit 1846 abgenommen. Wenn
auch seit 1871 wieder eine Zunahme zu bemerken
ist, der alte Stand ist noch nicht wieder erreicht.
Die wirtschaftlichen Verhältnisse lassen bis zu einem
gewissen Grade Abhängigkeit von der geologischen
Beschaffenheit erkennen. Von altersher ist das Eichsfeld ein wichtiges Durchgangsgebiet für den Handel.
So erfahren denn auch die alten wie die neuen Verkehrswege eine mehr oder weniger eingehende Behandlung. Für die Anlage der Ansiedlungen werden häufig geologische Faktoren als maßgebend
angenommen, sofern sie in Zusammenhang stehen
mit der Ertragsfähigkeit des Bodens und dem Vorkommen von Wasser. Der Hauptteil der Arbeit
liegt wohl in den Karten. Mehrfach ist dem Ref.
aufgefallen, daß Karten und Abhandlung in den
Namen Verschiedenheiten zeigen.

Dr. Edmund Liebetrau-Essen-Ruhr.

Müller v. Berneck, E., Sind Reformen für
Deutsch-Südwestafrika eine dringende Notwendigkeit? Berlin 1903, Deutscher Kolonial-
verlag G. Meinecke.

Es ist bekannt, daß in Deutsch-Südwestafrika
noch vieles auf Besserung wartet, ehe man von
einer durchweg erträglichen Lage der großen Kolonie reden darf. An Kritik hat es daher zu keiner
Zeit gefehlt; selbst so wenig anerkennende Schriften,
wie die v. Berneck, Farmer auf Groendorn bei
Keetmanshoop, sind uns gelegentlich schon durch
die Finger gegangen. Aber gerade diese häufige
Wiederholung ist es, die manchen Klagen ihr Gewicht verleiht: und uns wünschen läßt, daß beherzigenswerte Vorschläge nicht unberücksichtigt bleiben mögen.
Brauchbare Winke sehen wir z. B. in den Abschnitten
über die Mission, über die Schul- und Eingeborenenfrage, obgleich wir dem Verfasser nirgend in allen

Punkten zustimmen können. Besonders gilt dies für die Abschnitte über Militär, Verwaltung und Zoll, wo der Verfasser u. a. eine schleunige Aufhebung der Schutztruppe empfiehlt, welch letztere er durch ein Miliz- oder Freiwilligenkorps von »hundert Deutschen und hundert Buren« ersetzt wissen will. Nun sind aber diese 200 Mann keineswegs umsonst zu haben und umsonst zu erhalten. Ihre »Anwerbung« würde ferner nicht immer so glatt verlaufen, wie es auf dem Papier steht, und wie sich dieser Streiterhaufe bei einer größeren Aktion mit ernsthafteren Zusammenstößen bewähren würde, soll hier unerörtert bleiben. Wir haben jetzt seit 15 Monaten ein gewaltiges Expeditionskorps im Lande und sind trotzdem mit den Hereros und den Hottentotten noch lange nicht fertig. Ebenso wenig vermögen wir uns den Auslassungen des Verfassers über die bewaffnete Selbsthilfe der Farmer gegen die Eingeborenen, über die Beseitigung der Zölle — obschon hier ein Wandel angebracht wäre — und über die Erwerbung der Reichsangehörigkeit anzuschließen. Sehr gern hätten wir jedoch v. Bernecks Ansichten über die großen Landgesellschaften (mit ihren 243 000 qkm) gehört; ist da keine Kritik vonnöten? *H. Seidel-Berlin.*

Brose, M., Die Deutsche Kolonialliteratur im Jahre 1903. Sonderheft der »Zeitschrift für Kolonialpolitik, -recht und -wirtschaft.« Berlin 1904, W. Süsserott.

Im Jahre 1891 erschien in der Reichshauptstadt ein kleines Büchlein, das sich »Repertorium der deutsch-kolonialen Literatur« nannte und von dem Bibliothekar der deutschen Kolonialgesellschaft, Hauptmann a. D. Brose, herausgegeben war. Es umfaßte in seinen Angaben die ersten sechs Jahre aktiver Kolonialpolitik und Kolonialarbeit und erwies sich als ein so brauchbares Auskunftsmittel, daß nach einiger Zeit eine Neuausgabe erforderlich wurde, die den Titel führte: »Die deutsche Kolonialliteratur von 1884—1895« und nach Inhalt und Volumen mit der bescheidenen Vorläuferin kaum noch zu vergleichen war. Die im selben Sinne angelegten jährlichen Ergänzungen waren anfangs dünne Heftchen, die sich aber schnell vergrößerten. Die drei Fortsetzungen für 1900, 1901 und 1902 haben durchschnittlich 64 hohe, eng und doppelspaltig bedruckte Seiten mit einer Mittelzahl von 48 Nachweisen auf jeder oder rund ihrer 3000 pro Heft. Die letzte Fortsetzung für 1903 zählt nun noch zehn Seiten mit fast 500 Nachweisen mehr. So ist die Literatur über unsere Kolonien angewachsen, und das alles steht, nach je sieben oder acht Kategorien für jedes Schutzgebiet übersichtlich geordnet und mit zuverlässigen Quellenangaben versehen, in den Broseschen Verzeichnissen, ohne die heute niemand fertig zu werden vermag, der sich auf irgend einem Gebiet der Kolonialkunde betätigen oder unterrichten will. Der Verfasser hat sich den Dank aller Beteiligten verdient, die, vom Juristen, Wirtschaftspolitiker und Geographen angefangen bis zum Geologen, Naturhistoriker, Missionar und Sprachforscher, je nach ihren Wünschen das Nötige darin finden werden. Wie wir hören, ist eine abermalige Zusammenfassung des ungeheuren Stoffes in Buchform geplant. Das wäre sehr wünschenswert; denn dadurch würden sich die mancherlei Wiederholungen von Heft zu Heft auf gemeinsame Titel zurückführen lassen, womit die Übersichtlichkeit nur gewänne.

H. Seidel-Berlin.

Boeken, Hubert J., Um und in Afrika. Reisebilder. 4⁰, 241 S., 2 Karten. Cöln 1903, J. P. Bachem. 8 M.

Chevalley, Heinrich, Rund um Afrika. Skizzen und Miniaturen. 8⁰, 209 S. Berlin 1904, Vita Deutsches Verlagshaus. 3 M.

Ottmann, Viktor, Von Marokko nach Lappland. (Bücher der Reisen I.). 8⁰, 255 S. Berlin-Stuttgart 1903, W. Spemann. 3 M.

Die oben genannten Bücher kann man als Typen für die Literatur betrachten, welche auf Grund der modernen bequemen Reiseverbindungen und der durch sie erst ermöglichten Art des Reisens hervorgerufen ist. In allen drei steht, abgesehen von dem etwas weiter ausgreifenden letzten, Afrika im Mittelpunkt der Erzählung, welches — das zeigt sich deutlich, wenigstens was die Küstengebiete betrifft — nicht mehr den Namen eines dunklen Erdteils verdient. Sie sind aber auch noch in anderer Hinsicht typisch, insofern nämlich, als die Verfasser, die ausgesprochenermaßen sich auf Erholungs- oder Vergnügungsreisen befinden, von vornherein darauf verzichten, tiefer sowohl in das Innere der bzw. der Länder einzudringen, als auch in die Eigenart der besuchten Gegenden als Forschungsgebiete sich zu versenken. Die Wiedergabe der unter möglichst günstigen Umständen gewonnenen Eindrücke ist ihnen Selbstzweck, handelt es sich doch oft, wenn nicht gar meistens, lediglich um ein flüchtiges Nippen an Blumen, deren Duft sie angezogen. Von diesen Gesichtspunkten aus müssen die genannten Werkchen beurteilt werden. Sollte, so schreibt Chevalley in dem Vorwort, sich eine Differenz zwischen den Ergebnissen der Forschung und seinen Meinungen bemerkbar machen, so erhebe er nicht den Anspruch für die größere Richtigkeit seiner Ansicht. Mithin scheiden die Bücher aus der wirklich wissenschaftlichen geographischen Literatur aus.

Dafür bieten sie aber insgesamt einen nicht zu unterschätzenden Vorteil. Die Verfasser, denen man eine gewisse Routine im Reisen und eine gute Beobachtungsgabe von vornherein anmerkt, stehen eben unter frischen Eindrücken, und haben es verstanden, dieselben in anmutigem Plauderton einem größeren Leserkreis mitzuteilen, mit dem ausgesprochenen Wunsche, Nachfolger zu finden. Diesen Reisenden können jene Bücher entschieden von Nutzen sein, da man hier manches findet, was z. B. in Reisebüchern oder wissenschaftlichen Büchern vergeblich gesucht werden dürfte. Und dann enthalten sie noch eins: Winke für unsere Kolonialverwaltung betreffs unserer eigenen afrikanischen Besitzungen, wozu die Beobachtung der Maßnahmen und Einrichtungen der anderen Kolonialmächte, vornehmlich der englischen und französischen, unwillkürlich herausforderten. Daß diese Vergleiche stets zugunsten der Deutschen ausfielen, kann man hierbei nicht behaupten. Besonders der Schlußbemerkungen von Boeken bezüglich Deutsch-Ostafrikas sind entschieden zu beherzigen. Seine Worte gipfeln in dem Wunsche, daß in unsere Verwaltung daselbst ein freierer Geist einziehen und ferner jeder einzelne im Auslande lebende Deutsche von dem im eigenen Vaterlande nur allzu scharf hervortretenden und offen zur Schau getragenen Standesunterschiedsbewußtsein dort draußen sich befreien möchte. Man sehe von keiner Seite Gefahr, sich damit den Eingeborenen gegenüber etwas zu vergeben, würde aber anderseits das Ansehen des regierenden Standes nicht unbeträchtlich heben.

12*

Was die Bücher im einzelnen betrifft, so waren Chevalleys Skizzen ursprünglich für das Feuilleton des »Hamburger Fremdenblattes« geschrieben; ihnen nahe verwandt ist die Reisebeschreibung von Ottmann, die zugleich den ersten Band einer größeren Sammlung bilden soll. Sie beide zeichnen sich durch Gewandtheit der Darstellung, sowie vielfach eingestreute, oft nicht unwitzige, geistvolle Bemerkungen aus. Das Buch von Boeken unterscheidet sich von ihnen merklich durch den überall deutlich hervortretenden Zug, das Missionswesen, und zwar das der Katholiken (der Verfasser ist selbst katholisch), zu studieren. Ursprünglich als eine Art Bericht für einen Abt in Südafrika geschrieben und dann erst unter der Feder zu einer größeren Schrift angewachsen, ist es im Texte mit zahlreichen diesbezüglichen Abbildungen erfüllt. Dafür haben die beiden anderen Verfasser oft auf die politischen Verhältnisse (Ottmann z. B. in Marokko, Chevalley in Südafrika) Bezug genommen, teils gegenwärtige, teils solche, die der jüngsten Vergangenheit angehören. *Dr. Ed. Lentz-Charlottenburg.*

v. Poser und Groß-Naedlitz, Dr. V., Die rechtliche Stellung der deutschen Schutzgebiete. Heft 8 der »Abhandlungen aus dem Staats- und Verwaltungsrecht« von Prof. Dr. S. Brie. Breslau 1903, M. und H. Marcus.

Der Erwerb und der weitere Ausbau unserer Kolonien haben eine große Zahl gesetzgeberischer Maßnahmen gezeitigt, die mehr oder minder auch die rechtliche Stellung des überseeischen Deutschlands berühren. Zu dieser Frage besitzen wir bereits sehr dankenswerte Arbeiten älteren, wie neueren Datums, so daß der Verfasser bei seiner Studie auf ein reiches Hilfsmaterial zurückzugreifen vermochte. Er erörtert zunächst, d. h. immer vom Standpunkt des Juristen, den »Erwerb« und die »rechtliche Natur« der Schutzgewalt, legt dann ihren »Inhalt« und »Umfang« dar und schreitet nun zu einer Untersuchung betreffs der »territorialen Stellung der deutschen Schutzgebiete« fort. Diese werden nach einem genauen Autoritätenverhör als »Reichsnebenländer« charakterisiert, die »staatsrechtlich zum Reiche« gehören, nicht aber »Bundesgebiet im Sinne der Reichsverfassung« sind. Aus dieser Erkenntnis leitet der Verfasser zahlreiche Ergebnisse ab, sämtlich staatsrechtlicher Natur, so daß sie selbst für den Kolonialgeographen etwas abseits vom Wege liegen. Sehr zu loben ist der klare, durchsichtige Stil und der allgemein verständliche Ausdruck, wodurch die Schrift auch für den Nichtjuristen den Vorzug angenehmer Lesbarkeit erhält. *H. Seidel-Berlin.*

II. Geographischer Unterricht.

Riebandt, Joh., Präparationen für den erdkundlichen Unterricht in Volksschulen für Seminarzöglinge und Lehrer. Mit besonderer Berücksichtigung der Kulturgeographie. 1. Bd.: Das Deutsche Reich und seine Kolonien. VI, 296 S. Paderborn 1903, F. Schöningh. Geb. 3 M.

Der Verfasser behandelt der Reihe nach die vier Königreiche, sechs Großherzogtümer, fünf Herzogtümer, sieben Fürstentümer, drei freien Städte, das Reichsland und die Kolonien des Deutschen Reiches, Präparationen bietet er jedoch nicht. Das sagt ja eigentlich genug. Rechnet man dazu die große Anzahl sachlicher Fehler und unnötiger Angaben, dann ist wohl klar, daß des Verfassers Wunsch, das Buch möge sich die Anerkennung aller seiner Kollegen gewinnen, sich schwerlich erfüllen dürfte.

Nur einige Belege! Von den 15 Seiten, auf denen die Rheinprovinz behandelt wird, sind 8 Seiten dem Rheine (seiner Quelle, seinem Oberlauf mit dem Bodensee, seinem Mittel- und Unterlauf und seiner Mündung) und seinen Nebenflüssen gewidmet. — Das Erzgebirge trennt Preußen von Österreich. — »Das Erzgebirge erstreckt sich von der Elbe bis an die Weiße Elster« (S. 155), das Elstergebirge (vgl. die folgende Ausstellung) erhebt sich aber zu beiden Seiten der Elster, das Elbsandsteingebirge zu beiden Seiten der Elbe. — Das Elstergebirge tritt als gesondertes Gebirge, als Fortsetzung des Erzgebirges und als Teil des Erzgebirges auf. — Hohes, rauhes Vogtland und Sächsisches Sibirien sind identisch. — Dresden ist ringsum von Waldungen umgeben. — Markneukirchen und Klingenthal liegen einmal im Vogtlande, das andere Mal im Erzgebirge. — Wiesenbad liegt an der Elster, Freiberg an der Mulde, der Hohentwiel in der Rauhen Alb (auch Alp), Lindau am Bodensee.

Ein wenig Flüchtigkeit bei der Arbeit fehlt ebenfalls nicht. »Der Hohenstaufen ist 680 m hoch« (S. 191). Drei Zeilen danach heißt es: »Dieser Berg (der Hohenstaufen) erreicht eine Höhe von fast 700 m«. — Wenn Sachsens Kreishauptmannschaften für die Volksschule nicht nötig sind, was soll dann bei Dresden die Brühlsche Terrasse (Minister Brühl?). *Schuldir. Paul Weigeldt-Leipzig.*

Schulze, Franz, Entwicklungsgeschichte der Heimatskunde. Pädagogische Studien. 24. Jahrgang, Heft 5. Dresden 1903.

In geschickter Auswahl wird die geschichtliche Entwicklung des Unterrichts in der Heimatskunde vorgeführt. Als dessen Schöpfer ist Comenius anzusehen, auch hinsichtlich der Methode, die von dem Gothaer Rektor Reyher ausgestaltet wird. Dieser schlägt als erster Schulausflüge für die heimatkundliche Belehrung vor, während in der Mitte des folgenden Jahrhunderts Samuel Bock in seinem »Wohlunterrichteten Dorf- und Landschulmeister« (1744) zum erstenmale die Forderung aufstellt, mittels einer Skizze der Heimat das Kartenverständnis anzubahnen. Eine weitere Förderung erhält die Heimatskunde durch Rousseau, der verlangt, daß aller geographischen Unterweisung ein propädeutischer Unterricht in der Heimatskunde voraufgehen muß. Die von ihm ausgesprochenen Gedanken werden von den Philanthropen, besonders von Salzmann in Schnepfenthal, in die Praxis übertragen; das Verdienst Karl Ritters aber ist es, der Heimatskunde eine wissenschaftliche Basis gegeben zu haben. Die Aufnahme der Heimatskunde als notwendiges Unterrichtsfach in den Lehrplan wird jedoch erst um die Mitte des 19. Jahrhunderts durch Finger erreicht, der sich, ebenso wie Stoy und Ziller, um ihre praktische Ausgestaltung große Verdienste erworben hat.

Freilich bilden sich nun ganz verschiedene Richtungen unter den Methodikern aus, die sich oft hart befehden. Von den wichtigsten Methoden des heimatkundlichen Unterrichts — der Verknüpfung der Heimatskunde mit dem Anschauungsunterricht, ihrer Verwendung als Propädeutik der Realien und der zeichnenden Methode — handelt der zweite Teil der Arbeit. In kurzer, treffender Weise werden die Schwächen und Vorzüge jeder Methode gekennzeichnet und zugleich wird der Grundsatz verfochten, daß die Heimatskunde allein als Vorbereitung für die Geographie dienen soll.

Dr. Richard Herold-Oranienstein a. d. Lahn.

Hlfr., Ein Flug ins Weltall. (Katholische Volksschule, herausgeg. vom Katholischen Tiroler Lehrerverein.)

Daß die Sonne ihren Stand und sich der Auf- und Untergangspunkt zu den verschiedenen Zeiten des Jahres verändert, daß dieser wechselnde Sonnenstand sich aus der Bewegung der Erde um die Sonne erklärt und die Sonne in den verschiedenen Jahreszeiten, verschiedene Tagesbögen hat, wird in anschaulicher Weise mittels der einfachsten Lehrmittel gezeigt, nämlich einer zerlegbaren, glatten Holzkugel, einer Stricknadel, einer Kerze, einer den Durchschnitt der südlichen Randgebiete des Schulortes darstellenden Vorrichtung aus Pappendeckel (Relief), einer gelben Papierscheibe und dreier Drähte. Dieses »Rüstzeug, das sich jede Landschule beschaffen kann«, ermöglicht den entwickelnden Gang des Unterrichts, ein kostspieliger Apparat hat dagegen den Nachteil, »daß er als fertiger vor die Augen der Schüler gerückt und so weder in seinen Teilen, noch im Aufbau scharf durchblickt wird«. — Ich empfehle den gut — mit Begeisterung, möchte ich sagen — geschriebenen Aufsatz der Beachtung auch der Lehrer, die ein Tellurium vorzuführen in der Lage sind.

Schulinspektor Fr. Günther-Klaasthal.

Pölkow, J., Die Verwendung des Heimatlichen im Unterricht der Volksschule. Weimar 1904. Lehrerzeitung für Thüringen u. Mitteldeutschland, Nr. 10—13.

Es wird als Einleitung ein kurzer Überblick über die Entwicklung des Anschauungsunterrichts von Comenius bis zur Jetztzeit gegeben. Dann wird der Begriff Heimat definiert und festgestellt, was von dem im Heimatsorte und auf Schulwanderungen Geschauten in den einzelnen Unterrichtsfächern (Erdkunde, Naturkunde, Naturlehre, Geschichte, Deutsch, Rechnen und Raumlehre, Zeichnen, Gesang) und auf den verschiedenen Stufen der Volksschule Verwendung finden kann. Die Zusammenstellung ist nicht ungewandt, hier und da erscheint mir zu viel in den Lehrplan der Volksschule hineingepfropft (z. B. Geologie), zuweilen sind die Anknüpfungen etwas gesucht, aber es ist sicher, daß die Lehrer aus der Arbeit mannigfache Anregungen erhalten werden. *Dr. Richard Herold-Oranienstein o. d. Lahn.*

Kerp, Heinrich, Methodisches Lehrbuch einer begründend-vergleichenden Erdkunde. — Einleitender Teil: Die Methodik des erdkundlichen Unterrichts. 2. stark verm. Auflage. 8°, XVI u. 183 S., 1902, geb. 2.75 M. — Band I: Die deutschen Landschaften (Deutschland und die Schweiz). 2. Auflage, 8°, VIII u. 368 S., 1902, geb. 5.— M. — Band II: Die Landschaften Europas. 8°, XV u. 458 S. mit 4 Tafeln Zeichnungen, 1900, geb. 5.60 M. Trier, Fr. Lintz.

Kerp tritt mit dem Anspruch auf, etwas Neues geschaffen zu haben, die begründend-vergleichende Methode. Diese Methode ist zwar nicht neu, sie ist vielmehr in der neueren Erdkunde auf den Hochschulen und auch auf den höheren Schulen — hoffentlich — so allgemein durchgeführt, daß man sich einen Betrieb der Erdkunde ohne diese Methode gar nicht denken kann. Aber Kerp bestimmt sein Buch für Lehrerseminare und ist also ein Bahnbrecher der modernen Erdkunde für das Gebiet der niederen Schulen und für die große Zahl der Elementarlehrer, die bisher von der heutigen Erdkunde noch keine Vorstellung haben, sondern noch in der alten Weise einer Aufzählung von Namen und Zahlen die Geographie lehren. Auch für solche Lehrer an höheren Schulen, die trotz der Forderung der Lehrpläne ohne Fakultas den Unterricht erteilen oder erteilen müssen, ist das Kerpsche Lehrbuch ein gutes Hilfsmittel; ja ich würde das ganze Werk lieber nicht als ein Lehrbuch, sondern als »Hilfsbuch für den erdkundlichen Unterricht« bezeichnen. Ein Lehrbuch ist es nicht, denn es bringt eine viel zu große Menge von Stoff, besonders eine Unmenge von ganz nebensächlichen Namen, und außerdem behandelt es die einzelnen Landschaften nicht mit gleichmäßiger Genauigkeit.

Dieser Mangel an kritischer Sichtung ist wohl der schlimmste Fehler des sonst vortrefflichen Buches. Er fällt schon äußerlich ins Auge; auf den meisten Seiten ist die Hälfte, auf vielen Seiten ³/₄ und noch mehr gesperrt oder fett gedruckt, und es gibt Seiten, auf denen alle Hauptwörter, die meisten Eigenschaftswörter und sehr viele Zeitwörter durch den Druck hervorgehoben sind. Soviel besonders Wichtiges gibt es doch nicht; das Buch unterscheidet nicht Haupt- und Nebensachen. Es ist durch fleißige Arbeit entstanden; namentlich wenn man die beiden ersten Bände mit der ersten Auflage vergleicht merkt man, daß Kerp sehr fleißig gewesen ist und seit dem Erscheinen der ersten Auflage viel gelernt hat, und so hält er denn alles ihm Neue auch für allgemein wichtig.

Damit hängt eine zweite Eigentümlichkeit zusammen, die ein Lehrbuch nicht haben darf. Kerp hat viel gesehen, er hat die Geographentage und ähnliche Gelegenheiten gut benutzt und kennt einen großen Teil des behandelten Gebiets aus eigener, wenn auch flüchtiger Anschauung. Das verleitet ihn, seine eigene Person öfter zu erwähnen. Nun ist es zwar im Unterricht sehr angebracht und erweckt das lebendige Interesse der Schüler in hohem Grade, wenn der Lehrer von seinen eigenen Reisen erzählt, aber in ein Lehrbuch gehört die Person des Verfassers nicht hinein, mag er nun eine Nordlandfahrt gemacht haben — die Kerp im methodischen Teile viermal erwähnt — oder die Millenniums-Ausstellung besucht haben.

In beiden Richtungen muß Kerp an sich selbst arbeiten, er muß lernen kritisch den Stoff zu sichten und objektiv zu schreiben. Tut er das und hebt sich dann eine dritte Auflage soweit über die zweite wie diese vorliegende zweite über die von Fehlern und Flüchtigkeiten strotzende erste Auflage, so wird das Kerpsche Buch namentlich auf seinem eigensten Arbeitsfelde, an den Lehrerseminarien, viel Segen stiften.

Gehen wir zur Besprechung der einzelnen Bände über, so ist zunächst der methodische Teil durchaus gut, sehr lobenswert ist namentlich die Betonung der Kulturgeographie. Vielleicht wäre die Anlage an manchen Stellen zu ändern. Kerp bringt regelmäßig zuerst eine Darstellung des betreffenden Wissensgebiets in lehrender Form, dann eine topographische Übersicht eines Gebiets als Beispiel und dann wieder eine belehrende Darstellung, die häufig nur dem Namen nach eine Begründung ist. An manchen Stellen wünscht man die Begründung vor den Tatsachen und Beschreibungen zu sehen, besonders weil sonst zu viel Wiederholungen entstehen, die denn auch in der ausgeführten Erdkunde sehr lästig werden.

Einige Kleinigkeiten erscheinen mir verbesserungsfähig. Das Verzeichnis der »wichtigsten neueren Werke« zeigt eine recht eigentümliche Auswahl von etwa 60 Werken, unter denen der Verfasser mit zwei Schriftchen auftritt. Die Werke sind sehr ungleichmäßig benutzt, wenigstens finde ich die Gedanken aus Pencks Geomorphologie und Ratzels Anthropogeographie kaum verwertet.

Die zehn Thesen zum Unterricht sind gut; vor allen hat mir der achte Leitsatz über die Stoffbeschränkung gefallen; wir können heute nicht mehr alle Kleinigkeiten im Unterricht vornehmen, sondern müssen die großen Grundgedanken herausarbeiten. Leider bindet sich Kerp an diese Forderung nicht, sonst würde er den ludicarienbruch, die Skydsstation, die Primar- und Sekundarschulen der Schweiz, die Bibliothek des Grafen Zichy und einige hundert Ortsnamen weglassen.

Verhältnismäßig schlecht ist überall der Abschnitt über die Talbildung. Von älteren und jüngeren Talstrecken hat Kerp keine Vorstellung und er weiß deshalb auch aus den Längs- und Quertälern nichts herzuleiten. Der Zusammenhang zwischen Gesteinsart und Bodenform ist nur selten erwähnt, was um so mehr auffällt, weil Kerp die Entstehung des Kulturbodens aus den Gesteinsarten regelmäßig und mustergültig bespricht. Zu wenig Wert wird auch auf den Wind und den atmosphärischen Druck gelegt.

Beim Aufschließen von Ländern ist der Tätigkeit der Missionare mit keinem Worte gedacht, ebenso wird bei den deutschen Landschaften die segensreiche Arbeit der Mönche für die Landes- und Geisteskultur vernachlässigt — in dem dicken Buche nur 1½ Zeile.

Recht dürftig ist die Erklärung der Siedelungen; ihre Lage an Wegekreuzungen, wie die Heer- und Handelsstraßen verlaufen und wie sie durch die Bodenform und andere Umstände bedingt sind, muß viel eingehender erörtert werden. Auch erklärt Kerp die verschiedenen Hausformen einfach als Stammeseigentümlichkeit der Franken, Sachsen, Alemannen oder Schweizer und weiß kein Wort darüber zu sagen, daß die Anlage von Haus und Hof durch die Landesnatur und Witterungsverhältnisse beeinflußt werden.

Vortrefflich ist der Absatz VI »Begründende oder begründend-vergleichende Methode?« Die sehr lesenswerten Erörternngen werden leider durch den fortwährenden Hinweis auf Kerps andere Bücher gestört. In diesem trefflichen Abschnitt, dem Kern des ganzen Werkes, stehe ich nur bezüglich zweier Punkte persönlich etwas anders als der Verfasser. 1. Vom eigentlichen Kartenzeichnen im Unterricht bin ich immer mehr abgekommen, da der Erfolg nicht im richtigen Verhältnis zu der aufgewendeten Zeit steht; ich lasse nur noch Kartenskizzen ohne Netz anfertigen, aber recht häufig, nicht nur in jedem Tertial drei Skizzen, wie es die direktoriale Verfügung an manchen Schulen verlangt. 2. Von Reliefkarten halte ich wenig, sie sind Eselsbrücken und erwecken in dem Schüler nur falsche Vorstellungen.

In den beiden praktischen Teilen behandelt die Stoffgliederung jedesmal: A. Die einzelnen Teile der Landschaft und zwar bei jedem a) das Landschaftsbild, b) das Kulturbild. B. Die Landschaft als Ganzes und zwar 1. das Landschaftsbild, a) die Raummerkmale, b) die Entstehung der Landschaft, c) das Klima, d) Talbildung und Gewässer; 2. das Kulturbild, a) die Erzeugung der Rohstoffe: Ackerbau, Viehzucht und Bergbau, b) die Veredlung der

Rohstoffe: Gewerbtätigkeit, c) der Austausch der Erzeugnisse: Binnenhandel, Ein- und Ausfuhr, d) das Verkehrswesen: Schiffahrtsstraßen und Eisenbahnlinien, e) Besiedlung und Bevölkerung: Besiedlungsweise, Verteilung und Dichtigkeit der Bevölkerung, f) Staatenbildung: die staatliche Zusammengehörigkeit und Verfassung, g) Geistige Kultur: Geistesleben, Bildungswesen und Religion, h) Rückblick auf frühere Kulturzeiten, i) Kultureigentümlichkeiten und Volksleben.

Es erhellt aus dieser Übersicht, daß jedes Gebiet gründlich besprochen wird, daß aber häufig Wiederholungen eintreten. Diese dienen im Unterricht der immanenten Repetition und sind dort am Platze, aber in einem Lehrbuche wirkt es ermüdend und geradezu das Interesse tötend, wenn dieselbe Kleinigkeit immer wieder mit derselben Wichtigkeit vorgebracht wird.

Eine ganz vorzügliche Beigabe sind die jedem Abschnitt beigefügten Bilder aus dem Leben der Natur, die geographischen Schilderungen und die dem Buche als ganz besonderer Vorzug dienenden Bilder aus dem Wirtschafts- und Gewerbeleben. Die meisten stammen von Kerp selbst und zeigen ihn als guten Beobachter und des Wortes mächtigen Schilderer; nur wenige sind aus Zeitungen entnommen und haben ein der Würde des Unterrichts nicht entsprechendes Wortgeklingel.

Bei der Abgrenzung der Landschaften ist wohl nicht immer zweckmäßig verfahren; daß die Schweiz zu Deutschland, aber die Alpen zu Europa, die Rhön zu Süddeutschland, der Vogelsberg aber zum Weserlande, und daß der Thüringer Wald zusammen mit Sachsen an die Sudeten angegliedert wird, ist nicht empfehlenswert. Im übrigen sind die Landschaften gut behandelt, es wäre nur zu wünschen, daß die unheimliche Fülle von Namen, die kaum in einem Reiseführer stehen, unbarmherzig auf den zehnten Teil herabgemindert wird und daß dafür der Begründung mehr Raum gegönnt wird. Außerdem müssen die einzelnen Teile gleichmäßiger behandelt werden: in manchen Landstrichen werden sogar die Sehenswürdigkeiten der Städte erwähnt, während andere, z. B. Schlesien und Schleswig-Holstein, der Harz, Nordfrankreich, recht stiefmütterlich bedacht sind. Und schließlich muß die Fülle der Einzelbeobachtungen mehr zu einer Einheit verwebt werden, sonst macht das Buch zu sehr den Eindruck von vielen lose aneinander gereihten Heimatskunden.

Einige Kleinigkeiten kann ich nicht billigen. Namen erklären soll man nur, wenn aus der Erklärung ein Gewinn erzielt wird; Kerp bringt Erklärungen, die gar keinen Wert haben, z. B. Sentis = Alp der Sambatinus. Mit geographischen Ausdrücken muß man vorsichtig sein, z. B. dürfen die Wörter Platte und Plateau nicht für dasselbe verwendet werden, und man darf auch nicht Münstersches Becken für Münstersche Bucht sagen, wenn auch die Münstersche Bucht geologisch ein Becken sein mag. Häufig werden grundfalsche Verallgemeinerungen gezogen, z. B. daß der Teutoburger Wald aus Buchen besteht oder die Moselufer mit Eichen bewaldet sind. Am Ende von Namen würde ich das e in Zusammensetzungen nicht abstoßen, ich würde also nicht Helmniederung und Netzgebiet sagen. Auch häßlicher Satzbau stört sehr oft. Kerp sagt nicht: »Die Landschaft hat...«, sondern: »Es hat die Landschaft...« und nicht: »Der Boden ist gut«, sondern: »Der Boden ist ein guter«. Dadurch entstehen fürchterliche Sätze, z. B. I, S. 17: »Es läßt nicht nur das Klima eine üppigere Entfaltung des Pflanzenwuchses zu, sondern es ist auch die Bodenbeschaffenheit eine günstigere« – der Satz ist in dieser Form zugleich ein Beispiel für die Verwendung des Sperrdruckes. Schlimm sind auch die vielen Druckfehler; mir sind beim Überlesen in den beiden ersten Bänden mehr als 80 aufgefallen.

Gegenüber den vielen Vorzügen wiegen die angeführten Mängel leicht. Alles in allem ist das Buch eine fleißige Arbeit; der Methodische Teil gehört mit zu dem Besten, was über Methodik der Erdkunde geschrieben ist, und der praktische Teil verdient als Hilfsmittel für den Unterricht die Beachtung der Fachlehrer. Hoffentlich erreicht Kerp seinen Zweck, in den breiten Schichten der Elementarlehrer eine bessere Würdigung der Erdkunde anzubahnen. *Dr. Victor Steinecke-Essen.*

Erklärung!

Prof. Philippson bedauert, Einspruch erheben zu müssen gegen die Bezeichnung des Auszugs S. 8 u. 33 als »wortgetreu«, da größere Strecken und einzelne Sätze aus dem Text ausgelassen sind.

Die Schriftleitung.

Geographische Literatur.

a) Allgemeines.

Börnstein, R., Unterhaltungen über das Wetter. 48 S. Berlin 1905, P. Parey. 80 Pf.

Brenner, Leo, Die Bewohnbarkeit der Welten. (Hillgers Ill. Volksbücher, 20. Bd.) 96 S. Berlin 1905, H. Hillger. 30 Pf.

Chartier, Carl Ludw., Die Mechanik des Himmels. Vorlesungen II, 1. 320 S. m. Fig. Leipzig 1905, Veit & Co. 12 M.

Dietrich, E. R., Handbuch für Militäranwärter. Ein Hilfsbuch bei Erlernung der Geographie zwecks Vorbereitung z. Postdienst. VII, 152 S. Worms 1905, H. Kräuter. 2 M.

Eckert, Max, Grundriß der Handelsgeographie, 2 Bde. XI, 229 u. XVI, 517 S. Leipzig 1905, O. J. Göschen. 1. 5 M., II. 9.20 M.

Foerster, Wilh., Astrometrie oder die Lehre von der Ortsbestimmung im Himmelsraum, zugleich als Grundlage aller Zeit- u. Raummessung. 1. Heft, 160 S. Berlin 1905, G. Reimer. 4 M.

Geographisches Jahrbuch. Begr. 1866 durch E. Behm. XXVII. Bd. 1904. Herausg. v. Herm. Wagner. 1. kleinere Hälfte. 170 S. Gotha 1905, J. Perthes. 5 M.

Günther, Siegm., Erdpyramiden u. Büßerschnee als gleichartige Erosionsgebilde. (Sitzungsber. d. bayer. Akad. d. Wiss.) S. 397—420. München 1904, G. Franz Verl. 60 Pf.

Hann, Jul., Lehrbuch der Meteorologie. 2. umgearb. Aufl., Lfg. 1. S. 1—96, 6 Taf. Leipzig 1905, C. H. Tauchnitz. 3 M.

Helfferich, Zur Reform der kolonialen Verwaltungs-Organisation. (Beil. z. Deutsch. Kolonialbl. 1905, Nr. 2.) 47 S. Berlin 1905, E. S. Mittler & Sohn. 1 M.

Hilger, Herm., Die Länder und Staaten der Erde 1905. Geographisch-statist. Handbuch. VI, 281 S. Berlin, H. Hillger. 80 Pf.

Jahresbericht über die Entwicklung der deutschen Schutzgebiete in Afrika und der Südsee im Jahre 1903/04. (Beilage z. Deutsch. Kolonialbl. 1905.) Mit 1 Bde., Anlagen, 114 u. 494 S. Berlin, E. S. Mittler & Sohn. 2.50 M.

Leipoldt, O., Wandkarte des Weltverkehrs. 2. Aufl. 4 Blatt. Dresden 1904, A. Müller-Fröbelhaus. Auf Leinw. m. St. 20 M.

Mach, E., u. L. Mach, Versuche über Totalreflexion und deren Anwendung. (Sitzungsber. d. k. Akad. d. Wiss.) 12 S. Wien 1904, C. Gerolds Sohn. 40 Pf.

Meyers Hand-Atlas. 3. Aufl. mit 115 Kartenbl. u. 5 Textbeilagen. Ausg. A ohne Namenregister (in 28 Lfgn.); Ausg. B mit Namenregister sämtl. Karten (in 40 Lfgn.), 1. Lfg. Leipzig 1905, Bibliograph. Institut. 30 Pf.

Plinius Secundus, C., Die geographischen Bücher (II, 242—VI Schluß) der naturalis historia. Herausg. von

D. Detlefsen. (9. Heft der Quellen u. Forschungen zur alten Geschichte u. Geographie. Herausgeg. von W. Sieglin.) XVII, 282 S. Berlin 1904, Weidmann. 8 M.

Prey, Adalb., Über die Reduktion der Schwerebeobachtungen auf das Meeresniveau. (Sitzungsber. d. k. Akad. d. Wiss.) 45 S. Wien 1904, C. Gerolds Sohn. 1 M.

Ramann, E., Bodenkunde. 2. Aufl. XII, 431 S., Ill. Berlin 1905, J. Springer. 11.20 M.

Silberer, Vict., Der Stand der Luftschiffahrt zu Anfang 1905. Vortrag. 31 S. Wien 1905, Verl. der allg. Sport-Ztg. 50 Pf.

b) Deutschland.

Atlas der bayerischen Flußgebiete. Bearb. u. herausg. vom hydrotechn. Bureau. Blatt 7 u. 9. 1:200000. München, A. Buchholz. 6 M. u. 4 M.

Geologische Karte von Preußen u. benachbarten Bundesstaaten. 1:25000. Herausgeg. v. d. königl. preuß. geolog. Landesanstalt u. Bergakademie. 112. u. 115. Lfg., 9 Blatt. Berlin, S. Schropp in Komm. Je 2 M.
— von Württemberg. 1:1000000. Bearb. im königl. württ. statist. Landesamt. Stuttgart 1905, H. Lindemann. 3 M.

Geologische Spezialkarte des Königreichs Sachsen. 1:25000. Herausgeg. v. kgl. Finanzministerium. Blatt 77: Mittweida—Taura, von J. Lehmann. 2. Aufl. neu bearb. von E. Danzig. 73 S. Leipzig 1905, W. Engelmann. 3 M.

Hellmann, G., Über die relative Regenarmut der deutschen Flachküsten. (Sitzungsber. d. k. preuß. Akad. d. Wiss.) 10 S. Berlin 1904, G. Reimer. 30 Pf.

Höhenkarte vom Königreich Württemberg. 1:1000000. Bearb. im königl. württ. statist. Landesamt. Stuttgart 1904, H. Lindemann. 30 Pf.

Karte des Königreichs Württemberg. Herausgeg. von dem königl. statist. Landesamt. Ausschnitt aus der Generalstabskarte vom Königr. Württemberg 1:200000. Neckarkreis. Stuttgart 1904, H. Lindemann. 1.20 M.

Mankowski, H., Führer durch Ermland. (Nordostdeutsche Städte und Landschaften, Nr. 15.) VI, 60 S., Ill., 1 K. Danzig 1905, A. W. Kafemann.

c) Übriges Europa.

Enzensperger, Jos., Ein Bergsteigerleben. Eine Sammlung von alpinen Schilderungen nebst einem Anhang Reisebriefe und Kerguelen-Tagebuch. Herausgeg. vom akadem. Alpenverein München. XV, 276 S., ill., 2 K., 1 Pan. München 1905, Verein. Kunstanstalten. 20 M.

Gast, Paul, Über Luftspiegelungen im Simplon-Tunnel. Habilitationsschrift. (Zeitschr. für Vermessungswesen.) 31 S., m. Fig. Stuttgart 1904, K. Wittwer. 50 Pf.

Kiepert, Rich., Politische Schul-Wandkarten der Länder Europas. Rußland. 1:3000000. 4 Blatt. Berlin 1905, D. Reimer. Auf Leinw. in Mappe 9 M.

Klapperich, J., Round about England, Scotland and Ireland. (Engl. u. französ. Schriftsteller der neueren Zeit, herausgeg. von J. Klapperich. 31. Bdchn.) VIII, 124 S., ill., 1 K. Glogau 1904, C. Flemming. 1.60 M.

Lampugnanis Reiseführer. Pompeji sonst und jetzt. Von Aloysius Fischetti. 108 S., ill., 1 Plan. Mailand 1905, Rom, Loescher & Co. 3 M.

Mettig, C., Baltische Städte. Skizzen aus der Geschichte Liv-, Est- und Kurlands. 2. Aufl. VIII, 417 S. Riga 1905, Jonck & Poliewsky. 3.60 M.

Meyers Reisebücher. Italien in 60 Tagen v. Dr. Th. Gsell Fels. 6. Aufl. 2 Teile in 1 Bd., mit 21 K., 40 Plänen u. Grundrissen. X, 346 u. VIII, 328 S. Leipzig 1905, Bibliograph. Institut. 9 M.

Paulcke, W., Geologische Beobachtungen aus dem Antirhätikon. Eine vorläufige Mitteilung. (Berichte d. naturforsch. Gesellschaft zu Freiburg i. B.) 42 S., 1 K. Tübingen 1904, J. C. B. Mohr. 1 M.

Schiller, Walth., Geologische Untersuchungen im östlichen Unterengadin. I. Lischanagruppe. (Berichte d. naturforsch. Gesellschaft zu Freiburg i. B.) 75 S., ill. u. 5 Taf. Tübingen 1904, J. C. B. Mohr. 3 M.

d) Asien.

Delitzsch, Fdr., Babel und Bibel. 3. (Schluß-)Vortrag. 69 S., ill. Stuttgart 1905, Deutsche Verlagsanstalt. 2.50 M.

Denkschrift betr. die Entwicklung des Kiautschou-Gebiets in der Zeit vom Oktober 1903 bis Oktober 1904. 59 S., 10 Taf. u. 2 K. Berlin 1905, D. Reimer. 3 M.

Kiepert, Rich., Karte von Kleinasien in 24 Blatt. 1:400000. Blatt D 11: Adalia. Berlin 1905, D. Reimer. 6 M.

Klein, Marineofr. Alb., Die evangelische und die katholische Mission in China. 25 S. Gütersloh 1905, C. Bertelsmann. 40 Pf.

Landau, Wilh. Frhr. v., Vorläufige Nachrichten über die in Eshmuntempel bei Sidon gefundenen phönizischen Altertümer. Fortsetzung: Ergebnisse des Jahres 1904. (Mitt. d. vorderasiat. Ges. 1905, 1.) 16 S., 6 Taf. Berlin 1905, W. Peiser. 1.50 M.

Rein, J., Japan nach Reisen und Studien, im Auftrag der königl. preuß. Regierung dargestellt. 1. Bd. Natur und Volk des Mikadoreiches. 2. Aufl. XIV, 750 S., ill., 26 Taf. u. 4 K. Leipzig 1905, W. Engelmann. 26 M.

e) Afrika.

Aus Südwest-Afrika. Blätter aus dem Tagebuch einer deutschen Frau, 1902—04. V, 186 S., Ill. Leipzig 1905, Veit & Co. 3.50 M.

François, v., Der Hottentotten-Aufstand. Studie über die Vorgänge im Namalande vom Jan. 1904 bis zum Jan. 1905 und die Aussichten der Niederwerfung des Aufstandes. IV, 94 S. Berlin 1905, E. S. Mittler & Sohn. 1.60 M.

Hanemann, Wirtschaftliche und politische Verhältnisse in Deutsch-Südwest-Afrika. 2. Aufl. 78 S. Berlin 1905, Deutscher Kolonial-Verlag. 1.50 M.

Kiepert, Rich., Karte von Deutsch-Ostafrika in 29 Blatt u. 6 Ansatzstücken. 1 : 300000. Von Paul Sprigade und Max Moisel. Bl. F 4 Ogwiro. Mit Begleitworten. 11 S. Berlin 1905, D. Reimer. 2 M.

Montanaro, A. F., Winke für Expeditionen im afrikanischen Busch. Aus dem Englischen, von Glauning. VIII, 55 S. Berlin 1905, E. S. Mittler & Sohn. 1 M.

Nebel, Heinr. C., Die Transvaalsphinx. Bilder aus dem südafrikanischen Leben. 309 S., ill. Berlin 1905, W. Baensch. 5 M.

Peyer, Gust., François Coillard, der Apostel der Sambesi-Mission. V, 128 S., Ill., 2 k. Basel 1905, Missionsbuchhandlung. 1.20 M.

Schoenfeld, E. Dagob, Die mohammedanische Bewegung im ägyptischen Sudan. Vortrag. (Verh. der Deutschen Kolonial-Gesellsch., Abt. Berlin-Charlottenburg. 1903/04, VIII, 3.) S. 55—89. Berlin 1905, D. Reimer. 60 Pf.

Wohltmann, F., Unsere Lage und Aussichten in der Kolonie Deutsch-Südwest-Afrika. 49 S. Bonn 1905, F. Cohen. 60 Pf.

f) Amerika.

Marcus, Willy, Choiseul und die Katastrophe am Kourou-fluß. Eine Episode aus Frankreichs Kolonialgeschichte. III, 79 S. Breslau 1905, M. & H. Marcus. 2.40 M.

g) Südsee.

Heim, Alb., Neuseeland. Zwei Vorträge. (Neujahrsblatt, herausgeg. von der naturforsch. Gesellschaft in Zürich a. d. J. 1905.) 42 S., ill., 1 Taf. Zürich 1905, Fäsi & Beer. 3.60 M.

h) Ozeane.

Hoff, J. H. van't, Untersuchungen über die Bildungsverhältnisse der ozeanischen Salzablagerungen. XXXIX. (Sitzungsber. der königl. preuß. Akad. der Wiss.) 4 S. Berlin 1904, G. Reimer. 50 Pf.

Segelhandbuch für den englischen Kanal. Herausgeg. vom Reichs-Marine-Amt. II. Teil: Die Nordküste Frankreichs. 3. Aufl. XII, 635 S., ill., 1 K. Berlin 1905, E. S. Mittler & Sohn. Geb. in Leinw. 3 M.

i) Geographischer Unterricht.

Hölzels geographische Charakterbilder für Schule u. Haus. Textbeilage zum 4. Suppl., von J. E. Rosberg, Frz. Heiderich u. Chr. Kittler. 25 S. Wien 1905, E. Hölzel. 1 M.

Kuhnert, M., Schulwandkarte vom Königreich Bayern. 1 : 875000. Dresden 1905, A. Müller-Fröbelhaus. 20 Pf.

Lehmann, Adolf, Geographische Charakterbilder. Die Göltzschtal-Brücke bei Mylau-Netzschkau i. V. Leipzig 1905, Leipziger Schulbilderverlag F. E. Wachsmuth. 1.40 M.

Matzat, Heinr., Erdkunde. Ein Hilfsbuch für den geograph. Unterricht. 4. Aufl. VIII, 323 S. Berlin 1905, P. Parey. 2.50 M.

Nehring, L., Geographisches Merk- und Wiederholungsbuch für die Volksschulen des Ostens der Monarchie II. 2. Aufl. 28 S. Breslau 1905, H. Handel. 15 Pf.

Volks-Schul-Atlas, Kleiner, für einfache Schulverhältnisse. Herausgeg. vom Ausschuß der schwäb. permanenten Schulausstellung zu Augsburg. 10. Aufl. 24 K. m. Text auf dem Umschlag. Augsburg 1905, Schwäb. permanente Schulausstellung. 60 Pf.

Willig, Herm., Der Sonnenstandmesser, ein neues Lehrmittel für den Unterricht in der mathemat. Geographie. IV, 27 S., m. 3 Fig. Weinheim 1905, F. Ackermann. 3.25 M.

i) Zeitschriften.

Bollettino della Società Geografica Italiana. 1904.
November. Garrone, Vitt, Su gli Atchémé-Melgà. — Castellani, Aldo e Mochi, Aldobr, Contributo all' antropologia dell' Uganda.

Deutsche Erde. IV, 1905.
Heft 1. Witte, H., Die Abstammung der Mecklenburger. — Rauchberg, H., Die Entwicklung der nationalen Minderheiten in Böhmen 1880—1900. — Groos, W., Deutsche Belange in Serbien. — Pückler-Limpurg, S. Graf, Deutsche Kunst in der slawischen Ostmark. — Weinberg, R., Die Deutschen in Transkaukasien. — Vietinghoff-Scheel, G. Frhr. v., Deutsche Namen russischer Orte. — Berichte über neuere Arbeiten zur Deutschkunde. — Deutschkunde im schöngeistigen Schrifttum. — Zeitschriftrundschau der deutschen Kolonisten in Südrußland und an der Wolga. — Farbige Kartenbeilage.

Deutsche Rundschau für Geogr. u. Stat. XXVII, 1905.
Nr. 6. Neuber, A., Der Sand des Strandes und seine Herkunft. — Meinhard, F., Eisenbahnkunstbauten. — Olinda, A., Das heutige Livland. — Umlauft, F., Die jüngste Stadterweiterung Wiens.

Geographische Zeitschrift. XI, 1905.
Nr. 2. Frech, F., Die wichtigsten Ergebnisse der Erdgeschichte. — Müller, J., Das spätmittelalterliche Straßen- und Transportwesen der Schweiz und Tirols. Eine geographische Parallele. Einleitung: A. Die wichtigsten mittelalterlichen Alpenstraßen der Schweiz und Tirols. — Schlüter, O., Das österreichisch-ungarische Okkupationsgebiet und sein Küstenland. Eine geographische Skizze. III. Das Klima. IV. Die Karstformen. Geologische Geschichte des Landes. V. Vegetation und Anbau. — Fischer, K., Zum ersten Jahrgang des Jahrbucks für die Gewässerkunde Norddeutschlands.

Globus. Bd. 87, 1905.
Nr. 6. Fuchs, K., Über ein prähistorisches Almenhaus. — Lasch, R., Gregory über die ältesten Spuren des Menschen in Australien. — Sartori, P., Votive und Weihegaben des katholischen Volkes in Süddeutschland. — Nordische Namensitten zur Zeit der Völkerwanderung. — Halbfaß, Weitere Untersuchungen der schottischen Lake Survey.
Nr. 7. Grabowsky, F., Musikinstrumente der Dajaken Südost-Borneos. — Thilenius, G., Kröte und Gebärmutter. — Seler, Ed. Mischformen mexikanischer Gottheiten. — Seidel, H., Die Bewohner der Tobi-insel (Deutsch-Westmikronesien). — Berkhan, O., Helwän, ein Kurort der Wüste. — Steinen, K. v. d., Proben einer früheren polynesischen Geheimsprache. — Schmidt, E., Die Größe der Zwerge und der sog. Zwergvölker. — Fuhse, F., Hügelgräber in der Nähe von Quaderhagen (Braunschweig). — Sapper, K., Der Charakter der mittelamerikanischen Indianer. — Rhamm, K., Die Ethnographie im Dienste der germanischen Altertumskunde. — Preuß, K. Th., Der Kampf der Sonne mit den Sternen in Mexiko. — Kollmann, J., Neue Gedanken über das alte Problem vom der Abstammung des Menschen. — Andree, H., Kurzer Rückblick auf Richard Andrees literarische Tätigkeit.
Nr. 8. Engell, M. C., Eine Dünenerscheinung an der provenzalischen Steilküste. — Fuchs, K., Über ein prähistorisches Almenhaus (Schluß). — Halbfaß, W., Neuere Untersuchungen am Vierwaldstätter See. — Lorenzen, A., Die chinesische Weltkarte Ferdinand Verbiests von 1674.
Nr. 9. Seiner, F., Die wichtigsten neuen Aufgaben in Deutsch-Südwestafrika. — Die Wasserverbindung zwischen Niger und Tsadsee. — Zeitbestimmung bei den Evhe in Togo. — Senfft, A., Über die Tätowierung der Westmikronesier. — Singer, H., Die Verwendung des Afrikafonds. — Seidel, H., Erste Namengebung bei den Evhenegern in Togo.

Meteorologische Zeitschrift. 1905.
Nr. 1. Gallenkamp, W., Über den Verlauf des Regens. — Szalay, L. v., Über die Empfindlichkeit der Gewitterapparate.

Mitt. d. k. k. Geogr. Ges. Wien. 48 Bd., 1905.
Nr. 1. Waagen, L., Fahrten und Wanderungen in der nördlichen Adria. — Bouchal, L., A. Henry Savage-Landors Reisen auf den Philippinen.

Petermanns Mitteilungen. 51. Bd., 1905.
Heft 2. Nansen, F., Die Ursachen der Meeresströmungen (Schluß). — Stahl, A. F., Reisen in Zentral- und Westpersien (Schluß). III. Von Hamadan nach Tabriz. IV. Von Tabriz nach Astra. — Seidel, H., Die Bevölkerung der Karolinen und Marianen. — Kleinere Mitteilungen. — Geographischer Monatsbericht. — Berichtigung zum Jahrg. 1904. — Literaturbericht. — Karten.

The Journal of Geography. Vol. IV, 1905.
Januar. Davis, W. M., Home Geography. — Fenneman, N. M., Geography of Manchuria. — Carney Frank, Observational Work for Children. — Baber Zonia, Field Work in the Elementary School. — Marbut, C. F., Physiography in the University.

Zeitschrift der Gesellschaft f. Erdkunde zu Berlin. 1905.
Nr. 2. Passarge, S., Die Grundlinien im ethnographischen Bilde der Kalahari-Region (Schluß). — Voeltzkow, A., VI. Bericht über eine Reise nach Ostafrika zur Untersuchung der Bildung und des Aufbaues der Riffe und Inseln des westlichen Indischen Ozeans.

Zeitschrift für Schulgeographie. XXVI, 1904.
Heft 5. Reismayr, M., Sternkunde im Volke. — Neues über den Vulkanismus. — Oppermann, E., Deutsch-Südwestafrika (Schluß).
P.

A. Kuhns Expedition am Großen Fischfluß.

(Deutsch-Südwestafrika.)
Von H. Seidel-Berlin.

Seit geraumer Zeit wird von verschiedenen Seiten dahin gearbeitet, die regenarmen Distrikte Deutsch-Südwestafrikas dem Zustrom der Ansiedler durch künstliche Bewässerung schneller zu eröffnen und damit die Kolonie in Wahrheit zu einem lockenden Wanderziel für einen Teil unserer überschießenden Volkskraft zu erheben. Vorschläge dieser Art lassen sich bis in die ersten Jahre nach der Besitzergreifung verfolgen; anfangs noch zu allgemein und unsachlich gehalten, nahmen sie jedoch bald bestimmteren Charakter an, hauptsächlich durch Vergleiche mit den Anlagen in klimatisch verwandten Gebieten, z. B. im Kaplande, in Ägypten und in Australien. Als Ergebnis dieser Studien und Beobachtungen ist, außer kleineren Lokalunternehmen, die große fachmännische Expedition durch den Regierungsbaumeister, jetzt Prof. Th. Rehbock anzusehen, der 1896 und 1897 Südwestafrika zur Feststellung der natürlichen Wasserverhältnisse vom Omaruruflluß bis zum Orange bereist hat. Auf Grund seiner Forschungen kam er zu der Erkenntnis, daß Brunnenbohrungen und Talsperren die wichtigsten Mittel zur Förderung des Ackerbaues wie der Viehzucht seien.

Da der Damm- und Wehrbau, soll er wirklich Nutzen stiften, in den meisten Fällen bedeutende Kosten verursacht, diese aber nicht so leicht zu beschaffen waren, so wandte man sich zunächst der Brunnenbohrung zu und suchte diese nach Möglichkeit zu beschleunigen. Auf Anregung des »Kolonialwirtschaftlichen Komitees« wurde eine Bohrkolonne ausgerüstet, die in den Jahren 1902 und 1903 an zahlreichen Plätzen tätig war und mehrfach brauchbare Quellen erschlossen hat. Fehlschläge sind indes nicht ausgeblieben; ja man zählt deren vielleicht mehr, als man bei richtiger Wahl der Stellen und genügender Übung des Personals erwarten durfte.

Betreffs der Talsperren wurden vorderhand noch weitergehende Erhebungen nötig, mit denen das »Syndikat für Bewässerungsanlagen« einen vielgereisten und erfahrenen Techniker betraute, nämlich den Ingenieur Alexander Kuhn. Dieser begab sich Anfang 1901 in Begleitung eines Assistenten nach Südwestafrika, um vor allen Dingen die von Rehbock empfohlene Talsperre bei Hatsamas, etwa 80 km südöstlich von Windhuk, genau auf Untergrund, Fundierung, Ausmaße und Wasserhaltung zu prüfen, daß daraufhin eine Bauofferte berechnet werden konnte. Daran schlossen sich provisorische Arbeiten für eine Talsperre in der »Naute« am Löwenfluß, südwestlich von Keetmanshoop, desgleichen solche für die Erweiterung und Vollendung des vom Farmer Brandt begonnenen Erddammes in Mariental, Bezirk Gibeon.

Kuhns Berichte über diese Expedition sind im Vorjahre bei Reimer-Vohsen in Berlin zum Druck befördert worden. Ihr Verfasser war indes schon früher, nämlich 1903, zu einer neuen Studienreise in die Kolonie entsandt worden, diesmal, um den ersten Teil seines außerordentlich umfassenden Projekts einer systematischen Durchforschung der gesamten Wasserverhältnisse Südwestafrikas ins Werk zu setzen. Als Ziel der Expedition war der Große Fischfluß ausgewählt oder jenes bedeutende periodische Gefließ, das nahe bei Windhuk seinen Anfang nimmt und sich mit nordsüdlicher Hauptrichtung durch das Namaland zum Orange fortzieht. Quelle und Mündung haben einen Abstand, der dem von Hamburg bis München etwa gleichkommt, und die Wassermassen, die hier zu Tal stürzen, sind oft so beträchtlich, daß man den Fluß »in seinem Mittellaufe selbst

nach dem Ende der eigentlichen Regenzeit mit der Lahn bei Marburg verglichen hat«.
Mit seinen stark verzweigten Konfluenten und seinen unter- wie oberirdisch abrinnenden
Fluten ist er, wie Prof. K. Dove sagt, nicht »nur die Lebensader des Namalandes,
sondern auch eine der interessantesten hydrographischen Erscheinungen von ganz Südwestafrika«.

Mit einem wohlausgearbeiteten Programm begab sich Kuhn am letzten Januar 1903
auf die Reise, und zwar zuerst in die Kapkolonie, um durch ausgedehnte Bahnfahrten
nach Port Elisabeth, East London, Molteno, Middelburg, De Aar, Kimberley, Blomfontein,
Johannesburg und Pretoria die hier betriebenen Stauwerke und ihren Erfolg untersuchen
zu können. Er lernte so die von den Ansiedlern ohne besondere technische Vorkenntnisse aufgeführten Dammbauten kennen und beschreibt uns diese, wie die dazu erforderlichen Hilfsmittel, vorab die sog. »Dammschaufeln«, sehr eingehend. Schon bei dieser
Gelegenheit entfährt ihm ein ziemlich heftiger Angriff gegen unsere Geschäftstreibenden
in Südwest, denen er vorrückt, daß sie den Farmern die Dammschaufeln mit einem
»unverhältnismäßig hohen Vermittlerlohn« zu berechnen pflegten und dadurch die Einführung des nützlichen Geräts hintanhielten. Die Beschuldigten haben sich natürlich
verteidigt[1]) und, wie man zugeben muß, nicht ohne Glück, so daß es vorteilhafter
gewesen wäre, Kuhn hätte sich aller persönlichen Ausfälle enthalten. Leider bringt
er deren noch mehrere, hauptsächlich gegen die Händler, die er am liebsten als die
alleinigen Urheber des Hereroaufstandes brandmarken möchte. Gegen diese Übertreibung
muß man unbedingt Stellung nehmen, da der Vorwurf, der einzelne trifft, keineswegs
auf den ganzen Stand ausgedehnt werden darf. Zum Glück läßt uns die einschlägige
Literatur des letzten Jahres — von gewissen Missionsschriften abgesehen — über die
wahren Gründe der Empörung kaum noch im Zweifel. Die Rebellion wäre gekommen,
ja sie mußte über kurz oder lang kommen, auch wenn sich nie ein wucherischer oder
sonst mißliebiger Händler unter den Kaffern gezeigt hätte!

Am 10. Mai 1903 lief Kuhn mit dem fälligen Wörmann-Dampfer in der Lüderitz-
bucht ein. Die vom Gouvernement gestellten Ochsenwagen beförderten ihn und seine
Karawane zunächst nach Kubub, das bereits 120 km binnenwärts liegt. Dann ging er
nach Keetmanshoop, wo er sofort die Untersuchung und Bearbeitung des Projekts
einer Talsperre in der dortigen »Naute« in Angriff nahm. Das Resultat dieser Studien
bildet den V. Abschnitt seines »Berichts über die Fischflußexpedition«.[2]) Wir lernen
daraus, daß es sich bei Keetmanshoop um ein kleines Flüßchen handelt, dessen steilwandige Schlucht den Bau eines Querdammes ungemein begünstigt. Mit Rücksicht
auf das Einzugsgebiet, die Niederschläge, Forsickerung und Verdunstung rechnet Kuhn
bei 10 m Stauhöhe auf 2 Millionen cbm Füllung, bei 12 m auf 3,4 Millionen cbm, bei
13 m auf 4,5 Millionen cbm und bei 15 m auf 7,2 Millionen cbm. Das würde für
200 ha Überrieselungsfläche vollkommen ausreichen und mit Beginn des Vollbetriebes
eine Jahresrente von 100000 Mark gewährleisten. Selbst nach anfänglichen Fehlschlägen,
so meint Kuhn, muß der Bau sich mit der Zeit ohne Frage zu einer gesicherten und
einbringlichen Kapitalanlage entwickeln.

Von der »Naute« begab sich unser Gewährsmann an die Quelle bei Slankop oder
Schlangenkopf, wo die Brüder Meier aus Baden eine Farm angelegt hatten. Die
folgende Station war Seeheim am Fischfluß, der hier durch eine Felsbarre zu einem
ansehnlichen Becken aufgestaut wird, das mit einem Kahn befahren werden kann und
am Flachufer dicht von Grün umsäumt ist. Das Wasser diente vorläufig nur zur Be-
rieselung des zwei Morgen großen Farmgartens. Durch ein der Felsbarre aufgesetztes
Flutwehr, das allerdings recht stark gebaut werden müßte, ließe sich der Weiher bald
um ein Beträchtliches vergrößern und seine Leistungsfähigkeit entsprechend heben. Nach
einigen kleineren Exkursionen in der Umgegend ritt Kuhn über Gabachab zur »Naute«
des Löwenflusses, d. i. eine schmale, cañonartige Schlucht, deren Eingang bei 3,5 km
Länge volle 16 m über dem Ausgang liegt. Eine Sperre an ersterer Stelle würde nicht
nur oberhalb eine gewaltige Staufläche erzeugen, sondern auch nach unterhalb die

    [1]) Gust. Voigts, Einige Bemerkungen über A. Kuhns Bericht. Zeitschrift für Kolonialpolitik,
Kolonialrecht und Kolonialwirtschaft, Band VI (1904), Heft 10, S. 800—806.
    [2]) Zuerst erschienen als Beiheft zu der Zeitschrift »Der Tropenpflanzer« im Juni 1904, danach
als selbständiges Buch unter demselben Titel in Berlin bei E. S. Mittler & Sohn.

Anlage eines weitverzweigten Kanalnetzes ermöglichen, das etwa 10 000 ha zu berieseln imstande wäre. Kuhn denkt an ein Wehr von 26 m Höhe, das 140 Millionen cbm Wasser halten soll, wodurch am Überfall oder Ausfluß eine ständige elektromotorische Leistung von mindestens 1000 Pferdekräften zu gewinnen wäre. Der »einzigartige« Platz gehört aber der »South African Territories Company«, die nach Kuhn geneigt sein soll, der Sache näher zu treten, d. h. mit anderen Worten, sie hofft durch Steigerung der Bodenpreise und ähnliche Maßnahmen ein lukratives Geschäft mit dem Wasser zu machen. Das sagt uns Kuhn zwar nicht, da ihm, der lediglich im Dienste des Großkapitals gewirkt hat, der Gedanke an die Schattenseiten dieser Praxis gar nicht gekommen ist. Und doch haben an der Rückständigkeit der Kolonie die Landkonzessionen, die s. Z. rein verschenkt worden sind, ohne Frage einen schwerwiegenden Anteil, weil sie durch zu hohe Forderungen für ihre Terrains die Besiedelung hemmten.

Kuhns nächstes Ziel, den Fischfluß bis zum Austritt in den Orange zu verfolgen, erwies sich als unausführbar, weil es an Lebensmitteln und Futter mangelte. Weder Schlachtvieh noch Gras war aufzutreiben, so daß die Expedition bei den Heißen Quellen von Aiais, die von den Eingeborenen gegen luëtische Übel viel benutzt werden, leider umkehren mußte. Mit einigen Umwegen zog sich Kuhn nach Seeheim zurück, um von hier nach gelegentlichen Abstechern eine neue und größere Rundreise anzutreten, die eine Weglänge von 405 km erreichte. Kuhn besuchte dabei unter anderem das riesige Besitztum des auch schriftstellerisch tätigen Farmers H. Gessert in Inachab, der rund 68 000 ha sein eigen nennt. Er hat darauf mehrere Dämme der verschiedensten Dimensionen errichtet, deren Nutzleistung aber den aufgewandten Kosten nur wenig entspricht. Kuhn weiß daher diesen Arbeiten gerade kein besonderes Lob zu spenden, ebenso wie Gessert von den Kuhnschen Projekten nicht durchaus entzückt ist und deshalb ihren Urheber unter dem Spitznamen »Wasserkuhn« in der Kolonie bekannt gemacht hat.

Die Expedition zog sich jetzt mehr nördlich hinauf. Wir sehen sie in Bethanien, wo sich am Goangibflusse einige Stauwehre errichten lassen, dann auf dem Hanamiplateau, das guten Boden, aber zu wenig Wasser hat, und endlich in Bersaba und Itsabibis. Von hier unternahm Kuhn nach einigen Zwischenreisen die Tour nach dem als »Diamantberg« verschrieenen Großen Brokkaros, nach Ganikobis, Gelwater und Gibeon. Der Brokkaros scheint aber die von etlichen Prospektoren, namentlich von einem gewissen Lackmann, gehegten Hoffnungen keineswegs erfüllen zu sollen, da er wohl nicht der vermutete, mit Blaugrundnestern erfüllte Vulkanschlot ist. Bei Ganikobis fällt der Fischfluß in das tiefeingerissene Felstal, das er von nun an bis zur Mündung nicht mehr verläßt. Eine Nutzbarmachung größeren Stils kann also nur oberhalb des Defilees vorgenommen werden. Unterhalb kann es sich lediglich um Sammlung einzelner Weiher, ähnlich dem von Seeheim handeln, und selbst dann läuft man noch Gefahr, daß bei starken Fluten das angrenzende Irrigationsgebiet fortgerissen werde.

Im flachen Lande des Nordens untersuchte Kuhn noch zahlreiche Stellen, die sich zu Dammbauten eignen, gab den ansässigen Farmern mancherlei Winke für die bessere Ausnutzung des Wassers, für die Einführung einer intensiven Luzernekultur, deren Bedeutung für die Viehzucht mehr und mehr in der Kolonie erkannt und gewürdigt wird, und stattete auch dem jetzt durch den Aufstand zerstörten Unternehmen der »Südwestafrikanischen Schäferei-Gesellschaft« einen längeren Besuch ab. Kuhn urteilt über dies Projekt folgendermaßen: »Bei dem Umstande, daß das Namaland zur Wollschafzucht ganz außerordentlich geeignet ist, daß die Wertziffern des deutschen Wollimportes jenen des Baumwollimportes stets sehr nahe kommen, dieselben in manchen Jahren aber noch übertreffen, ist die Anlage einer Musterfarm für Wollschafzucht in Verbindung mit der Zucht zahmer Strauße eine der glücklichsten Ideen zu nennen, die jemals im Kreise deutscher Kolonialfreunde entstanden ist«. Wir können uns diesem Ausspruch in jeder Hinsicht anschließen und wünschen der Schäfereigesellschaft baldigst günstigere Zeiten, die eine Wiederaufnahme des Betriebs gestatten.

Von der Schaffarm Orab wandte sich Kuhn über Hardab, Harebis und Maltahöhe ganz nach Westen, tat sich in der Gegend von Grootfontein um, berührte Osis, Kontjas, Ausis und Bethanien, wo inzwischen eine Aufnahme für das Stauwerk bei Arochas besorgt war, und brach endlich mit Beginn des Aufstandes der Bondelzwarts zur Heimkehr nach Europa auf.

13*

Die topographischen Arbeiten Kuhns im Gebiet des Großen Fischflusses beziehen
sich auf eine Gesamtstrecke von 2028 km, deren Darstellung auf einer Karte im Maßstab von 1:100000 beabsichtigt ist, die dem Erscheinen nicht mehr fern sein kann.
Außerdem hat er eine erhebliche Zahl von Lageplänen für Stauwerke, deren jedem ein
generelles Projekt mit Kostenanschlag und Baubeschreibung beigelegt ist, nach Hause
gebracht, desgleichen eine Sammlung von geologischen Handstücken, Pflanzen und
Photographien. Die in Aussicht genommenen Dämme, bzw. Wehre sind z. T. in Abschnitt V des näheren beschrieben, so daß die Interessenten danach über Preis und
Aussichten leicht ein Bild gewinnen können. Es soll aber nicht verschwiegen werden,
daß diese Berechnungen nicht ohne Widerspruch geblieben sind. Der Farmer dürfte
also gut tun, die verheißenen Erfolge in jedem Falle um 50 Proz. niedriger anzusetzen;
das wird ihn vor Enttäuschungen bewahren. Ebenso sind die lebhaften Hoffnungen,
die Kuhn an den Luzernebau knüpft, nur mit gewissen Einschränkungen hinzunehmen.
Denn die Luzerne schlägt durchaus nicht immer so glatt ein, wie er zu glauben scheint;
außerdem wird sie von Parasitenpflanzen und Schädlingen heimgesucht und bedarf in
Bezug auf Abweidung auch mancherlei Rücksichten.

Gleichwohl ist unbedingt hervorzuheben, daß Kuhn »viel Interessantes und Wissens-
wertes« in seinem Buche vereinigt hat, das deshalb »ohne Zweifel als eine anerkennenswerte Arbeit« zu betrachten ist. Nach dem Unglück des Vorjahres will man aber in
der Kolonie endlich mehr als Worte, Karten und Projekte sehen; man will »Taten,
positive Taten in gesunder Richtung. Dies kann nur die Öffnung des Landes für den
Ansiedler sein, bei freigebiger Verteilung des Bodens und bei jedem Verzicht auf einen
Kaufpreis«.

Ein Jahr Erdkunde
in den Oberklassen der höheren Lehranstalten Preußens.
Von Richard Tronnier, Oberlehrer in Hamm.

Seit die Erdkunde in den Lehrplänen von 1901 eine, wenn auch nur sehr bescheidene
Stellung im Unterricht der Oberklassen der höheren Schulen Preußens zugewiesen
erhalten hat, sind von verschiedenen Seiten Vorschläge über die Ausführung der knapp
gehaltenen amtlichen Vorschriften gemacht[1]). Wie aber die Mehrzahl der Lehrer, die
diesen Unterricht erteilen, ihn eingerichtet haben, darüber sind, soweit meine
Kenntnis reicht, bisher umfassendere Erhebungen nicht veröffentlicht. Das liegt zum
Teil gewiß mit daran, daß solche Erhebungen, sollen sie einigermaßen genügen, mit
großen Umständlichkeiten verknüpft sind. Das Material dazu muß den Jahresberichten
der einzelnen Anstalten entnommen werden. Nun haben aber zahlreiche Anstalten
infolge der vielfachen Klagen über die Zwecklosigkeit der alljährlichen Mitteilung der
Lehraufgaben für alle Klassen wesentliche Einschränkungen dieses Teiles der Berichte
eintreten lassen[2]). Kann man dieses Verfahren, soweit nur ein geistloses Exzerpieren
der amtlichen Vorschriften betreffs der ständig wiederkehrenden Lehraufgaben vorgenommen
wurde, nur billigen, so ist es doch anderseits wieder zu beklagen, daß auch wechselnde
Aufgaben, besonders der Nebenfächer, dadurch in Mitleidenschaft gezogen werden. So
manche Frage der Praxis, die durch spezielle Angaben darüber, wie die absichtlich Spielraum gewährenden Vorschriften aufgefaßt und ausgeführt sind, in den Jahresberichten aufgeklärt werden könnte, bleibt infolgedessen dunkel und unberührt. Lieferte aus diesem Grunde
schon die Durchsuchung der Programme für die Untersuchung nur dürftige Ergebnisse, so
kommt noch hinzu, daß auch Jahresberichte zur Verfügung standen (unvollständige

---

[1]) Prof. Epe, Über den erdkundlichen Unterricht im Anschluß an den Geschichtsunterricht in den
oberen Klassen der Gymnasien und Realgymnasien. Programm, Schalke 1902. — Oberlehrer Rindfleisch
»Zum erdkundlichen Unterricht auf der Oberstufe« und Oberlehrer Dr. Seyferth »Das Kartenzeichnen
auf der Oberstufe« in den Lehrproben und Lehrgängen 1903, Heft 2, S. 78 ff. bzw. 94 ff. — Verhandlungen der Direktoren-Konferenzen in Preußen, Bd. 69: Auler, Gestaltung der geogr. Wiederholungen.

[2]) Ein Realgymnasium gibt auch Erschöpfung der Mittel als Grund an.

Einlieferung durch die Zentrale), und somit ein Haupterfordernis statistischer Arbeiten, Vollständigkeit, nicht zu erreichen war[1]). Eine erschöpfende Arbeit hätte sich ferner über mehrere Jahrgänge erstrecken müssen. Für eine solche Ausdehnung fehlte es indessen wiederum an dem nötigen Material. Immerhin dürfte aber das, was sich auch so noch ergeben hat, doch einen einigermaßen klaren Einblick in die Verhältnisse des erdkundlichen Unterrichts in den oberen Klassen der preußischen höheren Schulen gestatten, da eine Vermehrung der Variationen, wie sie die Untersuchung schon liefern wird, kaum noch denkbar erscheint.

Nach den drei Gattungen von höheren Schulen zerlegt sich naturgemäß die Untersuchung, die, es sei das vorweg bemerkt, mehr Material als Einzelkritik bringen soll, spricht doch das Material, glaube ich, genügend für sich, in drei Betrachtungen: 1. der Gymnasien, 2. der Realgymnasien und 3. der Oberrealschulen.

I. Gymnasien.

Zur Untersuchung der Frage des erdkundlichen Unterrichts in den Oberklassen der Gymnasien standen zur Verfügung die Jahresberichte von 245 Vollgymnasien und 15 Gymnasien, bei denen der Oberbau noch in Entwicklung war. Es sind das rund 80% der gymnasialen Vollanstalten[2]). Von diesen 260 Anstalten teilten 110, also über 40% überhaupt keine Klassenlehrpläne mit. Etwa 60 weisen Angaben über den Inhalt der erdkundlichen Wiederholungen nicht auf oder enthalten nur solche für Geschichte[3]). Der Rest endlich von 90 Anstalten gibt, für eine oder mehrere Klassen, den Inhalt der erdkundlichen Wiederholungen selbst wieder.

Ehe dieser Inhalt mitgeteilt wird, sei noch auf einige Äußerlichkeiten hingewiesen, die zur Charakteristik der Stellung der Erdkunde innerhalb des Lehrplans der oberen Klassen nicht uninteressant sind.

Bei weitem die Mehrzahl der Jahresberichte verzeichnet in den Lehraufgaben die Erdkunde unter der Rubrik: Geschichte und Erdkunde (Geographie) wie es die Erteilung des Unterrichts durch einen Lehrer mit sich bringt. Aber 31 Anstalten (von 161 mit Angaben = ca 20%) verzeichnen durchgehends oder teilweise nur Geschichte. Etwas Ähnliches ergibt sich in den tabellarischen Übersichten der Verteilung der Stunden an die einzelnen Lehrer. Von den letzten 112 Anstalten — vorher wurden diese Angaben leider nicht beachtet — erwähnen, wieder durchgehends oder teilweise, nur 47 (= 40%): 3 Geschichte und Erdkunde. Anderseits stößt man aber auch ganz vereinzelt (9 Anstalten) auf Fälle, in denen die Erdkunde als selbständiges Fach auch in den oberen Klassen gekennzeichnet wird. Trotzdem manchmal die Übergehung der Erdkunde unabsichtlich geschehen sein mag — es kommt einige Male sogar vor, daß ein Lehrer einmal Geschichte und Erdkunde, das andere Mal nur Geschichte angibt —, so muß doch der unbefangene Betrachter den Eindruck gewinnen, die Erdkunde sei ein unberechtigtes Anhängsel an die Geschichte. Ob das seitens der Lehrpläne beabsichtigt war? Ich hoffe nicht zu optimistisch zu sein, wenn ich diese Frage verneine. Weshalb erfolgte sonst die Anweisung der Behandlung der Erdkunde in den Oberklassen in den Lehrplänen nicht unter der Rubrik Geschichte? Weshalb wies man sonst für die erdkundlichen Wiederholungen besondere Stunden an? Worin bestände sonst überhaupt der Fortschritt gegen früher? Ohne geographische Betrachtung des Schauplatzes der geschichtlichen Ereignisse haben doch früher die Lehrer der Geschichte auch nicht ganz auskommen können. Theoretisch, so muß man doch annehmen, sind die angeordneten Erdkundestunden als selbständige Stunden gedacht, für die regelmäßige, besondere Unterrichtsstunden anzusetzen es innerhalb des Stundenplans an Raum fehlte. Historisch war die Verbindung mit der Geschichte gegeben, und so schachtelte man denn diese Stunden mit in sie hinein. Daß dieses Verfahren in Praxis nachher ein ganz anderes Bild

---

[1]) Benutzt werden konnten von den Vollanstalten gleichmäßig rund 80 v. H.

[2]) Es gab im Schuljahre 1903/04 295 Vollgymnasien, 76 Vollrealgymnasien und 37 Oberrealschulen. Die Zahl der Anstalten, deren Oberbau in Entwicklung ist, war nicht festzustellen.

[3]) z. B. erdkundliche Wiederholungen; Wiederholungen in zusammenfassenden Überblicken; Wiederholungen aus dem Gebiete der Erdkunde; Wiederholungen aus den übrigen Gebieten der Geschichte sowie (!) aus der Erdkunde; das Wesentlichste (!) aus der Erdkunde in zusammenfassender Behandlung; Wiederholungen aus verschiedenen Gebieten der Geographie; Wiederholungen aus den früheren Lehraufgaben der alten Geschichte und der Erdkunde u. dgl. m.

abgeben mußte als in Theorie, darüber kann sich doch wohl kaum jemand in Zweifel befunden haben. Eine kleine Probe der Wandlung, die die amtlichen Vorschriften unter den Händen der Lehrer durchmachen mußten, hat sich so in obigen Äußerlichkeiten schon offenbart. Aber die Lehraufgaben werden darüber noch mehr Licht verbreiten. (Fortsetzung folgt.)

Geographische Lesefrüchte und Charakterbilder.

Der Ursprung des Meeres.

Aus »F. v. Richthofen: Das Meer und die Kunde vom Meer«
ausgewählt von Prof. Dr. W. Halbfaß-Neuhaldensleben.

Scharf geschieden von der Erdfeste, wie von der Atmosphäre, bildet die salzige Flut, welche die Ozeanbecken erfüllt, eine vielfach unterbrochene dünne Hülle zwischen beiden. Aus den bekannten Grenzen und den gemessenen Tiefen kann man ihr Volumen berechnen. Es hat sich ergeben, daß, wenn die feste Erde eine glatte und homogene Kugel wäre, das darüber gleichmäßig ausgebreitete Wasser der Meere eine Schicht von ungefähr 2500 m Dicke bilden würde. Wenn man ein Kubikmeter dieses Wassers der Verdunstung aussetzt, so bleibt eine feste Masse zurück, welche nicht ganz den dreißigsten Teil des Gewichtes und, räumlich ausgedrückt, etwa $\frac{1}{70}$ des Wasservolumens betragen würde. Denkt man sich die aus der Lösung der Gesamtsumme des Meerwassers ausgeschiedenen Stoffe in trocknem Zustand auf dieselbe Kugel ausgebreitet, so würden sie eine Schicht von 40 m Dicke bilden. Was diese Zahl bedeutet, kommt uns zu klarem Bewußtsein, wenn wir bedenken, daß das Gesamtvolumen dieser Schicht ziemlich genau so viel beträgt, daß die über das Meer aufragenden Kontinentalmassen von Europa und Nordamerika mit allen ihren Gebirgen und Hochländern daraus aufgebaut werden könnten. Es ist der fünfte Teil aller Festlandsmassen des Erdballs. Und doch sind dabei die Salzmassen nicht mitgerechnet, welche in verschiedenen Zeiten der Erdgeschichte in Schichtgebilden abgelagert worden sind und dort, wo sie zu großen Körpern konzentriert auftreten, durch bergbauliche Gewinnung ein unentbehrliches Existenzmittel des Menschen liefern. Auch sie waren einst im Meerwasser gelöst.

Woher kommt das Wasser? Woher stammen die in ihm gelösten Stoffe? — Diese Fragen sind häufig aufgeworfen worden. Die Antwort bezüglich des Wassers schien besondere Schwierigkeit nicht zu bieten. Denn da es spezifisch leichter ist als die Stoffe der festen Erdrinde, und überdies bei hoher Temperatur in den gasförmigen Zustand übergeht, konnte man es sich als eine schon im Urzustand den schmelzflüssigen Erdball umgebende konzentrische Schicht von Gasen vorstellen, aus der es bei allmählicher Abkühlung in die flüssige Form übergegangen sei. Manche Spekulation über die Art der petrographischen Ausgestaltung der äußeren Erstarrungsrinde des Planeten ging von dieser Hülle dissociierter Gase aus, in welcher außer dem gesamten Wasser des Ozeans auch alles später in das Gesteine gebundene und in die Tiefen der erkaltenden Erdrinde eingesunkene Wasser enthalten gewesen sei. In den Salzen des Meeres aber erblickte man die löslichen Anteil des Abraums der Kontinente, wie er von Uranfang an durch den Kreislauf des Wassers dem Ozean stetig zugeführt worden sei. Als reines Wassergas entsteigt dieses den Meeren, und nach einem langen Lauf durch die Atmosphäre kehrt es von den Gebirgen, mit gelösten Stoffen beladen, nach dem Meere zurück. Noch begnügt man sich nicht selten damit, den Salzen des Ozeans diesen Ursprung zuzuschreiben.

Das Experiment zur Prüfung der Stichhaltigkeit dieser Ansicht wird von der Natur selbst im großen vollzogen. Denn es gibt Regionen auf der Erde, wo der angegebene Vorgang sich beinahe rein vollzieht. In den Zentralgebieten der Kontinente werden die von dem Regenwasser auf seinem Wege an der Erdoberfläche und durch das innerste Geklüft der Gesteine in Lösung mitgenommenen Produkte der Zersetzung, gemeinsam mit dem was durch die Atmosphäre zugeführt wird, in abflußlosen Seen angesammelt und durch Verdunstung konzentriert. Untersucht man die Salze, so entsprechen sie nicht denen des Ozeans. Und wenn wir das Wasser, welches diesem von den Strömen zugeführt wird, analysieren, so finden wir den Hauptbestandteil des Meerwassers, das Kochsalz, in so geringer Menge, daß wir es als einen ausgelaugten Bestandteil der Schichtgebilde betrachten können, der ihnen einst bei ihrem Absatz aus dem Meere einverleibt wurde. Es scheint deshalb neues Kochsalz nur in verschwindender Menge, wenn überhaupt, bei den Zersetzungsvorgängen geschaffen zu werden. Im Meere aber ist seine Rolle außerordentlich groß. Denn von jener 40 m dicken Schicht löslicher Stoffe würde es allein über 31 m einnehmen, ein Maß, welches wir uns aus der ihm fast genau entsprechenden Höhe des Kgl. Schlosses in Berlin leicht versinnbildlichen können. In dieser Dicke würde es über die ganze Erdoberfläche ausgebreitet sein. Um das darin enthaltende Natrium zu liefern, wäre die vollständige Entziehung dieses Elements aus Erdrindenmassen erforderlich gewesen, welche um mehr als das Dreifache das Volumen sämtlicher über das Meer aufragender Festlandsmassen überträfen, wenn man den mittleren Natriumgehalt aller Gesteine zu 2,36 Proz. an Gewichtsteilen annimmt. Es wird an Gewicht übertroffen durch das mit ihm verbundene Chlor. Und dieses kann aus den Gebilden der festen Erdoberfläche noch weit weniger hergeleitet werden, da es in der völlig verschwindenden Menge von kaum 0,01 Proz. an deren Zusammensetzung teilnimmt.

Diese Berechnungen, welche erst durch die Messung der Tiefe der Meere möglich geworden sind, lehren uns die Bedeutung der Rolle des Hauptbestandteils unter den im Meer gelösten Stoffen verstehen. Zugleich ersehen wir, daß jeder der beiden Grundstoffe, aus denen das Kochsalz besteht, in erster Linie das Chlor, durch Massenhaftigkeit des Auftretens der Zusammensetzung der festen Erdrinde ebenso fremd gegenüber steht, wie das Wasser des Meeres den Kontinenten. Fragen wir nach der Ursache dieser Eigenartigkeit ihrer Rolle, so können wir sie nur in der Besonderheit des Ursitzes, von dem sie stammen, und in besonderen Vorgängen vermuten, durch welche sie an ihre Stelle gebracht wurden.

Den Schlüssel der Erklärung geben uns die mit dem Vulkanismus verbundenen hydrothermischen Vorgänge, deren von St. Claire Deville und Robert Bunsen begonnenes Studium durch die explosiven Emanationen des Vulkans von Martinique neue Belebung erfahren hat. Vereinzelt war schon seit 1842 die Ansicht ausgesprochen und wahrscheinlich gemacht worden, daß die hocherhitzten und unter hohem Druck befindlichen Massen im Erdinnern mit Gasen in dissociirtem Zustand beladen sind, welche bei Minderung der Temperatur zu gasförmigen Verbindungen zusammentreten und unter den Ursachen der Erscheinungen des Vulkanismus, wenn auch nicht die einzige, so doch die wesentlichste Rolle spielen. Es kann dabei ebenso die fortschreitende Erkaltung des Erdballs wirksam sein, wie das örtliche geysirartige Aufsteigen gasdurchdränkter Massen nach minder erhitzten Tiefen. Die Beobachtung der verschiedenen Art, wie die fremdartigen aus dem Erdinnern herzuleitenden Stoffe im Gefüge der Erdrinde und an ihrer Oberfläche auftreten, hat zu der Schlußfolgerung geführt, daß die Äußerungen des Vulkanismus ebenfalls von sehr verschiedener Art sind. Örtliche Druckentlastung oder schußartige Öffnung von Kanälen rief Ausströmen gaserfüllter Lava und explosive Vorgänge und damit die für eine große Zahl von Vulkanen charakteristische Art der Tätigkeit hervor; Klüfte in zertrümmertem Gestein konnten durch Sublimation gasförmiger Stoffe mit Mineralien und Erzen erfüllt werden; an anderen Stellen fand gewaltsames Eindringen wassergashaltigen Schmelzflusses in selbstgeschaffene und durch Nachschub stetig erweiterte Zwischenräume im Gestein statt. In allen Fällen konnten entweichende Gase in Form von temporären Solfataren oder dauernden Thermen die Oberfläche erreichen und hier den Vorrat von Wasser und aus dem Erdinnern verflüchtigten Stoffen vermehren. Daß Chlor und die selteneren Halogene, Fluor, Brom und Jod, aus dem Magma Metalle und andere Elemente, darunter besonders Natrium, entführen und nach der Oberfläche bringen, ergibt sich mit Wahrscheinlichkeit aus der Rolle, welche sie heute bei den Ausbrüchen der Vulkane spielen.

Der Deduktion aus beobachtbaren Vorgängen der Gegenwart ist ein Halt geboten, ehe sie sich unterfängt bis zu den Urzuständen der Erdoberfläche zurückzugehen. Es bedarf indes, wenn die ersten Schlußfolgerungen richtig sind, als wahrscheinlich gelten, daß vor und bei Beginn der Erstarrung die Entweichung der Gase aus dem Magma und die selektive Entführung einzelner Grundstoffe durch die besonders aktiven Halogene aus den Tiefen nach der Oberfläche, ebenso wie die Gesamtheit der eruptiven und explosiven Erscheinungen, mit außerordentlicher Heftigkeit und in allgemeiner Verbreitung über die Erdoberfläche stattfanden, so daß in der Tat die frühe Existenz einer mächtigen Hülle von Gasen der Bestandteile des Wassers und deren schließliche Verdichtung unabweisbar sind. Aber auch wenn der Vulkanismus und die ihm verbundenen hydrothermischen Vorgänge seit der relativ späten Zeit des nachweisbaren organischen Lebens nur als schwache Nachwehen der früheren Zustände angenommen werden dürfen, muß doch in absolutem Maße die Gesamtmenge der dabei dem Erdinnern entwichenen Stoffe einen sehr bedeutenden Zuwachs zu dem Urmeer und seinen Salzen geliefert haben und noch fortdauernd liefern. Wir dürfen daher das Wasser der Ozeane, das darin enthaltene Chlornatrium und der damit vorkommenden Stoffe, wie Eduard Sueß es im Anschluß an eine geistvolle Betrachtung der Thermen von Karlsbad ausgedrückt und in vielfach neuer Gedankenreihe entwickelt hat, aus einer noch stetig fortdauernden Entgasung des sich abkühlenden Erdkörpers herleiten.

Geographischer Ausguck.
Marokkanisches.

Am 8. April 1904 haben bekanntlich England und Frankreich ein Abkommen getroffen, das neben einer Reihe minder wichtiger Bestimmungen (Siam, Neufundland u. a.) vor allem Ägypten und Marokko betraf und letzteres ganz dem französischen Einfluß überantwortete, nachdem sich England dort Handelsfreiheit hatte zusichern lassen und Frankreich als Gegenleistung bezüglich Ägyptens auf die Angabe eines Termins für die Räumung des Landes durch die Engländer verzichtet hatte. Das Bekanntwerden des Marokko betreffenden Vertragsteiles hat in Deutschland tiefe Erregung hervorgerufen, da die wirtschaftlichen Interessen Deutschlands an diesem Lande in den letzten Jahren außerordentlich zugenommen haben und noch einer beträchtlichen Steigerung fähig sind. Man verübelte es der deutschen Regierung sehr, daß sie in dieser Sache nicht sofort energisch eingegriffen hatte und dieser Vorwurf kann ihr auch heute nicht erspart bleiben, obwohl inzwischen die erstaunliche Tatsache bekannt geworden ist, daß es Frankreich gar nicht der Mühe wert erachtete, Deutschland von dem Abkommen zu verständigen. Schlichten Menschenkindern, die keine hohe diplomatische Schulung genossen, will es scheinen, daß man, um Gegenmaßregeln gegen eine aller Welt bekannte und die Interessen des heimischen Landes tief berührende Sache zu ergreifen, nicht erst ein diplomatisches Schriftstück abzuwarten braucht. Was man jetzt getan hat, wäre vor einem Jahre wirkungsvoller gewesen, da man inzwischen den Franzosen Zeit gelassen hat, ihren Einfluß in Marokko auf Grundlage des neuen Abkommens zu verstärken und zu befestigen. Freuen wir uns übrigens, daß sich Deutschland — wenn auch spät, so doch noch — zu energischem und würdigem Handeln aufgerafft hat. Es verharrt auf dem Standpunkt, daß die zwischen Frankreich und England getroffenen Vereinbarungen in Bezug auf Marokko für die anderen Mächte keine Rechtsverbindlichkeit haben. Für Deutschland, das in Marokko auf territoriale Vorteile irgend welcher Art verzichtet, ist Marokko — wie auch der deutsche Kaiser bei seinem Besuch in Tanger ausdrücklich betonte — ein freier Staat, dessen Sultan nicht Verpflichtungen eingehen kann, die seine Unabhängigkeit beschränkten und ihn verhinderten, allen handeltreibenden Völkern auf seinem Gebiet die gleiche Behandlung zuteil werden zu lassen. Frankreichs Staatsmännern, die Deutsch-

land einfach ignorieren zu können glaubten, ist eine gesunde Lehre erteilt worden und zwar, was uns von höchster symptomatischer Bedeutung erscheint, auch von dem französischen Volke, das mit seltener Einmütigkeit zum Ausdruck gebracht hat, daß es mit dem Nachbarreiche keine Gegensätze, sondern ruhige und friedliche Beziehungen wünscht. Die Diplomaten beider Mächte sind bereits bestrebt, den marokkanischen Zwischenfall aus der Welt zu schaffen. Ob aber das Ergebnis dieser Beratungen die Frankreich von England zugesicherte Aktionsfreiheit in Marokko wesentlich beschränken wird, möchten wir jetzt schon stark bezweifeln. Frankreich wird auch hier wie in Tunis durch planmäßig geförderte Verschuldung Marokkos sich den Weg zum Protektorat und schließlichen Besitz des Landes bahnen.   *F. H.*

Kleine Mitteilungen.
I. Allgemeine Erd- und Länderkunde.

Die Frage nach der Vergleichbarkeit naturwissenschaftlicher u. geschichtlicher Forschungsergebnisse liegt keinem Forscher näher als dem Geographen und deshalb werden die feinsinnigen Ausführungen des der Erdkunde viel zu früh entrissenen Ed. Richter (Graz [1]) über diesen Gegenstand in geographischen Kreisen besonderes Interesse finden.

Richter erwähnt zunächst, daß Naturwissenschaften und Geschichte nach Inhalt wie methodischer Behandlung des Stoffes so wenig Fühlung mit einander zu haben scheinen, daß man sich wohl fragen muß, ob überhaupt beide Gruppen von Wissenschaften vergleichbare Forschungsresultate zu liefern imstande seien. Die Grundvoraussetzung der sichere und verläßliche Sammlung von Daten, die Feststellung eines unbezweifelt sicheren Tatbestandes, die Hervorhebung und Erschließung des Typischen und Charakteristischen aus der Fülle der Erscheinungen. Bei beiden gibt es Festes und Schwankendes. Den Überlieferungsmängeln auf der einen Seite stehen Beobachtungsmängel verschiedenster Art auf der anderen Seite gegenüber. Der wesentlichste Unterschied zwischen beiden liegt aber nach Richter darin, daß die wissenschaftliche Forschung bei den Naturwissenschaften zur Aufstellung von Gesetzen kommt (daher »Gesetzeswissenschaften«), während die als »Ereigniswissenschaften« zusammengefaßte Gruppe von Disziplinen keine Gesetze aufzustellen vermag. In der menschlichen Hi-

[1] Vortrag gehalten in einer feierlichen Sitzung der kaiserl. Akademie der Wissenschaften. Wien, k. k. Hof- u. Staatsdruckerei. 29 S.

storie, die den Typus der Ereigniswissenschaften am reinsten zeigt, gibt es zwar »Ähnlichkeiten, Analogien von hohem Werte, die uns manches allein erklären können, aber Gesetze gibt es nicht, wenn wir den Ausdruck in naturwissenschaftlichem Sinne nehmen, als eine aus vielen Fällen gezogene Norm, die uns den gleichen Ablauf künftiger Fälle voraussagt«. Nun glaube ich allerdings, daß man bei dem Wunsche, die Geschichte möge Gesetze finden, weder von naturwissenschaftlicher noch historischer Seite an exakte Gesetze, etwa von der Gattung der physikalischen, gedacht hat. Es ist meines Erachtens der Geschichte bloß der Rat gegeben worden, durch Vergleich ähnlich verlaufender Geschehnisse empirisch zur Erkennung gewisser Regelmäßigkeiten, wiederkehrender Erscheinungen zu gelangen, die — so modifiziert sie auch durch Zeitumstände und das Eingreifen bedeutender Menschen sein mochten, — doch immer wieder dieselben Beweggründe und dieselben Ziele erkennen lassen.

Selbstverständlich übersieht Richter nicht, daß die menschliche Geschichte »von gewissen Naturbedingungen abhängig ist, die an sich naturgesetzlich bestimmt sind. Es sind dies: die physische Beschaffenheit des Menschen, sein Ernährungsbedürfnis, seine Lebensdauer, dann die psychischen Eigenschaften: Intelligenz, Charakter, endlich der Raum, den er bewohnt, das Klima. Diese Dinge sind gewissermaßen Konstanten in der Rechnung; durch sie wird der Ablauf der Geschichte innerhalb fester Geleise gehalten und dauernd bestimmt«. Ist schon damit eine Brücke zwischen Natur- und Menschengeschichte geschlagen, so wird eine weitere Verknüpfung dadurch gegeben, daß in neuerer Zeit ein sehr beträchtlicher Zweig der Naturwissenschaft, sowohl nach Methode der Forschung, wie Qualität der Ergebnisse, historisierenden Charakter angenommen hat. So hat sich die Geognosie zur historischen Geologie, zur Erdgeschichte ausgestaltet und letztere verknüpft sich wieder über das prähistorische Gebiet mit der menschlichen Historie. »Für den Geographen, der einen Landstrich studiert, fließen Erdgeschichte und Historie vollends in einander. Er sieht in den Bergen, die hier emporgetürmt sind, in den Tälern, die sich zwischen ihnen hinziehen, Werke einer langen Geschichte, nicht absolute unveränderliche Begebenheiten. Ist die alte Moräne, die hier quer über das Tal liegt, nicht ebenso ein Monument einer vergangenen Zeit, als die Burgruine, die sie krönt? Die Erdräume und die Zustände ihrer Bewohnerschaft historisch aufzufassen als einheitliche Produkte der Erdgeschichte und der menschlichen Historie, das ist die wahre Aufgabe des Geographen«.

F. H.

Die Baumwollerzeugung der Erde. Der Anteil an der Baumwollerzeugung im Durchschnitt der jährlichen Erträge vom Jahre 1891

Geogr. Anzeiger. Mai 1905.

bis 1902 betrug für die einzelnen Länder in Prozenten:

Vereinigte Staaten	63,7 %
Indien	15,4
Ägypten	8,1
China	6,9
Asiatisches Rußland	2,4
Afrika	1,3
Mexiko	0,9
Brasilien	0,7
Japan	0,4
Türkei	0,3
Übrige Länder	0,4
	100,4 %

Die Vereinigten Staaten von Amerika lieferten also fast ⅔ des gesamten Weltbedarfs. *Hk.*

Über die regenreichsten Gebiete der Erde veröffentlicht A. Woeikoff einen interessanten Aufsatz im russischen Meteorologiceskij Věstnik (1905, Nr. 1). Bis vor wenigen Jahren nahm Cherrapunji in der indischen Provinz Assam unbestritten die erste Stelle in dieser Beziehung ein. Keine andere Station der Erde reichte auch nur annähernd an seine Niederschlagshöhe heran. Während diese für Cherrapunji im Durchschnitt der Jahre 1895—1903 11 223 mm betrug, erreichten die Niederschläge an keinem anderen Orte mehr als 6830 mm im Jahre, dem Jahresdurchschnitt von Machabaleshvar bei Bombay. Seit einigen Jahren aber hat Cherrapunji einen sehr ernsten Rivalen gefunden in der Station Debundscha in Kamerun. Wurden die an dieser Station gemessenen ungewöhnlich hohen Niederschlagsmengen zunächst auch lebhaft angezweifelt, so liegt jetzt, nach sorgfältiger, fachmännischer Prüfung der Beobachtungen und Aufzeichnungen keine Berechtigung mehr vor, diese Zweifel weiterhin aufrecht zu erhalten.

Eine Zusammenstellung der Mittelwerte aus der neunjährigen Beobachtungsreihe 1895—1903 ergibt für die beiden Stationen folgende Werte in mm:

	Debundscha.	Cherrapunji.
Januar	214	14
Februar	296	26
März	424	377
April	490	672
Mai	649	1182
Juni	1584	2829
Juli	1615	2200
August	1464	2186
September	1882	1412
Oktober	1029	290
November	691	21
Dezember	416	14
Jahr	10454	11223

An beiden Orten herrschen ausgesprochene Sommerregen, Cherrapunji verzeichnet im Dezember und Januar, Debundscha im Januar und Februar die geringste Niederschläge. Stellt man die erreichten Höchstwerte für kürzere Perioden einander gegenüber, so bleibt, je kleiner die Perioden werden, Debundscha um so weiter hinter seinem Rivalen zurück, vor allem wohl, weil ihm eine bei weitem kürzere Beobachtungsdauer weniger günstige Bedingungen für den »nassen« Wettkampf bietet.

14

	Die regenreichsten		
	Jahre	Monate	Tage
ergaben für Debundscha	14131	2940	456
	(1902)	(Juli 1901)	(16. Juni 1902)
		2703	
		(Juni 1902)	
ergaben für Cherrapunßi	14789	5210	1036
	(1851)	(Juli 1865)	
	13549	4621	
	(1878)	(Juni 1876)	

Im Anschluß an diese Bemerkungen über die beiden regenreichsten Stationen erörtert Woeikoff kurz die Frage, an welchen anderen Stellen der Erdoberfläche sich ähnlich hohe Werte erwarten lassen.

1. Er hält es für wahrscheinlich, daß oberhalb Debundschas, an den Abhängen des Kamerunberges, sich noch höhere Werte zeigen werden. Die Nachbarschaft eines warmen Meeres, von dem mehrere Monate hindurch der Wind herweht, gibt die günstigste Bedingung dafür. Der Golf von Guinea ist das wärmste der Afrika bespülenden Meere und in Kamerun herrschen das ganze Jahr über Südwestwinde vor.

2. Britisch-Indien wird bei seiner vorzüglichen topographischen und meteorologischen Aufnahme in Zukunft kaum noch Überraschungen bringen.

3. Dasselbe gilt von Niederländisch-Indien; zwar trifft hier die Bedingung der Detailaufnahme nur für den kleinsten Teil zu, aber da die Regenstationen auf Java und West-Sumatra, die in der Nachbarschaft warmer Meere liegen und topographisch die günstigsten Bedingungen für große Regenhöhen aufweisen, über ein Jahresmittel von 4000—4800 mm nicht hinausgehen, so sind beträchtlich höhere Werte in diesem Gebiete kaum zu warten.

4. Wahrscheinlicher ist dies bei den gebirgigen Ostabfällen der Inseln östlich vom Malaiischen Archipel, von den Hawaiischen Inseln im Norden bis zu den Fidschi-Inseln im Süden. Hier gibt es hohe Berge, an denen sich die Passate, die weithin warme Meere bestreichen, abregnen können.

5. Bedeutende Niederschläge weisen die Küstengegenden Japans auf, besonders die Küste des mittleren Hondo. In vielen Gegenden der mittleren Breiten mit günstigen Vorbedingungen für reiche Niederschläge weisen die Berghänge oft dreifach höhere Werte auf als die Küsten und vorgelagerten Ebenen. Aus diesem Grunde erscheinen auch in Japan für einzelne Punkte Regenhöhen bis zu 8000 mm wahrscheinlich.

6. Ähnlich hohe Niederschläge sind wahrscheinlich für die Westabfälle Nordamerikas zwischen 45°—59° n. Br., Südamerikas zwischen 42°—54° s. Br. und Neuseelands zwischen 42° bis 44° s. Br., weil sich da überall hohe steil abfallende Gebirge über einem verhältnismäßig warmen Ozean erheben, der von vorherrschenden starken Westwinden bestrichen wird.

7. Für die Gebirge in der Nähe von Batum, das selbst im letzten Jahre 2400 mm hatte, sind Niederschlagshöhen von 7—8000 mm wahrscheinlich.

Endlich ist 8. der Ostabhang der Anden zwischen 10° n. und 17° s. Br. zu den regenreichsten Gebieten der Erde zu zählen. Indes sind hier keine Stationen vorhanden, aber in der Ebene des Amazonas sind mehr als 400 km vom Gebirge entfernt über 2800 mm gemessen worden, so daß für die Hänge des Gebirges selbst mit großer Wahrscheinlichkeit Werte zu erwarten sind, die den höchsten bisher gemessenen nahekommen. *Hk.*

Die höchste Erhebung auf Island. Die Vermessungsexpedition, welche die topographische Abteilung des dänischen Generalstabes 1904 nach Island entsandte, ist nach langer, schwieriger, aber interessanter Kampagne zurückgekehrt. Die gewonnenen Materialien für spezielle topographische Karten der Südküste von Portland bis Hornafjord bilden die Grundlage für die maritimen Aufnahmen in den südlichen Gewässern. Die außerordentlich schwierige Aufnahme des Vatna Jökull ist zwar noch nicht vollständig ausgeführt; aber große Teile desselben und namentlich die höchsten Partien, welche in dem Knoten Hvannadalshnukr, der höchsten Erhebung Islands, gipfeln, sind bereits vermessen. Bei der ersten Triangulation von Island ergab sich für den Hvannadalshnukr, wahrscheinlich auf Grund barometrischer Messung, eine Höhe von 1959 m, während die jetzige Messung eine Höhe von 2120 m ergab. (Geografisk Tidskrift. Bd. XVII, S. 258).

Die Entstehung der Viktoria-Fälle des Sambesi behandelt unter neuen, sehr wertvollen Gesichtspunkten Molyneux im Geogr. Journ. (Januar 1905). Auffallend lange hatte sich hier, gestützt auf die Autorität eines hochverdienten Mannes, ein Bestehen der alten Katastrophen-Theorie in Geltung behauptet. Fast alle Erklärer nämlich sprachen wie Livingstone nach, daß die Entstehung der Viktoria-Fälle zurückzuführen sei auf »plötzliche Spaltenbildung quer zur Richtung des Flußbettes«. Endlich dürfte durch Molyneux' Beobachtungen die Lehre von den langsamen und allmählichen Wirkungen auch für dieses geologische Problem zum Siege gelangen. Kurz gesagt, entstanden die Viktoria-Fälle (besser übrigens der Viktoria-Fall), indem der Sambesi nach Forträumung oberflächlicher, weicher Sandsteinschichten auf eine mächtige, harte Basaltbank stieß, die er nur sehr allmählich durchnagen kann und welche nun zwischen seinem sehr ruhigen Oberlaufe und dem bewegten Mittellaufe eine Schwelle bildet, die der Fluß hinunterspringen muß. Nun bietet freilich der Viktoria-Fall einige besondere und sehr auffällige Erscheinungen, deren Erklärung Molyneux denn auch nicht aus dem Wege gegangen ist: 1. während beim Niagarafall eine härtere Bank (Schicht) zuoberst liegt, deren weichere Unterlage der Fall selbst unterspült, sodaß jene ihres Haltes beraubt, allmählich nachbricht, ist der Vorgang beim Viktoria-Fall ganz anders. Hier besteht das Flußbett und auch die »Lippe« des Falls aus senkrechtstehenden Basaltsäulen, in deren Fugen das Sturzwasser dringt, um schließlich die oberen Teile wegzusprengen, während unten zunächst Stümpfe stehen bleiben, sodaß der untere Teil der Wand etwas vorspringt, nicht ausgehölt ist, wie beim Niagara. 2. Die im Falle losgerissenen großen und eckigen Blöcke wirken nun unterhalb des Falles außerordentlich stark erodierend und haben den langen und tiefen Cañon geschaffen, der sich an den Viktoria-Fall anschließt, anderswo meist fehlt. 3. Seine bekannte und sehr auffällige Zickzackform erhielt dieser Cañon entweder durch gewisse Hauptsprunglinien des erkalteten vulkanischen Oesteins oder durch die im oberen Sambesi, auch unmittelbar am jetzigen Rande des Falles vorhandenen Inseln.

Durch die engen, mühlenflußähnlichen Kanäle zwischen dem Ufer und den nächstliegenden Inseln rast nämlich das Wasser mit besonderer Oewalt dem Falle zu, dort wird auch stärker erodiert und so schließlich die Wassermasse von dem mittleren Hauptteil des Falles abgelenkt. Es entsteht dort ein trockner Damm und daneben ein neuer Arm des Zickzack-Cañons, der sich bald tiefer eingräbt und in den bald wieder ein breiter seitlicher Fall ergießt. Ganz vorzügliche Photographien und ein klarer Plan (1:25 000) sind dem wichtigen Aufsatz beigegeben. *Dr. R. Neuse-Charlottenburg.*

II. Geographischer Unterricht.

Urlaub zum Besuch des XV. Deutschen Geographentages. Der Zentralausschuß des Deutschen Geographentages hat auch diesmal wie bei Oelegenheit der früheren Tagungen an die Unterrichtsverwaltungen der deutschen Staaten Eingaben behufs Urlaubserteilung von Fachlehrern gerichtet. Daraufhin ist vom preußischen Kultusministerium unterm 12. April folgende Erwiderung eingelaufen:

»Erwiderung auf die Eingabe vom 12. März d. j. betreffend Beurlaubung von Lehrpersonen, welche dem in der diesjährigen Pfingstwoche in Danzig stattfindenden XV. Deutschen Geographentage beiwohnen bzw. an den daran sich anschließenden wissenschaftlichen Ausflügen teilnehmen wollen.

»Ich benachrichtige den Zentralausschuß, daß ich die kgl. Provinzial-Schulkollegien und Regierungen der Monarchie beauftragt habe, die Leiter der höheren Schulen, Lehrer- und Lehrerinnen-Seminare und höhere Mädchenschulen mit entsprechender Anweisung zu versehen. Im Auftrag gez. Schwarzkopf.« *H. F.*

Zur Frage der Herstellung einer »Generalschulkarte für das Deutsche Reich«. Die »Schulheimatkartenfrage« oder, wenn man will, die Frage zunächst einer »Generalschulkarte« für Sachsen, hat in einem gewissen Sinne bereits ein Organ, das mit Eifer und Umsicht alles Bezügliche sammelt und zu verwerten bestrebt ist.

Die »Lehrmittelwarte«, Beiblatt zur Sächsischen Schulzeitung die bei Julius Klinkhardt in Leipzig erscheint und von Lehrer Oskar Lehmann, Dresden F. verantwortlich gezeichnet wird, widmet fortgesetzt der Beschaffung guter Schulheimatkarten ihre Sorgfalt. Aber auch die »Sächsische Schulzeitung« [selbst nimmt Anteil; in Nr. 9 vom 27. Februar 1903 hat Dr. Hösel in einem längeren Artikel, den ein »Übersichtsblatt zu den Heimatkarten des Königreichs Sachsen« begleitet, die Frage behandelt: ist es möglich, für alle Orte unseres Landes schulgemäße Heimatkarten zu beschaffen? Hösel hält den Maßstab 1 : 125 000 für ausreichend. Die Lehrmittelwarte, in der insbesondere A. Frenzel in Dresden das Wort führt, vertritt mit großem Nachdruck den Standpunkt, daß eine Heimatkarte aus der Mitte der betreffenden Lehrerschaft heraus bearbeitet und gezeichnet werden muß. Im Geogr. Anz. hat freilich Dr. Haack in vielen Fällen nachzuweisen gesucht, daß mit der Heimatliebe allein eine allgemein brauchbare Karte nicht hergestellt werden kann und daß man im allgemeinen unterschätzt, was kartographische Erfahrung und Übung auf diesem Felde bedeutet. Selbstverständlich wird die Mitwirkung der Lehrerschaft bei der Herstellung nur willkommen geheißen werden. Die Mitwirkung der Lehrerschaft kann und soll der wichtigen Angelegenheit erhalten bleiben. Aber abgesehen davon, daß nicht in allen Oegenden Deutschlands, wo man Schulheimatkarten braucht, Lehrer vorhanden sind, die eine Karte in der anzustrebenden Vollkommenheit für ihre Heimat fertigstellen können, so ist doch die Kartographie mindestens eine soweit entwickelte Seite beruflicher Tätigkeit wie die Photographie, und im allgemeinen zieht doch beispielsweise der Vater vor, seinen Liebling bei einem Berufsphotographen aufnehmen zu lassen, wenn er nicht sich ausnahmsweise große Tüchtigkeit im Photographieren in der Länge der Zeit angeeignet hat, falls es sich um ernsthafte Zwecke handelt. Zu einer ähnlich entwickelten Übung im Kartenzeichnen, im ernsten Kartenzeichnen, werden nur wenige Lehrer kommen können. Die ganze Heimatliebe kann sich ja dann im Unterricht beim Gebrauch der vollendeten Karte betätigen. Erfreulich in hohem Grade ist der Nachdruck, mit dem auf dem eingeschlagenen Wege vorwärts gedrängt wird. A. Frenzel hat in einem Michaelis 1903 zu Plauen gehaltenen Vortrag seine Befürchtung geäußert, »daß ein längerer Zeitraum für diese Bearbeitung nötig sein wird, als es die Sache der Heimatkarten verträgt«, wobei er auf die bekanntlich von dem Cölner Geographentag der »Ständigen Kommission« übertragene Verpflichtung hinwies, die Schulheimatkartenfrage näher zu prüfen und auf dem nächsten Geographentag in Danzig darüber Bericht zu erstatten. A. Frenzel kommt in seinem Vortrag zu der Forderung: eine Zentralstelle stetig auf dem Laufenden zu erhalten über

14*

die Entwicklung der Heimatkarten in den einzelnen Gebieten, so daß gute Wege zur Kenntnis aller gebracht, üble Erfahrungen nicht mehrmals gemacht zu werden brauchen, und bittet den (sächsischen) Lehrmittelausschuß und die »Lehrmittelwarte« weiterhin als diese Vermittlungsstelle ansehen zu wollen. Eine Zusammenstellung weist bereits 24, ein Nachtrag weitere 7 sächsische Schulheimatkarten nach; 3 Karten davon sind im Maßstab 1 : 25000 gezeichnet, 12 im Maßstab 1 : 100000; die Preise schwanken zwischen 10 Pf. und 1 M. Bei 19 Karten finde ich die Angabe, daß das Gelände durch Höhenschichten dargestellt ist; das ist ein Fingerzeig für unsere Atlantenverleger. *Oskar Steinel-Kaiserslautern.*

Schulkartographie und Pädagogik.[1]) Behördlicher Approbation bedürfen bekanntlich in Österreich die Lehrbücher und Lehrmittel, um zum Unterrichtsgebrauche zugelassen zu werden. Diese wird auf Grund von Gutachten gegeben, die seitens des Ministeriums für Kultur und Unterricht zumeist von Hoch- u. Mittelschulprofessoren eingeholt werden. In den inhaltsreichen »Neuen Beiträgen zur Systematik der Geotechnologie«, die in den »Mitteilungen der k. k. Geogr. Gesellschaft in Wien« 1904, erschienen sind, weist Dr. **Karl Peucker** auf die **Notwendigkeit einer Ergänzung der wissenschaftlich-geographischen und pädagogischen Gutachten von Schulkartenwerken durch technologische** hin. Wir geben nachfolgend seine diesbezüglichen Ausführungen wieder: Mit diesen Approbationen von Lehrmitteln, die irgendwie mit Kartographie zusammenhängen, ist es eine eigene Sache. Wenn es schon bei Kartenwerken ohne jedes Bedenken geschieht, daß man sie von Lehrern und Gelehrten beurteilen läßt, ohne danach zu fragen, ob diese auch ein fachmännisches Urteil abgeben können über Erzeugnisse der kartographischen Technik, so geschieht dies mit noch größerer Selbstverständlichkeit bei geographischen Zeichnungen von der Art der in Rede stehenden[2]): Ihre Herstellung gilt als ganz interne pädagogische Angelegenheit. Unter einem fachmännischen Urteil wird hier ein solches verstanden, das aus Erfahrungen hervorgeht, die durch eigene zielbewußte (nicht schablonenhafte) kartographische Tätigkeit gewonnen worden sind, nicht eines, das nur aus dem Gebrauch der Karten im Unterricht abstrahiert worden ist. Wenn man ein entscheidendes Urteil über ein Schulgebäude haben will, so wird man nicht bloß Schulinspektoren, die viele solche Gebäude gesehen, und Lehrer fragen, die im Gebäude Unterricht erteilt, sondern vor allen Dingen Baukundige, die darüber auszusagen vermögen, ob das Schulhaus nach allen Regeln der Baukunst zweckentsprechend angelegt, solid auf-

[1]) Vgl. auch den ebenso überschriebenen Aufsatz im 1. Jahrg., S. 106, 110 ff.
[2]) Peucker spricht im Vorangehenden von den Vorlagen zum Kartenzeichnen in der Schule von Dr. **Franz Moßhammer.**

gerichtet und gesund eingerichtet worden sei. Die Schulkarte ist ebenso ein technisches Werk wie das Schulhaus. Wie kann man richtende Entscheidungen fällen auf Grund von Urteilen, unter denen, wie es hier doch zumeist der Fall ist, gerade das des Fachmannes fehlt. Ich höre hier einwenden: Referent mache da wohl zu kleinliche Unterschiede, es handle sich ja doch »nur« um die Darstellung, und man müßte dann ja auch das geographische Lehrbuch nicht bloß dem Geographielehrer zur Begutachtung vorlegen, sondern zugleich auch dem Lehrer der deutschen Sprache; denn dieser sei ja doch Fachmann, der über die Sprache, über die Darstellung des Lehrbuchs urteilen könne. Man übersieht mit diesem Einwurf den wesentlichen Unterschied, der zwischen sprachlicher und bildlicher Darstellung besteht. Die sprachliche Darstellung ist der Gedankenausdruck des täglichen Lebens, in ihm ist zum mindesten jeder schriftstellerisch Geübte oder akademisch geschulte als Fachmann anzusehen; die Beherrschung des sprachlichen Ausdrucks ist ein Axiom jeder wissenschaftlichen Betätigung und so ist jeder Geographielehrer als solcher berufen (wenn auch nur wenige »auserwählt«), ein Lehrbuch der Geographie zu schreiben, also auch berufen, es nach seiner geographischen Darstellung erschöpfend zu beurteilen. Ganz anders bei der bildlichen Darstellung und zumal bei einer solchen, bei der es sich nicht um ein bloßes Nachzeichnen nach der Natur, sondern wie in der Kartographie um die zeichnerische und malerische Wiedergabe räumlicher Begriffe handelt. Das bloße Zeichentalent macht den Geographen noch nicht zum kartographischen Fachmann. Um die Kartographie beherrschen zu lernen, bedarf es einer eigenen Schule, und durch eine solche muß der Geograph gegangen sein, der den Karten nicht in demselben Sinne als Laie gegenüberstehen will wie, obgleich er die Gesetze der Elektrizität beherrscht, der Physiker der Dynamomaschine des Elektrotechnikers. Er ist also eine Forderung, die sich aus dem Wesen der Sache ergibt, daß geographische Anschauungswerke nicht nur Gelehrten und Lehrern zur Beurteilung übergeben werden möchten, die über den Inhalt und über die Verwendbarkeit im Unterricht fachmännische Angaben zu machen wissen, sondern auch Lehrern oder Gelehrten, die über solche Werke ein aus umfassenden eigenen Erfahrungen über ihre Herstellungsweise geschöpftes Urteil abgeben können, ein Urteil also, das sich auf eigene kartographische Praxis stützt. Das möchte eine Anregung sein. Sie ist leicht niedergeschrieben; aber selbst vorausgesetzt, daß man ihr, etwa durch Vermittlung einer maßgebenden Persönlichkeit (solche setzen sich aber bekanntlich für fremde Anregungen nicht gern ein!), geneigtes Ohr leihen wollte, so wäre doch bis zur Ausführung des Gedankens immer noch eine weitere große Schwierigkeit zu überwinden. Diese Schwierigkeit besteht in dem Mangel an Lehrern mit kartographischer Schulung. Es fehlt wohl nicht an solchen, die der kartographischen Muse opfern — die Ausstellung[1]) enthielt genug Zeugnisse hiervon — aber wie wenige unter diesen tun das mit fachmännischem Verständnis! Ja, und da muß man eben auch einräumen, daß es einem Lehrer heute ganz außerordentlich schwer gemacht wird, sich ein solches Verständnis anzuzeigen. Man bildet Schulamts- und Hochschulkandidaten wohl in glänzender Weise zu Spezialisten in Limnologie, in Eiszeitforschung und in kulturgeographischen Fragen, ja zu Forschungsreisenden aus, aber gerade nach jener Richtung geographischer Tätigkeit, auf die sich in einem bestimmten Sinne a l l e erdkundlichen Fakta projizieren, nach der technologischen Richtung der (veranschaulichenden) Geographie entläßt man den Studierenden von der Hochschule im schlimmeren Falle mit der Prätension des Kartenverständnisses, im besseren als bewußten Laien. Eine reifere Zeit als die heutige wird es einsehen: Der geographische Unterricht an den Hochschulen bedarf einer Ergänzung nach der technologischen Richtung, die zwischen messender u. untersuchender Erdkunde die Vermittelung bildet, wesentlich Neues herbeibringt, doch auch beide entlastet. *F. H.*

Der **Verein zur Förderung des Unterrichts in der Mathematik und den Naturwissenschaften.** Nach einigen Vorverhandlungen ist am 28. Januar in Berlin eine neue Ortsgruppe des »Vereins zur Förderung des Unterrichts in der Mathematik und den Naturwissenschaften« gegründet worden. Da der Verein die einzige große weitverbreitete Organisation seiner Art ist, der einigermaßen zugetraut werden kann, eine Art Gegengewicht gegen philologische Unterdrückungsversuche zu bilden, und da in seinem § 1 als Zweck des Vereins auch die Aufgabe bezeichnet ist, »den Unterricht in der Erdkunde nach Ziel, Umfang und Methode zu fördern und ihr in den Lehrplan der höheren Schulen die gebührende Stellung zu verschaffen«, ist diese Erweiterung nur mit Freuden zu begrüßen. *H. F.*

»Freude an der Schule« nennt Geh.-Rat Matthias eine Neujahrsbetrachtung, in der er das Eingeständnis, daß diese Freude in weitem Umfang nicht vorhanden sei mit einigen Ausführungen verbindet, wie wir zu solcher Freude wieder kommen könnten. Freilich wird man die von ihm hervorgehobene Tatsache, daß von 1882—1889 nicht weniger als 344 Reformvorschläge hervorgetreten sind, nicht dazu verwerten dürfen, von weiteren derartigen Vorschlägen abzuraten, sondern vielmehr die hochgradige Reformbedürftigkeit unseres höheren Schulwesens daran erkennen müssen.

[1]) Die Austellung neuer Lehr- und Anschauungsmittel in Wien 1903.

Was nun seine Ausführungen selbst betrifft, so sieht er einen Hauptschaden in dem noch durch Staatsomnipotenz und Berechtigungswesen verstärkten harten Lernzwang. Es ist ein recht graues Bild, das er hier entwirft, von dem wir aber seit der Durchbrechung des Gymnasialmonopols (Allerhöchster Erlaß von 25. November 1900) nun schon befreit wären. Dem gegenüber ist immer wieder an das ungeheure prozentuale Übergewicht der Gymnasien (vgl. dazu Anmerkung 2 auf Seite 101) zu erinnern, das besonders im Osten eine Oberrealschule geradezu als eine Ausnahme seltenster Art erscheinen läßt.

Kann man also nicht zugeben, das tatsächlich die Verhältnisse sich bis jetzt wesentlich gebessert haben, und ist man gezwungen, sein wahr gezeichnetes Bild als auch noch heute im wesentlichen treffend zu bezeichnen, so folgt man ihm um so freudiger dort, wo er von dem, was »in der Zukunft geschehen darf«, spricht. Eine von uns ja schon seit Jahren und immer wieder geforderte **freiere Gestaltung der Oberstufe** liegt nach ihm jetzt nicht mehr nur im Bereich der Möglichkeit, sondern beginnt sich aus Lehrplanansätzen zu entwickeln.

Für uns Geographen liegt hierin ein erneuter Ansporn, nach **freien Kursen in Verbindung mit Ausflügen für die Schüler der oberen Gymnasialklassen** zu rufen. Zweckentsprechend würden diese freilich nur dann sein, wenn zur Vermeidung von Überfütterung bei den Schülern und Lehrzersplitterung bei dem Lehrer, dieser von einer entsprechenden Anzahl anderer Stunden befreit würde und jene eine angemessene Reduktion ihrer sonstigen Lehrstunden (z. B. lateinischer Lektürestunden) mit Nachwirkung auf die Examensanforderungen dabei erlebten.

Des ferneren rügt Matthias den Unterrichtston und mahnt Direktor und Lehrer, nicht griesgrämlich und finster in die Welt zu schauen. Die Mahnung mag wohl oft genug berechtigt sein, aber die Quelle der Gereiztheit und Empfindlichkeit (soweit sie nicht in der Natur der Lehrer liegt) scheint mir nicht ganz richtig bezeichnet. Wir werden nicht »heimgesucht von den Sünden unserer Väter«. Der Ton mag in früheren Zeiten im einzelnen vielleicht rauher gewesen sein, im ganzen war unstreitig früher mehr Zufriedenheit bei Lehrern wie bei Schülern vorhanden, auch in Preußen. Ich wäre nie Lehrer geworden, wenn nicht das z. T. noch aus alten Schülern zu mir sprechende Vorbild meiner Vorfahren nach einer Unterbrechung von fast 50 Jahren, mich diesem Berufe zugeführt hätte. Die Gereiztheit stammt vielmehr zum sehr großen Teil erst aus jüngeren Tagen, und zwar soweit meine nicht ganz geringe Beobachtung ein Urteil zuläßt, großenteils aus dem wachsenden Mißverhältnis zwischen der Schule von heute und der Vorbildung der Lehrer für ihren Beruf. Ich greife nur eins heraus: während vor 50, 60 Jahren der Alt-Philologe, daneben etwa noch der Mathematiker, der aus

Liebhaberei sich etwas mit Landkarten und Reisen, Tierleben oder Herbarienanlegen abgegeben hatte, als beiderseitige Erholungsstunden Geographie, Zoologie und Botanik geben konnte, ohne befürchten zu müssen, er werde sich blamieren, haben wir heute in der Regel in den jungen Biologen und Geographen Männer, die über ihre überwiegend philologische Schulbildung hinaus sich ernsthaft in diese neuerblühten Wissenschaften hineingearbeitet haben, um nun zeit ihres Lebens unter dem Fluche der Nebenstunde ein unbefriedigendes Werk zu leisten. Philologisch oder mathematisch gebildete Vorgesetzte werden diese Männer nie überzeugen können; alles erreichbare bleibt ein Niederhalten ihrer Ansprüche, gewiß kein Mittel, Gereiztheit zu vermindern. Doch erinnere ich daran, daß dies nur ein Moment ist. Ein anderes ist z. B. das bei den Altphilologen so natürliche und verbreitete Gefühl, nicht mehr von einer emporsteigenden Welle der Entwicklung getragen zu werden. *H. F.*

Kommission zur Neugestaltung des mathematisch-naturwissenschaftlichen Unterrichts. Am 29. und 30. Dezember 1904 tagte in Berlin die in Breslau von der Gesellschaft Deutscher Naturforscher und Ärzte gewählte Kommission zur Neugestaltung und Förderung des mathematisch-naturwissenschaftlichen Unterrichts an den höheren Lehranstalten. Unter dem Vorsitz von Herrn Professor Dr A. Gutzmer-Jena waren anwesend die Herren:

Geheimrat Professor Dr. v. Borries-Charlottenburg,
Fabrikdirektor Professor Dr. Duisberg-Elberfeld,
Professor Dr. Fricke-Bremen,
Geheimrat Professor Dr. Klein-Göttingen,
Professor Dr. Kraepelin-Hamburg,
Professor Pietzker-Nordhausen,
Professor Dr. Poske-Berlin,
Oberlehrer Dr. Bastian Schmid-Zwickau,
Direktor Dr. Schotten-Halle a. S.,
Baurat Peters-Berlin (als Gast) und
Professor Dr. Rassow-Leipzig (als Schriftführer der naturwissenschaftl. Hauptgruppe der Naturf.-Ges.).

Zunächst wurde in längerer freier Aussprache ein weitgehendes Einverständnis über den naturwissenschaftlichen und mathematischen Unterricht an den humanistischen Gymnasien, Realgymnasien und Oberrealschulen erzielt. (Vorläufig sollen nur diese drei höheren Schularten bei den Verhandlungen berücksichtigt werden; auf Realschulen, Fachschulen, Mädchenschulen usw. kann erst später Rücksicht genommen werden). Die Kommission erkennt in den Naturwissenschaften und der Mathematik ein den Sprachen durchaus gleichwertiges Bildungsmittel an und fordert daher die tatsächliche Gleichstellung der drei genannten Lehranstalten an Stelle der bisher anerkannten »Gleichwertigkeit«. Zur Erörterung und Klärung einer Reihe von Spezialfragen wurden Subkommissionen eingesetzt, die bei der für Ostern dieses Jahres in Aussicht genommenen zweiten Gesamtsitzung der Kommission Bericht erstatten werden. Es wird geplant, schon der diesjährigen Naturforscherver-

sammlung (24. bis 30. September Südtirol) einen Bericht über di tätigkeit vorzulegen.

Geographie in Finland. des Professor für Geographie an Helsingfors J. E. Rosberg entne gendes auf das Studium der (Finland bezügliche:

»Ich habe seit meiner Berufung Exkursionen gemacht. 1. In das I: dem Südosten von Finland, 2. n 3. nach den Ålandsinseln und

»Ich habe eine Menge Schü praktischen Arbeiten habe ich 60 Studenten, im Colleg und im : Die Summe der Schüler inkl. derje für die Prüfung vorbereiten, ist m Man sieht aus diesen Ziffern, daß (auch in Finland sich im Aufschw Als ich als Dozent an die Univer: ich nur vier Schüler.« *Dr. A.*

Erdkunde im Oberlehrere: den Zusammenstellungen des Kg Statistischen Bureaus waren von : des höheren Schulamtes, die di: fac. doc. bestanden 55 »Historiker und Erdkunde« und 13 »Natu ler« (»Chemie und Mineralogie und Zoologie«). Geographe nicht gezählt worden, besond da, wo sie, wenn auch nicht immer doch der Natur ihrer Studien ent: zugsweise hingehören bei den schaften«. Das ist um so auffal derselben Nummer der »Monatss der Satz zu lesen ist (S. 102): (früher ein Anhängsel der Geschi: sich mehr und mehr zu einer wissenschaft«.

Programmsch:

Heimatskunde von Vechta. V(stert. (Wissenschaftliche Beilag: bericht des Gymnasiums zu Vechta Durch die Lehrpläne vom Jahre Heimatskunde auch an den ol Gymnasien Eingang gefunden, u Verfasser, der als Oberlehrer a: zu Vechta wirkt, von seinem H dessen Umgebung das zusamme Einführung in die geographischen für die Schüler förderlich sein k in richtiger Weise vom Schul Schulhause und dessen nächs: aus, entwirft selbst Pläne davon, kleineren Maßstabe durch die S(läßt, und unternimmt Ausflüge Wald, auf denen den Schülern v werte vor Augen geführt wird. auch das weitere Ziel des hei Unterrichts, die Erweckung der Li und damit zum Vaterlande, nicht Mit allen Einzelheiten kann ich nicht einverstanden erklären. Manches könnte noch anschaulicher dargestellt werden, die Schüler könnten mehr zur Selbständigkeit herangezogen werden, z. B. beim Messen von Entfernungen; die genaue Flächenberechnung beim Grundriß des Schulgebäudes ist für Sextaner zu kompliziert; aber im ganzen ist die Arbeit empfehlenswert. *Dr. Richard Herold-Halle a. S.*

Bericht über einen im Auftrag des Berliner Magistrats unternommenen Studienausflug zum Besuch der »Internationalen Ausstellung geographischer Lehrmittel« in Amsterdam, Sommer 1902. Von H. Fischer. (Jahresbericht des Sophien-Gymnasiums zu Berlin. Ostern 1903, 4°, 28 S.). Fast im Fluge besichtigte der Verfasser obigen Berichts die Internationale Ausstellung geographischer Lehrmittel in Amsterdam. Die Kürze der ihm zur Verfügung stehenden Zeit macht die rasende Eile erklärlich. Die österreichische Unterrichtsverwaltung würde zum Besuch einer derartigen Ausstellung einen entsprechend langen Urlaub bewilligt haben. Dennoch ist es dem Verfasser gelungen, wenigstens eine Skizze von den merkwürdigsten Atlanten, Wandkarten, Abbildungen, Lehrbüchern u. a. zu entwerfen und überdies einige Bemerkungen über den erdkundlichen Unterricht in Amsterdam zu machen. Als »Ergebnis« des Ausflugs werden noch »Bereicherungen an geographischer Anschauung und Ergebnisse des Besuchs der Düsseldorfer Ausstellung« erwähnt, für welche allerdings nur die minimale Zeit von zwei Stunden aufgebracht werden konnte. Wenn es trotzdem schwer möglich wird, sich eine genauere Vorstellung von dem Umfang und der Güte der Ausstellung zu machen, so liegt unseres Erachtens die Ursache in der nicht sehr glücklichen Disposition der Abhandlung. Für die breite Schicht der Lehrer der Erdkunde wäre es besser gewesen, wenn der Verfasser auf die Beschreibung gänzlich unbekannter Atlanten und Wandkarten verzichtet und dafür der Schilderung des Gesamteindrucks einen größeren Raum gewidmet hätte. Wir erfahren beispielsweise bei dem Abschnitt »Abbildungen«, daß die Deutschen auch hier wieder den Löwenanteil gehabt hätten, wie wohl lange nicht alles in den letzten Jahren Erschienene oder in Gebrauch Befindliche dagewesen sei; aber wir vermissen eine empfehlende Hervorkehrung der einen oder anderen Bilderserie. Bei dem Abschnitt »Wandkarten« nimmt der Verfasser Veranlassung, einer tüchtigen Ausnutzung des in einer Schule vorhandenen Kartenmaterials durch Aushängen in den Klassenzimmern das Wort zu reden und gegen die »beliebten Kartenschränke« Stellung zu nehmen, »in denen die Karten konserviert werden, bis sie historischen Wert haben«. Vielleicht hat dabei der sonst sehr geschulte Verfasser übersehen, daß die Schüler, welche durchaus im Besitz eines eigenen Atlasses sind, Gelegenheit genug haben, sich mit dem Kartenbild vertraut zu machen. Was ununterbrochen,

an den Wänden der Schulzimmer hängend, gesehen wird, wird bekanntlich am wenigsten angeschaut. — Ob auch Österreich die internationale Ausstellung beschickte, ist aus dem vorliegenden Bericht nicht zu erkennen. Nur an einer Stelle wird gelegentlich der Besprechung der »stummen« Karten gesagt: »Die Österreicher und Deutschen sind und bleiben hier die erfindungsreichsten, überflüssigerweise, ist man versucht hinzuzusetzen« (S. 7). — Angenehm berührt am Schlusse die Äußerung: »Wir Oberlehrer müssen vor allem Männer der Wissenschaft bleiben« (S. 20).

Dr. G. Juritsch-Pilsen i. Böhmen.

Persönliches.

Ernennungen.

Unsere Mitarbeiter Dr. Otto Beau, Oberlehrer am Gymnasium zu Sorau, und Dr. Jos. Plaßmann, Oberlehrer am Paulinischen Gymnasium zu Münster in W., zu Professoren.

Der ordentl. Professor der Erdkunde an der Universität Greifswald, Dr. Rudolph Credner, zum Geh. Reg.-Rat.

Prof. Dr. E. v. Drygalski in Berlin zum Ehrenmitglied der Geographischen Gesellschaft in Wien.

Der um die Schulgeographie verdiente Dr. H. Engelmann, Oberlehrer an der Friedrich-Werderschen Oberrealschule zu Berlin, zum Professor.

Der außerordentl. Prof. der Geogr. an d. Universität Heidelberg Dr. Alfred Hettner zum ordentl. Honorarprofessor.

Unser Mitarbeiter Dr. Sebald Schwarz, bisher Oberlehrer in Dortmund, zum Direktor der II. Realschule in Lübeck.

Prof. Dr. K. v. d. Steinen in Berlin zum Ehrenmitglied der New York Academy of sciences und der Anthropological Society of Washington.

Geh. Oberbaurat L. Sympher zum Dr. ing. h. c. der Dresdner Technischen Hochschule.

Der Madagaskar-Reisende Prof. Dr. A. Voeltzkow zum korrespond. Mitgl. der Académie Malgache.

Auszeichnungen.

Die Pariser Geographische Gesellschaft verlieh Prof. E. v. Drygalski die Goldene Medaille des Alexandre la Roquette-Preises.

Berufungen.

Geh. Reg.-Rat Prof. Dr. Wohltmann in Bonn-Poppelsdorf als ordentlicher Professor für Landwirtschaft an die Universität Halle.

Habilitationen.

Dr. K. Walther hat sich mit der Schrift »Geologische Beobachtungen in der Umgebung von Jena« an der Universität Jena als Privatdozent für Mineralogie und Geologie habilitiert, Dr. O. Wilckens in Freiburg i. B. für Geologie und Paläontologie.

Todesfälle.

Jule Verne, bekannter Romanschriftsteller, Verf. einer »Histoire générale des grands voyages et des grands voyageurs« u. einer »Geographie illustrée de la France«, geb. 8. Febr. 1828 in Nantes, starb zu Amiens.

Geographische Nachrichten.

Wissenschaftliche Anstalten.

Die von dem dänischen Botaniker und Grönlandforscher P. Porsild angeregte Errichtung einer biologischen Station auf der Insel Disco im nördlichen Teile von Westgrönland ist durch eine Stiftung gesichert.

Zeitschriften.

Seit dem 1. April d. J. erscheint im Verlag von Erwin Nägele unter dem Titel »Aus der Natur« eine neue »Zeitschrift für alle Naturfreunde«. Sie wird von Dr. W. Schoenichen unter Mitwirkung mehrerer Fachleute herausgegeben. Jährlich erscheinen 24 reich illustrierte Hefte zum Preise von 6 M. Das erste Heft enthält u. a. einen Aufsatz von Karl Sapper über »Vulkanausbrüche und ihre Folgen«.

Mit Beginn dieses Jahres gibt der Badische Verein für Volkskunde eine Zeitschrift heraus, die unter dem Titel: »Blätter des Badischen Vereins für Volkskunde« im Verlag von Fehsenfeld in Freiburg i. B. erscheint. Das erste Heft der von Prof. Dr. Fr. Pfaff geleiteten Zeitschrift hat folgenden Inhalt: O. Haffner, »Die Pflege der Volkskunde in Bayern«; B. Kahle, »Über einige Volksliedervarianten«; B. Kahle und Fr. Pfaff, »Umfragen zur Volkskunde«.

Stiftungen, Verwilligungen usw.

Das Vega Stipendium der schwedischen Gesellschaft für Anthropologie und Geographie ist dem Frhrn Erland Nordenskiöld zur Fortführung und Vollendung seiner Forschungsreise in Südamerika zugeteilt worden.

Die Berliner Akademie hat dem Prof. Dr. W. Bergt in Dresden 750 M. zu einer geologischpetrographischen Untersuchung des »Hohen Bogens bei Fürth« im Bayerischen Walde bewilligt.

Versammlungen.

Die 77. Versammlung deutscher Naturforscher und Ärzte findet vom 24.—30. Sept. d. J. in Meran statt. Vorträge und Demonstrationen für die Abteilung Geographie, Hydrographie u. Kartographie sind möglichst bis zum 15. Mai an Prof. Dr. Thomas Wieser, Meran, Remnweg 5, anzumelden.

Grenzregelungen.

Die Vertreter der Republiken Peru und Ecuador haben in Quito ein Protokoll unterzeichnet, welches die streitige, am Ufer des Flusses Napo gelegene Zone als neutral erklärt. Das Protokoll steht im Einklang mit dem Abkommen vom Februar v. J., nach dem der König von Spanien als Schiedsrichter den Grenzstreit schlichten soll.

Eisenbahnen.

Durch die Eröffnung der 38 km langen Bahnstrecke Etampes—Pithiviers ist die direkte Verbindung Paris—Bourges hergestellt. Bisher führte diese wichtige Linie über Orléans und Vierzon.

Die ägyptische Regierung hat den Bau einer Bahn von Berber nach dem Roten Meere beschlossen. Dieselbe sollte enden zu lassen, kann man sich nicht entschließen, da dieser Hafen durch Korallenriffe gefährdet ist. Man beabsichtigt deshalb am Endpunkt der geplanten Bahn, Cheik el Barghoud, etwa 30 Meilen nördlich von Suakin, einen neuen Hafen zu bauen, da günstige Vorbedingungen dafür vorhanden seien.

Telegraphen.

Die Kap-Kairo-Telegraphenlinie ist jetzt bis Udschidschi am Ostufer des Tanganika-Sees vollendet. Von hier soll sie nach dem Viktoria Njanza und dann direkt nördlich zum Anschluß an das Sudannetz geführt werden. Vorläufig macht sumpfiges Terrain, durch welches die Linie auf einer Strecke von 150 km gelegt werden muß, dem Weiterbau Schwierigkeiten. Unter anderem denkt man auch daran, der schwierigen Stelle durch drahtlose Telegraphie Herr zu werden.

Schiffahrtslinien, Kanäle.

Trotz aller äußeren und inneren Verwicklungen fährt Rußland fort, große Kulturpläne zu schmieden. Dem Riga—Cherson Kanalprojekt (vgl. Geogr. Anz. 5 (1904), 282) folgt jetzt ein solches für einen Wolgakanal. Die geringe Tiefe des Wolgadeltas erschwert die Schiffahrt und hindert dadurch den russischen Handel mit den südwestlichen Gebieten Asiens an einer gesunden Entwicklung. Die Regierung hat deshalb einen Plan ausarbeiten lassen, nach dem das Delta durch einen Kanal umgangen werden soll, dessen Kosten auf 23½ Mill. Mark veranschlagt sind. Mit der Ausführung all dieser Pläne wird man sich angesichts der schweren Krisen, die das Russische Reich jetzt zu bestehen hat, nicht allzusehr übereilen.

Forschungsreisen.

Asien. Privatdozent Dr. Doflein, Konservator der zoologisch-zootomischen Sammlung in München, ist von einer mehrmonatigen wissenschaftlichen Reise, die er mit Unterstützung des Prinzregenten und der Akademie der Wissenschaften nach Ostasien unternahm, zurückgekehrt. Die Sammlungen von Südseeorganismen, die er in der Bucht von Sendai im Norden Japans, und in der Sagami-Bucht südlich von Yokohama ausführte, haben reiche Ergebnisse gehabt.

Eine ethnologische Forschungsreise in den südöstlichen Teil des Gouvernements Jeniseisk hat im Auftrag der Russ. Geogr. Gesellschaft und mit staatlicher Unterstützung A. A. Makarenko im Sommer vorigen Jahres ausgeführt. Zunächst bildeten die Amtsbezirke Kasačinsk und Maklakovsk an der Mündung der oberen Angara in den Jenissej das Feld seiner Forschungen. Im Mai fuhr er von Krasnojarsk bis zur Station der sibirischen Bahn Tulun, von da reiste er auf Feldwegen nach dem historischen Orte Bratskij Ostrog an der Einmündung der Oka in die Angara und fuhr diese abwärts bis zur Mündung in den Jenissej. Die ethnographischen Aufnahmen haben reiche Erfolge ergeben.

Leutnant Filchner ist von seiner Forschungsreise, die er gemeinsam mit Dr. Tafel an den Oberlauf des Hoang-ho nach Tibet unternommen hatte, Ende Januar nach Schanghai zurückgekehrt. Die Expedition brach im Dezember 1903 von Schanghai auf und zog über Hankou, Hsing-an, Lanchou nach Sinina-tu in der Nähe des Kuku vor. In Si-ning-fu wurde die Expedition für Tibet zusammengestellt, die am 13. Juni 1904 von Sharakuto, im SW von Si-ning-fu, aufbrach, bis zum Oring-nor vordrang und einen Vorstoß nach Sung-pan in Szechuan ausführte. Filchners Reisewerk wird voraussichtlich im Herbst d. J. bei E. S. Mittler & Sohn in Berlin erscheinen.

Eine erfolgreiche Forschungsreise in die östliche Buchara hat J. S. Edelstein im Auftrag der Russ. Geogr. Gesellschaft im Sommer 1904 ausgeführt, die besonders der geologischen Erforschung des Peter I. Gebirges galt. Ausgangspunkt der Expedition war die Stadt Oarm (vgl. Stielers Handatlas Nr. 62, F/5). Von hier aus wurden den ganzen Juli hindurch und im Anfang August ununterbrochen Exkursionen ausgeführt. Das Gebirge wurde an vier Punkten gequert, in den Pässen Gardan-i-Kaftar, Ljuli-charvi, Kamčirak und Jafuč.

und beide Gebirgshänge wurden erforscht, sowohl das Tal des Chingou von seinen Quellflüssen bis zur Mündung, als auch die Flüsse Surchob und Muk-su bis Kandau; außerdem wurden eine ganze Reihe von Seitenexkursionen ausgeführt, teils zu rein geologischen Zwecken, teils zum Studium der Gletscher besonders im östlichen Teile des Gebirges, von denen mehrere bisher überhaupt noch nicht besucht worden sind. Auf dem Rückweg ging Edelstein von Garm über den Pakiff-Paß in das Tal des oberen Serafschan und diesen abwärts nach Samarkand.

In ein wenig bekanntes Gebiet hat B. A. Fedčenko eine Forschungsreise unternommen. Nachdem er sich in Novo-Margelan ausgerüstet, brach er nach dem Alai und Muk-su auf und reiste durch das Pamir nach Schugnan (s. Stielers Handatlas Nr. 62, O/5, 6. Hier erstreckten sich seine Forschungen hauptsächlich auf das Gebirge zwischen Pandsch und Schachdara, das mit seinen zahlreichen Gletschern sorgfältig untersucht wurde. Besonders eingehend wurden die botanischen Verhältnisse des Gebirges erforscht. Die Rückreise wurde auf dem üblichen Wege durch das Pamir ausgeführt.

Prof. Voeltzkow, über dessen im Auftrag der Heckmann-Wentzel-Stiftung unternommene Reise zur Untersuchung der Bildung und des Aufbaues der Riffe und Inseln des westlichen Indischen Ozeans wir früher berichteten (vgl. Geogr. Anz. 1902, S. 152; 1904, S. 132), hat von Madagaskar aus seine Reise über Mauritius nach Ceylon fortgesetzt und ist nach erfolgreichem Studium der dortigen marinen Ablagerungen und der berühmten Perlbänke Ceylons nunmehr nach 2½ jähriger Abwesenheit glücklich wieder in der Heimat eingetroffen.

Afrika. Der Ägyptolog Prof. Dr. Georg Steindorff hat sich nach Ägypten begeben, um die Ausgrabungen auf dem großen Totenfeld bei Kairo wieder aufzunehmen.

Amerika. Die Smithsonian Institution hat im verflossenen Jahre zwei große Expeditionen ausgesandt. Die eine wurde von Dr. Maddren geführt und sollte in Alaska nach Überbleibseln großer ausgestorbener Tiere suchen. Ihre Forschungen erstreckten sich vor allem auf die Klondikegebiet und das Gebiet des Flusses Old Craw. Dem Führer der zweiten Expedition, Prof. Sherzer war die Aufgabe gestellt, die Gletscher längs der kanadischen Pacificbahn zu untersuchen.

Australien. Die Niederländische Neu-Guinea-Expedition, die von der Amsterdamer Geographischen Gesellschaft ausgerüstet und von R. Posthumus Meyjes geleitet wurde (vgl. Geogr. Anz. 5 (1904), S. 208) muß als gescheitert gelten. Ein von E. J. de Rochemont von der Etna-Bai nach dem Innern unternommener Vorstoß mußte wegen der großen Terrainschwierigkeiten halber aufgegeben werden.

Polarländer. Der Herzog von Orléans plant eine Nordpolarexpedition. Wenn auch als Ziel der auf drei Jahre berechneten Expedition wissenschaftliche Zwecke in die erste Linie gerückt werden, so liegt ihm in erster Linie daran, dem Pol näher zu kommen als seine Vorgänger und einen neuen Polarrekord aufzustellen.

Prof. T. A. Jaggar von der Harvard Universität, Cambridge, Mass., gedenkt im Laufe des Sommers eine geologische Forschungsreise nach Island auszuführen. Er wird am 25. Mai von Boston aufbrechen und zunächst nach Liverpool gehen. Am 10. Juni tritt er zu Schiff von Leith (Scotland) die Reise nach Island an; er gedenkt auf einer Küstenfahrt um die Insel an interessanten Punkten zu landen

und später von Reykjavik aus eine Landreise nach Norden zu unternehmen.

Der Polarforscher Charcot hat mit seiner Exped. die Heimreise nach Frankreich auf dem Dampfer »Algerie« angetreten. Das Polarschiff »Français« ist von der argentinischen Regierung angekauft worden.

Ozeane und Seen. Der Albatroß, der unter Leitung von Alexander Agassiz vier Monate lang Tiefseestudien im südlichen Großen Ozean ausführte, ist nach Californien zurückgekehrt.

N. M. Knipowitsch setzte seine Untersuchungen im Kaspischen Meere erfolgreich fort. In einem erst jetzt in den »Izvěstija« veröffentlichten Briefe an die Russische Geographische Gesellschaft, führte er im April vorigen Jahres eine Reise nach den südöstlichen und östlichen Teilen des Meeres aus. Die Punkte Baku-Aschura-de-Kuuli bezeichnen seine Route. Zweck der Fahrt war u. a. die untere Grenze des Lebens im Kaspischen Meere festzustellen, da die bisherigen Beobachtungen ergeben hatten, daß die tieferen Wasserschichten aller Lebewesen entbehrten. Diese Grenze wurde in Tiefen von mehr als 300 aber weniger als 400 m gefunden. *Hz.*

Besprechungen.

I. Allgemeine Erd- und Länderkunde.

Geographen-Kalender 1905/06. In Verb. mit vielen Fachgenossen herausgeg. v. Dr. Herm. Haack. 3. Jahrg. 540 S., 16 K., 1 Porträt. Gotha 1905, Justus Perthes. 4 M.

Den dritten Jahrgang des Geographen-Kalenders schmückt Elisée Reclus als Vertreter der Geographen französischer Zunge mit seinem Bilde. Der Schwerpunkt des neuen Bandes liegt in dem Adreßbuch der Geographen und Gelehrten verwandter Wissenschaften. Es erfüllt mich mit aufrichtiger Freude, mitteilen zu können, daß ich bei der Bearbeitung desselben allseitig weitgehende Unterstützung gefunden habe. Den bei weitem wichtigsten Fortschritt erblicke ich indes darin, daß es gelungen ist, in einer großen Anzahl von Ländern ständige Mitarbeiter für den Kalender zu gewinnen und daß begründete Hoffnung vorhanden ist, dies allmählich für alle Länder der Erde durchzuführen. Die Grenzen für die Aufnahme sind im allgemeinen nicht verrückt, im einzelnen eher etwas enger gezogen worden, trotzdem ist die Zahl der Adressen von 5000 auf 8200 gestiegen. Um dem internationalen Charakter des Adreßbuchs in noch höherem Maße gerecht zu werden, wurde versucht, die Adressen in der Sprache des Adressaten zu geben. Die Abteilungen »Weltbegebenheiten« und »Forschungsreisen« haben ihren bisherigen Charakter gewahrt. Eine grundsätzliche Änderung hat die Abteilung IV, »Geographische Literatur«, erfahren. Der Umstand, daß die bisherige Form der Darstellung bei den gegebenen Raumverhältnissen eine Berücksichtigung der Zeitschriften- und Kartenliteratur nicht zuließ, wurde als schwerer Nachteil empfunden.

Dazu kam weiter, daß auch hervorragende Erscheinungen der Bücherliteratur sich mit einigen Zeilen begnügen mußten, daß der deutsche Text in seiner gedrängten Kürze für ein leichtes Verständnis eine volle Beherrschung der deutschen Sprache voraussetzt und deshalb der internationalen Benutzung des Kalenders im Wege steht, daß endlich der fortlaufende Satz die Übersicht und damit das Auffinden der Titel erschwert. Dies waren die Gründe, welche mich bestimmten, die Abteilung in eine systematische Zusammenstellung der Titel ohne jeden kritischen oder erläuternden Zusatz umzuwandeln. So wurde es möglich, an Stelle der bisherigen 530 weit über 3000 Arbeiten zu berücksichtigen, der Zeitschriftenliteratur gerecht zu werden und vor allem der Kartenliteratur den ihr gebührenden Platz anzuweisen. Die Übersichtlichkeit ist die denkbar größte, und die Abteilung ist auch für den des Deutschen nicht Mächtigen in weitem Maße benutzbar. Für die Anordnung des Stoffes boten Baschins Bibliotheca geographica und der von Dinse bearbeitete Katalog der Berliner Gesellschaft einen bequemen Anhalt, wenn auch keinem von beiden in allen Punkten gefolgt werden konnte. Von den Karten wurden die eigentlich geographischen in den Vordergrund gestellt und den in den Text eingedruckten Skizzen der Zeitschriften (Grenzen, Eisenbahnstraßen, vorläufige Routen von Forschungsreisen u. a.) besondere Aufmerksamkeit geschenkt. Die Aufgabe der Nekrologie im Geogr. Jahrbuch zugunsten des Kalenders verpflichtete dazu, diesem Abschnitt eine noch größere Aufmerksamkeit zuzuwenden. Namentlich die Quellenhinweise sind diesmal weit eingehender gehalten. Die Kartenbeilagen haben folgendes Inhalt: Nördliche Strecke der Hedschas-Bahn; Die englische Expedition nach Lhasa; Die Baikal-Ringbahn; Das Wachstum des Japanischen Reiches; Siam 1904; Afrikanische Grenzveränderungen infolge der englisch-französischen und französisch-portugiesischen Abkommen; Der Aufstand in Deutsch-Südwestafrika; die Entwicklung der Vereinigten Staaten; Die neuen Telegraphenlinien in Alaska; Die neue Grenze zwischen Bolivien und Brasilien; Tian-schan und Alatau-Forschung; Niederländische Forschungen auf Borneo und Neu-Guinea; Die Inselsuche der »Tacoma« im Großen Ozean; Die Hauptstadt des Australischen Staatenbundes; Reisen im Gebiet des Weißen Nil; Französische Forschungen in der Sahara; Neue Grenze zwischen Brasilisch- und Britisch-Guayana.

Dr. H. Haack-Gotha.

Oppel, Alwin, Natur und Arbeit. Eine allgemeine Wirtschaftskunde. 1. Teil. Lex.-8°, X, 352 S., 99 Abb. im Texte, 13 Kartenbeil., 7 Taf. in Schwarzdruck. Leipzig und Wien, Bibl. Institut 1904.   Geb. 10 M.

Ein stattliches, gut und leichtverständlich geschriebenes, reich illustriertes Handbuch legt uns der Bremer Geograph vor und eine Fülle von Material, eigenen und fremden Forschungen hat er zu dieser flüssigen populären Darstellung verarbeitet. Es ist kein eigentlich geographisches Werk, dessen ersten Teil wir vor uns haben, sondern die wirtschaftlichen Gesichtspunkte sind maßgebend und verbinden eine Menge von Tatsachen, welche zahlreiche Disziplinen liefern, zu einer Einheit. Manchmal mag die Disposition im einzelnen überraschen, so z. B. die Behandlung der Sklaverei, deren wirtschaftlicher Bedeutung auch der historische Abschnitt nicht ganz gerecht wird, unter der Rubrik »Staat und Wirt-

schaft«, oder es erscheinen gewisse Seiten im Verhältnis zu anderen knapp behandelt, wie z. B. die prähistorische Entwicklung der Keramik. Bisweilen überrascht auch die Anordnung durch eine gewisse Kühnheit, so wenn die heutigen Natur- und Halbkulturvölker als »Reste früherer Entwicklungsstufen« vorgeführt werden. (Hierbei sei bemerkt, daß Oppel Friedrichs Stufentheorie noch nicht kennt, bzw. ihre ersten Formulierungen mißversteht, jedenfalls im ganzen dazu noch keine Stellung nimmt.) Doch ist die Anordnung des Stoffes im ganzen klar u. zweckmäßig.

Von drei Hauptteilen ist der erste den Naturvoraussetzungen der Wirtschaft gewidmet. Er behandelt mit ziemlich gleicher Ausführlichkeit Boden, Wasser, Luft, Vegetation und Tierwelt, relativ kurz den Menschen, seine Bedürfnisse, Fortschritte und Wirtschaftstätigkeit. Die wirtschaftlich wertvollen Faktoren werden allenthalben stark hervorgehoben, so die Meeresströmungen, die nutzbaren Mineralien, die Wetterprognose, doch ist anderseits z. B. die Bedeutung der Flüsse oder der Winde knapp behandelt. Die Schilderung der Klimagebiete in Zusammenhang mit der Vegetation ist zweckmäßig und anschaulich: die Benennung der Klimagebiete nach Pflanzenformationen oder Charakterpflanzen (z. B. Prärie-, Oliven-, Dattel-Klima), meist glücklich durchgeführt, wäre auch für den Unterricht von Vorteil. Der zweite umfassende Abschnitt behandelt die Geschichte der Wirtschaft von der Urzeit an bis ins 19. Jahrhundert und schließt mit den erwähnten »Resten früherer Entwicklungsstufen«. Wie Friedrich nimmt auch Oppel an, daß der Übergang von der Sammelwirtschaft zum Pflanzenbau an verschiedenen Erdstellen selbständig erfolgte; den »Hauptherd« der Domestikation der Haustiere sucht er in Mittelasien. An diesen mehr kompilatorischen Teil schließt sich schon im ersten Bande ein Stück des dritten und ausführlichsten Hauptabschnitts »die Wirtschaft der Gegenwart«. Hier auf wirtschaftsgeographischem Gebiet ist Oppel vollends auf dem Boden seiner langjährigen Studien. Ein einleitendes Kapitel bespricht »Mittelpunkte, Übersichten und Gesamtcharakter«, es tritt unter anderem Fragen wie den Wirtschaftsformen und dem Verhältnis von Wirtschaft und Rasse näher. »Die mineralische Urproduktion« bildet das Schlußkapitel des ersten Bandes. An eine vorwiegend historische und technische Betrachtung des Bergbaues reiht sich eine eingehende Besprechung der wichtigen Mineralien, bei der auch ihre geographische Verbreitung erörtert wird. Diese faßt dann noch eine kurze Übersicht über den »Mineralreichtum einzelner Länder, namentlich Deutschlands« zusammen, die fast ganz dem Deutschen Reiche gewidmet ist. Wir sehen also, daß der wirtschaftsgeographische Teil nicht länderkundlich, sondern nach Produkten disponiert, reich mit technischen, historischen, statistischen Daten durchsetzt ist. Für ein Nachschlagewerk hat diese Disposition manchen Vorteil.

Die reiche Ausstattung bedarf bei Werken des Meyerschen Verlags keine Hervorhebung. Unter den Karten verdienen diejenigen Erwähnung, die Oppel selbst gezeichnet hat und die zum Teil mehr bedeuten, als bloße Veranschaulichungen zum Texte. Neben geologischen und bodenkundlichen, klimatischen und biogeographischen Übersichten der Erde sind hier zu nennen: Entwicklung der Erdkenntnis, Weltverkehr, Mineralproduktion, sowie drei Wirtschaftskarten, deren Vergleichung mit Hahn, Vierkandt und Friedrich recht lehrreich ist. Daß dabei die Mercatorprojektion gewählt wurde, ist bedauerlich. Eine Wirtschaftskarte der Erde um 1500 ist nach Vierkandts Vorgang bei seinen Kulturkarten neben jene von 1900 gestellt. Auf dieser letztgenannten sind zugleich die Völkergruppen durch die Farbe dargestellt, derart, daß z. B. Schraffen die Stufe der Viehzucht, Vollfarben die Stufe der Landwirtschaft mit Industrie bezeichnen und diese Signaturen jeweils in der Farbe der Indogermanen, Semiten usw. gehalten sind. Ebenso stellt eine dritte Wirtschaftskarte zugleich Wirtschaftsstufen und Volksdichten dar. Es ist so auf technisch höchst gelungene Weise ein lehrreicher Vergleich ermöglicht; Vergrößerungen dieser Karten können dem Unterricht als Wandkarten treffliche Dienste leisten. Das Handbuch, obwohl ohne Quellenangaben als populäre Darstellung abgefaßt, vermag durch seine leitenden Gesichtspunkte und die erwähnten Versuche neuartiger Veranschaulichungen auch dem kritischen Leser reiche Anregung zu gewähren. *Prof. Dr. R. Sieger-Wien.*

Neudeck, G., Um die Erde in Kriegs- und Friedenszeiten. VIII, 226 S. Kiel 1904, Paul Töche. 5 M.

Treffliches Papier, allerliebste Kopfleisten, löblicher Druck, zahlreiche Bilder, teils gut, teils undeutlich, Text: Plaudereien von der breiten Straße des Globetrotters mit etlichen Seitenpfaden, Stil nachlässig. *Dir. Dr. E. Oehlmann-Linden.*

Schulze, Br., Das militärische Aufnehmen. 305 S. 129 Abb. Leipzig 1903, B. G. Teubner. 8 M.

Nach den vielen mehr oder weniger dilettantenhaft bearbeiteten Publikationen über das militärische Aufnehmen, in denen jüngere oder auch aus dem aktiven Dienst zurückgetretene Offiziere der Mit- und Nachwelt ihre eigenen, oft nicht sehr großen und geklärten Erfahrungen mit dementsprechenden Wissen übermitteln wollen, begrüßen wir mit einer gewissen Genugtuung das vorliegende Buch, das doch wenigstens der notwendigen Fachkunde geschrieben ist; wir können auch gleich beifügen, mit großer Klarheit und Einfachheit. Da hat die Kritik wohl nicht viel auszusetzen, sondern nur zu loben. Es sind Vorträge, welche der zu früh verstorbene Verf. an der Kais. Kriegsschule gehalten hat, die uns da wiedergegeben werden. Ob nun gerade alles, was »im Kolleg« vorgetragen wurde, auch wirklich in das Buch aufgenommen werden mußte, darüber kann man sich fragen. Wir glauben, verschiedene Ausführungen, namentlich die geschichtlichen über Meßmethoden und Meßinstrumente hätten weggelassen werden können. Es ist ja gewiß vieles interessant, und es dient die geschichtliche Entwicklung eines Verfahrens zum besseren Verständnis desselben; wir haben aber mit dem Neuen so viel und gerade genug zu tun, daß man das alte lieber nicht mehr nachschleppen sollte. In dieser Beziehung, daß z. B. verschiedene Systeme von Instrumenten geschildert werden, wo wesentlich nur noch eines zur Anwendung kommt, scheint uns das Buch etwas zu lehrhaft, zu retrospektiv, zu sein, anstatt frisch und möglichst einfach das gegenwärtig in Preußen übliche militärische Aufnehmen zu schildern. Ebenso wäre vielleicht hier und da eine andere Anordnung in der Behandlung des Stoffes zweckdienlich; es findet sich verschiedenes gelegentlich eingeschachtelt — gerade mitgenommen, wie es sich im Vortrag etwa ergibt — wie es aber im Buche anders eingeteilt sein sollte.

Die Fortschritte der Technik und Wissenschaft in der jüngsten Zeit hätten noch etwas mehr berücksichtigt und verwertet werden können. Es betrifft dies nicht nur die Methoden und Hülfsmittel

der Vermessung (warum wird z. B. der so bequeme und andernorts so vielfach angewendete Rechenschieber anstatt der unhandlichen Kotentafeln nicht gebraucht?) sondern auch die Lehre von den Bodenformen bzw. von der Entstehung der Formen und des Zusammenhanges zwischen Bodenform und Bodenbedeckung. Mit der Erklärung z. B. der Kräfte, welche die heutige Gestaltung der Erdoberfläche hervorbrachten, nämlich »die von innen nach außen wirkenden vulkanischen Kräfte und die Wirkung des Wassers« sind wohl nicht alle Geographen und Topographen Deutschlands einverstanden, wenn ja auch über die Fragen der Ursachen der Gestaltung der Erdrinde, namentlich in der Erklärung der Lagerungsstörungen unter den Vertretern der Wissenschaft noch nicht volle Einigkeit herrscht. *Prof. F. Becker-Zürich.*

Steffen, Gustaf F., England als Weltmacht und Kulturstaat. Deutsche vom Verfasser bearbeitete Ausgabe, aus dem Schwedischen übersetzt von Dr. Oskar Reyher. 2. Aufl. Stuttgart 1902, Hobbing & Büchle. 6 M.

Das vorliegende Werk hat sich seit seinem ersten Erscheinen (1899) in hohem Grade die Beachtung der Geographen, Politiker und Volkswirte errungen, ebenso wie die beiden anderen Bücher des Verf.: »Streifzüge durch Großbritannien« und »Aus dem modernen England«. Man hat zwar hier und da in der Presse die Schriften von Steffen als »Journalistenarbeit« kühl abfertigen wollen; ich kann mich aber nach wiederholter und eingehender Beschäftigung mit ihnen diesem Urteil nicht anschließen. Kein Mensch, der sich über das so vielfach rätselhafte Inselland und Weltreich ein Urteil bilden will, darf die Werke von Steffen ignorieren. Sie beruhen auf langjähriger Beobachtung und gründlicher Gedankenarbeit; sie sind von einem Standpunkt aus geschrieben, den man unter allen Umständen hochachten muß, und der allein schon den Verf. vor Oberflächlichkeit zu bewahren geeignet war; man kann ihn kurz dahin fassen, daß aller materielle Fortschritt nichtig, wertlos ist, wenn nicht die Menschen zugleich besser und glücklicher werden.

Auf Einzelheiten einzugehen, ist im Rahmen einer kurzen Besprechung unmöglich; hier kann nur die Lektüre des anregenden Buches empfohlen werden. In seinen Folgerungen geht mir Steffen freilich zu weit. Ich schätze, wie ich schon an anderer Stelle ausgesprochen habe, den Wert der englischen Kultur erheblich höher ein, als er es tut; ich glaube, daß wir von den Engländern eine ganze Menge lernen können, ohne wertvolle Eigenheiten unseres Wesens preiszugeben. Ich fürchte anderseits, man könnte auch über den Wert der modernsten deutschen Reichskultur eine recht trübe Studie schreiben; doch erkenne ich gerne an, daß Steffen bei weitem nicht so einseitig über England urteilt, wie es unser Landsmann Tille leider getan hat.

Freilich hätte Steffen das, was er uns zu sagen hatte, auf weit weniger Raum vortragen können, als in einem Buche von 400 Seiten. Seine eigenen, durchaus wertvollen Gedankengänge füllen nur etwa die Hälfte des Werkes. Mehrere Kapitel sind kaum etwas anders als Inhaltsangabe fremder Originalwerke u. dgl. So beruht Kapitel 5 (Band I) ganz auf der Industrial Democracy der beiden Webbs, Kapitel 7 desselben Bandes auf Shaw, Municipal Government in Great Britain; Band II, Kapitel 3 auf Clodd, Pioneers of Evolution; die sehr ausführlich vorgetragene Lehre John Ruskins füllt ein ganzes

Kapitel, in zwei anderen werden einige moderne englische Künstler mit ihren sämtlichen Werken besprochen; es fehlt nicht eine Art Führer durch das Britische Museum und die Nationalgallerie. Von allen diesen Dingen erwartet man doch eigentlich nur die Quintessenz, nicht das Rohmaterial.

Einige Druckfehler seien dem Herausgeber mitgeteilt: I, 32 Z. 14 v. u. lies ihr statt ihn, I, 61 Z. 5 v. o. 1250 statt 1225, I, 68 Z. 17 v. o. gleiche statt gleich, I, 184 Queen's (oder eigentlich King's) statt Quens, II, 53 Men's statt Mens.

Dr. R. Neuse-Charlottenburg.

Seiner, Fr., Bergtouren und Steppenfahrten im Hererolande. 278 S. Mit zahlr. Abb. u. einer Kartenskizze. Berlin 1904, Wilh. Süsserott. 6 M.

Über das so schwer geprüfte Südwestafrika ist infolge des Hereroaufstandes eine Fülle literarischer Erzeugnisse ans Licht getreten, die indes den Ansprüchen einer strengeren Kritik nicht immer standhalten. Zu den besseren Produkten gehört jedenfalls das Buch des Grazer Redakteurs Seiner, der im Dezember 1902 nach Südwestafrika ging, um daselbst — auf Prof. Doves Vorschläge hin — Genesung von einem schweren Lungenübel zu suchen. Diese fand er in der reinen Steppenluft und bei guter körperlicher Pflege so bald, daß er bereits im Mai des nächsten Jahres zur heimischen Berufstätigkeit zurückkehren konnte. Dankbar preist er daher die Heilkraft des dortigen Klimas und empfiehlt die Kolonie der Beachtung der Ärzte und Leidenden. Als federgewandter und im schnellen Auffassen geübter Journalist hat Seiner die Menschen und Verhältnisse, wie sie ihm entgegentraten, sicher und vorurteilsfrei zu schildern gewußt. Er geht durchaus nicht abstrakt und doktrinär ans Werk; die Lehre ergibt sich vielmehr ganz von selbst aus Schilderung oder Bericht, und beide sind stets anschaulich, klar und treffend, doch ohne jeden gelehrten Zusatz, den der Verfasser zum Vorteil seines Buches gern vermieden hat. Aber gerade solch ein Opus brauchten wir zurzeit, solch ein treues, auf keiner Seite verzerrtes Bild der Alltäglichkeit, in dem jedes Ding in naturwahrer Beleuchtung erscheint. Dadurch wird auch dem Fernerstehenden die Beurteilung des unglücklichen Landes wesentlich erleichtert.

Wer die Vorwürfe kennt, die von Prof. Dr. Dove, von Dr. Passarge, Dr. L. Sander und vielen, vielen anderen gegen die frühere Wirtschaft in der Kolonie oder, kurz gesagt, gegen das System Leutwein und alles, was damit zusammenhing, erhoben worden sind, wird bei Seiner von Seite zu Seite die traurige Bestätigung lesen. Verfehlt war die Behandlung der Weißen, d. h. der nichtbeamteten Ansiedler, Händler, Kaufleute und sonst Gewerbetreibenden, verfehlt die Eingeborenenpolitik, die an dem Aufstand einen großen Teil der Schuld trägt, und verfehlt besonders jene unglückselige »Verordnung« vom 23. Juli 1903 aus — »Norderney«, wonach die Geldforderungen an Eingeborene nur innerhalb eines Jahres einklagbar sein sollten. Sie brachte mit ihren üblen Folgen den Stein ins Rollen; sie rief die tiefverschuldeten Häuptlinge und Großleute auf den Plan zur blutigen Seisachtheia, die sich in Greuel und Zerstörung nicht genug tun konnte. Daß auch von anderen Seiten, als bloß vom Gouvernement, noch manches gesündigt ist, hat der Verfasser keineswegs übersehen. Er hält sich deshalb mit seinen Vorschlägen zur Änderung oder Besserung stets auf dem Boden der Tatsachen, und

das ist gut, da er von gewissen Stellen wohl nicht ohne Widerspruch bleiben dürfte.

Die Bergfahrten Seiners erstrecken sich auf die Gegenden nördlich von Windhuk bis Waterberg. Er bestieg dabei den 2680 m hohen Omatako und hatte mehrfach Gelegenheit zu allerlei Beobachtungen über die Moral oder richtiger Unmoral der Herero, besonders des weiblichen Teiles dieser Bevölkerung, deren Christentum durchgehend recht wenig wert ist. Die nach Photographien hergestellten Abbildungen sind meist gut ausgefallen; sehr zu rügen ist jedoch die elende Kartenskizze, mit der der Verleger das Buch »ausgestattet« hat. *H. Seidel-Berlin.*

Grund, A., Die Karsthydrographie. Studien aus Westbosnien, Pencks Geogr. Abh. Bd. VII, Heft 3. Leipzig 1903, Teubner. 6.80 M.

Die Arbeit des Verfassers ist ein sehr wertvoller Beitrag zur Kenntnis des Karstes. Grund hat in den Jahren 1901 und 1902 weite Strecken von Hochkroatien und Westbosnien durchwandert und sein besonderes Augenmerk dabei den morphologischen und hydrographischen Verhältnissen des Landes gewidmet. In sieben Kapiteln bringt er die Einzelergebnisse nach Landschaften geordnet, ein Schlußkapitel bringt die Folgerungen, die er aus dem Gesehenen zieht.

Der Verfasser bricht in der Arbeit mit der bisher allgemein vertretenen Meinung von großen weiten Höhlen, die ganze Flüsse beherbergen, welche irgendwo verschwunden sein müssen. Diese Auffassung, die für einige ausgereiftere Teile des Karstsystems, wie den Innerkrainer Karst, paßt, darf nicht verallgemeinert werden. Nicht der einzelne Fluß, sondern das Grundwasser (der Verfasser gebraucht geringfügiger Unterschiede halber das Wort Karstwasser), das bald steigt, bald fällt, ist der maßgebende Faktor im Lande, von ihm hängt das Auftreten oder Versiegen der Quelle, die längere oder kürzere Dauer periodischer Überschwemmung, die Verwendung der Ponore als Spei- oder Saugiöcher ab. Da die offenen Fugen im Kalkstein nur 2—6 ‰ von dessen Volumen einnehmen, muß die Schwankung des Grundwasserspiegels hier bedeutend größer sein als im lockeren Geröll, und da die Inundation der Pollen nicht einfach durch Flußüberschwemmung bei unzureichendem Abfluß, sondern durch Anfüllung aller Klüfte mit Wasser zu erklären ist, kann die Reinigung der Ponore nur die Dauer der Überschwemmung abkürzen, nicht aber dieselbe ganz aufheben.

So wie die Quellen niemals oberhalb des Grundwasserspiegels auszubrechen vermögen, so kann ein Fluß nur dann auf Kalkboden fließen, wenn er sich in oder unter diesem Niveau bewegt. Mit dem Senken des Grundwasserspiegels verwandelt sich die oberirdische Entwässerung eines Kalklandes in eine unterirdische. Die Schuttführung eines aus undurchlässigem Gebiet kommenden Gewässers vermag es meist nur ein Stück weit auf Kalkboden zu erhalten, nur kräftigere Flüsse können ihn in Cañontälern durchqueren.

Diese Auffassung von der Bedeutung des Grundwassers ist zwar nicht ganz neu (vgl. Kraus, Höhlenkunde, S. 154), aber sie ist so konsequent durchgearbeitet wie hier; mit ihrer Hilfe ist es tatsächlich gelungen, »für die verwirrende Zahl von Einzelerscheinungen ein einfaches, einheitliches Gesetz zu finden«.

Weitere Ausführungen betreffen die Genesis der Pollen. Grund bringt hier den Nachweis, daß die großen westbosnischen Pollen durchaus tektonischen

Ursprungs sind, Senkungsfelder, wie sie meist am Schlusse einer größeren Gebirgsbewegung sich bilden. Während nun in Gebieten mit offenem Abfluß Senkungsfelder bald den Charakter erosiver Flußweitungen annehmen, ist im Kalk eine Auffüllung des Bodens mit Wasser bis zum Überfließen unnötig, da der Abfluß unterirdisch erfolgen kann. Die tektonische Hohlform kann sich hier, wo Erosion und Akkumulation fehlen, gut erhalten. Auf diese Senkungsfelder in durchlässigem Kalkboden will nun Grund den Begriff »Karstpolje« beschränkt wissen; er schlägt für die Ausräumungs- und Anschüttungsflächen, die bei den Südslawen auch allgemein als Poljen bezeichnet werden, andere Namen vor.

Auch darin ist jedenfalls ein wichtiger Schritt nach vorwärts getan, da jetzt die Entstehungsursache der großen Ebenen auf Kalkboden klargelegt sein dürfte. Ob es unbedingt nötig ist, einen ursprünglich morphologisch gefaßten Begriff (vgl. die Definition bei Cvijic, das Karstphaenomen S. 75) nun im genetischen Sinne einzuschränken, mag dahingestellt bleiben; wir sprechen allgemein von Tälern und Bergen und meinen stets die Form, nicht die Bildungsart.

Ein Überblick über die Entwicklungsgeschichte des Landes schließt die Arbeit ab; wir möchten aber ausdrücklich hervorheben, daß außer den im letzten Abschnitt zusammengefaßten Ergebnissen, die hier allein skizziert werden konnten, in den Einzelbesprechungen eine Summe des wertvollsten geographischen Materials enthalten ist. Wir treffen Notizen zur Geologie Westbosniens, über Eiszeitspuren und Abrasionsebenen, über Vegetationsgrenzen, die Lage und Art der Siedelungen, sowie vieles andere. Es wäre dankenswert gewesen, wenn der Verf. auch diese mit Fleiß gesammelten Angaben in übersichtlicher Weise am Schlusse der Arbeit wiederholt hätte. Passen sie auch nicht unbedingt in die Verfolgung der Fragen, die ihm zunächst am Herzen lagen, so hätten sie doch als länderkundliche Beiträge eine Zusammenfassung verdient. Die Gebiete, die der Verf. aufsuchte, sind noch so unbekannt und abgelegen, daß wir jede einzelne Mitteilung zu schätzen wissen. *Dr. N. Krebs-Triest.*

II. Geographischer Unterricht.

Hölzels Rassentypen des Menschen. Unter Mitwirkung von Reg.-Rat Franz Heger ausgewählt und bearbeitet von Prof. Dr. Franz Heiderich. 4 Taf. Wien 1903, Ed. Hölzel. 17 M., auf Leinwand mit Stäben 24 M.

Die Sammlung umfaßt 32 Brustbilder in ⅔ Lebensgröße. Das Material für die Vorlagen, die vom Maler Friedrich Beck unter genauer Anleitung durch den Herausgeber aquarelliert wurden, ist der Ethnographischen Sammlung des k. k. Naturhistorischen Hofmuseums entnommen. Von den vier Tafeln entfallen die beiden ersten auf Asien, die dritte bringt die afrikanischen, die vierte die amerikanischen, australischen, polynesischen Völker in typischen Vertretern zur Anschauung. Die mongolischen Völker Asiens sind vertreten durch das Bildnis eines Chinesen, Japaners, Mongolen, Kalmücken, Osmanen, Samojeden und Siamesen, der indogermanische Zweig der mittelländischen Rasse durch einen Perser und Hindu, der semitische Zweig durch einen arabischen Scheich und einen Juden aus Vorderasien. Daß die Bergvölker des Kaukasus äußerlich den Ariern nahestehen, zeigt das Bild eines Tscherkessen. Der Javaner gehört zu den kulturell

höchststehenden Vertretern der malayischen Rasse. Die Bilder des Tamulen, eines Angehörigen der Drawida-Völker, ferner eines Singhalesen von der Insel Ceylon und eines Negrito, die noch in den tiefen Urwäldern der Philippinen leben, zeigen, daß die Urbevölkerung dieser Länder bei weitem dunkelhäutiger war, als die späteren Eindringlinge. Von der den größten Raum Afrikas einnehmenden Negerrasse vertritt ein Zulukaffer die südlichen Bantu und ein Guineaneger die nördlichen Sudanneger. Die Niam Niam, von denen Tafel 3 ebenfalls ein typisches Bild bringt, sind ein Mischvolk wie die Fulbe oder Fellata. Die charakteristischen Bilder ihrer Vertreter lassen erkennen, daß Hottentotten und Buschmänner als besondere Rassen aufzufassen sind. Den Norden Afrikas bewohnt der hamitische Zweig der mittelländischen Rasse, für den die Herausgeber einen Kabylen, einen Nubier und einen Galla als Typus auswählten. Auf Tafel 4 endlich sind vier amerikanische (Eskimo aus Labrador, Indianer aus Nordamerika, Indianer aus Südamerika und Feuerländer) und neben dem Australneger drei polynesische (Maori von Neuseeland, Papua aus Neuguinea und Fidschiinsulaner) Völkertypen abgebildet. Die Bilder sind gut. Der einzige Einwand, der vielleicht erhoben werden könnte, ist, daß die Zusammenstellung von acht Köpfen auf einer Tafel störend und verwirrend auf den Schüler wirken könnte. Aber dem ist entgegenzuhalten, daß die bedeutende Größe der Tafeln ausgleichend wirkt und daß die Darstellung der Typen auf Einzelblättern für die Mehrzahl der Lehranstalten den glatten Verzicht auf die Anschaffung bedeuten würde. *Ht.*

Brust, G. und **H. Berdrow**, Lehrbuch der Geographie unt. bes. Berücksichtigung d. prakt. Lebens für Real- und Mittelschulen, Seminare, Handels- und Gewerbeschulen sowie für den Selbstunterricht. Zweite durchgesehene Aufl. Mit 36 Karten im Text und einem Bilderanhang. VIII, 420 u. 44 S. Leipzig, Julius Klinkhardt. Geb. 3 M.

Die Verfasser haben die beste landeskundliche Literatur für ihren Zweck nicht übel verwertet. Über die Fülle des Rohmaterials wird man bei solchen Büchern wohl immer klagen müssen. Alle methodologischen Grundsätze helfen über diese Klippe bei gebotener Raumbeschränkung nicht hinweg. Ein Vorzug des Buches sind die »Aufgaben und Vergleiche« die am Ende der einzelnen Abschnitte sich finden. Die Karten- und Bilderbeilagen befriedigen weniger. Hier sollte man nicht mehr Holzschnittvorlagen, sondern ausschließlich Lichtbilder verwenden, dort ist es üble Sitte Geländedarstellungen an Landesgrenzen enden zu lassen. Abgesehen von diesen Ausstellungen kann das Buch recht wohl empfohlen werden. *H. P.*

Ketzer, Arthur, Schulgeographie für sächsische Realschulen und verwandte Lehranstalten. Mit 16 Fig. im Texte. 3. Aufl. 168 S. Leipzig 1904, Dürr. Geb. 2 M.

Die Neuauflage ist den neuen Lehrplänen von 1904 angepaßt, der Stoff ist daher für die Oberklassen teilweise wesentlich verschoben und neu bearbeitet und durchweg sachlich auf den Standpunkt der Gegenwart gebracht. In methodischer Beziehung seien einige Bemerkungen gestattet, die sich auf meine persönlichen Erfahrungen im Unterricht stützen, nachdem ich seit dem Erscheinen der ersten Auflage das Buch praktisch habe erproben können. Ketzer wollte ursprünglich dem Schüler nur das geben, was sich nicht ohne weiteres aus der Karte ablesen läßt. Den Schülern bereitet es aber bei der häuslichen Wiederholung ziemliche Schwierigkeiten, selbständig den Text nach der Karte zu ergänzen, wenn ersterer nicht durch Fragestellung Anleitung dazu gibt. In den Neuauflagen ist der Text an Umfang erheblich gewachsen, er gibt jetzt auch viele topographische Angaben, die in der ersten Auflage noch dem selbständigen Aufsuchen überlassen waren, in beschreibender Darstellung. Von der Fragestellung ist nur bescheidener Gebrauch gemacht. Ich würde es für einen Vorteil halten, wenn die Frage in viel ausgedehnterem Maße verwendet würde. Die Schüler werden durch direkte Fragen viel mehr zum Studium der Karte veranlaßt und wiederholen nach meinen Erfahrungen sehr gern danach. Das zeigte sich besonders, sich in den oberen Klassen neben dem Lehrbuch noch die für den hier angeführten Debesschen Atlas zugeschnittenen Übungen im Kartenlesen von Hölzel benutzt wurden. Auf der Oberstufe wird auch mitunter recht störend empfunden, daß aus dem Lehrstoff der unteren Klassen vieles als bekannt vorausgesetzt wird und der Schüler bei der Wiederholung sich zwei an ganz verschiedenen Stellen des Buches stehende Paragraphen selbständig zu einem Gesamtbild zusammenschweißen soll. Hier wären die Wiederholungsfragen äußerst angebracht, ebenso bei den politischen Übersichten von Mitteleuropa (§§ 42—47). Sehr wünschenswert ist auch eine Teilung des Buches in zwei selbständige Hefte für den unteren und oberen Kursus. Jetzt behält der Schüler dasselbe Buch sechs Jahre zur Wiederholung. Kommt er in die Oberklassen, so ist namentlich bei den außereuropäischen Erdteilen schon manches veraltet, was bei Anschaffung des Buches noch zutreffend war. Auch die Bevölkerungsziffern müssen dann fast durchgängig korrigiert werden. Die neu eingetretenen Schüler haben meist eine neuere Auflage als die von der VI. an aufgerückten, was nach der jetzigen Umarbeitung besonders störend wirkt, da erst in vier Jahren alle Schüler der Oberklassen im Besitz der Neubearbeitung sein werden.

Dr. F. Zemmrich-Plauen.

Kirchhoff, Alfred, Erdkunde für Schulen. I. Unterstufe. 10. Aufl. II. Mittel- und Oberstufe. 11. Aufl. 59 u. 395 S., 12 u. 36 Abbild. Halle a. S., Waisenhaus.   0.80 u. 3.40 M.

Der geräumigere Druck, der diese Neuauflage auszeichnet, hat eine kleine Vermehrung der Seitenzahl verursacht. Der Inhalt ist durch eine Zusammenstellung der Zahlenwerte zur mathematischen Erdkunde bereichert. Im übrigen sind einige wichtige Volkszahlen nach Supans neuestem Hefte der Bevölkerung der Erde berichtigt, die Entwicklungsgeschichte des südwestdeutschen Beckens ist neu dargestellt und für die deutschen Schutzgebiete die vom Kolonialamt neu eingeführte Schreibung der Namen befolgt worden.   Hk.

Hübner, Max, Geographische Bilder für die Oberstufe mehrklassiger Schulen in anschaulich- ausführlicher Darstellung. 2. Aufl. 96 S. Breslau 1903, Franz Goerlich.   40 Pf.

Nach Anlage und Ausführung, Übersichtlichkeit und Sprache ein vortreffliches Buch, das keiner Empfehlung mehr bedarf. Die nachfolgenden Bemerkungen wollen nur zeigen, daß ich es mit Sorgfalt und Befriedigung gelesen habe.

S. 9. »Die Berge, welche sich um den Brocken

lagern, bilden den Oberharz«. Der Brocken liegt fast am Rande des Gebirges; zum Oberharz gehört der Westharz das ist die Hochebene von Klausthal, das Dreieck von Andreasberg und die Brockengruppe mit dem Brockenfelde. — S. 7. Vielleicht konnte ausdrücklich gesagt werden, daß die Werra, deren Name nur die hochdeutsche Form von »Weser« bildet, der Oberlauf der Weser ist. — S. 8. »Nach Bremen können die größten Seeschiffe gelangen«. S. 42 heißt es richtig: »Bremen ist zu weit von dem Meere entfernt, als daß große Schiffe hereinkommen können«. — S. 9. Im Norden Deutschlands baut man meist Roggen«. In den südlichen Regierungsbezirken Hannovers, im Braunschweigischen und überall, wo die Zuckerrübe gedeiht, baut man heutzutage hauptsächlich Weizen. — S. 10. Unter den Landschaften, deren Bewohner zum großen Teil mit Bergbau beschäftigen, durfte der Harz nicht fehlen. Abgesehen vom Oberharz ernährt allein der Mansfelder Bergbau 8000 Menschen. — Die deutsche Handelsflotte ist nicht die viert- sondern die zweitgrößte auf der Erde. — S. 21, Anmerkung. Die letzten Mansfelder Taler sind 1862 geprägt. — S. 23. Nicht die Gegend »um Lüneburg«, sondern die zwischen Celle—Soltau—Harburg heißt die Lüneburger Heide, sie führt den Namen nicht nach der Stadt, sondern nach dem Fürstentum. — S. 23. Eisen liefert der Rommelsberg nicht, wohl aber außer Silber und Kupfer etwas Gold. Daß diese Gruben »schon unter Kaiser Otto dem Großen entdeckt und ausgebeutet« seien, ist Sage; genannt wird Goslar vor 979 nicht. — Auch bei der Provinz Hannover konnte der Reichtum an Salz erwähnt werden. Jedenfalls aber fordet der Kalibergbau, der sich in den letzten Jahrzehnten in den Harzvorlanden — nicht nur in den hannoverschen — in großartiger Weise entwickelt hat, nachdrückliche Beachtung. — S. 24. Die Sage vom Rosenstock knüpft sich an Ludwig den Frommen. Durch die Wand ist er übrigens nicht gewachsen: Bischof Hezilo führte ihn an der Giebelmauer des Chors hinauf, und als diesem später das Halbrund angefügt wurde, führte man den Stamm, dessen Wurzel seit alters in einem Kanal durch die Apsismauer nach außen. — Da S. 35 bei Freiberg die Bergakademie erwähnt ist, müßte dies auch hier bei Klausthal geschehen. — Vielleicht hat das Kaiserhaus in Goslar ein Anrecht auf Erwähnung. — S. 31. Nur die Konsistorien der »evangelischen« Kirche stehen unter dem Oberkirchenrat, die der Provinz Hannover unter dem »Landeskonsistorium«.

Das Heft ist sorgfältig korrigiert, nur hin und wieder (z. B. S. 17 nach »verdreifacht« und nach »sandwig«) fehlt ein Komma; vor »Stadtbezirk« S. 18 fehlt »den«; S. 16, Z. 11 v. o. soll es statt »stammt« wohl »stammen« heißen. »Seeen« verstößt gegen die Vorschrift. Ich möchte vorschlagen, das Determinativ hin und wieder durch das Personalpronomen zu ersetzen (z. B. S. 19 »im 12. Jahrh. wurde dieselbe (sie) von den Dänen zerstört«), und als Präposition jenseit (nicht jenseits) zu gebrauchen.   Schulinspektor Fr. Günther-Klausthal.

Hupfer, E., Deutschlands Anteil am Welthandel. Anh. zu d. Hilfsbuch d. Erdk. f. Lehrerbildungsanstalten. 28 S. Leipzig 1904, Dürr. 30 Pf.

Die Entwicklung des Welthandels, Deutschlands Stellung unter den Welthandelsmächten, die Grundlagen des deutschen Handels, die wichtigsten Güter des Welthandels, die Umlaufsmittel des Handels und die Verkehrsmittel werden kurz besprochen. Daß die hervorragende Stellung Deutschlands unter den Handelsstaaten nur aus den Naturverhältnissen abgeleitet wird (S. 12), erscheint mir einseitig und falsch. Vielfach ist man genötigt zu sagen: Trotz der Naturverhältnisse ... Wo bleibt die Würdigung des Menschen? Hinsichtlich der Nickelproduktion (S. 12) wird Deutschland nicht nur von Neukaledonien, sondern auch von Kanada, und hinsichtlich der Kupferproduktion auch von Mexiko und Australien übertroffen. *Dr. E. Friedrich-Leipzig.*

Geographische Literatur.

a) Allgemeines.

Bemporad, A., Zur Theorie der Extinktion des Lichtes in der Erdatmosphäre. (Mitt. d. Großherzogl. Sternwarte zu Heidelberg IV). III, 76 S. Karlsruhe 1904, G. Braunsche Hofbuchdruckerei. 4 M.

Berg-Sagnitz, Graf Fr., Vom baltischen Meer zum Stillen Ozean. 1903. 220 S., 1 K. Riga 1904, J. Deubner. 3 M.

Bericht des internationalen meteorologischen Komitees. Versammlungen zu Paris 1900 und zu Southport 1903. Herausgeg. vom kgl. preuß. meteorolog. Institut. III, 80 S. Berlin 1905, A. Asher & Co. 3 M.

Boltzmann, A., Lufteiektr Beobachtungen auf d. Meere. (Aus: »Sitzungsbericht. der k. Akad. d. Wissenschaften«). 36 S., 2 Taf. Wien 1904, C. Gerolds Sohn. 1.10 M.

Ziegler, A., Über floristische Verwandtschaft zwischen dem tropischen Afrika und Amerika, sowie über die Annahme eines versunkenen brasilianisch-äthiopischen Continents. (Aus: »Sitzungsbericht. der preuß. Akademie der Wissenschaften«. 52 S. Berlin 1905, G. Reimer. 2 M.

Falb, R., Neuer Wetter-Kalender und Verzeichnis der kritischen Tage für 1905. Juli bis Dezember. 56 S. Berlin, H. Steinitz. 1 M.

Geographen-Kalender. Hrsg. v. Dr. H. Haack. 3. Jahrg. 1905/06. Mit dem Bidnis von Jacques-Elisée Reclus in Heliogravüre u. 16 Karten in Farbendruck. (VIII, 468 S.) Gotha, J. Perthes. Geb. in Leinw. 4 M.

Oewecke, H., Neue Karte des Sternhimmels mit abnehmbarem Horizont. 2. Aufl. Berlin 1905, D. Reimer. 2.50 M.

Hartleben, A., Statistische Tabelle über alle Staaten der Erde. XIII. Jahrg. Wien 1905, A. Hartleben. 50 Pf.
—, Kleines statistisches Taschenbuch über alle Länder der Erde. 12. Jahrg. 1905. Bearb. von Prof. Dr. F. Umlauft. IV, 104 S. Ebd. 1.50 M.

Hoff, J. H. van't, Untersuchungen über die Bildung der ozeanischen Salzablagerungen XL. (Aus: »Sitzungsbericht. der preuß. Akademie der Wissenschaften«). 4 S. m. 1 Fig. Berlin 1905, G. Reimer. 50 Pf.

Langhans, P., Neuer Seekriegs-Schauplatz der russisch-japanischen Flotten. Indischer Ozean. — Madagaskar bis Tokio. Etwa 1:25000000, 41,4×53,4 cm. Mit Begleitworten auf dem Umschlag. Gotha 1905, J. Perthes. 60 Pf.

Möbius, A. F., Astronomie (Sammlung Göschen Nr. 11). 10. Aufl. von W. F. Wislicenus. 2. Abdr., 170 S., 1 K. III. Leipzig 1905, G. J. Göschen. 80 Pf.

Reich, O., Karl Ernst Adolf v. Hoff, der Bahnbrecher moderner Geologie. Eine wissenschaftliche Biographie. VII, 144 S. Leipzig 1905, Veit & Co. 4 M.

Steinel, O., Allgemeine Geographie. (Hillgers Illustrierte Volksbücher 22). 94 S. Berlin 1905, Hillger. 30 Pf.

Walther, J., Vorschule der Geologie. Eine gemeinverständliche Einführung in Anleitung zu Beobachtungen in der Heimat. VIII, 144 S. III. Jena 1905, G. Fischer. 3 M.

b) Deutschland.

Becker, F., Karte vom Bodensee und Rhein mit den angrenzenden Gebieten von Baden, Württemberg, Bayern, Österreich und der Schweiz. Nach den topographischen Aufnahmen der Bodenseeuferstaaten. 1:125000. Bern 1905, Geographischer Kartenverlag. Auf Leinwand 2.80 M.

Ernst, J., Nach den Gestaden der Nord- und Ostsee. Reiseschilderung. 87 S. Warnsdorf 04. (Zittau, A. Graun). 1 M.

Geinitz, E., Die Einwirkung der Silvestersturmflut 1904 auf die mecklenburgische Küste. (Mitt. a. d. großherzogl. mecklenburg. geologischen Landesanstalt XVI). 9 S., 12 Taf. Rostock 1905, O. B. Leopold.

Langhans, P., Karte der Tätigkeit der Ansiedelungs-Kommission für die Provinzen Westpreußen und Posen 1886 bis Ende Dezember 1904. (Nationalitäten-Karte von Westpreußen und Posen). Bearbeitet auf Grund amtlicher Angaben. Auf Vogels Karte des Deutschen Reiches in 1:500000. 7. erweiterte Aufl., 83×58 cm. Farbdruck. Gotha 1905, J. Perthes. 2 M.

Spezialkarte, geologische, des Großherzogtums Baden, herausgeg. v. der großherzogl. bad. geologischen Landesanstalt. 1:25000. Blatt 45, 49 und 53 mit Erläuterungen. Graben 34 S., Schluchtern 12 S., Bretten 25 S. Heidelberg 1904, C. Winters Verlag. Je 2 M.
—, geologische, von Elsaß-Lothringen. Herausgeg. von der Direktion der geologischen Landesuntersuchung von Elsaß-Lothringen. 1:25000. Nr. 65 mit Erläuterungen: Buchsweiler, 62 S. Straßburg 1904. (Berlin, S. Schropp). 2 M.

c) Übriges Europa.

Baedeker, K., Northern France from Belgium and the English Channel to the Loire, excluding Paris and its environs. Handbook for travellers. 4. ed. With 13 maps and 40 plans. XXXVI, 423 S. Leipzig 1905, K. Baedeker. 7 M.

Berger, J., Karte von Kärnten. 1:500000. ¦Klagenfurt 1905, J. Leon sen. 40 Pf.

Friedrich, C., Bericht über eine Bereisung der Inseln des Thrakischen Meeres und der nördlichen Sporaden. (Aus: »Sitzungsbericht. der preuß. Akademie d. Wissenschaften«). 8 S. Berlin 1905, G. Reimer. 50 Pf.

Karte der christlichen Schulen in Macedonien. In französischer Sprache. 1:400000. Nebst erläuterndem Texte in französischer Sprache: »Die christlichen Schulen in Macedonien«. 12 S. Berlin 1905, D. Reimer. 6 M.

Kolbe, W., Bericht über eine Reise in Messenien. (Aus: Sitzungsbericht. der preuß. Akademie der Wissenschaften«). 11 S. Berlin 1905, G. Reimer. 50 Pf.

Neue Generalkarte von Mitteleuropa. 1:200000. Herausg. vom k. k. militär-geographischen Institut in Wien. 28. Lfg., 5 Blatt Bucuresti, Janina, Konstanz, Livorno, Stettin. Wien 1905, R. Lechners Sort. Für Blatt auf Leinw. 2 M.

Neuse, R., Landeskunde der Britischen Inseln. (Neue Titel-Ausgabe). VIII, 163 S., III., 8 Taf. Leipzig 1903, 1905, G. J. Göschen. 2.50 M.

Seibert, A. E. und V. v. Haardt, Schulwandkarte der Eisenbahnen von Österreich-Ungarn. 1:1000000. Neudruck. 4 Blatt. Wien 1905, E. Hölzel. 6 M.

Ziegler, J. M., Karte des Kantons Zürich. 1:125000. Neue Ausgabe. Zürich 1905, J. Meier. Auf Leinwand 2.40 M.

d) Asien.

Hackmann, H., Vom Omi bis Bhamo. Wanderungen an den Grenzen von China, Tibet und Birma. VII, 382 S., III. Halle 1905, Gebauer-Schwetschke. 8 M.

Hoffmann, P., Die deutschen Kolonien in Transkaukasien, X, 292 S., 2 Taf. Halle 1905, G. Reimer. 4 M.

Kilometer, 40000, mit dem österreichischen Lloyd nach Ost-Asien und zurück. Unter besonderer Rücksichtnahme auf Japan, nebst praktischen Winken für Reisende nach Indien, China und Japan. Von A. L. VIII, 155 S., III. Dresden 1905, E. Pierson. 2.50 M.

Mygind, E., Vom Bosporus zum Sinai. Erinnerungen an die Einweihung der Hamidié-Pilgerbahn des Hedjas (Teilstrecke Damaskus-Ma'an). V, 93 S., III., 1 K. Konstantinopel 1905, O. Keil. 3 M.

Semper, C., Reisen im Archipel der Philippinen. II. Teil. Wissenschaftliche Resultate. IX. Bd., S. 57—117, 4 Taf. Wiesbaden 1905, C. W. Kreidel. 12.50 M.

Schauffelen, E., Meine indische Reise. VII, 273 S., III., 1 K. München 1904, Verlagsanstalt F. Bruckmann. 15 M.

e) Afrika.

Schlettwein, C., Deutschlands bisherige Kolonialpolitik und die augenblicklichen Zustände in Deutsch-Südwestafrika. 16 S. Berlin 1904, Deutscher Kolonial-Verlag. 30 Pf.

f) Geographischer Unterricht.

Hertel, O., Landeskunde der Provinz Sachsen und des Herzogtums Anhalt. 3. Aufl. von A. Mertens. 52 S., III. Breslau 1905, F. Hirt. 60 Pf.

Kleiber, J., Physik für die Oberstufe (mit mathematischer Geographie). X, 450 S. mit Fig. München 1905, R. Oldenbourg. 4.60 M.

Langenbeck, R., Leitfaden der Geographie für höhere Lehranstalten mit Anschluß an die preußischen Unterrichtspläne von 1902. I. Lehrstoff der unteren Klassen. 4. Aufl. X, 134 S. mit 7 Fig. Leipzig 1904, W. Engelmann. 1.60 M.

Reis, P., Elemente der Physik, Meteorologie und mathematischen Geographie. Hilfsbuch für den Unterricht an höheren Lehranstalten. 7. Aufl. von Eduard Penzold. X, 419 S. mit 435 Fig. Leipzig 1905, Quandt & Händel. 4.80 M.

Schmid, B., Leitfaden der Mineralogie und Geologie für höhere Lehranstalten. VI, 103 und III S., Ill., 1 K. EB-lingen 1905, J. F. Schreiber. 2.50 M.
Schwacke, W., Leitfaden für den Unterricht in Geographie im Anschluß an den Volksschul-Atlas von Dr. H. Lange. 3. Aufl. 62 S. mit 2 Fig. Oldenburg 1905, Schulze. 40 Pf.

g) Zeitschriften.

Bollettino della Societa Geografica Italiana. 1904.
Dezember. Guastalla, C. W., Di una presunta sta zione Veneziana sul golfo di Suez. — Faustini, A., Su di una caratteristica località toscana. — Deliberazioni pres dall' VIII. Congresso Geografica internazionale. — Castel lani, A. und A. Mochi, Contributo all' Antropologia dell' Uganda.

Das Weltall. V, 1905.
Heft 15. Polis P., Über die tägliche Periode meteorologischer Elemente unter besonderer Berücksichtigung der Registrierungen des Aachener Observatoriums. — Schwendig, E., Trübung des Seewassers durch Erdbeben. — Krebs, W., Naturdenkmäler und Heimatskunde.

Deutsche Rundschau für Geogr. u. Stat. XXVII, 1905.
Nr. 7. Kirchhoff, A., Über tellurische Auslese. — Wagner, R., Tropische Eisenbahnen. — Olinda, Alex., Das heutige Livland. (Schluß).

Geographische Zeitschrift. XI, 1905.
Nr. 3. Wagner, P., Alphons Stübel und seine Bedeutung für die geographischen Forschungsmethoden. — Frech, F., Die wichtigsten Ergebnisse der Erdgeschichte. II. Verteilung von Festland und Meer während der geologischen Perioden. — Müller, J., Das spätmittelalterliche Straßen- und Transportwesen der Schweiz und Tirols. Eine geographische Parallele. B. Die Grundzüge des mittelalterlichen Transportwesens der Schweiz und Tirols. — Langenbeck, R., Über Schulwandkarten.
Nr. 4. Schlüter, O., Das österreichisch-ungarische Okkupationsgebiet und sein Küstenland. Eine geographische Skizze. VI. Die Stellung des Gebiets in der geschichtlichen Bewegung. — Frech, F., Die wichtigsten Ergebnisse der Erdgeschichte. III. Der Einfluß der geologischen Vorgeschichte auf die spätere Entwicklung. — Oberhummer, Über die Karten Martin Waldseemüllers.

Globus. Bd. 87, 1905.
Nr. 10. Jaeger, J., Die Chiemseelandschaft. — Die Wasserverbindung zwischen Niger und Tsadsee (Schluß). — Kretische Forschungen. — Krebs, W., Ein Relikt der Eiszeit als gesetzlich geschütztes Naturdenkmal.
Nr. 11. Der Durchstich des Simplon. — Stenin, P. v., Dr. A. A. Iwanowskys Anthropol. Rußlands. — Meyer, A., Aus der Umgegend von Jalta. — Die Gewichtssysteme des des XI. und XII. Jahrh. in den jetzigen russischen Ostseeprovinzen.
Nr. 12. Hellwig, A., Die jüdischen Freistädte in ethnologischer Beleuchtung. — Vogt, Fr., Die Viktoriafälle des Iguazú. — Die Stadt Mangaseja und das Mangasejische Land.
Nr. 13. Passarge, S., Die Mambukuschu. I. — Hutter, Völkerbilder aus Kamerun. I. — Parkinson, R., Ein Besuch auf den Admiralitätsinseln. — Seidel, H., Togo im Jahre 1904. — Förster, B., Deutsch-Ostafrika 1903/04.
Nr. 14. Laufer, B., Zur Geschichte der chinesischen Juden. — Vogt, P. Fr., Yerba- und Holzgewinnung im Misiones-Territorium. — Mehlis, C., Wilsers »Germanen«. — Förster, B., Die Viktoriafälle des Sambesi. — Gessert, F., Einige Mitteilungen über die Verhältnisse in der Orange River-Kolonie.
Nr. 15. Deecke, W., Läßt sich der »Büßerschnee« als vereiste Schneewehen auffassen? — Weißenberg, S., Die Fest- und Fasttage der südrussischen Juden in ethnographischer Beziehung. — Krebs, W., Deutscher Anteil an der internationalen Erforschung der nordeuropäischen Meere. — Förstemann, E., Die spätesten Inschriften der Mayas.
Nr. 16. Rosen, F., Über Kindersparbüchsen in Deutschland und Italien. — Dr. Theodor Kochs Forschungsreise in Brasilien. — Die Wormser Steinzeitfunde. — Rhamm, K., Ehe und Schwiegerschaft bei den Indogermanen. — Die innere Kolonisation Japans.

Meteorologische Zeitschrift. 1905.
Nr. 2. Maurer, J., Beobachtungen über die irdische Strahlenbrechung bei typischen Formen der Luftdruckverteilung. — Hann, J., Die Anomalien der Witterung auf Island in dem Zeitraum 1851—1900 u. deren Beziehungen zu den gleichzeitigen Witterungsanomalien in Nordwesteuropa.
Nr. 3. Gockel, A., Über den Zonengehalt der Atmosphäre u. dessen Zusammenhang mit Luftdruckänderungen. — Jaufmann, Z., Über Radioaktivität von atmosphärischen Niederschlägen und Grundwässern. — Topolansky, M., Einige Resultate der 20jährigen Registrierungen des Regenfalls in Wien.

Mitt. d. k. k. Geogr. Ges. Wien. 48 Bd., 1905.
Nr. 3. Diener, C., Die Tiefbohrungen auf den Korallensel Funafuti. — Schucht, F., Das Mündungsgebiet der

Weser zur Zeit der Antonifut (1511). — sche Reise. — Schoener, J. H., Die K Finnlands durch Schweden.

Petermanns Mitteilungen. 51. Bd
Heft 3. Thoroddsen, Th., Die und ihre Beziehungen zu den Vulkan Die Karolineninseln Olesi und Lamutri Die Kartographie Norwegens. Eine Hansen, P., Die Ursachen d. Meeresstr Kleinere Mitteilungen. — Geogr. Monats bericht. — Karten.
Heft 4. Hansen, R., Küstenände marschen im 19. Jahrhundert. — Dane J., Die westhercegovinische Kryptodepress J., Die tiefsten Temperaturen auf den h äquatorialen tropischen Afrika, insbeso landes. — Kl. Mitteil. — Geogr. Monats bericht. — Karten.

Zeitschrift der Gesellschaft f. Erdk
Nr. 3. Voeltzkow, A., VI. Berl nach Ost-Afrika zur Untersuchung de Aufbaues der Riffe und Inseln des v Ozeans (Fortsetzung).

Zeitschrift für Schulgeographie.
Heft 6. Die Geographie in Nordan Vortrag von A. Penck mitgeteilt von R. l leitner, A. v., Einführung in den g mit besonderer Rücksicht auf die öst schule. — Mayer, Jul., Bau der Ostal gebiets.
Heft 7. Jaucker, Dr. Otto, Ed Adolf Bastian †. — Schwarzleitner in den geographischen Unterricht mit b auf die österreichische Militärschule (F

Aus der Pädagogische
I.

Behandlung. Die Behandlung des geo Repert. der Pädagogik 48 (1904), Nr.
Fritzsche, R., Die Stellung der Fremc Unterricht. Pädag. Warte II (1904), S.
Frommelt, H., Heimatskunde als Einfü Kartenverständnis. Gymnasium 22 (l
Gruhn, A., Rechtschreibung und Erdk heutige Erziehungswissenschaft char Pädagogisches Wochenblatt XIV (190
Helmat. Die Bedeutung der Heimat Unterricht. Schlesische Schulzeitung
Heimatskunde. Wie soll Heimatskund Pädagogische Rundschau 18 (1904) N
Heintze, A., Die Seele der erdkundl schrift für lateinlose höhere Schulen
Kaiser, E., Die Bestrebungen der mo eine Quelle der Kraft für den ge Den Manen Fr. Ratzels gewidmet. l
Kartographie. Die deutsche Kartog Schulzeitung 37 (1904), S. 348.
Kerl, W., Die Heimatskunde in der S Warte 11 (1904), 558—561.
Länderkunde. Was versteht man Repert. der Pädagogik 48 (1904), Nr.
L'enseignement de la géographie d carte fédérale. Le Bull. Pédagogique
Müllner, J., Gedanken über die gegen die Aufgaben des erdkundlichen Un Gymnasien. Zeitschrift für die ör (1904), Heft 8—9.
Müllermeister, J., Eifel und Venn i Lehr- und Lernbüchern. Rheinisch zeitung 28 (1904), Nr. 10—11.
Oppermann, E., Strömungen auf d kundl Unterricht. Neue Bahnen 15 **Rude, A.,** Das geographische Zeich Schulpraxis 15 (1904), S. 300—307.
St. Gotthardt. Der St. Gotthardt. schau 18 (1904), Nr. 9.
Schülerreise. Eine Schülerreise und v hängt. Pädagogische Zeitung (Graz)
Schulze, Friedrich Ratzel als Lehrerbi Studien (1904), Nr. 6.
Schwarz, S., Die Ansichtskarte in d karten-Markt (1904), Nr. 5, S. 79—81
Thierack, H., Der eigentliche W Pädagogische Warte 11 (1904), 507—
Veranschaulichungsmittel im ge richt. Repert. der Pädagogik 48 (19
Vergleichung. Die Vergleichung in g richt. Die zweisprachige Volksschu

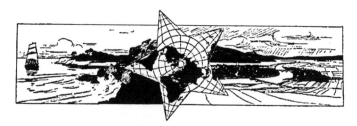

Ergebnisse der Deutschen Niger-Benue-Tsadsee-Expedition 1902—1903, geführt von Fritz Bauer[1]).

Von Dr. Eduard Lentz-Charlottenburg.

Nach dem Vertrag vom Jahre 1890, den Deutschland und England zur Regelung ihrer afrikanischen Besitzverhältnisse geschlossen haben (Helgoland ging ihm zufolge damals bekanntlich in deutschen Besitz über), sind für das Deutsche Reich Gebietsveränderungen von Belang im dunklen Erdteil nicht mehr eingetreten. Man ist seitdem deutscherseits, und zwar von staatlicher wie privater Seite, bemüht gewesen, die afrikanischen Kolonien, mit Recht den Besitzstand für lange Zeiten als festliegend betrachtend, wirtschaftlich zu erschließen. Von jeher hat man dabei an Kamerun, als unserer wertvollsten Handels- und Plantagenkolonie, große Hoffnungen geknüpft, da man, wohl nicht zu Unrecht, von diesem Lande erwartet, daß es sich am allerersten auf eigene Füße zu stellen imstande sein wird. So stand z. B. im Jahre 1902 einer Einfuhr von etwa 13¼ Mill. Mark eine Ausfuhr im Betrag von 6¼ Mill. Mark gegenüber. Und die Verhältnisse haben sich seitdem dauernd gebessert.

Zur Hebung der wirtschaftlichen Lage dieses produktionsfähigen Landes, zur Kräftigung und Neubelebung bereits bestehender, sowie zur Anknüpfung neuer Handelsverbindungen, ferner zur Untersuchung des Landes selbst auf seine Bodenbeschaffenheit hin, desgleichen zur Anregung für neue Zweige der Bebauung und Kultivierung ·in der Kolonie wie im Mutterlande ist die Deutsche Niger-Benue-Tsadsee-Expedition 1902 ausgesandt worden. Es war dies eine äußerst wichtige, um nicht zu sagen eine Lebensfrage für die Kolonie, da nur der südliche Teil zum Meere direkt für seinen Absatz den Weg findet, das ganze nördliche Gebiet dagegen infolge der engen Umklammerung durch französischen Besitz im Osten, durch englischen im Westen auf die Wasserstraße des Benue und Niger angewiesen ist. Die bekannte, nicht gerade sehr glücklich zu nennende Vogelgestalt Kameruns kommt auch darin recht zum Ausdruck.

Als nun 1893 mit England und 1899 mit Frankreich bestimmte Grenzabmachungen vereinbart waren, nahm in diesem Jahre ein Wunsch, den man schon lange gehegt hatte, dessen Ausführung aber an dem Mangel an Geld bislang gescheitert war, greifbare Gestalt an, als es gelang, die dazu nötigen Mittel zur Verfügung zu stellen. Es bleibt ein dauerndes Verdienst dieses Komitees, die Ausführung ermöglicht und in die Wege geleitet zu haben. Und die Bemühungen und Anstrengungen sind mit Erfolg gekrönt worden.

Die Expedition, unter Führung von Fritz Bauer, dem W. Edlinger als Bergingenieur und W. v. Waldow als Assistent zur Seite standen, ist auf dem Wasserwege des Niger-Benue-Systems in das Gebiet der Kolonie eingetreten und hatte als nächstes Ziel Garua. Unter 9° 16′ n. Br. in einer Höhe von 252 m am rechten Ufer des Benue gelegen, nimmt Garua mit seinen 1500 Einwohnern, die sich aus Berbern, Arabern, Haussa und Fulbe zusammensetzen, eine ausgezeichnete Lage ein, besonders für die reiche Landschaft Marrua. Von hier aus wurde zunächst eine Reise über Buband'jidda nach N'gaumdere und zurück ausgeführt, an die sich ein zweiter Aufenthalt daselbst schloß.

[1]) Der Titel des Buches, das über dieselbe Auskunft gibt, lautet: Die Deutsche Niger-Benue-Tsadsee-Expedition 1902—1903 von Fritz Bauer, Führer der Expedition. Mit 45 Abbildungen und 2 Karten nach Aufnahmen der Expedition. 8°, VII, 182 S. Berlin 1904, D. Reimer (E. Vohsen).

Geogr. Anzeiger, Juni 1905.

Darauf unternahmen die Mitglieder eine Tour nach Dikoa, durchzogen die Sultanate Dikoa, Gulfei und Logone und kehrten über Marrua nach Garua zurück. Schließlich erforschten sie noch das Flußgebiet des Faro. Dies ist in summarischer Übersicht die Angabe der Reisewege der Expedition. Und über sie gibt das Buch einen ausführlichen und anschaulich geschriebenen Bericht. Das Unternehmen ging, einige wenige Abenteuer abgerechnet, glatt vonstatten und hat wertvolle Ergebnisse[1]) gezeitigt, sodaß die Aufgabe, die ihr gestellt war, als gelöst betrachtet werden kann. Dieselben sind von dem Vorsitzenden des Komitees, wie folgt, zusammengefaßt. Die Expedition hat

1. durch Bereisung des Niger-Benues und der deutschen Tsadsee-Gebiete, durch eingehende Studien der Naturprodukte des Landes, der bestehenden Handelsverhältnisse, wie der Bedürfnisse der Eingeborenen und ihrer Produktion, durch Anlage von Sammlungen von einheimischen Geweben, Mustern, Waffen, Schmucksachen, Perlen zur Beurteilung ihres Geschmacks, die Unterlagen geschaffen, auf denen eine kaufmännische Tätigkeit in diesen Gebieten einsetzen kann.

2. über die Wasserverhältnisse und Schiffbarkeit des Niger-Benue zu den verschiedenen Jahreszeiten erschöpfende Auskunft erbracht und die Schiffstypen festgelegt, die für die Schiffahrt am zweckmäßigsten sind.

3. die südlich des Benue gelegenen Länder geographisch und bergmännisch untersucht und für die Topographie des nordöstlichen, bisher nicht bekannten Teiles unserer Kolonie ganz neue Aufschlüsse gebracht und ihn kartographisch festgelegt.

4. was die Landschaft anbelangt, ergründet, daß die bereisten Gebiete durch ihre Bodenbeschaffenheit, ihr Klima und ihre intelligente, dichte Bevölkerung sich für den Tabak- und den Baumwollbau eignen und namentlich durch letzteren Umstand mehr wie irgend ein anderes unserer Kolonialgebiete dazu berufen sind, von der allergrößten Bedeutung für unsere heimische Industrie zu werden.

5. festgestellt, daß die Verpflichtungen, welche die einen Teil der Kongo-Akte bildende Niger-Schiffahrtsakte den Uferstaaten für den internationalen Schiffahrtsverkehr auferlegt, durch die britische Regierung loyal erfüllt werden.

6. insbesondere dazu beigetragen, daß die Transitbestimmungen, die die Frage des freien Güterverkehrs zwischen dem Meere und dem deutschen Benue-Tsadsee-Gebiet regeln, auf dem Verordnungswege in einem, den zwischen dem Deutschen Reiche und England getroffenen Abmachungen entsprechenden und mithin in einem unseren Interessen günstigen Sinne erledigt worden sind.

7. durch Verhandlungen mit den östlichen britischen Regierungsorganen die Bedingungen für eine Landerwerbung zur Errichtung einer Zoll-, Handels- und Schiffahrtsstation in Warri, an einem größeren Seeschiffen zugänglichen Punkte, vereinbart und durch Abmachungen mit dem Chef von Garua alles für die Errichtung einer deutschen Faktorei daselbst vorbereitet.

Dieser letzte Punkt ist — abgesehen davon, daß Garua seit 1902 Militärstation ist — dadurch bereits erledigt, daß das in Rede stehende Komitee daselbst eine Handelsniederlassung errichtet hat. Aber auch über den Rahmen lediglich handelspolitisch wichtiger Fragen hinaus hat die Expedition auf rein geographischem Gebiet zu Ergebnissen geführt, welche übersichtlich und klar von dem eingangs genannten Bergingenieur W. Edlinger zusammengestellt sind. Diesen entnehmen wir in Kürze folgendes.

Das von der Expedition durchreiste Gebiet liegt südlich von Garua. Es zerfällt orographisch in das Hochplateau von N'gaumdere und in das Schollenland von Adamaua (nach S. Passarge) nördlich von jenem, beide getrennt durch einen Steilabfall (W—O), der sich aber nicht weiter nach Osten fortsetzt, wie vermutet war. Das Plateau von N'gaumdere geht vielmehr unter flacher Böschung in einzelne Gebirgsketten von annähernd gleicher Höhe über. Das Schollenland von Adamaua zerfällt in drei Teile: in das flach gewölbte, ziemlich einförmige Hügelland von Adumre, dessen Eintönigkeit von einzelnen, relativ 100 m hohen Granitklippen und — Burgen unterbrochen wird; ferner in der Ebene von Buband'jidda, welche nördlich dem Hochplateau von N'gaum-

---

[1]) Wir beziehen uns hier lediglich auf diese Ergebnisse und gehen nicht so auf den Bericht ein, an welchem von gewisser Seite in einigen Punkten Aussetzungen gemacht sind (vgl. Zeitschrift der Gesellschaft für Erdkunde 1905, S. 226).

dere vorgelagert ist, zungenförmig in die Gegend von Lagdo nach Norden zu eingreift, östlich über den Benue hinüber sich erstreckt und einzelne ganz unvermittelte in ihr auftretende Gebirgsstöcke (bis 300 m) aufzuweisen hat; schließlich in das ungemein gebirgige Gebiet an der deutsch-französischen Grenze; dies zeigt Höhen bis zu 1300 m und auch die Pässe steigen etwa 1000 m an. Hydrographisch ist das Tsadsee-Gebiet (Schari-Logone) vom dem des Niger-Benue zu trennen. Die Wasserscheide beginnt auf dem Hochplateau (21 km nördlich von N'gaumdere), bis zu dem auch das Stromgebiet des Kongo reicht, läuft nordöstlich weiter, später entlang des 8° N. Br. und wendet sich von $15\frac{1}{4}$° Ö. L. nach Nordosten. Bei näherer Untersuchung hat sich ergeben, daß der zum Tuburi-Sumpf fließende Damu deutsches Gebiet nicht entwässert, sondern von Süden nach Norden geht, ferner daß der Mao-Mbina (Bini) wahrscheinlich als Quellfluß des Logone zu gelten hat. Hinsichtlich des Benue ergab sich, daß sein Strombereich in seinem Oberlauf nördlich des Bruchrandes sich bis über den 15° Ö. L. erstreckt, daß die Quellen nach Flegels und Passarges Angaben auf den Karten richtig angegeben sind, ebenso wie sein Lauf bis Uru Beridji, daß er aber oberhalb dieses Ortes einen westlichen Lauf hat und nicht, wie vermutet war, ein weit nach Osten ausbiegendes Knie beschreibt. Als Quellfluß selbst dürfte, in Übereinstimmung mit Passarges und Hauptm. Glaunings Ansicht, der Koogi-n-Taguelafi anzusehen sein.

In dem der Geologie gewidmeten Kapitel wird betont, daß hinsichtlich der Tektonik sowohl die Kamerunlinie (NNO—SSW), als auch die Benuelinie (W—O) in dem durchreisten Gebiet, auch östlich des Benue, wiederkehren. Doch sind diese Linien häufig gestört und von großen Gräben durchfurcht, die nach Beendigung des gebirgsbildenden Faltenwurfs stattgefunden haben. Von den Gesteinen selbst tritt Granit dem Reisenden am meisten entgegen, nicht als ob Gneise und kristalline Schiefer nicht ebenso viel zum Gebirgsbau beigetragen hätten, sondern deshalb, weil er vermöge seiner größeren Widerstandsfähigkeit der Denudation nicht in dem Maße erlegen ist wie jene. Desto mehr ist aber der Granit durch die Insolation mitgenommen; durch bis in den gewachsenen Boden hinein reichende Spalten ist er zerrissen, ·oder läßt schalenförmig die Rinde abspringen. Außer den sonst genannten Gesteinen treten auch Eruptivgesteine auf. Von den Sedimentärgesteinen ist in Mittel-Adamaua allein der Sandstein vertreten, der, von Passarge Benuesandstein genannt, häufig anzutreffen war und zwar nirgends fossilienführend. Er ist, wie schon vorher von dem genannten Forscher vermutet war, eine fossile Dünenbildung. Nach der Bildung der Sandsteine kann es zur Ablagerung der älteren Flußschotter, unter denen die dem Benue folgenden räumlich von denen des Mao-Mbina getrennt sind. Doch besteht für die Jetztzeit zwischen beiden ein Unterschied. Entgegen dem Benue nämlich, der nur noch Kies und Sand mit sich rollt, führt der Mao-Mbina vermöge seines stärkeren Gefälles gewaltige Schottermassen talabwärts. Über diese alten Schotter heißt es dann (S. 158) wörtlich weiter: »Die große Verbreitung und ihr Vorkommen in so beträchtlicher Höhe weist darauf hin, daß die Orographie Adamauas früher ein ganz anderes Gepräge getragen haben muß als heute. Wenn auch ein großer Teil der stattgehabten Veränderungen auf Kosten der Denudation gerechnet werden muß, so scheint deren Wirkung allein doch nicht zu genügen, um z. B. den Benueschotter auf die Gegend südlich des Benueknies zu erklären. Die Benueschotter repräsentieren vielleicht die Ablagerungen zahlreicher, jetzt zum Flußsystem des Benue gehöriger Flüßchen in einem Binnensee, der nach dem Absinken der Benuemulde entwässert wurde«.

Eine sehr wichtige Rolle im Bilde Adamauas spielen schließlich die Laterite. Diese kommen wegen des zahlreichen Auftretens von Granit, eines guten Lateritbildners, häufig vor, sowohl als kavernöser als auch als dichter Laterit. Beide sind sehr durchlässig, trocknen schnell aus und bewirken, daß die Vegetation wegen mangelnder Feuchtigkeit nicht festen Fuß fassen kann. Mit zunehmender Lateritisierung einer Gegend hält daher ihre Verödung und die Abnahme ihres Kulturwertes gleichen Schritt. Und gerade diese Erscheinung trifft man hier.

Wenn so die Expedition zur Aufstellung der geologischen Verhältnisse sehr viel beigetragen hat, so muß hinsichtlich der Auffindung irgend welcher nutzbarer Mineralien das Ergebnis als ein negatives bezeichnet werden. Dagegen wird die Hoffnung, daß weitere Untersuchungen und Forschungen zu besseren Ergebnissen führen können, nicht auf-

16*

gegeben, auf Grund der oft gemachten Erfahrungen, daß die Auffindung häufig vom reinen Zufall abhängig ist.

Diese Erwägung führt uns zu der die Allgemeinheit besonders interessierenden praktischen Frage nach der wirtschaftlichen Bewertung von Nord-Kamerun bei deren Besprechung wir im wesentlichen der Darstellung des Verfassers folgen wollen. Was zunächst die politischen Verhältnisse betrifft, so kann man an größeren Sultanaten im alten Bornu unterscheiden Dikoa, Gulfei, Logone, Mandara (Hauptstadt Mora), im alten Adamaua, ferner Garua, Buband'jidda, N'gaumdere, Marua, Tibati, Banyo, zu denen noch viele Lamidenherrschaften treten, unter denen Bibene, Laro, Mubi und Uba als die größten gelten. Zwischen diesen Fulbe-, bzw. Bornu-Reichen zerstreut finden sich bedeutende Heiden-Ansiedlungen. Obgleich noch nicht völlig beruhigt, muß ihnen gerade die deutsche Regierung besonders ihr Augenmerk zuwenden und alles daran setzen, sie in ein vernünftiges Abhängigkeitsverhältnis zu bringen, da von ihrem Verhalten das fernere Gedeihen abhängt. Es ist also, wie der Verfasser meint, gerade dies eine Lebensfrage. Doch stellt er das Prognostikon recht günstig. Denn entgegen der bei dem Fulbe wahrzunehmenden Degeneration besitzen sie gerade große Energie und schlummernde Lebenskraft. Diese zu wecken, vor allem Vertrauen zu säen und dauernd zu erhalten, wird für die Zukunft Hauptaufgabe sein müssen. An Stelle der beständigen Verfolgung und Knechtung muß wie bei den Fulbe und Kanuri eine Aussöhnungspolitik mit den bestehenden Verhältnissen treten; dann steht zu hoffen, daß ein friedlicher Ackerbürger, zu dem sie sich gut eignen, die bisherige Wildheit und Unbotmäßigkeit ersetzen wird.

Gerade hinsichtlich dieser Frage, die einzelnen Bevölkerungselemente allmählich zu der Beschäftigung zu erziehen, zu der sie vermöge ihrer natürlichen Veranlagung passen, und bei Zeiten den richtigen Weg einzuschlagen, dürfte auch aus handelspolitischen Rücksichten geboten sein. Vorläufig kann man, was die wirtschaftliche Ausbeutung des Landes betrifft, nur auf die von Fulbe- und Bornu-Leuten bewohnten Gegenden rechnen, da nur in ihnen heute bereits ein größerer Absatz in den Industrieprodukten Europas erzielt wird, abgesehen davon, daß durch das Fulbe-Gebiet die bedeutendsten Wasserstraßen führen und an ihnen entlang sich die Anfänge des Plantagenbaues bemerkbar machen. Aber da einerseits die Bedeutung des alten Wüstenhandels nach Ansicht des Verfassers gänzlich aufgehört hat, andererseits durch das Vordringen der europäischen Kultur die Sklavenjagden erfreulicherweise mehr und mehr aufhören, so tritt die Arbeiterfrage hier in ein neues Stadium. Um nun nicht die Preise für die Arbeitskraft auf der Höhe emporzutreiben, unter der bereits viele Küstengegenden sehr zu leiden haben, empfiehlt es sich, obiger Frage schon jetzt nahe zu treten. Ganz besonderes Interesse aber hat man dabei den Haussa-Händlern zuzuwenden. Ein geborenes Handelsgenie, dabei von Ausdauer, Zähigkeit, Genügsamkeit und weitem Blick, scheut derselbe nicht mühevolle lange Märsche, sondern durchzieht die Lande mit seinen Karawanen überall hin. Wenn es gelänge, ihn zu größerer Seßhaftigkeit zu bewegen, womöglich auch zum Erwerb von Grundbesitz, so wäre damit ein großer Vorteil im Interesse der Kolonie erzielt. Mit dieser Umwandlung müßte Hand in Hand das Bestreben gehen, aus dieser Kaste einen besser situierten Kaufherrenstand zu bilden, dem der Kleinhandel im Lande obliege, den er für eigene Rechnung zu den Plätzen des Innern zu besorgen hätte. Der Europäer müßte sich darauf beschränken, den Großhandel an den Küstenorten zu betreiben. Dabei würde das Land selbst diese Bestrebungen wesentlich unterstützen. Im Gegensatz zu anderen tropischen Gebieten, durchziehen das Land bereits Straßen, die ohne große Kosten sich hier und da leicht verbessern ließen und auch der sonst so gefürchteten und nur allzubald eintretenden Zerstörung durch die Vegetation nicht anheimfielen. Da obendrein als Lasttiere Pferd, Esel und Ochsen bereits überall im Gebrauch sind, so hätte man auch, was die wichtige Frage der Transportmittel betrifft, nicht erst mit der Schwierigkeit zu kämpfen, die Bevölkerung an neue Einrichtungen zu gewöhnen. Für gewisse Teile könnte man auch zu Lastwagenbetrieb übergehen; für andere käme der Wasserweg in Betracht. Wird derselbe auch jetzt schon bei den Haussa unterhalb Yola gewählt, so könnten doch der Mao Kebbi, Mao Schuffi, Faro und Mao Deo ebenfalls herangezogen werden. Gerade die Flüsse eignen sich auch für flachgehende Dampfer, was für die Zukunft hinsichtlich des Plantagenbaues in Rechnung gezogen werden müßte. Eisenbahnen zu bauen lohnte sich nach Ansicht des Verfassers erst dann, wenn die Nachbarn damit vorgingen und infolgedessen die vorhandenen Transportmittel nicht mehr ausreichten, um den Wettbewerb auszuhalten.

Wie steht es nun mit den Landesprodukten selbst? Auch auf diese Frage läßt sich eine günstige Antwort geben. Zwar bietet weder Bornu noch Adamaua Gelegenheit zu leichtem Erwerb, da Gold, Silber und Diamanten, soweit bisher ermittelt worden ist, fehlen. (Damit bleibt aber auch die Spekulation mit dem unnatürlichen Empor-schnellen der Lebensmittel und Arbeitskräfte dem Lande fern.) Anderseits aber tragen beide Gebiete in ihrer natürlichen Fruchtbarkeit und in ihrer zur Verfügung stehenden Arbeitskraft die Gewähr für ein zukünftiges glückliches Gedeihen in sich. Dies beides zu pflegen und zu hegen, darauf kommt es hauptsächlich an. Mit den kaufmännischen Unternehmungen muß der Ausbau der Landwirtschaft Hand in Hand gehen. Dabei ist auf Gummi arabicum, Shea-Nüsse, Straußenfedern das Augenmerk besonders zu richten, erst in zweiter Linie auf Elfenbein, Gummi elasticum und Guttapercha. Dagegen muß neben dem Tabakbau vornehmlich der Baumwollbau gepflegt werden. Was bis-her davon produziert wird, findet seine Verwendung im Lande selbst; ihn konkurrenz-fähig zu machen, muß das Hauptbestreben sein, und es lohnt sich der Mühe, da gerade der Gewinn dieses Erzeugnisses eine Lebensfrage für Europa geworden ist. Und dazu könnte man, gleich oder auch nur ähnlich günstige Bedingungen vorausgesetzt, nur ermuntern, wenn man die russischen Erfolge in Ferghana, die ägyptisch-englischen im Nilgebiet bedenkt. Was den weiteren Punkt, die Arbeitskraft, betrifft, so empfiehlt der Verfasser neben mäßigen, dem Charakter der Schwarzen angepaßten Ansprüchen an seine Arbeitsleistung, sowohl gute Behandlung und Verpflegung wie entsprechend niedrige Bezahlung.

Am Schlusse seiner Ausführungen lenkt der Verfasser dann noch die Aufmerk-samkeit auf den Wasserweg nach Garua, als Ausgangspunkt wie Zentrum des Handels im nördlichen Kamerun. Aus seinen Zusammenstellungen ergibt sich, daß zwar Dampfer von acht Fuß Tiefgang in den meisten Jahren dorthin zu fahren vermögen, daß aber, um die Fahrten dauernd unterhalten zu können, man sich mit solchen von zwei Fuß begnügen solle. Eine Zusammensetzung verschiedener Typen dagegen käme in Betracht, wollte man nicht nur den Niger und den Benue, sondern auch dessen Nebenflüsse in das Netz hineinziehen, und zwar absteigend bis zu ein Fuß Tiefgang. Träte man wirk-lich diesem umfassenden Projekt näher, so sieht auch hierfür der Bericht eine Anzahl von anzulegenden Flußstationen vor.

Das Ergebnis der Untersuchungen wird endlich dahin zusammengefaßt, daß das deutsche Nordkamerun-Gebiet[1]) die führende Rolle in der Erschließung des Sudan zu spielen berufen zu sein scheint. So sehr es nun ratsam ist, daß sich die Reichsregierung sofort der Sache annimmt, so darf doch, da die Zugangs-Wasserstraßen vom Meere als auch vom Innern her international sind, bei Gründung eines neuen Unternehmens nicht engherzig der einseitig nationale Standpunkt hervorgekehrt werden, dasselbe müßte vielmehr weitsichtig angelegt und liberal geleitet sein.

Soweit der Bericht in großen Zügen. Mag man auch in demselben, wie es ja nicht anders denkbar ist bei Sachen, die man mit Liebe gehegt und gepflegt hat und an die man mit Aufbietung seiner besten Kräfte herangegangen ist, manches in zu günstigem Lichte gesehen haben, so wird man doch anderseits gern zugestehen, daß sich dieser Bericht von utopischen Bildern fern gehalten hat, derselbe vielmehr bemüht gewesen ist, das wirklich Erreichbare richtig erkannt und gewürdigt, in gleicher Weise aber auch die Mittel und Wege gewiesen zu haben, es für die Zukunft auszunutzen — zum Segen des Deutschen Vaterlandes.

---

[1]) Über das Küstengebiet von Kamerun und den Plateaurand ist 1904 (Stuttgart, Schweizerbartsche Verlagshandlung) erschienen: Esch, Solger, Oppenheim und Jäkel: Beiträge zur Geologie von Kamerun, ein Buch, über welches aus der Feder von S. Passarge eine ausführliche Rezension in der Zeitschrift der Gesellschaft für Erdkunde zu Berlin 1905, S. 133 sich findet.

Ein Jahr Erdkunde
in den Oberklassen der höheren Lehranstalten Preußens.

Von Richard Tronnier, Oberlehrer in Hamm.
(Fortsetzung.)

Ich lasse nun zunächst die erledigten Pensen selbst ausführlich folgen. Namen von Anstalten zu nennen, habe ich zur Wahrung der Objektivität konsequent vermeiden zu müssen geglaubt; eine Förderung der Sache wäre mit der Nennung von Namen doch wohl kaum verbunden. Der Übersichtlichkeit wegen stehen an erster Stelle die Anstalten, die für den ganzen Oberbau die Aufgaben mitteilen, an zweiter die, welche sie für die eine oder andere Klasse geben; an letztere schließen sich die in Entwicklung begriffenen Anstalten an.

	Ober-Prima	Unter-Prima	Ober-Sekunda
1	Geographische Repetitionen aus allen Gebieten.	Zusammenhängende Wiederholungen mit besonderer Berücksichtigung der Topographie (!) und des Weltverkehrs.	Geographie der alten Welt und und Wiederholungen aus den geographischen Kursen der vorhergehenden Klassen.
2	Einiges aus der Erdkunde wiederholt. Karte Englands, Frankreichs, Amerikas und anderer Länder.		Geographische Repetitionen unter besonderer Berücksichtigung des Schauplatzes der alten Geschichte.
3	Wiederholungen . . . aus der physischen Erdkunde.		Zusammenfassende Wiederholungen aus der Länderkunde, sowie das Wesentlichste aus der allgemeinen physischen Erdkunde und der Geschichte der Verkehrswege.
4	Das Wesentlichste aus der physischen Erdkunde, auch aus der Völkerkunde in zusammenfassender Behandlung. Begründung der mathematischen Erdkunde. Vergleichende Übersicht der wichtigsten Verkehrs- u. Handelswege bis zur Gegenwart.	Wie in O I.	Wie in I.
5	Wiederholung der Länderkunde Europas außer Deutschland. Kartenskizzen. Einiges vom Weltverkehr.	Wiederholungen der Landeskunde Deutschlands. Kartenskizzen. Einiges aus der Völkerkunde.	Wiederholung der Länderkunde der außereuropäischen Erdteile. Kartenskizzen. Grundzüge der allgemeinen physischen Erdkunde.
6	Wiederholung der Erdkunde von Europa, insbesondere von Mitteleuropa und des Deutschen Reiches.		Wiederholung der allgemeinen Grundbegriffe der physischen Erdkunde und der Erdkunde von Asien, Afrika und der Mittelmeerländer.
7	Zusammenfassende Wiederholungen; das Wesentlichste aus der Völkerkunde.		Wie in I.
8	Zusammenfassende Wiederholung der Länderkunde Europas mit Ausnahme des Deutschen Reiches.	Wiederholungen über Deutschland.	Zusammenfassende Wiederholung der Länderkunde der außereuropäischen Erdteile.
9	Zusammenfassende Wiederholungen über die außereuropäischen Erdteile. (Anm.: Geschichte: Mittelalter.)		Wiederholungen . . . aus der Erdkunde aller Erdteile.
10	Wiederholungen aus der Erdkunde Europas, besonders Deutschlands.	Wiederholungen über die außereuropäischen Erdteile. Gelegentliche Wiederholungen aus der allgemeinen physischen Erdkunde.	Wiederholung der Erdkunde Europas.
11	In jedem Monat eine zusammenfassende Wiederholung aus der	In jedem Monat eine zusammenfassende Wiederholung. Im Sommer-	In jedem Monat eine zusammenfassende Wiederholung. Im Som-

	Ober-Prima	Unter-Prima	Ober-Sekunda
	Erdkunde von Europa und besonders Deutschland.	mer: Die deutschen Kolonien und die Kolonialgebiete anderer Staaten. Im Winter: Grundzüge der physischen Erdkunde, das Wesentlichste aus der Völkerkunde. Verkehrswege.	mer: Amerika und Afrika. Im Winter: Asien und Australien.
12	Wiederholungen aus der Erdkunde Deutschlands.	Wiederholungen aus der Erdkunde Europas mit Ausnahme von Deutschland.	Wiederholungen aus der Erdkunde der außereuropäischen Erdteile.
13	Wiederholungen zusammenfassender Art und vergleichende Übersicht der wichtigsten Verkehrs- und Handelswege.	Wie in O I.	Wiederholungen aus der Erdkunde, besonders der Mittelmeerländer.
14	Die gegenwärtig bestehenden Staaten, die wichtigsten Verkehrs- und Handelswege, deutsche Kolonialkunde.	Amerika, Deutsches Reich, Völkerkunde.	Afrika, Asien, Australien und Europa außer Deutschland.
15	Wiederholungen aus der Geographie von Deutschland.	Wiederholung der Geographie Deutschlands und des Alpengebiets; die Hauptverkehrswege.	Geographie Griechenlands und Italiens.
16	Übersicht der Verkehrs- und Handelswege. Wiederholungen ... sowie aus der Erdkunde des außerdeutschen Europa.	Wiederholungen ... sowie aus der Erdkunde Australiens, Amerikas und des Deutschen Reiches.	Wiederholungen ... sowie aus der Erdkunde der Balkanhalbinsel, Italiens, Asiens u. Afrikas.
17	Wiederholungen ... sowie der Erdkunde von Europa, Amerika und Asien. (Geschichte: Mittelalter.)		Wiederholungen aus der Erdkunde von Mitteleuropa.
18	Zusammenfassende Wiederholung der allgemeinen physikalischen Erdkunde. Die Lufthülle.		Wiederholung der außereuropäischen Erdteile. Die Erdoberfläche: Kontinentale Gliederung, Gliederung der Ozeane, Abdachung der Landoberfläche und die großen Gebirgsgürtel, Gesteinsbildung und Lagerung der Gesteine, Erdbeben, Vulkane, Verwitterung und Abtragung. Gletscherwirkungen.
19	Zusammenfassende Wiederholungen aus der physischen und politischen Länderkunde Europas. Einiges aus der allgemeinen physischen Erdkunde und von den wichtigsten Verkehrs- und Handelswegen.		Einiges aus der allg. physischen Erdkunde; zusammenfassende Wiederholung aus der physischen und politischen Länderkunde der außereuropäischen Erdteile.
20	Gruppierende Wiederholung der allgemeinen Erdkunde.		Gruppierende Wiederholung der allgemeinen Erdkunde.
21	Wiederholungen in zusammenfassenden Überblicken. Im Anschluß daran geogr. Wiederholungen; dazu vergleichende Übersicht der Handels- und Verkehrswege bis zur Gegenwart.	Wiederholungen aus der alten Geschichte. Im Anschluß daran geographische Wiederholungen; dazu das Wichtigste aus der Völkerkunde.	Gruppierende Wiederholung der deutschen Erdkunde; dazu das Wesentlichste aus der allgemeinen physischen Erdkunde.
22	Einprägung des geschichtlichen Schauplatzes.		Einprägung des geschichtlichen Schauplatzes.
23	Wiederholung der Länderkunde Europas mit Ausnahme des Deutschen Reiches. (Geschichte: Gegenwart.)		Wiederholung der Landeskunde des Deutschen Reiches und der europäischen Mittelmeerländer.
24	Wiederholung der Landeskunde des Deutschen Reiches. (Geschichte: Mittelalter).		Zusammenfassende Wiederholung der Länderkunde der außereurop. Erdteile. Vergleichende Übersicht der wichtigsten Handels- und Verkehrswege.

	Ober-Prima	Unter-Prima	Ober-Sekunda
25	In Anlehnung an den Geschichtsunterricht zusammenfassende Wiederholungen aus der Erdkunde; das Wesentlichste aus der allgemeinen physischen Erdkunde und der Völkerkunde. Vergleichende Übersicht der wichtigsten Handels- und Verkehrswege bis zur Gegenwart.		Zusammenfassende Wiederholungen. Das Wesentlichste aus der allgemeinen physischen Erdkunde und in Anlehnung an den Geschichtsunterricht die Länderkunde der drei südlichen Halbinseln Europas. Übersicht über Afrika und Asien.
26	Übersichten aus der Erdkunde Europas. Die wichtigsten Verkehrs- und Handelswege.	Erdkunde der Mittelmeerländer und Amerikas.	Wiederholungen aus der Erdkunde Asiens, Afrikas und Australiens.
27	Wiederholungen der Länderkunde Deutschlands.	Wiederholungen aus der Erdkunde der außereuropäischen Erdteile.	Wiederholungen bzw. Erweiterung der Erdkunde Süd- und Mitteleuropas.
28	Wiederholungen des Wichtigsten aus der Geographie von Österreich, Frankreich, Rußland, England, Skandinavien, Spanien und Amerika.	Wiederholungen des Wichtigsten aus der Geographie von Deutschland, Österreich, Italien, Frankreich und Rußland.	Wiederholungen, besonders aus der Erdkunde der Mittelmeerländer.
29	Betrachtung von Europa, vornehmlich von Deutschland und Frankreich. (Geschichte: Mittelalter.)		Erdkundliche Behandlung von Asien, Amerika und Afrika.
30	Repetitionen aus der Erdkunde von Europa.		Repetit. der außereurop. Erdteile.
31	Gruppierende erdkundliche Wiederholungen mit besonderer Berücksichtigung Deutschlands.	Gruppierende erdkundliche Wiederholungen mit besonderer Berücksichtigung Europas.	Gruppierende erdkundliche Wiederholungen mit besonderer Berücksichtigung der Länder um das Mittelmeer, Asiens, Afrikas.
32	Zusammenfassende Wiederholungen aus der Länderkunde Europas, aus der allgem. phys. Erd- u. Völkerkunde. Verkehrs- u. Handelswege.		Die außereuropäischen Erdteile.
33		Geographie des Schauplatzes der Begebenheiten.	Geographie des Schauplatzes der alten Geschichte.
34		Daniel, Buch I—IV wiederholt.	Vergleichende Übersicht der wichtigsten Verkehrs- u. Handelswege bis zur Gegenwart.
35	Wiederholungen aus d. physikalischen u. politischen Geographie.		Wiederholungen aus d. physikalischen und politischen Erdkunde.
36		Zusammenfassende Wiederholungen aus der politischen Erdkunde. Einiges aus der allgemeinen Länder- und Völkerkunde.	Allgemeine Erdkunde.
37	Zusammenfassende Wiederholungen aus d. Erd- u. Völkerkunde.	Wie in I A.	
38		Geschichtlich-geogr. Übersicht der 1648 bestehenden Staaten.	Wiederholungen der außereuropäischen Erdteile.
39	Wiederholungen aus der Erdkunde, insbesondere im Anschluß an den Geschichtsunterricht. Übersicht der wichtigsten Verkehrs- u. Handelswege bis zur Gegenwart.		Wiederholungen aus der Geographie in zusammenfassender Behandlung und in Anlehnung an den Geschichtsunterricht.
40	Wiederholungen aus der allgemeinen Erdkunde.	Wiederholungen aus der physischen Erd- und Länderkunde mit Rücksicht auf den Schauplatz der geschichtlichen Begebenheiten.	
41	Wiederholung der Länderkunde des außerdeutschen Europas.	Wiederholung der Erdkunde Europas.	
42		Außerdeutsche Länder Europas.	Wiederholungen aus der Erdkunde Deutschlands.

	Ober-Prima	Unter-Prima	Ober-Sekunda
43		Zusammenfassende Wiederholungen aus der Erdkunde. Übersicht der wichtigsten Verkehrs- und Handelswege.	Wiederholung der Erdkunde Europas mit besonderer Berücksichtigung der Verkehrs- und Handelswege.
44		1. Deutschland, Österreich-Ungarn, die Alpen, Amerika und Australien. 2. Das übrige Europa; der Kolonialbesitz der Mächte. (NB: Oster-Coetus: zweijährig?)	Südeuropa, Asien, Afrika. (NB: Oster- und Michaelis-Coetus).
45	Im Anschluß an den Geschichtsunterricht; Deutschland. Die Küsten und Inseln des Großen Ozeans nördlich vom Äquator.		
46		Geschichtlich-geographischer Überblick der im Jahre 1648 bestehenden Staaten.	Wiederholung der Erdkunde behufs genauer Erfassung d. historischen Schauplatzes. (!)
47		Zusammenfassende Wiederholung der Erdkunde von Deutschland.	Wiederholung der Geographie der südeuropäischen Länder.
48	Wiederholungen aus der Geographie Europas. (Neuzeit.)		
49		Wiederholungen aus der Erdkunde im Anschluß an die Geschichte.	Wiederholungen aus der Erdkunde im Anschluß an die Geschichte. Deutschland.
50	Wiederholung bei Gelegenheit und nach Bedürfnis des Geschichtsunterrichts (!). Übersicht der wichtigsten Verkehrs- und Handelswege bis zur Gegenwart.		
51	Die außereuropäischen Erdteile.		
52	Wiederholungen aus der Erdkunde zur Veranschaulichung des geschichtlichen Schauplatzes.	Wie in I A.	
53			Geographische Wiederholung der außereuropäischen Erdteile.
54			Geographie der alten Welt.
55		Europa mit Ausschluß von Deutschland.	
56			Wiederholungen aus der Geographie der außereuropäischen Länder und Amerikas.
57		Landeskunde von Deutschland.	
58			Die außerdeutschen Länder Europas.
59	Wiederholungen aus der Erdkunde Europas.		
60			Länderkunde Europas (ohne Deutschland).
61		Wiederholungen aus der Erdkunde, namentlich Deutschlands.	
62		Geschichtlich-geographische Übersicht der 1648 bestehenden Staaten.	
63		Wiederholungen aus der Erdkunde der europäischen Länder.	
64			Alte Geographie von Vorderasien, Griechenland und Italien (!).

	Ober-Prima	Unter-Prima	Ober-Sekunda
65		Geschichtlich-geogr. Übersicht der 1648 vorhandenen Staaten. Erdkundliche Wiederholungen.	
66			Südeuropa, Nordamerika.
67			Erdkundliche Wiederholungen. Verkehrskunde.
68			Wiederholungen aus der Erdkunde der Mittelmeerländer.
69			Wiederholung der Erdkunde von Deutschland.
70			Erdkunde der in Betracht kommenden Länder und Wiederholungen aus der neueren (?) Geographie.
71			Vergleichende Übersicht der wichtigsten Verkehrs- und Handelswege in Anlehnung an den Geschichtsunterricht.
72			Wiederholung der außereuropäischen Erdteile.
73			Wiederholung der Geographie der Mittelmeerländer.
74		Die außerdeutschen Länder Europas.	
75			Die außereuropäischen Erdteile.
76		Wiederholung der in der Geschichte berührten Länder.	
77			Die außereuropäischen Erdteile.
78			Repetitionen aus der Geographie Europas.
79			Wiederholung der außereuropäischen Erdteile.
80	(— = noch nicht vorhanden). —		Erdkunde der alten Welt; Wiederholungen aus den Pensen der früheren Klassen.
81	—	Europa außer Südeuropa und Deutschland; Amerika.	Südeuropa, Nordafrika, Asien.
82	—	—	Wesentliches aus der allgemeinen physischen Erdkunde.
83	—	—	Die außereuropäischen Erdteile.
84		Das Wesentlichste aus der allgemeinen physischen Erdkunde und aus der Völkerkunde.	
85	—		Zusammenf. Wiederholungen, bes. im Anschluß an die Geschichte.
86			Wiederholungen aus der Erdkunde Europas, inkl. Deutschlands, und Asiens.
87			Wiederholung der Erdteile außer Europa. Wiederholung des Wichtigsten aus der Klimakunde, der Lehre vom Luftdruck und den Winden.

	Ober-Prima	Unter-Prima	Ober-Sekunda
88	—		Europa, Asien, Amerika.
89	—	Wiederholungen, besonders aus der Erdkunde Europas.	
90	—	—	Die außereuropäischen Erdteile.

Bemerkt sei ferner noch, daß eine Anstalt, die einen ausführlichen Lehrplan ver-veröffentlicht, für die Erdkunde in den Oberklassen als Aufgabe summarisch angibt: zusammenfassende Wiederholungen. Das Wesentlichste aus der allgemeinen physi-schen Erdkunde und der Völkerkunde; eine andere verzeichnet außer zusammenfassenden Wiederholungen bei den einzelnen Klassen noch für alle gemeinsam: Einprägung der unentbehrlichen Jahreszahlen und des geschichtlichen Schauplatzes. An einer Anstalt finden die Wiederholungen hauptsächlich an der Hand des Atlasses statt, an einer anderen in der Ober-Prima außer Wiederholungen auch »Besprechungen«, an einer anderen: Erörterung der aus der Erdkunde gestellten Aufgaben. (Schluß folgt.)

Geographischer Ausguck.

Ostasiatisches III.

Nun ist auch die baltische Flotte, auf die die russischen Regierungskreise ihre ganze Hoff-nung gesetzt, von der man eine Änderung der verzweifelten Kriegslage erwartete, vernichtet und damit das eiserne Würfelspiel für Rußland endgültig verloren, mag der Friede früher oder später kommen. Rußlands Macht in Ostasien ist auf lange, vielleicht auf immer gebrochen und das aufstrebende Japan, das sich in so überraschend kurzer Zeit alle technischen Errungenschaften Europas zu eigen gemacht, hat sich dem weißen Manne gegenüber auf kriegerischem Gebiet als Meister gezeigt, und hat seiner Reihe von Landsiegen einen glänzen-den Seesieg hinzugefügt, der es nun auch den Seemächten gegenüber als gefährlichen Gegner erscheinen läßt. Durch diese Siege diese Be-weise seines militärischen Könnens, hat es mehr erreicht als den unbequemen russischen Neben-buhler aus der ostasiatischen Politik ausge-schaltet zu haben, es hat die unbestrittene Herr-schaft über Ostasien erlangt. Alle in Ostasien engagierten Mächte, die den Krieg mit mehr oder minder geheuchelter und betätigter Neu-tralität verfolgten, sehen nun plötzlich einen Emporkömmling, den man erst vor kurzer Zeit als mitberatenden Faktor in die ostasiatische Politik einzusetzen bereit war, zu deren Lenker

und Herrn emporgeschwungen. Lange Oesichter der Diplomaten! Man hatte sich den Verlauf der Dinge ganz anders gedacht. Man wird unwillkürlich an alle jene Situationen erinnert, in die der Volkswitz in Schrift und Bild den harmlosen Dritten kommen läßt. Selbst in Amerika und in England, wo der Jubel über das Steigen der japanischen Papiere sich durch die zarten Goldfäden, die sich von der Börse zur Presse spinnen, der urteilslosen Menge suggeriert wird, fehlt es nicht an Stimmen, die auf den Ernst der Situation hinweisen. So sagt die »Westminster Oazette«: »Für alle Mächte, die Interessen oder Landbesitz in China haben, hat der Sieg der Japaner gewaltige Bedeutung. Es handelt sich nicht mehr um die Frage, welche von jenen Mächten die Hegemonie in Ostasien genießen soll, sondern es ergibt sich für einige die recht sorgenvolle Frage, ob sie sich dort be-haupten können, ohne jene japanische Freund-schaft nachzusuchen, welche Japan jetzt nur unter Bedingungen verleiht, die ihm selbst ge-nehm sind. In der Tat eröffnet sich da ein neues Kapitel der Weltgeschichte, und was dieses Kapitel für uns und unsere europäischen Nachbarn enthält, das werden wir in zehn Jahren besser wissen als heute«. Und ein anderes englisches Blatt schreibt: »Japan beherrscht be-dingungslos die große Handelsstraße des Paci-fic. Der kranke Mann in Ostasien hat jetzt einen mächtigen Schutzherrn, der wohl auf-passen wird, daß keine räuberische Hand sich auf die mongolische Erbschaft legt«. Auch in Amerika befürchtet man bereits, daß Japan übermütig und siegberauscht mit den ameri-kanischen Interessen in Ostasien kollidieren dürfte und allgemein hält man eine Ver-größerung und Verstärkung der Flotte als dringend notwendig.   *F. H.*

17°

Kleine Mitteilungen.

I. Allgemeine Erd- und Länderkunde.

Wie oft kann man über die Rheinebene hinwegsehen? Als Antwort auf diese Frage, teilt der Direktor des astrophysikalischen Instituts Königstuhl bei Heidelberg interessante Untersuchungen mit, die in den Jahren 1899—1904 angestellt wurden. Das Institut, in dem die Beobachtungen angestellt wurden, liegt etwa 450 m über der Ebene, die beobachteten gegenüberliegenden Hardtkuppen waren etwa 45—50 km in der Luftlinie entfernt. Die Anzahl der Tage, an denen sie gesichtet werden konnten, betrug

1899 196	1901 174	1903 181
1900 162	1902 172	1904 156,

im Durchschnitt also 173,₅. Die Tage verteilten sich aber sehr ungleichmäßig auf die einzelnen Monate, jedoch ließen sich zwei Maxima im Mai und August und zwei Minima im Juli und Dezember deutlich feststellen. *Hk.*

Die neue Karte von Frankreich in 1:50000 macht nur recht langsame Fortschritte. Von den 1100 Blättern, welche die Karte umfassen soll, ist bisher nur ein einziges Probeblatt, die Umgebung von Paris ausgegeben und auch in den Annales de Géographie (1904, pl. 3) veröffentlicht worden; 191 weitere Sektionen sind soweit vorgeschritten, daß ihre Publikation ohne weiteres erfolgen könnte, da aber 77 davon als Grenzblätter den Rahmen nicht ausfüllen, so machen sie in Wirklichkeit nur etwa ein Zehntel des Ganzen aus. Die Schuld an dem langsamen Fortgang der Arbeiten trifft keineswegs den Service géographique de l'Armée, das wird niemand annehmen können, der weiß, daß ein Mann wie General Berthaut an seiner Spitze steht. Vielmehr trägt das Parlament dafür die Verantwortung, weil es dem Service die unbedingt dazu notwendigen Geldmittel nicht zu Verfügung stellt. Für 1905 hatte die Zentralkommission der geographischen Arbeiten 100000 frs dafür ausgesetzt, das Parlament reduzierte die Summe jedoch auf 25000 frs. Wenn es an dieser Praxis festhält, würde die Herstellung der Karte, deren Gesamtkosten auf etwa 30 Mill. veranschlagt worden sind, etwa 1200 Jahre dauern. Emm. de Margerie führt im letzten Heft der Annales de Géogr. lebhafte Klage über diese Verhältnisse, die abzustellen sei eine Ehrensache Frankreichs, des Landes, welches in der offiziellen Kartographie lange Zeit an der Spitze der modernen Kulturstaaten gestanden habe. *Hk.*

Die Bevölkerungszahl Belgiens betrug nach Mouv. Géogr. am 31. Dezember 1904

7074910. Die Hauptstadt [
eingemeindeten Vororten

**Zwei wichtige südam
bahnen.** Unter den ve
amerika gegenwärtig ent
planten Eisenbahnen hebe
sonders aus dem Grunde
bloß von großer allgemei
dern zugleich auch für die
tums daselbst einmal von
den: Die Transbrasillinie
Eisenbahn. Bei der einer
Einfügung großer noch fel
strecken, bei der andern
in ihrer ganzen Ausdehn
sie seit langem ins Auge
deckt sich anscheinend un
die wir auf Jannasch' Ka
Ausgabe 1902, schon ang
Wenn es sich bewährt
hauptet wird, daß südlic
Sãv Francisco den besten
Brasilien besitzt, so würd
atlantischen Endpunkte der
einmal eine sehr große B
Auf brasilianischem Geb
des Iguassú in den Paraná
Endpunkt. Als einstigen
uns jedoch die in genau o
liegende Hauptstadt von
zu denken. Jetzt sind ja
erst die küstennahen Geg
bei wir vor allem der I
Kolonien gedenken; dah
ihrem westlichen Teile, de
resp. den Indianern noch :
lassen ist, zunächst nicht
sodaß die sechsprozent
Staates in Anspruch genon
Von Sãv Francisco in St
Bahn (vgl. Südam. Rund
auch für das weitere) du
über Sãv Bento nach Ric
und von da an dem Fl
Mündung folgen. Von Pa
dungsstrecke Villa Rica—
Iguassú zu bauen, was si
blick geschehen wird,
dem großen Kriege, der
traf, wieder ganz erholt
Auf großen Strecke
die Rio Grande-Eisenb
Bahn« genannt wird,
Sãv Paulo an die Soroc
winnt. Ihr Endpunkt i
Rio Grande am Eing
Patos. Sobald aber
Strecke Sãv Gabriel—S
hergestellt ist, wird d
Janeiro mit Montevide
schneidet die Staate
und Rio Grande do

wobei sie die Städte Pyrahŷ, Castro, Ponta Grossa und Uniⱥ da Victoria am linken Ufer des Iguassú berührt. Hier wurde der Betrieb am 8. Oktober 1904 eröffnet, doch fehlt noch die Brücke über den Iguassú, die vorläufig aus Holz hergestellt werden soll und 530 m lang werden muß. Bis zum Rio Uruguay sind dann noch 187 km und auf der südlichen Seite von einer anderen Gesellschaft bis Passo Fundo, dem nördlichen Endpunkt der schon vorhandenen Rio Grande-Bahn, noch 186 km zu bauen. In Paraná ist ein wichtiger Knotenpunkt an dieser Bahn bei Ponta Grossa, wo die Paraná-Bahn endet, die über Curityba nach der Hafenstadt Paranagua führt, und in Uniⱥ da Victoria kreuzt sie die Transbrasilinie. Die Hauptstadt des südlichsten Staates, Porto Alegre, erhält somit noch nicht die ebenfalls ersehnte kurze und schnelle Verbindung mit der Reichshauptstadt, doch soll auch sie mit dem Hinterland und dem Meere (bei Torres) besseren Anschluß bekommen. Auch die küstennahen und koloniereichen Distrikte werden sich ihre Verkehrswege zu schaffen wissen, sobald das Bedürfnis dazu unabweisbar geworden ist, und deshalb wird die Küstenbahn über kurz oder lang ebenfalls entstehen. (S. auch hier die angeführte Karte von Jannasch).

Als eine Frage gar nicht ferner Zukunft erscheint es uns im Hinblick auf die bisherige Entwicklung, daß auch von Porto Alegre resp. Rio Grande her über den Uruguay eine Fortsetzung durch das südliche Misiones-Gebiet gefunden und somit über Encarnacion am Paraná ebenfalls die Verbindung mit Asunción hergestellt wird. Das muß aber dem Zug nach Westen, der hier im Süden schon leise eingesetzt hat, den Weg erleichtern, und wir sehen die Zeit kommen, wo die herrlichen Misiones-Gebiete und das gesegnete Paraguay, über die das Geschick einst mit überaus grausamer Hand gewaltet hat, einer neuen Blüte entgegengehen.

Wir nehmen bei dieser Betrachtung an, daß in diesen Staaten im allgemeinen eine ruhige und stetige Entwicklung in wirtschaftlicher und politischer Beziehung stattfinden werde. Das ist zwar für Südamerika nach der bisherigen Erfahrung ein wenig gewagt, indessen gerade hier aussichtsvoller als an anderen Stellen dieses Erdteils; und dem deutschen Bestandteile der Bevölkerung erwächst hier nach unserer Ansicht die schöne Aufgabe, zu dieser Entwicklung beizutragen. Das ist auch ein Grund, warum eine starke deutsche Einwanderung dort so sehr erwünscht ist. Noch ist die Anziehungskraft dieses Gebiets schwach, sie wird aber um so stärker werden, je zahlreicher die Deutschen dort ansässig werden. Denn das ist ja das ganze Geheimnis des andauernden massenhaften Hinüberströmens Deutscher nach den Vereinigten Staaten, daß schon Millionen Deutsche dort wohnen, die nun Verwandte und Bekannte, wenn auch oft nur dem Namen nach

Bekannte, nach sich ziehen. Dort vermehrt ein großer Teil dieser vielfach aus ländlichen Gegenden stammenden Einwanderer das großstädtische Proletariat, weil die Mittel nicht reichen, teuren Grundbesitz zu erwerben. Um wie viel aussichtsreicher würde sich hier ihre und ihrer Nachkommen Zukunft gestalten!

Schon sind auch in dem zuletzt genannten Staate, in Paraguay, schöne Anfänge neuer Kultur vorhanden, was bei weitem nicht bekannt genug ist; auch die Deutschen sind stark daran beteiligt. Schon treffen als besonders gern gesehene Ansiedler junge Bauern aus Rio Grande do Sul ein, die als Landeskundige noch bessere Kulturpioniere abgeben als die, welche frisch aus Europa herüberkommen und in Verhältnisse eintreten, die ihnen ganz fremd sind. Als ein Verbrechen kann es daher nur jedem, vor allem jedem paraguayschen Patrioten erscheinen, wenn nicht alles geschähe, was dazu beitrüge, die politischen und wirtschaftlichen Verhältnisse zu bessern und den Frieden zu bewahren, der nun wieder hergestellt ist.

Paraguay hat man das südamerikanische Mesopotamien genannt; die beiden Ströme Paraná und Paraguay sind außerordentlich schöne und schon jetzt wichtige natürliche Verkehrswege. Daß die genannten ost-westlichen Bahnen sie überschreiten oder an ihnen enden, beweist auf den ersten Blick ihre große zukünftige Bedeutung. *Dr. Th. Schwarz-Orvelsberg.*

Ein Präcisions-Nivellement zwischen dem Atlantischen und dem Pacifischen Ozean ist am 4. Okt. 1904 in Hunts Junction, im Südosten des Staates Washington in den Verein. Staaten vom Coast and Geodetic Survey zum Abschluß gebracht worden. Die Differenz am Endpunkt betrug 187,5 mm, und es entsteht die Frage, ob daraus auf einen Unterschied in der Höhe des Seespiegels der beiden Weltmeere geschlossen werden darf, oder ob die Differenz einfach als Maßfehler zu betrachten ist. Das letztere erscheint sehr wahrscheinlich. Die Entfernung zwischen den Ausgangspunkten der Messung Seattle und Kiloxi ist 5700 km, zwischen Seattle und Norfolk 3300 km. In dem einen Falle würden von der Differenz 0,033 mm, im andern 0,057 mm auf 1 km kommen, Fehler, die noch in den Grenzen der Möglichkeit liegen. *Hk.*

Ein Beweis für die zunehmende Austrocknung Afrikas ist das immer deutlicher wahrzunehmende Sinken des Nigerflußspiegels, das auch vom Franzosen Lucien F o u r n e a u, der einen Provianttransport von Forcados an der Mündung des Niger flußaufwärts nach Niame und Timbuktu zu leiten hatte, aufs neue bestätigt wird. Auch im Unterlauf des Stromes macht sich diese Erscheinung bemerkbar; ein dort regelmäßig verkehrender Dampfer kann jetzt Jebba, den Endpunkt, der im Bau begriffenen Eisenbahn Lagos-Niger, nicht mehr erreichen, was bis vor knapp

15 Jahren noch ohne Schwierigkeit geschehen konnte. Die zahlreichen Flußinseln zwischen Sausane-Haussa und Ansongo mußten vor 40 Jahren von den Bewohnern oft geräumt werden, weil sie vom Strome vollständig überflutet wurden. Fourneau konnte feststellen, daß dies jetzt selbst in Jahren mit ungewöhnlich starkem Hochwasser nicht mehr zu befürchten ist. (Met. Ztschr. 1905, Nr. 4). *Hk.*

II. Geographischer Unterricht.

Wie können wir die mathematisch-geographischen Grundbegriffe praktisch lehren? Dr. Kurt Geißler weist in einem beachtenswerten Aufsatz, den er in der Zeitschrift »Die Lehrerin in Schule und Haus« (herausgegeben von Marie Loeper-Housselle, Verlag von Th. Hofmann in Leipzig, XX. Jahrgang 1903/04, Nr. 29) unter obigem Titel veröffentlicht, auf die Schwierigkeiten hin, die der mathematisch-geographische Unterricht auf jeder Stufe, sowohl in der obersten als in der untersten Klasse, erfahrungsgemäß bereitet. Er ist Lehrer an einer höheren Mädchenschule und einem Lehrerinnenseminar und bezieht seine Erfahrungen somit zunächst auf die Mädchenschulen, welche aber im allgemeinen mit den an höheren Knabenschulen gemachten übereinstimmen. Der tiefergehende, begründende Unterricht in der mathematischen Geographie gehört freilich in die obersten Klassen, die Grundbegriffe, wie die Begriffe der Himmelsgegenden, die Erdkrümmung, die geographische Breite und Länge, die Pole, der Äquator, der Begriff von Oben und Unten, können aber auf der untersten Stufe beim geographischen Unterricht nicht entbehrt werden. Und wenn auch bei den Kleinen schon manches aus der Erfahrung genommen werden kann, so bleiben ihnen die meisten dieser Begriffe trotz der Bemühungen des Lehrers resp. der Lehrerin noch ziemlich unklar. Der Verfasser schlägt daher ganz einfache, leicht herzustellende Hilfsapparate vor, die er dazu verwandt hat, diese Grundbegriffe klar zu machen. Ein solcher Hilfsapparat, »die geographische Pappe«, wird hergestellt durch ein Stück biegsamer Pappe etwa von halber Armeslänge und Handbreite, drei Garnrollen, sechs Reißnägel, zwei Gummifäden, wie man sie im Laden zum Einwickeln erhält, ein größeres Stück Wachs (womöglich Klebwachs) und einige dünne Stäbchen; ferner ein Stearinlicht im Leuchter und Faden. Durch die Pappe kann die ebene und gekrümmte Erdfläche anschaulich gemacht werden, die schließlich soweit gekrümmt werden kann, daß man um dieselbe herumgehen kann. Die Garnrollen können zu menschlichen Figuren oder Kirchtürmen durch Anfügen gewisser Teile ergänzt werden. Letztere können in ihren unteren Partien durch die gekrümmte Erdfläche verdeckt werden, so daß nur die Spitzen gesehen werden. Durch die Gummifäden kann

die Anziehungskraft der Erde nach den verschiedenen Richtungen hin, auch von unten nach oben, zur Anschauung gebracht werden. Die Stäbchen werden den menschlichen Figuren beigegeben und durch dieselben die Richtung auf der Erde gekennzeichnet. Das Stearinlicht stellt die Sonne dar, und der Schatten der verschiedenen Gegenstände auf der gekrümmten Erdfläche läßt auf größere oder geringere Entfernung des leuchtenden Körpers schließen. Reißnägel und Klebwachs dienen selbstverständlich zum Befestigen der verschiedenen Gegenstände aneinander. Mit Hilfe dieses Apparates, dem sich später Globus und Kompaß zugesellen soll, müssen die mathematisch-geographischen Grundbegriffe auch den Kleinsten zur vollständigen Klarheit gebracht werden können. Schließlich will der Verfasser auch noch die höhere und tiefere Stellung der Sonne in den verschiedenen Erdgegenden, den Auf- und Untergang derselben, ferner die Richtung nach Ost und West mit Hilfe eines runden Tisches oder einer halbkreisförmigen Pappscheibe zur Anschauung bringen, so daß auch mit Leichtigkeit die Himmelsrichtungen auf die Landkarten übertragen werden können. Der Verfasser empfiehlt die angegebene Methode zur praktischen Erprobung, wodurch viel erreicht und den Kindern viel Freude bereitet werden kann; auch weist er zum Schlusse auf einen von ihm konstruierten »Zonenapparat« hin, der in späteren Klassen zu benutzen wäre. Für den Lehrer und die Lehrerin der mathematischen Erdkunde ist die Lektüre des Aufsatzes sehr zu empfehlen. *Dr. O. Baar-Soras.*

Schülerausflüge. Infolge einer Anregung von Prof. Conwentz, hat das Danziger Provinzialschulkollegium an die ihm unterstellten Direktoren ein Schreiben gerichtet, in dem vor weiten Reisezielen im allgemeinen gewarnt wird und nähere, den Teilnehmern die Schönheiten des eigenen Landes erschließende empfohlen werden. Ist es schon zu begrüßen, daß hier gegen Italienfahrten wie sie seltsamerweise an einzelnen norddeutschen Anstalten vorgekommen sind, ein gehaltvolles Wort gesprochen wird und an dieser Stelle Reisen in »unsere Ostmark« oder »durch Thüringen, den Harz oder die Rheinlande« vorgeschlagen werden, so lege ich doch noch mehr Wert auf den freien Geist, der aus dem Schlußsatz spricht. Hier heißt es: »wir müssen **davon absehen, derartige Unternehmungen, die auf einer rein privaten Vereinbarung zwischen Lehrer und Schüler beruhen, durch amtliche Vorschriften zu beschränken«.**

Die deutsche Schule hat sich wahrhaftig nicht über einen Mangel an »beschränkenden Vorschriften« zu beklagen. Nicht ohne Schuld an diesem ihre lebendige Entwicklung hintanhaltenden Umstand sind aber vielfach gerade die, die eine freiere Ausgestaltung unseres Unterrichtswesens wünschen, es aber auf dem völlig verkehrten Wege zu erreichen suchen, der in dem Anstreben neuer Erlasse oder Verbote besteht.

H. F.

Für Schulwanderungen im Dienste des Unterrichts tritt warm Chr. Falkner ein in Nr. 18 und 19 der »Schweizerischen Lehrerzeitung«, 48. Jahrg. Er wünscht die »Herdenspaziergänge ganzer Schulen in Reih und Glied« durch sie ersetzt zu sehen, und legt ausführlich dar, daß sie für die verschiedensten Fächer nutzbar gemacht werden können. An praktischen Vorschlägen und Forderungen aus seiner Erfahrung bringt er: genaue Kenntnis des Lehrers von der Umgebung seines Wirkungskreises (Karten, Bücher, Vorträge, eigene Beobachtungen), Beschränkung der Teilnehmerzahl auf 30, mündliche, oft auch schriftliche Zusammenfassung der Resultate in einer der folgenden Stunden, und vor allem Geduld, wenn alles nicht gleich geht, wie es soll. Wir hören ferner, daß die Schulpflegen Luzern und Zürich in ihren Lehrordnungen die Lehrer anweisen, »mindestens einmal in der Woche, wenn die Witterung es zuläßt, zu Unterrichtszwecken Spaziergänge zu veranstalten«; es wäre erwünscht, einmal zu erfahren, wie dies ausgeführt ist: woher die Zeit gewonnen ist, wie man es angefangen hat, die verschiedenen Fächer u. Lehrer (Verf. hat nicht nur Volksschulen im Auge zu) vereinen. *Dr. Seb. Schwarz-Lübeck.*

Über „Das Bild im geographischen Unterricht" bringt das »Katholische Schulzeitung für Norddeutschland« (Breslau) in Nr. 26 u. 27 des 20. Jahrgangs eine Abhandlung von R. Schneider-Breslau. Verfasser spricht darin von der Wichtigkeit klarer Anschauung, von der Veranschaulichung durch Landkarte und Globus und eingehend von der Anwendung geographischer Bilder, (Landschafts- und Städtebilder). Solche können mit beschränkten Mitteln aus Zeitschriften, Reklamen, Postkarten zusammengestellt werden. Wo es möglich ist, sind Stereoskop- und Skioptikonbilder zu verwenden. Die größte Beachtung aber verdienen die verschiedenen »Bildersammlungen für den geographischen Unterricht«; z. B. die von Gaebler, Schmidt und Harms und Hirts Bilderschatz. Doch sind das keine Wandbilder für den Klassenunterricht. Als solche werden besprochen die allgemeinen Bilderwerke von Hölzel (37), Oestbeck und Engleder (25), Lehmann (51); die Sonderwerke von Benteli und Stücki (Schweiz), Engleder (Bayern), Hörle (Schwaben), Meinhold (Sachsen), Eschner (Deutschlands Kolonien), Wünsche (Deutsche Kolonial-Wandbilder) u. a. *H. Weinert-Braunschweig.*

Mitteilungen der Kommission.

Durch dankenswertes Entgegenkommen der kgl. preußischen Landesaufnahme ist eine befriedigende Lösung der Heimatkartenfrage in sichere Aussicht gestellt. Näheres wird auf dem XV. deutschen Geographentage in Danzig mitgeteilt werden können. *Der geschäftsführende Vorsitzende.*

Persönliches.

Ernennungen.

Der Landesgeologe Dr. Dathe in Berlin zum Geh. Bergrat.

Unser Mitarbeiter Dr. Josef Lorscheid, bisher Oberlehrer an der Oberrealschule in Rheydt zum Kreisschulinspektor in Oberhausen.

Der Präsident der Wiener Akademie Prof. Dr. Ed. Sueß zum Mitglied der Kgl. dänischen Akademie der Wissenschaften.

Für das laufende Sommersemester ist Priv.-Doz. Dr. Rich. Leonhard mit der Leitung des geogr. Seminars der Universität Breslau beauftragt worden.

Der Professor der Geographie an der Wiener Universität Hofrat A. Penck zum wirklichen, und der Professor des gleichen Faches an d. Innsbrucker Universität Hofrat v. Wieser zum korrespond. Mitglied der K. K. Akademie der Wissensch. in Wien.

Auszeichnungen.

Dem Landesgeologen und Professor an der Bergakademie Dr. K. Keilhack in Berlin der Rote Adlerorden 4. Klasse.

Todesfälle.

Der Mineralog und Geolog Dr. Emil Cohen, o. Professor an der Universität Greifswald, geb. 12. Oktober 1842 zu Aakjaer bei Horsens (Jütland), gest. 13. April 1905 zu Greifswald.

Dr. Konrad Ganzenmüller, der sich durch sein Werk »Die Erklärung geographischer Namen nebst Anleitung zur richtigen Aussprache für höhere Lehranstalten« (Leipzig 1882) um die Schulgeographie ein Verdienst erwarb, später in den Dienst des Statistischen Bureaus in Dresden trat, geb. 26. Dez. 1841, gest. 22. Febr. 1905 in Dresden.

Der Bearbeiter der neuen schweizerischen Schulwandkarte, Kartograph Hermann Kümmerly ist in St. Moritz am Herzschlag gestorben. Wir werden an anderer Stelle seine Verdienste um die Kartographie würdigen.

Der Astronom Otto Wilhelm v. Struve ist in Karlsruhe gestorben.

Geographische Nachrichten.

Wissenschaftliche Anstalten.

In Edinburg hat sich ein Komitee gebildet, welches sich die Schaffung eines Lehrstuhls für Geographie an der Edinburger Universität zum Ziele gesetzt hat. Die Universitätsbehörden haben ihre grundsätzliche Zustimmung bereits erteilt. Bei der Royal Scottish Geographical Society, der Royal Society und Edinburgh Merchant Company findet das Komitee weitgehende Unterstützung. Man kann diesen Bestrebungen nur einen vollen Erfolg wünschen, gibt doch das Scott. Geogr. Mag. der Ansicht Ausdruck, daß der geographische Unterricht an den öffentlichen und den meisten Privatschulen Schottlands bis zu einem Grade vernachlässigt werde, »that can only be described as scandalous«.

Zeitschriften.

Eine neue »Zeitschrift für Lehrmittelwesen und pädagogische Literatur« erscheint seit Anfang dieses Jahres in Wien im Verlag von

A. Pichlers Witwe und Sohn. Sie wird von dem
Direktor der Landes-Lehrerinnenbildungsanstalt und
Bezirksschulinspektor Franz Frisch in Marburg (Steiermark) geleitet. Im Jahre erscheinen zehn Hefte,
jedes im Umfang von mindestens zwei Druckbogen
zum Preise von 5 K. == 4.20 M. Die Zeitschrift
verspricht auch der Erdkunde voll gerecht zu werden, gleich das zweite Heft bringt zwei ihr dienende
Aufsätze: »Bewegliche Lichtbilder für den Unterricht
in der astronomischen Geographie« von Prof. Hans
Lichtenecker und »Die verschiedenen Darstellungsarten eines Geländestücks« von Prof. Ludwig Stelz.

Grenzregelungen.

Nach einem Abkommen zwischen Großbritannien und Italien vom 13. Januar d. J. ist
an Italien ein kleines Landstück unmittelbar nördlich
vom Hafen Kisimayu (Stieler 73, U 32) abgetreten
worden, ebenso ein schmaler Verbindungsstreifen
zur Handelsstraße Kisimayu-Lugh am Djuba. Italien
erleichtert sich damit den Zugang zum Süden seines
Kolonialbesitzes (GJ 25 [05], S. 460).

Eisenbahnen.

Die Arbeiten an der Seul—Fusan-Eisenbahn
schreiten so rüstig vorwärts, daß man hofft, das
Legen der Schienen, die Vermauerung des Tunnels
und die Brückenbauten bis Juli fertigstellen zu können.

Das Gleis der Küstenbahn in Togo war Anfang Februar bis km 12,3 gelegt. Die Gleisverlegung
wird voraussichtlich im Mai beendet werden.

Die im Bau begriffene Otavi-Bahn hat Anfang
April Usakos erreicht. Von dort wird zunächst
der Anschluß nach Karibib bewirkt. Die Anschluß-
strecke zweigt 27 km hinter Usakos von der Otavi-
trace ab und ist selbst etwa 13 km lang.

Der Bau einer mittelafrikanischen Quer-
bahn wird gegenwärtig in der Presse vielfach erörtert. Sie soll von Libreville am Atlantischen Ozean,
der Hauptstadt von Französisch-Kongo, ausgehen
und zunächst dem Kongo entlang laufen. Am Einfluß
des Kassai soll sie über den Fluß und dann quer durch
den Kongostaat hindurch bis zum Westufer des Tan-
ganjikasees geführt werden, nach deutschostafrikan.
Mittellandbahn würde dann über Tabora die Verbindung zwischen Udjiji und Daressalam, dem Ostufer
des Sees und dem Indischen Ozean herstellen.

Handelsstraßen.

Die Vorarbeiten zu einer wichtigen Handels-
straße zwischen Bengal und Chumbi sind
Anfang November vorigen Jahres begonnen worden.
Die Straße soll von (Stieler 63, M 14) Jalpaiguri
über Ramsai-Hat und Nagrakata zur Grenze des
Staates Bhutan führen, auf dessen Gebiet verläuft sie
auf einer Strecke von 128 km, ehe sie die tibetische
Grenze überschreitet (La Géogr. 1905, Märzheft).

Telegraphen.

Die Compagnie du Câble commercial trifft die
Vorbereitungen zur Legung eines fünften atlantischen Kabels zwischen den Küsten von Irland und Neuschottland. Die Kosten sind auf
12375000 frs veranschlagt.

Die Compagnie du Télégraphe mexicain plant
die Legung eines Kabels im Golf von Mexiko
zwischen Galveston, Texas und Coatzacoalcos.

Die Legung eines Kabels zwischen dem
Isthmus von Panama und den Vereinigten Staaten
ist von der Regierung dieser beschlossen worden.

Forschungsreisen.

Asien. Bailey Willis veröffentlicht einen
Bericht über seine vorjährige Forschungsreise in
China (vgl. Geogr. Anz. 1904, S. 234) im Jahrbuch

der Carnegie Institution (Nr. 3, 1904). Als das wichtigste Ergebnis ist der Nachweis glazialer Spuren kam-
brischen Alters am Jang-tse in 31° Breite zu betrachten.

Prof. Dr. Wilhelm Volz, der im Auftrag und
mit Unterstützung der Humboldtstiftung der Berliner
Akademie eine Forschungsreise in Sumatra
ausführt, hat zunächst einige Züge in den weniger
bekannten nördlichen Teil der Insel gemacht. Im
Spätsommer vorigen Jahres besuchte er Groß-Atjeh
und Pedir, im Herbst führte er eine größere Expedition in die Gajoländer aus, auf der vor allem der
Laut-Tawar, ein 1250 m hoch gelegener, 75 m tiefer
Binnensee genau untersucht wurde. In diesem Jahre
gedenkt Volz zunächst die Battakberge zu besuchen,
um die Verbindung zwischen dem Gebiet des Toba-
sees und dem südlich vorgelagerten Gebirge herzustellen.

Kapitän Rawling ist von einer Forschungsreise in Westtibet nach Simla zurückgekehrt. Er
kreuzte den 4700 m hochgelegenen Mariamla, die
Wasserscheide zwischen Brahmaputra und Sutledsch
(Stieler 62, K 10) im November vorigen Jahres. Besonders genau wurde der große Manasarowarsee
untersucht. Er hatte keinen Ausfluß, der Abflußkanal müßte um drei Fuß tiefer gelegt werden,
um einen solchen zu ermöglichen. Auch der weiter
westlich gelegene, vollständig zugefrorene Tso-Lanak
war abflußlos. Rawling verlegt die Sutledschquelle
erheblich weiter westlich, als bisher angenommen
wurde (Bull. Am. G. Soc. 37 [1905], März).

A. E. Pratt hat sich nach seiner zweijährigen
Neuguinea-Expedition nur eine kurze Rast gegönnt.
Bereits am 28. Febr. hat er England mit seinen beiden
Söhnen verlassen, um eine neue Reise anzutreten. Er
geht zunächst nach Batavia und will dann Dobo, den
Hauptort der Aroe-Inseln (Stieler 66, H 9), zum Stütz-
punkt für die Erforschung dieser wenig bekannten
Inselgruppe wählen. Zum weiteren Feld seiner
Tätigkeit hat er das Gebiet der verunglückten Nieder-
ländischen Neuguinea-Expedition auserkoren, die un-
erforschten Karl-Ludwigberge (Stieler 66, G 10,
Scott. Geogr. Mag. [1905], S. 217, April).

Zur Erforschung des wenig bekannten
birmisch-chinesischen Grenzgebiets am
Oberen Irawadi, nördl. von Myitkyina, ist eine englisch-
chinesische Expedition von Kuyung aufgebrochen. Die
englischen Teilnehmer sind der Konsul in Teng-yueh,
Litton, und der Deputy Commissioner von Bhamo,
Leveson; China wird bei der Expedition durch den
Taotai v. Teng-yueh vertreten (Athen. 1905, 22. Apr.).

Afrika. Trotz aller Schwierigkeiten hat die
topographische Abteilung der Expedition Boyd
Alexander (s. Geogr. Anz. S. 89) ihre Aufnahmen
fortgesetzt, die nunmehr Ibi über Bautschi und Gombe
mit Kuka am Tschadsee verbinden. Leutnant Alexander selbst unternahm Untersuchungsfahrten auf
dem Tschadsee und stellte zahlreiche Lotungen an, die
gleichmäßig 1—1½ Fuß Tiefe ergaben, nur zwischen
Yo-Mündung und Kadde 2¼—4 Fuß. Auch der
Westen des Sees zeigt ein ähnliches Netzwerk von
Inseln, wie es die französischen Aufnahmen an der
Ostseite festgestellt haben. Alexander gedenkt seine
Reise nach Südosten fortzusetzen und durch das
wenig besuchte Gebiet zwischen Schari und Oberem
Nil die Ostküste zu erreichen (GJ. 25 [1905], S. 457).

Der Astronom der Südkamerun-Grenz-
expedition, Oberleutnant Förster, wird auf eigene
Kosten eine neue Reise in dieses Gebiet ausführen,
um die Aufnahmen der Expedition, die sich nur auf
die Festlegung des Dreiecknetzes erstreckten, topographisch zu ergänzen (Glob. 1905, Nr. 13).

Der schwedische Geologe Prof. Dr. Yngve Sjöstedt tritt in diesem Frühjahr eine Forschungsreise nach Deutsch-Ostafrika an, um vorwiegend ichthyologische Untersuchungen anzustellen. Die Expedition geht von Tanga auf der Küstenstraße durch Usambara nach dem Kilimandscharogebiet, wo man Ende Juni anzukommen hofft und ein ganzes Jahr auf die Untersuchung des abwechslungsreichen Tierlebens dieses Gebiets zu verwenden beabsichtigt. Auf der Rückreise soll der Fauna der tropischen Sumpfniederungen besondere Aufmerksamkeit geschenkt werden: eine gefährliche Aufgabe, da sie längeren Aufenthalt in den gefürchteten Fiebergegenden bedingt. Die Kosten der Expedition in Höhe von rund 50000 M. hat ein ungenannter schwedischer Mäcen zur Verfügung gestellt.

Der Agent der Société du Haut-Ogooué, Vallé, hat den Ivindo, einen rechten Nebenfluß des Ogowe in Französisch-Kongo aufgenommen und veröffentlicht eine Skizze der Aufnahme in La Géographie (1905, März, S. 244) im Maßstab 1:725000.

W. Macmillan hat nach Beendigung seiner abessinischen Forschungsreise (vgl. Geogr. Anz. 1905, S. 209) im Spätsommer vorigen Jahres eine weitere nach Uganda ausgeführt. Die Route führte von Mombasa, das die Expedition Mitte September verließ, über die Athi-Ebenen und dann vom Eldoma Ravine über das Gwasongishu-Plateau zum Mount Elgon. Gegenwärtig organisiert Macmillan eine neue Expedition nach dem Blauen Nil, die seinem mit Ausdauer verfolgten Ziele, einen schiffbaren Handelsweg zwischen Abessinien und dem Sudan aufzusuchen, dienen soll (Scott. Geogr. Mag. [1905], S. 214, April).

Kapitän Jacques ist von seiner Kongoexpedition, die er im Auftrag der Société des études du chemin de fer du Katanga ausgeführt hat, nach Belgien zurückgekehrt. Er hat Afrika von der Sambesi- bis zur Kongomündung durchquert, und seine Route den Schire aufwärts, über den Merusee und durch Katanga Sankuru- und Kassaiabwärts bis zum Kongo genommen (Mouv. géogr. 1905, Nr. 16 und 17 mit Kartenskizze 1:1500000).

Eine Expedition unter Führung des Kapitän Cambier, an der sich auch der bekannte Kongound Nigerforscher Lucien Fourneau beteiligt, verließ Anfang Mai Bordeaux, um Vorstudien über die Trace einer geplanten Bahn Libreville—Bangi, die Französisch-Kongo von West nach Ost durchqueren würde, vorzunehmen.

Während der Hauptteil der Niger-Tschadsee-Grenzkommission im Februar v. J. die Rückreise antrat, blieb Kapitän Tilho mit dem Auftrag zurück, eine Reihe von Punkten des Ostufers des Tschadsees genau zu bestimmen und vor allem die Verbindung zwischen den geodätisch-astronomischen Netzen zwischen Niger und Tschadsee einerseits und im Scharidelta und Kanem andererseits herzustellen. Tilho hat seine Aufgabe gelöst und ist nunmehr nach Frankreich zurückgekehrt.

Amerika. Robert T. Hill wird mit Dr. E. O. Hovey vom American Museum of Natural History und einigen Assistenten nach Mexiko gehen, um die westliche Sierra Madre geographisch und geologisch aufzunehmen. Die Aufnahmen bilden die Fortsetzung der Arbeiten Hills über die südlichen Cordilleren und von Hoveys Vulkanstudien (Bull. Am. Geogr. Soc., März 1905, vgl. Geogr. Anz. 1905, S. 235).

Nach einem Bericht in Science (14. April 1905, S. 585) hat diese Expedition bereits die erste Hälfte ihrer geplanten Route vollendet. Sie brach am 14. Februar von El Paso (Stieler 92, B 6) auf und fuhr mit der Bahn nach Casas Grandes, von da das Cañon des San Miguel aufwärts bis zum neuen Städtchen Dedrick und westwärts durch das Tal des R. Yaqui (ebenda C 5) nach dem kleinen Minenstädtchen Guaynopita. Durch das Gebiet der südlichen Haquizuflüsse gelangte die Expedition zu der berühmten alten Mine von Jesus Maria (ebenda C 6), von wo sie nach Miñaca, dem Anfangspunkt der Eisenbahnfahrt nach New York, zurückkehrte.

Dr. Theodor Koch hat dem Globus über den Fortgang seiner brasilianischen Forschungsreise berichtet. Im August v. J. trat er die Reise nach dem Rio Caiary-Uaupés an und gelangte am 21. September zum Rio Cuduiary, einem der bedeutendsten linken Nebenflüsse des oberen Uaupés. Erst am 9. Oktober setzte er von da die Reise flußaufwärts fort, um am 30. Oktober sein Ziel, eine Baracke kolombianischer Caucheros zu erreichen. Nach einer kleinen Zwischenexpedition zur Erforschung des Rio Cuduiary trat er am 12. Dezember die endgültige Rückreise nach São Felippe am Rio Negro an, wo er am 1. Januar d. J. wohlbehalten ankam.

Australien. Der Assistent am Hamburger naturgeschichtlichen Museum, Dr. W. Michaelsen, hat in Begleitung des Assistenten am Berliner Museum für Naturkunde, Dr. Robert Hartmeyer, eine Forschungsreise nach Westaustralien angetreten, die acht Monate dauern und vor allem zoologische Zwecke verfolgen soll.

Die britische Neuguinea-Expedition unte-Major W. Cooke-Daniles ist nach England zurückgekehrt. Die Forschungsreise hat elf Monate ger dauert und war vor allem der Erforschung des Gebiets am Bensbachfluß gewidmet, des Grenzflusses zwischen Holländisch- und Britisch-Neuguinea.

Polares. Wie Science meldet, wird der Meteorolog an der John Hopkins University, Dr. Oliver L. Fassig, im Auftrag des Weather Bureaus und der Washingtoner Geographischen Gesellschaft Nachforschungen nach der Zieglerschen Polarexpedition anstellen (vgl. Geogr. Anz. V [1904], S. 235).

Während Prof. T. A. Jaggar seine geplante Islandexpedition (vgl. S. 113) aufgegeben hat, beabsichtigt der Anthropolog der Harvard University in Boston, W. C. Farabee, eine solche im laufenden Sommer auszuführen.

Kommandant de Gerlache soll bereit sein, die Leitung über die vom Herzog von Orléans geplante Polarreise zu übernehmen (vgl. Geogr. Anz. S. 113).

Den Bericht über die naturwissenschaftlichen Sammlungen der Discoveryexpedition wird im Auftrag des British Museum Prof. E. Ray Lankester, herausgeben. 50 Spezialisten werden ihm bei seiner Arbeit zur Seite stehen.

Die 25jährige Wiederkehr des Tages der Rückkehr der »Vega« aus den arktischen Gewässern, die bekanntlich die Nordostdurchfahrt unter Nordenskiöld zum erstenmal durchgeführt hatte, wurde am 24. April d. J. in Stockholm festlich begangen. Admiral Palander, welcher seinerzeit die »Vega« führte, nahm an der Feier teil.

Ozeane. Prof. L. A. Bauer wird in diesem Jahre eine große Reise zu erdmagnetischen Untersuchungen im Großen Ozean antreten, für welche die Carnegie Institution als Rate für das erste Jahr 20000 $ ausgeworfen hat. Die Expedition, deren Plan G. W. Littlehales ausgearbeitet hat, soll auf einem aus Holz gebauten Segelschiff in San Francisco in See gehen. Zunächst soll eine Umfahrung des ganzen Forschungsgebiets längs der Küsten über Japan, die Philippinen bis zu den Galapagos stattfinden und dann soll jedes einzelne Fünf-Gradfeld in das Beobachtungsnetz einbezogen werden. Gleichzeitige Beobachtungen in den Stationen zu Sitka, Mexiko, Honolulu, Manila, Schanghai und Tokyo liefern das Material zu den nötigen Korrektionen und Reduktionen. Bauer hofft in drei Jahren die große Aufgabe lösen zu können (GJ. 25 [1905], S. 462 f.).

Besprechungen.

I. Allgemeine Erd- und Länderkunde.

Krause, Robert, Volksdichte und Siedelungsverhältnisse der Insel Rügen. Leipziger Dissertation 1903. Auch erschienen in »VIII. Jahresbericht der Geogr. Ges. zu Greifswald«. 73 S., 1 K. 1 : 150000.

Die mit gutem methodischem Verständnis ausgearbeitete Abhandlung berücksichtigt so ziemlich alle Punkte, die bei einer siedelungsgeographischen Studie in Betracht zu ziehen sind, ohne daß freilich alle ausführlich behandelt würden. Nur kurz wird die Zu- und Abnahme der Bevölkerung dargestellt und das Geschichtliche beschränkt sich auf wenige Notizen, die der Besprechung der einzelnen Orte beigefügt werden.

Ein kurzer erster Teil spricht sich über die Methode der Arbeit aus, ein gleichfalls kurzer vierter Teil macht einige Mitteilungen über Anlage und Form der Siedelungen und Häuser. Der zweite und dritte Teil enthalten nach Umfang und Inhalt den eigentlichen Kern der Untersuchung. Hier werden zunächst die Tatsachen der Volksdichte, der Größe und Verteilung der Siedelungen, der Bevölkerungsbewegung festgestellt. Dann folgt eine genauere »Begründung der Volksdichteverhältnisse«, die in der Weise ausgeführt wird, daß nacheinander die verschiedenen wirtschaftlichen Faktoren behandelt und Art und Maß ihres Einflusses auf die Bevölkerungsverteilung bestimmt werden. Beachtenswert ist, daß die Grundsteuer-Reinerträge, die schon seit langem in siedelungsgeographischen Arbeiten mit aufgeführt werden, ausgiebiger zur Kennzeichnung der Bodenfruchtbarkeit und zur Vergleichung der Volksdichte mit diesem Faktor verwertet werden, ähnlich wie es der Referent für das nordöstliche Thüringen versucht hat. Leider geht der Verfasser aber nicht bis ans Ende; statt den Vergleich zwischen Volksdichte und Bodenertrag ganz durchzuführen, begnügt er sich mit einer Auswahl von Beispielen, während doch hier wie bei aller Statistik nicht das Einzelne, sondern erst die Masse zu brauchbaren Ergebnissen führen kann. Ging der zweite Teil von der Bevölkerung und den Siedelungen aus, so schlägt der dritte einen entgegengesetzten Weg ein, indem er von der Küste und ihren verschieden gestalteten Strecken — entscheidend ist auf Rügen

der einfache Unterschied zwisch küste — ausgeht und deren F siedlung ins Auge faßt. Hier führungen über die passiven der Orte infolge von Zerstör und Anschwemmung an den gehoben zu werden.

Die beigegebene Karte vera Linie die Größe und Lage der kartographische Darstellung der gegen nicht versucht worden.

                      Dr.

Lennartz, Jos., Wanderunge 93 S., ill. Aachen 1903, J.

Die in dem Heftchen zusa Wanderungen durch die Eifel mehr für den Eisenbahnfahrer wanderer berechnet. Von den abgesehen wird nicht mehr be: flüchtiger Eisenbahnfahrt wahr Bilder befriedigen mehr als di Namen Hohn spricht.

Conwentz, H., Die Gefähr denkmäler und Vorschläge : 207 S. Berlin 1904, Bornt:

Der Verfasser, von heißer Lie drungen, hat seit Jahren durch inner- und außerhalb Deutschla durch das geschriebene Wort zu lichen Landschaft, ihrer Pflanzen gefordert und tut es in dieser neue.

Nachdem er durch zahlreic gewiesen, wie mangelhafte Bi ständige Fachkenntnis zur auffäll ja zur Ausrottung von Pflanzen Orten geführt, zeigt er in gle nachteiligen Einfluß eine zu Melioration auf die Erhaltung de wesen ausübt. Tritt er auch n überhandnehmenden industrielle Wasserkräfte entgegen, so wü da und dort einzelne Beispiele ausg fälle oder Bäche zum hervorragende ihrer ursprünglichen Schönheit werden sollen. So erfreulich daß Steinbruchsanlagen an Zahl mehr zunehmen, so hält er d: daß der Betrieb von solchen ästhetischer oder wissenschaftli sonders ausgezeichnet sind, a weniger bemerkenswerten Stell Er möchte den ursprünglichen besteht, tunlichst mit Schonung essante Pflanzengemeinschaften e bei versteht der Verfasser weis seinen Forderungen, nirgends s Ziel hinaus, was sicher der gute kann.

Um nun das erstrebenswert können, empfiehlt er zur Inventarisier der Naturdenkmäler in Karten, au da eine Verstaatlichung derselben ist, die bisherigen Besitzer für regen und wo dies nicht zum Zie ung durch Ankauf oder Pacht Schutzvorrichtung herzustellen, schon vorhandenen Organen aus durch Belehrung in Schulen, Ver sowie Merkbüchern die Ideen zur Pflege derselben zu verbreiten. Was bisher in dieser Richtung geschehen ist, erkennt C. voll an, zeigt aber an zahlreichen Beispielen, wieviel mehr noch in Zukunft geschehen kann; jedenfalls ist dem Verfasser zu danken, daß er seine ganze Kraft einsetzt, den Blinden die Augen zu öffnen und bessere Zustände im Vaterlande hervorzurufen.

Prof. H. Engelhardt-Dresden.

Künzli, E., Beziehungen der Alpen zu ihrem schweizerischen Vorland. Rathausvorlesung der Töpfergesellschaft in Solothurn. 1902.

Es lohnt sich, den Vortrag des solothurnischen Kantonschullehres zu lesen. Der Gegenstand erlaubte die Aufrollung eines umfassenden Naturbildes des schweizerischen Mittellandes. Mancher neue Zug ist eingeflochten, wie die Bemerkung, daß die Nord-Südrichtung der mittelländischen Erosionsformen der Bise (Ostwind) den Zutritt zu den Tälern wehrt und ihr Klima mildert. *Dr. H. Walser-Bern.*

Nielsen, Dr. Yngvar, Reisehaandbog over Norge. 10. umgearbeitete und vermehrte Auflage. Mit 1 Übersichtskarte, sowie 26 Spezialkarten und Stadtplänen. Christiania 1903, Alb. Cammermeyers Forlag.

Die erste Auflage erschien 1879, und zwar allein in deutscher Sprache. Seitdem sind in 24 Jahren neun norwegische Auflagen zu durchschnittlich 2500 Stück erschienen und der ganze Aufschwung des Reiselebens in Norwegen spiegelt sich in den verschiedenen Ausgaben wieder. Das Werk beruht im wesentlichen auf eigenen Beobachtungen des Verfassers, der seit dem Jahre 1859 das Land durchwandert hat und noch jetzt in jedem Sommer 4- bis 500 km zu Fuß und das Vierfache mit Bahn oder Schiff zurücklegt. In der nunmehr vorliegenden 10. Auflage sind auf Grund von Beobachtungen während der Jahre 1898—1902 außer den 1902 neu eröffneten Eisenbahnen neu bearbeitet oder doch stark verändert besonders die Abschnitte Telemarken, Saetersdal, Siredal, Jaederen, Ryfylke, Söndhordland, Hardanger, Numedal, Eggedal, die Überschreitung des Hochgebirges durch die Bergenbahn, Jotunheim, Romsdal, Troldheim, Österdal, das Gebirge zwischen dem Guldal und Meraker, Vaerdal, Helgeland, Salten, Vesteraalen, Tromsö-Amt und Westfinnmarken. Einige Abschnitte sind ganz neu hinzugekommen, vor allem für die nördlichen Landesteile. Die große Anzahl trefflicher Karten, für die dem Verleger besonderer Dank gebührt, ist nicht nur für Reisezwecke wertvoll.

Dr. Richard Palleske-Landeshut i. Schl.

v. Stengel, Prof. Dr. K., Der Kongostaat. Eine kolonialpolitische Studie. München 1903, C. Haushalter.

Nys, Prof. E., L'État Indépendant du Congo et le Droit International. Bruxelles 1903, A. Castaigne.

Der Kongostaat ist in den letzten Jahren von verschiedenen Seiten aufs lebhafteste angegriffen worden. Namentlich haben sich Deutsche und Engländer an diesem Feldzuge beteiligt, der indes für Belgien erst mit dem Augenblick eine ernstliche Wendung nahm, als sich die britische Regierung des Beschwerdeführers anschloß und sowohl in Brüssel, wie bei den Signaturmächten der Berliner Konferenz wegen angeblicher Verstöße wider die Kongoakte Einspruch erhob. Die Antwort, die

König Leopold II. auf diese Note erteilen ließ, suchte die Handelspolitik des Staates nach Möglichkeit zu rechtfertigen; als besonderer »Milderungsgrund« wurde hervorgehoben, daß die französische Regierung in ihrem Besitztum nicht anders verfahre. England entsandte darauf einen Konsul an den oberen Kongo, womit jedoch der Streit keineswegs beigelegt war. Er dauert vielmehr mit verschärfter Heftigkeit fort und hat eine Menge Federn in Bewegung gesetzt, berufene und unberufene, die teils für, teils gegen den Kongostaat wirken. Auch eine dritte Gruppe hat sich gebildet; das sind die »Unparteiischen«, denen z. B. Prof. Dr. v. Stengel angehört. In seiner obengenannten Schrift hat er das heikle Thema mit bemerkenswerter Objektivität zu einem für den Kongostaat im ganzen nicht ungünstigen Ausgang durchgeführt. Er beginnt mit einem forschungsgeschichtlichen Überblick, der in die Kongoakte und die tatsächliche Begründung des neuen Staatswesens mündet. Darauf folgt eine Darstellung der Rechtsformen und der Verwaltung mit auskömmlichen Zahlenbelegen aus allen Teilen des Staatsbudjets und mit einer sehr lobenden Anerkennung der bisher erzielten Leistungen. Nun erst geht der Verfasser zu der vielfach befehdeten Handels- und Domanialpolitik des Staates über, prüft sie auf Wert und Unwert und wendet sich dann den Gegnern zu, denen er das Recht abspricht, sich in die inneren Verhältnisse des souveränen Staates einzumischen und sich dabei auf die Artikel 1 und 5 der Kongoakte zu berufen. Wir müssen das in suspenso lassen und den Leser an die Gegenpartei verweisen, deren Anwälte hierin anderer Meinung sind. Sehr vorsichtig urteilt Prof. v. Stengel über die bekannten Klagen ob der mancherlei Mißstände, die zwar im einzelnen nicht geleugnet werden, die der Verfasser aber durch den Einwurf zu entkräften sucht, daß die Angriffe gegen den Staat ebenfalls nicht ganz lauter seien. Das erinnert einigermaßen an die Auslassung des »Étoile Belge« über die »Denkschrift« der »Deutschen Kolonialgesellschaft«, der ähnliche Gründe untergeschoben wurden. Solche Vorwürfe sind indes weit eher an die englische Adresse zu richten.

Mit der ruhigen, ernsten Untersuchung des deutschen Gelehrten verglichen, ist die Broschüre des Brüsseler Rechtslehrers Nys nichts weiter als eine ziemlich dreiste Parteischrift, die mit der weitschichtigsten Spitzfindigkeit beweisen will, daß der Kongostaat schon vor der Berliner Konferenz bestanden habe und nicht erst durch diese geschaffen sei, daß er trotzdem alle durch die Konferenzakte ihm auferlegten Verpflichtungen erfüllt habe, obwohl er als souveräne Macht bezüglich seiner inneren Politik völlig nach eigenem Ermessen handeln könne und dies demgemäß auch tue. *H. Seidel-Berlin.*

Bonnafos, R. de, Impressions Africaines. 8°, 245 S. Paris 1903, Bibliothèque Internationale d'Édition.

Jeglichem philosophischen System abhold, begeistert allein für die Schönheiten der Natur, wie Bonnafos am Schlusse seines Buches offen von sich selbst sagt, und — so können wir nach der Lektüre desselben hinzufügen — auch sehr empfänglich für deren Eindrücke hat der Verfasser dieselben, wie er sie frisch empfangen hat, flott und geschickt niedergeschrieben. »Afrikanische Eindrücke« ist der Titel seines Buches; damit erweckte er allerdings größere Erwartungen, als nachher der Text bietet. Denn nur Algerien und Tunesien sind von

18*

ihm bereist worden; nur über diese Länder erfahren wir etwas. Gewählt ist zu diesen Mitteilungen die Form von Briefen, welche, wohl auf Grund eines Tagebuches, an einen Freund gerichtet sind. Aus ihnen spricht die Empfindung, daß der Verfasser mit Freuden dem Treiben und Leben einer Großstadt mit überfeiner Kultur entflohen ist, um in vollen Zügen die jungfräuliche Natur mit ihren Bewohnern in sich aufzunehmen. Doch in diesem Genuß geht er nicht so weit, daß er, zumal was die Bevölkerung betrifft, alles gut hieße und mit schöneren Farben malte, als es der Wirklichkeit entspricht, sondern er hat auch ein offenes Auge für die Schäden, die besonders dort zu Tage treten, wo verhältnismäßige Unkultur mit der Kultur in Berührung gekommen ist und Halbkultur das Ergebnis ist (z. B. S. 149 ff.). So kommt es, daß der Verfasser unwillkürlich sein Augenmerk auf die ethnologischen Verhältnisse richtet und dabei Gelegenheit nimmt, die Einflüsse des Mohammedanismus zu studieren.

Ohne streng wissenschaftlich zu sein oder zur Lösung solcher Fragen beizutragen, bildet das Buch doch eine angenehme Lektüre, aus der mancher Anregung empfangen dürfte.

Dr. Ed. Lentz-Charlottenburg.

Thilenius, Dr. G., Ethnographische Ergebnisse aus Melanesien. II. Teil. Die westlichen Inseln des Bismark-Archipels. Mit 20 Taf. u. 113 Textfig. Halle 1903. In Kommission bei Wilh. Engelmann in Leipzig.

Wir haben es hier mit einem äußerst sorgfältigen Werke zu tun, das für die Entscheidung der in Betracht kommenden Fragen alle Momente heranzieht und behutsam gegeneinander abwägt. Angefügt ist eine auf unmittelbaren Aufnahmen beruhende Wortsammlung der Sprachen auf den einzelnen Inselgruppen. Wir möchten uns auf einige interessantere Hinweise beschränken. Hier, wie überall finden wir einen ausgeprägten Ahnen- resp. Manenkult. Auf der Insel Kaniet steigt die Seele (pafe) des Toten aus dem Grabe, und für sie sind die Nahrungsmittel am Kopfende bestimmt. Der pafe erstellt über die ganze Insel und tritt vielfach, freilich meist als böser Geist, zu den Lebenden in Beziehung. Träume sind das Werk des pafe, gelegentlich betritt er sogar ein Haus, und die Angst vor möglichem Übel läßt dann alle Dorfbewohner zusammenkommen und Speere in das Haus werfen ohne Rücksicht auf die etwa darin befindlichen Frauen und Kinder, bis der Geist das Haus verlassen hat. An schlechtem Fischfang ist gleichfalls ein pafe schuld (S. 231). Was die Bevölkerung anlangt, so tritt durchweg neben dem autochthonen Element ein fremdes, nichtmelanesisches hervor, das von einer Einwanderung abzuleiten ist. Da ein malaiischer und chinesischer Handel an der Nordküste Guineas nachgewiesen ist und die seeerfahrenen Malaien höchst wahrscheinlich noch weiter nach Osten vordrangen, so könnte man zunächst an solche Einflüsse denken; aber es kommen, wie der Verfasser bemerkt, auch noch andere Wanderungen in Betracht: Die indonesischen und die ostasiatischen Beziehungen unserer Inseln können seit Jahrhunderten bestehen, sind aber, sofern sie durch Fremde vermittelt wurden, nur gelegentlich und nicht so regelmäßig, wie es die durch Trepangfischer hergestellten Verbindungen mit Yap und den westlichen Karolinen während Jahrzehnten waren. Nimmt man im übrigen die einfachsten Verhältnisse an und läßt die in Betracht

kommende Küste von Neu-Guinea als rein melanesisch gelten, so enthalten die Bevölkerungen von Taui, Agomes, Kaniet, Ninigo, Popolo-Hunt mindestens zwei verschiedene Elemente, ein melanesisches und ein nichtmelanesisches, von denen letzteres ausschließlich in Mikronesien vorkommt. Es sind indessen Hinweise genug vorhanden, welche weitere Elemente vermuten lassen; es mag sein, daß das papuanische, nichtaustronesische auf unseren Inseln vertreten ist, auch weitere austronesische dürften vorhanden sein (S. 344). Auch hier ist somit noch ein fruchtbares Forschungsfeld, zu dessen Bearbeitung die vorliegende Untersuchung einen dankenswerten Beitrag liefert. *Dr. Th. Achelis-Bremen.*

II. Geographischer Unterricht.

Leyfert, S., Der heimatkundliche Unterricht mit besonderer Rücksicht auf die Einführung in das Kartenverständnis. 3. Aufl. 101 S. Wien 1904, A. Pichlers Witwe & Sohn. Geh. 1.50 M.

In eingehender, manchmal vielleicht zu eingehender Weise, so daß kleine Wiederholungen entstehen, wird an der Stadt Graz und ihrer Umgebung eine Einführung in die Heimatskunde geboten. Als Hauptaufgabe des heimatskundlichen Unterrichts wird — und das sei den zahllosen Bestrebungen anderer Art gegenüber lobend hervorgehoben — die Erläuterung der geographischen Grundbegriffe an Gegenständen der Heimat angesehen. Definitionen der Grundbegriffe werden auch am Schusse des Buches in einer für die Schüler verständlichen Weise zusammengestellt. Des weiteren soll der heimatskundliche Unterricht das Kartenverständnis anbahnen. Auch das geschieht hier in recht geschickter Weise. Mit dem Grundriß eines Zigarrenkistchens, der in natürlichem Maßstab an die Wandtafel gezeichnet wird, wird begonnen; dann folgen in verjüngtem Maßstab Podium, Schulzimmer, Schulhaus nebst Umgebung, Ortsplan und Umgebungskarte des Schulortes. Sehr empfohlen wird die vom Grazer Stadtschulrat herausgegebene Schulwandkarte der Umgebung von Graz, die nach dem Gesagten manche Vorzüge aufzuweisen scheint; Handkarten nach einheitlichen Gesichtspunkten für die Schüler werden für wünschenswert erklärt, scheinen aber auch in Österreich ebenso wie bei uns zu fehlen. In Einzelheiten kann man anderer Ansicht sein wie Leyfert, z. B. ob man die Bodenerhebungen anfänglich gar nicht berücksichtigen soll, ob die Darstellung der Erhebungen durch Bergschraffen als allein empfehlenswert anzusehen ist, ob die Einzeichnung von Bodenkulturen, Wäldern, Äckern zu unterbleiben hat u. dgl., alles in allem aber ist das Buch ein recht schätzenswerter Beitrag zur Förderung des heimatskundlichen Unterrichts.

Dr. Richard Herold-Halle a. S.

Pöschl, Rob., Die methodische Behandlung des Eisenbahnnetzes in der Volksschule (Neue Schulzeitung von Fr. Legler).

Der hier mitgeteilte Unterrichtsplan gibt eine dankenswerte Anregung. Der Verfasser fordert zwar, wie einst Sütting, daß die Heimatskunde sich an die Eisenbahnlinien anlehne, sondern nur, daß sie diese »erwähnt«. Dem stimme ich zu, nicht aber allem, was er von der Oberstufe in dieser Beziehung fordert. Denn wenn ich ihn recht verstehe, so verlangt er für die Eisenbahnen einen zusammenhängenden Kursus, der unter Berücksichtigung der Kulturverhältnisse (»die Eisenbahn und die Industrie in ihren gegenseitigen Beziehungen, die Eisenbahn, Landwirtschaft und Bergbau‹) und ›der Bodengestalt‹ (Talstrecken und Langbahnen) die einzelnen Bahnlinien behandelt: ›Zuerst die Linie, die am nächsten liegt, dann die zur Landeshauptstadt, hierauf die übrigen Linien, zunächst die, welche zur Landeshauptstadt führen.‹ ›Auf die Wichtigkeit der Bahnen von einem Hafen ins Binnenland ist besonders zu achten.‹ Nach meiner Ansicht muß sich diese Belehrung in den erdkundlichen Unterricht einfügen, in der Weise, daß bei den Hafen-, Handels- und Hauptstädten (zu denen aber nicht jede kleine Landeshauptstadt ohne weiteres gehört) die von ihnen ausgehenden oder in ihnen (oder in ihrer Nähe) sich bewegenden Eisenbahnen, die durchgehendem Verkehr dienen, besprochen werden. In einer zusammenfassenden Wiederholungsstunde lassen sich dann Reisen durch ganz Deutschland machen. Doch »hüte man sich«, warnt der Verfasser mit Recht, »vor dem Zuviel; es verwirrt leicht«. Vielleicht findet sich auch in der Kulturgeschichte — daran scheint der Verfasser nicht gedacht zu haben — hier auch ein Punkt, wo ein Blick auf die heutigen Verkehrsmittel nahe liegt und wertvoll ist. Die noch vorhandenen alten Namen »Augsburger-«, »Leipziger-«, »Wiener-«, »Frankfurter-«, »Thüringer-Straße« fordern bei Besprechung des Hansabundes usw. geradezu dazu auf. Daß geeignete Lesestücke für die Eisenbahnkunde gewertet und Aufsätze wie »Der Verkehr sonst und jetzt« besprochen und gemacht werden, ist nur zu billigen; ebenso daß die Schüler — etwa bei der Vorbereitung eines Schulausflugs — gelegentlich kurz mit der Einrichtung des Fahrplans bekannt gemacht werden. *Schulinspektor Fr. Günther-Klausthal.*

Warens Zonenbilder. 5 Aquarelle, gez. von Hugo d'Alesi. Berlin 1903, G. Winkelmann. Auf Leinwand aufgezogen 16.50 M.

Waren gibt als Typus der Polarzone eine grönländische Landschaft, als Typus der kalten eine russische, der gemäßigten eine italienische, der heißen eine ägyptische und endlich der Tropenzone eine Szenerie vom Kongo. Die Bilder sind Ideallandschaften und als solche nicht ungeschickt zusammengestellt, wenn sie auch von dem Grundfehler solcher Darstellungen, daß sie zu viel Einzelobjekte in den engen Rahmen des Bildes zusammendrängen, nicht freizusprechen sind. Von der Kälte der Polarzone wird der Schüler durch das betreffende Zonenbild eine Vorstellung bekommen, von ihrer Einöde aber nicht die geringste, er wird im Gegenteil das Polarleben nach der ihm hier vorgeführten Probe sehr amüsant und unterhaltend finden. Das Kongobild schildert geradezu paradiesische Zustände, so friedlich wohnt das Getier des Urwaldes nebeneinander, nur zeigt es mehr Menschen, als das Paradies nach der Überlieferung aufzuweisen hatte. Ohne Zweifel kann man in Rußland Typen der kalten Zone suchen und finden, aber der Beschauer des russischen Bildes wird nicht im entferntesten auf den Gedanken kommen, einen solchen Typus vor sich zu haben. »Szene von der russischen Landstraße« wird er raten. »Im Hintergrunde des Bildes«, so heißt es im Begleitwort, »bemerkt man die Dächer der Kirche des heiligen Basilius in Moskau (was haben die wohl mit der kalten Zone zu tun?), zur linken steht eine Isba, ein Bauernhaus. Ein Dreigespann, die klassische Troika, fliegt im gestreckten Galopp vorüber, gezogen von kleinen untersetzten Pferden. Ein Donscher Kosak und ein Tscherkesse aus dem Kaukasus geleiten zu Pferde den im Wagen

sitzenden Beamten. Links sehen wir einen Pagen, rechts einen Muschick mit Frau und Kind. Im Vordergrunde stehen ein Mann im Schaffell und ein bettelnder Bärenführer«. Und die kalte Zone? Der im Vordergrund stehende Mann im Schaffell genügt doch wohl nicht zu ihrer Charakterisierung. Auch gegen die Ideallandschaft aus Italien lassen sich starke Bedenken geltend machen, abgesehen davon, daß für die gemäßigte Zone doch wohl eine deutsche Landschaft als Beispiel näher gelegen hätte. In der Zeichnung, der Farbentönung und der Reproduktion sind die Bilder durchweg gut, die Begleitworte aber haben wenig Wert. *Hh.*

Lehmann, Adolf, Geographische Charakterbilder. 6 Taf. Leipzig 1903/04, F. E. Wachsmuth. Je 1.40 M.

Die sechs Tafeln bringen zwei deutsche Landschaften: den schwäbischen Jura und das Siebengebirge, zwei italienische: Neapel und Venedig und ein Doppelblatt Wien. Das Jurabild gibt den Kegel mit der Burg Hohenzollern und dem gegenüberliegenden Jurasteilrande. Auch der Charakter der Jurahochebene mit ihren Aufsätzen, dem Kornbühl, dem Gockeler und der Burg, kommt gut zum Ausdruck. Die Farbentönung gibt Herbststimmung wieder. Auf der Tafel Siebengebirge beherrschen die vom breiten Rheinstrom steilaufragenden Vulkankegel Drachenfels und Wolkenburg das Bild. Im Vordergrunde leuchten die roten Dächer des Ortes Rolandseck aus dichtem Grün, während von rechts sich die stromteilende Insel Nonnenwert bis in die Mitte des Bildes schiebt. Satte leuchtende Farben kennzeichnen die italienischen Landschaften, unter denen Neapel mit seinem Golf und dem Wahrzeichen Vesuv in keiner Sammlung fehlen darf. Gerade bei dieser Tafel hätte es sich wohl empfohlen, den beschreibenden Text auf dem Bildrande doch weiter auszudehnen, besonders scheinen mir einige Hinweise auf die im Bilde stark betonte Vegetation sehr erwünscht. Die Schüler werden oft die Bilder in den Pausen eingehender studieren als es ihnen während des Unterrichts möglich ist und gerade dann fehlt das erklärende Wort des Lehrers. Auf dem Bilde Venedig kommt ein Teil des Canal Grande mit anliegenden Baudenkmälern, dem Kornbühl, der Kirche San Maria della Salute, dem Königs- und dem Dogen-Palast zur Darstellung. Die künstlerische Wirkung und der Lehrwert dieser und ähnlicher Tafeln im allgemeinen soll keineswegs bestritten werden, aber für den geographischen Unterricht — und ›Geographische Charakterbilder‹ ist der Titel der Sammlung — erscheinen Städtebilder in weiterem Rahmen, die von der Bauart und der Lage der Stadt als eines Siedelungsganzen eine Vorstellung vermitteln, von größerem Werte. Schon das schöne Doppelblatt Wien, welches den Stadtteil vom Kunsthistorischen Museum bis zur Hofburg umfaßt, gestattet nach dieser Richtung eine größere Ausbeute. Zum Schlusse will ich nicht unterlassen, besonders darauf hinzuweisen, daß die Enwicklung der Lehmannschen Sammlung aufwärts geht, die neueren Bilder stellen frühere der Sammlung in künstlerischer Auffassung sowohl als in der Reproduktion weit in den Schatten, sodaß das Beibehalten des niedrigen Preises von 1.40 M. für das unaufgezogene Blatt geradezu überraschen muß. *Hh.*

Meinholds Geogr. Charakterbilder. 3. Lfg. Nr. 11—15. Dresden 1903, C. C. Meinhold & Söhne. 9 M., einzeln je 1 M.

Die Sammlung wahrt auch in der vorliegenden

Lieferung ihren, bereits bei der Besprechung der beiden ersten Lieferungen (vgl. Geogr. Anz. 1901, S. 100) gekennzeichneten Charakter: außerordentlich kräftig wirkender, in markigen Linien und markigen Farben gehaltener Vordergrund bei engen Grenzen der dargestellten Landschaft, infolge dessen geringerer Bildinhalt, weniger hervortretende Fernperspektive, dafür eine außerordentliche Fernwirkung. Die neue Lieferung enthält folgende Tafeln:

11—12. Leipzig I. und II. gibt einen Blick von Osten auf den Augustusplatz mit dem Theater, der Paulinerkirche, Universität, dem Museum und dem Mendedenkmal im Vordergrunde. Sicher ein für Leipzig charakteristisches Bild; aber es darf nicht das einzige von Leipzig in der Sammlung bleiben, da andere Baudenkmäler und Straßenszenerien mindestens die gleiche Beachtung im heimatkundlichen Unterricht beanspruchen können. Mit einem Bilde für eine Stadt wird man nur dann auskommen, wenn man etwa wie Hölzel einen vom Objekt weiter abliegenden Standpunkt wählt und ein Panorama, ein eigentliches Stadtbild gibt. — 13. Wendisches Dorf gibt ein ausgezeichnetes Beispiel für die sorbische Dorfform des Rundlings, wie es neben dem Anger- und Gassendorf gerade in den längst germanisierten westelbischen Gegenden vorkommt. Nr. 14. Muldenhütten mahnt mit dem rauchenden Schornsteinwald seiner Schmelzhütten eindringlich an den sächsischen Bergbau. Der Name Erzgebirge, den Nr. 15 trägt, führt irre: die Abbildung einer einzelnen Berggruppe, sei sie auch noch so vollkommen und dem Rahmen der Sammlung angepaßt, vermag keine Vorstellung von einem Gebirge zu geben.   *Hz.*

Geistbeck, A. und M. Engleder, Geographische Typenbilder. Tafel 5: Der Golf von Neapel. Tafel 8: Der Rheindurchbruch bei Bingen und der Rheingau. Dresden 1904, A. Müller-Fröbelhaus. Auf Leinwand mit Stäben je 8.20 M.

Über Charakter und Tendenz der Geistbeck-Englederschen Sammlung mich eingehender auszusprechen habe ich bereits früher Gelegenheit genommen (vgl. G. Anz. 2 [1901], S. 99 und 3 [1902], S. 116). Nizza ist als Typus der provençalischen Steilküste gewählt. Das Bild zeigt recht deutlich, welch reicher Anschauungsstoff sich in einem natürlichen Landschaftsbilde darbieten läßt, ohne daß der Natur ein Zwang angetan zu werden braucht. Welche Fülle typischer Pflanzenformen allein bietet die Tafel. Der Rheindurchbruch bei Bingen ist als Typus einer Tallandschaft der deutschen Mittelgebirgsschwelle gewählt und sehr gut ausgeführt. Die Betrachtung dieses herrlichen Erdenfleckens, der dem Unterricht und der Phantasie so reiche Nahrung bietet, wird jedes deutschen Knaben Herz schneller schlagen lassen und das ist auch eine Belebung des Unterrichts und sicher nicht die schlechteste.   *Hz.*

Hölzels Geographische Charakterbilder. IV. Suppl. 38—40. Wien 1904, Ed. Hölzel. Je 4 M.

Die drei neuen Bilder sind eine außerordentlich wertvolle Bereicherung der allbekannten Sammlung. Nr. 38 gibt eine ausgezeichnete Darstellung der Tundra. Trefflich kommt die schwermütige Stimmung der unendlichen, öden Ebene zum Ausdruck und auf das engste paßt sich ihm auch der Vordergrund an, der trotzdem alles zeigt, was sie an Menschen-, Tier- und Pflanzenleben aufzuweisen hat. Gerade damit ist der schwerste Fehler vermieden, der den

für Lehrzwecke bestimmten Bildertafeln am leichtesten anhaftet, daß man nämlich in den Vordergrund soviel Anschauungsstaffage zusammenträgt, daß dadurch der Hauptzweck, eine richtige Gesamtvorstellung einer Landschaft zu vermitteln, gefährdet oder gar ganz vereitelt wird. Bei der Besprechung von Warens Zonenbildern bot sich Gelegenheit, gerade auf diesen Fehler besonders hinzuweisen. Man kann eben auf jedem Bilde nur eine Hauptsache zeigen, ihr muß sich alles andere bewußt und entschieden unterordnen, wenn man nicht von vornherein auf die Erzielung bleibender Eindrücke verzichten will. Einen solchen bleibenden Eindruck wird unzweifelhaft bei jedem Schüler die Chinesische Lößlandschaft der Tafel 39 hinterlassen, sie wird ihn mit einem Blicke verstehen lehren, weshalb die gelbe Farbe eine so große Rolle im Reiche der Mitte spielt und was dem Chinesen der Loeß ist, dessen steilwandige Tafeln ihm eine Wohnung gewähren, deren weites flaches Dach reiche Ernte trägt. Das, von der Seite gesehen, gelbe China verwandelt sich in ein grünes, wenn wir es aus steiler Höhe betrachten, die die senkrechten Lößwände zu schmalen Linien oder Streifen zusammenschmelzen läßt. Die Bozener Erdpyramiden, die Nr. 40 in kräftigen Linien darbietet, bilden nach wie vor ein dankbares Objekt der Darstellung; die Tafel beweist aufs neue, daß auch die beste Wortschilderung in einem solchen Falle nicht imstande wäre, der Wirkung des Bildes nahezukommen.   *Hz.*

Geographische Literatur.

a) Allgemeines.

Auseees, O. Frhr. von u. zu, Die physikalischen Eigenschaften der Seen. (Die Wissenschaft. Sammlung naturwissenschaftl. u. mathem. Monographien Heft 4.) X, 120 S., ill. Braunschweig 1905, F. Vieweg & Sohn. 3.60 M.

Bergt, W., Das Gabbromassiv im bayrisch-böhmischen Grenzgebirge. (»Aus Sitzungsber. der preuß. Akademie der Wissenschaften«). 11 S. Berlin 1905, G. Reimer. 50 Pf.

Eichholtz, Th., Entwicklung der Landpolitik. (Angewandte Geographie. II. Serie, Heft 5.) 112 S. Halle 1905, Gebauer-Schwetschke. 2 M.

Ephraim, H., Über die Entwicklung der Webetechnik und ihre Verbreitung außerhalb Europas. Eine ethnographische Studie. (Mitt. aus dem städtischen Museum für Völkerkunde zu Leipzig. I. Bd., Heft I.) VII, 72 S., ill., 1 K. Leipzig 1905, K. W. Hiersemann. 8 M.

Festschrift zur Feier des 70. Geburtstages von Johann Justus Rein, Dr. phil., Geh. Reg-Rat, ord. Professor der Geographie an der Universität Bonn, zugleich 1. Veröffentlichung der geographischen Vereinigung zu Bonn. VII, 120 S., mit 1 Bildnis. Bonn 1905, Röhrscheid & Ebbecke. 2 M.

Fiegel, K., J. Herbing und A. Schmidt, Geologische Exkursionskarte der Heuschener u. Adersbachergebirges. 1:75000. Breslau 1904, G. P. Aderholz. 3.50 M.

Geinitz, E., Wesen und Ursache der Eiszeit. (Aus: »Archiv des Vereins der Freunde der Naturgeschichte in Mecklenburg«.) 46 S. mit 1 Taf. Güstrow 1905, Opitz & Co. 1 M.

Jelineks Anleitung zur Ausführung meteorologischer Beobachtungen nebst einer Sammlung von Hilfstafeln. (In 2 Teilen.) 5. umgearb. Aufl. 1. Teil: Anleitung zur Ausführung meteorologischer Beobachtungen an Stationen, I. und IV. Ordnung. IX, 127 S., ill. Wien 1905. Leipzig W. Engelmann. 8 M.

Klein, H., J., Allgemeine Witterungskunde mit besonderer Berücksichtigung der Wettervoraussage. 2. Aufl. (Das Wissen der Gegenwart, Bd. II.) 247 S., ill., 2 K. Wien 1905, F. Tempsky. 4 M.

Lamprecht, K., Friedrich Ratzel. Nekrolog. (Aus: »Berichte der philolog.-historischen Klasse der kgl. sächs. Gesellschaft der Wissenschaften.«) 13 S. Leipzig 1904, B. G. Teubner. 60 Pf.

Muecke, J. R., Das Problem der Völkerverwandtschaft. XXXIII, 368 S. Greifswald 1905, J. Abel. 7.50 M.

Neumanns Orts- und Verkehrs-Lexikon. 4. Aufl. 5.—14. Heft. Leipzig, Bibliographisches Institut. Je 50 Pf.

Oloff, F., 20 Jahre Kolonialpolitik. Ein notwendiger Systemwechsel und der Reichstag. 32 S. Berlin 1905, W. Süsserott. 50 Pf.

Ottmann, V., Rund um die Welt. 186 S. mit Taf. Berlin 1905, A. Scherl. 2 M.

Pabst, W., Grundzüge der Mineralogie und Gesteinskunde. (Hilmers Illustrierte Volksbücher, 26. Bd.) 92 S. Berlin 1905, H. Hillger. 30 Pf.

Ratzel, F., Glücksinseln und Träume. Gesammelte Aufsätze aus den Grenzboten. VII, 515 S. mit Bildnis. Leipzig 1905, F. W. Grunow. 8.50 M.

Reindl, I., Ergänzungen und Nachträge zu v. Gümbels Erdbebenkatalog. (Aus: »Sitzungsber. der bayerischen Akademie der Wissenschaften.«) S. 31—68 mit 1 Tafel. München 1905, G. Franz' Verlag. 60 Pf.

Reise um die Erde. Herausgeg. von Tanera und Gisbert. 30.—35. Heft. Berl.-Schöneberg, International. Weltverlag. Je 50 Pf.

Ritters geogr.-statistisches Lexikon. 9. Aufl. 5.—10. Lfg. Leipzig, O. Wigand. Je 1 M.

Schalk, E., Der Wettkampf der Völker mit besonderer Bezugnahme auf Deutschland und die Vereinigten Staaten von Nordamerika. (Natur und Staat. Beiträge zur naturwissenschaftlichen Gesellschaftslehre. 7. Teil.) X, 218 S. Jena 1905, G. Fischer. 5 M.

Sohr-Berghaus, Hand-Atlas. 9. Aufl. 9. Lfg. Glogau, Flemming. 1 M.

Spielmann, C., Arier und Mongolen. Weckruf an die europäischen Kontinentalen unter historischer und politischer Beleuchtung der gelben Gefahr. XII, 254 S. Halle 1905, H. Gesenius. 3.20 M.

Die Weltuhr nebst Datumdifferenz. Entworfen von Prof. Dr. Ludwig Fialowski. Konstruiert von Carl Kogutowicz. Farbige drehbare Scheibe, 2 S. Nebst Erläuterungen. 15 S. mit 3 Fig. Budapest 1905, (Leipzig, Leipziger Lehrmittel-Anstalt.) 1.25 M.

b) Deutschland.

Fontane, Th., Wanderungen durch die Mark Brandenburg. 1. Teil: Die Grafsch. Ruppin. Wohlfeile Ausgabe. 9. Aufl. XV, 577 S. Stuttgart 1905, J. G. Cotta Nachf. 6 M.

Karte des russisch-japanischen Kriegsschauplatzes. IV. Seekriegs-Schauplatz Ost-Asien (Kieperts großer Hand-Atlas Nr. 34.) 1 : 12000000. Berlin 1905, D. Reimer. 1 M.

Königreich Württemberg. Eine Beschreibung nach Kreisen, Oberämtern und Gemeinden. Herausgeg. vom k. statist. Landesamt. 2. Bd: Schwarzwaldkreis. IV, 683 S., ill., 1 K. Stuttgart 1905, W. Kohlhammer. 6.70 M.

May, K., und Tittel, Das Oschatzer Hügel- und Tieflandsgebiet zwischen Mulde und Elbe. 1. Teil: Der geologische Aufbau der Landschaft. Von May. 2. Teil: Die Besiedelung der Landschaft. Von Tittel. (Landschaftsbilder aus dem Königreich Sachsen. Herausgeg. von Dr. Emil Schöne.) 64 S., ill., 2 K. Meißen 1905, H. W. Schlimpert. 2 M.

Messerschmitt, J. B., Magnetische Ortsbestimmungen in Bayern. (Aus: »Sitzungsber. der bayer. Akademie der Wissenschaften.«) S. 69—83. München 1905, G. Franz' Verlag. 40 Pf.

Neue Karte des württ. Schwarzwaldvereins. 1 : 50000. 3. Blatt: Wildbad—Calw. Stuttgart 1905, A. Bonz' Erben. 2 M.

c) Übriges Europa.

Arbenz, P., Geologische Untersuchung des Frohnalpstockgebiets. (Kanton Schwyz). (Beiträge zur geologischen Karte der Schweiz, herausg. von der geologischen Kommission der schweiz. naturforsch. Gesellschaft. N. F. Lfg. 18). IX, 82 S., ill., 1 K. Bern 1905, A. Francke. 6.40 M.

Becker, Karte vom Vierwaldstättersee mit den angrenzenden Gebieten vom Zürichsee bis ins Berner Oberland. 1 : 150000. Bern 1905, Geographischer Kartenverlag. Auf Leinwand 1.50 M.

Collet, Léon-W., Étude géologique, de la chaîne Tour Salière Pic de Tanneverge. (Beiträge zur geologischen Karte der Schweiz, herausg. von der geologischen Kommission der schweiz. naturforsch. Gesellschaft. N. F. Lfg. 19). IV, 32 S., ill., 1 K. Bern 1904, A. Francke. 4 M.

Falkner, Chr. und A. Ludwig, Beiträge zur Geologie der Umgebung von St. Gallen. (Aus: »Jahrbuch der St. gall. naturwiss. Gesellschaft.«) III, 209 S., 1 K. 1 K. St. Gallen 1904, Fehr. 4 M.

Ogrosch, A. und E. Pendl, Geogr. Charakterbilder aus Österreich-Ungarn. Das Karlseisfeld am Dachstein. Wien 1905, A. Pichlers Wwe. & Sohn. 3 M.

Gregorovius, F., Wanderjahre in Italien. 1. Bd.: Figuren. Geschichte, Leben und Szenerie aus Italien. 9. Auflage. VII, 390 S. Leipzig 1905, F. A. Brockhaus. 6.50 M.

Geographisches Lexikon der Schweiz. 113.—128. Lfg. Neuchâtel, Gebrüder Attinger. Je 60 Pf.

Hassinger, H., Geomorphologische Studien aus dem inneralpinen Wiener Becken und seinem Randgebirge. (Penck, Geogr. Abhandlungen VIII, 3), 206 S. ill. Leipzig 1905, B. G. Teubner. 8 M.

Kendler, J. v. und C. v. Kendler, Orts- und Verkehrs-Lexikon von Österreich-Ungarn. IX, 1314 S. Wien 1905, Leipzig, A. Twietmeyer. 16 M.

Klemm, G., Bericht über Untersuchungen an den sog. »Gneisen« und den metamorphen Schiefergesteinen der Tessiner Alpen. II. (Aus: »Sitzungsber. der preuß. Akademie der Wissenschaften.«) 12 S. mit 2 Fig. Berlin 1905, G. Reimer. 50 Pf.

Löffler, E., Dänemarks Natur und Volk. Eine geographische Monographie. VIII, 120 S. m. Illust. u. K. Kopenhagen 1905, Lehmann & Stage. 2.80 M.

Machacek, F., Der Schweizer Jura. Versuch einer geomorphologischen Monographie (Petermanns Mitteilungen, Ergänzungsheft Nr. 150). VII, 147 S., ill., 1 Kartenskizze. Gotha 1905, Justus Perthes. 9 M.

Mainer, O., Nach Italien auf dem Rad. Eine Studie. 75 S. Erlangen 1905, Th. Krische. 1.20 M.

Neuweiler, E., Die prähistorischen Pflanzenreste Mitteleuropas mit besonderer Berücksichtigung der schweizerischen Funde. (Schröter, Botanische Exkursionen und pflanzengeographische Studien in der Schweiz, H. 6.) 113 S. Zürich 1905, A. Raustein. 2.40 M.

Nevole, Joh., Vorarbeiten zu einer pflanzen-geographischen Karte Österreichs II. (Abhandlungen der k. k. Zoologisch-Botanischen Gesellschaft in Wien. III, 1.) 44 S., ill., 1 K. Wien 1905, A. Hölder. 4.20 M.

Pannekoek, J. J., Geologische Aufnahme der Umgebung von Seelisberg am Vierwaldstättersee (Beiträge zur geologischen Karte der Schweiz, herausgegeben von der geologischen Kommission der schweiz. naturforsch. Gesellschaft. N. F. Lfg. 17.) IV, 25 S. ill., 1 K. Bern 1905, A. Francke. 4 M.

Penck, A. und E. Brückner, Die Alpen im Eiszeitalter. 7. Lfg. Leipzig 1905, Ch. H. Tauchnitz. 5 M.

Regel, Fr., Landeskunde der Iberischen Halbinsel. (Sammlung Göschen, 235. Bändchen.) 176 S., ill., 1 K. Leipzig 1905, G. J. Göschen. 80 Pf.

Schneegans, A., Sicilien. Bilder aus der Natur, Geschichte und Leben. 2. Aufl. XII, 483 S., 1 K. Leipzig 1905, F. A. Brockhaus. 7 M.

Weigand, G., Linguistischer Atlas des dacorumänischen Sprachgebiets. 1 : 500000. 6. Lfg. 8 Blatt. Leipzig 1905, J. A. Barth. 4 M.

d) Asien.

Borrmann, F., Im Lande der Schwarzflaggen. Reiseerlebnisse u. Beobachtungen währ. eines achtmonatl. Aufenthaltes in Tonkin. IV, 83 S. Bremen 1905, M. Nössler. 2 M.

Falkenhausen, Helene v., Ansiedlerschicksale. 11 Jahre in Deutsch-Südwestafrika 1893—1904. VI, 260 S. Berlin 1905, D. Reimer. 3 M.

Franke, O., Was lehrt uns die ostasiatische Geschichte der letzten 50 Jahre? Vortrag. (Verhandlungen der deutschen Kolonial-Gesellschaft. Abteilung Berlin-Charlottenburg. 1903/4, VIII. Bd., H. 4.) S. 91—114. Berlin 1905, D. Reimer. 60 Pf.

Krahmer, Das transkaspische Gebiet. (Rußland in Asien, Bd. I). VIII, 232 S., 1 K. Berlin 1905, Zuckschwerdt & Co. 6 M.

Landor, S., Auf verbotenen Wegen. Reisen und Abenteuer in Tibet. 7 Aufl. XIV, 511 S., ill, 1 K. Leipzig 1905, F. A. Brockhaus. 10 M.

Martin, R., Die Inlandstämme der malayischen Halbinsel. Wissenschaftliche Ergebnisse einer Reise durch die vereinigten malayischen Staaten. XIV, 1052 S., ill., 26 Taf. u. 1 K. Jena 1905, G. Fischer. 60 M.

Richter, O., Physikalische Karte von Asien 1 : 7000000, 6 Blatt. Essen 1905, G. D. Baedeker. Auf Leinwand mit Stäben 32 M.

Zichy, Graf E., Dritte asiatische Forschungsreise Bd. VI: Forschungen im Osten zur Aufhellung des Ursprunges der Magyaren. Geschichtliche Übersicht und meine Wahrnehmungen, Erfahrungen mit Berücksichtigung der Ergebnisse meiner Expeditionen. 304 S., ill. Leipzig 1905, W. Hiersemann. 20 M.

e) Afrika.

Denkschrift über die im südwestafrikanischen Schutzgebiet tätigen Land- und Minen-Gesellschaften. Beilage zum deutschen Kolonialblatt 1905, Nr. 6.) 53 S. (Berlin 1905, E. S. Mittler & Sohn. 1 M.

Erffa, Frhr. v., Reise- und Kriegsbilder v. Deutsch-Südwest-Afrika. Aus Briefen des am 9. IV. 1904 bei Ongunjira gefallenen v. E. 85 S., ill. Halle 1905, Buchhandlung des Waisenhauses. 2 M.

Geographischer Anzeiger.

Gümpell, J., Die Wahrheit über Deutsch-Südwest-Afrika. 20 S. Cassel 1905, G. Dufayel. 50 Pf.

Kuhn, A., Zum Eingeborenenproblem in Deutsch-Südwestafrika. Ein Ruf an Deutschlands Frauen. 40 S., ill. Berlin 1905, D. Reimer. 1 M.

Mohr, P., Handelsverträge Marokkos, mit einem statistischen Anhang über den Außenhandel Marokkos. III, 57 S. Charlottenburg 1905, Osterwieck, A. W. Zickfeldt. 2 M.

Pohl, H., Kritische Rundschau über ältere deutsche Ansiedelungen in den Tropen zur Feststellung der Bedeutung von Togo, Kamerun und Deutsch-Ostafrika für die deutsche Auswanderung. Diss. XV, 136 S. Bonn 1905, H. Behrendt. 1.50 M.

René, C., Kamerun und die deutsche Tsâdsee-Eisenbahn. IX, 251 S., ill., 3 K. Berlin 1905, E. S. Mittler & Sohn. 6.50 M.

Rohrbach, P., Deutsch-Südwestafrika ein Ansiedlungs-Gebiet? 35 S. Berlin-Schöneberg 1905, Verlag der Hilfe. 50 Pf.

Schanz, M., Nordafrika. 3 Teile in 1 Band. VI, 192, 246 und 159 S. Halle 1905. Gebauer-Schwetschke. 12 M.
—, Nordafrika. Marokko (Angewandte Geographie, II. Serie, H. 6.). 192 S. Halle 1905, Ebenda. 3.60 M.

Schweinfurth, G., Vegetationstypen aus der Kolonie Eritrea (Karaten und Schenck, Vegetationsbilder, II. Reihe, H. 8.) 6 Taf. mit VI, 11 S. Text. Jena 1905, Gustav Fischer. 4 M.

Stromer, E., Geographische u. Geologische Beobachtungen im Uadi Natrûn und Fâgregh in Ägypten. (Aus: »Abhandlungen der Senckenberg. naturforsch. Gesellschaft.) S. 69—96, ill. Frankfurt a. M. 1905, M. Diesterweg. 3 M.

Wolf, E., Deutsch-Südwestafrika. Ein offenes Wort. 33 S. Kempten 1905, J. Kösel. 50 Pf.

f) Amerika.

Amerika. Seine Bedeutung für die Weltwirtschaft und seine wirtschaftlichen Beziehungen zu Deutschland, insbesondere zu Hamburg. In Einzeldarstellungen. Herausgegeben von E. v. Halle. 763 S. mit III. und K. Hamburg 1905, Hamburger Börsenhalle 8 M.

Felix, J., Über einige fossile Korallen aus Colombien. (Aus: »Sitzungsber. der kgl. bayer. Akademie der Wissenschaften«.) S. 85—93, ill. München 1905, G. Franz' Verlag. 20 Pf.

Hann, J., Zur Meteorologie des Äquators nach den Beobachtungen zu Parâ am Museum Goeldi. II. (Aus: »Sitzungsber. der k. Akademie der Wissenschaften.«) 61 S. Wien 1905, C. Gerolds Sohn. 1.20 M.

Preuße-Sperber, O., Wegweiser für Argentinien zur Orientierung der Auswanderer und Kapitalisten. 2. Aufl. 150 S. Flöha 1905, A. Peitz & Sohn. 2 M.

g) Ozeane.

Die Beteiligung Deutschlands an der internationalen Meeresforschung. I. Bericht bis zum Schluß des Etatsjahrs 1902. Mit 3 Anlagen: Berichte der Abteilungen: Kiel (2) und Helgoland (1). X, 112 S., ill., 3 K. Berlin 1905, O. Salle. 8 M.

Hoff, J. H. van't, Untersuchungen über die Bildungsverhältnisse der ozeanischen Salzablagerungen. XLI. (Aus: »Sitzungsber. der preußischen Akademie der Wissenschaften.«) 6 S. Berlin 1905, G. Reimer. 50 Pf.

Verzeichnis der Leuchtfeuer aller Meere. Herausgegeben vom Reichs-Marineamt. 8 Hefte. Abgeschlossen am 31. I. 1905. Mit je einer farbigen Tafel. Berlin 1905, E. S. Mittler & Sohn. 10.80 M.

h) Geographischer Unterricht.

Bamberg, F., Schulwandkarte vom Deutschen Reich, dem angrenzenden Österreich und der Schweiz. Kleine billige Ausgabe für den 1. Kursus. 1 : 750000. 30. neu bearb. Aufl. In drei Ausgaben. Berlin 1905, C. Chun. Je 16.50 M.

Bismarck, O., Kartenskizzen für den Unterricht in der Erdkunde. II. Kursus: Europa. 3. Aufl. 14 farbige Blätter. Wittenberg 1905, R. Herrosé. 1.40 M.

Brust, G. und H. Berdrow, Geographie für mehrklassige Schulen. Unter besonderer Berücksichtigung des praktischen Lebens bearbeitet. 4 Teile. Mit Karten und Abbildungen. Teil I. 4. Aufl., 64 S. 50 Pf. II. 4. Aufl. 68 S. 50 Pf. III. 4. Aufl. 88 S.60 Pf. IV. 48 S. 40 Pf. Leipzig 1905, J. Klinkhardt. 2 M.

Clemenz, B., Heimatskunde des Stadt- und Landkreises Liegnitz. In begründend-vergleichender Weise dargestellt. 44 S. Glogau 1905, G. Flemming. 20 Pf.

Dilcher, H., und Chr. Wächter, Schulwandkarte des Reg.-Bez. Wiesbaden. 1 : 100000. Frankfurt a. M. 1904, Kesselring. Auf Leinwand mit Stäben 20 M.

Hoffmann, Fr., Landeskunde des Großherzogtums Hessen für höhere Schulen. V, 34 S. Gotha 1905, J. Perthes. 40 Pf.

Hummel, F., Grundriß der Erdkunde. Bearb. von A. Koch. 6. Aufl. VI, 215 S., ill. Leipzig 1905, F. Hirt & Sohn. 2 M.

Kerp, H., Lehrbuch der Erdkunde. 2. und 3. Aufl. VIII, 426 S., ill. Trier 1905, F. Lintz. 4.50 M.

Pahde, A., Erdkunde für höhere Lehranstalten. I. Teil: Unterstufe. 2. Aufl. VIII, 108 S., ill. 1.80 M. V. Teil: Oberstufe. VIII, 142 S., ill. Glogau 1905, C. Flemming. 2.50 M.

Pfaff, H., Landeskunde des Großherzogtums Hessen. 3. Aufl. 36 S., ill. Breslau 1905, F. Hirt. 60 Pf.

Regel, F., Landeskunde von Thüringen. 3. Aufl. 56 S., ill. Breslau 1905, F. Hirt. 60 Pf.

Rüefli, J., Grundlinien der mathematischen Geographie. Für Mittelschulen bearbeitet. 2. Aufl. 46 S. mit Fig. Bern 1905, A. Franke. 50 Pf.

Schwere, S., Zum Standpunkt der heutigen Schulgeographie. 50 S. Aarau 1905, H. R. Sauerländer & Co. 1 M.

Uecker, F., Heimatkundliches Lesebuch für Stettin und die Provinz Pommern. 3. Teile. 2. Aufl. Stettin 1905, A. Schuster. 1.30 M.

Wilhelm, F., Unsere Heimat — die Lausitz. Heimatkundliches Lehr- und Lesebuch für Stadt und Land. Ausgabe für den Bezirk Bautzen. 232 S., ill. Leipzig 1905, A. Strauch. 1.50 M.

Wollemann, A., Bedeutung und Aussprache der wichtigsten schulgeographischen Namen. III, 68 S. Braunschweig 1905, W. Scholz. 1 M.

Zehden, K., Leitfaden der Handels- und Verkehrsgeographie für kaufmännische Fortbildungsschulen. 6. Aufl. IV, 126 S., 1 K. Wien 1904, A. Hölder. 1.20 M.

Zuschlag, H., Geographie. (Bibliothek Schüler-Versetzung, 4. Bändchen.) 77 S. Berlin-Schöneberg 1905, Mentor-Verlag. 1 M.

i) Zeitschriften.

Das Weltall. V, 1905.
Heft 10. Archenhold, F. S., Der Eiffelturm als Blitzfänger. — Stenzel, A., Die Entstehung der Eiszeiten. — Polis, P., Über die tägliche Periode meteorologischer Elemente unter besonderer Berücksichtigung der Registrierungen des Aachener Observatoriums. — Archenhold, F. S., Der gestirnte Himmel im Monat Juni 1905.

Deutsche Rundschau für Geogr. u. Stat. XXVII, 1905.
Nr. 8. Seiner, F., Die Omaheke der Herero. — Lenz, P., Die Insel Brioni bei Pola als Beispiel moderner Kulturarbeit. — Kuntze, O., Der Achatwald von Adamana. — Meinhardt, F., Eisenbahnkunstbauten (Schluß).

Globus. Bd. 87, 1905.
Nr. 17. Krämer, A., Das neue Kolonialalphabet in seiner Anwendung auf die Südsee. — Passarge, S., Die Mambukuschu (Schluß). — Hutter, Völkerbilder aus Kamerun (Fortsetzung). — Bauer, F., Das Kameruner Verwaltungssystem. — Die Tätigkeit des französischen Marokkokomitees.
Nr. 18. Schmidt, E., Prähistorische Pygmäen. — Karutz, R., Von den Bazaren Turkestans. — Krebs, W., Das meteorologische Jahr 1903/4 und die Hochwasserfrage. — Das indische Erdbeben vom 4. April 1905.

Meteorologische Zeitschrift. 1905.
Nr. 4. Johansson, O. V., Über den Zusammenhang der meteorologischen Erscheinungen mit Sonnenfleckenperioden. — Kerner, F. v., Über die Abnahme der Quellentemperatur mit der Höhe.

Petermanns Mitteilungen. 51. Bd., 1905.
Heft 5. Ihne, Prof. Dr. E., Phänologische Karte des Frühlingseinzugs in Mitteleuropa. — Hoffmann, Dr. J., Die tiefsten Temperaturen auf den Hochländern des südäquatorialen tropischen Afrika, insbesondere des Seenhochlandes (Fortsetzung). — Kleinere Mitteilungen. — Geographischer Monatsbericht. — Beilage: Literaturbericht. — Karten.

The Journal of Geography. Vol. IV, 1905.
Februar. Jefferson, M. S. W., Out of Door Work in Geography. — Emerson, F. V., Physiographic Control of the Chattanooga Campaign. — Holdsworth, J. T., Transportation IV.
März. Sutherland, W. J., The Rational Element as an Organizing Principle in Geography. — Emerson, F. V., Geographic Influences in the Atlanta Campaign. — Kirchwey, Clara B., Laboratory Work in Physical Geography in Secondary Schools. — Langworth, W. F., Some Contributions to Laboratory Physiography.

Zeitschrift der Gesellschaft f. Erdkunde zu Berlin. 1905.
Nr. 4. Erb, F., Beiträge zur Geologie und Morphologie der südlichen Westküste von Sumatra. — Voeltzkow, A., Berichte über eine Reise nach Ostafrika zur Untersuchung der Bildung und Gestaltung der Riffe und Inseln des westlichen indischen Ozeans (Schluß).

Zeitschrift für Schulgeographie. XXVI, 1904.
Heft 8. Schulze, Fr., Eine Landschaftsschilderung als Ergebnis des geographischen und deutschstilistischen Unterrichts. Schwarzleitner, A. v., Einführung in den geographischen Unterricht mit besonderer Rücksicht auf die österreichische Militärschule (Schluß). — König, Fr., Fahrten und Studien in Süd-Schweden. — Herdegen, A., Zeitungsastronomie.

Die Landesaufnahme bewilligt den Schulen den Bezug der Blätter ihrer großen Kartenwerke zu billigen Preisen.

Auf dem XV. Deutschen Geographentag konnte der geschäftsführende Vorsitzende der ständigen Kommission für erdkundlichen Schulunterricht ein Schreiben des Chefs der Landesaufnahme, Generalleutnant v. Scheffer, vorlegen, das die seit geraumer Zeit brennende Frage der billigen Lieferung der Karten großen Maßstabes unserer Landesaufnahme an die Schulen zu einem erfreulichen Abschluß bringt. Es ist im folgenden mit Auslassung einiger unwesentlicher Einzelheiten abgedruckt:

In Berücksichtigung des unverkennbaren Wertes, den die Weckung und Förderung des Kartenverständnisses in unserer Jugend nicht nur in allgemein kultureller, sondern auch in militärischer Beziehung, besitzt, bin ich sehr gern bereit, bei der Herstellung und Verbreitung der Schulheimatkarten mitzuwirken. Hierzu schlage ich folgendes vor:

1. Die Abgabe von Originaldrucken der bei der Landesaufnahme bearbeiteten Karten an die Schulbehörden erfolgt zu den für den Dienstgebrauch für Militär- und Zivilbehörden festgesetzten ermäßigten Preisen.

   Die Anmeldung zur Lieferung solcher Karten hat bei der Plankammer der Landesaufnahme zu erfolgen, von der auch die betreffenden Anmeldeformulare[1]) sowie die Übersichten und die Blatteinteilung der einzelnen Kartenwerke unentgeltlich eingefordert werden können.

2. Die Landesaufnahme ist ferner bereit, die Lieferung von Karten zu Lehrzwecken für die Schulen allgemein unter den Bedingungen zu genehmigen, wie sie bereits für die militärischen Unterrichtsanstalten bestehen. Hierbei gelangen nur Umdruckexemplare in schwarzer Ausfertigung der nachgenannten drei Kartenwerke zu folgenden Preisen zur Abgabe:

   a) Topographische Spezialkarte von Mitteleuropa 1:200000 zu 0,15 Mk. fürs Blatt.
   b) Karte des Deutschen Reiches 1:100000 zu 0,15 Mk. fürs Blatt.
   c) Meßtischblätter 1:25000 zu 0,25 Mk. fürs Blatt.

3. Zusammenstellungen mehrerer Reichskartenblätter in 1:100000 durch Umdruck können vorläufig nur soweit zur Abgabe gelangen, als sie bereits als Garnisonkarten für den Dienstgebrauch der Armee oder als Kreiskarten bestehen. Zu einzelnen dieser Karten sind auch Farbenplatten vorhanden. Die Preise sind für jede Karte besonders festgestellt und schwanken bei den Garnisonkarten zwischen 0,30—0,60 Mk., während der Preis für die Kreiskarten 1 Mk. beträgt.

   Bei besonders großen Auflagebestellungen von etwa 2000 Stück an würde sich eine weitere Preisermäßigung einrichten lassen.

   Neue Zusammenstellungen würden sich nicht empfehlen, da die ersten Herstellungskosten der Druckplatten so erhebliche sind, daß sich z. B. bei einer Zusammenstellung von vier Reichskartenblättern die Preise wie folgt stellen würden:

Auflage:	100	200	300	500	1000	2000	3000
Preis:	1,60	0,90	0,66	0,40	0,30	0,25	0,20

   Die Anmeldung zur Lieferung der unter 2 und 3 genannten Karten muß bei der Kartographischen Abteilung der Landesaufnahme erfolgen und zwar stets als Sammelbestellung in einer Auflagehöhe von mindestens 50 Stück derselben Sektion.

A. m. W. d. Q. b.
gez. v. Scheffer,
Generalleutnant und Oberquartiermeister.

Es konnte ferner berichtet werden, daß Eingaben an die beiden am Unterrichtswesen beteiligten preußischen Ministerien, das des Kultus vor allem, und dann auch das für Handel und Gewerbe, gerichtet worden seien, in denen neben Abschriften des oben abgedruckten Schreibens die Bitte um seine geeignete Übermittlung an die interessierten Unterbehörden und um seine Veröffentlichung in den offiziellen Organen ausgesprochen

---

¹) Gleichzeitig mit den Anmeldeformularen pflegt eine Preisübersicht auf grünem Papier mitgeliefert zu werden, die man sich kommen lassen muß.

worden ist. Diesen Bitten ist auch von den beiden preußischen Ministerien entsprochen
worden.

Es sei hierbei mit Nachdruck hervorgehoben, daß die Landesaufnahme ihre Bereitwilligkeit ausgesprochen hat, an Schulbehörden überhaupt zu liefern, nicht etwa nur
Sammelaufträge der Provinzialschulkollegien zu berücksichtigen, wie letzteres irrtümlicherweise an einzelnen Stellen angenommen zu werden scheint. Je mehr Instanzen-Umständ-
lichkeiten hierbei ausgeschaltet werden können, um so eher ist zu erwarten, daß sich
ein wirklich lebendiger Verkehr mit der Landesaufnahme wird entwickeln können und
die einzelnen Schulen das gerade ihren besonderen und vielleicht wechselnden Verhältnissen entsprechende erhalten können.

Es bleibt nun noch übrig, auch die nicht preußischen, an der Landesaufnahme
beteiligten Behörden von dem Schritte der Berliner Behörde zu benachrichtigen und sie
um entsprechende Schritte zu bitten.   Heinr. Fischer.

Der XV. Deutsche Geographentag in Danzig.

Danzig, die deutsche Stadt des Ostens, nahm in diesem Jahre die Geographen unter
ihr gastliches Dach und lohnte die Anstrengungen der für die meisten weiten Reise
mit reichen Gaben. Schon am Abend des Dienstags nach Pfingsten konnten die Vertreter der Danziger wissenschaftlichen Gesellschaften eine stattliche Zahl der fremden
Gäste »in deutscher Einfachheit mit einem schlichten Trunke Bieres« bewirten und am
folgenden Tage übte Exz. v. Neumayer zum letztenmal die Pflicht, die er durch eine
lange Reihe von Jahren treulich erfüllt, als Vorsitzender des Zentralausschusses des
Deutschen Geographentags die 15. Tagung dieser Körperschaft in feierlicher Ansprache
zu eröffnen, dem gastlichen Orte für die Vorbereitung und herzliche Aufnahme zu
danken, in warmen Worten derer zu gedenken, die der Tod unseren Reihen entrissen
und den Sinn der Versammlung hinzulenken auf die ernste Arbeit, die ihrer harrt. Und
ernst war die Stimmung, die die erste, der Südpolarforschung gewidmete Sitzung beherrschte. Drygalskis Rede klang nicht wie ein Lied aus frohem, stolzem Herzen über
die glücklich vollbrachte Tat, es war das gemessene Wort eines Mannes, den es drängt,
vor einem berufenen Forum Rechenschaft abzulegen über sein Handeln. Sie entgegenzu-
nehmen, war eine Ehrenpflicht des Geographentags den Männern gegenüber, die ihr Leben
einsetzten für die Förderung des Wissens, und treuer, deutschgründlicher Wissenschaft zuliebe verzichteten auf die blendenden Erfolge von Polarrekords. Nicht zu sportlichen
Leistungen oder zur Befriedigung eines Sensationsbedürfnisses war die deutsche Expedition
in die Antarktis gezogen, sondern zum Nutzen und Frommen der Wissenschaft. Es war
weniger ihre Aufgabe, den unbekannten Teil der Erdoberfläche nach dem Südpol hin zu
verkleinern, als vielmehr rein wissenschaftliche Fragen ihrer Lösung näher zu bringen. Daraufhin war von vornherein der ganze Plan der Expedition zugeschnitten, ohne daß sich ein
Einwand dagegen erhoben hätte. Erst die äußeren Erfolge der englischen Expedition er-
weckten in Deutschland die Unzufriedenheit der Leute, die am Schreibtisch Polarreisen zu
unternehmen lieben und deshalb gute Ratschläge erteilen können, ohne sich der Gefahr auszusetzen, von der rauhen Wirklichkeit korrigiert zu werden. In vornehmer Zurück-
haltung wies Drygalski die Vorwürfe ab, mit denen man ihm nach der Rückkehr
von dem harten Arbeitsfeld dankte. Er nahm den »Gauß« in Schutz gegen die Angriffe,
die man gegen ihn erhob; er wies nach, daß man nach dem einmal aufgestellten Plane
von vornherein darauf gefaßt sein mußte, schon in niederen Breiten auf ein Festland zu
stoßen, welches ein weiteres Vordringen nach dem Pol erschweren oder ganz unmöglich
machen könnte. Kaiser-Wilhelm II.-Land bestätigte diese Voraussicht und setzte dem
Vordringen ein frühes Ziel, nicht aber der wissenschaftlichen Arbeit; ihr war dies Land
im Gegenteil besonders günstig. Es zeigte die südpolare Natur in einer Reinheit, wie
sie näher am Pole nicht größer hätte sein können. Die großen Züge des sechsten
Kontinents prägten sich im Klima, in den Gesteinen, im Eis und in der Tierwelt aufs
deutlichste aus. Drygalski weist nach, daß die nachträglich oft kritisierte Route von
Osten nach Westen durch das Vorherrschen östlicher Winde bedingt war, und widerlegt den Vorwurf, daß der Vorstoß des »Gauß« zu spät, erst im Februar, unternommen

worden sei: gerade der Februar biete die günstigsten Verhältnisse, wäre man im Januar
aufgebrochen, so sei es zweifelhaft erschienen, ob man die Küste überhaupt erreicht
hätte. Und was endlich die Schlittenreisen anbetrifft, so erscheint ein Hinweis auf das
Verhalten der englischen Expedition kaum zulässig. Diese befand sich an einer festen,
durch große Berge auf eine weite Entfernung hin sicher gekennzeichneten Küste,
Vorteile, die dem »Gauß« durchaus versagt waren. Hätte man größere Schlittenreisen
unternommen, so lag die Möglichkeit vor, daß der »Gauß« während dieser Zeit ab-
getrieben und das Schicksal der Schlittenfahrer dadurch ernstlich gefährdet·werden konnte.
Diese Möglichkeit und der Umstand, daß Schlittenreisen den Fortgang der wissenschaftlichen Beobachtungen störend unterbrochen hätten, mußten entscheidend sein für die
Entschließung des verantwortlichen Leiters. Hoffen und wünschen wir, daß es ihm gelungen ist, mit seinen Gründen die Widersacher zum Schweigen zu bringen. Diese
sollten an die Ratsherren denken, die nach der Sitzung mit ihren klugen Ratschlägen
nicht zu geizen pflegen, und das deutsche Volk sollte sich an seine Pflicht erinnern,
die es unzweifelhaft den Männern gegenüber hat, die deutscher Wissenschaft und deutscher
Ausdauer in der Antarktis ein Denkmal setzten, die Pflicht der Dankbarkeit.

Welche von den zahlreichen Südpolarexpeditionen die Krone endgiltig verdient,
wird erst eine spätere Zeit entscheiden können, der ihre wissenschaftlichen Ergebnisse
abgeschlossen vorliegen. Daß dann die deutsche nicht am schlechtesten abschneiden
wird, beweisen die ersten vorliegenden Hefte des gewaltigen Polarwerkes ebenso, wie
die vorläufigen wissenschaftlichen Berichte, welche die einzelnen Teilnehmer dem Geographentag im weiteren Verlauf der ersten Sitzung vorlegten. E. Van höffen berichtete
über zoogeographische Ergebnisse der Expedition, H. Gazert über das Vorkommen und
die Tätigkeit der Bakterien im Meer, v. Drygalski verlas Philippis Arbeit über Grund-
proben und geologisch-petrographische Arbeiten der Expedition. W. Meinardus, der an
Stelle des auf der Kergueleninsel verstorbenen Expeditionsmitgliedes Enzensperger die
Bearbeitung des meteorologischen Materials übernommen hat, sprach über die Windverhältnisse an der Winterstation des »Gauß«, F. Bidlingmaier und K. Luyken endlich
über erdmagnetische Probleme und Arbeiten.

Daß man bereits die zweite Sitzung den schulgeographischen Verhandlungen ein-
räumte, verdient Dank und Anerkennung von seiten aller Beteiligten, erscheint aber nicht
mehr als gerecht, da nach wie vor die Lehrer der höheren Lehranstalten eine kräftige
Stütze des Geographentags bilden. Es entspricht dem Charakter unserer Zeitschrift,
daß wir uns mit dem Gegenstand dieser Sitzung etwas eingehender beschäftigen. Zunächst stattete der geschäftsführende Vorsitzende der ständigen Kommission für erdkundlichen Schulunterricht, Heinrich Fischer, seinen Bericht ab, dessen Inhalt ich im folgenden nach einem vom Berichterstatter zur Verfügung gestellten Auszuge wiedergebe. Nach
Erledigung einiger untergeordneter Punkte rein geschäftlichen Charakters wies er darauf hin,
daß das Institut der Vertrauensmänner sich noch immer nicht recht eingebürgert hätte. Es
sei mit ihm beabsichtigt, die »Kommission« allmählich zu einer Art Mittelpunkt für die
Männer der Schulgeographie zu machen. Denn, was diesen vor allem nottue, sei Zusammenhalt. Erst auf diese Weise könnte der Schulgeograph, der doch unserer Zeit
so nottue, erst ein ähnlich fester Begriff werden, wie es etwa der Mathematiker und
Neuphilologe an unseren höheren Schulen im Laufe des 19. Jahrhunderts geworden
seien. Als besondere Aufgabe war der »Kommission« die Verfolgung der Heimatkartenfrage in Cöln übertragen worden. Der Berichterstatter konnte den hier erreichten Erfolg
mitteilen, der in der Entschließung des Chefs der Landesaufnahme gegeben ist, deren
Karten und Umdrücke zu billigen Preisen an Schulen abzulassen (vgl. Geogr. Anz., S. 145 f.).
Er beantragte, dem Chef der Landesaufnahme in einer Resolution den Dank des Geographentags auszusprechen, welchem Antrag auch in der Schlußsitzung entsprochen
worden ist.

An dieser Stelle seien einem Einwurf einige Worte gewidmet, der in der Versammlung von verschiedenen Seiten bei gelegentlicher Unterhaltung geäußert wurde. Bei
voller Anerkennung des Erreichten meinte man, daß es keineswegs dem entspreche, was
man vor zwei Jahren in Cöln gefordert habe. Die erste Steinelsche These lautete: »Der
Geographentag erkennt die Zweckmäßigkeit und Notwendigkeit der Durchführung einer
Organisation zur baldigen Beschaffung nach einheitlichen Grundsätzen hergestellter, für

19*

den Volks- und Mittelschulunterricht obligatorischer Heimatkarten unter Mitwirkung sämtlicher deutscher Bundesregierungen an.« Es unterliegt wohl keinem Zweifel, daß eine einfache, durch weitgehende Verbilligung zu ermöglichende Übernahme der offiziellen Karte nach dem Wortlaut dieser These nicht im Sinne Steinels lag. Er wünschte die Bearbeitung und Herstellung einer vollständig neuen, durchaus Schulzwecken angepaßten Heimatkarte. Dem gegenüber erscheint es wohl richtig, daß sich die Kommission nicht auf diesen Wunsch versteift hat. Es kann kaum einem Zweifel unterliegen, daß sich die Regierungen der Herausgabe einer in Zeichnung und Stich vollständig neuen Schulkarte gegenüber ablehnend verhalten würden. Hätte man darauf bestanden, so würde man gar nichts erreicht haben. Es bot sich der Kommission deshalb nur der eine Ausweg, an das Vorhandene anzuknüpfen und den großen Lehrwert der Meßtischblätter und Generalstabskarten der Schule allgemein zu erschließen. Daß diese Karten in ihrer jetzigen Gestalt für die Schule brauchbar sind, unterliegt wohl keinem Zweifel. Möglich, manchem Lehrer wohl sogar wünschenswert, erscheint es, daß sie dem Schulzweck durch eine Überarbeitung sich noch enger anpassen ließen. Eine solche Überarbeitung liegt auch keineswegs so außer dem Bereich der Möglichkeit, wie etwa die ursprüngliche Steinelsche Forderung, aber es bleibt zu erwägen, ob sie überhaupt im Interesse des Staatsganzen rätlich erscheint, ob es im Gegenteil diesem nicht mehr entspricht, die Karten in derselben Form dem Schulknaben in die Hand zu geben, in der sie später dem Soldaten als Wegweiser dienen sollen. Doch das sind Fragen, die späterer Erörterung vorbehalten bleiben müssen.

Über weitere Bemühungen der Kommission konnte dann angeführt werden, daß ein besserer Nachrichtenaustausch mit dem Auslande in die Wege geleitet werden soll (vgl. Geogr. Anz. 04, S. 268), daß auf dem Kolonialkongreß in Berlin 1902 die Frage des geographischen Unterrichts verhandelt worden und auf dem diesjährigen über den Erfolg der damals vom Berichterstatter angeregten Resolution berichtet werden soll, daß schließlich zu dem im September in Mons tagenden belgischen Congrès international d'expansion mondiale Beziehungen angeknüpft worden sind. Der Berichterstatter ging dann dazu über, die allgemeine Lage des geographischen Schulunterrichts zu kennzeichnen unter dem Gesichtspunkt der beiden alten Geographentag-Forderungen: Unterricht bis zum Schulschluß in allen höheren Lehranstalten und Unterricht durch Fachmänner. Er zeigte, daß die Ausführbarkeit beider Forderungen heute infolge neuerer konkurrierender Bestrebungen gegen 1881 erschwert erscheint. Der Kampf um die Berechtigungen, wie der besondere zwischen den Anhängern der Reformschulen und der Freunde des alten Gymnasiums, die Bestrebungen der Hygieniker, der Verkünder des Schlagwortes: Kunst im Leben des Kindes, die Sportbewegung, die einseitige Auslegung der »freien Kurse« im Sinne reinen Philologentums, die Rudolph Lehmannsche philosophische Propädeutik und manches andere wurden besonders hervorgehoben, indessen auch nicht verkannt, daß manches Moment in den genannten Bewegungen enthalten sei, das für unsere Forderungen ausgenutzt werden könnte. Die Gegnerschaft der beiden großen Philologenparteien ermöglicht eine Verständigung mit der jeweilig bedürftigeren, die Kunstbewegung hätte in ihrem Bilderkult manches verwertbare, Sport und Hygiene unterstützten unseren Ruf nach Freiluftunterricht usw. Vor allem aber seien die Biologen mehr Bundesgenossen denn Konkurrenten, obgleich sie für sich nach einem ähnlichen Ziele wie wir streben müßten. Ein wirkliches Anerbieten auf Zusammengehen konnte hier vorgelegt werden. Die mit der Bearbeitung der Frage des naturwissenschaftlichen Unterrichts für die Versammlung deutscher Naturforscher und Ärzte betraute Kommission hatte nämlich jüngst u. a. auch drei Thesen zur Vorlegung an die Hauptversammlung angenommen, in denen die beiden obengenannten alten Forderungen des Geographentags erhoben und die Vereinigung des Studiums der Erdkunde mit dem der Naturwissenschaften empfohlen wurde. Der Berichterstatter beantragte der Kommission die Genugtuung und Freude über die Haltung aussprechen zu dürfen, ein Auftrag, der ihm auch in der letzten Sitzung in Gestalt einer Resolution erteilt wurde.

Es folgte eine längere Diskussion. In ihr wurde von seiten des Dir. Auler-Dortmund und des Prof. Lentz-Danzig der Versuch gemacht, die Reformanstalten als den Forderungen der Geographen günstig hinzustellen. Fischer hielt dem die unbestreitbare Tatsache entgegen, daß in den für uns allein entscheidenden höheren Klassen die altsprachlichen Stunden stark vermehrt sind. Darüber hinaus äußerte er, daß wenn,

wie es.jüngst den Anschein hatte, man die Reformanstalten möglichst auf die Realgymnasien beschränken wolle, man damit dem eigentlichen Zwecke der Reformbewegung
den Todesstoß versetze.

Als zweiter Redner sprach der unseren Lesern als reger Mitarbeiter wohlbekannte
Dir. Dr. Sebald Schwarz-Lübeck über »Das Bild im geographischen Unterricht«.

Er schränkt das Thema zunächst dahin ein, daß er nur von kleinen Bildern im geographischen
Unterricht reden will und weist nach, daß diese neben den großen Anschauungsbildern nicht nur berechtigt,
sondern notwendig sind. Im Gegensatz zu der Warnung O. Jägers, daß durch einen gewissen Luxus an
Anschauungsmitteln heutzutage die Phantasie erschlaffen würde, meint er, daß die Phantasie eine Menge
von einzelnen Vorstellungen nötig habe, um daraus ihre persönliche typische Vorstellung zu gewinnen.
Er weist ferner darauf hin, daß ein plastisches Bild eines Gegenstandes, erst dann gewonnen werde, wenn
man ihn, in diesem Falle also im Bilde, von verschiedenen Standpunkten und Seiten aus betrachtet habe.
Die immer wiederholte Tätigkeit endlich, die aus individuellen Vorstellungen die allgemeine typische
zu schaffen gezwungen werde, gebe erst das, was die Grundlage einer kräftigen Phantasie sei, die Fähigkeit, Vorstellungen zu schaffen. Gerade in einer Zeit, die auf dem Gebiet des Bildes, wie auf dem des
Wortes von jedem fordere, mit einem großen Material, das ihn von allen Seiten umdränge, zu arbeiten,
sei es doppelt notwendig, den werdenden Geist in solcher sichtenden Arbeit zu schulen. Dieses große
Material könne aber in großen Anschauungsbildern nicht gegeben werden, weil Raum wie Mittel dafür
fehlen würden. Die kleinen Bilder, auf die man also zur Ergänzung der großen angewiesen sei, müßten
aber in einer solchen Verfassung dargeboten werden, daß sie in wiederholter Betrachtung wirken; deshalb
genügt weder das Herumgeben von Büchern während des Unterrichts, noch Vorführung von Bildern durch
das Skioptikon, so wertvoll dieses an sich ist. Nun könnte man versuchen, sehr reichhaltige Bilderatlanten
zu schaffen, von denen in der Hand eines jeden Schülers einer vorhanden wäre, eine Erweiterung also
der Abbildungen wie sie die Seydlitzschen Lehrbücher oder der neue Volksschulbilderatlas von Westermann
oder eine Anzahl neuerer Geographiebücher im Text bieten. Der Verfasser erzählt aus seinen Verhandlungen mit verschiedenen Verlegern, daß es nicht möglich sei, für einen erschwinglichen Preis
so viel zu liefern, wie ihm nötig erscheint. Es bleibt also übrig, daß das Bedürfnis nach einer solchen
Menge von kleinen Anschauungsbildern dadurch gedeckt wird, daß jeder Lehrer allmählich sich ein Material
von Einzelbildern sammelt, das er in Augenhöhe, etwa unter den bekannten großen Anschauungsbildern,
in den Klassen aufhängt und für mehrere Tage zu wiederholter Betrachtung hängen läßt. Dieses Sammeln
wird sehr bald zu einer lebendigen gemeinsamen Arbeit von Lehrern und Schülern werden, und indem
die Schüler daran lernen, Bilder, wie sie das Leben heute täglich bringt, mit Verstand anzusehen, wächst
auch ihre Kraft, ohne großen Apparat immer und überall zu lernen. Das Material für solche sammelnde
Tätigkeit bieten Bücher aller Art, die bekannten Bilderatlanten, Zeitschriften und Prospekte. Ganz besonders
geeignet sind dann die Ansichtspostkarten. Da der Vortragende an dieser Stelle (1904, S. 150) davon
gesprochen hat und in einem demnächst in dieser Zeitschrift erscheinenden Aufsatz ausführlich darauf zurückkommen wird, was man hiermit machen könne und wie weit es möglich sei, durch eine Art von Organisation
Karten aus den verschiedensten Gebieten jedem zugänglich zu machen, so brauchen seine Ausführungen über
diesen Punkt an dieser Stelle nicht eingehender wiederholt zu werden. Er führt in einer kleinen Ausstellung
die neue Sammlung der Lehrmittelpostkarten von Moschke im ganzen vor, ferner einige von den Bildern,
die auf Veranlassung des Leipziger Lehrervereins von Stöcken der Illustrierten Zeitung neu herausgegeben
sind; in Zusammenstellungen von ihm selbst und Oberlehrer Dr. Herz in Dortmund zeigt er endlich, wie
sich solche Karten und Bilder zu lebendigen Gruppen vereinigen lassen.

Dann spricht der Vortragende von der Art, wie man solche einzelnen kleinen Bilder verwenden
soll. Diese Verwendung soll vor allen Dingen mannigfaltig sein und immer darauf bedacht, einerseits die
Schüler zu eingehender aufmerksamer Betrachtung anzuleiten, sie aber eben sehen zu lehren, anderseits ihnen
nicht durch übel angebrachte Pedanterie die Sache langweilig zu machen. Bald wird ein kurzer Hinweis
genügen, eine Frage beim Hineinkommen bei dem Verlassen der Klasse, bald wird man in einem eingehenden Gespräch eine solche Bildergruppe behandeln oder auch einmal in einem mündlichen Vortrag
oder in einem kleinen Aufsatz die Kunst üben, aus vielen Einzelheiten ein Gesamtbild zu gestalten. In
seinem Schlußwort führt Direktor Schwarz endlich aus, daß diese kleinen Sachen doch großen Dingen
dienstbar sein können: dem lebendigen Ineinanderarbeiten von Lehrern und Schülern, der Freude an der
Schule, dem Zusammenhang zwischen Schule und Leben, der Befreiung des Geistes von der erstarrenden
Macht des toten Wortes.

Reicher Beifall lohnte den Redner. In der wegen der Kürze der Zeit etwas abgebrochenen Diskussion konnten Thesen von Wetekamp-Schöneberg nur vorgelegt werden,
in denen ganz ähnliche Forderungen wie die Schwarzschen gestellt werden.

Dr. Adolf Marcuse sprach dann »Über die Notwendigkeit, mehr Aufgaben der
mathematischen Geographie mehr als bisher, besonders als Anwendungen beim mathematischen Schulunterricht, zu berücksichtigen«.

Marcuses Vortrag galt der Beantwortung zweier Fragen: Ist die allgemeine Bedeutung der Astronomie
und mathematischen Geographie so groß, daß sie als ein allgemeines Bildungsmittel betrachtet werden
müssen und, wenn diese Frage bejaht wird, auf welchem Wege sind sie dann dem Schulunterricht zu-
gänglicher zu machen. Für die Beantwortung der ersten Frage geht der Redner aus von dem Kantschen
Satze, daß es nichts Erhabeneres gäbe für das Gemüt, als den gestirnten Himmel über uns und das moralische Gesetz in uns. Und so sei trotz der Schule das Interesse für Astronomie noch im Volke lebendig.
Bei aller Einfachheit sei die wissenschaftliche Methode der Astronomie doch so genau und durchsichtig,
daß sie geradezu als vorbildlich gelten müsse für alle wissenschaftlichen Disziplinen, denen es eben nicht

vergönnt sei, ihren Stoff in einer solchen, durch die weite Ferne bedingten Loslösung von jedem lokalen Nebeneinfluß zu beobachten. Ebensowenig sei der praktische Wert astronomischer Forschung zu unterschätzen, alle Ortsbestimmungen, der Zeitdienst und das gesamte Kalenderwesen seien auf sie gegründet und der Nautik leihe sie die wertvollsten Dienste. Der allgemeine Bildungswert dieser Fächer unterliegt somit keinem Zweifel, aber wie sollen sie sich im Schulunterricht Geltung verschaffen! Es kann nur geschehen, wenn ihnen im Lehrplan der höheren Schulen und im Studienplan der Lehrer selbst eine hinreichende Stellung eingeräumt wird. Besondere Unterrichtsstunden will der Redner der Schule nicht zumuten, der Raum, den die Lehrpläne der allgemeinen Astronomie und mathematischen Geographie gegenwärtig im Physik- und Mathematikunterricht gewähren, genüge vollkommen, wenn die betreffenden Lehrer eine ausreichende Vorbildung für die Erteilung dieses Unterrichts besäßen. Aber das sei keineswegs der Fall, die Lehrer der Mathematik und Physik erhielten die Lehrbefähigung für ihre Hauptfächer und darin eingeschlossen auch die für Astronomie und mathematische Geographie, ohne sich irgendwie über genügende Kenntnisse in diesen Fächern ausgewiesen zu haben. Hier sei der Hebel zur Besserung einzusetzen, der Geographentag müsse seinen Einfluß dahin geltend machen, daß die genannten Fächer in die Reihe der Prüfungsfächer eingereiht würden, daß den Lehrern der Mathematik und Physik nur dann eine volle Lehrbefähigung erteilt werden solle, wenn sie auch in diesen Fächern sich einer Prüfung unterzogen haben.

In der Diskussion wurde eine Stimme laut, die die Zuständigkeit der Geographen in dieser Frage bestritt, sie fand aber keine Unterstützung. Mehrere Herren, namentlich aus Süddeutschland, betonten, daß doch an vielen Orten die Verhältnisse bei weitem nicht so ungünstig lägen, als vom Vortragenden angenommen würde. Aber die Bemerkung Hermann Wagners, daß von 38 Herren seines Seminars auf die beiläufige Frage, wie groß die Erde sei, keiner eine irgendwie befriedigende Antwort zu geben vermochte, bereitete einer Resolution einen günstigen Boden, die dann auch in der Schlußsitzung vom Geographentag im Sinne des Vortragenden angenommen wurde.

Als letzter Redner erhielt Prof. Dr. Stoewer-Danzig das Wort zu seinem Vortrag: »Wie weit können geologische Fragen in dem Unterricht der höheren Lehranstalten berücksichtigt werden?« Einleitend gibt er einen kurzen historischen Überblick über die Stellung der Erdkunde an den höheren Lehranstalten überhaupt und über die Möglichkeit, die sich bietet, in den gegebenen Rahmen geologische Erörterungen mannigfacher Art mit dem geographischen Unterrichtsstoff zu verbinden. Ausführlicher läßt er sich dann über Umfang und Gegenstand dieser Erörterungen aus:

Jede Wissenschaft verlangt Kenntnis des historischen Werdens, die Kenntnis unseres Planeten fordert Fragen des denkenden Schülers überall heraus. Bei Schülern im Gebirge ist das besonders der Fall (vulkanische Kegel, Verwerfungen der sedimentären Schichtungen, die Wirkungen der Gletscher, Erosion u. a.); aber auch das nordeuropäische, diluviale Tiefland regt den Wissensdrang an (diluviale, alluviale Bildungen, Hebungen, Senkungen, Haff, Nehrung, Moränenhügel, Seen, Steinblöcke, Kies, Torf, Braunkohle, artesische Brunnen u. a.).

Vor allem muß die dynamische Geologie, die Morphologie der Erdoberfläche im Unterricht an passender Stelle Erwähnung finden.

Das allgemeine Lehrziel: »Kenntnis der physischen Beschaffenheit der Erdoberfläche« verlangt schon solche Besprechungen. Der Lehrplan der Sexta (Grundbegriffe der allgemeinen Erdkunde zum Verständnis des Globus, der Karten, beginnend mit der Heimat und Europa) schließt geologische Betrachtungen einfachster Art, natürlich ohne wissenschaftliche Redensarten, nicht aus. Dem Sextaner und Quintaner an der Wasserkante z. B. können Dünenbildungen unserer Zeit gegenüber diluvialen Erhebungen auch ohne Eingehen auf die Glazialzeit erklärt werden. In Mitteldeutschland ist gleich die Porta Westfalica ein leicht verständliches Beispiel eines Einsenkungstales, und der alte Lauf der Weser kann besprochen werden. Für Erosion hat in Nord- und Süddeutschland schon der kleine Schüler Verständnis. Die Eifel und das Siebengebirge bieten Beispiele für Kraterseen und vulkanische Kegel, die Mineralogiestunde gibt später den Beweis durch das Gestein. In die mittleren Klassen gehören bei den betreffenden Ländern Hinweisungen auf mancherlei rezente Ablagerungen: Tropfsteingebilde, Korallenbildungen, Kalksinterterrassen, Löß (Rhein, China).

Die III A, besonders in der Realschule, ist bei Gelegenheit der deutschen Landeskunde die geeignete Klasse für manche derartige Besprechung. Mit Hilfe der physikalischen Landkarte wird hier ein Überblick über die geologische Entstehung Europas gegeben werden können (karpathischer und baltischer Höhenzug als Aufschüttung gegenüber dem Mittelgebirge als Urgebirge u. a.). Ähnliche Faktoren spielen bei den anderen Erdteilen ihre Rolle, doch ist z. B. Asien ein gegebenes Beispiel für vulkanische Bildungen, Korallenbildungen, Hebungen und Senkungen im großen Stile. Eine gewisse Fähigkeit, einfache geologische Vorgänge von der physikalischen Karte abzulesen, sollte herangebildet werden; eine geologische Karte ist bei besonders augenfälliger Systematik in der geologischen Bildung zu benutzen, z. B. bei der Oberrheinischen Tiefebene, dem Einsturztal des Rheins (vgl. Porta Westfalica, Libanon und Jordanspalte).

An den Schluß der Mittelstufe gehört die systematische Darstellung des Vulkanismus. Aufzählung bekannter Vulkane zeigt den Vulkanismus an Bruchspalten der Kontinente, und ergibt so wieder Rückschluß für die Oberrheinische Tiefebene als Seeboden früherer geologischer Periode. Abrasion, Transgression des Meeres, äolische Aufschüttungen werden bei solcher Gelegenheit in den oberen Klassen gestreift, besonders die Lößbildungen am Rhein und in China (v. Richthofens China, Futterer in Pet. Mitt. 1896! Axenverschiebung der Erde!?). Hieran schließt sich die Erklärung von Anthrazit, Steinkohle, Braunkohle, Torf im Zusammenhang als Verkohlungsstadien in älteren und jüngeren Formationen mit besonders instruktiven geographischen Beispielen (Rhein, China). In das Gebiet der dynamischen Geologie gehört, die Schüler interessierend, der Gletscher, seine Wirkungen für die verschiedensten Länder in früheren Glazialperioden. Die Erscheinungen in der jetzigen Gletscherwelt werden zugrunde gelegt bei Besprechung der Alpen, die in der Nomenklatur und Einteilung gekürzt werden kann. Reisen, Anschauungsmittel, Vorträge erleichtern unserer Jugend heutzutage das Verständnis. Ist der geologische Lehrstoff zwanglos so in Einzelfragen in früheren Klassen vorbereitet, so kann in der Oberstufe manches zusammenhängend gegeben werden, z. B. in wenigen Stunden Entstehung der Gebirge, die vier großen geologischen Perioden mit einigen wichtigen Formationen als Unterabteilung, etwa an Umfang wie bei Kirchhoffs Geographie oder Bails Mineralogie. (Dies fordert auch These 3 der Hamburger Naturforscher-Versammlung 1901, unterzeichnet von Neumayer, Richthofen u. a. Geographen.) Die Versteinerungskunde gehört in den Mineralogieunterricht; nur der Begriff »Leitfossil« könnte an besonders instruktiven Beispielen erklärt werden. Zu warnen ist vor Schematisierung und Hypothesen; nur Feststehendes darf gegeben werden; auf einzelne verhängnisvolle Irrtümer früherer Zeiten kann als Mahnung zur Vorsicht hingewiesen werden (Humbolds Ansicht über die Sahara!). Unterstützung bieten dem Unterricht: Lehrbücher, bildliche Darstellungen, leichte Kreidezeichnung, besonders Profilbilder, Vorträge des Skioptikons, Wanderungen, besonders unter kundiger Leitung, Reisen, Museen, das naturwissenschaftliche Kabinett mit seinen Steinsammlungen, Reliefs und der höhere realistische Sinn unserer modernen Jugend. Der Behauptung, daß manche Gegenden zu wenig Gelegenheit zu geologischen Beobachtungen bieten, muß widersprochen werden; sie ist aber auch kein Grund, unseren Schülern Kenntnis der Gesetze für die Gestaltung unserer Erdoberfläche zu entziehen. Direktorenkonferenzen, vorgesetzte Behörden, Lehrpläne stehen bisher einer genügenden Betonung solcher geologischen Fragen im allgemeinen abweisend gegenüber. Der Fachlehrer der Erdkunde sollte nicht nur in der Oberstufe unterrichten (im Interesse der Methode). Heimatliebe, Handels- und Wirtschaftsgeographie, Sinn für Kunst und Wissenschaft werden durch solche Auffassung des Unterrichts gefördert; ein Hauch des lebendigen Weltgeistes erfaßt uns, wenn wir fühlen, daß auf dem Antlitz unserer Planeten noch nicht die starre Ruhe einer Totenmaske liegt.

Redner unterbreitet am Schlusse seines Vortrags der Versammlung folgende Thesen:

1) Es ist wünschenswert, daß wichtige Fragen der dynamischen Geologie, soweit sie als wissenschaftlich feststehend zu betrachten sind, in dem Erdkundeunterricht der höheren Lehranstalten zur Kenntnis der Morphologie der Erdoberfläche besprochen werden, in erster Linie solche, die die nähere Umgebung, Deutschland und Europa, betreffen.

2) Besonders solche geologischen Fragen sind im Unterricht heranzuziehen, welche für die Handels- und Wirtschaftsgeographie einzelner Länder Bedeutung haben.

3) Der geographische Fachlehrer hat sich in der Besprechung geologischer Fragen nicht auf den Naturkundeunterricht zu verlassen; er hat selbst in erster Linie diese Fragen zu besprechen und muß mit dem Lehrer der Naturkunde, Physik und Mathematik möglichst in Beziehung treten.

4) Die Schule hat durch geologische Anschauungsmittel, wie geologisch geordnete Steinsammlungen, Reliefs, ferner durch Exkursionen in die nähere Umgebung, durch fachkundige Führung der Schüler in naturwissenschaftliche Museen, durch Hinweis auf Vorträge das Interesse für geologische Fragen zu wecken und das Verständnis zu klären.

5) Zusammenfassende Behandlung ist in den oberen Klassen für einzelne Fragen zu empfehlen. Hypothesen sind aus dem Unterricht fernzuhalten; gelegentliches Hinweisen auf Irrtümer früherer Zeiten ist zur Erweckung vorsichtiger Anschauung der Schüler ratsam.

6) Es ist wünschenswert, daß die Lehrpläne deutlicher auf die Berechtigung gewisser geologischer Fragen für den Unterricht in den höheren Lehranstalten eingehen.

Die anschließende Diskussion ergab, daß es sich nicht empfehle, diese Thesen dem Geographentag als Resolution zu unterbreiten, wohl aber sie als weiteres beweiskräftiges Material dafür gelten zu lassen, daß weder der geographische Unterricht an unseren höheren Lehranstalten, noch die fachmännische Vorbildung der ihn erteilenden Lehrer durchgängig berechtigten Anforderungen zu entsprechen vermöge.

In den beiden Mittwochssitzungen bildeten »Vulkanismus« und »Morphologie der Küsten- und Dünenbildung« die Beratungsgegenstände, und zwar sprach am Vormittag Prof. Sapper über die »Ergebnisse der neueren Untersuchungen über die mittelamerikanischen und westindischen Vulkanausbrüche 1902 und 1903«, Dr. Friederichsen über die »Verdienste des verstorbenen Dr. Moritz Alphons Stübel um die moderne Vulkanologie«. Da der angekündigte Vortrag von Hauptmann Herrmann über »die tätigen Vulkane nördlich vom Kiwusee« ausfallen mußte, schloß Dr. J. Hundhausen-Zürich die Sitzung mit der Vorführung einer Reihe von Bildern aus den vulkanischen Gebieten von Neu-Seeland.

Die Nachmittagssitzung füllten neben dem Bericht Prof. Hahns über die Tätigkeit der Zentralkommission für die wissenschaftliche Landeskunde von Deutschland die Vorträge von Direktor Dr. Lehmann-Stettin über »Die Gesetzmäßigkeit der Alluvialbildung an den deutschen Ostseeküsten« und Dr. Solger-Berlin über »Fossile Dünenformen im norddeutschen Flachland« aus. Außerhalb der Tagesordnung führte Dr. Michow-Hamburg einige alte russische Karten in Lichtbildern vor.

Die letzte Sitzung endlich war, in Nachahmung des vortrefflichen Beispiels, welches die letzten Geographentage gegeben hatten, der Landeskunde der Provinz Westpreußen

gewidmet. Die ausgezeichnete Ausstellung im Franziskanerkloster bildete gleichsam das
Relief dieser Sitzung. Auch die Danziger Austellung hatte ihren Hauptwert darin, daß
sie eine ganze Reihe von Behörden veranlaßte, ihre wertvollen, sonst kaum zugänglichen
Schätze der Öffentlichkeit, wenn auch nur für kurze Zeit, zugänglich zu machen. Die
historischen Karten des Kgl. Staatsarchivs, des Stadtarchivs und der Stadtbibliothek zu
Danzig, die Werke des Großen Generalstabs und der Landesaufnahme, der Geologischen
Landesanstalt, die Pläne der Weichselstrom-Bauverwaltung und der Staats-Forstverwaltung
beanspruchten das Interesse der Besucher ebenso wie die Einzelausstellungen westpreußi-
scher Städte. Dagegen kann nicht verhehlt werden, daß die engbegrenzte, einseitige
Schulausstellung sowohl wie die Pläne und Ansichten von Kiautschou wenig in den
Rahmen der Ausstellung paßten, was indes unsere Verpflichtung zu aufrichtigem Danke
für das Gebotene nicht einschränken soll.

Auch die Danziger Tagung hat es sich nicht nehmen lassen, die Mitglieder des
Geographentags durch eine stattliche Reihe wertvoller, wissenschaftlicher Gaben zu erfreuen. Der sorgfältig zusammengestellte Katalog zur Ausstellung wird für alle Zeiten
als gehaltreiches Repertorium der Kartographie Westpreußens wertvolle Dienste leisten.
Ebenfalls dem Gebiet der Kartographie gehört H. Michows Widmung an die Mitglieder der Tagung an: »Anton Wied, ein Danziger Kartograph des 16. Jahrhunderts«.
Über den Ort der Tagung, seine geschichtliche Entwicklung und öffentlichen Einrichtungen
unterrichtete das im Auftrag des Magistrats herausgegebene Werkchen »Die Stadt Danzig«.
Den Höhepunkt der literarischen Darbietungen aber bildete die vom Ortsausschuß überreichte Festschrift »Beiträge zur Landeskunde Westpreußens«, die folgende Abhandlungen
vereinigt: »Die Weichsel« von H. Rindemann, »Die Danziger Bucht« von C. Lakowitz,
»Die Seen Westpreußens« von A. Seligo, »Der Boden Westpreußens« von O. Zeise und
W. Wolff, »Westpreußische Münzfunde« von W. Schwandt, »Westpreußische Geographen« von W. Dorr. Es wird sich Gelegenheit finden, auf einzelne der Arbeiten
an anderer Stelle näher einzugehen.

Von den geschäftlichen Beschlüssen der Tagung endlich sei erwähnt, daß zum
Ort für die nächste Tagung Nürnberg gewählt wurde, daß ferner Exzellenz v. Neumayer, der 20 Jahre hindurch den Vorsitz im Zentralausschuß des Geographentags
geführt hat, in Anbetracht seines hohen Alters — er steht vor der Vollendung des
80. Lebensjahres — und in ehrerbietiger Anerkennung seiner hohen Verdienste zum
lebenslänglichen Ehrenpräsidenten des Deutschen Geographentags ernannt wurde.
Durch die Neuwahl Prof. Supans wurde die Lücke im Zentralausschuß wieder
geschlossen.

Auch die Fröhlichkeit war im Osten des Reiches daheim. Sie schlug hohe Wogen
auf dem köstlichen Festmahl, mit dem die städtischen Behörden die Geographen im
ehrwürdigen Artushof willkommen hießen, wo mehr noch als Speise und Trank die
ebenso liebenswürdigen wie humorvollen Worte des Herrn Oberbürgermeisters Ehlers
der Stimmung die Würze gaben, während auf dem solennen Festmahl im Danziger Hof
auch lange Tischreden sie nicht zu meistern vermochten.

»Es war ein schönes Fest!« wird der Schluß der Gedankenreihe gewesen sein, in
der die Teilnehmer auf der Heimfahrt unter den rythmischen Stößen der Eisenbahn-
räder das Erlebte noch einmal erlebten, und auch wir halten es für unsere schöne Pflicht,
allen, die sich um die Vorbereitung der Tagung Verdienste erwarben, vor allem aber
den Herren Professoren Conwentz und v. Bockelmann unseren und den herzlichen
Dank aller derer öffentlich auszusprechen, deren fröhliches Gesicht uns stillschweigend
die Ermächtigung dazu erteilte.

An den Schluß eines richtigen Berichtes gehört nun einmal eine kleine Nörgelei,
und sie soll auch diesmal nicht fehlen. Zunächst ist es mir aufgefallen, daß in der
geographischen Fachpresse vom bevorstehenden Kongreß, von kurzen allgemeinen Mitteilungen abgesehen, sehr wenig zu lesen war. Für den Geogr. Anz. findet diese Unter-
lassung darin ihre Erklärung, daß man ihm die dazu notwendigen Grundlagen nicht
zugeschickt hat. Ob das ein Ausnahmefall ist, oder ob man es anderen Zeitschriften
gegenüber ebenso gehandhabt hat, ist mir nicht bekannt. Jedenfalls ist darin nicht eine
Beeinträchtigung der Zeitschrift, wohl aber des Geographentags zu erblicken, der doch
jede Gelegenheit wahrnehmen sollte, Interesse zu wecken und vor allen Dingen die

Kreise rechtzeitig zu orientieren, auf denen seine Zukunft nun einmal in erster Linie beruht. Daß dies tatsächlich die Oberlehrer sind, beweist auch die letzte Tagung wieder. Von den 280 Teilnehmern, welche die zuerst ausgegebene Teilnehmerliste aufweist, waren etwa 125 Oberlehrer und Lehrer und nur etwa 30 andere Geographen, von denen aber kaum 15 als akademische Vertreter der Erdkunde angesprochen werden können. Die Zahlen können nicht als sichere statistische Werte gelten, das hindert schon die Unzulänglichkeit der Liste, aber auch als Annäherungswerte reden sie eine Sprache, die keines Kommentars bedarf. Bei dieser Gelegenheit sei auch der Bitte Ausdruck gegeben, der Aufstellung der Anwesenheitsliste in Zukunft besondere Beachtung zu schenken. Es sei immer wieder betont, daß neben den Verhandlungen die Gelegenheit zu persönlicher Annäherung die Bedeutung solcher Tagungen ausmacht, und diese Annäherung wird zunächst durch eine genaue Mitgliederliste gefördert, die aber vor allem die Vornamen und genauere Angaben des Standes enthalten muß. Das läßt sich sehr leicht erreichen, wenn im Geschäftszimmer jeder Teilnehmer bei der Anmeldung eine vorgedruckte Karte ausfüllt, die als Grundlage für die Ausstellung der Mitgliedskarten und zugleich als Manuskript für die Teilnehmerliste dienen kann. Indes, es hat wenig Zweck, nachträglich Wünsche zu äußern, die leicht als Vorwürfe gegen die verdienten Veranstalter aufgefaßt werden könnten, was ihnen durchaus fernliegt. Nützlicher wird es sein, rechtzeitig vor der nächsten Tagung die Aufmerksamkeit auf solche Punkte zu lenken. Nur eins sei schon jetzt noch gesagt. Es scheint mir wenig angebracht, den Inhabern von Teilnehmerkarten die Aushändigung jeglicher Kongreßdrucksachen zu verweigern, wie es in Danzig geschehen ist, trotzdem man den Teilnehmerbeitrag auf 6 Mk. erhöht hat. Daß man die wissenschaftlichen Schriften den Mitgliedern vorbehält, ist billig, aber die für die notwendigste Auskunft unerläßlichen Hilfsmittel, wie den Stadtplan, einen kleinen Stadtführer und namentlich den Katalog der Ausstellung sollte man doch auch den Teilnehmern nicht vorenthalten. Denn Mitglieder des Geographentags werden vernünftigerweise nur die werden, die sich wirklich als Geographen fühlen und alle Tagungen zu besuchen gedenken. Das trifft für viele, die aus dem Orte und der Provinz der jeweiligen Tagung kommen, nicht zu und gerade für sie ist die Besichtigung der Ausstellung von größtem Werte.   *Dr. Hermann Haack.*

Kartographie.

Das Erdsphäroid und seine Abbildung[1].
Von Hermann Wagner-Göttingen.

Unsere elementaren Lehrbücher der Kartenentwurfslehre gehen bekanntlich fast durchweg von der Voraussetzung der Kugelgestalt der Erde aus. Wo sie jedoch zu praktischen Anwendungen in der Kartographie anleiten, pflegen sie in der neueren Zeit nicht bei dem theoretischen Werte eines Kugelradius = 1 stehen zu bleiben, sondern einen mittleren Erdradius von 6370 km oder 6370,3 km zugrunde zu legen, ohne daß man überall einer klaren Definition dieses Wertes begegnete. Sobald jene Werke aber zu kartometrischen Aufgaben übergehen, sehen sie dabei gewöhnlich sofort von der Kugelgestalt ab und operieren mit Werten für Längen- und Breitengrade, Zonen und Gradfelder, die

einem bestimmten Erdsphäroid angepaßt sind, und zwar bei uns in Deutschland ausschließlich dem Besselschen.

Wenngleich nun Annäherungsformeln oder auch strengere Ausdrücke zur Berechnung aller für die Kartographie in Betracht kommenden Werte des Erdsphäroids häufiger mitgeteilt werden, so fehlte es doch bisher an einem Werke, das die Ableitung aller dieser Formeln kurz in systematischer und übersichtlicher Entwicklung mitteilte. Referent hat ein solches in dem Maße mehr vermißt, als die Neigung junger Mathematiker, sich mit den Problemen der mathematischen Geographie und Kartenentwurfslehre zu beschäftigen, wuchs; er begrüßt daher das Erscheinen der Haentzschelschen Schrift mit wahrer Freude.

Sie zerfällt in zwei Teile. Der erste beschäftigt sich mit den wichtigsten Formeln für die Berechnung der Dimensionen des Sphaeroids unter spezieller Rücksicht auf die Besselschen, aber zugleich immer im Hinblick auf die Aufgabe, Teile eines solchen zur Abbildung auf eine Kugel zu bringen.

Zu diesem Zwecke wird im Anschluß an Dionis Du Sejour 1781 (s. S. 20) der Begriff der reduzierten Breite eingeführt, der in den Lehrbüchern der mathematischen Geographie

---

[1] Haentzschel, Emil, Das Erdsphäroid und seine Abbildung. VIII, 140 S. mit 16 Abb. im Text. Leipzig 1903, B. G. Teubner.

neben der geographischen und geozentrischen Breite kaum Erwähnung findet. Schreibt man dem Sphaeroid eine Kugel von gleichem Durchmesser wie die Erdachse ein, so wird der Winkel ψ zwischen Äquatorebene und dem etwa zum Punkte R der Kugel führenden Kugelradius die reduzierte Breite eines Punktes P der Erdoberfläche genannt, wenn dieser letztere ebenso weit von der Äquatorebene entfernt ist, als der Punkt R von derselben Ebene. Das Erdsphaeroid auf die Kugel abbilden heißt dann auf den gleichen Meridianen zu jedem Punkte einer beliebigen geographischen Breite die reduzierte Breite des zugeordneten Punktes auf der Kugel finden.

In sehr zweckmäßiger Weise werden dann die Entwicklungen zur Berechnung der Meridianbögen im Anschluß an historische besonders interessante Gradmessungen gegeben. Die kurzen Tabellen, die auch anderwärts publiziert sind, wie in Jordans Handbuch, werden mit Recht nicht ohne weiteres abgedruckt, sondern erst nach Nachrechnung, wodurch es gelingt, Druckfehler zu beseitigen (S. 37). Bei den Formeln für die Oberfläche des Ellipsoids, bzw. der Zonen tritt der Verf. für eine schon 1833 von Grunert aufgestellte, als »für die numerische Rechnung beste« auf. (S. 37), was mir nach näherer Prüfung zutreffend erscheint.

Im zweiten Teile beschäftigt sich der Verf. mit der Abbildung des Ellipsoids einmal auf eine Kugel von gleicher Oberfläche zur Erzeugung einer flächentreuen Projektion — im Anschluß an Mollweide (1807) und E. Hammer (Zur Abbildung des Ellipsoids 1891); und sodann auf eine das Ellipsoid im Äquator berührende (Normal-)Kugel zur Erzeugung einer winkeltreuen Abbildung. Hierbei wird näher auf die Verzerrungsverhältnisse eingegangen und bei dieser Gelegenheit gegen die Bezeichnung »Indicatrix« für die »Verzerrungsellipse« polemisiert (S. 80), weil seit Euler der Name Indicatrix in der Flächentheorie für eine Ellipse vorbehalten sei, die über die Krümmung an einer beliebigen Stelle der Oberfläche Auskunft gebe.

Diese Betrachtungen sind dem Verf. wesentlich Vorbereitungen, um schließlich zur sog. konformen Doppelprojektion zu führen, die von C. F. Gauß ersonnen, seit Jahren in der preuß. Landesaufnahme zum Zwecke der Ausgleichung der Messungen Anwendung gefunden hat. Bekanntlich bildete Gauß obige Normalkugel auf einer zweiten Kugel ab, welche zum Halbmesser den »mittleren Krümmungsradius« des Erdsphaeroids an einem beliebigen Punkte hat. Indem dann um diese Gaußsche Kugel ein querachsiger, den Meridian berührender Zylinder gelegt wird, überträgt man das Stück der Kugelfläche rings um den gewählten Mittelpunkt der Karte nach den Regeln der Mercator-Projektion winkeltreu auf die Ebene und erhält somit die konforme Doppelprojektion.

Den Schluß bildet die Berechnung der Eckpunkte eines Meßtischblattes. Eine Einführung in das Verständnis des deutschen Kartenwerkes ist dem Verfasser idealer Zweck seines Buches, wenn gleich es hierbei, wie A. Galle nachgewiesen hat (Ztschr. f. Erdk. 1904, 534), sich nicht völlig an das in der Praxis angewandte Verfahren der preuß. Polyederprojektion hält.

Das Einzelne der ungemein klaren Entwicklung entzieht sich der zusammenfassenden Berichterstattung. Jedenfalls wird jeder mathematisch vorgebildete Geograph sich leicht in die Darstellung hineinarbeiten. Einen solchen setzt es allerdings voraus. Nicht mit Unrecht wendet sich der Verf. auch gelegentlich gegen das Elementarisieren von Begriffen und Entwicklungen, die einer anderen als mathematischen Behandlung nicht zugänglich sind (z. B. S. 127). Spricht das Werkchen von großem pädagogischen Geschick, so muß dieses Bewunderung erregen, wenn wir aus der Vorrede erfahren, daß der Verf. bei Vorträgen, aus denen es hervorgegangen, Seminarlehrer zu Zuhörern hatte. Alle Achtung, wenn er diese zum Verständnis der rein mathematischen Entwicklungen zu bringen vermochte. Für eine neue Auflage möchten wir dringend raten, daß den zahlreichen Hinweisen auf frühere Formeln, Paragraphen, Figuren die Seitenzahl hinzugefügt würde, so wäre durchlaufende Paragraphenzahl und Markierung derselben im Kopf der Seite, wie bei Martus, Jordan usw. sehr erwünscht.

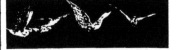

Kleine Mitteilungen.

I. Allgemeine Erd- und Länderkunde.

Hermann Kümmerly †. Der in Fachkreisen Mitteleuropas und wohl auch der romanischen Länder um die Jahrhundertwende meistgenannte Kartograph, Hermann Kümmerly in Bern, der Autor der schönsten Gebirgskarte eines Landes, die bislang noch geschaffen worden, verdient bei dem frühen Tode, der ihm beschieden war, einige Worte des Gedenkens. Am 6. September 1857 in Bern geboren, ist er am 29. April dieses Jahres, im 48. seines Lebens, in St. Moriz im Engadin an einer Lungenentzündung gestorben. Als Knabe hatte er die Realschule seiner Vaterstadt besucht, und, schon während der Schulzeit öfters schwer krank, hatte sich seinem Charakter früh Ernst und Tiefe eingeprägt. Der Schule folgte die Lehrzeit im väterlichen Geschäft als Lithograph und Kartograph; nach der Lehrzeit war er ein Jahr in Genf. Nach der Rückkehr begann er der sitzenden Berufstätigkeit bei spartanischer Lebensweise entgegenzuwirken durch Turnen und fleißiges

Herumklettern in den Bergen. Diese Bergfreude begleitete ihn durchs Leben, sie war die Muse seines Schaffens. Nun folgte die hohe Schule des Auslandes, erst Frankreich (Dôle-Paris), dann Italien (Neapel-Rom-Turin-Genua), nur 1879 einmal unterbrochen durch Bern, überall aber in angestrengter Berufstätigkeit. 1878 in Paris hatte er nach 10—12stündiger Tagesarbeit abends noch die Ecole des arts et métiers besucht, des Sonntags die Museen. Es war das wohl die richtige Vorbereitung für das Wirken als kartographischer Techniker in einem Lande, dem das Dualitätsprinzip in der Kartographie, wonach sich an der einen Karte Gelehrter und Künstler streng gesondert in die Arbeit teilen, den Ruf des »klassischen Landes der Gelände-darstellung« eingetragen hat. Im 27. Lebensjahre (1884) übernahm er das väterliche Geschäft in Gemeinschaft mit seinem jüngeren Bruder. Jetzt erst vor größere Aufgaben gestellt, begann er die Früchte seiner Kunst- und Naturstudien zu ernten. Immerhin kam das Jahr 1891 heran, ehe er, von einer Reise nach Italien zurückgekehrt, am Blatt Evolena-Zermatt des Siegfried-Atlas zum erstenmal Farbengegensätze anwandte. Er schuf ohne jede Kenntnis der exakten Beziehungen zwischen Farbenreihen und Raumelementen, aber — wie Professor Graf, dem Referent die persönlichen Daten über Kümmerly verdankt, schreibt — er »brachte es zu großer Fertigkeit im Malen, trotzdem er nie malen gelernt hatte«. So kam es, daß, als im Jahre 1896 der Bund die bekannte Konkurrenz ausgeschrieben »für Bemalung der Terrainbildes« seiner Schulwandkarte, Hermann Kümmerly im folgenden Jahre der abschließende Auftrag wurde »nach eigenem System ein Original zu malen«. Nachdem er noch den Sommer zur Ergänzung seiner Naturstudien auf der Gemmi zugebracht, vollendete er die Malerei, wie alles der Künstler selbst dem Referenten gelegentlich einmal mitgeteilt hat, vom Herbst 1897 bis Juni 1898. Alles weitere ist zur Genüge bekannt. Von Werken, die außer dem Raumbilde in der großen Schulkarte der Schweiz unter seiner Hand oder doch Leitung entstanden sind, verdienen noch Erwähnung: die Schulwandkarte des Kantons Bern, die von Basel-Land, sowie kleinere Karten der Gesamtschweiz, nicht minder zahlreiche Reliefs; endlich wurden Jahre hindurch in seiner Offizin die Karten des Siegfried-Atlas der Schweiz gedruckt. — Schule und Kartographie trauern in gleichem Maße um den bescheidenen Künstler, der so mitten im Vollschaffen des Mannesalters dahineilen mußte — hat er doch beiden das Auge geöffnet für die Welt von Schönheit und Ausdruck, die in der Farbe liegt. Das ist viel; und wie mit Leuzinger eine Vorstufe hierzu, so hat mit Kümmerly die künstlerische Richtung in der schweizerischen Kartographie ihren Höhepunkt erreicht — ihren Höhepunkt, der ein Wendepunkt ist, wenn anders Fridolin Beckers Verweis vom künstlerischen Empfinden auf nüchterne Einsichtnahme richtig verstanden wird als ein Einlenken in die Bahnen eines Könnens, das sich auch im Aufbau des Raumbildes der Karte auf exaktes Wissen stützt. *Dr. K. Peucker-Wien.*

Geographische Beiträge zur Entstehung des Menschen und seiner Kultur liefert Dr. Leonidas Chaliklopoulos im Augustheft (1904) der Geogr. Zeitschrift (S. 417—438). Nach Ansicht des Verfassers läßt die geringe Haarbedeckung des menschlichen Körpers auf ein gleichmäßig warmes, teilweise niederschlagsreiches Klima der Urheimat schließen; »das Verlieren des Haares war eine Grundbedingung zur Ermöglichung starker Muskelanstrengung und damit der Arbeit«. Auf den Zusammenhang zwischen Fruchtnahrung und Körperbau übergehend nimmt der Verfasser an, der Mensch habe sich aus einer Tierform entwickelt, die sich meist auf dem Boden bewegte, und zwar nur mit den Hinterextremitäten, während die vorderen Gliedmaßen zum Klettern und zum Erfassen der Früchte dienten; also Greifhand und Schreitfuß (im Gegensatz zum Greiffuß der baumlebenden Affen). Ein solches Geschöpf erscheint aber nur jenen Gegenden angepaßt, »wo die ein- oder zweimaligen jährlichen Trockenzeiten die geringere, das hohe Tierleben weniger erdrückende Vegetationsfülle bedingen, und wo in den lichteren Monsun- und Savannenwäldern das weitere Auseinanderstehen der Bäume ein Erklettern von unten aus nötig machte und zugleich die Fortbewegung auf dem Boden weniger durch Llanen und Gestrüpp gehindert war«. Auch der Mund des Fruchtessers erscheint zunächst dem Zwecke, als Nahrungstasche zu dienen, in jeder Hinsicht trefflich angepaßt; während aber die ursprünglich engverwandten Affen den Kauapparat einseitig entwickelten, blieben diese Organe beim Menschen schwächer — dafür erlangte er die ihm allein eigene Fähigkeit des Sprechens.

Der Verfasser bespricht sodann die Ausbildung der Sinne und des Intellekts bei dem Fruchtesser; die besonders günstige intellektuelle Entwicklung des tierischen Urmenschen hat ihren Grund nicht nur in seiner Ernährung und Lebensweise, sondern auch in seinen körperlichen Vorzügen. Eine äußerst wertvolle Ergänzung derselben bildete der bald gefundene Hakenstock, der als Waffe und Werkzeug zugleich dienen konnte. Was ihm sonst an Körperkraft fehlte, wurde durch seine wachsende Intelligenz mehr als ersetzt; »somit wirken gerade dieses Überwiegen der geistigen über die physische Arbeit zur Nahrungserlangung und ihre Mannigfaltigkeit, die den Ausgangspunkt und die Grundbedingung der Entwicklung des Intellekts im Individuum bildeten, auch jetzt noch gleich mächtig in derselben Richtung fort, um im Einzelnen die Höhe seiner Bildung, in der Gesamtheit der durch Wechselwirkung verbundenen Menschen, im Volke, die Höhe seiner Kultur zu erzeugen«.

Nach der eben skizzierten Darlegung der Entstehungsbedingungen des Menschen kommt der Verfasser im zweiten Abschnitt seiner inhaltsreichen Arbeit auf die progressive Anpassung an die Lebensbedingungen der verschiedenen Klimazonen bei der ursprünglichen Ausbreitung der Menschheit über die Erde zu sprechen, was naturgemäß ebenfalls nur auf Grund hypothetischer Schlußfolgerungen möglich ist.

Es muß hier genügen, durch die Zusammenstellung der Kapitelüberschriften eine Vorstellung von der Gedankenfolge zu erwecken: 1. Entstehung des Menschen in Anpassung an wanderndes Baumfrucht-Sammeln im lichten Tropenwald. 2a. Übergang von Fruchtsammeln zu vorwiegender Jagd in der Savannenzone. 2b. Übergang von Jagd zu Fischfang auf tropischen Binnengewässern. 3. Übergang von wanderndem Fruchtsammeln und Jagd zu seßhaftem Knollen- und Kolbengetreidebau in der Waldsavannenzone. 4. Übergang von vorwiegendem Hackbau zur Kleinviehzucht auf den Gebirgssteppen der äußeren Tropenzone. 5. Übergang von Kleinviehzucht und Fruchtsammeln zu wanderndem Getreidebau in der inneren gemäßigten Zone. 6. Übergang von jahreszeitlich wandernder Kleinviehzucht zu seßhaftem Ährengetreidebau und zu Großviehzucht in den subtropischen Alluvialebenen. 7. Übergang von Hack- zu Pflug-Getreidebau in den subtropischen Alluvialebenen.

Folgende Hauptsätze seien endlich aus dem Schlußkapitel herausgegriffen: Dem Menschen ermöglichte das Verlassen seiner tropischen Urheimat nur eine so genügsame, selbstbewegliche und vermehrbare Nahrungsquelle wie die Kleinviehzucht; aber das weitere Vordringen in die an wilden Früchten und Tieren armen winterkalten Gebiete gelang ihm erst durch den Pflug und das Rind. *Dr. Georg A. Lukas-Graz.*

Gewittersturm. Der 26. Juli 1902 brachte für einen Teil der Regierungsbezirke Cöln und Aachen einen Gewittersturm von außerordentlicher Heftigkeit, den Polis auf Grund des reichen von ihm gesammelten Materials in einem mit Karten und Abbildungen erläuterten Aufsatz in den Veröffentlichungen des Meteorologischen Observatoriums Aachen behandelt hat. Der Verlauf des Gewitters, die allgemeine Wetterlage und Beobachtungen des Aachener Observatoriums werden eingehend erörtert, daraus die Folgerungen über die Natur des Ereignisses gezogen, das als »Gewitterböe«, d. h. als ein um eine horizontale Axe rotierender Windwirbel, gedeutet wird, und zum Schlusse eine eingehende Zusammenstellung der angerichteten, recht erheblichen Schäden gegeben. *Prof. Dr. Georg Greim-Darmstadt.*

Über Seichesuntersuchungen der letzten Zeit, besonders in Italien, berichtet in der Riv. Geogr. (Ital. XII, 3—5.) Dr. Giovanni Piero Magrini, Artillerieleutnant im Militärgeographischen Institut in Florenz. Wesentlich neu in diesem Aufsatz, der die Mehrzahl der neuesten Seichesforschungen berücksichtigt, sind die Mitteilungen über die Ergebnisse im Gardasee und in den kleinen sog. Lapisinischen Seen in den Venetianischen Alpen. Die Beobachtungen an einem in Desenzano aufgestellten Limnimeter ergaben eine uninodale Längsschwingung von 42,5 bis 43 und eine binodale von 22,5 bis 23 Minuten in Übereinstimmung mit der Theorie und den Beobachtungen in Riva am Nordende des Gardasees. Außerdem wurden aber noch sogenannte Quintenschwingungen von 30 Min. und solche von noch geringerer Dauer beobachtet, deren Zusammenhang mit den Längsschwingungen noch unaufgeklärt ist. Seit neuester Zeit ist auch in Toscolano am Westufer des Sees ein Instrument aufgestellt. Leider sind die Beobachtungen am Nord- und Südende des Sees meist nicht simultan, so daß sie nicht genau miteinander verglichen werden können. Die Amplitude der Schwingungen erreicht in Desenzano 127, in Rion nur 60—70 mm; die längste Serie von Schwingungen umfaßte hier deren 117.

Mittels ziemlich primitiver aber doch zuverlässiger Vorrichtungen wurden die Schwankungen in dem 472 ha großen Lago di Santa Croce und in dem nur 74 ha großen Lago Morto gemessen. In letzterem betrug die Dauer der Schwingungen 7,4 resp. 5,0 Minuten, sie traten am deutlichsten unmittelbar nach dem jedesmaligen Aufhören der gerade herrschenden Windrichtung auf. Die Seespiegelschwankungen am Bolsener See haben bereits durch Palazzo im Boll. della Soc. Geogr. Ital. 1904 eine etwas ausführlichere Darstellung gefunden. Als die Ursache der Seiches gibt auch Magrini Luftdruckänderungen, plötzlich auftretende lokale Winde usw. an; nur beim Lago di Bolsena, der ja den Boden eines oder mehrerer alten Krater einnimmt, glaubt er auch auf tellurische (seismische) Ursachen als möglich hinweisen zu müssen. *Dr. W. Halbfaß-Neuhaldensleben.*

Die angeblichen Quellflüsse des Nils und des St. Lorenzstroms. Die von Richard Kandt in seinem »Caput Nili« betitelten Buche aufgestellte Behauptung, daß in dem Rukarara, der zum System der in den Viktoria-See mündenden Kagera gehört, unwiderruflich und zum letztenmal der wahre Quellfluß des Nils entdeckt sei, läßt eins ganz außer acht: die Tatsache nämlich, daß der Viktoria-See nicht nur als zentrales Sammelbecken für zahlreiche kleinere und größere Gewässer dient, sondern an und für sich schon als Quellsee zu betrachten ist, der bei einer Größe von 68500 qkm auch ohne alle Zuflüsse, allein vermöge der auf jenem weiten Raum fallenden Niederschläge, einen Strom von dem Range des Nils zu speisen durchaus imstande wäre. Man vergegenwärtige sich nur einmal, daß auf dem genannten Seeareal bei einer durchschnittlichen Niederschlagshöhe von 150 cm nicht weniger als 102750 Mill.

Kubikmeter Niederschläge im Jahre fallen! Wenn nun auch ein wahrscheinlich nicht unbeträchtlicher Teil davon wieder verdunstet, so bleibt doch genug Wasser zurück, um dem Nil jahraus jahrein einen ununterbrochenen Lauf zu sichern. Den Rukarara-Nyavarongo-Kagera als Quellfluß des Nils zu bezeichnen, hätte doch nur dann Berechtigung, wenn der Viktoria-See eine unzweideutige Schöpfung des Kagera wäre, und die von diesem gebrachten Wassermengen in irgend einem nennenswerten Verhältnis zu den gewaltigen Abflußmassen des Sees stünden. Das ist aber nicht der Fall. Die Nichtverwirklichung des alten Nilproblems bis in die neueste Zeit hinein hatte noch andere Gründe als solche unzureichender Forschung, Gründe sachlicher Art. Der Nil fügt sich nun einmal nicht dem gewöhnlichen Schema, das für die Flüsse eine wo möglich fein säuberlich gefaßte und etikettierte Quelle vorschreibt. So charakteristisch seine Mündungsform ist: ein Delta, das als typische Bezeichnung auf alle bildungsverwandten Flußmündungen übergegangen ist; so merkwürdig sein Lauf ist: ein Steppen- und Wüstenfluß und doch unermüdlich rinnend, von Katarakt zu Katarakt hinunterstürzend, der Schöpfer uralter wie moderner Kultur; so einzigartig ist auch seine Quelle: ein ungeheurer Quellsee, der von tropischen Wassern unmittelbar und mittelbar gespeist und genährt wird. Dort, wo der Nil, ein brausender Geselle, als Rivira den Viktoria-See verläßt, dort ist seine Quelle. Was der Engländer Speke aussprach, als er 1858 den Viktoria-See entdeckte: »The Nile is settled«, dies gilt auch heute noch und wird für alle Zeiten gelten.

Noch törichter aber als dieser wenigstens durch die Jahrtausende geheiligte Irrtum hinsichtlich der Nilquelle ist das Bemühen, auch für den St. Lorenzstrom in Nordamerika eine Quelle normalen Charakters zu entdecken. Der Lorenzstrom bildet bekanntlich den Abfluß der fünf großen Kanadischen Seen, die sich auf vier Höhenstufen von 183 bis 75 m herab verteilen und zusammen eine Fläche von 245 130 qkm bedecken. Und wenn nun auch zugestanden werden muß, daß ein zum Stromsystem des St. Lorenz gehöriger Quellfluß am Oberen See, dem größten Süßwasserbecken der Erde (80 800 qkm), zu suchen wäre, so kann doch keineswegs zugegeben werden, daß dafür, wie A. Bencke im letzten Novemberheft der »Deutschen Rundschau für Geographie und Statistik«, »organischen« Gründen zuliebe, tut, der im Hintergrund des Sees mündende kleine St. Louis in Anspruch genommen wird. Nicht nur fehlen ihm in weit größerem Maße noch die beiden oben beim Kagera vermißten Bedingungen; der St. Louis ist auch nicht einmal der größte und wasserreichste der 200 dem Oberen See zueilenden Flüsse. Das gesamte Seengebiet aber, das bei einer Niederschlagshöhe von 80 cm

jährlich 196 104 Mill. Kubikmeter Wasser direkt aus der Atmosphäre erhält, ist auch aus eigener Kraft, ohne seitliche Zufuhr, imstande, einen gewaltigen Strom zu ernähren. Demgegenüber spielt der verhältnismäßig winzige St. Louis, dieser kleine Flußstummel, eine geradezu lächerliche Rolle. Ihn als Quellfluß des St. Lorenzstroms bezeichnen, heißt den Blick für das Naheliegende und Natürliche völlig verleugnen, heißt den Tatsachen einem Schema zuliebe Zwang antun. Wie der Viktoria-See für den Nil, so bilden die Kanadischen Seen für den St. Lorenz das Quellbassin.
Dr. O. Ankel-Hanau.

Eine neue Hauptstadt von Eritrea. Aus klimatischen Gründen soll die bisherige Hauptstadt der italienischen Kolonie, Massaua, als solche aufgegeben werden. Zur neuen Hauptstadt ist das im Hinterland und bedeutend höher und deshalb gesünder gelegene Asmara ausersehen.
Hr.

II. Geographischer Unterricht.

Dogmatische Schulbuchmethode. »Was hatten wir das vorige Mal? Ach so; die Inhaltsgleichheit der Dreiecke. Richtig. Nun kommt ja bald der Pythagoras daran. Nein erst können wir noch den Satz von den Ergänzungs - Parallelogrammen durchnehmen. Also...«.

Ich entsinne mich ganz gut, daß ich längere Zeit auf der Schule in dieser Weise Unterricht in der Mathematik hatte. Das betreffende Schulbuch, ein Leitfaden, verfuhr ganz entsprechend. Es war hübsch eingeteilt in Paragraphen, jeder Satz hatte seine Nummer, jede Aufgabe. Man lernte genau von Nummer zu Nummer. Es stand nicht zu viel darin, drum konnte es gut bewältigt werden; und kein Schüler zerbrach sich den Kopf, ob die Mathematik etwa anders gelehrt werden könnte. Das Buch war damals außerordentlich verbreitet, und ist auch jetzt noch nicht verschwunden, muß also wohl bei vielfach erneuten Auflagen auch entsprechend gebraucht werden. Und doch ist die Methode bei vielen neueren Büchern eine ganz andere geworden; man will nicht mehr festgegliedert dozieren, man will suchen und finden lassen. Man sagt nicht mehr: Jetzt kommt ein Satz, der so und so heißt, sondern man fragt nach dem Zusammenhang des bisherigen und sucht das Bedürfnis nach neuem zu erwecken, die Ideen dazu im jungen Geiste entstehen zu lassen. Man hält keinen Vortrag mehr — der auch im Buche steht — und gibt ihn zum Lernen auf, sondern leitet anregend durch kleinere Gedanken, durch Fragen zu wichtigere und größere. Die Bücher aber zeigen oft einen zusammenhängenden Text, oder aber man begnügt sich mit Aufgabensammlungen, um die bloßen Themata nicht diktieren zu müssen, läßt den Gedankengang in den Stunden selbst schaffen.

Wenn dies in der Mathematik möglich ist, kann es dann in der empirischen Erdkunde

nicht ähnlich sein? Wollen wir nicht auch da
uns den methodischen Wegen der Wissenschaft
beim Unterricht nähern? Oder findet diese ihre
Resultate paragraphenweise? Gibt uns die Natur
ihren geistigen Inhalt wohl eingeteilt und ohne
Zusammenhang, ohne die Gründe der Einteilung?
Sie gibt uns Tatsachen, allerdings, die Ordnung
aber, das Gesetzmäßige suchen wir. In der
Physik und Chemie müssen wir durch Experimente die Natur zwingen, bestimmte Gänge zu
verfolgen, in der Geographie sammeln wir unsere Erfahrungen nach unseren Zielen und bilden
uns aus den Erfahrungen, die sich uns aufdrängen, geordnete Ansichten.

Wird man für die mathematische Geographie
dieselben Grundsätze anerkennen wie für die
Mathematik und die Geographie im allgemeinen?
Das scheint fast selbstverständlich; dennoch
kommt es darauf an, was man unter diesem
Gegenstande versteht. Ein Schulbuch »Leitfaden«, welches mir vorliegt und zu obiger Betrachtung den Anlaß gab[1]), sagt im Vorwort,
dieser »Unterrichtsgegenstand« hätte »zum
Gegenstande zunächst die auf die Gestalt und
die Beobachtung festgestellten Tatsachen, welche auf die Gestalt und Größe der Erde, auf
ihre Bewegung und ihre Bedeutung als
Teil des Weltganzen Bezug haben, sodann die
aus den astronomischen Beobachtungen gewonnenen Gesetze, endlich deren wissenschaftliche Begründung«. Hält man sich freilich an
diese Aufzählung in ihrer Dreiteilung und will
außerdem die irgendwie festgestellten Tatsachen
und Gesetze zunächst aufzählen, um sie dann
drittens auch zu begründen, so versteht man
wohl, warum in dem Buche so durchweg in
Paragraphen und Nummern eingeteilt wird,
und warum nach alter Manier, vielfach ohne
aufbauenden Zusammenhang angeführt wird,
und die Begründung erst spät und zwar ebenfalls äußerlich nach Voranschickung des Resul-
tats gegeben wird. Auch der Herr Bearbeiter
hat »die bewährte Einteilung des Stoffes beibehalten« und er ist genötigt hier wie in der
vierten Auflage »zahlreiche Vor- und Rückver-
weisungen« zu geben, »da manchmal derselbe
Begriff an verschiedenen Stellen behandelt werden mußte«. Eine andere Frage ist es, ob
man überhaupt diese Gestalt, der »vor einem
Menschenalter ein trefflicher Didaktiker das
Dasein gab«, so lassen sollte. In den »Vor-
begriffen« wird mit Nummern hinter einander
eine ganze Anzahl von Begriffen aufgezählt:
1. Die Oberfläche der Erde .. erscheint wie
eine ebene Fläche, welche von einer halbkugel-
ähnlichen Hohlkugel überwölbt ist; man nennt
usw. 2. Die Kreislinie usw. nennt man den
Gesichtskreis ... 3. Eine durch den Standpunkt
des Beobachters senkrecht zur Richtung der
Schwerkraft gelegte Ebene heißt Horizontal-

ebene; dieselbe schneidet die Himmelskugel
in einer Kreislinie, welche usw. heißt«. So
wird jede Nummer gefüllt mit bestimmten belehrenden oder definierenden Sätzen. Schon
auf der dritten Seite wird der wahre Sonnen-
tag, der Sterntag, die Umwandlung der Zeiten
angeführt. »Die Sternzeit läßt sich in Sonnenzeit umwandeln und umgekehrt«. Dann kommt
die Windrose, die Morgenweite, die Weltachse,
die Pole, der Äquator, die Fixsterne, die Planeten, die Ekliptik, der Frühlingspunkt und die
Präzession (S. 7). Da ist es freilich selbstverständlich, wenn sich vieles wiederholen muß.
Zum Glück ist das Buch nachher gründlicher,
aber in der Art der Aufzählung bleibt es konsequent. Die Orientierung am Fixsternhimmel
wird in sieben Nummern geteilt (auf kaum zwei
Seiten); dabei wird — und dies in einer besonderen Nummer (S. 7) auf die Aberration
des Fixsternlichts hingewiesen. Ebenso wird
die mathematische Einteilung der Himmelskugel
nun gleich hübsch nummeriert auf S. 10 bis
15 gegeben, und zwar auf zwei dieser Seiten
Formeln der sphärischen Trigonometrie. Nun
kommen Gestalt der Erde und dann die Folgerungen aus der Kugelgestalt, die Kimmtiefe
(jetzt erst!), die tägliche Parallaxe und die
Zenitdistanz.

Das Buch enthält recht viel, das kann man
nicht leugnen, freilich fast immer in der Leit-
fadenmanier. (S. 85) »Die Erde gehört zu
den Planeten, welche einen Mond zum Begleiter
haben. Für den Mond bildet die Erde den
Zentralkörper. 2. Der Mond bewegt sich in
der Richtung von Westen nach Osten ... Seine
Bahn ist eine Ellipse usw.«

Wollte man das Buch als ein Lexikon zum
Nachschlagen von Tatsachen und kurz zusam-
mengefügten Erklärungen benutzen, so wäre
es wohl brauchbar. Aber werden wir solche
Schulbücher wünschen? Es ist 172 Seiten lang.
In diesem Raume könnte man wohl etwas
geben, was zusammenhängend und bei der
Lektüre bildend (ich meine im geistig erziehen-
den, ordnenden Sinne) wäre, freilich würde
man nicht so wiederholen, oder nur mit Absicht zusammenfassen, wo es nötig ist. Ein
Lehrer, der nicht einfach immer aufgibt und
dazu die Nummern bezeichnet, wird sich nicht
gern an diese Anordnung halten; und dann
wird das Buch zum reinen Lexikon. Bei der
beschränkten Zeit, welche für mathematische
Erdkunde zur Verfügung steht, sollte man nicht
recht viel Wissen einprägen, sondern die wichtigsten Lehren dem Schüler genießbar in die Hand
geben. Kann in der Stunde nicht viel darüber
gesagt werden, kann diese sich nur auf die
Anregung, auf die Auswahl wichtiger Abschnitte
beschränken, so sollte das Buch die Möglichkeit gewähren, in bildender Form den Schüler
nachlesen zu lassen. Das Lernen nach dieser
Anordnung, wie sie Hoffmanns Leitfaden hat,
ist gewiß nichts weniger als ein Genuß für den

[1]) Mathematische Geographie. Ein Leitfaden zunächst
für die oberen Klassen höherer Lehranstalten bearbeitet
von Prof. Dr. A. Hoffmann. 5. verb. Aufl. von J. Plassmann. Paderborn 1903, F. Schöningh.

jungen Geist und — was auch recht schlimm ist — es geht für ihn nicht etwa schneller sich hindurch zu finden, und dabei zu begreifen, als wenn er eine zusammenhängende, aufbauende, zum Nachdenken anregende Darstellung in die Hand bekommt.

Dr. K. Geißler-Luzern.

Der Wandervogel e. V. (Vors. Prof. L. Gurlitt) veranstaltet in den kommenden Sommerferien neun größere, 10 bis 20 tägige Fußwanderungen für Schüler höherer Lehranstalten. Die Reisen haben als Ziel das Fichtelgebirge, Böhmerwald, Franken, Thüringen, Riesen- und Isergebirge, Holstein, Spessart, hohe Rhön sowie die Insel Rügen. Die Reisekosten schwanken je nach der Dauer und Entfernung von Berlin zwischen 20 und 60 Mark. Außerdem werden während der ganzen Ferien fortlaufend kleinere 2 bis 5 tägige Fahrten durch die Mark Brandenburg unternommen werden. Ein ausführliches Programm aller Fahrten versendet stud. phil. R. Schumann W. 15, Ludwigkirchplatz 9 III.

Die Quellen für Bismarcks geographisches Wissen. In Robert v. Keudell »Fürst und Fürstin Bismark« erzählt S. 12 der Landrat v. Marwitz-Rützenow dem Verf. über Bismarck das folgende: »Er hatte weite Reisen in Deutschland, England, Frankreich gemacht und las gewaltig viel, meistens Geschichtswerke. Er vertiefte sich auch gern in Spezialkarten, namentlich von Deutschland und in die alte 20 bändige »Erdbeschreibung« von Büsching, welche ausführliche Angaben über die meisten deutschen Landschaften enthielt. Von sehr vielen Gütern in Pommern, in der Mark und im Magdeburgischen kannte er die Bodenverhältnisse, die Größen und sogar die zu verschiedenen Zeiten dafür bezahlten Kaufwerte.« Daß Bismarck auch auf diesem Gebiet menschlicher Geistesarbeit, besonders für »politische« Geographie einen genialen Blick und eine tiefgründige Auffassung besaß, bedarf ja auch weiter keines Beweises. Ich erinnere neben vielem anderen nur an die bekannte Rede vom 6. Februar 1888 und den Absatz: »Wir liegen mitten in Europa. Wir haben mindestens drei Angriffsfronten« usw. Aber ist es nicht bedauerlich, daß er gezwungen war zu dem doch auch schon zu seiner Zeit recht veralteten »Erdbeschreiber« zu greifen? Ihre acht Auflagen sind bekanntlich zwischen 1754 und 1788 erschienen. Vielen mögen Büschings Werke schon vor 130 Jahren als Nachschlagewerk zu wenig geographisch gewesen sein« sagt Gruber (Die Entwicklung der geographischen Lehrmethode, S. 70) und noch 1883 heißt es bei H. Wagner (Lehrbuch 5. Aufl., II, S. 518): »Eine umfassende Landeskunde von Deutschland existiert noch nicht«. Wie steht es damit heute? *H. F.*

Kadettenkorps. In der Februarnummer des Geogr. Teacher ist der ausführliche bekanntlich bis Oberprima reichende und dort drei Wochenstunden umfassende Lehrplan in Erdkunde in den preußischen Kadettenkorps abgedruckt. Als Vorbild; könnten doch mehr höhere Lehranstalten in dieser Weise Vorbild für das Ausland sein, manches stände besser bei uns. *H. F.*

Ein alter Gymnasialstundenplan mit Erdkunde bis zum Schulschluß. Herm. Wagner hat bekanntlich die Tatsache wieder ans Licht gezogen, daß es schon vor mehr als 100 Jahren an den Gymnasien Erdkundeunterricht gegeben hat. Ein Beispiel hierfür ist der Lehrplan des »Berlinischen Gymnasiums zum Grauen Kloster«, den Büsching Ende der 60 er Jahre des 18. Jahrh. dem Unterricht zugrunde gelegt hat und der bis an seinen Tod (erfolgt am 28. Mai 1793) mit kleinen Änderungen in Gültigkeit geblieben ist. Bei 24 Wochenstunden ($6 \times$ von $8-11^h$, $4 \times$ von $2-4^h$) finden wir in Sexta keinen Erdkundeunterricht, Quarta hat 2 Stunden Naturgeschichte und Geographie, Quinta 2 Stunden Geschichte und Geographie, Tertia neben 3 Stunden Weltgeschichte 2 Stunden Geographie, Sekunda neben 3 Stunden Staatengeschichte und Statistik 2 Stunden Geographie, Prima 1 Stunde »Geographie, an die Lesung gewisser Zeitungsartikel geknüpft«. Zum Vergleich führe ich die Latein und Griechisch an, Lateinisch $3+4+4+6+6+6$ Stunden, Griechisch $0+0+2+2+3+3$ Stunden. Hat man gegenüber diesen bescheidenen Zahlen nicht ein Recht von einem schulrevolutionären Einbruch der Neuhumanisten zu sprechen? dessen Berechtigung zu seiner Zeit nicht bestritten werden soll, der es uns aber erlaubt, diese Neubildung des beginnenden 19. Jahrhunderts wieder als etwas Vergänglicheres anzusehen, als ihren Anhängern lieb ist. (Vgl. J. F. Bellermann, Das graue Kloster, Berlin 1826, Dieterici S. 11 ff). *H. F.*

Programmschau.

Der Oberflächenbau des Talsystems der Zwickauer Mulde. Von Arthur Ketzer. (Programm der III. Realschule Leipzig, 1902). Die Schrift gehört zu den jetzt in großer Zahl erscheinenden Monographien, welche die Resultate der geologischen Durchforschung Sachsens der geographischen Wissenschaft dienstbar machen wollen.

Wie der Verfasser einleitend bemerkt, hat er die Absicht gehabt, den ganzen Nordwestabfall des Erzgebirges zu behandeln, aber wegen der Fülle des Stoffes sich auf das System der Zwickauer Mulde beschränkt, sicher zum Vorteil der Arbeit, die dadurch an Gründlichkeit und Vertiefung der geologischen Ergebnisse nur gewonnen hat. Immerhin mag der Verfasser die gründliche Durcharbeitung von mehr denn 20 geologischen Sektionen nötig gehabt haben.

Nach einer kurzen orientierenden Einleitung bespricht Verfasser zunächst das Quellgebiet der Zwickauer Mulde, welches er als beckenartige Weitung kennzeichnet. Talrichtung und Talgestaltung werden aus dem phyllitischen Untergrund und dessen Einlagerungen erklärt. Es folgt eine Besprechung des Elbenstocker Massivs mit seinen landschaftlichen Eigentümlichkeiten. Die am Ende der Karbonzeit emporgestiegenen Granitlakkolithen und ihre Kontakthöfe erfahren eine sachgemäße Behandlung. Das Muldental tangiert das Massiv, ist parallel dem Gebirgskamme und reich an starken Windungen. Der gewundene Lauf ist bedingt durch die Benutzung von präexistierenden Klüften und Spalten im Granit, denen das erodierende Gewässer gefolgt ist. Die Talgehänge zeigen überall starke Neigung, die zahlreichen Nebentäler weichen vom Haupttal ab, sie sind meist nicht gewunden, sondern gestreckt, da bei der Erosion die Wasserläufe keinen Gesteinswechsel zu überwinden hatten. Die Steilheit der Talgehänge gibt im Verein mit Blockmeeren und wollsackartigen Felsgruppen der Gegend hohe landschaftliche Reize.

Das Schwarzwassergebiet offenbart eine strahlenförmige Anordnung der im Stocke des Keil- und Fichtelberges liegenden Täler. Das obere Schwarzwassertal ist ein tektonisches, breit, mit sanften Böschungen und dem Streichen des Gebirgskammes folgend. Beim Eintritt in den Plattener Stock bekommt das Tal steilere Hänge und eine schmale Sohle; auch die Talseiten sind verschieden, je nachdem Andalusitglimmerfels oder Granit die Hänge bilden. Später lenkt das Tal in eine grabenartige Verwerfungskluft ein. Von Erla bis Schwarzenberg folgt es der Grenze zwischen Gneis und Granit. Nach dem Verlassen der Schieferkontaktzone tritt die Mulde in den unveränderten Schiefergürtel über. Hier verraten ebenfalls die Talformen eine Abhängigkeit von der Struktur der Gesteine und vom Gebirgsbau.

Daran reiht sich eine kurze landschaftliche Schilderung des Kirchberger Massivs, aus dem der Mulde das Kirchberger Wasser zufließt.

Die Mulde tritt nunmehr ein in das Erzgebirgische Becken. Aus der lockeren Beschaffenheit des Bodens erklärt sich die Natur der Täler. Sie sind meist geradlinig. Das nördlich angrenzende Granulitgebirge wirkt stauend wie ein Wehr und hat hier die Tiefenerosion zum Stillstand gebracht. Desto reichlicher werden die Absätze im Flußlaufe. Das Talprofil ist vielfach asymmetrisch, was man dem Einfluß der Regenwinde zuschreiben wollte, während der Verfasser in geodynamischen Prozessen die Ursache davon sieht.

In das Granulitgebirge tritt die Mulde bei Remse ein, wo sich das erst weite Tal auffällig verengt. Die 46 km lange Laufstrecke im Granulitgebirge bis Lastau liegt erst im Schiefermantel, dann im Granulit und schließlich wieder im Schiefermantel. Jedesmal wechselt der Talcharakter. Vielfach tritt das Gestein

an Prallstellen des Flusses zutage. Fast jede Talwendung ist veranlaßt durch das Auftreten härterer Einlagerungen. Die Diluvialterrassen liegen bis 60 m über der heutigen Talsohle. Ähnlich entwickelt wie das Muldental ist das Chemnitztal. Unterhalb Rochlitz folgt die Mulde der Außenseite des Schieferwalles, und ihre Nebentäler liegen schon im Gebiet der nordsächsischen Porphyrlandschaft.

Zuletzt fließt die Zwickauer Mulde durch das nordsächsische Hügelland. Die den Untergrund bildenden Porphyrdecken sind von dem bis zu 80 m Tiefe erodierten Tale nicht durchschnitten worden. Das Tal wurde schon zur Tertiärzeit erodiert, später aber mit Schottermassen zugefüllt. Die Erosion entfernte die Schotterdecke teilweise wieder und schuf Talterrassen. Die Nebentäler haben denselben Charakter wie das Haupttal. Spalten und Klüfte sind die Ursache von rechtwinkligen Flußbiegungen. Die Arbeit schließt ab mit einer interessanten Tabelle von Tallängen usw.

Am besten liest man die fleißige Arbeit des mit der Gegend wohl vertrauten Verfassers unter Zuhilfenahme der geologischen Sektionsblätter. Dann gewährt die Lektüre einen hohen Genuß, und man muß bekennen, daß solche Programmarbeiten nicht überflüssig sind, sondern eine wertvolle Bereicherung der geographischen Literatur bedeuten.

Dr. Robert Nessig-Dresden-N.

Persönliches.

Ernennungen.

Der Privatdozent für Geodäsie und Ingenieurwissenschaften Dr. Ignaz Bischoff an der Münchener Technischen Hochschule zum Honorarprofessor.

Landesgeolog Dr. E. Dathe in Berlin zum Geh. Bergrat.

Prof. Dr. Hippolyt Haas zum ordentlichen Honorarprofessor der Geologie an der Universität Kiel.

Prof. Dr. Rudolf Hauthal vom Naturhistorischen Museum in La Plata zum Direktor des Römermuseums in Hildesheim.

Der Privatdozent für Geographie an der Berliner Universität, Dr. Siegfried Passarge, als Nachfolger von Prof. Partsch zum ordentlichen Professor der Geographie an der Universität in Breslau.

Habilitationen.

Der Assistent der Internationalen Kommission für wissenschaftliche Luftschiffahrt am meteorologischen Landesdienst in Straßburg Dr. Alfred de Quervain für Meteorologie an der Straßburger Universität.

Auszeichnungen.

Die Pariser Geographische Gesellschaft hat ihre Goldene Medaille dem früheren Generalgouverneur von Französisch-Indochina, Paul Doumer, für seine Verdienste um die wissenschaftliche Erforschung dieses Kolonialgebiets verliehen.

Die französische »Société de Topographie« hat dem Dr. William Hunter Workman eine Medaille zuerkannt als Anerkennung für seine topographischen Aufnahmen im Himalaya.

Todesfälle.

Der Führer der von der Liverpool School of Tropical Medicine zur Erforschung der Schlafkrankheit nach dem Kongo entsandten Expedition, Dr. Dutton, ist gestorben.

Der Turkestanforscher Paul Lessar, geb. 1851 in Montenegro, ist gestorben.

Der Roman- und Reiseschriftsteller Balduin Möllhausen, geb. 27. Januar 1825 zu Rom, starb am 28. Mai 1905 in Berlin.

Der Pfarrer Dr. Probst, bekannt durch seine Forschungen über Geologie und Paläontologie Oberschwabens, starb in hohem Alter in Biberach a. d. Riß.

Prof. Vittore Ricci starb am 7. Mai d. J. in Mailand.

Der Pflanzengeograph Dr. Richard Sadebeck, der das Botanische Museum in Hamburg gründete und von 1876 bis 1901 als Direktor leitete, starb am 11. Februar 1905 in Meran.

Der Kais. Bezirksamtmann a. D. Alfred Sigl, einer unserer ältesten und verdientesten Ostafrikaner, geb. 1854 in Wien, starb am 13. April d. J. in Weimar.

Der Afrikaforscher und frühere Gouverneur, Major Dr. Hermann von Wißmann, geb. 4. Sept. 1853 in Frankfurt a. O., gest. 15. Sept. 1905 in Weißenbach in Obersteiermark.

Der amerikanische Millionär William Ziegler, ein bekannter Förderer der Nordpolarforschung, ist am 25. Mai 1905 in New York gestorben.

Geographische Nachrichten.

Lehrstühle.

Der um die Förderung der Ozeanographie hochverdiente Fürst Albert von Monaco hat an der Pariser Universität einen Lehrstuhl für Ozeanographie gestiftet und selbst die programmatische Eröffnungsvorlesung gehalten.

Kongresse.

Vom 5. bis 7. Oktober 1905 soll der zweite Deutsche Kolonialkongreß in Berlin im Reichstagsgebäude abgehalten werden. Er wird veranstaltet von 81 Instituten und Gesellschaften, die koloniale und verwandte Bestrebungen verfolgen. Die Verhandlungen werden sich in folgende Sektionen gliedern: 1. Geographie, Ethnologie und Naturkunde der Kolonien und überseeischen Interessengebiete (Obmann: Paul Staudinger, Berlin W.30, Nollendorfstr. 33); 2. Tropenmedizin, Tropenhygiene (Obmann: Direktor Dr. Wutzdorff, Berlin W.15, Meinekestr. 5); 3. Die rechtlichen und politischen Verhältnisse der Kolonien und überseeischen Interessengebiete (Obmann: Kammergerichtsrat Dr. Meyer, Berlin W.15, Meierottostr. 5); 4. Die religiösen und kulturellen Verhältnisse der Kolonien und überseeischen Interessengebiete (Obmann: Kontreadmiral z. D. Strauch, Friedenau, Niedstr. 39); 5. Die wirtschaftlichen Verhältnisse der Kolonien und überseeischen Interessengebiete (Obmann: Fabrikbesitzer Supf, Berlin NW.7, Unter den Linden 40); 6. Die Übersiedlung in deutsche Kolonien und die Auswanderung in fremde Länder (Ob-

mann: Regierungsrat a. D. Dr. Leidig, Wilmersdorf, Pfalzburgerstr. 28); 7. Die weltwirtschaftlichen Beziehungen zwischen Deutschland und seinen Kolonien und überseeischen Interessengebieten (Obmann: Dr. Soetbeer, Berlin C.2, Neue Friedrichstr. 53/54).

Anmeldungen von Vorträgen sind an den Obmann der dafür in betracht kommenden Sektion, im Falle des Zweifels an den Vorsitzenden des Vortragsausschusses (Paul Staudinger, Berlin W.30, Nollendorfstr. 33) zu richten.

Mit dem Kongreß werden eine tropenmedizinische Ausstellung, eine kartographische Ausstellung und eine Ausstellung von kolonialen Erzeugnissen, Nutzpflanzen der deutschen Kolonien und tropenlandwirtschaftlichen Maschinen verbunden sein. Anmeldungen zu den Ausstellungen, deren Beschickung nur gemeinnützigen Vereinen und Instituten zusteht, nimmt der Vorsitzende des Ausstellungsausschusses (Geheimrat Prof. Dr. Engler, Dahlem bei Berlin) entgegen.

Mitglieder des Kongresses können Herren und Damen gegen einen Beitrag von 10 Mark werden; die Stellung eines Ehrenförderers wird durch einen Beitrag von mindestens 500 Mark erworben.

Das Bureau des Kongresses befindet sich Berlin W.9, Schellingstr. 4.

Die 26. Sitzung des Congrès des Sociétés Françaises de Géographie findet vom 6. bis 11. August d. J. in St. Etienne statt.

Gesellschaften und Institute.

Der Präsident der Kgl. Geographischen Gesellschaft in London, Sir Clements Markham, hat nach zwölfjähriger reicher Tätigkeit sein Amt niedergelegt, nachdem die Krönung seines Lebenswerkes, die Südpolarexpedition unter Scott, ihren Abschluß gefunden hat. Sein Nachfolger wird Sir George Taubmann Goldie.

Auf Anregung des Geologen Gilbert wird die Carnegie Institution in Washington der Erforschung der Boden- und Erdwärme besondere Aufmerksamkeit schenken. Als erster Versuch soll im Lithonia-Bezirk in Georgien eine Bohrung bis zu 1200 m Tiefe niedergebracht werden.

Grenzregelungen.

Die englische Kommission unter MacMahon hat die Grenzregulierung von Afghanistan und Seistan beendet und wird in den nächsten Tagen Persien verlassen. Dem Vernehmen nach wird sie vom Vizekönig von Indien, Lord Curzon, mit der Regulierung der Grenze zwischen Britisch- und Persisch-Beludschistan beauftragt werden.

Eisenbahnen.

Als Termin für die Eröffnung des regelmäßigen Verkehrs auf der Linie Taschkent-Orenburg ist der 1./14. Juni festgesetzt.

Zwischen Aden und dem etwa 100 km nördlicher gelegenen Dhalaa ist der Bau einer Bahnverbindung geplant. Der erste, etwa 60 km lange Abschnitt der Linie wird von Aden nach Nobet-Dukeim führen und das ganze Land Abdali durchschneiden, der zweite geht über El-Mellah und Esselik nach dem genannten Endpunkt.

Die Gleislegung der Lomo—Palime-Eisenbahn ist bis zur Lagune vorgeschritten.

Dampferlinien.

Der Norddeutsche Lloyd hat die bisherige Dampferlinie Singapore—Neu-Guinea—Sydney eingehenlassen und dafür von Sydney eine zuerst sechswöchentliche Verbindung über die Häfen von Neu-

21

Guinea nach Hongkong und weiter nach Japan eingerichtet. Die Ergebnisse der neuen Linie sind so
günstig, daß der Dienst bereits in einen vierwöchent-
lichen erweitert werden konnte.

Telegraphen.

Zu Muansa am Victoria Njansa und in Rebo-
both in Deutsch-Südwestafrika ist eine Reichs-Tele-
graphenanstalt für den internationalen Verkehr eröffnet worden.

Das französische Kabel Brest—Dakar ist vollendet. Die Legung desselben begann am 5. April
1904 und wurde in drei Expeditionen, im Juni und
November 1904 und im Januar 1905, ausgeführt.

Das französische Kabel zwischen Tanger und
Cadiz ist am 16. Mai dem Verkehr übergeben
worden.

Auf der Insel Jap in der Gruppe der West-
karolinen ist am 26. April eine Station des deutsch-
niederländischen Kabels eröffnet worden.

Forschungsreisen.

Asien. In München und Berlin hat sich ein
Ausschuß gebildet, der die nötigen Mittel für eine
wissenschaftliche Expedition nach Mesopotamien und Persien sicherstellen will. Zur Führung
der Expedition, die vorwiegend geographische und
ethnographische Ziele verfolgen soll, ist unser verehrter Mitarbeiter, Dr. Hugo Grothe in München
ausersehen. Außer ihm werden Oberleutnant Frhr.
v. Rotberg und ein Geologe teilnehmen.

Der englische Naturforscher Lugstaff plant
eine Forschungsreise nach dem Himalaya und sucht
sich dazu einige der gewandtesten und erprobtesten
Alpenführer zu sichern.

Der bekannte japanische Erdbebenforscher Prof.
Omori geht nach Indien, um über das letzte indische Erdbeben Untersuchungen anzustellen.

Über den Abschluß der Expedition zur
Erforschung des Baikalsees berichtet F. Drišenko in den Izvěstijen der Kais. russ. Geogr.
Gesellschaft (Bd. 80 [1904], Heft 3, S. 294—829).
Während im Jahre 1901 der nördliche Teil des Sees,
von Kap Elochin und Černyj bis zu den Mündungen
der Oberen Angara und der Kičeru das Feld der
Forschung bildete, handelte es sich für das letzte
Jahr der Expedition um ergänzende Untersuchungen
der Küsten des Sees zur Herstellung einer genauen
Küstenbeschreibung, um Tiefenmessungen zwecks
genauerer Feststellung des Bodenreliefs, astronomische und magnetische Beobachtungen und um Messung
der Lotabweichungen. Die zweite wesentliche Aufgabe, die 1902 zu lösen war, bildete die genaue
Erforschung der Oberen Angara vom Baikalsee bis
zur Einmündung ihres rechten Nebenflusses Čuro
und des Zwischenlandes zwischen der Čuromündung
und der Residenz Bodajbo am Vitim. Zur Durchführung dieser genauen Arbeiten gliederte sich die Expedition
in vier Abteilungen. Der ersten Abteilung fiel die
Aufklärung des Gebiets zwischen Čuromündung
Čuroaufwärts bis Bodajbo zu. Sie wurde in zwei
Unterabteilungen zerlegt, von denen die eine unter
Führung des Leutnants Bjelkin die Čuromündung
und die andere unter Führung von Kapitän Ivanov
Bodajbo als Ausgangspunkt nahmen; beide hatten
den Auftrag, bis zum Zusammentreffen mit der
Gegenabteilung vorzudringen. Die zweite Abteilung
unter Kapitän Rošěln sollte den Unterlauf der
Oberen Angara von der Küste aufwärts, die dritte
unter Kapitän Vasiljev denselben Flußlauf von der
Čuromündung abwärts, aufklären. Drishenko
selbst übernahm, neben der Oberleitung des Ganzen

die astronomischen, magnetischen und die sonstigen
oben näherbezeichneten Aufgaben mit Ausnahme der
Tiefenmessung und Küstenbeobachtung, die Kapitän
Adler ausführte. Die Verarbeitung der außerordentlich
reichen wissenschaftlichen Ergebnisse der Expedition
ist schon weit vorgeschritten. Von der 6-Werst-Karte
ist der südliche Teil bereits erschienen, der mittlere und nördliche in der Bearbeitung abgeschlossen
und bereits zur Hälfte gestochen. Ebenso liegt der
Atlas des Baikalsees im Maßstabe von 1 Werst
auf den Zoll mit zahlreichen Nebenkarten in noch
bedeutend größeren Maßstäben bereits käuflich vor,
das Lotsenbuch des Baikal ist zur Hälfte beendet und
die Bearbeitung eines Atlasses der oberen Angara
und ihres Gebiets ist abgeschlossen. Auszuführen
bleibt noch Zeichnung, Stich und Druck der Übersichtskarte des Baikalsees (20 Werst auf den Zoll),
und die Lithographie des Atlasses der Oberen Angara
und des Zwischenlandes bis zum Flusse Vitim.
Neben diesen wissenschaftlichen Ergebnissen legt
Drišenko besonderen Wert auf die Feststellung eines
neuen Verbindungswegs zwischen der großen sibirischen Verkehrsader und dem im Rufe eines außerordentlichen Goldreichtums stehenden Vitmsk-Olek-
minskschen Bezirk. Der bisherige Weg von Irkutsk
über Land bis zur Lena, diese abwärts und dann
längs des Vitim bis Bodajbo betrug 1750 Werst.
Der von Drišenko vorgeschlagene neue Weg über
den Baikal, die Obere Angara und den Čuro aufwärts zu Vitim mißt nur 1050 Werst.

Afrika. Der englische Forschungsreisende
Oberst Harrison ist von seiner Forschungsreise durch den Stanley-Wald im Kongostaat nach Khartum zurückgekehrt und hat bereits
die Heimreise nach London angetreten. Besondere
Aufmerksamkeit schenkte Harrison der eingeborenen
Zwergbevölkerung. Sechs Zwerge im Alter von 18—34
Jahren, 3 Fuß 8 Zoll bis 4 Fuß 6 Zoll groß, erklärten sich bereit, den Forscher nach Europa zu
begleiten und werden demnächst in London eintreffen. Die Jagd auf den Okapi war wegen der
Dichtigkeit des Waldes erfolglos. (Allg. Ztg. Beil.
Nr. 95.)

Amerika. Dr. D. T. MacDougal vom New
Yorker Botanischen Garten und E. A. Goldman vom
U. S. Biological Survey sind von ihrer Expedition
nach dem Delta des Colorado und den ›Cucopa
mountains‹ zurückgekehrt. Die Expedition hat auch
über wichtige geographische Fragen Aufklärung
gebracht.

Polares. Die ›Belgica‹ hat am 6. Mai Sande-
fjord mit den Mitgliedern der Polarexpedition des
Herzogs von Orléans verlassen, der sich selbst in
Bergen der Expedition anschließen wird. Der Herzog
beabsichtigt, die Mitglieder der Zieglerschen Expedition aufzunehmen und Ende September wieder
in Ostende eintreffen zu können.

Eine geologische Forschungsreise nach
Island unternimmt nach der ›Nat.-Ztg.‹ Dr. W.
v. Knebel-Berlin. Der junge Gelehrte, der sich
bereits durch eine Reihe sehr gründlicher Arbeiten
über die vulkanischen Phänomene im Nördlinger
Ries einen Namen gemacht hat, beabsichtigt, auf
Island in erster Linie Studien über die Abhängigkeit
der Vulkane von einander und von präexistierenden
Spalten anzustellen, ferner durch genaue Höhenmessungen eine Reihe von Profilen durch besonders
wichtige Teile der Insel zu legen. Die Dauer der
Reise soll ungefähr fünf Monate betragen. Dr. v.
Knebel gedenkt zunächst den Südwesten des Landes,
insbesondere die unbewohnbaren Lavafelder der

Halbinsel Reykjanes, zu durchforschen und sich sodann nach dem Norden der Insel, in das Gebiet
des Mückensees, zu begeben, von wo aus ein Vordringen in die gewaltige Vulkanwüste der Obada
Hraim versucht werden soll.

Die dritte Nordpol-Hilfsexpedition zum
Entsatz der von Fiala geführten, von dem kürzlich
verstorbenen Amerikaner Ziegler ausgerüsteten Expedition, von der seit Juli 1903 jede Nachricht fehlt,
ist so weit ausgerüstet, daß sie in aller Kürze ihre
Ausfahrt antreten kann. Führer der Expedition,
welche die ›Terra nova‹ an Bord nimmt, ist Champ.
Das Schiff ist mit Kohlen und Lebensmitteln für
15 Monate ausgerüstet.

Die Expedition des Kapitän Roald Amundsen,
die am 17. Juni 1903 Christiania verließ, ist in King
Williams Land eingetroffen und hat den magnetischen Nordpol erreicht.

₽ Besprechungen.

I. Allgemeine Erd- und Länderkunde.

Eckert, Max, Privatdozent der Geographie an
der Universität Kiel: Grundriß der Handelsgeographie. Leipzig 1905, G. J. Göschen.
I. Band: Allgemeine Wirtschafts- und Verkehrsgeographie. 229 S.
II. Band: Wirtschafts- und Verkehrsgeographie
der einzelnen Erdteile und Länder. 517 S.

Das vorliegende umfang- und inhaltreiche Werk
bietet uns nicht bloß eine nach räumlichen Gesichtspunkten angeordnete Schilderung der Produktions-,
Handels- und Verkehrsverhältnisse der einzelnen
Länder, sondern der Verfasser hat es unternommen,
mit ursächlicher Begründung der Erscheinungen, also
in streng wissenschaftlicher Weise den gegenwärtigen
Zustand der Weltwirtschaft, des Welthandels und
des Weltverkehrs darzustellen. Dieses Unternehmen
ist dem mit dem wissenschaftlichen Rüstzeug des
Geographen wohlversehenen Verfasser trefflich gelungen. Aus dem ersten, mehr theoretischen Teile
werden Lehrer und Studierende der Geographie
reiche Belehrung und manche Anregung schöpfen,
während der zweite, spezielle Band auch für Schüler
höherer Handelsschulen, sowie für in der Praxis
stehende Kaufleute eine ausgiebige Quelle des Wissens
und der Horizonterweiterung bildet.

Über das Maß der wissenschaftlichen Erörterung
könnte man bei diesem oder jenem Punkte anderer
Meinung sein als der Verfasser; so scheint mir z. B.
die Erörterung über die Kant-Laplacesche Theorie,
die Erwähnung des Zodiacus, der Präzession und
der Un- und Doppelschattigkeit für die Zwecke
dieses Buches überflüssig. Doch tut man hierin besser
des Guten zu viel als zu wenig. Der gleiche Grundsatz mag auch seine Geltung behaupten bei dem
Umstand, daß besonders im zweiten Bande die
Handelsbeziehungen Deutschlands zu den einzelnen
Ländern jeweils ausführlicher besprochen werden

als diejenigen der anderen Staaten. Das ist ja in
einem hauptsächlich für Deutsche bestimmten Buche
wohl begreiflich; hoffentlich findet das Werk gleichwohl auch außerhalb des Deutschen Reiches manchen
Leser deutscher Zunge.

In der Besprechung der Kolonien durchbricht
der Verfasser sein Prinzip der ursächlichen Begründung der Erscheinungen und Tatsachen, er bespricht
nämlich die Kolonien nicht da, wo sie eigentlich
ihrer Natur nach hingehören, d. h. bei den betreffenden Erdteilen, sondern er schließt sie unmittelbar
an das Mutterland an, »mit dem sie eben eine wirtschaftliche Einheit bilden«. So beschränkt er sich
für die Kolonien auf eine einfache Aufzählung und
Schilderung der Produkte usw., die Erklärung der
Ursachen muß sich der Leser bei der Besprechung
der Natur der einzelnen Erdteile heraussuchen. —
In dieser Hinsicht verhalten sich Emil Deckerts
»Grundzüge der Handels- und Verkehrsgeographie«
konsequenter.

Besonders hervorgehoben zu werden verdient
der Reichtum des Eckertschen Buches an statistischen Angaben. Sie sind meist geschickt verarbeitet
und zu lehrreichen Vergleichen verwendet oder dann
in besondere Fußnoten verwiesen, so daß sie den
Text nicht stören. Wertvoll ist auch ihre Umarbeitung in deutsche Währung — soweit sie Wertangaben enthalten, denn dadurch werden sie für den
Benutzer erst gebrauchsgerecht gemacht.

Daß in einem so inhaltreichen Werke auch einzelne Unrichtigkeiten vorkommen, ist selbstverständlich; der Wert des Ganzen nach Ziel, Anlage und
Durcharbeitung wird dadurch nicht beeinträchtigt.
Band II, S. 147 heißt es, der großartige Ausbau
der französischen Landstraßen gehe zurück auf Ludwig
IV (statt XIV). Seite 11, der Schweizer Jura habe
seinen Namen von dem Vorherrschen der Juraformation
(umgekehrt wäre wohl richtiger). — Daß Biel, Appen-
zell und Chur wichtige Textilstädte der Schweiz
seien (S. 114), ist ebenso unrichtig wie der Satz,
Solothurn besitze große Handschuhwerkstätten (S.
115), oder Bern sei ein durch seine Banken bedeutender Handelsplatz (S. 116). Andere kleinere
Unrichtigkeiten ließen sich auch bei anderen Ländern
nachweisen.

Für die Literaturangaben am Ende des ersten
Bandes werden die Leser dem Verfasser sehr dankbar sein. *Dr. Rud. Hotz-Linder-Basel.*

Kublin, Siegmund, Weltraum, Erdplanet und
Lebewesen, eine dualistisch-kausale Welterklärung. 113 S. Dresden 1903, E. Pierson.

In krauser Sprache, mit mannigfachen Wiederholungen und Citaten aus seinem Briefwechsel, sowie aus seinen früheren und künftigen Schriften
verficht der Verfasser seine schon früher geäußerte
Theorie, daß Ebbe und Flut nicht unmittelbar durch
Anziehung von Sonne und Mond entstehen, sondern
daß die Bewegung der Himmelskörper in wechselnder Entfernung von der Erde und unter häufiger
Kreuzung der Äquatorebene dem Erdkörper gewisse
seitliche Schwankungen beibringt, die auf die empfindlichen flüssigen Erdelemente mit größerer Wirkung sich fortpflanzen. Daß diese Schwankungen
auch in den »Mutationen« der organischen Welt sich
äußern, daß also bei dieser einschließlich des Menschengeschlechts eine dauernde Vervollkommnung
geleugnet wird, ist eine weitere Fortbildung der
Theorie.

Weder beherrscht der Verfasser den Stoff, über
den er seine Ansichten entwickelt, vollständig, noch

21*

besitzt er die Gabe, seine Gedanken für andere leicht verständlich wiederzugeben. Die Neigung zum Gebrauch von Fremdwörtern, namentlich von wenig empfehlenswerten Neubildungen (Mammono-manie, transmutal; attraktieren, eruptionieren, im-pulsieren) macht den an und für sich schwerfälligen Stil nicht flüssiger.

Gymn.-Dir. Dr. W. Schjerning-Krotoschin.

Teutsch, Julius, Die spätneolithischen Ansied-lungen mit bemalter Keramik am oberen Laufe des Altflusses. 4°, 35 S., 1 Karten-skizze und 182 Abbildungen. Wien 1903.

Diese Schrift des bekannten siebenbürgischen Forschers ist ein Separatabdruck aus den »Mittei-lungen der prähistorischen Kommission« zu Wien, I. Band, Nr. 6. Die Arbeit ist ebenso wertvoll in kultureller wie in handelsgeographischer Beziehung. In erster weist sie an der oberen Alt (= Aluta) zwischen Neustadt im Süden und Nußbach im Norden eine Reihe spätneolithischer Ansiedlungen nach, bestehend in Wohnungsresten im Priesterhügel bei Brenndorf, bei Erörd, auf der Marienburg, dem Käsberg, bei Kronstadt, ferner Beigaben eines Hockergrabes in Zeiden usw., welche außer den einheimischen Gegenständen aus Stein, Knochen, Ton usw. fremde Keramik enthalten. Diese zeigt bunte Bemalung — weiß, schwarz, rot, — der in Spiralbandornamentik gezierten Ton-Gefäße. Letztere — und dies ist der wichtigste Schluß! — bieten so schwerwiegende und innige Analogien mit Gefäßen aus Kleinasien (Hissarlik), Cypern und den griechischen Inseln dar, daß man diese Mykenae-Keramik nur als durch Handel hier-her gebrachte Importware betrachten kann. Als Rimnesen, welche diese fremden, an den Küsten des aegäischen Meeres hierher gezogene Handelsleute nach dem Südosten ausführten, das Gold der siebenbürgischen Karpathen zu betrachten, vielleicht auch das Salz der Steinsalzlager bei Hermannstadt (Salzburg = Vizakna). Das ausgebreitete thrakische Volk der Phryger sieht Teutsch als Träger dieses vom Südostrande der Karpathen bis zu den Küsten des Hellespontes und Kleinasiens ausgedehnten Tauschhandels an. — So versteht es der Archäo-loge mit Hilfe bisher mißachteter Scherben die Tra-çen uralter Handelsverbindungen wieder vor unseren Augen erstehen zu lassen, die aus dem Lande des kimmerischen Nebels zu den sonnigen Gestaden des östlichen Mittelmeeres zur Zeit der Herrscher von Mykenae und Tiryns: Mitte des zweiten vorchristlichen Jahrtausends — wertvolle Rohprodukte verfrachten ließen.

Dr. C. Mehlis-Neustadt.

Toula, Franz, Der gegenwärtige Stand der geologischen Erforschung der Balkanhalbinsel und des Orients. (C. R. IX. Congrès géol. internat. de Vienne 1903). Wien 1904, S. 175—330.

Dem die Beratungen des Kongresses über diesen Gegenstand einleitenden Vortrag schließt sich in der Publikation ein mehr als 1300 Nummern um-fassendes Literaturverzeichnis aller einschlägigen geo-logischen Arbeiten seit Beginn des 18. Jahrhunderts an, sowie zwei Kartenbeilagen, auf deren einer das bisher erschienene geologische Kartenmaterial über-sichtlich zusammengestellt ist; die andere stellt einen sehr anschaulichen Versuch dar, die verschiedenen Anschauungen über den tektonischen Bau der Balkan-halbinsel und des Orients durch Einzeichnung der wichtigsten Leit- und Störungslinien, sowie der alten Festlands- und jüngeren Eruptivmassen zur Dar-stellung zu bringen.

Dr. Fritz Machacek-Wien.

Penck, A., Über das Karstphaenomen. Vor-träge des Vereins zur Verbreitung naturwissen-schaftlicher Kenntnisse in Wien. XLIV. Jahr-gang, Heft 1. Wien 1904, S. 1—38.

Angeregt durch die hübschen Studien zur Mor-phologie des Karstes, die in den letzten Jahren größtenteils auf seine Veranlassung hin erschienen, gibt der Verfasser in dem vorliegenden Vortrag einen kurzen Überblick über den gegenwärtigen Stand der Forschung. Penck begnügt sich aber nicht, die bekannten Tatsachen über Karren, Dolinen und blinde Täler, Grotten, Höhlen und Poljen vor-zuführen, sondern versucht es, für die einzelnen Phaenomene Entwicklungsreihen von ihrem Anfang bis zur Vernichtung zu geben. Was da über die Zunahme der Verkarstung bis zum Höhepunkt und die allmähliche Zerstörung durch Auffüllung mit Verwitterungsprodukten, sowie über die Entwick-lung der Höhenflüsse und das Altern der Höhlen gesagt wird, ist durchaus Erweiterung unserer Kenntnisse. In anderen Punkten wie in der Frage nach dem Ursprung der starken Quellen aus Fluß- oder Sickerwasser werden Anregungen für die künf-tige Forschung gegeben. Insofern ist die Schrift vom wissenschaftlichen Standpunkt von großer Be-deutung; wir erhoffen uns aber auch von ihrer Ver-breitung eine bessere Kenntnis des Karstes in weiteren Kreisen. In Anbetracht der durchaus veralteten Auf-fassung in den meisten Schulbüchern wäre dies sehr erwünscht.

Dr. Norbert Krebs-Triest.

Bonmariage, Dr. A., La Russie d'Europe. Essai d'Hygiène Générale. Gr.-8°, 551 S. mit 114 Ill. im Text und 10 Taf. und Karten. Bruxelles 1903, Spineux & Co. Brosch. 16 M.

Verfasser dieses umfangreichen Werkes hat als Delegierter der Belgischen Regierung an dem Inter-nationalen Ärzte-Kongreß zu Moskau 1897 teilge-nommen. Anstatt die Welt mit einem der üblichen Kongreßberichte zu beglücken, hat Bonmariage den an sich dankenswerten Plan gefaßt und durchge-führt, eine »allgemeine Landeskunde des europäischen Rußland« zu schreiben. Diese »Landeskunde« im Untertitel des Buches einen »Es-sai d'Hygiène Générale« zu nennen, dürfte wohl lediglich deswegen geschehen sein, um die Be-ziehung zu dem Moskauer Ärzte-Kongreß, welcher den Anstoß zur Abfassung des Werkes gab, nicht völlig zu verlieren. Sonst wenigstens vermag Ref. nicht die Notwendigkeit einzusehen, ein Werk durch-aus geographischen Inhalts als »Essay einer all-gemeinen Gesundheitslehre« beim Leser einzu-führen. Von »Gesundheitslehre« steht jedenfalls recht wenig auf den über 500 Seiten des Werkes, dagegen über Relief, Geologie, Flüsse, Klima, natür-liche Zoneneinteilung (Tundra, Wald, Steppe) und Bevölkerung des europäisch-russischen Reiches.

Das Material, welches diesen einzelnen Kapiteln zu Grunde liegt, ist von seiten des Verfassers mit viel Aufwand an Zeit und Kraft zusammenge-tragen zu sein, sodaß nach dieser Richtung eine dankenswerte Arbeit geleistet wurde. Ob freilich dadurch das in Westeuropa schon so lange er-sehnte Ideal einer wissenschaftlichen Landes-kunde des europäischen Rußland mit dem Werke Bonmariages erreicht ist, möchte ich stark zu bezweifeln wagen.

Die Darstellung des reichlich zusammengetragenen Stoffes erhebt sich kaum irgendwo über das Niveau einer aufzählenden und räumlich sowie inhaltlich ordnenden Beschreibung. Ein tieferes Eindringen, z. B. in die morphologischen Grundzüge, in anthropogeographische Zusammenhänge oder ähnliche Dinge vermißt der Leser fast vollkommen. Ich weiß sehr wohl, daß gerade die Einförmigkeit weiter Strecken des europäischen Rußland solcher Vertiefung und Belebung des Textes große Hindernisse in den Weg stellt, verkenne auch nicht, daß geographisch-wissenschaftliche Vorarbeiten besonders für Rußland nur äußerst spärlich vorhanden sind, vermag aber trotzdem das Bedauern nicht zu unterdrücken, daß es auch der Arbeitsfreudigkeit und dem Sammeleifer Bonmariages nicht geglückt sein dürfte, sein Buch diesem Ideal zu nähern. Die Methode wissenschaftlicher Landeskunde kann eben nicht von heute auf morgen erlernt, auch kaum bei einem Hygieniker vorausgesetzt werden.

Trotz dieser Ausstellungen möchte ich aber dem Bonmariageschen Werke sein Verdienst: das weitschichtige Material über das europäische Rußland neuerlich gesichtet und geordnet zu haben, keineswegs schmälern. Auch enthält dasselbe in einer großen Anzahl technisch sauber und gut ausgeführter, wenn auch meist zu kleiner Karten einen wertvollen physikalischen Atlas des europäischen Rußland.

Für die Zeichnung und Bearbeitung dieser Karten ist Jean Bertrand als verantwortlicher Autor genannt. Das zugrunde liegende Originalmaterial dieser Karten entstammt authentischen, russischen Quellen, und ist unter jeder Karte durch Nennung wenigstens des Namens der benutzten Autoren kenntlich gemacht. Auf der Gesamtheit dieser Karten gelangen die orohydrographischen, die geologischen, klimatologischen, ethnographischen und siedelungsgeographischen Verhältnisse des europäischen Rußland zu übersichtlicher und lehrreicher Darstellung.

Max Friederichsen-Göttingen.

Bülow, H. v., Chinas handelspolitische Stellung zur Außenwelt. 161 S., Bild des Verfassers. Berlin 1904, W. Süsserott. 4 M.

Das Buch, das kurz nach Beginn des russisch-japanischen Krieges erschien, enthält manche Information, die für den nach Ostasien Handel treibenden Kaufmann nützlich sein mag, und zutreffende handelspolitische und staatsmännische Betrachtungen. Aber man merkt die Eile der Herstellung an den eigenartig-falschen Satzkonstruktionen, Versehen, Druckfehlern und an der falschen Interpunktion. Nur einige Beispiele! »Es müßte wundernehmen, wenn der regierende Fürst der Briten, des ersten Handelsvolkes der Welt, ein anderes Motiv, als ein solches zugrunde lag« (S. 59); »Eine genauere, wie kein Bericht unter Chinas Handel, ergibt die Handelsstatistik der chinesischen Vertragshafen« (S. 48); rechnen statt rächen (S. 44); Bankau statt Hankau (S. 91); 7 Milliarden statt 700 Millionen (S. 90).

Dr. E. Friedrich-Leipzig.

Hitomi, Japan, Land und Leute. Nr. 2 von Hillgers illustrierten Volksbüchern. Berlin 1904, Hillger. 30 Pf.

Bei dem erstaunlich billigen Preise von 1.50 M. für 6 Bändchen kann man von Hillgers »Sammlung gemeinverständlicher Abhandlungen aus allen Wissensgebieten« weder einen durch Geistestiefe und Formvollendung packenden Inhalt noch musterhafte Ab-

bildungen verlangen. Die angekündigten Hefte werden jedoch Gegenstände von Interesse behandeln und unter den Verfassern finden sich Leute von Ruf. Das vorliegende zweite Bändchen ist in knappem Chronikstil, aufzählend in kurzatmigen Absätzen, und mit der klaren Absicht verfaßt, Japan als Musterland der Rechtschaffenheit zu schildern. »Schon im Altertum bildeten die Mäßigung und die Güte die Hauptcharakterzüge der Mikados«. »Der jetzige Kaiser gehört zu den weisesten und bescheidensten Mikados«. Vom Lande wird nichts, von den Leuten wenig, viel aber von Einrichtungen, Sitten, Künsten berichtet, lauter Rühmliches. Die Japanerinnen beispielsweise sind »sanft, gehorsam, bescheiden und im höchsten Grade zurückhaltend. Vom geistigen Standpunkt aus geben die Männern nichts nach«. Über den widerspruchsvollen Charakter des seltsamen Volkes, welches im Handumdrehen eine alte Kultur und die Geschichte von Jahrtausenden abstreift und doch im Grunde trotz europäischen Gewandes der Staatseinrichtungen und des Wirtschaftsgefüges ostasiatisch bleibt, über diese merkwürdigsten Fragen des Japanertums erfährt man nichts.

Dr. F. Lampe-Berlin.

II. Geographischer Unterricht.

Heinze, H., Physische Geographie nebst einem Anhange über Kartographie für Lehrerbildungsanstalten und andere höhere Schulen. 2. Aufl. 132 S. Mit 58 Skizzen und Abbildungen. Leipzig 1904, Dürr. 2 M.

Das Buch ist eine tüchtige Arbeit, und sein Erfolg (in noch nicht zwei Jahren war eine neue Auflage nötig) ist ihm wohl zu gönnen. In fließender Sprache behandelt es die allgemeine Erdkunde in weitem Umfang, so weit sie auf den Seminaren wird behandelt werden können. Überall zeigt sich die Bekanntschaft des Verfassers auch mit den neuesten Forschungen und Theorien, und nur selten fällt ein Versehen auf, wie bei den Zahlen über die deutschen Telegraphenleitungen auf S. 118, oder ein Irrtum, wie bei der Merkatorprojektion, die fälschlich als Projektion vom Kugelmittelpunkte aus auf den umhüllenden Zylinder definiert wird. Von den preußischen höheren Schulen sind bisher leider nur die Oberrealschule imstande, einen zusammenhängenden Lehrgang der allgemeinen Erdkunde durchzunehmen; auch für sie wird sich das Buch eignen, zumal da die lateinischen und griechischen Ausdrücke sorgfältig erklärt sind. Die mathematische Geographie ist allein nicht berücksichtigt worden; hier müssen Lehrbuch und Lehrer der Physik ergänzend eintreten. *Dr. W. Schjerning-Krotoschin.*

Melinat, Gustav, Geographie mit Einschluß des Wichtigsten aus Verkehr und Handel. Langensalza 1904, Schulbuchhandlung von Greßler. 1.50 M.

Das ohne Register 190 Seiten zählende gut gedruckte und gebundene Buch bildet den 3. Teil der »Lehr- und Lernbücher für den realistischen Unterricht in Seminar-, Stadt- und Mittelschulen auf neumethodischer Grundlage«. Der Verfasser bemüht sich, »ein richtiges geographisches Verständnis« dadurch zu »eröffnen«, daß er »die Natur eines Landes anschaulich schildert und den ursächlichen Zusammenhang der Erscheinungen in demselben (diesem!) streng betont«.

Wenn auch die Anlage des Buches und viele Ausführungen durchaus befriedigen, so muß ich es doch sowohl in sachlicher wie in sprachlicher Hinsicht als eine flüchtige unreife Arbeit bezeichnen.

Sollte man es für möglich halten, daß ein preußischer Seminarlehrer im Jahre 1904 Samoa für ein selbständiges Königreich hält und unter Deutschlands Kolonien nicht aufzählt (S. 174 u. 89)? und die Marianen und Karolinen als spanische Kolonien aufführt (131)? daß er die Bewohner Dalmatiens, »die besten Soldaten (!) der österreichischen Flotte«, für Deutsche ausgibt (91)? daß er als Unterscheidungsmerkmale der Menschenrassen außer der Hautfarbe nur die Sprache, nicht aber die Form des Schädels und des Kiefers kennt (49)? daß er meint, Norwegen habe sich schon im 17. Jahrhundert von Dänemark getrennt (110)? daß er in der deutschen Geschichte sich folgende Sätze leistet: »Alt-Germanien raffte sich zum erstenmale zu gemeinsamem Kampfe auf, als die Römer versuchten hineinzudringen«. »Preußen trat mit ... zum deutschen Zollverein zusammen; das mußte Österreichs Eifersucht schüren, und so kam es zum Kriege 1866« (89)?

Im übrigen nur noch einige Beispiele flüchtiger Arbeit: S. 55 »den Nordwesten nehmen Belgien und Luxemburg ein«; wo bleiben die Niederlande? — 59. »Der Weinstock gedeiht am Rhein«; nicht auch am Main, an der Mosel usw.? —. 77. »Osnabrück ist als Bischofsitz nur Ackerstadt«; also Bischofsitze müssen Ackerstädte sein? und Osnabrück ist nur Ackerstadt? — 76. Mit der »Burg« in Goslar, die an die salischen Kaiser erinnert, ist ohne Zweifel das Kaiserhaus gemeint. Auch das fürstliche Schloß in Wernigerode, die herzoglichen Schlösser in Blankenburg und Ballenstedt sind keine »Burgen«. Zellerfeld und Andreasberg sind nicht größer als Sondershausen. 68. Nürnberg und Fürth liegen nicht im Maintale. 72. Die Fulda ist nicht ein Quell, sondern ein Nebenfluß der Weser (Werra). 76. Hat Ruhla wirklich Meerschaumgruben? 116 ... Großbritannien ... namentlich in Irland ... »während des milden Winters können Myrte und Lorbeer (überall?) im Freien bleiben«. — Zu 138: Candia ist autonom; zu 182: auf Hayti ist nur eine Neger-Republik, die andern bilden die Mulatten. 129. Bis 1492 »hält sich« das die ganze iberische Halbinsel umfassende mohammedanische »Reich, es entstanden wieder christliche Staaten« (nur Granada war bis 1492 mohammedanisch). Nach S. 75 hat Thüringen heiße Sommer, kalte Winter, »denn die warmen und regenreichen Westwinde werden vom Harz ... aufgehalten und entladen schon vorher (!) sich ihres Wassergehalts«. (Der Harz liegt doch nicht westlich, sondern nördlich von Thüringen). »Wenn sie nun über die Berge kommen, so erwärmt sich die Luft unter dem heiteren Himmel leichter, kühlt sich dafür aber auch im Winter mehr ab. Aus diesem Grunde (!) müssen Harz und Thüringerwald regenreich sein«. Das liegt doch ganz anders, Harz und Thüringerwald stellen sich mit ihrer Breitseite der herrschenden Luftströmung — Südwest fast rechtwinklig quer in den Weg, dadurch erfährt der Luftdruck eine Steigerung, die Luft wird zum Ansteigen gezwungen, kühlt sich dadurch ab und verdichtet sich zu Nebel und Wolken usw. Darum hat der Südwestrand mehr Regen als der Nordostrand. — Übrigens hat der Oberharz warme Winter und kühle Sommer.

77. »Freiberg, wo auch die Studenten auf der Bergakademie studieren« (!); warum wird nicht auch bei Klausthal die Bergakademie erwähnt? Warum wird nur Eberswalde (93), nicht auch Münden (73) als Forstakademie genannt? Weshalb fehlt Aachen

unter den technischen Hochschulen, Bern unter den Schweizer Universitäten? usw. — Die Namen der Sonntage Invocavit usw., Quasimodogeniti usw. werden wohl besser in der Perikopenstunde eingeprägt. — Die Absicht des Verfassers, Namen und Zahlen möglichst zu beschränken, ist löblich; aber von folgenden Namen ist der eine oder andere doch vielleicht zu entbehren: Schneifel, Hegau, Obna, Gollenberg, Karawanken, Sazawa, Beraun, Thaya, Bihar, Firth of Lorn, Cret de la Neige, Vandhja', Narbada. — Seine Zahlen sind sämtlich veraltet; ich greife beliebig einige heraus und füge in Klammer die neuere Angabe nach dem »Kleinen Daniel« von 1903 hinzu: Königr. Preußen 32 Mill. (34½ Mill.), München 406 (499) Tausend, Prag 315 (475), Amsterdam 450 (520), Rußland 122 (131) Mill., Petersburg 1 Mill. (1,400 000), Birmingham 430 (685), Kapstadt 51 000 (84 000), Santiago 200 (310) Tausend.

S. 47. Die Fjorde sind keine »Kanäle«; Isthmus konnte daneben — wie S. 40 »Denudation (Abtragung)« — durch »Landenge« verdeutscht werden. Ausbrüche der Vulkane nennt man meistens Eruptionen, nicht Explosionen. Die Stadt Besançon wird Besançong, sondern Bsangßong gesprochen; sur Saone hat zwei scharfe S-Laute usw.; »dü midie« ist irreführend.

Die schwächste Seite des Buches ist seine Sprache. Der Seminardirektor Thilo in Berlin sagte einmal: »Ich schreibe doch auch einen ziemlichen Stiefel; aber wenn ich für die Jugend schreiben sollte, würde mir die Hand zittern! Melinat hat sie nicht ge zittert. Wenn ich seine »Geographie« durchkorrigieren wollte, könnte ich ganze Bogen schreiben, doch dazu ist eine geographische Zeitschrift nicht der rechte Ort.[1]						*Schulinsp. Fr. Günther-Klausthal.*

Schunke, Prof. Dr. H., Länderkunde für höhere Lehranstalten. Unter Zugrundelegung des E. v. Seydlitzschen Großen Lehrbuchs der Geographie. 66 Abbild. Leipzig 1903, Hirt u. Sohn.						Geb. 4 M.

Die vorliegende Länderkunde ist eine Überarbeitung des »großen Seydlitz« für die Verhältnisse an den sächsischen Lehrerseminaren. Über Vorzüge und Nachteile der Seydlitzschen Lehrbücher im allgemeinen brauchen wir an dieser Stelle nichts mehr zu sagen. Schunkes Bearbeitung carakterisiert sich durch Wegfall der Karten und Pläne, durch Ausscheidung von »archäologischem, geschichtlichem, kunsthistorischem und literarischem Schutte«, Beschränkung des Wissensstoffes, Betonung des kausalen Zusammenhangs zwischen Natur und Kultur. Die Anwendung eines größeren und weiteren Druckes bringt es mit sich, daß trotz der bedeutenden Kürzungen der Umfang des Buches mehr als 400 Seiten beträgt.
						Dr. Paul Wagner-Dresden.

Deutsche Kolonialwandbilder für den Unterricht und als Wandschmuck für Schule und Haus. Herausgeg. von Dr. A. Wünsche. Gemalt von R. Hellgrewe und O. Pfennigwerth. Dresden-A., Leutert & Schneidewind. Roh je 6 M., auf Leinenkarton mit Stäben 8.50 M. Preis der ganzen Serie 40 M, bez. 55 M.

Die Sammlung umfaßt folgende Bilder: 1. Im Hafen von Daressalam. — 2. Auf der Steppe bei

---

[1] Der Herr Rezensent hat uns eine in der Tat erstaunliche Blütenlese von sprachlichen Unrichtigkeiten des Melinatschen Buches zur Begründung seines Urteils vorgelegt. Die Schriftleitung.

Windhuk. — 3. Viktoria und die beiden Kamerunberge. — 4. Wochenmarkt an der Lagune von Togo. — 5. Pfahldorf auf den Admiralitätsinseln. — 6. Tsingtau, Stadt und Hafen. — 7. Dorf und chinesische Mauer am Nankoupasse. — Wünsches Sammlung kennzeichnet unter allen anderen mir bekannt gewordenen, sowohl in methodischer Hinsicht als vor allem nach ihrem Kunstwerte und der Güte der Reproduktion den Höhepunkt, der bisher auf diesem Gebiet erreicht wurde. Der über alle Stimmungen der Tropenlandschaften frei verfügende Künstler hat erprobte Lithographen als Mittler gefunden, und so ist ein Werk entstanden, das kaum wird übertroffen werden können. Was das Begleitwort über die außerordentliche Naturtreue und Naturwahrheit der Gestalten und Vorgänge sagt, gilt für edes einzelne der Bilder in vollem Maße: »Wie sie sich jeden Tag wiederholen können, so spielen sich die Szenen vor dem Beschauer ab. Nirgends hat das Bestreben vorgewaltet, nur recht viel, und seien es auch die heterogensten Dinge, auf einem Bilde zu zeigen; nirgends herrscht die Pose; jede Gestalt tritt in natürlicher, aber doch charakteristischer Haltung und Bewegung auf: »der Reiter und der Läufer, der Einkäufer und der Verkäufer; der schwer arbeitende Kuli und der Hafenbummler, der lächerlich angeputzte Hosennigger und der mit Vernunft placierende Hottentott, der würdevolle Araber, der bewegliche Hindu, der gleichmütig dreinschauende Mandarin, der dominierende Europäer«. Jedem Bilde ist ein ausführliches Erläuterungsheft beigegeben, das in anschaulicher, bisweilen recht lebhafter Darstellung den Beschauer auf alles das hinweist, was er aus dem Bilde über Land und Leute erfahren und lernen kann. Die sechs Kolonialbilder sind auch als Ansichtspostkarten im Verlag von Carl A. E. Schmidt, Dresden erschienen. Es muß aber nachdrücklich betont werden, daß diese Karten an den Wert der Wandbilder nicht heranreichen, trotzdem sie offenbar auf photographischem Wege nach den Originalgemälden Hellgrewes hergestellt sind. Die Verkleinerung ist so groß, daß den Farben auf den kleinen Karten die Wirkungsfläche fehlt, die Bilder erscheinen infolgedessen zu bunt sehen zur dem Vordergrund mit Detail überladen, während die Wandbilder sich gerade durch Großzügigkeit der Darstellung auszeichnen. *Hk.*

Geographische Literatur.

a) Allgemeines.

Gockel, A., Das Gewitter. 2. Aufl. 264 S., ill. Cöln 1905, J. P. Bachem. 6 M.

Günther, S., Astronomische Geographie (Sammlung Göschen, 92. Bändchen). Neudruck, 170 S., ill. Leipzig 1905, G. J. Göschen. 80 Pf.

Hartmann, O., Astronomische Erdkunde. VI, 51 S., ill. Stuttgart 1905, F. Grub. 80 Pf.

Illustriertes Jahrbuch der Weltreisen und geographischen Forschungen. Von Wilhelm Berdrow. (Prochaskas Illustr. Jahrbücher.) 4. Jahrg. 1905, 254 Sp. Teschen 1905, K. Prochaska. 2 M.

Kirchhoff, A., Mensch und Erde. Skizzen von den Wechselbeziehungen zwischen beiden. 2. Aufl. (Aus Natur und Geisteswelt, 31. Bändchen.) VII, 127 S. Leipzig 1905, B. G. Teubner. 1.25 M.

Löschner, H., Über Sonnenuhren. Beiträge zu ihrer Geschichte u. Konstruktion nebst Aufstellung einer Fehlertheorie. 155 S., ill. Graz 1905, Leuschner & Lubensky. 5 M.

Verhandlungen der vom 4. bis 13. VIII. 1903 in Kopenhagen abgeh. 14. allgemeinen Konferenz der internationalen Erdmessung. 2. Teil: Spezialberichte. Mit 30 lith. Tafeln und Karten. Berlin 1905, G. Reimer. 6 M.

Wahl, E. v., Eine neue geologische Hypothese zur Erklärung der Eiszeiten von Reibisch und Simroth. Vortrag. (Aus »Revaler Beobachter«.) 41 S. Reval 1905, Kluge & Ströhm. 50 Pf.

b) Deutschland.

Amtlicher Plan von Hamburg. Herausg. von der Baudeputation. 1 : 1000. Sektionen Hamm Kirche; Hinterkamp I; Hinterkamp II/III; Pagenfelde/Schiffbeck. Hamburg 1904/05, G. Meissners Sort. Je 5 M.

Baedeker, K., Nordost-Deutschland (von der Elbe u. der Westgrenze Sachsens an) nebst Dänemark. Handbuch für Reisende. Mit 39 K. u. 64 Pl. 28. Aufl. XXX, 464 S. Leipzig 1905, K. Baedeker. 6 M.

Bomsdorff, Th. v., Karte des Königreichs Sachsen. 16. Aufl. 1 : 260000. Leipzig 1905, J. C. Hinrichs' Verlag. Auf Leinwand 4.50 M.

Linde, R., Die Lüneburger Heide. (Land und Leute. Monographien zur Erdkunde. Herausg. von A. Scobel. XVIII.) 2. Aufl. 153 S., ill., 1 K. Bielefeld 1905, Velhagen & Klasing. 4 M.

Meyers Reisebücher. Rheinlande. 11. Aufl. Mit 21 K., 20 Pl. u. 7 Pan. XII, 332 S. Leipzig 1905, Bibliograph. Institut. 5 M.

Neue Karte von Thüringen und der Rhön. Bearb. nach amtlichen Quellen. 1 : 150000. Meiningen 1905, F. Funk. 2 M.

Piltz, E., Führer durch Jena und Umgegend. 5., neu bearb. Auflage von Ritters Führer. XVI, 128 S., 3 K. Jena 1905, Frommannsche Hofbuchhandlung. 80 Pf.

Ravenstelns, H., Reise- und Eisenbahnkarte von Deutschland und angrenzenden Gebieten. Nach Entwürfen von Ravenstein. gezeichnet von Chr. Peip. 1 : 1250000. Nebst Stationsverzeichnis. II, 39 S. Frankfurt a. M. 1905, L. Ravenstein. Auf Leinw. 3 M.

Rechts und links der Eisenbahn! Neue Führer auf den Hauptbahnen im Deutschen Reiche. Herausgeg. von Prof. Paul Langhans. 27.—65. Heft. Mit je 2 farb. Karten. Gotha 1905, Justus Perthes. Jedes Heft 50 Pf. Basel—Frankfurt a. M. (linksrheinisch) und zurück. Von Prof. Dr. Rud. Langenbeck. (Je 31 S.) [50. 49.] — Basel—Frankfurt a. M. und Mainz (rechtsrheinisch) und zurück. Von Dr. Ludwig Neumann. (Je 32 S.) [48. 47.] — Berlin—Bremen—Ostfriesische Bäder (Borkum, Juist, Norderney u. a. m.) und zurück. Von Prof. Dr. Ernst Oehlmann. (31 u. 32 S.) [57. 58.] — Berlin—Breslau über Sagan oder Kohlfurt oder Glogau und zurück. Von Prof. Dr. Jos. Partsch. (Je 32 S.) [55. 56.] — Berlin—Görlitz]—Glatz]—Breslau und zurück. Von Dr. W. Schjerning. (Je 32 S.) [51. 52.] — Berlin—Stettin—Ostseebäder (Heringsdorf, Misdroy, Kolberg, Sassnitz u. a.) und zurück. Von Oberlehrer Heinrich Fischer. (Je 30 S.) [35. 36.] — Berlin—Stralsund—Rügen [Nordbahn]—Trelleborg [Schweden] mit Anschluß von Ducherow und zurück. Von Dr. Eduard Lentz. (30 u. 29 S.) [53. 54.] — Bodensee—Arlberg—Innsbruck—München u. zur. — Von Dr. Ed. Lentz. (31 u. 32 S.) [32. 31.] — Breslau—Leipzig (—Halle) über Dresden—Riesa, Dresden—Meißen, Kohlfurt—Eilenburg, Cottbus—Eilenburg u. zur. Von Prof. Dr. Jos. Partsch. (36 u. 32 S.) [60. 59.] — Cöln a. Rh.— Bremen—Hamburg und zurück. Von Dr. F. Lampe. (32 u. 30 S.) [64. 63.] — Düsseldorf—Cöln—Frankfurt a. M. (rechtsrheinisch) und zurück. Von Dr. F. Lampe. (Je 32 S.) [27. 28.] — Düsseldorf—Frankfurt a. M. (linksrheinisch) und zurück. Von Dr. F. Lampe. (Je 32 S.) [30. 29.] — Ulm—München über Würzburg—Ansbach und zurück. Von Prof. Dr. Fritz Regel. (Je 32 S.) [43. 44.] — Halle—Saalfeld—Nürnberg—München und zurück. Von Prof. Dr. Willi Ule. (30 u. 32 S.) [62. 61.] — Hamburg—Kiel—Kopenhagen und zurück. Von Prof. Dr. Reimer Hansen. (30 u. 32 S.) [39. 40.] — Ischl—Salzburg—München mit Anschlüssen von Aussee, Gmunden, Gastein u. Berchtesgaden und zurück. Von Dr. Eduard Lentz. (31 u. 34 S.) [34. 33.] — Leipzig—München über Hof u. Eger—Regensburg und zurück. Von Dr. Joh. Zemmrich. (30 u. 29 S.) [37. 38.] — Luzern—Zürich—Lindau—München und zurück. Von Dr. Eduard Lentz. (30 u. 31 S.) [46. 45.] — Neudietendorf—Würzburg—Stuttgart und zurück. Von Prof. Dr. Fritz Regel. (Je 32 S.) [41. 42.] — Stockholm—Linköping—Nässjö—Malmö—Trelleborg. Von Dr. Arvid Kempe. (31 S.) [65.]

Strohmeyer, C., Schleswig-holsteinisches Wander- u. Reisebuch. Mit 9 Kartenbl., 3 Textk. und 1 Übersichtskarte. XX, 144 S. u. 10 K. Kiel 1905, W. G. Mühlau. 5 M.

Then, K., Die bayer. Kartenwerke in ihren mathematischen Grundlagen. VIII, 192 S., ill., 5 K. München 1905, R. Oldenbourg. 4.80 M.

Wiegmann, W., Heimatkunde des Fürstent. Schaumburg-Lippe. VIII, 228 S., ill. Stadthagen 1905, H. Heine. 1.75 M.

c) Übriges Europa.

Arbenz, P., Geologische Karte der Frohnalpstock bei Brunnen. 1902—1904. 1 : 50 000. (Aus: »Beiträge zur Geologie der Schweiz«.) Bern 1905, A. Francke. 1.60 M.

Baedeker, K., Paris nebst einigen Routen durch das nördliche Frankreich. Handbuch für Reisende. Mit 16 K. und 34 Pl. und Grundrissen. 16. Aufl. XLVIII, 432 und 48 S. Leipzig 1905, K. Baedeker. 6 M.

— Konstantinopel und das westliche Kleinasien. Handbuch für Reisende. Mit 9 K., 29 Pl. und 5 Grundr. XXIV, 275 S. Leipzig 1905, K. Baedeker. 6 M.

Carte géologique internationale de l'Europe, votée au congrès géologique international de Bologne en 1881, exécutée sous la direction de Beyrich (†), Hauchecorne (†), Beyschlag. 1 : 1 500 000. 5. livr. Berlin 1905, D. Reimer. 5 Blatt je 5 M.

Früh, J., Moorkarte der Schweiz. 1 : 530 000. (Aus: »Beiträge zur Geologie der Schweiz«.) Bern 1905, Geogr. Kartenverlag. 3.20 M.

Hansjakob, H., In Italien. Reiseerinnerungen. 2. Aufl. Bd. I. VII, 501 S. Stuttgart 1905, A. Bonz & Co. 6 M.

Kümmerly, H., Carte du massif des Diablerets de Montreux à Ardon et Ostelg. 1 : 50 000. Die Fahrt der mittlere Eisenbahnk. und Text. Bern 1905, Geogr. Kartenverlag. 2.90 M.

Norwegen, das Land der Mitternachtssonne. Herausgeg. vom Verein zur Hebung des Fremdenverkehrs in Norwegen. Aus dem Norweg. übertr. II, 34 S., ill., 2 Pan. u. 1 K. Christiania. Leipzig 1905, K. F. Koehler. 2.75 M.

Rey, O., Das Matterhorn. XI, 258 S., ill. Stuttgart 1905, Deutsche Verlags-Anstalt. 20 M.

d) Asien.

Genschow, A., Unter Chinesen und Tibetanern. 1. u. 2. Aufl. Je VII, 385 S., ill., 6 K. Rostock 1905, C. J. E. Volckmann. 7 M.

Hawes, Ch. H., Im äußersten Osten. Von Korea über Wladiwostock, nach der Insel Sachalin. Reisen und Forschungen unter den Eingeborenen und russ. Verbrechern. Aus dem Engl. XVI, 575 S., ill., 5 K. Berlin 1905, K. Siegismund. 10 M.

e) Geographischer Unterricht.

Brunner, A. und L. Voigt, Deutscher Handelsschul-Atlas, auf Grund der neuesten Aufl. von Keil und Riecke: Deutscher Schulatlas bearb. 35 Hauptkarten mit zahlreichen Nebenkarten. 44 S. Leipzig 1905, B. G. Teubner. 2 M.

Eckhardt, A., Leitfaden der Handelsgeographie für kaufmännische Fortbildungsschulen, sowie für mittlere Handelsschulen. Für die Hand der Schüler bearbeitet. 2. Aufl. 144 S. Hannover 1905, C. Meyer. 1.60 M.

Fick, W., Erdkunde in anschaulich-ausführlicher Darstellung. Ein Handbuch für Lehrer und Seminaristen. I. Teil: Die Alpen und Süddeutschland nebst einem Vorkursus der allgemeinen Erdkunde. 2. Aufl. XVI, 217 S., ill. Dresden 1905, Bleyl & Kaemmerer. 3 M.

Fischer, H., Methodik des Unterrichts in der Erdkunde. Ein Hilfsbuch für Seminaristen und Lehrer. 168 S., ill. Breslau 1905, F. Hirt. 2.25 M.

Hertel, R., Heimatkunde im Naturgeschichtsunterricht des Seminars und das Hunartmoor bei Ohrdruf. Programm. 17 S., m. 1 Plan. Gotha 1905, E. F. Thienemann. 60 Pf.

Kirchhoff, A., und H. Fischer, Erläuterungen zu den klimatologischen und statistischen Karten sowie zu den Typentafeln des Debes'schen Schulatlases für die Oberklassen höherer Lehranstalten. 28 S. Leipzig 1905, H. Wagner & E. Debes. 50 Pf.

Kramer, J., Schulhandkarte der Südlausitz und des angrenzenden Böhmens. 1 : 100 000. 3. Aufl., Zittau 1905, A. Graun. 20 Pf.

Kümmerly, H., Schulkarte der Schweiz. 1 : 600 000. Ausg. A, B, C, D, auf Leinw. je 80 Pf. Ausg. E. auf Leinw. 1.05 M. Bern 1905, Geographischer Kartenverlag.

Leuzinger, R., Karte des Kantons Bern zum Gebrauch für Schulen. 1 : 400 000. Bern 1905, Geogr. Kartenverlag. Auf Leinwand 40 Pf.

— , Karte der Schweiz für Schulen. (Große Ausg.) 1 : 700 000. 55 Pf. (Kleine Ausg.) 1 : 800 000. Ebd. 1905. 50 Pf.

Pohle, P., Von der Heimatkunde zur Erdkunde. Ein Beitrag zur speziellen Methodik des erdkundlichen Unterrichts, III S., ill. und Gäblers Schulhandkarte des Voigtlandes im Anh. Leipzig 1905, E. Wunderlich. 2.50 M.

Rothaug, J. G., Schulwandkarte des Erzherzogt. Österreich unter der Enns. Für Mittelschulen bearb. von Prof. Dr. Fr. Umlauft. 1 : 150 000. 4 Blatt. Wien 1905, G. Freytag & Berndt. 17 M.

Tischendorf, J., Geographie. Präparationen für den geographischen Unterricht an Volksschulen. Ein methodischer Beitrag zum erzieh. Unterricht. In 5 Teilen. III. Teil:

Das Deutsche Reich. (Deutschland II.). 16. Aufl. VII, 206 S. Leipzig 1905, E. Wunderlich. 2.40 M.

f) Zeitschriften.

Deutsche Rundschau für Geogr. u. Stat. XXVII, 1905.
Nr. 9. Kirchhoff, A., Eheliche Auslese, Erziehung zur sittlichen Gebundenheit. — Rehwagen, A., Das heutige Surinam. — Miller, A., Das Land der Jakuten. — Kalbus, H., Einiges vom Simplontunnel.

Geographische Zeitschrift. XI, 1905.
Nr. 5. Penck, A., Die Physiographie als Physiogeographie in ihren Beziehungen zu anderen Wissenschaften. — Oestreich, K., Die Bevölkerung von Makedonien. — Brückner, E., Die Eiszeiten in den Alpen und die »Einheitlichkeit« der Eiszeit.

Globus. Bd. 87, 1905.
Nr. 19. Schmidt, E., Prähistor. Pygmäen (Schluß). — Karutz, R., Von den Bazaren Turkestans II. — Preuß, K. Th., Der Ursprung der Religion und Kunst. — Mehlis, C., Eine neue neolithische Station in der Vorderpfalz. — Nr. 20. Koenigswald, G. v., Die indianischen Muschelberge in Südbrasilien. — Preuß, K. Th., Der Ursprung der Religion und Kunst (Fortsetzung). — Andree, R., Böhmische Sprachenkarten. — Die Fahrt der »Neptune« in den amerikanischen Polarmeeren. — Nr. 21. Schmidt, P. W., Die Bainingsprache, eine zweite Papuasprache auf Neupommern. — Die Usambarabahn. — Seidel, H., Deutsch-Samoa im Jahre 1904. — Hutter, Völkerbilder aus Kamerun (Schluß). — Nr. 22. Obtz, W., Bulgariens ungehobene archäologische Bodenschätze. — Tetzner, F., Zur Volkskunde der Slowaken. — Preuß, K. Th., Der Ursprung der Religion und Kunst (Fortsetzung). — Reindl, J., Die ehemaligen Weinkulturen bei Neuburg an der Donau. — Nr. 23. Die östliche Elfenbeinküste. — Chinas Kanäle. — Krebs, W., Tabellarische Reiseberichte nach den meteorologischen Schiffstagebüchern der Deutschen Seewarte. Eingänge des Jahres 1903. — Preuß, K. Th., Der Ursprung der Religion und Kunst (Fortsetzung).

Mitt. d. k. k. Geogr. Ges. Wien. 48 Bd., 1905.
Nr. 3. (Ergänzheft.) Diener, C., Die Tiefbohrungen auf der Koralleninsel Funafuti. — Schucht, F., Das Mündungsgebiet der Weser zur Zeit der Antoniflut (1511). — Lupsa, F., Eine Reise am Menam Nakon Nayok. — Waagen, L., Amerika im Zwielicht der Sage. — Schneider, K., Über die Küstenformen der Halbinsel Istrien. — Schoener, J. G., Die Kolonisation Südwest-Finnlands durch ... — Nr. 4. u. 5. Hassinger, H., Zur Frage der alten Flußterrassen bei Wien. — Kerner, F. v., Die Grotte von Kotienice am Nordfuße der Mosor planina. — Weiß, J., Ein Beitrag zur antiken Topographie der Dobrudscha. — Spruner, G., Claudius Claussön Swart, der älteste Kartograph des Nordens, der erste Polarforscher und Grönlandfahrer.

Meteorologische Zeitschrift. 1905.
Nr. 5. Wachenheim, F. L., Die Hydrometeore des gemäßigten Nordamerika. — Krebs, W., Verdunstungsmessungen mit dem Doppelthermometer für klimatologische und hydrographische Zwecke.

Naturwissenschaftliche Wochenschrift, 1905.
Nr. 23. Reindl, J., Die schwarzen Flüsse Südamerikas. — Nr. 26. Brückner, E., Meer und Regen.

Petermanns Mitteilungen. 51. Bd., 1905.
Heft 6. Graber, H. V., »Das Orthogonal-Tellurium« und die konstruktive Lösung von Aufgaben aus dem Gebiet der mathematischen Geographie. — Crammer, H., Einiges über Rückzugserscheinungen des Gletschers der »Übergossenen Alm« in Salzburg. — Hoffmann, J., Die tiefsten Temperaturen auf den Hochländern des südäquatorialen tropischen Afrika, (Fortsetzung). — Kleiner Mitteilungen. — Geographischer Monatsbericht. — Beilage: Literaturbericht. — Karten.

The Journal of Geography. Vol. IV, 1905.
April. Tarr, R. S., Whitbeck, R. H., Genthe, M. K. und Jefferson, M. S., Results to be Expected from a School Course in Geography. — Calkins, R. D., The Text, the Course of Study and the Teacher. — Holdsworth, J. T., Transportation Part V. — Walton, C. L., Vacation Field Work for Pupils.

Zeitschrift der Gesellschaft f. Erdkunde zu Berlin. 1905.
Nr. 5. Wagner, H., Erich von Drygalskis Polarwerk: »Zum Kontinent des eisigen Südens«. — Penck, A., Fortschritte in der Herstellung einer Erdkarte im Maßstab 1 : 1 000 000. Preuß, K. Th., Der Einfluß der Natur auf die Religion in Mexiko und den Vereinigten Staaten.

Zeitschrift für Schulgeographie. XXVI, 1904.
Heft 9. Kerp, Die Behandlung der länderkundlichen Lehreinheiten. — Hahn, C. v., Eine Schülerexkursion von Tiflis nach Etschmiadsin. — Über den Wert der Wetterprognosen.

Das Quartär Nordeuropas nach E. Geinitz [1]).
Von W. Schottler.

An Ansichten über die Entstehung der Eiszeit ist bekanntlich kein Mangel; trotzdem müssen wir uns gestehen, daß ihre Ursachen noch unbekannt sind. Mehr und mehr werden jedoch die kosmischen Theorien (z. B. periodische Änderung der Exzentrizität der Erdbahn) verlassen und terrestrische an ihre Stelle gesetzt. So vermutet Lindvall, daß im Anfang des Quartärs, als Nordwesteuropa noch ein Archipel gewesen sei, der Golfstrom seinen Rücklauf über das heutige Lappland zum Bottnischen Busen nahm und die Packeismassen aus der arktischen See nach Süden führte. Er nimmt also Eisdrift an, was für manche Gebiete zutreffen mag, aber die Existenz eines ausgedehnten Inlandeises nicht erschüttern kann. Auch mit der Abnahme des Vulkanismus in der Diluvialzeit hat man das Glazialphänomen in Verbindung gebracht. Frech weist darauf hin, daß in Zeiten verringerter vulkanischer Tätigkeit wenig exhalierte Kohlensäure vorhanden ist und infolgedessen eine stärkere Ausstrahlung von Wärme aus der Erdrinde stattfindet. Andere haben den ausgestoßenen Wasserdampf und die vulkanischen Staubwolken mit wenig Glück zur Vermehrung der Theorien herangezogen. Harmer meint, daß durch tektonische Bewegungen die meteorologischen Bedingungen sich geändert hätten und dadurch andere Windrichtungen und Meeresströmungen hervorgerufen worden seien. Nordamerika und Nordeuropa können nach seiner Ansicht nicht gleichzeitig vereist gewesen sein. Nach Nathorst genügt ein Sinken der mittleren Jahrestemperatur um 5° C, im Verein mit geringer Vermehrung des Niederschlags zur Erklärung der Eiszeit. Die Schneegrenze sank in Skandinavien um 1000 m unter ihre heutige Lage. Aus den Gletschern, die von den Tälern nicht mehr gefaßt werden konnten, wurde das Landeis, dessen Bewegung von den »fjellen« strahlenförmig ausging. Es schob sich ins Eismeer, über das baltische Meer nach Finnland und Rußland hinein, über die Ostsee bis an die deutschen Mittelgebirge und über Dänemark in die Nordsee. Die Verbindung mit dem britischen Landeis wurde nach Salisburys Ansicht durch das dichte Packeis der Nordsee hergestellt. Grönland bietet noch heute ein vollkommenes Bild dieser Verhältnisse. Die Packeismassen des norwegischen Meeres und des Eismeeres hinderten den Abfluß des Inlandeises nach Nordwesten und Norden und zwangen es, den Weg einerseits gegen Schottland, anderseits nach Rußland hinein zu nehmen. DeGeer nimmt an, daß zu Beginn der Eiszeit noch die Prosarktis, eine Landverbindung von Nordeuropa mit Island und Grönland bestand, die den Golfstrom von Skandinavien fern hielt. Sie sank unter dem Drucke des Eises der ersten Eiszeit zur Tiefe. Ferner glaubt deGeer, daß Skandinavien damals viel höher lag als heute (bis zu 8000 m über dem Meere). Daß am Ende des Tertiärs hier eine Hebung einsetzte, wird dadurch bewiesen, daß auf

---

[1]) Nach dem Werke von E. Geinitz in dem von F. Frech herausgegebenen Handbuch der Erdgeschichte, Lethaea geognostica, III. Teil, Bd. II, S. 42—430. Das Buch verdient auch deshalb besondere Aufmerksamkeit, weil Geinitz bereits früher (Neues Jahrbuch für Mineralogie usw., Beilage Bd. XVI (1902) die Einheitlichkeit der quartären Eiszeit nachzuweisen versuchte und die Annahme langer, warmer Interglazialzeiten ablehnte. Schon in seiner ersten Arbeit weist er darauf hin, daß die Profile, welche zwischen zwei Grundmoränen eingeschaltete, nicht glaziale Ablagerungen zeigen, nur auf größere Oszillationen, nicht auf völlig eisfreie Zeiten zurückzuführen seien. Auch in dem vorliegenden Werke ist das Interglazial eingehend kritisiert, die seither übliche Einteilung in drei Glazial- und zwei Interglazialzeiten wurde aber beibehalten. Aus der Fülle des Stoffes kann hier naturgemäß nur weniges, was von allgemeinerem Interesse ist, hervorgehoben werden.

dem Plateau wohl marines älteres Tertiär liegt, marines Pliocän aber fehlt, ferner durch die Fjorde, die die überfluteten Täler jener Zeit sind, und die 40 km breite durch subaërische Denudation vor der Eiszeit entstandene norwegische Küstenebene [1]. »Hebung leitete also die Eiszeit ein, Senkung, bewirkt durch den Druck der Eismassen, beendete sie«. Niveauschwankungen sind im ganzen Quartär bis in die Postglazialzeit mit allerdings stets abnehmender Intensität zu beobachten. Das hierdurch bedingte Erscheinen und Verschwinden von Meeresströmungen war von großem Einfluß auf die Klimaschwankungen. Die Vereisung des Nordens hatte durch die Klimaverschlechterung die Vergletscherung der Alpen, der Pyrenäen, des Kaukasus im Gefolge. Es würde sonach die Hauptvergletscherung der Alpen erst nach dem nordischen Haupteis erfolgt sein und eine Parallelisierung der vier alpinen Eiszeiten mit den drei oder vier nördlichen wäre somit untunlich. Die Niederschlagsschwankungen, wie sie z. B. in den Terrassen der süddeutschen Täler zum Ausdruck kommen, würden durch die Oszillationen bei dem sehr langsam erfolgten Rückzug des nordischen Eises erzeugt sein. Die gewaltigen Massen der Schmelzwässer des russischen Eises bewirkten ein Ansteigen des Kaspischen Meeres bis zu 100 m über das heutige Niveau. Diese Wasserfläche, die in der Pliocänzeit nur auf den südlichen Teil des Beckens beschränkt war, gewann dadurch die halbe Ausdehnung des heutigen Mittelmeeres. Im Westen bildete sich zu beiden Seiten des Kaukasus eine Verbindung mit dem Schwarzen Meere, im Norden ging es bis zum Einfluß des Kama in die Wolga, im Osten führte ein Arm von Krasnowodsk zum Aralsee. Die gleichzeitig erfolgende Ausdehnung des arktischen Meeres in das Gebiet der Petschora und Dwina erfolgte weniger durch Schmelzwässer als durch Niveauänderung. Auf der dem Werke beigegebenen Karte der maximalen Vereisung sind diese Transgressionen ebenfalls dargestellt.

Fennoscandia (Skandinavien, Finnland, Nordostrußland). Die Entstehung und Ausbreitung des Inlandeises wurde bereits oben besprochen. Während das Haupteis in seiner Bewegungsrichtung nicht von dem Relief beeinflußt wurde, war es in Zeiten geringerer Mächtigkeit von den Terrainformen abhängig, insbesondere beeinflußte das Ostseebecken am Anfang und Ende der Eiszeit die Bewegungsrichtung. Man unterscheidet für Schweden drei verschiedene Eisströme: 1. Den älteren baltischen Strom, 2. das Haupteis, 3. den jüngeren baltischen Strom. Der ältere baltische Eisstrom folgte dem Ostseebecken und wurde durch den Widerstand des heutigen Südrandes der Ostsee gezwungen nach Westen und Nordwesten umzubiegen. Das Haupteis, das nach Geinitz allmählich aus dem älteren baltischen Strom sich entwickelte, überschritt den Bottnischen Busen und die Ostsee. Die Endmoränen des jüngeren baltischen Eisstromes, den O. Torell zuerst 1865 erkannte, sah der Geer im Gebiet der großen schwedischen Seen, ihre Fortsetzung in Südostfinnland [2]. Eine direkte Verbindung zwischen beiden Moränenzügen existiert nicht; dazwischen schob sich vielmehr eine Eiszunge bis nach Deutschland hinein (bis zum 52. Breitengrad). (Vgl. die Kärtchen S. 95 u. 98.) Nach dieser Ansicht wären also die skandinavisch-finnischen Erdmoränen gleichaltrig mit den norddeutschen. Nach Keilhack sind jedoch die deutschen Endmoränen nur Stillstandslagen, Rückzugsetappen des Eises, während die Südgrenze der zweiten Vereisung überhaupt viel südlicher lag. Auch die skandinavischen Endmoränen werden neuerdings ebenso aufgefaßt. Dafür spricht der deutliche, aus der Karte hervorgehende Parallelismus der baltischen (jütischen, norddeutschen, russischen) und der demnach jüngeren (norwegisch-schwedisch-finnischen) Endmoränen. Wärmere interglaziale Zeiten sind nach der kritischen Besprechung Geinitz' in Skandinavien nicht nachweisbar [3]. In der Spät- und Postglazialzeit fanden im Gebiet der Nord- und Ostsee bedeutende Oszillationen statt. Dies beweisen für Skandinavien die Talterrassen und die bekannten hochliegenden Strandlinien. Diese alten Wasserstandsmarken sind sogar in die Moränen postglazialer Gletscher

---

[1] Die Strandlinien sind untergeordnete Erscheinungen innerhalb dieser Fläche.

[2] Nach Westen hin stehen sie in direkter Verbindung mit den Endmoränen bei Kristiania, hier findet scharfes Umbiegen nach Südwesten gegen Laurvik statt. Die Fortsetzung geht submarin bis Lindesnes und von da ab der Küste entlang bis in die Gegend von Stavanger.

[3] Auch der berühmte Zementton von Lomma bei Lund ist nicht unzweifelhaft zwischen zwei Moränen eingeschaltet; er ist nur von Moräne unterlagert. Deshalb wird er auch für spätglazial gehalten. Außerdem enthält er die Fauna des Eismeeres und nicht die eines wärmeren Interglazialmeeres.

eingeschnitten. Die Schwankungen sind eingehend untersucht am Ostseebecken. Man unterscheidet hier:

1. Das Yoldiaeismeer. Das Klima war ein hocharktisches. Dies beweisen die Funde von Walen und von Yoldia arctica, ferner die gleichaltrigen Torfmoore mit Zwergbirke, dryas octopetala und salix polaris. Die Grenze dieses Eismeeres ist vielfach durch Strandwälle bestimmt. Niemals stand in späterer Zeit der Ostseespiegel höher, nämlich 160 m über dem heutigen Niveau. Es reichte im Süden bis zur deutschen Küste, die ebenso wie der größte Teil von Dänemark höher lag als jetzt. Der Bottnische Busen hatte einen größeren Umfang als heute. Über das schwedische Seengebiet ging ein Arm zum Skager Rak; über Finnland, Ladoga- und Onegasee bestand eine Verbindung zum Weißen Meere. (Vgl. Kärtchen S. 116.)

2. Die Zeit des Ancylusbinnensees (genannt nach dem Hauptfossil Ancylus fluviatilis). Nach der Eismeersenkung traten wieder Hebungen ein. Der durch das mittlere Schweden gehende Meeresarm wurde allmählich abgesperrt; Schonen trat über Seeland mit Jütland in Landverbindung. Der Ladoga blieb zwar in Zusammenhang mit der Ostsee; die Verbindung zum Weißen Meere hörte jedoch auf. (Vgl. Kärtchen S. 122.) So wurde die Ostsee zu einem großen Süßwassersee. Das Eis reichte nicht mehr an den See heran. Bei milderem Klima existierten bereits Wälder von Birke, Espe, Kiefer und späterhin Eiche.

3. Das Litorina- oder Steinzeitmeer (genannt nach der Litorina litorea). Eine erneute Senkung stellte durch den Oresund und die Belte die Verbindung mit dem Kattegat wieder her. Es drang wieder Salzwasser ein, ja der Salzgehalt war größer als heute[1]. (Vgl. Kärtchen S. 125.) Die Senkung ist nachgewiesen durch submarine Torflager und alte mit Meeresabsätzen erfüllte Flußläufe. Die hierauf folgende Hebung dauert z. T. heute noch fort.

»Wie die Eiszeit durch eine bedeutende Erhebung Skandinaviens eingeleitet und bedingt worden ist, so entstand durch den Eisdruck eine Senkung und späterhin beim Abschmelzen des Eises schwingende Bewegung des Landes mit abnehmendem Ausmaß der Senkung«. (Fortsetzung folgt.)

Ein Jahr Erdkunde
in den Oberklassen der höheren Lehranstalten Preußens.
Von Richard Tronnier, Oberlehrer in Hamm.
(Schluß aus Heft VI, S. 126—131.)

Folgendes sind die hauptsächlichsten Resultate, die sich aus der Betrachtung vorstehender Tabelle ergeben:

1. Eine gleichmäßige Auffassung der Lehrpläne hat sich nicht geltend gemacht. Besonders krasse Fälle der historischen Auslegung finden sich unter Nr. 22, 33, 46, 64.

2. Ein einheitlicher auf gemeinsamen Beschlüssen beruhender Plan für die erdkundlichen Wiederholungen besteht offenbar nur an sehr wenigen Anstalten; der Inhalt der Wiederholungen ist den Lehrern überlassen. Daraus ergeben sich von selbst viele Mißstände: so, außer der Buntscheckigkeit der Pensen im Ganzen und an einzelnen Anstalten, auch die mehrfach (Nr. 4, 7, 9, 13, 15, 20, 35, 37, 41) zutage tretende Behandlung des gleichen Stoffes in mehreren Klassen gleichzeitig, die teilweise der Bequemlichkeit eines Lehrers entspringt.

3. Den Inhalt der erdkundlichen Wiederholungen bildet vorwiegend die Länderkunde, dann die allgemeine Erdkunde, die Völkerkunde und die Geographie des Handels und Verkehrs. Die Vorliebe für letztere erklärt sich wohl vielfach dadurch, daß sie eine historische Behandlung zuläßt wie sich z. B. daraus ergibt, daß ein Realgymnasium (s. sp.) die Verkehrsgeographie ausdrücklich dem Geschichtsunterricht zurechnet, nicht den erdkundlichen Wiederholungsstunden.

4. Im Wesentlichen machen sich zwei Prinzipien der Anordnung des Stoffes bemerkbar: a. das historische d. h. Betrachtung der Teile der Erdoberfläche, auf

---

[1] Auf dem Festlande wanderte um diese Zeit die Fichte und vor ihr die Buche ein, gleichzeitig existierte der neolithische Mensch. Sein wichtigstes Jagdtier war der Urochs.

22*

denen sich die in der Klasse zu lehrende geschichtliche Handlung abspielt; b. das geographische d. h. Wiederholung der Erdkunde im Oberbau unabhängig von der Geschichte nach dem Plane des Mittelbaues.

5. Das richtige Maß des Stoffes ist nicht überall getroffen: Geographie des Schauplatzes der alten Geschichte z. B. ist doch zu wenig (von der Verkennung des Charakters der Wiederholungsstunden hier abgesehen); zuviel bringen z. B. die in Nr. 3 (II A), 5 (II A), 11 (II B), 14 (I A), 18 (II A), 25 (II A) angeführten Lehraufgaben.

Aber die Betrachtung des erdkundlichen Unterrichts in den Oberklassen der preußischen Gymnasien muß noch etwas erweitert werden, ehe zu den Schlußfolgerungen geschritten werden kann. Zwei wichtige Fragen sind die: von wieviel Lehrern und in welcher Verteilung der Geschichtsunterricht an einer Anstalt gegeben wird, und in wieviel Stunden und in welcher Anordnung die erdkundlichen Wiederholungen vorgenommen werden.

Eine Nachprüfung der ersten Frage ergab, daß der Unterricht lag:
in einer Hand bei ca 30% der Vollgymnasien (1; 1; 1 resp. 11; 1),
in zwei Händen „ ca 50% „   (meist 1; 1; 2, ferner 1; 2; 1, 1; 2; 2),
in mehr als zwei Händen bei ca 20% der Vollgymnasien (1; 2; 3).
(Wegen des Wechsels innerhalb des Jahres, der Parallelklassen usw. konnten nur annähernde Zahlen gegeben werden). Diese Werte liefern ein gut Teil Erklärung zu den Resultaten 2 und 3 oben.

Als Mindestmaß an erdkundlichen Wiederholungen ist in den Lehrplänen und Lehraufgaben die Zahl von sechs Stunden im Halbjahr vorgesehen. Die Vermerke der Berichte hinsichtlich dieses Punktes seien im folgenden ebenfalls zusammengestellt:

nach Bedürfnis und Möglichkeit . . . . 1 Anstalt(en),
nach Bedürfnis 4   ,,
gelegentliche Wiederholungen . . . . 4[1]   ,,
kurze (?) Wiederholungen 1   ,,
in jedem Monat eine Wiederholung . . . . . . 6[2]   ,,
6 Stunden im Halbjahr⎫
12   ,,   jährlich ⎬ 13   ,,
4   ,,   im Tertial⎭
mindestens {6 Stunden im Halbjahr⎫
              {12 ,,   jährlich   } 3   ,,
alle 3 Wochen eine Wiederholung 1   ,,
alle 14 Tage eine Wiederholung 1   ,,
{ 2 Stunden Geschichte ⎫ ? . . . . 1[3]   ,,
{ 1 Stunde Erdkunde   }
Diese Liste bedarf wohl keiner Begleitworte.

Über die Anordnung der erdkundlichen Wiederholungsstunden finden sich nur folgende Bemerkungen: nach Bedürfnis und Möglichkeit, nach Bedürfnis, gelegentlich, in jedem Monat eine, alle drei Wochen und alle 14 Tage eine (s. oben); ferner: gegen Schluß des Halbjahrs sechs Stunden (1 Anstalt) und: in sechs zusammenhängenden Stunden (1 Anstalt).

Blicken wir nun noch einmal zurück, so ergibt sich auf Grund des vorliegenden Materials folgendes Bild des erdkundlichen Unterrrichts in den oberen Klassen der Gymnasien im Schuljahre 1903/04: Die erdkundlichen Wiederholungen werden als ein lästiges Anhängsel des Geschichtsunterrichts empfunden und teilweise unverhüllt als solches charakterisiert; vielfach wird ihr Inhalt rein geschichtlichen Zwecken dienstbar gemacht; ein fester Plan besteht nur an wenigen Anstalten, die Anordnung des Stoffes ist nicht immer einwandfrei, wozu die Verteilung des Geschichtsunterrichts in den oberen Klassen an meistens mehrere Lehrer mit beiträgt; die amtliche Mindestzahl von sechs Stunden wird fast ausnahmslos als Höchstzahl betrachtet. Im ganzen bietet sich ein recht wenig erfreuliches Bild dar: die erdkund-

---

[1]) Darunter eine: zusammenfassende Wiederholungen, gelegentlich auch aus der Erdkunde.
[2]) Wie ist es mit der Stunde des Sommerferien-Monats?
[3]) Nach der Übersicht der Stundenverteilung. Bei den Lehraufgaben der II A steht nur: Geschichte und Erdkunde: drei Stunden. Wahrscheinlich liegt in ersterer ein Druckfehler vor (= II B).

lichen Wiederholungen in den Geschichtsunterricht eingegliedert haben größtenteils ihren Zweck, die Erreichung des allgemeinen Lehrziels der Erdkunde: Verständnisvolles Anschauen der umgebenden Natur und der Kartenbilder, Kenntnis der physischen Beschaffenheit der Erdoberfläche und der räumlichen Verteilung der Menschen auf ihr, zu fördern verfehlt. Zwei Forderungen ergeben sich daraus für die Zukunft:

     1. Anweisung selbständiger Stunden für die Erdkunde im Oberbau;
     2. Amtliche Regelung des Pensums der einzelnen Klassen.

II. Realgymnasien.

Nur wenige Bemerkungen sind über die Realgymnasien zu machen: es herrschen bei ihnen dieselben Verhältnisse wie bei den Gymnasien.

Zur Verfügung standen die Jahresberichte von 62 Vollanstalten und 5 Nichtvollanstalten. Es sind das rund 80% der realgymnasialen Vollanstalten. Von ihnen teilen 19, also ca 30% keine Klassenlehrpläne mit. In 22 sind Angaben über den Inhalt der Wiederholungen nicht enthalten oder nur solche für Geschichte gemacht. Es verbleiben demnach noch 26 Anstalten mit Angaben für eine oder mehrere Klassen.

Die oben erwähnten Äußerlichkeiten finden sich auch bei den Realgymnasien wieder scharf ausgesprochen vor.

Für die Verteilung des Unterrichts unter die Lehrer ergibt sich fast genau dasselbe Verhältnis wie bei den Gymnasien (1 Lehrer: ca 30%; 2: ca 50%; über 2: ca 20%).

Die erledigten Lehraufgaben waren folgende (Anordnung wie unter I):

	Ober-Prima	Unter-Prima	Ober-Sekunda
1	Geographie Europas in vergleichenden Übersichten.	Geogr. Repetitionen in allgem. Übersichten im Anschluß an die Geschichte der Entdeckungen.	Geographie der Mittelmeerländer.
2	Gelegentlich gruppierende Wiederholungen aus der allgemeinen Erdkunde im Geschichtsunterricht.		
3	Wiederh. der Erdk. des deutschen Landes. Allgem. Verkehrskunde.		Wiederh. d. außereurop. Erdteile.
4	Zusammenfassende Wiederholungen über die fünf Erdteile.		Wiederholungen aus dem gesamten Gebiet der Erdkunde.
5	Wiederh. aus der Geographie Deutschlands z. Erläuterung d. geschichtl. Vorgänge u. Verhältnisse.	Wiederholung der Erdkunde Europas ohne Deutschland.	Wiederholung der außereurop. Erdteile.
6	Zusammenfassende Wiederholungen aus der allgemeinen physischen Geographie. Geographische Charakterbilder im Anschluß an die historischen Ereignisse der Gegenwart. (NB.: Geschichte. ... Geschichtlich-geogr. Überblick der im Jahre 1648 vorhandenen Staaten).		Oster-Coetus. S.: Die Länder am Mittelmeer im Vergleich. W.: Zusammenf. Wiederh. der außereurop. Erdteile u. das Wesentlichste aus der Völkerkunde. Michaelis-Coetus. W.: wie Oster-Coetus im Sommer. S.: Abschnitte aus der allgem. Erdkunde. Seidl. B. §§ 14 bis 48. (BN.: Geschichte: Vergl. Übersicht der wicht. Verkehrs- u. Handelswege bis zur Gegenwart).
7	Zusammenfassende Wiederholungen; dazu das Wesentlichste aus der allgemeinen physischen Erdkunde. Vergleichende Übersicht der wichtigsten Handelswege in Anlehnung an den Geschichtsunterricht. (Astronomische Erdkunde im mathematischen Unterricht).		Neben zusammenf. Wiederh. das Wesentliche aus der allgem. phys. Erd- u. Völkerkunde im Anschluß an die fremden Erdteile. Im S.: Amerika und Australien; im W.: Asien und Afrika.
8	Wiederh. aus der Erdkunde von Mitteleuropa. Verkehrskunde.	Wiederholungen aus der europ. (!) Erdkunde. Verkehrskunde.	Wiederholungen aus der außereuropäischen (!) Erdkunde.
9	Wiederh. aus der Erdkunde im Anschluß an die Geschichte.	Wiederholung der Geographie des Deutschen Reiches.	Wie in A I.
10	Geogr. Repetitionen in Verbindung mit der Geschichte.		Geogr. Wiederholungen namentlich der Mittelmeerländer.
11	Geschichte: (Zusammenfassende Belehrungen über die gesellschaftliche und wirtschaftliche Entwicklung, besonders in Deutschland?)		Geogr. Wiederh. im Anschl. an das geschichtl. Pensum. u. Verkehrsk.

	Ober-Prima	Unter-Prima	Ober-Sekunda
12			Die einzelnen Zweige des Welt-verkehrs: Kanäle, Eisenbahnen, Schiffahrtslinien, Telegraphen-linien. Kurze Geschichte der Verkehrsentwicklung und Wiederholungen aus d. früheren Lehrstoffe.
13			Geographie der Mittelmeerländer.
14			Wiederhol. der fremden Erdteile.
15	Wiederholungen der Geographie Deutschlands. Vergleichende Übersicht der wichtigsten Verkehrs- nnd Handelswege.	Wiederholungen der außereurop. Erdteile.	
16			Wiederholung wichtiger Handels-wege und der Mittelmeerländer im Anschluß an die Geschichte.
17			Wiederholung der außereurop. Erdteile.
18			Wiederholung und Erweiterung des früher Gelernten, besonders aus der Erdkunde Deutschlands und der außereuropäischen Erdteile. Elemente der Völkerkunde. (NB.: 1 Stunde Erdkunde, 2 Geschichte.)
19			Physische und politische Erdkunde nach Bedürfnis im Geschichtsunterricht wiederholt.
20			Vergleichende Übersicht über die wichtigsten Handels- u. Verkehrswege, sowie sonstige erdkundliche Wiederholungen.
21			Geographische Wiederholungen der in der Geschichte berührten Länder.
22			Wiederholung der außereurop. Erdteile.
23	—	—	Wiederholungen über die außereuropäischen Erdteile.
24	—	Erdteile außer Europa, Deutschland.	Europa mit besonderer Berücksichtigung Deutschlands.
25	—	—	Wiederholungen aus der physischen und politischen Erdkunde.
26		Zusammenfassende Wiederholungen im Anschluß an das Geschichtspensum. (Begründung der mathematischen Erdkunde in Anlehnung an den Unterricht in der Mathematik und Physik.) Verkehrs- und Handelswege.	Die Grundzüge der allgemeinen physischen Erd- und Völkerkunde in zusammenfassender Behandlung. Vergleichende Übersicht der wichtigsten Verkehrs- und Handelswege bis zur Gegenwart.

Die Ergebnisse, die aus vorstehender Tabelle abzuleiten sind, stimmen mit denen unter I zu genau überein, als daß es sich lohnte, sie noch einmal aufzuzählen. Es ist das um so mehr zu beklagen, als es sich diesmal um eine Gruppe von Anstalten handelt, an der die Realfächer doch mehr Raum haben sollen als an den Gymnasien.

Was die Zahl der den geographischen Wiederholungen gewidmeten Stunden anbetrifft, so finden sich hierfür folgende Vermerke:

nach Bedürfnis . . . . 1 Anstalt(en),
gelegentlich (zeitweilig) 3   „
in jedem Monat eine . . . . 3 1)   „
6 Stunden im Halbjahr 1   „
mindestens 6 Stunden im Halbjahr 1   „
alle 14 Tage eine 1   „

im Sommer { 2 Geschichte / 1 Erdkunde } im Winter 3 Geschichte 1   „

{ 2 Geschichte / 1 Erdkunde } . . . . 3 2)   „

    Außerdem verzeichnet noch eine Anstalt: in jedem Halbjahr in einer Reihe auf einander folgender Wochenstunden und gelegentlich (ohne Angabe der Zahl); eine andere nicht ganz klar: zusammenhängende Wiederholungen. Im ganzen ist die Zahl der Angaben bei den Realgymnasien etwas größer als bei den Gymnasien, aber doch noch ungenügend, um ein sicheres Bild zu geben. Es scheint indessen, als ob im Durchschnitt an den Realgymnasien auf die Wiederholungen mehr Zeit verwandt wird als an den Gymnasien. Interessant dürfte es sein zu erfahren, wie das geschichtliche Pensum bei zwei Wochenstunden zu erledigen ist.

    Die Forderung nach selbständigen Stunden und fester Umgrenzung der Lehraufgaben der einzelnen Klassen muß nach alledem auch für die Realgymnasien erhoben werden.

III. Oberrealschulen.

    Bei den Oberrealschulen ist in den neuen Lehrplänen bekanntlich eine Wochenstunde Erdkunde in den Lehrplan eingestellt. Die folgende Zusammenstellung soll zeigen, wie von den verschiedenen Anstalten diese Stunde ausgenutzt wird, fehlt es doch auch hier an einer Festlegung der Lehraufgaben in den Lehrplänen.

    Zur Verfügung standen die Jahresberichte von 30 Voll- und 3 Nichtvollanstalten oder ca 80%. Davon keine Angaben 5 resp. 1.

	Ober-Prima	Unter-Prima	Ober-Sekunda
1	Europa. Geschichte der Kolonisation und des Weltverkehrs.	Das Deutsche Reich. Allgemeine physische Erdkunde und Ethnographie.	Geographie der außereurop. Erdteile und vergleichende Übersicht der wichtigsten Verkehrs- und Handelswege.
2	Europa. Übersicht über die übrigen Erdteile. Hauptverkehrswege.	Westeuropa, Amerika, Südafrika, Ostasien. Wetterlehre.	Die Mittelmeerländer.
3	Elementare mathematische Erdkunde und die Elemente der Astronomie. Die wichtigsten Verkehrs- und Handelswege der Neuzeit in Verbindung mit der Wiederholung der Länderkunde der verschiedenen Erdteile.	Allgemeine Erdkunde: Wasser u. Lufthülle. Zusammenfassende Wiederholung Afrikas, sowie Süd- und Osteuropas.	Asien, die Inselwelt des Stillen Ozeans, Amerika, die Verkehrs- und Handelswege des Altertums. Allg. Erdkunde nach Seydlitz D, 5: Der Erdkörper als Ganzes, die Gesteinshülle, Wechselbeziehung zwischen Land und Meer.
4	Geographische Wiederholungen aus der Geographie Europas, Deutschlands, Afrikas und Asiens. Grundzüge der allgemeinen physischen Erdkunde.		Wiederholung und Ergänzung der Länderkunde Südeuropas, Afrikas und Asiens. Vergleichende Übersicht der wichtigsten Verkehrs- und Handelswege.
5	Landeskunde Deutschlands, mit Kartenskizzen. Wiederholung der außereuropäischen Erdteile mit einer Übersicht über die wichtigsten Verkehrs- und Handelswege.		Landeskunde der außereurop. Erdteile.
6	(Grundzüge der mathematischen Erd- und Himmelskunde in Anlehnung an den Unterricht in der Mathematik und Physik.) Wiederholungen aus dem erdkundlichen Pensum der mittleren Klassen. Übersicht der wichtigsten Verkehrs- u. Handelswege der Gegenwart.		Allg. Erdkunde: Luft- u. Meeresströmungen, Klimalehre, Länderk. Asiens. Übersicht über die wichtigsten Verkehrs- u. Handelswege.

1) Davon bei einer in der Prima im Monat durchschnittlich eine, in der II A alle Monat eine.
2) Davon zwei nur in der Obersekunda.

	Ober-Prima	Unter-Prima	Ober-Sekunda
7	Allgemeine Erdkunde. Deutschland. Verkehrs- und Handelswege.		Die außereuropäischen Erdteile mit besonderer Berücksichtigung der deutschen Kolonien. Die Mittelmeerländer.
8	Vertiefung des Pensums der früheren Klassen durch zusammenfassende Wiederholungen. Grundzüge der physischen Erdkunde nach Kirchhoff, Allgemeine Erdkunde S. 8—15.		Zusammenfassende Wiederholungen. Vergleichende Übersicht der wichtigsten Verkehrs- und Handelswege.
9	Allgemeine Handelsgeographie.		Die allgemeine Physik der Erde.
10	Grundzüge der Klimatologie. Ausgewählte Kapitel der Völkerkunde.	Deutschland nach allgemeinen Gesichtspunkten. Erscheinungsformen der Erdoberfläche und ihrer Veränderungen.	Geographie der Mittelmeerländer, besonders der Apenninen- und Balkanhalbinsel. Grundzüge der Verkehrsgeographie.
11	Deutschland und allgemeine Repetitionen.	Übersicht über die außerdeutschen Länder Europas. Handels- und Verkehrsgeographie.	(Außereuropäische Erdteile?)
12	Asien, Amerika, Australien: Physische und politische Erdkunde. Klimatische und ethnographische Verhältnisse. Fauna und Flora. Handelsprodukte. Physische Erscheinungen auf der Erdoberfläche. Der Weltverkehr. Hauptverkehrsmittel u. Wege.	Weltverkehr. Topographische Repetitionen (!).	Summarische Wiederholung der außereuropäischen Erdteile.
13	Wiederholung der physischen u. politischen Erdkunde Europas. Die Grundzüge der allgemeinen physischen Erdkunde. Die wichtigsten Verkehrs- und Handelswege.	Zusammenfassende Wiederholungen der Länder Europas mit Ausnahme von Deutschland. Vergleichende Übersicht der wichtigsten Verkehrs- und Handelswege. Die Lufthülle.	Das Meer. Wiederholung der außereuropäischen Erdteile nach Daniel. Die wichtigsten Verkehrswege.
14	Wiederholung der Länderkunde Europas mit Ausnahme des Deutschen Reiches. Das Leben auf der Erde in seinem Zusammenhang mit den geographischen und geologischen Verhältnissen: Pflanzen- und Tiergeographie u. Anthropogeographie (Rassen, Entwicklung der Kultur, Kulturzentren, Handels- und Verkehrswege bis zur Gegenwart).	Wiederholung der Landeskunde des Deutschen Reiches. — Die Grundzüge der geologischen Entwicklung der Erde. — Festlandskunde: Die Oberflächenformen der Festen und die Umgestaltung der Erdoberfläche in der Gegenwart.	Wiederholung der Länderkunde der außereuropäischen Erdteile und der deutschen Kolonien. Die Erscheinungen der Lufthülle des Erdkörpers. Meereskunde.
15	Wiederholung der allgemeinen Erdkunde. Vergleichende Übersicht der wichtigsten Verkehrs- und Handelswege bis zur Gegenwart. Europa.	Festland und Inseln. Bodenerhebungen. Amerika und Afrika.	Klimatische Verhältnisse der einzelnen Erdteile, besonders Europas (Temperatur, Winde, Niederschläge). Das Meer. Asien und Australien wiederholt.
16	Wiederholungen wie in U I. Übersicht über die wichtigsten Verkehrs- und Handelswege bis zur Gegenwart.	Zusammenfassende Wiederholungen aus der Länderkunde sämtlicher Erdteile mit besonderer Berücksichtigung d. wirtschaftlichen Verhältnisse.	Die Grundzüge der allgemeinen Erdkunde. Einiges aus der Völkerkunde.
17	1. Halbjahr: Das Sonnensystem und die Kant-Laplacesche Hypothese, Entstehungsgeschichte der Erdoberfläche, Vulkanismus, Erdbeben. Wiederholung: Süddeutschland, Österreich-Ungarn und die Schweiz. 2. Das Meer, Gezeiten, Meeresströmungen, Gletscher, Eiszeit. Wiederholung: Norddeutschland, Belgien und die Niederlande. 3. Die Lufthülle der Erde, Verteilung der Wärme auf der Erdoberfläche, Vegetationszonen der Erde. Wiederholung von Süd- und Osteuropa. 4. Faunengebiete der Erde; die Menschenrassen und ihre Verbreitung. Wiederholung von West- und Nordeuropa.		1. Kolonialgebiete in Afrika; Amerika einschließlich Vereinigte Staaten. 2. Kolonien in Asien und Australien. — Entdeckungsgeschichte und Handelswege (in beiden Halbjahren).

	Ober-Prima	Unter-Prima	Ober-Sekunda
18	Biogeographische Wiederholung europäischer Länder.		Vergl. Übersicht über die wichtigsten Verkehrs- u. Handelswege. Wichtige Kartenprojektionen. Bildung der Erdrinde. Wiederh. der außereuropäischen Erdteile.
19	Mitteleuropa und die deutschen Kolonien. Meer und Land. Vergleichende Übersicht der wichtigsten Verkehrs- und Handelswege. Das Wichtigste aus der Siedlungskunde.	Wiederholung der Länderkunde Europas mit Ausnahme Mitteleuropas. Das Elementare aus der astronomischen und (!) mathematischen Geographie (!). Einfache Kartenskizzen.	Die außereuropäischen Erdteile, Klimatologie, Pflanzen- und Tiergeographie, Völkerkunde. — Einfache Kartenskizzen an der Wandtafel und in Heften.
		Im Jahre eine kurze Ausarbeitung in der Klasse.	
20	Repetition Europas mit Ausnahme von Mitteleuropa. Einzelne Abschnitte aus der allgemeinen physischen Erdkunde. Die Hauptwege des Weltverkehrs. (Geschichte: Neuzeit).		S.: Deutschland physisch. W.: Deutschland politisch (!). Einzelne Kapitel der allgemeinen Erdkunde gelegentlich.
21	Vergl. Übersicht über die wichtigsten Verkehrs- u. Handelswege bis zur Gegenwart. Ausgewählte Kapitel aus der allgem. Erdkunde. Wiederholungen.	Zusammenfassende Wiederholungen. Grundzüge der allgem. physischen Erdkunde.	Grundzüge der allgemeinen physischen Erdkunde.
22		Physische und politische Erdkunde Europas. Die wichtigsten Verkehrswege.	Phys. und polit. Erdkunde der außereurop. Erdteile mit Berücksichtigung der Völkerkunde und der deutschen Kolonien. Die wichtigsten Verkehrswege.
23	Physische und politische Erdkunde von Deutschland und seinen Kolonien. Die wichtigsten Verkehrswege.	Physische und politische Erdkunde von Europa und seinen Kolonien. Die wichtigsten Verkehrswege.	Physische u. politische Erdkunde der außereurop. Länder. Die wichtigsten Verkehrswege. Einiges aus der allgem. Erdkunde.
24	Landeskunde von Europa mit Einschluß von Deutschland.	Landeskunde der außereuropäischen Erdteile.	Allgemeine (physische) Erdkunde.
25	Wiederholung der Erdkunde von Europa außer Frankreich, England, Deutschland. Vergl. Übersicht der wichtigsten Verkehrs- u. Handelswege. Zusammenfassende Wiederh. aus dem ganzen Gebiet der Erdkunde.	Wiederholungen aus der Erdkunde der britischen Inseln, Frankreichs und Deutschlands mit besonderer Berücksichtigung der wichtigsten Verkehrswege. Zusammenfassende Wiederholungen.	Grundzüge der allgem. phys. Erdkunde. Die außereuropäischen Erdteile nach Kirchhoff. Gelegentlich einiges aus der Völkerkunde. Vergl. Übersicht der wichtigsten Verkehrs- und Handelswege bis zur Gegenwart.
26	—	Weiterführung der mathem. Erdkunde(!). Allgem. phys. Erdkunde.	Mathematische Erdkunde (!).
27			Zusammenfassende Wiederholung der Länderkunde der außereuropäischen Erdteile. Grundzüge der wichtigsten Verkehrs- und Handelswege. Kartenskizzen an der Wandtafel und in Heften.

Fürwahr eine bunte Fülle des Stoffes! Hausmannskost und feinste Delikatessen! Und doch auch manche Spreu zwischen dem Weizen! Nur auf einiges sei hingewiesen: Veraltete Auffassungen über das Wesen der Erdkunde verraten die »Topographischen Repetitionen« (Nr. 12[1]), über die Methodik des Faches die Trennung der physischen und politischen Erdkunde in je ein Halbjahr in Nr. 20[2]. An 3 Anstalten finden sich kleine Unregelmäßigkeiten im Stundenplan: an einer sind die Primen in Geschichte zwar getrennt, aber nicht in der Erdkunde; an einer anderen sollen in der Prima 2 Stunden Geschichte und 2 Erdkunde sein; an einer dritten hingegen in U I und O II nur 3 Stunden Geschichte und Geographie.

[1] Vgl. auch Gymnasien Nr. 1.
[2] Dieselbe Trennung findet sich auch in der Obertertia der unter Nr. 17 aufgeführten Anstalt!

Geht man die an den Oberrealschulen durchgenommenen Pensen an der Hand der früher unterschiedenen fünf Punkte durch, so zeigt sich in Nr. 2 und auch 10 in OII die historische Auslegung der Lehrpläne. Ein einheitlicher Lehrplan besteht ebenfalls noch nicht an allen Anstalten. Man beachte namentlich Nr. 13 und 21, wo der Unterricht in 3 bzw. 2 Händen liegt, ferner Nr. 5 (ein Lehrer). Dem Inhalt nach verdienen wohl noch mehr Berücksichtigung die Kartenprojektionen (Nr. 18), die Siedelungskunde (Nr. 19) und auch die Völkerkunde. Über die Anordnung des Stoffes läßt sich in Kürze nur sagen, daß sie vielfach der im Mittelbau folgt, aber auch einige hübsche Änderungen gebracht hat (so z. B. die Umkehrung der Pensen der III A und II B in den Primen, so daß der Schüler mit einer Betrachtung der Heimat entlassen wird, mit der er einst in die Erdkunde eingeführt war [1]). Das Maß des Stoffes weist auch hier starke Gegensätze auf: die II A Nr. 2 bietet entschieden zu wenig, die der Nr. 14 zu viel. Ganz verfehlt ist wohl der Lehrplan von Nr. 26.

Die letzten Ausstellungen über den geographischen Unterricht im Oberbau der Oberrealschulen legen die Frage nach dem Ursprung der Fehler nahe. Die Antwort ist zumeist dieselbe, die schon an früherer Stelle erteilt ist: die Verteilung des Unterrichts unter die Lehrer der Anstalten. Die Betrachtung dieses Punktes möge die ganze Untersuchung abschließen. In doppelter Hinsicht muß sie geschehen: 1. Wieviel Lehrer erteilen überhaupt den erdkundlichen Unterricht an einer Anstalt?

```
1 Lehrer an  8 Vollanstalten,
2   „    „  14     „
3   „    „   8     „
```

Das Verhältnis ist also von dem der übrigen Vollanstalten nur unerheblich verschieden. 2. In wieviel Händen liegt der Geschichts- und Erdkunde-Unterricht in einer Klasse? Darüber gibt folgende Übersicht die Antwort:

	O I	U I	kombinierte Primen	O I	U I	O II
1 Lehrer	14	13	8	22	21	21
2 „	7	8	8	8	9	9

Gegen die Zeit, wo man glaubte, der Geschichts- und Geographie-Unterricht müsse in einer Klasse in einer Hand liegen, ist demnach ein Fortschritt zu verzeichnen.

Ist nun der erdkundliche Unterricht im Oberbau der Oberrealschulen befriedigend zu nennen? Jemand, der wie ich nur nach dem vorliegenden Material urteilen kann, ohne zu wissen, wie die Pensen im einzelnen erledigt werden, muß diese Frage bejahen. Ein Hauch moderner Geographie dringt einem aus den Berichten entgegen. Aber ein Bedenken kann ich auch hier nicht unterdrücken: die freie Wahl der Lehraufgaben. Auch bei den Oberrealschulen scheint mir die Forderung der amtlichen Festlegung derselben nicht entbehrlich. In den Händen von Fachmännern wird der Unterricht den hohen Flug der Gedanken, den einige der oben mitgeteilten Aufgaben verraten, trotzdem nicht verlieren.

[1] Vgl. auch Gymnasien Nr. 12.

Kleine Mitteilungen.

I. Allgemeine Erd- und Länderkunde.

Phänologische Karte des Frühlingseinzugs in Mitteleuropa. Vor etwa einem Vierteljahrhundert veröffentlichte der damalige Prof. an der Universität Gießen H. Hoffmann in Pet. Mitt. eine phänologische Karte von Mitteleuropa, die sich auf Beobachtungen an Pflanzen gründete, welche in Gießen im April zu blühen pflegen. Diese bezeichnete er selbst als vorläufige Darstellung. Nun hat sein Schüler, der jetzige Prof. an dem neuen Gymnasium in Darmstadt, E. Ihne, das gleiche Unternehmen neu ausgeführt (Pet. Mitt. 1905, Heft 5) auf Grund zahlreicher seitdem veröffentlichter Beobachtungen an Johannisbeere, Schlehe, Süß- und Sauerkirsche, Traubenkirsche, Birne, Apfel, Roßkastanie, Syringe, Weißdorn, Goldregen, Eberesche und Quitte. Die die Ergebnisse zeigende Karte läßt fünf Zonen erkennen. Am günstigsten gestellt ist das Rheingebiet, hier beginnt das Frühjahr, wie das Aufblühen jener Pflanzen zeigt, schon im Durchschnitt vom 22.—28. April. Vom 29. April bis 5. Mai fällt der Frühling in einem west-

und süddeutschen Gebiet, dem sich angrenzende Teile von Belgien und Frankreich anschließen. Im größten Teile Norddeutschlands ist der Frühlingsanfang vom 6.—12. Mai, ebenso verhalten sich Teile der oberdeutschen Hochebene und das innere Böhmen. Dagegen zeigen die Nordseeinseln Schleswig-Holstein und das ganze deutsche Küstengebiet der Ostsee, landeinwärts am weitesten nach Süden im Osten, den Frühlingsanfang vom 13.—19. Mai. Am ungünstigsten gestellt ist endlich ein Gebiet, das nördlich von diesem den größten Teil Dänemarks und der russischen Ostseeprovinzen umfaßt und den Frühlingsbeginn erst vom 20.—26. Mai zeigt. Diesem schließen sich dann auch die höheren Teile der deutschen Mittelgebirge an, während ihre unteren Teile einer oder zwei der anderen Zonen angehören.

Diese Karte veranschaulicht daher in ganz ausgezeichneter Weise den Einfluß des Klimas auf die Pflanzenentwicklung und ist doppelt wertvoll, da Verf. klimatische Beobachtungen zur Herstellung der Karte gar nicht benutzte, sie also, auf ganz andersartigen Untersuchungen aufgebaut, die klimatologischen Ergebnisse stützt.

Die Karte zeigt zugleich den Wert der oft als kleinlich belächelten phänologischen Beobachtungen. Gerade die Zusammenstellung dieser Untersuchungen, die seit H. Hoffmanns Tode alljährlich E. Ihne unternimmt, ist von hohem Werte für die Landeskunde. Daher möchte der Unterzeichnete die Gelegenheit benutzen, für solche Aufzeichnungen hier zu werben. Wer diese an seinem Wohnort aufnimmt, kann durch Prof. Dr. E. Ihne ihre Veröffentlichung und Verwertung für die Wissenschaft erlangen.

Dr. F. Höck-Luckenwalde.

Wie oft wird die deutsche Grenze von Eisenbahnen überschritten? Die Antwort auf diese Frage enthält einige verkehrsgeographisch und politisch interessante Tatsachen. Die Gesamtzahl der Überschreitungen betrug Ende 1904: 84 (ausschließlich der Dampffähre Warnemünde-Gjedser). Mit allen seinen acht Nachbarstaaten steht Deutschland durch Bahnen direkt in Verbindung. Wie ungleich aber die Verteilung der Verbindungen ist, zeigt folgende nach ihrer Häufigkeit geordnete Tabelle:

1. Österreich	36	(ca 43%)
2. Niederlande	14	(" 17 ")
3. Schweiz	11	(" 13 ")
4. Rußland	7	(" 8 ")
5. Frankreich	6	(" 7 ")
6. Luxemburg	5	(" 6 ")
7. Belgien	3	(" 4 ")
8. Dänemark	2	(" 2 ")
	84	(ca 100%)

Die Überschreitungen nach germanischen Staaten machen also ⅘ (81%), die nach romanischen und slawischen nur ⅕ (19%) aus, während das Verhältnis der entsprechenden Grenzlängen etwa wie ⅔ (ca 67%): ⅓ (ca 33%) ist. Auch die Lage der Übergangspunkte ist charakteristisch:

Es schneiden:
die Westgrenze (Niederlande, Belgien, Luxemburg, Frankreich) . . . . . 28 Bahnen
die Südgrenze (Schweiz, Österreich) . 47 "
die Ostgrenze (Rußland) . . . . . 7 "
die Nordgrenze (Dänemark) . . . . 2 "

Da die Länge der Landgrenze des Deutschen Reiches ungefähr 5000 km beträgt, so entfällt ein Übergang:

Im Durchschnitt auf ca 60 km
" Westen " " 40 "
" Süden " " 50 "
" Norden " " 60 "
" Osten erst " " 160 "

Richard Tronnier-Hamm i. W.

Die Eiszeit in den Gebirgen Europas zwischen dem nordischen und dem alpinen Eisgebiet behandelte Prof. Dr. J. Partsch in einem Vortrag auf der Naturforscherversammlung in Breslau am 21. September 1904 (abgedr. Geogr. Zeitschrift 1904, S. 657—665). Nach dem Hinweis darauf, daß die niedrigeren Gebirge Mittel- und Südeuropas gegenüber der nordischen oder alpinen Vereisung ihren glazialen Formenschatz mitten aus einer von Wetter und Wasser modellierten Umgebung durch ihre Isolierung besser zur Geltung zu bringen vermögen, gelangt zunächst die Hohe Tatra zur Besprechung. Während die Eisströme an der Nordseite dieses meerfernsten europäischen Hochgebirges stets, den orographischen Verhältnissen entsprechend, Talgletscher blieben, entwickelte sich an der steilen Südfront bei einem Sinken der Schneegrenze unter 1500 m ein wahrer Vorlandgletscher, dessen gewaltige Spuren wir in einer 10—20, selbst 40 m mächtigen Grundmoränendecke erblicken. Dieselbe wurde später von den Abflüssen der kurzen Täler zerschnitten und in die so entstandenen Lücken lagerten jüngere Talgletscher ihre Moränen, Bäche ihren Schutt ab. So löst sich der »scheinbar einheitliche Südfuß der Tatra in eng vereinte Stücke recht verschiedenen Alters auf«: 1. eine präglaziale Oberfläche, 2. eine altglaziale Oberfläche (unverletzte Decke der alten Grundmoräne), 3. eine jungglaziale (Gebilde der jüngeren Eiszeit auf und in der Altmoräne), 4. eine postglaziale (neue Erosion oder Aufschüttung nach dem Ablauf der Eiszeiten). Auch die Talgletscher der Nordseite lassen ältere und jüngere Glazialbildungen erkennen (am besten in der Umgebung von Zakopane); die alpinen Stufen fluvioglazialer Gebilde: Niederterrassen-, Hochterrassen- und Deckenschotter fanden sich auch hier, meistens lassen sich allerdings nur zwei Eiszeiten scheiden; die jüngste Vergletscherung drängt sich dem Betrachter des Landschaftsbildes wie der Detailkarte in 1:25000 geradezu auf. Die 112 Meeraugen sind aber doch nur zum kleineren Teile Moränenseen, zum größeren Teile verdanken sie ihre Entstehung der Glazialerosion auf dem Boden von Karen. Letztere sind in der Hochregion der Tatra überhaupt vortrefflich entwickelt und treten oft gesellig als »Kartreppen« auf; ebenso

23*

häufig ist die »Übertiefung« der trogförmigen Haupttäler. Drei Hauptstadien des Gletscherrückzugs während der letzten Eiszeit lassen sich sondern; die tiefste Lage der Firngrenze war 1500 m. Mehr als 360 qkm waren damals zusammenhängend von Firn und Eis bedeckt und 27 Talgletscher wälzten ihre Eismassen abwärts; darunter maß der Bialkagletscher allein 52 qkm.

Außer der Hohen Tatra zeigt nur die ihr gegenüberliegende Niedere Tatra zweifellose Gletscherspuren. Am Djumbia (2045 m) gehen die Moränen auf 900 m herab und erweisen also auch hier eine Höhenlage der Firngrenze von 1500 m.

Von diesen zentralen Erhebungen der nordwestlichen Karpathen sehen wir »die Fläche der Firngrenze der letzen Eiszeit südwärts emporschweben gegen das Balkanland, während sie in westlicher Richtung tiefer und tiefer hinabsinkt gegen den Ozean«.

Gletscherspuren an den Quellen von Theiß und Szamos leiten uns zum diluvialen Gletschergebiet der Transsylvanischen Alpen; entsprechend der um 9° südlicheren Lage scheint die Schneegrenze der jüngeren Eiszeit hier in 1850—1900 m Höhe verlaufen zu sein; am Rilagebirge (2930 m) in Ostrumelien, abermals 2° südlicher, stieg sie auf 2100 m. Auffallend ist das starke Herabsinken der eiszeitlichen Schneegrenze gegen die Adria, wo Penck am Abhang des 1900 m hohen Orjen unter 1000 m Höhe Moränen entdeckte; danach müßte die Schneegrenze hier bei 1900 m gelegen haben.

Auf weiterem Raume wiederholt sich dieser Gegensatz zwischen kontinentalen und ozeanisch beeinflußten Gebirgen an den meerfernen Erhebungen Mitteleuropas und den feuchten Westwinden bestrichenen Höhen Westdeutschlands und Frankreichs. Am Gesenke wurden diluviale Gletscherspuren vor kurzem gefunden und im eingehend untersuchten Riesengebirge schwankt die Firngrenzenbestimmung der maximalen Vergletscherung nur zwischen 1050 und 1100 m.

Erzgebirge, Harz und Böhmerwald bestätigen ein Sinken der Firngrenze im Diluvium gegen Nordwesten. Rauhe Alb und Ries bieten keine gesicherten Ergebnisse, desto mehr aber der von Steinmann durchforschte Schwarzwald. Hier bietet das Zusammentreffen mit alpinen Glazialbildungen im Rheintal wertvolle Anhaltspunkte. Die Gletscherentwicklung im südlichen Schwarzwald sieht stark von der Exposition ab; keinesfalls aber darf im Wutachgebiet die Firngrenze unter 950 m gesucht werden, und im nördlichen, niedrigeren Teile des Gebirges war die Vergletscherung natürlich noch weit bescheidener.

Wesentlich großartiger erscheint die jüngere Vereisung des genau untersuchten Wasgenwaldes, wo die Schneegrenze bis 800 m, stellenweise noch tiefer lag. So stellt sich ein Übergang her zur ozeanischen Klimaprovinz des zentralen Frankreich.

Im allgemeinen fand Partsch seine vor längeren Jahren geäußerten Anschauungen bestätigt: »In Mitteleuropa waren zwar nicht die Temperatur- und Niederschlagsverhältnisse selbst, wohl aber ihre Abstufungen von Land zu Land zur Eiszeit den heutigen ähnlich. Es herrschte dieselbe klimatische Harmonie, nur einige Oktaven tiefer«.

Eine Schätzung der Differenz zwischen der jetzigen und der diluvialen Schneegrenze führt auch heute zu dem Ergebnis, »daß die eiszeitliche Depression der Schneegrenze unter ihre heutige Höhenlage im ozeanischen Westen viel bedeutender war als im kontinentalen Osten«.

Dr. Georg A. Lukas-Graz.

Einen Besuch auf der Verbrecherinsel Sachalin schildern die »Grenzboten« (1905, Nr. 15, S. 92—100). Diese Insel, von Japan nur durch die schmale La Perouse-Straße getrennt, war bis 1875 teilweise in japanischem Besitz und wurde damals gegen die Kurilen an Rußland überlassen. Neuerdings hat sie die Aufmerksamkeit auf sich gezogen, da es scheint, als ob die Japaner ihre Abtretung zu einer der Friedensbedingungen machen wollen. Sie werden jedenfalls eher als die Russen Mittel und Wege finden, um die reichen natürlichen Schätze des Landes (Kohlen, Erze, Petroleum, Pelztiere und Fische) zu heben. Bis jetzt ist das Land noch fast gar nicht an den allgemeinen Weltverkehr angeschlossen, im Sommer fährt alle Vierteljahr ein Postdampfer von Otaru (Jesso) nach Sachalin, im Winter wird die Post ein- bis zweimal auf Hundeschlitten über die Meerenge befördert. Landungsplatz im Süden ist Korsakowsk an der Aniwa-Bai. Außer Offizieren, Soldaten, Beamten lebt aber dort nur ein russischer Kaufmann, alle anderen europäischen Bewohner sind verbannte russische Verbrecher, sogar Dienstboten nimmt man aus den entlassenen Verbrechern. Dies alles sind Leute, die in anderen Ländern zum Tode oder zu lebenslänglichem Zuchthaus verurteilt worden waren (keine politischen Verbrecher). Zunächst müssen sie eine gewisse Zeit Zwangsarbeit leisten, dann können sie innerhalb eines bestimmten Bezirks ihren Verdienst suchen oder ein Stück Land zur Ansiedlung bekommen. Viele von diesen begehen dann neue Raub- und Mordtaten, selten gelingt einmal ein Fluchtversuch. Korsakowsk ist wie alle sibirischen Städte ganz aus Holz erbaut (bis auf einige Regierungsgebäude) und hat eine russische Kirche, aber kein Gasthaus. Ein Besuch der Gefängnisse wird nicht mehr gestattet, da der Regierung die Veröffentlichungen darüber nicht angenehm sind, jedenfalls sollen ganz unmenschliche Zustände dort herrschen. An der Küste entlang ziehen mäßig hohe, z. T. steile Berge, mit dichtem Urwald aus Nadelhölzern bedeckt. Am Strande findet man Wal-

fischknochen, interessante Muscheln und schöne
Versteinerungen, Wasservögel und Robben beleben das Meer. An der Küste wurden vor
dem Kriege alljährlich von japanischen Fischern
im Frühjahr Heringsfangstationen eingerichtet.
Die Fische kommen in jedem Jahre ziemlich
zur selben Zeit von Süden her. Ihre Ankunft
ist ein großes Ereignis. Weit hinaus ist das
Wasser von dem Laich weißlich gefärbt, am
Strande können die Tiere mit Händen gefangen
werden. Ein kleiner Teil der gefangenen Heringe
wird gesalzen und zum Versand verpackt, die
meisten werden als Düngemittel in Japan verwendet. Hierzu werden sie gekocht, gepreßt
und getrocknet. Das beim Pressen ablaufende
Öl dient zur Herstellung billiger Seifen, Schmier-
öle usw. *Oberlehrer Böckler-Kempen.*

**Der Kongostaat und die Anklagen gegen
denselben,** lautet das Thema eines Vortrags,
welchen M. Schlagintweit in der Abteilung
München der deutschen Kolonial-Gesellschaft
im vorigen Jahre hielt und der als Manuskript
gedruckt uns vorliegt. Im Gegensatz zu dem
auf der Vorstandssitzung der Gesellschaft zu
Karlsruhe gefaßten Beschluß, den Reichskanzler
zu ersuchen, mit den übrigen Signatarmächten
der Berliner Konferenz über eine Revision der
Kongo-Akte zu beraten, warnt er (im Einverständnis mit Prof. v. Stengel) vor einer Bewegung, die nur auf politischen und höchst
eigennützigen englischen Handelsinteressen beruhte und auf ein englisches Protektorat über
das Kongogebiet hinauslaufe. Er ist der Ansicht, daß der Kongostaat mit seiner Boden-
politik uns ein nachahmenswertes Muster gegeben hat und daß die Angriffe wegen schänd-
licher Mißhandlung und Ausbeutung der Eingeborenen »in der Hauptsache« durchaus un-
begründet und verfehlt sind, wie die Fälle
Rabinek und Epondo beweisen.

Wir vertreten in dieser Frage freilich einen
entgegengesetzten Standpunkt. Man findet diesen
am besten skizziert vom Pfarrer Gust. Müller-
Groppendorf in der Monatsschrift »die Deutschen Kolonien«, Gütersloh 1903, S. 81—98.
Dr. Max Georg Schmidt-Marburg.

II. Geographischer Unterricht.

**Der jüngste Jahrgang der Geographie-
lehrer** an den höheren Schulen Preußens stellt
sich nach dem »Kunze-Kalender« für das Schuljahr 1904 folgendermaßen: Von den 486 Seminar-
kandidaten des Jahrg. 1904/05 haben 86 die
Lehrbefähigung für Erdkunde erworben, gegen
85 von 394 im Vorjahre. Mithin sank der
prozentuale Satz, im Jahrg. 1902/03 24,1 v. H.
betrug, von 21,6 v. H. des Jahrg. 1903/04 weiter
auf 17,7 v. H. (18mal ist Erdkunde unter den
Fakultäten an erster Stelle angegeben, 19mal
im Vorjahre.)

Nach den Angaben, die ich zu der entsprechenden Übersicht im Vorjahre machte
(vgl. Geogr. Anz. 1904, S. 14), liegt dieser Rückgang des Zudranges zu unserem Fache — wenn

er auch mit Rücksicht auf die geographische
Wissenschaft und ihre Vertretung an der Schule
zu bedauern ist — jedenfalls im praktischen
Interesse der betr. Herren Fachgenossen, da
das Angebot der Erdkundelehrer den Lehrbedarf
für die zur Zeit lehrplanmäßig eingerichteten
Geographiestunden noch immer übersteigt, und
da aus den früheren Jahrgängen jedenfalls noch
ein erheblicherer Überschuß von Lehrkräften
vorhanden ist.

Hinsichtlich der gewählten Kombinationen
von Lehrfächern hat sich das Bild im Vergleich
zum Vorjahre gleichfalls verschoben. (Die eingeklammerten Zahlen bezeichnen den vorjährigen
Bestand.) Die Erdkunde tritt auf: in Verbindung
mit der Mathematik und den Naturwissenschaften 22mal (gegen 14mal, bzw. 18mal);
in Verbindung mit Geschichte und Deutsch
30mal (gegen 35mal); in Verbindung mit Geschichte überhaupt 39mal (gegen 50mal); in
Verbindung mit Französisch und Englisch
17mal (gegen 10mal), dazu noch 8mal in Verbindung mit einer der genannten neueren
Sprachen; in anderen Verbindungen 5mal (gegen
7mal). (Der Überschuß von 5 erklärt sich durch
Kombinationen von Geschichte und den genannten Sprachen.)

Es ist also hiernach neuerdings eine bemerkenswerte Neigung der Neuphilologen zur
Erdkunde zu verzeichnen, die auch m. E. erfreulich ist (Vgl. H. Fischer im Geogr. Anz.
Jahrg. 1905, S. 87 oben). Die Statistik der Erd-
kundevertreter nach Provinzen ist bei der diesjährigen Einrichtung des »Kunze-Kalenders«
nicht ersichtlich. *Dr. C. Cherubim-Stettin.*

**Die Geographie in der niederösterreichi-
schen Direktoren-Konferenz.** Im Geogr. Anz.,
5. Jahrgang, Heft 1, S. 14 f. habe ich in Kürze
über den Mißerfolg der Eingaben einer bedeutenden Zahl von Lehrern der Geographie
an die zweite niederösterreichische Direktoren-
Konferenz inbetreff der Behandlung der Geographie an den Mittelschulen (Gymnasien) berichtet. Vor kurzem ist nun der genaue Bericht über
diese Konferenz im Auftrag des niederösterreichischen Landesschulrats erschienen (Verhandlungen der zweiten Konferenz der Direktoren der Mittelschulen im Erzherzogtum Österreich unter der Enns, bei Hölder-Wien). Es
ist daher gewiß angezeigt, auf diese authentische Quelle gestützt, die Ansichten der Konferenz-
teilnehmer in bezug auf die Behandlung der
Geographie und das Ergebnis kennen zu lernen.
Bekanntlich war der Konferenz die Frage vorgelegt worden, ob am Gymnasium die Geographie
von der Geschichte zu trennen sei. Der Referent
Direktor Kny hatte aus Eigenem neben den
von uns Lehrern aufgestellten und überreichten
Forderungen noch einige andere von ihm wohl-
begründete Anträge gestellt, nämlich: 1. Die
Methodik der Geographie im Obergymnasium
sei im Sinne des naturwissenschaftlichen Unterrichtsbetriebs umzugestalten. 2. Auf der Unter-

stufe sei in der III. Klasse dem geographischen Unterricht eine Stunde zuzulegen. 3. Der Geographie werden im Obergymnasium in der V., VI. und VII. Klasse bestimmte Stunden der dem Geschichtsunterricht zugemessenen Zeit, etwa alle 14 Tage eine Stunde, die niemals ausfallen dürfe, zugewiesen. 4. Die Geographie möge für den geschichtlichen Unterricht, besonders für die historische Geographie den Boden vorbereiten und so zur Konzentration des Unterrichts überhaupt beitragen. 5. Der geographische Unterricht im Untergymnasium kann auch von dem dazu befähigten Lehrer der Naturwissenschaften erteilt werden. 6. Die Trennung beider Disziplinen (Geschichte und Geographie) soll auch äußerlich durch Trennung der Klassifikation in allen Zensuren, in den Semestral- und Maturitätszeugnissen zum Ausdruck kommen.

Wie schon im ersten Bericht kurz bemerkt worden, endete die ganze Agitation mit einem vollen Mißerfolg, denn von allen Punkten fand nur der 3. eine schwache Majorität, und es sei gleich hier hinzugefügt, daß, jedenfalls deswegen, seither ein Ministerialerlaß erschienen ist, der bedingungsweise an manchen Mittelschulen, wo in der III. Klasse die Zahl der obligaten Stunden 25 nicht übersteigt, die Einführung der verlangten vierten Stunde gestattet. Doch ist das erstens nicht der Kardinalpunkt unserer Forderungen, zweitens überhaupt eine halbe Maßregel, da z. B. von 15 Wiener Gymnasien nur 5 in der angegebenen Lage sind, daher nun zweierlei Maß an gleichwertigen Anstalten eingeführt ist. Prof. Dr. Becker berichtete am letzten Geographenabend über diese Verhandlungen und hob mit Nachdruck hervor, daß gleich zu Beginn der betreffenden Verhandlungen durch eine Bemerkung des Vorsitzenden den Mitgliedern der Versammlung, selbst wenn sie der Geographie milder gesinnt gewesen wären, die Hände gebunden wurden, indem er darauf hinwies, daß nach dem Organisationsentwurf, der Gesetzeskraft habe, die Trennung der Geographie und Geschichte undurchführbar sei. Warum aber, möchte ich fragen, hat dann das hohe Ministerium selbst ausdrücklich die Frage zur Diskussion gestellt, ob beide Gegenstände zu trennen seien? Da ist doch ein krasser Widerspruch! Eigentümlich berührt es auch, daß die Konferenz den ersten Punkt mit Majorität angenommen, den dritten aber, wo doch die zur Vertiefung des Unterrichts nötige Stunde in einigen Oberklassen als obligatorische und nicht auszulassende verlangt wird, abgelehnt hat! Auch die Punkte 5 und 6 wurden abgelehnt, über Punkt 4 überhaupt nicht abgestimmt. Interessant sind außerdem die Äußerungen verschiedener Teilnehmer der Konferenz über unseren Gegenstand, und ich möchte wünschen, daß jeder Lehrer der Geographie, der auf unserer Seite steht, diese Verhandlungen des Näheren nachlesen möge, da hier nicht der Platz ist,

eingehender zu berichten. Wir lernen immer aufs neue einsehen, daß es sehr schwer sein wird, einerseits eingewurzelte Vorurteile, die mit falschem oder ungenügendem Verständnis des Gegenstandes verbunden sind, zu besiegen, anderseits aber auch wohlwollende und einsichtige Freunde der Erdkunde ganz auf unsere Seite zu ziehen. Wenn Hofrat Dr. Penck auf dem erwähnten Geographenabend doch einen Erfolg konstatierte, und der Hoffnung Ausdruck gab, daß so Schritt für Schritt allmählich die Sache durchdringen müsse, so wollen wir dennoch nicht vergessen, daß die Hauptforderung sein und bleiben muß, die Geographie sei von der Geschichte zu trennen. *Prof. F. Banholzer-Wien.*

Programmschau.

In dem Programm des k. k. tschech. Staatsgymnasiums in Trebitsch (1903) behandelt Dr. E. Muška die »Physische Erdkunde im geogr. Unterricht, namentlich an Gymnasien«. Verfasser wirft die Frage auf, ob die Geographie überhaupt eine ihrem assoziierenden Charakter und ihrem Werte für das praktische Leben entsprechende Stellung im Lehrplane des Gymnasiums einnimmt. Die Antwort lautet verneinend, besonders für die physische Geographie. Gegenwärtig bietet man nur den Untergymnasiasten bloß die allerwichtigsten tatsächlichen Erscheinungen der Atmo-, Hydro-, Litho- und Biosphäre. Eine Vertiefung und Vermehrung dieser Kenntnisse, besonders eine Aufklärung über Ursache und Folge dieser Tatsachen für die Erdoberfläche und über ihren inneren Zusammenhang ist bis jetzt nicht vorgesehen. Gerade das aber wäre die Aufgabe des Obergymnasiums, wo die Geographie ebenso wie die anderen Gegenstände von neuem beginnen sollte. Der Verfasser verlangt hierfür mindestens zwei Stunden wöchentlich, ohne aber konkrete Vorschläge zu machen. *Prof. J. Benes-Horn.*

Kartographie bei den Naturvölkern. Von Dr. Wolfgang Dröber. (Erlangen 1903, Junge & Sohn). Als Programm der Realschule Erlangen hat Dröber eine interessante Studie über die urwüchsige Kartographie bei den Naturvölkern veröffentlicht, die sich auch auf mündliche Auskünfte Pechuel-Lösches stützen konnte, der ja in Afrika geraume Zeit mit Naturvölkern verkehrte. Interessant ist das Verständnis, das von verschiedener Seite den Eskimos für kartographische Dinge, besser vielleicht für geographische Orientierung nachgerühmt wird. Jedenfalls wird die Schneelandschaft diese Orientierungsgabe besonders entwickeln. Auch die merkwürdigen Stabkarten, welche unsere ethnographische Museen aufweisen, werden erwähnt. Dröbers Schrift legt nahe, es als ein Verschulden der Schule aufzufassen, wenn weite Schichten unserer Kulturmenschen noch so vielfach rückständig im Verständnis unserer guten Karten sind. *Oskar Steinel-Kaiserslautern.*

Eine Instruktionsreise in den Harz. Von W. Schwarz. (Progr.-Beilage des Realgymn. des Johanneums in Hamburg. 8°, 75 S., 2 Fig., (1903), Nr. 836). Die Pfingstfahrt, die das Realgymnasium des Johanneums seit vielen Jahren mit seinen Primanern unternimmt, ist diesmal auch in den Dienst des Unterrichts gestellt; das »Bedenken, ob es gerechtfertigt sei, unseren Schülern die ohnehin kurz bemessenen Stunden des Wanderns durch Besichtigungen und Belehrungen zu verkürzen« hat der Verlauf der Reise widerlegt. Teilnehmer: 20 Primaner aus 3 Coeten, 3 Lehrer. Reisedauer 6 Tage, Kosten etwas über 5 Mark den Tag außer der Fahrt. Nur Bettenquartier (3 Mark mit Hauptmahlzeit und Frühstück). Schwarz gibt ein genaues Itinerar (mit Hotels) und eine Erzählung der Reise, ähnlich wie Heyn in seiner Kieler Programmschrift von 1902, Nr. 324; der Hauptwert ist auf die geologische und technische Belehrung gelegt. Sehr erfreulich ist es zu sehen, wie Schwarz überall die allgemeinbildenden Elemente im Auge hat und sich vor dem Suchen nach geologischen Spezialitäten und Seltenheiten hütet; die geographische Bedeutung des Gesehenen scheint auch zu ihrem Rechte zu kommen, und einige beiläufige Bemerkungen zeigen, daß der Verfasser in seinen Schülern eine lebendige Verbindung an Naturkenntnis und Naturgenuß zu erwecken sucht, als deren Meister er selbst Goethe nennt. Bei längerer Erfahrung — Schwarz wie voriges Jahr Heyn beschreiben ihre erste Reise — dürfen wir wohl auf speziellere Mitteilungen über die Methode hoffen: Umfang und Art der Vorbereitung, Unterweisung auf dem Wege, Verarbeitung zu Hause; bis dahin wird der Lehrer, der seine Schüler mit Verstand reisen lehren will, auch hieraus nur Anregung, sondern auch Anleitung finden. *Dr. Sebald Schwarz-Lübeck.*

Persönliches.

Ernennungen.

Die Landesgeologen an der Geologischen Landesanstalt in Berlin, Dr. August Denckmann und Dr. Kurt Oagel haben den Auftrag erhalten, vom nächsten Wintersemester an Vorlesungen an der Bergakademie zu halten. Denckmann wird über das Paläozoikum des Rheinischen Schiefergebirges, Oagel über die Geologie der deutschen Schutzgebiete lesen.

Berufungen.

Prof. Dr. Robert Sieger in Wien als Nachfolger Ed. Richters an die Universität Graz.

Auszeichnungen.

Dem Direktor des botanischen Gartens Geh. Hofrat Dr. Drude in Dresden das Ritterkreuz 1. Kl. des Kgl. sächs. Verdienstordens.

Unserem Mitarbeiter, Oberlehrer Prof. H. Engelhardt in Dresden-Neustadt das Ritterkreuz 1. Kl. des Kgl. sächs. Albrechtsordens.

Todesfälle.

Der Australienforscher Sir Augustus Gregory, geb. 1819 in Noltingham, ist vor kurzem gestorben. Elisée Reclus, geb. 1830 zu Saint-Foye-la-Grande, im Dep. Gironde, Frankreich, starb in Thourout am Herzschlag.

Geographische Nachrichten.

Kongresse.

Zur 77. Versammlung deutscher Naturforscher und Ärzte, die vom 24.—30. Sept. in Meran stattfindet, stehen folgende geographische Vorträge auf der Tagesordnung: In der Abteilung 7 (Geographie, Hydrographie und Kartographie): 1. Delkeskanz-Gießen: Mineralquellen in ihren Beziehungen zu Erzlagerstätten und Eruptivgesteinen. (Gemeinsam mit Abteilung 6 und 8.) 2. v. Haardt-Wien: Die Kartographie d. Balkanhalbinsel. 3. Krebs-Großflottbeck bei Hamburg: Topographische Aufnahmen durch Schrittmessungen. 4. Löwl-Czernowitz: Zur Theorie des Vulkanismus. (Gemeinsam mit Abteilung 6 und 8.) 5. Graf Matuschka-Berlin: Beiträge zur Stübelschen Vulkantheorie auf Grund eigener Beobachtungen auf Java. (Gemeinsam mit Abteilung 6 und 8.) 6. Mommert-Schweinitz: Zur Topographie von Jerusalem. 7. Moriggl-Innsbruck: Einfluß des Reliefs auf die diluviale Vergletscherung. 8. v. Neumayr-Neustadt a. Haardt: a. Allgemeine Ergebnisse der antarktischen Forschungsreisen in den letzten 8 Jahren vom geographischen Standpunkt aus. b. Bericht über die 3. Auflage des Werkes: »Anleitung zu wissenschaftlichen Beobachtungen auf Reisen«. 9. Peucker-Wien: Geometrisch-optische Raumdarstellung in der Ebene. (Gemeinsam mit Abteilung 1, 2 und 3.) 10. Schlüter-Friedenau bei Berlin: Die Aufgaben der Geographie des Menschen (Anthropogeographie, Kulturgeographie). 11. v. Wieser-Innsbruck: Die Karte des Nikolaus von Cusa. — In der Abteilung 6. — (Geophysik, Meteorologie und Erdmagnetismus). 12. Krebs-Großflottbeck bei Hamburg: a. Das meteorologische Jahr 1904/05 mit besonderer Beziehung auf die Niederschlagsverhältnisse. b. Barometrische Ausgleichsbewegungen in der Erdatmosphäre. c. Vulkanismus zur See. (Gemeinsam mit Abteilung 7 und 8.) 13. v. Neumayr-Neustadt a. d. Haardt: Vorlage einer Abhandlung über eine von mir ausgeführte erdmagnetische Vermessung der bayerischen Rheinpfalz und ihre Beziehungen zu den geognostischen Verhältnissen. 14. Rudolf-Straßburg: Die wichtigsten Ergebnisse der modernen Erdbebenforschung (mit Vorführung einiger Seismogramme als Lichtbilder. Gemeinsam mit Abteilung 7 und 8) und in Abteilung 8: (Mineralogie, Geologie und Paläontologie) 15. Commenda-Linz: Über den mineralogisch-geologischen Unterricht an mittleren und höheren Schulen. 16. Krebs-Großflottbeck bei Hamburg: Vulkanismus zur See. (Gemeinsam mit Abteilung 6.)

Die für den vom 5. bis zum 7. Oktober d. J. in Berlin stattfindenden Deutschen Kolonialkongreß in Aussicht genommene Ausstellung von Kolonialprodukten und Kolonialpflanzen ist nunmehr gesichert. Für die Ausstellung lebender Kolonialpflanzen im Kgl. Botanischen Garten werden Prof. Dr. Volkens und Garteninspektor Perring Sorge tragen. Die Ausstellung von Kolonialprodukten, zu welcher das Kgl. Botanische Museum selbst schon einen großen Teil liefert, wird Kustos Prof. Dr. Gürke-Berlin W-Schöneberg, Grunewaldstraße 6—7 leiten, welchem auch die Veranstalter des Kongresses (nur solche!) die Anmeldungen bezüglich der von ihnen auszustellenden Objekte zusenden wollen. Ferner hat der Direktor des pharmazeutischen Instituts in Dahlen sich bereit erklärt, kleinere tropenlandwirtschaftliche Maschinen durch die in seinem Institut befindlichen Motore in Betrieb zu setzen.

Forschungsreisen.

Afrika. Leo Frobenius berichtet über den bisherigen Verlauf seiner Forschungsreise in das Kasai-Gebiet an die Berliner Gesellschaft für Erdkunde. In großen Zügen verlief die Reise folgendermaßen: am 29. Dez. 1904 ab Antwerpen, 5. Januar 1905 Teneriffa, 18. Januar Boma, 28. Januar ab Kinschassa, 2. Februar an Dima, 18. Februar ab Dima und Beginn der Kuilu-Reise, die nach fünftägiger Dampferfahrt auf dem 300—400 m breiten Flusse bis Mitschakila führte, wo vom 23. Februar bis 19. Mai das Hauptquartier aufgeschlagen wurde. Hier widmete sich der Forscher dem eingehenden Studium und der Schilderung der verschiedenen umwohnenden Völker, wobei er durch die sprach- und landeskundigen Beamten der »Compagnie du Kasai« die weitgehendste Unterstützung fand.

Polares. Mitte Juli hat Commander Peary seine Nordpolfahrt auf dem neuen Polarschiff »Roosevelt« angetreten. Er wird seinen Weg durch den Smithsund nehmen, in Etah eine Kohlenniederlage und am Kap Sabine eine Lebensmittelniederlage errichten. Im September hofft er die Nordküste von Grantland zu erreichen, wo das Schiff überwintern soll, und von wo aus umfangreiche Schlittenreisen unternommen werden sollen.

Besprechungen.

I. Allgemeine Erd- und Länderkunde.

Strohmeyer, Ernst, Schleswig-Holsteinisches Wander- und Reisebuch. 8⁰, XX, 144 S., 9 Kartenblätter, 3 Textkarten, 1 Übersichtskarte. Kiel 1905, Walter O. Mühlau.

Es mehren sich erfreulicherweise die Zeichen, die erkennen lassen, daß die Lust am Fußwandern immer mehr zunimmt, und Seumes bekanntes Wort von dem Werte des »Gehens« scheint an größeren Kreisen unseres Volkes seine Heilkraft zu bewähren. Darum ist jedes Buch freudig zu begrüßen, das sich zum Ziele setzt, zum Fußwandern Lust zu machen und diese Lust vor allem in die gebildeten Kreise zu tragen. Es tut wahrlich immer noch not, daß durch das Fußwandern gerade die Gebildeten die leider immer noch bestehende Mißachtung dieser Art des Reisens aus der Welt (zum mindesten der

Gastwirte und Kellner des Flachlandes) geschafft werde. Ein solches Buch ist das oben genannte Werkchen. Es führt uns in die schönsten Gegenden des meerumschlungenen Landes, dessen stille Reize immer noch so wenig gekannt sind; und es sind gerade die auf Fußwegen und verschwiegenen Waldpfaden erreichbaren schönsten Punkte, die uns das Buch finden lehrt. Es ist ein durchaus »erwandertes« Buch und darum reich an praktischen Fingerzeigen. Doch ein tieferes Verstehen der Landschaft und des Volksschlages erwächst nur dem, der einen Einblick in die Entstehung des Bodens der Heimat, in ihre Geschichte und ihre volkstümlichen Überlieferungen gewonnen hat. Diesem Zwecke dient die Einleitung aus der Feder Dr. Oloys, der schon durch mannigfaltige Schriften zur Landes- und Volkskunde Schleswig-Holsteins beigetragen hat; zu demselben Zwecke ist vor jedem Abschnitt auf Müllenhoffs Sagen und und Märchen hingewiesen. Für den, der sich näher mit Land und Volk beschäftigen will, ist ein Literaturverzeichnis beigegeben, das mir aber doch über den Rahmen eines »Reise- und Wanderbuches« hinauszugeben scheint. Es ist mir zu bunt und zu »gelehrt«, und ich glaube kaum, daß ein allgemein gebildeter Mensch, der mehr über Schleswig-Holstein lesen will, beispielsweise zu Jansens Poleographie der cimbrischen Halbinsel oder zu den Topographien aus der Mitte des vorigen Jahrhunderts greifen wird. Dieses Literaturverzeichnis kann wohl bei einer Neuauflage, die ich dem Führer sehr wünsche, wegfallen. Der ganze Stoff ist so gegliedert, daß wir in 22 sich aus der natürlichen Zusammengehörigkeit des durchwanderten Gebiets ergebenden Abschnitten aus der näheren Umgebung Kiels in die ferneren Gegenden Holsteins, schließlich nach Schleswig bis zum Bismarckturm gekrönten Knivsberg in der Nordmark geführt werden. In einem folgenden Abschnitt begleiten wir die Haupteisenbahnstrecken des östlichen Landes nach Altona, Lübeck und Flensburg und werfen Blicke auf das Land rechts und links von der Eisenbahn. (Könnte nicht, nebenbei bemerkt, der Titel jener hübschen, billigen neuen Führer so geändert werden?) In den beiden letzten Abschnitten machen wir endlich lohnende Seefahrten nach Svendborg auf Fünen und Nakskow auf Laaland.

Die Benutzung des Führers wird durch neun klar und scharf gezeichnete Kärtchen wesentlich erleichtert, noch dazu, da der Verfasser die von ihm im Text erwähnten Fußwege eingezeichnet hat. Die in den Text gedruckten Karten veranschaulichen die historische interessante Gegend bei Schleswig mit dem Danewerk, die Lage der Düppeler Schanzen mit den Parallelen und endlich die Umgebung von Svendborg. In einem Falze ist eine Übersichtskarte des westlichen Beckens der Ostsee beigegeben.

Dr. M. Hammer-Kiel.

Becker, A., »Wasgaubilder«. 203 S. Kaiserslautern 1903, Thieme. 2 M.

Es ist kein eigentlich geographisches Buch, von dem wir hier sprechen. Schilderungen von Land und Leuten nehmen nur einen bescheidenen Teil des Inhaltes ein, der bei den weiten größeren historische Erinnerungen, die sich dem Verf. bei seinen Streifzügen durch das Elsaß und die südliche Pfalz aufgedrängt haben. Mit besonderer Vorliebe hat er bei den alten Sagen und ihren Stätten verweilt. Daneben finden sich zahlreiche geschichtliche und kulturgeschichtliche Skizzen. Das Buch ist frisch und lebendig geschrieben und wird gewiß jedem Leser angenehme und zugleich anregende und lehrreiche Stunden bereiten.

Dr. R. Langenbeck-Straßburg.

Karutz, Dr. **Richard,** Von Lübeck nach Kokand. Aus den »Mitt. der Geogr. Gesellschaft und des Naturhistor. Museums« in Lübeck. 2. Reihe, Heft 18. Lübeck 1904, Lübeke & Nöhring.

Die Arbeit berichtet in fesselnder Form, stellenweise in blumenreichem Stile, von einer Reise, die der Verfasser, um ethnographische Gegenstände zu sammeln, mit der Eisenbahn durch Südrußland und von Krasnowodsk am Kaspischen Meer nach Merw, Buchara, Samarkand, Taschkent, Kokand und auf dem Rückwege über Tiflis nach Wladikawkas in nur wenigen Wochen ausgeführt hat. Oft betretene Stätten, viel befahrene Wege, kurz häufig Beschriebenes wird also oder neuem geschildert, und doch hat diese Arbeit ihren Wert, nach zweierlei Richtung hin. Erstens ist es nicht unwillkommen, eine neue ausführliche Darstellung vom Gegenwartsbilde zu erhalten, das Städte und Landschaft, Volkstreiben und Wirtschaftsgefüge in den bereisten Gebieten zeigen; denn schnell ändert sich alles dies an den Grenzen des europäischen Kulturgebiets und des asiatischen. Zweitens ist, so wenig Neues auch enthüllt wird, doch die auf guten literarischen Quellen und flüchtiger eigener Beobachtung ruhende Schilderung vom »Kommen und Gehen der Völker in Mittelasien« in ihrer besonnenen Abwägung der schwebenden Streitfragen lesenswert, insbesondere für jeden, der sich in diesen ebenso anregenden wie schwierigen Gegenstand der Forschung hineinarbeiten möchte. *Dr. F. Lampe-Berlin.*

Wegener, Dr. **G.,** Tibet und die englische Expedition. 147 S., ill., 2 K. Halle a. S. 1904, Gebauer-Schwetschke. 3 M.

Unter den zahlreichen Arbeiten, die Dr. Wegener während der letzten Jahre in unermüdlicher Schriftstellerei veröffentlicht hat, nimmt das kleine Buch über Tibet eine besondere Stellung ein. Es berichtet nicht von eigenen Reisen des Verfassers, beruht nicht auf persönlicher Anschauung, knüpft dafür aber an ältere Studien an, die Dr. Wegener noch unter unmittelbarem Einfluß Ferdinands v. Richthofen veröffentlicht hat und die nicht ohne wissenschaftlichen Wert waren. Das Buch hat, frei von Augenblickseindrücken, an Tiefe ebenso viel voraus vor den mehr der Unterhaltung gewidmeten Reiseberichten des Verfassers, wie an Frische der Schilderung hinter ihnen zurückbleibt. Der Inhalt, auf guten Quellen beruhend, ist zuverlässig, doch die Form minder glatt, als man bei Dr. Wegener gewohnt ist. Vielleicht ist das Buch etwas rasch geschrieben, um rechtzeitig weite Kreise über die Bedeutung der englischen Tibetexpedition aufzuklären. Zahlreich finden sich einfache Druckfehler, solche die gegen Rechtschreibung (S. 48), Sprache (S. 100), Sinn (S. 39) verstoßen oder Irrtümmer des Lesers veranlassen können (S. 88). Auch Satzungeheuer (S. 22) kommen vor. Ein Lehrer wird sich aus dem Buch für den Unterricht über Tibet gut vorbereiten können, denn es enthält viel übersichtlich gruppierten Stoff. *Dr. F. Lampe-Berlin.*

Deckert, Emil, Nordamerika. 608 S. mit 150 Abbildungen im Text, 12 Karten und 21 Tafeln. Leipzig 1904, Bibliographisches Institut. 16 M.

Die Neubearbeitung der zweiten Auflage der »Allgemeinen Länderkunde« des Bibliographischen Instituts schreitet rüstig vorwärts und sie erhebt das Werk weit über den Standpunkt, den es in der ersten Ausgabe erreichen konnte. Deckerts Nordamerika kann als vollständig neues Werk betrachtet

werden. Diese Ausdehnung des Stoffes ist nicht allein dadurch möglich geworden, daß durch die Teilung gdes ursprünglichen Bandes Amerika dem Verf. ein ganzer Band zu seiner Arbeit eingeräumt werden konnte, sie war auch bedingt durch die außerordentliche Bereicherung, welche das wissenschaftliche Material seit dem Abschluß der ersten Ausgabe gefunden hat. Die hochherzige Freigebigkeit amerikanischer Millionäre hat der wissenschaftlichen Forschung drüben einen mächtigen Anstoß gegeben und daneben haben große Staatsanstalten, wie der Geological Survey, der Coast and Geodetic Survey, der Chief of Engineers, das Weather Bureau, das Bureau of Ethnology, der United States Census in einer großen Folge schwerwiegender Bände eine kaum übersehbare Menge wissenschaftlichen Stoffes niedergelegt. Ihn zu bewältigen war Deckert der gegebene Mann. War es ihm doch, ganz abgesehen von seinen sonstigen wissenschaftlichen Studien, vergönnt, seit der ersten Ausgabe »in bewegten Wanderjahren zu Roß und zu Fuß so manchen Winkel der Länder seiner Wahl zu durchstreifen, der ihm vorher fremd geblieben war. An einer Reihe von Orten, die inmitten typischer Landschaften lagen, durfte er auch länger — in manchen Fällen jahrelang — weilen, um sich genauer mit ihren Natur- und Siedelungsverhältnissen vertraut zu machen und eingehendere Studien an sie anzuschließen, und an andere bedeutsame Orte, wie etwa in die großartige Cañongegend von Arizona, in die hohe Sierra Nevada und in das Gebiet der mexikanischen Riesenvulkane, durfte er wieder und wieder zurückkehren, um an seine älteren Beobachtungen neue anzuknüpfen.« Es wird nicht wundernehmen, daß ein Werk, welches unter so günstigen Auspizien entstanden ist, sich seinen Vorgängern würdig anreiht. *Hk.*

Funke, A., Die Besiedlung des östl. Südamerika mit bes. Berücksichtigung des Deutschtums. 64 S. Halle a. S. 1903, Gebauer-Schwetschke. 1 M.

Nachdem Verfasser im ersten Kapitel eine eingehende und treffende Schilderung der Entwicklung Portugals als Kolonialmacht gegeben, schließt er im zweiten Kapitel einen kurzen Überblick daran über die spanische Besiedlung der südlich von Brasilien gelegenen Länder. In den beiden folgenden Kapiteln führt uns Verfasser dann in fesselnder Weise, auf eigene in Brasilien gemachte Erfahrungen gestützt, die Entwicklung der deutschen Ansiedlungen, besonders in Brasilien, vor. Sein Zweck ist, die deutsche Kolonisation vor allem von Nordamerika ab- und dem für Ackerbaukolonien noch weiten Raum bietenden Brasilien zuzulenken, wo der Deutsche, im Bewußtsein seiner schaffenden Tätigkeit und ihrer Erfolge, seine deutsche Eigenart voll und ganz zu bewahren imstande ist, während diese in den Vereinigten Staaten Nordamerikas ganz verloren geht. Die sicherste Gewähr für erfolgreiche deutsche Ansiedlung bietet unstreitig Rio Grande do Sul, wo teils staatliche, teils private Tätigkeit von Kolonisationsgesellschaften alles tut, um das Deutschtum daselbst zu fördern. Von größter Wichtigkeit aber für das produzierende Deutschland ist es, sich hier das industriearme südamerikanische Absatzgebiet nach Kräften zu sichern, was bisher noch wenig geschehen ist, denn der deutsche Warenumsatz mit Südamerika beträgt heute noch das Doppelte im Vergleich zu unserem südamerikanischen Export. Dies gilt nur für Südbrasilien, sondern auch für Argentinien und Chile bleiben dem deutschen Kapital noch bedeutende Ziele zu erreichen;

24

Uruguay steht wirtschaftlich auf absehbare Zeit noch unter französischer Abhängigkeit, während Paraguay infolge des großen Tiefstandes seiner wirtschaftlichen Verhältnisse für deutsche Kapitalsanlagen nicht erwünscht ist. *Dr. P. Stange-Erfurt.*

Mangels, H., Wirtschaftliche, naturgeschichtliche und klimatologische Abhandlungen aus Paraguay. 364 S., ill. München 1904, Datterer.

Vorliegendes Buch, dessen Inhalt zuerst in einzelnen Zeitungsartikeln in der »Paraguay-Rundschau« erschien, verdankt seinen Ursprung dem Umstande, jene Aufsätze auch dem Neuankommenden dienstbar zu machen. Verf. legt darin seine 30jährigen Erfahrungen nieder, die er als Kolonist und als deutscher Konsul dort gesammelt. Für den Landwirt sind diese Aufsätze, da von einem Fachmann herrührend, von außerordentlichem Werte; sie werden die Vorurteile wohl mit zerstreuen helfen, die noch allenthalben gegen dieses gerade für eine gesunde deutsche Kolonisation günstige Land vorhanden sind. Nach einigen historischen Überblicken über Kolonisation im spanischen Amerika bespricht Verf. speziell die von Paraguay und weist an der Geschichte der verschiedenen dort gemachten Versuche und der vorhandenen Kolonien nach, daß Paraguay wie kaum ein anderes ein für die deutsche Auswanderung günstiges Auswanderungsgebiet ist. Voraussetzung ist allerdings, daß der Ankommende in erster Linie ein Landwirt ist und gewillt mit seinem Wissen und Fleiß der Sache der Kolonisation Dienste zu leisten. Daß so manches so gut beginnende Unternehmen dort gescheitert, ist einzig und allein dem Umstand zuzuschreiben, daß unfähige Elemente herüber kamen und dann das Land in Mißkredit brachten. Die Bedingungen sind, wie Verf. nachweist, vorhanden, um bei ehrlicher, menschenfreundlicher Verwaltung Siedelungen ins Leben zu rufen: fruchtbarer Boden, gesundes Klima. Es mögen vor allem tüchtige Bauernfamilien mit etwas Kaufkraft kommen, auch ein gewisser Prozentsatz tüchtiger Handwerker ist erwünscht, nicht aber der einseitig ausgebildete Fabrikarbeiter oder solche, die sich »die Knochen für schwere Feld- und Waldarbeit nicht eingerenkt haben«. Verf. macht das deutsche Kapital, das oft unnütz in ausländischen Werten vergeudet wird, darauf aufmerksam, daß bis eine Bahn von Villa del Rosario am Paraguay ins Herz der großen Yerbawälder — Igatimi — (300 km lang) vom Augenblick der Fertigstellung an durch Beförderungen von Yerba, Bauholz und Häuten hinreichende Fracht haben, durch Besiedelung aber der Länderaten, die seitens der Regierung und von Privaten zur Verfügung gestellt werden müßten, ihre Einnahmen von Jahr zu Jahr vermehren würde. Mit der Bahn müßte eine Besiedelungsgesellschaft Hand in Hand gehen, die durch Anlage von Kolonien und Industrien die Bahnländereien zu verwerten suchte.

Das Land hat vorläufig nicht das Bedürfnis, etwa große Mengen landwirtschaftlicher Erzeugnisse auszuführen, aber der Kolonist hat reichliche Arbeiten, um die Bedürfnisse im Innern zu decken an Yerba, Bauholz, Pfosten, Palmstämmen, Gerberrinde, Quebrachoholz und -extrakt, Orangenblätteressenz, Kokosöl, Kokoskleie, sowie die Erzeugnisse der Viehzucht: Häute, Hörner, Knochen, trocknes Fleisch u. a. Verf. korrigiert die Irrtümer, die K. Kaerger in seinem Buche: »Landwirtschaft und Kolonisation im spanischen Südamerika (Verlag von Dunker & Humblot) bei seinem nur kurzen Aufent-

halt in Paraguay untergelaufen sind. Das mit Wahrheitsliebe in einfacher aber frischer Sprache geschriebene Buch läßt erkennen, daß dieses noch dünn bevölkerte, aber durch gesundes Klima und reiche Naturschätze gesegnete fruchtbare Land auch für den tüchtigen Europäer ein gesegnetes werden wird, und es kann nur angelegentlich zur Lektüre denen empfohlen werden, die sich über die wirtschaftlichen Verhältnisse daselbst ein richtiges Bild machen wollen. *Dr. P. Stange-Erfurt.*

Ribbe, Carl, Zwei Jahre unter den Kannibalen der Salomo-Inseln. 352 S., mit zahlr. Abb. im Text, 14 Taf., 10 lithogr. Beil. und 3 K. Dresden-Blasewitz 1903.

Recht gering noch sind unsere Kenntnisse von den Salomo-Inseln, erst C. M. Woodford (A. Naturalist among the Head-hunters. Melbourne 1890) und H. B. Guppy (The Solomon Islands and their Natives. London 1887) haben sie etwas ausführlicher geschildert. Die Erforschung dieser Inseln wurde durch die Wildheit ihrer Bewohner unmöglich gemacht; von Unzugänglichkeit dieser Melanesier berichten schon die ersten Entdecker, die 1567 mit Alvaro Mendaña de Neyras zusammen hier das Ophir Salomos gefunden zu haben glaubten: Pedro de Ortega, Pedro Sarmiento, Gomez Catoira und Hernando Gallego (Tagebücher herausgeg. von der Hakluyt Society 1901, I und II; Gallego auch bei Guppy). Um so dankbarer ist deshalb das Erscheinen des Buches von Ribbe zu begrüßen, der sich schon früher als geschickter und erfolgreicher Reisender erwiesen hat, vgl. seine Berichte über die Aru-Inseln (Verein für Erdkunde zu Dresden, Festschrift 1888) und über Seram (Ebd. XXII). Sehr wertvoll ist es für den Ethnographen wegen der ausführlichen Beschreibungen und genauen Abbildungen von Waffen, Geräten usw., ihrer Herstellungsweise und -orte, wegen der Schilderung von Sitten, Gebräuchen, Stammeswanderungen und — Mischungen. Dem Sprachforscher bringt es neues Material in einer umfangreichen, vergleichenden Wörtersammlung. Entomologische Beiträge liefert Ribbe in der Einleitung, anthropologische in einem Anhang und auf den Beilagen (Messungen, Zeichnungen von Eingeborenen und Umrisse von Händen und Füßen). Und schließlich dem Geographen und Geologen bietet er drei neue, berichtige Karten, sowie die Schilderung der Inseln im Einzelnen. Nach ihm geht eine einzige Bergkette durch von Buka bis Malaita (Balbi 3076 m hoch). Tätige Vulkane sah er auf Bougainville und Wella-La-Wella; Schwefellager auf der letztgenannten Insel. Vor 20 Jahren soll ein verheerendes Erdbeben stattgefunden haben.

Am 16. August 1894 fuhr er von Herbertshöhe auf Neupommern ab, blieb zunächst sechs Wochen auf Munia, südlich von Alu, dann zwei Monate auf Tauna, östlich von Fauro, und schließlich fast zwei Jahre auf Faisi, im Südwesten von Fauro. Von da aus unternahm er weitere Fahrten nach Bougainville, den anderen Shortlands-Inseln, Wella-La-Wella, Renongo, Gizo, Rubiana, Kulambangra, Isabell, Choiseul und Treasury. Ins Innere einzudringen ist ihm aber nirgends gelungen.

Die alten Steinwerkzeuge sind meist schon durch eingeführte Eisen- und Stahlwaren verdrängt, und die Händler sind so töricht, auch Feuerwaffen an die Eingeborenen zu verhandeln, die doch so hinterlistig sind und schon manchen Weißen ins Jenseits durch ihren Schlund befördert haben. Gegen 20

Händler arbeiten auf den Salomonen, trotz der allgemeinen Unsicherheit und trotz der geringen und lässigen Unterstützung von seiten der Regierung. — Segeln haben sie — anders als die Papua — erst von den Europäern gelernt. — Wohltätig hat die Anwesenheit von Weißen nur auf die Shortland-Insulaner gewirkt: statt wie früher nach Bougainville auf Menschenraub auszuziehen, fahren sie jetzt als Zwischenhändler jener dorthin.

Bemerkenswert ist auf Faisi, daß bei der Verbrennung verstorbener Häuptlinge Sklavinnen mit auf den Holzstoß gebunden werden; sind sie halbverbrannt, so werden sie, mit Steinen beschwert, ins Wasser geworfen. Außerdem holt man sich Menschenopfer von Bougainville, zufällig anwesende Fremde werden erschlagen. Auch eine Art Amok-Laufen kommt vor (S. 108). — Auf Rubiana begeht die Witwe in 80% der Fälle nach dem Tode des Mannes Selbstmord (S. 273). — Auch sie ziehen das Fleisch ihrer Landsleute dem der Weißen vor. — Schwiegermutter und Schwiegersohn dürfen sich — wie bei den Kaffern nicht sehen, sondern müssen sich vor einander verstecken. — Wie bei allen Naturvölkern, so sind auch hier infolge der erwähnten Einfuhr von besseren, metallenen Werkzeugen die Arbeiten, besonders die Holzschnitzereien, viel schlechter geworden, sie werden viel liederlicher ausgeführt. Die Eingeborenen sind eben in eine Übergangsperiode eingetreten. An Stelle ihrer alten Rindenstoffe tragen sie schon vielfach Kattun. — Von Krankheiten herrschen besonders Ringwurm und Ichthyosis (Kaskado); von Arbeitern sind aus Australien Rheumatismus, Gicht und Geschlechtskrankheiten eingeschleppt. — Der Verfasser bedauert, daß die deutsche Regierung bei der zweiten Teilung der Salomo-Inseln den Engländern Alu und Treasury überlassen hat, die das Handelszentrum der nördlichen, deutschen Gruppe sind. — Was die körperliche Beschaffenheit der Eingeborenen anlangt, so sind die Bewohner der östlichen Inseln (Wella-La-Wella, Renongo, Rubiana, Gizo, Kulambangra, Simbo) von denen der westlichen (Bougainville, Alu, Fauro) ganz verschieden, obwohl letztere in Sehweite von Wella-La-Wella liegen. Ziemlich hellfarbig sind die Leute von Isabell. Wie die Papua, so haben auch die Salomo-Insulaner schlecht ausgebildete Waden, nur bei den als Arbeiter auswärts gewesenen findet man kräftiger entwickelte. — Unter den Inseln zeichnet sich das an der Küste bewaldete Bougainville durch starke Bevölkerung aus. Jeder Stamm wohnt in einem Dorfe unter einem besonderen Häuptling, und jede Familie an einem Platze für sich. Zwei Menschenarten lassen sich auf Bougainville unterscheiden, die einen sind hochgewachsen, intelligent und den Buka-Leuten ähnlich; die andern sind kleiner und erinnern an die Eingeborenen von Neu-Pommern. Auf die größeren Inseln überhaupt scheinen Einwanderungen von den kleineren her stattgefunden zu haben; von Alu z. B. flohen viele vor König Gorai nach Treasury, der jene Insel entvölkerte, nach Bougainville. Außerdem soll es im Innern von Bougainville Zwerge geben (s. Abbild. S. 158).

Den Schluß des Buches bildet ein Register, das seine Benutzbarkeit wesentlich erhöht (die meisten Autoren scheuen leider die kleine Mühe, ihren Büchern solche beizufügen). *Aby.*

Missions-Weltkarte mit Begleitwort. 9. umgearbeitete Aufl. Verlag der Missionsbuchhandlung, Basel 1903. 25 Pf.

»Die Karte bietet für Glieder von Missionsvereinen, für Volksschulen, Kindergottesdienste u. dergl. ein absichtlich in grellen Farben gehaltenes übersichtliches Weltbild von der Verbreitung des Christentums (insonderheit der Protestanten, Römisch- und Griechisch-Katholiken) und der nichtchristlichen Völker, wobei die Gebiete des Mohammedanismus noch besonders hervorgehoben sind. Das Begleitwort gibt hierzu eine kurze übersichtliche Erläuterung, der eine Begründung der christlichen Missionspflicht vorausgeht und ein Aufruf zur fördernden Anteilnahme an diesem christlichen Liebeswerk.

Der sehr geringe Preis von 25 Pf. entspricht der offenbar beabsichtigten Massenverbreitung des Heftchens. Ob es sich nicht empfehlen würde, das Kartenbild der beiden Planigloben entsprechend der heutzutage hoch entwickelten Technik kartographischer Darstellungen etwas feiner und damit auch allgemein lehrreicher auszuführen, möchten wir den Herausgebern doch nahe legen. Das Verständnis für die Bedeutung der Missionsarbeit würde sicherlich dadurch auch in den Kreisen, für die das Heftchen bestimmt ist, nur gewinnen, da weder die grellen Farben noch der einfache große Druck der Ländernamen ein lebendiges Bild der Erdverhältnisse zu bieten vermögen. *A. Fabarius-Wittzenhausen a. d. Werra.*

Cenni storici sui lavori geodetici e topografici e sulle principali produzioni cartografiche eseguite in Italia dalla metà del secolo XVIII ai nostri giorni. Omaggio dell'istituto geografico militare al congresso internazionale di scienze storiche in Roma, Aprile 1903. Firenze 1903.

Das kgl. italienische milit.-geogr. Institut widmete dieses 80 Seiten umfassende Werkchen dem Internationalen Historiker-Kongreß, der im April 1903 zu Rom tagte; gewiß ein glücklicher Gedanke, denn unter den zahlreichen wissenschaftlichen Bestrebungen der jüngstverflossenen zwei Jahrhunderte spielt die Bestimmung der Größe und Gestalt der Erde eine besonders wichtige Rolle und gerade in Östlichen wurde sowohl was die Hauptaufgabe selbst, als auch was die topographische Aufnahme des Landes anbelangt z. T. Grundlegendes geleistet.

Das Werk, dessen Verfasser **Attilio Mori** schon verschiedene beachtete Beiträge zur Geschichte der Kartographie Italiens geliefert hat, auch die laufenden Jahresberichte des militärgeographischen Instituts besorgt, wurde in drei Abschnitte geteilt, die den Hauptperioden der geschichtlichen Entwicklung des Königreichs entsprechen.

Im ersten Abschnitt werden, nach einem kurz gehaltenen Rückblick, die Arbeiten zwischen 1750 und 1815 vorgeführt; allen voran die berühmten Arbeiten des Jesuitenpaters **Ruggero Boscovich** aus Ragusa der im Verein mit dem englischen Jesuiten **Christof Maire** 1750—1753 die Gradmessung Rom-Rimini vornahm und bei dieser Gelegenheit die Topographie des Kirchenstaates festlegte, dann jene des P. J. B. Beccaria, der im Piemont eine Gradmessung ausführte und anschließend daran eine Aufnahme des Landes. Diesen Arbeiten folgen verschiedene Aufnahmen in der Lombardei, in Neapolitanischen, dann die astronomischen Beobachtungen auf der Sternwarte der Brera und die des Österreichers Baron Zach, der seine Tätigkeit auf fast alle Teile Italiens ausdehnte.

Der zweite Abschnitt beginnt mit dem Sturze des napoleonischen Kaiserreichs 1815 und reicht bis zur Gründung des nationalen Königreichs 1861: Diese Periode zeichnet sich durch eine besonders rege Tätigkeit sowohl in Bezug auf die wissen-

24 *

schaftliche Forschung als auch auf die mehr praktische Ziele verfolgende Konstruktion von brauchbaren Karten.

Namentlich drei Staatsinstitute: Das k. k. österreichische militärgeographische Institut in Mailand,
das kgl. topographische Amt zu Neapel und das
technische Bureaux des Generalstabes zu Turin, dann
aber auch zwei Privatpersonen: Der General La Mar-
mora und der P. J. Inghirami, welchen man
schöne Karten von Sardinien und Toscana verdankt,
zeichnen sich in dieser Epoche aus.

In der dritten Periode von 1861 bis auf unsere
Tage sind es die Arbeiten des kgl. italienischen
milit.-geogr. Instituts und jene der kgl. italienischen
geodätischen Kommission, auf die die Aufmerksamkeit
des Lesers gelenkt wird; ihre Tätigkeit dauert auch
heute noch fort, denn ein weites Feld liegt noch
brach und harrt des Fleißes und der Arbeit der
heutigen Generation. Die Fülle des beschreibenden
Materials, die Knappheit des Raumes und der Zeit,
die dem Verfasser zur Verfügung standen, lassen
es erklärlich erscheinen, daß das Werkchen nicht
eine eingehende Kritik der verschiedenen Leistungen
bieten kann, sondern sich damit begnügt, ihre chronologische Folge festzustellen; das Werk wird trotzdem als vollständige und an Hand der im kgl. italienischen milit.-geogr. Institut vorhandenen Akten
und Originalien verfaßte zusammenfassende Darstellung, jetzt dem, der sich mit der Entwicklung
und der Geschichte der Kartographie Italiens befassen
will, ein höchst willkommener Beitrag sein.

Prof. Arthur Vital-Triest.

II. Geographischer Unterricht.

Schönichen, Dr. Walther, Die Abstammungslehre im Unterricht der Schule. 46 S. Leipzig
1903, B. G. Teubner.

Zur Sammlung naturwissenschaftlich-pädagogi-
scher Abhandlungen (Herausgeber: Otto Schmeil und
W. B. Schmidt) gehört als drittes Heft der ersten
Serie dieser Leitfaden, berechnet für höhere Schulen
(Gymnasium und Oberrealschule). — Die Zeiten sind
ja vorbei, wo man den naturfreudigen Schüler
die Linnesche Formelwirtschaft als salus publica
naturae einimpfte, wie dies auf dem Gymnasium
zu N. dem Referenten gegenüber geschehen ist
noch in den 60er Jahren. Einsichtsvolle Lehrer,
wie z. B. Kollege Georgii, jetzt Rektor in Rothenburg, haben schon längst an der Hand Darwins
die Schutz- und Fortpflanzungsorgane der Pflanzen
in systematischer und praktischer Weise dem eifrigen
Schüler vordemonstriert und nicht nur vorgezeigt,
sondern auch erklärt, wie diese Organe sich entwickeln und wie sie auch verkümmern. War früher
der rein analytische Standpunkt vermischt mit einer
Dosis von pädagogischer Teleologie der maßgebende,
so wird es jetzt — Dank solcher Schriften wie die
vorliegende — der genetisch-biologische, der nicht
nur nach dem quis, quid, ubi, sondern auch nach
dem cur, quomodo fragt und fragen läßt. — Im
übrigen zerfällt die kurze und gute Darstellung
in folgende Hauptkapitel: I. Die Entwicklung des
naturkundlichen Unterrichts, mit Kritik der Teleo-
logischen Naturanschauung; II. Plan für die Einführung der Abstammungslehre in den Unterricht,
wobei Anatomie, Embryologie, Paläontologie, geographische Verteilung, Fruchtbarkeit der Organismen,
sowie die Hauptfaktoren der Deszendenztheorie,
als Kampf ums Dasein, Vererbung, Variation, Zucht-
wahl zu ihrem Rechte kommen. Im III. Abschnitt,
den der Verfasser »Und die Moral?« überschreibt, weist

er nach, daß Darwins Theorie in der Schule weder
eine Gefahr für die Religion involviere, noch
die Scham der Jugend verletze. Wir sind mit
dem Verfasser einig, wenn er aus wissenschaftlichen
und zum Teil aus pädagogischen Gründen die Einführung der Deszendenztheorie in den Unterricht
der Mittelschule für nötig hält. Eine Vertiefung
des Naturverständnisses und seiner Kausal-
erscheinungen wird voraussichtlich die Folge hiervon sein und gerade gegenüber gewissen Ver-
flachungstendenzen ist dieser Ruf nach Wahrheit in der Schule mit Freude zu begrüßen. —
Introite et hic sunt dii. *Dr. C. Mehlis-Neustadt a. H.*

Richter, Gustav, Asien, physikal. u. politisch.
1:7 Mill. Essen 1904, G. D. Baedeker. 32 M.

Richter hat in seiner Karte von Asien einen
außerordentlich umfangreichen Stoff verarbeitet. Außer
der üblichen Darstellung des Flußnetzes und der
Bodenerhebungen sucht er die Bodenbeschaffenheit
durch besondere Signaturen herauszuheben. Baum-
armes und Gras(Steppen)land durch lichte grüne
Punktierung, Wüsten durch feinere schwarze Punktierung, Wüstensteppen, Sümpfe und Moore (durch
blaue Signatur), Tundren (durch braune Signatur),
Flächen, die keine Signatur tragen, sind Wald- und
Kulturland. In dunkelgrünen Signaturen sind eingetragen die Nordgrenzen des Baumwuchses, des
Getreidebaues, des Weinstocks und der Palmen,
ebenso ist die ungefähre Südgrenze des immer-
währenden Bodenuntergrundeises durch eine rote
Signatur gekennzeichnet. Von Verkehrswegen haben
außer den fertigen und projektierten Eisenbahnen und
Kanälen auch die wichtigsten innerasiatischen Handels-
und Karawanenstraßen Aufnahme gefunden. Tätige,
erloschene und submarine Vulkane sind kenntlich
gemacht, die Meeresströmungen durch einzelne Pfeile
angedeutet und zahlreiche Dampfer- und Telegraphenlinien eingetragen. Endlich weist die Karte
Namen zahlreicher Volksstämme in roter Schrift auf.
Die Zeichnung des Flußnetzes ist im allgemeinen
kräftig genug, jedenfalls kommt es durch den Blau-
druck genügend zur Geltung. Entschieden kräftiger
hätte die Küstenlinie gehalten werden können. Für
die Darstellung des Geländes bildet eine stellenweise
etwas skizzenhaft gehaltene Schummerung die Grundlage, auf der sich sieben Höhenschichten aufbauen:
unter 0, 0—200, 200—500 in lichter werdendem
Grün, 500—1500 weiß und 1500—3000, 3000—
5000 und über 5000 in dunkler werdendem Braun.
Die technische Ausführung der Karte ist durchweg gut.

Will man den Gesamteindruck der Karte richtig
beurteilen, so muß man sie sich in zwei Karten zerlegt denken, in eine Karte für den fernsitzenden
Schüler und in eine Karte für den dicht davorstehenden Lehrer. Kräftige Fernwirkung, so daß
die allen Schülern bequem erkennbar sind, besitzen
nur die Hauptlinien des Flußnetzes und die farbigen
Höhenstufen, der gesamte übrige Inhalt der Karte
ist während des Unterrichts nur dem davorstehenden Lehrer erkennbar, gewährt diesem aber für
seinen Vortrag außerordentlich viel Anknüpfungspunkte und Anregungen. Gänzlich wirkungslos für
alle sind auch auf dieser Karte 90% der eingetrage-
nen Namen. Es verstößt gegen jedes Gesetz der
Kartenschrift, bei langgestreckten Ländernamen die
Buchstaben ohne jede Rücksicht auf ihre Größe zu
sperren. Größe, Stärke und Sperrung der Schrift
müssen in einem bestimmten Verhältnis zu einander
stehen, wenn das Auge die einzelnen Buchstaben
ohne große Mühe zu einem Namen zusammenfinden
soll. Ich bitte den Verfasser dringend, seine Karte

einmal in normaler Höhe aufzuhängen und dann einige Leseübungen anzustellen. Er wird sicher nicht imstande sein, Namen wie Sibirien, Russisches Reich, Tungusen oder gar Sibirisches Tiefland ohne weiteres von der Karte abzulesen. Die Kartenschrift soll aber kein Rösselsprung sein: entweder lasse man sie ganz weg, oder schreibe sie so, daß sie sich lesen läßt, tertium non datur. *Hk.*

Gersaach, A. und E. Pendl, Geographische Charakterbilder aus Österreich-Ungarn. Nr. 1—3. Wien 1904, A. Pichler. Je 3 K.

Bisher war in Österreich nur die eine Gruppe von Anschauungsbildern für den geographischen Unterricht, die dem Schüler die Gesetze der allgemeinen Erdkunde durch treffende, aus allen Ländern der Erde gesammelte Beispiele zu erläutern sucht, durch das Hölzelsche Unterrichtswerk ausgezeichnet vertreten; jetzt hat auch die andere, welche die Heimatskunde durch eine Anzahl charakteristischer Darstellungen aus einem bestimmten Gebiet fördern will und die in den letzten Jahren in Deutschland zu so großer Blüte gelangt ist, daß man bald für alle wichtigeren Landschaften über solche Anschauungswerke wird verfügen können, in der vorliegenden Sammlung einen ebenbürtigen Vertreter gefunden. Die drei ersten Tafeln, (1. die Kerkafälle, 2. Prag, Karlsbrücke mit Hradschin, 3. Semmering) sind in jeder Beziehung so ausgezeichnet gelungen, daß die Sammlung den besten im Reiche erschienenen würdig an die Seite gestellt werden kann. Wenn die Erfolge des geographischen Unterrichts, wie man ja hier und da immer wieder klagen hört, berechtigten Erwartungen noch nicht entsprechen, so steht eines sicher fest, daß der Mangel an guten, brauchbaren Lehrmitteln nicht die Schuld daran tragen kann. Neben der Konkurrenz der Verlagsanstalten haben die Fortschritte der Technik es ermöglicht, daß der Schule jetzt Lehrmittel in höchster Vollendung zu einem geringfügigen Preise geboten werden, die noch vor Jahrzehnten auch für eine mit reicherem Etat ausgestattete Schule unerschwinglich gewesen wären. Die neue österreichische Sammlung liefert für diese Tatsache aufs neue einen kräftigen Beweis. *Hk.*

Geographische Literatur.

a) Allgemeines.

Adreßbuch der lebenden Physiker, Mathematiker und Astronomen des In- und Auslandes und der technischen Hilfskräfte. Zusammengestellt v. F. Strobel. X, 208 S. Leipzig 1905, J. A. Barth. 7.60 M.

Berg, A., Allgemeine Völkerkunde. (Hilfgers Illustr. Volksbücher, 27. Bd.) 80 S. Berlin 1905, H. Hillger. 30 Pf.

Berger, M., Aus Welt und Leben. Reiseeindrücke und Erinnerungen. III, 164 S. Straßburg 1905, E. d'Oleire. 2.20 M.

Beul, O., Frühere und spätere Hypothesen über die regelmäßige Anordnung der Erdgebirge nach bestimmten Himmelsrichtungen (Günther, Münchner geogr. Studien, 17. Stück). VIII, 52 S. München 1905, Th. Ackermann. 1.20 M.

Blümke, A. und S. Finsterwalder, Zeitliche Änderungen in der Geschwindigkeit der Gletscherbewegung. (Aus: »Sitzungsber. der bayer. Akad. der Wiss.«) S. 109—131. München 1905, G. Franz' Verlag. 60 Pf.

Daniel, H. A. und B. Volz, Geogr. Charakterbilder. [1. Teil: Das deutsche Land und die Alpen. 5. Auflage.

Neu bearb. von H. Th. M. Meyer. XII, 431 S., ill., 3 K. Leipzig 1905, O. R. Reisland. 5 M.

Deutscher Kolonialatlas mit Jahrbuch. Herausgeg. von der deutschen Kolonialgesellschaft. Ausgabe 1905. 8 K. mit 23 S. Text. Berlin, D. Reimer. 60 Pf.

Gruber, Chr., Wirtschaftsgeographie mit eingehender Berücksichtigung Deutschlands. X, 235 S., ill., 5 K. Leipzig 1905, B. G. Teubner. 2.40 M.

Hann, J., Lehrbuch der Meteorologie. 2. Aufl. 3. u. 4. Lieferung. Leipzig, Chr. H. Tauchnitz. Je 3 M.

Hellwald, F. v., Die Erde und ihre Völker. Ein geogr. Hausbuch. 5. Aufl. bearb. von E. Wächter. (In 40 Lfgn.) 1. Lfg. S. 1—32 ill., 1 K. Stuttgart 1905, Union. 40 Pf.

Heussi, K. u. H. Mulert, Atlas zur Kirchengeschichte. 66 K. auf 12 Bl. 18 S. Text. Tübingen 1905, J. C. B. Mohr. 4 M.

Hickmann, A. L., Atlas universel, politique, statistique, commerce. 3. éd. 62 Bl. m. 72 S. Text. Wien 1905, G. Freytag & Berndt. 4 M.

Hübner, O., Geographisch-statistische Tabellen aller Länder der Erde. 54. Ausgabe für das Jahr 1905. Herausgeg. von F. v. Juraschek. VII, 102 S. Frankfurt a. M., H. Keller. 1.50 M.

— , Statistische Tafel aller Länder der Erde. 54. Aufl. für 1905. Herausgeg. von Fr. v. Juraschek. Ebd. 60 Pf.

Hüttl, K., Stand der Erde in der Ekliptik. (Entstehung der Jahreszeiten.) 2 Blatt. Wien 1905, G. Freytag & Berndt. Auf Leinw. in Mappe 13.50 M.

Kerkhoff, T., Betrachtungen über Weltall und Welt, sowie neue Anschauungsmittel für den Unterricht in der mathematischen Geographie in Wort und Bild 35 S. München 1905, Verlag »Natur und Kultur«. 50 Pf.

Keuchel, F. und J. Oberbach, Kleine Wirtschafts-, Handels- und Verkehrsgeographie. 1. Teil: Allgemeines und Deutsches Reich. 102 S. Berlin 1905, W. Süsserott. 1 M.

Kraus, A., Versuch einer Geschichte des Handels- u. Wirtschaftsgeographie. Habilitationsschrift. VIII, 103 S. Frankfurt a. M. 1905, J. D. Sauerländer. 2.40 M.

Laverrenz, V., Eine lustige Orientfahrt. Heitere Bilder von einer Frühjahrsreise nach dem Orient, der Krim und dem Kaukasus. 272 S., ill. Leipzig 1905, F. Kirchner. 2 M.

Meyers Handatlas. 3. Aufl. 2.—6. Lfg. Leipzig, Bibl. Institut. Je 50 Pf.

Möller, M., Flut und Witterung. Eine neue Theorie atmosphärischer Flut- und Ebbebewegungen, abgeleitet für nördl. geogr. Breiten und deren Anwendung auf die Gestaltung der Witterung. VI, 24 S., ill. Braunschweig 1905, A. Limbach. 1 M.

Müller, C., Ein neues Weltsystem. 1. Bd.: Was ist der Sternhimmel? 54 S. m. 2 Taf. Charlottenburg 1905, F. Harnisch & Co. 1.50 M.

Neuer vollständiger Taschenatlas mit 33 Haupt- und 16 Nebenkarten, sowie erdkundlichen und volkswirtschaftlichen Zahlenaufzeichnungen. 33 Bl. mit Text. Berlin 1905, J. Singer & Co. 1.20 M.

Neumanns Orts- und Verkehrs-Lexikon. 4. Auflage. 15.—20. Heft. Leipzig 1905, Bibliogr. Institut. Je 50 Pf.

Newcomb-Engelmanns populäre Astronomie. 3. Aufl. Herausgegeben von H. C. Vogel. X, 748 S., ill. Leipzig 1905, W. Engelmann. 16 M.

Penck, A., Die Physiographie als Physiogeographie in ihren Beziehungen zu anderen Wissenschaften. Vortrag. (Aus: »Geogr. Zeitschrift«.) 20 S. Leipzig 1905, B. G. Teubner. 80 Pf.

Ritters geogr.-statist. Lexikon. 9. Aufl. 11.—17. Lfg. Leipzig, O. Wigand. Je 1 M.

Schück, A., Zwei magnetische Beobachtungen vor der Westküste Norwegens im Jahre 1902. — Beiträge zur Meereskunde I—II. 48 S. m. Taf., Abb. u. Journal-Auszügen. Hamburg (Bürgerweide 20 III) 1905, Selbstverlag. 8 M.

— , Das Horometer, ein älteres Instrument der mathematischen Geographie. (Aus: »Mitt. d. geogr. Gesellschaft zu München«.) S. 269—283 m Abb. u. 1 Taf. Ebda 1904. 50 Pf.

Seidel, H., Der gegenwärtige Handel der deutschen Schutzgebiete und die Mittel zu seiner Ausdehnung. Seidel, Sammlung von Abhandlungen zur Kolonialpolitik und Kolonialwirtschaft, I. 1.) 63 S. Gießen 1905, E. Roth. 80 Pf.

— , Die deutschen Schutzgebiete und ihr wirtschaftlicher Wert. VI, 107 S. Berlin 1905, A. Duncker. 1.50 M.

Spitaler, R., Periodische Verschiebungen des Schwerpunktes der Erde. (Aus: »Sitzungsber. der k. Akademie der Wiss.«) 16 S. Wien 1905, C. Gerolds Sohn. 40 Pf.

Stielers Hand-Atlas. 9. Ausg. 41.—48. Lfg. Gotha 1905, Justus Perthes. Je 60 Pf ; auch in Abteilungen a 2 M.

Verkehrs-Atlas von Europa. Mit einer Weltverkehrskarte und einer Übersichtskarte der transsibirischen Eisenbahn. Enth. 90 Sektionen, 6 Übersichtskarten, 34 Nebenkarten mit einem Stationsverzeichnis von Europa nebst einer Übersicht selbständiger Eisenbahnen und Bahnbetriebe Europas und einem Verkehrshandbuch. III, VII, 05 u. 51 S. Leipzig 1905, J. J. Arnd. 30 M. Ausgabe für Österreich-Ungarn, Wien C. Konegen. 30 M.

Wauer, A., Soziale Erdkunde. Landes- und Gesellschafts-kunde für Volks-, Fortbildungs-, Handelsschulen usw. 80 S., ill. Dresden 1905, A. Müller-Fröbelhaus. 60 Pf.

b) Deutschland.

Bayerisches Verkehrsbuch. Bayern rechts des Rheins. VIII, 132 S., ill., 17 K. München 1905, C. Gerber. 50 Pf.

Erweiterte Generalkarte der schwäbischen Alb. Hrsg. vom kgl. württ. statist. Landesamt. 1:150000. Blatt Ravensburg. Stuttgart 1905, H. Lindemann. 80 Pf.

Flemming, C., Neue Kreiskarten. 1. Blatt: Stadt- und Landkreis Liegnitz. 1:150000. 2. Aufl. Glogau 1905, C. Flemming. 60 Pf.

Fontane, Th., Wanderungen durch die Mark Brandenburg. 4. Teil: Wohlfeile Ausgabe. 6. Aufl. IX, 459 S. Stuttgart 1905, J. G. Cotta Nachf. 6 M.

Geologische Karte des Königreichs Sachsen. 1:25000. Herausg. vom kgl. Finanzministerium. Blatt 93. Mee-rane-Crimmitschau von Th. Siegert. 2. Aufl. Leipzig 1905, W. Engelmann. 2 M. Mit Erläuterungen. 24 S. 3 M.

Höhenkurvenkarte vom Königreich Württemberg. Heraus-gegeben von dem k. württ. statist. Landesamt. 1:25000. Blatt 72 und 100 Göppingen und Deggingen. Stuttgart 1904, H. Lindemann. Je 1.50 M.

Hypsometrische Karte von Bayern. Bearb. im topo-graphischen Bureau des k. bayer. Generalstabes. 1:250000. Blatt 13. Kempten. München 1905, Literar.-artist. An-stalt. 1.50 M.

Karte der sächsischen Oberlausitz und der angrenzenden Teile Schlesiens und Böhmens. 1:100000. Zittau 1905, A. Graun. 1.75 M.

— des **Deutschen Reiches.** 1:100000. Abteil. Königreich Bayern. Herausg. vom topogr. Bureau des k. bayer. Generalstabes. Nr. 637. Landsberg in Bayern. München 1905, Literar.-statist. Anstalt. 1.50 M.

Karte des **Deutschen Reiches.** Abteil.: Königreich Preußen. Herausgeg. von der kartographischen Abteilung der kgl. preuß. Landesaufnahme. Nr. 144. Osten. — 173. Aurich. — 174. Varel. — 175. Brake. — 176. Bremervörde. — 177. Buxtehude. — 203. Bunde. — 204. Leer. — 205. Olden-burg. — 206. Bremen. — 207. Ottersberg. — 208. Roten-burg i. Hann. — 209. Amelinghausen. — 210. Lüne-burg. — 231. Haren. — 232. Sögel. — 233. Cloppenburg. — 234. Wildeshausen. — 235. Verden. — 236. Walsrode. — 239. Salzwedel. — 240. Wittenberge. — 255. Laar. — 256. Lingen. — 257. Haselünne. — 258. Vechta. — 259. Diepholz. — 260. Nienburg. — 261. Neustadt a. Rüben-berge. — 262. Celle. — 263. Wittingen. — 264. Klötze. — 280. Oetelomoor. — 281. Bentheim. — 282. Rheine. — 283. Osnabrück. — 284. Lübbecke. — 285. Minden. — 286. Hannover. — 287. Lehrte. — 288. Braunschweig. — 289. Obisfelde. — 290. Neuhaldensleben. — 304. Vreden. — 305. Ahaus. — 306. Burgsteinfurt. — 307. Iburg. — 308. Bielefeld. — 309. Lemgo. — 310. Hameln. — 311. Hildes-heim. — 312. Wolfenbüttel. — 313. Ohrschersleben. — 327. Cleve. — 328. Bocholt. — 329. Koesfeld. — 330. Münster i.W. — 331. Warendorf. — 332. Gütersloh. — 352. Geldern. — 353. Wesel. — 354. Recklinghausen. — 355. Dortmund. — 356. Soest. — 357. Paderborn. — 377. Kaldenkirchen. — 378. Krefeld. — 379. Elberfeld. — 380. Iserlohn. — 381. Arnsberg. — 402. Erkelenz. — 403. Düsseldorf. — 404. Solingen. — 405. Lüdenscheid. — 406. Attendorn. — 428. Aachen. — 429 Düren. — 430. Köln. — 431. Waldbröl. — 455 Eupen. — 456. Euskirchen. — 457. Bonn. — 1:100000. Berlin 1905, R. Eisenschmidt. Je 1.50 M.

Karte des badischen Schwarzwaldvereins. 1:50000. 11. Blatt. Baden-Achern. 3. Aufl. Karlsruhe 1905, Müller & Gräff. 3.50 M.

Liebenow's, W., Spezialkarten für Reise, Bureau und Verkehr: Provinz Hessen-Nassau, Provinz Oberhessen und Fürstentum Waldeck. 1.50 M.

—, Provinz Westfalen und Fürstentümer Lippe und Waldeck. 1.50 M.

—, Königreich Württemberg nebst Hohenzollern. 1.50 M.

—, Großherzogtum Baden. 1.50 M.

—, Bayer. Rheinpfalz, mit den Bezirksamts- und Amts-gerichts-Grenzen, der Provinz Rheinhessen und des Fürstentums Birkenfeld. 1 M.

—, Elsaß-Lothringen. 1.50 M.

—, Provinz Schlesien mit angrenzenden Ländertellen, als besond. Abdr. der Karte von Mittel-Europa. Auf Lein-wand in Decke 12 M. Frankfurt a. M. 1905, L. Raven-stein.

Meßtischblätter des Preußischen Staates. Königl. preuß. Landesaufnahme. 1:25000. Nr. 2243. Strasck. — 2245. Blönsdorf. — 2248. Petkus. — 2249. Golssen. — 2300. Derenburg. — 2307. Halberstadt. — 2308. Wegeleben. — 2320. Schönewalde. — 2382. Ballenstedt. — 2383. Aschers-leben. — 2384. Güsten. — 2392. Jessen, Kr. Schweinitz. — 2456. Leimbach. — 2457. Hettstedt. — 2464. Schmiede-berg, Bezirk Halle. — 2466. Zöllsdorf. — 2529. Mans-feld. — 2530. Eisleben. — 2537. Mockrehna. — 2541. Liebenwerda. — 2806. Cölleda. — 2864. Mihla. — 3291. Titschendorf. — 2599. Heringen. — 2675. Ziegelroda. — 2743. Greußen. — 2804. Gebesee. — 2997. Kranichfeld. —

3161. Gräfenthal. — 3238/3290. Lehesten. Berlin 1904/05, R. Eisenschmidt. Je 1 M.

Meyers Reisebücher. Dresden, sächsische Schweiz und Lausitzer Gebirge. 7. Aufl. Mit 12 K., 9 Pl. u. 4 Pan. XII, 243 S. Leipzig 1905, Bibliograph. Institut. 2 M.

— Der Harz. Große Ausgabe. Mit 21 K. u. Plän. u. 1 Brocken-Pan. 18. Aufl. XII, 262 S. Ebd. 1905. 2.50 M.

— — Kleine Ausgabe. Mit 5 K. u. 1 Routenskizze. 18. Aufl. VIII, 80 S. Ebd. 1905. 1 M.

— Süddeutschland, Salzkammergut, Salzburg und Nord-tirol. 9. Aufl. Mit 34 K., 36 Plänen und Grundrissen u. 8 Pan. XII, 412 S. Ebd. 1905. 5.50 M.

Neueste Eisenbahnkarte von Deutschland und dem an-grenzenden Mitteleuropa. 1:1500000. Leipzig 1905, Mittelbach. 1 M.

—, Die Ergebnisse der Luftdruckregistrierungen von Aachen. Die Wärme- und Niederschlagsverhältnisse der Rheinprovinz. (Aus: »Deutsch. meteorologisches Jahrbuch für Aachen«). 21 S. mit Fig. Karlsruhe 1905, G. Brau-sche Hofbuchdruckerei. 2 M.

—, Die Wärme- und Niederschlagsverhältnisse der Rhein-provinz. (Aus: »Deutsch. meteorologisches Jahrbuch für Aachen«.) 5 S. mit Fig. Ebd. 1905. 80 Pf.

Regell, P., Das Riesen- und Isergebirge. (Scobel, Land und Leute. Monographien zur Erdkunde XX.) 132 S., ill., 1 K. Bielefeld 1905, Velhagen & Klasing. 4 M.

Schellwien, E., Geologische Bilder von der samländischen Küste. (Aus: »Schriften der physikalisch-ökonomischen Gesellsch.«) 43 S., ill. Königsberg 1905, W. Koch. 2.50 M.

Schubert, J., Wald und Niederschlag in Westpreußen und Posen. 15 S., ill. Eberswalde 1905, Langewiesche & Thilo. 75 Pf.

Sineck, Situations-Plan von Berlin mit dem Weichbilde u. Charlottenburg. 1:10000. Neue Ausgabe 1905. 4 Blatt. Berlin 1905, D. Reimer. Auf Leinw. in Mappe 14 M.

Topographische Karte des Königreichs Sachsen. Bearb. im topograph. Bureau der kgl. Generalstabes. Sektion 35: Königsbrück. 51: Radeberg. 66: Dresden. 122: Elster-berg. Leipzig 1905, W. Engelmann. Je 1.50 M.

— vom Bayern. Bearb. im topograph. Bureau des k. bayer. Generalstabes. 1:25000. Blatt: 7. Lauenstein. (1.05). — 8. Ludwigsstadt. (0.55). — 14. Hendungen (1.05). — 18. Nordhalben (0.55.) — 19. Lichtenberg (0.55). — 20. Töpen (0.55). — 26. Neustadt a. S. (1.05). — 27. Saal a. S. (1.05.) — 36. Deutelbach (0.30). — 38. Detter (1.05). — 49. Mitwitz (0.55). — 50. Western (1.05). — 61. Wiesen (0.55). — 62. Rengersbrunn (0.30). — 63. Burgsinn (1.05). — 64. Gräfendorf (1.05). — 85. Hörstein (1.05). — München 1905, Literar.-artist. Anstalt.

Topographischer Atlas von Bayern. 1:50000. Bearb. in dem topograph. Bureau des k. bayer. Generalstabes. Blatt 97. Mittenwald (ost). Ebd. 1904. 1.50 M.

Topographische Übersichtskarte des Deutschen Reiches. Herausgeg. von der kartographischen Abteilung der kgl. Landesaufnahme. 1:200000. Nr. 15. Lauenburg i. Pom. — 31. Karthaus. — 41. Lübeck. — 49. Göttingen. — 74. Salzwedel. — 75. Stendal. — 85. Minden. — 174. Siegen. Berlin 1904/05, R. Eisenschmidt. Je 1.50 M.

Übersichtskarte des Königr. Württemberg, herausg. von dem k. statist. Landesamt 1905. Bearb. von Oberstleut. v. Finckh. 1:400000. Stuttgart, H. Lindemann. 2 M.

Wie wir unsere Heimat sehen. Eine Folge deutscher Landschaftsschilderungen in Wort und Bild. Hrsg. von Bernh. Riedel. (Schwindrazheim, Oskar, Hamburg. IV, 147 S.) Leipzig 1905, K. G. Th. Scheffer. 4 M.

c) Übriges Europa.

Baedeker, K., Belgium and Holland including the grand-duchy of Luxembourg. 14 ed. With 15 maps and 30 plans. LXX, 474 S. Leipzig 1905, K. Baedeker. 6 M.

—, Greece. Handbook for travellers. 3. rev. ed. With 11 maps, 25 plans, and 1 pan. of Athens. CXXXIV, 434 S. Leipzig 1905, K. Baedeker. 8 M.

—, Die Schweiz nebst den angrenzenden Teilen von Ober-italien, Savoyen und Tirol. 36. Aufl. Mit 63 K., 17 Stadtpl. u. 11 Pan. XL, 554 S. Leipzig 1905, K. Baedeker. 8 M.

—, La Suisse et les parties limitrophes de la Savoie et de l'Italie. 24. éd. Revue et mise à jour. Avec 63 cartes, 17 plans et 11 pan. XXXII, 568 S. Leipzig 1905, K. Baedeker. 8 M.

—, London und Umgebung. 15. Aufl. Mit 3 K. u. 32 Pl. u. Grundr. XXXIV, 381 u. 44 S. Leipzig 1905, K. Bae-deker. 6 M.

—, Switzerland and the adjacent portions of Italy, Savoy and Tyrol. 20. ed. With 63 maps, 17 plans and 11 pan. XXXVIII, 548 S. Leipzig 1905, K. Baedeker. 8 M.

Fitzner, R., Beiträge zur Klimakunde des Osmanischen Reiches und seiner Nachbargebiete. I. Meteorologische Beobachtungen in Kleinasien 1902. 37 S. Berlin 1904, H. Paetel. 4 M.

Geographisches Lexikon der Schweiz. 129.—132. Lfg. Neuchâtel, Gebr. Attinger. Je 60 Pf.

Kümmerly, H., Distanzkarte der Schweiz in Marsch-stunden. 1:500000. Ausg. 1905. Bern, Geographischer Kartenverlag. 2.40 M.

Laube, G. C., Der geologische Aufbau von Böhmen. (Sammlung gemeinnütz. Vorträge Nr. 321/23.) 2. Aufl. S. 69—113, ill., 1 K. Prag 1905, J. G. Calve. 60 Pf.

Lechners Generalkarte von Galizien u. Bukowina. 1:750000. Wien 1905, R. Lechners Sort. auf Leinw. 4.50 M.

Leuzinger, R., Karte (Touristen-Karte) der Schweiz. 1:400000. Ausg. 1905, Bern, Geograph. Kartenverlag. Auf Leinw. 4 M.

Nansen, F., Norwegen und die Union mit Schweden. V, 71 S. Leipzig 1905, F. A. Brockhaus. 1 M.

Pannekoek, J. J., Geologische Karte der Umgebung von Seelisberg. 1:25000. (Aus: »Beiträge zur Geologie der Schweiz«.) Bern 1905, A. Francke. 3.20 M.

Passarge, L., Aus Spanien und Portugal. Reisebriefe. 2. Aufl. 2 Bände. 278 u. 306 S. Leipzig 1905, B. Elischer Nachf. 10 M.

Poeta, B., Archäologische Studien auf russischem Boden. (3. asiatische Forschungsreise des Grafen Eugen Zichy, Bd. 3 u 4.) 2 Teile. 599 S., ill. Budapest 1905. Leipzig, K. W. Hiersemann. Je 25 M.

Ruge, S., Norwegen. 2. Aufl. bearb. von Y. Nielsen. (Scobel, Land und Leute. Monographien zur Erdkunde III.) 151 S., ill., 1 K. Bielefeld 1905, Velhagen & Klasing. 4 M.

Topographischer Atlas der Schweiz. Überdr.-Ausgabe. Chur-Thusis. 1:50000. Bern 1905, A. Francke. Auf Leinw. 3.20 M.

Topographische Spezialkarte von Mittel-Europa (Reymann). 1:200000. Herausg. von der kartograph. Abteilung der kgl. preuß. Landesaufnahme. Nr. 629. Walenstadt. Berlin 1904, R. Eisenschmidt. 1 M.

Trautwein, Th., Tirol und Vorarlberg, bayer. Hochland, Allgäu, Salzburg, Ober- u. Nieder-Österreich, Steiermark, Kärnten u. Krain. 14. Aufl. Bearb. von A. Edlinger u. H. Heß. XXX, 760 S., 61 K. Innsbruck 1905, A. Edlinger. 7.50 M.

Wagner, R., Die Gruppe des Hochlantsch. Herausg. vom Grazer Alpenklub. 96 S., ill., 1 K. Graz 1905, Styria. 1 M.

d) Asien.

Haeckel, E., Wanderbilder. I. u. II. Serie. Die Naturwunder der Tropenwelt (Insulinde und Ceylon). In je 4 Lfgn. 1. Lfg.: Prachtausgabe. 3 Taf. m. 10 S. Text. Gera-Untermhaus 1905, W. Koehler. 4.50 M., Volksausgabe 3 M.

Reiniger, O., Ein Tag inmitten chinesischer Dörfer. Frei nach dem Leben gezeichnete Bilder. 20 S. Berlin 1905, Buchhandlung der Berliner ev. Missionsgesellschaft. 25 Pf.

Zepelin, v., Die Insel Sachalin. Der Kriegsschauplatz in Ostasien. (Aus: »Marine-Rundschau«.) 18 S. Berlin 1905, E. S. Mittler & Sohn. 60 Pf.

e) Afrika.

Edenfeld, M. S., Eine Reise nach den Canarischen Inseln und Madeira. 75 S., ill. Straßburg 1905, J. Singer. 4 M.

Hübner, M., Militärische und militärgeographische Betrachtungen über Marokko. Ein Beitrag zur aktuellen Frage. IV, 99 S. Berlin 1905, D. Reimer. 2 M.

Kiepert, R., Karte von Ostafrika in 29 Blatt und 6 Ansatzstücken. 1:300000. Fortgesetzt von Paul Sprigade und Max Moisel. Bl. E 3: Rukwa-See. Farbdr. Mit Begleitworten. 4 S. Berlin 1905, D. Reimer. Einzelpreis 2 M.

Meteorologische Beobachtungen in Deutsch-Ost-Afrika. (Deutsche überseeische meteorologische Beobachtungen herausg. von der deutschen Seewarte, XIII.) 317 S. Hamburg 1905, L. Friederichsen & Co. 15 M.

Moisel, M., Karte von Deutsch-Ostafrika mit Angabe der nutzbaren Bodenschätze und mit einem Karton zur Übersicht der Beziehungen Deutsch-Ostafrikas zu den übrigen deutsch-afrikanischen Kolonien. 1:2000000. 2. Auflage. Berlin 1905, D. Reimer. Auf Leinw. 8 M.

Pfeil, J. Graf v., Deutsch-Südwestafrika jetzt und später. (Flugschriften des Alldeutschen Verbandes, 21. Heft.) 16 S. München 1905, J. F. Lehmanns Verlag. 40 Pf.

Schanz, M., Algerien, Tunesien, Tripolitanien. (»Angewandte Geographie«, herausg. von K. Dove, II. Serie, Heft 8.) 248 S. Halle 1905, Gebauer-Schwetschke. 4.60 M.

Schroeder, O., Mit Camera und Feder durch die Welt. Schilderungen von Land und Leuten nach eigenen Reiseerlebnissen. II. Ägypten. VIII, 196 S., ill. mit 1 Karte. Leipzig 1905, Wanderer-Verlag.

Schwabe, Deutsch-Südwestafrika. Historisch-geograph., militär- und wirtschaftliche Studien. Vortrag. (Aus Beiheft 6 zum Militär-Wochenblatt.) S. 213—240. Heft 75 Pf.

Winter, M., Anschauungen eines alten »Afrikaners« in deutsch-ostafrikanischen Bewirtschaftungsfragen. 33 S. Berlin 1905, D. Reimer. 1 M.

Zabel, R., In muhammedanischen Abendlande. Tagebuch einer Reise durch Marokko. In etwa 15 Lfgn. I. u. 2. Lfg. S. 1—64. Altenburg 1905, St. Geibel. Je 60 Pf.

f) Amerika.

Erstes Jahrbuch für die deutschsprechende Kolonie im Staate São Paulo 1905. Beschreibung des Staates São Paulo in Wort und Bild mit besonderer Berücksichtigung des deutschsprachlichen Elementes. XVIII, 366 S., ill. São Paulo. Hamburg, Fr. W. Thaden. 5 M.

Pfitzner, H., Wayward City. Amerikanische Kulturbilder in Scherz und Ernst. IV, 287 S. Minden 1905, J. C. C. Bruns. 3.50 M.

g) Südsee.

Guth, X., Nach den Fidji-Inseln. Reiseerlebnisse des P. Roth aus Scherweiler. Nach seinen Briefen erzählt. XII, 141 S. Straßburg 1905, F. X. Le Roux & Co. 1.40 M.

h) Ozeane.

Atlas der Gezeiten und Gezeitenströme für das Gebiet der Nordsee und der Britischen Gewässer. Herausgeg. von der deutschen Seewarte (kaiserl. Marine). 12 farb. Taf. m. 4 S. Text. Hamburg 1905, L. Friederichsen. 6 M.
— der Stromversetzungen auf den wichtigsten Dampferwegen im indischen Ozean und in den ostasiatischen Gewässern. Herausgeg. von der deutschen Seewarte (kaiserl. Marine). 52 Taf. mit 8 S. Text. Ebd. 1905. 15 M.

Hoff, J. H. van't, Untersuchungen über die Bildungsverhältnisse der ozeanischen Salzablagerungen. (Aus: »Sitzungsber. d. preuß Akad. d. Wiss.«.) XLII. Die Bildung von Glauberit. 6 S. Berlin 1905, G. Reimer. 50 Pf.

Segelhandbuch für das Mittelmeer. Herausg. vom Reichs-Marine-Amt. II. Teil: West- und Südküste Italiens, Sardinien und Sizilien. XIV, 401 S., 2 K. Berlin 1905, E. S. Mittler & Sohn. 3 M.

Wissenschaftliche Meeresuntersuchungen, herausg. von der Kommission zur wissenschaftl. Untersuchung der deutschen Meere in Kiel und der biolog. Anstalt auf Helgoland. N. F. 8. Bd., Abteilung Kiel. III, 287 S., ill., 4 K. Kiel 1905, Lipsius & Tischer. 30 M.

i) Polarländer.

Die deutsche Südpolar-Expedition, 1901—1903. Im Auftrage des Reichsamtes des Innern, herausg. von E. v. Drygalski. I. Bd.: Technik. Geographie. 1. Heft. VII—XI, 96 S., ill. Einzelpr. 18 M. — IX. Bd. Zoologie I. Bd. 1. Heft. 68 S., ill. Einzelpr. 8.50 M. Berlin 1905, G. Reimer.

Hertwig-Behringer, Zum Nordkap hinauf! Reise-Briefe. Erinnerungs-Blätter an die II. Hapag-Nordlandreise, vom 4. VI. bis 22. VI. 1904. 46 S. Aue (Erzgebirge) 1904, Selbstverlag. 2 M.

k) Geographischer Unterricht.

Auer, A. W., Das Wichtigste aus der Heimatkunde des Kreises Sagan. 17 S. Glogau 1905, C. Flemming. 10 Pf.

Alp, A., Erste Heimatkunde als Vorschule der Geographie. Zugleich Leitfaden für den Unterricht in der Heimatkunde des Kreises St. Goarshausen. 61 S., 1 K. Oberlahnstein 1905, M. J. Mentges. 40 Pf.

Andorf, P., Heimatkunde des Stadt- und Landkreises Breslau. 44 S. Glogau 1905, C. Flemming. 20 Pf.

Bamberg, K., Schulwandkarte der Balkan-Halbinsel. 1:800000. 4 Aufl.
—, Schulwandkarte von Frankreich. 1:800000 7. Aufl.
—, Schulwandkarte von Italien. 1:800000. 8. Aufl.
—, Schulwandkarte der Pyrenäen-Halbinsel. 1:800000. 7. Aufl.
—, Schulwandkarte von Rußland. 1:2560000. 5. Aufl.
—, Wandkarte von Skandinavien. 1:1400000. 3. verb. Aufl.
—, Schulwandkarte von Süddeutschland. 1:375000. 2. Aufl. 17 M. Berlin 1905, C. Chun. Jede Karte auf Leinwand in Mappe 16 M.

Berkel, P., Das Wichtigste aus der Heimatkunde des Kreises Lauban. 15 S. Glogau 1905, C. Flemming. 10 Pf.

Bismarck, O., Kartenskizzen für den Unterricht in der Erdkunde. 3. Aufl. III. Kurs. Die außereuropäischen Erdteile. 13. farb. Bl. Wittenberg 1905, R. Herrosé. 1.40 M.

Brockmann, E., Kleiner Geschichtsatlas. 18 Kartenskizzen mit 4 S. Text. Münster 1905, H. Schöningh. 30 Pf.

Diefenbach, K., Der Reg.-Bez. Wiesbaden (Nassau) in seinen geographischen und geschichtlichen Elementen. Methodisch bearbeitet. 61 S., ill., 1 K. Leipzig 1905, Jaeger. 40 Pf.

Dörner, F., Das Wichtigste aus der Heimatkunde des Kreises Guhrau. 22 S. Glogau 1905, C. Flemming. 10 Pf.

Gosewisch, H., Cölner Schulatlas. Auf Grund der neuesten Auflage von Keil und Riecke: Deutscher Schulatlas bearbeitet. 47 farb. Kartenskizzen. Leipzig 1905, Th. Hofmann. 1.50 M.

Haberland, M., Heimatkunde. Zwei Festreden, gehalten in der großherzogl. Realschule. 9 S. Neustrelitz 1905, G. Barnewitz. 50 Pf.

Haedrich, Fr. K., Kleine Heimatkunde des Kreises und der Stadt Nimptsch in Schlesien. I. Teil für die Hand der Schüler. 20 S. Glogau 1905, C. Flemming. 20 Pf.
— Heimatkunde des Kreises Nimptsch in Schlesien. II. Teil für die Hand der Lehrer. 26 S. Glogau 1905, C. Flemming. 50 Pf.

Harms, H., Schulwandkarte von Europa in plastischer

Terrainmanier mit Höhenfärbung und in Übereinstimmung mit dem Schulatlas desselben Verfassers 1 : 2800000. Ausgabe A. Physikalisch - politische Ausgabe. 6 Blatt. Mit Begleitwort: Schulkartographische Grundsätze IV. 7 S. Braunschweig 1905, H. Wollermann. Auf Leinwand mit Stäben 27 M. Ausgabe B. Physikalische Ausgabe zu gleichem Preise.

Heimatkunde v. Beuthen (Oberschlesien), herausgegeben vom Lehrerkollegium der städt. kathol. Oberrealschule i. E. zu Beuthen O.-S. 3. Teil. Bergbau und Hüttenbetrieb, Flaschel. Progr. S. 108—155 mit 3 Taf. Beuthen 1905, H. Freund. 60 Pf.

Helbig, A., Heimatkundliches Lesebuch für die Schüler des Hirschberger Tales. 2. Aufl. 32 S. Glogau 1905, C. Flemming. 15 Pf.

Hinkel, Ph., Heimatkunde der Provinz Hessen-Nassau nach natürlichen Landschaftsgebieten. VI, 95 S., ill., 1 K. Frankfurt a. M. 1905, Kesselring. 80 Pf.

Kellerer, M., Schulwandkarte v. Süddeutschland. 1 : 250000. 9 Blatt. München 1905, M. Kellerer. Auf Leinw. mit Stäben 35 M.

Kerp, H., Methodisches Lehrbuch einer begründend-vergleichenden Erdkunde. Mit begründender Darstellung der Wirtschafts- und Kulturgeographie. II. Band: Die Landschaften Europas. 2. Aufl. XVI, 240 S., ill. Trier 1905, F. Lintz. 4.60 M.

Kirchner, K., Landeskunde der Großherzogtümer Mecklenburg-Schwerin und -Strelitz. 4. Aufl. 40 S., ill. Breslau 1905, F. Hirt. 60 Pf.

Pautsch, J., Das Wichtigste aus der Heimatkunde des Kreises Landeshut. 16 S. Glogau 1905, C. Flemming. 10 Pf.

Petersen, W., Geographische Tabellen in 3 Teilen. Ein praktisches Hilfsbuch für den Unterricht in der Geographie. 2. Teil: Europa mit Ausnahme Deutschlands. 3. Aufl. 40 S. 40 Pf. 3. Teil: Asien, Afrika, Amerika, Australien, nebst einem Anhang, enthaltend das Wichtigste aus der mathematischen Geographie. 3. Aufl. 39 S. Berlin 1905, Oerdes & Hödel. 40 Pf.

Sander, A., Heimatkunde des Reg.-Bez. Osnabrück. Als Anh.: Die Provinz Hannover. 56 S., ill. Osnabrück 1905, G. Pillmeyer. 50 Pf.

Schmidt, R., Volksschul-Atlas. 78. Aufl. Ausgabe für Erfurt mit einer Heimatskarte des Kreises Erfurt. 36 farb. Kartenskizzen. Bielefeld 1905, Velhagen & Klasing. 95 Pf.

Schreiber, M., Das Wichtigste aus der Heimatkunde des Kreises Steinau a.O. 20 S. Glogau 1905, C. Flemming. 10 Pf.

Wollweber, V., Karte vom Stadt- und Landkreis Frankfurt a. M., für die Heimatkunde ges. 1 : 110000. 30 Pf.; Plan der Stadt Frankfurt a. M., für die Heimatkunde bearb. 1 : 15000. 50 Pf.; Schulhandkarte der Provinz Hessen-Nassau. 1 : 643000. 50 Pf.; Schulhandkarte vom preuß. Reg.-Bez. Kassel (Kurhessen). 1 : 643000. 40 Pf.; Schulhandkarte vom preuß. Reg.-Bez. Wiesbaden (Nassau). 1 : 450000. 40 Pf. Frankfurt a. M. 1905, Kesselring.

l) Zeitschriften.

Das Weltall. V, 1905.
Heft 17. Archenhold, F. S., Die Astronomie im alten Testament. — Stentzel, A., Die Entstehung der Eiszeiten (Schluß).
Heft 18. Wehner, H., Über die Kenntnis der magnetischen Nordweisung im frühen Mittelalter. — Archenhold, F. S., Die Astronomie im alten Testament (Schluß). — Archenhold, F. S., Der gestirnte Himmel im Monat Juli 1905.
Heft 19. Geißler, K., Betrachtungen über die Unendlichkeit des Weltalls. — Wehner, H., Über die Kenntnis der magnetischen Nordweisung im frühen Mittelalter (Fortsetzung). — Stentzel, A., Eine bedeutende Schenkung an die Hamburger Sternwarte.

Deutsche Erde. IV, 1905.
Heft 2. Jungfer, J., Deutsch-spanische Ortsnamen. — Zemmrich, J., Die deutsch-romanische Sprachgrenze. — Schulte, A., Der Ursprung der deutschen Sprachreste in den Alpen. — Paulin, P., Deutsche Ortsnamen im französischen Sprachgebiet Lothringens. — Blocher, E., Deutsche Ortsnamen in Welschwallis. — Sartorius, A., Frhr. v. Waltershausen, Die fortschreitende Verdeutschung der Rätoromanen in Graubünden nach der Volkszählung von 1900. — Nabert, H., Ein Besuch vom Wanamaca und Rimella in Piemont. — Staudacher, F., Die jetzigen Verhältnisse des Deutschtums in Petropolis bei Rio. — Berichte über neuere Arbeiten zur Deutschkunde. — 1 Karte.

Deutsche Rundschau für Geogr. u. Stat. XXVII, 1905.
Nr. 10. Jüttner, J. M., Fortschritte der geographischen Forschungen und Reisen im Jahre 1904. I. Asien. — Bencke, A., Avemaland und seine Bewohner. — Kalbfus, H., Einiges vom Simplontunnel (Schluß). — Erbstein, A., Die großen Geyser auf Neuseeland. — Müller, Ed., Von Brasiliens Küste nach Europa.
Nr. 11. Woikenhauer, A., Der XV. deutsche Geographentag in Danzig. — Jüttner, J. M., Fortschritte der

geographischen Forschungen und Reisen im Jahre 1904. II. Amerika. — Durch das Salzkammergut. — Krebs, W., Die Negerfrage in Amerika und Afrika vom weltwirtschaftlichen Standpunkt betrachtet.

Geographische Zeitschrift. XI, 1905.
Heft 6. Hassert, K., Friedrich Ratzel. Sein Leben und Wirken. — Lukas, G. A., Helgoland — Zemmrich, J., Die Sprachgebiete Böhmens nach der Volkszählung von 1900.
Heft 7. Hassert, K., Friedrich Ratzel. Sein Leben und Wirken (Schluß). — Penck, A., Die großen Alpenseen. — Philippi, E., Reiseskizzen aus Südafrika I. — Hedin, Sven v., Beiträge zur Morphologie Inner-Asiens. — Dove, K., Berichtigung.

Globus. Bd. 87, 1905.
Nr. 24. Krebs, W., Erdbeben im deutschen Ostseegebiet und ihre Beziehungen zu Witterungsverhältnissen. — Über die Salzgewinnung in der chinesischen Provinz Szetschwan. — Lehmann, W., Über Taraskische Bilderschriften — Preuß, K. Th., Der Ursprung der Religion und Kunst (Schluß).
Bd. 86. Nr. 1. Eckert, M., Die Großmächte und der Großverkehr. — Costenoble, H. H. L. W., Die Marianen. — Seiner, F., Der Omuramba Omatako und die Omatakoberge. — Seidel, H., Über Religion und Sprache der Tobiinsulaner. — Schultz, Eine Geheimsprache auf Samoa. — Abschluß der Marokkoexpedition des Marquis de Segonzac.
Nr. 2. Hahn, C. v., Die Täler der »Großen Ljaschwa« und der Ksanka (Ksan) und das südliche Ossetien. — Höfler, M., Kröte und Gebärmutter. — Eine chinesische Badeanstalt in Kiautschou. — Arauzadi, T. de, Weihnachtliche Tonwerkzeuge in Madrid. — Oilbert, O., Die Kelischau-Stele und ihre chaldisch-assyrischen Keilinschriften.

Meteorologische Zeitschrift. 1905.
Nr. 6. Kerner, F. v., Zur Kenntnis der Temperatur der Alpenbäche. — Busch, J., Beobachtungen über die Wanderung der neutralen Punkte von Babinet und Arago während der atmosphärisch-optischen Störung der Jahre 1903 und 1904. — Marchand, Der Mechanismus der Entstehung der Regenwolken am Nordabhang der Pyrenäen. Einfluß der Erdbeugen der Kette. Starke Regengüsse und Überschwemmungen.

Mitt. d. k. k. Geogr. Ges. Wien. 48 Bd., 1905.
Nr. 6 und 7. Hartig, O., Ältere Entdeckungsgeschichte und Kartographie Afrikas mit Bourguignon d'Anville als Schlußpunkt (1749). — Fischer, E. S., Über die neuen Verbindungen der Austro-Americana zwischen Triest—New-York und Triest—Zentralamerika. — Grois, M., Zur Geschichte des Suezkanals.

Naturwissenschaftliche Wochenschrift. 1905.
Nr. 27. Becker, A., Die Messung tiefer und hoher Temperaturen.
Nr. 28. Becker, A., Die Messung tiefer und hoher Temperaturen (Schluß).
Nr. 31. Ballenstedt, M., Über Saurierfährten der Wealdenformation Bückeburgs.

Petermanns Mitteilungen. 51. Bd., 1905.
Heft 7. Sapper, K., Cuba unter der nordamerikan. Militärregierung und als Republik. — Hoffmann, J., Die tiefsten Temperaturen auf den Hochländern des südäquatorialen tropischen Afrika (Schluß). — Kleinere Mitteilungen. — Geographischer Monatsbericht. — Beilage: Literaturbericht. — Karte.

The Journal of Geography. Vol. IV, 1905.
Mai und Juni. Summer School Courses in Geography 1905. — Bowman, I., A. Classification of Rivers Based on Water Supply. — Genthe, M. K., Practical Exercises to Explain the Topographic Map. — Holdsworth, J. T., Transportation. — Part VI. — Dryer, Ch. R., Geography in the Normal Schools of the United States. — Dietz, E. A., The Fall Line.

Zeitschrift der Gesellschaft f. Erdkunde zu Berlin. 1905.
Nr. 6. Philippson, A., Vorläufiger Bericht über die im Sommer 1904 ausgeführte Forschungsreise im westlichen Kleinasien. — Dinse, P., Die Studienfahrt des Instituts für Meereskunde nach Stettin, Swinemünde, Rügen und Bornholm. — Preuß, K. Th., Der Einfluß der Natur auf die Religion in Mexiko und den Vereinigten Staaten (Schluß). — Seler, E., Einige Bemerkungen zu dem Aufsatz Dr. K. Th. Preuß'. — Preuß, K. Th., Antwort auf Prof. Dr. E. Selers Bemerkungen zu meinem Vortrag. — Leo Frobenius' Forschungsreise in das Kasai-Gebiet (I. Bericht).

Zeitschrift für Schulgeographie. XXVI, 1904.
Heft 10. Kerp, H., Die Behandlung der länderkundlichen Lehreinheiten. — Rühlmann, P., Der Staatsbegriff des »Größeren Deutschland«. — Schoener, I. G., Die armorikanische Halbinsel.

Noch einmal die Ansichtskarten im Unterricht.

Von Dir. Dr. Sebald Schwarz-Lübeck.

Mein Vorschlag, den ich im Geographischen Anzeiger 1904, Heft VII veröffentlichte: zu versuchen, die große Menge von Anschauungsmaterial, die wir in unseren Ansichtskarten besitzen, systematisch für die Schule auszunutzen, hat eine doppelte Aufnahme gefunden. Aus den Kreisen der Kollegen hat es an Beistimmung und praktischer Nachfolge nicht gefehlt, dagegen hat es sich bei meinen Versuchen, was uns allen erwünscht schien, durchzuführen, gezeigt, daß technisch-buchhändlerische Schwierigkeiten es unmöglich machen, unser Material an Postkarten so zu organisieren und auszunutzen, wie ich es dort vorgeschlagen hatte. Diese Schwierigkeiten, welche mit dem Wesen des Ansichtskartenhandels zusammenhängen, habe ich in Nr. 5 des Jahrgangs 1904 der Zeitschrift »Der Postkartenmarkt« näher auseinandergesetzt. Mit um so größerer Freude begrüße ich es, daß sich ein Verleger gefunden hat, der Mühe und Kosten daran gewandt — beide sind erheblich größer, als man auf den ersten Blick denken sollte — um uns das zu bieten, was wir, so wie die ganze Postkartenindustrie nun einmal organisiert ist, haben k ö n n e n.

In seinen Lehrmittel-Postkarten sieht Walter Möschke in Leipzig von dem unausführbaren Gedanken ab, Serien aus den Erzeugnissen der verschiedensten Druckereien herzustellen; er gibt vielmehr eine Anzahl fertiger Serien, die für unsere Zwecke geeignet sind. Diese Serien sind — und das ist wieder für uns sehr wichtig — durch jeden Buchhändler in derselben Art wie Bücher zu beziehen. Von diesen Lehrmittel-Postkarten liegen mir bisher 20 Serien vor, alle, mit Ausnahme der ersten, enthalten zwölf Karten und kosten im Buchhandel M. 1.20, die kostspieligeren Bromsilberphotographien M. 1.80. Es sind das, da nur technisch-vorzügliche Karten aufgenommen sind, dieselben Preise, die wir auch sonst für Karten in dieser Ausführung zahlen. Jede Serie ist in einer kleinen Mappe praktisch verpackt.

Was den Inhalt der bis jetzt erschienenen Serien angeht, so will Möschke den verschiedensten Lehrfächern Rechnung tragen; ich gehe an dieser Stelle vor allem auf die ein, welche für die Geographie von Bedeutung sind. Die erste Serie: Im Kohlenbergwerk, gibt in 20 Karten in recht gutem Vierfarbendruck eine Fülle von Einzelheiten, welche einem schematischen Bilde wie dem bekannten Wachsmutschen erst wirklich Leben verleihen. Wir lernen die verschiedenen Arten der Einfahrt und Förderung, des Abbaues, der Sicherung und Bewetterung kennen; Bilder von einem zu Bruch gehenden Pfeiler oder Rettungsarbeiten geben uns auch von den Gefahren des Bergbaues eine lebendige Vorstellung. In ähnlicher Weise zeigen uns die zwölf Karten der zweiten Serie die verschiedenen Maschinen und Arbeiten im Eisenwerk. Beide Serien, augenscheinlich nach Photographien an Ort und Stelle entstanden, stellen die Dinge und Menschen in lebendiger Wechselwirkung dar. Eine Nebensache des Geographieunterrichts, aber eine Nebensache, für die sich nach meiner Erfahrung die Schüler lebhaft interessieren, bringt uns Serie 3: vorzügliche Bromsilberphotographien von zwölf regierenden Staatsoberhäuptern, und Serie 6—7, die Münzen der europäischen Staaten in Reliefprägung und entsprechender Metallfärbung. Serie 4, zwölf Porträts deutscher Klassiker, erwähne ich h i e r nur dem Titel nach; brauchbar, auch für den Geographen sind die zwölf biologischen Karten von Serie 5, welche eine Anzahl von Tieren und Pflanzen in ihrer natürlichen Umgebung und in verschiedenen Stadien zeigen, wie z. B. Maikäfer, Biene, Kreuzspinne, Heuschrecke, Weinstock und Kartoffel.

Auch für den naturgeschichtlichen Unterricht in erster Linie bestimmt sind Serie 8—10, wundervolle Bromsilberphotographien aus dem zoologischen Garten. Ich habe sie mit den Bildern in verschiedenen naturgeschichtlichen Lehrbüchern verglichen, und es scheint mir, daß sie auch neben diesen, zu ihrer Ergänzung, ihre Daseinsberechtigung haben; sie fügen zur typischen Darstellung des Tieres das Individuum in geschickt aufgefaßten, sprechenden Stellungen hinzu; interessant ist es auch, an ihnen zu beobachten, wie sich der Charakter der Gefangenschaft in den verschiedenen Tieren ausprägt. Sehr wertvoll ist es ferner, daß diese Reproduktionen technisch viel vollendeter sind, als die Klischees unserer Bücher.

Aus allen diesen Gründen sind diese drei Serien natürlich auch für die Geographie von Bedeutung; ganz für sie zunächst geschaffen sind die Serien: 11. Alpen- und Gletscherwelt der Schweiz, 12. Schweizer Charakterbilder, 13. München, 14. Tiroler Charakterbilder, 15. Lebensbilder vom Bord eines Kriegsschiffes, 16. Aus Ägypten, 19 aus dem Orient, teils in sehr guter farbiger Darstellung, teils in klarer Bromsilberausführung. Die drei Alpenserien sind nicht in dem Sinne ausgewählt worden, daß sie die berühmtesten Punkte geben, sondern sie sollen in erster Linie die verschiedenen Erscheinungen des Hochgebirges und vor allem auch das Leben im Hochgebirge darstellen. So sehen wir die Gletscher von den verschiedensten Punkten aus; einen Überblick über den ganzen Gletscher, Firnfelder, Nahebilder von der Seite, das Absturzende, das Innere einer Gletschergrotte, ein kleines Stück eines Gletschers ganz aus der Nähe und Bergsteiger, die mit Seil, Spitzhacke und Leiter sich ihren Weg über die Gletscherspalten suchen. Eine interessante Zusammenstellung läßt sich auch von den verschiedenen Wegen im Hochgebirge aus diesen Karten machen; die eingesprengte Gallerie der Axenstraße, schmale Saumpfade mit der charakteristischen Erscheinung des Saumpferdes, Fußsteige durch eine Klamm und große Eisenbahnviadukte, die verschiedenen Windungen und Durchtunnelungen der Gotthardbahn und die steile Bergbahn an der Jungfrau. Zur Ergänzung dient dann eine recht lebendige Alpenpost und das berühmte Bernhardinerhospiz; Bilder aus dem Alpenleben, wie die Heimkehr der Sennen ins Tal, eine Szene aus einer Sennhütte, eine Herde im Gebirge, geben eine gute Illustration nicht nur für den Geographen, sondern auch zu Lesestücken, wie sie in fast allen Lesebüchern vorkommen.

Aus Serie 13 mögen Schüler in kleineren Städten ein Bild davon gewinnen, was eine Hauptstadt an öffentlichen Gebäuden besitzt, besser als langatmige Beschreibungen gibt Serie 15 eine Vorstellung davon, wie es an Bord eines Kriegsschiffes aussieht und zugeht. Sehr schön und belehrend sind auch die zwei Orientserien.

Über die Art, wie sich die Ansichtskarten im Unterricht verwenden lassen, verweise ich noch einmal auf meinen schon erwähnten Aufsatz auf Seite 150 ff. des vorigen Jahrgangs. Wichtig erscheint mir vor allem, daß die Bilder längere Zeit, etwa auf den dort beschriebenen Papptafeln aufgepinnt, den Schülern vor Augen bleiben, und daß der Lehrer sie bald durch ausführliche Besprechung, bald auch nur durch ein einzelnes Wort oder eine hingeworfene Frage — wer hat das gesehen? wie sieht es da und da aus? — dazu bringt, daß sie wirklich etwas sehen. Dann werden diese Karten das sein, was sie sein können: eine Ergänzung und wo die Mittel knapp sind, — ich denke hier vor allem auch an unsere Volksschulen — ein Ersatz der teuren Anschauungsbilder; denn im Grunde ist M. 1.20 oder M. 1.80 für eine Reihe von Bildern, welche keines anderen Apparats zur Ausstellung bedürfen als einer Papptafel, kein Geld. Dem Unternehmer und uns Geographielehrern möchte ich aber wünschen, daß diese ersten Serien so guten und schnellen Absatz finden, daß er den Mut gewinnen kann, weitere folgen zu lassen; ich bin überzeugt, daß die Postkartenindustrie ihm bald eine größere Anzahl von Karten zur Verfügung stellen würde, welche, ausdrücklich für diesen Zweck geschaffen, uns immer größere Dienste leisten.

Wie mir Herr Möschke mitteilt, will er auch jeder Serie kurze Texte beifügen; dadurch wird ihr Wert noch sehr gewinnen.

Das Quartär Nordeuropas nach E. Geinitz.

Von W. Schottler.

(Schluß.)

Rußland. In Finnland erfolgte die auf die Litorinasenkung folgende rezente Hebung ungleichmäßig. Sie beeinflußte namentlich die Landseen, die dadurch nach Süden abgeleitet wurden. So wurde der Saïmasee durch die großen Endmoränen hindurch nach Süden abgezapft, und es bildete sich der obere Lauf des Wuoxen mit den Imatrafällen aus. Endlich wurde auch die Enge, die den Ladoga mit dem Finnischen Busen verband, geschlossen, und der See fand seinen Weg nach Südwesten zur Newa. In Nordostrußland liegen die bis 150 m über das heutige Meer reichenden Strandlinien und Terrassen der diluvialen Transgression des Eismeeres. Ob diese Transgression interglazial oder postglazial sei, ist noch nicht sicher gestellt. Geinitz nimmt nur eine Eiszeit an und hält die russische Kleinseenmoränenlandschaft des baltischen Landrückens ebenso wie die norddeutsche Seenlandschaft für die Folge eines sehr langen Aufenthaltes des Eises nach einem bedeutenden Rückzug. Während also der russische Anteil an Fenoscandia, die baltischen Provinzen, das Waldai, Polen und Litauen ganz von Moränen bedeckt ist, hat Zentralrußland zwei nach Süden weit vorspringende Eiszungen, nämlich im Gebiet des Dnjepr und Don[1]. Mammutfunde von glazialem, vielleicht auch präglazialem Alter sind im Moränengebiet häufig. Das Mammut war übrigens langlebig; denn die Eisleichen in Sibirien sind postglazial. Südlich von der Moränenzone und noch auf Moräne liegt der Löß; unter ihm liegen bei Kiew Reste des Mammut und des paläolithischen Menschen. Im Wolhynien unterscheidet man den geschichteten Seelöß von dem ungeschichteten subaërischen; beide sind gleichaltrig. In Anfang der Glazialzeit dehnten sich in Südrußland, besonders auch an Stelle des Schwarzen und Asowschen Meeres eine Reihe von Becken mit fast süßem Brackwasser aus. Sie standen durch den Manytsch mit dem Kaspischen, durch den Bosporus mit dem Marmarameer in Verbindung. Alsdann schob sich das Eis von Norden vor, die Moräne wurde hier durch Absätze der Schmelzwasser vertreten. In der nun folgenden Löß(Steppen-)periode sank der Spiegel des Schwarzen Meeres noch mehr; die Flüsse tieften infolgedessen ihre Betten um 30—50 m unter das heutige Niveau dieses Meeres ein. Gegen Ende dieser Periode bricht das Mittelmeer ein; es hebt den Spiegel des Pontus, dringt in die Flußtäler ein und erzeugt die Limane. In der Postglazialzeit erfolgt die allmähliche Aussüßung der Limane, zugleich rückte der Wald auf Kosten der Steppe nach Süden vor.

Dänemark. Die Endmoräne schließt sich in nordsüdlichem Verlauf an die von Schleswig an, biegt in Nordjütland scharf nach Westen um und endigt an der Nordsee, genau parallel zur skandinavischen Endmoräne. Innerhalb, d. h. nördlich findet sich die typische Moränenlandschaft mit Seen und Depressionen, außerhalb die fluvioglaziale Heidelandschaft. In der Haupteiszeit schob das Eis von Norden her über das Land, der jüngere baltische Strom ging von Südwesten nach Nordwesten. Dies glaubte man folgern zu dürfen aus der Richtung der Scheuerstreifen und der Art der Geschiebeführung. Geinitz hält diese Beweise nicht für stichhaltig, da z. B. die verschiedene Schrammenrichtung auch von verschiedenen Flußrichtungen in derselben Eismasse herrühren könne. Es ist von besonderem Interesse, daß hier auch marine interglaziale Ablagerungen (Cyprinenton) vorhanden sind[2]. Mit dem gänzlichen Verschwinden des Eises erfolgte im nördlichen und westlichen Dänemark eine Senkung, das Yoldiameer mit seiner Drift drang ein. In der Anzyluszeit war Dänemark mit Ausnahme des nördlichsten Teiles Festland; mit Schonen hing es zusammen; dagegen existierte eine Verbindung von Nord- und Ostsee über die schwedischen Seen hinüber. In der Litorinazeit erfolgte wiederum Senkung und darauf die alluviale noch andauernde Hebung.

Norddeutschland. Die äußerste Grenze der Vereisung zieht sich von den Rheinmündungen an den Gehängen der mitteldeutschen Gebirge gegen das Flachland hin. Nur wenige Fleckchen älteren Gebirges ragen aus der Diluvialbedeckung heraus. Sie bedingt

---

[1] Dazwischen liegt das große eisfreie Gebiet von Kursk, ähnlich wie bei der driftlessarea in Wisconsin und den eisfreien Stellen in Südengland.
[2] Neuerdings z. T. als präglazial erkannt.

25*

den Charakter von Landschaft und Menschen. Die erratischen Blöcke der Grundmoräne erreichen oft ganz bedeutende Größen. Manche Schollen einheimischen Gesteins könnten für anstehend gehalten werden, wenn nicht ihre Um- und Unterlagerung durch Diluvium dargetan wäre. So existiert bei Osterode eine Kreidescholle mit den Dimensionen 30×350×120 m. Zwischen den Gebilden des oberen und unteren Diluviums läßt sich ein Unterschied in der Geschiebeführung mit Sicherheit nicht erweisen. Für die Bewegungsrichtungen des Eises sind nicht die Schrammenrichtungen sondern die Art der Geschiebe beweisend. Die Schichtenstörungen des Untergrundes durch darüber hingehendes Eis sind durch zahlreiche Abbildungen erläutert, desgleichen die Riesenkessel (z. B. bei Rüdersdorf und Gommern bei Magdeburg). Die Sölle sind auch Strudellöcher, die aber nicht u n t e r dem Eise entstanden sind, wie die Riesentöpfe. Außer den Moränen sind noch die Sedimente zu unterscheiden, die entweder als Absätze der Schmelzwässer in engem Zusammenhang mit den Moränen stehen (fluvioglazial), oder selbständige Absätze einheimischer Gewässer, des Meeres, der Seen, der Flüsse sind (extraglazial). Zu letzteren Gebilden gehören auch: Diatomeenerde, Süßwasserkalk, Torf, Kohle, Kalksinter, Höhlenablagerungen, Löß.

Die Annahme dreier Vereisungen mit zwischenliegenden Interglazialzeiten wurde zuerst von Penck 1879 gemacht. Früher erklärte man eine Ablagerung nur dann für interglazial, wenn sie zwischen zwei Moränen lag und eine Fauna und Flora barg, für deren Existenz ein gemäßigtes Klima angenommen werden mußte. Späterhin mußte man diese Annahme konsequenterweise auch auf solche Schichten ausdehnen, die zwischen zwei fluvioglazialen liegen. Nach heutiger Auffassung sind also folgende Phasen zu unterscheiden: 1. Präglazial. 2. I. Vereisung. 3. I. Interglazialzeit. 4. II. Vereisung. 5. II. Interglazialzeit. 6. III. Vereisung. 7. Spätglaziale Yoldiazeit. 8. Ancyluszeit. 9. Litorinazeit. 10. Heutige Zeit.

1. Zum Präglazial rechnet man gewisse dunkle Tone bei Lauenburg und die unter der Moräne liegenden alten Pleißeschotter.

2. Gottsche fand 1897 bei Tiefbohrungen in Hamburg zwischen zwei Moränen Sedimente mit einer marinen Litoralfauna gemäßigten Klimas. Den hangenden Geschiebemergel hält er wegen seiner großen Mächtigkeit für Glazial II (Haupteiszeit), also muß das Sediment Interglazial I und die liegende Moräne Glazial I sein. Auch bei Rüdersdorf fand man unter der Grundmoräne der Haupteiszeit Interglazial I und Glazial I. Geinitz hält diese Profile nicht für beweisend für zwei Interglazialzeiten, weil in keinem alle drei Moränen übereinander vorkommen.

3. interglazial I. Marine Ablagerungen aus dieser Zeit sind auf die Küsten der Nord- und Ostsee, sowie auf einige ehedem ins Land eingreifende Buchten beschränkt, besonders in Schleswig-Holstein an der Unterelbe und in der Gegend des Weichseldeltas bis zum Knie dieses Flusses (Neudeck). In Flüssen ist die Paludinenfauna von Berlin abgelagert. Von Seeausfüllungen sind neben den Süßwasserkalken besonders die Diatomeenschichten der Lüneburger Heide interessant.

4. Glazial II. Dies ist die Haupteiszeit, deren Moränen bis nach Sachsen hinein reichen (Saxonian Geikies). Hier sind zu unterscheiden: die beim Vorrücken des Eises entstehenden Gletscherbachabsätze, die Grundmoräne, die fluvioglazialen Absätze beim Rückzug und die extraglazialen einheimischen Bildungen; Verwitterungsschutt, Flußschotter und äolische Umlagerungsprodukte.

5. Interglazial II. Meeressedimente aus diesem Zeitraum finden sich besonders im Gebiet der Elbmündung, auf Rügen, zwischen Danzig und Thorn bis zur russischen Grenze. Das bekannteste Torflager, in einem alten Flußtale entstanden, ist: Klinge bei Kottbus, das völlig frei von nordischen Arten ist. Nur in den oberen Lagen kommt die Zwergbirke vor, was auf Klimaverschlechterung deutet. Wie weit sich das Eis zurückgezogen hatte, läßt sich nicht ermessen. Vielleicht ist sogar Klinge mit weiter nördlich liegenden Glazialablagerungen synchron. Am wichtigsten sind jedenfalls die Fundpunkte diluvialer Säugetiere, vor allem Rixdorf mit Mammut, wollhaarigem Nashorn, Ren, Moschusochse usw. Gerade Rixdorf wurde seither sicher für interglazial gehalten, weil der fossilführende Kies zwischen zwei Geschiebemergeln liegt. Geinitz jedoch hält die Reste für typisch glazial, so daß also Rixdorf nach ihm keine Epochen eines größeren Rückzugs infolge milderen Klimas beweist. Die Wechsellagerung mit Moränen erklärt

er durch oszillatorische Vorstöße des Eises in der Zeit des allgemeinen Rückzugs. Von Spuren menschlicher Tätigkeit kennt man verschiedene Feuersteinschaber und ein bearbeitetes Schulterblatt vom Pferd.

6. Glazial III. Nach Geinitz sind kaum charakteristische Kennzeichen zur Unterscheidung dieses jüngsten Geschiebemergels von dem der Haupteiszeit vorhanden. Während in den südlichen Gebieten nur ein Geschiebemergel vorhanden ist, tritt dieser obere Mergel im nördlichen Gebiet sehr weit verbreitet, aber in geringer Mächtigkeit auf. Eine Zeitlang betrachtete man die Endmoränen als Südgrenze dieser Vereisung.

Eis und Wasser haben in der Diluvialzeit dem norddeutschen Boden sein Gepräge gegeben. Der Einfluß der Tektonik des vordiluvialen Untergrundes ist gering. Es werden unterschieden: 1. Die wenig gegliederten Hochflächen der Moränenebene, die aus der Innen- und der Grundmoräne entstanden, z. T. auch aus ausgewaschenem Geschiebesand bestehen (Lüneburger Heide, Altmark). Hieran schließt sich in der Nähe der Endmoränen die Drumlinlandschaft an, deren langgestreckte, aus Geschiebemergel bestehenden Rücken, die nach Geinitz unter dem Eise akkumuliert wurden, sich in der Richtung der Eisbewegung erstrecken nach anderen jedoch durch den Gletscher umgewandelte ältere Endmoränen sind. 2. Die unruhige Endmoränenlandschaft mit zahlreichen Depressionen. Endmoränen sind in einer Länge von mehr als 1000 km nachgewiesen, und zwar besonders deutlich im Gebiet des baltischen Höhenrückens. 3. Zu den fluvioglazialen Gebilden gehören die in Mecklenburg, Pommern und Posen beobachteten Åsar- oder Wallberge, in der Bewegungsrichtung des Eises gestreckte in stark bewegtem Wasser abgesetzte steinige Kiesrücken, die den Drumlins entsprechen, ferner die in ruhigem Wasser hinter den Moränen sedimentierten Decktone und besonders die am Außenrand der Moräne abgelagerten schuttkegelartigen Sandr. Es sind die von den Gletscherbächen auf weiten Inundationsflächen abgesetzten Sande und Kiese (vgl. Island). Wo sich dann die Bäche tiefer in ihre eigenen Ablagerungen eingruben, wurden dann später die Talsande und die tonige Marscherde abgesetzt. Die Schmelzwässer der großen Rückzugsperiode erzeugten bedeutende Erosionswirkungen, die noch wenig verwischt sind. Die sehr wasserreichen Flüsse gruben breite und tiefe Täler ein, die entweder heute trocken liegen oder nur von kleinen Wasseradern eingenommen sind, auch oft in entgegengesetzter Richtung entwässert werden wie früher. Abschnitte mancher dieser Flußtäler wurden zu Seen. Durch die Wirkung des strudelnden Wassers (Evorsion) entstanden die Sölle, von denen der Boden manchmal siebartig durchlocht ist.

Die Schmelzwasser wurden in ostwestlich gerichteten Urströmen anfangs vielleicht zur Unterweser, später zur Unterelbe geführt. Sie verschoben sich mit dem Eisrand nach Norden. 1. Das Berlin-Hannoversche oder Breslau-Magdeburger, 2. das Glogau-Baruther, 3. das Warschau-Berliner, 4. das Thorn-Eberswalder-Tal. Hierzu kommt noch der Pommersche Urstrom, der selbständig ins Kattegat mündete. (Vgl. die Karte.) Vielfach ist der tektonische Bau des Untergrundes für die Talbildung maßgebend gewesen; manche Täler sind schon vor dem Diluvium dagewesen.

Die Seen Norddeutschlands sind einzuteilen in: 1. Evorsions- oder Sollseen. 2. Grundmoränenseen; sie nehmen die Vertiefungen der cupierten Grundmoränenlandschaften ein. 3. Stauseen, teils durch Endmoränen, teils durch den jeweiligen Eisrand aufgestaut. Letztere hinterließen bei ihrer allmählichen Abzapfung deutliche Talterrassen. 4. Rinnenseen = Abschnitte von Flußläufen. 5. Gletschereis-Erosionsseen, die unmittelbar durch die Gletscher ausgekolkt sind. 6. Einsturzseen, z. B. durch weggeschmolzenes »totes Eis« erzeugt. 7. Strandseen, durch Dünen gestaut oder abgeschnittene Mündungstrichter.

Der Löß bildet am Südrand des Flachlandes einen schmalen von der Rheinmündung bis zum Oberlauf der Weichsel reichenden Streifen. Es ist in normaler Ausbildung ein sehr feiner, ungeschichteter Staubsand, der keine Beziehung zu den Flußtälern zeigt. In der Magdeburger Börde ist er oberflächlich stark humos und dadurch ähnlich dem russischen Tschernosjom. Man kann unterscheiden: 1. Echten Plateau- oder Berglöß mit ärmlicher Landschneckenfauna. 2. Gehänge-Löß mit reicherer Fauna, abgeschwemmt. 3. Tal-Löß unrein, mit Land- und Süßwasserschnecken, ebenfalls verschwemmt.

Er gehört zu den extraglazialen Bildungen. Wahnschaffe und andere halten ihn für den Absatz der feinen Trübe eines mächtigen vor dem Eisrand liegenden Stau-

sees. Die äolische Theorie ist besonders durch den Nachweis einer Steppenfauna bei
Tiede = Interglazial II durch Nehring gestützt worden, auch durch den vielerorts,
besonders auch im Rheintal nachgewiesenen allmählichen Übergang vom Flugsand
zu Löß mit der Annäherung an das Gebirge. In das Verbreitungsgebiet des Löß in
Norddeutschland hat nur eine, die Hauptvereisung, gereicht. Auf ihren Ablagerungen
liegt der Löß. Von späteren Glazialbildungen ist er hier nirgends überlagert. Es folgt
daraus, daß seine Bildung durch Interglazial II und Glazial III ununterbrochen fort-
dauerte, und zwar anfangs mit Tundren- (Lemming), dann Steppen- (Pferdespringer), zuletzt Waldlandcharakter (Eichhörnchen). Bei Magdeburg liegt Löß auf Glazial III.
Geinitz hält für Norddeutschland demnach den Beweis für interglaziale Bildung nicht
für erbracht. Der Widerspruch, der im gleichzeitigen Dasein zahlreicher Gewässer und
der Ausbildung von Steppen liegt, wird so zu lösen versucht, daß im Sommer auf dem
abgetrockneten Sande und den freigelegten Moränen, im Winter auf dem gefrorenen Boden
eine starke Ausblasung stattfand, wodurch Kantengeschiebe und Binnendünen entstanden.
Der Staub wurde nach Süden getrieben, fiel im Sommer z. T. in die Gewässer, flog
im Winter über deren Eis hinweg auf die Höhen. Durch Abschwemmung entstand aus
dem primären oder Plateaulöß der Gehänge- und Tallöß.

Von glazialen und postglazialen Dislokationen sind besonders die auf Rügen
erwähnenswert. Sie mögen weit verbreitet sein; doch ist der sichere Nachweis schwer.

In der Postglazial(Alluvial-)zeit bilden sich bei zunächst noch rauhem, nieder-
schlagreichem Klima die heutigen Verhältnisse allmählich heraus. Auf den vom Wasser
verlassenen Talsandebenen trieb der Wind den Sand umher und häufte ihn zu Binnendünen auf. Die in der Abschmelzperiode erodierten Bodensenken füllten sich allmählich aus mit Sand, Schlick, Moorerde, Wiesenkalk und Torf. Die Hoch- oder
Heidemoore sind supraaquatisch in kalkfreiem Wasser von Teichen gebildet. Die
Flach-(Wiesen) oder Grünlandsmoore sind infraaquatisch in stagnierendem oder
schwachfließendem Wasser gebildet. Erstere entstehen aus Sphagnum, Heide, Wollgras,
letztere aus Hypnum, Seggen usw. Dazu kommen noch die Mischmoore. Hochmoore
finden sich besonders in Ost- und Westpreußen, in dem Gebiet zwischen subherzyni-
schem Hügelland und Lüneburger Heide; Grünlandsmoore besonders im Gebiet der
großen Haupttäler. In den alluvialen Mooren finden sich noch häufig Ren, Elch, Auerochs.

Von den postglazialen Niveauschwankungen war oben schon die Rede. Die
Litorinasenkung (vielleicht identisch mit der zimbrischen Flut, die die Bewohner jenes
Gebiets ca 700 v. Chr. zum Auswandern zwang??), die das Land in eine tiefere Lage
brachte als heute, schuf die Formen der heutigen Ostsee mit ihren Föhrden, Haffen
usw. Sturmfluten halfen mit an der Modellierung der Küsten, wie auch noch heute,
Dollart 1218—82, Jade 1218. Aus älterer Zeit stammt die Lostrennung der friesischen
Inseln. Bekannt sind auch die beständigen Landverluste durch Unterspülung der Steilküste, (Helgoland, Stoltera bei Warnemünde 0,7 m, Brodtener Ufer bei Lübeck 1,2 m
im Jahr). Produkte der Anschwemmung durch Küstenströmungen sind die Nehrungen,
die nur in der Ostsee gut erhalten sind. Unter ihrem Schutze setzte sich in der Nordsee der schwere Klei- und Marschboden ab.

Nordseegebiet westlich der Weser. Bodenbildend wirken hier das (einmalige)
Inlandeis, seine Schmelzwässer, die von Süden kommenden Flüsse und das Meer. Das
niederländische Diluvium ist vorwiegend sandig. Nördlich des Rheins bildet das Diluvium Höhen: Endmoränen, Åsar, Drumlins; auch Sölle und Sollmoore sind vorhanden.
Die Richtung der Bewegung war südwestlich. Die holländischen Endmoränen sind dem
nördlich gelegenen baltischen Zuge parallel. Den Rhein hat das Inlandeis nicht überschritten. Von alluvialen Bildungen sind die Dünen am Strande und die Moore
erwähnenswert; das Burtanger Moor ist das bedeutendste Hochmoor in Europa. Die
alluviale Bodensenkung reicht weit in die historische Zeit hinein; der Zuidersee, submarine
Moore und menschliche Bauten sind handgreifliche Beweise. Dieser Erscheinung steht
die künstliche Landgewinnung durch Polder gegenüber.

Belgien. Die ältesten präglazialen Sedimente sind von der Maas in das weite
Åstuar des sich zurückziehenden Pliocänmeeres abgesetzt (Moséen). In der folgenden,
einer Eiszeit entsprechenden Periode (die Gletscher drangen nicht bis dort hin) finden
sich Mammut, wollhaariges Nashorn und zahlreiche Artefakte (Campinien). Nun erfolgte

(im Interglazial) eine bedeutende inundation mit viel Regen; es entstanden geschichtete Lehme, die nach der Trockenlegung äolisch umgelagert wurden (Hesbayen). In der nun folgenden Zeit des Flandrien erfolgte die Abtrennung Englands vom Festlande. Der einstige Isthmus des Pas de Calais wurde vom Meere durchbrochen, an Stelle des großen Kanalflusses trat die Meerenge. In der modernen Ära ist zunächst eine Festlands- oder Torfperiode zu unterscheiden, mit neolithischen Funden in der Tiefe und gallischen resp. galloromanischen an der Oberfläche. Mit dem 4. Jahrhundert n. Chr. beginnt eine bedeutende Senkung; das Meer dringt bis Brüssel vor, es entsteht ein Golf von Antwerpen. Gegen Ende des 8. Jahrhunderts n. Chr. breiten sich auf dem wiedergehobenen Boden germanische Völkerschaften aus. Das Meer stand mit zurückgebliebenen Lagunen in Verbindung; in ihnen setzen sich fruchtbare Poldertone ab; man beginnt Deiche anzulegen. Seit 1000 breitet sich von Holland her eine neue Senkung aus, das Meer dringt wieder bis Brüssel vor. 1170 entsteht die Zuidersee. Um 1200 begann für Belgien, um 1000 auch für Holland eine ruhigere Zeit.

Großbritannien. Die höheren Gebirgsteile, insbesondere Schottland, hatten eine selbständige Vergletscherung. Erst im Stadium höchster Entwicklung fand die Vereinigung mit dem skandinavischen Eise statt, ob in Form einer zusammenhängenden Eisdecke oder von Packeis ist ungewiß. In Schottland ist der Geschiebelehm weit verbreitet; auf weite Strecken bildet er allein die Oberfläche. Auch Drumlins, hier sowbacks, Schweinerücken genannt, kommen vor. Nur die höchsten Spitzen Schottlands ragten als Nunatakr aus dem Eise hervor. Auch die schottischen Inseln zeigen Glazialerscheinungen. Schottland war auch zu Beginn der Eiszeit infolge einer 90 m betragenden Hebung größer als heute. Im Interglazial trat nach Geikie eine bedeutende Senkung ein. Durch Klimaveränderung schmolz das Eis ab und das Meer drang ein. Nach erneuter Hebung trat wiederum Vereisung ein. In Nordschottland findet man eine interglaziale marine Ablagerung in Höhen bis zu 152 m. Andere halten dies Vorkommen für erratisch. Die Seen Schottlands sind entweder Ausfüllungen von Depressionen der Moränenlandschaft, oder durch Glazialschutt aufgedämmt, oder aber von Gletschern in Felsbecken erodiert. Die dritte mehr lokale Vereisung (nach Geikie) möchte Geinitz als eine Stillstandsphase beim allgemeinen Rückzug auffassen. Zur Zeit dieser lokalen Gletscher war Schottland um 30 m gesenkt, denn an der Küste findet sich eine 30 m-Terrasse mit borealer Fauna, die von Geikie für interglazial II gehalten wird. Im Postglazial erfolgten noch mehrere Niveauschwankungen, wie die unter der 30 m-Linie gelegenen Strandlinien beweisen. Zahlreiche Moore mit Resten von Eiche und Fichte bildeten sich; Urochs, Elch, Riesenhirsch, Ren existierten, vom Menschen sind Spuren da, das Mammut fehlt.

In den höheren Teilen Englands, in Wales wie in der Seenlandschaft finden sich dieselben Glazialspuren wie in Schottland. Der Geschiebelehm reicht bis in die Gegend von London. In den tieferen Teilen des Landes sind die Glazialspuren meist sehr verwischt. Auffallend ist die große Zahl mariner Diluvialbildungen. An der Ostküste sind gute Quartäraufschlüsse, insbesondere die bei Cromer in Norfolk mit dem präglazialen Hippopotamus führenden Forestbeds. Ebenso kann man in Westengland an der Küste der irischen See zwei durch Interglazialschichten getrennte Geschiebelehme konstatieren, im Innern und in den höheren Teilen hat man dagegen nur einen Geschiebelehm. Die verschiedenen Hebungen und Senkungen im Postglazial zeigen sich durch den Wechsel von Torf und marinen Schichten an. Hochinteressant sind die nach Geikie interglazialen nach Geinitz präglazialen Funde in der Cae Groyn-Höhle im Clwydtale in Nord-Wales. Sie ergab Löwe, Hyäne, Riesenhirsch, Ren, Mammut und Artefakte. Im zentralen England spielen geschichtete Ablagerungen eine große Rolle.

Auch die Gebirge Irlands zeigen treffliche Glazialspuren. Bei der ersten großen Vereisung wurde die Bewegung vom schottischen Eise her beeinflußt. Darüber liegen marine (?) Sande mit gemäßigter Fauna, die vielleicht während einer Senkung abgesetzt sind. Darauf folgt ein oberer Geschiebemergel, während dessen Bildung die irische See von einem großen Gletscher erfüllt war. Darauf folgten im Gebirge, ähnlich wie in Schottland, die Lokalgletscher. Vielleicht darf man die Süßwassertone der großen Torfmoore mit Riesenhirsch für Interglazial II halten. Noch jünger sind gewisse Moränen in den höchsten Gebirgsteilen. Das Postglazial mit unterseeischen Wäldern und Torfmooren entspricht dem englischen.

In England südlich der Themse war kein Inlandeis vorhanden. Doch herrschte rauhes Klima ohne helle Sommer. Es mögen sich beim Auftauen ähnliche bewegliche Schlammassen gebildet haben, wie heute noch in arktischen Ländern. Weit verbreitet treten hier Ablagerungen auf, die aus eckigen wenig transportierten Trümmern lokalen Ursprungs bestehen. Sie entstanden durch die Zertrümmerung des Bodens durch Frost und das Zusammenschwemmen der Trümmer durch Wildbäche. Vereinzelte Zähne vom Pferd und Mammut und paläolithische Geräte hat man darin gefunden. Zu dieser Zeit war England mit dem Festlande verbunden, so daß die interglaziale Flora und Fauna einwandern konnte. Zahlreich sind Höhlen im Kalkgebirge, als Beispiel dient die Höhle von Kent. Sie enthält neben zahlreichen anderen Tieren auch Machairodus (Säbelkatze) und Spuren des paläolithischen Menschen. Nach Geikie haben in paläolithischer Zeit bedeutende Klimaänderungen stattgefunden. Auf die Erhebung zur Zeit der Glazialperiode folgte eine Senkung (Strandlinien), dann eine Hebung, dann wieder Senkung zum heutigen Niveau.

Zum Schlusse wird die Geikiesche Klassifikation des britischen Diluviums besprochen, die auch in England Widerspruch erfahren habe. Geinitz kann sich nicht zu den sechs Eiszeiten bekennen und hält auch für England an der Einheitlichkeit der quartären Eiszeit fest. Ebensowenig wie über die Gliederung des Quartärs konnte man sich in England bis jetzt über die Bildung desselben einigen. Nach der einen Ansicht sind die meisten Ablagerungen Produkte des Landeises; die geschichteten sind in extramoränen Seen gebildet. Das Land lag zur Glazialzeit nur wenig höher als jetzt. Nach anderer Ansicht fand zuerst eine bedeutende Hebung statt; dann Senkung, die im Westen den doppelten Betrag erreichte wie im Osten. Nur in den Gebirgsgegenden sei der Geschiebelehm von Gletschern gebildet; das meiste jedoch sei unter Wasser entstanden unter dem Einfluß von Eisdrift und Strömungen. Auch die Meinung, daß zur Zeit der größten Kälte England mit Skandinavien unter einer Eisdecke gelegen habe, während in Süd- und Südostengland riesige Stauseen gewesen sind, hat ihre Bedenken. Geinitz denkt sich die Nordsee mit Packeis erfüllt. Auf jede Vergletscherung scheint eine Senkung gefolgt zu sein, und zwar auf die Hauptvereisung um 150 m, auf die dritte um 30 m, auf die schottische Talvergletscherung 18 m. Mit den Hebungen war der Eintritt kälteren, mit der Meeresbedeckung wärmeren Klimas verbunden. Eisdrucksenkungen und Ansteigen des Meeres durch die Attraktion der Eismassen mögen manche Niveauschwankungen erklären.

Geographische Lesefrüchte und Charakterbilder.
Schwankungen der Grenzlinien zwischen Meer und festem Land.
Aus »F. v. Richthofen: Das Meer und die Kunde vom Meer« (S. 16—20)
ausgewählt von Prof. Dr. W. Halbfaß-Neuhaldensleben.

In erstaunlichem Umfang wachsen seit wenigen Jahren die Beweise für große Änderungen, welche sich in der jüngsten Zeit der Erdgeschichte, vor, während und nach der Eiszeit, vollzogen haben. Manche Umgestaltung, welche noch vor kurzem einer früheren Periode zugeschrieben wurde, rückt bei aufmerksamer Betrachtung in diese späte Zeit hinein und verknüpft sich mit der Vorgeschichte des Menschen. Wie die Ausgestaltung der inselreichen Ägeis mit ihren vielbuchtigen Gegenküsten und ihrer merkwürdigen stromartigen Verbindung mit dem Pontus sich als ein Werk jüngster Einbrüche und Höhenverschiebungen erwiesen hat, so ist es in vielen anderen Teilen der Erde. Mehr und mehr lernen wir die gegenwärtige Begrenzung von Meer und Land als eine Phase in einem großen, niemals sich vollendenden Werdegang erkennen. Hier findet Zuwachs des Festlandes und Verbindung vorher getrennter Glieder statt, dort Auflösung einheitlicher Landflächen in getrennte Gebiete. An den Küsten geben sich durch die Anzeichen von Übergreifen oder Rückzug des Meeres solche Änderungen ungleich schärfer zu erkennen, als im Binnenland. Sie sind aber dort von sehr viel größerer Bedeutung für die Verbreitung der Organismen, für die Öffnung neuer Wege der Wanderung und die Verschließung von anderen, und für die Ausgestaltung des Schauplatzes der menschlichen Vorgeschichte. In immer deutlicheren Zügen treten durch die paläontologische und geologische Forschung die Übergriffe des Meeres auch in ferner Vorzeit hervor. Jede Umgestaltung im kleinsten Teile setzt den ganzen Ozean in Bewegung. Sinkt der Meeresboden in einem Gebiet in die Tiefe, so erniedrigt sich der Spiegel aller Ozeane; und wurde in einem langen Zeitraum den tropischen Meeren beständig Wasser entzogen, um nach langem Wege durch die Atmosphäre in den Polargebieten als Eis in wachsender Ansammlung abgelagert zu werden, wie es in der Eiszeit geschah, so wuchs an allen Küsten das Land auf Kosten des Meeres. Fand hingegen in einer längeren Periode intensive Aufwölbung von Gebirgen durch faltige Stauung der Sedimentmassen langgedehnter Küstenzonen statt, so wurde der örtlich eingeengte Ozean allenthalben über seine Küsten hinausgedrängt. Die dadurch bezeichneten Epochen großer Transgressionen und des Rückzuges der Meere sind Marksteine in der Geschichte der Erde.

Bei diesen tellurischen Vorgängen spielt das Meer eine passive Rolle, es muß sich in die neuen Formen fügen; es wird hineingedrängt in Hohlformen des Festlandes und muß sie überspülen, wie in den Fjorden Norwegens; oder es wird gezwungen, von seiner alten Strandlinie zurückzuweichen und sich eine neue in tieferer Lage anweisen zu lassen, wie in Unteritalien, wo marine Quartärbildungen vielfach das Festland umsäumen. Damit wird der Schauplatz wesentlicher Teile der Funktionen, welche dem Meere für die Umgestaltung der festen Erdoberfläche zufallen, höher oder tiefer verlegt. Diese Funktionen sind von mehrfacher Art. Eine von ihnen ist auch noch passiver Natur. Sie besteht darin, daß der Meerestrog als Behältnis dient, um den festen Abraum der Kontinente aufzunehmen. Die Ströme tragen ihn zu und sind bestrebt, bis zu dem jeweiligen Niveau des Meeresspiegels die Gebirge und alles Land durch allmähliche Zerstörung hinweg zu nehmen und in Gestalt von Trümmermassen und gelösten Stoffen in den Ozean zu schütten. Dabei graben sie sich Rinnen, welche im allgemeinen rechtwinklig zur Küste gerichtet sind und durch gerichtete Höhenrippen geschieden werden; auch diese verfallen schließlich dem Schicksal der Abtragung. So entstehen als Zwischengebilde auf dem Wege zur Einebnung die Charakterformen des küstennahen Festlandes. Die bei dieser Arbeit in Form von Geröll, Sand und Schlamm herabgeführten Trümmermassen werden in breiten Schutthalden in den Umrandungen der Festländer abgelagert. Die Strömungen helfen bei der Verteilung der Feineren, und da sie der allgemeinen Richtung der Küsten folgen, schaffen sie Schuttwellen der Küste parallel, welche durch ebenso gerichtete flache Muldentiefen von einander getrennt sind, wie wir es zum Nachteil der Schiffahrt an den Strömen so häufig vorgelagerten Sand- und Schlammbarren und in dem welligen Formen des Meeresbodens jenseits des Badestrandes unserer Seebäder sehen. Wird das Meer durch passive Verschiebung zum Ansteigen gezwungen, so verdeckt es seine eigenen Gebilde und dringt in die Hohlformen des Festlandes ein. Dann spiegelt sich deren Charakter in den Umrissen der Küste, wie wir es bei den Lochs von Schottland oder an der buchtenreichen Küste des südlichen China sehen. Über der alten Schutthalde lagert sich eine neue ab. Ist aber das Meer zum Rückzug gezwungen, so werden seine Schuttgebilde trocken gelegt, und ihre Formen bestimmen nun den Charakter der glatten, meist buchten- und hafenlosen Küstenlinien. So kann man aus den Formen erkennen, ob das Meer in letzter Zeit im Vordringen oder im Rückzug gewesen ist. Aber nicht lange erhalten sich die Meeresgebilde beim Rückzug; denn die Flüsse folgen dem Meere; das Niveau, welches nun ihrer ausgrabenden Arbeit und dem Streben nach Flächenabtragung die untere Grenze setzt, liegt tiefer als vorher. Daher vertiefen sie ihre Kanäle und schaffen festländische Formen bis zu der neuen Küstenlinie hin.

Es gehört zu den wertvollsten Errungenschaften der maritimen Expeditionen der letzten dreißig Jahre, insbesondere derjenigen des ›Challenger‹, daß ein klarer Einblick in die Beschaffenheit und Verteilungsart der Sedimente am Boden der Meere gewonnen worden ist. Die Beschränkung des Festlandsschuttes auf Zonen, welche die Kontinente und Inseln umsäumen, die große Rolle, welche im Aufbau weit verbreiteter und mächtiger Schichten den Kalk- und Kieselpanzern sehr kleiner Organismen neben der früher bekannt gewesenen der riffbauenden Korallen und der größeren kalkausscheidenden Tiere zukommt, die Bedeckung der größten Tiefen mit den roten feinerdigen Resten gelöster Kalkpanzer, die weite Verbreitung von Bimssteintrümmern — diese waren Ergebnisse, die äußerst wichtige unmittelbare Anwendung auf die geologische Erklärung der Entstehungsart und der Bildungsbedingungen von Gesteinen aus früheren Zeitaltern gestatteten. Aber es konnte auch umgekehrt die Geologie den Einblick in die submarinen Vorgänge in ausgiebiger Weise vervollständigen.

Geographischer Auguck.

Der Friede von Portsmouth.

Über das weltgeschichtliche Drama, welches sich seit 1½ Jahren vor unseren Augen abspielte, ist der Vorhang gefallen. Und nicht das Schwert brachte die letzte Entscheidung in dem Kampfe, der soviel Menschenblut gekostet, sondern das vorsichtige Wort und die spitze Feder der Diplomaten. Durch die Bemühungen des Präsidenten Roosevelt ließen sich die kriegführenden Mächte Rußland und Japan bestimmen, Friedensunterhandlungen einzuleiten und am 10. August d. J. begannen die Unterhändler Witte und Komura in Portsmouth, halbwegs zwischen New-York und Washington, ihre Arbeit; eine schwere Arbeit, denn dem einen galt es, seinem Lande die Früchte schwer erkämpfter Siege zu sichern, dem andern, die Ehre seines hartgeprüften Volkes zu retten, — sie zu einem guten Ende zu führen, hatten wohl beide, unter dem Zwange der allgemeinen Lage, von vornherein das ernste Wollen. Blickte doch Rußland auf eine lange, ununterbrochene Kette schwerer Niederlagen und Schicksalsschläge zurück. Nach dem nächtlichen Torpedoangriff der Japaner im Hafen von Port Arthur am 8. Februar 1904 forderte am 13. April der Untergang des »Petropavlovsk« das Leben seines ersten Flottenführers, des Admirals Makarow. Nach einer vollständigen Niederlage Sassulitschs gehen die Japaner am 1. Mai über den Jalu und in unaufhaltsamem Zuge drängen ihre Truppen vorwärts, um in dem achttägigen Ringen bei Liaujang (23. Aug.—1. Sept.) den Gegner unter Kuropatkin zurückzuwerfen. Auch in der Schlacht am Schaho (10.—19. Okt.) und dem letzten großen Kampfe bei Mukden (1.—9. März 1905) fielen die Würfel zu Ungunsten der Russen, von denen an die 150 000 fielen, verwundet oder gefangen wurden; am 10. März konnte der japanische General Oyama seinen feierlichen Einzug in Mukden halten. Port Arthur hatte am 1. Januar 1905 nach achtmonatiger Belagerung kapituliert, und die baltische Flotte, deren Eingreifen den Wendepunkt in den Kriegsgeschicken herbeiführen sollte, wurde in der Straße von Tsuschima am 27. Mai vollständig vernichtet.

Diese Macht der Tatsachen, noch verstärkt durch die schweren Krisen im eigenen Lande, mußte Rußland willfährig zum Frieden machen, möglich wurde er ihm ohne Einbuße an Ehre durch die Tatsache, daß es trotz aller Verluste und Niederlagen nicht besiegt war, daß es dem siegreichen Gegner bis zum letzten Augenblick ein hartgeprüftes Heer gegenüberzustellen vermochte. — Auch dem Sieger war der Friede erwünscht, er stand an der Grenze des Möglichen; das russische Heer weiter in die grenzenlosen, winterlichen Öden Sibiriens zu drängen, war eine Gefährdung der eigenen Lage durch die Gewähr für eine vollständige Vernichtung des Gegners. Und finanzielle Nöte endlich drohten beiden Mächten. Japan mußte als Grundbedingung für den Frieden stellen, daß seine Vormachtstellung in Korea anerkannt wurde; die Anerkennung als ostasiatische Militär-Großmacht brauchte ihm der Friede nicht

zu bringen, die hatte es sich auf dem Schlachtfeld erkämpft; Rußland mußte sich den Weg zum Großen Ozean offen halten und allzu schwere Demütigungen abweisen, um seine Stellung den asiatischen Untertanen gegenüber nicht vollends zu erschüttern. Und diesen Grundbedingungen wird der Friede, den man am 6. Sept. in Portsmouth unterschrieb, gerecht. Soweit sein Inhalt bisher bekannt wurde, bestimmt der zweite Artikel, daß vom politischen, militärischen und verwaltungsrechtlichen Standpunkt aus die Interessen Japans in Korea vorherrschend sein sollen und daß sich Rußland nicht Maßnahmen der Leitung, des Schutzes und der Aufsicht widersetzt, die Japan in Korea trifft. Die Mandschurei wird von beiden Mächten gleichzeitig geräumt (Art. 3) und die Pachtrechte auf Port Arthur, Dalny und die angrenzenden Gebiete und Gewässer gehen gänzlich auf Japan über (Art. 4) die mandschurische Eisenbahn wird bei Kwang Tschöng tsze zwischen Rußland und Japan geteilt (Art. 6) und der südliche Teil von Sachalin, bis zum 50. Breitenkreis mit den zugehörigen Inseln von Rußland an Japan abgetreten (Art. 9). Das sind die wichtigsten Bestimmungen des Friedens, an dessen objektiver Gerechtigkeit weder die Entrüstung des enttäuschten, siegesberauschten Straßenvolkes in Tokyo noch das Bramarbasieren der Kriegshelden in den Petersburger und Moskauer Redaktionsstuben zu rütteln vermag.

Im engsten Zusammenhang mit der Beendigung des russisch-japanischen Krieges steht die Erneuerung des englisch-japanischen Bündnisses, auf die die veränderte Stellung, die Japan nach dem Kriege unter den Großmächten einnimmt, nicht ohne Einfluß bleiben konnte. Die Interessen, welche die Vertragschließenden zu schützen suchen, liegen klar am Tage. Japan braucht zunächst Zeit zu einer ungestörten, inneren kulturellen Entwicklung. Die militärische Tüchtigkeit, die es bewiesen hat, darf nicht darüber hinwegtäuschen, daß es erst am Anfang einer solchen steht, daß es nach dieser Richtung hin noch große Aufgaben zu lösen hat, ehe es den Rang einer Kulturmacht im europäischen Sinne zu erringen und vor allem zu behaupten vermag. Diese Entwicklung darf durch kriegerische Verwicklungen nicht zu bald und zu häufig gestört werden; es muß sich deshalb eine Gewähr dafür verschaffen, daß Rußland nicht nach wenigen Jahren die Streitaxt ausgräbt, um die bösen Scharten wieder aufzuwetzen. Englands erstes und letztes Ziel ist Sicherheit für Indien. Das Freiwerden der großen russischen Mandschureiarmee ist eine augenblickliche, Rußlands asiatisches Wirken eine stete Gefahr für Indien, der es rechtzeitig vorzubeugen gilt. Beide Mächte erreichen ihr Ziel dadurch, daß sie sich in dem neuen Vertrag gegenseitigen Waffenschutz gewährleisten, für den Fall, daß sie auch nur von einer einzelnen feindlichen Macht angegriffen werden und daß sie dem Vertrag nicht wie bisher nur für den fernen Osten, sondern für ganz Asien bis zum 51. Grad östlicher Länge Gültigkeit verleihen. Daß beide Mächte damit nahen Gefahren die Spitze bieten, unterliegt keinem Zweifel, ob sie aber damit ihre Völker nicht viel größeren ferneren Gefahren zuführen, ist eine andere Frage. Japanische Truppen in Indien mögen gegen die Russen helfen, aber dem englischen Ansehen den Asiaten gegenüber werden sie ebenso Abbruch tun in der Siege jetzt dem russischen getan haben, und dann wird es eher als heute zu den Möglichkeiten zählen, daß das Losungswort »Asien den Asiaten« Anhänger findet und Unheil stiftet. *Hk.*

Kleine Mitteilungen.

I. Allgemeine Erd- und Länderkunde.

Das europäische Rußland macht Prof. Dr. Alfred Hettner zum Gegenstand einer umfangreichen anthropogeographischen Studie (Geogr. Zeitschr. 1904, S. 481—506, 537—569, 600—626, 666—691), von der hier nur der Plan und einige charakteristische Ausführungen angedeutet seien.

Nach einleitenden Bemerkungen über Entstehung und literarische Grundlagen der Arbeit wird (1.) die Natur des Landes behandelt. Lage (»Halbasien«), Ausdehnung, Küstenbeschaffenheit, senkrechte Gliederung (Zug ins Extensive), innerer Bau (tafelartig lagernde, erzarme Sedimente), oberflächlicher Boden (Glazialablagerungen, Schwarzerde, Löß, Salzton, Flugsand), Flüsse, Klima, Pflanzendecke (Tundra, Waldland, Steppe, Halbwüste; im wesentlichen Zweiteilung in Waldland und Steppe), sowie endlich die Tierwelt erfahren hier eine sachgemäße und klare Darstellung. — Es folgen (2.) die geschichtliche Entwicklung und ihre Ergebnisse. Die Bewohner des Waldlandes verändern ihre Kultur in Jahrtausenden kaum, die der Steppe sind zwar leicht beweglich, doch ohne eigene Entwicklung. Die Steppe wirkte im ganzen genommen als Schranke, durch welche die alten Slawen von engerer Berührung mit der vorderasiatischen und mediterranen Kultur abgehalten wurden. Später und schwächer sind darum diese Einwirkungen; ihnen treten zur Seite der Einfluß des zentralasiatischen Nomadentums und weiterhin der nordeuropäischen Völker. Waräger (schwedische Küstenbewohner) waren die Gründer des russischen Staatswesens. Nicht bloß eine andere Kultur, auch ein anderes Christentum empfingen die Russen als ihre westlichen Nachbarn; die Verschiedenheit des Glaubens trennt noch heute mehr als alles andere den Westen und Osten Europas. Immerhin war die Aufnahme der byzantinischen Kultur ein erheblicher Fortschritt; er befähigte die warägische Staatsbildung zum Beginn der Expansion. Durch die im XIII. Jahrhundert hereinbrechenden Tataren (Mongolen) ward das russische Waldland jedoch für lange Zeit vom Mittelmeer völlig abgeschnitten und geriet in einen Zustand kultureller Erstarrung, der geradezu als »Chinesentum« bezeichnet wird. Nur die baltischen Küstenländer bilden bekanntlich eine Ausnahme. Die Europäisierung Rußlands beginnt erst in der Neuzeit unter Peter d. Gr. und Katharina II. und besteht zunächst ausschließ-

lich in passivem Empfangen. An erster Stelle steht da die Waffentechnik des Westens, dann dessen bürgerliche Technik und wirtschaftliche Organisation, um den Volkswohlstand und damit die Finanzkraft des Staates zu heben. — In der allmählichen Ausbreitung des Russentums, der großartigsten kontinentalen Entwicklung im Bereich der Weltgeschichte, lassen sich drei Hauptakte unterscheiden: 1. mehr friedliches, kolonisierendes Vordringen der Russen (und Litauer) gegen die finnischen Völkerschaften im N und O des Waldlandes (Großrußland ist Kolonialland); 2. ethnische und kulturelle Russifizierung der Steppenvölker; 3. Eroberung der kulturell höher stehenden Ostseegebiete. Als vierter Akt käme dann die politische und wirtschaftliche Unterwerfung der alten Kulturoasen in der Wüstenzone Zentralasiens in Betracht.

Die innere Ausbildung des russischen Wesens hat eine vom westlichen Europa völlig abweichende Entstehungsweise; da es in Rußland keine autochthone Kultur gibt, sondern nur eine in fertigem Zustand rezeptiv übernommene, so besteht zwischen den modern denkenden, europäisch gekleideten oberen Klassen und den mittelalterlichen, halbasiatischen Muschiks (Bauern) ein Gegensatz wie zwischen zwei ganz verschiedenen Völkern. Dieser Gegensatz trennt auch die aufgeklärten Fortschrittler von den slawophilen Nationalisten, welchen die spezifisch russische Kultur für sittlich höherstehend gilt. Zwischen beiden Richtungen schwankt die Regierung hin und her. »Ihr Ziel ist der Hauptsache nach gewesen, die materielle Kultur Europas als eine Grundlage staatlicher Macht zu übernehmen, aber jede innerliche Umbildung des Staatswesens, der Kirche, des Volksgeistes zu verhindern.« Rußland besitzt heute eine »Mischkultur« (Vierkandt), der gegenüber der direkte Einfluß geographischer Verhältnisse (Binnenlage, Tieflandsnatur, Kontinentalklima usw.) zurücktritt.

Das Ergebnis der geschichtlichen Entwicklung ist die heutige Verteilung und Ausbreitung der Völker (3.); ließ die Abgelegenheit Rußlands seine Bewohner erst spät in der Kultur fortschreiten, so ist die Tieflandsnatur die Ursache, »daß sich die Ausbreitung eines großen, gleichartigen Volkes dann so rasch vollzogen hat.« Als ethnographische Provinzen bezeichnet Hettner die baltischen Küstenlandschaften, wo Litauer (2⅓ Mill.) und Letten (1 Mill.) wohnen; dann das natürlich weit größere Bereich der ostslawischen Völkergruppe, der Russen (75 Mill.), die in Groß-R. (50 Mill.), Klein-R. (20 Mill.) und Weiß-R. (5 Mill.) zerfallen, und sehr verschieden starke fremde Beimischungen erkennen lassen; ferner das Gebiet der westlichen, nördlichen und östlichen finnischen Völkerschaften, das der stark gemischten tatarischen und türkischen Völker und jenes der mongolischen Kalmüken, die aber alle an Zahl relativ sehr unbedeutend sind. Den Charakter der herrschenden Nation, deren reinsten Typus die Weißrussen darstellen, kennzeichnet der Verfasser treffend in folgenden Sätzen: »Dem russischen Volke fehlen die aktiven Tugenden, das zielbewußte Streben, der ausdauernde Fleiß, der innerhalb gewisser Grenzen durchaus berechtigte und für den Fortschritt notwendige wirtschaftliche Erwerbssinn...,« Die Nationaltugenden sind stummes Erdulden und blinde Unterwürfigkeit; grenzenlose Sorglosigkeit ist den Menschen hier zur zweiten Natur geworden. »Geistige Gebundenheit, mangelnder Forschungsgeist, mangelnder Wahrheitssinn können als die intellektuellen Merkmale der heutigen russischen Kultur angesprochen werden.«

Ethnische Gemeinschaften erlangen ihre volle Wirksamkeit erst durch die sie verbindenden Religionen (4.), deren Einfluß auf die Volksseele nicht unterschätzt werden darf. Die russische Nationalkirche ist dem Kulturzustand angepaßt; »Übertritt zur griechischen Kirche bedeutet Annahme der russischen Nationalität, Austritt aus der griechischen Kirche wird schon deshalb vom Staate verhindert, weil er eine Aufgabe der russischen Nationalität sein würde.« Die Kirche, der größte Gegner der Europäisierung, steckt noch in einem primitiven, halb heidnischen Zustande; ihre Verfassung ist aufs engste mit dem Staate verbunden, der sie für seine Zwecke ausnutzt, aber dafür auch beschützt und fördert (vgl. Spanien im XVI. Jahrhundert). Wirtschaftlich und geistig lastet das russische Kirchentum schwer auf der Nation; Volksbildung ist ihr gleichgültig. »Der Russe hat im Grunde ein tiefes und inniges, manchmal bis zum Mystizismus gesteigertes religiöses Empfinden, das er wohl der nordischen Waldnatur verdankt, aber unter der Decke der in Äußerlichkeiten aufgehenden überlieferten Religion kann es sich nicht frei entfalten.«

Außer der orthodoxen Kirche haben nur die Altgläubigen (Raskolniki) Bedeutung, die ein Achtel der Nation umfassen (meist Kaufleute und Kosaken); der Islam (noch 3,4 Mill.) verlor an Boden, weil er der Kulturform der Steppe und des Nomadismus angehört, die der Kulturform der seßhaften Landwirtschaft des Waldlandes nicht stand zu halten vermag.

Der Staat (5.), bzw. das Staatsgebiet wurde in seinem Wachstum selbstverständlich entscheidend von der Tieflandsnatur Osteuropas beeinflußt und begünstigt. Jedoch erwuchs der älteste Großstaat am Westrande (Polen—Litauen), was nach der Staatsgründung der Waräger (im 9. Jahrhundert) und nach Beseitigung der Tatarenherrschaft (im 16. Jahrhundert) zu einer großen Auseinandersetzung führen mußte, in der sich das Reich der Moskowiter als das stärkere erwies. Der Drang nach Süden, zum Teil auch nach Süden, beherrschte aus naheliegenden Gründen alle Expansionsbestrebungen früherer Zeit; gegenwärtig ist wohl die An-

ziehungskraft des fernen asiatischen Ostens noch stärker. In zwei Akten (1. Mitte des 16. Jahrhunderts und 2. 1667—1774) wurde das ungeheure Staatsgebiet zusammengebracht, das heute über seine natürlichen Grenzen schon teilweise hinausgewachsen ist. Fragen der äußeren Politik knüpfen sich an Finnland und die Ostseeprovinzen (deren Deutschtum der Verfasser für verloren ansieht), ferner an Polen und die Balkanländer, namentlich an den Besitz von Konstantinopel. Hier liegt ein Widerspruch geographischer Motive vor, da für das Schwarze Meer als Binnenmeer die Regel nicht gilt, daß das Wachstum der Staaten an den nächsten Küsten zum Abschluß komme. Es entsteht eine Tendenz, in andere Naturgebiete hineinzuwachsen, bis eine Küste von brauchbarer Beschaffenheit erreicht ist; dafür genügt aber weder das Mittelmeer, noch die Ostsee, diese Begehrlichkeit werden (abgesehen von den Fjorden Lappmarkens) erst die Gestade des Indischen und Großen Ozeans stillen.

Einem solchen Übermaß an Größe und Macht müssen sich natürlich alle anderen Staaten der Erde entschieden widersetzen; deshalb liegt alles, was ein weiteres Vordringen Rußlands hindert, in ihrem Interesse. Übrigens darf die Macht des Kolosses nicht überschätzt werden. Die kontinentalen Zusammenhänge erschweren eine rasche und vollkommene Raumbewältigung um so mehr, als Besiedlung und Kultivierung viel, in manchen Gegenden des Reiches alles zu wünschen übrig lassen. Heer und Flotte sind gewaltig; aber der ungeheure Raum wird stets den größeren Teil der Heeresmasse binden und zudem gestattet minderwertige Kultur keine volle Kriegstüchtigkeit. Der russische Soldat besitzt zwar jene passiven Tugenden im höchsten Grade; »aber er ist geistig minderwertig, ihm fehlt die Initiative, er kann nur in geschlossener Masse, nicht in aufgelöster Ordnung verwendet werden, wie sie die moderne Taktik verlangt.« Gleiches gilt vom Personal der Marine, die ja überdies dadurch geschwächt ist, daß sie in ebensoviele getrennte Teile zerfällt, als Rußland Meere berührt. Vollends übel ist es mit den Finanzen bestellt; der zu Kriegszwecken angesammelte Staatsschatz »ist nicht der Überschuß einer reichen Volkswirtschaft, sondern aus einer armen Volkswirtschaft herausgepreßt.« Die expansive Entwicklung ist eben auf Kosten der inneren Kräftigung erfolgt.

Das innere Wesen des russischen Staates, ausgedrückt durch Verfassung und Verwaltung, erklärt sich leicht bei Berücksichtigung der schon gekennzeichneten Halbheit aller Verhältnisse: halb ist Rußland noch eine asiatische Despotie, halb ist es europäisiert; »dasselbe Joch, unter dem die europäisierten Bevölkerungsklassen knirschen, wird von der Masse der Bevölkerung überhaupt nicht als Joch empfunden.« Daher kann von einer liberalen Verfassung noch nicht die Rede sein; es wird wohl noch lange bei dem alten, straff zentralisierten gewalttätigen Beamten- und Polizeistaat bleiben, der als natürliche Reaktion eine ebenso brutale Opposition auslöst.

Nach diesen mehr allgemeinen Betrachtungen gehen die folgenden Kapitel der äußerst gründlichen Arbeit in Einzelheiten der Anthropogeographie Rußlands ein. Besiedlung und Bevölkerung (6.) werden besprochen hinsichtlich der Besiedlung und Umbildung des Landes, der Bewegung und Verteilung der Bevölkerung, der Dörfer und Städte, der Organisationsformen der Besiedlung und Bevölkerung. Ein Bürgertum in unserem Sinne gibt es (außer den Ostseestädten) nicht; damit fehlt der wichtigste Träger des Fortschritts. Die Umbildung des flachen Landes ist jünger und weniger vollkommen als in Westeuropa; die Besetzung ist noch weniger extensiv. Die Bevölkerungsbewegung gründet sich wesentlich auf natürliche Zunahme und zeigt also nicht den Typus der Kolonialländer mit ihrer Einwanderung. Die Vermehrung der Volkszahl durch hohe Geburtenziffern, denen freilich eine hohe Sterblichkeit gegenüber steht, kann bei der wirtschaftlichen Depression bald zu einer Übervölkerung führen.

Auch der Verkehr (7.) läßt die Zwiespältigkeit der russischen Kultur und des russischen Staates erkennen; was da gesündigt wurde, rächte sich eben jetzt während des ostasiatischen Krieges in auffallender Weise. Der russische Verkehrstypus entspricht der Mischkultur in einem kontinentalen, aber flußreichen Tieflande; er hat sich nicht organisch, sondern sprunghaft, mit Außerachtlassung von Zwischenstufen entwickelt. Am wichtigsten ist verhältnismäßig die Flußschiffahrt; der Seeverkehr hat geringere Bedeutung als für die anderen Länder Europas. Post- und Telegraphenwesen unterscheiden sich durch geringe Zahl der Stationen, Weitmaschigkeit des Leitungsnetzes, Langsamkeit und Unsicherheit des Dienstes zu ihrem Nachteil von den bezüglichen Einrichtungen des Westens.

Die Volkswirtschaft (8.) wird beleuchtet in Bezug auf ihren allgemeinen Charakter, der sich mit dem Nordamerikas und anderer Kolonialländer vergleichen läßt; aber der Charakter des Staates und Volkes verhindern einen stetigen Aufschwung. Dies wird im einzelnen gezeigt an der Landwirtschaft, der Fischerei, dem Bergbau, dem Gewerbe, dem Handel.

Materielle und geistige Kultur (9.) schildern Lebenshaltung und Bildung des Volkes. Im allgemeinen ist das Bild, das hier und in der zusammenfassenden Schlußbetrachtung entworfen wird, ein recht trübes. Reformen sind unvermeidlich; möchten sie sich auf möglichst friedlichem Wege ausführen lassen. Denn — so schließt der Verfasser seine trefflichen Darlegungen — »bewahre uns der Himmel vor einer Revolution des russischen Volkes!«

Dr. Georg A. Lukas (Graz).

Das russische »Statistische Zentralkomitee« veröffentlicht nach achtjähriger Arbeit die endgültigen **Ergebnisse der »ersten allgemeinen Volkszählung im Russischen Reiche auf wissenschaftlicher Grundlage«** vom 28. Jan. 1897. Danach betrug die Gesamtbevölkerung Rußlands (außer Finnland mit 2712562 Einwohnern) 126586525 Seelen. Davon waren 88 Mill. Russen, 14 Millionen Tartaren und andere mohammedanische Völker, 8 Millionen Polen, 1700000 Litauer und Samogiten, 5215000 Juden, 1500000 Deutsche und 2200000 Letten, Esten und Finen. Der Rest bestand aus kleineren Völkerschaften: Rumänen, Walachen, Griechen, Armeniern, Grusinen, Baschkiren, Kalmücken, Mordwinen, Tschuwaschen, Tscheremissen, Burjäten, Samojeden, Lappländern, Tungusen, Jakuten. — Dem Religionsbekenntnis nach zählte man 87123604 Rechtgläubige, 2204596 Altgläubige, 13906972 Mohammedaner, 11467994 Katholiken, 5215805 Juden, 3572653 Lutheraner und Reformierte und 2 bis 3 Millionen Buddhisten und sonstige Heiden. — Die Angaben über Stände (Adel, Geistlichkeit, Bürger und Bauern), sowie über die Berufsarten der einzelnen Bevölkerungsschichten geben wenig ins einzelne und geben daher nur ein ungenaues Bild. 1220169 Personen beiderlei Geschlechts besaßen den erblichen, 630119 den persönlichen bzw. Dienstadel. Die Geistlichkeit sämtlicher christlichen Konfessionen zählte (mit Familienangehörigen) 588947 Personen. Erbliche und persönliche Ehrenbürger gab es 342927, Kaufleute 281179, Kleinbürger 13386392 und Bauern 96896648, d. h. 77,1 Prozent der Gesamtbevölkerung. Dabei ist noch zu bemerken, daß die Angehörigen des Kaufmanns- und niederen Beamtenstandes oft den erblichen oder persönlichen Ehrenbürgertitel besitzen und daß von den Kleinbürgern mindestens 20 Proz. Ackerbau und Viehzucht treiben; demnach gehören in Rußland rund 100 Millionen Seelen der Bauernschaft an. — Verblüffend ist die eingestandene Tatsache, daß sich unter einer Bevölkerung von 126586525 Menschen 99070436 Analphabeten befanden. Von den ca 27,5 Mill. Personen beiderlei Geschlechts, die entweder eine Schule besucht oder sonstwie das Lesen und Schreiben gelernt hatten, besaßen nur 104321 akademische Bildung, 99948 hatten Mittelschulen, 72441 verschiedene Militäranstalten und 1072977 elementare, meist vierklassige städtische Bürgerschulen besucht. Die gesamte russische Intelligenz bestand demnach 1897 aus 1349687 Personen beiderlei Geschlechts. Da die Zahl der dem privilegierten Ständen (Adel, Beamtentum, Geistlichkeit) Angehörenden sich auf 1439235 Personen belief, so kann in Rußland der Bedarf an gebildeten Leuten für Beamten- u. Offizierstellen nur notdürftig gedeckt werden. *Dr. Franz (Neisse).*

Die Eisenbahnen der Erde. Nach einer Statistik des Archivs für Eisenbahnwesen (Mai 1905) betrug die Gesamtlänge aller Eisenbahnen der Erde am Schlusse des Jahres 1903 859 355 km. Davon entfallen auf Amerika 432 618 (Vereinigte Staaten 334 634), Europa 300 429, Asien 74 546, Australien 26 723, Afrika 25 039 km. In der Reihenfolge der Staaten folgt auf die Vereinigten Staaten das Deutsche Reich mit 54 426 km, das europäische Rußland mit 53 258, Frankreich mit 45 226, Britisch-Ostindien mit 43 372, Österreich-Ungarn mit 38 818, Großbritannien und Irland mit 36 148 und Canada mit 30 696 km. Die übrigen Staaten haben weniger als 20 000 km.

Nach dem Verhältnis der Eisenbahnlänge zur Flächengröße steht Belgien mit 23,1 km auf 100 qkm an erster Stelle. Sachsen hat 19,4, Baden 13,7, Elsaß-Lothringen 13,1, Großbritannien und Irland 11,5 km. Die geringste Dichte haben Rußland mit 0,9 und Norwegen mit 0,7 km auf 100 qkm.　　　　　　　　　　　　*Hk.*

Der gegenwärtige Standpunkt der Erdvermessung. Der frühere Leiter der amerikanischen Landesvermessung, P. Tittmann, kommt in einem Vortrag, den er in der wissenschaftlichen Vereinigung in Philadelphia hielt (Naturw. Rdsch. 1905, Nr. 14), zu dem Ergebnis, daß, die noch wenig erschlossenen nördlichen und südlichen Polarzonen abgerechnet, etwa 6 % der zugänglichen Landflächen der ganzen Erde als trigonometrisch vermessen angenommen werden können. Dabei steht Europa mit 40 % seiner Fläche an erster Stelle; scheidet man Rußland aus, so erhöht sich der Prozentsatz für die übrigen europäischen Länder sogar auf 80 %. In den Vereinigten Staaten von Nordamerika sind 5, in Mexiko 1, von Asien 4, Australien 2, Afrika 2,5 und Südamerika nur 0,03 % der Fläche vermessen.　　　　　　　　　　　　*Hk.*

Die Kaffeeproduktion der Erde betrug nach dem Office de statistique universelle d'Anvers

in den Jahren	Tonnen	in den Jahren	Tonnen
1855—56	318 060	1885—86	578 520
1860—61	375 900	1890—91	557 820
1865—66	339 060	1895—96	621 300
1870—71	432 660	1900—01	897 960
1875—76	455 940	1901—02	1 140 240
1880—81	591 960	1902—03	1 071 100

　　　　　　　　　　　　Hk.

II. Geographischer Unterricht.

Zur Pflanzengeographie in Realgymnasien schlägt Schoenichen (Geogr. Anz. 1905, Heft III, S. 61 f.) vor, den zusammenfassenden Unterricht der Erdkunde zu überweisen. Natürlich könnte er da nur in U II eingeführt werden; denn höher hinauf ist kein eigentlicher erdkundlicher Unterricht und früher fehlen alle dazu brauchbaren Unterlagen, namentlich die auf Physik sich aufbauende Klimatologie, Wie ich aber im Geogr. Anz. 1904 (Heft III, S. 54 ff.) zeigte, ist gerade die U II in der Erdkunde zu sehr belastet. Dazu kommt noch, daß die Vertreter der Erdkunde, welche diese als Hülfswissenschaft für die Geschichte betrachten, sicher nicht die Pflanzengeographie in ihren Unterricht aufnehmen würden und zum Teil gar nicht dazu hinreichend vorgebildet wären. Will man daher nicht auf eine zusammenfassende Erörterung der Pflanzengeographie verzichten, so muß man, so lange wie die oberen Klassen sowohl der Biologie als der Erdkunde verschlossen sind, die Zusammenfassung in den naturkundlichen Stunden der U II vornehmen. Dies halte ich darum für angebracht, weil ein tieferes Eindringen in Anatomie schon deshalb schwierig ist, da Mikroskopieren doch nur in sehr beschränktem Maße beim Klassenunterricht möglich ist, und ohne dies die Anatomie wenig Wert hat. Auch glaube ich, daß ein Schüler, der später nie wieder sich mit Pflanzenkunde beschäftigt, Einzelheiten aus der Anatomie sehr bald wieder vergißt, wohl aber ein Gesamtbild von der Verteilung der Pflanzen als dauerndes Eigentum mit aus der Schule ins Leben hinaus nehmen kann. Dieses wird jeder durch Lesen von Reiseberichten auch später Gelegenheit haben aufzufrischen, während er vielleicht nie wieder etwas über Pflanzenanatomie liest. Nur ›der Not gehorchend‹ schlage ich vor, den anatomischen Unterrichtsstoff möglichst einzuschränken, und dafür in U II einige Stunden für zusammenfassenden Unterricht in Pflanzengeographie oder vielleicht gar allgemein in Biogeographie zu gewinnen, nicht aber diese der so schon zu sehr belasteten Erdkunde zu überweisen. Der Vorschlag, Pflanzenkunde aus VI zu streichen, geschah nur, um dadurch Gelegenheit für andere Fächer hineinzudringen zu verschaffen und so vielleicht in den oberen Klassen einige Stunden der Biologie zu erwerben. Nicht Tierkunde, wohl aber Pflanzenkunde halte ich für VI schwerer, und darin stimmte früher Schwalbe, einer der bedeutendsten Vertreter des naturwissenschaftlichen Unterrichts, mit mir überein. Er hatte auf dem Dorotheenstädtischen Realgymnasium in Berlin in VI wenigstens eine Zeitlang während der Sommers auch vorwiegend tierkundlichen Unterricht. Für diesen zeigen Sextaner Interesse, für pflanzenkundlichen kaum.
　　　　　　　　Dr. F. Höck (Luckenwalde).

Die Geographie in den Lehrplänen des deutschen Gymnasiums. Daß mit der Zeit der Ausfall des geographischen Unterrichts in den höheren Klassen des humanistischen Gymnasiums der beteiligten Lehrerschaft Sorge macht, läßt eine Anordnung des Leiters des Gymnasiums Kaiserslautern erkennen. Den Schülern der oberen Klassen (6.—9.) wurde beim Schlusse des Schuljahres mitgeteilt, daß sie von nun an ihren in der 5. Klasse benutzten Schulatlas durchs ganze Gymnasium hindurch beizubehalten haben. Wie man vernimmt, sind es Wahrnehmungen beim Absolutorium gewesen, die zur getroffenen Anordnung veranlaßten. Das gegebene Beispiel dürfte anderwärts Nachahmung finden.
　　　　　　　Oskar Steinel (Kaiserslautern).

Über den erdkundlichen Unterricht in den Seminaren und in den Volksschulen herrschen, wie es scheint, noch immer abson-

derliche Vorstellungen. So schreibt Dr. Steinecke-Essen in seiner Besprechung des
»Methodischen Lehrbuches einer begründend-
vergleichenden Erdkunde« von Kerp (Geogr.
Anz. 1905, Heft IV, S. 93): »Kerp tritt mit
dem Anspruch auf, etwas Neues geschaffen zu
haben, die begründend-vergleichende Methode.
Diese Methode ist zwar nicht neu, sie ist vielmehr in der neueren Erdkunde auf den Hochschulen und auch auf den höheren Schulen
— hoffentlich — so allgemein durchgeführt,
daß man sich einen Betrieb der Erdkunde ohne
diese Methode gar nicht denken kann. Aber
Kerp bestimmt sein Buch für Lehrerseminare und ist also ein Bahnbrecher
der modernen Erdkunde für das Gebiet
der niederen Schulen und für die große
Zahl der Elementarlehrer, die bisher von
der heutigen Erdkunde noch keine Vorstellung haben, sondern noch in der
alten Weise einer Aufzählung von Namen und Zahlen die Geographie lehren«.
Gewiß mag es unter den älteren Volksschul-
lehrern noch manchen geben, der die Geographie in der von dem Rezensenten bezeichneten Art treibt. Zur Zeit seiner Ausbildung
war die »vergleichende« Erdkunde eben noch
nicht bis in die Seminare gedrungen, und es
ist nicht jedermanns Sache, mit alten, liebge-
wonnenen Anschauungen vollständig zu brechen.
Aber ich bezweifle, daß in den letzten zwei
Jahrzehnten — soweit reicht meine Erfahrung
als Seminarlehrer zurück — ausgebildeten Lehrer
gänzlich von dem durch die Geographie wehen-
den modernen Geist unberührt geblieben sind.
Zwar wird den Seminarlehrern die Gelegenheit, sich tiefergehende Ausbildung in der
Geographie durch die Ablegung der Mittelschullehrerprüfung in diesem Fache oder durch die
Teilnahme an den erdkundlichen Vorlesungen
des wissenschaftlichen Fortbildungskursus anzueignen, erst seit wenigen Jahren geboten. Aber
ich bin überzeugt, daß trotzdem kein Seminarlehrer, dem der erdkundliche Unterricht in den
letzten zwei Jahrzehnten übertragen war, achtlos
an den Errungenschaften der modernen Geographie vorübergegangen ist, zumal sich ihm die Lehrbücher für höhere Schulen von Kirchhoff,
Supan, Langenbeck u. a. und später die für
Seminare berechneten und zum Teil durch
Seminarlehrer geschriebenen von Brust und
Berdrow, Tromnau, Wulle, Kerp u. a. zum
Gebrauch darboten. Ich kann das nicht zahlen-
mäßig nachweisen, aber das eifrige Vorwärts-
streben der Seminarlehrer auf allen anderen
Gebieten, der Einblick in den Unterrichtsbetrieb
einer ganzen Reihe von Seminaren, die Aus-
sprache mit zahlreichen Fachkollegen und der
Bildungsstand der die Anstalt wechselnden Schüler
geben mir den Beweis dafür. Und wer den
Seminarbetrieb aus eigener Anschauung kennt,
wird mir seine Zustimmung nicht versagen.
Wie oft ist es leider bei dem häufigen Wechsel

der Lehrkräfte in manchen Seminaren und
bei dem Mangel des vollständig durchgeführten Fachsystems nötig, daß ein Seminarlehrer sich von neuem in Fächer einarbeiten
muß, die ihm fern liegen, während er die Lehrgebiete, in denen er sich weitergebildet und
die Mittelschullehrerprüfung abgelegt hat, anderen überlassen muß! An ein Nachgeben in
den Anforderungen wird aber — und zwar im
Interesse der Schüler mit vollem Recht — auf
keiner Seite gedacht.
Sollte trotzdem einem der jüngeren Lehrer
der Jetztzeit tatsächlich der moderne Betrieb
der Erdkunde im Seminar vorenthalten worden
sein, so hat er unzweifelhaft, angeregt durch
die zahlreichen in diesem Geiste abgefaßten
Hilfsbücher für die Volksschule (Seydlitz,
Hummel, Brust und Berdrow, Tromnau,
Nowack u. a.) und durch die methodischen
Schriften und Aufsätze über den erdkundlichen
Unterricht in ihr, das Versäumte heute längst
nachgeholt, wie ich es bei der Strebsamkeit
des Volksschullehrerstandes auch von seinen
älteren Gliedern bestimmt annehme.
Ich kann daher dem Rezensenten nicht folgen, wenn er noch für die heutige Zeit Kerp
»einen Bahnbrecher der modernen Erdkunde
für das Gebiet der niederen Schulen und für
die große Zahl der Elementarlehrer, die bisher
von der heutigen Erdkunde noch keine Vorstellung haben«, nennt, so hoch ich Kerp persönlich und in seinen Arbeiten schätze. Wer
solche Worte schreibt, erhebt einen schweren
Vorwurf gegen den Volksschullehrerstand und
gegen die Seminare, aus denen er hervorgeht.
Auf welche Erfahrungen der Rezensent sich
bei seinen Ausführungen stützt, ist nicht zu
erkennen. Es wäre aber bedenklich, allein von
dem Zustande des erdkundlichen Unterrichts
an manchen höheren Schulen einen Schluß auf
die Lehrerseminare und Volksschulen zu machen.
Der geographische Unterricht erfreut sich jedenfalls seit langem an diesen Anstalten einer höheren Wertschätzung als an den meisten höheren
Schulen, besonders an den Gymnasien. Das
kommt schon in der ihm gewidmeten Stundenzahl zum Ausdruck. Welche Verhältnisse im
übrigen darauf hinweisen, wird dem Rezensenten
besser bekannt sein als mir. Ich möchte nur zum
Schlusse noch aussprechen, daß die aus höheren
Schulen hervorgegangenen Seminaristen in den
geographischen Kenntnissen und in der sicheren
Aufweisung des Kausalzusammenhanges der
geographischen Elemente ihren Mitschülern meist
nachstehen. *Sem.-Lehrer H. Heinze (Friedeberg-Nm).*

Zur Einführung in das Verständnis der
Landkarten, veröffentlicht Realschuldirektor
Dr. Weinek einen Artikel im Zentralorgan
für Lehr- und Lernmittel (II. Jahrg. 1904, Heft 4,
S. 19 ff.) Er gibt in demselben, in enger Anlehnung an Lehmanns bekannte Vorlesungen,
im wesentlichen eine kurze Anleitung zur Benutzung des Doppelblattes »zur Einführung in

das Kartenverständnis‹, welches Debes seinem Atlas für die Unter- und Mittelstufen von der 68. Auflage an beigibt.   *Hk.*

Programmschau.

›Meteorologisches aus Anhalt‹ benennt Seminarlehrer Ellemann die Abhandlung, welche er dem 20. Jahresbericht über das anhaltische Landesseminar zu Köthen (1902) beigegeben hat. Er hebt im ersten Teile die großen Vorteile hervor, die dadurch gewonnen werden, daß man nicht nur in Meteorologie unterrichtet, sondern auch die Schüler zu selbständigem Beobachten und Arbeiten heranzieht. Zu diesem Zwecke ist am Landesseminar zu Köthen eine gut ausgestattete meteorologische Station I. Ordnung eingerichtet worden, deren instrumentelle Ausrüstung der zweite Teil beschreibt. Die sämtlichen Instrumente werden von Seminaristen abwechselnd unter Lehreraufsicht abgelesen, dadurch das Interesse der Schüler geweckt, sie an regelmäßiges Beobachten und Ordnung gewöhnt und zugleich ein Stamm interessierter und mit den Instrumenten vertrauter Beobachter herangezogen, so daß auch abgesehen von dem rein erziehlichen Nutzen der Einrichtung eine Menge praktischer Interessen gefördert werden. Da der Station die Beobachtungen der übrigen in Anhalt liegenden meteorologischen Stationen in Abschrift mitgeteilt werden, so können diese in Köthen zusammengestellt und verarbeitet werden. Einige Ergebnisse derselben aus dem Jahre 1901 teilt dann der dritte Teil mit.

In dem Jahresbericht der Realschule und des Progymnasiums zu Alzey (1903) befindet sich eine Abhandlung von Prof. Dr. Müller über die geologischen Verhältnisse von Alzey und seiner Umgebung. Sie bietet nicht eine topographisch-geologische Beschreibung, sondern eine historisch-geologische Skizze der Entstehung der weiteren und engeren Umgebung von Alzey auf Grundlage eines sehr fleißigen Literaturstudiums, und dürfte sich gut als Vorbild für ähnliche Arbeiten an anderen Orten eignen, aus deren Abfassung vor allem Lehrer und Unterricht reiche Anregung haben und Vorteile ziehen werden.

Prof. Dr. Georg Greim (Darmstadt).

Persönliches.

Ernennungen.

Prof. Guido Cora in Rom zum Mitglied der Pontificia Accademia Romana dei Nuovi Lincei in Rom.

Der Prof. für Geodäsie an der Berliner Technischen Hochschule, Wilhelm Werner, zum Geh. Reg.-Rat.

Der Südpolfahrer Capt. Rob. F. Scott und der Asienforscher Sir Francis Younghusband

zu Doctores in Science honoris causa der Universität Cambridge.

Unterstützung wissenschaftlicher Arbeiten.

Die Kgl. Akademie der Wissenschaften in Berlin hat bewilligt: dem Prof. für Mineralogie und Geologie an der Dresdner Technischen Hochschule Dr. Walter Bergt zur Fortsetzung seiner geologisch-petrographischen Untersuchung des Hohen Bogens bei Fürth im Bayerischen Walde 400 M.

Dem früheren Privatdozenten an der Erlanger Universität, Dr. phil. Max Blankenhorn, z. Z. in Halensee bei Berlin zu einer geologisch-stratigraphischen Erforschung der jüngeren Bildungen im Niltal und Jordantal 4000 M.;

Dem Prof. der Geologie Dr. Ernst Schellwien in Königsberg i. Pr. zur Fortsetzung seiner geologischen Untersuchungen in den Ostalpen 1000 M.

Todesfälle.

Dr. Jan Laurens Andries Brandes, ein hervorragender Forscher auf dem Gebiet indischer Sprachen und indischer Archäologie, ist am 25. Juni in Batavia gestorben.

Der ständige Mitarbeiter des Preuß. Meteorol. Inst., Prof. Dr. Joh. Edler, seit etwa zehn Jahren am Magnetischen Oservatorium in Potsdam tätig, geb. am 30. September 1860 in Königsberg i. d. Nm., gest. am 2. Juli 1905.

Prof. Dr. August Billwiller, seit 1881 Direktor der meteorologischen Zentralanstalt in Zürich, geb. am 2. August 1849 in St. Gallen, gest. am 14. August 1905 in Zürich.

Zu Ehren Eduard Richters wird der Zentralausschuß des D.-Ö. Alpenvereins die Errichtung einer Eduard Richter-Stiftung für wissenschaftliche Unternehmungen beantragen. Außerdem soll ihm auf dem Mönchsberg bei Salzburg ein Denkmal errichtet werden, ›in jener Stadt, wo seine Laufbahn begann, von wo aus er die Geschicke des Alpenvereins lenkte und von wo aus er werktätig die ersten Schritte zur neuen ostalpinen Gletscherforschung getan hat‹.

Die Stadt Berlin hat an dem Hause Französische Straße 40, in dem Karl Ritter 1842—1859 wohnte, eine Gedenktafel anbringen lassen.

Geographische Nachrichten.

Wissenschaftliche Anstalten.

In Bergen ist eine Erdbebenstation, die erste Norwegens, errichtet worden, die ihren Platz im Museum gefunden hat.

Aus Stiftungen des Prinzen Yamashina ist auf dem Mt. Tsukuba, nordnordöstlich von Tokio, ein Meteorologisches Observatorium errichtet worden, welches vor allem dem Studium der höheren Luftschichten dienen soll.

Gesellschaften.

Eine neue Geographische Gesellschaft ist in Minneapolis gegründet worden. Sie führt den Namen ›Geographical Society of Minnesota‹ und stellt sich die Aufgabe, im Staate Minnesota das Interesse für Geographie, namentlich unter der Lehrerwelt zu wecken. Zum Präsidenten der Gesellschaft wurde Univ.-Prof. C. W. Hall und zum Sekretär Charles E. Flitner ernannt.

In Manila ist eine Asociación Historica de Filipinas gegründet worden, die sich die historische und landeskundliche Erforschung der Philippinen nach jeder Richtung hin angelegen sein lassen will. Die Gesellschaft veröffentlicht eine zweisprachige

Monatsschrift, die Revista Histórica de Filipinas, The Philippine Historical Review, von der bereits mehrere Hefte vorliegen. Alle Zuschriften an die Gesellschaft sind an ihren Sekretär, P. L. Stangl, B. S. P. O. Box. 733, Manila P. I. zu richten.

Kongresse und Komites.

Der nächste X. internationale Geologenkongreß wird nach dem Beschluß der Wiener Tagung vom 6. September 1906 ab in Mexiko tagen. Zum Vorsitzenden des vorbereitenden Ausschusses ist Josè G. Aguilera, der Direktor des geologischen Instituts von Mexiko, gewählt worden.

Kommission für die landeskundliche Erforschung der Schutzgebiete. In der Sitzung des Kolonialrats vom 2. Juli 1904 wurde von den Herren Hans Meyer, v. Richthofen und Staudinger der Antrag eingebracht: »Der Kolonialrat wolle die Kolonialverwaltung ersuchen, aus Fachmännern der Länder- und Völkerkunde, die die Verhältnisse in unseren Schutzgebieten kennen, eine Kommission einzusetzen, die einen alle Zweige der Landeskunde umfassenden Plan zu einer einheitlichen landeskundlichen Erforschung der deutschen Schutzgebiete ausarbeitet.« Die zur Prüfung dieses Antrags eingesetzte Kommission tagte am 29. Oktober 1904 und 24. Juni 1905 und empfahl dem Kolonialrat die Annahme folgenden Antrags: »Der Kolonialrat wolle aus dem Kolonialrat angehörenden Fachmännern der Länder- und Völkerkunde, welche die Verhältnisse in unseren Schutzgebieten kennen, eine fünfgliederige Kommission erwählen, die einen alle Zweige der Landeskunde umfassenden Plan zur landeskundlichen Erforschung unserer Schutzgebiete ausarbeitet und bei allen die Ausführung dieses Planes betreffenden Angelegenheiten von der Kolonialverwaltung zu Rate gezogen wird. Diese Kommission ist berechtigt, zu ihren Beratungen auch andere, dem Kolonialrat nicht angehörende Sachkundige hinzuzuziehen.« Der Kolonialrat hat diesen Antrag am 29. juni einstimmig angenommen und folgende fünf Mitglieder in den ständigen landeskundlichen Ausschuß gewählt: Hans Meyer, Schweinfurth, Schmeißer, Staudinger und Vohsen.

Das internationale Komitee, welches vom VIII. internationalen Geographenkongreß eingesetzt wurde, um engere Beziehungen zwischen den verschiedenen geographischen Gesellschaften der fünf Erdteile anzubahnen, setzt sich aus folgenden Herren zusammen: W. Libbey, Prof. a. d. Univ. Princeton, New Jersey, Präsident; H. Cordier, Prof. a. d. École des langues orientales, Paris; Hugh Robert Mill, Dr., London; A. Penck, Prof. a. d. Univ. Wien; A. de Claparède, Dr., Priv.-Doz. a. d. Univ. Genf; E. v. Drygalski, Prof., Berlin; Philippe de Valle, Dir. del' Observat., Tacubaya, Mexiko; Eki Hioki, 1. Secrét de la légation impériale du Japon, Washington.

Zeitschriften.

Eine geographische Zeitschrift, wie sie in ihrer Eigenart noch nicht bestanden hat, ist die »South Polar Times«. Um sich während der langen Polarnacht die Langeweile zu vertreiben, gründeten die Offiziere der englischen Polarexpedition eine Zeitschrift, die sie während der Überwinterung auf Viktoria-Land monatlich erscheinen ließen. In Poesie und Prosa, in Wort und Zeichnung, in Ernst und sprudelndem Humor, wurden alle die kleinen und großen Ereignisse, welche das Leben an Bord des Polarschiffes mit sich brachte, geschildert und so wuchsen sich die Monatshefte zu einer eigenartigen Chronik aus, die schließlich einen Umfang von

acht Bänden zu 500 Seiten in Quart erreichte. Man beabsichtigt nun, wenn sich genügend Vorausbestellungen finden, um die Herstellungskosten zu decken, das Werk in sorgfältigem Faksimiledruck zu veröffentlichen. Der Preis ist auf 5 Guineen (131 fr. 25) festgesetzt, die Bestellungen sind an den Sekretär der South Polar Times, The Royal Geogr. Society, Savile Row, London W. zu richten.

Einen Plan zur Gründung einer anthropogeographischen Zeitschrift unter dem Titel »Archiv für die Geographie des Menschen« hat unser Mitarbeiter Dr. Otto Schlüter soeben veröffentlicht. Das Archiv soll eine Sammelstelle für die Bestrebungen auf dem Gebiet der Anthropogeographie bilden, es soll diesen Teil der Erdkunde nach Möglichkeit immer mehr auf die Wege einer streng wissenschaftlichen Forschung leiten: alles, was zur Bereicherung, Klärung und Vertiefung der Geographie des Menschen beizutragen geeignet ist, wird von ihm willkommen geheißen werden. So wenig wir die Schwierigkeiten verkennen, welche der Verwirklichung des schönen Planes im Wege stehen, so aufrichtig wünschen wir Schlüter einen guten Erfolg.

Im Verlag von Emil Roth in Gießen beginnt soeben eine neue »Sammlung von Abhandlungen zur Kolonialpolitik und Kolonialwirtschaft« zu erscheinen. Als Herausgeber zeichnet der frühere Redakteur der Deutschen Kolonialzeitung, A. Seidel, den auch das erste Heft über »den gegenwärtigen Handel der deutschen Schutzgebiete und die Mittel zu seiner Ausdehnung« zum Verfasser hat.

Ein »Münchener Monatsblatt« läßt Siegfried Hirth seit dem 1. Juli 1905 im eigenen Verlag erscheinen. Die erste vierseitige Nummer enthält einen Aufsatz vom Herausgeber über die »Pflege der Geoplastik in Bayern.« Ob das Monatsblatt der Geoplastik überhaupt dienen soll, oder welche Ziele es sonst verfolgt, ist nicht zu ersehen. Der Jahrgang kostet 2.80 M. bei freier Zusendung.

Grenzregelungen.

Zur entgiltigen Festlegung der Südostgrenze Kameruns tritt eine deutsch-französische Kommision der Ausreise nach Französisch-Congo und Kamerun an. Oberleutnant Foerster und Kommandant Lenfant haben in Brüssel die nötigen Vorberatungen beendet. Die Dauer der Expedition wird auf 18 Monate veranschlagt.

Durch den Schiedsspruch des Königs von Italien, vom 7. Mai, hat die Streitfrage über die Grenze zwischen dem englischen und portugiesischen Gebiet in Südangola ihre Lösung gefunden. Diese Grenze sollte nach dem Abkommen vom 11. Juni 1891 die Westgrenze des Barotsereiches bilden, für die im allgemeinen der Sambesilauf angenommen wurde. England verlegte sie aber immer weiter westlich und verlangte schließlich, daß der 18. Längengrad, im Gebiet des Cuito und oberen Cassai die Grenze bilden sollte. Es war selbstverständlich, daß sich Portugal diesem Verlangen widersetzte. Der Schiedsspruch legte nun folgende Grenzlinie fest: Von der deutschen Grenze nordwärts den Cuito entlang bis zu dessen Kreuzung mit dem 22.° v. Gr., diesen nordwärts bis zum 13. Breitengrad, dem sie östlich bis zum 24. Längengrad folgt. Diesem entlang führt sie nordwärts bis zur Wasserscheide zwischen Congo und Sambesi, die die Grenze zwischen Angola und dem Congostaat bildet.

Eisenbahnen.

Von der Otavi-Bahn ist die 177 km lange Strecke Swakopmund-Usakos-Onguati sowie die

27

14 km lange Zweiglinie nach Karabib fertiggestellt. Damit ist ein Drittel der 570 km langen Bahn von Swakopmund nach Tsumeb vollendet.

Die 45 km lange Strecke Lome—Anecho der Küstenbahn in Togo ist dem Verkehr übergeben worden.

Die chinesische Regierung hat einer portugiesischen Gesellschaft die Genehmigung zum Bau einer Eisenbahn von Macao nach Canton (100 km) gegeben.

Telegraphenkabel.

Der König von Dänemark erteilte der Großen Nordischen Telegraphen-Gesellschaft die Konzession zum Bau und Betrieb eines unterseeischen Telegraphenkabels zwischen den Shetland-Inseln, den Faröern und Island.

Die Legung eines Kabels zwischen Constanza (Rumänien) und Konstantinopel wird durch den Dampfer von Podbielski im Auftrag der »German Eastern Telegraph Co.« ausgeführt.

Zwischen den Hauptstationen des festländischen Australien und Seeland und Neu-Guinea, sowie den wichtigsten Punkten der deutschen Südseeinseln wird eine Verbindung durch drahtlose Telegraphie geplant. Der Legung eines Kabels hat sich die australische Regierung widersetzt.

Kanäle.

Ein neues Projekt für den Verbindungskanal zwischen Schwarzen und Ostsee (vgl. »Geogr. Anz.« 5, 1904, S. 282) hat der Ingenieur Graf Gustav Dejosse ausgearbeitet. Der Kanal soll bei Cherson beginnen, die Läufe des Dnjepr und der Beresina benutzen, von dieser in gerader Linie zur Düna geführt werden und diese abwärts bis Riga gehen. Also die gleiche Linie, welche der Ingenieur v. Ruckteschi gewählt hat. Die voraussichtlichen Zahlenwerte der beiden Projekte weichen jedoch erheblich voneinander ab. Das neue Projekt sieht eine Länge von 1600 km vor, die alte 2360, für die Breite an der Oberfläche 65 gegen 80, die Sohlenweite 35 gegen 42 und für den Tiefgang 8½ gegen 9½ m.

Forschungsreisen.

Europa. Eie Reise in das südliche Rußland, nach Syrien und Palästina bis zum Nordende des Roten Meeres hat Dr. G. F. Wright angetreten. Er will seine bereits 1900 und 1901 begonnenen Studien fortsetzen über die physiographischen Änderungen, die diese, seit frühester Zeit von Menschen bewohnten Länder erlitten haben und über den Einfluß, den sie auf die Entwicklung des Menschengeschlechts ausgeübt haben.

Asien. Der Gouverneur von Indochina, Beau, sendet eine Expedition zu topographischen Aufnahmen aus. Sie hat den Auftrag, die beste Linie für eine Straße auf dem rechten Ufer des Mékong zu erforschen.

Der Forschungsreisende Jacot Guillarmot plant einen neuen Aufstieg zum Hymalayagebirge. Schon im Jahre 1902 machte er einen Versuch im westlichen Teile des Gebirges, der aber mißlang, da die Entfernung des Chogori, des Zieles der ersten Expedition, zu weit von der Verpflegungsbasis entfernt war. Die neue Expedition will versuchen, den an der Grenze von Indien und Neapel gelegenen über 8500 m hohen Kantschindschanga zu erklimmen. Dank den bereits gesammelten Erfahrungen hofft der Forscher auf ein gutes Gelingen der schweren Aufgabe.

Wilhelm Filchner wird die Schilderungen seiner gefahrenreichen Osttibetanischen Reise und die Berichte über die wertvollen wissenschaftlichen Forschungsergebnisse veröffentlichen. Zunächst wird (bei E. S. Mittler & Sohn in Berlin) die mit Bildern, Panoramen und Karten geschmückte, in erzählender Form gehaltene Schrift erscheinen: »Ein Beitrag zur Geschichte des Klosters Kumbum«. Neben einem ethnographischen Katalog über die in China und Tibet gesammelten Gegenstände wird voraussichtlich im Herbst 1906, in einem Umfang von mindestens 40 Druckbogen und mit etwa 300 Bildern geschmückt, der eigentliche Reisebericht Filchners über seine Expedition China—Tibet 1903/05 erscheinen. Als Ergänzungsband zu diesem Hauptwerk liegt dann gleichzeitig das gesamte Kartenmaterial mit etwa 20 Panoramen vor. Die Berichte über die erdmagnetischen, geologischen, meteorologischen Arbeiten sowie über die Ortsbestimmungen folgen innerhalb der nächsten zwei Jahre, desgleichen die zoologischen und botanischen Reiseergebnisse.

Afrika. Über die Ergebnisse seiner soeben beendeten südafrikanischen Forschungsreise hat sich Dr. Karl Peters in einem kurzen Vortrag ausgesprochen. Er sieht ihren Erfolg vor allem darin, daß er die Abbaufähigkeit dreier Minen im nördlichen Mashonaland nachgewiesen habe, daß es ihm ferner gelungen sei, durch eine Reihe von Inschriften-Funden seiner Ophir-Theorie ein wichtiges, noch fehlendes Beweisstück beizufügen.

Der amerikanische Forscher Seton Karr hat in der Wüste um Fayum Untersuchungen angestellt, die zu dem Ergebnis führten, daß der alte Kurun-See aus einer Reihe kleinerer Oasen bestanden hat, die in nordwestlicher Richtung von See ausliefen. Karr machte eine Reihe archäologischer Funde, die in Mühlsteinen, Platten zum Mahlen und Feuersteingeräten bestanden und z. T. dem Museum in Kairo überwiesen wurden.

Die von der Tanganjika-Stiftung unter Leitung des Naturforschers Cunnington ausgesandte Expedition ist nach zweijähriger Abwesenheit mit reichen Ergebnissen zurückgekehrt. Die Stiftung wird vorläufig keine weitere Expedition aussenden, sondern ihre Mittel für die Bearbeitung des Materials bereitstellen.

Kommandant Ch. Lemaire kehrt demnächst nach dreijähriger Abwesenheit aus Zentral-Afrika nach Belgien zurück. Er hat erfolgreiche Verhandlungen mit der Regierung des englisch-ägyptischen Sudan über die Ladofrage angeknüpft. Die geographischen Früchte seines afrikanischen Aufenthaltes sind außerordentlich reich. Abgesehen von den meteorologischen, hypsometrischen und botanischen Beobachtungen hat er nicht weniger als 4000 km aufgenommen und 135 astronomische Positionen bestimmt.

Die wichtige, von Lenfant festgestellte Wasserverbindung Benue—Tsad scheint keine ständige zu sein. Oberst Gouraud, der Kommandant der französischen Truppen am Schari, fand im Winter 1904, also ein Jahr nach dem Besuch Lenfants, keine Verbindung zwischen dem Tuburi und Logone. Trotzdem glaubt auch er, daß der Lenfantsche Weg Benue—Tuburi—Logone der beste sei für die Verproviantierung der französischen Besitzungen am Tsadsee, auch für den Fall, daß sich noch andere unvorhergesehene Schwierigkeiten einstellen sollten. (Globus 87, Nr. 1.)

Polares. Der dänische Sprachforscher Dr. William Thalbitzer wird sich zu linguistischen und folkloristischen Studien unter den Eskimos am Angmagsalikfjord nach Ostgrönland begeben. Er hat die Absicht, unter den Eskimos zu überwintern und erst im Frühjahr 1906 heimzukehren.

Die Zieglersche Nordpolarexpedition ist gerettet. Das zuletzt entsandte Entsatzschiff »Terra Nova« (vgl. Heft 7, S. 163, auch 1904 S. 235) ist am 10. August mit den Teilnehmern derselben in Honningsvaag in der Nähe des Nordpols angekommen. Das Schiff »Amerika« ist vom Eise zertrümmert worden und gesunken, die Teilnehmer blieben wohlbehalten bis auf einen Mann, der gestorben ist. Die Expedition hatte sich unter Leitung von A. Fiala am 10. Juli 1903 eingeschifft, und erreichte Ende August die Teplitzbucht, den nördlichsten Hafen von Franz-Joseph-Land. Schon am 21. Oktober wurde die »Amerika« vom Schicksal ereilt, sie erlag dem Eise und sank. Mit Vorbereitungen für eine Schlittenexpedition im Frühjahr und mit wissenschaftlichen Beobachtungen half man sich über den Winter hinweg. Doch schon der Januar 1904 brachte einen weiteren großen Verlust an Kohlen und Proviant. Im Frühjahr wurden zwei Versuche gemacht, nach Norden vorzudringen, beide schlugen fehl, und so entschloß man sich, die mühselige Reise nach Süden anzutreten, wo sich die Expedition auf drei Stationen verteilte: Sechs Mann auf Kap Flora, die am 29. Juni d. J. von der »Terra nova« entsetzt worden, 22 Mann auf Kap Flora, die am 30. Juli wohlbehalten an Bord genommen werden konnten. Eine Schlittenexpedition brachte den Führer Fiala mit dem Rest der Mitglieder von Camp Ziegler, der dritten Station, nach Cap Dillon, sodaß vom 1. August 38 Mann wohlbehalten die Heimfahrt antreten konnten. Die wissenschaftlichen Ergebnisse seiner Reise hält Fiala für sehr befriedigend, namentlich habe sie vielfache Verbesserungen der Karte gebracht, besonders über das Gebiet zwischen Kronprinz-Rudolf-Land und Kap Flora. Vier Kanäle und drei große Inseln seien neu entdeckt. Bedauerlich ist, daß es dem Amerikaner Ziegler nicht vergönnt war, die glückliche Heimkehr der Expedition, die seinen Namen trug, zu erleben.

Andrées Schicksal schreckt nicht ab. Der Pariser Aeronaut Marcillac, hat den Plan, im Luftballon über den Nordpol hinwegzufliegen, wieder aufgenommen. Durch technische Verbesserungen am Ballon und sorgsamere Berücksichtigung der polaren Verhältnisse (Gasabkühlung, Luftelektrizität) hofft er seines Vorgängers Schicksal vermeiden zu können.

Mrs. Hubbard ist von Halifax nach Gillisport in Labrador abgefahren, um dort in unbekannten Gebieten Forschungen zu unternehmen. Die mutige Frau ist die Witwe des Forschungsreisenden Leonidas Hubbard, der auf einer Expedition in das unwirtliche Land vor einem Jahre ein trauriges Ende fand. Mrs. Hubbard beabsichtigt, die topographischen Aufnahmen ihres Mannes zu Ende zu führen. Auch ein Begleiter Hubbards, Dillon Wallace, ist nach Labrador aufgebrochen, um die Arbeit des verstorbenen Forschers fortzusetzen.

Von den großen Werke über die wissenschaftlichen Ergebnisse der deutschen Südpolar-Expedition liegen die zwei ersten Hefte vor. Das ganze Werk, das im Auftrag des Reichsamts des Innern von Prof. Erich v. Drygalski herausgegeben wird und im Verlag von Georg Reimer in Berlin erscheint, soll aus zehn Quartbänden und einem Atlas in drei Bänden bestehen mit etwa 1400 Textabbildungen, 60 Karten, 100 einfarbigen und 118 mehrfarbigen Tafeln. Der vorliegende erste Teil des ersten Bandes gibt eine eingehende technische Beschreibung des »Gauß«, des Schiffes der Expedition.

Mit dem ersten Heft des IX. Bandes beginnt die Abteilung »Zoologie« zu erscheinen. Es enthält Arbeiten von Michaelsen und J. Thiele.

Besprechungen.

Allgemeine Erd- und Länderkunde.

Historische Geographie. Beispiele u. Grundlinien. Von Dr. Wilhelm Goetz, Prof. an der Kgl. techn. Hochschule in München. Leipzig und Wien 1904, Franz Deuticke. 294 S.

Wilhelm Goetz hat bisher namentlich auf dem Gebiet der Wirtschaftsgeographie anregend und schaffend gewirkt. Sein methodologischer Aufsatz in der Zeitschrift des »Berliner Vereins für Erdkunde« (1882) trat für die Prägung des Namens »Wirtschaftsgeographie« ein und durch seine Arbeiten »Das Donaugebiet« (1882), »Verkehrswege im Welthandel« (1889) wie durch sein kleines Lehrbuch »Wirtschaftliche Geographie« (1891) stützte er in produktiver Weise die damals noch wenig vertretene junge Disziplin. Mit dem vorliegenden Buche begegnen wir ihm auf dem Felde der historischen Geographie. Die Postulate nach einer historischen Landeskunde sind schon mehrfach, so auch von Goetz selber erhoben worden (vgl. Wimmer »Historische Landschaftskunde«, Innsbruck 1885, Oberhummer, Verhandlungen der IX. Deutschen Geographentages). Werke, die solche Forderungen erfüllten, lagen jedoch außer Nissens »Italischer Landeskunde« und Curtius »Peloponnes« bis zum Jahre 1903 nicht vor. Oberhummer hat 1903 für »die Insel Cypern« (München, Ackermann) eine umfassende Landeskunde auf historischer Grundlage entworfen. Scharf skizzierte Beispiele für eine Reihe von Ländern, für die uns überaus wichtigen Gebiete der Mittelmeerzone (Ägypten samt Barka, Syrien samt Palästina, Euphrat und Tigrisland, Pindos- und Balkanhalbinsel, Italien, Nordafrika, Iberische Halbinsel) wie von Mitteleuropa (Frankreich, Alpenlande, Deutschland) gibt uns zum erstenmal Wilhelm Goetz. Seine Auffassung über die Gestaltung dieses Faches stellte er bereits 1903 in einem Aufsatz der »Geographischen Zeitschrift« (Heft 7) betitelt »Züge und Ergebnisse einer historischen Geographie« dar, gab auch in diesem Hefte schon die Stichproben für Deutschland und Italien. Die Ansichten über Inhalt und Ziele der historischen Geographie gehen heute noch ziemlich auseinander. Geschichte der Erdkunde und der Entdeckungen wird bald als wesentlicher Bestandteil derselben erachtet (siehe Programm des VII. Internationalen Geographenkongresses, Richter »Die Grenzen der Geographie«, Graz 1899; Oberhummer »Die Stellung der Geographie zu den historischen Wissenschaften«, Beilage der Allg. Ztg 1903, Nr. 147), bald fordert man eine reinliche Scheidung, wie es gerade die korrekte Begriffsbestimmung notwendig macht (so Günther, »Geschichte der Erdkunde« 1904, S. 2). Oberhummer kennzeichnete als erster auf dem Wiener Geographentag die wesentlichen Aufgaben der

27*

historischen Geographie, indem er ihr »das Studium des Menschen in seiner räumlichen Verbreitung auf der Erdoberfläche nach Völkern, Staaten, Verkehrswegen und Ansiedlungen im vollen Umfang der geschichtlichen Entwicklung« zuwies. Partsch in seiner trefflichen Monographie »Philipp Clüver, der Begründer der historischen Länderkunde« (Wien 1891) sieht als neu in dieses Fach hineinzutragendes Moment die Entwicklungsgeschichte an, die Form der Natureigentümlichkeiten im Verlauf des Kulturgangs, ihre Entwertung, steigende Bedeutung, Umbildung. Hettner »Die Entwicklung der Geographie im 19. Jahrhundert« (Geogr. Zeitschr. 1898, Heft 7) charakterisiert sie als »geographische Darstellung der Länder in vergangenen geschichtlichen Perioden«. Ihre höhere der Gegenwart entsprechende Aufgabe liege in der Länderkunde, bei der die Betrachtung der Natur nur als Grundlage dient und die Handhabung der geographischen Methode vorauszusetzen ist. Trotzdem will er sie besser vom Historiker betrieben sehen, da das Interesse am Gegenstand ein geschichtliches ist, eine Meinung, die nicht auf allgemeine Billigung stieß. Wagner in seinem Lehrbuch der Geographie (6. Aufl., S. 22; 7. Aufl., S. 26 und 31) identifiziert die historische Geographie geradezu mit der Ratzelschen Anthropogeographie. Die menschlichen Erscheinungen stehen ihm somit bei der historischen Geographie im Vordergrund, das Abhängigkeitsverhältnis des Menschen von der Natur und sein Bestreben, diesem sich zu entziehen. Die physische Geographie bietet nach Wagner alleinige Grundlage zur Beobachtung und Ergründung der diesbezüglichen Tatsachen. In gleichem Sinne spricht sich Neumann (Geogr. Zeitschr. 1896) in seinem Aufsatz »Die methodischen Fragen in der Geographie« aus, wenn er der »Historischen Geographie« oder besser »Anthropogeographie« alle Untersuchungen zuteilt, »die sich mit der Vergesellschaftung und Verbreitung des Menschen über die ganze Erde beschäftigen«. Enger faßt ihren Bereich Konrad Kretschmer. Die geschichtslosen Völker schließt er von der Behandlung aus und verlangt vor allem die Berücksichtigung des historischen Hintergrundes (»Die Beziehungen zwischen Geographie u. Geschichte«, Geogr. Zeitschr. 1899, Heft 12). Er weist der historischen Geographie unter Ausschluß der Geschichte der Erdkunde »alle jene Forschungen zu, welche die geographischen Verhältnisse mit Rücksicht auf die politische und wirtschaftliche Entwicklung der Völker und Staaten in den einzelnen Stadien der Geschichte betrachten«. Eine Belebung des Faches sieht er in der Entfaltung des kulturgeographischen Moments. Richter, »Die Grenzen der Geographie« (S. 10, 1899) faßt neben der Geschichte der Erdkunde als Zweige der historischen Geographie: 1. die räumliche Erforschung der alten Welt; 2. die mittelalterliche Geographie, die hauptsächlich sich mit den Feststellungen von Abgrenzungen der Staaten, Gaue, Territorien, Gerichte zu tun hat; und 3. die spezielle Anthropogeographie, deren vorwiegendster Ausdruck die landeskundliche Schilderung sein müsse. Das naturwissenschaftliche Moment könne allein eine Auffrischung der historischen Geographie hervorrufen. Den veränderten physischen Zustand zum Vorwurf zu nehmen sei allerdings bei den antiken und mittelalterlichen Geographie ungemein schwer, auch seien die Veränderungen der Erdoberfläche verhältnismäßig geringfügig, so daß sie wohl den Gegenstand der Forschung Einzelner, aber nicht den Inhalt eines Faches bilden

könnten. Oberhummer in dem schon zitierten Aufsatz »Die Stellung der Geographie zu den historischen Wissenschaften« kommt zu dem Resultat, der Historischen Geographie die Geschichte der Erdkunde und der Entdeckungen, weiter die historische Topographie und endlich »alle jene geographischen Beziehungen und Tatsachen« einzugliedern, »die sich einer reinen naturwissenschaftlichen Behandlung entziehen«, wobei er allerdings die Ungleichwertigkeit der Begriffe erkennt und die geschehene tatsächliche Heranwachsung der einzelnen Forschungsgebiete in Rechnung zieht. Wir sehen aus den vorgeführten Ansichten der Fachmänner, wie weit die Anschauungen divergieren. Aber bei allen prägt sich der Wunsch nach Fortschritt, nach positiver Betätigung aus und zeigt sich die Abkehr von der zur Altertumskunde und Hilfswissenschaft der Geschichte herabgesunkenen auf Grund epigraphischer Funde und literarischen Textkritik arbeitenden historischen Topographie und Kartographie wie sie namentlich noch in der englischen Literatur (Ramsay »Historical Geography of Asia Minor«) zum Vorschein kommt. Nach der tellurischen Seite hat nun W. Goetz theoretisch wie in praktischer Durchführung der historischen Geographie eine neue Art der Vervollkommnung zugewiesen. Nach ihm (S. 1) »vergleicht die historische Geographie die Erdräume hinsichtlich der zeitlich aufeinander folgenden Änderungen ihres Aussehens und ihrer Bedeutung, welche vor allem durch den Zusammenhang mit dem Menschen bestimmt sind«. Die wechselnden Zustände der Erdoberflächenteile, ihre Auflösungen und Neuformungen rücken also als vorwaltender Gegenstand der Untersuchung in den Bereich der Arbeit. Diesem Plane gemäß vollzieht sich die Betrachtung der einzelnen Ländergebiete nach drei Hauptgesichtspunkten. Solche sind: 1. die Änderungen durch das Wirken der Naturkräfte an sich (endogener und exogener Art); 2. die Einwirkung der Bevölkerung auf das Aussehen und den Zustand der Gebiete; 3. unter Einwirkung Ratzelscher in der politischen Geographie ausgesprochener Grundsätze die durch 1 und 2 bestimmte anthropogeographische Lage der Ländergruppen.

Den Anfang seiner Betrachtung setzt Goetz in die postglaziale Zeit, in der der Mensch das Naturbild zu beeinflussen beginnt, und läßt sie in der Gegenwart auslaufen. Die Schwierigkeit, die bei dem postulierten Gesichtspunkt der Vergleichung sich ergibt, sucht Goetz dadurch zu umgehen, daß er Querschnitte durch die geographische Landesgeschichte vornimmt und von diesen einzelnen Halt- und Wendepunkten Über- und Umschau hält, ohne daß es ihm freilich gelingen kann, diese Querschnitte in den einzelnen Ländergebieten dem Grundsatz der Vergleichung gemäß zeitlich parallel zu legen. Gemäß der Fülle des Stoffes, die Goetz zu bewältigen hat, lehnt er die von Oberhummer für die historische Geographie erhobene Forderung »den Werdegang der Veränderungen der Länder zu verfolgen« ab, obwohl dies für die einzelnen Länder, namentlich für solche von geographischer Einheit wohl möglich ist, wie dies insbesondere aus Oberhummers »Cypern« hervorgeht. Den Rahmen, die feste Umschnürung der Darstellung müssen die Ländergebiete mit ihren großen kulturellen und geographischen Zusammenhängen bilden. Das Buch zerfällt also in eine Reihe von länderkundlichen Skizzen nach der von Goetz disponierten Gliederung, was den Untertitel »Beispiele und Grundlinien« erklärlich macht. Perioden, aus der Prüfung des völkergeschichtlichen Tatsachenmaterials heraus konstruiert — man wird den meisten dieser gezwungenermaßen willkürlich gewählten Zeitabschnitte zustimmen — gliedern wieder das Bild der verschiedenen Länderteile und zeigen uns in einer das mühseligste Quellenstudium erfordernden Schilderung in jeder dieser Epochen Pflanzen- und Tierwelt, Siedelung, Bodennutzung, also Naturvorgänge wie Kulturarbeit des Menschen. Soweit über die Anlage des entschieden eine Bereicherung unserer geographischen Literatur darstellenden Werkes. Die Leistung liegt rein auf der geographischen Seite. Nicht wie bei Kretschmers »Historischer Geographie von Mitteleuropa« (München 1904) überwuchert die Territorialgeschichte, bilden historische und genealogische Einzelheiten über große und kleinste Gebietsteile und mittelalterliche Herrschaftskreise den Grundstock des Buches. Mannigfache physikalische Tatsachen sind in den Kapiteln »Naturvorgänge« in neues Licht gerückt, so insbesondere die Annahme der Wasserabnahme und Klimaänderung, die Goetz gleich Theobald Fischer im Gegensatz zu Partsch vertritt. Wo das Quellenmaterial nicht ausreichte, hat in der Konstruktion der Wandlungen von Mensch und Erde öfters die Phantasie ergänzend und belebend eingegriffen und an Stelle nicht strikte zu beweisender Tatsachen hier und da Hypothesen stellen müssen. Der Telegrammstil, der schon bei Spanien abschnittweise beginnt, fällt nicht dem Verfasser zur Last. Die vom Verlag geforderte Zusammenpressung des überreichen Stoffes war Ursache dieser Verkümmerung der Form, für die das Neue und Mannigfache des Gebotenen besten Ersatz bringt.

Dr. H. Grothe (München).

Schubert, Dr. S., Der Wärmeaustausch im festen Erdboden, in Gewässern und in der Atmosphäre. Mit 9 Tafeln. Berlin 1904, J. Springer.

In mehreren Vorträgen hatte schon bei früheren Gelegenheiten der Verfasser mit Erfolg versucht, eine Übersicht über den periodischen Wechsel der in Form von Wärme in Boden, Luft und Wasser aufgespeicherten Energiemengen zu geben und faßt jetzt in der vorliegenden Schrift diese Untersuchungen in erweiterter Form zusammen. Durch Betrachtung der täglichen und jährlichen Wärmeschwankungen verschiedener Böden, des Meeres und der Luft gelangt er zu Zahlenwerten zur Berechnung des Wärmeumsatzes, d. h. der Summe der auf die Flächeneinheit der Oberfläche aufgenommenen und abgegebenen Wärmemengen. Im Zusammenhang wird hier der Wärmeumsatz in der täglichen und jährlichen Periode für verschiedene Bodenarten, dann für verschiedene Gewässer, (Seen und Meer) dann für die Luftsäule betrachtet und darauf der Einfluß des Wasserdampfgehalts der Luft auf den Wärmeumsatz besprochen. Die daraus erhaltenen Zahlen dienen zur Verfolgung des jährlichen Ganges des Wärmegehalts in Boden, Wasser und Luft und der Verzögerungen des jährlichen Ganges die in den einzelnen Medien auftreten, sowie zu sehr interessanten erläuternden Bemerkungen über die Ursachen des Einflusses des Meeres auf das Klima.

Dr. G. Greim (Darmstadt).

Winterstein, Die Verkehrs-Sprachen der Erde. 34 S. Hamburg o. J., Hanseat. Verlagsanstalt.

Die Zahl der selbständigen Sprachen auf der Erde wird von dem Verfasser mit etwa 1000 angegeben; ihre Zahl wird immer geringer. Für den Weltverkehr, als Verkehrssprachen gelten verhältnis-

mäßig nur wenige. Die englische, französische, deutsche sind unter ihnen die wichtigsten. Die Erdteile werden nun kurz gemustert auf die Verkehrssprachen. Druckfehler oder Versehen sind nicht ganz selten, z. B. Ayamara statt Aymara, Conception statt Concepcion, Nischnej-Nowgorod statt Nischnij-Nowgorod, Togo- statt Tonga-Inseln, Gebraltar. Ein warmer alldeutscher Zug weht durch das Büchlein, aber es fehlt auch nicht ganz an störenden Übertreibungen.

Dr. E. Friedrich (Leipzig).

Lespagnol, G., chargé de cours à la faculté des lettres de l'université de Lyon: l'évolution de la terre et de l'homme. 1 volume in=8°, écu, accompagné de plus de 300 illustrations en phototypie et cartes géographiques en texte. Paris 1905, Charles Delagrave. Prix broché 5 Frs.

Dieses trotz seines großen Umfanges (720 Seiten) handliche Buch bildet ein ungemein praktisches und klar geschriebenes Kompendium der allgemeinen Erdkunde. Auch die mathematische Geographie und die Geschichte der Entdeckungen ist in den Rahmen des Buches mit einbezogen. Reichlich ein Drittel des Ganzen ist der »Géographie humaine« und der Wirtschaftsgeographie gewidmet. — Die deutsche Literatur besitzt bis jetzt kein so reich ausgestattetes, so vielumfassendes und klar und zuverlässig geschriebenes Handbuch der allgemeinen Erdkunde zu so billigem Preise. Wie die zahlreichen Literaturangaben am Ende der einzelnen Kapitel sowie der Text zeigen, beherrscht der Verfasser auch die bedeutendsten Erscheinungen der deutschen Wissenschaft gründlich.

Dr. Rud. Hotz-Linder (Basel).

Vischer, Winke für die Anfertigung von Krokis und Skizzen. 29 S., 8 Karten. Berlin 1903, R. Eisenschmidt.

Vischers Winke bilden eine ganz vorzügliche Anleitung zur einfachen und schnellen Darstellung militärischer Zeichnungen, welche ein klares und deutliches Bild des betreffenden Geländeabschnittes liefern. Ein besonderer Vorzug des Buches ist der, daß der Entwicklungsgang der einzelnen Arten der Geländedarstellungen in leicht verständlicher Weise an der Hand von praktischen Beispielen zur Darstellung gelangt. Die der vorliegenden Druckschrift beigegebenen Karten und farbigen Zeichnungen sind musterhaft und lassen an Deutlichkeit und Klarheit nichts zu wünschen übrig.

Prof. Dr. Kreuschmer (Barmen).

Nedderich, Wilhelm, Wirtschaftsgeographische Verhältnisse, Ansiedlungen und Bevölkerungsverteilung im Ostfälischen Hügel- und Tieflande (Forsch. z. d. Landes- u. Volkskunde, Bd. XIV, Heft 3). 179 S., 2 K. Stuttgart 1902, Engelhorn. 9 M.

Das Hügelland nördlich vom Harz zwischen Ocker und Leine sowie die angrenzende Ebene bis über Hannover hinaus sind Gebiete alter, hoher wirtschaftlicher Entwicklung. Schon seit den Zeiten der Karolinger besiedelt, von den Straßen, die den Harz im Norden und Westen umgehen, durchzogen, von Flüssen durchströmt, die wenigstens im Mittelalter auch dem Verkehr nach dem seit weit gelegenen Bremen dienten, mußte hier ein lebhafter Verkehr entstehen und dieser ein lebhaftes Gewerbe hervorrufen. Besonderes geographisches Interesse bietet die Gegend durch ihren mannigfaltigen Aufbau aus allen mesozoischen Formationen, etwas Tertiär und Diluvium. Hieraus folgen wiederum eine reiche Bodenplastik, große Fruchtbarkeit und Reichtum an verschiedenen nutzbaren Gesteinen; es werden Gips und in großen Mengen Sandsteine und einige Arten von Kalksteinen gebrochen, die an manchen Stellen mit Bitumen durchtränkt sind. Im ganzen sind in den Brüchen gegen 2000 Menschen beschäftigt. Der Bergbau auf Stein- und Braunkohlen, Eisen, Salz und Kali wird von 5550 Menschen betrieben. Die bergmännischen Produkte dienen der Eisenindustrie (7800 Arbeiter), ferner der Erzeugung von Zement (2150 Arb.), Asphalt (400 Arb.) und Kreide (12 Arb.). Teilweise bodenständig sind die Textilindustrie (2635 Arb.), Glasindustrie (1200 Arb.), wie auch die Holzwaren-, Papier- u. Pappenfabrikation. — An die Landwirtschaft schließen sich die Industrien des Zuckers, der Konserven und des Spiritus an. Zu diesen bodenständigen Betrieben kommen noch andere, welche durch den lebhaften Verkehr und die dichte Bevölkerung veranlaßt wurden. Wir haben hier somit ein Land von dem älteren Typus einer Vereinigung vieler Gewerbe, von denen keines allzu sehr hervorragt, und es ist nun interessant zu sehen, inwieweit sich diese Industrien im Kampfe mit den reicher ausgestatteten europäischen und überseeischen Gebieten behaupten. — Das Auftreten so verschiedener Formationen reizte zu einem Vergleich ihrer Besiedlungsdichte. Voran stehen jene mit fruchtbarem Boden: Keuper (130 Menschen auf 1 qkm), Tertiär (123), brauner Jura (115), obere Kreide (109), untere Kreide (105) und die oberen Schichten des weißen Jura (101); infolge ihres Waldreichtums sind schwächer bevölkert: der schwarze Jura (84), die mittlere Kreide (73), der Muschelkalk (52), Wealden (64), Buntsandstein (44) und der weiße Jura (29). Diluv und Alluv haben exkl. der größeren Städte eine Dichte von 80, inkl. der größeren Städte von 321. — Von den Gesteinsarten sind die fruchtbaren Mergel am meisten besiedelt (123), dann folgen Tone (112), Kalkgesteine (71) und Sandsteine (48). Die Bevölkerungsdichte spiegelt also deutlich die Fruchtbarkeit des Bodens wider, dagegen ist ihre Beziehung zu den Formationen viel weniger ausgesprochen. Bei jeder Formation schwankt die Dichte in den einzelnen Gegenden sehr beträchtlich und zwar auch dann, wenn man diejenigen Teile nicht berücksichtigt, auf denen zufällig größere Orte liegen. Der Muschelkalk z. B. hat dort, wo er ziemlich flachgründig und trocken ist, eine Dichte von 21—57, wo er tiefgründiger, feuchter und vielfach auch tonhaltig ist, von 192—387. Da auch noch manche andere Verhältnisse ihren Einfluß ausüben, so darf man den Wert derartiger Berechnungen, so sehr sie auch der herrschenden geologischen Richtung der Geographie entsprechen, nicht allzu hoch anschlagen. Völlig unberücksichtigt läßt dagegen die Abhandlung die klimatischen Einwirkungen, obwohl zwischen Ebene und Hügelland Unterschiede bestehen; zum mindesten hätten einige Zahlen angeführt werden müssen. Die Bedeutung aller dieser natürlichen Faktoren ist durch die Entstehung großer Städte, namentlich Hannovers, sehr geschmälert worden. Es wäre lehrreich gewesen, wenn der Verfasser die Bevölkerungsverteilung in einer früheren Zeit, die ja nur einige Jahrzehnte zurückzuliegen brauchte, zum Vergleiche gegenübergestellt hätte. Es fehlt der Abhandlung an historischer Übersicht, doch hätte hierin weiter gegangen werden können, denn bei den großen Schwankungen der modernen Weltwirtschaft kann man nur aus den Änderungen der Bevölkerung und ihres Einkommens (Steuerleistung) die wirtschaftsgeographischen Verhältnisse klar ersehen. Durch solche vergleichende Tabellen würden auch jene Ungenauigkeiten ausgeglichen, die bei einer so gewissenhaft ins Einzelne geführten Untersuchung dadurch entstehen müssen, daß die verwerteten statistischen Angaben sich auf verschiedene Jahre beziehen. — Das im Text ausführlich dargelegte Material ist in zwei Karten verarbeitet. Es ist dies zunächst eine bevölkerungsstatistische Grundkarte im Maßstabe 1:200000 nach der von Hettner auf dem VII. internationalen Geographenkongreß in Berlin vorgeschlagenen Methode. Es sind die Wohnplätze in 18 Stufen, von denen die niedrigste etwa 10 Einwohner bezeichnet, eingeteilt. Die Größe der Ausfüllung der Signaturen durch rote Farbe gibt den Prozentsatz der landwirtschaftlichen Bevölkerung an, während beigesetzte Symbole anzeigen, welcher Industrie die übrigen Arbeiter angehören. Die verschiedenen Industriegebiete sind durch besondere Umgrenzung kenntlich gemacht. Auf Grund dieser Karte wurde eine andere für die Bevölkerungsdichte hergestellt. Nach Ausscheidung der Orte von mehr als 2000 Einwohnern wurden nach der Anhäufung der Ortschaften Gebiete abgegrenzt, mit dem Planimeter vermessen, hierauf wurden die Dichten berechnet und danach die Kurven gezogen. Um den Unterschied zwischen Nähr- und Wohndichte zu verwischen, mußte hierbei der Maßstab auf 1:500000 herabgesetzt werden. — Der hohe Wert derartiger Untersuchungen, besonders auch der Karten, für den Lehrer der Erdkunde liegt auf der Hand. Möge die im ganzen mustergültige Arbeit viele Nachahmung finden. *Dr. M. Binn (Wien).*

Ullrich, R., Die Mandschurei. 51 S., 1 Karte. Berlin 1904, Karl Siegismund. 1 M.

Die knappe Darstellung beruht auf dem vom Russischen Großen Generalstabe herausgegebenen »Material zur Geographie Asiens«. In Rücksicht auf den Kriegsfall sind genauer behandelt die Bevölkerungs- und Verkehrsverhältnisse, letztere allerdings entsprechend ihrem Zustande im Jahre 1900. Beim Verfolg der jetzigen Zeitereignisse vermag das Büchlein nützliche Dienste zu leisten. *Dr. Wilh. Blankenburg (Greifswald).*

Pelz, Alfred, Geologie des Königreichs Sachsen. 152 S., ill., 1 K. Leipzig 1904, Ernst Wunderlich. M. 3.60

Das mit unverkennbarem Fleiße geschriebene Buch will als Führer für den angehenden Geologen dienen und zugleich ein Hilfsbuch für den naturwissenschaftlichen und geographischen Unterricht sein. Zur Erfüllung der ersten Aufgabe gehört vor allem weise Beschränkung des Stoffes und eine lichtvolle klare Darstellung, die auch die scheinbar einfachsten Verhältnisse nicht unerörtert läßt. Das ist dem Verfasser vielfach nicht gelungen, denn seine Darstellung steckt voll von wissenschaftlichem Ballast, den ein angehender Geologe nur mit Hilfe anderer, besonders mineralogischer und paläontologischer Werke verarbeiten kann. Verfasser meint ferner, das Studium der geologischen Spezialkarte und ihrer Erläuterungen sei nicht vonnöten, wenn man sein Buch studiert, aber gerade nach oder beim Studium seines Werkchens empfindet man auf jeder Seite fast das Bedürfnis, sich die geologische Karte und ihre Erläuterungen anzusehen.

Als Hilfsbuch für den naturwissenschaftlich-geographischen Unterricht ist das Buch wohl brauchbar, geht aber auch hier über das Maß des in der Schule Geforderten weit hinaus. Das erhellt besonders aus der bis ins einzelne gehenden Gliederung der Formationen, z. B. des Devon (S. 33), des Rotliegenden (S. 82), der Kreide (S. 100 u. 102). Es macht überhaupt den Eindruck, als habe der Verfasser seine große Belesenheit zeigen wollen, namentlich da er auch Verhältnisse anderer als des behandelten Gebiets in unnötiger Weise in die Betrachtung hereinzieht (z. B. S. 133 Vereisung des Kilima Ndscharo). Befremdet hat den Referenten die oft geradezu falsche, mindestens vielfach laxe und ungenügende Erklärung der geologischen Fachausdrücke, z. B. Achat, Axinit (kommt vom griechischen Beil wegen der Gestalt der Kristalle!) Chalcedon, Dislokation, Druse. Flußspat wird erklärt als Fluorit und Fluorcalcium!

Alles in allem bedarf das Buch, wenn es seinen Zwecken dienen soll, einer gründlichen Durch- und Umarbeitung unter wesentlicher Sichtung und Vereinfachung des Stoffes. *Dr. R. Nessig (Dresden).*

Linde, R., Die Lüneburger Heide. (Scobel, Land u Leute, Band XVIII). 149 S. Bielefeld u. Leipzig 1904, Velhagen u. Klasing. 4 M.

Das ist kein gemachtes, sondern ein gewordenes Buch — trotzdem es einer Sammlung angehört. Zunächst die Bilder! Für die ist nicht der Photograph herumgezogen, schnell einiges zusammenzuraffen oder sind Ansichten-Klischees zusammengestoppelt, sondern hier hat — ich weiß es nicht, aber es muß so sein — ein Liebhaber aus seinen Schätzen, die er jahrelang gesammelt hat, das beste herausgesucht, und so ergibt sich aus ihnen ein Bild von der Heide, das künstlerisch vollendet und, schließlich eben deswegen, auch geographisch vorzüglich ist. Im Texte kommt die naturwissenschaftliche wie die geschichtliche Seite der Geographie zu ihrem Rechte, Sprache und Sitte. Dabei weiß der Verfasser ebensowohl die wirtschaftliche Verwertung der Heide darzustellen wie die Farben und Formen dieser altadligen Landschaft zu würdigen. Besonders empfehlen möchte ich das Buch für Schülerbibliotheken der oberen Klassen.

Die Heide wird, dank den Aufforstungen, bald nur noch in die historische Geographie gehören — möge Lindes Wunsch noch rechtzeitig in Erfüllung gehen, daß ein großes Stück (etwa die sieben Steinhäuser oder die Wilseder Höhe) als Reservation erhalten bleibe. *Dr. Sebald Schwarz (Lübeck).*

Geographische Literatur.

a) Allgemeines.

Anleitung zu wissenschaftl. Beobachtungen auf Reisen. Herausg. von G. v. Neumayer. In 2 Bänden. 3. Aufl. (in ca 12 Lfgn.) 1. Lfg. (I. Bd. S. 1—64 und 2. Bd. S. 1—48). Hannover 1905, Dr. M. Jänecke. 3 M.

Hahn, F., Die Eisenbahnen, ihre Entstehung und gegenwärtige Verbreitung. (Aus Natur u. Geisteswelt, 71.Bdchen). IV, 150 S., ill. Leipzig 1905, B. G. Teubner. 1.25 M.

Halnich, F. W., Kurze Beschreibung über den Lauf der Himmelskörper. 32 S., ill. Borna 1905, O. Engert. 75 Pf.

Hickmann, A. L., Geographisch-statistischer Universal-Taschen-Atlas. Ausgabe 1905. 64 K. u. Taf., 64 S. Wien, G. Freytag & Berndt. 3.80 M.

Marcuse, A., Handbuch der geographischen Ortsbestimmung für Geographen und Forschungsreisende. X, 342 S., ill., 2 Sternk. Braunschweig 1905, F. Vieweg & Sohn. 12 M.

Messerschmitt, J. B., Beeinflussung der Magnetographen-Aufzeichnungen durch Erdbeben und einige andere terrestrische Erscheinungen. (Aus: »Sitzungsber. der bayer. Akademie der Wiss.«) S. 135—168. München 1905, G. Franz' Verlag. 60 Pf.

Nies, A. und E. Düll, Lehrbuch der Mineralogie und Geologie für den Unterricht an höheren Lehranstalten und zum Selbstunterricht. I.Teil: Mineralogie, von N. II. Teil: Gesteinslehre und Grundlagen zur Erdgeschichte, von D. VII, 106 S., ill. Stuttgart 1905, F. Lehmann. 3 M.

Noetling, F., Die asiatische Trias. Lethaea geognostica. II. Teil, 1. Bd., 2. Lfg., S. 107—221, ill. Stuttgart 1905, E. Schweizerbart. 24 M.

Schmehl, Chr., Die Elemente der sphärischen Astronomie. Nebst einer Sammlung gelöster und ungelöster Aufgaben mit den Resultaten der ungelösten Aufgaben. VIII, 110 S., ill. Gießen 1905, E. Roth. 2 M.

Weinek, L., Zur Theorie der Sonnenuhren. (Aus: »Sitzungsber. der k. Akademie der Wiss.«) 11 S. mit 9 Fig. Wien 1905, C. Gerolds Sohn. 50 Pf.

Weisl, E. F., Die Auswanderungsfrage. Mit besonderer Berücksichtigung der Auswanderung aus Deutschland, Italien, Österreich und Ungarn. 39 S. Berlin 1905, W. Süsserott. 80 Pf.

b) Deutschland.

Algermissen, J. L., Taunuskarte und die angrenzenden Gebiete des Rheintals und das Lahntal). 1:240000. Trier 1905, H. Stephanus. 2 M.

Baedeker, K., Die Rheinlande von der schweizer bis zur holländischen Grenze. 30. Aufl. XXX, 524 S., 53 Karten, 35 Stadtpl. und Grundr. Leipzig 1905, K. Baedeker. 6 M.

—, Nordwest-Deutschland. Mit 40 K. und 69 Pl. 28. Aufl. XXX, 427 S. Leipzig 1905, K. Baedeker. 6 M.

Deutsche Höhenschichtenkarte vom Reichsgebiet in numerierten Blättern. 1:50000. Kassel 1905, M. Brunnemann. Je 10 Pf.

Imme, Th., Die Ortsnamen des Kreises Essen und der angrenzenden Gebiete. 72 S. Essen 1905, G. D. Baedeker. 70 Pf.

Irmisch, Th., Beiträge zur schwarzburgischen Heimatskunde. I. Bd. VIII, 493 S. Sondershausen 1905, F. A. Eupel. 4 M.

Karte der Ostseeküste der Inseln Usedom und Wollin in 4 Blättern. Bearb. in der kartograph. Abteilung der kgl. preuß. Landesaufnahme. 1:35000. 1. und 2. Blatt: Zinnowitz und Swinemünde. Berlin 1905, R. Eisenschmidt. Je 75 Pf.

—, der Rostocker Heide nebst Umgebung. Gezeichnet auf Grundlage der Meßtischblätter und Forstkarten. 1:25000. 3. verb. Aufl. Rostock 1905, C. J. E. Volckmann. 60 Pf.

März, Chr., Geogr. und Tal der Heimat. Geologisch-geographische Wanderungen in der Amtshauptmannschaft Löbau. 70 S. Löbau 1905, J. G. Walde. 80 Pf.

Schellwien, E., Geologische Bilder von der samländischen Küste. (Aus: »Schriften der physikalisch-ökonomischen Gesellsch.«) 43 S., ill. Königsberg 1905, W. Koch. 2.50 M.

Topographische Karte des Königr. Sachsen. 1:25000. Bearb. in topograph. Bureau des kgl. Generalstabes. Sekt. 21 (preußisches Meßtischblatt 2688): Straßgräbchen (sächs.). — Bernsdorf (preuß.), Sekt. 120: Fürstenwalde. Neue Aufnahme. Dresden 1905. Leipzig, W. Engelmann. Je 1.50 M.

c) Übriges Europa.

Baedeker, K., Die Rheinlande. 53 K., 35 Stadtpl. und Grundrisse. 30. Aufl. XXX, 524 S. Leipzig 1905, K. Baedeker.

Bothmer, H., Serbien unter König Peter I. (Der Orient VII.) IV, 114 S., ill. Berlin 1905, Deutsch-österreich. Orientklub. 1.50 M.

Imfeld, X., La chaine du Mont-Blanc. 1:50000. Bern 1905, A. Francke. 9.60 M.

Koetschet, J., Aus Bosniens letzter Türkenzeit. Hinterlassene Aufzeichnungen veröffentlicht von Dr. Geo. Grassl. 109 (Zur Karte der Balkanhalbinsel 2). Wien 1905, Hartleben. 2.25 M.

Kümmerly, H., Kleine Relief-Karte der Schweiz. 1:600000. Neue Ausgabe. Bern 1905, Geogr. Kartenverlag. 1.20 M.

—, Spezialkarte des Zürich-Sees mit Umgebung. 1:50000. Ebd. 1905. 3.20 M.

Liebenow, W., Spezialkarte von Mitteleuropa. Nach amtlichen Quellen bearb. 1:300000. XVII. Lfg., 9 Blatt: 54. Haag. — 67. Ostende. — 68. Antwerpen. — 81. Calais. — 95. Amiens. — 137. Orleans. — 138. Troyes. — 151. Bourges. — 152. Autun. Frankfurt a. M. 1905, L. Ravenstein. 9 M., einzelne Bl. 1.50 M.

Riecek, J. G., Im Banne der goldenen Wachau. 78 S., ill. Melk 1905, H. Aigner. 1.20 M.

Steinmetz, K., Ein Vorstoß in die nordalbanischen Alpen. 60 S., ill. (Zur Karte der Balkanhalbinsel 3.) Wien 1905, Hartleben. 2.25 M.

Strindberg, A., Schwedische Natur. 110 S., ill. Berlin 1905, H. Seemann Nachf. 1 M.

d) Asien.

Behrmann, M. Th. S., Hinter den Kulissen des mandschurischen Kriegstheaters. 368 S. Berlin 1905, C. A. Schwetschke & Sohn. 5 M.

Bessey, E. A., Vegetationsbilder aus Russisch Turkestan (Karsten & Schenck, Vegetatio bi , III. Reihe, 2. Heft.) 6 Taf. mit 6 S. Text. Jena 1905,18b. Fischer. 4 M.

Büsgen, M., Hj. Jensen & W. Busse: Vegetationsbilder aus Mittel- und Ost-Java (Karsten & Schenck, Vegetationsbilder, III. Reihe, 3. Heft). 6 Taf. mit 9 S. Text. Jena 1905, G. Fischer. 4 M.

Muszyński v. Arenhort, Militär-topographische Beschreibung der Mandschurei. III, 103 S., 1 K. Wien 1905, L. Weiß. 2.50 M.

Schroeder, O., Mit Camera und Feder durch die Welt. Schilderungen von Land und Leuten aus Reiseerlebnissen. III. Eine Reise nach Ostasien von O. Schroeder und Dr. E. Pflanz. VIII, 210 S., ill. Leipzig 1905, Wanderer-Verlag. 6 M.

Winckler, H., Die Euphratländer und das Mittelmeer. (Der alte Orient, VII. Jahrg., Heft 2.) 32 S., ill. Leipzig 1905, J. C. Hinrichs Verlag. 60 Pf.

e) Afrika.

Lanckoroński, K. Graf, Ein Ritt durch Kilikien. — Aus dem winterl. Afrika. 99 S. Wien 1905, Gerold & Co. 1.50 M.

Sonnenberg, Else, Wie es am Waterberg zuging. Ein Beitrag zur Geschichte des Hereroaufstandes. V, 116 S., ill. Berlin 1905, W. Süsserott. 2.50 M.

Zabel, R., Im muhammedanischen Abendlande. Tagebuch einer Reise durch Marokko. XVI, 462 S., ill., 5 Karten. Altenburg 1905, St. Geibel. 12 M.

f) Amerika.

Asmussen, O., Ein Besuch bei Uncle Sam. Bilder aus Amerika. III, 144 S. Dresden 1905, O. V. Böhmert. 1.20 M.

Bernius, K., Das Becken von Parima. Eine monograph. Skizze. 54 S., ill., 1 K. Berlin 1905, D. Reimer. 1.50 M.

Machalla, K., Amerika, das Land der unbehinderten Erwerbes. 175 S. Wien 1905, A. Amonesta. 3 M.

Wissenschaftliche Ergebnisse der schwedischen Expedition nach den Magellansländern 1895—1897 unter Leitung von Dr. O. Nordenskjöld. I. Bd.: Geologie, Geographie und Anthropologie, 2. Heft. S. 109—248, ill. 7 M. —; III. Bd.: Botanik, 2. Heft (Schluß). V und S. 317—523, ill., 1 K. Stockholm 1905, Berlin, R. Friedländer & Sohn.

g) Polarländer.

Hantzsch, B., Beitrag zur Kenntnis der Vogelwelt Islands. VI, 341 S., ill., 1 K. Berlin 1905, R. Friedländer & Sohn. 12 M.

h) Ozeane.

Wissenschaftliche Ergebnisse der deutschen Tiefsee-Expedition auf dem Dampfer »Valdivia« 1898—1899. Hrsg. von Prof. Carl Chun. X. Bd., 1. Lfg., 34 S., ill. 9 Taf. 18 M.; X. Bd., 2. Lfg., S. 35—44, ill., 1 Taf. u. 1 Blatt Erklärungen. 3 M. Jena 1905, Gustav Fischer.

Fischer, Karte des Reg.-Bez. Niederbayern. Für den Schulgebrauch eingerichtet. 1:100000. 2. Aufl. 4 Blatt. Landshut 1905, F. P. Attenkofer. 21 M.

Groß, A., Das Wichtigste aus der Heimatkunde des Kreises Löwenberg. 12 S. Glogau 1905, C. Flemming. 10 Pf.

Haedrich, Fr. K., Kleine Heimatkunde des Kreises Münsterberg. Für Schule und Haus. 27 S. Glogau 1905, C. Flemming. 20 Pf.

Jacob, K., Atlas für die Heimatkunde von Leipzig. 6 Aufl., 8 farb. Kartens. Leipzig 1905, A. Hahns Verlag. 35 Pf.

Klein, Wie führe ich den Kleinen in den heimatkundlichen Unterricht ein? 2. Aufl., 16 S., ill. Lissa 1905, F. Ebbecke. 30 Pf.

Schön, W., Das Wichtigste aus der Heimatkunde des Kreises Ohlau. 20 S. Glogau 1905, C. Flemming. 10 Pf.

Seytter, W., Schulkarte von Württemberg, Baden und Hohenzollern. 4 Aufl. 1:600000. Stuttgart 1905, Holland & Josenhans. 50 Pf.

Vogel, K. H., Erdkunde. Ausgabe A. 3. Heft. Geographie von Asien, Afrika, Amerika und Australien. Für mehrklassige Volks- und Töchterschulen bearb. 2. Aufl. III, 56 S. Wittenberg 1905, R. Herrosé. 30 Pf.

Winckler, A., Das Wichtigste aus der Heimatkunde des Kreises Wohlau. 15 S. Glogau 1905, C. Flemming. 10 Pf.

i) Zeitschriften.

Das Weltall. V, 1905.

Heft 20. **Wehner, H.**, Über die Kenntnis der magnetischen Nordweisung im frühen Mittelalter (Schuß). — **Archenhold, F. S.**, Der gestirnte Himmel im Monat August 1905. — Aus Kl. Mitteilungen: Das Photographieren der Sonnenkorona. Der Bishopsche Ring. — Genaue Zeitübertragung durch das Telephon.

Heft 21. **Berndt, G.**, Moderne Anschauungen über die Konstitution der Materie. — **Förstemann, E.**, Zur Chronologie der Azteken. — Aus Kl. Mitteilungen: Die Bedeutung des Ozons für die Wärmeausstrahlung der Erde.

Heft 22. **Krebs, W.**, Höchster Grad der Szintillation des Sonnenbildes. — **Berndt, G.**, Moderne Anschauungen über die Konstitution der Materie (Schluß). — **Archenhold, F. S.**, Der gestirnte Himmel im Monat September 1905. — Aus Kl. Mitteilungen: Marsphotographien. — Meteorologische Beobachtungen bei Sonnenfinsternissen. — Trübung des Seewassers durch Erdbeben.

Deutsche Rundschau für Geogr. u. Stat. XXVII, 1905.

Nr. 12. **Schober, R.**, Ein Goldvorkommen bei Netting in der Neuen Welt nächst Wiener-Neustadt und seine morphologische Bedeutung. — **Wolkenhauer, A.**, Der XV. Deutsche Geographentag in Danzig. — **Umlauft, F.**, Fortschritte der geographischen Forschungen und Reisen im Jahre 1904. 3. Afrika. 4. Australien und die Südsee. — Das alte und das heutige Syrakus.

Deutsche Erde. IV, 1905.

Heft 3. **Meiche, A.**, Die Herkunft der deutschen Siedler im Königreich Sachsen nach den Ortsnamen und Mundarten. — **Weinberg, R. u. P. Langhans**, Statistik der Deutschen. Russisches Reich (ohne Finnland). — **Eichmann, G.**, Kreditanstalten und Genossenschaften der Siebenbürger Sachsen. — **Böckh, R.**, Beleuchtung einer weiteren statistischen Abhandlung Emil Mannhardts über das deutsche Element in den Vereinigten Staaten verglichen mit anderen. — **Langhans, P.**, Statistik der Deutschen. Deutsche in Japan am 31. Dezember 1903. — **Langhans P.**, Neues vom Deutschtum aus allen Erdteilen. — Berichte über neuere Arbeiten zur Deutschkunde. — 1 Karte.

Geographische Zeitschrift. XI, 1905.

Heft 8. **Reusch, H.**, Norwegens Verhältnis zu Schweden vom geographischen Standpunkt aus. — **Brückner, E.**, Die Bilanz des Kreislaufs des Wassers auf der Erde. — **Chalikiopoulos, L.**, Wirtschaftsgeographische Skizze Thessaliens.

Globus. Bd. 88, 1905.

Nr. 3. **Buchner, M.**, Das Bumerangwerfen. — **Singer, J. H.**, Der XV. deutsche Geographentag in Danzig. — **Lauffer, B.**, Chinesische Altertümer in der römischen Epoche der Rheinlande. — Zur Anthropologie der Mongolen.

Nr. 4. **Greim, G.**, Bau und Bild Österreichs. — **Hawes' Wanderungen** auf Sachalin. — **Buchner, M.**, Das Bumerangwerfen (Schluß). — Die Kaspische Expedition im Jahre 1904.

Nr. 5. **Parkinson, R.**, St. Matthias und die Inseln Kerue und Tench. — **Costenoble, H. L. W.**, Die Marianen (Fortsetzung). — **Hermann von Wissmann** †. — **Hoßfeld, C.**, Ein Beitrag zur ostafrikanischen Lyrik.

Nr. 6. **Meyer, A.**, Russische Bahnen in Asien. — **Koch, Th.**, Abschluß meiner Reisen in den Flußgebieten des Rio Negro u. Yapurá. — **Neuhaus, J.**, Zur ethnographischen und archäologischen Untersuchung der Meskitoküste. — **Costenoble, H. L. W.**, Die Marianen (Schluß). — **Sieger, Ernst Friedrichs**, »Wirtschaftsgeographie«.

Nr. 7. **Nordenskjöld, E.**, Über Quichua sprechende Indianer an den Ostabhängen der Anden im Grenzgebiet zwischen Peru und Bolivia. — **Moritz, E.**, Die Hallig Jordsand. — Falsche Vorstellungen über nordamerikanische Indianer. — **Lehmann-Nitsche, R.**, Die dunklen Geburtsfarbe in Argentinien und Brasilien.

Meteorologische Zeitschrift. 1905.

Nr. 7. **Nimführ, R.**, Sehr tiefe Temperaturen in großen Höhen der Atmosphäre. — **Börnstein, R.**, Der tägliche Gang des Luftdruckes in Berlin.

Naturwissenschaftliche Wochenschrift. 1905.

Nr. 32. **Aschheim, H.**, Über das Leben von Natur- und Kulturvölkern. — **Imkeller H.**, Die zementliefernden Formationen in den bayerischen Alpen und das Portlandzementwerk Marienstein bei Tölz.

Nr. 34. **Krusch, P.**, Das Vorkommen und die Gewinnung des Goldes. — **Häberlin**, Zweckmäßigkeit der Religionen.

Petermanns Mitteilungen. 51. Bd., 1905.

Heft 8. **Easton, C.**, Zur Periodizität der solaren und klimatischen Schwankungen. — **Kassner, K.**, Temperaturverteilung in Bulgarien. — **Baldacci, A.**, Die Arbeiten der beiden italienischen Studienmissionen 1902 und 1903 in Montenegro. — Kleinere Mitteilungen. — Geographischer Monatsbericht. — Beilage: Literaturbericht. — Karten.

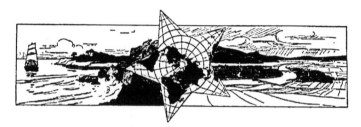

Die Grenzen der Ozeane.

Von Dr. Th. Arldt-Radeberg.

Während man sonst überall bestrebt ist, an Stelle der geradlinig, d. h. besonders in der Richtung von Parallelkreisen und Meridianen verlaufenden Grenzen solche zu setzen, die den natürlichen Verhältnissen sich besser anpassen, als die auf der Karte mit dem Linial gezogenen Linien, stehen wir bei der Abgrenzung der Ozeane noch immer auf dem alten Standpunkt, indem auf den meisten Atlanten und in den meisten Geographiebüchern als die Grenze der Eismeere die Polarkreise und als die Scheidelinien der drei großen Ozeane die Meridiane der Südspitzen der drei Süderdteile bezeichnet sind. Wir sind freilich bei den noch spärlichen Lotungen noch nicht imstande, überall in dem südlichen Meeresring natürliche Grenzen zwischen den Ozeanen mit voller Sicherheit anzugeben, aber doch ist die Wissenschaft von der Erde weit genug vorgeschritten, um wenigstens den Versuch zu einer naturgemäßen Abgrenzung der Weltmeere zu rechtfertigen.

Suchen wir zunächst die Ozeanbecken in ihrer Ausdehnung zu bestimmen, so müssen wir dabei von den Strömungssystemen als oberflächlichen Erscheinungen vollständig absehen. Sie können uns keine Aufklärung über die Selbständigkeit eines Meeresbeckens geben. Ebensowenig helfen uns die verschiedenen physikalischen Eigenschaften des Meerwassers. Den ersten Anhaltspunkt bietet uns das Relief des Meeresgrundes. Als Grenze des Kontinentalsockels wird ja schon jetzt allgemein die 200 m-Isobathe angesehen; die den oberen Rand des Steilabfalls zu pelagischen Tiefen bezeichnet. Doch wollten wir uns an diese Linie halten, so würden zahlreiche zweifellos zusammengehörige Gebiete auseinandergerissen z. B. im ostindischen Archipel. Aus diesem Grunde empfiehlt es sich, eine tiefer verlaufende, etwa die 2000 m-Isobathe zu wählen, deren Verlauf nur wenig von dem der 200 m-Isobathe abweicht, da sie zumeist noch auf dem Steilabfall gelegen ist, bei deren Wahl aber die Grenze der ozeanischen Räume besser mit den anderen Verhältnissen übereinstimmt, die bei ihrer Bestimmung berücksichtigt werden müssen. Durch sie werden z. B. die drei Mittelmeere von den Ozeanen abgeschnitten, die ihrer ganzen Entwicklungsgeschichte nach eine Sonderstellung einnehmen und auch durch die räumlich beschränkten tiefen Einsturzbecken, durch die dicht gedrängten jugendlichen Faltengebirge und besonders lebhafte vulkanische und seismische Tätigkeit von den freien Ozeangebieten sich unterscheiden. Mit den eigentlichen Mittelmeeren ist auch das Gebiet des inneren Inselgürtels Ozeaniens von den Weltmeeren abzutrennen, das alle charakteristischen Eigenschaften der ersteren aufweist, und dessen Inselketten als die direkte Fortsetzung der asiatischen sich kennzeichnen. Beim Großen Ozean wird die Abgrenzung dadurch erleichtert, daß er ringsum von jungen Faltengebirgen umgeben ist, während diese in der Umrandung der anderen Ozeanbecken nur ganz vereinzelt auftreten, was bekanntlich Sueß zur Unterscheidung eines pazifischen und eines atlantischen Küstentypus veranlaßt hat. Zugleich mit den Kettengebirgen, aber auch an Stellen, wo nur Brüche die Ozeangrenze bezeichnen, treten Vulkane auf, zum Teil noch tätig, oder doch wenigstens in der Tertiärzeit tätig gewesen. Einen weiteren Anhalt haben wir für die Grenzbestimmung in den abyssischen Gräben, die wir immer in unmittelbarer Nähe des jetzigen oder eines alten Festlandrandes finden und zwar zumeist im westlichen Teile der Ozeane in der Nachbarschaft an Faltengebirgen oder Inselketten. Weiter sind der geologische

und tektonische Aufbau der Einzelgebiete, ihre Tier- und Pflanzenwelt und die daraus
sich ergebenden Schlüsse auf die erdgeschichtliche Vergangenheit zu berücksichtigen.

Es sind also ziemlich verschiedenartige Verhältnisse bei der Abgrenzung der
Ozeane in Betracht zu ziehen, gerade dadurch wird aber eine größere Genauigkeit der
Bestimmung ermöglicht, und durch die Übereinstimmung der einzelnen Erscheinungen
wird den Resultaten ein höherer Grad von Wahrscheinlichkeit verliehen. Wenn wir
unter Berücksichtigung aller obengenannten Beziehungen die Ozeane betrachten, so
scheidet zunächst das südliche Eismeer vollständig als selbständiges Weltmeer aus,
während das nördliche deutlich auch gegen den Atlantischen Ozean abgegrenzt ist.
Der Verlauf der Grenzlinien der eigentlichen ozeanischen Becken ist folgender[1]). Die
südlichste Spitze des arktischen Beckens liegt nordöstlich der Fär Öer bei 5° W,
63° N. Die Grenze führt über die Vulkaninsel Jan Mayen nach der Nordostgrenze
von Grönland, geht dann an Melville-Land, Hazen-Land, Grant-Land, den Parry-Inseln
und Banks-Land entlang, folgt der nordamerikanischen Küste bis Kap Barrow, führt
dann hierüber zu der Grenze der von Nansen gefundenen Tiefsee, verläuft an der Westküste von Nowaja Semlja auf die Halbinsel Kola zu und folgt endlich der Küste Skandinaviens, um von den Lofoten nach den Fär Öer hinüberzuführen. Durch die innerhalb
des Beckens gelegenen Gruppen von Spitzbergen und Franz Joseph-Land wird es in
drei Abschnitte, in das Ost-Grönland-Meer, das Ost-Spitzbergen-Meer mit der Barents-See
und das noch größtenteils unerforschte polare Becken zerlegt. Der nördlichste Punkt
des atlantischen Beckens, das durch den Island tragenden untermeerischen Rücken
von dem arktischen geschieden ist, liegt zwischen Grönland und Island bei 30° W, 65° N.
Die Grenze biegt um Grönland herum mit der 2000 m-Isobathe ein Stück in die Davis-
straße ein, folgt dann der Küste Nordamerikas, die Neufundlandbank umgehend, führt
weiter an der Außenseite der westindischen Inselwelt und der Ostküste von Südamerika
entlang, zuletzt immer weiter von der Küste abweichend, indem sie von C. S. Thomé
auf die Falkland-Inseln zuführt. Hier trifft sie auf einen Bogen, der von Süd-Georgien,
den Süd-Sandwich-, den Süd-Orkney- und den Süd-Shetland-Inseln gebildet ist und
in seiner ganzen Ausdehnung eine untermeerische Schwelle bildet, die wir als Fortsetzung des in Feuerland umbiegenden Kordillerenzuges ansehen dürfen und die zwischen
Südamerika und dem Graham-Land dieselbe Rolle spielt wie zwischen Süd- und Nordamerika der Antillenbogen[2]). Die Grenze des atlantischen Beckens folgt dem Ostrande dieser Schwelle und dann der Ostküste des Graham-Landes, das Weddellmeer
dem Atlantischen Ozean zuweisend, der demnach von den drei großen Ozeanen wie
nach Norden so auch jedenfalls nach Süden dem Pole am meisten sich nähert. Der
Ostrand des atlantischen Beckens führt vom nördlichsten Punkte um Rockall herum,
umfaßt den tiefen Teil des Golfes von Biscaya und folgt dann den Küsten der iberischen Halbinsel und Afrikas, die Inseln bis auf Ferando Po einschließend. Von der
Südspitze der Agulhasbank an wird der Rand des Beckens durch die Rücken bezeichnet,
die die vulkanischen Prinz Edward-, Crozet-, Kerguelen- und Heard-Inseln tragen. Von
der letzten führt die Grenze des eigentlichen Tiefseebeckens nach dem Kempland hinüber und folgt dem antarktischen Landgebiet nach Westen zum Weddellmeere. Der
Atlantische Ozean erscheint also zwischen dem 45. und dem 66. südlichen Breitengrad
um 30 bis 40 Längengrade ostwärts verschoben. Das Becken des Ozeans wird in zwei
Hauptabschnitte durch die mittelatlantische Schwelle zerlegt, die von Island nach der
Azoreninsel Flores, und von hier in großem ostwärts offenen Bogen, der den Meridian
45° W erreicht, nach St. Paul und Ascension führt und weiter südwärts über Tristan
da Cunha und die Hough-Insel nach der Bouvet-Insel verläuft, und in der wir vielleicht
einen letzten Rest der alten Landverbindung sehen, an deren Stelle erst im Tertiär der
jetzige Atlantische Ozean getreten ist.

Am schärfsten sind die Grenzen des Großen Ozeans ausgeprägt, die überall von
Faltengebirgen begleitet werden. Den Nordrand des pazifischen Beckens bilden die
Aleuten. Der Westrand verläuft den Kurilengraben folgend längs der asiatischen Insel-

[1]) Dargestellt auf der Karte der Entwicklung des Erdenreliefs, Beiträge zur Geophysik Bd. VII, Tafel VII.
[2]) Sacco, Essai sur l'Orogénie de la Terre, Turin 1895. Hang, Les Géosynclinaux et les Aires
Continentales. Bull. Soc. Géol. France. 3. Ser. Bd. 28. 1900. S. 634—635.

bogen hin bis zu den Molukken. Dann folgt er den melanesischen Ketten, die bei Ceram mit dem Timorlaut-Bogen zusammenscharen. Die Salomonen, Neuen Hebriden und Fidschi-Inseln bleiben außerhalb des ozeanischen Gebiets liegen, da sie nach ihrem geologischen Aufbau wie auch nach ihrer Tierwelt, z. B. ihren Binnenconchylien kontinentalen Ursprung[1]) vermuten lassen. Der Westrand folgt weiter dem Tongagraben und der neuseeländischen Ostküste, um über die Auckland-, Macquarie- und Balleny-Inseln nach dem Viktoria-Lande zu führen. Den Südrand bilden die noch unerforschten Gebiete südlich der Dougherty-Insel, wo vielleicht der Ring der pazifischen Gebirge geschlossen wird[2]). Vom Graham-Lande an folgt endlich der Ostrand den Süd-Shetland-Inseln, von denen ein weniger als der oben erwähnte Sandwich-Inselbogen gekrümmter Bogen über die Burdwood-Bank nach der Staten-Insel und dem Feuerlande führt[3]), wo an ihn die chilenisch-patagonische Küstenkordillere sich anschließt. Weiterhin folgt der Ostrand des pazifischen Beckens der Westküste Amerikas, bei Nordchile und Peru wieder von tiefen Gräben begleitet. Wegen der Lage des Karolinengrabens glaubt Haug auch die Karolinen, Marschall-, Gilbert- und Ellice-Inseln nicht dem eigentlich ozeanischen Gebiete zurechnen zu dürfen, wird nur diese Ansicht nicht genügend durch andere Tatsachen unterstützt, um sie statt der oben dargelegten anzunehmen. Eine Gliederung des Beckens wird hauptsächlich durch das Plateau bewirkt, auf dem die Paumotu-Inseln, die Oster-Insel und die Galapagos-Inseln gelegen sind. Am schwierigsten lassen sich die Grenzen des indischen Beckens bestimmen. Der Nordrand desselben verläuft den Küsten Vorderindiens einschließlich der Insel Ceylon entlang. Der Westrand folgt der Küste Arabiens und Afrikas, doch bleibt Sokotra außerhalb desselben liegen. Südlich von Afrika schließt er sich an den beim atlantischen Becken erwähnten Inselzug von der Prinz Edward- bis zu den Heard-Inseln an, um von den letzteren nach dem Ostende des Kemp-Landes hinüberzuführen. Diese letzte Strecke ist freilich hypothetisch, da sie auch im Bodenrelief nach den bisherigen Lotungen nicht ausgeprägt erscheint. Der Ostrand des indischen Beckens wird auf eine große Strecke durch den birmanischen Bogen bezeichnet. Er verläßt diesen bei Timor und folgt nun dem Steilabfall des australischen Schollenlandes. Dann biegt er um das Südende der karbonischen Kordillere in Tasmanien herum und führt wieder nordwärts bis zur Lord Howe-Insel und von hier in flachem Bogen auf die Macquarie-Inseln zu, die Tasman-See dem Indischen Ozean zuweisend. Der Rest des Ostrandes wird durch den westlichen Abfall des Rückens gebildet, der die im Süden Neuseelands gelegenen Inseln trägt, und führt mit ihm nach dem Wilkes-Lande hinüber. Innerhalb dieser Grenzen liegen freilich noch beträchtliche kontinentale Reste. Östlich der Linie K. Komorin-Tschagos-Inseln — Rodriguez zeigt der Ozeangrund ähnlich wechselnde Tiefenverhältnisse, wie wir sie sonst nur in mittelmeerischen Gebieten finden. Da aber die Landbrücke, die Afrika über Madagaskar und die granitischen Seychellen mit Indien verband schon in frühertiärer Zeit zerbrach, so glaube ich dieses Gebiet ebenso als ozeanisch ansehen zu müssen, wie den südatlantischen Ozean oder den europäischen Teil des arktischen Beckens, wo auch große Restinseln sich vorfinden, und das um so mehr, als die Straße von Mozambique gegen 3000 m tief ist. Im Osten von Australien liegen die Verhältnisse anders, da hier junge Gebirgszüge vorhanden sind und die Trennung der melanesischen Gebiete vom Festland wenigstens zum Teil erst später erfolgt ist. Innerhalb der angegebenen Grenzen bestimmen sich die Größen der einzelnen ozeanischen Becken, sowie des zusammenhängenden kontinentalen Teiles der Erde folgendermaßen:

Arktisches Becken .	7 523 000 qkm = 1,5 %,	Indisches Becken .	60 443 000 qkm = 11,4 %,
Atlantisches Becken	78 920 000 „ = 15,5 %,	Pazifisches Becken .	141 073 000 ˮ = 27,7 %,
	Kontinentaler Raum	222 011 000 qkm = 43,5 %.	

Die Zahlen sind durch Auszählung der zu den einzelnen Becken gehörigen Gradfelder gefunden worden. Die Summe weicht infolge von unvermeidlichen Ungenauigkeiten

[1]) Kobelt, Studien zur Zoogeographie. Wiesbaden 1897.
[2]) Reiter, Die Südpolarfrage und ihre Bedeutung für die genetische Gliederung der Erdoberfläche. Kettlers Zeitschrift für wissenschaftliche Geographie, Bd. 6. S. 1—30. 1887.
[3]) Arctowski, Observations sur l'intérêt que présente l'exploration géologique des terres australes. Bull. Soc. Geol. France. 3. Ser., Bd. 23. S. 589—591. 1896.

beim Abrunden um 19000 qkm von der wahren Oberfläche der Erde ab, d. h. nur um 0,00373 %. Die oben stehenden Zahlen sind also auf 10000 qkm genau, soweit dies überhaupt möglich ist, denn eine völlige Genauigkeit ist ja zur Zeit nicht zu erzielen, solange nicht die Grenze des antarktischen Gebiets vollständig aufgenommen ist. Rechnen wir den westlichen halbkontinentalen Teil des indischen Beckens von letzterem ab, so bekommen wir die Werte:

Indisches Becken . 41361000 qkm = 8 %, Kontinentaler Raum 241361000 qkm = 47,3 %.

Das kontinentale Gebiet nimmt in diesem Falle beinahe die Hälfte der Erdoberfläche ein.

Bisher haben wir uns nur mit den Grenzen der ozeanischen Becken befaßt. Notwendig ist natürlich auch die oberflächliche Abgrenzung der Ozeane, die aber durch die ersten beeinflußt ist. Wollen wir auch diese Grenzen naturgemäß ziehen, so bekommen wir einen vom traditionellen zum Teil beträchtlich abweichenden Verlauf. Die arktisch-pazifische Grenze bildet die Linie von C. Deschnew über die Diomedes-Inseln zum C. Pr. of Wales. Im amerikanischen polaren Archipel sind nach dem Verlauf der Tiefenlinien der Boothia Golf, die Pr. Regent-Str., der Lancaster Sd., das Kane-Basin und der Kennedykanal noch zum atlantischen Ozean zu rechnen. Die Grenze verläuft von Boothia über N. Somerset, N. Devon nach C. Tennyson auf N. Linkoln und über die engste Stelle des Robesonkanals nach Grönland. Von hier bis Island fällt die Grenze etwa mit dem Polarkreis zusammen, führt dann vom Horne Fjord nach dem Nordende von Stromö, von hier über Sandö und Groß- und Klein-Dimon nach Syderö, weiter nach C. Wrath in Schottland, und endlich von Dungeneß nach Gris Nez über die Straße von Calais. Es gehört also nach dem Relief des Bodens die Nordsee und mit ihr die Ostsee nicht dem Atlantischen Ozean an, sondern dem Arktischen, welcher Name passender erscheint als Nördliches Eismeer, da dieses Meer auch seiner Ausdehnung nach den Namen eines Ozeans mit demselben Rechte verdient, wie Australien den eines Kontinentes. Die atlantisch-pazifische Grenze verläuft von der Brunswick-Halbinsel nach der südwestlichen Halbinsel von Feuerland und weiter über Staten-Insel, Burdwood-Bank, Süd-Georgien, Süd-Sandwich-, Süd-Orkney- und Süd-Shetland-Inseln nach dem Graham-Lande. Die Bransfield-Straße ist noch dem Atlantischen Ozean zuzurechnen. Die atlantisch-indische Grenze geht von C. Agulhas über die Pr.-Edward-, Crozet-, Kerguelen- und Heard-Inseln nach Kemp-Land. Die Hauptschwierigkeit bereitet die Bezeichnung der indisch-pazifischen Grenze. Im Süden verläuft sie von Ringgold (Wilkesland) über die Macquarie-Inseln nach Neuseeland. Von hier aus wird die Grenze am besten bezeichnet durch den Rücken, der von der Cook-Straße nach der Lord Howe-Insel und von hier nach der Cato-Insel führt, die Tasman-See im Norden abschließend. Endlich führt die Grenze nach C. Sandy auf der Fraser-Insel herüber. Weiter führt sie von C. York quer über die Torres-Straße und von Neu-Guinea über Salawati, Ombirah, die Sula-Inseln und Banggaai-Inseln nach Celebes, von C. Ongkono nach C. Merah auf Borneo und endlich von C. Bangkai über die St. Esprit-Inseln nach Bintang und C. Romania. Dem Indischen Ozean gehören also an die Java-, Sunda-, Banda- und Ceram-See. Die wesentlichste Änderung gegenüber der jetzt üblichen Abgrenzung liegt darin, daß alle drei Ozeane im Süden weiter nach Osten reichen, als die Meridiane der Südspitzen des Festlandes, wodurch der Atlantische Ozean eine beträchtliche Vergrößerung erfährt, während die beiden anderen großen Ozeane dadurch etwas verkleinert werden. Eine weitere wichtige Änderung fanden wir an der atlantisch-arktischen Grenze. Hier dürfte aber der Verlust des Atlantischen Ozeans auf der europäischen Seite durch den Gewinn auf der amerikanischen Seite ausgeglichen sein, sodaß also der Flächeninhalt des arktischen Ozeans sich nur unwesentlich ändern kann. Auch die Zuordnung der einzelnen Stromgebiete zu den Ozeanen ändert sich nur im nördlichen Mitteleuropa, im indischen Archipel und im Südosten von Australien in bemerkenswertem Maße, allerdings werden davon gerade die uns am nächsten liegenden Gebiete betroffen. Trotzdem darf dies uns nicht hindern, statt der bisherigen eine richtigere Begrenzung der Ozeane zu wählen, denn die Zugehörigkeit der Nordsee zu dem Meeresbecken zwischen Island und Norwegen wird außer Zweifel gesetzt durch die tiefe Rinne, die der Küste des südlichen Norwegen folgend sich weit in das Skager Rak hineinzieht. Demnach müssen wir also wirklich den größten Teil des Deutschen Reiches dem arktischen Gebiete zurechnen.

Übergang von dem Heimatlande zum »Deutschen Reiche«.

Von E. Oppermann, Schulinspektor in Braunschweig.

I. Zur Begründung.

Die Methodik jedes Unterrichtsfaches fordert, schroffe Übergänge zu vermeiden, das Verständnis für die im Unterricht neu erscheinenden schwierigen Gebiete zu erschließen und durch sorgfältige »Vorbereitung« die Organe zum Erfassen des Neuen zu stählen. So wird im Rechenunterricht großer Fleiß darauf verwandt, den Übergang vom ersten zum zweiten Zehner recht anschaulich vorzuführen und gründlich zu üben. So entwickelt man jetzt verständig den Übergang von der Fibel- zur Lesebuchstufe dadurch, daß das Lesebuch zunächst noch eine Anzahl Lesestücke von wenig größerer Schwierigkeit bietet als die Geschichtchen in der Fibel.

Auch im erdkundlichen Unterricht finden wir »schwierige Übergänge«. Der Abstraktionsprozeß, der sich in dem Kopfe des kleinen Schülers bei dem zeichnerischen Übertragen der heimatlichen Objekte, bei dem ersten Kartenzeichnen vollzieht, ist nicht ganz einfacher Natur. Hier haben denn auch die Methodiker längst eingesetzt und eine große Anzahl guter Erläuterungen und feiner methodischer Winke veröffentlicht. Der Lehrer, der diese Ergebnisse bei seinem heimatkundlichen Unterricht gewissenhaft beachtet und verwendet, wird verhältnismäßig schnell über diese Schwierigkeiten hinwegkommen.

Eine zweite Schwierigkeit bietet der Übergang von dem Heimatlande oder der heimatlichen Provinz zum Deutschen Reiche, und zwar ist diese Schwierigkeit um so größer, je kleiner jenes Heimatsgebiet ist. Heißt mein Heimatland z. B. Reuß j. L. und habe ich mit bestem Bemühen die Kinder in diesem Gebiet recht heimisch gemacht, so ist das neue Objekt, das Deutsche Reich, doch so beträchtlich größer, daß der bisher verwendete Maßstab nicht auszureichen scheint, und es findet sich eine solche Fülle von völlig neuen Begriffen und Namen, daß man ohne eine Vermittelungsstufe kaum auskommen kann.

Weit günstiger liegt es für Schulen in einer großen Provinz oder in einem Mittelstaate, zumal wenn hier die verschiedensten Bodenverhältnisse vertreten sind. Immerhin wird auch da ein Übergangskursus empfehlenswert erscheinen, der zunächst die Nachbarschaft des Heimatlandes bekannter macht, der Fäden zu manchen Orten usw. der nächsten und ferneren Umgebung zieht und Maßstäbe gewinnt, die für den großen neuen Flächenraum benutzt werden können, und bei dem allen den Grundsatz beachtet: Vom Nahen zum Fernen.

Ohne weiteres leuchtet ein, daß man nicht wohl sofort nach Durchnahme des Heimatlandes die Kinder an die Karte des Deutschen Reiches führen kann, um die Grenzen festzulegen, den Aufbau des Terrains zu vermitteln und die hydrographischen Verhältnisse zum Verständnis zu bringen. Man wird schon zugeben, daß eine Zwischenstufe notwendig einzuschieben ist, die natürlich nicht gar lange Zeit erfordern darf und selbstverständlich je nach der Beschaffenheit und Lage des Heimatlandes verschieden zu gestalten ist. In einem Wohnort des Harzes oder des Fichtelgebirges wird man zweifelsohne von dem reichen Quellgebiet ausgehen und den Lauf der betreffenden Flüsse verfolgen. Hier wird in erster Linie das Flußnetz erweitert werden, und dadurch werden wir mit weiteren Gebieten des Deutschen Reiches bekannt gemacht werden. Anders gestaltet es sich wieder in Hamburg oder Bremen. Dort sind die betreffenden großen Ströme bis zur Quelle zu verfolgen, die Absatzgebiete des heimischen Handels zu zeigen und die wichtigsten Eisenbahnen zu verfolgen.

Überhaupt erscheint es uns geraten, besonders auf dieser Stufe das Eisenbahnnetz dem erdkundlichen Unterricht nutzbar zu machen. Wir sind weit davon entfernt, es als Hauptsache betrachten zu wollen; aber hier tut es entschieden gute Dienste. Es vermittelt ungekünstelt Bekanntschaft mit manchen Städten, und diese werden, was wichtig ist, in Beziehung zur Heimat gebracht. Kommen diese Namen dann beim systematischen länderkundlichen Unterricht später vor, so sind sie dem Kinde nicht ganz unbekannt, und das eigentliche Lernen wird dadurch erleichtert zugunsten gründlicher Durchdringung des Stoffes.

Wir legen Gewicht darauf, daß die Entfernungen abgeschätzt, bzw. mit Hilfe des Maßstabes auf den Karten in der Luftlinie gemessen werden. Wenn auf dieser Stufe viele Entfernungen durch Vergleichungen gewonnen werden, so kann das nur einer richtigen Auffassung der Größenverhältnisse des weiteren Gebiets förderlich sein. Dabei empfiehlt es sich, einheitliche Maßstäbe für 10, 50, 100, 150 und 200 km Entfernung vom Wohnort zu finden. Aber nicht als das Gedächtnis belastenden Stoff wünschen wir dies eingeführt zu sehen, sondern lediglich in den Dienst der Vergleichung ist es zu stellen.

Ferner sind die Flußläufe erwünschte Objekte zur Erweiterung des Gesichtsfeldes. Die Flüsse werden verfolgt über das Heimatland hinaus, sowohl nach Ober- als nach Unterlauf. Ferner wird das Stromgebiet, dem die einheimischen Flüsse angehören, kurz erörtert. Und da wir bei den Städtenamen schon fremde deutsche Ströme genannt hatten, so werden wir auch die übrigen Hauptströme ganz kurz vorführen.

Weniger ergiebig ist m. E. die Bodengestaltung. Wer z. B. im norddeutschen Tieflande wohnt, hat zu wenig Beziehungspunkte zur süddeutschen Alpenwelt. Meistens wird man nur wenig Vorarbeiten auf diesem Felde für den Hauptkursus ausführen können.

Endlich wird man das Größenverhältnis des Heimatlandes zum Deutschen Reiche zu veranschaulichen suchen.

Hat man so etwa 4—5 Wochen für diesen Einleitungskursus verwandt, immer natürlich an der Hand der Wandkarte, so wird man die Schüler viel befähigter finden für die lehrplanmäßige Durchnahme des Deutschen Reiches. Es ist auch der Umstand nicht zu unterschätzen, daß ein nicht geringer Prozentsatz die Schule verläßt, ohne die Oberklasse zu erreichen. Da aber meist nur auf der Oberstufe nochmals das Heimatland behandelt wird, so ist für jene Schüler diese Erweiterung des Bildes von dem Heimatlande besonders von Nutzen.

II. Präparation für Braunschweig.

Vorbemerkung. Die folgende Präparation möge zeigen, wie diese Vermittelung geschehen kann, nicht muß. Denn der Stand der Klasse, die Art der Schule spricht sehr mit, auch sollte hier der praktischen Erfahrung des Lehrers besonders weite Freiheit gelassen werden. Mancher Lehrer wird sich gegen so eingehende Erweiterung des Eisenbahnnetzes sträuben, mancher Weser, Elbe und Rhein nicht auf dieser Stufe bis auf die Quellen verfolgen wollen, mancher die Entfernungen anderer Städte vom Heimatort zu sehr betont sehen. Gut, dann beschneide man! Einem anderen wird der Stoff zu schematisch und zu nüchtern aussehen. Aber an der Karte gewinnt das, was hier trocken erscheint, Leben. Endlich sei ausdrücklich betont, daß die Entfernungszahlen durch Messen gefunden werden und nicht gelernt werden dürfen. Eine Ausnahme mögen die sog. Einheitsmaße machen: Braunschweig—Wolfenbüttel 10 km, Braunschweig—Calvörde 50 km, Länge der Oker 100 km, Braunschweig—Bremen und Braunschweig—Hamburg 150 km, Braunschweig—Berlin 200 km — immer natürlich Luftlinie und abgerundet.

A. Erweiterung des Eisenbahnnetzes.

1. Die von Braunschweig nach Westen führende Eisenbahn verzweigt sich bei Groß-Gleidingen. Nach Westen verläßt sie bald das Braunschweigische, geht durch einen fruchtbaren Teil der Provinz Hannover nach Hildesheim (von Braunschweig 40 km entfernt) an der Innerste. (Welcher braunschweigische Ort liegt an der Innerste?) Hildesheim ist eine altertümlich gebaute Stadt mit berühmtem Dom. Hier wohnt ein Bischof für die vielen Katholiken der Stadt, der Umgegend und auch Braunschweigs.

2. Die von Groß-Gleidingen nordwestlich führende Eisenbahn geht durch Vechelde, durch Peine, eine Stadt mit großen Eisenwerken, durch Lehrte (gleichfalls 40 km von Braunschweig) nach Hannover an der Leine. (Durch welchen braunschweigischen Ort fließt dieser Fluß?) Hannover—Linden ist die Hauptstadt der Provinz Hannover, früher des Königreichs Hannover, und hat wie Braunschweig eine technische Hochschule, zählt aber 100000 Einwohner mehr. Entfernung von Braunschweig fast 60 km. In nördlicher Richtung führt uns die Eisenbahn (bei Verden) über die Aller. (Durch welchen braunschweigischen Kreis fließt die Aller?) Westlich von der Bahn, die nach

Bremen führt, liegt das braunschweigische Amt Thedinghausen, 130 km von Braunschweig. Bremen, 150 km von Braunschweig, liegt an der Weser, hat keinen Fürsten, sondern ist eine Freie Stadt. Von fremden Ländern wird viel Tabak und Petroleum nach hier geliefert und dann nach deutschen Orten versandt. Über Bremen fahren viele Auswanderer zunächst nach Bremerhaven, wo die Weser schon so tief ist, daß sie die größten Schiffe trägt, und weiter nach Amerika.

3. Von Lehrte zweigt sich eine Bahnlinie nordwärts ab. Sie überschreitet bei Celle die Aller, führt durch die Lüneburger Heide nach Lüneburg, »der Königin der Heide«, überschreitet die Elbe und führt nach Hamburg (gleich Bremen 150 km von Braunschweig, aber noch über 100 km vom Meere entfernt). Hamburg ist Freie Stadt, die größte Handelsstadt des Deutschen Reiches (und des europäischen Festlandes) und dessen zweitgrößte Stadt.

4. Nach Ülzen führt auch die Bahnlinie, die von Braunschweig nordwärts über den Eisenbahnknotenpunkt Isenbüttel und über Gifhorn durch die Lüneburger Heide zieht.

5. Gleichfalls durch hannoversches Gebiet führt die südlich von Braunschweig über Wolfenbüttel und Börßum ziehende Eisenbahn über Seesen und Gandersheim nach Holzminden (90 km von Braunschweig).

6. Von dem Eisenbahnknotenpunkte Börßum aus südlich zieht die Bahn nach Bad Harzburg (45 km) und berührt auf hannoverschem Gebiet den Eisenbahnknotenpunkt Vienenburg. Von Bad Harzburg führt eine Eisenbahn am Nordrande des Harzes entlang in östlicher Richtung nach Ilsenburg und Wernigerode in der Provinz Sachsen.

7. Von Braunschweig fahren wir nach Osten über Königslutter und Helmstedt in die Provinz Sachsen nach deren Hauptstadt Magdeburg (80 km). Magdeburg zählt 100000 Einwohner mehr als Braunschweig und ist eine starke Festung. Wir überschreiten hier die Elbe und fahren in nordöstlicher Richtung durch die Provinz Brandenburg, durch Brandenburg und Potsdam nach Berlin. Potsdam liegt schön an der Havel und an den Havelseen und ist zweiter Wohnsitz (Residenz) des Königs von Preußen. (Neues Palais, Sanssouci und Friedrich der Große, Babelsberg und Wilhelm I.) Berlin an der Spree, 200 km von Braunschweig, ist 14 mal so groß als Braunschweig.

8. Reisen wir von Vienenburg ostwärts, so erreichen wir in der Provinz Sachsen Halberstadt und (weiter südöstlich) Halle a. S. (Salzwerk, Franckesche Stiftungen, Universität). Dann überschreiten wir die Grenze und kommen in das Königreich Sachsen, zuerst nach Leipzig (berühmt durch Messen und die Schlacht mit Napoleon 1813), später nach der schönen Hauptstadt Dresden an der Elbe. Nach Osten in die Provinz Schlesien, zur Hauptstadt Breslau an der Oder.

9. Große Linie von Norden nach Süden: von Hamburg über Lüneburg, Celle, Hannover, Kreiensen, Göttingen, Kassel, Frankfurt a. M., Karlsruhe, über den Rhein nach Basel in der Schweiz.

10. Große Linie von Osten nach Westen: Berlin, Potsdam, Brandenburg, Magdeburg, Hannover, in die Provinz Westfalen, über die Weser bei Minden, über den Rhein bei Köln, nach Aachen, durch das Nachbarland Belgien, nach Frankreichs Hauptstadt Paris.

B. Erweiterung des Flußnetzes.

1. Die Oker[1] entspringt auf der Nordseite des Bruchberges im Harz, fließt durch die hannoversche Bergstadt Altenau und das herrliche Okertal und tritt bei dem Dorfe Oker aus dem Gebirge. Sie nimmt links die Gose auf, die durch Goslar fließt, und rechts die Ilse, die vom Brocken kommt (Ilsenburg). Nach einem Laufe von 100 km mündet sie in die Aller.

2. Die Aller entspringt in der Provinz Sachsen, westlich von Magdeburg, fließt zuerst fast nördlich, nimmt aber dann im braunschweigischen Amte Vorsfelde fast westliche Richtung an und geht am Südrande der Lüneburger Heide über Gifhorn, Celle und Verden (Karl der Große) zur Weser. Linke Nebenflüsse sind Oker, Fuse und Leine. Sie ist 160 km lang.

---

[1] An die Herausgeber geographischer Werke sei die Bitte gerichtet, Oker ohne c zu schreiben. Früher hieß der Name Ovakare, Ovacra, Ouker, Oveker. Auch die Behörden schreiben nur Oker.

3. Die F u s e entspringt im Oderwald, westlich von Börßum, fließt durch Peine und mündet bei Celle.

4. Die I n n e r s t e entspringt im Oberharz in der Nähe der Schwesterstädte Klausthal und Zellerfeld, tritt bei Langelsheim aus dem Gebirge, fließt durch Hildesheim und mündet in die Leine. Richtung?

5. Die L e i n e entspringt auf dem Eichsfeld, einem Berglande südlich vom Harz, fließt in nördlicher Richtung durch Göttingen (Hochschule oder Universität) und Hannover und mündet als linker Nebenfluß in die Aller. Hauptrichtung?

6. Die W e s e r kommt aus Mitteldeutschland, vom Thüringer Walde, und heißt zunächst Werra. Sie fließt durch den braunschweigischen Kreis Holzminden, tritt bei Minden in Westfalen aus dem Weserberglande in das Flachland (Westfälische Pforte), wird viel wasserreicher durch die Aller, die von rechts kommt, fließt am Amte Thedinghausen durch, dann durch Bremen und ergießt sich bei Bremerhaven in die Nordsee. Hauptrichtung? (Sie ist 500 km lang.)

7. Der R h e i n kommt aus dem Gebirgslande Schweiz, aus den Alpen, vom St. Gotthard. Im Bodensee klärt sich sein Wasser. Bei Schaffhausen bildet er einen 25 m hohen Wasserfall. Von Basel fließt er nach Norden, bei Straßburg durch und Köln. Er verläßt Deutschland und fließt durch die Niederlande in die Nordsee. Sein größter Nebenfluß ist der Main, der auf dem Fichtelgebirge entspringt und ungefähr Nord- und Süddeutschland trennt (Frankfurt a. M.). Hauptrichtung des Rheins und des Mains? (Länge des Rheins 1300 km.)

8. Die E l b e kommt vom Riesengebirge aus Böhmen, fließt durch das Königreich Sachsen (Dresden), die Provinz Sachsen (Wittenberg, die Lutherstadt, und Magdeburg), durch Hamburg und mündet in die Nordsee. Von links kommen Saale (Halle) und Bode (aus dem Harz), rechts aber Havel (Brandenburg und Potsdam). Der Havel strömt die Spree (Berlin) zu.

9. Die O d e r fließt durch die Provinzen Schlesien (Breslau), Brandenburg und Pommern (Stettin) und mündet in die Ostsee.

10. Die D o n a u fließt durch Süddeutschland, erst nordöstlich, dann südlich. Sie kommt aus Baden und fließt durch Württemberg und Bayern nach Österreich.

C. Bodenform.

Braunschweig liegt in Norddeutschland, am südlichen Rande der Norddeutschen Tiefebene, die sich nach Norden ausdehnt bis an die Meere, die das Deutsche Reich im Norden begrenzen, Nord- und Ostsee.

Südlich ist viel Bergland: Elm, Asse, Oderwald, Lichtenberge, Hils, Ith und Sollinger Wald.

Auch ein Gebirge dehnt sich zum Teil im Herzogtum aus, der H a r z. Er ist nicht ein einzelner Höhenzug, sondern ein Massengebirge. Wie eine Insel steigt diese Gebirgsmasse aus dem Hügellande zwischen Leine und Saale auf, gleich einer breiten Felsenburg. Sie hat etwa die Gestalt einer halben Ellipse und ist von Südosten nach Nordwesten gerichtet. Ihre Grenzpunkte sind Mansfeld und Seesen. Die Länge beträgt 100 km, die Breite 30 km. (Der Harz ist ³/₄ so groß als Braunschweig.) Der nordwestliche Teil ist höher und heißt Oberharz; er hat meist Nadelwälder. Dagegen hat der südöstliche, niedrigere Unterharz meist Laubwald. Der Oberharz macht den Eindruck einer hohen Bank, vor welcher der Unterharz wie ein breiter Fußschemel steht.

Während der fünfte Teil des Harzes Äcker, Wiesen und Torfmoore hat, nimmt der Wald einen viermal so großen Raum ein. So trägt das Gebirge seinen Namen mit Recht: Harz bedeutet Wald.

Der B r o c k e n ist der höchste Berg (zwölfmal so hoch als der Andreaskirchturm in Braunschweig, d. h. 1142 m hoch). Auf ihn führt von Wernigerode ab eine Eisenbahn. Nördlich vom Brocken liegt der Burgberg (Heinrich IV.), westlich der Bruchberg (Quellgebiet der Oker), südlich der Wurmberg, der höchste Berg im Herzogtum (968 m).

Viele F l ü s s e entspringen auf dem regenreichen Harz. Nach Norden fließen: Innerste, Gose, Oker, Ecker und Ilse, nach Norden Bode, nach Süden Zorge und Wieda, nach Westen Oder.

Etwa der dritte Teil des Harzes gehört zu Braunschweig, der größte Teil zu Preußen und nur wenig zu Anhalt.

Braunschweigische Harzorte: Bad Harzburg, Oker, Braunlage, Hohegeiß, das höchstgelegene Dorf des Herzogtums (642 m), Hasselfelde, Rübeland, Blankenburg. **Preußische** Harzorte: Goslar, die alte Kaiserstadt, Klausthal und Zellerfeld, Osterode, Wernigerode und Ilsenburg. Am Fuße des Harzes liegen Nordhausen und Quedlinburg.

D. Größenvergleich.

Zwei unserer Schulzimmer sind 1 a groß. Der Hagenmarkt in Braunschweig ist 1 ha groß. (Auf ihm fände, eng zusammengerückt, ein halbes Armeekorps, 49000 Mann, Raum.) Der Nußbergpark nebst der großen Breite in Braunschweig ist 1 qkm groß. Die Gebäude, Gärten und Plätze der Stadt Braunschweig nehmen einen Raum von 11 qkm ein. Das Herzogtum Braunschweig ist etwa 3700 qkm groß. Es nimmt den 146. Teil des Deutschen Reiches ein.

Geographischer Ausguck.

Die Auflösung der skandinavischen Union.

Durch den Abschluß der Verhandlungen in Karlstadt wird die politische Karte von Europa aller Voraussicht nach eine Veränderung erfahren, die Personalunion zwischen Norwegen und Schweden wird gelöst werden, jedes der beiden Reiche erhebt Anspruch auf eine eigene Farbe in der Landkarte. So hat die Staatengeschichte der nordisch-germanischen Brüdervölker eine der gewöhnlichen historischen entgegengesetzte Entwicklung genommen. An die Stelle der engeren Zusammenschlusses kleiner, von stammesverwandten Völkern bewohnter Staatengebilde tritt die immer schärfer betonte Scheidung. Die Kalmarische Union einigte 1397 Dänemark, Schweden und Norwegen, wenn auch nur lose, so doch in einem Staate. 1523 löst sich Schweden los, zwar tritt es 1814 im Kieler Frieden wieder in Personalunion mit Norwegen, aber nun fehlt Dänemark im alten Dreibunde. Aber auch jene beiden Staaten sollte das lose Band nicht einmal ein Jahrhundert lang umschlingen, der »Friede« von Karlstad löst es, der einem unblutigen, mit Zunge und Feder geführten Bruderzwist ein unrühmliches Ende setzte. So wenig erfreulich dieses Ende dem Politiker erscheinen mag, der die Gesamtentwicklung der germanischen Völker im Auge hat, so erklärlich wird es dem geographisch geschulten Betrachter. Schon ein Blick auf die orographische Karte löst die geologisch so scharf ausgeprägte Einheit der fenno-scandinavischen Felsenplatte. Vom hohen Norden an, wo die Grenzen Schwedens, Norwegens und Rußlands zusammenstoßen, durchzieht der öde Höhenrücken des Kjölengebirges die skandinavische Halbinsel als länder- und völkerscheidende Achse. In seine unwirtlichen und unbewohnten Einöden schoben sich von Norden her Finnen und Lappen als trennender Völkerkeil zwischen Norweger und Schweden. Auch in klimatischer Hinsicht schiebt sich der Höhenzug als ein Keil zwischen zwei in scharfem Gegensatz stehende Provinzen. Ihm parallel laufend senkt sich die 2° Jahresisotherme aus polaren Breiten bis fast hinab in die Breite Bergens. Im Westen des Gebirges erfreut sich das Küstenland der Gunst des Golfstromes, der ihm ein Meeresklima schenkt, wie sich dessen 10° südlicher gelegene Striche zu erfreuen haben, im Osten herrscht ein Inlandklima mit seinen großen Gegensätzen zwischen kältester und wärmster Jahreszeit. Und ein Blick auf die Volksdichte- und wirtschaftsgeographische Karte endlich wird uns vollends den Beweis bringen, daß alle Grundzüge des natürlichen Landescharakters dahin wirkten, daß die beiden Nachbarvölker sich gerade in ihren Grenzgebieten den Rücken kehren mußten. Südlich einer Linie von Strömstad bis Gefle wohnt der Hauptteil der Bevölkerung Schwedens. »Das Land um die großen Binnenseen herum«, schreibt Hans Reusch[1]), »ist von Anfang der Geschichte an die rechte Heimat der Schweden und hier, am weitesten nach Osten zu, beim Mälarsee, liegen Upsala und Stockholm, die Mittelpunkte der Religion, der Gelehrsamkeit und des politischen Lebens seit uralter Zeit. Die Schweden sind hauptsächlich ein ackerbautreibendes Binnenlandsvolk und das Land hat sozusagen sein Antlitz gegen Osten gewendet; dort hat es seine Hauptstadt, und dorthin hat sein Unternehmungsgeist von altersher den Weg gezeigt. — Norwegen hat stets sein Angesicht gen Südwesten gerichtet und tut dies nach wie vor. Nach der Richtung gingen die Raubzüge der Wikinger, dorthin die Eroberungszüge der Könige, dorthin jetzt bis auf den heutigen Tag die Hauptmenge seines Handels.« Die Norweger sind ein See- und Handelsvolk, in ihrem wechselvollen Beruf wurzelt ihre politische Lebensanschauung, die demokratisch werden mußte wie in aller Welt unter gleichen Bedingungen. Der schwedische Binnenländer ist der Typus des aristokratischen

[1]) Geogr. Zeitschrift, 1905, Heft 8.

und konservativen Bauern. Auch die enge Blutsverwandschaft hat diese, aus der eigensten Natur ihres Landes entspringenden Gegensätze nicht zu überbrücken vermögen, — hoffen wir, nicht zum späteren Verhängnis der beiden uns Deutschen gleich nahestehenden Völker.   *Hh.*

Kleine Mitteilungen.

I. Allgemeine Erd- und Länderkunde.

Nickelerze in der sächsischen Oberlausitz. Seit einigen Jahren sind in Sohland an der Spree, südlich von Bautzen in der Nähe der böhmischen Grenze durch Zufall Nickelerze gefunden und alsbald als bauwürdig erkannt worden. Der Freiberger Geologe Rich. Beck hat die Lagerungsverhältnisse eingehend studiert und berichtet darüber in der Zeitschrift der deutschen geologischen Gesellschaft (1903, S. 296—330). Aus seinen Arbeiten ergeben sich einige beachtenswerte Ergebnisse für die Lagerstättenlehre und die Petrographie. Die Erze sind in einem hornblendeführenden Diabasgange zu finden (Proterobas), der nach WNW streicht und in seinem nördlichen Salband vermutlich auf mehr als 1 km erzhaltig ist. Das Gestein enthält basische Ausscheidungen, die besonders reich an Spinell und Korund sind, daneben auch Knollen von Spinell und Saphir führendem Sillimanitgestein, so daß auf eine eigentümliche Spaltung eines Magmas in Teilmagmen geschlossen werden muß, wie es in der Diabasgruppe bisher noch nicht beschrieben worden ist.

An Erzen sind Magnetkies, Kupferkies und Eisenkies zu nennen; der Magnetkies überwiegt bei weitem und ist durch seinen Nickelgehalt (6% Nickel neben 55% Eisen) der eigentliche Anlaß des Bergbaues geworden. Die eigentümliche Anordnung des Kupferkieses und Magnetkieses namentlich weist darauf hin, daß die Erze erst nach der Erstarrung des Magmas eingewandert sind, und die eingehende Prüfung der mikroskopischen Struktur der Erze lehrte, daß dies auf wässerigem Wege geschehen sein muß. Die Beschränkung der Imprägnation mit Erz besonders auf die Salbandregion des Proterobasganges spricht für den thermalen Charakter der wässerigen Lösungen und ihre Herkunft aus dem diabasischen Magmaherd der Tiefe.
Dr. W. Schjerning (Krotoschin).

Ein anschauliches Bild von der **Industrie und dem Gewerbe der Togoneger** gibt H. Klose in Nr. 5 und 6 (Jahrgang 1904) des »Globus«. Auch hier zeigt sich, daß die europäische Kultur auf den einheimischen Gewerbfleiß zerstörend einwirkt. So haben die europäischen Waren die einheimischen Erzeugnisse an der Küste vollständig verdrängt, vom Norden her wirkt der mohammedanische Sudan außerdem ein, so daß nur noch zwischen dem 7. und 9.° n. Br. die ursprüngliche Negerindustrie zu finden ist. — Eisen wird aus Rot-, Braun- und Raseneisenstein in 2 m hohen und 3—4 m breiten runden Hochöfen aus Lehm mittelst Holzkohle ausgeschmolzen. Die dazu nötige Holzkohle wird in mit frischem Gras und Erde bedeckten Meilern hergestellt. In Bassari, Banyeli, Kabo, dem Gebiet der unbeeinflußten Buschleute, blüht die Eisengewinnung noch, während sie in Boëm (Santrokofi) und Avatime am Gemmi zurückgegangen ist — wie alte, ausgedehnte Schlackenhaufen bezeugen —, da das eingeführte europäische Eisen billiger ist. — Die Schmiede der Evhe arbeiten unter einem Schattendach aus Savannengras mit Ölpalmen- oder Bambuspfeilern auf einem Amboß und mit Zangen und Hämmern europäischer Herkunft, selbst der Schraubstock und Blecheimer fehlen nicht. Einheimisch ist nur der Blasebalg aus Schaf- oder Ziegenfellen. Sie reparieren Steinschloßflinten, verarbeiten eingeführte Messingbarren zu Arm- und Beinreifen, stellen Goldreifen mit aufgelöteten Tierkreisbildern her. Sogar Zehnpfennig- und Schillingstücke haben sie treffend gefälscht. In Boëm und Avatime dagegen dient ein großer Stein als Amboß, eiserne Keulen und Klopfer als Hämmer, auch Zangen und Blasebalg sind einheimisch. Berühmt sind die Meister von Nyambo am Agu und von Atakpame, welch letztere schöne durchbrochene Fetischschwerter herstellen; ferner Messer, Dolche, Hacken, Gongons (Dorfausruferglocken). Im Bassarilande, besonders in Naparba, blüht die heimische Waffenindustrie. Der Meister mit Sandalen, einer phrygischen Mütze und einem Schurzfell an eiserner Kette als Zeichen seiner Würde arbeitet noch mit Steinhämmern auf einem Quarzblock und mit dem Blasebalg, zwei mit Fell überzogenen Zilindern. Er verfertigt für die Ausfuhr 20—25 cm breite, ½ kg schwere, runde Platten, die als Hackeneisen dienen, sie gelten 1300—1400 Kauris (1.20—1.40 M.); ferner meiselförmige Äxte und dreizackige Hacken; gefährliche Pfeil- und Speerspitzen mit vielen scharfen Widerhaken und Kampfmesser mit O-Griff. Die Kabre-Schmiede machen fein gegliederte Halsketten. Im Norden treten Haussa-Schmiede mit fremder Kultur auf als Verfertiger von ziselierten Schwertern in gepreßten Lederscheiden, Kandaren, Steigbügeln, messingnen Fuß- und Armreifen, kupfernen, goldenen und silbernen Ringen usw. (Vgl. dazu die vorzüglichen Arbeiten aus dem Kongo-Gebiet.)

Die Spinnerei und Weberei gehören zur Hausindustrie, erstere liegt in den Händen der Frauen, letztere ist Sache der Männer (wie in Friaul u. a. O.). Die alten Baumwollenkulturen der Neger sind durch Trockenheit zum großen Teil vernichtet, neuerdings suchen die Deutschen den Anbau wieder zu beleben. Werkzeuge der Spinnerinnen sind ein einfacher Stab als Rocken, eine Spule aus Holz oder Ton und eine Haspel, die aus einem Holzkreuz mit Stiften an den Enden besteht. Zum Weben nimmt man neben einheimischen Garnen auch schon viel europäische. Man färbt sie schwarz und grau mit Ruß, blau mit Indigo, rot mit Ocker, gelb und grün mit Pflanzensäften. Der Webstuhl ähnelt dem alten deutschen, er liefert ein nur 14 cm breites Gewebe, das aber sehr dauerhaft ist und sogar von Europäern gern gekauft wird. Viel trägt zur Erhaltung das religiöse Gebot bei, daß bei Festen nur einheimischer Stoff getragen werden darf. — Im Norden, vom 8. bis 9.° an, d. h. bei den Buschstämmen der Bassari, Kabre, Konkomba usw. fehlt die Weberei; statt der Baumwollenzeuge trägt man Rindenstoffe und Felle. Doch sind bei den Bassari und in den Temulandschaften auch schon Haussa als Weber eingezogen, die einfache weiße Tücher liefern, die von den Eingeborenen mit Rotholz braun, mit Indigo blau gefärbt werden; daneben große blau-weiß-schwarz gestreifte Umschlagtücher. In den mohammedanischen Gegenden, in Sugu, Kete usw. steht die Weberei auf viel höherer Stufe als bei den reinen Negern.

Die Töpferei ist noch gar nicht von europäischer Konkurrenz bedrängt. Berühmt ist Bolu im Evhelande wegen seiner großen verzierten Töpfe. Bei den größeren, 40–50 cm hohen und 30 cm breiten Gefäßen wird der untere Teil besonders geformt — aber ohne Töpferscheibe —, getrocknet und dann zusammengeklebt (wie in Neuguinea); kleinere werden auf einmal hergestellt. Gebrannt werden sie, in feuchtes Gras eingehüllt, in einem Reisigfeuer. Noch naß werden sie mit einem Steine geglättet und ev. Strich- und Punktornamente mit einem Stäbchen eingedrückt. Halbgebrannt werden sie zuweilen noch mit Schwarz, aus Ruß und Palmöl, und bunt bemalt und dann fertig gebrannt. Bemerkenswert sind 1–1½ m hohe Wassertöpfe von Keve und die als Kornspeicher benutzten großen Urnen von Nkunya. Aus Ton werden auch plumpe Fetische, besonders Hausfetische, gemacht und mit bunten Lappen und Kaurimuscheln verziert.

Holzindustrie. Besonders Flaschen- und andere halbierte Kürbisse werden als Trinkgefäße und Schalen benutzt; sie werden mit Tier- (Eidechsen, Vögeln, Antilopen) und geometrischen Ornamenten beritzt. Auch aus der Kernschale der Kokosnus verfertigt man Schalen, Schüsseln und Dosen, sowie kleine Plättchen zu Hüftschnuren, welch letztere übrigens auch zuweilen aus aufgereihten Muscheln und Palmkernen bestehen. In Nkunya und Apaso werden 12–18 m lange, seetüchtige Kähne aus dem Seidenwollbaum ausgehauen. In der Landschaft Apai schnitzt man kunstvoll durchbrochene Häuptlingsstühle mit Schlangen als Unterlage (s. die Bronzen von Benin!) und schöne Kämme, in Ahinkru große Trommeln, Holzmörser, Stampfen, Weberschiffchen und reich verzierte Häuptlingsstöcke. Zum Häuserbau verwendet man gern das rote, termitenfeste Odumholz. In manchen Hütten und Fetischhäusern des Innern (Gonya) findet man Wandmalereien (Antilopen, Schildkröten usw.) in schwarzer, weißer und roter Farbe (wie in Neuguinea).

Lederindustrie. Schaf- und Ziegenfelle werden ausgespannt an der Sonne getrocknet, dann durch Schaben und Klopfen geschmeidig gemacht. In Atakpame verfertigt man Messerscheiden, Jagd- und Patronentaschen. Die Togoneger verstehen nur das Trocknen der Felle, die Haussa aber wissen das Leder auch rot, grün und braun zu gerben. Sie machen daraus wunderschöne Zaumzeuge, Schwertscheiden, Sandalen, Schuhe, bunte, mit Leopardenfell besetzte Satteltaschen u. a. und verkaufen sie auf dem Markte von Kete.

Flechtarbeiten. Aus Palmen- und Pandanusblättern flicht man Matten, Taschen, Körbe, Regenhüte, Kappen; aus Palmrippen Zäune, Fischreusen und Fenze. Auf dem Markte in Kete werden schöne Teller aus Mossi und von den Haussa, sowie mattenartige Rouleaux feilgeboten. Junge Leute tragen im Innern bei Festen Perrücken aus Baumwolle und Bambusfasern. Aus Bambus- und Kokosfasern stellt man Schwämme zum Scheuern der Kalebassen und Hausgeräte, sowie Besen her. In Agotime dreht man Seile aus Ananasfasern, an der Küste strickt man Netze.

Seife kochen die Frauen aus Bananenasche und Schibutter, in Südtogo mit Palmöl. Statt des Palmweins der Küste trinkt man im Innern Bier, aus gelber Kolbenhirse oder Guineakorn gebraut, mit Zusatz von Honig oder Luffa. Bei den Mohammedanern des Nordens gibt es noch Barbiere, die auf der Straße das Kopfhaar rasieren, und Fleischer; an der Küste Schneider und Schuster europäischer Art.

Abr.

Der Panamakanal war der Gegenstand eines Vortrags, den Dr. Georg Wegener auf dem XIV. deutschen Geographentage in Köln (1903) hielt; der Vortrag erschien als ein bis auf die Gegenwart ergänzter und vervollständigter Aufsatz im Juniheft der Geographischen Zeitschrift (1904, S. 297—316) und orientiert in trefflicher Weise über die Geschichte des Kanalprojekts, die Vorzüge der Panamalinie, den gegenwärtigen Zustand des Kanals, sowie über dessen zukünftige Bedeutung.

Die Geschichte dieser großartigen Unternehmung wird beherrscht von der Rivalität zwischen dem Panama- und dem Nicaraguaprojekt; wenn man sich auf dem internationalen Kanalkongreß zu Paris 1879 für das erstere entschied, so war der Umstand ausschlaggebend, daß man nur auf dem Isthmus von Panama einen Niveaukanal anlegen kann, während die Nicaragualinie wegen des 33 m hochgelegenen Sees unbedingt mit Schleusen versehen werden müßte. Die daraufhin von Lesseps 1881 ins Leben gerufene Panama-Kompagnie verkrachte bekanntlich 1889; doch wurde 1894, gewissermaßen als Fortsetzung der alten, eine neue, wiederum vorwiegend französische Panamakanal-Oesellschaft gegründet, deren Konzession zuletzt bis zum 31. Oktober 1910 verlängert wurde und welche, dank der finanziellen Opferwilligkeit der Franzosen, das Werk in einem weit besseren Zustand erhielt, als gemeinhin bekannt ist.

Wenn unterdessen von nordamerikanischer Seite das Projekt des Nicaragua-Kanals eifrig verfochten und auch tatsächlich in Angriff genommen worden ist, so war der Grund wohl nur in dem Unwillen der öffentlichen Meinung zu suchen, wonach keine »fremde« Nation eine spezifisch nordamerikanische Angelegenheit betreiben sollte. Der nächste Ausweg, die Ablösung und Vergütung der geleisteten Arbeit, der Pläne, Maschinen und Anlagen des Panamakanals durch die Vereinigten Staaten, erschien wegen angeblich übertriebener Forderungen der französischen Oesellschaft verschlossen; dieselbe verlangte nämlich 109 Mill. Dollars, während die hierzu eingesetzte amerikanische Kommission höchstens 40 Mill. gerechtfertigt fand. Schließlich ließ sich aber die französische Panama-Kompagnie zum Verkauf unter den angegebenen Bedingungen herbei; die juristischen Formalitäten waren bald erledigt; nicht so leicht jedoch war die Zustimmung der kolumbianischen Staatsregierung zu erlangen. Dieselbe widerstrebte der geplanten Transaktion, einerseits weil ihr Nationalstolz auf die unbeschränkte Landeshoheit nicht verzichten wollte, andererseits aber, weil man wenigstens die von den Vereinigten Staaten vereinbarte Entschädigungssumme für die abzutretenden Rechte durch seine Weigerung in die Höhe zu treiben hoffte.

Es ist bekannt, daß sich die Sachlage durch den Unwillen der meistbeteiligten kolumbianischen Departements Panama geändert hat; hier auf dem Isthmus, wo man am Zustandekommen des Kanals naturgemäß das größte Interesse haben mußte, brach am 3. November 1903 ein Aufstand aus, der schon am folgenden Tage zur Proklamation einer unabhängigen Republik führte. Dieselbe nahm natürlich das Recht, die Konzession für den Kanalbau zu erteilen, für sich in Anspruch, und so trat bereits am 18. November der zwischen den Unterhändlern sogenannte Hay-Bunau Varilla-Vertrag ins Leben; die Befugnisse der nordamerikanischen Union erfuhren eine erhebliche Erweiterung; wesentlich ist besonders, daß an die Stelle einer Pachtung auf 100 Jahre nunmehr ein dauerndes Verfügungsrecht getreten ist, das die Angliederung Panamas an die Union vorbereitet.

Die Ratifikation dieses Vertrags durch die konstituierende Versammlung der neuen Republik und durch den amerikanischen Senat ließ selbstverständlich nicht lange auf sich warten (14., bezw. 23. Februar 1904) und zwei Monate später löste sich zu Paris die Panama-Kompagnie endgültig auf.

So ist nun wohl die Panama-Route gesichert, was im Hinblick auf nachfolgende unbestreitbare Vorzüge gegenüber der Nicaragua-Linie jedenfalls begrüßt werden muß: Zunächst ist es, wie schon erwähnt, nur bei Panama möglich, einen Kanal im Meeresniveau zu bauen, eine Möglichkeit, deren Wert in Zukunft noch einleuchtender werden dürfte; der Panama-Kanal ist beträchtlich kürzer, 49 englische Meilen gegen 184, oder 12 Dampferstunden gegen 33; Erdbeben und Vulkanismus sind dem Nicaraguaprojekt viel gefährlicher, namentlich wegen der Schleusen, die beim Panamakanal bis auf eine Gezeitenschleuse am Westausgang überhaupt entbehrt werden können; die Endpunkte des letzteren, Colon und Panama, sind besser als die (noch gar nicht geschaffenen) Anlegeplätze des Nicaraguakanals, der überdies nach den neuesten Berechnungen um fast 300 Mill. Mark teurer wäre (190 Mill. Dollar gegen 144); die unumgänglich nötige Überland-Eisenbahn ist zwischen Panama und Colon schon vorhanden; endlich die Hauptsache: die in Panama bereits geleistete Arbeit und die mit großen Opfern erkauften Erfahrungen. ⅔ der Arbeit hat die Compagnie Nouvelle du Canal de Panama durchgeführt und die Union kauft dies für den vierten Teil der ursprünglichen Kosten, damit zugleich aber auch alle Pläne, geologischen Aufnahmen, Beobachtungen über Wasserführung der Flüsse und Gezeitenwirkungen, Geländeaufnahmen und Sanierungsarbeiten, Kenntnis der geeignetsten Maschinen und Arbeitsmethoden usw. — lauter Dinge, von denen auf der Nicaraguaroute wenig oder gar nicht die Rede ist.

Was den gegenwärtigen Zustand des Kanals betrifft, der schon von Lesseps wegen Oeldmangel als Schleusenkanal ins Auge gefaßt war, so ist er, wie er erwähnt, immerhin bereits durch die alte, sowie durch die neue Panama-Kompagnie ziemlich weit gefördert worden; seit 1894 beschränkte sich allerdings die Arbeit auf das großartige Werk der Durchstechung der Wasserscheide im dritten Abschnitt des Kanaltrakts. Aber auch an anderen Stellen ist bisher viel gearbeitet worden, so daß sich das künftige Aussehen des Werkes schon vermuten läßt; doch wird die amerikanische Kommission wahrscheinlich einige Abweichungen vom ursprünglichen Plane durchsetzen. Es handelt sich namentlich um eine größere Sohlenbreite, eine durchgängige Tiefe von 10,70 m (für die großen amerikanischen Kriegsschiffe) und Vermeidung der mittleren Stufe, des Scheitelkanals von Obispo bis Paraiso, durch Anlage einer einzigen Schleusentreppe auf jeder Seite. Der wichtigste Aktivposten des Unternehmens ist heute noch die 1855 eröffnete, trefflich gebaute und viel benutzte Panama-Eisenbahn.

Die zukünftige Bedeutung des Kanals erörtert der Verfasser in äußerst objektiver Art. Niemals kann — aus naheliegenden Gründen — der Panamakanal für Weltverkehr und Weltwirtschaft jene Bedeutung erlangen, wie sie der Durchstich des Isthmus von Suez aufweist. Denn selbst für den Verkehr Ostasiens und Australiens mit Europa bedeutet der Weg durch Mittelamerika keine Ersparnis; ja sogar von New York nach Hongkong ist es über Suez noch immer etwas näher als über Panama—Honolulu! Erst für Nord-China und Japan springt der Vorteil der letzteren Route in die Augen. An ein Aufblühen der deutschen Südseeinseln infolge des Kanals kann der Verfasser nicht glauben, da die Tendenz des Großverkehrs sichtlich dahin geht, »Zwischenstationen, die nicht selbst als Konsumptions- und Produktionsgebiet bedeutsam sind, ganz auszuschalten.«

Eine wesentliche Wegersparnis ergibt der Panamakanal nur für den Verkehr mit der Westküste Amerikas; jedoch ist hier der Vorteil für die Vereinigten Staaten ganz ungleichlich größer als für Europa; noch größer wird der politische Nutzen für die Union sein: »Alles in allem bedeutet also der Durchstich durch Mittelamerika eine bedeutende Stärkung Nord-Amerikas in seinem Konkurrenzkampfe mit Europa.«

Dr. Georg A. Lukas (Graz).

Über die sogenannten Chinook-Winde handelt M. Goldberg (Zeitschr. f. Schulgeogr., Bd. 25, S. 305). Es ist dies ein warmer Fallwind, der im mittleren und nördlichen Amerika in drei verschiedenen Formen auftritt: »der eine ist feucht und auf ihn folgt Regen, er kommt in der Nähe des Ozeans vor. Der andere ist trocken und zieht selten Regen nach sich; der dritte nimmt eine Mittelstellung ein, und nach dem, was man von ihm weiß, scheint er eine Kombination der beiden anderen zu sein«.

Der erste, der warmfeuchte Chinook wird häufig aus SW verspürt, an der kolumbischen Küste. Er findet seine Ursache nicht, wie oft angenommen wird, im Kuro-Schio, sondern die Wärme und Feuchtigkeit verdankt er dem warmen, tropischen Meere, über das er hinstreicht.

Der trockne Chinook wird meist in den Gebirgsgegenden der nördlichen Unionstaaten verspürt. Wärme und Trockenheit verdankt er, gleich dem Föhn (und den anderen Fallwinden: Bora, Mistral) dem Herabsinken von verschneiten Gebirgen in das Vorland.

Mit dem Föhn hat er auch gemeinsam das rasche Aufsaugen des massenhaften Schnees und plötzliche große Temperaturerhöhungen. Gerade dieser Umstand ist für jene Gegenden von großer Bedeutung, da einerseits die Milde-rung der Winterkälte dem Vieh das Verweilen in größeren Höhen möglich macht, anderseits durch das Wegschmelzen des Schnees dem Vieh zum Futter verhilft. Die Schilderung sagt uns: »Der Himmel ist wolkenlos, die Luft klar, rein und kalt [1]. Nur auf den Bergen zeigen sich kleine Wolkenstreifen, die mit Sicherheit auf die Ankunft des Windes schließen lassen«. Auch daß die Erwärmung von der Höhe abhängig ist, über die der Wind hinabfährt, und daß das Nebeneinandertreten von hohem und niederem Luftdrucke maßgebend ist, erinnert an den Föhn.

Der 3. Chinook wird im Kaskadengebirge oft als S- und SO-Wind wahrgenommen. Er ist ein Mittelding zwischen dem feuchten und trocknen Chinook, aber auch warm. *Dr. O. Janker (Laibach).*

II. Geographischer Unterricht.

Der zweite allgemeine Tag für deutsche Erziehung hat zu Pfingsten in Weimar stattgefunden. Arthur Schulz-Friedrichshagen, der Herausgeber der »Blätter für deutsche Erziehung«, der eigentliche Leiter der Bewegung, war auch der erste Redner. »Kampf um deutsche Erziehung« war seine Losung, die ihn in harten Worten den Humanisten und Altphilologen die Klage entgegen schleudern ließ, sie hätten mit ihrer Hartnäckigkeit auf falschem Wege viel Elend über Jugend und Volk gebracht. Berthold Otto trat in seinem »Geistigen Verkehr mit Kindern« für sein übertriebenes System des Ausschaltens des Erwachsenenwillens ein. Prof. Ludwig Gurlitt geißelte das »allen bekannte gut ausgebildete Schwindelsystem« unserer höheren Schulen. Prof. Paul Förster fand die heutige »auf den Aberglauben der Menge und die Überlieferung berechnete Anstalt viel zu eng und dumpfig«. Der Sturz des Gymnasiums sei nicht mehr aufzuhalten. Dr. Liebe-Waidhof-Elgershausen nannte unsere Schule eine Stuben-, Sitz- und Massenschule [2]. Wir brauchten eine »Freiluftschule«. Über Mädchenerziehung äußerte sich Frl. Selma v. Lengefeld. Bildhauer Herm. Obrist sprach dann über »falsche und richtige Kunsterziehung«. Kinder der Großstadt, sagte er u. a., würden in Museen geführt und aus deren Tohuwabohu aller Kunstrichtungen sollten sie Kunstverständnis lernen. Statt dessen solle man sich an die Natur wenden, dort Beobachten und Anschauen üben, um Gotteswillen aber nicht Rechenschaft über das Geschaute verlangen. Als letzter Redner sprach Pastor Steudel-Bremen über unseren Religionsunterricht, indem er den in diesen Stunden herrschenden Verbalismus angriff.

Der Besuch der Tagung war recht stark, mehr als 250 Personen in den beiden Versammlungen anwesend. Man mag über ein-

---

[1] Vgl. die Bora.

[2] Womit denn ganz gewiß die Gymnasien nicht allein gemeint sein können, sondern die Volksschulen gerade noch viel mehr.

zeine dieser Angriffe auf unser Schulwesen denken, wie man will, daß das bekannte Harnacksche Wort, »er sähe das Gymnasium nicht bedroht«, ein kräftiger Irrtum ist, zeigte sich wieder einmal deutlich genug. Wer, wie der Unterzeichnete es tief bedauern würde, wenn eine Schulrevolution von oben oder unten alles Gute, was uns das alte Gymnasium überliefert hat, begraben würde, der sollte mit gegen die Starrköpfigkeit heutigen Philologentums ankämpfen, mag die uns in Jägerscher, Cauerscher oder (Reformschulen) Lenzscher Fassung entgegentreten.

Oder fühlt man wirklich den Boden nicht unter sich wanken? Oder glaubt man, wenn nur vorläufig keine Änderung von oben droht, verschlage es wenig, ob die Stimmung der Nation sich immer weiter, immer entschiedener von ihrer Schule abwende? Das kann nicht angenommen werden. Aber gleich noch zwei Beispiele dem »Erziehungstage« hinterdreingesandt: »Glossen für Schulreform« von Dr. med. Röder-Darmstadt, »Staat und Schule« von Oberlehrer Dr. A. Grube-Berlin, Süd und Nord, Arzt und Lehrer. »Wo immer wir einer gründlichen Reform der höheren Schulen, insbesondere der Gymnasien, das Wort reden, und zu deren erfolgreicher Durchführung einen großen Teil des lateinischen und griechischen Unterrichts von dem Lehrplan abgesetzt wünschen, richtet sich sofort die eherne Phalanx der Altphilologen gegen uns«... bis endlich dem Sturm der Wahrheit freier Eingang verschafft werden wird«. So der erste (S. 7). »Wenn unsere gebildeten Schichten durch die humanistische Schule noch nicht ganz zu Grunde gerichtet sind, so ist das ein gutes Zeichen für die Lebenskraft unseres Volkes, und gebe mich sogar der Hoffnung hin, daß wir imstande sein werden, die Herrschaft der Philologen zu brechen und ein kraftvolles nationales Geistesleben heraufzuführen«. (S. 21): »Es ist ein Ereignis, wenn einmal ein klassischer Philologe eigenartige Gedanken hat. Mit großer Begeisterung wird es der Welt verkündet, und weshalb? Doch nur, um zu beweisen, daß man nicht alles Denken verlernt hat« (S. 23) so der andere. »Auf sittlichem Gebiet macht der klassische Unterricht unsere Jugend irre« (S. 39). »Immer von neuem erstaune ich über jene Charaktere, die auf der Schule nur mit Stottern und Stöhnen und mannigfachen verbotenen Hilfsmitteln ihre Aufgabe zur Not erledigt haben, sich aber hinterdrein ihrer klassischen Bildung mit dreister Stirn rühmen. Täuschung, Heuchelei und Lüge sind in dieser Frage geradezu konventionell sanktioniert« (S.41) usf.[1]). Gewiß der Ton ist heftig und übertrieben. Aber wo liegt die Schuld, daß es so vielerorten, in immer mannigfaltigeren, immer stärkerem Chor den philologischen Herren unserer Schule entgegenschallt? U. A. w. g.   *H. F.*

[1]) »Vier Wochenstunden Erdkunde ist eine, gegenüber acht Lateinstunden unverantwortlich bescheidene Forderung«, schreibt Grube S. 42, das will ich wenigstens hier vermerken.

Liebe zur Natur und Stubenarbeit. Der bekannte Pädagoge Geh.-Rat Münch veröffentlicht in der »Monatsschrift für höhere Schulen« S. 444/5, 1905) zehn Gebote für Schüler. Uns können besonders die Gebote 8 und 10 gefallen. Sie lauten: (8) Sieh zu, daß du tüchtig werdest in allerlei Jugendspiel und frisch und fröhlich bleibest durch die ganze Jugendzeit; liebe die Natur mit all ihren Geschöpfen und laß keine Stubenarbeit dir die Freude daran nehmen; (10) Treibe etwas gutes neben deiner Pflichtarbeit, damit du auch später zu den Männern gehörst, die sich selbst Ziele stecken, und nicht zu den Halbsklaven, die nur auferlegtes verrichten.

Sehr gut! Wie wenig aber die Philologenschule von heute, die seit den 70er Jahren, so stark rückgebildeten Realgymnasien einbegriffen, ja besonders hervorgehoben, imstande ist, bei der Befolgung dieser beiden Gebote ihre Schüler zu unterstützen, ist freilich bekannt. Als lehrreiche Probe empfehle ich folgendes, eben wieder von mir durchgeführtes Experiment. Man ermuntere in der letzten Stunde vor den Sommer- (oder Herbst-)Ferien die Schüler, in den Ferien die Augen und Sinne offen zu halten, man werde nach den Ferien sich in zwangloser Form über das Gesehene unterhalten. Kommt man nach den Ferien auf diese »Beobachtungen« usw. zurück, so wird man erstaunt sein, wie stark die Lust und Fähigkeit, in der Natur überhaupt zu sehen, geschweige denn mit etwas Überlegung zu beobachten, von Sexta bis in die Sekunda hinein abnimmt. Die »scholastische Verblendung« Verworns hat ihre Wirksamkeit entfaltet. In Obersekunda habe ich überhaupt kein verständiges Wort mehr bei dieser Gelegenheit gehört. In der Prima war es besser, freilich hat diese Klasse jetzt schon zwei Sommer mit einigen geologischen Ausflügen hinter sich.   *H. F.*

Umfang der Länderkunde in VI. Von neuem[1]) muß ich auf eine irrtümliche Auslegung der preußischen Lehrpläne von 1901 aufmerksam machen. Zur Lehraufgabe der VI gehören nach den Lehrplänen auch die »Anfangsgründe der Länderkunde, beginnend mit der Heimat und Europa«. Unsere Lehrbücher, Prof. Zühlke z. B. in seinem ausgeführten Lehrplan in dieser Zeitschrift (1904, XI) legen diese Stelle so aus, daß die Länderkunde in VI eine knappe Übersicht über alle länderkundlichen Grundsätzen sein soll. In einem von den Fachlehrern ausgearbeiteten und in Fachkonferenzen besprochenen ausführlichen Lehrplan der Kreuznacher Realschule (Jahresbericht Ostern 1904, S. 26—28) heißt es im Gegensatz dazu unter »Methodisches«: »Nächst eingehender Behandlung der Heimat wird Europa mit einem Blick gestreift (!). Ein Weitergreifen auf die übrigen Erdteile ist entschieden zu verwerfen; die gestellte Aufgabe ist umfangreich genug«.

[1]) Vgl. 1903, S. 134 und 1905, S. 83.

Daß die erste Auffassung die richtige ist, scheint mir nach dem »beginnend mit der Heimat und Europa« außer allem Zweifel. Aber auch an dieser Stelle muß der Wortlaut der Lehrpläne präziser werden, um Mißverständnissen vorzubeugen.

Bemerkt sei noch, — bei der bunten Zusammensetzung der Geographielehrer scheint mir diese offene Selbstkontrolle besonders geboten —, daß sich auch sonst noch manches Anfechtbare im Lehrplan Kreuznachs findet. So z. B., wenn in VI zweimal von den geo- und hydrographischen Verhältnissen der Erdoberfläche gesprochen wird; oder wenn in Tertia als das besonders zu betonende Charakteristikum der beiden Amerika die Riesenströme, als das Asiens die klimatischen Gegensätze angegeben werden; endlich ist in dem für die Behandlung der Länderkunde mitgeteilten, allerdings nicht als verbindlich bezeichneten Schema: 1. Lage und horizontale Gliederung, 2. vertikale Gliederung, 3. Begrenzung, 4. Entwässerung usw. doch wohl 3. besser gleich zu 1. zu ziehen.

Oberl. Rich. Tronnier (Hamm i. W.).

Die geographische Bedeutung der Ansichtskarten läßt ein Beschluß erkennen, den der Verein für Landeskunde von Niederösterreich gefaßt hat. In einem neu anzulegenden Sammelarchiv sollen alle Karten, die irgendwelche für die Heimatskunde Niederösterreichs wertvolle Darstellungen bringen, systematisch gesammelt und aufbewahrt werden. Es kann keinem Zweifel unterliegen, daß der Verein im Laufe der Zeit auf diese Weise ein außerordentlich umfangreiches, in geographischer ebenso wie in geschichtlicher Beziehung interessantes Material zusammen bringen wird. *Mk.*

Über »Das Schulwesen in unseren Schutzgebieten« veröffentlicht Fr. W i e n e c k e im »Schulblatt für die Provinz Brandenburg« interessante Zusammenstellungen, aus denen einiges hier mitgeteilt sei.

In den Schutzgebieten waren ursprünglich nur die Koranschulen Ostafrikas vorhanden. Sie bestehen noch heute, kommen aber bei dem niedrigen Bildungsstande des Lehrpersonals als Kulturfaktoren nicht in Betracht. Ihre ganze Tätigkeit erstreckt sich darauf, den Schülern Koranverse und Gebete einzuprägen und eine dürftige Fertigkeit im Lesen und Schreiben des Arabischen beizubringen.

Von größter Wichtigkeit sind die Missionsschulen, die sich in den letzten Jahren gewaltig vermehrt haben. Es wirken (1903) nicht weniger als 28 Missionsgesellschaften und zwar 16 evangelische und 12 katholische in unseren Schutzgebieten. Den kolossalen Aufschwung der von ihnen ins Leben gerufenen Schulen zeigen die beiden folgenden Tabellen, die den Stand des Schulwesens 1895 und 1901 zur Darstellung bringen.

1895	Deutsch-ev.		englisch und amerik.-ev.		katholische	
	Schulen	Schüler	Schulen	Schüler	Schulen	Schüler
Ost-Afrika	21	?	16	?	21	1899
Kamerun	51	1281	6	?	14	780
Togo	19	400	5	455	14	484
SW-Afrika	36	?	—	—	—	—
Südsee	5	?	68	2000	4	150
Zusammen	131	—	95	—	53	—

1901	Deutsch-ev.		fremdl.-ev.		Deutsch-kath.		spanisch-kath.	
	Schul.	Schül	Schul.	Schül.	Schul.	Schül	Schul.	Schül.
Ost-Afrika	41	1265	48	?	188	10040	—	—
Kamerun	214	3819	—	—	90	2120	—	—
Togo	41	1096	7	474	2	982	—	—
SW-Afrika	51	2694	3	670	—	—	—	—
Südsee	8	226	548	13342	146	7787	9	186
Kiautschou	5	500	—	—	?	?	—	—
Zusammen	360	9600	606	14486	445	20909	9	186

966 Schulen mit 24086 Schülern.   454 Schulen mit 21095 Schülern.

Am höchsten ist das Schulwesen bei den deutschen Missionsgesellschaften entwickelt. Sie besitzen nicht nur nach Stufen geordnete Abteilungen und Klassen, sondern auch völlige Schulsysteme. Elementarschule, Mittelschule mit einer europäischen Sprache und Lehrerseminar (Katechetenschule) stehen oft in organischem Zusammenhang. Dazu kommen noch besondere Knabeninstitute, Mädchenschulen und Waisenhäuser, Handwerker- und Landwirtschaftsschulen.

Noch gering an Zahl sind die Regierungsschulen. Ihren Bestand zeigt folgende Übersicht:

	Schulen	Schüler	Klassen usw.
Ost-Afrika	3 und 22 Bezirksschul.[1])	582 und 450	Die in Tanga hat 11 Klassen, 23 Lehrer und Gehilfen.
Kamerun	2	193	
Togo	2	?	
SW-Afrika	5	?	
Südsee	1	69	
Kiautschou	1	?	

Die Regierungsschulen haben den Charakter der deutschen Volksschulen; nur die in Tsingtau verfolgt höhere Ziele. Die in Südwest-Afrika, Tsingtau und Apia dienen allein den Kindern der Europäer als Bildungsstätten. Der Unterricht ist unentgeltlich; eine Ausnahme hiervon macht nur die Schule zu Tanga. Außerdem bestehen in Ost-Afrika Handwerkerschulen und in Windhuk eine Schule, in der Erwachsene in der deutschen Sprache unterrichtet werden.

Da die Reichsregierung, angeregt durch die Deutsche Kolonialgesellschaft, bestrebt ist, das Missionsschulwesen zu fördern, wird auch in Zukunft die Missionsschule die erste Stelle behaupten. Ihre segensreiche Wirkung ist auch nicht zu bestreiten; nur müßte das Reich überall den Unterricht in der deutschen Sprache von den Missionaren fordern, da nur auf diese Weise das deutsche Kulturgebiet weiter ausgedehnt werden kann.

Sem.-Lehrer H. Heinze (Friedeberg-Nm.).

[1]) Von eingeborenen Lehrern geleitete Filialschulen des Hinterlandes.

Programmschau.

Die slawischen Ortsnamen in Holstein und im Fürstentum Lübeck. Von Dr. Paul Bronisch. (Beilagen zu Jahresberichten der kgl. Realschule zu Sonderburg. 4°, I, 14 S., 1901 und II, 10 S., 1902. Druck von C. F. La Motte. III, 17 S., 1903. Druckerei der Sonderburger Zeitung). Der Verfasser deutet die im östlichen Holstein, dem alten Wagrien (polabisch vakraju — va »in« und kraj »Grenze«) und noch weiter westlich begegnenden Ortsnamen slawischen Ursprungs. Er behandelt neben den Namen noch bestehender Ortschaften auch solche von eingegangenen Dörfern, von Fluren, Höfen, Koppeln, Wasserläufen in alphabetischer Reihenfolge. Oft, nicht immer, werden die Namen in der ältesten Form erwähnt, die in den Urkunden aus dem 12.—15. Jahrhundert begegnet.

Leider standen dem Verfasser die alten Erdbücher des östlichen Holsteins nicht zur Verfügung, so daß er sich auf die Veröffentlichungen aus den Archiven und auf die einschlägigen Stellen in der Topographie der Herzogtümer Holstein und Lauenburg von Schröder und Biernatzki 1855/56 und in der Topographie des Herzogtums Schleswig von Schröder 1854 beschränken mußte. Zur Deutung der Namen wurde die Hauptquelle unserer Kenntnis des lüneburger Polabischen, das handschriftliche Wörterbuch des Pastors Hennig, herangezogen, das im Anfang des 18. Jahrhunderts entstand und das von Pfuhl unter dem Titel: »Sprachquellen des Polabischen im časopis tovarjstva matjicy serbskeje« (Bd. 16 u. 17) Bautzen 1863/64, herausgegeben wurde.

Wie im Lüneburgischen, sowie in den nördlichen Gebieten der Mark, in Pommern und in Westpreußen wurde in Wagrien der Zweig der slawischen Sprache gesprochen, den man polabisch nennt (poljabje »Land an der Elbe«) und der mit dem Polnischen so nahe verwandt ist, daß sein letzter Rest, das Kaschubische, jetzt noch als polnischer Dialekt gilt. Charakteristisch ist für das Polabische die noch enthaltene Nasalierung des a und e — eine Eigentümlichkeit, die es mit dem Polnischen teilt, während sie bei den Tschechen verwandten Sorben im mittleren und südlichen Teile der Mark verschwunden ist. Als Beispiel gelte der ON Plunkau, Dorf im Gute Sierhagen, == poląkova adj fem. »auf der Wiese gelegen«, asl. łąka »Sumpf« p. łąka, aber os. ns. łuka »Wiese« oder p. ON Damlos, D. im Ksp. Lensahn, von dąby oder dębovy ljos »Eichwald« v. dąb und las, plb. ljos; vgl. p. dębowa łąka »Eichwiese« Damlang Kr. Dt.-Krone.

Ein zweites charakteristisches Merkmal für den polabischen Dialekt ist die Umstellung des r: Im Polnischen hieß es gard oder gord, während die Sorben garg, den Polen grod dafür sagen; vgl. Grätz in Posen, plb. Grodzisk oder Grötsch, ns: Grodjistjo im Kr. Kottbus

mit Gaarz, plb. Gordjisko im Ksp. Oldenburg. Vgl. ferner Warnau im Ksp. Barkau und den Fluß Warnow in Mecklenburg, plb. vornov mit plb. wronov adj. zu wrona »Krähe«, asl. vranā »Rabe« und tsch. Vranov, Franova.

Die bekannte Abneigung gegen vokalische Anlaute, der wir im ganzen slawischen Sprachgebiet begegnen, treffen wir im Polabischen ganz besonders entwickelt. Als Beispiel gelte Wensin: vezina, plb. wezina »Enge«, »Hohlweg«, asl. ązina, kroat. užina, tsch. vužina — das hier angeführte Päwesin (plb. powezina »an der Enge«) in Brandenburg liegt aber nicht im Kr. Zauche-Belzig, sondern Westhavelland, was zu berichten wäre. Vgl. ferner Wesseck == Vosjek »Verhau, Hürde«, plb. osiek, asl. osěků, tsch. osek, os. osyk und die entsprechenden ON: Wussecken, Kr. Köslin, os. vuljki vosyk Großhänchen, ns. Ossagk bei Sonnenwalde, tsch. Ossegg in Böhmen, kroat. osek Esseg. Ebenso wurde plb. ostrov zu plb. vostrov, oko zu votjo. Das letztere Beispiel zeigt die Erweichung von k zu tj, wie auch g zu dj wurde: gora »Berg« == djora, keza »Ziege« == tjeza. Daß diese Erweichung erst spät eingetreten, beweist Bronisch aus dem Namen Hitzacker, der nicht aus der späteren erweichten Form vejsdjora, sondern aus der ursprünglichen Form vyłłagora entstanden sein muß; plb. wyłsza góra »höchster Berg«.

Als dem wagrischen Polabisch eigentümlich hebt der Verfasser die mehrfache Verwendung des Verbalsubstantivs, aus dem Part. Perf. Pass. hervorgegangen, als ON hervor, sowie die des Part. Präs., z. B. Oneningen gnjevnjenje »Verdruß«, Verbalsubst. von gnjevnjetj »zornig werden« oder Dientze, Daventze davjece »die Würger« part. präs. von plb. dawić »erwürgen«.

Über den im Kirchspiel Schlamersdorf auftretenden ON Berlin (1215, 1225 braline, 1249 bralin) sagt Bronisch I, S. 5 folgendes: »Bralin Ort am Fischgitter, der Vorrichtung zum Fischfang; die jetzige Betonung erklärt sich aus na bralinje am Fischgitter. Tsch. brli. Pl. Teichgatter, Vorrichtung zur Regelung des Wasserstandes. Asl. brulenő, srb. barlen Einrichtung zum Flößholzfang. Diese Erklärung Weiskers II, S. 54 (nach Prof. Krupka in Königgrätz) ist die einzig mögliche, da die übrigen das männliche Geschlecht des Wortes B. nicht berücksichtigen. ON Der Berlin an der Elbe bei Magdeburg, der B. bei Frankfurt a. O., Hauptstadt berlin 1244, brlin in Böhmen.«

Zum Schlusse wollen wir aus der interessanten Arbeit noch einige Beispiele der wunderlichen Umänderung der slawischen, dem deutschen Ohre unverständlichen Laute in ähnlich klingende deutsche anführen:

Saure Esche == suro vistje »Wildnis«; Sophienblatt, Straße in Kiel, == sovine blato »Eulensumpf«; Jahrsber Balken == gorska wloka »Berghufe«; Kahnplage == konjoploka »Pferdeschwem-

me«; Corinthenteich = koryto »Trog«; Schnurt-
schimmel = znurt zmulmy »schlammige Strömung«; Sieggrün = zgorjenje, Verbalsubst. v.
zgorzéé »verbrennen«; Goldenbek = golębice
»Täubchen«; Nordsee = norce von na rjece
»am Flusse«; Oelbohm = volovnja »Ochsenstall«;
Lohsack = ljosek »Wäldchen«; Malmsteg = u
maljineéek »bei den kleinen Himbeeren«; Hörn-
see = chornica »die kleine Scheune«; Fetthörn
= vodchorna »Aufbewahrung, Scheune«; Stahl-
hörn = stara chorna »alte Scheune«; Stiebel-
hörn = stjebeljarnja »Werkstätte des Schaft-
machers«.   *Dr. W. Hammer (Berlin).*

Persönliches.
Ernennungen.

Der ao. Prof. der Geologie u. Paläontologie an der
Univ. Greifswald, Dr. W. Deecke, zum o. Professor.

Der Mitherausgeber dieser Zeitschrift, Prof.
Dr. Franz Heiderich, zum k. k. ao. Professor für
Handelsgeographie an der Exportakademie des k. k.
österreichischen Handelsmuseums mit gleichzeitiger
Lehrverpflichtung an der k. u. k. Konsularakademie.

Der Direktorialassistent am Kgl. Museum für
Völkerkunde in Berlin, Dr. phil. Friedrich Müller,
zum Tit.-Professor.

Prof. Dr. Albrecht Penck in Wien zum Doktor
der Wissenschaften der Cape of Good Hope University in Kapstadt.

Der bekannte Schulgeograph Prof. Dr. A. E.
Seibert in Bozen zum k. k. Schulrat.

Der Herausgeber der »Deutschen Rundschau für
Geographie und Statistik« und Direktor der Wiener
Urania, Prof. Dr. Friedrich Umlauft zum k. k.
Regierungsrat.

Auszeichnung.

Dem Direktor des westpreußischen Provinzial-
Museums Prof. Dr. Hugo Conwentz in Danzig
das Ehrenkreuz 3. Kl. des fürstlichen schaumburg-
lippischen Hausordens.

Todesfälle.

Der verdiente französ. Kolonialbeamte, Comte
Savorgnan de Brazza, berühmter Kongoforscher,
dem die Stadt Brazzaville ihren Namen verdankt, geb.
in Rom 1852, gest. in Dakar am 13. Sept. 1905.

Der italienische Geograph Prof. Dr. F. M. Pasanisi,
Verfasser mehrerer Lehrbücher, Bearbeiter eines
Atlante scolastico auf Grundlage des »Deutschen
Schulatlas« von R. Lüddecke, geb. 1852 zu Brindisi,
gest. den 4. Oktober zu Rom.

Der Altmeister der deutschen Geographen,
Ferdinand v. Richthofen ist am 6. Oktober d. J.
im Alter von 72 Jahren gestorben. Wir werden
im nächsten Hefte seinen hohen Verdiensten durch
einen eingehenden Nekrolog gerecht zu werden
suchen.

Der Polarforscher Capitän Joseph Wiggins,
starb am 15. September 1905 zu Harrogate (Engl.),
im Alter von 74 Jahren.

Der ao. Prof. der Astronomie an der Universität
Straßburg, Dr. Walter Wislicenus ist am 3. Oktober im Alter von 45 Jahren gestorben.

Geographische Nachrichten.
Kongresse usw.

Eine Internationale Erdbebenkonferenz
hat am 15. und 16. August in Berlin getagt und die
Satzungen der schon 1903 in Straßburg vereinbarten
»Internationalen Seismologischen Assoziation« (ließ
sich wirklich kein besserer Name finden?!) endgültig
festgelegt. Der Assoziation, die über nahe an
28 000 Mark Mitgliederbeiträge verfügt, haben sich
18 Staaten angeschlossen. Zum Vizepräsidenten wurde
Prof. Palazzo in Rom, zum General-Sekretär Prof.
Kövesligethy in Pest gewählt. Die nächste Generalversammlung soll 1907 stattfinden.

Mit der Kolonialausstellung in Marseille 1906
wird ein Kongreß für Ozeanographie verbunden sein.

Forschungsreisen.

Europa. Eine Expedition in das noch wenig
erforschte Gebiet zwischen der unteren Petschora und dem nördlichsten Ural, in die
Bolsezemelskaja Tundra führte der Student
der Petersburger Universität D. D. Rudnew mit
drei Gefährten aus. Die jungen Forscher fuhren
die untere Dwina und die Pinega aufwärts und ritten
dann bis zu dem an dem scharfen Petschora-Knie
gelegenen Orte Ust Zylma. Von da brachen sie
am 19. Juni v. J. auf, um Petschora- und Ussa-
aufwärts in ihr eigentliches Forschungsfeld, das Gebiet des Flusses Adswa zu gelangen, der auf unseren
Karten mit dem im Norden unbekannten Namen
Chyrmor bezeichnet wird. Sie verfolgten den Lauf
des Flusses bis zu seinen Quellen, den Waschutkin-
see, und bestiegen einen 100 m über den Jambosee
aufsteigenden Gipfel des Bolschesemelskij Chrebet.
Die Fahrt flußaufwärts wurde durch zahlreiche Stromschnellen erschwert. Sie beanspruchte 1½ Monate,
während zur Fahrt flußabwärts nur neun Tage erforderlich waren. Am 7. September traf die Expedition wieder in Archangelsk ein.

Afrika. Die Expedition des Majors Powel
Cotton (vgl. Heft 1, S. 18) ist nach mancherlei
Beschwerden in Irumu, in der Nähe des oberen
Ituri im Kongostaat angelangt. Von da brach sie
Ende Juni nach dem Stanleywalde auf.

Amerika. Auch in seiner neuen Stellung als
Gouverneur von Neufundland ist Sir William
Macgregor für die geographische Forschung unermüdlich tätig. Mit mehreren Begleitern hat er
vor kurzem eine Reise zur Erforschung von
Labrador angetreten. Den ersten Standort der
Expedition bildet die Chateau-Bai (Stieler Bl. 84,
H 23/24), die östlichste Telegraphenstation Canadas,
deren geographische Länge mit Hilfe des Observatoriums in Montreal genau festgestellt werden soll,
um einen sicheren Anschluß der weiteren Aufnahmen
zu ermöglichen. Diese sollen sich längs der Küste
von Labrador bis zum Cap Chidley erstrecken.
Auch hydrographische Studien, sowie Forschungen
über Geologie, Flora und Fauna des Küstenstreifens
sind in großem Umfang vorgesehen. (Scott. G. Mag.
1905, Nr. 9).

Eine Forschungsreise nach den Galapagos-Inseln hat die Californische Akademie
der Wissenschaften veranstaltet. Von Ensenada im
mexikanischen Californien aus sollen zunächst die
drei dem Sporn der Halbinsel vorgelagerten Inseln
San Benito, Cedros und Natividad besucht werden.
Über die Revilla Gigedo-Gruppe, wo auf San Bene-
dicto und Socorro gelandet werden soll, und die
Cocos-Insel erreicht die Expedition ihr Ziel, die Gala-

pagos-Inseln, auf denen die Forscher ein volles
Jahr ihren Studien leben werden.

Polares. Der Leiter der dänischen literarischen
Grönlandexpedition, L. Mylius Erichsen, beabsichtigt eine neue Reise zur Erforschung der Ostküste Grönlands zwischen dem Cap Bismarck
und der Independence-Bai.

Die arktische Expedition des Herzogs von Orleans,
deren Führung de Gerlache übernommen hatte, ist
am 12. September wohlbehalten in Ostende angekommen.

Besprechungen.

I. Allgemeine Erd- und Länderkunde.

Gelcich, Eugen, Die astronomische Bestimmung der geographischen Koordinaten. 126 S.
III. Leipzig u. Wien 1904, Franz Deuticke. 5 M.

Der Verfasser des vorliegenden Buches hat sich
die Aufgabe gestellt, Studierende der Geographie
in die Methoden der geographischen Ortsbestimmung
einzuführen. Es wird deshalb nicht nur auf die
Benutzung der höheren Mathematik vollständig verzichtet, es werden sogar aus der sphärischen Trigonometrie nur die notwendigsten Formeln zitiert.
Wäre es nicht doch vielleicht ratsamer, wenn Studierende der Geographie sich auch die Grundlehren
der höheren Analysis aneigneten? Jedenfalls würde
eine solche geringe Erweiterung der mathematischen
Kenntnisse wesentlich zum Verständnis der mathematischen Geographie im weiteren Sinne beitragen
und das Eindringen in die Kartenentwurfslehre ermöglichen.

Im ersten Teile des Buches vermißt man eine
Einführung in die Grundbegriffe der sphärischen
Astronomie. Eine Erläuterung der verschiedenen
Koordinatensysteme der Gestirne durfte nicht weggelassen werden, ebensowenig auch die Besprechung
der verschiedenen Zeitarten. Mit wenigen Zusätzen
könnte das Studium des Buches unabhängig von
dem Studium eines Werkes über mathematische
Geographie gemacht werden. Auch die Notiz über
astronomische Jahrbücher und ihre Benutzung könnte
erweitert werden.

Die Einrichtung des Universalinstruments und
sein Gebrauch zur Messung von Horizontalwinkeln
und Zenitdistanzen ist zu kurz behandelt. Wie z. B.
die Alhidadenachse mit Hilfe der Röhrenlibelle in
aller Schärfe lotrecht gestellt werden kann, wird
nicht gezeigt, obgleich dies nach Ansicht des Referenten wichtiger ist, als die Reduktion der Zenitdistanzen mit Hilfe der Libellenablesungen, die der
Anfänger am besten ganz vermeidet.

Der Sextant wird in Bezug auf Handhabung
und Prüfung genügend vollständig besprochen, dagegen könnten die Vorteile des Prismenkreises ein
wenig mehr hervorgehoben werden.

Beachtenswert ist es, daß Verfasser auch einen
Einblick in die photographischen Messungsmethoden
der geographischen Ortsbestimmung bietet.

Die eigentlichen Messungen beginnen mit den
Methoden der Zeitbestimmung, die möglichst vollständig und mit ausführlichen Zahlenbeispielen versehen, entwickelt werden. Auch die Methoden der
Breitenbestimmung sind dem Zwecke des Buches
entsprechend in ausführlicher Form zur Darstellung
gebracht, wobei auch hier nicht unterlassen ist, auf
die größeren Hand- und Lehrbücher der geographischen Ortsbestimmung hinzuweisen.

Größeren Schwierigkeiten mußte Verfasser bei
Innehaltung seines Programms in der Behandlung
der Methoden zur Bestimmung der geographischen
Länge mit Hilfe von Mondbeobachtungen begegnen.
Verfasser beschränkt sich deshalb in den Entwicklungen auf das, was sich mit einfachen mathematischen Hilfsmitteln erreichen läßt. Die Längen-
bestimmung aus Sternbedeckungen ist deshalb nur
angedeutet, die aus Mondazimuten gänzlich weggelassen. Vollständig angegeben und an Beispielen
erläutert sind die Methoden der Monddistanzen, der
Mondkulminationen und der Mondhöhen.

Im Schlußkapitel wird die Bestimmung der geographischen Schiffsposition besprochen, die Konstruktion geometrischer Örter aus Zenithdistanz-
messungen, wie sie in der Nautik in neuerer Zeit
mehr und mehr angewendet wird. Sicherlich ist
diese graphische Methode auch für den Studierenden
von großem Werte, da sich aus dem Schnitt der
Positionslinien zugleich erkennen läßt, ob die Auswahl der Beobachtungszeiten und der Gestirne
günstig oder ungünstig erfolgt ist, was bei den
numerischen Methoden nicht immer sofort ersichtlich ist.

Wenn auch die Einleitung und die Besprechung
der Instrumente und Messungen, wie oben festgestellt
wurde, nicht ganz genügen wird, den Studierenden
vollständig in dieses Gebiet einzuführen, so sind
doch die eigentlichen Methoden der geographischen
Ortsbestimmung in zweckmäßiger Auswahl genügend
vollständig behandelt. Sehr wertvoll sind auch die
vielen Literaturangaben, die ein weiteres Studium
des Gegenstandes erleichtern.

Prof. Dr. O. Eggert (Danzig-Langfuhr).

Neumann, Ludwig und Franz Dölter, Der
Schwarzwald in Wort und Bild. 4. Auflage.
226 S., ill. Stuttgart, Julius Weise.   25 M.

Nicht ein naturwissenschaftliches, das geschichtliche
und statistische Material erschöpfendes Gesamtbild
des Gebirges in methodischer Bearbeitung zu geben,
sondern nur die hervorragendsten Punkte des herrlichen Waldes im Bilde festzuhalten, seiner Landschaft Stimmung zu verleihen durch das Wort, das
war die Aufgabe, die sich Bearbeiter und Verleger
bei der ersten Herausgabe des prachtvollen Werkes
gestellt hatten, das ist auch das Ziel der vierten
Bearbeitung geblieben. »Es soll erzählt werden von
schattigen Wäldern und lichtumglänzten Höhen, von
der Wildbäche Rauschen und dem Wellengetriebe
des stolzen Rheins, von dunklen Hochseen, von
Burgen und Schlössern, von betriebsamen Städten
und heilkräftigen Quellen, von einem duftenden
Sagenkranz und von den Dichtern, die hier ihre
Lieder gesungen haben in älterer und neuerer
Zeit· — so verspricht das Vorwort und das
Werk löst das Versprechen ein, mit jeder Neuauf-
lage fortschreitend zu größerer Schönheit, größerer
Vollkommenheit. Die 4. Auflage bringt den
dem württembergischen Schwarzwald gewidmeten
Abschnitt in ganz neuer Bearbeitung. Der beste
Kenner des Gebiets, der Schriftleiter des württem-

bergischen Schwarzwaldvereins, Prof. Franz Dölter unterzog sich der schwierigen, aber dankbaren Aufgabe. Karlsruhe und die Schwarzwaldvorberge seiner näheren Umgebung haben ein eigenes Kapitel erhalten und dem fortschreitenden Ausbau der Verkehrslinien wurde in der Anordnung und Verteilung des Stoffes Rechnung getragen. Auch dem Bildwerk des Buches schenkte der Verlag erneute Sorgfalt, sind doch allein von den 70 Vollbildern — trefflich gelungenen Lichtdrucken — 17 neu aufgenommen.

Für jeden Kenner des herrlichen Schwarzwaldes ist das Werk ein reicher Quell froher Erinnerung, für jeden, der ihn nicht kennt, ein Ansporn, ihn als Wanderziel zu nehmen. *Hk.*

Neumanns Orts- u. Verkehrslexikon des Deutschen Reiches. 4. neub. u. verm. Aufl. Herausg. v. Dr. M. Broesike u. Direktor W. Keil. 1255 S., 40 Pl., 1 K. Leipzig 1905, Bibl. Inst. 18.50 M.

Die neue Ausgabe des bewährten Nachschlagewerkes gibt in etwa 75000 Artikeln über alle im Deutschen Reiche vorkommenden topographischen Namen in gedrängter, aber erschöpfender Beschreibung das Wissenswerteste über die Lage, Verwaltungs- und Gerichtsbezirke, kirchliche, gewerbliche und landwirtschaftliche Verhältnisse, Produktion, Geschichte u. dgl. Es enthält ferner alle Wohnplätze von 300 Einwohnern an aufwärts. Neumanns Lexikon ist ein unentbehrliches Werk für die Praxis im Verkehrsleben, in Handel, Industrie und Gewerbe. Allein deren Erfordernisse und nicht wissenschaftlich-geographische Gesichtspunkte waren maßgebend für die Sammlung und Bearbeitung des überreichen Stoffes. Wer die Schwierigkeiten, die eine Bewältigung verursacht, nur einigermaßen aus eigener Erfahrung kennt, wird gern mit dem Danke für das Werk der Anerkennung des Verdienstes verbinden, das sich Verlag und Bearbeiter unstreitig erworben haben. *Hk.*

Bronner, F. J., Bayerisch Land und Volk in Wort und Bild. 2. umgearb. und verm. Aufl. München, Max Kellerer. 4.85 M.

Das Buch enthält auf 655 Seiten mehr als anderthalbhundert Aufsätze über Bayern (diesseit des Rheins), welche sich mit den physikalischen, historischen und ethnographischen Verhältnissen des Landes befassen. Zahlreiche (über 200) Illustrationen (Autotypien nach photographischen Aufnahmen und zum Teil nach Bildern) ergänzen den Text und geben eine anschauliche Vorstellung von dem Erzählten.

Die Aufsätze sind meist Originalarbeiten des Verfassers, der, wie er selber in der Vorrede sagt, seit mehr als 20 Jahren von Gau zu Gau wandert, um Land und Leute seines Vaterlandes gründlich kennen zu lernen, und ehrlich Ohr, Aug' und Herz zum Studium offen hielt, um auch seinen Teil zur Kenntnis und damit auch zum Lobe und Preise seines Heimatlandes beizutragen. Das Erzählte beruht also größtenteils auf eigener langjähriger Beobachtung und Erfahrung des Verfassers. Daß er sich auch daneben in einschlägigen Schriften umgesehen hat, ist selbstverständlich. Außer den Arbeiten des Verfassers finden sich auch Abhandlungen von Prof. Dr. Sepp (Kaspar Winzerer), Steub (der Chiemsee, Traunstein), J. Schlicht (Ernteleben im Gäuland), Prof. O. Sendtner (Hochwald), Fr. X. Lehr (acht Nummern), J. Weber (Nördlingen, Wunsiedel, Wertheim) und viele andere.

Der Gang der Schilderung folgt den einzelnen »Landschaftsgebieten« (wenn dieses Wort zulässig ist!) Bayerns (die Alpen, die schwäbische Hochebene, das Donautal, der Böhmerwald, die oberpfälzische Ebene, der Jura, das Maingebiet usw.). Aus welchen Gründen in einem Buche über Bayern ein integrierender Teil desselben, die Pfalz, fehlt, ist allerdings unbegreiflich.

Zur Veranschaulichung kleinerer Objekte (Blumen, Marterln, Bildstöckeln usw.), von Charakterköpfen und Trachten, von Bauernhäusern und dgl. sind 100 neue Zeichnungen eingefügt worden. Sie stammen zum Teil von Münchener Künstlern, wie L. Skell, A. Hofmann, H. S. Schmid, teils von dem Kunstmaler Mayer-Cassel. Die Zeichnung Schloß Linderhof (S. 47), Burghausen (S. 264), Weißenburg a. S. (S. 453) wirken etwas hart und wären besser durch Photographien zu ersetzen. Belehrend sind auch die Grundrisse von charakteristischen Bauernhöfen aus verschiedenen Teilen von Bayern. Zur Veranschaulichung der verschiedenen Dialekte Bayerns sind zahlreiche Mundartenproben (Allgäu, Chiemgau, Landshut, Mittelschwaben, Bayerischer Wald, Ries, Nürnberg, Unterfranken, Rhön usw.) ausgewählt worden. Weniger entsprechen die Mundartenproben aus Miesbach (S. 114) und aus Bamberg (S. 537).

Eine große Vorliebe zeigt der Verfasser für die Sagen des Landes und hat sehr viele, wohl zu viele in sein Buch aufgenommen.

An sachlichen Unrichtigkeiten fallen auf: S. 2, Anm.: Die .. Pünktchen bedeuten, das die Selbstlaute getrennt zu lesen sind. (Die Vokale in wie, guet, lueg usw. bilden Diphthonge). — S. 18: Füßen = zu Füßen der Alpen, während es, wie später richtig erklärt, vom röm. Ad Fauces kommt, = am Durchbruch des Lech durch die Alpen. — S. 151, Anm. wird bei Erklärung des Wortes »Kaser« (von lat. casa) das Alter der Almenwirtschaft auf die Römer zurückgeführt, während sich eben das lateinische Wort wie viele andere noch lange im Volke erhielt. — S. 157, Anm.: Die Mundart von Traunstein und noch mehr ostwärts zeigt bereits auffällige Anklänge an das Salzburgische, das Österreichisch-Gemütliche. Wir hören hier ... sehr häufig »eh« (zuvor) und »aft« (nachher). Aber diese Worte wurden im Mittelhochdeutschen gebraucht (ê abgekürzt aus êr; after nach) und haben sich nur in diesen Gegenden wie vieles andere länger erhalten als anderswo. — S. 419. Als Grenze des Riesgaues wird angegeben der Schwäbische Jura im Osten und der Fränkische Jura im Westen, statt umgekehrt. — S. 459. Das Dörflein Aue im Fränkischen Jura wird als mutmaßliche Geburtsstätte Hartmanns von Aue bezeichnet. Die hierfür beigebrachten Beweise genügen nicht. In Wirklichkeit ist wohl seine Heimat in Schwaben zu suchen (H. Schreyer, L. Schmid u. a.). — S. 598. Unter den bayerischen Mainstädten ist auch Wertheim aufgeführt und beschrieben (badisch!), während das nahegelegene Amorbach fehlt.

Der Verfasser war bestrebt hauptsächlich neuen, aus eigener Beobachtung geschöpften Stoff zu bieten. Da aber viele Gegenden Bayerns schon von anderer Seite mustergiltig beschrieben worden sind und diese Gegenden doch auch der Vollständigkeit halber in das Buch aufgenommen werden mußten, so ging er darauf aus, solche Abschnitte, bei denen sich nicht viel Neues sagen ließ, durch die Form der Darstellung originell zu gestalten. Dies suchte er zu erreichen durch eine volkstümliche Darstellung, durch den Gesprächston (etwa so wie ihn seinerzeit J. P. Hebel in seinen »Erzählungen des rheinländi-

schen Hausfreundes« so mustergültig getroffen hat),
sogar durch die Brieftorm und Verwertung der
Dialekte. Dies scheint indes die schwächere Seite
des an und für sich guten und in vieler Hinsicht
belehrenden Buches zu sein. Neben vielem Gesuchten, Gekünstelten und Übertriebenen finden sich
hier auch direkte Verstöße gegen den Ausdruck.
Die Ausstattung des Buches (Einband, Druck,
Papier usw.) ist solid und gefällig. Der Preis ist
trotz der vorgenommenen Vermehrungen in der
zweiten Auflage um fast eine Mark vom Verleger
herabgesetzt worden, in der Hoffnung, daß das
Buch Bronners als wahres Volksbuch in die breiten
Volksschichten eindringen möge. Dazu wird allerdings notwendig sein, daß an dem Buche verschiedene
Streichungen vorgenommen, die gerügten Mängel
verbessert und der Inhalt durch Aufnahme des noch
fehlenden Kreises Pfalz vervollständigt werde.
Prof. Dr. G. Biedermann (Traunstein).

Pichler, Fritz, Austria Romana. 3 Teile. Quellen
und Forschungen zur alten Geschichte und
Geographie. Heft 2, 3 und 4. 443 S., 1 K.
Leipzig 1902 und 1904, Avenarius. 8.80 M.

Der Verfasser setzt sich das sehr dankenswerte
Ziel, den gesamten topographischen Bestand der
Römerzeit auf dem Boden der österreichisch-ungarischen Monarchie in einem ausführlichen Lexikon
vorzulegen. Dieses letztere enthält in alphabetischer
Reihenfolge Orte, Völker, Länder, Berge und Flüsse
im antiken und modernen Gewand, die Zuteilung
zu den einstigen und jetzigen Provinzen und die
Angabe der Autoren, die das Objekt nennen. Darin
liegt der Schwerpunkt der Arbeit; weniger wichtig
sind die umfangreiche Einleitung, kürzere Register
und Autorenverzeichnisse, die dem Lexikon vorangehen und nachfolgen. Dankenswert sind das Verzeichnis über das Wiederauftauchen einzelner Orte
im Mittelalter und die Reisebücher zur Angabe der
Entfernungen. Immerhin sind auch sie nur Ergänzungen, denen mit Rücksicht auf ihre geringere
Wichtigkeit allzu viel Raum gegönnt ist; es finden
sich viel Wiederholungen und Bemerkungen, die zugunsten eines besseren Stiles füglich hätten wegbleiben können.

Absolute Vollständigkeit kann das Lexikon nicht
anstreben, da das, wie der Verfasser richtig bemerkt,
»die Aufgabe einer Akademie oder einer mehr-
gliederigen Kommission« wäre. Trotzdem ist es
ein Verdienst, das bisher wissenschaftlich Gewonnene
einmal zusammenzustellen, wenn auch weitere Forschungen neues Material bringen werden.

Einer eingehenderen Überprüfung konnte sich der
Referent nur betreffs des Küstenlandes unterziehen,
wo ihm die Forschungsergebnisse besser bekannt
sind. Da muß nun freilich gestanden werden, daß
es an Flüchtigkeiten nicht fehlt. Vornehmlich ist
die Schreibweise der heutigen Namen im slawischen
Sprachgebiet sehr ungenau und die Definition der
Ortsbestimmung eine so vage, daß es dem des
Terrains Unkundigen unmöglich ist, sich daraus ein
klares Bild über die wahrscheinliche Lage des Ob-
jektes zu machen. S. 105 liest man z. B. Ad
Malum liege zwischen Pirano und Starada um
Podgorje und Vodice. Man weiß aber, daß der
Ort an der Straße von Aquileja nach Tarsatica,
30 Mp vor der Timavoquelle und 17 Mp von
Titull (Starada oder Sapjane) entfernt liegt. Er
muß in der Talung von Matterna, vermutlich in der
nächsten Nähe dieses Ortes liegen, da heute wie
damals nur in dieser Senke der Weg nach Flume

führen kann. Die Beziehung auf Pirano, Podgorje
und Vodice ergibt ein ganz falsches Bild und läßt
den Ort im Tschitschenboden suchen. Hier wie in
anderen Fällen hätte eine schärfere geographische
Kritik zwar keine Gewißheit, aber doch größere
Wahrscheinlichkeit schaffen können. Ad Undeci-
mum wird S. 200 bei Monfalcone, S. 259 bei
Gradisca gesucht; ganz fehlt das vom Ravennaten
genannte Lauriana (Lovrana) und Alvum, das
nach Onirs beim heutigen Oologorica zu suchen
wäre. Auf der Karte falsch eingetragen ist Justino-
polis (Capodistria), Avesica, das an der Straße liegen
muß, und Rappiaria (Hrellin), das südöstlich von
Fiume liegt. S. 390, Zeile 16 zeigt die Entfernung Tergeste-Ningum infolge eines Druckfehlers
88 Mp, richtig soll es 28 Mp heißen. Wenn auch
die Lage von Larix nicht sichergestellt ist, hätte
der Pontebbaweg auf der Karte doch eingetragen
werden sollen. *Dr. Norbert Krebs (Triest).*

Haas, Hippolyt, Neapel, seine Umgebung
und Sizilien. (Scobel, Land und Leute,
Band XVII). 194 S. ill. Bielefeld und Leipzig
1904, Velhagen u. Klasing. 4. M.

Ein prächtig geschriebenes Buch! An einen
weiteren Leserkreis sich wendend, entwirft Haas von
den klassischen Gestaden Campaniens und Siziliens
farbenprächtige und naturwahre Bilder, die nicht
nur die beste Sachkenntnis, sondern auch edle Begeisterung für das Land offenbaren. Im geologischen
Teile kommt der Fachmann selbst zum Wort, überall aber, auch auf dem Gebiet der Kunst und Altertumskunde steht der Verfasser auf guter, wissenschaftlicher Grundlage. Er weiß jedoch auszuwählen,
um nirgends zu ermüden. Zum besten des Gebotenen gehört wohl die Schilderung des süd-
italienischen Volkscharakters und der stimmungs-
vollen Beschreibungen von Pompeji, der Sorrentiner
Halbinsel und von Paestum; bei Sizilien war in
engem Rahmen allzu viel zu leisten. Nur zu berechtigt sind auch die scharfen Worte, die gelegentlich gegen die heutige Mode oberflächlichen Reisens
fallen. Ein besonderer Vorzug des Buches sind die
gut ausgewählten Bilder, mit denen die Verlagshandlung nicht gespart hat. *Dr. Norbert Krebs (Triest).*

Nordenskiöld, Dr. Otto (J. Gunnar Andersson,
C. A. Larsen, C. Skottsberg), »Antarctic«. 2 Jahre
in Schnee und Eis am Südpol. 2 Bde. Mit
4 K., 300 Abb. und mehreren Kartenskizzen.
Berlin 1904, Dietrich Reimer (E. Vohsen). 12 M.

»Am Südpol« ist O. Nordenskiöld mit seinen
Gefährten nicht gerade gewesen. Insoweit wäre der
Titel seines Buches nicht richtig. Sein Winterlager
stand etwas nördlicher als 64 1/2°; der südlichste erreichte Punkt war noch nicht voll 66°. Doch nach
den Breitengraden soll man den Wert einer
Polarfahrt abmessen. Die Unternehmung Nordenskiölds ist in jeder Hinsicht eine sehr beachtens-
würdige Leistung gewesen. Schwierig war es für
ihn, sie zustande zu bringen, obwohl die Fahrten
des deutschen Schiffes »Gauß« und des englischen
»Discovery« dringend die Ergänzung der an der
indischen und pazifischen Seite der Antarktis ausgeführten Forschungen durch Entdeckungen im südatlantischen Gebiet erforderten, und reich an Mühen
war dann die Ausführung. Wider Willen wurden
die Fahrtgenossen in drei Gruppen getrennt, die
sich nicht erreichen konnten und zum Teil ungenügend
ausgerüstet waren, und das Schiff »Antarctic« versank
im Eis. Die Erlebnisse der drei Teile der Expedition,

geschildert von Nordenskiöld, Andersson und Skottsberg, sind wie von romantischem Zauber umwoben,
und von dramatischer Spannung getragen sind die
Stellen des Reisewerkes, die vom Wiederfinden han-
dein. Die Schlichtheit der Darstellung, die Bescheidenheit der Erzähler hinsichtlich ihrer Leistungen, die
Wucht der durchlebten Ereignisse, die erfreuliche
Tatsache, daß gute Kameradschaft über alle Entbehrungen und Nöte forthilft, alles das macht die
Lektüre des Buches über diese schwedische Expedition zu einer spannenden, anregenden, ja auf-
regenden und zum Schlusse höchst befriedigenden.
    Stehen für die Anteilnahme des Lesers die Er-
lebnisse der Reisenden entschieden weit im Vordergrund gegenüber den Ergebnissen ihrer Reise, so
sind diese doch nicht gering gewesen. Es handelt
sich in erster Linie um die Neuaufnahme der Küsten
des Ludwig-Philipp-Landes, und es stellte sich heraus,
daß auf weite Strecken an Stelle des Meeres früherer
Karten Land zu setzen sei, an Stelle des Landes
Meer, so vornehmlich an der Westseite, wo der
de Gerlache- und Orléanskanal zweimal befahren
wurde, aber auch an der Ostküste, wo festgestellt
wurde, daß das Ludwig-Philipp-Land nach Süden
sich in weiteren Festlandgebieten fortsetzt und wohl
als Ausläufer des antarktischen Erdteils anzusehen
ist. Aus der Schilderung der Fahrteindrücke, der
wechselnden Stimmungen, der kleinen Tageserlebnisse lassen sich im Buche Nordenskiölds diese topographischen Feststellungen nicht so leicht heraus-
schälen; denn es liegt in der Eigenart des Buches,
daß das Persönliche in den Vordergrund tritt. Auch
fehlt es an einem Index. Ein weiteres Verdienst
der Expedition bilden die magnetischen und meteorologischen Beobachtungen. Auch bei ihnen gewinnt
der Leser, obschon an einzelnen Angaben kein Mangel
herrscht, doch nur schwer ein deutliches Gesamtbild
der vorwaltenden Erscheinungen; denn weder faßt
der Text die Tatsachen zusammen, erklärend und
begründend, noch sind Tabellen gegeben. Ähnlich
finden sich die Schilderungen des Tier- und Pflanzen-
lebens weit zerstreut durch die Erzählung; gut zusammengestellt aber sind die höchst beachtenswerten
Darstellungen der Fossilienfunde. Das schwedische
Reisewerk unterscheidet sich also merklich von dem
deutschen Bericht über die Südpolarfahrt des Schiffes
»Gauß«. Aus diesem ist klarer und mehr von der Natur
der Südpolargebiete zu lernen; das schwedische
Buch ist fesselnder zu lesen.
    Reich ist der Bilderschmuck, eigentlich zu reich.
Bilder sollen belehren oder ein Buch schmücken.
Diesem zweiten Zwecke dienen allerlei Initialbilder
und hübsche Randleisten, bald Aufnahmen nach der
Natur, bald stilisierte Zeichnungen, und der Leser
freut sich ihrer. Jener erste Zweck sollte durch
Abbildungen von Landschaften, von Pflanzen und
Tieren, von Menschen und ihren Gebrauchsgegen-
ständen aller Art erstrebt werden, immer wenn das
Wort nicht ausreichend sinnfällige Vorstellungen
erwecken kann. Groß ist die Reihe wohlgelungener
Naturaufnahmen, die dieser Forderung entsprechen,
und viel läßt sich aus ihnen lernen. Doch gibt es
hier schon eine Menge entbehrlicher Darstellungen, die anscheinend nur das dritte Hundert
der Bilder vollmachen sollen, damit der Verleger
nicht hinter andern Unternehmungen zurückbleibt:
»Trümmer einer Kiste« (I, 197) und anderes (z. B.
I, 262, 292), was weder das Buch schmückt, noch
den Leser belehrt. Am wenigsten vornehm berührt
aber eine dritte Sorte von Abbildungen, die nach
Art illustrierter Romanzeitungen eine Textstelle, die

sich auf persönliche Erlebnisse bezieht, mit einem
nachträglich von einem Zeichner entworfenen Phan-
tasiegemälde beglückt, das nicht immer schön (I, 247,
259, 363 u. öfter), dafür aber immer überflüssig ist.
Leider haben auch Sven v. Hedin und andere einzelne Bilder dieser Art ihren Werken einverleibt;
aber die absolute Glaubwürdigkeit und objektive
Wahrheit, die ein jeder vom Texte fordert, soll auch
von den Abbildungen verlangt werden. E. v. Drygalski gibt in seinem Reisewerk lediglich photographische Aufnahmen. Das ist vornehmer und
richtiger. Und wirklich, das Buch Nordenskiölds
ist so anziehend, daß es äußerlicher Reklame nicht
bedarf!   *Dr. F. Lampe (Berlin).*

II. Geographischer Unterricht.

Hoffmann, H., Landeskunde des Großherzogtums Hessen für höhere Schulen. 34 Seiten.
Gotha 1905, Justus Perthes.   40 Pf.

    Das Buch bezeichnet einen entschiedenen Fort-
schritt in der landeskundlichen Darstellung Hessens,
denn es bietet diese in der Weise, wie es die heutige
Geographie fordert: natürliche Landschaften, innere
Verknüpfung der einzelnen Elemente, die zur Behandlung kommen. Die Geologie ist mit Recht
gebührend berücksichtigt. Der Verfasser hätte sogar mitunter noch etwas weiter gehen können.
Nicht daß ich meine, er hätte eine erheblichere Anzahl von petrographischen und ähnlichen Einzelheiten
bringen sollen, sondern er hätte an geeigneten
Stellen mehr begründend-vertiefend darstellen können. Zwei Beispiele: 1. In § 7 wird nichts von
dem genetischen Zusammenhang zwischen Löß und
Sand (warum nicht Flugsand?) gesagt, auch die
Fruchtbarkeit des Löß bleibt unerwähnt; letzteres
hätte dann da, wo später von Löß wieder die Rede
ist (bei den Bodenarten der Wetterau hat ihn Verfasser zu Unrecht übergangen) gut verwertet werden können; 2. In § 20, Absatz 4, hätte ohne große
Schwierigkeit auseinander gesetzt werden können,
warum gerade bei Bingen »noch jetzt viele Felsen-
riffe das Strombett durchqueren«. — Ferner hielt
ich es für nützlich, wenn bei Rheinhessen in § 20,
nachdem von der Bodengestalt die Rede gewesen
ist, auch kurz im Zusammenhang die geologische
Beschaffenheit erörtert würde, wie es Verfasser beim
Odenwald getan hat; manches findet man allerdings
in § 21 bei den Bodenschätzen. Ebenso gehört
m. E. die in § 33 gegebene kurze geologische Beschreibung des Vogelsbergs zu § 30 und hätte sich
an die orographische Beschreibung anzuschließen.
    Das Buch beginnt mit einer Einleitung, in der
kurz die Rede ist von der Gliederung des Landes
in drei Provinzen, von der Lage des Landes und
von der Gebietsentwicklung des hessischen Staates
(der Satz: Im Reichsdeputationshauptschluß (1803)
erwarb Hessen als Entschädigung für einige an
Napoleon und andere Staaten abgetretene Besitzungen usw. muß anders stilisiert werden). Dann
folgt als Hauptteil die Behandlung von Starkenburg,
Rheinhessen, Oberhessen, den Schluß machen eine
Anzahl »Übersichten«. Jede Provinz wird in natürliche Gebiete gegliedert. Ich stimme dem Verfasser
durchweg zu, nur muß bei Oberhessen doch auch
der Ostabhang des Taunus als ein solches angesehen
und behandelt werden, die kurze Erwähnung so
ganz nebenbei in § 39 genügt nicht. In der Auswahl der Orte dürfte Verfasser das Richtige getroffen haben. — Ein besonderer Abschnitt über
einige Hauptpunkte der Verfassung und Verwaltung

ist nicht vorhanden. Ich möchte das nicht billigen, und in einer Landeskunde, in der auch Rücksicht genommen ist auf die Erweiterung und Vertiefung des Stoffes bei dem Wiederholungskursus in Tertia, muß von diesen Dingen, wenn auch nicht ausführlich, die Rede sein. Was soll sich ohne dies beispielsweise ein Schüler darunter denken, wenn er eine Stadt als Provinzialhauptstadt bezeichnet findet. Auch den Namen des regierenden Großherzogs erfährt man erst so beiläufig bei der Beschreibung Darmstadts in § 11.

Eine Reihe von Flüchtigkeiten und Ungenauigkeiten des Inhalts und der Form sind mir aufgefallen; nur einige seien angeführt. In § 4, Absatz 2, redet Verfasser vom vorderen Odenwald, dessen Gestein er angibt. An der Bergstraße nennt er fünf Berge. Daß von diesen aber zwei aus anderem Gestein bestehen, als es für den vorderen Odenwald angegeben wird, wird man nicht vermuten. In demselben § ist das Quertal des Neckar behandelt; es gehört aber erst in den nächsten §. der von Sandstein Odenwald handelt, denn der Neckar fließt in diesem. — In § 7 wird als letztes Jahr, in dem bei Groß-Gerau Erdbeben verspürt wurden, 1869 angegeben. Mehrmals hat man seit dieser Zeit Beben wahrgenommen, zuletzt 1899. — In § 13 hätte der Name »Syenit« erwähnt werden müssen, der früher viel gebraucht wurde und der in der Steinindustrie noch jetzt üblich ist. — In § 14: »Die meisten Odenwaldtäler sind durch Eisenbahnen dem Verkehr erschlossen; der Verfasser will sagen: die wichtigsten Odenwaldtäler. — § 21: »Obst gedeiht überall in Rheinhessen vorzüglich und reichlich (Wert der edlen Sorten Aprikosen und Pfirsiche ⁶/₇ des Landes)«. Der eingeklammerte Satz ist mir nicht verständlich geworden. — § 24: Druckfehler: Ihre Reihe beginnt mit Worms, eine(r) der ältesten Städte Deutschlands usw. — § 25: »Jetzt befindet sich etwas abwärts der Stadt (Oppenheim) eine fliegende Brücke, auch ein Hafen ist vorhanden. Die wiederhergestellte gotische Katharinenkirche wurde 1689 mit der ganzen Stadt von den Franzosen teilweise zerstört«. Hiernach wird jeder glauben, daß die Franzosen die wiederhergestellte Kirche zerstört haben. — Bei Oppenheim hätte auch die Wein- und Obstbauschule erwähnt werden können, desgleichen später bei Friedberg die Obstbau- und Landwirtschaftliche Schule. — § 30: Man kann die die Hochebene des Oberwaldes (in Vogelsberg) überragenden Berge nicht Bergspitzen nennen. — § 38: »Von dem transrhenanen Hauptzug zweigte auf der Strecke von Lorch bis Wörth a. Rh. eine westliche Nebenlinie ab« usw. So darf nicht gesagt werden, denn diese Linie ist die ältere. — § 39: »Ein besonderes Gepräge erhält es (Friedberg) durch seine zahlreichen Fachschulen, wie Predigerseminar, Lehrerseminar, höhere Gewerbeschule, Blinden- und Taubstummen-Anstalt«!! [1]).

Die »Übersichten« enthalten 1. Höhenverhältnisse; 2. Flächengehalt und Bewohner; 3. Kreiseinteilung; 4. Wohnplätze (ich vermisse Langen und Groß-Umstadt; die Beifügung der Ordnungsnummern nach der Größe, sowie die schätzungsweise Angabe der Einwohnerzahl bei der nächsten Volkszählung fielen m. E. besser fort; 5. Erwerbsverhältnisse: a) Bodenanbau, b) wichtigste Bodenerzeugnisse (hier fehlen Kartoffeln, ferner Gemüse), c) Bodenschätze (zum Ton hat Verfasser wohl auch

[1]) Eine zweite Auflage des Buches wird, wie mir der Verfasser gesagt hat, in dieser Beziehung genauer durchgesehen werden.

den Lehm gerechnet, denn er sagt: Verwendung zu Ziegeln, Backsteinen und Töpferwaren); d) Hauptindustriezweige; 6. Eisenbahnen (trotzdem Verfasser alle die vielen Nebenbahnen und Nebenbähnchen anführen, sind einige vergessen; ich halte den Wert dieser Übersicht für gering); 7. Höhere Lehranstalten (alle Gymnasien, Progymnasien, Realgymnasien, Oberrealschulen, Realschulen, Höhere Mädchenschulen, Höhere Bürgerschulen, Schullehrerseminare, zusammen 70 Anstalten, werden aufgezählt). — Die Ausstattung des Buches ist sehr gut.

Ihne (Darmstadt).

Richter, Gustav, Wandkarte von Schleswig-Holstein. 1:150000. —, Elsaß-Lothringen. 1:175000. Essen, G. D. Baedeker.

Beide Karten sind in der Situationszeichnung ziemlich eingehend gehalten. Die Eisenbahnlinien sind in Zinnober, das Flußnetz von Elsaß-Lothringen schwarz, von Schleswig-Holstein blau gedruckt. Auf die Terrainzeichnung, der namentlich die zweite Karte eine dankbare Aufgabe bot, ist offenbar große Sorgfalt verwandt worden, es ist auch anzuerkennen, daß die Formen im einzelnen nicht so verschwommen sind, mehr Körper haben, als ich es schon bei anderen Karten desselben Verfassers gesehen habe. Nicht befreunden kann ich mich mit der Haltung der Schrift: die Karten könnten ohne weiteres als stumme Wandkarten gelten, die Schrift ist so klein gehalten, daß sie selbst in nächster Nähe nur an den dicht vor dem Auge des Beschauers liegenden Stellen zu entziffern ist.

Hk.

Geographische Literatur.

a) Allgemeines.

Ahr, W., Karte des deutschen Außenhandels 1904. Berlin 1905, Gr. Lichtenfelde-West, P. Richter. 80 Pf.

Anleitung zur Anstellung und Berechnung meteorologischer Beobachtungen. Herausgeg. vom königl. preuß. meteorolog. Institut. 2. Aufl. 2. Teil: Besondere Beobachtungen und Instrumente. III, 49 S., ill. Berlin 1905, A. Asher & Co. 2 M.

Balmer, H., Die Romfahrt des Apostels Paulus und die Seefahrtskunde im römischen Kaiserzeitalter. 520 S., mit Illustrationen und Kartenbeilagen. Bern-Münchenbuchsee 1905, E. Sutermeister. 10.80 M.

Baur, F., Mathematische Geographie (Miniatur-Bibliothek Nr. 671—673). 140 S., ill. Leipzig 1905, A. O. Paul. 30 Pf.

Biendl, H., Wanderskizzen. III, 121 S. Dresden 1905, E. Pierson. 2.50 M.

Cicalek, Th. und J. G. Rothaug, Kolonial- und Weltverkehrskarte. Maßstab am Äquator 1:25000000, 6 Blatt. Wien 1905, G. Freytag & Berndt. 21 M.

Funcke, O., Reisegedanken und Gedankenreisen eines Emeritus. 3. bis 6. Aufl. XVI, 376 S., ill. Altenburg 1905, St. Geibel. 5 M.

Geographisches Jahrbuch. Begründet 1866 durch E. Behm. XXVII. Bd. 1904. Herausgeg. von H. Wagner. 2. größere Hälfte, VIII und S. 177—466. Gotha 1905, Justus Perthes. 10 M.

Hann, J., Der tägliche Gang der Temperatur in der inneren Tropenzone. (Aus: »Denkschr. der k. Akad. der Wiss.«) 118 S. Wien 1905, C. Gerolds Sohn. 6.80 M.

Hepperger, J. v., Über Kometen (Schriften des Vereins zur Verbreitung naturw. Kenntnisse in Wien. 45. Jahrg. Heft 6). 31 S. Wien 1905, W. Braumüller. 60 Pf.

Kohlstock, P., Ratgeber für die Tropen. 2. Aufl., neubearb. von Dr. Mankiewitz. VIII, 380 S. Göttingen 1905, H. Peters. 7.50 M.

Koken, E., Führer durch die Sammlungen des geologischmineralogischen Instituts in Tübingen. 110 S., ill. Stuttgart 1905, E. Schweizerbart. 1 M.

Leipoldt, O., Wandkarte des Weltverkehrs. Politische Erdkarte im Mercator-Entwurf mit Darstellung der wichtigsten Eisenbahnen, Dampfer-, Telegraphenlinien und Karawanenstraßen. 2. Aufl. 4 Blatt. Dresden 1905, A. Müller-Fröbelhaus. 14 M.

Preißlach, E., Wetterlehre. Ein Hausschatz für die gesamte Landwirtschaft Deutschlands und der angrenzenden Länder, auch für die, welche an der Wetterkunde Interesse haben. IV, 95 S., ill. Bautzen 1905, Weller. 2.40 M.

Stielers Hand-Atlas. 100 (farb.) Karten in Kupferstich mit 162 Nebenkarten. Herausgegeben von Justus Perthes' geographischer Anstalt in Gotha. Neunte von Grund aus neubearb. und neugestochene Aufl. 47—50. (Schluß-) Lieferung je 2 Blatt. Gotha 1905, Justus Perthes. Je 60 Pf., auch in 10 Abteilungen zu 3 M.; alphabetisches Namenverzeichnis. (IV, 11, 237 S.) (Vollständig geb. 38 M., in Prachtband 42 M.)

Wagner, P., Illustrierter Führer durch das Museum für Länderkunde (Alphons Stübel-Stiftung). Herausgeg. von der Direktion des Museums für Völkerkunde. 70 S., ill., 3 K. Leipzig 1905, Städt. Museum für Völkerkunde. 50 Pf.

Ziegler, H., Hinaus in die Welt! Erlebnisse, Studien und Betrachtungen eines Weltreisenden. 1. Heft. Wie ich Weltreisender wurde. 110 S. Berlin 1905, W. Süsserott. 1.80 M.

b) Deutschland.

Baade, H., Topographische Spezialkarte der Großherzogtümer Mecklenburg-Schwerin und Mecklenburg-Strelitz, auf Grundlage der Karte des Deutschen Reiches gezeichnet. 1:200000. 4 Blatt. Rostock 1905, C. J. E. Volckmann. 3 M.

Braun, F., Die deutschen Weichselufer. Landschaftliche Schilderungen. 71 S. Danzig 1905, L. Saunier. 1.50 M.

Dietsch, O., Die Hoh-Königsburg als Ruine. (Eigentum S. M. des Kaisers.) Aus dem Franz. Verm. u. umgearb. Aufl. 72 S., ill., 1 K. Markirch 1905, Leipzig, G. Hedeler. 1 M.

Gaebler, E., Wandkarte der Provinz Posen. 2. Aufl. von Fr. Behrens. 1:150000. 6 Blatt. Lissa 1905, F. Ebbecke. 20 M.

Geologische Spezialkarte des Großherzogtums Baden, herausgeg. von der großherzogl. bad. geolog. Landesanstalt. 1:25000. Blatt 21: Mannheim. 2. Aufl. Mit Erläuterungen von H. Thürach. 24 S., ill. Heidelberg 1905, C. Winter, Verlag. 3 M.

— — des Königreichs Sachsen. 1:25000. Herausgeg. vom königl. Finanzministerium. Blatt 20: Liebertwolkwitz-Rötha. 2. Aufl., mit Erläuterungen. Leipzig, W. Engelmann. 3 M.

Geologische Übersichtskarte von Württemberg und Baden, dem Elsaß, der Pfalz und den weiterhin angrenzenden Gebieten. Herausgeg. vom dem k. württemberg. statist. Landesamt. 5. erw. Aufl. der geognost. Übersichtskarte des Königreichs Württemberg. 1:600000. Farbdr. Stuttgart 1905, H. Lindemann. 3.80 M.

Gruber, Chr., Wirtschaftsgeographie Deutschlands (Einzelausgabe aus »Der deutsche Kaufmann«). S. 1—64, ill., 3 K. Leipzig 1905, B. G. Teubner. 1.20 M.

Hansemann, L., Bestimmung der Intensität der Schwerkraft auf 66 Stationen im Harze und seiner weiteren Umgebung. (Veröff. des kgl. preuß. geodät. Institut N. F. Nr. 19.) V, 140 S., 2 K. Berlin 1905, P. Stankiewicz. 8 M.

Hecker, O., Seismometrische Beobachtungen in Potsdam in der Zeit vom 1. I. bis 31. XII. 1904. (Veröff. d. kgl. preuß. geodät. Institut N. F. Nr. 21.) VI, 119 S. Berlin 1905, P. Stankiewicz. 4 M.

Höhenkurvenkarte vom Königreich Württemberg. Hrsg. von dem k. württ. statist. Landesamt. 1:25000. Bl. 84 u. 85: Kirchheim unter Teck und Weilheim an der Teck. Stuttgart 1905, H. Lindemann. Je 1.50 M.

Höhenschichtenkarte vom Sauerland, Siegerland und Wittgenstein in Schichten von 50 zu 50 m. 1:100000. Blatt 2: Siegen. Eisenach 1905, H. Kahle. 1.50 M.

Hoßfeld, C., Höhenschichtenkarte vom Elstertal. Nördl. Teil. 1:100000. 2. Aufl. Eisenach 1905, H. Kahle. 1 M.

Karte des Deutschen Reiches. 1:100000. Abt. : Königr. Sachsen. Herausgeg. vom topogr. Bureau des kgl. sächs. Generalstabes. 389. Halle. — 441. Altenburg. — 442. Chemnitz. — 444. Königstein. — 468. Zwickau. Neue Ausgabe 1905. Dresden, E. Engelmanns Nachf. Je 1.80 M.

Karte für das Kaisermanöver 1905. Zusammengestellt in der kartograph. Abteilung der königl. Landes-Aufnahme. 1:100000. Berlin 1905, R. Eisenschmidt. 1.80 M.

Kolschwitz, O., Jauer. Ein Wegweiser durch die Heimat und ihre Geschichte. 2. Aufl. VIII, 151 S., ill. Jauer 1905, O. Hellmann. 1 M.

Neumanns Orts- und Verkehrs-Lexikon des Deutschen Reiches. 4. Aufl., herausgeg. von Max Broesike und W. Heil. Mit 40 Stadtplänen, 1 politischen Übersichtskarte und 1 Verkehrskarte. VIII, 1255 S. Leipzig 1905, Bibliographisches Institut. In 2 Bänden je 9.50 M.

Potsdam, Die Polhöhe von Potsdam. 3. Heft. (Veröffentl. d. kgl. preuß. geodät. Institut N. F. Nr. 20.) 51 S., ill. Berlin 1905, P. Stankiewicz. 4 M.

Schwertschlager, J., Altmühltal und Altmühlgebirge. Eine topographisch-geologische Schilderung. (Aus: »Sammelblatt des histor. Vereins Eichstätt«.) VII, 102 S., ill. Eichstätt 1905, Ph. Brönner. 4 M.

Trinius, A., Im Jahresreigen. Skizzen aus dem Thüringer Walde. VII, ii, 272 S. Weimar 1905, H. Grosse. 2.80 M.

Wandkarte der Stadt- und Landkreises Aachen. 1:25000. 6 Blatt. Düren 1905, W. Solinus. 20 M.

Wegekarte für das Kaisermanöver 1905. Bearb. in der kartograph. Abteilung der kgl. Landesaufnahme. 1:300000. Berlin 1905, R. Eisenschmidt. 1 M.

c) Übriges Europa.

Baedeker, K., Austria-Hungary including Dalmatia and Bosnia. With 33 maps and 44 plans. 10. ed. XVIII, 468 S. Leipzig 1905, K. Baedeker. 8 M.

—, Belgique et Hollande y compris le Luxembourg. 18 éd. Avec 17 cartes, 28 plans de villes, etc. 480 S. Leipzig 1905, K. Baedeker. 6 M.

Barvir, H., Zur Frage nach der Entstehung der Graphitlagerstätte b. Schwarzbach in Südböhmen. (Aus: »Sitzungsber. der böhm. Gesellsch. der Wiss.«.) 13 S. Prag 1905, F. Řivnáč. 20 Pf.

Hettner, A., Das europäische Rußland. Eine Studie zur Geographie des Menschen. VIII, 221 S., 21 K. Leipzig 1905, B. G. Teubner. 4.60 M.

Hug, J., Geologische Karte der Drumlinlandschaft der Umgebung von Andelfingen (Kt. Zürich). 1:25000. 4 M.

—, Geologische Karte von Kaiserstuhl. 1:25000. 2.40 M.

—, Geologische Karte des Rheinlaufes unterhalb Schaffhausen. (Aus: »Beiträge zur Geologie der Schweiz«.) Bern 1905, A. Francke. 4 M.

Lang, G., Untersuchungen zur Geographie der Odyssee. 124 S., ill., 2 K. Karlsruhe 1905, F. Gutsch. 3 M.

Mühlberg, F., Geologische Karte des unteren Aare-Reuß- und Limmat-Tales. 1:25000. (Aus: »Beiträge zur Geologie der Schweiz«.) Bern 1905, A. Francke. 4.80 M.

Novotny, J., Versuch, die geographischen Koordinaten der k. k. Sternwarte in Prag geodätisch abzuleiten. (Aus: »Sitzungsber. der böhm. Gesellsch. der Wiss.«.) 21 S., ill. Prag 1905, F. Řivnáč. 90 Pf.

Rollier, L., Carte tectonique des environs de Delémont (Delsberg). 1:25000. 4.80 M. — Carte tectonique d'Envelier et du Weißenstein. 1:25000. (Aus: »Beiträge zur Geologie der Schweiz«.) Bern 1905, A. Francke. 4 M.

Sigerus, E., Durch Siebenbürgen. Eine Touristenfahrt in 58 Bildern. 50 Taf. m. 17 S. Text. Hermannstadt 1905, J. Drotleff. In Mappe 12.50 M.

d) Asien.

Falkenegg, Baron v., Japan, die neue Weltmacht. Polit. Betrachtungen. 52 S. Berlin 1905, Boll & Pickardt. 80 Pf.

Kiepert, R., Karte von Kleinasien in 24 Blatt. 1:400000. Blatt C I: Smyrna. Berlin 1905, D. Reimer. 6 M.

Schultze, O., Lebensbilder aus der chinesischen Mission. 144 S., ill. Basel 1905, Missionsbuchhandlung. 1.80 M.

Semper, C., Reisen im Archipel der Philippinen. II. Teil. Wissenschaftliche Resultate. X. Bd. 1. Heft. 32 S., ill. m. 7 Bl. Erklär. Wiesbaden 1905, C. W. Kreidel. 30 M.

e) Afrika.

Samassa, P., Das neue Südafrika. III, 416 S. Berlin 1905, C. A. Schwetschke & Sohn. 6.50 M.

Schinz, H., Plantae Menyharthianae. Ein Beitrag zur Kenntnis der Flora des unteren Sambesi. (Aus: »Denkschrift der k. Akad. der Wiss.«.) 79 S. Wien 1905, C. Gerolds Sohn. 4 M.

Schkopp, E. v., Kameruner Skizzen. (VII, 206 S. Berlin 1905, Winckelmann & Söhne. 2.25 M.

Tiedemann, A. v., Aus Busch und Steppe. Afrikanische Expeditionsgeschichten. VII, 251 S., ill. Berlin 1905, Winckelmann & Söhne. 4 M.

f) Amerika.

Fritsch, W. A., Aus Amerika. Alte und neue Heimat. III, 82 S. Stargard 1905, W. Prange. 2 M.

g) Australien.

Pöch, R., Erster Bericht von meiner Reise nach Neu-Guinea über die Zeit vom 6. VI. 1904 bis zum 25. III. 1905. (Aus: »Sitzungsber. der k. Akad. der Wiss.«.) 17 S., ill. Wien 1905, C. Gerolds Sohn. 50 Pf.

h) Polarländer.

Regel, F., Die Nordpolarforschung (Hilligers illustr. Volksbücher, 33. Bd.). 106 S., ill. Berlin 1905, H. Hilliger. 50 Pf.

i) Ozeane.

Ihnken, B., Durch ferne Meere. Irrfahrten und Seeabenteuer eines wackeren Jungen. 2. Aufl. V, 327 S., ill. Berlin 1905, Neufeld & Henius. 6 M.

Schott, G., Weltkarte zur Übersicht der Meeresströmungen und Dampferwege. 2. Aufl. Mit Text. 4 S. Berlin 1905, D. Reimer. 12 M.

Valdivia, Wissenschaftliche Ergebnisse der deutschen Tiefsee-Expedition auf dem Dampfer »Valdivia« 1898—1899. Herausgeg. von Prof. Carl Chun. XI. Bd., 1. Lfg. 55 S., ill. und 9 Blatt Erklär. Jena 1905, G. Fischer. 20 M.

Wettstein, R. v., Das Pflanzenleben des Meeres (Schriften des Vereins zur Verbreitung naturwissenschaftl. Kenntnisse in Wien, Heft 9). 27 S., ill. Wien 1905, W. Braumüller. 70 Pf.

k) Geographischer Unterricht.

Arlt, P., Das Wichtigste aus der Heimatkunde des Kreises Goldberg-Haynau. 16 S. Glogau 1905, C. Flemming. 10 Pf.

Baldamus, A., Wandkarte zur Geschichte des Frankenreiches (481—911) (Sammlung histor. Schulwandkarten herausgeg. von A. Baldamus, II. Abt. Nr. 2). 6 Blatt. Leipzig 1905, O. Lang. 22 M.

Bargmann, A., Methodik des Unterrichts in der Erdkunde in Volks- und Mittelschulen. IV, 104 S., ill. Leipzig 1905, B. O. Teubner. 1.40 M.

Berg, A., Wie studiert man Geographie? Ein praktischer Wegweiser. 44 S. Leipzig 1905, Roßberg'sche Verlagsbuchhandlung. 1 M.

Conrad, O., Das Wichtigste aus der Heimatkunde des Kr. Rosenberg. 11 S. Glogau 1905, C. Flemming. 10 Pf.

Effert, O., Mathematische Geographie für humanistische Gymnasien. 2. Aufl. IV, 77 S., ill. München 1905, J. Lindauer. 1.20 M.

Exner u. Baldamus, Schlachtenpläne, Nr. 4 Sedan (Sammlung histor. Schulwandkarten, herausg. von A. Baldamus, VI. Abt. Nr. 4). 1:15000. 2 Blatt. Leipzig 1905, O. Lang. 10 M.

Flecker, O., Grundlinien der Mineralogie und Geologie für die 5. Klasse der österreichischen Gymnasien. XXII, 113 S., ill. Wien 1905, F. Deuticke. 2.20 M.

Gaebler, E., Plastische Schulwandkarte von Mittel-Europa. 1:1000000. Ausgabe A: Physikalisch; Ausgabe B: dasselbe mit polit. Karton; Ausgabe C: dasselbe, stumme Ausgabe. Je 4 Blatt. Leipzig 1905, O. Lang. Je 20 M. —, 3 Wandkarten von Deutschland. Nr. 1: Nordwestdeutschland. 1:350000. 6 Blatt. Ebd. 1905. 22 M.

Günther, F., Die Heimat im Schulunterricht. Vortrag. 20 S. Hannover 1905, C. Meyer. 50 Pf.

Hebecks, P., Heimatkunde des Kreises Schleusingen. IV, 66 S. Schleusingen 1905, M. Schewe. 50 Pf.

Käiker, O., Kleine Erdkunde für die Volksschule. 1. Das Königreich Sachsen. 2. Aufl. 24 S. Dresden 1905, A. Huhle. 16 Pf.

Karte zur Heimatkunde des Reg.-Bez. Aachen. 1:160000. 1:500000. Düren 1905, W. Solinus. 20 Pf.

Krautwurst, K., Das Wichtigste aus der Heimatkunde des Kreises Frankenstein. 20 S. Glogau 1905, C. Flemming. 10 Pf.

Krug, Ph., Heimatkunde des Kreises Düren. 43 S., ill. Düren 1905, W. Solinus. 30 Pf.

Lassig, O. A., Geographie. Lehr- und Lernbuch für zivilversorgungsberechtigte Unteroffiziere. 248 S. Dresden 1905, B. Sturm. 2 M.

Letoschek, E., Leitfaden der Geographie für den 2. Jahrgang der k. und k. Militär-Unterrealschulen. Verl. im Auftrage der k. und k. Reichskriegsministeriums. I. Allgemeine Erdkunde. II. Länderkunde von Asien, Afrika, Australien, Amerika. VI, 112 S. Wien 1905, L. W. Seidel & Sohn. 3 M.

Neugebauer, E., Heimatkunde des Kreises Onesen. 24 S., 1 K. Lissa 1905, F. Ebbecke. 60 Pf.

Schäfer, W., Bilder für den heimatkundlichen Anschauungsunterricht in den Schulen Niedersachsens. Gezeichnet von Hugo Fr. Hartmann. I. Ein niedersächs. Bauernhof im Frühling. Mit Text. 8 S. Harburg 1905, O. Elkan. 4 M.

Schreier, O., Lernbüchlein der Geographie für die Hand der Schüler der Volks- und Bürgerschulen in Niederösterreich. II. Heft, Handbüchei aus den Realien, Geographie. 3. Aufl. 59 S. Sternberg 1905, A. R. Flitsch. Ill. 22 Pf.

Schwabe, E., Italia (Sammlung histor. Schulwandkarten, herausgeg. von A. Baldamus, 1. Abt. Nr. 5). 1:650000. 6 Blatt. Leipzig 1905, O. Lang. 22 M.

Thiel, O., Heimatkunde des Kreises Wongrowitz. 36 S., 1 K. Lissa 1905, F. Ebbecke. 60 Pf.

Weick, O., Heimatkunde von Elsaß-Lothringen. 2. Aufl. Ausgabe B ohne unterrichtliche Bemerkungen. IV, 77 S., ill., 1 K. Zabern 1905, A. Fuchs. 80 Pf.

l) Zeitschriften.

Das Weltall. V, 1905.
Heft 24. Archenhold, F. S., Vorläufige Mitteilung über unsere Beobachtung der totalen Sonnenfinsternis am 30. August 1905 in Burgos. — Archenhold, F. S., Die ältesten Zeichnungen der Marsoberfläche aus dem 17. Jahrhundert. — Archenhold, F. S., Der gestirnte Himmel im Monat Oktober 1905. — Landwehr, O., Die Sonnenfinsternis im Jahre 1724.

Deutsche Erde. IV, 1905.
Heft 4. Langhans, P., Deutsche Arbeit in Afrika 1884 bis 1905. — Most, O., Die Reichsdeutschen im Auslande. — Klein, A., Das Deutschtum in Schanghai. — Kuhns, O., Untergrundströme deutschen Einflusses in den Vereinigten Staaten. — Oerhard, H., Deutsche Kommunistengemeinden in Amerika. — Hanisch, H., Die Zahl der in das südliche Mittel-Chile eingewanderten Deutschen. — Barsewisch, J. v., Deutsche Ortsnamen in Rio Grande do Sul. — Langhans, P., Neues vom Deutschtum aus allen Erdteilen. — Berichte über neuere Arbeiten zur Deutschkunde. — Zeitschriftenschau. — Beyer, A., Deutschkunde im schöngeistigen Schrifttum. — 1 Karte.

Deutsche Rundschau für Geogr. u. Stat. XXVIII, 1905.
Nr. 1. Albert, A., Die Erforschung der Hochregionen des Tian-Schan durch Dr. G. Merzbacher. — Groos, W., Hoch über Chalkidike. — Eltz, R., Zu den Fällen des Ignazu. — Reindl, J., Der Einfluß der Eisenbahnen auf die Verteilung der Menschen und ihrer Siedelungen.

Globus. Bd. 88, 1905.
Nr. 8. Klengel, F., Über das Klima von Palästina. — Von Hanoi nach Longtscheu. — Krebs, W., Wirbelstürme und Hochwassergefahr im fernen Osten. — Die deutschen Grabungen in Babylon und Assur. — Wadai und sein Verhältnis zu den Franzosen. — Förstemann, E., Die Millionenzahlen im Dresdensis.
Nr. 9. Das Deutsche Schutzgebiet zu Klautschou in seiner neuesten Entwicklung. — Kirchhoff, D., Das künstliche Wegenetz in Togo. — Senfft, A., Sage über die Entstehung der Inseln Map und Rumung und der Landschaft Nimigil (Japinseln). — Krämer, A., Die Gewinnung und die Zubereitung der Nahrung auf den Ralik-Ratakinseln (Marshallinseln).
Nr. 10. Götz, W., Wilhelm Filchners Reise in Ost-Tibet. — Richter, O., Unsere gegenwärtige Kenntnis der Ethnographie von Celebes. — Weitere Mitteilungen über die französische Südpolarexpedition. — Schwalbe, O., Zur Frage der Abstammung des Menschen. Erwiderung.
Nr. 11. Sapper, K., Das mexikanische Territorium Quintana Roo. — Das Bahnprojekt Kilwa-Nyassa. — Richter, O., Unsere gegenwärtige Kenntnis der Ethnographie von Celebes (Fortsetzung). — Krebs, W., Die Monatskarte für den Nordatlantischen Ozean.
Nr. 12. Seidel, H., Sprachen und Sprachgebiete in Deutsch-Mikronesien. — Mehlis, C., Neolithische Näpfchensteine. — Krebs, W., Streitfragen der antarktischen Klimatologie. — Richter, O., Unsere gegenwärtige Kenntnis der Ethnographie von Celebes (Schluß).

Meteorologische Zeitschrift. 1905.
Nr. 8. Osthoff, H., Die Formen der Cirruswolken. — Haecker, Untersuchungen über Nebeltransparenz.

Mitt. d. k. k. Geogr. Ges. Wien. 48 Bd., 1905.
Nr. 8 u. 9. Marek, R., Waldgrenzstudien in den österreichischen Alpen. — Engell, M. C., Einige Beobachtungen über die Kalbungen im Jakobshavner Eisfjorde und den benachbarten Fjorden. — Fischer, E. S., Beobachtungen und Daten von meiner Studienreise nach Panama und Costa Rica. Rieß, E., Die Dalmatiner in Neuseeland.

Naturwissenschaftliche Wochenschrift. 1905.
Nr. 36. Hilbert, H., Eine naturwissenschaftliche Wanderung über die kurische Nehrung.
Nr. 38. Penck, A., Das Klima Europas während der Eiszeit.

Petermanns Mitteilungen. 51. Bd., 1905.
Heft 9. Polis, P., Die wolkenbruchartigen Regenfälle am 17. Juni 1904 im Maas-, Rhein- u. Wesergebiet. — Baldacci, A., Die Arbeiten der beiden italienischen Studienmissionen 1902 und 1903 in Montenegro. — Hassert, K., Topographische Aufnahmen in Montenegro. — Tronnier, R., Über Furten. — Kleinere Mitteilungen. — Geogr. Monatsbericht. — Beilage: Literaturbericht. — Karten.

The Journal of Geography. Vol. IV, 1905.
Juli. Brown, R. M., Map Reading. — Irving, A. P., Field Work in Geography. — Davis, Wm. M., Illustration of Tides by Waves. — Garlick, E. S., An Outline of Home Geography for Paterson N. J. — Bagley, Wm. Ch. Geography in the Intermediate Grades.

Zeitschrift für Schulgeographie. XXVI, 1904.
Heft 11 u. 12. Oppermann, E., Herm. Wißmann †. — Jauker, O., Der Archäologenkongreß zu Athen, April 1905. — Imendörfer, B., Das Prüfen im Geographieunterricht. — Gorge, S., Zur Verbindung der Geographie Altgriechenlands mit Mythologie und Sage. — Deneb, St., Dogmatischer Unterricht. — Meyer, J., Bilder aus Nordböhmen. — Ricek, L. O., Die im Volksmunde lebenden deutschen Gaue und Gaunamen. — König, F., Fahrten und Studien in Südschwaben. — Fehlinger, H., Zur Pflanzengeographie Australiens. — Haben Wälder Einfluß auf den Niederschlag?

Ferdinand Freiherr von Richthofen †.

Von Felix Lampe-Berlin.

Am 6. Oktober dieses Jahres verschied Ferdinand v. Richthofen. Noch zwei Tage zuvor hatte er an einer wissenschaftlichen Arbeit geschrieben. Da wurde er, vom Schlage getroffen, im Sessel neben dem Schreibtisch gefunden, und ist, ohne das Bewußtsein wiedererlangt zu haben, schmerzlos entschlafen. Nach einem Leben, reich an Gehalt, wie es wenig Sterblichen beschieden, ein glückseliger Abschluß; doch für alle Freunde erdkundlicher Wissenschaft, für die zahllosen Verehrer seiner Persönlichkeit eine tief erschütternde Kunde! Wohl mußte dieses gesegnete Dasein in absehbarer Zeit dem Ziele zustreben; denn mehr als 70 Jahre hatte es gewährt und war köstlich gewesen durch Mühe und Arbeit, auch durch Erfolg und Anerkennung; aber allzu eng war es mit vielen Verhältnissen verknüpft, als daß nicht eine klaffende Lücke für das Empfinden weiter Kreise sich aufgetan hätte, eine drückende Leere gefühlt würde an der Stelle, wo man gewohnt war, sich ihn wirkend zu denken. Reiften doch noch immer Früchte von bleibendem Wert auf den von ihm unermüdlich bestellten Feldern der Wissenschaft; fiel doch schwer ins Gewicht sein Rat, die von ihm ausgehende Anregung bei den Reisenden, die als Forscher, als Beamte oder Offiziere, als Missionare oder Kaufleute in die Ferne zogen. Viel galt seine Meinung bei den verschiedensten Behörden des Staates, seine Ansicht unter den Amtsgenossen an deutschen und außerdeutschen Hochschulen, im Vorstand der bedeutendsten deutschen Gesellschaft für Erdkunde, der in Berlin. Am weitesten vielleicht reichte sein Einfluß als Lehrer, sachlich und örtlich weit.

Zuerst freilich gedenkt man bei dieser Todesnachricht des herrlichen Menschen, den man verloren. Wer ihn je gesehen, vergaß ihn nicht wieder, nicht wieder den starken Eindruck seiner edlen, hohen Gestalt, die alle anderen um Haupteslänge überragte, seines milden Blickes aus sinnenden, oft fast träumenden Augen, die Ausgeglichenheit jeder Bewegung. Was hätte ihn je aus der vornehmen Ruhe des inneren Gleichgewichts gebracht? Hoheitsvoll und doch wunderbar schlicht, zurückhaltend und doch Vertrauen weckend, über anderer Verdienste beredt wie verschwiegen über die eigenen, bereit, an Wohl und Wehe eines jeden ratend und helfend teilzunehmen, doch für sich selbst den Kleinlichkeiten des Alltagsgetriebes anscheinend unnahbar weit entrückt, von strengem Ernst der Lebensführung und doch von sonniger Heiterkeit des Gemüts, kurz ein aufrechter Mensch von Gestalt wie von Wesen, so war dieser seltene Mann, von Natur geschaffen wie durch Selbsterziehung gebildet. Wer bei Rat oder Tat Gemeinschaft mit ihm pflog, den fesselte er, ohne je geistreich sein zu wollen, durch seines Geistes Kraft und Klarheit in seinen Bannkreis. Deshalb brachten ihm die Schüler schwärmerische Liebe und Verehrung dar, obschon ihm die bewußte Kunst des Unterrichtens nach eigenem Geständnis fremd war. Deshalb ordnete man sich ihm willig unter, obschon er nie nach Herrschaft strebte.

Was er als Mensch Hunderten gewesen, lebt fort in ihren Herzen und übt wohltätigen Einfluß auf ihr Fühlen und Denken. Der großen, offenen Geschichte der Wissenschaft aber gehört an, was er als Forscher gewirkt hat, als Reisender in weiten Fernen, als Gelehrter daheim am Studiertisch. Scharf in der Beobachtung des Kleinsten wie kein zweiter, versank er nie im einzelnen; gerade die Weite seines Gesichtskreises war das Erstaunlichste an seiner Auffassungsweise. Wenn er, mit Scharfsinn den letzten

Gründen der Tatsachen nachspürend, in die Tiefe der Erscheinungen drang, um ihr Wesen von innen her so deutlich zu erhellen, wie sie von außen den Sinnen sich darbieten, verlor er doch nie einer Theorie, einem System, einer Lehrmeinung zuliebe die Wirklichkeit aus den Augen. Und doch hat er die Systematik der Erdoberflächenformen, die Klassifikation der Gesteine bedeutsam gefördert. Er war ein Meister in einem örtlich und sachlich begrenzten Gebiet, in der Geomorphologie Ostasiens; aber er beherrschte zugleich die unendlich weit sich verzweigenden Felder der erdkundlichen Wissenschaft, die allgemeine Geographie so gut wie die Länderkunde, und in der Geschichte der Kartographie bilden seine Wegaufnahmen wie die ausgeführten Karten im Atlas von China ein stolzes Blatt. Die Bewußtheit der Arbeitsweisen jeglicher Art von erdkundlicher Forschung hat er geweckt, die Auffassung über vieles in der Geschichte der erdkundlichen Wissenschaften aufs tiefste beeinflußt. Im Grunde läßt sich trotz der langen Liste seiner kleinen und seiner umfangreichen Veröffentlichungen[1]) das Lebenswerk Ferdinands v. Richthofen noch nicht überschauen, schon deshalb nicht, weil der wissenschaftliche Nachlaß noch manchen Schatz bergen wird. Der Gelehrte forschte aus Lust an der Forschung, aus Erkenntnisdrang, nicht um der Veröffentlichung willen, nicht eines Verdienstes wegen. So hat er vieles beobachtet, was er nur als Mittel zu eigener Belehrung betrachtete und nicht preisgab. Seine Rücksichtnahme auf den ihm befreundeten Leiter der geologischen Landesaufnahme in Kalifornien ließ ihn mancherlei in seinen Tagebüchern zurückhalten, was er in Nordamerika geschaut und über das Gesehene gedacht hatte, um keiner amtlichen Veröffentlichung vorzugreifen, und weit wies er es von sich, Geldgewinn aus dem Hinweis auf die Fortsetzung der Goldadern des kalifornischen Comstock-Ganges zu ziehen, obwohl seine Beobachtungen Anlaß zum glänzenden Reichtum derer geboten haben, die später diesen Schatz hoben. Ferner ist vieles, was er in Südostasien beobachtet hat, durch den Verlust der Aufzeichnungen und Sammlungen für immer verschollen; aber auch auf den dritten Band des Chinawerkes wird man verzichten müssen, obschon manches Wertvolle in durchgearbeiteten Einzelabhandlungen und in der großen Reihe der Tagebücher aus China noch vorhanden sein muß, so daß auch nach dem Tode des Forschers noch reiche Belehrung von ihm zu erwarten ist. Er ließ, so schnell und treffend er beobachtete und beurteilte, so umfassend aus verstreuten Einzelheiten ihm große Gesamtbilder sich gruppierten, doch gern alles langsam ausreifen und gab nur Vollendetes der Öffentlichkeit preis. Besaß er auch die köstliche Gabe, oft aus dem Kopfe gestaltend bei seinen Vorträgen mit dem Stoffe frei zu schalten, so hat er doch selbst seine Hochschulvorlesungen meist sehr genau nach Gedankengang und Inhalt durchgearbeitet. Volkstümlich war seine Darstellungsweise nicht. Dazu war sie zu gedankenvoll, zu sachlich, äußerlichem Schmucke abgewandt und auf das Innerliche gerichtet, lebendig zwar, aber männlich ernst. Auch bei Ferdinand v. Richthofen war der Stil der Mensch.

Und all dies Herrliche hat er selbst aus sich gemacht. Zwar gab ihm sein altes Geschlecht nach mancherlei Richtung hin Anwartschaft auf Großes, da es unter den Richthofens weder an glänzenden Vorbildern der Tüchtigkeit auf den verschiedensten Gebieten der Betätigung noch an Verbindungen aller Art, zuletzt auch an rein äußerem Wohlstande nicht gebrach; aber Ferdinand v. Richthofen ist durch und durch Autodidakt gewesen. Er, der eine große Schule hinterläßt, ist durch keine Schule beeinflußt. Weder in Breslau noch in Berlin hat er als Student einem Hochschullehrer besonders nahe gestanden. Weder die Geologen noch Karl Ritter, der Geograph, den er zwar gehört hat, zu dem er aber kein inneres Verhältnis gewann, vermochten seinen Erstlingsarbeiten Richtung zu geben. Er zog nach Tirol, nach Siebenbürgen, nach Süd- und Ostasien und nach Kalifornien, um zu lernen, und kam jedesmal dazu, andere zu belehren. Wie ihm die Beobachtungen, wo er auch ging, zuströmten und welches seine Erlebnisse im einzelnen waren, das galt ihm selbst wenig. Ihm kam es nur auf die Ergebnisse an. So ist sein großes Chinawerk trotz der eingehenden Mitteilungen über die Reisewege erstaunlich unpersönlich. Trotzdem er Entbehrungen und Mühen mancher Art auf seinen Wanderungen kennen gelernt hat, trotzdem er auf Pfaden, die vor ihm noch nie oder selten betreten waren, ungeheuere Landstrecken durchmessen

---

[1]) Naturwissenschaftl. Wochenschrift 1903, S. 361—370.

hat; Spannung erregen seine Berichte nur durch sachliche Fragen, die aufgeworfen werden, durch Antworten, die sie finden, durch die wissenschaftliche Erklärung der Landschaft, der Landeskultur. Wie sehr es seinem Leben an Dramatik zu fehlen scheint, so wohltuend ist es doch, sich in seinen Entwicklungsgang zu vertiefen, weil alles so folgerecht, so harmonisch, so ohne Sprung sich aufbaut, wie selten in eines Menschen Dasein.

Seine Heimat ist das schlesische Striegau mit den ländlichen Umgebungen, wenn er auch abseits im schlesischen Karlsruhe geboren ist (5. Mai 1833). Die Landschaft ist freundlich, doch nicht bedeutend. Steinsammlungen legte sich hier schon der Knabe an, und weit wanderte der Schüler auf eigene Faust bis in die Alpen. Zu Gesteinsuntersuchungen ging er auch nach vollendetem Studium in die Alpen. Über den Melaphyr hatte er seine Dissertation geschrieben, und dem Porphyrgebiet bei Bozen galten seine ersten größeren geologischen Aufnahmen, die im Fleimser- und Fossatal bei Predazzo. Die exakt petrographischen Arbeiten über Eigenart und Klassifikation vulkanischer Gesteine ziehen sich noch lange Jahre wie ein roter Faden durch das schnell sich ausbreitende Gewebe seiner Studien und Veröffentlichungen. Sie leiten ihn bei seinen geologischen Aufnahmen in den Karpathen, beschäftigen ihn später in Java, kommen in Kalifornien zum Abschluß. Doch überall drängen sich neue Beobachtungen anderer Art ihm auf. Im Tiroler Porphyrgebiet fesseln ihn die Dolomite, die er als Korallenriffe erklärt, und bei der Reise in den Sundainseln kommt er angesichts gehobener Korallenkalke auf seine Deutung zurück. Die Wanderungen in den Karpathen werden folgenschwer für ihn, weil neben der Petrographie die Stratigraphie ihn zu fesseln beginnt. Er kommt auf die Gegensätze des regelmäßigen Verlaufs der Außensäume von Faltungsgebirgen zum regellosen Einbruch weiter Erdschollen auf der Innenseite der Faltung, und später führt das zur Scheidung homöomorpher und heteromorpher Gebirge. Im Mai 1860 reist er als Geolog mit dem Range eines Legationssekretärs nach Ostasien, ein Mitglied der nach China, Japan, Siam geschickten preußischen Gesandtschaft unter dem Grafen Friedrich zu Eulenburg. In den Tropen findet er an den Gesteinen vieles gleichartig den aus Europa ihm bekannten Verhältnissen, an vulkanischen wie an anderen. Er entdeckt z. B. die Nummulithenformation, die ihn schon als Berliner Student in einer Seminararbeit beschäftigt hatte, auf Japan und in den Philippinen, obwohl man damals glaubte, sie reiche über den Wendekreis nach Süden nicht hinaus. Aber lehrreicher schienen ihm doch die Unterschiede. Er erfaßte sehr schnell, wie anders Witterung und Pflanzenwelt der Tropen auf die Gesteine wirken mußten, deutete beim ersten Betreten tropischen Bodens den Laterit als Verwitterungsform der verschiedensten Gesteine und leitete damit die späteren weitblickenden Gliederungen der Landschaften nach Art ihrer Beeinflussung durch die Atmosphärilien ein. Nachdem er rund zwei Jahre Süd- und Südostasien durchstreift und längere Zeit im südwestlichen Nordamerika verweilt hatte, ging er im Jahre 1868 nach China und führte bis zum Jahre 1872 die sieben Reisen durch das Riesenreich aus, die seinen Namen berühmt gemacht haben. Was ihn sein Aufenthalt an den zahlreichen Küsten hatte schauen lassen, die Gewalt der Brandungswelle, was er an Witterungseinflüssen für die Gesteinsumbildung und Massenumlagerung schon vorher geahnt hatte, all seine früheren Beobachtungen bereichert um zahllose neue, das zieht er heran, um das rastlos durchwanderte, große, noch unbekannte Land in seinem Wesen, in seiner durch die Vergangenheit bestimmten Gegenwartsgestalt zu begreifen. Heimgekehrt, arbeitet er das alles aufs sorgsamste durch und schafft, indem er die Fülle seiner an den verschiedensten Erdstellen gewonnenen Eindrücke der Erklärung des einen Hauptlandes seiner Forschungen zugute kommen läßt, das vielgepriesene Meisterwerk länderkundlicher Literatur, sein »China«, und indem er seinen auf diesen Reisen gesammelten Schatz von Anschauungen zur Ausdeutung des Formenreichtums auf der ganzen Erdoberfläche verwertet, das nicht minder bewunderte, grundlegende Werk der allgemeinen Geographie, den »Führer für Forschungsreisende«. Nun tritt er ins amtliche Leben als Hochschulprofessor, nun mehren sich die Aufgaben als Vorsitzender und Mitglied von vielen in- und ausländischen gelehrten Körperschaften und Gesellschaften, nun häufen sich Ehren, Würden, Ansprüche an ihn, Aufgaben für ihn. Nun entwickelt er, der auf Reisen sich alles praktisch zurecht zu legen gewohnt ist, ein bewundernswertes Organisationstalent, das ihn noch als Siebzigjährigen der Aufgabe gerecht werden läßt; eine ganz neue

Anstalt, das Institut für Meereskunde, ins Leben zu rufen. Und während er unermüdlich selbst über die Morphologie Ostasiens forscht, begleitet er die Arbeiten der Schüler
auf das teilnahmvollste. Als ihm die Feder entsank, war er dabei, für seinen Kaiser
einen Vortrag niederzuschreiben über seines Lieblingsschülers Erich v. Drygalski antarktische Reise im Vergleich zu den Südpolarexpeditionen der anderen Völker.

Ein wundervoll vornehmer Mensch, ein wahrhaft großer Gelehrter ist mit ihm
dahingeschieden. Man bewahrt einen merkwürdig einheitlichen Eindruck von ihm als
von einem Manne höchster Bedeutung, von einem Menschen, auf den des Dichters
Wort geprägt zu sein scheint:

»He was a man, take him for all in all
I shall not look upon his like again.«

Der Erdkundeunterricht und die Gesellschaft Deutscher Naturforscher und Ärzte.

Von Oberlehrer Heinrich Fischer-Berlin.

Es ist schon öfter in diesen Blättern darauf hingewiesen worden, mit welcher Lebhaftigkeit die in der obengenannten Gesellschaft mit ihren berühmten Versammlungen
vereinigten Männer der heutigen Kultur gegen die Unterlassungssünden des Philologentums auf dem Gebiet des höheren Schulwesens ankämpfen. In diesem Herbste
tagte ihre Versammlung in Meran, also im reichsdeutschen Auslande; das hat die Folge
gehabt, daß man dieses Mal nur Berichte entgegengenommen, Beschlüsse aber nicht
gefaßt hat. Immerhin sind diese Berichte über die bisherige Tätigkeit der von der vorjährigen Versammlung eingesetzten »Unterrichtskommission« durchaus als der Meinung
der Gesellschaft selbst entsprechend anzusehen.

Es liegen mir zwei gedruckte Berichte bisher vor: 1. ein »allgemeiner Bericht«
von A. Getzmer-Jena, erstattet über die bisherige Tätigkeit der Kommission, 2. ein
besonderer über den Unterricht in der Chemie nebst Mineralogie und in der Zoologie
nebst Anthropologie, Botanik und Geologie an den neunklassigen höheren Lehranstalten
(ein besonderer Verfasser ist nicht genannt).

Da auf unser Lehrfach nicht selber angehende Einzelheiten aus Raumgründen
hier leider nicht eingegangen werden kann, stelle ich nur das Folgende fest. Die Schrift-
stücke sind von Anfang bis zu Ende von dem Geiste des Glaubens an die eigene Sache
und ihre Zukunft durchweht. Immer wieder erklingt der Ruf »mehr Raum«, »Ober-
klassenunterricht«. Scharf wird die Verböserung der Realgymnasien auf dem Wege
einseitiger Sprachschulen betont, die »klaffende Lücke« in der Bildung unserer Human-
gymnasiasten hervorgehoben.

Was nun aber die Stellung der Männer dieser starken Bewegung zur Erdkunde
betrifft, so halte ich mich für verpflichtet hier ihre eigenen Worte reden zu lassen. Fast
wörtlich übereinstimmend sprechen die Berichte (I, S. 10/11; II, S. 6/7) folgendermaßen aus: »Gegenüber einer vielfach verbreiteten Meinung, daß auch die Geographie
in den Lehrplan des naturwissenschaftlichen Unterrichts einzubeziehen sei, vertritt die
Kommission den Standpunkt, daß für eine derartige Verknüpfung gegenwärtig noch die
erforderlichen Voraussetzungen fehlen«. »Sie hält sich aber für verpflichtet, ihr
Interesse für den Unterricht in der Erdkunde in folgenden Sätzen auszusprechen«:

1. »Der Unterricht in der Erdkunde ist von allen höheren Schularten in angemessener
Weise bis in die oberen Klassen durchzuführen«.

2. »Der erdkundliche Unterricht muß wie jeder andere von fachmännisch vorgebildeten Lehrern erteilt werden«.

3. »Es ist wünschenswert, daß das Studium der Erdkunde auf allen Universitäten
zu den naturwissenschaftlichen Studien in nähere Beziehung tritt«. Im besonderen fügt
dann noch II, S. 7 das Folgende hinzu: »Im übrigen herrschte darüber allgemeine
Übereinstimmung, daß in Anbetracht der sehr verschiedenartigen Vorbildung der in der
Erdkunde unterrichtenden Lehrer und der über die Vorbildung bestehenden Vorschriften
der Prüfungsordnungen der erdkundliche Unterricht auf den höheren Schulen
vor den naturwissenschaftlichen Grundlagen der Geographie zu entlasten

ist, und daß diese in den naturwissenschaftlichen Lehrplänen Berück-sichtigung finden müssen«.

»Die ... Entwürfe für den biologischen und geologischen Unterricht sind von diesem Standpunkt aus bearbeitet, wie es in entsprechender Weise auch in den ... mathe-matischen und physikalischen Lehrplänen geschehen ist«.

Letztere sind nicht in meinen Händen. Ein Durchsehen der ersteren ergibt folgendes Bild. Von der Mineralogie abgetrennt ist ein für Oberprimaner berechneter besonderer Kursus in Geologie. Dieser gliedert sich in 1. »allgemeine Geologie«, bei der unter den fünf Themen »Wirkung des Wassers (Gletscherbildungen, Quellen-kunde) Tätigkeit des Windes, Gesteinsbildende Tätigkeit der Pflanzen und Tiere, Vulkani-sche Erscheinungen und Gebirgsbildung« eine große Reihe besonderer Stichworte z. B. unter Torf, Braunkohlen, Steinkohlen, Korallenriffe, Muschelbänke usw. angegeben sind, in 2. »Elemente der historischen Geologie und Formationskunde« und 3. »Elemente der Paläontologie«. Bei der Zoologie finden wir für Obersekunda »allgemeine Zoologie mit besonderer Berücksichtigung der Existenzbedingungen der Tiere und ihrer geo-graphischen Verbreitung«.

Im einzelnen heißt es dann weiter, daß man die in früheren Klassen eingeflochtenen Betrachtungen zu verwenden habe, um das »Verständnis für die geographische Ver-breitung der Tierwelt« anzubahnen, »Verbreitung und Lebensbedingungen der Land-säugetiere (Wald, Heide, Steppe, Wüste usw.), der Lufttiere, der Süßwassertiere, der Meerestiere, Verbreitung nach Höhe und Tiefe. Tierwelt der Hochgebirge, Höhlen-bewohner, Küstenfauna, Tiefseefauna. Faunengebiete der Erde; Wanderungen der Tiere.«

Und an abschließender Stelle: »Bei allen diesen Beziehungen« (es war von Dingen wie Mimikry, Symbiose usw. die Rede) wird man von heimischen Verhältnissen und so viel wie möglich von eigenen Beobachtungen ausgehen und die hier gewonnenen Erfahrungen zur Erklärung der Erscheinungen in fernen Ländern verwerten.

Für Oberprima wird als Anhang zur »Anatomie und Physiologie des menschlichen Körpers unter Bezugnahme auf die höheren Wirbeltiere vorgeschlagen: »Mensch und Kultur. Die verschiedenen Menschenrassen und ihre geographische Verbreitung. Der prähistorische Mensch. Ältere Steinzeit (Eiszeit), jüngere Steinzeit. Bronze- und Eisenzeit. Pfahlbauten«. In der Botanik interessiert in den Vorschlägen für die sechs unteren Klassen, daß am Schlusse der Halbjahre »wirtschaftlich oder landschaftlich bemerkenswerte ausländische Gewächse« (u. a. Kaffee, Mangroven) »an passenden Stellen erwähnt« werden sollen, daß »die gesellig wachsenden Gräser und Waldbäume zu dem ökologischen Begriff der Pflanzenvereine (Wiese und Wald) führen, denen namentlich auf den Ausflügen Beachtung zu schenken ist«.

Für Obersekunda ist dann neben anderen Dingen »Pflanzengeographie« vorgesehen. »Die Lebensbedingungen der Pflanzen mit besonderem Hinweis auf die geographische Verteilung auf der Erde« sind dann unter den drei Gesichtspunkten zu behandeln: Abhängigkeit vom Boden, Beziehungen der Pflanzen zueinander, Beziehungen der Pflanzen zur Tierwelt«; ausführliche Stichwortserien sind beigefügt.

Am Schlusse von II (S. 19—21) findet sich dann noch ein Abschnitt: »Schulgärten, Schülerausflüge, biologische Schülerübungen.« Von den Schülerausflügen, die uns natür-lich am meisten angehen, wird im wesentlichen folgendes gesagt. »Sie sind, da sie die Bodenverhältnisse der Heimat allein zur Anschauung bringen und die Beziehungen und Abhängigkeitsformen von Pflanzen- und Tierwelt von ihrer Umgebung deutlicher vor Augen führen, als regelmäßige Einrichtungen und notwendige Ergänzung des biologischen und geologischen Unterrichts anzusehen. Selbst wenn, wie in größeren Städten das Regel sein wird, Eisenbahnfahrten für diese Ausflüge nötig sind, sollten doch in mittleren und oberen Klassen zwei bis drei verbindliche Ausflüge jeden Sommer gemacht werden. Auf diesen Ausflügen ist die Aufmerksamkeit in den tieferen Klassen mehr auf morphologische, systematische, blütenbiologische Verhältnisse, in der oberen auf ökologische Verhältnisse zu richten. Die auf diesen Ausflügen gesammelten Beob-achtungen über die Bodenformation kann dann ferner eine wertvolle Vorbereitung für den abschließenden geologischen Unterricht in Oberprima bieten. So kann auf diesen Ausflügen die Grundlage zu einer biologischen und geologischen Heimatkunde gelegt werden, die auch für den Unterricht in der Erdkunde von Bedeutung ist«. Zu alledem rechne man, daß vermutlich auch der Bericht über den mathematisch-physikalischen Unterricht in entsprechend umfangreicher Form den Erdkundeunterricht wird »entlasten« wollen.

Ich halte diese Kundgebung für das Wichtigste, was in neuester Zeit auf die Lage unseres Unterrichtsfaches eingewirkt hat, und fühle mich dementsprechend verpflichtet, klare Stellung zu ihr einzunehmen, darüber hinaus aber meine Fachgenossen zu bitten, ebenfalls ihre Meinung mir in möglichst großer Zahl zukommen zu lassen. Ich werde weiter unten noch genaueres darüber mitteilen. Meine eigene Meinung fasse ich in folgende Leitsätze zusammen.

1. Die von der Kommission aufgestellten Sätze über Erweiterung des Unterrichts, seine Erteilung durch fachmännisch vorgebildete Lehrer und nähere Beziehung zwischen dem Studium der Erdkunde und den Naturwissenschaften beim Studium auf den Universitäten halte ich für vollkommmen zutreffend[1]).

2. Die Aufteilung der »naturwissenschaftlichen Grundlagen der Geographie« an die einzelnen Naturwissenschaften bedeutet rund und nett die Auflösung der Erdkunde als irgendwie wertvollen Lehrfachs selber. Ihr ohne weiteres zuzustimmen, würde einer Bankerotterklärung des Erdkundeunterrichts an den höheren Schulen gleichkommen.

3. Dagegen sind die für diese Auflösung angeführten Gründe: die Verschiedenartigkeit der Vorbildung (ich möchte statt dessen sogar sagen, die bei den meisten Geographielehrern fehlende Vorbildung) und die über die Vorbildung bestehenden Vorschriften der Prüfungsordnungen zutreffend und schwerwiegend, wie denn das richtig charakteristische Fehlen der Voraussetzungen für eine Verknüpfung des naturwissenschaftlichen Unterrichts mit dem der Erdkunde, abgesehen von den mangelhaften Zuständen der Oberklassen, in den unklaren Vorschriften der Prüfungsordnungen und in der Wahllosigkeit der Schulleiter bei der Verteilung der Erdkundestunden begründet ist.

Hiernach stehen wir tatsächlich vor einer wichtigen Entscheidung. Wir haben die aufrichtigste Unterstützung zu erwarten, wenn wir auf unseren alten Forderungen bestehen und mit der endlichen Reform des Erdkundeunterrichts durchdringen wollen. Ja wir haben mehr als das, wir würden bei einer gleichzeitigen wesentlichen Erweiterung der naturwissenschaftlichen Lehrstunden endlich zu Schultypen kommen, bei denen eine dem Sprachunterricht annähernd ähnliche Breite, Ruhe und Gründlichkeit der Stoffbehandlung möglich wäre. Denn die gegenseitige Unterstützung verwandter Fächer macht hierbei sehr viel aus. Wir haben aber andererseits die Erstickung der Lebenskeime unseres Unterrichtsfaches zu befürchten, wenn wir den heutigen ungenügenden Zustand des Erdkundeunterrichts nicht zu beseitigen verstehen.

Es wird daher wohl begreiflich scheinen, wenn ich meine Fachgenossen bitte, sich möglichst zahlreich an einem Meinungsaustausch über diese Frage zu beteiligen. Hierbei kommt es mir weniger auf längere Auseinandersetzungen, die überzeugen wollen, an, als auf kurze knappe Angaben, bei denen es freilich wertvoll wäre, wenn wenige begleitende Sätze die Richtung erkennen ließen, in der die eigene Überzeugung gewonnen ist, bzw. in der man zu einem Urteil nicht hat kommen können.

Ich bitte meine Fachgenossen daher freundlichst, mir an meine persönliche Adresse Berlin S. 59, Hasenhaide 73, zur weiteren Bearbeitung Antworten auf die folgenden Fragen mit kurzen Begründungen zukommen lassen zu wollen.

. Wie beurteilen Sie die Aussichten auf Erfolg der Bewegung der Naturforscher und Ärzte?

2. Wie stellen Sie sich zu meinen drei Leitsätzen angesichts dieser Bewegung?
    a) zum ersten, b) zum zweiten, c) zum dritten.

3. Welche Mittel und Wege halten Sie für die geeignetsten, um dem jetzigen Zustande des Erdkundeunterrichts aufzuhelfen?
    a) um eine entsprechende Revision der Lehrpläne herbeizuführen;
    b) um innerhalb des bestehenden eine Besserung vorzubereiten.

4. Was haben Sie außerdem zu diesem Thema vorzubringen?

Über das Ergebnis dieser Umfrage werde ich so bald als möglich berichten.

---

[1]) Sie waren mir von Prof. Fricke zur Benutzung bei meinem Bericht auf dem XV. Deutschen Geographentag in Danzig, Pfingsten 1905, zugegangen und sind dort auch von der Tagung als übereinstimmend mit den alten Forderungen der Deutschen Geographentage erkannt und dementsprechend übernommen worden. (Vgl. diesen Jahrgang S. 148.)

Eine poetische Beschreibung Europas aus dem 16. Jahrhundert.

Von Albert Schaefer-Duisburg.

Die Überschrift könnte vielleicht auf den Gedanken bringen, als handele es sich hier um die alte, ausgegrabene Handschrift irgend eines dichterisch beanlagten »Kosmographen« aus jener Zeit, die bisher — etwa als Eintrag auf den letzten leeren Seiten vor dem Einbande einer Ausgabe des Ptolemäus von Gerhardus Mercator — verborgen in einer Bibliothek geschlummert hätte und durch einen glücklichen Zufall von mir entdeckt worden wäre. Dem ist nicht so, die Beschreibung findet sich vielmehr schon gedruckt mitten in einem dem Namen nach sogar recht bekannten Buche, in den Lusiaden des Camoens, aber dieser Dichtung wird bei uns heute nur noch ein literarisch-historischer Wert zuerkannt, es wird nicht mehr gelesen, sondern nur durchblättert. So wird dieser geographische Exkurs des portugiesischen Dichters, deren es übrigens noch mehrere andere in dem Epos gibt, vielen unbekannt sein, und doch bieten die sechzehn Stanzen nicht nur einem Liebhaber des geographischen Studiums einen reichen Inhalt, eine Fülle von Anregungen zu einem ausgedehnteren Durcharbeiten des Stoffes, sondern auch der Geograph vom Fach kann diese Stelle sozusagen als Unterlage zu einem Repetitorium für sein Wissen von der Staatenkunde Europas um die Mitte des 16. Jahrhunderts betrachten und hat dabei noch den Genuß, einen Dichter als Dozenten zu sich sprechen zu hören. Man denke bei diesen Worten nur nicht gleich an eine Herabwürdigung der Dichtkunst, als solle diese zu Magddiensten bei der Wissenschaft herangezogen werden; ich zitiere den Ausspruch des alten Dichters Horaz: Aut prodesse volunt aut delectare poetae aut simul et jucunda et idonea dicere vitae, und ich bin außerdem überzeugt, daß Camoens selbst hier und in den anderen geographischen Ausführungen wirklich auch gewissenhaft belehrend hat schreiben wollen. Es läßt sich dieses sogar nachweisen, denn der Dichter macht in seiner Übersicht an vielen Stellen Angaben, die sich auf seine Zeit beziehen, nicht aber schon auf die Zeit um 1498, obwohl er die Worte seinem Helden Vasco da Gama in den Mund legt.

So habe ich mich denn in der stillen Hoffnung, auch Leser zu finden, an die Übersetzung gemacht, wobei von mir die Übertragungen von J. J. C. Donner in der Kollektion Spemann, von Dr. A. E. Wollheim da Fonseca in Reclams Universal-Bibliothek und von Wilh. Storck im fünften Bande der »Sämtlichen Gedichte von Luis de Camoens«, Paderborn 1883 bei Schöningh, diese an erster Stelle, benutzt worden sind; zugrunde gelegt ist die Ausgabe von Dom Joze Maria de Souza-Botelho, Paris 1819. — Die Stanzen stehen III, 6—21. Vasco da Gama erzählt. Er ist auf seiner kühnen Entdeckungsfahrt nach Melinde an der Sansibarküste gekommen, von dem dortigen König gut aufgenommen worden und soll berichten, woher er komme und von welchem Volke er stamme. »Und jedes Ohr hängt nun an Gamas Munde, zu hören, was der edle Ritter spricht«.

1. »Zwischen dem Kreise, den der Krebs verwaltet,
   Dem Ziel der Sonnenbahn gen Mitternacht,
   Und jenem, der im Eise so erkaltet,
   Wie den im Mittel heiße Glut umfacht,
   Da liegt Europa, weithin stolz entfaltet;
   Im West und wo Arktur die Grenze macht,
   Umströmt's der Ozean mit salz'gen Wogen,
   Im Süden wird's vom Mittelmeer umzogen.

2. »Da, wo der Tag aufsteigt am Himmelsrande,
   Von Asien — trennt's ein Fluß, des kalte Flut
   Sich vom Riphägebirge durch die Lande
   Hinkrümmt, bis im Mäotis-See sie ruht,
   Und jenes Meer, des wild erregt Gebrande
   Der Griechen Macht einst sah und Kriegeswut;
   Doch wenn das stolze Troja auch gefallen,
   Sein Name wird im Liede nie verhallen [1]).

3. »Wo hin zum Pol die Lande mehr sich neigen,
   Erscheinen die Hyperboräer-Höhn
   Und deren Zug, die Äolus im Reigen
   Umbraust und man benennt vom Sturmgetön;

   Da kann Apollo seine Macht nicht zeigen,
   Des Sieg die Welt so herrlich macht und schön,
   Schnee, ew'ger Schnee bedeckt Gebirg' und Fläche,
   Eis, starres Eis das Meer, die Seen, die Bäche.

4. »Es hausen dort die Skythen große Scharen,
   Im Altertum durch langen Streit bekannt,
   Ob ihr Geschlecht erlauchter sei an Jahren
   Oder die Siedler in Ägyptenland;
   Doch wer, was richtiger, wünscht zu erfahren —
   Es irrt sich auch der menschliche Verstand —
   Der such', um sichre Kunde zu empfangen,
   Sie in Damaskus' Auen zu erlangen.

5. »Des weiteren dort in der Kälte liegen
   Lappland zusamt Norwegen, öd' und leer,
   Und Skandinavien [2]), ruhmbedeckt in Kriegen
   Selbst mit Italiens stolzem Siegerheer.
   Hier übers Meer hin schnelle Segler fliegen,
   Hemmt nicht des Winters Fessel den Verkehr;
   Sarmatiens Ozean wird dann auf Kähnen
   Rührig durchquert, von Preußen, Schweden, Dänen.

---

[1]) Im Text: Onde agora de Troia triumphante Não vê mais que a memoria o navegante. — [2]) Escandinavia ilha

6. »Der Tanais und dieses Meer umspannen
  Der Liven, Russen und Ruthenen Land,
  Sarmatien einst, zunächst den Markomannen
  Und Polen an Hercyniens Waldesrand.
    Was dort die Deutschen ihrem Reich gewannen,
    Wird Böhmen und Pannonien genannt;
    Deutsch sind auch Sachsen und am Rhein die Lande,
    An Ems und Elbe, wie am Donaustrande.

7. »Vom fernen Ister bis zur Meeresenge,
  Die Helles Namen führt, seit sie ihr Grab,
  Dehnt sich des Thraciervolks beherzte Menge,
  Ein Land, dem Mavors stets den Vorzug gab,
    Wo über Rhodope und Hämus strenge
    Jetzt der Osmane schwingt den Herrscherstab;
    In Knechtschaft ist Byzanz durch ihn verstoßen,
    O bittre Schmach für Konstantin den Großen!

8. »Dann zeigt sich Macedonien dort, das wilde,
  Durchzogen von des Axius kühler Flut,
  Und du erscheinst dort, herrliches Gefilde,
  Berühmt durch Sitte, Geisteskraft und Mut,
    Heimat erhabner Phantasiegebilde
    Und farbenreicher hoher Redeglut,
    Du, Griechenland, umstrahlt von ew'ger Jugend
    Durch Kunst und Wissenschaft und Heldentugend!

9. »Nicht weit davon die Dalmatiner wohnen,
  Und wo Antenor einst, in alter Zeit,
  Gelandet, nun Venedigs Dogen thronen,
  Nicht mehr Vasallen, längst im Herrscherkleid.
    Dann wird das Land ein Arm[1]), der die Nationen
    Weithin im Umkreis zwang zur Hörigkeit,
    Mit starker Kraft, ein Land gediegnen Wertes
    Durch Macht des Geistes und Gewalt des Schwertes.

10. »Drei Seiten schützt Neptun mit seinen Wogen,
  Die vierte ein Gebirg' gleich einem Wall,
  Längs zieht der Apennin in weitem Bogen,
  An dem sich oft sonst brach der Tuba Schall,
    Doch seit der Himmelspförtner[2]) eingezogen,
    Geriet des Mavors Kunst dort in Verfall;
    Zu Ende war's nun mit den Kriegeszügen,
    Denn Gott hat an der Demut sein Genügen.

11. »Ein fruchtbar Land die Gallier innehaben,
  Mit deren Frone Cäsars Ruhm beginnt,
  Wo Sein' und Rhone die Gefilde laben
  Und die Garonne und der Rheinstrom rinnt,

Bis dahin, wo Pyrene liegt begraben
    Auf dem Gebirge, wie die Sage sinnt,
    Von dessen Hang, als Flammen hochgeschossen,
    Einst Gold- und Silberbäche niederflossen.

12. »Sieh! da enthüllt sich stolz und hehr den Blicken
  Das Haupt Europas, Spaniens edles Land,
  Des Thron und Ruhm den wechselnden Geschicken
  Im Rad des Glücks oft gegenüberstand.
    Doch mag's das Schicksal noch so viel umstricken
    Und Arglist drohn und wilder Kriegesbrand,
    Vor jedem wird's bestehn, in allen Lagen,
    Solang' dort solche Heldenherzen schlagen!

13. »Mit Tingitana stößt es fast zusammen,
  Als wollt's mit diesem dort dem Meer die Bahn
  Durch jene Felsen immer noch verrammen,
  Dran Thebens Held sein letztes Werk[3]) getan.
    Gar viele Völker seinem Schoß entstammen,
    Die fest zusammenschließt der Ozean,
    Sie allesamt so ohne Furcht und Tadel,
    Daß jedes ist geziert mit gleichem Adel.

14. »Der Tarragone, der mit kühnem Speere
  Parthenope[4]) als Beute sich errang;
  Navarrer und Asturier, die die Ehre
  Sich teilen, daß die der Moslem sie nicht zwang;
    Galiciens Söhne[5]) und der edle, hehre
    Kastilier, Spaniens Schöpfers[6]), dem's gelang,
    Dem Feind Bätis-Granada zu entwinden
    Und mit Leon-Kastilien zu verbinden.

15. »Und nun des Lusitanierlandes Auen,
  Europas Scheitel[7]), von der breiten Flut
  Des Ozeans umspült, die letzten Gauen,
  Die Phöbus beschl strahlt, eh' er sich ruht.
    Hier herrscht im Volk ein festes Gottvertrauen.
    Was half dem Mauritanen seine Wut?
    Er ward verdrängt, und seine Räuberscharen,
    Sie müssen selbst in Afrika sich wahren!

16. »O süße Heimat, wie ich dich verehre!
  Und schickt es Gott (sein Wille gilt allein),
  Daß ich von meiner Fahrt noch wiederkehre,
  In deiner Erde ruh' einst mein Gebein!
    Der Name — daß ich euch die Deutung lehre —
    Soll meinem Land voreinst gegeben sein
    Von Lusus oder Lysa, Bacchus' Sprossen[7]),
    Die sich zuerst zum Anbau dort entschlossen«.

In der ganzen Beschreibung tritt die alte Geographie stark in den Vordergrund, so groß war damals, im 16., und auch noch im 17. Jahrhundert der Einfluß der alten Geographen und besonders der Karten des (richtiger: nach) Ptolemäus. Dazu zeigt sich überall die humanistische Durchbildung des Dichters, in der Ausdrucksweise, in der Verwendung alter Sagen, in dem Hymnus auf Alt-Griechenland (Str. 8) und Rom (Str. 9, auch Str. 10). Seine vaterlandsliebe kommt dabei trotzdem nicht zu kurz. So weiß er sehr geschickt und doch in ungezwungener Weise, nachdem er Spanien das »Haupt« Europas genannt hat, unter Fortführung dieses Bildes seinem Lande als Europas »Scheitel« (Str. 15) den Ehrenplatz unter allen aufgeführten Staaten zu sichern; so weist er, der die Heldentaten seines Volkes so wie so besingen will, stolz auch auf seine eigene Zeit ihn, auf die Rüstungen des jungen Königs Sebastian zu einem Kriege gegen die Mauren in Afrika (Str. 15, letzte Zeile; der Feldzug endete freilich 1578 mit einer furchtbaren Niederlage der Portugiesen und mit dem Tode des Königs selbst); so sind endlich die schönen Schlußworte Gamas: »O süße Heimat,... in deiner Erde ruh' einst mein Gebein« (Str. 16), wie Wilh. Storck sich ausdrückt, »auch ganz im Sinne des Dichters selbst gesprochen«. — Es sei mir nun noch gestattet, auf einige Einzelheiten einzugehen.

Strophe 1 bis 3. Der Arktur oder Arktophylax (»Bärenhüter«), ein Stern erster Größe im Sternbilde des Bootes, das auch wohl nach ihm benannt wird, bezeichnet die Polargegend, wozu sonst

[1]) braço. — [2]) Porteiro divino. — [3]) extremo trabalho do Thebano. — [4]) Parthenope inquieta. — [5]) Gallego cauto. — [6]) restituidor de Hespanha. — [7]) quasi cume da cabeça. — [8]) filhos ou companheiros.

gewöhnlich der Große Bär dient (Arktos, arktisch). — Die Ostgrenze Europas wird von Camoens genau so bestimmt, wie von den alten Geographen. Bei diesen bildet der Tanaïs (J. Don) die Grenze
zwischen Europa und Asien; jenseit des Tanaïs erstreckt sich das (noch zu Asien gerechnete) eigentliche
Skythien, diesseit, bis zur Weichsel und Ostsee, Sarmatien (Str. 6; »Sarmatischer Ozean« Str. 5 = die
Ostsee). Der Tanaïs entspringt auf dem Riphäengebirge, dem Montes Rhipaei, die dahin verlegt
wurden, »wo die Wasserscheide zwischen den Zuflüssen der Ostsee und des Schwarzen Meeres anzunehmen war«, das wäre also die Waldai-Höhe (vgl. die Erdkarte nach Ptolemäus in Andree-Droysens
Hist. Handatlas, S. 1). Den Namen leitete man von dem griechischen Worte rhipé = Sturm ab, und
so kommt Äolus hierher (Str. 3), der aus Homer (Od. X, 21) bekannte Schaffner der Winde, der diese in
einer Berghöhle eingeschlossen hält, als Personifikation der Winde überhaupt und besonders des Boreas, des
Nordwindes. — Die Hyperborei Montes erstrecken sich (vgl. die Quartausgabe des Ptolemäus von
Mercator, 1584, Asiae tabula II) in langer Kammlinie quer durch das heutige Nordrußland, im Westen
bis zum Sarmatischen Ozean; auf diesem Gebirge entspringen die beiden Quellströme des Rha, d. h. die
Wolga selbst und ihr großer Nebenfluß, die Kama. Selbstverständlich glaubte Camoens nicht mehr an
das sagenhafte Volk der »jenseit des Boreas Wohnenden« und an deren mildes, sonniges, fruchtbares
Land, fügt doch schon Plinius seiner Schilderung (Hist. nat. IV, 26) hinzu: »wenn wir dies glauben wollen«.
 Strophe 4. Die Strophe gibt uns ein Beispiel von der großen Belesenheit des Dichters in den
alten Klassikern. Nach Justinus (II, 1 [1]) war das Volk der Skythen »erlauchter« an Jahren als die
Ägypter; anders Herodot, der (II, 2) die Ägypter den Phrygiern in Kleinasien ein höheres Alter einräumen läßt und (IV, 5 ff.) die Skythen, deren eigene Ansicht wiedergebend, das jüngste aller Völker
nennt. Der Dichter verweist die Streitenden nach dem Tale von Damaskus, da dort einer alten jüdischen
Überlieferung gemäß die ersten Menschen gewohnt haben sollen; vgl. Justinus XXXVI, 2 [2]).
 Strophe 5. »Skandinavien, erweiterte Form von Scandia, dem altgerm. und got. avi (altnord.
ey) = Insel angehängt ist, also Scandia insula, ist ohne Zweifel zunächst der inselartige Südteil der
skandinavischen Halbinsel, der durch eine Kette von See- und Flußbetten vom Rumpfteil abgetrennt ist,
die Landschaft Schonen« (Egli, Nom. geogr.). Auf der Karte Germania Magna nach Ptolemäus in
Andree-Droysens Hist. Handatlas S. 17 findet sich die Mehrzahl: Scandiae Insulae für das dänische
Inselreich in der Ostsee, und der südliche Teil von Schonen blieb ja auch nach 1524, als Gustav Wasa
Schweden selbständig machte, noch dänisch (bis 1658). Schweden begann in alter Zeit erst nördlich
vom Mälar-See; zwischen Schonen und »Swithiod« (Suecia) lag noch Gauthiod, das Land der Gothen.
Diese waren dann nach einer alten Volksüberlieferung von der Insel »Skanzia« nach der Bernsteinküste
gekommen, später beherrschten sie das ganze Flachland von der Ostsee bis zum Schwarzen Meere, und
ihre Einfälle ins römische Reich, die schon im 3. Jahrhundert begannen (Kaiser Decius fällt gegen sie
251) sind hier Vers 3 und 4 gemeint. — Das Ordensland Preußen war 1525 ein weltliches Herzogtum
geworden, stand aber unter polnischer Lehnshoheit, und der westliche Teil hatte sogar (1466) an Polen
abgetreten werden müssen.
 Strophe 6. Livland war nach der Verwandlung Preußens in ein weltliches Herzogtum zwar
noch Ordensland geblieben, konnte seine Selbständigkeit aber nicht lange mehr aufrecht erhalten und fiel
an Schweden und Polen. In Rußland regierte 1533—1584 Iwan IV., der Schreckliche, aus dem Hause
Rurik. Das Land der kleinrussischen Ruthenen (um Lemberg in Galizien) bildete z. Z. des Dichters
die polnischen Woiwodschaften Rotrußland und Wolhynien. Überhaupt fällt in diese Zeit die höchste
Machtentwicklung Polens, über das noch bis 1572 die Jagellonen herrschten. Den Namen »Hercynj-
scher Wald« wendet Ptolemäus in der Form Silva Orcynia für die waldigen Bergrücken an, welche
die Sudeti Montes, die ihm westlich von den Quellen der Elbe liegen (Erzgebirge), mit den Sarma-
tici Montes, den Karpathen, verbinden. Vgl. die zu Str. 5 erwähnte Karte. Unter den Markomannen
sind hier, da die Böhmen noch besonders erwähnt werden, die Mähren zu verstehen, die damals aber
zum größten Teil Tschechen waren, wie die Böhmen; der Dichter hat nur den alten deutschen Namen
beibehalten. Auch politisch war die »Markgrafschaft Mähren« schon lange ein Nebenland der Krone
Böhmen. Pannonien umfaßte als römische Provinz das Gebiet von den Quellen der Leitha und Raab
im Westen bis zum Donauknie im Osten, im Süden die Save entlang von der Quelle bis zur Mündung,
zumeist also schon Länder der Krone Ungarn. Die geschichtlichen Angaben Vers 5 und 6 passen nicht
genau für die Zeit Gamas, da die Böhmen und Ungarn von Kaiser Friedrich III. bis auf Ferdinand I.
(1526) einheimische Fürsten zu Königen hatten, wohl aber für die Zeit des Dichters, Ferdinand I. beherrschte von Ungarn tatsächlich aber auch nur das alte Pannonien, das Land jenseit des Donauknies
war von den Türken erobert worden.
 Strophe 7 bis 10. Auch Plinius (Hist. nat. IV, 24) nennt den oberen Lauf der Donau Danubius,
den unteren dagegen Ister; Axius ist der alte Name für den Wardar, wie Rhodope für den Despoto-Dagh
und Hämus für den Balkan. Dalmatien gehörte der »souveränen Republik« Venedig; Venedig selbst,
in der Zeit der Völkerwanderung entstanden, hatte zuerst noch die Oberhoheit des byzantinischen, dann
die des römisch-deutschen Kaisers anerkannt. Die Sage von der Gründung Patavium (Paduas) durch
den trojanischen Fürsten Antenor mit einer Schar von Henetern (Venetern) wird von Vergil in der
Änelde (I, 242 ff.) erzählt. — Die Vergleichung der Gestalt Italiens mit einem Arm dient dem Dichter
in »packender« Weise zur Veranschaulichung der Machtfülle des alten Römerreichs. Unteritalien nebst
Sizilien und Sardinien gehörte damals zu Spanien und wird Str. 14 erwähnt (Parthenope). Großbri-
tannien fehlt in dieser Beschreibung Europas noch ganz.
 Strophe 11 bis 16. Die Pyrenäen sollen früher edle Metalle enthalten haben, die durch einen
Waldbrand oder durch ein unterirdisches Feuer (Ableitung des Wortes Pyrenäen vom griechischen pühr
= Feuer!) schmolzen und sich in die Ebene ergossen. Die Nymphe Pyrene wird in der Herkulessage

---

[1]) His igitur argumentis superatis Aegyptiis antiquiores semper Scythae visi.
[2]) Judaeis origo Damascena . . . Nomen urbi a Damasco rege inditum . . . Post Damascum Azelus, mox Adores et
Abraham et Israhel reges fuere.

erwähnt (sie wurde von wilden Tieren zerrissen), und »Thebens Held«, wie Herkul
nach seiner Geburtsstadt genannt wird, hat auf seinen Zügen mehrfach auch Spanien ¡
»letztes Werk« riß er die Berge Calpe (Gibraltar) und Abyla (Ceuta) auseinander, um de
dem Ozean hin zu ermöglichen (Plinius, Hist. nat. III, 1), und errichtete diesseit und je:
enge oben auf den beiden Felsen als Denkzeichen seiner Anwesenheit an den äußersten Ende:
Säulen (Apollod. II, 5, 10); später hießen dann die Berge selbst die Säulen des Herkul:
wicklungsgeschichte der Königreiche Spanien und Portugal ist allgemein bekannt, ebens
von Camoens gewählten alten Namen (zu Parthenope, Str. 14, vgl. die Bezeichnun;
sche Republik« aus dem Jahre 1799) keiner Erklärung, von Lusus aber wird folgendes ¢
Weingott, der in eigener Person seinen Kult überall auf der Erde zu verbreiten trach·
seiner Züge auch an der portugiesischen Küste landete, gefiel das Land dem Lusus so
vorzog, dort wohnen zu bleiben. Für das Verhältnis zwischen Bacchus und Lusus hat C
feste Bezeichnung ; er nennt ihn und Lysa, der auch sonst wohl noch besonders als ¢
Landes erwähnt wird, im Text an unserer Stelle »filhos ou companheiros«, Lusus all·
3 und 4 (»Sohn und Fahrtgenosse·), aber auch »Freund des Bacchus« (I, 39) und »Vasall·
Lusiaden« sind die »Nachkommen des Lusus« und so, nicht »Die Lusiade« (Form de
gedachten weiblichen Hauptwortes) ist auch das Heldengedicht des Camoens zu benenn:

Kartographie.
Eine neue Methode zur Herstellung von Volksdichtekarten [1]).
Von Heinrich Fischer-Berlin.

Wenn man die Aufgabe einer Volksdichtekarte in der seit Neukirch fast ausschließlich befolgten Darstellung der Verhältniszahlen von Gemarkungsbevölkerung und Gemarkungsareal durch irgend welche Farbenabstufungen noch nicht für endgültig gelöst ansieht, wird man in der Wiechelschen Methode einen unleugbar großen Fortschritt sehen müssen. Es ist dabei fast eine Wunderlichkeit, daß seine Darstellungsmethode an einen der ersten bekannten Versuche solcher Karten, an die vielgenannten und fast unbekannten Karten Ravns (1857) als erste wieder anknüpft, indem er die Karte bewußt als Nachbildung einer Höhenkarte auffaßte. Seine Methode besteht übrigens — indem wir hier ihren mathematischen Teil übergehen — darin, daß er jeden Menschen als durch eine Raumeinheit repräsentiert auffaßt, dadurch die üblichen Gemarkungsdichtekarten als Karten begreifen kann, auf denen die Bevölkerung durch Zylinder von wechselnder Höhe sich darstellt, er seinerseits aber statt dieser Zylinder Kegel über den durch verständiges Lesen von Spezialkarten ermittelten Ortsmittelpunkten errichtet. Für diese Zylinder wendet er bei der praktischen Ausführung seiner theoretischen Erörterungen (s. Anm.) Normalgradkreise mit 3,00 km Halbmesser ($\pi \cdot 3{,}00$ qkm = 30 qkm) an. Diese sind so groß gewählt, daß die benachbarten Kegel miteinander verwachsen, ja sich sogar oft genug gegenseitig über-

höhen (die Dorffluren schwanker 3 qkm und 8 qkm). So entsteht einer sanft hügligen Oberfläche. nun Wiechel als zweiten Mante doch mit nur 7,s qkm (Halbm großen Gradkreisen, ermittelte städtischen Siedelungen. Die K· verhältnismäßig einfach für den E und kann auch von solchen, di matischen Begründung aus dem geleistet werden. Das gefunden drucksvoll und einleuchtend. Ici nicht, daß die Wiechelsche K markungsdichtekarten wird verdri Dazu ist die von den Wieche nicht ablesbare direkte Beziehung markung und Bevölkerung eine zu wesentliche Sache. So erinne die von Wiechel selbst angeführte schiedenheit der durchschnittlicher größe zwischen den altwendisc (ca 3 qkm) und der Gebirgsdorfflur· Anderseits hat aber, soviel ich keine Brücke von diesen Gem karten zu Generalkarten der V· führt. Alle solche Darstellunge biete in kleineren Maßstäben w in ihrer Linienführung allein du und die allgemeinen Kenntnisse bedingt, daher im Grunde ge wissenschaftlich. Nun steht es z die Wiechelsche Methode zu s· führen könnte. So ist schon di ganze Königreich Sachsen) recht über den meisten Darstellunger Jahrzehnts, und der Maßstab an klein 1 : 528 000. Vielleicht kön Generaldichtekarten entsprechend: Ortschaften zusammenfassen und same Gradkreise repräsentieren. ? für Karten im Maßstabe 1 : 5 Mi: kreis von rund 1500 qkm schon e: Grenze des technisch Möglichen b etwa für 50 Ortschaften ausreichen l lich sage ich das aber nur als eine er:

[1]) I. Eine Volksdichte-Schichtenkarte von Sachsen in neuer Entwurfsart mit Karte von H. Wiechel, Oberbaurat in Dresden. Sonderabdruck aus der Zeitschrift des Kgl. sächs. Statist. Bur., 50. Jahrg. 1904, Heft 1 u. 2. — II. Volksdichte-Schichtenkarten in neuer, mathematisch begründeter Entwurfsart. Ebenda. Abhdl. der Naturwiss. Ges. Isis in Dresden, 1904, Heft I.

[1]) Vergl. auch O. Schlüters Karten lungen im nordöstlichen Thüringen«.

Kleine Mitteilungen.

I. Allgemeine Erd- und Länderkunde.

Die Entstehung der Oberrheinischen Tiefebene ist schon von Élie de Beaumont 1841 durch einen Grabeneinbruch mit staffelweise erfolgendem Absinken der Innenränder erklärt worden. Seine schematische Zeichnung (wiedergegeben von Lepsius in den Forschungen zur deutschen Landes- und Volkskunde I, 38) läßt die Trennungsspalten nach unten gegen die Mitte der Rheinebene konvergieren, und dieser Darstellung sind die meisten späteren Forscher gefolgt (z. B. Sievers, Europa, S. 182), während andere, wie Lepsius selbst in seinen Profilen zur Geologie von Deutschland, sie senkrecht nach unten verlaufen läßt. Neuerdings macht sich, namentlich durch Wilhelm Salomon in Heidelberg vertreten, die Auffassung geltend, daß die fraglichen Spalten nach unten divergieren. Salomon stützt sich dabei (Zeitschrift der Deutschen geol. Ges., Bd. 55, S. 410; 1903) auf Beobachtungen an dem kleinen Grabeneinbruch bei Eberbach im Odenwald, wo in der Tat der Buntsandstein des Randes über den Muschelkalk der eingesunkenen Scholle schräg aufgeschoben ist, und zieht auch allgemeinere Gesichtspunkte mit heran. Vor allen Dingen ist nur dann, wenn die Randspalten des versenkten Stückes nach unten divergieren, bei dem Zusammenbruch eine Verkleinerung der Gesamtoberfläche möglich, wie sie erfordert wird, wenn wirklich die Zusammenziehung der Erdkruste solche Einbrüche hervorgebracht hat. Mit diesem Einbruch kann dann gleichzeitig ein Aufsteigen der stehengebliebenen Ränder auf den Trennungslinien erfolgt sein, und nach dieser Anschauung verdanken Schwarzwald und Wasgenwald ihre Höhenlage nicht nur dem Einsinken des Rheintals, sondern auch einer Aufpressung, die sie einander näherte und über das sinkende Stück aufschob. Weitere Untersuchungen werden die Frage noch zu klären haben; als geeignete Stelle empfiehlt Salomon den Hardtrand südlich von Neustadt a. H. Vielleicht dauert sogar die Hebung der Randgebirge noch immer fort; wenigstens würde sich das Unvermögen des Neckars, die aus seinem Grunde bei Heidelberg auftauchenden Granitklippen des »Hackteufels« zu beseitigen, am leichtesten durch eine solche fortgesetzte Hebung erklären lassen.   *Dr. W. Schjerning (Krotoschin).*

Die Schwerkraft im badischen Oberlande. Nach Prof. Dr. M. Haid, Karlsruhe (Bericht über d. XXXVIII. Vers. des Oberrhein.

geol. Vereins in Konstanz 26. April 1905) liegt unter dem Bodensee ein Massendefekt, der, auf badischem Boden mit etwa — 660 m anhebend, nach NW allmählich abnimmt, um von einer Linie Basel—Wiesental—Feldberg an in einen Massenüberschuß überzugehen, der bis Freiburg etwa + 170 m erreicht hat, noch weiterhin wieder abzunehmen scheint (Breisach nur noch + 40 m, aber Oberrothweil wieder + 130 m). Nach dieser Richtung sollen die Untersuchungen weiter geführt werden. Die Linien gleicher Störungsgröße verlaufen ziemlich geradlinig und in einigermaßen gleichen Abständen, nur unter dem Schwarzwalde zeigen sie große Ausbuchtungen nach Osten (also verlangsamte Änderung) und dementsprechend treten die Linien gegen den Bodensee hin enger aneinander. Die Größenangaben in Metern geben die Stärke der im Meeresniveau kondensiert gedachten rein ideellen störenden Schicht an unter der Annahme, daß die darüber liegende Schicht ein spez. Gewicht von $2{,}12$ besitze. Die unbekannten tatsächlichen Massendifferenzen haben ihren Sitz vermutlich weit tiefer und sind dementsprechend viel größer.   *H. F.*

Der neue Regierungsbezirk Allenstein der Provinz Ostpreußen besteht aus den Kreisen Ortelsburg, Rössel, Allenstein, Neidenburg und Osterode, die bisher zum Reg.-Bez. Königsberg gehörten, sowie aus den bisher zu Gumbinnen gehörenden Kreisen Lyck, Lötzen, Johannisburg und Sensburg. Der Sitz der Regierung, die am 1. Nov. ihre Tätigkeit begonnen hat, ist Allenstein.   *Hk.*

Unter den Führern für den IX. internationalen Geologenkongreß erschien als XII. Abteilung: **Glazialexkursion in die Ostalpen** unter der Führung von A. Penck und E. Richter. Beide Führer verbürgen uns durch ihre Namen, sowie durch ihre Werke »Geomorphologische Untersuchungen in den Hochalpen«, »Die Gletscher der Ostalpen«, »Die Vergletscherung der deutschen Alpen« und durch das vorläufig abschließende, leider aber noch nicht abgeschlossene Werk »Die Alpen im Eiszeitalter«, daß neben einer großen Fülle einzelner Beobachtungen, wie sie für eine solche Exkursion unerläßlich sind, auch die allgemeinen Gesichtspunkte zu ihrem Rechte kommen werden.

Um alle die wechselnden Erscheinungsformen der eiszeitlichen und modernen Vergletscherung kennen zu lernen, war die Begehung eines Querschnittes durch die Alpen in Aussicht genommen worden. Da dieser Plan jedoch wegen der zu weiten Entfernungen fallen gelassen werden mußte, so wurde eine Wanderung von Wien aus durch die Nord- in die Zentralalpen an die Stelle gesetzt. »Dies konnte um so leichter geschehen, als in der Richtung von Wien nach Westen die eiszeitlichen Ablagerungen verschiedener Gletschergebiete genau in der Anordnung aufeinander folgen, wie in einem einheitlichen Gletschergebiet in der Richtung von außen nach innen•. In 13 Exkursionstagen wird die Wanderung bis ins Herz der Stubaier Alpen ausgedehnt.

Eine Einleitung über die Wirkungen der Gletscher, die Erscheinungsformen, Moränen, Schotterablagerungen, Übertiefung der Täler usw. ist angesichts der Reichhaltigkeit der Literatur und der verschiedenen Benennungen sehr erwünscht. Eine tabellarische Übersicht über die wechselnden Eiszeitstadien und die Interglazialzeiten vervollständigt den Abschnitt.

Die Bahn führt uns zunächst durch das Alpenvorland und das Mittelgebirge nach Steyr. Werden uns schon hierbei einzelne Aufschlüsse des unteren und oberen Deckenschotters, des Hoch- und Niederterrassenschotters bekannt, so wird das Bild durch die genauere Begehung der Terrassen von Steyr wesentlich deutlicher. Besondere Beachtung wird der Traun—Ennsplatte geschenkt, die nun durch die Forschungen Dr. A. E. Forsters genauer bekannt ist. Im weiteren Verlauf werden wir dann von den fluvioglazialen Gebieten in die Moränenzone eingeführt. In übereinstimmender Weise lassen sich im Krems-, Traun- und Salzachgebiet drei Moränengürtel unterscheiden, die von außen nach innen als Mindel-, Riß- und Würmmoräne bezeichnet werden. Es wird dabei Anlaß genommen, die oft besprochene Salzburger Nagelfluh zu erwähnen, die sich, wie die später berührte Höttinger Breccie, von Moränen unterteuft und überlagert zeigt.

Kommen im Alpenvorland und im Ausgang der großen Täler die Wirkungen der Eiszeit im Bilde der Landschaft fast nur in großen Aufschüttungen zum Ausdruck, so machen sich im Innern der Alpen, wo auch die Aufstauung der Eismassen wirkte, neben den Fels- und Schotterterrassen auch Schliffwirkungen, Karbildung, Rückstauungen, Übertiefungen usw. bemerkbar. Lehrreich ist in dieser Beziehung eine Fahrt von Salzburg in das Inntal. Das Ineinandergreifen tektonischer Linien (Pongau), Flußwirkung (Paß Lueg), Talverlegungen (Zellersee), Übertiefung (Gastein, Kitzloch) bringen auch im Landschaftsbild eine reiche Abwechslung hervor. Von Saalfelden bis Wörgl ist die ursprüngliche Anlage der Täler an vielen Stellen durch Aufschüttungen, die offenbar der Eiszeit angehören, verändert worden. Besonders die merkwürdigen hydrographischen Verhältnisse, diesseit und jenseit des Römersattels, im Unkener Heutal und hinter der Kammerköhr, die dem Referenten genauer bekannt sind, könnten vielleicht noch manche Aufklärung bringen.

Die genauere Besprechung des Unterinntales, in dem sich neben stattlichen Terrassen auch •großartige, in das Inntal gelagerte Endmoränenlandschaften und eine Drumlinlandschaft befindet, leiten über zur Betrachtung des Innsbrucker Mittelgebirges und der Höttinger Breccie. Die großen Terrassen im Süden des Inn bei Kematen und Perfuß werden dann abge-

löst durch die Terrasse von Seefeld (12—1400 m) und die weit niedrigere Mieminger Terrasse. Störend wirkt es, hier konsequent der Schreibung Telfes statt Telfs zu begegnen (Telfes im Stubai).

Vier Tage sind dann dem Besuch der Gletscherwelt des Stubais gewidmet. Die Besprechung von Aufschlüssen weicht hier der Landschaftsschilderung: hier kann weniger gelehrt, hier muß mehr geschaut werden. Die Trogform der Täler, die Stufung (•Schinder•), die Kare werden als Typen in der Gletscherlandschaft erwähnt. Einzelne Eigentümlichkeiten der Talform, der Gletscher usw. gerade im begangenen Gebiet werden besprochen. Die Exkursion durchwandert das Stubai- und Untersbergtal, überschreitet den Wilden Freyer und kehrt durch das Ridmanntal zurück.

Ist vorliegendes Heft auch nur als Führer für die Exkursion gedacht und kann es auch nur in steter Verbindung mit der unmittelbaren Anschauung die Wirkung erreichen, die es beabsichtigt, so wird es doch wegen der übersichtlichen Kürze und der Reichhaltigkeit der Gesichtspunkte auch jedem Nichtglazialgeologen wertvoll sein. Verschiedene lehrreiche Abbildungen und Kartenskizzen, eine kurze, aber rasch orientierende Literaturangabe sind weitere Vorzüge.   *Dr. O. Jauker (Laibach).*

Über die geographischen **Ergebnisse der großen englischen Expedition nach Lhassa** berichtet im Geogr. Journal (Mai 1905) der berufenste Mann, nämlich Sir Frank Younghusband selbst, und zwar in der knappen, sachlichen, zuweilen leicht humoristisch gefärbten Darstellungsweise, wie wir sie von englischen Männern der Tat gewöhnt sind. Nur bei der Schilderung der gewaltigen Bergriesen des Himalaya, sowie der üppigen Urwaldvegetation am Südfuß dieses Gebirges erhebt sich die Darstellung zu einem Schwunge und einer Begeisterung, die den aufrichtigen Naturfreund verrät.

Als wichtigste neue Tatsache stellt Younghusband selbst die hin, daß wir von jetzt ab genötigt sind, Tibet, wenigstens in seinem südlichen Drittel, als ein keineswegs armes Land uns vorzustellen. Dort, in den breiten Talmulden, z. B. am oberen Brahmaputra, gedeihen Weizen und Gerste, Walnußbäume, Pfirsiche und Aprikosen; die Niederungen sind sorgfältig angebaut und bestreut mit Dörfern, Klöstern, festen Schlössern. An den Bergabhängen ist reichlicher Graswuchs vorhanden, der eine umfangreichere Viehzucht als jetzt ermöglichen würde. Es rührt dies daher, daß doch nicht unbeträchtliche Regenmengen die Leeseite des Himalaya erreichen. (Younghusband schätzt sie nach sechsmonatiger Beobachtung auf ungefähr 60 cm im Jahre). Die nördlichen zwei Drittel Tibets, also die Gegenden, die Sven Hedin vorzugsweise bereist hat, sind allerdings wohl für immer zur Steppe und Wüste bestimmt, im Süden dagegen wird schon jetzt durch künstliche Bewässerung viel erreicht und läßt sich noch mehr erreichen. — Die Bewohner des Hochlandes schildert Younghusband als keineswegs fremdenfeindlich, so daß die jahrhundertelange Abschließung Tibets nur als ein Werk der herrschenden Mönchskaste erscheint, von deren Selbstsucht, Stumpfsinn und brutaler Sinnlichkeit wir ein sehr ungünstiges Bild erhalten.

Das kartographische Bild Tibets wird sich durch die Ergebnisse der Expedition nicht sehr wesentlich verändern; denn, wie Younghusband schmunzelnd bemerkt, die Grundzüge waren infolge der Aufnahmen der indischen Geheimagenten schon lange bekannt, in den Einzelheiten wird allerdings vieles berichtigt werden. Mit Genugtuung stellt Younghusband zum Schlusse als Zeichen des britischen Einflusses in Tibet fest, daß bei der Rückkehr von Lhassa eine Zweigexpedition unter Kapitän Ramling von Schigatse aus ungehindert das ganze westliche Tibet durchzog, um erst in Simla wieder das englische Gebiet zu erreichen.

Dr. R. Neuse (Charlottenburg).

Der Flächeninhalt des Kaukasusgebiets wurde von dem russischen Oberstleutnant Vinnikow auf Grund der 5 Werst-Karte (1:210000) neu bestimmt. Vinnikow veröffentlicht in den Zapiski des Russischen Generalstabs (Bd. 61, II, S. 50—64, St. Petersburg 1905) das Ergebnis seiner Messungen. Als Endsumme für das ganze Gebiet fand er 410016,₃₇ Quadratwerst (466618,₄₃ qkm). *Hk.*

Die außergewöhnliche Überschwemmung, von der das südöstliche Südamerika im April, Mai und Juni d. J. heimgesucht worden ist, hat nach den Berichten südamerikanischer Blätter ganz riesige Dimensionen angenommen. Das ganze Flachland von Matto Grosso, die Tiefebenen des Gran Chaco von den Bergen Boliviens bis hinunter nach Argentinien, vom Paraguayfluß bis auf viele Meilen landeinwärts, große Strecken niedrigen Landes im eigentlichen Paraguay (linkes Flußufer): alles bildete einen einzigen ungeheuren See, auf welchem Schiffe sich verirrten, weil das Flußbett unkenntlich war, da die Landmarken viele Meter hoch mit Wasser bedeckt waren. Hunderte von Ansiedlungen standen in Paraguay unter Wasser, Quebrachoextrakt-Fabriken, Sägemühlen, Ziegeleien, Saladeros haben die Arbeit einstellen müssen, Städte waren überschwemmt, und Tausende von Rindern sind ertrunken. — Groß waren die Verheerungen auch in Argentinien. Die Häuser, schreibt man aus Santa Fe, wo der Rio Salado seiner Mündung in den Parana nahe gekommen ist, sind vom Wasser oder den Camalotes, von schwimmenden Inseln, fortgerissen, wer die Familie, die Zuflucht auf den Dächern ihres Hauses suchte, ist mit diesem unrettbar in den Strudel hineingerissen worden. Krokodile, Tiger, Wasserschweine,

Eidechsen, Schlangen kamen auf diesen Inseln, die zuweilen die Größe ganzer Cuadras hatten, herangeschwommen, ja auf einer derselben befand sich eine Truppe von 20 Arbeitern. In den Departements Garay, San José und Reconquista ist die Maisernte und Leinsaat völlig verloren, der Schaden zählt nach Millionen. — Es hat sich bei diesem Naturereignis herausgestellt, daß die Hafenanlagen vieler Städte im Gebiet des Parana höher angelegt werden müssen, was z. B. für Santa Fe, Rosario, Diamante und Parana zutrifft.

Nach den Witterungsberichten, die von H. Mangels in Asuncion seit vielen Jahren veröffentlicht werden (s. seine klimatolog. Abhandlungen; München 1904, Datterer), betragen die Durchschnittsziffern für April und Mai 147,₇ mm und 111,₉ mm. In diesem Jahre brachten diese Monate 170,₁ und 321,₉ mm, wobei besonders das umgekehrte Verhältnis auffällt. Im Juni fielen noch weitere 58,₄ mm bis zum 9. Dann war die Regenzeit wie abgeschnitten, während die Gewässer sich freilich erst ganz langsam verliefen.

Man hat ausgerechnet, daß sich seit der geschichtlichen Zeit diese großen Überschwemmungen ungefähr alle 25 Jahre wiederholt haben. Die letzte fand im Jahre 1878 statt und ist durch die diesjährige anscheinend im allgemeinen erreicht, stellenweise übertroffen worden. Der Schaden aber ist zehnmal größer als damals, weil inzwischen die Überschwemmungsgebiete teilweise besiedelt und mit Vieh besetzt worden sind. Für Paraguay wurde die Lage dadurch verschlimmert, daß auch der obere Parana außerordentlich hoch stand und seine Wassermassen den Paraguayfluß an dessen Mündung aufstauten, so daß dieser bei seinem geringen Gefälle nicht abfließen konnte.

In der gewöhnlichen Regenzeit schon kommt zwischen dem Rio Alegre (Amazonas-Madeira) und dem Aguapahy, einem Nebenfluß des Jauru (Paraguay), eine Verbindung, das Gegenstück zum Cassiquiare, zustande; während dieser großen Überschwemmung hätte man also sehr wohl den Kontinent von der Mündung des La Plata bis zur Amazonas- und Orinokomündung durchfahren können. *Th. Schwarz (Gevelsberg).*

Geographische Nomenklatur in der Südsee. Nach einer treffenden Erörterung der unhaltbaren Zustände, die in der Schreibweise der geographischen Namen in der Südsee herrschen und durch die vom Kolonialamt aufgestellten »Grundsätze« eher verschlimmert als verbessert worden sind, macht der durch sein Samoawerk rühmlich bekannte Dr. August in Krämer im Globus folgenden Vorschlag: »Könnte nicht das Kolonialamt durch seine reichen Afrikafondsmittel, die in Zukunft in größerem Umfang disponibel zu sein scheinen als früher, eine wissenschaftliche Expedition ermöglichen, die neben vielen anderen so überaus dringenden Aufgaben sich auch die Erforschung der Nomenklatur in der Südsee angelegen sein ließe? Dies scheint die einzige Hoffnung auf einen endgültigen Erfolg zu bieten. Denn es ist doch schmerzlich, daß wir heute unsere meisten Südseekolonien noch nicht einmal mit geographisch und wissenschaftlich gerechten, feststehenden Namen bezeichnen können. Die Kommission von drei Sachverständigen, welche die Namen prüfen und endgültig feststellen soll, hat hoffentlich, wir wollen es zu ihrem Ruhme annehmen, bis heute noch nie getagt. Jedenfalls kann sie ihre Aufgabe zurzeit nicht vollständig erfüllen.« *Hk.*

Die **Anleitung zu wissenschaftlichen Beobachtungen auf Reisen** wird unter Mitwirkung zahlreicher Fachmänner soeben von Prof. Dr. G. v. Neumayer in der 3. Auflage herausgegeben (Hannover, Max Jänecke). Daß sich der greise Neumayer der Mühe dieser Herausgabe unterzogen, fügt ein neues zu den alten Verdiensten, die er sich in Dezennien um die Erdkunde erworben hat. Die 3. Auflage sucht mehr noch als es bisher der Fall war, den Kolonialbestrebungen unseres Vaterlandes gerecht zu werden. Deshalb schenkt sie der Umwandlung, die die Geländeaufnahme durch die Entwicklung der Photogrammetrie erfahren hat, ebenso wie den Fortschritten der beschreibenden Naturwissenschaft, der Ethnographie und Anthropologie, der Tiefseeforschung usw. besondere Aufmerksamkeit. Für eine Reihe von früheren Mitarbeitern, die verstorben sind oder die ihres Alters halber sich von der Mitarbeit zurückziehen mußten, waren neue Kräfte zu werben. Ein eigenes Interesse gewinnt das Werk durch den Umstand, daß es Richthofens letzte wissenschaftliche Arbeit in seinen Seiten birgt. Dadurch, daß der Verlag das Werk auch in Lieferungen (12 zu je 3 M.), von denen uns die vier ersten vorliegen) ausgibt, wird seine Anschaffung wesentlich erleichtert. *Hk.*

II. Geographischer Unterricht.

Der Kongreß der weltwirtschaftlichen Ausdehnung in Mons und der geographische Unterricht in Belgien. In den Tagen vom 24.—28. September hat in Mons (Bergen) Hennegau ein Congrès international d'expansion économique mondiale getagt, den ich auf Anordnung des preußischen Kultusministers besucht habe. Der Kongreß war sehr stark, er hatte etwa 3000 zahlende Mitglieder, und da ihn der König mit seinem Besuch beehrte, der Ministerpräsident Beernaert ihm präsidierte, verlief er äußerst glänzend. Er tagte in 6 Sektionen, 1. Unterricht, 2. internationale Statistik, 3. Wirtschafts- und Zollpolitik, 4. Flotte, 5. Ausdehnung der Kultur gegen die neuen Länder, 6. Mittel und Wege. Von diesen war die erste Sektion noch wieder in 3 Untersektionen: Universitäts-, Mittelschul- und Elementar-Unterricht geteilt, sodaß in praxi 8 Sektionen bestanden. Das prächtige neue Gebäude der Bergakademie bot für alle Bedürfnisse des Kongresses reich-

lich Raum, eine besondere ⸮ auch in der Stadt im Athenaeı nasium) eingerichtet.

Der Gang der Verhandlung bei uns üblichen Form sehr st⸮ wurden nicht gehalten, als waren 15 Minuten festgesetzt, ⸮ Sektion auch auf kürzere Dau nuten beschränkt). Als Verhɜ wurden 4 (10—12 und 2—4 gehalten. An Stelle der Vortɾ Rapporte, gedruckte Berichte 1. August hatten eingeliefert tatsächlich aber bis zum let noch weiter erschienen. Bei d war zwar die freie Wahl eine hörigen Themas gestattet, abe Regel. Dieser folgten die mɨ die als ausführliche Antworteɾ mehrere Fragen eines schon ɪ schickten eingehend disponiert sich kund geben. Daß er di⸮ die ihn besonders beschäftigend vorher gelesen hätte, wurde von mitglied angenommen.

So blieb für die Sitzungen Diskussion übrig und die Absı die vorgebrachten Vota. Die ein faßten hier Beschlüsse, die dɜ meinsamen Schlußsitzung im Th⸮ Kongreß angenommen wurden geheuer viel. Die durch kurɜ einzelner Mitglieder kaum un lesung und einstimmige Annahm erforderte mehrere Stunden. Fü und namentlich für den Lehrer war sehr wenig zu holen. Es t daß der Kongreß nur internation des starken ausländischen Besuch belgisch war und ausschließlich essen fördern wollte, man h immer viel lernen können. Abe Schulen stehen erheblich schen, sowohl die staatlichen die Jesuitenkollegien. Das gilt den Lehrern, z. B. konnte Lüttich, eine der ersten Au Widerspruch behaupten, es g zehn Lehrer des Griechischen Griechisch könnten. Und dersel seits ernsthaft das »Brücksche« G »da es zum Materialismus führe Auf und Nieder der Kultur e hängig ist — von den Wanderun schen Meridians! So wird eɜ nehmen, wenn z. B. in der ɪ Mittelschulunterricht fast die Hɜ Verfügung stehenden Stunden rum verwandt wurde, ob nebe schen Anstalten ein bis zwei Ans unserer Realgymnasien begrün ten. Daß schließlich die Be flämischen und einer wallonisch

Art beschlossen wurde, war dabei auch mehr das Ergebnis von Verhandlungen der leitenden Persönlichkeiten hinter der Szene, als es der Stimmung der Versammlung entsprach. Der Rest der Zeit wurde auf die Besprechung der neueren Sprachen, des Turnens, der Geschichte und Erdkunde, der Lage der Handelsschulen verwandt. Man kann sich denken, wie wenig Zeit für das einzelne übrig blieb. Unter welchem Geiste das Ganze stand, erläutert wohl am besten die These des Jesuitenpaters Thibaut, die sehr starken Beifall fand: »Der Kongreß ist der Meinung, daß die alten Sprachen die normale Vorbereitung für die wahrhaft wissenschaftlichen Studien bilden und daher notwendig sind, um die geistige Auslese Belgiens zu erziehen, deren das Land unter den beiden Gesichtspunkten des inneren Fortschrittes und der äußeren Ausdehnung nötig hat«. »Wenn die Belgier in der Erziehung ihres Nachwuchses so rückständig bleiben, werden sie als wirtschaftliche Konkurrenten bald nirgends mehr in Betracht kommen«, äußerte sich ein an hervorragender Stelle in unserem Hochschulunterricht stehender Herr, der neben mir saß, zu alle dem.

Die knappe halbe Stunde, die nun schließlich in der letzten Sitzung für die Verhandlungen über ein Fach übrig blieb, dem den innigsten Zusammenhang mit der Weltwirtschaft niemand wird bestreiten wollen, der Erdkunde, wurde dementsprechend in der Weise ausgenutzt, daß sich ein Sturzregen zusammenhangloser »votes« und »conclusions« über die Versammlung ergoß. Sie in wörtlicher Übersetzung hier zu bringen, wäre wohl Raumverschwendung, ich spare sie daher nur an (wohl gemerkt eine halbe Stunde). Verney (Vertreter d. franz. Gesellschaft f. Montanindustrie) wünscht an allen höheren Schulen Unterricht in Geologie und Handelsgeographie. Paulus (Professor am Brügger Athenaeum) wünscht Schulausflüge und hat deren schon gemacht, nicht nur die »Intuktivmethode«, sondern auch die Exkursionsmethode solle der Kongreß empfehlen. Girard (Freiburg, Schweiz) die geologischen Facta sollten nicht nur festgestellt, sondern auch ursächlich begründet werden. Jacquemin (Leiter der Mittelschule zu Lessines) stellt Thesen für die Schreibart der geographischen Namen auf und wünscht für Belgien im besonderen Beseitigung der flämischen Namen für den wallonischen Teil und der französischen für den flämischen (also nicht mehr Anvers, Bergen usf.). Bruder Alexis (Herausgeber mehrerer geographischer Schulbücher) verliest umfangreiche Wünsche für den geographischen Unterricht. Man solle über der kleinen Heimat nicht das große Ausland vergessen, man solle anschaulicher unterrichten (Wandkarte!). Die Handbücher und Atlanten sollten die Wirtschaftsgeographie stärker betonen, für einen anschaulichen Unterricht sollten mehr und bessere Bilder beschafft

werden, für gute geographische Lektüre solle besser gesorgt werden, die Zahl der Stunden sollte vermehrt werden. Pater Verest meint dagegen, man solle den »wissenschaftlichen« [1]) Anfangsunterricht nicht überschätzen, er habe neben den alten Sprachen keine große geistbildende Kraft.

Abbé Demeuldre (Professor in Engbien) las dem Kongreß eine Reihe Thesen vor, die im wesentlichen wünschten, daß der Geographieunterricht »geordnet und vernünftig« sein sollte.

Professor Crutzen (Athenaeum Antwerpen) wünscht, entsprechend der Bedeutung der Geographie für die Weltwirtschaft und ihre pädagogisch wertvollen Eigenschaften, ihr einen breiten Platz in den Stundenplänen, mit ihm hatten fünf andere Herren seine Wünsche unterzeichnet.

Ich selbst sprach auf Wunsch von Professor Halkin (Lüttich) mich dahin aus, daß man vor allem erst mit einer besseren Vorbildung der Lehrer anfangen sollte.

Brifant (Advokat in Brüssel) wünscht methodisch geordnete Vortragsserien mit Lichtbildern auch für die ehemaligen Schüler und behördlich protegierte Sammlungen von Photogrammen usw. Im Einvernehmen mit Girard wünscht er, daß der Kongreß die Frage studieren lasse, ob nicht die zwischen Geschichte und Erdkunde zu trennen wäre und die Geschichte den Sprachen, die Erdkunde den Naturwissenschaften zugewiesen werden sollte. Dann spricht Girard den Wunsch aus, eine Einrichtung zum Austausch aller den geographischen Unterricht betreffenden Fragen usw. zu schaffen. Die Versammlung nimmt diesen Wunsch als den ersten an. Später wird festgestellt, daß es mit dem von mir in Chicago zur Annahme gebrachten Votum des VIII. Internationalen Geographenkongresses im wesentlichen übereinstimmt. Gerard (Direktor des Athenaeums zu Namur) wünscht ein Schulmuseum. Der Vorsitzende, General Bruylant, legt der Versammlung Änderungvorschläge für den Fachunterricht, besonders den Handelsunterricht, vor und knüpft Fragen daran. Doch war zu einer Diskussion über diese Angelegenheit natürlich keine Zeit. Nur de Geynert (Ehrendirektor des Lehrerseminars in Gent) kommt noch zum Wort, er glaubt, Änderungen seien im allgemeinen nicht nötig, nur wünschte er Handfertigkeitsunterricht, Schulausflüge, praktische Methoden und leerere Klassen.

Damit war zwar das Füllhorn nicht erschöpft, aber die Zeit abgelaufen. Man sieht, viele der Fragen, die für eine brauchbare Ausgestaltung des Erdkundeunterrichts auch bei uns noch der Erledigung erst entgegen gehen, fangen dort auch an, die Gemüter zu bewegen. Aber freilich, ein noch viel härterer Druck seitens der Ver-

[1]) Das Wort scientifique: 1. = wissenschaftlich, also über die Schule hinausreichend und 2. = naturwissenschaftlich, benutzte er zu einem hübschen rednerischen Taschenspielerkunststück.

treter der »humaniora« hält in Belgien die Entwicklung noch mehr zurück als schon bei uns. Ich bin sicher, daß alle diese Anregungen, wie sie schon sich überstürzend und ungeordnet auftraten, fast ohne jeden Nachklang, geschweige denn eine wirkliche Weiterwirkung bleiben werden, wie ja auch schon, mit der einen erwähnten Ausnahme, die Versammlung selbst sich jeder Meinungsäußerung enthielt, während sonst an allgemeinen Voten kein Mangel war. *H. F.*

Zur Herstellung von Reliefs der Heimat hat die Stadtvertretung von Plauen i. V. 500 Mark bewilligt. Die Bearbeitung des Originals übernahmen Plauener Lehrer, die Vervielfältigung die Papierstückfabrik von H e i n e r t in Zwickau, die einen unbemalten Abguß für 25 Mark, einen bemalten für 30, bei geologischem Kolorit für 31 Mark abgibt. *Hk.*

S. G e o r g e hat in seinem Aufsatz: Weniger beachtete Höhenangaben einige für den Unterricht wichtige Fingerzeige gegeben. Er weist darauf hin, daß man zur Verdeutlichung gewisser orohydrographischer und klimatischer Verhältnisse auch die Höhenlage von Pässen und Orten an Flüssen heranziehen sollte. Er beschränkt sich auf Österreich-Ungarn; es mögen einige Beispiele hierher gesetzt werden. Die Höhe des Arlbergpasses mit 1800 m tritt der Höhe der Bahnlinie im Tunnel mit 1511 m gegenüber; die Höhe von Innsbruck mit 570 m im Norden, und von Brixen mit 560 m im S des Brenner; die Quelle des Inn am Malojapaß liegt noch etwa 2000 m, bei Finstermünz hat er noch 1000 m, bei Kufstein aber nur mehr 500 m. Die Donauquelle liegt etwa 750 m, bei Ulm hat die Donau 460 m, bei Passau 275 m; bei Wien nur mehr 160 m, bei Belgrad 70 m, bei Orsova 40 m. Auch Mittelzahlen geben uns eine gute Vorstellung: so sind die Terrassen in Böhmen 400, 300 und 200 m, die Elbe hat bei dem Austritt aus Böhmen noch 110 m Höhe.

Durch solche und ähnliche Betrachtungen kann leicht der Unterricht anschaulich und plastisch gemacht werden. *Dr. O. Janker-Laibach.*

Programmschau.

Über Versuche im Kartenzeichnen. Von Julius N o d e r. Mit einer Beilage von Zeichnungen. 54 S. 16 S. Zeichnungen. (Programm des humanistischen Gymnasiums Kempten 1904.) Noders Ausführungen gehören zu dem ansprechendsten, anregendsten und besten, was ich über die Frage des Kartenzeichnens je gelesen habe. Nicht einmal ein Fachmann, als Philolog ein Laie im Kartenzeichnen, geht er gleich der schwierigsten Seite dieser Aufgabe, dem freihändigen, gedächtnismäßigen Zeichnen während des Unterrichts zu Leibe. Und unter dem Eindruck seiner Ausführungen glaube ich es ihm, daß er vorzügliche Ergebnisse erzielte und »daß Herren, ehemalige Schüler, bei einem Wiedersehen nach vielen Jahren völlig aus eigenem Antrieb das

Gespräch alsbald auf den Geographieunterricht lenkten und mit Behagen die Erinnerungen an ,unser damaliges Kartenzeichnen' aufleben ließen«, wird nicht jeder von sich behaupten können, der der Pflege des Kartenzeichnens viel Zeit und Mühe nach irgend einer berühmten Methode geopfert hat. N o d e r zeigt, daß auf dieser höchsten Stufe des Kartenzeichnens nur durch die denkbar größte Vereinfachung der Aufgabe etwas zu erreichen ist. Und um diese Vereinfachung herbeiführen, hat er nicht eine neue Methode »erfunden«, sondern einfach die Art des Zeichnens auf den erdkundlichen Unterricht angewandt, in der »jederzeit jeder zum Zwecke der Vereinfachung zeichnete und zeichnet, wenn es die Umstände erheischen; wie das Kind zeichnet und der Erwachsene, der Unbefähigte und der Künstler, wenn das (unbewußte oder bewußte) Bestreben, die Richtungslinien anzugeben, die Grundzüge zu verdeutlichen, der Finger bei der Darstellung leitet«. Wer an die Aufgabe neu herantritt, lasse sich durch das schwere Rüstzeug L e h m a n n scher Methodik oder K i r c h h o f f scher Fixpunkte nicht abschrecken, er folge N o d e r s Rat und vertiefe sich erst später in das Studium der Klippen, die dieser ihn glücklich meiden lehrte. *Hk.*

Persönliches.

Ernennungen.

Dr. W. Paulcke, bisher Privatdozent in Freiburg i. Br., als Nachfolger K. Futterers zum außerordentl. Professor der Geologie an der Technischen Hochschule in Karlsruhe.

Der Abteilungsvorsteher am Kgl. Meteorol. Institut in Berlin, Geh. Reg.-Rat Prof. Dr. Gustav H e l l m a n n, zum außerordentl. Professor an der Universität Berlin.

Der Geolog Dr. Wilh. Wunstorf zum Bezirksgeologen an der Geologischen Landesanstalt in Berlin.

Habilitationen.

Mit einer Antrittsvorlesung über »Die Aufgaben und die Hilfsmittel der modernen Erdbeben-Forschung« hat sich Dr. Georg von dem Borne an der Universität Breslau als Privatdozent für Geophysik und angewandte Geologie eingeführt.

Todesfälle.

General Dr. Karl v. Orff, der frühere Direktor des Topographischen Bureaus des Kgl. bayer. Generalstabs, Mitglied der Akademie der Wissenschaften, geb. 23. Sept. 1828, ist am 27. Sept. d. J. gestorben.

Generalmajor z. D. Gustav Krahmer, Bearbeiter vieler russischer militärischer Werke und Verfasser des bekannten sechsbändigen Werkes »Rußland in Asien«, geb. in Elbingerode am 29. Dez. 1839, gest. am 7. Okt. 1905 in Wernigerode.

Ein Denkmal Livingstones in Afrika. In England hat sich ein Komitee gebildet, das zur Erinnerung an den kühnen Afrikareisenden Livingstone ein Denkmal mitten im tiefsten Afrika errichten will. Das Denkmal soll sich zu Chitambo im Osten des Bangweolo-Sees erheben, gerade an dem Orte, an dem der Reisende sein Leben aushauchte und an dem sich zu Füßen eines hohen Baumes das Grab seines Herzens befinden soll.

Geographische Nachrichten.

Wissenschaftliche Anstalten.

Das von der Göttinger Gesellschaft der Wissenschaften mit Unterstützung der preußischen und der Reichsregierung 1902 ins Leben gerufene Geophysikalische Observatorium in Apia, das nach dem ursprünglichen Plane schon im vorigen Jahre hätte aufgelöst werden müssen, ist in seinem Bestand bis 1909 endgültig gesichert. Zur Verwaltung und Beaufsichtigung der Station wählte die Gesellschaft ein dreigliederiges Kuratorium, dessen Mitglieder Hermann Wagner, E. Riecke und E. Wiechert sind. Der bisherige Beobachter Dr. Otto Tetens wird durch Dr. Franz Linke abgelöst, der bereits die Ausreise angetreten hat.

Am 15. Oktober wurde in Gegenwart des Kaisers und einer Anzahl hervorragender Vertreter der meteorologischen Forschung das neue Aeronautische Observatorium in Lindenberg bei Beeskow feierlich eingeweiht.

Kongresse usw.

Auf dem »Congrès d'expansion économique mondiale« zu Mons ist es dem Generaldirektor des höheren Unterrichts, Cyrille van Overbergh, mit wirksamer Unterstützung der fünf Polarforscher Lecointe, Arktovski, Bruce, Shakleton und Nordensklöld gelungen, eine internationale Organisation für künftige Polarfahrten in die Wege zu leiten. Die »Association internationale pour l'étude des régions polaires« soll die Aufgabe haben, 1. über gewisse schwebende Fragen der Polargeographie internationale Übereinstimmung herbeizuführen; 2. einen allgemeinen Vorstoß zur Erreichung der Erdpole zu versuchen; 3. Expeditionen zu organisieren, die unsere Kenntnisse der Polarwelt auf allen Gebieten erweitern; 4. dahin zu wirken, daß für die Dauer der internationalen Polarexpeditionen ähnliche Unternehmungen in den einzelnen Ländern ruhen. Der Vorschlag fand den Beifall des Kongresses.

Stiftungen, Verwilligungen usw.

Der Verwaltungsausschuß der Karl-Ritter-Stiftung hat Prof. Dr. Theobald Fischer für einen längeren Studienaufenthalt in Algier 1000 M., Leo Frobenius für Weiterführung seiner Reise im Kasai-Gebiet 500 M. bewilligt.

Zeitschriften.

Die Chambre de Commerce Sino-Belge läßt seit April d. J. eine neue Monatsschrift unter dem Titel: »Chine et Belge, Revue économique de l'Extrême Orient« erscheinen. Die Hefte, von denen bereits fünf vorliegen, haben einen Umfang von 32 Seiten. Der Jahrgang kostet 5 Fr., im Ausland 6 Fr.

Forschungsreisen.

Asien. Die Himalaya-Expedition Jacot-Guillarmot, die den 8500 m hohen Kantschindschanga ersteigen wollte, hat bereits einen schweren Unfall zu verzeichnen. In ca 7000 m Höhe wurde

sie von einer Lawine überrascht, wobei der Teilnehmer St. Pache aus Neuchâtel sein Leben verlor.

Barrett und Huntington berichteten dem Geogr. Journal über ihre Forschungsreise in Zentralasien. Bevor sie Leh verließen, unternahmen sie einen Ausflug nach dem Pang-Kong-See, an den Grenzen Tibets (Stieler 62, 19), dessen langes schmales Felsenbett nach der Meinung der Forscher durch Glazialerosion entstanden ist. Schlechte Wege erschwerten die Reise sehr. In Chinesisch-Turkestan fanden sie bei den Behörden entgegenkommende Unterstützung. Sie gedenken den Herbst ihren Forschungen am Rande des Tarimbeckens abzuliegen und im Winter zum Lop Nor vorzudringen. Der Besuch des Zaidam-Sumpfes ist zweifelhaft.

Hosie hat über seine vorjährige Reise in Westchina einen eingehenden Bericht veröffentlicht (Parl. Paper, China 05, 1). Er ging auf bekannten Wegen von Tschöng-tu nach Ta-tsien-lu (Stieler 64, C 5). Der Verkehr im Tale des Tung ist sehr schwierig, daß die Chinesen ihn so gut bewältigen, beweist aufs neue ihr Handelsgeschick. Als Handelsroute nach Tibet gibt er einer nördlicheren den Vorzug vor der üblichen über Natang; er selbst folgte jedoch dieser bis zu den Grenzen Tibets, wo ihm die Grenzwachen ein weiteres Vordringen verboten. Die Rückreise nach Tschöng-tu führte durch das Tapao-Gebirge über Romi-tschang-ku im Tale des Ta-kin-kiang, wie hier der Tung genannt wird.

Über den weiteren Verlauf der Expedition Tolmatschew in das Chatanga-Gebiet berichtet F. Schmidt (Zentralbl. f. Min. Nr. 20). Danach bewegte sich die Expedition von Turuchansk aus, das sie am 18. Febr. verließ, in nordöstlicher Richtung zwischen den Flüssen Sjewernaja und Kurejka. Am 8. März wurde an der Djaldukta, einem Nebenfluß der Kurejka, Halt gemacht. Hier teilte sich die Expedition. Wassiljew und Tolstoj gingen auf dem gewöhnlichen Tungusenweg unter mehrmaliger Kreuzung des Kotui geradesweges zum Jessej-See, den sie am 18. März erreichten. Tolmatschew, Backlund und Koschewnikow wandten sich nach NW und NO, um das Quellgebiet des Kotui zu erforschen. Kotuiabwärts gelangten sie am 1. April ebenfalls zum Jessej. Von hier wird Backlund mit dem Topographen und den Instrumenten zur Bogenida und über Dudino auf dem alten Middendorffschen Wege zum Jenissej gehen, Tolmatschew über den Wilui an die Lena bei Olekminsk und von da über Irkutsk nach Petersburg.

Afrika. Die beiden deutsch-französischen Kamerun-Grenzexpeditionen haben die Ausreise angetreten. Führer der deutschen Abteilung für die Südgrenze ist Hauptmann Frhr v. Seefried, der französischen der Eskadronchef der Artillerie Lenfant. Die deutsche Abteilung für die Ostgrenze führt Oberleutnant Förster, die französische Kommandant Moll.

Polarländer. Der Expedition des Herzogs Philipp von Orleans, die, wie wir bereits mitteilten, glücklich heimgekehrt ist, ist es gelungen, bis 78° 16' n. Br. an der Ostküste Grönlands vorzudringen. Da vom Schiffe aus Aufnahmen gemacht wurden, ist das bisher unbekannte Stück der grönländischen Küste zwischen Kap Bismarck und der Independencebai auf 3½ Breitengrad verkleinert worden. Kap Bismarck liegt auf einer Insel, Payers Dovebai hat einen nördlichen Ausgang. Auch weiter nördlich sind der Küste, die von tiefen Fjorden zerrissen ist, zahlreiche Inseln vorgelagert. Der

33

Herzog hat dem Küstenstrich den Namen Terre de France gegeben. (Glob. 05, Nr. 12).

Ozeane und Seen. Die vom Carnegie-Institution ausgerüstete **Magnetische Expedition** in dem nördlichen Großen Ozean hat auf der »Galilee« zunächst eine größere Übungsfahrt angetreten, auf der die Tauglichkeit des Schiffes, der Gang der Instrumente usw. geprüft werden, die kurz als Vorbereitung für die größeren Unternehmungen des Jahres 1906 dienen soll. Die »Galilee« segelte am 5. Aug. von San Francisco und fuhr zunächst nach San Diego. Am 1. Sept. wurde die Fahrt nach den Hawaii- und Midway-Inseln fortgesetzt. Am 1. Dez. wird die Expedition voraussichtlich von ihrer Probefahrt in San Francisco eintreffen.

Besprechungen.

I. Allgemeine Erd- und Länderkunde.

Liznar, J., Die barometrische Höhenmessung. 48 S. Wien 1904, Franz Deuticke. 2 M.

Der Titel entspricht insofern nicht dem Inhalt, als die Schrift nicht die gesamte Theorie und Praxis der barometrischen Höhenmessung enthält, sondern nur die Ableitung und Diskussion der barometrischen Höhenformel mit einigen Winken für die praktische Anwendung und einer Reihe von Tafeln zur Benutzung der Höhenformel. Die Entwicklung der Formel erfolgt auf dem bekannten Wege, das Endergebnis weicht von der gewöhnlichen Gestalt dadurch ab, daß der Verfasser versucht hat, einzelnen der Korrektionsglieder eine strengere Fassung zu geben. Zunächst ist in die Temperatur-Korrektion ein Glied zweiten Grades aufgenommen, was durch den großen Einfluß der Temperatur gerechtfertigt wird. Ob aber selbst bei Jahresmitteln eine lineare Änderung der Temperatur mit der Höhe wirklich stattfindet, ist wohl sehr fraglich und der Nutzen des höheren Gliedes wird dann illusorisch. Ferner ist das von Hann aufgestellte Gesetz für die Abnahme des Wasserdampfdruckes mit der Höhe eingeführt. Auch hier wird die einfachere Form der Korrektion in den meisten Fällen ausreichen, wie Verfasser selbst bemerkt. In Bezug auf die Schwerekorrektion wegen Abnahme der Schwerkraft mit der Höhe wird der freie Aufstieg (Luftballon) unterschieden von dem Falle, in dem die Beobachtungspunkte auf Bergen liegen. Hierfür wird auf die Verminderung der Schwerkraftsabnahme durch Anwendung der Bouguerschen Formel Rücksicht genommen.

Für den Fall, daß keine Jahresmittel der Beobachtungen vorliegen, schlägt Verf. vor, wenigstens die Temperatur und Luftfeuchtigkeit auch noch auf Zwischenstationen zu ermitteln, um unabhängig von dem Gesetz für die Abnahme der beiden Elemente mit der Höhe ihren Einfluß durch mechanische Integration ermitteln zu können.

Den Schluß bildet eine Reihe von Tafeln, durch die die Berechnung des Höhenunterschieds auch nach Einführung der strengeren Korrektionsglieder erleichtert wird. *Prof. Dr. O. Eggert (Danzig-Langfuhr).*

Zivier, Heinrich, Die Verteilung der Bevölkerung im bündnerischen Oberrheingebiet nach ihrer Dichte. Jahresber. der Geogr. Ges. 39 S., 8°. Mit 1 K., 1:400000. Bern 1903.

Die Arbeit, die bereits im Jahre 1897 als Berner Dissertation entstanden ist, bildet einen wertvollen Beitrag zur Behandlung anthropogeographischer Fragen im Hochgebirge. Der kartographischen Darstellung der Volksdichte stellen sich im Gebirge so viele Schwierigkeiten entgegen, es ist so schwer für sie ein bestimmendes Prinzip zu finden und folgerecht durchzuführen, daß wir für jeden ernsthaften Versuch, an diese Probleme heranzugehen, dankbar sein müssen, selbst wenn wir den prinzipiellen Standpunkt, von dem aus die Lösung versucht wird, nicht teilen sollten. Gegen die Verteilung der Bevölkerung auf das bewohnte, nicht einmal auf das wirtschaftlich benutzte Gebiet ließen sich in der Tat verschiedene Einwände erheben. Doch ist hier nicht der Ort, die Frage der Volksdichtedarstellung von neuem aufzurollen.
Dr. Otto Schlüter (Berlin).

Major, Cl., Plan von Sonneberg und Umgeb. 1:8000. Sonneberg, Selbstverlag. 2 M.

Die Sonneberger verdanken ihrem Mitbürger Major ein Meisterwerk, denn das ist sein Plan in jeder Beziehung, in Aufnahme, Zeichnung und Stich. Mir ist noch kein Plan eines Ortes, am wenigsten eines solchen vom Umfang Sonnebergs, zu Gesicht gekommen, der soviel liebevolle Sorgfalt in der Bearbeitung verrät, wie der vorliegende. Und jeder Fachmann wird verständnisinnig Beifall nicken, wenn der Verfasser in einer kurzen Voranzeige berichtet, daß die Karte das Ergebnis einer Arbeit sei, deren Anfänge zwei Jahrzehnte zurückliegen. Hat er doch allein mehr als 300 Höhenzahlen durch Nivellement bestimmt, um eine sichere Grundlage für die Zeichnung der Isohypsen zu gewinnen. Es ist nur zu wünschen, daß Mitbürger und Sommerfrischler durch fleißigen Kauf der Karte das Verdienst Majors anerkennen, wenn es auch den meisten von ihnen nicht möglich sein wird, den topographischen und technischen Wert der Arbeit gebührend zu würdigen. *Hk.*

Das Obererzgebirge und seine Städte. Heimatkundliche Geschichtsbilder für Haus und Schule. Herausg. von Schuldirektor M a x G r o h m a n n. 2. erweiterte Aufl. mit Abbild. Annaberg 1903, Graser. 7 M., geb. 8 M.

Wie schon der Untertitel besagt, beansprucht das umfangreiche Buch nicht als fachwissenschaftliches Werk zu gelten. Es ist ein Lesebuch im besten Sinne des Wortes, indem es Belehrung und Unterhaltung gleichzeitig bietet. Ein allgemeiner Teil gibt eine Reihe von Aufsätzen und Gedichten, die das obere Erzgebirge, seine Bewohner, die Geschichte und das wirtschaftliche Leben des Gebirges in zwangloser Folge schildern. Nebenbei sei hierzu bemerkt, daß auf S. 116 die neue Kreishauptmannschaft Chemnitz nicht berücksichtigt worden ist. Die übrigen Teile behandeln die einzelnen Städte in alphabetischer Reihenfolge und sind vorwiegend geschichtlichen Inhalts. 182 Seiten sind allein Annaberg gewidmet. Jede Stadt ist von einem einheimischen Schulmann behandelt und mit besonderer Seitenzählung versehen, so daß die einzelnen Teile auch als Sonderhefte ausgegeben werden können.

Das Buch bietet dem wissenschaftlich arbeitenden Geographen nichts Neues, wird aber jedem, der sich mit einer der obererzgebirgischen Städte näher zu befassen hat, eine willkommene Stoffsammlung sein.

Dr. J. Zemmrich (Plauen i. V.).

Bayerisches Verkehrsbuch, Bayern rechts des Rheins. Im Selbstv. herausg. vom Verein zur Hebung des Fremdenverkehrs in München und im bayer. Hochlande. Mit 11 K., zahlr. Illustr. u. Vign. Druck von Karl Oerber in München.

Eine höchst originelle Bereicherung hat seit vorigem Jahre das bayerische amtliche Eisenbahnkursbuch erfahren, indem es eine vom Verein zur Hebung des Fremdenverkehrs in München und im bayerischen Hochlande herausgegebene, mit zahlreichen Kärtchen und Illustrationen geschmückte, etwa 100 Seiten große Beilage, »Bayerisches Verkehrsbuch« betitelt, erhalten hat, eine Gratiszulage, welche allgemein freudige Überraschung hervorgerufen hat und allerseits mit wärmstem Danke begrüßt worden ist. Es wird damit den vielen Tausenden von Fremden, welche alle Jahre das durch seine Lage im Reiseverkehr so begünstigte Bayern, namentlich das bayerische Oberland, aufsuchen, ein Führer in die Hand gegeben, der sie auf die Schönheiten der Gegend aufmerksam macht und ihnen zugleich Rat erteilen soll, wo sie auf der Wanderung oder zu kürzerem oder längerem Aufenthalt Rast machen können. Deshalb sind sehr eingehende Angaben über die Unterkunfts- und Verpflegungsverhältnisse im bayerischen Hochlande gemacht. Für das übrige Bayern (die Pfalz fehlt ganz) sind solche Angaben nicht gemacht, überhaupt wird dieser Teil des Landes aus begreiflichen Gründen viel kürzer behandelt. Dem Büchlein sind praktische Winke vorausgeschickt über Reisezeit, Ausrüstung, Reisewege, Reisekosten usw. Der Stoff selbst ist in einzelne Gruppen gegliedert, z. B. Gruppe I: München, Gruppe II: Isartal– Kochel–Mittenwald–Bad Tölz, Gruppe III: Starnbergersee — Ammersee — Garmisch-Partenkirchen– Oberammergau–Linderhof–Neuschwanstein–Füssen, Gruppe IV: Allgäu — Oberstdorf — Lindau usw. Gruppe VIII—X umfaßt auch das nördliche Bayern.

Was aber dem Büchlein besonderen Schmuck verleiht und es aus der Zahl der ernsthaften Reisehandbücher, denen es übrigens keine Konkurrenz machen soll, heraushebt, das ist seine freundliche, heitere, wahrhaft künstlerische Ausstattung mit Illustrationen (zum Teil farbig), welche von (meist) Münchner Künstlern bereitwillig zur Verfügung gestellt worden sind. Landschafts- und Genrebildchen wechseln in reizender Mannigfaltigkeit mit Vignetten ab und es läßt sich oft schwer sagen, welchem man den Preis zuerkennen soll. Dazu ist der Text (von Maxim. Krauß) äußerst lebhaft und glänzend geschrieben und erhebt sich stellenweise zu poetischem Schwunge der Darstellung. Man lese z. B. S. 29 Starnbergersee, S. 41 Neuschwanstein, S. 54 Lindau, S. 71 Chiemsee, S. 86 Königsee, S. 94 Die fränkische Schweiz! Von großem Werte sind auch die in den Text eingefügten Kärtchen aus dem bayerischen Oberland, welche vom Topographischen Bureau des Kgl. bayer. Generalstabs zur Verfügung gestellt wurden und also durchaus verlässig und übersichtlich sind.

Die in den Angaben über die Unterkunfts- und Verpflegungsverhältnisse sich noch findenden Lücken werden voraussichtlich in der nächsten Ausgabe ausgefüllt werden.

Mit diesem schönen Werkchen hat sich der Verein zur Hebung des Fremdenverkehrs in München und im bayerischen Hochlande ein großes, nicht genug anzuerkennendes Verdienst und die Dankbarkeit aller Leser des Büchleins und namentlich aller derjenigen erworben, welche in der Lage sind, dasselbe auch praktisch erproben zu können. Mögen ihrer recht viele sein! *Prof. Dr. O. Biedermann (Traunstein.)*

Dalmatien, Tagebuchblätter aus dem Nachlaß des Freiherrn Alexander von Warsberg. Wien 1904, Konegen. 5 M.

Es sind nun mehr als 30 Jahre her, daß der durch seine Schilderungen homerischer Landschaften bekannte Verfasser auf der Heimkehr von Griechenland Dalmatien besuchte. Die Aufzeichnungen dieser Reise vom Jahre 1871 liegen in dem schönen, durch prächtige Zeichnungen L. H. Fischers geschmückten Buche vor, das trotz des langen Zeitraums seither durchaus lesenswert bleibt. Geographisch bringt uns das Buch zwar nichts Neues, da nur die bekanntesten Punkte (Bocche, Ragusa, Curzola, Lesina, Lissa, Spalato, Trau, Sebenico und — merkwürdig kurz und unfreundlich — auch Zara) beschrieben werden. Falsch ist wohl die Annahme einer Hebung der Küste (S. 98), doch mag dafür der Anthropogeograph manch wertvolle Perle in den gedankenreichen Bemerkungen zur dalmatinischen Stadtgeschichte finden.

Aber im Sachlichen liegt auch nicht der Schwerpunkt des Interesses, sondern in der Darstellung, der hübschen,, blumenreichen, oft etwas phantasisch oder philosophisch angehauchten Sprache, der eigenen Kunst, stets passende Vergleiche zu charakterisieren. Die ruhige, vornehme Natur des Verfassers veredelt im Geiste all das Gesehene, mag es nun die gebirgige Landschaft, eine Schar prächtig gewachsener Montenegriner, ein einsamer Garten zu Spalato oder das Klosterschloß von Lacroma sein. Wie er hier den Stoff zu einem Drama über den unglücklichen Kaiser Max von Mexiko exponiert, denkt er sich in Salona in die Zeit der römisch-byzantinischen Kulturepoche und wünscht von Ragusa eine historische Monographie, die so geschrieben sein soll, wie er selbst die Dinge zu sehen pflegt, mit den Augen »des Malers und Künstlers, Dichters und Romantikers«. Für die Geschichte und die Kunstentfaltung an unserem Gestade hat der Verfasser überall das wärmste Empfinden; in der Natur ist es in erster Linie das Meer, das ihn durch seine Farbenwirkungen fesselt. Das Innere, dessen »eisig kahle und nur selten farbenhaltige Ufergebirge« ihn die Linienschönheit griechischer Landschaft entbehren lassen, wirkt traurig und betrübend auf ihn und das kahle Lissa erscheint ihm von vornherein zum Aufenthalt asketischer Mönche geschaffen. Trotzdem weiß er auch hier den landschaftlichen Reizen einzelner Teile wie der Bocche di Cattaro und der Sette Castelli gerecht zu werden. »Auch wer das schönste von Italien und Südfrankreich gesehen, wird hier noch Freude erleben«. — Möge das schöne Buch noch mehr Fremde an die Gestade der Adria locken, als dies bisher geschah; sie werden sicher einen Genuß finden, wenn es auch nur wenigen wie dem Verfasser gegönnt sein wird, über dem Erhebenden so manche Schattenseiten des Landes zu vergessen.

Dr. Norbert Krebs (Triest.)

Stebler, F. O., Ob den Heidenreben. Bern, A. Franke. Brosch. 3 frs.

Als Beilage zum Jahrbuch des SchweizerAlpenklubs erschien diese Arbeit als erste der

»Monographien aus den Schweizeralpen«.
Es handelt sich um eine Monographie des Dorfes
Visperterminen im Wallis, das 1½ Stunden südöstlich von Visp, 1340 m über dem Meer liegt.
Zu diesem Dorfe gehören die »Heidenreben«, wo
der berühmte Heidenwein wächst, in dem höchsten
Rebberg der Schweiz (1200 m) und wahrscheinlich
Europas. — Der Verfasser ist kein zünftiger Geograph, aber er bietet hier eine reiche Fülle des
wertvollsten Materials. An diesem speziellen Beispiel zeigt er die klimatischen Eigentümlichkeiten
des Wallis, des »Afrika der Schweiz«, dessen Klima
die Visperterminer nötigt, ihre Reben und Wiesen
zu bewässern. Er führt uns in die bis 500 Jahre
alten Heidenhäuser, zeigt die eigentümliche Bauart derselben, der Stadel (für Getreide), Ställe und
Speicher (für Käse, Milch, Fleisch usw.).

Von den geographischen Eigentümlichkeiten der
Gegend sei hier nur eine herausgegriffen, das
Nomadenleben der Visperterminer. Da wohnt
z. B. eine Familie im Januar und Februar im Dorfe
(1340 m); im März zieht sie hinunter nach Oberstalden (1014 m), bestellt dort die Wiesen und
Wasserleitungen, besorgt auch gleichzeitig die Reben
(700—1000 m). Mitte April zieht man aufwärts
nach Niederhäusern (1200 m), wo Kartoffeln
und Gemüse gepflanzt werden. Mitte Mai rückt
die ganze Familie wieder ins Dorf ein und besorgt
da die gleichen Arbeiten. So geht es weiter durch
das ganze Jahr; je nach dem Stande der ländlichen
Arbeiten wechselt der Wohnsitz zwischen dem Dorfe,
Niederhäusern und Oberstalden, sodaß jedes
der drei Wohnhäuser der Familie vier bis fünfmal
an die Reihe kommt. Vom Juli bis September
rückt außerdem noch das Vieh auf die Voralp,
(1700 m), dann auf die Hochalp (1800—2300 m)
und kehrt ebenso staffelweise wieder zurück.

Eine weitere uralte Einrichtung, die hier noch
heute als rechtskräftige Urkunden im Gebrauch
steht, sind die »Tessien«. Es sind Runenstäbe,
und zwar gibt es Wassertessien für die Wasser-
rechte, die bis auf ¼ und ⅛ Stunde angegeben
werden, Kapitaltessien zur Aufzeichnung der
Kapitalien; Alptessien mit Angabe der Zahl der
Kuhrechte; ebenso Schaftessien für die Schafalpen usw.

Die Monographie gibt ferner eine Menge interessanter Beiträge zur Volkskunde: Gebräuche, Feste,
Sagen und Sprüche usw. *Dr. Aug. Aeppli (Zürich).*

Meyers Großes Konversations-Lexikon. 6. Aufl.
Bd. 7—10. Leipzig 1905, Bibl. Inst. Je 10 M.

Der 7. Band enthält verhältnismäßig wenig länderkundlichen und topographischen Stoff. Von größeren
Länderabschnitten ist nur Französisch-Indochina (mit
Karte) und Französisch-Guinea zu nennen. Daß in
diesen, wie in ähnlichen anderen Abschnitten, das
spezifisch Geographische durch den breiten Raum,
der dem wirtschafts- und verkehrsstatistischem Tat-
sachenmaterial gewidmet ist, stark eingeengt wird,
werden die Geographen bedauern. Es erscheint
indes fraglich, ob sich nicht auch für viele andere
Benutzer des Werkes eine stärkere Betonung
des Geographischen empfehlen würde. Der geographische Charakter ist doch das Dauernde in der
Landesnatur, während die statistischen Angaben
schon nach wenig Jahren ihre Gültigkeit verlieren.
Die Artikel Geographische Gesellschaften, Geographische Kongresse, geben kurze aber ausreichende
Übersichten, daß bei dieser Gelegenheit auf den
Geographenkalender verwiesen wurde, ist sehr erfreulich. Sehr wertvoll sind die Beiträge zur all-

gemeinen Erdkunde unter den Stic[h]
bildung, Gebirge und Gebirgsbild
»Gebirgsbildungen« durch eine bes[onders]
dürfte doch kaum Schwierigkeiten
umfangreiche Abschnitt »Geologie«
dere Beachtung. Zahlreiche Profile
Inhalt, die zwölf Weltkärtchen über
von Wasser und Land zur Zeit der
mationen sind äußerst instruktiv un[d]
der geologischen Formationen wird
ihrer Anordnung für viele ein b[e]
durch das so leicht abschreckende N[...]
geologischen Formationslehre wer[den]
Inhalt des 8. Bandes verdient hier
Großbritannien an erster Stelle gen[...]
Er kann als Muster gelten für [...]
Stoffmenge, die der Große Meyer
tigen Kulturstaaten bietet. Um so
nung verdient es, daß es der Red[aktion]
ist, auch bei solch umfangreichen
so notwendige Übersicht zu wah[ren]
den letzten Wochen wird manches
Zahlentafeln dieses Abschnittes, au[f]
die Entwicklung des englischen Kol[...]
stellt, geruht haben. Von den übri[gen]
hörigen Abschnitten sind Hamburg u[nd]
(vorwiegend historisch) anzuführen.
Erdkunde kommt in den Abschnit[ten]
und »Gradmessungen« zu ihrem Re[...]
chen zur »Verbreitung der wichtigs[...]
tiere« zeichnen sich dank der Be[...]
Stoffes durch Klarheit vor ander[en]
aus. Im 9. Bande sind die Arti[kel]
Hinterindien mit Karten ausgesta[ttet]
von Deutsch-Südwestafrika in dem
von 1 : 6 000 000 ist dem zeitgemäß[...]
den Hereroaufstand beigeheftet.
des Indischen Ozeans gibt zahlreich[e]
Boden- und Oberflächentemperatur[en]
Grenzen der vorherrschenden Wind[...]
strömungen sind nicht eingezeichne[t]
ders umfangreichen geographischen
der 10. Band, mit dem die Hälfte de[s]
nehmens fertig vorliegt. Italien, Ja[...]
Kapkolonie beanspruchen umfang[...]
Irland, Kaukasien, Kärnten und Jav[a]
eine Karte verdiente, müssen sic[h]
Abschnitten begnügen. Jura und
eingehend erörtert und ihre Leitf[...]
lichen Abbildungen auf vier Tafeln [...]
kartographische Darstellung von De[...]
fahrtsstraßen wird allgemeine Beac[htung]

Wir können nur wünschen, daß
zweiten Hälfte des Werkes die s[...]
mit gleicher Pünktlichkeit folgen, a[...]
des Inhalts und in der Güte der A[...]
ihren Vorgängern.

Hahn, Prof. Dr. **Friedrich,** Di[e ...]
ihre Entstehung und gegenw[ärtige Bedeu-]
tung. Mit einer Doppeltafel [...]
Abbild. im Text. 71. Bd. »[...]
Geisteswelt«. Leipzig 1905, [...]

In zwei Hauptabschnitten schild[ert]
die frühesten Zeiten des Eisenbahn[wesens in]
Deutschland und Österreich, und set[zt ...]
des heutigen Eisenbahnwesens, Sp[...]
Signalwesen usw. auseinander. Für [...]
kommt das dritte Hauptkapitel in [...]
recht lehrreicher Überblick über di[e]
Verbreitung der Eisenbahnen in der [...]

geben wird. Von Lappland bis Südafrika und von Port Arthur bis zu den Transkontinentalbahnen der Union lernen wir die Bedeutung der wichtigsten Linien kennen. *Dr. Max Georg Schmidt (Marburg a. L.).*

Hans the Eskimo. A Story of arctic Adventure by **Christiana Scandlin.** Ill., 125 S. New York, Boston, Chicago. Silver, Burdet & Co.

Die Zeit, in der diese Geschichte spielt, liegt gerade um ein halbes Jahrhundert zurück, denn sie behandelt Kanes Polfahrt, 1853—1855, und die Eskimos sind wohl innerlich wie äußerlich nicht mehr ganz so beschaffen, wie sie hier nach des Seefahrers Mitteilung dargestellt werden. Ein gutes Teil von der Liebenswürdigkeit und Genügsamkeit, die ihnen hier nachgerühmt werden, ist ihnen aber doch geblieben, und die Verfasserin erreicht ihr Ziel, »das Leben der kleinen Kinder des kalten Nordens den begünstigteren Kindern des Südens näher zu bringen«. Die Schicksale der Bemannung des amerikanischen Schiffes »Adventure« werden verflochten in eine Reihe von Bildern aus dem häuslichen Leben der Eskimos, und alle diese kleinen und großen Abenteuer werden so ansprechend vorgetragen, daß das Büchlein eine Übersetzung ins Deutsche wert ist. Nur eins fällt auf, nämlich daß von der Wasserjagd der Eskimos fast gar nichts berichtet wird, obwohl ihnen diese noch heute den größten Teil ihres Unterhalts schaffen muß und es damals noch mehr mußte. *Dir. Dr. E. Oehlmann (Linden-Hann.).*

II. Geographischer Unterricht.

Pohle, Paul, Von der Heimatkunde zur Erdkunde. Ein Beitrag zur speziellen Methodik des erdkundl. Unterrichtes. III, 1000 S., 1 K. Leipzig 1905, Ernst Wunderlich. Geb. 2.50 M.

Das Buch versucht die Beantwortung der Frage: Wie ist der Übergang von der Heimatkunde zur Erdkunde zu gestalten? Unter Erdkunde ist Behandlung aller der Gebiete verstanden, welche dem Kinde nicht unmittelbar zur Anschauung gebracht werden können, sondern bei denen die Geschicklichkeit des Lehrers ein Phantasiebild erzeugen soll, das der Wirklichkeit möglichst entspricht, so daß also das Wort Heimatkunde nur den Heimatort mit seiner nächsten Umgebung, die mit den Kindern bequem durchwandert werden kann, umfaßt. Das Buch, das zunächst für Volksschulverhältnisse geschrieben ist, setzt sich aus einem theoretischen und einem praktischen Teile zusammen. Der theoretische Teil enthält: 1. Das Ziel der Heimatkunde; 2. Neue Raumvorstellungen; 3. Die Orientierung im Raume; 4. Landschaftliche Einheiten; 5. Vom Kartenlesen; 6. Von der Anschaulichkeit; 7. Von den abschließenden Zusammenfassungen; 8. Die Bedeutung des Behandelten für das Neue; 9. Kartenskizzen — und gipfelt in den Forderungen: 1. richtige Raumvorstellungen zu erzielen durch deutliche Veranschaulichung der Begriffe Kilometer, Wegstunde, Eisenbahnstunde, Quadratkilometer und Quadratmeile, sowie durch fortgesetztes Anwenden dieser Maße beim Schätzen, Messen und Berechnen der Entfernungen; 2. die Orientierung im Raume so zu gestalten, daß der erste Unterricht nicht Papiergeographie treibt, sondern der Wirklichkeit entsprechende Bilder erzeugt; 3. die Anordnung des Stoffes geschehe nach landschaftlichen Einheiten, die unter sich durch die Flußläufe aneinanderzuknüpfen sind und deren jede einzelne dem Kinde psychologisch nahe liegt; 4. im Geiste des Kindes ist ein plastisches Bild zu erzeugen, zu dem die Karte

dann das stützende Gerippe liefert; 5. das Kartenlesen, das sich von der Einführung in das Kartenverständnis so unterscheidet, wie Kenntnis des ABC vom Lesen, muß geübt werden. Die Selbsttätigkeit der Schüler ist dann dadurch zu fördern, daß sich die Kinder unter Benutzung der Handkarte vor der Schulbehandlung selbst ein Bild der neuen Gegend erarbeiten; 6. die zusammengehörigen Gebiete sind am Schlusse zu einem Ganzen, welches sodann das Maß für die folgenden Gebiete abgibt, zu verbinden; 7. das Gebiet wird in einfachsten Umrissen skizziert und da auf dieser Stufe (4. Schuljahr) noch die Fertigkeit fehlt, lasse man die Skizzen von der Handkarte abzeichnen, eventuell durchpausen.

Im zweiten, praktischen Teile zeigt Pohle in geschickter Weise die Anwendung seiner Grundsätze, wobei mir außer der Durchführung der kausalen Bedingungen für die geographischen Erscheinungen besonders das psychologisch begründete Verfahren gefällt, die fortwährende Heranziehung von Apperzeptionsstützen, die dann das Band für die zu apperzipierenden Vorstellungen werden. Daß auch das geologische Element die nötige Berücksichtigung findet, ergibt sich aus dem Gesagten von selbst. Allerdings will es mir scheinen, als wenn Pohle in dieser Beziehung den Kindern des vierten Schuljahres zuviel zumutete. Die Behandlung geologischer Erscheinungen in solcher Ausführlichkeit ist besser der Oberstufe zuzuweisen. Pohle fühlt es wohl selbst; man darf es aus der Anmerkung auf Seite 31 schließen, wenn er sich bemüht, von der Möglichkeit der Behandlung auf der Mittelstufe zu überzeugen. Die Volksschulen, besonders die einfachen Schulen, haben eben mit vielen Schwierigkeiten zu kämpfen, die allerdings auf anderen Gebieten liegen, die aber doch den Unterrichtserfolg in jeder einzelnen Disziplin in gewissem Sinne beeinträchtigen. Daran ändert wohl auch die anschauliche Darstellung über Entstehung der Gesteine (das Erzgebirge), Entstehung eines Gebiets (das Oelsnitzer Becken, das Grünsteingebiet vom Elsterknie bis Plauen usw.) nichts. — Erwähnenswert ist weiter die Art und Weise, wie das Heimatgebiet auf die Karte des Vogtlandes, diese wieder auf die Karte von Sachsen übertragen wird. Die angefügten Skizzen sind einfach, klar und zweckentsprechend.

— Das Werk erregt auch in denjenigen, die nicht Lehrer des Vogtlandes sind, Interesse. Es scheint mir geeignet, ein Beitrag zu einer lebendigen Betrachtung der sich unmittelbar an die Heimat anschließenden Gebiete zu sein. *Seminarlehrer Pottag (Prenzlau).*

Cüppers, Jos., Süddeutschland, 1:300000. (Schwann'sche Schulwandkarten Nr. 10). Düsseldorf 1904, L. Schwann. 19 M.

Cüppers versucht in seiner Karte die physischen und politischen Verhältnisse gleichzeitig zur Darstellung zu bringen. Die Staatenverteilung kommt dank dem kräftigen, teilweise grellen (Rot der Reichsgrenze) Randkolorit auch für die Fernwirkung genügend heraus. Daß Cüppers für einzelne Strecken der Reichsgrenze von der Sitte, das Randkolorit nach innen, d. h. auf das Gebiet des zu kolorierenden Staates zu legen, abgegangen ist, erscheint nicht nachahmenswert, ebensowenig das Aussparen eines weißen Streifens an den Flüssen überall da, wo diese die Grenze bilden; die Flußufer sind doch keine neutralen Gebiete. Die Geländedarstellung läßt viel zu wünschen übrig, die Zeichnung der Terrainschraffen ist gänzlich mißlungen. Die unverhältnismäßig großen Ortszeichen wirken nicht gerade schön, aber sie mögen für den Unterricht, für das Abfragen der Schüler, von Wert sein. Daß man bei Schulwandkarten die Schrift nicht auf Fernwirkung berechnet, ist durchaus angebracht, aber sie muß doch wenigstens so abgestimmt sein, daß sie von dem davorstehenden Beschauer, dem Lehrer wie dem Schüler, bequem gelesen werden kann; das erscheint aber für die vorliegende Karte bei einer ganzen Reihe von Namen zweifelhaft, bei vielen ausgeschlossen. Das Weglassen sämtlicher Verkehrslinien wird sich schwer begründen lassen. Als Ganzes betrachtet, entspricht die Karte jedenfalls nicht den Anforderungen, die man in der Gegenwart in zeichnerischer und technischer Hinsicht an geographische Lehrmittel zu stellen berechtigt ist.   *Hk.*

Götz, W., Schulwandkarte von Bayern und Südwestdeutschland, 1 : 350000. München, Mey & Widmayer. Aufgez. mit Stäben 20 M.

Bei der Beurteilung der vorliegenden Karte befinde ich mich in einer Zwangslage; ich würde mich auf die einfachste Weise aus derselben befreit haben, indem ich die Karte einfach unbesprochen ließ. Aber der Umstand, daß sie von verschiedenen Seiten beinahe mit Begeisterung aufgenommen worden ist, daß man von ihr als einem großen Fortschritt in unserem schulkartographischen Standpunkt gesprochen und ihr einen Eroberungszug durch die bayerischen Schulen in Aussicht gestellt hat, wenn ferner der Verlag mit der Bemerkung: »der Name des Herausgebers, der in der geographischen Welt einen guten Klang hat, bürgt schon an und für sich für eine gediegene Leistung usw.«, seine Ware anpreist, so sehe ich mich wider meinen Willen gezwungen, meiner abweichenden Meinung Ausdruck zu geben: Ich halte die Zeichnung von Schrift und Situation der Karte nicht für »einen Fortschritt der Kartographie«, sondern sie entsprechen gerade den Anforderungen, die man kartographisch und technisch heutzutage zu stellen berechtigt ist, die Zeichnung und Schummerung des Geländes aber vermag diesen Anforderungen nicht zu entsprechen; sie verliert sich an vielen, umfangreichen Stellen der Karte in ein zusammenhangloses, gekröseartig wirkendes Gewirr von oft ganz unverständlichen Einzelformen. Das ist die Schuld des Zeichners, die auch nicht dadurch gesühnt wird, daß einer unserer geschätztesten Vertreter der Erdkunde (nicht der Kartographie), der Karte die Ehre erwies, sie mit seinem Namen zu decken.   *Hk.*

Schwann'sche Schulwandkarten. Nr. 6, Rheinprovinz, 1 : 175000; Nr. 8, Westfalen, 1 : 175000; Nr. 9, Hessen-Nassau, Großherzogtum Hessen, Fürstentum Waldeck, 1 : 125000. Bearbeitet von A. J. Cüppers. Düsseldorf, L. Schwann.

Für die vorliegenden drei Karten der Schwannschen Sammlung gilt durchweg, was bei der Besprechung von Süddeutschland gesagt wurde. Da für die Geländedarstellung neben einer sehr dürftigen Schraffenzeichnung nur drei sich wenig voneinander abhebende Stufen eines lederfarbigen Braun angewandt werden, das Tiefland aber weiß gelassen ist, machen die Wandkarten einen sehr öden, toten Eindruck. Man glaubt nur Wüsteneien vor sich zu haben, auch wenn man sich noch so sehr daran erinnert, daß die Farbenflächen nur die Höhenlage zum Ausdruck bringen sollen. Auch die kräftigen, satten Farbenbänder längs der politischen Grenzen vermögen diesen Gesamteindruck nicht zu verwischen. *Hk.*

Geographische Li

a) Allgemeine:

Andrees allgemeiner Handatlas in 13 Nebenkarten nebst alphabetischem 5. Aufl. Herausgeg. von A. Scobel. I. Lfg.: 6 Kartens. Bielefeld 1905, zing.   50 Pf.

Bisching und Kozeschnlks Grundri Gesteins- und Bodenkunde. Ein Leitfa riebt an landwirtschaftl. Lehranstalte 104 S., ill. Leipzig 1906, Landwirtsch handlung. 1.50 M.

Brandenburger, G., Russisch-asiatische (Angewandte Geographie, II. Serie, 7. 1 K. Halle 1905, Gebauer-Schwetschi

Günther, S., Physische Geographie (S 26. Bdchen.) 3. Aufl. 147 S., ill. J Göschen. 80 Pf.

Hann, J., Lehrbuch der Meteorologie. Lfg. Leipzig, Ch. H. Tauchnitz. Je

Hellwald, F. v., Die Erde und Ihre V E. Wächter. 2. Lfg. Stuttgart, Unio

Hoernes, M., Urgeschichte der Mens Göschen, 42. Bdchen.) 3. Aufl. 161 S G. J. Göschen. 80 Pf.

Hoernes, R., Untersuchungen der jüng des westlichen Mittelmeergebietes. 1 »Sitzungsber. d. k. Akad. d. Wiss.«) C. Gerolds Sohn. 30 Pf.

Keil, R., Vom Nil zum Jordan. Erl schilderungen in Ägypten und Palästi erzählt. 166 S., ill. Stuttgart 1905 Bardtenschlager. 3 M.

Meyers geographischer Hand-Atlas. Kartenblättern und 5 Textbeil. (Ausga register.) VIII S. Text. Leipzig 1905 Institut. 10 M.

Meyer, M. W., Sonne und Sterne. 1C 1905, Franckh. 2 M.

Rinne, F., Praktische Gesteinskunde Studierende der Naturwissenschaft u 285 S., ill. Hannover 1905, Dr. M. J

Ritters geogr.-statist. Lexikon. 9. Au Lfg. und II. Bd. 1. Lfg. Leipzig, O. 1. Bd. vollst. 80 Pf.

Schneider, O., Muschelgeld-Studien. lassenen Mskr. bearb. von Carl Ribbe Dresden 1905, E. Engelmanns Nachf.

Semerád, A., Geodätische Längenm drähten. (Aus: »Österr. Zeitschr. für Ve 20 S., ill. Wien 1905, O. Möbius. 7C

Stieler, Karte der Alpenländer in 2 Bl Ostalpen«). 1 : 925000. Bearb. v. C. Habenicht. Nebst Namenverzeichnis.

—, Karte v. Australien. Bearb. v. I Namenverzeichnis. 51 S.

—, Karte v. Balkanhalbinsel. Entw. v v. B. Domann. Nebst Namenverzeich

—, Karte des Deutschen Reiches. Bearb Namenverzeichnis. 96 S.

—, Karte v. Frankreich. Bearb. v. Namenverzeichnis. 97 S.

—, Karte v. Italien. Bearb. von C. Vog verzeichnis. 40 S.

—, Karte von Österreich-Ungarn. Be Nebst Namenverzeichnis. 92 S.

—, Karte der Pyrenäischen Halbinsel. E Nebst Namenverzeichnis. 80 S. Jede Karte in 4 Blättern. 1 : 5000000.

—, Karte des europäischen Rußland u. 1 Bearb. v. H. Kehnert u. H. Habenic verzeichnis. 102 S.

—, Karte der Vereinigten Staaten v. (Nor v. H. Habenicht. Nebst Namenverzei Beide Karten in 6 Blättern. 1 : 3700000. Als Sonderausgaben aus Stielers Han u. Farbdr., sämtlich auf Leinw. in Gotha 1905, Justus Perthes.

Trabert, W., Meteorologie und Klimat Erdkunde XIII.) VII, 132 S., ill. W ticke. 5 M.

Wagner, A., Eine neue Methode zur I zontalintensität auf Reisen. (Aus: »S

Akad. der Wiss.«) 9 S., Ill. Wien 1905, C. Gerolds
Sohn. 30 Pf.
Waltz, O. Fr., Bartolomé de las Casas. Eine historische
Skizze. 39 S. Bonn 1905, M. Hager. 1 M.

b) Deutschland.

Branco, W. und E. Fraas, Das kryptovulkanische Becken
von Steinheim. (Aus: »Abhandlungen der preuß. Akad.
der Wiss.«) 64 S., Ill. Berlin 1905, G. Reimer. 3.50 M.
Copplus, A., Hamburgs Bedeutung auf dem Gebiete der
deutschen Kolonialpolitik. XV, 176 S. Berlin 1905, C.
Heymann. 4 M.
Flemming, C., Neue Kreiskarten. 1:150000. 34. Blatt.
Kreis Heide. 2. Aufl. Glogau 1905, C. Flemming. 60 Pf.
Höhenkurvenkarte vom Königreich Württemberg. Hrsg.
von dem Kgl. württ. Statist. Landesamt. 1:25000. Blatt 96,
99 u. 105. Dettingen an der Erms. — Wiesensteig. —
Freudenstadt. (Neue Ausgabe.) Stuttgart 1905, H. Linde-
mann. je 1.50 M.
Karte des Deutschen Reiches. Abt.: Königreich Preußen.
Herausgeg. von der kartograph. Abteilung der Kgl. preuß.
Landesaufnahme. 1:100 000.1 Nr. 295. Fürstenwalde. — 318.
Zossen. — 343. Lübben. — 237. Soltau. — 238. Uelzen. —
315. Loburg. — 382. Brilon. Berlin 1905, R. Eisenschmidt. je 1.50 M.
Lehmann-Felskowski, G., Deutschlands Häfen und
Wasserstraßen in Wort und Bild. 1. Bd. Seehäfen. In
4 Lieferungen. 1. Lfg. S. 1—48. Berlin 1905, Boll &
Pickardt. 1.50 M.
Meßtischblätter des Preußischen Staates. Königl. preuß.
Landes-Aufnahme. 1:25000. Nr. 2381. Quedlinburg. —
2454. Harzgerode. — 2527. Schwenda. — 2600. Kelbra. —
2601. Sangerhausen. — 2602. Allstedt. — 2603. Erdeborn.· ·
2673. Sondershausen. — 2675. Artern. — 2677. Querfurt. —
2747. Nebra. — 2809. Naumburg an der Saale. — 2868.
Stotternheim. — 2869. Neumark in Thüringen. — 2870.
Buttelstedt. — 2933. Erfurt. — 2934. Weimar. — 2990.
Marlishausen. — 2998. Blankenhain. — 3061. Rudolstadt.—
3063. Neustadt a. d. Orla. — 3117. Wasungen. — 3118.
Mehlis. — 3123. Saalfeld a. d. Saale. — 3125. Knau. —
3176. Meiningen. — 3179. Unterneubrunn. — 3183. Lieben-
grün. — 3239. Lobenstein. Berlin 1905, R. Eisenschmidt.
je 1 M.
Pharus-Städte-Atlas, Verkehrsausgabe 1905/06. 191 S.
Berlin, Pharus-Verlag. 8 M.
Samter, M., Die geographische Verbreitung von Mysia
relicta, Palasciella quadrispinosa, Pontoporeia affinis in
Deutschland als Erklärungsversuch ihrer Herkunft.
(Aus: »Abhandlungen der preuß. Akademie der Wiss.«)
34 S., Ill. Berlin 1905, G. Reimer. 3 M.
Topographische Übersichtskarte des Deutschen Reiches.
Herausgeg. von der kartograph. Abteilung der Königl.
preuß. Landesaufnahme. 1:200000. Nr. 57. Harburg.
Berlin 1905, R. Eisenschmidt. 1.50 M.
Verzeichnis sämtlicher Ortschaften der Großherzogtümer
Mecklenburg-Schwerin und -Strelitz (mit Ausnahme der
Städte). Nach amtlichen Quellen bearbeitet. 4. Ausgabe
vom 1. X. 1905. 136 S. Güstrow 1905, Opitz & Co. 1.60 M.
— der Ortschaften des Landgerichtsbezirks Schweidnitz,
umfassend die Kreise Nimptsch, Reichenbach, Schweid-
nitz, Striegau und Waldenburg. Nach amtlichen Mitteilungen bearb. 23 S. Schweidnitz 1905, L. Heege. 50 Pf.
Witte, H., Wendische Bevölkerungsreste in Mecklenburg.
(Forsch. zur deutschen Landes- und Volkskunde, hrsg.
von A. Kirchhoff, XVI, 1.) 124 S., 1 K. Stuttgart 1905,
J. Engelhorn. 8.40 M.

c) Übriges Europa.

Geologische Karte der im Reichsrate vertretenen Königreiche und Länder der österreichisch-ungarischen Monarchie, auf Grundlage der Spezialkarte 1:75000 des
k. u. k. Militärgeograph. Instituts neubearbeitet und als
Kartenwerk von 341 Blattnummern in zwanglosen Lieferungen, herausgeg. durch die k. k. Geolog. Reichsanstalt in Wien. 6. Lfg. 7 Blatt. Mit Erläuterungen.
50, 60, 56, 24 und 25 S. Wien 1905, R. Lechners Sort.
42 M.
Geographisches Lexikon der Schweiz. 133.—148. Lfg.
Neuchâtel, Gebr. Attinger. je 60 Pf.
Hansjakob, H., In Italien. Reiseerinnerungen. 2. Aufl.
2. Schlußband. V, 370 S. Stuttgart 1905, A. Bonz &
Co. 6 M.
Heim, A., Das Säntisgebirge, untersucht und dargestellt.
(Beiträge zur geolog. Karte der Schweiz, N. F. 16. Lfg.)
X, 654 S., Ill. und 32 S. Erkl. Nebst einem Atlas von
42 Taf., darunter 3 geolog. Karten in 1:25000. Bern
1905, A. Francke. 40 M.
Skladanowsky, M., Plastische Weltbilder. II. Serie.
Italien, 1. Riviera. 12 S. mit plastographischem Apparat.
Berlin 1905, Deutscher Verlag. 1 M.
Werner, G., Die Insel Sizilien in volkswirtschaftlicher,
kultureller und sozialer Beziehung. VI, 488 S., 1 K.
Berlin 1905, D. Reimer. 12 M.

d) Asien.

Durch Asien. Erfahrungen, Forschungen und Samm-
lungen während der von Dr. Holderer unternommenen
Reise. Herausgeg. von K. Futterer, fortgesetzt von F.
Noetling. II. Bd., Geologische Charakterbilder. 1. Teil.
XVI, 394 S., Ill., 4 K. Berlin 1905, D. Reimer. 20 M.
Ebhardt, H., Von indischen Tagen und Nächten. 326 S.
Berlin 1905, F. Fontane & Co. 5 M.
Haeckel, E., Wanderbilder. Nach einigen Aquarellen und
Ölgemälden. I. und II. Serie. Die Naturwunder der
Tropenwelt Ceylon und Insulinde. 2.—4. Lfg., Prachtaus-
gabe. 10 Taf. III, 18 S. illustr. Text. Gera-Untermhaus
1905, W. Koehler. Je 4.50 M., Mappe dazu 3.75 M.
Keppler, P. W. v., Wanderfahrten und Wallfahrten im
Orient. 3. Aufl. IX, 535 S., Ill., 3 K. Freiburg i. B.
1905, Herder. 11.50 M.
Sarasin, P. und F. Sarasin, Reisen in Celebes. Ausge-
führt in den Jahren 1893—1896 und 1902—1903. 2 Bände.
XVIII, 381 und X, 390 S., Ill., 11 K. Wiesbaden 1905,
C. W. Kreidel. 24 M.

e) Afrika.

Falkenegg, Baron v., Die Bedeutung Zentralafrikas und
die afrikanische Zentralbahn (Ost—West). Betrachtungen.
36 S., Ill., 1 K. Berlin 1905, R. Boll. 80 Pf.
Heß, A., Haustiere, Jagd und Fischerei von Deutsch-Ostafrika in ihrer wirtschaftsgeographischen Bedeutung. Diss.
79 S. Gotha 1905. Berlin, D. Reimer. 1 M.
Partsch, J., Ägyptens Bedeutung für die Erdkunde. Antrittsvorlesung. 39 S. Leipzig 1905, Veit & Co. 80 Pf.
Planert, W., Handbuch der Namasprache in Deutsch-Südwestafrika. 6 und 104 S. Berlin 1905, D. Reimer. 5 M.
Sprigade, P., Karte von Togo. 1:200000. Blatt C 2:
Sokodé. — E 1: Misahöhe. Berlin 1905, D. Reimer. Je 2 M.
Werner, F., Ergebnisse einer zoologischen Forschungsreise nach Ägypten und den ägyptischen Sudan. I. (Aus:
»Sitzungsber. der k. Akad. der Wiss.«) 80 S., Ill. Wien
1905, C. Gerolds Sohn. 1.60 M.

f) Amerika.

Roosevelt, Th., Jagden in amerikanischer Wildnis. Eine
Schilderung des Wildes der Vereinigten Staaten und sei-
ner Jagd. 3. Aufl. XVIII, 389 S., Ill. Berlin 1905, P.
Parey. 11 M.
Schmidt, M., Indianerstudien in Zentralbrasilien. Erleb-
nisse und ethnologische Ergebnisse einer Reise in den
Jahren 1900/01. XIV, 456 S., Ill. Berlin 1905, D.
Reimer. 12 M.
Vacano, M. v., Buntes Allerlei aus Argentinien. Streif-
lichter auf ein Zukunftsland. VII, 209 S., Ill., 1 K. Ber-
lin 1905, G. Reimer. 10 M.

g) Ozeane.

Valdivia, Wissenschaftliche Ergebnisse der deutschen Tiefsee-Expedition auf dem Dampfer »Valdivia« 1898—1899.
Herausgeg. von Prof. Carl Chun. IX. Band. 1. Lfg.
2 Bände, Text und Atlas. VI, 314 S., Ill., 6 u. 27 Bl.
Erklärungen. Jena 1905, G. Fischer. 120 M.

h) Geographischer Unterricht.

Bademer, H., Die Heimatkunde als Grundlage für den
Unterricht in den Realien mit besonderer Berücksichtigung
der Stadt Königsberg i. Pr., in schulgemäßer Form für
das 3. Schuljahr dargestellt. VIII, 79 S. Königsberg
1905, Gräfe & Unzer, Buchhandlung. 1.50 M.
Beiträge zur Heimatkunde des Regierungs-Bez. Osnabrück.
1. Heft. Lingen, der Kreis. 220 S. Lingen 1905, R.
van Ackern. 2 M.
Boettcher, C. und A. Freytag, Wandkarte von Mittel-
Europa. Für den Unterricht in der mittleren und neueren
Geschichte, Literatur und Pädagogik. 1:1060000. 4. Aufl.
9 Blatt. Leipzig 1905, H. Wagner & E. Debes. 22 M.
Buchholz, P., Hilfsbücher zur Belebung des geographi-
schen Unterrichts. IX. Charakterbilder aus Australien,
Polynesien und den Polarländern. 3. Auflage von R.
Schoener. VI, 82 S. Leipzig 1905, J. C. Hinrichs' Ver-
lag. 1.20 M.
Feigner, R., Heimatkunde im 8. Schuljahre. Geologischer
Aufbau. 6 Lektionen. 36 S., Ill. Dresden 1905, A.
Huhle. 90 Pf.
Fritzsche, R., Methodisches Handbuch für den erdkund-
lichen Unterricht in der Volks-, Bürger- und Mittelschule.
Nach den Grundsätzen der vergleichenden Erdkunde und
den Forderungen der Herbartischen Pädagogik bearbeitet.
1. Teil: Das Deutsche Reich. Mit 17 Kartenskizzen.
3. Aufl. XII, 401 S. Langensalza 1905, H. Beyer &
Söhne. 5.70 M.
Hölzels Wandbilder für den Anschauungs- und Sprachunterricht. XI. Bl. Die Kaiserstadt Wien. Neue Ausg.
2 farb. Taf. u. 2 Taf. Erklärungen. Mit Begleitworten
von Fr. Beck. 4 S. Wien 1905, E. Hölzel. 10.20 M.
Kohlhase, F., Die methodische Gestaltung des erdkundlichen Unterrichts mit besonderer Berücksichtigung der

Kultur- bzw. Wirtschaftsgeographie. Pädagog. Magazin, 266. Heft.) 48 S. Langensalza 1905, H. Beyer & Söhne. 60 Pf.

Laqua, A., Das Wichtigste aus der Heimatkunde des Kreises Cosel. 16 S. Glogau 1905, C. Flemming. 10 Pf.

Lindner, K., Das Wichtigste aus der Heimatkunde des Kreises Sprottau. 20 S. Glogau 1905, C. Flemming. 15 Pf.

Nitschke, A., Das Wichtigste aus der Heimatkunde des Kreises Brieg. 16 S. Glogau 1905, C. Flemming. 10 Pf.

Reimann, W., Das Wichtigste aus der Heimatkunde des Kreises Hoyerswerda. 12 S. Glogau 1905, C. Flemming. 10 Pfg.

Rothaug, J. O., Geographischer Bürgerschul-Atlas. 2. Aufl. 40 Kartenseiten. Wien 1905, G. Freytag & Berndt. 3 M.

Sammlung historischer Schulwandkarten, herausgeg. von Prof. Dr. A. Baldamus. II. Abteilung. Nr. 1. 1 : 2 500 000. 2. Aufl. 6 Blatt. III. Abteilung. Nr. 4. 1 : 800 000. 2. Aufl. 6 Blatt. Nr. 5. 1 : 800 000. 2. Aufl. 6 Blatt. Leipzig 1905, G. Lang. je 22 M.

Selbert, A. F., Grundzüge der allgemeinen Geographie für kaufmännische Fortbildungsschulen. 1. Jahrgang. Vorstufe zur Handels- und Verkehrsgeographie. 2. Aufl. IV, 39 S., Wien 1905, A. Hölder. 50 Pf.

Weber, Ad. und Amalie Weber, Heimatkunde von München und Umgebung in Wort und Bild. 6. Aufl. (Webers Heimatkundebücher, Bd. I.) VIII, 180 S., Ill., 2 K. München 1905, M. Kellerer. 1 M.

i) Zeitschriften.

Aus der Natur. 1905.
Heft 13. Gothan, W., Versteinerte Wälder.
Heft 14. Hilzheimer, M., Die prähistorischen Hunde.
Heft 15. Noetling, F., Das Vorkommen von Petroleum in Birma.

Das Weltall. V, 1905.
Heft 23. Manitius, K., Fixsterabeobachtungen des Altertums. — Linke, F., Die Gesteinstemperatur im Simplon. — Aus Kl. Mitteil.: Atmosphärische Elektrizität in hohen Breiten.
VI. Jahrgang 1906. Heft 1. Staemmler, W., Nautische Winkelmeßinstrumente. — Krebs, W., Der Zug nach Westen im ozeanischen Vulkanismus.

Deutsche Erde. IV, 1905.
Heft 5. Wendland, H., Der Einfluß der staatlichen Besiedlung in Posen und Westpreußen auf die Sprach-Angehörigkeit der Gemeinden. — Perho, F., Deutsche Schutzarbeit. — Rohmeder, W., Deutscher Ortsnamenschatz der Fersentaler. — Lessiak, P., Die deutsche Sprachinsel Zarz-Deutschrut an der krainisch-küstenländischen Grenze. — Deutsche Gewinn- und Verlustlisten für 1904. — Langhans, P., Neues vom Deutschtum aus allen Erdteilen. — Oehre, M. und P. Langhans, Berichte über neuere Arbeiten zur Deutschkunde. — Zemmrich, J. und P. Langhans, Zeitschriftenschau. — Lenz, G. und P. Langhans, Unterrichtsmittel vom Standpunkt der Deutschkunde. — Farbige Kartenbeilage.

Deutsche Rundschau f. Geogr. u. Stat. XXVIII, 1905/06.
Nr. 2. Olinda, A., London in der Gegenwart. — Zürn, R., Einiges zur Ethnographie der Hereros. — Bolle, K., Sǎo Paulo das bedeutendste Kaffeegebiet der Welt.

Geographische Zeitschrift. XI, 1905.
Heft 9. Kretschmer, K., Hugo Berger. Lendenleld, R. v., Die australische Alpenlandschaft. — Thorhecke, F., Der XV. deutsche Geographentag in Danzig. — Frech, F., Noch einmal die Einheitlichkeit der Eiszeit und die «Eiszeiten» in den Alpen. — Schlee, P., Bemerkungen zum Aufsatz über Holgoland.

Globus. Bd. 88, 1905.
Nr. 13. Booth, J., Die Nachkommen der Sulukaffern (Wangoni) in Deutsch-Ostafrika. — Die atlantischen Küstenstädte Marokkos I. — Stephan, Beiträge zur Psychologie der Bewohner von Neupommern. — Das Gebiet zwischen Sanaga und Mbam.
Nr. 14. Brandt, M. v., Nach dem Kriege. Japan in politischer und wirtschaftlicher Beziehung. — Stephan, Beiträge zur Psychologie der Bewohner von Neupommern (Schluß). — Die ehemalige Ausdehnung des antarktischen Kontinents und sein Alter. — Booth, J., Die Nachkommen der Sulukaffern (Wangoni) in Deutsch-Ostafrika (Schluß).

Meteorologische Zeitschrift. 1905.
Nr. 9. Ostholf, H., Die Formen der Cirruswolken (Fortsetzung). — Meinardus, W., Über Schwankungen der nordatlantischen Zirkulation und damit zusammenhängende Erscheinungen.

Naturwissenschaftliche Wochenschrift. 1905.
Nr. 44. Stahlberg, W., Der Karabugas als Bildungsstätte eines marinen Salzlagers.
Nr. 45. Stenzel, A., Die Ausdorrung der Kontinente.

Petermanns Mitteilungen. 51. Bd., 1905.
Heft 10. Hahn, F., Aufnahmen in Ostafrika, Begleitworte zur Karte der Galla-Länder. — Halbfaß, W., Zur Theri ik der Binnenseen und des Klima. — Kl. Mittell. — Geogr aph. [Monatsbericht. — Beilage: Literaturbericht. — Karte i.

Zeitschrift der Gesellschaft f. Erdkunde zu Berlin. 1905.
Nr. 7. Kollm, G., Der XV. deutsche Geographentag ir Danzig. — Siegert, L., Das Becken von Guadix und Baza.
Nr. 8. Siegert, L., Das Becken von Guadix und Baza (Schluß). — Kiewel, O., Ergebnisse der Höhenmessungen von Prof. A. Phillippson im westlichen Kleinasien im Jahre 1902.

Zeitschrift für Schulgeographie. XXVII, 1905/06.
Heft 1. Krebs, N., Aus dem Grenzgebiet zwischen Alpen und Karst. — Stürmer, F., Bemerkungen über den geographischen Unterricht. — Lentz, E., XV. Deutscher Geographentag in Danzig 1905.

Aus der Pädagogischen Presse.
II.

Ansichtskarte, die, im geographischen Unterricht. Praxis der katholischen Volksschule 14 (1905), Nr. 5.

Arldt, Th., Die Stellung der Geographie an den sächsischen Realschulen. Zeitschr. für lateinlose höhere Schulen 1905. Heft 6.

Bartmann, Jos., Ansichtskarten für erdkundliche, geschichtliche und literaturkundliche Anschauungstafeln. Zeitschr. für Lehrmittelwesen u. pädagogische Literatur I (1905), S. 190—194.

Bieleher, Jos., Anschauungsmittel für den geographischen Unterricht. Blätter für das Gymn.-Schulwesen 21 (1905), 47 ff.

Börnstein, R., Einige Lehrmittel und Unterrichtsversuche aus dem Gebiet der Meteorologie. Zeitschr. f. Unterr. 18 (1905), 140—153.

Bruch, Walter vom, Die Geologie in der Schule. Pädag. Warte 12 (1905), 769—777.

Deinhardt, O., Bestimmung der mitteleuropäischen Zeit durch das Sonnelot. Lehrer-Zeitung für Thüringen und Mitteldeutschland 18 (1905), Nr. 11.

Fischer, E., Schulreisen. Freie Bildungsblätter 14 (1905), Heft 3.

Franke, Th., Soll die Wirtschaftskunde ein Lehrfach sein? Blätter für die Schulpraxis (1905), 14—20, 136—146.

Fritzsche, R., in welcher Weise und insbesondere durch welche Lehrfächer kann auf den verschiedensten Unterrichtsstufen der Heimatsinn der Kinder angeregt und weiter entwickelt werden. Pädagogische Warte 12 (1905), 373—378.

Frommelt, Die Heimatkunde in der Schule. Gymnasium 23 (1905), Nr. 9/10.

Gehring, L., Lehrprobe aus der Erdkunde. (III. Kurs der Präparandenschule) Palästina. Blätter für die Schulpraxis (1905), 153 ff.

Groß, J., Eine Schulreise nach Sizilien. 18 S. Progr. Gymn. Kronstadt.

Günther's, Die Geographie in E. von Rochows Volksschule. Die Dorfschule I (1905), Nr. 4, S. 1—4.

Hammer, Aufgaben aus der realistischen Lehramtsprüfung in Trigonometrie und der mathematischer Geographie. Württ. Korresp. Bl. 1905, Heft 2.

Handelsgeographie, die, ein neuer Wissenschaftszweig der Geographie. Deutsche Schulpraxis. Nr. 28.

Hardt, Wie können die neuesten politischen und kriegerischen Ereignisse im geschichtlichen und geographischen Unterricht besprochen werden? Praxis der Landschule (1905), Nr. 7.

Hecker, Die kartographische und zeichnerische Darstellung beim erdkundlichen Unterricht. Aus der Schule — für die Schule (1905), Nr. 9.

Heinze, Sem.-Lehrer, Noch einmal die zweite Lehrerprüfung in der Erdkunde. Pädagog. Warte 12 (1905), 332—334.

Hemprich, K., Präparation zur geographischen Heimatkunde. An der Unstrut entlang bis zur Zeddenbacher Mühle. Pädagog. Warte 12 (1905), 69—72.

Hermann, E., Die Geographie Griechenlands und Italiens im Geschichtsunterricht. Zeitschr. f. d. Gymnasialw. 59 (1905), Heft 7.

Herold, R., Die außereuropäischen Erdteile. Zusammenfassende Wiederholung in U III rg. Lehrpr. und Lehrg. (1905), Heft 83, S. 161—70.

Hupfer, E., Die zweite Lehrerprüfung, Erdkunde. Pädagogische Warte 12 (1905), 176—184.

Jung, Heimatkunde als Vorbereitung für die Kulturgeographie. Pädagog. Warte 12 (1905), S. 21—25.

Kirste, Natur- und Heimatkunde im ersten Schuljahre. Praxis der Erziehungsschule (1905), Nr. 3.

Klarmann, Zum ersten heimatkundlichen Unterricht. Frankfurter Schulzeitung (1905), Nr. 9/10.

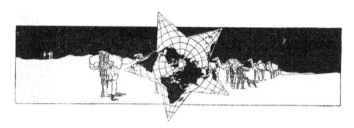

Sollen die Geographentage in Ausflugserien aufgelöst werden?

Von Oberlehrer Heinrich Fischer-Berlin.

Prof. Halbfaß stellt im November-Heft der Geographischen Zeitschrift einen Reformvorschlag für den Deutschen Geographentag zur Diskussion, der so einschneidend für die Weiterentwicklung unserer besonderen Interessen ist, daß ich seinen Inhalt hier kurz anzuführen und meine Stellung zu ihm anzugeben mich verpflichtet fühle.

Die Geographentage haben sich, meint er, in ihrer jetzigen Form überlebt, ihre Besucherzahl geht zurück, die Bedeutung ihrer Beschlüsse, die wissenschaftliche Höhe ihrer Vorträge läßt nach. Der zukunftvollste Teil der Tagungen sind die Exkursionen. Sie sollte man nicht mehr als Anhängsel sondern als integrierenden Teil behandeln und im wesentlichen die Tagungen in Ausflugserien auflösen, während den Vorträgen nur Abendstunden verblieben. Hauptaufgabe der Vorträge wäre Vorbereitung der Ausflüge, doch könnten sich auch allgemeine geographische Themata ungezwungen anschließen lassen. Nützlich würde eine Teilung der Ausflüge in wirtschaftsgeographische und geomorphologische sein (vgl. Cölner Tagung). Ausgezeichnete Vorbereitung der Ausflüge sei Hauptaufgabe. Die jetzige schulgeographische Sitzung ließe sich freilich bei dieser Neugestaltung nicht unterbringen; es sei aber vielleicht überhaupt auch für die Lehrer wichtiger, diese Ausflüge mitmachen, sich im Zwiegespräch gegenseitig anregen zu können, als schulgeographische Vorträge zweifelhafter Güte mit anzuhören.

Ich scheide alle anderen Erwägungen aus, die man anknüpfen könnte, und frage lediglich:

1. Ist Halbfaß' Kritik der schulgeographischen Sitzungen berechtigt?

2. Wie sollen wir uns zu dem Vorschlag eines Wegfalls der Sitzung für Schulgeographie stellen?

Die erste Frage stehe ich nicht an, ruhig mit »ja« zu beantworten. In keinem anderen Lehrfach an den höheren Schulen herrscht ein so hoher Grad gegenseitigen Sichnichtverstehens, so viel Verwirrung, so viel Unklarheit und Gegensetzlichkeit über Gegenstand, Ziel, Methode; in keinem Unterrichtsfache gibt es annähernd so viel Mitwirkende, die als Fachleute auch bei der mildesten Auslegung dieses Wortes nicht gelten können, sich selbst aber durchaus dafür halten. Das gibt der ganzen deutschen Schulgeographie etwas so Unklares, Schwankendes, was sich dann ganz von selbst auch den betreffenden Sitzungen der Geographentage mitteilt. Dazu kommt noch ein zweites: seit Breslau hat kein Hochschuldozent in diesen Sitzungen anders als zu höchstens einigen beiläufigen Bemerkungen das Wort ergriffen, auch sind es bis diesen Tag dieselben Männer geblieben, die schon 1881 sich der Schulen angenommen hatten. Der akademische Nachwuchs, älterer wie jüngerer, hat sich stets fern gehalten. Während wir nun anfangs infolge des Umstandes, daß eine Reihe hervorragender Hochschullehrer aus dem höheren Lehrfach stammten und einige von ihnen sich der Pflege des Erdkundeunterrichts an den Schulen mit großem Eifer und mitgebrachtem Verständnis für schulmäßige Verhältnisse annahmen, anderen Disziplinen gegenüber uns in günstiger Lage befanden, hat sich durch dieses Fernbleiben des akademischen Nachwuchses das leider gänzlich geändert, und zwar um so mehr, als in anderen Unterrichtsfächern (Biologie, Physik, Mathematik, Zeichnen, alte und neuere Sprachen.usw.) gerade in neuerer Zeit seitens der Hochschullehrer äußerst eifrig und erfolgreich um Schulgeltung der Fächer gekämpft wird. Ist nun aus den verworrenen oben angedeuteten Zuständen unseres Unterrichtsfaches an den höheren Schulen die Scheu der akademischen Lehrer, sich mit schulgeographischen Fragen zu beschäftigen, auch zu erklären, zum zweiten aus ihrer schulfremden Herkunft, so bedeutet sie doch einen gewaltigen Schaden für unser Fach. Nur die Hochschullehrer, die sich innerhalb des letzten Menschenalters eine einheitliche wissenschaftliche Erdkunde erkämpft haben, wären imstande, mit der nötigen Autorität der Verwirrung abzuhelfen und den Grad von Einheitlichkeit und Bestimmtheit auch auf dem Gebiet des höheren Unterrichtswesens für unser Fach herzustellen, ohne den ein gemeinsames Handeln unmöglich ist. Solange sie sich auf den Geographentagen dieser Aufgabe entziehen, wird die schulgeographische Sitzung stets in Gefahr sein, Tummelplatz aller möglichen unzusammenhängenden pädagogischen Liebhabereien zu bleiben, die ein Urteil wie das Halbfaß' herausfordern.

Anderseits ist für unser Fach die satzungsmäßig sichergestellte schulgeographische Sitzung eines der wenigen Bindeglieder zwischen Schule und Hochschule, das, wenn es zurzeit wenig glücklich arbeitet, darum doch nicht leichtsinnig fahren gelassen werden darf. Die Tatsache, daß der Grundstock der Zuhörer der Hochschuldozenten doch allemal die zukünftigen Oberlehrer sind und wohl bleiben werden, wie das Beispiel des Auslandes, hinter dem wir doch nicht immer mehr zurückbleiben dürfen — zurzeit sind wir es mindestens schon im Tempo des Fortschritts —, wird die Hochschuldozenten wieder veranlassen, sich der Pflege der Schulmethodik zuzuwenden. Wir dürfen inzwischen nicht zulassen, daß das Organ zerstört wird, durch das sie am sichersten und allgemeingültigsten wirken könnten, innerhalb dessen sie auch die mannigfaltigsten Beziehungen zu den Oberlehrern anknüpfen und pflegen könnten. Wir müssen danach an der schulgeographischen Sitzung festhalten oder einen vollwertigen Ersatz dafür beanspruchen.

Das wäre mit dem Halbfaßschen Vorschlag aber wohl auch gar nicht so schwer zu vereinen. Dieser stellt zunächst ja augenscheinlich nur ein Extrem vor. Schon eine Verminderung der Sitzungstage würde den Raum für Ausflüge erweitern, vielleicht wäre sogar, selbst wenn — was hier nicht geprüft werden soll — die reine Ausflugstagung das erstrebenswerte Ideal ist, eine Übergangsform für die nächsten Male erwünscht. Dann aber benötigen wir ja nicht einer Sitzung in der heutigen Form überhaupt, sondern nur einer Sicherheit, daß uns ein bestimmter Zeitanteil zur Erörterung und Förderung unserer Angelegenheiten nicht entzogen werden darf. Wo dieser liegen, wie er ausgenutzt werden könnte, darüber müßten wir, falls der Halbfaßschen oder einer ähnlichen Reformidee näher getreten würde, gehört werden.

So halte ich einen Bericht über Lage und Fortschritte des geographischen Unterrichts an den höheren Schulen für dringend notwendig. Nicht, als wenn ich von der bisherigen Entwicklung der bekannten Kommission, deren Geschäfte ich zu leiten habe, sehr befriedigt wäre, das ist leider nicht der Fall; die Notwendigkeit eines solchen Berichts scheint mir aber außer Frage zu stehen. Man könnte sehr wohl auch daran denken, diesen vorher drucken und den Mitgliedern einhändigen zu lassen, natürlich nicht im letzten Augenblicke, und das wesentliche dann teils in Kommissionssitzungen beraten, teils in Form von Thesen der Hauptversammlung zur Beschlußfassung unterbreiten. Daneben könnte die eine nachfolgende Diskussion zunächst ausschließende Vortragsform treten, wie sie unter den Namen Konferenzen in Frankreich üblich ist. Doch das sind Dinge, die erst später zur ernsten Erwägung zu stellen wären. Hauptsachen bleiben zurzeit: das Festhalten an einem satzungsgemäß gesicherten Anteil der Schulgeographie an der Zeit der Tagungen und das Bekenntnis, daß eine gewisse Minderwertigkeit der Sitzungen zu beklagen ist, diese aber sich verlieren würde, wenn die jungen Hochschuldozenten den Fragen des geographischen Unterrichts an den höheren Schulen die Aufmerksamkeit widmen würden, die wir von den älteren gewohnt sind und die von diesen die Vertreter anderer Wissenschaften zu deren Nutzen gelernt haben.

Drei Jahre Erdkunde in den Oberklassen einer Oberrealschule.

Von Oberlehrer Dr. Otto Ankel in Hanau.

Im 5., 6. und 8. Heft des laufenden Jahrgangs des »Geographischen Anzeigers« veröffentlichte Oberlehrer Richard Tronnier in Hamm unter dem Titel: »Ein Jahr Erdkunde in den Oberklassen der höheren Lehranstalten Preußens« einen längeren Aufsatz zur Methodik des geographischen Unterrichts und gab darin auf Grund der ihm vorliegenden Jahresberichte über das Schuljahr 1903/04 einen Überblick über den im genannten Zeitraum in den Oberklassen von 90 Gymnasien, 26 Realgymnasien und 27 Oberrealschulen durchgenommenen erdkundlichen Lehrstoff. Ein im großen und ganzen wenig erfreuliches Bild, insofern als es bei diesem Unterricht noch vielfach an festen Zielen, an bestimmter Methode, an der den geistigen Nährwert und die praktische Bedeutung der Erdkunde auch nur einigermaßen würdigenden Einsicht in das Wesen und die Aufgaben dieser Wissenschaft fehlt. Was das Gymnasium angeht, wo der erdkundliche Unterricht in den Oberklassen sehr im argen zu liegen scheint, so hat Tronnier im 8. Heft die aus dem statistischen Material gewonnenen Ergebnisse in fünf beachtenswerten Thesen zusammengefaßt und daraufhin seine praktischen Forderungen — Anweisung selbständiger Stunden für die Erdkunde in den Oberklassen und amtliche Regelung der Klassenpensen — erhoben. Leider sieht es mit dem Realgymnasium kaum besser aus, was für diese Schulform, ihrer ganzen Richtung wegen, eigentlich ein schlimmerer Vorwurf ist, als für das humanistische Gymnasium. Etwas günstiger steht es mit der Oberrealschule, die ja in der beneidenswerten Lage ist, in den Oberklassen neben drei Geschichtsstunden wenigstens eine einzige Wochenstunde ausschließlich der Erdkunde widmen zu können; einmal wöchentlich darf sich hier das Aschenbrödel der Geschichte als bescheidenes Prinzeßchen fühlen. Das läßt hoffen, daß auch ihr noch einmal ein Befreier kommen werde.

In seinem Überblick über den an 27 Oberrealschulen durchgenommenen erdkundlichen Lehrstoff hat Tronnier, ohne den Namen zu nennen, unter Nr. 7 auch die Oberrealschule in Hanau herangezogen. Es ist ihm nicht entgangen, daß an dieser Anstalt die beiden Primen im Schuljahr 1903/04 vereinigt waren[1]; daß der benutzte Jahresbericht aber nur den Lehrstoff der Oberprima wiedergibt, war aus dem Bericht nicht ersichtlich. Es wird nun vielleicht den Lesern dieser Zeitschrift nicht unwillkommen sein, zu erfahren, wie an der fraglichen Anstalt der gesamte erdkundliche Lehrstoff auf die drei Oberklassen verteilt ist, und wie sich seine Behandlung in den 40 Jahresstunden tatsächlich im einzelnen gestaltet. Nicht als ob ich der Meinung wäre, so müsse es gemacht werden, und jeder andere Weg sei falsch oder weniger richtig; ich will nur zeigen, wie ich selbst mich mit der Aufgabe, in 120 Stunden etwa das Gesamtgebiet der Erdkunde in O II und I schulmäßig abzuhandeln, wohl oder übel abgefunden habe. Vielleicht daß dadurch die Lösung der Frage doch ein wenig gefördert, vielleicht auch daß einem jüngeren Fachgenossen, der zum erstenmal vor die Aufgabe gestellt wird, ein brauchbarer Fingerzeig gegeben werde.

Die preußischen Lehrpläne von 1901 bezeichnen als »Allgemeines Lehrziel« für die Erdkunde in den höheren Schulen: »Verständnisvolles Anschauen der umgebenden Natur und des Kartenbildes; Kenntnis der physischen Beschaffenheit der Erdoberfläche und der räumlichen Verteilung der Menschen auf ihr; Kenntnis der Grundzüge der mathematischen Erdkunde«.

Als »Lehraufgabe« für die oberen Klassen der Oberrealschule schreiben die Lehrpläne vor: »Zusammenfassende Wiederholungen; die Grundzüge der allgemeinen physischen Erdkunde, gelegentlich auch einiges aus der Völkerkunde; Begründung der mathematischen Erdkunde in Anlehnung an den Unterricht in der Mathematik oder Physik; vergleichende Übersicht der wichtigsten Verkehrs- und Handelswege bis zur Gegenwart«.

Diese Vorschrift, in der Fassung wohl absichtlich nicht bestimmter gehalten, begreift sachlich das Gesamtgebiet der Erdkunde in sich, insoweit sie auf der Schule zur Behandlung kommen kann; methodisch muß, will man anders zum Ziele gelangen

---

[1] Die beiden Klassen sind auch jetzt noch in der Erdkunde vereinigt, was wohl alle zwei Jahre eine Umkehrung des Pensums zur Folge hat, im übrigen aber zu ernsten Bedenken keinen Anlaß gibt.

und die Schüler an erdkundlicher Kenntnis und Erkenntnis tatsächlich fördern, der Stoff zurechtgeschnitten und nach bestimmten, das Wesen der Erdkunde wie den Charakter der Oberrealschule berücksichtigenden Gesichtspunkten auf die einzelnen Klassen verteilt werden. Die Erdkunde soll meines Erachtens in den Oberklassen nicht bloß eine Wiederholung der früheren Pensen sein, in derselben oder in anderer Reihenfolge, sondern, den höheren Zwecken des Oberbaues und der größeren geistigen Reife der Schüler entsprechend, eine Erweiterung und Vertiefung, auf dem Gebiet der allgemeinen Geographie sowohl, als auch auf dem der Länderkunde. Das muß bei der Auswahl des Lehrstoffes gebührend berücksichtigt werden. Auf Grund einer zehnjährigen Praxis in den Oberklassen bin ich zur Überzeugung gelangt, daß folgende Stoffverteilung, ohne, wie gesagt, die einzige Möglichkeit zu bieten, einerseits den Forderungen der Lehrpläne gerecht wird, anderseits mit dem Charakter der Erdkunde, als einer ihren Grundlagen nach vollkommen, ihrem Inhalte nach überwiegend naturwissenschaftlichen Disziplin, und mit ihrer Bedeutung für das geistige und praktische Leben im Einklang steht:

    O II: 1. Die außereuropäischen Erdteile mit besonderer Berücksichtigung der deutschen Kolonien.
         2. Die Verkehrs- und Handelswege.
    U I: 1. Mathematische Erdkunde [1]).
         2. Länderkunde Europas mit Ausnahme Deutschlands.
    O I: 1. Allgemeine physische Erdkunde.
         2. Landeskunde von Deutschland.

Dazu bemerke ich ergänzend und erläuternd, daß ich von der im Jahresbericht 1903/04 noch erwähnten Behandlung der Mittelmeerländer in O II jetzt Abstand nehme: einmal, weil dieser Begriff ein rein wissenschaftliches Gepräge trägt, und daher, wie mir scheint, die Betrachtung dieser, drei Erdteilen zugehörigen Ländermasse, als einer klimatisch-biologisch-(antik-)politisch-kulturellen Einheit, auf die man bei der Durchnahme Südeuropas immerhin aufmerksam machen kann, mehr der Universität als der Schule angehört, sodann aber auch, weil ich die selbständige Stellung der Erdkunde der Geschichte gegenüber so scharf wie möglich betonen und zum Ausdruck bringen möchte; der Lehrer der alten Geschichte, falls kraft Personalunion Geschichte und Erdkunde in O II in einer Hand liegen, was durchaus nichts schadet, wird zudem durch die Behandlung der Mittelmeerländer vom rein erdkundlichen Standpunkt aus der Pflicht, den Schauplatz der alten Geschichte mit ihrem allmählich sich verschiebenden Mittelpunkt und stetig sich erweiterndem Horizont nach den hierfür maßgebenden historisch-geographischen Gesichtspunkten zu betrachten, keineswegs enthoben. Indem ich nun die verschiedenen Gruppen der Mittelmeerländer den betreffenden Erdteilen zuweise, gewinne ich für diese geschlossene, geographisch-wissenschaftliche und didaktische Einheiten, auf die ich sonst, um Wiederholungen zu vermeiden, verzichten müßte. Dafür habe ich, weil ich der Meinung bin, daß so die innere Verbindung mit dem übrigen erdkundlichen Lehrstoff der Klasse besser gewahrt werde, die Betrachtung der Verkehrs- und Handelswege aus O I nach O II verlegt und bin nun auch, infolge Verringerung des Lehrstoffs, imstande, dem wichtigen Gebiet der allgemeinen physischen Erdkunde in O I wenigstens einigermaßen Rechnung zu tragen. Daß ich die Landeskunde von Deutschland aus ihrem organischen Zusammenhang mit den übrigen Ländern Mitteleuropas herausgenommen und O I zugewiesen habe, ist äußerlich in der beschränkten Zeit, sachlich darin begründet, daß ich auch dieser Klasse noch einige Stunden Landeskunde, zumal abschließend von dem Länderraum sichern wollte, in dem wir uns doch in erster Linie heimisch fühlen sollten.

Wie ich nun, unter selbstverständlicher Berücksichtigung der an unserer Anstalt eingeführten Seydlitzschen Geographie (Ausg. C resp. D, Heft 7), den Lehrstoff im einzelnen auf die 40 Jahresstunden verteilt habe, ist aus folgender Übersicht zu ersehen [2]):

---

[1]) Von der mathematischen Erdkunde werden im erdkundlichen Unterricht in der Hauptsache nur die Tatsachen mitgeteilt. Der rechnerische Teil, die geographische und astronomische Ortsbestimmung, bleibt der Mathematik vorbehalten.

[2]) Der von mir skizzierte Lehrstoff der drei Oberklassen ist im Seydlitz, Ausg. C, 23. Bearbeitung, auf 622 Seiten abgehandelt, die zahlreichen (annähernd 300) Abbildungen mitgerechnet; somit sind bei 120 Schulwochen wöchentlich etwa 5 Seiten hauptinhaltlich zu erledigen, eine Arbeit, die bei fachkundiger Leitung und normalem Fleiß ohne Schwierigkeit bewältigt werden kann.

Stunden	OI	UI	OII
	1. Allgemeine physische Erdkunde. 2. Landeskunde von Deutschland.	1. Mathematische Erdkunde. 2. Länderkunde Europas mit Ausnahme Deutschlands.	1. Die außereurop. Erdteile m. bes. Berücksichtigung der deutschen Kolonien. 2. Die Verkehrs- und Handelswege.
1.	**1.** **Die Erdrinde.** Gesteinsbildung. Gesteinslagerung. Lagerungsstörungen.	**1.** **Die Erde.** Die Orientierung auf der Erdoberfläche. Der Horizont. Das Himmelsgewölbe. Das Gradnetz.	**1.** **Die fünf Erdteile.** Die Nordpolarländer. Die Südpolarländer. Die methodischen Gesichtspunkte der Länderkunde. (1 Stunde.)
2.	Die geologischen Formationen. Die nutzbaren Mineralien.	Gestalt und Größe der Erde. Beweise für die sphäroidische Gestalt der Erde. Das Metermaß.	**Australien.** Die physischen Verhältnisse.
3.	**Die Erdoberfläche.** Die erdgeschichtlichen Epochen. Die gegenwärtige Verteilung von Wasser und Land.	Die Achsendrehung der Erde. Der Sterntag. Fall- und Pendelversuche.	Die politischen Verhältnisse.
4.	**Das Festland.** Die wagrechte Gliederung. Kontinente. Halbinseln. Inseln. Landengen. Die Küsten und Häfen.	Die physische Beschaffenheit des Erdkörpers. Erddichte. Erdwärme. Das Erdinnere. Erdmagnetismus. Die Kant-Laplacesche Hypothese.	Die australischen Inseln. Polynesien.
5.	Die senkrechte Gliederung. Das Tiefland. Das Hochland.	**Die Sonne.** Die scheinbare Bewegung der Sonne. Die Ekliptik. Der Sonnentag. Die Tageszeiten. Die jährliche Bewegung der Erde um die Sonne. Die Erdbahn. Das Jahr. Die Jahreszeiten. Die Aberration des Lichtes.	Die deutschen Kolonien im Stillen Ozean. (4 Stunden.)
6.	Die Gebirge. Die Täler. Orometrie.	Entfernung, Größe, Achsendrehung und physische Beschaffenheit der Sonne. Die Spektralanalyse.	**Amerika.** Überblick über die physischen Verhältnisse. Lage. Wagrechte Gliederung.
7.	Endogene Veränderungen der Erdrinde. Gebirgsbildung. Vulkanismus. Erdbeben. Niveauveränderungen.	**Der Mond.** Scheinbare und wahre Bewegung des Mondes. Die Mondbahn. Der Monat. Die Mondphasen. Die Finsternisse.	Senkrechte Gliederung.
8.	Exogene Veränderungen der Erdrinde. Verwitterung. Denudation. Flußerosion. Gletschererosion. Abrasion. Ablagerung. Der Wind als geologischer Faktor.	Entfernung, Größe, Achsendrehung und physische Beschaffenheit des Mondes.	Bewässerung.
9.	Die Gewässer des Festlandes. Grundwasser. Quellen. Flüsse. Seen.	**Die Planeten.** Scheinbare und wahre Bewegung der Planeten. Das Planetensystem. Ptolemäus. Kopernikus. Kepler. Newton.	Klima.
10.	**Das Meer.** Wagrechte Gliederung. Ozeane. Mittelmeere. Randmeere. Meerbusen. Meerengen.	Die einzelnen Planeten und ihre Monde.	Pflanzenwelt. Tierwelt. Bewohner.

11.	**Senkrechte Gliederung.** Das Meeresniveau. Die Meerestiefen. Der Meeresboden.	**Die Kometen und Meteore. Die Fixsterne. Das Weltall.**	**Die Länder und Staaten. Nordamerika.** Grönland. Britisch-Nord-amerika. Mexiko.
12.	**Das Meerwasser.** Farbe. Temperatur. Spezifisches Gewicht. Chemische Zusammensetzung.	**Die Gravitationswirkungen der Himmelskörper.** Präzession. Nutation. Ebbe und Flut.	**Die Vereinigten Staaten von Nordamerika.**
13.	**Die Bewegungen des Meeres.** Wellen. Gezeiten. Strömungen.	**Die Zeitrechnung.** Das Zeitmaß. Der Kalender.	Mittelamerika. West-indien.
14.	**Das Klima. Wetterkunde. Die Atmosphäre.** Gestalt. Höhe. Farbe. Spezifisches Gewicht. Chemische Zusammensetzung.	**Das Kartenbild.** Der Kartenentwurf.	**Südamerika.** Die pazifischen Staaten.
15.	**Die meteorologischen Elemente.** Lufttemperatur. Luftdruck. Winde. Luftfeuchtigkeit. Niederschläge. **Die Gletscher.**	**Die Kartenzeichnung.** (15 Stunden.)	Die atlantischen Staaten. (10 Stunden.)
16.	**Klimakunde.** Klimagürtel. Klimatische Provinzen. Klimaschwankungen. **Die Wetterprognose.**	**2. Europa.** Überblick über die physischen Verhältnisse. Erdteilcharakter. Wagr. Gliederung.	**Afrika.** Überblick über die physischen Verhältnisse. Lage. Wagr. Gliederung. Senkrechte Gliederung.
17.	**Die Pflanzenwelt. Das organische Leben.** Die Bedingungen des Pflanzenlebens. Die Verbreitung der Pflanzen. Vegetationsformen. Pflanzengürtel. Pflanzenstufen. Pflanzengeograph. Reiche.	Senkrechte Gliederung.	Bewässerung. Klima.
18.	**Die Tierwelt.** Die Bedingungen des Tierlebens. Die Verbreitung der Tiere. Lebensbezirke. Höhen- und Tiefenstufen. Tiergeographische Reiche.	Bewässerung.	Pflanzenwelt. Tierwelt. Bewohner.
19.	Nutzbare Pflanzen und Tiere.	Klima.	**Die Länder und Staaten.** Das Nilgebiet.
20.	**Die Bewohner.** Die Stellung des Menschen im Reiche der Organismen. Einheit und Alter des Menschengeschlechts. Die Verbreitung des Menschen. Gliederung des Menschengeschlechts. Rassen. Kulturstufen. Staaten. (20 Stunden.)	Pflanzenwelt. Tierwelt.	Das Gebiet des Indischen Ozeans. Das Kapland.
21.	**2. Deutschland.** Die physischen Verhältnisse. Weltstellung. Grenzen. Wagrechte Gliederung. Die Küsten. Die Inseln.	Bewohner.	Das Gebiet des Atlantischen Ozeans. Der Kongo-staat.
22.	**Senkrechte Gliederung.** Die vier Höhenstufen. I. Die Alpen als orographische Basis von Deutschland [1]). Das deutsche Alpenland.	**Die Länder und Staaten.** Südeuropa als klimatischer Begriff. **Die Iberische Halbinsel.** Die physischen Verhältnisse.	**Das Mittelmeergebiet. Die Sahara. Die Inseln.**

[1]) Das Hinausgreifen über die politischen Grenzen ist bei der Betrachtung der physischen Verhältnisse von Deutschland, dem Herzland Europas, nicht zu vermeiden; zudem ist meines Erachtens hier überhaupt der beste Ort im Rahmen der Länderkunde, um die Alpen organisch einzureihen.

23.	II. Die voralpine Hochebene. Die schwäbisch-bayerische Hochebene.	Die politischen Verhältnisse.	Die deutschen Kolonien in Afrika. (8 Stunden.)
24.	III. Die Mittelgebirgslandschaften. 1. Das südwestdeutsche Becken. Die oberrheinische Tiefebene.	Die Apenninenhalbinsel. Die physischen Verhältnisse.	Asien. Überblick über die physischen Verhältnisse. Lage. Wagrechte Gliederung.
25.	Das lothringische Stufenland. Das schwäbisch-fränkische Stufenland.	Die politischen Verhältnisse.	Senkrechte Gliederung.
26.	2. Das böhmisch-mährische Massiv und seine Randgebirge.	Die südosteuropäische Halbinsel. Rumänien. Die physischen Verhältnisse.	Bewässerung.
27.	3. Die mitteldeutsche Gebirgschwelle. Das rheinische Schiefergebirge.	Die politischen Verhältnisse.	Klima.
28.	Das hessische Bergland.	Rußland. Die physischen Verhältnisse.	Pflanzenwelt. Tierwelt. Bewohner.
29.	Das thüringische Becken und seine Randgebirge.	Die politischen Verhältnisse.	Die Länder und Staaten. Die asiatische Türkei. Arabien.
30.	Das subhercynische Hügelland.	Skandinavien. Dänemark. Die physischen Verhältnisse.	Das Hochland von Iran.
31.	IV. Das norddeutsche Tiefland. Das westelbische Tiefland.	Die politischen Verhältnisse.	Vorderindien.
32.	Das ostelbische Tiefland.	Großbritanien und Irland. Die physischen Verhältnisse.	Hinterindien. Die malaiischen Inseln.
33.	Bewässerung.	Die politischen Verhältnisse.	Ostasien als ethnographischer Begriff. China. Korea. Die deutsche Pachtung Klautschou.
34.	Klima. Pflanzenwelt. Tierwelt.	Mitteleuropa als tektonisch-orographischer Begriff. Frankreich. Die physischen Verhältnisse.	Japan.
35.	Bewohner.	Die politischen Verhältnisse.	Hochasien. Das russische Asien. (12 Stunden.)(35 Stunden.)
36.	Die wirtschaftlichen Verhältnisse.	Belgien. Die Niederlande. Luxemburg.	2. Geschichtlicher Überblick über die Entwicklung von Verkehr und Handel.
37.	Die politischen Verhältnisse. Süddeutschland.	Die Schweiz.	Die modernen Verkehrsmittel. Die Handelsgüter. Die Tauschmittel.
38.	Norddeutschland außer Preußen.	Österreich-Ungarn. Die physischen Verhältnisse.	Die Verkehrs- und Handelswege Europas.
39.	Preußen. Die Provinzen östlich von der Elbe.	Die politischen Verhältnisse. Österreich.	Die wichtigsten ozeanischen Dampferlinien.
40.	Die Provinzen westlich von der Elbe.	Ungarn.	Die Verkehrs- und Handelswege der außereuropäischen Erdteile.
	(20 Stunden.)	(25 Stunden.)	(5 Stunden).

Zum Schlusse weise ich noch darauf hin, daß diese Stoffverteilung cum grano salis verstanden sein will, und ein sklavisches Binden an den Buchstaben des Kanons dem Geiste wahrer Freiheit, zu der wir doch die Jugend erziehen sollen, durchaus widerspricht. Wer zudem glauben wollte, bei der Durchnahme des vorstehend skizzierten Lehrstoffes handle es sich um eine bloße Wiederholung des früher Gelernten, der würde in einem groben Irrtum befangen sein. Was von Sexta bis Untersekunda in 440 Stunden (auch hier das Schuljahr zu 40 Wochen gerechnet) gelernt worden ist, kann an und für sich wohl in 120 Stunden wiederholt werden; in den Oberklassen handelt es sich aber, wie schon gesagt, um mehr, es handelt sich um Vertiefung der Einsicht in das Wesen der Erdkunde, um Hervorhebung wissenschaftlicher Gesichtspunkte, soweit dies in der Schule möglich und notwendig ist, um Verknüpfung der Erscheinungen nach Ursache und Wirkung, endlich um Fruchtbarmachung der erworbenen Geistesschätze für das lebendige Leben durch Hinwenden und Beziehen aller geographischen Tatsachen auf das ζῶον φυσικόν τε καὶ πολιτικόν, den Menschen. Danach muß sich Auswahl und Methode richten.

Reformbestrebungen im französischen Erdkundeunterricht.

Von Heinrich Fischer-Berlin.

Im Februar und März haben in Paris im Musée pédagogique drei »Konferenzen« (Vorträge) mit sich daran schließenden Diskussionssitzungen über die Frage des Erdkundeunterrichts an den höheren Lehranstalten stattgefunden. Die Sitzungen waren von dem Direktor des Museums, Ch. V. Langlois, veranlaßt, der auch den Abdruck der »Konferenzen« und des wesentlichsten Inhalts der Diskussion in den Annales de Géographie ermöglicht hat.

Bei der Wichtigkeit der Frage möge ein etwas eingehender Auszug des französischen Berichts hier erlaubt sein.

Den ersten Vortrag hielt Vidal de la Blache: »Die gegenwärtige Auffassung vom Geographieunterricht« (la conception actuelle de l'enseignement de la géographie).

Die Auffassungen von der Stellung der Geographie im Unterricht sind keineswegs feststehend. Trotz mancher Fortschritte ist diese Frage noch ebenso unsicher wie in Deutschland, Italien, England, den Vereinigten Staaten, wo überall Geographentage und periodische Schriften sich mit dem Problem beschäftigen. Das ist ein Zeichen, daß es sich um eine Erziehungsfrage allgemeinster Art handelt.

Aber dieser Ansicht stehen zur Zeit vielleicht noch in der Majorität andere gegenüber. Die einen sehen in der Erdkunde nur eine gedächtnismäßige Aneignung nützlicher Namen und verbannen sie dann mit Recht in untere Klassen, andere sehen in ihr nur die wissenschaftliche Arbeit, die in der Wiederherstellung alter politischer Grenzen mit Hilfe der Textkritik und ähnlichem besteht. Natürlich können sie diese Geographie an den Schulen nicht brauchen. Trotzdem hat die Geographie eine ziemlich ansehnliche Stellung an den höheren Schulen inne, Dank der Geschichte, die sie zu ihrer Unterstützung braucht. Aber in dieser Ehe kam die Geographie in Wahrheit durchaus zu kurz, wie denn der Geschichte selbst nicht mit der fehlerhaften Methode gedient sein kann, zu auffallenden historischen Tatsachen geographische Gründe zu suchen. So herrscht denn trotz der begeisterten Verfechter geographischen Unterrichts vom historischen Lager her (Drapeyron) nunmehr erst recht Unsicherheit und Verwirrung. Sie zu beseitigen diene eine kleine historische Betrachtung.

Die wissenschaftliche Geographie ist von Humboldt und Ritter begründet worden, indem letzterer die systematische Betrachtung von Beziehungen der Teile zum Ganzen, seine »vergleichende Erdkunde« lehrte, ersterer die zur Vergleichung nötigen Elemente, in ihrer Verteilung über den Erdball hin verfolgte, eine Arbeit, die dann ihren Niederschlag im physikalischen Atlas von Berghaus fand. Sie machten Schule in Deutschland (v. Roon, Daniel, Guthe) und gaben dessen Erdkundeunterricht einen weiten Vorsprung vor dem anderer Völker. Immerhin haftete dieser Erdkunde in Wahrheit innere Schwäche an, die sich am deutlichsten in der Unsicherheit der Nomenklatur von Geländeformen ausspricht, oder etwa bei der Vergleichung von Gebirgen in der rein äußerlichen Charakterisierung kund tut.

Seit etwa 30 Jahren hat nun die wissenschaftliche Erschließung des Erdballs Fortschritte gemacht, die Humboldts und Ritters Zeit nur ahnen, nicht verwirklichen konnte. Die Herausgabe geologischer Spezialkarten in den Hauptkulturländern, die systematische Erforschung des Inneren der anderen Erdteile, das vergleichende Studium der nordhemissphärischen Eiszeiterscheinungen, die Einrichtung des Wetterdienstes u. a. m. berechtigen zu dieser allgemeinen Zahlenangabe[1]. In diesem Zeitintervall haben wir es gelernt, die Erdoberflächenformen entwicklungsgeschichtlich aufzufassen und die Arten der destruktiven Wirkungen von Wasser, Eis, Wind zu systematisieren. Wir haben es ferner gelernt, Klima und Pflanzenwelt in ihrer Wechselwirkung mit den Bodenformen zu verstehen[2]. Nunmehr sind wir erst imstande, wirklich ritterische Erdkunde zu treiben. Man umspannt ein viel reicheres Bündel von Tatsachen, bringt die Beziehungen zwischen Mensch und Natur viel näher aneinander. Der Reichtum an Beobachtungsstoff, der sich so dem Leser bietet, wird ihn verhindern, in den alten unnützen Anekdotentondoten voller historischer Einzelheiten zu verfallen. Zwar wird es schwer sein, von vornherein die Grenzen der Geographie festzusetzen, aber ein in dieser Weise seine Wissenschaft erfassender Lehrer wird weit besser imstande sein, ungeeignetes zu vermeiden. Denn nichts hat mehr dazu beigetragen, die Erdkunde ihres Wesens und guten Rules zu berauben, als die Gewohnheit, sie als Ablagerungsstätte für eine Menge an sich vielleicht nützlicher, aber ihr fremder Dinge zu betrachten.

Eine Schwierigkeit besteht nun darin, daß die hauptsächlich literarischen Studien sich widmenden Studierenden dieser Auffassung der Erdkunde mit Furcht und Verlegenheit nahe treten, indem sie besorgen, nun auch gleich fertige Geologen, Botaniker, Meteorologen werden zu müssen. Das ist eine zu weitgehende Auffassung. Wenn auch die physische Seite der Erdkunde unbedingte Grundlage bleiben muß, so gehört die menschliche doch zweifellos dazu, freilich nicht als Nachtrag, sondern in innigster Verschmelzung, eine Wahrheit, die selbst in Amerika begriffen ist, wo doch die Pflege der Erdkunde fast ganz in den Händen von Geologen liegt.

Diese Art Geographie an den Schulen zu treiben ist ein unabweisbares Zeitbedürfnis für jedes Kulturvolk, dem gegenüber auch der Einwand, man könne nicht alles nützliche an den Schulen treiben, nicht verfängt, zumal gerade sie befähigt ist, um die getrennten Einzelvorstellungen ein einigendes Band zu schlingen. Freilich, solange das jetzige ausgesprochene dualistische Unterrichtssystem in seiner vollen Härte herrscht, alles Literatur hier und ausschließliche Pflege der schönen Form, alles Mathematik dort und Pflege der Abstraktion, würde für unsere Geographie kein Platz, kein Stützpunkt sich finden. Sie hat nicht die mystische Tugend, einer fremden Luft sich anzupassen. Dieser Mangel an Zusammenhang ist der tiefe Grund, der den Fortschritt der Schulgeographie verzögert hat und noch auf ihr lastet.

Aber von den Universitäten her und der Erkenntnis der Solidarität der Wissenschaften wird der Fortschritt kommen, der der Erdkunde die natürliche Mittelstellung zwischen Naturwissenschaften und Geschichte anweist.

Zweiter Redner war Gallois, der die vom Jahre 1902 datierenden Lehrpläne für Erdkunde, die an den französischen höheren Schulen in Geltung sind, kritisierte.

Der Ausschluß der Erdkunde aus der obersten Klasse kann wohl kaum gerechtfertigt werden. Sowohl zu einer Zeit, wo jeder Tag unser Augenmerk nach allen Richtungen des Erdballs lenkt, muß dieser Mangel ebensowohl beklagt werden, wie angesichts der wissenschaftlichen Leistungsfähigkeit der modernen Erdkunde. Er erscheint um so weniger entschuldbar, als man in eben dieser obersten Klasse die Zeit für Geschichte vermehrt hat. Man hat sich damit zu helfen gesucht, daß man in die Lehraufgaben der Geschichte einige geographische Fragen eingeführt hat. Wie unzureichend aber die ganze Stellung der Erdkunde ist, sieht man daraus, daß die Schüler von Amerika zum letzten Mal als 11jährige Kinder zu hören bekommen, von Afrika und Asien mit 12 Jahren, von Europa mit 13. — Immerhin bedeuten die Lehrpläne einen Fortschritt gegen die von 1890. Ein ganzes Jahr ist der allgemeinen Erdkunde

---

[1] Wir in Deutschland sind gewohnt, als besonderes Kennze chen noch die Errichtung der geographischen Lehrstühle an den Universitäten anzuführen.

[2] Das Wort peneplain und der Name Maury zeigen, daß Vidal de la Blache den Amerikanern hier das größte Verdienst zuschreibt.

gewidmet, die Lehrpläne sind außerdem kurz gefaßt im Ausdruck, sodaß der Lehrer innerhalb des allgemeinen Themas große Freiheit genießt.

Stellt man sich die Frage, was wir für geographische Kenntnisse von 18 jährigen Jünglingen zu verlangen haben, gleichgiltig welchem Berufe sie sich später zuwenden, so wird die Antwort lauten müssen: ein möglich zuverlässiges Bild des politischen und wirtschaftlichen Zustandes der Welt[1]) und ein Minimum von Wissen physisch-geographischer Natur, das ausreicht, bei der Betrachtung von der reinen Beschreibung zur ursächlichen Verknüpfung überzugehen. Ein Programm, das jungen Menschen angepaßt ist, um uns als Richtschnur bei der Auslegung der Lehrpläne zu dienen, ist das einer Erdkunde, die niemals die Beschreibung vom Suchen nach den Gründen trennt, die physische Erdkunde enge mit den Naturwissenschaften verknüpft, von ihr zur Wirtschaftsgeographie und von dieser zur politischen und Menschheitsgeographie emporsteigt, die den Zusammenhang der Erscheinungen zeigt, indem sie die Verknüpfungen wiederherstellt, die die Spezialwissenschaften aufgelöst haben, um für sich die interessierenden Tatsachen zu untersuchen, die schließlich die Geister an Beobachtung und Nachdenken gewöhnt.

Zwei Einwände werden gegen diese Art Erdkunde in den Schulen zu betreiben erhoben. Der erste lautet: diese Art sei zwar sehr interessant, aber für die hauptsächlich in Betracht kommenden unteren Klassen[2]) komme doch nur ein gedächtnismäßiges Einpauken einer größeren Anzahl von Namen von Städten, Flüssen, Kaps erst in Frage. Diesem Einwand gegenüber läßt sich darauf hinweisen, daß einerseits eine große Menge bisher gelernter Namen gespart werden könnte, anderseits die Aneignung des notwendigen Restes sehr viel leichter und sicherer erfolgt, wenn ursächliche Verknüpfung, Karten und Atlantenlesen, Anfertigen von Skizzen den Unterricht beleben und vertiefen. Der zweite Einwand wendet sich gegen die Anwendung, man sagt oft »den Mißbrauch«, der Naturwissenschaften im geographischen Unterricht und denkt dabei besonders an die Geologie. Man hat dabei die verkehrte Vorstellung, als wäre diese noch immer eine Anhäufung von Namen von Versteinerungen und ein Bündel sich widerstreitender Hypothesen. Dem gegenüber stelle man sich das völlig gesicherte Bild z. B. des französischen Zentralmassivs vor: den Rest einer großen Kette, die zuerst durch die Athmosphärilien niedergearbeitet und eingeebnet wurde, daß Meer und Buchten es überströmen könnten, das dann infolge des Aufsteigens der Alpen sich wieder verjüngte, besonders im Osten, auf dessen Spalten Lavamassen in die Höhe stiegen und jene Vulkane aufbauten, die soweit sie auch schon wieder abgetragen worden sind, doch die Gipfelpunkte des Landes bezeichnen. Hiermit vergleiche man die älteren der Unterstützung der Geologie nicht teilhaften Versuche in das Gewirr von Ketten und Kegeln System zu bringen.

Gallois bespricht dann mehr ins einzelne gehend den Lehrgang. Für die unteren Klassen empfiehlt er Pflege und Ausweitung des in der Heimat vorhandenen Anschauungsstoffes und Beziehung der Verteilung der Kontinente und Inseln auf einige wenige leitende Grundlinien. In dem darauffolgenden Kursus in allgemeiner Erdkunde (11 jährige Schüler) handelt es sich bei dem Thema »die Küste, die hauptsächlichsten Uferformen« nicht um Aufzählungen, sondern z. B. darum, die Verschiedenheiten an Küstenbildung in der Normandie und der Bretagne darzulegen, ohne dabei einfachsten geologischen Dingen aus dem Wege zu gehen. Es folgt die Besprechung Amerikas und Australiens. Bei dem letzteren würde es etwa darauf ankommen, den erstaunlichen Gegensatz zwischen den großen inneren Wüsten mit ihren Resten primitivsten Volkstums und den großen Küstenplätzen europäischer Kultur aufzudecken. Die beiden nächsten Jahre (12- und 13 jährige Schüler) lassen dieselbe Darstellungsform zu. Dann folgt (14 jährige Schüler) Frankreich und seine Kolonien. Da das Pensum zwei Jahre später wiederkehrt, braucht man weder zu eingehend noch zu gelehrt zu sein. Der Totaleindruck des Landes ist das wichtigste, die großen Landschaften, ihre Beziehungen zum geologischen Aufbau. Was die administrative Einteilung betrifft, so ergibt sich die Kenntnis der Departements und ihrer Hauptstädte von selbst als notwendig, auf kleinere Bezirke ist aber nicht einzugehen. Die Kolonien aber sind nicht losgelöst von ihren Erdteilen, die afrikanischen Frankreichs also nicht getrennt

---

[1]) Gallois zeigt an dem Beispiel der Vereinigten Staaten, was er darunter versteht.
[2]) Der Erdkundeunterricht in Frankreich krankt, wie man sieht, an demselben Kardinalfehler wie bei uns; er fängt zu früh an und hört zu früh auf.

vom Kongostaat, von den Kolonien Englands und Deutschlands zu besprechen. Nimmt man später die Geographie Frankreichs wieder auf, wird man sie mit denselben Methoden, nur eingehender, zu behandeln haben[1]). Schließlich die allgemeine Erdkunde auf höherer Stufe: man teile den Stoff in Fragen aus der physischen Erdkunde, der Wirtschaftsgeographie und der Menschheitsgeographie. Nun mache man nicht kurze Aufzählungen, sondern gehe bei der Wirtschaftsgeographie von den Produkten selbst aus, gebe also z. B. ein Bild der Baumwolle, als Pflanze, in ihrer Kultur, in ihrer Geschichte, in ihrer Verbreitung, in ihrem Einfluß auf Handel und Gewerbe, ja auf die Politik. Bei der Menschheitsgeographie verdient in den Tagen, in denen wir uns die Benutzbarkeitsmöglichkeiten unserer Generalstabskarten durch den Kopf gehen lassen, das von Gallois angeführte Beispiel angezogen zu werden, wie man u. a. aus den entsprechenden französischen Kartenblättern Schlüsse über die Verteilung der Quellen und Brunnen aus der von dieser beeinflußten Ortschaftsgröße und -Dichte ziehen könnte.

Gallois schließt natürlich mit der Forderung um Vermehrung der Unterrichtsstunden in Erdkunde.

Als dritter Redner verbreitete sich Paul Dupuy, Sekretär an der Ecole normale supérieure, über Lehrgang und Lehrmaterial im geographischen Unterricht der höheren Schulen. Es erscheint nicht notwendig, auch auf ihn ebenso ausführlich einzugehen, wie auf die beiden anderen Redner. Immerhin mögen aber doch einige wesentliche Äußerungen angeführt und z. T. mit Bemerkungen zu versehen sein. Dazu gehören gleich seine Einleitungsworte, aus denen wir erfahren, daß diese geographischen Sitzungen nur ein Teil einer (etwa unsere Junikonferenz) vergleichbaren Serie von Beratungen gewesen, in diesen allen aber sich eine Abkehr vom Verbalismus und von Gedächtniskult und eine Hinwendung zur Natur bekundet habe. Das induktive Lehrverfahren stände nur scheinbar im Widerspruch mit der Geographie, die allemal mit »einem synthetischen Überblick beginne«. Es käme nur darauf an, neben diesem, die induktive Seite, die Freilufterdkundestunden, die im amerikanischen Unterrichtswesen schon solche große Rolle spielten, gehörig auszubauen. Auch Bilder könnten den unmittelbaren Natureindruck nicht ersetzen. Das Bild habe stets etwas totes. Jedenfalls seien aber von allen Bildern Projektionsbilder am meisten vorzuziehen, die am besten das Solidaritätsgefühl in der Aufmerksamkeit, das die Seele der Klasse sei, zu erzeugen vermöchten. Bei der Besprechung der Karten weist Dupuy auf die Vorteile von Karten großen Maßstabes für den Schulunterricht hin, nur mit diesen gelänge es im Heimatkundeunterricht Karte und Geländeform in deutlich erkennbare Wechselbeziehung zu setzen. Hart und sehr treffend wird die überpädagogische Sucht nach zuweitgehender klarer Übersichtlichkeit gegeißelt, die dazu geführt hat, daß man längere Zeit nach Reliefkarten unterrichtet hätte, auf denen die Dinge nicht wie sie wären, sondern wie sie sein sollten, dargestellt wären. Man solle die Wirklichkeit nicht entstellen, sondern darstellen. Eine sehr gefährliche Klippe weist Dupuy ferner auf, wenn er angesichts viel beliebter Verschwommenheiten ausruft: »Es wäre ein wirklicher Schade, wenn wir unsere Schüler, statt an die Aufdeckung der Wirklichkeit und den Ausdruck der positiven Wahrheit im Gegensatz dazu an Phrasen und Verschwommenheiten gewöhnen würden«. Diese Klippe ist um so gefährlicher als »die heuristische Methode viel Zeit verlangt, und wir nur wenig haben«, meint er sehr treffend, Konsequenzen ergeben sich hier leicht. Schließlich wünscht Dupuy in Frankreich eine Zeitschrift, die den englischen und amerikanischen Vorbildern (Geogr. Teacher, Journal of Geogr.) entspräche, sodaß hier am Schlusse noch einmal der Eindruck wieder entsteht, der mir während der Lektüre der drei Vorträge öfter gekommen: »Einst war Deutschland für den geographischen Unterricht vorbildlich; jetzt ist es das nicht mehr. Woran liegt das?

An diese drei Vorträge reihten sich zwei Diskussionssitzungen unter dem Vorsitz des Inspektors der Akademie, Lavier. Über sie sollen nun ausführliche Berichte im Musée pédagogique erfolgen, die Annales bringen nur knapp zwei Seiten. Es wird sich daher empfehlen, diese eigentliche Veröffentlichung abzuwarten, und ich beschränke mich daher auf den Ausspruch Bouguis: »Es ist heute für einen Lehrer, der keine fachmännische Ausbildung in Erdkunde genossen hat, unmöglich, gehörigen Erdkundeunterricht zu geben«.

[1]) Es ist interessant, daß Gallois noch auf Buache zurückgehende methodologische Eigentümlichkeiten glaubt bekämpfen zu müssen: Abflußgebiete ∼ natürliche Landschaften.

Kleine Mitteilungen.

I. Allgemeine Erd- und Länderkunde.

Einen neuen Beitrag zum **Problem der Rasseneinteilung** liefert C. H. Stratz den Haag im Archiv für Anthropologie, N. F. Bd. I, 189—200. Schon in seinem Buche (Rassenschönheit des Weibes, 1901) hatte er drei Gruppen von Rassen aufgestellt: protomorphe (primitive Völker), archimorphe (die herrschenden Hauptrassen) und metamorphe (Mischrassen), und die Wichtigkeit möglichst vieler körperlicher — nicht vorwiegend kraniometrischer — und besonders proportioneller Unterscheidungsmerkmale betont. Er nimmt mit Klaatsch einen einheitlichen Ursprung des Menschengeschlechts an und die Herausbildung der drei Hauptrassen (Gelbe, Schwarze und Weiße) aus einer australischen Urrasse. Aber neben Anthropologie, Ethnographie und Urgeschichte seien auch Pflanzen- und Tierwelt zu berücksichtigen. So lebte der Australier jahrtausende lang mit Pflanzen und Tieren frühtertiären Ursprungs zusammen (Notogäa), abgeschlossen von der übrigen Welt, und er weist den relativ primitivsten Typus auf, der den sich alle Merkmale der später aus den protomorphen differenzierten Hauptrassen zurückführen lassen. Auch Amerika besitzt eine ältere Tierwelt (Neogäa) und eine Bevölkerung, die vor der Scheidung in Gelbe und Weiße von der übrigen Menschheit abgeschnitten wurde. Im äthiopischen, von Meeren und Wüsten umgrenzten Tierkreis zeigen die Koikoin und die Akka die nichtdifferenzierten Elemente der Weißen und Schwarzen, während die Neger die negroiden Elemente am deutlichsten entwickelten. Protomorph sind wohl ferner die Javanen, Battak, Dajak, Andamanen; die Papua stehen zwischen Australiern und Negern, die Negritos vielleicht zwischen Schwarzen und Gelben. Der letzte deutlich begrenzte Tierkreis ist der indische, wo vielleicht die Wiege der Menschheit stand, deren älteste Formen durch immer neue Variationen von dort vertrieben wurden und sich allmählich zum weißen Typus entwickelten; dafür zeugen die Aïno, Wedda, Dravida, Kelten, Basken. Die jüngste Rasse ist die gelbe, die jetzt die weiße zurückdrängt, z. B. in Indochina. Im ganzen ist zu sagen: wie die Hauptentwicklung der Tierwelt sich auf der nördlichen Hemisphäre abspielt und ihre älteren Formen in südliche Gebiete gedrängt wurden, so wurden auch die primitiven Menschenrassen von dort vertrieben und sind heute in südlichen, isolierten Ländern zu finden. — Weiter gibt der Verfasser sein System von Symptomen der protomorphen und der drei Hauptrassen (Leuko-, Melano- und Xanthodermen) an und die folgende chronologische Einteilung.

Protomorphe: 1. Australier; 2. Papúa, Koikoin (vor Ablösung der Neger); 3. Amerikaner, Binnenmalaien, Kanaken, Andamanen (vor der Eigenentwicklung der Xanthodermen); 4. Aïno, Wedda, Dravida, Kelten, Basken (vor der Differenzierung der Leukodermen, deren Vorläufer die nördliche Festlandsmasse bewohnt hatten). Die letzteren aber, die Leukodermen, stehen, obwohl sie am meisten den protomorphen Charakter bewahrt haben, somatisch und kulturell höher als die beiden anderen Hauptrassen und werden, so meint der Verfasser, auch unter den sich in ihren Grenzgebieten stetig bildenden Mischrassen (metamorphen) immer die Oberhand behalten. *Aby.*

Der Mond und die kalten Tage. Alex. B. Max Dowall hat aus einer 15jährigen Beobachtungsreihe von Greenwich 1889/90—1904 das Auftreten von kalten Tagen zu den vier Mondphasen untersucht und zunächst festgestellt, wie viele kalte Tage beim Vollmond im Dezember eingetreten sind. Die Untersuchungen haben zu folgendem Ergebnis geführt, das er in der Meteorol. Ztschr. (1905, Heft 4) mitteilt: Die Woche zur Zeit des Vollmondes ist die kälteste mit 230, jene zur Zeit des letzten Viertels die mildeste mit 163 kalten Tagen. Die Woche zur Zeit des Neumondes hat 189, jene zur Zeit des ersten Viertels 221 kalte Tage. Der Verfasser gedenkt seine Untersuchungen auch für die übrigen jahreszeiten durchzuführen. *Hk.*

Eine Kalenderreform in Rußland? Unter den erschütternden Schlägen, die der träge russische Koloß durch die verachteten Mongolen in Ostasien erlitten, hatten sich im vergangenen Winter die Machthaber an der Newa endlich wenigstens zu dem Versprechen einer Reihe von Reformen, unzulänglichster Art freilich, wohl oder übel verstehen müssen. Aber in diesem zu drei Vierteln asiatischen Lande mahlen die Mühlen Gottes besonders langsam; furchtbar aber auch sind seine Strafgerichte. Zu dem äußeren Jena in der Mandschurei und der Tsuschima-Straße, das die ganze Morschheit des Zarenreiches vor den Augen der staunenden Welt offenbart hat, gesellt sich jetzt naturnotwendig ein inneres Jena, über dem die jahrhunderte alte Herrschaft der heiligen Knute verdientermaßen und hoffentlich recht gründlich und für alle Zeiten zusammenbricht.

Auch von einer Kalenderreform war damals, wie schon öfter, so nebenbei die Rede. Daran glauben wir so lange nicht, wie der heilige Synod, der offizielle Hüter der Rechtgläubigkeit, nur der Hort des finstern Un- und Aberglaubens ist, so lange Rußland in Wahrheit nichts anderes ist, als eine verkappte Theokratie, in deren Charakter nun einmal die Unmöglichkeit vernunftgemäßer, organischer Reformen beschlossen liegt, und die allein durch eine Katastrophe beseitigt werden kann.

Bekanntlich haben die Russen als starre Bekenner des orthodoxen Glaubens die segensreiche Kalenderreform Papst Gregors XIII. vom Jahre 1582 nicht mitgemacht; sie rechnen noch immer nach dem alten julianischen Stil. Da nun Julius Cäsar, um Sonnenjahr und bürgerliches Jahr, wie er glaubte, dauernd in Übereinstimmung zu bringen, alle vier Jahre ein Schaltjahr einschob, damit aber in Wirklichkeit die Schaltperiode um ¾ Stunde zu lang machte, so sind unsere slawischen Nachbarn im Laufe der Jahrhunderte um volle 13 Tage in der Zeitrechnung gegen das Abendland zurückgeblieben. Selbst ein Peter der Große, der doch sonst sein Land allen möglichen westeuropäischen Einflüssen zu öffnen erleuchtet genug war, wagte nicht, an dem geheiligten Brauche zu rütteln. Zwar befahl er durch Ukas vom 20. Dezember 1699, daß in Zukunft das Jahr mit dem 1. Januar statt, wie bis dahin, mit dem 1. September beginnen solle; aber der julianische Kalender selbst, mit dem die gesamte kirchliche Festordnung aufs innigste verwachsen ist, blieb auch fernerhin bestehen. Eine Kalenderreform ist auch heute in Rußland nicht ohne ausdrückliche Zustimmung der Kirche möglich. Da der russische Kalender weit mehr noch mit Kirchenfesten verschiedensten Ranges gesegnet ist als der gregorianische, der doch auch in dieser Hinsicht nicht stiefmütterlich bedacht ist, so müßte, um bei dem mehr als rückständigen Charakter des heiligen Synods die etwa geplante Reform nicht von vornherein gänzlich aussichtslos zu machen, nach einem Zeitraum gesucht werden, in dem 13 aufeinander folgende Tage, die ja einfach ausfallen müssen (wie man 1582 vom 4. auf den 15. Oktober sprang) nicht durch allzu hohe Kirchenfeste ausgezeichnet sind. Da ist nun guter Rat nicht billig; am geeignetsten wäre noch die zweite Hälfte des August, vom 16. bis zum 28., wobei allerdings auch schon das »Fest der Übertragung des nicht von Menschenhänden gemachten Bildes Christi von Edessa nach Konstantinopel« (16.) gestrichen werden müßte. Die ausgefallenen Heiligen werden wohl ein Einsehen haben; denn der chronologische Wirrwarr, der für den Auslandsverkehr ganz entschiedene Mißstände zur Folge hat, kann ihnen zuliebe doch nicht in alle Ewigkeit so weiter gehen. Sie könnten, wenn es denn einmal sein muß, im September um so unbedenklicher nachgefeiert werden, als im russischen Kalender wiederholt verschiedene Heilige sich an einem und demselben Tage in die Anbetung der Gläubigen teilen müssen.

Selbstverständlich müßte mit dieser allgemeinen und grundlegenden Reform des julianischen Kalenders eine solche des nach dem alxandrinischen bzw. Genadischen Kanon berechneten russischen Osterfestes Hand in Hand gehen. Nach dem gregorianischen Kalender kann der Ostersonntag frühestens auf den 22. März, spätestens auf den 25. April fallen[1]; in dem russischen Kalender herrscht darin ein weiterer Spielraum. Im vergangenen Jahrhundert sind die russischen Ostern nur 34 mal mit den unserigen zusammengefallen, 66 mal davon abgewichen, und zwar 40 mal 8 Tage, 5 mal 4 Wochen und 21 mal sogar 5 Wochen. Und wenn sich dann noch die abendländische Kirche endlich zu dem doch ganz gewiß rein formalen Zugeständnis entschlösse, mit der Bestimmung des Konzils von Nizäa vom Jahre 325 zu brechen, nämlich, daß Ostern am ersten Sonntag nach dem auf die Frühlings-Tagundnachtgleiche (21. März) folgenden Vollmond zu feiern sei — was in aller Welt hat nur der Frühlingsvollmond mit der Auferstehung Christi zu tun!? — und dieses Fest auf einen, geringeren Schwankungen unterworfenen Termin zu verlegen, etwa den ersten Sonntag im April, womit auch Pfingsten eine feste Lage bekäme, dann wäre in der Tat ein für das religiös-kirchliche Leben auch nicht im geringsten beeinträchtigender, für das bürgerliche Leben der gesamten Kulturwelt aber überaus wichtiger Schritt auf dem Gebiet der praktischen Kalenderreform getan.

Dr. O. Ankel-Hanau.

Über die vorläufigen Ergebnisse seiner **Forschungsreise in Island** berichtet Walther v. Knebel im Zentralbl. für Min. usw. 1905, 535—553. Seine Studien haben zwei scharf von einander getrennte Eismassen erkennen lassen, die durch eine lange Interglazialperiode geschieden waren. In dieser Interglazialzeit hat ein Rückgang der Vergletscherung mindestens bis auf das heutige Maß stattgefunden. Die Erosion wirkte in hohem Grade und schuf Zeugenberge, welche sich — wie der Kjalfell — um mehr als 300 m über die denudierte Umgebung erheben. Auch eine starke vulkanische Tätigkeit setzte vermutlich noch in interglazialer Zeit ein. Nach dieser Zeit fand eine neue Vergletscherung statt, welche auf jenen vulkanischen Gebilden Schrammen und Rundböcker geschaffen hat. v. Knebel gedenkt späterhin die so überaus eigenartigen Verhältnisse ausführlich zu behandeln. *Hk.*

Tripolis. Im April 1904 gelang es dem Vicomte de Mathuisieulx eine Forschungsreise in das von den Türken streng abgeschlossen gehaltene Tripolis durchzusetzen. Das Landen in den beiden Häfen Tripoli und Khoms ist schwierig, da die das ganze Land säumenden Dünen sich in sanfter Neigung weithin unter dem Meeresspiegel fortsetzen und Bänke bilden. Im Altertum stand an der Stelle von Tripolis Oea, 50 Meilen westlich davon Sa-

---

[1] Die beiden Grenzwerte trafen im 19. Jahrhundert je einmal ein: 1818 der 22. März, 1886 der 25. April; jener Termin kehrt erst im Jahre 2285, dieser 1943 wieder.

bratha, 50 Meilen nach Osten Leptis Magna, wahrscheinlich phönizische Gründungen (die türkische Regierung erlaubt keine Ausgrabungen). An letzteren beiden Orten findet man noch prächtige römische Tempel, Theater, Stadien usw. und überall im Lande Türme, die als Telegraphenstationen dienten, so daß Nachrichten in einer Nacht von Ägypten bis Marokko gingen.

An Einbruchsstellen des Meeres liegen Sebkhas, Salzsümpfe, zwei bis drei Meilen hinter den Dünen eine Reihe von palmenreichen Oasen: Abou-Adjlat, Sabua, Zavia, Djedjaim, Mayat, Sayat, Zenzour, Zlitten, Misrata usw. Während die Araber von Misrata sanft sind, werden die von Zlitten von ihren Nachbarn gefürchtet, Juden werden von ihnen nicht geduldet. Nur im Osten gelangen einige Wadys — Ramel, Msid, Lebda, Cinyps — durch diese Ebene, Djeffara, bis ans Meer.

Das Innere, durchschnittlich 1000 Fuß hohe Kalkplateau Tarhouna (mit basaltischen Einsprengseln) zwischen der Küste und dem Djebel war in römischer Zeit dicht besiedelt und mit Oliven bepflanzt, wie die zahlreichen Reste von Ölpressen, torcularia, beweisen (Barth sah sie für Altäre für Menschenopfer an). Heute ist alles wüst und menschenleer; nur wenige wandernde Araber sind zu sehen. Der höchste Punkt ist Msid (1800 Fuß).

Jenseit des Wady Rhane erhebt sich steil das nach der Sahara (Hammada) zu sanft abfallende Plateau T'ahar, durchschnittlich 2000 Fuß hoch; es ist trotz der einheimischen Namen Djebel Gariana, Djebel Nefousa, Djebel Yffren kein Gebirge, wie man meist annahm. Die Bewohner sind reine Berbern, sie leben zum Teil in Höhlenwohnungen, die in Felswände oder tief in das horizontale Plateau eingegraben sind; zu letzteren führen Schächte mit steilen Pfaden hinab. Die Troglodyten von Zentan sind Juden; sie behaupten, der Rückkehr aus der Babylonischen Gefangenschaft dahingekommen zu sein. — Die Berbern sind von den Arabern nie, von den Türken erst nach blutigen Kämpfen bezwungen worden. Auf manchen Felsen, wie Nalout, Mamout, Kabao, haben sie aus dem Stein gehauene Dorfburgen. Die Nefousan-Berbern scheinen früher Christen gewesen zu sein, sie stehen jetzt der Sekte der M'zab in Algerien nahe; ihr Hauptort ist Djado. Die Berbern sind freiheitsliebend und fleißig; sie bauen in künstlich bewässerten Schluchten Gerste und Oliven. — Auf dem Nordabhang des Hochplateaus lag ein der Gegend entsprechendes Plateau der Senoussi mit einer Reihe von Kastellen von Gabes (Talapé) bis Leptis Magna (Lebda).

Der größte Wady des auch nach Osten geneigten Plateaus ist der schlangenreiche Soffedjin. Daran liegt das von einigen fanatischen Senoussi bewohnte, ärmliche Mizda; die Gegend wird jetzt von Tuaregs heimgesucht, die aus der französischen Sahara vertrieben sind. Weiterhin war die Gegend einst dicht besiedelt, wie

zahlreiche Reste von befestigten Orten und Gräbern zeigen. Die dortigen Araber bauen auf einem 6—8 Meilen breiten Streifen jetzt Gerste.

In Tripolis gab es im Altertum, wie auch heute noch, außer den Pflanzungen in den Betten der Wadys nur zwei Kulturzonen: die Oasenreihe längs der Küste und den Nordrand des inneren Hochlandes, in ersteren Palmen, auf letzterem Oliven. Aber der jetzige Zustand des Landes ist unvergleichlich schlechter als zur Römerzeit, es ist jetzt völlig zugrunde gerichtet infolge der Faulheit der Araber, die die von den Römern sorgsam behüteten Quellen versiegen und die Vegetation auf dem an und für sich fruchtbaren Boden vertrocknen und verkommen ließen. (Bull. of the American Geogr. Soc. XXXVI, 736—744).   *Aby.*

Ambros Erbstein handelt (Deutsche Rundschau für Geogr. und Statistik, 1904, S. 32 f.) von der **Austrocknung des großen Salzsees.** Beobachtungen, die seit dem Jahre 1863 datieren, beweisen, daß die Wasserfläche des Sees mit geringen, durch heftige Regenfälle verursachten Ausnahmen, stetig sinkt. Eine Berechnung, die allerdings sehr schwierig und nicht unbedingt zuverlässig ist, ergibt, daß der große Salzsee in etwa 25 Jahren verschwunden sein wird. Die Ursachen können in der starken Verdunstung, einem unterirdischen Abfluß und dem starken Wasserverbrauch für Besiedlungszwecke gesucht werden. Namentlich der letzte Umstand muß berücksichtigt werden, da dadurch den Zuflüssen die größte Wassermenge entzogen wird. Die in neuester Zeit geplanten, noch weit größeren Anlagen werden diese Entwicklung noch bedeutend beschleunigen.

Dr. O. Jauker (Laibach).

Neue Provinzen in Canada. Am 1. Juli d. J. sind in Zentral-Canada zwei neue Provinzen zusammengelegt worden, Alberta und Saskatchewan, deren Grenzen jedoch weit über das Gebiet hinausgehen, welches die bisherigen Territorien gleichen Namens umfaßten. Die Territorien Assiniboina und Athabaska sind ebenso, wie ein Teil des NW-Territoriums dazugeschlagen worden, sodaß sich das Gebiet der neuen Provinzen von der Grenze der Vereinigten Staaten bis zum 60.° n. Br., und von Manitoba bis zu den Rocky Mountains erstreckt. Die Hauptstadt von Saskatchewan ist Regina, die von Alberta Edmonton.   *Hk.*

Über Geographie und Reisebeschreibungen hat die Buchhandlung von Gustav Fock in Leipzig einen umfangreichen Sonderkatalog (Antiquariatskatalog Nr. 272) zusammengestellt, der auch zahlreiche Werke aus dem Gebiet der Anthropologie und Ethnologie enthält. Die Verwalter von Anstalts- und Schülerbibliotheken seien auf die günstige Gelegenheit, vorhandene Lücken auszufüllen, ganz besonders aufmerksam gemacht.   *Hk.*

II. Geographischer Unterricht.

Berichtigung. Der Verfasser der S. 230 genannten und besprochenen Broschüre »Staat und Schule« Costenoble, Jena 1905 heißt nicht Grube wie dort irrtümlich zu lesen stand, sondern Dr. A. Gruhn. *H. F.*

Oberlehrerexamen in Frankreich (concours d'agrégation d'historie et de géographie) vgl. Geogr. Anz. 1903, S. 38 und 1904, S. 63 zur Orientierung (nach Annales de géogr. Nr. 78, XIV. année, 15. XI. 05).

Die wie immer im Juli—August abgehaltene Prüfung hatte als Klausurarbeit zwei Thema: Die Baumwolle, Produktionsländer, Verarbeitungsländer.

Die Leçons pédagogiques de géographie scheinen ausgefallen oder abgeschafft zu sein. Die Themata der Leçons de géographie waren die folgenden: 1. Wüstenklima, Einfluß auf Boden und Leben, Beispiele aus Asien; 2. Beziehungen zwischen Kleinort und Hydrographie, Beispiele aus Asien; 3. Definition eines Faltengebirges, Beispiel aus Asien; 4. Definition einer Rumpffläche, Beispiele aus Asien und Frankreich; 5. Die Verwitterungserscheinungen der Oberflächengesteine; 6. Der Monsun im asiatischen Klima; 7. Einfluß der Gletscher auf die Topographie; 8. Die Bevölkerung Frankreichs. 9. Normandie; 10. Auvergne; 11. Die Seine, Flußstudien; 12. Die Rhône; 13. Steinkohle und Eisen in Frankreich; 14. Paris, Studie in städtischer Erdkunde; 14. Die nordfranzösische Ebene (Flandern und Hennegau); 16. Tonkin; 17. Aufbau und physische Gliederung der indischen Halbinsel (Vorderindien?); 18. Russisch-Turkestan; 19. Die kleinasiatischen Hochländer; 20. Japan, physisch-geographische Studie; 21. Die Eisenbahnen in Asien; 22. Die Bevölkerung Chinas.

Als Programm für das Examen von 1906 ist für Erdkunde aufgestellt: 1. Allgemeine Erdkunde; 2. Frankreich; 3. Deutschland; 4. Afrika; 5. Lebensmittelprodukte. *H. F.*

Die Behandlung der Verkehrsgeographie an den Realanstalten. Im Gymnasium XXII, 5 spricht H. Weis-Eschweiler über die Behandlung der Verkehrsgeographie an den Realanstalten in den dafür angesetzten Stunden und zeigt »wie man auch diesen vielfach verhaßten Lehrzweig (bei wem? bei Lehrern oder Schülern? Ich habe bei Durchnahme der Verkehrsgeographie in Obersekunda des Gymnasiums stets lebhafte Teilnahme dafür bei den Schülern gefunden) für die Schüler angenehm und nutzbringend gestalten kann«, wenn damit Unterweisungen Hand in Hand gehen, wie z. B. durch die natürlichen Wasserstraßen die Erschließung der Erdteile gefördert, durch ihr Fehlen aber gehindert wird; wie die wirtschaftliche und auch die politische Bedeutung eines Landes, z. B. des Deutschen Reiches, zum Ausdruck kommt in dem Anteil, den es am Weltverkehr nimmt; wie die Fürsorge des Staates für die einzelnen Landesteile in dem Bau von Verkehrsstraßen sich ausspricht usw. Ohne Zweifel muß das alles und noch manches andere (u. a. vor allen Dingen die Abhängigkeit der Siedelungen von den Verkehrswegen; Orte an Flußübergängen, an Ausgängen der Gebirgstäler usw.) auch in der Schule in den Bereich der Verkehrsgeographie gezogen werden. Sollte das aber in der Tat nicht auch von den Lehrern der Erdkunde geschehen? Wenn wirklich irgendwo lediglich das Auswendiglernen der großen Verkehrslinien mit Angabe der Abfahrtszeiten, der Fahrtdauer, aller anzulaufenden Häfen usw. gefordert wird, so geschieht das doch höchstens da, wo der erdkundliche Unterricht, wie es allerdings leider noch oft der Fall ist, in den Händen eines Nicht-Fachmannes liegt, daß aber die Karten und Lehrbücher solche Angaben enthalten, ist meines Erachtens bis zu einem gewissen Grade notwendig (die Abfahrtstage der Dampfer finden sich wohl kaum in einem Schulbuche; oder doch?), bedeutet doch aber nicht, daß der Schüler alle solche Einzelheiten auswendig lernen soll. Anderseits können die Lehrbücher die Verkehrsgeographie nicht ausführlich nach allen Seiten hin zur Darstellung bringen; dazu fehlt es zunächst an Raum; sodann wollen Bücher und Karten nur einen festen Rahmen bieten, der durch den Vortrag und unter Anleitung des Lehrers mit einem lebensvollen Bilde ausgefüllt wird. — Erfreulich ist, daß der Aufsatz in einer Zeitschrift veröffentlicht ist, wo er hoffentlich auch von den Geographielehrern gelesen und beherzigt (!) wird, die zwar nicht Geographie kennen, aber darin zu unterrichten haben. *Dr. K. Schlemmer-Treptow a. R.*

Vorrichtung zur Veranschaulichung der Beleuchtungserscheinungen der Erde. Eine an jedem Erdglobus leicht anzubringende einfache Vorrichtung zur Veranschaulichung der Beleuchtungserscheinungen der Erde im Laufe eines Jahres beschreibt Bergsch in der Westdeutschen Lehrerzeitung. Diese Vorrichtung besteht aus zwei rechtwinklig sich schneidenden fest miteinander verbundenen Meridianreifen aus stärkerem Messingdraht. Der eine dieser beiden Reifen, die dem Globus möglichst dicht anliegen müssen, ist an den beiden Polen je mit einem Schlitz, dessen Länge etwas größer ist als ein Durchmesser des Polarkreises, versehen und trägt im Schnittpunkt mit dem Äquator einen radial gestellten fest aufgelöteten hohlen Stift. Durch die Anordnung der die Pole einfassenden Schlitze läßt sich dies einfache System von Kreisen bequem in der Richtung eines Meridians nach Nord und Süd verschieben. Bewegt man den Stift, in dessen Höhlung zur Versinnlichung der Sonnenstrahlenrichtung ein gerades Stäbchen lotrecht zur Globusoberfläche gesteckt werden kann, auf dem Globus nach Maßgabe der Sonnendeklination, so verschieben sich entsprechend dieser Bewegung die beiden Meridiankreise, von denen der zweite den Orenzkreis der Belichtung an der Erde kennzeichnet. Es lassen sich hierbei die jahreszeitlichen Erscheinungen auf der Erde ganz gut veranschaulichen. Annäherungsweise kann man mit dieser Vorrichtung die Tageslänge in jeder Breite für jeden beliebigen Tag bestimmen.

H. Albrecht (Berlin).

Programmschau.

Die geographische Naturaliensammlung des Dorotheenstädtischen Realgymnasiums und ihre Verwendung beim Unterricht. Von H. Bohn. (Programm. 4°, 5 Hefte, 24, 27, 28, 27 u. 29 S. Berlin 1899—1903, R. Gaertners Verlag.) Mit aufrichtiger Freude und Genugtuung erfüllt jeden Geographen die angenehme Wahrnehmung, daß in letzter Zeit den schulgeographischen Sammlungen eine große Aufmerksamkeit geschenkt wird. Immer gebieterischer ringt sich die Ansicht durch, daß die Geographie von der Geschichte getrennt und den naturwissenschaftlichen Disziplinen angereiht werden müsse. Freilich wird es noch harte Kämpfe absetzen, bis dies Ziel erreicht ist, allein die Geographen dürfen nicht ruhen, sie müssen immer wieder ihre gerechten Forderungen erheben, um die erwünschte Trennung durchzusetzen und die Geographie den Naturwissenschaften anzugliedern. Der Ruf nach geographischen Schulkabinetten ist schon vor dreißig Jahren erhoben worden, allein es dauerte geraume Zeit, bis der Wunsch die in Tat umgesetzt wurde. Erst die letzten Lustren schaffen hier Wandel und an vielen Schulen erstanden Sammlungen zur Förderung und Belebung des geographischen Unterrichts. Die Jahresberichte der deutschen und österreichischen Mittelschulen weisen im abgelaufenen Jahrzehnt verschiedene Aufsätze über die Notwendigkeit und Einrichtung geographischer Kabinette auf. Diese Abhandlungen erörtern die verschiedenen Gegenstände, die in derartigen Kabinetten Aufnahme finden sollen. Zum Inventar einer jeden geographischen Sammlung gehört unbedingt eine Kollektion erdkundlicher Produkte der Natur und Kunst, damit die jungen Studierenden die wichtigsten Handelsartikel, die den Weltmarkt beherrschen, nicht bloß dem Namen nach, sondern auch in natura, die schwer erhältlichen wenigstens in getreuen Abbildungen kennen lernen.

Oberlehrer H. Bohn hat in fünf Programmabhandlungen mit ernster Sachkenntnis und großem Fleiße die überaus reiche geographische Naturaliensammlung des Dorotheenstädtschen Realgymnasiums in Berlin behandelt. In den einleitenden Bemerkungen bespricht der Verfasser die übersichtliche Aufstellung und leichte Verwendbarkeit der Sammlung zu Unterrichtszwecken und zählt dann die vorhandenen Objekte in alphabetischer Reihenfolge auf. Die ersten zwei Abhandlungen führen die mineralischen, die zwei folgenden die vegetabilischen und die letzte die animalischen Produkte vor. Die einschlägige Literatur ist jedem Naturreiche vorausgeschickt und der Verfasser hat sich redlich Mühe gegeben, die einzelnen Objekte nach ihrer Zugehörigkeit, ihrem Aussehen, ihrem Vorkommen und ihrer Verwertung zu besprechen. Den wichtigsten Artikeln sind anschauliche Besprechungen gewidmet, die jedem Schulmann eine erwünschte Grundlage bieten können. Das Anschauungsmaterial des Dorotheenstädtischen Realgymnasiums ist so reich, daß der Fachlehrer, der aus diesen Vorräten schöpfen will, sich eine gewisse Reserve auferlegen muß, um seinen Schülern nicht ein zuviel zu bieten. Es ist freilich besser, in den Schätzen wühlen zu können, als den jungen Leuten nichts oder zu wenig bieten zu können. Wie mich hat gewiß auch andere Kollegen bei der Durcharbeitung der Aufsätze Bohns ein gelinder Neid beschlichen.

Bei dem reichhaltigen Material wäre es gewiß nicht unerwünscht gewesen, wenn der Verfasser verschiedene Objekte, die oft unter einem einzigen Titel besprochen sind, in das alphabetische Verzeichnis aufgenommen hätte, mit kurzem Hinweis auf das Schlagwort, unter dem sie aufgefunden werden können. An Übersichtlichkeit hätte die Arbeit gewonnen. Im Verzeichnis vermisse ich einige Materialien, die in eine geographische Naturaliensammlung gehören, wie Tonkabohnen, Sennesblätter, Anacardien, Tamarinden, Teakholz, Rosenöl, Speik, Korinthen, Rosinen usw.

Der Druckfehlerteufel im Setzkasten hat auch allerlei Unheil angerichtet. Diesbezüglich werde ich übrigens meine Wahrnehmungen H. Bohn mitteilen, damit die Fehler bei einer eventuellen Neuauflage verbessert werden können. Einige Bemerkungen seien mir gestattet: I, 7: Melaphyr statt Malaphyr, Bauxit, nach der Stadt Baux bei Avignon, statt Beauxit. I, 16: Die Bezeichnung »in Rumänien am Südabhang der Transsylvanischen Alpen und in der Moldau« ist nicht gut, da die Moldau ja zu Rumänien gehört. I, 19, Z. 5 von unten würde ich statt des »nur« hauptsächlich schreiben, da Erdwachs auch in Rumänien und am kaspischen Meere ausgebeutet wird. II, 3: Tripel stammt von Tripolis, also mit einem p. II, 6: Banater- und nicht Banaten-Gebirge. II, 7: Der Ausdruck »der Untersberg bei Berchtesgaden« ist jedenfalls ungewöhnlich. Mit Salzburg setzt man den Untersberg, mit Berchtesgaden den Watzmann in Verbindung. II, 15: Das Vorkommen des Smaragdes im Habachtal im Salzburgischen ist übersehen. III, 4: Bei Ananas hätte das Pinnazeug Erwähnung finden können. III, 9: Das Wort »Sibirier« ist wohl selten. III, 25: Die Verwendung der Kalabarbohnen zu Pfeilgift hätte Erwähnung verdient. III, 26: Statt Meeresalpen ist Meeresalgen zu lesen. IV, 5: Man spricht von Dipterocarpaceen und nicht Dipterocarpeen. IV, 9: Bei Boehmeria nivea wäre der

Ausdruck: Chinesischer Hanf, Chinagras, am Platze gewesen. IV, 16: Querccitron und nicht Quercitron. IV, 22: Bei Sisal hätte die Bemerkung eingestreut werden können, daß die Fasern ein schon im alten Mexiko vielgebrauchtes Papier (Agave-Papier), worauf die Mexikaner ihre Hieroglyphen schrieben, lieferten. IV, 26: Die Zirbelkiefer kommt wohl schon unter 1500 m Meereshöhe vor. V, 7: Beim Artikel Guano blieb der bekannte Baker-Guano unerwähnt. V, 10: Corypha cerifera liefert ebenfalls Karnaubawachs. V, 10: Das Japanwachs stammt nicht aus den Früchten, sondern aus den Samen von Rhus succedanea. V, 11: Gewöhnlich sagt man Lofoten und nicht Lofotinseln. V, 12: Bei Cypraea annulus wäre zu grauweiß noch »mit gelbem Ring« zu setzen. Als Geld wird außerdem noch eine blaugefleckte Kauri verwendet. V, 13: Hier ist die alphabetische Reihe nicht eingehalten, auf Krokodile folgt Korallen. V, 16: Das Stinktier heißt Skunks nnd nicht Skunk. V, 19: Der Ausdruck Rehgehörn ist unrichtig. Zwischen Geweih und Gehörn besteht ein wesentlicher Unterschied.

Diese Bemerkungen sollen übrigens den Wert der fleißigen Arbeit keineswegs mindern. Ich begrüße herzlich die gediegene Leistung eines emsigen Schulmannes und empfehle die Abhandlung aufs wärmste den Fachkollegen.

Prof. J. Schoch (Seitenstetten, NÖ).

Persönliches.

Ernennungen.

Dr. J. Maurer zum Direktor der Eidgenössischen Meteorologischen Zentralanstalt in Zürich.

Prof. Anton Rzehak zum ordentlichen Professor der Mineralogie und Geologie an der Deutschen Technischen Hochschule in Brünn.

Auszeichnungen.

Den beiden Polarforschern O. v. Nordenskjöld und E. v. Drygalski, welche bei ihrer Anwesenheit in Wien von Kaiser Franz Josef in Privataudienz empfangen wurden, ist nun das Komturkreuz des Franz-Josef-Ordens verliehen worden.

Geheimrat J. J. Rein in Bonn wurde der Kronenorden 3. Kl. verliehen.

Berufungen.

Nach Zeitungsnachrichten ist als Nachfolger für Richthofen der Wiener Geograph Albrecht Penck ausersehen.

Der Professor der Zoologie an der Leipziger Universität Karl Chun, der bekannte Führer der deutschen Tiefsee-Expedition, hat einen Ruf als Nachfolger von Möbius an die Berliner Universität abgelehnt. Gleichzeitig war ihm der Lehrstuhl war ihm die durch Richthofens Tod erledigte Direktion des Instituts für Meereskunde angeboten worden.

Geographische Nachrichten.

Wissenschaftliche Anstalten.

Das neue Geologische Institut in Marburg. In dem altertümlichen Gebäude der Elisabethkirche gegenüber, welches einst der deutsche Ritterorden als Komturwohnung errichtete, ist jetzt das Geologisch-paläontologische Institut der Universität heimatsberechtigt geworden. Die schwierige Aufgabe, die reizvolle Architektur dieses vielhundertjährigen Baues zu erhalten und diesen doch den Bedürfnissen eines modernen naturwissenschaftlichen Instituts und Museums anzupassen, ist in recht glücklicher Weise gelöst. Der Unterstock beherbergt die verschiedenen Arbeitsräume, Hörsäle, Präparier- und Schleifkammer, Bibliothekszimmer, photographischen Raum u. dergl. Der Mittelstock enthält das vier große Säle umfassende Museum. Da dasselbe nicht nur Mittwoch nachmittags jedermann offen steht, sondern auch von Professor Kayser, in dankenswertem Entgegenkommen, zu anderen Tagesstunden auf Ersuchen geöffnet wird, so ist damit den Marburger Schulen eine prächtige Gelegenheit geboten, geologischen Anschauungsunterricht (z. B. in der Oberprima der Oberrealschule) zu treiben.

Der erste Saal, den der Besucher des Museums betritt, enthält die hessische Provinzsammlung, welche eine umfassende Vereinigung der Gesteine und Versteinerungen der Provinz gibt. An den Wänden hängen die geologischen Karten des Hessenlandes, namentlich auch die auf Hessen bezüglichen Aufnahmen der Berliner Geologischen Landesanstalt. Besonderes Interesse erregte hier bei meinen Schülern ein gut erhaltener Mammutstoßzahn und ein mächtiger Rhinozerosschädel aus dem Diluvium von Cassel, ein großes Palmen- (Sabal-) und ein Musablatt aus dem Tertiärsandstein von Mungenberg, ferner eine große Zahl von Muschelkalkammoniten aller Größen vom Meißener und von Spangenberg, eine Reihe prächtiger Fische, sowie das berühmte Original vom Proterosaurus Speneri, der ältesten bis jetzt bekannten Eidechse aus dem Kupferschiefer von Richelsdorf, endlich eine in ihrer Vollständigkeit einzigartige Folge von Petrefakten aus den bekannten Devonschichten des Dillgebiets und des sog. hessischen Hinterlands.

Der zweite, stratigraphisch-paläontologische Saal, enthält lauter nichthessische Fossilien, die in übersichtlicher Weise, nach ihrem geologischen Alter geordnet, in Glasschränken und Schaukästen ausstehen. Auch hier erregten einige große Prachtstücke besondere Bewunderung, z. B. ein drei Meter langes Exemplar des Ichthyosaurus aus dem Jura Schwabens, eine prächtige, über 1½ m hohe Palme aus dem italienischen Tertiär und mehrere gewaltige Fische, Medusen und Seeiilien aus dem süddeutschen Jura.

In der Abteilung für allgemeine Geologie ist der erste Saal den vulkanischen und gebirgsbildenden Vorgängen unserer Erde gewidmet, der zweite der Tätigkeit der Atmosphärilien. In beiden Zimmern sind die sämtlichen Wände mit mehreren Hunderten von Bildern aller Art überdeckt, welche diese aufbauenden und zerstörenden Kräfte veranschaulichen; dem gleichen Zwecke dienen die auf Tischen ausgestellten geologischen Modelle und Reliefs sowie die in Schaukästen geordneten Belegstücke aller Art.

Mir wurde das Bedenken geäußert, ob die Fülle des Materials und die Einzelheiten des wissenschaftlichen Systems nicht eher verwirrend als klärend auf den Geist der Schüler wirken müsse; aber einer-

36

seits läßt sich dem wohl durch vorbereitende und
später vertiefende Arbeit in der Klasse zum guten
Teil vorbeugen, und zum anderen meine ich, daß
die Schüler schon dann Gewinn genug aus dem Besuch solcher Sammlung davontragen, wenn ihnen
so ein unmittelbarer Begriff von der Unendlichkeit
der Weltenbildung aufgeht und wenn sie ein Gefühl von Ehrfurcht vor der Wissenschaft beschleicht,
welche in dieses scheinbare Chaos Ordnung zu
bringen gewußt hat. *Dr. M. G. Schmidt (Marburg).*

Die Direktoren der meteorologischen Observa-
torien der australischen Einzelstaaten haben eine
Konferenz abgehalten, in der die Gründung einer
meteorologischen Zentralanstalt für die Commonwealth beraten wurde. Ihre Aufgabe soll die
Sammlung, Verarbeitung und Veröffentlichung der
Beobachtungen für ganz Australien und die Pflege
wissenschaftlicher Forschung sein. Der tägliche
Wetterdienst und die Wettervoraussage soll den
einzelstaatlichen Anstalten überlassen bleiben.

Aus Anlaß des 70jährigen Geburtstages Potanins
beschloß die Duma in Tomsk ein städtisches
naturhistorisches Kabinett mit einer ethnographischen Abteilung auf den Namen Potanins zu
eröffnen und zum Unterhalt des Museums jährlich
300 Rbl. auszusetzen.

Eisenbahnen.

Der Hafen von Miami in Florida war bisher die
südlichste Eisenbahnstation in den Vereinigten Staaten,
an die sich eine regelmäßige Dampferverbindung
nach Cay West und Havana anschloß. Jetzt wird
der eigenartige und kühne Plan erörtert, den Schienen-
weg mit Benutzung der langgezogenen Kette der
Florida Cay Inseln bis zur Insel Cay West zu führen,
wodurch der Seeweg nach Havana um 246 km verkürzt werden würde.

Der Umbau der Zentral-Pacificbahn auf
der Strecke um den großen Salz-See ist vollendet.
Die neue Strecke durchquert den See nahe der
Mitte, wo er 51 km breit ist, unter Benutzung der von
Norden her in den See hineinragenden Promontory-
Halbinsel. Auf den übrigen 44 km ist das Gleis
über hölzerne Brücken geführt.

Telegraphenlinien.

Das Kabel Jap-Schanghai ist am 26. Oktober
dem Verkehr übergeben worden.

Die Commercial Pacific Cable Company erhielt
von Japan die Konzession zur Landung eines Kabels in Yokohama. Sie wird die Fortsetzung
ihrer Kabel von Guam nach Yokohama und von
Manila nach Schanghai sofort beginnen. Die chinesische Konzession wurde ihr bereits früher erteilt.

Forschungsreisen.

Asien. Sven v. Hedin hat am 16. Oktober eine
neue Forschungsreise nach Indien und Tibet
angetreten, auf der er sich namentlich mit dem Quellgebiet des Indus und Brahmaputra sowie mit dem
großen Seengebiet von Zentraltibet beschäftigen wird.

Das französische Ministerium für den öffentlichen
Unterricht hat gemeinsam mit einer Anzahl anderer
Körperschaften eine wissenschaftliche Expedition
nach Zentralasien ausgesandt, deren Führung
dem Professor der chinesischen Sprache an der École
française d'Extrême-Orient in Hanoi, Pelliot, anvertraut worden ist. Sie soll Denkmäler der türkisch-bud-
dhistischen Kultur aufsuchen aus der Zeit vor dem
Übertritt der Türken zum Islam. Der Reiseweg
führt von Kaschgar nach Peking, das nach zweijähriger Reise erreicht werden soll.

Afrika. E. F. Gautier ist von seiner Sahara-
Expedition nach Frankreich zurückgekehrt. G.

verließ im November 1904 Algier und widmete sich
zunächst wissenschaftlichen Untersuchungen im Tuat.
Im folgenden Frühjahr schloß er sich mit dem Geologen Chudeau der Mission Etiennot an, die mit
Voruntersuchungen zu einer telegraphischen Trans-
saharalinie beauftragt war. Am 12. Mai brachen
sie vom Tuat auf, trennten sich aber schon nach
zwei Monaten: Etiennot kehrte nach Norden um,
Gautier setzte seine Reise nach Süden fort und erreichte am 3. August den Niger bei Gao. Besonderes Interesse bieten seine Studien über die
Entwicklung der Sahara. »Man findet, schreibt er,
eine ungezählte Menge Zeugen neolithischen Alters,
d. h. Pfeil- und Lanzenspitzen aus geschliffenem
Stein. In jener Zeit war das Gebiet also bevölkert
und die jetzt so trocknen Oueds waren damals große
Flüsse mit beträchtlichem Wassergehalt. Diese lagerten an ihren Ufern Sand ab, der, als das Land
trocken wurde, durch den Einfluß des Windes die
Dünen und Ergs bildete, die heute so weite Gebiete
einnehmen.« Aus dem Charakter des Gebiets zwischen
Timbuktu und Gao schließt er, daß die Austrocknung
ihren Höhepunkt bereits überschritten habe, daß die
Sudanregen langsam nach Norden vordringen und
die Wüste allmählich in Steppe umwandeln: nicht
die Wüste erobere den Sudan, sondern der Sudan
die Wüste. (La Géogr., Oktober 1905).

Der bekannte Forscher W. M. M'Millan hat
eine neue Reise nach Ostafrika angetreten, die
sich die Erforschung des Ober- und Mittellaufes des
Omo zum Ziele setzt.

Aus einem längeren Bericht, den Boyd Alexander
über den Fortgang seiner Reise an die Londoner
Gesellschaft geschickt hat (G. J., November, S. 535 ff.),
geht hervor, daß es ihm nach unsäglichen Anstrengungen, die in dem niedrigen Wasserstand und
der starken Verwachsung des Sees ihre Ursache
hatten, gelungen ist, über den Tschad-See hinweg-
zukommen und die Scharimündung zu erreichen. Er
ist zu der Überzeugung gekommen, daß sich der
Tschad-See (infolge weiteren Sinkens nach dem Besuch Lenfants) in zwei Becken geteilt hat. Die
Verhältnisse am Schari bewiesen ihm aufs neue,
daß es verkehrt ist, Flußläufe in Afrika zu Staats-
grenzen zu nehmen, die Grenzen der unter einem
Häuptling stehenden Territorien eigneten sich besser
dazu. Von Fort Lamy am Schari aus, wo sich die
Expedition am 14. Juni befand, nimmt sie ihren
Weg den Schari und Gribingi aufwärts über die
Wasserscheide den Toml abwärts zum Ubangi.

Eine neue Durchquerung Afrikas auf einem
von Europäern noch nicht begangenen Wege beabsichtigt Dr. Ansorge. Er will das portugiesische
Gebiet von Angola aus geraden Weges südostwärts
bis zum Sambesi und diesen bis zur Mündung abwärts verfolgen. (Z. f. E. Nr. 8).

An den Besuch der südafrikanischen Tagung
der British Association hat der Wiener Geograph
Penck eine ergebnisreiche Forschungsreise angeschlossen. Eine Untersuchung der Sambesifälle
ergab, daß diese sich seit der Eiszeit um 6 km
stromauf verschoben haben. Besonders interessant
ist das Ergebnis der Saharastudien, die den Forscher
zu der Überzeugung brachten, daß nicht der Wind,
sondern der Regen mit an erster Stelle an den Terrain-
bildungen der Wüste beteiligt ist. (Allg. Ztg.)

Amerika. Dem Direktorialassistenten am Berliner Museum für Völkerkunde Dr. Theodor Preuß
ist vom Kultusministerium eine Summe zu einer
längeren Studienreise nach Mexiko zur Verfügung gestellt worden. Preuß hat seine Reise

bereits anfangs Oktober angetreten und wird sich besonders dem Studium der dem altmexikanischen Kulturgebiet sich unmittelbar nördlich anschließenden Indianer widmen. (Globus).

Drei Österreicher, Mirko und Steve Seljan und Dr. Franz Pamer aus Wien, planen eine Forschungsreise ins Innere Brasiliens. Sie wollen von Asuncion dem Paraguay aufwärts bis Cuyaba folgen und durch Matto Grosso zum Xingu und diesen abwärts bis zu seiner Mündung gelangen. Die Brüder Seljan werden die topographischen Aufnahmen, Dr. Pamer die naturwissenschaftlichen Beobachtungen übernehmen.

Polares. Zur weiteren Förderung der Monser Beschlüsse zur Südpolarforschung hat der Polarforscher H. Arctowski in London Fühlung mit Londoner geographischen Autoritäten genommen. Sein Vorschlag geht dahin, zunächst für den Herbst 1906 eine vorläufige Zirkumpolar-Expedition auszurüsten, deren Aufgabe es sein soll, sichere Grundlagen für den eigentlichen Hauptplan zu gewinnen. Er stellt ferner die Frage zur Diskussion, ob sich nicht das Automobil erfolgreich in den Dienst der Polarforschung stellen lasse.

Eine neue Nordpolarexpedition wird von dem Dänen Einar Mikkelsen geplant. Er will im Frühjahr 1906 mit dem jungen amerikanischen Geologen Leffingwell und dem Naturwissenschaftler Ditlevsen aufbrechen und seinen Weg über Edmonton in Kanada längs dem Athabaska, Sklaven- und Mackenzieflusse bis zur Mündung dieses in das Eismeer nehmen. Bei Kap Kellet gedenkt man Winterquartiere aufzuschlagen und dann Ende Februar 1907 vom Prinz-Albert-Kap aus nach Norden vordringen zu können. *Hk.*

anfangs eine Fahrt um Grönland herum geplant; doch Kapitän Sverdrup war ermächtigt, sich andere Aufgaben zu stellen, und wie die Eisverhältnisse es gestatteten oder verboten, hat er zunächst im Smith-Sund einen Vorstoß nach Norden, dann südlich von Ellesmereland einen anderen nach Westen unternommen und unter kluger, energischer Ausnutzung der Verhältnisse durch Schlittenreisen, welche von der Mannschaft des Schiffes in kleinen Gruppen ausgeführt wurden, ein Gebiet von 300000 qkm durchstreift oder durchstreifen lassen. Mit einer Ausbeute vornehmlich an topographischen Feststellungen, die so reich ist, wie sie selten von einer Polarfahrt heimgebracht ist, kehrte also Sverdrup und die Seinen zurück, nachdem sie viermal überwintert hatten. Daß den vorsichtigen und zweckmäßigen Maßnahmen des Kapitäns und dem Fleiße wie der Tüchtigkeit der Mannschaft dieses reiche Ergebnis zu danken ist, bildet den Haupteindruck, den das lesenswerte Reisewerk Sverdrups hervorbringt.

Wegen der Verschiedenheit der beiden Framfahrten ist das Buch »Neues Land« nicht mit Nansens Bericht von der ersten Framreise vergleichbar. Das Aufregende des gänzlich Unbekannten, Hoffnungen und Befürchtungen wegen der Lösbarkeit der einen großen, klargestellten Aufgabe, Gemütsbewegungen und der harte Kampf menschlichen Willens gegen die gewaltige Natur, der starke Eindruck, den Nansens Persönlichkeit ausübt, — kurz alles, was dem Buche Nansens einst den machtvollen schriftstellerischen Reiz verliehen hat, dem Reisebericht Sverdrups fehlt es. Die Darstellung ist ruhiger, die Betrachtung der Menschen und Dinge nüchterner, die Schilderung vom Verlauf der Ereignisse ist minder spannend. Und doch ist es ein liebenswürdiges Buch, das viele Leser finden sollte; denn es hat von Pflichttreue der Menschen, von einsam schlummernder, großer Natur zu berichten, und besonders anmutend wirken die Erzählungen vom nordischen Tierleben, von den eine Verfolgung nicht kennenden Schneehasen, von den geselligen und tapferen Polarochsen, die immer Karree bilden, wenn man sie angreift, von den als Braten stets willkommen geheißenen Eisbären. Dazwischen gestreut finden sich Schilderungen des geselligen Lebens an Bord, wo mit oft derbem Humor und gutmütiger Verspottung aller kleinen Eigenheiten der Reisegefährten man der Langeweile, dem Mißmut, der Heimatssehnsucht erfolgreich begegnet. Die wissenschaftlichen Erträge der Beobachtungen, Kartierungen, Sammlungen wird erst das umfangreiche große Reisewerk veröffentlichen. In dieser für weite Kreise bestimmten Darstellung vermißt der Geograph vielleicht sinnfällige Schilderungen des Landschaftscharakters, überhaupt alles das, was man im strengeren Sinne »Landeskunde« nennt. Doch ergänzen die zahlreichen Bilder und Karten in dieser Hinsicht den Text. *Dr. Felix Lampe (Berlin).*

Besprechungen.

I. Allgemeine Erd- und Länderkunde.

Sverdrup, Otto, Neues Land. Drei Jahre in arktischen Gebieten. I. Bd., 576 S. II. Bd., 542 S. 225 Abbild., 9 Karten. Leipzig 1903, F. A. Brockhaus. 20 M.

Die zwei Polarfahrten der »Fram«, beide reich an Ergebnissen, sind in ihrer Eigenart ganz verschieden gewesen. War unter Nansen ein noch nie durchfahrenes, tiefes Meer in den Hauptzügen seines Wesens erforscht, so wurden unter Sverdrup Länder, die früher schon mehrfach, allerdings an weit auseinander gelegenen Stellen gesichtet oder betreten waren, im Zusammenhang und in den Einzelheiten ihrer Natur untersucht. Handelte es sich bei der Framreise in Nacht und Eis um die gefährliche Probe auf die Richtigkeit einer vorgefaßten Anschauung und auf die Zweckmäßigkeit der neu ersonnenen Mittel zur Lösung einer schweren Aufgabe, so stützte sich die zweite Fahrt auf die sicheren Erfahrungen der ersten und führte in Gebiete, wo bittere Leiden früherer Reisender gelehrt hatten, welche Gefahren drohten. Vor allem war man frei in der Wahl des Weges und des Zieles. Zwar war

Calderajo, R., Portugal von der Guadiana zum Minho. (Land und Leute.) Mit 100 Illustrationen und 1 Karte. Stuttgart 1903, Frankhsche Verlagshandlung. 5 M., geb. 6.50 M.

Der Verfasser schildert seine Erlebnisse und Eindrücke auf einer Reise, die ihn, wie die dem Buche angefügte Karte zeigt, durch ganz Portugal führte. Von Badajoz aus überschritt er die Grenze, wandte sich zunächst von Elwas und Estremoz nach Süden bis zur Hafenstadt Faro in Algarve, dann nach Lissabon und Umgegend und durchzog weiter das

Land bis Valença am Minho, »um bei der unmittelbar sich daran reihenden spanischen Festung Tuy
das Land der Grandezza zu erreichen, wo von den
Lippen schöner Mädchen die melodischen Laute der
kastilischen Sprache wieder an sein Ohr klangen«.
»Nicht bloß aus kulturgeschichtlichen sondern auch
aus politischen und kommerziellen Interessen« erscheint es ihm erwünscht, »das deutsche Publikum
über Portugal und seine Bewohner eingehend zu
unterrichten, zumal die deutsche Literatur bisher
nur unvollständige kleinere Werke hierüber aufweist«. Wenn nun aber in Übereinstimmung mit
dieser Absicht des Verfassers das Buch auf dem
Rücken des Umschlags als »erstes größeres geographisches Werk ganz Portugal umfassend« bezeichnet wird, so rechtfertigt der Inhalt diese Bezeichnung nicht. Von einem geographischen Werke
verlangt man doch mehr, als daß der Verfasser die
von ihm besuchten Städte und Gegenden beschreibt
und schildert und dabei allerlei geschichtliche, auch
kunst- und kulturgeschichtliche Bemerkungen ein-
flicht, hier und da auch die wirtschaftlichen Verhältnisse des Landes streift, aus Anlaß des Wetters,
das er an dem oder jenem Tage angetroffen, eine
kurze Bemerkung über das Klima macht und, um
die Leute uns kennen zu lehren, bis ins einzelne
berichtet, was seine Reisegefährten ihm erzählten
z. B. S. 277 »daß am Vorabend (der Anwesenheit
des Verfassers in Leiria) in einer benachbarten Stadt
ein Löwe aus dem Menagerie-Zwinger entwichen
sei und nun die ganze Gegend in Schrecken versetzt habe«. — Nein, ein geographisches Werk ist
das vorliegende Buch nicht, es ist eine Reisebeschreibung, die in ausführlicher, teilweise zu großer
Breite dem »verehrlichen Leser« alle Erlebnisse des
Verfassers auf seiner Wanderung durch das sonnige
Land des Südens vor Augen malt, auch wenn sie
noch so geringfügig sind und zur Charakterisierung
von Land und Leuten kaum etwas beizutragen vermögen. Der Verfasser liebt Portugal und seine »gast-
freundlichen« Bewohner in hohem Maße, und
manche seiner Schilderungen sind wohl geeignet
»dem Nordländer« Lust zu machen durch eigene Anschauung das schöne Land kennen zu lernen. Ein
Umstand aber erschwert das Lesen des Buches sehr:
die leider oft recht falsche Ausdrucksweise. Die
Einleitung beginnt mit folgendem Satze: »Unsere
Begierde, fremde Länder zu sehen, entsteht häufig
durch die Einbildungskraft außerordentlicher Kon-
traste, eine Erwartung, die vom Standpunkt des
Nordländers hinsichtlich des Südens meistens vollkommene Berechtigung hat«. Herr, dunkel ist der
Rede Sinn! — Nicht nur der strenge Lehrer des
Deutschen wird, ich bedaure es sagen zu müssen,
fast auf jeder Seite auf einen grammatischen, stilisti-
schen oder logischen Fehler stoßen. Nur einige
Beispiele seien hier angeführt: S. 41: Ein auffallend
reges Leben für so eine kleine Stadt. S. 46: Die
Freundschaftsbande, welche mich mit dem ... Kaufmann, eines Herrn ..., verknüpften. S. 51: Vom
Standpunkt der Politik republikanisch liberalen An-
schauungen huldigend. S. 56: Ich fand die Praça
major, ein großer Platz. S. 67: Und die tagsüber
in den Straßen herrschende Ruhe dünkt einen
geradezu in eine orientalische Stadt versetzt. S. 74:
Die Frucht des Korkbaumes stellt die sechs und mehr
Centimeter dicke Rinde dar. S. 75: Hinsichtlich der
Güte der portugiesischen Cortiça soll sie alle übrigen
Korkrinden in der Welt weit übertreffen. S. 88:
Seine drei andern Fronten bestehen aus. S. 319:
Im Begriff, nach dem Hotel zurückzukehren, wollte

es das Geschick, daß mir ein französischer Handwerks-
bursche in die Quere lief. S. 393: Wieder ins Freie
getreten, wurde das Interesse der Wallfahrtskirche
vor der prachtvollen Rundsicht und der erquickenden
Luft erst recht in die zweite Linie gedrängt. —
Wem diese Beispiele noch nicht genügen, dem rufe
ich zu: Nimm und lies! Wenn bei einer zweiten
Auflage des Buches diese fehlerhafte Ausdrucksweise
gründlich ausgemerzt und der Text an manchen
Stellen angemessen gekürzt sein wird, wird es für
Schülerbüchereien wohl empfohlen werden können.
Die dem Werke beigegebenen 100 Illustrationen sind
größtenteils gut.   *Dr. Schlemmer (Treptow a. Rega.)*

Wereschtschagin, Alexander W., kais. russischer Oberst, **Russische Truppen und Offiziere in China in den Jahren 1901—1902.**
Deutsch von Leutnant Ullrich. 159 S. Mülheim a. Rh. 1903, C. G. Künstler Wwe.
Wereschtschagin, Alexander W., kais. russischer Oberst, **Quer durch die Mandschurei
in den Kämpfen gegen China 1900—1901.**
Aus dem Russischen von Leutnant Ullrich.
209 S. Mülheim a. Rh. 1903, C. G. Künstler Wwe.

In den beiden Büchern berichtet der russische
Offizier in unterhaltendem Plauderton von seinen
Reisebeobachtungen während der Fahrt durch die
Mandschurei und während des Aufenthaltes in den
Hauptstädten Chinas. In einer Reihe anziehender
Skizzen aus dem Volksleben führt er uns Sein und
Treiben der Chinesen vor und beleuchtet es unter
für uns neuen und interessanten Gesichtspunkten.
Nachrichten und Denkmäler aus Chinas Vergangen-
heit schildert er ebenso lebendig, wie die heutigen
Zustände, Sitten und Gebräuche. Auch gibt er
gelegentlich Ausblicke auf Chinas Zukunft, welche
jedenfalls beachtenswert sind. Dazu entrollt der
Verfasser vor uns ein Bild der russischen Ver-
waltungstätigkeit im fernen Osten: Wie heimisch
der Kosak auf den lachenden Fluren der Mandschurei schon geworden ist, wie sehr sich der Chinese
bereits gewöhnt hat, an Stelle der Truppen des
Dajan-Dsun russische Sotnien zu sehen, welche
Wohltaten die Russen dem Lande gebracht haben,
das schon völlig unter ihrem Einfluß steht und nur
äußerlich noch nicht zur russischen Provinz geworden
ist — das alles schildert Wereschtschagin in stets
fesselnder und auch unparteiischer Weise; denn mit
seltener Offenheit äußert er sich auch über mancherlei
Mängel, insbesondere hinsichtlich der Verkehrsverhältnisse, sowie der Bestechlichkeit und Anmaßung
einzelner Beamtenkategorien. Auch in die inneren
Verhältnisse der russischen Armee läßt uns der Verfasser interessante Einblicke tun. Somit erscheint
die Übersetzung der beiden Bücher, die man mit
steigendem Wohlgefallen und ohne Ermüdung lesen
wird, recht dankenswert.
Die jüngsten Ereignisse in Ostasien haben ja
freilich vielfach ein verändertes Bild geschaffen, aber
anderseits zeigen sie doch recht deutlich, mit welcher Schärfe der Verfasser beobachtet hat.
                              Dr. Max Georg Schmidt (Marburg a. L.)

Albert I., Fürst von Monaco, **Eine Seemanns-
laufbahn.** Autorisierte Übersetzung aus dem
Französischen von Alfred H. Fried. IV, 365 S.,
8°. Berlin, Boll und Pickard, (ohne Jahr).

Das im Jahre 1901 zuerst erschienene Werk
des bekannten Ozeanographen, das uns jetzt in guter
Übersetzung vorliegt, bietet für den Geographen

viel des Interessanten. Der Titel (im Original »carrière d'un navigateur«) ist dem Inhalt nicht ganz entsprechend, da es sich nicht um eine Biographie, noch viel weniger um eine zusammenhängende Darstellung des Seemannsberufes handelt. Was uns geboten wird, sind vielmehr lose aneinandergereihte Skizzen, die sich über einen Zeitraum von mehr als dreißig Jahren, seitdem der Verfasser zuerst die See befahren, hinüber ziehen.

Neben sozialwissenschaftlich sehr interessanten Schilderungen aus dem Leben der Matrosen, Schilderungen, die teilweise, wie die Beschreibung einer Fischerhochzeit in der Bretagne, in das Gebiet der Völkerkunde übergreifen, neben mehr philosophischen Betrachtungen über den Kampf ums Dasein unter den Tieren des Meeres und unter den Menschen, neben der treffenden Schilderung der Stimmungen, die die Einsamkeit der hohen See auszulösen vermag, finden wir eine größere Zahl geographischer »Charakterbilder«, die uns in einem meisterhaften, teilweise allerdings geradezu zynischen Realismus die besprochenen Gegenden oder Ereignisse deutlich vor Augen führen. Von dem eigentlichen Arbeitsgebiet des Verfassers, von der Tierwelt der atlantischen Tiefsee und von den großen Schwierigkeiten, mit denen namentlich seine ersten Versuche zur Ergründung der Tiefsee zu kämpfen hatten, erfahren wir wohl am meisten in dem sechsten Kapitel (Die letzte wissenschaftliche Expedition der »Hirondelle« 1888) und im letzten Kapitel des Buches (Kreuzfahrten in den arktischen Regionen), das uns zugleich eine anschauliche Schilderung von Spitzbergen gibt. Auf die westafrikanischen Inseln führen uns zwei weitere Kapitel; das eine schildert eine Jagd auf einem Inselchen in der Nähe von Madeira, das andere den Fang eines Pottwals und seine Zerstückelung auf der Azoreninsel Terceira aus dem Jahre 1895. Besonderes Interesse bietet das vierte Kapitel, in welchem mit großer Anschaulichkeit ein Zyklon geschildert wird, dem die Segelyacht des Fürsten im Jahre 1887 auf der Fahrt von Neufundland nach Europa beinahe zum Opfer gefallen wäre. Es ist auch auf die packende Darstellung des Unterganges einer englischen Brigg hinzuweisen.

Beeinträchtigt wird die Lektüre gelegentlich durch den allzu emphatischen Stil, auch macht sich bei der Beschreibung von Spitzbergen der Mangel einer Karte störend bemerkbar.

Dr. E. H. Schütz (Bremen).

II. Geographischer Unterricht.

Pellehn, G., Lunarium zur geographischen Darstellung der Erd- und Mondbahn. Berlin 1905, Dietrich Reimer. Preis in Karton 3 M.

Der sinnreiche kleine Apparat, der so konstruiert ist, daß der Radius des Kurvenlinials plus dem der Kreisscheibe sich zu dem Abstan deder beiden Durchbohrungen wie Erdbahnradius zu Mondbahnradius verhält, gestattet auf das leichteste eine in den Dimensionsverhältnissen richtige Zeichnung beider Bahnen zu liefern und während wir nach dem Zeichnen die einzelnen Phasen des Verlaufs einer Mondumdrehung zu verfolgen und zu vergleichen. Wenn wir den Amerikanern erst einmal ihre Schülerarbeitsräume auch für Geographie nachzuahmen beginnen werden — höchste Zeit ist es wohl, damit anzufangen — wird dieses Lunarium seiner Einfachheit, Handlichkeit und Wohlfeilheit halber einen guten Platz in diesen einnehmen. Bis dahin sei es den Lehrern bestens empfohlen. *H. F.*

Fischer, Heinrich, Oberlehrer am Luisenstädtischen Realgymnasium in Berlin. Methodik des Unterrichts in der Erdkunde. Mit 5 Skizzen im Text. 168 S. Ferdinand Hirt, Breslau 1905. 2.25 M.

Außer einer Einleitung über Stellung von Lehrer, Lehrgegenstand und Schüler zueinander enthält das Buch zwei Hauptteile: 1. Die wissenschaftliche Weiterbildung des Erdkundelehrers für seinen Beruf; 2. Der Unterricht in der Erdkunde (Methodische Weiterbildung). Für die wissenschaftliche Weiterbildung fordert Fischer eine gewisse Vertiefung in die Kenntnis der Kartographie, eine teilweise praktische Ausführung derselben und eine Fortbildung durch geographische Lektüre. Der zweite Teil gibt, neben einführenden Kapiteln, eine methodische Darstellung des geographischen Unterrichts nach zwei Kursen; 1. Beginn des geographischen Unterrichts und seine erste Weiterführung (Unterstufe, für einfache Schulverhältnisse Abschluß); 2. Ein zweiter Kursus (für obere Klassen achtklassiger Gemeindeschulen, Mittelschulen, Präparandenanstalten gedacht). Ein Anhang enthält: Behördliche Lehrpläne und Verwandtes: 1. Aus den »Allgemeinen Bestimmungen«; 2. Der Grundlehrplan einer großen Stadt; 3. Der Lehrplan an den höheren Lehranstalten; 4. Der Lehrplan an den Präparandenanstalten und Seminaren.

Die Sprache ist frisch und lebendig; der Inhalt mustergültig, ohne viele Theorie, alles praktisch durchführend und begründend. Indem Fischer alles entwickelnd vorträgt, zwingt er zur denkenden Erfassung des Stoffes. Das ist wichtig, wenn man bedenkt, daß die Methodik nach ihrem Untertitel auch ein Hilfsbuch für Seminaristen sein will. Als solches muß es so beschaffen sein, daß die Schüler zum Denken und nicht zum Auswendiglernen angehalten werden.

Die methodischen Anweisungen zu den Bestimmungen vom 1. Juli 1901 betreffend das Präparanden- und Seminarwesen fordern, daß sich die Methodik in allen Fächern, also auch in Geographie, auf alle Stufen zu erstrecken hat und durch zahlreiche Beispiele zu veranschaulichen ist. Die Schüler sind mit den wichtigsten Lehr- und Lernmitteln sowie mit wertvollen Hülfsmitteln für die Vorbereitung des Lehrers im Unterricht und für die Fortbildung bekannt zu machen. In den speziellen Anweisungen zur Methodik der Erdkunde heißt es: Bei der Behandlung der Methodik ist darauf Bedacht zu nehmen, daß die Schüler in möglichst umfangreicher Weise mit guten Lehrmitteln (Atlanten, Wandkarten, Globen, Apparaten, Anschauungsbildern) bekannt gemacht werden. Die Anknüpfung stofflicher Wiederholungen ist bei den Belehrungen über Methodik von selbst gegeben.

Da der Geographielehrer am Seminar an diese Bestimmungen gebunden ist, Fischer anderseits seine Methodik als Hülfsbuch für Seminaristen bezeichnet, wird zu untersuchen sein, ob die Fischersche Methodik mit diesen Bestimmungen in Einklang zu bringen ist, mit anderen Worten, ob sie geeignet ist, dem Unterricht in der Methodik in den Lehrerseminaren zu Grunde gelegt zu werden.

Daß die Fischersche Methodik den Unterrichtsbetrieb auf allen Stufen berücksichtigt, lassen schon die beiden Hauptabschnitte des zweiten Teiles, die Anordnung des Stoffes nach zwei Kursen, erkennen. Im einzelnen prägt sich das noch viel deutlicher aus, wenn gesprochen wird: von den geographischen »Begriffen«, die das Kind in den ersten Unterricht

mitbringt, von heimatkundlichen Betrachtungen, von
der ersten Orientierung, vom Übergang zur Karte,
von den Zeichnungen (Faustskizzen) in der Heimatskunde, von der Vermittlung der Maßanschauungen,
vom Zahlenkanon usw. (4. Schuljahr); oder: die
Provinzkarte, die Karte des Deutschen Reiches zum
erstenmal, die Weltkarte und der Globus usw.; oder:
Deutschland in einer höheren Klasse, Europa (Oberstufe der Volksschule); oder: Mathematische Erdkunde auf der Unterstufe, in einem späteren Kapitel:
auf der Oberstufe.

Es wird weiter gefordert, daß die Belehrungen
durch zahlreiche Beispiele zu veranschaulichen sind.
Daß diese Forderung erfüllt ist, ergibt sich ohne
weiteres aus meiner oben gefällten Kritik: Alles
praktisch durchführend und begründend.

Die Kapitel über Lektüre zur allgemeinen Erdkunde, zur Länderkunde, aus den »Hilfswissenschaften«, zur Methodik der Erdkunde als Wissenschaft machen mit wertvollen Hilfsmitteln für die
Vorbereitung des Lehrers auf den Unterricht und
für die Fortbildung bekannt. Hierbei kam es dem
Verfasser »mehr auf den Nachweis einer beschränkten
Anzahl wirklich durcharbeitender Werke als auf
lange für den Lehrer meist wertlose Listen an«.
Hilfsmittel zur Fortbildung bieten auch die Kapitel:
das Kroki, das Meßtischblatt usw.

Auch die wichtigsten Lehr- und Lernmittel lernt
der Schüler kennen, wenn Fischer spricht von den
Schulatlanten, Wandkarten, Wandbildern, vom Kartenzeichnen, von Sammlungen exotischer Produkte, von
Gesteinssammlungen des engeren und weiteren Vaterlandes, vom Projektionsapparat, vom Ausflug, von
der Durchführbarkeit häufiger Beobachtung des gestirnten Himmels seitens der Schulkinder usw.

Stoffliche Wiederholungen lassen sich leicht an
die einzelnen Kapitel anschließen: Deutschland in
einer höheren Klasse: Eine Landschaft, Kulturgeographie, die einzelnen Staaten, die Städte, die
Kleinstaaten, Frankreich als Beispiel eines europäischen
Landes usw. (Nur auf methodisch-stoffliche Wiederholungen kann es ankommen, zu anderem fehlt die
Zeit, ganz abgesehen von dem sogenannten Abschluß
des geographischen Unterrichts in der zweiten
Seminarklasse.)

Dem Geist der Bestimmungen, die psychologische
Begründung und Vertiefung des gesamten Unterrichts
verlangen, entspricht es, wenn Fischer überall den
Wert der Psychologie auch für die Erdkunde betont
und aus seiner Kenntnis der Kindesseele heraus
Kapitel einstreut wie: Was bringt das Kind für den
Erdkundeunterricht mit?; wenn er in dem geschicht-
lichen Überblick über der experimentellen Psychologie,
die in der Kinderpsychologie einen wichtigen Zweig
hat, Änderungen auch für den Unterrichsbetrieb der
Erdkunde, speziell in den unteren Klassen, erwartet;
wenn er in dem Kapitel »Was sind sonst noch
Grundbegriffe« die Schwierigkeiten aufdeckt, mit
Kindern Begriffe zu entwickeln, die im Sinne der
Logik der Erwachsenen richtig sein sollen usw.

In den allgemeinen methodischen Anweisungen
ist weiter gefordert: Aus der Geschichte der Methodik ist in kurzer Form das Hauptsächlichste mitzuteilen. In den speziellen Anweisungen ist der Geschichte der Methodik an keiner Stelle erwähnt;
ein Beweis, daß sie in den Hintergrund treten soll.
Fischers Methodik enthält nur einen kurzen geschichtlichen Überblick, der dem, was man sonst unter
Geschichte der Methodik versteht, nicht entspricht,
mindestens vielen zu »kurz« erscheinen wird. Diejenigen, die daran Anstoß nehmen sollten, erinnere

ich daran, daß in jedem Seminar eine allgemeine
Unterrichtslehre in Gebrauch ist z. B. die von Heilmann oder Ostermann und Wegener, die das Ge-
schichtlich-Notwendige reichlich enthält, allerdings
die neueren erdkundlichen Bestrebungen oft unberücksichtigt läßt. Sie mag hier zur Ergänzung
herangezogen werden. Vielleicht ergänzt Fischer
die zweite Auflage nach dieser Richtung hin.

In einzelnen Punkten: Stoffanordnung, Beschränkung des Stoffes für Volksschulen usw. ergeben sich vielleicht Meinungsunterschiede. Um so
besser, wenn dann der Lehrer seine persönliche
Stellung hierzu den Seminaristen gegenüber begründet. Das weckt Leben, vielleicht auch einmal
eine Debatte zwischen Lehrer und Schüler.

Was den Umfang des Werkes betrifft, so soll
er keineswegs im Seminar erschöpft werden. Die
Methodik will auch noch ein Hilfsbuch für Lehrer
sein. Es werden im Seminar hauptsächlich die
Kapitel zu erledigen sein, die den Geographieunterricht in den Volksschulen betreffen. Dem entspricht auch die zur Verfügung stehende Zeit.
Wöchentlich ist eine Stunde angesetzt. Von den
40 Jahresstunden gehen aber noch ca fünf an
Prüfungen usw. verloren.

Ich kann die Methodik sehr empfehlen und zu
eingehender Prüfung ermuntern. Jeder wird sie
befriedigt aus der Hand legen. Sie wird ihm Anregung zum Weiterdurchdenken, zum eigenen Arbeiten
bieten.   *Seminarlehrer Pottag (Prenzlau).*

Hölzels Schulwandkarte von Australien und
Polynesien, Stiller Ozean. Bearbeitet und
gezeichnet von Prof. Dr. Franz Heiderich,
1:10000000. Wien, Ed. Hölzel. Auf Leinwand mit Stäben 28 M.

Die Karte ist in Mollweides flächentreuer Projektion entworfen und umfaßt das ganze Becken
des Großen Ozeans mit seinen Küstengebieten.
Für die Zeichnung von Gelände, Schrift und Situation
gilt, was bereits bei der Besprechung der physikalischen Karte von Asien gesagt wurde. Besondere
Aufmerksamkeit wurde der Darstellung der Tiefenverhältnisse der Großen Ozeans geschenkt. Die
zahlreich eingeschriebenen Tiefenzahlen erhalten
durch fünf Farbenstufen in Blau eine sehr klare
Veranschaulichung. Die weiß ausgesparten großen
Namen der Ozeane scheinen mir doch etwas aus
dem Kartenbild herauszufallen.   *Hk.*

Geographische Literatur.

a) Allgemeines.

Auf weiter Fahrt. Selbsterlebnisse zur See u. zu Lande.
Deutsche Marine- u. Kolonialbibliothek. IV. Bd. XX,
318 S., ill. Leipzig 1905, W. Weicher. 4.50 M.

Bauschinger, J., Die Bahnbestimmung der Himmelskörper,
XVI, 653 S., ill. Leipzig 1906, W. Engelmann. 37 M.

Berndt, G., Moderne Anschauungen über die Konstitution
der Materie (Vorträge und Abhandlgen., hrsg. v. d. Zeitschrift »Das Weltall«, H. 12). 14 S. Berlin 1905, C. A.
Schwetschke & Sohn. 1 M.

Bernstorff, Graf, Auf großer Fahrt. Erlebnisse e. Fähn-
richs zur See. V, 349 S., ill. Stuttgart 1905, Union. 3 M.

Eckert, M., Leitfaden der Handelsgeographie. 248 S.
Leipzig 1905, G. J. Göschen. 3 M.

Gaebler, Ed., Neuester Hand-Atlas üb. alle Teile der Erde,
m. bes. Berücksicht. des gesamten Weltverkehrs. Nebst

Namenverzeichnis u. allg. Weltgeschichte v. F. Bayer. 6. Aufl. 40 farb. Kartens. m. Text auf der Rückseite u. 32 S. Text. Leipzig 1906, F. A. Berger. 5 M.

Herz, N., Lehrbuch der mathematischen Geographie. VIII, 360 S., Ill. Wien 1906, C. Fromme. 12 M.

Kublin, S., Weltraum, Erdplanet u. Lebewesen, e. dualistisch-kausale Welterklärung. 2. Aufl. IX, 141 S., Ill. Dresden 1906, E. Pierson. 4 M.

Mählis, F., Neue Einteilung des Jahres. (Aus: »Döbelner General-Anzeiger«.) 4 S. Dresden (Christianstr. 23) 1905, Selbstverlag. 20 Pf.

Maaser, A., Geographische Bilder. Darstellung des Wichtigsten u. Interessantesten aus der Länder- u. Völkerkunde. I. Bd., 18. Aufl. VIII, 662 S. Langensalza 1905, Schulbuchhandlung. 6 M.

Müller-Pouillet's Lehrbuch der Physik u. Meteorologie. 10. Aufl., v. L. Pfaundler. In 4 Bdn. I. Bd. 1. Abtlg. XIV, 544 S., Ill. Braunschweig 1905, F. Vieweg & Sohn. 7 M.

Philippson, A., Europa. Eine allgemeine Landeskunde. 2. Aufl. in 15 Lfgn. 1. Lfg. S. 1—48, Ill. Leipzig 1905, Bibliograph. Institut. 1 M.

Plaßmann, J., Weltentod. Kosmologische Betrachtungen. (Frankfurter zeitgemäße Broschüren N.F. 25. Bd. H. 1.) 36 S. Hamm 1905, Breer & Thiemann. 50 Pf.

Savage, R. H., Von Havana nach Peking. Aus d. Engl. von E. v. Lepkowski. III, 377 S. Wien 1905, K. Mitschke. 5 M.

Scott-Elliot, W., Das untergegangene Lemuria. Übers. v. A. v. Ullrich. 62 S., Ill. 2 K. Leipzig 1905, Max Altmann. 1.50 M.

Ströss, K., Der gestirnte Himmel (Hilfgers ill. Volksbücher Bd. 39). 94 S., Ill. Berlin 1905, H. Hilliger. 30 Pf.

Tanera, K., Vom Nordkap zur Sahara. 299 S., Ill. Stuttgart 1905, Union. 4.50 M.

Ule, O., Die Wunder der Sternenwelt. Ein Ausflug in den Himmelsraum. 4. Aufl. v. H. J. Klein. VIII, 315 S., Ill. Leipzig 1906, O. Spamer. 8.50 M.

Wehner, H., Über die Kenntnis der magnetischen Nordweisung im frühen Mittelalter (Vorträge u. Abhandlgen., hrsg. v. d. Zeitschrift »Das Weltall«. H. 11). 20 S., Ill. Berlin 1905, C. A. Schwetschke & Sohn. 1 M.

Wetter-Kalender u. kritische Tage f. d. j. 1906. Januar bis Juni. 78 S. Berlin 1905, H. Steinitz. 1 M.

Wundt, W., Völkerpsychologie. Eine Untersuchg. der Entwicklungsgesetze v. Sprache, Mythus u. Sitte. II. Bd. I. Tl. XI, 617 S., Ill. Leipzig 1905, W. Engelmann. 17 M.

b) Deutschland.

Atlas der bayerischen Flußgebiete. Bearb. u. hrsg. vom hydrotechn. Bureau. 1:200000. Ausschnitt aus Blatt 4. 1 M. — Blatt 5. 4 M. München 1905, A. Bechhold.

Fontane, Th., Wanderungen durch die Mark Brandenburg. 2. Tl. Das Oberland. Barnim-Lebus. Wohlfeile Ausg. 8. Aufl. VIII, 500 S. Stuttgart 1905, J. G. Cotta Nachf. 4 M.

Friedemann, O., Reichsdeutsches Volk u. Land im Werdegang der Zeiten. Eine geschichtlich-geograph. Darstellg. VII, 483 S. Stuttgart 1906, Strecker & Schröder. 5 M.

Gildemeister, A., Deutschland u. England. Randbemerkungen e. Hanseaten. IV, 51 S. Berlin 1905, A. Duncker. 50 Pf.

Krüger, K. A., Die deutschen Kolonien. Erdkundliche Umrisse a. Charakterbilder v. unsern überseeischen Schutzgebieten. VIII, 104 S., Ill. 2 K. Danzig 1906, A. W. Kafemann. 1.65 M.

Seidel, A., Die Aussichten des Plantagenbaues in den deutschen Schutzgebieten. VI, 79 S., 1 K. Wismar 1905, Hinstorff's Verl. 1.50 M.

Wolff, A. u. H. Pflug, Wirtschaftsgeographie Deutschlands u. seiner Hauptverkehrsländer. (Sammlung v. Lehrmitteln f. Fach- u. Fortbildungsschulen, hrsg. v. O. Knörk). 2. Tl. Deutschlands Hauptverkehrsländer. VIII, 180 S. Berlin 1906, E. S. Mittler & Sohn. 2.40 M.

c) Übriges Europa.

Die Ergebnisse der Triangulierungen des k. u. k. militär-geographischen Instituts. III. Bd. Triangulierung II. u. III. Ordng. in Ungarn. Hrsg. vom k. u. k. militär-geograph. Institute. VII, 274 S., Ill. Wien 1905, R. Lechners Sort. 6 M.

Gerasch, A. u. E. Prendl, Geographische Charakterbilder aus Österreich-Ungarn. Der Hafen v. Triest. Von E. Prendl. Wien 1905, A. Pichlers Wwe. & Sohn.

Hohn, V., Italien. Ansichten u. Streiflichter. 9. Aufl. XXXVI, 335 S. Berlin 1905, Gebr. Borntraeger. 7.50 M.

Leipoldt, O., Verkehrskarte v. Mitteleuropa. Politische Karte m. Angabe der Eisenbahnen, wicht. Alpenstraßen, Dampferlinien u. Telegraphenverbindgn. 4 Bl. Dresden 1905, A. Müller-Fröbelhaus. 22 M.

Müller, A., Bi der-Atlas zur geographie v. Österreich-Ungarn. 48 S. m. 96 Abb. u. 29 S. Text. Wien 1905, A. Pichlers Wwe. & Sohn. 2 M.

Neue Generalkarte v. Mittel-Europa. Hrsg. vom k. u. k. militär-geograph. Institut in Wien. 29. Lfg. 4 Blatt: Alessandria — Florenz — Pinerolo — Stuttgart. Wien 1905, R. Lechners Sort. Für das Blatt 2 M.

Russen über Rußland. Ein Sammelwerk. Hrsg. v. Jos. Melnik. X1, 670 S. Frankfurt a/M. 1906, Literar. Anstalt. 14.50 M.

Topographie v. Niederösterreich. Hrsg. vom Verein f. Landeskunde v. Niederösterreich. 6. Bd. Der alphabet. Reihenfolge der Ortschaften 5. Bd. 8—8. Heft. S. 321 bis 512. Wien 1905, W. Braumüller. Je 2 M.

Wallace, Sir D., Rußland. 4. deutsche Aufl. Nach der Orig.-Aufl. vom Jahre 1905 übers. v. F. Purlitz. 2 Bde. I. Bd. XIV, 398 S. Würzburg 1906, A. Stubers Verl. Für vollständig 16 M.

Zeiski, A., Bilder aus Italien. Reiseskizzen. I. Eine Fahrt durch die Abruzzen. II. Volksleben in Neapel. 15 S. Zittau 1905, A. Graun. 30 M.

d) Asien.

Bayern, Rupprecht Prinz v., Reise-Erinnerungen aus Ost-Asien. XIII, 441 S., Ill. München 1906. C. H. Beck. 15 M.

Brunnow, R. E. u. A. v. Domaszewski, Die Provincia Arabia. Auf Grund zweier in den j. 1897 u. 1898 unternommenen Reisen u. der Berichte früherer Reisender beschrieben. 2. Bd. Der äußere Limes u. d. Römerstraßen von El-Ma'an bis Bosra. XII, 358 S. m. Ill. u. Plänen. Straßburg 1905, K. J. Trübner. 60 M.

Nöcker, O., Rußl-ad u. Japan im Kampf um die Macht in Ostasien. Ein Volksbuch. 2. (Schluß)-Bd. VII, 324 S. m. Ill. u. Ktn. Katlowitz 1905, C. Siwinna. 0.50 M.

Indisches Dorfleben in Wort und Bild. (Calwer Familienbibliothek. 66. Bd.) 244 S., Ill. Calw 1905, Vereinsbuchh. 3 M.

Nagl, E., Die nachdavidische Königsgeschichte Israels. Exegraphisch u. geographisch beleuchtet. XVI, 356 S. Wien 1905, C. Fromme. 8.50 M.

Nippold, O., Ein Blick in das europafreie Japan. VIII, 56 S. Frauenfeld 1905, Huber & Co. 1.20 M.

Richter, J., Ferdinand Dorn, e. Pionier des deutschen Handels in Ostasien. Von seinem Zeitgenossen R. 204 S. Hamburg 1905, H. Seippel. 4 M.

Zitelmann, K., Indien. Ein Buch für Reisende u. Nichtreisende. 165 S., Ill., 1 K. Leipzig 1905, Woerls Reisebücherverlag. 3 M.

Zugmayer, E., Eine Reise durch Vorderasien im J. 1904. XII, 411 S., Ill., 4 Kitsk. Berlin 1905, D. Reimer. 12 M.

e) Afrika.

Aubin, E., Das heutige Marokko. XV, 444 S. Berlin 1905, Hübeden & Merzyn. 8 M.

Auer, Grethe, Marokkanische Sittenbilder. 309 S. Bern 1906, A. Francke. 4.50 M.

Hentze, W., Am Hofe des Kaisers Menelik v. Abessinien. VII, 182 S., Ill. Leipzig 1905, E. H. Mayer. 5 M.

Häbner, M., Unbekannte Gebiete Marokkos. III, 64 S., Ill., 2 K. Berlin 1905, W. Baensch. 1.60 M.

Oppel, K., Das alte Wunderland der Pyramiden. Geographische, polit. u. kulturgeschichtl. Bilder aus der Vorzeit, der Periode der Blüte sowie des Verfalls des alten Ägyptens. 5. Aufl. VIII, 497 S. m. Ill. u. Ktn. Leipzig 1906, O. Spamer. 8.50 M.

Rust, C., Krieg u. Frieden im Hereroland. Aufzeichnungen aus dem Kriegsj. 1904. XVI, 552 S., Ill. Groß-Lichterfelde 1905. E. Th. Förster. 10 M.

Salzmann, E. v., Im Kampfe gegen die Herero. VII, 212 S., Ill. Berlin 1905, D. Reimer. 5 M.

f) Amerika.

Altherr, A., Eine Amerikafahrt in 20 Briefen. Nebst e. Anh. üb. die blinde u. taubstumme Helen Keller. 240 S., Ill. Frauenfeld 1905, Huber & Co. 3.20 M.

g) Südsee.

Kotze, S. v., Aus Papuas Kulturmorgen. Südsee-Erinnerungen. 227 S. Berlin 1905, F. Fontane & Co. 4 M.

Schumann, K. u. K. Lauterbach, Die Flora d. deutschen Schutzgebiete in der Südsee (m. Ausschluß Samoas u. der Karolinen). Nachträge. 446 S., Ill. Leipzig 1905, Gebr. Borntraeger. 34 M.

h) Ozeane.

Valdivia, Wissenschaftl. Ergebnisse der deutschen Tiefsee-Expedition auf dem Dampfer »Valdivia« 1898—1899. Hrsg. V. C. Chun. II. Bd. 1. Tl. 1. Lfg. Text und Atlas. 224 S., Ill., 15 Taf. u. 15 Bl. Erklärgn. Jena 1905, Gustav Fischer. 50 M.

i) Polarländer.

Fauna arctica. Eine Zusammenstellg. der arkt. Tierformen m. besond. Berücksicht. des Spitzbergen-Gebietes auf Grund der deutschen Expedition in das nördl. Eismeer im j. 1898. Hrsg. von F. Römer u. F. Schaudinn. IV. Bd. 2. Lfg. S. 299—430., Ill., 1 K. u. 3 Bl. Erklärgn. Jena 1905, G. Fischer. 18 M.

Gast, O., Nansens Reise nach dem Nordpol. Auf Grund von Nansens Werk »Im Nacht u. Eis« der Jugend erzählt. (Univ.-Bibl. f. d. Jugend Nr. 406—408.) 208 S., Ill., 1 K. Stuttgart 1905, Union. 1 M.

k) Geographischer Unterricht.

Dolwa, J., Kleine Heimatkunde v. Niederösterreich. Ein Wiederholungsbüchlein f. Volksschüler. 33 S. m. Ill. u. 5 Kmsk. Wien 1906, A. Pichlers Wwe. & Sohn. 2 40 M.

Kobel, O., Heimatkunde des Kreises Neustadt O/Schl. Für den Gebrauch in Volksschulen bearb. 20 S. Glogau 1905, C. Flemming. 15 Pf.

Lampe, F., Zur Erdkunde. Proben erdkundl. Darstellg., f. Schule u. Haus ausgewählt u. erläutert. (Aus deutscher Wissenschaft und Kunst.) III, 151 S. Leipzig 1905, B. G. Teubner. 1.20 M.

Nehring, L., Geographisches Merk- u. Wiederholungsbuch f. die Volksschulen des Ostens der Monarchie. 2. Tl. 4. Aufl. 28 S. Breslau 1905, H. Handel. 15 Pf.

Obst, F., Das Wichtigste aus der Heimatkunde des Kreises Bolkenhain. 16 S. Glogau 1905, C. Flemming. 10 Pf.

Pütz, W., Lehrbuch der vergleichenden Erdbeschreibung f. die oberen Klassen höherer Lehranstalten u. zum Selbstunterricht. 18. Aufl. v. L. Neumann. XVI, 392 S. Freiburg i/B. 1905, Herder. 3.60 M.

Reimann, C., Der heimatkundliche Unterricht in der Volksschule (Lehrer-Prüfungs- u. Informations-Arbeiten. 4. H.). 2. Aufl. 44 S. Minden 1905, A. Hufeland. 80 Pf.

Roemer, K., Schulhandkarte des Reg.-Bez. Düsseldorf. 1:400000. Essen 1905, G. D. Baedeker. 20 Pf.

Rusch, G., Lehrbuch der Geographie f. österreichische Lehrer- u. Lehrerinnen-Bildungsanstalten. I. Tl.: Für den I. u. II. Jahrg. 3. Aufl. IV, 318 S., ill. Wien 1905, A. Pichlers Wwe. & Sohn. 3.50 M.

—, dasselbe. II. Tl.: Für den III. Jahrg. Die österreichisch-ungar. Monarchie. 2. Aufl. IV, 197 S., ill. Ebd. 1905. 2.50 M.

Schwochow, H., Heimat und Schule. Anregungen, Winke und Vorschläge zur prakt. Ausgestaltung des heimatkundlichen Prinzips. (Schwochow, Pädagog. Blätter aus der deutschen Ostmark, Heft I.) 52 S. Lissa 1906, F. Ebbecke. 80 Pf.

Wünsche, A., Schulgeographie des Königr. Sachsen. VI, 220 S., ill. Leipzig 1906, Dürr'sche Buchh. 2.50 M.

l) Zeitschriften.

Aus der Natur. 1905.
Heft 16. **Noetling, F.**, Das Vorkommen von Petroleum in Birma (Schluß).

Das Weltall. V, 1905.
Heft 2. **Förstemann, E.**, Mayahieroglyphen als Bezeichnung für Zeiträume. — **Archenhold, F. S.**, Ein unbekannter Brief von Gauß an Hauptmann G. W. Müller. — **Krebs, W.**, Der Zug nach Westen im ozeanischen Vulkanismus (Schluß). — **Archenhold, F. S.**, Der gestirnte Himmel im Monat November 1905.
Heft 4. **Weinek, L.**, Einfache Betrachtung über Sonnenuhren. — **Busch, F.**, Das Verhalten der neutralen Punkte von Argo und Babinet während der letzten atmosphärisch-optischen Störung (Forts.). — **Archenhold, F. S.**, Der gestirnte Himmel im Monat Dezember 1905. — Kl. Mitteilungen: Ein neues parallaktisches Fernrohr-Stativ.

Geographische Zeitschrift. XI, 1905.
Heft 10. **Hettner, A.**, Das Wesen und die Methoden der Geographie I—III. — **Philippi, E.**, Reiseskizzen aus Südafrika. II. Rhodesia. — **Wegener, G.**, Ratzel über Naturschilderung.
Heft 11. **Kleist, v.**, Birma. — **Hettner, A.**, Das Wesen und die Methoden der Geographie IV. V. — **Mock, E.**, Island und seine Bewohner. — **Halbfaß, W.**, Die Zukunft der deutschen Geographentage.

Globus. Bd. 88, 1905.
Nr. 15. **Oppel, A.**, Der Obere See in Nordamerika. — **Kahle, B.**, Die verschluckte Schlange. — **Hundhausen, J.**, Beobachtungen aus verschiedenen vulkanischen Gebieten. — **Luschan, v.**, Ziele und Wege eines modernen Museums für Völkerkunde.
Nr. 16. **Oppel, A.**, Der Obere See in Nordamerika (Fortsetzung). — **Hundhausen, J.**, Beobachtungen aus verschiedenen vulkanischen Gebieten (Schluß). — **Buchner, M.**, Zum Buddhatypus. — **Bauer, F.**, Washington, der »Immergrüne Staat«. — **Laufer, B.**, Zum Bildnis des Pilgers Hsüan Tsang.
Nr. 17. Die atlantischen Küstenstädte Marokkos II. — **Gentz, Die** englische Eingeborenenpolitik in Südafrika. — **Krebs, W.**, Eisenbahnen im chinesischen Reiche. — **Bamum.** — **Singer, H.**, Zum deutschen Kolonialkongreß 1905.
Nr. 18. **Oppel, A.**, Der Obere See in Nordamerika (Fortsetzung). — **Laufer, B.**, Ein angebliches chinesisches Christusbild aus der T'ang-Zeit. — **Wilser, L.**, Neues über den Urmenschen von Krapina. — **Lehmann, W.**, Altmexikanische Muschelzierrate in durchbrochener Arbeit. — **Seiners** Reisen zwischen Sambesi und Okavango.
Nr. 19. **Groos, W.**, Die Murichowos, ein Gebiet für deutsche Forschung und Unternehmung. — **Halbfaß, W.**, Die Projekte von Wasserkraftanlagen am Walchensee und

Kochelsee in Oberbayern. — **Oppel, A.**, Der Obere See in Nordamerika (Schluß). — **Gautier,** Durchquerung der Sahara vom Tuat bis zum Niger. — Über die Periodizität der Flutschwankungen des unteren Nils und deren mutmaßliche Ursachen.

Meteorologische Zeitschrift. 1905.
Nr. 10. **Großmann,** Die Berechnung der möglichen Sonnenscheindauer und ihre Normalwerte für Deutschland. — **Osthoff, H.**, Die Formen der Cirruswolken (Schluß).

Naturwissenschaftliche Wochenschrift. 1905.
Nr. 46. **Stahlberg, W.**, Eine Seefahrt als akademisches Unterrichtsmittel. — **Rühl, A.**, Ferdinand v. Richthofen †.

Petermanns Mitteilungen. 51. Bd., 1905.
Heft 11. **Schott, G.**, Die Bodenformen und Bodentemperaturen des südlichen Eismeeres, nach dem Stande der Kenntnisse bis 1905 bearbeitet. — **Jeschke, C.**, Bericht über den Orkan in den Marschall-Inseln am 30. Juni 1905. — **Grubauer, A.**, Negritos. Ein Besuch bei den Ureinwohnern Innermalakkas. — Kl. Mittell. — Geograph. Monatsbericht. — Beilage: Literaturbericht. — Karten.

The Journal of Geography. Vol. IV, 1905.
Aug. **Low, G. W.**, The Field Work of a Physiography Class on Glacial Problem. — **Allen, L. R.**, Map Drawing. — **Brown, B. A.**, Geographic Development of Seaports in the United States. — **Dryer, Ch. R.**, What is Geography?

Zeitschrift für Schulgeographie. XXVII, 1905/06.
Heft 2. **Marek, R.**, Durch die Prärien Nordamerikas zum Grand Cañon des Colorado. — **Michler, H.**, Ein schwieriges Kapitel der Geographie.

Aus der Pädagogischen Presse.

III.

Kohlhaas, Die methodische Gestaltung des erdkundlichen Unterrichts. Deutsche Blätter für erzieh. Unterricht (1905), Nr. 42—45.

Korsch, H., Die Mittelschullehrerprüfung in der Erdkunde. Pädagog. Warte 12 (1905), 517—523.

Lichtenecker, H., Bewegliche Lichtbilder für den Unterricht in der astronomischen Geographie. Zeitschr. für Lehrmittelwesen und pädagog. Literatur I (1905), Nr. 2.

Lohoff, Die Heimatkarte. Pädagogische Warte 12 (1905), 485—488.

Lühn, Über Kulturgeographie. Die Mittelschule und höhere Mädchenschule 1905, Nr. 5/6.

Lukas, G. A., Zu Eduard Richters Gedächtnis. Österreich. Mittelschule XIX., Heft 3.

Mößl, K., Ein wichtiges Lehrmittel beim Unterricht in der mathematischen Geographie. Zeitschr. für Lehrmittelw. I (1905), 224—227.

Müllner, J., Die Kartenskizze als Merkbild. Zeitschr. für das österr. Gymnasium. 56 Jahrg., 7. Heft.

Neue Bahnen im heimatkundlichen Unterricht. Pädagog. Studien 26 (1905), Nr. 3.

Noder, J., Über Versuche im Kartenzeichnen. Mit einer Beilage von Zeichnungen. 54 S., 16 Taf. Programm Gymn. Kempten.

Opitz, H., Über den geographischen Unterricht. Blätter für die Schulpraxis 16 (1905), 206—220.

Peucker, K., Die Kartenskizze als Merkbild. Zeitschrift für das österr. Gymnasium. März 1905.

Polack, F., Gedanken über den erdkundlichen Unterricht. Pädagog. Warte 12 (1905), 466—469.

Prüll, H., Die Schulwanderungen und ihre unterrichtliche Verwendung. Die deutsche Schulpraxis (1905), Nr. 10/13.

Prüll, Landschaftskunde und Kulturgeographie. Pädagog. Warte 12 (1905), 713—720.

Regenkarte der Schweiz. Zur Praxis der Volksschule. Beilage zur Schweizer-Lehrerzeitung 50 (1905), Nr. 2.

Riebandt, Rektor, Die Pyrenäenhalbinsel. Die zweisprachige Volksschule 13 (1905), 113—120, 137—142, 164—167, 164—188, 212—215, 238—240.

—, Warum muß die Volksschule im erdkundlichen Unterricht Kulturgeographie und Landschaftskunde berücksichtigen und pflegen und in welcher Weise läßt sich ihre Verwertung praktisch ausführen? Zweisprachige Volksschule 13 (1905), 81—86.

Ruska, J., Schulausflüge zur Einführung in die Geologie. Natur und Schule 4 (1905), Heft 4.

Schaefer, A., Die Behandlungen deutscher Dichtungen und die Verwendung nationaler Poesie im geographischen Unterricht. Zeitschr. für den deutschen Unterricht 19 (1905), 1. Heft.

Schneider, Die Heimatkunde und ihr Verhältnis zur Erdkunde. Neues Braunschweiger Schulblatt (1905), Nr. 9/10.

Schoubye, J., Die Verwendung von Paläontologie und Urgeschichte im geographischen Unterricht. Pädagog. Archiv 47 (1905), Heft 1.

Geographischer Anzeiger

Blätter

für den

Geographischen Unterricht.

Herausgegeben

von

Dr. Hermann Haack in Gotha,

Heinrich Fischer
Oberlehrer am Luisenstädtischen Realgymnasium
in Berlin

und

Dr. Franz Heiderich
Professor am Francisco-Josephinum, Mödling
bei Wien.

GOTHA: JUSTUS PERTHES.

Jährlich 12 Hefte.   6. Jahrgang 1905.   Heft II.   Preis 6 Mark.
(Einzelne Hefte 60 Pf.)

Lightning Source UK Ltd.
Milton Keynes UK
UKHW011840140219
337137UK00005BA/423/P